中国石化"十四五"重点图书出版规划项目

流程工业仪表工程师手册

全国化工自动控制设计技术中心站
中国石化集团公司自动控制设计技术中心站　主编

中国石化出版社

内容提要

本书对流程工业的仪表与自控系统及相关内容进行了详细介绍，内容涵盖自控工程技术的全过程，包括：过程控制基础，各种现场仪表、分析仪表、控制阀、控制系统、应用软件，自控工程设计，各种物性参数，设置环境对策以及仪表安装等。

本书内容丰富，可作为石油化工工程公司（设计院）和企业仪表自控技术人员的应用手册，也可供相关行业如电力、冶金、钢铁、造纸及水泥等的仪表自控技术人员参考，还可供大专院校自动化、仪表专业师生学习。

图书在版编目（CIP）数据

流程工业仪表工程师手册 / 全国化工自动控制设计技术中心站，中国石化集团公司自动控制设计技术中心站主编 . —北京：中国石化出版社，2021.10（2023.6 重印）
ISBN 978-7-5114-6484-2

Ⅰ.①流… Ⅱ.①全…②中… Ⅲ.①石油化工设备 - 自动化仪表 - 手册 Ⅳ.① TE65-62

中国版本图书馆 CIP 数据核字（2021）第 204025 号

中国石化出版社出版发行

地址：北京市东城区安定门外大街 58 号
邮编：100011　电话：(010)57512500
发行部电话：(010)57512575
http://www.sinopec-press.com
E-mail：press@sinopec.com
北京柏力行彩印有限公司印刷
全国各地新华书店经销

＊

787×1092 毫米 16 开本 93.75 印张 2382 千字
2021 年 10 月第 1 版　2023 年 6 月第 3 次印刷
定价：560.00 元

《流程工业仪表工程师手册》
编写人员

第1章　过程控制基础

中石化宁波工程有限公司/自控中心站 　　　　　　　　　　　　王发兵

第2章　温度仪表

东华工程科技股份有限公司 　　　　　　王东峰　储朝霞　徐继荣　马恒平

第3章　压力仪表

中石化上海工程有限公司 　　肖海荣　沈惠明　李　冰　丁兰蓉　王　珏
雅斯科仪器仪表（嘉兴）有限公司 　　　　　　　　　　　　　　董　威
上海精普压力仪表公司 　　　　　　　　　　　　　　　　　　陆建军
重庆川仪自动化股份有限公司 　　　　　　　　　　　　　　　任　弢
福建上润精密仪器有限公司 　　　　　　　　　　　　　　　　周永宏
恩德斯豪斯（中国）自动化有限公司 　　　　　　　　　　　　卿厚晏

第4章　流量仪表

赛鼎工程有限公司 　　　　张晋红　杜　彧　徐瑞萍　乔喜欢　温　辉
　　　　　　　　　　　　张永军　吴晓燕　叶　瑛　王顺山　马　超
　　　　　　　　　　　　郭卫东　田怀成　梁俊鹏　李素燕　梁海蓉
　　　　　　　　　　　　路　江　丁俊萍

第5章　物位检测仪表

中国成达工程有限公司 　　程　莞　顾兴海　贾艺军　李恒荣　李晓卉
　　　　　　　　　　　　李宗勇　马　贲　茅　颖　孟海亮　尚野麟
　　　　　　　　　　　　史　一　汪海宁　王　奕　熊晓聪　曾裕玲
　　　　　　　　　　　　张绪杰

第6章　分析仪表

中国五环工程有限公司 　　　　　　　　　　　　　　　梁　达　陈松华
兰州实华分析技术有限公司 　　　　　　　　　　　　　　　　师小伟
恩德斯豪斯（中国）自动化有限公司 　　　　　　　　　　　　卿厚晏
北京华科仪科技股份有限公司 　　　　　　　　　　　　　　　陈国义

重庆川仪自动化股份有限公司分析仪器分公司　　　　　　　　施　伟

成都安可信电子股份有限公司　　　　　　　　　　　　　　　徐　娟

北京雪迪龙科技股份有限公司　　　　　　　　　　　　　　　于鹏飞

英国 Sencient 公司（北京华深仪器仪表有限公司）　　　　　徐佩君

眉山麦克在线设备有限公司　　　　　　　　　　　　　　　　张　坡

深圳市诺安环境安全股份有限公司　　　　　　　　　　　　　卿笃安

上海 ABB 工程有限公司　　　　　　　　　　　　　　　　　白韶强

科隆测量仪器（上海）有限公司　　　　　　　　　　　　　　黄　臻

第7章　特殊仪表

华陆工程科技有限责任公司　　　　何联合　胡　昱　李　涛　陈　鹏　党昊驰

第8章　控制阀

中石化上海工程有限公司　　　　　肖海荣　沈惠明　李　冰　丁兰蓉　王　珏

中建安装工程有限公司　　　　　　　　　　　　　　　　　　王卫林

重庆川仪自动化股份有限公司　　　　　　　　　　　　　　　王　燕

艾默生过程控制有限公司　　　　　　　　　　　　　　　　　杨海涛

纳福希（上海）阀门科技有限公司　　　　　　　　　　　　　黄佩成

美卓流体控制（上海）有限公司　　　　　　　　　　　　　　李朝阳

浙江三方控制阀股份有限公司　　　　　　　　　　　　　　　章泉栋

浙江力诺流体控制科技股份有限公司　　　　　　　　　　　　张　辉

安策阀门（太仓）有限公司　　　　　　　　　　　　　　　　吴　晨

盖米阀门（中国）有限公司　　　　　　　　　　　　　　　　晏荣斌

第9章　安全辅助仪表

东华工程科技股份有限公司　　　　夏余欢　储朝霞　叶胜利　马恒平

第10章　人机工程设计

中石化宁波工程有限公司　　　　　王同尧　严春明　汉建德　廖　琴

中科合成油工程股份有限公司　　　　　　　　　　　　　　　王　渤

铁力山（北京）控制技术有限公司　　　　　　　　　　徐　松　朱海青

第11章　控制系统

中石化南京工程有限公司　　　　　杨正梅　魏小卜　于　锋

中国石化广州石化公司　　　　　　　　　　　　　　　　　　伍锦荣

自控中心站　　　　　　　　　　　　　　　　　　　　　　　张同科

中石化－霍尼韦尔（天津）有限公司　　　　　　　　　　　　张建国

浙江中控技术股份有限公司　　　　　　　　　　　　　　　　俞文光

北京康吉森自动化技术股份有限公司　　　　　　　　　　　　高生军

西门子（中国）有限公司　　　　　　　　　　　　　　　　　翁　涛

福建上润精密仪器有限公司　　　　　　　　　　　　邹　崇　周永宏

中国·福州物联网开放实验室　　　　　　　　　　　张天辰　许明伟

上海三零卫士信息安全有限公司　　　　　　　仵大奎　周　芬　潘小玲

前言
PREFACE

随着中国经济快速发展，石油化工、化工等流程工业与自动化控制相关的计算机技术、通信技术、网络技术、仪表设备制造技术等进步显著，诸多仪表工程建设标准不断更新，新技术、新设备、新材料不断涌现。为了促进自控工程技术人员对仪表及自动化新技术、新产品的掌握和应用，整体提升专业人员的专业素质和能力，全国化工自动控制设计技术中心站技术委员会、中国石化集团公司自控设计技术中心站技术委员会、中国石油和化工勘察设计协会自动控制设计专业委员会经过充分的调研、酝酿与准备，组织行业的资深专家编辑出版《流程工业仪表工程师手册》，满足广大自控技术人员的需要。

《流程工业仪表工程师手册》面向从事化工、石化、石油、轻工、冶金、市政等行业的自控工程设计、研究、运维、施工、采购、制造的技术人员，是一套以自控工程为基础，适合国情并与国际接轨的自动化仪表及系统工程师手册，注重工程性与实用性的结合、仪表及控制系统与工程的结合，突出边缘和创新的仪表及控制系统，重点关注工程设计注意事项，具有创新性、实用性、参考性、资料性。

《流程工业仪表工程师手册》共分为24章及1个附录，主要内容包括：过程控制基础、温度仪表、压力仪表、流量仪表、物位检测仪表、分析仪表、特殊仪表、控制阀、安全辅助仪表、人机工程设计、控制系统、网络/通信技术、应用软件、校验仪表、电源与气源、环境影响及措施、自控工程设计、仪表安装工程、自控工程设计标准、自控工程设计软件、单位及物性参数、一般资料、材料、名词术语，附录为仪表制造厂通讯录。

《流程工业仪表工程师手册》的编制工作从2018年开始启动，集聚了我国石化、化工、石油行业50多位自动控制工程领域权威专家，众多仪表及控制系统制造厂商的技术骨干，组成手册编委会，历经四年时间，召开了五次编委会议，确定本手册的架构及主要技术内容。手册内容系统详实扼要，通用性强，注重创新和发展，突出特色，既有传统专业知识的介绍，更有新产品、新方法的应用和探索，立足国内外技术现状，突出新设备、新技术、新方法，能够促进自控技术人员的思维创新和效率提高，为推动我国工业自动化和信息化的深度融合做出贡献。

本手册主要编制单位：全国化工自控设计技术中心站、中国石化集团公司自控设计技术中心站、中国成达工程有限公司、东华工程科技股份有限公司、中石化上海工程有限公司、赛鼎工程有限公司、中国五环工程有限公司、华陆工程科技有限责任公司、中国天辰工程有限公司、中建安装工程有限公司、中石化宁波工程有限公司、中石化南京工程有限公司、中石化洛阳工程有限公司、中石油吉林化工工程有限公司、中石油华东设计院有限公司、中石化第十建设有限公司、大庆石化工程有限公司、中国寰球工程有限公司北京分公司等。

《流程工业仪表工程师手册》还配套了网络版数据库，在数据库中可检索仪表产品样本资料、仪表安装材料、自控设计标准等资料，数据库内资料动态更新，方便自控技术人员检索相关技术资料。

在本手册编写过程中，所有编委及所在单位、仪表制造厂商给予了大力帮助和支持，在此表示衷心感谢！

由于分散编写、时间仓促，工作体量大，本手册难免出现错误之处，恳请批评指正！

《流程工业仪表工程师手册》编委会

目录
CONTENTS

第 1 章　过程控制基础

1.1　概述

过程控制系统是利用自动控制仪表，对生产过程中的某些工艺参数（如温度、压力、流量、液（物）位等）进行控制，使其保持在所希望的值。过程控制系统是自动控制理论在流程工业领域中的重要应用。

过程控制系统由各类仪表组成；被控工艺过程具有非线性、流程长、过程复杂及不确定性等，难以利用数学模型精确模拟；被控工艺过程通常具有一定的时间常数及滞后；过程控制方案及实现手段具有多样性等。过程控制系统的分类如下。

1.1.1　按结构特点分类

过程控制系统按照结构特点通常分为闭环控制（closed loop）和开环控制（open loop）。

a）闭环控制

闭环控制是按照偏差进行控制，典型的闭环控制是反馈（feedback）控制，通过反馈的被控变量与目标值进行比较，得出偏差信号，并为消除偏差而进行的控制。

反馈控制系统原理如图 1-1-1 所示。

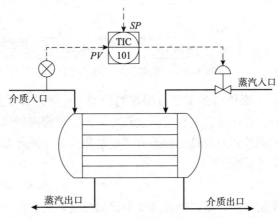

图 1-1-1　反馈控制系统原理

反馈控制系统方块图如图 1-1-2 所示。

优点：按照偏差进行控制。当测量信号与设定值不一致时，就会出现偏差，导致产生控制作用，减小或消除偏差，以达到测量信号与给定值一致的目的。

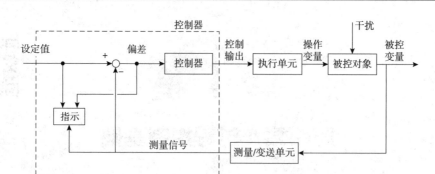

图 1-1-2 反馈控制系统方块图

局限性：在干扰出现后，未引起被控变量变化前，控制器不能产生控制作用时，会导致控制延后；如果各环节配合不当，系统会引起振荡，导致失控。

b）开环控制

无须测量被控变量，仅依据输入信号进行控制。当闭环控制的反馈被控变量断开或调节器处于"手动"位置时，即成为开环控制。开环控制可分为前馈控制和顺序控制。

优点：控制作用无须等待偏差产生，即可进行控制，控制及时，对于较频繁的主要扰动起到补偿效果。

缺点：由于不测量被控变量，不与设定值进行比较，故当受到干扰时，被控变量在偏离设定值后，无法消除偏差。

①前馈控制

前馈控制不依赖于控制偏差以及过程的控制模型，是根据干扰信息，通过必要的校正操作来检测影响被控变量的过程变量，确定操作变量。

前馈控制系统如图 1-1-3 所示。

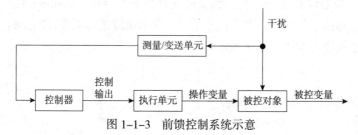

图 1-1-3 前馈控制系统示意

在执行前馈控制时，必须清楚了解过程控制模型，检测外部干扰引起的被控变量的变化，确定补偿它所需的操作变量。在实际过程中，通常很难检测到所有干扰并完全获得过程模型，单纯通过前馈控制避免稳态偏差有些复杂和困难，因此有必要与反馈控制相结合，形成前馈与反馈控制系统。

②顺序控制

顺序控制是根据预定顺序，逐步推进每个步骤的控制。通常被分成定时控制、顺序控制以及条件控制等，在许多情况下，实际应用中存在多种情况的组合。

定时控制是在前阶段操作后经过一定时间，转移到下一个操作；顺序控制是在前阶段的控制动作完成之后，转移到下一动作；条件控制是其根据控制结果选择接下来要执行的操作，并进入下一阶段。

1.1.2　按给定信号特点分类

自动控制系统按照给定信号特点通常分为定值控制系统、随动控制系统和程序控制系统。

①定值控制系统：在流程工业生产过程中，工艺要求控制系统的被控变量保持在某一个恒定的给定值，这类控制系统称为定值控制系统。定值控制系统是应用最多的一种控制系统。

②随动控制系统：给定值不是恒定值，且无规律变化，是一个随机变化量的控制系统。

③程序控制系统：给定值按照工艺要求在预定时间内有规律的变化，是一个已知的时间函数，这类控制系统称为程序控制系统。

过程控制系统还可以按照被控变量、控制规律等来分类。

1.2　过程控制系统构成

通常地，过程控制系统由被控对象、控制器（调节器）、测量/变送单元（测量元件和变送器）、执行单元（控制阀或执行机构）等基本环节组成。

单回路控制系统方块图如图 1-2-1 所示。

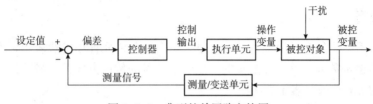

图 1-2-1　典型的单回路方块图

图 1-2-1 中，各变量定义如下：

①被控对象。即所要控制其过程参数的工艺过程或设备（或单元）。设备如反应器、换热器、锅炉汽包、储罐、泵、容器等。

②控制器（调节器），或称为控制单元。接收测量/变送单元传送来的被控对象信息，如果满足工艺要求，则控制器的输出保持不变，否则控制器按照一定控制规律运算后的输出就发生变化，对系统产生控制作用。

③测量/变送单元。通常包括测量元件与变送器，将被控对象中的过程变量（如温度、压力、流量、液位、组分等）测量出来，并被转换成统一的标准信号。

④执行单元（控制阀或执行机构）。根据控制器发出的控制信号，改变操作变量，对被控对象直接产生控制作用。

⑤被控变量。需要控制的过程参数，是被控对象的输出信号。

选择被控变量时的考虑因素：选择可直接测量的参数；选择对过程（或环节）具有决定性作用参数；参数不能直接测量时，应选择有与其单值对应关系的间接变量做参数；参数应有具较大的变化灵敏度；被控变量应是独立可控的。

⑥操作变量。用于控制被控变量大小的物理量，是执行单元的输出信号。

操作变量选择时的考虑因素：必须具有可控性，工艺上允许调节；应比其他干扰对被控变量的影响更灵敏；控制通道的放大系数要适当大、时间常数适当小、纯滞后时间尽量小；考虑工艺的合理性和经济性，不宜选择生产负荷作为操作变量，尽可能降低物料及能源消耗。

⑦控制输出。控制器根据偏差信号，按照一定控制规律产生的输出信号。

⑧测量信号。利用测量/变送单元，将被控变量检测并转换成标准信号。

⑨干扰。作用在被控对象上，对被控对象造成较大影响的输入作用。

⑩给定值。是生产过程中所需要保持的被控变量值。由控制器内部设定时，称为内给定；由外部输入到控制器时，称为外给定。

⑪偏差。是设定值与测量信号的差值。

1.3 过程动态特性

1.3.1 动态特性

对于任何过程或环节，当输入变化时，输出会随之发生相应的变化，期间的变化规律称为过程或环节的动态特性。在过程或环节保持平衡状态时，其输出与输入关系称为过程或环节的稳态特性。稳态特性是动态特性的一种极限表现。

1.3.2 方块图

表示控制系统中各个环节或元件的关系，每个环节或元件用方块表示，方块内写明环节或元件的传递函数或名称，带箭头的线段表示信号的传递方向，信号沿箭头方向单向传递。方块图的等效变换见表 1-3-1。

表 1-3-1 方块图的等效变换

序号	原方块图	等效方块图
1	$X(s)$ ⊕(+,+) ⊕(+) $Y(s)$，$X_1(s)$，$X_2(s)$	$X(s)$ ⊕(+) ⊕(+,+) $Y(s)$，$X_1(s)$，$X_2(s)$
2	$X(s)$ → $Y(s)$，$X_1(s)$，$X_2(s)$	$X(s)$ → $Y(s)$，$X_2(s)$，$X_1(s)$
3	$X(s)$ → $G(s)$ → ⊕(±) $Y(s)$，$X_1(s)$	$X(s)$ → ⊕(±) → $G(s)$ → $Y(s)$，$\dfrac{1}{G(s)}$ ← $X_1(s)$
4	$X(s)$ → ⊕(±) → $G(s)$，$X_1(s)$	$X(s)$ → $G(s)$ → ⊕(±) $Y(s)$，$X_1(s)$ → $G(s)$

续表

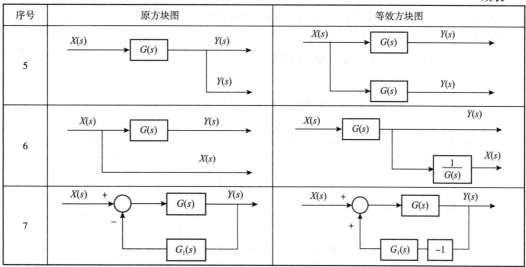

方块图等效变换的原则：

①连续的比较点可任意交换次序；

②连续的分支点可任意交换次序；

③线路上的负号可在线路上前后移动，并可越过某个环节方块，但不能越过比较点和分支点；

④分支点在环节方块前后可移动；

⑤比较点在环节方块前后可移动。

1.3.3　传递函数

传递函数是描述过程或环节动态特性的一种数学表达式，是经典控制理论中最重要的数学模型，能够直观地表示出系统结构、各变量之间的相互关系。

某一过程或环节的传递函数，是由当初始值为 0 时，输出信号的拉氏变换与输入信号的拉氏变换之比来表示。

设输入信号为 $x(t)$，输出信号为 $y(t)$，则它们的拉氏变换分别为 $X(s)$，$Y(s)$，则传递函数 $G(s)$ 为：

$$G(s) = \frac{Y(s)}{X(s)}$$

则：$Y(s) = G(s) \cdot X(s)$

信号关系表示如下：

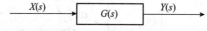

反馈控制系统的传递函数表示如图 1-3-1 所示。

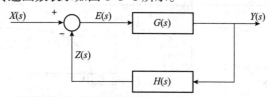

图 1-3-1　反馈控制系统的传递函数示意

图 1-3-1 中：$G(s)$——前向通道传递函数；$H(s)$——反馈通道传递函数。

因为 $Y(s)=G(s)\cdot E(s)$，$Z(s)=H(s)\cdot Y(s)$，$e(s)=X(s)\pm Z(s)$，

故 $Y(s)=G(s)\cdot[X(s)\pm Z(s)]$

$\qquad\qquad =G(s)\cdot[X(s)\pm H(s)\cdot Y(s)]$

$\qquad\qquad =G(s)\cdot X(s)\pm G(s)\cdot H(s)\cdot Y(s)$

$$\frac{Y(s)}{X(s)}=\frac{G(s)}{1\mp G(s)\cdot H(s)}$$

当系统为负反馈时：

$$\frac{Y(s)}{X(s)}=\frac{G(s)}{1+G(s)\cdot H(s)}$$

当系统为正反馈时：

$$\frac{Y(s)}{X(s)}=\frac{G(s)}{1-G(s)\cdot H(s)}$$

典型环节的动态特性、传递函数及应用见表 1-3-2。

表 1-3-2　典型环节的动态特性、传递函数及应用

	环节名称	微分方程	传递函数	阶跃响应曲线（幅值为1）	典型应用与控制作用
自衡环节	比例环节（放大环节）	$y(t)=Kx(t)$ K:比例系数（放大系数）	K		液体流量控制，通风风压控制 I 作用 PI 作用
	一阶环节（一阶惯性环节或单容环节）	$T\dfrac{\mathrm{d}y(t)}{\mathrm{d}t}+y(t)=kx(t)$ T:时间常数 K:比例系数（放大系数）	$\dfrac{K}{Ts+1}$		回流罐温度控制 On-Off 作用 P 作用
	二阶环节（二阶惯性环节或双容环节）	$a\dfrac{\mathrm{d}^2y(t)}{\mathrm{d}t^2}+b\dfrac{\mathrm{d}y(t)}{\mathrm{d}t}+cy(t)=Kx(t)$ a、b、c:常数	$\dfrac{K}{as^2+bs+c}$		温度控制 PI 作用 PID 作用
	一阶纯滞后环节	$T\dfrac{\mathrm{d}y(t)}{\mathrm{d}t}+y(t)=kx(t-\tau)$ T:时间常数 K:比例系数（放大系数） τ:纯滞后时间	$\dfrac{K}{Ts+1}e^{-\tau s}$		自衡性；非振荡性。液位储罐进料阀控制液位场合 PID 作用

续表

	环节名称	微分方程	传递函数	阶跃响应曲线（幅值为 1）	典型应用与控制作用
无自衡环节	积分环节	$T_i \dfrac{\mathrm{d}y(t)}{\mathrm{d}t} = kx(t)$ T:时间常数 K:比例系数（放大系数）	$\dfrac{K}{T_i s}$		锅炉汽包的液位控制 P 作用

1.4　控制作用的分类

1.4.1　连续控制

控制作用是连续进行的，有比例控制（P）、积分控制（I）、微分控制（D），以及比例积分控制（PI）、比例微分控制（PD）、比例积分微分控制（PID）。在实际应用中较多是比例控制（P）、比例积分控制（PI）、比例积分微分控制（PID）。

表 1–4–1 表示了 P、I、D、PI、PD 和 PID 控制作用分别对各种输入扰动的响应。

表 1–4–1　比例、积分、微分及组合控制作用对各种输入扰动的响应

输入\控制方式	阶跃	脉冲	斜坡	正弦
P				
I				
D				
PI				
PD				
PID				

1.4.1.1　比例控制（P 作用）

输出与输入（偏差）大小成比例的控制作用，控制作用如图 1–4–1 所示。

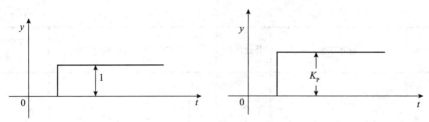

图 1-4-1 比例控制（P 作用）

$$y = K_P \cdot e = \frac{100}{P} e$$

式中 y——输出（操作变量）；

e——偏差；

K_P——比例增益（即输出变化部分与输入变化部分的比）。

另外，将 $100/K_P = P$（%）称为比例度，如图 1-4-2 所示，表示输出在 0~100% 变化范围时所需的输入 e 的变化幅度（%）。在流程工业中，比例度选择的参考范围：压力控制系统为 30%~70%；流量控制系统为 40%~100%；液位控制系统为 20%~80%；温度控制系统为 20%~60%。

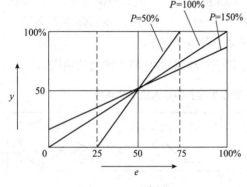

图 1-4-2 比例度

①特点：对偏差的反应快，克服扰动能力强，控制及时，过渡过程时间短。当负荷变化时，就会产生余差；通过减小比例度，可以减小余差值，如果比例度值过小，就会变得不稳定，从而引起振荡。

②适用性：适用于控制通道滞后较小、时间常数不太大、扰动幅度较小，负荷变化不大、控制品质要求不高，允许有余差的场合，如储罐液位、塔釜液位控制以及不太重要的蒸汽压力的控制等。

1.4.1.2 积分控制（I 作用）

输出与输入（偏差）随时间的积分值成正比的控制作用，也即控制器的输出变化速度与输入（偏差）成正比。控制作用如图 1-4-3 所示。

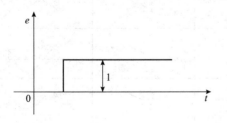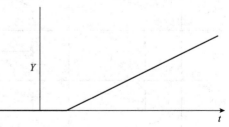

图 1-4-3 积分控制作用

$$y = \frac{1}{T_i} \int e \mathrm{d}t$$

式中 T_i——积分时间。

特点：控制器的输出与输入（偏差）存在的时间有关，只要偏差存在，控制器输出就会变化，直到偏差消除，控制作用才停止，也即积分作用可以消除余差；积分作用的稳定作用比例控制差。

1.4.1.3　比例积分控制（PI 作用）

在实际应用中，很少单独采用积分控制，通常是与比例控制相结合，组成比例积分控制（PI）。比例积分控制（PI 作用）如图 1-4-4 所示。

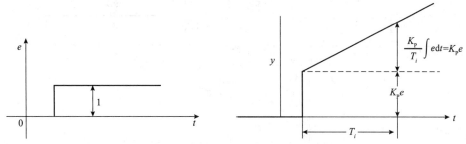

图 1-4-4　比例积分控制（PI 作用）

PI 控制的表达式如下：

$$y = K_P\left(e + \frac{1}{T_i}\int e\mathrm{d}t\right) = \frac{100}{P}\left(e + \frac{1}{T_i}\int e\mathrm{d}t\right)$$

式中　T_i——积分时间；

K_P——比例增益。

特点：在比例作用基础上引入积分作用，调节的结果能消除余差，系统的稳定性变差，振荡周期变长；对于时间滞后大的对象，若积分时间调整不当，会引起调节器输出积分饱和。

防止积分饱和现象的办法：对控制器的输出加以限幅，使其不超过额定的最大值或最小值；限制控制器积分作用的输出，使之不超出限值；积分切除法，即在控制器的输出超过某一限值时，将控制器的调节作用由比例积分自动切换成比例控制状态。

比例积分控制（PI 作用）是使用最多、应用最广的控制作用。

1.4.1.4　微分控制（D 作用）

是输出变化量与输入（偏差）变化速度成正比的控制作用，也即控制器的输出变化速度与输入（偏差）成正比。控制作用如图 1-4-5 所示。

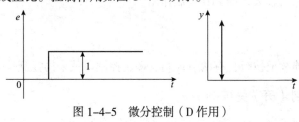

图 1-4-5　微分控制（D 作用）

$$y = T_D\frac{\mathrm{d}e}{\mathrm{d}t}$$

式中　T_D——微分时间。

对于微分控制，不论偏差大小，只要出现变化趋势，控制器即可进行控制，也可称为提前控制；微分控制作用不能消除系统余差；微分控制对恒定不变的偏差没有克服能力，因此微分控制作用不能单独使用，必须与 P 动作及 PI 动作组合使用，引入微分控制作用后，对偏差反应的速度较比例控制作用要快、系统的稳定性增强。

PD、PID 控制作用如图 1-4-6 所示。

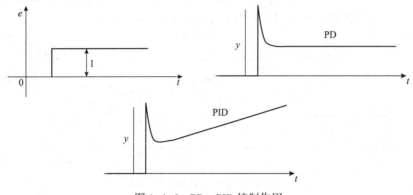

图 1-4-6　PD、PID 控制作用

PD 控制作用：$y=K_\mathrm{p}\left(e+T_D\dfrac{\mathrm{d}e}{\mathrm{d}t}\right)$

PID 控制作用：$y=K_p\left(e+\dfrac{1}{T_i}\int e\,\mathrm{d}t+T_D\dfrac{\mathrm{d}e}{\mathrm{d}t}\right)=\dfrac{100}{P}\left(e+\dfrac{1}{T_i}\int e\,\mathrm{d}t+T_D\dfrac{\mathrm{d}e}{\mathrm{d}t}\right)$

特点：PID 控制综合了各种控制作用的特点，在偏差刚出现时，比例微分先同时起作用，可使起始偏差幅度减小，具有较好的控制性能；合理选择比例度、积分时间和微分时间，能够获得较高的控制品质。

适用性：PD 控制作用适用于过程容量滞后较大的场合；避免在滞后很小和扰动频繁的系统中使用微分控制作用。PID 控制适用于被控对象负荷变化较大、容量滞后较大、干扰变化较强、工艺不允许有余差存在，且控制质量要求较高的场合，如反应器、聚合釜等的温度控制。

各类生产过程常用的控制作用如下：

①液位：一般要求不高，用 P 或 PI 控制作用。

②流量：时间常数小、测量信号中有噪声，用 PI 控制作用。

③压力：液体介质的时间常数小，气体介质的时间常数中等，用 P 或 PI 控制作用。

④温度：容量滞后较大，用 PID 控制作用。

1.4.2　离散控制

控制操作不是连续地执行，有两位控制、多位控制以及采样控制等方式。

1.4.2.1　两位控制（开 / 关控制）

控制输出信号为两个恒定值，响应控制机构仅有开、关两个极限位置，是时间常数长、执行时间短的过程。

1.4.2.2　采样控制

采样控制是控制系统的一部分，与连续控制不同的是控制器的输入和输出均为离散形式信号，是将采样得到的离散信号用于控制动作。若采样周期足够短时，离散的控制形式很接近连续的控制方式。

采样控制的 P、I、D 控制作用如图 1-4-7 所示。

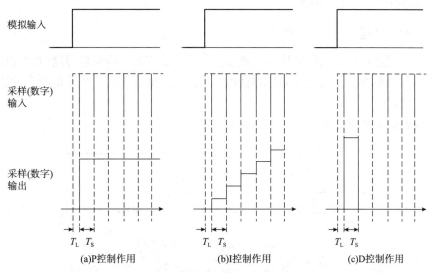

图 1-4-7　采样控制的 P、I、D 控制作用

当采样时间与控制偏差的发生时间存在偏差时，其响应延迟如图中所示的时间 T_L。因此，采样周期 T_S 必须比过程的时间常数小，也必须比主要扰动的周期短。

采样周期 T_S 满足香农采样定理。

在工程整定时，一般按照对象特性选取合适的采样周期，反应快的被控对象选取较短的采样周期；对象滞后较大时，采用较长的采样周期。采样周期的选取范围见表 1-4-2。

表 1-4-2　采样周期的选取范围

控制回路	采样周期 /s	说　明
温度	10~20	常用采样周期 15s。温度变化与物体热容量有关联，温度变化十分缓慢，有延迟
压力	3~10	常用采样周期 5s。压力的变化常与流量、液位等相关，与流量相比变化较慢
流量	1~5	常用采样周期 1s。变化较快，故采用较小采样周期
液位	3~8	常用采样周期 5s。液位变化常与流量累积相关，相对较慢
成分分析	15~30	常用采样周期 20s。成分的变化需要一定的时间反应，故变化相对缓慢

ISA 指南中的采样周期的举例见表 1-4-3。

表 1-4-3　ISA 指南中的采样周期示例

参　数	采样周期 /s
温度	20
压力	5
流量	1
液位	5
成分分析	20

1.5　控制系统的参数设置

1.5.1　控制系统整定

根据控制对象的特性，选择控制器的最优 PID 参数是实施反馈控制系统时要进行的重要工作，该工作称为参数最优整定。

1.5.1.1　过渡过程

当自动控制系统的输入信号从一个稳态变为另一稳态时，输出信号随时间变化而达到稳态响应的过程称为过渡过程（或称过渡响应），也就是系统从一个平衡状态过渡到另一个平衡状态的过程。

一个阶跃输入的过渡过程示例如图 1–5–1 所示。

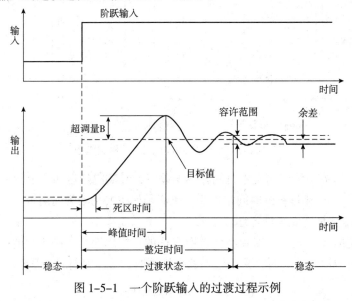

图 1–5–1　一个阶跃输入的过渡过程示例

图 1–5–1 中，各变量定义如下：

①峰值时间（超调时间）：响应曲线达到超调的第一个峰值所需的时间 t_p。峰值时间是反映系统快速性的一个动态指标。

②超调量：响应曲线超出其目标值（稳态值）的最大波峰值 B。

③稳定时间（或回复时间）：从阶跃输入开始，到响应曲线与最终目标值（稳态值）之差，不超过规定允许范围（如 ±5%）时的时间 t_s。稳定时间是反映控制快速性的指标。

④衰减比：响应曲线在同一方向上的两个相邻超调量之比 n。一般用 $n:1$ 表示。衰减比是衡量控制系统稳定性的动态指标，表示振荡过程的衰减程度。当 $n>1$ 时，为衰减振荡；当 $n<1$ 时，为发散振荡；当 $n=1$ 时，为等幅振荡；当 n 趋向无穷大，则为接近非振荡过程。在实际工程应用中，为保持足够的稳定裕度，一般希望过渡过程有 2 个波峰左右，对应的衰减比为 4:1~10:1。

$$n=\frac{B}{B'}$$

余差：响应曲线结束时，新的目标值（稳态值）和给定的目标值之差，其值可正可负，是一个静态质量指标。余差决定控制系统的稳态精度，一般希望余差越小越好，或不超过预先允许的范围。

1.5.1.2　稳定性

在定值控制系统中，如果提高控制系统的灵敏度，其比之前更具有振荡的响应特性，甚至持续振荡，使偏差逐渐扩大，从而造成不稳定的状态。当然，在实际应用中，控制系统必须要稳定，并且不是只要稳定就行，还需要更高的精度（无偏差，响应快），但这两者是相反的。稳定性的状态有以下几种：

稳定状态：也称为衰减振荡状态，被控变量上下波动，振幅逐渐变小，最终稳定在某一数值，如图 1-5-2 所示。

稳定临界状态：也称为等幅振荡状态，被控变量上下波动，振幅保持不变，如图 1-5-3 所示。

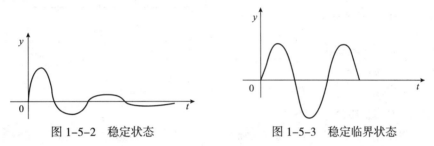

图 1-5-2　稳定状态　　　　　　　图 1-5-3　稳定临界状态

不稳定状态：也称为发散振荡状态，被控变量上下波动，振幅逐渐变大，不能达到平衡状态，如图 1-5-4 所示。

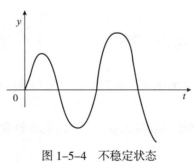

图 1-5-4　不稳定状态

1.5.1.3　控制作用及初始设定值

以通过所采用的工艺过程特性为基础，可基本确定控制作用或 PID 参数的初始设定值。各种工艺过程的特性及控制作用见表 1-5-1、表 1-5-2。

表 1-5-1　各种工艺过程的特性

参　数	特　点	响应速度	传递滞后	死区时间
温度	通常为二阶滞后或多阶	慢或者较慢	中或大	小或大
流量	通常为比例	极快	小	小
压力	通常为一阶滞后	快	非常小	小
液位	通常为一阶滞后	慢或者较慢	小或中	小

13

表 1-5-2 各过程特性的控制作用

控制方式	过程特性												
	时间滞后				干扰（负荷变化）				噪音	自平衡性		响应速度	
	容量滞后		死区时间		大小		速度			有	无	快	慢
	大	小	中	小	大	小	中	小					
两位式	√	△	×	△	×	√	×	√	√	√	√	×	√
I	△	√	×	△	√	√	√	√	√		×		√
P	√	△	△	√	△	√	△	√	√	√	√	△	√
PI	√	√	△	√	√	√	√	√	√	√	√		√
PD	√	√	√	√	√	√	√	√	×	√	√	√	
PID	√	√	√	√	√	√	√	√	△	√	√	√	√

注：√——适用；△——可适用；×——不适用。

PID 参数的初始设定值

①流量控制场合

 PI 控制作用 $P=100\%\sim500\%$ $T_i=5\sim30s$

②液体压力控制场合

 PI 控制作用 $P=100\%\sim200\%$ $T_i=5\sim30s$

③气体压力控制场合

 P 控制作用 $P=0\sim5\%$

④液位控制场合

 PI 控制作用 $P=5\%\sim50\%$ $T_i=0\sim30s$

⑤温度控制场合

 PID 控制作用 $P=100\%\sim1000\%$ $T_i=30\sim300s$ $T_D=0\sim30s$

如果减小 P，则偏差会减小，衰减比变小，系统稳定性变差，过渡过程振荡加大，可能出现发散振荡。

如果 T_i 设置较小，则容易消除余差，会使振荡趋势加剧，甚至会造成发散振荡。

如果减小 T_D，则微分作用减弱，对系统的控制指标无影响或影响甚微。

1.5.1.4 工程整定方法

通常，过程控制系统参数的简单工程整定方法，有经验法、临界比例度法、衰减曲线法和反应曲线法。

a）经验法

是一种经验凑试法，是工程技术人员在生产实践中总结出来并常用的方法。在闭环系统中，根据控制的对象，将控制器的参数按照表 1-5-3 中数据进行设定，然后施加一定干扰，对 P、T_i、T_D 逐个整定，直至出现 4∶1 衰减振荡为止。

表 1-5-3　控制器参数经验数据

被控参数	对象特征	$P/\%$	$T_i/\min$	$T_D/\min$
流量	对象时间常数小，参数有波动，P 要大，T_i 要短，不用微分	40~100	0.3~1	—
压力	对象的容量滞后不算大，一般不加微分	30~70	0.4~3	—
液位	对象时间常数范围较大，要求不高时，P 可在一定范围内选取，一般不用微分	20~80	—	—
温度	对象容量滞后较大，即参数受干扰后变换迟缓，P 应小，T_i 要长，一般需加微分	20~60	3~10	0.5~3

特点：简单方便，易于掌握，能适用于各种系统；在整定时间上不经济。

b）临界比例度法

在系统闭环的情况下，不需要求取被控对象的特性，用纯比例控制作用获得临界振荡数据（临界比例度 P_k、临界振荡周期 T_k），再利用公式求得满足 4：1 振荡过程的参数，如图 1-5-5 所示。

步骤：积分时间置最大，微分时间置最小，比例度置较大数值；给定值施加一个阶跃干扰，减小比例度，直到系统出现等幅振荡（临界振荡）；记录临界比例度 P_k、临界振荡周期 T_k；按照表 1-5-4 的经验公式，计算出控制器的 P、T_i、T_D 整定参数。

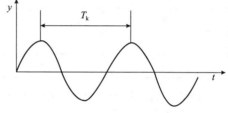

图 1-5-5　临界比例度法

表 1-5-4　临界比例度法参数计算公式

控制方式	$P/\%$	$T_i/\min$	$T_D/\min$
P	$2P_k$	—	—
PI	$2.2P_k$	$T_k/1.2$	—
PD	$1.8P_k$	—	$0.1T_k$
PID	$1.7P_k$	$0.5T_k$	$0.125T_k$

特点：简单方便，容易掌握和判断；整定过程中反复进行振荡试验，必定出现等幅振荡。对于工艺过程中不允许出现等幅振荡的系统，如锅炉给水系统、燃烧控制系统等，不能采用此方法；对于某些时间常数较大的一阶对象，采用比例调节时不可能出现等幅振荡，不能采用此方法。

c）衰减曲线法

类似于临界比例度的整定过程，无须出现等幅振荡，要求出现一定比例的衰减振荡，通常为衰减比 4：1 的衰减振荡过程；在 4：1 的衰减仍不满足时，可采用 10：1 的衰减振荡。衰减曲线法如图 1-5-6 所示。

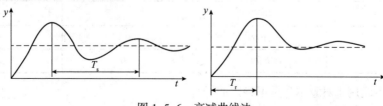

图 1-5-6　衰减曲线法

步骤：积分时间置最大，微分时间置最小，比例度置较大数值；给定值施加一个阶跃干扰，减小比例度，直到出现系统衰减比为4∶1的振荡；记录衰减比例度 P_s、衰减振荡周期 T_s；按照表1-5-5、表1-5-6的经验公式，计算出控制器的 P、T_i、T_D 整定参数。在4∶1的衰减仍不满足时，继续调整比例度，直到出现衰减比为10∶1的振荡，记录比例度 P_r，最大偏差时间 T_r，并计算整定参数。

表1-5-5　4∶1衰减曲线法参数计算公式

控制方式	$P/\%$	$T_i/\min$	$T_D/\min$
P	P_s	—	—
PI	$1.2P_s$	$0.5T_s$	—
PID	$0.8P_s$	$0.3T_s$	$0.1T_s$

表1-5-6　10∶1衰减曲线法参数计算公式

控制方式	$P/\%$	$T_i/\min$	$T_D/\min$
P	P_r	—	—
PI	$1.2P_r$	$2T_r$	—
PID	$0.8P_r$	$1.2T_r$	$0.4T_r$

特点：能适用于大多数的控制系统，应用较为广泛；对于扰动频繁、过程进行较快的控制系统时，确定衰减程度较困难。

d）反应曲线法

是根据被控对象的时间特性，通过经验公式求取整定参数，是一种开环的整定方法。

步骤：将控制器置于手动；给予过程输入一个小的阶跃变化（即控制器输出做阶跃变化）；记录被控变量 y 的变化，在反应曲线的拐点做切线，根据切线与初始值的交点，得到斜率 R，反应曲线法如图1-5-7所示。

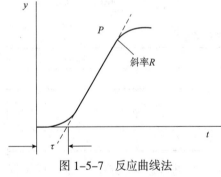

图1-5-7　反应曲线法

$$R=\frac{被控变量变化值（\%）}{时间（\min）}$$

滞后时间 τ：切线与被控变量初始值交点时的时间（min）。

反应曲线法参数计算公式见表1-5-7。

表1-5-7　反应曲线法参数计算公式

控制方式	$P/\%$	$T_i/\min$	$T_D/\min$
P	$100R\tau$	—	—
PI	$110R\tau$	$\tau/0.3$	—
PID	$83R\tau$	2.2τ	0.5τ

特点：不能用于对象本身是不稳定的场合。

1.5.2 控制器作用方向的选择

控制系统中的控制器、执行单元、被控对象、测量/变送单元均有各自的作用方向，在控制系统投运前应注意各个环节的作用方向，以保证整个控制系统形成负反馈。

①作用方向：是指环节的输入变化后，环节输出的变化方向。当输入增加时，输出也增加，则称该环节是"正"作用方向；当输入增加时，输出减小，则称该环节是"负"作用方向。

②测量/变送单元一般均为"正"作用方向；被控对象的作用方向按照工艺过程机理确定；执行单元的作用方向由控制阀的 FC/FO 形式决定；控制器的作用方向是按照整个控制系统形成负反馈来确定。

③注意事项：控制器的正反作用的选择，应根据控制回路中控制阀在工艺流程中所处的位置，以及工艺生产中的安全性要求来综合判断。

1.6 典型控制系统

1.6.1 基本控制系统

是单输入单输出的控制系统，是控制系统的基本形式。单回路控制系统的构成见图 1-2-1。

a）特点

结构简单，控制可靠，较经济，易于整定和投运，基本能保证控制效果，具有广泛的适用性，占控制回路的 85% 以上。

b）适用性

适用于被控对象的纯滞后时间短、容量滞后小、负荷变化较平缓，对被控变量的控制要求不高的场合。

基本控制系统示例如图 1-6-1 所示。

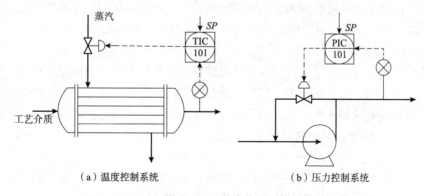

（a）温度控制系统　　　　　（b）压力控制系统

图 1-6-1　基本控制系统示例

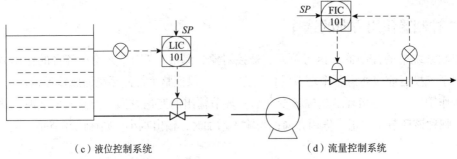

（c）液位控制系统　　　　　　　　（d）流量控制系统

图 1-6-1　基本控制系统示例（续）

1.6.2　复杂控制系统

1.6.2.1　串级控制系统

a）构成

由两个或以上的控制器相串联，一个控制器的输出作为另一个控制器的设定值而构成的系统，如图 1-6-2 所示。串级控制系统是按照其系统结构命名的。

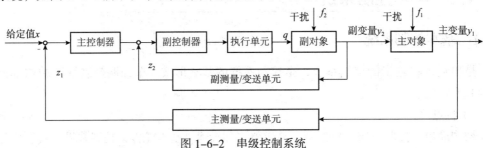

图 1-6-2　串级控制系统

b）特点

能够迅速克服进入副回路扰动的影响；存在的副回路，改善了对象特性，提高工作效率；对负荷变化和操作条件的改变有一定的自适应能力；能够更精确控制操作变量；可以便利进行主、副回路切换，能实现更灵活的操作方式。

c）适用性

主要用于被控对象容量滞后较大、纯滞后时间较长、干扰幅度大、有非线性且负荷变化频繁和剧烈的、被控变量的给定值需要根据工艺情况经常改变的被控过程。

d）主、副回路被控变量的选择

主回路被控变量应选择能最好地反映工艺所需状态变化的变量；副回路应包含主要干扰且尽可能包含更多的干扰，应使主、副对象的时间常数相匹配，应考虑工艺的合理性和经济性。主回路被控变量要求无余差；副回路被控变量允许在一定范围内波动；主控制器应采用 PI 或 PID 控制规律；副控制器可采用 P 或 PI 控制规律。

e）主、副控制器正反作用选择

首先根据控制阀 FC/FO 形式，按照副回路构成负反馈的原则确定副控制器的正反作用方向，其次是再根据主、副被控变量的关系及主回路构成负反馈的原则，确定主控制器的正反作用方向。

串级控制系统示例如图 1-6-3 所示。

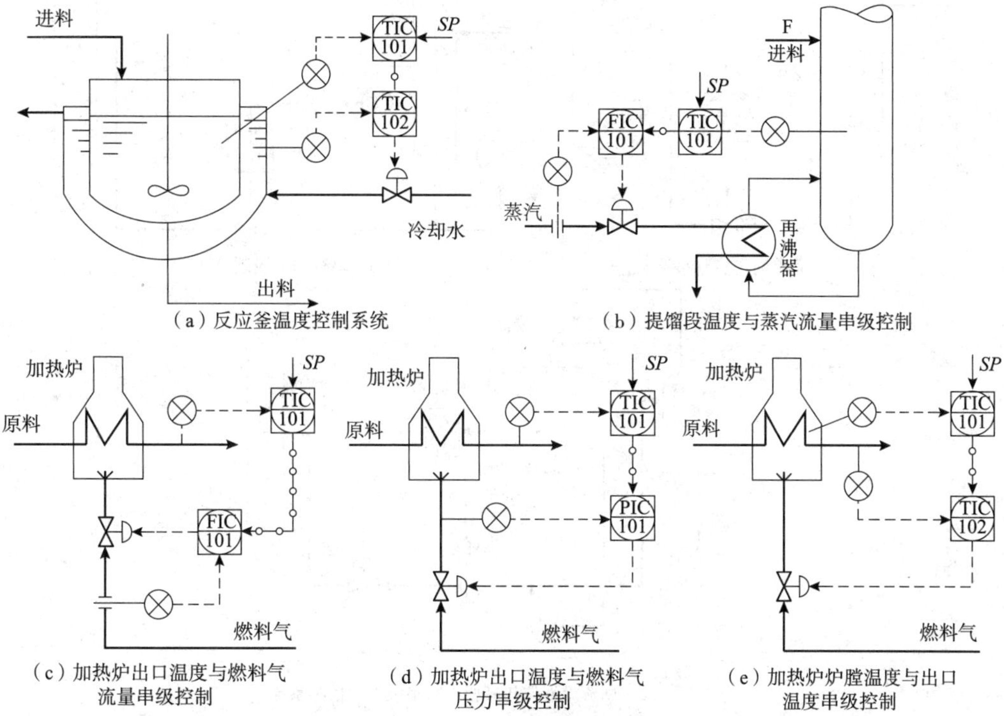

（a）反应釜温度控制系统　　　　　　　（b）提馏段温度与蒸汽流量串级控制

（c）加热炉出口温度与燃料气　　（d）加热炉出口温度与燃料气　　（e）加热炉炉膛温度与出口
　　流量串级控制　　　　　　　　压力串级控制　　　　　　　　　温度串级控制

图 1-6-3　串级控制系统示例

1.6.2.2　均匀控制系统

a）构成

对于前一设备的出料直接用作后续设备进料的工艺生产过程中，解决要求前设备中的液位稳定，又要求后设备进料平稳设置的控制方案。均匀控制系统有简单均匀控制系统；串级均匀控制系统。

b）特点

均匀控制系统把液位、流量统一在一个控制系统中，在系统内部解决工艺参数间的矛盾问题。液位和流量两个前后既有联系又有矛盾的变量都是变化的，且变化是缓慢的，并都应保持在允许的范围内波动。

简单均匀控制系统的控制器，一般采用大比例度的比例作用，是因为均匀控制系统的被控变量允许有一定范围的波动且对余差无要求。

串级均匀控制系统的主、副控制器一般都采用比例作用，只在要求较高时，为防止出现偏差过大并超出允许范围时，适当引入积分作用，一般采用大比例度和大积分时间。

c）适用性

简单均匀控制系统的优点是结构简单、操作、整定和投运较方便；适用于干扰较小，对控制流量要求低，且要求液位和流量都需要兼顾的场合。串级均匀控制系统适用于控制阀前后压力波动较大，或者是液位对象具有较明显的自衡特性，且要求流量较为平稳的场合；与简单均匀控制系统相比，使用仪表较多、投运、维护较为复杂。

均匀控制系统示例如图 1-6-4 所示。

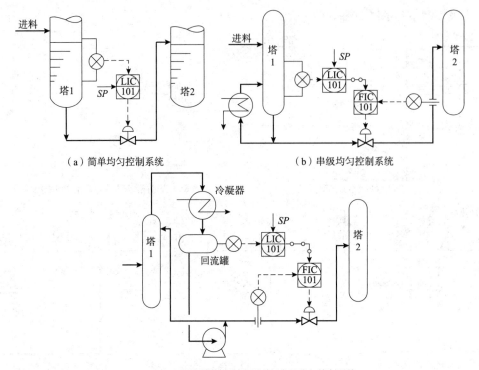

（a）简单均匀控制系统　　　　　　　（b）串级均匀控制系统

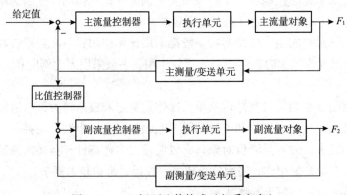

（c）回流罐液位与液相出料串级均匀控制系统

图 1-6-4　均匀控制系统示例

1.6.2.3　比值控制系统

a）构成

是用来实现两个或两个以上物料参数按一定比例关系进行控制，以达到某种控制目标的控制系统。在需要保持比例关系的两个物料中一定有一个处于主导地位，称之为主物料，其流量称为主流量；另一个参数按照主物料参数进行配比，随主物料而变化，称之为副物料，其流量称为副流量。比值控制系统是以功能来命名的。主要有开环比值控制系统、单闭环比值控制系统、双闭环比值控制系统、可变比值控制系统等。

比值控制系统有相乘、相除两类实施方案；一般情况下，宜采用相乘方案。

双闭环比值构成（相乘方案）如图 1-6-5 所示。

图 1-6-5　双闭环比值构成（相乘方案）

b）特点

开环比值控制系统：对副流量无抗干扰能力；该方案仅适用于副流量的管线压力比较稳定，对比值精度要求不高的场合。优点：结构简单、投资少。

单闭环比值控制系统：能实现副流量跟随主流量的变化，且可以克服副流量本身扰动对比值的影响，主、副流量的比值较为精确。该方案结构较简单，仪表投资较少，被大量应用于生产过程控制。缺点：单闭环比值控制系统虽能保持两种物料量的比值一定，但主流量不受控制，当主流量变化时，总物料量会跟随变化，故在总物料量要求控制的场合，单闭环比值系统就不能满足要求。

双闭环比值控制系统：在单闭环比值控制系统的基础上增设主流量控制回路，能够克服主流量干扰的影响，能够实现精确地流量比值关系。优点：升降负荷比较方便，当缓慢改变主流量控制器的给定值就可升降主流量，副流量会主动跟踪主流量的变化，并保持比值不变。缺点：结构较复杂，使用仪表较多，投资较高，投运及维护较烦琐。

可变比值控制系统：可变比值控制系统的比值是变化的，是以比值控制系统作为副回路的串级控制系统。特点是比值系统中所需控制的两种物料的比值随第三个参数变量的需求而发生变化；一般为控制器的输出；具有较强克服副流量回路干扰能力。

c）适用性

①开环比值控制系统：该方案无法控制副流量的波动，比值精度低，已很少在生产过程中使用。

②单闭环比值控制系统：适用于主流量在工艺上不允许或不可进行控制的场合；不适合负荷变化幅度较大、干扰较大的场合。

③双闭环比值控制系统：适用于主流量干扰频繁、工艺上不允许负荷有较大波动或工艺上经常需要升降负荷的场合。

④可变比值控制系统：适用于生产过程中需要由另一个控制器进行调节比值或当采用成分、质量偏差作为控制指标需调节比值的场合。

d）应用注意

①主流量、副流量的选择：将主要物料的流量作为主流量；副流量必须可测且可控；从工艺过程的安全要求来考虑。

②开方运算的应用：在采用差压仪表测量流量时，当被控的比值要求不高且负荷变化不大的场合，可不采用开方运算。

③温度压力补偿：当采用差压仪表测量气体流量时，对温度和压力较高、变化较大、比值控制精度要求高的场合，应对气体流量进行温压补偿。

④主副流量的逻辑提降负荷：在比值控制系统中，副流量的变化始终是落后于主流量。在需要生产负荷经常提降时，且要求在提降过程中主副流量的比值要保持在一定值或有次序要求，应设置相关逻辑提降运算单元。

比值控制系统示例如图 1-6-6 所示。

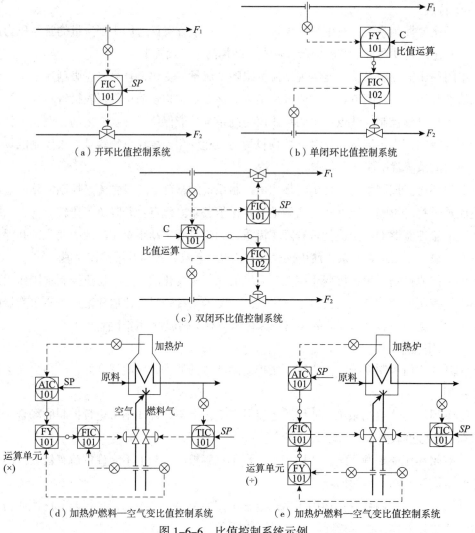

（a）开环比值控制系统　　　（b）单闭环比值控制系统

（c）双闭环比值控制系统

（d）加热炉燃料—空气变比值控制系统　　　（e）加热炉燃料—空气变比值控制系统

图 1-6-6　比值控制系统示例

1.6.2.4　前馈控制

a）构成

控制器直接测量干扰的大小，在干扰未引起被控变量发生变化时，即先按照一定的规律进行控制，补偿干扰对被控变量的影响，使被控变量维持在设定值。前馈控制系统的结构形式有静态前馈、动态前馈、前馈–反馈控制。前馈控制系统的构成如图 1-6-7 所示。

b）特点

前馈控制属于开环控制系统；前馈控制系统按照干扰的大小进行控制，比反馈控制要及时；一个前馈控制只能控制一种干扰；前馈控制系统不能保证被控变量无余差；单纯的前馈控制无被控变量的反馈，无法检验补偿效果；增加投资及维护费用。前馈控制模型精度受多种因素限制，对象特性会受到工况等因素的影响。

①静态前馈是在扰动的作用下，前馈补偿作用只能最终使被控变量回到所要求的设定值，不考虑补偿过程中的偏差大小，不考虑时间因素；实施简单方便。

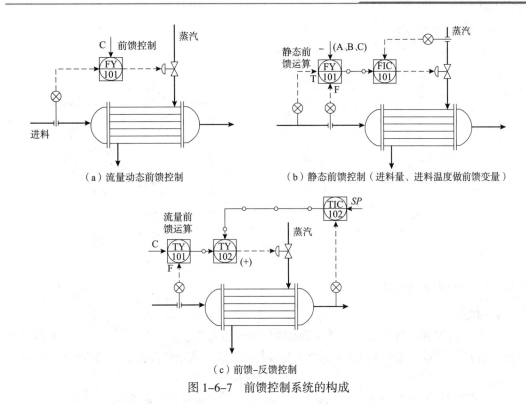

（a）流量动态前馈控制　　　　　　（b）静态前馈控制（进料量、进料温度做前馈变量）

（c）前馈–反馈控制

图 1-6-7　前馈控制系统的构成

②动态前馈是在静态前馈的基础上增加动态补偿环节，分析对象的动态特性，来保证动态偏差在工艺要求的范围内。动态前馈环节一般采用延迟环节或微分环节。

③前馈–反馈控制是因增加了反馈回路，能简化原有前馈控制系统，仅需对主要干扰进行前馈补偿，其他干扰由反馈控制进行校正；能降低前馈控制模型的精度要求，便于工程模型的简化；通过反馈控制补偿了模型随负荷的变化特性，有自适应能力。

c）适用性

主要用于对象滞后较大、由扰动造成的被控变量偏差消除时间长、不易稳定和控制品质差等的场所。若扰动不可测量时，不能采用前馈控制；前馈控制参数设置不合适时，会加大扰动的影响。在控制通道与干扰通道的时间常数相差不大的场合，采用静态前馈控制能获得很好的控制精度。当静态前馈能满足工艺控制要求时，不必选用动态前馈。当控制通道和干扰通道的动态特性差异很大时，必须考虑动态前馈补偿。对象的滞后较大，反馈控制难以满足工程控制要求时，可将主要干扰引入到前馈控制，构成前馈–反馈控制系统；系统中有可测的、不可控的、变化频繁的、幅值较大的，且对被控变量影响较大的干扰时，可采用前馈控制系统改善控制品质。

d）注意事项

扰动变量在选择时，必须可测，工艺上一般不允许对其控制；应选变化频繁、变化幅度较大的主要扰动；对被控变量影响较大，难以用常规反馈控制；工艺需经常改变其数值。

前馈控制的示例如图 1-6-8 所示。

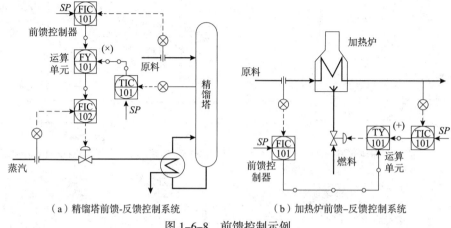

（a）精馏塔前馈-反馈控制系统　　　（b）加热炉前馈-反馈控制系统

图 1-6-8　前馈控制示例

1.6.2.5　分程控制系统

a）构成

是在反馈控制回路中用一个控制器的输出同时控制两个或多个执行单元，每个执行单元的工作范围不同，这种控制系统称之为分程控制系统。典型的分程动作如图1-6-9所示。

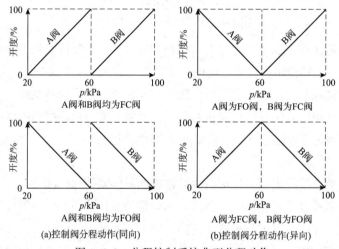

图 1-6-9　分程控制系统典型分程动作

b）特点

每个执行单元在控制器输出的信号段范围内做全行程动作，实现精确的控制规律较为困难；分程一般是由执行单元的电气阀门定位器来实现；根据控制阀的气关（FC）/气开（FO）型式不同，分程动作有区别；控制器的控制规律及正反作用，与单回路控制系统一致。

c）适用性

用于扩大执行单元（控制阀）的可调范围，改善调节品质；两个执行单元（控制阀）能控制不同的工艺介质，能满足工艺操作中的特殊要求；可用作安全生产中的保护措施。

d）注意事项

正确选择控制阀的流量特性；尽可能选择泄漏量较小的控制阀；参数整定时，应同时兼顾两个控制通道的特性。

分程控制系统示例如图 1-6-10 所示。

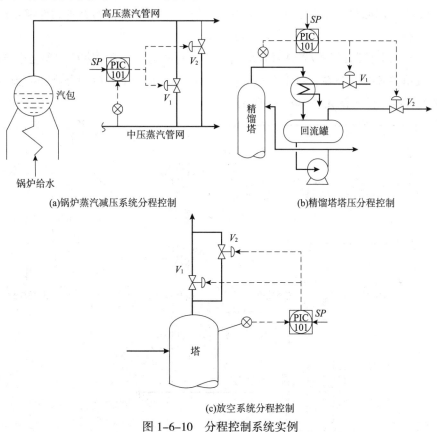

(a)锅炉蒸汽减压系统分程控制　　　　(b)精馏塔塔压分程控制

(c)放空系统分程控制

图 1-6-10　分程控制系统实例

1.6.2.6　选择性控制系统

a）构成

是在控制回路中设置了选择器（高值选择器、低值选择器）的控制系统；将常规控制与逻辑控制相结合，能够增强系统的常规控制、安全控制的能力。为适应不同的生产过程需求，选择器可设置在两个或多个控制器的输出端，对控制信号进行选择；也可设置在两个或多个变送器的输出端，对测量信号进行选择。选择性控制系统又称为取代控制、超驰控制和保护控制。

b）特点

选择性控制系统既能在正常工况下工作，又能够在一些特定的工况下工作。通过在回路构成时将选择器设置在不同环节中，能够在某一工况下参数超出其安全极限时，采用另外控制回路进行替代，使其生产过程保持安全稳定的状态；或能够选择测量参数的最高值、中间值或最低值，用于控制回路的参数测量，保证生产过程安全平稳运行；或能够实现非线性的控制规律等。

c）适用性

对于控制器输出端的选择性控制系统，可用于生产过程的自动开停车、逻辑提降量控制，或用于在生产过程中的控制系统处于非安全情况下的控制系统自动替代的安全保护措施；对于变送器输出端的选择性控制系统，可实现多个变量的高值或低值选择用于控制，也可用于防止仪表故障导致控制失效；可利用选择器对信号的限幅作用，实现非线性函数关系。

d）注意事项

在两个及以上控制器后设置选择器的选择性控制系统中，总是有控制器处于开环等待状态时，其偏差长时间存在，对于有积分作用的控制器必须采取抗积分饱和措施。

选择性控制系统示例如图 1-6-11 所示。

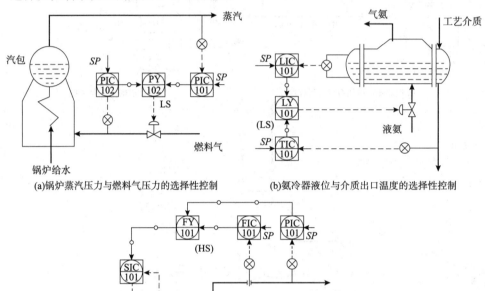

(a)锅炉蒸汽压力与燃料气压力的选择性控制　　(b)氨冷器液位与介质出口温度的选择性控制

(c)压缩机排出流量和压力选择性控制

图 1-6-11　选择性控制系统示例

1.6.3　先进控制系统

1.6.3.1　自适应控制

a）构成

自适应控制系统是一个具有适应能力的系统，能够辨识过程参数与环境条件的变化，并在此基础上自动地校正控制规律。至少由过程信息的测量或估计环节、参数的在线计算环节、控制器参数的在线整定环节组成。主要类型有变增益自适应控制系统、模型参考自适应控制系统、自校正控制系统。

变增益自适应控制系统如图 1-6-12 所示，是对环境条件或过程参数的变化用一些简单的方法辨识出来。特点是系统结构简单、响应速

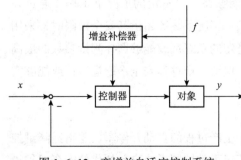

图 1-6-12　变增益自适应控制系统

度迅速、控制算法也较简单。

模型参考自适应控制系统如图 1-6-13 所示，主要用于随动控制，典型的控制系统是参考模型和被控系统并联运行，参考模型表示了控制系统的性能要求。特点是容易实现、自适应速度快。用于对象参数未知或时变，扰动较小的随动和伺服跟踪控制系统中。

自校正控制系统如图 1-6-14 所示，是自适应控制中的一个相当活跃的分支，通常由两个回路组成。用在被控对象特征参数未知或缓慢变化、随机干扰存在的定值控制系统中。

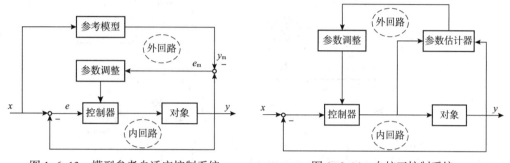

图 1-6-13　模型参考自适应控制系统　　　　图 1-6-14　自校正控制系统

b）特点

过程信息的在线测量或估计，能对过程和环境进行在线监视，并有对测量数据进行分类以及消除数据中噪声的能力；参数的在线计算，具有衡量系统的控制效果好坏的性能指标，并且能够测量或计算性能指标，判断系统是否偏离最优状态；控制器参数的在线整定，具有自动调整控制规律或控制器参数的能力。

1.6.3.2　解耦控制

a）构成

各控制系统间的相互作用相互影响，其中一个控制变量改变同时会引起几个被控变量的发生变化的现象，称之为控制系统的耦合。将相互关联的控制系统转化为相对独立的控制回路，使彼此之间不再相互影响的过程，称之为解耦。典型解耦控制系统如图 1-6-15 所示。

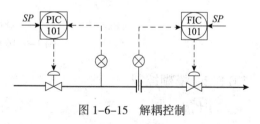

图 1-6-15　解耦控制

b）特点

解耦控制系统的设计原则：充分考虑多变量控制系统的稳定性、非关联性以及准确性原则。自治原则，对于系统之间的关联，设计时应对被控变量和操作变量进行合适配对，使其相对增益尽可能接近 1；解耦原则，在各变量之间有严重关联时，需选择合适的解耦控制方法；协调跟踪原则，将控制系统分解为若干具有自治功能的系统，减小关联，并应对各个自治控制系统进行协调，组成协调控制系统。

c）减少耦合的途径

被控变量和操作变量之间的正确匹配；控制器参数的合理整定，将控制系统的工作频率错开，使控制器的控制作用强弱不同；减少控制回路，将控制器参数整定到极限位置，次要控制回路控制器的比例度取无穷大，使其失去对主要控制回路的关联；串联解耦装置；设置多变量解耦控制器。

d）应用注意

简单解耦时控制器的输出需初始化设置；偏置值的设置，解耦控制系统的实质是前馈补偿控制，多变量解耦应考虑各自的影响，并经代数叠加后作为系统的偏置值；动态耦合的影响，考虑对象的动态特性，可得到动态相对增益；解耦装置需简化。

解耦控制的示例如图 1-6-16 所示。

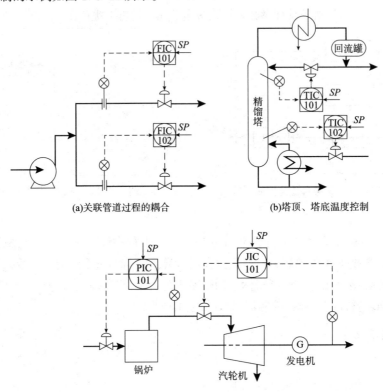

(a)关联管道过程的耦合 　　　　(b)塔顶、塔底温度控制

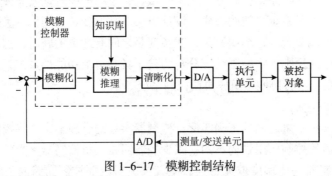

(c)锅炉、汽轮机、发电机控制

图 1-6-16　解耦控制示例

1.6.3.3　模糊控制

a）构成

模糊控制器主要包括模糊化、知识库（模糊规则库）、模糊推理、清晰化（解模糊化）等部分，如图 1-6-17 所示。

图 1-6-17　模糊控制结构

①模糊化模块：将输入的精确量通过定义其在论域上以适当的比例转换为模糊量。

②知识库（模糊规则库）：由数据库、规则库两部分组成；数据库为处理模糊数据提供相关的定义，规则库是由一系列反映了操作经验和专家知识的"If…Then"型控制规则，并用来描述控制目标和策略。

③模糊推理：为模糊控制器的核心，是基于模糊概念，运用模糊逻辑、模糊推理获得模糊控制作用及控制信号。

④清晰化（解模糊化）：将模糊推论得到的模糊值（控制量）转换为明确的控制信号，并作为系统的输入值。分为两步：一是将模糊的控制量经清晰化（解模糊化）转变为有效的明确的清晰量；二是将在论域范围内的清晰量经尺度变换，变换为实际的控制信号。

b）特点

模糊控制是基于规则的控制，且规则是易于理解和接受的"If…Then"规则，不需要被控对象的数学模型；是一种反映人类智慧的智能控制方法；构造容易，模糊控制规则易于软件实现；鲁棒性强。与传统的控制理论相比，具有实时性好、超调量小、抗干扰能力强、稳态误差小等特点。

c）适用性

具有鲁棒性和适应性好的特点，适用于非线性、强耦合、时变及大滞后系统的控制。

1.6.3.4　专家系统

a）构成

专家系统是包含大量的一定领域专家水平的知识和经验，并能采用推理和判断机理来解决专门问题的智能计算机系统，可称为是一个模拟人类专家解决特定领域问题的计算机程序系统。专家系统分为专家控制系统和专家控制器两种主要形式。

1）专家控制系统的典型结构如图 1-6-18 所示。

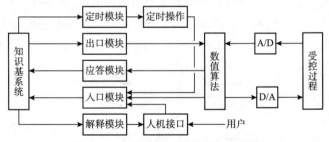

图 1-6-18　专家控制系统的典型结构

出口模块将控制配置命令、控制算法的参数变更值、信息发送请求等从知识基系统送往数值算法部分；入口模块将算法执行结果、检测预报信号、对于信息发送请求的答案、用户命令以及定时中断信号分别从数值算法库、人机接口及定时操作部分送往知识基系统；应答模块传送数值算法对知识基系统的信息发送请求的通信应答信号；解释模块对传送知识基系统发出的人机通信结果进行解释；定时模块用于发送知识基系统内部推理过程需要的定时等待信号，供定时操作部分处理。

2）专家控制器分为直接型专家控制器、间接型专家控制器。

①直接型专家控制器结构如图 1-6-19 所示。

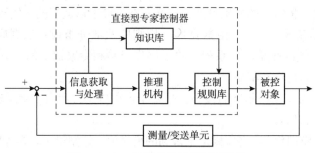

图 1-6-19　直接型专家控制器结构

直接型专家控制器用于取代常规控制器,直接向生产过程或被控对象提供控制信号,且具有模拟人工智能的功能。该类型控制器的任务、功能、知识库及控制规则库相对简单。

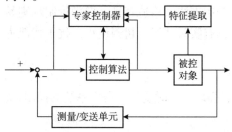

图 1-6-20　间接型专家控制器结构

②间接型专家控制器结构如图1-6-20所示。

间接型专家控制器用于和常规控制器相结合,组成对生产过程或被控对象进行间接控制的智能控制系统;常用于调节常规控制器的参数。

间接型专家控制器能够实现优化、适应、协调及组织高层决策的智能控制,可以在线或离线运行。

b)特点

依靠所包含的知识,采用推理和判断的机理。

c)适用性

专家系统主要应用在控制、工况监测与故障诊断和区域优化、计划和调度方面。用于控制时,是依据负荷、进料、环境和操作情况等因素,决定其控制作用、控制器参数、控制系统类型等;用于工况监测、故障诊断和区域优化时,是依据系统的工作情况以及环境等因素,来判定工况是否正常、工况异常的原因以及进入优良区域的工作情况。

专家系统的示例如图 1-6-21 所示。

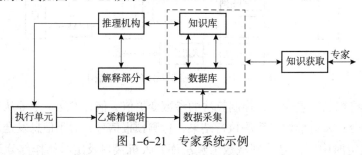

图 1-6-21　专家系统示例

1.6.3.5　间歇过程控制

间歇过程控制是根据半连续、半间歇、全间歇生产过程的控制模型及流程特点要求,采用合适结构的控制系统,来完成生产中工艺参数的监控与操作。

a)间歇过程的控制特点

时变性和非线性,物料及操作参数随时间动态变化,生产过程具有较强的非线性;

过程的不可逆性，生产过程的不可逆、产品质量特性与历史操作相关联以及间歇过程的顺序时段有效性；重复性，间歇过程特有的重复运行特性为生产过程的批次优化控制提供基础；慢速过程，过程的主要时间常数相对较大，处理过程信息及进行较为复杂的计算有足够时间，有利于实现最优化控制。

b）间歇生产过程控制系统的主要控制功能

顺序控制功能、离散控制功能、逻辑控制功能、调节控制功能。

c）间歇过程的顺序逻辑主要表达方式

信息流图，主要由决策点、过程操作、输入输出结构以及生产顺序的符号构成；顺序功能图，是对顺序控制系统的过程、功能、特性采用一种图形符号和文字叙述结合来描述的方法；梯形逻辑图，是逻辑函数的图形化表达方式，采用两条垂直母线和多条母线间的不同路径的标有输入和输出接点的水平线组成的梯级结构，每个梯级可由多个支路组成，最右侧的元素必须是输出接点；二进制逻辑图，是采用"0""1"逻辑状态的元件图形符号来描述逻辑关系、顺序控制等的一种图形化表达方式。

d）间歇过程的选型原则

实用简单，尽可能采用简单的控制系统结构；安全可靠性，选择被实践证实有效的、可靠性高的控制系统结构；经济性，在满足工艺控制要求的前提下的价格较低的控制系统；先进性，具有一定的先进性和可扩展性。

间歇过程控制示例如图 1-6-22 所示。

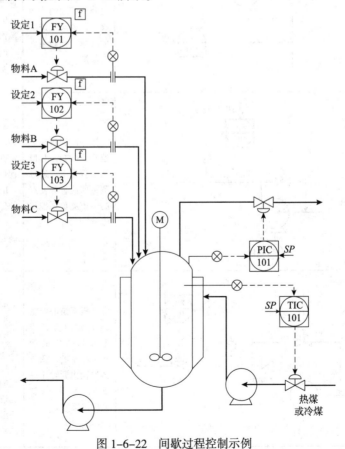

图 1-6-22　间歇过程控制示例

📡 1.7 控制系统举例

表 1-7-1 控制系统示例

控制方案	系统构成简图	控制动作说明	应用注意
离心泵出口流量控制		通过泵出口管线上的流量测量信号来使控制阀动作，从而控制泵出口的流量	a）控制阀设置在不影响节流元件的位置； b）控制阀前后的压差不应小于泵出口压力与控制阀下游稳定处压力之差的一半； c）用于泵不会喘振或汽蚀的场合； d）能量部分消耗在控制阀上，总的机械效率较低； e）不宜在流量低于正常排量的 30% 时使用
蒸汽透平驱动离心泵出口流量控制		通过打开和关闭设置在蒸汽透平入口蒸汽管线的控制阀，调整蒸汽透平的转速，控制泵出口流量	a）经济实用，但由于蒸汽透平的惯性，响应速度很慢； b）供应蒸汽压力和蒸汽凝液压力需恒定； c）用在大功率泵或重要泵的场合
电机驱动离心泵的出口流量控制		控制阀安装在定速驱动的泵出口回流管道上，通过测量回流管分支点的管道流量来控制流量	a）是一个经济的方案，但它可防止大容量泵在预期死区操作时出现烧坏泵的事故； b）总的机械效率较低； c）压差大流量小，控制阀口径较小
旋转类泵的出口流量控制		孔板下游的控制阀 V_1 和回流管线上控制阀 V_2 的动作是相反的，调节器的输出同时作用到 V_1、V_2 来控制泵出口流量	a）确保泵出口安装止回阀； b）在正常操作时，经过 V_1、V_2 的流量应接近 1:1，但在确定 V_2 的口径时，应保证在 V_1 全关的情况下，可回流泵的总排出量

控制方案	系统构成简图	控制动作说明	应用注意
旋转类泵的出口流量控制	 方案二	在控制泵出口流量时，同时利用控制回流来控制泵出口的压力	a）必须在泵出口管线上设置止回阀； b）在确定 V_2 阀的口径时，应考虑当 V_1 关闭情况下，应能通过全部的排出量
旋转风机的出口流量控制		流量较大的情况下，流量通过阀 V_1 控制，流量进一步减小时，保持阀 V_1 开度不变，再通过阀 V_2 控制	注意吸入管线流量不能低于某一临界值
蒸汽透平驱动往复泵的出口流量控制	 方案一	在泵出口设置流量控制，并通过蒸汽透平的蒸汽量来控制泵出口的压力	a）在引压管中采取防止脉冲的措施； b）选择合适的压力控制阀口径； c）适用于要求压力稳定、流量变化较大的场合
	 方案二	通过改变透平驱动蒸汽量，来改变泵的转速，从而控制泵的排出量	a）当孔板下游侧的压力波动小时，采用该方法可以有效进行控制； b）仪表设备投资大约为方案一的 50%； c）适用于要求流量稳定的场合
压缩机的防喘振控制	 方案一	固定极限流量法，压缩机在任何转速下运行时，设定极限流量恒定	a）设定的极限流量恒定； b）使用仪表少，可靠性高； c）适用于固定转速或负荷不经常变化的场所

续表

控制方案	系统构成简图	控制动作说明	应用注意
压缩机的防喘振控制	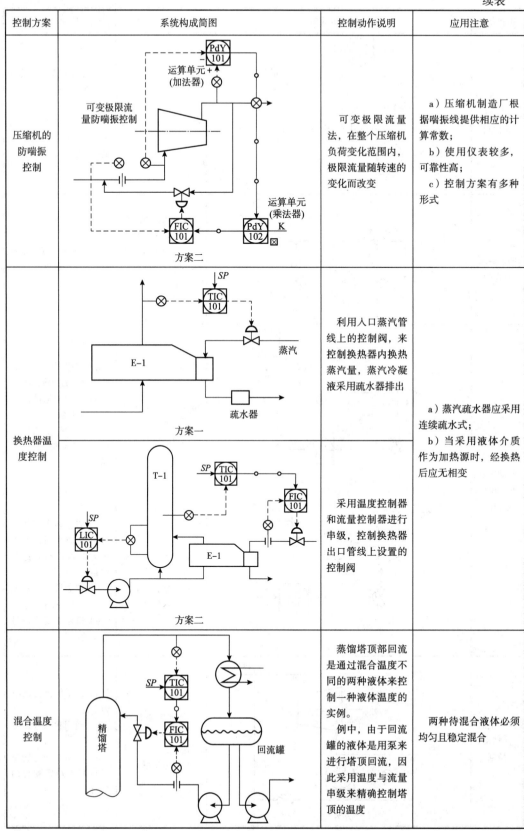	可变极限流量法，在整个压缩机负荷变化范围内，极限流量随转速的变化而改变	a）压缩机制造厂根据喘振线提供相应的计算常数； b）使用仪表较多，可靠性高； c）控制方案有多种形式
换热器温度控制		利用入口蒸汽管线上的控制阀，来控制换热器内换热蒸汽量，蒸汽冷凝液采用疏水器排出	a）蒸汽疏水器应采用连续疏水式； b）当采用液体介质作为加热源时，经换热后应无相变
		采用温度控制器和流量控制器进行串级，控制换热器出口管线上设置的控制阀	
混合温度控制		蒸馏塔顶部回流是通过混合温度不同的两种液体来控制一种液体温度的实例。 例中，由于回流罐的液体是用泵来进行塔顶回流，因此采用温度与流量串级来精确控制塔顶的温度	两种待混合液体必须均匀且稳定混合

控制方案	系统构成简图	控制动作说明	应用注意
压力容器的压力控制	方案一：蒸馏塔顶馏分油收集罐的压力控制	当收集罐内的压力高时，通过控制阀将压力释放到比收集罐低的部分来进行压力控制。 当送入到比收集罐压力高的部分时，必须使用压缩机	a）一种使用压力调节器操作压缩机卸放阀的方法； b）当控制阀安装在压缩机吸入口管线上时，可进行连续控制
	方案二：萃取塔顶的压力控制	在恒定压力下混合或萃取时，使用两个分程范围内的阀控制压力，如果内部压力低于设定值，则打开 V_1 并引入高压气体（此时 V_2 关闭），如果较高，则打开 V_2 并将内部压力释放到外部	a）将两个阀门调整到分程范围时，应留有微小的间隙； b）气液边界的液位控制是必要的
精馏塔的塔压控制	方案一：塔顶精馏气体管线的控制	通过在塔顶到冷凝器的蒸气管线上增加一个控制阀，调节从塔顶蒸馏出的气体或蒸气的量，来控制塔的压力	a）在塔压力较低时使用； b）有必要使阀门的压力损失最小。经常使用蝶阀，但容易发生粘连
	方案二：对冷凝器到回流罐间管线的控制	通过调节到达回流罐的液体量，冷凝器的有效传热面积发生变化，冷凝水量得到调节。这将允许控制塔的压力	控制阀必须安装在冷凝器下方

续表

控制方案	系统构成简图	控制动作说明	应用注意
精馏塔的塔压控制	方案三：冷凝器冷却水量的控制	通过增加或减少冷凝器冷却水，冷凝水量发生变化，液体温度也发生变化。因此，回流罐的平衡压力发生变化，塔压力被间接控制	a) 响应缓慢；b) 容易受到冷却水温度的影响，并且难以精确控制
通过萃取量控制塔底液位		排出量由流量控制，并与液位调节器串级控制	a) 对于高压容器的场合，应注意阀的侵蚀；b) 如果抽出量的压力波动时，应采用串级控制；c) 当有效的利用塔底液体的热量时，也可方便加入流量，进行串级控制
反应器的控制方案	方案一	进料温度控制，通过改变进入预热器（冷却器）的热量（冷量），来改变进入反应器的物料温度	a) 结构简单、投资少；b) 反应器容量大，温度较滞后，应选取最优的测温灵敏点
	方案二	传热量的控制，通过控制进入到夹套传热面的热量（冷量），来引入（移去）反应热	

续表

控制方案	系统构成简图	控制动作说明	应用注意
使用燃料气烧嘴流量控制加热炉出口温度	方案一	设置燃料气压力控制系统，使燃料气烧嘴中的气体压力恒定，且采用加热炉出口温度调节器与燃料气压力调节器进行串级控制	a）设置防回火措施，为防止回火随时引燃烧嘴，或即使压力控制阀接收到全关的信号时，也不能完全关闭并熄火； b）应用在燃料气流量测量困难或燃料气压力频繁波动场所
	方案二	设置燃料气烧嘴总管的流量控制系统，由加热炉出口温度调节器与燃料气总管流量调节器进行串级控制	a）必须采取与方案一相同的防止回火对策； b）优点是可以测量气体流速； c）燃料气流量波动是主要干扰场合
锅炉汽包水位控制	方案一	单冲量液位控制系统，只有汽包水位一个变量	a）结构简单，投资少； b）适用于汽包容量较大、虚假液位不严重、负荷较平稳的场合； c）具有虚假液位的反向特性
	方案二	双冲量控制系统，蒸汽流量作为前馈信号，组成前馈–反馈控制系统	a）克服蒸汽负荷变化的影响； b）适用于给水流量波动较小的场合

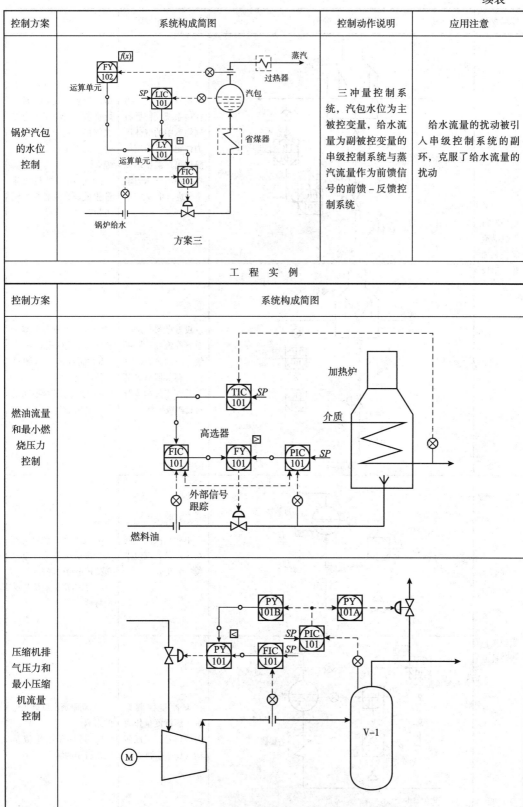

控制方案	系统构成简图	控制动作说明	应用注意
锅炉汽包的水位控制	方案三	三冲量控制系统，汽包水位为主被控变量，给水流量为副被控变量的串级控制系统与蒸汽流量作为前馈信号的前馈-反馈控制系统	给水流量的扰动被引入串级控制系统的副环，克服了给水流量的扰动

工 程 实 例

控制方案	系统构成简图
燃油流量和最小燃烧压力控制	
压缩机排气压力和最小压缩机流量控制	

续表

控制方案	系统构成简图
汽化器的压力控制	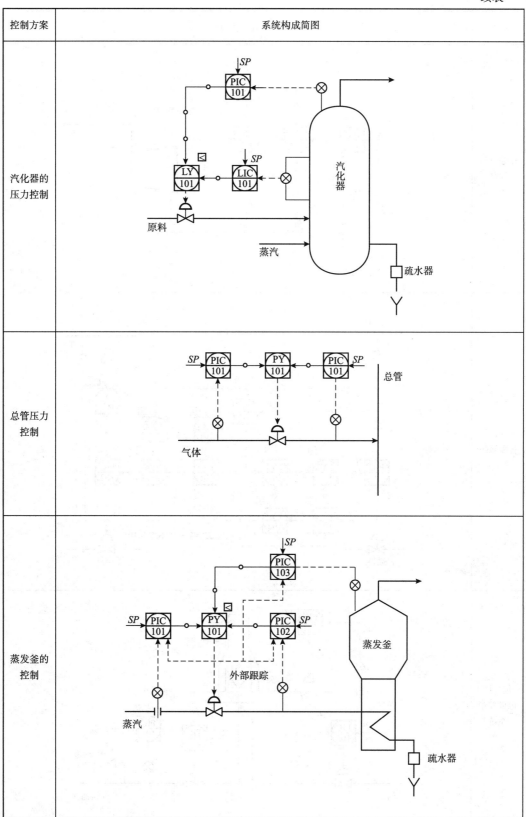
总管压力控制	
蒸发釜的控制	

控制方案	系统构成简图
压缩机的控制	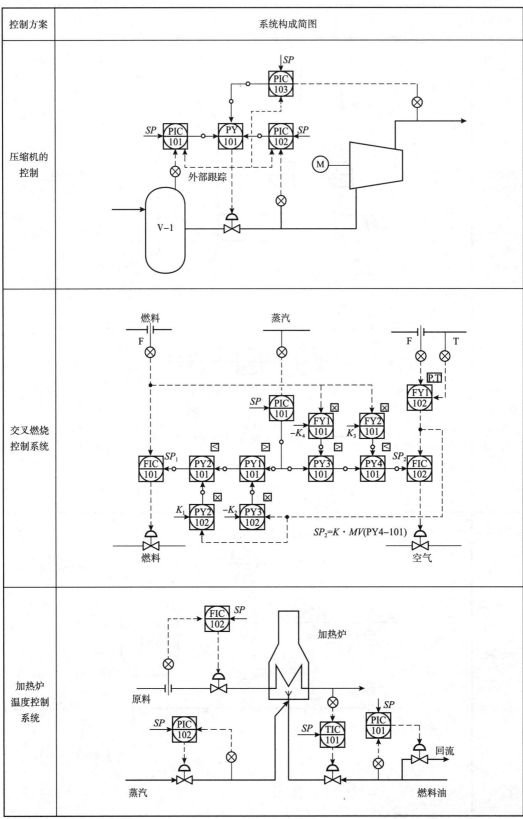
交叉燃烧控制系统	
加热炉温度控制系统	

续表

控制方案	系统构成简图
精馏塔内回流控制	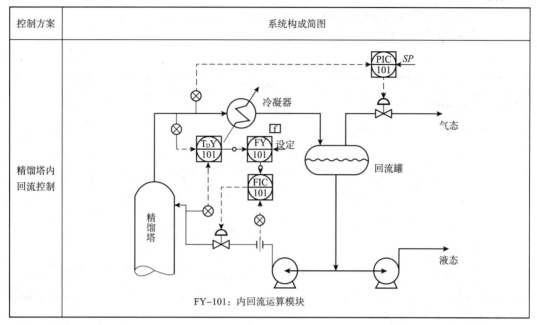 FY-101：内回流运算模块

1.8　信号传输

随着工厂（装置）规模的不断扩大，控制系统的配置变得越来越复杂，集中管控的方式也越来越普遍，因此，就需要将过程变量按照统一的信号格式来进行转换与传输，如图 1-8-1 所示。

过程变量　　　　　　　传输信号

检测单元/变送单元

图 1-8-1

信号是将测量的过程变量（如：温度、压力、流量、液位、组分等），按照一定精度和一定关系，经过转换后形成信息的一种物理表现。

在流程工业的过程控制中，采用的信号类型分别为气动信号、电动信号和光信号。

1.8.1　电动信号的传输要求

作为电动信号，可以测量热电偶的电压、热电阻的阻值变化以及流量、压力、液位等过程参数被转换为标准的电流信号。电动信号分为模拟信号和数字信号，前者为连续信号，后者为离散的、不连续信号，二者之间可以通过 A/D，D/A 转换单元进行转换。

a）流程工业中的信号类型

4~20mA（DC）/1~5V（DC）、4~20mA（DC）+数字信号（如 HART）、数字信号。4~20mA（DC）/1~5V（DC）信号为国际公认的标准模拟信号。现场传输信号为 4~20mA（DC）（或叠加数字信号），控制室内传输信号为 1~5V（DC），信号电流与电压的转换电阻为 250Ω。数字信号的大小采用有限位的二进制数表示。

①信号下限为 4mA，不与机械零点重合，容易识别断电、断路等故障；变送器需要一定的静态工作电流；

②信号上限为 20 mA，是基于安全防爆、功耗等方面的考虑；

③电动信号还有 0~20mA，0~10mA，0~10V，0~5V 等信号，目前已较少使用。

电动信号种类见表 1-8-1 所列。

表 1-8-1　电动信号种类

检测单元 / 变送单元	信号种类	备注
热电偶 热电阻	mV Ω	
压力仪表 流量仪表 液位仪表	4~20 mA（DC）或 4~20 mA（DC）+ 数字信号 （如 HART）	
数字仪表 积算流量计 频率信号	脉冲或离散	
气体检测器	4~20 mA（DC）	三线制
温度开关 压力开关 液位开关 限位开关	接点信号	无源，用于报警、联锁等

b）电动信号的优缺点

1）优点

①适用于计算机类控制系统的测量与控制；

②信号的传输距离长，且信号传输相应速度快、无延迟；

③计算功能构成简单，精度高；

④能够实现多点记录；

⑤仪表小型化，便于集中管理；

⑥可动部件少，在长时间使用时能够保持性能不变；

⑦数字信号受干扰很小，具有高可靠性、高稳定性、高精度。

2）缺点

①电源故障时不能信号传输，需使用 UPS 装置；

②因制造商的不同也会有不同的信号电平；

③易受到电力电缆等引起的电磁干扰；

④在爆炸环境中使用时，必须采用防爆结构。

c）信号线制

主要分为两线制、三线制、四线制。

①两线制是指现场仪表（如变送器）和控制室仪表之间采用两根导线连接，两根导线既是电源线，又是信号线，既节省电缆和安装费用，又有利于安全防爆。

②三线制是指现场仪表（如变送器）电源线的公共端（负端）和信号线的负端共用一根线，相比四线制节省一根导线，故称为三线制。

③四线制是指现场仪表（如变送器）采用两根电源线供电，采用两根导线传输信号至控制室仪表，由此称为四线制。

HART（Highway Addressable Remote Transducer），可寻址远程传感器高速公路通信协议，用于现场智能仪表和控制室设备（如 DCS 等）之间的通信协议。目前，智能仪表信号传输是将 HART 协议叠加在 4~20mA（DC）的模拟信号上，实现智能仪表的信号传输及双向数字通信，二者在同一对导线上传输且互不干扰；仪表的测量信号采用 4~20mA（DC）传输，智能仪表设备的信息、状态、组态、校准、诊断等信息通过 HART 协议进行访问；这种方式处于模拟向纯数字信号传输转变的过渡。通过手持通信终端、仪表设备管理系统（IDM）等对现场的智能仪表进行管理。优点：信号叠加具有兼容性好，额外提供现场设备信息，基本能够满足仪表设备管理系统（IDM）的需求。缺点：数字信号传输速度低，模拟信号的缺点无法避免。

现场总线是连接现场智能仪表与控制系统的数字式、双向传输、多分支结构的一种通信网络。其特点是数字化、分布式、开放性、双向串行传输、互操作性、互用性、节省布线空间、智能自诊断性。优点：数字信号传输速率高；信号多样化；传输信息多；能够实现双向数字通信；控制功能灵活；减少输入 / 输出（I/O）模块；减少信号电缆数量与种类。缺点：技术复杂；维护成本高；不易于维护；种类较多，兼容性较差。

1.8.2　气动信号的传输要求

气动信号是利用洁净压缩空气，将压力、流量以及液位等过程参数转换为可以进行传送的空气压力信号。在世界范围内，气动仪表的标准传输信号范围为 20~100kPa（表压）；欧美等国家通用的标准信号的压力范围为 3~15PSI（表压）。

气动标准信号范围下限定为 20kPa（表压）的原因：可克服气动控制元件在低压力区内的非线性，消除启动时的死区，提高灵敏度；也可容易判断信号管路泄漏故障。

气动信号具有本质安全防爆，气动仪表的结构相对简单，对于操作部分的驱动速度较快等特点，但是，由于空气具有可压缩特性，因此存在信号传输时间滞后的特点，传输距离约在 100m 以内。气动信号传输的动态特征复杂。

气动信号的传输管线一般为 $\phi 6 \times 1mm$；对于距离远而存在传输滞后或者需要快速响应时，气动信号管线尺寸可采用 $\phi 10 \times 1mm$；材质为铜管、不锈钢管或尼龙管等。

气动信号的优点和局限性如下：

a）优点

①结构方面。与电动仪表相比结构相对简单；对不同的测量方法，在信号传输转换机构的相同部件多，维护相对容易。

②故障方面。电动仪表易受到外部电气干扰等因素的影响，气动信号不受影响，抗干扰能力强。

③抗爆性能。使用气动信号时，不需要采用防爆结构，气动仪表特别适用于有危险气体 / 粉尘的场所。

④经济性。气动仪表存在相同结构的部件多，相对简单、价格低。

b）局限性

①传输延迟。变送器与接受仪表之间采用铜管或不锈钢管 / 尼龙管连接，信号管线内径小，压力传递慢，传输滞后是气动类仪表的最大缺点。

②故障。气信号使用空气的清洁程度是造成仪表故障的原因之一。

③气源。电动仪表可以使用电池供电，气动仪表除使用储气罐外无其他措施，导致气动仪表使用范围受限。

与计算机类控制系统配合。电动信号能直接与计算机类控制系统相连接，气动信号需经过气/电转换单元后才能与之相连。

传输管线。气动信号传输时，应充分考虑传输滞后问题，可采取增设气动增压环节或适度增大气动管道直径来解决。

1.8.3　光信号的传输要求

未来自动化领域的发展方向，是控制分散、信息集成、网络化、开放性以及多媒体应用等，因此，越来越需要高速度、大容量、多重化以及高可靠性的信号传输。由于低损耗光纤，以及诸如发光二极管和半导体激光器的光学装置的发展，利用光作为传输手段已经迅速扩展为光纤通信系统。

光纤通信系统具有以下特点：

①低损失（衰减小）。在不使用中继器的情况下，传输距离可达 10km。

②带域宽。可以在 100MHz 到几 GHz 的带域内进行高速的、多路的传输。

③无感应的绝缘体。由于高电压电磁波不会对其产生电磁感应，不会受到电磁干扰和雷电干扰，可以在地电位变化或爆炸性环境下使用。

④直径小、质量轻、寿命长。与同轴电缆相比，截面积和质量比约在 1/10 以下。

⑤质地脆，机械强度差。

⑥光纤的切割与连接需要专用工具和技术。

传输介质的比较见表 1-8-2。

表 1-8-2　传输介质的比较

传输介质	优点	缺点
光纤	能够高速数据通信 不受电磁影响 衰减小、传送距离远、重量轻	成本高 分线、接合较困难 材质为玻璃，易于破损
同轴电缆	相比双绞线的抗干扰力强 传输带域宽	成本相对较高
双绞线	应用时间较长、施工技术成熟 价格低廉	传输带宽受限制 传输速度偏低 易受到噪声的影响
无线传输	安装、移动及变更容易 不受环境限制	易受干扰 信息易被窃取 初期安装费用较高

光纤通信系统构成如图 1-8-2 所示。

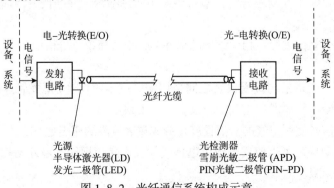

图 1-8-2　光纤通信系统构成示意

⏱ 1.9　误差

1.9.1　误差的种类

误差通常是通过关注误差的性质、形式和仪表的使用条件进行分类。

1.9.1.1　按照误差的性质分类

①系统误差。是指在重复条件下，对同一被测变量进行多次测量所得到的测量结果的平均值与被测变量的真值之差。系统误差是仪表本身缺陷、使用不当和测量时的外界条件变化等原因引起的；系统误差越小，测量就越准确；有规律系统误差是可以修正消除。具有以下规律：恒定的系统误差、误差按照一定的线性规律变化、误差按照某一周期规律变化。

②随机误差（偶然误差）。是指在重复条件下，对被测变量进行测量时，测量值与真值之差。每次测量误差的大小或符号不相同，不可预测，也无法控制，无规律可循；服从统计规律，统计学上呈正态分布。分布特点：对称性、抵偿性、有界性、单峰值。

③疏忽误差（粗大误差）。是由于人为和环境干扰等原因，使得测量结果偏离其实际值所造成的误差。该种误差无意义、可杜绝、可舍去。

1.9.1.2　按照误差的形式分类

①绝对误差（示值误差）。是仪表的指示值和被测值的真值之间的差值。特征是量纲与被测变量相同、具有正负之分。产生因素：测量装置的基本误差、测量条件、测量原理、测量方法及测量者人为因素等。

真值是被测参数的客观存在的真实数值。但无法真正得到，实际应用时，用更高精度的标准仪表所测得的标准值或取多次测量的算数平均值代替真值。

②相对误差。是在测量范围内某一点的绝对误差与标准仪表在该点指示值（真值）之比的百分数，无量纲。

$$相对误差 = \frac{绝对误差}{真值} \times 100\%$$

③引用误差。是描述仪表本身的测量精确程度的参数，等于某一点的绝对误差与测量仪表的量程之比的百分数，无量纲。

$$引用误差 = \frac{绝对误差}{仪表量程} \times 100\%$$

1.9.1.3　按照仪表的使用条件分类

①基本误差。是仪表在规定条件下测量时，允许出现的最大误差，数值上等于最大的引用误差。

$$基本误差 = \frac{最大绝对误差}{仪表量程} \times 100\%$$

基本误差小于等于允许误差。允许误差是在仪表出厂时所规定的允许最大误差。

②附加误差。是仪表不按照规定的使用条件工作时所产生的误差。

$$仪表产生的总误差 = 基本误差 + 附加误差$$

1.9.2 仪表性能指标

1.9.2.1 精度

精度也称精确度，是描述仪表测量结果准确程度的指标。指测量结果与实际值的偏差程度，用百分数表示。

$$精度 = \frac{测量值 - 实际值}{仪表量程} \times 100\%$$

仪表精度等级用来表示仪表的测量准确程度。

1.9.2.2 回差

又称变差，是在外界条件不变情况下，同一仪表对被测变量在仪表全量程范围内进行正、反行程测量时，被测量正反行程所得到的两条特性曲线之间的最大偏差值与量程之比的百分数。原理如图 1-9-1 所示。

$$变差 = \frac{正、反行程测量值的最大绝对差值}{仪表量程} \times 100\%$$

使用时注意仪表的变差不能超出仪表的允许误差。

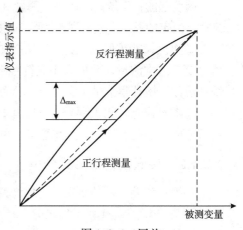

图 1-9-1　回差

1.9.2.3 灵敏度

灵敏度是检测仪表对被测参数变化的灵敏程度。对于模拟仪表而言，灵敏度为指针示值位移与被测参数变化量之比。

$$灵敏度 = \frac{指针示值位移}{被测参数变化量}$$

对于数字式仪表而言，灵敏度就是分辨率，为数字显示器的最低位占总显示数的分数值。

1.9.2.4 响应时间

当仪表对被测量进行测量时，被测量突然发生变化后，仪表指示值经过一段时间才能准确显示出来，这段时间称为响应时间。是用来衡量仪表能否尽快反映出参数变化的品质指标。响应时间长的仪表，不宜用来测量变化频繁的参数。

第2章 温度仪表

2.1 概述

温度测量仪表按测温方式可分为接触式和非接触式两大类。通常来说接触式测温仪表比较简单、可靠，测量精度较高；但因测温元件与被测介质需要进行充分的热交换，需要一定的时间才能达到热平衡，所以存在测温的延迟现象，同时受耐高温材料的限制，不能应用于很高的温度测量。非接触式测温仪表是通过热辐射原理来测量温度的，测温元件不需与被测介质接触，测温范围广，不受测温上限的限制，也不会破坏被测物体的温度场，反应速度一般比较快；但受到物体的发射率、测量距离、烟尘和水汽等外界因素的影响，其测量误差较大。

工厂中大部分温度测量场合均采用接触式仪表，只有在某些测量高温或超高温物体表面温度分布的特定场合才选用非接触式仪表。

常见的温度仪表一览表见表2-1-1。

表2-1-1 温度仪表一览表

测量方式	原理		仪表名称	测量范围/℃	优点	局限性
接触式	热膨胀	固体热膨胀	双金属温度计	−80~500	简单，可靠，示值清楚	精确度较低
		液体热膨胀	玻璃温度计	−100~600	简单，经济，精确度高	易破损，观察不便
			液体压力式温度计	−70~400	测量范围广，安装位置灵活，便于观察	精确度较低，毛细管易损坏
		气体热膨胀	蒸气压力式温度计	−30~200		
			气体压力式温度计	−200~700		
	电阻变化	金属热电阻	铂、铜、镍热电阻	−200~850（铂）	测量准确	振动场合易损坏
		半导体热敏电阻	锗、碳、金属氧化物半导体热敏电阻	−50~150	反应快	安装受限
	热电势变化	廉金属热电偶	镍铬－镍硅、镍铬－康铜、铁－康铜	0~1200（K）0~750（E）	测温范围广，测量准确，不易损坏	需要补偿导线，测量较低温度时电势小（B不需要补偿）
		贵金属热电偶	铂铑－铂、铂铑－铂铑	0~1300（S.R）0~1600（B）		
		难熔金属热电偶	钨铼热电偶	0~2300		

测量方式	原理		仪表名称	测量范围 /℃	优点	局限性
非接触式	辐射	亮度法	光学高温计	700~3200	测温范围广，携带方便	只能目测
		全辐射法	辐射温度计（热电堆）	100~3200	反应速度快，可测高温	构造复杂，价格高
		比色法	比色温度计	0~3200		
		部分辐射法	红外测温仪 光电高温计	0~1500		

2.2 双金属温度计

2.2.1 概述

膨胀式温度计是依据物体热胀冷缩的特性进行测温的，包括玻璃温度计、双金属温度计和压力式温度计三类。

玻璃温度计具有结构简单、使用方便、测量准确、价格低廉的优点。玻璃温度计可用于测量精度较高、振动较小、无机械损伤的场合。主要应用于实验室、化验室、制药等领域，但在石化和化工领域应用较少。

双金属温度计适用于中、低温度测量（−80~500℃），具有防腐耐振、直观易读、安全可靠、结实耐用的优点，配合合适的温度计套管可以应用在有振动或易受冲击的场合。石化和化工领域绝大部分的就地温度测量均采用双金属温度计，配上电接点还可实现温度信号的远距离传输。

本节主要针对石化和化工领域最常用的双金属温度计进行介绍。

2.2.2 原理

基于固体受热膨胀原理，通常是把两片线膨胀系数相对差异很大的金属片叠焊在一起，构成双金属片感温元件（俗称双金属温度计）。当温度变化时，因双金属片的两种不同材料的线膨胀系数相对差异很大而产生不同的膨胀和收缩，导致双金属片产生弯曲变形。

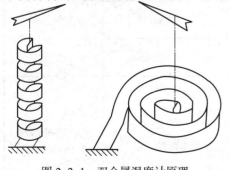

图 2-2-1 双金属温度计原理

双金属温度计是将绕制成螺旋形的热双金属片作为感温器件，并把它装在保护管内，其中一端固定成为固定端，另一端连接在一根细轴上成为自由端，在自由端线轴上连接指针，如图2-2-1所示。当温度发生变化时，双金属元件的自由端随之发生转动，带动细轴上的指针产生旋转，在表盘上指示对应的温度。

2.2.3　种类

按双金属温度计指针盘与保护管的连接方向，可分为如下三类：

轴向型——指针盘与保护管成垂直方向连接，如图 2-2-2 所示；

径向型——指针盘与保护管成平行方向连接，如图 2-2-3 所示；

万向型——指针盘与保护管连接方向可任意调节，如图 2-2-4 所示。

图 2-2-2 轴向型双金属温度计　　图 2-2-3 径向型双金属温度计　　图 2-2-4 万向型双金属温度计

按安装固定形式，可分为：可动外螺纹、固定螺纹、卡套螺纹、卡套法兰、固定法兰。

2.2.4　外形结构

双金属温度计外形结构如图 2-2-5 所示。

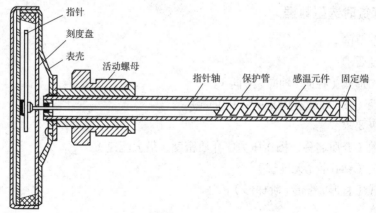

图 2-2-5　双金属温度计外形结构

2.2.5　主要参数

双金属温度计常用的刻度范围有：-80~40 ℃，-40~80 ℃，0~50 ℃，0~100 ℃，0~150℃，0~200℃，0~300℃，0~400℃，0~500℃。

双金属温度计的精度等级有0.25级、0.5级、1.0级、1.5级。工业用温度计一般选用1.5

级。精密测量用温度计选用 0.5 级或 0.25 级。

2.2.6 应用场合

当需要就地显示工艺管道和设备内的介质温度时，优先选用双金属温度计。

2.2.7 优点和局限性

①优点。直观易读，机械强度较好且较为经济。

②局限性。测温范围仅适用于中低温，对于高温和超低温不适用；表盘和测温点一体安装，不适用于无法近距离读数的场合。

2.2.8 注意事项

2.2.8.1 安装位置的选择

①双金属温度计应尽量避免安装在振动剧烈的地方，其安装位置的选择还应兼顾方便观测。

②双金属温度计的表壳直径通常选用 $\phi100mm$，在照明条件较差、安装位置较高或观察距离较远的场所选用 $\phi150mm$。

2.2.8.2 选型应考虑事宜

①仪表测量范围需考虑环境温度。例如，0℃以下的低温测量，仪表测量范围上限值应覆盖环境温度。

②在插入深度大于 2m 时，需与生产厂家联系。

③设计时尽量选择常用的刻度范围。

2.2.8.3 订货时选型数据

测量温度范围。

测量精度要求。

表头结构形式（径向/轴向/万向）。

表头直径（ $\phi60mm$ / $\phi100mm$ / $\phi150mm$ ）。

防护等级要求。

工艺参数（介质名称、操作压力、介质密度、最大流速）。

套管种类（钻孔管/无缝管）。

套管形式（直形/锥形/阶梯形）。

插入深度。

材质要求（壳体材质、套管材质、法兰材质）。

过程连接形式及规格（法兰/螺纹/焊接）。

其他要求。

2.2.9 相关标准

JB/T 8803—2015 双金属温度计

GB/T 25475—2010　工业自动化仪表　术语　温度仪表

JJG 226—2001　双金属温度计

ASME B40.3：2008　Bimetallic Actuated Thermometers

BS EN 13190：2001　Dial thermometers

主要制造厂商：

天津市中环温度仪表有限公司

重庆川仪自动化股份有限公司

安徽天康（集团）股份有限公司

雅斯科仪器仪表（嘉兴）有限公司

2.3　压力式温度计

2.3.1　概述

压力式温度计是利用封闭在固定容积内的液体、气体或低沸点液体的饱和蒸气，受热体积膨胀使压力变化的原理进行温度测量的。

2.3.2　原理

一定质量的液体，在体积不变的条件下，液体压力与温度之间的关系可用下式表示：

$$p_t - p_0 = \frac{\alpha}{\beta}(t - t_0)$$

式中　p_t——液体在温度 t 时的压力；

　　　p_0——液体在温度 t_0 时的压力；

　　　α——液体的体膨胀系数；

　　　β——液体的压力系数。

从公式可以看出，当封闭系统的容积不变时，液体的压力与温度呈线性关系。同理，气体、蒸气的压力与温度间也呈一定的函数关系。

2.3.3　种类

压力式温度计根据充灌的工作介质的不同可分为 3 类：

①液体压力式温度计。充灌的介质为有机液体，如二甲苯、甲醇等。

②蒸气压力式温度计。充灌的介质为低沸点物质，如丙酮、乙醚等。

③气体压力式温度计。充灌的介质多为氮气、带活性炭的氮气。

2.3.4　外形结构及尺寸

压力式温度计的基本结构如图 2-3-1 所示，它是由充有感温介质的温包、传压元件（毛细管）及压力敏感元件（弹簧管）构成的全金属组件，即充灌式感温系统。感温介质有气体、液体及低沸点液体等。测温时将温包置于被测介质中，温包内的感温介质因温度升高体积膨胀而导致压力增大。该压力变化经毛细管传给弹簧管并使其产生一定的形变，然后借助齿轮或杠杆等传动机构，带动指针转动，指示相应的温度。

温包是直接与被测介质相接触来感受温度变化的元件，要求它具有一定强度、较低的膨胀系数、较高的热导率及一定的抗腐蚀性能。

毛细管主要用来传递压力变化。如果毛细管细而长，则传递压力的滞后现象很严重，致使温度计的响应速度变慢。但是，在长度相同的条件下，毛细管越细，仪表的精确度越高。

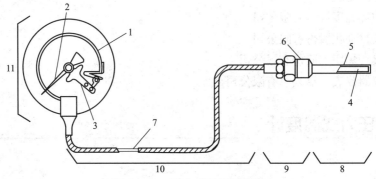

图 2-3-1　压力式温度计结构

1—弹簧管；2—指针；3—机芯；4—感温介质；5—温包；6—连接螺纹；
7—毛细管；8—感温元件；9—连接部分；10—传导部分；11—显示部分

2.3.5　主要参数

压力式温度计的基本参数见表 2-3-1。

表 2-3-1　压力式温度计基本参数

参数及特性		液体压力式温度计 （ASME B40.4　Class 1）	蒸气压力式温度计 （ASME B40.4　Class 2）	气体压力式温度计 （ASME B40.4　Class 3、Class4）
感温介质		二甲苯、甲醇、甘油	氯甲烷、氯乙烷、乙醚、丙酮	氮气、带活性炭的氮气
标度范围 （测量范围）/℃		−70~400	−70~200（−30~200）	−200~700
时间常数 /s		60	15	30
精确度等级		2.5（NB/T 10095）	1.5、2.5（JB/T 9259）	1.0、1.5（JB/T 9259）
表盘刻度		线性	非线性	线性
温包	长度 /mm	100、150、200		100、150、200、300
	插入深度 mm	150、200、250、300、400、500		150、200、250、300、400
	安装固定螺纹	M27 × 2		M33 × 2、3/4NPT
	承压 /MPa	1.6、6.4		
	材料	铜、不锈钢		
毛细管	长度 /m	0.6~5	0.6~16	0.6~25
	材料	铜、不锈钢		
	外保护材料	铜丝编制、不锈钢、塑料		
指示仪表	表壳直径 /mm	60、100、150		
	表壳材料	酚醛、铝合金、不锈钢		
	安装方式	刚性杆，直接安装；毛细管柔性连接，凸装、嵌装、托架安装		
	刻度盘形式	白底黑字、黑底白字、黑体荧光粉字		
工作环境条件及影响		正常工作环境温度为 −10~55℃，相对湿度为 5%~95%		
		环境温度有影响，需要温度补偿	环境温度无影响，不需要温度补偿	环境温度有影响，只充灌氮气、未充灌活性炭需要温度补偿
		大气压力对仪表指示影响小	大气压力对仪表指示影响大	大气压力对仪表指示影响小

2.3.6　应用场合

压力式温度计主要应用于：工艺管道或设备有振动；工艺介质低温；现场环境温度高的场合，无法近距离观察的场合；利用毛细管引至就地仪表盘进行温度显示。

2.3.7　注意事项

压力式温度计适于测量对温包无腐蚀作用的液体、蒸气和气体的温度。使用时应注意以下事项：

①压力式温度计比玻璃水银温度计的时间常数大。在测量时，要将测温元件放在被测介质中保持一定时间，待示值稳定后再读数。

②如果被测介质有较高压力或对温包有腐蚀作用时，应将温包安装在耐压且抗腐蚀的保护管中。

③液体压力式温度计，最好用来测量处于量程范围中间部分的介质温度；而蒸气压力式温度计最好用来测量较测温范围中间部分较高的介质温度。

④安装时毛细管应拉直，且最小弯曲半径不应小于 50mm。每隔 300mm 处最好用轧头固定。

⑤在测量时应将温包全部插入被测介质中，以减少导热误差。需要测量管道和设备表面温度时，可采用表面型气体压力式温度计。

⑥在安装液体压力式温度计时，其温包与显示仪表应在同一水平面，以减少由液体静压力引起的误差。

⑦气体压力式温度计（Class 3）指示精确度会受到环境温度的影响，如果没有内置温度补偿装置，毛细管应该远离温度易变化和易受辐射热的场所。为避免环境温度的影响，可以在弹簧管上装配双金属片，起到温度补偿作用。气体压力式温度计（Class 4）充灌带活性炭的氮气，活性炭有助于放大温度 – 压力关系，可以减小环境温度对精确度的影响。当有直接安装在管道上的需求时，可以选用带有刚性杆的气体压力式温度计，刚性杆的长度要匹配插深尺寸。

⑧压力式温度计配上电接点可以实现温度信号的远距离传输。

2.3.8　相关标准

NB/T 10095—2018　液体膨胀压力式温度计

JB/T 9259—1999　蒸气和气体压力式温度计

JJG 310—2002　压力式温度计检定规程

ASME B40.4：2008　Filled System Thermometers

BS EN 13190：2001　Dial thermometers

主要制造厂商：

雅斯科仪器仪表（嘉兴）有限公司

2.4　辐射式温度计（红外测温仪）

2.4.1　工作原理

红外测温的理论根据是普朗克黑体辐射定律，它定量地给出了不同温度的黑体在各个波长的电磁辐射能量的大小。黑体的表面温度一定，则它发射出某一波长的电磁辐射的能量就一定，通过检测黑体发射出的电磁辐射能量的大小，就可以知道它的表面温度。由于黑体发射的电磁辐射的波长位于红外线范围，因此，把检测黑体发射电磁辐射的测温仪器称为红外测温仪。

2.4.2　外形结构及安装图

2.4.2.1　设备安装

全通径球阀直接与设备预留口连接。窥视管一端与大法兰焊接在一起，并通过大法兰与全通径球阀连接；窥视管另一端（带螺纹）与小法兰连接，并通过小法兰与恒温保护夹套连接。

2.4.2.2　仪表空气连接

由系统过来的仪表空气依次通过空气压力调节器、空气流量调节器后，从入口进入恒温保护夹套，从出口出来后，再从恒温保护夹套上的空气吹扫口依次通过窥视管、全通径球阀、设备预留口进入炉膛。

红外测温仪表安装和仪表空气连接如图 2-4-1 所示。

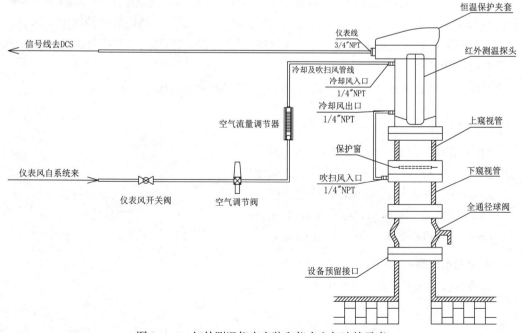

图 2-4-1　红外测温仪表安装和仪表空气连接示意

2.4.2.3 探头装配

红外测温仪探头装配组成如图 2-4-2 所示，将中间环从红外测温仪探头前端套到探头上，然后把前端接口安装在探头前端，扭紧为止。把终端接口从红外测温仪探头后端套到探头上，直到探头与终端接口顶紧为止，这时，让终端接口上的三个螺钉对准红外探头上的三条沟槽，并扭紧螺钉。

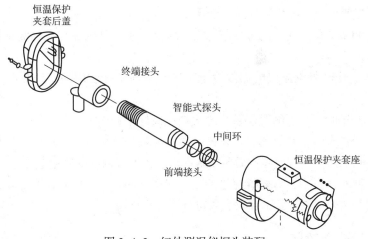

图 2-4-2　红外测温仪探头装配

打开恒温保护夹套后盖，把装配好的红外测温仪探头放入恒温保护夹套内部空腔里，适当用力，直到探头前端的鼻形接头卡进夹套内的橡胶密封圈为止。

2.4.3　操作程序

在设备安装、风线连接、探头装配、信号线连接完成后，红外测温仪系统即可投入使用。

①红外测温仪系统投入使用时的操作程序。首先，通过空气压力调节器把进入恒温保护夹套的仪表风的压力调节至略高于炉内压力（约比炉内压力高 0.01~0.02MPa）；然后，通过流量调节器调节仪表风的流量至流量计测量范围的最大值；最后，打开全通径球阀至全开位置，迅速调节进入恒温保护夹套的仪表风的压力至 0.2MPa，并保持仪表风的流量为流量计测量范围的最大值。

②红外测温仪系统在装置停车时停用或在装置开车过程中停用时的操作程序。首先，通过空气压力调节器把进入恒温保护夹套的仪表风的压力调节至略高于炉内压力（约比炉内压力高 0.01~0.02MPa）；然后，迅速关闭全通径球阀至完全关闭位置，接着，迅速完全关闭进入恒温保护夹套的仪表风；最后，把其中一个连接在恒温保护夹套上的仪表风接口打开，以便内部残留仪表风泄压；完成上述操作程序后，即可打开恒温保护夹套的后盖，取出红外探头，或拆除红外测温仪系统上的其他配件，以便检查、维修、更换等。

③对于在升温前（常温条件下）开始投用的红外测温仪系统，也可以先打开全通径球阀，然后再通入仪表风。在装置停车时，如果在炉内温度降到接近常温条件下才停用红外测温仪时，也可以先停供仪表风，然后再关闭全通径球阀。

2.4.4 注意事项

①红外测温仪系统投用前，必须确保全通径球阀处于完全关闭状态。

②红外测温仪系统运行过程中，不得停供仪表风；完全停供仪表风前，必须首先完全关闭全通径球阀；必须避免因仪表风系统的故障引起炉内高温气体通过设备预留口、全通径球阀、窥视管、恒温保护夹套泄漏。

③来自控制室的信号线必须经过安全栅。

④来自控制室的信号线上的电压应保持 12~24V DC，并确保与红外测温仪探头的正、负极连接正确。

⑤ DCS 组态中红外测温仪的温度设定范围必须与实际选用的红外测温仪测温范围相一致。

⑥在装置开车时，红外测温仪系统的吹扫风最好在炉内酸性气燃烧并产生单质硫之前投用，而在装置停车时，红外测温仪系统的吹扫风最好在炉内不再反应产生单质硫之后再停供，以防止吹扫风投用前或停供后单质硫在设备预留口内部凝固堵塞光路。

⑦在装置开车过程中，需要拆卸红外测温仪系统的任何部件时，都必须首先确保全通径球阀处于完全关闭状态，并确保仪表风也处于停供状态。

2.4.5 订货时选型数据

温度范围：500~2000℃。

光谱范围：2.2μm。

测温精度：测量值的 ±1%。

重复性：测量值的 ±0.5%。

分辨率：1℃。

响应时间：100ms。

发射率：0.10~1.00 可调。

工作电压：24V（DC）。

防护等级：IP65。

防爆等级：Ex ib ⅡC T4。

过程连接：法兰。

仪表风接口：1/4"NPT（F）。

仪表风管线规格：φ6mm×1mm。

2.5 半导体温度计

2.5.1 概述

半导体温度计又称热敏电阻，是利用半导体材料的电阻率随温度变化的性质制成的温度敏感元件。

2.4.2　原理

PTC 热敏电阻是一种以钛酸钡为主要成分的高技术半导体功能陶瓷材料，当温度在居里温度（NAT）附近时，其阻值发生阶跃变化。典型的 PTC 热敏电阻的电阻 – 温度特性曲线如图 2-5-1 所示。

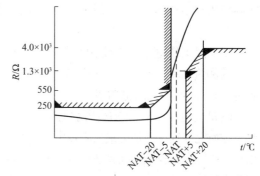

其中，NAT 表示 PTC 热敏电阻的响应温度，由其本身的物理特性决定。在温度达到居里温度之前，热敏电阻的电阻值受温度的影响很小，当达到居里温度时，

图 2-5-1　典型的 PTC 热敏电阻电阻 – 温度特性曲线

其阻值发生阶跃性增长，超过热敏电阻配套的继电器的温度阈值，继电器的触点发生跳变，从而转换成接点信号送到控制系统或电气控制回路。

温度阈值是指保护继电器在接收到 PTC 热敏电阻的信号后跳变的阻值。该阻值不是一个定值，而是一个区间。

2.5.3　种类

热敏电阻按其温度特性可分为负温度系数热敏电阻（Negative Temperature Coefficient，NTC）、正温度系数热敏电阻（Positive Temperature Coefficient，PTC）和临界型热敏电阻（Critical Temperature Resistor，CTR）三类。

① NTC 型热敏电阻的温度系数是负的，电阻值随着温度的升高而减小，从超低温到超高温都有相应的产品选择。

② CTR 型热敏电阻的温度系数也是负的，其特点是在某个温度范围内阻值急剧下降。CTR 型热敏电阻的测温范围为 0~150 ℃。

③ PTC 型热敏电阻的温度系数是正的，电阻值随着温度的升高而增加，PTC 型热敏电阻的测温范围为 –50~150 ℃，广泛应用于电气产品中，起到过流保护、电机自启、恒温加热等作用。

2.5.4　主要参数

①标称阻值。标称阻值指环境温度为 25 ℃时热敏电阻器的实际电阻值。

②实际阻值。实际阻值指在一定的温度条件下所测得的热敏电阻器的电阻值。

③材料常数。材料常数是一个描述热敏电阻材料物理特性的参数，也是热灵敏度指标，值越大，表示热敏电阻器的灵敏度越高。应注意的是，在实际工作时，此值并非一个常数，而是随温度的升高略有增加。

④电阻温度系数。电阻温度系数是指温度变化 1 ℃时的阻值变化率，单位为 %/℃。

⑤时间常数。热敏电阻器是有热惯性的，时间常数就是一个描述热敏电阻器热惯性的参数。它的定义为：在无功耗的状态下，当环境温度由一个特定温度向另一个特定温度突然改变时，热敏电阻体的温度变化了两个特定温度之差的 63.2% 所需的时间。时间常数越小，表明热敏电阻器的热惯性越小。

⑥额定功率。在规定的技术条件下，热敏电阻器长期连续负载所允许的耗散功率。在实际使用时不得超过额定功率。若热敏电阻器工作的环境温度超过 25℃，则必须相应降低其负载。

⑦额定工作电流。热敏电阻器在工作状态下规定的名义电流值。

⑧测量功率。在规定的环境温度下，热敏电阻器受测试电流加热而引起的阻值变化不超过 0.1% 时所消耗的电功率。

⑨最大电压。对于 NTC 热敏电阻器，是指在规定的环境温度下，不使热敏电阻器引起热失控所允许连续施加的最大直流电压；对于 PTC 热敏电阻器，是指在规定的环境温度和静止空气中，允许连续施加到热敏电阻器上并保证热敏电阻器正常工作在 PTC 特性部分的最大直流电压。

⑩最高工作温度。在规定的技术条件下，热敏电阻器长期连续工作所允许的最高温度。

⑪开关温度。热敏电阻器的电阻值开始发生跃增时的温度。

⑫耗散系数。温度增加 1℃时，热敏电阻器所耗散的功率，单位为 mW/℃。

2.5.5　应用场合

热敏电阻适用于测量反应速度快的场合。

2.5.6　优点和局限性

①优点。PTC 热敏电阻对特定温度的敏感性和响应速度远优于铂热电阻；PTC 热敏电阻抗干扰能力强，线路中附加电阻的干扰可以忽略不计；从原理上看，PTC 热敏电阻为故障安全的，当传感器或线路断路时，立刻使继电器失电，从而使系统处于安全的状态。

②局限性。阻值与温度的关系为非线性；元件的一致性差，互换性差；除特殊高温热敏电阻外，绝大多数热敏电阻仅适合 0~150℃范围的温度测量，使用时必须注意；PTC 热敏电阻通用性差，需配套特定的继电器才能接入 DCS 控制系统或电气回路中。

2.5.7　相关标准

JJF 1379—2012　热敏电阻测温仪校准规范

主要制造厂商：

安徽天康（集团）股份有限公司

2.6　热电阻

2.6.1　概述

当导体温度上升时，内部电子热运动加剧，导体的电阻值增加；反之则电阻值减小。所以，导体的电阻值与温度成正比。热电阻测温就是基于金属导体的电阻值随温度变化而变这一特性来进行测量的。

虽然大多数金属导体的电阻值会随温度的变化而变化，但是它们并不都能作为测温用的热电阻。一般要求制作热电阻的材料具有较大的温度系数、稳定的物理化学性质、较大的电阻率、好的复现性等特性。目前应用最多的热电阻金属材料有铂、铜和镍，制成相应的热电阻。常用热电阻的技术性能见表 2-6-1。

表 2-6-1　常用热电阻技术性能

名称	分度号	电阻比 R_{100}/R_0	R_0（0℃时的电阻值）/Ω	测量范围 /℃	主要特点
铂热电阻	Pt100	1.385 ± 0.001	100 ± 0.059	$-200{\sim}850$	测量精度高，抗氧化性好，稳定性好，可作为基准仪器
	Pt1000	1.385 ± 0.001	1000 ± 0.59	$-200{\sim}300$	
铜热电阻	Cu100	1.428 ± 0.002	100 ± 0.1	$-50{\sim}150$	灵敏度更高，价格低廉，但体积大，机械强度较低且易被氧化
镍热电阻	Ni100	1.617 ± 0.002	100 ± 0.1	$-70{\sim}180$	灵敏度高，稳定性好，温度超过300℃时，电阻变化为非线性关系

注：API RP 551-2016 中建议热电阻实践温度的测量范围为 -200~450℃。
　　铜和镍热电阻的精度和线性度有限且温度范围相对较窄，在流程工业不通用。

2.6.2　原理

热电阻是根据热电阻阻值与温度呈一定函数关系的原理实现温度测量的。一般工业用的铂电阻可以用下式表示：

$$R_t = \begin{cases} R_0(1+At+Bt^2), & 0℃ \leqslant t < 850℃ \\ R_0\{1+At+Bt^2+C\left[t^3(t-100)\right]\}, & -200℃ < t < 0℃ \end{cases}$$

式中　R_t——为温度在 t℃时铂电阻的电阻值；

　　　　A——常数，$A=3.9083 \times 10^{-3}$；

　　　　B——常数，$B=-5.775 \times 10^{-7}$；

　　　　C——常数，$C=-4.183 \times 10^{-12}$。

从热电阻的测温原理可知，被测温度的变化是通过热电阻阻值的变化来检测的。因此，热电阻体的引出线等各种导线电阻的变化会给温度检测带来影响。为消除引线电阻的影响，一般采用三线制或四线制。

三线制通常与惠斯通电桥配套使用来消除引线电阻所引起的误差，是工业上最常用的接线方式。

三线制接线原理如图 2-6-1 所示，电源通过 C 线接入测量桥路，这时电路就可以等效为右图。从右图得知，A 线和 B 线的线路电阻 r 被分别连接到上下桥臂中，这两根导线的长度一样，即电阻相同，从而达到了消除线路电阻的影响。

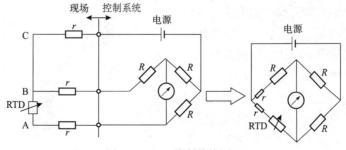

图 2-6-1　三线制接线原理

四线制是在热电阻的根部两端各连接两根导线，其中两根引线为热电阻提供恒定电流，从而把电阻信号转换成电压信号，再通过另两根引线把电压信号引至二次仪表。这种引线方式可完全消除引线的电阻影响，主要用于实验室等高精度的温度测量。

2.6.3 种类

根据测温元件的材质不同，可分为铂电阻、铜电阻、镍电阻。

根据接线形式的不同，可分为二线制、三线制、四线制。

根据加工技术的不同，可分为装配式热电阻和铠装热电阻。

2.6.4 外形结构

①装配式热电阻。装配式热电阻由热电阻体、绝缘材料、保护管组成。

连接电阻体引出端和接线盒之间的线称为内引线，位于绝缘套管内，其材料与电阻丝相同（铜电阻）或与电阻丝的接触电势较小（铂电阻用银线做引线，高温时用镍线），以免产生附加电势。为了减小引线电阻，引线的线径要比电阻丝的大。

铂热电阻作为测温元件的缺点是抗振性能差，容易出现瓷珠破裂使绝缘能力降低，由于振动容易造成测温元件断路，测温元件不能做的很长。

②铠装热电阻。铠装热电阻由热电阻体、绝缘材料和金属套管三者经拉伸加工而成的坚实组合体，如图 2-6-2 所示。套管材料一般为不锈钢或镍基合金等。热电阻体与金属套管之间填满了绝缘材料的粉末，常用的绝缘材料有氧化镁、氧化铝等。

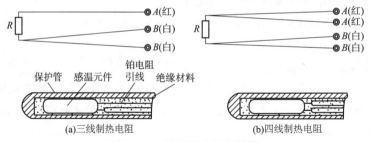

图 2-6-2　铠装热电阻的结构

铠装热电阻的铠装芯直径小、易弯曲、热惯性小、抗振性能好。除了外径有限制（直径≥2mm 以上），其他的优点同铠装热电偶。

③端面热电阻。端面热电阻的感温元件由特殊处理的材料绕制而成，紧贴温度计端面，热惯性小，适合测量机件端面温度。端面热电阻结构如图 2-6-3 所示。

④轴承轴瓦测温温度计。轴承轴瓦测温温度计主要用于机组推力和径向轴承温度测量以及电机定子测温等，测温元件埋入设备预制的孔内，由引出线接至接线盒，其结构如图 2-6-4 所示。测量的目的是为了监视机

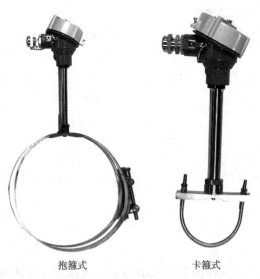

抱箍式　　　　卡箍式

图 2-6-3　端面热电阻

组温度，防止机组过热保护机组，测量场合振动较大，因此测温元件选用双支，可配合温度变送器检测开路报警信号，提供维护信息，避免误停车。

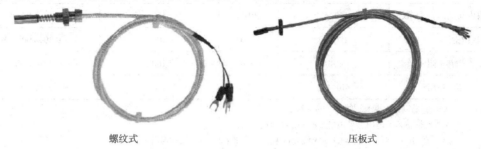

螺纹式　　　　　　　　　　　　　　　　压板式

图 2-6-4　轴承轴瓦测温温度计

⑤抗振型热电阻（薄膜测量元件）。薄膜元件通过在陶瓷基材上沉积一层迷宫式图案的纯铂薄膜制成。然后，通过高温退火工艺稳定传感器，并将其调节到正确的 R_0 值。该紧凑型传感器随后被封装在薄玻璃釉中。连接引线处进行更结实的封装以提供机械防护并防潮。抗振型热电阻结构如图 2-6-5 所示。由于尺寸小、质量轻，传感器对振动的耐受性比普通铠装热电阻更高。

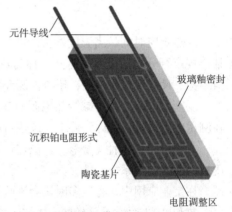

元件导线

玻璃釉密封

沉积铂电阻形式

陶瓷基片

电阻调整区

图 2-6-5　薄膜测量元件

2.6.5　接线图

热电阻接线原理如图 2-6-6 所示，实物接线如图 2-6-7 所示。

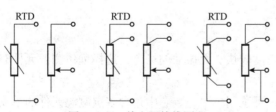

图 2-6-6　热电阻接线原理

图 2-6-7　热电阻实物接线

2.6.6　主要参数

①分度号与标称电阻值。工业铂热电阻、铜热电阻在 0℃时的标称电阻值及分度号见表 2-6-2。

②温度测量范围及允许偏差。允许偏差即热电阻实际的电阻值与温度关系偏离分度表的允许范围。常用工业铂、铜、热电阻的温度测量范围及以温度表示的允许偏差 E_t 见表 2-6-2。

表 2-6-2　常用标称电阻值及分度号

热电阻名称		测量范围 /℃	分度号	0℃的标称电阻值 R_0/Ω	$E_i/℃$
铂热电阻	A 级	−100~450	Pt100	100	±（0.15+0.002|t|）
铂热电阻	B 级	−196~600	Pt100	100	±（0.30+0.005|t|）
铜热电阻		−50~150	Cu100	100	±（0.30+0.006|t|）
镍热电阻		−70~180	Ni100	100	±（1+0.01|t|）

注：1. 表中 |t| 是以摄氏度表示的温度的绝对值。

2. A 级允许偏差不适用于采用二线制的铂热电阻。

3. 对于 R_0=100.00 Ω 的铂热电阻，A 级允许偏差不适用于 $t > 650$℃的温度范围。

4. 二线制热电阻偏差的检定，包括内引线的电阻值。对具有多支感温元件的二线制热电阻，如要求只对感温元件进行偏差检定，则制造厂必须提供内引线的电阻值。

③热响应时间。当温度发生阶跃变化时，热电阻的电阻值变化至相当于该阶跃变化的某个规定百分比所需要的时间，称为热响应时间，通常以 τ 表示。热电阻的响应时间不仅与结构、尺寸及材质有关，还与被测介质的表面传热系数、比热容等工作环境有关。

④额定电流。为了减少热电阻自热效应引起的误差，对热电阻元件规定了额定电流。在测量电阻值时，允许元件中连续通过的最大电流称为额定电流，一般为 2~5mA。

⑤热电阻稳定性（漂移）。稳定性与传感器漂移量相关，是传感器原始电阻曲线与使用后的曲线的关系。

在工业应用中，有很多因素会影响铂热电阻的稳定性：

热和机械应力会导致铂的晶体结构发生物理变化，从而导致正常电阻与温度曲线变形。

涉及铂和杂质的化学反应以及内部材料的迁移也可能会影响传感器输出。

绝缘电阻退化所导致的分流效应也是一个影响稳定性的因素。

在较高温度下工作会提高上述因素反应速度，导致热电阻漂移增大。在较高温度下工作会显著增大漂移率。例如，在 500℃（932 ℉）时，工作 1000h 后漂移可能会达到 0.35℃。

2.6.7　应用场合

温度测量精确度要求较高、反应速度较快、无振动的场合，选择远传测温元件时优先选用热电阻。

当需要测量设备内的多点温度时，可选用单个铠装芯中包含多点测温元件的单支多点结构，或采用多个铠装芯的多支结构。

测量管道或设备的外壁温度时采用表面热电阻。

在测量机组的轴承温度或电机的定子、轴承温度时，采用埋入式轴承轴瓦测温温度计。

2.6.8　优点和局限性

热电阻和热电偶的性能比较见表 2-6-3。

表 2-6-3　热电阻和热电偶的性能比较

参数	热电阻（RTD）	热电偶（TC）
测温范围	更常用于低温和中高温测量，A 级测温范围为 -200~650℃	更适用于高温测量，最高温度可达 1600℃
精度	高	低，取决于热电偶的类型和测量范围
响应速度	相对慢	相对快，取决于传感器的尺寸
抗振性	普通热电阻的抗振性较差，而测温元件采用薄膜式设计时具有良好的抗振性	直径较大的金属丝具有良好的抗振性
长期稳定性	好，温度越高稳定性越强 漂移典型值为 ±0.05℃（每 1000h，≤300℃）	差，很大程度上取决于热电偶的类型、金属丝质量和工作温度。 漂移典型值为 ±2℃ 至 10℃（每 1000h）

①优点。热电阻测量精度高，尤其在负温区具有比热电偶更高的测量精度；热电阻输出信号大，灵敏度高；无须参考点，温度值可由测得的电阻值直接求出；输出线性好，只用简单的辅助回路就能得到线性输出，显示仪表可采用均匀刻度。

②局限性。普通热电阻的抗机械冲击与振动的性能差；元件的结构复杂、尺寸较大，因此热响应时间长，不适宜测量体积狭小和温度瞬变区域。

2.6.9　注意事项

2.6.9.1　选型

一般情况下，测温元件要安装在温度计套管中，温度计套管可由制造厂成套提供，特殊情况下，也可由工艺管道或设备提供。当工艺管道或设备提供温度计套管时要注意套管内径与铠装芯外径的匹配，温度计套管和铠装芯之间的间隙越小，温度测量的滞后就越小，测量越精确，但过小的间隙会提高设备的加工精度要求和增大现场安装的难度。

在条件允许时，测温元件可以在不使用热套管的情况下直接浸入到过程中以缩短响应时间，这种情况很不常见。

在测量机组的轴承温度或电机的定子、轴承温度时，由于现场工况条件恶劣且无法在不拆卸设备的情况下更换传感器，因此许多供应商和用户选择双元件热电阻，还有一些采用薄膜式热电阻，薄膜式热电阻抗振性更强，使用寿命更长。

2.6.9.2　安装位置

同一管段上既有温度测量又有压力、流量测量时，测温元件应安装在压力、流量测量元件的下游侧，且测温元件应位于流量计直管段之外。

测温元件用于减温器的减温水量调节时，应安装在减温器下游侧一段直管段之后，具体长度由减温器型式和蒸汽流速决定，以确保减温器后的减温水和蒸汽能混合均匀。

2.6.9.3　安装方式

工业装置中常用的测温元件的安装方式有：螺纹连接头固定安装、焊接连接安装、法兰固定安装。还有一些特殊安装方式详见《自控安装图册》（HG/T 21581—2012）或参考供货厂商资料。

测温元件的安装方式首选法兰连接；当工艺有特殊要求时，或者考虑温度计套管避免共振的措施时，可选用焊接安装方式；对于非危险介质（如水、空气等）的低压管道也可采用螺纹连接，在采用螺纹连接时常常配以密封焊来防止介质泄漏。

测温元件在肘管上安装时，测温元件轴线应与肘管中心线重合，插入管道的方向应逆着介质流向。

测温元件安装在公称通径小于DN100的管道上时，宜采用扩径方式将管道扩大到DN100。

机组上的测温元件的设置和安装详见 JB/T 10500 或 API 670。

2.6.9.4　温度计套管插入深度

温度计套管插入深度的选择以测温元件插至被测介质温度变化灵敏且具有代表性的区域为原则。套管的插入深度需综合考虑精度、响应时间和机械强度的要求；API 551-92 中规定，温度检测元件末端浸入管道内壁长度不小于 50mm、不大于 125mm。HG/T 20507—2014 沿用此要求，API 551-2016 中不再提及此要求，而提出"温度检测元件插至被测介质温度变化灵敏且具有代表性的区域"。

温度计套管的插入深度不够会造成测温元件无法真实反映管道内的介质温度；插入深度太深则有可能在介质流速较大的工况由于套管共振而导致测温元件损坏。因此，介质流速大的工况需进行套管振动频率计算和应力分析。

2.6.9.5　常见故障现象、原因及处理方法

在安装时测量端 40mm 内应禁止弯曲（有热电阻体），也禁止敲打该部位，以防热电阻体损坏。

为了使热电阻具有较长的使用寿命和稳定的测量效果，应避免在振动剧烈的地方使用，或采用抗振工艺的热电阻产品。

如发生介质外泄，则可能保护管出现问题，如断裂等，应及时检查套管情况，并进行更换。

如发生热电阻丝爆裂，则是由于产品内部在使用前存在大量水分。尤其是将热电阻直接安装到设备套管中使用，在使用前务必烘干设备套管内的水分。

如发生套管磨漏、腐蚀等损坏，则是套管不适宜在该工况下使用。应充分了解介质特性和工况参数，选择更适宜的套管材质。

如发生套管断裂，除产品自身质量问题外，应考虑套管是否适宜在该场合下使用，应结合工况参数，如流速、操作温度、操作压力等，对套管规格进行核算，以期选用适宜的套管规格。

如发生显示仪表显示值无限大，则可能为热电阻断路，应用万用电表检查断路部位，确定是连接导线还是感温元件断路。

如显示仪表显示值比实际值偏低或示值不稳定，则可能为保护管内有水或接线盒内有金属屑、灰尘或热电阻短路，拆下热电阻倒出水或清除灰尘，并将潮湿部分加以干燥处理，提高绝缘（不能火烤）；应用万用电表检查短路或接地的部位，并清除。

如显示仪表显示下限值，则可能为热电阻短路或显示仪表接线错误，应用万用电表检查确定短路部位，如是感温元件断路应进行修复或更换；或重新连接导线。

2.6.9.6　订货时选型数据

分度号（Pt100）。

测量精度要求（A 级 /B 级）。

结构形式（装配式 / 铠装）。

芯数（单支 / 双支）。

防护等级要求。

防爆等级。

工艺参数（介质名称、操作压力、介质密度、最大流速）。

套管种类（钻孔管 / 无缝管）。

套管型式（直形 / 锥形 / 阶梯形）。

插入深度。

材质要求（接线盒材质、套管材质、法兰材质）。

过程连接形式及规格（法兰 / 螺纹 / 焊接）。

电气连接（M20 × 1.5/ NPT 1/2）。

是否带温度变送器，是否带现场显示。

其他要求。

2.6.10 相关标准

GB/T 19900—2005 金属铠装温度计元件的尺寸

GB/T 19901—2005 温度计检测元件的金属套管 实用尺寸

GB/T 30121—2013 工业铂热电阻及铂感温元件

GB/T 25475—2010 工业自动化仪表 术语 温度仪表

JB/T 10201—2000 带转换器热电阻

JB/T 10500.1—2005 电机用埋置式热电阻 第 1 部分：一般规定、测量方法和检验规则

JB/T 10500.2—2019 电机用埋置式热电阻 第 2 部分：铂热电阻技术要求

IEC 60751：2008 Industrial platinum resistance thermometers and platinum temperature sensors

主要制造厂商：

天津中环温度仪表有限公司

重庆川仪自动化股份有限公司

安徽天康（集团）股份有限公司

恩德斯豪斯（中国）自动化有限公司

科隆测量仪器（上海）有限公司

艾默生过程控制有限公司

雅斯科仪器仪表（嘉兴）有限公司

2.7 热电偶

2.7.1 概述

热电偶温度计是石化和化工领域应用最广泛的测温仪表之一，相比于热电阻，热电偶更适用于中、高温区的温度测量。

2.6.2 原理

如图 2-7-1 所示，将两种不同材料的导体或半导体 A 和

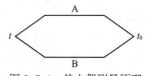

图 2-7-1 热电偶测量原理

B 端点焊接起来，构成一个闭合回路。当导体 A、B 两个接点之间存在温差时，两者之间便产生热电动势，因而在回路中形成一定大小的电流，这种效应被称为热电效应。热电偶就是基于热电效应来工作的。

热电偶所产生的热电动势由两部分组成，即温差电动势和接触电动势。温差电动势值比较小，且两个导体产生的温差电动势相互抵消了一部分，基本可以忽略；常说的热电偶的热电动势是指接触电动势。热电偶能够产生热电动势需要两个条件：

热电偶由两种不同的导体或半导体材料组成；

热端和冷端两端点的温度不同。

热电偶两端的热电动势差可以用下式表示：

$$E=e_{AB}(t)-e_{AB}(t_0)$$

式中　　E——热电偶的热电动势差；

　$e_{AB}(t)$——温度为 t 时工作端的热电动势；

　$e_{AB}(t_0)$——温度为 t_0 时自由端的热电动势。

当组成热电偶的热电极材料均匀时，其热电动势的大小与热电极本身的长度和直径大小无关，只与热电极材料的成分及两端的温度有关，把热电偶的冷端温度固定，则热电偶所产生的热电动势只与热电偶的热端（即检测端）温度有关。不同型号的热电偶的热电动势与温度之间的对应关系可以通过查分度表得到。

2.7.3　种类

目前热电偶产品主要有 8 种，见表 2-7-1。

表 2-7-1　热电偶的分度号和测量范围

名称	分度号	测量范围 /℃
铂铑 10- 铂	S	0~1300
铂铑 13- 铂	R	0~1300
铂铑 30- 铂铑 6	B	600~1600
镍铬 – 镍硅（镍铬 – 镍铝）	K	0~1200
镍铬硅 – 镍硅镁	N	0~1200
铜 – 铜镍（康铜）	T	−200~350
镍铬 – 铜镍（康铜）	E	0~750
铁 – 铜镍（康铜）	J	0~600

①铂铑 10- 铂热电偶（分度号 S）。铂铑 10- 铂热电偶，其正极名义成分为含铑 10%（质量分数）的铂铑合金（代号为 SP），负极为纯铂（代号为 SN）。它的特点是热电性能稳定，抗氧化性强，宜在氧化性、惰性气氛中连续使用。

S 型热电偶在温度超过 1300℃时，易发生再结晶现象，不仅使强度降低，而且容易引起污染，致使热电性能不稳定。故长期使用温度限定在 1300℃以下，短期使用温度可达1600℃。

②铂铑 13- 铂热电偶（分度号 R）。铂铑 13- 铂热电偶，其正极名义成分为含铑 13%（质量分数）的铂铑合金（代号为 RP），负极为纯铂（代号 RN）。同 S 型热电偶相比，它的热电动势率大 15% 左右，其他性能几乎相同。

③铂铑 30– 铂铑 6 热电偶（分度号 B）。铂铑 30– 铂铑 6 热电偶，其正极名义成分为铑的质量分数为 30% 的铂铑合金（代号为 BP），负极为铑的质量分数为 6% 的铂铑合金（BN）。因两极均为铂铑合金，故简称双铂铑热电偶。

铂铑合金比纯铂的晶粒长大倾向小，而且，随铑含量的增多而减小，并可使热电性能更稳定，机械强度更高。因此，B 型热电偶在高温测量时得到广泛应用，可在 1600℃长期使用。

B 型热电偶的缺点是价格昂贵，与其他种热电偶相比，它的热电动势很小，因此，其测量精度较低，抗干扰能力差，在低于 600℃时无法测量。

B 型热电偶在室温下热电动势极小，故在测量时一般不用补偿导线，可忽略参考端温度变化的影响。

④镍铬 – 镍硅热电偶（分度号 K）。镍铬 – 镍硅热电偶的正极为铬质量分数为 10% 的镍铬合金（KP），负极为硅质量分数为 3% 的镍硅合金（KN）。它的负极亲磁，依据该特性，用磁铁可以很方便地鉴别出热电偶的正负极。它的特点是，使用温度范围宽，高温下性能比较稳定，热电动势与温度的关系近似线性，价格便宜。因此，它是目前用量最大的一种热电偶。

我国目前基本上采用镍铬 – 镍硅热电偶，国外则使用镍铬 – 镍铝热电偶。两种热电偶的化学成分虽不同，但其热电动势相同，使用同一分度号。

尽管 K 型热电偶是应用最为广泛的热电偶，但应注意其具有如下局限性：

热电动势的高温稳定性较差。在较高温度下，当氧分压较低时，镍铬极中的铬将择优氧化（也称绿蚀），使热电动势发生很大变化。

在 250~550℃范围内，短期热循环稳定性不好，即使在同一温度点上，在升温过程中其热电动势示值也不一样，其差值可达 2~5℃。

K 型热电偶的负极，在 150~200℃范围内要发生磁性转变，致使在室温至 230℃范围内，分度值往往偏离分度表，尤其在磁场中使用时，常出现与时间无关的热电动势干扰。

K 型热电偶不适宜在高温含硫气氛中使用。

⑤镍铬硅 – 镍硅镁热电偶（分度号 N）。镍铬硅 – 镍硅镁热电偶的正极为含铬与硅的镍铬硅合金（NP），负极含硅、镁的镍基合金（NN）。

N 型热电偶使用温度范围为 0~1300℃，长期使用温度为 1200℃，短期为 1300℃。在低温范围内（0~400℃）的非线性误差较大。

N 型热电偶主要特点是，高温抗氧化能力强，热电动势的长期稳定性及短期热循环的复现性好，但其材料较硬，不易加工。

⑥铜 – 铜镍热电偶（分度号 T）。铜 – 铜镍热电偶的正极为纯铜（TP），负极为铜镍合金（TN，康铜）。

T 型热电偶的主要特点是，在廉金属热电偶中，它的准确度最高，热电偶丝的均匀性好；它的使用温度范围是 –200~350℃；因铜热电极易氧化，并且氧化膜易脱落，故在氧化性气氛中使用时，一般不超过 300℃。

⑦镍铬 – 铜镍热电偶（分度号 E）。镍铬 – 铜镍热电偶的正极为镍铬合金（EP），负极为铜镍合金（EN）。

E 型热电偶最大的特点是，在常用热电偶中其灵敏度最高。

⑧铁 – 铜镍热电偶（分度号 J）。铁 – 铜镍热电偶的正极为纯铁（JP），负极为铜镍合

金 – 康铜（JN）。

J 型热电偶既可用于氧化性气氛，也可用于还原性气氛，并且耐 H₂ 及 CO 气体腐蚀，在含碳或铁的条件下使用也很稳定。但它不能在高温（540℃）含硫的气氛中使用，而且，铁热电极易生锈，因此对电极进行防锈处理是很必要的。如果使用温度超过 538℃，铁极氧化速度很快，因此，在高温下连续使用时，最好选用粗的热电偶丝。

2.7.4 外形结构

①装配式热电偶。装配式热电偶的结构由热电偶丝、绝缘材料、保护管组成。

热电偶测温元件是用热电偶丝外穿绝缘瓷珠，优点是热电偶丝直径可以选得很粗，适合高温场合使用，缺点是抗振性能差，容易出现瓷珠破裂绝缘能力降低，测量端断路，与测量介质直接接触，氧化快寿命短，测温元件也不能做得很长。

②铠装热电偶。由热电偶丝、绝缘材料和金属包壳组装在一起，然后经过冷拉，热处理后形成的坚实组合体称为铠装热电偶电缆。由铠装热电偶电缆经过焊接密封和装配等工艺而制成的热电偶称之为铠装热电偶。

铠装热电偶测量端形式可分为露端式、接壳式、绝缘式三种，如图 2-7-2 所示。

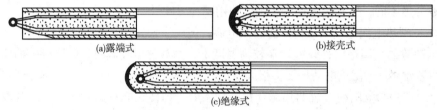

图 2-7-2　热电偶测量端形式

热电偶测量端形式在满足响应速度要求的情况下，宜选用绝缘式；当响应速度要求快时，测量端形式可选用接壳式或露端式，露端式的时间常数最小，响应速度最快。

铠装热电偶的响应速度不仅取决于测量端形式，还与偶丝直径有关，铠装热电偶响应时间 $\tau_{0.5}$ 与测量端形式和偶丝直径的对应关系见表 2-7-2。

表 2-7-2　铠装热电偶响应时间（$\tau_{0.5}$）　　　　　　　　　　s

测量端形式	热电偶直径 /mm										
	0.25	0.5	1.0	1.5	2.0	3.0	4.0	4.5	5.0	6.0	8.0
露端型	—	—	0.1	0.2	0.3	0.4	0.5	0.6	0.7	0.8	1.0
接壳型	0.1	0.2	0.2	0.3	0.4	0.6	0.8	1.0	1.2	2.0	4.0
绝缘型	0.1	0.4	0.6	0.8	1.0	2.0	2.5	3.0	4.0	6.0	8.0

铠装热电偶与装配热电偶相比，有以下优点：

规格多。铠装热电偶型号齐全，在 –200~1200℃ 内适合于各种测量场合使用；

响应快。铠装热电偶与装配式热电偶相比，因为外径细、热容量小、很微小的温度变化也能迅速反应，尤其是露端铠装热电偶更为明显；

挠性好、安装使用方便。铠装热电偶电缆可在其外径 5 倍的圆柱体上绕 5 圈，并可在多处位置弯曲；

寿命长。装配热电偶易引起热电偶劣化、断线等事故，而铠装热电偶用氧化镁绝缘，气密性好，致密度高，使用寿命长；

机械强度高、耐压性能好。铠装热电偶的机械强度高，在有振动、低温、高温、腐蚀性等恶劣条件下均能安全使用，铠装热电偶属实体型，可承受很高的压力；

外径尺寸范围宽。铠装热电偶材料正常的外径范围为 0.25~8mm，特殊要求时直径可达12.7mm；

长度可任意选择。铠装热电偶的外径小，又可弯曲，所以长度可以做得很长。

③多支刚性温度计。多支刚性温度计泛指温度计自身带热保护管，呈整体结构。通常用于反应器内部和储罐内部介质温度测量。其安装方式呈现垂直或水平结构。铠装芯不与介质直接接触，而是通过各种走线方式在保护管内不同的位置处固定。产品结构如图 2-7-3 所示。

图 2-7-3　多支刚性温度计

传感器元件：通常是铠装热电偶（也可以是热电阻）。

热保护管：基于工艺和设备要求，根据规定尺寸结构，以及耐压、耐温、耐腐蚀和磨损等要求，确定材质及相应规格。

测温传感器套管内布线定位结构对测量的稳定性、准确度、精度等性能参数影响较大。应确保热电偶铠装芯贴紧套管内壁，实现快速有效测量介质的温度变化；同时，采用引导管和定位盘的设计，保证铠装芯在套管内被定位到工艺指定的测量位置，确保在使用、安装和运输中的抗振能力。

④多支柔性温度计。多支柔性热电偶通常泛指不带保护管，用铠装芯直接测量，并且铠装芯根据反应器结构和工艺要求，在反应器里面或者外表面弯曲走线，到达指定测量位置，外形如图 2-7-4 所示。

图 2-7-4　多支柔性温度计

铠装芯通过卡套或者焊接（视压力等级和应用要求而定）的方式和过程连接（通常是法兰）进行密封固定。铠装芯通过反应器内构件在反应器内布线到测量点位置。在布线的时候，通过卡夹等方式分段固定铠装芯，并且考虑到热膨胀等因素，铠装芯在分段固定的时候要留有一定的余量。

⑤反应器催化剂床层测温。单根铠管内多点式测量温度计，通常用于反应器催化剂列

管内，如图 2-7-5 所示，一般这种结构主要是以热电偶为主，因为热电偶的导线相比热电阻可以做得更细，当前世界上最细的热电偶可以做到 0.1mm 级别。其主要技术参数要求铠套内按照工艺要求，分布有不同长度的测量点，测量列管内催化剂的温度。因此既要考虑尽可能在列管内填充更多的催化剂，又要考虑铠套的强度特性，在二者之间保持平衡。

图 2-7-5　反应器催化剂床层测温

⑥气化炉热电偶。图 2-7-6 是专门为德士古气化炉测温场合设计的一种能够耐高温、高压、温度压力骤变及抗强冲刷的专用热电偶，使用安全性高。

图 2-7-6　气化炉热电偶

通过伸缩式套管，插入深度可在 ±120mm 范围内调节。在万向转球、限位导向管和减振弹簧的作用下，传感器保持在穿墙套管中心的正确位置上，抗振动、抗冲刷能力强。如果发生套管甚至芯体的损坏，在两级阻漏的作用下，可以有效阻止高压腐蚀介质进一步泄漏。变径双法兰组方便现场安装和拆卸，抽芯式结构使更换和维修更快捷，生产维护成本有效降低。

⑦刀刃式表面热电偶。刀刃式表面热电偶如图 2-7-7 所示。专门用于测量加热炉管和烟道表面的温度。刀刃式的连接头焊接到被测管道的表面，连接可靠，安装方便，热响应时间短，延长的铠装元件可绕过现场阻碍至测量点。

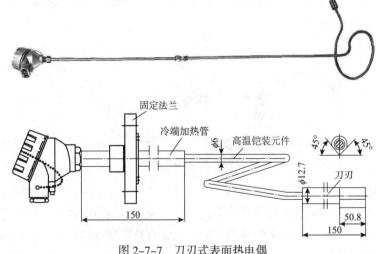

图 2-7-7　刀刃式表面热电偶
（单位：mm）

⑧吹气式热电偶。吹气式热电偶外形如图 2-7-8 所示，利用吹气装置，将保护性气体导入产品内部，减小测量元件被高温氧化的可能性，从而延长使用寿命。

保护性气体从进气口进入，通过导气管在测量管底部的空腔内流动，并经测量管内侧与元件的间隙处从出气孔吹出，有效排除套管内空气，保护了测量元件被高温氧化而损坏的程度，延长了产品的使用寿命。每个

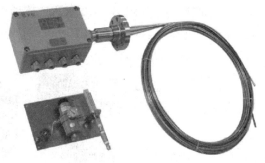

图 2-7-8 吹气式热电偶

元件具有阻漏密封结构，提供了产品内部的密封性能，即使外套管发生损坏时，还可以有效阻止介质与外界空气接触，保证介质压力不泄漏。

⑨线状热电偶。线状热电偶型测温电缆与普通热电偶一样，利用的均是热电效应原理，测温电缆受热自发产生与温度对应的毫伏信号。

普通热电偶的二根导线一端是焊接在一起的，形成固定的"热接点"，另外一端通过补偿导线将信号接入到温度仪表，就可以显示出"热接点"的温度。

而线状热电偶型测温电缆的"热接点"是不固定的，2 根热电偶导线没有焊接在一起，热电偶导线中间填充一种负温度系数（NTC）热敏材料，它的特性是常温时呈高阻，受热时呈低阻，温度升高，阻值下降。在某点受热时形成一个"临时热接点"，其作用与普通热电偶焊接在一起的"固定热接点"相同，如图 2-7-9 所示。

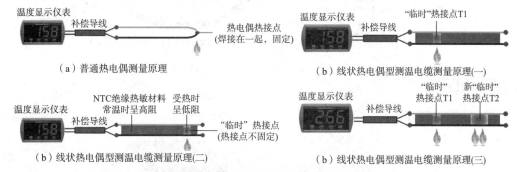

（a）普通热电偶测量原理　　　　　　（b）线状热电偶型测温电缆测量原理(一)

（b）线状热电偶型测温电缆测量原理(二)　　（b）线状热电偶型测温电缆测量原理(三)

图 2-7-9 线状热电偶型测温电缆测温原理

当线状热电偶型测温电缆上任何一点（T1）的温度高于其他部分的温度时，该处的热电偶导线之间的绝缘电阻（R）降低，从而出现"临时"热接点，温控仪显示的是 T1 点的温度。

当线状热电偶型测温电缆上另外一点（T2）的温度高于（T1）点时，该处的热电偶导线之间的绝缘电阻会变的更低，从而出现新的"临时"热接点，温控仪显示的是 T2 点的温度。

从线状热电偶型测温电缆的测量原理可以看出，线状热电偶型测温电缆的热接点不固定，始终与测温线缆最高温度点的温度相对应。因此，线状热电偶型测温电缆又称为"寻热"热电偶。

线状热电偶根据应用范围的不同大致可以分为以下两类：

——低温型。如图 2-7-10 所示，该种热电偶型测温电缆适用于小于 260℃ 的工况，表面护套为聚四氟乙烯（PTFE）护套，主要用于电缆沟或电缆桥架内的温度测量。

1—热敏线芯正极
2—热敏线芯负极
3—热敏材料
4—屏蔽地线
5—屏蔽层
6—外层护套

图 2-7-10　热电偶型测温电缆——低温型结构及外形

——铠装型。如图 2-7-11 所示，该种热电偶型测温电缆适用于小于 900℃ 的工况，表面护套为不锈钢护套。可用于煤气化炉的表面测温。

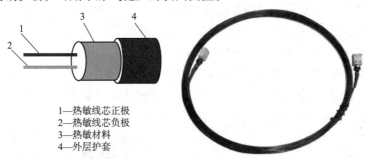

1—热敏线芯正极
2—热敏线芯负极
3—热敏材料
4—外层护套

图 2-7-11　热电偶型测温电缆——铠装型结构及外形

2.7.5　接线图

热电偶接线原理、实物接线如图 2-7-12、图 2-7-13 所示。

图 2-7-12　热电偶接线原理　　　　图 2-7-13　热电偶实物接线

2.7.6　主要参数

①温度测量范围及允许偏差。常见热电偶的允差等级见表 2-7-3。

表 2-7-3　热电偶允差和有效温度范围

类型	1 级允差		2 级允差		3 级允差	
	温度范围 /℃	允差值	温度范围 /℃	允差值	温度范围 /℃	允差值
T 型	−40~350	0.5 或 0.004 × |t|	−40~350	1 或 0.0075 × |t|	−200~40	1 或 0.015 × |t|
E 型	−40~800	1.5 或 0.004 × |t|	−40~900	2.5 或 0.0075 × |t|	−200~40	2.5 或 0.015 × |t|
J 型	−40~750	1.5 或 0.004 × |t|	−40~750	2.5 或 0.0075 × |t|	—	2.5 或 0.015 × |t|
K 型	−40~1000	1.5 或 0.004 × |t|	−40~1200	2.5 或 0.0075 × |t|	−200~40	2.5 或 0.015 × |t|
N 型	−40~1000	1.5 或 0.004 × |t|	−40~1200	2.5 或 0.0075 × |t|	−200~40	2.5 或 0.015 × |t|
R 型或 S 型	0~1600	$t<1100℃$ 时为 1, $t>1100℃$ 时为 $[1+0.003 \times (t-1100)]$	0~1600	1.5 或 0.0025 × |t|	—	4 或 0.005 × |t|
B 型	—	$t<1100℃$ 时为 1, $t>1100℃$ 时为 $[1+0.003 \times (t-1100)]$	600~1700	1.5 或 0.0025 × |t|	600~1700	4 或 0.005 × |t|

②热响应时间。除受温度计套管的影响外，热电偶的测量端直径也是影响热响应时间的主要因素，即偶丝越细，测量端直径越小，其热响应时间越短。

2.7.7　应用场合

热电偶的使用范围取决于热电偶的类型，特别适于中高温和高温测量。

由于热电偶的抗振性优于普通热电阻，因此，在有一定振动的工况，可以采用热电偶进行测温。

热电偶的结构简单，测温元件的尺寸可以做得非常小，因此，更适于安装在反应器等安装空间受限的场合。

测温元件的露端式和接壳式结构为需要快速响应的场合提供了选择，尽管在工业实际应用中很少采用。

2.7.8　优点和局限性

热电偶测温元件的制作成本较低，但是接线需要采用补偿电缆，再考虑到相对更频繁的校准和更换以及测量精度较低所增加的生产成本时，成本低的优势便荡然无存。事实上在许多情况下，采用热电偶的综合成本要高于热电阻的综合成本。因此，使用热电偶的最可行的原因是测量温度范围超过了热电阻的适用范围。

a）优点

结构简单，制造容易，价格便宜。

灵敏度高，准确度较高，测温范围广。

能适应各种测量对象的要求，如点温和面温的测量。

贵金属热电偶价格相对较高，但可以解决廉金属热电偶和热电阻所不能解决的高温测量问题。

热电偶种类多，选择范围广。

热电偶相比热电阻更易解决快速测量的工况需求。

b）局限性

测量准确度难以超过 0.2℃，在相同温度范围内，热电偶的精度相对热电阻低，因此不适用于低温区高精度测量。

不适宜在低温区域温度测量。

必须有参考端，并且参考端温度要保持恒定。

在高温或长期使用时，易受被测介质影响或气氛腐蚀作用（如氧化、还原等）而发生劣化。

2.7.9 注意事项

a）选型

①温度测量范围大、有振动场合，宜采用热电偶。除非工艺对温度测量有特殊要求，测温元件应选用铠装型。在满足温度测量范围的前提下，优先选用 K 型热电偶。热电偶宜选用绝缘型。

②在测量温度小于 1000℃时，多选用廉金属热电偶。在测量温度在 1000~1400℃，多选用 R 型、S 型、B 型等热电偶。

③在氧化性气氛中，多选用 N 型、K 型或 S 型、B 型热电偶。

④在真空、还原性气氛中，温度小于 950℃，可选用 J 型热电偶。

⑤B 型热电偶的温度范围在 600~1600℃。低于 600℃时 B 型热电偶的热电势变化很小。

⑥温度检测元件保护管材质应根据管线的设计温度、设计压力和防腐要求及被测介质的特性选择。

⑦温度检测元件保护管宜选用整体钻孔锥形保护管。

⑧在工艺流体温度、压力、流速较高场合，宜对保护管进行振动计算。

⑨用于测量加热炉、焚烧炉等炉膛内部管道壁温时，温度计端部固定的同时，要保证测温元件在炉内自由移动，防止热膨胀时破坏测温元件的固定。

⑩测量管道或设备外壁的较高温度时采用表面热电偶。

b）补偿导线

热电偶的热电势是两个接点温度的热电势差，只有当自由端温度不变时，热电动势才是工作端温度的单值函数。实际应用中，热电偶自由端温度随所处环境温度不断变化，使测量得不到准确的结果，因此，必须对自由端采取补偿措施。通常采用补偿导线把热电偶的自由端（冷端）延伸到温度比较稳定的控制室内。

补偿导线分为延伸型和补偿型两种。延长型合金丝名义的化学成分与配用的热电偶偶丝相同，因而热电动势也相同，在型号中以"X"表示，补偿型合金丝名义的化学成分与配用的热电偶不同，但在其工作温度范围内，热电动势与所配用热电偶的热电动势标称值相近，在型号中以"C"表示。

补偿导线与热电偶要相匹配，否则可能欠补偿或过补偿。当用 K 分度号的补偿导线配用 N 分度号的热电偶，将造成过补偿，显示温度偏高；反之，用 N 分度号的补偿导线配用 K 分度号的热电偶，将造成欠补偿，显示温度偏低。为了用户能正确区分补偿导线的型号，GB/T 4989 规定了补偿导线和补偿电缆的绝缘层和护套层的颜色，方便用户现场识别，具体规定见表 2-7-4。

表 2-7-4　常用热电偶补偿导线

补偿导线型号	配用热电偶	补偿导线的线芯材料		绝缘层着色	
		正极	负极	正极	负极
SC 或 RC	铂铑 10（铂铑 13）– 铂	铜	铜镍	红	绿
KCA（B）	镍铬 – 镍硅	铜（铁）	铜镍	红	蓝
KX	镍铬 – 镍硅	镍铬	镍硅	红	黑
NC	镍铬硅 – 镍硅镁	铁	铜镍	红	灰
NX	镍铬硅 – 镍硅镁	镍铬硅	镍硅镁	红	灰
EX	镍铬 – 铜镍	镍硅	铜镍	红	棕
JX	铁 – 铜镍	铁	铜镍	红	紫
TX	铜 – 铜镍	铜	铜镍	红	白

c）常见故障现象及处理方法

热电偶常见故障现象及处理方法见表 2-7-5。

表 2-7-5　热电偶常见故障现象及处理办法

序号	故障现象	可能原因	修理方法
1	热电动势比实际温度低（测量仪表示值偏低）	热电偶内部短路	将热电偶取出，检查短路原因，若因绝缘不良引起，应将热电偶烘干或者更换
		热电偶接线盒内接线短路	打开接线盒，清洁接线板，消除造成短路的原因，把接线盒拧紧
		补偿导线短路	将短路处重新绝缘或更换补偿导线
		热电偶种类与显示仪表不匹配	更换热电偶或者调整显示仪表
		补偿导线与热电偶的种类不符	更换热电偶或补偿导线，使其两者统一
		补偿导线与热电偶的极性接反	重新改接
		热电偶安装位置或受热长度不当	改变安装位置或方法及插入深度
		热电偶参比端温度过高	参比端直接用补偿导线或补偿电缆接入控制室（检查冷端补偿）
		热电偶测量端损坏	重新焊接测量端或更换新的热电偶
2	热电动势比实际温度高（测量仪表示值偏高）	热电偶种类与显示仪表不匹配	更换热电偶或者调整显示仪表
		补偿导线与热电偶种类不符	更换热电偶或补偿导线，使两者统一
		有直流干扰信号	检查屏蔽，消除干扰
3	测量仪表的示值不稳定（在测量仪表无故障情况下）	热电偶接线柱接触不良	清洁接线盒和热电偶端部重新连接好
		补偿导线有接地、断续短路现象	找出接地、断续短路处加以修理或更换新的补偿导线
		热电偶有断续短路或断续接地现象	将热电偶从保护管中取出，找出断续短路或接地位置，加以排除
		热电偶安装不牢固，发生摆动	将热电偶牢固安装

d）订货时选型数据

分度号（S/R/B/K/N/T/E/J）。

测量精度要求（1 级 / 2 级）。

结构形式（装配式 / 铠装）。

芯数（单支 / 双支）。

防护等级要求。

防爆标志。

工艺参数（介质名称、操作压力、介质密度、最大流速）。

套管种类（钻孔管 / 无缝管）。

套管形式（直形 / 锥形 / 阶梯形）。

插入深度。

材质要求（接线盒材质、套管材质、法兰材质）。

过程连接型式及规格（法兰 / 螺纹 / 焊接）。

电气连接（M20 × 1.5/ NPT 1/2）。

是否带温度变送器，是否带现场显示。

其他要求。

2.7.10　相关标准

GB/T 4989—2013　热电偶用补偿导线

GB/T 16839.1—2018　热电偶　第 1 部分：电动势规范和允差

GB/T 18404—2001　铠装热电偶电缆及铠装热电偶

GB/T 19900—2005　金属铠装温度计元件的尺寸

GB/T 19901—2005　温度计检测元件的金属套管实用尺寸

GB 26786—2011　工业热电偶和热电阻隔爆技术条件

GB/T 30429—2013　工业热电偶

GB/T 30120—2013　纯金属组合热电偶分度表

GB/T 30090—2013　无字母代号热电偶分度表

IEC 60584-1：2013　Thermocouples–Part 1：EMF specifications and tolerances

IEC 60584-3：2021　Thermocouples–Part 3：Extension and compensating cables–Tolerances and identification system

主要制造厂商：

天津中环温度仪表有限公司

重庆川仪自动化股份有限公司

安徽天康（集团）股份有限公司

恩德斯豪斯（中国）自动化有限公司

科隆测量仪器（上海）有限公司

艾默生过程控制有限公司

雅斯科仪器仪表（嘉兴）有限公司

2.8　温度变送器

2.8.1　概述

温度变送器通常与测温元件（热电阻、热电偶）配合使用，将温度信号转换为标准的

4~20mA 信号或通信信号，输出到系统、记录仪或调节器等远程设备，以实现对温度参数的显示、记录或控制联锁等功能。

2.8.2　原理

根据电路原理不同，温度变送器可以分为模拟式温度变送器和智能式温度变送器两大类。

2.8.2.1　模拟式温度变送器

检测元件将被测温度转换为输入信号 x_i 送入温度变送器，经输入电路变换成直流毫伏信号 u_i 后，与调零、零点迁移电路产生的调零信号 u_z 的代数和反馈电路产生的反馈信号 u_f 进行比较，其差值送入放大器，经放大得到温度变送器的输出信号 I_o，模拟式温度变送器原理如图 2-8-1 所示。

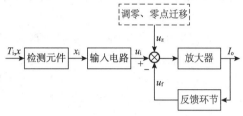

图 2-8-1　模拟式温度变送器原理

2.8.2.2　智能式温度变送器

智能式温度变送器集成了三个子系统：输入子系统、信号调节子系统和输出子系统。输入子系统将传感器测量信号转换为数字信号（称为模数转换或 A/D）；信号调节子系统接受此数字信号并执行各种调节和数学运算以生成温度测量的数字信号；输出子系统将此数字信号转换为稳定的模拟输出信号（D/A）。其原理如图 2-8-2 所示。

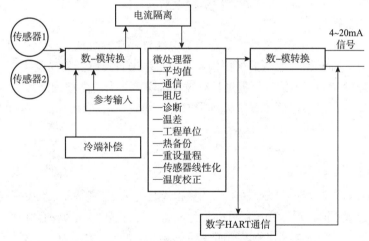

图 2-8-2　智能型温度变送器原理

a）输入子系统

来自测量传感器的实际模拟信号使用采样技术及精确已知的内部参考电压转换为数字信号，A/D 所用分辨率的位数越多，转换便越精确。温度测量的最常用传感器输入是电阻式温度检测器（RTD）和热电偶（T/C）。其他类型输入信号还有毫伏（mV）、欧姆和电位计。

温度变送器可以接收最常用的标准热电偶信号（包括 J 型、K 型、E 型、T 型、R 型和 S 型）的输入。部分型号还可以接受 B 型、C 型和 N 型（这些类型常用作 R 型和 S 型的备选）。

b）隔离

实际的测量回路中经常有两个地线级电势。一个处于传感器（如接壳式热电偶）与过程接触的测量点，另一个通常是信号地线（一般在控制室中的接收仪表内进行接地）。两个地线很少处于相同电势。如果两个地线之间存在电化路径，则会有电流流动，具体取决于两个地线的电势差。这称为接地回路，会对输出信号产生不断变化且未知的影响，从而可能导致显著误差。大部分智能温度变送器利用光纤或变压器隔离层进行电隔离的措施，以消除此问题。

通过应用这种隔离，可向信号调节阶段提供安全稳定的数字信号。

c）信号调节子系统

在此阶段，数字化原始温度测量信号会进行噪声滤波、线性化以及其他方式的数学运算，以生成精确表示的测量温度。

温度变送器通常具有诊断功能，它会执行内部诊断，以监控变送器内存和输出有效性；还会执行外部诊断，对传感器进行检查。

"断路/短路传感器诊断"可识别传感器连接中的断路或短路并生成报警。冲击、振动、腐蚀、导线变细或磨损可能会导致传感器断路，而振动、弯曲导线或污染则可能会导致传感器短路。断路或短路是传感器的最常见的故障。该诊断可帮助确定测量点发生故障的原因。

变送器基于这些诊断过程可发起预警或报警。预警和报警可以在现场通信器或符合HART标准的监控系统（如智能设备管理系统）上进行设定和读取。

d）输出子系统

在上述信号调节功能完成之后，变送器会对经过隔离、滤波、线性化和补偿的数字信号进行最后处理，即转换为稳定的模拟信号。与直接来自传感器的易受噪声影响的信号相比，经过变送器转换的模拟信号可提供具有极佳抗噪声能力的高精确信号。

输出子系统还可以根据项目要求提供带 HART 协议、FF-H1、Profibus-PA 等标准信号或工业无线信号进行传输。

2.8.3　种类

根据电路原理不同，温度变送器可以分为模拟式温度变送器和智能式温度变送器两大类。

根据安装位置不同，温度变送器可以分为现场安装的温度变送器和盘柜安装的温度变送器，分别如图 2-8-3 和图 2-8-4 所示。而现场安装的温度变送器分为一体型和分体型。

图 2-8-3　现场安装的温度变送器　　　　图 2-8-4　盘柜安装的温度变送器

2.8.4 外形结构及尺寸

多路温度变送器可接受多个传感器输入，可用于某一区域内温度测点比较密集的场合，也称为高密度温度变送器，如图 2-8-5 所示。多路温度变送器的输出采用总线的型式接入控制系统，可用于温度指示报警，不宜用于温度计算、温度控制和联锁保护。

图 2-8-5　多路温度变送器

2.8.5 接线图

一体型与分体型温变接线图如图 2-8-6 所示。

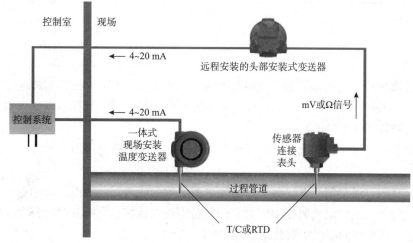

图 2-8-6　一体型与分体型温变接线

2.8.6 主要参数

①使用环境温度。现场安装的温度变送器的使用环境温度一般为 –40~85℃，盘柜安装的温度变送器的使用环境温度一般为 –20~60℃。

②精度。温度测量系统的精度是指温度测量值与温度实际（真实）值的接近程度。影响温度测量系统精度的主要因素有传感器测量精度、温度变送器转换精度和冷端补偿精度。

③传感器测量精度。传感器测量精度由温度测量元件的型式决定，详见"热电阻和热电偶"章节的测量精度。

④温度变送器转换精度。温度变送器转换精度因各生产厂家的产品而有所差异，常规的温度变送器的转换精度见表 2-8-1。

⑤冷端补偿精度。冷端补偿（CJC）对于使用热电偶时的温度测量精度至关重要。由于冷端补偿精度主要取决于基准温度测量的精度，因此通常使用精密热敏电阻或铂热电阻确定此温度。

⑥稳定性。稳定性指变送器在持续时间中保持精度，避免漂移的能力。它与传感器的测量信号有关，湿度以及长时间暴露于过高温度会影响测量信号。稳定性通过将传感器输入与传感器中的基准元件进行比较来保持。优秀的变送器制造商为了提高精度和稳定性，会对每个变送器进行完整温度特征化以补偿环境温度变化 D/A 和 A/D 的影响。

表 2-8-1　温度变送器转换精度

	信号类型	测量范围 /℃	最小量程/℃	转换精度
热电偶	T	−150~400	50	0.35℃ /0.2%
	E	−150~1200	50	0.22℃ /0.2%
	J	−150~1200	50	0.27℃ /0.2%
	K	−150~1200	50	0.35℃ /0.2%
	N	−150~1300	50	0.48℃ /0.2%
	R	50~1768	50	1.2℃ /0.2%
	S	50~1768	50	1.2℃ /0.2%
	B	40~1820	50	1.5℃ /0.2%
热电阻	Pt100	−200~850	10	0.1℃ /0.2%
	Pt1000	−200~300	10	0.1℃ /0.2%
	Cu100	−50~150	10	0.1℃ /0.2%

⑦电磁兼容性。变送器的设计可抵抗并减小电磁干扰（EMI）的影响。这包括使用屏蔽电路板、屏蔽外壳、正确的电路设计及合适的部件。高品质的智能温度变送器可提供较高级别的电磁兼容性（EMC）。

我国的电磁兼容性应符合 GB/T 18268《测量、控制和实验室用的电设备　电磁兼容性要求》。

⑧响应时间。通常情况下，对于温度测量系统的响应时间，测温元件和温度计套管的响应时间是所有系统中最大的影响因素。传感器本身以及热套管响应时间都存在延迟，通常比较显著。而典型的温度变送器动态响应时间 T_{90} 为 1s。

温度变送器对噪声和瞬态滤波的响应通过阻尼调整（可在 1~32s 之间进行调整）以及瞬态滤波监控算法的功能和调整来解决。小于该算法阈值设置的过程温度变化，会在无延迟的情况下进行显示。

对于快速变化的过程，控制算法需要的频率比缓慢变化的过程更快。变送器响应加上阻尼时间必须处于允许的范围内。

2.8.7　应用场合

当 DCS 或 SIS 系统只接收 4~20mA 标准信号时，可通过在回路里增加温度变送器来实现。如果要求以 4~20mA 带 HART 协议、FF-H1、Profibus-PA 等标准信号传输时，可采用测温元件配现场温度变送器来实现。

当温度测点相对集中时可采用多路温度变送器以减少电缆长度、降低项目成本，但在项目实际应用中，多路温度变送器仅适用于温度指示和报警的回路，而不用于温度计算、温度控制和联锁保护的回路。

2.8.8　优点和局限性

①优点。智能型温度变送器带有输入 / 输出隔离、噪声滤波、热电偶冷端补偿和输出信号线性化等功能，在保证精度和稳定性的同时提供信号的抗干扰能力。

用于 SIS 系统的智能型温度变送器可以提供自诊断功能。当故障被自诊断功能检测出来时，变送器可以根据内置的故障选择开关设定，将输出信号自动变为最高、最低或保持状态，从而确保 SIS 系统的安全完整性等级。

采用温度变送器可以减少系统卡件的种类，减少维护成本。而热电偶信号配现场温度变送器时还可以减少热电偶补偿导线的使用，在一定程度上降低项目成本。

②局限性。采用模拟式温度变送器时，精度和稳定性较差；而采用智能型温度变送器时回路的成本显著增加。

2.8.9　注意事项

温度检测点的环境温度不高于 60℃ 且安装位置易于维护时，可采用一体型温度变送器，否则宜采用分体式温度变送器。

选用现场温度变送器时要特别注意安装位置的环境要求。温度变送器的使用温度应满足现场环境极端温度的要求；安装在爆炸危险区域内的温度变送器应选用本安型、隔爆型等防爆型式的接线盒。

2.8.10　相关标准

GB 30439.3—2013　工业自动化产品安全要求　第 3 部分：温度变送器的安全要求

JJF 1183—2007　温度变送器校准规范

主要制造厂商：

上海辰竹仪表有限公司

恩德斯豪斯（中国）自动化有限公司

科隆测量仪器（上海）有限公司

西门子（中国）有限公司

艾默生过程控制有限公司

2.9　保护套管的强度计算

2.9.1　结构

在接触式温度计的测量过程中，为了不使感温元件受到介质的损伤或化学腐蚀，通常将感温元件置入温度计套管内，而不与介质直接接触。温度计套管还可以起到支撑测温元件、增加其强度的作用，从而延长了温度计的使用寿命。

温度计保护套管的典型结构如图 2-9-1 所示。

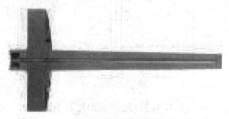

图 2-9-1　温度计保护套管的典型结构

2.9.2　形式及尺寸

温度计套管的制作形式有两种工艺：钢管焊接式和整体钻孔式。

钢管焊接式为钢管一端封堵成形，一般此类套管的壁较薄，抗压能力不高，最高只能达到 6.4MPa；而套管内孔较大，存在较大的导热间隙，使温度测量滞后较大。

整体钻孔式为实心棒料钻孔成形，套管内孔小，与测温元件紧密接触，因而测温滞后小，抗振效果好。由于整体钻孔式在接触介质处没有焊点，其耐腐蚀性也好于钢管焊接式。

整体钻孔式加工的套管长度受钻床的加工能力限制，往往不能做得很长，国内已有生产厂家的加工长度达到 2.5m。

2.9.3　安装方法

温度计套管的过程连接形式大体上分为螺纹式、法兰式和焊接式三种。

螺纹式温度计套管有活动螺纹、卡套螺纹、固定螺纹、锥形固定螺纹等连接形式，如图 2-9-2 所示。

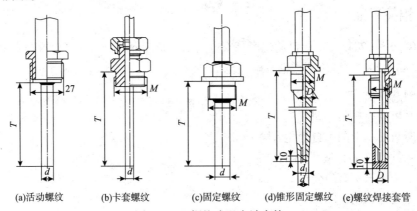

图 2-9-2　螺纹式温度计套管

法兰式温度计套管有活动法兰、卡套法兰、固定法兰、法兰焊接套管和整体盲孔式法兰套管等连接形式，如图 2-9-3 所示。

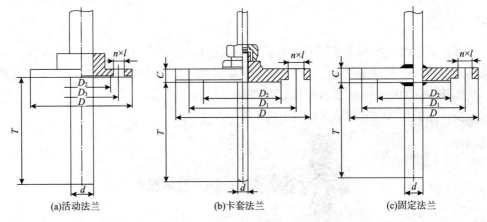

图 2-9-3　法兰式温度计套管

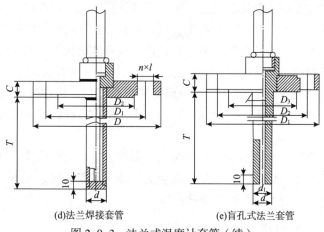

(d)法兰焊接套管　　　　　(e)盲孔式法兰套管

图 2-9-3　法兰式温度计套管（续）

焊接式温度计套管有内螺纹焊接套管、13 型锥形焊接套管、14 型锥形焊接套管、01 型锥形焊接套管、624 型锥形焊接套管等连接形式，如图 2-9-4 所示。

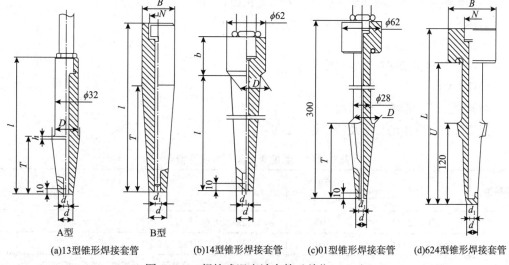

A型　　B型

(a)13型锥形焊接套管　　　(b)14型锥形焊接套管　　(c)01型锥形焊接套管　　(d)624型锥形焊接套管

图 2-9-4　焊接式温度计套管（单位：mm）

2.9.4　保护套管的材质特性

2.9.4.1　温度计套管材质的分类

温度计套管材料分为金属套管、非金属套管（陶瓷类和塑料类）以及介于金属与非金属之间的套管三大类。

①金属套管。金属套管的特点是机械强度高、气密性好、韧性好，能抗击一定强度的冲刷，因此金属套管多用于要求具有足够机械强度的场合，但不能适应高温测量要求，其最高测量温度在 1200℃左右。金属套管的种类很多，可以根据测温介质的腐蚀强度和测量温度要求选择各种材质的套管，来延长测温元件的使用寿命。

用于石油化工实测介质时，可以根据使用场合及工况的不同，选用如 GH 高温合金、Inconel 合金、Monel 合金、Hastelloy 合金、镍、钽、钛等特殊合金做温度计的套管。

②非金属套管。非金属套管的特点是耐高温特性好、热传导性好，其机械强度、气密性和韧性没有金属套管好，不耐冷热冲击。非金属套管与不同种材料接触时，在高温下容易发生共晶反应，生成低共熔物质，使套管软化，或者玻璃状物质的熔融物附着在套管的表面，在加热与冷却的循环过程中，由于热膨胀系数不同，套管易破碎。

③介于金属与非金属之间的套管。金属套管虽然坚韧，但往往不耐高温；非金属材料耐高温，但是很脆；为此人们将金属与陶瓷结合，制得一种既耐高温又抗冲击的坚韧材料——金属陶瓷。

塑料类非金属套管分为有机物与有机物涂层套管、复合型套管等，其特点是耐腐蚀性好，可以涂或套在金属套管上，在低温有腐蚀的环境下长期使用，也可以直接制成温度元件的套管，弥补金属套管不耐腐蚀的缺点。

2.9.4.2　温度计套管材质的选择原则

能承受被测对象的温度与压力。

在高温下，物理、化学性能稳定。

高温机械强度好，能够承受振动、冲击等机械作用。

耐热冲击性能良好，不因温度骤变而损坏。

有足够的气密性。

不产生对测温元件有害的气体。

导热性能好。

对被测介质无影响、无污染。

温度计套管常用的材质及特点见表2-9-1。

表2-9-1　温度套管常用材质及特点

种类	材质	最高使用温度 /℃	特点
金属类	碳钢（20#）	500	中低温强度优异，焊接性能良好
	合金钢（15CrMo）	700	中温强度优异，焊接性能良好
	合金钢（12Cr1MoV）	700	主要用于高压过热蒸汽管线，易锈蚀，在500℃以下有一定的抗氧化性，在500~600℃有较高强度和抗蠕变性能
	0Cr18Ni9（304）	800	低碳不锈钢，耐晶间腐蚀性能和焊接性能良好
	00Cr19Ni10（304L）	800	低碳不锈钢，耐腐蚀性能好，焊接性能良好
	0Cr17Ni12Mo2（316）	800	耐特定浓度酸（磷酸、硫酸）腐蚀，抗晶间腐蚀好，焊接性能良好
	00Cr17Ni14Mo2（316L）	800	316L不锈钢的耐腐蚀性能比316好，焊接性能良好
	哈氏合金C-276	700	耐点蚀、抗晶间腐蚀，高温力学性能良好。在氯化物溶液、海水、各种有机酸、无机酸、湿氯气、氟硅酸、次氯酸盐等强腐蚀性介质中有较好的稳定性
	MONEL	600	高强度耐蚀合金，耐酸碱及海水腐蚀，对氢氟酸耐蚀性能好
	INCONEL600	1100	镍铬铁合金，耐腐蚀性能好，高温抗氧化，焊接性能良好
	耐热钢（GH3030）	1100	镍基合金钢，抗氧化性、耐腐蚀性优良，焊接性能良好，适用于高温低压场合

种类	材质	最高使用 温度 /℃	特点
金属类	耐热钢（GH3039）	1150	镍基合金钢，抗氧化性比 GH3030 更好，适用于高温低压场合
	钽	1800	耐强酸强碱、沸腾酸
	钛	350	抗氧化性酸、硝酸和铬酸的性能好，能抗无机含氯溶剂、有机氯化物、湿润的含氯气体、含盐溶剂和海水
非金属类	高铝质	1300	耐高温、抗氧化性好、抗腐蚀、刚性脆，急冷急热易爆裂
	刚玉质	1600	耐高温、抗氧化性好、抗腐蚀、刚性脆，急冷急热易爆裂
	碳化硅	1600	耐高温再结晶材料、抗氧化性好、抗腐蚀、抗热冲击、抗冲刷，刚性脆
其他	$MoSi_2$	1600	金属陶瓷，耐高温、抗腐蚀、气密性好、抗热冲击、抗冲刷，刚性脆
	喷涂四氟乙烯	120	可耐各种酸碱，但不耐高温、不耐磨
	包覆氟塑料	180	可耐各种酸碱，但不耐高温、不耐磨

2.9.5　强度计算

a）计算原理

按照 ASME PTC19.3 TW−2016《Thermowells Performance Test Codes》中的计算方法提供了工程中应用最为广泛的锥形套管的计算公式，旨在让广大设计人员了解套管强度计算的过程和影响套管性能的参数，如需阶梯型等其他类型的套管计算或者采用支撑梁的套管计算，请参考 ASME PTC19.3 TW−2016《Thermowells Performance Test Codes》或有限单元法。

在套管的设计过程中，需要根据工艺条件，确定合适的外形尺寸，尽量使安装后的套管具有足够高的固有频率，保证套管远离共振区域。同时，限定振动幅度在一个安全值内，使套管所承受的最大稳态应力和动态应力在安全限度内。一个合理的套管选型需要满足如下 4 个极限限制条件：

频率限制：套管的共振频率必须足够高，以便流体流动不会激发破坏性振荡；

动态应力限制：套管所承受的最大动态应力不应超过材料允许的疲劳应力极限。如果设计要求套管经历横向共振以达到操作条件，则需对共振进行额外疲劳检查；

静态应力限制：套管所承受的最大稳态应力不应超过允许的应力（根据 Von Mises 准则确定）；

流体静压力限制：套管所承受的外部压力不应超过套管末端、杆和法兰（或螺纹）的压力额定值。

如果不能通过上述评估，则需通过改变套管尺寸参数等方式进行调整，直至满足评估条件。温度计套管强度计算步骤如图 2−9−5 所示。

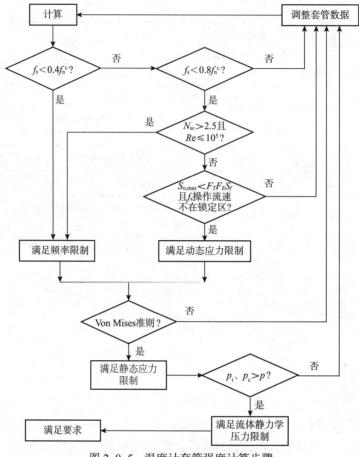

图 2-9-5　温度计套管强度计算步骤

注：$0.4f_n^c$ 与 $0.6f_n^c$ 之间为横向共振锁定区

b）套管外形及材料

①符号说明见表 2-9-2~ 表 2-9-5。

表 2-9-2　套管尺寸数据

A	套管根部外径	d	套管内径
B	套管端部外径	L	套管插入深度
b	套管根部圆角半径	t	套管端部最小厚度

表 2-9-3　套管材料数据

E	套管材料在使用温度下的弹性模量
E_{ref}	套管材料弹性模量的参照值
S	最大允许工作应力
S_f	耐疲劳极限
ρ_m	套管材料的密度，一般取 2700
ρ_S	温度计平均密度

表 2-9-4　介质数据

p	操作压力
Re	雷诺数
v	（最大）流速
μ	动力黏度
ρ	密度
F_E	环境因数 ≤ 1，$T \leqslant 427℃$ 的碳氢化合物、蒸汽和水，取 $F_E=1$；对 $T > 427℃$ 或其他介质，需减小 F_E，以描述介质腐蚀和相关影响

表 2-9-5　中间变量

C_D	稳态应力系数，一般取 1.4
Cd	流向震荡系数，一般取 0.1
D_a	套管平均直径，采用锥形套管时，$D_a=(A+B)/2$
F'_M	流向震荡放大系数，一般取 1000
F_T	温度纠正系数
f_a	近似固有频率
f_n^c	套管固有频率
f_s	激励频率
G_{SP}	支撑点应力估算参数
$H_{a,f}$	流体的附加质量修正系数
$H_{a,s}$	测温元件质量修正系数
H_c	套管安装的弹性修正系数
H_f	细长梁理论偏差修正系数
I	转动惯量
K_t	应力集中系数，在缺少套管根部焊口详尽尺寸时取 2.2
m'	套管每米的质量
N_S	斯特劳哈尔数
N_{Sc}	质量阻尼系数
p_C	套管柄的静态设计压力
p_d	单位面积的流向震荡应力
p_t	套管的设计压力
S_D	稳态应力
S_a	轴向应力
S_d	流向震荡应力
S_r	径向压应力
S_t	切向压应力
$S_{o\,max}$	弯曲应力震荡波峰
V_{IR}	发生流向共振的流体流速
δ	阻尼系数，一般取 0.0005

②典型套管尺寸图如图 2-9-6 所示。

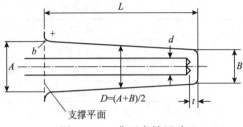

图 2-9-6　典型套筒尺寸

③套管材料特性。根据 ASME BPVC Section Ⅱ Part D，取得套管的材料特性参数：室温（20℃）下弹性模量 E_{ref} 见表 2-9-6、工作温度下弹性模量 E 见表 2-9-6、最大允许工作应力 S 取值见表 2-9-7 和质量密度 ρ_m 取值见表 2-9-8。

表 2-9-6　弹性模量的取值（×6.9MPa）

材料	温度/℃										
	21	93	150	200	260	315	370	425	480	590	650
不锈钢	28.3	27.6	27	26.5	25.8	25.3	24.8	24.1	23.5	22.8	21.2
碳钢	29.5	28.8	28.3	27.7	27.3	26.7	25.5	24.2	22.4	20.4	—
Inconel	30.3	29.5	29.1	28.8	28.3	28.1	27.6	27	26.4	25.8	24.7
Monel	26	25.4	25	24.7	24.3	24.1	23.7	23.1	22.6	22.1	21.2

表 2-9-7　最大允许工作应力取值（×6.9MPa）

材料	温度/℃										
	21	93	150	200	260	315	370	425	480	590	650
碳钢	14.3	14.3	14.3	14.2	13.6	12.8	11.9	9.4	5.0	—	—
304	20	16.7	15	13.8	12.9	12.3	11.7	11.2	10.8	9.8	6.1
316	20	17.3	15.6	14.3	13.3	12.6	12.1	11.8	11.5	11.1	7.4
Inconel	23.3	21.1	19.9	19.1	18.6	18.4	18.2	18	—	—	—
Monel	16.7	14.6	13.6	13.4	13.2	13.1	13	12.7	8.0	—	—

表 2-9-8　套管材料密度取值（×27680kg/m³）

304	316	A105	Inconel	Monel
0.29	0.29	0.28	0.3	0.31

根据 ASME PTC19.3 TW-2016，将套管的材料分成 A、B 两个等级，以疲劳寿命振动次数 1011 为限，取得相应材料在室温（20℃）下空气中的允许疲劳应力极限 S_f，见表 2-9-9。

表 2-9-9　常用温度计套管的耐疲劳性限值

材料等级	套管材质	套管过程连接形式	S_f/MPa
A	碳钢、低合金钢 马氏体不锈钢 B 类以外的高合金钢	焊接或螺纹连接	20.7
		法兰连接	32.4
		活动法兰连接	48.3

材料等级	套管材质	套管过程连接形式	S_t/MPa
B	奥氏体不锈钢 镍铬铁合金 镍铁铬合金 镍铜合金	焊接或螺纹连接	37.2
		法兰连接	62.8
		活动法兰连接	93.8

c）温度计套管强度的计算步骤

1）激励频率和套管固有频率计算

·激励频率计算

雷诺数：

$$Re = \frac{vB\rho}{\mu} \qquad (2\text{-}9\text{-}1)$$

激励频率：

$$f_s = N_s \frac{v}{B} \qquad (2\text{-}9\text{-}2)$$

式中　N_s——斯特劳哈尔数，对工程设计计算可简化为 $N_s \approx 0.22$。

·安装就位后的套管固有频率计算

首先，将安装在管线上的套管看成是理想的悬臂梁，计算其近似的固有频率：

$$f_a = \frac{1.875^2}{2\pi} \times \frac{1}{L^2} \sqrt{\frac{EI}{m'}} \qquad (2\text{-}9\text{-}3)$$

式中　I——转动惯量，$I = \pi (D_a^4 - d^4)/64$；

　　m'——温度计套管每米的质量，kg/m，$m' = \rho m \pi (D_a^2 - d^2)/4$。

然后考虑安装就位后的套管并非理想的悬臂梁，其还受到自身形状、流体质量、测温元件质量和安装柔性因素的影响，引入下列修正系数：

等截面实体梁修正系数：

$$H_f = \frac{0.99\left[1 + (1-B/A) + (1-B/A)^2\right]}{1 + 1.1(D_a/L)^{3\,[1-0.8(d/D_a)]}} \qquad (2\text{-}9\text{-}4)$$

流体附加质量修正系数：

$$H_{a,f} = 1 - \frac{\rho}{2\rho_m} \qquad (2\text{-}9\text{-}5)$$

测温元件质量修正系数：

$$H_{a,s} = 1 - \frac{\rho_s}{2\rho_m}\left[\frac{1}{(D_a/d)^2 - 1}\right] \qquad (2\text{-}9\text{-}6)$$

安装柔性的修正系数（对于焊接或法兰连接的套管）：

$$H_c = 1 - 0.61\frac{A/L}{\left[1 + 1.5(b/A)\right]^2} \qquad (2\text{-}9\text{-}7)$$

安装柔性与套管杆体和支撑面过渡处的圆角半径 b 高度相关。如果焊口不在套管根部，则焊口处的圆角半径不能视作 b。对支撑面处没有清晰的几何圆角和 b 未知的情况，设 $b=0$。

最后得出安装就位后的套管固有频率：

$$f_n = H_c H_f H_{a,f} H_{a,s} f_a \qquad (2\text{-}9\text{-}8)$$

2）振动频率限制

当流体流过套管时，会在套管的下游产生旋涡，旋涡以一定的频率交替脱落，旋涡脱落产生两种应力作用在套管上流体流动冲击力分布如图 2-9-7 所示。一个是流向（提升）应力，导致套管在与流向平行的方向上振动；一个是横向（提升）应力，导致套管在与流向垂直的方向上振动。流向振动频率大约是横向振动频率的两倍。

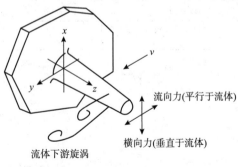

图 2-9-7　流体流动冲击力分布

随着流速的增加，旋涡的脱落速率线性增加，同时作用在套管上的力则以流速的平方数量级增加。套管根据力的分布和变化做实时弹性响应。如果套管的固有频率与流向振动频率或横向振动频率重叠，则共振发生。

· 质量阻尼系数计算

当套管置于介质中时，介质密度也会影响套管的阻尼特性，用质量阻尼系数描述：

$$N_{Sc} = \pi^2 \delta \left(\rho_m / \rho \right) \left[1 - (d/B)^2 \right] \tag{2-9-9}$$

质量阻尼系数越大，对振动的抑制作用越强。质量阻尼系数的大小反映了套管对振动的抑制程度。

· 频率限制条件

当 $N_{Sc} > 64$，且 $Re < 10^5$ 时，不会产生流向共振和横向共振，因此，不用评估套管的固有频率。

当 $N_{Sc} > 2.5$，且 $Re < 10^5$ 时，不会产生流向共振，套管固有频率应满足：

$$f_s < 0.8 f_n^c \tag{2-9-10}$$

当 $N_{Sc} > 2.5$，或 $Re \geq 10^5$ 时，流向共振和横向共振都会发生，需要进行动态应力评估（见式 2-9-19），如果没有通过动态应力限制，应满足：

$$f_s < 0.4 f_n^c \tag{2-9-11}$$

如果通过了动态应力限制，应满足式 2-9-10。此时，温度计套管的峰值振荡弯曲应力小于横向临界速度时的耐疲劳性限值，尽管如此，当操作流速下的激励频率在横向共振锁定区时，介质仍会对套管施加大量的疲劳循环，增大套管损坏的可能性。因此，要避免操作流速下的激励频率在横向共振锁定区内，即：

$$0.6 f_n^c < f_{s 稳态} < 0.8 f_n^c \ 或 \ f_{s 稳态} < 0.4 f_n^c \tag{2-9-12}$$

温度计套管的激励频率在升速过程中短时间快速经历横向共振锁定区是允许的，此时套管横向共振的时间影响套管的耐疲劳寿命，套管横向共振的时间越长，则其寿命越短。

3）动态应力限制

· 计算发生流向共振的流体流速：

$$v_{IR} = \frac{B f_n^c}{2 N_s} \tag{2-9-13}$$

· 对于没有采取流体遮蔽措施的套管，无量纲因数为：

$$G_{SP} = \frac{16L^2}{3\pi A^2 [1 - (d/A)^4]} [1 + 2(B/A)] \qquad (2-9-14)$$

仅取决于套管的几何图形，可用来描述弯曲应力的强度。

· 计算单位面积的流向震荡应力：

$$p_d = \frac{1}{2}\rho C_d v_{IR}^2 \qquad (2-9-15)$$

· 计算流向震荡应力：

$$S_d = G_{SP}F'_M p_d \qquad (2-9-16)$$

· 计算弯曲应力震荡波峰 S：

$$S_{o,max} = K_t S_d \qquad (2-9-17)$$

· 计算温度校正系数：

$$F_T = E/E_{ref} \qquad (2-9-18)$$

· 判断是否满足动态应力限制条件：

$$S_{o,max} < F_T F_E S_f \qquad (2-9-19)$$

4）静态应力限制

· 在套管根部，作用在下游侧的稳态应力为：

$$S_D = \frac{G_{SP}\rho C_D v^2}{2} \qquad (2-9-20)$$

· 在介质操作压力下，套管根部的径向应力、切向应力和轴向应力分别为：

$$S_r = p \qquad (2-9-21)$$

$$S_t = p\frac{1 + (d/A)^2}{1 - (d/A)^2} \qquad (2-9-22)$$

$$S_a = \frac{p}{1 - (d/A)^2} \qquad (2-9-23)$$

· 静态应力限制评估

来自流体静压和非周期应力的稳态负荷，在套管下游，沿轴向在根部的外表面产生一个最大应力点 S_{max}。对设计用途，S_{max} 给出如下：

$$S_{max} = S_D + S_a \qquad (2-9-24)$$

根据等效应力准则（Von Mises 准则），应力 S_{max}、S_r 和 S_t 应满足：

$$\left[\frac{(S_{max} - S_r)^2 + (S_{max} - S_t)^2 + (S_t - S_r)^2}{2}\right]^{1/2} \leqslant 1.5S \qquad (2-9-25)$$

5）流体静力学压力限制

套管所承受的外部压力不应超过套管末端、杆和法兰（或螺纹）的压力额定值。

套管柄的静态设计压力 p_c：

$$p_c = 0.66S\left[\frac{2.167}{2B/(B - d)} - 0.0833\right] \qquad (2-9-26)$$

套管端部的设计压力：

$$p_t = \frac{S}{0.13}\left(\frac{t}{d}\right)^2 \qquad (2-9-27)$$

d）温度计套管的改进措施

在温度计套管的设计过程中，可以按照图 2-2-17 中的步骤对套管进行频率计算和应力分析。如果计算结果不满足相关要求，则需调整套管数据重新计算，直到满足要求为止。

根据共振产生的机理和计算公式，影响套管固有频率的主要因素有套管材料的弹性模量和密度以及套管的尺寸（插入深度、端部尺寸和根部尺寸），影响激励频率的主要因素有介质的流速、雷诺数和套管端部尺寸。改进温度计套管时，尽量增大套管固有频率，减小激励频率，从而保证满足频率限制条件，避免共振的产生。

在考虑套管的改进措施时，介质的密度、黏度、流速是工艺参数要求，是固定不变的常数，只能从套管的材料和尺寸上着手进行调整。从表 2-2-18 可以看出，各种常用材料之间的弹性模量差别不大，且其比值的开方才作为影响固有频率的系数。因此，为了满足频率限制条件而调整套管材质选用弹性模量的方法不足取。

通常按照下列几条措施来改进套管：

·缩短套管长度

缩短保护套管长度能有效提高套管固有频率，并提高套管强度，此方法是实际应用中最常用的方法。但缩短多少要看具体情况，原则上，插入深度应能使测温元件能反映被测介质的真实温度为宜。

通常情况下，由于管道与环境之间的热传导，管道内介质温度会出现分层，管道中心的温度会高于靠近管道壁的温度，这种现象在高温介质时会更加明显。温度分层现象会导致测量误差，为了减少误差，套管应尽量长一些，而套管太长会增加产生共振的可能性。因此，套管插入深度的选择需要权衡测量误差和共振之间的利弊。

对于低密度低流速介质，温度分层现象会更加明显，而介质流过套管产生的激励频率较小，从而引起共振的可能性也相对较小，此时，套管的插入深度可以选择长一些。反之，类似高压过热蒸汽等介质，密度大流速快，流过套管产生的激励频率较大，只能牺牲一些测量精度来增大套管固有频率，此时，套管的插入深度以测温元件能完全浸入到介质中为原则尽量短。

·改变保护套管的外形结构

从表 2-9-10 套管尺寸与套管固有频率的对应关系可以看出，对于顶部尺寸相同的直形套管和锥形套管，锥形套管有更大的固有频率，因而，锥形套管更容易满足频率限制条件。考虑到装置运行过程中有可能出现超出工艺设计要求的极端情况，在项目投资允许的情况下，可以统一选用钻孔锥形套管。

表 2-9-10　套管尺寸与套管固有频率的对应关系　　　　　　　　　Hz

插入深度 L/mm	锥形套管（A/B）/mm			直形套管（A）/mm	
	$\phi 22/\phi 16$	$\phi 25/\phi 19$	$\phi 32/\phi 22$	$\phi 16$	$\phi 22$
150	715	780	999	463	610
200	413	454	587	266	353
300	189	208	272	121	161

注：以上数据基于如下特定工况：

套管材质为碳钢，过程连接为法兰连接，介质密度为 8kg/m³，套管内径为 5.5mm。

·改变套管的内外径

从表 2-9-10 套管尺寸与套管固有频率的对应关系可以看出，增大套管的直径可以增大套管固有频率，减小产生共振的可能，但是，增大套管厚度会降低套管的热传导速度和增加加工成本，应根据工艺要求酌情处理。

·改变温度计的安装位置

如果以上改进措施仍然无法满足要求时，可以考虑将套管安装在弯管处，套管端部应逆着介质流动的方向。由于在弯管处存在湍流，对弯管中的流体建模极其困难，ASME PTC19.3 TW-2016 出于保守考虑，未对此种安装方式提出指导性意见，项目实施时应谨慎采用。

·其他特殊方式

特殊情况下，还可以通过增加其他辅助装置的方法来改进套管强度。具体措施为：在保护套管的插入端增加一个保护圈，起到支撑作用。这样缩短了悬臂的长度，大幅度减小了套管端部的振幅。采用此改进措施的注意事项：保护圈和支管之间的距离公差为 1mm，且支管内部需要打磨光滑以便于安装，如图 2-9-8 所示。

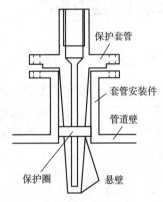

图 2-9-8　套管特殊改进措施示例

有时还可以通过改变套管的过程连接形式来缩短套管长度。例如，将套管的过程连接形式由法兰连接改为焊接，这种方式虽然减小了套管插入深度，但是同时也降低了套管的耐疲劳度。此方法在试图满足 $f_s < 0.4f_n$ 时可以选用，而在试图满足 $f_s < 0.8f_n$ 时会起到反效果，因为它使轴向共振周期应力条件更不容易满足。

2.9.6　注意事项

在选用温度计套管时，要应充分考虑被测介质的温度、压力、流速、防腐蚀性和耐磨性等要求，确保所选用的温度计套管能满足实际工况（包括特殊工况）的使用要求，避免安全事故的发生。

第 3 章 压力仪表

3.1 压力表

3.1.1 概述

压力表广泛应用于工业生产中，用来测量管道和容器中液体、蒸汽或气体的压力。由于所测量压力的大小不同，所测量的工作介质不同，对测量精度的要求不同，对测量中的控制要求不同，压力表工作环境中温度和振动强度不同等，需要根据具体情况选择不同种类的压力表。

3.1.2 种类

压力表可按照测量元件的类型、测量压力的种类等进行分类。

①按测量元件类型可分为弹簧管（C 型管、盘簧管和螺旋管）压力表，膜片压力表，膜盒压力表，波纹管压力表，各种压力表的测量元件如图 3-1-1 所示。

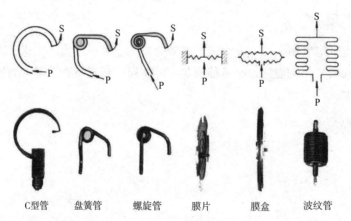

| C型管 | 盘簧管 | 螺旋管 | 膜片 | 膜盒 | 波纹管 |

图 3-1-1　压力表测量元件

②按测量压力的种类可分为压力表、真空表、压力真空表（联程表）、绝压表、差压表。工业中常见的各种压力定义如图 3-1-2 所示。

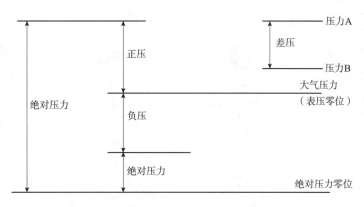

图 3-1-2 压力的定义

③按用途划分为：一般压力表，流程工业压力表，校验压力表。

3.1.3 外形结构

①常见压力表的外形如图 3-1-3 所示。

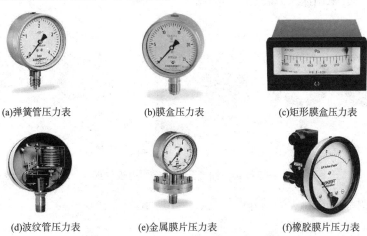

(a)弹簧管压力表　　　　　(b)膜盒压力表　　　　　(c)矩形膜盒压力表

(d)波纹管压力表　　　　　(e)金属膜片压力表　　　　(f)橡胶膜片压力表

图 3-1-3 压力表外形

②常见差压表的外形如图 3-1-4 所示。

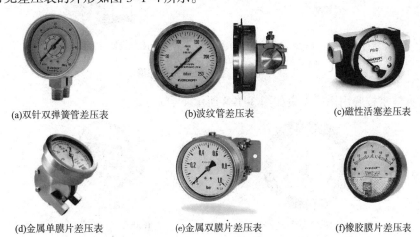

(a)双针双弹簧管差压表　　　(b)波纹管差压表　　　　　(c)磁性活塞差压表

(d)金属单膜片差压表　　　　(e)金属双膜片差压表　　　(f)橡胶膜片差压表

图 3-1-4 差压表外形

③常见隔膜压力表的外形如图 3-1-5 所示。

(a)全焊接螺纹隔膜表

(b)全焊接熔体式螺纹隔膜表

(c)全焊接法兰隔膜表

(d)全焊接在线隔膜表

(e)装配式螺纹隔膜表

(f)装配式法兰隔膜表

(g)装配式工字法兰隔膜表

(h)装配式在线隔膜表

图 3-1-5　隔膜压力表外形

④常见油气开采用途压力表的外形如图 3-1-6 所示。

(a)采气树压力表

(b)超高压压力表

(c)水下压力表

(d)泥浆压力表

图 3-1-6　油气开采用途压力表外形

⑤常见卫生型隔膜压力表的外形如图 3-1-7 所示。

(a)直接安装卫生型压力表

(b)在线安装卫生型压力表

图 3-1-7　卫生型压力表外形

⑥常见精密校验用途压力表如图 3-1-8 所示。

(a)机械式校验表

(b)电子式校验表

图 3-1-8　精密校验用途压力表外形

⑦常见电接点压力表的外形如图 3-1-9 所示。

(a)感应式本安防爆电接点压力表　　(b)磁助式隔爆电接点压力表　　(c)干簧管式隔爆电接点压力表

图 3-1-9　电接点表外形

⑧常见压力开关的外形如图 3-1-10 所示。

(a)直线型防爆压力开关　(b)直线型防爆差压开关　(c)杠杆力平衡型防爆压力开关　(d)杠杆力平衡型防爆差压开关

图 3-1-10　压力开关外形

3.1.4　原理和结构

3.1.4.1　压力表

①弹簧管压力表。以弹簧管作为测量元件的压力表，被测介质进入弹簧管内，弹簧管产生形变，通过连杆推动机芯转动，带动指针旋转实现指示压力的目的。弹簧管压力表的结构如图 3-1-11 所示。

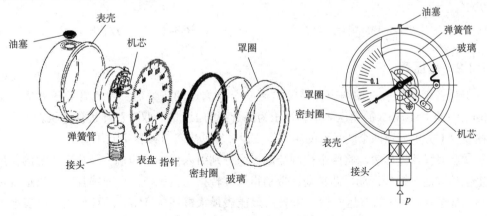

图 3-1-11　弹簧管压力表结构

②膜盒压力表。以膜盒为测量元件的压力表，将两个膜片对焊为膜盒，形成一个腔室。当被测介质进入到膜盒内，膜盒产生形变，通过连杆推动机芯转动，带动指针旋转实现指示压力的目的。膜盒压力表的结构如图 3-1-12 所示。

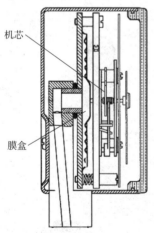

图 3-1-12　膜盒压力表

③膜片压力表。以金属膜片为弹性元件的压力表，金属片被压制成带有同心波纹的膜片，在压力的作用下，膜片产生位移，借助固定在膜片中心的推杆推动机芯转动，带动指针旋转实现指示压力的目的。膜片压力表适合的量程是 0~1.6kPa 至 0~2.5MPa。膜片压力表具备高过压能力，可以实现 10 倍满量程的过压。膜片材料可根据介质进行选择，可以提供法兰连接，非常适合需要低压测量的苛刻工艺介质。膜片压力表结构如图 3-1-13 所示。

④波纹管压力表。以波纹管为测量元件的压力表，当被测介质进入波纹管内，波纹管产生形变，通过连杆推动机芯转动，带动指针旋转实现指示压力的目的。波纹管压力表适合的量程是 0~1.6kPa 至 0~60kPa。波纹管压力表具备高过压能力，可以实现 10 倍满量程的过压。波纹管压力表结构如图 3-1-14 所示。

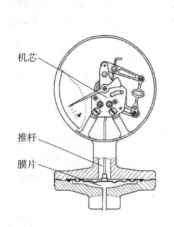

图 3-1-13　膜片压力表

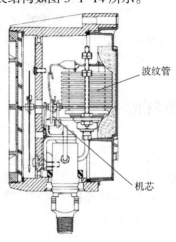

图 3-1-14　波纹管压力表

3.1.4.2　差压表

①弹簧管差压表。用两个弹簧管检测两个检测点的压力值。弹簧管差压表适合量程 0~0.1MPa 至 0~10MPa 的差压测量，过压为满量程的 1.3 倍。双针双弹簧管差压表的两个表针在表盘上分别显示两个测量点的压力值，通过辅助表盘直接显示差压值。

②金属膜片差压表。将两个检测点的压力分别引入到膜片两端，膜片在压力的作用下产生位移，通过推杆带动机芯转动，带动指针旋转指示差压值。金属膜片差压表适合量程 0~1.6kPa 至 0~4MPa 的差压测量，单膜片差压表最大静压为 4MPa；双膜片差压表最大静压为 40MPa，非常适合高静压低差压工况应用，金属膜片差压表结构如图 3-1-15 所示。

③橡胶膜片差压表。膜片与一个磁体固定在一起，同时表针装有一个磁性中轴，当膜片受到压力产生位移时，膜片的磁体推动指针的磁性中轴转动，带动指针旋转指示差压值。橡胶膜片差压表属于微差压表，适合量程 0~60Pa 至 0~25kPa 的差压测量，橡胶膜片差压表结构如图 3-1-16 所示。

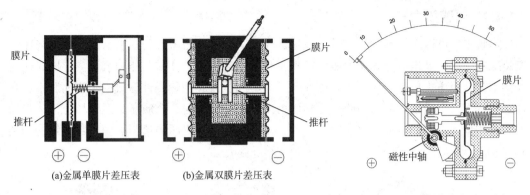

(a)金属单膜片差压表   (b)金属双膜片差压表

图 3-1-15 金属膜片差压表   图 3-1-16 橡胶膜片差压表

④波纹管差压表。将两个测量点的压力分别引入到两个波纹管中，波纹管在两路压力的作用下产生位移，通过推杆推动机芯转动，带动指针旋转指示差压值。波纹管差压表适合量程 0~1kPa 至 0~1MPa 的差压测量，最大静压为 5MPa，其结构如图 3-1-17 所示。

⑤磁性活塞差压表。测量元件由弹簧组件和磁性材料制作的活塞组成，表针装有一个磁性中轴，当磁性活塞受到压力产生位移时，利用自身磁性推动指针的磁性中轴转动，带动指针旋转指示差压值。磁性活塞的密封件有密封圈和膜片两种，使用密封圈作为密封件的差压表只适合测量液体介质。磁性活塞差压表适合量程 0~25kPa 至 0~1MPa 的差压测量，最大静压为 40MPa。由于磁性活塞差压表没有机芯，只有单侧弹簧控制磁性活塞位移，所以只能保证上升方向精度为 2%。磁性活塞差压表结构如图 3-1-18 所示。

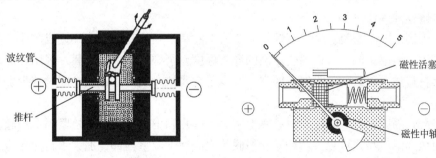

图 3-1-17 波纹管差压表   图 3-1-18 磁性活塞差压表

3.1.4.3 绝压表

绝压表通常用膜片作为测量元件。利用波纹管将表壳与膜片之间的空间密封成一个腔室，并将该密闭腔室抽真空，实现以绝压零位作为测量基准；绝压表膜片下方连通大气，正常状态下指针不在零位，而是指示大气压力值。当绝压表工作时，随着真空度不断上升，膜片在压力的作用下变形，通过推杆推动机芯转动，带动指针旋转指示绝压值。绝压表适合量程 0~25kPa（A）至 0~2.5MPa（A）的绝压测量，可以承受 10 倍满量程以上的过压，不受大气压影响，可以满足高真空度的精准测量。绝压表结构如图 3-1-19 所示。

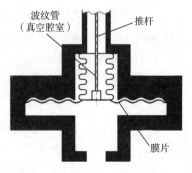

图 3-1-19 绝压表

3.1.4.4 隔膜压力表

隔膜密封可以有效地解决腐蚀、黏稠、易结晶介质对压力表的损害，隔膜密封与压力表装配在一起，就组成隔膜压力表。隔膜密封既可以将工艺介质与压力表隔离，同时还可以将工艺介质压力传递给压力表。膜片、上腔室和压力表测量元件形成一个密闭腔室，在真空条件下，充满填充液，当膜片受到压力向上产生形变时，介质压力通过填充液，带动压力表测量元件形成位移，机芯随之转动，指针旋转指示出压力值。隔膜密封的结构如图3-1-20所示。

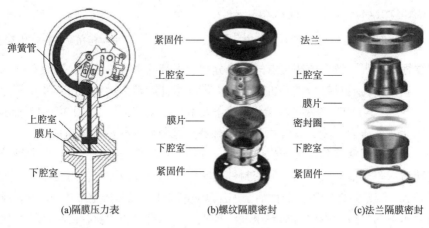

| (a)隔膜压力表 | (b)螺纹隔膜密封 | (c)法兰隔膜密封 |

图 3-1-20　隔膜密封

a）隔膜密封结构型式

①全焊接式隔膜密封。全焊接螺纹隔膜将上腔室，膜片和下腔室焊接成整体，没有密封件，减少了泄漏，同时可以耐受更高的介质温度。全焊接法兰隔膜膜片采用外焊方式，膜片直接覆盖法兰密封面，没有下腔室，减少了与腐蚀介质的接触面，同时减少了介质堵塞现象。

②装配式隔膜密封。装配式隔膜将上腔室，膜片和下腔室通过螺栓紧固在一起，所有部件的材质和结构型式可以灵活调整，但膜片内嵌在下腔室内部，加大了腐蚀介质的接触面积，同时容易形成介质堵塞，需要在下腔室增加冲洗孔。

b）接液部件

螺纹隔膜膜片和下腔室都会与工艺介质接触，装配式法兰隔膜膜片和下腔室都会与工艺介质接触，同属于接液部件。

全焊接外焊膜片法兰隔膜：膜片和法兰密封面都会与工艺介质接触，同属于接液部件；全焊接探入式法兰隔膜：膜片、延伸段和法兰密封面都会与工艺介质接触，同属于接液部件。

针对不同的腐蚀性工艺介质，需要选择合适的接液部件材质，接液部件材质包括金属材料和非金属材料，见表3-1-1。

表 3-1-1　接液部件材质

金属材料	不锈钢（304L、316、316L、321），双相钢，超级双相钢，Carpenter 20，Hastelloy C-22，Hastelloy C-276，Hastelloy B-2，Inconel 600，Inconel 625，Monel 400，镍，钛，钽，镀金
非金属材料	聚四氟乙烯，Kalrez 橡胶，Viton 橡胶，PVC，PVDF

c）隔膜密封的类型（ASME B40.100 Part 2）

①螺纹连接隔膜密封的结构如图 3-1-21 所示，隔膜密封的过程连接采用螺纹型式，主要解决腐蚀性介质对压力表的损害，尤其适合油气开采领域，满足 NACE MR0175 标准对材质的要求。

(a)装配式螺纹隔膜　　　　　　　　　　　　(b)全焊接外焊膜片螺纹隔膜

(c)全焊接螺纹隔膜　　　　　　　　　　　　(d)全塑螺纹隔膜

图 3-1-21　螺纹隔膜密封

②法兰连接隔膜密封的结构如图 3-1-22 所示，隔膜密封的过程连接采用法兰型式。法兰尺寸为 $DN15~DN80$（$1/2″ ~3″$），法兰公称压力等级为 $PN10~PN250$，Class150~Class 2500，法兰密封面包括全平面 FF，突面 RF，环连接面 RJ 等。法兰隔膜通过增加冲洗孔或冲洗环，可以有效解决黏稠介质对压力表的影响。

(a)全焊接外焊膜片法兰隔膜　　　　　　　　(b)全焊接探入式法兰隔膜

(c)装配式法兰隔膜　　　　　　　　　　　　(d)装配式微压法兰隔膜

图 3-1-22　法兰隔膜密封

③在线隔膜密封结构如图 3-1-23 所示，在线隔膜密封的膜片与管道内壁平齐，最大限度解决管道死角对黏稠介质的影响。同时在线隔膜直接装在管道上，便于伴热，适合容易结晶的工艺介质。在线隔膜根据工艺要求，对于小于 $DN40$ 的管道，过程连接可以选择承插焊和对焊型式；对于大于等于 $DN40$ 的管道，过程连接可以选择法兰和对夹型式；对于大于等于 $DN80$ 的管道可以选择鞍座型式。针对废水、矿料输送管线，可以选择橡胶膜片在线隔膜密封，增加耐磨性。

(a)插焊型式   (b)对焊型式   (c)法兰型式

(d)鞍座型式   (e)对夹型式   (f)对夹橡胶膜片型式

图 3-1-23   在线隔膜密封

④隔膜密封填充液可以选择硅油、甘油、氟油和食品级油，填充液的温度范围见表3-1-2。介质温度不宜超过填充液温度范围，否则会出现填充液气化现象，由此造成膜片变形，导致隔膜压力表无法正常工作。

填充液还要考虑不得与工艺介质发生反应，在工艺介质中有氯、硝酸、过氧化氢等强氧化剂的场合，不应使用甘油或硅油，应该使用惰性氟油填充液。

表 3-1-2   隔膜密封填充液

填充液	温度范围 /℃
甘油	−18~204
硅油 DC200	−45~205
硅油 DC704	0~315
硅油 PMX200	−40~315
氟油	−56~149
高温油 Syltherm 800	−40~400
低温油 Syltherm XLT	−75~150
食品级油 Neobee M−20	−17~160

⑤针对高温介质或者压力波动工况，可以在压力表和隔膜之间加装散热器、毛细管、过压保护器等。针对黏稠易结晶的介质，可以加装冲洗孔或冲洗环，隔膜压力表的安装附件如图 3-1-24 所示。

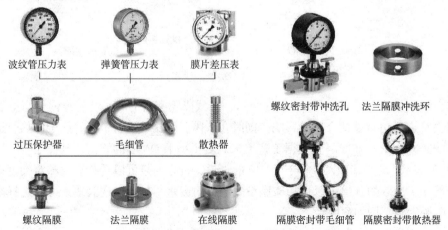

波纹管压力表   弹簧管压力表   膜片差压表   螺纹密封带冲洗孔   法兰隔膜冲洗环

过压保护器   毛细管   散热器

螺纹隔膜   法兰隔膜   在线隔膜   隔膜密封带毛细管   隔膜密封带散热器

图 3-1-24   隔膜压力表安装附件

3.1.5　特殊用途压力表

3.1.5.1　油气开采用压力表

①采气树压力表。用于天然气开采的井口采气树，过程连接采用 API Spec 6A 标准的 9/16″ HP Type Ⅲ 高压接头，螺纹尺寸为 9/16~18UNF 外螺纹，配合格兰和衬套组成硬密封连接型式，结构如图 3-1-25 所示。压力表测量元件为弹簧管，材质为 Monel，适合含硫的酸性介质，在满足 NACE MR0175 标准对材质要求的同时，量程为 0~35MPa（5000psi）至 0~140MPa（20000psi）。

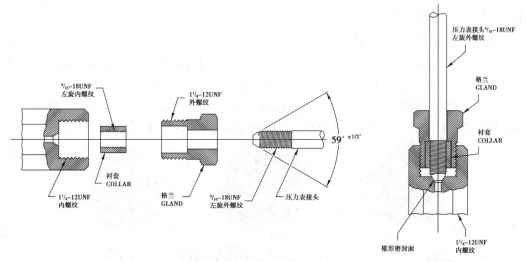

图 3-1-25　采气树压力表接头连接

② 超高压压力表。用于天然气开采的井口测试设备，过程连接采用 API Spec 6A 标准的 1/4″ HP Type Ⅲ 高压接头，螺纹尺寸为 1/4~18UNF 内螺纹，配合格兰和衬套与 Tube 管组成硬密封连接型式，结构如图 3-1-26。压力表测量元件为弹簧管，采用 Inconel 718 材质，表壳采用带泄压后盖的密闭安全型表壳，量程为 0~160MPa 至 0~600MPa。

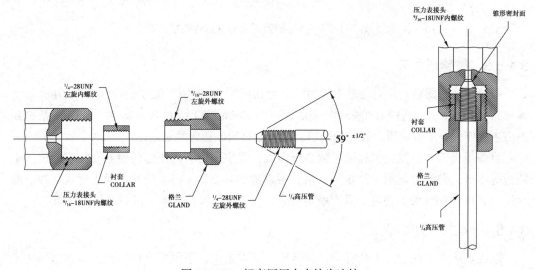

图 3-1-26　超高压压力表接头连接

③泥浆压力表（叉簧压力表）。用于石油开采中钻井、压裂、固井等设备。泥浆压力表内的阻尼器将含有固体颗粒工艺介质与测量元件隔离，防止压力表堵塞，缓冲介质脉动冲击，具有很强的抗振能力。活塞带动膜片和推杆，使叉簧产生变形，推动机芯转动，带动指针旋转指示压力值。为了防止堵塞，泥浆压力表的过程连接选用1″或2″螺纹，也可以选用活接头（Union）或法兰连接。

④水下专用压力表。用于水下井口设备。压力表测量元件为弹簧管，材质为316L不锈钢。表盘具有夜光反射能力，便于观测。压力表拥有加厚密闭防护表壳，抵抗水下压力，材质为316L不锈钢，有效防止海水腐蚀，可在水下6km正常工作。

3.1.5.2　卫生型隔膜压力表

卫生型隔膜压力表用于医药、乳品、食品、饮料等行业，其接液部件材质为316L不锈钢，依据ASME BPE标准，表面粗糙度要满足SF3抛光等级（$Ra \leqslant 0.76\,\mu m$）或SF4抛光等级（$Ra \leqslant 0.38\,\mu m$），填充液为食品级，满足FDA认证要求，降低污染的风险。卫生型隔膜压力表采用快速拆装的过程连接方式，包括卡箍、管道、活接头专用连接件，满足医药食品行业管道就地清洗和就地灭菌的要求，过程连接结构如图3-1-27所示。

(a)Tri-clamp®卡箍　　　　(b)Union活接头　　　　(c)VARIVENT®管道

图3-1-27　卫生隔膜压力表的过程连接

3.1.5.3　校验压力表

校验压力表即精密压力表是指仪表精度为0.1级、0.16级、0.25级和0.4级的压力表。其中常用的仪表表壳直径：0.25级和0.4级为150mm，0.1级和0.16级为250mm。精密压力表主要作为检定普通压力表的标准器，也可做高精度压力测量之用。

目前越来越多的校验仪表采用数字压力表，数字压力表由压力传感器及相应的电子电路板等组成，并通过显示屏显示压力值，可以输出4~20mA标准信号，便于远程监控。数字压力表具有0.05级的精度，具有稳定性好、体积小、操作简单、读数方便等优点。

3.1.5.4　电接点压力表

电接点压力表在表头上装有一接点装置，并有上限、下限两个设定针，指针随压力变化而转动，当所测压力达到设定压力时，指针与接点装置接通或断开，仪表既可指示出压力值，同时控制被控电路，以达到开启或关闭设备的目的。电接点装置分为滑动、磁助、感应、干簧管等型式，弹簧管压力表、膜盒压力表、膜片压力表以及差压压力表都可以增加电接点装置。

应用在危险区域时，需要选用防爆电接点压力表，磁助式电接点可以通过加装防爆表壳成为隔爆式电接点压力表，工作电压 220V AC，触头功率 10VA，防爆等级 Ex d ⅡB T4；感应式电接点采用接近开关组件，提供 DIN 19234 NAMUR 有源信号，工作电压 8V DC，加装安全栅，成为本安式防爆电接点压力表，防爆等级 Ex ia ⅡC T6。

3.1.5.5　压力开关

压力开关即压力控制器，包括压力开关和差压开关。压力开关测量元件在介质压力下产生位移，通过顶杆带动传动机构触发微动开关，改变电气回路状态，起到报警或联锁的控制作用，应用于爆破片、机械密封、液压润滑、井口控制等设备。

压力开关的测量元件包括弹簧管、膜片、活塞和波纹管，材质有橡胶、铜合金、不锈钢，测量腐蚀黏稠介质时，可以加装隔膜密封。压力开关的传动机构包括直线位移和杠杆力平衡式位移两种，结构如图 3-1-28 所示。其中杠杆力平衡式位移开关可以设定两个以上报警点输出或进行切换差调节，实现多种控制功能。压力开关的微动开关的触点容量为 15A 250VAC，可以采用密闭封装结构，减少恶劣环境对开关触点的影响，增加产品安全性。压力开关用于防爆场合时，可以选用隔爆外壳，防爆等级 Ex d ⅡC T6；选用本安防爆方式的压力开关，建议采用金触点低容量微动开关，增加开关动作的稳定性，开关触点容量为 500mA 28V DC，防爆等级 Ex ia ⅡC T6。

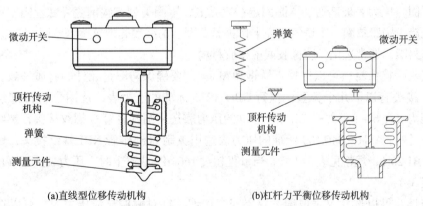

(a)直线型位移传动机构　　　　　(b)杠杆力平衡位移传动机构

图 3-1-28　压力开关和差压开关

电子压力开关利用压力传感器作为测量元件，可以输出开关量信号，模拟量信号，同时可以提供就地显示功能。电子压力开关的按键可以方便地进行各种功能设定。在防爆场合使用时，隔爆开关防爆等级可达 Ex d ⅡC T6，本安防爆开关防爆等级可达 Exia ⅡC T6。

3.1.5.6　带有远传信号的压力表

连续远传信号输出的压力表包括电阻远传压力表、差动远传压力表、带霍尔效应传感器压力表。由于近年压力变送器产品的不断丰富，这类压力表的应用范围越来越小。

3.1.6　压力表主要部件

压力表的主要部件如下：

①测量元件。弹簧管、膜盒、膜片、波纹管四种类型测量元件是压力表的核心元件，不同压力范围选用不同的弹性测量元件。测量元件材质有不锈钢、Monel、Inconel 等。

②机芯。机芯材质一般选用不锈钢，为提高机芯寿命，可选装防过压机芯限位装置和防振动机芯阻尼装置。

③表壳。表壳有非密闭表壳、密闭表壳、带泄压塞密闭表壳、带泄压后盖密闭安全型表壳，结构如图 3-1-29 所示，户外使用的密闭表壳防护等级至少为 IP54，根据需要可以选择防护等级为 IP65 或 NEMA4X 的密闭表壳。表壳材质根据用途可以选择碳钢、不锈钢、铸铝、酚醛树脂等材料。

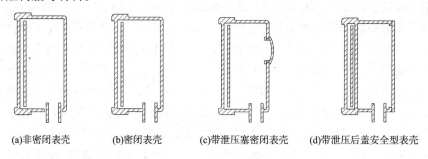

(a)非密闭表壳　　(b)密闭表壳　　(c)带泄压塞密闭表壳　　(d)带泄压后盖安全型表壳

图 3-1-29　压力表表壳

④罩圈。压力表玻璃通过罩圈固定在表壳上，罩圈类型有碳钢表壳螺丝固定罩圈、不锈钢表壳旋压锁紧罩圈、不锈钢表壳卡口锁紧罩圈、酚醛表壳螺纹旋紧罩圈。

⑤密封圈。通常选用丁腈橡胶或氟橡胶材料。

⑥接头。接头材质可以选择不锈钢和 Monel，要确保与测量元件的材质一致。针对不同标准，接头有以下几个类型：执行 GB/T 1226 标准的压力表，选用公制 M 螺纹接头，螺纹标准为 ISO 68-1；执行 EN 837 标准的压力表选用圆柱直管 G 螺纹接头，螺纹标准为 ISO 228；执行 ASME B40.100 标准的压力表选用英制 60° 锥管 NPT 螺纹接头，螺纹标准为 ASME B1 20.1，规格见表 3-1-5。当量程超过 160MPa 或以上时，压力表选用高压接头，规格见表 3-1-6。

⑦玻璃。可以选择仪表玻璃、双层安全玻璃。针对耐振充液压力表，可以选择有机玻璃。

⑧指针。一般为黑色铝合金材料，可调指针通过加装调节齿轮，便于指针调整；精密表的指针采用刀刃型便于示值观测；辅助指针可以加装可调定位指针（三针压力表），两个定位指针便于现场设定压力表正常工作范围，辅助指针也可以加装最大压力值记忆指针，随动的最大压力记忆指针可以由压力表指针单向拖动，可以记录压力表最高工作压力值。

⑨表盘。一般采用铝合金材料，表面为白色，刻度线为黑色。精密表表盘增加镜面刻度，便于示值观测。表盘内容包括，生产商或商标、仪表名称、计量单位、精度等级、制造年月及仪表编号等。

3.1.7　主要参数

3.1.7.1　表盘直径

压力表的表盘直径有以下 6 种：40mm、60mm、100mm、150mm、200mm、250mm。

3.1.7.2　精度等级

① 一般压力表的精度等级分为：1.0 级、1.6 级、2.5 级、4.0 级。
② 精密压力表的精度等级分为：0.1 级、0.16 级、0.25 级、0.4 级。

3.1.7.3　测量范围

弹簧管压力表的测量范围见表 3-1-3。

表 3-1-3　弹簧管压力表的测量范围　　　　　　MPa

类型	测量范围
压力表	0~0.1；0~0.16；0~0.25；0~0.4；0~0.6； 0~1；0~1.6；0~2.5；0~4；0~6； 0~10；0~16；0~25；0~40；0~60；0~100；0~160
真空表	-0.1~0
压力真空表	-0.1~0.06；-0.1~0.15；-0.1~0.3；-0.1~0.5；-0.1~0.9；-0.1~1.5；-0.1~2.4

膜盒压力表的测量范围见表 3-1-4。

表 3-1-4　膜盒压力表的测量范围　　　　　　Pa

类型	测量范围
膜盒压力表	0~100；0~160；0~250；0~400；0~600； 0~1000；0~1600；0~2500；0~4000；0~6000； 0~10000；0~16000；0~25000；0~40000；0~60000
膜盒真空表	-100~0；-160~0；-250~0；-400~0；-600~0； -1000~0；-1600~0；-2500~0；-4000~0；-6000~0； -10000~0；-16000~0；-25000~0；-40000~0
膜盒压力真空表	-80~80；-120~120；-200~200；-300~300；-500~500； -800~800；-1200~1200；-2000~2000；-3000~3000；-5000~5000； -8000~8000；-12000~12000；-20000~20000；

3.1.7.4　连接螺纹

量程为 0~100MPa 及以下的压力表连接螺纹见表 3-1-5。

表 3-1-5　压力表的接头螺纹（最高压力 100MPa）

表壳公称直径	接头螺纹
DN40	M10×1，1/8″ NPT，G1/8
DN60	M14×1.5，1/4″ NPT，G1/4
DN100、DN150、DN200、DN250	M20×1.5、1/2″ NPT，G1/2
注：当用户对接头有特殊要求时，可与生产商协商解决。	

量程为0~160MPa及以上的超高压压力表连接螺纹见表3-1-6，最高压力可达600MPa。

表3-1-6　超高压压力表的接头螺纹

Tube 管 OD	高压管（Tube）螺纹	格兰（Gland）螺纹	衬套（Collars）螺纹
1/4 HP	$^1/_4$-28 UNF 外螺纹	$^9/_{16}$-18 UNF 外螺纹	$^1/_4$-28 UNF 内螺纹
3/8 HP	$^3/_8$-24 UNF 外螺纹	$^3/_8$-24 UNF 外螺纹	$^3/_4$-16 UNF 内螺纹
9/16 HP	$^9/_{16}$-18 UNF 外螺纹	$1^1/_8$-12UNF 外螺纹	$^9/_{16}$-18 UNF 内螺纹

超高压硬密封接头的连接形式有以下三种，超高压压力表的接头选用 Type Ⅲ 型式，结构如图 3-1-30 所示。

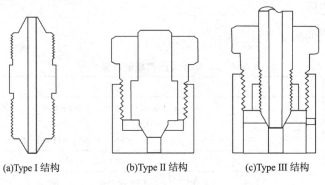

(a)Type Ⅰ 结构　　　　(b)Type Ⅱ 结构　　　　(c)Type Ⅲ 结构

图 3-1-30　超高压接头连接型式

3.1.7.5　过压

依据 GB 26788 规定，压力表应能承受表 3-1-7 规定的负荷值、保持 15min 无泄漏。

表 3-1-7　压力表过压

测量上限值 /MPa	静压负荷值
≤10	1.5 倍测量上限量
>10~≤60	1.3 倍测量上限量
>60~≤160	1.2 倍测量上限量
注：对在相应标准中没有超压性能要求的产品，可不作要求。	

3.1.7.6　疲劳

依据 GB 26788 规定，压力表在承受表 3-1-8 规定的交变负荷试验后，应无泄漏。

表 3-1-8　压力表疲劳试验数据

测量上限 /MPa	交变负荷次数	交变频率	交变幅度
≤ 2.5	100000	60 次 /min ± 5 次 /min 或 30 次 /min ± 5 次 /min	测量上限值的（30 ± 5）%~（60 ± 5）%（交变的总幅度不得小于测量上限的 30%）
> 2.5~ ≤ 60	50000		
> 60~ ≤ 160	25000		

3.1.8 压力表的安全措施

3.1.8.1 泄压保护和过压保护

压力表测量介质的正常工作压力应为满量程的 30%~70%，当介质压力不稳定时，有可能超过压力表量程范围，会造成压力表机芯或测量元件损坏，严重时会造成测量元件破裂。针对可能出现的超压现象，一方面要设置泄压保护装置避免伤害操作人员，另一方面要增加压力表过压保护能力。

①泄压保护装置。根据 GB/T 1226 标准，气体介质的量程超过 2.5MPa，液体介质量程超过 6MPa 的压力表，需要在表壳增加泄压塞，针对重要测量点，采用安全型表壳带泄压后盖，见表 3-1-9。

表 3-1-9 压力表表壳的泄压装置

量程范围	HG/T 20507—2014		SH/T 3005—2016		EN 837-2：1998（表壳尺寸≥100mm）		ASME B40.1：2013		API RP B551：2016	
	气体介质	液体介质	气体介质	液体介质	气体介质	液体介质	气体介质	液体介质	气体介质	液体介质
<2.5MPa	—	—	—	—	有泄压塞	无泄压塞	—	—	安全型外壳带泄压后盖	安全型外壳带泄压后盖
≥2.5MPa	有泄压装置				安全型外壳带泄压后盖	无泄压塞	有泄压装置[2]	—	安全型外壳带泄压后盖	安全型外壳带泄压后盖
≥6MPa	有泄压装置	有泄压装置	有泄压装置[1]	有泄压装置[1]	安全型外壳带泄压后盖	无泄压塞	有泄压装置[2]	有泄压装置[3]	安全型外壳带泄压后盖	安全型外壳带泄压后盖

注：1. ≥6.9MPa（1000psi）有泄压装置；
　　2. 气体介质≥2.89MPa（400psi）有泄压装置；
　　3. 液体介质≥6.9MPa（1000psi）有泄压装置。

安全型表壳（Solid Front）即在表壳正面加装隔爆板，将测量元件与表玻璃隔开，同时在表壳背面加装泄压后盖，测量元件意外泄漏时，形成对正面观测者的保护。安全型表壳可以选用酚醛树脂、铸铝、不锈钢等材料，结构如图 3-1-31 所示。

(a)安全型酚醛外壳压力表　　(b)安全型铸铝外壳压力表　　(c)安全型不锈钢可压力表

图 3-1-31 安全型表壳（Solid Front）压力表

②过压保护装置。弹簧管压力表通常具备满量程130%的过压能力，而波纹管压力表、波纹管差压表、膜片压力表、膜片差压表，具有内部限位装置，拥有10倍满量程的过压能力。针对过压风险，还可以加装过压保护器（ASME B40.100 Part 5限压阀），结构如图3-1-32所示。当测量腐蚀性介质，直接选用镍基合金的过压保护器成本很高，在压力表和隔膜之间加装过压保护器，可以有效保护压力表，同时避免过压保护器接触腐蚀性介质。但过压保护器内部有移动部件，会妨碍隔膜压力表内部填充液的压力传递，需要考虑可能出现的误差影响，如图3-1-33所示。

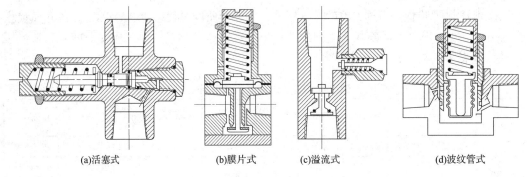

(a)活塞式 (b)膜片式 (c)溢流式 (d)波纹管式

图3-1-32 过压保护器类型

图3-1-33 带过压保护器的隔膜压力表

3.1.8.2 环境温度的影响

各种类型压力表的正常工作环境温度见表3-1-10。

表3-1-10 各种压力表的正常工作环境温度

名称		正常工作环境温度/℃
一般压力表		-40~70
精密压力表		5~40
电接点压力表		-40~70
膜盒压力表		-25~55
膜片压力表		-40~60
耐振压力表	壳内充硅油	-40~60
隔膜压力表	壳内充硅油	-40~60

对于量程小于 2.5MPa 的密闭表壳压力表（防护等级 IP65 及以上），温度变化会造成表壳内部气体体积变化，形成对测量元件的外力，造成压力表的误差。这时需要将压力表油塞的通气阀打开或者开通气孔。

对于安全型表壳压力表，其泄压后盖附着的橡胶膜片可以利用形变修正表壳内的气体体积变化，起到温度补偿作用。

低温环境会造成压力表玻璃起雾，无法观测，这时候需要打开油塞通气阀，或者选用耐振压力表，解决起雾现象。耐振压力表填充液要满足环境温度，避免产生凝固现象。

3.1.8.3　工作温度（介质温度）的影响

介质温度不宜超过 60℃，高温不仅会造成压力表的精度误差，还可能使铜合金测量元件出现开焊，造成工艺介质泄漏。针对温度超过 60℃ 的工艺介质，加装冷凝圈，针对水平管道选择 D 型，针对垂直管道选择 B 型，如图 3-1-34 所示。针对锅炉汽包高温高压蒸汽，冷凝圈选用 ASTM A-213 Grade T22 锅炉专用材料。当介质温度超过 150℃ 时，可以通过加装隔膜解决；如果介质温度超过 300℃，需要在压力表和隔膜之间加装散热器或毛细管。

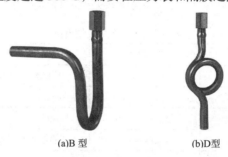

(a)B 型　　　　　(b)D 型

图 3-1-34　冷凝圈（参考 DIN 16 282）

3.1.8.4　振动的影响

压力表的正常工作环境振动条件不应超过 GB/T 17214.3《工业过程测量和监控装置的工作条件　第 3 部分：机械影响》中规定的 V.H.3 级，对于安装在振动场合或振动部位的压力表，需要采取相应的耐振措施。

①选用耐振压力表。在密闭表壳填充液体，起到减缓振动的作用。填充液包括硅油、甘油和氟油，一方面要考虑填充液的温度范围，不要出现凝固现象；另一方面要考虑填充液与工艺介质发生反应，针对强氧化介质，采用氟油。

②增加阻尼装置。在压力表接头内加装阻尼钉或加装阻尼器，外形如图 3-1-35 所示。限制介质脉动对压力表观测和寿命的影响。阻尼器包括内置节流元件型式和外部阻尼可调型式。

阻尼器　　　　　阻尼钉

图 3-1-35　阻尼器与阻尼钉

③压力表出现剧烈振动时，可以加装毛细管，将压力表安装到非振动区域。

3.1.9　应用场合

①管道内介质压力测量。

②反应器、精馏塔、容器等设备内介质压力测量。

③储罐压力测量。

④检定校准压力测量。

3.1.10　注意事项

作为流程工业的石油化工行业，现场工况涉及高温、高压、腐蚀、黏稠、振动等，建议选择流程工业压力表，确保压力表能够正常安全的工作。目前的压力表制造标准倾向于一般压力表的规范，同时部分标准年代久远。为了适合新技术、新装置、新方案，在选型过程中可以借鉴国际标准，满足压力表选用时出现的技术要求。

a）压力表类型的选择见表 3-1-11，差压表类型的选择见表 3-1-12。

表 3-1-11　压力表的选择

量程范围	压力表类型	工作压力	材质	蒸汽	高黏度介质	腐蚀介质
<100kPa	膜盒压力表	–40kPa~40kPa	不锈钢	适合	—	—
	矩形膜盒压力表	–500Pa~500Pa	铜合金	—	—	—
	橡胶膜片压力表	–500Pa~500Pa	橡胶	—	—	—
	金属膜片压力表	–40kPa~40kPa	不锈钢 *	适合	适合	适合
	波纹管压力表	–40kPa~40kPa	不锈钢 /Monel	适合	—	—
	波纹管隔膜压力表	–40kPa~40kPa	不锈钢 *	适合	适合	适合
≥ 100kPa	弹簧管压力表	–100kPa~100MPa	不锈钢 /Monel	适合	—	—
	弹簧管隔膜压力表	–100kPa~60MPa	不锈钢 *	适合	适合	适合
	金属膜片压力表	–100kPa~2.5MPa	不锈钢 *	适合	适合	适合
参考标准 SH/T 3005，EN 837-1，API RP 551。						
* 其他接液材质见表 3-1-1。						

表 3-1-12　差压表的选择

量程范围	压力表类型	差压	静压	接液材质	隔膜密封
<100kPa	橡胶膜片差压表	≤ 500Pa	最高 3.5MPa	橡胶	—
	金属膜片差压表	≤ 60kPa	最高 40MPa	不锈钢 /Monel/Hastelloy C	适合
	波纹管差压表	≤ 60kPa	最高 10MPa	不锈钢	适合
≥ 100kPa	弹簧管差压表	≤ 10MPa	满量程	不锈钢	适合
	金属膜片差压表	≤ 4MPa	最高 40MPa	不锈钢 /Monel/Hastelloy C	适合

针对氢气、乙炔等易燃介质，依据 GB/T 1226 标准，要在表盘标注测量介质的名称。氢气压力表表盘上的仪表名称下应画一绿色标示横线。乙炔压力表表盘上的仪表名称下应画一白色标示横线。用于氧气或含氧介质压力测量的氧用压力表，由于氧气与油脂接触会发生燃烧甚至爆炸的危险，故氧用压力表在制造和出厂检验中，是绝对禁油的，必要时要

对氧用压力表进行无油脂检查。依据 GB/T 1226 标准，氧用压力表表盘上的仪表名称下应画一蓝色标示横线，并标以红色"禁油"字样。

b）压力表主要技术要求见表 3-1-13。

表 3-1-13　压力表主要技术要求

用途	规格	HG/T 20507—2014	SH/T 3005—2016	API RP 551（ASME B40.1）	EN 837
工艺管线	表壳直径	100mm，150mm	100mm，150mm	$4^1/_2''$，$6''$	100mm，160mm
	防护等级 *	IP54	IP55，IP68	IP65，NEMA4X	IP44
	精度	1.0%，1.6%，2.5%	1.6%	0.5%	1%
气动管路减压阀阀门定位器	表壳直径	60mm	40mm，$2''$	$1^1/_2''$，$2''$	40mm，50mm
	防护等级 *	IP54	IP55，IP68	IP65 或 NEMA4X	IP44
	精度	2.5%	2.5%	3%-2%-3%	2.5%
流程设备辅助设备	表壳直径	100mm，150mm	100mm，150mm	$2^1/_2''$，$4^1/_2''$，$6''$	63mm，100mm，160mm
	防护等级 *	IP54	IP55，IP68	IP65，NEMA4X	IP44
	精度	1.0%，1.6%，2.5%	1.6%	0.5%，1%	1%，1.6%
精密测量和校验	表壳直径	—	150mm，250mm	$6''$，$8^1/_2''$	160mm，250mm
	防护等级 *	IP54	IP55，IP68	IP65，NEMA4X	IP44
	精度	0.4%，0.25%，0.16%	0.4%，0.25%，0.1%	0.25%，0.1%	0.25%，0.1%

注：* 为室外使用。

3.1.11　安装投用和维护

①安装前应核对压力表的型号、规格、连接螺纹和精度等级是否符合压力表使用要求。并通过有资质检定机构的检定，检定合格后方可投用。

②压力表宜垂直安装，倾斜度一般不大于 30°，并力求与测量点保持同一水平，以免带来误差。

③安装后，在无压力的情况下，指针应在零位或紧靠限止钉，否则不应使用。

④测量蒸汽压力时，压力表下端应装有冷凝弯，以免高温蒸汽冲入弹簧管内。

⑤投用时应缓慢打开阀门，使压力慢慢升到工作位置。若突然打开阀门，如压力失控，超过测量上限，会造成弹簧管被打坏、变形而使仪表失去功能。

⑥使用完毕后，应缓慢卸压，不要使指针猛然降至零位，防止指针回撞在限止钉上，避免将指针打弯甚至打断。

⑦压力表经过一段时间的使用，内部机件有可能受到磨损和变形等，导致仪表产生各种故障或精度超差。为了保证压力表的测量的准确性，以达到指示正确，安全可靠运行的目的，压力表应按规定要求进行检定或维修，压力表的检定周期：

一般压力表的检定周期为半年；精密压力表的检定周期为一年。

3.1.12　压力表相关标准

压力表相关标准见表 3-1-14。

表 3-1-14 压力表相关标准

标准代号	标准名称
制造标准	
GB/T 1227—2017	《精密压力表》
GB/T 1226—2017	《一般压力表》
GB/T 27505—2011	《压力控制器》
JB/T 9273—1999	《电接点压力表》
JB/T 6804—2006	《抗震压力表》
JB/T 8624—1997	《隔膜式压力表》
JB/T 9274—1999	《膜盒压力表》
JB/T 5491—2005	《膜片压力表》
JB/T 12015—2014	《膜片式差压表》
JB/T 10203—2000	《远传压力表》
JB/T 7392—2006	《数字压力表》
EN 837–1:1998	《Pressure Gauges – Part 1: Bourdon Tube Pressure Gauges》
EN 837–3:1998	《Pressure Gauges – Part 3: Diaphragm and Capsule Pressure Gauges》
DIN 16001:2017	《Mechanical Pressure and Temperature Gauges – High Pressure Gauges》
DIN 16002:2017	《Mechanical Pressure and Temperature Gauges – Absolute Pressure Gauges》
DIN 16003:2017	《Mechanical Pressure and Temperature Gauges – Differential Pressure Gauges》
ASME B40.1:2013	《Gauges – Pressure Indicating Dial Type – Elastic Element》
ASME B40.2:2013	《Diaphragm Seals》
ASME B40.5:2013	《Snubbers》
ASME B40.6:2013	《Pressure Limiter Valves》
ASME B40.7:2013	《Pressure Digital Indicating Gauges》
选型标准	
GB/T 26788—2011	《弹性式压力仪表通用安全规范》
SH/T 3005—2016	《石油化工自动化仪表选型设计规范》
HG/T 20507—2014	《自动化仪表选型设计规范》
EN 837–2:1998	《Pressure Gauges – Part 2: Selection and Installation Recommendations for Pressure Gauges》
API RP 551:2016	《Process Measurement》
检定标准	
GB/T 27504—2011	《压力表误差表》
JJG 52—2013	《弹性元件式一般压力表，压力真空表和真空表检定规程》
JJG 49—2013	《弹性元件式精密压力表和真空表检定规程》

主要制造厂商：

雅斯科仪器仪表（嘉兴）有限公司

上海精普压力仪表公司

安徽天康（集团）有限公司

3.2　压力变送器

3.2.1　概述

压力变送器是指一种将接受的压力变量按比例转换为标准输出信号的仪表。它能将测压元件传感器感受到的气体、液体压力参数转换成标准的电信号（如 4~20mA 等），以供给二次仪表或控制系统进行指示、控制和联锁。压力变送器是工业生产中最为常用的一种传感器，广泛应用于工业生产中对管道内液体、气体或蒸汽的压力、差压、流量的测量，以及对生产设备内液位的测量。由于所测量介质压力 / 差压的大小不同，所测量介质和工况不同，工作环境不同等，需要根据具体情况选择不同种类的压力变送器。

3.2.2　分类

根据不同的方法，压力变送器有不同的分类，主要分类方法如下：

①按传感器工作原理分类，可分为电容式压力变送器、谐振式压力变送器、电阻式压力变送器等。

②按传感器芯片分类，可分为陶瓷压力变送器、扩散硅压力变送器、单晶硅压力变送器等。

③按测量类型分类，可分为差压压力变送器、表压压力变送器、绝压压力变送器等。

④按过程连接方式分类：普通压力 / 差压压力变送器、单法兰压力变送器、毛细管法兰式压力变送器等。

3.2.3　原理和结构

3.2.3.1　电容式压力变送器

a）工作原理

电容式压力变送器是能把压力变化通过一个可变电容器，转换成电容量变化的仪表。电容式压力变送器具有一个可变参数的电容器，多数场合下，电容是由两个金属平行极板组成，并且以空气为介质，如图 3-2-1 所示。

弹性膜片即动极板，作为电容器的一个极板并承受流体压力作用，膜片发生弯曲，弯向压力较低的一侧，从而改变了电容器的电容值，膜片变形引起电容量变化。这样把电容值的改变量和压力 p 联系起来，通过测量便可推知流体的绝对压力或相对压力。

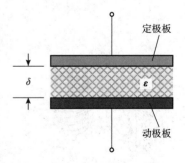

图 3-2-1　平板电容器原理

b）内部结构

电容式压力 / 差压变送器的内部结构如图 3-2-2 所示。

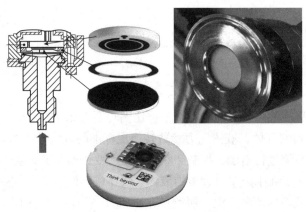

图 3-2-2 电容式传感器内部结构

电容式压力 / 差压变送器典型生产厂商有 E+H（德国）、ROSEMOUNT（美国）、安徽天康、福建上润等。

3.2.3.2 压阻式压力变送器

a）工作原理

压阻式压力传感器的测量原理是将压敏电阻接入惠斯登电桥，通过测量惠斯登电桥的输出电压值，从而得到相应的压力值。压敏电阻阻值由于压力产生变化，从而使惠斯登电桥的整体阻值发生变化，导致输出电压改变。这个电压变化正比于所测压力的变化。惠斯登电桥的工作原理如图 3-2-3 所示。

$$U_0 = U\left(\frac{R_1}{R_1 + R_2} - \frac{R_4}{R_3 + R_4}\right)$$

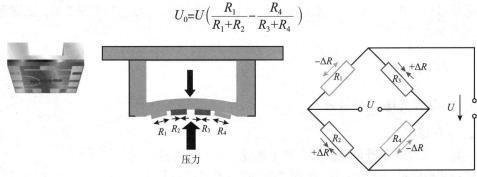

图 3-2-3 惠斯登电桥工作原理

b）内部结构

压阻式压力 / 差压变送器的传感器内部结构如图 3-2-4 所示。

压阻式压力 / 差压变送器的典型生产厂商有 E+H（德国）、ROSEMOUNT（美国）、安徽天康、福建上润等。

3.2.3.3 单晶硅谐振式压力变送器

a）工作原理

单晶硅谐振式变送器是由一个永久磁场及两

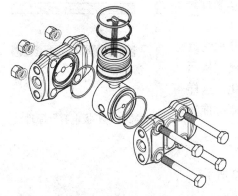

图 3-2-4 压阻式传感器结构

个 H 型硅谐振梁构成，利用电磁感应的原理使谐振梁起振，其振动频率与膜片受压呈线性函数关系，由此来检测压力。

单晶硅谐振式传感器是在单晶硅芯片上采用 3D 半导体微机械加工技术，分别在其边缘和中心做成两个形状、大小完全一致的谐振梁，且处于微型真空腔中，使其既不与充灌液接触，又确保振动时不受空气阻尼的影响。硅谐振梁处于永久磁场中，与变压器、放大器等组成正反馈回路，谐振梁在回路中产生振荡，原理如图 3-2-5 所示。

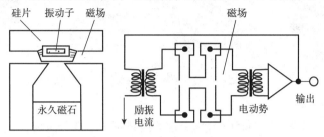

图 3-2-5 硅谐振器的自激振荡原理

单晶硅谐振式变送器的两个 H 形的谐振梁分别将差压、压力转换为频率信号，送到脉冲计数器，再将频率之差传递到 CPU 进行处理，然后通过现场总线数字通信传输、无线传输、或经 D/A 转换为标准的 4~20mA 模拟信号输出，原理如图 3-2-6 所示。

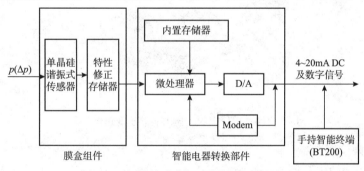

图 3-2-6 单晶硅谐振式变送器工作原理

b）内部结构

单晶硅谐振式压力／差压变送器的传感器内部结构如图 3-2-7 所示。

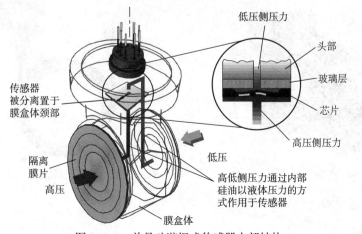

图 3-2-7 单晶硅谐振式传感器内部结构

117

3.2.4　外形结构

①普通压力 / 差压变送器的外形如图 3-2-8 所示。

图 3-2-8　普通压力 / 差压变送器外形

②远传隔膜密封压力 / 差压变送器

通常一个远传隔膜密封压力 / 差压变送器由以下四个部分组成，包括一个压力或差压变送器、一个或两个隔膜密封件（常用为法兰型结构）、相应长度的毛细管（数量与隔膜密封件数量对应）以及填充液。外形如图 3-2-9 所示。

图 3-2-9　远传密封式压力、差压变送器外形

③单法兰液位变送器

外形如图 3-2-10 所示。

④投入静压式液位变送器

外形如图 3-2-11 所示。

图 3-2-10　单法兰液位变送器外形　　图 3-2-11　投入静压式液位变送器外形

⑤电子式差压液位变送器

外形如图 3-2-12 所示。

电子式差压液位变送器即使用通过非专用电线连接在一起的两个压力传感器，以电子

方式计算差压（*DP*），输出一个液位信号。如采用数字通信相连和输出，更可获得两个独立的压力信号。

图 3-2-12　电子式差压液位变送器外形

3.2.5　主要参数

a）信号输出

①电流输出　4~20mA，4~20mA + HART。

②电压输出　1~5V（DC）。

③ Wireless HART。

④ Profibus PA/DP 总线，FF 总线，RS–485 总线。

b）防爆等级

通常本安型可达到 Ex ia ⅡC T6、隔爆型可达到 Ex d ⅡC T6。

c）安全完整性等级

获得 IEC 61508 SIL2 认证（*HFT*=1，可达到 SIL3）。

d）接液材质

①法兰材质：碳钢、316SS 不锈钢等。

②膜片材质：316SS 不锈钢。根据工况可选用 Ti、Ta、哈氏合金 C、316SS+ 镀金等材质。

③当介质具有高温、强蚀性、有固体颗粒或黏稠性、易结晶等特点时，需将压力变送器与工艺过程介质隔离开。因此可考虑为变送器配备远传隔膜密封装置，组成远传隔膜密封压力变送器，将过程压力间接传递到变送器。

e）技术参数

①精度：± 0.075%（最高可达 0.025%）。

②稳定性：≤ 0.15%/5a。

③差压量程：0~0.025kPa~16MPa。

④表压量程：0~0.5kPa（G）至 0~70MPa（G）。

⑤绝压量程：0~0.5kPa（A）至 0~70MPa（A）。

⑥过程隔离膜片：316 不锈钢，哈氏合金 C，Tan，蒙乃尔，镀金等。

⑦供电电源：12.5~45V DC［本质安全型 <30V DC］。

⑧防护等级：通常 IP65，最高可达 IP67。

⑨量程比：100：1，最大可达 400：1。

f）充液介质

通常为硅油，根据介质温度可选高温、低温、氟油等充液介质。填充液使用温度见表 3-2-1。

表 3-2-1　填充液使用温度　　　　　　　　　　℃

填充液	介质温度
一般型（硅油）	−40~250
高温型（硅油）	−10~400
禁油型（氟油）	−20~120
低温型	−105~145

g）真空度

与介质温度及环境温度相关，不同温度下的真空度下限不同，选型应确保真空下充液介质不汽化。

3.2.6　优点和局限性

a）优点

①技术成熟可靠，性价比高。

②多种不同膜片材质可选，适用于测量不同腐蚀性介质。

③测量液位不受设备形状及内部结构影响。

④测量液位时，相比非接触式液位仪表响应速度快，测量结果稳定可靠。

b）局限性

①不适用测量密度有变化的介质。

②不适用测量固体料位。

③测量不适用高黏度挂壁严重介质。

④高温（大于 400℃）高压（高于 70MPa）场合不适用。

3.2.7　应用场合

a）压力测量

①适用于管道内液体、气体和蒸汽的压力测量等。

②适用于反应器、精馏塔、容器和储罐等设备内液体、气体和蒸汽压力测量等。

③差压测量，如过滤器进出口差压、精馏塔塔顶 / 底压差等。

b）液位测量

①反应器、精馏塔、容器等设备的液位测量。

②常压储罐、压力储罐和球罐的液位测量。

③转动设备的密封、润滑油罐的液位测量。

c）流量测量

孔板、文丘里、喷嘴、均速管等差压式流量元件的流量测量。

3.2.8　注意事项

a）选型

①介质的物理化学性质和状态。当测量黏稠、易凝固结晶、含固体颗粒或腐蚀性等介质时，宜选用膜片密封型压力/差压变送器，必要时应设置吹气、冲洗装置，还应根据介质特性选择接液部分材质。

②测量范围、需要的精度及测量功能。根据需求选择量程及精度，精度高低会影响采购成本，工程设计中精度不是越高越好，够用即可。

③环境条件。存在腐蚀性气体的场合宜选用不锈钢外壳，避免长时间使用后的腐蚀；极寒地区应设置保温箱；高温地区应注意避开阳光直射，加装遮阳罩等。

④操作工况，如介质温度、压力、密度等。

⑤环保、卫生等特殊要求。如食品制药行业需要选择卫生型仪表。

⑥远传密封变送器的选型需考虑毛细管内的充液介质，根据温度选择合适的充液介质，避免充液汽化或凝固，一般毛细管长度不宜超过 10m。

b）安装投用

①变送器的安装位置应远离发热的设备，在测量蒸汽或其他高温介质时，其温度不应超过变送器使用时的极限温度，高于变送器使用的极限温度必须使用散热装置/隔离措施。

②普通压力/差压变送器的安装需要采用引压管连接，工艺介质在引压管中是静止的。应保证测量管路的畅通，应避免管道中的沉积物堆积，堵塞管路造成压力失真。

③在低温环境下，应考虑被测介质不允许结冰，否则将损伤传感器元件隔离膜片，导致变送器损坏，因此安装时需对变送器及引压管进行保温伴热，以防结冰；毛细管内的填充液也应根据环境温度考虑伴热，避免填充液凝固影响测量。

④变送器的安装位置需考虑工艺介质，气相应上部安装，液相应下部安装，蒸汽应在高点安装冷凝罐，将蒸汽冷凝后测量。

⑤应避免高于 45V DC 的电源加到变送器而导致变送器损坏。

⑥膜片式压力/差压变送器的隔离膜片应避免硬物碰触而导致隔离膜片损坏。

⑦采用差压变送器测量液位需考虑变送器的安装位置，对于不同安装位置需考虑不同的量程迁移，同时变送器的选型也要考虑到迁移量，否则会造成无法使用。

⑧膜片式变送器宜安装在法兰取压点的下方。毛细管的长度及内部的填充液也会影响测量，因此需要在投用前进行迁移调整。安装时需要重新考虑设备平台位置等因素，应预先留好足够大的板面穿孔或利用容器与平台的间隙，使得法兰头可以通过穿孔和间隙安装到设备上的法兰接口。

⑨远传密封的毛细管需要进行额外的保护，以免在操作过程中因外力受到损坏，通常将过长的毛细管捆绑固定并采用角铁进行保护。

⑩投用前，压力/差压变送器的根部阀门如果是关闭的，应该非常小心、缓慢地打开阀门，以免被测介质直接冲击传感器膜片，从而损坏传感器膜片。

⑪在管路吹扫前，应关闭压力/差压变送器根部阀，避免管道内垃圾冲击损坏变送器。

变送器性能及选用见表 3-2-2。

表 3-2-2　变送器性能及选用表

工作原理			电容式变送器	压阻式变送器	谐振式变送器
			压力转换为电容	压力转换为电阻	压力转换为频率
操作条件[5]	介质	气体	☆	☆	☆
		液体	☆	☆	☆
		蒸汽	☆	☆	☆
	压力	微压　0~0.01MPa	☆	☆	☆
		低压　0.01~0.1MPa	☆	☆	☆
		高压　0.1~10MPa	☆	☆	☆
		超高压　10MPa 以上	☆	☆	☆
	温度	低温　~-10℃	△[1]	△[1]	☆
		常温　-10~120℃	☆	☆	☆
		高温　120℃以上	☆	☆	☆
	耐腐蚀性		△[3]	△[3]	△[3]
	浆料		△[4]	△[4]	△[4]
	粉料		△[4]	△[4]	△[4]
	雾化		☆	☆	☆
	脉动		☆	△	☆
	常温凝固性		△[2]	△[2]	△[2]
	常温汽化性		△[4]	△[4]	△[4]
性能特征	精度（最大参考精度）		0.025 %	0.1 %	0.04 %
	稳定性		☆	☆	☆
	迁移量		± 100%	± 100%	± 100%
E+H（德）			☆	☆	
ROSEMOUNT（美）			☆	☆	
安徽天康			☆	☆	
福建上润			☆	☆	
YOKOGAWA（日）					☆

注：☆—完全适用；△—有条件适用。

[1] 配导压管，适用于 -10~120℃的场合。

[2] 接液材质满足耐腐蚀性可适用。

[3] 导压管测量不适用。

[4] 采取导压管内防凝固措施后可适用。

[5] 一般型：-40~120℃；隔爆型：-10~105℃；本安型：-10~80℃。

第4章 流量仪表

4.1 概述

流量仪表广泛应用于石化、化工、冶金、电力等行业中各种介质的瞬时流量检测中，流量仪表还可累积流量，在能源计量和贸易结算方面也是必不可少的工具。

4.1.1 流量仪表定义

流量仪表是用来测量封闭管道或敞开流道中的液体、气体、蒸汽或均匀的多相流以及固体粉状或块状等流体流量的自动化仪表，又称流量计。单位时间内流过管道某一截面的流体数值的大小，被称为瞬时流量。

4.1.2 流量仪表分类

结合工程设计的需求，在流量仪表选用时按测量体积流量和质量流量进行分类：

①体积流量测量仪表。流量计的输出信号与管道中流体的平均流速和管道截面积有一定关系，反映了流体的真实体积流量。用这些流量计测量流体的质量流量时必须配以密度变送器，然后求得质量流量。在测量气体、蒸汽介质的质量流量时通常广泛采用温压补偿的方式。

②质量流量测量仪表。流量计的输出信号直接对应的是质量流量。

4.1.3 流量仪表的选型

随着电子技术的迅猛发展，流量检测技术发生了日新月异的变化。为了满足生产装置"安稳长满优"的需求，流量测量技术在降低压损、提高量程比和测量精度、抗干扰等方面都有了显著的进步，流量仪表的种类日益增多。在选择流量仪表时应根据被测介质的脏污程度、腐蚀性、磨蚀、高温高压等特性，结合双向流、直管段要求、振动场合等安装条件的限制；防爆、防腐、抗电磁干扰，极端温、湿度等特殊环境要求；综合考虑精度、量程比、可靠性、重复性、压损等仪表性能。各类流量测量仪表一览表参见表4-1-1。当然投资概算也是仪表选型过程中需要重点考虑的因素之一。

表 4-1-1　流量测量仪表一览表

测定方式		测定条件	差压式				容积式				靶式	电磁	速度式				质量式		转子
			孔板	喷嘴	文丘里管	均速管	椭圆齿轮	螺旋双转子	腰轮	刮板			超声波时差法	超声波多普勒法	涡街流量计	涡轮	科里奥利	热式	
工艺条件	物性	气体	√	√	√	√	△	△	△	△	√	×	△	△	√	√	√	√	√
		蒸汽	√	√	√	√	△	△	△	△	√	×	√	×	√	△	×	×	△
		液体	√	√	√	△	√	×	√	×	√	√	√	√	√	√	√	×	√
	压力/MPa(G)	微压 <0.01	△	△	△	△	△	×	√	√	√	√	√	√	△	△	√	√	△
		低压 0.01~0.1	√	√	√	√	△	△	√	√	√	△	√	√	√	√	√	√	√
		高压 0.1~10	√	√	△	△	√	√	√	√	×	△	△	√	△	△	√	×	△
		极高压 >10	△	√	△	√	×	×	×	√	√	√	△	△	△	√	√	△	△
	温度/℃	低温 <-10	√	√	√	√	△	×	△	√	√	√	√	△	√	√	√	√	√
		常温 -10~120	√	√	√	√	√	√	√	√	√	√	√	√	√	△	√	√	√
		高温 >120	√	△	△	√	△	△	△	×	△	√	√	√	×	△	√	√	×
	口径/mm	微小口径 <25	△	△	△	×	√	√	√	√	√	√	√	√	×	√	√	√	√
		小口径 25~250	√	√	√	√	√	√	√	√	√	√	√	√	√	√	√	√	√
		中口径 250~1000	√	√	√	√	×	×	×	√	△	√	√	√	√	△	×	√	×
		大口径 >1000	√	△	△	√	√	√	△	△	√	√	√	√	△	√	√	△	△
	黏度/(mPa·s)	低黏度 <2	√	△	△	√	√	√	√	√	△	√	√	√	△	√	√		√
		中黏度 2~200	×	×	△	×	√	√	√	△	×	√	√	√	√	△	√		△
		高黏度 >200	√	△	△	△	√	△	△	△	×	√	√	√	√	△	√	△	△
	腐蚀性											√						△	

续表

测定条件	差压式				容积式				靶式	电磁	速度式				质量式		转子
测定方式	孔板	喷嘴	文丘里管	均速管	椭圆齿轮	螺旋双转子	腰轮	刮板			超声波时差法	超声波多普勒法	涡街流量计	涡轮	科里奥利	热式	
工艺条件　浆	△	△	△	△	×	×	×	×	√	√	×	√	×	×	√	×	△
灰尘	×	×	×	×	×	×	×	×	×	√	×	×	△	×	√	×	×
脏污	△	×	△	×	×	×	×	×	√	√	×	△	×	△	△	×	△
尘雾排放	△	△	△	△	×	×	×	×	√	×	×	△	×	×	×	×	△
常温气化性	△	△	△	△	×	×	×	×	△	×	×	√	√	×	√	√	△
满管	√	√	√	√	√	√	√	√	√	√	√	√	√	√	√	√	√
仪表性能　精度/%	±(1~2)FS	±(1~2)FS	±(1~2)FS	±(1~5)FS	0.2, 0.5	0.2, 0.5	0.2, 0.5	0.2, 0.5	±0.2~2.5	0.2~0.5	±1.0	±1.0	±0.5~1.5	0.2, 0.5, 1.0	±0.1~1.0	±1.5	1.5~4.0
最低雷诺数	5000	2×10^3	2×10^5	1.2×10^7	1×10^2	1×10^2	1×10^2	1×10^3	2×10^3	0	5×10^3	5×10^3	2×10^4	1×10^4			1×10^4
量程比	3:1	3:1	3:1	3:1~10:1	10:1	10:1	10:1	10:1	10:1~15:1	20:1~1000:1	10:1	10:1	10:1~20:1	10:1	20:1	100:1	10:1
压力损失/kPa	>15	>15	<15	<15	>30	>30	>30	>30	<10	0	0	0		>10~100	10~30	<10~30	<10
公称通径 DN	50~1000	50~600	50~1400	>25	6~250	25~300	25~500	15~100		2~3000	>15	>15	25~300	10~250	6~150	15~1500	15~150
输出信号（输出特性）					模拟或者脉冲	模拟或者脉冲	模拟或者脉冲	模拟或者脉冲	模拟, 开关量	模拟	模拟	模拟	模拟, 脉冲	模拟或者脉冲	模拟, 脉冲	模拟	模拟, 开关量

续表

测定方式 / 测定条件	差压式				容积式				靶式	电磁	速度式				质量式		转子
	孔板	喷嘴	文丘里管	均速管	椭圆齿轮	螺旋双转子	腰轮	刮板			超声波时差法	超声波多普勒法	涡街流量计	涡轮	科里奥利	热式	
必要直管段长度 ID	前≥10, 后5	前≥10, 后5 注1	前≥10, 后5	前≥10, 注1	0	0	0	0	前15~40, 后5	前5, 后3	≥10	≥10	≥10	前10, 后5	0	前15, 后5	前5, 后3
双向流	可	不可	不可	不可	不可	不可	不可	不可	不可	可	可	可	不可	可	可	不可	不可
测定范围的变更	△	△	△	△	×	×	×	×	△	√	√	√	△	△	√	√	×
维护的难易程度	易	易	易	较易	难	难	难	难	较易	易	易	难	易	难	易	易	较易
对振动的影响	△	△	△	△	×	×	×	×	△	√	△	△	×	×	△	△	×
过滤器	×	×	×	×	√	√	√	√	×	×	×	×	×	√	×	√	√
价格	比较便宜	比较便宜	比较便宜	比较便宜	直径越大越昂贵	直径越大越昂贵	直径越大越昂贵	直径越大越昂贵	比较便宜	直径越大越昂贵	较高	直径如果小，比其他方式贵	较贵	比较便宜	昂贵	较贵	比较便宜
备注								刚性刮板流量计可以做到300mm									

√——一般情况下适合或在特定情况下非常好

△——需要考虑，在某种情况下适合

×——不适合或不符合标准

注：本表仅为参考用，选择时，请充分确认设置条件及厂家规格。

🎯 4.2 差压流量计

4.2.1 概述

差压式流量计是一类应用非常广泛的流量计，而检测件为标准节流装置的流量计最为普及，它是流量计选用中优先考虑的类型。

差压式流量计是根据安装于管道中流量检测件产生的差压、已知的流体条件和检测件与管道的几何尺寸来测量流量的仪表，由检测件和差压变送器及流量显示仪表组成。节流式差压流量计的检测件按其标准化程度分为标准型和非标准型两大类。标准节流装置是指按照标准文件设计、制造、安装和使用，无须经实流校准即可使用，非标准节流装置是成熟度较差，尚未列入标准文件中的检测件。

通常 ISO 5167（GB/T 2624）中所列的标准节流装置有孔板、喷嘴、文丘里管等，其他的都称为非标准节流装置。应该指出，非标准节流装置不仅是指那些节流装置结构与标准节流装置相异的，如果标准节流装置在偏离标准条件下工作亦应称为非标准节流装置，例如，标准孔板在混相流或标准文丘里喷嘴在临界流下工作的都是非标准节流装置。

4.2.2 原理

以下介绍两种常用的节流式和动压头式传感器的工作原理。

4.2.2.1 节流式差压流量计

节流式差压流量计由三部分组成：节流装置、差压变送器和流量显示仪表。

当充满管道的流体流经管道内的节流件时，流束将在节流件处形成局部收缩，如图 4-2-1 所示。此时流速增大，静压降低，在节流件前后产生差压，流量愈大，差压愈大，因而可依据差压来衡量流量的大小。这种测量方法是以流动连续性方程（质量守恒定律）和伯努利方程（能量守恒定律）为基础的。差压的大小不仅与流量还与其他许多因素有关，如节流装置形式，流体密度、黏度及流动状况等。

标准节流装置的流量计算式如下：

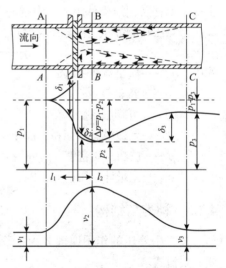

图 4-2-1 流经节流件（孔板）的
压力和流速的变化

—管壁处的压力变化；--- 管道轴线处的压力变化；p—压力；v—流速

$$q_m = \frac{C}{\sqrt{1-\beta^4}} \varepsilon \frac{\pi}{4} d^2 \sqrt{2\Delta p \rho_1} \qquad (4-2-1)$$

$$q_V = q_m / \rho_1$$

式中　q_m——质量流量，kg/s；

　　　q_V——体积流量，m^3/s；

　　　C——流出系数；

　　　ε——可膨胀性系数；

β——直径比，$\beta=d/D$；

d——工作条件下节流件的孔径，m；

D——工作条件下上游管道内径，m；

Δp——差压，Pa；

ρ_1——上游流体密度，kg/m^3。

由式（4-2-1）可见，流量为 C，ε，d，ρ_1，Δp，β（D）6 个参数的函数，此 6 个参数可分为实测量（d，ρ_1，Δp，β（D））和统计量（C，ε）两类。d 和 β（D）在制造安装时测定，Δp 和 ρ_1 在仪表运行时测定；在现场使用时，由标准文件确定的 C 及 ε 值与实际值是否符合，是由设计、制造、安装及使用一系列因素决定的，只有完全遵循 GB/T 2624—2006 等标准，其实际值才会与标准值符合。但是，一般现场是难以做到的，因此，检查偏离标准就成为现场使用时的必要工作。

应该指出，与标准条件的偏离，有的可定量估算（可进行修正），有的只能定性估计。在实际应用时，有时并非仅一个条件偏离，如果多个条件同时偏离，并没有很多试验依据，因此遇到多种条件同时偏离时应慎重对待。

4.2.2.2 插入式流量计

插入式流量传感器（也叫作 ANNUBAR 流量元件）工作原理：由一根横贯管道直径的中空金属杆及引压管件组成，中空的金属杆迎流面有多个测压孔测量总压，背流面有一个或多个测压孔测静压，由总压与静压的差值（差压）反映流量。流量计算式为：

$$q_m=\alpha\varepsilon A\left(2\rho\Delta p\right)^{1/2} \tag{4-2-2}$$

式中 q_m——质量流量，kg/s；

α——流量系数；

ε——可膨胀系数；

A——管道横截面面积，m^2；

ρ——被测介质密度，kg/m^3；

Δp——流量计差压信号，Pa。

4.2.3 种类与结构

按产生差压的作用原理分为：节流式、动压头式、水力阻力式、离心式、动压增益式、射流式。

按结构形式分类：标准孔板、标准喷嘴、经典文丘里管、文丘里喷嘴、1/4 圆孔板、锥形入口孔板、圆缺孔板、偏心孔板、楔形孔板、道尔管、罗洛斯管、线性孔板、小口径孔板（内藏孔板）、弯管、环形管、可换孔板节流装置、平衡流量计、插入式流量计。

按用途分类：标准节流装置、低雷诺数节流装置、脏污流用节流装置、低压损节流装置、小管径节流装置、宽范围度节流装置、临界流装置。

以下分别介绍各流量计的结构。

a）按产生差压的作用原理分类

①节流式。依据流体通过节流件使部分压力能转变为动能以产生差压的原理工作，如孔板、文丘里管等。

②动压头式。依据动压转变成静压的原理而工作，如均速管流量计等。

③水力阻力式。依据流体阻力产生差压的原理工作，如层流流量计等。

④离心式。依据弯曲管或环形管产生离心力原理形成的差压而工作，如弯管、环形管流量计等。

⑤动压增益式。依据动压放大原理工作，如皮托管等。

⑥射流式。依据流体射流撞击产生差压的原理工作，如射流式差压流量计等。

b）接结构形式分类

①标准孔板。又称同心直角孔板，其轴向截面如图4-2-2所示。孔板是一块加工成圆形同心的具有锐利直角边缘开孔的薄板，标准孔板有三种取压方式：法兰、角接和径距取压。

②标准喷嘴。标准喷嘴有两种：ISA1932喷嘴和长径喷嘴，其结构如图4-2-3所示。1SA1932喷嘴由两段圆弧形收缩段和圆筒形段组成，它仅有角接取压一种取压方

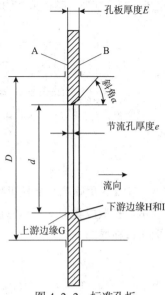

图 4-2-2　标准孔板

式。长径喷嘴有两种形式：低比值喷嘴（0.20<β<0.50）和高比值喷嘴（0.25<β<0.80），当0.25<β<0.5时，可采用任意一种结构的喷嘴。长径喷嘴由椭圆廓形收缩段与圆筒形段组成，其取压方式为径距取压。

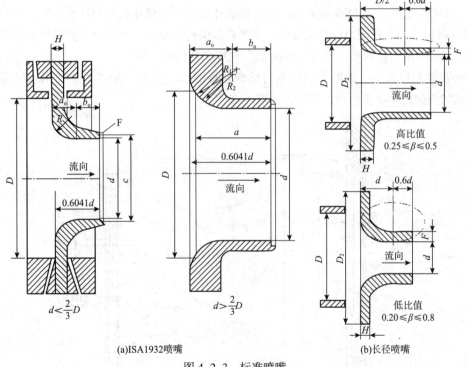

(a)ISA1932喷嘴　　　　(b)长径喷嘴

图 4-2-3　标准喷嘴

③经典文丘里管。经典文丘里管由入口圆筒段、圆锥收缩段、圆筒形喉部和圆锥扩散段组成，结构如图4-2-4所示。经典文丘里管有三种结构形式：粗铸收缩段的文丘里管、机械加工收缩段的文丘里管、粗焊铁板收缩段的文丘里管。其取压方式为上游取压口距收

缩段前 0.5D 处，下游取压口在圆筒形喉部的中心（距收缩段前 0.5d）。

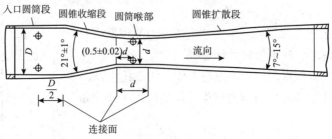

图 4-2-4　经典文丘里管

④文丘里喷嘴。文丘里喷嘴由喷嘴（ISA1932 喷嘴）、喉部和扩散段组成，如图 4-2-5 所示。扩散段类似文丘里管的扩散段。文丘里喷嘴上游取压口与 ISA1932 喷嘴相同，下游取压口在喉部中央。

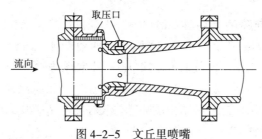

图 4-2-5　文丘里喷嘴

⑤1/4 圆孔板。1/4 圆孔板的形状由与标准孔板的差别只在孔口形状的不同，由半径为 r 的 1/4 圆构成的入口截面以及喷嘴出口等组成，结构如图 4-2-6 所示。其取压方式有角接取压法和法兰取压法两种，当 $D<40mm$ 时，只能采用角接取压法。

⑥锥形入口孔板。锥形入口孔板与标准孔板的形状类似，相当于一块倒装的标准孔板，其结构如图 4-2-7 所示，采用角接取压法。

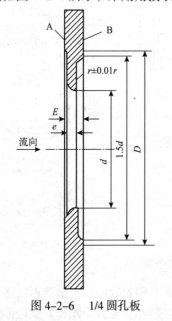

图 4-2-6　1/4 圆孔板　　　　　　图 4-2-7　锥形入口孔板

⑦圆缺孔板。圆缺孔板开孔为一个圆的一部分（圆缺部分），这个圆的直径是管道直径的98%，开孔的圆弧部分的圆心应精确定位，使其与管道同心。这样可保证开孔不会被管道或两端的垫片所遮盖。其结构如图4-2-8所示。采用法兰取压。

⑧偏心孔板。偏心孔板的孔是偏的，它与管道同心的圆相切。安装这种孔板必须保证其孔不会被法兰或垫片遮盖住。其结构如图4-2-9所示。采用角接取压、法兰取压。

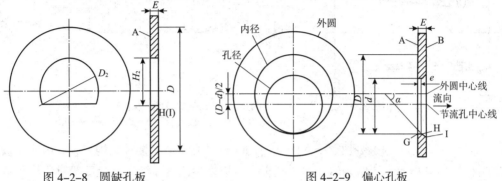

图4-2-8　圆缺孔板　　　　　　　　　图4-2-9　偏心孔板

⑨楔形流量计。楔形流量计结构如图4-2-10所示。其检测件为V形。设计合适时，节流件上下游处无滞流区，不会使管道堵塞。V形检测件顶端为圆弧形，有较好的耐磨性。

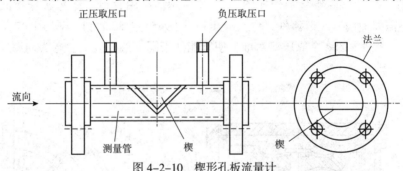

图4-2-10　楔形孔板流量计

⑩道尔管。道尔管的结构如图4-2-11所示。它由40°入口锥角和15°扩散管组成，流体先碰撞到a上，再流经短而陡的锥体，到达喉部槽两边的两个圆筒部分，流体再经锐边d和e，通过一段短的锥体后，在f处突然扩大到管道中，整个长度仅为管径的1.5~2倍，是文丘里管长度的17%，而且其廓形与文丘里管和喷嘴一样具有光滑的曲线部分。道尔管产生的差压比经典文丘里管大，但在高差压下压损却较低。

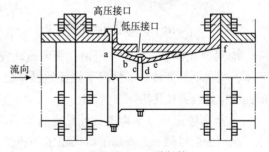

图4-2-11　道尔管

⑪罗洛斯管。罗洛斯管结构如图4-2-12所示。它由入口段、入口锥管、喉部锥管、喉部和扩散管组成。入口锥管的锥角为40°，喉部锥角为7°，扩散管锥角为5°，上游取压口采用角接取压，其取压口紧靠入口锥角处，下游取压口在喉部长度的一半，即d/4处。

⑫线性孔板。又称变压头变面积孔板，其结构如图4-2-13所示。线性孔板是一种孔

隙面积随流量大小自动变化的节流件。曲面圆锥形塞子在流体形成差压和弹簧的作用下来回移动。造成孔板孔隙变动，使输出差压与流量成呈线性关系，大幅提高范围度。

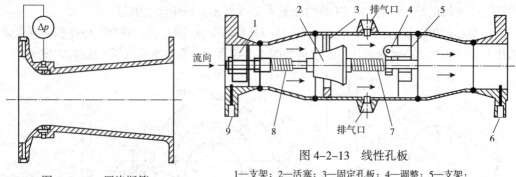

图 4-2-12　罗洛斯管

图 4-2-13　线性孔板

1—支架；2—活塞；3—固定孔板；4—调整；5—支架；
6—负压取出口；7—负载弹簧；8—逆流弹簧；9—正压取出口

⑬ 小管径孔板（内藏孔板）。口径小于 50mm 的孔板，有多种结构形式，内藏孔板形式如图 4-2-14 所示。当管径较小时，孔板入口边缘尖锐度及管道粗糙度等对流出系数有较显著的影响，因此按结构、几何形状及尺寸难以确定流出系数，这就是 ϕ50mm 以下孔板难以标准化的原因。小管径孔板一般都需个别校准才能准确确定流出系数。

⑭ 弯管、环形管。弯管结构如图 4-2-15 所示。利用管道系统弯头作检测件，无附加压损，不需要专门安装节流件，弯头取压口开在 45° 或 22.5° 处，取压口结构与标准孔板相同，2 个平面内的 2 个取压口对准，使其能处于同一条直线上，弯头内壁应尽量保持光滑。

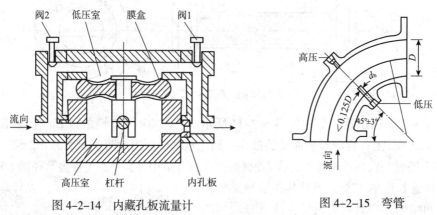

图 4-2-14　内藏孔板流量计

图 4-2-15　弯管

⑮ 可换孔板节流装置。可换孔板节流装置如图 4-2-16 所示，该装置设有上、下两个腔体，可在不切断流体的情况下轻便地操作机械摇臂，将孔板升到上腔体内加以密封，实现在线检修或更换孔板。

⑯ 平衡流量计。平衡流量计具有对称多孔结构特点，能对流场进行均衡，降低了涡流、振动和信号噪声，提高了流场稳定性和线性度，多孔对称的均衡设计，减少了紊流剪切力和涡流的形成，大幅降低了滞留死区的形成，保证脏污介质顺利通过多个孔，减小了流体孔被堵塞的机会。左右完全对称，可以十分方便地测量双向流。平衡流量计有三种取压方式：角接、法兰及 D–D/2 取压。法兰取压应用较为广泛，如图 4-2-17 所示。

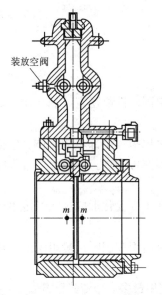

图 4-2-16 可换孔板节流装置

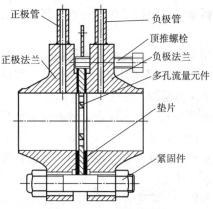

图 4-2-17 平衡流量计

⑰ 插入式流量计。差压式均速管流量计采用动压头式工作原理，插入式结构形式，其结构如图 4-2-18 所示。通常流量计与管道为法兰连接，只有在管道内流体断流时才允许拆卸仪表。采用插入式结构弥补了这个缺陷，因而深受用户的欢迎。差压式均速管流量计由于其结构特点，使得它在大口径流量测量中有突出的优点，如价格低廉，质量轻，易于安装维修等。大量应用于自来水、空气、煤气，蒸汽等介质的能源计量和过程控制。

常用的插入式流量计有防堵型毕托巴流量计、赛德巴风量测量流量计、均速管流量计—TORBAR、德尔塔巴（Deltaflow）。

c）按用途分类

①标准节流装置。标准节流装置在设计、制造、安装及使用方面皆遵循国家标准的规定。

②低雷诺数节流装置。如 1/4 圆孔板、锥形入口孔板及双重孔板等。

③脏污流用节流装置。如圆缺孔板、偏心孔板及楔形流量计等。

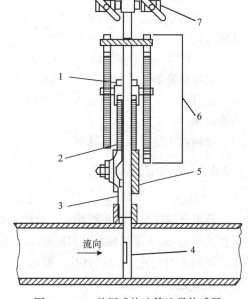

图 4-2-18 差压式均速管流量传感器
1—填料盖；2—笼形接头；3—螺纹接头；
4—检测件；5—阀；6—插入机构；7—引压管阀

④低压损节流装置。如道尔管、罗洛斯管、通用文丘里管、弯管及环形管等。

⑤小管径节流装置。如内藏孔板和一体化流量变送器等。

⑥宽范围度节流装置。如线性孔板等。

⑦临界流节流装置。如临界流文丘里喷嘴等。

⑧端头节流装置。如端头孔板、端头喷嘴等。

4.2.4　优点及局限性

4.2.4.1　标准节流装置

a）优点

孔板流量计结构简单、易于复制、制造方便、牢固、性能稳定可靠，使用期限长，价格低廉。

应用范围广泛。至今尚无任何一类流量计可与之比拟，全部单相流体，包括液、气、蒸汽皆可测量，部分混相流，如气固、气液、液固等亦可测量。一般生产过程的管径、工作状态（压力温度）皆有对应产品。

检测件与差压显示仪表可分不同生产厂生产，便于专业化形成规模经济生产，两者的结合非常灵活方便。

标准型的检测件全世界通用，并得到国际标准化组织和国际计量组织的认可，无须个别校准即可使用。

目前各种节流装置类型中以节流式和动压头式应用最多。节流式已开发20余种，并且仍在继续发展。动压头式以均速管流量计为代表，近年有较大发展，它是插入式流量计的主要品种，其用量迅速增加。

b）局限性

测量的重复性、准确度在流量计中属中等水平，因为影响因素很多，要提高准确度需花较大精力。

范围度窄，由于差压信号与流量为平方关系（非线性关系），一般范围度为3：1~4：1。

现场安装条件要求较高，如需较长的直管段长度（指孔板、喷嘴等），一般难以满足。

检测件与差压显示仪表之间引压管线为薄弱环节，易产生泄漏、堵塞、冻结及信号失真等故障。

压损大（指孔板、喷嘴等）。

4.2.4.2　平衡流量计

a）优点

测量精确度高，经实流标定，可达 ±0.5%；直管段前3D，后2D；永久压力损失低；量程比可达 10：1；重复性和长期稳定性好，适用范围广。

平衡流量计由于四周有孔，凝水会从下部孔流过，避免了凝水，防止了水锤现象发生，更避免了弯曲变形。

平衡流量计的上下游完全对称，没有标准孔板的下游斜角，可双向测量流体。

b）局限性

平衡流量计为多孔结构，相对孔板来说加工困难，成本高；平衡流量计为非标准节流装置，目前还没有国际标准和国家标准，产品出厂时需要进行实流标定。

4.2.4.3　楔形流量计

a）优点

结构上采用双法兰取压方式，特别适合于高黏度、低雷诺数、含固体颗粒流体的流量测量，如燃料油、渣油、沥青、浓浆料测量；测量精度：±1%，±0.5%（实流标定）；倒

V 形楔块结构，具有自清洁能力，无滞流区；楔块外表面可进行硬化处理，抗磨性好，永久压损比孔板小；重复性好、可靠性高、寿命长、成本低、安装维护方便；可进行双向流量测量；具有较小的直管段要求：前 5D，后 2D；耐温范围宽：–196~500℃；耐压可达 42MPa（2500lb）。

b）局限性

清洁流体、低黏度流体可以选用标准孔板进行测量的工况，不建议用楔形流量计。

大口径仪表，DN600 以上楔形流量计标定费用高，楔块加工难度大，最好应用于 DN300 以下口径。

4.2.4.4　弯管流量计

弯管流量计系统测量精度高达 1% 或 1.5%，重复性准确度则高达 0.2%；无附加压力损失：弯管传感器没有任何插入件或节流件，因此在测量流量过程中不会对被测流体造成附加压力损失，可节省流体输送的动力消耗，节约能源；适应性强：弯管传感器可在高温、高压、粉尘、振动、潮湿及其他恶劣环境中使用；流速测量范围：液体介质为 0.2~12m/s，蒸汽或气体介质为 5~160m/s；管径范围：10~2000mm；直管段要求较短，直管段前 5D 后 2D 即满足使用要求；使用寿命长：弯管传感器耐温、耐压、耐腐蚀、耐磨损、耐振动性能好，并对微量磨损不敏感，传感器经特殊加工处理后寿命至少与管道寿命相同；安装方便、耐磨损、免维护：由于弯管传感器对磨损不敏感，所以可以直接焊接安装在管道上，维护工作量小。

4.2.5　安装要求

要保证节流装置的差压信号准确可靠地传送到差压显示仪表，节流装置以及差压信号管路的安装规范化很重要。

节流装置前后直管段长度与阻流件类型及 β 值有关，具体数值参见 GB/T 2624.2 和 GB/T 2624.3。

差压信号管路的安装要求如下。

a）导压管

导压管的材质应按被测介质的性质和参数确定，其内径不小于 6mm，长度最好在 15m 以内，各种被测介质在不同长度导压管对应内径的建议值见表 4–2–1。导压管应垂直或倾斜敷设，其倾斜度小于 1：12。当导压管长度超过 30m 时，导压管应分段倾斜，并在各高点与低点装设集气器（或排气阀）和沉淀器（或排污阀）。正负导压管应尽量靠近敷设，防止正负导压管温度不同使信号失真，严寒地区导压管应加防冻保护，用电或蒸汽伴热保温，要防止过热，导压管中流体汽化会产生假差压，应予注意。

表 4–2–1　不同长度导压管对应内径　　　　　　　　　　　mm

被测流体	导压管长度 /m		
	<16	16~45	45~90
水、蒸汽、干气体	7~9	10	13
湿气体	13	13	13
低、中黏度的油品	13	19	25
脏液体或气体	25	25	38

b）取压口

取压口一般设置在法兰、环室或夹持环上，当测量管道为水平或倾斜时取压口的安装方向如图 4-2-19 所示。它可以防止测液体时气体进入导压管或测气体时液滴或污物进入导压管。当测量管道为垂直时，取压口的位置在取压位置的平面上，方向可任意选择。

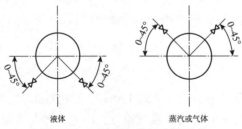

图 4-2-19　取压口位置安装示意

c）差压信号管路的安装

根据被测介质和节流装置与差压变送器（或差压计）的相对位置，差压信号管路有以下几种安装方式。

被测流体为清洁液体时，信号管路的安装方式如图 4-2-20 所示。

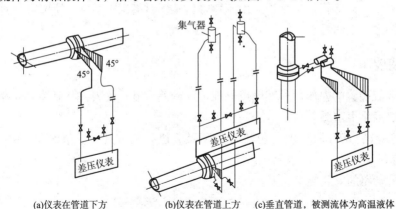

(a)仪表在管道下方　　(b)仪表在管道上方　　(c)垂直管道，被测流体为高温液体

图 4-2-20　被测流体为清洁液体时信号管路安装示意

被测流体为清洁干气体时，信号管路的安装方式如图 4-2-21 所示。

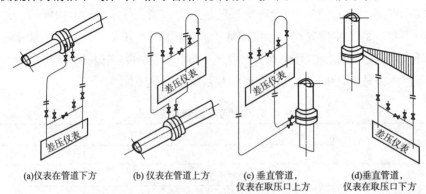

(a)仪表在管道下方　　(b)仪表在管道上方　　(c)垂直管道，仪表在取压口上方　　(d)垂直管道，仪表在取压口下方

图 4-2-21　被测流体为清洁干气体时信号管路安装示意

被测流体为水蒸气时，信号管路的安装方式如图 4-2-22 所示。

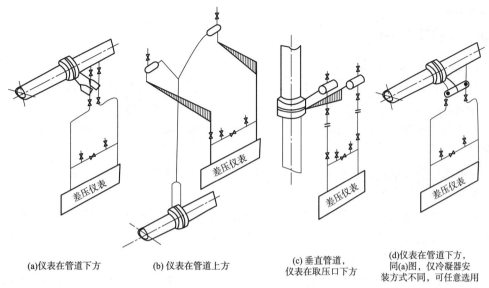

(a)仪表在管道下方　　(b) 仪表在管道上方　　(c) 垂直管道，仪表在取压口下方　　(d)仪表在管道下方，同(a)图，仅冷凝器安装方式不同，可任意选用

图 4-2-22　被测流体为蒸汽时信号管路安装示意

被测流体为清洁湿气体时，信号管路的安装方式如图 4-2-23 所示。

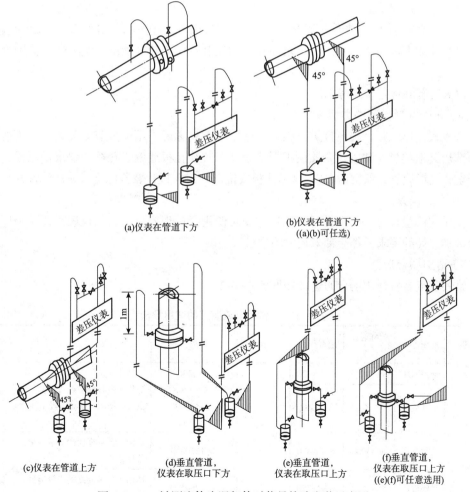

(a)仪表在管道下方　　(b)仪表在管道下方（(a)(b)可任选）

(c)仪表在管道上方　　(d)垂直管道，仪表在取压口下方　　(e)垂直管道，仪表在取压口上方　　(f)垂直管道，仪表在取压口上方（(e)(f)可任意选用）

图 4-2-23　被测流体为湿气体时信号管路安装示意图

4.2.6 选用注意事项

a）适用标准节流装置

每一种节流件皆有管道直径、直径比、雷诺数和管道内壁粗糙度等的限制值。

在同样差压下，经典文丘里管的压力损失是孔板和喷嘴压力损失的约 16.7%~25%。

经典文丘里管要求的上游侧最短直管段长度比孔板、喷嘴和文丘里喷嘴要求的直管段要短。

对磨蚀性流体或高速流体（如高压蒸汽），孔板入口边缘很快变钝，流出系数发生偏移，采用喷嘴、文丘里管比较适宜。

由于喷嘴、文丘里管几何形状复制比孔板困难，未经校准的流出系数不确定度较大。如果采取实流校准，则流出系数不确定度可减少。

b）正确选择节流装置类型

要考虑被测流体的类型。被测流体是液体、气体、还是蒸汽，被测流体是洁净的还是脏污的，是否有腐蚀性或磨蚀性。

要考虑被测流体的压力、温度界限、物性参数（密度、黏度、等熵指数）等，流动状态是稳定的还是脉动。

要考虑检测件的安装条件。要清楚管道内径的准确值，直管段的长度，以及阻流件类型。

仪表性能方面的要求：用于计量还是自动控制？要清楚准确度、重复性、范围度等的要求。

仪表安装和运行费用考虑。

c）正确选择检测件类型

节流式差压流量计检测件类型很多，选用时首先考虑采用标准节流装置，当不能满足时再选用其他类型，如脏污介质用楔形流量计、圆缺孔板或偏心孔板；要求低压损，采用文丘里管或均速管；低雷诺数用1/4圆孔板或锥形入口孔板；宽范围度时采用线性孔板等。

d）测量误差

差压式流量计是一类从设计、制造到安装使用全过程要求严格的仪表，任一个环节不符合标准文件的要求，都会带来较大的测量误差。

e）适用场合选择

常用节流装置适用场合的选择参见表 4-2-2。

表 4-2-2　常用节流装置的适用场合

名称	取压方式	公称通径 DN	公称压力	β	Re	说明
标准孔板	环室取压	50~400	$\leq PN320$	0.2~0.75	≥ 5000 （$0.2 \leq \beta \leq 0.45$） ≥ 10000 （$\beta \geq 0.45$）	适用于各种介质的流量测量，主要用于电力、纺织、冶金、轻工等行业
	钻孔取压	400~3000	$\leq PN64$			
	法兰取压	50~3000	$\leq PN420$		$\geq 1260\beta^2 D$	适用于各种介质的流量测量，主要用于石化行业
	径距取压	50~3000	$\leq PN250$		$\geq 1260\beta^2 D$	适用于各种介质的流量测量，主要用于冶金行业

续表

名称	取压方式	公称通径 DN	公称压力	β	Re	说明
长径喷嘴	径距取压	50~600	≤ PN420	0.2~0.8	$10^4 \sim 10^7$	压损小、寿命长，一般用于电厂主给水和主蒸汽等测量
ISA1932喷嘴	环室取压 钻孔取压	50~500	≤ PN420	0.2~0.8	$2 \times 10^3 \sim 10^7$	适用于压损要求较小和寿命长的场合；高温高压的场合多用焊接喷嘴
粗铸文丘里管	特殊取压	100~800	≤ PN25	0.3~0.75	$2 \times 10^5 \sim 2 \times 10^6$	压力损失非常小，一般大管径大流量场合使用较多
机加工文丘里	特殊取压	50~250	≤ PN420	0.4~0.75	$2 \times 10^5 \sim 2 \times 10^6$	压力损失非常小，特别适用于高温高压场合如高压蒸汽，要求耐磨场合，如煤浆、黑水
粗焊文丘里管	特殊取压	200~5000	≤ PN64	0.4~0.7	$2 \times 10^5 \sim 2 \times 10^6$	压力损失非常小，一般大管径大流量场合使用较多
文丘里喷嘴	特殊取压	65~500	≤ PN64	0.316~0.775	$1.5 \times 10^5 \sim 2 \times 10^6$	压力损失非常小，一般大管径大流量场合使用较多，整体式特别适用于高温高压场合且耐反冲，如高压蒸汽、主给水
环形孔板	特殊取压	50~2500	≤ PN420	0.2~0.8	$4 \times 10^3 \sim 1 \times 10^7$	
圆缺孔板	钻孔取压 径距取压 法兰取压	50~2000	≤ PN250	0.1~0.8	$10^4 \sim 10^6$	适用于测量各种脏污介质，如高炉煤气等，含有沉淀杂质或悬浮杂质的介质更容易通过孔板，不会在孔板前端形成堆积而影响测量，不适用于垂直管道
偏心孔板	钻孔取压 径距取压 法兰取压	100~1000	≤ PN250	0.46~0.84	$2.5 \times 10^5 \beta^2 \sim 10^6 \beta$ （$d \geqslant 50$）	
端头孔板（喷嘴）	环室取压 钻孔取压	50~400 400~3000	≤ PN64	0.2~0.75	$\geqslant 5.5 \times 10^3$	适用于管道入口或出口处的流量测量
1/4圆孔板（喷嘴）	环室取压 钻孔取压 法兰取压	50~500 25~500 40~500	≤ PN250	0.245~0.6	$\leqslant 10^5 \beta$ （$d \geqslant 15$）	适用于低雷诺数、高黏度介质的测量，一般用于电厂燃料油测量
锥形入口孔板	环室取压 钻孔取压	50~500 25~500	≤ PN250	0.1~0.316	$80 \sim 2 \times 10^5 \beta$ （$d > 6$）	适用于低雷诺数介质的测量，雷诺数比1/4圆孔板更低，一般用于电厂燃料油测量
双重孔板	环室取压 钻孔取压	50~400 25~400	≤ PN250	0.2~0.75	$3 \times 10^3 \sim 3 \times 10^5$	适用于雷诺数较小的场合
小孔板	环室取压 钻孔取压 法兰取压	15~50	≤ PN420	0.2~0.75	$\geqslant 1000$	适用于小管径流量测量

续表

名称	取压方式	公称通径 DN	公称压力	β	Re	说明
内藏小孔板	法兰取压	6~50	≤ PN420	0.1~0.75	≥ 1000	适用于小管径流量测量，主要用于石化行业
双重文丘里管	特殊取压	150~5000	≤ PN64		$10^4 \sim 10^7$	适用于大管径、压损要求小的风量测量，直管段要求较短
弯管流量计	特殊取压	10~2000				应用行业：电力、热电、供热、钢铁冶金、机械加工、化工、石油、天然气、造纸、烟草、食品加工等；适用流体介质：水、酒精、食品油、蒸汽、空气、煤气、乙炔、氮气、氧气、天然气、烟气、硫化氢、氯化氢等
楔形流量计	特殊取压	25~2000	≤ PN420	0.2~0.75	$500 \sim 1 \times 10^6$	适用于高温、有腐蚀、流速高、有颗粒的介质测量，如：高温的黑水、渣水及灰水等；适用于易结晶的介质测量，如：工业萘等；适用于流速高、脏污介质的测量，如：高炉煤气、污水等
平衡流量计	环室取压 钻孔取压 法兰取压 径距取压	25~3000	≤ PN420	0.25~0.85	$200 \sim 10^7$	平衡流量计因其多孔的特点，可以消除杂质的沉积；因其无锐缘的特点，可以解决锐缘磨损现象

主要制造厂商：
①江阴市神州测控设备有限公司
②承德菲时博特自动化设备有限公司
③艾默生过程控制有限公司
④重庆川仪自动化股份有限公司

4.3 容积式流量计

4.3.1 概述

容积式流量计又称正位移流量计，在流量仪表中是精度比较高的一类。它利用机械测量元件把流体连续不断地分割成单个已知的体积部分，根据计量室逐次、重复地充满和排放该体积部分流体的次数来测量流体体积总量。容积式流量计可与各种发信器配套使用，输出电脉冲信号或 4~20mA 信号，供远程积算指示和控制。

4.3.2 原理

a）椭圆齿轮流量计
椭圆齿轮流量计的计量部分主要由两个相互啮合的椭圆齿轮及其外壳（计量室）所

构成，2 个椭圆齿轮具有相互滚动进行接触旋转的特殊形状。p_1 和 p_2 分别表示入口压力和出口压力，显然 $p_1 > p_2$。图 4-3-1（a）下方齿轮在两侧压力差的作用下，产生逆时针方向旋转，为主动轮；上方齿轮因两侧压力相等，不产生旋转力矩，是从动轮，由下方齿轮带动，顺时针方向旋转。在图 4-3-1（b）位置时，两个齿轮均在差压作用下产生旋转力矩，继续旋转。在图 4-3-1（c）位置时，上方齿轮变为主动轮，下方齿轮则成为从动轮，继续旋转到与图 4-3-1（a）相同位置，完成一个循环。一次循环动作排出 4 个由齿轮与壳壁间围成的新月形空腔的流体体积，该体积称作流量计的"循环体积"。

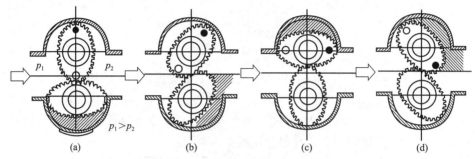

图 4-3-1　椭圆齿轮流量计工作原理

这样，在椭圆齿轮流量计的半月形容积一定的条件下，只要测出椭圆齿轮的转速，便可知道被测介质的流量。

椭圆齿轮的转动通过磁性密封联轴器及传动减速机构传递给计数器直接指示出流经流量计的总量。若附加发信装置后，再配以电显示仪表可实现远传显示瞬时流量或累积流量。

b）螺旋双转子流量计

螺旋双转子流量计工作原理如图 4-3-2 所示，其转子是一对特殊齿形的螺旋转子，其工作原理和工作过程与椭圆齿轮流量计基本相同。所不同的是每转流过的液体量是图中密封腔的 8 倍，因此相对椭圆齿轮流量计排量更大。一对转子不是直接相关啮合转动，而是靠介质的压力推动分别转动，因此不会带来脉动。

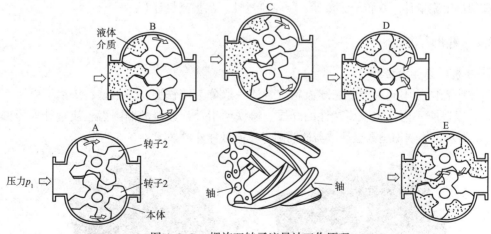

图 4-3-2　螺旋双转子流量计工作原理

c）腰轮流量计

腰轮流量计也称罗茨流量计，其工作原理和工作过程与椭圆齿轮流量计基本相同。所不同的是腰轮上没有齿，不是直接相互啮合转动，而是通过安装在计量腔外的一对齿轮驱动腰轮分别转动。腰轮流量计工作原理如图4-3-3所示。

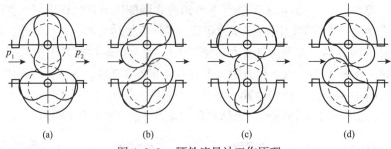

图4-3-3　腰轮流量计工作原理

d）刮板式流量计

流体推动刮板和转子旋转，刮板沿着一种特殊的轨迹成放射状地伸出或收回。每2个相邻刮板端面之间的距离为一定值，刮板连续转动时，2个相邻的刮板、转子、壳体内腔及上下盖板之间形成一个固定的计量室，转子每转一圈，排除4个（或6个）计量室容积，即循环体积。刮板式流量计工作原理如图4-3-4所示。

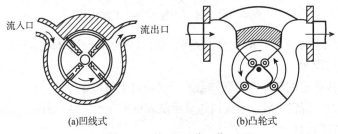

图4-3-4　刮板流量计工作原理

4.3.3　种类

容积式流量计品种较多，结构形式变化多种多样，根据其测量元件的结构特点，主要有椭圆齿轮流量计、双转子流量计、腰轮流量计、刮板流量计等。

4.3.4　外形结构

a）椭圆齿轮流量计

按照壳体的不同材质，椭圆齿轮流量计一般分为铸铁型、铸钢型、铸铝型以及不锈钢型，以适应不同压力及腐蚀性的介质。铸铁型指针计数器的椭圆齿轮流量计外形如图4-3-5所示，不锈钢型数显计数器的椭圆齿轮流量计外形如图4-3-6所示。

图4-3-5　铸铁型椭圆齿轮流量计　　　　图4-3-6　不锈钢型椭圆齿轮流量计

b）螺旋双转子流量计

按照壳体的不同材质，螺旋双转子流量计一般分为铸钢型以及不锈钢型，以适应不同压力及腐蚀性的介质。铸钢型数显计数器的螺旋双转子流量计外形如图 4-3-7 所示。

c）腰轮流量计

按照壳体的不同材质腰轮流量计一般分为铸铁型、铸钢型以及铸铝型，以适应不同压力及腐蚀性的介质。铸钢型数显计数器的腰轮流量计外形如图 4-3-8 所示。

图 4-3-7　铸钢型螺旋双转子流量计

图 4-3-8　铸钢型腰轮流量计

d）刮板流量计

按照壳体的不同材质刮板流量计一般分为铸铁型、铸钢型，以适应不同压力及腐蚀性的介质。

4.3.5　主要参数

信号输出：4~20mA DC 或电压脉冲；

供电：四线制 直流 12V 或 24V；二线制 直流 24V；

精度及误差：计量级 0.2 级，控制级 0.5 级，重复性误差一般为基本误差的 20%~50%；

防爆：本安型 Ex ia ⅡC T6，隔爆型 Ex d ⅡC T6；

材质：通用材质为铸铁、铸钢和铝合金；测量有较强腐蚀性的介质，如酸、碱、盐及有机化合物时选用不锈钢材质。

各种容积式流量计的主要参数见表 4-3-1。

表 4-3-1　各种容积式流量计的主要参数

种类	公称通径	流量 /（m³/h）	压力 /MPa	温度 /℃	黏度 /（mPa·s）
椭圆齿轮流量计	DN6~DN200	0.012~340	6.3	−20~200	0.5~3000
螺旋双转子流量计	DN25~DN300	1~950	6.3	−20~250	0.3~50000
腰轮流量计	DN25~DN150	0.6~250	6.3	−10~180	3~150
刚性刮板流量计	DN25~DN300	0.6~1000	6.3	−10~120	0.6~500
弹性刮板流量计	DN25~DN80	0.8~50	6.3	−10~80	0.6~500

4.3.6　优点和局限性

a）优点

测量精度高。计量室保持一定体积，很少受紊乱及脉动流量的影响。

适应性广。受测量介质的黏度等物理性质、流动状态的影响小，特别适用于浆状、高黏度液体计量，对低黏度流体也适用，还可测量其他流量计不易测量的脉动流量。

安装要求不高。流体状态变化对测量精度影响小，故对流量计前后的直管段无严格要求。

具有就地指示和远传功能。就地指示既可以是机械指针计数器，也可以是数显电子计数器。

b）局限性

容积式流量计结构复杂、体积大、笨重，尤其较大口径容积式流量计体积庞大，故一般只适用于中小口径（DN300 以下）。

由于高温下零件热膨胀、变形，低温下材质变脆等问题，容积式流量计一般不适用于高低温场合。目前可使用温度范围大致在 –20~250℃，最高使用压力为 6.3MPa。

大部分容积式流量计只适用洁净单相流体，含有颗粒、脏污物时上游需安装过滤器，既增加压损，又增加维护工作；如测量含有气体的液体，应装设气体分离器。

安全性差，如检测活动件卡死，则流体无法通过，不能应用于不允许断流的管路系统。

部分容积式流量计（如椭圆齿轮式、腰轮式等）在测量过程中会给流动带来脉动，较大口径的仪表还会产生噪声，甚至使管道产生振动。

4.3.7　应用场合

广泛应用于石油化工、冶金、电子、码头等有商业贸易计量的场合。

4.3.8　注意事项

a）测量范围

为了保持仪表良好的性能和较长的使用寿命，连续使用时的最大流量建议为仪表量程的 80% 为宜，可参照下述原则选型：

测量中等黏度、有润滑性油品的仪表上限流量为量程的 100%；

测量无润滑性、低黏度液体（如汽油、液化石油气）的仪表上限流量为量程的 70% ~ 80%；

测量 100℃ 左右的水的仪表上限流量为量程的 40% ~60%；

测量高黏度液体的仪表上限流量为量程的 75% ~85%；

间歇测量时仪表的最大流量为量程的 100%。

b）压力损失

容积式流量计要靠流体能量推动测量元件，因此带来相当高的压力损失，压力损失要比同样口径和流量的涡轮式流量计大。黏度为 1~5mPa·s 的液体的压力损失约为 20~100kPa。

c）流体腐蚀性

流体腐蚀性是确定仪表材质的主要因素。对于各种石油制品，采用铸钢、铸铁制造；对于腐蚀性轻微的化学液体以及冷温水、纯水、高温水、原油、沥青、高温液体、化学液体、食品或食品原料等，采用不锈钢制造。

d）液体黏度影响

黏度对容积式流量计性能有以下影响：

①测量误差影响。黏度增加，因测量间隙泄漏量减少而使测量误差减小。

②压力损失影响。流量计的压力损失随着液体黏度的增加而增加，高黏度专用仪表通常采用增加间隙的办法减少压力损失。

③流量范围影响。压力损失因黏度增加而增加，对于使用压力损失有限制的场所，则必须降低流量上限值，即缩小流量范围。流量下限随着黏度增加而下降，则扩大了流量范围。粗略估计，黏度增加 10 倍，流量下限值降到原值的约 10%~33%。

e）压力与温度

快速关闭或快速开启阀门会产生水锤效应，水锤的冲击压力可能超过工作压力，冲击压力有可能引起虚假读数，必要时可安装缓冲罐减少这类影响。

仪表测量元件受热膨胀改变测量室和间隙尺寸，影响测量精度，间隙减小甚至使运动部件卡住。用于较高温度场合时应预留特殊尺寸间隙来补偿，特别是不同材料组合使用时更应注意热胀系数的差异。因此使用前应有适合的预热时间，并观察是否能正常运转。

f）压缩性

通常液体的压缩性可忽略不计，然而在测量油品等高精度应用时则不应忽略。

g）脉动和保温绝热

除了螺旋双转子式（螺杆式）、刮板式等少数仪表外，大部分容积式流量计如椭圆式、腰轮式、旋转活塞式等，由于转动不等速，液体流过仪表会形成脉动，大流量时还会产生较大噪声甚至振动。

对常温下易于凝固、某一温度下易于凝结、结晶的介质，需选用带保温夹套的流量计。保温夹套内的介质可用热水、热油或低压蒸汽，流量计前安装的过滤器也必须采用保温夹套。

h）安装注意事项

①安装场所需注意以下事项：

周围温度和湿度应符合制造厂规定，一般温度为 –15~50℃，湿度为 10%~90%；

避开有腐蚀性气体或潮湿场所，因为积算器减速齿轮等零部件会被腐蚀气体和昼夜温差结露所损坏。如无法避免，可采取内腔用洁净空气吹气方式保持微正压；

避开振动和冲击的场所。

②容积式流量计的安装必须做到横平竖直。转子型尽量做到转子轴与地面平行，为防止垢屑等从管道上方落入流量计，当垂直安装时，应安装在旁路管上，如图 4-3-9 所示。

容积式流量计一般只能作单方向测量，实际流动方向应与仪表壳体标明方向一致。必要时在其下游安装止逆阀，以免损坏仪表。

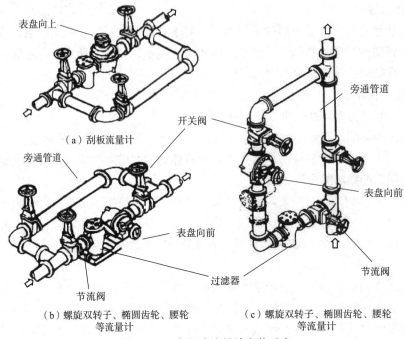

（a）刮板流量计

（b）螺旋双转子、椭圆齿轮、腰轮
等流量计

（c）螺旋双转子、椭圆齿轮、腰轮
等流量计

图 4-3-9　容积式流量计安装示意

流量计不应承受管线膨胀、收缩、变形和振动，安装时不应使流量计承受额外应力（如上下游管道两法兰平面不平行、管道不同心等）。特别是对无分离测量室，受压壳体和测量室一体式的容积式流量计更应注意，因为受较大安装应力会引起变形，影响测量精度，甚至卡死活动测量元件。

③防止异相流体进入仪表。容积式流量计计量室与活动检测元件的间隙很小，流体中的颗粒杂质会影响仪表正常运行、卡死仪表或过早磨损仪表。为此，仪表上游必须安装过滤器，并定期清洗；用于测量液体的管道必须避免气体进入管道系统，必要时应设置气体分离器。

④减小脉动流、冲击流或过载流的危害。脉动流和冲击流会损害流量计，理想的流体源是离心泵或高位槽；仪表应安装在泵的出口端。若必须使用往复泵或管道易产生过载冲击和水锤冲击的场所，应增设缓冲罐、膨胀室或安全阀等保护设备。流量计过载超速运行可能带来无法弥补的危害，如管系有可能发生过量超载流，应在下游增设限流孔板、定流量阀或流量控制器等。

⑤不断流安装。由于容积式流量计测量元件损坏后会产生管道断流的问题，在连续生产或不准断流的场所，应配备具有自动切换功能的并联系统；也可采取流量常用的并联运行方式，一台出故障另一台仍可流通。

⑥现场校准。若需在现场用车装标准体积管、标准表等流量标准装置校准容积式流量计，应在现场适当位置预置支管、连接管件和截止阀等。

i）使用注意事项

①清洗管线。新投管线运行前要清扫，随后还要用实流冲洗，以去除残留焊屑垢皮等。此时应先关闭仪表前后截止阀，让液流从旁路管流过；若无旁路管，仪表位置应装短管代替。

②排尽气体。实液扫线后，管道内还残留较多空气，随着加压运行，空气以较高流速流过流量计，活动测量元件可能过速运转，损伤轴和轴承。因此开始时要缓慢增加流量，使空气渐渐外逸。

③旁路管切换顺序。液流从旁路管转入仪表时，启闭顺序要正确，操作要缓慢，特别在高温高压管线上更应注意。如图 4-3-11 所示，启用时第 1 步缓慢开启 A 阀，液体先在旁路管流动一段时间；第 2 步缓慢开启 B 阀，第 3 步缓慢开启 C 阀，第 4 步缓慢关闭 A 阀。关闭时按上述逆顺序动作操作。启动后通过最低位指针或字轮和秒表，确认未达过度流动，最佳流量应控制在最大流量的 70%~80%，以保证仪表使用寿命。

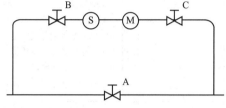

图 4-3-11　旁路管切换顺序

④检查过滤器。新线启动时过滤器网最易被打破，试运行后要及时检查滤网是否完好。同时过滤网清洁无污物时记录下常用流量下的压力损失参数，今后不必卸下过滤网判断堵塞状况，即以压力损失增加程度判断是否需要清洗。

⑤测量高黏度液体。用于高黏度液体，一般均加热后使之流动。当仪表停用后，其内部液体冷却而变稠，再启用时必须先加热，待液体黏度降低后再让液体流过仪表，否则会咬住活动测量元件使仪表损坏。

⑥加注润滑油。容积式流量计启用前必须加注润滑油，日常运行应经常检查润滑油存量的液位计。

⑦避免流量急剧变化。使用腰轮流量计时，应注意不能有急剧的流量变化（如使用快开阀），因腰轮的惯性作用，急剧流量变化将产生较大附加惯性力，使转子损坏。用作控制系统的检测仪表时，若下游控制突然截止流动，转子一时停不下来，产生压气机效应，下游压力升高，然后倒流，发出错误信号。

⑧严禁用扫线蒸汽通过流量计。严禁用水校验铸铁、铸钢材质的流量计。

j）常见故障现象及排除措施

容积式流量计常见故障现象及排除措施见表 4-3-2。

表 4-3-2　容积式流量计常见故障现象及排除措施

故障现象	原因	措施
计量室转子不转	1. 管道中有杂物进入计量室； 2. 被测液体凝固； 3. 由于系统工作不正常，出现水击或过载使转子与驱动齿轮连接的销子损坏； 4. 由于流量计长期使用，轴承磨损过大，造成转子相互碰撞卡死	1. 拆洗流量计，清洗过滤器和管道； 2. 设法溶解； 3. 改装管网系统，消除水击和过载； 4. 必要时更换轴承，驱动齿轮或转子，如果损坏严重不能修复，需要更换新的流量计
转子运转正常但计数器不计数	1. 计量室密封输出部分损坏，磁钢退磁，异物进入磁铁联轴器内卡死； 2. 表头（计数器）挂络松脱； 3. 回零计数器和累积计数器损坏； 4. 指针松动	1. 拆开清洗或重新充磁； 2. 重新装紧或调整； 3. 拆下计数器检修； 4. 装紧指针
指针示值不稳定，或时停时走	指示系统在连接部分松动或不灵活	重新紧固，消除松动或不灵活现象

续表

故障现象	原 因	措 施
流量计计量不准确	1. 温度偏差大，自动温度补偿器失灵或温度修正尺寸偏差； 2. 被测介质黏度改变； 3. 修复流量计后表头挂轮装反； 4. 操作时系统旁通阀未关紧，有泄漏； 5. 实际流量超过规定范围； 6. 指示转动部不灵或转子与壳体相碰； 7. 流量有大的脉动； 8. 被测介质中混有气体	1. 检查和修理； 2. 按使用介质重新调校，或按介质重新选表； 3. 取下表头，将挂轮装正确； 4. 关紧旁通阀； 5. 更换其他规格流量计或使运行流量在规定范围内； 6. 检查转子、轴承、驱动齿轮等安装是否正确，或更换磨损零部件； 7. 设法减小流量脉动； 8. 加装气体分离器
流量计噪声太大	1. 流量计转子与驱动齿轮的销子断了，发生打转子现象； 2. 使用不当，流量过载太大； 3. 系统中进入气体或系统发生振动； 4. 轴承损坏； 5. 使用时间长，超过流量计使用寿命	1. 拆下更换转子，刮尽转子上被碰伤斑痕； 2. 在流量计下游处加装限流装置； 3. 检修系统，消除振动； 4. 更换轴承，检查过滤器是否可靠，减少轴承磨损； 5. 更换新的流量计
流量计发生渗漏	1. 使用压力超过流量计规定的工作压力，使流量计外壳变形而渗漏； 2. 密封件老化； 3. 密封联轴器渗漏	1. 检查系统中压力计是否完好，降压或更换仪表使工作压力在流量计规定范围内，外壳变形严重的应重新更换修理； 2. 更换密封件； 3. 更换磨损机械零件或密封件
发信器无信号	1. 发信块位置不当； 2. 极性接反； 3. 发信器与计数器连接松动	1. 重新调整位置，左右、前后移动； 2. 重新接线； 3. 重新连接

主要制造厂商：

合肥精大仪表有限公司

4.4 靶式流量计

4.4.1 概述

靶式流量计是利用流体对测量元件的推力来反映流量的大小，整台仪表在设计中无可动部件，传感器感应部分不与被测介质接触，与被测介质隔离，受力元件采用流线型设计，可以自身对流体进行整流使流场更稳定，从而保证了仪表优良的计量精度、重复性及长期稳定性。双层密封，杜绝了传感器的泄漏问题，降低了仪表故障率。

靶式流量计既具有孔板、涡街等流量计无可动部件的特点，同时又具有与转动翼板式流量计、容积式流量计、科力奥利质量流量计相媲美的测量精度。

靶式流量计采用压敏电阻应变片，整台仪表密封点均采用激光焊接或双密封结构，加之科学、合理的结构设计，极大地提高了测量精度及可靠性。特别适用于高黏度、高压力、宽范围、低流速流体的测量，适用于各种气体、液体及蒸汽等介质的测量。可广泛应用于炼油、化工、机械制造、食品、环保、水利等各个领域。

4.4.2 原理

靠式流量计主要由测量管（壳体）、受力元件、感应元件（力传感器、压力传感器、温度传感器），过渡部件（根据温度，压力而增减）、数据处理器、计算显示和数据输出部分组成，其结构如图 4-4-1 所示。

靠式流量计工作原理：在恒定截面直管中设置一个与流速方向垂直的靠板，流体沿靠板周围通过时，使靠板产生微小的位移（2~3mm），靠板推力的大小与流体的动能和靠板的面积成正比。在一定的雷诺数范围内，流过流量计的流量与靠板受到的力成正比。而靠板与传感器之间采用刚性连接方式，靠板所受到的力直接被力传感器检出。

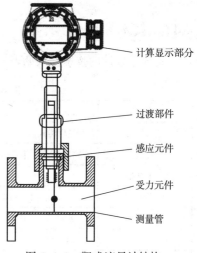

计算显示部分

过渡部件

感应元件

受力元件

测量管

图 4-4-1 靠式流量计结构

4.4.3 种类

①按流量传感器和变送器的连接形式分类：一体型、分体型。

②按流量计和管道的连接形式分类：

法兰管道式连接	（DN10~DN300）
夹装式连接	（DN10~DN200）
螺纹式连接	（DN10~DN50）
插入式连接	（DN100~DN3000）
卡箍式连接	（DN10~DN65）
在线可伸缩型	

③按流量计的防爆类型分类：普通型、本安型、隔爆型。

4.4.4 外形结构

靠式流量计的外形如图 4-4-2 所示。

（a）法兰管道式 　　（b）插入式 　（c）可伸缩式在线插拔靠式流量计

图 4-4-2 靠式流量计的外形

4.4.5 技术参数

靶式流量计的技术参数见表 4-4-1。

表 4-4-1 靶式流量计的技术参数

介质类型	液体，气体，蒸汽				
连接形式	法兰管道式	夹装式	插入式	管螺纹式	卡箍式
公称通径	$DN15$~$DN300$	$DN15$~$DN600$	$DN100$~$DN3000$	$DN10$~$DN65$	$DN15$~$DN50$
公称压力 /MPa	$PN6$~$PN600$				
介质温度 /℃	–20~80（常温型），80~250（高温型），–196~+550（极温型）				
精度等级	± 0.2%	± 0.5%	± 1.0%	± 1.5%	± 2.0%
补偿形式	温度补偿，压力补偿				
重复性	0.1% ~ 0.08%				
电源	机内置 3.6V 锂电池，外供电源 24V DC				
输出方式	带现场显示，4 ~ 20mA，脉冲发信，RS-485，HART 协议				
测量管材料	铸钢，不锈钢，316L 不锈钢，（或按用户要求定制）				
防爆标志	本安型（Ex ia ⅡC T6）隔爆型（Ex d ⅡC T6）				
防护等级	IP67				

4.4.6 优点和局限性

a）优点

计量准确，精度高，累计流量精度可达 ± 0.2%；测量范围宽，最大测量范围可达 1：300（过高压力及温度除外）；重复性好，一般为 0.1%~0.08%。

灵敏度较高，能测量超小流量，可测量低流速为 0.004m/s。

安装简单，维护方便。大口径仪表制造成本低，口径越大，此优点越突出，压损小，仅为标准孔板的 50% 左右。

可采用干式标定方法（砝码挂重法）校验，给用户周期校验带来方便，也因此降低了维护成本。

无可动部件及采用双重过载保护，使用更可靠、稳定，抗震、抗干扰能力强。

可根据实际需要更换靶片大小，轻松改变流量范围，因此可避免返厂更换的麻烦。

b）局限性

流体产生的冲击力不能超过仪表的抗过载极限，否则会损坏仪表，特别不允许仪表安装后再吹扫管线。

当流体温度超过 300℃后，产生高温零漂，对精度产生一定的影响。

当测量低流速（<0.1m/s）、高黏度、含有颗粒物的介质，特别是口径小于 $DN25$ 的流量计可能会出现流体卡住的现象。

高速流冲击靶片，其后产生涡街，输出信号会发生振荡，影响信号的稳定性，高速流场合应慎用。

4.4.7　应用场合

各种常温、高温、低温工况下的液体、气体、蒸汽、黏稠介质及各种流体介质的流量测量。

4.4.8　注意事项

a）精度与范围度

①精度是指流量计在规定条件下多次重复试验过程所得到的测量结果的一致程度。范围度是指流量计在一精度条件下最大与最小范围上限值之比。

受结构、原理及工况条件影响，虽然同一公称通径的流量计可适用于很宽的范围度，但在要求精度的条件下，则范围度会受到限制，不同介质类型的范围度与精度之间对照见表 4-4-2。

表 4-4-2　不同介质类型的范围度与精度对照

介质类型	精度				
	± 0.2%	± 0.5%	± 1.0%	± 1.5%	± 2.5%
液体	$q_{V_{\max}}=5q_{V_{\min}}$	$q_{V_{\max}}=10q_{V_{\min}}$	$q_{V_{\max}}=20q_{V_{\min}}$		
气体			$q_{V_{\max}}=20q_{V_{\min}}$	$q_{V_{\max}}=20q_{V_{\min}}$	$q_{V_{\max}}=300q_{V_{\min}}$
蒸汽				$q_{V_{\max}}=20q_{V_{\min}}$	$q_{V_{\max}}=20q_{V_{\min}}$

注：$q_{V_{\max}}$——被测介质最大工况流量，$q_{V_{\min}}$——被测介质最小工况流量。

②如 $DN100$ 流量计测量范围为 0.05~140m³/h，该范围度为 2800，要在 2800 倍范围度内保证某一精度是非常困难的，在精度确定的条件下，只能在适用测量范围内选定其范围度。例：需要精度为 ± 0.2% ，则测量范围在适用量程范围 0.05~140m³/h 中选择 $q_{V_{\max}}=5q_{V_{\min}}$ 即：范围可为 0.05~0.25m³/h，0.25~1.25m³/h，3~15m³/h……等。

对于宽量程流量计，其测量范围度最高可达到 300。

在选择同一款流量计做总表和管线各分表测量总和时，或者进入管线测量和送出系统的测试时，就必须要考虑总表测量范围应覆盖所有分支表最小流量或提高总表测量精度。

③测量范围选择。根据被测介质在测量管中的流速 v 确定，一般而言，液体 $v_{平均}=$ 5m/s；气体 $v_{平均}=30$m/s；蒸汽 $v_{平均}=30$m/s。

b）安装注意事项

①靶式流量计虽然不受介质流动方向限制，但应遵循最优方式安装，一般采用水平安装。也可根据实际环境条件采用垂直或倒置安装。

②为保证流量计计量精度，流量计前后端必须设置直管段，必要直管段保证至少前 5D 后 3D。如果条件许可情况下或比较重要的测试点应设置旁通管路。

③选择流量计公称通径时尽量考虑与工艺管道相同的管径，以减少两者之间公称通径不同形成阻力源，产生流动干扰，造成流量计测量误差。

④流量计安装位置管道内应充满介质，若介质中含有较大颗粒物，应在流量计前端（≥ 10D 位置）加装规定目数过滤网。

⑤不允许直接在流量计测量管前后端直接安装阀门、弯头等容易改变流体流态的部件，如果需要时，要保证前后直管段长度。

⑥对于新完工的工艺管道，应先进行吹扫后再安装流量计。

主要制造厂商：
①丹东通博电器（集团）有限公司
②北京伟高华业科技发展有限公司

4.5 电磁流量计

4.5.1 概述

电磁流量计是基于法拉第电磁感应定律而设计的，用于直接测量封闭管道内导电性液体的体积流量。虽然物理中电磁感应定律已经被发现了100多年，但直到1950年才第一次在流量计中使用该技术。经过60多年的发展，电磁流量计已经是许多流程工业过程控制应用中最常用的流量计之一。

4.5.2 原理

法拉第电磁感应定律是电磁流量计的基本原理。法拉第发现如果导体在磁场中移动就会在导体两端产生电压，电压大小取决于磁场强度和导体移动速度，如图4-5-1所示。

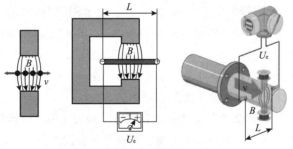

图 4-5-1 电磁流量计原理

法拉第电磁感应定律：

$$U=kBLv$$

式中　k——常数；

　　　B——磁场强度；

　　　L——导体长度；

　　　v——导体移动速度。

基于法拉第电磁感应定律测量流量时，交变磁场由铜丝绕制的线圈产生，线圈电流是可控的，从而保证了磁场强度在测量过程中的恒定。导体的长度（测量管内两个测量电极间的距离）也是常数值。在法拉第方程中唯一的变量就是流体的流速，感应电压U因此与流速v完全成线性比例。通过测量U即可计算得知v，进而得到液体的体积流量。

基于感应电压的极性，可以检测流体流动方向，所以电磁流量计可以测量双向流量。

4.5.3　种类

按传感器和变送器安装形式分类：分离型（分体型）和一体型。

按传感器与管道连接方式分类：法兰连接、无法兰夹装连接、卡箍卫生连接和螺纹连接。

按用途分类：普通型、防爆型、卫生型、防水型、潜水型和插入型。

按励磁方式分类，主要有直流励磁、正弦波交流励磁、低频矩形波励磁以及双频矩形波励磁等，其中双频励磁为电磁流量计技术的发展方向，且双频励磁的两线制电磁流量计现已问世。

4.5.4　外形结构

电磁流量计一般由传感器和变送器组成，如图 4-5-2、图 4-5-3 所示，传感器则由测量管、励磁系统及壳体等部分组成。

图 4-5-2　电磁流量计外形

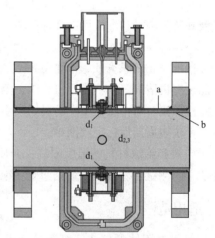

图 4-5-3　电磁流量计内部结构

注：a—测量管；b—绝缘内衬；
c—励磁系统；d_1~d_3—信号电极

变送器将传感器引出的感应电动势信号进行放大、处理、转换成标准信号，以实现对流量的指示、记录、积算、控制与调节。随着技术的发展和进步，更高级功能已集中在变送器中，如诊断功能、自校验功能、流量值之外的过程参数监控和输出功能、无线网络调试功能等，可结合实践和需求进行选择。

4.5.5　主要技术参数

介质温度一般为 –20~180℃；公称通径从 $DN2$ 至 $DN3000$；压力等级一般为 Class300/$PN40$；特殊产品可最高至 Class2500。

精度一般为读数值的 0.2%~0.5% ± 零点稳定性。

4.5.6　优点及局限性

a）优点

电磁流量计测量通道是一段无阻流检测件，结构牢固可靠，无可动部件，不易堵塞。

不产生因检测流量所形成的压力损失，仪表阻力仅是同一长度管道的沿程阻力，节能效果显著，对于要求低阻力损失的大管径测量，工艺管道压力不高，或依靠水头自流的工况更为适合。

测量结果直接为体积流量，不受流体密度、黏度、压力、温度及电导率（只要在阈值以上）变化明显的影响。在变送器中设置固定密度值或外接信号实时补偿密度值，可计算质量流量，并能用于显示和输出。

可测正反双向流量，选用较高的励磁频率时，也可测瞬时脉动流量。仪表输出特性为线性。

传感器可水平、垂直或倾斜安装，但必须保证流量计工作时始终处于满管状态。对上游直管段长度要求较低（上游阻流件至电极中心距离需要5倍管径，下游为2倍管径）。

口径范围宽，从DN2至DN3000都可覆盖；量程比大，一般情况可达20∶1~1000∶1，且可通过变送器设置来任意改变量程，满刻度流速可在0.5~10m/s内选定（流速低于0.5m/s时，也可进行测量，但精度会大幅下降）。

接液部分的内衬和电极可选多种材料，非常适用于有腐蚀性的介质测量。

b）局限性

一般情况下，要求介质最小电导率要大于5μS/m，所以不可测量电导率很低的液体、石油制品、有机溶剂等，不能测量气体、蒸汽以及含有大量气泡的液体。

铁磁性矿浆会对传感器激发的磁场产生干扰，一般不建议使用电磁流量计来测量。

大口径仪表周期性标定较困难。

由于内衬和绝缘材料的温度限制，介质温度一般为−20~180℃，不能用于测量温度过高的介质，因测量管外凝露或结霜而破坏绝缘，也不能用于低温介质测量。

4.5.7　适用范围

适用于带有固体颗粒或纤维等的液固两相流体，如纸浆、煤水浆、矿浆、泥浆、污水、水等的流量测量。

4.5.8　注意事项

仪表选型时要综合考虑介质特性和实际工况需求，如温度、压力、腐蚀性、磨损性、精度、输出信号、外界环境、防爆等问题。

传感器安装时必须可靠接地。对于衬胶管道或非金属管道，需要选配与电极材质相同的接地环。

选择仪表口径时，按照管道内平均流速而定。一般工业输水管道经济流速为1.5~3m/s，易黏附沉积结垢介质则流速为3~4m/s或更高，矿浆等磨损性强的介质流速为2~3m/s。电磁流量计测液体的流速范围较宽，可在1~10m/s之间选用。原理上，上限流速并没有限制，满度流量的流速下限一般为1m/s，有些产品为0.5m/s，低于此流速，从测量准确度出发应改用小管径，以异径管连接到管道。

测量浆液型介质时，最好采用垂直安装，自下而上的流动方向，避免水平安装时衬里下半部局部磨损严重、低流速时固相沉积等缺点。水平安装时要使电极轴线平行于地平线。

测量矿浆等强磨损介质时，除了选择正确的安装形式和适当的流速范围外，还可采取以下措施降低传感器的磨损：

①选用耐磨性能优异的衬里材质，如氯丁橡胶、丁腈橡胶、聚氨酯、陶瓷等。

②选用覆碳化钨电极，并采用嵌入式装配方式，保证电极的耐磨性；或者采用导电陶瓷、导电橡胶制作电极，电极和衬里保持相同的耐磨性；条件允许的情况下，还可以选择非接触式电极的电磁流量计，如电容式电磁流量计。

③在传感器衬里的制作尺寸上，尽可能让传感器的衬里内直径略大于管道的内直径，避免介质直接对衬里端面进行冲刷和损伤。

④在介质进口端安装入口保护环，也可以避免介质对衬里端口的冲刷和损伤。

由于自重原因，一般大于 DN300 的传感器就需要外部支撑，支撑点以法兰为主，不得将支撑点设计在传感器外壳上。

具有空管检测电极的传感器水平安装时，必须保证空管检测电极位于顶部。

为保证满管，电磁流量计不得安装于管道最高点处，也不得安装在垂直向下的管道中。

管路有泵时，必须安装在电磁流量计的上游，避免抽压时损坏内衬。

为避免电磁场干扰，流量计应避免安装在有大功率的电机、大容量变压器等附近。

选择震动小的场所安装流量计，对于一体型流量计尤其需要注意。

为避免扰流，不能让密封垫片伸入流量计所在的工艺管道内。

主要制造厂商：

①承德菲时博特自动化设备有限公司

②艾默生过程控制有限公司

③恩德斯豪斯（中国）自动化有限公司

④科隆测量仪器（上海）有限公司

⑤承德热河克罗尼仪表有限公司

⑥重庆川仪自动化股份有限公司

4.6　超声波流量计

4.6.1　概述

超声波流量计是通过测量声波在流体中的传播时间而确定管道中流体的流速，进而计算得出流体流量的仪表。

4.6.2　原理

超声波流量计按测量原理可分为：传播时间法、多普勒效应法、波束偏移法、相关法、噪声法。传播时间法和多普勒效应法使用较多。

波束偏移法是利用超声波束在流体中的传播方向随流体流速变化而产生偏移来测量流体流速，低流速时，灵敏度较低，适用性不强。

相关法是利用互相关函数原理测量流量，该原理的测量准确度与流体速度、介质类型、管道直径等无关，测量准确度高，适用范围广，但仪表价格较昂贵。

噪声法（听音法）是利用管道内流体流动时产生的噪声与流体流速有关的原理，通过检测噪声表示流速或流量值。其方法简单，设备价格便宜，但准确度低。

超声波流量计主要由安装在测量管道上的超声换能器（或由传感器和测量管组成的超声流量传感器）和转换器组成。传感器和转换器之间由专用信号传输电缆连接。

以下主要介绍传播时间法、多普勒效应法原理的超声波流量计。

a）传播时间法

声波在流体中传播，顺流方向声波传播速度会增大，逆流方向则减小，同一传播距离就有不同的传播时间。利用传播时差与被测流体流速的关系求取流量，称为传播时间法。按测量具体参数不同，分为时差法、相位差法和频差法，后两种原理的流量计使用较少，以下主要介绍时差法超声波流量计工作原理，结构如图 4-6-1 所示。

时差法超声波流量计测量流速示意如图 4-6-2 所示，t_1 是超声波从传感器 1 到传感器 2（顺流）的传输时间，t_2 是超声波从传感器 2 到传感器 1（逆流）的传输时间，则从传感器 1 到传感器 2 的时间为：

$$t_1 = L/(c + v\cos\theta) \tag{4-6-1}$$

从传感器 2 到传感器 1 的时间为：

$$t_2 = L/(c - v\cos\theta) \tag{4-6-2}$$

式中 v——介质的平均流速；

    L——传感器 1 和传感器 2 之间的距离；

    θ——声波传输路径与介质流向的夹角；

    c——超声波的传播速度。

根据式（4-6-1）和式（4-6-2），时差 Δt 计算如式（4-6-3）所示：

$$\Delta t = t_2 - t_1 = L/(c - v\cos\theta) - L/(c + v\cos\theta) = 2Lv\cos\theta/(c^2 - v^2\cos^2\theta) \tag{4-6-3}$$

则 $v = \Delta t(c^2 - v^2\cos^2\theta)/(2L\cos\theta)$

由于 $v^2\cos^2\theta \ll c$，舍弃 $v^2\cos^2\theta$ 后，则 v 的计算公式为

$$v = \Delta t c^2/2L\cos\theta$$

流量 q_V 由管道截面积 A 和平均流速 v 计算得到，如式（4-6-4）所示：

$$q_V = Av \tag{4-6-4}$$

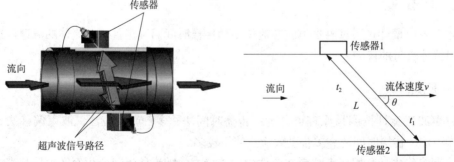

图 4-6-1   时差法超声波流量计结构   图 4-6-2 超声波流量计测量流速示意

b）多普勒效应法

多普勒效应法测量原理是当声源和观测者之间有相对运动时，观测者接收到的频率和

声源发出的频率是不同的，该频率的差值与相对运动的速度成正比。多普勒效应法测量原理如图 4-6-3 所示，为超声波发射传感器向管道中发射固定频率为 f_0 的超声波，经被测流体中的固体颗粒反射后，因多普勒效应，超声波接收传感器接收到的超声波频率 f_1 发生了变化，超声波发射与接收传感器频率之差 $\Delta f = |f_0 - f_1|$，设超声波在流体中的传播速度为 c，流体速度为 v，超声波与流体流速方向夹角 θ，则多普勒频移值计算如式（4-6-5）所示：

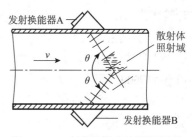

图 4-6-3　多普勒效应法测量原理

$$\Delta f = 2v f_0 \cos\theta / c \qquad (4\text{-}6\text{-}5)$$

流体流量 q_V 计算如式（4-6-6）所示：

$$q_V = Av = A\Delta fc/(2f_0\cos\theta) \qquad (4\text{-}6\text{-}6)$$

式（4-6-6）中 A 为被测管道的截面积，当被测的管道及被测介质确定之后，多普勒频移与流体流量成正比，只要测得 Δf 就可以计算出流体流量 q_V。

液体温度影响的修正。

超声波速度 c 是温度的函数，流体温度变化会引起测量误差。为了减小误差，采用声楔的声速 c_0 取代 c。从图 4-6-4 可知 $\cos\theta = \sin\varphi$，再按斯纳尔定律 $\sin\varphi/c = \sin\varphi_0/c_0$，由式（4-6-5）推导后可得式（4-6-7），其中 $c_0/2\sin\varphi$ 可视为常量。

图 4-6-4　声楔的射角

$$v = \frac{c_0}{2\sin\varphi_0} \frac{f_d}{f_A} \qquad (4\text{-}6\text{-}7)$$

因此，q_V 与 c_0 成正比，但 c_0 随温度变化很小。

散射体的影响。实际上多普勒频移信号来自速度参差不一的散射体，而所测得的各散射体速度和载体液体平均流速间的关系也有差别。其他参数如散射体粒度大小组合与流动时分布状况，散射体流速非轴向分量，声波被散射体衰减程度等均影响多普勒频移信号。

4.6.3　种类

a）按测量原理分类：时差法、多普勒效应法

目前生产最多、应用范围最广泛的是时差法超声波流量计，主要用来测量洁净的流体流量，时差法超声波流量计还可以测量杂质含量不高的均匀流体；多普勒法超声波流量计是靠介质中杂质的反射来测量流速，因此适用于杂质含量较多的脏水和浆体，如城市污水、污泥、工厂排放液、杂质含量稳定的工厂过程液等，而且可以测量连续混入气泡的液体。

b）按测量介质分类：液体超声波流量计、气体超声波流量计、蒸汽超声波流量计

液体介质用的超声波传感器频率较高，一般为 1~5MHz；气体介质用的超声波传感器频率较低，一般为 100~300kHz。夹装式气体超声波流量计有一定使用限制，原因是固体和气体边界间超声波传播效率较低。当测量饱和、过热蒸汽时，流量计内置蒸汽对照表，可

计算蒸汽质量流量。

c）按传感器结构分类

夹装式、插入式、管道式，安装方式如图 4-6-5 所示。夹装式气体超声波流量计管径可达 DN600，更大管道尺寸需厂家确认；夹装式液体超声波流量计管径可达 DN6000（不同厂家规格有所不同），更大管道尺寸需厂家确认。管道式超声波流量计基本是为多声道，厂家在工厂按要求组装而成，能够保证整体性能。

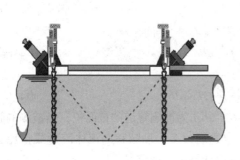

(a)夹装式(气体V法)

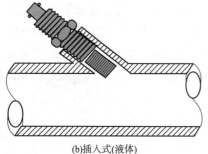

(b)插入式(液体)　　　　　　　　　　　(c)插入式(气体)

图 4-6-5　夹装式和插入式传感器安装

d）按声道布置分类：单声道、多声道

多声道主要用于大口径管道中流体的测量，用来提高测量精度、稳定性。

e）按照传感器的配置方法分类

Z 法（透过法）、V 法（反射法）、X 法（交差法）、平行法等。

4.6.4　外形结构

超声波流量计外形如图 4-6-6 所示。

图 4-6-6　超声波流量计外形

4.6.5　主要参数

a）一般测量精度级

测量误差受诸多因素的影响，被分成两大类，一类是仪表自身的测量误差，一般为测量值的 0.5 %，每个厂家的数据有所不同；另一类是安装条件引起的测量误差，典型值为测量值的 1.5 %。后一类误差大小与仪表自身无关。安装条件引起的测量误差取决于仪表的现场安装条件，例如：管道口径、管壁厚度、实际管路的结构对称性和流体类型等。

上述两类测量误差的总和为测量误差。单声道超声波流量计的测量精度和重复性见表 4-6-1。

表 4-6-1　单声道超声波流量计的测量精度和重复性

介质	原理	安装方式	流速精度	重复性
液体	时差法	夹装式	通常为读数的 ±1%~±2%	读数的 ±0.1%~±0.3%
		插入式	通常为读数 ±1%	读数的 ±0.1%~±0.3%
	多普勒效应法		读数的 ±2% 左右，视应用而定	读数的 ±0.25%，视应用而定
气体	时差法	夹装式	流速 >0.3m/s 读数的 ±1%~±2%	读数的 ±0.2%~±0.5%
		插入式	读数的 ±1.5%	读数的 ±0.5%
蒸汽	时差法	夹装式	读数的 ±1%~±2%	读数的 ±0.2%~±0.5%
		插入式	读数的 ±1%~±2%	读数的 ±0.2%~±0.5%

公称通径：$DN15$~$DN6000$，每个生产厂家规格有所不同，有的厂家能够做到 $DN7200$。

流体温度：–40~200℃，测量蒸汽可达到 450℃，每个厂家的数据有所不同，如在 LNG 装置使用案例中，流体温度可达 –200℃。

适用于各种有内衬或无内衬的金属和塑料管道及复合管道，是测量化学试剂、溶剂、液态烃、酸液和碱液流量的理想测量仪表。可在 1 区防爆场合中使用。

b）贸易交接计量级

当测量介质为天然气时，在（15%~100%）最大流量区间内精度：±0.08%，在（最小流量 ~15%）最大流量区间内精度：±0.15%；介质为液体时，精度：±0.02%。

超声波流量计测量贸易交接级的天然气，应符合 AGA9 标准及型式认证，其他的认证如 ISO 17089，MID，OIML R137 则由上下游用户协商统一要求。

防爆等级：Ex d ⅡC T6。

防护等级：NEMA 4/4X, IP66/67/68。

4.6.6　优点和局限性

a）优点

适用于大多数介质，如液体、对声波无阻碍的气体、蒸汽，对介质要求不高；无雷诺数限制，无密度限制，多种流态，如层流、过渡状态、紊流，导电及非导电、腐蚀性介质等均可满足。

适用于大多数规格的管径，特别是大口径管道。且原理上不受管径限制，流量计价格基本上与管径无关。对于大口径管道测量不仅带来方便，可认为在无法实现实流校验的情况下是优先考虑的选择方案。

量程比高，测量范围宽，一般为400：1，有些厂家的气体系列仪表能够达到1500：1。

重复性好，能够达到读数的 ±0.1%~ ±0.3%。

超声波流量计为无流动阻挠测量，无额外压力损失，可进行双向流量测量。

夹装式超声波流量计安装在管道外部，无任何压损，无须停流截管安装，无须中断过程操作，即可进行精确测量，还可作移动性测量，适用于管网流动状况评估测定。

多普勒法超声波流量计可测量悬浮颗粒小于5%或气泡含量小于2%的液体。

某些时差法超声波流量计附有测量声波传播时间的功能，即可测量液体声速以判断所测液体类别。例如，油船泵送油品上岸，可核查所测量的是油品还是舱底水。

b）局限性

时差法超声波流量计只能用于清洁液体和气体，不能测量悬浮颗粒和气泡超过某一范围的液体；反之多普勒法超声波流量计只能用于测量含有一定异相的液体，每个生产厂家指标有所不同。

夹装式超声波流量计不能用于衬里或结垢太厚的管道，不能用于衬里（或锈层）与内管壁剥离或锈蚀严重的管道。

多普勒法超声波流量计由于测量精度不高，不能测悬浮颗粒含量大于5%，或气泡含量大于2%的液体。不考虑夹装式多普勒法超声波流量计测量蒸汽时，要注意耦合剂强度的问题。

4.6.7　应用场合

当测量液体时，液体洁净程度或杂质含量，以及测量精度要求是决定采用时差法原理还是多普勒效应法原理的因素，各项参数范围见表4-6-2。

表 4-6-2　超声波流量计测液体的参数范围

项目	时差法超声波流量计		多普勒法超声波流量计
适用液体	水类（江河水、海水、农业用水等），油类（纯净燃油，润滑油，食用油等），化学试剂，药液等		含杂质多的水（下水、污水、农业用水等），浆类（泥浆、矿浆、纸浆、化工料浆等），油类（非净燃油、重油、原油）
悬浮颗粒含量	体积分数 <1%（包括气泡）时不影响测量准确度		50mg/L ＜浊度＜ 100mg/L
仪表基本误差	带测量管段式	±（0.5~1）%R	±（3~10）%FS 固体粒子含量基本不变时 ±（0.5~3）%
	湿式大口径多声道		
	湿式小口径单声道	±1.5%R~ ±3%R	
	夹装式（范围度20:1）		
重复性误差 /%	0.1~0.3		1
信号传输电缆长度 /m	100~300		＜ 30

夹装式超声波流量计考虑管壁材料和厚度、锈蚀状况、衬里材料和厚度；现场安装时，要考虑传感器类型；当用于大管径测量时，时差法超声波流量计要考虑声道数等。

测量气体时，首选时差法超声流量计，多普勒效应法的气体超声波流量计在石化行业不推荐使用，其主要判断要素是：气体组分，其中 CO_2 可干扰超声波的传导，当超过25%时慎用，需要联系生产厂家确认。选用插入式的精度较高。

从应用经验看，插入式超声波流量计测量蒸汽适用性好。

4.6.8　注意事项

a）管道式传感器的安装

安装管道式流量传感器时管网必须停流，测量点管道必须截断后接入流量传感器。

流量传感器安装位置尽可能在与水平成 45° 的范围内，避免在垂直位置附近安装，否则在测量液体时传感器声波表面易受气体或颗粒影响，在测量气体时受液滴或颗粒影响。

测量液体时，安装位置管道必须充满液体。

双声道超声波流量计前直管段至少为 10D，后直管段为 5D。

b）夹装式传感器安装

安装夹装式流量传感器时，除以上注意事项外，还应注意以下各点：

剥净安装段内保温层和保护层，把传感器安装处的壁面打磨平整、干净。避免凹凸不平。

对于垂直管道，若为单声道时差法流量计，传感器的安装位置应尽可能远离弯头处，以获得弯管流场畸变后较接近的平均值。

传感器安装处和管壁反射处必须避开接口和焊缝。

传感器安装处的管道衬里和结垢层不能太厚。衬里、锈层与管壁间不能有间隙。对于锈蚀严重的管道，可用手锤震击管壁，使锈层脱落，保证声波正常传播。但必须注意防止击出凹坑。

传感器工作面与管壁之间保持有足够的耦合剂，不能有空气和固体颗粒，以保证耦合良好。

多普勒法夹装式流量计有对称安装和同侧安装两种方法。对称安装适用于中小管径（通常小于 600mm）管道和含悬浮颗粒或气泡较少的液体；同侧安装适用于各种管径的管道和含悬浮颗粒或气泡较多的液体。

安装时，管道需要良好的流体形态，满足大于 10D 直管段要求

地下井建议选择防护等级 IP68 的探头，地下水位较高的井中不推荐使用。

主要制造厂商：
①恩德斯豪斯（中国）自动化有限公司
②科隆测量仪器（上海）有限公司
③重庆川仪自动化股份有限公司

📟 4.7　涡街流量计

4.7.1　概述

涡街流量计又称旋涡流量计，它可以用来测量管道中的液体、气体和蒸汽的流量，是工业控制、能源计量及节能管理中常用的流量仪表。

4.7.2　原理

涡街流量计基于卡门涡街原理（Karman Vortex）进行测量。

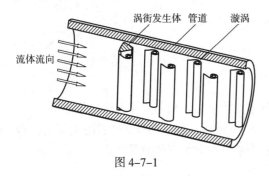

图 4-7-1

当涡街发生体置于流体流动的管道中时，从旋涡发生体两侧交替产生有规律的旋涡，这种旋涡被称作冯·卡门涡街，如图 4-7-1 所示，旋涡在旋涡发生体下游非对称地排列，设旋涡的发生频率为 f，被测流体的平均流速为 v，旋涡发生体迎流面宽度为 d，表体通径为 D，可得关系式：

$$f = Sr\frac{v}{(1 - 1.27d/D)d}$$

式中　Sr——斯特劳哈尔数（Strouhal Number）。

斯特劳哈尔数为无量纲数，它与旋涡发生体形状及雷诺数有关。雷诺数在 $2 \times 10^4 \sim 7 \times 10^6$ 范围内，Sr 可视为常数，这是仪表的正常工作范围。涡街流量计的流量方程为：

$$q_V = f/K$$

$$q_m = q_V\rho$$

式中　q_V，q_m——分别为体积流量和质量流量；

　　　　f——输出频率；

　　　　K——流量计仪表系数；

　　　　ρ——流体密度。

由上式可见，一般涡街流量计输出信号（频率）不受流体物性和组分变化的影响，是指仪表系数仅与旋涡发声体形状和尺寸以及雷诺数有关。当流量计在物料平衡能源计量中需要检测质量流量时，仪表输出信号需同时监视体积流量和流体密度，流体物性及组分对流量计有直接影响。

4.7.3　种类

按传感器连接方式分类：法兰连接型、对夹安装型和焊接型。

按检测方式分类：热敏式、应力式、应变式、超声式、电容式、振动式。

按传感器和转换器组成分类：一体型和分体型。

按传感器结构型式分类：满管式和插入式。

4.7.4　结构

涡街流量计由四部分组成：涡街发生体、传感器、仪表壳体及转换器。涡街流量计外形如图 4-7-2 所示，结构如图 4-7-3 所示。

图 4-7-2　涡街流量计外形

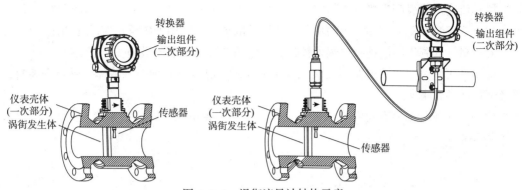

图 4-7-3　涡街流量计结构示意

4.7.5　应用场合及主要参数

涡街流量计适用于洁净的气体、蒸汽和液体的测量；被测介质的雷诺数不低于 2×10^4；可应用口径一般为 $DN25 \sim DN300$。

使用范围：介质温度一般为 $-40 \sim 230℃$；特殊产品可扩展到 $-200 \sim 400℃$；压力等级一般为 Class150~Class600；特殊产品为 Class1500。

精度及误差：液体 $\pm 0.5\% \sim \pm 1\%$ 蒸汽和气体 $\pm 1\% \sim \pm 1.5\%$

4.7.6　优点和局限性

a）优点

结构简单牢固，无可动部件，安装维护方便。

适用流体种类多，液体、气体、蒸汽等均可应用。

准确度较高，属中上水平，一般可达 $\pm 1\%$ 左右。

量程比较宽，可达 10：1 或 20：1，甚至 30：1。

压损小，约为孔板流量计的 25%~50%。

输出与流量成正比的脉冲信号，适于总量计量，无零点漂移。

雷诺数为 $2 \times 10^4 \sim 7 \times 10^6$ 时输出信号不受流体物性（密度、黏度）及组分的影响，仪表系数仅与旋涡发生体形状和尺寸有关，可以在一种典型介质中校准，用于各种介质。

b）局限性

不适用于低雷诺数（$Re_D \leqslant 2 \times 10^4$）测量，对高黏度、低流速、小口径的使用有局限性。

对管道振动敏感，管道有振动的场所应慎用或选用耐振检测方式的仪表。

管道内流速分布应为充分发展流，无旋转流，故上游侧需有较长的直管段长度才能保证测量准确。

口径越大，仪表系数较低，信号分辨率降低，影响测量精度，故口径不宜过大。一般应用于中小口径（$DN25 \sim DN300$）。

4.7.7　注意事项

不适用于低雷诺数（$Re_D \leqslant 2 \times 10^4$）流体，高黏度（$\geqslant 20mPa \cdot s$）流体，可能影响涡街的形成。

脉动流会对仪表产生严重的影响。

尽可能安装在振动和冲击小的场所，有振动的场合应采用加固管道等减振措施。

若流量计受到生产设备的热辐射较强，则应采取隔热和通风措施。

流量计可垂直、水平或倾斜安装。测量液体时，测量点必须充满液体，垂直安装时，液体流向必须自下向上。

应保证流量计前后有足够长度的直管段。不同配管情况下建议最小前/后直管段要求如图4-7-4所示。

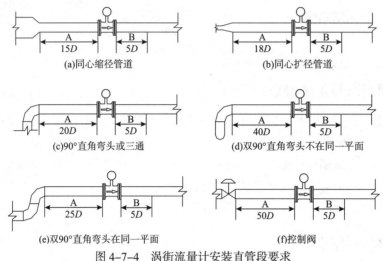

(a)同心缩径管道

(b)同心扩径管道

(c)90°直角弯头或三通

(d)双90°直角弯头不在同一平面

(e)双90°直角弯头在同一平面

(f)控制阀

图4-7-4　涡街流量计安装直管段要求

主要制造厂商：

①重庆川仪自动化股份有限公司

②恩德斯豪斯（中国）自动化有限公司

③承德菲时博特自动化设备有限公司

④科隆测量仪器（上海）有限公司

📟 4.8　涡轮流量计

4.8.1　概述

涡轮流量计是重要的速度式流量计，因为具有维修方便、流通能力大、价格较便宜等特点，已被广泛用来测量石油类、有机液体、天然气等。

4.8.2　原理

当被测流体冲击涡轮叶片时导致涡轮叶片旋转，旋转的速度随流量的变化而变化，再经磁电转换装置，就可以把涡轮的转速转换为相应频率的电脉冲信号，经放大电路放大后，送入微处理器进行处理，然后再送入显示模块进行显示。在一定的流量范围内，涡轮叶片的转速与流体的平均流速成正比，通过所得到的电脉冲信号的个数，可以计算出流量。根据单位时间内的脉冲数和累计脉冲数可以计算出被测流体的瞬时流量和累积流量。

4.8.3　种类

涡轮流量计的分类方式有很多，包括按传感器结构分类、按被测介质分类、按信号检测方式分类、按流动方向分类、按传感器与管道连接方式分类等。

a）按传感器结构分类

①轴向型（普通型）：叶轮轴中心与管道轴线重合，大部分涡轮流量计都采用轴向型。

②切向型：叶轮轴与管道轴线垂直，流体流向叶片平面的冲角约为 90°，适用于小口径微流量测量，在大口径流量测量时也用到了插入式的切向型涡轮流量计。

③机械型：叶轮的转动直接或经磁耦合带动机械计数机构，指示积算总量，测量精度比电信号检测的传感器稍低，传感器与显示装置是一体式的。

④井下专用型：适用于石油开采井下作业，测量介质有泥浆及油气流等，传感器体积受限制，需耐高压、高温及流体冲击等。

⑤自校正双涡轮型：可用于天然气等气体流量测量，传感器由主、辅双叶轮组成，可由两叶轮的转速差自动校正流量特性的变化。

⑥广黏度型：在波特型浮动转子压力平衡结构基础上扩大上锥体与下锥体的直径，增加黏度补偿翼及承压叶片等结构措施，使传感器适用于高黏度液体。

⑦插入型：插入型流量传感器由测量头、插入杆、插入机构、转换器及仪表表体等部分组成。

b）按被测介质分类

1）液体涡轮流量计

①普通型：适用于测量低黏度（≤ 5mPa·s）液体。

②耐腐型：适用于测量腐蚀性流体，如稀硫酸、稀盐酸、稀硝酸等。

③高温型：被测液体温度在 300℃ 以下，温度受检测线圈耐温性能的限制。

④低温型：被测液体可低至 –250℃，应用于液态氧、液态氮等的测量。

⑤高黏度型：适应液体黏度达 70~400mPa·s，通常口径愈大黏度可愈高，同一台传感器，当流体黏度增大时会使线性流量的下限值提高，而范围度缩小。

2）气体涡轮流量计

①普通型：测量洁净气体的流量。

②燃气型：适用于测量石油气、人工燃气、天然气及液化石油气等，可采取自动注油器润滑保护轴承，避免杂质进入运动部件，提高使用期限。

c）按信号检测方式分类

①感应式：涡轮流量计传感器叶轮中嵌有永磁材料，当叶轮旋转时磁场交替接近或远离传感器壳体外的检测线圈，线圈里的感应电动势随之变化，此周期变化的频率信号经放大输出。

②变磁阻式：涡轮流量计的叶轮或轮箍由导磁材料制成，传感器壳体外检测线圈中装有永磁材料，当叶轮旋转时，线圈中的永磁材料形成的磁路因导磁叶片交替接近或远离，磁通发生周期性变化，线圈的等效阻抗亦随着变化，在放大电路中产生连续的脉冲波。

③笛簧管（干簧管）式：嵌在叶轮或与其同步的其他旋转元件里的永磁材料周期性地打开或闭合传感器壳体外笛簧管的簧片触点，作用是使恒流或恒压源产生电脉冲信号。

④光电式：叶轮叶片或叶轮驱动的元件随着叶轮旋转，周期性地遮断光束，产生的光脉冲信号转换成电脉冲信号。此外还有光纤传输方式，可以有效地提高抗干扰能力。

d）按流动方向分类

①单向型：只允许流体从一个方向流入传感器，有回流可能的场所，需加装止回阀。

②双向型：传感器允许流体从正反两个方向流入，至少有两个信号检测器，流量显示仪表能鉴别信号的相位。累积量采用"加"或"减"来处理正反两个方向来流的总量。

e）按传感器与管道连接方式分类

①法兰连接型：传感器以法兰方式与管道连接。

②螺纹连接型：传感器以螺纹方式与管道连接。

③夹装型：传感器本身无法兰，靠管道上法兰夹持住传感器的两密封端面。

4.8.4 外形结构

涡轮流量计的外形如图 4-8-1 所示，传感器结构如图 4-8-2 所示，主要由仪表壳体、前后导向架、支撑转轴、叶轮和信号检测放大器组成。

1—紧固件；2—壳体；3—前导向体；4—止推片；5—叶轮；6—信号检测器；7—支撑转轴；8—后导向器

图 4-8-1　涡轮流量计外形　　　图 4-8-2　涡轮流量计传感器结构示意

a）壳体

仪表壳体一般采用不导磁的不锈钢或硬质合金制成，对于大口径传感器亦可用碳钢与不锈钢组合的镶嵌结构。壳体的作用，一是为整个流量计起到支撑的作用，二是整流作用，这个作用是和前导向器和后导向器一起完成的，经过整流作用后，被测流体会平稳均匀地流入涡轮流量计的内部，这样就会减少对转子的冲击。

b）导向体

导向体通常也选用不导磁的不锈钢或硬铝材料制作，安装在传感器进出口处，对流体起导向整流以及支承叶轮的作用，避免流体扰动对叶轮的影响。

c）叶轮

叶轮是传感器的重要部件，叶轮受流体冲击将动量转换成机械能。叶轮通常选择高导磁材料制作。叶轮按形状可分为几类，如直板叶片叶轮、螺旋叶片叶轮和丁字形叶片叶轮等。叶轮叶片安装在壳体的轴承上，其叶片数取决于口径。

d）轴承和主轴

轴承和主轴起支撑和传动叶轮旋转的作用，磨损后会影响叶轮流量传感器的可靠性和使用寿命，需要选择高强度、高硬度、耐磨性好、耐腐蚀的材料制作。

e）信号检测体

信号检测体的作用是将叶轮的转速转换成与之相对应的电脉冲信号。信号检测放大器可以检测流体流过的机械转动信号，然后将其放大并以电脉冲信号的形式输出。

4.8.5　主要参数

测量介质：清洁液体、天然气、烷类及工业惰性气体；

电源：外电源，直流 +24V ± 3.6V；内电源，3.6V 锂电池；

输出信号：脉冲信号、4~20mA DC；

通信方式：RS–485、HART 等；

整机功耗：外电源，整机功耗 ≤ 1W；内电源：平均功耗 3mW，一节锂电池（15A·h）至少可使用两年半；

测量精度：0.2 级、0.5 级、1.0 级；

防爆等级：Ex d ⅡC T6、Ex ia ⅡC T4；

防护等级：IP65、IP67。

4.8.6　优点和局限性

a）优点

①准确度高。流体流量在一定的范围内变化对测量结果的准确度影响很小。

②测量范围广。小口径为（5~6）：1，大口径可达（10~40）：1，而且对流量的变化反应迅速，同样适用于脉动流量。

③重复性好。短期重复性可达 0.05%~0.2%。由于良好的重复性，经常校准或在线校准即可得到很高的精度。

④压力损失少。在最大流量的情况下其压力损失仅为 0.01MPa ~0.1MPa。

⑤耐高压、耐腐蚀。由于结构较简单且采用磁电感应结构，容易实现耐高压设计，故可适用于高压管路液体的测量；采用抗腐蚀材料制造，使得流量计耐腐蚀性能良好。

⑥数字信号输出与流量成正比关系，易于远距离传送数据和处理数据，没有零点漂移的现象，防干扰能力强。

b）局限性

①为了保证仪表的准确性（特性因时间而变），须经常校验。

②流量特性与流体物性（密度、黏度）有很大关系。气体的密度、液体的黏度与温度、压力有关系，而测量现场温度、压力的变化是无法规避的，为了保证准确度须采取补偿措施。

③流量计受旋转流等影响较为严重，为了准确度，直管段的长度是受限的因素之一。

④洁净度要求较高，虽可装设辅助设备（过滤器，消气器）以扩大介质使用种类，但安装辅助设备使管路压损增大，也增加了维护工作量。

⑤小口径（≤50mm）仪表的流量特性受流体黏度、密度等因素限制，准确度并不理想。

4.8.7 应用场合

适用于测量石油类、有机液体、无机液、液化石油气、天然气、低温流体等。

4.8.8 注意事项

①由于其高精确度，涡轮流量计在贸易储运计量、物料平衡和成本核算计量等方面应用较多。流量计准确度约为：$\pm0.2\%R$、$\pm0.5\%R$ 和 $\pm1\%R$，这些准确度都指范围度为 10∶1，保持涡轮流量计的准确度还需采取以下措施：

高准确度使用场合，必须经常校验。对于管线传输计量，最好配备在线校验设备，如标准体积管流量标准装置。

缩小范围度可提高准确度。特别作为校准装置标准表使用，定点使用，准确度可大大提高。

目前应用智能仪表（流量计算机）进行各种影响量的补偿，如压力温度补偿、黏度补偿、非线性度补偿等，可提高准确度。

②推荐选用的流体：洁净的（或基本洁净的），状态为单相，黏度不高。

③不推荐选用的对象或场所：含杂质多的流体；管道压力不高，流量较大（流速高），有可能产生气穴的场所；电焊机、电动机、有触点继电器的附近存在严重的电磁干扰的场所；上下游直管段很短的场所等。

④选择流量范围时，最好使叶轮工作于较低流速，以延长流量计的寿命。对于连续式测量，仪表流量上限为实际最大流量的 1.4 倍，间歇测量则为 1.3 倍。

⑤涡轮流量计是对液体黏度变化比较敏感的仪表，黏度增大将使仪表系数线性区域变窄，下限流量相应增大。液体涡轮流量计一般用水校准，运动黏度小于 $5\times10^{-6}mm^2/s$ 液体可不考虑黏度的影响，否则需采取措施以补偿黏度的影响，如缩小测量范围，使用时提高流量下限值，仪表系数乘以雷诺数修正系数等。

⑥涡轮传感器可以水平或垂直安装（不能倾斜安装），必须保证工作时流量计充满液体。

⑦涡轮流量计的类型和制造材质多种多样，一般情况下，流量计本体建议选用 316 不锈钢材料，可以防腐；另外，如果工作在防爆区内，还应具备防爆结构。轴承的选择，通常有碳化钨、聚四氟乙烯、碳石墨三种规格。

主要制造厂商：
合肥精大仪表有限公司

4.9 科里奥利质量流量计

4.9.1 概述

相对于其他类型的流量计，科里奥利质量流量计具有安装简便、易于使用、测量精度高以及直接测量质量流量等优点，尤其是没有直管段要求的特点，用户可因地制宜地选择安装位置，节约安装成本。

4.9.2　原理

测量系统根据科氏力原理测量介质的质量流量，科氏力是物体在旋转系统中做直线运动时所受的力，计算公式为：

$$F_c = 2\Delta m\,(v\omega)$$

式中　F_c——科氏力；

　　　Δm——运动物体的质量；

　　　ω——角速度；

　　　v——旋转或振动时的径向速度。

科氏力大小与运动物体的质量 Δm、v 成正比，即与介质的质量流量成正比。质量流量计用测量管的振动取代恒定角速度 ω。

4.9.3　种类

a）弯管质量流量计：俗称大弯管，常见的测量管有 U、Ω、$\triangle$ 等几种常见形状。产品的外形如图 4-9-1 所示。

图 4-9-1　弯管质量流量计外形

b）微弯质量流量计：俗称小弯管，是指测量管最外端距离到法兰中心连接线距离较近的产品。由于结构原因，成本相对较低，所以出于竞争的考虑，目前很多厂商推出的新产品都集中在微弯质量流量计。产品的外形如图 4-9-2 所示。

图 4-9-2　微弯质量流量计外形

c）直管质量流量计：有单双直管之分，是指测量管与法兰中心连接线重合或平行的产品。产品的外形如图 4-9-3 所示。

图 4-9-3 直管质量流量计外形

4.9.4 内部结构

弯管质量流量计内部结构如图 4-9-4 所示。

微弯质量流量计内部结构如图 4-9-5 所示。

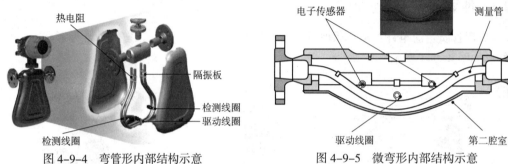

图 4-9-4 弯管形内部结构示意   图 4-9-5 微弯形内部结构示意

直管质量流量计内部结构图如图 4-9-6 所示。

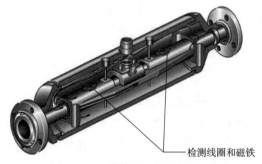

图 4-9-6 直管形内部结构示意

4.9.5 主要参数

测量介质：气体、液体、浆液；

口径范围：因测量管结构形式不同，主要为 $DN1 \sim DN350$ ；

电源：+24V DC 或 220V AC ；

输出信号：脉冲信号、4~20mA DC 信号、开关量信号和总线信号；

通信方式：RS-485、HART 等；

整机功耗：11W ；

测量精度：液体：0.1，0.15，0.2，0.5 级

气体：0.35，0.5，1.0 级

微小流量：1.0 级（如 × × g/h）

防爆等级：Ex d ⅡC T6、Ex ib ⅡC T4；

防护等级：IP65、IP67。

4.9.6　优点和局限性

a）优点

测量精度高，可以直接测量气体、液体等介质的质量；流体的黏度、密度、温度、压力等参数对测量影响很小；可测量瞬时及累积流量、密度、温度、浓度（组分）；安装简单，无前后直管段，寿命长，无可动部件；可测双向流量。

①弯管质量流量计：由于此类测量管设计原始信号幅度大（相位差在 40~60us）；信号采集点到振动支点的力臂长，外接振动和安装扭矩的影响基本可以忽略，所以抗干扰能力强；是目前公认性能最稳定，最可靠的产品，也是质量流量计供应商产品中价格最高的产品。

②微弯质量流量计：结构紧凑，同口径体积小于大弯管产品。

③直管质量流量计：结构紧凑，压损抵。

b）局限性

口径范围相对较小，不适合在高温场合应用（350℃以上），价格高。

①弯管质量流量计：压力损失相对比较大。

②微弯质量流量计：原始信号较弱，易于受到外界干扰影响，精度和长期稳定性都略逊于弯管产品。

③直管质量流量计：原始信号幅度小，由于信号采集点到振动支点的力臂很短，易于受到外界振动影响及安装应力（扭矩）影响，压力对测量的影响也大于弯管和微弯产品。精度和长期稳定性相对略逊于微弯产品。

4.9.7　应用场合

①贸易交接（火车、汽车、轮船的装卸）。

②过程控制、配比控制。

③密度测量（浓度测量）。

④批量灌装。

4.9.8　注意事项

①避免在振动环境中安装：传感器的安装位置应该与工艺管线中能引起机械振动的干扰源（如泵等）保持足够的距离，避免传感器串联使用。

②避免强电磁干扰环境安装：传感器和变送器的安装位置应远离工业电磁干扰源，如大功率电动机、变压器等。

③避免安装应力：安装位置应避开工艺管线由于温度变化容易引起伸缩和变形的位置，特别不能安装在工艺管线的膨胀节点附近。

④需要关注零点漂移。

⑤避免结垢、腐蚀、磨损的发生。

⑥避免多相流的存在，尽管质量流量计是目前唯一可以测量多相流的流量计，但误差和稳定性无法确保，仍应从工艺角度保证流量计出口背压足够大，如高于饱和蒸气压。

主要制造厂商：

①艾默生过程控制有限公司

②重庆川仪自动化股份有限公司

③恩德斯豪斯（中国）自动化有限公司

④西安东风机电股份有限公司

⑤科隆测量仪器（上海）有限公司

4.10 热式质量流量计

4.10.1 概述

热式质量流量计（Thermal Mass Flowmeter）是利用热传导原理实现流量测量的仪表，即利用流体介质与测量仪表中的热源进行热交换的关系来测量流体流量，主要在气体测量中应用。此外，插入式仪表还可用于工厂或建筑物空气循环系统中的矩形或正方形管道流量的测量。

4.10.2 原理

热式质量流量计内有两个伸入测量管的温度传感器，采用Pt100热电阻，其中一个传感器测量实际气体温度作为参考温度，与流速无关，另一个温度传感器则始终被加热，以便保持2个传感器之间预先设定的温差。如果没有气体流动，传感器之间的温度差不会发生改变，而当流体在测量管中流动时，被加热的传感器的一部分热能被流经的气体所带走，相应冷却效果同时被测量，并立即通过增加更多加热电流来补充损失的热量，从而维持恒定的温度差。保持恒温差所需的加热电流与对应气体的冷却效应成一定的比例关系，从而可以直接测得管中的质量流量。流速越高，对被加热传感器的额外冷却量补偿越多，所需的加热电流也越大。同样利用该原理也可以保持加热电流维持在恒定值，通过测量变化的温度差进行流量测量。热式质量流量计工作原理如图4-10-1所示。

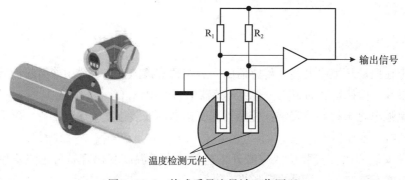

图4-10-1 热式质量流量计工作原理

两温度传感器分别置于两金属细管内，其中一个测流体温度 T，另一个经恒定功率的电热加热，其温度 T_v 高于流体温度，流体静止时 T_v 最高，随着质量流速增加，流体带走更多热量，温度下降，测得温度差 $\Delta T=T_v-T_0$。这种方法称为恒功率测量法或温度差测量法。

若保持温差恒定，随着流量增加而控制增加加热功率，这种方法称为恒温差测量法或功率消耗测量法。

4.10.3　种类

按传感器和变送器安装形式分类：分离型（分体型）和一体型。

按流体对检测元件热源的热量作用分类：热量传递转移效应和热量消散（冷却）效应。

按测量变量分类：恒功率测量法和恒温差测量法。

按传感器结构分类：管道式和插入式。

按测量流体分类：气体型和液体型，目前有少数厂家可以提供液体型热式流量计。

4.10.4　外形

热式质量流量计一般由传感器和变送器组成，传感器用于测温并被供能，以维持恒定的温差或恒定的功率；变送器对原始信号进行处理，转换成相应的标准信号，并提供显示和输出等。外形如图 4-10-2 所示。

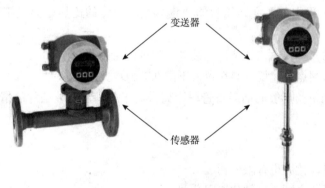

图 4-10-2　热式质量流量计外形

4.10.5　主要参数

精度及误差：一般为读数值的 ±1.5%。

4.10.6　优点和局限性

a）优点

①直接测量质量流量，尤其对于气体而言，体积流量受温压影响较大。

②产生的压损可忽略不计，在大口径管道的流量测量中能够节约泵的能耗。

③能够测量很低流速的流体。

④适合低压或真空的工况。

⑤能够实现宽的量程比，可达 100 : 1。

⑥口径范围宽，*DN*15~*DN*1500，适用于大管道，甚至能用在矩形管道。

b）局限性

①仅适用于某些普通气体，对介质的种类和组分有要求。

②气体必须是干净和干燥的气体，含有杂质或水分可能会黏附在测量元件上，影响测量效果。

③对所测气体的性质和不稳定的混合气体敏感。

④有较高的直管段要求。

4.10.7　使用场合

热式质量流量计可以用于大型管道，通过标准过程连接将仪表插入到管道中，应按照安装要求将仪表插入一定深度，为插入式仪表配置管道内径参数非常重要。此外，插入式仪表还可用于工厂或建筑物空气循环系统中的矩形或正方形管道。

水和污水行业中的空气，食品行业中的二氧化碳，制药行业中氮气和氧气，以及锅炉和燃烧炉中用到的天然气，这些气体在过程条件发生改变时，常常会有不同的特性，热式质量流量计因其独特的优势被广泛使用。

4.10.8　注意事项

要明确测量介质的组分在可测量介质范围内，并保证组分和为100%。

避免在测量过程中，温度和压力的变化太大，气体的比热容会发生变化，影响测量精度。

对于不干净的介质，建议加装过滤装置，保证测量效果。

对于出口压力测点，建议安装在仪表下游 2*D*~5*D* 位置处。

按照安装说明留出足够的前后直管段距离，对于不满足安装条件的情况，选择安装整流器减少直管段要求。

主要制造厂商：
①重庆川仪自动化股份有限公司
②恩德斯豪斯（中国）自动化有限公司

4.11　转子流量计

4.11.1　概述

转子流量计又称为浮子流量计或可变面积式流量计，主要应用于中、小流量的测量，适用于液体、气体、蒸汽等介质，是一种使用较为广泛的通用流量仪表。

4.11.2　原理

转子流量计是由一个锥形管和一个置于锥形管内可以上下自由移动的转子（也称浮子）构成。转子流量计本体可以用两端法兰、螺纹或软管与测量管道连接，垂直安装在测量管道上。转子流量计测量原理如图 4-11-1 所示，当流体自下而上流入锥管时，被转子截流，这时作用在转子上的力有三个：流体对转子的动压力（向上）、转子在流体中的浮力（向上）和转子自身的重力（向下）。当这三个力达到平衡时，转子就平稳地浮在锥形管内的某一位置上，此时，重力 = 动压力 + 浮力。对于给定的转子流量计，转子大小和形状已经确定，因此它在流体中的浮力和自身重力都是已知的量，唯有流体对转子的动压力是随流体流速的大小而变化的。当流速变大或变小时，转子将作向上或向下移动，相应位置的流动截面积也发生变化，直到流速变成稳定的速度，转子就在新的位置稳定。因此，转子在锥形管中的位置与流体流经锥形管流量的大小成一一对应关系。当转子稳定时有如下关系：

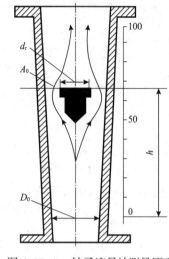

图 4-11-1　转子流量计测量原理

$$V(\rho_t - \rho_f)g = \Delta p A \tag{4-11-1}$$

式中　V——转子的体积；

　　　ρ_t——转子的密度；ρ_f 为流体的密度；

　　　Δp——转子前后的压差（Δp 为常数）；

　　　A——转子的最大截面积。

其具体工作过程为：流量增加—转子节流作用产生的压差增加—转子上升—转子与锥形管壁间的环形流通面积增大—流过此环隙的流速降低—压差下降，直到其恢复为原来的压差为止—转子平衡在新位置。

转子流量计的流量方程为：

$$q_V = \alpha \varepsilon A_0 \sqrt{\frac{2V(\rho_t - \rho_f)g}{\rho_f A}} \tag{4-11-2}$$

式中　A_0——环隙面积，对应于转子高度 h；

　　　ε——可膨胀系数；

　　　α——流量系数，近似有：$A_0 = ch$，系数 c 与转子和锥形管的几何形状及尺寸有关。

令 $\phi = \alpha \varepsilon c$，仪表常数

流量方程式可写成：

$$q_V = \alpha \varepsilon c h \sqrt{\frac{2V(\rho_t - \rho_f)g}{\rho_f A}} = \phi h \sqrt{\frac{2V(\rho_t - \rho_f)g}{\rho_f A}} \tag{4-11-3}$$

由式（4-11-3）可知，转子的停留高度 h 与流量 q_V 成对应关系。

4.11.3　分类及结构

转子流量计通常分为玻璃管转子流量计和金属管转子流量计两大类。它们之间的区别在于锥形管，而不是转子。

玻璃管转子流量计的锥形管是用透明的玻璃制成的，其上刻有流量刻度。透过锥管：可以看到透明介质中的转子位置及所对应的流量刻度值（示值）。其结构简单、读数直观、价格低廉、使用方便，但玻璃转子流量计只能测量透明液体、气体等透明介质，用于

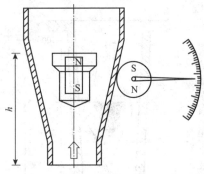

图4-11-2　金属管转子原理图

压力、温度较低的场合，一般做就地显示用。

金属管转子流量计的锥形管是用金属材料制成的。金属管转子原理如图4-11-2所示。锥形管中的转子位置，一般通过磁钢耦合等非接触传递方式，传递到锥形管外，并由指示机构指示出来。因此，金属管转子流量计可以测量不透明介质，用于温度、压力较高的场合，并且在指示机构中增加信号转换机构，实现信号远传。

4.11.4　优点和局限性

a）优点

①可以测量液体、气体等几乎所有流体的流量；

②结构简单，适合于流量的现场指示。作为现场指示型流量计，可选择不需要电源型，所以即使是易燃易爆环境其本质也是安全的；

③结构上可以测量微小流量及低雷诺数的流量；

④有效测量范围广，量程比一般为10∶1；

⑤适用于测量含腐蚀性的气体、液体的流量，可做抗腐蚀性内衬；

⑥压力损失较小；

⑦不受液体中所含的各种杂质的影响；

⑧价格低，容易安装；

⑨直管段要求较低。

b）局限性

①耐压力低。玻璃管式有玻璃管易碎的较大风险，工业场合不推荐使用。

②不能测量有杂质的介质，容易堵塞；

③易受外界磁场影响；

④一般管径不能做得太大，通常不超过DN250。

⑤对介质洁净度要求较高，建议在仪表上游加装过滤器以滤除管道中的杂质。

4.11.5　使用注意事项

a）安装注意事项

①转子流量计的安装形式为垂直安装和水平式，垂直式应保证流量计的中心垂线与铅垂线夹角小于2°，水平式应保证流量计的中心水平线与管道水平线夹角小于2°。

②流量计安装前，工艺管道应进行吹扫，防止管道中滞留的铁磁性物质附着在仪表里，影响仪表的性能，甚至损坏仪表。如果不可避免，应在仪表的入口安装磁过滤器。

③流量计的安装位置应避免大的温度变化，避免阳光直射，环境温度在 –25~60℃之间，如果转子安装位置受到热源的热辐射，应提供热隔离或通风设施。避免应用在强腐蚀性的大气环境中。

④金属管式是通过磁耦合传递信号的，所以为了保证流量计的性能，安装周围至少10m处不允许有铁磁性物质存在。

⑤上下游管道应与转子的口径相同，连接法兰或螺纹匹配，应保证仪表上游直管段长度不小于 5D，下游直管段长度不小于 3D。转子流量计安装如图 4-11-3 所示。

⑥流量计的安装应选择在满足必要的维修空间的地方。

⑦确认传感器部件的材质适用于被测介质。

⑧安装在管道中的转子不应受到应力的作用，仪表的出入口应有合适的管道支撑，可以使仪表处于最小压力状态。

⑨为便于检修、维护，应设置旁通管路。

b）选型注意事项

①转子流量计为中、低等精度流量计，一般精度为 ±1.5%~±4.0%FS，所以一般应用于精度要求不高的场所。

②转子流量计易被异物卡住转子，所以对于介质中有杂质或者有颗粒物的工况，应慎重选用。

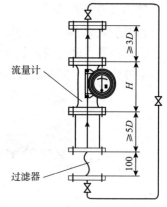

图 4-11-3　转子流量计安装示意

主要制造厂商：

①承德菲时博特自动化设备有限公司

②承德热河克罗尼仪表有限公司

③丹东通博电器（集团）有限公司

④重庆顺仪自动化股份有限公司

⑤科隆测量仪器（上海）有限公司

4.12　流量开关

4.12.1　概述

流量开关是用于检测管道、设备、渠道等内部是否有介质流动的一种仪表。近十多年检测仪表的技术发展日新月异，根据介质和工艺过程，很多流量检测仪表都可以作为流量检测开关来使用，如转子流量开关、靶式流量开关、热式质量流量开关等，这些流量开关都是在其相应的流量变送器上通过改变信号类型的输出而来的，其基本原理与相应的流量变送器原理一致。

本节重点介绍微波固体流量开关，用于检测固体介质是否流动。

微波固体流量开关是基于微波极窄脉冲探测原理的流量监测开关。它可以安装在设备内、管道内、输送皮带上、落料板或类似的传输设备上，并能够检测是否有固体介质流过。

4.12.2　原理

微波固体流量开关是利用多普勒原理设计的固体物料流动探测器。多普勒原理是指物体辐射的波长因为波源和观测者的相对运动而产生变化。当运动在波源前面时，波被压缩，波长变得较短，频率变得较高；当运动在波源后面时，会产生相反的效应，波长变得较长，频率变得较低。波源的速度越高，所产生的效应越大。根据微波位移的程度，可以计算出波源循着观测方向运动的速度。简言之，如果微波碰到物体的位置是固定的，那么反射波的频率和发射波的频率应该相等。如果物体朝着发射波的方向移动，则反射回来的波会被压缩，就是说反射波的频率会增加；反之反射波的频率会随之减小。观测反射波频率的变化，即可判断出物体移动的方向及速度。微波固体测量开关原理如图 4-12-1 所示。

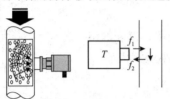

T 为微波固体流量开关
f_1 为仪表发射频率
f_2 为仪表接收到物料反射频率
基于多普勒原理，物料流动时
$f_1-f_2=\Delta f$(频率差)，由变送器处理，
输出开关信号，如果物料堵塞，则 $\Delta f=0$，
输出信号就会翻转

图 4-12-1　微波固体流量开关原理

4.12.3　外形结构

微波固体流量开关外形结构如图 4-12-2 所示。

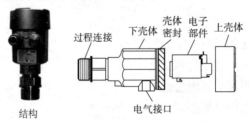

图 4-12-2　微波固体流量开关外形结构示意

4.12.4　主要参数及误差

主要参数及误差见表 4-12-1。

表 4-12-1　主要参数

过程温度 /℃	-40~260
环境温度 /℃	-40~70
过程压力 /MPa	-0.1~1.6
探头金属	304SS/316L
绝缘材料	PTFE
过程连接	G1 1/2A
量程 /m	1.2（最大）
频率 /GHz	24.576
供电电源	20~46V DC 22~265V AC（50/60Hz）
功耗 /W	1.5
延时 /s	0.5~30
壳体	不锈钢壳（IP68） 铸铝壳（IP67） 塑料壳（IP65）

电气接口	双 M20X1.5 / 1/2″ NPT
防护等级	IP68
防爆等级	Exd ⅡC T6
SIL 认证	SIL2
应用场合	管道、溜槽、皮带输送机 等固体流动、堵塞或空管监测场合

微波固体流量产品灵敏度为 16 挡位可调（根据现场要求进行调节），具体为：16 挡灵敏度：将测量距离 0~1.2m 等分成 16 份；距离越近或者物料质量流量越大，灵敏度需要调节越低；距离越远或者物料质量流量越小，灵敏度需要调节越高。

4.12.5 优点及局限性

a）优点

①微波天线发射角束小，发射时具有良好的定向性；

②可监测各种轻 / 重材料，小 / 大固体颗粒；

③非插入式快速安装，不与被测介质直接接触，可避免污染被测物料，安全卫生；

④透过多数非金属表面对介质的流动状态进行非接触监测；

⑤高稳定性输出，不受温度、湿度、噪声、气流、光线等影响，适合恶劣环境；

⑥无活动、无易磨损部件，无须经常清洁、保养、调试。

b）局限性

基于测量原理，只适用于对物料是否流动进行监测；只适用于固体物料的监测，不可测量液体物料。

微波不能穿过金属罐壁；只能测量固体。

4.12.6 应用场合

微波固体流量开关多数应用在溜槽、管道、皮带输送机等场合。

4.12.7 注意事项

当管道中的物料单向移动时，应按图 4-12-3 中 A 方式安装，安装管座应顺着物料移动的方向。

当管道中的物料双向移动时，应按图 4-12-3 中 B 方式安装。

按图 4-12-3 中 C 方式安装，当管道中物料过多时，会堵塞安装管座，导致无法测量。

按图 4-12-3 中 D 方式安装，物料容易堵塞安装管座，导致无法测量。

当管道中的物料向下移动时，应按图 4-12-4 中 A 方式安装，安装管座应向下倾斜。

按图 4-12-4 中 B 方式安装，会在安装管座中形成物料堆积，影响测量精度。

按图 4-12-4 中 C 方式安装，会堵塞安装管座，导致无法测量。

室外安装的仪表应注意防雨，进线口不能向上，如图 4-12-5 所示。

皮带输送机应用时，推荐仪表斜对物料移动方向，如图 4-12-6 所示。

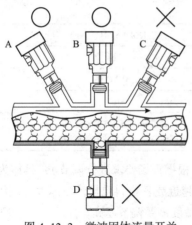

图 4-12-3　微波固体流量开关
安装示意（一）

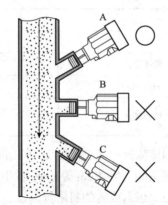

图 4-12-4　微波固体流量开关
安装示意（二）

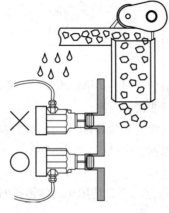

图 4-12-5　微波固体流量开关
安装示意（三）

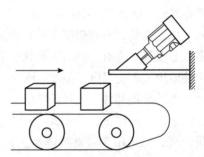

图 4-12-6　微波固体流量开关
安装示意（四）

如若安装于爆炸危险区，微波流量开关还需满足相应的防爆要求。

主要制造厂商：

艾仪迪科技（天津）有限公司

4.13　电子皮带秤

4.13.1　概述

电子皮带秤是皮带输送机输送固体散状物料过程中对物料进行连续称重的一种计量设备，它可以在不中断物料流的情况下测量出皮带输送机上通过物料的瞬时流量和累积量。

4.13.2　原理

电子皮带秤原理如图 4-13-1 所示，电子皮带秤工作时，输送皮带上有效称量段内的物料质量通过称重托辊集中载荷的形式作用在秤架及称重传感器 A 上，称重传感器将被测质量转换成相应的模拟电压信号传输给仪表 C，经放大器放大后，由 A/D 转换器转换成数字量，将速度传感器 B 产生的速度信号再放大、整形后得到计数脉冲也传输给仪表 C，称重仪表 C 将测得的物料瞬时质量与皮带速度进行计算，以得出物料瞬时流量和累计量。

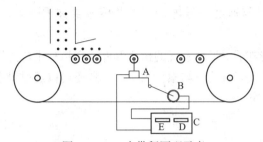

图 4-13-1　皮带秤原理示意

A—秤架及称重传感器；B—速度传感器；C—仪表；D—流量显示；E—总量显示

4.13.3　种类

电子皮带秤按称量托辊数量（称量段的长度）的多少可分为单托辊式、双托辊式、三托辊式、四托辊式，根据用户要求可以定制多托辊式。从工作原理上分为单杠杆秤架、双梁式秤架、悬浮式秤架。设计准确度为 2.0 级、1.0 级、0.5 级和 0.25 级。

4.13.4　外形结构

全悬浮秤架电子皮带秤系统结构如图 4-13-2 所示，该系统由承载器、称重传感器、速度传感器、接线盒和称重显示控制器五部分构成。显示控制器的外形如图 4-13-3 所示。

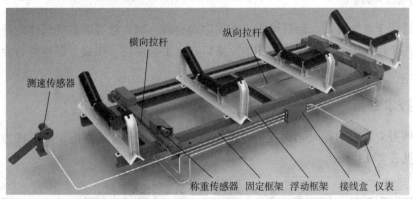

图 4-13-2　全悬浮秤架电子皮带秤系统组成结构示意

承载器同时也是带式输送机的一部分，俗称"秤架"，由固定框架、浮动框架、托辊、拉杆组成，是皮带秤的荷重和重力传递装置，也是物料称量过程中重力传递和转换的第一个环节，这个环节的精确度和稳定性对电子皮带秤的性能优劣起着决定性的作用。

称重传感器检测出质量信号并转换为电信号，称重传感器一般是电阻应变式，目前电阻应变式称重传感器的准确度为 0.01%~0.05%FS。

速度传感器将皮带运行的线速度转换为脉冲信

图 4-13-3　显示控制器外形示意

号。按工作方式分为磁阻脉冲式和光电脉冲式两类；按结构分为接触式和非接触式两类。目前的速度传感器测量准确度均在 0.05% 左右。

接线盒将质量信号与速度信号进行汇总并传输给称重仪表，同时还负责给传感器供电。

称重显示控制器是电子皮带秤系统的核心部件，它将称重传感器和速度传感器采集的信号进行运算处理后得出瞬时流量与累计重量。此外还可以通过键盘或上位机对仪表进行调零、标定与校验等操作。

4.13.5 安装要求

电子皮带秤安装条件和位置非常重要，它直接影响到准确度和正常使用，应按以下要求选择合适的安装位置。

环境要求：秤体桥架的工作环境温度为 –10~40℃，电子皮带秤不应安装在露天场地，应设有防风、防雨设施，附近不应有振动源。

安装位置选择：称量系统应安装在坚固的输送机架上，皮带秤不应安装在输送机因超速或倾斜（机架倾斜度应小于 18°）而使物料滑动的地方，安装位置应尽量靠近皮带输送机的尾部，以避免输送机的皮带张力影响称量。安装位置和落料点的距离不小于 5~9m（视厂方安装图而定）。安装位置距凸形弯曲切点的距离应不小于 5m 或 5 个托辊。当有凹形弯曲时，安装位置距凹形弯曲切点的距离不小于 10~15m。

4.13.6 应用场合

不仅适用于常规环境，而且可用于大气中含有酸、碱、盐等腐蚀性气体的环境场合，可广泛应用于冶金、电力、煤炭、矿山、港口、化工、建材、粮食、饲料等行业的各种散料称量。

4.13.7 技术参数

以山西万立科技有限公司自行研发生产的 ICS–XF 系列全悬浮电子皮带秤为例，主要技术参数见表 4–13–1。

表 4–13–1　全悬浮电子皮带秤技术参数

型号	带宽规格 /mm	技术参数
ICS–XF–650	650	精度等级：0.5 称量辊数量：3 或 4 机架坡度：小于 18° 皮带长度：大于 15m 皮带速度：0~5m/s 皮带机具有纠偏功能
ICS–XF–800	800	
ICS–XF–1000	1000	
ICS–XF–1200	1200	
ICS–XF–1400	1400	
ICS–XF–2000	2000	
ICS–XF–**	根据带宽定制	

4.13.8 优点及局限性

a）优点

电子皮带秤是用于皮带输送机的高精度计量设备，精度高，可靠性高，能满足多种环境恶劣的工业场合需求。电子皮带秤计量仪表配用称重显示控制器，具有多种语言的人机对话功能；可与上位机通信；具有打印机接口；具备 PID 调节、定量脉冲输出、自动零点跟踪、4~20mA 输出、故障报警以及数据掉电保护等多项功能。可自动去除皮重、自动标定、自动调零。

b）局限性

①需要知道输送机的情况，有没有振动，水平还是有倾角，如果有倾角，角度是多少，有倾角的输送机要根据输送机倾角情况选择适合型号的电子皮带秤。

②需要根据运输物料来选择皮带秤。如果是粉末或散状的物料，可以选择全悬浮的皮带秤。

③根据皮带长短，不同型号的电子皮带秤要求的安装空间不同，一般在 5m 以上，最小空间不得小于 2m。

4.13.9 注意事项

①电子皮带秤使用过程中应避免碰撞：尽管在传感器和电子秤结构设计中采取了防撞限位措施，但过大的碰撞将使传感器在限位措施起作用之前就受到损伤，使其电参数发生变化，影响电子秤的测量准确度。

②环境温度对称量准确度的影响：国家标准对电子皮带秤要求在 –10~40℃ 环境温度内保证准确度指标，如果使用环境温度超过此范围，称量准确度会受到影响。

③保护好传感器及信号总电缆，电缆的护套要求完好，防止水汽进入线芯。

④振动和风力对称量准确度有影响。

⑤环境湿度和酸、碱气体或液体对电子秤的影响：国家标准对于电子皮带秤要求在环境湿度 ≤ 90% 时保证准确度指标，要求避免接触酸、碱气体或流体。对于没有特殊处理的电子秤，湿度大于 90% 时，酸、碱气体或流体附着在电路上会使电路参数发生变化，甚至使电路遭到破坏。对于上述使用环境，可使用相应防护性能的产品。

⑥电子皮带秤的年检要求：电子皮带秤因使用和环境及器件老化的影响，准确度有可能发生变化。要按国家计量技术法规要求定期检定。

4.13.10 校验装置的选用

a）种类

皮带秤校验装置是对安装在皮带输送机上的电子皮带秤进行静态校验和动态校验的一种专用设备。皮带秤校验装置主要有两大类：一类是料斗式，属于实物校验；另一类是链码式，校验链码装置可以实现对电子皮带秤精度的动态自动校验。

b）选型

常用校验装置有料斗式校验装置、静态链码式校验装置、自动循环链码校验装置，方便在线校验。

主要制造厂商：

山西万立科技有限公司

4.14　固体流量测量

4.14.1　固体冲板流量计

4.14.1.1　概述

冲板流量计用于监控大量流动性物料在流动过程中的速率，它测量物料在重力作用下产生的冲击力并转换该信号为流速，以此来控制物料加工和混合时的流动速率。冲板流量计可以独立进行测量工作，也可将其作为控制系统的外接设备。

4.14.1.2　工作原理

冲板流量计必须安装在有重力作用的工况，物料通过流量计中的导流板并冲击称量板产生机械位移，将该位移转换成电信号并传送到流量积算仪，积算仪会持续计算物料流量及质量的总和。

冲板流量计只测量当物料冲击称量板时所产生的水平分力。此水平分力取决于颗粒的质量、速度、颗粒撞击称量板的角度以及物料的弹性。流量计在物料冲击称量板时做出反应。冲板流量计原理如图 4-14-1 所示，外形如图 4-14-2 所示。

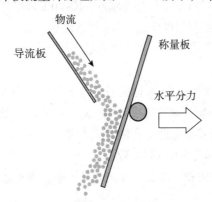

图 4-14-1　冲板流量计原理　　　　　图 4-14-2　冲板流量计外形

4.14.1.3　主要参数

设计流量：1~900t/h；

物料最大颗粒：13~25mm；

最大应用温度：232℃；

进料口尺寸：508mm×940mm；

精度：±1%（量程比 3∶1）；

称量板材质：304/316 不锈钢。

4.14.1.4　冲板进料口种类

为了使流量计测量介质时，测量值具有高可重复性和连续性，需配置给料溜槽几种典型的预给料溜槽配置，如图 4-14-3 所示。

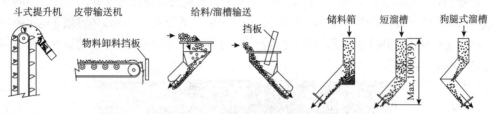

斗式提升机　皮带输送机　　　　　给料/溜槽输送　　　　　储料箱　短溜槽　狗腿式溜槽

物料卸料挡板　　　　　　挡板

图 4-14-3　冲板流量计预给料溜槽配置

4.14.1.5　应用场合

冲板流量计可以测量从粉末状到颗粒状的物料，典型物料包括水泥、沙砾、矿物、木屑、谷物、种子、谷粒、大豆、淀粉、砂糖、土豆、塑料颗粒等。

4.14.1.6　注意事项

因为固体冲板流量计只测量水平分力，它不会被"因物流在称量板的非冲击区域堆积的物料引起的垂直分力"所影响。因此，无零点漂移，省去了频繁的标定。

冲板流量计的全封闭式设计消除了物料的污染，同时减少了维护、其防尘设计提供了一个更加健康的工作环境，特别是在防爆环境的应用中。

主要制造厂商：

西门子（中国）有限公司

4.14.2　粉体流量计

4.14.2.1　概述

粉体（煤粉、活性炭等）流量计是为气力输送系统开发的一种在线测量粉体流量的仪表，通过在线测量粉体流速、密度及流量，达到实时监测输送管道中的实时流量的目的。粉体流量计内部集成了粉体密度与速度测量传感器，速度传感器采用先进的静电感应技术，密度传感器采用螺旋电容结构传感技术，静电传感器与电容传感器高度集成与融合，在结构上采用特殊布置，可实现输送管道相同空间位置粉体密度及速度同时在线测量，因此可大幅提高粉体流量测量精度，外形如图 4-14-4 所示。粉体流量计可同时获得粉体颗粒速度、密度和质量流量三个参数。

图 4-14-4　静电与电容融合式粉体流量计

粉体流量计内部电容传感器采用螺旋结构，优化的螺旋结构传感器，可获得均匀的灵敏度分布特性，不受粉体分布的影响，因此能够对粉体颗粒流无规律的流体状态进行精确的检测。对电容检测电路中进行了精细化设计，可以消除粉体颗粒静电对电容测量的干扰，进一步提高了粉体密度测量精度。

4.14.2.2 工作原理

密度测量：粉体密度采用电容法测量。螺旋电容极板安装在管道外壁，当具有不同介电常数的两相流体通过极板间形成的检测场时，由于其密度的变化会引起流体等效介电常数的变化，从而使电容输出值随之改变，因此电容值的大小即可作为输送粉体密度的量度，密度传感器外形如图 4-14-5 所示。

图 4-14-5　螺旋电容式密度传感器

速度测量：粉体速度测量采用互相关技术，在流动方向上以一定间隔设置两个静电传感器，当颗粒流通过传感器时，两个静电传感器的输出信号非常相似，但是有一个时间差，通过测量该时间差即可以确定颗粒的平均速度。粉体速度计采用圆环状静电传感器，非接触，可实现管道截面颗粒平均速度测量。

流量测量：采用间接测量法，利用静电法获得颗粒速度，利用电容法获得粉体密度，进而可计算粉体质量流量。

c）主要参数

粉体流量计主要参数见表 4-14-1。

表 4-14-1　粉体流量计主要参数

测量范围	密度：0.5~3.5g/mL，速度：0~50m/s
测量精度	±0.0005g/mL，最高可达 ±0.0001g/mL
稳定性	3 个月漂移小于 ±0.02%
环境温度场	<±0.01%/℃
电磁/射频干扰	测试时对输出无影响
电源效应	供电范围内，对操作无影响
电源	85~264V AC ±10%（50/60Hz） 18~32V DC
功耗	最大 25W
输出信号	4~20mA，内部供电 2 路继电器输出，可用于报警和故障报警输出
通信方式	RS-485
环境条件	环境温度 -40~80℃，环境温度长期超过 80℃时建议采用水冷夹套 环境湿度不重要，防护等级 IP65/67，防爆等级（可选）Exd ⅡC T4

4.14.2.4 应用场合

①在线测量、实施过程控制。直接测量管路中的过程介质，无须取样分析。实时测量结果即时反馈而实现过程控制。

②可同时获得同一空间内颗粒速度、密度和质量流量三个参数。

③非接触测量。

④可测量管道直径范围：10~800mm。

⑤易于校验。在多数应用中，通过几点已知介质密度进行校验。

⑥使用密码保护重要数据的安全，防止用户误操作，并会自动记录数据的修改历史。

⑦自诊断或过程报警。2 个独立的继电器输出可由用户设置为过程报警或系统诊断报警。

4.15　其他流量测量方法

4.15.1　脉动流的测量

4.15.1.1　概述

脉动流常见于工业管道，由旋转或往复式压缩机、鼓风机、泵等产生，有的容积式流量计也能产生脉动。振动引起的共振，管道运行和控制系统的震荡，阀门"猎振"（Hunting）、管道配件、阀门或旋转机械引起的流动分离，也是流动脉动可能的来源。脉动还可能由流量系统和多相流引起的流体力学震荡所引发，例如流体流过测温保护管，如同流过涡街流量计的漩涡发生体而产生涡列；在三通连接的流路中自激引起流体震荡等。

4.15.1.2　测量方法

①用响应快的电磁流量计测量脉动流。当电磁流量计选用较高的激励频率时，能对脉动流做出快速响应，可测量脉动流量。当脉动频率低于 1.33Hz 时，可以采用稳定流时的激励频率；当脉动频率为 1.33~3.3Hz 时，激励频率应取 25Hz（电源频率为 50Hz）。

脉动流的脉动幅值有时较高，如果峰值出现时流量表的输入通道进入饱和状态，峰值则会被消除，必将导致仪表示值偏低。电磁流量计流量信号输入通道的设计分为两挡。其中，测量稳定流时，A/D 转换器只允许输入满量程信号的 150%，而测量脉动流时，允许输入满量程信号的 1000%。

由于电磁流量计的测量部分能快速响应脉动流流量的变化，如实地反映实际流量，但是显示部分如果也如实地显示实际流量，势必导致显示值上下大幅度跳动，难以读数，所以显示应采取一段时间的平均值。其实现方法是串入一阶惯性环节，选定合适的时间常数后，仪表就能稳定显示。

②用适当的方法将脉动衰减到足够小的幅值，然后用普通流量计进行测量。1998 年国际标准化组织对 ISO/T R3313 标准进行了增补修改和重新定名，颁布了 ISO/T R3313：1998《封闭管道中流体流量测量——流量测量仪表流动脉动影响导则》。ISO/T R3313 对流动脉动的阻尼提供了几个有实用价值的方法，并对其设计计算给出了具体的公式。

③对在脉动流状态下测得的流量值进行误差校正。流量测量仪表种类很多，在脉动流条件下，容积式流量计精确度影响很小，对节流式差压流量计、涡轮流量计和涡街流量计要进行误差校正。ISO/T R3313 对标准节流装置在脉动流下工作的误差估算及平均流量做了较详细的规定。

4.15.2　明渠流量计

4.15.2.1　概述

非满管状态流动的水路称作明渠，测量明渠中水流流量的仪表称作明渠流量计。明渠流通剖面除圆形外，还有 U 形、梯形、矩形等多种形状。

水路按其形态分类，如图 4-15-1 所示。ISO 通常称满水管为封闭管道，是在水泵压力或高位槽位能作用下的强迫流动；明渠流则是水路靠坡度形成的自由表面流动。

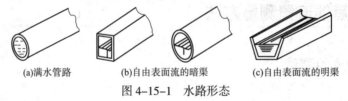

(a)满水管路　　　　(b)自由表面流的暗渠　　　　(c)自由表面流的明渠

图 4-15-1　水路形态

4.15.2.2　原理

工业用明渠流量计按测量原理主要分为堰法、测流槽法、流速－水位计算法和电磁流量计法。

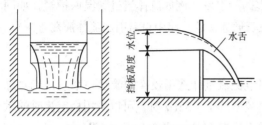

图 4-15-2　堰法测量原理

a）堰法

堰法测量原理如图 4-15-2 所示，在明渠适当位置装一挡板，水流被阻断，水位升到挡板上端堰（缺）口，便从堰口流出。水流刚流出的流量小于渠道中原来的流量，水位继续上升，流出流量随之增加，直到流出量等于渠道原流量，水位便稳定在某一高度，测出水位高度便可求取流量。

b）测流槽法

缩小渠道一段通道断面成喉道部，喉道因面积缩小而流速增加，其上游水位被抬高，以增加流速所需动能（即增加的动能由所抬高水位位能转变过来），测量抬高水位求取流量。

槽式流量计的常用测流槽有多种形式。在渠道中收缩其中一段截面积，收缩部分液位低于其上游液位，测量其液位差以求流量的测量槽，一般称作文丘里槽。还有适用于矩形明渠的巴歇尔槽（简称 P 槽），如图 4-15-3 所示。适用于圆形暗渠的帕尔默·鲍鲁斯槽（简称 PB 槽），如图 4-15-4 所示。欧洲文丘里槽用得较多，我国则以 P 槽和 PB 槽居多。

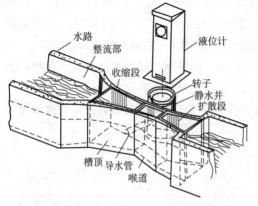

图 4-15-3　巴歇尔槽流量计（配转子液位计）

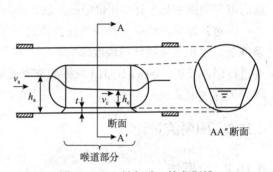

图 4-15-4　帕尔默·鲍鲁斯槽

c）流速 – 水位计算法（简称流速 – 水位法）

测出流通通道某局部（点、线或小面积）流速，代表平均流速，再测量水位求得流通面积，乘以局部流速与平均流速间的系数，经演算求取流量。

超声波流速计和超声波液位计组成的流速 – 水位流量计如图 4-15-5 所示，所测流速是线平均流速，水位是通过测量水位和超声液位传感器之间的距离间接求得。也有以测量点流速或局部小面积平均流速（例如多普勒法超声流速计）和测量实际水位（例如压力式液位计）组成的流速 – 水位流量计。

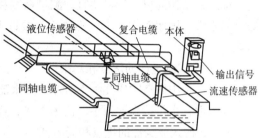

图 4-15-5　流速 – 水位流量计
（超声波流速计和超声波液位计）

d）电磁流量计法

又分为潜水式电磁流量计法和非满管电磁流量计法两类，后者目前国内尚未开发。

潜水式电磁流量计原理如图 4-15-6 所示，是在渠道中置一挡板截流，挡板近底部开孔并装潜水电磁流量传感器，水流从流量传感器流过从而测出其流量。

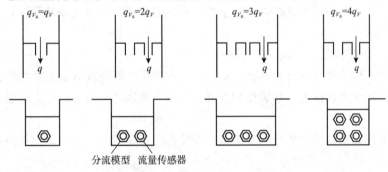

图 4-15-6　潜水式电磁流量计工作原理

非满管电磁流量计的传感器直接安装在同口径圆形暗渠，测量流速的原理与传统电磁流量计的相同，还具备测量水位的功能，电极、磁路和测量电路则有较大差别。

潜水式电磁流量计工作时，液体淹没孔口，孔口流出速度与孔口在自由表面下的沉没深度无关，仅取决于上下游的水位差。也就是说，流量测量值与流量传感器（或分流模型）安装位置无关，但要求尽可能低，使之运行过程中始终处于淹没流状态。通过流量传感器的流速一般为 2~3.5m/s，上游抬高水位 100~300mm。

在流量较大而又不能用较大口径流量传感器时，为了避免水位差过大，可以用如图 4-15-7 所示分流模型来扩大流通能力。分流模型的流通通道形状尺寸与流量传感器完全一样。n 个分流模型和传感器一起安装在挡板上并用。

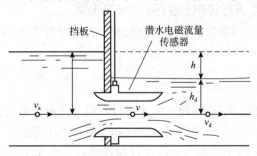

图 4-15-7　分流模型和流量传感器布置

4.15.2.3　优点和局限性

a）堰式流量计的优点和局限性

优点：结构简单，价格便宜，测量精度和可靠性好。

局限性：因水头损失大，不能用于接近平坦地面的渠道，堰上游易堆积污物，应定期清理。

b）P 槽式流量计的优点和局限性

优点：水中固态物质几乎不沉淀，随水流排出。

局限性：水位抬高比堰小，仅为 25%，适用于不允许有大落差的渠道。

c）PB 槽式流量计的优点和局限性

优点：在维持自由水面流的管渠内，管壁粗糙度等条件变化会导致流量值变化，而 PB 槽式流量计几乎不受管壁粗糙度等条件变化的影响，测量值的长期变化小。

PB 槽式流量计的水头损失在非满管流测量仪表中属于较小的，喉道部槽顶自清洗效果显著，不必担忧固体物的沉淀和堆积。作为渠道不发生射流的条件，PB 槽式流量计上游暗渠坡度必须在 20/1000 以下。

局限性：渠道下游侧水深必须小于上游侧水深的 85%，不满足条件测量精度会下降，有时甚至无法测量。

d）流速 - 水位流量计的优点和局限性

优点：渠道截面形状不限于矩形，圆形、倒梯形或 U 形均适用，流量范围度宽。

水位离渠床距离从接近零到满位均能测量。暗渠即使达到满管，压力显著增加时还能测量。

由于从流速和水位两个信号求取流量，即使在受背压状态下流动，也能测量；同样也可测逆向流。

几乎不会发生固形物堆积现象。超声流速计和超声液位计不会阻碍流路，其他型式流速传感器和液位传感器尺寸亦相对较小，对流路阻碍也很小。

对于已有渠道安装容易，不需改造渠道工程。

局限性：易受来流流速分布影响，测量场所上下游要有足够长的直渠渠道。

e）潜水式电磁流量计的优点和局限性

优点：无活动件，可测量含有固体颗粒或悬浮体的液体。可使用于受潮水等形成下游侧水位变化的渠道。因设置挡板截流，测量与渠道形状和上游直渠道状况无关。

局限性：水头损失比较大，流量传感器内必须保持满管流。挡板前会有一定程度固形物堆积，要定期清理。

4.15.2.4　常用液（水）位计

堰式、槽式、流速 - 水位式流量计，均需配用相应的液（水）位计。明渠流量计常用的液位计有浮子式、电容式、压力式（压力式水深仪、吹气式液位计和小型压力传感器）和超声式。压力式水深仪测量原理如图 4-15-8 所示，吹气式液位计测量原理如图 4-15-9 所示，超声式液位计测量原理如图 4-15-10 所示。

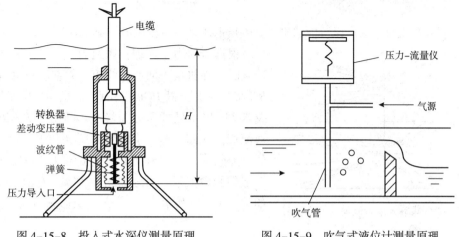

图 4-15-8　投入式水深仪测量原理　　　　图 4-15-9　吹气式液位计测量原理

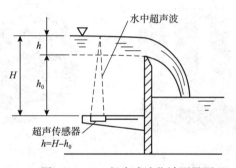

图 4-15-10　超声式液位计测量原理

4.15.3　风管流量计

4.15.3.1　概述

风管有圆形、矩形或其他形状。风管流量的测量有以下特点：

①口径大，直管段难以保证；

②静压低，流速低，只容许有很小的压力损失；

③流速变化范围大，要求仪表具有较大的量程比。

4.15.3.2　种类

风管流量计主要有差压式均速管流量计、机翼式风管流量计、横截面流量计、多点防堵阵列式差压流量计。

4.15.3.3　原理及结构

充满管道的流体流经节流装置时，在节流装置前后形成一个静压力差或称差压，流体的流速愈大，则产生的差压愈大，所以可以通过测量差压来衡量流体通过节流装置时流量的大小。该原理是以伯努利方程（能量守恒定律）和流动的连续性方程（质量守恒）为基础。

a）差压式均速管流量计

参见 4.2 差压式均速管流量计。

191

b）机翼式风管流量计

由安装在矩形或圆形风道中的机翼、差压取压管及一段风道构成。

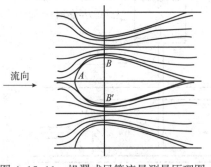

根据流体力学原理，风道内气流流经机翼测量装置时，在机翼表面产生绕流，并在驻点 A 和弦点 B（B'）之间产生压差。驻点 A 处的压力为全压，弦点 B（B'）处的压力为静压。而由于 B（B'）处通流截面收缩，静压下降，因此 A 和 B（B'）之间的压差较大。该压差 Δp 与气流流速和流量之间呈一定的函数关系。原理如图 4-15-11 所示，外形图如图 4-15-12 所示。

图 4-15-11　机翼式风管流量测量原理图

机翼测风装置(方形)　　　　　　　　机翼测风装置(圆形)

图 4-15-12　机翼式风管流量计外形示意

c）横截面流量计

由于没有足够的直管段，通过管道横截面上各点的流速不一样，很难找到一个能代表平均流速的一个点。实际风速分布也没有一定规律可遵循。为达到准确测量风速，将矩形或圆形管道的横截面平均分成若干个面积相同的小单元，测量每个小单元中心点的流速再将所有小单元的流速之和求平均值，所得结果就是整个横截面积的平均流速，即速度面积法。当单元面积分割愈小，所测得的流速愈准确。横截面式流量计，就是基于这个原理而设计出来的，并且在实际应用中得到了证实。外形如图 4-15-13 所示。

横截面流量计(矩形)　　　　　　　　横截面流量计(圆形)

图 4-15-13　横截面流量计外形示意

由图 4-15-14 可以看出，该装置不管管道截面积多大，其长度都在 250~350mm 之间。在该装置的入口端是布满整个截面积的直流器，扰动的气流经过直流器的整流，变成平稳的气流。在直流器之后，装有在管道横截面上按一定规律排列的横截面速度取压管，将流速不相同的动压经装置变成较平稳的信号，如图 4-15-15 所示。

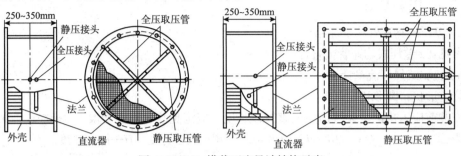

图 4-15-14　横截面流量计结构示意

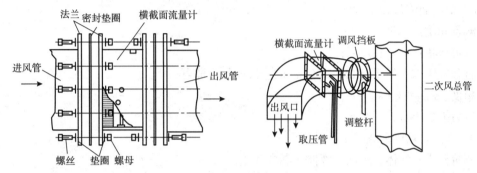

图 4-15-15　横截面流量计安装示意

d）多点防堵阵列式差压流量计

多点流量计可用于圆形管道和矩形管道的流量测量，其结构安装形式主要有插入式、整体式，外形如图 4-15-16 所示，结构如图 4-15-17 所示。主要由一组防堵全压管和一组防堵喉径管组成，这种结构形式无须安装反吹装置，不仅具有良好的防堵性，而且还获得了高差压倍率的效果。

防堵多点阵列流量计

图 4-15-16　多点防堵阵列式差压流量计

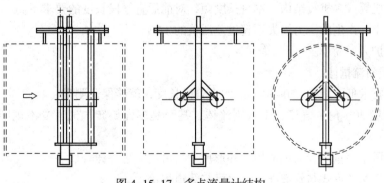

图 4-15-17　多点流量计结构

4.15.3.4　主要参数

a）差压式均速管流量计

参见 4.2 差压式均速管流量计。

b）机翼式风管流量计

管道形状：圆形和矩形。

安装前应考虑测量装置前后的直管段长度，应满足装置前直管段 $L_1 \geqslant 0.6D_n$，装置后直管段 $L_2 \geqslant 0.2D_n$，$D_n = (2W \times H) / (W+H)$，$W$—风道宽度，$H$—风道高度。

在（10% ~30%）最大流量范围内，其测量误差小于最大流量的 2%。

c）横截面流量计

测量介质：空气；

管道形状：圆形和矩形；

直管段要求：只要有 250~300mm 的直管段长度即可；

精度：2%~3%；

压力损失小。

d）多点防堵阵列式差压流量计

测量介质：气体、蒸汽、液体、混合气体；

管道形状：圆形和矩形；

公称通径：圆形 $DN500$~$DN6000$，矩形 $B \times H$=500 × 500~6000 × 6000（mm）；

工作压力：–20kPa~6.4MPa；

工作温度：–40~450℃；

精确度：± 1%；

重复性：$\Delta = \pm 0.2\%$

4.15.3.5　特点

a）差压式均速管流量计

参见 4.2 差压式均速管流量计。

b）机翼式风管流量

具有独特的机翼线型，能产生较大的差压信号，测量稳定可靠，精度较高。

采用双机翼或多机翼结构，本身长度短，对前后直管段长度的要求不高。

压损较小，产生的压力损失不超过差压值的 14%。

安装维护方便简单。

c）横截面流量计

直管段要求低，只要 250~300mm 的直管段长度，就能保证测量。

可以测量30°角的气流、不规则流体，甚至是多向旋转气流，受不规则流体的影响较小。

整流式风量测量装置为风道型，外形尺寸与风道完全一样。

可以通过法兰形式与管道连接，也可与管道焊接。

d）多点防堵阵列式差压流量计

输出差压高：在动压测量过程中，全压不变时，利用喉径管的抽吸作用，使负压降到很低限度，极大地提升差压范围，在相同的工况条件下，其差压值可以达到巴类流量计的 3 倍以上，因此可以测量其他差压式流量仪表无法测量的低速气流。在大口径、低静压、低压损条件下的流量测量中，其优点突出。

差压信号稳定，无脉动：经过喉径和取压环和整流作用，最大限度地消除了脉动信号。

压损小：流线型传感器的设计满足了压损小的要求。

精度高：多点流量计在取压点的设计上有较大改进，由原来的点、线测量，扩充为面测量，经过实验测试以及根据最新数据表明，尽管在相当短的直管段下，也能达到较高的测量精度（±1% 或更高的精度）。

直管段要求较低：多点流量计的取压形式，有效地平衡了管道内的流体压力均匀程度，有冷态模拟实验表明，在直管段为前 1D，后 0.5D 的情况下，也能获得较为满意的测量结果，对测量直管段很短的二次风的意义很大。

防堵性能很强：多点流量计充分考虑了大量现场使用状态，在取压孔径、取压孔方向等部分做了较大改进，增强了产品的防堵性能，实现了免吹扫、免维护。

安装工作量小：对于大多数的插入式工作方式，通常只有在管道上开孔，然后将探头套管与管道进行焊接，就基本完成了现场安装，体积小，安装方便。

多点流量计具有本质防堵功能，不需外加任何吹扫措施，可长期免维护运行。

4.15.3.6　应用场合

a）差压式均速管流量计

均速管流量计取压孔小，容易堵塞，所以只适用于比较干净的空气管道流量测量。

b）机翼式风管流量计

一般用来测量锅炉空气流量，可以直接安装在送风机入口和送风机与燃烧器之间的冷热风道上。该装置能产生 0~1kPa 或更大的压差信号，经差压变送器测出流量。

c）横截面流量计

由于火力发电厂锅炉二次风管道的直管段极短，或者几乎就没有；而且二次风的管道在极有限的距离内，分布有 T 形管道、L 形弯道管、调节风门、变径管等，使管道内二次风的流动状态变化莫测，这就使得二次风的测量与标定成为非常困难的事情。横截面整流式风量流量计可以实现对二次风流量的准确测量。

d）多点防堵阵列式差压流量计

可以测量干燥气体、湿气体、液体或蒸汽等介质，不受介电常数限制。对于具有高密度的尘埃物质的介质，可以使用在线吹扫装置，以保障多种工况下的灵活运用。

4.15.3.7　注意事项

a）差压式均速管流量计

差压式均速管输出的差压信号一般都很小，所以要选用稳定性好的微差压变送器。

b）机翼式风管流量计

当发现测量装置差压信号异常时，应检查传压管与差压变送器之间是否有漏气或堵塞，应予处理。

c）横截面流量计

适用于比较干净的空气管道流量测量。

d）多点防堵阵列式差压流量计

选择合适的安装位置和采用合理的措施是保证多点防堵阵列式差压流量传感器（以下简称多点流量计）能够准确测量气体流量的必要条件。

安装时应垂直于气流方向，其感压孔面向气流流进的方向。选择前方直管段长度不小于5倍管道直径，后方不小于3倍管道直径的位置安装多点流量计。当直管段长度不够时，可按前80%后20%的比例适当调整。

差压变送器的安装位置应高于多点流量计，多点流量计到差压变送器之间的仪表管走向应竖直向上，这样可有效避免仪表管内积灰。若现场无法满足差压变送器安装位置高于测风装置，则应将仪表管布置成∩形，禁止将仪表管布置成∪形，因为∪形布置会使管内慢慢积灰而最终堵塞信号管路。

多点流量计到差压变送器之间的信号管路应密封无泄漏，否则灰尘就会堵塞信号管路而无法准确测量风量。

在多点流量计的前方（来流方向）不小于200 mm处或后方不小于500 mm处制作直径不小于50mm的标定孔，具体数量由风道的形状和尺寸确定。标定孔处风道内的流量应与多点流量计处风道内的流量相同，确定标定孔的位置时还要考虑到现场标定人员应能方便到达。

4.15.4　挥发性油品流量测量

4.15.4.1　概述

油品流量测量属于油气水三相流流量测量，在油田三相流经过分离设备后将液气分离，然后分别测量液相和气相流量。

4.15.4.2　测量原理

油气水三相流流量测量原理主要有以下三种。

a）全分离式多相流量计

全分离式多相流量计是在井液进入计量装置后先进行气液分离，再分别计量气液两相流量，测出液相的含水率，求出油、气、水各相的流量。其典型代表为Texaco公司研制的SMS多相流量计，结构如图4-15-18所示，它是较早用于现场测试的一种多相流量计，是将流体分成气、液两相，然后用流量计测液相流量，用微波监测仪计量液相的含水率，气相用涡轮式流量计计量。其计量精度：含水率精度 ±5% 、油和水流量精度 ±5%、气体流量精度 ±10%。

b）部分分离或取样分离式多相流量计

部分分离式多相流量计是在测量前将流体分离成液相占主导和气相占主导的两部分，因而每种流体分支只需要测量在一定相分率范围内的流体。Ager集团公司研制的部分分离式多相流量计结构如图4-15-19所示。流体经旋流分离器分离成主液相和主气相两部分，湿气相的体积流量使用精度为 ±10% 的两相流量计计量，主液相流体通过由容积式流量计

（文丘里流量计和微波相分率分析仪）组成的测量部分，从而获得气、油、水分相含率，再将主气相流体和主液相流体在流出测量系统之前混合成单一的流体。该流量计适用于高含气流体的测量，所测量流体的含气率可以达到 99.9%。

取样分离式多相流量计一般是在计量多相流总流量和平均密度的基础上，提取少量样液加以气液分离，并测定油、气、水各相的百分含量，通过计算获得油、水各相的流量。Euromatic 公司开发的多相流量计较有代表性，结构如图 4-15-20 所示，主管线测量由涡轮流量计和 γ 射线密度计组成，涡轮流量计用来测量流体的体积流量，γ 射线密度计测量流体的密度。微型采样器采样并脱除气体，用 γ 射线密度计测定油水混合物密度。同时测量温度和压力，并将各数据送入微机，按相应公式计算油、水、气各相的流量和总质量流量。

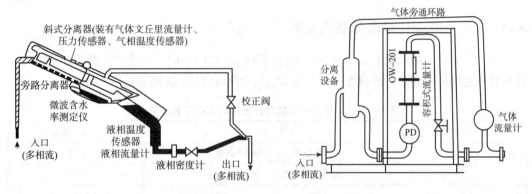

图 4-15-18　全分离式多相流量计　　　　图 4-15-19　部分分离式多相流量计

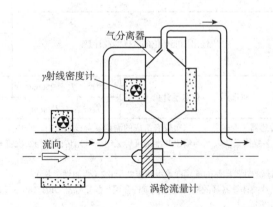

图 4-15-20　取样分离式多相流量计

c）不分离式多相流量计

不分离式多相流量计无需对井液分离即可实现油、气、水三相计量，其技术难点主要是油、气、水三相组分含量及各项流速的测定。目前，相流速测量技术主要有混合加差压法、正排量法和互相关技术，其中互相关技术应用较为普遍。组分测量主要采用微波技术、核能（射线）技术，以及采用电容、电感传感器测量流体电解质等。

4.16 计量仪表

4.16.1 概述

计量系统包括计量仪表和其他配套仪表，组成计量系统的流量计和配套仪表的准确度至少应满足国家法规或合同要求，所有影响最终测量结果以及计量系统整体准确度要求的配套仪表在现场安装前均应按可溯源的国家标准校准。传感器和所有相关元件，例如连接设备、信号转换器、供电设备、包括电缆线路和其他构成计量链的电气设备，均应作为一个整体进行测试和校准。

4.16.2 各类能源计量衡具准确度要求

用于贸易交接的计量仪表，应符合现行国家标准 GB 17167《用能单位能源计量器具配备和管理通则》的要求，准确度等级的要求宜符合表 4-16-1 的规定。

表 4-16-1 用能单位能源计量器具准确度等级要求

计量器具类别	计量目的		准确度等级要求
衡器	进出用能单位燃料的静态计量		0.1 级
	进出用能单位燃料的动态计量		0.5 级
油流量表（装置）	进出用能单位的液体能源计量		成品油 0.5 级
			重油、渣油及其他 1.0 级
气体流量表（装置）	进出用能单位的气体能源计量		煤气 2.0 级
			天然气 2.0 级
			水蒸气 2.5 级
水流量表（装置）	进出用能单位水量计量	管径不大于 250mm	2.5 级
		管径大于 250mm	1.5 级

注：1. 当计量器具是由传感器（变送器）、二次仪表组成的测量装置或系统时，表中给出的准确度等级应是装置或系统的准确度等级。装置或系统未明确给出其准确度等级时，可用传感器与二次仪表的准确度等级按误差合成法合成。

2. 用于成品油贸易结算的计量器具的准确度等级不应低于 0.2（强制性条款）。

3. 用于天然气贸易结算的计量器具的准确度等级应符合现行国家标准 GB/T 18603《天然气计量系统技术要求》中附录 A 和附录 B 的要求。

4. 特别强调，表中仪表的准确度等级要求对于重点用能单位是强制性的，对于次级用能单位和主要用能设备是推荐性的。

4.16.3 能源计量衡具的简要说明

a）衡器

衡器主要包括各种秤和天平，主要用于进、出用能单位的固体燃料（煤、焦炭）、液态燃料的计量。

工厂中常用的衡器一般有汽车衡、轨道衡、电子皮带秤等，按照计量方式不同又分为静态计量和动态计量。

工厂中常用静态计量衡器有汽车衡和轨道衡等，准确度等级是一个衡量衡器的重要指标。大部分厂家资料上标注准确度等级为Ⅲ级，这里的Ⅲ级准确度与分度值、检定分度值、最大称量、分度数有关，一般情况下，能源计量的量值都比较大，故选用Ⅲ级衡器就能满足表 4-16-1 中规定的燃料静态计量准确度为 0.1 级的要求。

工厂中常用动态计量衡器有汽车衡、轨道衡、电子皮带秤等，表 4-16-1 中要求用于进出用能单位燃料动态计量的衡器准确度为 0.5 级，是综合考虑电子皮带秤和轨道衡的计量技术水平，是比较合理的。

按照进出用能单位燃料计量综合情况以及衡器精度限制，工厂中采用静态计量衡器多于动态计量衡器。

b）油流量表

油流量表（装置）主要用于进出用能单位的结算计算、主要次级用能单位和主要用能设备的能耗考核计量，用于对液体能源的计量。

表 4-16-1 中的油流量表（装置）是指用能单位用量较大的汽油、柴油、原油、渣油的计量，一般多用静态衡器计量。

目前用能单位通常采用腰轮流量计、刮板流量计、多声道插入式超声波流量计、质量流量计以及标准体积管。在用于流量测量时，其准确度都高于表 4-13-1 中规定的 0.5 级的要求，这样用能单位在流量计选型方面有很宽的选择余地。而次级用能单位、重点用能设备用普通齿轮流量计就可以满足要求。

c）气体流量计（装置）

气体流量计（装置）主要用于进出用能单位气体能源的结算计量、主要次级用能单位及主要用能设备能耗考核的计量。

用于蒸汽计量的常用仪表有孔板流量计、喷嘴流量计、文丘里流量计、均速管流量计、涡街流量计、涡轮流量计等。为提高整个计量系统的准确度，这些仪表应做温压补偿。

用于煤气计量的常用仪表有孔板流量计、楔形流量计、涡轮流量计、多声道插入式超声波流量计等。其中，孔板流量计、楔形流量计、涡轮流量计、旋转容积式气体流量计等应做温压补偿。

用于天然气计量的常用仪表有孔板流量计、涡轮流量计、旋进漩涡流量计、多声道插入式超声波流量计、科里奥利质量流量计、旋转容积式气体流量计等。其中，孔板流量计、涡轮流量计等应做温压补偿。用于天然气贸易结算的计量器具的准确度等级应符合现行国家标准 GB/T 18603《天然气计量系统技术要求》附录 A 和附录 B 的要求。

表 4-16-1 中规定，用于进出用能单位、次级用能单位及主要用能设备的煤气、天然气流量表，准确度要求达到 2 级，蒸汽流量准确度要求达到 2.5 级。这是考虑目前计量天然气、煤气和蒸汽的流量仪表虽然已有多种，但孔板、喷嘴、文丘里管仍是用能单位通常在用的重要计量仪表，在采取了温度、压力补偿措施后，准确度一般均可以优于 2 级。

d）水流量表

水流量表（装置）主要用于进出用能单位、次级用能单位及重点用能设备的水量计量。

用于水计量的常用仪表有差压类流量计、涡街流量计、涡轮流量计、水表、容积式流量计、电磁流量计、超声波流量计等。

目前，水流量测量技术是比较成熟的，准确度优于 2 级的水流量仪表很多。用能单位从经济角度出发，不必花高价购置精密水流量仪表，只要能满足表 4-16-1 规定的准确度要求的流量仪表即可，即管径不大于 250mm 的，准确度要求达到 2.5 级，管径大于 250mm 的，准确度要求达到 1.5 级。按管径大小来区分准确度等级的要求，一是考虑到目前的非接触式流量测量仪表技术本身特别适宜于测量大管径，二是对大流量有较高的要求有利于节约能源。但随着国内科技水平的发展，大口径管道式仪表如大口径管道式电磁流量计等的性价比也越来越高，设计者应根据具体工艺操作条件以及投资水平选择流量计。

4.16.4　总结

在选择计量仪表时，应根据各种衡器、流量计的优缺点以及测量范围、操作压力、流动状态、介质洁净程度、物性参数、环境条件、检定条件、工程投资等因素综合考虑选用合适的计量仪表。所选用的仪表在正常的流量、压力、温度操作条件下，应性能稳定、计量准确。

本章节只建议了用于部分能源计量的仪表类型，计量仪表的管理、配备、维护、安装、防护、校准等要求还应遵守国家相关法律、法规、规范的要求。

重点用能单位是指《中华人民共和国节约能源法》第二十条规定的重点用能单位，指年综合能源消耗总量 10000t 标准煤以上的用能单位和国务院有关部门或者省、自治区、直辖市人民政府节能管理部门制定的年综合能源消耗 5000t 以上不满 10000t 标准煤的用能单位。

用能量（产能量或输运能量）大于或等于表 4-16-2 中一种或多种能源消耗量限定值的次级用能单位为主要次级用能单位。

表 4-16-2　主要次级用能单位能源消耗量（或功率）限定值

能源种类	煤炭、焦炭	原油、成品油、石油液化气	重油、渣油	煤气、天然气	蒸汽、热水	水	其他
单位	t/a	t/a	t/a	m^3/a	GJ/a	t/a	GJ/a
限定值	100	40	80	10000	5000	5000	2926

注：2926GJ 相当于 100t 标准煤。其他能源应按等价热值折算。

单台设备能源消耗量大于或等于表 4-16-3 一种或多种能源消耗量限定值的为主要用能设备。

表 4-16-3　主要用能设备能源消耗量（或功率）限定值

能源种类	煤炭、焦炭	原油、成品油、石油液化气	重油、渣油	煤气、天然气	蒸汽、热水	水	其他
单位	t/h	t/h	t/h	m^3/h	MW	t/h	GJ/h
限定值	1	0.5	1	100	7	1	29.26

注：1. 对于可单独进行能源计量考核的用能单元（装置、系统、工序、工段等），如果用能单元已配备了能源计量器具，用能单元中的主要用能设备可以不用单独配备能源计量器具。

　　2. 对于集中管理同类用能设备的用能单元（锅炉房、泵房等），如果用能单元已配备了能源计量器具，用能单元中的用能设备可以不再单独配备能源计量器具。

准确度是测量仪器给出接近于真值的响应能力，是一个定性的概念，反应了测量结果既不偏离真值，测得值之间又不分散的程度。所谓定性指性质和品质上的概念，意味着可以用准确度的高低来表示测量的品质和测量的质量，即准确度高则其不确定小，准确度低则其不确定度大。应特别注意，不要用术语"精密度"来表示"准确度"，因为前者仅反映分散性，不能代替后者。多次测量同一量所得的分散性可能很小，但若测量值与真值相差一个较大的值，则测量"正确性"显然不高，故测量准确度仍然是较低的。准确度可以用准确度等级和测量仪器的示值误差来定量表示。一般测量仪器说明书上给出的准确度，实际上是指测量仪器的最大允许误差，用符号 MPE 表示。准确度等级是指符合一定的计量要求，是误差保持在规定极限以内的测量仪器的等级、级别。准确度等级通常按约定注以数字或符号。

4.17　流量标定装置

流量计按其标准化程度，可分为标准型和非标准型两大类。所谓标准型是指只要按照标准（如 GB/T 2624 或 ISO 5167）设计、制造、安装和使用，无须实流校准即可确定输出信号与流量关系，并估算其测量误差。目前此类仪表主要包括标准孔板、ISA1932 喷嘴、长颈喷嘴、文丘里喷嘴、经典文丘里管等，品种较少。非标准型是成熟程度较低，尚未列入标准文件的，大部分流量计属于此类，如可变面积式流量计（转子流量计）、涡街流量计、旋进流量计、电磁流量计、超声波流量计、多孔平衡流量计、楔形流量计、均速管流量计、容积式流量计、涡轮流量计、质量流量计等，流量计必须进行实流校准方可确定输出信号与流量关系，检测其测量误差。

流量标定装置也称为流量标准装置。

4.17.1　相关规定

流量标准装置是流量量值传递和溯源中承上启下的重要一环，其系统本身存在一定的误差，一般以其检定考核后的不确定度（或准确度等级）表示。

流量标准装置属于计量标准的一类，属于国家强制检定考核项目，流量标准装置的建立、考评、复核等必须由上级相关计量部门如省级质量技术监督部门按照相关标准、程序进行，考评合格方可投入运营。

4.17.2　分类

按标准装置用介质分类，一般分为水流量标准装置、空气流量标准装置、油流量标准装置。

按标准装置工作方法分类，一般分为标准表法标准装置、容积法标准装置、称重法标准装置。

4.17.3 流量标准装置流程

a）标准表法标准装置

1）标准表法液体流量标准装置：介质为水、油、以水为例介绍。标准表法水流量标准装置如图 4-17-1 所示。

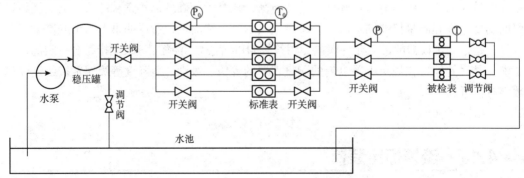

图 4-17-1　标准表法水流量标准装置

标准表法水流量标准装置由水泵、稳压罐、开关阀、管路、标准表（一般选用高精度电磁流量计）、试验管路（包括开关阀、调节阀、被校表及其直管段等）、计时器及控制系统组成。

选择标准表的不同组合，可以得到较宽的流量范围，提高标准装置的工作能力，标准表前后直管段应满足安装要求。

试验管路工作时只能接通一条管路，流量调节阀安装在被检表的下游。

2）标准表法气体流量标准装置：介质一般为空气。

根据选用标准表类型的不同，可分为临界流流量计标准表法气体流量标准装置、涡街流量计标准表法气体流量标准装置等，种类众多，以临界流流量计标准表法气体流量标准装置为例介绍如下。

临界流流量计标准表法气体流量标准装置按气源压力不同，可分为正压法和负压法两种，负压法临界流量计标准法气体流量标准装置如图 4-17-2 所示。

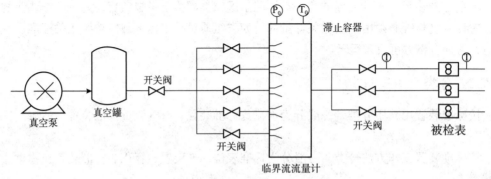

图 4-17-2　负压法临界流流量计标准表法气体流量标准装置

负压法标准装置由真空泵、真空罐、临界流流量计、试验管路、计时器和控制系统组成。根据负压法标准装置的最大流量和阻力损失选择真空泵。一定喉径喷嘴通过的质量流量恒定，不同喉径喷嘴组合可以给出多个恒定的质量流量点。喷嘴上游压力为大气压力，流量稳定性好。

b）容积法标准装置

一般介质为水，可分为静态或动态两种。

静态容积法液体流量标准装置如图 4-17-3 所示。

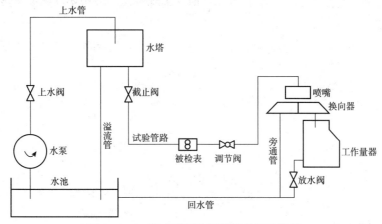

图 4-17-3　静态容积法液体流量标准装置

静态容积法液体流量标准装置由液体循环系统、试验管路、流量工作标准器、试验启停设备和控制设备等组成。流量工作标准器包括工作量器和计时器，试验启停设备是换向器。

c）称重法标准装置

一般介质为水，可分为静态或动态两种。

静态称重法液体流量标准装置如图 4-17-4 所示。

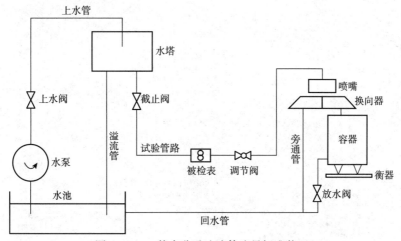

图 4-17-4　静态称重法液体流量标准装置

静态称重法液体流量标准装置由液体循环系统、试验管路、流量工作标准器、试验启停设备和控制设备等组成。流量工作标准器包括衡器和计时器，试验启停设备是换向器，流程与容积法相似，主要区别是将工作量器换为衡器。

4.17.4　流量标准装置与流量计

流量计作为一种计量器具，除了标准型以外，均需进行实流校准、检定，方可允许投入使用。准确度等级越高的流量计对于流量标准装置的要求越高，一般要求流量标准装置准确度等级不大于流量计准确度等级的约 33.3%，大于此值时，在流量计误差计算中必须计入装置的误差。在众多的标准装置中，一般认为称重法、容积法准确度等级较高，标准表法相对次之。

第 5 章 物位检测仪表

5.1 概述

在工业生产过程中，把罐、塔、槽等容器存放的液体的表面位置称之为液位，把料斗、料仓等储存的块状物、颗粒、粉体的堆积高度或表面位置称之为料位，把两种不相溶液体的界面位置称之为界位。液位、料位、界位统称为物位。物位是工业生产中最重要的四大工艺参数之一。物位检测仪表就是对物位进行测量的仪表。

科技发展到今天，从古老的标尺，到现代的雷达液（料）位计，产生了非常多的物位测量方法。表 5-1-1 列出了较为常见的工业物位测量仪表的种类。表 5-1-2 提供了常见工业液（料）位仪表选用的建议。

表 5-1-1　常用工业物位测量仪表一览表

仪表类型	类别	测量原理	测量精度	价格水平
玻璃板（管）液位计	直接式	连通器原理，液位计所示液位即容器内液位	低	低
磁性浮子液位计	浮力式	浮子随液面产生位移，磁耦合带动指示色块翻转	低	中
浮球式液位计	浮力式	浮球随液面升降，仪表内磁簧开关进行触点切换，将液面位置变化转换成信号	低~中	低~中
浮筒式液位计	浮力式	浮筒所受浮力随液面变化而变化，以扭力管测量浮筒所受浮力的变化	高	中~高
差压式液位计	压力式	利用介质密度以及介质高度产生的压力差来进行物位测量	中	低~高
吹气式液位计	压力式	通过使吹气管内的气压与液位静压相匹配进行液位测量	低	中
静压式液位计	压力式	基于所测液体静压与该液体高度成比例进行液位测量	中	低~中
磁致伸缩液位计	磁电式	将磁性浮子与磁致伸缩线之间磁场作用产生的扭应力波的传输时间与压磁传感器发出脉冲的时间差转换为液位	高	中
钢带液位计	浮力式	随液面升降的浮子通过钢带带动计量轮进行液位测量	高	中~高

续表

仪表类型	类别	测量原理	测量精度	价格水平
伺服液位计	浮力式	浮子所受浮力随液面变化，通过张力丝传到伺服电机，控制钢丝长度，计算浮子的位移获得液面高度	高~极高	极高
雷达液（料）位计	电磁波式	向液（料）面发射电磁波并接收回讯信号，通过检测时间差或频率差来测量液（料）位	中~极高	中~高
超声波液（料）位计	超声波式	利用声波在介质中传播，遇到障碍物反射的原理测量液（料）位	中~高	低~中
外测液位计	超声波式	测量超声波穿透容器壁，在液面处回波的时间差，计算液位高度或通过测量超声波能量的衰减来判断有液或无液状态	中~高	中
电容式液（料）位计	电气式	利用电极间电容变化与液（料）面高度变化的函数关系，测量液（料）位	中	中
射频导纳液（料）位计	电气式	同电容式液（料）位计，增加了补偿技术	中	中
放射性液（料）位计	放射式	测量放射线被液（料）面吸收衰减后的射线强度，计算液（料）位	高	极高
阻旋式料位开关	机械式	叶片旋转或受阻，产生相应的开关信号	—	低
振动式液（料）位开关	电气式	音叉或振棒与液（料）面接触，频率和振幅发生改变，产生相应的开关信号	—	低

表 5-1-2　常用工业液（料）位仪表选择建议表

仪表类型	洁净液体			浆料及黏稠液体			液体特殊工况		固体		
	限位	连续	界位	限位	连续	界位	泡沫	沸腾表面	粉状物料	粒状物料	潮湿、黏性物料
玻璃板（管）液位计	×	√	△	×	△	×	×	×	×	×	×
磁性浮子液位计	√	√	△	△	△	×	×	×	×	×	×
浮球式液位计	√	√	△	√	△	×	×	×	×	×	×
浮筒式液位计	√	√	△	△	△	×	×	×	×	×	×
差压式液位计	√	√	√	√	√	△	×	△	×	×	×
吹气式液位计	√	√	×	√	√	×	×	×	×	×	×
静压式液位计	√	√	×	×	×	×	×	△	×	×	×
磁致伸缩液位计	√	√	√	△	△	△	×	×	×	×	×
钢带液位计	√	√	×	△	△	×	×	×	×	×	×
伺服液位计	√	√	△	△	△	△	×	×	×	×	×
雷达液（料）位计（非接触式）	√	√	×	△	△	×	△	△	△	√	√
雷达液（料）位计（接触式）	√	√	√	△	△	△	△	△	△	√	√
超声波液（料）位计	√	√	△	△	△	△	×	△	△	√	√
外测液位计	√	√	×	△	△	×	×	×	×	×	×
电容式液（料）位计	√	√	△	△	△	△	×	×	△	△	△
射频导纳液（料）计	√	√	√	√	√	√	△	×	√	√	△

续表

仪表类型	洁净液体			浆料及黏稠液体			液体特殊工况		固体		
	限位	连续	界位	限位	连续	界位	泡沫	沸腾表面	粉状物料	粒状物料	潮湿、黏性物料
放射性液（料）位计	√	√	√	√	√	√	△	△	√	√	√
阻旋式料位开关	×	×	×	×	×	×	×	×	√	√	√
振动式液（料）位开关	√	×	△	√	×	△	×	×	√	√	×

注：√——适用；×——不适用；△——有限制使用。

5.2　玻璃板（管）液位计

5.2.1　概述

玻璃板（管）液位计通过透明玻璃直接显示容器内液位实际高度，具有结构简单、直观可靠、经济实用等特点。

5.2.2　原理

玻璃板（管）液位计根据连通器液柱静压平衡原理测量显示液位，无电子单元，如图 5-2-1 所示。

5.2.3　种类

5.2.3.1　玻璃板液位计

玻璃板液位计可分为透光式和反射式。

透光式玻璃板液位计在测量腔室前后均安装有玻璃板，可见光便可穿透测量介质，方便观测者清楚的读取液位值。

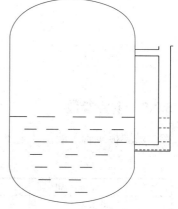

图 5-2-1　玻璃板（管）液位计原理

反射式玻璃板液位计仅在测量腔室前安装有玻璃板，玻璃板背面开有连续沟槽形成棱镜区。根据可见光在不同介质中具有不同的反射和折射特性（气相可见光将反射回来，液相可见光将以一定的折射角度穿透玻璃及液相介质），使得气液分界面（实际液位）清晰地显示出来。若借助滤色片，使这种特性具备某种颜色，就可以做成双色玻璃板液位计。

5.2.3.2　玻璃管液位计

玻璃管液位计可分为普通石英玻璃管液位计、双色石英玻璃管液位计等。

双色石英玻璃管液位计通过自然光在液体中折射的光学原理，借助滤色红绿玻璃片，测量时，使液相显示绿色，气相显示红色。

5.2.4 外形结构

玻璃板液位计外形如图 5-2-2 所示，玻璃管液位计外形如图 5-2-3 所示。

图 5-2-2 玻璃板液位计外形

图 5-2-3 玻璃管液位计外形

5.2.5 主要参数

玻璃板（管）液位计主要参数见表 5-2-1。

表 5-2-1 玻璃板（管）液位计主要参数

种类	工作压力 /MPa	工作温度 /℃	测量范围（单台）/mm	钢球自密封压力[2]/MPa	安装方式
玻璃板液位计	≤ 4 ≤ 6.4 ≤ 25（高压型）[1]	−160 ≤ t <0（防霜型） 0 ≤ t ≤ 250 0 ≤ t ≤ 450（高温型）	500，800，1100，1400，1700，2000	≥ 0.3	法兰连接（通常），侧 – 侧安装
玻璃管液位计	≤ 6.4	−50 ≤ t ≤ 450	300，500，800，1000，1200，1400，1700，2000		

注：1. 高温高压玻璃板液位计没有反射式。
2. 玻璃意外破裂时，钢球在容器内压力的作用下自动密封阻塞通道，防止容器内的介质继续外流。

5.2.6 优点和局限性

a）优点

简单、液位直读；经济实用。

b）局限性

易污染且不易清洁；只能就地显示；测量介质泡沫会影响到仪表的可读性；玻璃管液位计易碎不坚固。

5.2.7　应用场合

玻璃管液位计适用于常压或压力不高的容器现场液位 / 界位指示。

玻璃板液位计可用于大多数容器的现场液位 / 界位指示。

5.2.8　注意事项

5.2.8.1　玻璃板液位计

a）选型

透光式玻璃板液位计用于测量高黏度、脏污或含固体颗粒不透明的介质的液位测量、液－液相界位等。

安装位置环境光线不足、测量介质脏污时，透光式玻璃板液位计后部可安装照明装置以加强观测。

反射式玻璃板液位计只可用于洁净透明、低黏度、无沉淀物的介质的液位测量，不可用于液－液相界位的测量。

介质操作温度低于 0℃或易结霜时，玻璃板液位计选用防霜型，在视窗两侧增加防霜翅片，通过防霜翅片观测液位。

环境温度下易冻、易凝固、易结晶的介质，玻璃板液位计需采取伴热措施，并留有伴热蒸汽夹套接头。

选择高温或高压型玻璃板液位计，需遵循制造商提供的温压曲线或满足 HG21588 的相关要求。介质操作温度大于 150℃时，应带高温防护罩。

玻璃板液位计不可用于剧毒介质的液位指示。

液位测量范围大于 2000mm 时，可采用多台玻璃板液位计上下重叠安装，可视重叠区至少为 50mm。

对于黏稠介质的测量，可选择大口径快速玻璃板液位计，其测量范围大、口径大、流速快、不堵塞、两端无盲区。

当介质对仪表接液部分有腐蚀时，应考虑选择防腐蚀玻璃板液位计。

b）安装

容器上与本仪表连接的两法兰端面应保证在同一垂直平面内。

液位计的安装位置应避开或远离物料介质进出口处，避免物料流体局部区域的急速变化，影响液位测量的准确性。

5.2.8.2　玻璃管液位计

a）选型

不建议用于高压、有毒危险性、强腐蚀性介质及振动场合的液位测量。

测量介质不应对玻璃有腐蚀。

介质操作温度大于 150℃时，应带高温防护罩。

环境温度下易冻、易凝固、易结晶的介质，玻璃管液位计需采取伴热措施，并留有伴热蒸汽夹套接头。

测量大量程液位时可用多个玻璃管搭接测量，搭接使用的玻璃管数目不可多于 5 个。

可视重叠区至少为50mm。

对于高黏度有色介质液位测量，如重油、润滑油等，可选择大口径玻璃管液位计。

b）安装

容器上与本仪表连接的两法兰端面应保证在同一垂直平面内。

液位计的安装位置应避开或远离物料介质进出口处，避免物料流体局部区域的急速变化，影响液位测量的准确性。

若介质为高温介质，使用前需对石英管预热方可正式运行，以防止石英管爆裂。

5.3 磁性浮子液位计

5.3.1 概述

磁性浮子液位计可用于各种容器内介质的液位或界位检测，由于液体介质与指示器完全隔离，克服了传统直读式玻璃管（板）液位计的缺点，适用范围广。

5.3.2 原理

磁性浮子液位计根据浮力原理和磁性耦合作用原理工作，由测量腔体、浮子和磁性显示体组成。

5.3.3 种类

磁性浮子液位计按照安装方式主要分为两类：侧装式和顶装式。

侧装式磁性浮子液位计的浮子位于旁路腔体内部，漂浮在液面上，浮子内置磁钢系统，磁场可以穿过旁路腔体管壁触发安装在旁路腔体外侧的磁性显示体翻转，实现非接触的液位高度指示，如图5-3-1所示。

顶装式磁性浮子液位计浮子随容器内液面上下移动带动连杆上下移动，由与连杆相连的磁钢系统驱动磁性显示体翻转，从而指示容器内实际液位高度，如图5-3-2所示。

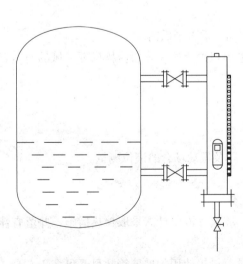

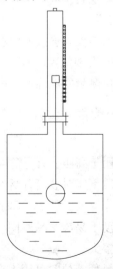

图5-3-1　侧装式磁性浮子液位计测量原理　　　图5-3-2　顶装式磁性浮子液位计测量原理

5.3.4 外形结构

磁性浮子液位计外形如图 5-3-3 所示，主要部件结构如图 5-3-4 所示，磁钢系统结构如图 5-3-5 所示。

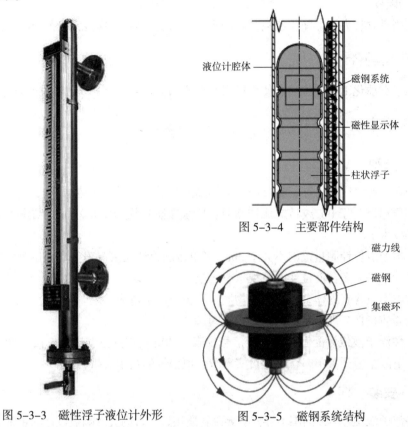

液位计腔体
磁钢系统
磁性显示体
柱状浮子

图 5-3-4 主要部件结构

磁力线
磁钢
集磁环

图 5-3-3 磁性浮子液位计外形

图 5-3-5 磁钢系统结构

5.3.5 主要参数

测量范围：150mm~5m。

精度：±5mm ；±10mm。

介质温度：–200℃（最低），500℃（最高）。

工作压力：40MPa（最高）。

介质密度：通常 ≥ 500kg/m³。

介质密度差：通常 ≥ 160kg/m³（测量界面）。

介质黏度：≤ 600mPa·s。

旁路腔体：304SS，316LSS，合金，不锈钢内衬防腐材质。

浮子：304SS，316LSS，钛，合金或非金属材质。

铝合金面板配铝合金标尺（可选不锈钢标尺）。

连接方式：法兰、焊接等连接方式。

5.3.6 优点和局限性

a）优点

结构简单，测量准确，标识醒目读数直观。

适用于高压、腐蚀性、毒性介质的液位测量，温度使用范围广，使用寿命长。

指示器中无液体，可持久保持清晰可见。

使用、检修、维护方便，腔体易拆卸、易冲洗。

b）局限性

无法测量含较大固体颗粒或高黏度的介质；易受介质或者外部的磁性干扰。

5.3.7 应用场合

适用于石油化工中液位计非使用局限性介质的大多数容器液位／界位的就地显示。

5.3.8 注意事项

5.3.8.1 选型

对于在环境温度下易冻、易凝固、易结晶的介质，应采取伴热措施。

当介质温度低于 0℃或易造成结霜时，应采取防霜措施防止液位计结霜（如采用真空夹套隔热技术）。

通常单个液位计测量范围不大于 3m，当单台液位计无法覆盖整个液位范围时，可采用多台液位计串联，多台液位计的可视重叠区至少为 50mm。

介质内不应含有固体杂质或磁性物质，以免对浮子造成卡阻。

根据介质特性合理设置排污阀、排气阀。

当磁性浮子液位计配套使用远传信号仪表（如电阻式液位变送器、磁致伸缩液位变送器及上、下限报警开关）时，远程可实现液位值信号的指示及报警。

5.3.8.2 安装

磁性浮子液位计本体周围不容许有导磁物质接近，否则会影响液位计的正常工作。

磁性浮子液位计必须垂直安装，与容器引管间应装有隔离阀，便于检修和清洗。

使用前应先用校正磁钢，将零位以下的显示体置成红色，其他显示体置成白色。

磁性浮子液位计的安装位置应避开或远离物料介质进出口处，避免物料流体局部区域的急速变化，影响液位测量的准确性。

远传配套仪表必须紧贴液位计旁路腔体，并用不锈钢抱箍固定（禁用铁质）。

5.4 浮球式液位计

5.4.1 概述

浮球式液位计是结构简单、温压适用范围较宽的液位仪表，可用于工业过程中各种设备内干净介质的液位或界面检测。

5.4.2 原理

浮球式液位计基于浮力和静磁场原理进行工作，主要由磁浮球、磁簧开关、连杆（摆杆或电缆）等组成；其安装于容器顶部或者侧面，以磁浮球为测量元件，当容器的液位变化时浮球随之上下移动或者上下摆动，使磁簧开关进行触点切换，将液面位置变化转化成电流或开关信号输出，从而实现液面检测。

5.4.3　种类

浮球式液位计按信号类型可分为开关型和变送器型两种，开关型有杆式、缆式两种结构形式。

5.4.4　外形结构

杆式浮球液位计外形结构如图 5-4-1 所示，缆式浮球液位开关如图 5-4-2 所示。

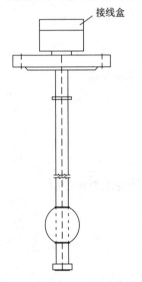

图 5-4-1　杆式浮球液位计

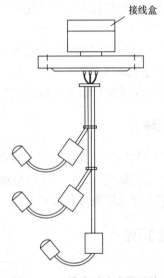

图 5-4-2　缆式浮球液位开关

5.4.5　主要参数

a）浮球液位变送器

工作温度：–20~200℃；

工作压力：0~6.3MPa；

密度：≥ 500kg/m³；

界面测量的密度差：≥ 200kg/m³；

测量范围：0~6m；

精度：± 10mm；

输出信号：4~20mA；

防护等级：1P65/IP67；

防爆等级：隔爆型，Ex d ⅡC T3~T6；本安型，Ex ia ⅡC T3~T6。

b）浮球液位开关

工作温度：–20~300℃；

工作压力：0~6.3MPa；

密度：≥ 500kg/m³；

界面测量的密度差：$\geq 200\text{kg/m}^3$；

精度：$\pm 5/\pm 10\text{mm}$；$\pm 50\text{mm}$（缆式）；

触点形式：SPDT 或 DPDT；

防护等级：1P65/IP67；

防爆等级：隔爆型，Ex d ⅡC T3~T6。

5.4.6　优点和局限性

a）优点

结构简单、调试方便；接液材料选择范围大。

不受被测介质物理化学状态变化影响。

b）局限性

精度不高，量程范围受限制不能太大。

不适用于过于黏稠、悬浮杂质、亲磁性、易堵易挂料的介质。

机械部件易卡塞维护量大，磁簧开关易坏。

5.4.7　应用场合

适用于不需要对液面或界面进行准确测量的场合。

低量程、不太黏稠、洁净介质的槽罐、污水池、储罐等的液位控制。

可利用多个浮球实现多点检测。

5.4.8　注意事项

a）选型

被测液体的密度须大于浮球密度。

界面测量时两种介质的必须存在一定的密度差。

b）安装

安装位置应远离进出口；法兰接管内径必须大于浮球外径。

缆式浮球开关应与泵入口保持适当距离以免浮球被入口吸入。

浮球的动作点调整好后，不要随意调整浮球位置，以免无法准确测量。

5.5　浮筒式液位计

5.5.1　概述

浮筒式液位计是基于阿基米德浮力原理设计的，可用来测量液位、界面或密度的一种液位计。浮筒式液位计坚固简洁、使用寿命长，适用于高温、高压和强腐蚀性液体测量。

5.5.2　原理

浮筒式液位计主要由浮筒、扭力管系统及电子元件等组成。浮筒浸没在液体中，与扭力管系统刚性连接，扭力管系统承受的力是浮筒自重 F_G 减去浮筒所受的浮力 F_A 的净值，

在这种合力 $F=(F_\mathrm{G}-F_\mathrm{A})$ 作用下的扭力管扭转一定角度。浮筒室内液体的位置、密度或界面高低的变化引起浮筒所受浮力的变化，从而使扭力管转角也随之变化。该变化通过扭力管传递到传感器，使传感器输出电压变化，继而被电子元件放大并转换为 4~20mA 电流或数字信号输出。浮筒式液位计测量原理如图 5-5-1 所示。

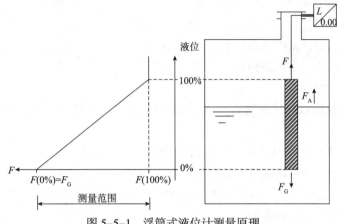

图 5-5-1　浮筒式液位计测量原理

5.5.3　种类

按照浮筒在设备上的安装位置来分类，装在设备内部的称内浮筒液位计；装在设备外的称外浮筒液位计。

内浮筒液位计分顶部安装（顶置式）和侧向安装（侧置式）两种。

外浮筒液位计均为设备侧壁安装。根据套筒法兰方位，分为侧侧式、侧底式、顶底式、顶侧式。

5.5.4　外形结构

浮筒液位计外形如图 5-5-2 所示，内部结构如图 5-5-3 所示。

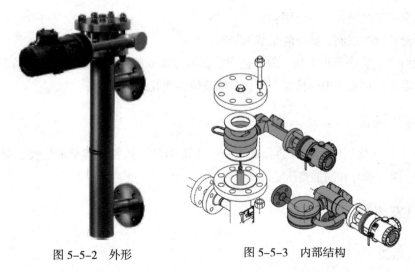

图 5-5-2　外形　　　　　　图 5-5-3　内部结构

5.5.5　主要参数

浮筒式液位计常用测量范围为 350~2000mm，更大量程可定制。

压力等级最高可达 $PN420$。

温度范围通常为 –196~400℃。

用于液位测量时，介质密度范围为 0.2~1.5g/cm³。

用于界面测量时，密度差通常不小于 0.1g/cm³。

精度：±0.5%FS、±0.20%FS。

重复性：±0.25%FS。

外浮筒式过程接口尺寸通常为 $1\frac{1}{2}''$ 或 2″ 法兰连接，顶装内浮筒式过程连接尺寸通常为 4″ 法兰连接。

浮筒接液材质通常为 316SS；扭力管材质通常为 Inconel 600。

供电影响：当电压在规定电压的最小值与最大值间变化时，输出变化≤ ±0.20%FS。

温度影响：工作温度在 –40~80℃内变化时，输出变化≤ ±0.03%FS/℃。

防爆认证：本安型、隔爆型。

防护等级：IP66。

安全完整性等级：部分品牌型号通过 SIL2 认证。

5.5.6　优点和局限性

a）优点

浮筒式液位计使用的温度压力范围较宽。可适用于高低温介质液位测量，可耐真空至高压 50MPa。

适合小量程、低密度的液位测量场合，同时满足介质密度差较小的界面测量。

使用年限长，直观、稳定、可靠性高，精确度较高。

多种安装形式可选，侧侧装、顶装、侧顶装等。

b）局限性

不适合密度频繁变化的应用。

受浮筒长度的限制，液位测量范围较窄。

一般对介质黏度要求不高，但工艺介质黏度过高或脏污时，会影响测量精度，并引起容室及下取压阀堵塞或内筒挂料卡住，影响液位检测及维护。

5.5.7　应用场合

适用于石油化工中大部分容器的液位、界面测量，如各种类型的塔类、储罐中间容器、低温/深冷场合和高温高压工况等。

5.5.8　注意事项

5.5.8.1　选型

内浮筒一般用于常压容器，其他情况应使用外浮筒。

浮筒液位计的输出信号不仅与液位高度有关，还与被测介质的密度有关，因此在密度发生变化时，必须进行密度修正。

用于测量两种不同的液体分界面时，需注意界面密度差值。

液位剧烈波动会引起内筒脱落。当容器内存在搅拌或液位波动较大时，顶装式的内浮筒液位计应考虑加装防扰动管。

必须注意限制环境温度在允许范围内使用（传感器外壳 <150℃，放大器 <85℃，指示器 <70℃）。如果超过最大允许温度，则所有辐射热量的部件（夹持体、容室、容器）都必须被隔热，以确保没有热辐射到达传感器外壳或电子放大器。

通常，被测介质温度高于 200℃时，浮筒液位计应带散热片；被测介质温度低于 0℃时应带延伸管。

夹持体加装热夹套时，夹套内最大工作压力为 2.5MPa。

在选择内外浮筒接液材质和扭力管材质时，应参照材料手册和介质的腐蚀性选取合适的接液材质。工艺介质腐蚀性强，会引起内筒破裂或扭力管腐蚀漏料。

5.5.8.2　安装

浮筒液位计的安装位置，应避开或远离物料介质进出口处，避免物料流体局部区域的急速变化，影响液位测量的准确性。

浮筒液位计安装必须垂直，与设备接口间应装有隔离阀，便于检修和清洗。若安装完毕后，仪表显示不在零点，可按操作说明进行零点迁移。

投用或调试时应先打开上部引管阀门，然后缓慢开启下部阀门，让介质平稳进入主导管（运行中应避免介质急速冲击内浮筒，引起内浮筒剧烈波动，影响显示准确性）。

安装时不应受到强烈振动和冲击以及局部过热，特别是对挂内筒的杠杆不得大幅度的摆动和拉压，以免破坏仪表精度或导致仪表损坏。

安装时需检查内筒与外筒的悬挂间隙是否均匀，至少 5~10mm 间隙，切勿内筒碰外筒。

顶装式内浮筒液位计选用防扰动管时，防扰动管顶部应有排气孔，以使管内液位与容器液位一致。此外，必须注意内浮筒与保护管间的间隙须大于 10mm。

选用外浮筒式时，应明确仪表的安装方位，在许可的情况下优先选用标准的右侧安装。

5.6　压力式液位计

5.6.1　差压式液位计

5.6.1.1　概述

差压式液位计是用差压变送器对容器内的液体液位进行连续的测量，是一种非常实用的液位测量方法。

差压式液位计除了能测量洁净液体的液位外，还适用于易结晶、易气化、高黏度、腐蚀性、含悬浮物性等液体的液位测量。

差压式液位计主要由差压变送器和取压管路组成。

两种不同密度的液体界面也可采用差压式液位计测量。

5.6.1.2 原理

用差压变送器测量液位时，由于差压变送器安装的位置不同，正压和/或负压导压管内充满了液体，这些液体会使差压变送器有一个固定的差压。在液位为零时，造成差压计指示不在零点，而是指示正或负的一个指示偏差。为了指示正确，消除这个固定偏差，就把零点进行向下或向上移动，也就是进行"零点迁移"。这个差压值就称为迁移量。如果这个值为正，即称系统为正迁移；如果为负，即系统为负迁移；如果这个值为零时，即为无迁移。

①无迁移时，如图 5-6-1 所示，则：

正压室压力 $\qquad p_{正}= p_{气}+h\rho g$

负压室压力 $\qquad p_{负}= p_{气}$

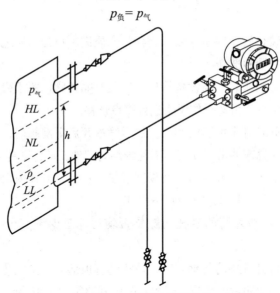

图 5-6-1　无迁移安装示意

故正、负压室的差压为：

$$\Delta p=p_{正}-p_{负}=h\rho g$$

差压变送器测量的差压 Δp 和液体的高度 h 有如下关系：

$$h=\Delta p/\rho g$$

式中　ρ ——液体密度；

　　$p_{气}$ ——气相压力；

　　g ——当地重力加速度。

②正迁移时，如图 5-6-2 所示，则：

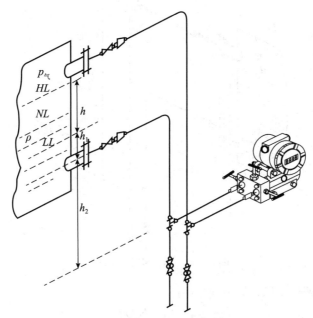

图 5-6-2 正迁移安装示意

在液面处于零液位（LL，$h=0$）时，有：

正压室压力 $p_{正} = p_{气} + (h_1+h_2)\rho g$

负压室压力 $p_{负} = p_{气}$

则正迁移量为：

$$B = p_{正} - p_{负} = (h_1+h_2)\rho g$$

差压变送器的量程 $\Delta p = \rho hg$

差压变送器的调校范围为：

$$(h_1+h_2)\rho g \sim (h+h_1+h_2)\rho g$$

式中　ρ——液体密度；

h_1——零液位与下取压口高度差；

h_2——变送器位置与下取压口高度差；

$p_{气}$——气相压力；

g——当地重力加速度。

③负迁移时，如图 5-6-3 所示，则：

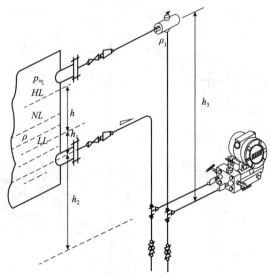

图 5-6-3　负迁移安装示意

在液面处于零液位（LL, $h=0$）时，有

正压室压力 $\qquad p_{正} = p_{气} + (h_1 + h_2)\rho g$

负压室压力 $\qquad p_{负} = p_{气} + h_3\rho_1 g$

则迁移量为：

$$B = p_{正} - p_{负} = (h_1 + h_2)\rho g - h_3\rho_1 g$$

一般情况下，$h_3\rho_1 g > (h_1 + h_2)\rho g$，所以为负迁移。

差压变送器的量程 $\Delta p = h\rho g$

差压变送器的调校范围为：

$$\left[(h_1 + h_2)\rho g - h_3\rho_1 g\right] \sim \left[((h_1 + h_2)\rho g - h_3\rho_1 g) + h\rho g\right]$$

式中　ρ——液体密度；

$\quad\rho_1$——隔离液密度；

$\quad h_1$——零液位与下取压口高度差；

$\quad h_2$——变送器位置与下取压口高度差；

$\quad h_3$——变送器位置与上取压口高度差；

$\quad p_{气}$——气相压力；

$\quad g$——当地重力加速度。

5.6.1.3　种类

差压液位变送器一般可分为普通差压液位变送器、平法兰隔膜差压液位变送器及插入式法兰隔膜差压液位变送器。

测量洁净液体的液位采用普通的差压液位变送器。

对于结晶性液体、黏稠性液体、易气化性液体、腐蚀性液体、含悬浮物性液体的液位测量宜采用平法兰隔膜差压液位变送器。

对于高结晶性液体、高黏度液体、凝胶性液体、沉淀性液体的液位测量宜采用插入式法兰隔膜差压液位变送器。

5.6.1.4　注意事项

当介质密度变化较大时，应谨慎采用差压液位变送器，如必须采用时，需做密度补偿。

真空工况应避免采用隔离液式的差压变送器测量液位。但是，当一些工况必须采用双法兰隔膜差压液位变送器时，建议将变送器本体的安装位置低于下法兰的高度。

对于隔离液式的差压液位变送器，特别要注意所测介质的温度，压力以及环境温度对隔离液及膜片的影响。

5.6.2　吹气式液位计

5.6.2.1　概述

吹气式液位计主要由吹气装置（或限流孔板）、压力变送器或差压变送器和吹气管路组成。可对敞口或密闭容器内的液体液位进行测量。在测量精度要求不高时，可采用此方法。

5.6.2.2　原理

吹气式液位测量的原理为：在容器中插入一根吹气管，吹气装置的气体从插入液体的吹气管下端口逸出，鼓泡并通过液体排入气相空间，一般以在最高液位时仍有微量气泡逸出为宜。当吹气管下端有微量气泡排出时，忽略气体在吹气管中的损失，这样吹气管内的气压几乎与液位静压相等，因此，由变送器指示的差压值 Δp 即可反映出液位高度。

该差压 Δp 和液体的高度 h 有如下关系：

$$h = \Delta p / \rho g$$

式中　ρ——液体密度；

　　　g——当地重力加速度。

5.6.2.3　种类

根据测量对象不同，常分为单路结构和双路结构。

单路结构适用于常压或敞口容器液位的测量，双路结构适用于带压容器液位的测量。

5.6.2.4　外形结构

单路吹气式液位测量结构如图 5-6-4 所示，双路吹气式液位测量结构如图 5-6-5 所示。

5.6.2.5　吹气装置

吹气法所用的关键设备是吹气装置。吹气装置是一种机械式小流量控制器，通常由金属管浮子流量计、针形阀、空气过滤减压阀、压力表、恒流量阀等组合而成。可将测量所需主要零部件集成在一块面板上，便于安装和维修。

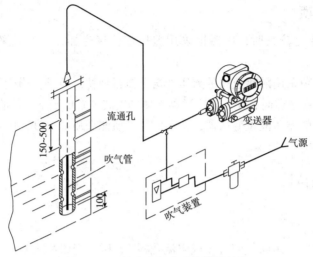

图 5-6-4　单路吹气式液位测量结构

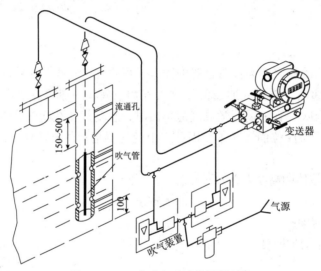

图 5-6-5　双路吹气式液位测量结构

5.6.2.6　优点和局限性

a）优点

吹气式液位计除吹气管外，其他测量元件不与被测介质接触，保护了测量元件。

仪表维护量较小。

b）局限性

吹气装置易泄漏，安装调试较复杂，整体精度不高。

5.6.2.7　应用场合

吹气式液位计除了能测量洁净液体的液位外，特别适用于腐蚀性、易结晶、高黏度、熔融性、易沉淀、含固体颗粒及高温液体的液位测量。

5.6.2.8　注意事项

测量带压设备时，吹气管内的压力 p 与设备内最大压力值 $p_{设备max}$、气路元件的压降 $p_{气路}$ 和最大液位压力 $p_{液位max}$ 之间的关系应为 $p>p_{设备max}+p_{气路}+p_{液位max}$，因此在测量带压容器内的介质时，一定要在吹气管上安装止逆阀，以防止气流反向。

气源应采用无油、无尘及无水的干净气源。

吹气管的长管管口应距离设备底部 50~100mm 之间，以利于吹气管中气泡的逸出，这部分的高度一般为液位测量的盲区。

一般情况下，吹气管的管口采用平口方式。

吹气装置和差压变送器的安装标高要大于设备内最高液面的标高，以防止液体倒流。

5.6.3　静压式液位计

5.6.3.1　概述

静压式液位计的液位测量是测量探头上的液体静压与实际大气压之差，然后再由陶瓷传感器（附着在不锈钢薄膜上）和电子元件将该压差转换成 4~20mA 输出。

5.6.3.2　原理

静压式液位计是基于所测液体静压与该液体高度成比例的原理。液位计由一个内置毛细软管的特殊导气电缆、一个抗压接头和一个探头组成。探头构造是一个不锈钢筒芯，底部带有膜片，并由一个带孔的塑料外壳罩住。当液位变送器投入到被测液体中某一深度时，传感器迎液面受到的压力公式为：

$$p=\rho gH+p_0$$

式中　p ——变送器迎液面所受压力；

ρ ——被测液体密度；

g ——当地重力加速度；

p_0 ——液面上大气压；

H ——变送器投入液体的深度。

同时，通过导气不锈钢将液体的压力引入到传感器的正压腔，再将液面上的大气压 p_0 与传感器的负压腔相连，以抵消传感器背面的 p_0，使传感器测得压力为 ρgH，显然，通过测取压力 p，可以得到液位深度。

5.6.3.3　种类

静压式液位计可以分为投入式和侧装式两种。侧装式就是常见的利用差压变送器测量常压设备的液位。

5.6.3.4　测量结构

静压式液位计测量结构如图 5-6-6 所示。

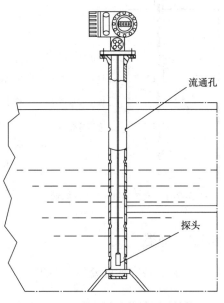

流通孔

探头

图 5-6-6　静压式液位计测量结构

5.6.3.5 优点和局限性

a）优点

结构简单，安装、维护方便，经济耐用。

b）局限性

不适用于含杂质、高黏度的场合；不适用于浆状、沉淀工况的介质环境。

5.6.3.6 应用场合

适用于污水处理、各类水池等的液位测量及其他行业的水位监测。

5.6.3.7 注意事项

在测量流动介质的液位时，应考虑设置保护管。

5.7 磁致伸缩液位计

5.7.1 概述

磁致伸缩液位计是通过测量漂浮在液面或者界面的浮子的位置来确定液面或界面高度，本质上是一个浮子液位计。适用于存储清洁介质（例如成品油）的大型储罐液位测量；同样适用于过程容器的液位及界位测量。

5.7.2 原理

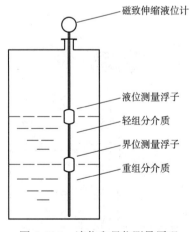

图 5-7-1 液位和界位测量原理

将内置永久磁铁的轻质浮子套装在金属长杆波导管上，垂直安装在被测容器内部（或装在被测容器内部的稳波管中）。浮子随着工艺介质液面或界面的上升或下降移动。

在传感器内部，特殊设计的波导管在两个磁场相互作用的瞬间产生扭应力波。其中一个磁场由沿着传感器波导管移动的轻质浮子内置的永久磁铁产生，另一个磁场由波导管上通入的低电流脉冲产生。这两个磁场相互作用会产生一个扭应力波（机械波）脉冲，该扭应力波脉冲可沿着波导管以超声波的速度传播，直到被测量元件检测出来。通过测量电流脉冲的产生与扭应力波脉冲到达测量元件的时间差，得出浮子的位置。磁致伸缩液位计的测量原理如图 5-7-1 所示。

5.7.3 种类

根据安装方式可分为直接插入式、旁通管式和外置捆绑式。

根据测量范围可分为硬杆式和软缆式。

根据测量目的可分为仅测液位式、仅测界位式和液位界位同时测量式。

5.7.4　外形结构

磁致伸缩液位计外形如图 5-7-2 所示，内部结构如图 5-7-3 所示。

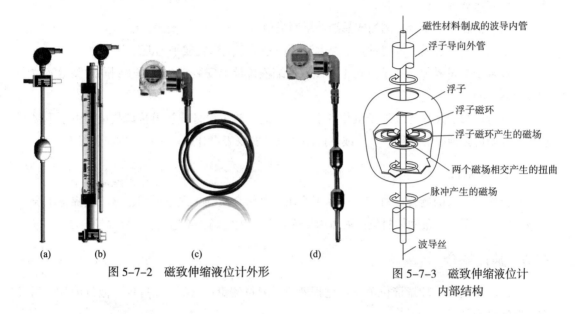

图 5-7-2　磁致伸缩液位计外形

图 5-7-3　磁致伸缩液位计内部结构

5.7.5　主要参数

信号输出：两线制，4~20mA+HART，Foundation 现场总线。

防爆：本安型、隔爆型。

安全完整性等级：获得 IEC61508 SIL2 认证（部分品牌部分型号获得 SIL3 认证）。

接液材料：通用材料 316 SS 不锈钢；根据介质不同可选 316 SS 不锈钢衬塑、哈氏合金、蒙乃尔镍合金和钛材等材料。

硬杆磁致伸缩液位计和软缆磁致伸缩液位计的主要参数见表 5-7-1。

表 5-7-1　硬杆磁致伸缩液位计和软缆磁致伸缩液位计的主要参数

种类	探杆长度	压力	过程温度	精度	重复性	备注
硬杆磁致伸缩液位计	0.150~9.140m	最低可用于真空工况，最高可达 20.7MPa	标准型号：-196~121℃；附加项最高过程温度可到 427℃，此时探杆最大长度为 4.57m	±0.01% FS 或 1.27mm，以较大值为准	0.005% FS 或 0.381mm，以较大值为准	温度影响：±0.02% FS/10℃
软缆磁致伸缩液位计	最大 22.86m	最低可用于真空工况，最高可到 2.07MPa	<77℃，不适用于低温场合（低于-40℃）			

5.7.6 优点和局限性

5.7.6.1 优点

测量结果不受气相介质组分变化影响；不受压力变化影响；不受工艺介质介电常数变化、粉尘或起雾等因素的影响。

可用于精确测量场合，例如成品油储罐测量液位。

带温度测量可选项，可同时输出温度测量信号（多点温度或平均温度）。

很适合于测量界位，甚至可在 1 台磁致伸缩液位计上安装 2 个浮子达到同时测量液位和界位的目的。

可外置捆绑安装在磁性浮子液位计上，省空间，减少设备或管道接口数量，由于不接触工艺介质可方便接近和维护。二线制回路供电本安仪表设计适用于更广的应用场合。

5.7.6.2 局限性

在介质黏度大的场合（>1.5Pa·s）不适用；脏污介质的工况不适用；泡沫及沸腾工况不适用；不能用于测量固体料位；液体密度变化范围大的场合不适用。

5.7.7 应用场合

储罐液位测量；球罐液位测量；过程液位、界位测量；低温 / 深冷场合液位测量；真空工况液位测量。

5.7.8 注意事项

5.7.8.1 选型

如安装在容器内部，工艺介质须为清洁液体，以避免颗粒或锈迹累积等因素影响浮子上下移动导致测量失败。部分品牌已研究出可使用在高黏度、带悬浮颗粒介质的产品（加大浮子与导波管之间的间隙）。黏度在 1.5Pa·s 之内可以使用，超过以后不建议。

注意以下工况的使用：有铁垢的工况，浮子会吸住铁垢后卡住；高温工况可能使浮子退磁影响测量；有电磁场干扰时会影响测量。

浮子是针对特定液体密度范围设计为——对应的，如果工艺介质密度变化超出浮子的设计范围，可能会导致液位或界位测量失败。

使用磁致伸缩液位计测量时，通常情况需遵循以下原则：液位测量液体密度 ρ>200kg/m^3；界位测量轻重组分密度差值 $\Delta\rho$>100kg/m^3。

界位测量用途的磁致伸缩液位计优先选择顶部直接插入式。如只能选择侧装式磁致伸缩液位计时，根据情况考虑旁通管侧侧接口高度位置设置或增加侧侧接口以保证容器内部液面及界面与旁通管中的液面及界面一致。

5.7.8.2 安装

轻质浮子一般很薄,一旦超压(如水压试验)可能损坏,现场储存安装时也需注意不能损坏浮子。

软缆的磁致伸缩液位计为避免湍流工况需安装在稳波管中,这样增加了设备成本。

磁致伸缩液位计用于内浮顶罐时,液位计应配备浮盘开口密封组件。

5.8 钢带液位计

5.8.1 概述

钢带液位计基于力平衡的原理进行液位测量。主要应用于储罐液位的检测,可以就地指示和输出远传信号。

5.8.2 原理

钢带液位计测量原理如图 5-8-1 所示,当液位稳定时,浮子自身的质量、液体对浮子的浮力、液位计表头内恒力装置对浮子的拉力三者之间达到平衡;当液位变化时,浮子产生位移,与浮子和恒力装置连接的有孔钢带相应移动,以保持三者之间的力平衡,并通过表头内的齿轮装置带动指针或计数器进行液位指示。配上转换及变送单元后可输出数字量和模拟量信号。

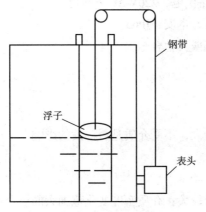

图 5-8-1 钢带液位计测量原理

5.8.3 种类

根据不同的测量需求,可分为就地指示和远传两种类型。

5.8.4 外形结构

钢带液位计由浮子、钢带、钢带导管、导向滑轮、液位计表头等部分组成,表头上有摇柄,可在罐外人工提升浮子。钢带液位计外形如图 5-8-2 所示,结构示意如图 5-8-3 所示。

图 5-8-2 外形（TOKYO KEISO）

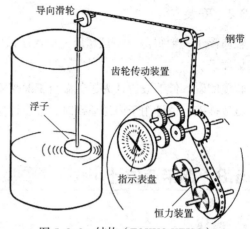

图 5-8-3 结构（TOKYO KEISO）

5.8.5 主要参数

测量范围：0~30m。

精度：±3~5mm，可以达到 ±2mm。

过程温度：-40~200℃，部分型式低温可到 -200℃，高温可到 400℃。

过程压力：常压 ~3MPa。

相对密度范围：0.5~1.9。

输出信号：4~20mA 电流信号、触点信号，可支持 RS-485 协议。

供电方式：24V DC 回路供电、220V AC 外供电。

防爆、防护等级：隔爆、本安；IP65。

浮子材料：铝、不锈钢或其他合金。

5.8.6 优点和局限性

a）优点

钢带液位计测量范围较大，不受介质是否挥发的影响。

工作稳定、精度较高。

b）局限性

安装相对复杂，维修量较大；介质密度变化范围大的场合不适用。

5.8.7 应用场合

钢带液位计主要应用于石油、化工、电力等行业中拱顶罐、浮顶罐、卧罐等的液位测量，可用于高温、低温工况，可以适用于腐蚀性介质。

5.8.8 注意事项

a）选型

当介质有腐蚀或会凝结，则应考虑加装一个油密封组件来避免指示表的腐蚀或有液体凝结在表头内，例如 V 形密封管，一般管内充油高度为 V 形管的一半；也可考虑选择管密封型钢带液位计，钢带安装在密封管中，与外界隔离，通过密封管和浮子中的磁铁耦合，带动钢带移动，这种方式的测量范围一般在 10m 左右。

钢带保护管应具有防锈蚀能力。

当操作压力大于 0.2MPa 时，需要考虑用球形浮子代替扁平环状浮子。

当需要考虑在线更换液位计表头时，可在容器顶部钢带入口处增加根部阀。

当应用于内浮顶罐液位测量时，不需要导向钢丝。

当带有电子部件时，应满足该仪表使用区域的防爆要求。

b）安装

钢带保护管的安装应严格竖直向上，避免由于倾斜而引起的钢带和保护管之间的摩擦。

导向钢丝两端的固定装置应严格竖直对齐。

安装时浮子中心距容器侧壁应有不小于 400mm 的距离，并应远离进出料口。

钢带保护管内壁应进行清洁处理。

5.9　伺服液位计

5.9.1　概述

伺服液位计是一种利用浮力原理精确测量液位的仪表，除了测量液位，还可测量密度以及界面等参数。

5.9.2　测量原理

伺服液位计属于浮力式液位测量仪表，基于阿基米德原理测量液位，属于恒浮力式液位计的一种。伺服液位计主要由浮子、钢丝和伺服控制器组成。浮子在介质中的位置是由伺服机构的平衡来确定的。伺服机构在微处理器的控制下进行测量。

当液位变化时，通过霍尔元件检测磁通量的改变，或者通过力传感器检测钢丝张力的变化，伺服控制器根据检测结果和预设值通过伺服电机控制浮子的上升或者下降，然后通过伺服电机的转动步数计算出液位的变化量。通过调整浮子的重量和体积，可以用伺服液位计测量出液体的界面变化。采用特殊的测量浮子，伺服液位计也可以精确的测量液体的密度以及密度梯度。伺服液位计示意如图 5-9-1 所示。

图 5-9-1　伺服液位计示意

5.9.3　种类

伺服液位计通常有两种，一种是通过霍尔元件检测磁通量的变化进行测量，另一种是通过力传感器检测钢丝张力的变化进行测量。

5.9.4 外形结构

伺服液位计外形如图 5-9-2 所示，结构如图 5-9-3 所示。

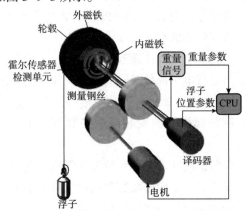

图 5-9-2　伺服液位计外形　　　图 5-9-3　伺服液位计结构（E+H）

5.9.5 主要参数

液位测量范围：通常可到 0~50m，最大可到 0~100m。

测量精度：液位≤±1mm，界位≤±2mm，密度≤±3kg/m³。

重复性：≤±0.1mm。

环境温度：-40~70℃。

操作压力：≤4.0MPa。

操作温度：-200~200℃。

5.9.6 优点和局限性

a）优点

机械稳定性好。

安装方便，使用可靠。通常采用法兰安装，通过法兰安装在设备的顶部，仪表和设备之间安装全通径球阀，可实现在线检修维护的操作。

接触式测量，不受挥发性介质气相部分的影响。

测量精度高，重复性好，部分厂商测量精度可达到 ±0.4mm，可用于大型储罐贸易计量液位测量。可进行多个界面和密度的测量。

配备多点温度计、压力变送器和必要的软件，可进行精确的罐容计算和管理，可用于贸易交接和贸易结算。

b）局限性

易黏结，不适用于重质油品的测量。

5.9.7　应用场合

一般普通的轻质原油、成品油、高挥发性溶剂类化工品和 LNG 罐；LPG 或其他介质的带压储罐、压力球罐；氨液和其他严重吸收雷达波的产品应考虑采用伺服液位计。

伺服液位计可进行多参数测量，除液位以外，还可测量温度、压力、密度等参数。

伺服液位计可用于油品、化工品和水的界面测量。

5.9.8　注意事项

ａ）选型

伺服液位计适用于石油制品、液化天然气等轻质产品的储罐液位测量，但是不适用于沥青、原油等高黏度液体重质产品。黏度较高的介质选型时要特别注意。

对于 LPG、LNG 和氨液的精确测量，应采用伺服液位计进行测量液位测量。

ｂ）安装

对于有高精度测量要求时，导向管是必须的要求。导向管的制作和安装应严格遵循 API 和中国的国行标以及厂商的安装要求。

仪表安装时应注意对钢丝的保护。

5.10　雷达液（料）位计

5.10.1　概述

雷达液（料）位计是通过向液（料）面发射电磁波并接收回讯信号进行运算处理后得到测量液（料）位距离的一种液（料）位计。

5.10.2　原理

雷达液（料）位计主要采用两种测量技术。

ａ）脉冲雷达技术

脉冲微波以固定频率发射到液（料）面后，在液（料）面反弹并返回测量仪。变送器对发射信号和接收的回波信号之间的时间差进行测量并利用下列公式对液面距离进行计算：

$$距离 =（光速 × 时间差）/2$$

脉冲雷达技术发展较早，部分产品的非接触式雷达仍采用这种方式，如图 5-10-1 所示。

另一种接触式雷达（导波雷达）也采用脉冲雷达技术，如图 5-10-2 所示，只是脉冲微波是沿着导波杆传播，当低能脉冲到达导波杆与液位（空气 / 液体界面）的交点时，有相当大比例的微波通过导波杆被反射回变送器经计算后即得到液位高度。当测量界面时，一定比例的脉冲将继续沿着导波杆穿过低介电常数的介质，故可检测第一个液位下方的两液体界面的第二次回波。

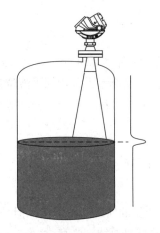

图5-10-1　雷达测量（Emerson）

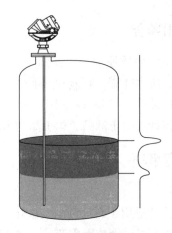

图5-10-2　导波雷达测量（Emerson）

b）调频连续波技术

天线发射连续变化的频率波，经物料表面反射后，接收的回波频率与发射频率之间产生频率差，由于频率差与距离成正比，即可以通过计算得出液（料）位高度。此测量技术兴起较晚，只有非接触式雷达采用，通常使用10~80GHz调频连续波，精度较高。

5.10.3　种类

雷达液（料）位计通常可分为非接触式、接触式（导波雷达）。

非接触式雷达液（料）位根据不同情况还可做如下划分：

根据测量原理分为脉冲雷达、调频连续波雷达；根据工作频率分为低频雷达、中频雷达、高频雷达；根据天线类型分为喇叭、抛物面、平面、棒式、透镜、塑封、水滴型；

导波雷达可分为单杆、双杆、单缆、双缆及同轴等。

5.10.4　外形结构

非接触式雷达外形结构如图5-10-3所示，内部结构如图5-10-4所示。

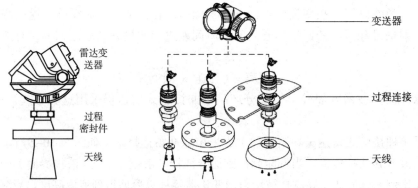

图5-10-3　非接触雷达（Emerson）　　　　图5-10-4　非接触雷达（E+H）

导波雷达外形结构如图5-10-5所示，内部结构如图5-10-6所示。

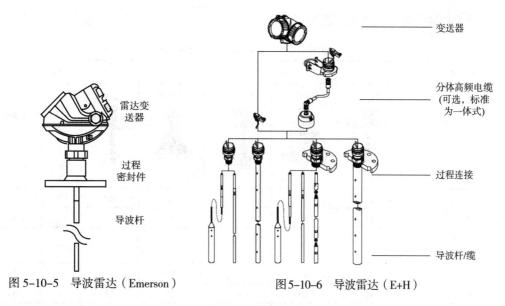

图 5-10-5　导波雷达（Emerson）　　　　图 5-10-6　导波雷达（E+H）

5.10.5　主要参数

①非接触雷达和导波雷达的主要参数见表 5-10-1。

表 5-10-1　非接触雷达和导波雷达的主要参数

	过程级非接触雷达	导波雷达
温度 /℃	-40~400	-196~450
压力 /MPa	-0.1~5.5	-0.1~40
最大量程 /m	35[注]	50[注]
最小介电常数	> 1.4[注]	> 1.4[注]
天线 / 导波管材料	316SS/316LSS、合金 C-276、合金 400、PP/PVDF、全 PTFE 或 PTFE、PFA、PVDF 涂层 / 包覆	316SS/316LSS、Duplex2205、合金 C-276、合金 400、PTFE 涂层
密封材质	EPDM（-40~120℃）	EPDM（-40~120℃）
	FKM Viton/FPM（-40~150℃）	FKM Viton/FPM（-40~150℃）
	FFKM Kalrez（-20~150℃）	FFKM Kalrez（-20~200℃）
	石墨 + 陶瓷（-40~280℃）	石墨 + 陶瓷（-40~280/450℃）
输出	两线制、四线制（220VAC、24VDC）	两线制
	4~20mA+HART	4~20mA+HART
	Foudation 现场总线	Foundation 现场总线
	MODBUS	MODBUS
	Wireless HART	Wireless HART
参考精度 /mm	±2、±3、±5、±6 等，计量级可达到 0.5、1	±2~ ±5
认证	隔爆 Exd ⅡC T6 Gb 本质安全 Ex ia ⅡC T6 Ga 粉尘防爆 Ex tD A20/A21	隔爆 Exd ⅡC T6 Gb 本质安全 Ex ia ⅡC T6 Ga 粉尘防爆 Ex tD A20/A21
	IP65、IP66/IP67、IP68	IP65、IP66/IP67、IP68
	适于安全系统 SIL1/SIL2/SIL3[注]	适用于安全系统 SIL1/SIL2/SIL3[注]

注：具体规格见厂商样本或需咨询厂家。

②非接触雷达天线选型见表 5-10-2。

表 5-10-2　非接触雷达天线选型

非接触雷达	高频雷达				低频雷达		
	喇叭式	抛物线	塑封/平面	透镜式	喇叭式	棒式	塑封/平面
测量范围大	G	G	AP	AP	AP	NR	AP
密度变化	G	G	G	G	G	G	G
挥发性气体（含腐蚀、渗透）	AP	AP	G	AP	NR	AP	AP
腐蚀工况	AP	AP	G	AP	AP	AP	AP
冷凝蒸汽	AP	AP	G	AP	AP	G	AP
泡沫	NR	NR	NR	NR	AP	AP	AP
搅拌工况	AP	AP	AP	AP	AP	AP	AP
低介电常数（<2）	G	G	AP	AP	AP	NR	AP
黏稠液体	G	G	G	G	G	G	G
固体颗粒	AP	G	AP	AP	AP	AP	AP
导波管测量	AP	NR	AP	NR	AP	NR	G

注：G——良好；NR——不推荐；AP——取决于应用（向厂家咨询）。

③导波雷达天线的选择见表 5-10-3。

表 5-10-3　导波雷达天线的选择

导波雷达	单杆杆式	单杆缆式	双杆杆式	双杆缆式	同轴
密度变化	G	G	G	G	G
高压（>30MPa）	AP	AP	AP	AP	AP
低温（>-196℃）	AP	AP	AP	AP	AP
冷凝蒸汽	G	G	G	G	G
泡沫	AP	AP	AP	AP	AP
起泡/沸腾表面	AP	AP	AP	AP	AP
搅拌工况	AP	AP	AP	AP	G
低介电常数（<1.6）	G	G	G	G	G
黏稠、结晶、纤维液体	AP	NR	NR	NR	NR
固体颗粒	G#	AP*	NR	NR	NR
界面测量	AP	AP	AP	AP	AP

| 储罐内存在电磁干扰 | AP | AP | AP | AP | G |
| 导波管测量 | G | G | AP | AP | AP |

注：#——长度限制需向厂商咨询。

　　*——需确认缆式最大负载，当过载时，可能导致缆绳断裂。

④非接触雷达频率的选择。

频率对于雷达最适用于哪种应用类型有着重要影响，非接触式雷达根据不同的应用按照三种不同的频段进行了划分：

——低频雷达

- 不受测量范围内障碍物的影响。
- 不易在冷凝、蒸汽、灰尘、积聚物和泡沫情况下造成衰减。
- 受液面波纹或涟漪的影响极小。
- 导波管内使用性能极佳。
- 要求较大天线和罐嘴。
- 较难测量极短量程。

——中频雷达

- 不受测量范围内障碍物的影响。
- 在遭受冷凝、蒸汽、灰尘、积聚物和泡沫情况下仍可提供可靠测量。
- 受液面波纹或涟漪的影响较小。
- 支持小管嘴（≥1.5in）。
- 受大量蒸汽影响（例如液态氨或 VCM）。
- 受稠密泡沫影响（例如乳胶或糖浆）。

——高频雷达

- 窄波束有助于避开障碍物。
- 支持用于极小管嘴的天线（≥3/4in）。
- 支持极短测量量程。
- 窄波束需要测量范围内无障碍物。
- 对冷凝、蒸汽、灰尘、积聚物和泡沫情况敏感。
- 极易受波纹或涟漪的影响。
- 对计量器具倾斜（天线倾斜）很敏感。
- 不适用于导波管和旁通管。

5.10.6　优点和局限性

a）优点

①通常不受介质温度、压力、黏度、密度、介电常数变化等影响，可用于有毒、易燃易爆、腐蚀、结晶、高黏度、粉尘、冷凝、气雾、湍流、泡沫等恶劣工况。

②测量范围较大，最大可测 70m 固体物料。

③非接触式雷达更适合高黏度、强腐蚀和极端的应用场合。

④导波雷达更适合高压、高温、蒸汽、界面等场合，在多数使用场合可替代浮筒式液

位计及差压式液位仪计。

⑤准确可靠、长期稳定，精度较高。

⑥无可活动机械部件，安装方便，维护成本低，性价比较高。

b）局限性

①受限于介电常数。

②导波雷达不适用于高黏度工况。

③雷达液（料）位计对安装环境要求较高，受障碍物、毛刺、搅拌等干扰容易导致虚假回波，大多数雷达液（料）位计可通过软件算法屏蔽这类虚假回波，必要时建议咨询厂商。

5.10.7　应用场合

适用于各类容器、塔、各种形状槽罐体的过程液面、界面及粉料、固料测量，常用于储罐、球罐液位测量、计量及贸易交接；可用于固顶罐、浮顶罐、带压罐、低温罐、固体料仓等各种罐型测量。

5.10.8　注意事项

5.10.8.1　选型

工况表面条件、介电常数等物料性质参数、流体性质、安装位置对正确选用雷达仪表至关重要。

高频雷达测量灵敏度较高，在厚泡沫、蒸汽或强搅拌工况时应谨慎选用，必要时咨询厂商。

非接触雷达采用导波管测量可最大限度减少泡沫、湍流和不规则罐形对雷达的影响，但需注意导波管的安装要求。

导波雷达应用于高热辐射和强震动场合时，建议选用分体式变送器。

尽量避免导波杆周围出现金属干扰，同时也尽量避免物料堆积的情况发生，比如高黏度场合。个别先进的导波雷达具有检测导波杆聚积物的能力。

导波雷达测量界面时，上层液体的介电常数必须小于下层液体，两种液体的介电常数差至少不低于 10。

在选择雷达测量范围时，注意避免测量盲区，通常为 200~500mm。

应谨慎低介电常数介质应用，必要时咨询厂商。

5.10.8.2　安装

雷达液（料）位仪表的安装应严格遵循厂商建议。

天线在容器中安装位置与容器壁有间距要求（通常大于 300mm），应避免安装在容器中央位置，尽量避开下料区、搅拌器、加热盘管、圈梁、挡板、开关、温度计等干扰源，使波束范围内无固定物，提高信号的可信度。

当采用导波管或旁通管安装时，管子内壁应光滑，管径均匀，管径不应大于天线口径。导波槽最大宽度和最大孔径通常为管径的 10%。任何过渡段不应产生任何超过 1mm 裂缝。

对于喇叭口天线，应使天线尽量露出接管（一般应 >10mm）。对于棒 / 杆式天线，应使整个测量棒都露出接管。

当容器外壁采用非导电材料时，导波雷达宜采用金属法兰式（>2in）安装，在信号波束范围内不应安装金属管道、金属梯子、金属平台等干扰物。

当导波雷达缆式探头容易接触容器时，如搅拌或料流推动等场合，应固定重锤，同时避免测量缆太紧崩断。

⌖ 5.11　超声波物位计

5.11.1　概述

超声波物位计是利用声波在介质中传播时，遇到障碍物反射的原理测量物位，具有结构简单、价格低廉及耐腐蚀的特点。

5.11.2　原理

5.11.2.1　超声波物位变送器

超声波物位变送器采用声波在液（固）面处声阻抗不同而发生反射的原理进行物位高度检测，即利用声波飞行时间测量距离的原理工作，如图 5-11-1 所示。当超声波探头向液面或固体表面发射一串超声波脉冲，经过时间 t 后，探头就能接收到从物位界面反射回来的这串声波脉冲。物位高度 h 按下式就可求出：

$$h=H-vt/2$$

式中　v——超声波在介质中的传播速度；

　　　H——超声波探头到容器底部的距离。

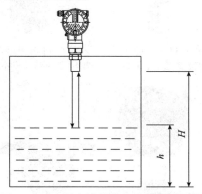

图 5-11-1　超声波物位变送器测量原理

由上面公式可以看出，要准确测量物位的高度，声波在介质中的传播速度必须恒定。在实际测量中，v 随介质温度、成分等的变化而有所变化，从而产生测量误差。

5.11.2.2　超声波物位开关

超声波物位开关测量原理有三种：一为吸收式，探头凹槽一端发射信号，另一端接收信号，当凹槽浸入测量介质时，接收到的信号强度降低，通过检测强度变化判断物位。二为振动衰减式，超声波沿金属杆传播，在金属杆末端反射，当末端浸入测量介质时，反射的强度大幅衰减，通过检测衰减判断物位。第三种为非接触式，这类探头被安装在储罐外壁上，工作时发射超声波，并穿过罐壁进入罐内，安装探头处的罐内是否有介质，反射波的强度变化，通过检测这种变化判断物位。

5.11.3 种类

按连续测量或点式测量可分为超声波物位变送器和超声波物位开关。

超声波物位变送器按探头浸入的介质种类可分为气介式、液介式。普通超声波液位变送器多为气介式，污水处理系统中常用的泥位计为液介式。

超声波物位开关有三种类型，分别为普通超声波物位开关（凹槽式）、超声导波物位开关（棒式）及非接触式超声波物位开关。

5.11.4 外形结构

①超声波物位变送器的外形，如图 5-11-2~ 图 5-11-5 所示。
②超声波物位开关外形，如图 5-11-6~ 图 5-11-8 所示。

图 5-11-2 超声波物位变送器（Emerson）　　图 5-11-3 超声波物位变送器（E+H）　　图 5-11-4 超声波物位变送器（Siemens）　　图 5-11-5 超声波物位变送器（川仪）

图 5-11-6 普通超声波物位开关（Magnetrol）　　图 5-11-7 导波式超声波物位开关（迅创）　　图 5-11-8 非接触式超声波物位开关（迅创）

5.11.5　主要参数

a）典型超声波物位变送器主要参数

电源：24V DC 或 220V AC。

测量范围：0.3~11m，盲区 0.3m。

精度：量程 >1m 时，±1.0%FS 设备空高。

信号输出：4~20mA+HART，可输出干接点信号。

温度附加误差：±0.5%FS/10℃（经过温度补偿后）。

过程温度：−40~80℃。

环境温度：探头 −40~70℃。

防爆等级：Exd（ia）IIC T6。

防护等级：IP65/IP68。

探头耐压：<0.3MPa。

b）典型超声波物位开关主要参数

供电：24V DC 或 220V AC。

功耗：2.5W@24V DC 或 2.5VA@220V AC。

输出开关：DPDT 或接近开关（Namur）。

过程温度：−40~80℃（−200~350℃定制）。

环境温度：−40~70℃。

防爆等级：Exd（ia）ⅡC T6。

防护等级：IP65/IP68。

过程压力：最大可至 7MPa（10MPa 定制）。

5.11.6　优点和局限性

5.11.6.1　超声波物位变送器

a）优点

可实现非接触测量，可用于毒性、高黏度场合。

结构简单，无机械可动部件，工作可靠。

适用范围宽，不受液相介质的组成、密度及电特性等影响。

b）局限性

声速易受液体上方介质温度、压力、密度和速度变化影响；液位波动、气泡、泡沫、粉尘及悬浮液对测量影响较大；抗振动性较差；无法测量真空设备的液位。

适用的温度压力不高。

5.11.6.2　超声波物位开关

a）优点

可测量低密度、高黏稠度液体介质等大部分液体介质。

非接触式超声波物位开关直接安装在罐壁外部，不需要开孔；部分产品带校准探头，能自校准，无须人工定期校准。

b）局限性

易受测量介质中的气泡及颗粒的影响。

5.11.7　应用场合

a）超声波物位变送器

主要用于工厂各类敞口容器等。

明渠或堰槽中水流量测量。

b）超声波物位开关

各种储罐（含危化品储罐）液位测量控制。

工艺管道液体测量。

设备装置液位测量。

5.11.8　注意事项

5.11.8.1　超声波物位变送器

①温度变化可引起测量误差，可通过调节温度补偿系数消除。

②不适用于真空系统。

③液面波动比较大的工况避免使用。

④液位变送器的盲区与测量范围成正比，量程大时盲区非常大，选型安装时应避免测量介质进入盲区。

⑤液位变送器探头为平面，介质蒸汽容易在探头上凝结，影响测量。特别是在北方寒冷地区，当凝结水在探头上被冻成冰时，液位计就会失效。部分产品通过特殊设计，可以避免本缺陷。

⑥液位变送器安装位置应偏离储罐中心一定距离，避免罐壁回波干扰。

5.11.8.2　超声波物位开关

①一般于液体介质测量。

②避免在易挂料工况使用。

③避免在黏度大于 30mPa·s 的液体中使用。

④避免在含有固体颗粒的液相介质中使用。

⑤非接触式超声波物位开关不能测量有夹层的罐体液位。

5.12　外测液位计

5.12.1　概述

外测液位计直接安装在容器外壁，利用超声波技术进行测量，属于非接触式液位计。

5.12.2　原理

a）外测液位计

外侧液位计采用声呐回波测距原理，在容器底部的液位测量头发射超声波，在罐内液体介质内传播，到达液面反射形成回波，由变送器分析、处理回波信号，得到回波形成的时间，根据公式：高度（H）= 速度（S）× 时间（T）/2 计算，得出液位。外测液位计原理如图 5-12-1 所示。

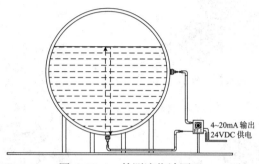

4~20mA 输出
24VDC 供电

图 5-12-1　外测液位计原理

b）外测液位开关

外测液位开关利用超声波壁内传播衰减原理，一个监测点用两个探头来实现监测，一个是发射探头，一个是接收探头；发射探头发射超声波，超声波向液体中和向气体中的透射率不同，被监测点有液或无液时，接收探头接收到不同的剩余能量，仪表根据能量值的差别显示有液或无液状态。外测液位开关原理如图 5-12-2 所示。

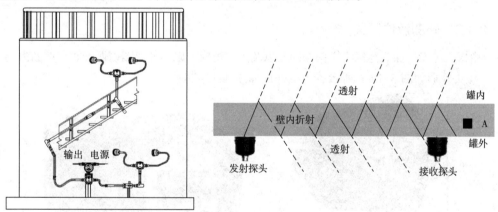

图 5-12-2　外测液位开关原理

5.12.3　种类

外测液位仪表分为外测液位计和外测液位开关两大类。

5.12.4　外形结构

5.12.4.1　外测液位计

由测量探头、校准探头和变送器组成，以下外形以西安定华产品为例：

变送器及探头外形如图 5-12-3 所示，测量探头（校准探头与测量探头相同，均为发射端接收端一体式）结构如图 5-12-4 所示，变送器结构如图 5-12-5 所示。

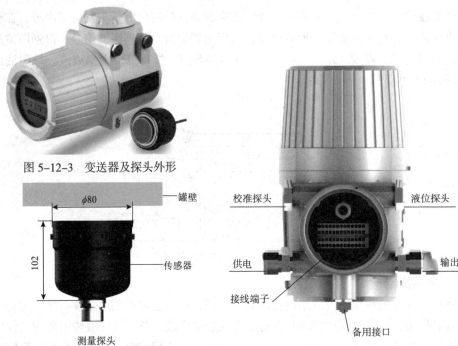

图 5-12-3　变送器及探头外形

图 5-12-4　测量探头结构

图 5-12-5　变送器结构

5.12.4.2　外测液位开关

由探头（发射探头与接收探头相同）以及主机组成，以下外形图以西安定华产品为例。探头外形如图 5-12-6 所示，主机外形如图 5-12-7 所示。

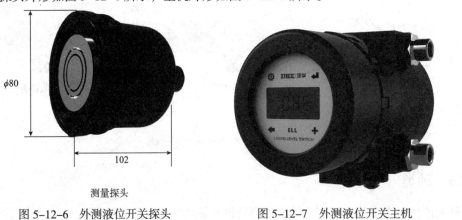

图 5-12-6　外测液位开关探头

图 5-12-7　外测液位开关主机

5.12.5　主要参数

a）外测液位计

测量范围：0.1~3m、0.2~6m、0.5~10m、1~16m、1~21m、1~30m。

精度：±1mm、0.1 级、0.2 级、0.5 级。

适用温度：环境温度 –60~60℃，介质温度 –60~220℃。

供电：24V DC、220V AC；两线制、四线制。

防爆、防护等级：隔爆、IP67，本安、IP65。

输出方式：4–20mA、HART、Modbus 数字通信协议。

变送器电气接口：G1/2″ 内螺纹（注：其他接口可加转接头任意转接）。

测量头安装方式：强磁吸附、强力粘接。

b）外测液位开关

精度：±1mm、±2mm、±5mm。

适用温度：环境温度 –60~60℃，介质温度 –60~220℃。

供电：24V DC、220V AC；两线制、四线制。

防爆、防护等级：隔爆、IP67，本安、IP65。

输出方式：干接点、Modbus 数字通信协议、离散电流信号。

变送器电气接口：G1/2″ 内螺纹（注：其他接口可加转接头任意转接）。

测量头安装方式：强磁吸附、强力粘接。

5.12.6　优点和局限性

a）优点

完全非接触式液位计，可以在罐体外部实现罐体内液位的连续准确测量。无须在罐壁上动火、开孔，不用任何法兰连接，完全不接触罐内介质，不受罐内液体介电常数、波动、压力、温度、密度等变化的影响。

可用于苛刻的工况。超高压容器、高纯度介质，外置式液位计不受介质压力的影响进行可靠测量；对于腐蚀性介质液位测量非常理想。

维护简单。实现在线维护，不影响生产。可在线安装每台液位计，不需要停产、清罐，不在容器上开孔。

环保。不开孔、不用法兰，无泄漏点，不会污染环境。

b）局限性

不宜用于测量悬浊液、乳浊液；不宜测量黏度过高的液体介质。

不宜测量低于 –60℃，高过 250℃的液体介质。

容器内液位测量头垂直方向不能有遮挡物。

5.12.7　应用场合

适用于各种压力容器及球罐、卧罐、立罐、香肠罐的液位测量。特别适用于剧毒、强腐蚀性、易燃易爆介质的液位测量。

5.12.8　注意事项

a）选型

探头安装位置有夹层、夹套不能使用。

当容器材质为非金属或有非金属衬里时，不推荐使用。

外测液位计被测容器壁厚度应小于 100mm；外测液位开关被测容器壁厚应小于 70mm。

外测液位计盲区 100~1000mm，视测量范围而定。

b）安装

外测液位计测量探头通常安装于容器底部，校准探头通常安装与容器中部，特殊工况可咨询厂商给出针对性解决方案。

液位测量头安装表面需打磨平整光亮无锈蚀，无漆层，无锈坑。

液位测量头安装后需严格密封。

液位变送器及液位开关主机安装需尽量选择避免阳光直射处或加防射罩。

c）调试

需被测罐内有 30% 以上液体。

5.13　电容式液（料）位计

5.13.1　概述

电容式液（料）位计是通过测量电极的电容随物位的变化而变化对物位进行检测，可对物位进行连续量测量、开关限位测量和界面测量。

5.13.2　原理

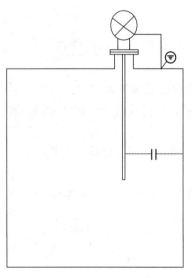

图 5-13-1　电容式液位计原理

电容式液位计由测量电极、前置放大单元、接收单元等组成。电极与容器之间形成等效电容，只要测得由于液位升降而变化的电容值，就可测得容器内的液位。测量电极的电容为 $C_0 + \Delta C_L$（C_0 为电极安装后空罐时的电容值，ΔC_L 为因液位升降而变化的电容值），原理如图 5-13-1 所示。

对于限位开关测量，测量探头接触介质与未接触介质之间存在电容变化量 ΔC，电路将 ΔC 转换成 ΔU，同时驱动开关信号输出。

5.13.3　种类

依据不同的测量需求，可分为连续量电容液位计和开关量电容物位计。

依据不同的绝缘型式，可分为全绝缘型和半绝缘型。

5.13.4　外形结构

电容式液（料）位计外形如图 5-13-2 所示。

5.13.5　主要参数

测量范围：0~25m。

精度：±1.0%FS。

输出信号：4~20mA+HART。

供电电源：24V DC 回路供电、220V AC。

过程温度：−40~85℃，部分型式可到 200℃，如有 200℃以上的高温型需求可定制。

绝缘层常见材料：PFA，PTFE。

过程压力：0~10MPa。

探头长度：0.3~5m（杆式），0.5~25m（缆式）。

防爆、防护等级：隔爆、本安型等；不低于 IP65。

图 5–13–2　电容式
液（料）位计外形

5.13.6　优点和局限性

a）优点

坚固耐用，安装方便，维护工作量少。

可测量浆料，粉状、颗粒状物料，腐蚀性介质。

响应快，盲区小。

介质电导率为 100μS/cm 或更高值时，无须标定。传感器在工厂中按照订购长度已进行标定。

可以在安全系统中使用，功能安全性可达 SIL2，符合 IEC 61508 标准。

更换电子部件后，无须重新标定。

可以进行界面测量。

b）局限性

如果被测介质是导电的黏滞性介质，当液位下降时，由于电极套管上仍黏附一层被测介质，因此会造成虚假的液位指示，在这种情况下应定期清洗探头。

应尽量避免在黏滞、易挂料介质中使用。

由于液位计直接安装在设备上，没有根部阀，不能在线拆卸。

对于非导电介质，当其介电常数发生变化时需要重新进行标定。

相比于雷达、导波雷达、超声波等其他原理液位计，电容式液（料）位计的精度偏低。

5.13.7　应用场合

a）连续物位检测

黏附性液体或者浆料的限位检测。

常规液位检测（水 / 水基介质 / 油等）。

b）界面检测（连续量 / 开关量）

油水界面检测。

c）限位开关检测

黏附性液体或者浆料的限位检测。

导电液体的泡沫检测。

常规限位检测（各种固体／液体）。

两点泵控制。

5.13.8　注意事项

5.13.8.1　选型

应该判断被测介质电导率和介电常数是否适用于电容式液（料）位计，需要时应咨询制造商。

测量非导电液体的电容物位传感器，当用于较稀的非导电液体（如轻油等）时，可采用一金属电极，外部同轴套上一金属管，相互绝缘固定，以被测介质为中间绝缘物质构成同轴套筒形电容器。

测量导电液体的电容物位传感器，容器（规则）和液体作为电容器的一个电极，插入的金属电极作为另一电极，绝缘套管作为中间介质，三者组成圆筒形电容器。当容器为非导电体时，需另加一个接地极，其下端浸至被测容器底部，上端与安装法兰有可靠的导电连接，以使二电极中有一个与大地及仪表地线相连，保证仪表正常测量。

当现场震动较强或者环境温度过高时，建议选用分体式探头（分体式距离最大 6m）。

探头形式根据工况条件及厂家建议选择，例如当测量量程较大（大于 4m）时，为了方便安装和运输，可选择缆式传感器。

对于黏性介质的限位检测，应该选择带抗黏附补偿段的探头。

5.13.8.2　安装

传感器不得接触容器壁。请勿将传感器安装在进料区中。

在搅拌罐中使用时，请确保传感器安装位置与搅拌器间的距离超过安全间距或加抗干扰管。

在存在严重横向负载的测量场合中使用时，请使用带保护管的杆式传感器。

对于固体限位开关的安装应该遵循如下安装注意事项：

避免接管过长；探头末端向下，方便黏附固料滑落；防护罩保护探头杆，使其不受塌料堆积或出料时的机械应力的影响。

5.13.8.3　其他

连续量电容式液位计的探头为全绝缘的，可以用于含腐蚀介质或卫生要求的工况。

针对导电介质，电容式液位计无须进行重新标定；针对非导电介质，需要结合实际工况进行空标和满标。针对固体连续测量工况，当固体料的松散程度、湿度等存在不均匀的情况下，不建议采用电容原理进行料位测量，可以采用非接触式雷达、导波雷达、超声波等原理进行测量。

开关量电容式液（料）位计的探头分为全绝缘式和半绝缘式的，其中半绝缘式探头的灵敏度更高。测量过程中，许多介质黏度较高，为了应对因黏附造成的误报警，需要选择主动抗黏附补偿功能。

5.14　射频导纳液（料）位计

5.14.1　概述

射频导纳液（料）位计是在电容液位计的基础上增加了补偿技术，解决了传感器挂料产生的误差。

5.14.2　原理

射频导纳物位控制技术是一种从电容式物位控制技术发展起来的，射频导纳中"导纳"的含义为电学中阻抗的倒数，"射频"即高频无线电波，射频导纳技术可以理解为用高频无线电波测量导纳的方法。高频正弦振荡器输出一个稳定的测量信号源，利用电桥原理，以精确测量安装在待测容器中的传感器上的导纳。

5.14.3　种类

依据不同的测量需求，可分为连续量射频导纳液位计和开关量射频导纳物位计。

根据探头形式，可分为杆式和缆式。

5.14.4　外形结构

射频导纳液（料）位计外形如图 5-14-1 所示。

5.14.5　主要参数

精度：±0.5% FS。

温度影响：0.25% / 30℃。

探头长度：250~5000mm（杆式），最长 30m（缆式）。

最大负载：24V DC 时 450Ω。

响应时间：<0.5s。

防爆、防护等级：隔爆、本安型等；不低于 IP65。

两线制：24V DC 电源线和信号输出线共用一对线。

仪表供电电源：15~35V DC。

输出：4~20mA。

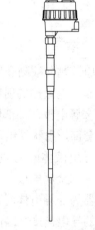

图 5-14-1　射频导纳液（料）位计外形

过程温度范围：-40~150℃，部分型式可到 230℃，230℃以上的高温型需求可定制。

5.14.6　优点和局限性

a）优点

坚固耐用，安装方便，免维护。

具有抗黏附功能，可测量浆料，粉状、颗粒状物料，黏附性和腐蚀性介质。

响应快，几乎无盲区。

介质电导率为 100 μS/cm 或更高值时，无须标定。传感器在工厂中按照订购长度进行

247

标定。

更换电子部件后，无需重新标定。

消除因挂料引起的测量误差。

b）局限性

液位计直接安装在设备上，没有根部阀，不能在线拆卸。

针对非导电介质，当其介电常数发生变化时需要重新进行标定。

相比于雷达、导波雷达、超声波等其他原理，射频导纳液（料）位计的精度偏低。

5.14.7　应用场合

a）连续物位检测

黏附性液体或者浆料的限位检测；常规液位检测（水 / 水基介质 / 油等）。

b）界面检测（连续量 / 开关量）

油水界面检测。

c）限位开关检测

黏附性液体或者浆料的限位检测；导电液体的泡沫检测；常规限位检测（各种固体 / 液体）；两点泵控制。

5.14.8　注意事项

5.14.8.1　选型

首先应该判断被测介质电导率是否适用于射频导纳物位仪，需要时应咨询制造商。

测量非导电液体的射频导纳物位传感器，当用于较稀的非导电液体（如轻油等）时，可采用一金属电极，外部同轴套上一金属管，相互绝缘固定，以被测介质为中间绝缘物质构成同轴套筒形射频导纳器。

测量导电液体的射频导纳物位传感器，容器（规则）和液体作为射频导纳器的一个电极，插入的金属电极作为另一电极，绝缘套管作为中间介质，三者组成圆筒形射频导纳器。当容器为非导电体时，需另加一个接地极，其下端浸至被测容器底部，上端与安装法兰有可靠的导电连接，以使二电极中有一个与大地及仪表地线相连，保证仪表正常测量。

当现场震动较强或者环境温度过高时，建议选用分体式探头（分体式距离最大 6m）。

探头形式根据工况条件及厂家建议选择，例如当测量量程较大（大于 4m）时，为了方便安装和运输，需要选择缆式传感器。

探头的屏蔽段应该长于现场安装短管，以免安装段内的黏附或者冷凝物影响射频导纳值。

总的来说，现场影响射频导纳测量因素颇多，所以应根据现场实际情况，即被测介质的性质（导电特性、黏滞性）、容器类型（规则 / 非规则金属罐、规则 / 非规则非金属罐），选择合适的射频导纳式液（料）位计。

5.14.8.2　安装

传感器不得接触容器壁。请勿将传感器安装在进料区中。

在搅拌罐中使用时，请确保传感器安装位置与搅拌器间的距离超过安全间距。

在存在严重横向负载的测量场合中使用时，请使用带保护管的杆式传感器。

安装时，请确保过程连接和罐体间存在良好的导电连接，可以使用导电性密封胶带。

对于固体限位开关的安装应该遵循如下安装注意事项：

避免接管过长；

探头末端向下，方便黏附固料滑落；

防护罩保护探头杆，使其不受塌料堆积或出料时的机械应力的影响。

5.14.8.3　其他

连续量射频导纳式液位计的探头为全绝缘的，可以用于含腐蚀介质或卫生要求的工况。

针对导电介质，射频导纳式液位计无须进行重新标定；针对非导电介质，需要结合实际工况进行空标和满标。针对固体连续测量工况，当固体料的松散程度、湿度等存在不均匀的情况下，不建议采用射频导纳原理进行料位测量，可以采用非接触式雷达、导波雷达、超声波等原理进行测量。

开关量射频导纳式液（料）位计的探头分为全绝缘式和半绝缘式的，其中半绝缘式探头的灵敏度更高。测量过程中，许多介质黏度较高，为了应对因黏附造成的误报警，需要选在主动抗黏附补偿功能。

5.15　放射性液（料）位计

5.15.1　概述

放射性液（料）位计是利用 γ 射线的穿透特性，在不直接接触介质的情况下，通过检测穿透物体后的 γ 射线量来获得被测介质物位的一种液（料）位计。

5.15.2　原理

放射性液（料）位计是基于"射线吸收原理"来测量容器内的物位（料位或液位）。放射源产生的 γ 射线穿过被测量容器壁和被测量介质时，γ 射线被吸收或散射而产生衰减，通过检测器检测剩余 γ 射线的量，并将其转化为电量的变化，然后通过电子电路放大及计算处理，获得被测量介质的物位。

γ 射线穿透被测物料后遵循朗伯 – 贝尔定律，即按指数规律衰减，即：

$$Y=Xe^{-\mu\rho d}$$

式中　X——放射源发出的射线强度；

　　　μ——吸收系数（与放射性核素有关的常数）；

　　　ρ——被测量介质的密度；

　　　d——被测量介质的厚度；

　　　Y——射线穿过密度为 ρ，厚度为 d 的被测介质后的射线强度。

5.15.3 种类

放射性液（料）位计可分为开关型和连续测量型两大类。

5.15.4 主要组成部分和外形结构

放射性液（料）位计通常由放射源（射线源）、检测器带变送器组成。

5.15.4.1 放射源

放射源一般选择同位素 ^{137}Cs 或 ^{60}Co 放射源。^{137}Cs 半衰期为 30.17 年，穿透性弱一些；^{60}Co 半衰期为 5.27 年，穿透性强。放射源的选择要综合考虑被测介质的密度、容器的材料和壁厚及直径等因素，由于申请相关许可证的实际情况，首选是四类五类放射源，由于 ^{137}Cs 半衰期长，使用寿命更长，根据厂家的计算在 ^{137}Cs 可以穿透的情况下，优先使用 ^{137}Cs，在厂家计算 ^{137}Cs 无法穿透的情况，考虑使用 ^{60}Co。放射源有点源和棒状源之分。^{137}Cs 一般为点源，也很难做成连续的棒状源；而 ^{60}Co 既可做点源又可做棒状源，通常多个 ^{137}Cs 点源可以替代达到棒状源的效果。

放射源外形如图 5-15-1 所示，内部结构如图 5-15-2 所示。

图 5-15-1 放射源外形　　　　图 5-15-2 放射源内部结构

5.15.4.2 接收器

检测器通常有电离室、盖革管和闪烁计数器三种类型，电离室与盖革管原理类似，电离室目前已经很少使用，由于经济性的需求，盖革管在料位开关测量中还有一定的应用。检测器也分点状接收器和棒状接收器。目前使用广泛的闪烁计数器通常是碘化钠 NaI（Ti）晶体，PVT 晶体和光纤等。当辐射 γ 射线进入闪烁晶体，使晶体中的原子受激，产生荧光，发光持续时间约为 0.25μs。就敏感度而言，碘化钠晶体与 PVT 晶体敏感度最高，光纤次之，电离室与盖革管的敏感度差。棒状接收器和点式接收器外形如图 5-15-3 所示。

5.15.5 主要参数

5.15.5.1 放射源

放射源通常为 ^{137}Cs 或 ^{60}Co，放射源强度需要根据被测量介质特性、容器材质及厚度、

图 5-15-3 棒状接收器和
点式接收器外形

容器尺寸和形状，以及安全防护等因素，由制造厂经过严格计算后确定。

5.15.5.2　检测器及变送器

测量范围：0.05~2m（可以多节级联）。

测量精度：±0.5%FS（–40~+60℃）。

环境温度：–40~60℃。

电源：18~36V DC；90~253V AC，50/60Hz。

消耗功率：直流供电：约 3.5W。

交流供电：约 8.5VA。

信号输出：4~20 mA+HART；Profibus PA；Foundation Fieldbus

　　　　　继电器输出 3A AC，1A DC。

防护等级：IP66/IP 67。

防爆等级：Exd IIA/B/C T1~6 Ga/Gb/Gc。

安全认证：WHG/SIL1/SIL2/SIL3（可选）。

安全认证：WHG/SIL1/SIL2/SIL3（可选）。

5.15.6　优点和局限性

a）优点

放射性液（料）位计特殊的测量原理，使得它可以不直接接触被测量介质，不受介质温度、黏度、结晶、腐蚀、毒性、状态等特性影响，不受容器压力、材质、壁厚、形状等制约，在石油、石化等领域解决了很多物位测量难题。

经久耐用；几乎无移动组件，保养维护少。

b）局限性

放射性液（料）位计由于其放射特性，具有一定的危险，国家对于放射性源有严格的使用、存储、维护管理和报废的相关法规，企业在选择和使用时应认真研究。

一次性投入成本高。维护不便。

5.15.7　应用场合

放射性液（料）位计属于非接触式物位仪表，其应用越来越广泛，对于一些常规物位测量手段不能满足要求的苛刻工况，可以被考虑选用放射性液（料）位计。

放射性液（料）位计主要应用于密闭容器中高温、高压、高黏度、腐蚀性、沸腾、毒性物料（固态或液态）物位的测量。在石油化工、煤化工、矿业、火电、钢铁、造纸等行业有着广泛应用。

5.15.8　注意事项

a）选型

放射性液（料）位计应交由专业厂家进行计算选型，被测量介质的物性、设备形状 /

尺寸、设备材质／壁厚等详细信息都应提供给厂家作为计算依据。

在设计时应仔细考虑放射性液（料）位计的布局，源门方向不应朝向主通道、楼梯等。

在同一区域有多台放射性物位计时，应充分考虑各射源和接收器的相对位置，避免相互干扰。

放射源／接收器的重量以及在设备上的安装支架等信息应提前将要求提给相关专业。

b）安装

放射性液（料）位计的调试工作应在厂商专业技术人员指导下完成。安装、操作、维护的人员须经过严格培训，并取得相应的资质证书，各个环节都需认真做好辐射防护工作。

c）调试

放射性液（料）位计的调试工作应在厂商专业技术人员指导下完成，相关调试人员应经过严格培训并取得相应资质证书。

5.15.9　放射性防护

放射性防护是指为避免或减弱放射性物质及其辐射对人体的伤害而采取的措施。

屏蔽、时间和距离是放射性防护的三个要素，屏蔽层越厚越好，被照射时间越短伤害越小，人体与放射源的距离越远越好。

放射源必须安装在源容器中，而且在源门关闭的情况下，源容器周围一定距离上的当量剂量必须满足国家规定的限值，具体规定请参见 GBZ 125—2009《含密封源仪表的放射卫生防护要求》。

放射源的运输、存储、安装及日常使用过程中，严格按照相关法规的要求正确执行，人员通常是安全的。

5.16　振动式液（料）位开关

5.16.1　概述

振动式液（料）位开关利用振动原理，通过振动频率的变化来检测液位／料位的测量。

5.16.2　原理

振动式液（料）位开关的探头是一个振动体，振动体可以是音叉状或圆棒状。振动式液（料）位开关由一个压电驱动装置激起振动体振动，如果介质与振动体接触，振动体频率变化，振幅衰减，由此触发一个开关信号。

5.16.3　种类

根据外形及振动频率，振动式液（料）位开关可分为音叉式（振动频率通常为 85Hz）和振棒式（振动频率通常为 280Hz）。

5.16.4　外形结构

音叉开关的外形如图 5-16-1 所示，振棒开关外形如图 5-16-2 所示。

图 5-16-1　音叉开关外形　　　　　图 5-16-2　振棒开关外形

5.16.5　主要参数

音叉开关和振棒开关的主要参数见表 5-16-1。

表 5-16-1　青叉开关和振棒开关主要参数

主要参数	音叉开关	振棒开关	备注
过程温度	普通型：-40~150℃ 高温型可达 280℃	普通型：-40~150℃ 高温型可达 300℃	
压力	真空 ~10MPa（G）	真空 ~2.5MPa（G）	
密度	液体：500~2500kg/m³ 固体：≥ 8kg/m³	固体：≥ 20kg/m³	
运动黏度	≤ 10000mm²/s	—	
振动体主要材质	316LSS 哈氏合金 涂覆塑料或瓷漆	316LSS	
供电电源	24V DC 110V AC 220V AC	24V DC 110V AC 220V AC	
输出信号	直流电压信号 继电器信号 NAMUR 信号 直流电流信号	直流电压信号 继电器信号 NAMUR 信号 直流电流信号	
过程连接形式	螺纹或法兰	螺纹或法兰	
过程连接尺寸	3/4″ ~ 4″（DN20~DN100）	1/2″ ~ 1-1/2″（DN15~DN40）	
防爆等级	隔爆 / 本安 / 粉尘防爆	隔爆 / 本安 / 粉尘防爆	
防护等级	IP65/66/67	IP65/66/67	

5.16.6　优点和局限性

a）优点

安装简单且不需校对调整；可实现自我诊断，功能安全等级最高可达 SIL3；结构形式牢固，保养和维修成本很低，使用寿命长；音叉开关稳定性高，不受介质影响，几乎可测所有液体介质；振棒开关对于黏附不敏感，不会夹料。

b）局限性

黏附性太强的介质不适用于音叉开关；压力的大幅变化可能影响测量；不适合颗粒过大的物料测量；振动过大的过程不适用。

5.16.7　应用场合

适用于石油化工大部分场合，例如：溢出保护；高低物位报警；防干转或泵保护。

5.16.8　注意事项

a）选型

应注意黏度、密度、颗粒物料直径、输出信号、电压等级的选择。

应注意被测介质的密度是否在开关的可测范围内。

振动式开关安装位置周边有大功率设备、变频设备时，应尽量选用 24V DC 的供电方式。

输出信号应尽量采用常规信号，如 NAMUR 信号和继电器信号，当必须选择直流电压信号或直流电流信号时，应特别注意其接线要求。

b）安装

音叉开关安装施工时注意叉体不要受到强烈冲击，以免损坏压电晶体。

测量粉末及黏度较高的液体时，音叉开关叉体的两个平行叉板应取和地面垂直方式（此时叉体方向标记应冲上或者冲下），以保证物料能容易地从叉板之间流出。

振动开关安装时应避开死角、入料口。

多支振棒开关同时安装时，各开关之间应保持 300mm 以上的距离。

推荐倾斜式安装。音叉开关接管可向下倾斜并与水平线保持 3°~5° 夹角，振棒棒体向下倾斜并与水平线保持 20° 夹角，如此可增加灵敏度，并减少下料冲击造成开关损坏。

有内件（比如浮盘）的设备上安装的音叉开关叉体不能伸出接管。

高黏度液体和含有较大颗粒的物料不适用于使用音叉开关。

颗粒直径过大的物料不适用于使用振棒开关。

5.17　阻旋式料位开关

5.17.1　概述

阻旋式料位开关是一种用于固态物料（包括粉状、块状、粒状、胶状等）物位控制的机械式开关。它具有结构简单、造价经济的特点，在粮食/饲料料仓、塑料粒子/粉末仓等工况广泛应用。

5.17.2 原理

阻旋式料位开关是利用微型马达做驱动装置，传动轴与离合器相连接，当未接触物料时，马达正常运转，当叶片接触物料时，马达停止转动，检测装置输出接点信号，当物料下降时叶片所受阻力消失，马达装置依靠扭力弹簧恢复到初始状态，并继续驱动叶片旋转。

为了让阻旋式料位开关的维护变得更简单，部分厂家设计了自我诊断功能，可以通过霍尔传感器对电源、马达、微动开关等进行实时诊断，让用户可以直观的掌握开关运行情况，快速发现问题并予以解决。

5.17.3 种类

按照探杆形式进行分类，通常可分为标准杆式探头、轴保护管杆式探头和缆式探头。

按照叶片形式进行分类，通常可分为 L 型叶片、十字型叶片、可折叠型叶片。

5.17.4 外形结构

阻旋式料位开关外形如图 5-17-1 所示，结构如图 5-17-2 所示。

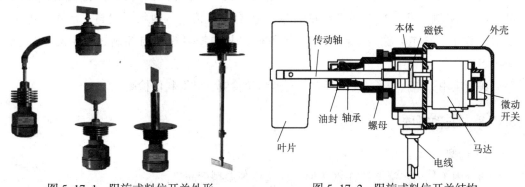

图 5-17-1 阻旋式料位开关外形　　　　图 5-17-2 阻旋式料位开关结构

5.17.5 主要参数

叶片转速：1r/min（1r/min 是大部分厂商选用的转速，因厂商不同会有所不同，选型时根据选定的厂商最后确定此参数）；

介质密度：≥ 0.3g/cm³（0.3g/cm³ 是大部分厂商选用的介质密度临界值，因厂商不同会有所不同，选型时根据选定的厂商最后确定此参数）；

环境温度：-20~80℃；

供电电源：220V AC、110V AC、24V DC 可选；

耗电功率：3~4W；

输出开关信号：继电器；

接点容量：250V AC/10A、220V AC/5A、220V AC/3A；

物料温度：–10~80℃（高温定制可达到 400℃）；

工艺连接方式：法兰、螺纹；

普通型 / 隔爆型 Exd IIC T6；

力矩：1~100kgf·cm；

防护等级：IP65；

叶片材质：304SS/316LSS。

5.17.6　优点和局限性

a）优点

结构简单，造价低廉；拉力弹簧可调，可适应各种容重物料的测量；安装简单，且不必从仓壁上拆下，即可检查、更换内部零件；能有效抵抗物料黏附；探头形式多样，适用于不同的工况和安装环境。

b）局限性

机械式原理，维护量较大；耐压能力低；不耐腐蚀。

5.17.7　应用场合

阻旋式料位开关主要用于各种物料（如粉状、颗粒状或块状）料仓及限料位的自动检测与控制，可满足不同工况的要求，在冶金、粮食、面粉、建材、水泥、电力、煤炭、化工、铸造、橡胶、环保除尘等各行各业的物料输送与控制过程中有着广泛的应用。

典型应用：塑料粒子 / 粉末料仓、石膏料位检测、砂石料位检测。

5.17.8　注意事项

a）选型

料仓内（桶内）温度超过 80℃时，应选用高温型产品。

明确物料密度，以选择合适叶片。当被测介质密度较小时，选用较大叶片；当检测木质纤维等甚轻介质时，需要特制叶片。

明确阻旋式料位开关的插入长度、过程连接规格、电源、是否带安装板等信息；

为适应某些有渗液或高黏附物料（如沥青、混凝土等）的需要，可选用顶置垂直安装式（测量深度可达 10m 以上），并根据测量深度的不同选择加长软、硬轴。当测量深度 >1m 时，一般选用加长软轴，测量深度 ≤ 1m 时可选用硬质加长轴。

b）安装

安装时应使叶片所处的位置避开进料口的下部和料仓死料区，为防止使用中物料的砸击，应在检测叶片的上方 200mm 处加装一50mm 宽的保护挡板。

如采用加长轴垂直安装，则应安装保护套筒或使叶片和软轴所处位置不致受到物料的直接砸击。多位测量时应适当拉开距离，避免发生软轴的相互缠绕。

　　为避免室外环境雨水的渗入，侧装时应使出线口垂直向下并旋紧上盖。垂直安装时如有条件，可考虑加装防雨罩。

　　水平安装时，将开关以水平向下呈 15~20°，避免物料直接冲击轴和叶片。

　　在安装或者维修时，应遵守"关掉电源后方可打开料位开关"的警告。

　　轴长长度超过 500mm 时，原则上垂直方向安装，低于此轴长可侧装或者垂直安装均可。

　　安装时请勿直接敲击叶片及传动轴。

　　阻旋式料位计通常安装在料仓仓壁的顶部、中部或者底部。安装位置如图 5-17-3 所示。

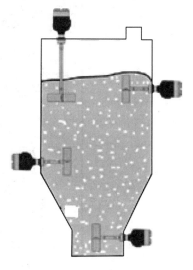

图 5-17-3　安装位置示意

5.18　储罐计量系统

5.18.1　概述

　　储罐计量系统用于罐区生产监控，通过各种仪表检测到液位、温度、压力、密度等工艺参数，计算出储罐的容积、重量以及库存管理所需要的其他参数，实现对储罐的计量以及库存管理。

5.18.2　现场测量

　　储罐计量系统的现场测量主要包括液位测量、温度测量、压力测量、密度测量。现场测量部分的示意如图 5-18-1 所示。

　　a）液位测量

　　雷达液位计是一种不与液体接触、无机械传动部件的仪表，适用于高黏度、腐蚀性强的介质、大多数场合都可使用。液位测量精度高，一般可以到 ±1mm。

　　伺服液位计属于浮力式液位测量仪表，基于阿基米德原理测量液位，属于恒浮力式液位计的一种。伺服液位计机械稳定性好，测量精度高，重复性好，部分厂家测量精度可达 ±0.4mm。大多数场合都可使用，但不适用与高黏度高腐蚀性的介质。

　　b）温度测量

　　大型储罐通常采用多点温度计进行温度的测量，由于在储罐中的产品通常从上至下存在温度梯度，在接近罐底部的产品温度较接近于大地的温度，而产品表面的温度比较接近于大气的温度，产品的内部温度通常分布也不均匀。因此，通常选用多点平均温度计测量储罐中产品的平均温度。

　　c）压力测量

　　通过压力变送器测量储罐内介质的压力。

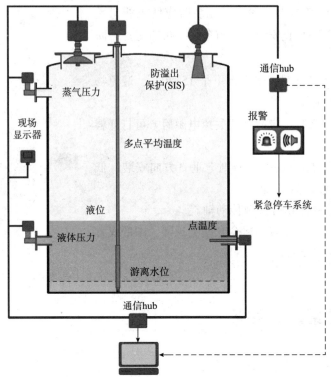

库存管理、贸易交接、净容积、总容积、密度、质量等

图 5-18-1　现场测量示意

d）密度测量

根据需要，可以采用伺服液位计来测量储罐内介质的密度以及密度梯度，测量的精度可以达到 $1kg/m^3$。

5.18.3　现场通信接口单元

现场检测仪表的信号通过现场通信接口单元进行数据采集，并通信至上位机系统。不同厂商现场通信接口单元也不尽相同，可以通过液位计进行数据采集，也可以通过现场罐旁指示仪进行数据采集。

5.18.4　上位机系统

所有现场检测仪表信号包括液位、温度、压力以及密度等通过现场通信接口单元通信至控制室上位机系统，通过罐区生产监控管理软件，对罐区进行监控管理。基本功能包括：

①储罐液位、温度、压力、密度等工艺参数的监测功能。

②储罐罐容计算功能，通过各种仪表检测到的液位、温度、压力、密度等工艺参数，计算出储存介质的容积、重量以及库存管理所需的其他信息参数。

③实现倒灌自动化。

④实现库存控制。

⑤贸易计量。在购买和出售大宗液体时，储罐计量数据可以作为进行正确计价和征税

的主要依据。

储罐计量系统结构如图 5-18-2 所示。

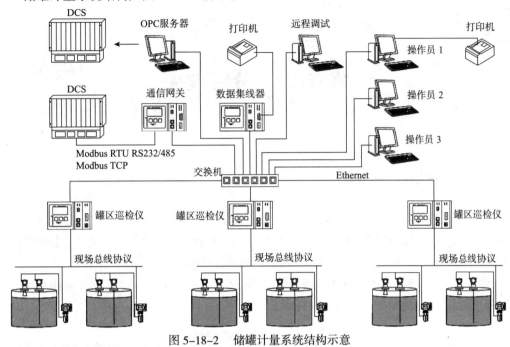

图 5-18-2　储罐计量系统结构示意

第6章 分析仪表

6.1 分析仪表分类

分析仪表按工作原理可分为电化学分析仪、光学分析仪、色谱分析仪、热导式分析仪、顺磁式分析仪等，按测量成分可分为氧分析仪、氢分析仪、露点分析仪、微量水分分析仪、色谱仪、pH/ORP 分析仪、导电率计、浊度计、氨氮分析仪、溶解氧分析仪等。

表6-1-1、表6-1-2和表6-1-3按测量介质的相态不同分别列出了常用的液相分析仪、气相分析仪以及气体检测器的分类及特点。

表 6-1-1 常用液相分析仪

分类		分析仪表	测量原理	测量成分	测量范围
电化学分析仪	电位分析法	pH/ORP 分析仪	通过测定两电极间的电位差，测量液体的酸碱度或ORP	pH 值 ORP	0~14pH −1999~+1999mV
	电导式 （接触式/ 极板式）	电导率仪	在浸入介质的电极上提供交流电压，采用欧姆定律计算通过电极间的电流值，得到电导率值（或电阻值）	1. 电导率值 2. 电阻率值 3. TDS[*1]	k^{*3}=0.01，0.04~20μS/cm k=0.1，0.1~500μS/cm k=1，0.01~20mS/cm k=0.57（四电极），1μS/cm~500mS/cm
	电感式 （非接触式/ 线圈式）	电导率仪/酸碱浓度仪	传感器的初级线圈生成交变电磁场，介质切割磁线产生感应电流，感应电流在次级线圈生成电磁场，由次级线圈的感应电流计算得到电导率值	1. 电导率值 2. 浓度[*2] 3. TDS[*1]	k=1.98，2μS/cm~2000mS/cm
	电位分析法	钠离子分析仪	通过计算钠测量电极系统与被测溶液构成的测量电池的电动势，得到钠离子浓度	水溶液中钠离子的浓度	0~10000ppb
	覆膜法 （安培法/ 电流法）	溶解氧分析仪	氧分子透过覆膜后，在阴极产生电化学反应，通过测量反应电流换算出溶解氧浓度	1. 溶解氧浓度 2. 氧分压 3. 氧饱和度	痕量溶氧传感器：0.001~10mg/L 普通溶氧传感器：0.01~100mg/L
	覆膜法 （电流法）	余氯分析仪	次氯酸透过覆膜后在阴极产生电化学反应，通过测量反应电流计算出次氯酸浓度，通过pH补偿换算得到余氯浓度	余氯	普通余氯传感器：0.05~20mg/L 微量余氯传感器：0.01~5mg/L
	覆膜法 （电流法）	总氯分析仪	氯化合物透过覆膜后在阴极产生电化学反应，通过测量反应电流计算得到总氯浓度	总氯	0.1~10mg/L

	分类	分析仪表	测量原理	测量成分	测量范围
电化学分析仪	覆膜法（电流法）	二氧化氯分析仪	二氧化氯透过覆膜后在阴极产生电化学反应，通过测量反应电流计算得到二氧化氯浓度	二氧化氯	普通二氧化氯传感器：0.05~20mg/L 微量二氧化氯传感器：0.01~5mg/L
	离子选择性电极	氨氮分析仪	铵根离子穿透覆膜附着于电极之上和参比电极之间产生电势差，通过电势差计算得到铵离子的浓度，经过 pH 和钾离子补偿得到氨氮的浓度	1. 氨氮 2. 钾离子 3. pH	0~1000mg/L NH$_4$-N 0~1000mg/L K$^+$ 0~14pH
光学分析仪	90° 红外光散射	浊度仪	波长为 860nm 的近红外光照射到介质的颗粒物上（浊度物质）产生散射，通过在 90° 散射角度上测量光强得到浊度值或悬浮颗粒物浓度	1. 浊度 2. 悬浮颗粒物浓度	0.0015~4000NTU/FNU 0~2200mg/L
	90° 和背向 135° 红外光散射	浊度仪/污泥浓度仪	波长为 860nm 的近红外光照射到介质的颗粒物上（浊度物质）产生散射，通过在 90° 和 135° 散射角度上测量光强得到浊度值或悬浮颗粒物或污泥浓度	1. 浊度 2. 悬浮颗粒物浓度 3. 污泥浓度	0.4~4000NTU/FNU 0~300g/L
	254nm 紫外光吸收（SAC）	SAC 分析仪	通过检测一定光程下，介质对 254nm 波长下紫外光的吸收系数，根据标定曲线计算出对应的 COD、BOD、TOC 和 DOC 的值	1. SAC[*4] 2. COD[*5] 3. BOD[*6] 4. TOC[*7] 5. DOC[*8]	40mm 光程： −SAC：0.1~50L/m −COD：0.15~75mg/L 8mm 光程： −SAC：0.5~250L/m −COD：0.75~370mg/L 2mm 光程： −SAC：1.5~700L/m −COD：2.5~1000mg/L
	荧光淬灭法	溶解氧分析仪	氧分子附着在传感器的荧光层上，产生荧光淬灭效应，由响应信号强度和持续时间计算得到溶解氧浓度	1. 溶解氧浓度 2. 氧分压 3. 氧饱和度	0.01~20mg/L
湿化学法分析仪	硅钼蓝分光光度法	硅酸盐分析仪	酸性条件下，水中的可溶硅与钼酸铵生成黄色硅钼络合物，用还原剂把硅钼络合物还原成硅钼蓝。光度计吸收波长为 810nm 的发射光。吸光强度与试样中的硅酸盐浓度成比例	SiO$_2$	低量程：1~200μg/L 高量程：50~5000μg/L
	水杨酸分光光度法	氨氮分析仪	碱性环境下，二氯异氰尿酸钠分解出次氯酸和水杨酸钠与氨氮发生反应后，试样显现为绿/蓝色。通过不同波长的组合光测量整个浓度范围内的吸光度。此时，吸光度与试样中的氨氮浓度直接成比例	氨氮 −NH$_4$-N −NH$_3$ −NH$_4^+$	0.05~100mg/L
	重铬酸钾法	COD 分析仪	在强酸性溶液中，以重铬酸钾作为氧化剂，硫酸银为催化剂，在一定温度条件下进行试样消解。重铬酸钾中的铬从六价铬（Cr^{6+}）还原成三价铬（Cr^{3+}）。溶液颜色相应地从橙色变成绿色。还原铬酸盐浓度的光学定量可以作为试样的化学需氧量指标	COD$_{Cr}$	低量程：10~5000mg/L 高量程：40~20000mg/L
	紫外线氧化法	TOC 分析仪	将处理后的定量水样燃烧，完全氧化其中的有机成分，再使用红外法测定其生成的 CO$_2$ 浓度，直接得出 TOC 值	总有机碳 TOC	0~50mg/L

续表

分类	分析仪表	测量原理	测量成分	测量范围
湿化学法	钼蓝分光光度法	总磷分析仪	钼酸根离子和锑离子与正磷酸根离子反应,生成锑磷钼混合物。抗坏血酸将混合物还原成蓝色磷钼酸盐。吸光度与试样中的正磷酸盐浓度直接成比例	总磷 TP	低量程:0.05~10mg/L 高量程:0.5~50mg/L

注:*1. TDS – Total Dissolved Solid,总溶解性固体。

　　*2. 指单介质(酸、碱、盐、类电解质)的水溶液的浓度。

　　*3. k- 电导率传感器的电极常数。

　　*4. SAC–Spectrum Absorbance Coefficient,光谱吸收系数。

　　*5. COD–Chemical Oxygen Demand,化学需氧量。

　　*6. BOD–Biochemical Oxygen Demand,生化需氧量。

　　*7. TOC–Total Organic Carbon,总有机碳。

　　*8. DOC–Dissolved Organic Carbon,溶解性有机碳。

表 6-1-2　常用气相分析仪

分类	分析仪表	测量原理	测量成分	测量范围	响应时间
光学分析仪	红外线光谱吸收法 红外线气体分析仪	基于物质对红外线光谱中的特征波长的光谱选择性吸收的原理。测定通过装在一定长度容器内的被测气体后的红外线辐射强度来测量气体组分的浓度	CO、CO_2、NO、NO_2、SO_2、NH_3、烷烃、烯烃和其他烃类及有机物(如 CH_4、C_2H_4 等)	常量测量:0~100% 微量测量: CO_2:0~5ppm CO:0~10ppm SO_2:0~25ppm NO:0~75ppm N_2O:0~20ppm CH_4:0~50ppm NH_3:0~30ppm C_2H_2:0~100ppm C_2H_4:0~300ppm C_2H_6:0~50ppm C_3H_6:0~100ppm C_3H_8:0~50ppm H_2O:0~500ppm	< 3s
光学分析仪	激光束光谱吸收法 激光分析仪	基于物质对中红外线光谱中的特征波长(激光束)的光谱选择性吸收的原理。测定通过装在一定长度容器内的被测气体后的激光束强度来测量气体组分的浓度	O_2、CO、CO_2、H_2O、CH_4、HCl、NH_3、HF、H_2S 等	常量测量:0~100% 微量测量: O_2:0~100ppm CO:0~40ppm CO_2:0~20ppm H_2O:0.03ppm CH_4:10ppm HCl:0.1ppm NH_3:0~5ppm	< 1s
光学分析仪	紫外线光谱吸收法 紫外分析仪	基于物质对紫外线光谱中的特征波长的光谱选择性吸收的原理。测定通过装在一定长度容器内的被测气体后的紫外线辐射强度来测量气体组分的浓度	SO_2、NO_x、O_2、NH_3、Cl_2、O_3、H_2S 等气体	常量测量:0~100% 微量测量: SO_2:0~50ppm NO:0~50ppm	< 10s

续表

分类		分析仪表	测量原理	测量成分	测量范围	响应时间
氧分析仪	顺磁法分析仪	顺磁式氧分析仪	基于氧的顺磁特性设计而成。氧分子在磁场中沿磁力线方向运动，撞击哑铃球并推动哑铃球旋转体在磁场中旋转，同时调整导电线圈电流的大小，产生一个与固定磁场相反的磁场，来平衡旋转体的偏转力矩，导电线圈电流的大小的变化量就间接反映出氧浓度的大小	O_2	常量测量：0~100%最小测量范围：0~1%	< 10s
		热磁式氧分析仪	基于氧的顺磁特性设计而成，利用磁场将氧气和其他样品气分离，被测氧气在特定通道形成热磁对流，被分离磁化的过程中氧气会带走相应的热量，热敏/热丝型电阻阻值会发生变化（类似于热导分析仪的工作原理），这种变化量就代表了氧气的含量	O_2	常量测量：0~100%最小测量范围：0~1%	< 10s
		磁压式氧分析仪	基于氧的顺磁特性设计而成，当氧气处于不均匀的磁场中时，会被吸引到该磁场中磁场强度较大的区域，形成氧气运动并产生一定推动力，氧气受力后压力发生变化，压力的变化量与被测气体的含氧量成正比，压力变化量被检测器转换为电信号	O_2	常量测量：0~100%最小测量范围：0~1%	< 10s
	电化学法分析仪	氧化锆分析仪	在纯的氧化锆（ZrO_2）中掺杂一定比例的低价金属氧化物（如氧化钙等），具有高温导电性能（650~850℃），变成了固体电解质。氧分子从氧分压高的一侧（一般为空气）被电离，以氧离子的方式流过氧化锆电解质层，到达氧分压低的一侧（被测样品侧），从而形成电解电流，该电流与被测氧浓度有一定的对应关系	O_2	0.1%~100%	< 5s
		电化学式氧分析仪	原电池型氧分析仪工作原理与化学原电池完全相同，氧在燃料电池中的反应类似于氧的燃烧。电解池式氧分析仪的工作原理相当于电解氧气	O_2	原电池式测量：1ppm~25%电解池测量：1ppb~25%	< 20s
热导法分析仪		热导式分析仪	基于不同气体具有不同的热传导率。单一物质或混合气体流过热源（热敏元件）时会带走热量，热导率是一个非常小的量，通过热敏型电阻将混合样品热量变化转化为电阻值的变化	H_2，He，CH_4	常量测量 H_2：0~98%最小测量量程：H_2（air）：0~1%H_2（N_2）：0~1%H_2（air）：0~1%He（air）：0~2%CH_4（H_2）：0~3%	< 20s

分类	分析仪表	测量原理	测量成分	测量范围	响应时间
色谱法分析仪	色谱分析仪	混合气体通过色谱柱时，被色谱柱内的填充剂/涂剂所吸收或吸附（物理过程），因为不同气体分子的物理特性不同，被填充剂/涂剂所吸收的程度不同，因而通过柱子的速度产生差异（保留时间不同），在柱出口就发生了混合气体按时间先后被分离成各个组分的现象，这种采用色谱柱和检测器对混合气体先分离、后检测的定性、定量分析方法就叫色谱分析法	分析从单原子分子到多原子分子，从无机到有机的任何复杂组分（450℃以下可汽化的物质）	TCD常量测量：0~100% 检测下限： H_2：>5ppm 其他：>100 ppm FID常量测量：0~100% 检测下限：>1ppm FPD测量：0~300ppm 检测下限：>10ppb	分析周期大于60s
微量水分析仪	P_2O_5电解法	基于法拉第电解定律，仪器主要部件是一个特殊的电解池，在圆柱形池壁上绕有两根并行的螺旋形铂丝，作为电解电极，铂丝间涂有水化的五氧化二磷（P_2O_5）薄膜。P_2O_5具有很强的吸水性，当被测气体经过电解池时，其中的水分被完全吸收，产生磷酸溶液，并被两铂丝间通以的直流电压电解，生成的H_2和O_2随样气排出，同时使P_2O_5复原，电解电流的大小就代表了H_2O含量的大小	H_2O	测量：0~1000ppm 检测下限：>1ppm	>30s
	电容法	当介质中含有水分时，就会使介质的 ε 值改变，从而引起电容器电容量的变化，这个变化与介质的含水量有线性关系	H_2O	测量：0.5~23080ppm 检测下限：>0.1ppm	>5s
	晶体振荡法	晶体振动式微量水分仪的敏感元件是水感性石英晶体。当湿性样气通过石英晶体时，石英的涂层吸收样气中的水分，从而使石英振动频率降低。然后通入干性样气，干性样气萃取石英涂层中的水分子，使石英晶体振动频率增高。在湿气、干气两种状态下振动频率的差值，与被测气体中水分含量成比例	H_2O	测量：0.1~2500ppm 检测下限：>0.1ppm	

表 6-1-3 常用气体检测器

分类	分析仪表		测量原理	测量成分	测量范围
光学分析仪	红外线吸收法	红外气体检测器	基于物质对光的选择性吸收的原理，测定通过装在一定长度容器内的被测气体后的红外线辐射强度来测量气体组分	单原子惰性气体（He、Ne、Ar 等）；无极性的双原子分子气体（N_2、H_2、O_2、Cl_2 等）；无机物（CO、CO_2、NO、NO_2、SO_2、NH_3 等）；烷烃、烯烃和其他烃类及有机物（CH_4、C_2H_4 等）	CO_2 : 0~20ppm 0~100% CO : 0~20ppm 0~100% SO_2 : 0~40ppm 0~100% NO : 0~75ppm 0~100%
电化学分析仪	电化学检测法	毒性气体探测器	将两个反应电极——工作电极和对电极以及一个参比电极放置在特定电解液中，然后在反应电极之间加上足够的电压，使透过涂有重金属催化剂薄膜的待测气体进行氧化还原反应，再通过仪器中的电路系统测量气体电解时产生的电流，然后由其中的微处理器计算出气体的浓度	氧气、硫化氢等有毒有害气体；个别挥发性有机化合物（VOC）	CO : 0~100ppm 0~200ppm 0~500ppm H_2S : 0~30ppm 0~50ppm SO_2 : 0~20ppm Cl_2 : 0~20ppm NH_3 : 0~100ppm 0~200ppm HCl : 0~20ppm O_2 : 0~25% HCN : 0~30ppm 0~50ppm H_2 : 0~1000ppm 0~40000ppm NO_2 : 0~20ppm PH_3 : 0~5ppm SiH_4 : 0~20ppm HF : 0~10ppm C_2H_4O : 0~10ppm 0~100ppm NO : 0~25ppm AsH_3 : 0~1ppm C_3H_3N : 0~100ppm B_2H_6 : 0~20ppm HBr : 0~10ppm 0~20ppm $COCl_2$: 0~1ppm ClO_2 : 0~1ppm CH_2O : 0~10ppm C_2H_3Cl : 0~30ppm O_3 : 0~5ppm Br_2 : 0 ~ 5ppm F_2 : 0 ~ 1ppm
催化燃烧分析仪	催化燃烧检测法	可燃气体检测器	气敏材料（如 Pt 电热丝等）在通电状态下，可燃性气体氧化燃烧或者在催化剂作用下氧化燃烧，电热丝由于燃烧而升温，从而使其电阻值发生变化	烷类、汽油等可燃气体及蒸气	可燃气体：0~100%LEL

续表

分类		分析仪表	测量原理	测量成分	测量范围
半导体分析仪	半导体	可燃气体探测器	在一定条件（温度）下，在被测气体到达半导体材料表面并与吸附在半导体材料表面的氧发生化学反应的过程中伴随电荷转移，进一步引起半导体电阻的变化，通过测量半导体电阻的变化实现对气体的检测。气敏电阻材料一般为氧化钴、氧化锡等	醇类、酯类等可燃气体及蒸气	可燃气体：0~100%LEL
光离子分析仪	光电离法（PID）	挥发有机气体探测器	PID 使用了一个紫外灯（UV）光源将有机物分子电离成可被检测器检测到的正负离子（离子化）。检测器捕捉到离子化了的气体的正负电荷并将其转化为电流信号实现气体浓度的测量。当待测气体吸收高能量的紫外光时，气体分子受紫外光的激发暂时失去电子成为带正电荷的离子。气体离子在检测器的电极上被检测	挥发性有机化合物（VOC）	挥发性有机化合物（VOC）：0~50ppm 0~30ppm 具体气体种类参见表6-1-4

表 6-1-4　光离子传感器可检测挥发性有机化合物（VOC）

检测气体	分子式	检测气体	分子式	检测气体	分子式
四氯乙烯	C_2Cl_4	丁酮（甲乙酮）	C_4H_8O	乙酸戊酯	$C_7H_{14}O_2$
三氟氯乙烯	C_2ClF_3	四氢呋喃	C_4H_8O	甲基环己烷	C_7H_{14}
四氟乙烯	C_2F_4	丁醛	C_4H_8O	庚烷	C_7H_{16}
四溴乙烷	$C_2H_2Br_4$	乙酸乙酯	$C_4H_8O_2$	氰苯（苯甲腈）	C_7H_5N
二氯乙烯	$C_2H_2Cl_2$	二氧杂环乙烷（二恶烷）	$C_4H_8O_2$	苯甲醛	C_7H_6O
乙烯酮	C_2H_2O	环戊烷	C_5H_{10}	氯甲苯	C_7H_7Cl
溴乙烯	C_2H_3Br	（二）乙醚	$C_4H_{10}O$	甲苯	C_7H_8
氯乙烯	C_2H_3Cl	戊酮	$C_5H_{10}O$	苯甲醚	C_7H_8O
二溴乙烷	$C_2H_4Br_2$	乙酸丙酯	$C_5H_{10}O_2$	苯甲醇	C_7H_8O
乙醛	C_2H_4O	丙酸乙酯	$C_5H_{10}O_2$	甲酚	C_7H_8O
溴乙烷	C_2H_5Br	乙酸异丙酯	$C_5H_{10}O_2$	二甲苯	C_8H_{10}
乙醇	C_2H_5OH	乳酸乙酯	$C_5H_{10}O_3$	乙苯	C_8H_{10}
（二）甲醚	C_2H_6O	戊烷	C_5H_{12}	二甲基苯胺	$C_8H_{11}N$
二甲基硫醚（二甲硫）	C_2H_6S	异戊烷	C_5H_{12}	甲基庚烯酮	$C_8H_{14}O$
乙硫醇	C_2H_6S	戊醇	$C_5H_{12}O$	辛烯	C_8H_{16}
甲硫醚	C_2H_6S	甲基叔丁基醚	$C_5H_{12}O$	二异丁烯	C_8H_{16}
二甲基二硫醚（二甲二硫）	$C_2H_6S_2$	糠醛	$C_5H_4O_2$	二甲基环己烷	C_8H_{16}
二甲胺	C_2H_7N	吡啶	C_5H_5N	辛烷	C_8H_{18}
乙胺	C_2H_7N	糠醇	$C_5H_6O_2$	异辛烷	C_8H_{18}
乙醇胺	C_2H_7NO	间戊二烯（1，3-戊二烯）	C_5H_8	异辛醇	$C_8H_{18}O$

续表

检测气体	分子式	检测气体	分子式	检测气体	分子式
二甲基肼	$C_2H_8N_2$	异戊二烯	C_5H_8	苯乙烯	C_8H_8
三氯乙烯	C_2HCl_3	戊二酮	$C_5H_8O_2$	甲酸苄酯	$C_8H_8O_2$
二氯丙烯	$C_3H_4Cl_2$	甲基丙烯酸甲酯	$C_5H_8O_2$	甲基苯乙烯	C_9H_{10}
丙烯醛	C_3H_4O	戊二醛	$C_5H_8O_2$	苯丙烯	C_9H_{10}
丙烯酸	$C_3H_4O_2$	环己烯	C_6H_{10}	甲基苯乙烯	C_9H_{10}
氯丙烯	C_3H_5Cl	环己酮	$C_6H_{10}O$	三甲苯	C_9H_{12}
丙烯	C_3H_6	环己烷	C_6H_{12}	异丙基苯	C_9H_{12}
丙酮	C_3H_6O	己烯	C_6H_{12}	异佛尔酮	$C_9H_{14}O$
丙烯醇	C_3H_6O	环己醇	$C_6H_{12}O$	壬烷	C_9H_{20}
环氧丙烷	C_3H_6O	己酮	$C_6H_{12}O$	甲苯二异氰酸酯（TDI）	$C_9H_6N_2O_2$
丙醛	C_3H_6O	环己醇	$C_6H_{12}O$	二乙烯基苯	$C_{10}H_{10}$
乙酸甲酯	$C_3H_6O_2$	甲基异丁基酮	$C_6H_{12}O$	异松油烯	$C_{10}H_{16}$
溴丙烷	C_3H_7Br	乙酸异丁酯	$C_6H_{12}O_2$	癸烷	$C_{10}H_{22}$
丙烯亚胺	C_3H_7N	乙酸丁酯	$C_6H_{12}O_2$	丙烯酸辛酯	$C_{11}H_{20}O_2$
二甲基甲酰胺（DMF）	C_3H_7NO	双丙酮醇	$C_6H_{12}O_2$	十一烷	$C_{11}H_{24}$
异丙醇	C_3H_8O	丁酸乙酯	$C_6H_{12}O_2$	二苯醚	$C_{12}H_{10}O$
二甲氧基甲烷	$C_3H_8O_2$	环己胺	$C_6H_{13}N$	三丁胺	$C_{12}H_{27}N$
三甲胺	C_3H_9N	二异丙醚（异丙醚）	$C_6H_{14}O$	溴甲烷	CH_3Br
叔丁醇	$C_4H_{10}O$	己醇	$C_6H_{14}O$	碘甲烷	CH_3I
正丁醇	$C_4H_{10}O$	2-丁氧基乙醇	$C_6H_{14}O_2$	甲胺	CH_3NH_2
乙硫醚	$C_4H_{10}S$	三乙胺	$C_6H_{15}N$	甲硫醇	CH_4S
丁硫醇	$C_4H_{10}S$	二异丙胺	$C_6H_{15}N$	溴仿（三溴甲烷）	$CHBr_3$
二乙胺	$C_4H_{11}N$	磷酸三乙酯	$C_6H_{15}O_4P$	碘仿（三碘甲烷）	CHI_3
正丁胺	$C_4H_{11}N$	溴苯	C_6H_5Br	二氧化氯	ClO_2
二甲基乙醇胺	$C_4H_{11}NO$	氯苯	C_6H_5Cl	二硫化碳	CS_2
二乙醇胺	$C_4H_{11}NO_2$	硝基苯	$C_6H_5NO_2$	联氨（肼）	N_2H_4
双乙烯酮（双烯酮）	$C_4H_4O_2$	苯	C_6H_6	三氯化氮	NCl_3
丁二烯	C_4H_6	苯硫酚	C_6H_6S	汽油	
2-丁烯醛（巴豆醛）	C_4H_6O	苯胺	C_6H_7N	柴油	
乙酸乙烯酯	$C_4H_6O_2$	甲基吡啶	C_6H_7N	煤油（C10–C16 混合）	
丙烯酸甲酯	$C_4H_6O_2$	丙烯酸丁酯	$C_7H_{12}O_2$	三元丁醇	
甲基丙烯酸	$C_4H_6O_2$	丙烯酸异丁酯	$C_7H_{12}O_2$	松节油	
氯甲酸异丙酯	$C_4H_7ClO_2$	庚酮	$C_7H_{14}O$	沥青	
异丁烯	C_4H_8	乙酸异戊酯（天拿水）	$C_7H_{14}O_2$	矿油精	

6.2 液相分析仪表

6.2.1 pH/OPR 分析仪

6.2.1.1 工作原理及结构

水在化学上是中性的，但它不是没有离子。某些水分子自发的按照下面的等式分解：

$$H_2O \Longrightarrow H^+ + OH^-$$

通过质量作用定律应用于水分子分解的平衡，可以获得水的电离常数：

$$K_W \Longrightarrow C_H^+ \cdot C_{OH}^-$$

式中，当 T=22℃时，K_W=10^{-14}。

所谓 pH 值是指水溶液中氢离子活度的负对数 pH=$-\log C_H^+$，溶液的 pH 值是用来度量溶液酸碱度的，所以该种仪器又被称作酸度计。

pH 电极的电位对氢离子活度变化的响应可用能斯特方程描述，如下列公式所示：

$$E = E_0 + 2.3\frac{RT}{nF}\lg a_{H^+}$$

式中　　E——pH 电极所产生的电位，mV；

　　　　E_0——当氢离子活度为 1mol/L 时，pH 电极所产生的电位，mV；

　　　　R——理想气体常数，8.314 J/（K·mol）；

　　　　T——样水绝对温度，K；

　　　　F——法拉第常数，9.649×10^4 C/mol；

　　　　n——参加反应的得失电子数，氢离子为 +1；

　　　　a_{H^+}——溶液中氢离子的活度，mol/L。

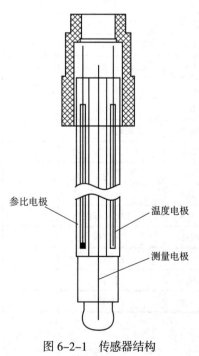

参比电极

温度电极

测量电极

图 6-2-1　传感器结构

为了得到正确的氢离子活度，通常需要测量电极（指示电极）、参比电极、温度电极共三部分来实现。现在市场上普遍使用的通常为复合电极，即为了使用的便利性，将温度、测量和参比复合到一起，形成物理结构上的 1 支电极，如图 6-2-1 所示。

ORP 中文名称是氧化还原电位。ORP 作为介质（包括土壤、天然水、培养基等）环境条件的一个综合性指标，它表征介质氧化性或还原性的相对程度。ORP 值是由溶液中的电子活度所决定，实际上 ORP 可看作是某种物质对电子结合或失去难易程度的度量。ORP 的测量原理与 pH 一样，都是能斯特方程的应用，根据测量电极与参比电极组成的工作电池在溶液中测得电位差，利用待测溶液的 pH 值或 ORP 值与工作电池的电势大小之间的线性关系，再通过电位计转换成 pH 或 mV 单位数值来实现测定。计算公式如下所示：

$$E = E_0 + 2.3\frac{RT}{nF}\lg\frac{O_x}{R_{ed}}$$

与 pH 计算公式不同，式中：O_x——参加反应的氧化物活度；R_{ed}——反应生成还原物的活度。

6.2.1.2　电极的分类

pH 分析仪与 ORP 分析仪两者的唯一的区别在于测量电极不同，pH 通常采用玻璃电极，而 OPR 使用惰性金属，其他部分都一样。在实际应用时，一般情况下采用 ORP 测量与 pH 测量共用，通过换掉不同的电极分别进行 pH 或 ORP 测量。

a）pH 电极

①锑电极：主要用于有氢氟酸存在时 pH 值的测定。因为它具有高交叉灵敏度（氧化剂和还原剂）并且线性度有限（从 pH 0~pH 9），故不用于精密测量。另外还有个问题，即测量系统的零位（E_0=pH 1）要求用带特殊输入的 pH 测量仪表。由于这些原因，锑电极不常用，特别是在污水处理方面。而且一些厂家也研发出了抵抗一定浓度氢氟酸的玻璃电极，在绝大多数应用下，玻璃电极仍是最好的选择。

②玻璃电极：pH 值通常用电位法测得。测量电极上有特殊的对 pH 反应灵敏的玻璃泡。这就是说，当玻璃泡和氢离子 H^+ 接触时，就产生电位。电位是通过悬吊在氯化银溶液中的银丝对照参比电极得到的。

b）ORP 电极

ORP 测量电极由多种金属制造，如镍、铜、银、铱、铂、金等，由离子晶格结构组成，电子可在晶格内部运动，因同种离子的存在而产生电位差。铂与金的 ORP 值较高，测量的灵敏度更高，与其他 ORP 电极相比，铂和金贵金属的离子平衡活度中氧化还原电位极低，故对 ORP 的测量几乎没有造成任何影响。

6.2.1.3　pH/ORP 测量系统

典型的 pH/ORP 测量系统应包括：pH/ORP 传感器、二次仪表、安装支架、电极电缆，如图 6-2-2 所示。

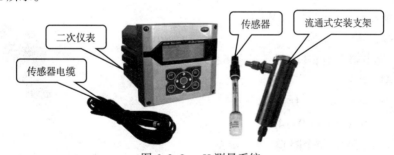

图 6-2-2　pH 测量系统

二次仪表用于实现信号接收、转换和处理、存储、显示、输出等功能。

电极电缆采用高阻抗电缆，将传感器的电势信号传递给二次仪表。

其中 pH/ORP 安装支架对于 pH/ORP 现场应用有着很大的影响，在实际应用时应考虑是采用流通式安装支架，浸入式安装支架或是可在线插拔式的安装支架，每一种安装支架都有相应的配件用来实现 pH/ORP 传感器的自动清洗，可用变送器配合继电器来控制清洗水流的喷射。

在一些条件苛刻的应用场合，由于 pH/ORP 电极需要现场标定，还应考虑采用带有自动清洗或标定功能的在线插拔支架。

6.2.1.4 pH/ORP 分析仪的应用

目前，市场上所使用的 pH 传感器主要是锑电极和玻璃电极。锑电极结构简单，维护方便，环境适应性强，但其测量精度差，目前只在少数对准确度要求不高、水质较差，成分复杂的样品环境使用，例如污水的监测。玻璃电极是目前应用最广泛的传感器，其对于水质要求较高，测量精度高，主要用于普通水和纯水的测量，在电力、石油化工、钢铁冶炼等行业都有广泛的应用，用于除盐水的制水系统监测、给水系统的监测、锅炉炉水系统监测、蒸汽系统和凝结水系统的监测等。

ORP 分析仪可用于工业废水处理工程的检测控制。

6.2.1.5 主要技术参数

a）通用型 pH 电极（见图 6-2-3）

隔膜类型：PTFE 环状隔膜

测量范围：$-15\sim80℃$：$1\sim12pH$

　　　　　　$0\sim135℃$：$0\sim14pH$

　　　　　　$0\sim70℃$：$0\sim10pH$

适用电导率范围：常规型：$\geq 50\mu S/cm$

　　　　　　　　特殊型：$\geq 0.1\mu S/cm$

材料：玻璃 / PTFE

外形尺寸直径：12mm

传感器杆长度：120mm、225mm、360mm 和 425mm

过程温度：$\leq 135℃$

图 6-2-3　通用型 pH 电极外观

过程压力：$\leq 1.6MPa$

防爆认证（Ex）：ATEX、FM、CSA

防护等级：IP68

b）可补充电解液型 pH 电极（见图 6-2-4）

隔膜类型：陶瓷

测量范围：$-15\sim80℃$：$1\sim12pH$

　　　　　　$0\sim135℃$：$0\sim14pH$

适用电导率范围：单个隔膜：$\geq 5\mu S/cm$

　　　　　　　　三个隔膜：$\geq 0.1\mu S/cm$

材料：玻璃 / 陶瓷

外形尺寸直径：12mm

传感器杆长度：120mm、225mm、360mm 和 425mm

图 6-2-4　可补充电解液型
pH 电极外观

过程温度：$\leq 135℃$

过程压力：$\leq 1.0MPa$

防爆认证（Ex）：ATEX、FM、CSA

防护等级：IP68

c）过程型 pH 电极（见图 6-2-5）

隔膜类型：陶瓷

测量范围：0~135℃；0~14pH

适用电导率范围：≥ 20μS/cm

材料：玻璃 / 陶瓷

外形尺寸直径：12mm

传感器杆长度：120mm、225mm、360mm 和 425mm

过程温度：≤ 135℃

过程压力：≤ 1.3MPa

防爆认证（Ex）：ATEX、FM、CSA

防护等级：IP68

图 6-2-5　过程型 pH 电极外观

d）ORP 电极

隔膜类型：陶瓷或 Teflon

测量范围：–2000~2000mV

适用电导率范围：单个隔膜：≥ 5μS/cm

　　　　　　　　　三个隔膜：≥ 0.1μS/cm

材料：铂、金等

外形尺寸直径：12mm

传感器杆长度：120mm、225mm、360mm 和 425mm

过程温度：≤ 135℃

过程压力：≤ 1.0 MPa

防爆认证（Ex）：ATEX、FM、CSA

防护等级：IP68

6.2.1.6　选型注意事项

pH/ORP 分析仪的应用环境一般应符合下列条件：

①供电电源：100~240V AC、50~60Hz

②环境温度：5~45℃

③环境湿度：≤ 90%RH（无冷凝）

④样品温度：≤ 135℃

⑤样品压力：≤ 1.6MPa（G）

⑥有机物含量：<20%

⑦电导率：> 50μS/cm

⑧不含有毒离子（如 S^{2-}，CN^-，NH_3）

⑨水样允许固体成分。≤ 5μm（不允许有胶状物出现，无油脂）

下列条件下应用时应注意：

a) 有机物含量 >20%（如浸渍树脂、乙二醇等应用）

①有机物对 PTFE 隔膜会产生溶胀现象。

②有机物对玻璃泡会产生加速老化的影响，但对 ISFET（离子敏感场效应晶体管）没有老化效果。

③如果有机物含量在 20%～50% 之间，建议采用过程型塑料电极（场效应电极）。

④如果有机物含量 >50%，则必须选择可补充电解液型塑料电极，它能承受的有机物浓度上限，最高可达 95%。

b) 电导率 <50μS/cm（如锅炉水、脱盐水、冷凝水等应用）

①如锅炉水、脱盐水、冷凝水等应用。

②电导率过低会导致 pH 测量过程中的电势链断裂，所以需要特殊设计的电极，来补偿局部离子浓度。

③选用带盐环的 pH 电极，也可以选用可以搭配外置盐罐的 pH 电极。

c) 磨损场合（如浮选物等应用）

应选择采用平头玻璃膜设计的 pH 电极，以减轻颗粒对电极头部玻璃膜的冲刷。

d) 易黏附场合（如纸浆、脱硫等应用）

选用开孔隔膜型电极，不易堵塞。

e) 含有毒离子的场合（如 HCN 生产，或某些化工过程）

选用带有离子捕捉阱，或者内置加压（或外加压）型电极。

f) 高温高压场合（如还原炉冷却水、脱盐水等应用）

①高温高压会加速玻璃电极的老化，进而极大地缩短电极使用寿命。

②需要配置减温减压预处理装置。

g) 卫生型需求（如发酵等应用）

①满足生物兼容性的卫生认证。

②满足 CIP/SIP 工况下的极值要求。

③若要避免玻璃破损风险，可选卫生型塑料电极，但需注意其高温应用限制，因为长时间处于高温状态时，高碱性介质将不可逆地损坏栅极氧化隔离层。

6.2.1.7 使用注意事项

①pH 电极可随时间老化，梯度老化，需花费较长时间才能达到稳定电位，pH 仪表上的量程调节应能补偿梯度损失，最高可达理论值的 25%。

②温度对 pH 电极的老化也有重要影响，举例来说，室温下 1 年储存期间的老化程度可相当于 100℃下几周的老化程度。

③pH 传感器的内阻非常高，电热很弱，极易受到外界的干扰，所以仪表应有良好的接地，且走线应与强电分开且附近不能有大的电磁干扰。

④平时保证样品流量，并注意水质好坏，避免污染电极引起测量不准，根据传感器使用寿命，应定期更换传感器。

⑤玻璃电极使用轻拿轻放，避免测量部分与硬物接触造成划伤。

⑥较好的 ORP 电极生产厂家会在里面充满高分子凝胶，使电极的反映时间更快，使用寿命也比传统的电极更长具有相当低的维护量。

⑦一些使用时间比较长的ORP电极容易受到水体温度会影响，导致传感器的电压输出存在误差，因此在分析水质的ORP数据时要根据不同的温度去进行校准。

6.2.2　电导率分析仪

6.2.2.1　工作原理及结构

电导率指测量某种物质所形成传导电流的大小。能形成传导电流的有固体物质和液体物质。固体物质，例如金属，是依靠自由电子传导电荷，如图6-2-6（a）所示，液体是靠溶解到其中的物质来传导电流如图6-2-6（b）所示。在解离过程中，这些物质分解为离子或者带电原子或原子团。例如，酸、碱和水溶性盐解离为带正电的阳离子和带负电的阴离子。如果这时将带有电压的电极浸没到液体中，阳离子会向着负极运动，同时，阴离子也会向着正极运动，即形成电流。因此，液体的电导率被称作电解电导率，简称电导率。电导率的单位是西门子每米（S/m）。

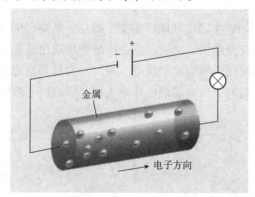

(a)固体物质中电流传导　　　　　(b)液体物质中电流传导

图6-2-6　固体物质和液体物质中电流的传导示意图

电导率的测量主要有两种方法。一为电导式电导率测量方法，二为感应式电导率测量方法。如图6-2-7（a）所示，电导式测量原理为：正负两个电极，置于电解液中，施以一定的电压，液体中的阳离子迁移到负极，阴离子迁移到正极，进而形成电流。根据欧姆定律［式（2-6-1）］，得出电阻或者它的倒数电导，进而得出溶液电导率［式（2-6-2）］。

$$I=U/R=U \cdot G \qquad (2-6-1)$$

式中　I——电流；

　　　U——极板间电压；

　　　R——电阻；

　　　G——电导。

$$C=G \cdot d/A=G \cdot k \qquad (2-6-2)$$

式中　C——电导率；

　　　d——极板间距；

　　　A——极板面积；

　　　k——电极常数。

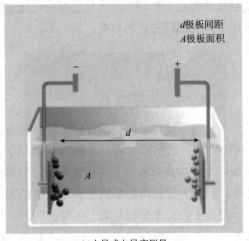

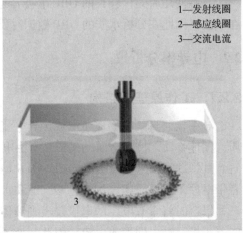

(a)电导式电导率测量　　　　　　　　　(b)感应式电导率测量

图 6-2-7　电导率测量方法示意

　　感应式电导率测量方法如图 6-2-7（b）所示，由通电线圈产生交变磁场，从而产生感应电流。具体来说是发射线圈中的交流电产生交变磁场，交变磁场在溶液中感应出环形交感电流，环形交感电流产生交变磁场，在感应线圈中感应出交流电。最终，通过测量感应电流大小，得出电导率的大小。感应电流的强弱取决于电解液电导率大小，即取决于溶液中离子数量的多少。

　　电导率探头的结构如图 6-2-8 所示。

　　电导率探头的外形如图 6-2-9 所示。

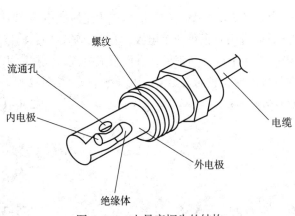

图 6-2-8　电导率探头的结构

图 6-2-9　电导率探头的外形

6.2.2.2　极化效应

　　电导式电导率测量方法有一缺点，即极化效应，一般发生在使用两个电极的时候。如图 6-2-10 所示，容器中装着盐溶液，对电极间施加电压，阳离子向负极移动，阴离子向正极移动，如果继续向溶液中添加盐，盐完全溶解，就会有越来越多的离子聚集到电极上，在两个金属电极的表面逐渐形成电荷堆积，从而增加了阻抗，最终导致测量结果失准，这就是我们通常所说的极化效应。

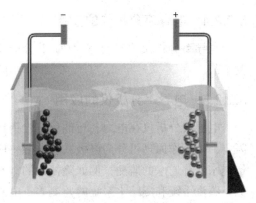

图 6-2-10　极化效应示意

因此采用电导式测量方法，通常量程上限不高，正是由于极化效应引起的。而实际应用中，酸、碱、盐等溶液的电导率非常高，为了能够测量这类液体的电导率，有三种解决方法。一是提高极板间距或缩小极板面积。一般电导率传感器的体积都相对较小，而目标电导率值又面临成百上千倍的扩大，所以想要通过提高间距或缩小面积这样的方法并不可取。二是极化效应产生的影响可以被一个附加电压降低。因为在两个场的作用下，离子受到两个电场的吸引，很难形成堆积。阴离子和阳离子在他们的位置附近随着附加电压的频率有节奏的振动。频率越高，极化效应越小。三是使用感应式传感器。使用以上三种方法都可以缩小甚至消除极化效应对电导率带来的影响。

6.2.2.3　电导率的温度补偿

一种电解质的导电能力，不仅仅依靠带电载体的数量多少，而且还取决于温度。通过实验，就可以发现温度和电导率的关系。如图 6-2-11 所示，一个装有 0.01mol 氯化钾溶液的容器，液体温度 15℃时，电导率为 1116μS/cm，然后加热液体到 25℃时，电导率变为 1423μS/cm。可以得出，温度越高，液体的电导率越高。

图 6-2-11　同一物质的不同温度下的电导率

因为离子的迁移速率和物质解离程度都依赖于温度，所以电导率会随温度的变化而变化。不同温度下同一物质的电导率值是不同的。这就是引入一个参比温度（25℃）的原因。不同温度下的电导率值，都通过式（2-6-3）补偿到参比温度下的电导率值。

$$C_T = C_{ref}\left[1 + \alpha\left(T - T_{ref}\right)\right] \tag{2-6-3}$$

式中　C_T——温度 T 下的电导率值；

　　　C_{ref}——参比温度下的电导率值；

　　　T——过程温度；

　　　T_{ref}——参比温度；

　　　α——温度系数。

6.2.2.4 电导率分析仪的安装

电导率分析仪的安装与 pH/ORP 分析仪安装相同，具体安装参见 pH/ORP 分析仪的相关章节。

6.2.2.5 电导率分析仪的应用

电导式分析仪在电力、石油化工、钢铁冶炼等行业都有广泛的应用。根据使用环境的需要，按工作原理可分为电极式和电磁感应式两种。其中电极式为接触测量，通常用于测量纯水或普通水的监测，例如除盐水的制水系统监测、给水系统的监测、锅炉炉水系统监测、蒸汽系统和凝结水系统的监测等。电磁感应式为非接触式测量，多用于高浓度溶液或有腐蚀性的溶液的测量，例如酸、碱再生液浓度的监测。

6.2.2.6 主要技术参数

电导率分析仪主要技术参数见表 6-2-1。

表 6-2-1 电导率分析仪主要技术参数

电极常数 /cm^{-1}	0.01	0.1	1	1.98
测量范围 /（μS·cm^{-1}）	0.04~20 （水，25℃）	0.1~200 （水，25℃）	10~2×10^4 （水，25℃）	2~2×10^6 （水，25℃）
最大测量误差	测量值的 2%	测量值的 2%	测量值的 5%	−20~100℃， 测量值的 0.5%+5μS/cm
重复性	测量值 ± 0.2 %	测量值 ± 0.2 %	测量值 ±0.2%	测量值 ± 2 %
最低检出限 /（μS·cm^{-1}）	0.04	0.1	10	2
响应时间 /s	t_{90}<3	t_{90}<3	t_{90}<3	t_{90}<2
温度补偿	自带	自带	自带	自带
过程温度 /℃	−20~120	−20~120	−20~135	−20~125
过程压力（绝）/MPa	1.3（20℃）	1.3（20℃）	1.7（20℃）	2.1（20℃）
防护等级	IP68/NEMA 6	IP68/NEMA 6	IP68/NEMA 6	IP68/NEMA 6
防爆认证	ATEX、FM、CSA	ATEX、FM、CSA	ATEX、FM、CSA	ATEX、FM、CSA

6.2.2.7 选型注意事项

①电导率分析仪的测量涵盖范围 0.04μS/cm~2000mS/cm，应用范围从超纯水到酸碱浓度都有涉及。由于电极的测量原理以及电极常数决定了测量范围，电导率分析仪在选型时应当根据介质特性选择合适的电极，

②低电导率测量过程中，例如纯水、锅炉水等，应当选择合适的流通式安装支架，避免空气的二氧化碳溶于介质导致测量值不准，同时应当注意支架的接地安装。

③酸碱浓度测量过程中，例如氢氧化钠浓度、盐酸浓度等，应当注意测量物质的组分单一，测量范围在电导率 – 浓度的曲线关系的单调范围内。

④强腐蚀性介质的测量应当选择合适的电极材质，例如 PEEK、PFA 等，如遇强渗透性介质，应当选择 PFA 全焊接法兰构造的电导率电极。

6.2.2.8 使用注意事项

①电导率分析仪的选择应根据被测溶液的性质进行选择，如果是纯水或普通水宜选择接触式原理测量，如果是有腐蚀性或测量浓度时，宜选择非接触式测量。

②根据被测溶液电导率的不同，宜选择不同的电极常数进行检测以提高测量精度。

③接触式测量电极放置在水溶液中较长时间，可能会在传感器表面形成凝结物，应进行定期清洗以保证其常数的准确性。

④不同性质的溶液受温度的影响有较大差异，应根据实测溶液的性质有选择性地进行温度补偿。

6.2.3 浊度计

6.2.3.1 工作原理及结构

浊度是指水中悬浮物对光线透过时所发生的阻碍程度。水中的悬浮物一般是泥土、砂粒、微细的有机物和无机物、浮游生物、微生物和胶体物质等。水的浊度不仅与水中悬浮物质的含量有关，而且与它们的大小、形状及折射系数等有关。水溶液中颗粒对光的散射情况如图 6-2-12 所示。

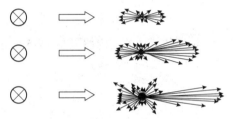

图 6-2-12　水溶液中颗粒对光的散射情况

浊度传感器光源发出的光束遇到不透明颗粒，会发生光的散射现象，如图 6-2-13 所示。散射光向各个方向传播，其中 90° 和 135° 两个角度的散射光强度能够反映浊度的大小。

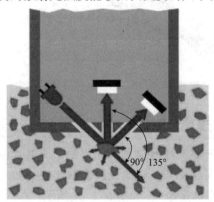

图 6-2-13　90° 和 135° 的散射光测量

①90° 散射光测量原理：光源发出的光束遇到介质中的固体颗粒后发生散射，与光源呈 90° 放置的散射光接收器用于检测散射光，介质的浊度取决于散射光强度。

②135° 散射光测量原理：光源发出的光束遇到介质中的固体颗粒后发生散射，紧邻光源呈 45° 放置的散射光接收器用于检测背向散射光，介质的浊度取决于散射光强度。

介质中的固体颗粒物浓度较低时，大部分光线沿 90° 方向散射，135° 方向上的散射光较少；介质中的固体颗粒物浓度较高时，大部分光线沿 135° 方向散射，90° 方向上的散射光较少。

市面上的大多数浊度传感器采用单个光源，但也有部分厂家会采用基于双光源的四光束交叉光进行浊度测量。如图 6-2-14 所示，四光束交叉光测量需要使用两个光源和四个接收器，每个接收器检测两路测量信号，传感器对这八路信号进行运算处理，并将其转换成浊度或污泥浓度。

四光束交叉光的运用，可有效补偿传感器因受表面污染和内部光学元器件老化，对浊度测量所造成的影响。

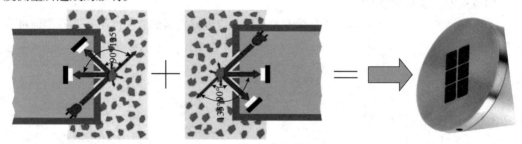

图 6-2-14　四光束交叉光的测量

浊度传感器的结构如图 6-2-15 所示和图 2-6-16 所示。

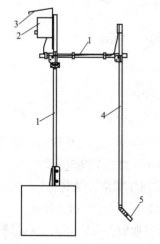

图 6-2-15　中高浊度及污泥浓度传感器的结构
1，2—光源 1 和 2；3，4—135° 光接收器；
5，6—45° 光接收器

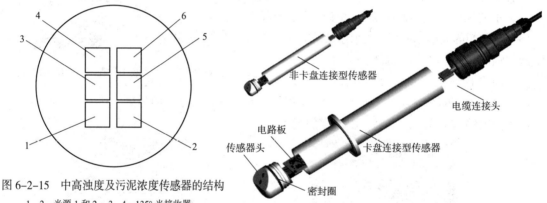

图 6-2-16　低浊度传感器的结构

6.2.3.2　浊度计测量系统

典型的浊度计测量系统应包括：浊度计传感器、变送器、安装支架、其他一些辅助配件（如自清洗单元，消气泡单元等），如图 6-2-17 所示。

6.2.3.3　浊度计的应用

目前，浊度对于给水和工业水处理来说，都是一个至关重要的水质指标。降低浊度的同时也降低了水中的细菌、大肠菌、病毒、隐孢子虫、铁、锰等的含量。研究表明，当水中浊度为 2.5NTU 时，水中有机物去除了 27.3%，当浊度降至 0.5NTU 时，有机物去除了 79.6%，当浊度为 0.1NTU 时，绝大多数有机物已去除，致病微生物的含量也大大降低。特别是对于自来

图 6-2-17　浊度计测量系统组成
1—安装支架；2—变送器；3—防护罩；
4—安装支架（投入式竖杆）；5—传感器

水行业,浊度指标非常关键,《生活饮用水卫生标准》(GB 5749—2006)要求饮用水的出厂水要达到 0.5NTU 以下,很多水厂出厂水的内控浊度 0.2NTU 左右,循环冷却水处理的补充水要求浊度在 2~5NTU,除盐水处理的进水浊度应小于 3NTU。因此,水中浊度的测量尤为必要。

在线浊度计的应用环境应符合下列条件:

①供电电源:100~240V AC,47~63Hz;

②环境温度:0~40℃;

③环境湿度:≤ 90%RH(无冷凝);

④样品流速:6~20L/h;

⑤水样允许固体成分:≤ 5μm(不允许有胶状物出现,无油脂)。

6.2.3.4　使用注意事项

①安装和使用过程中需对流通测量池定期进行检查,清除附着物、保证密封性,为测量提供一个良好的环境。

②浊度传感器维护的好坏直接决定了其测量效果以及使用寿命,应当定期对传感器进行恰当的维护,通常采用人工清洗和空气自动吹扫两种形式。

③浊度传感器在出厂时已经进行过标定,根据标定物质的不同,浊度显示的单位也会有所不同,如用福尔马肼(Formazine)标定,单位是 FNU,用二氧化硅来标定的话,单位是 ppm 或 mg/L。

④在现场使用过程中,往往需要再使用实际水样的实验室化验值对浊度传感器进行标定。

6.2.3.5　主要技术参数

浊度计主要技术参数见表 6-2-2。

表 6-2-2　浊度计主要技术参数

	中高浊浓度介质	低浊浓度介质
最大测量误差	浊度:<测量值的2%,或0.1NTU/FNU(取较大者) 悬浮固体浓度:<测量值的5%,或满量程的1%(取较大者)	浊度:测量值的2% ± 0.1NTU/FNU
应用模式	浊度(福尔马肼);高岭土模式;二氧化硅模式;二氧化钛模式;薄污泥模式;活性污泥模式;剩余污泥模式;消化污泥/淤泥模式	浊度(福尔马肼);高岭土模式;PSL模式;硅藻土模式
最低检出限	浊度(福尔马肼);0.006NTU/FNU 高岭土模式;0.85mg/L	0.0015NTU/FNU
过程温度/℃	-5~50 短时间内(1h)max. 80	-20~85
过程压力/MPa	0.05~1	0.05~1
防护等级	IP68	IP68

6.2.3.6　选型注意事项

浊度类仪表的选型,按照量程和应用来划分的话主要分为三种,一是低浊,二是中高浊,三是污泥浓度,低浊的量程在零点几个或几个 FNU,中高浊的量程一般为几百甚至几千个 FNU，污泥浓度的量程可以到几百 g/L。

对于流态不稳，容易产生气泡的场合，建议还要加上消气泡装置。

6.2.4 氨氮分析仪

6.2.4.1 工作原理及结构

氨氮指的水体中的游离氨分子（NH_3）和铵根离子（NH_4^+）。

氨分子和水分子发生反应，生成一水合氨（$NH_3 \cdot H_2O$，又称氢氧化铵，为一元弱碱）：

$$NH_3+H_2O \Longleftrightarrow NH_3 \cdot H_2O$$

一水合氨电离为铵根离子和氢氧根离子：

$$NH_3 \cdot H_2O \Longleftrightarrow NH_4^+ \cdot OH^-$$

氨氮的在线测量方法主要分为两种：离子选择性电极法和湿化学分析仪法。

a）离子选择性电极法

离子选择性电极（Ion Selective Effect，ISE）的核心部件是覆膜，用于选择测量的离子。覆膜带离子载体，特定种类的离子（例如：氨氮或硝氮）可以选择性"迁移"通过覆膜，随后到达电极。离子迁移完成后，电荷发生变化，产生电位，电位值与离子浓度对数成比例关系。恒定电位的参比电极用于测量电位，并基于能斯特方程（Nernst）计算离子浓度。基于电位法测量原理，测量结果不受色度和浊度的影响，离子选择性电极测量过程中不需要试剂、不产生废液，也不需要独立的采样和预处理系统，属于真正意义上的在线测量。离子选择性电极法的测量原理如图 6-2-18 所示，电极的结构如图 6-2-19 所示。

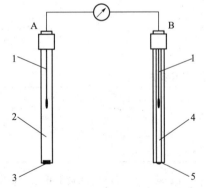

A—参比电极；B—离子选择性电极；
1—内部金属铅丝；2—内部电解液(参比)；3—隔膜；
4—内部电解液(ISE)；5—离子选择性覆膜

图 6-2-18　离子选择性电极法的
测量原理

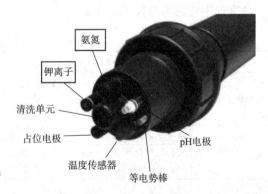

图 6-2-19　离子选择性电极的结构

温度和 pH 值对于离子选择性氨氮的测量影响较大，微小的波动会引起氨氮示值的偏差，因此需要对氨氮传感器进行温度和 pH 值补偿。氨氮是指水体中的游离氨分子和铵根离子的总和，二者在水中存在化学平衡，其平衡取决于水体的 pH 值，离子选择性电极测量的是铵根离子的浓度，通过 pH 值补偿计算得到总的氨氮浓度。

b）湿化学分析仪法

氨氮的湿化学分析方法种类大致可以分为两种：氨气逐出法和分光光度法。氨气逐出法又分为氨气敏电极法和 pH 比色法，分光光度法又分为水杨酸钠法和纳氏试剂法两种。

　　氨气逐出法利用了氨氮在碱性环境下化学平衡向氨分子方向推进的反应特性，利用空气吹脱装置将氨分子吹脱至独立的腔室中，利用氨气敏电极测量氨氮浓度，或者利用氨气溶解于水中 pH 值变化的特性，通过特定的显色剂测量氨氮浓度。氨气逐出法测量过程中需要消耗碱化剂和显色剂，其优点是不受水体浊度和色度的影响，但是水体中的有机胺在强碱作用下易转化为氨氮导致测量值的偏差，同时该方法在氨氮浓度较低时，氨气吹脱的转换率偏低导致测量偏差。由于受到相关国家相关水质监测标准的限制，这两类仪表在油气化工行业应用近年来逐渐趋小。

　　分光光度法基于传统的实验室氨氮测量方法，水样经过过滤预处理后被泵送至混合器反应腔室中，按照指定混合比例精确加入专用显色剂产生化学反应。反应结束后，试样显现为某种特定颜色。光度计测量试样或着色溶液在特定波长处的吸光度。分析波长及其相互关系与特定参数相关。基于比例关系，总吸光度直接代表试样中分析参数的浓度。为了对浊度和污染、LED 光源老化产生的干扰进行补偿，进行实际测量前首先进行参比测量，从测量信号中减去参考信号。

　　水杨酸钠法和纳氏试剂法的试剂、反应时间以及测量波长不同。其中纳氏试剂的试剂中包含高浓度的碘化汞，碘化汞毒性较高，因此纳氏试剂法在测量较为频繁的在线测量应用中使用较少。

6.2.4.2　氨氮分析仪测量系统

　　完整的离子选择性电极法氨氮分析仪测量系统应包括：氨氮离子选择性电极（包含 pH 补偿电极、钾离子补偿电极和温度传感器）、变送器、安装支架、其他一些辅助配件（如自清洗喷头等），如图 6-2-20 所示。

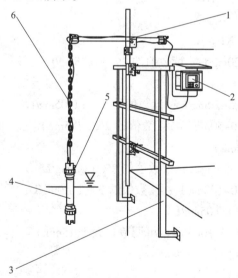

图 6-2-20　离子选择性电极法氨氮分析仪常见安装方式
1—浸入式安装支架；2—变送器；3—安装支架；4—离子选择性电极；5—清洗喷头；6—电缆

　　完整的分光光度法氨氮分析仪应当包括：控制系统、采样系统、预处理系统、定量系统、反应比色系统、排废系统，如图 6-2-21 所示。湿化学分析仪使用过程中需要消耗相应的试剂和清洗剂等。

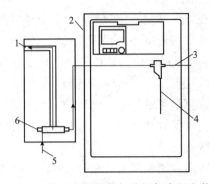

图 6-2-21　分光光度法氨氮分析仪常见安装方式

1—溢流；2—分析仪；3—集液器溢流；4—水样；5—带压水样；6—预处理过滤单元

6.2.4.3　氨氮分析仪的应用

当前，氨氮已成为水体的主要污染物之一，氨氮分析仪广泛应用于地表水、地面水、污水和工业废水的测定。同时为改善水质污染状况，国家进一步强化了排放标准，设置了氨氮消减目标，在线污染源自动检测系统在原有安装 COD 等分析仪表的基础上，增加设置氨氮分析仪的要求。

6.2.4.4　主要技术参数

测量原理：水杨酸分光光度法（靛酚蓝法）

测量范围：三种量程可选，不同量程可自动切换：

$0.05\sim20$ mg/L NH_4–N

$0.5\sim50$ mg/L NH_4–N

$1\sim100$ mg/L NH_4–N

最大测量误差：$0.05\sim20$ mg/L：读数值的 2% ± 0.05mg/L

$0.5\sim50$ mg/L：

$0.5\sim20$ mg/L：读数值的 2% ± 0.05mg/L

$20\sim50$ mg/L：读数值的 2% ± 0.5mg/L

$1\sim100$ mg/L：

$1\sim50$ mg/L：读数值的 3% ± 0.5mg/L

$50\sim100$ mg/L：读数值的 3% ± 1.0mg/L

重复性：读数值的 2% ± 0.05mg/L

测量间隔时间：连续（约 10min），可调节，大于 15min

消解时间：1~120min 可调

功率消耗：最大 130 VA

信号输出：2~6 路 4~20 mA 输出可选

总线通信：支持 MODBUS RS485、MODBUS TCP、PROFIBUS DP、EtherNet/IP 和 Web 服务器进行远程控制、测量、诊断以及维护

干扰物质及浓度上限：钠离子、钾离子、硫酸根：500mg/L

三价铬离子、锌离子：50mg/L

银离子：2mg/L

亚硝氮：30mg/L0mg/L

硝氮、磷酸根：250mg/L

水样消耗量：每次测量所需试样体积为 22mL

试剂更换周期：一套试剂可使用三个月（测量周期 15min）

标定间隔时间：1h~90d，取决于应用和环境

清洗间隔时间：1h~90d，取决于应用

维护间隔时间：每 3~6 个月，取决于工况

环境温度：5~40℃

环境湿度：10%~95%RH，无冷凝

防护等级：IP55

6.2.4.5 选型注意事项

①氨氮分析仪选型时可选择冷却模块，确保试剂的长期有效性。

②氨氮分析仪应选择预处理单元配合主机进行测量，必要时选择反冲洗降低现场的维护工作量。

③需要选择试剂、标液、清洗液。

④由于温度和 pH 值对于离子选择性氨氮的测量影响较大，微小的波动会引起氨氮示值的偏差，因此需要对氨氮传感器进行温度和 pH 值补偿。

6.2.4.6 使用注意事项

离子选择性电极测量过程中会发生电化学反应并消耗电解液，因此需要定期更换膜片和电解液，至少每年一次。

6.2.5 溶解氧分析仪

6.2.5.1 工作原理及结构

溶解氧指的是均匀地分散在水体或者其他液体介质中的以游离的氧分子形式存在的氧，其"溶解"形式区别于电解质在水体中由于水的电离作用下以离子形态溶解在水中，非结合态的氧元素以分子形式分布在水分子之中，如图 6-2-22 所示。

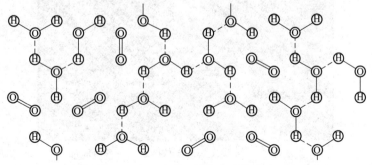

图 6-2-22 水分子中氢氧元素分布

氧分子在水体中的溶解度取决于空气的湿度、压力、环境温度和水体的盐度。当上述

条件恒定且水体与大气中氧交换处于平衡时，水中溶解氧的浓度即为饱和溶解氧浓度。

随着空气湿度的提高，水体中的氧分子溶解度降低，反之空气湿度降低、氧分子的溶解度提高；空气压力与氧分子的溶解度的关系恰恰相反，压力越高，溶解度越高，压力越低，溶解度越低，因此饱和溶解氧浓度受到海拔高度的影响；环境温度越低，水体中可以溶解更多的氧气，反之温度升高会降低水体中的氧气的溶解度；水体中的盐度越高，氧分子的溶解度越低，盐度越低，氧分子的溶解度越高。

水体中溶解氧的测量具有不同的单位表达方式，分别为溶解氧浓度、氧分压和氧饱和度。溶解氧浓度顾名思义是水体中溶解氧的质量浓度，一般使用单位 mg/L 表示，在痕量氧测量中使用 μg/L 表示。氧分压使用单位 hPa 表示。氧饱和度指实际氧分压与同等条件下湿度饱和的空气中氧分压的比值。

在线溶解氧传感器主要包含两种测量原理：安培法和荧光法。

安培法又称为电流法或者覆膜法，采用电化学方法测量介质中的溶解氧浓度。通常覆膜法传感器的电极由金制的阴极和银制的阳极构成，金阴极又被称为工作电极，银阳极又被称为对电极。阴极和阳极共同固定在一个充满电解液的反应腔室中。两极之间外加一个直流电压。反应腔室附有一层覆膜与被测介质相隔离，不过溶解氧可以穿透这层覆膜。当这一测量单元浸入含有溶解氧的介质中时，覆膜内外两侧氧分压的压差会使溶解氧扩散穿透覆膜抵达阴极。氧分子在阴极上被还原成氢氧根离子（OH⁻）；在阳极上，银被氧化成银离子（Ag⁺）（形成卤化银层）。阴极释放电子，阳极接收电子，形成回流电流。在恒定操作条件下，回流电流与介质中的溶解氧浓度成比例关系。

在安培法溶解氧传感器中，高阻抗、零电流的参比电极具有十分重要的作用。阳极上的溴化银或氯化银涂层会逐渐耗尽电解液中的溴离子或氯离子。使用传统结构的覆膜式传感器时，这种现象会加剧信号漂移。三电极结构消除了这一现象的影响：参比电极记录溴离子或氯离子的浓度变化，内部控制电路确保电极具有恒定电位。此测量原理的优点是明显提升了信号精度，显著延长标定间隔时间。

安培法溶解氧传感器的内部构造如图 6-2-23 所示。

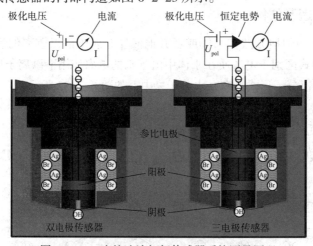

图 6-2-23　安培法溶解氧传感器系统测量原理

荧光法的全称是荧光淬灭法。传感器与介质之间有一层仅允许氧分子透过的覆膜，传感器的测量元件顶端包裹着含有标记分子的荧光层，在绿光照射下发射出对应的红光。标记分子若被氧分子附着，其发射的荧光强度将会减弱，产生淬灭效应。荧光信号的强度以及持续时间直接取决于溶解氧的浓度。如果介质中不含有溶解氧，荧光信号具有较高的强度以及较长的持续时间。反之，介质中含有溶解氧，则将减弱荧光信号的强度以及缩短其持续时间。变送器将光信号换算得到对应的溶解氧浓度单位。

荧光法溶解氧传感器的内部构造如图6-2-24所示。

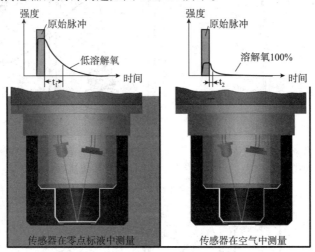

图6-2-24 荧光法溶解氧传感器系统测量原理

6.2.5.2 溶解氧分析仪测量系统

完整的溶解氧分析仪测量系统应包括：溶解氧传感器、变送器、安装支架。

在线溶解氧系统大致分为三类安装方式：浸入式安装、流通式安装和插入式安装。

a）浸入式安装

浸入式安装主要应用于曝气池污水处理，便于调节传感器的插入深度。通常采用两种安装方式，分别是垂直向下安装和45°角安装，如图6-2-25所示。推荐采用45°角安装方式，减少气泡对测量的影响。

b）流通式安装

流通式安装通常应用于污水处理管道的旁通管道，如图6-2-26所示，便于传感器的标定和维护。

c）插入式安装

插入式安装通常应用于淤泥处理，如图6-2-27所示，可以在不中断过程介质的前提下对传感器在线插拔，便于清洗维护和标定。

溶解氧传感器的安装限制：

a）溶解氧传感器安装角度的限制

安培法溶解氧传感器内含电解液，因此安装时有角度限制，如图6-2-28所示，水平倾斜角必须至少达到10°，并禁止将其倒装。

荧光法溶解氧传感器不含电解液，因此没有安装角度限制。

b）溶解氧传感器安装的介质流速限制

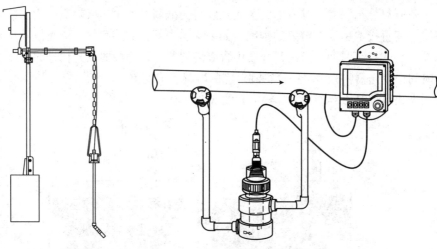

图 6-2-25　溶解氧分析仪测量　　　　　　图 6-2-26　溶解氧分析仪测量
系统浸入式安装　　　　　　　　　　系统流通式安装

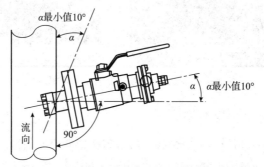

图 6-2-27　溶解氧分析仪测量系统流通式安装

图 6-2-28　溶解氧分析仪测量系统安装角度

安培法溶解氧传感器利用电化学反应产生的电流测量溶解氧浓度，测量过程中会消耗传感器覆膜周围的溶解氧，因此需要介质保持一定的流速。

荧光法溶解氧传感器没有介质流速的限制。

6.2.5.3　溶解氧分析仪的应用

溶解氧分析仪在电力、石油化工、钢铁冶炼等行业都有广泛的应用，是锅炉给水、凝结水、污水等液体含氧量的专用分析仪器，用于监测除氧装置的运行情况和系统的泄漏情况。

6.2.5.4 主要技术参数

溶解氧分析仪主要技术参数见表 6-2-3。

表 6-2-3 溶解氧分析仪主要技术参数

原理	公用工程		工艺应用	
	覆膜（电流）法	荧光法	覆膜（电流）法	荧光法
电极直径 /mm	40	40	12	12
量程 /（mg·L^{-1}）	0~100	0~20	0~60 0.001~10	0.004~30
精度	测量值的 ±1%	当 <12mg/L 时：0.01mg/L 或测量值的 ±1% 当 12~20mg/L 时：测量值的 ±2%	全量程的 ±1%	测量值的 ±4% 或 0.008 mg/L
响应时间 /s	正常响应时间：t_{90}<180 快速响应时间：t_{90}<30	t_{90}=60	t_{90}<30	t_{90}<10
过程压力 /MPa（绝压）	1	1	1.2	1.3
过程温度 /℃	-5~50	-5~60	-5~135	-10~140
维护	每半年更换电解液和覆膜帽	无须电解液和覆膜	每半年更换电解液和覆膜帽	无须电解液和覆膜

6.2.5.5 选型注意事项

溶解氧电极的尺寸分为直径 12mm 和 40mm 两类，前者适用于过程应用测量，例如锅炉除氧水等，可以直接安装于管道、流通池或者管体之中；后者适用于公用工程，例如原水、污水的溶解氧浓度测量，可以直接浸入式安装于池体或监测井中。

溶解氧的测量原理分为电流法和荧光法两类，前者的维护量较大，后者的维护量较小。前者的能耗较低，可以实现本安防爆应用于危险区域，后者能耗较高，无法实现本安防爆，不能直接应用于危险区域。

6.2.5.6 使用注意事项

①氧电极的膜片较薄，不要与硬物接触，不能用纸或布用力擦洗，以防损伤。

②氧电极属于消耗型电极，特别是测量微量溶解氧的电极，禁止在高氧环境下长期运行，以防传感器过快失效。

③当使用覆膜法传感器时，建议每隔 3~6 个月更换电解液，在使用中如发现传感器内电解液泄漏，也必须及时添加或更换电解液，建议每隔 6~12 个月更换一次传感器的覆膜帽。当使用荧光法传感器时，建议每隔 6~12 个月更换传感器的荧光帽。

6.2.6 余氯和总氯分析仪

6.2.6.1 工作原理及结构

a）氯作为消毒剂（氧化剂）的存在形式

各种形式存在的氯作为氧化剂用于水体的消毒，杀灭水中的细菌。氯作为消毒剂主要有以下几种存在形式：

①活性氯。以次氯酸分子 HClO 形式存在的氯，是消毒过程中起最重要作用的部分。

②余氯。又被称为自由氯或者游离氯，最常见的氯消毒剂包括氯气、次氯酸、次氯酸盐等在水中溶解并水解产生：单质氯分子 Cl_2（介质 pH<4 时存在，绝大部分工况下不存在单质氯分子）、次氯酸分子 HClO、次氯酸根离子 ClO^-（次氯酸盐）。

③化合氯。

由氯和氮化物（NH_2、NH_3、NH_4）化合构成化合物，此化合态的氯化物无消毒活性作用，在水体中持续缓慢地分解出活性氯起到消毒作用。

④总氯。指余氯（游离氯）和化合氯的总称。

⑤二氧化氯。有别于次氯酸类和氯氮化合物类的氯消毒剂，均匀分散在水体中单不产生水解的消毒剂。

b）余氯和总氯的在线测量方法

余氯和总氯的在线测量方法主要分为两种：电化学传感器法和 DPD 湿化学分析仪法。

1）电化学传感器法

电化学传感器法测量原理如图 6-2-29。

余氯：基于电流法测量原理测量余氯浓度。介质中的次氯酸（HOCl）扩散通过传感器覆膜，在金阴极上被还原成氯离子（Cl^-）；在银阳极上，银被氧化成氯化银。金阴极释放电子，银阳极接收电子，形成电流回路。在恒定操作条件下，回路电流与介质中的余氯浓度成比例关系。介质中的次氯酸浓度取决于 pH 值大小，流通式安装支架中安装的 pH 电极测量介质的 pH 值，用来进行补偿。变送器将电流信号转换成浓度值（单位：mg/L）。

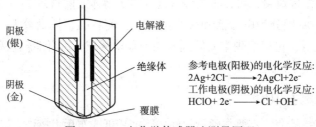

图 6-2-29　电化学传感器法测量原理

总氯：基于电流法测量原理测量总氯浓度。浸入电解液中的双电极通过覆膜接液。双电极为铂工作电极和银涂层的反电极或参比电极。介质中的氯化合物扩散通过覆膜。两个电极间的恒定极化电压会触发工作电极上的氯化合物发生电化学反应。电流与传感器工作量程范围内的总氯浓度成比例关系，几乎不受 pH 值的影响。主要测量信号通过传感器的放大器转换成 $0\sim5\mu A$ 输出信号，输出信号显示在变送器上。

二氧化氯：基于电流法测量原理测量二氧化氯浓度。覆膜法传感器由阴极和阳极组成，阴极为工作电极，阳极为反电极。阴极和阳极浸入在电解液中，通过覆膜与介质隔离。覆膜可以防止电解液泄漏或污染物渗入。

2）DPD 湿化学分析仪法

分析仪试样泵将预处理后的试样打入比色池，试剂泵按比例加入相应的试剂。试样与试剂发生特异的显色反应，试样浓度与该显色反应在特定波长下的光吸收值成比例。为了得到精确的测量结果，同时测量参比波长下的吸光度值，用于补偿浊度、污染和 LED 光源老化导致的测量误差。光度计在恒温条件下工作。因此，化学反应时间短，可重现性好。

DPD（N、N- 二乙基、p- 苯二胺）与次氯酸和次氯酸离子反应，使溶液呈紫红色。在此过程中，醋酸缓冲液使得 pH 值位置恒定。吸收光波长为 555nm。吸光强度与试样中的余氯浓度成比例。

除了 DPD 试剂，附加碘化钾也添加进醋酸缓冲液试样中。试样中的氯胺氧化和碘化后生成碘酸或次碘酸，与 DPD 试剂反应，形成紫红色溶液。吸收光波长为 555nm。吸光强度与试样中的总氯浓度成比例。

6.2.6.2　余氯和总氯传感器结构

余氯和总氯传感器结构如图 6-2-30、图 6-2-31 所示。

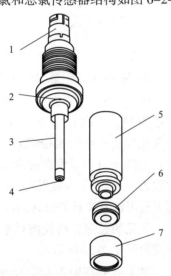

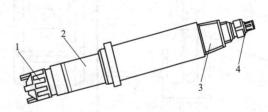

图 6-2-30　余氯传感器结构

1—接头；2—O 型圈；3—阳极；4—阴极；
5—测量池；6—覆膜帽，带抗污型覆膜；
7—螺纹帽，用于固定覆膜帽

图 6-2-31　总氯传感器结构

1—覆膜帽；2—传感器杆；3—螺纹；4—插头

6.2.6.3　余氯和总氯分析仪测量系统

完整的余氯和总氯分析仪测量系统应包括：余氯 / 总氯传感器、pH 电极、变送器、电极安装支架。

常见的余氯分析仪测量系统安装方式如图 6-2-32 所示。

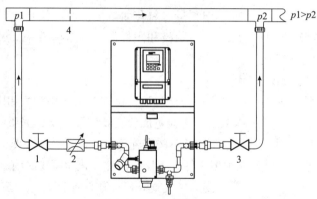

图 6-2-32　余氯分析仪测量系统常见安装方式

1—截止阀；2—减压阀；3—截止阀；4—节流孔板

由于温度和 pH 值对于余氯传感器的测量影响较大，微小的波动会引起余氯示值的偏差，因此需要对余氯传感器进行温度和 pH 值补偿。余氯是指水体中的游离氯的总和，包括了次氯酸（HClO）和次氯酸根（ClO^-）两部分组成次氯酸是一种弱电解质，在水体中部分电离（可逆反应）：

$$HClO \rightleftharpoons H^+ + CO^-$$

因此在一定条件下达到电离平衡，因此存在一个电离平衡常数 K_a（电离平衡常数只和温度有关，和物质的浓度无关），不同温度下电离平衡常数 K_a 也不尽相同。

$$K_a = \frac{[H^+] \cdot [ClO^-]}{[HClO]}$$

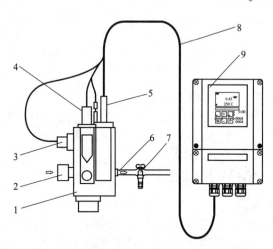

图 6-2-33　总氯分析仪测量系统常见安装方式

1—流通式安装支架；2—介质入口；3—感应式接近开关；
4—pH/ORP 电极的安装位置；5—总氯传感器；6—介质出口；
7—取样点；8—测量电缆；9—变送器

余氯电极测量得到次氯酸（HClO）的浓度，再根据 pH 值和温度补偿得到次氯酸根（ClO^-）的浓度，计算相加的和作为测量结果。补偿的计算方法通过内置电离或者水解平衡常数 K 对应温度 T 的数据表。在特定温度下利用常数 K 计算得到余氯值。

常见的总氯分析仪测量系统安装方式如图 6-2-33 所示。

对于采用 DPD 湿化学分析仪法的余氯和总氯分析仪测量系统应当包括控制系统、采样系统、预处理系统、定量系统、反应比色系统和排废系统等，同时在使用过程中需要消耗相应的试剂和清洗剂等。

6.2.6.4　余氯和总氯分析仪的应用

余氯和总氯分析仪适用于生活水以及供水管网中的氯在线分析，通常应用在循环冷却水以及污水、废水的消毒和药剂投加控制，以便控制水质情况，达到规定的水质标准。

6.2.6.5 主要性能参数

余氯和总氯主要性能参数见表 6-2-4。

表 6-2-4 余氯和总氯分析仪主要性能参数

	余氯分析仪	总氯分析仪
响应时间 /min	$T_{90}<2$	$T_{90}<1$
测量值分辨率 / ($\mu g \cdot L^{-1}$)	5~15	1.0
测量范围 / ($mg \cdot L^{-1}$)	0.05~20 0.01~5	0.1~10
pH 范围	4~9	5.5~9.5
过程温度 /℃	0~45	5~45
过程压力 /MPa	0~0.2	0~0.1
最小流量 / ($L \cdot H^{-1}$)	30	30
最小流速 / ($m \cdot S^{-1}$)	0.1524	0.1524
防护等级	IP68	IP68

6.2.6.6 选型注意事项

通常情况下，使用氯氨消毒时选择总氯测量；使用次氯酸钠、次氯酸、氯气消毒时选用余氯测量。同时要注意余氯测量时需要利用 pH 值进行余氯补偿，所以在选择变送器时要确保至少为双通道变送器。

余氯传感器选择时存在两种不同量程范围，应根据实际应用选择合理量程。

6.2.6.7 使用注意事项

①余氯和总氯传感器长时间（一周以上时间）处于无氯介质中将导致其失效、无响应或者响应缓慢，此时需要对传感器进行激活。

②由于氯消毒剂易挥发、成分不稳定，因此没有稳定的余氯、总氯或者二氧化氯标准液，通常是用现场水样标称值输入的办法进行标定。

③电化学传感器测量过程中会发生电化学反应并消耗电解液，因此需要定期更换膜片和电解液，至少每年一次。

6.2.7 COD 分析仪

6.2.7.1 工作原理及结构

化学需氧量（Chemical Oxygen Demand，简称 COD），是反映水中受还原性物质污染程度的指标。COD 是在一定的条件下，采用一定的强氧化剂处理水样时，所消耗氧化剂的量，通常用 mg/L 来表示。它是表示水中还原性物质多少的一个指标。水中的还原性物质有各种有机物、亚硝酸盐、硫化物、亚铁盐等，但主要是有机物。因此，COD 又往往作为衡量水中有机物含量多少的指标。

COD 的在线检测方法主要分为两种：重铬酸钾法和 UV 紫外吸收法。

a）重铬酸钾法

重铬酸钾法测定 COD，以 HJ 828《水质 化学需氧量的测定 重铬酸盐法》和 ISO 6060《水质 化学需氧量的测定》为标准。该方法氧化率高，再现性好，准确可靠，成为国际社会普遍公认的经典标准方法。该方法是实验室测量 COD 的常用方法，同时，随着自动检测仪表的需求越来越多，现在已经将该方法做成在线检测仪表，可以通过全自动在线的方式，批量、准确、全天候地分析水样中的 COD 值，以实现对污水处理厂出、入口、地表水监测点、厂区过程水和外排水等水质监测点 COD 的实时在线监控。

工作原理：在硫酸酸性介质中，以重铬酸钾为氧化剂，硫酸银为催化剂，硫酸汞为氯离子的掩蔽剂，消解反应液硫酸酸度为 9mol/L，加热使消解反应液沸腾，148℃ ±2℃的沸点温度为消解温度。以水冷却回流加热反应 2h，消解液自然冷却后，加水稀释至约 140mL，以试亚铁灵为指示剂，以硫酸亚铁铵溶液滴定剩余的重铬酸钾，根据硫酸亚铁铵溶液的消耗量计算水样的 COD 值。在将实验室方法应用到实际的生产中时，将反应的温度和压力进行了提升，大约在 170℃进行消解。将温度和压力提升，相应的消解时间就可以大大缩短，由原来的 2h 降为 30min 左右，进而大大提升了在线分析的效率。最终在测量终点通过分光光度计得出液体中 COD 浓度，如图 6-2-34 所示。

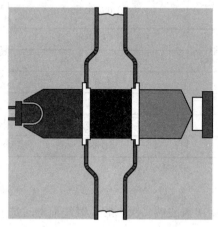

图 6-2-34 分光光度计照射反应池

然而这一方法还是存在不足之处：测量一次所需要时间为 40~60min，很难做到真正的实时测量，对于 30mg/L 以下的 COD 值测量很不准确，所产生的废液将会带来严重的二次污染。

b）UV 紫外吸收法

利用可以产生 UV 紫外光的探头，直接插入水体，测量 COD 值。相比于化学方法，这种探头法的优势在于可以原位测量，而且可以真正做到实时测量，更为重要的是不需要任何化学试剂，也不需要对水样进行预处理，所以也就不会产生二次污染，是真正意义上的绿色方法。而且，这种探头法的测量方式，外加自清洗的配置，几乎可以做到无人值守，因为这种方法测量 COD 不需要更换试剂，2~4a 后才需要更换耗材，可以用于地表水监测站或过程中 COD 的测量。

UV 紫外光法测量 COD 的工作原理如图 6-2-35 所示，高稳定性脉冲通过频闪光源（部件 5）发射光线，光线穿透测量池（部件 3 和部件 4）。通过分光镜（部件 2）的光线分别发射至两个接收器（部件 1 和部件 6）。每个接收器前段均放置有一个滤镜，如图 6-2-36 所示。测量接收器（部件 1）前的滤镜仅允许测量波长范围内的光线通过，而参比接收器（部件 6）前的滤镜仅允许参比波长范围内的光线通过。通过兰伯特 – 比尔定律，由于吸收光强度和液体中相应 COD 成比例关系，得出 COD 浓度。UV 紫外光法测量 COD 对具有特殊官能团的有机物比较敏感，并不能对所有有机物都有特征吸收。因此用此方法测量水中 COD 具有一定的局限性。

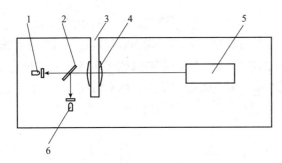

图 6-2-35　UV 法 COD 的工作原理

1—测量接收器，带滤镜；2—分光镜；3—测量池；
4—透镜；5—频闪光源；6—参比接收器，带滤镜

图 6-2-36　UV 法 COD 探头内部结构

1—光学滤镜；2—光源；
3—清洁分光透射 / 反射镜；4—光学检测玻璃管

6.2.7.2　COD 分析仪测量系统

a）重铬酸钾法 COD 测量系统

完整的重铬酸钾法 COD 测量系统应包括：样品预处理、分析仪、试剂与标液、外接传感器（可选）、上位机通信系统，如图 6-2-37 所示。

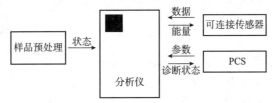

图 6-2-37　重铬酸钾法 COD 测量系统

其中，分析仪是整个测量系统的核心组件，保证了 COD 测量的准确性和重复性，分析仪的结构如图 6-2-38 所示。光栅保证了样品和试剂的准确、重复定量，柱塞泵提供了试剂等的动力，蠕动泵提供了水样的动力。而且试剂和水样分别由两套动力系统提供，可以避免交叉污染，最大限度地延长了管路的使用寿命。蠕动泵吸取水样，避免了由柱塞泵导

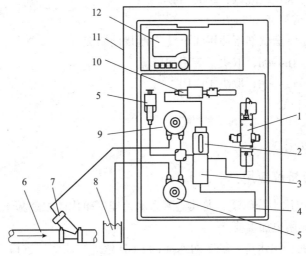

图 6-2-38　COD 分析仪的结构

1—反应器；2—光栅系统；3—阀组；4—出水口；5—稀释单元（可选）；6—介质；
7—Y 形预处理；8—稀释用水；9—蠕动泵；10—柱塞泵；11— COD 分析仪；12—控制单元

致的吸程太短的问题，可以让取水点的安置更加灵活多样。控制器不仅有中文显示，而且可以外接传感器，轻松实现小型测量站，甚至可以远程访问，远程对仪表进行操作和读取数据等。更为重要的是仪器自带的由软件控制安全盖，防止在高温或带压条件下打开消解反应器，以及误操作导致人员伤害和环境污染。而且光栅定量单元内有备用安全光栅，防止由故障引起的试剂泄漏，确保最高可靠性。这都保证了使用过程的最高安全性。

b）UV 紫外吸收法 COD 测量系统

完整的 UV 紫外吸收法 COD 测量系统应包括：COD 探头、变送器、探头安装支架和电缆，如图 6-2-39 所示。

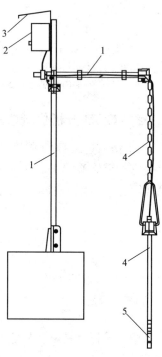

6.2.7.3　主要技术参数

测量原理：重铬酸钾法

测量范围：10~5000mg/L

　　　　　40~20000mg/L

最大测量误差：测量值的 10%，基于邻苯二甲酸氢钾测试

重复性：测量值的 ±5%

测量间隔时间：连续（约 55min），30min~24h 可调

消解时间：3~120min 可调

功率消耗：最大 130VA

信号输出：2~6 路 4~20 mA 输出可选

总线通信：支持 MODBUS RS485、MODBUS TCP、PROFIBUS DP、EtherNet/IP 和 Web 服务器进行远程控制、测量、诊断以及维护

干扰物质浓度上限：硫酸铵：20000mg/L

　　　　　　　　　氯化钠：5000mg/L

图 6-2-39　UV 紫外吸收法
COD 测量系统

1—安装支座和安装支架；2—变送器；
3—防护罩；4—固定链；5—COD 探头

试剂更换周期：一套试剂可使用 3 个月（测量周期 2h）

标定间隔时间：1h~90d，取决于应用和环境

清洗间隔时间：12~90d，取决于应用

环境温度：15~40℃

防护等级：IP55

试样温度：4~40℃

6.2.7.4　COD 分析仪应用

COD 分析仪的应用十分广泛，尤其监测污水处理厂净化能力和基于排放量计费的工业废水计费系统中的应用更加重要。

在污水处理厂的进出水口，需要对水质的 COD 值进行监测，进口 COD 需要实时监测防止来水 COD 值瞬间过大而对后续处理工艺造成较大冲击。出水口 COD 同样需要实时监测，不仅是对出水水质的监测，要求严格满足环保排放标准，而且也是对污水处理工艺的再次检验，如果出水水质不达标则需要调整工艺。

另外地表水水质监测，需要设置 COD 分析仪，用来对不同河流、水系、湖泊等地表水的水质情况进行精确全天候的监测，为政府的治理措施和治理方向提供监测数据。工厂内的过程用水有时也需要对 COD 进行监测，用来控制工厂内生产工艺，也为工厂排污提供准确依据。

6.2.7.5　选型注意事项

COD 分析仪在选型时，一般都需要选择水样预处理设备，简单的预处理，不仅可以对水样进行初级处理，而且可以作为分析仪取水的过程连接。除此以外，由于现在向环保局上传数据都需要用 Modbus RS485 协议，所以要根据实际需要选择是否需要这样的通信模块。外接传感器、附加电流输出等也因客户需求不同而定。

6.2.7.6　使用注意事项

每一台分析仪都是一个小小的生命体，需要使用者细心维护，所以制订一份合理的维护计划是十分有必要的，要做到定期对仪表进行维护，而且要对仪表的易损件定期更换。一般建议每周检查反应器，每 3 个月更换一次试剂和标液，每 6 个月更换柱塞泵、蠕动泵管和清洗滤网，每一年更换软管、滤网和反应器的 O 形圈。

6.2.8　TOC 分析仪

6.2.8.1　工作原理及结构

总有机碳（Total Organic Carbon，简称 TOC）是指水体中溶解性和悬浮性有机物含碳的总量。水中有机物的种类很多，除含碳外，还含有氢、氮、硫等元素，目前还不能全部进行分离检测，常以"TOC"表示。TOC 是一个快速检定的综合指标，以碳的数量表示水中含有机物的总量，通常作为评价水体有机物污染程度的重要依据。

TOC 分析仪测定原理基于把不同形式的有机碳通过氧化转化为易定量测定的 CO_2，利用 CO_2 与总有机碳之间碳含量的对应关系，从而对水溶液中 TOC 进行定量测定。根据工作原理不同，可分为紫外线氧化法、燃烧氧化法、电导率监测法等。

a）紫外线氧化法

使用 UV 灯照射待测水样，水会分解成羟基和氢基，羟基和氧化物结合会生成 CO_2 和水，然后检测新生成的 CO_2 即可计算出总有机碳含量。在使用紫外线氧化法时，通过添加二氧化钛，过硫酸盐等可以提高氧化能力。紫外线氧化法的优点是氧化效率高，保养简单，缺点是 UV 灯管需要定期更换。

b）燃烧氧化法

其中燃烧氧化 – 非分散红外吸收法优势是只需一次性转化，流程简单、重现性好、灵敏度高，缺点是探测器需频繁校准，体积大及预热时间长，必须使用酸、催化剂和载气。

TOC 分析仪主要由进样口、无机碳反应器、有机碳氧化反应（或是总碳氧化反应器）、气液分离器、非分光红外 CO_2 分析器、数据处理部分构成。

燃烧氧化 – 非分散红外吸收法，按测定 TOC 值的不同原理又可分为差减法和直接法两种。

1）差减法测定 TOC 值的方法原理

水样分别被注入高温燃烧管（900℃）和低温反应管（150℃）中。经高温燃烧管的水样受高温催化氧化，使有机化合物和无机碳酸盐均转化成为二氧化碳。经反应管的水样受酸化而使无机碳酸盐分解成为二氧化碳，其所生成的二氧化碳依次导入非分散红外检测器，从而分别测得水中的总碳（TC）和无机碳（IC）。总碳与无机碳之差值，即为总有机碳（TOC）。

2）直接法测定 TOC 值的方法原理

将水样酸化后曝气，使各种碳酸盐分解生成二氧化碳而驱除后，再注入高温燃烧管中，可直接测定总有机碳。但由于在曝气过程中会造成水样中挥发性有机物的损失而产生测定误差，因此其测定结果只是不可吹出的有机碳值。

c）电导率检测法

TOC 电导率检测技术能够测量液态的 CO_2。业界采用的主要有两种电导率检测技术：一种是直接电导率法，另外一种是薄膜电导率检测法（又称选择性电导率法）。采用两种电导率法的 TOC 分析仪校验结果都很稳定，检测精度高。这两种技术最主要的区别在于，直接电导率法比较容易受干扰；而薄膜电导率检测技术抗干扰性更佳。

薄膜电导率检测法是 TOC 分析仪使用较多的检测方法，TOC 分析仪使用的膜能防止杂离子的通过，确保检测的只是 CO_2 的含量，从而使 TOC 的读数更为精确。

6.2.8.2 TOC 分析仪测量系统

完整的 TOC 测量系统应包括：高温消解装置、TOC 测量电极、分析仪、试剂与标液、变送器、安装支架。

6.2.8.3 主要技术参数

电源：220V ± 20V ；50Hz ± 0.5Hz

干扰：对卤化物和碳氢化合物的干扰不敏感

检测范围：0.001~2.5mg/L

分析时间：6min

响应时间：30min 以内

样品温度：0~95℃

环境温度：10~40℃ 温度变化在 ±5℃ /d 以内

内部样品流速：0.35mL/min

相对湿度：85% 以下

重复性误差：± 5%

零点漂移：± 5%

6.2.8.4 TOC 分析仪的应用

污水排放总量控制的指标中，有机污染物总量控制指标为化学需氧量（COD）。由于不同类型的水中（特别是一些污水）存在不被 COD 所反映的有机物，如一些挥发性化合物、环状或多环芳烃污染物，致使 COD 指标不能完全反映水体的有机污染状况。而总有机碳（TOC）指标因为采用燃烧氧化 - 非分散红外法测定，对有机物的氧化比较完全，氧化率在 80% 以上。所以，TOC 指标更能反映水体的有机污染程度。因此，国外许多国家将 TOC 在线自动监测仪置于工厂总排污口，随时监测污水的排污情况。

6.2.9　BOD 分析仪

6.2.9.1　工作原理及结构

BOD（Biochemical Oxygen Demand）即生化需氧量，是指在有氧条件下，微生物分解 1L 水中所含有机物时所需的溶解氧量，一般用 mg/L 表示。微生物分解水中的有机化合物时需要消耗氧，如果水中的溶解氧不足以供给微生物的需要，水体就处于污染状态。因此 BOD 是间接表示水体被有机物污染程度的一个重要指标。通过 BOD 的测定，可以了解污水的可生化性及水体的自净能力等，其值越高说明水中有机污染物质越多，污染越严重。

一般有机物在微生物的新陈代谢作用下，其降解过程可分为两个阶段，第一阶段是有机物转化为 CO_2、NH_3 和 H_2O 的过程；第二阶段则是 NH_3 进一步转化为亚硝酸盐和硝酸盐的硝化过程。由于 NH_3 已经是无机物，污水的生化需氧量一般仅指有机物在第一阶段生化反应时所需的氧量。微生物对有机物的降解与温度有关，一般以 20℃作为测定生化需氧量时的标准温度。在氧气充足、不断搅动的测定条件下，有机物一般要 20 天才能基本完成第一阶段的氧化分解过程，约 99%，常把 20 日 BOD 值当作完全 BOD 值，即 BOD_{20}。但 20 天在实际工作中是难以做到的。因此规定一个标准时间，一般为 5 天，称之为五日生化需氧量，记做 BOD_5。BOD_5 约为 BOD_{20} 的 70% 左右。

生化需氧量的传统测定方法是稀释与接种法，是指水样经含有营养液的接种稀释水适度稀释后在 20±1℃培养 5d，测定培养前后水样中溶解氧的质量浓度，由二者之差计算每升样品所消耗的溶解氧量，表示为 BOD_5。该法是 1913 年由英国皇家污水处理委员会正式提出，美国公共卫生协会 1936 年将（20℃）5d 生化需氧量稀释法定为水和废水的标准检验方法，从而形成了测定 BOD_5 的标准稀释法，并为 ISO/TC-147 所推荐。我国 1987 年将此方法颁布为水质分析方法标准 GB/T 7488—87，并由环境保护部于 2009 年修订后颁布为 HJ 505—2009 标准。

自从 BOD_5 在国际上被确定为重要的水质有机污染指标和监测参数之一以来，许多研究人员和分析工作者对其测定方法一直在坚持不懈地研究和改进，截至目前国内外仍以稀释与接种法作为经典方法广泛应用于常规监测、比对实验、标样考核、仲裁分析等领域。然而，在实际工作中，稀释与接种法也有许多不足之处，如操作复杂、耗时耗力、精密度差、干扰性大、适用范围有限、不宜现场监测等。

随着环保事业的不断发展和污水处理力度的加大，BOD 在线监测仪的研发及普及应用已势在必行。目前为止，国内外均未制定 BOD 在线监测标准方法，市场上应用较多的主要有生物反应器法、微生物电极法和 UV 法三类。

生物反应器法的测定原理是利用特殊的中空材料吸附大量的微生物，当待测水样进入反应器后，在搅拌条件下微生物迅速降解水样中的有机物，通过测定水样降解前和降解后的溶解氧，并与反应器的内置标准曲线对比计算得 BOD 值，多个反应器连续工作即可实现水样的在线监测。

微生物传感器法测定 BOD 的原理是待测样品与空气以一定流量进入流通测量池内与微

生物传感器接触，样品中溶解态可生化降解的有机物被菌膜中的微生物分解，使扩散到氧电极表面的氧减少，当样品中可生化降解的有机物向菌膜的扩散速度达到恒定时，扩散到氧电极表面上的氧也达到恒定并产生恒定电流，该电流与样品中可生化降解的有机物的差值及氧的减少量存在相关关系，据此计算出样品的 BOD，再与 BOD_5 标准样品对比换算得到样品的 BOD_5 值。由于在线监测仪的结构复杂，需要定期添加标准溶液和更换进液管路及微生物膜。当水样中对 BOD 有贡献的悬浮物含量较高或含有难生化降解的有机物时，测定结果会产生偏差，而且该方法不能用于含有高浓度氰化物和游离氯等水样的测定。

UV 法是指在特定波长条件下，依据样品中有机物的光谱吸收强度与待测溶液浓度的相关关系来测定样品中有机物的含量。但采用该法所测定数据的重现性及其与 BOD_5 的相关性依赖于水样的稳定性，而许多不稳定样品中的有机物在指定波长区间内没有吸收光谱，使得 UV 法很难精确测定 BOD，所得数据只可以对水样进行定性判断。

6.2.9.2　BOD 分析仪测量系统

完整的 BOD 测量系统应包括：高温消解装置、BOD 测量电极、分析仪、试剂与标液、变送器、安装支架。

6.2.9.3　主要技术参数

测量范围：0~4000mg/L

监测下限：8mg/L

测量周期：15min，可设定

测量结果读取方式：每天自动读取并存储 BOD 值

精确度：±1mg/L

温度补偿：自动补偿

防护等级：IP54

工作环境温度：+5~+50℃

6.2.9.4　BOD 分析仪的应用

在线 BOD 分析仪广泛应用于废水处理、纯净水、循环水、锅炉水等系统以及电子、电镀、印染、化学、食品、制药等制程领域，以及对地表水及污染源排放等进行环境监测。

6.2.10　硅酸根分析仪

6.2.10.1　工作原理及结构

硅酸根监测仪测定硅酸根含量的化学反应基理是：在 pH 值为 1.1~1.3 的条件下，水中的可溶硅与钼酸铵生成黄色硅钼络合物，用还原剂把硅钼络合物还原成硅钼蓝，根据硅钼蓝的最大吸收波长，通过光电比色法测量硅酸根的含量。

硅酸根分析仪工作的流程如图 6-2-40 所示，经过适当处理（温度、压力）的样品，首先进入溢流杯，在溢流杯中进行环流，以保证一直有可用来分析的具有代表性的样品。从溢流杯出来的水样以恒定的压力和流速进入计量混合杯，在没有开始定容时，样水起到冲洗计量混合杯、比色池的作用，开始定容后，计量阀打开，排掉部分溶液，仅余下一定体积的溶液。水样经定容后，依次与计量泵注入的试剂进行反应，为保证测量的一致性，计量泵注入的试剂量及样水与每种试剂反应的顺序、反应的时间都是精确度量的。反应完成后的显色液经混合阀进入光度计，由光度计测量后经排污阀排出仪器。

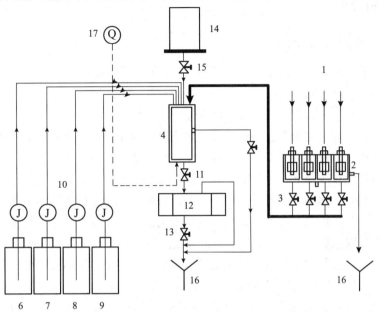

图 6-2-40　硅酸根分析仪工作的流程

1—待测样水；2—溢流杯；3—通道阀；4—计量混合杯；5—定容阀；6—试剂 1；
7—试剂 2；8—试剂 3；9—试剂 4；10—精密计量泵；11—混合阀；12—光度计；
13—排污阀；14—校准杯；15—校准阀；16—排放水样；17—搅拌泵

6.2.10.2　硅酸根分析仪测量系统

硅酸根分析仪一般由采样及预处理、钼蓝法比色测定、操作控制器三部分组成，待测的工业用水经采样及预处理后，成为符合硅酸根分析仪所要求的试样水，这一段属于采样及预处理部分；对试样水进行显色及比色测定到显示输出，为比色测定部分；操作控制整个系统的开关和电磁阀顺序动作为操作控制部分。

6.2.10.3　硅酸根分析仪的应用

硅酸根分析仪在电力、石油化工、钢铁冶炼等行业都有广泛的应用，在除盐水的制水系统监测、给水系统的监测、锅炉炉水系统监测、蒸汽系统和凝结水系统的监测等处都有应用。较之传统的蠕动泵原理的仪器，新一代计量泵式监测仪器没有消耗型备品配件，试剂用量少，仪器的稳定性大大提高，因此维护量少、维护成本更低。

在锅炉给水处理中，通过混凝沉淀及离子交换法除硅，但一般难以达到完全纯净的程度，根据锅炉给水水质的标准，要求 ρ（SiO_2）<20μg/L。硅酸根分析仪可用来监测除硅过程中的除硅质量，检测锅炉给水中的微量硅含量。

6.2.10.4　使用注意事项

①硅酸根分析仪根据测量浓度的不同，其量程不同，且不能通用，选择时应根据测量范围进行选择。

②试剂为消耗品，且根据现场温度和湿度等环境条件的不同，其失效速度也会不同，为了保证测量的准确性，应定期更换试剂。

6.2.11 总磷分析仪

6.2.11.1 工作原理及结构

磷主要以磷酸盐的形式存在于天然水体和污水中。磷酸盐可以分为：

①正磷酸盐（PO_4^{3-}）。

②缩合磷酸盐：偏磷酸盐（PO_3^-）、焦磷酸盐（$P_2O_7^{4-}$）、聚合磷酸盐等。

需要测定总磷时，必须首先消解试样，将水体中的磷酸盐全部氧化为正磷酸盐，再测量正磷酸盐的浓度，测量结果显示为总磷（TP）的浓度。

总磷分析仪的在线测量方法主要采用过硫酸钾消解 – 钼酸铵分光光度法。

由于总磷包含了水体中的各种形式存在的磷酸盐，测量过程中需要将磷酸盐全部氧化为正磷酸盐后测量，因此总磷的测定只能使用带消解装置的湿化学法分析仪。总磷的测量主要包含两个步骤：加热加压的氧化消解过程以及添加试剂的分光比色测量。

消解过程：经过粗过滤的水样被泵送到混合反应腔室中，添加过硫酸钾溶液后加热加压进行消解，消解一定时间后将磷酸盐全部转化为正磷酸盐。

分光比色过程：分光光度计照射反应如图 6-2-41 所示。在酸液中，钼酸根离子和锑离子与正磷酸根离子反应，生成锑磷钼混合物。抗坏血酸将混合物还原成蓝色磷钼酸盐。吸光度与试样中的正磷酸盐浓度直接成比例，这一方法俗称为钼蓝法。基于比例关系，总吸光度直接代表试样中分析参数的浓度。为了对浊度和污染、LED 光源老化产生的干扰进行补偿，进行实际测量前首先进行参比测量，从测量信号中减去参考信号获得经过补偿后的准确的总磷浓度。

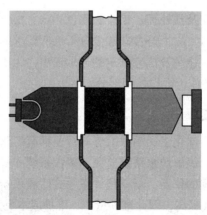

图 6-2-41　分光光度计照射反应池

6.2.11.2 总磷分析仪测量系统

完整的总磷分光光度法分析仪包括控制系统、采样系统、预处理系统、定量系统、加热系统、反应比色系统和排废系统等，如图 6-2-42 所示。湿化学分析仪使用过程中需要消耗相应的试剂和清洗剂等等。当水样的总磷浓度超出仪表的量程范围时，应当使用在线稀释装置对样品进行稀释再测量。

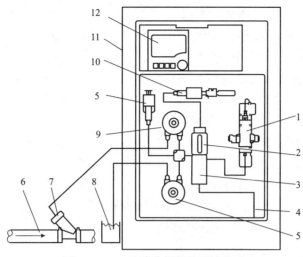

图 6-2-42　　总磷分析仪的系统组成

1—反应器；2—光栅系统；3—阀组；4—出水口；5—稀释单元（可选）；6—介质；
7—Y 型预处理；8—稀释用水；9—蠕动泵；10—柱塞泵；11—总磷分析仪；12—控制单元

6.2.11.3　总磷分析仪的应用

在工业循环冷却水系统中，经常会采用阻垢剂和缓腐剂来防止管路的结垢和被腐蚀，在循环水的管道表面即便只附着很薄的一层水垢，这些水垢都会极大地影响热量的传递和降低涡轮产生真空的效率。聚磷酸盐和磷酸是通用的、效果较好的阻垢剂和缓腐剂，它们的稳定效果取决于聚磷酸盐和磷酸与水中的钙、镁、铁和锰离子的综合反应情况，所以控制循环水中阻垢剂的浓度是非常重要的。为了实现总磷的实时监测，进而实现自动加药控制，要求总磷浓度可以自动地被仪器监测，总磷分析仪监测到的值通过仪器的模拟量输出口传送给控制中心、PLC 或计量泵等，再由它们去控制加药量，以达到期望的处理效果。

6.2.11.4　主要技术参数

测量原理：过硫酸钾消解 – 钼酸铵分光光度法

测量范围：0.05~10mg/L

　　　　　0.5~50mg/L

测量误差：0.05~10mg/L 量程：

　　　　　　　0.05~2mg/L：± 0.06mg/L

　　　　　　　2~10mg/L：读数值的 ± 3 %

　　　　　0.5~50mg/L 量程：

　　　　　　　0.5~10mg/L：± 0.4mg/L

　　　　　　　10~50mg/L：读数值的 ±4%

重复性：0.05~10mg/L 量程：测量值的 ± 2% + 0.01mg/L

　　　　0.5~50mg/L 量程：测量值的 ± 3% + 0.05mg/L

测量间隔：连续（约 30min），33min~24h 可调

消解时间：1~120min 可调

消耗功率：最大 170VA

信号输出：2~6 路 4~20mA 输出可选

总线通信：MODBUS RS485，MODBUS TCP，PROFIBUS DP，EtherNet/IP 和 Web 服务器进行远程控制，测量，诊断以及维护

干扰物质：硫酸根：10000mg/L

氯离子：1000mg/L

钠离子、钾离子、钙离子：500mg/L

碳酸根：50mg/L

硝酸根：50mg/L

水样消耗：每次测量所需试样体积为 6mL

试剂更换周期：一套试剂可使用三个月（测量周期 2h）

标定间隔：12h~90d，取决于应用和环境

清洗间隔：12~90d，取决于应用

维护间隔：每 3~6 个月，取决于工况

环境温度：5~40℃

样品温度：4~40℃

防护等级：IP55

6.2.12　黏度计

6.2.12.1　工作原理及结构

目前在线黏度计主流有 2 大类：振动式、旋转式。

振动式在线黏度计原理：振动法的原理是传感器探头在流体中做一定频率的振幅运动，由于会受到流体黏性阻尼的作用，探头的振幅会衰减，补充由于流体黏性阻尼而损失的能量，使探头的振幅维持在与流体作用之前的状态，则这部分补充的能量与流体的黏度有关。测量出这部分补充的能量，则可以按照一定的关系求出流体的黏度。

旋转式在线黏度计原理：是将进入待测流体中的物体旋转，或者是维持物体静止，而使物体周围的流体作旋转流动时，由于存在剪应力作用，这些流体中的物体将会受到黏性力矩的作用。假若保证旋转等条件相同，此时黏性力矩的大小将随着流体的黏度的变化而变化，通过测量黏性力矩的大小，即可按照黏度公式求出流体的黏度。

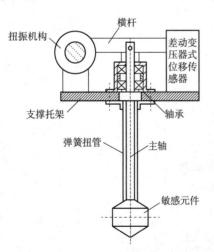

图 6-2-43　振动式黏度计

6.2.12.2　振动式在线黏度计

振动黏度计主要由传感器和仪表电路两部分组成。

传感器设计结构如图 6-2-43 所示，可以等效为一个单自由度的二阶系统，主要由敏感元件（接触探头）、主轴（传动机构）、电磁机构和驱动电路（扭振机构）、横杆（放大敏感元件在共振频率下

的振幅）、弹性扭管、差动变压器（振幅测量机构）等组成。激励电流驱动扭振机构产生共振，带动主轴产生扭转振动；振动通过主轴这一传动机构传达到敏感元件上，使敏感元件、主轴以及横杆同步振动；在测量流体黏度时，敏感元件通过与流体的接触，将黏度的变化转化成敏感元件剪应力矩的变化，敏感元件的运动振幅也会随之变化，并且会将振幅的变化反馈到横杆上，横杆通过机械构造，放大敏感元件的振幅，微机通过差动变压器式位移传感器来测量出横杆振幅的大小，通过振幅的变化来进一步反馈控制激励电流的增加和减少，以此来控制敏感元件的振幅，使得敏感元件的振动维持在恒定的共振频率以及振幅；微机通过测量激励电流的变化，就能获取补偿功率的大小，而补偿的功率的平方与流体的动力黏度成正比关系；根据一定的关系式，就能计算出被测黏度。

6.2.12.3　旋转式黏度计

国内外常用的旋转式黏度计从结构上主要可以分成：单圆筒旋转式黏度计（图 6-2-44）和双圆筒旋转式黏度计（图 6-2-45）。

单圆筒旋转式黏度计只有一个圆筒，由一台微型同步电动机带动上下两个圆盘和圆筒一起旋转，由于受到流体的黏滞力作用，圆筒及与圆筒刚性连接的下盘旋转将会滞后于上盘，从而使得弹性元件产生旋转，通过测量这个扭转来得到小圆筒所受到的黏性力矩 M，再根据马克斯公式计算得到流体的黏度。

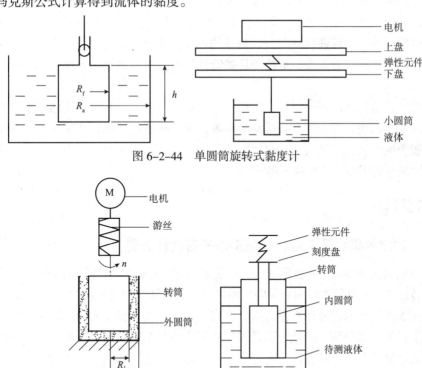

图 6-2-44　单圆筒旋转式黏度计

图 6-2-45　双圆筒旋转式黏度计

$$\eta = \frac{1}{4\pi h}\left(\frac{1}{R_f^2} - \frac{1}{R_a^2}\right)\frac{M}{\omega}$$

式中　η——液体动力黏度，$Pa \cdot s$；

h——测量小圆筒浸于待测液体中的高度；

R_f——小圆筒的半径；

R_a——待测液体容器的半径；

M——黏性力矩；

ω——小圆筒旋转角速度。

这种单圆筒旋转式黏度计结构简单，便于安装，因此适用于流体黏度的在线测量。它具有较高的测量精度、较快的测量速度、较低的生产成本，是一种比较理想的在线黏度计，便于在生产过程中对产品黏度进行随机检测及控制。

双圆筒旋转式黏度计测量时将内外圆筒同时都浸入被测流体中，由电动机带动外圆筒以一定的速率进行旋转，内圆筒由于受到两圆筒之间的被测流体的黏滞力作用而发生偏转，与内圆筒相连的张丝扭转所产生的恢复力矩与黏滞力方向相反，当张丝的恢复力矩和黏滞力矩达到平衡时，内圆筒的偏转角 θ 大小与引起黏滞力矩的黏滞系数 η 成正比。由此推导出黏滞系数 $\eta = f(\theta)$。

6.2.12.4　黏度计的应用

实际工程和工业生产中，经常需要在线检测流体的黏度，以保证最佳的过程运行环境与产品质量，从而提高生产效益。通过在线测量过程中的液体黏度，可以得到液体流变行为的数据，对于预测产品工艺过程的工艺控制，输送性以及产品在使用时的操作性有着重要的指导价值。液体的特性往往与产品的其他特性如颜色、密度、稳定性、固体成分含量和相对分子质量的改变有关，而检测这些特性的最方便和灵敏的方法就是在线检测液体的黏度。

其中旋转式适合测量任何流体，振动式（间接测量）适用于牛顿流体及小部分非牛顿流体。原理如上所述，因为振动式是间接测量，无法控制剪切率，高频率振动对于受剪切率影响比较大的物料则无法表达出黏度变化范围，其多应用于自然界中大部分牛顿流体及部分流变性能并不明显的非牛顿流体。

6.2.13　密度计

6.2.13.1　密度的概念及工业在线测量用的密度计类型

密度的定义是 $\rho = m/V$（ρ 表示密度、m 表示质量、V 表示体积，国际单位：kg/m^3，常用单位：g/cm^3），即单位体积内介质的总质量与其占有体积的比值。

工业在线测量用的密度计有浮力式、压力式、重力式、振动式和核辐射式几种。其中前三种由于灵敏度和分辨率较低、测量范围有限、测量精度不高，目前已很少使用，大量使用的是灵敏度高和测量精度高、稳定性和可靠性较好的振动式和核辐射式密度计。振动式密度计不但可以测量液体的密度，也可用来测量气体的密度。核辐射式密度计的独到之处是测量的非接触式，因而可用于恶劣工况下介质密度的测量。

6.2.13.2　液体振动式密度计的测量原理

当在振动着的管子中内侧流过被测液体时，则此振动管的振动频率将随着被测液体密度的变化而变化。当液体密度增大时，振动频率将减小；反之，当液体的密度减小时，则振动频率增大。测定振动管频率的变化，就可以间接地测定被测液体的密度。

振动管是检测器的核心，采用弹性好、磁导率高、温度系数小的恒弹性合金钢制成。振动管两端用固定座固定在基座上；振动管两边分别与不锈钢波纹软管（减振器）连接，以减小外界振动的干扰。

图 6-2-46 和图 6-2-47 所示为两种常用液体密度计的检测器的测量原理和结构。

在振动管的一侧中心部位安装有激振线圈，激振线圈的铁芯以固定的频率推动振动管、补充振动管的振动能量损耗，给振动管一个固定的维持振动动力，振动管的振动由紧靠振动管另一侧的检测线圈感应出来，检测线圈中通有一恒定直流电流，电流在线圈的铁芯上产生磁场。当振动管振动时，改变了它与铁芯间的间隙，引起铁芯中磁通量的变化，在检测线圈中感应出同频率的交流脉冲信号，该交流脉冲信号经后级电路检测并计算出振动管的振动频率，振动频率对应液体的密度。

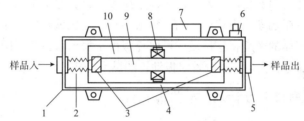

图 6-2-46　液体测量振动式密度检测器原理

1—外壳；2—减振器；3—振动管固定座；4—检测线圈；5—联动法兰；
6—接线盒；7—维持放大器；8—激振线圈；9—振动管；10—底盘

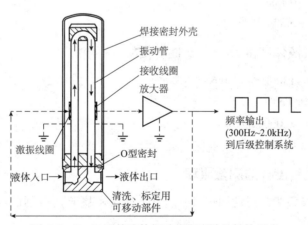

图 6-2-47　U 形管液体振动式密度计的结构组成

6.2.13.3　气体振动式密度计的测量原理

以横河公司 GD402 型振动式气体密度计为例，介绍气体振动式密度计的测量原理，其检测器的结构如图 6-2-48 所示。

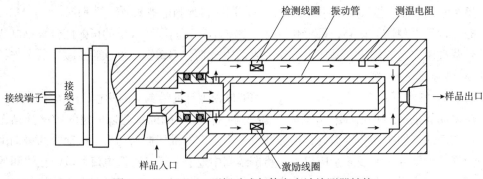

图 6-2-48 GD402 型振动式气体密度计检测器结构

GD402 型振动式气体密度计的工作原理和液体密度计基本相同，不同之处是振动管是一个薄层密闭圆柱形容器，被测气体不是从管中穿过，而是从管子外层流过，其振动频率随周围气体的密度变化而变化。此外，该仪器采用多模自激振荡电路，即以两种不同的频率轮流交替激励同一振动管，由此产生的两种谐振频率之比就是气体密度的函数，通过测量其比值求得被测气体的密度，这种设计可以克服由于振动管自身原因产生的漂移和由于被测气体中含有的油雾、灰尘、水分等对振动管的黏附造成的干扰。

6.2.13.4 振动式气体密度计的主要性能指标

测量范围：$0\sim6\ kg/m^3$（$0\sim0.006g/cm^3$）

最低量程：$0\sim0.1kg/m^3$（$0\sim0.0001g/cm^3$）

线性误差：$\pm1\%FS$

重复性误差：$\pm0.1\%FS$

长期稳定性：$\pm0.3\%/$ 每月

6.2.13.5 振动式液体密度计的主要性能指标

测量范围：$600\sim1300kg/m^3$（$0.6\sim1.3g/cm^3$）

线性误差：$\pm1\%FS$

重复性误差：$\leqslant0.00003g/cm^3$

长期稳定性：$\pm0.3\%/$ 每月

6.2.13.6 γ 射线密度计的测量原理

γ 射线密度计又称为放射性同位素密度计。该仪表基于 γ 射线强度的衰减随被测介质密度而异的原理工作。

γ 射线自放射源射出后，穿过设备壁和其内的被测物料到达检测器。射线同物料相互作用的规律是射线强度随穿过的物料密度增加而呈指数规律减弱。当密度变化时，射线穿过物料后的强度也随之变化，并保持一定的函数关系，即：

$$I=I_0 e^{\mu\rho d}$$

式中 I——射线穿过设备壁和其内的被测物料后检测器接收到的射线强度信号；

I_0——是当被测物料的密度 $\rho=\rho_0$（ρ_0 为零点密度）时检测器接收到的射线强度信号；

ρ——被测物料的密度；

μ——被测物料对射线的质量吸收系数；

d——射线穿过被测物料的距离。

对于确定的测量对象，I_0 和 μ、d 都是不变的常量，因此通过测量 I，就可以得到被测物料的密度值 ρ。

放射源和检测器分别安装在被测管道的两侧（根据不同情况，放射源或检测器也可置于被测设备里面）。图 6-2-49 是典型的安装测量方式。

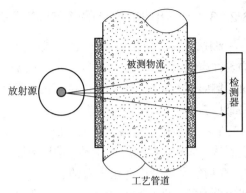

图 6-2-49　γ 射线密度计典型的测量安装方式

6.2.13.7　γ 射线密度计的组成及功能

以天华化工机械及自动化研究设计院生产的 HZ-5301 系列 γ 射线密度计为例，其基本构成如图 6-2-50 所示。

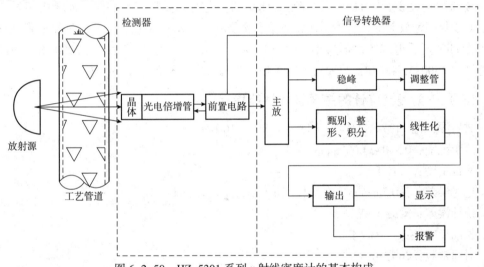

图 6-2-50　HZ-5301 系列 γ 射线密度计的基本构成

各部分主要功能如下：

放射源及其容器：放射源固定安装在射源容器内，射线通过测量通道被检测器接收，射源容器的源闸开关可以开启、关闭射源的测量通道。

检测器：检测器的主要组成部件是闪烁晶体、光电倍增管、高压电路和前置放大电路。进入检测器里的 γ 射线被闪烁晶体接收，将它转换成微弱的闪烁光子，再由光电倍增管将它转换成电流脉冲信号，并经前置放大器转换为 1V 左右的电压脉冲信号。

高压电路负责提供光电倍增管工作所必需的直流高压，范围一般在 800~1300V。

信号转换器：将来自检测器的电压脉冲信号，经放大，甄别、整形和积分线性化处理，转换为 0~10mA DC 或 4~20mA DC 标准输出，同时用数字显示其瞬时密度值，并提供上、下限报警信号。

6.2.13.8 γ 射线密度计的特点和适用场合

γ 射线密度计的测量是非接触式的，不受被测介质的化学性质和温度、压力、黏度等物理性质的影响。安装时无须在被测设备上开孔、打眼或进行改造，只需用夹具固定在管道两侧即可，安装十分方便。由于测量探头不与被测介质接触，投入使用以后，基本不需要维护。

它特别适用于高温、高压、强腐蚀、高黏度、剧毒、深冷、含大量悬浮颗粒的液体密度测量，而在这些恶劣条件下，常规测量仪表是难以胜任的。

γ 射线密度计广泛用于石油、化工、冶金、煤炭、建材、轻工等行业。可对密闭管道或容器内的工业物料，如钻井固井用泥浆、压裂浆、砂浆，选矿厂或洗煤厂用浮选液，石油化工产品如各种油脂、醇类等以及酸、碱、盐等溶液的密度进行在线测量。还可作为浓度计使用，测定溶液的浓度或混合液的配比；作为界面计使用，检测两相分层介质的界面；与流量计配套作为质量流量计等。

工业核仪表具有广泛的应用前景，有些人由于对其缺乏了解，往往谈核色变。事实上，核辐射式仪表所用的放射源都是封闭型的，它对人体只有外部照射而无内照射的可能。对于封闭型放射源的防护是比较简单和容易的。例如，在距工业核仪表 0.5m 强度最大点工作 8h，所受射线照射剂量小于 20mR，而一次胸部 X 光透视为 100~2000mR，一次牙齿透视为 1500~15000mR。只要遵照有关规定正确操作，不必有什么顾虑。

6.2.13.9 γ 射线密度计的主要技术性能指标

放射源：铯 –137（^{137}Cs），（11.1~148）×10^{7}Bq

测量范围：0.500~3.0000g/cm^3

测量精度：±1%FS

绝对误差：±0.5mg/cm^3（在最佳测量状态下）

统计误差：≤ ±1%FS

长期稳定性：±1% / 48h

时间常数：20~120s

环境温度：–20~+60℃（检测器）；0 ～ 50℃（主机）

防爆等级：Exd ⅡC T5

6.3 气相分析仪表

6.3.1 热导式分析仪

6.3.1.1 热量的传递方式

热量传递的基本方式有热对流、热辐射和热传导三种。热对流传热发生在流体（液体、气体）中，它是依靠流体分子的位置移动，将热量从高温处传到温度较低的部位；热辐射传热不需要任何介质，热量以电磁波方式向外发射，在遇到外部物体时被部分或全部吸收并转换为热能，使物体温度升高；热传导发生在同一物体各部分之间，或相互接触的两物体之间，如果存在温差，则热量就会从高温部位传递到低温部位，最终使温度趋向平衡，热传导是依靠分子振动传递能量的，分子在传导过程中相对位置并不改变。不管是那一种热量传递方式，总是将温度较高区域的热量传递到温度较低区域。

任何物质都具有传递热量的能力，只是物质不同，传递热量的能力大小不同，也就是单位面积和单位时间内传递热量的效率不同，我们把物质的这种传递热量效率的特性叫作热导率。气体热导率的绝对值很小，而且基本在同一数量级内，彼此相差并不悬殊，因此工程上通常采用"相对热导率"这一概念。所谓相对热导率（也称相对导热系数），是指各种气体的热导率与相同条件下空气热导率的比值。气体的热导率也随压力的变化而变化，这是因为气体在不同压力下密度发生了变化，必然导致热导率产生差异，不过在常压或压力变化不大时，热导率的变化并不明显，详见表 6-3-1。

表 6-3-1　常见气体在 0℃/100℃时的热导率 λ_0/λ_{100}、相对热导率及热导率温度系数 β

气体名称	热导率 λ_0/ cal/（cm·s·℃）（0℃）	相对热导率 λ_0/λ_{A0}（0℃）	相对热导率 $\lambda_{100}/\lambda_{A100}$（100℃）	热导率温度系数 β/℃$^{-1}$（0~100℃）
空气	5.83×10^{-5}	1.00	1.00	0.0028
氢 H_2	41.60×10^{-5}	7.15	7.10	0.0027
氦 He	34.80×10^{-5}	5.91	5.53	0.0018
氘 D_2	34.00×10^{-5}	5.85		
氮 N_2	5.81×10^{-5}	0.996	0.996	0.0028
氧 O_2	5.89×10^{-5}	1.013	1.014	0.0008
氖 Ne	11.10×10^{-5}	1.9	1.84	0.0024
氩 Ar	3.98×10^{-5}	0.684	0.696	0.0030
氪 Kr	2.12×10^{-5}	0.363		
氙 Xe	1.24×10^{-5}	0.213		
氯 Cl_2	1.88×10^{-5}	0.328	0.370	
氯化氢 HCl			0.635	
水 H_2O			0.775	
氨 NH_3	5.20×10^{-5}	0.89	1.04	0.0048
一氧化碳 CO	5.63×10^{-5}	0.96	0.962	0.0028
二氧化碳 CO_2	3.5×10^{-5}	0.605	0.7	0.0048
二氧化硫 SO_2	2.40×10^{-5}	0.35		
硫化氢 H_2S	3.14×10^{-5}	0.538		
二硫化碳 CS_2	3.7×10^{-5}	0.285		
甲烷 CH_4	7.21×10^{-5}	1.25	1.45	0.0048
乙烷 C_2H_6	4.36×10^{-5}	0.75	0.97	0.0065
乙烯 C_2H_4	4.19×10^{-5}	0.72	0.98	0.0074
乙炔 C_2H_2	4.53×10^{-5}	0.777	0.9	0.0048
丙烷 C_3H_8	3.58×10^{-5}	0.615	0.832	0.0073
丁烷 C_4H_{10}	3.22×10^{-5}	0.552	0.744	0.0072

气体名称	热导率 $\lambda_0/$ cal/（cm·s·℃） （0℃）	相对热导率 λ_0/λ_{A0} （0℃）	相对热导率 $\lambda_{100}/\lambda_{A100}$ （100℃）	热导率温度系数 $\beta/℃^{-1}$ （0~100℃）
戊烷 C_5H_{12}	3.12×10^{-5}	0.535	0.702	
己烷 C_6H_{14}	2.96×10^{-5}	0.508	0.662	
苯 C_6H_6		0.37	0.583	
氯仿 $CHCl_3$	1.58×10^{-5}	0.269	0.328	
汽油		0.37		0.0098

注：1. 表中 λ_0、λ_{100} 分别表示某种气体在 0℃和 100℃时的热导率；表中 λ_{A0}、λ_{A100} 分别表示空气在 0℃和 100℃时的热导率。

2. 热导率又称为热导系数，法定计量单位为 W/（m·K），1cal/（cm·s·℃）＝ 4.18×10^2 W/（m·K）。

6.3.1.2　热导式气体分析仪的工作原理

热导式气体分析仪是根据不同气体具有不同的热传导效率的原理制成，是物理性测量仪表。通过测定混合气体总的导热系数来推算其中某种组分的含量，混合气体的热导系数可以近似的认为是各个组分的热导系数与其含量乘积和，即：

$$\lambda_{总} = \sum_{i=1}^{n} (\lambda_i C_i) = \lambda_1 C_1 + \lambda_2 C_2 + \cdots \lambda_n C_n$$

式中　$\lambda_{总}$——混合气体的总的热导率；

　　　λ_i——混合气体中第 i 种组分的热导率；

　　　C_i——混合气体中第 i 种组分的体积分数。

从上式可以看出，如果根据总的导热率系数来推算某种组分的含量将变得十分困难，尤其是样品中存在多种背景组分时，但是，如果能够满足以下两个条件，第一，背景气中各组分的热导率近似相等或十分接近或其含量小到可忽略不计的程度，即 $\lambda_2 \approx \lambda_3 \approx \lambda_4 \approx \cdots \lambda_n$，或对测量影响较大的组分的含量近似于零；第二，待测组分的热导率与背景气组分的热导率有明显差异，而且差异越大仪表灵敏度越高，即 $\lambda_1 >> \lambda_2$ 或 $\lambda_1 << \lambda_2$，满足上述两个条件时上式可以简化为：

$$\lambda_{总} = \sum_{i=1}^{n} (\lambda_i C_i) = \lambda_1 C_1 + \lambda_2 C_2 + \cdots \lambda_n C_n \approx \lambda_1 C_1 + \lambda_2 (1 - C_1)$$

可得：

$$C_1 = \frac{\lambda_{总} - \lambda_2}{\lambda_1 - \lambda_2}$$

式中　$\lambda_{总}$——混合气体的总的热导率；

　　　λ_i——混合气体中第 i 种组分的热导率；

　　　C_i——混合气体中第 i 种组分的体积分数。

如果测得混合气体的热导率 $\lambda_{总}$，就可以求得待测组分的含量 C_1。

根据以上理论分析，热导式分析仪特别适合使用在热导率相差较大的二元混合气体的场合。

由于气体的热导率很小，它的变化量则更小，所以很难用直接的方法准确地测量出来。工业上多采用间接的方法，即通过热导检测器（又称热导池），把混合气体热导率的变化转化为热敏元件（常用的热敏元件有热丝型和半导体热敏型两种）电阻的变化，混合气体流经热敏元件时，会带走热敏元件上的一部分热量。热敏元件也有一种特性，当存在热量损失时，它的阻值会发生变化。在某段温度范围内，热量损失的速率与被测混合气体的含量之间有很好的对应关系，而热敏元件电阻值变化利用惠斯通电桥电路很容易精确测量出来。这样，通过对热敏元件电阻的测量便可得知混合气体热导率的变化量，进而分析出被测组分的浓度。

　　热导池的机械结构有多种形式，图 6-3-1 和图 6-3-2 为 ABB 公司的生产的两款不同用途的检测器。图 6-3-1 为薄膜型检测器，在半导体硅材料上光刻测量电阻和参比电阻，这类检测器灵敏度高，但耐腐蚀能力相对较差；图 6-3-2 为热丝型检测器，热丝外面镀玻璃层，耐腐蚀能力和使用寿命较长，价格也相对比较昂贵。

图 6-3-1　薄膜型
检测器外观图

图 6-3-2　热丝型
检测器及外观图

　　检测器连接和配置方案及电路也有多种形式。典型的有单检测元件对应单惠斯通电桥型（如图 6-3-3 所示，简称单臂型），这种形式结构简单，灵敏度相对较低；双检测元件对应单惠斯通电桥型（两个检测元件同时用于测量，如图 6-3-4 所示，简称双臂型），这种测量方式灵敏度较高；双检测元件带参比对应单惠斯通电桥型（两个检测元件，一个用于测量，另一个用于参比，如图 6-3-5 所示，简称双臂参比型），这种测量方式精度较高；还有双检测元件对应双惠斯通电桥型电路等多种形式。电桥供电有可调节恒压型、恒流型及交流型等多种方式。

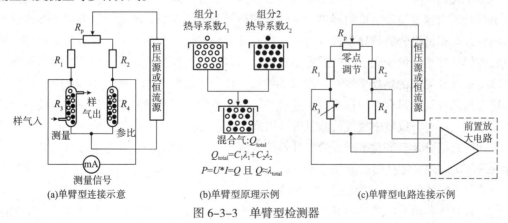

(a)单臂型连接示意　　　　(b)单臂型原理示例　　　　(c)单臂型电路连接示例

图 6-3-3　单臂型检测器

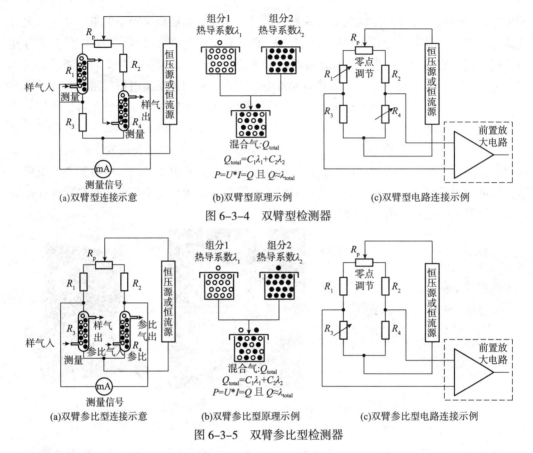

图 6-3-4 双臂型检测器

图 6-3-5 双臂参比型检测器

因为检测器热敏元件与样气是直接接触的，当遇到背景气存在酸性气体（如 H_2S，SO_2 等）的使用场合，为了提高热敏元件的使用寿命，有些厂家的产品在热敏元件上通过特殊的工艺镀一层薄薄的玻璃层，因存在玻璃镀层，故仪表灵敏度有所下降，但抗腐蚀能力和使用寿命极大提高。另外，玻璃镀层制作工艺复杂，这类检测器价格相对比较昂贵。

6.3.1.3 热导式气体分析仪使用场合及选型原则

热导式气体分析仪的测量的样品大多数是多元混合气体，所以除测量组分外的其他成分也都会不同程度地带走检测器热敏元件上的热量，因此它们对测量结果都有或多或少的影响，只有测量组分的热导率远远大于背景成分中所有组分的热导率，或者背景组分中影响较大的组分其含量变化引起的误差小到可以忽略不计的数量级才可以使用。因为在常见气体中氢气和氦气的热导率较高，所以热导式气体分析仪的多用于测量 H_2 和 He。最佳应用场合是混合气中只存在两种组分，并且热导率相差较大，测量其中的任一组分的含量，如氮中氢气测量，或氢中氮气的测量等。因此，在选择热导式分析仪之前，一定需提供背景气的所有组分及其变化范围，通过计算软件进行综合计算，测量误差须在仪表的技术指标允许范围之内。常见测量量程选择详见表 6-3-2。

热导式气体分析仪主要应用于以下场合：

①背景气各组分的热导率必须近似相等或十分接近或热导率与被测组分相差较小的组分的含量变化小到可以忽略不计的数量级。

表 6-3-2 热导式分析仪测量范围选择

测量组分 / 背景组分	正常测量范围 （体积分数）/%	最小测量范围 （体积分数）/%	最小可压缩零点测量范围 （体积分数）/%
空气 /Ar	0~100	0~16	94~100
Ar/ 空气	0~100	0~16	94~100
空气 /CO_2	0~100	0~10	90~100
CO_2/ 空气	0~100	0~10	90~100
空气 /H_2	0~13	0~13	—
H_2/ 空气	0~11	0~11	—
空气 /He	0~100	0~13	98~100
He/ 空气	0~100	0~12	97~100
Ar/CO_2	0~100	—	50~100
CO_2/Ar	0~50	0~50	—
Ar/H_2	0~100	0~13	99~100
H_2/Ar	0~100	0~11	97~100
Ar/He	0~100	0~13	99~100
He/Ar	0~100	0~11	97~100
Ar/N_2	0~100	0~16	94~100
N_2/Ar	0~100	0~16	94~100
Ar/O_2	0~100	0~10	90~100
O_2/Ar	0~100	0~10	90~100
CH_4/H_2	0~100	0~13	99~100
H_2/CH_4	0~100	0~11	97~100
CH_4/N_2	0~100	0~16	94~100
N_2/CH_4	0~100	0~16	94~100
CO/H_2	0~100	0~13	99~100
H_2/CO	0~100	0~11	97~100
CO_2/H_2	0~100	0~13	99~100
H_2/CO_2	0~100	0~11	97~100
CO_2/N_2	0~100	0~10	90~100
N_2/CO_2	0~100	0~10	90~100
H_2/N_2	0~100	0~11	97~100
N_2/H_2	0~100	0~13	99~100
H_2 /NH_3	0~100	0~10	90~100
NH_3/H_2	0~100	0~10	90~100
He/N_2	0~100	0~12	97~100
N_2/He	0~100	0~13	98~100

②待测组分的热导率与背景气组分的热导率有明显差异，而且差异越大越好。

③通过对多元组分的变化范围进行综合计算，误差在仪表的技术指标允许范围之内。

④背景组分带来的测量误差通过预除干扰组分或标准气校正或通过参比（用分子膜滤除测量组分）的方法可以消除的情况。

6.3.1.4　热导式气体分析仪消除误差的方法

热导式气体分析仪因为容易受到背景气的影响干扰，所以是一种选择性较差的分析仪表，通常不得不考虑背景气组分对分析结果的影响。当背景气中某种组分对分析结果造成严重干扰时，可采用以下几种方法来削弱其影响。

a）预除法

用一定容积的吸附剂或化学试剂将干扰组分滤除掉。因吸附剂或化学试剂是消耗性的，所以这种做法只适用于干扰组分数量很少，并且含量较低的情况，吸附剂或化学试剂需定期更换

b）补偿法

配制标准气时，将干扰组分模拟配入零点气和量程气中。这种方法适用干扰组分含量较高又相对比较稳定的场合。

c）参比消除法

将样品气分为相同流量的两路，一路进检测器的测量臂，另外一路先通过分子膜过滤器，利用分子膜将样品气中的被测组分过滤除去，然后通入热导式分析仪的参比室。这种作法就会消除所有背景成分对测量的影响，而且经济实用。

环境温度对热导式分析仪的影响因素也不可忽视，因此通常将检测器置于恒温箱中，米消除其对分析结果的影响。

6.3.1.5　热导式气体分析仪的主要技术指标

线性误差：≤2% 满量程

重复性误差：≤1% 满量程

零点漂移：≤2% 最小量程 / 周

灵敏度漂移：≤0.5% 最小量程 / 周

输出波动：≤0.5% 最小量程

检测下限：≤1% 最小量程

6.3.2　顺磁式氧分析仪

6.3.2.1　物质的顺磁 / 逆磁特性

任何物质，包括气体，遇到外部磁场作用都可以被磁化，表现出很弱的磁特性。被磁化的物质本身也会产生一个附加磁场，如果附加磁场与外部磁场方向相同时，该物质会被外部磁场所吸引，相反，则被排斥。被外部磁场吸引的物质叫顺磁性物质，被外部磁场排斥的物质叫逆磁性物质，或叫抗磁性物质。

6.3.2.2　物质的体积磁化率和相对磁化率

磁化率通俗一点讲就是物质在外磁场中被磁化的程度大小。通常用磁化率 $k=M/H$ 来表示，其中 M 代表磁化强度，H 代表外部磁场强度，k 代表体积磁化率。从 $k=M/H$ 关系式可以看出，磁化率 k 如果是正值，即磁化强度的方向与外磁场强度的相同，物质表现出顺磁特性，即表现出顺外磁场方向运动的特性；相反，磁化率 k 如果是负值，物质表现出逆磁特性，即表现出逆外磁场方向运动的特性。k 数值为 $10^{-6} \sim 10^{-3}$ 量级。

在常见气体中，氧气不仅是顺磁性物质，而且氧气的磁化率比其他气体大许多，顺磁式氧分析仪就是利用氧气的顺磁特性和磁化率较大的特性设计而成。其他气体的磁化率与氧气的磁化率的比值为相对磁化率。

处于磁中性态的磁性物质在外部磁场作用下逐步从宏观上无磁性到显示磁性的过程称为磁化。

在外部磁场作用下，磁性物质从磁中性状态到饱和状态的过程称为磁化过程。

6.3.2.3　常见顺磁式氧分析仪的种类

常见顺磁式氧分析仪有磁力机械式氧分析仪、热磁风式氧分析仪和磁压式氧分析仪，下面分别简述其工作原理。

a）磁力机械式氧分析仪

磁力机械式氧分析仪是利用氧的顺磁特性设计而成。如图 6-3-6、图 6-3-7 所示，"U"形永久性磁铁、哑铃球旋转系统，再加上光电反射检测部分，就构成了一个完整的氧检测器系统。绕制有导电线圈的哑铃球旋转体垂直通过直流电极固定端悬挂在立体循环对称不均匀磁场中，永久性磁铁通过机械磁极的机械位置设置，在检测器立体空间中形成不均匀磁场，两个哑铃球靠近两个磁极，当哑铃球周围有氧分子存在时，因为氧分子具有顺磁特性，迅速被磁化，磁化过程也就是氧分子从弱磁场向强磁场方向运动的过程，在此

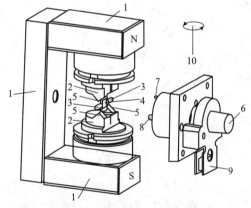

图 6-3-6　机械式磁氧检测器组成结构

1—永久性磁铁；2—导磁性体；3—哑铃球；4—反光镜；
5—磁极；6—光电检测器；7—直流电极；8—限位销；
9—安装支架；10—旋转方向

过程中，氧分子在向较强磁场运动时会推动哑铃球旋转体在磁场中旋转，反光镜将光源发出的光反射到光电检测器，光电检测器根据接收到的光强度就能够准确检测出旋转体偏转角度的大小，同时导电丝圈根据偏转角度的大小来调整导电线圈反馈电流的大小，导电线圈中通入直流电流，直流电流的增加量与氧含量成正比例关系，产生与固定磁场相反的磁场，来平衡旋转体的因氧分子运动而形成的偏转力矩，导电线圈电流的大小的变化量就间接反映出氧浓度的大小。线圈电流的变化量经后级电路放大处理后送检测器前置电路进行处理。

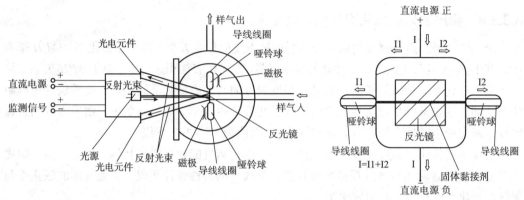

图 6-3-7　机械式磁氧检测器工作原理

b）热磁风式氧分析仪

热磁风式氧分析仪的工作原理如图 6-3-8 所示。热磁风式氧分析仪的检测器是一个中间有通道的环形气室，中间通道内侧支架上均匀地绕制两个螺旋形的热敏性电阻丝，如图 6-3-8 中的 r_1、r_2 与固定电阻 R_1、R_2 组成惠斯通测量电桥（如图 6-3-9），在中间通道的左端设置一个"C"的永久性磁铁，让中间通道左侧形成恒定的不均匀磁场。

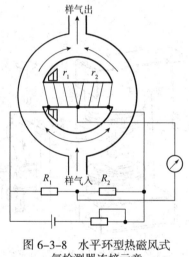

图 6-3-8　水平环型热磁风式
氧检测器连接示意

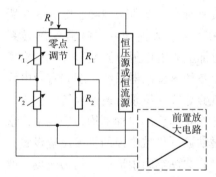

图 6-3-9　惠斯通电桥电路连接示意

待测气体从底部入口进入环形气室后，沿两侧流向上端出口。如果被测混合气体中没有顺磁性气体存在，这时中间通道内就没有气体流过，电阻丝 r_1、r_2 没有热量损失，电阻丝由于流过恒定电流而保持一定的阻值，此时检测器和输出为零。当被测气体中含有氧气时，左侧支流中的氧受到磁场吸引而进入中间通道，氧分子逐渐被磁化并达到饱和，失去顺磁性，最终在左侧未达到饱和氧分子的推动下，从右侧流出，再从右侧支流流向上端出口，从而形成氧分子的热磁风气流。环形气室右侧支流中的氧因远离磁场强度最大区域，受到磁场的吸引较小，加之热磁风的方向是自左向右的，所以右侧的氧分子不可能由右端口进入中间通道，而是直接流向上端出口。

由于热磁对流的影响，中间通道左半边电阻丝 r_1 的热量有一部分被气流带走而产生热量损失。流经右半边电阻丝 r_2 的气体已经是受热气体，吸热量接近饱和，所以 r_2 几乎没有或略有热量损失。这样就造成电阻丝 r_1 和 r_2 因温度不同而阻值产生差异，从而导致测量电桥失去平衡（见图 6-3-9），有输出信号产生。被测气体中氧含量越高，热磁风的流速就越大，r_1 和 r_2 的阻值相差就越大，测量电桥的输出信号就越大，测量电桥输出信号的大小就反映了被测气体中氧含量的多少。

热磁风式氧检测器的结构也有多种形式，根据氧分子运动的方向分为水平型和竖直型两种，图 6-3-8、图 6-3-10 所示为水平型，图 6-3-11 所示为竖直型。

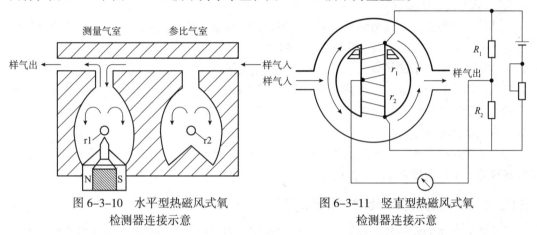

图 6-3-10　水平型热磁风式氧　　　　　图 6-3-11　竖直型热磁风式氧
　　　　　检测器连接示意　　　　　　　　　　　　检测器连接示意

环行水平型和竖直型两种检测器的区别主要在于测量范围不同。 对于环行水平型检测器而言，其测量上限不能超过 40%。这是因为，当氧含量增大时热磁风流速增大，水平通道中的气体流速增大，气体来不及与 r_1 进行充分的热交换就已到达 r_2，引起 r_2 的热量损失增大，随着氧含量的增加，r_1、r_2 的热量损失逐渐接近，两者间电阻的差值越来越小，当氧含量达到 50% 时，检测器的灵敏度几乎接近零；对于环行竖直型检测器来说，其测量上限可达 100%，但是在对低氧含量的测量时，其测量灵敏度很低，甚至不能测量。

c）磁压力式氧分析仪

根据被测气体在磁场作用下压力的变化量来测量氧含量的仪器叫作磁压力式氧分析仪。

氧气是一种顺磁式气体，当它处于不均匀的磁场中时，会被吸引到该磁场中磁场强度较大的区域。这个吸引力也可看成是氧气的顺磁性运动产生的推动力。如图 6-3-12 所示，样品气被分流成为两股流量相等的气流，即测量气体和参比气体，分别从检测器的左右两侧进入检测器。因为左侧放置有永久性磁铁，左侧样品流入磁场区域后，氧气在磁场强度较大的区域被磁化，"短暂"聚集，聚集过程就是氧分子被磁化的过程，从而形成氧压，聚集的氧分子逐渐被磁化并达到饱和，失去顺磁性，最终在左侧未达到饱和氧分子的推动下，从下端出口流出；参比气体从检测器右侧流入，因它们没有流经磁场区域，压力没有发生变化。测量左右两侧入口气体的压力差，就能间接反应被测氧含量的大小。

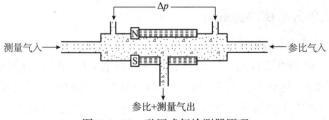

图 6-3-12　磁压式氧检测器原理

测量氧差压的检测器常用的有薄膜电容检测器和微电流检测器两种。

a）薄膜电容检测器

其工作原理与红外分析仪中的薄膜电容检测器相似，将样品气和参比气分别引到薄膜电容器动片两侧，当样品气压力变化时，推动动片产生位移，位移量和电容变化量成比例。电容器中的动片一般采用钛膜制成。

b）微电流检测器

其检测元件是两个微型热敏电阻，和另外两个辅助电阻组成惠斯通电桥。当有气体流过时，带走部分热量使热敏元件冷却，电阻变化，通过电桥转变成电压信号。

微流量传感器中的热敏元件有两种，一种是薄膜电阻，在硅片或石英片上用超微技术光刻上很细的铂丝制成。这种薄膜电阻平行装配在气路通道中，微气流从其表面通过。另一种是栅状镍丝电阻，简称镍格栅，是把很细的镍丝编织成栅栏垂直装配于气路通道中，微气流从格栅中间穿过。

微流量检测器体积很小，灵敏度极高，价格也较便宜，因而在分析仪器（如红外、氧分析仪等）中得到越来越广泛的应用。

6.3.2.4 磁氧分析仪的测量范围和选型

分析氧含量的在线仪表种类较多，比较常用的有顺磁式氧分析仪（包括磁力机械式、磁压式和热磁风式氧分析仪等）、氧化锆分析仪、电化学式氧分析仪（包括原电池式和电解池式）。顺磁式氧分析仪多用于百分含量级的氧的测量，氧化锆分析仪工作温度约在750℃左右，不能使用在具有还原性气体或可燃性气体超标的场合，在这种环境中因还原性气体或可燃性气体与氧反应，从而消耗掉一部分氧气，使得氧化锆分析仪的分析结果偏低；电化学式氧分析仪多用于测量微量氧，并且样品中不能含有酸性气的场合，在某些应用中氧化锆也可以用于微量氧的测量。

虽然氧分子的相对磁化率较高，但是氧分子在磁化过程中产生的磁推力或磁压力或热磁风都是非常小的物理量，因此顺磁式氧分析仪不能应用于测量含量较小的场合，一般氧含量小于 0.5% 的应用场合推荐使用电化学式氧分析仪或氧化锆分析仪。

综上所述，顺磁式氧分析仪的最小测量范围为 0~0.5%，最大测量范围为 0~100%。

常用氧含量测量仪表的测量范围见表 6-3-3。

表 6-3-3　常用氧含量测量仪表的测量范围一览

仪器种类	氧化锆式	原电池式	电化学式	顺磁式
测量范围	10^{-5}~100%	10^{-6}~25%	10^{-9}~25%	0.5%~100%
使用场合	烟道气	非腐蚀性介质	非腐蚀性介质	常温常量测量

6.3.2.5 顺磁式氧分析仪误差分析

a）背景气对测量结果的影响

从常见气体磁化率可以看出，如果被分析气体含有 NO，NO_2 等磁化率较高的背景气时，背景气构成的综合磁化率算术平均值必定对分析结果造成较大的影响，标定仪表时要用标准气或软件对仪表加以校正，尽可能地消除背景气对分析结果的影响，如果测算背景气的综合影响误差超过满量程的 1% 时，就要考虑选用其他类型的分析仪表。

b）样气品温度、压力、流量及环境温度对测量结果的影响

样气温度、压力、流量及环境温度对分析结果均有不同程度的影响，因此氧检测器、样品气尽可能地保持干燥、恒温、恒压和恒流。

c）样气中高沸点物质对测量结果的影响

高沸点物质（常温下为液体的物质）一般具有很强的吸附性和黏性，会黏附在检测器上，增加检测器自身的重量和干扰分析效果，对测量结果有很大的影响，因此在预处理阶段通过制冷或洗涤等方法除去高沸点物质。

6.3.2.6 顺磁式氧分析仪维护注意事项

①顺磁式氧分析仪对样品流量的要求非常高，必须严格遵循技术规格书中给定的流量范围进行调节，否则过大的样品气流会损坏检测器，如果因流量过大而损坏检测器，仪表会显示极大值或极小值，严重时需更换检测器。

②顺磁式氧分析仪对粉尘的要求也非常高，一般样品中的粉尘量需小于 5 μm，否则固体粉尘落在检测器的哑铃球上或反光镜片上都会对测量选成不同程度的影响。

③尽量避免高沸点物质和粉尘进入检测器。

6.3.2.7 附表

常见气体的体积磁化率和相对磁化率见表 6-3-4 和表 6-3-5。

表 6-3-4 常见气体的体积磁化率（0℃）

气体名称	化学符号	$k/\times10^{-6}$（CGSM）	气体名称	化学符号	$k/\times10^{-6}$（CGSM）
氧	O_2	+146	氦	He	−0.083
一氧化氮	NO	+53	氢	H_2	−0.164
空气	—	+30.8	氖	Ne	−0.32
二氧化氮	NO_2	+9	氮	N_2	−0.58
氧化亚氮	N_2O	+3	水蒸气	H_2O	−0.58
乙烯	C_2H_4	+3	氯	Cl_2	−0.6
乙炔	C_2H_6	+1	二氧化碳	CO_2	−0.84
甲烷	CH_4	−1	氨	NH_3	−0.84

表 6-3-5 常见气体的相对磁化率（0℃）

气体名称	化学符号	相对磁化率	气体名称	化学符号	相对磁化率	气体名称	化学符号	相对磁化率
氧	O_2	+100	氢	H_2	-0.11	二氧化碳	CO_2	-0.57
一氧化氮	NO	+36.3	氖	Ne	-0.22	氨	NH_3	-0.57
空气	—	+21.1	氮	N_2	-0.40	氩	Ar	-0.59
二氧化氮	NO_2	+6.16	水蒸气	H_2O	-0.40	甲烷	CH_4	-0.68
氦	He	-0.06	氯	Cl_2	-0.41			

6.3.2.8 磁氧分析仪的主要技术指标

线性误差：≤ 0.5% 满量程

重复性误差：≤ 0.5%/ 满量程

零点漂移：≤ 3% 最小量程 / 周

灵敏度漂移：≤ 0.1% 最小量程 / 周

输出波动：≤ 0.5% 最小量程

检测下限：≤ 0.5% 最小量程

检测下限：≤ 0.5% 最小量程

流量影响：≤ 0.1% 量程

温度影响：≤ 0.1% 量程

压缩风影响：≤ 1% 无压力补偿；≤ 0.1% 带压力补偿

电源影响：≤ 0.2% 量程

位置影响：≤ 0.02% 量程 / 1°

T_{90}：≤ 3.5s

6.3.3　氧化锆分析仪

6.3.3.1　氧化锆分析仪的测量原理

纯净的氧化锆（ZrO_2）不导电，但是，在纯净的氧化锆中掺杂一定比例的低价金属氧化物（如氧化钙等），这种混合物在 650~850℃就变成了导体，就像半导体导电一样，变成了固体电解质，氧分子从氧分压高的一侧（一般为空气）被电离，以氧离子的方式流过氧化锆电解质层，到达氧分压低的一侧（被测样品侧），从而形成电解电流，该电流与被测氧浓度有一定的对应关系。

如图 6-3-13 所示，在一片高致密的氧化锆固体电解质的两侧，用烧结的方法制成几微米到几十微米厚的多孔铂层作为电极，再在电极上焊上铂丝作为引线，就构成了氧浓差电池。如果电池左侧通入参比气体（空气），其氧分压为 p_0；电池右侧通入被测气体，其氧分压为 p_1。

设 $p_0 > p_1$，在高温下（650~850℃），氧就会从分压大的 p_0 侧向分压小的 p_1 侧扩散，

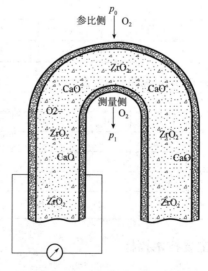

图 6-3-13　氧化锆工作原理

这种扩散，不是氧分子透过氧化锆从 p_0 侧到 p_1 侧，而是氧分子电离成氧离子后通过氧化锆的过程。在 750℃ 左右的高温中，在铂电极的催化作用下，在电池的 p_0 侧发生还原反应，一个氧分子从铂电极取得 4 个电子，变成两个氧离子（O^{2-}）进入电解质，即：

$$O_2(p_0)+4e \longrightarrow 2O^{2-}$$

p_0 侧的铂电极由于大量给出电子而带正电，成为氧浓差电池的正极或阳极。

这些氧离子进入电解质后，通过晶体中的空穴向前运动到达右侧的铂电极，在电池的 p_1 侧发生氧化反应，氧离子在铂电极上释放电子并结合成氧分子析出，即：

$$2O^{2-} \longrightarrow O_2(p_1)+4e$$

p_1 侧的铂电极由于大量得到电子而带负电，成为氧浓差电池的负极或阴极。

这样在两个电极上由于正负电荷的堆积而形成一个电势，称之为氧浓差电动势。当用导线将两个电极连成电路时，负极上的电子就会通过外电路流到正极，再供给氧分子形成氧离子，电路中就有电流通过。

氧浓差电动势的大小，与氧化锆固体电解质两侧气体中的氧浓度有关。通过理论分析和试验证实，它们的关系可用能斯特方程式表示：

$$E = \frac{RT}{nF}\ln \frac{p_0}{p_1} \tag{6-3-1}$$

式中　E——氧浓差电动势，V；

　　　R——气体常数，8.315J/（mol·K）；

　　　T——气体的绝对温度，273+t（t 为实际工作温度，℃）；

　　　F——法拉第常数，96500 C/mol；

　　　n——参加反应的电子数（对氧而言，$n=4$）；

　　　p_0——参比侧的氧分压；

　　　p_1——被测气体的氧分压。

如被测气体的总压力与参比气体的总压力相同，则上式可改写为：

$$E = \frac{RT}{4F}\ln \frac{c_0}{c_1} \tag{6-3-2}$$

式中　c_0——参比气中氧的体积分数；

　　　c_1——被测气体中氧的体积分数。

从上式可以看出，当参比气体中的氧含量 c_0 一定时，氧浓度差电动势仅是被测气体中氧含量 C_1 和温度 T 的函数。把上式的自然对数换为常用对数，得

$$E = 2.303 \frac{RT}{4F}\lg \frac{c_0}{c_1} \tag{6-3-3}$$

若氧浓差电池的工作温度为 750℃，c_0 为 20.8%，则电池的氧浓差电动势 E 为

$$E = 50.74\lg \frac{20.8}{c_1} \tag{6-3-4}$$

公式 6-3-3 说明，浓差电动势与被测气体中氧含量有对数关系，当氧浓差电池的工作温度 T 和参比气体中氧含量 c_0 一定时，被测气体中的氧含量越小，氧浓差电动势越大。这对于测量氧含量低的烟气是有利的，但是在自动控制系统中，需要有线性化装置来修正对数输出特性。

按式公式 6-3-4 计算得出的氧化锆探头理论电势输出值见表 6-3-6。

表 6-3-6　氧化锆探头理论电势输出值

被测气体中氧气的体积分数 /%	600℃	700℃	800℃	850℃	被测气体中氧气的体积分数 /%	600℃	700℃	800℃	850℃
0.10	100.37	111.87	123.37	129.12	3.50	33.51	37.35	41.19	43.11
0.12	96.94	108.05	119.15	124.71	3.60	32.98	36.76	40.54	42.43
0.14	94.05	104.82	115.59	120.98	3.80	31.97	35.63	39.29	41.12
0.15	92.75	103.37	114.00	119.31	4.00	31.00	34.55	38.11	39.88
0.16	91.53	102.02	112.50	117.75	4.50	28.79	32.09	35.38	37.03
0.18	89.32	99.55	109.78	114.90	5.00	26.81	29.88	32.95	34.48
0.20	87.34	97.34	107.35	112.35	5.50	25.01	27.88	30.75	32.18
0.25	83.14	92.67	102.19	106.95	6.00	23.38	26.06	28.73	30.07
0.30	79.71	88.84	97.97	102.54	6.50	21.87	24.38	26.88	28.14
0.35	76.81	85.61	94.41	98.81	7.00	20.48	22.83	25.17	26.34
0.40	74.30	82.81	91.33	95.58	7.50	19.18	21.38	23.58	24.68
0.45	72.09	80.35	88.60	92.73	8.00	17.97	20.03	22.08	23.11
0.50	70.11	78.14	86.17	90.18	8.50	16.83	18.76	20.68	21.65
0.55	68.31	76.14	83.97	87.88	9.00	15.75	17.56	19.36	20.26
0.60	66.68	74.32	81.95	85.77	9.50	14.74	16.42	18.11	18.96
0.70	63.78	71.09	78.39	82.04	10.00	13.77	15.35	16.93	17.72
0.80	61.27	68.29	75.30	78.81	10.50	12.85	14.33	15.80	16.54
0.90	59.05	65.82	72.58	75.96	11.00	11.98	13.35	14.72	15.41
1.00	57.07	63.61	70.15	73.42	11.50	11.14	12.42	13.70	14.34
1.20	53.64	59.79	65.93	69.01	12.00	10.34	11.53	12.71	13.31
1.30	52.14	58.11	64.08	67.07	12.50	9.58	10.67	11.77	12.32
1.40	50.74	56.56	62.37	65.28	13.00	8.84	9.85	10.86	11.37
1.50	49.45	55.11	60.78	63.61	13.50	8.13	9.06	9.99	10.46
1.60	48.23	53.76	59.28	62.05	14.00	7.44	8.30	9.15	9.58
1.70	47.09	52.49	57.88	60.58	14.50	6.78	7.56	8.34	8.73
1.80	46.02	51.29	56.56	59.20	15.00	6.15	6.85	7.56	7.91
1.90	45.00	50.16	55.31	57.89	15.50	5.53	6.16	6.80	7.11
2.00	44.04	49.08	54.13	56.65	16.00	4.93	5.50	6.06	6.35
2.20	42.25	47.08	51.92	54.34	16.50	4.36	4.85	5.35	5.60
2.40	40.61	45.26	49.91	52.24	17.00	3.79	4.23	4.66	4.88
2.50	39.84	44.41	48.97	51.25	17.50	3.25	3.62	3.99	4.18
2.60	39.10	43.58	48.06	50.30	18.00	2.72	3.03	3.34	3.50
2.80	37.71	42.03	46.35	48.51	18.50	2.20	2.46	2.71	2.83
3.00	36.41	40.58	44.75	46.84	19.00	1.70	1.90	2.09	2.19
3.20	35.20	39.23	43.26	45.28	19.50	1.21	1.35	1.49	1.56
3.40	34.06	37.96	41.86	43.81	20.00	0.74	0.82	0.91	0.95

6.3.3.2　氧化锆分析仪的分类

氧化锆氧分析仪的分类较多，根据使用环境温度和安装方式分为以下 5 类。

①中低温直插式氧化锆氧分析仪，其探头直接插入炉窑烟气中，适应烟气温度为 0~650℃（最佳烟气温度 350~550℃），探头中自带加热炉。主要用于火电厂锅炉、6~20t/h 工业炉等，是我国用量最大的一种。

②高温直插式氧化锆氧分析器，其探头直接插入烟气中，探头本身不带加热炉，靠高温烟气加热探头，仅适应于 700~900℃ 的烟气测量，主要用于电厂、石化高温烟气分析。

③导流直插式氧化锆氧分析仪，这类探头利用一根长导流管将烟气导流到炉壁近处，再利用一支短探头进行测量，主要用于低尘烟气测量，例如石化部门的加热炉。

④墙挂式氧化锆氧分析仪，它将烟气抽出到炉壁近处，并将氧化锆传感器安装在炉壁上就近分析，它较抽出式具有响应快的优点。主要用于钢铁厂均热炉及其他高温烟气分析（900~1400℃）。

⑤抽出式氧化锆氧分析仪。为了消除 SO_2、SO_3 和烟尘对测量的影响，将烟气抽至工作点，除去 SO_2、SO_3 和烟尘后再进行分析，其缺点是响应慢。主要适应于多硫多尘恶劣条件的烟气，如制造硫酸的沸腾炉。国内使用较少。

6.3.3.3　氧化锆氧分析仪的选型注意事项

氧化锆不能使用在含有可燃性气体的场合（氧化锆一般工作温度在 750℃，可燃气体会燃烧消耗一部分氧气，使得测量值偏低），如果必须在这种环境中使用，最好将可燃气体一并测量，并根据分析结果进行软件补偿。氧化锆也可用于介质中不含有可燃气体的微量氧的测量。

6.3.3.4　氧化锆氧分析仪的技术指标

测量范围：　　0.1%~10%；0.1%~100%

可选项：　　　可燃气：0.2%~1%

　　　　　　　甲烷：0~1%；0~5%

测量精度：　　±0.75% 或测量范围的 ±0.05%（取较大值）

可选项：　　　可燃气：±2% FS

　　　　　　　甲烷：±5% FS

响应时间 T_{63}：　氧：< 3s

　　　　　　　可燃气：<7s

　　　　　　　甲烷：<12s

6.3.3.5　氧化锆氧分析仪的日常维护

①仪器上炉前必须经过检验，确认仪器是否正常，未经检验的仪器不准上炉。

②定期对仪器进行校准，一般来说，接入自控系统的仪器做到 1~2 个月校准一次，未接入自控系统的仪器每 3 个月校准一次。

③经常巡视仪器是否正常，仪器一旦出现故障，及时查找原因，如属探头正常老化或损坏，或一时查不出故障原因，应及时更换探头。

④根据需要，定期清洗探头有关部件。

⑤停炉时，应等炉停后再关仪器。如停炉时间在一个月内，若不影响炉的检修，就不要关仪器。开炉前，先开仪器。

⑥做好每台仪器的运行档案，内容包括进厂日期、装上时间、维修情况和运行情况等。

6.3.4 红外气体分析仪

6.3.4.1 光学基础知识

a）电磁辐射

电磁辐射就是能量以电磁波形式发射到空间的现象，它是以极快速度通过空间传播的光量子流，是一种能量的传播形式。电磁辐射具有波动性与微粒性，其波动性表现为辐射的传播以及反射、折射、散射、衍射、干涉等形式，可以用传播速度、周期、波长、频率、振幅等参量来描述；其微粒性表现为，当其与物质相互作用时会发生吸收、发射等现象，吸收和发射时能量是一份一份的，电磁辐射本身也是由一个个不可分割的能量子组成的。

b）光辐射

光辐射是电磁辐射中的一部分，一般按辐射波长及人眼的生理视觉效应将光辐射分成三部分：紫外辐射、可见光和红外辐射。一般在可见到紫外波段波长用 nm、在红外波段波长用 mm 表示。波数的单位习惯用 cm^{-1}。是以电磁波形式或粒子（光子）形式传播的能量，它们可以用光学元件反射、成像或色散，这种能量及其传播过程称为光辐射。一般认为其波长在 10nm~1mm 范围内。

c）波长

波长指沿着波的传播方向，在波的图形中两个相对平衡位置之间的位移。波长在物理学中常表示为 λ，国际单位是 m。

d）频率

频率就是某一固定时间内，通过某一指定地方的波数目，即 $f=1/T$。因而由波长 λ 的表达式，可以得到波长和频率的关系为：$\lambda=v/f$，式中的传播速度 v 的单位为 m/s（米/秒），频率 f 的单位为 Hz，波长 λ 的单位为 m。

e）波数

原子、分子和原子核在光谱学中的频率单位，符号为 σ，等于真实频率除以光速，即波长（λ）的倒数，或在光的传播方向上每单位长度内的光波数。

f）传播速度

光速是指光波或电磁波在真空或介质中的传播速度。

波长、波数、频率、光子能量之间的关系如下：

$$\sigma = \frac{1}{\lambda}$$

$$f = \frac{c}{\lambda}$$

$$E=hf$$

式中　　λ——波长，cm；

　　　　σ——波数，cm^{-1}；

　　　　c——光速，$c=3 \times 10^{10}$ cm/s；

　　　　h——普朗克常数，6.625×10^{-34} J·s；

　　　　E——光子能量，J；

　　　　f——频率，s^{-1}。

如用电子伏特 eV 作为光子能量单位，则

$$1eV=1.602 \times 10^{-19}J；$$

$$1J=6.242 \times 10^{18}eV；$$

$$1E=6.625 \times 10^{-34} \times 6.242 \times 10^{18}eV·f=4.135 \times 10^{-15}eV·s$$

按以上关系式计算，红外波段的界限见表 6-3-7。

表 6-3-7　红外波段的界限

	下限	上限
波长 /μm	0.78	1000
对应波数 /cm^{-1}	12820	10
对应频率 /Hz	2.34×10^{14}	3×10^{11}
光子能量 /eV	9.69	1.24×10^{-3}

6.3.4.2　吸收光谱法的吸收理论及定义

由物理学中可知，分子由原子和外层电子组成。各外层电子的能量是不连续的分立数值，即电子是处在不同的能级中。分子中除了电子能级之外，还有组成分子的各个原子间的振动能级和分子自身的转动能级。

当从外界吸收电磁辐射能时，电子、原子、分子受到激发，会从较低能级跃迁到较高能级，跃迁前后的能量之差为：

$$E_2-E_1=hf$$

式中　　E_1，E_2——分别表示较高能级和较低能级（跃迁前后的能级）的能量；

　　　　f——辐射光的频率；

　　　　h——普朗克常数，6.625×10^{-34} J·s。

当某一波长电磁辐射的能量 E 恰好等于或接近于某两个能级的能量之差 E_2-E_1 时，便会被某种粒子吸收并产生相应的能级跃迁，该电磁辐射的波长和频率称为某种粒子的特征吸收波长和特征吸收频率。

电子能级跃迁所吸收的辐射能为 1~20eV，吸收光谱位于紫外和可见光波段（200~780nm）；分子内原子间的振动能级跃迁所吸收的辐射能为 0.05~1.0eV，吸收光谱位于近红外和中红外波段（780nm~25μm）；整个分子转动能级跃迁所吸收的辐射能为 0.001~0.05eV，吸收光谱位于远红外和微波波段（25~10000μm）。

电磁辐射与物质相互作用时产生辐射的吸收，引起原子、分子内部量子化能级之间的跃迁，测量辐射波长或强度变化的一类光学分析方法，称为吸收光谱法。

吸收光谱法的另一个定义是：基于物质对光的选择性吸收而建立的分析方法称为吸收

光谱法，也称为吸光光度法。包括紫外可见分光光度法、红外吸收光谱法等。

6.3.4.3 光谱吸收法对应波段范围及分析仪表种类一览表

吸收光谱法所涉及的光谱名称、波长范围、量子跃迁类型和光学分析方法见表 6-3-8，常见分子的特征吸收波长见表 6-3-9。

表 6-3-8 吸收光谱法一览表

光谱名称	波长范围 /nm	量子跃迁类型	光学分析方法	分析仪类型
X 射线	0.1~10	K 和 L 层电子	X 射线光谱法	X 射线检测仪
远紫外线	10~200	中层电子	真空紫外光度法	
近紫外线	200~400	价电子	紫外光度法	紫外分析仪
可见光	400~780	价电子	比色及可见光度法	比色及可见光度分析仪
近红外线	780~2500	分子振动	近红外光谱法	近红外分析仪
中红外线	2.5×10^3~2.5×10^4	分子振动	中红外光谱法	红外分析仪
远红外线	2.5×10^4~1×10^6	分子转动和低位振动	远红外光谱法	
微波	1×10^6~1×10^9	分子转动	微波光谱法	
无线电波	1×10^9~1×10^{12}		核磁共振光谱法	

表 6-3-9 几种常见分子的特征吸收波长

名称	分子式	吸收峰波长 / μm	名称	分子式	吸收峰波长 / μm
一氧化碳	CO	2.37, 4.65	氨	NH_3	10.4
二氧化碳	CO_2	2.7, 4.26, 14.5	一氧化氮	NO	5.2
甲烷	CH_4	3.3, 7.65	二氧化硫	SO_2	7.3
乙烯	C_2H_4	3.45, 5.3, 7, 10.5	水蒸气	H_2O	2.0, 2.8

6.3.4.4 红外线分析仪的分类

目前使用的红外分析仪机械结构型式种类较多，分类方法也有多种，但主要有下面几种分类方法。

从是否把红外光束变成单色光来划分，可分为分光型（色散型）和不分光型（非色散型）两种。

①分光型。采用一套分光系统，使通过分析气室的辐射光谱与待测组分的特征吸收光谱相吻合。其优点是选择性好，灵敏度较高；缺点是分光后光束能量很小，分光系统任一元件的微小位移，都会影响分光的波长。因此，一直用于条件很好的实验室，长期未能用于在线分析。近年来，随着采用窄带干涉滤光片取代棱镜和光栅系统，分光型红外分析仪开始在生产流程上得到应用。

②不分光型。光源发出的连续光谱全部都投射到待测样品上，待测组分吸收其特征波长的各个波带（有一定波长宽度的辐射），就其吸收波长来说具有积分性质。例如，CO_2 在波长为 2.6~2.9 μm 及 4.1~4.5 μm 处都具有吸收峰。由此可见不分光型仪器的灵敏度比分光型高得多，并且具有较高的信号 / 噪声比和良好的稳定性。其主要缺点是待测样品各组分间有重叠的吸收峰时，会给测量带来干扰。但是可以在机械结构上增加干扰滤波气室等

办法，去除干扰波的影响。

目前在线红外分析仪大多采用不分光型红外分析仪，有极少数采用红外分光技术，分光型红外分析仪多用于测量多组分的场合。

从光学系统机械结构来划分，可以分为双光路和单光路两种。

①单光路。从光源发出的单束红外光，只通过一个几何光路。但是对于检测器而言，还是接受两个不同波长的红外光束，只是在不同时间内到达检测器而已。它是利用切光轮的旋转（在切光轮上装有能通过不同波长的一个或多外干涉滤光片），将光源发出的光调制成不同波长的红外光束，轮流通过分析气室送往检测器，实现时间上的双光路。

②双光路。从两个相同的光源或者一个光源精确分配成两个光源，发出两路彼此平行的红外光束，分别通过几何光路相同的分析气室、参比气室后进入检测器。

从采用的检测器类型来划分，目前主要有薄膜电容检测器、半导体检测器、微流量检测器三种。

从使用检测器的数量来划分，有单检测器型和多检测器型。

6.3.4.5　红外线分析仪的主要组成部件

a）光源

将电源转化为热辐射能的装置，红外光源通常分为热辐射红外光源（如钨丝或铼钨丝通电发热等）、气体放电红外光源和激光红外光源 3 种。

b）切光轮

切光轮的作用是按照一定的频率把辐射光源的连续红外光变成断续的光，即对红外光进行调制。调制的目的是使检测器产生的信号成为交流信号，便于放大器放大，同时可以改善检测器的响应时间特性。

c）同步马达

一方面为光源调制提供固定的转动频率，完成红外线切光，另一方面周期性地记录马达的转动位移（相位），以便实现切光和检测同步。

d）滤光片

滤光片是一种光学滤波元件。它是基于各种不同的光学现象（吸收、干涉、选择性反射、偏振等）而工作的。采用滤光片可以改变测量气室的辐射通量和光谱成分，可消除或减少散射辐射和干扰组分吸收辐射能的影响，可以使具有特征吸收波长的红外辐射通过。

e）干涉滤光片

干涉滤光片是利用干涉原理只使特定光谱范围的光通过的光学薄膜。最常见的干涉滤光片是法布里－珀罗型滤光片，它是由一组厚度为 $1/2\lambda$ 整数倍的间隔层分开的两种反射膜组成的窄带滤光片。其制作方法是以石英或白宝石为基底，在基底上交替地用真空蒸镀的方法，镀上具有高、低折射系数的物质层。一般用锗（高折射系数）和一氧化硅（低折射系数）作镀层，也可用碲化铅和硫化锌作镀层，或用碲和岩盐作镀层。干涉滤光片可以得到较窄的通带，其透过波长可以通过镀层材料的折射率、厚度及层次等加以调整。

在红外线分析仪中，气室的窗口晶片允许透过的波长是有一定范围的，因此也有一定的滤波效果，但远不如干涉滤光片，二者在光学系统中的作用也是不同的。

f）滤光气室

除干扰组分特征吸收中心波长能全吸收外，中心波长附近的波长也能吸收一部分，其他波长全部通过，几乎不吸收。或者说它的通带较宽，因此检测器接收到光能较大，灵敏度高。其缺点是体积比干涉滤光片大，一般长 50mm，特别是在微量分析中因测量气室较长（175~1000mm），加上它就更长了，使仪器体积较大。在深度干扰时，即干扰组分浓度高或与待测组分特征吸收波长交叉较多时，可采用滤波气室。如果两者特征吸收波长相距不是很近时，其滤波效果就不理想。就是说，其选择性较差。当干扰组分多时也不宜采用滤波气室。

g）气室

红外分析仪中的气室包括测量气室、参比气室和滤波气室，它们的结构基本相同，都是圆筒形，两端都用晶片密封。

测量气室连续地通过待测气体，参比气室完全密封并充有中性气体（多为 N_2 气，也可充 Ar 气或为二者的混合气体），滤波气室完全密封并充有干扰组分气体。当采用滤波气室时，滤波气室装在测量气室一侧，此时参比气室也充入一定比例的干扰组分气体。

测量气室的长度一般小于 300mm。测量微量组分的气室较长，在 165~1000mm 之间。气室的内径一般取 20~30mm，太粗会使测量滞后增大，太细则削弱了光强，降低了仪表的灵敏度。

气室要求内壁光洁度高，不吸红外线，不吸附气体，化学性能特别稳定。气室的材料采用黄铜镀金、玻璃镀金或铝合金（可在内壁套一层镀金的铜皮圆筒），内部表面都要求抛光。金的化学性质极为稳定，气室内壁永远也不氧化，所以能保持很高的反射系数。

h）检测器

红外线常用检测器有薄膜电容检测器、半导体检测器和微流量检测器三种，下面分别简述其工作原理。

1）薄膜电容检测器

薄膜电容检测器又称薄膜微音器，由金属薄膜动极和定极组成电容器，当接收气室内的气体压力受红外辐射能的影响而变化时，推动电容动片相对于定片移动，把被测组分浓度变化转变成电容量变化。

薄膜电容检测器的结构如图 6-3-14 和图 6-3-15 所示。薄膜材料为铝镁合金，其厚度为 5~8 μm，近年来多采用的钛膜则更薄一些。定片与薄膜间的距离为 0.1~0.04mm，电容量为 40~100pF，二者之间的绝缘电阻 $>10^5 M\Omega$。

图 6-3-14　薄膜电容检测器

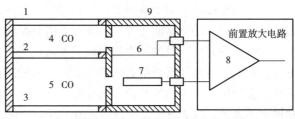

图 6-3-15　薄膜电容检测器原理

1，2，3—光学透光镜片；4—检测器前吸收气室；5—检测器后吸收气室；
6—薄膜电容动片；7—薄膜电容定片；8—前置放大电路；9—检测器外壳

薄膜电容检测器是红外气体分析仪长期使用的传统检测器，目前使用仍然较多。它的特点是温度变化影响小、选择性好、灵敏度高。其缺点是薄膜易受机械振动的影响，调制频率不能提高，放大器制作比较困难，体积较大等。

薄膜电容检测器的测量原理是薄膜电容动片两侧气室吸收不同波段的光，引起动片两侧温度的变化，产生的膨胀压力不相同，从而改变电容之间的距离，电容量发生了变化，这种变化与待测组分的浓度有很好的对应关系。

2）半导体检测器

半导体检测器是利用半导体光电效应的原理制成的，当红外光照射到半导体上时，它吸收光子能量使电子状态发生变化，产生自由电子或自由孔穴，引起电导率的改变，即电阻值发生变化，所以又称为光电导检测器或光敏电阻。电阻值的变化量与待测组分的浓度有很好的对应关系。

半导体检测器使用的材料有硫化铅（PbS）、硒化铅（PbSe）、锑化铟（InSb）、汞镉碲（HgCdTe）等。红外线气体分析仪大多采用锑化铟（InSb）材料的检测器，它在红外波长 $3\sim7\,\mu m$ 范围内具有高响应率（即检测器的电输出和灵敏面入射能量的比值），在此范围内 CO，CO_2，CH_4，C_2H_2，NO，SO_2，NH_3 等几种气体均有吸收带，其响应时间仅 $5\times10^{-6}\,s$。

这种检测器结构简单、制造容易、体积小、寿命长、响应迅速。它可采用更高的调制频率（切光频率可高达几百赫兹），使放大器的制作更为容易。它与窄带干涉滤光片配合使用，可以制成通用性强且响应快速的红外检测器，改变测量组分时，只需改换干涉滤光片的透过波长和仪表刻度即可。其缺点是锑化铟元件的特性（特别是灵敏度）受温度变化影响大。

3）微流量检测器

微流量检测器是一种测量微小气体流量的新型检测器件。其传感元件是两个微型热丝电阻，和另外两个辅助电阻组成惠斯通电桥。热丝电阻通电加热至一定温度，当有气体流过时，带走部分热量使热丝元件冷却，电阻变化，通过电桥转变成电压信号。

微流量传感器中的热丝元件有两种，一种是栅状镍丝电阻，简称镍格栅，它是把很细的镍丝编织成栅栏状制成的。这种镍格栅垂直装配于气路通道中，微气流从格栅中间穿过。另一种是铂丝电阻，在云母片上用超微技术光刻上很细的铂丝制成。这种铂丝电阻平行装配于气路通道中，微气流从其表面通过。

这种微流量检测器实际上是一种微型热式质量流量计，它的体积很小（光刻铂丝电阻的云母片只有 $3mm\times3mm$，毛细管气流通道内径仅 $0.2\sim0.5mm$），灵敏度极高，精度优于 $\pm1\%$，价格也较便宜。采用微流量检测器替代薄膜电容检测器，可使红外分析仪光学系统的体积大为缩小，可靠性、耐振性等性能提高，因而在红外、氧分析仪等仪器中得到了较广应用。

图 6-3-16 是微流量检测器工作原理示意图。测量管（毛细管气流通道）内装有两个栅状镍丝电阻（镍格栅，图中 r_1 和 r_2），和另外两个辅助电阻（图中 R_3 和 R_4）组成惠斯通电桥。这种检测器的测量原理类似于热导式气体检测器，这里不再赘述。

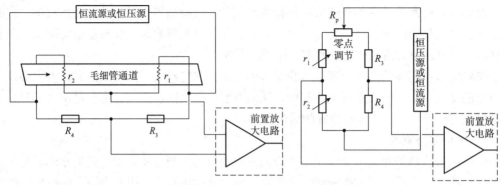

图 6-3-16　微电流检测器原理及等效电桥电路原理

i）相位平衡调整

调整切光片轴心位置，使其处在两束红外光的对称点上。要求切光片同时遮挡或同时露出二个光源，即所谓同步，使两个光路作用在检测器气室两侧窗口上的光面积相等。

j）光路平衡调整

调整参比光路上的偏心遮光片（也称挡光板、光闸），改变参比光路的光通量，使测量、参比两光路的光能量相等。

k）零点和量程校准

分别通零点气和量程气，反复校准仪表零点和量程。

有些红外分析仪内部带有校准气室，填充一定浓度的被测气体，产生相当于满量程标准气的气体吸收信号，可以不需要标准气就实现仪器的校准。校准时，传动电机将相应的校准气室送入光路，此时仪器的测量池必须通高纯氮气。为了检查校准气室是否漏气，每半年或一年仍然要用标准气进行一次对照测试，所以用户仍应配备瓶装标准气。

6.3.4.6　红外线／紫外线分析仪的分析原理及过程

薄膜电容检测器红外分析仪的工作原理如图 6-3-17 所示，该仪器采用薄膜电容检测器，其接收气室属于串联型结构，有上（10）、下（11）两个接收气室。

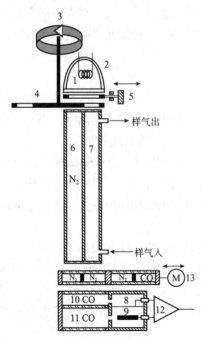

图 6-3-17　薄膜电容检测器工作流程示意

1—光源灯丝；2—反光镜；3—切片马达；4—切光轮；
5—光路调整旋钮；6—参比气室；7—测量气室；
8—薄膜电容动片；9—薄膜电容定片；
10—检测器前接收气室；11—检测器后接收气室；
12—前置放大电路；13—标定气室

由辐射光源的灯丝（1）发射出具有一定波长范围的红外线，经反光镜（2）反射后变为 1 束平行光，通过光路调整旋钮（5）分成两束光通量近似相等的平行光，在同步电机带动的切光片（4）的周期性切割作用下，变成了两束脉冲式红外线，脉冲频率一般在 3~25Hz。

在仪表的设计中，使这两束红外线的波长范围基本相同，可发射的能量基本相等。两束红外线的一路通过参比气室（6）后进入检测器，另一束红外线通过测量气室（7）后，也进入检测器。参比气室中充入不吸收红外线的氮气（N_2）并加以密封，它的作用是保证两束红外线的光学长度相等，即光路的几何长度和通过的窗口数目都相等，以避免因光路差异造成系统误差。因此通过参比气室的红外线的光强和波长范围基本不变。另外一路红外线通过测量气室时，由于待测气体中的待测组分吸收相应特征吸收波长的红外线，其光强减弱，因此两个气室分别进入检测器的光强是不相等的。

检测器由薄膜电容检测器的动片薄膜分隔成上（10）、下（11）两个接收气室，接收气室里封有不吸收红外线的气体（N_2 或 Ar）和待测组分气体的混合物，或全部充装待测组分气体，所以进入检测器的红外线就被选择性地吸收，上部接收气室（10）吸收绝大部分待测组分的特征吸收波长的红外线（易吸收区域），剩余的极小部分被下部分接收气室（11）完全吸收（吸收不易吸收边界区域的特征光谱，用于消除交叉干扰）。由于通过参比气室的红外线未被待测组分吸收过，因此进入检测器气室后能被待测组分吸收的红外线能量就大一些，而通过测量气室的红外线被待测组分吸收过，进入检测器气室的能量较小一些。在检测器内待测组分吸收红外线能量后，气体分子的热运动加强，产生热膨胀，压力变大，因此薄膜动片两侧温度产生了变化，压力也产生了变化，上部分吸收气室（10）内压力大于下部分吸收气室（11）内压力，此压力差推动薄膜动片（8）产生位移，从而改变了薄膜动片（8）与定片（9）之间的距离，由薄膜动片与定片组成的电容器（红外线分析仪中叫薄膜电容，也叫电容微音器），其极板间距离发生变化，电容器的电容量也改变了，电容量的变化量与待测组分浓度之间有很好的对应关系。将此电容量的变化转换成电压信号送到后级进行数据采集和处理，同时送到二次仪表显示和输出。

红外 / 紫外多波段（分光型）分析仪工作原理如图 6-3-18 所示，光源发出的光通过 L1、L2 聚焦后到达切光轮上的滤光片，切光轮上装有多个滤光片（最多 8 个），每个滤光片只允许一定波长的光通过，相当于对光源发出的光进行了滤波分光，红外滤光片滤波后可通过的波长范围为 0.8~15μm，紫外为 200~400nm；滤光后的红外 / 紫外光通过 L3 后变成平行光，再通过样品池后到达 L4，经 L4 凸透镜聚光后到达检测器；切光轮上的滤光片一般安装一个参比，多个测量，或安装两个参比，多个测量，在切光轮的转动下循环交替工作，它的工作原理也是红外线 / 紫外线吸收原理，与普通非分光型红外线 / 紫外线分析仪相比，光通路都是相同的（测量和参比共用样品池）只是通过样品池的波长范围很窄，只容许被测组分的特征波长的光通过或用于参比的一定波长的光通过，其余全部滤掉。一台多波段分析仪最多能够测量 6 个组分。

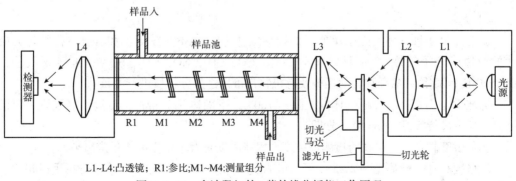

L1~L4:凸透镜；R1:参比;M1~M4:测量组分

图 6-3-18　多波段红外 / 紫外线分析仪工作原理

6.3.4.7　红外分析仪的各种分析组合配置图

红外分析仪（非分光型）在实际应用中的配置组合有多种方式，以使用的光源、光程、检测器的数量来划分，有以下几种常用的组合方式：单光源/双光程/单检测器，双光源/双光程/单检测器（属传统型配置），单光源/双光程/双检测器（见图6-3-19），双光源/双光程/双检测器，双光源/双光程/4检测器（见图6-3-20，可同时测量4个组分）等，其中标定样品池属于可选配置项，大绝大多数应用中不需要选择标定样品池，多用于一些有毒有害性气体测量的场合（如 CO，SO_2，H_2S 等浓度较高的应用场合）。

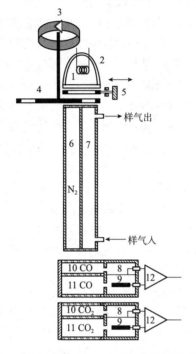

图 6-3-19　单光源/双光程/双检测器配置
1—光源灯丝；2—反光镜；3—切片马达；4—切光轮；
5—光路调整旋钮；6—参比气室；7—测量气室；
8—薄膜电容动片；9—薄膜电容定片；
10—检测器前接收气室；11—检测器后接收气室；
12—前置放大电路；13—标定气室

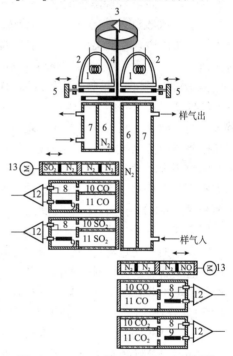

图 6-3-20　双光源/双光程/四检测器
带标定池配置
1—光源灯丝；2—反光镜；3—切片马达；4—切光轮；
5—光路调整旋钮；6—参比气室；7—测量气室；
8—薄膜电容动片；9—薄膜电容定片；10—检测器前接收气室；
11—检测器后接收气室；12—前置放大电路；13—标定气室

6.3.4.8　红外线分析仪的优缺点

a）优点

①能测量多种气体：除了单原子的惰性气体（He，Ne，Ar 等）和具有对称结构无极性的双原子分子气体（N_2，H_2，O_2 等）外，CO，CO_2，NO，NO_2，SO_2，NH_3 等无机物，CH_4，C_2H_4 等烷烃，烯烃和其他烃类及有机物都可用红外分析仪进行测量。

②测量范围宽：可分析气体的上限达100%，下限达几个 ppm 的浓度。当采取一定措施后，还可进行痕量（ppb 级）分析。

③灵敏度高：具有很高的检测灵敏度，气体浓度有微小变化都能分辨出来。

④精度高：一般都在 ±2%FS，不少产品达到或优于 ±1%FS。与其他分析手段相比，它的精度较高且稳定性好。

⑤反应快：响应时间 T_{90} 一般在 10s 以内。

⑥有良好的选择性：红外分析仪有很高的选择性系数，因此它特别适合于对多组分混合气体中某一待分析组分的测量，而且当混合气体中一种或几种组分的浓度发生变化时，并不影响对待分析组分的测量。也就是说，红外分析仪只对待分析组分的浓度变化有反应，而背景气体（除待分析组分外的其他组分都叫背景气体）中干扰组分的浓度不管怎样变化，对仪器的测量精度都没有影响。因此，用红外分析仪分析气体时，只要求背景气体干燥、清洁和无腐蚀性，而对背景气体的组成及各组分的变化要求不严，特别是采取滤光技术以后效果更好。这一点与其他分析仪器比较是一个突出的优点。

b）缺点

在多组分定性、定量以及痕量分析中没有在线过程色谱仪、质谱仪、近红外分析仪等功能强大。

6.3.4.9　红外线分析仪的选型

红外线分析仪在选型时一定要提供背景成分的全组分，这一点非常重要，否则，如果没有提供全的某种组分正好是被测组分的干扰组分，而在生产仪器时没有采取相应的措施（增设滤光片、滤波气室等）将导致仪器无法测量。

同时在选型时须考虑被测组分是否在红外线分析仪的检测限之内。

红外线分析仪的检测范围：

常量测量：0~100 % ；

微量测量：CO_2 ：0~5ppm

CO ：0~10ppm

SO_2 ：0~25ppm

NO ：0~75ppm

N_2O ：0~20ppm

CH_4 ：0~50ppm

NH_3 ：0~30ppm

C_2H_2 ：0~100ppm

C_2H_4 ：0~300ppm

C_2H_6 ：0~50ppm

C_3H_6 ：0~100ppm

C_3H_8 ：0~50ppm

H_2O ：0~500ppm

6.3.4.10　红外线分析仪的技术指标

防爆等级：隔爆型 / 正压吹扫型 / 无火花型

输出：4~20mA 隔离模拟输出 / 通信输出

安装方式：壁挂式 / 机架式

环境温度：5~+50℃

报警输出：故障报警

测量范围：详见红外线分析仪的检测范围

响应时间：3.5s

线性偏差：≤ 1%FS

重复性：≤ 0.5%FS

零漂：≤ 1%FS/1 周

检测极限：≤ 0.5%FS

公用工程条件：

    电源：220VAC 50Hz

    仪表净化空气：>0.4MPa（G），20L/min、无油、无杂质、干燥仪表级空气

6.3.5 过程气相色谱分析仪

6.3.5.1 过程气相色谱仪的概念及分类

过程气相色谱仪是在石油化工生产装置应用十分广泛的分析仪器之一，通过色谱柱（填充柱、微填充柱、毛细管柱等）将混合的气体或易汽化的液体（先汽化后分离）进行分离，然后利用检测器（TCD，FID，FPD 等）将单独组分分别检测，进行定性、定量分析。

气相色谱仪的分类较多，根据色谱柱流动相（色谱柱填料/涂敷剂叫固定相）的物理状态可分为气相色谱仪、液相色谱仪和超临界流体色谱仪；根据应用的目的和场合，分为实验室色谱仪和过程气相色谱仪等等。这里只讨论在线过程气相/液相色谱仪。

色谱柱、各种阀件、检测器和电路系统就构成了基本的色谱仪分析系统。

6.3.5.2 色谱柱的组成及分离原理

a）色谱柱组成

工业过程在线色谱仪常用的色谱柱有填充柱、微填充柱和毛细管柱。

填充柱是由内径 2~5mm，长度从 0.2~10m 不等的不透钢管或硅涂层不锈钢管构成，内部填充色谱柱填料（固体颗粒物或固体颗粒物加液体涂敷剂），外观如图 6-3-21 所示。

微填充柱是由内径 1~2mm，长度从 0.2~10m 不等的不透钢管或硅涂层不锈钢管构成，内部填充色谱柱填料（固体颗粒物或固体颗粒物加液体涂敷固化剂）。

毛细管柱是由内径 0.2~0.5mm，长度从 10~80m 不等的不锈钢管、石英管或硅涂层不锈钢管构成，内部涂敷并高温固化高沸点的化学试剂，外观如图 6-3-22 所示。

图 6-3-21 填充柱外观　　　　图 6-3-22 毛细管柱外观

b）色谱柱的分离原理

色谱柱的分离过程为多组分的混合气体在载气的带动和推动下，通过色谱柱时，被色谱柱内的填充剂 / 涂敷剂所吸附，然后再解附的物理过程。因为不同气体分子的物理特性不同，譬如分子量大小、分子结构、极性强弱等物理特性不同，表现出被色谱柱填充剂所吸附的程度也不同，吸附和解附的时间也不相同，从而通过柱子的速度就产生了差异（在色谱柱中的保留时间不相同），在柱出口就发生了混合气体按时间先后顺序被分离成各个组分的现象。色谱柱分离后的单个组分分别单独进入检测器，检测器将组分的含量信号转换成电信号送到后级电路进行数据分析和处理。

这种采用色谱柱和检测器对混合气体先分离、后检测的定性、定量分析方法叫作色谱分析法。

关于色谱柱的分离理论，目前世界上尚未定论，人们只是形象的用"塔板理论""速率理论""溶解理论"等去解释这种分离现象，然而不管是那一种理论都不能完全解释这种分离现象，但是值得肯定的是色谱柱使混合气体"短暂"分离属物理过程，而不是化学过程或其他过程。色谱柱分离过程如图 6-3-23 所示。

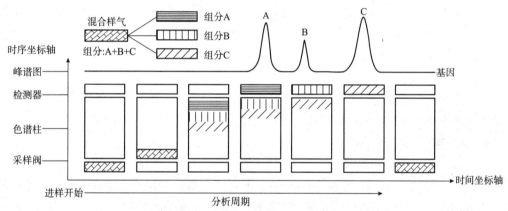

图 6-3-23　色谱柱组分分离时序

6.3.5.3　色谱仪的阀件功能和动作原理

不同公司生产的在线过程气相色谱仪产品选用的阀件类型不尽相同，但是它们在色谱仪分析中完成的功能却是相同的，按照它们在色谱分析系统中完成的功能来划分：取样阀（也叫进样阀，包括液体进样阀）、反吹阀、色谱柱切换阀、选择放空阀、大气平衡阀、流路切换阀等；按照阀件的组成结构、密封介质的形状，以及运动轨迹来划分：膜片阀、往复式滑阀、旋转阀、柱塞阀、球阀等；按照驱动气源的种类来划分：单气源驱动（弹簧复位）、双气源驱动（双作用）、三气源驱动（其中一路气源用于禁用阀保护模式）等。

a）取样阀

也叫进样阀，一般都是两位（即开、关两种状态）多通（有几个出入口就叫几通阀）阀，通过它的开关动作来完成色谱仪的一次自动进样，一般进样开始时间就是色谱仪的分析周期开始时间。

b）反吹阀

通过它的开关动作将色谱分析中不需要的组分反吹放空，这样可以大大缩短分析周期时间或防止色谱柱被污染。

c）色谱柱切换阀

在一些复杂应用中，混合样品如果只用一根或一类色谱柱很难对其进行完全分离，因此采用多根或多种色谱柱进行分段分离。分离又分前后顺序，在不同的分离阶段，需要阀件的开关动作来完成色谱柱之间的切换工作，以达到完全分离的目的。

d）选择放空阀

在有些应用中，样品中的某些成分不能进入检测器或色谱柱，其目的是为了保护检测器或色谱柱或者为了压缩分析周期时间，利用选择放空阀将这些不需要分析的样品成分放空。

e）大气平衡阀

大气平衡阀一般选用两位两通的气动阀。色谱仪的定量管是几何尺寸一定的一段管线，一般放置在恒温箱中，体积一定，温度恒定，为了保证每一次色谱仪进样量保持恒定，就必须将定量管的压力也保持恒定。传统上一般将本地的大气压作为定量管的恒定参照压力，大气平衡阀就安装在定量管的前端，定量管后端与外界大气相通，在每一次进样前，将大气平衡阀关闭 3~5s，使得定量管中的进样压力与外界大气压力相等，因此而得名。

f）流路切换阀

完成多个分析流路之间的样品轮流切换进样，多由多阀组或多个三通气动阀完成。

下面列举三种常用的阀件外观及其工作原理。

a）膜片阀

常用有 6 通、10 通、24 通等。

膜片阀：如图 6-3-24~ 图 6-3-26 所示。下阀体上端面上相邻两组活塞的上下位移决定了阀有两种工作状态（即开和关两种状态）。在下阀体部的圆周面上有一个"O"形向下凹突的环面，环面只有几微米的深度，在环面的正下方均匀分布 6 个弹簧复位的活塞，相间隔的三个为一组，每组活塞的驱动口也是相互连通的，分别由两路不同的气源来控制它的动作；上阀体的圆周面上均匀分布 6 个通气孔，通气孔的中心正好对应两个相邻活塞的向

图 6-3-24　六通膜片阀透视图

图 6-3-25　六通膜片阀外观图

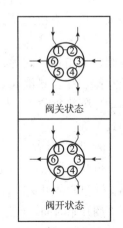

图 6-3-26　六通膜片阀
　　　　　　动作原理图

下凹突的环面中心位置，活塞的端面直径略大于凹突环面的直径，当驱动气源打开时，活塞上移，压缩上、下面之间的膜片，使得该活塞面相邻两侧的通气孔阻塞，相反，则连通。

当膜片阀交替从一种工作方式切换到另一种方式时，随着驱动气源的打开和关闭，相邻的活塞在一组上升而另一组活塞下降的过程中，某一个时刻也会出现两组活塞同时上升的情况。这时六个通气孔全部关断，确保切换时各个气路之间不会发生串气现象。

b）往复式滑阀

常用有 6 通、8 通、10 通等。

往复式滑阀：如图 6-3-27~图 6-3-29 所示，它由前后两个气缸、一个固定块（深色）和一个滑动块（浅色）组成，称为滑动阀或滑阀。其基座由不锈钢制成，前后两个气室之间有一个 "O" 形橡胶圈，用于隔开两个气室，固定块与气室连成一体，滑动块通过一个活塞推杆与气缸相连。当气源驱动着活塞推杆前后移动时，滑动块也随之移动。固定块上有 10 个通气孔排成两列，每列 5 个通气孔，每个通气孔连接了 1/16in 的不锈钢管，用于连接气路。滑动块上面有一块滑块，是用改性聚四氟乙烯材料压铸而成的，具有非常优良的耐磨性能。滑块上加工了 6 个供气体通过的小凹槽，凹槽与通气孔上下相对应，并通过滑块端面来密封，这样当阀动作的时候，滑块上的小凹槽与固定块上的 10 通气孔的连通状态就发生了变化，从而完成阀的各种气路连接。

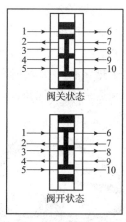

图 6-3-27　十通滑阀外观　　　图 6-3-28　十通滑阀透视　　　图 6-3-29　十通滑阀动作原理

c）旋转阀

常用有 4 通、6 通、8 通和 12 通等。

旋转阀工作：如图 6-3-30~图 6-3-32 所示，旋转阀的阀座为不锈钢材质，气源的工作气压力为 0.3MPa，它经压帽固定在阀体外壳上，阀座上焊接有六根气体连接管，管子外径为 1/16in；阀瓣为改性四氟乙烯塑料压铸而成的，有非常优良的耐磨性能，在阀瓣的圆周面上均匀分布有气体流通的 3 个微小圆环状的凹槽，通气孔与凹槽之间相对应，阀动作时，膜囊充气膨胀，推动移动杆上移，移动杆上移，齿条推动阀轴杆旋转，驱动阀瓣沿圆周方向产生 60°（六通）/90°（四通）的旋转角位移，这种旋转就会改变相邻通气孔之间的通断状态；复位时，气源撤消，移动杆在复位弹簧的作用下复位。

图 6-3-30　六通旋转阀外观图　　　图 6-3-31　六通旋转阀　　　图 6-3-32　六通旋转阀
　　　　　　　　　　　　　　　　　　　　　　透视图　　　　　　　　　　动作原理图

6.3.5.4　色谱仪检测器

　　过程色谱仪检测器一般有以下几种类型：TCD（热导检测器）约占 70%~80%、FID（氢火焰离子化检测器）约占 20%~25%、FPD（火焰光度检测器）约占 1%、其他如 ECD（电子捕获检测器）、PID（光离子化检测器）、HeD（氦检测器）应用较少，总计不足 1%。

　　a）热导检测器（TCD）

　　TCD 的检测理论是基于不同气体具有不同的热传导率，工作时热敏元件上通有稳定的电压 / 电流，载气在热敏元件周围稳定流过，热敏元件产生的热量大部分通过载气热传导传给了热导池，很少一部分通过对流、辐射、支架热传导损失了。在周围条件稳定时，能建立起热平衡，平衡时热敏元件本身的温度稳定，热敏元件的电阻值也相对稳定。当含有样气组分的载气流过元件周围时，由于其导热率与纯载气存有差异，破坏了原来的热量平衡，热敏元件上温度发生变化，引起其阻值发生相应变化，从而使测量电桥（惠斯通电桥）产生不平衡电压，不平衡电压值对应被测组分的浓度。

　　TCD 检测器的机械结构及电桥电路组成有多种形式，以下是几种常见的 TCD 检测器和典型的电桥电路举例。传统 TCD 检测器外观如图 6-3-33 所示，剖面图及等效电桥电路如图 6-3-34 所示。

图 6-3-33　传统 TCD 检测器外观图

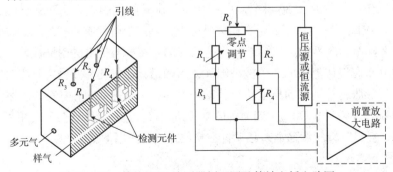

图 6-3-34　传统 TCD 检测器剖面图及等效电桥电路图

近几年，随着 TCD 检测器机械加工能力和电路数据处理能力的不断提升，出现了mTCD，即用一个热敏丝单独做参比，多个热敏丝做测量，功能相当于以前的几个 TCD 检测器。单个热敏元件独立组成电桥电路，工作原理与单 TCD 类似，每个测量电桥的输出与参比电桥的输出再进行差分放大，最终得到测量结果。mTCD 被到广泛应用于多流路或多组分的快速分析色谱中。mTCD 组成及外观如图 6-3-35 所示。

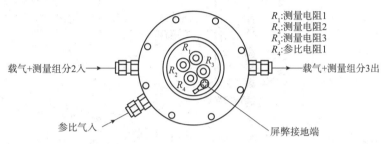

图 6-3-35　mTCD 组成外观图

TCD 无论过去还是现在都是色谱仪的主要检测器，简单、可靠、比较便宜，测量范围较广，从无机物到碳氢化合物。但随着微填充柱及毛细管柱的应用，对 TCD 也提出了更高的要求。国内外微型 TCD 的研制都取得了进展，检测器的池体积从原来的几百 μL 缩小到几十 μL，极大地减小了死体积，提高了热导检测器的灵敏度，并减小了色谱峰的拖尾，改善了色谱峰的峰形，使其可与毛细管柱直接连用。部分生产厂家的 TCD 最低检测下限可以达到几个 ppm。

TCD 常用的热敏元件有热丝型和热敏电阻型两种。热丝型元件有铂丝、钨丝或铼钨丝等，形状有直线形或螺旋形两种。铂丝有较好的稳定性、零点漂移小，但灵敏度比钨丝低，且有催化作用。钨丝与铂丝相比，价格便宜，无催化作用，但高温时易氧化，使电桥电流受到一定限制，影响灵敏度的提高。铼钨丝（含铼 3%）的机械强度和抗氧化性比钨丝好，在相同电桥电流下有较高灵敏度，用铼钨丝能提高基线稳定性。

热敏电阻型检测器阻值大，室温下可达 $10\sim100k\Omega$，温度系数比钨丝大 $10\sim15$ 倍，可制成死体积小、响应速度快的检测器，但不宜在高温下使用（不超过 $100℃$，在 $50\sim60℃$左右使用效果最佳），温度升高，灵敏度迅速下降。热敏电阻对还原性条件十分敏感，使用时须注意。

在过程气相色谱检测器通常的应用温度下，热丝型检测器比热敏电阻检测器使用温度范围较宽。

b）氢火焰离子化检测器（FID）

碳氢化合物在高温氢气火焰中燃烧时，发生化学电离，反应产生的正离子在外加电场的作用下定向运动，最后被收集到负极上，形成微弱的电离电流，此电离电流与被测组分的浓度成正比。通常 FID 检测器的检测下限可以达到 1ppm，适用于对微量碳氢化合物进行高灵敏度的检测和分析。FID 检测器外观、工作原理如图 6-3-36、图 6-3-37 所示。

图 6-3-36　FID 检测器外观

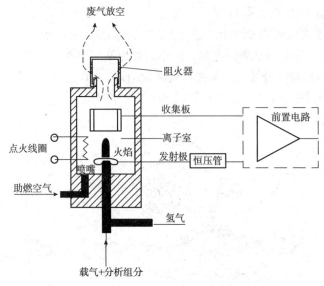

图 6-3-37　FID 检测器工作原理

载气与在色谱柱尾部补充加入的氢气一起通过喷嘴，用点火热丝点燃，形成氢火焰，助燃空气由旁边加入。在极化极与收集极之间加有直流电压（称为极化电压）形成电场。被色谱柱分离的待测组分从柱尾流出即在氢火焰中被燃烧电离。与待测组分含量有关的正负离子在电场作用下定向运动形成微弱的离子流，它经过一个高电阻形成电压信号，经微电流放大器放大后送到色谱仪的信号处理电路，将微电流信号放大并转换成被测组分的浓度信号输出。

FID 检测器的特点是结构简单、灵敏度高、响应快、线性范围宽、对操作参数要求不甚严格，操作比较简单，稳定可靠，对含碳有机化合物特别敏感，而对无机物则没有反应。因此它成为含碳有机化合物微量分析常用的检测器之一。

FID 和甲烷化转化器（Methanizer）联用也可测量低含量的 CO 及 CO_2 等无机物。其原理是，被测样品在甲烷化转化器中催化燃烧，将 CO、CO_2 转化为 CH_4 和 H_2O，然后送FID，通过测 CH_4，间接计算出 CO、CO_2 含量。

c）火焰光度检测器（FPD）

色谱 FPD 法是利用色谱柱的分离原理将混合气分离开，各种硫化物在不同的时间段内通过火焰光度检测器（简称 FPD），如图 6-3-38 所示，检测器逐一进行检测，进行定量分析。

火焰光度检测器（FPD）的工作原理：如图 6-3-39 所示。含有磷、硫的化合物在富氢 - 空气火焰中燃烧形成激发态分子，当它们回到基态时能分别发射出 526nm ± 5nm 和394nm ± 5nm 的特征光谱，此光强度与样品中硫、磷化合物的浓度成正比。这种特征光谱经滤光片滤波后由光电倍增管接收，再经微电流放大器放大，信号处理后得到样品中硫、磷化合物的含量。

这种采用色谱柱和 FPD 检测器对混合气体先分离、后检测的定性、定量分析方法叫作色谱 FPD 法。

火焰光度检测器对硫化物的响应为非线性，常规 FPD 的响应值与硫化物的含量成指数关系。在硫化物浓度低时，单位硫化物的响应值低；在硫化物浓度高时，单位硫化物的响应值高。为改善硫化物含量分析的灵敏度，通常采用分子膜掺入本底硫的方法（也叫化学线性化），使检测硫化物的灵敏度增加。其原理是连续向 FPD 中加入恒量的硫化物，提高本底硫浓度。这样如果被测硫化物浓度很低，则其峰高响值会有很大增加；被测硫化物浓度增大，峰高响应增加倍数变小；被测硫化物高浓度时，峰高响应值不受本底硫的影响，从而使 FPD 检测器对硫化物浓度接近线性响应。此方法通常可使 FPD 检测器的灵敏度提高 4、5 倍。另外，加入本底硫也可增加 FPD 检测器抗烃及 CO_2 干扰的能力。

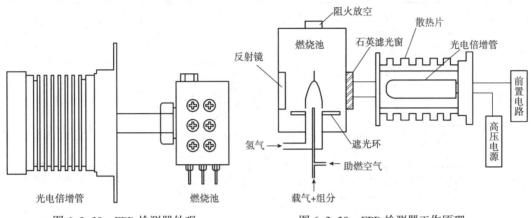

图 6-3-38　FPD 检测器外观　　　　　图 6-3-39　FPD 检测器工作原理

　　FPD 检测器是检测含硫或含磷化合物特别是测量痕量硫化物的专用检测器。灵敏度高，选择性好。如果 FPD 需同时检测磷、硫两种元素时，检测器的结构应是双通道的。

6.3.5.5　过程气相色谱仪的气路分析流程方案应用

　　图 6-3-40 色谱柱分析方案为兰州实华分析技术有限公司 PGC9200 型在线色谱仪在兰州石化 300 万 t 重油催化装置中的实际应用，其工作流程简述如下：

　　①本方案中选用两个旋转阀，V1 为 12 通旋转阀，在本方案中既是进样阀（打开状态），又是反吹阀（关闭状态），完成进样和反吹功能；V2 为六通旋转阀，完成色谱柱之间的切换工作，使被分析样品有选择的进入不同的色谱柱。

　　②预分柱的主要功能是先对样品进行粗略的分离，即将样品分离成几个大的部分，先粗分为 C_3 区，C_4 区和 C_5^+ 区，以便为后面的主分柱进一步分离和色谱柱切换做准备，如图中所示，等到所有 C_4 组分全部进入主分柱 1，但是 C_5^+ 尚未进入主分柱 1 的这一时刻，V1 关闭，进行反吹，将较重的 C_5^+ 成分反吹，先进入检测器进行检测。

　　③主分柱 1 的主要功能是对除了正丁烯和异丁烯外的所有 C_4 组分进行详细分离，并将正异丁烯的合峰与其他 C_4 完全分离开，同时配合 V2 进行色谱柱切换。

　　④V2 的作用是完成色谱柱切换，将主分柱 1 中难以分离的正异丁烯通过 V2 的开关动作切换到主分析柱 2 中，并将正异丁烯的合峰"悬挂"保持在主分柱 2 中，其间让主分柱 1 已经分离的其他碳 4 组分先陆续进入检测器进行检测。

　　⑤等到主分柱 1 中的所有组分全部进入检测后，关闭阀 2，"悬挂"保持在主分柱 2 中正异丁烯在主分柱 2 中进一步分离，然后分别通过检测器进行检测。

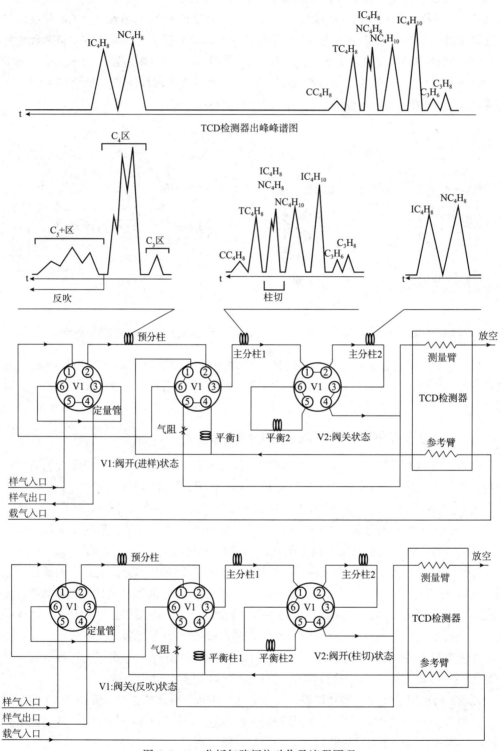

图 6-3-40 分析气路阀位动作及流程原理

图 6-3-41 色谱柱分析方案为眉山麦克在线设备股份有限公司 MGC5000 型过程气相色谱仪在中煤延长榆林能源化工某中试装置的实际应用，其工作流程简述如下：

①系统由 3 个十通阀及 3 个检测器构成，1 个 TCD 检测器，2 个 FID 检测器。

②V1 开为取样状态，关闭为进样状态，样品中 H2、CO 通过柱 1 分离后 V1 打开，反吹柱 1，将重组分吹出柱 1，H_2、CO 进入柱 2 继续分离，分离后进入 TCD 检测器。

③V2 开为取样状态，关闭为进样状态，样品中的 C_1~C_6^+ 通过柱 3 以后，V2 打开，反吹柱 3，将 CH_3OH 吹出柱 3 进入 FID 检测器 01 进行检测。

④V3 关闭时，柱 4 柱 5 串联，柱 4 起到将 C_1~C_4 基团与 C_5、C_6 基团粗分离开的作用，待 C_1~C_4 通过柱 4 进入柱 5 以后，V3 打开，C_5、C_6 在柱 4 中分离后进入 FID 检测器 01，C_1~C_4 柱 5 中细分离后再进入 FID 检测器 02。

⑤设置色谱仪信号切换参数，最终将三个检测器信号合并到一个通道上显示，总计检测 18 个组分。

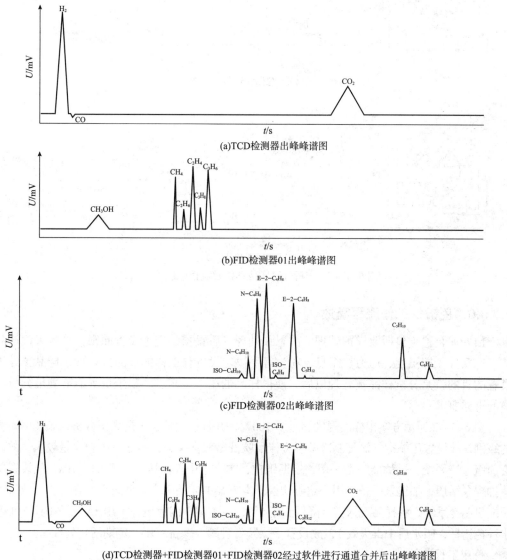

(a)TCD检测器出峰峰谱图

(b)FID检测器01出峰峰谱图

(c)FID检测器02出峰峰谱图

(d)TCD检测器+FID检测器01+FID检测器02经过软件进行通道合并后出峰峰谱图

图 6-3-41　分析气路阀位动作及流程原理

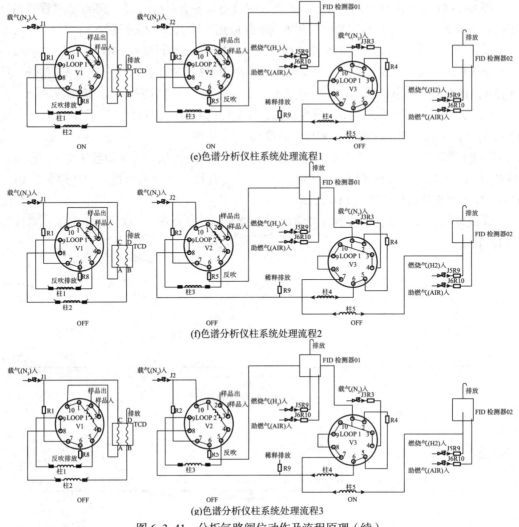

(e)色谱分析仪柱系统处理流程1

(f)色谱分析仪柱系统处理流程2

(g)色谱分析仪柱系统处理流程3

图6-3-41 分析气路阀位动作及流程原理(续)

6.3.5.6 色谱仪工作流程简述

预处理装置(包括取样预处理,前置预处理,后置预处理)设置原则:总体来说样品的工况条件(即温度、压力、露点、粉尘等)决定设置什么样的样品预处理,样品预处理设置的目的就是分析样品被处理以后,使得样品的压力、露点、粉尘量等能够满足分析仪表的进样要求。

图6-3-42所示方案中样品温度超过了100℃,并且粉尘量也远远大于分析仪表能够耐受的级别,故设置压缩空气涡旋制冷降温逆流反吹洗型取样探头;本方案中粉尘量较大,故设置前级过滤系统,过滤器一备一用,定期维护;本方案中样品压力小于0.05MPa,故设置气体抽提泵增压,抽提泵一备一用,定时切换;本方案中样品中含有低露点的冷凝物,故增设压缩机制冷系统,将样品气的露点降低到3~5℃;本方案中因色谱柱采用5A分子筛柱子(亲水性色谱柱,吸水后中毒失效),故设置干燥预处理罐,一备一用,定期活化处理。

公用工程条件:

电源:220V AC,50~60Hz,功率<1500W

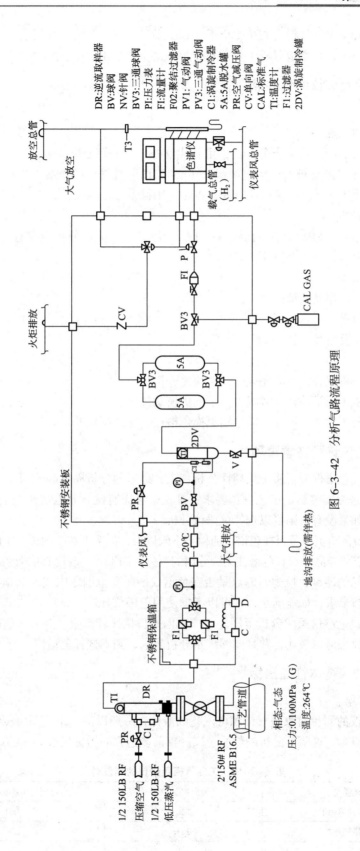

图 6-3-42　分析气路流程原理

DR:逆流取样器
BV:球阀
NV:针阀
BV3:三通球阀
PI:压力表
FI:流量计
F02:聚结过滤器
PV1:气动阀
PV3:三通气动阀
C1:涡旋制冷器
5A:5A脱水罐
PR:空气减压阀
CV:单向阀
CAL:标准气
TI:温度计
F1:过滤器
2DV:涡旋制冷罐

净化风：>0.40MPa，粉尘颗粒度小于 5μm，露点低于 −40℃，耗气量 <300L/min

载气：99.99%，在微量分析中要求 99.999%，通常为 H_2、N_2、He 等

6.3.5.7　气相色谱仪的优缺点

a）优点

①分析范围广阔

气相色谱仪的应用范围十分广泛，可替代红外，紫外等分析仪表，从单原子分子到多原子分子，从无机到有机的任何复杂组分（450℃以下可气化的物质）均可分析，可广泛应用于炼油，化工，冶金，医药等行业，也是应用科学必备的工具。

②具有良好的灵敏度

TCD 可达 ppm，FID、PFD 可达 ppb，ECD 可达 ppt，常量分析重复性 ±1%，微量分析重复性 ±（2%~3%）。并且不受背景气的干扰。

③样品用量少

周期性分析，样品用量极少。

④分析组分多

可进行多组分定性 / 定量分析

b）缺点

①周期性分析仪表，不能完成连续性快速分析。

②仪表分析须附带消耗品载气，要定期更换载气。

③色谱柱及阀件为消耗品，需定期更换色谱柱、阀件等易损件。

6.3.5.8　色谱仪选型注意事项

①过程在线色谱仪分析属于周期性分析仪表，最短的分析周也需 60~80s 的时间，首先考虑分析周期是否能够满足工艺操作要求；其次，考虑有没有其他快速 / 价格低廉的分析仪表替代它，如果没有，则可以选择色谱仪分析。

②被分析点的检测值是否在色谱仪的检测下限以上，如果不在，则选择别的分析仪器。

③被分析点的样品是否有色谱柱无法分离的组分，如果有，改用其他类型的分析仪表。

④考虑样品的温度、压力、露点是否在色谱仪的耐受范围之内或增加预处理是否可以满足色谱仪分析要求，如能满足，则可以考虑使用色谱仪分析。

⑤过程在线色谱仪虽然分析范围非常广，但是价格比较昂贵，并且分析时需要载气，如有其他分析仪表可以替代，并且能够满足分析要求，则不选择色谱仪。

6.3.5.9　色谱仪基本性能指标

a）测量对象

气相色谱仪的测量对象是气体和可汽化的液体，一般以沸点来说明可测物质的限度，可测物质的沸点越高说明可分析的物质越广。目前能达到的指标见表 6-3-10。

表 6-3-10　工业气相色谱仪的测量对象

炉体类型	最高炉温 /℃	可测物质最高沸点 /℃
热丝加热铸铝炉	130	150
空气浴加热炉	225	270
程序升温炉	320	450

高沸点物质的分析以往在实验室色谱仪上完成，现在这些物质的分析也可在过程色谱仪上完成，但分析周期较长。通常的在线分析还是局限于低沸点物质。

b）测量范围

这是一个很重要的性能指标，能充分体现仪表的性能，测量范围主要体现在分析下限，即 ppm 及 ppb 级的含量可否分析。目前能达到的指标为：

TCD 检测器分析下限一般为 10ppm；

FID 一般为 1ppm；

FPD 一般为 0.05ppm（50ppb）。

c）重复性

重复性也是过程色谱仪的一项重要指标。对于色谱仪而言，只讲重复性，而不谈精度指标，这主要有两个原因：

其一，在线色谱仪普遍采用外标法，其精度依赖于标准气的精度，色谱仪仅仅是复现标准气的精度。

其二，重复性更能反映仪器本身的性能，它体现了色谱仪的稳定性。

目前，色谱仪的重复性误差一般为：

100%~500ppm：± 1% FS；

500ppm~50ppm：± 2% FS；

50ppm~5ppm：± 3% FS；

< 5ppm：± 4% FS。

d）分析流路数

分析流路数是指色谱仪具备分析多少个采样点（流路）样品的能力。目前，色谱仪分析流路最多为 31 个（包括标定流路），实际使用一般为 1~3 个流路，少数情况为 4~6 个流路。但要说明以下几点：

①对同一台色谱仪，各流路样品组成应大致相同，因为它们采用同一套柱子进行分析。

②分析某一流路的间隔时间是对所有流路分析一遍所经历的时间，所以多流路分析是以加长分析周期时间为代价的。当然也可根据需要对某个流路分析的频率高些，对其他流路频率低些。总之，多流路的分析会使分析频率降低，以致不能保证对分析时间的要求。

③一般推荐一台色谱仪分析一个流路。当然对双通道的色谱仪（有两套柱系统和检测器）来说，其本身具有两台色谱仪的功效，可按两台色谱仪考虑。

e）分析组分数

是指单一采样点（流路）中最多可分析的组分数，或者说软件可处理的色谱峰数，这也不是一个很重要的指标。通常的分析不会需要太多的组分，而只对工艺生产有指导意义的组分进行分析，分析组分太多会使柱系统复杂化，分析周期加长。目前，色谱仪测量组分数最多为：恒温炉 50~60 个，程序升温炉 255 个，实际使用一般不超过 10 个组分。

f）分析周期

分析周期是指分析一个流路所需要的时间，从控制的角度讲，分析周期越短越好。色谱仪的分析周期一般为：60~3600s。

g）其他性能指标

分离原理：色谱柱分离层析法

检测方法：热导法或氢焰法或火焰光度法

标定方法：用标准气自动或半自动标定或手动标定或与化验室对照标定

气体样品要求：

      温　　度：≤ 125℃

      压　　力：0.01~0.2MPa

      样品流速：50~500mL/min

      旁路流速：100~2000mL/min

液体样品要求：

      温　　度：≤ 125℃

      压　　力：2~10kg/cm^2

      样品流速：50mL/min

      旁路流速：50~100mL/min

      沸点：≤ 450℃

防爆结构：隔爆 / 正压吹扫 / 正压吹扫加本安混合防爆

环境温度：–10~50℃

储藏温度：–40~85℃

环境湿度：≤ 85%

电　　源：220V AC ± 10%，50Hz ± 0.5Hz

功率损耗：通常 800~1500VA

最大功率：1500VA（仅在升温时）

重　　量：20~150kg

炉温加热范围：50℃ ~450℃

温度控制精度：± 0.03℃（75℃以下），± 0.05℃（75℃以上）

温度控制方式：PID 控制

压缩空气：

      压　力：0.3MPa

      消耗量：25~300L/min 左右

载气：

      种　类：H_2、N_2、He 和 Ar 中的一或两种

      纯　度：≥ 99.99%，微量分析 ≥ 99.999%

      压　力：0.01~0.5MPa

      消耗量：30~120mL/min（每个检测器）

FID 用 H_2：

      纯　度：≥ 99.99%

      压　力：0.02~0.4MPa

      消耗量：30~100mL/min（每个检测器）

FID 用空气：

纯　度：无油

压　力：0.02~1MPa

消耗量：300mL/min

标气消耗量：

气体样品：400mL/min（在校正期间）

液体样品：100mL/min（在校正期间）

6.3.6 挥发性有机物 VOCs 监测系统

6.3.6.1 测量原理

VOCs（Volatile Organic Compounds）学名为挥发性有机物，其成分包括烃类、含氧烃、卤代烃、低沸点多环芳烃等多种类型，是环境空气主要污染物之一。石化企业所涉及的主要 VOCs 包括烷烃类、芳香烃类、链烷烃、链烯烃、醛、羧酸、苯系物、环烷烃等有机物。

目前国家标准中关于石油炼制与石油化学工业的主要大气 VOCs 污染物项目如下：苯、甲苯、二甲苯、非甲烷总烃。

VOCs 在线监测方法主要有气相色谱 – 火焰离子化检测法（GC-FID）、傅里叶红外法（FTIR）、光离子化检测法（PID）。其中 FID 监测方法几乎对所有的 VOCs 都能够响应，检测灵敏度高，对温度不敏感，响应快，是目前气体色谱检测仪中对烃类（如丁烷、己烷）灵敏度最好的一种手段，广泛用于挥发性碳氢化合物和许多含碳化合物的检测。依据美国标准"Method25A"和欧洲标准"EN12619"的技术要求，规定固定污染源 VOCs 在线监测应采用 GC-FID 监测技术，采样探头、样品输送管路和分析仪中样品管路应采用 120℃ 以上高温伴热，应选用抗腐蚀和惰性化的材料，以减少样品吸附。

挥发性有机物 VOCs 监测系统一般采用色谱原理，样气（一般由多种气体组成）经过取样阀取样后，进入色谱柱分离成单个组分，再进入检测器检测，输出信号。使用工业色谱仪测量废气 VOCs 组分时，一般分析流程分四个部分，如图 6-3-43 所示。

图 6-3-43　VOCs 分析流程图

a）待测组分分离

样气由载气携带分别通过不同的色谱柱，通过分离柱时由于分离柱中的固定相对不同的组分的吸附能力不同，从而将待测组分进行分离，如图 6-3-44 所示。

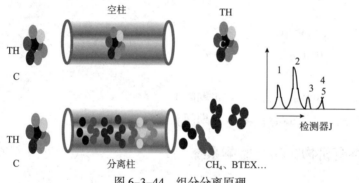

图 6-3-44　组分分离原理

b）待测组分浓度检测

VOCs 监测系统常用的检测器为火焰离子化检测器（FID），FID 检测器是一种高灵敏度通用型检测器，它几乎对所有的有机物都有响应，而对无机物、惰性气体或火焰中不解离的物质等无响应或响应很小，对温度不敏感，响应快，适合连接开管柱进行复杂样品的分离，线性范围为 10^7，是气体色谱检测仪中对烃类灵敏度最好的检测器，广泛用于挥发性碳氢化合物和许多含碳化合物的检测。

6.3.6.2　VOCs 监测系统的组成与结构

VOCs 监测系统结构图如图 6-3-45 所示，该系统由气态污染物监测子系统、烟气参数监测子系统和数据采集与传输子系统组成。系统通过样品采集，测定排气中 VOCs 浓度，同时测量烟气温度、烟气压力、烟气流速或流量、湿度等参数；显示和打印各种参数、图表并通过数据、图文传输系统传输至数据管理平台。

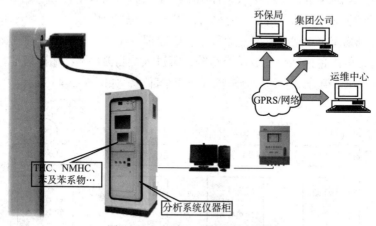

图 6-3-45　VOCs 监测系统结构

①气态污染物监测子系统：采用在线色谱分析仪测量 VOCs 浓度；

②烟气参数监测子系统：包括烟气流速、温度、压力、湿度等的测量，烟气流速采用差压变送器测量，通过测量烟气流动中的静压和动压，得到烟气的流速，统计 VOCs 的排放总量；

③数据采集与处理子系统：由中央单元、上位机、VOCs 在线连续监测系统监测软件、DCS 预留接口、数据远传单元等构成。中央单元接收所有设备的信号输出，通过内部的处理单元转换为 RS485 接口与外界进行数据传输，并实现生成报表、存储数据、查询历史记

录、与环保部门联网通信等功能。

6.3.6.3 VOCs 监测系统的应用

控制固定污染源废气 VOCs 的排放，是降低 PM2.5 和 O_3 浓度、减少灰霾天气和光化学烟雾污染，改善区域城市大气环境质量的有效手段之一。石油炼制和石油化学过程 VOCs 废气按照排放方式可分为两大类，即有组织排放源和无组织排放源，见表 6-3-11、表 6-3-12。

表 6-3-11　炼油企业大气污染源归类解析

序号	过程解析	排放形式
1	热（冷）供给设施燃烧烟气排放	有组织
2	工艺尾气排放	有组织
3	工艺废气释放	无组织
4	生产设备机泵、阀门、法兰等动、静密封处泄漏	无组织
5	原料 / 半成品 / 产品储存及调和过程泄漏	无组织
6	原料、产品装卸过程逸散	无组织
7	废水集输、储存、处理处置过程逸散	无组织
8	采样过程泄漏	无组织
9	设备、管线检维修过程泄漏	无组织
10	冷却塔 / 循环水冷却系统泄漏	无组织
11	生产装置非正常生产工况排放	有组织

注：上表内容来源于《石油炼制工业污染物排放标准》编制说明。

表 6-3-12　化工过程 VOCs 排放污染源归类解析表

序号	过程解析	排放形式
1	原料、产品装卸过程	无组织
2	原料、半成品、产品储存、调和过程	无组织
3	生产设备机泵、阀门、法兰等动、静密封	无组织
4	生产过程（如氧化、干燥）等的尾气	有组织
5	废水和固体废物集输、储存、处理处置过程	无组织
6	生产装置非正常生产工况排放	有组织
7	热（冷）供给设施燃烧烟气	有组织
8	设备、管线检维修过程	无组织
9	采样过程	无组织

注：上表内容来源于《石油化学工业污染物排放标准》（征求意见稿）编制说明。

ａ）有组织排放 VOCs 监测

用于石油化工生产过程中有组织排放的废气挥发性有机气体排放监测和治理设施效率监测和废气治理装置效率监测。

ｂ）无组织排放 VOCs 监测

石油化工生产设备与管线组件泄漏、有机液体储罐与装载操作、废水挥发以及工艺过程等的无组织排放。

6.3.6.4　相关标准

GB/T 16157　固定污染源排放中颗粒物测定与气态污染物采样方法

GB 14554　恶臭污染物排放标准

GB 16297　大气污染物综合排放标准

HJ 75　固定污染源烟气（SO_2、NO_x、颗粒物）排放连续监测技术规范

HJ 76　固定污染源烟气（SO_2、NO_x、颗粒物）排放连续监测系统技术要求及检测方法

HJ 212　污染物在线监控（监测）系统数据传输标准

HJ 734　固定污染源废气　挥发性有机物的测定　固相吸附 – 热脱附 / 气相色谱 – 质谱法

HJ 732　固定污染源废气　挥发性有机物的采样　气袋法

HJ 38　固定污染源废气　总烃、甲烷和非甲烷总烃的测定　气相色谱法

HJ/T 47　烟气采样器技术条件

GB 16655　机械安全　集成制造系统　基本要求

GB/T 16656　工业自动化系统与集成规范

GB/T 7353　工业自动化仪表盘、柜、台、箱

GB 3836　爆炸性环境

GB/T 4208　外壳防护等级（IP 代码）

GB/T 4830　工业自动化仪表 气源压力范围和质量

GB 50058　爆炸危险环境电力装置设计规范

GB/T 50493　石油化工可燃气体和有毒气体检测报警设计标准

6.3.7　烟气排放连续监测系统

6.3.7.1　工作原理

气态污染物的主要监测方法见表 6–3–13。

表 6–3–13　气态污染物的主要监测方法

取样方法		污染物测量方法
完全抽取系统	采用专用加热取样探头将烟气从烟道中抽取出来，并经过伴热传输，在分析仪机柜内除尘、除湿等处理（冷干）或高温除尘（热湿）后送入分析仪检测	红外吸收光谱原理
		紫外光谱吸收原理
		电化学
稀释抽取系统	采用专用稀释探头，并用干燥清洁的压缩空气进行稀释后经过低温伴热管线传输至机柜内，经过处理后送入分析仪内进行检测	紫外荧光分析仪（SO_2）
		化学发光原理（NO_x）
直接测量法	直接将仪表安装与烟道上，对烟气中的成分进行检测	紫外光谱吸收技术
		可调谐激光技术

烟气排放连续监测系统（CEMS）一般要求采用直接抽取法。先进可靠的取样、预处理和检测技术以及系统控制、数据采集处理和网络通信技术实现了烟气气态污染物连续监测、烟气排放浓度和排放总量的连续监测和数据远程通信等。

整套系统要求应符合原国家环保总局发布的 HJ 75《固定污染源烟气（SO_2、NO_x、颗粒物）排放连续监测技术规范》和 HJ 76《固定污染源烟气（SO_2、NO_x、颗粒物）排放连续监测系统技术要求及检测方法》等标准要求。

CEMS 系统流程原理如图 6–3–46 所示。

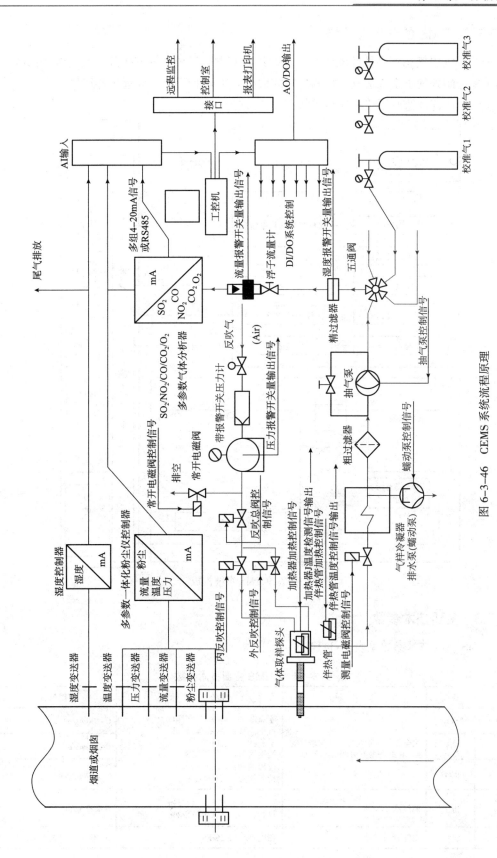

图 6-3-46　CEMS 系统流程原理

6.3.7.2 CEMS 的分类与结构

全套系统由气态污染物监测子系统、颗粒物监测子系统、烟气排放参数监测子系统、数据采集控制处理子系统组成。检测出来的数据可送至工厂 DCS 和远传环保局。

烟气排放连续监测系统构成框图如图 6-3-47 所示。

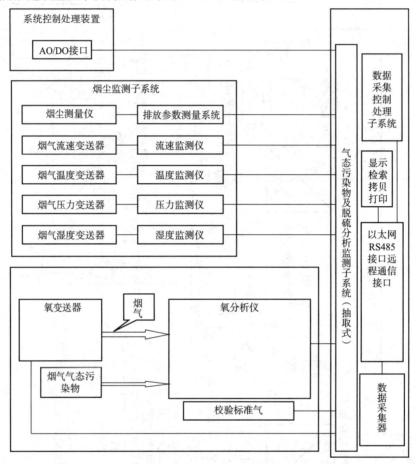

图 6-3-47 CEMS 系统构成

6.3.7.3 主要技术参数

CEMS 主要技术参数见表 6-3-14。

表 6-3-14 CEMS 主要技术参数

序号	参数	监测原理	主要技术指标	常规量程
1	SO_2	完全抽取（管路伴热）法取样，NDIR 非分散红外吸收法检测	零点漂移： ≤ ±1%FS/7d 量程漂移： ≤ ±1%FS/7d 重复性： δ ≤1% 线性误差： ≤ ±1%FS 输出波动： ≤ ±0.2%FS 检测极限： ≤0.5%FS	0~100mg/m³
2	NO_x			0~200mg/m³
3	CO			0~2000ppm
4	粉尘	浊度法	零点漂移： ≤ ±1%FS/24h 量程漂移： ≤ ±1%FS/24h	0~200mg/m³
5	流量	皮托管流量计	精度： ≤ ±2%FS	0~40m/s（流速）

序号	参数	监测原理	主要技术指标	常规量程
6	温度	铂电阻法	精度：≤ ±1%FS	0~300℃
7	压力	差压压力变送器	精度：≤ ±2%FS	±10kPa
8	湿度	电容法或双氧法	精度：≤ ±10%FS	0~20%

6.3.7.4　烟气排放连续监测系统的应用

烟气排放连续监测系统广泛用于火电、冶金、石油化工、建材、垃圾处理等行业各种锅炉、脱硫脱硝、工业炉窑、焚烧炉等烟气连续排放监测。监测参数可以包括烟气排放中的 CO、CO_2、SO_2、NO_x、O_2、HCl、烟尘浓度、流量、温度、压力、湿度等。

6.3.7.5　选型注意事项

烟气排放连续监测系统的监测参数要真实、全面，标准要求测量 8 个参数，包括 3 个污染物参数（SO_2、NO_x、烟尘），3 个湿流量参数（流速、温度、压力），2 个换算参数（换算干基的湿度、折算浓度的氧量）。

同时系统的联锁保护及报警系统应完善，应有冷凝器温度高报警、湿度报警、吹扫压力低报警、流量低报警等功能。

6.3.7.6　使用注意事项

系统启动前，首先应将取样探头与取样管线投入加热，启动冷凝器电源，达到温度后，再启动系统，以免仪器损坏。

正常运行后，应根据锅炉及除尘器运行状态对 CEMS 系统的运行方式进行调整。

6.3.7.7　相关标准

GB/T 16157　固定污染源排气中颗粒物测定与气态污染物采样方法

HJ/T 47　烟气采样器技术条件

HJ/T 48　烟尘采样器技术条件

HJ 75　固定污染源烟气（SO_2、NO_x、颗粒物）排放连续监测技术规范

HJ 76　固定污染源烟气（SO_2、NO_x、颗粒物）排放连续监测系统技术要求及检测方法

6.3.8　水分露点分析仪

6.3.8.1　水分含量的衡量

测量气体或液体介质中所含水分多少的仪表通常称为露点仪、湿度仪、微量水分析仪。气体或液体介质中所含水分多少可用许多单位来衡量，其中主要有以下几种：

绝对湿度：

　　　　露点（或霜点）温度（℃，℉）

　　　　ppm_V，ppb_V

　　　　ppm_W

　　　　mg/m^3

相对湿度：

RH%

其中最基本的衡量单位是露点（或霜点）温度（dew/frost temperature）。其露点（或霜点）温度指气体在水汽含量和气压都不改变的条件下，气体冷却到水汽饱和时（也就是气体中的水蒸气开始结露或结霜时）的温度。

露点（或霜点）温度本是个温度值，用它来表示湿度是因为，在气压一定的条件下，当气体中水汽达到饱和时的气温越高，即露点（或霜点）温度越高，则表明气体中水汽含量越多。反之则表明气体中水汽含量越少。

水分的 ppm_V 值，是指将气体中水汽体积的百万分比含量，即每百万份体积的气体中含有多少份体积的水汽。水分的 ppb_V 值，则是气体中水汽体积的十亿分比含量。

水分的 ppm_W 值，通常用于液体介质中水分含量的衡量，是指气体（或液体）中水汽质量的百万分比含量，即每百万份质量的气体（或液体）中含有多少份质量的水汽。

水分的 mg/m^3 值，是指每 m^3 气体中含有多少 mg 的水汽。

RH% 相对湿度，指气体中水蒸气分压与相同温度与气压下饱和水蒸气分压的百分比。

蒸汽分压（p_W），是指在一定温度下湿空气中水蒸气形成的压力。

根据道尔顿定律（Dalton's Law），气体的总压力等于各组分各自产生的分压之和，这其中包括由水蒸气产生的分压 p_W。

$$p_T（总压）=p_1 +p_2 +\cdots+ p_i + p_W（水蒸气分压）$$

饱和水蒸气分压（p_S）：是指气体中水汽开始饱和析出时的水蒸气分压。在气体组分不变的条件下，饱和水蒸气压与气体温度正相关。

各衡量单位的换算：

$$ppm_V =（ p_W / p_T ）\times 10^6$$
$$ppb_V =（ p_W / p_T ）\times 10^9$$

测出露点（或霜点）温度（与 p_W 成正比）、气体压力值，便能换算出 ppm_V、ppb_V。

$$ppm_W =（ppm_V ）\times（ MW_W / MW_T ）=（ p_W / p_T ）\times 10^6 \times（ MW_W / MW_T ）$$

其中：

$$MW_W（Molecular Weight of Water）=18（水的相对分子质量）$$

$$MW_T（Molecular Weight of Carrier Gas）= 载气平均相对分子质量$$

但在液态介质的水分 ppm_W 计算中，通常会用下述公式：

根据亨利定律（Henry's Law）：　　在一定温度下，气体在某种给定组分液体中的饱和浓度（质量比）与液面上该气体的平衡分压成正比。而水蒸气在某种给定组分液体中的饱和浓度（质量比）其比例关系如下：

$$ppm_W=（ p_W ）\times（ C_S / p_S ）$$

p_W（水蒸气分压）与露点温度成正比。

C_S（Saturation Concentration ，液体介质的水汽饱和系数）由液体介质的组分决定，并与温度呈正相关。

p_S（Saturation Vapor Pressure，饱和水蒸气压）与温度成正相关。

所以若测出了露点值、温度值，即可算出液体介质中水蒸气的质量百万分比含量即 ppm_W 值。

$$RH\% = (p_W / p_S) \times 100$$

所以测出露点（或霜点）温度、温度值（与 p_S 正相关），便能换算出 RH%。

当气体组分保持不变的条件下，各衡量单位与气体压力及温度之间的关系：

①水分的露点（或霜点）温度与气压之间存在正相关，气压升高，露点（或霜点）温度升高；反之，气压降低，露点（或霜点）温度也降低。

②水分的露点（或霜点）温度与气体温度无关。

③水分的 ppm_V、ppb_V 值与气体压力或温度均无关。

④相对湿度与气压存在正相关，与气体温度负相关。

6.3.8.2　水分露点分析仪的分类及其工作原理

水分露点分析仪主要有冷镜式水分露点仪、阻抗式水分露点仪、可调谐激光吸收光谱式（TDL）水分分析仪。

a）冷镜式水分露点仪

如图 6-3-48 所示，冷镜式水分露点仪的传感器中，一束红外激光通过一个金属镜面反射后到达受光器，当气体经过此金属镜面时，镜面下的热电冷却堆将镜面降温，当降温到某个温度时，气体中的水汽结露或结霜在镜面表面，使镜面的反射率降低，此时受光电传感器接收到的光反射量降低，仪表记录下此时的温度，作为气体的露点值。然后传感器开始下一个测量循环。

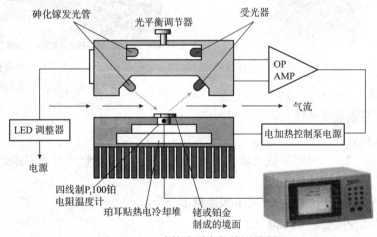

图 6-3-48　冷镜式露点仪检测器原理

冷镜式水分露点仪具有以下特点：

①精度非常高：通常其精度可达 ±0.1~±0.2℃。

②对气体洁净度要求较高。

③非连续测量。

④测量范围较大时价格较高。

因此冷镜式水分露点仪经常用在实验室作为标定其他水分仪的标准器，或少量精度要求苛刻，气体较洁净的在线应用中。

b）阻抗式水分露点仪

基本原理：当传感器吸收了气体或液体介质中的水分后，其阻抗值会发生变化，依据阻抗值的大小与仪表中存储的标定数据表得出气体中水分露点值。

实际应用中，有两种主要的阻抗式水分露点传感器：主要用于微量水分测量的氧化铝传感器及主要用于中等或高湿度水分测量的高分子聚合物传感器。

1）氧化铝传感器

如图 6-3-49、图 6-3-50 所示，金、铝和 Al_2O_3 构成一个电容，金和铝为电容的两个电极，Al_2O_3 为电容的介电层；当样品通过传感器时，水分子渗入 Al_2O_3 毛细孔内改变电容的介电常数，即改变电容的阻抗，得到与水分浓度相关的电信号，与仪表中存储的标定数据表相比对即可得出露点值。当此 Al_2O_3 传感器做得足够薄时，液体介质中的水分子也可通过金箔层进入传感器中检测其中的水分露点值。

如果在氧化铝水分露点传感器内部集成压力、温度传感器，根据换算公式，仪表即可将露点值换算成 ppm_V、ppb_V、ppm_W、RH 值。

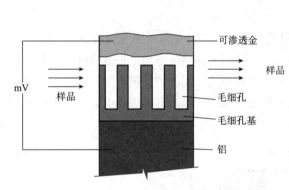

图 6-3-49 氧化铝水分露点传感器原理

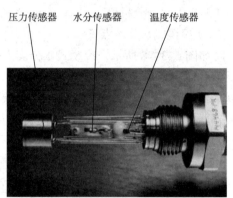

图 6-3-50 集成压力、温度传感器的氧化铝水分露点传感器外观

氧化铝水分露点仪的特点：

①经济性较好。

②介质适应性广：可测多数气体或碳氢液体介质（不能测极性分子液体介质）中的水分含量。

③最低检测限低，可测 ppm、ppb 级微量水分含量。

④对介质洁净度要求不苛刻。

⑤连续测量。

⑥使用广泛，普及度高，应用成熟。

⑦精度较低。

⑧反应速度较慢。

⑨易产生漂移。

⑩耐腐蚀性较差。

由于以上特点，在大多数化工、钢铁、电力、空分等在线水分露点测量中，氧化铝水分露点仪得到了最大量的应用。

2）高分子聚合物传感器

高分子聚合物传感器由聚合物层、交叉排列的电极触指、第二聚合物层组成电容传感器，如图 6-3-51 所示。当水分子进入交叉排列的电极触指之间时，就会改变传感器的电容即阻抗大小，再与仪表中的标定数据表比对即可得到气体的相对湿度值。由于同时传感器中还集成了温度传感器，根据相对湿度值及温度值，即可算出露点值或其他湿度单位。

图 6-3-51　高分子聚合物水分露点传感器外观

高分子聚合物水分湿度仪特点：

①适于中等湿度或高湿度应用测量，通常可测 -15~+150℃之间露点。

②适于测量高温气体中湿度，通常气体最高温度可达 +150℃。

③不适于测量微量水分含量。

因此高分子聚合物水分湿度仪通常用于高湿度的热空气、热工艺合成气等在线测量中。且由于所测介质温度通常高于环境温度，所以若采用取样引出式测量方式，则需采取伴热保温等方式维持被测气体较高的温度，以免其中的水分结露析出，现实应用中较难实现，故通常采用直接插入工艺管道中进行测量。

c）可调谐激光吸收光谱法（TDL）水分露点仪

被测气体通过吸收池，吸收池中有一束激光被调谐至某特定频率时，其能量会被遇到的水分子吸收，却能直接穿透其他气体分子。在激光接收器上接收到的激光的能量损失量与气体中的水分子含量成正相关。TDL 水分仪结构如图 6-3-51 所示。

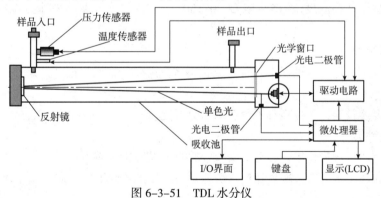

图 6-3-51　TDL 水分仪

比尔 - 朗伯定律：

$$A=\ln\left(I/I_o\right)=S\times L\times N$$

式中　A——吸收率；

I_o——入射光强度；

I——通过样气传输后的光强度；

S——吸收系数，对于处于给定压力和温度下的特定气体组成而言，吸收系数为一个常数。

L——吸收光程长度（常数）；

N——水汽浓度（与水的分压和总压力之比直接相关）。

TDL 水分仪特点：

①精度较高，其精度仅次于冷镜式水分露点仪，可达 ±1% 读数精度或 ±2ppm$_V$。

②反应速度非常快：<2s。

③稳定性非常好，可 5 年内免标定。

④耐腐蚀性好，可测酸性气中水分含量。

⑤对气体预处理要求低。

⑥免维护，无易耗品。

⑦连续测量。

⑧只能测量气体中水分含量。

⑨价格较高。

TDL 水分仪常用于对精度及反应速度要求较高的在线水分测量，或气体中含酸性气的水分测量中，目前应用较多的是天然气脱水处理、石油化工连续重整循环氢气水分测量、钢铁厂热处理炉内气氛水分测量等，或作为高精度便携式水分仪使用。

6.3.8.3　水分露点分析仪应用场合及选型原则

水分露点仪的选型主要根据以下原则进行：

a）测量范围

通常分为以下几种测量范围：

①微量水，–110~+20℃，首选氧化铝水分露点仪，比如空分、一般化工工艺气体等。也可根据其他条件选择 TDL 或冷镜式露点仪。

②中等湿度或高湿度，–15~+85℃、0~150℃，选择高分子聚合物水分湿度仪。比如热空气等。

b）测量温度

①气体温度在环境温度以下，首选氧化铝水分露点仪，或根据其他条件选择 TDL 或冷镜式露点仪。

②气体温度较高，选择高分子聚合物水分湿度仪。

c）介质种类

①气体介质可选氧化铝、高分子聚合物、TDL 及冷镜式露点仪。

②液体介质中水分含量选氧化铝水分露点仪。比如烯烃液体介质中微量水含量。

d）精度及反应速度的要求

①对精度要求不高时首选氧化铝传感器或高分子聚合物传感器水分仪。

②对精度、反应速度要求较高时选 TDL 水分仪。

③对精度要求极高，对连续测量没有要求时选冷镜式露点仪。

6.3.8.4　水分露点仪预处理系统设计

高分子聚合物水分湿度仪通常采用直插式安装，故较少使用预处理系统。TDL 水分分析仪通常自带有成套的预处理，而冷镜式露点仪对气体本身的洁净度要求较高，通常也较少用于复杂的介质应用中。而应用最广泛的氧化铝水分露点仪则经常需要考虑预处理系统的设计，预处理系统的设计往往会直接影响其使用效果。

水分子是微观结构上是一端带正电，一端带负电的极性分子，如图 6-3-52 所示。极易吸附在物质表面，因此在微量水分测量的预处理设计中应注意以下原则：

①所有测量管应采用电抛光管以减少管壁吸附。

②取样探针要插入管内壁 33%~50% 直径处，避免取样点过于靠近工艺管道内壁吸附水分较多的地方。

③取样管线应尽量短，即预处理系统与传感器尽量靠近取样点，减少吸附造成的反应滞后。

④取样管线要考虑保温及电伴热，避免气温过低时样品中水分析出，或白天与晚上气温差过大造成取样管内壁吸附性的变化而引起测量值波动。

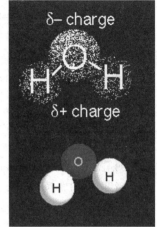

图 6-3-52　水分子的极性

⑤传感器及流通池上游应使用尽量少的元器件，除必要的阀门及过滤器外，压力表、流量计等可设计在下游的元器件尽量设计于下游。

⑥如果样品测量后直接排空，应在出口留有足够长的排空管线或盘管，避免空气中水分子从出口逆流吸附进入传感器，引起误差。

⑦尽量避免使用直插式，以保护传感器免受高速流体冲击损坏，同时便于传感器的维护与定期标定。

6.3.8.5　水分露点分析仪的标定

由于无法配制特定水分含量的钢瓶装标气，故水分露点仪无法在现场进行标定。

阻抗式水分露点传感器的标定曲线不是一条直线，而是十多个标定点组成的一条曲线，所以其标定无法通过简单的零点与量程标定来实现，而需要返回厂家标定实验室通过露点发生器及标准冷镜式露点仪进行多点标定，由于露点发生器产生不同的露点需要较长时间，故完成整个曲线的标定往往需要数天时间。

另外由于阻抗式传感器在使用过程中随着传感器受气体中污染物的影响会有漂移发生，故一般要求每年进行标定以修正其曲线。

TDL 的标定间隔时间较长，可达 5 年左右。

冷镜式露点仪通常作为标准器，往往需送至国家法定单位进行检定。

6.3.8.6　水分露点分析仪的主要技术指标

a）氧化铝水分露点仪

露点测量范围：–110~+20 ℃（特殊标定的传感器可至 +60℃）

露点精度：±3℃（露点 < –66℃时），±2℃（露点 > –65℃时）

露点重复性：±1℃（露点 < –66℃时），±0.5℃（露点 > –65℃时）

检测下限：–110℃

介质温度范围：–110~+70℃

响应时间：$T_{60} < 5s$

b）高分子聚合物水分湿度仪

相对湿度测量范围：0~100% RH

露点测量范围：–15~+85℃，或 0~+150℃

相对湿度精度：±2% RH

露点精度：±1℃

相对湿度重复性：±1% RH

露点重复性：±1℃

介质温度范围：–15~+85℃，或 0~+150℃

c）TDL 水分仪

测量范围：0~5000ppm$_V$

精度：±1% 读数精度，或 ±2ppm$_V$（取较大者）

重复性：±0.1% 读数精度，或 ±0.2ppm$_V$（取较大者）

检测下限：2ppm$_V$

响应时间：<2s

d）冷镜式露点仪

露点测量范围：最大 –80~+25℃（根据传感器制冷级数不同而不同）

露点精度：±0.1~0.2℃

重复性：±0.05℃

灵敏度：>0.03℃

6.4 光谱仪表

6.4.1 拉曼光谱仪

6.4.1.1 术语及定义

拉曼散射：当一束单色光通过透明介质时，出现的与入射光频率不同的散射光称为拉曼（Raman）散射光。拉曼散射是由入射光子与试样分子发生非弹性碰撞而产生的。

拉曼位移：入射光频率与拉曼散射光频率之差，称为"拉曼位移"。对于同一种物质，随着入射光频率的改变，拉曼散射光的频率也随之改变，但拉曼位移保持不变。

拉曼光谱：对拉曼散射光进行分光后得到的光谱被称为拉曼光谱，它直接反映了物质分子振动的特异性信息。对二甲苯的拉曼光谱如图 6-4-1 所示，它反映了该分子各种振动信息。基于这种分子指纹信息，拉曼光谱已成为分子结构测定的常用手段之一。

拉曼特征峰：对于某一混合体系中的某一种物质分子，混合物光谱中只属于该分子的光谱峰被称为"拉

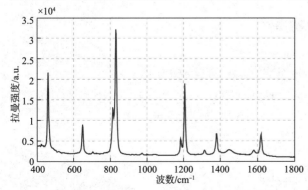

图 6-4-1 对二甲苯（PX）的拉曼光谱

曼特征峰"。假设某一混合体系由 EB（乙苯）、PX、MX（间二甲苯）、OX（邻二甲苯）、PDEB（对二乙基苯）组成，这些纯物质的局部拉曼光谱如图 6-4-2 所示，可见 PX 在该谱段 400~900cm⁻¹ 有 4 个拉曼峰，但只有 2 个特征峰，分别位于 462cm⁻¹、831cm⁻¹。

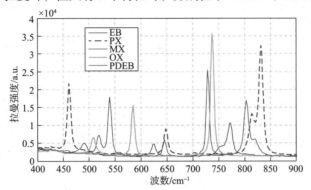

图 6-4-2　C$_8$ 芳烃与 PDEB 纯组分的拉曼光谱

拉曼定量分析模型：对于某一混合物中的某一种物质，当入射光强等实验条件一定时，该物质拉曼特征峰的高度与其浓度直接相关。由已知样本建立的待检测组分浓度与其拉曼特征峰之间的函数关系，称为拉曼定量分析模型。对于上述混合体系，PX 浓度不同的 96 个混合样品的拉曼光谱如图 6-4-3 所示。可见，位于 831cm⁻¹ 的 PX 特征峰高度已直接反映了混合样品中的 PX 浓度。

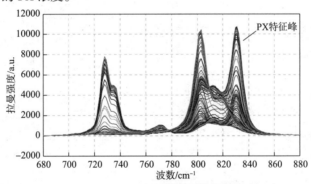

图 6-4-3　由 C$_8$ 芳烃与 PDEB 组成的混合物光谱

6.4.1.2　工作原理

基于拉曼光谱的在线分析仪的工作原理如图 6-4-4 所示。激光器所发出的单色激发光经专用光纤与拉曼探头照射采样管内的待测样本，激发的拉曼散射光经光纤探头收集，由专用光纤传输到光纤光谱仪进行分光与模数转换，最后由计算机对拉曼光谱进行预处理、分析模型计算，以获得待测样本相应的组成含量与其他品质指标。

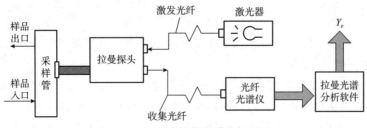

图 6-4-4　在线拉曼光谱分析原理

6.4.1.3 结构组成

整套在线分析仪如图 6-4-5 所示，分为现场采样装置和分析仪主机两部分，中间利用光纤进行激光与拉曼信号的远距离传送。现场采样柜为本安结构，无须供电，直接放置在工艺管线旁。分析仪主机包括激光器、光谱仪、光路变换矩阵以及一套嵌入式计算机系统，主要完成光谱采样的自动控制、光谱数据的获取与处理、分析模型计算及数据通信传输等功能。分析结果的输出除标准的 Modbus 数字通信外，还包括 4~20mA 电流输出（可选）。

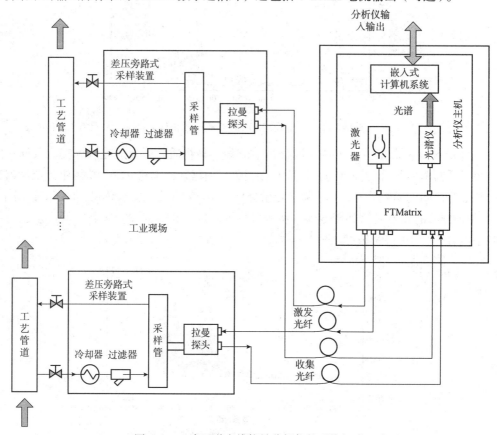

图 6-4-5 多通道在线拉曼分析仪的系统组成

对于在线拉曼分析仪，由激光器、光谱仪、拉曼探头、连接光纤等光学部件以及嵌入式 PC 组成的检测系统，类似于自动化仪表中的"一次仪表"，其性能直接决定了整个分析仪的重复性、响应速度等指标；而基于拉曼光谱的分析软件与分析模型，类似于自动化仪表中的"二次仪表"，一定程度上决定了仪表的分析精度等指标。

6.4.1.4 应用环境及特点

多通道在线拉曼仪由 1 台分析仪主机与若干只现场采样装置组成。现场采样装置和主机柜之间由光纤连接，距离不超过 300m。现场采样装置为无源本安结构，可以直接放置在工业现场，无特殊环境要求。

分析仪主机分为正压防爆型、（非防爆）标准柜型两种。当应用现场与附近 DCS 或 PLC 机柜间之间的距离≤300m，建议选用标准柜型主机柜，并放置在无防爆等级要求的机柜间等地，无须建造分析小屋。当应用现场与机柜间之间的距离较远时，需要选用防爆型主机，并在工业现场附近建造专门的分析小屋，并保持分析小屋温湿度的相对恒定。

在线拉曼仪具有如下特点：

①原位采样测量，无须复杂预处理系统，无须分析小屋；

②分析速度快，分析时间≤1min；

③分析效率高，可同时测量多个流路，无须切换，同时显示每个流路的全组分含量；

④不破坏样品、不需要试剂或辅助设备、不污染环境；

⑤核心测量元件耐高压，无须降压采样；

⑥借助常规石英光纤进行远程分析，实现分析仪与工业现场的分离；

⑦现场采样装置简单、操作技术要求低，现场接近免维护，可实现长周期可靠运行；

⑧拉曼谱峰特征性强。拉曼光谱反映了样品中各种分子的振动信息，对于某一待测组分，其特征峰高直接反映了该组分的浓度；

⑨定量分析模型精度高、模型维护量少。基于检测组分特征峰高的定量分析模型，不仅建模方便，而且基于信号分离等技术可显著提高分析模型的检测精度与适应性。

6.4.1.5　选用注意事项

①根据环境和样品气的危险程度，选择分析仪的防护和防爆等级。

②样气中如有与被测组分发生反应的组分，应该在预处理器中除去，以免被测组分变化，以及反应物在测量池内沉积。

③固体颗粒物的存在而引起的光散射，会损失很多光能量，从而降低光传输的距离。因此尽量将样品气体中的固体颗粒除掉。

6.4.1.6　拉曼光谱仪的应用

虽然拉曼光谱技术作为一种革新技术才刚刚被人们所关注，但他的前景是广阔的，并已在诸多领域被广泛使用。石油化工领域典型的应用场合包括：

①吸附分离塔、精馏塔等分离设备中液相混合物的组成与含量检测。

②反应过程监控，包括各类连续或间歇的液相反应过程，该系统可直接快速测量化学反应期间反应物、中间体、副产物和产物的含量，因而能实时判断反应完成程度、转化率和反应终点。

③石脑油、汽油、芳烃、烯烃等相关生产装置与汽柴油调和装置，可用于检测产品的烯烃 / 芳烃含量、汽油辛烷值等指标。

④石油化工领域，特别是煤化工（合成氨，煤制甲醇，煤制 SNG，煤制 BDO，乙二醇等）的过程气体的全组分快速测量。

⑤钢铁行业焚烧炉，锻造炉等装置上的气体组分分析。

⑥天然气的全组分分析。

6.4.2　质谱仪

质谱法是一种通过质量分离器将已经离子化的化合物按照不同荷质比分离分析的分析技术。为了达到物质的分析目的，物质分子必须首先离子化，产生与化合物对应的离子，进入质量分离器中进行分离，目标离子通过质量分离器到达检测器，最后通过特殊的离子检测器即法拉第杯，将代表的目标离子信号放大并转换成数字信号。之后将检测到的离子强度与校正表对比，就可以得到目标物质全面的信息。

6.4.2.1　质谱仪结构

工业在线质谱仪由取样器、离子源、质量分离器和检测器等单元组成，如图6-4-6所示。

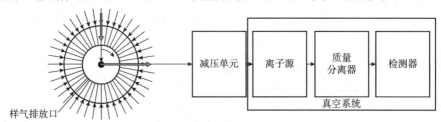

图 6-4-6　质谱仪结构

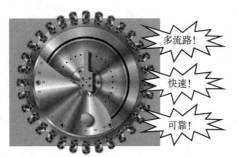

图 6-4-7　多流路快速取样器

取样器：采用多流路快速取样器将样品引入质谱仪，如图6-4-7所示。

减压系统：质谱仪在真空状态下工作，必须减小样气的压力。

离子源：将样气分子转换为带电离子。

质量分离器：离子由于质量不同而被电场和/或磁场分开。

检测器：对不同质量离子的数量进行测量。

6.4.2.2　离子源

质谱的检测对象主要是有机物和生命活性物质，离子源通常分为4类，即电子轰击电离、化学电离、解吸电离、喷雾电离，表6-4-1为常见的用于有机物分析的质谱电离源。

表 6-4-1　常见的用于有机物分析的质谱电离源表

电离源	离子化试剂	适宜样品
电子电离	电子	气态
化学电离	气体离子	气态
解吸电离	光子，高能粒子	固态
喷雾电离	高能电场	热溶液

在线质谱仪的离子源通常采用电子轰击电离，如图6-4-8所示。

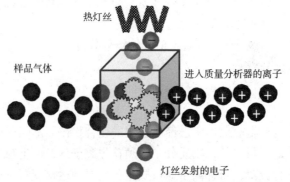

图 6-4-8　电子轰击型离子源原理示意图

采用热灯丝在真空条件下发射电子，并在电离室中加速，与电离室中样气的分子碰撞，导致一个或更多电子被脱去从而形成正离子。

6.4.2.3　质量分离器

质量分离器通过适当的电场或磁场将离子源引出的离子在空间或时间上按照质荷比的大小进行分离。目前常见的在线质谱仪的质量分离器为扇形磁场质量分离器和四极杆质量分离器。

a）扇形磁场质量分离器

离子源引出的离子束在加速电极电场的作用下，离子获得一定速度，离子的运动速度与质量有关：

$$zU = \frac{1}{2}mv^2$$

式中　z——离子电荷数；

　　　U——加速电压；

　　　m——离子质量；

　　　v——离子运动速度。

加速后的离子进入扇形磁场质量分离器，在磁场的作用下改变运动方向做圆周运动，而圆周半径与离子的质荷比、加速电压和磁场强度有关：

$$\frac{m}{z} = \frac{H^2 R^2}{2U}$$

式中　z——离子电荷数；

　　　U——加速电压；

　　　m——离子质量；

　　　H——磁场强度；

　　　R——离子运动半径。

离子到达检测器的运动半径 R 依质量分离器的结构而固定，通过磁场强度 H 固定，连续改变加速电压 U，或加速电压 U 固定，不断改变磁场强度 H，控制不同质荷比的离子依次到达检测器。扇形磁场质量分离器的工作原理如图 6-4-9 所示。

b）四极杆质量分离器

四极杆质量分离器的结构就是在相互垂直的两个平面上平行放置四根金属圆柱。如果把水平方向定义为 x 方向，垂直方向为 y 方向，与金属圆柱平行的方向为 z 方向，在 x 与 y 两支电极上分别施加 ±（$UV\cos\omega t$）的高频电压（V 为电压幅值，U 为直流分量，ω 为圆频率，t 为时间），则在四个金属圆柱之间的空间形成一个形如马鞍的交变电场。离子束进入电场后，在交

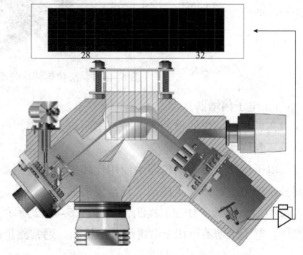

图 6-4-9　扇形磁场质量分离器工作原理

变电场作用下产生振荡，只有某种质量的离子能通过电场到达检测器，其他离子则由于振幅较大撞到极杆上而无法到达检测器，如图 6-4-10 所示。

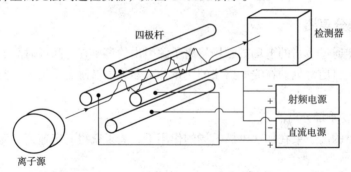

图 6-4-10　四极杆质量分离器工作原理

四极杆质量分离器能够通过电场的调节进行质量扫描或质量选择，质量分离器的尺寸能够做到很小，扫描速度快，无论是操作还是机械构造，均相对简单。但这种仪器的分辨率不高；杆体易被污染；维护和装调难度较大。

6.4.2.4　检测器

在线质谱仪中，法拉第杯检测器和电子倍增器是比较常见的检测器。

a）法拉第杯检测器

这种检测器是将一个具有特定结构的金属片接入特定的电路中，收集落入金属片上的电子或离子，然后进行放大等处理，得到质谱信号，如图 6-4-11 所示。一般来说，这种检测器没有增益，其灵敏度非常低，限制了它的用途，一般用于常量组分的检测，通常测量范围为 $1 \times 10^{-5} \sim 100\%$。

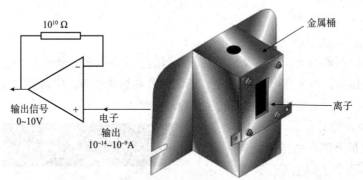

图 6-4-11　法拉第杯检测器工作原理

b）电子倍增器

初始具有一定能量的正离子打击阴极的表面，产生二次电子。经过多次打击，使二次电子不断倍增，最后被检测。

电子倍增管是质谱仪器中使用比较广泛的检测器之一。单个电子倍增管基本上没有空间分辨能力，难以满足质谱学日益发展的需要。于是，人们就将电子倍增管微型化，集成为微型多通道板（MCP）检测器，如图 6-4-12 所示，并且在许多实际应用中发挥了重要作用。电子倍增器可用于微量组分的检测，通常测量范围为 $10^{-8} \sim 10^{-3}$。

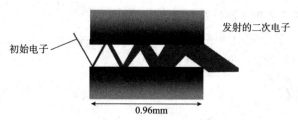

图 6-4-12 电子倍增器工作原理

6.4.2.5 质谱仪特点

①速度快，5~10s/ 流路。

②全组分测量。

③消耗低，无须载气。

④多流路快速分析。

⑤精度高。

⑤维护量小，一般两年维护一次。

⑥标定间隔时间长，6~12 月标定一次。

⑦占地小，节省配套空间和公用工程消耗。

6.4.2.6 安装注意事项

a）预处理系统

①将具有代表性的气体样本从取样点送至分析仪。

②传输时间尽量短。

③过滤掉所有固体颗粒和液体。

④提供适当的压力、温度和流量。

⑤确保不发生冷凝。

⑥维护简单。

b）标定气体

①通常情况下，标定气瓶的数量与需要测量的气体组分数相同。

②为了标定灵敏度和重叠峰需要多瓶标定气。

③分析的精确度与使用的标准气的精度一致。

c）安装环境要求

①安装在室内。

②需要空调。

③可能需要专用分析小屋。

④需要校准气。

6.4.2.7 主要应用

质谱仪适用于对气相介质或液相介质的蒸气进行连续、快速准确的在线分析。在石油化工领域主要应用于氨合成、煤气化、环氧乙烷、乙烯、甲醇、聚烯烃、重整等生产装置。

典型应用如下：

①甲醇生产工艺中采用质谱仪对合成塔中反应气的分析检测。

②合成氨生产工艺中采用质谱仪监测一段转化中蒸气碳数比、一段转化中甲烷气含量、甲烷转化炉出口氢氮比、氨合成塔氢氮比。

6.4.3　激光分析仪

6.4.3.1　工作原理及结构

由于各种分子具有不同的能级，除了对称结构的无极性双原子分子（如 N_2、H_2）和单原子惰性气体（Ar、Ne、He）以外的有机和无机多原子分子物质在红外线区都有特征波长和对应的吸收系数。不同的气体由于本身分子结构不一样，振动及转动模式也不一样，因此它们吸收的谱线也不一样。反过来，根据这些特征吸收光谱可以定性的判断成分是什么，所以这些特征吸收光谱，也被称为"指纹"光谱。

激光器发射精密激光束，光束在测量腔室内来回反射，期间光被气体吸收，光强变弱，最后射在探测器上，探测器测得光束能量变化，从而根据比尔朗伯吸收定律测定光强的变化而计算出被测成分的浓度，如图 6-4-13 所示。

$$A=KLC$$

式中　A——光强度变化量（吸光度）；

　　　K——摩尔吸收系数，与吸收物质的性质及入射光的波长有关；

　　　C——吸光物质的浓度；

　　　L——光通过被测组分的长度（光程）。

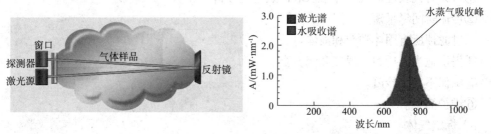

图 6-4-13　激光分析仪工作原理

可以看到，被测组分浓度（C）较低时，光强（A）变化很弱，这个时候可以通过加长光线通过被测组分的长度（L）来实现低浓度成分的测量；当被测成分浓度较高时，则可以采用较短的测量腔室。

与红外分析仪不同的是激光气体分析仪是利用激光器作为光源（波长一般在 $1\,\mu m \sim 2.5\,\mu m$ 范围内）。与传统红外分析仪的光源相比较，激光器发出的激光谱线更窄（可达百分之一纳米，甚至万分之一纳米），而传统红外分析仪光源发出的光通过带通滤光片之后，谱线宽度通常是 2nm 左右。

相比较而言，大气压下一般气体吸收峰谱线是非常窄的（宽度是零点几个纳米左右）。因此使用激光器等设备发射单色性好的激光可以单独探究这些吸收线并进行高选择性的测量。

目前使用的在线激光气体分析仪有多种形式，按安装测量方式可分为原位测量和抽样测量两种。

原位测量，顾名思义传感器是直接安装在工艺管道或装置上的，直接接触介质进行测量，如图 6-4-14 所示。这种测量方式可以省掉采样等步骤引入的迟滞时间，因此测量周期迅速。

抽样式测量，需要先将样品从工艺管道或装置中取出来，然后通过样品传输管线传送至样品预处理系统，最后进入测量腔室，进行分析测量，如图 6-4-15 所示。众所周知，气体分析测量对温度，压力等变化很敏感。而抽样式的配置方式，由于引入了预处理系统，可以对原始样气进行温度、压力以及除杂等处理，使得样气符合分析条件再进入测量腔室。因此，它更能保证测量条件的稳定性，从而保证测量的可靠，稳定和精度。

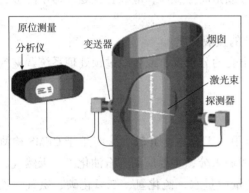

图 6-4-14　原位测量示意

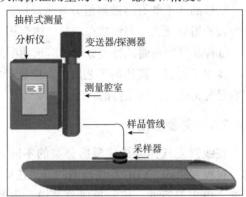

图 6-4-15　抽样式测量示意

6.4.3.2　主要特性及性能指标

a）主要特性

①无干扰。由于采用非接触测量，即传感器部件不接触样品气体，因此测量不受样品气体中的油和醇类污染物以及 HCl 和硫化物等腐蚀物干扰，从而确保高精度。

②可靠性和灵敏度高。可以轻易实现 ppm_v 量级的成分探测。对于利用特殊技术的仪器，比如差分探测，赫利奥特测量腔室，波长调制等技术，可以充分降低干扰，实现微弱信号放大，从而实现 ppb_v 量级的成分探测。可靠性通常都是全量程的 1%。

③响应快速。光在真空中的传播速度是 30×10^4 km/s。因此利用激光来测量成分时几乎是瞬时测量（零点几秒）。

④维护量低。不同于化学计量以及传统红外分析仪表，激光分析仪表无须耗材，可靠性高，因此可以大大降低现场人员的维护量。

⑤能连续分析和自动控制。它能连续进样、连续测量和连续显示，能长期监控工业过程中气体浓度的任何瞬间变化，由于它精度高，反应快，稳定性好，能与调节器配合，对生产过程实行自动控制。

⑥有优异的选择性。对于多组分的混合气体，不管背景气体中干扰成分的浓度变化如何，它只对待测组分的浓度变化有反应，对测量精度没有影响。与其他方法的分析仪相比较，这是它的一个突出优点。

⑦操作简单，维修方便，仪表具有自诊断功能，对故障进行报警。

b）性能指标

①标准测量范围：不同工况具体要求不一样，测量范围可从 0~1ppm，，到几千个 ppm。

②可靠性：通常为全量程 1%~2%。对于气体分析测量来说，可靠性其实比精度或准确度更有意义。可靠性代表了相同条件下多次重复测量的一致性。可靠性高意味着这个测量模型本身很可靠，不需要定期标定。

③测量值输出：4~20mA、RS232、RS485 和工业以太网等。

6.4.3.3 选用注意事项

①根据环境和样品气的危险程度，选择分析仪的防爆和防护等级。

②样品气中如有与被测组分发生反应的组分或是固体颗粒，应该在预处理器中除去，以免被测组分变化或颗粒物在测量池内沉积。

③样品气中有腐蚀性成分时，应选用耐腐蚀的接液材质。

④对于高温、高压的工艺气体，应选择能耐受的分析仪，或者经过预处理系统调整到能满足分析仪的工作条件的状态。

6.4.3.4 主要应用

在线激光气体分析仪根据分类的不同，应用的工况也差异较大，有用于 CEMS 检测的、过程控制的、VOC 在线监测的等。按应用领域来分，主要应用于石油化工、天然气、钢铁、电力等行业。按测量成分来说，主要测量微量水、硫化氢、二氧化碳、氨气、乙炔、一氧化碳、氧气、氮氧化物等。比如天然气领域天然气净化处理厂通过对硫化氢、微量水和二氧化碳测量，可以更好地监控脱硫脱碳脱水的工艺是否合理，以及出厂的天然气品质是否符合国家相关规定或者贸易交接计量的规定。

6.5 气体检测报警系统（GDS）

6.5.1 GDS 系统概述

气体检测报警系统（GDS）由可燃/有毒气体检测器、现场报警器、报警控制器等组成。

在发生可燃/有毒气体泄漏时，GDS 系统在现场、控制室等操作人员可能涉足或驻守之处同时发出报警，提醒操作人员紧急疏散或采取相应的应急措施，也可联锁开启/关闭所在区域的风机或其他设备，减轻由于气体泄漏可能造成的危害，避免恶性事故的发生。GDS 也可与消防控制系统联动，避免火灾的发生，或减轻火灾损失。

GDS 的报警控制器应独立设置，不应与其他过程控制系统（如 DCS 等）合用，以保证过程控制系统出现故障或停用时，GDS 仍保持正常工作状态。

当 GDS 参与安全联锁时，相关的 GDS 设备的配置应满足安全联锁回路的安全完整性等级的要求：

①可燃/有毒气体检测器信号直接送至安全仪表系统时，检测器的配置应满足相应安全完整性等级的要求。

②可燃/有毒气体检测器信号通过报警控制器送至安全仪表系统时，检测器及报警控制器的配置均应满足相应安全完整性等级的要求。

6.5.2 气体传感器的分类

可燃 / 有毒气体检测器的关键部件是气体传感器。气体传感器从原理上可以分为三大类：

①利用物理化学性质的气体传感器，如半导体式（表面控制型、体积控制型、表面电位型）、催化燃烧式、固体热导式等。

②利用物理性质的气体传感器，如热传导式、光干涉式、红外吸收式等。

③利用电化学性质的气体传感器，如定电位电解式、迦伐尼电池式、隔膜离子电极式、固定电解质式等。

目前最常用的传感器类型分为以下几类：

a）半导体式传感器

①检测原理

采用金属氧化物或金属半导体氧化物材料做成的元件，利用其与气体相互作用时产生表面吸附或反应，引起电导率或伏安特性或表面电位变化，通过对变化量的比较，激发报警电路，如图 6-5-1 所示。

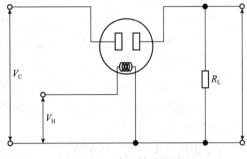

②检测气体

可燃气体、有毒气体。

图 6-5-1　半导体式传感器

③优缺点

优点：成本低廉、灵敏度高、检测范围广、反应灵敏、对湿度敏感低、寿命长。

缺点：需在高温下工作，对气体的选择性差，稳定性较差，精确度不高，功率要求高，当探测气体中混有硫化物时容易中毒。

b）催化燃烧式传感器

①检测原理

由 2 只固定电阻构成惠斯登检测桥路。当含有可燃性气体的混合气体扩散到检测元件上时，迅速进行无焰燃烧，并产生反应热，使热丝电阻值增大，电桥输出一个变化的电压信号，这个电压信号的大小与可燃气体的浓度成正比，如图 6-5-2 所示。

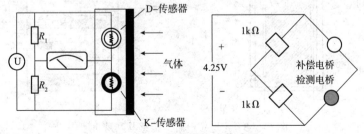

图 6-5-2　催化燃烧式传感器

②检测气体

可燃气体。

③优缺点

优点：选择性好、反应准确、稳定性好、能够定量检测、不易产生误报、与其他非可燃气体的无交叉干扰、控制可靠。寿命 3 年左右。

缺点：无氧或缺氧环境中不能工作（至少 8%~10% 的氧气），不能检测高闪点和长链的烷烃类等可燃气体，不能检测高浓度可燃气体。

④传感器中毒和抑制

——高浓度含硅化合物会使传感器立即损坏。

——某些物质会被催化剂吸收或形成新的化合物从而抑制催化反应，如卤代烃。

——某些物质具有上述两种影响，高浓度会使传感器立即失效，较低浓度则对灵敏度有轻微影响。如硫化氢。

——高浓度易燃气体混合物会对催化燃烧传感器的精确度造成影响，对于测量桥的过分加热会加速催化剂的蒸发，这会使传感器的灵敏度部分或全部降低。过热还会烧毁测量电桥。暴露于氧气不足时的更高浓度的易燃易爆气体之中，则会导致炭黑在烧结表面的沉积，而炭黑的积聚会导致传感器爆裂而损坏电路。

——可能对传感器中毒的物质有：含铅化合物（尤其是四乙基铅）、含硫化合物、硅类、含磷化合物。

——可能对传感器抑制的物质有：硫化氢、卤代烃。

——为减少这些损坏的发生，有些仪器会在浓度接近 100% LEL 时关闭电路，并指示超标和警报。

c）定电位电解式气体传感器

①检测原理

定电位电解式气体传感器由膜电极和电解液灌封而成，气体将电解液分解成阴阳带电离子，通过电极将信号传出。

定电位电解式气体传感器检测原理如图 6-5-3 所示，在一个塑料制成的筒状池体内，安装工作电极、对电极和参比电极，在电极之间充满电解液，由多孔四氟乙烯做成的隔膜，在顶部封装。前置放大器与传感器电极的连接，在电极之间施加一定的电位，使传感器处于工作状态。气体与电解质内的工作电极发生氧化或还原反应，在对电极发生还原或氧化反应，电极的平衡电位发生变化，变化值与气体浓度成正比。

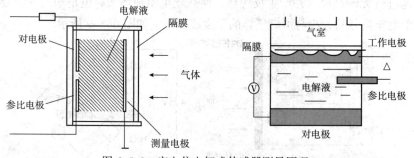

图 6-5-3　定电位电解式传感器测量原理

②检测气体

除氧气和 VOC 以外的绝大部分有毒有害气体。

③优缺点

优点：反应速度快、精度高（ppm 级），能够定量检测，稳定性好。

缺点：成本高，对湿度敏感高，寿命较短（小于等于两年）。

d）迦伐尼电池式氧气传感器

①检测原理

隔膜迦伐尼电池式氧气传感器的结构：在塑料容器的一面装有对氧气透过性良好的厚 $10\sim30\,\mu m$ 的透气膜，在其容器内侧紧粘着贵金属（铂、黄金、银等）阴电极，在容器的另一面内侧或容器的空余部分形成阳极（用铅、镉等离子化倾向大的金属），如图 6-5-4 所示。氧气在通过电解质时在阴阳极

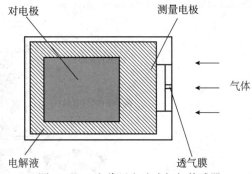

图 6-5-4　迦伐尼电池式氧气传感器

发生氧化还原反应，使阳极金属离子化，释放出电子，电流的大小与氧气的多少成正比。

②检测气体

氧气。

③优缺点

优点：反应速度快，能够定量检测（0~30%），稳定性好。

缺点：成本高，由于整个反应中阳极金属有消耗，所以传感器需要定期更换，寿命较短（大于等于 2 年）。

e）红外式传感器

①检测原理

利用气体对某个特定波长的吸收原理进行检测。传感器设双通道双射线，双射线形成参考波与分析波两种波长。当可燃气体或 CO_2 经过红外射线时，吸收分析波的能量，却不影响参考波长，将分析波长与参考波长进行比较，形成的差异与气体的浓度成正比线性关系，从而准确测出气体浓度，如图 6-5-5 所示。

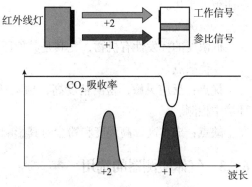

图 6-5-5　红外式传感器

②检测气体

多数碳氢化合物可燃气体、二氧化碳。

③优缺点

优点：反应灵敏，检测精度高，抗中毒性好，可在缺氧和高浓度气体环境中检测，使用寿命长（5 年以上）；能够代替直线视域内（不小于 3300ft=100m）的多个点式气体检测器；同时适用于对抗恶劣天气。

缺点：结构复杂，成本高。

f）PID（Photo Ionization Detectors）光离子化气体传感器

①检测原理

由紫外灯光源和离子室等主要部分构成，在离子室有正负电极，形成电场，有机挥发物分子在高能紫外线光源激发下，产生负电子并形成正离子，这些电离的微粒在电极间形成电流，经检测器放大和处理后输出信号，最终检测到 ppm 级的浓度，如图 6-5-6 所示。

气体在被检测后，离子重新复合成为原来的气体和蒸气，PID 是一种非破坏性检测器，它不会"燃烧"或永久性改变待测气体。

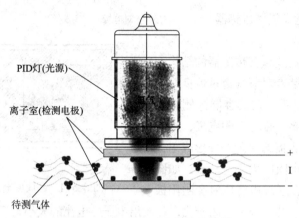

图 6-5-6　光离子化气体传感器

②离子化电位

所有的元素和化合物都可以被离子化，但所需能量不同，可将化合物离子化的能量称为"电离电位"（IP），它以电子伏特（eV）为计量单位。

由 UV 灯发出的能量也以 eV 为单位。如待测气体的 IP 低于灯的输出能量，那么，这种气体就可以被离子化。反之，如果待测气体的 IP 高于灯的输出能量，那么，这种气体就不能被离子化。

③检测气体

低浓度的挥发性有机物，尤其是其他原理难以检出的苯、CS_2、酚类、酮类、醛类等。

④优缺点

优点：反应灵敏，检测精度高，响应时间短，抗中毒性好，非破坏性检测，可在缺氧环境中检测。

缺点：成本高，高湿度和粉尘对其影响大。

6.5.3　气体检测器的选用

a）可燃气体及有毒气体的检测方式选择

可燃气体及有毒气体的检测方式，根据被检测气体的理化性质和生产环境特点确定：

①烃类可燃气体可选用催化燃烧型或红外气体检测器。当使用场所的空气中含有能使催化燃烧型检测元件中毒的硫、磷、硅、铅、卤素化合物等介质时，应选用抗毒性催化燃烧型检测器。

②在缺氧或高腐蚀性等场所，宜选用红外气体检测器。

③氢气检测可选用催化燃烧型、电化学型、热传导型或半导体型检测器。

④检测组分单一的可燃气体，宜选用热传导型检测器。

⑤硫化氢、氯气、氨气、丙烯腈气体、一氧化碳气体可选用电化学型或半导体型检测器。

⑥氯乙烯气体可选用半导体型或光致电离型检测器。

⑦氧化氢气体宜选用电化学型检测器。

⑧苯气体可选用半导体型或光致电离型检测器。

⑨碳酰氯（光气）可选用电化学型或红外气体检测器。

⑩红外式检测器可检测大多数易燃碳氢化合物气体和 ppm 级的毒性气体。

b）气体检测器在选用时应明确检测目的及气体特性

①测爆

——检测危险场所可燃气含量，超标报警，以避免爆炸事故的发生。

——体测量方式采用催化燃烧式、红外线、半导体等。

——测爆选择可燃气体检测报警仪，测爆的范围是 0~100%LEL。

②测毒

——检测危险场所有毒气体含量，超标报警，以避免工作人员中毒。

——气体测量方式采用电化学、光离子、半导体等。

——测毒选择有毒气体检测报警仪，测毒的范围是 0~ 几十（或几百）ppm。

——红外式用于高灵敏度区域，检测低浓度 ppm 等级的有毒气体（如 H_2S、NH_3、芳烃类）气体。

③其他

——在缺氧或高腐蚀性等场所，宜选用红外气体检测器；检测二氧化碳，宜选用红外气体检测器。

——硫化氢、氯气、氨气、丙烯腈、一氧化碳、二氧化硫、一氧化氮、二氧化氮、氰化氢、氯化氢、磷化氢、氟化氢、溴气、氟气、氧气、臭氧、过氧化氢、甲酸、氯乙烯、碳酰氯（光气）、亚硫酰氯、环氧乙烷、环氧氯丙烷、硅烷、甲醛、二氧化氯、氯乙烯等宜选用电化学检测器。

——检测苯、甲苯、二甲苯、乙苯、苯胺、二甲胺、二乙胺、环己胺、溴甲烷、溴乙烷、碘甲烷、碘乙烷、苯甲醇、氯苯等宜选用光离子检测器。

c）气体检测器在选用时应明确检测用途

①长期运行的泄漏检测

设备管道现场可燃或有毒气体和蒸气泄漏检测报警，设备管道运行检漏，宜选用固定式（扩散式或吸入式），并配置气体报警控制器及 GDS 系统。

②检修检测

设备检修置换后检测残留可燃或有毒气体和蒸气或供氧状况，特别是动火前检测更为重要。宜选用便携式气体检测仪（扩散式或吸入式）。

③应急救援、救护检测

生产现场出现异常情况或者处理事故时，为了安全和卫生要对可燃或有毒气体和蒸气或氧气进行检测。宜选用便携式气体检测仪（扩散式或吸入式）。

④进入检测

工作人员进入可燃和有毒物质隔离操作间，进入危险场所的下水沟、电缆沟或设备内操作时，要检测可燃和有毒气体或液体蒸气或供氧状况。宜选用便携式气体检测仪（扩散式或吸入式）。

⑤巡回检测

安全卫生检查时，要检测可燃和有毒气体或液体蒸气。宜选用便携式气体检测仪（扩散式或吸入式）。

⑥事故调查与分析

发生安全生产事故后，要通过检测事故现场的气体成分及含量，对事故原因进行分析。宜选用便携式气体检测仪（扩散式或吸入式）。

6.5.4 气体检测器的设置原则

a）一般原则

可燃气体和有毒气体检测器的检（探）测点，应根据气体的理化性质、释放源的特性、生产场地布置、地理条件、环境气候、操作巡检路线等条件，并选择气体易于积累和便于采样检测之处布置。

下列可能泄漏可燃气体、有毒气体的主要释放源应布置检（探）测点：

①气体压缩机和液体泵的密封处。

②液体采样口和气体采样口。

③液体（气体）排液（水）口和放空口。

④经常拆卸的法兰和经常操作的阀门组。

同一场所或工艺装置，对可能发生可燃气体和有毒气体的泄漏进行检测时，应按下列规定设置可燃气体检测器和有毒气体检测器：

①可燃气体浓度可能达到25%爆炸下限，但有毒气体不能达到最高容许浓度时，应设置可燃气体检测器。

②有毒气体浓度可能达到最高容许浓度，但可燃气体浓度不能达到25%爆炸下限时，应设置有毒气体检测器。

③可燃气体浓度可能达到25%爆炸下限，有毒气体浓度也可能达到最高容许浓度时，应分别设置可燃气体和有毒气体检测器。

④同一种气体既属可燃气体又属有毒气体时，应设置有毒气体检测器。

b）工艺装置

释放源处于露天或敞开式厂房布置的设备区域内，检（探）测点与释放源的距离宜符合下列规定：

①当检（探）测点位于释放源的全年最小频率风向的上风侧时，可燃气体检（探）测点与释放源的距离不宜大于10m，有毒气体检（探）测点与释放源的距离不宜大于4m。

②可燃气体释放源处于封闭或局部通风不良的半敞开厂房内，检测器距其所覆盖范围内的任一释放源不宜大于5m。有毒气体检测器距释放源不宜大于2m。

③比空气轻的可燃气体或有毒气体释放源处于封闭或局部通风不良的半敞开厂房内，除应在释放源上方设置检测器外，还应在厂房内最高点气体易于积聚处设置可燃气体或有毒气体检测器。

c）储运设施

液化烃、甲$_B$、乙$_A$类液体等产生可燃气体的液体储罐的防火堤内，应设检测器。可燃气体检测点与释放源的距离不宜大于10m，毒性气体检测点与释放源的距离不宜大于4m。

液化烃、甲$_B$、乙$_A$类液体的装卸设施，检测器的设置应符合下列要求：

①小鹤管铁路装卸栈台，在地面上每隔一个车位宜设一台检测器，且检测器与装卸车口的水平距离不应大于10m。

②大鹤管铁路装卸栈台，宜设 1 台检测器。

③汽车装卸站的装卸车鹤位与检测器的水平距离，不应大于 10m。

装卸设施的泵或压缩机的检测器设置，应符合第 b）条的要求。

液化烃灌装站的检测器设置，应符合下列要求：

①封闭或半敞开的灌瓶间，灌装口与检测器的距离宜为 5m~7.5m。

②封闭或半敞开式储瓶库，应符合第 b）条第②点的要求。

③敞开式储瓶库房沿四周每隔 15m~20m 应设 1 台检测器，当四周边长总和小于 15m 时，应设 1 台检测器。

④缓冲罐排水口或阀组与检测器的距离，宜为 5m~7.5m。

封闭或半敞开氢气灌瓶间，应在灌装口上方的室内最高点且易于滞留气体处设检测器。

可能散发可燃气体的装卸码头，距输油臂水平平面 10m 范围内，应设 1 台检测器。

储存、运输有毒气体、有毒液体的储运设施，有毒气体检测器应按第 2 条的要求设置，并根据生产装置的场地条件、工艺介质的易燃易爆特性及毒性和操作人员的数量等进行综合考虑，配备便携式有毒气体检测报警器。

6.5.5　气体检测器的量程及高低限报警值的设置

a）可燃气体检测器的量程

可燃气体检测器的量程根据可燃气体、蒸汽的爆炸浓度下限值来设置，将爆炸浓度下限值分为 100 等份（即为 100%LEL），量程则为 0~100%LEL。

b）有毒气体检测器的量程

有毒气体的测量范围应为 0~300% OEL；当现有检测器的测量范围不能满足上述要求时，有毒气体的测量范围可为 0~30% IDLH；氧气的测量范围可为 0%~25%VOL。允许浓度（OEL）包括时间加权平均容许浓度（TLV–TWA）、短时间接触容许浓度（TLV–STEL）和最高容许浓度（MAC）。

表 6–5–1 列明了多种常见工业有害气体的允许浓度值。例如，苯的短时间接触容许浓度为 $10mg/m^3$（3.08ppm）。

有毒气体的测量范围宜为 0~300% 最高容许浓度或 0~300% 短时间接触容许浓度。以苯为例，其量程应为：$3.08 \times 3=9.24 \approx 10$ppm。

当现有检（探）测器的测量范围不能满足上述要求时，有毒气体的测量范围为 0~30% 直接致害浓度。

气体检测器的量程还与传感器原厂的传感器量程设置有关系，可通过电路板的信号处理将气体传感器量程进行相应的放大倍数处理。

c）可燃气体检测器报警值

可燃气体一级报警设定值为 25%LEL、二级报警设定值为 50%LEL。

d）有毒气体检测器报警值

有毒气体的一级报警设定值应小于或等于 100% OEL，当现有检测器的测量范围不能满足测量要求时，有毒气体的一级报警设定值不得超过 5% 直接致害浓度。

有毒气体的二级报警设定值不得超过 10% 直接致害浓度值。

表 6-5-1 和 6-5-2 列出了有毒气体和可燃气体的蒸气特性表，可查询气体的最高容许浓度、短时间接触容许浓度、直接致害浓度。

表 6-5-1　有毒气体、蒸气特性表

序号	物质名称	熔点 /℃	沸点 /℃	时间加权平均容许浓度 TLV-TWA/（mg·m⁻³）	短时间接触容许浓度 TLV-STEL/（mg·m⁻³）	最高容许浓度 MAC/（mg·m⁻³）	直接致害浓度 IDLH/（mg·m⁻³）	相对密度（空气 =1）
1	一氧化碳	−199.1	−191.4	20	30	—	1700	0.97
2	氯乙烯	−160	−13.9	10	25	—		2.15
3	硫化氢	−85.5	−60.4	—	—	10	430	1.19
4	氯	−101	−34.5	—	—	1	88	2.48
5	氰化氢	−13.2	25.7			1	56	0.93
6	丙烯腈	−83.6	77.3	1	2		1100	1.83
7	二氧化氮	−11.2	21.2	5	10	—	96	3.2
8	苯	5.5	80	6	10		9800	2.77
9	氨	−78	−33	20	30		360	0.6
10	碳酰氯	−104	8.3	—	—	0.5	8	3.5

注：关于 MAC、TLV 值的单位 mg/m³，它与 ppm 之间的换算关系为：1ppm=（24.5/M）× mg/m³，M 表示该气体物质的相对分子质量。如 NO_2 的 MAC 值为 5 mg/m³，即为 5 × 24.5/46 = 2.7ppm。

表 6-5-2　可燃气体、蒸气特性

序号	物质名称	引燃温度 /℃ / 组别	沸点 /℃	闪点 /℃	爆炸浓度（体积分数），%		火灾危险性分类	相对密度（空气 =1）	备注
					下限	上限			
1	甲烷	540/T1	−161.5	气体	5.0	15.0	甲	0.55	液化后为甲 A
2	乙烷	515/T1	−88.9	气体	3.0	15.5	甲	1.04	液化后为甲 A
3	丙烷	466/T1	−42.1	气体	2.1	9.5	甲	1.56	液化后为甲 A
4	丁烷	405/T2	−0.5	气体	1.9	8.5	甲	2.01	液化后为甲 A
20	乙烯	425/T1	−103.7	气体	2.7	36	甲	0.98	液化后为甲 A
21	丙烯	460/T1	−47.2	气体	2.0	11.1	甲	1.48	液化后为甲 A
27	乙炔	305/T2	−84	气体	2.5	100	甲	0.91	液化后为甲 A
29	苯	560/T1	80.1	−11.1	1.3	7.1	甲 B	2.77	
30	甲苯	480/T1	110.6	4.4	1.2	7.1	甲 B	3.14	
32	邻 – 二甲苯	465/T1	144.4	17	1.0	6.0	甲 B	3.66	
33	间 – 二甲苯	530/T1	138.9	25	1.1	7.0	甲 B	3.66	
34	对 – 二甲苯	530/T1	138.3	25	1.1	7.0	甲 B	3.66	
39	乙醚	170/T4	35	−45	1.9	36	甲 B	2.56	
41	二甲醚	240/T3	−23.7	气体	3.4	27	甲	1.62	液化后为甲 A
43	甲醇	385/T2	63.9	11	6.7	36	甲 B	1.11	

续表

序号	物质名称	引燃温度 /℃ / 组别	沸点 /℃	闪点 / ℃	爆炸浓度（体积分数），%		火灾危险性分类	相对密度（空气 =1）	备注
					下限	上限			
44	乙醇、酒精	422/T2	78.3	12.8	3.3	19	甲 $_B$	1.59	
50	甲醛	430/T2	−19.4	气体	7.0	73	甲	1.07	液化后为甲 $_A$
54	丙酮	465/T1	56.7	−17.8	2.6	12.8	甲 $_B$	2.00	
62	醋酸乙酯	427/T2	77.2	−4.4	2.2	11.0	甲 $_B$	3.04	
83	乙腈	524/T1	81.6	5.6	4.4	16.0	甲 $_B$	1.42	
92	氢	510/T1	−253	气体	4.0	75	甲	0.07	
93	天然气	484/T1		气体	3.8	13	甲	<1	
101	液化石油气			气体	1.0	1.5	甲 $_A$	> 1	汽化后为甲类气体，上下限按国际海协数据
104	汽油	280/T3	50~150	< −20	1.1	5.9	甲 $_B$	> 1	

6.5.6　气体检测器的安装方式

检测天然气等密度小于空气的可燃气体时，当使用在各类工业环境时，除安装在高出释放源 0.5~2m 的位置外，还应在厂房内最高点气体易于积聚处设置；当使用于城市燃气相关环境时，宜安装在距顶棚 0.3m 的位置或高出释放源 0.5~2m 的位置，且与释放源的水平距离宜小于 5m。检测固定释放的氢气、人工煤气（偏氢型）时，宜将探测器安装于释放源周围 1m 的范围内。

检测液化石油气等密度大于空气的可燃气体时，采用距地面（楼地板）0.3~0.6m 左右的位置安装。

检测硫化氢等密度大于空气的有毒有害气体时，采用距地面（楼地板）0.3~0.6m 左右的位置安装。

检测氨气等密度小于空气的可燃或有毒气体时，采用高出释放源 0.5~2m 的位置安装。

检测与空气密度接近且易与空气混合的有毒气体如一氧化碳、氰化氢等，宜采用距释放源上下 1m 的范围内安装。有毒气体比空气稍轻时，安装于释放源的上方，有毒气体比空气稍重时，安装于释放源的下方。

红外式气体检测器应根据检测器的监测范围、装置的区域布置、3D 分布、气体扩散的计算后，选择合适的安装位置。

6.5.7　报警控制器的功能要求

GDS 报警控制器应具备以下功能：

①为可燃气体检测器、有毒气体检测器及其附件供电。

常规可燃 / 有毒气体检测器通常采用三线制连接进行模拟信号传输并由报警控制器对检测器供电，如图 6-5-7 所示。总线型可燃 / 有毒气体检测器通常采用四线制连接进行通信信号传输和供电，如图 6-5-8 所示。

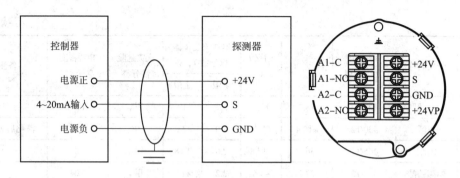

图 6-5-7　常规气体检测器与报警控制器电气连接图

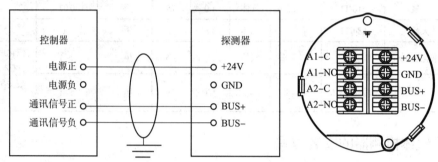

图 6-5-8　总线型气体检测器与报警控制器电气连接图

②接收气体检测器的输出信号，显示气体浓度并发出声光报警。

采集气体检测器输出的 4~20mA 标准电流信号或总线信号，用于气体检测器浓度的显示、报警及控制。当被检测的气体浓度超过预设报警点时，控制器发出清晰的声、光报警信号。

报警控制器报警值的设定见 6.5.5 所述。可采用不同的报警声调和报警光颜色，区分报警级别和所检测到的气体种类。

报警控制器能手动消除声光报警信号，当再次有报警信号输入时仍能发出报警。

③发送气体报警信号和报警控制器故障信息。

报警控制器应具有开关量输出功能，向其他显示、报警或控制设施，如消防控制室图形显示装置等，发送气体报警和报警控制器自身故障信号。

④具有相对独立、互不影响的报警功能，能区分和识别报警场所位号。

对于多点式指示报警设备，应通过图示、标识等手段对每个报警点加以区分，能方便地读出气体检测器的位号，并识别气体泄漏的场所。

⑤对下列故障情况，报警控制器应能发出与气体浓度报警信号有明显区别的声、光报警信号：

报警控制器与检测器之间连线断路和短路；

检测器内部元件失效；

报警控制器主电源欠压；

报警控制器与电源之间连接线路短路或断路。

⑥具有记录、存储、显示功能：

记录可燃气体和有毒气体的报警时间；

显示当前报警部位的总数；

区分最先报警部位，后续报警点按报警时间顺序连续显示；

具有历史事件记录功能。

6.5.8　报警控制器的选用

报警控制器通常采用可编程逻辑控制器（PLC）、专用气体报警控制器或以微处理机为基础的其他电子产品，如小型 DCS、安全 PLC 等。

报警控制器的设计和选用应综合考虑装置的规模、安全管理要求、生产装置的检测点数量和检测报警系统的技术要求。

a）可编程逻辑控制器（PLC）

采用 PLC 的 GDS 结构图如图 6-5-9 所示。

①系统构成

采用 PLC 的 GDS 报警控制器由 PLC 控制器（含电源模块、主控模块、I/O 模块、通信模块）、端子、空气开关、串口服务器、光电转换器、交换机、控制器机柜、监控站、声光报警器等设备组成。

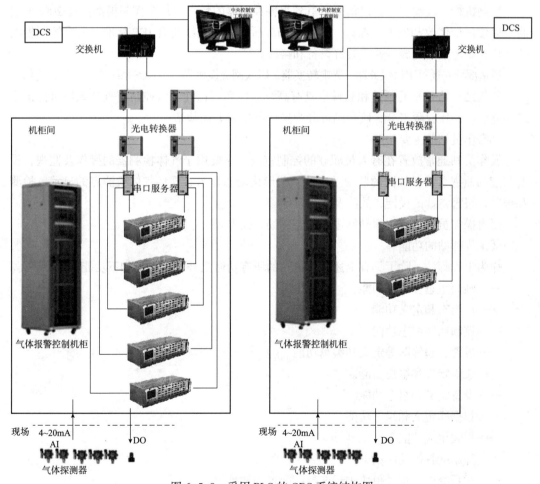

图 6-5-9　采用 PLC 的 GDS 系统结构图

主要功能：通过 AI 模块采集气体检测器输出的 4~20mA 标准电流信号，用于气体检测器浓度的二次显示、报警及控制。当被检测的气体浓度超过预设报警点时，控制器发出清晰的声、光报警信号，继电器 DO 输出动作控制信号，液晶屏或 LED 显示报警部位，内部存储器保存报警信息。

机箱部分：模块化结构，可多种方式扩展组合，采用主控 +AI 模块 + 继电器 DO 模块的方式。所有模块通过机箱后面的背板连接在一起。

电源部分：机柜内配有空开、插座、接地铜排等。UPS 和 IPS 提供的 220VAC 电源通过空开，可以直接给报警控制器的主电和备电供电，主备电源自动切换。

主控模块部分：采用点阵式液晶屏，中文菜单显示，钥匙锁开关，内置报警蜂鸣器，同时包含报警指示灯，故障指示灯，屏蔽指示灯，主电源和备电源指示灯。

AI 输入模块：每块 AI 模块可接入 1 到多路气体检测器，每路可设置位号、气体类型、低段报警、高段报警及可随意设置联动继电器，同时每路旁有 LED 指示灯，可以指示正常工作、报警、故障状态。

DO 继电器输出模块：继电器通过设置联动 AI 模块，分别控制对应的探测器。可以在主控面板上进行组态编程，设置继电器 DO 输出。

控制机柜：玻璃门，可以清晰地看到报警控制器的状态。每个控制柜都留有 20% 的空间。以便远期修改和增加元部件。机柜结构和所有内部连线符合 IEC 标准。所有控制柜的装配均在制造厂内完成，并安装好设备和接线。

通信部分：通过串口服务器，光电转换器，以太网交换机等，与 GDS 系统监控站进行通信。

监控站：监控站的硬件和软件应具有高可靠性和容错性。监控站应具备顺序事件记录的功能。从操作权限来分，监控站可分为操作员站和工程师站。

②操作员站的主要功能

操作员站通常放置在有人员职守的控制室内，主要用于气体检测器的操作及监视，设备状态的监视、设备故障的监视及确认，图形化动态显示，现场气体检测点的显示、检测和报警，报警参数的设定、故障及报表打印等。

每台操作员站可兼工程师站进行组态和编程操作。

③工程师站的功能

作为工程师站，除了具有上述操作员站的所有功能之外，还具备如下功能：

——画面组态和编辑功能。

——点组态和定义功能。

——控制回路组态功能。

——报警、趋势图等定义和编辑功能。

——通信定义和组态功能。

——设备定义和组态功能。

——数据库定义和组态功能。

——报表生成功能等。

工程师站的具体功能如下：

——对系统中的每个模块进行选择，配置和地址组态。

——校对系统配置是否符合系统功能要求。

——将系统组态数据归档，保存在文件并可自动存放在编程器存储器中。

——可在线监控和修改程序及参数。

——对程序变量给予注释说明。

——具有热键功能，可随时调用软件的帮助信息。

——具有多级保护口令，可防止他人的误操作。

——具有故障诊断显示，监视和故障清除功能。

④通信接口

采用 PLC 的 GDS 系统应具有如下通信接口：

——以太网接口，通信协议 TCP/IP。同时向 DCS 通信网和全厂数据库发送数据。接口单元在中心控制室。

——MODBUS RS485 接口，用于控制站与远程 I/O 站间的通信。

——提供接口与火灾自动报警系统进行 MODBUS RTU 协议的通信或是其他主要的协议的通信。

——提供接口与扩音对讲系统进行联动，当确认有可燃 / 有毒气体报警时能启动相应的扩音对讲系统进行广播。

b）分立式专用气体报警控制器

分立式专用气体报警控制器采用单台仪表的形式，以微处理机为基础，采用数字技术，是一种高度集成化的智能型仪表，从信号采集，报警控制到报警显示等工作，均由高性能处理器完成。专用于接收气体浓度检测信号，并发出声光报警。

分立式专用气体报警控制器成本较低，组合方式灵活，适用于报警回路较少的场合。

①检测回路数

分立式专用气体报警控制器从检测回路来分，一般分为单回路和多回路。多回路报警控制器可同时接收多路探测器的信号。它将探测器从现场检测传回的信号显示在报警控制器的屏幕上，并根据信息内容进行实时处理。同时还可监控多路探测器的检测状态，并可显示工作、故障、时间、当前气体浓度、低报值、高报值等信息。

图 6-5-10 为单回路气体报警控制器，图 6-5-11 为 8 回路气体报警控制器。

②分立式专用气体报警控制器的安装方式

气体报警控制器通常采用盘装、壁挂式安装等安装方式。图 6-5-10 为盘装式报警控制器，图 6-5-11 为壁挂式报警控制器。

图 6-5-10　单回路气体
报警控制器

图 6-5-11　8 回路气体
报警控制器

图 6-5-12　气体报警控制柜

盘装式气体报警控制器通常集中安装在气体报警控制柜内，进行集中监控和维护。气体报警控制柜还可选装通信模块，采用 RS-485 串行总线将报警信号和故障信号上传至上位监控系统，如全厂 GDS、DCS 等。

如果气体控制器数量较少，也可安装在小型气体报警控制柜，采用壁装式安装。

③分立式专用气体报警控制器接线

气体检测器的信号输出分为 4~20mA 标准电流信号和总线信号，分立式气体专用报警控制器通常采用三线制连接，在接收 4~20mA 标准电流信号的同时，对现场气体检测器供电。单回路气体报警控制器的典型接线图如图 6-5-13 所示，8 回路气体报警控制器的典型接线图如图 6-5-14 所示。

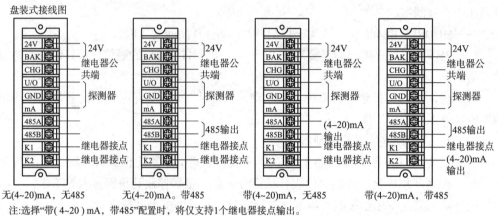

注：选择"带（4~20）mA，带 485"配置时，将仅支持 1 个继电器接点输出。

图 6-5-13　单回路盘装式气体报警器接线图

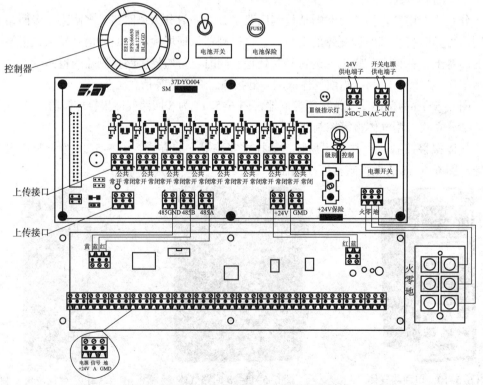

图 6-5-14　8 回路盘装式气体报警器接线图

c）柜式气体报警控制系统

柜式气体报警控制器由安装在控制柜内的工业控制计算机、数据采集模块组成，如图 6-5-15 所示。

可燃 / 有毒气体探测器负责对生产现场的各种气体的检测，并将采集的气体浓度转换成 4~20mA 的标准信号。数据采集模块将采集这些信号，并以串行通信的方式传送至工业控制机上，工控机根据检测值分别与各自的报警上 / 下限进行比较，当某个探测器检测到的浓度超过上限或低于下限时，工控机通过 DO 模块输出报警信号，开启声光报警器并开启或关闭相关设备。

图 6-5-15　柜式气体报警控制系统

柜式气体报警控制器采用嵌入式工业图形显示器，可通过组态采用多种显示模式，数据列表、棒状图、趋势曲线、历史记录、报警记录等。

柜式气体报警控制器通常可以采集上百路（典型为 128 路）现场气体检测器的信号，适用于中等规模的气体检测报警。

柜式气体报警控制系统具有故障报警、报警时间记忆、自检、消音等功能。

报警控制器使用专用时钟芯片，在断电时能保持精确计时，同时保存的报警信息不会丢失。保存的报警信息包括时间、浓度、报警设定值、报警时间和历史记录等。

可检测探测器工作状态，并可显示工作、故障、高、低浓度报警状态。在故障和报警时，可发出不同频率的报警音，以提醒操作人员对其进行处理。通过键盘可调整时间、报警浓度等参数，并有自检、消音、复位等功能。

6.5.9　现场报警器

根据相关设计规范，在有可能泄漏可燃 / 有毒气体的区域应设置现场报警器，在气体泄漏时提醒现场驻留人员。

现场报警器应具有声光报警功能。

现场报警器应就近安装在气体检测器所在的区域。

考虑到有毒气体与可燃气体的危害性质不同，一般要求有毒气体探测器选用带一体化的声光报警器的产品，如图 6-5-16 所示，而可燃气体现场报警器可使用带一体化的声光报警器的可燃气体检测器，也可按区域设置区域声光报警器。

装置区域内区域报警器的布置应根据装置区的面积、设备及建构筑物的布置、释放源的理化性质

图 6-5-16　带一体化的声光
报警器的气体检测器

和现场空气流动特点等综合确定，可按照生产装置或单元进行分区，在各分区分别设置区域报警器。区域报警器的数量和设置地点应使该区域内的现场人员都能感知到报警。

选择现场报警器音响设备时，应考虑周围环境噪声对报警的影响，同时也要避免过高的声音对现场人员的心理和生理造成不利影响，现场报警器的声压值在距报警器 1m 处通常为 110~120dBA。

6.6 预处理系统

6.6.1 样品预处理系统概述

预处理系统是一个比较笼统的概念，传统上人们把除了分析仪表放置间（分析机柜和分析小屋）外的配套系统统称为样品预处理系统，包括取样探头、前置预处理系统、样品传输系统、后级样品预处理系统、样品回收系统等。

样品预处理系统的作用是保证分析仪在最短的滞后时间内得到具有代表性的工艺样品，并且样品的状态，包括温度、压力、流量、（含水、含油污、含粉尘等的）清洁程度适合分析仪的进样条件。

当在线分析仪的测量部件不能直接安装在工艺管线中，或者被分析的样品条件达不到分析仪的进样条件时需要设置样品预处理系统。

随着现代化工工业自动化水平的不断提升，自动化在线分析仪表的应用越来越广泛和普及。在线分析仪能否长期稳定的运行与样品预处理系统的完善程度和可靠性密不可分，样品处理系统也是在线分析仪表系统的核心组成部分，是在线分析仪表是否使用好的关键和保证，样品预处理系统集成较为复杂，涵盖了化学、物理、自动化控制、电子技术、机械加工等多个学课和专业，同时也汇集了许多制造公司的工程应用经验，因此它在在线分析系统中和分析仪一样具有非常重要的地位。

设计预处理系统的基本要求：

①尽可能地使分析仪得到的样品与工艺管线或设备中物料的组成和含量保持一致。

②工艺样品的消耗量最少，减少浪费和污染。

③预处理系统尽可能简单、易于操作和维护，并能长期稳定的工作。

④样品回收及排放系统尽可能完善、连续、人为干预少，并达到环保排放标准。

⑤如有必要，设置样品快速回路，减少样品传送滞后时间。

6.6.2 取样探头

取样探头的类型和取样方式多种多样，常用的有直插式取样探头、可拔插式取样探头、过滤式取样探头、动态风冷列管逆流式高温取样探头、水冷列管式高温取样探头、水冷夹套式高温取样探头、蒸汽夹套减压式取样探头等，不管是哪一种取样方式，其目的都是保证取出的样品具有代表性和及时性，并对样品进行简单的处理，包括降温、减压、过滤、洗涤、排凝、反吹等。

6.6.2.1 直插式取样探头

直插式取样探头由直接插入工艺管道中部的一段取样管线（也称探管或探针），与工艺管道取样口连接的法兰、根部截止阀三个部分组成，统称为取样探头组件，结构形式如图 6-6-1 所示。

直插式取样探头取样端口一般是剖口为 45° 的杆式结构，安装时开口坡口背向流体流动方向，利用惯性分离原理，将探头周围的大颗粒物从流体中分离出来，但不能分离粒径较小的颗粒物。这种探头适用于含尘量 <10mg/m³ 的气体取样或洁净液体的取样。

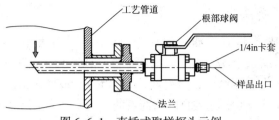

图 6-6-1　直插式取样探头示例

　　针对一些样品压力比较高、洁净的取样点，也可以选用承插焊双球阀取样探头，如图 6-6-2 所示，为了减小取样体积，双球阀选用较小通径，相当于 1/4in 的管，这种探头相对价格较高。

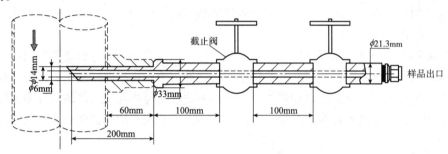

图 6-6-2　直插式双球阀取样探头示例

　　针对样品温度较低、洁净、减压时需要大量吸热的取样点，可选用直插式蒸汽伴热气化减压取样探头，如图 6-6-3 所示。减压毛细管绕制在圆形骨架上，选用外径很小的管线，如 1/16in 管线，毛细管和外侧通有蒸汽，在减压的同时补充热量。

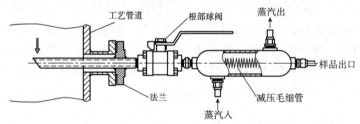

图 6-6-3　直插式蒸汽伴热气化减压取样探头示例

6.6.2.2　可插拔式取样探头

　　在线带压可插拔式取样探头如图 6-6-4 所示，又称可拆卸探管式取样探头，是一种在工艺不停车的情况下，可将取样管从带压管道中取出进行清洁的探头。它是在直通式探头中增加一个密封接头和一个闸阀（或球阀）构成的。适用于样品压力较低、含有少量颗粒物、黏稠物、聚合物、结晶物等，探头易堵塞需经常清理的场合。

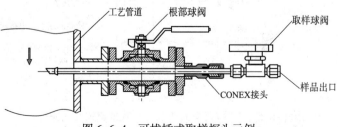

图 6-6-4　可拔插式取样探头示例

6.6.2.3 过滤式取样探头

过滤式取样探头是指带有过滤器的探头，适用于含尘量较高（>10mg/m³）的气体样品。过滤元件视样品温度分别选用烧结金属（<450℃）、陶瓷（<800℃）、碳化硅（>800℃）、钢玉 Al_2O_3（>1000℃）、金属网（<400℃）、玻璃珠、砂粒等。探头的设计应考虑利用流体逆向冲刷或反吹，达到自清洁的目的。

根据过滤器安装的位置分为内置和外置式两种，过滤器安装在探管头部（工艺管道内）的称为内置式过滤器探头；安装在探管尾部（工艺管道外）的称为外置过滤器式探头。有的产品中内置/外置兼而有之。

内置过滤器式探头的缺点是不便于将过滤器取出清洁，只能靠反吹方式进行吹洗清洁，过滤器的孔径也不宜过小，以防微尘频繁堵塞滤芯，维护频次过高。这种探头适用于样品的初级粗过滤。

普遍使用的是外置过滤器式探头，可以很方便地将过滤器取出进行清洁。当用于高粉尘、湿度较大的取样点时，由于过滤器置于探头之外，为防止高温样品中的水分冷凝造成滤芯堵塞，过滤器部件应采用电加热或蒸汽加热方式进行伴热保温，使取样样品温度保持在其露点温度以上。这种探头广泛用于锅炉、加热炉、焚烧炉的烟道气或煤化工备煤装置的取样中。

过滤式取样探头常用类型示例：

a）内置/外置式过滤取样探头

图6-6-5为内置/外置过滤器式探头工作原理图。过滤器1直接安装在工艺管道中，工艺管道中温度较高，不会冷凝，故过滤器1本体不需要加热；过滤器2安装在工艺管道外，为防止样品中的冷凝物冷凝，对过滤器2组件进行加热保温，温度保持在150℃左右，当过滤器2积尘时，可以很方便地打开后盖取出清洗，而无须拆卸探头。本示例中内置取样过滤器1设为自动反吹洗方式，即对反吹洗气罐中的 Air 或 N_2 利用电加热器或高温蒸汽进行预加热，采用 PLC 控制器定时对内置过滤器进行脉冲式反吹洗清洁；当取样点压力低于 0.03MPa 时则需要增加抽气泵进行抽取取样。

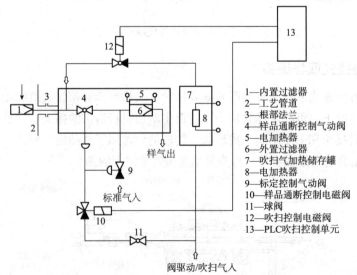

1—内置过滤器
2—工艺管道
3—根部法兰
4—样品通断控制气动阀
5—电加热器
6—外置过滤器
7—吹扫气加热储存罐
8—电加热器
9—标定控制气动阀
10—样品通断控制电磁阀
11—球阀
12—吹扫控制电磁阀
13—PLC吹扫控制单元

图6-6-5 内置/外置式带加热反吹过滤式取样探头

b）自然冷却过滤回流式取样探头

针对样品压力较低、温度 <100℃、湿度较大并且比较脏污的取样点，可以选用自然冷却过滤回流式取样方式，如图 6-6-6 所示，它在取样器中填充一些颗粒物，如玻璃珠、磁环、砂粒等，增大与样品的接触面积，样品在至下而向上的流动过程中，因管径变粗，流速下降，并与外界大气进行热交换而温度下降，冷凝聚集回流，这样可以除去大部分析出的饱和液体和吸附大部分黏性物质，为后级样品预处理脱液除尘减轻负担。当过滤器堵塞时，可以利用蒸汽反吹洗清洁。

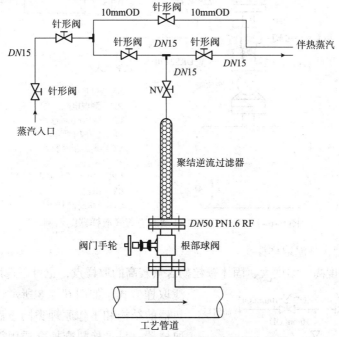

图 6-6-6 自然冷却过滤回流式取样探头示例

c）动态风冷列管逆流式高温取样探头

如图 6-6-7，针对高温、高含水、高粉尘、高油污的样品，涡旋制冷器产生 0~-30℃的致冷气源，先经通过列管式（多根直管竖直平行排列）冷却换热器对样品进行冷却降温，大部分冷凝后的液体和油尘变成液固混合物逆流冲刷取样器并返回工艺管道。冷却后的样品经过滤器后到达出口，样品出口安装测温元件对样品进行测温，温度控制器（电子式或机械式）根据测温元件的反馈信号调节压缩风入口的压力或流量，与测温系统构成闭环的调节系统，以确保样品气出口温度保持恒定，如果样品出口温度超出设定值时，控制系统会自动关断样品。

动态逆流式取样器的产品有多种，具有代表性有 ABB 公司的 DRS2170（见图 6-6-7），THERMO 公司的 Py-Gas，横河公司的 YARS100-SAA，麦克在线的 DRS-2，它们的共同点是均采用了压缩风涡旋制冷的方式，利用压缩风涡旋产生的冷风对样品进行冷却降温，冷却后的液体和油尘逆流冲刷，并将大部分油尘或颗粒物带回工艺管道，并将一部分水溶性物质除去（如 NH_3、SO_2 等）；它们的区别是调节压缩风压力或流量的方式不同，DRS2170 采用电子式 PID 温控方式和电子式压力调节系统，温控精度高，而 YARS100-SAA 产品则根据样品出口温度，利用自立式调节阀来调节样品出口流量和通断，Py-Gas 则采用用机械式控温和压力调节系统。

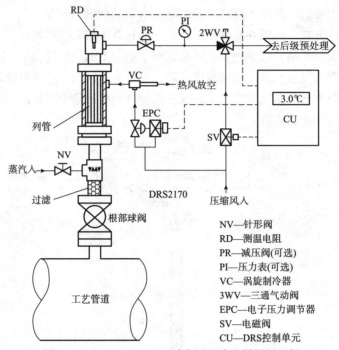

NV—针形阀
RD—测温电阻
PR—减压阀(可选)
PI—压力表(可选)
VC—涡旋制冷器
3WV—三通气动阀
EPC—电子压力调节器
SV—电磁阀
CU—DRS控制单元

图 6-6-7　ABB DRS2170 动态逆流式取样器图示例

d）水冷列管式高温取样探头

针对样品温度高、湿度大、固体颗粒物含量较高的取样点，也可以选用水冷列管式过滤取样方式，如图 6-6-8 所示，这种取样器换热器的结构和工作原理类同于涡旋制冷列管式取样器，只是换热交换介质由循环水替代了压缩风，冷却温度最低可达循环水的温度。

选择取样探头在工艺管道上的安装位置也是一项非常重要工作，一般设置取样点时需考虑以下几个因素：

①样品具有代表性。

②具有适当的差压，有利于样品传输。

③取样点不能设置在"U"形低洼的管道上，尽量避开高粉尘、油污、积液的位置。

6.6.3　前级预处理系统

前级样品预处理的作用是对样品进行初步处理，使样品适合于传输，缩短样品的传送滞后时间，减轻后级预处理单元的负担，如减压、降温、除尘、除水、气化等；安装位置尽量靠近取样点。

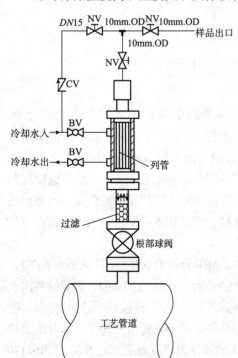

图 6-6-8　列管式水冷取样器示例

前级预处理常用类型示例：

a）减压型前级预处理流程

如图 6-6-9 所示，针对样品气相对比较洁净，压力大于 0.5MPa 的气体取样点，一般需要设置前级减压预处理，以减小传输滞后时间；对于压力小于 0.5MPa 的取样点，减压一般设置在后级样品预处理中。

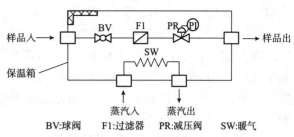

图 6-6-9　普通减压型前级预处理流程

如图 6-6-10 所示，针对样品相对比较洁净，压力大于 0.3MPa 的易汽化液体（如 C_3、C_4 等）的取样点，如果工艺条件不能满足设置样品快速回流的方式，一般则需要设置前级气化减压预处理，以减小传输滞后时间；液态样品热容较大，减压汽化过程中需要吸收大量热量，因此需配置汽化、减压为一体的汽化减压阀，汽化减压阀有两

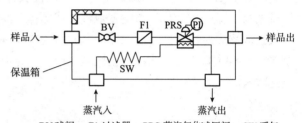

图 6-6-10　气化减压型前级预处理流程

种加热方式，蒸汽加热和电加热，液体汽化一般多采用功率较大的蒸汽汽化减压阀。

b）水冷、水洗、脱液、除尘、过滤、减压型前级预处理

图 6-6-11 为煤化工气化炉洗涤塔合成气出口的前级预处理系统，样品中水含量较高

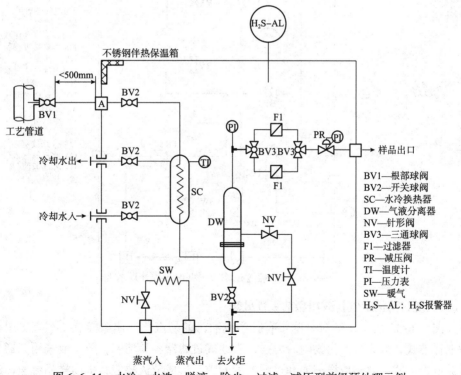

图 6-6-11　水冷、水洗、脱液、除尘、过滤、减压型前级预处理示例

（体积分数约为 60%），样品中还含有固体颗粒物（炭黑、微尘等，含量约为 $1mg/Nm^3$）和反应附产物（如 NH_3、H_2S 等），采用循环水冷却降温的方式将样品的温度冷却到 40℃ 左右，样品中 90% 以上的饱和水将会析出、并在气液分离罐中汇积，同时绝大多数的水溶性附产物（NH_3、SO_2 等）溶于冷凝水中，绝大部分的固体颗粒物漂浮在水面上，气液分离罐的快速回流出口将超出液面的水和固体颗粒物带到火炬管道中，洗涤后的样品再经过过滤器、减压后送到后级预处理系统，从而达到降温、除尘、除水、除杂的自清洁效果，极大地减轻了后级样品预处理的负担。

c）聚丙烯装置过滤减压型前级预处理

图 6-6-12 所示为聚丙烯装置中使用的前级样品预处理，因循环气中含有大量的聚丙烯低聚物，温度低于 60℃ 就会变成液体或固体，易堵塞样品传输管线，因此在前级设置旋进式过滤器先对样品进行过滤（两套并行安装，一备一用，方便维修），同时将样品的温度伴热到 60℃ 以上，以防冷凝；因液体丙烯汽化需大量吸热，故选用蒸汽汽化减压阀进行汽化减压。

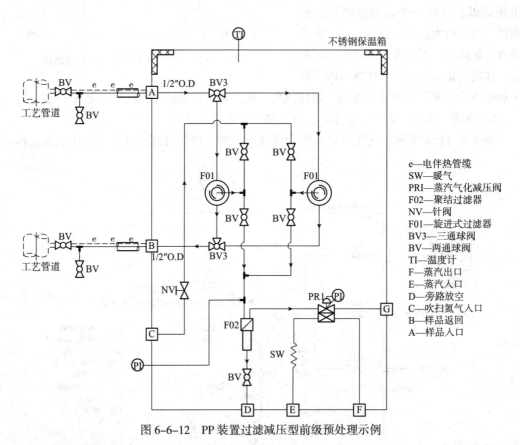

图 6-6-12　PP 装置过滤减压型前级预处理示例

d）三通自清洁带气化减压型前级预处理

如图 6-6-13 所示，针对一些带有脏污或油污的易汽化液体取样点，不宜采用直通式过滤取样方式，因为湿性污物附着力强，直通式过滤器容易堵塞，故一般选用三通自清洁式过滤取样方式，调整取样三通和过滤器的间隙，形成节流狭缝，提高样品流速，通过高流速达到自清洁的目的。

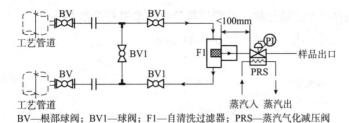

BV—根部球阀；BV1—球阀；F1—自清洗过滤器；PRS—蒸汽气化减压阀

图 6-6-13　三通自清洁带气化减压型前级预处理示例

6.6.4　样品传输

a）样品传输管线的选择

样品传输管线应优先选用经退火处理的不锈钢无缝管，优点是：

①不锈钢一般不会与样品发生化学反应，并且具有优良的耐腐蚀性能；

②无缝钢管和焊接钢管比较，内壁光滑，对样品的吸附作用很小，耐压等级高；

③无缝钢采用压接接头连接，密封性能好，死体积小；

④退火处理的管子挠性高，便于弯曲施工和卡套式连接。

在一些微量分析中，为了减小传输管线内壁对样品的吸附，选用硅涂层的不锈钢无缝管或内抛光不锈钢无缝管。

由于样品系统的流量与工艺物流相比是很小的，在满足传输滞后时间的条件下，其管径应尽可能减小，因此，管径一般可根据经验确定：

①气体样品—6mm 或 1/4″ OD 管；

②液体样品—10mm 或 3/8″ OD 管，在一些快速回路系统中也可以选择 DN15 管。

b）样品传输管线的保温伴热

在样品传输中，为了保证样品相态和组成不因环境温度的变化而改变，在有些应用中对样品传输管线做伴热或隔热保温处理，有些特殊应用中需恒温伴热。

气样中如果含有易冷凝的组分，应伴热保温在其露点以上；液样中含有易汽化的组分，应隔热保温在其蒸发温度以下或保持压力在其蒸气压以上。微量分析样品（特别是微量水、微量氧）必须伴热输送，因为管壁的吸附效应随温度降低而增强，解吸效应则呈相反趋势。易凝析、结晶的样品也必须伴热传输。总之，应根据样品条件和组成，根据环境温度的变化情况，合理选择保温方式，确定样品温度恒定。

伴热保温的传统做法是将样管线和蒸汽管线或电伴带捆绑在一起，外围再包上保温材料和保护层，这种方式在施工时较为麻烦，随着一体化伴热管缆的国产化，管缆的价格也有大幅下降，管缆使用时快捷、方便，防水、防潮、耐腐蚀性能较好，可靠耐用，所以目前多采用一体化伴热管缆。

一体化伴热管缆是将样品传输管线、电伴热带或蒸汽伴热管、保温层和护套层装配在一起的一种组合式管缆，主要分为一体化电伴热管缆和一体化蒸汽伴热管缆两大类。

目前电伴热管缆多采用自调控电伴热带，高温场合则采用限功率电伴热带，被伴热样品管的数量有单根和多根之分。

蒸汽伴热管缆的结构与电伴热管缆相同，只是用蒸汽伴热管代替了电伴热带。它有重伴热和轻伴热两种类型，被伴热样品管的数量也有单根和多根之分。

伴热管缆的构成和组合方式如图 6-6-14 所示。

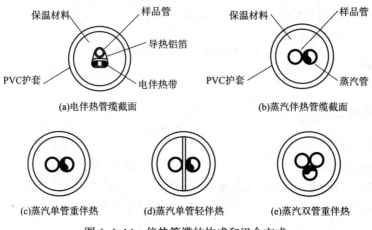

图 6-6-14　伴热管缆的构成和组合方式

6.6.5　样品预处理

预处理单元对样品做进一步处理和调节，如温度、压力、流量的调节，过滤、除湿、除尘、去除有害物等，安全泄压、限流和多流路切换系统一般也包括在该单元之中。样品处理的基本任务和功能可归纳如下：

①压力调节，包括降压、抽吸和稳压、安全泄压。

②流量调节，包括快速回路和分析回路。

③温度调节，包括降温和保温。

④除尘。

⑤除水除湿和气液分离。

⑥去除有害物，包括对分析仪有危害的组分和影响分析的干扰组分。

⑦样品回收系统。

预处理常用器件功能简介：

a）流量调节

流量调节的器件有限流孔板、球阀、针阀、单向阀、流量计等。限流孔板多用于高压或超高压取样点或液体样品的限流和减压，以保护后级预处理系统的设备和分析仪器；球阀通过球芯开度大小来粗略调整流量；针阀通过阀针锥度来调整流量；流量计通过浮子重力和锥管的锥形狭缝限流来调节流量；单向阀则用于控制流体流动方向。

b）压力调节

减压阀：也称为稳流阀，用于稳定样品流量和压力。按照被调节介质的相态，可分为气体减压阀和液体减压阀两大类，气体减压阀又有多种结构类型，如普通减压阀、高压双级减压阀、背压调节阀、带蒸汽或电加热的汽化减压阀等。

蒸汽加热汽化减压阀和电加热汽化减压阀用于需要将液体样品减压汽化后再进行分析的场合。一般液体的汽化潜热比气体减压潜热大很多倍，汽化减压时需要吸收大量的热能，此时需采用带加热的汽化减压阀。

安全泄压阀：用以保护分析仪和某些耐压能力有限的样品处理部件免受高压样品的危害，工作原理类似于有初始设定值的单向阀，只是多了一个可调节设定手柄。

压力表：用于压力指示，在测量氨气、氧气等介质压力时，应采用氨用、氧用专用压力表。测量强腐蚀性介质压力时，可选用隔膜压力表。

背压调节阀：用于稳定分析仪气体排放口的背景压力。

c）样品增压

对于微正压或负压气体样品的取样一般选用泵抽吸的方法，使样品达到分析仪要求的流量，隔膜泵和喷射泵是常用的两种气体抽吸泵。

在样品（包括气体和液体样品）增压排放系统中，也常采用离心泵、活塞泵、齿轮泵、隔膜泵、负压抽提泵等进行泵送，具体选型根据排放流量和升压要求而定。

在液体分析仪的加药计量系统中，多采用小型精密的活塞泵、隔膜泵、蠕动泵等。

在气液分离系统中，也可采用蠕动泵替代气液分离罐或分离阀起到阻气排液作用。

d）气体样品的降温除湿除水

对于干燥的或湿度较低的气体样品，在裸露管线中通过与环境空气的热交换就能迅速冷却下来，这是因为气体的质量流量与体积流量相比是很小的，其含热量相对于样品管线的换热面积而言也是很小的。有时为了缩短换热管线长度，也可采用带散热片的气体冷却管。一般来说，干燥气体样品的降温不需要采取其他特殊的降温措施。

针对湿度大、含水量较高的气体样品的常用的方法是冷却降温，有水冷（可降至 30℃或环境温度）、涡旋管制冷（可降至 −10℃或更低）、冷剂压缩制冷（可降至 5℃或更低）、半导体制冷等。

冷却后的液体利用旋液分离器（离心作用）、气液分离罐（重力作用）进行分离并排放，少量的水滴也可以通过过滤的方式脱除，过滤方式有聚结过滤器、膜式过滤器、纸质过滤器和监视（脱脂棉）过滤器等。前两种用于脱除液滴，后两种用于进分析仪之前的最后除湿。这些过滤器只能除去液态水，而不能除去气态水，即不能降低样气的露点。设计时要考虑其造成的阻力和压降对样品流速和压力的影响。

Nafion 管干燥器除湿：Nafion 管干燥器是 Perma Pure 公司开发生产的一种除湿干燥装置，以水合作用的吸收为基础进行工作，具有除湿能力强、速度快、选择性好、耐腐蚀等优点，但它只能除去气态水而不能除去液态水。

干燥剂吸收吸附：所谓吸收，是指水分与干燥剂发生了化学反应变成另一种物质，这种干燥剂称为化学干燥剂；所谓吸附，是指水分被干燥剂（如分子筛）吸附于其上，水分本身并未发生变化，这种干燥剂称为物理干燥剂。这种方法应当慎用，这是因为随着温度的不同，干燥剂吸湿能力是变化的，某些干燥剂对气样中一些组分也有吸收吸附作用，随着时间的推移，干燥剂的脱湿能力会逐渐降低，这些因素都会导致气样组成和含量发生变化，对常量分析影响可能不太明显，但对微量分析则影响十分显著。

e）液体样品的降温

液体样品比气体样品的热容大许多倍，其降温需要通过与冷却介质换热来实现。最常用的降温方法是采用水冷器，水冷器有列管式、盘管式和套管式等几种形式。

f）除尘

对于灰尘的分类目前尚不完全统一，一般按灰尘粒度划分为：>1mm 为颗粒物；10μm~1mm 为微尘；<10μm 为雾尘、烟尘。其中，也把粒度 10~100μm 的称为粉尘，1~10μm 的称为超细粉尘，<1μm 的称为特细粉尘。

分析仪对样品除尘的一般要求是，最终过滤器 <10μm，即将微尘全部滤除。个别分析仪对除尘的要求更高，通过灰尘粒度 <5μm。

除尘的方法有过滤除尘、旋风分离除尘、静电除尘、水洗除尘等等。

①过滤除尘

过滤器是样品处理系统中应用最广泛的除尘设备，主要用来滤除样品中的固体颗粒物，有时也用于滤除液体颗粒物（水雾、油雾等）。

过滤器按照结构型式划分，主要有直通式和旁通式两种；按照过滤材料区分，主要有金属筛网、粉末冶金、多孔陶瓷、玻璃纤维、羊毛毡、脱脂棉、多微孔塑料膜等；按照过滤孔径分布，从 0.1~400μm 都有产品可选，大多数产品的过滤孔径在 0.5~100μm 之间。

②旋风分离除尘

旋风分离器是一种惯性分离器，利用样品旋转产生的离心力将气/固、气/液、液/固混合样品加以分离。广泛用于液样，对含尘粒度较大的气样效果也很好。

旋风分离器适宜分离的颗粒物粒径范围在 40~400μm 之间。其弱点一是不足以产生完全分离，一般对 >100μm 的尘粒分离效果最好，<20μm 的尘粒分离效果较差。二是需要高流速，样品消耗较大（包括流量和压降）。因而旋流器适用于快速循环回路的分叉点处作为初级粗除尘器使用。

③静电除尘

静电除尘器能有效除去粒径小于 1μm 的固体和液体微粒，是一种较好的除尘方法，但由于采用高压电场，难以在防爆场所推广，样气中含有爆炸性气体或粉尘混合物时，也会造成危险。

④水洗除尘

往往用于高温、高含尘量的气体样品，有时为了除去气样中的聚合物、黏稠物、易溶性有害组分或干扰组分，也采用水洗的方法。但样品中有水溶性组分（如 NH_3、CO_2、H_2S、SO_2 等）时会破坏样品组成，水中溶解氧析出也会造成样品氧含量的变化，应根据具体情况斟酌选用。此外，经水洗后的样气湿度较大，甚至会夹带一部分微小液滴，可采取除水降湿措施或升温保湿措施，以免冷凝水析出。

g）防腐蚀和去除有害物

在样品传输和处理系统中，对于腐蚀性强的样品，主要是通过合理选用耐腐蚀材料加以应对的，对于含有少量强腐蚀性组分的样品，也可以采用吸收剂或吸附剂脱除。气体组分与所接触材料的相容性见表 6-6-1。

表 6-6-1　气体组分与所接触材料的相容性

气体\材料	铝	黄铜	不锈钢	蒙乃尔	镍	丁腈橡胶	聚三氟氯乙烯	氯丁橡胶	聚四氟乙烯	氟橡胶	尼龙	说明
C_2H_2			√				√	√	√	√		非腐蚀性
空气	√	√	√			√	√	√	√	√	√	
Ar	√	√	√				√	√	√	√		
C_4H_6	√	√	√				√	√	√		√	
C_4H_{10}	√	√	√				√	√	√	√		
CO_2	√	√	√				√	√	√			
C_3H_6	√	√	√				√	√	√			
C_2H_6	√	√	√			√	√	√	√		√	
C_2H_4	√	√	√			√	√	√	√	√		
He	√	√	√			√	√	√	√			
H_2	√	√	√			√	√	√	√			
CH_4	√	√	√			√	√	√	√			
N_2	√	√	√			√	√	√	√			
N_2O	√	√	√			√	√	√	√			
O_2	√	√	√				√	√	√	√		
C_3H_8	√	√	√				√	√	√			
SF_6	√	√	√				√	√	√			
NH_3									√			弱腐蚀性
CO	√	√	√				√		√			
H_2S			√				√		√			
SO_2	√	√	√						√			
C_2H_3Cl			√									
Cl_2				√	√		√		√			腐蚀性
HCl				√	√		√		√			
NO	√			√					√			
NO_2	√								√			

注：表中√为设计时可选材料（本表取自北京氦普北分气体工业有限公司样本）。

h）流路切换系统

单流路分析系统是指一台分析仪只分析一个流路的样品。多流路分析系统是指一台分析仪分析两个以上流路的样品，它通过流路切换系统进行各个样品流路之间的切换。

6.6.6　样品排放和回收系统

6.6.6.1　气体样品排放

针对样品快速回路中的易燃、有毒或腐蚀性气体，最安全、最容易和最经济的处理方法是返回到火炬管线或工艺低压点，设置低压返回点时需保证足够的排放压差，为防止样品倒流，排放管路中需设置单向阀。如果两点差压较小时，可以采用增压泵增压传送。如果样品中有易冷凝的组分，排放管线应伴热保温，并在适当位置设置凝液排放阀，定时或自动排除冷凝物，以防止凝液堵塞或形成背压，影响样品传输。

针对分析仪器的分析残气排放，如果是对环境无危害的清洁、无毒、不易燃气体可以选择直接排放到大气中。这样做是因为分析仪表分析样品的出口压力参照点多为本地大气压，排放时，可在分析小屋或机柜顶部伸出一根垂直管子，管子末端安装阻火帽、防护罩或安装 180° 弯头，以防止雨水侵入。如果含有无害的冷凝物，应在排放系统最低点安装"U"形管，如有必要需对凝液进行收集。

近年来，随着人们环保意识的增强，为了保护人们赖以生存的自然环境，国家提出了零排放的概念和排放指标，对于分析仪表的分析残气，因为压力较低（接近常压）而无法返回到工艺管线或火炬，需增设样品回收系统。

针对碳烃类分析残气，可以采用催化燃烧式排放系统，如图 6-6-15 所示，它的工作原理是利用铂和钯等金属做催化，碳烃类样品在高温环境中被催化燃烧，最终转化为 CO_2 和水后就地大气排放。

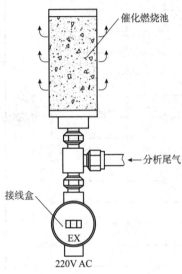

图 6-6-15　催化燃烧式排放系统

对于多台分析仪的残气排放，如图 6-6-16 所示，采用集中收集，增压（增压泵或氮气或压缩空气做动力）、稳压（背压阀稳压）后排入火炬回收管线。

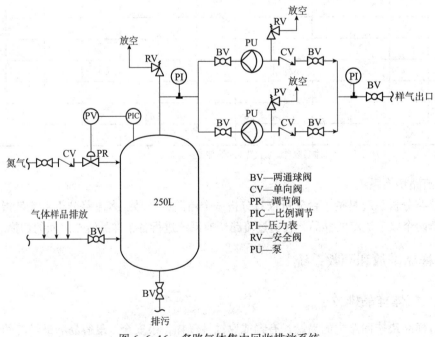

BV—两通球阀
CV—单向阀
PR—调节阀
PIC—比例调节
PI—压力表
RV—安全阀
PU—泵

图 6-6-16　多路气体集中回收排放系统

分析残气如果含有有毒、有害气体，需吸收处理后再排放，如图 6-6-17 所示，两个脱硫罐一备一用，定期使用仪表净化风进行活化处理，并根据脱硫剂的使用寿命定期进行更换。

6.6.6.2　液体样品排放

a）返回工艺

液体样品一般需直接返回工艺管道，特别是样品具有产品、中间产品或原料价值时，如果两点间差压不足以返回时，需增设样品回收系统。

液体回收系统如图 6-6-18 所示。高低液位设定点的液位开关触发 PLC 控制系统，对吸提泵进行开 - 停控制，并根据高低液位输出报警信号，带有就地显示功能；带阻火器的排气口用于气体的排放；排污阀用于排污或罐的排空。

分析仪的安装位置应使其出口相对于排液总管而言有一定的高度。

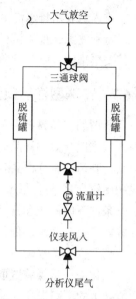

图 6-6-18　硫化氢吸收排放系统示例图

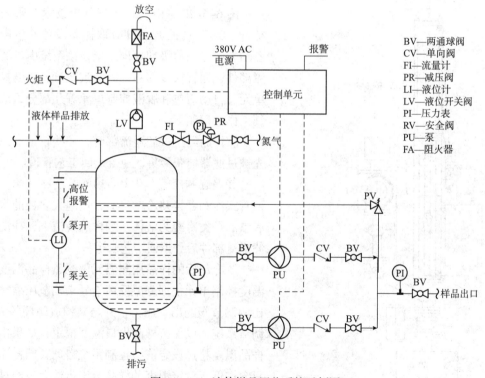

BV—两通球阀
CV—单向阀
FI—流量计
PR—减压阀
LI—液位计
LV—液位开关阀
PI—压力表
RV—安全阀
PU—泵
FA—阻火器

图 6-6-19　液体样品回收系统示例图

排液管线口径应足够大，以防止对分析仪系统产生背压，并且应有一定坡度以便排气，防止气塞。

b）就地排放

如果样品不能返回工艺，少量的、不含易燃、有毒、腐蚀性成分的液体样品可排入化学排水沟或污水沟送处理厂处理，如含有上述成分则需经过处理后才能排放，无论如何，不能排入地表水排水沟里。

特别注意，如果液样中含有易挥发的可燃性组分，或混溶有可燃性气体成分时，必须将其安全排放，以防可燃性气体在排水沟内积聚带来的危险。

6.6.7 特殊型样品预处理

所谓的"特殊样品"是指取样点工艺条件苛刻、样品组成复杂易变、采用一般的处理方法难以奏效的样品。例如，高温、高含水、含尘样品，易聚合、结晶样品，强腐蚀性样品，脏污、有毒样品等。这些样品往往需要采用专用的取样和样品处理系统加以处理，或采用较为复杂的系统和流程进行处理，为了与一般的系统相区别，将其称为特殊样品或复杂条件下的取样和样品处理系统。例如乙烯裂解气取样和样品预处理系统、丁二烯抽提装置样品处理系统、催化裂化再生烟气取样和样品预处理系统、硫黄回收装置样品处理系统、高温含尘含水烟道气取样和样品处理系统、水泥回转窑尾气取样和样品处理系统、煤化工气化炉、备煤装置取样和样品预处理系统等。另因智能传感技术、物联网技术及人工智能技术的不断提高，智能型样品预处理也已面市。

6.6.7.1 乙烯裂解气取样和样品预处理系统

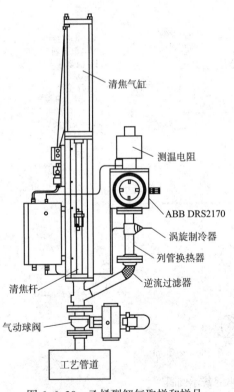

图 6-6-20 乙烯裂解气取样和样品
预处理系统示例

图 6-6-20 是由兰州实华分析技术有限公司结合 ABB 公司的 DRS2170 取样器设计并生产的乙烯裂解专用前级预处理系统，该系统由过滤逆流部件、列管式冷却器、涡旋致冷管、温度控制单元、自动清焦和脱液控制单元等几部分组成。其工作过程如下：

①样品经过过滤逆流部时，一些较重的油尘先被过滤器捕获聚集，逆流返回工艺管道。

②涡旋制冷管产生 0~-30℃ 的制冷气源，经列管式冷却器换热冷却样品，使绝大多数的水分和重的烃类冷凝为液体，顺样品管流下，冲洗过滤逆流部件后，返回工艺管道。

③冷却后的样品用测温元件测量样品温度，温度控制单元根据测温反馈信号来调节压缩空气比例调节阀的出口压力，并与其构成闭环的 PID 调节系统，以保持样品出口温度恒定，如果出口样品温度超过设定值，控制系统自动关断样品，只允许低于设定温度的样品流出，然后再经过自动气液分离排液罐脱液后送后级预处理。

④清焦气缸和排液电磁阀由 PLC 控制，定时

自动完成清焦和排液任务。

6.6.7.2 丙烯腈装置氧分析仪取样及预处理系统

丙烯腈装置的工艺特点是压力低（微正压）、含水量高、固体颗粒物较多、有毒性、

腐蚀性较强，并伴有少量聚合物和高沸点的物质（如丙烯腈、乙腈等）。根据工艺特点，设置如图 6-6-21 所示的专用型取样器。它的工作原理是利用涡旋制冷器对样品进行冷却降温，样品中绝大多数的饱和水析出，聚集凝结、逆流返回工艺管道，同时将大多数固体颗粒和水溶性物质冲刷带回工艺管道，从而达到自清洁、脱水、除尘等净化的目的。另一方面，在降温的同时，样品气从气相变为液相的相变过程中，丙烯腈等有机物很容易产生自聚，自聚物具有黏性，逐渐积累在取样器管壁上，越积越多，如果不定期清理，就会堵塞取样器，因此取样器出口设置了蒸汽吹扫管线，定期对取样器进行反吹扫。

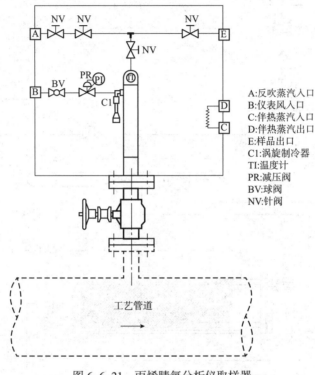

图 6-6-21　丙烯腈氧分析仪取样器

因工艺样品取样管道为微正压系统，因此后级预处理（见图 6-6-22）中设置了气体隔膜泵为样品气增压（设置双泵，一备一用），为防止固体物对隔膜泵的磨损和堵塞，同时为进一步的净化样品，在泵的前端设置了微米级的过滤器（设置双过滤器，一备一用）。因样品中含有高沸点聚合物（例如丙烯腈、乙腈等），如果不及时去除，就会黏附在氧检测器上，导致检测器负载越来越重，严重影响分析，为了解决上述问题，根据丙烯腈、乙腈溶于水的这一特点，样品预处理系统增加了水洗装置，为了克服水压对样品气流动的影响，用水做动能，采用机械式负压抽提泵再次给系统增加，这样做既补充了水源，又加快了样品的流动。同时为了确保样品的综合露点低于环境温度 5~10℃，泵出口又设置了第二级涡旋制冷器对样品进一步制冷，冷凝物从涡旋制冷罐的下端排出，样品从上端流出。膜式过滤器的作用是去除样品中少量的液态水。为保证进入仪表的样品达到恒流、恒压，预处理系统中还设置了稳压阀和流量计。为便于仪表定期标定，设置了零点/量程标定切换入口。在实际应用中要合理控制水洗罐的水位，尤为重要的是要控制好进水量和排水量之间的比例关系，否则易造成虹吸现象，引起气体倒流，影响仪表分析。

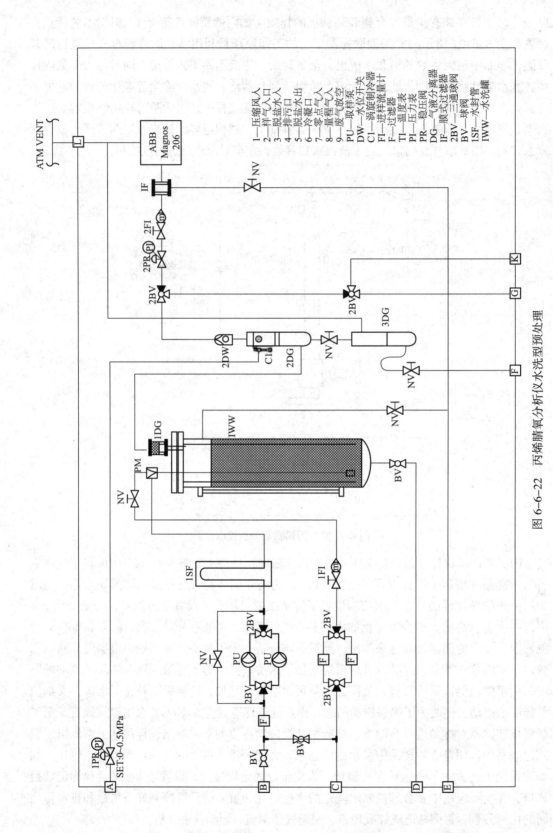

图 6-6-22 丙烯腈氧分析仪水洗型预处理

6.6.7.3　智能型样品预处理

智能型样品预处理是借助物联网技术、智能传感技术及人工智能技术而衍生的新一代样品预处理，与传统的样品预处理相比较，不仅仅完成样品的过滤、除水、除油、除杂质等功能，更是通过在预处理中安装样品温度、压力、流量等智能传感器，并将该信号传送至智能小屋数采系统，用于系统智能判断样品预处理的工作状态，提前预测预处理故障；预处理中也安装了连接标准气钢瓶的执行机构，实现系统的远程标定、远程效验、远程维护功能。

图 6-6-23 是由眉山麦克在线设备股份有限公司研发的 DRS-2 型高温型乙烯裂解炉专用智能型取样系统，系统由双温控逆流取样探头、清焦气缸、样品预处理箱、现场控制器、远程控制器等单元组成。特点如下：

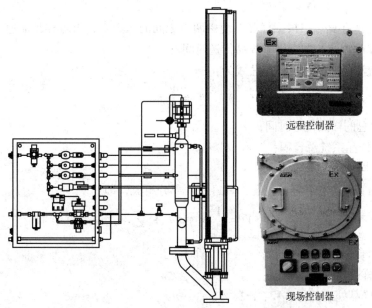

图 6-6-23　高温型乙烯裂解炉智能型取样系统示例

①系统全自动运行，所有操作维护均在远程控制器可以完成，现场免巡检。

②系统选用自清洗过滤，过滤器堵塞时，系统可以自动报警、自动反吹及仪表联锁保护功能。

③系统采用双级旋风制冷脱液温度控制，可满足对高温型裂解炉的取样要求。

④系统安装有手动及自动阀，可实现远程手动 / 自动清焦、效验及检查功能。

⑤系统安装有温压流传感器，可以远程智能判断预处理工作状态，提前预知预处理工作状况。

⑥系统与智能小屋配套软件联动，可以实现远程巡检、故障智能诊断、设备运行管理等先进功能。

6.6.8　样品滞后时间计算

众所周知，分析滞后时间 = 样品系统滞后时间 + 分析仪的响应时间。对于大多数应用场合而言，分析仪的响应时间是比较快的（指连续型分析仪，而非色谱等周期型分析仪），只有数秒的时间，与工艺要求的分析时限相比，一般情况均能满足。而在样品系统中，样品传输的时间延迟经常要比分析仪的分析时间延迟大很多。因此，重点应放在样品从取样点传送到分析仪的过程中，包括样品处理的各个环节，尽可能的把时间延迟减至最低。

样品系统滞后时间的计算是样品系统设计的一项重要任务，通过计算不但可以求出分析滞后时间，而且可以作为评价系统品质的重要指标，为改进和优化设计提供参考。

样品系统滞后时间也称为样品传送滞后时间，简称样品滞后时间或样品传送时间，即样品从取样点传送到分析仪的这段时间。

工程上常用的样品系统滞后时间计算方法有以下两种：

①体积流量计算法：用样品系统的总容积除以样品体积流量，即可得到样品传送时间。

②压差流速计算法：根据样品系统中两点之间的压力降，求得样品流速，用两点之间的距离除以样品流速，即可得到样品传送时间。

样品系统滞后时间基本计算公式为：

$$T_t = \frac{V}{F}$$

式中　T_t——总的样品传送时间；

　　　V——样品系统总容积；

　　　F——样品流量。

V 由样品管线容积和样品处理部件容积两部分组成，即：

$$V = \frac{1}{4} \times \pi d^2 L + \sum_{i=1}^{n} V_i$$

式中　d——样品传送管线内径；

　　　L——样品传送管线长度；

　　　V_i——样品处理部件容积，$i=1，2，\cdots\cdots n$。

则：

$$T_t = \left(\frac{1}{4} \times \pi d^2 L + \sum_{i=1}^{n} V_i \right) / F$$

样品的传输时间因受到样品温度变化、压力变化、相态变化、管道摩擦力等诸多因素的影响，很难精确地计算出来。针对气体样口，一般做法是将样品流经的管道和预处理器件的体积计算出来，再乘以差压系数后折合成常压下的总体积，还需要考率 1.2~1.5 倍的放大系数；如果是液体样品，还需要考虑液体汽化体积比（例如 C_3 的汽化比为 240~260 倍），然后再除以样品的总流量，来推算样品传输滞后时间。

6.7　分析小屋

分析仪及其样品系统需要不同程度的气候防护，这取决于分析仪的类型、用途的重要性及其操作环境。当仪表壳体自身对工作环境不适应时，应提供附加防护，以确保仪表的使用性能并利于维护。

6.7.1　分析小屋的分类与结构

安装分析仪器的房间通常简称为分析小屋，一台或多台分析仪安装在分析小屋里，在分析小屋里分析仪器的维护检修都可完成。

对于一些需要高防护等级、用途比较重要且需要经常维护的分析仪器，采用分析小屋结构是非常合理的，分析小屋提供容易操作和维护的环境给分析仪器，并可延长分析仪器的生命周期。在环境条件恶劣的场合，分析小屋也比较适合。

a）分析小屋的分类

分析小屋有土木结构和金属结构两种，前者在现场就地建造，后者在系统集成工厂制造。与土木结构的分析小屋相比，金属分析小屋有如下优点：

①分析仪器及其成套系统能够在系统集成工厂条件具备的模拟条件下得到充分测试。设计、设备和安装缺陷可以在发运到现场之前得到纠正。这一点对保证系统顺利投运和降低现场维护量至关重要。

②在集成工厂安装不受现场气候和施工条件的影响。

③系统集成厂家负责整套系统的设计、安装、调试、投运，提供交钥匙工程。

④避免现场安装中各设计专业、各施工工种协调对接引起的麻烦和差错，提高系统的可靠性。

b）分析小屋的结构

①外形尺寸

分析小屋一般根据分析仪的数量、分析仪的尺寸、样品处理箱的尺寸来决定分析小屋的外形尺寸，但由于运输等原因，一般规定如下：

——长度：室外主体长度 2~10m，若长度超过 10m，建议组合式结构。

——宽度：一般为 2.5m，最宽不应超过 3m。

——高度：一般为 2.7~3m；室内净高 2.5~2.8m。

②机械结构及材质要求

——骨架、底座、屋顶及地板。分析小屋的骨架、底座及屋顶均为金属构件，采用型钢焊接而成，应有足够的强度及韧性，保证小屋在运输、吊装等情况下不发生形变。屋顶一般为 A 字顶或单边斜坡顶，防止雨水堆积。底座一般采用 10~20# 槽钢，地板采用 4~6mm 钢板，材料为花纹钢板或铝合金板，使用镀锌钢板表面要做喷涂处理，一般为灰色。

——内外墙和内外顶面板。外墙和外顶面板一般采用 1.5~2mm 厚不锈钢板，内墙和内顶一般采用 1.5~2mm 厚镀锌钢板或不锈钢板，采用 π 形板拼装。内外墙负载能力大于 500kg/m^2，外屋顶承重大于 250kg/m^2。屋顶外设防雨檐，一般采用 1.5mm 厚不锈钢板。

——保温层。内外墙和内外顶之前填充阻燃型保温材料，保温层厚度一般为 50~70mm。

——门。小屋门为外开型的，小屋面积 ≤ 9m^2 时只设 1 个门， > 9m^2 时应设 2 个门，即主门和安全门，安全门应设置在维修人员面对仪器操作时，向右转身 90° 所面对的墙上，门的标准尺寸为：2000mm（H）× 900mm（W），内外门板材质一般为 1.5mm 厚不锈钢板，门与墙之间镶有橡胶密封条，门上应设透视尺寸不小于 300 × 300mm 的玻璃观察窗，带阻尼限位闭门器和推杆式逃生锁，门外有孔锁及把手。

——分析小屋的外部设施。气瓶固定支架设置在小屋外面，用于放置标准气瓶和载气钢瓶，必要时加气瓶护栏，在高寒及环境恶劣地区，也可在小屋内隔出 1 个气瓶间，气瓶间单独设置照明、通风等设施。防雨雨檐设置在门、接线箱、预处理箱、气瓶等上方，一般向外伸出 600~800mm。小屋顶部应该配有供整体吊装用的吊环。

——分析小屋的地坪。分析小屋应放置在水泥平台上，平台标高至少比周围地坪高150~300mm，平台表面应平坦整洁。一般采用焊接方式作为小屋与地坪的固定，即在平台四角预埋金属固定件，与分析小屋底座槽钢焊接固定。

6.7.2　分析小屋的设计原则

根据试样和分析器的类型、应用重点和操作环境，分析器和分析器的取样系统要求不同的防护等级。当建筑物和维护要求不适宜这种工作环境时，应提供如分析小屋这样的附加防护。附加防护可确保满足仪器性能，并便于维护。

房间的选择取决于许多因素例如：

①分析器和 / 或取样系统所在区域的分类。

②场所的环境条件范围，包括温度、雨量、湿度、雪量、风、尘、沙、阳光直射和腐蚀性大气。

③分析器用户规定的可靠的、准确的和安全的操作环境条件。

④维护期间对设备和人员的防护要求。

⑤系统部件的维修性和可操作性的要求。

⑥分析小屋所在区域的过程条件 / 环境（例如化学品或设备的装载、卸货和运输，噪声、振动、化学泄漏等）。

6.7.3　分析小屋的布置与安装

分析小屋的面积，应该依据分析仪表的类型、数量及其辅助设备的尺寸来确定。

分析小屋室内分析仪表、辅助设备以及通风系统的布置应避免出现可燃性物质的集聚。

分析仪表应安装在独立的机架或仪表盘上，机架或仪表盘应固定在地面上或安装在墙面上，并应留有足够的维护空间。

采样预处理系统宜布置在分析小屋外，分析器的快速回路应布置在分析小屋的外墙上；自动分析器的管线长度、连接件数量以及其他可能泄漏物质的部件应减至最少。

分析器所需的载气、标准气（零点及量程气）钢瓶应放置在分析小屋外，并设有防雨棚遮盖。

分析小屋内不应设置手动分析点。

分析小屋内应设有灭火器。

金属结构分析小屋的设备、管线等的布置及安装宜由分析小屋制造商成套提供。

6.7.4　加热通风和空调系统

分析小屋一般都应配有风机，很多情况下使用防爆轴流风机。当室内可能存在的有害气体相对密度大于 1 时，装在小屋下部；相对密度小于 1 时，风机安装在小屋上部；风机开关位置安装在分析小屋外主门旁，应采用防爆照明开关。

小屋采暖温度一般控制在 10~30℃范围内，冬季可使用蒸汽采暖措施，暖气罩的表面加护罩加以屏蔽，防止烫伤人。小屋内部暖气管线应采用焊接方式，严禁接头连接，蒸汽进入管线的截止阀应安装在室外，一般采用法兰连接方式，必要时可加装自动温控阀，用于调节蒸汽流量。

当分析小屋内的环境温度可能高于 40℃时，须加装空调。

6.7.5　分析小屋的安全设计

分析小屋在正常操作条件下，不会积聚有毒物质，威胁分析小屋内工作的人员的健康。在异常和特殊情况下，要限制有毒物质可能泄漏的频率和程度，使分析小屋内的工作危险降到最低，并可以控制。因此，分析小屋内应有足够的通风设施，通风设施的设置取决于：

①分析小屋内出现的物质的性质和数量。

②过程分析设备泄漏的可能性和程度。

③可能释放的有毒物质对工作人员的作用。

同时，还应针对分析小屋可能面对的内、外部危险，做好以下安全措施。

6.7.5.1　内部危险

①分析小屋内贮藏的过程分析仪器自动运行需要的有毒物质应尽可能少。如果不能避免这些有毒备用物质贮藏在分析小屋内，应：

贮藏最低数量的物质；

防止液体容器的过度加热，如果使用易碎材料做容器，此容器应安装一个收集装置并限制液面以防万一泄漏。

②输入或输出分析小屋的有毒物质的管路最低限度应有手动关闭阀门和部件（例如节流阀和毛细管），最好安装在分析工作站外，以限制引入分析小屋的有毒物质的量。通过预先稀释把有毒物质的量减至最低程度，或者像安装色谱进样阀那样，将残余物排出分析小屋外。

③在试样管路上的洗涤和清洗接头应安装在适当的地方以使装置的接头通过安全制动装置提供适合的冲洗液。在维修之前这个装置使所有受影响的设备能得到冲洗。

④分析工作室应具有保证能清楚地观察室内的观察窗。

⑤在分析小屋内，经常处理有毒物质的组件，不可避免会出现泄漏，应在内部拧紧并连续不断地清洗壳体。用管路将废气排到分析小屋外，如果必要，要进行计量和安全处理，如有可能，监测废气以发现密闭部件的任何泄漏。

⑥分析小屋应装备固定式气体检测系统，它能反映分析小屋空气中有毒物质。气体检测系统应具有足够灵敏度、速度和准确度（失灵报警、超标），并能报告任何超过额定极限的偏差。

⑦分析小屋应装备有应急措施，例如电话、紧急寻呼台或与有专门人员监控的地方有联系的紧急保险开关。如果过程分析单元设置在分析小屋内，应有一个共同的程序报

警系统（例如电光灯、扩音器）作为工作人员危险的警报，分析小屋应与这个报警系统相连。

⑧分析仪器处理有毒物质需要单独安装在分离的房间内，并做明显的标记。

⑨取样系统含有有毒的或别的危险物质，在拆卸前需要仔细地清洗。

⑩某些分析仪器含有有毒组分（例如湿的化学分析仪器试剂和某些组成材料）在运行期间必须要小心。

⑪ 有毒的标准试样应妥善贮藏并从分析小屋外用管路导入。

⑫ 进入可能含有危险浓度的有毒物质的分析小屋，在没有监控和适当的检测及防护方法时应禁止入内。可能有剧毒气体存在的房间应在门上或壳体上给予警告标记。

⑬ 分析小屋可以装备一个循环排放系统，可以控制分析仪器连续的真空状态（负压）或需要的真空状态（负压）。该系统相隔不远就应有一个接头连接软管局部排出有毒物质。另外，也可把仪器放置在排气罩内。例如，通过与过程单元的空气系统连接，保障排放系统有序地去除有毒物质。

6.7.5.2　外部危险

①与持续有毒场所连接的入口应安装气闸。

②提供分析小屋清洁空气，保持足够的压力防止周围区域中有毒物质进入分析小屋形成危险浓度。为达到这个目标，适合的措施是在空气管道的入口处安装鼓风机，并根据性能曲线产生 25~50Pa 的正压，平均输送率为每小时 5 次。

③气体检测报警器应按要求发出信号。

6.7.5.3　异常工作条件下的辅助措施

以上叙述了分析小屋内的过程分析仪器的操作的正常工作条件下提供的安全措施。异常工作条件包括需要对系统进行一些处理如清洗和打开取样管路或取样装置或壳体维修部件以及为了装置的安全打开机壳或封壳不断供给空气等，这将在分析小屋中增加有毒物质泄漏的危险。当打开管路和机壳时应采取下列措施：

①使用合适的通风装置

②提供便携式气体检测器以确保个人安全。

③使用循环排气系统。

④使用永久性或临时性的排气罩。

存在有毒气体回流到清洗管路的可能性时，应在清洗管道内安装防回流阀门。

6.7.6　前沿技术——智能分析小屋

6.7.6.1　概述

智能分析小屋是在传统防爆分析小屋的基础上，增加了分析小屋的智能巡检、效验、设备体检等功能；它是采用智能传感器技术、物联网技术及人工智能技术，将分析小屋内各在线分析仪表及配套的预处理等设备进行数据自动采集、分析、效验，来判定整个分析系统的运行状态、预诊断系统的潜在故障，自动管理分析系统，使检修维护拥有了提前量，有效保证了整个分析系统的可靠性、有效性及稳定性；从而大大提高在线分析仪表及其配套设备的自动化管理能力，大大提高在线分析仪表的故障诊断检修效率，大大降低在线分析仪表的运行维护成本，进而间接提高生产装置产品质量，提高产品产出率。

6.7.6.2　智能分析小屋特点

传统分析小屋是给在线分析仪表及预处理系统提供一个防止雨淋日晒、防止雷击的场所，但智能分析小屋已经超出的传统防护作用，它是采用传感技术、物联网技术及人工智能技术，实现了对小屋内在线分析仪表及系统的智能维护，并借助附带的 APP 软件（可安装在智能手机上）实现以下智能维护管理功能：

a）在线分析系统人工智能诊断功能

智能分析小屋采用传感器技术及物联网技术，对小屋内所有在线分析仪表及配套系统的各种工况进行实时数据采集，并上传至服务器进行数据的人工智能诊断分析，自动给出仪表当前体检状态（包括：健康、亚健康、病态），这样可以提醒维护人员对隐藏的设备故障进行提前处理，保证设备的连续稳定运行。

b）在线分析系统远程巡检功能

智能分析小屋可以进行实时数据的自动巡检，对超限数据进行自动报警；无须维护人员再到现场进行每日巡检，巡检的内容包括：仪表测量实时值、仪表报警状态、预处理温压流、钢瓶气压力、小屋联锁状态等；这样可以大大减轻维护人员巡检工作量，减少维护人员数量，降低设备投运时期的运维成本。

c）在线分析系统自动效验功能

智能分析小屋具备在 APP 软件上进行对在线分析仪表的自动 / 手动效验功能，这样可以随时掌握分析仪运行的准确性，避免在线分析与化验室分析数据对不齐的扯皮现象，保证了在线分析数据的准确性与可靠性。

d）在线分析系统三级维护功能

智能分析小屋可以选择三级维护功能，这样当现场维护人员不能及时排除故障时，可以选择区域维护工程师远程登录维护检查；当区域维护工程师也不能迅速排除故障时，工厂维护专家可以通过小屋内的远程监控系统授权进行远程登录维护，快速诊断排除故障；这种三级维护，可有力保障对设备疑难故障的快速修复。

e）在线分析系统设备管理功能

智能分析小屋可以对小屋内所有分析仪表提供三率统计功能（包括：投运率、维修率、故障率），这样可以大大提高设备管理功能，方便业主对在线分析仪表的运行情况进行统计、考核、管理。

6.7.6.3　智能分析小屋网络拓扑结构

智能分析小屋内安装的远程智能监控模块可通过 4G 物联网技术，将集中采集的各种数据远传至服务器上，某化工企业智能分析小屋网络拓扑结构如图 6-7-1 所示。

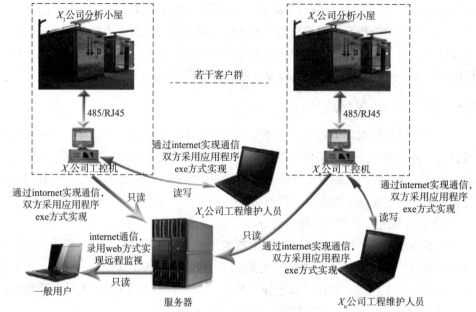

图 6-7-1　智能分析小屋网络拓扑结构示例

　　为保证分析仪表的网络安全，所有的数据采集均由远程智能监控模块进行内部采集，再由专用通信模块转送至远端网络上，分析仪表均不能直接连接至外网上，保证了系统的安全性。

6.7.6.4　APP 软件功能描述

　　随智能分析小屋，厂家附带智能分析小屋 APP 专用软件，通过该软件（可安装在智能手机或个人电脑上），维护工程师可以远程管理维护分析小屋内在线分析设备如下：

　　①人工智能诊断体检：自动给出仪表当前工作状态，包括健康、亚健康、病态。

　　②分析设备自动巡检：巡检数据包括仪表测量值、仪表报警值、样品预处理温压流、载气压力、标气压力、小屋联锁状态等，对巡检超出报警上下限的数据自动进行报警。

　　③分析仪表自动 / 手动效验检查：自动给出分析仪当前数据偏差度。

　　④设备三率自动统计显示：包括投运率、故障率、维修率。

　　⑤分析仪远程标定（可选项，需小屋端授权）。

　　⑥分析仪远程维护（可选项，需小屋端授权）。

6.8　标准样品

　　在线分析仪器用的标准气体视气体组分数分为二元、三元和多元标准气体，其中二元标准气体常称为量程气。此外，仪器零点校准用的单组分高纯气体也属于标准气体，常称为零点气。

　　在线分析仪表常用的辅助气体有：

　　①参比气：多用高纯氮，有些氧分析仪也用某一浓度的氧作参比气。

　　②载气：用于气相色谱仪，包括高纯氢气、氮气、氩气、氦气。

③燃烧气和助燃气：用于气相色谱仪的 FID、FPD 检测器，燃烧气为氢气，助燃器为仪表空气。

④吹扫气：正压防爆吹扫采用仪表空气，样品管路和部件吹扫多采用氮气。

⑤伴热蒸汽：应采用低压蒸汽。

标准气、参比气、载气、燃烧气都可以通过购置气瓶获得。一些气体，如氢气、氮气、氧气等也可以购置气体发生器来获得。比较起来，气瓶具有种类齐全、压力稳定、纯度较高、使用方便等优点，因而使用较为普遍。

6.8.1　标准气体及其制备方法

标准气体属于计量标准物质范畴，JJF 1006—94《一级标准物质技术规范》中规定，标准物质分为两级，与其相对应，标准气体也分为两级，即国家一级标准气体和二级标准气体。

国家一级标准气体采用绝对测量法或用两种以上不同原理的准确可靠的方法定值。在只有一种定值方法的情况下，由多个实验室以同种准确可靠的方法定值，准确度具有国内最高水平，均匀性在准确度范围之内，稳定性在一年以上或达到国际上同类标准气体的水平。

二级标准气体可以采用绝对法、两种以上的权威方法或直接与一级标准气体相比较的方法定值，准确度和均匀性未达到一级标准气体的水平，但能满足一般测量的需要，稳定性在半年以上或能满足实际测量的需要。

一级和二级标准气体必须经国家市场监督管理总局认可，颁发定级证书和制造计量器具许可证，并持有统一编号，一级标准气体的编号为 GBW×××××，二级标准气体的编号为 GBW（E）××××××。GBW 是国家标准物质的汉语拼音缩写，其后的 × 代表数字（一级标准物质有 5 位数字，二级有 6 位数字），分别表示标准物质的分类号和排序号。

标准气体的制备方法可分为静态法和动态法两类。静态法主要有质量比混合法（称量法）、压力比混合法（压力法）、体积比混合法（静态体积法）。动态法主要有流量比混合法、渗透法、扩散法、定体积泵法、光化学反应法、电解法和蒸气压法。瓶装标准气主要采用称量法和分压法制备。其他方法多用于实验室制备少量标准气。

瓶装标准气一般由专业配气厂家提供，由于气瓶与充装气体间会发生物理吸附和化学反应等器壁反应，对于某些微量或痕量气体（如活泼性气体、微量水、微量氧等），难于保持量值的稳定性，因而不宜用气瓶储存，而且用称量法或压力法制备的气体种类和含量范围也受到一定的限制

其他方法可以弥补这一不足，例如渗透法适用于制备痕量活泼性气体或微量水分的标准气，扩散法适用于制备常温下为液体的微量有机气体的标准气，电解法适用于制备微量氧的标准气等。这些低含量的标准气要保证其量值长时间稳定不变是困难的，因此要求在临用时制备，并且输送标准气体的管路应尽可能短。这类标准气一般由仪器生产厂家或用户在仪器标定、校准时制备。

下面简要介绍几种标准气体的制备方法。

a）称量法

称量法是国际标准化组织推荐的标准气体制备方法。它只适用于组分之间、组分与气瓶内壁不发生反应的气体以及在实验条件下完全处于气态的可凝结组分。用该法制备的标准气体的不确定≤1%。称量法配气的国家标准是 GB/T 5274.1—2018《气体分析 校准用混合气体的制备 第1部分：称量法制备一级混合气体》。

①配气原理

在向气瓶内充入已知纯度的某种气体组分的前后，分别称量气瓶的质量，由两次称量所得的读数之差来确定充入组分的质量。依次向气瓶内充入各种组分的气体，从而配制成一种标准混合气体。

混合气体中每一组分的质量浓度被定义为该组分的质量与混合气体所有组分总质量之比。标准气体一般采用摩尔浓度（摩尔分数），即混合气中每一组分的摩尔分数等于该组分物质的量（摩尔数）与混合气体所有组分总的物质的量之比。

为了避免称量极少量的气体，对最终混合气体中每种组分规定一个最低浓度限。一般规定最低浓度限为1%，当所需组分的浓度值低于最低浓度限时，采用多次稀释的方法制备。

②配气装置及配气操作

称量法配气装置由气体充填装置、气体称量装置、气瓶及气瓶预处理装置组成。

气体充填装置由真空机组、电离真空计、压力表、气路系统、气瓶连接件组成。

气路系统由高压、中压和低压真空系统三部分组成，使组分气体和稀释气体的充灌彼此独立，避免相互污染。应采用性能良好的阀门、压力表、真空计，尽量简化气路，减少接口，以保证系统的气密性能，并采用特殊设计的气瓶连接件以减少磨损。

在往气瓶中充入每一个组分之前，配气系统各管路应抽成真空，或者用待充的组分气体反复进行增压－减压来置换清洗阀门和管路，直到符合要求为止。为了避免先称量的组分气体的损失，在往气瓶中充入第二个组分气体时，该组分气体的压力应远高于气瓶中的压力。为了防止组分气体的反扩散，在充完每一个组分气体后，在热平衡的整个期间应关闭气瓶阀门，然后再进行称量。

组分气体的称量是制备标准气体的关键，由于气瓶本身质量较大，而充入的气体组分质量相对很小，因此对天平要求很高，需要用大载荷（20~100kg）、小感量（载荷100kg、感量10mg或载荷20kg、感量1mg）的高精密天平。除了对天平有很高要求外，还要求保证一定的称量（对于气体组分质量过小的，采用多次稀释法配置）。

在称量操作中必须采取各种措施以保证称量达到高准确度。

——采用形状相同、质量相近的参比气瓶进行称量，即在天平的一侧放置一个参比气瓶，另一侧放待测气瓶加砝码，使之平衡。参比瓶称量可以抵消气瓶浮力、气瓶表面水分吸附、静电等影响。

——在待称气瓶一侧进行砝码加减操作，以消除天平的不等臂误差。

——在气瓶充分达到平衡后进行称量。

——轻拿轻放，保持气瓶清洁，避免沾污及磨损。

——称量操作进行3次，取平均值。

　　气瓶预处理装置用于气瓶的清洗、加热及抽空。加热的温度在一定范围内可以任意设置，钢瓶一般加热到 80℃，时间 2~4h，真空度为 10Pa。

　　b）渗透法

　　渗透法适用于制备痕量活泼性气体（如 SO_2、NO_2、NH_3、H_2S、CL_2、HF 等）或含微量水分的标准气，用该法制备的标准气体的不确定度为 2%。渗透法配气的国家标准是 GB/T 5275.10—2009《气体分析 动态体积法制备校准用混合气体 第 10 部分：渗透法》（等同采用 ISO 6145-10：2002）。

　　①配气原理

　　渗透管内装有纯净的组分物质，管内的组分气体通过渗透膜扩散到载气流中。经过控制为已知流量的载气，部分或全部地流过渗透管，它起着载带渗出的组分气体分子作用，同时也是构成混合气体的背景气。载气一般采用 99.999% 的高纯氮气，且不允许含有痕量的组分气体。通过渗透膜的渗透速率取决于组分物质本身的性质、渗透膜的结构和面积、温度以及管内外气体的分压差，只要对渗透管进行正确操作，这些因素能保持恒定。

　　如果渗透速率保持恒定，则可在适当的时间间隔内，用称量的方法来测定渗透管的渗透率，其计算式如下：

$$渗透率 = \frac{两次称量之间组分物质因渗透所损失的质量（\mu g）}{两次称量之间的时间间隔（min）}$$

　　除称量法以外，其他测定渗透率的方法还有体积置换法和分压测定法。

　　所制备的校准用混合气体的浓度是渗透管的渗透率和背景气体流量的函数。以制备 SO_2 校准气为例，其浓度由下式给出：

$$C_m = \frac{q_m}{q_v}$$

式中　C_m——SO_2 的质量浓度，$\mu g/m^3$；

　　　　q_m——SO_2 渗透管的渗透率，$\mu g/min$；

　　　　q_v——背景气体（载气的流量），m^3/min。

　　若用体积分数来表示浓度，则必须考虑 SO_2 的摩尔体积，从而得到以下关系式：

$$C_v = K \times \frac{q_m}{q_v}$$

式中　C_v——SO_2 的体积分数；

　　　　K——常数，数值为 0.38×10^{-9}，单位为 $m^3/\mu g$。

　　例如通入分析仪器的流量 q_v 为 18L/h，SO_2 渗透管的渗透率 q_m 为 1μg/min，则 SO_2 的体积分数 C_v 约为 1ppm。

　　②配气装置

　　对配气装置所用的材料和管路元件的性能有如下要求：

　　——配气装置材料选择。为了避免由于吸附作用（化学的或物理的）而使校准用的混合气体中的组分浓度发生任何变化，应对渗透配气装置所用的材料进行选择。所需的组分浓度越低，这种吸附现象的影响就越大，浓度达到稳定值就越困难。如可能，应选用玻璃材料。与校准相关的组成部分，特别是渗透配气装置与分析仪器之间的气体输送管路，如果用易弯曲的管材或金属管时，应选用对组分气体没有任何吸附的材料。

——管路元件的性能要求。各管路、阀门（包括气瓶阀）的接头应确保气密性和洁净。如果气密性不好，则进入到样品气体或校准气体中的污染空气的体积浓度与该系统的泄漏率成正比，与样品气体或校准气体的体积流速成反比。要选用死空间体积小的阀门和连接件，特别要考虑到死空间体积所存的湿气和空气，它很难抽除或吹出。管路应尽可能短，而且应尽可能干燥。

减压阀应确保气密性良好，如果可能的话，将其干燥，以除去所吸附的气体，考虑到湿度，如果管路部件（调节阀、材料性质等）允许的话，建议干燥温度选用100℃。为确保安全，建议在减压器出口处安装节流阀和截止阀，以防止反扩散。

③配气操作注意事项

——为了降低渗透速率，使组分物质的损失减为最小，以及避免有任何物质在管上凝结，建议将渗透管在使用前存放在干燥的密闭容器中，并置于温度较低的地方（约5℃，如放在冰箱底部）。

——使用时把渗透管放在气流系统中，用高纯和干燥的载气吹洗渗透膜的外表，而放有渗透管的气体发生瓶应置于一个液体恒温浴中。因为温度对渗透率有很大影响，例如当温度增加7℃左右，渗透率可增加一倍，所以恒温浴的温度应控制在0.1℃以内。

——通过一个控制系统使载气流量稳定不变，并用流量计来监测。吹洗用的载气在到达渗透管之前必须在恒温浴中事先预热到渗透管所定的温度值。

——配气系统可以是一级或二级稀释。当需要改变校准用混合气体的浓度时，可以通过调节稀释气体的流量来实现，而避免采用改变温度的办法来改变渗透率。

——在特殊需要时，可把几种不同组分物质的渗透管放在恒温浴的同一气体发生瓶中，条件是要避免发生任何相互作用。

④渗透率测定注意事项

——当渗透管进行首次称量之前，必须在恒温系统中平衡48h以上，以确保渗透率达到稳定。

——在两次称量之间，渗透管的温度应保持恒定，渗透管内部气体的压力也应保持恒定，也就是说，渗透管内必须存在液相组分物质，或者是渗透管内组分物质的量远远大于因渗透所损失的量。

——称量时的环境条件最好与使用时相同，在称量过程中，要避免水的吸附和温度急骤变化引起的热冲击。

——每两次称量的时间间隔（约数日）取决于所要求的准确度，建议对渗透管进行定期称量（特别是渗透管趋于耗尽阶段时），以保证渗透率是恒定不变的。称量时间间隔通常是以称量的损失至少有10mg为准。

——扩散法与渗透法十分相似，不同之处仅在用扩散管取代了渗透管，其配气操作和扩散率的测定与渗透法基本相同。

c）压力法

压力法又称分压法，适用于制备在常温下为气体的，含量在1%~50%的标准混合气体。用该法制备的标准气体的不确定度为2%。压力法配气的国家标准是GB/T 14070—1993《气体分析　校准用混合气体的制备　压力法》（等效采用ISO 6146—1979）。

①配气原理

用压力法配置瓶装标准混合气体，主要依据理想气体的道尔顿定律，即在给定的容积下，混合气体的总压等于混合气体中各组分分压之和。理想气体的道尔顿分压定律为：

$$p = \sum_{i=1}^{k} p_i$$

$$p = \frac{nRT}{v}$$

$$p_i = \frac{n_iRT}{v}$$

$$x_i = \frac{p_i}{p} = \frac{n_i}{n}$$

式中　p，p_i——分别为混合气体的总压和混合气体中组分 i 的分压；

　　　n，n_i——分别为混合气体的总摩尔数和组分 i 的摩尔数；

　　　x_i——组分 i 的物质的量浓度。

②配气装置及配气操作

压力法配气装置主要由汇流排、压力表、截止阀、真空泵、连接管路、接头等组成。该装置结构简单，配气快速方便。汇流排并联支管的多少可按配入组分数的多少及一次配气瓶数的多少来确定，一般为 5~10 支。

组分和稀释气依次充入密封的气瓶中，该气瓶应预先处理、清洗和抽空，必要时先在 80℃下烘 2h 以上。每次导入一种组分后，需静置 1~2min，待瓶壁温度与室温相近时，测量气瓶内压力，混合气的含量以压力比表示，即各组分的分压与总压之比。

但是，实际气体并非理想气体，只有少数气体在较低压力下可用理想气体定律来计算。对于大多数气体，用理想气体定律计算会造成较大的配制误差。因此，对于实际气体需用压缩系数来修正，但用压缩系数修正计算比较麻烦，现在多采用气相色谱法等来分析定值。

用压力法配气时，为了提高配气的准确度，必须注意以下几点：

——必须使用纯度已知的稀释气和组分纯气，特别要注意稀释气中所含的欲配组分的含量。

——采用高精度压力表，由于分压法配气的主要依据是观察压力表的数值来计算所配标准混合气体的含量，压力表精度会直接影响配气的准确度。

——选用密封性好的瓶阀。在配制瓶装标准气体时，必须对气瓶进行抽空处理，如果球阀的密封性能不好，抽空时会使空气漏入而影响真空度。

——在加入各组分气时，充压速度应当缓慢。在条件允许的前提下，待加入的组分冷却到室温时，再测量气瓶中的压力。

——在计算各组分分压时，是假设温度不变时的压力，而实际充气过程中会造成一定的温度升高，正确测量瓶体温度是保证分压法配气准确度的重要条件之一。

——在配制混合气体时，不允许有某一个气体组分在充入气瓶后变成液体。如果出现上述情况，在使用和分析时，不但会造成很大的偏差，而且是极不安全的。

6.8.2 高纯气体及其纯化方法

6.8.2.1 各级纯气的等级划分

各级纯气的等级划分见表6-8-1。

表6-8-1 各级纯气的等级划分表

等级	纯度，%	杂质含量	等级	纯度，%	杂质含量
6.5N	99.99995	0.5ppm	4N	99.99	100ppm
6N	99.9999	1ppm	3.5N	99.95	500ppm
5.5N	99.9995	5ppm	3N	99.9	1000ppm
5N	99.999	10ppm	2.5N	99.5	5000ppm
4.5N	99.995	50ppm	2N	99	10000ppm

表6-8-21中的"N"是英文Nine的缩写，表示其纯度百分比中有几个"9"。高纯气体的纯度 ≥ 5N，超纯气体的纯度则 ≥ 6N。

6.8.2.2 高纯氮

氮气一般是由空气分离制得，从液态空气中制取的氮气，含氮量在99%以上，其中含有少量的水、氧和二氧化碳等杂质。高纯氮的主要技术指标应满足国家标准GB/T 8979《纯氮、高纯氮和超纯氮》的要求。

如果使用的氮气不纯，可参考表6-8-2加以纯化。

表6-8-2 常用的氮气纯化方法、纯化效果和适用范围

纯化方法	纯化材料	纯化前的氮气纯度,%	纯化效果		适用范围
			脱除杂质	脱除深度	
脱氧剂法	Cu、Ag脱氧剂	99.9~99.999	O_2	（1~5）ppm	高纯 N_2 中不含余 H_2
	Ni、Mn脱氧剂			≤ 0.1ppm	
吸附法	硅胶、分子筛、活性炭	99.2~99.999	H_2O	H_2O: 0.5ppm	用于 N_2 去除 H_2O、CO_2 等杂质
			CO_2	CO_2: 0.5ppm	

6.8.2.3 高纯氢

氢气一般由电解水制取，其纯度为99.5%~99.9%，主要杂质有水、氧、氮、二氧化碳等。纯氢、高纯氢和超纯氢的主要技术指标应满足国家标准GB/T 3634.2《氢气 第2部分：纯氢、高纯氢和超纯氢》的要求。

目前，关于氢气的纯化，国内外有许多方法，但是所有的方法均是以脱除氢气中的水和氧为基本点。对于氢气中的氧，一般采用脱氧剂或催化剂，将氧与氢化合生成水，然后再利用干燥剂或冷阱把水除去，并选择高效纯化剂除去其他微量杂质。常用的脱水方法有三种。

①化学吸附法，采用氯化钙、浓硫酸等脱水剂，通过化学反应将氢中的水除去。

②物理吸附法，常用硅胶、分子筛和活性炭等吸附剂，通过物理作用将氢中的水除去。

③冷冻法，让氢气通过低温冷阱而使水汽凝结除去，常用的冷阱有分子筛冷阱、活性炭冷阱、液态空气冷阱和液氮冷阱等。

表6-8-3给出氢气的纯化方法、纯化效果和主要用途。

表 6-8-3　常用的氢气的纯化方法、纯化效果和主要用途

纯化方法	纯化材料	纯化前的氢气纯度，%	纯化效果		主要用途
			脱除杂质	脱除深度	
吸附干燥法	硅胶、分子筛、活性氧化铝	>99.9 的氢气	H_2O、CO_2	$H_2O<5ppm$（初级）$H_2O<0.5ppm$ $CO_2<0.5ppm$	用于氢气的初级或终端纯化
低温吸附法	硅胶、活性炭、分子筛（液氮）	≥99.9 的氢气	各种杂质	N_2、O_2、总碳氢均 $<0.1ppm$ $H_2O<0.5ppm$	用于氢气的精纯化
催化反应法	Pd、Pt、Cu、Ni 等金属制成的催化剂	>99.9 的氢气	O_2	$O_2<0.1ppm$	用于脱除氢气中的氧
钯合金扩散法	钯合金膜	>99.5 的氢气（其中 $O_2<0.1\%$）	各种杂质	$H_2≥99.9999\%$	用于氢气的精制纯化

6.8.2.4　高纯氧

氧气多数是从液态空气中制取的，其中含有微量的水、氮、二氧化碳及一些惰性气体。高纯氧应达到国家标准 GB/T 14599《纯氧、高纯氧和超纯氧》规定的主要技术指标。

氧气的纯化有催化反应法和吸附法。一般采用氯化钙、105 催化剂、分子筛液氮冷阱和玻璃滤球去除其杂质，将低纯度的氧净化为高纯度的氧。表 6-8-4 给出氧气的纯化方法、纯化效果和适用范围。

表 6-8-4　氧气的纯化方法、纯化效果和适用范围

纯化方法	纯化材料	纯化前的氧气纯度，%	纯化效果		适用范围
			脱除杂质	脱除深度	
催化反应法	Pt、Pb 催化剂	≥99.5	H_2、CH_4	$H_2<0.5ppm$ $CH_4<0.5ppm$	仅用于去除氢、烃类的杂质
吸附法	氯化钙、分子筛（液氮）	≥99.5	H_2O、CO_2	$H_2O<0.5ppm$ $CO_2<0.5ppm$	空分氧、电解氧的纯化

6.8.2.5　高纯氩

氩气一般由液态空气分馏制取，氩含量在 99.7% 以上，所含的杂质主要有氧、氮、氢、二氧化碳、水和有机气体。高纯氩的主要技术指标应满足国家标准 GB/T 4842《氩》的要求。

如果使用的氩气不纯，可参考表 6-8-5 加以纯化。

表 6-8-5　氩气的纯化方法、纯化效果和适用范围

纯化方法	纯化材料	纯化前的氧气纯度，%	纯化效果		适用范围
			脱除杂质	脱除深度	
催化反应法	Pt、Ag 催化剂，Mn、Ni 脱氧剂	≥99.99	O_2、H_2、CO_2	$0.1~1ppm$	用于纯氩气的精制
吸附法	分子筛	≥99.99	H_2O、CO_2	$H_2O<0.5ppm$ $CO_2<0.5ppm$	用于纯氩气的精制

6.8.2.6 高纯氩

氩气以天然气为原料，采取分离提纯法制得。另一种是以空气为原料，对空气加压降温液化，经过分离、精馏和提纯制得。用液氖冷凝法可制取纯度为 99% 的粗氩，经过常压液氮为冷源的低温吸附器净化后，再经负压液氢为冷源的低温固化分离器进一步净化，从而可获得 99.999%~99.99999% 的高纯氩气。高纯氩应达到国家标准 GB/T 4844《纯氩、高纯氩和超纯氩》规定的技术指标。

6.8.3 瓶装气体使用时间的计算

瓶装气体的使用时间可按下式进行大致计算如下：

$$瓶装气体使用时间(min) = \frac{气瓶容积(L) \times (充装压力 - 剩余压力)/大气压力}{气体流量(L/min)}$$

[例1] 气相色谱仪载气使用时间计算

气相色谱仪使用的载气主要是 H_2 和 N_2，普遍采用 40L 钢瓶盛装。H_2 的充装压力一般 ≤12.5MPa，N_2 的充装压力一般 ≤14.5MPa，气瓶剩余压力一般为 0.5MPa，大气压力设为 0.1MPa。色谱仪要求的载气流量一般每个检测器为 80~120mL/min，如按 0.1L/min 计算则：

$$每瓶氢气使用时间 = \frac{40 \times (12.5 - 0.5)/0.1}{0.1} = 48000min \approx 800h \approx 33d$$

$$每瓶氮气使用时间 = \frac{40 \times (14.5 - 0.5)/0.1}{0.1} = 56000min \approx 933h \approx 39d$$

考虑到使用时载气有一定压力，并非等于大气压力，以及使用中的损耗等因素，实际使用时间比上述计算时间要少一些。

如果发现气瓶压力异常下降，则应检查系统中是否有泄漏或仪器工作是否正常。

[例2] 气相色谱仪标准气使用时间计算。

气相色谱仪使用的标准气一般采用 8L 铝合金瓶盛装。充装压力一般 ≤10MPa，气瓶剩余压力一般为 0.2MPa，大气压力设为 0.1MPa。色谱仪要求的标气流量一般每个检测器为 100mL/min（0.1L/min）则：

$$每瓶标准气使用时间 = \frac{8 \times (10 - 0.2)/0.1}{0.1} = 7480min$$

同样，考虑到使用时的标准压力及使用中的损耗等因素，实际使用时间比上述计算时间要少些。

每瓶标气可进行标定的次数按下式计算：

$$\frac{每瓶标气使用时间}{每次标定所需时间(包括标定前的吹扫)} = 可进行标定的次数$$

第7章 特殊仪表

7.1 浓度计

7.1.1 分类及工作原理

a）分类

按照测量原理浓度计可分为电导率浓度计、超声波浓度计、放射性浓度计等。

b）工作原理

①电导率浓度计的工作原理。介质的浓度与电导率有直接的对应关系，通常测量电导率转换为浓度。

如图 7-1-1 所示，发生器在初级线圈处生成交变电磁场，在介质中产生感应电流。感应电流的强度取决于电导率，即介质中的离子浓度。感应电流在次级线圈处生成另一个电磁场，接收器测量线圈上的感应电流，由此确定介质的电导率。

电感式电导率测量的优点：

无电极，因此无极化反应；

可以对重度污染以及易沉淀的介质或溶液进行高精度测量；

测量和介质完全电气隔离。

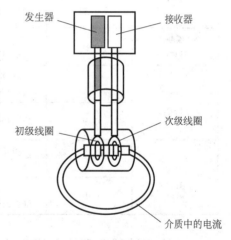

图 7-1-1　电感式电导率浓度计结构

②超声波浓度计的工作原理。采用超声波原理，通过测量液体声速而决定过程参数，如液体的浓度或密度。超声波浓度计主机中预存有各种介质的温度声速特征参数曲线，根据该曲线计算出所需要的浓度参数。超声波浓度计主机是基于双微处理器数字信号处理技术，即使在恶劣工况下也能稳定可靠地工作，非常适合检测复杂工艺过程的参数，输入输出配制灵活，温度测量可以通过自带的温度探头完成，可以同时测量并显示浓度和流量。超声波浓度计的测量探头有两种，一种是插入式，另一种是夹装式。采用夹装探头时，通常需要标定。插入式探头特别适用于批量反应堆和搅拌机中的浓度测量，精确可靠，工厂标定后，现场无需调零和设定，安装后可以立即开始测量。

③放射性浓度计的工作原理。某些放射性同位素（^{60}Co，^{137}Cs）在衰变过程中会释放出 γ 射线，γ 射线在运动轨迹上会与物质发生相互作用而被吸收。而吸收截面是入射 γ 射线的能量和吸收物质的平均原子序数的函数，通过测量平均原子序数可得到平均质量数，进

而求得浓度。放射性浓度计的优点：可非接触连续测量、不受产品颜色、温度、压力、黏度、酸碱度等影响、长期稳定性好。

其中电导率浓度计使用较为普遍，本章仅以电导率浓度计为例进行介绍。

7.1.2 电导率浓度计的主要特性及技术参数

①宽量程。传感器具有六级量程，量程范围为 $2\,\mu S/cm \sim 2S/cm$。

②高稳定性。接液部件材料（PEEK、PFA）具有高化学稳定性。此外，PEEK 传感器适用于高温测量场合，最高温度可达 $180℃$（$356\,℉$）。接液部件材料见表 7-1-1。

③低沾污风险。传感器大开孔结构设计使其不易被污染。PFA 传感器具有抗污型表面，低清洗需求。

表 7-1-1　接液部件材料对照

介质	w（NaOH），%	PEEK	PFA	CHEMRAZ	VITON
氢氧化钠溶液 NaOH	0~50	20~100℃（68~212℉）	不适用	0~150℃（32~302℉）	不适用
硝酸 HNO₃	0~10	20~100℃（68~212℉）	20~80℃（68~176℉）	0~150℃（32~302℉）	0~120℃（32~248℉）
	0~40	20℃（68℉）	20~60℃（68~140℉）	0~150℃（32~302℉）	0~120℃（32~248℉）
磷酸 H₃PO₄	0~80	20~100℃（68~212℉）	20~60℃（68~140℉）	0~150℃（32~302℉）	0~120℃（32~248℉）
硫酸 H₂SO₄	0~2.5	20~80℃（68~176℉）	20~100℃（68~212℉）	0~150℃（32~302℉）	0~120℃（32~248℉）
	0~30	20℃（68℉）	20~100℃（68~212℉）	0~150℃（32~302℉）	0~120℃（32~248℉）
盐酸 HCl	0~5	20~100℃（68~212℉）	20~80℃（68~176℉）	0~150℃（32~302℉）	0~120℃（32~248℉）
	0~10	20~100℃（68~212℉）	20~80℃（68~176℉）	0~150℃（32~302℉）	0~120℃（32~248℉）

7.1.3 浓度计的选型及安装要求

①选型（以 E+H 为例）。传感器 CLS50D；变送器 CM42/CM442（自带氢氧化钠、硝酸、磷酸、硫酸、盐酸浓度曲线）。

②安装要求。安装传感器时，应确保传感器的开孔位置与介质流向保持一致，如图 7-1-2 所示。传感器必须完全浸入在介质中。

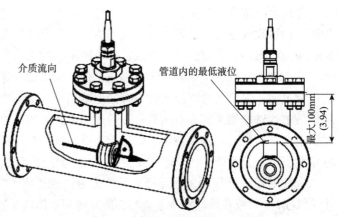

图 7-1-2　传感器的安装位置示意

7.1.4　浓度计的应用示例

造纸厂、化肥厂等氢氧化钠、硝酸、磷酸、硫酸、盐酸等介质的浓度测量。

主要制造厂商：
①恩德斯豪斯（中国）自动化有限公司
②上海 ABB 工程有限公司

7.2　水中油或油中水分析仪

7.2.1　分类及工作原理

7.2.1.1　分类

水中油或油中水分析仪按照在线过程连接方式分为探头插入式，流通池式两种，如图 7-2-1 所示。

探头插入式需要在管道上焊接一个带螺纹的连接件，通过螺纹固定在管道上，流体流过插入管道内部的传感器，从而测量流体中的油或者水；而流通池式需要把流通池安装在管道上，流通池有多种连接方式，如法兰、内螺纹等，流体流过流通池时，里面的油或者水的含量会被测量出来。

(a) 探头插入式　　　　　　　　　　　　　(b) 流通池式
图 7-2-1　水中油或油中水分析仪

水中油或油中水分析仪测量原理分为近红外光散射原理、近红外光吸收原理、紫外荧光法原理等。

7.2.1.2　工作原理

a）近红外光散射原理

一束聚焦后的平行光垂直射入介质，介质内不溶解的粒状物就会产生散射与透射效应，散射光被检测端的 8 个散射光光电接收器接收，透射光被中心的光电接收器接收，散射光接收器与透射光接收器成 11°，散射光光强与透射光光强的比值与介质内的粒状物含量成正比。由于采用最佳的结构设计，所以不会有其他的折射光对散射光进行干扰，同时很小的偏析角保证散射和透射有着相同光程长，特定的光程长也很容易补偿，比如补偿介质颜色的变化、窗体变脏等。近红外吸收传感器所使用的测量光谱为近红外光谱（NIR）：波长范围为 730nm~1.1μm。近红外吸收传感器不需要初始光强恒定，它的零点被固化在硬件里，永远不需要标零和校准。

b）近红外光吸收原理

一束精确聚焦的、光强恒定的、特定带宽的近红外初始光垂直入射，穿透介质，介质内的不溶解粒状物会对该特定近红外光产生吸收、散射等效应，从而导致光强衰减，衰减后的剩余光被对面的光电检测器检测到，通过信号处理，可以得到初始光衰减程度，即为初始光的透射率的反对数。光强的衰减量与被测介质内不溶解粒状物的浓度关系可以用郎伯－比尔定律进行描述：透射率的反对数值与产生透射损失的不可溶解粒状物的浓度成正比，该定律既适用于可溶性介质也适用于不可溶性介质。近红外吸收传感器采用 NIR（近红外）测量光谱，波长范围为 730nm~1.1 μm，用于实现与颜色无关的吸收测量。

c）紫外荧光法原理

荧光是指被测油分吸收一部分光而发出更长波更长光的现象。当能量较高的紫外光照射到水中矿物油时，矿物油分子吸收紫外跃迁至高能态，高能态不稳定再跃迁回低能态发出荧光。不同种类和结构的碳氢化合物都有对应的荧光色谱，依据特殊波段荧光光谱的出现和强度大小可判断某种碳氢化合物是否存在并确定其浓度，因此荧光法对油分测量具有选择性和鉴别性。水中油可能包含多种成分，只有芳香族化合物会发出 350nm 附近的荧光，所以荧光法只能检测芳香族化合物含量，但因其在水中油所占比例在特定场合一般是稳定的，所以可以根据芳香族化合物的多少来判定水中总含油量。

其中近红外光散射原理和近红外光吸收原理使用比较广泛，本书主要以近红外光散射原理和近红外光吸收原理进行介绍。

7.2.2　主要特性及技术参数

7.2.2.1　主要特性

水中油或油中水分析仪主要特征如下：

①能精确测量水中游离的油的总量，可达十亿分之一的精度，不受油品限制，不受颜色的影响。

②采用近红外带宽测量，不受特定介质浓度影响，不受温度、压力、流量的限制。

③经久耐用，安装简单，无需取样，直连式管道安装，最高承受 240℃的过程温度和 10MPa 的过程压力，完全在线测量。

④响应时间 0.1s，快速敏捷可接入 ESD，因为此优势，可用于氰化物（剧毒）装置在线测量水中氰化物浓度在线分析。

⑤工厂零点硬件固化，无漂移，无需清零，无需校准，唯一使用成本就是 3~5a 更换光源。

⑥集成无纸记录仪可以记录 $4 \times (2.5 \times 10^4~3.0 \times 10^4)$ 个历史数据，能有效提供帮助给现场工程师判断换热器运行状态。

⑦LCD 屏幕可以在现场显示数字、比例条和趋势图，也可通过 4~20mA 信号或 Profibus 接口将数据上传至 DCS。

⑧量程范围大，同时多种测量单位可以转换。

7.2.2.2　技术参数

近红外吸收分析仪，近红外散射分析仪技术参数见表 7-2-1。

表 7-2-1　近红外吸收分析仪和近红外散射分析仪技术参数

技术参数	近红外光吸收分析仪	近红外光散射分析仪
测量参数		
测量原理	1– 通道近红外光吸收	1– 通道近红外光吸收与 2– 通道近红外光散射
近红外吸收测量量程	任何量程在 0~0.05CU ~6CU 0~4 × 10^{-2} 0~16000FTU	任何量程在 0~0.05CU ~5CU 0~8 × 10^{-3} 0~3200FTU
近红外散射光测量量程	无	任何量程在 0~500ppm 或 mg/l 0~200FTU 或 NTU
光源	特制白炽钨丝灯，5.0VDC，775mA，寿命 2.5×10^4~4.0×10^4h	
分辨率	< ± 0.05%，与量程有关	
重复精度	< ± 0.5%，与量程有关，散射光为 < ± 0.3%	
防护等级	IP65 或更高	
管道连接流通池		
可选材质	不锈钢 1.4435（SS 316L），1.4539，1.4571（SS 316Ti），1.4462，钛材 3.7035（2 级），哈斯合金 2.4602（C22），塑料 TFM4215，PVC	
管道连接件尺寸	1/4in~6in（DN 6~DN 150）	
过程连接方式	法兰（ASME，DIN，JIS），卡套（TC，ISO，DIN），内螺纹（NPT，DIN），卫生级螺纹（DIN 11851），T 型管道（DIN，ISO，OD），Varivent，…	
过程压力	1kPa~10MPa	
窗体	蓝宝石（自清洗设计）	
适用过程温度		
过程温度，标准型	长时间运行：0~120℃；短时间：15min/d, 0~150℃	
过程温度，高温型（HT）	长时间运行：–30~240℃；短时间：15min/d, –30~260℃	
过程温度，防爆型（EX）	长时间运行：–30~120℃；短时间：15min/d, –30~150℃	
过程温度，高温防爆型（EX–HT）	长时间运行：–30~240℃；短时间：15min/d, –30~260℃	
适用环境温度		
环境温度	运行时：0~40℃，标准型号 运行时：–30~60℃，高温型、防爆型、高温防爆型 运输过程中：–20~70℃	
防爆和校准		
防爆	可提供 FM（–D）与 ATEX（EN–D）防爆认证，产品可工作于 1 区 IIC T5/T6，与隔爆箱等级有关	
校准	可选检测端 FH03 校准功能	工厂零点，终身无需校准

7.2.3　选型及安装要求

7.2.3.1　水中油或油中水分析仪选型要求

水中油或油中水分析仪的造型要求如下：

①工艺管尺寸。需要提供工艺管的口径尺寸，以便选择合适的连接尺寸及连接方式。

②样品介质、被测介质、量程。需要提供样品介质（流体）的成分，被测介质是水还

是油，以及测量范围。

③样品温度、压力。需要提供样品的过程温度及压力，以便选择合适压力等级的流通池及判断是否需要选用高温型分析仪。

④区域防爆要求。明确分析仪安装区域是否防爆，如果是防爆区域，需要提供防爆要求，如 1 区，气体类型（B 或 C），温度等级（T6、T5、T4 等）。

7.2.3.2　水中油或油中水分析仪安装方式

工艺管法兰直接安装，如工艺主管尺寸大于 2in 建议采用旁路法兰安装，推荐 2in 法兰安装，压差只需大于 1.96kPa 即可。建议配管安装如图 7-2-2 所示。

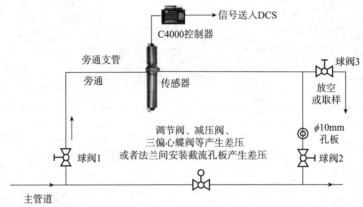

图 7-2-2　水中油或油中水分析仪的建议配管安装示意

7.2.4　应用示例

7.2.4.1　水中油分析仪

工业生产中有很多油类，如燃料油、润滑油、食用油、溶剂油等，每种类别下又有多种油品，这些油品中只有微量的能溶于水，其他都不能溶或者微溶于水，这些不溶于水的微量油在平行光的照射下，具有散射效应与透射效应，因此，使用散射光传感器，通过测量散射光与透射光的关系，就可精准测量出水中不溶解的微量油的含量。

石油化工生产装置都离不开换热设备，热交换器的好坏可以决定物理和化学反应生产的效率，大型换热设备中换热的媒介为冷凝水或者水蒸气，检测热交换器出口的冷凝水或蒸汽凝结水中的油含量，可以判定换热器是否泄漏，是否存在危害安全生产的隐患。

7.2.4.2　油中水分析仪

水是不溶于油的，油中的微量水在平行光的照射下，具有散射效应与透射效应，因此使用散射光传感器，通过测量散射光与透射光的关系，就可精准测量出不溶于油的微量水的含量。

航空煤油的含水量是被严格控制的：飞机经常在高空低温环境飞行，当水分超过一定量后，就会在飞机发动机供油管路结冰，冻结并堵塞供油管路，发动机在没有燃油的供应下会无法运转，后果不堪设想。如在航油供应末端安装在线油中水分析仪，就能实时监控输送到飞行器油箱内燃油的水分含量，确保飞行安全，同时也可以帮助判断过滤器工作状态，降低滤芯损耗。航空煤油的水分监测如图 7-2-3 所示。

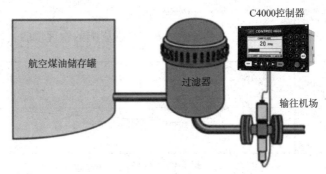

图 7-2-3　航空煤油中的水分监测示意

主要制造厂商：

①水中油：optek，Monitek

②油中水：optek，EESIFLO

7.3　粉尘、烟尘分析仪

粉尘、烟尘都是固体颗粒，主要区别就是微粒径度的大小，一般情况下直径小于 $0.1\mu m$ 的是烟尘；直径大于 $0.1\mu m$ 的是粉尘。

粉尘、烟尘分析仪主要用于检测环境中的粉尘浓度，由于生产性粉尘对人体的危害日益凸显，当前人们对生活工作居住环境的要求越来越高。

粉尘、烟尘分析仪的工作原理主要包括：激光透射法、β 射线法、交流静电感应原理等，主要适用于各种研究机构、气象学、公众卫生学、工业劳动卫生工程学、大气污染研究等。粉尘分析仪广泛应用于疾控中心、矿山冶金、化工制造、卫生监督、环境监测等。

β 射线法是利用尘粒可以吸收 β 射线的原理而研制的。检测仪内的放射源产生的 β 射线通过粉尘粒子时，粉尘粒子吸收 β 射线，根据粉尘吸收 β 射线的量与粉尘质量呈线性关系计算并显示粉尘浓度；交流静电感应原理是利用粉尘颗粒流经探头时与探头之间的动态电荷感应产生信号。交流静电技术以监测电荷信号的标准偏移来确定交流信号的扰动量，并以即时扰动量的大小来确定粉尘排放量；激光透射法是利用激光通过粉尘粒子时，粉尘粒子的散射作用，根据粉尘透光率间接显示粉尘浓度；其中激光透射法原理使用较为普遍，本章主要以激光透射法为例进行介绍。

7.3.1　工作原理

激光粉尘分析仪采用光透射法测量粉尘浓度，基本工作原理如图 7-3-1 所示，该分析仪以半导体激光器作光源，在探测激光束经过分光镜后，反射光被参考探测器检测，形成参考信号；透射光经过含有粉尘的被测环境中，照射到反射模块的反光材料上，反射光束再次穿越被测环境后，由检测探测器检测，形成测量信号。通过对参考信号和测量信号的参比，即可获取由于粉尘造成的透过率信息，其数学表达公式为：

$$T = \frac{I}{I_0} \tag{7-3-1}$$

式中　T——透过率；

I——测量光强;

I_0——参考光强,同时其他用于表征粉尘对光强影响的物理量的表达公式为

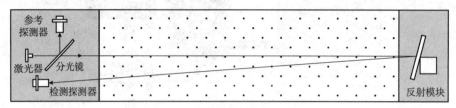

图 7-3-1　激光粉尘分析仪工作原理

浊度:

$$O = 1 - T \tag{7-3-2}$$

消光度:

$$E = \log\left(\frac{1}{T}\right) \tag{7-3-3}$$

根据光与物质的相互作用和 Lambert-Beer 规律,可知:

$$I = I_0 \exp(-ckL) \tag{7-3-4}$$

式中　c——粉尘浓度;

　　　k——消光系数;

　　　L——光程长度。

可得到粉尘浓度的计算公式为:

$$c = KE \tag{7-3-5}$$

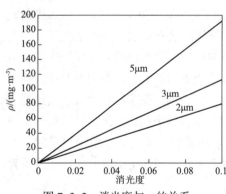

图 7-3-2　消光度与 ρ 的关系

式中:

$$K = \frac{2.3}{kL} \tag{7-3-6}$$

如果粉尘颗粒粒径一致且颗粒分布均匀,粉尘质量浓度 ρ 与消光度呈线性关系如图 7-3-2 所示。

粉尘颗粒粒径、粉尘分布、密度影响和不同工况均影响光透过率,进而影响消光度,所以,粉尘质量浓度与消光度呈现出一定的非线性关系,激光粉尘检测仪使用的粉尘浓度 c 公式为:

$$concentration = cons_0 + cons_1 \cdot E + cons_2 \cdot E^2 \tag{7-3-7}$$

式中 $cons0$,$cons1$,$cons2$ 分别为基值、线性和平方关系系数,其基本计算方法如下:

通过采用比重法等测量方法获取三组不同的粉尘浓度及其对应的消光度值,得到不同粉尘浓度对应的消光度值,获得如下方程组:

$$\begin{cases} concentration_1 = cons_0 + cons_1 \cdot E_1 + cons_2 \cdot E_1^2 \\ concentration_2 = cons_0 + cons_1 \cdot E_2 + cons_2 \cdot E_2^2 \\ concentration_3 = cons_0 + cons_1 \cdot E_3 + cons_2 \cdot E_3^2 \end{cases} \tag{7-3-8}$$

经过变换可得,三个浓度系数为:

$$\begin{bmatrix} cons_0 & cons_1 & cons_2 \end{bmatrix} = \begin{bmatrix} Concentration_1 \\ Concentration_2 \\ Concentration_3 \end{bmatrix} \times \begin{bmatrix} 1 & 1 & 1 \\ E_1 & E_2 & E_3 \\ E_1^2 & E_2^2 & E_3^2 \end{bmatrix}^{-1} \qquad (7\text{-}3\text{-}9)$$

激光粉尘仪的出厂设的标准系数为 $cons_0=0$，$cons_1=1$，$cons_2=0$。

7.3.2 主要特性及技术参数

激光粉尘分析仪采用了反射式光学设计，在增加测量光程、提高测量灵敏度的同时，还使得所有光电器件（传感器、激光器）处于相同的环境温度下，进一步提高系统稳定性。基于高效的反光材料的反射光学设计，降低了光学系统的调节要求，增强了抗振动能力。

激光透射法粉尘分析仪可同时监测透过率、消光度和粉尘浓度，采用原位安装方式，在黏性尘、高温等非理想条件下快速和高精测量。采用高效反射材料技术，检测灵敏度高、测量稳定性好。测量探头自带操作界面，集中度高，操作方便。模块化设计，各功能单元替换简单、维护方便。配备吹扫系统，适应各类工程应用。

激光粉尘分析仪技术指标见表 7-3-1。

表 7-3-1　激光粉尘分析仪技术指标

测量指标	测量范围	透过率：0~100%，80%~100%
		浊度：0~100%，0~20%
		消光度：0~2.5，0~0.1
	测量精度	透过率 / 浊度：± 0.4%
		消光度：± 0.002
技术指标	光通道长度 /m	0.5~15
	烟道温度 /℃	−20~600
	烟道压力 /kPa	−20~50
	响应时间 /s	1~600（可设）
	防护等级	IP65
接口信号	模拟量输出 /mA	2 路　4~20
	数字输出	RS485
	继电器输出	3 路输出（规格：24V，1A）
工作条件	电源	测量单元：24V DC <20W
		吹扫单元：220V AC <400W
	环境温度 /℃	−30~60

7.3.3 选型及安装要求

激光粉尘仪的现场使用情况如图 7-3-3 所示，现场安装工作主要包括固定法兰的焊接、发射单元和反射单元的安装、吹扫单元的安装、光路的调节和电气连接等。

为了保证气流在安装处管道内的

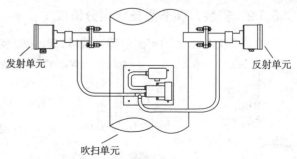

发射单元　　　　　反射单元

吹扫单元

图 7-3-3　激光粉尘仪现场安装示意

均匀性，安装位置需选在一段直管道上，在测量点前的直管道长度至少为管道直径的 2 倍（最好 5 倍）以上，在测量点后的直管道长度至少为管道直径的 0.5 倍（最好 2 倍）以上；条件允许下避免安装在强电磁干扰、强辐射、强腐蚀的环境下。

7.3.3.1 固定法兰的焊接

激光粉尘仪的发射和反射单元分别安装在被测管道（烟道）上的两个固定法兰上。两固定法兰一般应焊接在与被测管道（烟道）上垂直的位置，如图 7-3-4 所示。对于混凝土结构的被测管道（烟道），采用专用的带膨胀螺栓的焊接钢板，如图 7-3-5 所示。

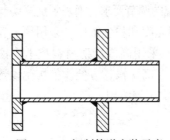

图 7-3-4　钢制管道安装示意

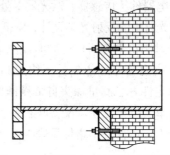

图 7-3-5　混凝土 / 砖烟道安装示意

在安装发射和反射单元时，需注意事项及方法：

烟道两侧的安装孔必须开在烟道 / 管道的同一水平面上，水平位置可借用原建筑的水平基准面或使用水平管找准。开好安装孔后，可使用外径为 DN55 的刚性硬管穿过两侧的固定法兰再进行焊接，如图 7-3-6 所示。在焊接时连续抽动导管，保证导管能自由滑动即可。

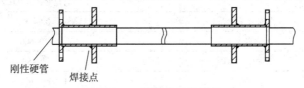

图 7-3-6　导管式安装示意

对于无法导管安装的，可使用专用激光笔和激光靶，进行准直粗调后焊接，如图7-3-7所示。

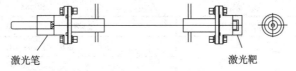

图 7-3-7　导管式安装示意

7.3.3.2 安装、调节激光粉尘分析仪

在焊接完毕上述固定法兰后，就可以开始安装与调节激光粉尘分析仪。安装前，先用润滑油脂润滑各螺纹连接处。

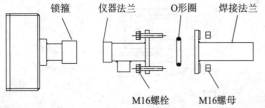

图 7-3-8　仪器法兰安装示意

a）安装仪器法兰

仪器法兰安装如图 7-3-8 所示，即用四对 M16 的螺栓、螺母固定在固定法兰上。

b）调节仪器两法兰的同轴性

依照如下步骤调节仪表两法兰的同

轴性：

①旋转激光笔，使激光笔开关朝上。然后用锁箍把激光笔固定在仪器法兰上。打开激光笔，观察另一侧光斑是否在光靶的中央，如果不是，则调节激光笔端仪器法兰的 4 颗M16 螺钉，把光束调至光靶分划板的中央（见图 7-3-7）。

②把激光笔和光靶互换，重复步骤 a）。

③多次重复步骤②，直至把激光笔和光靶互换后，光斑始终在光靶分划板的中央。

④在激光笔一直打开情况下，紧固激光笔端仪器法兰上的 4 颗锁紧螺钉，同时注意另一端光靶上的光斑是否移动，如果移动，须依次重复①、②、③步骤，直至光斑不移动。

⑤重复步骤④紧固另一仪器法兰。

c）安装发射、反射单元

把发射单元的发射端装入仪表法兰（见图 7-3-8），注意玻环的销钉方向，然后用锁箍固紧，并把紧定螺钉锁紧。相同方法装上反射单元。

7.3.3.3　安装吹扫装置

如果测量环境中粉尘或其他污染物含量较高，则需要安装吹扫装置来保护发射和反射单元上的光学元件。吹扫气体通过仪器法兰上的吹扫口，进入吹扫棒内，在玻环前形成保护气幕，防止被测环境内颗粒物或其他污染物污染隔离玻片。吹扫装置的安装如图 7-3-9 所示。

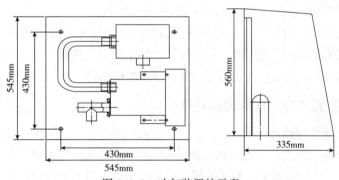

图 7-3-9　吹扫装置的示意

激光粉尘仪吹扫装置及其防雨护罩安装时可固定在反射和发射单元之间的烟道上；使用 32mm 的橡胶管把吹扫装置的出气口连接到发射、反射单元仪器法兰上的吹扫进气口上即可，如图 7-3-10 所示。

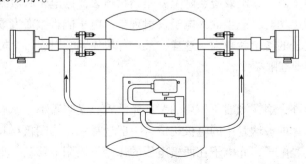

图 7-3-10　吹扫气路连接示意

7.3.4　应用示例

粉尘、烟尘分析仪广泛应用于火电厂、钢铁厂、垃圾焚烧厂、水泥厂、石油化工厂的各种工业窑炉/锅炉，其他工业过程中固定排放物、危险废弃物焚烧、烟气脱硫脱硝系统等大气污染物综合排放的控制和监测。

主要制造厂商：
①艾默生过程控制有限公司
②上海 ABB 工程有限公司

7.4　火焰检测器

7.4.1　工作原理和特性

7.4.1.1　火焰探测器的分类

火焰探测器又称感光式火灾探测器，是用于响应火灾的光特性，即探测火焰燃烧的光照强度和火焰闪烁频率的一种探测器，分为点式火焰探测器和光束火焰探测器两种，其中点式火焰探测器使用普遍，以下着重介绍点式火焰探测器。

点式火焰探测器是响应火焰辐射光谱中的红外和紫外光的感光式探测器。根据工作原理可以分为点式紫外火焰探测器、点式红外火焰探测器、点式复合式红外紫外火焰探测器。目前使用较广泛、技术较先进的是点式红外火焰探测器。

7.4.1.2　火焰探测器的工作原理和特性

a）点式紫外火焰探测器

点式紫外火焰探测器是对明火中的紫外光辐射响应的火灾探测器，适用于大型仓库、飞机库、化工生产及储存场所、发电站等。其核心器件是紫外光敏管，紫外光敏管是一种基于外光电效应原理的光电管。

1）外光电效应

在光线的作用下，物体内的电子逸出物体表面向外发射的现象称为外光电效应。被激发出的电子称为光电子。外光电效应实际上就是当物体表面的电子吸收到某个光子的能量足以克服其自身的逸出功时，产生的光电子发射现象。电子能否被激发取决于入射光线的频率，频率越大，光子的能量就越大。这样，某一种单质就会对应一个能使自身激发出电子的最小光谱频率，即红限频率。

2）紫外光敏管

现在，大部分紫外火焰探测器所使用的紫外光敏管，又叫盖革－米勒管，是由两个封装在充有低压惰性气体的玻璃管中的电极构成，一般选择钨作为阴极材料。当紫外辐射到达阴极后，会激发出光电子，光电子在两极电压的作用下向阳极移动，形成电流。由于惰性气体的作用，光电子在飞向阳极的途中和气体的原子发生碰撞而使气体电离，释放出更多的带电粒子，带电粒子继续与气体原子碰撞，从而达到了放大电流的目的，形成了雪崩放电。

在大气层内部，由于臭氧层的保护作用，太阳辐射中波长在 280nm 以下的电磁波几乎被完全吸收，而由于光敏管玻璃罩透光的限制，紫外光敏管阴极材料的光谱响应波长范围为 185nm~260nm。这样，使用钨等金属材料作为阴极的紫外光敏管就可以达"日盲"的效果，很好地避免了紫外火焰探测器的误报。

3）信号采集

紫外光敏管产生雪崩放电后，其内阻变小，电容器上的电压通过光敏管迅速放电。当电容器上的电压下降到不能够使被激发出的光电子移动到阳极时，光敏管放电停止，电容器继续充电。当电容器上的电压再次达到可以使光电子移动到阳极时，光敏管的内阻再次变小。这样，每重复一次，就会产生一个脉冲，脉冲的频率取决于紫外光照的强度和电路的电气参数。当电路不变，光照越强，频率越高。当测得的脉冲频率高于报警设定值时，探测器发出火灾报警信号。

点式紫外火焰探测器不受风雨、高湿度、气压变化等影响，能在室外使用。但是，一些受污染区域由于臭氧层稀薄，部分紫外辐射可以透过大气到达地表，这就给点式紫外火焰探测器在室外环境下的运行带来了不利影响，增加了其误报警的概率。对于在这样的区域以及雷电频发、有电弧光大量产生的场所使用时，必须采取一定措施以防止非火灾报警。一般在这种场所．建议使用点式红外火焰探测器或点式复合式红外紫外火焰探测器。

b）点式红外火焰探测器。响应火焰产生的光辐射中波长大于 700nm 的红外辐射进行工作的探测器称为点式红外火焰探测器。点式红外火焰探测器按照红外热释电传感器数量不同可以分为点式单波段红外火焰探测器、点式双波段红外火焰探测器和点式多波段红外火焰探测器。

①红外热释电传感器。对于少数电介质，在外加电压的作用下产生的极化状态不会随外加电压的消失而消失，这种现象被称为自发极化。自发极化的强度与温度有关，它的强度伴随温度的上升而降低。当温度上升到某一特定值时，自发极化突然消失，这个温度称为居里点。当电介质受到红外辐射后，其内部温度升高，自发极化强度随之降低，这时它表面的电荷也随之释放，当温度达到居里点时，电荷全部释放，这种现象称为电介质的热释电效应。红外热释电传感器就是基于这种原理制成的。

传感器热释电元件是传感器的探测单元。电介质相当于一个等效电容，在外部电压对其极化后，相当于对其充电，在红外光的照射下，电介质温度升高，随之放电。这样，在等效电阻上会产生一个压降。通过测量监视电流便可得到一个控制信号。控制信号正比于红外光强度的变化，如果红外光强度持续不变，电介质温度不再升高，表面的电荷也达到新的极化稳定状态，这时相当于等效电容重新被充电饱和，不再进行放电，同时就没有信号输出。只有在电介质表面电荷达到平衡状态后，温度再次升高才能产生电荷释放，这样，在红外热释电传感器工作时，必须要有辐射强度不断变化的红外光照射才能产生持续的信号脉冲。一般采集的压降只有 1mV 左右，必须经过放大器将信号放大。

②点式单波段红外火焰探测器。常见的明火火焰辐射的红外光谱范围中，波长在 4.1~4.7μm 的辐射强度最大。这是因为烃类物质（天然气、酒精、汽油等）燃烧时产生大量受热的 CO_2 气体，受热的 CO_2 在位于 4.35μm 附近的红外辐射强度最大。而地表由于 CO_2 和水蒸气的吸收作用，太阳光辐射的光谱中位于 2.7μm 和 4.35μm 处的红外光几乎完全不

存在。所以，红外火焰探测器探测元件选取的探测波长可以选择在2.7μm或4.35μm附近，这样可以最大限度地接收火焰产生的红外辐射，提高探测效率，同时避免了阳光对探测器的影响。现在，大多红外火焰探测器选取的响应波段在4.35μm附近。在红外热释电传感器内部加装一个窄带滤光片，使其只能透过4.35μm附近的红外光，太阳辐射则不能通过。一般选取的滤光片的透光范围在4.3~4.5μm。

当红外辐射通过各种光学器件到达红外传感器之后，所产生的信号被送入放大电路中，若输出信号在一个确定的时间范围内多次超过报警阈值，则系统给出报警信号。

③点式双波段红外火焰探测器。通过分析烃类气体的火焰光谱可以发现，燃烧产物中炽热的CO_2气体在4.3μm附近有一个独特的峰值辐射波段，双波段红外探测器一般都被设计为对该峰值辐射产生响应，另外再选用位于这个峰值波段附近（3.8~4.1μm）的背景辐射作为其参考探测目标。探测器的信号处理电路主要从以下几个方面对上述两个波段接收到的辐射信号进行分析处理，从而将火焰和其他干扰源区别开来：信号的闪烁性，单一波段接收到的信号强度（阈值分析），2个探测器所接收到的信号强度间的比值。

两个因素制约了红外双波段火焰探测器的探测距离。一是空气中所含的CO_2气体对于火焰在4.3μm波段发出的峰值辐射具有很强的吸收作用，于是辐射信号随探测距离的增加而发生剧烈衰减，当探测距离增加到一定程度时，由于接收到的火焰辐射信号达不到一定的阈值，火焰探测器将失去对火焰信号的响应能力。信号随探测距离的衰减也同样对2个波段接收到的辐射信号的比值产生影响。当峰值辐射波段的信号强度衰减到和背景辐射波段的信号强度相同时（即2个信号间的比值为1∶1），火焰探测器的逻辑分析电路也将失去对火焰信号的鉴别能力；二是目前开发的红外双波段火焰探测器中所使用的红外传感器（如热电堆、焦热电传感器、硒化铅等）都有一定程度的内部噪声，且都具有信噪比低的缺点。当探测距离增大时，由于辐射信号的衰减，传感器所接收到的火焰信号强度与传感器的内部噪声之间的差异将不是很明显，火焰信号有可能淹没在探测器的噪声之中而无法被检出，这时就必须引入更为复杂的逻辑分析电路才能达到识别火焰的目的。

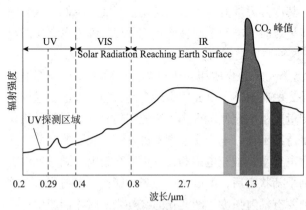

图7-4-1　不同波段与辐射强度的关系

④点式多波段红外火焰探测器。点式多波段红外火焰探测器使用了3个具有极窄探测波段的红外传感器作为探测器件，3个传感器各自所覆盖的探测波段如图7-4-1所示。从图中可以看出，除了和普通红外火焰探测器一样选择了CO_2峰值辐射作为主要探测目标之外，3个波段红外火焰探测器还在CO_2峰值辐射波段两侧各选择了一个用于鉴别高温红外辐射源和背景辐射的窄波段作为监视目标。由于任意一个红外辐射源在这3个波段都有自己独一无二的光谱特征，比较3个波段辐射强度之间的数学关系，就可将火焰和其他红外辐射源区别开来。另外，红外三波段火焰探测器很好地解决了探测信号随探测距离的增加而衰减的矛盾，即使3个波段的辐射信号因空气的吸收而发生衰减，其辐射强度之间的数学关系却并不随信

号的衰减而发生变化，采用数字相关技术分析接收到的信号，就可以将因衰减而淹没在噪声中的火焰信息检出，从而较大地提高了探测器的探测距离和灵敏度，经测试发现红外三波段火焰探测器的有效探测距离比普通火焰探测器至少提高了 4 倍。因其探测原理的先进性，红外三波段火焰探测器对除连续性的、经过调制的或具有周期变化特性以外的其他非火焰红外辐射源（如照明光源、黑体和灰体辐射源等）都具有抗干扰能力，误报率非常低。

c）点式复合式红外紫外火焰探测器

点式复合式红外紫外火焰探测器就是一个探测器上既具备紫外光敏管又具备红外热释电传感器，通过分析大量的试验数据，运用科学算法设计一个最佳抗误报的工作模式。在红外辐射成分与紫外辐射成分分别达到某一特定值时，探测器才发出火灾报警信号，这样在更大程度上防止了误报警。

7.4.2 主要技术参数

工作电压：24V DC。

信号输出：4~20mA，继电器，HART，RS-485，Modbus。

灵敏度：$0.1m^2$ 的正庚烷火焰，能在 65m 处探测到并发出报警信号。

响应时间：通常 5s。

探测器的视野：100° 水平，95° 垂直。

内置自检：自动 / 手动。

镜面加热：消除镜面上的冷凝和结冰。

报警延迟：最多可达 30s。

温度范围：–55~+75℃。

防护等级：IP66/67。

防爆等级：Exd e IIC T5 Gb。

Ex tb IIIC T96℃ Db（–55℃ ≤ T_a ≤ +75℃）。

7.4.3 选型及安装要求

7.4.3.1 火焰探测器选型

选择火焰探测器时，必须明确以下几个因素：

①有火警危险的所有燃料。必须了解哪些燃料具有最大的危险性，是碳氢化合物还是无机物，是液体、气体还是金属等。这有助于确定火焰探测器的恰当类型。

②使用的环境条件。应考虑使用环境中是否存在灰尘、浓烟、油雾或蒸气等，以便确定安装合适的火焰探测器。

③能够探测的最小火警和最长探测距离。探测器的敏感度和探测范围与火的大小有关。探测器的灵敏度一般以 $0.1m^2$ 正庚烷或乙醇明火为标准。然后根据探测火警的距离以及相应反应时间来确定探测器类型。

④火警响应的速度。根据使用环境要求，确定设置不同延迟报警时间，以保证探测器的适应性。

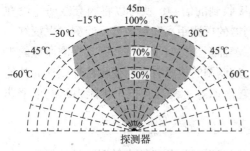

图 7-4-2 探测器视野保护区域示意

7.4.3.2 火焰探测器的保护区域

火焰探测器可探测的火警满足平方反比定律，即探测器距离增加 1 倍，那么只有 25% 的辐射可能到达探测器，3D 锥形视野的保护区域如图 7-4-2 所示。

7.4.3.3 火焰探测器的安装原则

a）安装位置

火焰探测器可安装在墙上、屋顶或固定架上。安装时应尽可能避免障碍物的阻挡，对于横竖尺寸不超过 0.5m 的障碍物，探测器距障碍物的距离不小于 2.5m；对于外形尺寸超过 0.5m 且无法避免时，应适当增加探测器的数量。

b）安装高度及距离

火焰探测器的安装高度及位置应根据探测器的灵敏度而定，一般情况下，探测器应安装在保护区内最高的监测目标高度 2 倍的地方，同时确保受保护目标在探测器的有效探测区域内。探测器距离监视目标可根据火灾特性而定，并考虑被监测目标着火时，火焰不直接接触到探测器。同时要考虑到便于探测器的日常维护。一般要求探测器距离被监视目标不小于 1.5m。

c）火焰探测器安装角度

火焰探测器在中心轴周围 ±45° 都有一个约 90° 的 3D 锥形视野。使用时，应使探测器向下瞄准 45°，如图 7-4-3 所示。这样可确保探测器既能向下探测又能向前探测，同时可尽量避免灰尘、污垢聚集探测窗口。

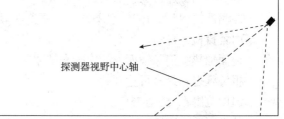

图 7-4-3 火焰探测器安装角度示意

d）避免探测盲区

由于火焰探测器的敏感度在视野锥形物的边缘会降低，有火灾时，探测器虽有反应，但要在大火的情况下，探测器的边缘报警所需的辐射能量一般为中轴所需的辐射能量的 4 倍左右。因此，设计时，要求两探测器之间的有效探测区域应保证有一定的重合，避免存在探测死角或临界盲区。重合面积一般应在 5% 以上。同时，为保证安全可靠性，一般在探测器的对面也安装 1 台探测器，这样以便在另一台探测器出现故障时提供备用。

e）防护

火焰探测器安装在户外时，红外探测器长时间受太阳、电炉、电机等辐射的加热作用，其本身温度会升高，从而产生黑体辐射效应，也有可能引起传感器的误报警，因此安装时应加装遮阳罩。同时，在探测器视野的锥形物内应避免可能引起误报的辐射体。

7.4.4 应用示例

点式火焰探测器主要用于探测碳氢化合物类燃料燃烧时产生的火焰，较适合于在机库、工厂车间、中庭等大体积建筑空间以及化工厂、石油探井、海上石油钻井平台，罐区和炼油厂等露天环境中使用。

主要制造厂商：

①艾默生过程控制有限公司，旗下拥有 Rosemount 和 Spectrex 两个火焰探测器品牌

7.5 机械状态监测仪表

7.5.1 分类及工作原理

7.5.1.1 振动

振动是物体在机械激振力的作用下相对于参考点的运动。参考点可以是轴承的中心、轴的中心或者是轴承座的中心。按产生振动的原因可分为自由振动、受迫振动和自激振动；按振动的规律可分为简谐振动、非谐周期振动和随机振动；按振动系统结构参数的特性可分为线性振动和非线性振动；按振动位移的特征可分为扭转振动和直线振动。

各种类型振动特性都可以用振幅、频率和相位这三个基本参数来描述。

振幅是以定量化方式表示振动的范围和大小的物理量，它可以是物体离开平衡位置的距离（位移），也可以是单位时间内离开平衡位置距离的变化率（速度）。或者单位时间距离变化率的快慢程度（加速度）；因此振幅的工程单位有位移（mm 或者 μm）、速度（m/s）、以及加速度（m/s^2 或者 g）。

频率是单位时间内的振动次数，表示物体振动的快慢，工程单位为次 / 秒，又称赫兹（Hz）。通过信号处理（比如 FFT），各种复杂机械振动都可分解为多种单一频率成分的简谐振动。

相位是一个振动部件相对于机器的另一个振动部件在某个固定参考点处的相对移动，即某个位置处的振动运动相对于另一个位置处的振动运动，是对于所发生位置变化程度的量化。振动相位通常用角度为单位。

振动传感器的分类，按参考坐标的不同，可分为相对式与绝对式（惯性式）；按是否与被测物体接触，可分为接触式与非接触式；按测量的振动参数的不同，可分为位移、速度、加速度传感器；按照工作原理的不同，可分为电涡流、磁电式（电动式）和压电式。目前，常见的振动传感器有电涡流传感器、压电式加速度传感器和磁电式速度传感器。

a）电涡流传感器

根据法拉第电磁感应原理，块状金属导体置于变化的磁场中或在磁场中作切割磁力线运动时（与金属是否块状无关，且切割不变化的磁场时无涡流），导体内将产生呈涡旋状的感应电流，该电流叫电涡流，以上现象称为电涡流效应。而根据电涡流效应制成的传感器称为电涡流式传感器。电涡流式位移传感器由探头和前置器组成，探头对着测量表面，并不接触，属于非接触式测量。前置器中高频振荡电流通过延伸电缆流入探头线圈，在线圈中产生交变的磁场。当被测金属体靠近这一磁场，则在该金属表面产生感应电流，与此同时该电涡流场也产生一个方向与头部线圈方向相反的交变磁场，由于其反作用，使头部线圈高频电流的幅度和相位得到改变，即改变线圈的有效阻抗，这一变化与金属体磁导率、电导率、线圈的几何形状、几何尺寸、电流频率以及头部线圈到金属导体表面的距离等参数有关。在前置器激励电流参数、线圈参数、金属（转子）电导率和磁导率都为常数

的情况下，线圈的特征阻抗是间隙的单值函数。通过前置器电子线路的处理，将线圈阻抗的变化，即头部体线圈与金属导体的距离的变化转化成电压或电流的变化；输出信号的大小随探头到被测体表面之间的间距而变化，电涡流传感器就是根据这一原理实现对金属物体的位移、振动等参数的测量。前置器输出的是电压信号，该电压与探头和转子之间的间隙成正比，电压可分为直流量和交流量两部分。直流量对应于初始间隙（又称安装间隙）或平均间隙，用于测量轴位移；交流量对应于振动，用于测量轴振动。

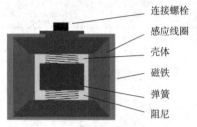

图 7-5-1 磁电式（电动式）
速度传感器结构示意

b）速度传感器

常见的磁电式（电动式）速度传感器结构如图 7-5-1 所示。

速度传感器工作时，磁铁随壳体与物体一起振动，而感应线圈与磁铁的振动并不同步，而是发生相对运动，线圈切割磁铁的磁力线而产生电动势，在磁通量及线圈参数均为常数的情况下，电动势的大小与线圈切割磁力线的相对速度成正比。磁电式速度传感器的输出电压与被测物体的振动速度成正比。

c）压电式加速度传感器

压电式加速度传感器如图 7-5-2 所示，是基于压电晶体的压电效应工作的。某些晶体在一定方向上受力变形时，其内部会产生极化现象，同时在它的两个表面上产生极性相反的电荷；当作用力方向改变时，所产生的电荷的极性也随之改变；晶体受力所产生的电荷量与外力的大小成正比，该现象称为压电效应。有"压电效应"的晶体称为压电晶体。根据该原理制成的传感器叫作压电式加速度传感器。该传感器的输出电压与被测物体的振动加速度成正比。

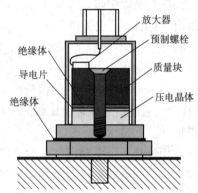

图 7-5-2 压电式加速传感器
结构示意

7.5.1.2 位移量

位移量是指运动部件相对于某个参照系从一点到另一点移动的物理距离，该距离可表述为直线位移或者旋转角度（角位移）。石油化工动设备中常见的位移量测量有与旋转机械相关的轴向位移、转子偏心、差胀、机壳膨胀、阀门位置或阀门开度、阀门旋转角度。以及往复式机械上的活塞杆沉降等。

位移传感器可以分为电涡流传感器、直线位移传感器和 角位移传感器等。

a）直线位移传感器

直线位移传感器就是线性可变差动变压器 LVDT（Linear Variable Differential Trans former）。

LVDT 由 1 个初级线圈、2 个次级线圈、铁芯、线圈骨架以及外壳等部件组成。初级线圈、次级线圈分布在线圈骨架上，线圈内部有一个可自由移动的杆状铁芯。当铁芯处于中间位置时，2 个次级线圈产生的感应电动势相等，这样输出电压为零；当铁芯在线圈内部移动并偏离中心位置时，2 个线圈产生的感应电动势不等，有电压输出，其电压大小取决于位移量的大小，为了提高传感器的灵敏度，改善传感器的线性度、增大传感器的线性范围，设计时将 2 个线圈反串相接、2 个次级线圈的电压极性相反，LVDT 输出的电压是 2 个次级线圈的电压之差，这个输出的电压值与铁芯的位移量呈线性关系。

b）角位移传感器

角位移传感器就是旋转位置传感器 RPT（Rotary Position Transducer）。最常见的用途是测量汽轮机蒸汽阀门旋转开度，由壳体、偏心凸轮、电缆导管接头以及非接触式电涡流传感器组成。RPT 采用柔性连接装置与蒸汽阀门控制轴端部相连，电涡流探头观测精密加工的偏心凸轮；随着汽轮机阀门开启或关闭，汽阀控制轴带动 RPT 偏心凸轮一起旋转，使电涡流传感器间隙电压发生变化。间隙电压的变化与阀门开度的变化成正比。

RPT 本质上是一种电涡流传感器，专门为旋转阀位测量应用而做的创新性改型设计，是用来替代老式电位计传感器的最佳选择。

7.5.1.3　转速测量

转速是指做圆周运动的物体在单位时间内沿圆周绕圆心转过的圈数，是旋转机械状态监控的一个重要参数。石油化工动设备中与转速相关的测量包括转速计（转速指示）、零转速、转子加速度、反向旋转（反转）以及超速检测与保护应用。

转速传感器可以分为磁阻式转速传感器、电涡流测速传感器和电涡流式接近开关等。

a）磁阻式转速传感器

磁阻式转速传感器采用电磁感应原理实现测速，由金属壳体内封装的感应器（永磁体、软磁衔铁或极片，以及线圈）、螺纹外壳以及引出线 / 电缆组成。该传感器测量原理是磁场（磁力线）由磁铁发出，通过衔铁和线圈，当有导磁物体靠近或远离时线圈中磁通量发生变化，线圈感应出电动势的变化，线圈内部感应出一个交流电压信号。如果导磁性物体安装在可转动部件，通常指转子的测速齿轮或带凹凸槽的圆旋转轴上测速齿轮，感应与转速成比例的频率信号；如果是渐开线齿轮，感应电压则是正弦波。信号幅值大小与转速成正比，与探头端面和齿顶间间隙大小成反比。

磁阻式转速传感器属于被动式 / 无源传感器，不需要外供电，在高转速下输出信号强，抗干扰性能好，安装使用方便。但在低转速测量应用中（250r/min 以下），由于磁阻式传感器输出的测量信号幅值不满足要求，所以不适用。

b）电涡流测速传感器

当电涡流传感器用于转速测量时，在旋转机械转子上加工或者装配一个有若干凹缺或凸起的圆盘状或齿轮状的金属体（即测速盘），然后在测速盘的径向方向安装一只电涡流探头，探头与测速盘凹缺或凸起之间保持适当的间隙；当测速盘随转子转动时，探头端部与测速盘凹缺或凸起之间的间隙发生变化，使得电涡流传感器的间隙电压也随之而变化，其动态变化频率与转子的转速成正比。因此，只要测出电涡流传感器间隙电压动态变化频率，即可得到转速。

c）电涡流式接近开关

电涡流式接近开关由振荡器、开关电路，以及放大输出电路三部分组成。电感式接近开关工作时，振荡器产生交变磁场，当金属靶体接近该磁场并达到感应距离时，金属靶体内产生涡电流，导致振荡衰减以至停振。振荡器及停振的变化被后级放大输出电路处理并转换成开关信号，触发驱动控制器件，从而达到非接触转速检测之目的。

7.5.1.4 键相

键相信号通常就是由一个 8mm 电涡流传感器提供的每转产生一个的电压脉冲，它用于机器旋转速度和振动相位滞后角的测量。键相信号是获取机器状态信息和大轴旋转速度所不可或缺的。电涡流传感器与转子中的键槽或键块相对应，测量转子的转速，输出电压脉冲信号，进而测量键相。键相测量原理如图 7-5-3 所示。

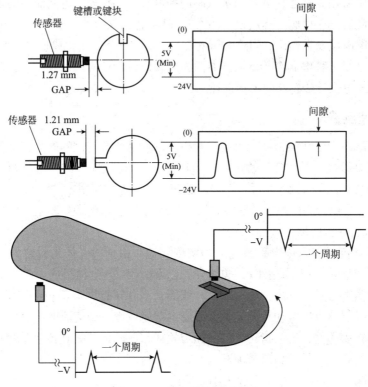

图 7-5-3　键相测量原理示意

失去键相信号时会对机器监测与诊断造成严重影响，一般建议安装冗余键相探头；这对于只能在机壳内部安装传感器的机器特别关键。在这种应用中，应当安装备用键相传感器，并将传感器延伸电缆引出到机器外部的传感器就地端子箱中。

键相信号被机械监测、诊断与管理系统（MMS）用来产生经滤波后的振动幅值、相位滞后角、转速以及其他信息，包括转子平衡矢量信息等。它还是测量转子偏心、慢滚动（Slow Roll）或径向跳动信息所必需的要素。键相信号能帮助操作人员或机械专家识别机组出现的故障。

7.5.2　主要技术参数

7.5.2.1　振动传感器主要参数

a）电涡流传感器

以直径 8mm 探头的传感器为例：

测量范围　静态：0~4.0mm；动态：0~500μm。

灵敏度：8V/mm。

频率范围：0~20kHz。

温度范围：–35~180℃（–31~250 ℉）。

b）速度传感器

测量范围 0~1.27m/s；灵敏度 28.5mV/（mm·s^{-1}）[723.9mV/（in·s^{-1}）]；频率范围 4Hz~1kHz；温度范围 –20~100℃（–4~180 ℉）。

c）加速度传感器

测量范围：±50g（±490m/s^2）；灵敏度：100mV/g [10.2mV/（m·s^{-2}）]；频率范围：0.5~10kHz；温度范围：–54~121℃（–65~250 ℉）。

7.5.2.2 位移传感器主要参数

a）电涡流传感器

测量范围 0~27.9mm，温度范围 –35~180℃。

b）直线位移传感器

测量范围 0~254mm，温度范围 –55~150℃。

c）角位移传感器

测量范围 0~3000mm，温度范围 –54~121℃。

7.5.2.3 转速传感器主要参数

a）磁阻式转速传感器

测量范围 0~4×10^{3}r/min，温度范围 –35~180℃。

b）电涡流测速传感器

测量范围 0~999999r/min，温度范围 –55~150℃。

c）电涡流式接近开关

转速测量范围 0~4×10^{3}r/min，温度范围 –54~121℃。

7.5.2.4 键相传感器主要参数

同电涡流传感器的参数有关内容。

键槽或键块的规格如图 7–5–4 所示。

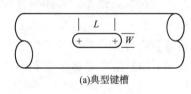

(a)典型键槽

转子直径为152mm
旋转方向:逆时针
位置:推力轴承外侧驱动轴，与平衡环上0度方向对齐
长:15mm，宽:大约9.5~13mm，深:1.5~2.5mm，半径:大约9.5mm
传感器:8mm电涡流探头
设置:探头端部到转子表面间隙1.3mm – 并非对准键槽
机加工方法:19mm球头立铣刀，铣至建议深度

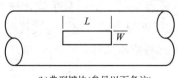

(b)典型键块(参见以下备注)

转子直径为152mm
旋转方向:逆时针
位置:推力轴承外侧驱动轴，与平衡环上0度方向对齐
长:15mm，宽:6.4mm，高:高出转子表面5mm
传感器:8mm电涡流探头
设置:探头端部到转子表面间隙6.4mm – 并非对准键块
机加工方法:加工凸块，以某种正向方式固定在转子上
具体执行随应用不同而有变化，以"实际设计"为准

图 7–5–4 键槽、键块规格

7.5.3 选型及安装要求

7.5.3.1 振动传感器的选型及安装要求

a）电涡流传感器

电涡流传感器测量比较准确，常用于汽轮机、发电机、燃机、压缩机等设备的振动测量。

①量程范围：0~1.5mm、0~2mm、或 0~4mm。

②环境要求：最高工作温度、防水或者存在腐蚀性气体。

③靶面材料：被观测转子是标准 AISI 4140 或其他特殊金属材料。

④传感器系统长度要求：1m、5m、9m。

⑤探头安装要求：正装或反转。

⑥探头长度：支架设计要求、安装空间限制。

⑦探头电缆长度：探头尾缆长度 0.5m、1m 或其他特殊长度。

⑧接头类型：配接头保护器。

⑨铠装电缆：铠装非铠装。

根据 API 670 规范要求，轴振测量必须采用 2 只电涡流传感器，2 只传感器的探头要共面 90° ±5° 正交安装，并且要垂直于轴线 ±5°。

对测量轴表面要求：必须与轴承轴颈同心，没有印痕、刮痕或任何其他机械不连续性，不能有涂层或者镀层，最终表面粗糙度不能超过 1μm，转子表面必须做消磁或以其他方式处理，确保总的电气和机械跳动不超过允许的最大峰 – 峰振幅的 25% 或 6μm，较大者优先。

b）转速传感器

速度型振动传感器主要用于测量设备的壳体振动，主要针对使用滚珠轴承的机器，也有应用于一些油膜轴承机器上，来测量外壳振动或者轴承箱振动等，常用于燃气轮机、风机、水泵等振动测量。选型时应当充分考虑被测对象频响范围、量程、安装角度 / 方向（尤其是对测振轴线敏感的动圈式速度传感器）、安装螺纹规格、最高工作温度，以及是否位于危险区。其中传感器的频响范围和量程能否有效、真实地反映被测对象在各种工况下实际运行时的振动状况显得尤其重要。

安装速度型传感器时应当注意以下几点：

①安装角度。速度传感器需要考虑安装角度，安装位置必须与选型时具体型号所规定的安装角度相符合。压电式速度传感器无安装角度要求。

②安装表面。传感器就位处要求一个直径至少与传感器壳体大小相同的平整表面；为保证最佳测量效果，该平整表面粗糙度（RMS）应不大于 0.813μm、平整度总和指示器读数（TIR）应至少为 20.3μm。

③安装力矩。用安装螺栓把传感器固定在被测对象表面时需要用扳手施加适当的力矩，力矩过小传感器固定不牢固；力矩过大则可能造成传感器内部感应元件被破坏。不同传感器对力矩大小的要求不尽相同，具体请参见相关传感器技术资料。

c）加速度传感器

加速度传感器具有优越的高频响应，可用于测量齿轮箱啮合频率、滚珠轴承的包络分析等场合。加速度传感器选型时应当充分考虑被测对象频响范围、量程、安装螺纹规格、最高工作温度以及是否位于危险区。其中传感器的频响范围和量程能否有效、真实地反映被测对象在各种工况下实际运行时的振动状况显得尤其重要。

安装加速度传感器时应当注意以下几点：

①安装表面：传感器就位处要求一个直径至少与传感器壳体大小相同的平整表面；为保证最佳测量效果，该平整表面 RMS 应不大于 $0.813\,\mu m$、TIR 应至少 $25.4\,\mu m$。

②安装力矩：同速度传感器。

7.5.3.2　位移传感器的选型及安装要求

a）电涡流传感器

电涡流传感器的选型及安装要求同 7.5.3.1。

b）直线位移传感器

按照直线位移传感器（LVDT）初级线圈输入电压类型，可分为交流型 LVDT 和直流型 LVDT。

交流型 LVDT 的工作温度范围通常从 $-55\sim+150℃$，有效量程大、体积紧凑、耐冲击，适用于高温环境，比如汽轮机蒸汽调节阀阀位测量。交流 LVDT 的缺点是输出信号不能远传，使用时位移监测器需要配置专用的 I/O 模块或信号调节器。

直流型 LVDT 是将信号调节器集成在一起，因此工作温度范围较交流型 LVDT 要小得多，通常在 $-25\sim+85℃$，体积较大，量程范围也相对比较小；但直流型 LVDT 的线性度、灵敏度比交流 LVDT 好，而且可输出 0~5V DC、0~±10V DC 或者 4~20mA 远传信号。机壳膨胀或者汽缸膨胀监测通常采用直流型 LVDT。

c）角位移传感器

角位移传感器（RPT）的量程选择应考虑阀门旋转范围。

7.5.3.3　转速传感器的选型及安装要求

a）磁阻式转速传感器

选择磁阻式转速传感器时应考虑如下要求：

①传感器壳体材质。非磁性不锈钢（AISI 303 或 304）、磁性不锈钢（AISI 416）或者铝制壳体。

②磁极直径一般为 $0.187''$，$0.106''$，$0.093''$，$0.062''$，$0.042''$。

③配套电缆及接头可拆卸。

④磁阻式转速传感器的要充分考虑相关安装环境和安装要求，一般安装在适当的间隙范围内。

b）电涡流测速传感器

电涡流传感器首选 5mm 或 8mm 规格，这也是 API 670 推荐的选项。某些特殊情况下（比如物理空间受限），可以考虑 NSv 电涡流传感器系统。

电涡流测速传感器也需要与测速装置配合使用。测速装置可以是齿轮、齿状圆盘、某个转子表面内的均匀开孔或者其他能够为转速传感器提供间断性观测间隙的靶面。为确保输入到电超速系统信号幅值在允许的最小和最大电压限值范围内，测速装置要与传感器类型匹配。

在安装测速装置时，应当注意要确保轴向移动偏差不会造成测速感应表面超出传感器量程范围。由于受热和转子正常的轴向浮动，机器可能会膨胀或收缩。采取上述预防措施就能解决膨胀和收缩的问题。测速装置厚度需适当，或者位于不受转子或转速传感器安装支架轴向过盈膨胀或收缩影响的地方。

c）电涡流式接近开关

接近开关首先要考虑的就是测量距离。选择满足使用距离即可，选择开关过大的感应距离会增加设计成本；其次是开关的频率，即每秒开关阻尼和非阻尼状态进行转换的最大次数；然后是开关的工作电压、安装方式、开关输出方式以及使用防护等级。

电感型接近开关的输出分为 NPN 和 PNP 两种，PNP 型开关共负极使用，NPN 型开关共正负极使用。在与一体化 PLC 配套使用时应当注意，因为不同厂家的 PLC 公共端要求的电源极性不同。

根据出线方式接近开关分为两线制、三线制和四线制，两线制有直流型和交流型，三线制和四线制一般为直流型。在使用中不允许两线制直流接近开关串并联连接；两线制直流接近开关与 PLC 一起使用最佳。三线制和四线制直流接近开关串联时，电压降相加，单个接近开关的准备延迟时间相加。电感型转速测量接近开关通常为三线。

7.5.3.4　键相传感器的选型及安装要求

键相传感器必须观测驱动设备转子。在多个轴系不同转速的机组上，每个转子上都必须有一个键相传感器。转子上的键槽或键块应当设计成在机器所有运行工况下都能提供准确的键相信号，并且在把键相传感器安置在正确位置时务必小心谨慎。

由于热增长效应会导致转子上的参考标记超出键相传感器的观测范围，因此键相传感器的安装位置应尽可能靠近止推轴承，从而最大限度地减小热增长效应的影响。

键槽或键块必须与驱动设备转子是一个整体。当参考标记位于非转子整体部件时，比如联轴器、短轴、中间轴以及套装轴肩，在停机后机组解体再装配过程中，由于转子零部件重新排列，可能会危及以往的历史键相信息。

因为凹槽是应力集中点，所以键槽不应开在高扭矩区域，比如联轴节轮毂处或联轴节法兰处。键槽或键块应当纳入机组的设计范畴中；设计键槽或键块时应当根据传感器类型、转速以及转子直径给出适合的内径、宽度、深度 / 高度以及长度。键槽或键块应当与平衡环上 0° 位置的平衡孔对齐或者转子上替他某些明显的特征对齐。

键相传感器的位置、安装方向角度，以及键槽的位置都应正确地记录在案。准确的书面记录文档对诊断仪表和软件的正确使用及组态是至关重要的。

在两种获取键相脉冲的方法中，因为键槽不仅更容易设计加工、对键相探头造成破坏的可能性更小，所以键槽比键块更可取。当键相标记是键槽时，探头应当对准光滑的转子表面设置间隙电压而不是键槽。当键相标记是键块时，探头应当对准键块凸起的顶部，进行间隙电压设置。

7.5.4　应用示例

7.5.4.1　振动传感器

转子相对振动（又称径向轴振）测量。适用于采用液压滑动轴承的旋转机械的振动测量。

转子绝对振动测量。转子绝对振动是指转子运动相对于自由空间的振动，是在相同位置安装 2 个传感器，用于记录电涡流信号和经过积分的速度信号，测量大轴相对运动与轴承地震式运动的矢量和。

相位参考（键相）测量。用于机器旋转速度和作为振动的相位滞后角的测量。键相信号是获取旋转机械设备状态信息和转子旋转速度所不可或缺的。

往复式压缩机曲柄角测量（即多齿键相）。

往复式压缩机十字头冲击振动测量。在十字头导轨上方安装加速度传感器是检测因冲击类似事件所导致机械问题的最佳方法。

7.5.4.2　位移传感器

轴向位移是相对于止推轴承测量得到的汽轮机转子轴向位置，始终参与跳闸停机保护，大型汽轮机需要监测转子慢速转动下的偏心度，即峰－峰值偏心度。机组在冲转前要对偏心峰－峰值设置一个可接受的报警限值，以防止由转子碰磨导致的密封受损。

差胀是转动部件与静止部件之间的相对热膨胀，是大型汽轮发电机组运行与管理的重要参数。机壳膨胀通常是指汽轮机汽缸壳体的热膨胀，是壳体相对于其安装基础的热膨胀测量值。通常采用 LVDT 型传感器是测量机壳膨胀。

阀位是阀杆或配汽凸轮与汽阀开启及阀门全行程有关的位置测量。阀位测量通常采用 LVDT 型传感器。

往复式压缩机活塞杆沉降测量。

7.5.4.3　转速传感器

a）转速表

对于关键或者重要旋转设备，永久性安装的磁阻式转速传感器或者电涡流传感器把信号接入转速表或转速监测器，在线连续精确测量旋转机械工作转速；转速表或者转速监测器还可以把经过处理的转速信号以模拟量或数据通信方式传送给 PLC、DCS 或者其他第三方系统，用于转速调节、趋势显示或者就地/远方操作指示。

b）零转速表

零转速就是当机组接近或达到 0 时的转速测量指示。零转速测量必须采用 2 个电涡流传感器。零转速监测常用于盘车装置投切允许信号。

c）转子加速度测量

转子加速度就是转子转速从 0 升至运行转速的加速度速率。转子加速度测量常用在大型汽轮发电机组上，因为既要使机组达到工作温度时各个部分充分膨胀，又要让升速时的速度不至过快。

d）反转测量

采用电动机拖动的旋转机械（比如工艺泵、风机等）在运行工作时电机可能会突然发生反向旋转，这种突发事故会给电机造成严重的破坏，因此对电机反转的识别和保护是状态监测系统不可缺少的功能。反转测量是通过观察同一个测速盘的两只电涡流传感器定时脉冲输入之间的差异得到的。

e）超速检测与保护

关键汽轮发电机组或者汽轮机拖动压缩机组通常配置了多道超速保护系统/装置：机组调速系统或者控制系统提供了第一道超速保护功能；机械保护系统提供的是第二道超速保护，即常说的电超速保护系统或者紧急超速保护系统；第三道超速保护功能由汽轮机危急遮断器（机械撞击子）实现，即机械超速保护。

主要制造厂商：

美国 GE 本特利内华达

7.6 称重仪

7.6.1 工作原理和特性

7.6.1.1 称重仪的组成及分类

称重仪主要由称重传感器及称重显示仪表组成。称重传感器是将力（重量）转换成电信号输出的装置。称重显示仪表将来自称重传感器的弱电信号进行放大、A/D 转换及处理，并进行显示、标定以及通过各种接口与其他设备进行通信及控制。不同类型的称重仪外形如图7-6-1 所示。

图 7-6-1　称重仪外形示意

称重传感器的转换原理主要有电阻应变式、电磁力式、电容式及振弦式等。

在商用及工业用衡器和称重系统中，普遍采用电阻应变式称重传感器。电阻应变式称重传感器按结构型式分为：剪切梁式称重传感器、S 形拉式称重传感器及柱式称重传感器等。

7.6.1.2 称重传感器及称重显示仪表工作原理

以电阻应变式称重传感器为例，传感器主要由弹性体、应变片和电路三部分组成。弹性体（或称弹性元件、敏感梁）在外力即物体重力的作用下，产生弹性变形，使得粘贴在其表面的电阻应变片（敏感元件、转换元件）也随同产生变形；电阻应变片变形后，其阻值将发生变化，再经适当的检测电路将变化电阻转换为相应的电信号（电压或电流）输出，从而完成将外力变换成为电信号的过程。电阻应变式称重传感器的工作原理如图7-6-2 所示。

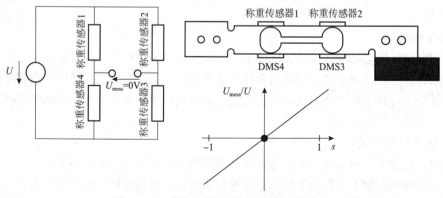

图 7-6-2　电阻应变式称重传感器工作原理

称重显示仪表对来自称重传感器的弱电信号进行放大、A/D 转换及处理并进行显示、标定以及通过如串行 / 模拟量 / 开关量 / 现场总线等的各种接口与其他设备（PLC、DCS、PC 等）进行通信及控制。

7.6.2 主要特性及技术参数

7.6.2.1 主要特性

称重传感器及称重显示仪与被测物料是非接触的，有效地避免了被测物料污染以及被物料腐蚀的结果，用添加砝码的方法可方便地检测出称重仪是否处于正常准确的工作状态。称重传感器的基本指标及术语：

①灵敏度。传感器承受最大额定载荷时，输出电压与激励电压之比。

②重复性误差。在相同的负荷和相同的环境下，连续数次进程测试所得的称重传感器输出读数之间的差值。

③安全超载。可以施加在传感器上的最大负载，此时传感器的性能特性上不会产生超出技术指标的永久性漂移。

④极限超载。施加在传感器上的最大负载，此时传感器不会产生弹性体结构上的破坏。

⑤非线性。称重传感器进程校准曲线与理论直线的偏差，如图 7-6-3 所示。

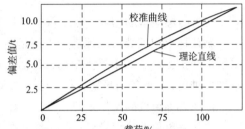

图 7-6-3 进程校准曲线与理论直线的偏差示意

⑥滞后。一次加卸载过程中，在同一载荷上，传感器进程与回程读数之间的最大差值。载荷，进程与回程读数间的关系如图 7-6-4 所示。

⑦蠕变。负载不变，所有环境及其他变量不变的情况下，传感器输出随时间的变化，如图 7-6-5 所示。

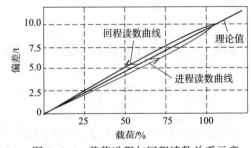

图 7-6-4 载荷进程与回程读数关系示意

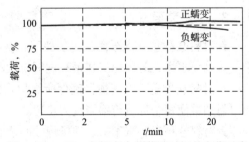

图 7-6-5 正、负蠕变中载荷随时间的变化示意

7.6.2.2 技术参数

①准确度等级与检定分度数。用于贸易结算的称重仪，准确度等级为 3 级，检定分度数一般不小于 3×10^3。

②支持多语言系统，支持中文输入与输出。

③核心部件防护等级达到一定要求，如 IP65 或 IP68。

④供电电源多样性，如交流、直流及电池供电。

⑤工作温度 / 湿度范围。一般称重仪表的工作温度范围为 –10~40℃，湿度为最大 90% 无冷凝，称重传感器的工作温度范围为 –40~60℃。

⑥有防作弊的功能。

⑦数据更新速率。

⑧有自诊断功能，能判断出某一只传感器故障或者是仪表本身串口 / 总线通信口或者是 I/O 口故障，并能将相关信息在称重仪表上显示出来。

⑨可兼容更多的标准接口，如 RS–232/RS–485 串口、模拟量接口、Profibus–DP 接口、ProfiNet 接口、DeviceNet 接口、ControlNet 接口、EtherNet/IP 等。

⑩可以进行软件二次开发，为客户的特殊应用定制控制流程。

7.6.3　选型及安装要求

7.6.3.1　选型

在有防爆要求的场合，称重仪中所有零部件都需经过防爆认证。

确认称重仪安装的场地是室内还是室外，根据场地环境来选择称重仪的所用的材料及采取的防护措施，如果是汽车衡，还需考虑采用无基坑、浅基坑或深基坑等方式，以及车辆如何进出 / 转弯等与场地，行车线路相关的问题。

需考虑称重仪的尺寸（长 × 宽 × 高），以便使生产布置更紧凑，更合理。

确认称重仪的最大量程，同一物品在不同量程称重仪上测得的数据不会一致。

确认称重仪的准确度等级，以满足测量精度。

针对料仓称重，合理选择称重传感器的数量与位置布局，称重传感器考虑防水平力，防倾覆装置与抗地震载荷装置。

针对汽车衡、包装秤，根据操作模式选择手动、半自动、全自动称重仪，全自动模式会根据客户的现场需求配置如信号灯、摄像头、红外线监测、防作弊称重管理软件等设施。

针对包装秤，选择称重仪的包装范围 ××kg/ 包及包装速度 ×× 包 /h。

7.6.3.2　安装要求

针对料仓称重、汽车衡、包装秤等，基础（混凝土）结构强度要满足相应称重仪的要求。为确保水平，对预埋安装钢板进行二次罐浆浇注。

针对料仓称重、汽车衡，确保所有称重传感器的安装平面度控制在一定范围内，而且要尽量调整使每个称重传感器受力均匀。

针对料仓称重、汽车衡，现场焊接时注意防止称重传感器或者传感器电缆的损坏。

针对料仓称重，称重传感器安装点的刚性与强度满足设计的精度要求。

针对料仓称重，称重仪上如有管道连接（软管或硬管），需充分考虑管道连接的影响因素对称量精度的影响程度，提出应对措施，将其对称量精度的影响降到最低。

称重仪要求有稳定的供电电源，通信 / 控制信号电缆与动力 / 变频器电缆要分开布线，以免形成干扰，另外整个称重仪要有良好的接地。

针对料仓称重、包装秤等，选择合适的标定模式，使既能满足称量精度又简单可靠。

7.6.4　应用示例

7.6.4.1　料仓称重

料仓称重或料位测量，采用多台称重传感器配套称重仪完成，如图 7-6-6 所示。

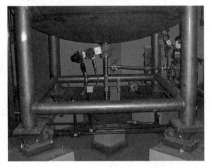

（a）大料仓压式称重　　　　　　　　（b）小料仓压式称重

图 7-6-6　料仓称重

7.6.4.2　汽车衡

单台或多台汽车衡可通过车辆识别系统、车辆行驶指示系统、车辆定位系统、视频监控系统、称重仪表防作弊软件及计算机管理系统组成独立或整体的自动化计量管理平台。

7.6.4.3　包装秤

用于粉料或颗粒料的定量包装，可提供防爆配置产品，与其他设备组合可形成全自动包装线，相关联的配套设备有自动上袋机、折边缝包单元、倒袋机、整形机、喷码机、金属检测机、自动检重秤、剔除机、缓冲皮带输送机、机器人码垛机及电器控制系统。全自动包装线的生产流程如下：

自动套袋—自动称重—输送—缝包—折边缝包 / 热合—倒袋输送—压平整形—批号打印—自动质量校验—金属检测—自动剔除—机器人码垛—自动缠绕。

主要制造厂商：

Mettler-Toledo

7.7　厚度仪

7.7.1　分类及工作原理

7.7.1.1　分类

按工作原理可分为超声波厚度仪、激光厚度仪、射线厚度仪、涡流厚度仪。

7.7.1.2　工作原理

①超声波厚度仪的工作原理。超声波厚度仪主要由主机和探头两部分组成。主机电

路包括发射电路、接收电路、计数显示电路三部分，由发射电路产生的高压冲击波激励探头，产生超声波发射脉冲波，脉冲波经介质界面反射后被接收电路接收，通过单片机计数处理后，即得出厚度值，它主要根据声波在试样中的传播速度乘以通过试样时间的一半而得到试样的厚度，即：

$$D=vt/2$$

式中　D——被测物体的厚度；

　　　v——超声波在被测物体中的速度；

　　　t——超声波脉冲在被测物体两表面间的往返一次的时间。

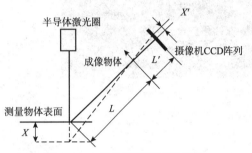

图 7-7-1　激光厚度仪测量原理

②激光厚度仪的工作原理。激光厚度仪是利用激光的反射原理，根据光切法测量和观察机械制造中零件加工表面的微观几何形状来测量产品的厚度，是一种非接触式的动态测量仪器。它可直接输出数字信号与工业计算机相连接，处理数据并输出偏差值到各种工业设备。激光厚度仪测量原理如图 7-7-1 所示。

激光厚度仪是基于三角测距原理，使用集成式的三角测距传感器测量出从安装支架到物体表面的距离，进而根据支架的固定距离计算得出物体的厚度。

激光束在被测物体表面上形成一个很小的光斑，成像物镜将该光斑成像到光敏接收器的光敏面上，产生探测其敏感面上光斑位置的电信号。当被测物体移动时，其表面上光斑相对成像物镜的位置发生改变，相应地其像点在光敏器件上的位置也要发生变化，进而可计算出被测物体的实际移动距离。

③射线厚度仪的工作原理。射线测厚仪利用 X 射线穿透被测材料时，射线强度的变化与材料的厚度相关的特性，从而测定材料的厚度，是一种非接触式的动态计量仪器。

④涡流厚度仪的工作原理。涡流厚度测量原理是高频交流信号在测头线圈中产生电磁场，测头靠近导体时，就在其中形成涡流。测头离导电基体愈近，则涡流愈大，反射阻抗也愈大。与磁感应测厚仪一样，涡流厚度仪分辨率也达到了 0.1μm，允许误差 1%，量程 10mm 的高水平。采用电涡流原理的测厚仪，原则上对所有导电体上的非导电体覆层均可测量，如航天航空器表面、车辆、家电、铝合金门窗及其他铝制品表面的漆，塑料涂层及阳极氧化膜。覆层材料有一定的导电性，通过校准即可测量，但要求两者的导电率之比至少相差 3~5 倍（如铜上镀铬）。虽然钢铁基体亦为导电体，但这类任务还是采用磁性原理测量较为合适。涡流厚度仪是一种小型仪器，采用涡电流测量原理，可以方便无损地测量有色金属基体上的油漆、塑料、橡胶等涂层，或者是铝基体上的阳极氧化膜厚度等。

7.7.2　特点及主要技术参数

7.7.2.1　主要特点

适合测量如钢、铸铁、铝、铜等金属，塑料、陶瓷、玻璃、玻璃纤维及其他任何超声波良导体的厚度。

可配备多种不同频率、不同晶片尺寸的双晶探头。

具有探头零点校准、两点校准功能，可对系统误差进行自动修正。

测量厚度范围宽：0.08~635mm。

穿透能力强，可以测量表面带有漆面或涂层的材料。

可测量厚度、声速和渡越时间。

高精度，高分辨率，稳定性好。

具有最小厚度值捕获功能。

可设置上下限值，对限值外的测量值自动报警。

非线性自动补偿功能，仪器可以对探头非线性误差进行修正，以提高测量准确度。

7.7.2.2 主要技术参数

信号输出：USB 接口，RS-485，Modbus，VGA 标准输出。

分辨率：0.001mm、0.01mm 或 0.1mm。

重复性：±0.05mm。

显示屏：便携式：320×240 点阵，2.4in 真彩屏。

连续测厚仪：20in 以上彩色监视器，19in 标准机架。

测量速率：4Hz，8Hz，16Hz 可调。

材料声速范围：500~9999m/s，0.0197~0.3937in/μs。

测量范围：0.08~635mm。

测量精度：±（0.5%H+0.04）mm。

7.7.2.3 分类

厚度仪是用来测量材料及物体厚度的仪表。在工业生产中常用来连续或抽样测量产品的厚度（如钢板、钢带、薄膜、纸张、金属箔片等材料）。有利用 α 射线、β 射线、γ 射线穿透特性的放射性厚度仪，有利用超声波频率变化的超声波厚度仪，有利用涡流原理的电涡流厚度仪，还有利用机械接触式测量原理的厚度仪等。

按照测量方式不同，厚度仪可以大致分为：接触式厚度仪，包括点接触式厚度仪、面接触式厚度仪等；非接触式厚度仪，包括激光厚度仪、超声波厚度仪、涂层测厚仪、射线厚度仪、白光干涉厚度仪、电解式测厚仪、管厚规等。超声波厚度仪使用最为普遍，本节主要介绍超声波厚度仪。

按照使用方式不同，厚度仪可以大致分为便携式测厚仪、连续在线测厚仪等。便携式测厚仪用于产品检验、管理等间断性厚度测量；连续在线测厚仪用于工业生产过程中连续厚度的测量，控制产品质量。

7.7.3 选型要求

①检测体表面粗糙度过大，会造成探头与接触面耦合效果差，反射回波低，甚至无法接收到回波信号。对于表面锈蚀，耦合效果极差的在役设备、管道等可通过打磨、锉等方法处理表面，降低粗糙度，同时也可以将氧化物及油漆层去掉，露出金属光泽，使探头与被检物通过耦合剂能达到很好的耦合效果。

②检测体曲率半径太小，尤其是小径管测厚时，因常用探头表面为平面，与曲面接

触为点接触或线接触，声强透射率低（耦合不好）。可选用小管径专用探头（管径小于6mm），能较精确的测量管道等曲面材料。

③检测面与底面不平行时，声波遇到底面会产生散射，探头无法接受到底波信号。

④铸件、奥氏体钢因组织不均匀或晶粒粗大，超声波在其中穿过时产生严重的散射衰减，被散射的超声波沿着复杂的路径传播，有可能使回波湮没，造成不显示。可选用频率为2.5MHz的粗晶专用探头。

⑤常用测厚探头表面为丙烯树脂，长期使用会使其表面粗糙度增加，导致灵敏度下降，从而造成显示不正确。可选用500号砂纸打磨，使其平滑并保证平行度。如仍不稳定，则考虑更换探头。

⑥腐蚀坑的影响。当被测物另一面有锈斑、腐蚀凹坑时，造成声波衰减，导致读数无规则变化，在极端情况下甚至无读数。

⑦被测物体（如管道）内有沉积物，当沉积物与检测体声阻抗相差不大时，测厚仪显示值为壁厚加沉积物厚度。

⑧当材料内部存在如夹杂、夹层等缺陷时，显示值约为公称厚度的70%，此时可用超声波探伤仪或者带波形显示的测厚仪进一步进行缺陷检测。

⑨温度的影响。一般固体材料中的声速随其温度升高而降低，有试验数据表明，热态材料每增加100℃，声速下降1%。对于高温在役设备常常碰到这种情况。应选用高温专用探头和高温耦合剂（300~600℃），切勿使用普通探头。

⑩层叠材料、复合（非均质）材料。因超声波无法穿透未经耦合的空间，而且不能在复合（非均质）材料中匀速传播。对于由多层材料包扎制成的设备，如尿素高压设备，测厚时要特别注意，测厚仪的示值仅表示与探头接触的那层材料厚度。

⑪耦合剂的影响。耦合剂是用来排除探头和被测物体之间的空气，使超声波能有效地穿越检测体达到检测目的。如果选择种类或使用方法不当，将造成误差或耦合标志闪烁，无法测量。应根据使用情况选择合适的种类，当使用在光滑材料表面时，可以使用低黏度的耦合剂；当使用在粗糙表面、垂直表面及顶表面时，应使用黏度高的耦合剂。高温检测体应选用高温耦合剂。其次，耦合剂应适量使用，涂抹均匀，一般应将耦合剂涂在被测材料的表面，但当测量温度较高时，耦合剂应涂在探头上。

⑫声速测量检测体前，根据材料种类预置其声速或根据标准块反测出声速。当用一种材料校正仪器后又去测量另一种材料时，将产生错误的结果。因此，在测量前一定要正确识别材料，选择合适声速。

⑬应力的影响。在役设备、管道大部分有应力存在，固体材料的应力状况对声速有一定的影响，当应力方向与传播方向一致时，若为压应力，则应力作用使检测体弹性增加，声速加快；反之，若为拉应力，则声速减慢。当应力与波的传播方向不一致时，波动过程中质点振动轨迹受应力干扰，波的传播方向产生偏离。根据资料表明，一般应力增加，声速缓慢增加。

⑭金属表面氧化物或油漆覆盖层的影响。金属表面产生的致密氧化物或油漆防腐层，虽与基体材料结合紧密，无明显界面，但声速在两种物质中的传播速度是不同的，从而造成误差，且随覆盖物厚度不同，误差大小也不同。

7.7.4　应用示例

由于超声波处理方便，并有良好的指向性，超声波技术测量金属、非金属材料的厚度，既快又准确，无污染，尤其是在只许一个测量面可按触的场合，更能显示其优越性，广泛用于各种板材、管材壁厚，锅炉容器壁厚及其局部腐蚀、锈蚀情况的测量。

主要制造厂商：

北京时代山峰科技有限公司

7.8　气体热值分析仪

热值是表示燃料质量优劣的一个重要指标，标准状态下 $1m^3$ 气体燃料完全燃烧放出的热量称为该气体燃料的热值。

热值通常用热量计（热值分析仪）测定或由燃料分析结果算出。有高热值（Higher Calorific Value）和低热值（Lower Calorific Value）两种。前者是燃料的燃烧热和水蒸气的冷凝热的总数，即燃料完全燃烧时所放出的总热量。后者仅是燃料的燃烧热，即由总热量减去冷凝热的差值。热值反映了燃料燃烧特性，即不同燃料在燃烧过程中化学能转化为热能的多少。

7.8.1　分类及工作原理和特性

燃气热值分析方法主要分有直接燃烧式热值分析法、燃气组分分析计算法和气体密度分析计算法三类，对应的所使用分析仪表有燃烧式热值分析仪、色谱分析仪和气体密度分析仪。

燃烧式热值分析仪是通过燃气样气进行燃烧的方式来分析燃气的发热量。该分析仪的分析结果准确可靠，但分析仪的结构复杂，需要配备有专用的燃烧系统和测温系统。在钢厂、玻璃厂等需要使用燃气燃烧的加热过程进行准确控制的场所多用该分析仪。

燃气组分分析计算法是通过色谱分析仪分析燃气组分，采用计算的方法对组分中的可燃烧组分的含量及热值进行计算，得到燃气的热值。该热值是一个计算值，一般会与实际发热值有一点差别。色谱法分析结果看似准确，但实际上与计算方法及组分分析的准确与否有关系。

气体密度分析法仅限于天然气和液化石油气等烃类气体，是基于烃类气体分子的发热量与其相对分子质量有关，即与烃类气体的密度有关。这种方法使用气体密度分析仪通过测定烃类气体的密度，采用计算的方法间接得到样气的热值。

燃气组分分析计算法和气体密度分析计算法通过分析仪表测出气体成分或密度，通过对应算法间接得出燃料气体的热值。燃烧式热值仪是直接燃烧样气，通过测量样气燃烧后的发热量，能够较为准确地测得燃料气的热值。本节主要介绍燃烧式热值分析仪的测量原理。

燃烧式热值分析仪是根据热平衡原理测量热值，根据热平衡原理推出的热值公式如下：

$$H = Wi\sqrt{r}$$

式中　H——燃气热值；

　　　Wi——华白指数（Wobbe Index）；

　　　r——燃气相对密度（燃气密度/空气密度）。

Wi 是燃气工程中，不同类型燃气间互换时要考虑和衡量热流量大小的特性指数。当燃烧器喷嘴前压力不变时，燃气热负荷 Q 与 H 成正比，与 $\sqrt{r}$ 成反比。Wi 是代表燃气特性的一个参数。即使两种燃气的热值和密度均不相同，但只要它们的 Wi 相等，就能在相同燃气压力下，在同一燃具上获得相同的热负荷。即具有相同 Wi 的不同的燃气成分，在相同的燃烧压力下，释放出的热负荷相同。

7.8.1.1 Wi 测量

燃烧式热值分析仪 Wi 测量过程示意如图 7-8-1 所示，Wi 是通过热电推测出来的，被测燃气进入热值分析仪后，通过减压稳压阀 9、10，再通过根据燃气种类及燃气热值范围不同而特殊设计的燃气喷嘴及助燃空气喷嘴 17，不同孔径的喷嘴保证了燃气和助燃空气有最佳燃烧配比，然后进入燃烧器 2 混合燃烧。由风机送来的燃烧空气，除了通过空气喷嘴进行燃烧外，还有一部分送入燃烧室上方与燃气燃烧后的热废气进行混合，在燃气量、空气量及环境条件不变的情况下，Wi 与混合烟气的温度成正比。

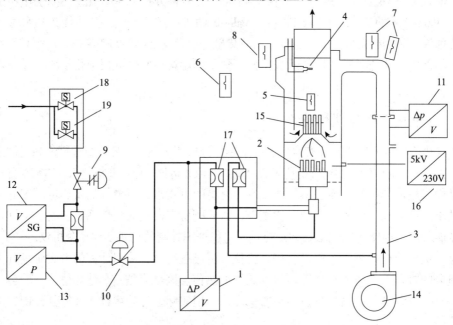

图 7-8-1 燃烧式热值分析仪过程 Wi 测量过程示意

1—差压；2—燃烧器；3—燃烧空气；4—测温热电偶；5—燃烧室壁测温元件；6—箱体温度测量；7—空气温度测量；
8—保护测温元件；9—燃气调压阀；10—燃气稳压阀；11—空气流量测量（差变）；12—相对密度测量；
13—燃气压力；14—风机；15—换热器；16—高压点火器；17—喷嘴；18—标气电磁阀；19—燃气电磁阀

经过燃气喷嘴和燃烧空气喷嘴的定量燃气燃烧后，热烟气与来自风机的冷空气混合，混合气体升温 ΔT 与燃气燃烧的热值有以下关系：

$$\Delta T = \frac{H \cdot q_{V_g}}{C_{p_S} \cdot q_{V_S}} \tag{7-8-1}$$

式中 H——燃气热值，kJ/m^3；

q_{V_g}——燃气的体积流量，m^3/h；

q_{V_S}——燃烧后混合烟气体积流量，m^3/h；

C_{p_S}——燃烧后混合气体的定压比热容，$kJ/(m^3 \cdot ℃)$。

混合烟气流量是燃烧器燃烧后的烟气与空气体积流量 q_{V_a} 之和，q_{V_a} 一般远大于燃气流量 q_{V_g}，通常是燃料气体积流量的 50~200 倍，C_{P_s} 可用空气的定压比热容 C_{P_a} 近似替代，假定燃气燃烧后流量不变，燃料气和空气体积流量的比值为 g，则有：

$$C_{P_s} \approx C_{P_a}$$

$$q_{V_s} \approx q_{V_g} + q_{V_a} = q_{V_a}(1+g)$$

$$g = q_{V_g}/q_{V_a} = 1/(50 \sim 200)$$

$$\Delta T = \frac{H \cdot q_{V_g}}{C_{P_a} \cdot q_{V_a}(1+g)} \tag{7-8-2}$$

q_{V_g} 由燃气喷嘴差压变送器测得，当混合冷空气流量远大于燃烧空气的流量时，q_{V_a} 用混合冷空气流量近似，混合冷空气流量由设置在混合空气通道上的流量孔板测得。

$$q_{V_a} = K_a \sqrt{\frac{\Delta p_a}{\rho_a}} \tag{7-8-3}$$

$$q_{V_g} = K_g \sqrt{\frac{\Delta p_g}{\rho_g}} \tag{7-8-4}$$

式中　Δp_a——空气测量孔板前后的差压，Pa；

　　　Δp_g——燃气测量喷嘴前后的差压，Pa；

　　　ρ_a——空气密度，kg/m³；

　　　ρ_g——燃气密度，kg/m³；

　　　K_a——空气测量流量常数；

　　　K_g——燃气测量流量常数。

将式（7-8-3）、式（7-8-4）代入式（7-8-2）可得：

$$\Delta T = \frac{K_g H}{C_{P_a} \cdot K_a (1+g)} \sqrt{\frac{\Delta p_g}{\Delta p_a}} \sqrt{\frac{\rho_a}{\rho_g}} \tag{7-8-5}$$

令：$C = K_g / (C_{pa} \cdot K_a (1+g))$

则

$$\Delta T = CH \sqrt{\frac{\Delta p_g}{\Delta p_a}} \sqrt{\frac{\rho_a}{\rho_g}}$$

当两差压相等或恒定时燃气的热值：

$$H = \frac{\Delta T}{C} \sqrt{\frac{\Delta p_a}{\Delta p_g}} \sqrt{\frac{\rho_g}{\rho_a}} = K \Delta T \sqrt{\frac{\rho_g}{\rho_a}} \tag{7-8-6}$$

式中　K——计算系数，通过标定获得。

由式（7-8-6）得：

$$Wi = K \cdot \Delta T$$

$$r = \rho_g / \rho_a$$

则推出热值的公式：

$$H = Wi \cdot \sqrt{r} \tag{7-8-7}$$

由上式可见当 Δp_a、Δp_g 一定时，Wi 与 ΔT 成正比，连续测量 ΔT 就等于连续测量 Wi，同时如能测得燃气的相对密度就能得到该燃气的热值。

7.8.1.2　相对密度测量

燃烧式热值分析仪配备有专门的相对密度测量单元，就是测定燃气与空气的密度比。

其测量原理如图 7-8-2 所示。

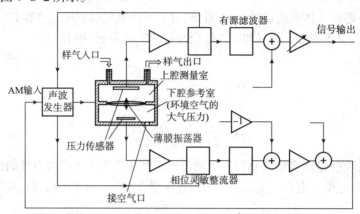

图 7-8-2　燃烧式热值分析仪过程相对密度测量过程示意

在无燃气进入上腔情况下，那么上腔、下腔都是空气，这时电压激励相对密度单元中间的隔膜振荡器振动鼓膜，压力传感器测出的振幅为 A_0，A_0 对应的相对密度为 1，这时相对密度 = 空气密度 / 空气密度。如果燃气进入上腔，振幅变为 A_1，则振幅差 $\Delta A=A_1-A_0$ 变成电信号经过整流、滤波形成一个和燃气相对密度成正比的 0~5V DC 信号，该信号输入到分析系统计算机就可得出出真实的相对密度的大小，控制燃气进入相对密度测量单元上腔的流量稳定就可准确测出燃气的相对密度。

在获得 Wi 值和热值后，即可通过式（7-8-7）得出燃气的热值。

当燃气密度变化时，则 H 发生了，分析系统计算机单元会根据密度信号变化，改变控制助燃风机变频器的控制信号，改变助燃风机转速，调节送入燃烧室的助燃风量，使燃气在燃烧室充分燃烧，以确保热负荷（华白指数）测量准确。

7.8.2　主要技术参数

以德国尤尼公司的 CWD 系列产品为例说明燃烧式热值分析仪的主要技术参数及技术规格。

CWD 系列包括：CWD2005，CWD2005CT，CWD2005PLUS，CWD2005SPC，CWD2005EX 类型。

CWD 系列及其产品采用模块化设计，为用户提供快速、高精度、高稳定性的燃气热值、华白指数、相对密度和 *CARI*（燃烧空气需求指数）测量，CWD2005 是 CWD 系列产品基础型号，CWD2005CT 是可用于贸易交接计量的产品型号；CWD2000 EX 通过了 EC 防爆认证，符合 ATEX 标准的特殊型号，其主体结构是将燃烧式热值分析仪置于隔爆箱体内，控制单元和加热器集成在正压防爆柜内。整套测量系统压由力控制系统、燃气和空气供给系统及过滤系统组成并安装在托架上，CWD2000 EX 主要技术参数见表 7-8-1。

表 7-8-1　CWD2000EX 热值分析仪技术参数

质量 /kg	约 450
尺寸（宽 × 高 × 厚）/mm	1540 × 2380 × 600
环境温度 /℃	−20~45
环境湿度	0~95% 相对湿度
外部压力 /kPa	80~110

样气压力 /kPa	4~5
样气气源	1 路
标气气源	2 路
载气气源	1 路
样气相对湿度	≤ 95%，无冷凝水
样气温度	不超过 45℃
仪表风流量 / (m³ · h⁻¹)	约 30 (标况)
仪表风压力 /MPa	0.5~1
电源（交流）/V	240（50/60Hz）；110（60Hz）
接口	3 路继电器；RS-232；4~20mA；FF；Profibus DP；Profinet IO；Modbus RTU/TCP；Industrial Ethernet
T90 显示时间 /s	15
防爆等级	II 2G Exd ⅡA T3 Gb
证书 / 符合标准	ATEX Directive（EN 60079-01:2009，EN 60079-1:2007）

7.8.3　选型及安装要求

燃烧式热值分析仪在选型时注意被测燃气种类、燃气压力、应用场所、计量要求、安装位置的危险环境等，确定选用产品的型号、样品减压、过滤预处理系统装置等。

根据使用场所的不同 CWD2005 热值分析仪一般要求在分析小屋内安装，图 7-8-3 所示为托架撬装。

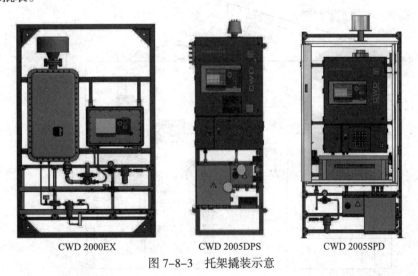

CWD 2000EX　　　CWD 2005DPS　　　CWD 2005SPD

图 7-8-3　托架撬装示意

7.8.4　典型应用示例

燃烧式热值分析仪广泛应用于天然气、钢铁、焙烧、燃气发电等领域。

①燃烧式热值仪分析系统流程。燃烧式热值分析仪分析系统由燃气样气减压、过滤、除尘脱水预处理系统和燃气分析系统组成，热值分析仪分析系统典型流程如图 7-8-4 所示。

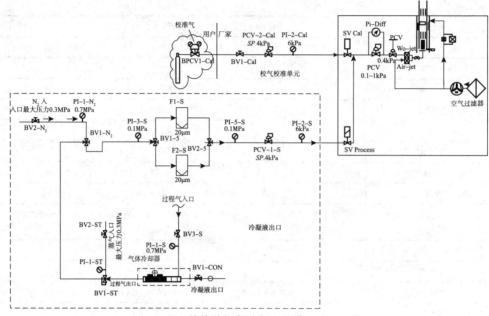

图 7-8-4　热值分析仪分析系统典型流程示意

图中左侧虚线部分为样气预处理装置，右侧框内为热值分析仪，经过预处理处理后的燃气进入热值分析仪分析得到 Wi、相对密度和热值 3 个测量数据。

②燃烧式热值仪及分析仪小屋布局。燃烧式热值仪、预处理装置及分析仪小屋的布置如图 7-8-5 所示。

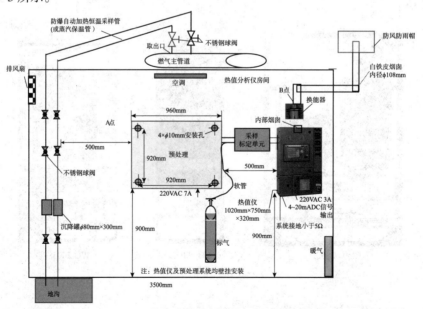

图 7-8-5　燃烧式热值仪预处理小屋布局示意

主要制造厂商：

①德国 UNION（尤尼）公司（辽宁泽曼联科科技有限公司）

7.9　噪声监测仪

7.9.1　分类及工作原理和特性

7.9.1.1　分类

噪声监测仪又称声级计（Sound Level Meter），一般由传声器（或称测量麦克风）和主机组成，可以模拟人耳对声波反应速度的时间特性和对频率有不同灵敏度的频率特性，将声信号转换成电信号，从而读取噪声数值。噪声监测仪是一种最基本的噪声测量仪器。

根据 GB/T 3785 和 IEC 61672，噪声监测仪按照精度，分为 1 级噪声监测仪和 2 级噪声监测仪。1 级和 2 级噪声监测仪的技术指标，主要区别在于最大允许误差、工作温度范围和频率响应不同，即 1 级噪声监测仪的精度更高。2 级噪声监测仪的工作温度范围 0~40℃，1 级噪声监测仪为 –10~50℃。2 级噪声监测仪的频率范围一般为 20Hz~8kHz，1 级的频率范围为 10Hz~20kHz。也可根据整机灵敏度和性能，将噪声监测仪大致分为普通噪声监测仪和精密噪声监测仪。

7.9.1.2　原理和特性

常规噪声监测仪原理如图 7-9-1 所示，噪声监测仪工作时，先由传声器将声波转换成电信号，再由前置放大器变换阻抗，使传声器与衰减器匹配。前置放大器将信号输出至计权网络，对信号进行频率计权以及时间计权，经衰减器及放大器将信号放大到一定的幅值，送到有效值检波器，最后在显示器上显示噪声的声压级数值。

a）传声器和前置放大器

传声器是把声压信号转变为电压信号的装置，也称之为测量麦克风或话筒，是噪声监测仪的传感器。常见的传声器有晶体式、驻极体式、动圈式和电容式等。目前最广泛使用的是电容式传声器。

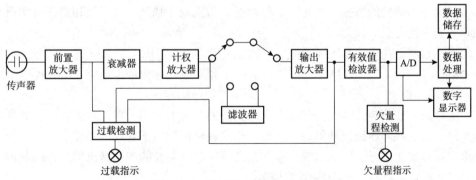

图 7-9-1　常规噪声监测仪原理示意

电容式传声器主要由金属膜片和靠得很近的金属电极组成，其本质就是一个平板电容。金属膜片与金属电极构成了平板电容的两个极板，当膜片受到声压作用时，膜片便发生变形，使两个极板之间的距离发生了变化，于是改变了电容量，测量电路中的电压随之发生变化，实现了将声压信号转变为电压信号的功能。电容式传声器是声学测量中比较理想的传声器，具有动态范围大、频率响应平直、灵敏度高和在一般测量环境下稳定性好等优点，因而应用广泛。由于电容式传声器输出阻抗很高，因而需要通过前置放大器进行阻抗变换。

b）计权网络

计权网络由频率计权和时间计权两部分构成。计权又称加权（Weighting）。

c）频率计权

为了模拟人耳听觉在不同频率的不同敏感度，噪声监测仪内设有一种能够模拟人耳的听觉特性，把电信号修正为与听感近似值的网络，这就是频率计权网络。

主要的频率计权方式有：A-计权，C-计权和 Z-计权，还有使用较少的 B-计权。A、C、Z 三种频率计权方式的曲线特征如图 7-9-2 所示。

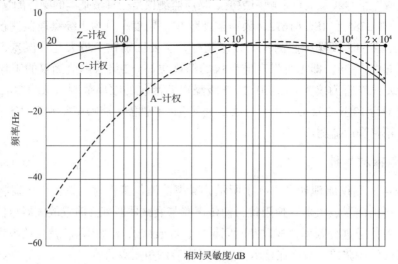

图 7-9-2　A、C、Z 三种频率计权方式的曲线示意

可以看到，如果一个声音要在整个频带上以均等的声压呈现，则适用图中的 Z-计权曲线。而人耳的物理听觉则由 A-计权曲线表示，因为人耳对低频声音较不敏感。声学声音比人耳听觉包含更多的高频与低频内容。C-计权曲线代表的是当声音调高以后，人们开始对低频也更为敏感的情况。因此，A 和 C 计权方式对于描述人耳听力相对于真实声学声音的频率响应最有意义。

频率计权都是在描述声压级时使用。比如，世界卫生组织（WHO）建议的最大工作声压级是 L_{Aeq}=85dB 和 L_{Cpeak}=135dB。这里的字母 A 和 C 就代表测得声音所应用的频率计权。

d）时间计权

声压是通过侦测声音导致的气压变化来测量的。对于常见的声源，如音乐、演讲或环境噪声来说，这些声压级波动极快。正是由于这种快速的声压变化，要在一个显示器上实时读取声压就非常困难。因此，噪声监测仪需要对这种突发的变化做出抑制，以获得一个更加稳定的读数。这一过程就是时间计权。

IEC 61672 标准中描述了两种不同的时间计权，快速（F）计权和慢速（S）计权。它们显示的结果都对声压的突然改变做出过抑制。快速计权做出响应比慢速计权更快。比如在安静环境下，一个很响且持续的声音被突然打开，F 计权声压级的刷新时间大约需要0.6s，而 S 计权做出反应则需要在约 5s 之后。根据 IEC 61672 中的定义，这些值的得出是通过时间常数 t，F 计权 t=125ms，而 S 计权 t=1s。若又突然将该声音关闭，F 计权声压级将以 34.7dB/s 的速率衰减，而对 S 计权来说，该速率是 4.3dB/s。

图 7-9-3 展示了对突发事件的 F 计权和 S 计权做出反应的过程。

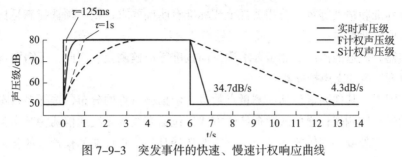

图 7-9-3　突发事件的快速、慢速计权响应曲线

7.9.2　主要技术参数

测量范围：17~137dB/25~153dB/21~144dB/29~144dB（A）。

分辨率：0.1dB。

频率范围：5~20kHz。

频率精度：0.4Hz。

频率计权：A，C，Z（同时）。

时间计权：快速 F，慢速 S，脉冲 I（同时）。

声压级测量功能：所有常见声压级参数均可测量。

百分比统计：1%~99%。

实时频谱功能：支持 1/1、1/3、1/6、1/12 倍频程频谱。

屏幕分辨率：160×160 像素灰阶显示，LED 背光。

存储：Mini-SD 卡，可更换。

电源：内置锂电池 / 干电池 AA，4×1.5V/ 直流外接电源 9V/USB 电源供电。

使用温度：-10~+50℃。

湿度：5%~90%RH，非冷凝状态。

无线电频率敏感性：X 组类别。

电磁兼容 CE 符合：EN 61326-1B 级 /EN 55011 B 级 /EN 61000-4-2 到 -6 和 -11。

防护等级：普通 IP51，加装防护套最高达 IP63。

ATEX 防爆标准：易爆环境下的应用依据 IEC 60079 区域 2/ 符合 94/9/EC 标准。

7.9.3　选型及安装使用要求

7.9.3.1　噪声监测仪选型要求

选择噪声监测仪时，以下几点因素必须综合考虑：

①测量参数和功能。必须明确测量需求，以此确定测量参数和噪声监测仪需具备的功能。对于一般的稳态噪声，只要测量瞬时声压级；对于非稳态噪声的测量，一般要求测量等效声压级；若需要进行频谱分析，则要选择具备频谱分析功能的噪声监测仪。

②测量范围。噪声监测仪的声压级测量范围一般受传声器影响最大，因此要结合待测声压级的上下限选择仪器，若要测量较高声压级，如 145dB，则需要选择支持高声压级测

量的传声器，若要测量较低声压级，如 20dB，则需要选择本底噪声非常低的监测仪和传声器。

③符合标准和精度等级。若相关规范或标准有明确要求，则必须选择满足标准的噪声监测仪；根据精度需要，选择 1 级或 2 级噪声监测仪。

④校准器。规范的声压级测量要求测量前校准噪声监测仪，因此，还需要选择高于噪声监测仪精度等级的噪声校准器。

⑤其他因素。其他因素包括：测量点数量，依据测量点的分布，选择多台噪声监测仪或多通道的噪声监测仪；通信或数据传输方式，包括有线或无线通信两种基本类型；测量环境，如果在室外或环境较差的工况下，需要选择具备防护性能的仪器，如防风、防尘、防雨、防鸟停等。

价格方面，一般 1 级精度的仪器比 2 级贵，能测较低或较高声压级的仪器更贵，国外品牌仪器功能较全面，价格一般也高于国产品牌。

7.9.3.2　安装使用要求

噪声监测仪的安装较为简单，只需安装电池，连接主机与传声器即可，如有需要，还需配合户外测量防护套使用，具体操作视厂家与型号不同，需仔细阅读仪器操作说明。

7.9.4　应用示例

噪声监测仪可用于测量环境噪声、机械噪声振动、交通噪声以及职业健康等众多领域。所有需要进行噪声控制或进行声学分析的场所和装备都可使用噪声监测仪。加装全天候户外测量防护套件的监测仪可实现野外环境下无人值守长期噪声监测。

主要制造厂商：
①瑞士 NTi Audio

7.10　风速风向仪

风对人类生活、自然环境、生产建设都有非常重大的影响，在工程建设领域，高层建筑、大跨度桥梁设计施工建设、重型设备吊装等，都必须考虑风的影响，另外重大危险源介质的生产、储存装置发生爆炸、危险气体泄漏等事故逃生通道设计中都必须考虑风的影响，并设置必要的风速、风向测量仪器。

风的测量一般是指对风的水平分量的测量，以水平风的风速和风向为测量要素。风向指气流的来向，常按 16 方位记录。风测量的常用设备有风向袋、便携式风速仪、机械式风速风向测量仪、旋翼式风速风向仪、超声风速风向仪等，图 7-10-1 为各类型风速、风向测量仪。

7.10.1　分类及工作原理

7.10.1.1　分类

通常风速风向仪根据工作原理划分为机械式、螺旋桨式、超声波式三大类。

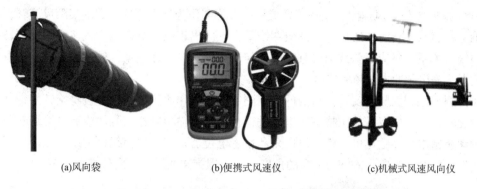

(a)风向袋　　　　　　　(b)便携式风速仪　　　　　　(c)机械式风速风向仪

(d)旋翼式风速风向仪　　　　　(e)超声风速风向仪

图 7-10-1　风速风向测量设备

7.10.1.2　工作原理

a）机械式风速风向仪

机械式风速风向仪由风速和风向两个独立的传感器部分组成，风速传感器的感应元件是风杯组件，由三个碳纤维风杯和杯架组成。转速传感器为多齿转杯和狭缝光耦。当风杯受水平风力作用而旋转时，通过轴转杯在狭缝光耦中转动，输出频率的信号。

风向传感器是由风向标驱动的码盘和光电组件构成的角度传感器。当风标随风向变化而转动时，通过轴带动码盘在光电组件缝隙中的转动，产生的角度光电信号对应当时风向的格雷码输出。传感器的变换器可采用精密导电塑料电位器，在电位器活动端产生变化的电压信号输出与风向的角度对应。机械式风速风向仪传感器结构如图 7-10-2 所示。

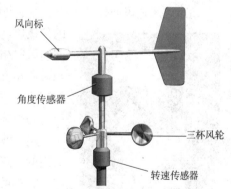

图 7-10-2　机械式风速风向仪传感器结构图示意

b）螺旋桨式风速风向仪

螺旋桨为风速风向测量集成于一身的传感器，主要由测风旋桨、尾舵、机身、机芯、机座和信号转换电路等部分组成，螺旋桨叶材质为聚丙烯，具有高强高韧特性，可在风速高达 100m/s 时工作。风速测量是利用低惯性的螺旋桨作为感应部件，螺旋桨随风旋转，螺旋桨轴上的磁盘旋转时，通过电磁感应在线圈中感应出正弦波电信号。风速与螺旋桨转速为正向线性关系，感应正弦波信号频率同样与风速为正向线性关系，风速频率信号经电路整形放大，输出脉冲方波频率信号。

风向测量是利用竖直安装在机身的尾翼测定的，风作用于尾翼，使机身旋转并带动风向码盘旋转，风向码盘按 8 位格雷码编码进行光电扫描输出脉冲信号。或通过尾翼随风转动，带动精密电位器输出电压值，风向角和精密电位器输出电压呈线性关系，在电位器活动端产生变化的电压信号输出与风向的角度对应，螺旋桨式风速风向仪如图 7-10-3 所示。

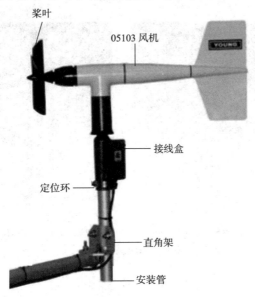

图 7-10-3　螺旋桨式风速风向仪示意

c）超声波式风速风向仪

超声波风速风向仪的工作原理是利用超声波时差法来实现风速的测量。声音在空气中的传播速度，会和风向上的气流速度叠加。若超声波的传播方向与风向相同，它的速度会加快；反之，若超声波的传播方向与风向相反，它的速度会变慢。因此，在固定的检测条件下，超声波在空气中传播的速度可以和风速函数对应，通过计算即可得到精确的风速和风向。

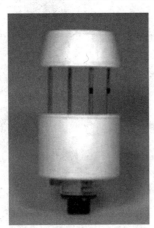

图 7-10-4　超声波式风速风向仪

超声波风速风向仪具有质量轻、没有任何移动部件、坚固耐用的特点，而且不需维护和现场校准，能同时输出风速和风向。客户可根据需要选择风速单位、输出频率及输出格式。也可根据需要选择加热装置（在冰冷环境下推荐使用）或模拟输出。可以与电脑、数据采集器或其他具有 RS485 或模拟输出相符合的采集设备连用。如果需要，也可以多台组成一个网络使用，超声波式风速风向仪如图 7-10-4 所示。

7.10.2 主要特性及技术参数

7.10.2.1 机械式风传感器主要特性及技术参数

机械式风速仪与风向仪是两者分离的，结构简单、价格低廉是其最大优点。最大缺点是有旋转件，存在磨损损耗，易被风沙损耗，易受冰冻、雨雪干扰，需定期维护。风向传感器技术参数见表7-10-1，风向传感器技术参数见表7-10-2。

表7-10-1　风向传感器技术参数

测量范围 /（°）	0~360
起动风速 /（m·s⁻¹）	0.3（风向标偏转30° 时）
分辨力 /（°）	3
最大允许误差 /（°）	±5
风向输出 /V	0~2.48
电源电压（DC）/V	5~15
质量 /kg	1.8
外形尺寸 /mm	550×415
抗风强度 /（m·s⁻¹）	75
使用环境	温度：–50~60℃湿度：0~100% RH

表7-10-2　风速传感器技术参数

测量范围 /（m·s⁻¹）	0.3~60		
起动风速 /（m·s⁻¹）	0.3		
分辨力 /（m·s⁻¹）	0.05		
最大允许误差 /（m·s⁻¹）	±0.3（≤10）±0.03 风速（>10）		
输出脉冲 /V	0~5	0.7~ 电源电压值	0.7~5
电源电压（DC）/V	5~15	12~15	5
质量 /kg	1		
外形尺寸 /mm	319×225		
抗风强度 /（m·s⁻¹）	75		
使用环境	–40~60℃，0~100%RH		

7.10.2.2 螺旋桨式风传感器主要特性及技术参数

螺旋桨将风速风向整合，适合使用在强风环境的测试，传感器由特殊塑料加工，耐候性好，机身自重轻，便于安装，有旋转件，存在磨损损耗，易被风沙损耗，易受冰冻、雨雪干扰，需定期维护，螺旋桨式风传感器技术参数见表7-10-3。

表7-10-3　螺旋桨式风传感器技术参数

风速测量范围 /（m·s⁻¹）	0~90
风速起动风速 /（m·s⁻¹）	≤1
风速分辨力 /（m·s⁻¹）	0.1
风速精确度 /（m·s⁻¹）	±0.5（≤10），±0.05 风速（>10）

续表

风速输出信号 /kHz	方波 0~1000
风向测量范围 / (°)	0~360
风向分辨率 / (°)	0.5
风向精确度 / (°)	≤1.5
风向输出信号 /V	0~2.5
抗风强度 / (m·s^{-1})	100
工作电压（DC）/V	5~15
工作电流 /mA	≤35
使用环境	−40~50℃, 0~100%RH
质量 /kg	1.2
外形尺寸 /mm	长 580, 高 450

7.10.2.3 超声波式风传感器的特性及技术参数

传统的机械式风速风向仪的磨损较快，维护比较繁琐，超声波风速风向仪无移动部件，磨损小、维护少，使用寿命长、响应速度快的特点。此外基于超声波测风仪所使用的测量原理无启动风速限制，零风速工作，在阵风的无惯性测量方面，其具有更强的优势，适合室内微风的测量，无角度限制（360° 全方位），可同时获得风速、风向的数据。当用于苛刻的环境温度下，传感器臂可以自动加热。可以在降雪、冻雨等天气，确保设备正常运行，大幅降低了设备因积冰产生故障的风险。

7.10.3 安装

安装场地的选择对风速风向仪的正常使用非常重要，风速风向仪安装应注意避开周边障碍物，选择四周空旷，相对周边较高的位置。

7.10.3.1 机械式风速风向仪的安装

测风仪器和障碍物之间的距离应不小于障碍物本身高度 10 倍以上，如果不能满足此要求，则测风仪器应放在高于障碍物约 6~10m 的位置。测风仪器必须在屋顶安装时，应安装在平屋顶的中央，不能靠边安装，避免特定方向有倾向性风的影响。

7.10.3.2 螺旋桨风速风向仪的安装

安装场地选择在螺旋桨风传感器和障碍物之间的距离不小于障碍物本身高度 10 倍以上，或者测风仪器安装在高于障碍物 6~10m 的位置。螺旋桨安装应先旋下橡胶螺帽，螺旋桨安装时应将凸起对准锥形套的凹槽，安装后应检查整机平衡状况，避免整机不平衡影响性能。螺旋桨风传感器安装在安装架上，尾翼指向正南方向，转动传感器使风向输出值最小后紧固喉箍。

7.10.3.3 超声波风速仪安装

超声波测风仪传输声波束需要测量传播速度。如果这些声波束遇到反射声音良好的界面，那么它们就会以回声的形式反射回来，在不良条件下，会产生误差。超声波测风仪安装在距其他物体不小于 1m 的距离。一般情况下，超声波风速风向仪可测量很大范围内的风速。为了获得地面风的比较值，应该在高于地面 10m 和无干扰的地形状况下测量，无干扰的地形是指超声波测风仪与障碍物之间的距离至少是障碍物高度的 10 倍。如果不能完全满足这个要求，那么测风仪必须安装在其周围障碍物对其测量结果影响最小的高度上，大约高于障碍物 6~10m 的位置。如果测风仪在平坦的屋顶上安装，不能靠边安装，避免特定方向有倾向性风的影响。

7.10.4　应用

机械式风速风向仪是用于测量风的水平风速风向的专业气象仪器。应用范围广泛，如气象台站、船舶、石油平台、环境保护等方面。

螺旋桨风速风向仪适用于高风速、高盐高湿的环境下，如沿海、船舶、石油平台，等沿海气象站，便携式气象站。

超声波风速风向仪特别适用于气象学、气候学、可再生能源、风力发电、交通工程、航空航海、污染扩散的重现、风力报警装置、建筑建造与建筑安全、室内气流测量、高山地域。

主要制造厂商：
①西安中铭电气有限公司
②武汉新普惠科技有限公司

⊘ 7.11　手持式激光测距仪

7.11.1　适用范围及用途

手持式激光测距仪（hand-held laser ranger）是利用激光对目标进行准确测定的仪器。手持式激光测距仪适用范围包括：室内装潢设计及建筑施工，工程监理，现场工程查验，交通警察事故现场快速取证，房地产开发及评估、消防评估，公共设施规划、园林、电信等。

7.11.2　工作原理

激光测距是光波测距中的一种测距方式，光以速度 c 在空气中传播，在 A、B 两点间往返一次所需时间为 t，则 A、B 两点间距离 D 可用下式表示：

$$D=ct/2$$

式中　D——测站点 A、B 两点间距离；

c——光在大气中传播的速度；

t——光往返 A、B 一次所需的时间。

7.11.3　主要特性及技术参数

激光测距仪主要特性及技术参数包括：

测量范围：0.05~70m；

测量精度：±1.5mm；

典型测量时间：小于 0.5s；

最大测量时间：4s；

工作温度：–30~70℃；

电源规格：$4 \times 1.5V$（AAA）。

7.11.4 功能

①加/减。依据下列步骤，来进行测量值的加减：测量值 1+/–，测量值 2+/–，测量值 3+/–…，测量值 $n=$ 结果。同样的方法可以进行面积和体积的加减。

②面积。按一次面积/体积键来进行面积测量。进行两次必要的测量，相应的结果就会显示在屏幕上。

③体积。按两次面积/体积键来进行体积测量，相应的图标会显示在显示屏上。进行三次必要的测量，相应的结果就会显示在屏幕上。

④间接测量。该仪器可以通过勾股定律来计算距离。该功能适合于不宜直接进行测量或者测量有危险的边。这种方法只用于测算距离，不能取代精确测量。该方法可以确定测量边的顺序，测量时，所有测量点都必须垂直或平行于平面。为了保证测量的精确性，测量时仪器最好是从一个固定点出发旋转来进行测量。

7.11.5 维护保养

禁止将仪器长期放置在高温高湿的环境中储存，长期不使用仪器时请取出电池并把仪器放置在随机的仪器套内放在阴凉干爽处存放。保持仪器表面清洁，可用湿的软布擦拭表面灰尘，不可用带有侵蚀性洗液体清洁仪器，可按照擦拭光学器件表的方法擦拭激光器窗口和聚焦镜。

7.11.6 注意事项

①在使用激光测距仪时，还需注意以下几点：

②装电池时注意正负极性且只能用碱性电池。

③测量时不要将激光直接对准眼睛或通过反射性的表面（如镜面反射）照射眼睛。

④阳光过于强烈，环境温度波动过大，反射面反射效果较弱，电池电量不足的情况下测量结果会有较大的误差，此种情况下配合目标反射板使用效果更佳。

目前市面上的手持式测距仪 90% 以上都是激光测距仪，如 BOSCH 测距仪、Leica DISTO 测距仪。

7.12 超声波泥位计

7.12.1 工作原理

安装在平头柱体塑料外壳内的压电晶体经电压激励后发出的超声波信号，以 657kHz 频率、6° 发射角扫描分离层。被测参数为超声波信号的运行时间，即从到达分离层的固体颗粒至返回接收器的时间。

带刮刷的传感器可以防止传感器覆膜上生成沾污，需要同时进行浊度测量时，可以选择带刮刷且可用于浊度测量的传感器。

完整的测量系统包括：超声波污泥界面传感器和多通道变送器。

可选配件包括：防护罩、安装支座、安装支架（带固定或旋转浸入管）。

7.12.2　主要特性及技术参数

超声波泥位计的主要特性及技术参数见表 7-12-1 和表 7-12-2。

表 7-12-1　超声波泥位计主要特性

参数	传感器类型	适用范围
测量变量	标准型	污泥界面
	带刮刷	污泥界面
	带刮刷，可用于浊度测量	污泥界面　浊度
测量范围	标准型	0.3~10.0m
	带刮刷	0.3~10.0m
	带刮刷，可用于浊度测量	0.3~10.0m　0~50（200）NTU

表 7-12-2　超声波泥位计技术参数

最大测量误差	污泥界面	3.0m 时：35 mm
	浊度	50 NTU 时：量程的 1%
测量值分辨率	污泥界面	3.0 m 时：3 mm
	浊度	1 NTU
测量间隔	可调节	
标定	传感器已进行出厂标定。"声速"可调节，并可以按照在"水"中的应用进行预编程设置	

7.12.3　选型及安装要求

超声波泥位计一般选用：传感器和变送器。安装要求如图 7-12-1 所示。

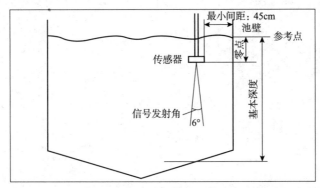

图 7-12-1　超声波泥位计安装要求示意

根据图 7-12-1 确定池中传感器的正确安装位置。此外，还需考虑以下因素：

请勿在下列条件下安装传感器：流体中含有气泡、湍流、高混浊度物质、悬浮物和泡沫（例如：进水口）。

池壁与传感器间的最小安装间距为 45cm（传感器在锥形区域内发射超声波信号）。

传感器下方的测量区域内不得有池壁凸起物，不得布置管路。可在该区域内临时使用刮刷。

在水下 20cm 处安装传感器时，请使用浸入管。

变送器不得安装在第二机箱内（热积聚）。

请勿将变送器安装在高压电源附近，此外，还请避免安装在电磁场发射源附近，例如：大型变压器或变频器。

仅当存在清晰过渡层时，系统才能检测分离层。液、固两相的过渡层模糊不清时，无法识别。

7.12.4　应用示例

在许多工艺过程中，沉淀后的悬浮液将分离成固、液两相。为了确保过程的经济性和有效性，必须连续监控沉降和沉淀过程中出现的分离层和过渡层的分层界面。

超声波泥位计广泛应用于污泥界面测量。污水处理：初沉池、污泥浓缩池、二沉池；水净化：添加絮凝剂后的沉淀池、过滤介质膨胀监测，以优化反冲洗操作、污泥接触处理过程中污泥泥位；化工行业的静态分离过程。

主要制造厂商：

①恩德斯豪斯（中国）自动化有限公司

第 8 章 控制阀

8.1 概述

8.1.1 IEC 定义的控制阀概念

工业过程控制系统中的由动力操作装置形成的终端元件，包括阀体，阀体内部有一组改变过程流体流速的组件，控制阀通常与一个或多个执行机构相连接。执行机构用来接受控制器的控制信号，实现对过程流体的控制。

控制阀主要参照国家标准为 GB/T 4213，该标准主要是依据 IEC 国际标准并结合中国实际情况制定。法兰标准一般采用 ASME B16.5/ASME B16.47/HG/T 20592/HG/T 20615/GB/T 9113 等。

8.1.2 控制阀的组成

控制阀一般由执行机构、阀体、阀内件和附件组成。

8.1.3 控制阀的种类

①按控制功能，控制阀可分为调节阀和开关阀。

②按行程特点，调节阀可分为直行程和角行程。

③按阀门与管道连接方式分：法兰式、焊接式、螺纹连接式，另外还有夹持式及支耳式等，阀门连接方式如图 8-1-1 所示。

(a)法兰式　　　　(b)焊接式　　　　(c)螺纹连接式　　　　(d)夹持式　　　　(e)支耳式

图 8-1-1　阀门与管道连接方式示意

④按阀门所配执行机构类型，控制阀可分为气动控制阀、电动控制阀、液动控制阀、气液控制阀、电液控制阀等。

气动控制阀是指采用的仪表空气作为动力，驱动阀门的执行机构，从而控制阀门的开关或动作位置。一般用于石化及化工装置等易燃易爆装置，或装置内有仪表空气的场合。

气动控制阀分开关型和调节型两种。

开关用的气动执行机构，分气开（FC），气关（FO）及断气时阀芯固定在原工作位置（FL）。调节用的气动执行机构，是由定位器来控制气动执行机构的开启位置，达到调控介质流量的目的。

气动执行机构多数采用单作用，即通气打开或关闭，弹簧复位。扭矩大的也有采用双作用的，此时一般配置储气罐。

⑤按阀门的结构，控制阀一般可分为球形阀（Globe）、球阀、蝶阀、闸板阀、偏心旋转阀、隔膜阀、角阀、三通阀、旋塞阀等。

8.1.4　控制阀的选型

控制阀的选型应根据用途、工况条件、流体特性、管道材料等级、调节性能、控制系统要求、防火要求、环保要求、节能要求、可靠性及经济性等因素来综合考虑。控制阀一般采用球形阀（Globe）、旋塞阀、蝶阀、偏心旋转阀、隔膜阀、角阀等，开关阀则主要采用球阀、闸板阀、旋塞阀及蝶阀等。

8.1.4.1　控制阀的选型原则

①对于 DN200（8″）及以下口径的控制阀，在一般工况下宜选用球形控制阀。

②对于 DN250（10″）及以上口径的控制阀，在一般工况下宜选用偏心旋转阀或蝶形控制阀。

③对于介质中含有固体颗粒或黏度较大的场合，宜选用偏心旋转阀或 V 球控制阀。

④对由于高差压、高流速、闪蒸或气蚀造成的高噪声场合，宜选用低噪声控制阀。

⑤在工艺特殊要求、严酷工况、特殊介质等场合，可选用角形控制阀、三通控制阀、隔膜控制阀、旋塞控制阀、波纹管密封控制阀、微小流量控制阀和深冷控制阀等特殊控制阀。

⑥在压缩机防喘振控制场合，应选用防喘振控制阀。

⑦在蒸汽管网的减温减压控制和蒸汽透平的旁路控制等场合，应选用蒸汽减温减压器。

⑧当工厂有可靠的仪表空气系统时，宜首选气动控制阀；当没有仪表空气系统但有负荷分级为一级负荷的电力电源系统时，宜选用电动控制阀；当工艺过程、机组有特殊要求时，也可选用电液控制阀。

⑨除工艺有特殊要求外，控制阀的允许泄漏等级通常选择 GB/T 4213 或 ANSI/FCI 70-2 标准规定的Ⅳ级；当工艺对控制阀有紧密切断（TSO）要求或参与紧急切断联锁时，控制阀的允许泄漏等级选择 GB/T 4213 或 ANSI/FCI 70-2 标准规定的 V 级或以上。

⑩当工艺对控制阀有防火要求时，应选用符合 API 607 或 API 6FA 标准的火灾安全型（fire-safe）控制阀。

⑪控制阀的压力等级、阀体材质、配管连接形式及等级应符合其所安装管道的管道材料等级规定，当规定标明按 NACE 要求时，则控制阀的阀体及内件材质应符合 NACE MR0103，MR0175 标准。

⑫ 控制阀的口径应根据工艺参数通过计算得出，以保证良好的控制效果。

⑬ 控制阀的安装支架、轴承、键销、紧固件等配件应选用钢制材料，不得用石棉或石棉制品作阀门填料和垫片材料。

8.1.4.2 开关阀的选型原则

①当工厂有可靠的仪表空气系统时，宜首选气动开关阀；当没有仪表空气系统时，选用电动开关阀；当工艺过程、机组有特殊要求时，也可选用电液开关阀。

②开关阀的允许泄漏等级应选择 GB/T 13927、GB/T 26480 或 API 598 的规定。

③当工艺对开关阀有防火要求时，应选用符合 API 607 或 API6 FA 标准的火灾安全型（fire-safe）开关阀。

④开关阀的压力等级、阀体材质、配管连接形式及等级应符合其所安装管道的管道材料等级规定，当规定标明按 NACE 要求时，则开关阀的阀体及内件材质应符合 NACE MR0103，MR0175 标准。

⑤开关阀的口径一般等同于工艺管道。

⑥开关阀的安装支架、轴承、键销、紧固件等配件应选用钢制材料，不得用石棉或石棉制品作阀门填料和垫片材料。

8.1.4.3 自力式控制阀的选型原则

①用于调节公用工程介质或清洁无毒无腐蚀性介质不需要远程调节。

②不需要经常改变调节回路设定值。

③不需要紧密关断。

④对于调节精度要求不高。

⑤现场无控制动力源（如仪表空气、电、氮气等）。

⑥需要降低投资的场合。

8.2 球形阀（Globe）

8.2.1 概述

球形阀通常称作 Globe 阀，是一种直行程的调节阀，其工作原理是在执行机构驱动力的作用下，执行机构推杆做上下直线运动，带动阀芯或阀塞做上下运动，从而改变阀芯与阀座或阀塞与套筒的流通面积，达到调节介质通过量，进而控制介质压力、温度、液位等工艺参数。

Globe 阀按结构原理分单座阀、双座阀、笼式阀（又称套筒阀）等。

Globe 阀按密封材料分硬密封阀、软密封阀。

8.2.2 结构原理

a）单座调节阀

单座调节阀结构如图 8-1-1 所示，其阀芯采用上导向结构，流体通道呈 S 形。调节阀泄漏量符合 ANSI FCI 70-2 标准。单座调节阀一般配有弹簧薄膜或气缸式执行机构，其结构紧凑，输出力大。

单座调节阀适用于要求可靠性及关闭性能高的高温、低温及低压差场合。

性能参数如下：

公称通径：DN15~DN250

额定压力：ANSI 150~600lb

泄漏等级：Ⅳ、Ⅴ、Ⅵ级（软密封）

可调比：50：1

温度范围：-195~566℃

特征：调节精度高、重量轻、体积小

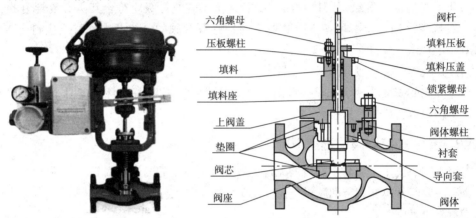

图 8-2-1　单座调节阀结构示意

b）双座调节阀

双座调节阀有两个阀芯和阀座，采用上下双导向，流体从一侧进入，通过阀芯和阀座后，由另一侧流出。由于流体介质作用于上、下阀芯上的不平衡力可以相互抵消，因此双座阀的不平衡力较小，允许阀门上下游压差较大。但受加工精度所限，上、下阀芯不易保证同时关闭，所以泄漏量比单座阀大，特别在高、低温场合，由于不同材料的热膨胀系数不同，泄漏量会更大。目前已基本被笼式调节阀替代。

c）笼式调节阀（套筒调节阀）

笼式调节阀又称套筒阀，如图 8-2-2 所示，阀体结构紧凑，流体通道呈 S 形，在阀芯外设有一个套筒，采用套筒导向，套筒上开孔，阀芯在套筒内移动，通过改变套筒上开孔的截面积来调节介质通过流量。通常笼式控制阀采用平衡型的阀芯结构，因此不平衡力小，稳定性好，对执行机构力要求比单座阀低，可用于高压差工况，而且套筒还有降低噪声的作用。

性能参数如下：

公称通径：DN40~DN500

额定压力：ANSI 150~2500lb

泄漏等级：Ⅳ、Ⅴ、Ⅵ级（软密封）

可调比：50：1

温度范围：-195~566℃

特征：允许压差大、噪声低、防空化

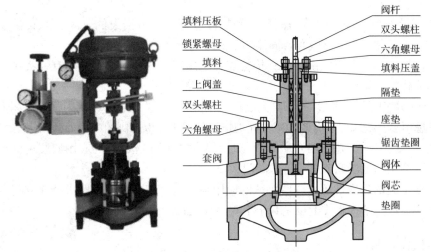

图 8-2-2　笼式调节阀结构示意

8.2.3　按密封材料分类

a）硬密封阀

硬密封阀指的是阀芯与阀座的密封面是金属和金属之间的密封，即阀芯和阀座都是金属，如图 8-2-3 所示。

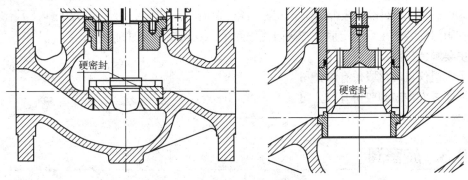

图 8-2-3　硬密封阀座结构示意

b）软密封阀

软密封阀指的是阀芯与阀座密封面是金属和非金属之间的密封，如图 8-2-4 所示。

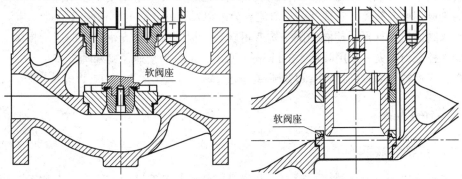

图 8-2-4　软密封阀座结构示意

8.2.4　特点与应用工况

①顶部导向单座调节阀结构简单、密封性能好、压力损失低，常用于低压差调节工况，不宜用于高黏度、悬浮液和含固体颗粒流体场合；

②套筒导向单座调节阀由于其结构特点，适用于高压差场合，介质有闪蒸或气蚀、介质不含固体颗粒的工况；

③由于一些工况的特殊性（如高温高压差工况），介质很容易出现闪蒸等损坏内件的现象，此时选用多孔式阀门能有效地减少此类情况的发生，保护阀门内件，延长使用寿命；

④当有毒性介质、超低温介质等情况时，需要根据工况的不同应用如波纹管密封调节阀、阀杆延伸型的低温调节阀等特殊阀门；

⑤根据工况的特殊性还有一些特殊的应用与结构，如多级降压低噪声调节阀、迷宫笼式调节阀等，这些结构本质上也是基于单双座或笼式结构。

8.2.5　注意事项

①安装时注意管道内介质流向应与阀体上箭头指示方向一致；

②水平管道上的阀门，阀杆方向可按下列顺序确定：垂直向上、向上倾斜45°、不得向下，当口径较大，阀门较重时需安装支撑架；

③阀门安装需选在利于检修和操作的位置；

④起吊阀门作业时，阀门要在指定的起吊位置上正确起吊，不得使阀门仅在局部受力的情况下进行起吊或牵引；

⑤检查阀杆填料部位是否按要求压紧，既要保证填料的密封性，又要保证阀杆不卡塞；

⑥阀门安装使用后应定期检查阀门使用效果，发现故障及时排除。

主要制造厂商：

重庆川仪自动化股份有限公司

浙江三方控制阀股份有限公司

8.3　旋塞阀

8.3.1　概述

旋塞阀是一种以圆锥体为启闭件的旋转阀，通过旋转一个角度使启闭件上的流道与阀体上的流道相通或分离，实现开关、节流、分配以及合并介质的一种阀门。

旋塞阀通道呈梯形，使阀门的结构变得轻巧，但同时也会产生一定的压力损失。为尽量减少这种压力损失，采用圆形（full bore）通道，被称为全通径旋塞阀。

按密封材料分为软密封旋塞阀和硬密封旋塞阀。

8.3.2　结构原理

8.3.2.1　软密封旋塞阀

软密封旋塞阀可分为衬套式旋塞阀及提升式软密封旋塞阀，实际应用中软密封旋塞阀主要是指衬套式旋塞阀，提升式软密封旋塞阀可适用场合较少。在化工、制药等领域，软密封旋塞占旋塞阀应用的 99% 以上。

衬套式软密封旋塞阀的外形如图 8-3-1 所示，内部结构如图 8-3-2 所示，软密封通常使用聚四氟乙烯为密封材料，也可根据特殊温度压力条件使用改性聚四氟乙烯等其他材料。阀体可根据工况选用碳钢、不锈钢、合金钢和特殊材料（如镍、钛、锆等）。

图 8-3-1　旋塞阀结构示意（安策）

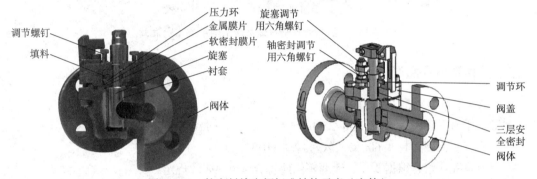

图 8-3-2　软密封旋塞阀标准结构示意（安策）

提升式软密封旋塞阀的外形结构如图 8-3-3 所示，阀门使用镶嵌在阀瓣上的密封圈和阀体构成密封。由于此类旋塞阀结构复杂、所需安装空间较大、操作烦琐且造价昂贵等因素限制，在化工、制药领域基本没有应用。

8.3.2.2　硬密封旋塞阀

硬密封旋塞阀可分为油润滑硬密封旋塞阀和提升式硬密封旋塞阀。由于油润滑硬密封旋塞阀需要注入润滑油形成密封，所以在化工领域，只有当润滑油允许进入介质时，油润滑硬密封旋塞阀才得以被应用。油润滑硬密封旋塞阀的外形结构如图 8-3-4 所示。

提升式硬密封旋塞阀使用金属材料的阀芯和同为金属材料的阀座密封，用手轮和阀杆对阀座密封面加压，通过加大密封比压使此类阀门具有较好的密封性能。提升式硬密封旋塞阀的外形结构与提升式软密封旋塞阀类似。

图 8-3-3　提升式软密封旋塞阀示意（安策）

图 8-3-4 油润滑硬密封旋塞阀结构示意（安策）

8.3.3 主要技术参数

公称通径：$DN15 \sim DN600$

额定压力：硬密封 ANSI 150~2500lb，软密封 ANSI 150~900lb

温度范围：硬密封 ≤ 600℃，软密封 ≤ 310℃

泄漏等级：密封根据要求，泄漏等级应符合 API 598 的规定

8.3.4 特点与应用工况

旋塞阀可轻易实现三重密封，整体密封寿命长，可靠性高。适用于腐蚀、剧毒、易结晶、易聚合、含固体颗粒介质的装置中，在化工、制药、造纸等领域具备应用优势和广泛的应用性。

得力于旋塞阀密封面积大的特点，易于实现三通、四通、五通、六通，七通等多通设计，可以简化管道设计。

a）优点

①适用范围较广，可涵盖石油、化工、电力冶金等大部分领域，从高真空至高压力均可应用。

②软密封旋塞阀密封性能好、可靠性高，在真空系统中被广泛使用。

③旋塞阀操作方便，开闭迅速，从全开到全关只要旋转 90°。

④软密封旋塞阀无空腔、免维护自清洁结构，特别适合有颗粒、易结晶、易聚合介质。

⑤软密封旋塞阀在全开或全闭时，衬套的密封面与介质隔离，还可通过加笼套设计减缓介质流通时对衬套的冲刷侵蚀。

⑥软密封旋塞阀易清洁，适用在食品药品行业。

⑦管线用硬密封旋塞阀可注脂密封，寿命特别长，适于在野外使用。

⑧不受安装方向的限制，介质的流向可任意。

⑨无振动、噪声小。

⑩旋塞阀一般使用寿命较长，整个生命周期成本较球阀低。

b）应用

由于旋塞阀只需要用旋转 90° 的操作和较小的转动力矩就能关闭严密，且阀体内腔为介质提供了阻力较小且直通的流道。因此，旋塞阀适宜作为开关阀使用，但也能用于节流和控制流量。旋塞阀的主要特点是本身结构紧凑，易于操作和维修，不仅适用于水、溶剂、酸和天然气等一般工作介质，而且还适用于工作条件恶劣的介质，如光气、氯气、过氧化氢、乙炔、醋酸、氟化氢、树脂等。

软密封旋塞阀最低密封性能可达六级密封，一般可以达到泄漏 50×10^{-6} 以下，特殊要求可达到泄漏 20×10^{-6} 以下。而硬密封旋塞阀则可以根据要求可高可低。在高温下，软密封的材质可能会出现熔化导致泄漏，故需要防火设计，而硬密封则没这个问题；硬密封一般可以用于很高的温度和压力，但由于润滑油、密封脂等可能导致污染介质，很多场合油润滑硬密封旋塞阀不适用。另外，硬密封旋塞阀制造成本较软密封的高得多。阀门选用时应依据管道介质、温度及压力选软、硬密封旋塞阀。

硬密封旋塞阀多用于油气勘探与开采、管道运输、石油炼化及污水行业，软密封适用于黏度大、易结晶、易自聚介质和酸碱类强腐蚀性介质以及易燃易爆、有毒性高危介质，也可用于食品、药品行业。

c）典型案例

装置类型：VAE（醋酸乙烯 – 乙烯共聚乳液）装置

介质：醋酸乙烯（VAC）

法兰压力等级：ANSI 600lb

公称通径：3in

装置中有 2 台阀门工况如表 8-3-1 所示，原本用的是上装式球阀，主要用于初始醋酸乙烯加料切断，平均开关次数 20 次 /d，要求阀门在使用的最大压差及压力变化条件下都要达到零泄漏。但球阀在使用不足半年就出现不同程度内漏，严重影响装置正常运行，后经综合分析后认为：因 VAC 容易自聚生成 PVAC，且 PVAC 黏度很大，而球阀阀体阀芯之间的空腔会在开关后有介质残留，残留介质中的 PVAC 因黏度较大附着在阀芯表面进而影响球阀的密封导致内漏。而旋塞阀阀体阀芯之间无空腔、自清洁的结构特性正好可以弥补这个不足，加之零泄漏、面密封等特点在此工况的优势显而易见。选用旋塞阀替代原来的球阀，使用情况良好。

表 8-3-1 阀门工况

条件	正常工况	极端工况
温度 /℃	常温 ~80	95
压力 /MPa	0~6.03	6.89（爆破片设计压力）

8.3.5 注意事项

旋塞阀是一种常用的仪表阀门，在管道上可以水平和垂直安装。使用过程中需要注意以下几点：

①必须先查明旋塞阀上、下游管道确定已卸除压力后，才能进行拆卸分解操作；

②非金属零件清洗后应立即从清洗剂中取出，不得长时间浸泡；

③装配时法兰上的螺栓必须对称、逐步、均匀地拧紧；

④清洗剂应与旋塞阀中的橡胶件、塑料件、金属件及工作介质（例如燃气）等均相容。工作介质为燃气时，可用汽油清洗金属零件，非金属零件用纯净水或酒精清洗；

⑤分解下来的单个旋塞阀零件可以用浸洗方式清洗，尚留有未分解下来的非金属件的金属件可采用干净的、细洁的、浸渍有清洗剂的绸布擦洗，清洗时须去除一切黏附在壁面上的油脂、污垢、积胶、灰尘等；

⑥拆解前旋塞在开启位置，并确认已清洗，分离旋塞时注意阀体内残留的高危介质；

⑦再装配时必须小心防止损伤零件的密封面，特别是非金属零件；

⑧清洗后需待被洗壁面清洗剂挥发后进行装配，但不得长时间搁置，否则会生锈、被灰尘污染；

⑨新零件在装配前需清洗干净；

⑩使用润滑脂润滑时，润滑脂应与旋塞阀金属材料、橡胶件、塑料件及工作介质均相容；

⑪装配时应不允许有金属碎屑、纤维、油脂、灰尘及其他杂质等污染、黏附或停留在零件表面上或进入内腔。

主要制造厂商：

安策阀门（太仓）有限公司

8.4　球阀

8.4.1　概述

球阀是球体绕阀体中心线做旋转来达到开启、关闭的一种阀门。球阀在管路中主要用来做切断、分配和改变介质的流动方向，特殊设计的球阀也可以具有很好的调节性能。

球阀按球的外形可分为"O"形和"V"形球阀。

球阀按结构原理可分为浮动式和固定式。

球阀按结构形式可分为上装式和侧装式。

球阀按密封材料可分为软密封和硬密封。

8.4.2　结构原理

8.4.2.1　浮动式球阀

浮动式球阀的球体是浮动的，在介质压力作用下，球体能产生一定的位移并紧压在出口端的密封面上，保证出口端密封。浮动式球阀的结构简单，密封性好，但球体承受工作介质的载荷全部传导给出口密封圈，因此要考虑密封圈材料能否经受得住球体介质的工作载荷。这种结构球阀广泛用于中低压场合。浮动式球阀的外形结构如图8-4-1、图8-4-2所示。

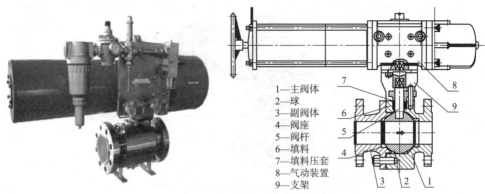

1—主阀体
2—球
3—副阀体
4—阀座
5—阀杆
6—填料
7—填料压套
8—气动装置
9—支架

图 8-4-1　浮动式球阀示意（纳福希）

图 8-4-2　浮动式球阀示意（Neles）

8.4.2.2　固定式球阀

固定式球阀的球体是固定的，受压后不产生移动。固定式球阀都带有浮动阀座，受介质压力后，阀座产生移动，使密封圈紧压在球体上，以保证密封。通常在与球体的上、下轴上装有轴承，操作扭距小，固定式球阀适用于高压和大口径场合。固定式球阀的外形结构如图 8-4-3、图 8-4-4 所示。

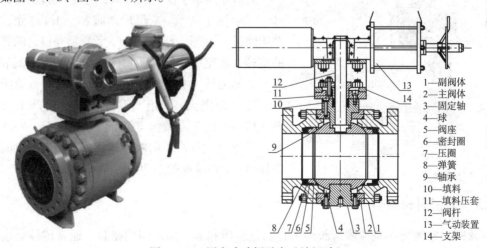

1—副阀体
2—主阀体
3—固定轴
4—球
5—阀座
6—密封圈
7—压圈
8—弹簧
9—轴承
10—填料
11—填料压套
12—阀杆
13—气动装置
14—支架

图 8-4-3　固定式球阀示意（纳福希）

图 8-4-4　固定式球阀示意（Neles®）

8.4.2.3　上装式球阀

上装式球阀是一种可以在管线上直接拆卸的阀门。当阀门在管线上出现故障需要修理时，不必从管线上拆卸阀门，只需拆掉阀体上方法兰和螺栓螺母，将阀盖和阀杆组合件从阀体上方取下来后，即可从阀体中腔取出球体和阀座组合件，进行在线修理球体和阀座。既节省了时间，又将生产中的时间损失降到最低点。上装式球阀的外形结构如图 8-3-5、图 8-3-6 所示。

图 8-4-5　上装式球阀示意（纳福希）

图 8-4-6　上装式球阀示意（Neles®）

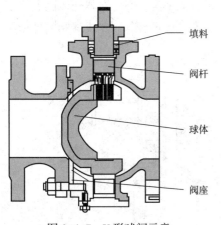

填料

阀杆

球体

阀座

图 8-4-7　V 形球阀示意

8.4.2.4　V 形球阀

V 形球阀属于固定式球阀，也是单阀座密封球阀，主要用于调节。V 形球阀阀芯是 1/4 球壳，阀芯边缘呈 V 字形，球体上有一个 V 形开口，随着球的旋转，利用中间开度面积的变化进行流量调节，并可切断流体中夹杂的杂质。V 形球阀有流通能力大、可调范围大、具有剪切力、能关闭严密等特点，特别适用于流体物质带纤维状的工况。一般情况下 V 形球阀都是单向密封球阀。不适用于双向使用场合。V 形球阀的结构如图 8-4-7 所示。

8.4.3　按密封材料分类

软密封球阀指的是球体与阀座密封面是金属和非金属之间的密封，通常球体是金属的，阀座采用非金属材料。

　　硬密封球阀指的是球体与阀座密封面是金属和金属之间的密封，即球体和阀座都是金属的。加工精度和工艺场合较难、成本高，一般用于高温高压、固体介质、气固两相或液固两相介质或氧气等特种介质。

　　硬密封球阀原理和软密封的结构是一样的，主要是阀座材质的区别。

8.4.4　主要技术参数

　　公称通径：固定球 $2'' \sim 48''$，浮动球 $1/2'' \sim 8''$

　　额定压力：硬密封 ANSI 150~2500Lb，软密封 ANSI 150~1500Lb

　　温度范围：硬密封 $\leqslant 600℃$，软密封 $\leqslant 200℃$

　　泄漏等级：应符合 FCI 70-2 的规定，软密封Ⅵ级，硬密封Ⅴ级

　　各类参数应以制造厂为准，阀门制造厂也可根据业主的特殊需求开发产品。阀门适用的温度压力可查阅制造厂样本中的温压曲线。

8.4.5　特点与应用工况

　　a）优点

　　①流路简单，流体阻力小，其阻力系数与同长度的管段相等。

　　②紧密可靠，软密封球阀的密封材料广泛使用增强型 PTFE，密封性好，在真空系统中广泛使用。

　　③操作方便，开闭迅速，从全开到全关只要旋转 90°，便于远距离控制。

　　④维修方便，球阀结构简单，密封圈是活动的，拆卸更换都比较方便。

　　⑤在全开或全闭时，球体和阀座的密封面与介质隔离；介质通过时，不会引起阀门密封面的侵蚀。

　　⑥适用范围广，通径从小到几毫米，大到几米，从高真空至高压力场合均可应用。

　　⑦采用耐冲刷结构，可延长阀座寿命。

　　⑧上装式金属密封球阀的最大优点是可在线维修快速拆装。

　　⑨金属密封球阀开关时，阀座会对球面起到刮削作用，特别适合介质黏稠或容易结垢的场合。

　　⑩Ⅴ形球阀提供近似对数流量特性，且可调比大，Ⅴ形球芯与阀座相对旋动时产生剪切作用，适用于高黏度、悬浮流、纸浆等不干净、含纤维介质的控制。

　　b）应用

　　由于球阀只需要用旋转 90°的操作和很小的转动力矩就能关闭严密。完全平等的阀体内腔为介质提供了阻力很小、直通的流道。因此，球阀最适宜作开闭使用，但也能作节流和控制流量。适用于水、溶剂、酸和天然气等一般工作介质，还适用于工作条件恶劣的介质，如氧气、过氧化氢、甲烷、乙烯、树脂等。

　　软密封球阀能达到较高等级的密封性能，完全无泄漏。硬密封球阀则要根据要求可高可低；软密封需要防火。硬密封一般可以做到很高的压力（目前可达到 4500lb）；软密封由于介质及温度的限制，如在一些腐蚀性介质、高温和超低温等场合不能使用；硬密封球阀制造成本较软密封的高。

　　应综合考虑管道介质温度、压力及运行要求来选用软、硬密封球阀。一般介质含有固

体颗粒或具有磨损或温度高于200℃选用硬密封的；口径大于50mm阀门压差较大还需考虑开启阀门力矩大小，力矩较大时应选用固定球硬密封球阀；软硬密封阀座泄漏等级均可达到ASME B16.104规定的Ⅵ级。

V形球阀主要应用于纸浆、砂浆、黏性流体的控制。

c）典型案例

1）锁渣阀

锁渣阀，也称为锁斗阀，是煤化工水煤浆加压气化装置和粉煤炉气化装置上用于排渣的一组重要阀门。介质为含固渣水，固体颗粒是经破渣机粉碎为直径3~50mm的、坚硬的、玻璃状煤渣，液体是含氯离子、硫化氢、酚类物质的灰水。异常情况下，锁渣阀还要面对炉砖、钢筋等异物。锁渣阀每半小时就要开关一次，并且动作速度较快，阀门往往伴随有很大的振动，因此对执行机构也提出了很高的要求。锁渣阀是使用条件非常苛刻的高频阀门，必须保证阀门能耐磨、耐腐蚀、防颗粒抱死，并且能长期保证阀门可靠运行。锁渣阀的阀座结构如图8-4-8所示。

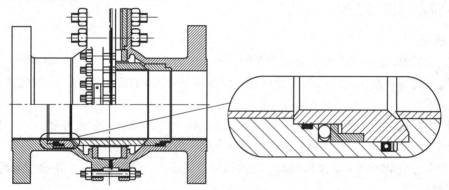

图8-4-8　锁渣阀阀座结构示意（Neles®）

2）PDS阀

在聚乙烯PE和聚丙烯PP装置中，经常要用到Product Discharge System Valve，简称为PDS阀。PDS阀在生产过程中要频繁开关，动作周期一般为3min，因此动作速度也很快，一般为1.5~2.5s，即便是DN300的球阀，其动作时间也是2.5s，因此阀门结构设计、阀芯涂层选择、执行机构及气动附件的选择都至关重要。PDS阀还要面对另一个挑战。即在聚烯烃生产过程中如果发生意外，导致温度和压力异常波动，很可能使烯烃单体在阀腔甚至是阀座背密封区域发生聚合反应，会直接抱死阀门。PDS阀的要求很高，目前世界上只有为数不多的制造厂能提供可靠的产品。

3）LNG球阀

LNG球阀处理的介质是液化天然气，不含颗粒及其他杂质，压力也不高，但工作温度能达到-162℃的低温。常温状态下装配的阀门在深冷情况下各部件尺寸会发生变化，导致密封部分可能失去密封作用；深冷状态下阀门扭矩会比常温状态下增加很多，需要更大扭矩的执行机构；阀门接液部件要脱脂处理，脱脂处理后，阀门扭矩也会增加；为了验证阀门在实际工况时能可靠工作，阀门需要做深冷试验，而深冷试验会大大增加阀门采购成本。

尤其是高压、大口径球阀，会采用波纹管阀座，如图 8-4-9 所示。巨大的波纹管能补偿温度变化带来的形变，始终保持阀座和阀球之间的接触力，从而确保阀座的密封等级，也确保严格的双向密封。为了降低阀门的扭矩，球阀阀芯可采用碳化钨涂层。

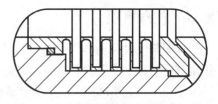

图 8-4-9　波纹管阀座示意（Neles®）

采用波纹管阀座的球阀也常用作分子筛切换阀，来应对巨大的温度变化，并保证严格的双向密封。

4）多晶硅耐磨球阀

在有机硅、多晶硅生产中，金属耐磨球阀要适应如下苛刻的运行条件：

①介质为硅粉，硬度高达 HRC62，对阀芯涂层耐磨性能要求很高。

②硅粉的颗粒直径很小，很容易进入阀座密封区域或阀腔区域造成阀门抱死。

③介质中还有 HCl、氯硅烷等腐蚀性成分，易破坏阀芯的涂层。

④部分阀门工作温度高达 300℃左右，对阀门结构设计要求很高。

⑤阀座密封等级要达到 ANSI/FCI Class Ⅴ 或更高。

以上苛刻要求对于球阀的设计提出了高要求，由于硅粉的硬度可达 HRC62，因此阀芯部分（包括阀球、阀座）表面硬化涂层材料只能选择碳化钨（WC–CO）、碳化铬钨［（W/Cr）C］和碳化铬（CrC）。多晶硅生产中有 HCl、氯硅烷等腐蚀性物质存在，因此限制了碳化钨的使用，所以阀芯涂层一般选择碳化铬或碳化铬钨。司泰莱（Stellite）涂层是无法应用在这一场合。阀座结构及阀杆等也需根据工况进行特殊设计。

5）调节球阀

在很多生产装置中，要求一台阀门既具有调节功能，又具有开关阀的严密切断性能。如气化炉氧气放空阀、合成气放空阀、压缩机防喘振阀、火炬总管调节阀、天然气输气管道压力调节阀等。可在设计上一般设置两条管道，一条管道上设置一台全通径球阀用于正常生产时的切断，另一条管道上设置一台传统的球阀用于开车时或异常工况时的压力或流量调节，这样的设计会导致建设成本增加。此时，兼具调节和关断功能的调节球阀可满足上述控制要求，并大大降低建设成本。典型调节球阀的外形及结构如图 8-4-10 所示。

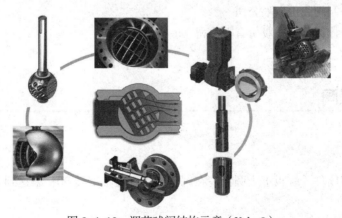

图 8-4-10　调节球阀结构示意（Neles®）

8.4.6　注意事项

球阀是一种常用的仪表阀门，主要用于流体的截断控制，在管道中一般应水平安装。使用球阀过程中需要注意的问题主要有以下几点：

①必须先查明球阀上、下游管道确定已卸除压力后，才能进行拆卸分解操作。

②非金属零件清洗后应立即从清洗剂中取出，不得长时间浸泡。

③装配时法兰上的螺栓必须对称、逐步、均匀地拧紧。

④清洗剂应与球阀中的橡胶件、塑料件、金属件及工作介质（例如燃气）等均相容。工作介质为燃气时，可用汽油清洗金属零件。非金属零件用纯净水或酒精清洗。

⑤分解下来的单个球阀零件可以用浸洗方式清洗。尚留有未分解下来的非金属件的金属件可采用干净细洁的浸渍有清洗剂的绸布擦洗。清洗时须去除一切黏附在壁面上的油脂、污垢、积胶、灰尘等。

⑥球阀分解及再装配时必须小心防止损伤零件的密封面，特别是非金属零件，取出 O 形圈时宜使用专用工具。

⑦清洗后需待被洗壁面清洗剂挥发后进行装配，但不得长时间搁置，否则会生锈、被灰尘污染。

⑧新零件在装配前也需清洗干净。

⑨使用润滑脂润滑。润滑脂应与球阀金属材料、橡胶件、塑料件及工作介质均相容。工作介质为燃气时，可用例如特 221 润滑脂。在密封件安装槽的表面上涂一薄层润滑脂，在橡胶密封件上涂一薄层润滑脂，阀杆的密封面及摩擦面上涂一薄层润滑脂。

⑩装配时应不允许有金属碎屑、纤维、油脂、灰尘及其他杂质等污染、黏附或停留在零件表面上或进入内腔。

⑪ 阀门通径大于 6″ 时，浮动式球阀不可安装在垂直管道上。

主要制造厂商：

美卓流体控制（上海）有限公司

纳福希（上海）阀门科技有限公司

重庆川仪自动化股份有限公司

浙江三方控制阀股份有限公司

浙江力诺流体控制科技股份有限公司

⌀8.5　蝶阀

8.5.1　概述

蝶阀是指启闭件（蝶板）为圆盘，在阀体内绕固定轴旋转 90° 来达到开启与关闭的一种阀门。

按结构形式分为：中线蝶阀、单偏心蝶阀、双偏心蝶阀、三偏心蝶阀。

按密封材料分为：软密封和硬密封。

8.5.2 结构原理

8.5.2.1 中线蝶阀

该种蝶阀的蝶板以阀杆为中心对称布置，即阀杆轴心、蝶板中心、阀体中心在同一位置上。其结构简单，制造方便，常见的衬胶衬塑蝶阀即属于此类。不足是由于阀板与阀座始终处于挤压、刮擦状态，造成阻矩大、磨损快。中线蝶阀的外形和结构如图8-5-1所示。

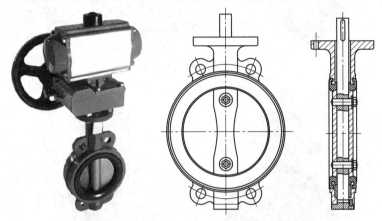

图 8-5-1　中线蝶阀外形和结构（纳福希）

8.5.2.2 单偏心蝶阀

为解决中线蝶阀的蝶板与阀座的挤压问题，由此产生了单偏心蝶阀。其结构特点为阀杆轴心偏离了蝶板中心，从而使蝶板上下端不再成为回转轴心，分散并减轻了蝶板上下端与阀座的过度挤压。单偏心蝶阀也存在不足，由于单偏心构造在阀门的整个开关过程中只是一定程度上减轻而并未消除蝶板与阀座的刮擦现象，其应用范围和中线蝶阀大同小异，因此该类蝶阀应用很少。

8.5.2.3 双偏心蝶阀

双偏心蝶阀的结构特征为：第一偏心是阀轴中心与阀体中心线形成的一个偏移，第二偏心是阀轴中心与阀板密封面形成的一个偏移，双偏心原理如图8-5-2所示。这样，在阀门开启几度后，阀板能比较迅速地脱离阀座，大幅度削减了阀板与阀座的过度挤压和刮擦，减小了开启扭矩，降低了磨损且延长阀座寿命。双偏心蝶阀的外形和结构如图8-5-3所示。

第一个偏心 　　　　第二个偏心

图 8-5-2　双偏心蝶阀原理

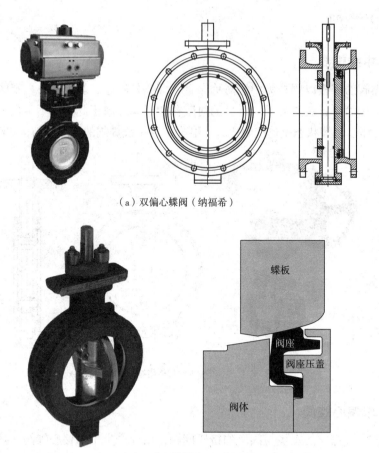

（a）双偏心蝶阀（纳福希）

蝶板

阀座

阀座压盖

阀体

（b）双偏心蝶阀（Neles）

图 8-5-3　双偏心蝶阀外形和结构

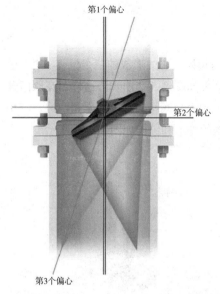

第1个偏心

第2个偏心

第3个偏心

图 8-5-4　三偏心蝶阀三个偏心示意

8.5.2.4　三偏心蝶阀

　　三偏心蝶阀的结构特征为在双偏心的阀杆轴中心位置偏心的同时，使蝶板密封面的圆锥形轴线偏斜于本体圆柱轴线。三个偏心原理如图 8-5-4 所示。

　　在加入第三个偏心后，蝶板的密封断面不再是圆形，而是椭圆，其密封面形状也因此而不对称。第三个偏心的最大特点就是从根本上改变了密封构造，不再是位置密封，而是扭矩密封，即不是依靠阀座的弹性变形，而是完全依靠阀座的接触面压来达到密封效果，从根本上解决了金属阀座零泄漏这一难题。三偏心蝶阀的外形和结构如图 8-5-5 所示。

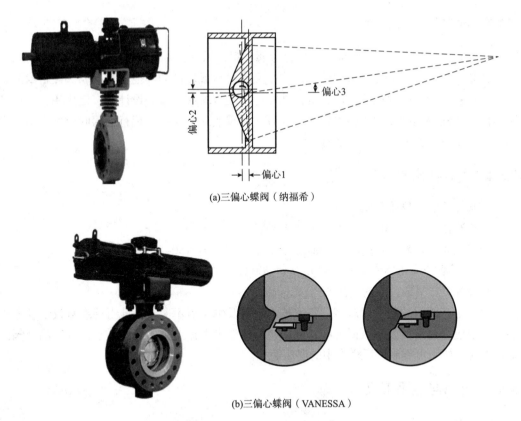

(a)三偏心蝶阀（纳福希）

(b)三偏心蝶阀（VANESSA）

图 8-5-5　三偏蝶阀的外形和结构

　　并非所有厂家的三偏心设计都如上述描述，有些厂家第三个偏心是椭圆形阀板和圆形密封圈相互挤压而成，如图 8-5-6 所示。

　　三偏心蝶阀的密封圈和阀座有两种形式，一种密封圈是石墨和金属片的层叠结构，或者是整体实心金属片结构，阀座则为整体堆焊在阀体上的 STELLITE 硬质合金；另一种是 U 形金属片弯曲焊接成圆形的金属结构，夹持在阀体上作为阀座，而整体阀板作为另一密封件。

图 8-5-6　三偏心蝶阀示意（Neles）

层叠结构或者整体实心金属片密封圈通常夹持在阀板上，在与阀板共同移动到关闭位置时，密封圈受阀座内侧的挤压产生微小的位移和形变，达到双向严密密封效果。层叠或者整体实心金属片结构的密封圈夹持在阀板中间，使其受到阀板的保护，以消除由于直接暴露在流体中，受流体的冲刷而影响密封效果及使用寿命。U 形金属片弯曲焊接成圆形的金属结构阀座是一个焊接而成的金属环，横断面加工为 U 形，阀门关闭时，圆形阀座在椭圆形阀板的挤压下在平面内产生较大的位移和形变，从而达到严密关断。U 形环阀座受阀板的挤压力可自动对中，阀座更换后可回装；阀座嵌入在阀体内部，不易受到冲刷损坏，比较适合含固体颗粒的介质或高速流体等要求耐冲刷的场合。

8.5.3 按密封材料分类

①软密封蝶阀指的是密封面的一侧是金属材料，另一侧是有弹性的非金属材料。

②硬密封蝶阀指的是密封面的两侧均是金属材料或较硬的其他材料。蝶阀硬密封的密封性能较差，但耐高温，抗磨损，机械性能好。随着蝶阀三偏心设计的广泛应用，金属硬密封的密封性差问题得到了根本解决，也可达到零泄漏，即按照现行的国际标准在高压水测试和低压空气测试下均无可见的泄漏。

8.5.4 主要技术参数

蝶阀的性能参数通常如下：

公称通径：$3'' \sim 120''$

额定压力：硬密封 Class150~Class2500，软密封 Class150~Class300

温度范围：$t \leq 815℃$（硬密封），$t \leq 200℃$（软密封）

泄漏等级：Ⅵ级，双向零泄漏

由于生产阀门的制造厂众多，各家技术水平及侧重点不一，因此上述参数仅供参考，各类参数应以制造厂公布数据为准，阀门制造厂还可根据业主的特殊需求开发产品。阀门适用的温度压力可查制造厂样本中的温压曲线。

8.5.5 特点与应用工况

8.5.5.1 蝶阀特点

①适用于大口径、大流量、低压差的场合，蝶阀的结构原理尤其适合于制作大口径阀门，根据需要可以制造口径达 2m 以上的蝶阀。

②密封件启闭方便、迅速、省力，可作快速切断阀以及高频场合下的应用，扭矩相对较小，便于配备执行机构。

③流阻较小，在相同压差时，其流通能力约为同口径单座阀的 2 倍。

④蝶阀只需旋转 90° 即可快速启闭，操作简单。在处于完全开启位置时，蝶板厚度是介质流经阀体时唯一的阻力，因此通过阀门时所产生的阻力较小，故具有较好的流量控制特性，在石油化工管道系统中可以作调节流量应用。

⑤占用空间小、质量轻，在工程设计中对管系支架设计的要求大幅降低。

⑥结构简单、安装方便、易于维护检修。

⑦与同口径的其他类型阀门相比，造价要低。

8.5.5.2 三偏心金属密封蝶阀优点

①切断性能好。三偏心金属密封蝶阀利用扭矩切断阀门，故阀座处有极佳的密封性能，可达到双向零泄漏阀。介质中带有的固体颗粒或脏物对三偏心金属密封蝶阀的切断性能无明显影响，因为阀门接近关闭时，介质流速很高，使脏物无法在阀座处积聚。

②适用范围广。金属密封蝶阀温度范围为 −253~815℃，压力等级为 Class 150~ Class 1500, 甚至达 Class 2500；管径从 $DN80 \sim DN3000$，这是大部分其他结构形式阀门无法达到的。

③寿命长。三偏心金属密封蝶阀是一种金属对金属密封的阀门，在密封面处无四氟乙烯、橡胶或其他非金属材料，因此可保证阀门耐磨，长时间工作不变形，也不会由于阀座变形而导致阀门泄漏。阀门启闭过程中阀板和阀座即脱开，它们之间无摩擦。具有较长的使用寿命。

④易于自动控制。90° 旋转启闭是蝶阀固有的特性，90° 旋转执行机构的结构比直线型结构简单，其动作过程较快，可以满足现代工业仪表阀门快速启闭的要求。同时由于三偏心金属密封蝶阀启闭所需要的操作扭矩较小，故蝶阀所配的执行机构尺寸要比其他阀门所配的执行机构尺寸小。

8.5.5.3 应用

①中线蝶阀常见的有衬胶蝶阀。一般用于公称压力不大于 PN25 的工况，适用介质为水、油品、空气、酸、碱等。适用温度由衬胶材料确定，通常为常温，宜在 120℃以下，氟橡胶可以达到 150℃，增强型聚四氟乙烯可达到 180~220℃。

②双偏心蝶阀因蝶板与阀座的密封面为线密封、通过蝶板挤压阀座而产生密封效果，故对关闭位置要求很高（特别是金属阀座），承压能力低。一般用于公称压力不高于 Class 600 的工况。具体应用还与材料选择有关。

③由于三偏心蝶阀开启扭矩小，可以实现双向零泄漏，密封力由施加扭矩保证，耐高温高压也迎刃而解。因此蝶阀可用于高温高压工况，目前已用于 Class 2500、温度到 815℃的工况。

④ 三偏心蝶阀也广泛应用在低温深冷工况，为低温深冷工况配置了 BS 6364 要求的延长阀盖、免维护内件、UNS S20910 或 Nitronic® 50 的一片式实心金属密封环，可以应用在最高压力 Class 1500 和 –254℃的低温工况。

⑤软密封蝶阀的密封性能较好，可以达到零泄漏。软密封材料有：橡胶，聚乙烯，聚四氟乙烯及一些特殊的专利材料；软密封蝶阀多为中线型，高端的采用双偏心设计。软密封蝶阀适用于水处理、轻工、石油、化工等行业。金属密封蝶阀可用于低温、常温、高温等环境及中高压等工况，金属密封蝶阀多用于供热、供气、煤气、油品等环境。

随着蝶阀的广泛使用，其安装方便、维修方便、结构简单的特点愈发明显。在石化工程应用中，蝶阀逐步取代闸阀、截止阀等。

8.5.6 典型案例

工业气体中的高频阀（PSA, VPSA）：高性能软密封蝶阀可用于高频的气体处理，比如变压吸附制氢，真空吸附制氧制氮。

催化裂化的烟机阀，丙烷脱氢（PDH）装置中一般要求阀门能够耐 700℃以上的高温，三偏心蝶阀非常适合用在这些工况中，且有较多成功案例。

液化天然气（LNG）、低温气体分离（ASU）、航天领域的低温工况，三偏心蝶阀都有很成熟的应用。

三偏心蝶阀已经成功应用在煤气化装置中的气化炉、合成氨等高压装置中。

大口径蝶阀、高压蝶阀（Class 2500 级）替代球阀可节省投资。

8.5.7 注意事项

①应按蝶阀制造厂的安装说明书进行安装，质量重的蝶阀，应设置牢固的基础。安装前需确认介质流向箭头是否与实际工况相符，并将阀门内腔清洗干净，不允许在密封圈和阀板上附有杂质异物，未清洗前不允许关闭蝶板，以免损坏密封圈。

②蝶阀在管道安装中不能倒装。蝶阀安装于管路末端时需注意，需特殊设计才能使用。

③开、闭次数较多的蝶阀，应每二个月左右打开传动箱盖，检查润滑油是否正常，应保持适量的润滑油。

④检查阀杆填料部位是否按要求压紧，既要保证填料的密封性，又要保证阀杆转动灵活。

⑤在安装蝶阀时，阀板应在关闭的位置。

⑥开启位置应按阀板的旋转角度来确定。

⑦对夹式或支耳式蝶阀安装应注意避免阀板动作时与管道相碰撞。

主要制造厂商：
艾默生过程控制有限公司
重庆川仪自动化股份有限公司
纳福希（上海）阀门科技有限公司
美卓流体控制（上海）有限公司
浙江三方控制阀股份有限公司
浙江力诺流体控制科技股份有限公司

8.6 闸板阀

8.6.1 概述

闸板阀是最常用的切断阀之一，主要用来接通或切断管路中的介质，不应用于调节介质流量。闸阀的启闭件是闸板，闸板的运动方向与流体方向相垂直，闸阀只能作全开和全关，不能作调节和节流。闸板有两个密封面，最常用的闸板阀的两个密封面形成楔形，楔形角度随阀门参数而异，通常为 $5°$，介质温度不高时为 $2° 52'$。

闸板阀根据闸板结构的不同可分为楔式闸阀、平板闸阀、双闸板平行闸阀、刀闸阀等。

8.6.2 结构原理

8.6.2.1 楔式闸阀

楔式闸阀是一种传统的通用阀门，由阀体、阀座、闸板、阀杆、阀盖、垫片、连接螺栓、支架、填料、压盖、驱动装置等零部件组成，其闸板外形为楔形。阀体内件采用 T 形槽活动连接，靠楔形闸板与阀座的楔紧力密封，如图 8-6-1 所示。

驱动装置推动阀杆向下移动时，阀杆带动楔形闸板也向下移动。闸板相对于阀座做平行滑动，移到阀座底部时，闸板左右斜面与阀座斜面形成楔紧作用，产生两个斜方向的密封力，将闸板左右密封面压向阀座密封面，形成阀门进、出口双向强制密封，如图 8-6-2 所示。

阀门开启时，在驱动装置作用下，阀杆向上移动带动楔形闸板向上，解除密封张力，密封面相对摩擦后脱离，如图 8-6-3 所示。阀门开启及关闭过程中闸板与阀座密封面相对摩擦较大，开、关扭矩较大；启、闭费力，影响阀门的使用寿命。

8.6.2.2　平板闸阀

采用浮动阀座，双向启闭，密封可靠，启闭灵活。闸板均有导向条用于精密导向，同时密封面均喷焊硬质合金，耐冲蚀。阀体承载能力高，通道为直通式，全开时与闸板导流孔相贯通和直管相似，流阻很小。阀杆采用复合材料，多重密封，使得密封可靠，摩擦力小。平板闸阀的外形结构如图 8-5-4 所示。

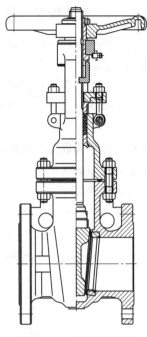

图 8-6-1　楔式闸阀示意

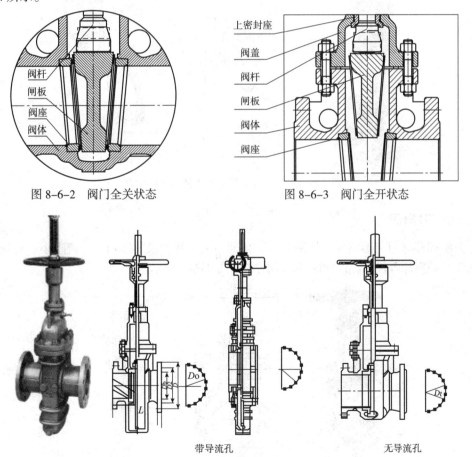

图 8-6-2　阀门全关状态

图 8-6-3　阀门全开状态

带导流孔　　　　　　无导流孔

图 8-6-4　平板闸阀示意

8.6.2.3 双闸板平行闸阀

双闸板平行闸阀内部有两个闸板，采用金属接触式密封，动作可靠，全开时直通式的流道几乎没有压力损失，广泛应用于高温、高压乃至低温条件下的紧急切断阀、放空阀，特别适合作为大口径的切断阀。金属接触式的阀板、阀座密封副本身具有阀座防火功能，一般适合安装于水平管道。

双闸板平行闸阀采用阀板和阀座之间楔形块转换结构，将来自执行机构的推力，通过楔形块转换为阀板与阀座的压紧力，从而达到严密切断。阀体内部有楔形块限位凸台，从而限制阀板的关闭位置。对于高压场合，双阀板之间布置碟形弹簧，通过碟形弹簧设定的预紧力使阀板施加压力于阀座上，同时通过流体本身的压力作用于下游阀板上，阀板和阀座之间有足够的压力从而实现严密切断。阀板的关闭位置通过阀杆上的限位结构实施。

双闸板平行闸阀的阀板和阀座经过充分研磨，达到镜面，很容易达到严密切断。双闸板平行闸阀的结构如图8-6-5所示。

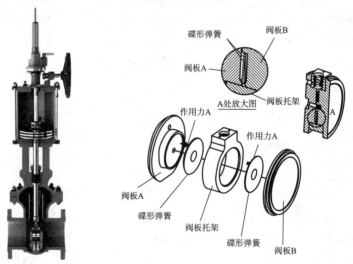

图 8-6-5　双闸板平行闸阀本体部结构示意

8.6.2.4 刀闸阀

刀闸阀即靠刀刃形闸板来切断介质，超薄型的刀闸阀以其体积小、流阻小、重量轻、易安装、易拆卸等优点。刀闸阀的外形结构如图8-6-6所示。

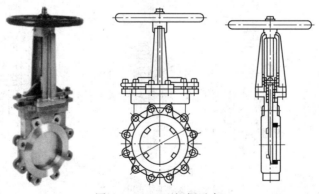

图 8-6-6　刀型闸阀示意

8.6.3　主要技术参数

公称通径：1/2″ ~36″

额定压力：ANSI 150~1500Lb

温度范围：600℃

泄漏等级：Ⅵ级

各类参数应以制造厂为准，阀门制造厂可根据业主的特殊需求开发产品。

8.6.4　特点与应用工况

a）闸阀特点

①结构简单，体积小，重量轻，安装简便。

②密封性能好。闸阀关闭时，密封面依靠介质压力将闸板的密封面压向另一侧的阀座来保证密封面的密封，实现自密封。大部分闸阀是采用强制密封的，即阀门关闭时，要依靠外力将闸板压向阀座，以保证密封面的密封性。

③流体阻力小，启闭省力。

④具有双流向特点，不受流向限制。

⑤适用范围广，在各种管道介质切断时都用到闸阀。

⑥全开时，密封面受工作介质的冲蚀小。

b）应用

闸阀具有开关轻巧、密封可靠、安装简便及使用寿命长等优点。可广泛用于自来水、污水、建筑、石油、化工、食品、医药、轻纺、电力、船舶、冶金、能源系统等各种介质管线上作为截流使用。

8.6.5　注意事项

①安装前确认是否有杂物，并将阀门内腔清洗干净，不允许附有杂质异物。

②信息匹配，阀门位号口径压力等信息是否对应，阀体上的有关标志应正确、齐全、清晰，并符合相应标准规定。

③开、闭次数较多的闸阀，定期检开关是否卡顿。

④检查阀杆填料部位是否按要求压紧，既要保证填料的密封性，又要保证阀杆转动灵活。

⑤应按制造厂的安装说明书进行安装，大口径的重阀，应有支撑。

⑥阀门安装使用后应定期检查阀门使用效果，发现故障及时排除。

⑦定期检查阀门防腐和保温，发现损坏及时修补。

主要制造厂商：

浙江力诺流体控制科技股份有限公司

挺宇集团有限公司

🔧 8.7 偏心旋转阀

8.7.1 概述

偏心旋转阀又称凸轮挠曲阀，阀芯的回转中心不与旋转轴同心，可减少阀座磨损，延长使用寿命；阀芯后部设有一个导流翼，有利于流体稳定流动，具有优良的稳定性。

8.7.2 结构原理

偏心旋转阀阀体流道呈圆筒形，在阀体内装有一个球面阀芯，且球面阀芯中心线与转轴中心线偏离，当转轴绕旋转中心转动时，装于阀轴上的球面阀芯相对于阀体中心做了凸轮状的偏芯旋转，旋转角度为50°，阀芯球面在关闭瞬间才与阀座密封面相接触，依靠阀芯柔臂的弹性变形，使阀芯球面与阀座密封面紧密接触，达到可靠密封。偏心旋转的外形结构如图 8-7-1、图 8-7-2 所示。

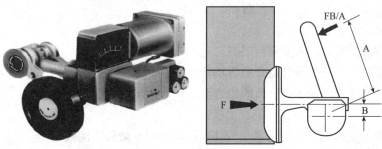

图 8-7-1　偏心旋转阀示意（上海自仪七厂）

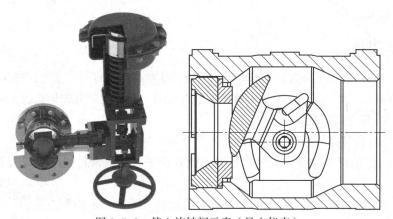

图 8-7-2　偏心旋转阀示意（吴忠仪表）

8.7.3 按密封材料分类

软密封偏心旋转阀：指阀座采用金属加非金属弹性材料，阀芯为金属材料，软密封形式泄漏等级高，但使用温度低，不适用于含固体颗粒的介质。

硬密封偏心旋转阀：是指阀芯阀座均为金属材料。偏心旋转阀硬密封的泄漏等级可达到 ANSI B16.104 的Ⅳ级，耐高温，抗磨损，机械性能好。

8.7.4 主要技术参数

公称通径：1″~16″

额定压力：ANSI 150~600Lb

可调比：100：1

温度范围：硬密封 –195~400℃

泄漏等级：IV级别（硬密封）、VI级（软密封）

各类参数应以制造厂为准，阀门制造厂可根据业主的特殊需求开发产品。阀门适用的温度压力可查制造厂样本中的温压曲线。

8.7.5 特点与应用工况

a）结构特点

①流道简单，流路通畅，从图 8-7-3 上就可以看到这种结构是直通型的，流体流过时，流阻小，在阀体内部压力变化较小，所以其流通能力强，偏心旋转阀与其余阀门流通能力大概比较如图 8-7-4 所示。

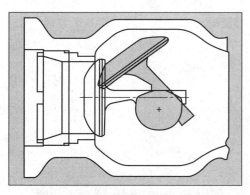

图 8-7-3　偏心旋转阀流道结构示意

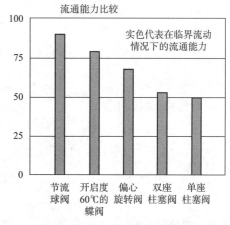

图 8-7-4　偏心旋转阀流通能力比较

②关闭时具有剪切功能，有自清洗功能，适用于黏度大和含有颗粒、纤维的介质。

③偏心旋转阀的开闭是由旋转运动达到的，开闭时的流体阻力较小，所需开关力矩较小，可采用较小规格的执行机构，整阀重量轻，体积小，投资省。

④通用性好，同一规格的阀门，改变流通能力时，只需换相应的阀内件，不用换阀芯。阀体内部及其内附件易衬各种衬里，以适应在压力、温度、压差等极限情况下使用。

⑤可调比大，为 100：1。

⑥仅需改变执行机构的安装位置就能实现气开、气关的变化，方便调整。

⑦由于偏芯旋转阀的阀体和阀盖是整体铸造的，而且阀盖很长，能提供很大的散热面，使填料部分的温度降低，偏心旋转阀的使用温度高。这种结构能减少填料处的泄漏。

⑧全关外阀芯与阀座不接触，相互之间不会产生滑动，减少了密封面的损伤，保证阀门使用寿命长。

⑨偏芯阀集三种阀门优势于一身，继承了 O 形球阀的切断能力、V 形球阀的调节功能、蝶阀大的流通能力。且摒弃了 V 形球阀调节精度不高、O 形球阀只有切断作用、蝶阀抗压差能力差的缺点。

b）应用

偏心旋转阀应用广泛，适用于石油、化工、电力、冶金、钢铁、造纸、医药、食品、纺织、轻工等众多行业，尤其适用于大流量、高黏度、易结晶和含有颗粒状介质的调节。

8.7.6　注意事项

①安装偏心旋转阀前，应清除接管及偏心旋转阀内的异物，如焊渣、油脂、氧化皮等，洗净密封垫片表面和法兰密封面。安装后使偏心旋转阀全开，对管路阀门进行清洗并检查各连接处的密封性。

②偏心旋转阀一般应设置旁通管道，以便在发生故障或检修时不影响生产。

③偏心旋转阀安装应以介质流向与偏心旋转阀阀体标明的流向一致。

④偏心旋转阀的公称通径应与管道相同，若不同时，应采用渐缩管件。

⑤偏心旋转阀检修时应对易损件如阀芯、阀座、填料、膜片等零件重点检查，如有损坏，应及时修复或调换，以保证偏心旋转阀的正常使用。

主要制造厂商：
上海自动化仪表七厂

8.8　隔膜阀

8.8.1　概述

隔膜阀的结构形式与一般阀门大不相同，是一种特殊形式的截断阀，它的启闭件是一块用软质材料制成的隔膜，把阀体内腔与阀盖内腔及驱动部件隔开，广泛使用在各个领域。

按结构类型分为堰式和直通式。

8.8.2　结构原理

8.8.2.1　堰式隔膜阀

堰式隔膜阀因为阀体内部有类似坝堰设计，因此称之为堰式隔膜阀，或者叫屋脊式隔膜阀。其自身具有自排功能，确保无残留，使管道内更干净，更卫生，因此广泛应用在制药、啤酒、乳品等卫生要求高的行业。堰式隔膜阀外形结构如图 8-8-1 所示。

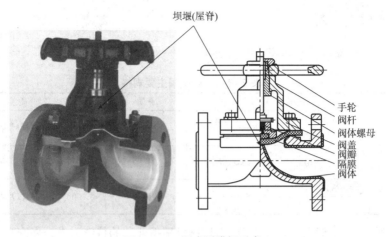

图 8-8-1 堰式隔膜阀示意

堰式隔膜阀自身结构简单，易进行内衬处理，通常除应用于卫生行业的不锈钢堰式隔膜阀外，其余应用均以内衬为主。内衬材料一般有衬 PP、衬 PFA、衬胶等，适用于腐蚀介质，诸如盐酸、硫酸、碱液等，并应根据温度、浓度等选择适用内衬。

卫生级隔膜阀阀体，安装时有一定倾角，可实现自排空功能。卫生级隔膜阀结构如图8-8-2 所示。

图 8-8-2 卫生级隔膜阀示意

8.8.2.2 直通式隔膜阀

直通式隔膜阀阀体内部没有堰台，流量能力更大，适合大流量的场合。因为自身可以内衬的特点，通常使用在矿山、脱硫等具有一定腐蚀，又有颗粒的工况。直通式隔膜阀外形结构如图 8-8-3 所示。

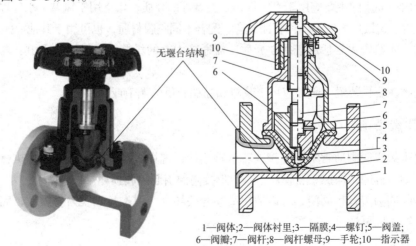

1—阀体;2—阀体衬里;3—隔膜;4—螺钉;5—阀盖;
6—阀瓣;7—阀杆;8—阀杆螺母;9—手轮;10—指示器

图 8-8-3 直通式隔膜阀示意

8.8.3　主要技术参数

隔膜阀的性能参数通常如表 8-8-1 所示。

表 8-8-1　隔膜阀主要规格

隔膜阀类型	压力等级	口径	介质	介质温度
堰式隔膜阀－工业用（内衬型）	PN10，PN16	15~200	酸碱等	≤ 100℃（由内衬以及隔膜材质决定）
	Class125，Class150	1/2~8″		
堰式隔膜阀－卫生级（非内衬型）	PN10	DN4~DN150	各种药剂、乳品、蒸汽	≤ 150℃（由内衬以及隔膜材质决定）
直通式隔膜阀	PN10，PN16	15~350	浆液等	≤ 100℃（由内衬以及隔膜材质决定）
	Class125，Class150	1/2~14″		

各类参数应以制造厂为准，阀门制造厂还可根据业主的特殊需求开发产品。

直通式因为本身行程较大，内衬通常只有橡胶可选，特殊材质需询制造厂家；堰式隔膜阀内衬可选项较多，分别为衬 PP、衬 PFA、衬胶、衬 Halar（ECTFE）等，适用于不同工况，同时需要选择对应的隔膜材质。介质具有强腐蚀以及氧化性等特性时，宜选择衬 PP 或者衬 PFA，配置 PTFE 隔膜或者氟橡胶隔膜；一般工况可选择 EPDM 隔膜，衬胶或者衬 PP。

8.8.4　特点与应用工况

隔膜阀是通过控制隔膜片的动作来实现流体的流量控制，因隔膜的特性本身为快开特性，作为调节阀使用时，一般应用于灌装、液位调整（相对精度要求不高）等场合。由于受非金属隔膜材质限制，隔膜阀的耐压及耐温性能较差。

a）卫生级应用

非内衬的堰式隔膜阀因具有自排空特点，被广泛应用于乳品、制药、发酵、啤酒、饮料灌装等行业，自排空角度根据口径有不同要求，因行业特性，阀门本体均可以采用抛光处理。

b）工业应用

堰式内衬隔膜阀主要应用于腐蚀性、含酸碱等的介质，广泛用于氯碱、水处理、钢厂酸洗和酸再生、造纸厂酸碱等各种腐蚀场合。配合不同隔膜材质，也可用于其他液体介质。

直通式隔膜阀主要适用于颗粒介质、流通能力大的场合，一般用于矿山、电厂脱硫等行业。

隔膜阀在石化装置中通常应用于浆料和黏稠介质的调节或切断。

8.8.5　注意事项

①卫生级隔膜阀通常采用焊接或者卡箍连接，现场焊接过程中，需要将执行机构（气动或者手动）拆卸，保护好隔膜片，避免焊接高温引起隔膜损坏。

②隔膜阀为直行程阀门，可以适用高频开关场合，但本身隔膜为易损件，应根据实际工况，定期予以更换。

主要制造厂商：
盖米阀门（中国）有限公司

8.9　角阀

8.9.1　概述

角阀的结构与球形阀类似,可以视为球形阀的变形,根据应用工况的不同,可以分为侧进底出或底进侧出。按结构原理可分为单座角阀和平衡笼式角阀。

8.9.2　结构原理

角阀的结构原理、技术参数说明及注意事项可参见球形阀等的相关章节,其外形结构如图 8-9-1 所示。

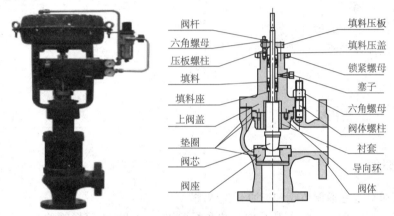

图 8-9-1　角阀结构示意

8.9.3　主要技术参数

角阀的性能参数通常如下:

公称通径: $DN25 \sim DN600$。

压力等级: Class 150 ~ Class 2500, $PN16 \sim PN160$。

温度范围: 硬密封 ≤ 600℃,软密封 ≤ 200℃。

泄漏等级: 硬密封,标配Ⅳ级,选配Ⅴ级、Ⅵ级;软密封,标配Ⅵ级。

8.9.4　角阀的特点与应用工况

除阀体为直角型之外,角阀的其他结构与 Globe 阀相似,特点也类似 Globe 阀。相比于 Globe 阀,角阀的流路简单,阻力小,阀体内侧流线型通路可防止介质在内壁堆积。角阀一般采用底进侧出,具有较好的稳定性;但在高压差场合,为延长阀芯的使用寿命,可采用侧进底出,这样更加利于介质的流动,避免结焦、堵塞等。在侧进底出使用时应避免开度过小造成阀门振荡,同时应选用推力较大的执行机构。

角阀通常适用于高压差、高黏度、含有悬浮物和颗粒物流体的调节。有时由于现场条件限制,要求两管道成直角场合时,也可采用角形控制阀。

8.9.5　注意事项

①安装方向和位置。阀门安装时要注意介质流向与阀体上的箭头指示方向一致，如果装反，会影响阀门的使用寿命，甚至对生产运行产生隐患。单座调节阀的流向，一般按照低进高出的方式，流体由下而上通过阀口，这样流体阻力小（由形状所决定），开启省力（因介质压力向上）。平衡笼式调节阀的流向，一般按高进低出的方式，流体由上而下通过阀口，这样阀后压力小，填料不易泄漏。阀门的安装位置，必须方便于操作。

②安装法兰连接的阀门。要保证与之连接的两个法兰端面与阀门法兰平行并同轴线。尤其是安装铸铁等材质较脆的阀门时，更应避免因安装位置不正确和受力不均匀造成阀门损坏。

主要制造厂商：

重庆川仪自动化股份有限公司

浙江力诺流体控制科技股份有限公司

8.10　三通阀

8.10.1　概述

三通阀可分为三通调节阀和三通开关球阀。

三通调节阀与角阀一样，其结构与球形阀类似，也可视为球形阀的变形，三通控制阀有三个通道与管道相连，根据应用工况的不同，可以分为一进两出的分流阀或两进一出的合流阀。三通阀的技术参数说明及注意事项可参见球形阀的相关章节。

三通开关球阀结构与球阀类似，也可视为开关球阀的变形。三通开关球阀有三个通道与管道相连，作为介质换向、合流或分流用。三通球阀一般分为 L 形三通球阀和 T 形三通球阀，也有特殊形式三通球阀。根据阀座材料的不同，三通球阀还可以分为软密封三通球阀和金属密封三通球阀。

8.10.2　结构原理

8.10.2.1　三通调节阀

三通调节阀是由直通单、双座调节阀改型而成，在下阀盖处改为接管，即形成三通。三通调节阀的阀芯结构采用圆筒薄壁窗口形，并采用阀芯与阀座导向，导向结构简单，与衬套导向相比，可提高控制阀性能。

a）分流阀

分流是把一种介质分成两路。当阀在关闭一个出口的同时就打开另一个出口，这种阀有一个入口和两个出口，如图 8-10-1（a）所示。

b）合流阀

合流是将两种介质混合成一路。两种流体通过阀时混合产生第三种流体，或者两种不同温度的流体通过阀时混合成温度介于前两者之间的第三种流体。这种阀有两个进口、一个出口，如图 8-10-1（b）所示。

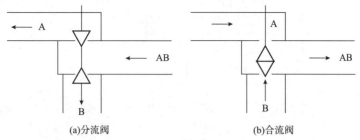

(a)分流阀　　　　　　　(b)合流阀

图 8-10-1　三通调节阀示意

三通调节阀外形结构如图 8-10-2、图 8-10-3 所示。

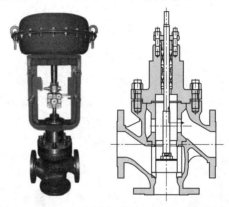

图 8-10-2　三通调节阀结构示意（重庆川仪）

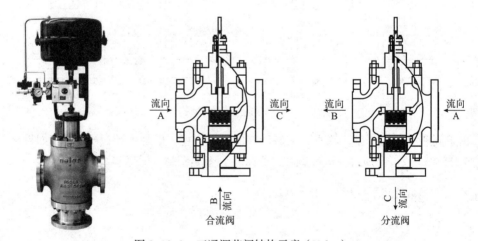

图 8-10-3　三通调节阀结构示意（Neles）

8.10.2.2　三通开关球阀

a）L 形三通球阀

L 形三通球阀能使相互垂直的两个流道连通，实现管道介质流向的切换，还可以同时断开所有的通道。特殊设计的三通球阀（阀球上有两个独立的通道）还可以实现两侧通道的联通。如果 L 形三通球阀设计成 90° 区域开孔，并且配上具有中间位置（45°）功能的执行机构，则可以实现分流和合流功能，如图 8-10-4 所示。

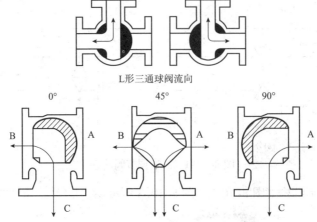

图 8-10-4 L 形三通球阀结构示意

b）T 形三通球阀

T 形三通球阀可以使三个通道互相连通或是其中的两个通道连通，实现介质的分流、合流及流向切换，如图 8-10-5 所示。T 形球阀可以实现其中的各种功能，但要实现的功能不同，阀门的结构有一定的差异，执行机构的配置也有不同。对于普通的三通球阀，一般采用双阀座结构设计。也可以设计制造四阀座三通球阀。

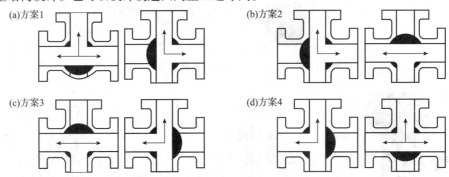

图 8-10-5 T 形三通球阀结构示意

由于阀座材料的限制，软密封三通球阀的使用温度一般为不超过 150℃。如果介质温度超过 150℃，或者介质含耐磨硬颗粒，则采用到金属密封三通球阀。

8.10.3 三通阀的特点与应用工况

a）三通调节阀

1）特点

合流阀与分流阀的阀芯形状不一样，合流阀的阀芯位于阀座内部，分流阀的阀芯位于阀座外部。当公称通径 $DN<80mm$ 时，由于不平衡力较小，合流阀也可以用于分流场合。三通阀的阀芯不能像双座阀那样反装使用，三通调节阀气关、气开的选择必须采用正、反作用执行机构来实现。

2）应用

三通调节阀可以省掉一个二通阀和一个三通接管，常用于热交换器的旁通调节，也可用于简单的配比调节。

旁通调节是调节热交换器的旁通量来控制其出口流体的温度。如图 8-10-6 所示，三通阀装在旁通的入口为分流，装置旁通的出口为合流。

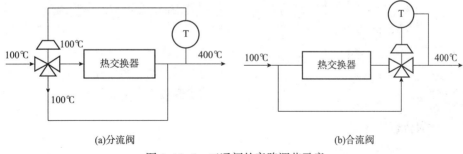

(a)分流阀　　　　　　　　　　　　　　　　(b)合流阀

图 8-10-6　三通阀的旁路调节示意

三通调节阀通常在常温下工作，当三通阀使用于高温或高温差场合时，由于高温流体通过，管道因热胀冷缩产生膨胀，而三通阀不能适应这种膨胀，会产生较大应力变形，造成连接处的损坏和泄漏，尤其在温差过高时影响更为严重，一般要求三通调节阀的温差小于 150℃。当温差过大时可采用两个二通阀来代替。

ｂ）三通开关球阀

对于三通开关球阀，其特点与开关球阀类似。由于其功能要求不同，结构设计也会不同，因此用户在选用和订货时要特别注意明确阀门的功能要求，后期供货后无法更改。

对于用户的一些特别工况和特殊要求，可与制造厂具体沟通，某些制造厂有独特结构设计的三通球阀可以满足用户特殊要求。

主要制造厂商：

三通调节阀：重庆川仪自动化股份有限公司

　　　　　　美卓流体控制（上海）有限公司

三通开关球阀：纳福希（上海）阀门科技有限公司

　　　　　　　重庆川仪自动化股份有限公司

　　　　　　　浙江三方控制阀股份有限公司

　　　　　　　美卓流体控制（上海）有限公司

8.11　自力式调节阀

8.11.1　概述

自力式调节阀无须外加能源，利用被控介质作动力源，引入执行机构控制阀芯位置来改变通过阀门的流量，达到调节的目的。

根据控制原理可分为压力、差压、温度等自力式调节阀；

根据结构原理可分为直接作用式、先导式（指挥器操作式），直接作用式自力式调压阀是通过介质本身直接控制阀门，达到调压的作用。先导式自力式调节阀是通过指挥器来控制主阀的动作，达到自动调压的目的；

根据密封面形式可分为硬密封、软密封；

根据阀取压方式可分为外部取压、内部取压；

根据作用方式可分为减压阀（压闭型、控制阀后压力）、泄压阀（压开型、控制阀前压力）；

自力式温度调节阀可分为加热型、冷却型。

自力式调节阀分类如图 8-11-1 所示。

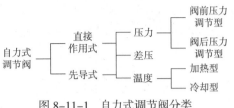

图 8-11-1　自力式调节阀分类

8.11.2　结构原理

8.11.2.1　自力式压力调节阀

自力式压力调节阀是使用最多的自力式调节阀。利用被控介质压力作为动力源，引入执行机构控制阀芯位置来改变流通面积，改变两端的压差和流量，从而使阀前（或阀后）压力稳定在给定值。自力式压力调节阀具有动作灵敏、密封性好、压力波动小等优点，广泛应用各种工业设备中对气体、液体及蒸汽介质减压稳压或泄压稳压的自动控制。自力式压力调节阀的外形结构如图 8-11-2 所示。

（a）单座自力式压力调节阀(控制阀后)

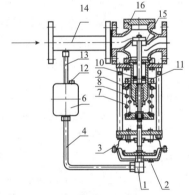

（b）单座自力式压力调节阀(控制阀前)

1—进液接头；2—排气塞；3—执行机构；4—进液管；5—压盖螺钉；
6—冷凝器；7—弹簧；8—阀杆；9—网芯；10—波纹管；11—压力调节盘；
12—注液口螺钉；13—进汽口；14—阀后接管；15—阀座；16—阀体

图 8-11-2　自力式压力调节阀结构示意

8.11.2.2　自力式温度调节阀

自力式温度控制阀利用液体受热膨胀及液体不可压缩的原理实现自动调节。温度传感器内的液体膨胀是均匀，其控制作用为比例调节，被控介质温度变化时，传感器内的感温液体体积随着膨胀或收缩。

被控介质温度高于设定值时，感温液体膨胀，推动阀芯向下关闭阀门，减少热媒的流量；被控介质的温度低于设定值时，感温液体收缩，复位弹簧推动阀芯开启，增加热媒的流量。自力式压力调节阀的外形结构如图 8-11-3 所示。

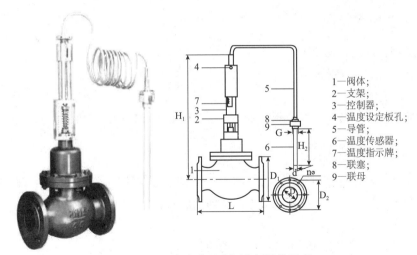

图 8-11-3 自力式温度调节阀结构示意

1—阀体;
2—支架;
3—控制器;
4—温度设定板孔;
5—导管;
6—温度传感器;
7—温度指示牌;
8—联塞;
9—联母

8.11.2.3 氮封装置

氮封装置是自力式微压控制阀,主要用于保持容器顶部保护气(一般为氮气)的压力恒定,以避免容器内物料与空气直接接触,防止物料挥发、被氧化,以及容器的安全。特别适用于各类大型储罐的氮封保护系统。具有节能、动作灵敏、运行可靠、操作与维修方便等特点。

氮封装置由供氮装置和泄氮装置两部分组成。供氮装置通常由指挥器和主阀两部分组成;泄氮装置由内反馈的压开型微压调节阀组成。当储罐进液阀开启,向罐内添加物料时,液面上升,气相部分容积减小,压力升高,当罐内压力升至高于泄氮装置压力设定值时,泄氮装置打开,向外界释放氮气,使罐内压力下降,氮气压力降至低于泄氮装置压力设定点时,泄氮装置自动关闭。

当储罐出液阀开启放料时,液面下降,气相部分容积增大,罐内压力降低,供氮装置开启,向储罐迅速注入氮气,使罐内压力上升,当罐内压力上升至压力设定点,供氮装置自动关闭。氮封装置的一般应用如图 8-11-4 所示,氮封装置的外形结构如图 8-11-5 所示。

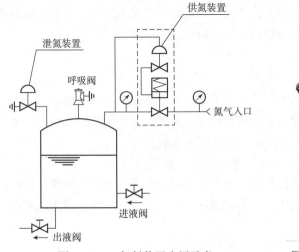

图 8-11-4 氮封装置应用示意

图 8-11-5 氮封装置外形示意

8.11.3　主要技术参数

公称通径：$DN15{\sim}DN250$

额定压力：1.0~6.4MPa

泄漏等级：Ⅳ级

各类参数应以制造厂为准，阀门制造厂可根据业主的特殊需求开发产品。

8.11.4　特点与应用工况

自力式调节阀价格便宜、体积小、重量轻、调节设定简易，无须昂贵的调试费用，适用于介质干净、调节精度要求不高或无现场辅助能源的工况。

特点：

①压力设定点可在压力调节范围内现场调节。

②阀体部分与执行机构进行模块化设计，可根据现场要求变化更改执行机构或弹簧，实现压力调节范围在一定范围内快速更改。

③自力式压力单座调节阀一般采用波纹管作为压力平衡元件，阀前后压力变化不影响阀芯的受力，大大加快阀门的响应速度，从而提高阀门的调节精度。小口径无须波纹管作压力平衡元件。

④多级降压低噪声结构，可用于降低流体流速和降低噪声的作用。

⑤活塞式平衡用于压差较大、介质对橡胶无腐蚀性、温度不高场合。

⑥自力式压力套筒调节阀可采用自平衡型双密封面套筒作为节流件，适用于介质需清洁无颗粒状杂质、压降较大，阀门口径不大（$DN20{\sim}DN200$），一般无须关闭的场合。

⑦自力式压力双座调节阀采用了自平衡型双密封双阀芯作为节流件，适用于阀门口径较大的场合。

⑧膜片式执行机构采用橡胶膜片作为检测元件，阻力小，反应迅速，调节精度高，适用于压力设定值 ≤ 0.6MPa。

⑨活塞式执行机构采用气缸活塞作为检测元件，橡胶作为密封件，适用于控制压力较高的场合，适用于压力设定值 ≥ 0.6MPa。

⑩波纹管执行机构采用波纹管作为检测元件，适用于高温（工作介质不能用隔离液场合）、低温、被控介质对橡胶件有腐蚀性及禁油等较恶劣工况的场合。

8.11.5　注意事项

①自力式阀在搬运、安装过程中，禁止用手或其他工具对阀门的导压管进行拉、压、吊装等，以免损坏阀门的使用性能；必须检查外观有无破坏，紧固件有无松动，流道内是否有污染物等；仔细核对产品型号、位号、规格是否吻合。

②安装现场必须保证阀门的安装空间，便于操作、拆装与维护。

③在安装时取压点在离调节阀适当的位置，压开型调节阀应大于2倍管道直径，压闭型调节阀大于6倍管道直径，且取压接头（取压点）应在管道的顶部或侧面，不允许安装在底部，有效防止杂质进入执行机构。

④自力式阀根据计算通径可以小于管道直径。

⑤安装前应先清洁管道。如果阀门采用螺纹连接，要在管道阳螺纹上涂高等级的管道密封剂，不要在阴螺纹上涂密封剂，因为在阴螺纹上多余的密封剂会被挤进阀体内，造成阀芯的卡塞或脏物的积聚，进而导致阀门不能正常工作。

⑥自力式阀前应安装过滤器，流体应先过滤，以使调压阀发挥最大的功能。

⑦确定调压阀的阀体外箭头方向与介质流动方向一致，阀门应竖直安装在水平管道上。

⑧建议上、下游各装一只合适的压力表，用于现场观察调整。

⑨当介质为蒸汽时，若采用薄膜式和活塞式执行机构时，需带冷凝罐，以降低执行机构内工作介质的温度，保护膜片或密封件。冷凝罐的位置应高于膜头而低于工艺管道，以保证冷凝罐内充满冷凝液，投入运行后应注意维护。

⑩外部取压的自力式调节阀，导压管上应带截止阀，阀门在工作前关闭此截止阀，以防止杂质进入执行机构，保护执行机构内的膜片和密封件，及超设定压力而产生阀门打坏现象。

⑪安装后，用肥皂水或类似方法对所有接头做气密测试。

⑫各种不同状态介质的自力式调节阀安装如图 8-11-6 所示。

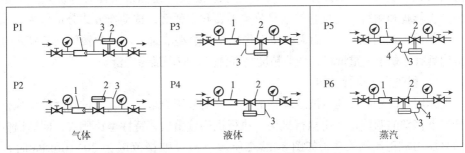

1—过滤器； 2—自力式压力调节阀； 3—导压管； 4—冷凝器

图 8-11-6 自力式压力调节阀安装示意

安装方式说明：

P1/P2：调节气体，可不装过滤器。

P3/P4：调节液体，对于非清洁流体，应装过滤器。

P5/P6：调节蒸汽，应装冷凝器，建议装过滤器。

⑬氮封装置中的供氮阀应尽量安装在罐顶，取压点直接取在储罐顶部。

主要制造厂商：
浙江三方控制阀股份有限公司

8.12 执行机构选择

8.12.1 气动执行机构

8.12.1.1 概述

气动执行机构是用仪表空气压力驱动启闭或调节阀门的执行装置，按结构主要有薄膜式和活塞式两种。气动执行机构分类如图 8-12-1 所示。

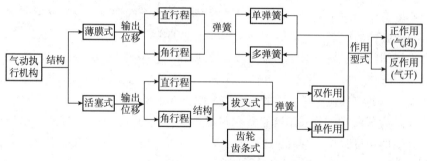

图 8-12-1　气动执行机构分类

8.12.1.2　结构原理

a）气动薄膜式执行机构

薄膜式执行机构具有结构简单、动作可靠、维修方便和价格便宜等优点。按输出位移类型分直行程和角行程，按弹簧数量分单弹簧和多弹簧，按动作方式分正作用（或叫气闭）和反作用（或叫气开），而无弹簧双作用结构类型非常少。多弹簧气动薄膜式直行程执行机构具有体积小、重量轻、调节精度高等优点，应用最为广泛。

1）直行程薄膜式执行机构

①正作用：信号压力通入波纹膜片的上方，信号压力增加时，通过膜片推动执行机构的推杆向下移动的叫作正作用执行机构。执行机构输出位移特性呈比例式，即输出位移和输入信号压力成正比例关系，如图 8-12-2 所示。假设弹簧范围为 20~100kPa 时，当信号压力从 20kPa 增加到 100kPa 时，推杆就从零走到全行程的位置。

正作用薄膜执行机构的动作原理如图 8-12-3 所示。

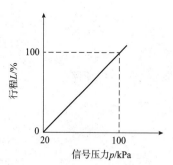

图 8-12-2　正作用薄膜式执行
机构信号压力和位移特性曲线

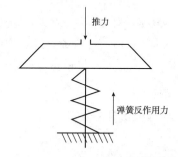

图 8-12-3　正作用薄膜式
执行机构工作原理示意

正作用薄膜执行机构的结构如图 8-12-4、图 8-12-5 所示。

正作用薄膜执行机构一般用于气闭阀门，即通气时阀门关闭，断气时阀门在执行机构弹簧作用下自动打开。输出力一般指关闭阀门的力，当弹簧范围不变时，要提高执行机构输出力，必须增大膜片的有效面积或者加大气源压力；其中气源压力必须大于弹簧范围，且不高于 500kPa，常用的弹簧范围有 20~100kPa、80~200kPa、80~240kPa 等。

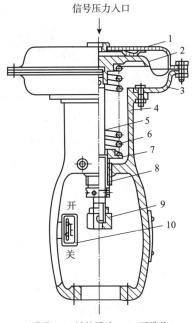

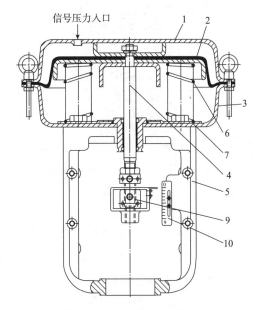

1—上膜盖；2—波纹膜片；3—下膜盖；
4—推杆；5—支架；6—弹簧；7—弹簧座；
8—调节件；9—连接螺母；10—行程标尺

图 8-12-4　正作用单弹簧薄膜式
执行机构结构示意

1—上膜盖；2—波纹膜片；3—下膜盖；
4—推杆；5—支架；6—弹簧；7—弹簧座；
8—调节件；9—连接螺母；10—行程标尺

图 8-12-5　正作用多弹簧薄膜
执行机构结构示意

②反作用：信号压力通入波纹膜片的下方，信号压力增加时，通过膜片推动执行机构的推杆向上移动的叫作反作用执行机构。其位移特性和动作原理与正作用类似，方向相反，如图 8-12-6 和图 8-12-7 所示。

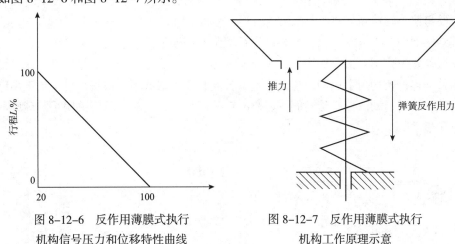

图 8-12-6　反作用薄膜式执行
机构信号压力和位移特性曲线

图 8-12-7　反作用薄膜式执行
机构工作原理示意

反作用薄膜执行机构的结构与正作用基本相同，如图 8-12-8 和图 8-12-9 所示，在正作用的基础上，只需更换个别零件，并增加一个密封环，就能把作用方式由正作用式重新组装为反作用式。

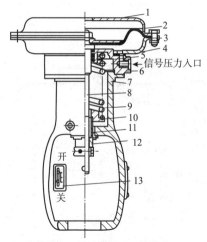

1—上膜盖；2—波纹膜片；3—下膜盖；
4—密封圈；5—密封环；6—填块；7—支架；
8—推杆；9—压缩弹簧；10—弹簧座；
11—衬套；12—调节件；13—行程标尺

图 8-12-8　反作用单弹簧薄膜式执行
机构结构示意

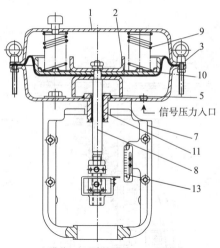

1—上膜盖；2—波纹膜片；3—下膜盖；
4—密封圈；5—密封环；6—填块；7—支架；
8—推杆；9—压缩弹簧；10—弹簧座；
11—衬套；12—调节件；13—行程标尺

图 8-12-9　反作用多弹簧薄膜执行
机构结构示意

反作用薄膜执行机构一般用于气开阀门，即通气的时候阀门打开，断气的时候阀门在执行机构弹簧作用下自动关闭。输出力一般指关闭阀门的力，反作用执行机构输出力与弹簧范围无关，只与弹簧预紧压力有关系，要提高执行机构输出力，必须增大膜片的有效面积或者增大弹簧的预紧压力，且弹簧范围小于现场气源压力最大值。一般正作用弹簧范围比反作用小或者相同。

2）深波纹薄膜式执行机构

执行机构一般为直行程转换后当角行程执行机构使用，且都为单弹簧或内外一组弹簧，主要与偏心旋转调节阀（即凸轮挠曲阀）配套使用。

其结构如图 8-12-10 所示，主要由直行程膜室和连杆转换机构两部分组成，执行机构膜室一般都是正作用，无反作用；其工作原理为：在膜片上方通入信号压力，膜片受力压缩弹簧带动连杆机构向下运动，通过膜室部分安装在支架的不同位置，可实现输出顺时针或逆时针的旋转运动。偏心旋转阀一般顺时针阀门打开，逆时针阀门关闭（与球阀和蝶阀旋转方向相反）。

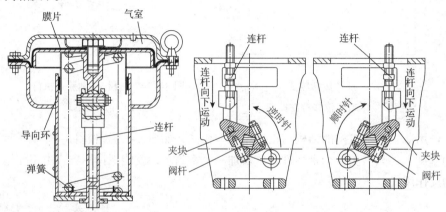

图 8-12-10　深波纹薄膜式执行机构结构

优点：与薄膜式相比，相同外圆尺寸的膜片，有效面积更大；相同的有效面积，输出的行程更大；与活塞式相比，无摩擦，无须润滑，密封性更好；对零件的加工要求低，相对运动的零件之间，即使有少量的偏心和偏角，对执行机构性能也无大的影响。

缺点：膜片的制造稍困难，且膜室较大时转换使用效果不好，此时需采用齿轮齿条式或拨叉式执行机构。

b）气动活塞式执行机构

活塞式执行机构又称气缸执行机构，即采用气缸、活塞以及密封用的 O 形圈或其他形式的密封圈代替薄膜式的膜片。与薄膜式相比，气缸允许操作压力较大，最高可达 700kPa，薄膜式最多只有 500kPa。

1）直行程活塞式执行机构

直行程活塞式执行机构按有无弹簧分单作用和双作用，单作用按作用方式分正作用和反作用。

与薄膜式相比：活塞式能承受更高的压力；输出行程不受膜盖深度的限制，比薄膜式能提供更长的行程；活塞式能提供更高的输出力。

①单作用：单作用的位移特性、工作原理、输出力计算方式与薄膜式完全相同；区别在于结构上膜片运动换成活塞与气缸之间的运动，活塞式执行机构弹簧一般为单弹簧或一组弹簧。其内部结构如图 8-12-11、图 8-12-12 所示。

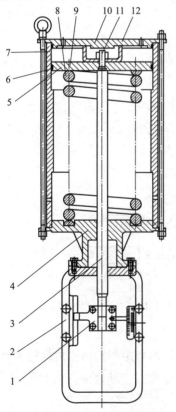

1—连接螺母；2—支架；3—推杆；4—下缸盖；
5—活塞；6—密封圈；7—缸体；8—弹簧；9—弹簧座；
10—上缸盖；11—限位螺栓；12—始点限位件

图 8-12-11　反作用活塞式执行机构

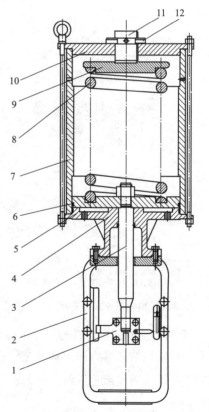

1—连接螺母；2—支架；3—推杆；4—下缸盖；
5—活塞；6—密封圈；7—缸体；8—弹簧；9—弹簧座；
10—上缸盖；11—限位螺栓；12—始点限位件

图 8-12-12　正作用活塞式执行机构

对于单作用活塞式直行程执行机构，正作用气源输出力为气源压力克服弹簧走完全行程时产生的力；反作用气源输出力为气源克服弹簧预紧状态时产生的力；正作用弹簧输出力为膜室失去气源压力时，弹簧复位产生的力；反作用弹簧输出力为弹簧恢复到预紧状态时产生的力。

与薄膜式相同，直行程活塞式正作用执行机构输出力为气源输出力，反作用为弹簧输出力。所以要提高执行机构输出力，在一般弹簧范围不变的情况下，就必须加大气缸活塞直径或提高气源压力。

②双作用：无弹簧的活塞式的执行机构称为双作用执行机构。由于没有弹簧的抵消力，且具有更高的压力等级，因此，用更小的直径就能输出更大的力，用于高压降的场合是非常有效的。双作用要实现阀门的气开、气关比例式调节，除配用阀门定位器外，一般为了保证失气安全位置，还需配带储气罐等附件。

双作用执行机构结构如图 8-12-13 所示。

活塞式执行机构不管是单作用还是双作用，根据所配阀门特性不同，输出特性分二位式和比例式。二位式用于切断阀门，阀门只做开和关，主要根据执行机构活塞两侧的压力差完成，活塞由高压侧推向低压侧，就使推杆由一个极端位置移动到另一个位置，完成阀门的开关动作。比例式用于调节阀门，即输入信号与所走行程成比例关系，此时须带定位器，把定位器与气缸连接成一体，通过阀门位置的反馈，使二位动作变为比例动作，示意图如图 8-12-14 所示。

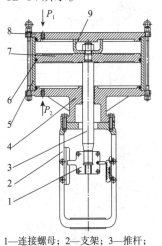

1—连接螺母；2—支架；3—推杆；
4—下缸盖；5—缸体；6—密封圈；
7—活塞；8—上缸盖；9—始点限位件

图 8-12-13　双作用活塞式执行机构

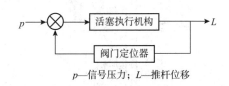

p—信号压力；L—推杆位移

图 8-12-14　比例动作示意

2）角行程活塞式执行机构

直行程输出的是推力和位移（或行程），而角行程输出的力矩和转角。角行程主要由活塞式直线运动通过齿轮齿条、拨叉或其他方式转化为主轴旋转运动输出，输出转角一般为 $90° ± 5°$。

①齿轮齿条式

齿轮齿条式主要是通过活塞上的齿条与主轴的齿轮配合运动，把活塞直线运动转化为主轴的旋转运动，其结构如图 8-12-15、图 8-12-16 所示。

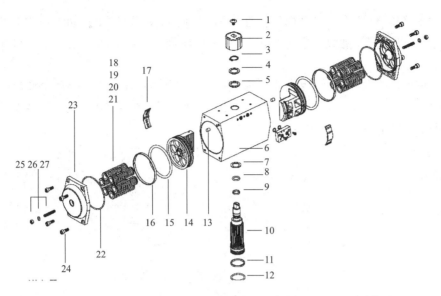

2—指示器；6—缸体；10—轴；13—塞头；14—活塞；15—活塞密封圈；16—活塞支撑圈；
17—活塞导板；18—弹簧；19—弹簧左套；20—弹簧右套；21—弹簧套连杆；23—端盖；25—调节螺杆

图 8-12-15 齿轮齿条式执行机构结构示意

图 8-12-16 齿轮齿条式执行机构实物结构示意

与直行程活塞式相同，角行程按有无弹簧也分单作用和双作用，单作用按作用方式分气开和气闭（角行程一般直接叫气开、气闭，无正反作用说法），一般规定执行机构通入信号压力时，输出转角逆时针运动叫气开，输出转角顺时针运动叫气闭（与球阀和蝶阀开关方向相同）。

齿轮齿条式双作用工作原理如图 8-12-17 所示。

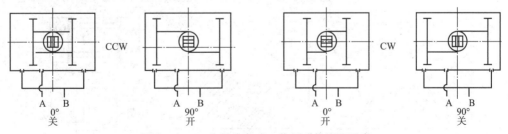

图 8-12-17 齿轮齿条式双作用工作原理示意

CCW（逆时针）：

A 口进气，压缩空气推动活塞向外运动，使输出轴逆时针旋转（0→90°），B 口排气；

B 口进气，压缩空气推动活塞向内运动，使输出轴顺时针旋转（90°→0），A 口排气。

CW（顺时针）：

A 口进气，压缩空气推动活塞向外运动，使输出轴逆时针旋转（90°→0），B 口排气；

B 口进气，压缩空气推动活塞向内运动，使输出轴顺时针旋转（0→90°），A 口排气。

齿轮齿条式单作用工作原理如图 8-12-18 所示。

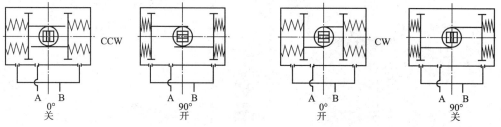

图 8-12-18　齿轮齿条式单作用工作原理示意

CCW（气开）：

A 口进气，压缩空气克服弹簧力，推动活塞向外运动，输出轴逆时针旋转（0→90°），B 口排气；

执行器失气，活塞在弹簧力的作用下向内运动，输出轴顺时针旋转（90°→0），A 口排气。

CW（气闭）：

A 口进气，压缩空气克服弹簧力，推动活塞向外运动，输出轴顺时针旋转（90°→0），B 口排气；

执行器失气，活塞在弹簧力的作用下向内运动，输出轴逆时针旋转（0→90°），A 口排气。

齿轮齿条式的力臂是固定不变的，由于恒定气源信号作用活塞上的力是恒定的，即双作用输出力矩也是恒定不变的（图 8-12-19），单作用输出力矩是成比例式的（图 8-12-20）。

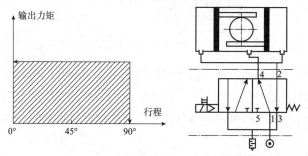

图 8-12-19　双作用输出力矩

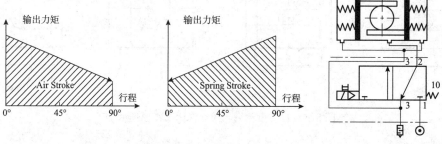

图 8-12-20　单作用输出力矩

优点：结构紧凑，小巧；啮合精确，效率高；简单易维护；转动输出和输出扭矩均匀；铝合金材质，同规格执行器重量最轻。

缺点：稳定性较差，位置控制和速度控制精度不高；压力级不高，总的输出力不太大；噪声大。

②拨叉式执行机构

拨叉式执行机构类似齿轮齿条式，主要通过拨叉把活塞的直线运动转化为主轴的旋转运动的执行机构。其工作原理为：气源压力进入气缸，推动活塞做直线运动，通过活塞杆上的轴销带动拨叉旋转运动，拨叉带动输出轴转动，进而实现对阀门的控制。

拨叉式分类与齿轮齿条式完全相同，按有无弹簧分双作用和单作用，单作用按作用方式分气开和气闭。目前国内外生产的拨叉式执行机构主要有单缸双活塞和双缸双活塞两种结构形式，各有优点和缺点，下面介绍的都以双缸双活塞结构形式为基础。其结构如图8-12-21~图8-12-23所示，主要由缸盖、气缸、活塞、隔板、限位螺钉、箱体、拨叉、主轴、活塞杆、活塞密封圈、弹簧、手轮接连部件、螺杆、手轮部件等零部件组成。

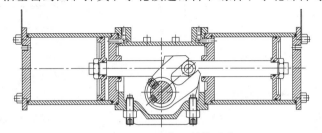

图 8-12-21　双作用结构示意

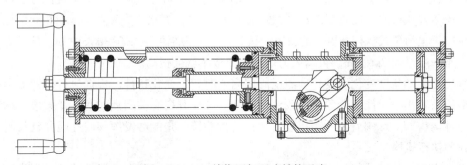

图 8-12-22　单作用气开式结构示意

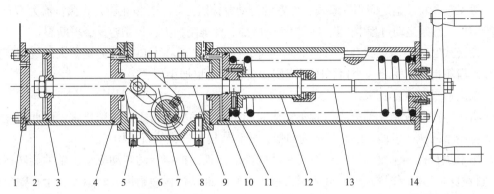

1—缸盖；2—气缸；3—活塞；4—隔板；5—限位螺钉；6—箱体；7—拨叉；8—主轴；9—活塞杆；10—活塞密封圈；11—弹簧；12—手轮接连部件；13—螺杆；14—手轮部件

图 8-12-23　单作用气闭式结构示意

拨叉式执行机构输出力矩为抛物线型，如图 8-12-24、图 8-12-25 所示，在 0° 和 90° 时输出力矩最大，中间 45° 时输出力矩最小。

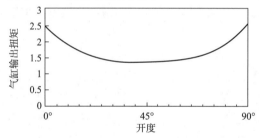

图 8-12-24　拨叉式双作用力矩输出特性曲线

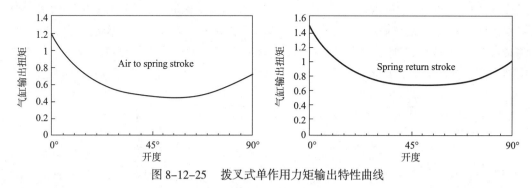

图 8-12-25　拨叉式单作用力矩输出特性曲线

优点：

小体积，大扭矩。在气源压力 F 相同，活塞直径相同的情况下，拨叉式执行器可产生比齿轮齿条式执行器更长的力臂 L，根据力矩 $M=F×L$，可知，拨叉式在体积相同情况下，可产生比齿轮齿条式执行器更大的扭矩。拨叉式最大力矩可达 200~300kN·m，甚至更大，齿轮齿条一般最大 7kN·m，再增大力矩则生产成本就会很高。

输出扭矩随角度变化而变化，满足阀门启闭时扭矩变化特性。根据执行机构输出扭矩特性曲线，输出扭矩能随着角度的改变而改变，并在开启和关闭点时达到最大值。输出扭矩的特性与蝶阀、球阀启闭所需扭矩最大的特性相符，是能够发挥阀门性能并延长阀门平均寿命的执行机构。

寿命更长。拨叉式执行机构在活塞运动过程中，拨叉盘和自润滑转动销之间为滚动摩擦，拨叉盘和转动销之间不受磨损，二者的传动摩擦阻力较小；齿轮齿条式执行器为齿合式平行结构，活塞运动过程中，齿条间为滑动摩擦，摩擦阻力大，齿条容易磨损断裂。

拨叉式和齿轮齿条式有各自的应用场合，拨叉式一般在大口径和力矩较大的场合应用较多，齿轮齿条式主要在小口径阀门应用较多，配置更加小巧、美观。

③扇形气缸执行机构

有些生产装置中，部分阀门对于动作时间、动作频率及扭矩有特殊要求，因此研发出了一种新型的执行机构，因其外形为扇形，故称作扇形气缸执行机构。

扇形执行机构主要通过压缩空气驱动内部的挡板，把挡板的转动驱动主轴的旋转运动的执行机构。其工作原理为：气源压力进入气缸，推动挡板做扇形旋转运动，带动输出轴转动，进而实现对阀门的控制。扇形执行机构的外形结构如图 8-12-26 所示。

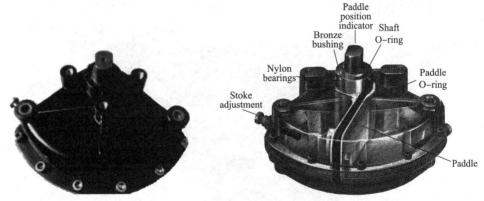

图 8-12-26　扇形执行机构结构示意

优点：结构简单、节省空间；耗气量小、节省能源；活动部件少，维护成本低；工作寿命长，400 万次以上；没有传动间隙，控制精度高。

扇形执行机构主要应用在某些动作频率高，安装空间狭小的阀门上。

8.12.1.3　选用原则

气动执行机构的计算应考虑气源压力，考虑到气源管网压力损失，通常以供气压力为 0.4MPa（G）为基准计算尺寸。选定的执行机构应保证可在以下压差下保证阀门全行程动作：上游操作压力的 125% 或设计压力的 110% 两者中较大的值。执行机构扭矩应至少按阀门最大扭矩的 1.3~1.5 倍选定。另外，气动执行机构的选择还应满足阀门的动作时间要求。

8.12.2　智能电动执行机构

8.12.2.1　概述

智能电动执行机构是以电能作为动力源驱动的一种执行器，与气动执行机构相比有着获取能源方便、体积小、输出力矩较大等特点，广泛应用于罐区、锅炉房、水处理、电厂、海洋平台等无气源或气源敷设困难的场合。

智能电动执行机构内嵌微处理器，具有人机交互界面、运行数据记录、参数组态、故障自诊断和保护、数字通信等功能的智能电动执行机构，在工业现场取得了较好的应用效果。

8.12.2.2　智能电动执行机构的组成

智能电动执行机构一般由电机、减速传动机构、传感单元、控制单元、现场操作单元、电气接线盒等组成，其结构如图 8-12-27 所示。

a）电机

电机是将电源转换成动力源，带动传动机构。

1）供电

① 220V AC。输出功率较小，可用于输出力矩小的场所，对于功率较小的智能电动执行机构可由过程控制系统进行配电。

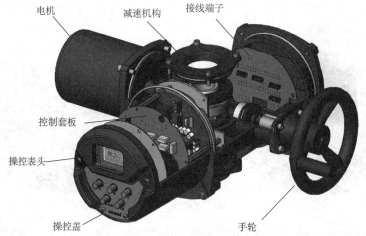

电机　减速机构　接线端子　手轮

控制套板

操控表头

操控盖　手轮

图 8-12-27　智能电动执行机构的组成示意（天津奥美 AM6 系列）

② 380V AC。适用于大功率、大扭矩的智能电动执行机构供电，380V AC 通常由电气专业负责配电设计。

此外，在长期无人值守、维护且供电敷设困难的场所，可采用太阳能输出直流电源的电源驱动智能电动执行机构，直接输出扭矩范围为 34~305N·m，配合二级减速箱多回转和部分回转智能电动执行机构输出扭矩分别可达 1500N·m 和 132000N·m。

目前，380V AC 供电的智能电动执行机构占 80% 以上，直流供电的智能电动执行机构应用较少，故下文中的智能电动执行机构供电以采用 380V AC 供电为例。

2）变频和非变频电机

非变频电机能够适用于一般调节和切断功能要求的场合；对于需实现柔性启动和制动以防止产生水锤或调节精度要求很高的场合，可选用变频电机。

智能电动执行机构采用非变频的居多，约占 90%。

3）电机绝缘

绝缘材料是电机的薄弱环节，容易受到高温的影响而老化并损害，智能电动执行机构的电机绝缘等级不低于 F 级，以提高电机的耐高温能力。

b）减速传动机构

减速传动机构是电机动力施加到阀门的中间部件，通过一定减速比获得所需电动执行机构的输出转速和转矩。减速传动机构可以降低智能电动执行机构输出转速，从而提高输出扭矩。常用的减速传动机构为蜗轮蜗杆传动、少齿差行星齿轮传动等。

1）蜗轮蜗杆传动

蜗轮蜗杆是以蜗杆的转动带动蜗轮的旋转，用来传递两交错轴之间的运动和动力，结构如图 8-12-28 所示。蜗轮蜗杆传动过程中，啮合的对数多，重合度大，传动平稳，噪声小，其结构简单、控制精度较高，应用广泛；蜗轮蜗杆的缺点是传动时齿面滑动速度大，摩擦磨损严重，传动效率低。

2）少齿差行星齿轮

少齿差行星齿轮可配合蜗轮蜗杆使用，执行机构内一级为蜗轮蜗杆减速机构，二级为少齿差行星齿轮减速机构。少齿差行星齿轮如如图 8-12-29 所示。

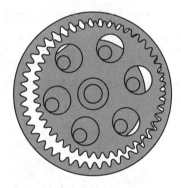

图 8-12-28　蜗轮蜗杆传动机构结构示意　　　图 8-12-29　少齿差行星齿轮
传动机构结构示意

行星齿轮与蜗轮蜗杆相比体积和重量较大，多用于扭矩在 2500~5000N·m 的部分回转智能电动执行机构上，可实现无须离合切换可直接手动操作，缺点是存在齿轮间隙，调节精度低，适用于开关型角行程阀门。

当智能电动执行机构失电时，蜗轮蜗杆齿轮之间具有自锁性，使阀门保持原有开度不变，所以，一般电动执行器不用额外措施就具备故障保位的特性。

智能电动执行机构内置一级减速传动机构，可外配二级、三级或多级减速箱实现大扭矩的输出。

c）传感单元

智能电动执行机构传感单元包括阀位信号检测、电机温度检测、腔内温度检测、扭矩检测等功能，信号传输至控制单元进行报警、控制、联锁。

1）阀位检测

阀位检测是智能电动执行机构关键技术之一，精确的阀位反馈可提高控制精度。阀位检测有增量式编码器（相对式编码器）、绝对式编码器、导电塑料电位器、霍尔元件等。

①增量式编码器。主要由光源、码盘、检测光栅、光电检测器件和转换电路组成，如图 8-12-30 所示。

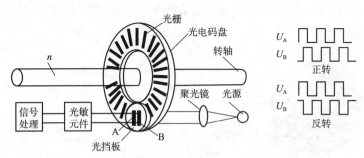

图 8-12-30　增量式编码器组成及原理

增量式光电编码器的优点是原理构造简单、易于实现；机械平均寿命长，可达到几万小时以上；分辨率高；抗干扰能力较强，信号传输距离较长，可靠性较高。其缺点是无法直接读出转动轴的绝对位置信息，并需内置锂电池防止智能电动执行机构断电后产生阀位记忆偏差。

②绝对式编码器。绝对编码器码盘上沿径向有若干同心码道，每条码道上由透光和不

透光的扇形区相间组成，通过读取每道刻线的通、暗，获得一组 2 进制编码（格雷码），称为绝对编码器。绝对式编码器码盘结构如图 8-12-31 所示。

在码盘的一侧设置光源，在另一侧设置光敏元件，如图 8-12-32 所示。当码盘处于不同位置时，各光敏元件根据受到光照与否转换出相应的电信号，形成二进制计数，从而得出阀门的位置。

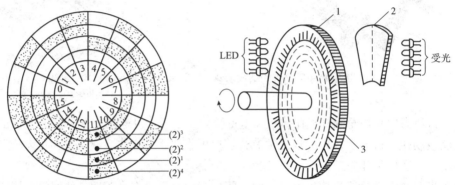

图 8-12-31　四位绝对式编码器二进制码盘构造　　图 8-12-32　绝对式编码器工作原理

绝对式编码器码盘的机械位置决定的每个位置的唯一性，不受停电、干扰的影响，无须记忆，无须找参考点。绝对式编码器摆脱增量式编码器采用备用电池可能带来的烦琐和不可预测性，其价格也要高于增量式编码器。

智能电动执行机构多采用 10 位或 16 位绝对式编码器。

③导电塑料电位器。导电塑料角位移传感器（又称电子尺）如图 8-12-33 所示，是一种以电压输出与旋转角度呈线性关系的高精度位移传感器，可用于部分回转智能型电动执行机构上，特点是线性精度高（±0.1%），转动力矩小，分辨力高，平滑性、耐磨性好，寿命可达 500 万次，接触可靠，滑动噪声小；缺点是耐潮湿性能差。

④霍尔元件。霍尔元件采用霍尔效应磁性脉冲系统来精确测量和控制智能电动执行机构的行程位置，如图 8-12-34 所示。通过检测霍尔元件的高低电平脉冲的个数和前后顺序就能够准确判断出输出轴的转动方向和位置的变化，进而判断出智能电动执行机构行程位置的变化和转动的方向。

图 8-12-33　导电塑料电位器外形　　　　图 8-12-34　霍尔元件工作原理示意

由于霍尔元件采用磁性感应的原理来进行非接触式数据采样，故其使用寿命长。

2）电机温度检测

在电机定子线圈内部埋入温度传感器，信号传输至控制单元，当电机温度超过 130℃时启动过热保护，停止电机的运转。

3）腔内温度检测

检测智能电动执行机构内部温度，信号传输至控制单元，对于使用在寒冷或潮湿的场合，智能电动执行机构可配腔内温度传感器，由控制单元进行智能控温，加热除湿，改善电子元件的工作环境。

4）电机扭矩检测

电机扭矩可通过力矩检测器直接检测或根据电机的工作电流间接计算得出。

①扭矩直接检测。在带有负载的情况下，用安装在力矩检测器内的压敏电阻传感器来直接测量电机蜗杆推力的反作用力，压敏电阻传感器将该反作用力转换成与输出力矩成比例的电信号，测量该电信号的电压值可获得准确的、可重复的力矩测量值，且独立于频率、电源和温度，力矩保护精确可靠。

②扭矩间接计算。可通过检测电机的工作电流，得出电机输出功率，电机的转速设定好后扭矩和电机输出功率成正比：

$$扭矩 = 9550 \times 输出功率 / 输出转速$$

其中扭矩单位为 N·m，输出功率单位为 kW，输出转速单位为 r/min。

一旦在运行过程汇总检测到的转矩超过该设定值（可为 100% 额定扭矩）时，执行器将自动停止运行。

d）控制单元

控制单元是智能电动执行机构的核心部件，配有微处理器，采集智能电动执行机构内部传感器的信号，进行闭环控制、故障诊断；同时可接收现场操作单元的命令，并与计算机控制系统进行数据交换。智能电动执行机构控制单元除过热、过扭矩保护外，还能实现如下功能：

①阀门卡塞保护、②瞬时反转保护、③过流保护、④三相电相序自动纠错、⑤三相电缺相保护。

e）现场操作单元

操作人员在现场可通过非侵入式的霍尔按钮实现远程 / 就地控制切换，并对智能电动执行机构开、关、停的操作，现场液晶表头可指示阀位、力矩等信息。智能型智能电动执行机构内置 1200mA·h 的锂电池，用于非外供电情况下的屏幕和增量式编码器（如有）的供电，方便调试，锂电池的使用寿命一般为 5a。

智能电动执行机构标配手轮，可在安装、调试、故障、断电时用手动方式完成阀门操作。为了方便管理，现场操作单元设密码保护，避免无操作权限的人员误操作。

智能电动执行机构也可通过遥控器进行调试和操作等。

f）电气接线盒

智能型智能电动执行机构可配置内置的电源和总线浪涌保护器；对于开关量信号带光电隔离功能，应根据智能电动执行机构信号传输数量及信号类型选择合适的电气接口数量和接口尺寸。

8.12.2.3 智能电动执行机构的工作原理

智能电动执行机构接收计算机控制系统的指令，由控制单元发出控制指令，调节电机的正转或反转，电机带动减速传动机构的旋转，从而驱动阀门的动作。传动机构带位置检测，信号反馈至控制单元，形成闭环调节回路，当阀门达到指定位置后，控制单元发出指令停止电机的旋转，由传动机构对阀门进行锁位，原理框图如图8-12-35所示。

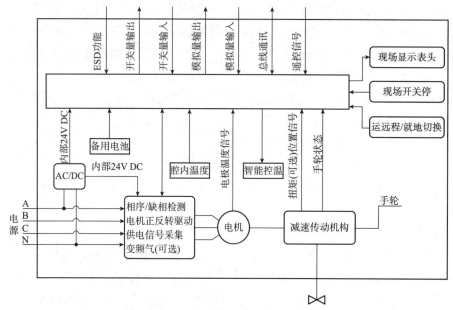

图 8-12-35 智能电动执行机构动作原理

根据《智能型阀门电动装置》（GB/T 28270—2012），智能电动执行机构配置紧急保护功能（ESD功能），ESD功能可选高电平（0→1）或低电平（1→0）有效。当ESD功能触发时，智能电动执行机构可组态为超越就地控制、电机保护等，驱动阀门达到预设的ESD位置（全开、全关、保位或任意位置）。

8.12.2.4 智能电动执行机构的分类

a）智能电动执行机构按照功能分类可分为调节型、开关型两种。

1）调节型

用于频繁动作的场合，需配置模拟量输入输出模块，接收4~20mA的调节信号，并反馈4~20mA的阀位信号；当模拟量控制信号丢失时，执行器可自动运行到预设的安全位置（全开、全关、任意指定位置、或保位），并发出报警信号。

一般调节型智能电装电机为S4或S5工作制，负载持续率10%~80%，动作频率分为100、320、630、1200次/h；对于要求无限制动作频率调节的，可选用S9工作制。电机的工作制说明详见GB 755《旋转电机定额和性能》。

2）开关型

开关型智能电动执行机构接收和输出无源干触点信号，由智能电动执行机构内置24V DC

直流电源模块输出的内部电源串入至触点信号中进行高低电平的判断。

开关型智能电装电机为 S2 工作制，时间定额为 10、15、30min。开关型智能电动执行机构两次启动之间需有足够的停止时间，以使电机冷却至正常温度，动作频率通常不超过 60 次 /h。

可在开关型的基础上，配置模拟量输出模块，反馈 4~20mA 的阀位信号。

通常，开关型的智能电动执行机构较为常用，使用量大约为调节型的 4 倍。

b）智能电动执行机构按照驱动阀门的类型分类可分为多回转、部分回转、直行程 3 种。

1）多回转智能电动执行机构

用于闸阀、截止阀、节流阀和隔膜阀等阀杆螺旋运动的直行程阀门的驱动。

2）部分回转智能电动执行机构

部分回转智能电动执行机构动作角度为 0~90°，用于如球阀、蝶阀、旋塞阀、风门挡板等角行程阀门的驱动。

部分回转智能型智能电动执行机构采用多回转智能型智能电动执行机构配合 90° 蜗轮减速箱实现，如图 8-12-36 所示。

3）直行程智能电动执行机构

用于单座阀、套筒阀等阀杆直线运动的直行程阀门的驱动。

直行程智能电动执行机构可采用多回转智能型智能电动执行机构配合线性推力器实现，如图 8-12-37 所示。

图 8-12-36　90° 蜗轮减速箱　　　　图 8-12-37　线性推力器

c）按照结构类型分类可分为一体式和分体式。

1）一体式

智能电动执行机构与阀体一体式安装，即为常规类型。

2）分体式

如下几种情况，可考虑采用分体式的电动执行机构：

①环境温度超过 70℃。

②现场振动超过《智能型阀门电动装置》（GB/T 28270—2012）6.1.17 条振动试验中的抗振能力时，可采用分体式智能电动执行机构，即智能电动执行机构控制单元与其他部件分体式安装。

③现场不便于调试，如管道阀门位于高空。

④现场安装空间不够，例如安装空间受墙壁周围设备的限制。

⑤现场存在干扰，例如来自周围设备的磁场干扰。

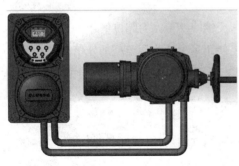

图8-12-38　分体式电动阀门z结构示意

分体式电动阀门结构如图8-12-38所示：

分体式智能电动执行机构控制单元和电机部分电缆为智能电动执行机构厂家成套供货，厂家与用户接线的分界面为控制单元的接线盒。控制单元和电机之间的电缆可达100m左右，但是为了避免信号传输的滞后，尽可能使分体之间电缆长度小于10m。

d）按照信号传输方式分类可分为普通型和总线型。

1）普通型

智能电动执行机构与控制系统之间采用硬接线的方式进行信号传输。

2）总线型

智能电动执行机构与控制系统采用现场总线的方式进行通信，智能电动执行机构现场总线协议有 Modbus、Profibus、Foundation 及厂家总线等。

总线控制可以传输更多的信息内容，而不必增加电缆、IO 模块、电涌保护器等设备的投入。

e）按照防爆类别分类可分为普通型和隔爆型。

1）普通型

用于水处理等非爆炸危险区域。

2）隔爆型

用于爆炸危险区域，其中 IIC 的智能电动执行机构价格比 IIB 要高 10%~20%，在设计时应根据爆炸危险区域危险等级来确定智能电动执行机构合适的防爆等级。

8.12.2.5　智能电动执行机构的选型

a）智能电动执行机构扭矩（或推力）和功率的确定

电动阀门可由阀门厂家成套组装智能电动执行机构或由智能电动执行机构成套组装阀门，其中涉及扭矩（或推力）匹配的问题。阀门的扭矩（或推力）可以根据最大压差、摩擦系数等参数计算或实际测量出来，计算结果可用于智能电动执行机构选型的估算。

在选型时，智能电动执行机构输出扭矩（或推力）应不小于阀门最大压差扭矩（或推力）×1.5 倍安全系数，且智能电动执行机构输出的最大扭矩不应对阀门造成损坏，输出的最小扭矩能保证阀门的正常开启，输出扭矩需在现场可调。

根据智能电动执行机构的选型表确定合适的电动执行机构后即可确定用电功率。

为了方便设计快速选型，部分口径、压力等级的角行程阀门（球阀）与天津奥美 AM6 系列部分回转电动执行机构选型可参表 8-12-1；部分直行程阀门（闸阀）与天津奥美 AM6 系列多回转智能电动执行机构选型可参考表 8-12-2。

表 8-12-1 部分口径、压力等级角行程阀门与智能电动执行机构选型参考表（举例）

型号	输出扭矩 / (N·m)	90° 回转时间 / s	功率 /kW	软密封固定球阀		硬密封固定球阀	
				150lb	300lb	150lb	300lb
AM6P-30	300	12 或 24	0.09	4″、6″	4″、6″	4″	—
AM6P-60	600	14 或 28	0.09	8″	8″	—	4″
AM6P-120	1200	7、14 或 28	0.18	10″	10″	6″	6″
AM6P-250	2500	45	0.18	12″、14″	12″、14″	8″	8″
AM6P-500	5000	40	0.4	16″~20″	16″、18″	10″	10″
AM6P-800	8000	65	1.1	22″	20″	12″、14″	12″
AM6P-1000	10000	65	1.1	24″	22″	16″	14″
AM6P-1200	12000	85	1.5	26″			
AM6P-1500	15000	85	1.5	28″	24″	18″	16″
AM6P-2000	20000	85	1.5	30″、32″	26″	20″	18″
AM6P-2500	25000	95	3.0	34″、36″	28″	22″、24″	—
AM6P-3500	35000	95	3.0	38″~42″	30″~36″	—	20″

注：1.150lb 的固定球阀全关闭压差取 1.89MPa、300lb 的固定球阀全关闭压差取 4.96MPa 参与扭矩计算，并乘以 1.5 倍的安全系数；

2. 仅供智能电动执行机构初步选型参考，阀门配套具体执行机构还应以实际测量扭矩进行配套选择；

3. 球阀扭矩数据参考自贡高压阀门股份有限公司产品；

4. 小扭矩的智能电动执行机构 90° 回转时间可根据表格中的数据进行选择；

5. 功率相同、输出扭矩不同的智能电动执行机构为相同电机配不同减速比的减速传动机构；

6. 不同的减速箱机械结构 90° 回转时间也不同，如 AM6P-500（行星齿轮）和 AM6P-250（蜗轮蜗杆）。

表 8-12-2 部分直行程阀门与智能电动执行机构选型参考表（举例）

型号	输出扭矩 / (N·m)	输出转速 / (r/min)	功率 /kW	单平板闸阀（PN16）	双平板闸阀（PN16）
AM6M-10	100	7~35	0.4	DN100	—
AM6M-20	200	7~35	1.1	DN150	DN100-150
AM6M-30	300	7~35	1.5	DN200	DN200
AM6M-45	450	7~35	3	DN250	DN250
AM6M-60	600	7~35	3	DN300	DN300
AM6M-90	900	7~35	3	DN350	DN350
AM6M-120	1200	7~35	3	DN400~DN450	DN400
AM6M-150	1500	7~35	3	DN500	DN450
AM6M-180	1800	24/36	4.0/5.5	—	DN500
AM6M-250	2500	18/24	5.5	DN600	—
AM6M-350	3500	18	7.5	DN700	DN600
AM6M-500	5000	18	10	DN800	DN700

备注：1. 智能型电动执行机构 300N·m 以上设置了外置减速箱；

2. 本表格仅供智能电动执行机构初步选型参考，阀门配套具体执行机构还应以实际测量扭矩进行配套选择；

3. 本表格闸阀扭矩数据参考中德产品。

b）阀门全行程时间的计算

①角行程阀门全行程动作时间可查看配套的部分回转电动执行机构90°回转时间，当采用多回转智能电动执行机构外配减速箱时，90°回转时间为：

角行程执行机构的全行程时间（s/90°）=（15×减速箱的减速比）/多回转执行机构的输出轴转速

②螺杆做旋转运动的直行程阀门（如闸阀等）配套多回转智能电动执行机构全行程动作时间为：

全行程时间 ={［行程/（螺距 × 螺纹头数）］/输出转速 }×60（s）

其中阀门行程、阀杆螺距单位为 mm；转速单位为 r/min

例如某智能电动开关型双平板闸阀，行程为 480mm，阀杆螺距为 9mm，双头螺纹，智能电动执行机构输出转速为 55r/min，则此阀门全行程动作时间为：

$$T=［480/（9×2）÷55］×60=29（s）$$

c）智能电动执行机构故障位置

1）小扭矩（或推力）的智能电动执行机构

小扭矩的智能电动执行机构带备用电源，其备用电源是由许多"超级电容"组成，存储的能量能使阀门断电后回到故障位置（全开、全关、保位或指定位置）。

小钮矩的智能电动执行机构可采用 24V DC 回路供电的方式，其执行机构具有 E xia IIC T4 防爆认证，4~20mA 控制信号和反馈信号均可为本安信号，同时可叠加 HART 实现多参数的传输。

部分厂家小扭矩电动执行机构还可以内置复位弹簧实现故障位置。

2）大扭矩（或推力）的智能电动执行机构

因后备电源体积大、成本高、实现复杂，故大扭矩（或推力）的智能电动执行机构其故障位置未保位。在没有气源的情况下要实现故障开或者故障关，可选用电液联动执行机构。

3）有限故障安全型智能电动执行机构

选自天津奥美有一款有限故障安全型电动执行机构，是一种性价比很高的提升安全性的产品。有限故障安全型电动执行器安装在现场，通过自身配备的检测装置，能及时发现周边的火焰、温度异常、通信失效等危险并及时通报控制室，在指定时间内没有得到有效控制信号就会自动采取安全措施，将控制阀运行到安全位置。只要动力电源没有失效，都是安全的，因此也称作有限故障安全型。

8.12.2.6 智能电动执行机构的接线

智能型智能电动执行机构信号种类繁多，如表 8-12-3 所示。

表 8-12-3 智能电动执行机构信号

类型	信号	类型	信号
输入信号	远程开	报警信号	开阻塞
	远程关		关阻塞
	远程停		开过扭矩
	紧急 ESD		关过扭矩
	4~20mA 控制信号		进入禁止区域

续表

类型	信号	类型	信号
输出信号	关运行		模拟信号丢失
	开运行		开关元件保障
	处于运行		阀位采集故障
	关到位		电源缺相
	停在中间区		内部电源故障
输出信号	开到位	报警信号	电机温度过高
	远程 / 就地		温度监控故障
	4~20mA 阀位反馈信号		电池电压过低

智能型智能电动执行机构每个触点可设定为"常开"或常闭，默认为常开触点，触点容量为 5A，30V DC 或 250V AC。

a）普通开关型智能电动执行机构接线

普通开关型智能电动执行机构常用输入信号有远程开、关、停（可选）、紧急 ESD（可选），输出信号有开到位、关到位、远程 / 就地状态、综合故障报警。输入信号可采用公共端接线，输出信号触点接线无公共端。

开关量的输入可在智能电动执行机构内设置为点动（非连续的方式）或保持（锁存）方式。如需要阀门停在中间某位置，输入信号可选远程开、远程关的点动方式或远程开、关、停的保持方式；如果不需要阀门停在中间某位置，可采取两线控制以节约电缆，设置"开关优先"来设置激励时是开阀还是关阀。

若需反馈具体的阀位，还需接 4~20mA 阀位反馈信号。

b）普通调节型智能电动执行机构的接线

普通调节型智能电动执行机构常用 4~20mA 输入控制信号、4~20mA 阀位反馈信号、远程 / 就地状态、综合故障报警信号。

c）总线型智能电动执行机构的接线

以常用的 Profibus DP 进行示例。Profibus DP 网络是 RS485 串口通信，半双工，支持光纤通信，采用屏蔽双绞线电缆进行数据传输，电缆的特性阻抗应在 100~220Ω 之间的范围内，电缆的电容应小于 60nF/m，导线的横截面积应 ≥ 0.22mm²。RS485 通信电缆分为 A、B 两种，一般选用 A 型电缆 [型号为 STPA–120Ω（用于 RS485 & CAN）1 对 18AWG]，其中数据线有 2 根，A—绿色，B—红色，如图 8-12-39 所示。

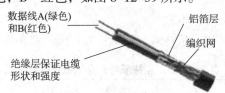

数据线A(绿色)和B(红色)　　铝箔层　编织网　绝缘层保证电缆形状和强度

图 8-12-39　RS485 通信电缆结构示意

Profibus DP 每个物理网段最多 32 个物理站点设备，物理网段两终端都需要设置终端电阻或有源终端电阻，支持菊花链、总线式、树形、星形（较少应用）、混合型拓扑结构，在使用 profibus- 光纤模块（OLM）时，可构成环形拓扑结构，如图 8-12-40 所示。

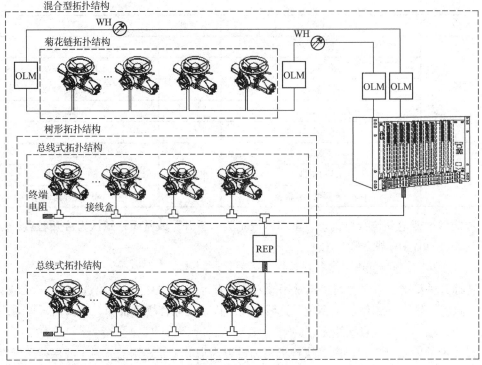

图 8-12-40 智能型电动执行机构 Profibus DP 网络拓扑

智能型智能电动执行机构常用的 Profibus DP 传输速率、距离及总线循环时间详见表 8-12-4。

表 8-12-4 智能型智能电动执行机构常用的 Profibus dp 数据

波特率 /（kbit/s）	9.6	19.2	93.75	187.5	500
最大设备间距	1.2km	1.2km	1.2km	1000m	400m
最大总线长度	10km	10km	10km	10km	10km
设备数量	31	31	31	31	31

Profibus DP 可采用中继器增加电缆长度和所在的站数，在两个站之间允许最多采用 3 个中继器，每个网络理论上最多可连接 127 个物理站点，其中包括主站、从站以及中继设备。但在实际使用中，总线上电动阀数量过多出现丢包的现象，为了提高通信的可靠性和总线循环的时间，智能电动执行机构网络拓扑不建议设置中继器进行数量扩展，每段总线智能电动执行机构数量宜为 16~20 台。

在使用总线式拓扑结构时，应注意分支电缆的长度，如表 8-12-5 所示。

表 8-12-5 波特率与分支电缆长度对应表

波特率 /（kbit/s）	9.6	97.75	187.5	500	1500
分支电缆总长度 /m	500	100	33	20	6.6

智能电动执行机构有如下几种方式实现通信冗余：

①采用 OLM，将 profibus DP 转成光纤信号传输，构成冗余拓扑结构。

② Profibus 国际组织在 2004 年底提出了《specification slave redundancy v1.2》，该标准的

制定确定了 profibus DP 的从站冗余规范，智能电动执行机构构成从站冗余需有 2 个独立的 Profibus DP 总线接口且 2 个独立的 Profibus 从站协议栈，网络拓扑如图 8-12-41 所示。

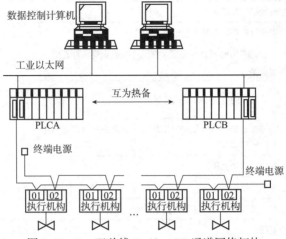

图 8-12-41　双总线 Profibus DP 通道网络拓扑

③采用厂家专利的总线技术协议。

在重要的应用场所，可采用现场总线和硬接线相结合的信号传输方式，将紧急 ESD 功能端子采用硬接线送至计算机控制系统，其他信号采用现场总线方式传输，从而避免现场总线通信信号传输的拥堵或断开导致控制失效。

8.12.2.7　智能电动执行机构与阀门连接接口

智能电动执行机构与减速箱、减速箱与阀门采用法兰连接，多回转智能电动执行机构接口参照《Industrial valves–Multi–turn valve actuator attachments，MOD》（ISO 5210），对应的国家标准为《多回转阀门驱动装置的连接》（GB/T 12222）；部分回转智能电动执行机构接口参照《Industrial valves–Part–turn valve actuator attachments，MOD》（ISO 5211），对应的国家标准为《部分回转阀门驱动装置的连接》（GB/T 12223）。

智能电动执行机构应根据扭矩（或推力）选择合适的接口法兰。

8.12.2.8　智能电动执行机构的维护

为了提高智能电动执行机构的使用寿命，在日常使用中，可定期地对智能电动执行机构进行检查、维护和保养，建议维护的措施如表 8-12-6 所示。

表 8-12-6　建议维护的措施

序号	维护周期	维护内容	维护标准
1		检查执行器齿轮箱有无漏油	无漏油现象
2		检查阀位指示是否正确	指示正确
3	每周维护	电池是否馈电	显示屏上无馈电显示
4		检查阀杆和驱动轴套清洁和润滑	清洁且润滑
5		检查执行器的外壳是否有损坏、松动或紧固件丢失	无松动、无损坏

序号	维护周期	维护内容	维护标准
6		检查执行器上不能有过多灰土或污物	必须保持清晰可见
7		检查阀门状态是否正确	状态正确
8		检查执行机构各部紧固螺栓是否松动	无松动
10	每周维护	检查执行机构密封是否完好，有无进水或表壳内存在雾气的现象	密封完好
14		法兰连接处的裸露在外的阀杆螺纹	宜用符合要求的机械油进行防护，并加保护套进行保护
15		检查异常的阀门、刚维修完的阀门、新更换的阀门、新增加的阀门	正常使用无异常
16		检查控制信号电压	电压在24V左右正常
17	每月维护	检查电气控制回路	无腐蚀、无松动
18		检查开关过程中有无异常声音，需要时进行维护	无异常声音
19		检查接线箱	无水汽、无腐蚀、无松动
20		阀门的手动装置进行检查，启、闭一次阀门	灵活、正常开启
21		检查限位开关、力矩限制开关	控制正常
22	半年维护	检查驱动电源、加注密封脂	正常
23		打开排污口，阀体进行排污	无污物
24		检查显示屏	显示正常

如果智能电动执行机构内含电池，建议5a对电池进行更换。

如智能电动执行机构发生故障，处理措施可参考表8-12-7。

表8-12-7 处理措施

序号	故障	原因	处理方法
1	阀门不动	1. 离合器未在电动位置或损坏 2. 电机容量小、电机过载 3. 填料压得过紧或斜偏 4. 阀杆螺母锈蚀或卡有杂物 5. 传动轴等转动件与外套卡住 6. 阀门两侧压差大 7. 楔式闸阀受热膨胀关闭过紧 8. 扭矩过大	1. 将离合器旋在电动位置或更换离合器 2. 更换大容量电机 3. 重新调整填料盖 4 清除杂物，给阀杆螺母除锈加注润滑油 5. 调整传动轴等转动件的位置 6. 打开旁通阀 7. 阀体修理，使得配合松弛 8. 调整扭矩
2	电机不转	1. 电气系统故障 2. 开关失效或超扭矩开关误动作 3. 关阀过紧	1. 检查电气线路 2. 重新开关 3. 手动开关阀门
3	阀门关不严	1. 行程控制器未调整好 2. 闸阀闸板槽内有杂物或闸板脱落 3. 球阀、截止阀密封面磨损	1. 重新调整行程控制器 2. 清除杂物，安装闸板 3. 更换密封圈
4	阀门行程启停位置发生变化	1. 行程螺母紧定销松动 2. 传动轴等转动件松旷 3. 行程控制器弹簧过松	1. 固定行程螺母紧定销 2. 紧固传动轴等转动件 3. 调整或更换行程控制器弹簧

总体来说，智能电动执行机构结构简洁，使用寿命长，在使用过程中几乎免维护。

8.12.2.9 标准规范

《隔爆型阀门电动装置技术条件》（GB/T 24922—2010）

《普通型阀门电动装置技术条件》（GB/T 24923—2010）

《智能型阀门电动装置》（GB/T 28270—2012）

《工业过程控制系统用普通型及智能型电动执行机构》（JB/T 8219—2016）

《阀门电动装置寿命试验规程》（JB/T 8862—2014）

《旋转电机　定额和性能》（GB/T 755—2019）

《电站阀门智能电动执行机构》（DL/T 641—2015）

《工业阀门.执行器.第 2 部分：工业阀门智能电动执行机构.基本要求》（BS EN 15714-2—2009）

《工业过程测量和控制系统用智能电动执行机构》（GB/T 26155—2010）

《工业过程控制系统用电动控制阀》（JB/T 7387—2014）

《测量和控制数字数据通信　工业控制系统用现场总线　类型 3：PROFIBUS 规范　第 2 部分：物理层规范和服务定义》（GB/T 20540.2—2006）

8.12.3　液动执行机构

液动执行机构是以液压油为动力完成执行动作的执行器，有输出力矩大、调节精度高、动作快速平稳、耐高温耐恶劣环境等特点。在一些特殊的场合，如垃圾焚烧中的气化炉进料管线、汽轮机管路、煤焦油加氢装置及无气源、电源的地方（如野外采气井口）等，都有液动执行机构的使用案例。但是由于需要配置液压油站，油温的变化、油液污染等问题会影响液动执行机构的工作，以及管道漏油等问题，限制液动执行机构的应用。

液动执行机构需配套液压泵、电控系统、液压元件等组成液压控制系统，角行程液动执行器如图 8-12-42 所示，其中单作用液动执行机构带弹簧复位。

(a)单作用　　　　　　　　　　　　(b)双作用

图 8-12-42　角行程液动执行机构示意

液压油进入角行程液动执行器油缸内，通过拔叉将活塞的直线运动转为带动阀门旋转的角行程运动，从而实现对阀门的控制。

液动执行器内部液压油压力可高达 21MPa，输出扭矩可达 $6 \times 10^6 N \cdot m$，能够使用在 -60~100℃ 的环境温度。此外，液动执行机构同时可配置手动操作单元，方便人员进行就地操作。

8.12.4 电液联动执行机构

8.12.4.1 概述

电液联动执行机构是将电能转换成液压能驱动阀门动作的机、电、液一体化装置，具有输出力矩大、动作时间快、体积小、重量轻等特点，特别适用于大推力、大力矩和高精度控制的应用场合，较多应用在石油仓储、液化烃球罐、长输管线、催化裂化装置、蜡油催化装置、电厂电调系统、焦化厂焦炉控制系统等场合。

电液联动执行机构集合了气动执行机构动作速度快、故障位置和电动执行机构的动力获取方便以及液动执行机构输出力矩大的优点，克服了气动执行机构体积大、电动执行机构速度慢、液动执行机构易漏油等缺点。

目前国际品牌电液联动执行机构价格昂贵，随着电液联动执行机构的国产化（如浙江天泰的 H 系列、重庆川仪的 C 系列等产品），电液联动执行机构将会在过程控制中有更为广泛的应用。

8.12.4.2 电液联动执行机构组成

电液联动执行机构内有着复杂的油压管路和液压元器件，不同厂家产品内部油路组成也有所不同，常见的油路控制有采用电液伺服阀、电液比例阀、液压泵等。电液伺服阀抗污染性、稳定性差，易堵塞喷嘴，易漂移；电液比例阀产品精度差，结构复杂，维修困难，易堵塞；采用液压泵对油路进行控制可以解决堵塞问题，提高控制精度。

电液联动执行机构是由液压油箱、液压集成系统、控制单元、油缸、液压手操机构等五大部件组成，如图 8-12-43 所示。

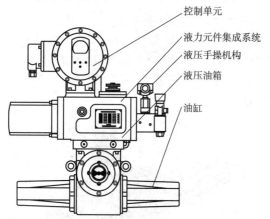

图 8-12-43　电液联动执行机构组成示意
（浙江天泰）

b）液压集成系统

a）液压油箱

电液联动执行机构自备液压油箱，常规情况下使用抗磨液压油，在北方地区环境温度低于 -30℃时，选用低温抗磨液压油，液压油箱内为常压。因液压油在电液联动执行机构内循环且无内漏或损耗，在使用过程中很少需要补充液压油。

电液联动执行机构内液压油路压力较高，油泵可输出 32MPa 压力，若各组件之间采用管道连接，连接处因长期高压引起泄漏、振动和噪声，增加维护量。为了消除液压油泄漏，电液联动执行机构采用液力元件集成技术，将各液压元器件采用插装阀的方式安装在液压集成块上，如图 8-12-44 所示。

液力元件集成系统结构紧凑，安装方便，可根据实现不同的功能选择合适的液压元件进行集成组装，如方向控制的单向阀、液控单向阀，流量控制的节流阀等。

c）控制单元

用于接收计算机控制系统的控制信号，并采集电液联动执行机构内的传感器信号（阀位、扭矩、压力、温度等信号），进行控制、联锁。

d）油缸

电液联动执行机构的油缸类似于气动执行机构的气缸，液压油进入油缸内推动活塞杆，实现阀门的动作。根据阀门的扭矩选择合适的油压。

e）液压手操机构

在没有外部电源的情况下，可通过液压手操机构手动操作手动泵给液压油加压，通过手动换向阀及液压锁进行换向和保位，使油缸内活塞杆运动到所需的位置。

图 8-12-44　液压集成系统示意
（浙江天泰）

8.12.4.3　电液联动执行机构的分类

①根据配套阀门形式的不同分为直行程和角行程电液联动执行机构。为了减小电液联动执行机构尺寸及提高动作速度，当选用单作用电液联动执行机构时，宜与角行程（蝶阀、球阀及旋塞阀等）阀门配套使用。

②根据油缸形式的不同分为单作用和双作用电液联动执行机构。

——单作用电液联动执行机构

单作用角行程电液联动机构油路如图 8-12-45 所示。

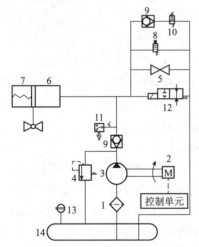

1—过滤器；2—电机；3—单向定量齿轮泵；
4—溢流阀；5—手动泄压阀；6—油缸；
7—弹簧；8—火灾释放阀；9—单向阀；
10—手动泵；11—压力传感器；
12—常开式二位二通电磁阀；13—就地液位计；
14—油箱

图 8-12-45　单作用角行程电液联动机构油路

当控制信号（开关量或模拟量）输入至电液联动执行机构控制单元时，控制单元发出指令使电机 2 转动并带动单向定量齿轮泵 3，液压油进入油缸 6，油缸的活塞在油压的作用下产生推力，此时弹簧 7 受压缩使执行机构在 0~90° 转角内动作。当需要复位时，常开式二位二通电磁阀 12 失电打开，靠弹簧 7 自身的弹力使油缸 6 泄压，使执行机构在 0~90° 转角内动作。

电液联动执行机构的液压系统中可设火灾释放阀 8，当现场发生火灾时环境温度到达在规定的温度（如 80℃）时，该阀自动打开，释放油缸 6 的油压，执行机构实现快速关闭或开启。

当电液联动执行机构在断电情况下需要手动操作时候，关闭手动泄压阀 5，使用手动泵 10 使活塞杆活动到所需位置；复位时打开手动泄压阀 5 进行泄压。

——双作用电液联动执行机构

双作用角行程电液联动机构采用了双向定量泵实现油路的换向，油路如图 8-12-46 所示。

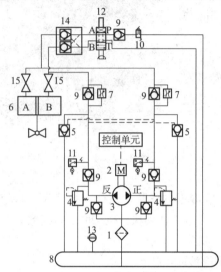

1—过滤器；2—电机；3—双向齿轮泵；4—溢流阀；
5—液控单向阀；6—油缸；7—节流阀；8—油箱；
9—单向阀；10—手动泵；11—压力传感器；
12—三位四通手动换向阀；13—就地液位计；
14—液压锁；15—手动截止阀

图 8-12-46　双作用角行程电液联动机构油路

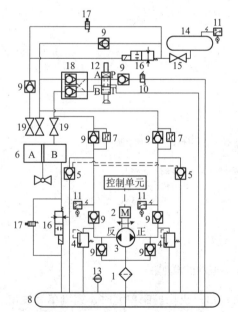

1—过滤器；2—电机；3—双向齿轮泵；4—溢流阀；
5—液控单向阀；6—油缸；7—节流阀；8—油箱；
9—单向阀；10—手动泵；11—压力传感器；
12—三位四通手动换向阀；13—就地液位计；
14—蓄能器；15—截止阀；16—常开式二位二通电磁阀；
17—火灾释放阀；18—液压锁；19—手动截止阀

图 8-12-47　双作用角行程电液联动执行
机构配蓄能器油路

电液联动执行机构控制单元接收计算机控制系统控制信号，控制电机 2 带动双向齿轮泵 3 转动，以正转为例。加压后的液压油从连接油缸 6A 侧的油路进入，可通过节流阀 7 调节执行机构全行程动作时间；油缸 6 内 A 侧加压推动活塞往 B 侧运动，B 侧内的液压油通过连接油缸 6B 侧的油路通过液控单向阀 5 泄压。

三位四通手动换向阀 12 在正常情况下进油口 P 与卸油口 T 连接，可通过操作三位四通手动换向阀 12 使得进油口 P 与油缸 A 侧（或 B 侧）相连接，出油口 T 与油缸 B 侧（或 A 侧）相连接，从而达到手动操作的功能。

双作用电液联动执行机构在失电时通过液压油路中的单向阀维持油缸的压力从而实现保位，若需实现故障位置（开或关），需增设蓄能器，功能同气动双作用执行机构中的储气罐。带蓄能器的电液联动执行机构油路如图 8-12-47 所示。

电液执行机构的双向齿轮泵 3 对蓄能器 14 自动蓄能，使蓄能器 14 随时处于满负荷状态，并保持在一定安全状态内。当电液联动执行机构失电或计算机控制系统发出紧急 ESD 命令时，常开式二位二通电磁阀 16 失电打开，蓄能器 14 内高压的液压油通过独立的油路进入至油缸 A 侧，同时连接油缸 B 侧的独立油路打开进行泄压，使执行机构驱动阀门到达安全位置。

当执行 ESD 关断时，无论选择开关置于远程控制，还是就地控制状态，都能快速切断阀门。

③根据电液联动执行机构实现的功能分类分为调节型和切断阀。

电液联动执行机构多用于切断的场合，调节型电液联动执行机构的调节精度优于 ±0.5%。

8.12.4.4　工程应用

①电液联动执行机构输入电源可为 220V AC 单相、380V AC 三相或 24V DC，宜首选 380V AC 三相的供电方式；对于用于长输管线阀室开关型阀门的电液联动执行机构的电机宜为 24V DC，且功率不大于 500W，并应具有接收远程复位命令的功能；在供电困难的场合，可选配太阳能供电单元。

②对于双作用的电液联动执行机构，为了实现故障位置需选配蓄能器，蓄能器可根据设计要求实现 2 个全行程动作（开关各一次），蓄能器蓄能保压时间不低于 30d。

③电液联动执行机构液压油路中的电磁阀可由执行机构内部配电，也可以由外部的计算机控制系统进行配电。

④为了节省电缆电液联动执行机构的信号（远程开、远程关、开到位、关到位、故障信号、就地 / 远程状态等）可采用现场总线的方式通信至计算机控制系统，其紧急 ESD 的信号采用硬接线的方式。

⑤电液联动执行机构应用于安全仪表功能回路中，为了降低回路平均失效概率提高回路安全仪表等级，可选经取得完全完整性等级认证的产品。

⑥对于管道振动较大的场合，可选用分体式的电液联动执行机构。

⑦为了防止电液联动执行机构紧急 ESD 功能触发时快速切断造成水锤现象，工艺设计时需提出合理的阀门全行程 ESD 动作时间，选择阀门合适的安装位置，电液联动执行机构设计采用液压缓冲机构也可选用变速蓄能模块实现变速驱动，减少水锤对管道设备造成损坏。

⑧有防火要求的场合，电液联动执行机构可选配火灾释放阀，当环境温度超过 80℃时火灾释放阀打开，电液联动执行机构将阀门驱动至安全位置。

⑨电液联动执行机构可根据设计要求选配刚性或柔性防火罩。

⑩电液联动执行机构正常全行程动作时间在 1~180s 内可调。由于蓄能器的油路独立于电液联动执行机构正常操作的油路，当紧急动作时，其动作时间也小于执行机构正常全行程时间，ESD 全行程时间为 0.5~3s 内。

⑪ 防爆型电液联动执行机构防爆等级为 Ex dII BT4 和 Ex dII CT4。

⑫ 在有防雷要求的场所，电液联动执行机构的电源、信号处需设置浪涌保护器。

⑬ 电液联动执行机构的输出力矩应满足最恶劣操作条件下的阀门运行要求。执行机构的输出力矩要留有 50% 安全系数，以保证在最大差压下平稳操作阀门，同时，执行机构的

最大推力或力矩不应高于阀门机械结构允许承受的最大推力或力矩，应具有可靠的推力或力矩过载保护功能和限位保护功能。

8.12.4.5 日常维护及故障处理

电液联动执行机构日常维护量较小，为了保证执行机构长时间稳定运行，可参考表8-12-8对电液联动机构进行维护，蓄能器作为压力容器进行管理。

表 8-12-8 电液联动机构的维护

维护时间	维护内容
调试完或初次运行 168h 后	1. 检查有没有不寻常的噪声或震动发生 2. 紧固件有没有松动
每 3 个月一次	1. 更新新的密封件 2. 检查动力传递链上所有部件的磨损程度
每 2 个月一次	检查一次油箱油位是否足够，低于油标液位，要加油但不得高于油标液位，防止快速切断蓄能器的液压油溢出
大修期间	检测氮气弹簧内的气压，如氮气压力不足 15MPa 时用氮气瓶加压力表与氮气弹簧连接进行补压
每 1 年一次	对执行机构进行维修或检查，需要的话在油脂嘴处重新加油脂

电液联动机构的故障与维护如表8-12-9所示。

表 8-12-9 电液联动机构故障维护

故障信息	故障原因	排除方法
过流	1. 过流 2. 瞬时力矩过大	1. 检查输入电源 2. 检查到电机的电缆是否短路 3. 检查阀门是否卡塞
过力矩	1. 实际与设计力矩不匹配 2. 阀门卡塞	1. 提高力矩限值或更换执行器 2. 手动操作执行器，使其脱离卡塞位置，检查阀门
电机故障	1. 电机损坏 2. 电机线脱落或松动	1. 更换电机 2. 检查电机线是否松动
压力传感器故障	1. 压力传感器损坏 2. 压力传感器脱落或松动	1. 更换压力传感器 2. 检查接线插口是否松动
编码器故障	1. 编码器损坏 2. 编码器脱落或磁盘松动	1. 更换编码器 2. 检查编码器各部件是否松动
过温	1. 电机过热	1. 检查是否动作太频繁 2. 环境温度是否过高 3. 检查阀门是否卡塞 4. 检查电机温度线是否插好
电源故障	1. 电源电压超过了 15% 的范围（过压） 2. 电源电压低于 15% 的范围（欠压）	1. 检查输入的电源电压 2. 检查输入电源发生异常变动
缺相	1. 输入端 L1、L2、L3 有缺相 2. 输入三相不平衡 3. 上下控制板之间线路松动	1. 检查输入电源及配线 2. 检查输入电源电压 3. 检查相序检测插口是否松动
断信号	1. 输入信号断线或接错端子 2. 参数设置内的控制类型选择与实际输入信号不符	1. 检查接线 2. 重新设置控制类型

续表

故障信息	故障原因	排除方法
零位标定故障	1. 校零、校满量程错误 2. 编码器信号接反 3. 编码器损坏	1. 重新校准零位及满量程 2. 调换编码器接线顺序 3. 更换编码器
阀位显示与实际不符	1. 信号未校准 2. 编码器故障	1. 校准信号 2. 检查编码器接线是否松动或更换编码器
液压系统不保压	1. 接合面泄漏 2. 高压软管泄漏 3. 油缸体密封件损坏 4. 管接头松动泄漏 5. 油液污染 6. 单向阀损坏 7. 液控单向阀损坏 8. 插装阀密封件损坏	1. 更换 O 形密封圈 / 旋紧螺栓 2. 更换高压软管 / 旋紧螺栓 3. 更换组合密封圈 4. 更换接头卡箍 / 旋紧螺栓 5. 更换液压油 6. 更换单向阀 7. 更换液控单向阀 8. 更换插装阀 O 形圈
蓄能器不保压	1. 油液污染 2. 单向阀损坏 3. 电磁阀损坏 4. 蓄能器损坏 5. 接合面泄漏 6. 插装阀密封件损坏	1. 更换液压油 2. 更换单向阀 3. 更换电磁阀 4. 更换蓄能器 5. 更换 O 形圈 / 旋紧螺栓 6. 更换 O 形圈
系统无高压	1. 齿轮泵损坏 2. 齿轮泵密封件损坏 3. 溢流阀损坏 4. 溢流阀密封件损坏 5. 油缸密封件损坏	1. 更换齿轮泵 2. 更换齿轮泵密封件 3. 更换溢流阀 4. 更换溢流阀 /O 形圈 5. 更换组合密封圈

8.12.5　气液联动执行机构

8.12.5.1　概述

在天然气长输管道中，为了保证管道能够长期安全可靠地运行，在沿线每隔一定距离，以及在特殊地段两侧、阀室、进出站管线上需设置切断阀，以防止管道发生泄漏引起大面积的事故发生。

我国天然气长输管道上远程控制切断阀执行机构多采用气液联动型，是以管道内天然气或高压氮气作为动力，以液压油作为传动介质驱动管线阀门的一种执行器，具有取源方便、传动平稳、可靠性高等优点。

气液联动执行机构外形如图 8-12-48 所示。

图 8-12-48　气液联动执行机构

8.12.5.2　气液联动执行机构组成

气液联动执行机构是由检测单元、破管保护单元、气液罐、储气罐、液动执行器、手动泵、提升阀控制模块、电磁阀、太阳能供电系统等部分组成。

a）检测单元

气液联动执行机构设置阀位、扭矩、管线压力等检测单元，将信号上传至破管保护单元或站场控制系统。

b）破管保护单元

破管保护单元是以微处理器为基础的智能设备，在接线箱内集成了微处理器、控制单元、备用电池、压力传感器、输入/输出模块、数据通信接口等，在通信信号、开关信号以及供电电源处设置浪涌保护器。

破管保护单元实现监测管道压力和压降速率并进行破管后自动关闭阀门，具有带时间标签的数据、信息、事件的记录、存储功能，能够输出故障报警和状态信息；并配置笔记本电脑现场编程组态接口以及用于数据远传的通信接口，通信协议为 Modbus RTU。

气液联动执行机构用于阀室的，需配置破管保护单元；用于进出站紧急关断、站内紧急放空、压气站内具有越站功能的气液联动执行机构无须配置破管保护单元，由站控制系统直接控制。

c）液动执行器

气液联动执行机构使用的液动执行器主要有旋转叶片式和拨叉式两种。

旋转叶片式液动执行器，如图 8-12-49 所示，其转动惯量小、动作灵敏、转动均匀、脉动小。故适用于驱动阀门切断的场合，不适合与调节阀进行配套。

拨叉式液动执行器，如图 8-12-50 所示，拨叉式液动执行器可以驱动阀门在全行程过程中的任意位置，故具备调节功能；但其机械效率相比旋转叶片式低，故体积较大，结构复杂，维护检修工作量大。

图 8-12-49　旋转叶片式液动执行器　　图 8-12-50　拨叉式液动执行器

d）气液罐

气液联动执行机构配置 2 个气液罐，罐内储存液压油，无压力时液压油液位约为气液罐的 50%。在需驱动阀门动作时，高压气体进入气液罐，推动液压油的流动，从而提供动能启闭阀门。

管道气体若为净化天然气，气液联动执行机构可使用管道内天然气驱动液压油，常规管道天然气压力为 0.5~15MPa；对于低压管线（如城市供气），可采用增压型气液联动执行机构，最低气体压力为 0.3MPa；若管道气体为含硫天然气、富氢焦炉煤气等，则气液联动执行机构采用高压氮气驱动液压油，气液联动执行机构配置氮气瓶组时，根据氮气瓶组的压力定期进行更换。

e）储气罐

为了防止动力气源压力不足，气液联动执行机构设置储气罐，储气罐容量满足阀门在工况下的 2 个行程（开关更一次）的耗气量。储气罐为压力容器，需配置压力表、安全阀、排污阀，其中排污阀与罐体直接相连，压力表配置根部阀以方便更换、检验等。

f）手动泵

手动泵可以提供现场操作功能，通过手动泵对液压油进行加压，加压后的液压油作用在液动执行器内，带动阀杆旋转。

g）提升阀控制模块

提升阀控制模块是气液联动执行机构重要部件，提升阀控制模块外形如图 8-12-51 所示，是由 2 个提升阀和 2 个过滤器组成，用于控制天然气进入气液罐的通道，是气液联动执行机构的核心部件。提升阀控制模块内部示意见图 8-12-52。

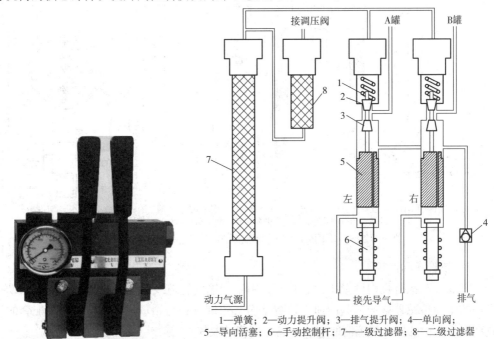

图 8-12-51 Shafer 提升阀控制模块外形

1—弹簧；2—动力提升阀；3—排气提升阀；4—单向阀；
5—导向活塞；6—手动控制杆；7——级过滤器；8—二级过滤器

图 8-12-52 Shafer 提升阀控制模块内部结构示意

h）电磁阀

电磁阀用于控制高压气体的流向，从而控制阀门的启闭。对于设置在阀室内的及用于压气站有越站功能的气液联动执行机构配套 2 个（开阀门、关阀门）电磁阀，对于用在进出站紧急关断和站内紧急放空气的气液联动执行机构配套 3 个（开阀门、关阀门、紧急 ESD）电磁阀。

电磁阀选用低功耗型，用于阀门启闭的电磁阀正常时候处于非带电状态，得电励磁动作；用于阀门紧急 ESD 关闭的电磁阀正常时候处于带电状态，失电联锁；需要时，用于阀门紧急 ESD 关闭的电磁阀也可以采用冗余电磁阀的方式。

i）太阳能供电系统

在无电源的阀室，气液联动执行机构需配置太阳能供电系统，太阳能板安装在阀室房顶。太阳能供电系统输出 24V DC，后备电池能保证气液联动执行机构在正常工作条件下持续稳定供电 15 天，使用寿命不低于 3 年，其工作状态（蓄电池剩余电压、供电系统故障等）上传至 SCADA 系统。

8.12.5.3　气液联动执行机构的原理及应用

a）阀室用气液联动执行机构

阀室内气液联动执行机构具有就地控制功能，同需配置控制单元实现检测管线压力实现破管自动保护，其原理如图 8-12-53 所示。

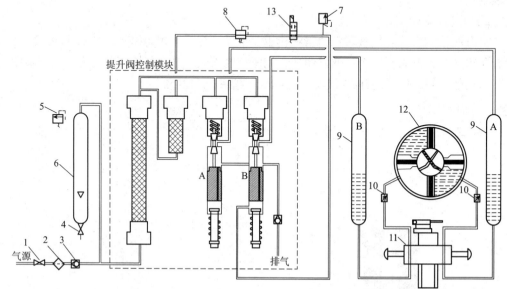

1—手阀；2—过滤器；3—单向阀；4—排污阀；5—安全阀；6—储气罐；7—放空阀；8—调压阀；
9—气液罐；10—调速阀；11—手动泵；12—液动执行器；13—先导式两通关阀电磁阀

图 8-12-53　用于普通阀室和监视阀室的气液联动执行机构原理

1）破管自动保护

气液联动执行机构设置压力传感器，用于和输气管道线路切断阀配套的气液联动执行机构的压力传感器取应从阀门所在位置下游管道取气；与站场进 / 出站切断阀配套的气液联动执行机构的压力传感器取应从站场外侧管道取气。

当气液联动执行机构破管保护动作后，需进行人工复位方可再次打开阀门。

目前，如西气东输设计压力为 10MPa 的管道，每 5s 对管道的压力采样一次，执行机构低压报警和低压关阀设定值为 4.0MPa 和 3.5MPa，高压报警和高压关阀设定值为 10.5MPa 和 11MPa，压降速率报警和关阀设定值为 0.1MPa/min 和 0.15MPa/min。

2）就地气动操作

在有动力源的情况下，可就地操作提升阀控制模块中的手动控制杆，推动导向活塞上下运动，从而打开或关闭阀门。

3）手动液压泵操作

当失去动力源时，可人工操作手动泵，对将液压油加压至液动执行器，驱动阀门的启闭。

b）越站干线用气液联动执行机构

此气液联动执行机构具有就地控制、远程开关控制、ESD 紧急关阀、ESD 关阀及破管保护后手动复位等功能。气液联动执行机构无须配置控制单元，由站控系统直接控制。

1）远程开关控制

通过控制先导式关阀电磁阀和先导式开阀电磁阀的启闭实现阀门的开和关。

可通过操作调压阀调整驱动压力，操作调速阀对阀门启闭全行程动作时间进行调整。

2）ESD 紧急启闭

气液联动执行机构带有带锁的"就地 / 远控"选择开关。选择开关置于就地位置时，执行机构由就地的开关（按钮）控制，远控命令对于执行机构无效。选择开关在远控位置时，执行机构由远程开、关或控制系统控制，就地手动无效。

对于需要紧急启闭的场合，气液联动执行机构带 ESD 功能，当 ESD 紧急触发时，不受就地 / 远控开关的限制。

当紧急 ESD 功能触发时，ESD 电磁阀失电，使气体与气液罐联通，驱动阀门关闭。

c）进出站场紧急关断阀用气液联动执行机构

气液联动执行机构具有就地控制、远程开关控制、ESD 紧急关阀、ESD 关阀后手动复位等功能，气液联动执行机构无须配置控制单元。

d）站场紧急泄放阀用气液联动执行机构

气液联动执行机构具有就地控制、远程开关控制、ESD 紧急开阀（放空）、ESD 开阀后手动复位等功能，气液联动执行机构无须配置控制单元。

8.12.5.4　气液联动控制阀的安装

气液联动控制阀若使用管道内介质驱动液压油，则需在管道上开口取压，所有根部阀及配管采用焊接的方式，取压管道尺寸为 1/2″ NPT，引压管安装时保持一定的坡度防止积液、冻堵，如图 8-12-54 所示。在寒冷地区执行机构冻土层以上的埋地部分及地上引压管采用保温措施。

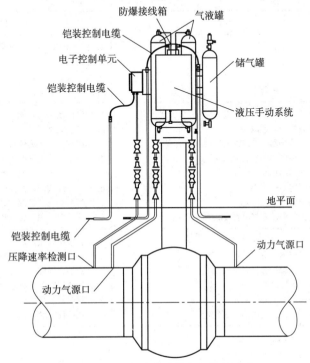

图 8-12-54　气液联动执行机构的安装

安装在阀室的线路截断阀配套的气液联动执行机构气源连接管路和电气连接管路均要求与阀门、管道间保持有效电气绝缘，同时应考虑在最恶劣的条件下（如雨雪环境）的电气绝缘方案，以便防止阴极保护电流遗失。

8.12.5.5 维护与故障处理

a）日常检查

①检查执行机构阀位指示是否正确；

②检查控制箱内工作指示灯是否正常，箱内各部件是否受潮或有冷凝水，保持箱内干燥，检查压力变送器是否漏气；

③检查执行机构各密封部件是否漏气或漏油；

④检查执行机构底部有无凝液，引压管、截止阀是否完好，管路无振动、腐蚀、松动；

⑤检查压力表读数，若执行机构无减压阀，压力表读数一般大于等于管道运行压力，若有减压阀，压力表读数正常不超过减压阀设定的减压值。

b）入冬前维护

①检查手泵的密封性及开关功能是否完好；

②对储气罐、气液罐、执行机构进行排污；

③检查滤芯是否清洁；

④检查储油罐的液位是否在上下限范围内；

⑤检查电磁阀阀体和阀芯内是否有杂质。

c）故障判断及处理

气液联动执行机构故障判断及处理可参考表 8-12-10。

表 8-12-10 气液执行执行机构故障判断及处理

故障	原因	处理方法
手动液压操作失效	1. 调速阀没有打开 2. 液压回路通道堵塞 3. 阀门扭矩过大 4. 阀门内部卡死	1. 将调速阀保持一定开度 2. 检查液路并清除堵塞 3. 充分清洗阀门，减小阀门扭矩 4. 拆解修复或更换阀门
超过关阀设定值时，执行机构无法自动关断	1. 自动关断功能没有开启 2. 控制板继电器故障 3. 压力传感器/变送器输出检测值有误 4. 电子控制单元电磁阀故障 5. 电子控制单元控制板故障 6. 阀门扭矩过大 7. 阀门内部卡死 8. 动力气源没有打开或驱动压力不足	1. 开启自动关闭功能； 2. 更换继电器 3. 标定或更换压力传感/变送器 4. 检查维修或更换电子控制单元电磁阀 5. 控制板程序复位或更换控制板 6. 充分清洗阀门，减少阀门扭矩 7. 拆解恢复或更换阀门； 8. 打开动力气源，保证动力气源压力
执行机构无法远程开/关	1. 远程控制电磁阀故障 2. 远程控制继电器故障 3. 动力气源没有打开或驱动压力不足 4. 阀门扭矩过大 5. 阀门内部卡死 6. 执行机构就地锁定装置锁定	1. 检查维修或更换远程控制电磁阀 2. 检查维修或更换远程继电器 3. 打开动力气源、保证动力气源压力 4. 充分清洗阀门，减小阀门扭矩 5. 拆解修复或更换阀门 6. 对就地锁定装置复位

续表

故障	原因	处理方法
电子控制单元无法读取数据	1. 控制箱控制板损坏 2. 控制箱接口没有正确连接 3. 控制软件损坏 4. 软件通信参数设置有误	1. 更换电路板； 2. 检查电缆和接口的连接 3. 重新安装控制软件 4. 重新设置软件通信参数
执行机构误关断	1. 管道内压力达到自动关断设定报警值 2. 压力变送器/传感器检测压力不正确 3. 执行机构接收到远程关阀或 ESD 命令 4. 受外界影响，电子控制单元异常故障 5. 压力检测管路堵塞，并存在泄漏 6. 执行机构气动/先导阀管路存在堵塞/泄漏	1. 确认管道运行是否异常 2. 标定或更换压力变送器/传感器 3. 确认管道运行情况，确认命令来源 4. 检查电子控制单元，更换有关部件 5. 清理压力检测管路，消除泄漏 6. 清理气动/先导阀管路，消除泄漏
执行机构自动关断或远程控制气动驱动阀门无法全开或全关	1. 调速阀开度过小 2. 阀门扭矩过大 3. 气源压力过低 4. 气路通道异物堆积 5. 电子控制单元或远程控制设定关阀时间过短	1. 调节调速阀的开度 2. 充分清洗阀门，减小阀门扭矩 3. 增加气源压力 4. 清洗气路通道 5. 调整电子控制单元或远程控制设定关阀时间
执行机构在动作过程中有异常振动/声响	1. 执行机构同阀门连接处法兰松动 2. 阀门存在卡涩情况 3. 执行机构液压回路部存在气体 4. 气源压力不稳	1. 紧固法兰连接螺栓 2. 清洗阀门 3. 排出执行机构液压回路气体 4. 调整气源压力
执行机构动作缓慢	1. 速度控制阀开度过小 2. 阀门或执行器扭矩过大 3. 气源压力过低 4. 气源通道异物堆积	1. 调节速度控制阀的开度 2. 充分清洗阀门或执行器 3. 增加气源压力 4. 清洗气路通道
执行机构无法保持阀位	1. 执行机构液压回路密封存在泄漏 2. 执行机构复位阀没有关闭或存在泄漏 3. 执行机构气源阀门关闭，气路存在泄漏	1. 更换密封件，消除泄漏 2. 关闭复位阀或更换密封件 3. 打开气源阀门，消除泄漏

8.13 控制阀的材质

8.13.1 使用材质

材质是控制阀的重要参数，选择的原则是阀体材质与所连接的工艺管道材质相同或优于工艺管道材质，阀芯、阀座、阀杆等与介质接触的关键部件材质至少与阀体材质相同或优于阀体材质，执行机构、定位器外壳等非接液部件的材质根据环境状况选择。有些介质的腐蚀性随着温度的升高而增强，用于这类介质的控制阀材质也要因温度的不同而不同。控制阀材质选择及材料牌号见表 8-13-1。

表 8-13-1　控制阀材质选择及材料牌号对照表

分类	适用介质	中国	美国	德国	日本
铸碳素钢合金钢	PX，TA- 水浆料，惰性气体，循环冷却水，压缩空气，蒸汽及凝液	WCA ZG230–450 WCB WCC	A216WCA A216WCB A216WCC	GS–C25	GS151 SCPH1 GS151 SCPH2 SC410
铸 / 锻不锈钢	溶液（循环醋酸）、TA2 醋酸浆料	ZG00Cr18Ni110 ZG0Cr18Ni9T1 0Cr18Ni9 00Cr18Ni10	A351 CF3 A351 CF8 304，S30400 304L，S30403	G2X6CrNiMo1810 X5CrNi189 X2CrSi189	G5121 SCS19A G5121 SCS13A SUS304 SUS304L
铸 / 锻不锈钢	溶剂（循环醋酸）、醋酸甲酯、碱液、除盐水、TA2 醋酸浆料、TA2 水浆料、惰性气体、密封及冲洗水、凝液、工艺水（酸性）及汽相、氧气	0Cr17Ni12Mo2 00Cr17Ni14Mo2	316，S31600 316L，S31603	X5CrNiMo1810 X2CrNiMo1810	SUS316 SUS316L
铸 / 锻不锈钢	TA2 醋酸浆料、溶剂及汽相、醋酸溶液、对二甲苯 / 醋酸	00Cr22Ni5Mo3N（双相钢） 00Cr23Ni5Mo3N（双相钢 2505）	LNS S31803 LNS S32205		329J3L1
铸 / 锻不锈钢		00Cr25Ni7Mo3N（双相钢 2507）	LNSS31260		329J4L
钛金属	TA- 醋酸浆料、溶剂及汽相、醋酸溶液	00Cr16Ni60M16W4V（哈氏 C276）	LNSS10276		
钛金属	TA- 醋酸浆料、溶剂及汽相、醋酸溶液、压缩空气、对二甲苯 / 醋酸	TA1，2，3（工业纯钛）	Grade1，2，3，4		
PTFE	氯溴酸溶液				

① 304/304L、316/316L 的区别与选择。316L 不锈钢中的钼含量略高于 316 不锈钢，316/316L 不锈钢的性能优于 304/304L 不锈钢；316/316L 不锈钢具有良好的耐氯化物侵蚀的性能；316L 不锈钢的耐碳化物析出的性能比 316 不锈钢更好，因而相比 316 不锈钢，316L 不锈钢可用于更高温的场合；316/316L 不锈钢都具有良好的焊接性能，但 316 不锈钢的焊接断面需要进行焊后退火处理，而 316L 不锈钢则不需要进行焊后退火处理。

② 一般的工艺参数只是正常生产情况下的数值，而装置开停车时对阀门的介质有更高的要求，在阀门的材质选择中应充分考虑。

③ 有汽蚀的工况需要采用司太莱堆焊或其他硬化处理，以降低汽蚀对阀芯、阀座的冲蚀。

8.13.2　结构材料

控制阀常见结构材料见表 8-13-2。

表 8-13-2　控制阀常见结构材料

直通阀					
阀体材质	WCB	WC6/WC9	CF8	CF8M	CF3	CF3M
阀内件材质	304/316	304/316	304/316/316L	316/316L	304L/316L	316L

球阀					
阀体材质	WCB	WC6/WC9	CF8	CF8M	CF3	CF3M
阀内件材质	304/316	304/316	304/316/316L	316/316L	304L/316L	316L

蝶阀					
阀体材质	WCB	WC6/WC9	CF8	CF8M	CF3	CF3M
阀内件材质	WCB/304/316	WC6/WC9/304/316	304/316/316L	316/316L	304L/316L	316L

8.13.3　材料选择基准

一般选择原则是阀体材质等于或高于管道材质，阀内件材质等于或高于阀体材质。

a）阀体材料选择

①阀体耐压等级、使用温度范围和耐腐蚀性能和材质都不应低于工艺连接管道材质的要求，并应优先选用制造厂定型产品。一般情况选用铸钢或锻钢阀体。

②蒸汽或含水较多的湿气体和易燃的流体，不宜选用铸铁阀体。

③环境温度低于 −20℃的场合不应选用铸铁阀体。

b）阀内件材料选择

①非腐蚀性流体一般宜选用 316SS 或其他不锈钢。

②腐蚀性流体应根据流体的种类、浓度、温度和压力的不同，以及流体含氧化剂、流速的不同选择合适的耐腐蚀材料。

③对于流速大、冲刷严重的工况应选用耐磨材料，如经过热处理的 9Cr18 及 17-7PH 和具有紧固氧化层、韧质及疲劳强度大的铬钼钢、G6X 等材料。

④严重磨损场合的材料选择

出现闪蒸、空化和含有颗粒的流体场合，或者当流体的温度过高及压差过大时，其阀芯、阀座应进行表面硬化处理。如表面堆焊司太莱合金、表面喷涂碳化钨、表面渗硼等。

c）控制阀的密封填料材料选择

控制阀的密封填料主要有两种：聚四氟乙烯填料及石墨填料。

聚四氟乙烯填料分为成型聚四氟乙烯和聚四氟乙烯盘根填料，聚四氟乙烯材料本身可以减少摩擦力，有自润滑功能，需要较为光滑的阀杆表面才能正确密封，如表面粗糙度较差或者使用中被破坏，则会出现泄漏现象。聚四氟乙烯填料主要适用于常温工况。

石墨填料分为成型石墨和石墨盘根填料，石墨材料具备高热传导性和长久使用寿命，适用于高温工况以及采用防火结构的阀门。

石墨填料的摩擦力比聚四氟乙烯填料大，因此同样的阀门采用不同的填料可能会导致执行机构的变化。

8.14 控制阀的结构选型

8.14.1 阀门的结构选择原则

一般情况下，阀门的结构选型应遵循下列基本原则：

①满足过程控制的功能要求；

②满足介质工况条件对阀门的特殊要求；

③兼顾经济性原则。

8.14.2 阀体型式选择

控制阀的种类很多，应根据阀门选择原则选用合适的控制阀种类。

为适应特殊应用，在常规控制阀的基础上，如果上阀盖加长、添加散热片可用于低温和高温场合；采用多个弹簧的执行机构可减小整个调节阀的体积和重量；为降低噪声采用一系列降噪措施设计可组成低噪声调节阀；为便于维护和清洗采用阀体分离结构的阀体分离调节阀；为联锁动作的快速要求采用的快速切断调节阀；为小流量控制要求设计的小流量调节阀；为防止泄漏采用的波纹管密封调节阀等。

针对特定工况，控制阀还有一些特殊的阀内件设计，如迷宫式多级降压阀内件通过增减迷宫内件中槽的节流级数来适应不同的压差要求，控制流体速度，逐级降低压力，达到降噪的目的，能有效防止液体工况的空化、汽蚀现象；多层套筒调节阀通过复杂的节流通道，能逐级降低压力和速度，防止对内件的冲蚀，同时控制其噪声。

特殊类型的控制阀是为满足特殊工艺生产过程或某一特定使用场合使用的专用阀，具有工作条件复杂、使用要求高、生产批量小的特点。

8.14.3 固有流量特性选择

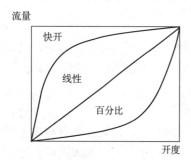

图 8-14-1 控制阀流量特性曲线

流量特性是指在经过阀门的压力降恒定时，随着截流元件（阀内件）从关闭位置运动到额定行程的过程中流量系数与截流元件（阀内件）行程之间的关系。流量特性是控制阀的一种重要技术指标和参数，应根据工况控制要求选择合适的流量特性。

流量特性包括三种特性，如图 8-14-1 所示。

a）等百分比特性

一种固有流量特性，额定行程的等量增加会理想地产生流量系数（C_v）的等百分比的改变。特点是：单位行程变化引起的流量百分率是相同的；在阀门全行程范围内调节都比较平稳，尤其在大开度时放大倍数也大，调节比较灵敏有效；应用广泛，适应性强。等百分比特性用于调节工况，多数工况下调节阀都采用等百分比特性。

b）线性特性

一种固有流量特性，可以用一条直线在流量系数（C_v）相对于额定行程的长方形图上表示出来。因此，行程的等量增加提供流量系数（C_v）的等量增加。特点是：在阀门小开度时，流量变化大，而大开度时，流量变化小；小负荷时，调节过于灵敏而产生震荡，而大负荷时，调节迟缓而不及时；适应能力较差。线性特性一般用于液位控制。

c）快开特性

一种固有流量特性，在截流元件很小的行程下可以获得很大的流量系数。特点是小开度时流量已经很大，随着行程增大，流量很快达到最大。快开特性一般用于开关两位式控制或程序控制。

8.14.4 流向选择

通常对控制阀内流体的流向的要求有 3 种：对流向不做要求，如球阀、普通蝶阀的流动；对流向有严格的要求，规定后一般不能变动，如三通阀、文丘里角阀、双密封带平衡孔的套筒阀；根据工艺条件，使用者自己选择合理的流向，如单座阀、角形阀、高压阀、无平衡孔的单密封套筒阀、小流量调节阀等。调节阀内流体的流向对于调节阀的工作性能有较大影响，见表 8-14-1。

表 8-14-1 流向对调节阀工作性能的影响及调节阀的流向选择

影响 / 流向	流开	流闭		流向选用 流闭	流向选用 流开
对稳定性影响	稳定	$d_s<d_g$ 稳定			√
		$d_s<d_g$	$F_L<0.4p_rA_e$ 稳定	√	√
			$F_L \geqslant 0.4p_rA_e$ 稳定	√	
对寿命影响	寿命短	寿命长			√
对"自洁"性能影响	"自洁"性能差	"自洁"性能好			√
对密封性能影响	密封性能差	密封性能好			√
对流路系数影响	具有标准流量系数	比标准流量系数大 10% ~20% 左右		小阀选流闭型可增大流量系数	
对输出力的影响	输出力小	输出力大			√
F_L 值	大（阻力大，恢复小）	小（阻力小，恢复大）		闪蒸小 √	
动作速度	平缓	接近关闭时有跳跃启动、关闭现象		√	

由此得出，调节阀内的流向选择，要根据实际情况选择最为合理的流向。

文中符号说明：

F_L——压力恢复系数；

A_e——膜片有效面积；

d_s——阀杆直径；

d_g——阀座直径；

p_r——弹簧的临界压力；

F_l——阀关闭时阀芯所受的不平衡力。

8.14.5　故障位置选择

从工艺安全出发，确认阀门的 FO 或 FC。对于蒸汽调节阀，因考虑冷态安全，通常为故障关；塔顶压力调节阀，考虑压力越低越安全，如果是对空的，那就是故障开，如果是通氮气保压的，那就是故障关；对于反应器，故障时应该通入冷的介质来保证安全，如急冷水等，那么急冷水的阀门就应该是故障开。另外还有一类特殊的，通常叫作故障保位，是在气信号或者电信号故障的时候，保持阀门原有的位置，保位可以通过机械、储气罐、临时气源等来实现。在工艺确定 FO 和 FC 后，仪表专业根据工艺物料的要求，选择阀体的正反作用（和通常所说的低进高出有关），通过阀体和执行器的组合，最终确定执行机构的作用方式。

8.14.6　阀内件选择的注意事项

a）阀型的选择

①确定公称压力，不是用 p_{max} 去对应 PN，而是由温度、压力、材质三个条件从表中找出相应的 PN 并满足于所选阀的 PN 值；还可根据需要，选择使用 ANSI class 系列压力等级。

②选择的阀型，其泄漏量满足工艺要求。

③选择的阀型，其工作压差应小于阀的允许压差，否则须从特殊角度考虑或另选他阀。

④介质的温度在阀的工作温度范围内，并环境温度符合要求。

⑤根据介质的不干净情况考虑阀的防堵问题。

⑥根据介质的化学性能考虑阀的耐腐蚀问题。

⑦根据压差和含硬物介质，考虑阀的冲蚀及耐磨损问题。

⑧根据工艺工况及介质情况，考虑阀门的密封部件问题，避免内漏和外漏。

⑨综合经济效果考虑的性能、价格比。需考虑三个问题：一是结构简单、维护方便、备件有来源；二是使用寿命；三是价格。

b）材质的选择

①阀体耐压等级、使用温度和耐腐蚀性能等应不低于工艺连接管道的要求，并应优先选用制造厂定型产品。

②蒸汽或含水较多的湿气体和易燃易爆介质，不宜选用铸铁阀。

③环境温度低于 $-20℃$ 时（尤其是北方），不宜选用铸铁阀。

④对汽蚀、冲蚀较为严重的场合，对节流密封面应选用耐磨材料，如钴基合金或表面堆焊司太莱合金等。

⑤对强腐蚀性介质，必须根据介质的种类、浓度、温度、压力的不同，选择合适的耐腐蚀材料。

⑥阀体与节流件分别对待，阀体内壁节流速度小并允许有一定的腐蚀，一般可同管道材质；节流件受到高速冲刷、腐蚀会引起泄漏增大，应选用合适的材质或对材质进行硬化处理。

⑦对衬里材料（橡胶、塑料）的选择应满足工作介质的温度、压力、浓度的使用范围，并考虑阀动作时对它物理、机械的破坏（如剪切破坏）。

⑧真空阀不宜选用阀体内衬橡胶、塑料结构。

⑨水处理系统的两位切断阀不宜选用衬橡胶材料。

⑩典型介质的耐蚀合金材料选择：

硫酸：316L，哈氏合金，20 号合金；

硝酸：铝，C4 钢，C6 钢；

盐酸：哈氏 B；

氢氟酸：蒙乃尔；

醋酸、甲酸：316L、哈氏合金；

磷酸：Inconel、哈氏合金；

尿素：316L；

烧碱：蒙乃尔；

氯气：哈氏 C；

海水：Inconel，316L。

目前，耐腐蚀材料性能最好的是聚四氟乙烯，价格比金属便宜，因此，应首先选用全聚四氟乙烯耐腐蚀阀，不满足要求的情况下（如温度压力超过范围）可选用合金。

8.14.7　上阀盖选择

上阀盖根据使用温度分为标准型上阀盖、低温型上阀盖、高温散热片型上阀盖、高温型上阀盖等，如图 8-14-2~ 图 8-14-5 所示。

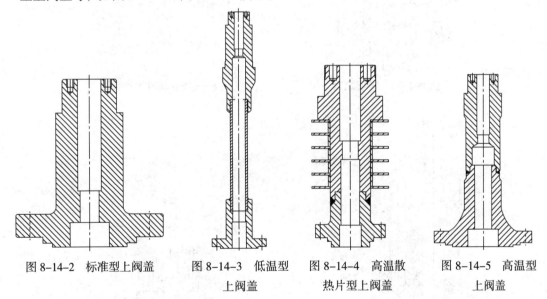

图 8-14-2　标准型上阀盖　　图 8-14-3　低温型上阀盖　　图 8-14-4　高温散热片型上阀盖　　图 8-14-5　高温型上阀盖

上阀盖类型的选择，见表 8-14-2。

表 8-14-2　阀盖适用温度参考表

使用工况温度 /℃	上阀盖类型选择	使用工况温度 /℃	上阀盖类型选择
−196~−45	低温型上阀盖	230~350	高温型上阀盖
350~600	高温散热片型	−17~230	常温型上阀盖

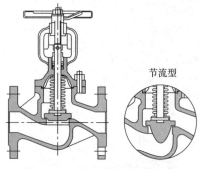

图 8-14-6　波纹管密封示意图

节流型

8.14.8　密封填料选择

为防止阀门内部介质外漏，阀门的上阀盖与阀体之间需要采用填料进行密封。很多介质对于控制阀，需要满足 TA-LUFT 或 ISO15848 标准。对于密封要求高的控制阀，一般采用波纹管密封，如图 8-14-6 所示。对于控制阀的常规密封方式，密封填料主要有四氟填料（PTFE）及石墨填料。

四氟填料分为成型四氟和四氟盘根填料，主要适用于常温工况。

石墨填料分为成形石墨和石墨盘根填料，石墨材料具备高热传导性和长久使用寿命，可以适用于高温工况。

控制阀的填料结构根据工况不同，可以有不同的结构，如图8-14-7~图8-14-10所示。

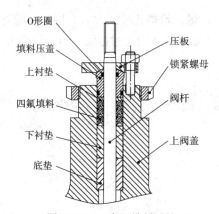

图 8-14-7　常温填料系统

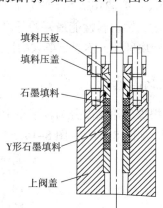

图 8-14-8　高温填料系统

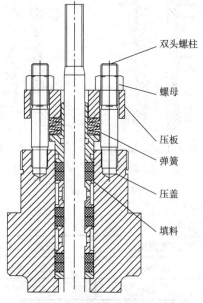

图 8-14-9　高压带弹簧式填料系统

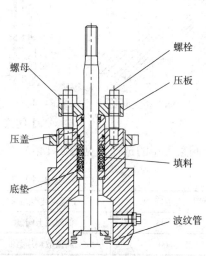

图 8-14-10　波纹管密封填料系统

8.14.9 油脂选择

填料油脂可以减少控制阀填料在运动过程中的摩擦，从而减少控制阀阀杆运动过程中出现卡滞的情况。一般在高温工况中，填料可以添加油脂，要求油脂可以耐高温，且不能与石墨填料发生反应。大多数工况下的阀门无须添加油脂。

🕐 8.15 控制阀的参数计算

8.15.1 概述

控制阀由于内部结构的原因，不同开度下的调节性能不一，一般在靠近最大开度及最小开度情况下调节性能较差。在控制阀的选型中，为了使控制阀能得到良好的调节性能，需要将操作工况下的控制阀开度置于最佳调节范围之内，所以，选型时需要进行参数计算，算出工况下的流量系数（C_V、K_V），结合制造厂的控制阀额定流通能力（额定 C_V、K_V），选择合适口径的控制阀。

流量系数 C_V：在给定行程下，阀两端差压为 1psi，温度为 60 °F 的水，每分钟流经控制阀的美加仑数（USgal），$C_V=1.156K_V$。

流量系数 K_V：在给定行程下，阀两端差压为 100kPa 时，温度为 5~40℃ 的水，每小时流经控制阀的立方米数（m^3），中国推荐使用 K_V。

8.15.2 C_V 计算公式

控制阀的计算一般指计算工况下的 C_V 值，也有阀门选定后反算开度或流量等，其公式是一样的。通常为避免大量计算工作，控制阀制造厂都有计算软件。

调节阀 C_V 计算公式中涉及的参数见表 8-15-1。

表 8-15-1 C_V 计算参数说明表

符号	说 明	单 位
C	流量系数（C_V）	见 GB/T 17213.1（注 1）
d	控制阀公称通径	无量纲
D	管道内径	mm
D_1	上游管道内径	mm
D_2	下游管道内径	mm
D_o	节流孔直径	mm
F_d	控制阀类型修正系数	无量纲（注 1）
F_F	液体临界压力比系数	无量纲
F_L	无附接管件控制阀的液体压力恢复系数	无量纲（注 1）
F_{LP}	带附接管件控制阀的液体压力恢复系数和管道几何形状系数的复合系数	无量纲（注 1）
F_P	管道几何形状系数	无量纲
F_R	雷诺数系数	无量纲
F_γ	比热容比系数	无量纲

符号	说明	单位
M	流体相对分子质量	kg/kmol
N	数字常数	各不相同（注2）
p_1	上游取压口测得的入口绝对静压力	kPa
p_2	下游取压口测得的出口绝对静压力	kPa
p_c	绝对热力学临界压力	kPa
p_r	对比压力（p_1/p_c）	无量纲
p_v	入口温度下液体蒸汽的绝对压力	kPa
Δp_{actual}	上、下游取压口的压力差（p_1-p_2）	kPa
Δp_{choked}	不可压缩流体压力差极限值	kPa
Δp_{sizing}	计算不可压缩流体流量或流量系数时的压差值	kPa
q_V	实际体积流量	m³/h
q_{V_s}	标准体积流量	m³/h
Re_v	控制阀的雷诺数	无量纲
T_1	入口绝对温度	K
T_c	绝对热力学临界温度	K
T_r	对比温度（T_1/T_c）	无量纲
t_s	标准条件下的绝对参比温度	K
q_m	质量流量	kg/h
x	实际压力差与入口绝对压力之比（$\Delta p/p_1$）	无量纲
x_{choked}	可压缩流体的阻塞压降比	无量纲
x_{sizing}	计算可压缩流体流量或流量系数时的压降比值	无量纲
x_T	阻塞流条件下无附接管件控制阀的压差比系数	无量纲（注1）
x_{TP}	阻塞流条件下带附接管件控制阀的压差比系数	无量纲（注1）
Y	膨胀系数	无量纲
Z_1	入口处的压缩系数	无量纲
ν	运动黏度	m²/s（注3）
ρ_1	在 p_1 和 T_1 时的流体密度	kg/m³
ρ_1/ρ_o	相对密度（对于15℃的水，$\rho_1/\rho_o=1.0$）	无量纲
γ	比热容比	无量纲
ξ	控制阀或阀内件附接渐缩管、渐扩管或其他管件时的速度头损失系数	无量纲
ξ_1	管件上游速度头损失系数	无量纲
ξ_2	管件下游速度头损失系数	无量纲
ξ_{B1}	入口的伯努利系数	无量纲
ξ_{B2}	出口的伯努利系数	无量纲

注：1—由阀门制造商确定；

2—使用不同的单位对相应的公式进行量纲分析，确定常数的单位；

3—1厘斯 $=10^{-6} m^2/s$。

a）紊流条件下，不可压缩流体的计算公式

紊流条件下不可压缩流体流量的基本公式如下：

$$Q = CN_1F_p \sqrt{\frac{\Delta p_{sizing}}{\rho_1/\rho_0}}$$

1）压差

计算压差 Δp_{sizing}：公式中用于预测流量或计算流量系数的压差值取实际压差与阻塞压差两者中较小的值。

$$\Delta p_{sizing} = \begin{cases} \Delta p & 当\ \Delta p < \Delta p_{choked} \\ \Delta p_{choked} & 当\ \Delta p \geqslant \Delta p_{choked} \end{cases}$$

阻塞压差 Δp_{choked}：流经控制阀的流体流量不再随压差增大而增加的情况叫作"阻塞流"。在这种情况下的压降叫作阻塞压差。计算公式如下：

$$\Delta p_{choked} \left(\frac{F_{LP}}{F_P}\right)^2 (p_1 - F_F p_v)$$

注：当控制阀和附接管件的尺寸一致时，$\left(\dfrac{F_{LP}}{F_P}\right)^2$ 简化为 F_L^2。

2）液体临界压力比系数 F_F

F_F 即液体临界压力比系数。该系数是阻塞流条件下明显的"缩流断面"压力与入口温度下液体的蒸汽压力之比。如果已知，F_F 可以由用户自行设置。对成分单一的流体，可根据 GB/T 17213.2 图 D.3 曲线或下列公式确定近似值。

$$F_F = 0.96 - 0.28 \sqrt{\frac{p_v}{p_C}}$$

b）紊流条件下，可压缩流体的计算公式

紊流条件下可压缩流体的基本公式如下：

$$W = CN_6 F_P Y \sqrt{x_{sizing} p_1 \rho_1}$$

1）压降比

计算压降比 x_{sizing}：上面公式中用于预测流量或计算流量系数的压降比的值取实际压降比与阻塞压降比两者中较小的值

$$x_{sizing} = \begin{cases} x & 当\ x < x_{choked} \\ x_{choked} & 当\ x \geqslant x_{choked} \end{cases}$$

式中：

$$x = \frac{\Delta p}{p_1}$$

阻塞压降比 x_{choked}：阻塞压降比是当压降比值增加但流体流量不再增加时的压降比。计算公式如下：

$$x_{sizing} = F_\gamma x_{TP}$$

注：当控制阀和附接管件的尺寸一致时，x_{TP} 简化成 x_T。

2）比热容比系数 F_γ

系数 x_T 是以接近大气压，比热容比为 1.40 的空气流体为基础的。如果流体比热容比不是 1.40，可用系数 F_γ 调整 x_T。比热容比系数用下列公式计算：

$$F_\gamma = \frac{\gamma}{1.4}$$

膨胀系数 Y 可用下列公式计算：

$$Y = 1 - \frac{x_{\text{sizing}}}{3x_{\text{choked}}}$$

Y 在阻塞流的条件下的极限值为 2/3。

c）管道几何形状修正系数

1）估算管道几何形状系数 F_P

F_P 是流经带有附接管件控制阀的流量与无附接管件的流量之比，是在不产生阻塞流的同一试验条件下测得。在允许估算时，应采用下列公式计算：

$$F_P = \frac{1}{\sqrt{1 + \left(\sum \zeta / N_2\right)\left(C/d^2\right)^2}}$$

在此公式中，$\sum \zeta$ 是控制阀上所有附接管件的全部有效速度头损失系数的代数和。控制阀自身的速度头损失系数不包括在内。

$$\sum \zeta = \zeta_1 + \zeta_2 + \zeta_{B1} - \zeta_{B2}$$

当控制阀的出入口处管道直径不同时，系数 ζ_B 以下列公式计算：

$$\zeta_B = 1 - \left(\frac{d}{D}\right)^4$$

如果入口与出口的管件是市场上供应的较短的同轴渐缩管，系数 ζ_1 和 ζ_2 用下列公式估算。

入口渐缩管：

$$\zeta_1 = 0.5 \left[1 - \left(\frac{d}{D_1}\right)^2\right]^2$$

出口渐缩管（渐扩管）：

$$\zeta_2 = 1.0 \left[1 - \left(\frac{d}{D_2}\right)^2\right]^2$$

入口和出口尺寸相同的渐缩管：

$$\zeta_1 + \zeta_2 = 1.5 \left[1 - \left(\frac{d}{D}\right)^2\right]^2$$

用上述 ζ 系数计算出的 F_P 值，一般将导致选出的控制阀容量比所需要的稍大一些。

2）估算带附接管件的液体压力恢复系数与管道几何形状系数的复合系数 F_{LP}

F_L 是无附接管件的液体压力恢复系数。该系数表示阻塞流条件下阀体内几何形状对阀容量的影响。它定义为阻塞流条件下的实际最大流量与理论上非阻塞流条件下的流量之比。如果压差是阻塞流条件下的阀入口压力与明显的"缩流断面"压力之差，就要算出理论非阻塞流条件下的流量。系数 F_L 可以由符合 GB/T 17213.9 的试验来确定。F_{LP} 是带附接管件的控制阀的液体压力恢复系数和管道几何形状系数的复合系数。它可以用与 F_L 相同的方式获得。为满足 F_{LP} 的偏差为 ±5% 的要求，F_{LP} 应由试验来确定。在允许估算时，应使用公式：

$$F_{LP} = \frac{F_L}{\sqrt{1 + \left(F_L^2 / N_2\right)\left(\sum \zeta_1\right)\left(C/d^2\right)^2}}$$

d）非紊流的计算公式

前面给出了目前在非紊流条件下流经控制阀的不可压缩流体和可压缩流体的计算公式。然而，相对于完全紊流，本方法研究得不多，而且它很大程度上取决于控制阀的几何形状。因此可能会引起个别控制阀制造商就其设计方面的争议。

计算涉及的新符号见表 8-15-2，其他符号已在表 8-15-1 给出定义。

表 8-15-2 C_v 计算涉及的新符号

符号	说明	单位
C_{rated}	额定行程的流量系数	各不相同
F_R	雷诺数系数	无量纲
n	中间变量	无量纲

控制阀的雷诺数 Re_v 用来确定流体是否处在紊流条件下。雷诺数可根据下面公式进行计算得到，即：

$$Re_v = \frac{N_4 F_d Q}{v \sqrt{CF_L}} \left(\frac{F_L^2 C^2}{N_2 d^4} + 1 \right)^{1/4}$$

公式中的流量以不可压缩流体和可压缩流体的实际体积流量为单位。

可压缩流体的运动黏度 v 应用可压缩流体的（p_1+p_2）/2 来计算。

流体流量和阀门流量系数的雷诺数需要通过迭代的方法来计算。

当 $Re_v \geqslant 10000$ 时，表明其在紊流状态下。

1）技术范围

满足下列要求的可使用非紊流计算公式：

此处给出的公式专门针对牛顿流体。非牛顿流体的黏度（为剪切率的函数）将出现重大变化，且与流量成正比。

此处给出的公式适用于不可蒸发的流体。

$$\frac{C}{N_{18} d^2} \leqslant 0.047$$

此外，对于非紊流条件下的短接式渐缩管或其他干扰流量的管件所产生的效应还不清楚。当对安装在这些管件之间的控制阀的层流或过渡流的性质缺乏信息时，建议其使用者采用适合这类控制阀的公式计算 F_R 系数。由渐缩管和扩张管产生的紊流会进一步推迟层流的发生，使用上述公式将会产生较保守的流量系数值。因此在给出控制阀雷诺数的情况下往往需要增加各自的 F_R 系数。

2）不可压缩流体的计算公式

非紊流条件下不可压缩流体基本流量模型的计算公式如下：

$$Q = CN_1 F_R \sqrt{\frac{\Delta p_{actual}}{\rho_1 / \rho_0}}$$

以上公式确定了流经控制阀的不可压缩流体的流量、流量系数、相关安装系数和相关工作条件的关系。通过公式，若已知流量系数，流量或压力差中任意两个量，可求出另一个量。

3）可压缩流体的计算公式

非紊流条件下可压缩流体的基本流量模型的计算公式如下：

$$Q = CN_{27} F_R Y \sqrt{\frac{\Delta p (p_1 + p_2) M}{T_1}}$$

以上公式确定了流经控制阀的可压缩流体的流量、流量系数、相关安装系数和相关工作条件的关系。

通常，公式还可写成：

$$Q_S = CN_{22}F_RY\sqrt{\frac{\Delta p\,(p_1 + p_2)}{MT_1}}$$

其中：

$$Y = \begin{cases} \dfrac{Re_v - 1000}{9000} \cdot \left[1 - \dfrac{x_{sizing}}{3 \cdot x_{choked}} - \sqrt{\left(1 - \dfrac{x}{2}\right)}\right] + \sqrt{\left(1 - \dfrac{x}{2}\right)} & \text{当 } 1000 \leqslant Re_v < 10000 \\[4mm] \sqrt{\left(1 - \dfrac{x}{2}\right)} & Re_v < 1000 \end{cases}$$

4）雷诺数系数 F_R 的公式

雷诺数系数 F_R 的计算公式如下：

对于层流状态（$Re_v < 10$），

$$F_R = \mathrm{Min}\begin{bmatrix} \dfrac{0.026}{F_L}\sqrt{n\,Re_v} \\[3mm] 1.00 \end{bmatrix}$$

注："Min"函数选取以上自变量中的最小值。

对于过渡流状态（$Re_v \geqslant 10$），

$$F_R = \mathrm{Min}\begin{bmatrix} 1 + \left(\dfrac{0.33F_L^{\,1/2}}{n^{1/4}}\right)\lg\left(\dfrac{Re_v}{10000}\right) \\[3mm] \dfrac{0.026}{F_L}\sqrt{n\,Re_v} \\[3mm] 1.00 \end{bmatrix}$$

常量 n 的值取决于阀内件类型。

对于全尺寸阀内件（$C_{rated}/d^2N_{18} \geqslant 0.016$），

$$n = \frac{N_2}{(C/d^2)^2}$$

对于缩小型阀内件（$C_{rated}/d^2N_{18} < 0.016$），

$$n = 1 + N_{32}\,(C/d^2)^{2/3}$$

5）复杂工况下的计算公式

对于复杂流体如阻塞流、两相流等，C_v 值的计算更加复杂，一般各个控制阀制造商在计算软件中对于阻塞流都有考虑。对于两相流的计算，由于气液两相的比例在阀门内可能有变化，制造商一般会根据经验对于 C_v 进行计算。

8.15.3　C_V 选用原则

根据以上公式计算结果，可以计算得出操作工况下的阀门 C_v 值（或 K_v 值），对照额定 C_v 值选用合适的阀门。不同流量特性的阀门开度要求不一，见表 8-15-3。

表 8-15-3　控制阀相对行程

流量	阀相对行程/%	
	线性阀	等百分比阀
最大	80	90
正常	30~70	40~80
最小	10	30

任何情况下，计算 C_V 值的行程不能超过 95%（或 85°），除非数据表中说明阀门只用于流通，而不需要精确控制。

$C_{V\min}$ 的行程不宜低于 10%（或 10°）。

C_V 应使蝶阀的开度不宜超过 60°。

一些特殊场合，需特殊注明。

8.15.4　控制阀计算软件

由于公式复杂，手动计算极为烦琐，目前绝大多数的控制阀都通过计算软件进行 C_V 值的计算，主要的控制阀制造商都有自己的计算软件，一般都是基于 GB/T 17213（IEC60534）标准进行编制，内部计算参数根据各自的产品情况及技术积累有部分优化调整，因此通过不同制造商计算软件计算出的结果略有差别。

8.16　控制阀附件

8.16.1　阀门定位器

阀门定位器是气动控制阀实现自动控制的必备附件。按输入信号分气动阀门定位器、电－气阀门定位器和智能阀门定位器。

为保证阀门定位器可靠运行，气源最低应满足以下要求：

气源应为清洁、干燥的空气，应油蒸气、油和其他流体；气源应腐蚀性气体、蒸汽和油剂；气源中所含固体微粒数量应小于 $1mg/m^3$，且微粒直径小于 3um，含油量应小于 $10mg/m^3$；工作压力下的气源露点应比定位器工作环境温度至少低 10℃。

a）气动阀门定位器

气动阀门定位器接收调节器送来的 20~100kPa 气信号，经过内部转换，输出 20~100kPa 或 40~200kPa 气动压力驱动气动执行器。与电－气转换器配套使用，实现电－气阀门定位器控制功能。气动阀门定位器的原理如图 8-16-1 所示。

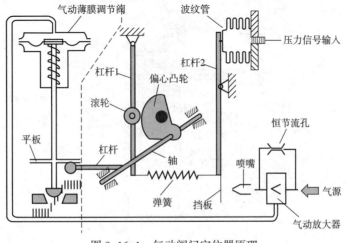

图 8-16-1　气动阀门定位器原理

特点：

①改善调节阀的工作特性，克服阀杆的摩擦力和被调介质阻力及压差引起的不平衡力，从而提高调节阀的调节精度；

②提高调节阀的动作速度，改善控制系统的动态特性；

③可实现分程控制；

④可用标准输入气信号通过定位器去操作非标准弹簧范围的调节阀；

⑤结构简单、性能稳定、安全可靠；

⑥可以用于 0 区等防爆要求较高的场所。

应用要求：

①订货时注意输出压力范围；

②不能直接与 DCS 系统连接；

③现场使用时，其前端需配置空气过滤减压阀。

b）电 – 气阀门定位器

电 – 气阀门定位器是安装在气动调节阀上的重要辅助装置，将来自调节器的输出电信号转换成气信号，以驱动调节阀动作。

其工作原理是：由力马达（接受电信号产生力）、喷嘴挡板（将力转换成喷嘴背压）、单向放大器（放大背压）、反馈板（反馈杆位置）、转轴及其他机构组成。接线端子与力马达密封隔离，防爆型即使在危险场所也可以在工作状态下拆卸定位器罩盖（与防爆要求无关），方便检查维修，如图 8-16-2、图 8-16-3 所示。

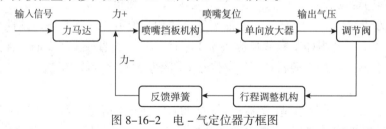

图 8-16-2　电 – 气定位器方框图

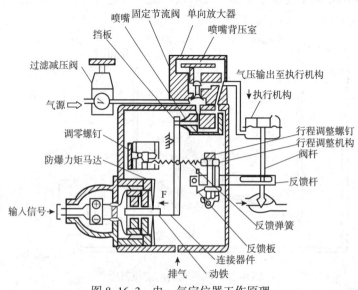

图 8-16-3　电 – 气定位器工作原理

主要技术参数：

①输入信号：4~20mA DC 或 4~12mA DC、12~20mA DC 分程信号

②输入阻抗：250 ± 10Ω

③输出特性：线性，等百分比，快开

④环境温度：–40~+60℃

⑤精度：小于全行程的 ±1%

⑥死区：小于全行程的 0.1%

⑦防爆标志：本安型防爆 Ex ia Ⅱ CT6，隔爆型防爆 Ex d Ⅱ CT6

⑧防护等级：IP65

应用要求：

订货时注明输入信号、防爆标志、电气接口、配置执行机构等参数。

c）智能阀门定位器

智能阀门定位器是基于微处理器、使用数字数据处理技术、制定决策和双向通信的位置控制器，可以配备附加的设备和功能来支持主要功能。智能电气阀门定位器带 CPU，可处理有关智能运算。

其工作原理与模拟型定位器不同，与气动执行器组成一个反馈控制回路，在这个回路中，调节阀位置反馈信号作为被控制的变量，与给定信号值在微处理器中做比较，这两个信号的偏差通过集成控制模块的输出端，发出不同步长的脉冲信号，控制 I/P 转换模块输出端的压力输出，从而驱动气动控制阀动作，如图 8-16-4 所示。

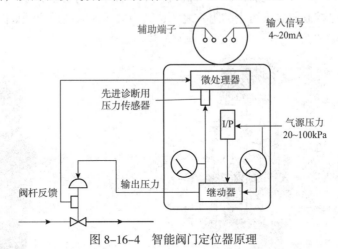

图 8-16-4　智能阀门定位器原理

主要技术参数：

①输入信号：4~20mA 的模拟信号或数字信号

②输入负载电压：12V

③精度等级：0.5 级，1.0 级

④工作温度：–40~+85℃

⑤防爆标志：Ex iaIICT6（本安型）、Ex dIICT6（隔爆型）

⑥防护等级：IP65

⑦输出特性：线性，等百分比，快开及用户自定义

⑧分程控制：可在定位器内灵活设定

⑨通信：HART、Profibus-PA、FF

⑩阀位反馈：4~20mA DC

⑪功能：能对定位器内部硬件软件自检，能自动适应各种不同种类、品种规格的控制阀，具有信号超量程、输入信号中断、阀位信号中断自诊断功能，具有多路开关量报警输出。能够对控制阀门的阀座磨损、填料磨损、膜片老化、弹簧疲劳、执行机构膜片破损等故障进行诊断。

应用要求：

①订货时注明输入信号、防爆标志、阀位反馈、电气接口、通信等参数；

②现场使用时，其前端需配置空气过滤减压阀。

随着电子技术的发展，智能阀门定位器的功能越来越强大，带有高级自诊断功能，能够在线诊断，能做到对阀门的预测性维护。

8.16.2　过滤减压阀

空气过滤减压阀由空气过滤器、减压阀和油雾器组成，又称为气动三联件。其中过滤器主要负责过滤压缩空气中的杂质，减压阀主要负责控制系统压力，油雾器负责后端的给油润滑。现在很多产品都可以做到无油润滑，所以油雾器的使用频率越来越低。另外，过滤器与减压阀可以一体化集成为过滤减压阀，在结构上也有一定优化。因此气源附件已经不再是传统的气源三联件。过滤减压阀可根据实际需求一体化配置或分开配置。

过滤减压阀是控制阀必不可少的附件之一，其中减压阀的结构原理如图8-16-5所示，过滤减压阀的外形如图8-16-6所示。

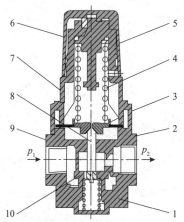

1—复位弹簧；2—反馈导管；3—膜片组合；4—主调压弹簧；5—调节杆
6—主调压旋钮；7—主调压座；8—调压柱；9—减压阀本体；10—阀芯

图8-16-5　减压阀内部结构示意

图8-16-6　过滤减压
阀外形示意

过滤减压阀材质通常有塑料、铝合金、不锈钢等，由于塑料易老化损坏，会影响控制阀的工作，因此，金属过滤减压阀应用越来越广泛。尤其在北方，冬季温度很低，只能使用铝合金或不锈钢外壳的过滤减压阀。

过滤减压阀应用要求：

①产品安装使用时，排气塞需正对下方；

②应定期拧松排气塞，排放污物。

8.16.3 限位开关

限位开关又称阀位开关，是检测阀门状态的一种现场仪表，用以将阀门的开或关位置以开关量（触点）或其他信号输出。该信号可用作重要阀门联锁保护及远程报警指示。

限位开关根据测量原理可分为机械式、接近式、电感式等，机械式开关均为接触式。

限位开关分为调节阀用和开关阀用，一般开关阀上的限位开关带有安装外壳及现场阀位指示，可直接安装在执行机构上方的阀杆顶部。限位开关外形如图 8-16-7 所示。

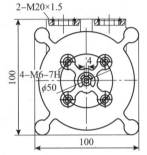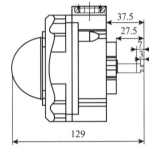

图 8-16-7　限位开关外形（Stonel）

主要技术参数：
①作温度：–40~+80℃
②防爆标志：Ex ia ⅡC（本安型）、Ex d ⅡC（隔爆型）
③防护等级：IP66/68
④输出信号：SPDT、DPDT、NAMUR、总线信号等
主要生产厂商：Stonel（美卓）、Westlock、Topworx（艾默生）等

8.16.4 阀位变送器

阀位变送器将直行程的阀位距离或角行程的旋转角度转换成 4~20mA 标准信号，用于实现对阀门位置的实时监控。阀位变送器一般安装在阀杆周围，通过阀杆位置的变化输出标准信号。

8.16.5 电磁阀

电磁阀（Solenoid valve）是用电磁控制流体的自动化元件，属于执行器。作为阀门附件时一般安装在控制阀的气路或液压动力管路中。电磁阀内部有电磁线圈，通过控制信号回路的得电来使电磁线圈产生磁力，从而对执行机构通气或排气，动作阀门。

电磁阀的外形如图 8-16-8 所示。

根据需要控制的阀门执行机构要求，可以选用直动式或先导式电磁阀、单电控或双电控电磁阀、两位三通或两位五通电磁阀；根据使用环境的不同，可以选用不锈钢电磁阀、铝合金

图 8-16-8　电磁阀外形

电磁阀或铜电磁阀等。电磁阀动作原理如图 8-16-9 所示。

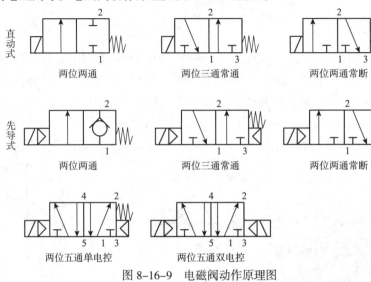

| 直动式 | 两位两通 | 两位三通常通 | 两位两通常断 |

| 先导式 | 两位两通 | 两位三通常通 | 两位两通常断 |

| | 两位五通单电控 | 两位五通双电控 |

图 8-16-9　电磁阀动作原理图

主要生产厂商：ASCO（Emerson）、Herion（Norgren）等。

根据 IEC61508 和 IEC61511 对于产品功能安全的要求，有阀门制造厂推出了达到 SIL3 等级的智能电磁阀，电磁阀具有局部行程测试（PST）功能和智能诊断功能，能在装置运行过程中不影响生产操作来检验电磁阀的功能是否完好，避免紧急情况下动作失效。如图 8-16-10 所示。

图 8-16-10　智能电磁阀（美卓）

8.16.6　保位阀

保位阀是气动单元组合仪表辅助元件，当调节阀的气源系统发生故障时，保位阀能自动切断调节仪表与调节阀的通道，使调节阀的开度保证停止在故障前的位置，使工艺过程正常运行。当气源故障消除后又能自动恢复正常工作，因此，保位阀可作为自动控制回路的安全保护装置。

保位阀是按力平衡原理设计的，主要由调整螺栓、弹簧、膜片、阀体等组成。

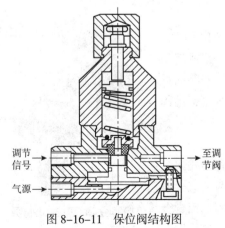

当供给气源正常，气源空气进入阀体气室膜片的下方，从而通过作用在膜片上的力产生向上的推力，使托盘向上运动，打开阀芯，直至与给定弹簧的弹力平衡。此时从调节仪表来的输出气压信号，通过阀体内部通道输出到执行机构气室，使调节阀动作。当气源压力低于临界安全压力时，此时作用在膜片上的推力就会减小，在弹簧的作用下，保位阀关闭，使调节阀保持原位，当气源故障消除后又能迅速恢复正常工作。

保位阀结构如图 8-16-11 所示。

调节信号
至调节阀
气源

图 8-16-11　保位阀结构图

8.16.7　防火保护罩

8.16.7.1　概述

在石油化工生产装置中，隔离易燃介质与着火区的有效手段是：在易燃介质工艺管道上加装防火隔离阀。根据工艺操作要求不同和防火隔离阀的作用，防火隔离阀一般分为两类：一类是火灾安全型（fire safe）隔离阀；另一类是防火型或耐火型（fire proof）隔离阀。火灾安全型隔离阀的作用是：火灾发生后，隔离阀处于安全位置（通常为关闭状态），在规定时间（通常为 30 min）内，阀门不会出现内漏或外漏；防火型或耐火型隔离阀的作用是：火灾发生后，阀门处于安全位置（通常为关闭状态），在规定时间（通常为 30 min）内，阀门不会出现内漏或外漏，阀门执行机构能够正常操作。根据《石油化工自动化仪表选型设计规范》SH/T 3005—2016 有关规定，当紧急切断防火隔离阀有防火保护措施要求时，首选安装防火保护罩。

8.16.7.2　结构原理

防火保护罩的结构形式分为柔性防火保护罩和刚性防火保护罩两种，如图 8-16-12 所示。

(a) 柔性防火罩　　　　　　　　　　　(b) 刚性防火罩

图 8-16-12　两种防火保护罩结构形式示意

柔性防火保护罩由耐火隔层和耐火陶瓷纤维压制构成，特点是：柔软、轻盈、结构紧凑、安装拆卸简便。刚性防火保护罩由高性能绝热材料和不锈钢表层密封构建而成，特点是：强度高、经久耐用、环境适应性强、使用寿命长。相对柔性防火保护罩而言，刚性防火保护罩需要的安装空间较大，整体成本昂贵。

8.16.7.3　主要技术参数

防火保护罩设计时需要关注的参数主要有：工作温度、起始温度、高温失效温度、外形尺寸和气象条件。

8.16.7.4　注意事项

防火保护罩结构设计时，必须考虑两个重要的温度参数：一是防火保护罩内起始温度；二是被保护对象的工作失效温度。起始温度与工作失效温度的差值越小，对防火保护罩的防火性能要求越高，防火保护罩的制造成本就会越高。

防火保护罩设计时需考虑被保护对象的外形尺寸，该尺寸决定了防火保护罩的外形设计和现场安装方案。因此，需提供装配完电磁阀和空气过滤减压阀等附件后的气动执行机构的详细外形结构尺寸。

防火保护罩设计时还应考虑项目所在地的气象条件和安装环境，根据需要考虑防雨、防紫外线、耐盐雾腐蚀、耐化学腐蚀等要求，防火保护罩内不应存在有害物质和石棉衍生物。

8.16.7.5 相关标准

ISO 22899-1：2007. Determination of the resistance to jet fires of passive fire protection materials Part1：General requirements.

UL1709：2017. Rapid rise fire tests of protection materials for structural steel.

API STD 607:2016.Fire test for quarter turn valves and equipped with nonmetallic seats.

API RP 553：2012.Refinery valves and accessories for control and safety instrumented systems.

SH/T 3005—2016. 石油化工自动化仪表选型设计规范.

8.16.8　气动加速器

气动加速器是一种用于提高执行机构的动作速度，减少时间滞后的高容量空气继动器。适用于从调节器来的信号气压的传递距离非常长的场合或执行机构的容量很大的场合，气动加速器能显著提高执行机构的响应速度。在气动加速器上设有调整螺塞，能克服超调或振荡现象。

气动加速器接受定位器输出信号，经调整螺塞改变阀芯部件，使气源与执行机构气室相通，达到迅速动作的目的。出口空气的变化反馈给薄膜气室，通过排气，当进口压力变化相等时，阀芯与阀座处于关闭状态。

气动加速器结构如图 8-16-13 所示。

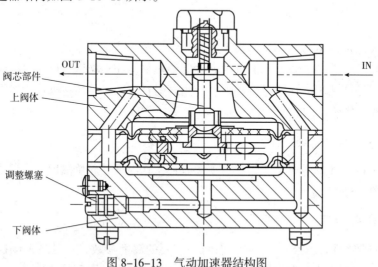

图 8-16-13　气动加速器结构图

8.16.9　快速排气阀

快速排气阀是气动单元组合仪表辅助元件，与定位器配套使用，它能够根据需要在1~6s 内将执行机构气室气压排空，使执行机构恢复原位。

快速排气阀主要由上盖、阀体、膜片组成。正常工作时，定位器输出信号直接通过快速排气阀进入执行机构气室，快速排气阀自身靠膜片上、下腔有效面积不同进行密封，当需要执行机构恢复原位时，切断定位器输入信号，定位器输出便迅速降低，此时膜片上腔压力降低，执行机构内气压通过膜片下腔压迫膜片使膜片上移从而通过放空口迅速排空，使执行机构恢复原位。

8.16.10　手轮

根据工艺操作要求，除带联锁的阀门外，不设旁路的控制阀一般均需配置手轮，用于阀门远程控制故障情况下的操作。由于大管道设置旁路投资较高，因此在工程设计中，一般会规定大于 4in 的控制阀不设旁路，而采用在阀门上加装手轮的方式用于应急操作。根据阀门外形、安装位置及操作要求不同，手轮一般有侧装式和顶装式，对于直行程的阀门，侧装式手轮需配置转换结构。控制阀手轮外形如图 8-16-14、图 8-16-15 所示。

图 8-16-14　调节阀带顶装式手轮　　　　图 8-16-15　调节阀带侧装式手轮

8.16.11　储气罐

储气罐是控制阀的附件之一，一般用于仪表空气不足时的阀门动作，如仪表空气用量较大的阀门，或者用于失气工况下的紧急动作等。储气罐外形如图 8-16-16 所示。

储气罐的选型原则如下：

①根据工艺要求以及执行机构动作要求配置储气罐。当采用双作用气缸执行机构时，必须配备储气罐。储气罐的规格和配置应保证气源故障或气压不足时，完成执行动作。设计容量应能满足工艺要求，保证在仪表气源中断期间，执行机构至少完成一个或以上往复全行

图 8-16-16　储气罐外形

程动作所需的储气容量。储气罐内气体压力不低于所使用的执行机构的供风压力。

②储气罐属于钢制压力容器，应符合压力容器设计、制造标准。压力容器设计单位应持有国家压力容器设计单位批准书，制造单位应持有国家压力容器制造许可证。压力容器

的设计和制造必须接受安全监察机构的监察。储气罐的压力容器制造图应盖有压力容器设计单位批准书标志。储气罐必须在明显位置固定安装符合标准的压力容器铭牌。

③随储气罐一般配置安全阀、单向阀、排污阀、压力表（带截止阀）、排污口（堵头）、终端接头等附件。

8.17 噪声

8.17.1 概述

控制阀工作过程中普遍存在着噪声，这是控制阀内在的紊流和能量吸收所引发的现象。噪声严重时会影响人们的身体健康，因而噪声治理势在必行。

8.17.2 噪声法规

我国工业企业对于噪声控制的标准：

GB/T 50087—2013《工业企业噪声控制设计规范》

GB 12348—2008《工业企业厂界环境噪声排放标准》

工业企业厂区内各类地点的噪声声级，按照地点类别的不同，不得超过表 8-17-1 所列的噪声限制值。

表 8-17-1 工作场所噪声限制值

工作场所	噪声限值 / [dB（A ）]
生产车间	85
车间内值班室、观察室、休息室、办公室、实验室、设计室室内背景噪声级	70
正常工作状态下精密装配线、精密加工车间、计算机房	70
主控室、集中控制室、通信室、电话总机室、消防值班室，一般办公室、会议室、设计室、实验室室内背景噪声级	60
医务室、教室、值班宿舍室内背景噪声级	55

注：1. 对于工人每天接触噪声不足 8h 的场合，可根据实际接触噪声，按接触时间减半噪声限制值增加 3 的原则，确定其噪声限制值。

2. 本表所列的室内背景噪声级，系在室内无声源发声的条件下，从室外经由墙、门、窗（门窗启闭状况为常规状况）传入室内平均噪声级。

根据以上规范标准，对于控制阀的噪声等级要求，一般要求为，在调节阀下游 1m 处和管道表面 1m 处的噪声不应超过 85dB（A），间歇使用或紧急操作的控制阀在上述位置的噪声不超过 115dB（A）。

8.17.3 控制阀噪声来源

控制阀的噪声主要来源有三方面：

a）机械振动产生的噪声

减压阀的零部件在流体流动时会产生机械振动，因为阀内流体对阀的内件冲击，造成与其相邻表面之间的振动而产生的噪声。

b）气体动力噪声

气体动力噪声是气体或蒸汽通过节流孔而产生的。工业上遇到的调节阀的噪声，大多数是气体动力噪声。

c）液体动力噪声

液体动力噪声是由于液体流过调节阀的节流孔而产生的。调节阀的结构形式多种多样，都会对液体产生节流作用。当液体通过节流口时，由于节流口面积的急剧变化，流通面积缩小，流速升高，压力下降，因而容易产生阻塞流，产生闪蒸和空化作用，这些情况都是诱发噪声的原因。

当阀门节流口的前后压差不大时，节流口的噪声是极小的，流动的声音不大，因此，不必考虑噪声的问题。如果压差较大，流经调节阀的流体开始出现了闪蒸情况，噪声会剧增。

当阀门内部有空化产生时，气泡破裂，强大的能量除产生破坏力外，还会发出噪声，气泡越多、越大，噪声越严重。

8.17.4　控制噪声对策

a）声源处理

声源处理是指防止和降低声源处的噪声功率。阀门噪声的特征是以差压的平方和差压与入口绝对压力只比的函数关系增加的。这样，对于高压力比的应用场合，可能会由于通过一系列的节流孔分段压降以达到所需要的总压降，而使噪声可能显著的降低。

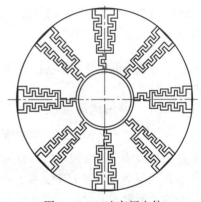

①控制阀采用数个多级流路结构阀内件（如迷宫阀），使得每个节流件压差比限制到最佳操作点，而且在膨胀区域提供一个有利的速度分布。迷宫阀内件如图 8-17-1 所示。

图 8-17-1　迷宫阀内件

②采用多孔式套筒结构，如图 8-17-2 所示。

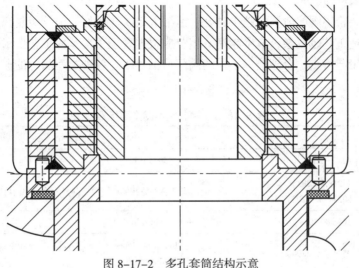

图 8-17-2　多孔套筒结构示意

③采用单流路多级降压结构阀内件。

b）声路处理

声路处理是指降低从声源到收听处之间噪声的传播。

声路处理由控制传播声路的阻抗组成，以便减少传送到接受者的声音能量。通常有以下方法：

①采用管道消音器；

②对于声压级不是很高的工况，可在阀门后端安装消声孔板。

8.18 控制阀泄漏

8.18.1 定义

控制阀泄漏分为两种：内部泄漏和外部泄漏。内漏也就是阀座的泄漏，IEC 60534 中阀座泄漏量定义：在规定的试验条件下，（可压缩或不可压缩）流体流过组装后处于关闭状态的阀的流量。一般调节阀泄漏量的要求执行 GB/T 4213、GB/T 17213.4（IEC 60534–4）、ANSI/FCI 70–2，开关阀泄漏量的则要求执行 GB/T 26480、API 598 等。控制阀的阀杆和阀体连接处的泄漏称为外漏。

8.18.2 控制阀内部泄漏

8.18.2.1 常用阀座泄漏率标准介绍

对于调节类的控制阀，阀座泄漏量由阀门泄漏等级确定。阀门泄漏等级是阀门制造企业在生产过程中，在规定的试验条件下，试验介质通过安装阀门在关闭位置的量的等级，调节阀泄漏等级一般有Ⅰ、Ⅱ、Ⅲ、Ⅳ（Ⅳ–S1）Ⅴ、Ⅵ 六个等级。开关阀的泄漏根据相关标准的泄漏率与口径相乘计算出泄漏量。泄漏等级仅适用于生产试验，不能作为产品在实际使用时泄漏量的依据。

作为用户，希望阀门泄漏量越少越好、泄漏等级越高越好。但等级越高，实现该技术等级的阀门制造工艺越复杂，成本越高。用户应根据现场工况具体工艺要求，同时考虑不同阀门的制造工艺特点，合理选择不同的阀门泄漏等级。各种类型阀门的泄漏执行标准见表 8–18–1。

表 8–18–1　控制阀泄漏主要标准

阀门类型	标准编号	标准名称
调节阀	GB/T 4213—2008	气动调节阀
	GB/T 17213.4—2015 （IEC 60534–4：2006，IDT）	工业过程控制阀　第四部分　检验和例行试验
	GB/T 10868—2018	电站减温减压阀
	IEC 60534–4：2006	Industrial–Process Control Valves　Part4: Inspection and Routine Testing
	ANSI/FCI 70–2：2013	Control Valve Seat Leakage

续表

阀门类型	标准编号	标准名称
开关阀	GB/T 26480—2011	阀门的检验和试验
	API 598：2016	Valve inspection and testing
	GB/T 19672—2005（ISO 14313：1999, API 6D：2002, MOD）	管线阀门 技术条件
	API 6D：2016	Specification for Pipeline and Piping Valves
	ISO 14313：2007	Petroleum and natural gas industries Pipeline transportation systems– Pipeline valves
	MSS SP61：2019	Pressure Testing of Valves
低温阀	GB/T 24925—2019	低温阀门 技术条件
	BS 6364：1998	Valves for cryogenic service
	ISO 28921：2015	Industrial valves– Isolating valves for low–temperature applications Part1：Design manufacturing and production testing Part2：Type testing
通用	GB/T 13927—2008	工业阀门 压力试验
	ISO 5208：2015	Industrial valves–Pressure testing of metallic valves
	EN 12266-1：2003（取代BS6755-1：1986）	Industrial Valves– Testing of metallic Valves Part1：Pressure tests，test procedures and acceptance criteria–Mandatory requirements

8.18.2.2　控制阀常用泄漏率标准分析比较

a）GB/T 4213—2008

该标准在国内调节阀领域被广泛应用，被大多数制造厂以及用户所接受。

该标准泄漏等级见表 8-18-2。在目前的过程控制中，调节阀的泄漏等级基本以Ⅳ级为基本要求，这也是该标准中对单座阀结构的调节阀的要求。当有 TSO 要求时，应选Ⅴ级或以上，表 8-18-2 的泄漏等级仅列举Ⅳ级及以上，Ⅵ级泄漏率系数见表 8-18-3。

表 8-18-2　GB/T 4213—2008 泄漏等级

泄漏等级	试验介质	试验程序	最大阀座泄漏量
Ⅳ	L	1 或 2	$10^{-4} \times$ 阀额定容量
	G	1	
Ⅳ–S1	L	1 或 2	$5 \times 10^{-6} \times$ 阀额定容量
	G	1	
Ⅴ	L	2	$1.8 \times 10^{-7} \times \Delta p \times D$（L/h）
Ⅵ	G	1	$3 \times 10^{-3} \times \Delta p \times$ 泄漏率系数（表 8-18-3）

注：Δp—试验压差，kPa；D—阀座直径，mm；阀门的额定容量计算按 GB/T 17213.2—2017 规定的方法计算。

表 8-18-3　Ⅵ级泄漏率系数

阀座直径 /mm	泄漏率系数		阀座直径 /mm	泄漏率系数	
	mL/min	每分钟气泡数		mL/min	每分钟气泡数
25	0.15	1	150	4.00	27
40	0.30	2	200	6.75	45
50	0.45	3	250	11.1	
65	0.60	4	300	16.0	
80	0.90	6	350	21.6	
100	1.70	11	400	28.4	

如果阀座直径与表 8-18-3 中的值相差 2mm 以上，则泄漏率系数可在假设泄漏率系数与阀座直径的平方成正比的情况下通过内推法取得。

试验介质压力：试验程序 1 时，应为 350kPa，当阀的允许压差小于 350kPa 时用设计规定的允许压差；试验程序 2 时，应为阀的最大工作压差。

试验介质为 5~40℃ 的清洁气体（空气或氮气）或水。

该标准 Ⅴ 级泄漏率只能用水作试验介质。当用户实际使用的介质为气体时，则不推荐执行该标准。

Ⅵ 级泄漏率用气体进行测试，属于气泡级密封。

该标准对 Ⅵ 级泄漏量的适用阀门密封材料未做要求，金属及非金属密封材料均可。此点有别于其他标准。

b）GB/T 17213.4—2015

该标准只适用于压力等级不超过 PN420（Class 2500）的气动调节阀，但不适用于额定流量系数 $K_V<0.086$ 或 $C_V<0.1$ 的调节阀。如果是 Ⅵ 级泄漏，则该标准仅适用于弹性阀座控制阀（软密封）。GB/T 4213—2008 未对控制阀范围作上述要求。该标准泄漏等级见表 8-18-4。

表 8-18-4　GB/T 17213.4—2015 泄漏等级

泄漏等级	试验介质	试验程序	阀座最大允许泄漏量
Ⅳ	L	1 或 2	10^{-4} × 阀额定容量
	G	1	
Ⅳ-SI	L	1 或 2	5×10^{-6} × 阀额定容量
	G	1	
Ⅴ	L	2	$1.8\times10^{-7}\times\Delta p\times D$（L/h）
	G	1	$1.08\times10^{-5}\times D$（m³/h）（标况 a） $1.11\times10^{-5}\times D$（m³/h）（标况 b）
Ⅵ	G	1	$3\times10^{-3}\times\Delta p^{*}$ × 泄漏率系数

注：a—101.325kPa（A），0℃；b—101.325kPa（A），15.6℃；Δp—试验压差，kPa；D—阀座直径，mm。

该标准相比 GB/T 4213—2008，增加了 Ⅴ 级气体测试选择，其他泄漏等级相同。试验程序基本相似，不同之处：试验程序 1 试验压力为 300~400kPa（G）而不是 350kPa；试验介质温度上限为 50℃而不是 40℃。

Ⅴ级气体泄漏测试给用户及阀门制造厂另一个选择项。即：如果制造商和买方双方同意，可以选用不同试验条件。

该条试验标准接近用户实际使用情况下的真实泄漏量，具有很强的实际意义。该标准仅作为推荐，如需使用需要用户及阀门制造企业双方同意。

c）GB/T 10868—2018

该标准适用于工作压力 $p \leqslant 35MPa$，工作温度 $t \leqslant 625℃$ 的电站蒸汽系统用减温减压阀，工作温度 $t > 625℃$ 的电站蒸汽系统用减温减压阀可参照执行。该标准规定的泄漏等级见表 8-18-5。

表 8-18-5　GB/T 10868—2018 泄漏等级

泄漏等级	允许泄漏量	试验介质	试验方法
Ⅳ	0.01% 额定流量	L 或 G	A 型试验方法
Ⅴ	$1.8 \times 10^{-4} \times \Delta P \times D$	L	B 型试验方法
Ⅵ	$3 \times \Delta P \times$ 泄漏系数	G	A 型试验方法

注：L——液体（水或煤油）；G——气体（空气或氮气）。

ΔP——试验压差，单位为 MPa；D——阀座直径，mm，计算结果单位为 L/min。

额定流量：在规定的试验条件下，流体通过阀门额定行程时的流量。

Ⅵ级泄漏等级阀门的泄漏系数与表 8-18-3 Ⅵ级泄漏率系数相同。

该标准相比 GB/T 4213—2008，泄漏等级与试验压力相同，试验介质与程序基本相似，不同之处：试验介质液体为水或煤油；A 型试验方法与试验程序 1 相同，B 型试验方法与试验程序 2 相似，该标准规定：介质压差应为最高工作压差或可根据协议确定，最小压降不得小于 700kPa。

d）ANSI/FCI 70-2：2013

该标准只适用于调节阀，但不适用于额定流量系数 $C_V < 0.1$ 的控制阀。如果是Ⅵ级，则该标准仅适用于弹性阀座（软密封）控制阀。

ANSI/FCI 70-2：2013 泄漏等级见表 8-18-6，表中仅列举Ⅳ级及以上。

表 8-18-6　ANSI/FCI 70-2：2013 泄漏等级

泄漏等级	试验方法	最大阀座泄漏量
Ⅳ	A	$10^{-4} \times$ 阀额定容量
Ⅴ	B	$1.8 \times 10^{-7} \times \Delta p \times D$（L/h）
	B1	$1.11 \times 10^{-5} \times D$（m³/h）（标况 [a]）
Ⅵ	C	见表 8-18-3

注：a—101.325kPa（A），15.1℃；Δp——试验压差，kPa；D——阀座直径，mm。

A 型：试验介质应为 10~52℃ 洁净的空气或水；试验介质压力应为 300~400kPa（G）或者最大工作压差的 ±5%，选择小值。

B 型：试验介质应为 10~52℃ 洁净的水；试验压差应为最大工作压差 ±5%，或室温下最大工作压力。

B1 型：试验介质应为 10~52℃洁净的空气或氮气；试验介质进口压力应为 350kPa（G）。

C 型：试验介质应为 10~52℃洁净的空气或氮气；试验介质压力阀门关闭件的最大额定压差或 350kPa（G），选择小值。

该标准与 GB/T 17213.4 相似，区别是没有 IV－S1 等级。

Ⅵ级泄漏等级阀门的泄漏系数与表 8-18-3 中Ⅵ级泄漏率系数相同。

该标准的特点是试验条件没有过多的选择，有利于统一泄漏量技术标准，有助于标准的推广，通用性比较强。

在工程实际中，用户在选择泄漏等级时，基本忽略了 IV－S1 等级，从表 8-18-2 中可以看到，由Ⅳ级到Ⅴ级，泄漏量提高了三个数量级，制造难度提高较大，因此有需要时可以考虑选择Ⅳ-S1 等级。

由于控制阀阀芯位置一直受到介质的冲刷磨损。特别在调节压差大、介质流速高时，密封面磨损严重。在使用一段时间后，很难保证控制阀的泄漏等级还能满足要求。根据工况不同合理选择阀门的泄漏等级，是需要考虑的技术问题，合理地选择控制阀泄漏等级需要设计院及用户综合多方因素考虑。

8.18.2.3　开关阀常用泄漏率及检验标准分析比较

a）GB/T 26480—2011

1）密封实验

该标准修改采用 API 598：2009 标准，适用于金属和金属组成的金属密封副、金属和非金属弹性材料组成的弹性密封副、非金属与非金属材料组成的非金属密封副的闸阀、截止阀、旋塞阀、球阀和蝶阀的检验和压力试验。各类阀门的密封实验要求见表 8-18-7。

表 8-18-7　GB/T 26480—2011 密封试验要求

试验项目	阀门类型				
	闸阀	截止阀	旋塞阀	浮动式球阀	蝶阀和固定式球阀
壳体试验	应做	应做	应做	应做	应做
上密封试验	应做	应做	不适用	不适用	不适用
除波纹管密封阀门外，其他具有上密封性能的阀门都应进行以上密封试验； 以下项目适用于 ≤ DN100 且 ≤ PN250（Class 1500），>DN100 且 ≤ PN100（Class 600）的阀门					
低压密封	应做	选择	应做	应做	应做
高压密封	选择	应做	选择	选择	选择
对于油封式旋塞阀高压密封试验是应做的，低压密封试验是任选的；其他旋塞阀高压密封试验是任选的，低压密封试验是应做的； 以下项目适用于 ≤ DN100 且 >PN250（Class 1500），>DN100 且 >PN100（Class 600）的阀门					
低压密封	选择	选择	选择	选择	选择
高压密封	应做	应做	应做	应做	应做

　　某些类型阀门的高压密封试验尽管是"任选"，但应能通过高压密封试验（作为阀门密封结构设计的验证试验）。当订货合同有要求时，应提供高压密封的试验结果以证明阀门结构符合。

　　试验介质：液体——水、煤油、黏度不高于水的非腐蚀性液体；

　　　　　　　气体——空气或氮气；

　　试验介质温度为 5~50℃。奥氏体不锈钢阀门试验使用的水含氯化物不应超过 100mg/L。

　　壳体试验、高压上密封和高压密封的试验介质应是液体或气体；低压密封和低压上密封可以是空气、氮气或惰性气体。

　　试验压力：

　　高压密封和上密封除蝶阀外，试验压力为 38℃时阀门最大允许工作压力的 1.1 倍；

　　低压密封和低压上密封试验压力为 0.4~0.7MPa；

　　对工作压力小于 2.0MPa 的中线衬里对称蝶阀，可只在一个方向上进行密封试验；对于偏心的弹性密封座蝶阀应进行双向密封试验。对于有流向标志的阀门，反向试验应按最大允许工作压差进行密封试验。

　　2）试验持续时间

　　阀门保持试验压力的持续时间见表 8-18-8。

表 8-18-8　保持试验压力的持续时间

公称通经 DN	保持试验压力最短试验持续时间 /s		
	壳体试验	上密封试验	密封试验
	阀门（除止回阀）		阀门（除止回阀）
≤ 50	15	15	15
65~150	60	60	60
200~300	120		120
≥ 350	300		120

　　3）允许泄漏率

　　对于上密封试验不允许有可见的泄漏。密封试验的最大允许泄漏率见表 8-18-9。

表 8-18-9　GB/T 26480—2011 密封试验的最大允许泄漏率

公称尺寸	所有弹性密封副阀门滴 /min	除止回阀外的所有金属密封副阀门	
		液体试验 [a] 滴 /min	气体试验气泡 /min
≤ 50		0 [b]	0 [b]
65~150	0	12	24
200~300		20	40
≥ 350 [c]		$2 \times DN \times 25$	$4 \times DN \times 25$

　　注：[a] 对于液体试验介质，1mL（cm³）相当于 16 滴（用 6mm 内径的管子）。

　　　　[b] 在规定的最短试验压力持续时间内，对于液体试验，"0"滴表示在每个规定的最短试验时间内无可见泄漏，对于气体试验，"0"气泡表示在每个规定的最短试验时间内泄漏量小于 1 个气泡。

陶瓷等非金属密封副的阀门，其密封试验的允许泄漏率应按表8-18-8的同类型，同公称尺寸的金属阀门的规定。

b）API598：2016

1）密封试验

该标准提出了对闸阀、截止阀、旋塞阀、球阀和蝶阀的检查、检验、补充检验和压力试验的要求。各类阀门为弹性密封、非金属（如：陶瓷）密封或金属密封。该标准对各类阀门的密封实验要求见表8-18-10。

表8-18-10　API598：2016密封试验要求

试验项目	规格	ASME磅级	阀门类型				
			闸阀	截止阀和平板式闸阀	旋塞阀	浮动式球阀	蝶阀和固定式球阀
壳体	所有	所有	需要	需要	需要	需要	需要
上密封 a	所有	所有	需要	需要	NA	NA	NA
低压密封	DN（NPS）≤ DN 100（NPS 4）	磅级 ≤ 1500	需要	任选 b	需要 f	需要	需要
		磅级 > 1500	任选 b		任选 b		任选 b
	DN（NPS）> DN 100（NPS 4）	磅级 ≤ 600	需要		需要 f		需要
		磅级 > 600	任选 b		任选 b		任选 b
高压密封	DN（NPS）≤ DN 100（NPS 4）	磅级 ≤ 1500	任选 be	需要 d	任选 bef	任选 be	任选 be
		磅级 > 1500	需要		需要		需要
	DN（NPS）> DN 100（NPS 4）	磅级 ≤ 600	任选 be		任选 bef		任选 be
		磅级 > 600	需要		需要		需要
NA 不适用							

注：a 所有具有上密封性能的阀门都应进行上密封试验，波纹管密封阀门除外。

b 如经买方规定了"任选"试验，则除规定试验外还应进行该试验。

c 弹性密封阀门经高压密封试验后，可能降低其在低压工况的密封性能。

d 动力和手动的齿轮传动的驱动装置操作的截止阀，包括止回式截止阀，高压密封试验压力应是确定动力驱动装置尺寸所使用的设计压差的110%。

e 对于规定为双截断－排放阀门的所有阀门都要求进行高压密封试验。除非买方另有规定。

f 对于油封式旋塞阀，高压密封试验为强制性的，而低压密封试验为任选的。

试验介质：壳体试验、高压上密封和高压密封试验的试验介质为空气、惰性气体、煤油、水或黏度不高于水的非腐蚀性液体。奥氏体不锈钢的阀门，使用的水中氯化物不应超过5×10^{-5} μg/g。除非另有规定，试验介质的温度为5~38℃。对于低压密封试验和低压上密封试验，介质为空气或惰性气体。

压力试验：对于上密封试验，不允许有目视可见泄漏。

上密封和密封试验压力见表8-18-11。

表 8-18-11 上密封和密封试验压力

阀门类型	试验项目	试验压力（表压，公差的值表示最大和最小试验压力）	
		MPa	psi
阀门（蝶阀和止回阀除外）	高压密封和上密封	38℃时最大许用压力的110%	
	低压密封和上密封	0.55 ± 0.15	80 ± 20
蝶阀	高压密封	38℃时设计压差的110%	
	低压密封	0.55 ± 0.15	80 ± 20

试验压力的持续时间与 GB/T 26480—2011 相同。

2）允许泄漏率

阀座的允许泄漏率见表 8-18-12。

表 8-18-12 API598：2016 密封试验的最大允许泄漏率

阀门规格		所有弹性密封阀门	除止回阀外的所有金属密封阀门	
DN（mm）	NPS（in.）		液体试验[a]（滴 /min）	气体试验[a]（气泡 /min）
≤ 50	≤ 2	0	0[b]	0[b]
65	$2\frac{1}{2}$	0	5	10
80	3	0	6	12
100	4	0	8	16
125	5	0	10	20
150	6	0	12	24
200	8	0	16	32
250	10	0	20	40
300	12	0	24	48
350	14	0	28	56
400	16	0	32	64
450	18	0	36	72
500	20	0	40	80
600	24	0	48	96
650	26	0	52	104
700	28	0	56	112
750	30	0	60	120
800	32	0	64	128
900	36	0	72	144
1000	40	0	80	160

续表

阀门规格		所有弹性密封阀门	除止回阀外的所有金属密封阀门	
DN（mm）	NPS（in.）		液体试验ᵃ（滴/min）	气体试验ᵃ（气泡/min）
1050	42	0	84	168
1200	48	0	96	192

注：ᵃ 对于液体试验，1mL 相当于 16 滴。对于气体试验，1mL 相当于 100 个气泡。

ᵇ 在规定的最短试验持续时间内无泄漏。对于液体试验，"0"滴表示在按规定的最短试验持续时间内无可见泄漏。对于标准气体试验，"0"气泡表示在按规定的最短试验持续时间内泄漏量小于 1 个气泡。高压气体密封试验见该标准 5.4 节。

ᶜ DN1200（NPS 48）以上的泄漏率应按下式计算：

除止回阀外的所有金属密封阀门的液体试验：$2 \times NPS$（滴/min）；

除止回阀外的所有金属密封阀门的气体试验：$4 \times NPS$（气泡/min）。

API 598 的检验范围涵盖了 API 599、API 602、API 608、API 609 等标准制造的产品，通用性比较强。

FCI 70-2 中推荐管线隔离和完全紧密关断的阀门（即开关阀）使用 API 598 进行检验和试验。

相较 GB/T 26480，API598 对小口径开关阀（≤DN50）的要求更严格，基本为零泄漏。

c）GB/T 19672—2005

该标准适用于公称压力 PN20~PN420、≤DN1500，压力等级 Class 150~Class 2500、≤NPS 60 的管线系统用球阀、闸阀、旋塞阀。

高压密封试验和高压上密封试验的介质为清洁水（可以加入防锈剂）。气体密封试验和低压上密封试验的介质为空气。

高压（液体）密封试验压力和上密封试验压力按 38℃时最大允许工作压力的 1.1 倍。

低压（气体）密封和低压上密封试验压力为 0.4~0.7MPa。

保持压力持续时间见表 8-18-13。

表 8-18-13　GB/T 19672—2005 保持试验压力的持续时间

公称通径 DN	壳体试验试验压力的最短持续时间 /min	密封试验试验压力的最短持续时间 /min	上密封试验压力的最短持续时间 /min
50~100	2	2	2
150~250	5	5	5
300~450	15		
≥500	30		

密封试验除订货合同中有规定，试验期间，弹性密封阀门和油封旋塞阀不得有可见的泄漏。金属 – 金属密封结构的阀门，其密封泄漏量不得超过 GB/T 13927 的 D 级要求。

试验方法：单向阀、双向阀、双座双向阀、一单向座一双向座的双座阀、双关双泄放阀都有对应的试验方法。

d）API 6D：2016

该标准适用于不超过 Class 2500 的球阀、闸阀和旋塞阀。

试验介质应为清洁水，包含腐蚀抑制剂，氯离子不超过 3×10^{-5} μg/g 水温应不超过38℃。

上密封试验的持续时间见表 8-18-14。

表 8-18-14　API 6D：2016 上密封试验的持续时间

阀门尺寸		试验保压时间 /min
NPS	DN	
≤ 4	≤ 100	2
≥ 6	≥ 150	5

阀座试验的最短保压期见表 8-18-15。

表 8-18-15　阀座试验的持续时间

阀门尺寸		试验持续时间 /min
NPS	DN	
≤ 4	≤ 100	2
6~18	150~450	5
≥ 20	≥ 500	10

所有阀座的试验压力不应低于额定压力的 1.1 倍。

软密封阀门和润滑油密封旋塞阀的泄漏量不应超过 ISO 5208 A 级值（无可见渗漏）。金属密封阀门液体泄漏量应不超过 ISO 5208 D 级值。

e）ISO 14313：2007

该标准适用于额定压力值不超过 Class 2500 的球阀、闸阀、旋塞阀。

试验介质应为清洁水，包含腐蚀抑制剂，氯离子不超过 $3 \times 10^{-5} \mu g/g$，水温不应超过 38℃。

上密封试验的持续时间见表 8-18-16。

表 8-18-16　上密封试验的持续时间

阀门尺寸		试验持续时间 /min
DN	NPS	
15~100	1/2~4	2
≥ 150	≥ 6	5

软密封阀门和润滑油密封旋塞阀的泄漏量不应超过 ISO 5208 A 级值（无可见渗漏）。金属密封阀门液体泄漏量应不超过 ISO 5208 D 级值。

f）MSS SP61—2019

密封试验应为流体（液体或气体），压力为不低于 38℃时阀门压力额定值的 1.1 倍，该标准依据表 8-18-17 中的泄漏率计算得出泄漏量。

表 8-18-17　根据口径换算的泄漏率

液体		气体	
NPS	DN	NPS	DN
10mL/h	0.4mL/h	0.1 SCFH　2.88 SCIM	120mL/h
0.167mL/min	6.6×10^{-3} mL/min	47.2mL/min	2mL/min
2.66 滴 /min	0.11 滴 /min	1180 气泡 /min	50 气泡 /min

阀座试验的持续时间见表 8-18-18。

表 8-18-18　阀座试验的持续时间

阀门尺寸		试验持续时间 /s
NPS	DN	
≤ 2	≤ 50	15
21/2~8	65~200	30
10~18	250~450	60
≥ 20	≥ 500	120

使用非金属（如：塑料或弹性材料）阀座的阀门，在阀座密封试验时应无可见泄漏。

8.18.2.4　低温阀常用泄漏率标准分析比较

a）GB/T 24925—2019

该标准适用于 $PN16$~$PN420$、$DN15$~$DN1200$，Class150~Class 1500、NPS1/2~48，介质温度 -196~$-29℃$ 的法兰、对夹和焊接连接的闸阀、截止阀、球阀和蝶阀。性能试验见表 8-18-19。

表 8-18-19　GB/T 24925—2019 低温性能试验

试验项目		闸阀、截止阀、球阀、蝶阀
低温操作性能	手动最大操作力 /N	360
	启闭瞬间最大操作力 /N	1000
	操作要求	动作灵活，无卡阻、无爬行现象
低温密封性能试验	填料密封　最低试验压力 /MPa	CWP
	填料密封　试验最短持续时间 /s	900
	填料密封　逸散性试验最大泄漏率 / (μL·L^{-1})	100
	法兰垫片密封　最低试验压力 /MPa	CWP
	法兰垫片密封　试验最短持续时间 /s	900
	法兰垫片密封　逸散性试验最大泄漏率 / (μL·L^{-1})	50
	阀座密封性能　最低试验压力 /MPa	CWP
	阀座密封性能　试验最短持续时间 /s	300
	阀座密封性能　最大泄漏率 / (mm^3·s^{-1})	$100 \times DN$
低温循环寿命	最少低温循环次数	202

常温性能要求及试验应按照 GB/T 26480 的规定进行。不锈钢阀门水压试验介质的氯离子含量应不超过 25μg/g。低温试验应在常温试验合格后进行。试验介质及冷却介质的要求见表 8-18-20。

表 8-18-20　试验介质及冷却介质

试验温度 t	试验介质	冷却介质
≥ -110℃	90% 氦气 +10% 氮气或 97% 氮气	冷却气体或酒精 + 液氮的混合液
-196℃ ≤ t<-110℃	97% 及以上的氮气	冷却气体
-196℃		液氮

注：试验温度不低于 -110℃，如没有氦气检漏要求，试验介质亦可采用 97% 以上的氮气。

试验温度与设计温度的偏差为 ±5% 或 ±5℃，两者取小值，或按订货合同的规定。

低温操作性能和密封性能的试验结果应符合表 8-18-19 的规定。将阀门恢复到环境温度，重复常温试验使用氮气或空气做初始检测试验，测量并记录阀门的泄漏率，其结果应符合 GB/T 26480 的规定。

b）BS 6364

该标准所包含的阀门尺寸范围为 DN15 至最大公称尺寸，并能在 –50~–196℃条件下，进行开和关的操作。

阀座密封试验应用干燥无油空气或惰性气体在满载密封额定压力下进行，对球阀可用 0.69MPa 压力。可通过正常操作方法关闭阀门，试验的持续时间应按 BS 5146 规定。

对于金属密封阀门，最大允许泄漏率应为 $0.3\text{mm}^3/\text{s} \times DN$。

对于软密封阀门，在试验持续时间内应无可见泄漏。

8.18.2.5 通用泄漏等级

通用泄漏等级的有关标准中基本出现的是闸阀、截止阀、旋塞阀、球阀和蝶阀，这些基本被定义为隔离阀的压力试验和密封试验要求，一般多归类为开关阀泄漏等级的标准。由于这些标准的泄漏等级划分较细，要求全面，当调节阀泄漏等级不够时，特别是在Ⅳ到Ⅴ级及以上，有些项目采用这些标准作为调节阀的泄漏等级要求。大口径调节阀、Ⅴ型球阀、蝶阀等特殊阀门，用该类标准可较好定义出其泄漏等级，如：三偏心蝶阀，作为调节阀使用时Ⅵ级泄漏等级无法完全表述零泄漏的要求，可以使用通用标准中的 A 级，基本可以实现设计意图。

通用标准中要求压力试验的持续时间与 GB/T 26480 相同。

a）GB/T 13927—2008

该标准修改采用 ISO 5208：2007。

1）试验项目要求

该标准的压力试验项目要求见表 8-18-21。

表 8-18-21　GB/T 13927—2008 压力试验项目要求

试验项目	阀门范围	闸阀	截止阀	旋塞阀[a]	浮动球球阀	蝶阀、固定球球阀
液体壳体试验	所有	必须	必须	必须	必须	必须
气体壳体试验	所有	选择	选择	选择	选择	选择
上密封试验[b]	所有	选择	选择	不适用	不适用	不适用
气体低压密封试验	≤ DN100、≤ PN250	必须	选择	必须	选择	必须
	>DN100、≤ PN100					
	≤ DN100、>PN250	选择	选择	选择	必须	选择
	>DN100、>PN100					
液体高压密封试验	≤ DN100、≤ PN250	选择	必须	选择	选择[c]	选择
	>DN100、≤ PN100					
	≤ DN100、>PN250	必须	必须	必须	选择[c]	必须
	>DN100、>PN100					

注：[a] 油封式的旋塞阀，应进行高压密封试验，低压密封试验为"选择"，试验时应保留密封油脂。
　　[b] 除波纹管阀杆密封结构的阀门外，所有具有上密封结构的阀门都应进行上密封试验。
　　[c] 弹性密封阀门经高压密封试验后，可能会降低其在低压工况的密封性能。

2）试验持续时间

对于各项试验，保持试验压力的持续时间按表 8-18-22 的规定。

表 8-18-22　保持试验压力的持续时间 s

阀门公称尺寸	保持试验压力最短持续时间 [a]		
	壳体试验	上密封试验	其他类型阀密封试验
≤ DN50	15	15	60
DN65~DN150	60	60	60
DN200~DN300	120	60	60
≥ DN350	300	60	120

注：[a] 保持试验压力最短持续时间是指阀门内试验介质压力升至规定值后，保持该试验压力的最少时间。

3）允许泄漏率

阀座密封试验的最大允许泄漏率见表 8-18-23。

表 8-18-23　阀座密封试验的最大允许泄漏率

试验介质	泄漏率单位	允许泄漏率									
		A 级	AA 级	B 级	C 级	CC 级	D 级	E 级	EE 级	F 级	G 级
液体	mm^3/s	在试验压力持续时间内无可见泄漏	$0.006 \times DN$	$0.01 \times DN$	$0.03 \times DN$	$0.08 \times DN$	$0.1 \times DN$	$0.3 \times DN$	$0.39 \times DN$	$1 \times DN$	$2 \times DN$
	滴 /min		$0.006 \times DN$	$0.01 \times DN$	$0.03 \times DN$	$0.08 \times DN$	$0.1 \times DN$	$0.29 \times DN$	$0.37 \times DN$	$0.96 \times DN$	$1.92 \times DN$
气体	mm^3/s		$0.18 \times DN$	$0.3 \times DN$	$3 \times DN$	$22.3 \times DN$	$30 \times DN$	$300 \times DN$	$470 \times DN$	$3000 \times DN$	$6000 \times DN$
	气泡 /min		$0.18 \times DN$	$0.28 \times DN$	$2.75 \times DN$	$20.4 \times DN$	$27.5 \times DN$	$275 \times DN$	$428 \times DN$	$2750 \times DN$	$5500 \times DN$

注：1——泄漏率是指 1 个大气压力状态。

　　2——阀门的 DN 按附录 A 的规定"等同的规格"的公称尺寸数值。

b）ISO 5208：2015

1）试验介质

液体：水（可含有耐蚀剂）、煤油或其他适当的黏度不大于水的液体；试验压力应最小是常温工作压力的 1.1 倍。

气体：空气或其他适用气体；试验压力是常温工作压力的 1.1 倍或（0.6±0.1）MPa。

试验流体温度应为 5~40℃，壳体部件为奥氏体不锈钢的阀门，水的氯化物不应超过 1×10^{-4} μg/g。

在双方认可后可选项密封压力应是设计设计压差的 1.1 倍。

2）试验要求

该标准压力试验的要求见表 8-18-24。

表 8-18-24 压力试验要求

试验	DN	PN or Class	闸阀	截止阀	旋塞阀 [a]	浮动式球阀或隔膜阀	偏心蝶阀或固定安装的球阀	同心蝶阀
壳体试验 液体试验	全部	全部	必选	必选	必选	必选	必选	必选
壳体试验 气体试验	全部	全部	任选	任选	任选	任选	任选	任选
上密封试验 [b][c] 液体试验	全部	全部	任选	任选	不要求	不要求	不要求	不要求
密封试验 气体低压	≤ DN100	≤ Class1500 和 ≤ PN250	必选	任选	必选	必选	必选	任选
		>Class1500 和 >PN250	任选	任选	任选	必选	任选	—
	>DN100	≤ Class600 和 ≤ PN100	必选	任选	任选	必选	必选	任选
		>Class600 和 >PN100	任选	任选	任选	必选	任选	—
密封试验 液体高压	≤ DN100	≤ Class1500 和 ≤ PN250	任选	任选	任选	任选	任选	必选
		>Class1500 和 >PN250	必选	必选	必选	任选	任选	—
	>DN100	≤ Class600 和 ≤ PN100	任选	任选	任选	任选	任选	必选
		>Class600 和 >PN100	必选	必选	必选	任选	必选	—
密封试验 气体高压	全部	全部	任选	任选	任选	任选	任选	任选

注：[a] 依靠密封复合材料实现关闭密封的旋塞阀可在安装复合材料的情况下进行密封试验。

　　[b] 成功地完成上密封试验不应解释为阀门生产厂推荐当安装的阀门在带压的情况下使用上密封时，阀杆密封可以更改、维修或更换。

　　[c] 在阀门为波纹管阀杆密封的情况下，不要求进行上密封试验。

　　① 成功地完成任选试验并不代表生产厂也成功地完成了必选的试验。

　　② 在阀门为弹性阀座的情况下，高压密封试验可能会降低之后的在低压使用中的密封性能。因此，此高压密封试验仅用作型式试验。

3）允许泄漏量

阀座密封试验的最大允许泄漏量见表 8-18-25。

表 8-18-25 密封试验最大允许泄漏量

试验介质	单位泄漏率	泄漏量 A	泄漏量 AA	泄漏量 B	泄漏量 C	泄漏量 CC	泄漏量 D	泄漏量 E	泄漏量 EE	泄漏量 F	泄漏量 G
液体	mm³/s	在试验过程中，无可见泄漏	$0.006 \times DN$	$0.01 \times DN$	$0.03 \times DN$	$0.08 \times DN$	$0.1 \times DN$	$0.3 \times DN$	$0.39 \times DN$	$1 \times DN$	$2 \times DN$
	滴 /s		$0.0001 \times DN$	$0.00016 \times DN$	$0.0005 \times DN$	$0.0013 \times DN$	$0.0016 \times DN$	$0.0048 \times DN$	$0.0062 \times DN$	$0.16 \times DN$	$0.032 \times DN$

续表

试验介质	单位泄漏率	泄漏量 A	泄漏量 AA	泄漏量 B	泄漏量 C	泄漏量 CC	泄漏量 D	泄漏量 E	泄漏量 EE	泄漏量 F	泄漏量 G
气体	mm^3/s	在试验过程中，无可见泄漏	$0.18 \times DN$	$0.3 \times DN$	$3 \times DN$	$22.3 \times DN$	$30 \times DN$	$300 \times DN$	$470 \times DN$	$3000 \times DN$	$6000 \times DN$
	气泡 /s		$0.003 \times DN$	$0.0046 \times DN$	$0.0458 \times DN$	$0.3407 \times DN$	$0.4584 \times DN$	$4.5837 \times DN$	$7.1293 \times DN$	$45.837 \times DN$	$91.673 \times DN$

注：1——泄漏量仅适用于向大气中排放试验流体的情况。

2——使用的密封泄漏量或是在阀门产品标准中标定的值，或是采购方的阀门采购订单中标定的比产品标准中规定的更加严格的泄漏量值。

3——目测可见泄漏量定义见该标准 2.12 节。

4——在 API 598 的泄漏量验收值与用于 DN 小于等于 50 的泄漏量 A，泄漏量 AA- 气体和泄漏量 CC- 液体用于非金属阀座止回阀，以及泄漏量 EE- 气体和泄漏量 G- 液体用于止回阀的泄漏值之间具有一致性。泄漏量 A、B、C、D、E、F 和 G 对应 EN 12266-1 的值。

c）EN12266-1: 2012

1）试验压力

试验压力应最低位室温允许压差的 1.1 倍，但试验介质为气体的除外。如果试验介质为气体，则对于以下阀门，其试验压力应为 1.1 倍的室温允许压差或（0.6±0.1）MPa, 两者较低的一个。

①公称尺寸 ≥ DN80, 具有各种压力额定值的阀门。

② DN80< 公称尺寸 ≤ DN200，压力额定值 ≤ PN40 和 ≤ Class 300 的阀门。

2）密封泄漏量

各种泄漏等级下的密封泄漏量见表 8-18-26。

表 8-18-26　每种泄漏等级下的最大允许密封泄漏量　　　　mm^3/s

试验介质	A 级	B 级	C 级	D 级	E 级	F 级	G 级
液体	试验持续时间内无目视无可见泄漏	$0.01 \times DN$	$0.03 \times DN$	$0.1 \times DN$	$0.3 \times DN$	$1.0 \times DN$	$2.0 \times DN$
气体		$0.3 \times DN$	$3.0 \times DN$	$30 \times DN$	$300 \times DN$	$3000 \times DN$	$6000 \times DN$

注：1——只有在室温下排放时，该泄漏等级才适用。

2——"无目视可见泄漏"意思是无可见渗漏，或液滴或气泡形成，并且低于 B 级泄漏。

8.18.3　控制阀的外部泄漏

随着我国环保政策的日益完善，污染物排放指标要求越来越严格，各行各业都在确保完成污染物排放约束性指标，建设资源节约型、环境友好型社会，加快实现生态文明。控制阀在工厂的用量很大，其外部泄漏也是不可忽略的环境污染因素。

控制阀外部泄漏常见于阀体、阀杆、填料函与阀体的连接部位，外泄漏可以分为：法兰处的泄漏、阀盖处的泄漏、填料处的泄漏、阀体泄漏。

任何物理形态的任意化学品或化学品混合物，从工业场所的设备产生的非预期的或隐蔽的泄漏现象被定义为逸散性。低泄漏阀门是指阀门实际泄漏量很小，靠常规的水压、气压密封试验已不能判定，需要借助先进的手段和仪器来检测挥发性有机组分外部泄漏。控制阀的这种泄漏被称为逸散性泄漏，主要发生在填料、阀体、阀盖等的密封处。常见的逸散性泄漏标准见表 8-18-27。

表 8-18-27　逸散性泄漏标准

类型	标准编号	标准名称
产品验收试验	GB/T 26481—2011（ISO 15848-2：2006 MOD）	阀门的逸散性试验
	ISO 15848-2：2015	Industrial valves– Measurement, test and qualification procedures for fugitive emissions Part 2: Production acceptance test of valves
型式试验	ISO 15848-1：2015	Industrial valves–Measurement, test and qualification procedures for fugitive emissions Part 1: Classification system and qualification procedures for type testing of valves
	TA_Luft	Technical Instructions on Air Quality Control
	EPA Method 21	Determination of Volatile organic Compound leaks
	API 622：2018	Type Testing of Process Valve Packing for Fugitive Emissions
	API 624：2014	Type Testing of Rising Stem Valves Equipped with Graphite Packing for Fugitive Emissions
	API 641：2016	Type Testing of Quarter–turn Valves for Fugitive Emissions

a）产品验收试验标准

1）GB/T 26481—2011（ISO 15848-2：2006 MOD）

该标准适用于介质将会产生挥发性污染气体或危险性气体的开关阀和调节阀，对其阀杆（或轴封）和阀体连接处的外漏评定的试验程序。

试验介质为体积分数不低于 97% 的氦气，压力为 0.6MPa，温度为室温。

该标准关于阀杆密封处的密封等级见表 8-18-28。

表 8-18-28　阀杆密封处的密封等级

等级	体积分数 /（μL · L^{-1}）	备注
A	$\leqslant 5 \times 10^{-5}$	典型结构为波纹管密封或具有相同阀杆密封的部分回转阀门
B	$\leqslant 1 \times 10^{-4}$	典型结构为 PTFE 填料或橡胶密封
C	$\leqslant 1 \times 10^{-3}$	典型结构为柔性石墨填料

阀门处于半开时加压到试验压力，试验压力稳定后，按该标准附录 A 规定的吸气法测量阀体密封处的渗漏量。如仪表的读数超过 $5 \times 10^{-5}\,\mu$L · L^{-1}，则认为试验不通过，该批阀门将被拒收。试验合格后在铭牌或其他合适位置可标志"FE"。

2）ISO-15848-2：2015

该标准用以鉴定通过 ISO 15848-1 型式试验的阀门产品。

试验介质为纯度（体积比）最低 97% 的氦气，压力为 0.6MPa，温度为室温（RT）。

阀门半开加压到试验压力。按该标准附录 B 的吸气法（sniffing method）测量阀杆密封件的泄漏。全开全闭加压 5 次，半开阀门测量阀杆密封泄漏。

该标准关于阀杆密封处的密封等级见表 8-18-29。

表 8-18-29　阀杆密封处的密封等级

等级	体积分数 /（μL · L^{-1}）	备注
A	$\leqslant 5 \times 10^{-5}$	典型波纹管密封或同等阀杆密封的回转阀门
B	$\leqslant 1 \times 10^{-4}$	典型 PTFE 填料或橡胶密封
C	$\leqslant 2 \times 10^{-4}$	典型柔性石墨填料

阀门半开加压到试验压力。待压力稳定后，根据 ISO 15848-1：2015 附录 B 的吸气法（sniffing method）测量阀体密封件泄漏。如果仪表的读数超过 50ppmv，则认为试验不通过，该批阀门将被拒收。只有按照 ISO 15848-1 试压、分类并合格，且符合 ISO 15848 本部分要求的阀门才可以做标记。

b）型式试验标准

1）ISO-15848-1：2015

该标准说明了对开关阀和调节阀阀杆密封和阀体连接处关于具有挥发性的污染性气体和有害液体的外泄漏的评定的试验程序。

试验介质应是至少 97% 纯度的氦气或至少 97% 纯度的甲烷。试验压力为额定压力，偏差为 ±5%。阀杆密封的密闭等级见表 8-18-30。

表 8-18-30　阀杆（或阀轴）密封的密闭等级（氦气）

等级	测量的泄漏率（质量流量）mg·s⁻¹·m⁻¹ 阀杆周长（供参考用）	测量的泄漏率（质量流量）mg·s⁻¹·mm⁻¹ 阀杆直径	测量的泄漏率（体积流量）mbar·l·s⁻¹ 每毫米阀杆直径	备注
AH	$\leqslant 10^{-5}$	$\leqslant 3.14 \times 10^{-8}$	$\leqslant 1.78 \times 10^{-7}$	适用于波纹管密封或同等阀杆（或阀轴）密封系统的 1/4 旋转阀
A：氦气（97% 纯度），用氦质谱仪测量阀门阀杆密封系统总泄漏率的真空法				
BH	$\leqslant 10^{-4}$	$\leqslant 3.14 \times 10^{-7}$	$\leqslant 1.78 \times 10^{-6}$	适用于 PTFE 填料或弹性密封
CH	$\leqslant 10^{-2}$	$\leqslant 3.14 \times 10^{-5}$	$\leqslant 1.78 \times 10^{-4}$	适用于柔性石墨填料
B、C：氦气（97% 纯度），用氦质谱仪测量阀门阀杆密封系统总泄漏率真空或罩袋法（vacuum or bagging）				

使用带探头（Sniffer Probe）的氦检漏仪检测阀体密封处的氦排放浓度，泄漏量应不大于 $5 \times 10^{-5} \mu L \cdot L^{-1}$。

阀杆（或阀轴）密封的密闭等级见表 8-18-31。

表 8-18-31　阀杆（或阀轴）密封的密闭等级（甲烷）

等级	泄漏量（吸气法）/（$\mu L \cdot L^{-1}$）
AM	$\leqslant 5 \times 10^{-5}$
BM	$\leqslant 1 \times 10^{-2}$
CM	$\leqslant 5 \times 10^{-4}$

注：使用带探头（Sniffer Probe）的甲烷检漏仪，对阀杆密封处的甲烷排放浓度进行检测。

使用带探头（Sniffer Probe）的甲烷检漏仪检测阀体密封处的甲烷排放浓度，泄漏量应不大于 $5 \times 10^{-5} \mu L \cdot L^{-1}$。

耐久等级见表 8-18-32。

表 8-18-32　耐久等级（Endurance classes）

等级	机械循环次数	热循环次数	备注
切断阀的机械循环等级			
CO1	205	2	室温温度 50 次、试验温度 50 次、室温 50 次、试验 50 次和室温下 5 次

续表

等级	机械循环次数	热循环次数	备注
CO2	205+1295	2+1	CO1 额外完成室温温度 795 次、试验温度 500 次
CO3	205+1295+1000	2+1+1	CO2 额外完成室温温度 500 次、试验温度 500 次
调节阀的机械循环等级			
CC1	20000	2	室温温度 5000 次、试验温度 5000 次、室温 5000 次、试验 5000 次
CC2	20000+40000	2+1	CC1 额外室温温度 5000 次、试验温度 5000 次
CC3	20000+40000+40000	2+1+1	CC2 额外室温温度 20000 次、试验温度 20000 次

耐温等级见表 8-18-33。

表 8-18-33　温度等级

t-196℃	t-46℃	tRT	t200℃	t400℃
-196℃ ~RT（室温）	-46℃ ~RT（室温）	室温，-29~40℃	RT~200℃	RT~400℃

认定阀门的温度范围为 -46~200℃，则需要下面两项试验是必要的：

——在 -46℃温度下的试验可以认定阀门的温度范围为 -46℃ ~RT；

——200℃温度下的试验可以认定阀门的温度范围为 RT~200℃。

其他温度等级应根据制造商和买方之间的协议。

2）TA_Luft

TA_Luft 是德国发布的行政法规，用于排放监督，给出降低排放量的测试及空气质量技术指导，阀门的泄漏量引用并符合 VDI 2440（矿物油炼油厂排放控制）。试验介质为氦气，使用质谱仪检测，真空法。

3）EPA method 21

EPA 美国环境保护署（Environmental Protection Agency）制定的针对阀门、法兰等实施泄漏检测的方法。试验介质为甲烷，使用 VOC 分析仪检测，

API 622、624、641 均基于此标准制定的相关规定。

4）API 622：2018

填料使用温度为 -29~538℃，试验适用开关阀：阀杆升降式（如：明杆）和旋转式（如：暗杆），试验介质：97% 甲烷。机械和热循环次数要求见表 8-18-34。

表 8-18-34　API 622：2018 机械和热循环次数

天数	机械循环次数	热循环次数	备注
开关阀的机械循环等级			
1~5	（150+150）×5	1×5	室温温度 150 次、试验温度 150 次
6	10	0	室温温度 10 次

室温：15-40℃，试验温度：260℃；试验压力：600psi（G）。

5）API 624：2014

该标准明确了带石墨填料的直行程阀门的低泄漏型式测试的要求和验收标准（1×$10^{-4}\mu$L·L^{-1}），之前是按照 API622 测试的。

口径大于 24″ 或压力等级大于 Class1500 的阀门不在该标准之内。

试验手段及参数与 API 622 相似。

当整个测试中泄漏值不超过 $1 \times 10^{-4} \mu L \cdot L^{-1}$ 时，可在低泄漏测试报告中标明"pass"。

6）API 641：2016

口径大于 24″、压力等级大于 Class1500 和常温下压力小于 0.689MPa（G）的阀门不在该标准之内。

制造商需要为阀门密封材料界定其适用温度范围。为了控制 API 622 范畴内的逸散性泄漏，用于阀杆密封的填料应根据 API 622 进行逸散性、耐腐蚀和材料测试认证。API 622 范畴以外的填料和其他材料用于阀杆密封的不要求此类测试。

机械和热循环要求见表 8-18-35。

表 8-18-35　API 641：2016 机械和热循环

机械循环次数	热循环次数	备注
（100+100）×3	1×3	室温温度 100 次、试验温度 100 次
10	0	室温温度 10 次

试验温度根据阀门分组见表 8-18-36（阀门额定温度 ≥ 260℃）和表 8-18-37（阀门额定温度 <260℃）。

表 8-18-36　试验温度和阀门分组

260℃，额定压力 ≥ 4.11MPa（G）	260℃，0.689 MPa ≤额定压力 <4.11 MPa（G）	≥ 260℃，不符合 Group A 组或 B 组
Group A 组	Group B 组	Group C 组

表 8-18-37　试验温度和阀门分组

最大额定温度，额定压力 ≥ 4.11MPa（G）	最大额定温度，0.689 MPa ≤额定压力 <4.11 MPa（G）	<260℃，不符合 Group D 组或 E 组
Group D 组	Group E 组	Group F 组

当整个测试中泄漏值不超过 $1 \times 10^{-4} \mu L \cdot L^{-1}$ 时，可在低泄漏测试报告中标明"pass"。

7）企业标准

某知名国际公司标准关于阀门外漏的检测规定见表 8-18-38。

表 8-18-38　某公司阀门产品试验外漏量

紧密级类别	阀杆外漏 /（$cm^3 \cdot s^{-1} \cdot mm^{-1}$）	阀盖外漏 /［$cm^3 \cdot s^{-1} \cdot (10cm)^{-1}$］
A 级	≤ 1.76×10^{-7}	≤ 1.0×10^{-7}
B 级	≤ 1.76×10^{-6}	≤ 1.0×10^{-6}
C 级	≤ 1.76×10^{-5}	≤ 1.0×10^{-5}

注：1——A 级适用于有毒等高危险介质，B 级适用于烃类等会造成大气污染的介质，C 级适用于水、蒸汽等一般介质。
2——该指标为按标准要求的机械循环次数下的控制指标，没有考虑热循环。
3——阀杆外漏指标是指每单位毫米阀杆直径的值，阀盖外漏指标则是指 10cm 阀盖密封圆直径的值。
4——该指标为以氢气作为检测介质时的控制指标。当采用甲烷作为检测介质时，应按相应的计算公式进行换算。

为了满足阀门逸散性泄漏标准要求，控制阀厂家已经采用了环保密封型防止逸散性泄漏的填料，填料生产厂家也推出取得相关认证的新型产品。

⌬ 8.19　水击

8.19.1　概述

在液体有压管道中，由于某种原因（如阀门突然启闭、机泵突然停车等），使液体流速发生突然变化，同时引起压强大幅度波动的现象称为水击，或水锤。水击产生的瞬时压强称为水击压强，可达管道正常工作压力的几十倍至数百倍。这种压强大幅度波动，有很大的破坏性，可导致管道系统强烈振动、噪声造成阀门破坏，管道接头断开，甚至管道破裂等重大事故。

水击以波的形式传播，称为水击波，包含以下过程：

第 1 阶段：升压波从阀门向管道进口传播阶段；

第 2 阶段：降压波从管道进口向阀门传播阶段；

第 3 阶段：降压波从阀门向管道进口传播阶段；

第 4 阶段：升压波从管道进口向阀门传播阶段。

以上水击的传播完成一个周期，在一个周期内，水击波由阀门传到进口，再由进口传至阀门共往返 2 次，往返一次所需时间 $T=2L/a$（L—管道长度；a—水击波传播速度）。水击传播过程中，管道各断面的流速和压强均随时间变化，所以水击过程是非恒定流。

8.19.2　水击压力估算

a）直接水击

若阀门关闭时间 $T_z<2L/a$，那么最早发出的水击波的反射波回到阀门以前，阀门已全关闭，此时阀门处的水击压强和阀门在瞬时关闭相同，称为直接水击。水击波的传播速度 a 一般远大于管内流速 v_0，因此：

$$\Delta p=\rho a\,(v_0-v)$$

如阀门瞬时完全关闭，$v=0$，则水击压强的最大值为：

$$\Delta p=\rho a v_0$$

式中　Δp——水击压强，Pa；

　　　　v_0——水击前管道中平均流速，m/s。

b）间接水击

如果阀门关闭时间 $T_z>2L/a$，则开始关闭时发出的水击波的反射波，在阀门尚未关闭前，已越过阀门断面，随即变为负的水击波向管道进口传播，由于负水击压强和阀门继续关闭所产生的正水击压强相叠加，使阀门处最大水击压强小于直接水击压强，这种情况的水击称为间接水击，间接水击与水击波传播速度无关。

$$\Delta p \ = \ \rho a v_0\,\frac{T}{T_z}$$

式中　T——水击波相长，$T=2L/a$；

　　　　T_z——阀门关闭时间。

c）水击波传播速度

直接水击压强与水击波的传播速度成正比，因此，计算直接水击压强需要知道水击波传播速度 a_0。考虑水的压缩性和管壁的弹性变形，水击波传播速度公式如下：

$$a = \frac{a_0}{\sqrt{1 + \dfrac{E_0}{E} \dfrac{d}{\delta}}}$$

式中　a_0——水中声波的传播速度，水温 10℃左右，压强 0.1~2.5MPa，a_0=1435m/s；

　　　E_0——水的弹性模量，E_0=2.04×10^5N/cm³；

　　　E——管壁弹性模量，N/cm²；

　　　d——管道直径，cm；

　　　δ——管壁厚度，cm。

8.19.3　水击的应用

为了避免水击破坏或降低水击的破坏程度，应根据水击计算的结果来确定某些阀门的动作时间。对于会影响水击破坏程度的阀门，动作时间不能太快或太慢，应保证阀门让流体通过以降低破坏。

8.20　控制阀智能制造

8.20.1　概述

智能制造技术是指在制造业的各个环节，以一种高度柔性、高度内聚集成、低度关联耦合的方式，通过自动化设备、计算机、网络、人机交互来模拟人工大脑实现制造的技术。控制阀的生产制造具有离散化程度高、产量大、个性化定制多的特点。重庆川仪股份有限公司着重于控制阀和执行机构加工、检测关键工艺的智能化技术改造和升级，引进了一批先进的传感、控制、检测、装配、机器人及数控加工中心等智能化工业装备，并将其与生产管理软件进行高度集成，使企业在资源配置优化、操作自动化、实时在线优化，生产管理精细化和智能决策科学化方面的水平有了大幅提升。同时，公司对控制阀智能制造趋势进行规划、创建、实施与维护，主要分为两个方面：智能设备与系统集成。

智能设备：根据控制阀的生产制造过程，获取人为操作过程中的经验，通过自动化生产线、智能化设备、智能化仓储、自动化物流为智能制造奠定设备基础与智能生产模式。

系统集成：通过业务流程梳理引入业务系统，促进业务处理的智能化、便捷化、响应及时化等，控制阀制造根据业务进行智能制造系统的系列化构建，业务系统包含：自动化办公 OA（Office Automation）、客户关系管理 CRM（Customer Relationship Management）、产品生命周期管理 PLM（Product Lifecycle Management）、企业资源计划 ERP（Enterprise Resource Planning）、制造执行系统 MES（Manufacturing Execution System）、供应商关系管理 SRM（Supplier Relationship Management）、数据采集与监视控制系统 SCADA（Supervisory Control And Data Acquisition）、仓库管理系统 WMS（Warehouse Management System）等，通过系统集成实现业务处理的自动化、工位信息的数字化、信息传递的便捷化、处理故障的智能化，结合智能化设备实现整体的智能制造工厂。

以下详细介绍控制阀从订单录入到产品到达顾客手中的智能制造过程。

8.20.2　智能制造系统框架

控制阀智能制造系统包括三层：物理装备层、核心业务层、云端应用层，其中贯穿架构内部的为网络安全体系和企业标准体系，该系统框架的层级体现了装备的智能化和互联网协议化，以及网络的扁平化趋势，其具体的框架结构如图 8-20-1 所示。

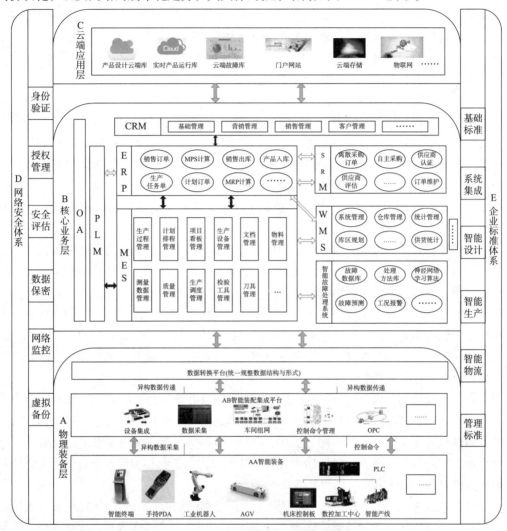

图 8-20-1　智能制造框架示意

8.20.2.1　物理装备层

物理装备层主要有智能装备和智能装备集成平台。智能装备是智能制造的基础，主要包括：智能设备、自动化生产线、机床控制设备、物流运送设备等；智能装备集成平台依据设备集成基础，利用数据采集系统，以车间组网作为信息传递媒介对智能设备进行实时工况参数的获取，通过 OPC 等协议对智能设备进行远程控制，并且可以根据故障库进行智能设备的故障诊断、处理、预测，实现人与设备交互的智能控制模式。

8.20.2.2　核心业务层

核心业务层主要包括 OA、CRM、PLM、ERP、MES、SRM、WMS、智能故障处理系统，其分别对应的功能范围与业务描述如下：

①自动化办公（OA）：在公司的运转过程中，OA 可以理解为以目标为纲领、以组织

架构为骨架、以人为心脏、以工作流程为经脉、以知识信息为血液，使组织内外的各个部门、各个人员协同运作起来达成组织目标的信息系统 / 平台。让所有人员都可以围绕公司的目标展开协同工作，其深度意义在于在电子流程规范组织行为的同时优化组织流程管控知识信息在共享的过程中得到创新，形成企业内部电子生态管理体系，组织中的每一个成员都可以形成以自己为中心的网状组织机构，达成以价值实现为核心的社交化管理，OA的提升可以促进整个公司管理的规范化与处理业务的及时性。

②客户关系管理（CRM）：随着业务的扩展，客户的规范化管理与定期维护成为企业不可忽视的重要环节，良好的客户管理体制可以极大地提升企业整体的销售业绩与开拓新的市场；如何从"以生产为中心"转为"以客户为中心"，是大多数制造业企业实施CRM的动机，然而随着企业的发展，新的要求制造业企业必须整合销售—服务—分析—营销—销售的全面CRM体系架构。除了单纯的管理外，对销售的预测将极大地帮助制造业企业降低生产成本，提高运营效率。制造业企业不仅要实施CRM，更要针对其产品、企业特点，量身定制CRM解决方案。

③生命周期管理（PLM）：PLM是一种应用于在单一地点的企业内部、分散在多个地点的企业内部，以及在产品研发领域具有协作关系的企业之间的，支持产品全生命周期的信息的创建、管理、分发和应用的解决方案，它能够集成与产品相关的人力资源、流程、应用系统和信息。PLM的应用在应对定制化产品的时代是非常有效的，根据CRM中客户定制化的需求将企业产品设计库中类似产品进行特殊设计评审，从而满足定制化需求；设计过程的知识可以被完整地存下来作企业技术知识库的扩充，面对新的定制化需求产品可以更加简便地进行产品变更设计。

④企业资源计划（ERP）：ERP作为企业级业务与财务核心的结合，在智能制造中扮演着心脏的作用，公司良好的ERP系统应用可以缩短订单生命周期的时长；ERP通过对企业拥有的制造资源（如人、财、物、信息、时间、空间等）进行综合平衡和优化管理，并协调企业生产经营各个环节，以市场为导向开展企业的各项业务活动，全方位地提高企业在市场竞争能力，从而取得较好的经济效益。

⑤执行系统（MES）：MES是一套面向制造企业车间执行层的生产信息化管理系统。MES可以为企业提供包括制造数据管理、计划排程管理、生产调度管理、库存管理、质量管理、人力资源管理、工作中心 / 设备管理、工具工装管理、采购管理、成本管理、项目看板管理、生产过程控制、底层数据集成分析、上层数据集成分解等管理模块，为企业打造一个扎实、可靠、全面、可行的制造协同管理平台。

⑥商关系管理（SRM）：SRM是用来改善与供应链上游供应商关系的系统，它是一种致力于实现与供应商建立和维持长久、紧密伙伴关系的管理思想和软件技术的解决方案。目标是通过与供应商建立长期、紧密的业务关系，并通过对双方资源和竞争优势的整合来共同开拓市场，扩大市场需求和份额，降低产品前期的高额成本，实现双赢的企业管理模式。

⑦仓库管理系统（WMS）：WMS是通过入库业务、出库业务、仓库调拨、库存调拨和虚仓管理等功能，对批次管理、物料对应、库存盘点、质检管理、虚仓管理和即时库存管理等功能综合运用的管理系统，有效控制并跟踪仓库业务的物流和成本管理全过程，实现或完善企业仓储信息管理。

⑧故障处理系统：该系统是根据公司特性特殊定制的故障处理系统，主要根据公司设

备运行及范围情况，利用 BP 神经网络算法进行智能故障处理系统的构建；智能故障系统可以根据海量的故障点集进行神经网络训练，凭借设备运行的工况参数实现故障预测、实时判定、处理反馈，从而提升设备检测维修效率，侧面促进企业的生产效率。

8.20.2.3　云端应用层

云端应用层主要包括产品设计云端库、物联网产品实时运行库、产品云端故障库、云端门户网站、云端存储、物联网等。

企业在进行产品设计的同时可将设计知识案例进行云端共享，从而提升公司在产品行业内的市场，更可以拓宽至解决方案的开发业务；物联网技术的推广可以检测产品的实时运行状况，并且可以结合云端产品智能故障库实现产品的故障预测、故障解决、故障分析、故障统计等，不仅可以拓宽企业运营市场，更能提升企业产品质量。云端门户网站的构建可以将公司产品的类型更加直观不受地域限制地展现给客户，云端科技的合理使用可以改善公司的市场环境，提升企业的核心竞争力。

8.20.2.4　体系的构建

在智能制造框架结构的建设过程中，网络的安全性与企业的标准尤为重要。

网络安全是企业在互联网时代必备的基础，公司的健康运行必须在安全的网络环境下，公司根据自身的管理标准建立符合自身的安全管理方针才是体系构建的目的。

8.20.3　功能模块说明

8.20.3.1　基础数据管理

基础数据管理主要包括工艺管理、计划管理、生产管理、质量管理、物料管理、设备管理六大模块。

①工艺管理。主要从 PLM 系统中把各个阶段的图纸文件、作业指导书、工艺规程、质量检验卡片、工程更改及执行过程、工艺路线等与 MES 中的订单关联，使生产现场的员工可以在移动端方便查看这些信息。

②计划管理。从 ERP 接收生产订单，按照生产计划分配到计划员的终端，由计划员将每个订单派给各个班组及班组成员，班组成员登陆 MES 系统查看当天的工作内容，从界面上可以看到订单的所有信息。

③生产管理。生产模块包括开工、生产执行、异常登记、完工报告、查阅技术文件、检验单填写、追溯信息、更改任务、组件信息、缺陷信息等功能。

④质量管理。质量又分为生产过程检验、里程碑交付检验、缺陷管理、配置项管理几个方面。

⑤物流管理。在 MES 中可以查询生产订单的物料配送状态，通过看板等工具实时展示，减少备货和配送中频繁沟通问题。实现缺料快速响应、返修订单补货、工程更改订单补货脱货等流程。

⑥设备管理。将产品的参数提前输入到 MES 系统中，系统与现场设备实时通信。执行过程中设备的各项参数和扭矩、压力等实时传回 MES。系统会根据当前产品的工艺参数与设备传输信息进行校验，如果不满足要求，在现场信号灯或看板上实时报警。

8.20.3.2　决策支持

通过 MES 的底层数据集成分析、上层数据集成分解管理模块，可对上层决策提供支持。

8.20.3.3　相关软件功能

① PLM 系统。主要用于对图纸和文档进行管理。

② ERP 系统。主要用于财务系统和进销存系统。

③ APS 系统。高级计划与排程，对所有资源具有同步的、实时的、具有约束能力的模拟能力，包括物料、机器设备、人员、供应、客户需求等影响计划的因素。主要对短期的计划优化，对比，可执行性。

④ MES 系统。主要利用条形码、二维码和 RFID 等技术实现实时数据采集，为企业数据分析提供数据支持。

⑤阀门选型软件。该软件公司自主开发，提供给销售及用户选型使用，采集用户的前端数据，如差压、流量、温度、材料等，转换成公司产品设计数据，如产品型号、流量特性、C_v 值等，根据这些数据，技术人员可以此设计阀门结构，销售人员可以此提供报价。

⑥三维建模软件（NX）。基于 2D 草图的工作流与 3D 特征相结合，实现最大生产率；同步建模技术，使设计简洁明了，提高了灵活性；二维同步技术，NX 自由曲面建模，基于 GB 的工程图，参数化建模，轻量化的大装配。

⑦流体仿真软件（ANSYS Fluent）。可根据用户现场参数，模拟阀门流场状态。fluent 软件包含基于压力的分离求解器、基于密度的隐式求解器、显式求解器，多求解器技术使fluent 软件可以用来模拟从不可压缩到高超音速范围内的各种复杂流场。fluent 软件包含经过工程确认的丰富的物理模型，由于采用了多种求解方法和多重网格加速收敛技术，因而fluent 能达到最佳的收敛速度和求解精度。灵活的非结构化网格和基于解的自适应网格技术及成熟的物理模型，可以模拟高超音速流场、传热与相变、化学反应与燃烧、多相流、旋转机械、动 / 变形网格、噪声、材料加工等复杂机理的流动问题。

⑧结构分析软件（ANSYS Mechanical）。包含通用结构力学分析部分（Structure 模块）、热分析部分（Professional）及其耦合分析功能。

ANSYS Mechanical 具有一般静力学、动力学和非线性分析能力，也具有稳态、瞬态、相变等所有的热分析能力以及结构和热的耦合分析能力，可以处理任意复杂的装配体，涵盖各种金属材料和橡胶、泡沫、岩土等非金属材料。

8.20.3.4　CAE 仿真平台建设

CAE 仿真平台建设对公司研发能力提升显著，特别是对于理论研究、特殊工况产品仿真测试、新产品"虚拟样机"测试等。下面重点介绍在产品研发方面的经验：

a）新产品开发

由于控制阀应用工况的复杂性，企业无法投入高额的实验设备对每一项产品进行物理实验，特别是结构复杂的单个零件、整机、非常规介质工况等。"虚拟样机"是基于以仿真驱动的产品研发方法，使设计工程师在产品设计阶段对产品的功能和性能做出预先评估，从而大大降低了新产品开发的风险，同时可以替代大部分试验。近年来，公司利用CAE 仿真平台协助新品开发，主要完成了以下几种控制阀的开发，见表 8-20-1。

表 8-20-1　利用 CAE 仿真平台参与开发的新产品

序号	控制阀	实施内容
1	HKE 迷宫式调节阀	流场模拟，确定降压级数和迷宫槽尺寸
2	HKT 同轴菱形式多级降压调节阀	流场模拟，确定降压级数和阀内件尺寸
3	H200A 熔岩阀	传热分析，确定上阀盖高度 确定上阀盖强度
4	LNG 低温蝶阀	热固耦合分析
5	R100 低温球阀	热固耦合分析

b）特殊产品验证设计

控制阀属于典型的离散类产品，生产模式由过去的大批量、少品种向小批量、多品种以及按用户订货要求进行设计生产的方向发展，需求的多样化使产品结构日益复杂。特殊产品设计是由于控制阀应用工况的多样性而产生的一类非常规设计，具有种类多、结构类似而尺寸不同、设计周期短、性能要求高的特点，在整个产品订货中占有一定的比例。CAE 仿真分析平台在特殊产品设计过程中的成功应用，特别是对产品的可靠性保证和设计效率提升这两个方面，发挥极为重要的作用。

c）高参数控制阀解决方案

高参数控制阀主要应用于高温、高压、大规格、特殊介质等工况的阀门，具有使用工况恶劣、阀门可靠性要求高的特点。借助于 CAE 仿真平台工具，不断为石油、化工、电力等行业特殊装置用阀提供解决方案。

d）理论研究

控制阀作为一种流体类控制元件，在运行过程中会涉及多种工程理论问题，包括流体力学、材料力学、声学等。仿真实验的引入，对于产品的理论研究提供了有力工具，将物理数值可视化，通过可视化的结果来研究控制阀在运行过程中的介质流动规律，探索内部结构尺寸与流体流动的关系，进而搭建产品的模块化设计。

8.20.4　产品全生命周期管理

产品全生命周期管理系统（PLM）的目标是建立统一的产品研发、设计、工艺协同及科技项目管控平台，提高研发效率，提升产品质量。在此基础上，逐渐进行业务扩展，实现跨前期规划、研发设计、生产制造、维护维修的产品全生命周期管理，缩短产品开发周期，提高产品创新能力。

PLM 的主要应用目标是整合以产品数据管理为核心的产品数据平台和以 ERP 为核心的产供销服资源管理平台，减少中间环节，使所开发出来的产品更符合市场的需求。一方面缩短产品从研发到投产的周期；另一方面可以从系统中及时获取其他部门提供的相关信息，为产品研发和改善提供依据。面向制造以产品全生命周期为主线，为企业提供设计、生产、销售、服务的一体化应用是 PLM 的发展趋势。

在 PLM 建设过程中，依据公司自身现状，梳理了产品的研发流程，引入了产品设计过程中的三维建模、参数化选型、工况仿真分析等；建立了产品开发资源库，提高了产品设计的知识重用率，在有新的产品需求时，可以在相似技术基础上进行定制性变更，进而进行建模变更、仿真变更等，从而提升了知识重用率；打通了 PLM 与公司内的 ERP、MES、CRM 系统的连接，实现了顾客从订单下达、技术评审、物料采购、生产制造的一体化集成。

8.20.5 ERP 在管理物料资源中所取得的效益

ERP 系统在保证企业生产顺利运行的前提下，降低物料消耗和库存积压，从而减少企业用在物料方面的资金占用；

ERP 系统实现了库存信息的动态化管理，建立了包括原材料、辅料、零部件、产品、半成品等所有物料电子化的库存台账，为管理人员提供了快速、准确、方便的库存查询功能，并提供了多种库存分析功能，实现库存管理动态化、数字化。

ERP 系统的应用，加强了对物料的管理，使资源得到了优化管理。据统计，成功运用 ERP 可以取得降低库存 20%~30% 的直接经济效益。分析其主要原因有以下几个方面。

① ERP 系统实现了库存信息的动态化管理。ERP 系统彻底改变了以手工方式记录库存台账的状态，系统建立了包括原材料、辅料、零部件、产品、半成品等企业所有物料电子化的库存台账。为企业管理人员提供了快速、准确、方便的库存查询功能，并提供了多种库存分析功能，如：ABC 分析、高储和低储分析、积压和有效期分析、资金占用分析、订货点分析、成套和缺件分析等。使企业的库存信息更加及时和动态化，库存状态更加透明化，同时在整个企业中实现了库存数据的共享。同时通过各种库存分析功能，可以根据库存的变化的状态自动地进行监督和报警。总之，ERP 系统通过对库存的动态化、数字化管理，大大提高了库存管理水平，改变了手工管理企业物料不清的混乱状态，使库存物资得到了合理的利用，提高了企业的经济效益。

② ERP 系统加强了物料管理的计划性。ERP 系统针对企业的不同需求提出了相应的物料需求计划模型。制造业企业中通常有两种物料需求：独立需求和相关需求。所谓独立需求是指那些最终产品无直接数量关系的物料需求，比如设备维修用的备品备件、通用的工具、低值易耗品、备品备件等。在 ERP 系统中通过订货点法编制这类物料需求计划，监督与控制其库存在合理的水平下，保证企业生产顺利进行。而在企业中大量存着另一种需求，即相关需求。所谓相关需求是指与最终产品有直接数量关系的物料，比如零部件、原材料、包装材料以及有明确材料消耗定额的辅料等。这类材料在 ERP 系统中也被称为 BOM 类型材料，它们是产品的组成部分，有明确的材料消耗定额（或每台件数）。编制这种物料的需求计划，在 ERP 系统中采用 MRP（物料需求计划）模型。MRP 根据主生产计划提出的产品的出产量、产品结构数据（BOM）、库存数据计算出该类物料的净需求，作为编制企业生产计划和采购计划的依据。这样一来，使该类物料可以处在严格的计划控制之下，ERP 系统为加强物料的计划管理提供了方便的、快捷的、有效的管理工具，减少了物料管理中盲目生产和盲目采购的现象，大大提高了企业的经济效益。

③ ERP 系统减少了车间的在制品占用。制造业车间在制品积压是传统管理模式的"老大难"问题。

在 ERP 系统中，对多品种小批量生产类型的企业，编制生产作业计划采用 MRP 模型。MRP 根据主生产计划给出产品的生产任务，并依据产品 BOM 和库存数据，计算出生产这些产品所需要的各种零部件和原辅料的净需求；同时，根据每个零部件、原材料的生产和采购提前期，从计划完工日期开始反向沿工艺路线，向前推计算出其准确的投入时间。这种计划方法，彻底改变了传统手工管理采用的那种以产品为对象、以产品台套提前期为依据的计划模式，有效地减少了车间在制品的占用。

ERP 系统将企业的供、产、销等生产经营环节看成一个紧密关联的有机整体。因此，ERP 的各种计划也形成一个完整体系。作为企业生产经营活动的龙头的销售计划，反映了客户订单的需求和市场的变化，这是企业安排生产和经营活动的依据。ERP 系统将销售计划与生产计划紧密结合起来，客户订单和市场预测驱动了以 MPS 和 MRP 为核心的生产计划体系，真正地体现了"以销定产"的客户需求拉动机制。从横向来看，ERP 将销售计划与生产计划紧密地结合起来，将生产计划与采购计划紧密地结合起来。从纵向来看，ERP 系统使三级计划一气呵成，即 MPS、零件级计划（MRP）和工序级计划自动贯通。因此，ERP 系统有效地改变了传统管理模式中各项计划相互脱节的状态，大大提高了计划体系的科学性和有效性，使企业的计划水平得到了极大提高。

8.20.6　人机交互

智能制造模式中，生产系统中所有设备和加工对象都要具备信息交换和处理的功能，称之为"M2M"技术。设备与设备之间联网传输信息，设备与企业管理平台之间联网传输信息，甚至设备与云端联网传输信息。但非常重要的还有设备与人的"联网互动"，称为人机交互。人机交互分为两种形式：人与计算机的交互 HCI（Human Computer Interaction）和人与机器的交互 HMI（Human Machine Interface）。控制阀制造从业务的开展到产品的生产，将人机交互融入其中，体现了智能制造的核心理念；控制阀业务链中的人机交互主要体现在以下几个方面：

①业务处理中的人机交互。控制阀在业务处理过程中，从订单的录入到订单的下达，再到生产任务的执行，最终到产品入库与发货，统一采用网络作为信息传递的载体，信息在传递过程中需要人为对自动生成的订单、任务单等相关业务单据进行维护，交互处理完成后，进行后续操作。

②产品设计中的人机交互。控制阀在产品设计过程中引入了 PLM 系统，对产品设计的全生命周期进行管控；产品设计是在人机交互的基础上对合同产品需求进行特殊化设计，对需要进行变更的结构进行参数化设计，并通过人工交互变更原有的产品工艺，利用 CAPP 进行工艺文件的制定、下发。

③物料整理中的人机交互。在工作环境特殊，劳动强度大的岗位上用机器人来替代人的工作岗位，比如采用焊接机器人代替焊接工人，用运输机器人代替仓库管理员、发货员、取料员等。机器人具有通用性和特殊性。它不但可以完成一般意义上装配、加工、焊接、搬运等，如果将机器人输出输入的信息与人的信息开展交互，使机器人产生认知能力或感知能力时，就开启了机器人工智能的应用领域。公司秉承人机交互的理念，采用自动化物流，但机器的执行需要人为的交互干涉来决定运行过程中的关键参数，如清洗测压线中的测压参数的调整、工位执行时间的制定、机械手运行的速率等。均需要人机交互才能准确、安全地实现生产的相关工作。

④智能产线中的人机交互。智能产线是智能制造的底层基础设备，直接决定着智能制造的稳定性，在控制阀生产制造过程中，智能产线中的工位是决定产品装备的关键节点，工位中的操作工不可能频繁地移动进行设备的设定、调试、操作等，故在智能产线的工位上设定人机交互模式来减轻工人劳动强度，主要包括信息采集界面、冲击测试界面、故障报警界面等。

⑤人与机器人的信息数据交互。传统的机器人使用通常有两种方法：一是生产现场编程，通过机器人界面输入加工程序，完成加工任务，这通常用于小型机器人的做法；二是，对于大型机器人一般采用离线编程的方法，加工程序是在其他电脑上通过模拟软件完成，无论是在线编程，还是离线编程都属于传统的人机交互模式。"手动引导机器人"的出现实现了人与机器人的直接交互即身体交互。所谓"手动引导机器人"就是通过直观的输入数据引导机器人按照技术工人的要求进行"加工合作"。业内专家认为，未来的智能制造时代，可以实现对不同机器人单元的输入进行集中分析的服务，通过云端机器人数据处理中心使机器人具有一定的认知能力，并提供优化的解决方案。

8.20.7　智能生产与数字化交互

数据采集是实现数字化、智能制造的基础，它关系到各个生产流程中信息的连续性，最终影响上层信息系统的决策、追溯、判别和分析。生产现场数据采集与管理系统的计划、标准、财务、成本、仓库、采购、决策等相关联，构成整体信息化的信息流，覆盖智能工厂业务流转与智能制造执行。公司利用（SCADA）来监测智能生产过程中的产线设备与数控设备的运行状况；控制阀生产制造过程中涉及的智能生产与数字化交互措施主要包括以下几个方面：

①智能产线运转过程中的信息采集与控制。控制阀智能产线根据自动化生产线上各种设备的不同协议类型，通过 Web 系统配置产线的全局属性，生产线工作站系统启动时从 Web 系统中同步本产线所有相关配置，并存入缓存；产线工作站初始化时，根据设备在 Web 系统的协议类型，连接每个设备，并启用 OPC 监听、TCP 监听或 COM 监听，将监听到的每个设备数据写入工作站数据库。

②数控机床的实时数据采集。系统采用以太网采集数据，要求数控机床具有以太网功能，采集的数据量比较大。常见的采用宏程序进行数据采集，该方式需要在加工宏程序中加入数控机床的串口打印输出指令，将数据从串口输出，至数据采集平台并进行数据格式处理，转换为通用的数据库数据，以便 MES 进行设备信息的采集，以视图的形式展现给管理人员。

③产品联网查询与定位。物联网是通过射频识别（RFID）、红外感应器、全球定位系统、激光扫描器等信息传感设备，按约定的协议，把任何物品与互联网连接起来，进行信息交换和通信，以实现智能化识别、定位、跟踪、监控和管理的一种网络。控制阀制造过程中，为每台产品安装了 RFID 进行产品定位，方便产品的查找以及后续的数据采集等相关工作。

④生产现场的智能看板。通过数据采集与集成，将产品的生产过程、质量检验过程、物料需求等利用数据看板的形式表现出来，更加直观地引导生产以及管控生产过程中设备、产品、物料的相关问题，从而提升智能制造的整体鲁棒性。

8.20.8　智能工程网络与信息集成

智能工程网络在智能制造中主要体现在工业互联网，工业互联网为智能制造提供了必需的共性基础设施和能力。通过物联网、互联网等技术实现全系统的互联互通，促进工业数据的充分流动和无缝集成。工业网络互联主要是解决各种设备、系统之间互联互通的问题，涉及现场级、车间级、企业级设备和系统之间的互联，以及企业信息系统、产品、用户与云平台之间不同互联场景。网络互联的实施涉及的主要环节如图 8-20-2 所示。

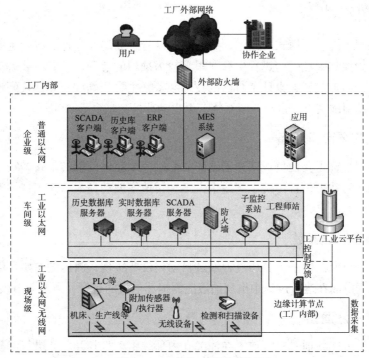

图 8-20-2　智能工程网络结构示意

控制阀制造车间环网的构建如图 8-20-3 所示，主要提升了车间网络的稳定性、冗余性，避免了车间因为某处网线的中断，导致智能化设备不能正常工作。

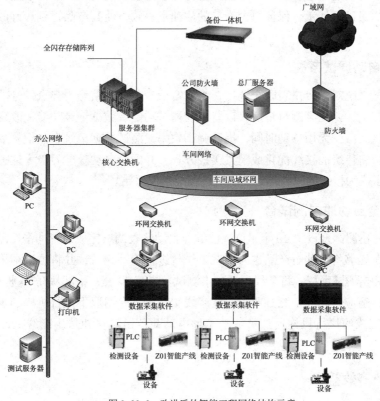

图 8-20-3　改进后的智能工程网络结构示意

8.20.9 关键技术装备

不同企业有不同生产模式与技术，必须依照自身产品的生产特点进行定制化关键技术装备的构建；如控制阀在生产过程中存在很多较为烦琐的装配、检验、装备辅料注射等工艺，公司依据产品工艺特点设计了自己的技术装备，主要实例如减速器装配设备、测压注油一体机、自动调试系统、自动测漏系统、全自动冲击测试台等。

8.20.9.1 减速器装配设备

减速器装配系统主要是负责减速器箱体装配过程中箱体的翻转工作，箱体本身质量较大，人工翻转耗时费力，且传统生产线中人工翻转速度波动性大、人工体力持久性低，不能保证装配速率的稳定。

8.20.9.2 自动测压系统

自动测压是将原始的手工测压过程通过自动化设备实现，测压的主要目的是为了防止减速器内部的润滑油在运行过程中出现油液泄露损坏电机的运行，测漏环节极为重要。

8.20.9.3 自动注油系统

传统的注油方式是通过软管放置在注油孔内部，手动打开开关，进行油量的加注，在加注过程中，会出现油量过多或不足的情况。

改进的注油系统的注油方式进行了两次的变更，最终确定通过气动注油泵及流量计进行结合，直接将油桶的油泵出送入注油机进行计量注油，它的改变加快了注油速度并对每台产品的注油量进行计量，保证每台产品的注油量一致，使其产品得到最好的油润条件、传热效果。

8.20.9.4 自动调试系统

自动调试系统对多台仪表联合调试，将给定信号、反馈信号、节点信号的测量整合在一台测试专机上，并提高测量精度，设置自动测试功能、数据记录功能，改变移动式调试为定位式调试，减少无用移动时间，提升调试效率，测试数据记录自动记录数据库中，进行保存备查；将传统的接线优化成模具接线方式，并配合电动螺丝刀极大地提升了接线速率，也避免了人为接线的原因导致在调试过程中出现报错。

8.20.9.5 全自动冲击测试台

全自动冲击测试台设置 20 个工位，能够全自动接收调试完成的待冲击产品，产线通过自动运动小车能够将待冲击产品送入测试工作台进行自动测试，并将测试结果记录在数据库中保存。冲击测试系统：每条线配备冲击测试盒规范 20 套；精度从 0.7% 提升至 0.1%；增设段位选择适应不同冲击测试要求；在产线端部设立专门取下执行机构的工位，待产线将冲击测试完成的执行机构通过灵活的矩形电动葫芦吊轻松地从生产线上卸载到线尾成品区。

8.20.10 经济效益

智能制造改变了传统制造业的生产模式与管理模式，直接提升了公司的经济效益，主要表现在以下几个方面：

①新产品研发时间缩短。计算机辅助设计（CAD）和计算机辅助工程（CAE）建模和仿真技术随着高性能计算（HPC）系统的发展，开始逐渐改变产品的设计过程。CAD使用几何参数创建电脑模型，CAE则使用CAD生成的数据来控制自动化设备与智能软件的集成化，大幅减少针对客户定制化需求的研发时间，可以重用企业的研发知识，缩短产品的研发时间。

②提高公司运营效率和生产成本。智能制造观念的引入使得企业的运营模式发生了重大的变革，首先，从业务的处理方式，从传统的纸质传递变成了以网络为载体的信息传递模式，结合了网络信息传递的及时性、便捷性、准确性大幅提升从订单到产品发运单的业务处理效率；其次，ERP与WMS的引入解放了原有的人工仓储的运营模式，减少了物料、产品对公司流动资金的占用，精确了仓库库存数目与需求，使得仓库管理更加精细化、准确化、便捷化；最后，通过MES对生产现场的把控，生产效率大幅提高，并且通过对生产设备的智能化调度计算，合理有效地将设备的运转时间精确到分钟，减免因调度不合理导致的设备停用。

③带来企业新增收入和更多高技术含量的工作岗位。智能制造的构建不仅仅解决了企业生产的问题，随着模式的构建、业务的扩展可以将企业从传统的制造业变成提供解决方案的企业，并且可以拓展智能制造技术，为其他需要提升的公司服务以便增加新的业务收入；智能制造的实施必将引入一批新的技术性人才，拓宽高技术含量工作岗位，为公司储备更多的经营人才，为公司的提高发展奠定了扎实的人才基础。

④使个性产品规模化生产成为可能。智能制造改变了制造业的本质，尤其是智能制造将简化流水线生产流程并变得更经济。柔性生产和运用IT技术优化的供应链使得生产过程可定制更多个性化产品，如特殊结构的控制阀。结合规范的研发项目管理、聚集的研发知识、自动化的移动办公、便捷的业务处理、及时的生产下达、高自动化的生产模式、柔性的智能产线、稳妥的设备保障、实时的产品监控等技术对于客户需求的个性化产品可以在短时间内实现大规模的生产。

⑤持续提升高人力成本地区的制造业竞争力。智能制造提高了劳动生产率，劳动力成本相对于总成本将减少，使处于成本边界上的制造业更容易扎根到劳动力成本较高的地区。

第 9 章 安全辅助仪表

石油化工工厂安全防护措施通常采用各类防护系统，具体细分后涉及的仪表及控制系统主要有：防爆系统、控制（安全仪表）系统、雷电/电涌保护系统、静电防护系统、仪表及控制系统自身防护等。这些系统本身又是通过大量的仪表设备元器件按照相应标准组合而成。本章中的安全辅助仪表主要可分为两类：第一类是在仪表控制回路中不参与过程检测，仅作为实现安全功能的必要辅助部件，如安全栅、安全继电器；另一类实质是为保护仪表及控制系统而配置的辅助设备或设施，如电涌保护器、隔离器。

9.1 安全栅

石油化工领域自动化控制的电气设备防爆型式最常用的有：本质安全型、隔爆型及增安型。而本质安全型（本安型）防爆技术是唯一可适用于 0 区的防爆技术。

本安防爆技术是通过限制电火花和热效应两个可能的点燃源的能量来实现防爆的技术，即去掉爆炸三条件中的点燃源，这样就从根本上解决了爆炸发生的可能，因此称此技术为本安防爆技术。本安防爆技术有一个前提条件，必须配置安全栅（关联设备）以保证本安仪表所承受的电压、电流在一个规定的范围内，才能够使本安仪表的防爆性能可靠。

更为详尽的防爆相关知识详见第 16 章环境影响及措施。

本安回路系统构成如图 9-1-1 所示。

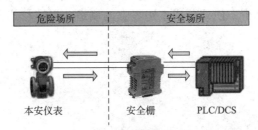

图 9-1-1　本安回路系统构成

一个完整的本安回路系统应该是由现场本安仪表，加上关联设备和控制室的 PLC/DCS 共同构成。只有不与外界有电气连接的，由电池供电的本安仪表不用安全栅，如本安手机、本安手电等。

关联设备可定义为含有限能电路和非限能电路，且结构使非限能电路不能对限能电路产生不利影响的电气设备。即通过限流和限压电路限制了送往现场本安回路的能量，从而防止非本安电路的危险能量串入本安回路。安全栅即是一种自动化控制领域常用的关联设备。

安全栅通过内部的能量限制电路实现对本安仪表与非本安设备之间的危险信号的限制，保证现场仪表本安性能不失效，比如当本安仪表出现短路时，安全栅保证现场短路电流不会过大产生危险；如果非本安设备（如 PLC 卡件）出现击穿时，安全栅能保证危险电压、危险电流不会被传递到现场本安仪表上产生危险。

9.1.1　种类及其原理

a）按技术原理分类

分为隔离式安全栅、二极管（齐纳）安全栅。

1）隔离式安全栅

隔离式安全栅不但有限能功能，还有隔离功能，基本原理如图 9-1-2 所示。

三端隔离，即电源、输入和输出之间是完全隔离的。

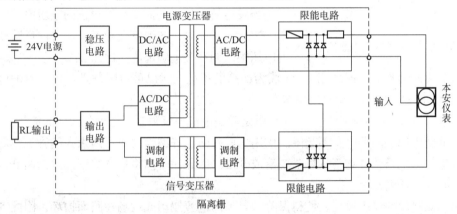

图 9-1-2　隔离安全栅原理

稳压电路的作用是使电源在一定范围内变化时安全栅仍然可以正常工作。

DC/AC 电路的作用是将直流电源转化成交流电源，这样才能将能量经变压器送到输入电路和输出电路。

AC/DC 电路的作用是将变压器出来的交流电源整流变成直流电源供相应的电路使用。

调制电路的作用是将直流信号调制成交流信号，而在另一侧的调制电路又将交流信号调制成直流信号。

输出电路的作用是对信号进行调整，使安全栅的精度得以保证。

限能电路的作用是一个齐纳栅，限制进入危险侧的能量，确保本质安全。隔离栅将安全侧的电源经稳压电路送入 DC/AC 电路变成交流电源，然后经电源变压器耦合到输入和输出侧，并在两侧经 AC/DC 电路转化成直流电源，在输入侧经限能电路送给危险侧的本安仪表，本安仪表产生的电流信号再回到限能电路中并送到调制电路，经调制电路变成交流信号经信号变压器耦合后再送到输出侧的调制电路中再次转换成直流信号，并经输出电路调整后送到其后的 PLC 或 DCS 卡件。

应用特点：

可将危险区的现场回路信号和安全区回路信号有效隔离。本安回路系统不需要专门的本安接地系统，简化了本安防爆系统应用时的施工。

增加了检测和控制回路的抗干扰能力，提高系统可靠性。

允许现场仪表接地。

允许现场仪表带电检修。

具备较强的信号处理能力。如开关量输入状态控制、电压信号、Pt100 转换为 4~20mA 等。

当同时应用于 DCS 及 SIS-PES 时，选用一入二出的安全栅，可有效将两个系统隔离开来，避免系统间的相互影响。

2）二极管（齐纳）安全栅

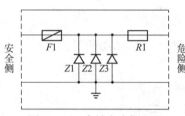

图 9-1-3　齐纳安全栅原理

电路回路中串联快速熔断丝、限流电阻和并联限压（齐纳）二极管实现能量的限制，保证危险区仪表与安全区仪表信号连接时安全限能。如图 9-1-3 所示，最简单的安全栅由 1 个保险丝 3 个齐纳管，1 个电阻构成。

当发生故障的设备向安全栅提供的电压高于齐纳管 Z1~Z3 的稳压值时，齐纳管会导通，使得向危险侧输出的电压被限制在一个确定值，比如 24V。

当危险侧出现短路时，因为 R1 成为回路的负载，所以可以限制送到危险侧的电流，大小由 R1 和 Z1~Z3 的限制电压决定。

齐纳栅通过齐纳管限制电压，功率电阻限制电流，就限制了送到危险侧的能量。

齐纳栅中用到的保险丝不起限流作用，而是防止齐纳管失效；因为齐纳管工作后会产生热效应，可能导致齐纳管从焊盘脱落或开路。因此保险丝将在齐纳管失效前断开，确保危险侧的本安仪表万无一失。

由于保险丝的灵敏设计，使得保险丝容易因电源波动或现场短路而损坏，因此齐纳栅使系统会容易因为信号中断而停机，可靠性不高。

齐纳二极管安全栅采用的电子元器件很少、体积小、价格低，但也有些缺陷，使应用范围受到很大限制。目前应用呈下降趋势。

应用特点：

工厂必须要有专门的本安接地系统，本安电路的接地电阻必须小于 1Ω。

供电电源电压的波动可能会引起齐纳二极管的电流泄流，从而引起信号的误差或者发出错误电平，严重时会使快速熔断丝烧断而永久损坏，齐纳式安全栅内部齐纳管、限流电阻、保险丝整体浇封，一旦损坏无法修复。

信号负极均要接至本安接地，这样大幅降低系统信号抗干扰能力，影响系统的可靠性，特别是对于 DCS 影响尤为明显。

b）按应用类别分类

分为模拟量输入（AI 型）安全栅、模拟量输出（AO 型）安全栅、开关量输入（DI型）安全栅、开关量输出（DO 型）安全栅、温度信号输入安全栅、频率信号输入（PI 型）安全栅及通信类安全栅。

1）模拟量输入（AI 型）安全栅

该类安全栅用于将现场本安仪表的信号经过安全栅后送控制系统采集处理，其应用的现场设备包括：二线制、三线制、四线制本安变送器（温度、压力、物位）等。

AI 型安全栅接线如图 9-1-4 所示。

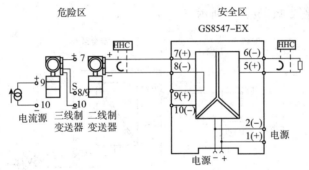

图 9-1-4　模拟量输入型安全栅接线

2）模拟量输出（AO 型）安全栅

该类安全栅用于控制系统通过安全栅控制现场本安设备，应用的现场设备包括：本安阀门定位器、电气转换器等。

AO 型安全栅接线如图 9-1-5 所示。

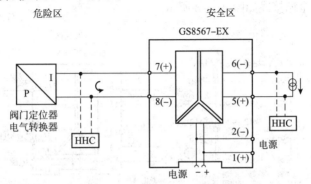

图 9-1-5　模拟量输出型安全栅接线

3）开关量输入（DI 型）安全栅

该类安全栅用于将现场本安开关的信号经过安全栅后送控制系统采集处理，应用的现场设备包括：开关、NAMUR 接近开关等。

DI 型安全栅接线如图 9-1-6 所示。

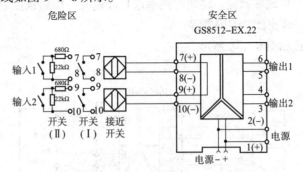

图 9-1-6　开关量输入型安全栅接线

4）开关量输出（DO 型）安全栅

该类安全栅用于控制系统通过安全栅控制现场设备的通断，应用的现场设备包括：本安电磁阀、指示灯、报警器等。

DO 型安全栅接线如图 9-1-7 所示。

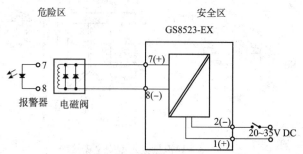

图 9-1-7　开关量输出型安全栅接线

5）温度信号输入安全栅

该类安全栅用于将现场热电偶 / 热电阻等温度信号经过安全栅后送控制系统采集处理，应用的现场设备包括：热电阻、热电偶等。

温度输入型安全栅接线如图 9-1-8 所示。

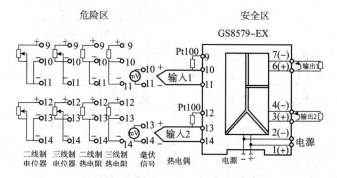

图 9-1-8　温度信号输入型安全栅接线

温度输入型隔离栅的部分参数（主要包括传感器的类型、量程的范围、故障电流大小等）可现场调整，需通过厂家提供组态软件和适配器修改。

6）频率信号输入（PI 型）安全栅

该类安全栅用于将现场脉冲、转速等频率信号经过安全栅后送控制系统采集处理，应用的现场设备包括：转速计、编码器等。

PI 型安全栅接线如图 9-1-9 所示。

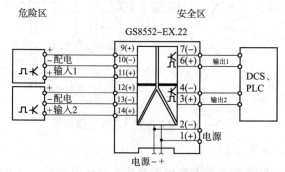

图 9-1-9　频率信号输入型安全栅接线

7）通信类安全栅

该类安全栅用于实现仪表通信信号经安全栅与控制系统互联互通，应用的现场设备包括：体积修正仪、流量计等。

通信类安全栅接线如图 9-1-10 所示。

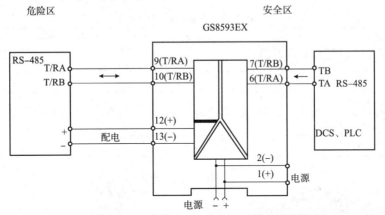

图 9-1-10　通信类（RS-485）安全栅接线

9.1.2　安全栅相关的本安性能基本参数

最高电压（交流有效值或直流 U_m）：施加到关联设备非本质安全连接装置上，而不会使本质安全性能失效的最高电压。

最高输出电压（U_o）：在开路条件下，在设备连接装置施加电压达到最高电压（包括 U_m 和 U_i）时，可能出现的本质安全电路的最高输出电压（交流峰值或直流）。简而言之，无论安全栅是损坏或正常情况，安全栅向危险侧供出的最大开路电压。

最大输出电流（I_o）：来自电气设备连接装置的本质安全电路的最大电流（交流峰值或直流）。

最大输出功率（P_o）：能从电气设备获得的本质安全电路最大功率。

最大外部电容（C_o）：可以连接到电气设备连接装置上，而不会使本质安全性能失效的本质安全电路的最大电容。

最大外部电感（L_o）：可以连接到电气设备连接装置上，而不会使本质安全性能失效的本质安全电路的最大电感。

最高输入电压（U_i）：施加到本质安全电路连接装置上，而不会使本质安全性能失效的最高电压（交流峰值或直流）。

最大输入电流（I_i）：施加到本质安全电路连接装置上，而不会使本质安全性能失效的最大电流（交流峰值或直流）。

最大输入功率（P_i）：当电气设备与外电流连接不使本质安全性能失效时，可能在电气设备内部消耗的本质安全电路的最大输入功率。

最大内部等效电容（C_i）：通过电气设备连接装置出现的电气设备总等效内电容。

最大内部等效电感（L_i）：通过电气设备连接装置出现的电气设备总等效内电感。

C_c：连接导线的最大电容。

L_c：连接导线的最大电感。

为保证设备的安全正常使用，本安系统各配置间必须满足以下条件：

现场本安设备的防爆标志级别不能高于安全栅的防爆标志级别。

关联设备（安全栅）、现场本安设备与连接电缆参数之间应符合表 9-1-1 不等式。

表 9-1-1　本安系统组合条件

安全栅参数	匹配条件	本安设备参数 + 电缆参数
U_o	≤	U_i
I_o	≤	I_i
P_o	≤	P_i
C_o	≥	C_i+C_e
L_o	≥	L_i+L_e

图 9-1-11　底板式安装安全栅组装图

9.1.3　安装方式

安全栅采用 DIN 导轨安装方式。

安全栅采专用底座安装方式，如图 9-1-11 所示。

9.1.4　接地

对信号处理有特殊要求的场合（如称重仪表）仍采用齐纳安全栅，齐纳式安全栅如果不接地，如图 9-1-12 所示，当安全区内配电故障导致一个对地高电势落在安全栅上时，齐纳二极管只限制齐纳安全栅导线之间的电压 U_o，但无法限制任何一线对地的电势，该电势被引入危险区，一旦现场仪表对地绝缘隔离不好，对地产生短路，立即产生地电流，这样的电势和对地电流的能量并没有得到限制，因此，极可能产生火花而引起危险。

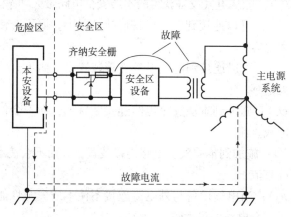

图 9-1-12　齐纳式安全栅无本安接地时回路电路原理

若安全栅有可靠接地，如图 9-1-13 所示，当同样的故障发生时，齐纳管限制了对地的电势，故障电流只能在安全区内流过，这样确保危险区的现场安全，这个接地叫作本安接地。

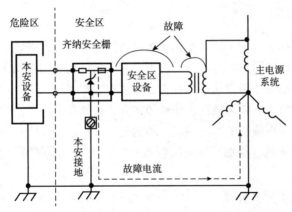

图 9-1-13　齐纳式安全栅本安接地时回路电路原理

而对于隔离式安全栅，如图 9-1-14 所示，当前述故障发生时，由于隔离式安全栅内有可靠的隔离单元，它对地产生电势，但对地电流不可能从可靠隔离单元流向危险区，因此在安全栅的本安电路侧不需要专门本安接地，只需按照一般要求。如采用屏蔽电缆在控制室侧将电缆屏蔽接地，如图 9-1-15 所示。

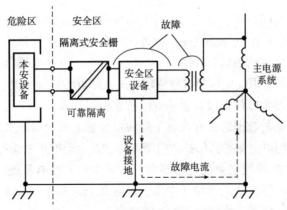

图 9-1-14　隔离式安全栅回路电路原理

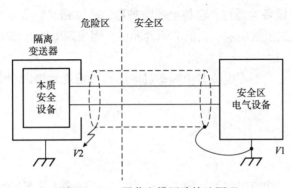

图 9-1-15　屏蔽电缆回路接地原理

9.1.5 应用注意事项

①安全栅的防爆标志必须不低于本安现场设备的防爆标志的等级。

②确定安全栅的端电阻及回路电阻可以满足本安现场设备的最低工作电压。

③安全栅的本安端安全参数能够满足不等式要求。

④根据本安现场仪表的电源极性及信号传输方式选择与之相匹配的安全栅。

⑤避免安全栅的漏电流影响本安现场设备的正常工作。

⑥两线制工作方式的安全栅可能与控制系统存在兼容匹配问题，而采用四线制方式通常可避免此类问题。

⑦安全栅应安装在安全场所，同时还要遵守 GB 3836.13《爆炸性环境　第 13 部分：设备的检修、修复和改造》、GB 3836.15《爆炸性环境　第 15 部分：电气装置的设计、选型和安装》、GB 3836.16《爆炸性环境　第 16 部分：电气装置的检查和维护》、GB 3836.18《爆炸性环境　第 18 部分：本质安全电气系统》和 GB 50257《电气装置安装工程爆炸和火灾危险环境电气装置施工及验收规范》的有关规定。

9.2 电涌保护器

电涌电压是持续时间极短，有陡峭上升沿的脉冲电压或瞬态电压。雷击是最为人们熟知的导致该类电涌电压产生的原因之一。此外，日常带负载进行开关操作会使电气设备每天承受着供电线路上出现的数以百计的电涌电压。例如，电动机的启动电流可以在电动机线路外产生强大的磁场，电涌电压通过感应耦合进入邻近的数据线路。

电涌电压产生的结果往往是设备毁坏、停机或控制系统失灵。与系统失灵和更换元件的代价相比，可能发生的数据丢失和收益下降的损失远远大于实际修理的费用。因此，在信号处理领域需要使用电涌保护器保护微电子元件和处理器的正常运行。

石油化工装置中过程控制系统的电涌防护主要对象：配电系统，包括控制室供电系统，UPS、DCS 及 PLC 等控制系统稳压电源；DCS 及 PLC 的 I/O 卡件，包括模拟量 / 数字量输入输出、通信卡、现场总线接口卡等；现场仪表。

电涌保护器（Surge protective device，SPD）是一种用于限制瞬态过电压和分流电涌电流，保护电气或电子设备的器件，也称电涌防护器、防雷栅、防雷器等。SPD 至少包含一个用来限制电涌电压或泄放电涌电流的非线性元件。当出现电涌时 SPD 能在最短的时间内（纳秒级）内迅速将大电流泄放到大地。

SPD 产品适用于对受到雷电或其他瞬态过电压直接或者间接影响的电源和信号线缆进行防护。

9.2.1 工作原理

a）SPD 保护器件

SPD 的基本要求是响应时间快、放电电流大、输出残余电压低和使用寿命长。要想达到上述要求需采用不同的保护元件或搭建多级保护电路。

常用的保护元件有三种：气体放电管（GDT）、压敏电阻（MOV）、瞬态抑制二极管

（TVS），三种元件的泄放能力及响应速度如图 9-2-1 所示。

　　GDT 其结构是在陶瓷外壳内部（两端有金属电极）充入惰性气体，比如氩气或氖气。当外部电压（两极）增大到使两极间的电场超过气体的绝缘强度时，两极发生间隙击穿呈低阻状态。GDT 元件外形如图 9-2-2 所示。

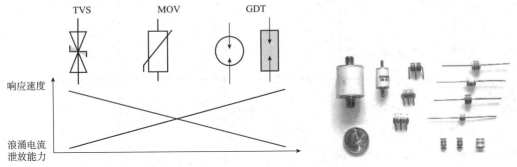

图 9-2-1　三种电涌保护元件泄放能力、响应速度曲线　　　　图 9-2-2　GDT 外形

　　MOV 是一种以氧化锌为主要成分的金属氧化物半导体，非线性电阻。当作用在两端的电压高于它的额定电压时，它的电阻将迅速减小而近似短路。MOV 元件外形如图 9-2-3 所示。

　　TVS 有单极性和双极性两种。其最大特点是响应时间非常快。TVS 元件外形如图 9-2-4 所示。

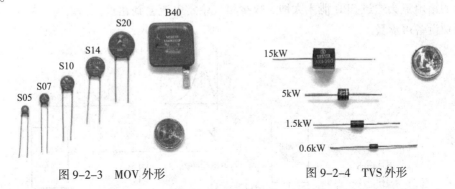

图 9-2-3　MOV 外形　　　　　　　图 9-2-4　TVS 外形

b）信号 SPD 的工作原理

　　当电涌电压加在保护电路的输入端时，响应速度最快的 TVS 首先动作。通过选择适当耦合元件（电感或电阻）参数，使线路设计为在 TVS 可能损坏之前，随着放电电流的增加使其在 L2 上产生的压降加上在 TVS 上的压降达到 MOV 的击穿电压，这时 MOV 开始放电。同样，随着放电电流进一步增加使其在 L1 上的压降加上 MOV 击穿电压达到 GDT 的动作电压，最终由 GDT 释放更大的电涌电流。

　　如图 9-2-5 所示，当电涌电压以 1kV/μs 的标准速率上升，峰值为 10kV 的脉冲电压加在一个 24V 组合保护电路时，通过 GDT 后电压大约被限制在 700V。该电压通过耦合元件（电感或电阻）的衰减和 MOV 的抑制，电压大约被限制在 100V（最高 150V）左右。再经 TVS 使输出电压限制在 40V 左右。这样被保护的电子设备只需承受较低的瞬间过电压而免受损害。

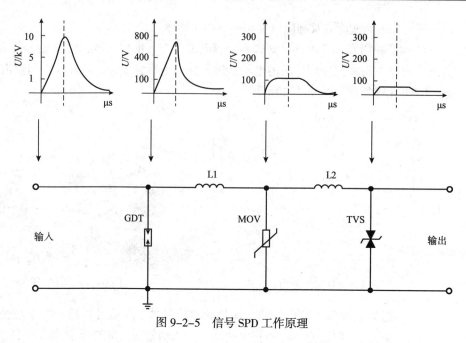

图 9-2-5　信号 SPD 工作原理

c）电源 SPD 的工作原理

如图 9-2-6 所示，当电网由于雷击等原因出现瞬时脉冲电涌时，SPD 在纳秒内导通，将雷电电涌瞬间泄放到大地，从而不影响用户设备的供电。雷电流通过被保护线路时，绝大部分的雷电流会通过 SPD 泄入大地，仅少量残余雷电流会到达被保护设备，能量小，保证被保护设备可承受。

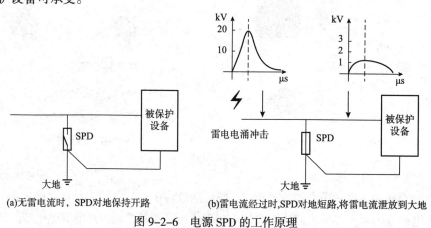

(a)无雷电流时，SPD对地保持开路　　　(b)雷电流经过时,SPD对地短路,将雷电流泄放到大地

图 9-2-6　电源 SPD 的工作原理

9.2.2　产品分类

9.2.2.1　电源型 SPD

电源型 SPD 能在电涌产生瞬间，将被保护线路接入等电位系统中，把电涌限制在一定水平，从而起到保护用电设备安全的作用。电源型 SPD 的外形及尺寸如图 9-2-7~ 图 9-2-10 所示。

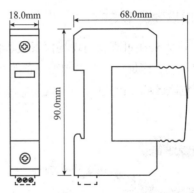

图 9-2-7　电源型 SPD（辰竹）　　　图 9-2-8　电源型 SPD 外形尺寸（辰竹）

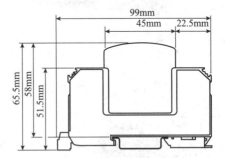

图 9-2-9　电源型 SPD（PHOENIX）　　图 9-2-10　电源型 SPD 外形尺寸（PHOENIX）

9.2.2.2　信号型 SPD

信号型 SPD 适用于各种 IO 信号如开关、变送器、阀门定位器、热电阻、热电偶、RS-485、RS-232、CAN 信号以及 24V 直流供电回路的保护。信号型 SPD 的外形及尺寸如图 9-2-11~ 图 9-2-16 所示。

图 9-2-11　本安型 SPD（辰竹）　图 9-2-12　通用型 SPD（辰竹）　图 9-2-13　信号型外形尺寸 SPD（辰竹）

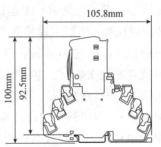

图 9-2-14　本安型 SPD　　　图 9-2-15　通用型 SPD　　　图 9-2-16　信号型 SPD 外形尺寸
　　　（PHOENIX）　　　　　　　（PHOENIX）　　　　　　　　（PHOENIX）

9.2.2.3 现场安装型 SPD

现场安装型 SPD 可直接与现场仪表设备相连，安装方便。适合二 / 三 / 四线制变送器、热电阻、热电偶、流量计、电磁阀等设备的保护。同时也拥有本安、隔爆双重认证的产品，可直接用于危险区域（包括 0 区）。现场安装型 SPD 外形及尺寸如图 9-2-17~图 9-2-20 所示。

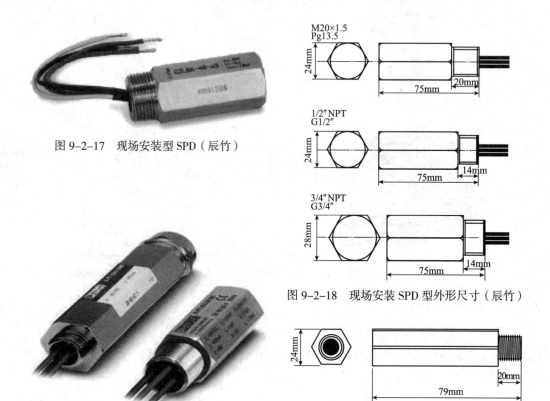

图 9-2-17　现场安装型 SPD（辰竹）

图 9-2-18　现场安装 SPD 型外形尺寸（辰竹）

图 9-2-19　现场安装型 SPD（PHOENIX）　　图 9-2-20　现场安装型 SPD 外形尺寸（PHOENIX）

9.2.3　技术参数

最大持续运行电压（U_c）：允许持续施加并且不影响信号传输和信号质量的最大电压，也称最大工作电压。对于 24V 直流供电仪表，由于直流电源电压波动及负载变化等因素影响，最大信号电压的数值为：30~36V DC，因此，$U_c \geq 36V$。

最大信号电流（I_c）：SPD 所在线路的最大工作信号电流。对于两线制、三线制、四线制的 4~20mA 信号仪表（包括 HART 通信信号），$I_c \geq 150mA$。对于 24V 直流供电线路，如电磁阀、超声波仪表、可燃气体检测器等仪表，$I_c \geq 600mA$。

标称放电电流（I_n）：SPD 不被损坏所能通过的最大电涌电流，即 SPD 在通过标准实验波形电流和规定实验次数时，电涌电流的最大泄放能力。对信号仪表来说，I_n 大于 1kA（8/20us）即可满足一般防护要求。可选用 5kA（8/20us）、10kA（8/20us）等规格。

电压保护水平（U_p）：SPD 在通过 8/20μs 标准实验波形，泄放电涌电流时，在 SPD 后端所呈现的最大电压峰值，即残余的电压，也称限制电压。电源 SPD 一般指的是 I_n 下的值，信号 SPD 一般指的是 6kV/3kA（8/20μs）冲击下的值。对 24V DC 工作电压的仪表，

SPD 的 U_p=60V。选择适用的 SPD 的限制电压值不宜太高，一般在所防护设备的工作电压或信号电压的 2~2.5 倍左右。U_p 应小于被保护仪表的承受电压。

冲击电流（I_{imp}）：由电流峰值 I_{peak}、电荷量 Q 和比能量 W/R 三个参数定义的电流，用于 SPD 的 I 类试验，典型波形为 10/350 μs。

响应时间：标准实验波形电压开始作用于 SPD 的时刻到电涌保护器实际导通放电时刻之间的延迟时间。信号类 SPD 的响应时间应不大于 5ns。

9.2.4　安装及应用

a）电源型 SPD 应用

典型应用如图 9-2-21 所示。

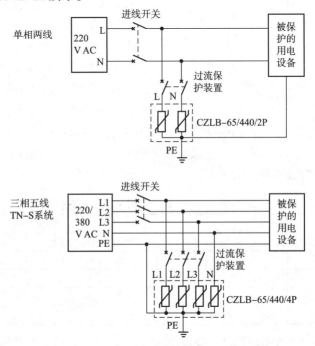

图 9-2-21　电源型 SPD 典型应用（上海辰竹）

电源 SPD 接线需注意：

在 SPD 所在支路安装过流保护装置，可以在 SPD 老化、失效时将 SPD 从回路切除，避免主回路进线开关跳闸，从而不影响正常生产。修护时也方便断电后检测 SPD 性能以及更换等。

SPD 接地导线应足够短，连接 SPD 的 L 长度应 <0.5m 如图 9-2-22 所示，推荐使用 V 形接线方式。与被保护设备之间连接线缆长度不应超过 10m。

b）信号 SPD 应用

信号 SPD 的接线原理如图 9-2-23 所示。

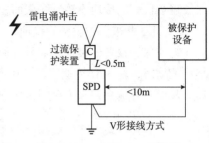

图 9-2-22　电源 SPD 的接线

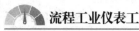
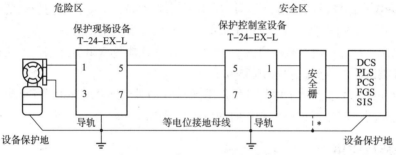

图 9-2-23　信号 SPD 的接线原理

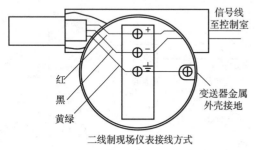

图 9-2-24　现场安装型 SPD 接线原理

c）现场安装型 SPD 应用

现场安装型 SPD 接线如图 9-2-24 所示。

d）接线

电源线路的各级 SPD 应分别安装在被保护设备电源线路的前端，SPD 各接线端应分别与配电箱内线路的同名端相线连接。SPD 的接地端与配电箱的保护接地线（PE）接地端子板相连，配电箱接地端子板应与所处防雷区的等电位接地端子板连接。各级 SPD 连接导线应平直，其长度不宜超过 0.5m。SPD 的连接导线最小截面积宜符合表 9-2-1 的规定。

表 9-2-1　SPD 的连接导线最小截面积

SPD 级数	SPD 类型	导线截面积 /mm²	
		SPD 连接相线铜导线	SPD 接地端连接铜导线
第一级	开关型或限压型	6	10
第二级	限压型	4	6
第三级	限压型	2.5	4
第四级	限压型	2.5	4

连接导线应采用绝缘多股铜芯电缆或电线。

室内安装单台仪表的接地导线截面积：2.5mm²；

现场仪表的接地连接导线截面积：4~6mm²。

e）SPD 和被保护设备的接地

将被保护设备的接地线或外壳和 SPD 接地线之间用导线直接连接起来，并使连接导线尽可能缩短，在 SPD 接地端单点接地。这样可避免 SPD 与被保护设备的地线之间产生高电压，从而有效地起到保护作用，如图 9-2-25 所示。

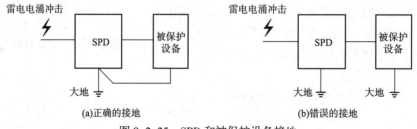

图 9-2-25　SPD 和被保护设备接地

f）普通型信号 SPD（非本安）在机柜内的布置与接线

SPD 的接地线与被保护设备的外壳接地端之间需用跨接线连接，并在 SPD 接地点处连接到大地。非本安信号 SPD 在机柜内的布线如图 9-2-26 所示。

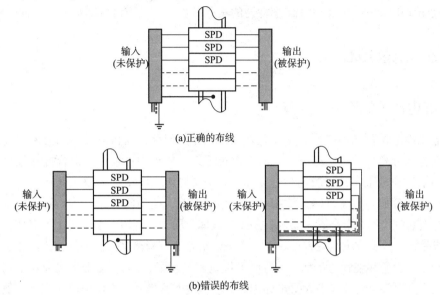

图 9-2-26　信号 SPD（非本安）在机柜内的布线

g）本安型 SPD 安装和布线

当用本安型 SPD 保护安全栅及连接的设备时，应将 SPD 与安全栅分开安装在两排不同的导轨上，以满足危险侧与安全侧接线端子之间 50mm 的间隔要求，同时可使得布线更加整齐，如图 9-2-27 所示。

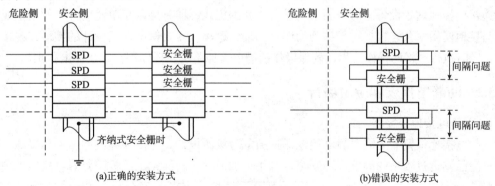

图 9-2-27　本安型信号 SPD 在机柜内的布线

9.2.5　注意事项

①电涌保护器安装位置离被保护设备越近越好。

②确保接地良好。

③工作电压：SPD 的工作电压要大于设备工作电压峰值的 1.2 倍以上。

④工作频率：SPD 支持的工作频率大于设备最大工作频率。

⑤损耗：需考虑 SPD 上的电路损耗。因串接 SPD 器件对电路特性有改变，并联 SPD

器件对信号有影响，主要是寄生电容的影响。

⑥保护模式：共模保护和差模保护，以满足设备的保护要求。

⑦通流容量：对信号线路的保护，SPD 通流容量一般选择 10kA。

⑧电压保护水平：衡量 SPD 保护特性的重要参数，需低于设备能承受脉冲冲击电压。

9.3 防静电仪表

9.3.1 静电产生的原因和危害

静电或静电积蓄现象在我们身边随处可见，在任何存在物料流动的工业生产过程中，材料的聚合与分离都会产生静电，如液体流过管道、粉末划过坡道、混合搅拌过程等。电荷产生的电流通常很小，一般不超过 0.1mA。如果物体或设备部件接地良好，这些电荷在产生后会很快释放。但是，一旦该物料与接地点绝缘，电荷将开始积聚。石油化工企业因静电放电引起危险场合下易燃、易爆物品（如液体、粉尘、气体、蒸气等）的爆炸和火灾事故比比皆是，事故造成大量的人员、财产损失，给企业带来严重经济损失。为防止意想不到的静电释放，设备和装置通常都要设置静电接地装置 / 系统，以保证静电电荷积累到危险程度前得以安全泄放。工业仪表大量半导体器件对静电非常敏感，静电电压过高会导致元器件损坏、MOS 电路击穿等。

9.3.2 通过接地和连接有效控制静电

静电接地系统包含两个方面的内容：一是可靠的接地网，采用布置在指定区域的接地汇流排连接到埋入地下的接地极，须确保接地电阻范围符合规范要求；二是用于将生产设备连接到接地网的设备。对于固定的设备，如固定式容器，可以简单使用可靠的接地线将其与接地网做永久连接；对于移动物体，如桶、罐车，需要使用专门设计的接地和连接设备，同时执行严格的操作流程，确保操作前静电接地系统发挥作用，防止静电积聚。

9.3.3 防静电仪表和应用场合

a）静电接地报警器

静电接地报警器为需要静电接地保护的危险场所设计，保证导静电回路可靠接地，确保危险品储运过程中的静电接地安全，应用于加油站、石油化工厂等需要静电接地保护和人体静电安全释放的危险场所。

静电接地报警器通过检测静电接地电阻是否符合相关安全标准的规定，当发现超标准时，输出声光报警提示信号。其原理：静电接地钳及导静电电缆连接到报警模块，形成检测回路，控制模块通过回路的闭合状态判断静电接地的可靠程度，如图 9-3-1 所示，以导车体静电为例，静

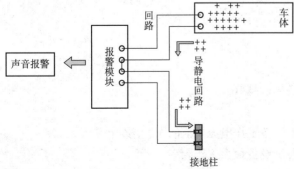

图 9-3-1 静电接地报警器工作回路

电接地钳顶尖、夹体以及接地电缆形成独立的导静电回路，可靠地连接到接地桩，保证静电导除完全。

b）静电接地钳

静电接地钳是能够导出静电的专用工具，通常与静电接地报警器一起使用，组成静电接地检测系统。高强度恒力弹簧的钳夹啮合在需要导出静电的物体上，通过尖锐的破漆、透锈针穿透物体表面的油漆、污渍等绝缘层，使物体表面的静电荷被及时释放，确保设备作业安全。静电接地钳的核心部件夹齿采用碳钨合金等材料制成，使可能积聚静电的设备能够安全通过接地钳接地，杜绝了设备在含有爆炸性气体环境中放电产生电火花，是比较安全的防爆静电接地工具。

图 9-3-2 所示为静电接地钳工作原理图，当接地钳齿咬合静电设备时，静电通过钳齿对电容 C 充电，当电压高于稳压管动作电压值时，稳压管导通，积聚的静电荷通过电阻 R 对地释放，这就避免引起爆炸危险。静电接地钳外形如图 9-3-3 所示。

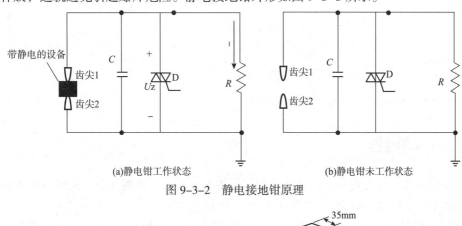

图 9-3-2　静电接地钳原理

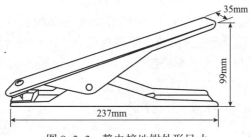

图 9-3-3　静电接地钳外形尺寸

c）静电变送器

静电变送器是一种可检测静电产生量的仪表，适用于危险区域的静电测量及防静电控制。它可以测量多种化工介质产生静电的参数，并将被测的静电参数转换成 4~20mA 电流信号输出，该输出可以作为指示、记录和各种控制、调节系统的输入信号。

图 9-3-4 所示为静电变送器工作原理框图，图中的总电阻是应变电阻 R1、R2、R3、R4 的合成，它们构成惠斯顿电桥并与亚导体传感器接在一起，传感器部分是亚导体。传感器检测到目标区的静电量产生的电压变化，从

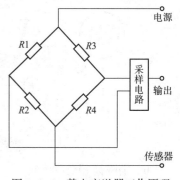

图 9-3-4　静电变送器工作原理

而引起应变电阻阻值的变化。亚导体感应的静电荷量越高，惠斯顿电桥的电阻的阻值变化也越大。即把亚导体感应的静电电压的变化转变成了电信号，再经由集成电路放大后输出即可。

被测介质的静电电压作用于亚导体静电传感器，通过特定的高频激励与检测电路将其转换为直流电信号，通过信号调整电路转换为一定幅度的电压信号，经过 A/D（模拟 / 数字）转换为数字量信号送至 CPU 处理器，经过微处理器的程序运算，并经 D/A（数字 / 模拟）转换以及 HART 通信电路处理，将静电电压参数转换成所需要的 4~20mA 标准直流电流信号及符合 HART 协议的数字信号并调制在二线制电流回路上，提供给用户使用，同时驱动显示器显示。其外形结构如图 9-3-5 所示。

图 9-3-5　静电变送器外形结构（上自仪）

d）注意事项

防静电设备的安装必须符合 GB 3836 系列标准中的相关要求。

严禁摩擦产品外壳，以防静电引燃危险。

9.4　隔离器

在控制系统工作过程中，经常会出现信号失真、相互干扰等问题，造成系统不稳定，甚至无法工作，这需要找到方法减少该类问题的发生。

信号隔离器是一种输入 / 输出设备，接收输入信号，转换成与输入成一定关系的信号，输出给其他设备，利用光电隔离或电磁隔离切断输入信号与输出信号之间的电气连接，起到电气隔离的作用，而并不影响信号的传输，实际的信号隔离器往往会根据需要，附加很多其他功能，如信号运算、信号分配及转换等。

信号隔离器在实际应用中主要有以下用途：

a）消除接地环路影响

当系统中两个仪表形成地环路时，往往会产生干扰，导致信号不准确。如果在这两个仪表之间增加一个隔离器，切断地环路，可解决这个问题，如图 9-4-1 所示。

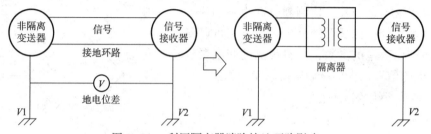

图 9-4-1　利用隔离器消除接地环路影响

b）消除高频电磁干扰

某些设备工作时会产生高频电磁干扰，最常见的就是变频器，如图 9-4-2 所示，变频器产生的干扰将通过连接线进入其他设备，如 DCS，很可能出现信号跳变，严重时可能导致 DCS 不能正常工作。在这二者之间增加一个隔离器，利用隔离器对高频信号的抑制作用，可以将信号滤波后送到 DCS。

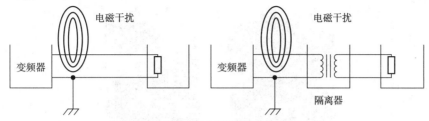

图 9-4-2　利用隔离器消除高频电磁干扰

c）解决设备间信号不匹配问题

若两个需要互联的仪表之间信号不匹配，则需要用隔离器来实现信号转换功能，从而保证仪表的互联，如图 9-4-3 所示。

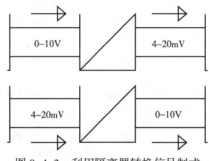

图 9-4-3　利用隔离器转换信号制式

d）一路信号分配成多路信号

一些场合，需要将一个信号同时送给不同的控制系统，即实现信号分配功能，可以采用一入二出的隔离器实现。

9.4.1　种类

隔离器分为热电阻热电偶输入型隔离器、模拟量输入型隔离器、模拟量输出型隔离器、开关量输入型隔离器、开关量输出型隔离器、电压输入型隔离器、电压输出型隔离器、通信输入型隔离器、频率转换型隔离器、振动输入型隔离器。

9.4.2　原理

隔离器原理如图 9-4-4 所示。

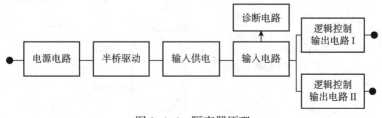

图 9-4-4　隔离器原理

9.4.3 外形

隔离器外形如图 9-4-5 所示。

单通道　　　　　双通道

图 9-4-5　隔离器外形结构（南京优信）

9.4.4 接线图（基本电路）

单输入 / 输出型接线如图 9-4-6 所示，双输入 / 输出型隔离器接线如图 9-4-7 所示。

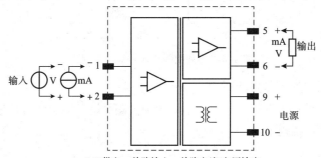

24V供电，单路输入，单路电流/电压输出

图 9-4-6　单输入 / 输出型隔离器接线

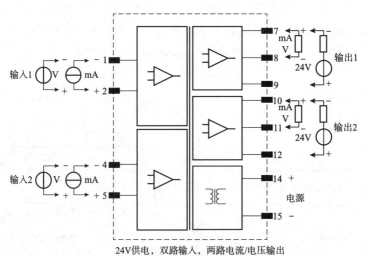

24V供电，双路输入，两路电流/电压输出

图 9-4-7　双输入 / 输出型隔离器接线

9.5　安全继电器

安全继电器是一种在安全标准体系下，取得相应安全认证的专用继电器。在石油化工行业中，即为符合 IEC 61508（GB/T 20438）标准，取得国内 / 国际权威机构安全完整性等级认证的继电器。其主要应用于安全仪表系统中，连接安全仪表回路各部分（测量仪表、逻辑控制器、最终元件）。尤其是当安全仪表系统输入 / 输出信号（开关量）线路中可能存在来自外部的危险干扰信号时，应采用安全继电器进行隔离。当测量仪表检测到工艺或设备出现危险信号，由逻辑控制器或操作人员发出紧急停车命令后，通过安全继电器将信号传递给相关最终执行元件，执行安全联锁保护动作，使设备进入安全状态，保护人员和设备的安全。

9.5.1　种类及其原理

按照行业及标准体系划分，安全继电器通常划分为机械制造行业用安全继电器（符合标准 EN ISO 13849，性能等级 PL：a~e、EN 954-1，安全等级 Cat：B、1~4）及流程工业用安全继电器（符合标准 IEC 61508、IEC 62061，安全完整性等级 SIL：1~4）。无论应用于哪个行业，基于哪种标准取得安全认证的安全继电器的基本原理如图 9-5-1 所示。

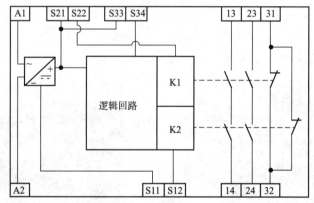

图 9-5-1　安全继电器原理

A1/A2 为电源加载端，S11/S12、S21/S22 为两组输入通道，S33/S34 为复位端，13/14、23/24 常开触点 NO 作为逻辑输出，31/32 常闭触点 NC 为辅助触点。

较之于普通继电器，安全继电器的"安全"二字通常体现在以下方面：

a）冗余配置

图 9-5-1 中所示，安全继电器内部相当于集成了两个继电器，以保证可靠性，满足相应的安全完整性等级。

b）具备机械联动触点

安全继电器采用多极触点机械联动设计，保证常开安全输出触点和辅助常闭触点不可能同时闭合，如图 9-5-2 所示。

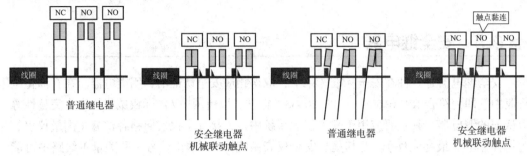

图 9-5-2　安全继电器的机械联动触点

由于安全继电器的触点被机械性地连在一起，如果常开的安全触点 NO 粘连，辅助常闭触点 NC 将打开；类似的情况，如果辅助常闭触点 NC 粘连，常开安全触点 NO 将不能闭合。

c）自诊断功能

根据安全仪表系统故障安全的设计原则，安全继电器通常采用常开触点 NO 作为信号输出触点。基于机械联动触点设计，辅助常闭触点 NC 通常作为常开触点 NO 是否粘连的监视用途，即安全继电器具备自诊断功能。

d）安全认证

石油化工行业中，安全继电器作为安全仪表系统的一个部件实现安全仪表功能，其相关参数均通过权威机构测试认证并出具证明文件。

9.5.2　外形

安全继电器外形如图 9-5-3 所示。

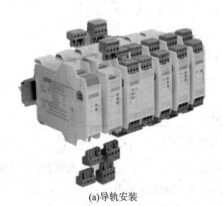

(a)导轨安装　　　　　　　　(b)底座安装

图 9-5-3　安全继电器外形（PHOENIX）

9.5.3　主要参数

电源电压：24V DC。

输入电流：≤ 50mA。

触点类型：1 路诊断用常闭触点 NC + 至少 1 路常开安全触点 NO。

触点材料：$AgSnO_2$。

最大持续电流：6A。

安全完整性等级（SIL）：符合 IEC 61508 SIL 等级要求。

9.5.4　注意事项

常开安全触点 NO 作为信号输出触点，应用时应注意整个回路的构建及动作逻辑的匹配。

继电器故障大多发生在触点上，应根据负载情况确定触点容量。

在安全仪表系统中，为了实现满足要求安全完整性等级（SIL）的安全仪表功能，安全继电器仅仅是作为连接仪表、逻辑控制器、最终元件之间的器件，其符合性判断仍须放到安全仪表回路中。

主要制造厂商：

上海辰竹仪表有限公司

南京优倍电气有限公司

南京菲尼克斯电气有限公司

第 10 章　人机工程设计

10.1　概述

人机工程学是一门新兴的学科，它是人类生物科学和工程技术科学相结合的学科。目前国际上尚未形成统一的术语和定义。例如：北美采用人体（因素）工程学，欧洲采用（人类）工效学，我国采用（人类）工效学，而工程领域多用人机工程学。

1975 年国际标准化组织（ISO）专门设立了"Ergonomics"标准化技术委员会（ISO/TC1591）。我国于 1980 年成立了相应的"全国人类工效学标准化技术委员会"，开展了卓有成效的工作。

控制系统的人机工程设计，主要针对控制室内控制系统的软硬件进行设计，包括操作台、仪表、控制室的布置、仪表盘 / 柜等，减少使用中"人"的差错，发挥"人"、"机"各自的特点，提高系统整体可靠性。

10.2　分散控制系统人机接口

分散控制系统（DCS）人机接口界面设计应以考虑人的因素为主，最大限度满足人的要求：界面应当提供足够的信息让操作人员既可以快速了解系统全局状况，同时也能获取具体参数的详细信息。

原则上来说，最需要触及的系统部件应被放置在最容易触及和操作的位置，最需要看到的系统部件应被放置在最容易看到的位置。

控制系统的选择、设计和布置应与人体的特性和所要执行的任务相符，应考虑对技巧、准确度、速度和力的要求。

控制系统的选择和布置应与设计目标人群的典型特点、控制过程的动态特性和作业空间要求相符。

需要同时操作或者快速依次操作多套控制系统时，操作站的位置应当相互足够接近以利于正确的操作；但不能过于接近，避免无意产生的误操作。

工作空间的设计应考虑人体尺寸、姿势、肌肉力量和动作的因素。例如，应提供充分的作业空间，使操作人员以良好的工作姿态和动作完成任务，灵活进出工作空间，允许操作人员变换身体姿态，避免可能造成长时间静态肌肉紧张并导致身体疲劳的姿态。

10.2.1　人机接口组成

DCS 人机接口一般分为硬件设备和软件。硬件设备包括操作台、控制设备、显示设备和声音设备，控制设备接收"人"对"机"发出控制指令；"显示设备"和"声音设备"反馈给"人"目前"机"所处的状态。人机接口软件主要是研究在硬件设备中"人"和"机"信息交互的方式。

10.2.2　人机接口硬件设备

硬件设备通常包括操作台、辅助操作台、控制设备、显示设备和声音设备。

a）操作台

操作台是操作人员长期工作的场所和重要的甚至是唯一的人机界面平台，布局模式、显示器设置、桌面高度、座椅位置、腿部空间等都会关系到员工的工作效率和工作状态，也会影响工作的协同、事件处理的便捷、工作环境的适宜、企业文化的显现和中控室的整体观瞻效果。外形及尺寸如图 10-2-1 所示。

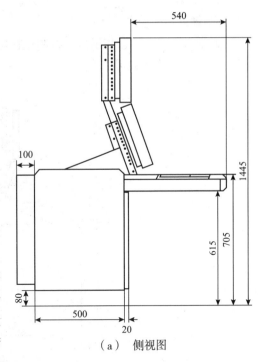

（a）　侧视图

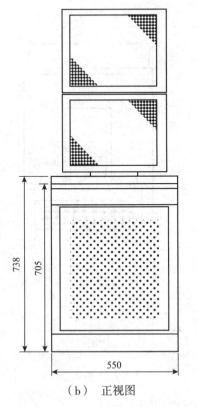

（b）　正视图

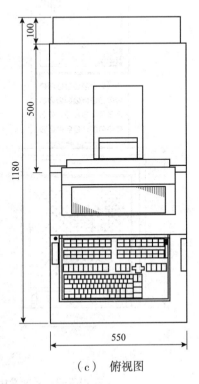

（c）　俯视图

图 10-2-1　一机双屏操作台外形及尺寸（单位：mm）

b）辅助操作台

通常由辅操台体、指示灯、控制按钮等组成，有直型和斜型、单层和双层等形式，外形及尺寸如图 10-2-2 所示。

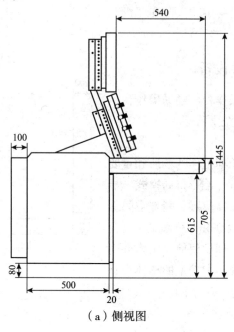

（a）侧视图

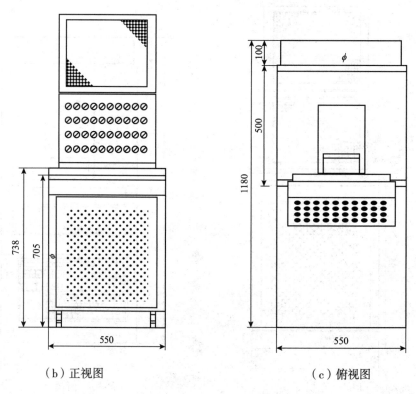

（b）正视图　　　　　　　　　（c）俯视图

图 10-2-2　辅助操作台外形及尺寸（单位：mm）

c）控制设备

包括鼠标、键盘、触摸屏、轨迹球，键盘分为普通键盘和功能键盘两种。

操作键盘至少有以下功能：选择画面、选择控制方式（MAN/AUTO/CAS）、设定值 / 输出值的升 / 降（用光标或数字键）、顺序启动 / 停止、选择报警组、报警确认 / 复位、打印屏幕。

每个操作站都可对常规控制的参数进行显示、控制和修改，并可选择趋势记录和报表。操作键盘采用带覆盖膜保护的触摸式平面键盘，并有专用键盘、光标控制、触按回声、键锁等功能。

操作员键盘如图 10-2-3 所示。

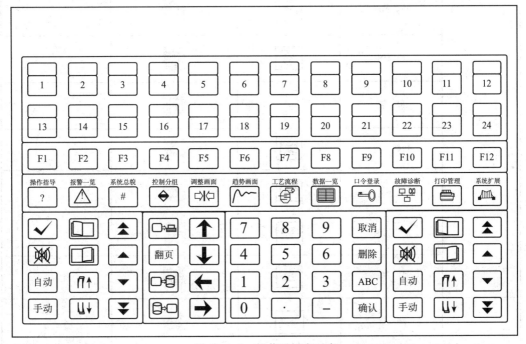

图 10-2-3　操作员键盘示意

常规操作员键盘共有 96 个按键，大致分为自定义键、功能键、画面操作键、屏幕操作键、回路操作键、数字修改键、报警处理键及光标移动键等，其中对一些重要的键实现了冗余设计。

操作员键盘各键功能见表 10-2-1。

表 10-2-1　操作员键盘说明

键类	键名	图符	对应工具栏图标	备注
功能键	F1~F12	Fn		
画面操作	系统介绍		🏠	
	报警一览	⚠	🔔	

续表

键类	键名	图符	对应工具栏图标	备注
画面操作	系统总貌			
	控制分组			
	调整画面			
	趋势画面			
	流程图			
	报 表			
	数据一览			
	口 令			
	故障诊断			
	打 印			
画面操作	翻 页	翻页		
	前 翻			
	后 翻			
屏幕转储	屏幕拷贝			
	屏幕存盘			
	映像再现			
回路与参数快速修改	自 动	自动		

续表

键类	键名	图符	对应工具栏图标	备注
	手 动	手动		
	开关上	↑ʃ		
	开关下	↓↓		
	快 增	⏫		
	增 加	▲		
	减 小	▼		
	快 减	⏬		
光标操作	上	↑		
	下	↓		
	左	←		
	右	→		
报警操作	报警确认	✓		
	消 音			
参数修改	取 消	取消		
	删 除	删除		
	软键盘	ABC		
	回 车	确认		
	0	0		数字 '0'

键类	键名	图符	对应工具栏图标	备注
参数修改	1	1		数字'1'
	2	2		数字'2'
	3	3		数字'3'
	4	4		数字'4'
	5	5		数字'5'
	6	6		数字'6'
	7	7		数字'7'
	8	8		数字'8'
	9	9		数字'9'
	.	·		字符'.'
	−	−		字符'−'
自定义键	UD1~UD24			

d）显示设备

宜采用高质量的显示屏，显示屏分为液晶显示器和 DLP 大屏幕显示器。操作台上的液晶显示器宜采用双屏显示，一个显示屏显示工艺流程总貌、趋势图；另一个显示屏显示控制和操作。

1）液晶显示设备

显示器应具有足够的分辨率，让使用者能够在最远的观察点辨别所有显示元素和编号。显示器的对比度应大于 3：1；推荐的对比度为 7：1。显示器应有足够的亮度，字符或背景，无论哪个亮度更高，都应达到至少 10ft–L（35cd/m^2）的亮度，推荐采用 23~47ft–L（80~160cd/m^2）的亮度。

2）DLP 大屏幕显示器

DLP 大屏幕显示器设置在全厂中心控制室或操作室，主要用来高清晰显示操作站的所有信息。投影机亮度宜为 530~880 流明，对比度 ≥ 2000：1。

e）声音设备

通过系统信号报警器输出和其他多媒体实现。

10.2.3　人机接口软件

10.2.3.1　显示设计要求

a）确定显示要求

任何显示的目的都是为用户提供完成任务所需的信息。显示设计应从确定用户对控制 /显示系统的信息和控制要求开始，不应局限于只考虑当前可用的信号或硬件功能。

任务分析是确定用户信息需求或其他需求的过程。任务分析可采用多种方法。对于特定系统，应使用合适的方法确定所需的信息。在任务分析中需要考虑的与显示选择有关的一些因素包括：

①用户类型（例如操纵员、维修人员、工程师等）；

②用户所需的信息，包括任务开始的提示；

③欲实施决策的性质和用户判断过程；

④用户采取的行动（每个决策后）；

⑤向用户通报反馈采取行动的适宜性；

⑥帮助或参考信息。

b）显示外观的要求

一旦确定了对显示的信息要求，显示设计以及显示选择应反映预期用户感觉和认识能力的要求。感觉因素（如视觉、听觉和其他感官能力），连同认知考虑（如决策能力、对培训要求的影响、时间因素以及人员的数量和技能）都应在选择确定信息需求如何展示给用户时考虑。可对备选方案开展简单的实验比较研究。

10.2.3.2　系统设计要求

a）用户与系统互动的一般要求

在显示的设计中应考虑预期用户的专业知识和所接受的培训程度。为尽可能减少所需的培训，系统硬件、显示之间的导航以及显示配置应便于预期用户理解。在显示设计时应考虑必需的培训。

在大多数运行工况下显示数据的解释和显示之间的导航不应使用户超负荷。在预期的环境条件下，对于已接受过培训的用户，显示应易于理解。在应急照明的情况下，不应感受到任何重要信息的丢失。

1）一致性

显示系统应采用与系统接口、规程和培训相一致的方式来执行功能并展示给用户。所有显示和系统文件应采用相同的术语、标记、编码、缩略语、首字母缩写词和图形符号。在用户指南（包括所有标识、信息和教学材料）的用语中，措辞及信息或命令输入功能所要求的格式应统一。命令或信息的输入程序应在构成上和结果上保持一致。

2）用户期望

系统设计细节（如格式、术语、排序、分组和对用户决策的支持）应与用户的期望、培训、规程、经验和已有的习惯（如菜单选择、用户输入程序、编辑和纠错程序）保持一致。

用户应很容易确定目前在显示画面中的位置并快速访问当前不可见数据。信息输入顺序应反映用户期望并应提供所需的控制选项。当通过一个特殊功能键表明已完成控制输入时，该键应标识为"确认"，或其他功能上等效的字符，并经该键实现输入的计算机确认。

3）对用户记忆的要求

系统应尽可能减少对用户记忆的要求。应提供缩略语、符号、图标、编码、显示设计惯例、命令等方面的词典以便于用户查阅。应向用户提供控制选项清单，只提供对当前处理实际可用的控制选项。所有的缩略语和术语都应与相关标准中规定相一致。

信号或命令的输入不应要求记忆特殊的编码或顺序，也不应要求翻译或转换。用户输入采用的计量单位应与控制室显示器和规范中所使用的计量单位相同。命令的命名应清楚地描述所实施的功能。

4）直观地布置显示要素

显示画面所有构成要素应基于用户要求并按重要性、使用频率、使用顺序形成的原则，处于特定岗位的整个运行班组都应获得关键安全功能的信息。

用户输入项应占据明显的位置和（或）具有独特的格式。如果相同的输入在不同的模式下有不同的结果，则应连续指示当前的模式。模式的状态指示应在位置和格式上比较醒目，并且从一个处理到另一个处理的显示应是一致的。如果提供暂停或挂起选项，就应对选定的项目予以指示。对于被中断的处理当恢复操作时，应给予明示。命令或数据输入的反馈应区别于显示文本。输入表格的字段，可选的与必需的数据输入应明确分开，用户对显示文本附加的注解应区别于文本本身。

5）降低工作负荷

用户输入操作应简单，尤其对于要求用户及时响应的实时任务，操作界面应允许以尽量少的操作来完成任务。在开始输入处理时，当前定义的默认值应显示在相应的数据字段内，可以给默认值做标记以区别于输入数据。不经过充分的反复核对，不允许用户定义、改变或删除任何输入字段的默认值。

输入处理和有关的显示应尽可能减少输入模式或硬件之间的转换，诸如从鼠标到键盘的转换。用户的控制输入不应区别大小写字母。

6）用户反馈

系统应对系统状态、允许的操作、错误和错误恢复选项、可能造成事故的操作以及数据的有效性提供有用的信息。

当系统执行功能不要求用户参与时，应提供反馈信息以表明系统运行正常，当有新的操作时，则应通过相应提示信息表明前一个操作过程已经完成，不应造成显示混乱。

在一些应用中，理想的情况是在用户开始一个新的操作之前要确保键盘和其他控制设备是自动闭锁的。那些导致控制闭锁的暂缓处理应直观地给出指示，同时伴以声音信号，在控制闭锁结束之后，系统准备就绪并向用户发出提示以接受下一步输入。

7）灵活性

灵活性仅限于为执行任务提供便利，诸如根据用户经验的不同而进行的调整。系统应提供多种执行操作和校验自动操作的方法，并使显示的布局最有利于执行任务。

操作形式要多样化并应与操作人员技能相一致，应允许初学者采取简单的步进式操作，对有经验的用户则应允许采取更综合的操作方式。

8）用户指南

操作过程中，每一步的操作都要有下一个步骤或可选的步骤，不应出现无效步骤。系统应提供有效的"帮助"功能以给出在线和离线的相应操作指导。

9）预防错误

在操作过程中，如果用户犯错，系统应检测错误并提供简单、有建设性和具体的说明来恢复。错误操作时，系统状态应保持不变，或者界面应给出恢复状态说明。

10）允许动作回退

当对系统组态时，应尽可能地允许动作回退。

b）清晰度和可读性

清晰度是指识别在没有上下文情况下出现的单个字符，可读性是指文本的质量能够保证很容易地逐字区别和识别出各组字符，或者贴切理解各组字符的含义，为提高清晰度和可读性，应满足下述要求。

1）对比度

指对象的亮度和背景的亮度之间的比值，建议显示画面对比度为（10：1）~（18：1）。

2）亮度

亮度宜控制在 17~172cd/m²。随着亮度从 0.03 cd/m² 增加到 34 cd/m²，清晰度也在提高。对于 0.1~1.0cd/m² 的低亮度，要求对比度至少为 5：1，而且英文字符尺寸的可视角度为 20′。

3）视距

显示屏应基于用户正常的观看距离。需引起注意的定性数据通常要足够大，以便在远处能看见。对于绝大多数定量数据，由于处于用户执行相关控制操作可达到的距离内（通常为40~70cm），因而可以小一些。

视距：鼻梁到屏幕中心的距离。目前控制系统操作站主屏的视距约为 60~70cm。

4）字符尺寸

字符尺寸是在给定距离内观测者的眼睛与字符顶部和底部之间垂直角度的度量，通常按可视角度或可视弧度（测量单位为分）提出对字符尺寸的要求。

当屏幕亮度大于 34cd/m² 时，字符尺寸应符合下述要求：

字符高度：最小视角为 16′，推荐为 20′~22′，对可读性有严格要求的任务，最大为 24′。

字符高度的计算方法：

$$字符高度 = 6.283 \times 视距 \times MA/21600$$

基本文字的 MA（视角）的范围为 16~24。

对于视距为 65cm 的字符高度范围为 0.30~0.45cm。推荐：

①主体字体的高度范围为 0.38~0.42cm；

②不太突出显示的字体范围为 0.30~0.38cm；

③突出显示的字体范围为 0.45~0.72cm。

设计软件时，应根据当前控制系统在主配显示器分辨率参数下计算字体大小。

不同的应用场合，如有不同视距，可以针对各自的视距按公式进行调整计算。

①字符高度与宽度的比值：（1：0.7）~（1：0.9）。

②笔画宽度与字符高度的比值：（1：12）~（1：5）。

③字符间距：字符高度的 10%~50%。

④词间距（指英文）：一个字符"N"的宽度。

⑤行间距：至少 2 个笔画宽度或字符高度的 15%（推荐采用字符高度的 50%）。

字体要求：控制系统软件宜使用无衬线字体（在线帮助除外）。并且能够区分以下字母：X 与 K，T 和 Y，I 和 L，I 和 1，O 和 Q，0 和 O，S 和 5，U 和 V。

c）视觉环境

显示的清晰度主要取决于显示所在环境的照明状况。通常应在可能使用的各种照明环境（正常照明和应急照明等）下对显示进行测试。例如应考虑眩光、反向散射和背景光谱的影响。

d）视觉编码

视觉编码（诸如颜色、形状、闪光等）可用于传递状态信息（如对于超过设定值的参数，其颜色变红），或者便于特定对象的定位。只要可能，宜采用多重编码。

由于要熟知所有编码，则每类编码（如形状、尺寸或颜色）只能赋予几个简单含义。另外，编码应与其含义相符而不是相反（如最窄的流量旁通管线不能画得比主管线宽）。

1）颜色编码

颜色提供有效的编码手段。但由于颜色极易受硬件和感觉因素的影响，从而限制了其有效性，并且在照明环境不佳时也降低了其有效性，同时它总是与其他类别编码配合使用。

首先显示设计成单色，然后用颜色区分不同类型的显示要素，从而提高显示效果。

对于几项主要应用（如设备状态、报警类别、参数范围和设备分组），由于用户很容易辨别其含义，所以可采用相同的颜色。对于每项主要应用，颜色编码应始终保持一致。对任何一类显示，颜色含义宜固定不变。

许多颜色在比较时很容易区分，但是相似的颜色则不容易区分，很容易造成混淆。用于编码的颜色宜在各种照明条件下都清晰可辨。

辨别的可靠性要求限定代表不同含义的一组颜色一般不超过 6 种，这取决于显示系统和操作环境。

颜色编码宜利用与颜色含义有关的公认惯例。字母数字和图形显示可以采用不同的颜色编码方案。

按照控制系统的惯例，红色、黄色、橙色、紫红色等暖色调一般表示报警色，绿色表示系统正常，故系统本身的菜单中不宜出现此类颜色。前景色的颜色种类宜尽量少并慎重使用。鲜亮和饱和色只用于快速引起操作员注意的异常工况。

背景色建议采用温和的颜色，如采用深灰色而不是黑色，采用米白色而不是白色。

颜色的选择应该与环境的照明度有关，宜确保一定的亮度对比，背景色如果是暗色，那么前景色应该为亮色，如果背景色为亮色，那么前景色为暗色。

2）尺寸编码

可利用尺寸编码区分重要性或数量方面的差异。尺寸编码的一般用途是利用不同粗细的线条来区别电量或流量等参数的不同值，或者用于区别正常管道与备用管道。为确保可靠地识别不同级别的编码，采用的级别数不宜超过 3 个，同时每一级别与下一级别相差至少 50%。

3）亮度编码

亮度编码可用于唤起对一个对象的注意并突显信息。亮度编码一般只分两个等级，分别近似为显示亮度的 33% 和 100%，两个等级宜同时出现以确保可靠辨别。

4）闪烁

对要求用户立即注意的工况，宜采用闪烁。用于编码的闪烁频率不宜超过两个。两个闪烁频率之间的差值宜至少 2Hz。慢闪频率不小于 0.8Hz，快闪频率不大于 5Hz。图形处于"亮"状态所占的时间比例宜不小于其处于"暗"状态所占的时间比例。

在闪烁时，还要求具有可读性，其频率为 0.33~1Hz。

5）形状编码

虽然很多形状都很容易辨别，但最好采用少量的与其指定含义相关的易辨认的形状。为易于区分，宜对用于编码的形状进行试验。

符号应足够大以便于识别。对于预期的视距，符号的大小建议其最小视角为 20′。选择的符号宜尽可能简单，并省略不必要的细节。

控制系统宜对出现在显示器和键盘上的所有符号给出辞典。

6）图标

图标是一种特殊符号，它可作为计算机各种可用功能或数据组简化的形象化标识。图标宜具有可相互区别的独特外观，如特殊的形状或边框。图标外观应与其代表的含义相符。为识别图标功能所附加的标记应是可用的。

7）位置编码

在一组显示中反复出现的标准信息字段（如标题、文本信息区等）宜放在所有显示的相同位置上。

8）多重编码

当多个含义都适用时，可把几种编码方式结合起来。例如，闪光的红色对象包含有"超过设定值"和"要求立即关注"的两重含义。

e）命名要求

每个用户接口元素都宜有名称。

对于单独的文字、标题、短标签和设备名称（特别是缩写、复合词，如 HYDRO SEP），宜采用大写。

f）对齐要求

对齐的目的是方便用户查阅数据，宜按照数字的不同类别属性进行对齐。

列表中数字没有小数位的宜右对齐，有小数位的宜小数对齐。

列表中字母数据列宜以左对齐的方式排列。

连续文本采用每行左对齐方式，在右边留有空白处。

按列排列的选项宜左对齐。但是如果选项没有指示器且为数字，宜采用数字对齐方式。

当标签和数据字段的长度差不多时，宜采用左对齐方式。在最长标签和数据字段列之间要留有一个空格的间距。

当最长标签的长度超过最短标签长度4倍以上时，标签宜右对齐，而数据字段宜左对齐。在每个标签和数据字段间宜留有一个空格的间距。

g）信息密度

信息密度是指在一个显示屏上显示信息的多少。信息密度低有利于数据的快速查找和检索。此时应权衡多个屏幕导航所花的时间。

由于显示画面切换有一定的逻辑结构，而且编码技术可便于定位和明确任务，同时一些具体状态信息只在有需求时才呈现，因而可以弥补操作画面高信息密度带来的问题。

1）字母数字显示

对于字母数字显示，显示的字符数与可使用的字符数之比宜小于25%。

表格和列表一般具有很高的信息密度，为了便于检索和准确浏览，建议每3行或4行后插入一个空行。

2）图形显示

显示所包含的图形量不宜妨碍用户辨认每一显示要素或理解显示内容。

3）对话结构

对话结构可采用菜单、图、点击、翻页、专用功能键等。对话结构应基于任务要求，具有合理性和一致性，并应反映预期用户惯用的词汇和语法。具体要求如下：

① 需要通过按键来输入的每个单词长度不宜超过7个字符。

② 系统宜允许用户中止或取消输入。

③ 计算机系统宜保留用户按顺序输入的文件，并能按需显示。

④ 计算机系统宜对每一输入进行检查并提供有意义的反馈或者在命令无效或超出范围时给出提示信息。

⑤ 在采用命令语言的地方，宜在线给出可用的命令清单。

⑥ 在利用命令语言选择菜单的地方，术语宜统一。

⑦ 在显示链接处，可利用示意图显示链接，给出的按键宜在空间上与图形一致。

⑧ 声音提示可用于提醒用户系统内发生了重大改变，多个声音提示应彼此易于区分。

⑨ 显示的刷新率。显示刷新率是指信息在屏幕上出现或消失的速率，刷新率应足够快以及时地获取系统参数在运行中的重大变化。

⑩ 采样率。采样率是从现场传感器获取数据的速率，采样率应足够快以获取系统参数在运行中的重大变化。采样率应快于刷新率。

⑪ 数据完整性。数据完整性规则可用于识别超出正常范围的数据，如偏离刻度线或与平均值偏差过大或过小的数据。此类数据的异常情况和基于此类数据的计算宜在所有受到影响的显示中加以标识（例如可疑的数据可显示成蓝色）。为确保显示信息的完整性，重

要设定值、常数或推导值的输入应受到相应的管理控制。

⑫ 刻度。在显示画面中，各类参数量程的刻度宜合理，以覆盖参数的所有值并保证确定和估算运行重要数值所需的精度。

量程的宽度与精度发生冲突时，可采用多个显示，或对同一基本显示采用多个量程刻度，后一种方法要求能清晰精确地显示当前使用的量程。

⑬ 重要人机界面的累计系统响应时间。宜利用时间序列分析来确定从事件发生到完成所要求的用户操作和系统响应所需的最短时间。显示格式和操作方式影响系统的实际响应时间，该时间在累计时间中占比很大。宜从影响系统总响应时间出发，在预期负荷条件下，对显示格式进行认真评价。

⑭ 可靠性。不管出现怎样的故障，计算机系统都不应停止对用户输入的响应。应提供识别错误的数据输入或显示系统以及向用户发出警告的方法。

⑮ 数据的精度。画面显示的精度应与任务要求相一致，对重要的参数值应能够直接读取。

⑯ 数据的准确度。显示格式和准确度应与所选输入设备准确度相一致，显示格式的准确度不应大于输入准确度。

⑰ 安全性。重要操作应有二次确认，默认选择为"取消"，对于特别重要的事件也许需要二次的确认。

10.2.3.3　控制系统典型显示画面

人机接口软件应具有下列标准画面：总貌、分组、操作面板、报警列表、实时趋势、操作事件记录、系统状态和概貌、诊断信息、流程图。

a）总貌

系统总貌画面是系统最高级别的动态表示，是各个实时监控操作画面的总目录，主要用于显示过程信息，或作为索引画面，进入相应的操作画面。

总貌画面显示工厂各设备、装置、区域的运行状态以及全部过程参数变量的状态、测量值、设定值、控制方式（手动 / 自动状态）、高低报警等信息。

组态时可以把总貌画面组态为索引画面，操作员可在总貌画面中点击目标信息块切换到目标画面。

b）分组

以模拟仪表的表盘形式按事先设定的分组，同时显示几个回路的信息：如过程参数变量的测量值、调节器的设定值、输出值、控制方式等。分组可任意进行，操作员可从分组画面调出任一位号（模拟量或开关量）的详细信息。对模拟回路可以手动改变设定值、控制方式等；对开关量可以手动操作设备的开启和停止，画面显示出指令状态和实际状态。

通过控制组窗口可以将关联的生产过程控制回路的仪表面板集中在一起显示和操作，每个控制组窗口最多可以组态 8 个大的仪表面板或 16 个小的仪表面板。PID 控制回路、手操器、分程控制等控制回路仪表面板为大仪表面板，电机控制、开关阀控制、IO 位号等面板为小仪表面板。工程设计时根据工艺提供的要求进行控制分组画面组态，控制分组画面如图 10-2-4 所示。

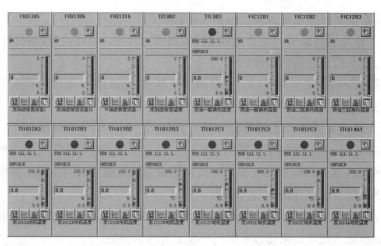

图 10-2-4　控制分组画面示意

图 10-2-5　操作面板

c）操作面板

操作面板是位号、设备、模块的操作接口，包括模拟量信号点，开关信号控制，状态和离散设备与控制面板的仿真。操作员可以通过操作面板监视位号、设备、模块的状态，并对其进行正常状态或异常状态下的操作。

通过操作面板可以打开趋势窗口，趋势窗口将显示所选择参数的实时趋势。可打开关联流程图画面及报警列表等。操作面板见图 10-2-5 所示。

在操作面板上的调整画面，可以观测位号、设备、模块的详细信息。如图 10-2-6 所示。

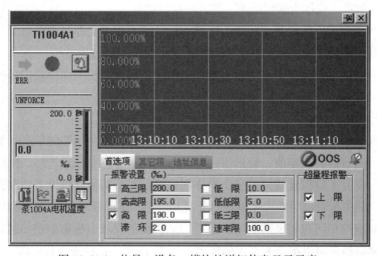

图 10-2-6　位号、设备、模块的详细信息显示示意

d）报警列表

报警列表：显示当前所有正在进行的过程参数报警，并按时间顺序从最新发生的报警

开始排列，报警优先级别和状态用不同的颜色来区别，未经确认的报警处于闪烁状态。

过程报警：可通过监控主画面，一键进入过程报警列表。过程报警列表显示当前操作组的所有可见的过程报警，报警的排序方式按照报警加权优先级和产生的时间，并显示报警是否确认、报警出现时间、位号、描述、状态、值以及优先级等信息。如图 10-2-7 所示。

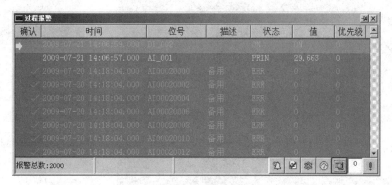

图 10-2-7　过程报警表示意

系统报警：可通过监控主画面，一键进入系统报警列表。系统报警列表显示当前操作域内控制系统所有的报警。包括报警是否确认、报警出现时间、描述、状态以及优先级等信息。如图 10-2-8 所示。

图 10-2-8　系统报警表示意

e）实时趋势

根据组态信息和工艺运行的情况，以一定的时间间隔记录一个数据点，动态更新历史趋势图，并显示时间轴所在时刻的数据。每页趋势画面可以显示 8 个位号的趋势，一个趋势画面可以显示最多四页，布局有 1×1、1×2、2×1、2×2 共四种。

趋势画面采用 1×1 的布局，在工程设计时根据业主提供的趋势位号进行趋势画面组态，1×1 布局的趋势画面如图 10-2-9 所示。

若趋势画面布局方式为多画面并列，监控时可对其中一个趋势画面进行扩展，使扩展后的画面占据整个画面，便于分析相关趋势，之后可通过还原命令恢复多画面并列状态。

操作人员可对显示的趋势画面中的位号坐标上下限等进行操作，之后选择"保存设置"菜单项，保存当前设置，下次载入该页时，按已保存的设置方式显示画面。如果不执行"保存设置"操作，则下次进入该趋势画面时，恢复为最初默认的设置。

趋势画面自由页用于查看未在趋势画面中定义过的位号的趋势曲线，如图 10-2-10 所示。操作员可在线选择需要查看位号的趋势曲线，再选择本位号曲线的颜色。

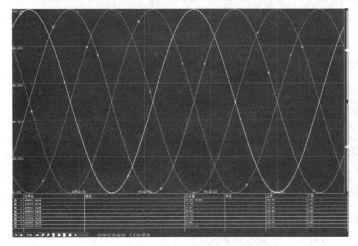

图 10-2-9　1×1 布局的趋势画面示意

图 10-2-10　趋势自由页组态示意

在流程图中，右键点击待查看趋势画面的位号动态数据，可弹出趋势画面。单点趋势默认只显示一个位号的历史趋势，也可以多个位号一起查看。单点趋势画面如图 10-2-11 所示。

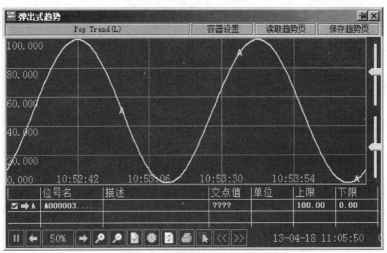

图 10-2-11　单点趋势画面示意

f）操作事件记录

操作事件记录当前操作域的所有操作日志，可选择按天浏览或筛选模式。按天模式下，用户可以按照时间顺序一天天地浏览所有的操作记录。而在筛选模式下，用户可以自由地通过各种查询条件的组合来灵活筛选自己所关心的操作记录，比如特定的用户名，特定操作类型和更加精确的时间条件。操作日志应记录操作的时间、节点、用户、对象、类型等信息。

g）系统状态诊断

系统状态诊断主要分为两部分：实时状态监测和历史记录查询。实时状态监测的主要内容包括操作域、控制域、过程控制网、控制站、控制器、通信节点、I/O 模块等系统部件的运行状态和通信情况。历史记录查询功能可查看特定时间内控制站发生的故障，显示故障产生的时间、设备、地址、诊断项、诊断结果和恢复时间等信息，可查看操作域发生的故障相关信息，显示 CPU 使用率、控制网通信状态等信息。

h）流程图

流程图设计总则：流程图画面布局和样式应该以方便工艺人员操作和使用为主要原则，简化显示工艺生产过程，方便操作员清晰地观察生产过程，便捷地进行生产操作。

1）流程图层次结构

流程图画面布局应以各装置 P&ID 图为基础；如果需要，可以将工艺包、设备包专利商提供的 P&ID 图作为必要的补充依据。

2）流程图层次

针对每一套工艺装置，流程图共划分为四层结构，从第 1 层至第 4 层能够反映出工艺流程由整体到局部，由整体概貌到局部细节，并逐步细化的过程。

第 1 层　索引页：索引页采用图形化菜单形式，只提供进入各工艺画面的快捷路径，不显示工艺状态信息。所有的流程图画面都体现在索引页上。每个操作组流程图第一页为索引页，一般设定为用户登录后的默认流程图画面。流程图索引界面如图 10-2-12 所示。

图 10-2-12　流程图索引页示意

第 2 层　区域总貌：显示一个特定区域的主要工艺流程以及重要的工艺参数，包括主要的监控参数、主流程的阀门和泵等设备状态。通过区域总貌可以跳转到本区域的详细工艺画面。

第 3 层　详细工艺画面：详细工艺画面显示装置的详细工艺流程，包括所有需要监控的设备、所有工艺变量、状态信息。过程控制操作都可以在详细工艺画面完成。

第 4 层　系统面板、操作面板。

3）流程图画面调用与跳转

①通过管线末端的跳转箭头跳转到该管线的下一个流程画面。

②通过常用画面跳转按钮跳转到索引页、区域总貌等常用画面。

③通过索引页跳转。

④通过系统自带的翻页、前进后退功能跳转。

⑤系统面板通过系统自带按钮调用。

4）流程图颜色方案

以避免视觉疲劳和突出重要事件（如关键过程参数报警）作为颜色选择的基本原则。由于颜色比尺寸和亮度更能帮助工艺人员定位对象，所以颜色的划分使用非常重要。细致区分的颜色结合形状、标签、声音、闪烁和大小等给工艺人员提供一个良好的操作环境。流程图颜色配置方案见表10-2-2。

表10-2-2 流程图颜色汇总

颜色	用途（报警、指示等）
红色（R255，G000，B000）	最高级报警指示（如 DCS 和 SIS 的重要报警）
	与 I/O 故障有关的报警如 ERR 报警等
	状态栏中的报警状态
	电机等设备处于不使用状态
	阀门关闭状态
	蒸汽管线
	放空管线
	消防水管线
橙色（R255，G128，B000）	中等程度的报警
	设备的报警或自保状态
	燃烧气管线
黄色（R255，G255，B000）	低级报警（如仪表高、低报警）
	氮气管线
绿色（R000，G255，B000）	仪表面板的正常状态，液位指示
	非逻辑自保状态，数字量正常状态
黑色（R000，G000，B000）	正常显示的数据颜色
	静态文本的颜色
	设备图形边框色
	电气分配线、信号线
深绿色（R000，G128，B000）	第三方系统通信数据颜色
浅灰色（R192，G192，B192）	流程图背景色
中黑色（R064，G064，B064）	主物料工艺管线颜色
	辅助流程管线
深灰色（R128，G128，B128）	设备背景颜色
中绿色（R000，G192，B000）	水
天蓝色（R192，G255，B255）	空气
深蓝色（R000，G000，B255）	氢气
紫色（R192，G000，B192）	腐蚀性介质 / 酸

模拟量仪表的报警类型如高报、高高报、低报、低低报在 DCS 流程图上并不会进行显示，只有报警的颜色会在流程图上显示，如动态数据变色闪烁，仪表面板的符号颜色变化，其中，高高报警、低低报警动态数据为橙色闪烁，仪表面板为橙色指示，高、低报警动态数据为黄色闪烁，仪表面板为黄色指示。

管线与颜色属性见表 10-2-3。

表 10-2-3　管线与颜色属性

类型	粗细 /dot	颜色
主流程管线	4	中黑色（R64，G64，B64）
辅助流程管线	3	中黑色（R64，G64，B64）
水管线	2	深绿色（R000，G192，B000）
空气管线	2	天蓝色（R192，G255，B255）
蒸汽管线	2	红色（R255，G000，B000）
氮气管线	2	淡黄色（R255，G255，B000）
消防水管线	2	红色（R255，G000，B000）
酸 / 腐蚀介质管线	2	紫色（R192，G000，B192）
氢气管线	2	深蓝色（R000，G000，B255）
放空管线	2	红色（R255，G000，B000）

主管线使用比较暗淡的深灰色，以实现流程图主色调一致。其他管线颜色尽量与现场管线颜色一致，以方便工艺人员操作。

当空气、水、蒸汽、氮气、氢气等为主流程介质时，使用主流程介质的颜色。

管线的最后端和进入设备端设置箭头表示流向，为实线构成的小型箭头。

通常来说，管线不设置闪烁、流动等动态。

所有的信号线均为黑色（R000，G000，R000），线条宽度为 1dot，虚线。箭头表示信号走向，只在复杂回路（如串级控制两个调节器之间）中使用，所有回路中现场仪表输入和输出至阀门的信号线都不设置箭头。信号线不设置闪烁等。

管道的连接如图 10-2-13 所示。

图 10-2-13　管道连接图例示意

图形绘制时，水平线与垂直线交叉时的绘制方式如下。总体原则是垂直管线让水平管线，辅助管线让主管线，虚线让实线。管线的交叉示例如图 10-2-14 所示。

图 10-2-14　管线交叉示例示意

中断符号的设置如图 10-2-15 所示，但要避免使用。

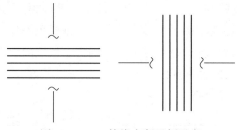

图 10-2-15　管线中断示例示意

管线延续符号如图 10-2-16 所示。

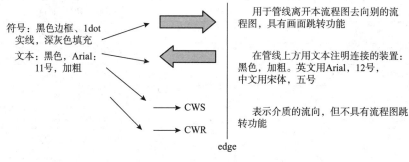

符号：黑色边框、1dot 实线，深灰色填充

文本：黑色，Arial: 11号，加粗

用于管线离开本流程图去向别的流程图，具有画面跳转功能

在管线上方用文本注明连接的装置：黑色，加粗。英文用Arial，12号，中文用宋体，五号

CWS

CWR

表示介质的流向，但不具有流程图跳转功能

edge

图 10-2-16　管线延续符号示意

5）文本字体

①流程图标题：每一个流程图都具有一个标题，使用静态文本，字体：黑色，宋体，二号，加粗。位于流程图的中上方，字符数限制在 20 个字符内，具体的标题名由工艺确定。格式为 < 单元号：>+< 流程图名称 >。

②设备名称：设备名称使用静态文本，字体：黑色，Arial，12 号，加粗。塔内的重要塔板在流程图塔内进行标识。

③动态文本：字体，黑色，Arial，12 号，加粗。

④位号文本：字体，黑色，Arial，11 号，不加粗。

⑤仪表位号显示：普通仪表位号在流程图上显示如图 10-2-17 所示。

PI1501 - - - - 位号文本:黑色、11号，Arial体，不加粗

?.??? - - - - 动态数据:黑色，12号，Aria1体，加粗

图 10-2-17　普通仪表位号示意

流程图上显示的位号名为实际完整位号名取消字母前的装置编号部分，其他的 PID 位号、累积位号等也遵循该规则，但仪表面板上的位号需要装置单元号，即是完整的位号；数据显示中的整数位、小数位根据位号正常值合理设置，应满足正常的精度需求；其余设置参照图中的默认设置；位号名后应带位号的成员变量名。

6）PID 调节器

PID 调节器在流程图上显示如图 10-2-18 所示。

①图 10-2-18 中，只有调节回路的位号（包括 PID 调节器、比值调节器、手操器等）及数据需要加位号框，以示区别。

②位号数据链接的属性设置采用系统默认设置，不做动态属性设置，注意写值方式为

"仪表面板"。

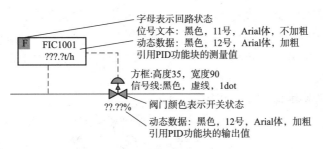

图 10-2-18　PID 仪表位号示意

③对于回路位号，需在其位号动态数据前加状态显示，分别用 "A" "M" "C" "L" "F" 表示回路的五种状态，其中："A" 表示回路自动（AUTO），"M" 表示手动（MAN），"C" 表示串级（CAS），"L" 表示跟踪（TRACK），"F" 表示除前四种状态外的各种状态，如初始态（IMAN）或 OOS 状态，在 "F" 状态下，回路不能在面板操作。

④其他回路如比值调节器、手操器等参照 PID 调节器。

⑤阀门本体的动态设置参看"调节阀"。

⑥液位指示棒在流程图上显示如图 10-2-19 所示。

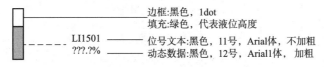

图 10-2-19　液位指示棒显示示意

如果液位有报警，填充颜色变为报警颜色，高高高、低低低报警采用红色填充，高高、低低报警使用橙色填充，高、低报警使用黄色填充。

⑦流量累积在流程图中显示如图 10-2-20 所示。

FIQ1501　位号文本:黑色，11号，Aria1体，不加粗

???.?t/h　瞬时流量动态数据:黑色，12号，Arial体，加粗

?????.?t　累积流量动态数据:黑色，12号，Aria1体，加粗

图 10-2-20　累积量位号示意

图 10-2-20 中，FIQ1501 为实现累积的功能块位号名，其瞬时流量位号名对应 FI1501；

FIQ1501.IN 表示累积功能块的输入，即瞬时流量；FIQ1501.OUT 表示累积功能块的输出，即累积流量；

位号数据链接的属性设置采用系统默认设置，不做动态属性设置，注意写值方式为"仪表面板"；

如果流程图中动态数据较多，可以只使用瞬时流量，图例中的数据链接为0256FIQ21001.IN，可设置"弹出面板"；在监控中，可以通过仪表面板中查看其累积流量，并可对累积流量进行复位、保持等操作。

⑧常用设备模型。常用的设备有各种阀门和电机。

•阀门图形由阀体、执行器（即阀头）、阀杆三部分组成。阀体用于指示阀门的开或

关，当阀门开到位时，阀体颜色为绿色，而阀门关到位时，阀体为红色，中间状态为灰色，故障状态为黄色。执行器用于显示开阀、关阀指令，开阀为绿色，关阀为红色。阀杆上的箭头用于表示阀门的开关特性，指向执行器的用于表示 FO 特性的阀门，指向阀体的用于表示 FC 特性的阀门，流程图上不再标注 FO、FC 特性。监控中，点击阀门时，会弹出阀门的控制面板。

调节阀在流程图中各状态如图 10-2-22 所示。

图 10-2-22　调节阀状态示意

调节阀一般与 PID 调节器（或手操器）配合使用，通过信号线关联；执行器（阀头）颜色与阀体一致。

阀门的开关状态由其开度决定，根据下面的条件进行判断：$MV \leqslant 1\%$，关，红色；$MV \geqslant 99\%$，开，绿色；$1\% < MV < 99\%$，中间状态，灰色。

电磁阀各部分指示意义如图 10-2-23 所示。

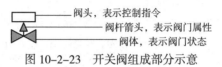

图 10-2-23　开关阀组成部分示意

•电磁阀在流程图中各状态显示如图 10-2-24 所示。

图 10-2-24　开关阀状态显示示意

执行器（阀头）显示由开、关指令决定的，定义如下：

开指令，绿色，关指令，红色。

阀体颜色由阀门开、关回信号及开、关指令共同决定，其判断逻辑如下：

——当开指令下，有开回信号时，开状态，绿色。

——当开指令下，在行程时间内，没有开回信号时，正在开，灰色。

——当开指令下，超过行程时间，没有开回信号时，开故障，黄色。

——当关指令下，有关回信号时，关状态，红色。

——当关指令下，在行程时间内，没有关回信号时，正在关，灰色。

——当关指令下，超过行程时间，没有关回信号时，关故障，黄色。

——无论开关指令，开、关回信号同时到位时，反馈故障，黄色。

对 DCS 系统不操作的阀门，执行器（阀头）的颜色跟阀体一致，正在开、正在关两种状态合并为中间状态，此时，执行器及阀体同为灰色。

•电动阀门在流程图中各状态显示如图 10-2-25 所示。

图 10-2-25　电动阀状态显示示意

电动阀的颜色变化与电磁阀一致。

- 三通阀：三通阀状态显示如图 10-2-26 所示。

图 10-2-26　三通阀状态示意

在开关的中间位时，整个阀门显示灰色；旁通时，互通的两个端显示绿色，其他显示红色；直通时，阀头和直通的两端显示绿色，旁路显示红色。

- 泵在流程图中各状态显示如图 10-2-27 所示。

图 10-2-27　泵状态显示示意

一组泵在流程图上只画一个泵的图标，所有泵的状态以方框形式显示在泵的下方。如果一组中有多台泵，方框中间注明编号以加区分；

泵在运行时显示绿色，停止时显示红色，故障时显示黄色。

- 操作按钮。旁路按钮 旁路 投用 ，复位按钮 复位 。

操作按钮以文字描述明确该按钮的功能，操作按钮全部设置二次确认功能；旁路按钮在旁路状态显示红色，文字显示为"旁路"，在联锁投用显示绿色，文字显示为"投用"。

10.3　安全仪表系统人机接口

人机接口作为工艺操作人员与安全仪表系统（SIS）交互的界面，如果设计不当，会降低安全等级或造成误停车，制订一套完善的人机接口设计方案就显得十分重要。

10.3.1　操作站

SIS 操作站可以使联锁逻辑关系图示化，可动态显示逻辑关系，也可以取代大量的硬件指示灯、开关、按钮。要求操作站具有以下功能：

①界面简约化。需具有可操作性，并杜绝误操作。

②联锁逻辑透明化。要快速、清晰地显示联锁情况。

③工作过程协调化。工种之间、过程之间、系统之间协调工作，防止顾此失彼，出现安全真空或误停车。

在操作站的设置上，有两种观点。一种观点认为安全仪表系统不宜设置独立专用的操作站，宜通过系统间通信，与 DCS 共用操作站。另一种观点：DCS 操作站没有 SIL 等级，不可靠，不能用于 SIS 操作站；SIS 与 DCS 通信不可靠，通信方式不能用于 SIS；SIS 十分重要，若没有独立的操作站，发生事故时会耽误报警和操作，因而不应共用。

关于 SIS 操作站的设置，与国外一些著名石化工程公司进行了交流和方案对比，国外通常不设置独立的操作站，而是与 DCS 共用操作站。DCS 操作站集中了工艺过程的所有信息，在该平台上，有利于做出正确的判断，及时停车，在正确的时机复位；使操作人员注意力集中，不必去四处查看分散于各设备的分类信息，实现有效监控。

尽管操作站故障不影响系统安全功能，但对可用性有一定影响。因此，无论是与 DCS 共用操作站，还是独立设置操作站，均应通过网络通信技术，在不同的操作站间构成功能冗余，这样既可保证可用性，又不另增加投资。

10.3.2　维护旁路开关

维护旁路开关用于现场测量仪表和管道线路维护时旁路信号暂时输入，使安全仪表逻辑控制器的输入不受现场仪表信号和维护线路的影响。

测量仪表及管道线路的中间维护、校验通常难以避免。建议每路测量仪表联锁输入信号都应设置维护旁路开关。

手动紧急停车按钮和输出信号不得设置维护旁路开关，以时刻保持手动紧急停车功能。

维护旁路开关有三种设置方式：在安全仪表系统的操作员站设置软件开关，在 DCS 操作站设置软件开关，在辅助操作台或机柜设置硬件开关。

仪表维护旁路开关非急用设施，不必在辅助操作台或机柜上设置硬件开关；操作台面要求简洁清晰，仪表维修旁路开关数量多，若布置于台面，将影响操作人员对台面设备的辨识；众多的仪表维修旁路开关需要多个操作台来安装，不切实际；大量的硬开关增加了安全仪表系统的输入信号数量，增加了投资。

为了避免仪表维护、工艺操作两工种工作脱节，增加如下安全措施：在采用软件旁路开关时，设置"允许旁路"开关和旁路报警。

a）"允许旁路"开关的功能

当仪表维护旁路开关切换到旁路位置时，旁路功能还不能生效；只有"允许旁路"开关切换到允许旁路位置时旁路功能方可生效。旁路生效后，操作站显示"旁路成功"。只有在显示"旁路成功"后，仪表人员方可对仪表或线路进行维修。

"允许旁路"开关宜按工段设置，不宜过多，否则容易混淆有效管控范围。为了控制风险，建议在操作规程中规定一次"允许旁路"只允许同时旁路 2 路测量仪表输入信号。"允许旁路"开关应为硬件开关，宜布置于操作台上，便于工艺操作人员发现开关位置。

b）旁路报警

当旁路成功时，应进行报警，提醒工艺操作人员自动联锁处于失效状态。建议还应设置旁路计时报警，即当旁路时间超过申请时间时，应进行特殊报警提醒，督促按计划作业，也避免忘记把切换开关切换至正常功能位置。旁路行为降低了安全功能，必须慎重进行，严格管理。软件旁路要采用软件密匙管理，须输入执行人姓名、密码后方可执行，并自动记录操作人、操作时间、操作内容等。图 10-3-1 是一套旁路逻辑方案。

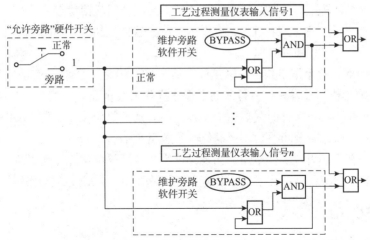

图 10-3-1　维护旁路开关、"允许旁路"开关设置方案示意

10.3.3　操作旁路开关

在装置开工阶段，某些输入信号不能达到正常值，处于联锁保护范围内，装置被联锁，无法继续开车，这时需用到操作旁路开关。其功能是将这类输入信号暂时旁路，使逻辑控制器的输出不受其影响。待工艺过程进入正常状态后，操作旁路开关再切换至非旁路状态，使装置处于正常的保护状态。操作旁路开关有三种设置方式：在 SIS 的操作员站设置软件开关，在 DCS 操作员站设置软件开关，在辅助操作台设置硬件开关。

由于操作旁路开关不常用，也不急用，一般没有必要采用硬件开关。

操作旁路开关由工艺操作人员管理、使用。旁路状态应设置报警，以提醒工艺人员注意观察工艺参数，及时将旁路状态切换到正常状态。操作旁路行为降低了安全功能，应慎重使用，严格管理。软件操作旁路时要采用软件密匙管理，待输入执行人姓名、密码后方可执行，并自动记录操作人、操作时间、操作内容等。

10.3.4　紧急停车按钮

紧急停车按钮是常设按钮，一般不能缺省。紧急停车按钮必须为硬件按钮，应设置于操作台上，且位置要突出、明显，易于辨识与操作。必要时在现场也设置紧急停车按钮，以便现场发现严重问题时立即停车，但应慎重选择现场停车按钮安装位置，应与保护对象间有必要的安全防护间距，且位置要明显，易于操作。防爆等级、防护等级、防腐等级要满足现场环境的需要。无论在室内还是室外，紧急停车按钮要加防护罩，防误触误碰。

10.3.5　复位按钮

复位是联锁系统的必须功能。复位的基本作用：联锁动作后，即使过程参数恢复正常，手动停车信号撤销，但联锁逻辑不能随之翻转至正常，仍然继续保持联锁状态。只有按动了复位按钮，联锁逻辑才可翻转至正常。

复位逻辑设计时注意不能存在"颤抖"现象，输入参数不超限时，按下复位按钮，联锁逻辑翻转，抬手后逻辑随之翻转回原状态；联锁后，若输入参数没有恢复正常，按下复位按钮，联锁逻辑翻转至原状态，抬手后联锁逻辑又翻转回联锁状态。

复位按钮有三种设置方式：在 SIS 操作员站设置软件按钮，在 DCS 操作员站设置软件按钮，在辅助操作台设置硬件按钮。

复位是一个重要的操作步骤，在联锁停车后，只有相关问题都处理完毕后方可按动复位按钮。在 DCS 操作站设置软件复位按钮，便于操作人员全面观察相关工艺过程，在正确时机复位，防止在不具备条件时复位造成不良后果。建议复位按钮采用在 DCS 操作站设置软件开关的方案，通过系统间通信，把复位信号送至 SIS。

必要时还应在现场设置复位按钮，当现场确实具备了复位条件方能复位。

复位是一个重要的操作行为，操作动作应做报警提示，应自动记录复位操作、复位时间。

10.3.6　报警指示灯

哪些报警需要在辅助操作台设硬件指示灯，哪些报警可在操作站设软件指示灯。一般报警设软件指示灯，如下报警设硬件指示灯：

①SIS 故障报警。这类报警非常重要，可提醒用户进行维护。

②关键工艺过程参数报警。这类参数超限后，若不启动联锁保护，将会造成严重后果；报警可提醒操作人员已发生非常重要的报警，要注意观察联锁保护是否随之启动，若联锁没有启动，应立刻按动紧急停车按钮或启动应急预案。

③按动紧急停车按钮报警。可提醒操作人员有特别紧急情况发生，做好应急准备。

④联锁输出报警。可提醒操作人员某一组联锁已启动，要注意观察联锁保护动作结果。

10.3.7　辅助操作台

辅助操作台用于安装安全仪表系统的按钮、开关、报警灯。在辅助操作台设计中应注意如下问题：

①台面布置。辅助操作台用于紧急操作，台面布置务必清晰，使操作人员能快速发现目标，伸手即可操作。台面宜按联锁组分区布置，同一组联锁按钮、开关、报警灯宜集中布置，灯在上方，按钮 / 开关在下方。若有条件，可在开关、按钮、报警灯之间绘制简明的联锁关联示意连线图，便于操作人员熟悉与掌控。

②信号接入。在现场控制室内，辅助操作台与控制器距离较近，操作台上的按钮、开关、报警灯可以方便地接到控制器。在中心控制室（CCR）＋现场机柜室（FAR）的石化企业内，辅助操作台在 CCR，控制器在 FAR，两者距离较远，难以用硬线连接。在这种情况下，宜采用在 CCR 设远程 I/O 的方案，将按钮、开关、报警灯接到远程 I/O，再经冗余的通信总线，连接到 FAR 内的控制器。安全仪表系统为事故安全型，远程 I/O 宜按装置独立设置，防止共模故障引发多装置停车。

③操作台形式。操作台的形式与安全无关，但影响控制室内的布局和美观。传统的操作台多为整体斜面柜式，这与操作站液晶显示器不匹配，建议采用与显示器外观一致的辅助操作面板，信号线与电源线布置于安装支架内。如果设有独立的系统操作站，宜采用显示器在上、辅助操作面板在下的布置形式。

10.4　控制室布局

10.4.1　考虑因素

现代工业的特点是高度自动化，工业控制已由局部控制、就地控制，逐步发展为以在各类控制室的集中控制为主。

生产系统的安全与效率不仅取决于它自身的技术水平，而且还取决于它与人和环境的协调程度。控制室在现代化大型石油化工厂中具有非常重要的地位，控制室的设计和评价，应包括两个方面：技术方面和人机工程方面，在设计控制室时应充分运用人机工程学准则，结合生产、运行要求，使中心控制室的布局、人机界面，环境和组织等方面能适合人的生理、心理特点，实现人、机、环境间的协调和整体优化，使人能安全、健康、舒适和高效地进行工作。

GB/T 22188《控制中心的人类工效学设计》规定控制中心的人类工效学设计应考虑 9 个原则：应用以人为中心的设计方法，将人类工效学整合到工程实践中，通过迭代来改进设计，进行情境分析，进行任务分析，设计容错系统，确保用户参与，成立一个跨学科的设计团队，详细记录人类工效学的设计依据。

对于控制室的布局，国内外的方法有所差别，国内更多关注的是各类房间的多少，国外则把培训室、就餐 / 休息室作为必备设施。以下是借鉴 GB/T 22188.3《控制中心的人机工程学设计　第三部分：控制室的布局》（等同采用 ISO 11064-3）的部分内容，以供参考。

图 10-4-1 是控制室最少功能房间布置示意，功能房间和辅助房间的设置根据用户的需求，图中所示的区域通常视为最低需求。

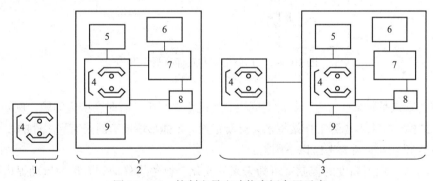

图 10-4-1　控制室最少功能房间布置示意

1—操作室；2—控制室；3—控制中心（中心控制室）；4—操作间；5—设备间；
6—就餐和休息区；7—培训室；8—盥洗室；9—交接班室

10.4.2　控制室空间规划

控制室空间布置时要重点考虑以下因素：

①宜根据可使用的面积而不是总面积选择控制室的空间。

②在所规划的区域内有障碍物以及结构方面具有某些特征时，例如有立柱和难以利用的角落等，可能会减少可使用的空间，并可能使工作布局无法达到最优。

③规划地面空间的分配时，每个工作位置面积的参考值是 $9{\sim}15m^2$，对有多个操作者且

人员固定的控制室进行布局时，这个参考值是可以满足要求的。这里同时考虑了典型仪器的体积、座位空间和维护通道，应在任务分析的基础上确定详尽的要求，并根据可使用的区域分配空间。

以上数据基于对控制室实际使用中空间的调查。每个工作位置为 $9\sim15m^2$，通常适用于由单个工作站（或工作站群）组成的、没有大型工作站外共享显示器的控制室。在某些控制室中，大型的共享视觉显示器是主要的操作平台，这种情况下分配的空间可多达 $50m^2$。

④在非正常操作期间，如果控制室需增加额外的人员，宜确保这些额外的人员有充足的空间。

⑤在操作者固定的工作位置旁边，宜提供临时的工作位置，以便交接班人员使用。

⑥功能群组的布局推荐方形、圆形和六边形的空间，因为这些形状的空间使功能联系的可能性增至最大（图 10-4-2）；宜避免选择长而窄的空间，这样会大幅减少选择余地。

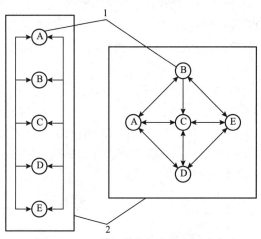

图 10-4-2　房间形状和功能布局示意
1—功能群组；2—房间轮廓

公认的观点是，某些特定形状的空间更有可能汇聚噪声，有时会产生问题，例如：六边形和圆形结构。如果考虑到工作站将来会重新布置，则弧形墙壁有时是有局限性的。

垂直空间规划时需要考虑以下因素：

①具有同一地板高度的控制室可为未来的变化、设备的移动和人员的流动提供更大的灵活性。

②对于给定的控制区域，最好安排在同一高度的天花板下。

③根据经验，两层楼板之间的高度不宜低于4m，该高度包括地板夹层、天花板夹层、间接照明系统和共享工作站显示器所占的空间。实际上，控制室地板和天花板之间的高度至少是3m。垂直空间规划如图 10-4-3 所示。

④建议采用平整的天花板，以避免分散操作者的注意力或产生光源散射。墙壁和任何其他建筑结构也建议采用平整的表面。

⑤有时，不同高度的地板会为不同的视区和总体监管提供便利，并可作为与"公共区"隔离的方式。为避免如摔倒等各种安全隐患，宜考虑增加仪器移动和人员走动所需的斜坡。

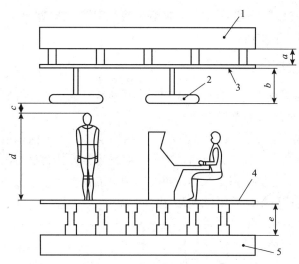

图 10-4-3　垂直空间规划示意

1—混凝土天花板层；2—向上照射的灯具；3—竣工后的天花板；4—竣工后的地板；5—混凝土地板层；
a—混凝土天花板层与竣工后的天花板之间的空隙；b—灯具至天花板之间的空间，1000~1250mm；c—灯具以下的空间，500mm；
d—2000mm，身高，包括着装余量；e—混凝土地板层与竣工后的地板之间的空隙，500mm

10.4.3　操作台设计

人机工程学应贯穿了操作台设计的全过程，应在设计的初期就应用人机工程学来不断优化方案，而不是在设计完成之后再来解决出现的问题。

操作台关键位置尺寸的设计要符合 GB/T 16251—2008《工作系统设计的人类工效学原则》和 GB/T 13547《工作空间人体尺寸》的要求，提供给操作员一个舒适的操作空间。台下腿部活动空间、手臂操作范围、显示器高度设定、有效的视角与视距分析等的具体要求如图 10-4-4 所示。

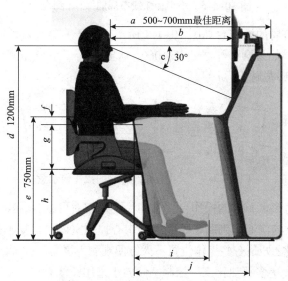

图 10-4-4　操作台的结构设计要求

a—距离；b—视距；c—最佳视角；d—眼点高度；e—台面高度；f—台面厚度；g—桌面底沿到座面；
h—腘部亮度；i—容纳大腿深度；j—容纳脚部深度

腿部容纳空间直接影响操作人员久坐舒适度，其选用空间为：台面以下高度大于584mm，纵向深度不小于450mm。

10.4.3.1 操作台布局模式

操作台布局主要有直线、小半径弧线和大半径弧线三大类，以及它们相互组合而成的波浪线和不同形状的小区域等布局。

①直线布局的操作台如图10-4-5所示。其结构紧凑，占地面积最小，设计、制造、施工均较容易，开放性好，操作人员活动方便，容易观察操作台后方的大屏幕，适用于室内面积有限的中控室；主要缺点是操作人员左右两侧的视角较小，前后排之间的噪声干扰较大，整体结构稳定性稍差，需要与地面固定。

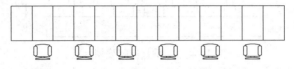

图10-4-5 直线布局的操作台示意

②小半径弧线布局的操作台如图10-4-6所示。内弧半径一般不超过4m，结构稳定，比直线布局活泼，相邻台位显示器观测视角较好，同一工段内操作人员沟通方便；主要缺点是占地面积较大，各弧段之间的位置关系较复杂，设计难度较大，现场施工时各排操作台之间的夹角和距离不易掌握。

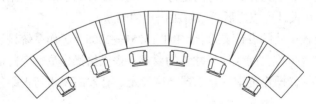

图10-4-6 小半径弧线布局的操作台示意

③大半径弧线布局的操作台如图10-4-7所示。介于直线型和小半径弧线之间，兼有二者的优点和缺点。如果圆弧半径小于10m，则更接近于小半径弧线布局；如果超过了10m，则更接近直线型布局。

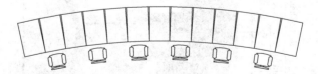

图10-4-7 大半径弧线布局的操作台示意

④圆形（也称岛形）布置的操作台，结构稳定，相对可减少各操作组之间的干扰，利于操作组中操作人员的沟通和判断，有些大型中心控制室内，根据不同装置，可以布置多个圆形操作台，不利之处是有些操作位置不太方便观测大屏幕。

2010年以后更多更多石油化工厂控制室倾向于采用弧线布局。弧线布局与直线布局相比，线条流畅优美，更具有灵动感；人员位于操作台视觉区域中心，可以获取更多的操作信息；包容性的小半径弧线结构可以降低外界的干扰，为操作人员提供一个相对独立的工作环境，符合以人为本的设计理念。

10.4.3.2 台面高度

操作台的台面高度应与操作人员的身高相适应。台面过高，操作时需要抬起上臂，长时间会引起肩膀酸痛；台面过低，则需要低头弓背，会引起颈部酸痛。根据 GB/T 10000—1988《中国成年人人体尺寸》，18~60 岁中国成年男子在坐姿时，肘高距离地面的中位数（50%）为 676mm，前臂长 237mm；成年女子肘高为 633mm，前臂长 213mm。考虑到台面上一般都需要放置操作员键盘和鼠标，则台面高度以 690~720mm 为宜。操作台应该配置可以升降的稳定座椅，适应不同身高的操作人员并可调整姿势，故台面高度还可以扩大至 680~750mm。

10.4.3.3 台面形式

常见的操作台台面形式包括阶梯式和平面式两种规格，两种规格的操作台台面设计方案如图 10-4-8 所示。

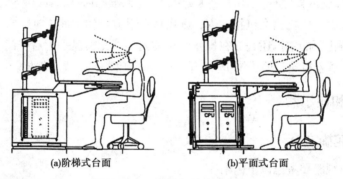

(a)阶梯式台面　　　　　(b)平面式台面

图 10-4-8　两种规格台面示意

阶梯式台面将台面分成前后高差不同的两个区域，显示器支架安装在较低的区域，降低了显示器高度，便于观测，2 层台面的连接处还可以放置备用电源、散热孔、导线孔等，但台面结构复杂，价格比平面式稍高。

10.4.3.4 台面背板

安装在台面上的显示器、音箱、电话、键盘等设备，需要通过台面开孔连接至台面下方的设备。为了布线整洁，改善台面布置环境，一般会在显示器后方竖立一道背板作为遮挡，背板还可以起到隔离前后排噪声干扰的作用。另外还有一种夹层式背板，背板内部空间用来穿线缆，外部可以悬挂显示器，还可以附加文件托盘、水杯、电话附件等体积较小的辅助设备。

10.4.3.5 线缆管理

控制操作台内部要设置横竖方向的专业走线通道，与整体系统环境相适应；具有足够的布线空间，使布线规范整齐、顺畅美观、合理安全；同时强、弱电要分离，合理有序布线，避免互相干扰。控制操作台内部布线如图 10-4-9 所示。

图 10-4-9　控制操作台内部布线

10.4.3.6　其他问题

如果主机与显示器之间采用的是 KVM（Keyboard/Video/Mouse: 键盘、视频和鼠标远程端口）技术方案，主机放在机柜室内，则操作台下方箱体空间充裕，台面高度也可适当降低。但多数石化厂的主机还是放在操作台箱体内，因此建议采用后开门、抽拉式主机托盘，也可以采用横置机箱，便于维护。台面下方可以放置移动式文件柜。

10.4.4　视距和显示器

10.4.4.1　视距确定

水平和垂直视距要考虑以下因素：

①需定期或连续使用的操作站显示器，其最佳位置是位于操作者的正前方。这样，操作者在观察时就可以很容易看到显示器，或只通过眼睛扫视就能看到（见 GB/T 1251.2）显示器的位置布局，如图 10-4-10 所示。

②对于需定期或连续监控的大型操作站外布置的显示器，建议根据装置或功能分配给多个操作者，这样可以有效且方便地监控。

③操作站外显示器不宜和窗户相邻，或窗户与显示器不宜在同一视野内。

④控制室内的人工照明不宜影响工作站外共享视觉显示器任何部分的可见性。

⑤对于大屏显示器上所呈现的关键信息，应能让所有操作者能从其正常的工作位置上看到。在查看与安全相关的关键信息时，则要求让 95% 以上的操作者看到。

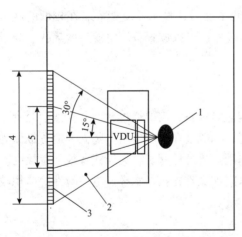

图 10-4-10　工作站外视觉显示器的最佳位置示意

1—操作者；2—水平视野；3—工作站外视觉显示器；
4—视觉显示器显示宽度；5—最佳水平视野

⑥对于操作站外显示器上呈现的操作信息，应能使控制室内操作者在非挺直坐姿时就可以看到。可使用式（10-4-1）确定该尺寸：

$$H_1 = H_c - (D+d)\frac{H_e - H_c}{D_c + d}$$

（10-4-1）

式中　H_1——显示器的最低可视高度；

　　　H_e——基准眼位高度，即从地面到眼外角之间的垂直距离，是调整后的椅面高度和人体测量数据"坐姿眼高"之和（见 GB/T 10000—1988）；

　　　H_c——控制台高度；

　　　D——控制台的前沿至墙上显示屏的水平距离；

　　　D_c——控制台深度；

　　　d——基准眼位至控制台前沿的水平距离。

控制工作站的高度和总览如图 10-4-11 所示。

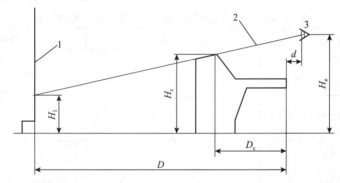

图 10-4-11　控制工作站的高度和总览示意

1—显示屏；2—视线；3—基准眼位；

注：宜采用恰当的预期用户的人体数据；人体测量数据的示例见 GB/T 10000—1988

10.4.4.2　显示器规格

显示器是操作台上关键设备之一，是操作人员获取信息的视觉窗口。当前石化行业使用的主流显示器以 21~25in（1in=25.4mm，下同）的规格居多，也有少量采用 27in 规格的，各规格显示器的主要参数见表 10-4-1。

表 10-4-1　显示器规格参数

规格 /in	对角尺寸 /mm	显示器宽高比（16:9）		显示器宽高比（16:10）	
		显示区域（宽 × 高）/mm	最高分辨率	显示区域（宽 × 高）/mm	最高分辨率
21	533	465 × 262	1920 × 1080	455 × 285	1680 × 1050
22	559	487 × 274	1920 × 1080	477 × 298	1680 × 1050
23	584	509 × 287	1920 × 1080	499 × 312	1680 × 1050
24	610	532 × 299	1920 × 1 080	520 × 325	1680 × 1050
27	686	598 × 336	1920 × 1080	585 × 366	1680 × 1050

从表 10-4-1 中可以看出，同样规格的显示器，16:9 的显示区域面积小，但最高分辨率高；16:10 的显示面积大，但最高分辨率反而低。此外，在显示器液晶屏加工切

割时，作为 18~32in 显示器的 5 代线玻璃基板（1100mm×1300mm）和 6 代线玻璃基板（1500mm×1850mm），16∶9 规格比 16∶10 规格可以切割出更多数量的面板，加工成本更低，价格方面有天然的优势。目前市面上主流显示器均是 16∶9 规格，16∶10 已开始淡出市场竞争。

10.4.4.3 显示器安装方案

人的视角约为 150°，横向 35°、纵向 20° 是清晰视野范围。如果显示器视野范围过大，眼球就得不断地移动，注视关注范围，眼球内肌群容易疲劳，让人眼产生不适。根据显示器的尺寸和人眼的清晰视角范围，可以计算得出，21.5~25in 显示器与人眼之间的最佳距离是 750~880mm。如果超出该距离，则显示器上的字体会显得较小，也不利于观测。

操作人员的不同的坐姿和座位高度决定了眼睛与操作台的距离和高度。人类工效学提示：水平视线往下的位置是显示器较适合观察的位置，位置过高的显示器对长期观察是不利的。操作人员的任务与显示器高度之间的关系见表 10-4-2。

表 10-4-2　操作人员的任务与显示器高度之间的关系

姿 势	任 务	眼睛距离
前倾	凝视显示器	水平视线向下：20°±5°，95% 男士从操作台边缘向前方 −90mm；5% 女士从控制台边缘向前方 −50mm
直立	打字 / 书写	水平视线向下：30°±5°，眼睛在操作台边缘上方；水平视线向下：15°±5°
倾斜	常规监控	95% 男士从操作台边缘向后方 −180mm；5% 女士从控制台边缘向前方 150mm

10.4.5 人员流动和维护通道

在考虑人员流动时应考虑以下因素：

要为一般情况下的人员流动提供足够的空间，以防止控制室操作者受到视觉或听觉上的干扰。如果交接班推迟或两个班次人员同时交接，则尤其要注意提供足够的人员流动空间。宜标明天花板的限制高度，并在天花板上安设警示标志。

人员流动所需最小空间尺寸的计算公式如下，即单人以立姿前行所需的空间（10-4-12）。如果携带工具箱或其他物品，宜增加额外的空间。

对于非应急出口：

$$A=95\%h+x \qquad\qquad (10\text{-}4\text{-}2)$$

$$B=95\%a+y \qquad\qquad (10\text{-}4\text{-}3)$$

对于应急出口：

$$A_{em}=99\%h+x \quad\quad (10-4-4)$$

$$B_{em}=99\%a+y \quad\quad (10-4-5)$$

式中　A——空间高度；

A_{em}——应急出口的开口高度；

B——空间宽度；

B_{em}——应急出口的开口宽度；

h——身高；

a——两肘间宽；

x——高度余量（为安全帽、帽子和鞋高留出适当的余量；

y——为宽度余量（为大件衣服留出的宽度余量）。

人体测量的定义见 GB/T 57030。

两个人走动的空间基于式（10-4-2）~式（10-4-5），并为携带的工具箱和其他物品留出系数。

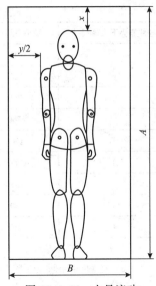

图 10-4-12　人员流动
所需最小空间示意

在设计门的转动方向时，宜考虑人员在危险工况下由于火、烟雾或气体而晕倒的可能性，避免人员在昏迷状态下将门堵塞。

在考虑维护通道时应考虑以下因素：

应为设备维护留有所需的空间，以避免无意中启动设备或系统。

根据经验，安装在模拟仪表面板上的设备部件应至少位于地板以上 700mm。

建议把维护通道设置在操作站的后方，以免干扰操作者。操作站后方宜留有充足的间隙，以便于维护工程师采取跪姿工作。所建议的基于世界调查人群数据的空间指南如图 10-4-13 所示。最小空间及系数的取值见表 10-4-3。

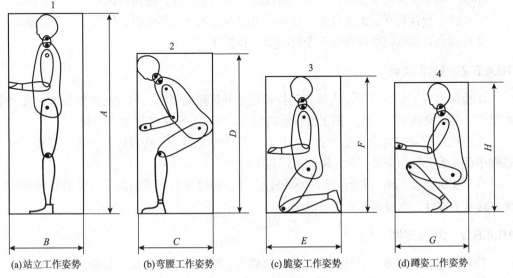

（a）站立工作姿势　　（b）弯腰工作姿势　　（c）脆姿工作姿势　　（d）蹲姿工作姿势

图 10-4-13　维护控制面板的最小空间需求示意
注：详细的人体尺寸见表 10-4-3

表 10-4-3　最小空间要求及需考虑的系数

各种姿势下人体尺寸 [a]	最小空间 /mm	系数
A	1910	体型最大的维护技术人员的 95%
	30	鞋高
B	700	体型最大的维护技术人员的 95%
C	760	体型最大的维护技术人员的 95%
D	1500	体型最大的维护技术人员的 95%
E	760	体型最大的维护技术人员的 95%
F	1370	体型最大的维护技术人员的 95%
	30	鞋高
G	760	体型最大的维护技术人员的 95%
H	1220	体型最大的维护技术人员的 95%

注：a：这些尺寸与维护时采取的姿势有关，参见图 10-4-13。

本表格的数据适用于全世界人群。如果可获得用户人群的同类数据，则宜使用该类数据。

有时操作站显示器的后方需设置维护通道。这时，应为体型较大的维护技术人员留出充足的空间，还应将使用的梯子和携带的工具箱考虑在内。在需移动重型或大型设备时，宜参考恰当的手工操作指南。有时需使用机械辅助设施或升降机。在可行的情况下，通往维护管道或待维护设备的通道都宜置于控制室的外面。

10.4.6　应用案例

10.4.6.1　技术要求

某炼化项目设计初期，业主管理人员对中控室整体设计方案提出了以下几点要求：
①采用圆形操作区域方案，根据工段设置不同的操作区，各操作区之间互不干扰；
②在操作台背后安装工业电视，显示尽可能多的现场视频画面，代替组合式大屏幕；
③台面布置和电缆敷设要便于今后的维护和扩展。

10.4.6.2　技术难点

①操作台背后竖立若干面大屏幕监控器是国外厂商的做法，但安装难度较大，支架重心很高，存在倾倒风险，既占用了操作室内的宝贵空间，整体效果也不美观。

②电视监控器归电信专业负责，操作台归仪表专业负责，在设计、制造、安装、施工过程中存在着大量的交叉作业，协调工作难度较大。

③采用圆形布局的操作台可以分割操作分区，但操作台下方的电缆沟势必要做成弧线形，这对于设计、制造和施工要求很高。

10.4.6.3　解决方案

针对上述技术难点，设计人员经过认真研究，提出了 3 层操作台的全新设计方案，希望为用户提供更好的操作环境。

该方案采用夹层式背板操作台，背板上用悬挂支架安装了 3 层 16∶9 的显示器。下面

2 层是控制系统的显示器，或开关按钮安装板，上面 1 层是工业液晶电视监视器，虽然视角较高，但并不需要长时间关注，没有观察不便的问题。开关按钮箱、电视监视器的外形尺寸、颜色与显示器一致。该方案如图 10-4-14 所示。

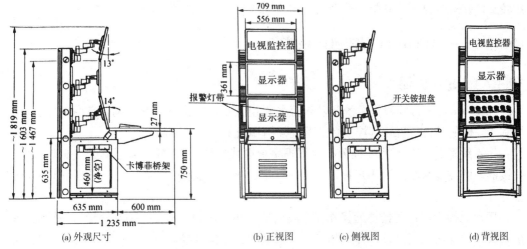

图 10-4-14　某项目新型三层操作台设计方案示意

根据计算，3 层显示器由于负荷过大，已不适合采用常规立柱式支撑，需要改为从夹层式背板上伸出的悬挂支架模式。同时，操作台内部采用了 2 根从上至下贯通的型材柱，保证整个背板的强度。电视监视器采用和显示器同一系列的产品，带有高清视频输入接口，每排电视监控器带 1 个电视监控工作站主机，用于视频回放功能。

操作区采用双半圆弧形布局围成，整体结构非常稳定，甚至不需要在地面通过膨胀螺栓固定。14 个操作台为 1 组，台面边缘距离圆弧中心只有 3.3m，构成了自然的隔离区域，中间放置椭圆形办公桌，桌面上方预留电源及网络接口，可作为班组会议的场所。

该项目未采用以往电缆沟布置在操作台下方的传统做法，而是改为电缆沟沿圆形区域直径方向穿过，电缆沿着电缆沟在中间台位底部进入操作台组，再沿操作台内部的电缆托架横向到达相关的各操作台。供电电缆和网络、信号电缆分别固定在不同的托架内。

除 2 个进线操作台和操作区中心办公桌下方穿洞以外，其他位置的电缆沟上方没有任何设备或台位，操作台下面也没有电缆沟，非常便于维护和扩展。操作台平面布置方案及电缆穿线方案如图 10-4-15 所示。

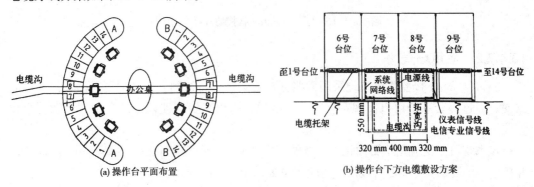

图 10-4-15　操作台平面布置方案及下方电缆穿线方案示意

操作台夹层式背板内部设计了用于报警的嵌入式音箱。为了实现有别于常规过程报警的可燃/有毒气体报警，特别在背板墙上设计了红色LED报警灯带，安装在高于台面50mm的位置，灯带向下照射台面，通过台面反射的方式提醒操作人员及时处理。该设计比较新颖，既醒目又不刺眼，符合国家相关标准要求。

10.4.7　SmartControl智控协作系统

10.4.7.1　系统概述

Smart Control智控协作系统是基于万兆无损分布式架构打造的音视频自由调控、环境控制于一体的综合可视化管控平台。系统架构如图10-4-16所示。

该系统通过一套万兆光纤分布式管理平台取代传统的KVM切换器、交换矩阵、大屏拼接器、中控等系统、为用户提供可视化、定制化、智能化、触控化的综合音视频控制综合管理平台。

用户无须学习即可便捷地操作多个场所的音频、视频、环境、控制信号，轻松实现音视频数据的互联互通互控，让操作变得更加简单，让指挥控制灵活迅捷，指令下达准确高效。通过一套系统可以实现硬件的智能化控制和业务的智能化协同。

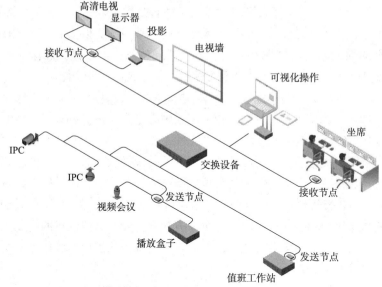

图10-4-16　Smart Control智控协作系统架构

10.4.7.2　应用场景

Smart Control智控协作系统采用万兆分布式架构进行组网，实施部署灵活，信号扩展方便，通过一套系统可以实现跨房间、跨地域，跨机房资源池信号的自由调度及可视化管控。

该系统可广泛应用于石油化工行业的调度中心、应急指挥中心、会商研判中心、数据监控中心、运维保障中心等场所，应用场景如图10-4-17所示。

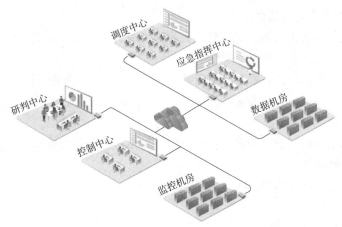

图 10-4-17　Smart Control 智控协作系统应用场景

10.4.7.3　系统功能及特点

a）系统功能

1）分布式架构

该系统采用目前业界先进的分布式处理架构，将各种类型的音视频信号进行独立的网络化、数字化采集、传输并进行输出显示，传输链路采用万兆光纤，从根本上解决了传统方案的信号噪声干扰、远距离传输衰减、信号质量下降等技术难点；分布式、节点化的软硬件设计，使得系统性能和稳定性都大幅提高。能够将调度中心、应急指挥中心、会商决策室等多个房间的信号进行互联、互通、互控，集中管控，提高业务效率。

2）席位与大屏幕间的联动控制

支持大屏幕推送及控制功能，当某一坐席人员业务系统遇到问题，可将信号推送到拼接屏上显示，共享给其他坐席人员观看，席位与大屏幕间的联动控制如图 10-4-18 所示。如果需要修改拼接屏布局，可将键盘鼠标的操控权由坐席的显示屏移送到拼接屏上，通过鼠标直接在拼接屏上进行窗口的新建、关闭、缩放等操作，真正实现显示、操控一体化。

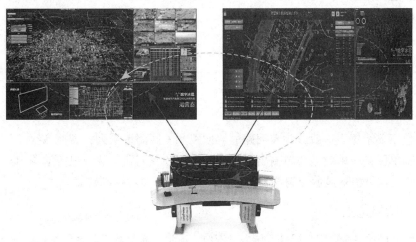

图 10-4-18　席位与大屏幕间的联动控制

3）人机分离、资源池信息共享

①通过该系统可实现人机分离、建立资源池，通过全面信息共享，加强了人与人、人与设备间的协作，提升操作员工作效率。

②坐席与坐席之间的信息推送，实现了不同坐席人员之间的相互协作。

③坐席人员将信息推送至拼接屏，实现了更广泛的信息共享。

4）KVM 控制、一人多机

①一套键盘鼠标同时跨多个屏幕操作，解决了单坐席多台电脑键盘鼠标连接时，接线混乱、桌面混乱的问题。

②支持键盘鼠标远程传输，PC 主机设置在数据中心，键盘和显示器设置在监控中心。

b）系统特点

1）极低延时、无损传输

支持无压缩的音视频传输，提供无损的像素对像素传输和零延时光纤 KVM 技术，无论是传输到拼接屏或是到操作员前的显示屏，均可无损无延迟显示高至 4K 60Hz 4：4：4 超高清分辨率图像，文字清晰、画面流畅。

2）超强信号显示能力 – 大屏拼接

该系统可实现所有信号源的接入管理、上屏显示，任一信号源都可以通过可视化操作终端采用触控的操作方式实现在大屏墙以任意大小、任意位置开窗，可实现窗口的任意跨屏、漫游、叠加显示，满足调度中心大屏幕信号自由切换，快速模式化调用的功能需求。

3）超强系统扩展能力

基于网络交换机技术，接入节点数量不受限制，可支持任意规模的控制传输与管理，各种类型的信号源可被任意添加、控制。

4）控制方式灵活

随着规模的增大，信号源数量的扩展，用户对于控制方式的需求也在变化，庞大的系统更需要友好、可视化的互动界面，传统控制方式无法满足该类需求。

操作终端使得对信号源的回显预览操作更方便，大幅提高调试人员与用户工作效率。

主要制造厂商：

铁力山（北京）控制技术有限公司

10.5　控制室仪表

10.5.1　显示仪表及控制仪表

智能数字显示仪表一般分为单回路、双回路和 4 回路等系列；智能数字显示控制变送仪表不但有单回路、单数显、单输出控制变送系列和双回路、双数显、双输出控制变送系列，还有智能流量积算显示控制仪表和补偿式流量积算显示控制仪表。

10.5.1.1　适用范围

智能数字显示仪表适用于温度、压力、液位、流量、质量等工业过程参数的测量与显示。

智能数字显示控制变送仪表适用于温度、压力、流量、液位、质量等工业过程参数的测量、显示与控制，并将过程参数输出给后级仪表、积算仪、记录仪或计算机控制系统。

智能流量积算显示控制仪表适用于自来水、油、液体、固态流体等无须补偿的工业过程流量参数的测量、显示、控制和计量积算。可接收孔板、涡街流量计、电磁流量计、涡轮流量计等各种流量计的输入信号。

补偿式流量积算显示控制仪表适用于水、液体、饱和蒸汽、过热蒸汽、天然气、压缩空气、一般气体等工业过程流量参数的测量、显示、控制和计量积算及输出，可接受孔板差压输入、涡街流量计、电磁流量计、涡轮流量计等的测量输入，带温度压力补偿。

a）智能数字显示仪表的功能特点

万能输入信号；单片机智能化设计；可带 RS–232/RS–485 等隔离通信接口，采用标准 MODBUS–RTU 通信协议。

b）智能数字显示控制变送仪表的功能特点

①万能输入信号。

②单片机智能化设计。

③双屏数字显示（双回路系列）。

④每个回路分别带上、下限报警控制输出（双回路系列）。

⑤报警控制参数可设定。

⑥隔离变送输出信号：0~10mA/4~20mA/0~5V/1~5V 可设定。

⑦可带 RS–232/RS–485 等隔离通信接口，采用标准 MODBUS–RTU 通信协议。

c）智能流量积算显示控制仪表的功能特点

①输入信号：0~10mA，4~20mA，0~5V，1~5V 线性或开方输入。

② 5V 电压脉冲频率输入，0~5kHz 脉冲频率信号输入。

③单片机智能化设计，所有参数可按键设定。

④同时显示瞬时流量和累积流量，累积流量长度横表达 13 位，竖表达 11 位。

⑤带瞬时流量上、下限报警控制继电器输出或批量控制（累积流量控制）继电器输出，0~10mA，4~20mA，0~5V，1~5V 隔离变送输出。

⑥可带 RS–485/RS–232 等隔离通信接口。

⑦输入信号故障保护，流量信号故障可按设定流量进行显示累积。

d）补偿式流量积算显示控制仪表的功能特点

①单片机智能化设计，所有参数可按键设定。

② 16 种补偿模式适用于各种流体介质和各种流量传感器，可按键切换，即设即用。

③同时显示瞬时流量和累积流量，累积流量长度横表达 13 位，竖表达 11 位。

④带瞬时流量上、下限报警控制继电器输出或批量控制（累积流量控制）继电器输出。

⑤可带 0~10mA、4~20mA、0~5V、1~5V 隔离变送输出。

⑥可带 RS–232/RS–485 等隔离通信接口。

⑦输入信号故障保护，输入信号故障可按设定输入值进行补偿、累积。

10.5.1.2　仪表外形

智能数字显示仪表外形如图 10–5–1 所示。

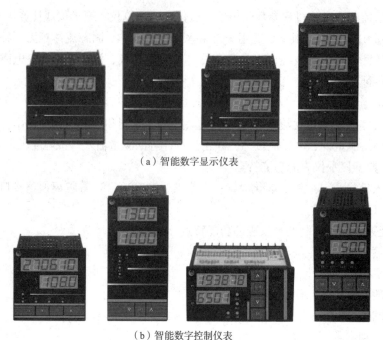

（a）智能数字显示仪表

（b）智能数字控制仪表

图 10-5-1　智能数字显示和控制仪表外形

10.5.2　记录仪表

10.5.2.1　单色无纸记录仪

单色无纸记录仪适用于温度、压力、流量等工业过程参数的测量、显示和精确控制，通常具有 1~16 个模拟量输入，可带 0~8 个模拟量输出，0~12 个报警输出（可组态）和 PID 控制算法等功能。

采用 160×128 点阵、黄底或蓝底单色液晶屏，长寿命背光，对比度与亮度可调；记录间隔 1~60s，追忆精度 ±0.5%；存储容量为 4/8/12/16M；具有标准串行通信接口：RS-485 和 RS-232。

单色无纸记录仪仪表外形如图 10-5-2 所示。

图 10-5-2　无纸记录仪仪表外形

10.5.2.2　彩色无纸记录调节仪

彩色无纸记录仪可输入标准电流、标准电压、毫伏、热电偶、热电阻等信号。具有传感器隔离配电输出、继电器报警输出、流量积算、温压补偿、历史数据转存、打印及远程通信功能。采用 320×234 点阵、TFT 彩色液晶屏，画面清晰；记录间隔 1~240s，追忆精度 ±0.2%；存储容量为 64/128/248M；具有标准串行通信接口：RS-485 和 RS-232；采用标准开放的 Modbus 通信协议。

彩色无纸记录仪功能特点如下：采用高速、高性能微处理器，可以同时实现对 16 路信号的检测、记录、显示和报警；采用大容量的 FLASH 闪存芯片存储历史数据，掉电时不丢失数据；万能输入，可同时输入多种信号，无须更换模块，通过仪表组态即可；信号全隔离，可提供 24V 隔离配电；具有标准串行通信接口：RS-232/RS-485，可网络连接进行集中显示、存储、打印、管理、分析等。

10.5.2.3　中长图彩屏无纸记录仪

中长图彩屏无纸记录仪可输入标准电流、标准电压、毫伏、热电偶、热电阻等信号。具有传感器隔离配电输出、继电器报警输出、流量积算、温压补偿、历史数据转存、打印及远程通信功能。外形如图 10-5-3 所示。

图 10-5-3　中长图彩屏无纸记录仪外形示意

主要功能特点如下：

①采用高速、高性能微处理器，可以同时实现对 16 路信号的检测、记录、显示和报警。

②采用大容量的 FLASH 闪存芯片存储历史数据，掉电时不丢失数据；根据记录间隔的不同，可存储 ×× 个小时至 ×× 天的数据；

③可以组态、显示通道号，工程单位，流量累积、温压补偿等。

④拥有多种高级算法，对水、油、液体、一般气体、蒸汽、天然气等流量参数进行累积、温压补偿。

⑤具有报警显示，同时指示各路通道的下下限、下限、上限、上上限报警。

⑥数据转存功能，可选 U 盘存储器，通过计算机 USB 接口读取和分析数据。

⑦标准串行通信接口：RS-485 和 RS-232。

⑧采用标准开放的 Modbus 通信协议。

10.6　仪表盘柜

10.6.1　概述

仪表盘、柜主要指在控制室、机柜室安装的辅助仪表盘（柜）、安全栅柜、端子柜、控制器柜、过渡端子柜、继电器柜等各种机柜。除特别说明外以下统称为机柜。

机柜规格通常为 2200mm（高）×800mm（宽）×800mm（深），独立安装型，前后开门。

各类机柜内应至少留有 20% 的已安装设备和部件备用量以及 15% 的备用安装空间，各种机柜的安装备用量应按设计文件和询购文件的规定配备。

每一台机柜的前后各安装两台 220V AC 风扇，用于设备的散热。机柜应配置通风所需的百叶窗及灰尘过滤器。排风扇的电源应配置独立的电源开关和线路，不能共用柜内的电源设备。

机柜内安装的部件应符合买方的设计文件和询购文件，或经买方确认。机柜内的支架和配件应是完整的，适于安装各种设备，具体要求应符合设计文件和询购文件。

机柜采用底部进线方式。

每个装置机柜的排布顺序均为系统机柜、安全栅柜、电涌防护器柜、过渡端子柜、辅助仪表柜、电源分配柜等。

10.6.2 工业自动化仪表盘

工业自动化仪表盘（以下简称仪表盘）与包括盘面上的二次仪表、现场的一次仪表、调节器、执行器及热工试验的各种仪器仪表、电器元件及盘内接线、接管等构成控制系统装置或称成套总成，被广泛应用于核电、石化、化工、轻工等工业生产过程控制系统中，组成各种规模的控制室。

仪表盘按照结构形式，有屏式仪表盘、框架式仪表盘、柜式仪表盘三大类。此外还有通道式仪表盘、控制台、控制柜、仪表箱及马赛克模拟仪表盘等，形式规格多样，盘柜表面可喷漆或喷塑。用户根据自身的需要选择仪表盘。两类仪表盘外观如图 10-6-1 和图 10-6-2 所示。

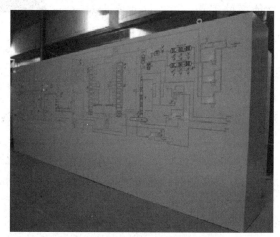

图 10-6-1　超宽型仪表控制盘示意

图 10-6-2　控制仪表盘示意

10.6.3　控制系统柜

控制系统柜用于安装 DCS 等控制系统以及相关设备。

DCS 等系统的组件如电源机笼、I/O 机笼均安装在机柜的正面，而端子板分别安装在机柜的正反两面。

电源机笼与 I/O 机笼之间应安装 24V DC 电源系统风扇 2 台。

机柜内安装有系统专用直流电源及直流电源分配箱。机柜的直流电源分配箱中不安装交流电源断路器。

每套装置要专门布置 1 个控制柜（HART 机柜），该专用机柜内背面右侧上部竖直安装 1 对 SWITCH HUB（带光纤接口），用于 ScNetII 网络，同时该专用机柜安装 1 个光纤接续盒，紧挨最底部的 I/O 机笼横向安装。

控制机柜按照控制站地址顺序（02#，04#，06#……）依次排布。HART 专用机柜排布时，保证 HART 端子板到 HART 卡件的柜间线距离最短，最长不超过 10m，因此在考虑控制室布置时，专用机柜一般需要排布在 I/O 机柜的中间，如果只有少量 HART 卡件，可以考虑将专用机柜排布在所有的 I/O 机柜后面。

带主控制器的 I/O 机柜内背面右侧上部竖直安装 1 对 SWITCH HUB（不带光纤接口），用于 ScNet 网络。不带主控制器的 I/O 扩展机柜内不安装 SWITCH HUB。

每个 I/O 机柜最多只允许安装 4 个 I/O 机笼，HART 机柜可根据需要每个机柜最多安装 6 个 I/O 机笼。

10.6.4　安全栅柜

安全栅柜用于安装安全栅和相关设备。

安全栅的 24V DC 电源分配端子，正端采用熔断型带指示灯的端子，负端采用普通端子。电源分配端子排安装在本机柜安全栅的上方，紧挨着开关电源安装。

安全栅的输入、输出信号线均不再采用端子转接。

安全栅柜的汇线槽：非本安侧线槽设置在机柜两侧，本安侧线槽设置在机柜中间。

机柜的接地铜排安装在底部左右两侧，EG 为工作地铜排，SG 为保护地铜排，工作地铜排必须与机柜底板完全绝缘隔离，保护地铜排保证与机柜接触良好。

安全栅按照与卡件对应原则布置，按工段顺序排列，安全栅对应顺序为机柜—机笼—卡件。预留的安全栅底板位置在每个安全栅柜的最后一行。备用的位置采用与对应卡件相同型号的安全栅，当安全栅不足时位置空置。

10.6.5　电涌保护器柜

电涌保护器柜采用纵向安装方式，两边走线槽为进线，中间走线槽为出线，机柜外地板下的进线与出线应尽量避免交叉，进线与出线在布线时保持 30cm 的距离。

电涌保护器柜进线采用 $1.5mm^2$ 的导线，出线采用 $1mm^2$ 的导线。

电涌保护器安装在标准镀锌 35mm 导轨上，采用导轨接地。

电涌保护器柜的接地紫铜排推荐尺寸为：250mm（长）×50mm（宽）×5mm（厚），

铜排上等距离打直径为 8mm 的接地线固定孔。导轨与接地排的连接线采用 6mm² 的多股铜线，机柜接地铜排与控制室内接地汇流排用 50mm² 的多股铜线连接，接头处用接线鼻子连接，连接距离小于 9m。

机柜的接地铜排安装在底部左右两侧，EG 为工作地铜排，SG 为保护地铜排，工作地铜排必须与机柜底板完全绝缘隔离，保护地铜排保证与机柜接触良好。

电涌保护器的布置对应安全栅柜布置，只经过电涌保护器而不经过安全栅的检测点布置在最下面，增加一组，该部分检测点直接接至电涌保护器，不需要经过渡端子柜转接。

10.6.6　过渡端子柜

过渡端子柜用于将现场信号电缆合理地分配到控制柜，正面和背面均采用三排竖向端子排的安装方式。

10.6.7　继电器柜

继电器柜用于安装隔离电气的 220V AC 回路的继电器和中间继电器，以及一些现场仪表的隔离器。继电器柜装有连接到电机控制中心（MCC）电气回路的端子排和所需的内部跨线。

继电器柜中的 24V DC 电源分配端子，正端采用熔断型带指示灯的端子，负端采用普通端子。电源分配端子排安装在本机柜继电器的上方，紧挨着开关电源横向安装。

继电器柜中的继电器横向安装，与外部的连接端子排采用竖向安装。

机柜的接地铜排安装在底部左右两侧，EG 为工作地铜排，SG 为保护地铜排，工作地铜排必须与机柜底板完全绝缘隔离，保护地铜排保证与机柜接触良好。

10.6.8　电源分配柜

电源分配柜用于安装低压交流配电设备，其电气规格应符合电气的有关规范。

电源分配机柜应接受来自电气专业一路 UPS 电源（220V AC、50Hz）和一路市电（220V AC 50Hz），然后分配至 DCS 系统柜和辅助仪表柜以及相关的现场设备的供电回路。

电源分配柜的配电应采用分级方式，应包括主电源断路器及输出断路器（双极空气开关）。每个输出回路设计独立的电源配电开关，并有明显的标识。

输出回路应直接接到用电设备，不宜再经端子排。

各个机柜散热风扇的电源从 GPS 供电回路中分出来，作为二级供电设置。

电源分配机柜的 UPS 和市电电源系统应在机柜正、背面分开进行配电。

仪表电源盘机柜门一般使用冷轧钢板，板厚不低于 2.0mm。所有盘箱柜盒用材均需经过酸洗陶化处理，内部的支撑和架构件按要求设置，保证一定的刚度，以防面板变形。

电源盘柜门周采用密封条密封，采用隐蔽型铰链和可卸式销钉。盘内配置铜质的接地母排，并均布足够数量的接地螺钉，且所有金属结构的部件均与接地母线有效相连。

电源盘均设有盘内照明，并以行程开关控制。

电源盘一般采用双电源切换装置，以提高设备供电的连续性。双电源的切换时间要低于 50ms，满足现场仪表等设备的供电连续性。

10.6.9　机柜制造

所有安装于室内的控制盘采用冷轧钢板制作。机柜成品的表面应光滑、平整。

机柜内结构部件均应喷塑或镀锌，盘内外表面应喷塑，机柜框架颜色推荐采用主流标准颜色、面板和内部结构件颜色推荐采用主流标准颜色。

所有机柜应配有可拆卸的吊环螺栓以便于吊装，吊环螺栓固定在控制盘的顶部。

机柜门应有足够的高度，便于安装使用。单门机柜宜在左面安装铰链。

所有柜门须带锁，锁的型号应相同。所有柜门须能至少 90° 开启。

每个柜的前后门须安装适合放置 A4 文档的文件袋，深度至少为 40mm。

每扇门应有通风孔和过滤网固定装置。

10.6.10　端子和接线

内部电缆应采用 PVC 绝缘导线。导线规格应符合电气专业有关规定，并应符合设计文件和询购文件的要求。

机柜配线绝缘层的颜色一般规定如下：

相线	棕色
中线	蓝色
安全地	绿色 / 黄色
仪表地	黄色 / 黑色
直流正极	红色
直流负极	黑色
本安信号	蓝色

考虑到控制柜内 5V 以及 24V 的直流电源并存，因此控制柜内直流电压配线绝缘层的颜色规定如下：

直流 5V 正极	黄色
直流 24V 正极	绿色
直流负极	蓝色

所有接线端子、接线端子组需分别标识。标识可采用打印的标记号。标识为白底黑字。

绞合线的端头应采用压接式接线端头。

在并联接线时，可把需并联的线绞合在一起，或采用端子。

连接线需采用恰当尺寸的套标（号码管）在卷边前进行标识。标记为白底黑字。

每根导线的两端须进行起点 / 终点标识。所有文字或编号将采用从左往右阅读方式。在导线垂直敷设时，文字或编号将采用从下往上阅读方式。

接线、跨接线和电源分配线通过塑料线槽在盘内进行整洁、美观的排列。整个线槽须采用螺栓、螺母安全地固定在盘内的结构上。线槽用于进入盘内的电缆或电缆束。为便于必要时的移动，线槽封盖的长度不要超过 1m。

线槽内的导线和电缆须沿着敷设路线进行固定。最终盘柜线槽内的电缆填充量不能超过 75%。

10.6.11　接地

所有控制系统柜应配备仪表工作接地和安全保护接地排。这些接地应在机柜的底部。

10.6.12　铭牌和标签

所有控制系统盘的前后须装配铭牌。铭牌须显示盘的识别号和用途。

所有铭牌推荐采用塑料薄片制成，并用不锈钢螺丝固定。要求文字信息为白底黑字。

第 11 章　控制系统

11.1　概述

11.1.1　基本概念

　　控制系统通常指计算机控制系统，是指利用计算机和微处理器为基础的电子产品实现工业生产过程的自动控制或联锁保护的系统，计算机控制系统综合应用了计算机技术、网络通信技术、人工智能技术、自动控制技术和相关工艺技术，是流程工业装备的重要组成部分，是工厂生产的"神经"和"大脑"，是确保工厂安全生产的神经中枢的安全屏障。典型的计算机控制系统原理图如图 11-1-1 所示。

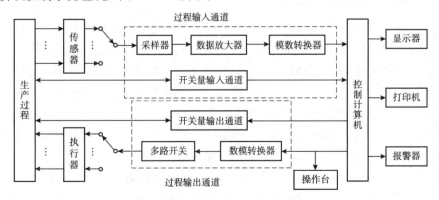

图 11-1-1　计算机控制系统原理图

　　计算机控制系统的工作过程可以归纳为三个步骤：数据采集、控制决策与控制输出。

　　数据采集：实时检测来自传感器的被控变量瞬时值；

　　控制决策：根据采集到的被控变量按一定的控制规律进行分析和处理，产生控制信号，决定控制行为；

　　控制输出：根据控制决策实时地向执行器发出控制信号，完成控制任务。

11.1.2　控制系统的组成

　　计算机控制系统组成如图 11-1-2 所示。

图 11-1-2　计算机控制系统组成

计算机控制系统中各组成部分的主要作用如下所述：

①传感器：将过程变量转换成计算机所能接受的信号，如 4~20mA。

②过程输入通道：包括采样器、数据放大器和模数转换器。接受传感器输送的信号后进行相关的处理（有效性检查、滤波等）并转换成数字信号。

③控制计算机：根据采集的现场信号，依据数学模型编写好的程序或固定的控制算法计算出控制输出变量，通过过程输出通道传送给相关的接收装置。控制计算机可以是小型通用计算机，也可以是微型计算机。计算机一般由运算器、控制器、存储器以及输入、输出接口等部分组成。

④外围设备：主要是为了扩大主机的功能而设置的，用来显示、打印、存储及传送数据。一般包括打印机、显示器、报警器等。

⑤操作台：进行人机对话的界面，一般设置键盘与操作按钮，可以修改被控变量的设定值，报警值，PID 控制器的比例、积分、微分参数值，可以对计算机发出指令等。

⑥过程输出通道：将计算机的计算结果经过相应的变换送至执行机构，对生产过程进行控制或联锁保护。

⑦执行机构：接受控制信号，执行机构产生相应的动作，改变控制阀的开度，从而达到控制生产过程或联锁保护的目的。

11.1.3 控制系统的分类

广泛应用于工业领域的计算机控制系统主要有：可编程序逻辑控制器（PLC），分散控制系统（DCS），现场总线控制系统（FCS），安全仪表系统（SIS），压缩机控制系统（CCS），可燃气体和有毒气体检测报警系统（GDS），仪表设备管理系统（AMS），电视监控系统（CCTV），操作员仿真培训系统（OTS），先进控制系统（APC），数据采集与监视控制系统（SCADA），站场控制系统（SCS），转动设备监控系统（MMS），企业资源计划系统（ERP），实验室信息管理系统(LIMS)等。一座现代化的大型石油化工厂，要以计算机技术、通信技术、软件技术、数据库技术为基础，实现 DCS、PLC、SIS、CCS、GDS、AMS、LIMS、CCTV、ERP 等系统集成式的一体化解决方案，要求各种系统和现场设备之间实现互联，消除"信息孤岛"，实现共享的实施数据库，为企业提供操作、控制和信息管理，面向行业的增值服务等整体生产操作管理平台。

11.1.4 控制系统的发展过程

世界上第一台数字计算机于 1946 年在美国诞生，起初计算机用于科学计算和数据处理，之后人们开始尝试将计算机用于导弹和飞机的控制，20 世纪 50 年代开始，在化工生产中实现了计算机的自动测量和数据处理，1954 年，人们开始在工厂实现计算机的开环控制。1959 年 3 月，世界上第一套工业过程计算机控制系统应用于美国德州一家炼油厂的聚合反应装置，该系统实现了对 26 个流量、72 个温度、3 个压力和 3 个成分的检测及其控制，控制的目标是使反应器的压力最小，确定 5 个反应器进料量的最佳分配，根据催化剂的活性测量结果来控制热水流量以及确定最优循环。

1960 年，在美国的一家合成氨厂实现了计算机监视控制，1962 年，英国帝国化学工业公司利用计算机代替了原来的模拟控制，该计算机控制系统检测 224 个参数变量和控制

129 台阀门，因为计算机直接控制过程变量，取代了原来的模拟控制，所以称其为直接数字控制，简称 DDC。DDC 是计算机控制技术发展过程的一个重要阶段，此时的计算机已成为闭环控制回路的一个组成部分。DDC 系统在应用中呈现出的模拟控制系统无法比拟的优点，使人们看到了 DDC 广阔的应用前景，对计算机控制理论的研究与发展起到了推动作用。

随着大规模集成电路技术在 20 世纪 70 年代的发展，1972 年生产出了微型计算机，过程计算机控制技术随之进入了崭新的发展阶段，出现了各种类型的计算机和计算机控制系统。另外，现代工业的复杂性，生产过程的高度连续化、大型化的特点，使得局部范围的单变量控制难以提高整个系统的控制品质，必须采用先进控制结构和优化控制等来解决。这就导致了计算机控制系统的结构发生变化，从传统的集中控制为主的系统逐渐转变为分散型控制系统（DCS），它的控制策略是分散控制、集中管理，同时配合友好、方便的人机监视界面和数据共享。分散式控制系统或计算机分布式控制系统为工业控制系统的水平提高提供了基础。DCS 成功地解决了传统集中控制系统整体可靠性低的问题，从而使计算机控制系统获得了大规模的推广应用。1975 年，世界上几个主要计算机和仪表公司几乎同时推出了计算机分散控制系统，如美国 Honeywell 公司的 TDC-2000 系统 以及后来新一代的 TDC-3000 系统、日本横河公司的 CENTUM 系统等。

20 世纪 70 年代出现的可编程序控制器（Programmable Logical Controller，PLC）由最初仅是继电器的替代产品，逐步发展到广泛应用于过程控制和数据处理方面，将以前界线分明的强电与弱电两部分渐渐合二为一作为统一的面向过程级的计算机控制系统考虑并实施。PLC 始终处于工业自动化控制领域的主战场，新型 PLC 系统在稳定可靠及低故障率基础上，增强了计算速度、通信性能和安全冗余技术。PLC 技术的发展将能更加满足工业自动化的需要，能够为自动化控制应用提供安全可靠和比较完善的解决方案。

20 世纪 90 年代初出现了将现场控制器和智能化仪表等现场设备用现场通信总线互连构成的新型分散控制系统—现场总线控制系统（FCS）。FCS 由现场总线、现场智能仪表和主控制系统组成，现场智能仪表和主控制系统通过一种全数字化、双向、多站的通信网络连接。FCS 的可靠性更高，成本更低，设计、安装调试、使用维护更简便，是今后计算机控制系统的趋势。

石油化工工艺要求过程控制系统具有非常高的可靠性和实时控制功能，目前使用的 DCS，PLC，SIS 等都是各个厂家专有的技术和产品，这导致系统升级和更新的成本很高且非常困难。

ExxonMobil 在 2016 年 2 月的 ARC 奥兰多年会上宣布，ExxonMobil 将联合 Lockheed Martin 公司创建新一代多个供应商产品可交互操作的过程控制系统模型，即开放过程控制系统，它是一个基于标准的、开放的、安全的并且可交互操作的结构，包括商业化的软件和硬件。

目前，NAMUR 和 Open Group（OPAS）在领导如何定义开放过程控制系统，它的目标是建立一个基于标准的、开放的、安全的、可交互操作的系统架构，该系统是包容前沿技术、保留用户的应用软件，大幅降低未来替换的成本，允许整合目前的硬件，采用自适应本质安全模型，提倡革新和创造价值，同时适用于现有和新建工厂的商业化应用产品。

2018 年 1 月，开放过程控制论坛发布了业务导则，2019 年 1 月，第一个开放过程控制标准（OPASTM 1.0）发布。它集成现有的由其他机构开发的标准，如 ANSI/ISA62443（IEC62443）网络安全标准，OPC UA 连接标准等。

11.2 可编程逻辑控制器系统（PLC）

11.2.1 PLC 的概念和组成

11.2.1.1 基本概念

可编程控制器系统（PLC）是在 20 世纪 60 年代发展起来的、以微处理器为核心，把自动化技术、计算机技术、通信技术融为一体的新型工业控制装置。国际电工委员会（IEC）颁布的 PLC 定义为：可编程逻辑控制器是一种数字运算操作的电子系统，专为工业生产应用而设计。它采用编制程序的存储器，执行存储逻辑运算、顺序控制、定时、计数和算术运算等操作的指令，并通过数字或模拟的输入和输出接口，控制各种类型的机械设备或生产过程。目前，PLC 已被广泛应用于各种生产机械和生产过程的自动控制中，已成为最重要、最普及、应用场合最多的工业控制装置之一。

PLC 实质上是一种专用于工业控制的计算机，它的基本组成包括硬件和软件两大部分。硬件部分包括 CPU、存储器、I/O 接口、扩展接口、通信接口以及电源等，PLC 的基本组成如图 11-2-1 所示。软件部分包括系统软件和用户程序等。

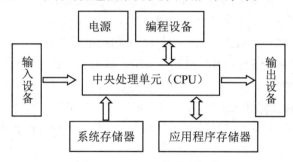

图 11-2-1　PLC 的基本组成

11.2.1.2 硬件组成

①CPU。PLC 的核心部件，由大规模集成电路（LSI）或超大规模的集成电路（VLSI）芯片构成，有 8 位、16 位和 32 位等处理器，是运算和控制中心。通常所采用的处理器性能越高，PLC 的功能就越强。

②存储器。存放系统软件（程序）、用户程序和运行数据的单元，包括只读存储器（ROM）和随机读写存储器（RAM）。大多数 PLC 都可采用扩展存储器，如多媒体卡（MMC）、压缩闪存卡（CF）和安全数字卡（SD）等。

③I/O 接口。PLC 与现场信号的连接部件。PLC 通过输入接口获得现场各种参数的信号（电压、电流等）等；而通过输出接口，PLC 把执行程序后得到的结果送到现场的执行机构实现控制，如继电器、电磁阀、控制阀等。

④扩展接口。用于 PLC 扩展 I/O 点数、信号类型和功能。扩展接口的形式有串行扩展、并行扩展和专用扩展等。

⑤通信接口。用于连接编程设备（如编程终端、笔记本电脑和组态站）、I/O 模块和其他智能设备等。通常分为通用接口和专用接口两种。通用接口包括 RS-232、RS-485、通

用串行总线接口（USB）、以太网口等；专用接口指各 PLC 厂家专有的接口，如 A–B PLC 的缺省协议（DF1）和增强型数据数据总线等。

⑥电源。把外部电源变成 PLC 内部所需要的直流电源。很多小型 PLC 还可向外提供隔离的直流电源如 24V DC。

11.2.1.3　软件组成

PLC 的软件组成分为系统软件（系统程序）和用户程序两部分。

①系统软件。由制造厂家设计和提供，包括固化在控制器存储器中的系统程序、各种智能模块或接口的固件、编程终端软件，以及在组态站上安装使用的各种组态编程软件等。系统软件通常用于编程组态、系统诊断、输入输出处理、编译、仿真、网络及通信处理、内部和外部监控等。如罗克韦尔自动化（RA）的 ControlLogix 系统中的各种固件软件、组态站用的 Studio5000、RSLogix Emulate5000、FactoryTalk View 和西门子的 WinCC、Step7 等都是系统软件。

②用户程序。指用户根据工程应用的控制要求，按照使用的 PLC 所规定的编程语言（或指令系统）而编写的应用程序。用户程序常采用梯形图、结构文本、功能块等方式来编写，然后用编程工具（如手持编程器、智能图形终端、组态站或工程师站）进行编程并输入到 PLC 的存储器中去。用户程序除 PLC 的控制逻辑外，对有人机界面的系统还包括界面（如触屏、操作面板或工作站等）的应用程序等。如压缩机控制程序、有毒的可燃气体检测系统（GDS）组态文件等，都属于用户程序。

11.2.2　PLC 分类

PLC 有多种分类方法。按 I/O 点数可分为小、中和大型 PLC；按结构形式可分为整体式和模块式；按性能强弱可分为低档、中档和高档机等。

11.2.2.1　按 I/O 点数分类

①小型机。小型 PLC 一般以开关量控制为主，输入、输出点数一般在 256 点以下，用户程序存储器容量在 4K 左右。现在的高性能小型 PLC 还具有一定的通信能力和少量的模拟量处理能力。这类的 PLC 的特点是价格低、体积小巧、结构紧凑，适合于控制单台设备和开发机电一体化产品。

②中型机。中型 PLC 的输入、输出总点数在 256 到 2048 点之间，用户程序存储器容量达到 8K 左右。中型 PLC 不仅具有开关量和模拟量的控制功能，还具有更强的数字计算能力，它的通信功能和模拟量处理功能更强大，中型机比小型机功能更丰富，中型机适用于更复杂的逻辑控制系统以及过程控制系统场合。

③大型机。大型机总点数在 2048 点以上，用户程序储存器容量达到 16K 以上。大型 PLC 的性能已经与工业控制计算机相当，它具有计算、控制和调节的能力，还具有强大的网络结构和通信联网能力，有些 PLC 还具有冗余能力。监视系统能够表示过程的动态流程，记录各种曲线，PID 调节参数等，它可配备多种智能板卡，构成一台多功能系统，系统还可以和其他型号的控制器互联，和上位机相联，组成一个集中分散的生产过程和产品质量控制系统。大型机适用于设备自动化控制、过程自动化控制和过程监控系统。

11.2.2.2　根据结构形式分类

①整体式结构。整体式结构的 PLC 的基本部件，如 CPU 板、输入板、输出板、电源

板等紧凑地安装在一个标准的机壳内，构成一个整体，组成 PLC 的一个基本单元（主机）或扩展单元。基本单元上设有扩展端口，通过扩展电缆与扩展单元相连，配有许多专用的特殊功能的模块，如模拟量输入 / 输出模块、热电偶 / 热电阻模块、通信模块等，以构成 PLC 不同的配置。

②模块式结构。模块式结构的 PLC 是由一些模块单元构成，这些标准模块如 CPU 模块、输入模块、输出模块、电源模块和各种功能模块等，将这些模块插在框架上和基板上即可。各个模块功能是独立的，外形尺寸是统一的，可根据需要灵活配置。目前大、中型 PLC 都采用模块式结构。

11.2.2.3　根据性能强弱分类

①低档 PLC。具有逻辑运算、定时、计数、移位以及自诊断、监控等基本功能，还可有少量模拟量输入 / 输出、算术运算、数据传送和比较、通信等功能。主要用于逻辑控制、顺序控制或少量模拟量控制的单机控制系统。

②中档 PLC。除具有低档 PLC 的功能外，还具有较强的模拟量输入 / 输出、算术运算、数据传送和比较、数制转换、远程 I/O、子程序、通信联网等功能。有些还可增设中断控制、PID 控制等功能，适用于复杂控制系统。

③高档 PLC。除具有中档机的功能外，还增加了带符号算术运算、矩阵运算、位逻辑运算、平方根运算及其他特殊功能函数的运算、制表及表格传送功能等。高档 PLC 机具有更强的通信联网功能，可用于大规模过程控制或构成分布式网络控制系统，实现工厂自动化。

11.2.3　PLC 的特点和功能

11.2.3.1　PLC 的主要特点

a）可靠性高，抗干扰能力强

PLC 是专为工业控制应用而设计的计算机控制系统，它采用大规模集成电路、超大规模集成电路芯片和高品质低功耗元器件等，并采用模块式结构、表面贴片技术（SMT）、防腐处理、通道保护和多种形式的滤波电路、自诊断、冗余容错等技术和方法，在设计、生产和制造过程有较高的要求，使得 PLC 具有高可靠性和抗干扰、抗机械振动等能力。PLC 可以在 $-20\sim65\,^{\circ}\!\text{C}$、相对湿度为 35%~85% 的环境条件下长期稳定工作，平均故障间隔时间（MTBF）可达 $1\times10^5\text{h}$ 及以上，而故障平均修复时间（MTTR）可小于 20min。

b）控制功能强大，输入输出接口丰富

PLC 能实现对模拟量 I/O 和开关量输入输出（I/O）控制、逻辑运算、算术运算、定时、计数和顺序控制，以及，闭环比例积分微分（PID）控制、驱动控制和运动控制等，功能强大。各种 I/O 接口模块、智能设备接口模块和网络通信模块种类多，功能完善，通用性好，能适应从超小规模到超大规模的各种控制应用要求。

c）模块化设计，安装、扩展方便灵活

PLC 采用标准的一体式和模块式硬件结构设计，产品系列化、标准化和网络化，支持多种现场总线，采用导轨或框架安装方式，现场安装方便，接线简单，扩展容易、快捷。相应的组态、控制功能通过软件完成，特别适应现场变更较多的场合。

d）编程、维护操作简单易学

PLC 采用工程技术人员习惯的梯形图、功能块图、结构化文本、顺序功能图等编程语言，易学易懂，编程和修改程序方便，系统设计、调试周期短。PLC 还具有完善的显示和诊断功能，故障和异常状态均有显示，便于操作、维护人员及时了解出现的故障。当出现故障时可通过更换模块或插件迅速排除故障。

11.2.3.2　主要功能

①逻辑控制功能。用与、或、非等位处理指令代替继电器等触点的串联、并联以及逻辑连接，实现开关控制、顺序控制等逻辑控制。

②定时/计数功能。用定时指令实现多种定时或延时控制，定时时间精度高，可以根据应用设定和在运行过程中修改。计数指令可以实现脉冲或开关的加、减计数，使用方便。

③信号采集和输出控制功能。通过各种输入接口采集现场的数字信号、模拟信号和脉冲信号；通过输出接口输出数字信号、模拟信号和脉冲信号等去控制电磁阀、指示灯和控制阀等部件或设备。

④数据处理功能。能进行各种数据传送、比较、转换、移位、算术和逻辑运算等操作以及复杂的高级运算。

⑤网络功能。通过各种通用协议和专用协议的通信模块或网络接口，构成集中式、分布式、分层、远程输入输出链路等网络架构，实现信息共享和交换、集中管理和分散控制、扩大规模和远程控制功能。

⑥故障诊断功能。可以对系统配置、硬件状态、运行状态、监视定时器（WDT）、网络通信等进行自诊断，发现异常情况时进行报警并提示故障，当出现严重故障或错误时自动停止运行。缩短故障查找和处理时间，提高了系统的有效运行时间和可维护性。

11.2.4　PLC 的工作原理

PLC 在运行状态下，按照一定顺序循环执行系统的各种任务，包括系统输入采样、执行用户程序、输出刷新和内部处理等。这个执行过程，称为 PLC 的循环扫描过程，循环一次所需要的时间就称为 PLC 的一个扫描周期。PLC 的 I/O 扫描运行方式如图 11-2-2 所示。

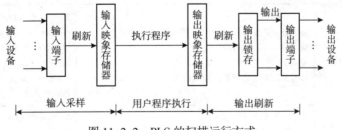

图 11-2-2　PLC 的扫描运行方式

①输入采样。将所有输入信号的状态读入到 PLC 的存储器（称为输入映象存储器）中，采样结果将在 PLC 的程序执行时被使用。

②执行用户程序。按由上到下顺序对用户程序进行扫描，从输入映象存储器获得所需数据，再将阶梯图执行结果写到指定的输出存储器（称为输出映象存储器）中保存。

③输出刷新。用户程序执行结束后，输出映象存储器中所保存的输出状态转到输出锁存电路、驱动用户输出设备，这时，PLC 才真正输出。

④系统内部处理。指为了保证 PLC 正常、可靠运行的内部管理工作，如运行超时状态监测、中断处理和各种请求及队列处理等。

从 PLC 的扫描运行方式可以知道：

——PLC 在执行程序时所用到的数值或状态是取自输入映象存储器中，并在程序执行阶段保持不变。从而保证了在同一个扫描周期内，某一个输入状态对整个用户程序是一致的，不会在程序执行时产生混乱。

——输出映象存储器的状态，取决于执行程序输出指令的最后结果。

这是理解传统 PLC 循环扫描工作原理的关键。可以这样认为：PLC 的输入状态是在同一时间采集到的，PLC 根据这些输入状态信息，在一定的时间内完成用户程序的扫描处理，并将控制信息集中输出。随着多 CPU、多任务控制器的出现，I/O 数据的通信方式和程序扫描的过程变得复杂，各种任务（如连续任务或中断任务）和规划的程序（或设备阶段、例程）会影响输出数据的刷新，循环扫描的概念有了新的扩展。在应用时要注意系统的高层管理和优化。

11.2.5　主要的 PLC 厂家和选用

11.2.5.1　主要 PLC 系统厂家

可以把当前主要的 PLC 厂家分为欧、美、日和国产等四大系列。欧系主要是西门子（SIEMENS）、ABB 和莫迪康（MODICON）等；美系主要是艾伦-布拉德利（Allen-Bradly，以下简称 A-B）和通用法拉克（GE FANUC）等；日系主要是三菱（MITSUBISHI）、欧姆龙（OMRON）等。大家较为熟悉的是较早引入国内的 PLC，如 A-B、三菱、西门子等。经过几十年的发展，PLC 的主要应用逐步集中到几个最具代表性的产品中。近几年国产 PLC 的性能和水平也有了较大的进步，如浙江中控与和利时在大型 PLC 上也崭露头角。当前主要的 PLC 厂家和型号见表 11-2-1。

表 11-2-1　当前流行的 PLC 厂家和主要产品型号（按字母顺序排列）

序号	厂家	特点	主要产品
1	A-B	系列齐全，中、大型 PLC 优势明显 指令集丰富，软件功能强 通用 I/O 模块 具有先进的通信和数据处理功能	Micro、MicroLogix 系列 CompactLogix 系列 SLC100、200、500 系列 PLC-2、PLC-3、PLC-5 系列 Logix5000 系列 PlantPAX 等
2	ABB	中、大型 PLC 有优势 运行速度快 通信和数据处理能力较好	AC500-eCo AC700 AC800F、800M 等
3	GE FANUC	产品系列齐全 存储容量大 数据处理速度高 网络功能强 软件丰富	GE-I、-III Micro VersaMax GE FANUC 90-30 系列 GE FANUC 90-70 系列 RX3i、RX7i 等

续表

序号	厂家	特点	主要产品
4	MITSUBISHI	性能价格比较高 网络功能强，通信接口丰富 硬件、软件使用简单	F1、F2、FX 系列 AnA 系列 QnA 系列等
5	OMRON	产品系列齐全，从微小型、中型和大型几大类有几十种型号 整体结构紧凑型 网络功能强，有多处理器和双冗余结构 功能齐全，I/O 容量大，速度快	C 系列 P 型 C200Hα 系列 C2000H、CV 系列 CQM、CJ、CS 系列等
7	MODICON	品种、规格齐全 软件丰富，编程能力强 网络功能强 运算速度快	984 系列 Twido 系列 Premium 系列 Quantum 系列等
8	SIEMENS	品种、规格齐全 结构坚固、密集，扩展灵活 输入输出设备选择多 软件丰富，编程能力强 网络功能强 运算速度快	LOGO！ S5 系列 S7-200、300、400 系列 S7-1200、1500 系列等
9	浙江中控	先进算法和多任务 在线诊断和下载功能强 网络接口丰富 运算速度快，支持冗余	G3 系列 G5 系列
10	和利时	有小、中、大 3 个系列 易用易维护 扩展能力强 接口丰富，支持冗余	LE 系列 LM 系列 LK 系列

11.2.5.2　PLC 系统的选用

在选择 PLC 系统时，通常会考虑产品的性价比，以及工厂区域控制系统的类型、备件、维护人员和管理等因素，同时还会考虑与上层管理信息系统如数据联网与采集、MES、系统安全性等方面，提高系统的可靠性、可用性和可维修性。PLC 在选型时应考虑的要点见表 11-2-2。

表 11-2-2　PLC 选项考虑要点

PLC	项目	选型要点
CPU	基本功能 控制能力或容量 运行速度 网络接口 命令种类	控制能力包括 I/O 容量、控制回路数、运行速度等 网络接口包括联网能力、网络种类等
	CPU 位数	16 位以上
	可靠性指标	冗余能力、MTBF 验算、寿命周期等
存储器	容量	各种存储器容量
	种类	EPROM，RAM，CF，SD 等

续表

PLC	项目	选型要点
输入输出模块	输入 / 输出信号的种类 数字输入 / 输出信号 模拟输入 / 输出信号 脉冲输入 / 输出信号 特殊输入 / 输出信号	电压类型：交流类、直流及其容量等 电流类型：4~20mA，0~20mA RTD 信号 毫伏信号 脉冲频率等
	数字输入输出方式	灌流、拉流 干触点、晶体管型、可控硅型等
人机接口	编程设备	手持编程器、PC 机
	其他人机接口	外部存储装置、打印机

11.2.6 ControlLogix 系统

以罗克韦尔 ControlLogix 系统进一步说明。

11.2.6.1 ControlLogix 系统概述

ControlLogix 系统是罗克韦尔自动化旗下 A–B 公司的核心产品，是继 PLC–3 和 PLC–5 大型处理器后推出的第 3 代控制器，是基于新的硬件配置、数据结构和通信方式的新一代软硬件控制平台。按照罗克韦尔自动化在 20 世纪 90 年代中提出的"全功能控制平台"设计理念，以使用单一控制平台实现全厂范围内的所有控制任务。ControlLogix 系统控制器的性能已远远超过了传统的 PLC，而且配置更灵活、工程应用开发更便捷，被称为可编程自动控制系统（PACS），只是习惯上仍把它称为 PLC。

a）主要特点

ControlLogix 系统作为新一代控制器产品，采用模块式结构和框架式安装方式，所有模块都设置在框架背板的插槽中，支持带电插拔功能。除了传统的数字量 I/O 和模拟量 I/O 外，还支持过程控制、运动控制等。它的主要特点有：

①与传统 PLC 结合紧密。ControlLogix 系统与传统 PLC 连接紧密、方便，从指令集到各种通信接口，可以与 PLC 和 SLC 处理器之间实现无缝连接和集成。

②模块化设计。ControlLogix 系统采用模块化设计，丰富的 I/O 和通信模块提供灵活的系统配置，易于扩展。而且所有模块采取小型化、精致化设计，易于安装并节省安装空间。

③带电插拔。ControlLogix 系统主要模块都采取特殊电路设计，除框架电源模块不建议带电插拔外，几乎所有模块都允许带电插拔而不会损坏模块。对于系统维护提供了极大的方便，既不会影响系统其他部分的正常运行，也缩短了系统的整体维护时间。

④高速数据交换。ControlLogix 系统框架背板有专门的 CPU 处理背板通信，使得各网络和模块链路通过背板实现高速通信。同时采用生产/消费技术，实现高性能的数据传送。

⑤多控制器并存。从 ControlLogix 系统第一系列产品 Logix5550 开始，支持一个框架内有多个控制器，该设计可以使每个控制器都能快速从背板获取数据，实现高速控制和数据共享。

⑥分布式 I/O 和处理。ControlLogix 系统具有开放的网络架构，支持 EtherNet/IP，ControlNet 和 DeviceNet 等网络，结合其他专有总线和多个系列的 I/O 模块，构成分布式和

远程 I/O 控制系统，实现全厂范围的分布式控制。

⑦支持多任务。ControlLogix 系统提供具有优先级的多任务环境，支持连续型、周期型和事件型任务，可以通过组态定义各种任务的执行，极大提高控制器的运行效率和稳定性。

⑧高可靠性。ControlLogix 系统采用特殊的硬件设计和制造技术，具有较好的耐振动、耐高温和抗电气干扰能力，可靠性高，可以安装在较为恶劣的工业现场。

b）系统功能

ControlLogix 系统功能已覆盖了逻辑顺序控制、过程控制、驱动控制、运动控制等工业控制系统的各种应用。随着控制功能的不断发展和完善，ControlLogix 系统集通用和专用控制于一体，其综合性、集成性和易于开发、维护等性能也不断提高。ControlLogix 系统的控制功能包括：

①顺序控制。顺序控制主要用于实现时序逻辑控制。ControlLogix 系统控制器在 PLC-5 增强型指令系统的基础上进一步完善和扩展，完全满足时序逻辑控制的要求。同时还具有较强的数据处理能力，包括复杂的算术运算功能、文件处理功能等。

②过程控制。ControlLogix 系统控制器指令系统中引入了过程控制常用的功能模块（FB），用结构化的数据形式对应仪表结构数据，通过对功能模块的组态，就可以实现过程控制功能。特别适用于既有大量逻辑时序又有连续控制的应用场合。

③驱动控制。驱动控制主要指安装在变频器上的 DriveLogix 控制器所实现的控制。控制单元将系统的逻辑控制关系及控制参数，直接快速可靠地输出到变频器。集成在系统中的通信结构，使变频器与整个系统融合在一起，实现各种常规的驱动控制。对要求精度要求特别高、速度快的驱动控制系统，还可以采用专门的调速系统来实现控制。

④运动控制。运动控制实现控制运动轴的各物理量，也称为伺服控制。ControlLogix 系统控制器有专门的运动控制指令，在梯形图或结构化文本程序中直接编制运行，结合各种伺服模块或运动控制模块，通过执行指令来简单快速地实现各种常规的运动控制。对精度要求特别高、速度快或有特殊要求的复杂运动控制，还可以选择专用的数控系统来实现。

c）主要类型

ControlLogix 系统有多种控制器的类型，包括 1756-ControlLogix 控制器、1769-CompactLogix 控制器、1794-FlexLogix 控制器、1789-SoftLogix 控制器和 DriveLogix 控制器五大类，统称为 Logix5000 控制器。

1）ControlLogix 系统控制器

ControlLogix 系统控制器适用于控制点数达到千点以上的大规模控制应用，采用 1756 框架式安装，模块化结构，各种模块混合使用，控制器可以安装在框架内的任何一个槽内，且多个控制器可以安装在同一个框架中。控制器有多个系列和型号，支持多任务，具有很强的控制和网络通信功能，有多个系列和多种型号，全面替代 PLC-5 系列处理器产品且安装空间小 20%~50%，支持 NetLinx 网络架构，容易与传统 PLC 产品集成。

2）CompactLogix 控制器

CompactLogix 控制器适用于控制点数有几百点的中、小规模应用，以 1769 系列的 I/O 模块作为扩展，无框架连接，直接安装在导轨或面板上，可以纵向和横向扩展。不同的 CompactLogix 系统控制器类型集成有不同的通信接口，支持串行接口、ControlNet 和

EtherNet/IP 接口等。是 SLC-500 系列 PLC 的替代和升级产品，系统性价比高。

3）FlexLogix 控制器

FlexLogix 控制器是从 1794 系列的适配器发展而来的，应用于分布式控制系统，支持串行接口、ControlNet 和 EtherNet/IP 接口。简单的 FlexLogix 系统包含一个控制器和最多 8 个 I/O 模块。采用标准组件，模块可以混合使用，且无须框架和背板，可安装在导轨和面板上，占用空间很小。

4）SoftLogix 控制器

SoftLogix 控制器是基于 PC 平台的控制器，把控制和信息组合在一个单元中，适用于以数据为中心的应用。将操作站和控制器融合在同一台计算机中，支持 NetLinx 网络架构，兼容所有组态编程软件等。

5）DriveLogix 控制器

DriveLogix 控制器是专用于变频驱动器的控制器，将相关的逻辑控制直接放在变频驱动器上，可以减少控制层和变频驱动器之间的通信。具有高速的 NetLinx 网络通信接口模块，能控制本地的 Flex I/O，适用于传动系统结构。

d）网络架构

ControlLogix 系统支持 3 层网络，上层信息网（EtherNet/IP）用于全厂的监控和数据管理；中层控制网（ControlNet）用于实现控制器的实时报文传送；底层设备网（DeviceNet）用于连接现场设备。3 层网络构成 NetLinx 架构，根据特定的应用场合，通过选择不同的通信模块来组成不同的网络。通过 ControlLogix 系统的背板总线，数据不需要控制器及额外的编程组态就可以进行网络间的自由传送和信息交换。

1）EtherNet/IP

EtherNet/IP 是一种基于以太网技术和 TCP/IP 的工业以太网，由 IEEE802.3 的物理层和数据链路层标准、TCP/IP 协议簇协议和通用工业协议（CIP）3 部分组成。在标准以太网技术的基础上提高了设备的互操作性，提供实时 I/O 通信，同时实现信息的对等传输，完成非实时信息的交换。

EtherNet/IP 网络采用通用 RJ45 五类非屏蔽双绞线电缆（UTP）或光纤连接网络交换机实现各设备间的互连，通信速率支持 10/100Mbps 和标准交换机。

2）ControlNet

ControlNet 是一种实时控制层网络，具有高度的确定性和可复用性，可在单一的物理介质链路上同时高速传输限时型 I/O 数据、互锁数据、消息传送数据，以及包括编程和组态的报文数据，实现程序和配置数据的上传和下载。ControlNet 网络的高效数据传输能力显著提升了所有系统或应用的 I/O 性能和对等通信能力，通信速率达 5Mbps。支持消息传送、生产/消费标签、人机接口（HMI）和分布式 I/O。

3）DeviceNet 网络

DeviceNet 网络是一种开放式的设备网络，用于分布式控制的底层现场设备的网络，连接智能传感器、驱动通信、按钮开关和 I/O 适配器等，易于与第 3 方设备实现数据交换。

DeviceNet 网络有主干线和分支线组成，主干线是整个网络的骨干，支撑电源和所有支线。一个网络只能有一条主干线，不同结构的支线与主干线相连。主干线最大长度由电缆类型和网络速度决定，对于粗缆，当通信速率是 125kbps 时，主干线的最长距离是 500m。

主干线两端必须连接终端电阻，不同的连接器有不同的终端电阻。分支可以是一个节点，也可以是树形、菊花链形等，分支的长度应小于 6m，整个网络的分支长度也有限制。

此外，ControlLogix 系统兼容传统 PLC 的网络，包括 DH+，RIO 和 DH485 等，支持通用的工业控制网络和总线，如基金会现场总线（FF）和高速可寻址远程传感器协议（HART）等，同时还支持与第 3 方通信的模块，如 Prosoft 公司的 MVI56E。通过网络系统，可以把各种类型的 PLC，I/O 模块，操作界面等灵活集成，满足各种工程应用的需要。

ControlLogix 系统的典型网络连接如图 11-2-3 所示。ControlLogix 控制器通过通信接口模块扩展出 3 层网络，最底层是 DeviceNet 网络，连接传感器、按钮和指示灯等设备，第 2 层是 ControlNet 网络，连接控制器、具有 ControlNet 接口的各种处理器、监控终端和 I/O，第 3 层是 EtherNet/IP 网络，连接以太网接口设备如控制器、工程师站、操作站、变频器和 I/O 等。

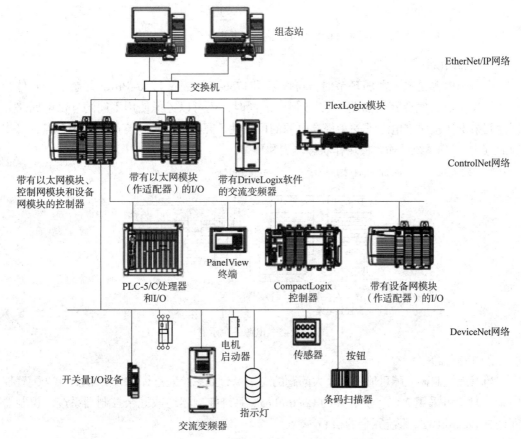

图 11-2-3　ControlLogix 系统网络连接示意

e）ControlLogix 系统冗余配置

ControlLogix 系统控制器冗余属于硬件热备冗余。控制系统的冗余可根据具体应用需求进行灵活配置，包括网络冗余、电源冗余、控制器冗余、I/O 冗余以及组合冗余方式。

1）网络冗余

当考虑网络部分是系统薄弱环节时，可采用网络冗余，也称为介质冗余。ControlLogix

系统使用 1756-CN2R 模块组成冗余 ControlNet 网络实现网络冗余，如图 11-2-4 所示。图中，ControlNet 网络有 3 对节点，一对是工作站节点，带有冗余 ControlNet 网卡；第 2 对是 ControlLogix 控制站节点，带有冗余介质的 ControlNet 模块连接网络，控制 1756 系列 I/O；第 3 对是 PLC-5/C 处理器节点，处理器有冗余 ControlNet 端口连接网络，控制 1771 系列 I/O。

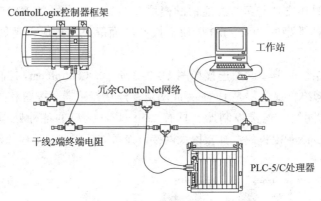

图 11-2-4　ControlNet 网络冗余示意

2）电源冗余

当考虑电源是系统薄弱环节时，可以采用 1756-PAR2 或 1756-PBR2 冗余电源套件给每个框架供电，电源冗余如图 11-2-5 所示。同时，还可以考虑使用不同的外供电回路分别给冗余电源模块供电，进一步提高电源的可靠性。冗余电源模块有故障报警触点，可作为 DI 点引入到系统的输入模块作状态监测和预警。

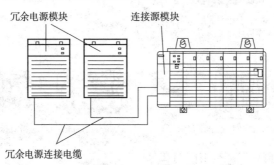

图 11-2-5　电源冗余示意

3）控制器冗余

当考虑控制器故障可能引起重大问题的应用场合如系统经过评估，要求按 SIL2 配置控制系统时，可采用 2 套完全一样的 ControlLogix 系统控制器组成冗余控制器系统。控制器冗余是 ControlLogix 系统冗余的核心。

控制器冗余配置要求包括：

①主、从 2 个框架尺寸一致，即先上电的框架为主框架。

②每个框架中至少有 1 块控制器模块 1756-L7X，1 块冗余模块 1756-RM2 和至少 1 块 ControlNet 模块 1756-CN2R 或 1 块 EtherNet/IP 以太网模块 1756-EN2T。

③模块安装顺序、ControlNet 模块的节点地址、以太网模块的 IP 地址都要一致。

④冗余模块通过 1756-RMCx 同步电缆连接，冗余框架中不能有 I/O 模块。

⑤模块系列、固件版本和控制器运行的程序一致。冗余控制器中不能有事件型任务和被禁止的任务。

增强型冗余系统中，1756-L7X 控制器对应的冗余模块固件版本是 19.053。冗余框架中的 ControlNet 和 EtherNet/IP 通信模块必须是增强型，即目录号中都包含一个"2"字。例如，1756-EN2T 模块。冗余模块 1756-RM2/A 只占一个槽位，不能与 1756-RM/A 和 1756-RM/B 配对，更不支持早期的占 2 个槽位的 SRM 冗余模块。冗余控制器系统如图 11-2-6 所示。实现控制器冗余和 ControlNet 网络冗余，其中的一个远程框架带冗余电源。

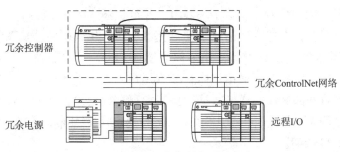

图 11-2-6 冗余控制器系统示意

4）I/O 模块冗余

当考虑 I/O 模块故障可能引起重大问题的应用场合，可以采用 I/O 冗余设计，如图 1.7 所示。图 11-2-7 中，冗余控制器框架中配置了具有环形拓扑通信能力的以太网模块 1756-EN2TR，与 1715-冗余 I/O 的以太网适配器 1715-AENTR 构成设备级环形网络（DLR），PanelView 图形终端通过以太网分接器（ETAP）接入环网。环网中还有一个 1756 远程 I/O 站。借助 DLR 技术，控制器和 I/O 模块的可靠性和可维护性得到进一步提高。

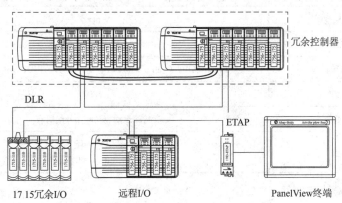

图 11-2-7 1715 系列 I/O 冗余设计示意

11.2.6.2 ControlLogix 硬件组成

ControlLogix 系统硬件采用模块化结构，包括控制器模块、框架、电源模块、I/O 模块、通信模块和其他专用模块等。可以根据不同的应用需要进行灵活配置，构成各种结构和规模的 ControlLogix 控制系统。

a）控制器

ControlLogix 控制器是控制系统的核心模块，采用 32 位的精简指令处理器（RISC）芯片，负责整个自控系统的控制工作。采集各种输入模块、通信模块以及其他控制器模块的数据，执行用户编制的程序，输出控制各种执行设备，并通过各种网络接口，为可视化和人机界面提供监视数据和操作接口，来实现全生产全过程的监视和控制。

1）主要性能指标

ControlLogix 控制器（V18 版后）可以控制的数字量 I/O 最多可达 2.56×10^5 点，模拟量 I/O 最多可达 8.0×10^3 点。一个控制器支持 32 个任务，每个任务最多可有 100 个程序和设备阶段。用户内存最大可达 32MB，并可扩展 64M 扩展内存。支持 NetLinx 开放网络和控制器冗余，支持梯形图、结构化文本、功能块、顺序功能图等编程语言等。ControlLogix 控制器为双 CPU 设计，一个称为逻辑 CPU，负责逻辑控制和数据处理；另一个称为背板 CPU，负责背板通信。内存分为用户内存（基本内存）和扩展内存，用户内存存放控制器与外部交换的通信数据，扩展内存存放用户程序和内部数据。扫描速度小于 0.03ms/k 平均布尔指令，内置 USB 端口运行速度达 12Mbps。1756–L7X 控制器的主要性能指标见表 11–2–3。

表 11–2–3　1756–L7X 控制器主要性能指标

特性	1756–L7X
控制器任务	32 个； 每个任务可有 100 个程序和设备阶段； 事件任务：所有事件触发器
用户内存	L71：2MB、L72：4MB、L73：8MB L74：16MB、L75：32MB
存储卡	SD 卡
内置端口	一个 USB 口
通信选项	EtherNet/IP，ControlNet，DeviceNet，DH+，RIO，SynchLink，USB
控制器最大连接	500 个
控制器冗余	支持除运动控制应用外的所有应用
编程语言	梯形图 LD，结构化文本 ST 功能块图 FBD，顺序功能图 SFC

2）控制器模块和部件

1756–L7X 控制器模块外形如图 11–2-8 所示，图中打开了储能模块（ESM）卡槽。控制器模块的面板上部是状态显示屏，滚动显示控制器的固件版本、储能模块状态、项目状态和严重故障（也称为主要故障或重大故障）信息等；显示屏下是发光二极管（LED）状态指示灯，分别指示控制器的运行状态、I/O 强制、SD 状态和控制器状态等；指示灯下方是一个模式开关，也称为钥匙开关，用专门配置的钥匙来切换控制器的工作模式；模式开关右侧是 SD 卡槽，用于安装 SD 卡；模块下部是 ESM 模块插槽和 USB 串行接口。

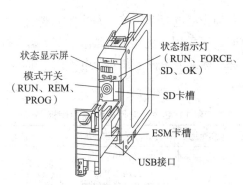

图 11-2-8 1756-L7X 控制器模块外形图

模式开关有 3 挡，即运行（RUN）、远程（REM）和编程（PROG），表示 3 种工作模式。

在 RUN 模式时，控制器运行各种任务，控制输入和输出。组态站不能改变控制器的工作状态，也不能在线修改控制器的程序。正常运行时，为了防止不必要的误动，可切换到 RUN 模式并取走钥匙，放好备用。

在 REM 模式时，控制器保持钥匙开关切换时的工作状态，即从 RUN 切换到 REM 时保持运行状态；从 PROG 切换到 REM 时保持编程状态。组态站可以远程改变控制器的状态，在线编辑、修改程序、下装和运行等。如果经常需要修改程序或远程启停控制器，通常切换到 REM 模式。

在 PROG 模式时，控制器处于编程模式，停止运行任务和输出。组态站可以进行在线编辑、修改和下装等，但不能改变控制器的工作状态。

b）框架

ControlLogix 系统框架（也称为底盘，指安装模块的物理支架，带有插槽和背板，有些资料也称为机架。）用来安装除电源模块之外的各种系统模块，有 4 槽、7 槽、10 槽、13 槽和 17 槽等 5 种框架尺寸，目录号分别为 1756-A4、A7、A10、A13 和 A17，插槽编号都是从 0 号开始。框架的背板有高速总线，各种模块通过背板总线进行数据传递和交换。安装了系统标准电源模块的 1756-A4 框架如图 11-2-9 所示。

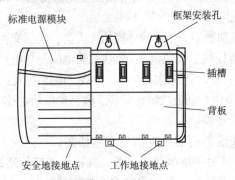

图 11-2-9 安装了系统标准电源的 1756-A4 框架示意

c）系统电源模块

系统电源模块给框架背板提供 1.2V、3.3V、5V 和 24V 等多种直流电源，有非冗余和冗余电源模块 2 大类。输入电压有交流和直流 2 种，有多种输入电压等级和输出电压。非冗余电源有标准电源模块和细长型电源模块等，安装在框架的最左侧，通过插槽给背板供电。当需要冗余电源供电时，可采用2块冗余电源模块、2条连接电缆和一块框架适配器连接模块组成冗余电源套件。标准电源供电和冗余电源供电都不占用框架的槽位。典型的电源性能指标见表11-2-4。

表 11-2-4　典型电源性能指标

电源目录号	描述	输入电压范围	最大背板输出功率	说明
1756-PA72	标准交流输入电源	85~265（V AC）	总75W；10A 5V DC；2.8A 24V DC	兼容标准框架和B系列框架
1756-PA75			总75W；13A 5V DC；2.8A 24V DC	
1756-PB72	标准直流输入电源	18~32（V DC）	总75W；10A 5V DC；2.8A 24V DC	
1756-PB75			总75W；10A 5V DC；2.8A 24V DC	
1756-PA75R/A	冗余交流输入电源	85~265（V AC）	总75W；13A 5V DC；2.8A 24V DC	
1756-PB75R/A	冗余直流输入电源	18~32（V DC）	总75W；13A 5V DC；2.8A 24V DC	
1756-PAR2 或 1756-PBR2	冗余电源套件	85~265（V AC）	/	2块1756-PA75R或1756-PB75R 2条1756-CPR2电缆（0.9m） 1块1756-PSCA2框架适配器连接模块

d）I/O模块

I/O模块是ControlLogix控制器与现场设备的信号接口。ControlLogix系统提供种类众多的1756系列I/O模块，覆盖工业控制中绝大多数的信号类型。I/O模块可以混合安装在框架的插槽中，支持带电插拔，现场仪表设备的信号可以直接与模块相连，也可以通过可拆卸的端子块和接口模块（IFM/AIFM）与I/O模块相连。I/O模块还可以根据组态，提供相应的信息和附加的功能，如诊断功能，包括数字滤波、过程报警、速率报警和断线检测等。不同I/O模块的附加功能是不一样的，可根据应用需要选择和使用。

1）I/O模块的基本特点

I/O模块有交流、直流和数字、模拟信号模块4大类，包括交流数字量I/O模块、直流数字量I/O模块、继电器触点模块、模拟量I/O模块、热电阻与热电偶模块输入、组合I/O模块等。每一种类型又有众多型号，分别对应于不同点数、电压电流类型、工作电压范围、电阻范围、分辨率、通道是否隔离和通道故障诊断等。数字量模块也称为开关量模块。

2）数字量输入（DI）模块

采集、接收现场仪表设备的数字量信号，包括按钮、选择开关、行程开关、接近开关、光电开关、数字拨码开关、继电器触点等，并把状态信号通过背板传送给控制器和其他监听设备。ControlLogix系统允许框架内有多个控制器运行，控制I/O模块的控制器称为I/O模块的所有者、拥有者或宿主，其他控制器或设备也可以通过监听获取信息，称为监听者或监听设备。

3）数字量输出（DO）模块

通过背板接收控制器输出的数字量信号，控制各种执行部件或仪表设备，包括接触器、电磁阀、继电器和指示灯等。

4）模拟量输入（AI）模块

采集、接收由电位器、转速探头、变送器等仪表设备输出的连续变化模拟信号，通过 A/D 转换器把信号转换为控制器需要的数值，并通过背板传送给控制器和其他监听设备。

5）模拟量输出（AO）模块

把控制器从背板传送的数值通过 D/A 转换器转换为标准模拟量信号输出，去控制阀门定位器等仪表设备以及电机等。

I/O 模块通道间大多采用分组隔离方式的模块，每组共用一个公共端子和电源回路；也有每个通道都隔离的分隔隔离方式。

6）晶体管型输出模块

动作速度快，无触点，开关次数几乎没有限制。继电器型输出可以提高通道的负载能力，还可以选用多种负载的供电类型。

7）I/O 模块的灌流和拉流

是指信号电流经过现场仪表设备后流入或流出模块。电流流入模块的称为灌流（Sink），流出模块的称为拉流（Source），I/O 模块的灌流和拉流如图 11-2-10 所示。

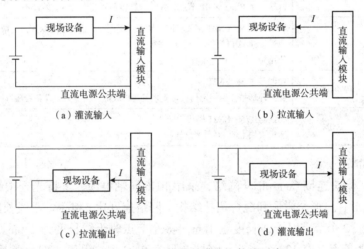

图 11-2-10 I/O 模块的灌流和拉流示意

8）A/D 和 D/A 转换

模拟量模块的 A/D 转换把输入的模拟信号转换为整型数，D/A 转换把控制器运算后的整型数转换为模拟量输出。整型数的大小与转换器的处理位数有关，以 12 位转换器为例，模拟量 4~20mA 的 A/D 和 D/A 转换如图 11-2-11 所示。1756 系列模拟量模块通过通道组态完成 A/D 和 D/A 转换，只需要定义好每个通道相应的工程单位转换就可以了。

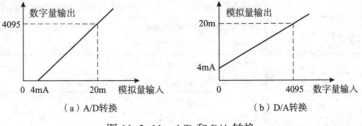

图 11-2-11 A/D 和 D/A 转换

e）通信模块

通信模块是 ControlLogix 系统的网络接口，不同的通信模块连接不同的网络，安装在框架中的各种网络接口模块通过背板实现网络间的连接，不需要控制器模块。ControlLogix 系统支持多种通信网络，如 EtherNet/IP，ControlNet，DeviceNet，DH+，RIO 和 FF 等。通过这些通信模块，控制器就可以访问相应的网络，进而控制或监听网络中的 I/O 设备。

1）EtherNet/IP 模块

ControlLogix 控制器通过 EtherNet/IP 通信模块连接 EtherNet/IP 网络，每个模块最多可以支持 128 个 TCP/IP 连接和 128 个逻辑连接。通信介质、传输距离、传输速率等与商用以太网相同，采用五类双绞线时传输距离达 100m，传输速率达 100Mbps，采用单模光纤可传输 30km 及更远。支持星形和环形拓扑结构，常用的 EtherNet/IP 模块和特性见表 11-2-5。

表 11-2-5　常用的 EtherNet/IP 模块和特性

模块目录号	通信速率 /bps	特性
1756-ENBT	10M/100M	连接控制器与 I/O 模块，对于分布式 I/O 需要使用适配器 通过信息与其他 EtherNet/IP 设备通信 按生产 / 消费模式作为 Logix5000 控制器间的数据共享途径 桥接各个 EtherNet/IP 节点，并将信息转到到其他网络上的设备
1756-EN2T	10M/100M	功能与 1756-ENBT 模块相同，性能大幅提高，适用于要求更高的应用场合 通过 USB 端口提供临时配置连接 使用旋转开关快速配置 IP 地址
1756-EN2TR	10M/100M	功能与 1756-EN2T 模块相同 支持环形拓扑网络通信，可实现具备单故障容错能力的设备级环形网络（DLR）
1756-EN2F	100M	功能与 1756-EN2T 模块相同 通过模块上的 LC 型光纤连接器连接光纤

2）ControlNet 模块

ControlNet 模块连接 ControlNet 网络，采用 RG6 同轴电缆，支持光纤中继器和冗余介质。支持总线形、星形、树形和混合拓扑结构，网络速度达 5Mbps。干线长度与节点数量有关，单网段、2 个节点时干线长度达 1km，48 个节点时干线长度为 250m。ControlNet 网最多支持 99 个节点，有 128 个连接，终端电阻为 BNC 型，阻值 75Ω。常用的 ControlNet 通信模块和特性见表 11-2-6。

表 11-2-6　常用的 ControlNet 模块和特性

模块目录号	特性
1756-CNB	控制 I/O 模块 通过信息与其他 ControlNet 设备通信 按生产 / 消费模式与其他 Logix5000 控制器共享数据 桥接各个 ControlNet 节点，并将信息转发到其他网络上的设备
1756-CNBR	功能与 1756-CBN 模块相同 支持 ControlNet 冗余介质
1756-CN2	功能与 1756-CBN 模块相同 性能大幅提升，适用于要求更严苛的应用场合
1756-CN2R	功能与 1756-CN2 模块相同 支持 ControlNet 冗余介质

3）DeviceNet 模块

DeviceNet 通信模块连接 DeviceNet 网络，采用典型的干线–分支拓扑结构，支持粗缆、细缆和扁平电缆。可容纳 64 个节点地址，每个节点支持的 I/O 数量没有限制，支持对等通信、多主或主 / 从通信模式和冗余结构，网络速度可选 125kbps、250kbps 和 500kbps。干线长度与通信速率成反比，采用粗缆时，最长干线长度达 500m。终端电阻为 120Ω，不少于 1/4W，有圆缆孔式、圆缆针式和扁平电缆式 3 种形式。常用的 DeviceNet 模块和特性见表 11–2–7。

表 11–2–7　常用 DeviceNet 通信模块和特性

模块目录号	特性
1756-DNB	控制 I/O 模块 通过信息与其他 DeviceNet 设备通信
1788-EN2DN	将 EtherNet/IP 网络链接到 DeviceNet 网络
1788-CN2DN	将 ControlNet 网络链接到 DeviceNet 网络

4）其他通信模块

DH+ 是罗克韦尔自动化控制层的一种工业控制局域网，支持远程编程，可以连接各种处理器、计算机、人机界面等设备。DH+ 采用总线结构和令牌传送协议，只有持有令牌的节点才能发送数据。DH+ 采用标准双绞线作为传输介质，按菊花链或主干 / 分支的连接方式，单条 DH+ 网络可最多连接 32 个工作站，通道 A 支持 57.6kbps，115.2kbps 和 230.4kbps 等 3 种通信速率，传送距离分别为 3024m、1524m 和 230m；通道 B 支持 57.6kbps 和 115.2kbps 2 种速率。

RIO 链路是处理器与远程 I/O 机架、智能设备、操作员界面等设备的通信链路，处理器通过内置的扫描器端口或独立的扫描器模块对所有的远程 IO 设备进行数据交换。RIO 还可连接兼容的第 3 方产品，如机器人、焊接控制器、无线调制解调器等。RIO 采用标准双绞线作为传输介质，通过光纤中继可支持光纤传输。采用菊花链或主干 / 分支的连接方式和主 / 从通信方式。最多可以连接 32 个 I/O 机架或适配器式的设备，支持 57.6kbps，115.2kbps 和 230.4kbps 等 3 种通信速率，传送距离分别为 3024m、1524m 和 762m。

1756-DHRIO 模块是 ControlLogix 系统的 DH+ 和 RIO 网路通信模块，具有 DH+ 和 RIO 通道的全部技术特性，可以通过拨码开关组态为 DH+ 通道或 RIO 通道，使用 MSG 或生产 / 消费标签完成各种数据的交换和共享，可实现 ControlLogix 控制器与处理器之间的信息交换和数据共享，以及用作扫描器控制远程 IO，协调多种设备的通信工作。同时，可提高系统集成的灵活性和选择性，降低集成和维护等费用。典型的 DH+ 和 RIO 网络架构分别如图 11–2–12 和图 11–2–13 所示。

除 DH+ 和 RIO 外，罗克韦尔自动化系统的传统网络还有 DH–485，以及第 3 方通信模块如 Prosoft 公司的 MVI56E-MCM 进行 ModBus 通信等。ControlLogix 控制器可以采用这些通信网络对上一代控制系统进行升级、改造，连接各个系列的 I/O 模块等，都具有很好的兼容性。

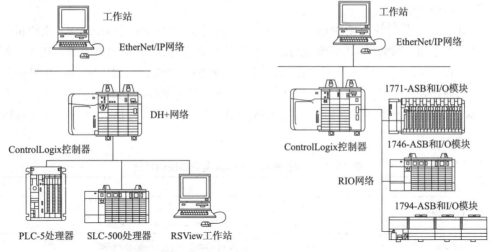

图 11-2-12　DH+ 网络架构示意　　　　图 11-2-13　RIO 网络架构示意

11.2.6.3　组态编程工具

ControlLogix 系统的组态编程工具包括：组态编程软件 Studio5000，通信连接软件 RSLinx，网络配置软件 RSNetWorx 和仿真软件 RSLogix Emulate5000 等。Studio5000 是罗克韦尔自动化在 2000 年前后推出软件，V21 版或更高版本支持 1756-L7X 控制器。Studio5000 逻辑设计器（Logix Designer）将 ControlLogix 系统的项目和设计组成到一体化的通用环境中，是 RSLogix5000 的全面更新换代版本。它实现离散、过程、批量、运动、驱动和安全控制的全部应用开发功能。

a）Studio5000 组态编程软件

Studio5000 软件的功能包括对控制器的组态、编程、监视控制器状态、I/O 刷新、系统诊断以及对外信息交换、数据和文件组织管理等。该软件随着控制器的升级换代不断推出新的版本，V21 版或更高的版本支持 1756-L7X 等控制器。

1）Studio5000 组态编程软件主要特点

①编程方便快捷。提供自由格式程序编辑器，拖放编辑操作，可以同时修改多个逻辑，也可以点击页面相关提示输入等。

②组态灵活简单。对话式组态，图形编辑器完成控制器、I/O 等各种组态。

③指令功能丰富。包括梯形图、结构化文本、功能块、用户自定义指令等。

④I/O 寻址更准确。直接使用操作数寻址方式，浏览获取 I/O 数据和数据库标签，减少人为输入造成的错误。

⑤在线功能强。包括各种在线帮助、屏幕信息，参考资源信息量大。

2）界面布局

安装好 Studio5000 软件，桌面上通常会有快捷键，双击图标或在【开始】（Start）菜单中打开 Studio5000 软件，新建或选择项目后显示的界面如图 11-2-14 所示。

这是 Windows 风格的操作窗口，包括标题栏、菜单栏、工具栏、状态栏、控制器面板区、网络路径区、指令栏区、控制器管理器和编辑操作区等。

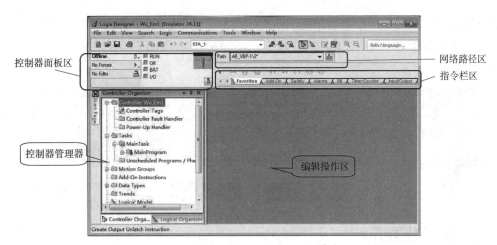

图 11-2-14　Studio5000 软件示意

b）RSLinx 连接软件

RSLinx 是组态站（指编程终端和工程师站等）与 ControlLogix 控制器之间必需的连接软件，可以建立并组态通信驱动，浏览已建立的网络和节点和网络设备通信诊断等。RSLinx 有多个系列和不同的版本，如 RSLinx Classic 系列包括 Lite（简装）、Single Node（单节点）、OEM 和 Gateway（网关）版，功能各有不同，由采购的授权决定。其中 RSLinx Classic Lite V2.59 或更高的版本支持 1756-L7X 控制器。

组态站与控制器的通信连接通常通过 EtherNet/IP 模块或 ControlNet 模块建立与 1756 框架的稳定连接，还可以通过控制器上的 USB 口建立临时连接。临时连接仅作为短时间通信连接，如模块固件版本刷新、点对点组态下载等。RSLinx 软件界面如图 11-2-15 所示。

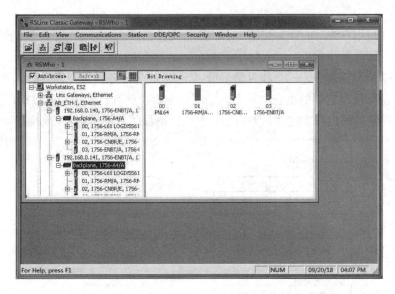

图 11-2-15　RSLinx 软件界面示意

c）RSNetWorx 网络组态软件

RSNetWorx 是控制器的网络组态、监视控制和优化软件。对应于 ControlLogix 系统的信息层、控制层和设备层等 3 层网络，组态软件分别是 RSNetWorx for EtherNet/IP，

RSNetWorx for ControlNet 和 RSNetWorx for DeviceNet。3 个软件的页面和功能类似，分别可以组态、监视数据、配置和优化网络参数等。RSNetWorx for ControlNet 软件页面如图 11-2-16 所示。

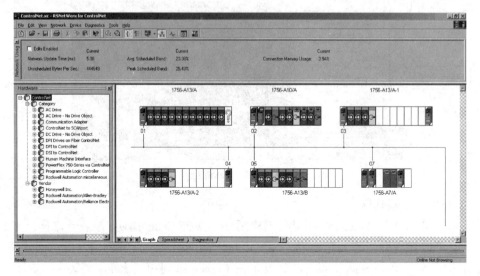

图 11-2-16　RSNetWorx for ControlNet 软件页面示意

d）控制器文件结构

控制器的文件结构是指控制器的程序文件结构和数据文件结构。在使用控制器前，应该学习和了解控制器的文件结构，这对于合理设计程序文件，规划程序、设备阶段和数据及数据库结构，优化控制器内存和逻辑执行等都是十分有帮助的。

1）程序文件

程序文件是用户编写的针对控制应用的执行文件，一个 ControlLogix 项目的程序文件结构包括 3 层，即任务（Task）层、程序（Program）层和例程（Routine）层，结构层次架构如图 11-2-17 所示。其中，一个项目最多可以定义 32 个任务，每个任务最多可以定义 100 个程序、设备阶段或它们的组合。每个程序或设备阶段拥有自己独立的数据库和例程，例程的个数由控制器的内存决定，只要内存足够大，例程的数量没有具体限制。

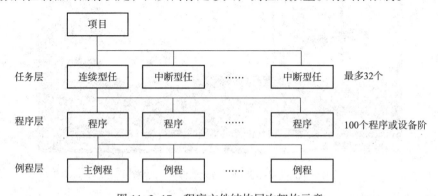

图 11-2-17　程序文件结构层次架构示意

①任务

任务是一个项目所有与控制有关的数据和逻辑的总和，有连续型、周期型和事件触发型 3 种执行类型。连续型任务是指周而复始执行的任务，周期型任务是指定时（中断）执行的逻辑程序，事件触发型任务是指事件触发引起的调用任务。

一个项目只能定义一个连续型任务。连续型任务执行期间，可以被周期性任务和事件触发型任务中断（周期型任务和事件触发型任务因此也称为中断型任务）。中断型任务的中断级别有 15 个，序号为 1~15，序号越小，中断级别就越高，任务的优先权也越高。高优先权任务可以中断所有低优先权的任务，一个中断任务完成后返回到断点继续执行。

②程序和设备阶段

——程序是任务的下一层结构，由独立的数据库和例程组成。在数据库中建立的标签只能被程序内的例程引用，属于内部数据。每个程序中必须指定一个例程为主例程，作为程序运行的启动程序，其余的例程由主例程中调用。程序中还可以指定一个故障处理例程，以解决程序中的例程在运行时引起的故障。

程序是一个完整的结构，可以理解为就是一个传统的处理器。当把传统的处理器移植到 ControlLogix 控制器时，它的结构就对应一个连续任务下的一个程序。当一个任务下有多个程序时，控制器将按程序的组态顺序执行。这个顺序可以根据需要在任务组态中进行调整。

——设备阶段是专门针对基于状态转换模型的控制场合而开发的程序设计方法，也称为设备相位。Stuio5000（或 RSLogix5000 V15 版及以后的版本）支持设备阶段的编程和管理功能。它把设备运行划分为各个操作状态循环操作，任何时候只有一个模块处于激活处理中，每个状态按照设定的时间或给定的条件，决定完成并进入下一个状态。设备阶段采用标准化的状态编程模型，把编制的程序代码写入规定的状态模块，模块之间只需通过转换和命令调用来实现控制。

设备阶段有自己独立的数据库和例程，要建立各种阶段状态例程，包括类似于主控例程的预设状态例程或初始化状态例程等。设备阶段与程序处于同等位置，只是针对的应用对象不同而已。

③例程

例程是控制器执行的所有控制代码的集合，也称为子程序，是一个项目实现各种控制策略的执行逻辑代码。例程可以用任一种编程语言进行编写，每个例程只能引用控制器数据库和所在程序的数据库。

2）数据文件

ControlLogix 系统的数据文件与传统的 PLC 处理器不同，它采用数据标签来表示程序处理的数据或对象。数据文件是用户程序中使用的数据标签的集合，也称为数据库。一个好的 ControlLogix 项目，不仅要建立数据文件，还要对数据进行合理的规划，包括数据范围、数据类型和结构等。

①数据标签

数据标签由字母开头，包括大小写字母、数字 0~9 和下划线组成，如 Switch_1，Pump_5 和 Start 等。在同一个数据范围内，数据标签不分大小写，大小写主要用于辅助记忆。由于数据标签在数据库中是按字母顺序排列的，所以可用前缀、补齐标签字符长度的方法进行命名。如 A1_TK001，A2_TK151 等，简洁的数据标签可以节省内存。

②数据范围

ControlLogix 系统建立的数据文件可分为全局数据范围和程序数据范围。全局数据范围又称为控制器数据范围，对外数据和内部数据全部都可以被控制器中的所有程序或例程引用。程序数据范围属于各程序的内部数据，只能被所在程序中的例程引用。各程序数据范围是相互隔离的，不同程序范围中的标签可以重名。

③数据类型

ControlLogix 系统的数据类型有基本数据类型和结构数据类型 2 种。基本数据类型构成结构数据类型，结构数据类型和关系数据库的记录结构方式一致，有利于数据采集和管理系统的数据交换。

——基本数据类型

基本数据类型包括布尔型（BOOL）、短整数型（SINT）、整数型（INT）、双整数型（DINT）和实数型（REAL），是程序或人机界面引用地址的最小单位，通常称为操作数。基本数据类型的名称、符号、格式和数值范围见表 11-2-8，实数型数据可以表示小数。

表 11-2-8　基本数据类型的名称、符号、格式和数据范围

数据类型	符号	位数	数值范围
布尔型	BOOL	1	0 或 1
短整数型	SINT	8	$-128 \sim +127$
整数型	INT	16	$-32768 \sim +32767$
双整数型	DINT	32	$-2147483648 \sim +2147483647$
实数型	REAL	32	$-3.40282347E+38 \sim -1.17549435E-38$（负数），0，$1.17549435E-38 \sim 3.40282347E+38$（正数）

ControlLogix 系统数据处理的基本单位是 32 位共 4 字节（B），数据标签的类型为 BOOL、SINT 或 INT 时，数据位分别只有 1 位、8 位和 16 位，控制器仍按一个完整的 32 位分配内存空间，空余的位被闲置。ControlLogix 系统基本数据类型的内存空间占用如图 11-2-18 阴影部分所示。很显然，这样的内存分配其优点是简单，缺点是占用内存较多。

图 11-2-18　ControlLogix 系统基本数据类型内存空间占用示意

CPU 处理不同的数据类型时运算速度是不同的，如采用 SINT 或 INT 类型运算时，CPU 需要把 SINT 或 INT 转换成 DINT 后进行运算，运算完成后还要将结果分别转换为 SINT 或 INT 型数据。这都需要占用 CPU 处理时间。混合运算时的转换略有不同，如 SINT 与 DINT 运算，结果为 DINT 等。数据类型都是 DINT 时，数据处理时不需要转换，运算速度较快。这在具体应用编程时要注意，如果运算量不大，CPU 运行速度足够快，这点时间是可以忽略的。但如果程序较大，就需要做进一步优化。

——结构数据类型

结构数据类型包括系统预定义结构数据类型、用户自定义结构数据类型和数组等 3 种，每一种类型又包含几种形式，见表 11-2-9。

表 11-2-9　结构数据类型表

结构数据类型	数据类型
系统预定义结构类型	I/O 组态数据
	多字元素文件数据（定时器和计数器）
	系统组态信息和状态数据
自定义数据类型	字符串自定义数据结构
	用户自定义数据结构
	AOI 自定义指令
数组	基本数据类型和结构数据类型

——系统预定义结构数据类型

指系统预先定义的结构数据，具有固定的形式，在组态编程定义时自动产生，它包括以下几种形式：

——I/O 组态时产生的数据

ControlLogix 系统在创建 I/O 模块时，数据库中自动生成相应的 I/O 结构数据。设在本地框架 1 号和 2 号槽位分别添加 DI 和 DO 模块时，就有：

Local:1:C—本地框架 1 号槽位 DI 模块组态数据

Local:1:I—本地框架 1 号槽位 DI 模块输入数据

Local:2:C—本地框架 2 号槽位 DO 模块组态数据

Local:2:I—本地框架 2 号槽位 D0 模块状态数据

Local:2:O—本地框架 2 号槽位 D0 模块输出数据

每一种 I/O 模块其结构数据是不一样的，编程时可以直接采用相应的数据，或通过别名的方式读写 I/O 通道。I/O 模块的这种结构数据，大大简化了 ControlLogix 系统的 I/O 寻址方式。如 Local:1:I.Data.1 表示 1 号槽位 DI 模块的输入通道 1，Local:2:O.Data.7 表示 2 号槽位的 DO 模块的输出通道 7 等。AI 和 AO 模块的定义和别名调用方法类似。

——多字元素文件数据

ControlLogix 系统扩展了 PLC-5 增强型指令集，并继续引用传统 PLC 指令集中的多字元素文件，同时把指令中的 16 位整型数转换为 32 位双整型数。如定时器（Timer）指令、计数器（Counter）指令、比例积分微分（PID）指令、信息（MSG）指令和顺序功能图（SFC）操作指令等。

运动控制、功能块图、设备阶段以及系统组态信息和状态信息对应的数据结构，分别在运动控制编程、功能块（过程控制）编程、设备阶段编程以及使用设置控制器状态值指令（SSV）和读取控制器状态值指令（GSV）时引用。

——自定义结构数据类型，指用户根据应用需要自行定义的结构数据。它包括以下几种形式：

字符串自定义数据结构。用户可以自行定义长度为 1KB~64KB 的字符串数据结构，用于 ASCII 码的数据（英文字符和数字符号等）表述。数据结构中默认一个长度为 82B 的字符串，与传统 PLC-5/SLC-500 系统中定义的字符串长度一致以保证能相互兼容。

用户自定义数据结构。用户自定义数据结构（UDF）是在编程时为了某一控制任务组织相关数据而建立的数据结构，以便于数据的查找、监视和传输等。在建立数据结构的过程中，数据元素的定义顺序与存储器空间的占用有关。BOOL 类型占 1 位，每建立一个 BOOL 元素，都会存放在剩余的空间上。如果空间不够，再划出新的 32 位字的空间。同理，SINT 类型占 8 位，每建立一个 SINT 元素，都会存放在剩余的空间上。如果空间不够，再划出新的 32 位字的空间。其他类型以此类推。一个完整的用户自定义数据结构 UDF 的大小一定是 32 位的整数倍。

为电机控制而建立的 UDF 存储空间如图 11-2-19 所示，各种数据类型占用的存储空间与定义的顺序（而不是按字母顺序）和它们的类型有关，把相同类型的数据整理到一起，数据所占用的空间只需 40B（10*4=40B），比原来基本数据类型所占空间（14*4=56B）要小得多。

图 11-2-19　为电机控制建立的 UDF 存储空间示意

AOI 自定义指令结构。AOI 自定义指令数据结构是建立 AOI 时需要分配的输入 / 输出参数和指令内部使用的参数构成的数据库，类似于指令的数据结构。AOI 建立后，就会在项目目录的【用户自定义】（Add-On-Defined）文件夹中自动产生与 AOI 指令同名的自定义数据结构。AOI 指令调用时，都要分配一个相应结构的数据标签，作为指令执行时的输入和输出参数。

——数组

数组是同一数据类型连续分布的集合，可由基本数据类型和结构数据类型构成。数组有一维、2 维和 3 维等 3 种结构。数组中元素的个数没有限制，大小取决于控制器内存。一个数组元素具有相同的数据形式，而且可以用算术表达式来运算。

数组数据 Array_1[2] 表示一个一维数据，数组名为 Array_1，[2] 表示数组的第 3 个元素（0、1 和 2）。Pump_2[1,3] 表示一个 2 维数组中的第 2 行、第 3 列交叉的元素，同理，Motor_A[2,3,0] 表示一个 3 维数组，数组名为 Motor_A，[2,3,0] 表示其中 3 维中第 3、第 4 和第 0 行交叉点的因素，数组数据元素如图 11-2-20 所示，图中阴影的位置就表示数组元素的位置。

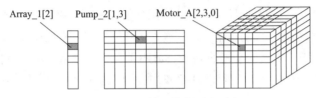

图 11-2-20　数组数据元素示意

11.2.6.4　编程语言和指令系统

编程语言是系统提供的、用于项目应用中编写控制逻辑的工具。ControlLogix 系统的编程语言符合 IEC61131-3 标准，有梯形图、结构化文本、功能块图和顺序功能图等 4 种编程语言。每种语言的指令条数有不同，指令符号和参数也有差异，有的指令只用于某种控制场合。如梯形图和结构化文本的定时器指令 TON 与 TONR 形式不同，顺序功能图不支持 ASCII 指令等。可以根据不同的应用场合和工程技术人员或维护人员的编程习惯来选择和使用编程语言。

a）梯形图

梯形图（LD）是 PLC 的一种最典型的也是最基本的编程方式，它沿用了继电器的触点、线圈、串联、并联等术语和图形符号，并增加了新的功能和逻辑符号，具有直观、易学、好理解的特点，成为使用最为广泛的编程方式，适用于顺序逻辑控制、离散量控制、定时 / 计数控制等。

梯形图一般由 2 条母线和指令构成的梯级（Rung）或阶梯组成，每条梯级包括输入指令和输出指令。输入指令和左母线相接，输出指令最后连接右母线。梯形图以结束语句（END）表示程序结束。典型的梯形图如图 11-2-21 所示，这是一个延时通逻辑，当开关 Swith_1 闭合后 10s，绿灯 Green_Light 亮。

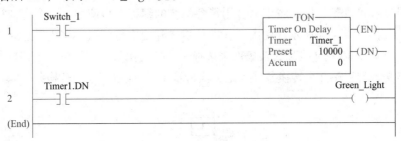

图 11-2-21　梯形图

b）结构化文本

结构化文本（ST）是一种类似于高级语言如 BASIC 的编程语言，能很方便地建立、编辑修改和实现比较复杂的控制算法。结构化文本包括赋值、条件、循环、重复、跳出等基本语句。特别是在数据处理、计算、存储、判断、优化算法等应用场合，以及涉及多种数据类型处理的应用中使用广泛。

```
(*ST 语句示例*)

if Switch_1 then
    TONR(Timer_1);
    Timer_1.PRE:=10000;
end_if;
Green_Light:= Timer_1.DN;
```

图 11-2-22　结构化文本

图 11-2-21 梯形图可以写成结构化文本语句如图 11-2-22 所示。

c）功能块图

功能块图（FBD）是一种可视化的编程语言，使用类似布尔代数的图形逻辑符号来表示控制逻辑。同时引用仪表控制回路组态方式，用功能块之间的连接来建立程序结构，并放在表单中。每个功能块都定义控制策略并连接输入端和输出端来实现过程控制。

ControlLogix 系统有丰富的功能块指令，适用于有数字电路基础和过程控制经验的技术人员使用。典型的功能块控制图如图 11-2-23 所示，这是一个带复位标签的延时通功能块图，定时预置值为 500ms。

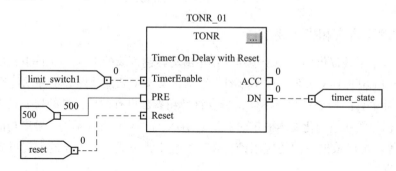

图 11-2-23　功能块图

d）顺序功能图

顺序功能图（SFC）也是一种图形化的编程语言，它将工作流程划分为步（Step），每一步都对应一个控制任务，这个控制任务包含实现控制的程序代码。该程序既可以是 LD，也可以是 ST 或 SFC。步用一个方框和一个步号表示，步与步之间的转换条件可以是一个条件，也可以是一段程序，用水平线和转换号表示。SFC 有单序列的顺序结构、选择分支、并行分支和循环等4种结构。通过显示这些步和转换条件，可以随时掌握控制过程的状态。

SFC 采用简单直观的图形符号来形象地表示和描述整个控制的过程、功能和特性，将整个逻辑分成容易处理的步和转换条件，简单易学、设计周期短、规律性强。整个程序结构清晰，可读和可维护性好，特别适合于熟悉工艺的编程人员使用。一个有选择分支的顺序功能块图如图 11-2-24 所示，图中，程序从步 3 开始执行，执行完成后进入选择分支，从步 7、步 12 和步 13 顺序判断转换条件来选择一个分支执行。如果第一个转换条件满足，选择执行步 7；如果第 2 个转换条件满足，执行步 12；如果第 3 个转换条件满足，执行步 13。

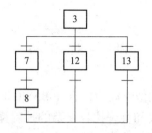

图 11-2-24　选择分支顺序示意

e）编程语言选择

ControlLogix 控制器支持的 4 种编程语言，除非特别指定，大多数技术人员会根据自己的喜好或掌握熟练程度来选择。实际上，每一种编程语言各有不同的特点和应用侧重点，包括指令集、编程风格、在线监视和注释等，要根据应用的具体情况和要求来综合选定，主要考虑因素见表 11-2-10。

表 11-2-10　应用场合和编程语言选择

应用场合	编程语言选择
连续或多个操作并行执行（没有顺序）	梯形图（LD）
布尔量或位操作	
复杂的逻辑操作	
信息和通信处理	
设备联锁	
维护维修人员可理解的操作，便于设备和过程的故障排除	
伺服控制	
连续的过程和驱动控制	功能块图（FBD）
回路控制	
流量计算	
多操作高级管理	顺序功能图（SFC）
重复操作顺序	
批量过程	
运动控制顺序（通过带嵌入式 ST 的 SFC 实现）	
设备操作状态	
复杂的算术运算	结构化文本（ST）
专用数组或表格循环处理	
ASCII 字符串操作或协议处理	

11.2.6.5　梯形图指令系统

ControlLogix 全面移植并扩展了 PLC-5 增强型指令系统，其中，梯形图指令和功能的简要说明见表 11-2-11。要认识和学会使用 ControlLogix 系统，学习和领悟 ControlLogix 控制器的指令系统是必由之路。通过对指令的学习，才能深入了解 ControlLogix 系统的指令功能和控制器的详细用法，才能够在具体的项目应用中正确发挥和灵活使用。

表 11-2-11　梯形图指令表和功能简要说明

序号	指令类型	指令	简要说明	指令条数
1	报警指令	ALMD，ALMA	报警相关操作	2
2	高级数学指令	LN，LOG，XPY	对数、指数运算	3
3	数组（文件）/移位指令	BSL，BSR，FFL，FFU，LFL，LFU	数组处理	6
4	ASCII 转换指令	DTOS，STOD，RTOS，STOR，UPPER，LOWER	ASCII 字符、数据转换	6
5	ASCII 串口指令	AWT，AWA，ARD，ARL，ABL，ACB，AHL，ACL	读写 ASCII 字符	8
6	ASCII 字符串指令	FIND，INSERT，CONCAT，MID，DELETE	ASCII 字符串操作	5
7	位指令	XIC，XIO，OTE，OTL，OTU，ONS，OSR，OSF	位操作	8
8	比较指令	CMP，LIM，MEQ，EQU，NEQ，LES，GRT，LEQ，GEQ	比较、判断操作	9

续表

序号	指令类型	指令	简要说明	指令条数
9	计算 / 数学指令	CPT, ADD, SUB, MUL, DIV, MOD, SQR, NEG, ABS	算术运算	9
10	数据记录指令	DLE, DLS, DLT	数据记录	3
11	调试指令	BPT, TPT	调试程序	2
12	驱动指令	—	梯形图语言不支持	
13	设备阶段指令	PSC, PFL, PCMD, PCLF, PXRQ, PPD, PRNP, PATT, PDET, POVR	设备阶段操作	10
14	文件 / 杂项指令	FAL, FSC, COP, FLL, AVE, SRT, STD, SIZE, CPS	文件复制、比较、填充、排序等	9
15	过滤器指令	—	梯形图语言不支持	
16	循环 / 中止指令	FOR, BRK	循环操作	2
17	人机接口按钮控制指令	HMIBC	人机界面调试	1
18	输入 / 输出指令	MSG, GSV, SSV, IOT	特殊的输入 / 输出指令	4
19	数学转换指令	DEG, RAD, TOD, FRD, TRN	度、弧度等转换操作	5
20	金属成形指令	CPM, CBIM, CBSSM, CBCM, CSM, EPMS, AVC, MMVC, MVC	安全相关操作	9
21	运动组态指令	MAAT, MRAT, MAHD, MRHD		4
22	运动事件指令	MAW, MDW, MAR, MDR, MAOC, MDOC		6
23	运动组指令	MGS, MGSD, MGSR, MGSP		4
24	运动传送指令	MAS, MAH, MAJ, MAN, MAG, MCD, MRP, MCCP, MCSV, MAPC, MATC, MDAC	运动相关操作	12
25	运动状态指令	MSO, MSF, MASD, MASR, MDO, MDF, MDS, MAFR		8
26	传送 / 逻辑指令	MOV, MVM, AND, OR, XOR, SWPB, NOT, CLR, BTD	传送操作和逻辑运算	9
27	多轴协调运动指令	MCS, MCLM, MCCM, MCCD, MCT, MCTP, MCSD, MCSR, MDCC	多轴运动相关操作	9
28	过程控制指令	—	梯形图语言不支持	
29	程序控制指令	JMP, LBL, JXR, JSR, RET, SBR, TND, MCR, UID, UIE, SFR, SFP, EOT, EVENT, AFI, NOP	跳转、子程序、返回等操作	16
30	安全指令	FPMS, ESTOP, ROUT, RUN, ENPEN, DIN, LC ; THRS, DCS, RCST, DCSTL, DCSTM, DCSRT, DCM ; SMAT, TSAM, TSSM, FSBM, THRSe, CROUT, DCA, DCAF	安全系统相关操作	22
31	选择 / 限制指令	—	梯形图语言不支持	
32	顺序器指令	SQI, SQO, SQL	监视一致性和重复性操作	3

序号	指令类型	指令	简要说明	指令条数
33	顺序功能图指令	—	梯形图语言不支持	
34	特殊指令	FBC, DDT, DTR, PID	特殊应用操作	4
35	统计指令	—	梯形图语言不支持	
36	定时器 / 计数器指令	TON, TOF, RTO, CTU, CTD, RES	时序控制	6
37	三角函数指令	SIN, COS, TAN, ASN, ACS, ATN	三角函数运算	6

a）指令结构形式

ControlLogix 梯形图由左右母线、输入指令和输出指令组成梯级而成，由结束指令
（END）结束。梯级有单级、分支和嵌套以及它们的混合形式。程序结构支持线性化、模块
化和结构化 3 种程序设计方式。

1）单级结构

指令从左母线到右母线连接输入和输出指令，没有并联指令或嵌套指令，如图 11-2-25
所示。如果指令过多，可以分为多条单级结构的梯级实现。值得注意的是，在 ControlLogix
系统的梯形图中，允许输入指令和输出指令混合串联，而最后必须由输出指令与右母线相
连。与传统的梯形图相比较，这样的梯形图灵活、简洁，但有时会不好阅读和理解。

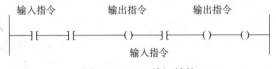

图 11-2-25　单级结构

2）分支结构

输入指令或输出指令有 2 个或以上并行指令，如图 11-2-26 所示。并行指令的条数没
有限制。

图 11-2-26　分支结构

3）嵌套结构

输入或输出指令中有嵌套关系，即输入或输出逻辑中还嵌入了其他的输入 / 输出，如
图 11-2-27 所示。嵌套层数也称为嵌套深度，最多允许嵌套 6 层，图中最底部的输出指令
的嵌套深度为 3 层。

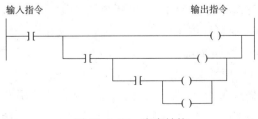

图 11-2-27　嵌套结构

b）程序结构形式

ControlLogix 系统有 3 种程序结构形式，即线性化、模块化和结构化程序结构。梯形图指令系统中有相应的指令，可以根据实际应用情况，组合、灵活使用。如循环指令 FOR-BRK 和程序控制指令 JMP-LBL、JSR-SBR-RET 等。

1）线性化编程

把整个项目编写成一个程序在连续型任务（主程序）中执行，每个扫描周期都按顺序执行整个程序。线性化编程的特点是结构简单、直观，容易学习；缺点是程序长、相互参数影响因素多，扩展、修改不方便，且控制器执行效率低、重复程序代码多。适合小型设备或简单控制等应用场合。

2）模块化编程

把项目按照某种原则（如按流程、功能等）分为多个模块进行编写，每个模块完成特定的控制，由主程序分别调用执行。模块化编程的特点是功能清晰、控制器执行效率高、易读好理解，可多人同时编写，适用于较为复杂的控制任务和项目场合。

3）结构化编程

把项目分为功能相近或相关的任务，每个任务编写成相应通用的程序。通过传递实形参数，主程序通过多次调用通用程序来控制不同的对象。这些通用的程序也称为结构，利用各种结构编写控制程序称为结构化编程。其特点是通用性好，编程、调试效率高、程序结构清晰，没有重复程序，适合复杂的控制任务和项目场合。

程序结构的 3 种编程形式如图 11-2-28 所示，图（a）是线性化编程，所有指令都在一个主程序中；图（b）是模块化编程，主程序调用各子程序；图（c）是结构化编程，主程序通过参数调用通用子程序。

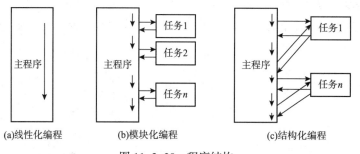

图 11-2-28　程序结构

c）指令学习方法

从指令表可以看出，ControlLogix 系统的指令条数很多，应用场合广，功能强大，在学习时不容易一下子全部掌握完。建议首先了解指令的总览，初步理解它们的控制功能和场合，然后重点去学习和领悟在工程项目中常用的指令，其他指令在需要时再深入学习，如在应用中没有运动控制时，与运动控制相关的指令就可以暂时不去深究。

工程项目中常用的指令有：位操作指令、传送 / 逻辑指令、定时器 / 计数器指令、移位指令、程序控制指令、各种比较指令、计算 / 数学指令、文件指令以及特殊指令中的 PID 指令等。这些指令可以满足大多数控制项目应用的需要。

限于篇幅，这里不做逐条指令的解析，仅对常用指令的使用方法和参数设置等进行说明，并通过编程举例，说明指令的使用和程序设计方法，从而掌握 ControlLogix 系统中梯形图指令的基本结构、格式和使用方法。

11.2.7　菲尼克斯 PLCnext Control 系列和 Axio Control 系列 PLC

菲尼克斯自动化公司自 1987 年在汉诺威博览会上推出全球第一款工业现场总线系统 INTERBUS 以来，一直致力于工业自动化控制的研发及投入。菲尼克斯融合 IT 的自动化平台提供适用于不同行业应用的 PLC 系统，如面向工厂自动化的 Inline 系列和面向过程行业的 AxioControl 系列，对于特殊场合，硬件冗余控制器 RFC460R 可保证系统全天候的可靠稳定运行，针对过程行业用户需要符合全球安全标准的解决方案，可选用符合 SIL 3/PLe 的最高安全要求的 RFC 480S 或 RFC 470S 控制器；针对客户有 IOT 的需求，全新的 PLCnext Technology 平台逐步成为首选应用方案。

11.2.7.1　基于 PLCnext 技术的控制器

PLCnext Control 控制器是首款用于 PLCnext 技术开放式自动化平台的 PLC。通过该控制器，不受专属系统限制即可轻松实现自动化项目。借助该设备，可直连 Proficloud，个性化集成云服务和未来技术。

PLCnext 技术可实现与现有软件工具的并行编程，该技术支持 Visual Studio，Eclipse，Matlab Simulink 和 PLCnext Engineer 等工具，并可灵活集成现有的程序代码。这样，用户可将符合 IEC 61131-3 标准的功能与 C/C++、C# 或 MATLAB® Simulink® 例程进行自由组合，创建整套系统。

在 PLCnext Store，菲尼克斯或其他工程师可以将自己 know-how 经验和技术方案封装成标准 App 放在 Store 上分享交易。用户也免去重复开发，下载之后，即插即用。开创了全新的自动化业务模式。

在 PLCnext Community 上，用户可以获取到最新 PLCnext 产口信息，用户手册、FAQ 等，并且可以在论坛上与专家进行互动交流。

PLCnext 技术为自动化提供独一无二的开放式生态系统，可以帮助客户从容应对 IoT 世界的各种挑战。

PLCnext Control 目前已拥有可覆盖客户低、中、高各应用场景的 AXC F 1152、AXC F 2152、AXC F 3152 和 RFC 4072S 高性能安全控制器。4 款控制器外形如图 11-2-29 所示。

AXC F 1152

AXC F 2152

AXC F 3152

RFC 4072S

图 11-2-29　PLCnext Control 4 款控制器外形

AXC F 1152、AXC F 2152、AXC F 3152 控制器的性能良好且便于操作，专为恶劣的工业环境设计。设备外形紧凑，两个 ARM-Cortex-A9 800 MHz 高性能处理器内核确保数据快速交换。可信赖平台模块（TPM）可保存用户认证信息，实现基于 TPM 的安全。客户数据如果想上传云端，直接扫描 PLC 上的二维码即可建立云连接。

RFC 4072S 是首款基于 PLCnext 技术的高性能控制器。它通过 2 个独立的高性能四核

CPU，实现最高级别的安全性，可运行带多达 300 个安全相关设备的强大网络。使用耐磨触摸屏，用户界面更直观，操作更便捷。PLC 内置 OPC UA 服务器，支持标准化通信协议，满足未来的需求。通过 PLCnext Engineer 编程软件对 PLC 进行标准的安全编程。

PLCnext 平台技术优势：

基于实时开放的 Linux 系统，可简单快速集成开源代码和 Apps 开发自动化项目；

自由选择 VisualStudio ®，Eclipse ®，MATLAB ® Simulink ®、PLCnext Engineer 等编程工具来创建链接代码；

支持实时运行高级语言（如 C/C++、C#）及模型语言（如 Matlab Simulink）创建的程序；ESM（Execution and Synchronization Manager）专利技术对不同工具开发的程序进行调度管理；

GDS（Global Data Space）专利技术实现不同来源程序之间数据一致性；

智能网络连接：支持云连接、多种现场总线及工业以太网协议。

11.2.7.2　Axiocontrol 系列 PLC

AxioControl 系列是菲尼克斯电气公司面向未来的控制需求推出的新一代全能型 PLC，广泛适用于机械制造、新能源、汽车制造、机器人、基础设施等行业。AxioControl PLC 包含了适用于机械制造、中小型项目应用的 AXC1050 控制器，面向复杂应用的大型控制系统 AXC3050。AxioControl 系列 PLC，支持背板通信，系统的处理和扩展能力得到了全面的提升，并深度支持 Profinet 协议，同时支持 Modbus TCP 协议；在操作上，融合了菲尼克斯电气公司快速连接和布线技术，系统集成效率大幅提高。

AxioControl 控制器和 Axioline I/O 可以通过 Profinet 或 Modbus TCP 连接，从而形成整体解决方案。

可安装于控制拒内的 Axioline F 系列模块化 I/O，采用背板通信，响应时间为 us 级，将 I/O 数据实时传输到控制器，机械结构牢固，抗震性强，EMC 高，适合恶劣环境，并且安装无须工具，易于使用。Axioline F I/O 型号多样，除支持 Profinet 和 Modbus TCP 以外，还支持多种工业网络协议。此外，每个模块独立供电，使用无须其他附件，尤其简便。

可用于现场安装使用的 Axioline E 系列 I/O 采用模块化设计，外壳坚固，耐振动和抗冲击性能强，提供金属和塑料两种外壳，适应不同的应用场合。支持数字量、模拟量、温度信号的现场采集。采用 SPEEDCON 速连技术，安装更轻松、快速，从而节省了组装时间，其外形如图 11-2-30 所示。

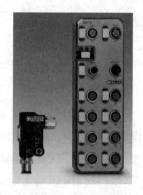

图 11-2-30　Axioline 系列 PLC 外形

Axioline PLC 组网架构灵活，包含 AXC 1050 控制器、AX 3050 控制器、AXL F 以太网总线耦合器等，扩展性强，本地均最多连接 63 个 Axioline F I/O 模块，单个模块最大可支持 64 个信号，除标准数字量和模拟量模块，Axioline F 系列 PLC 还支持各种特殊功能模块和安全 I/O，这些模块可以通过各种方式设置参数。Axioline PLC 的架构示意如图 11-2-31 所示。

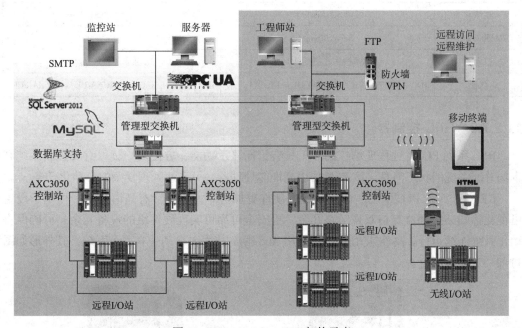

图 11-2-31　Axioline PLC 架构示意

Axioline PLC 特点如下：

①牢固。抗 30g 冲击，10g 连续冲击，5g 振动，抗噪声符合 EN 61000-4；

②内置 UPS，断电立即响应。

③快速。支持 Axiobus；可背板通信，速率可达 100Mibit/s，模块数据刷新时间 1μs，接线全部为直插式接线，大幅节省布线时间。

④简便。内置 MicroUSB，可以对 PLC 进行快速设置，最高支持 2GB 的 SD 卡扩展。

⑤强大。背板最多支持 63 个 I/O 模块扩展，支持 Profinet/Modbus TCP，集成 IT 标准，如 FTP，HTTP，SNMP，SMTP，SQL，ODP 和 OPC 等，集成 Web Sever 功能，支持 HTMLS。AXC 1050、AXC 1050 XC、AXC 3050 系列 PLC 系统参数见表 11-2-12。

表 11-2-12　AXC 1050、AXC 1050 XC、AXC 3050 系列 PLC 系统参数

项目	AXC 1050，AXC 1050 XC	AXC 3050
图例		
环境温度 （运行）	-25~60℃（最高海拔 2000m） *XC 温度范围可达 -40~70℃	-25~60℃（最高海拔 2000m）
存储情况	2Mbyte 程序内存，2M 数据存储， 48kbyte 保留存储	4Mbyte 程序内存，8M 数据存储， 128kbyte 保留存储

项目	AXC 1050，AXC 1050 XC	AXC 3050
编程软件	PC Worx or PC Worx Express	PC Worx
Profinet 协议	控制器 / 设备	控制器 / 设备
存储卡	可选 SD-Flash 卡	可选 SD-Flash 卡
Modbus TCP	Server/Client	Server/Client
以太网	2X（嵌入式交换机）	3X 独立的 MAC 地址
认证	DNVGL/BV/LR/KR/ABS/RINA/UL / cUL / EAC/CE	DNVGL/BV/LR/KR/ABS/RINA/UL / cUL / EAC/CE

11.2.7.3 RFC 控制器

RFC 系列 PLC（远程现场控制器）具有诊断显示功能，方便用户读取有关控制系统和现场总线系统的状态消息。该 PLC 采用高性能处理器，可高速处理复杂的自动化任务。

RFC460 冗余 PLC 采用一体化设计，硬件更加可靠，另配置有高清显示屏可用于设备可视化诊断，控制器支持双重链路冗余，更安全可靠可实现硬件级的设备冗余，可确保自动化系统连续运行。高性能冗余 PLC 采用 AutoSync 技术，自动建立冗余系统，其外形如图 11-2-32 所示。

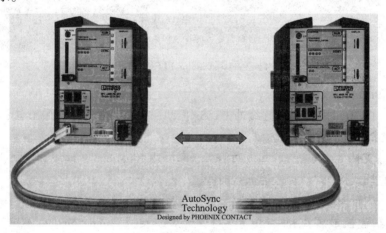

图 11-2-32　RFC 控制器外形

RFC460 冗余 PLC 特点如下：

①采用 AutoSync 技术，因此所有冗余功能均可实现快速调试和自动组态；

②在出现故障或对控制器进行更换时保证不间断过程；

③系采用 PROFINET 总线标准，产品集成更便利；

④采用插拔式 SFP 模块，控制器之间可通过光纤传输最远达 80 km 的距离。

RFC 系列安全 PLC 主要包含 RFC470S，RFC 480S 及 RFC 4072S 三款控制器，可将安全等级高达 SIL 3 的安全功能集成至现有系统，使用 PROFIsafe 可减轻布线工作量，缩短安装时间。

RFC 系列高性能 PLC 主要参数见表 11-2-13。

表 11-2-13　RFC 系列 PLC 的参数

项目	RFC 460R PN 3TX	RFC 470 PN 3TX	RFC 470S PN 3TX	RFC 480S PN 4TX	RFC 4072S
示图					
存储情况	8Mbyte程序内存，16M数据存储，120kbyte保留存储	8Mbyte程序内存，16M数据存储，240kbyte保留存储	8Mbyte程序内存，16M数据存储，240kbyte保留存储	16Mbyte程序内存，32M数据存储，2Mbyte保留存储	16Mbyte程序内存，32M数据存储，2Mbyte保留存储
编程软件	PC Worx	PC Worx	PC Worx	PC Worx	PLCnext Engineer
INterbus	–	√	√	–	–
其他功能	AutoSync Technology Designed by PHOENIX CONTACT		PROFIsafe	PROFIsafe	PROFIsafe
冗余支持	√	–	–	–	–
安全控制器支持	–	–	√	√	√
认证	CE/UL / cUL / EAC	CE/UL / cUL / EAC	CE/Functional Safety/UL/ cUL /EAC	CE/Functional Safety/UL/ cUL /EAC	CE/Functional Safety/UL/ cUL /EAC

11.2.7.4　系统典型应用案例

某天然气管道监控系统全部采用菲尼克斯电气 Profinet 控制系统解决方案。该天然气管道输送主要由调度中心、站控系统和 RTU 组成。

①调度中心。对站控系统进行燃气输气控制以及信息采集等。

②站控系统。通过对阀室中阀门的控制，实现对不同用户规格要求的分输控制。包括：到量停输控制、恒压控制加手动控制、不均匀系数控制逻辑、剩余平均控制逻辑以及爆管检测等控制。

③RTU：对 RTU 单元进行数据采集。

该天然气管道监控系统监控架构如图 11-2-33 所示。

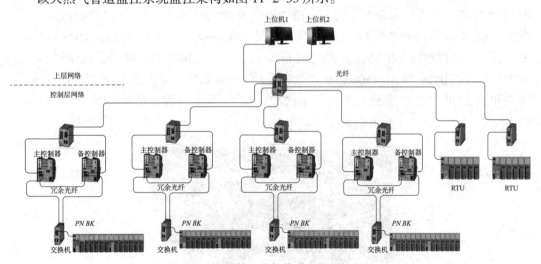

图 11-2-33　某天然气管道监控系统架构

站控系统采用 4 套 RFC 460R 冗余控制器；RTU 系统采用 2 套 Axioline 1050 控制器；控制层通信协议采用 Profinet 标准通信协议，确保通信实时性；上、下位机通信协议采用通用标准的 Modbus TCP 通信协议；菲尼克斯还提供了控制系统附件如继电器、交换机、电源等全套产品，为客户提供整套解决方案。

11.2.8　西门子 SIMATIC PLC

SIMATIC S7-1200，S7-1500，ET200SP PLC 系统是在 SIMATIC S7-200、S7-300 和 S7-400 系统的基础上进一步开发的系统，包括基础系列、高级系列、分布式系列和软控制器系列，产品线广、集成度高，外形如图 11-2-34 所示。

图 11-2-34　新一代 SIMATICPLC 外形

SIMATIC S7-1200 和 S7-1500 控制器是 SIMATIC PLC 产品家族的旗舰产品。S7-1200 定位于简单控制和单机应用，而 S7-1500 为中高端工厂自动化控制任务量身定制，适合较复杂的应用。S7-1500 系列的 CPU 种类齐全，有 6 款标准型 CPU，两款分布式 CPU，以及两款紧凑型 CPU。

全新 ET 200SP 开放式控制器 CPU 1515SP PC 是将 PC-based 平台与 ET 200SP 控制器功能相结合的可靠的、紧凑的控制系统，外形如图 11-2-35 所示。该控制器可用于特定的 OEM 设备以及工厂的分布式控制。ET 200SP 开放式控制器是首款集成软控制器、可视化、Windows 应用和本地 I/O 于一体的小尺寸的单一设备。可以通过 ET 200SP 进行本地扩展，也可以通过 PROFinet 扩展远程 I/O，以适应设备的分布式架构。软控制器可运行于 SIMATIC IPC，与 S7-1500 CPU 在软件层面 100% 兼容，操作完全独立于 Windows，具有更高的可用性。该控制器可使用 C/C++ 高级语言编程，适合特定应用的设备使用。

图 11-2-35　ET 200SP 开放式控制器

S7–1500、S7–1200 和 ET 200SP 均有功能安全型控制器和 I/O 模块，可使用 TIA 博途软件，用户可以在相同的开发环境下给功能安全型控制器开发标准程序和功能安全相关程序。

新的 SIMATIC 控制器已无缝集成到 TIA 博途开发软件中，这使得组态、编程和使用新功能更加方便。由于 TIA 博途软件使用一个共享的数据库，各种复杂的软件和硬件功能可以高效配合，实现各种自动化任务。

11.2.8.1　SIMATIC S7–400

SIMATIC S7–400 PLC 系统具有模块化设计，扩展能力强，无风扇，通信和网络功能强，可以简便实现分布式结构，配置灵活，操作方便，是面向中高端应用的理想解决方案。该系统可根据工艺要求实现自动控制、软手动、就地控制等控制方式，完全响应工艺过程的各种需求。系统主要由 CPU、电源模块、信号模板、通信模板等组成。

S7–400 CPU 类型如下：

① S7–400 CPU/S7–400H CPU：一个中央控制器可包括多个 CPU，以加强其性能。

② S7–400H CPU：具有冗余设计的高可用性中央控制器，通过冗余 Profibus DP 或冗余 Profinet I/O 来连接切换式 I/O。

③ S7–400F CPU：故障安全型中央处理器，当控制系统出错时，将生产过程转移到安全状态，并中断。

④ S7–400FH CPU：故障安全型和故障容错型中央处理器。当控制系统出错时，则冗余控制机构被激活，使得生产过程控制不被中断。

S7–400/S7–400H 具有响应时间短；几个 CPU 可以组成多 CPU 结构；明显提升主存储器和装载存储器的划分；提升了 CPU 的性能；智能诊断系统可连续监测系统和过程的功能；记录错误和特定系统事件等优点。

S7–400H 还具有以下优点：热后备——发生故障时，自动切换到备用设备，可采用 2 个单独机架或一个分隔式中央机架的配置，冗余 CPU 的同步机制采用事件同步方式，通过冗余 Profibus DP 或系统冗余 Profinet I/O 来连接切换式 I/O。

S7–400F/S7–400FH 具有以下特点：

①符合安全要求，可达 SIL 3（IEC 61508 标准）、AK6（DIN V 19250 标准）以 4 类标准（EN 954–1 标准）。如果需要，S7–400FH 可通过冗余设计而实现容错。

②故障安全 I/O 不增加接线，通过采用 PROFIsafe 行规的 Profibus DP 进行安全通信。

③基于带有故障安全模块的 S7–400H 和 ET 200M 标准模块可应用在非故障安全型场合的自动化系统。隔离模块可用于在 ET 200M 的安全模式中故障安全和标准模块组合使用。

11.2.8.2　控制器性能指标

SIMATIC S7–400 CPU 分为标准 CPU、故障安全 CPU 和高可用性 CPU。

标准 CPU 主要性能指标见表 11–2–14。

表 11-2-14　SIMATIC S7-400 CPU 主要性能指标

S7-400 CPU	CPU 412-1	CPU 412-2	CPU 412-2PN	CPU 414-2	CPU 414-3	CPU 414-3PN	CPU 416-2	CPU 416-3	CPU 416-3PN	CPU 417-4
工作内存	512Kbyte	1Mbyte	1Mbyte	2Mbyte	4Mbyte	4Mbyte	8Mbyte	16Mbyte	16Mbyte	32Mbyte
最大可扩展内存	64Mbyte	64Mbyte	64Mbyte	64Mbyte	64Mbyte	64Mbyte	64Mbyte	64Mbyte	64Mbyte	64Mbyte
位操作时间	31.25ns	31.25ns	31.25ns	18.75ns	18.75ns	18.75ns	12.5ns	12.5ns	12.5ns	7.5ns
I/O 地址区 输入+输出	4Kbyte+4Kbyte	4Kbyte+4Kbyte	4Kbyte+4Kbyte	8Kbyte+8Kbyte	8Kbyte+8Kbyte	8Kbyte+8Kbyte	16Kbyte+16Kbyte	16Kbyte+16Kbyte	16Kbyte+16Kbyte	16Kbyte+16Kbyte
通信接口	RS 485/PROFIBUS+MPI	RS 485/PROFIBUS+MPI；RS 485/PROFIBUS	RS 485/PROFIBUS+MPI；RS 485/PROFINET/RJ45	RS 485/PROFIBUS+MPI；RS 485/PROFIBUS	RS 485/PROFIBUS+MPI；RS 485/PROFIBUS(IF 964-DP接口模块)	RS 485/PROFIBUS+MPI；PROFINET/RJ45；RS 485/PROFIBUS(IF 964-DP接口模块)	RS 485/PROFIBUS+MPI；RS 485/PROFIBUS	RS 485/PROFIBUS+MPI；RS 485/PROFIBUS；RS 485/PROFIBUS(IF 964-DP接口模块)	RS 485/PROFIBUS+MPI；PROFINET/RJ45；RS 485/PROFIBUS(IF 964-DP接口模块)	RS 485/PROFIBUS+MPI；RS 485/PROFIBUS；RS 485/PROFIBUS(IF 964-DP接口模块)；RS 485/PROFIBUS(IF 964-DP接口模块)
S7 最大连接数量	48	48	48	64	64	64	96	96	96	120

高可用性 CPU 主要性能指标见表 11-2-15。

表 11-2-15　CPU 主要性能指标

S7-400 CPU	CPU 412-5H	CPU 414-5H	CPU 416-5H	CPU 417-5H
工作内存	1Mbyte	4Mbyte	16Mbyte	32Mbyte
最大可扩展内存	64Mbyte	64Mbyte	64Mbyte	64Mbyte
位操作时间	31.25ns	18.75ns	12.5ns	7.5ns
I/O 地址区 输入+输出	8Kbyte+8Kbyte	8Kbyte+8Kbyte	16Kbyte+16Kbyte	16Kbyte+16Kbyte
通信接口	RS 485/PROFIBUS+MPI；PROFINET/RJ45；RS 485/PROFIBUS	RS 485/PROFIBUS+MPI；PROFINET/RJ45；RS 485/PROFIBUS	RS 485/PROFIBUS+MPI；PROFINET/RJ45；RS 485/PROFIBUS	RS 485/PROFIBUS+MPI；PROFINET/RJ45；RS 485/PROFIBUS
S7 最大连接数量	48	64	96	120

11.2.8.3 I/O 扩展

S7–400 I/O 有两种扩展方式：分布式 I/O 扩展（目前只适用于标准 CPU）和远程 I/O 扩展。

a）分布式 I/O 扩展

S7–400 分布式 I/O 扩展由中央机架（CR）和一个或多个扩展机架（ER）组成，可针对应用在缺少插槽时添加 ER 或远程操作信号模块。

使用 ER 时，需要接口模块（IM）、附加机架，以及附加电源模块。使用接口模块时，应使用相应的连接器件。如果在 CR 中插入发送 IM，应该在每个连接的 ER 中插入匹配的接收 IM。

CR 和 ER 的连接如图 11–2–36 所示。

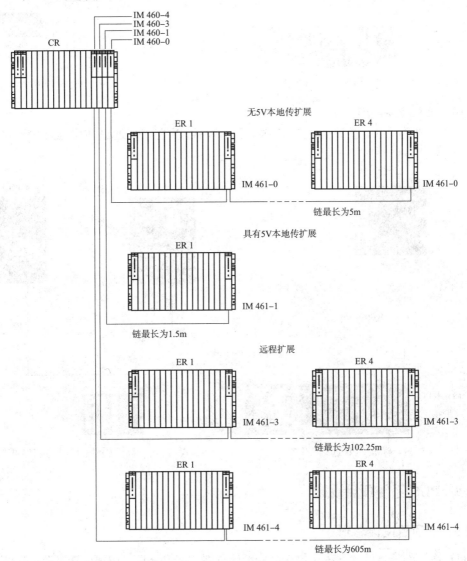

图 11–2–36   中央机架和扩展机架的连接示意

b）远程 I/O 扩展

S7–400 远程 I/O 扩展有两种方式：通过 Profibus–DP 总线扩展和通过 Profinet 扩展。

1）Profibus-DP 远程 I/O 扩展

标准CPU 远程I/O 扩展如图11-2-37所示，高可用性CPU 远程I/O 扩展如图11-2-38所示。

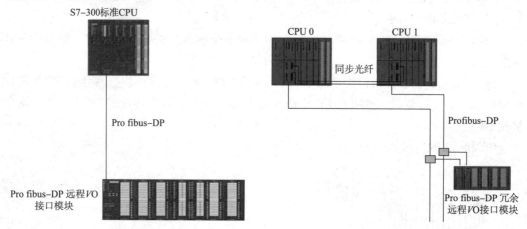

图 11-2-37　标准 CPU 远程 I/O 扩展　　　图 11-2-38　高可用性 CPU 远程 I/O 扩展

2）Profinet 远程 I/O 扩展

标准 CPU 远程 I/O 扩展如图 11-2-39 所示，高可用性 CPU 远程 I/O 扩展如图 11-2-40 所示。

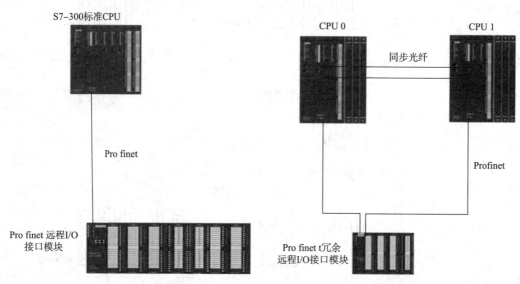

图 11-2-39　标准 CPU 远程 I/O 扩展　　　图 11-2-40　高可用性 CPU 远程 I/O 扩展

11.2.9　PLC 系统项目设计

11.2.9.1　项目设计总则

　　PLC 系统的项目设计方法，包括项目设计总则、需求分析、详细设计以及可靠性考虑等内容。对于某个具体应用的系统设计时，要注意相应的国家规范、规定、所在行业的规范和要求，以及企业的规定和习惯用法等。这在项目设计中，特别是前期准备时是十分关键和有用的。

a）项目设计基本要求

控制系统无论规模大小，其目的都是为了实现被控对象（生产设备或装置流程）的生产监视和控制要求，提高生产安全性和可靠性、生产效率、产品质量以及降低劳动强度等。因此，在应用 ControlLogix 设计控制系统时，应着重考虑以下几点基本要求：

①选用的系统必须满足控制和管理的要求。

②技术成熟、通用性好、安全可靠性高。

③有较高的性能价格比，方便操作使用、安装维护方便。

④可扩展能力好，产品兼容性高，网络和 I/O 接口种类多。

⑤具有较好的完整性和先进性，不致太快变得不合适和过时。

⑥配置合理，能适应多种工况和操作变化。

b）应用开发环节

ControlLogix 系统的应用开发简单地可归纳为设计、安装、调试和投用等 4 个步骤，其中设计通常包括系统规划、I/O 分配、流程图设计和程序开发等环节。

1）系统方案

项目应用的要求是设计、开发 ControlLogix 系统的依据，必须根据项目应用中各对被控象的控制要求，确定整个系统的输入、输出设备的数量，从而确定 ControlLogix 的 I/O 点数，包括开关量 I/O、模拟量 I/O 和特殊 I/O 如脉冲等，并考虑 I/O 点数、安装位置等余量和系统的可扩展性，确定 ControlLogix 控制器型号、控制系统方案和各种类型的模块。系统方案设计要留意有以下几点：

①根据项目的情况和用户的需求，对整个项目的控制范围、控制方案等进行综合考虑，并考虑系统的性能价格比等因素，确定控制系统总体方案，如选择采用就地控制、远程控制、冗余、网络类型及架构等。

②在确定了控制系统方案后，要明确各组成部分的基本功能，包括硬件的主要设备如控制器、I/O 模块的类型和信号特点、操作站、控制网络通信设备和软件及其数量等。

③对设计方案进行分析论证，确保控制方案满足能项目的全部要求，并具有一定的先进性和可靠性。如果发现存在缺陷或不完整，则重新修改方案，直到符合要求为止。

2）I/O 分配

根据数量和类型统计，确定和建立 I/O 一览表，并根据应用情况，如防爆场合增加隔离栅、防雷设计增加电涌防护器，以及各种信号转换和辅助单元等，结合直流电源、机柜布局后绘制 ControlLogix 控制系统的输入、输出接线图以及回路图等。这是控制系统集成、编程、调试和运行维护的主要资料。

3）流程图设计

根据控制要求、管道和仪表流程图（P&ID）绘制用户程序流程图。主要用于人机接口的界面使用。流程图务应能全面反映整个控制过程，包括动作时序、条件、保护和联锁等以及方便操作、提示、报警灯、警示等的各种控制面板、启停按钮、颜色、动画、动态变化等。人机接口的操作结合控制策略和程序开发逻辑统一考虑。

4）程序开发

根据控制策略和方案进行程序设计，关注工艺包界面或接口、联锁回路等操作要求，采用编程语言（如梯形图）、模块化编程技术等编制标准化、易读易维护的用户程序。

5）安装、调试

根据设计和产品技术要求进行系统集成和安装。在程序设计完成并下载到 ControlLogix 控制器后，必须根据调试计划和方案对控制系统进行调试。调试包括单点调试、回路调试、控制功能调试等，并联合工艺、设备和电气等进行联合调试，检查各种功能是否达到设计要求。

6）交付投用

在确保系统达到设计要求后，编制各类技术文档，备份设置和用户程序，对用户进行培训后交付使用。

11.2.9.2　需求分析

在展开应用系统方案设计的工作之前，有必要进行深入细致的调查研究工作。因为前期的工作做得越详细、考虑得越周到，以后可能出现的修改和问题就越小。在综合各方面意见和建议后，进行系统分析，确定控制系统的总体方案，同时形成有关文字纪要、记录作为下一步设计的重要依据。

系统调研和分析的主要内容包括：

①对控制系统的要求，如中央控制室、操作室的位置、操作台数、辅助操作站、按钮等；

②各种控制信号的数量、性质，如 DI、DO、AI、AO 数量、电压等级以及特殊信号要求等；

③控制系统的配置和性能指标，如冗余配置、控制回路数量、扫描速度等；

④控制系统的现场情况，如控制点的分布、已有的控制系统、控制手段和方法等；

⑤现场环境因素，如系统防爆、防雷、防腐要求以及安装的空间、温湿度和电磁干扰等；

⑥信息及管理系统、工控系统安全、设备资产管理等技术方案；

⑦系统供电、仪表电源、执行器以及其他可能与系统相关的技术方案。

11.2.9.3　硬件设计

根据需求分析确定的内容进行具体的设计，主要包括：ControlLogix 控制器、I/O 模块、电源、网络架构、人机界面、各种辅助仪表和控制机柜布置等设计内容。

a）控制器

ControlLogix 控制器选择的重要依据它的性能指标，通常有 CPU 性能、I/O 处理能力、存储容量、响应速度、通信能力等。其他的参数如功耗、工作环境要求、使用年限等，要根据实际应用情况综合考虑。总体说来，采用当前主流的控制平台和控制器（如 1756–L7X 控制器）总是一个不错的选择。如果对可靠性有较高要求的场合，可配置控制器冗余、直流电源冗余、网络冗余和 I/O 冗余系统。

1）I/O 处理能力

指单个 ControlLogix 控制器可以有效控制的最大 I/O 数量，包括不同类型 I/O 的组合数量。由于表述不同，不同厂家的控制器所给出的最大 I/O 点数的含义并不完全一样，要考虑远程 I/O、数字量 I/O、模拟量 I/O、智能 I/O 以及控制的回路数量等。同时，要注意整个项目完成后控制器的负荷要低于 50%。

2）存储容量

指控制器的最大存储能力和断电保护存储信息的能力。通常 I/O 点数越多、通信节点和交换信息越多、程序越复杂，所需要的存储容量就要越大。应用时可以根据经验估算或借助专门的设计软件进行较准确的计算。

3）响应速度

指输出对输入变化的反应速度。与 CPU 性能、指令执行时间、网络刷新速度和程序扫描周期等因素有关。对于工业自动化生产的绝大部分控制应用场合，如石油、化工、水处理、交通、制药等，ControlLogix 控制器的响应速度都能满足要求。对响应速度有特殊要求的如多轴控制、高速运动控制等情况要重点注意，可以选择专用的高速控制模块。

4）通信能力

ControlLogix 控制器支持多种通信网络，除 Ethernet/IP、ControlNet 和 DeviceNet 外，还支持 DH+、RIO、HART 和 FF 总线等。同时，通信能力还包括各种网络连接数量的限制，如 1756–CNB 和 1756–CNBR 通信模块支持 64 个连接，实际运用时通常推荐最多为每个模块配置 48 个连接。

此外，控制器的选择还要考虑区域或全厂一体化控制系统、设备（资产）管理、生产执行系统（MES）需求、备品备件、技术培训和服务、维护、性价比等众多因素。

b）I/O 模块

I/O 模块是 ControlLogix 控制器与工艺过程的电气接口。通过 I/O 模块，ControlLogix 控制器采集过程信息，并将控制程序运行的结果传送到各种执行部件（如电磁阀、继电器或控制阀）和人机界面，实现对被控对象、设备或生产过程的控制。

1）I/O 类型

ControlLogix 系统有多种 I/O 模块类型，包括具有不同电压、电流范围的 DI、DO、AI、AO 模块以及各种特殊的智能 I/O 模块。通常采用直流 I/O 模块，可以通过各种信号转换器把信号转换成标准信号以减少 I/O 类型。

I/O 模块的通道数量通常选择 8~32 点，从维护的角度看，较重要的场合使用点数不宜太多，使用信号连接端子板时可选高密度模块，不选用信号连接端子板时选低密度模块，I/O 模块点数选用参考见表 11–2–16 所示。对存在较严重干扰的应用场合，选用通道间分组隔离或每通道隔离形式的 I/O 模块以减少相互间的影响。

表 11–2–16　I/O 模块点数选用参考

型号	类型	
	有信号连接端子板时	较重要场合 / 无连接端子板
DI	32	16
DO	16/32	16
AI	16/8	8/16
AO	16/8	8

2）I/O 数量

I/O 模块的数量应根据需求统计，按类型分别计算，包括现场实际 I/O 点数、15%~20% 的余量和非智能设备，如外部电源状态、交换机状态、给电气启停机 / 泵信号、电机电流、电机电压等的状态监控用的点数。根据所选模块类型的通道数取整后计算得出所需模块的数量，同时配置相应的框架（或底板）槽位数量。典型应用的 I/O 模块数量统计见表 11-2-17 所示，其中温度测量的热电阻和热电偶信号采用温度变送器转换为 4~20mA 信号，减少 I/O 种类。DO 信号采用 24V DC 继电器隔离连接不同的负载。

表 11-2-17　典型应用的 I/O 模块数量统计

型号	分类统计						
	现场 I/O 点数	余量 15%	非智能设备监控点数	需求点数	模块型号	模块数量	实配点数
DI（24V DC）	165	25	21	211	1756-IB16D	14	224
DO（24V DC）	76	12	—	88	1756-OB16D	6	96
AI（4~20mA）	112	17	12	141	1756-IF16	9	144
AO（4~20mA）	43	7	—	50	1756-OF8	7	56

c）电源

对重要应用场合的交流供电应采取不间断电源（UPS）供电，采用冗余交流供电时，可以采用双路 UPS 供电或至少其中一路 UPS 供电。机柜风扇和照明用第 3 路交流电供电。

直流电源模块的选择包括系统用电源和外部仪表用电源两部分。电源模块常用交流电压 220V 输入型，输出采用直流 24V。直流电源的功率要满足在满负荷的情况下，电源负荷在 50% 以下的要求。电源设计时一般还要考虑以下几点：

①系统内部供电和现场仪表供电尽可能分开。

②估算系统消耗的最大功率和容量，包括控制器、I/O 模块、框架或背板电流等。

③对要求可靠性较高的场合，可采用多路交流输入、独立配置隔离模块的冗余直流电源来提高可靠性。

④一般不采用底板式的冗余直流电源。

d）网络架构

ControlLogix 系统有 3 层网络架构，即 EtherNet/IP，ControlNet 和 DeviceNet，以及传统的 DH+ 和 RIO 网络，可以根据应用规模和控制方案进行灵活配置。其中操作和管理层的网络需求变化最大，如远程监控、数据采集、MES 应用、资产管理和先进控制（APC）等；网络架构可以配置成星型结构或客户机/服务器（C/S）结构。通常，操作和管理层选用 EtherNet/IP，控制层选用 ControlNet 或 DeviceNet。以太网交换机要选用带宽、端口相匹配的设备。通信距离较远时（如超过 80m）可选用光纤连接等。

当前普遍采用分布式结构，对于小型系统应用，大多采用冗余控制器和冗余操作站结构，其中工程师站兼作操作站。对于大型系统应用，多采用冗余服务器的 C/S 结构，各子站独立完成区域所有控制，上层采用冗余以太网（或环网）方式相连。

小型控制系统的应用架构如图 11-2-41 所示。采用冗余 EtherNet/IP 和冗余 ControlNet 网络，冗余控制器架构，2 个 RIO 框架，I/O 不冗余。共有 2 个操作站，其中一个兼工程师站，运行 FactoryTalk View SE 版 HMI。

原油管道数据采集与监视控制系统（SCADA）站控中心的控制系统包括站控系统、罐区监控系统、GDS 系统等几个部分以及与其他站控系统的远程通信连接和防火墙等网络隔离设备。大型控制系统应用架构如图 11-2-42 所示。采用冗余 EtherNet/IP、冗余 ControlNet 网络，冗余服务器和控制器架构，I/O 不冗余。上层计算机包括一台雷达液位计组态站、工程师站和 2 台站控调度服务器。第 2 层计算机包括一台 GDS 组态监控站、2 台操作站、1 台数据库服务器和 2 台查询服务器。底层是 ControlLogix 控制系统，包括独立设置 GDS 系统、1 对冗余控制器、5 套 RIO 框架和一个通信桥接框架。HMI 和实时数据库等采用 SCHNEIDER 旗下 Wonderware 公司的 Intouch 和 InSQL 套件。

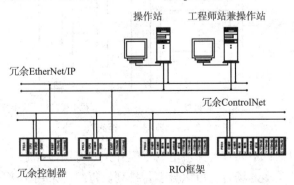

图 11-2-41　小型控制系统应用架构示意

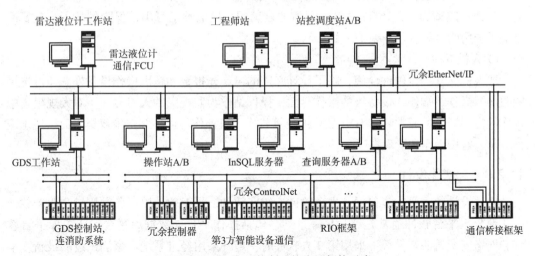

图 11-2-42　大型控制系统应用架构示意

e）机柜布局

根据项目情况，选择合适防护等级（IP）或防爆的控制机柜（盘）。系统设备和附件的布局应预留散热、安装和维护空间，要求距离柜顶不小于 150mm，距离柜底不小于 200mm。强、弱电尽可能分开或隔离，设置独立的工作接地汇流排和保护接地汇流排，对有防雷设计的机柜，可增设电涌防护接地汇流排。使用双面机柜时，正面布置电源、控制器、空气开关、交换机和 I/O 框架等。反面布置交流接入设备、接线端子排、隔离栅、防雷栅等。典型的机柜布局如图 11-2-43 所示。

其中，机柜正面布局包括：直流电源采用非底板式冗余电源，双隔离模块；关键设备都采用双路供电，或冗余直流供电；机柜设 2 个接地母排：工作地汇流排应与机柜绝缘，保护地汇流排与机柜相通。对有防雷工程设计的机柜设防雷接地母排，并与机柜绝缘。

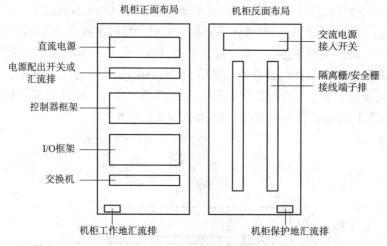

图 11-2-43　典型的机柜布局示意

机柜反面布局包括：不同种类交流电的空气开关要有明显标志，之间应有线槽隔离或有适当距离；空气开关多的场合，可以分多行排列。每组应采用跨接短接片并用两对线连接，以防止因接线松脱引起多个空开失电；隔离栅/安全栅等应采用首尾供电的"环形供电"方式；隔离栅/安全栅宜按 I/O 通道数量满配。供电端子可用带保险的端子，重要回路端子选用明显颜色差异端子（如红色）等。

f）人机界面

即人机交互接口硬件设施，除了设计必需的声、光报警和辅助操作设备外，还可选用触摸屏、操作终端作为设备级的操作界面，操作站作为监视级的人机界面。对大规模集中操作的应用场合，通常装有 HMI 软件的计算机作人机操作界面，并选择双屏界面以便于流程展示、监控操作和管理。

11.2.9.4　软件设计

软件设计的主要内容包括：平台软件、组态软件、界面软件以及各种接口和驱动软件等 4 部分。平台软件通常是 Windows 系列，包括操作平台、数据库平台、历史库平台软件和网络安全相关软件等。采用第 3 方软件时，最好采用经过系统厂家测试过的最新版本软件。组态软件通常选用 Studio5000、RSLinx 和 RSNetWorx 等。界面软件首选 FactoryTalk View Studio 系列，根据项目规模、用户习惯等具体情况确定。

a）控制程序

控制程序设计是项目软件设计中最核心的内容，通常由专利工艺包提供方、设计方和系统集成方等共同完成。控制程序就是使用 ControlLogix 系统提供的指令、方法去实现整个项目的逻辑控制、顺序控制、批量控制和回路控制等全部控制和操作功能。

1）程序设计的主要方法

控制程序设计必须紧密结合生产过程的特点，熟练掌握控制步骤和方案，熟悉控制系统的硬件和软件指令和功能，熟悉现场仪表回路和控制网络的应用等。程序设计的主要方法有时序法、经验法和综合法等。

①时序法

根据控制过程与时间的关系，得出控制系统的时序程序框图，通过逻辑运算规则进行逻辑关系求解，得出逻辑结果，再用 ControlLogix 编程指令写成程序。时序法常用于以时间为基准的控制程序设计，具有直观、简洁、逻辑运算严密等特点。采用梯形图编程常会使用时序法进行程序设计。

②经验法

运用经验进行程序设计，对类似的程序或典型功能的标准程序（即经验）进行修改和进一步开发。如泵的启停、电机互锁、液位两位式控制，都是典型的程序，可以在设计时灵活参考、运用。

③综合法

结合时序法和经验法的混合编程方法，包括结合不同的编程语言和编程方式，如 AOI、SFC、设备阶段管理等，以及结构化、模块化编程等。

不论采用什么设计方法，都可以借助计算机、编程组态软件或专用的程序开发软件（如最基本的 Studio5000 和 RSLogix Emulate5000）进行程序设计，在线或离线进行编程、仿真和调试等。

2）注意要点

程序设计要符合正确、可靠、易读、易改和简洁的根本要求。因此，在程序设计时要注意以下几点：

①位号/标签要采用有意义的符号名，如 LIC101，PV203，Motor_Start 等，还可以根据信号的特点定义数字量变量和模拟量变量，如 dXV2040，rLT50102 等。对于大型项目，还可以通过标签前缀来分类，如 TK1_L101，TK2_L101 分别表示 1 号罐和 2 号罐同一位置点的参数。

②采用模块化程序设计方法。

③要有必要的注释和说明，包括各种变量、参数、逻辑功能、控制过程、子程序等。对于工艺包、专利等接口内容，也要对数据连接和交换的参数、变量等作注释和说明，以便于阅读、修改、扩展和维护等。

④I/O 分配要有规律性，以便于编程、故障查找和维护等。

⑤开关量输入状态要注意保持一致性的原则，即通道得电时所代表的状态（如"高"或"低""通"或"断"等）以便于理解和维护。

⑥虽然目前有的控制器支持双线圈操作，但为了避免程序设计中逻辑不严谨而产生意外的逻辑结果，不建议使用双线圈或慎用双线圈。

b）程序规划

一个好的控制程序要经过规划，才能获得好的效果。通常要求任务不宜太多，一般应用 3~5 个任务，例程数量没有限制。各个例程完成相对独立的控制。程序的功能、层次清晰，便于编程开发、扩展和维护修改等，典型的流程工业程序规划控制器管理如图 1.30 所示。

①把一个流程（或对象）按工艺流程、设备、功能以及检修、维护等分成多个工段，每个工段信号相对独立。总共设置了 2 个任务，连续型任务有 6 个子例程，包括主例程、3 个工段的例程、信号处理例程和系统状态例程等。周期型任务设置了 100ms 的周期时间，优先级别为 10，完成所有的 PID 控制回路的控制，保证 PID 控制在指定的时间周期内执行输出控制。

②主例程循环调用各子例程，如图1.31所示。

③信号处理例程（Signal_Pro）完成所有信号处理功能，如延时、滤波、有效化处理、与第3方系统通信等数据处理。

④子例程Process_1~3对应3个工段，完成各自工段的所有控制功能。（子例程中还设置了子例程，这里略去）

⑤系统状态（SYS_Status）获取所有的系统状态数据，如控制器冗余、电源、CPU运行数据、环境参数、主要设备状态等。

此外，程序还设置了控制器故障处理例程和上电例程，分别处理控制器故障时的顺序控制和上电时的初始化批量动作。当然，更复杂的应用场合还要结合AOI、结构化程序设计等综合因素考虑。

c）监控画面

监控画面设计是与控制程序相关的重要软件设计，包括触摸屏和操作站监控画面设计。根据P&ID图，采用人机接口软件，如Factory Talk View Studio把工艺流程分为若干个画面，显示关键的设备、关联设备、监控点和控制回路等状态、提示，以及操作参数设定、开关设备的操作接口等。监控画面要求布局均匀、清晰，设备特征明显、准确，颜色搭配合理、操作接口使用方便、明确。监控画面设计如图11-2-44所示，且应至少包括以下内容：

①总貌图。显示整个项目最关键的流程、参数和状态等内容。

②工艺流程图。显示全流程的主要设备、物流方向、操作参数等，可以分组、分工序等显示。

③趋势图。显示主要参数的变化趋势图，可以把相关的参数组态到一个趋势图中进行集中对比显示。

④报警图。当工艺控制参数偏离报警设定值、状态发生变化时提示操作人员关注、干预。

⑤各种操作画面。如PID参数设定、各种设定值修改、电机的启、停，手/自动切换、手动调节等画面。

⑥系统维护。把系统各部件如控制器、网络设备、I/O模块及通道等状态信息尽可能采集（如用GSV指令读取等）并集中显示，当发生异常时通过报警信息及时被发现。

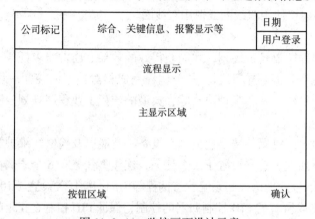

图11-2-44　监控画面设计示意

11.2.9.5　可靠性设计

ControlLogix 系统是专门为工业控制应用而设计的，硬件模块从元器件选择、电路板设计、贴片封装到测试，都有严格的标准。因此，通常具有比较高的可靠性，其平均无故障时间（MTBF）可达 10 万 h 以上。ControlLogix 系统的可靠性设计，除了包括系统硬件的可靠性外，还包括环境因素、冗余措施、防干扰、软件可靠性和系统网络安全措施等整体可靠性设计。

a）环境因素

环境因素是指应用 ControlLogix 系统场所的温度、湿度、尘埃、防雷、防爆、防腐等众多因素。原则上，ControlLogix 应安装在安全区域，没有阳光直射到的地方，周围环境没有腐蚀性或易燃易爆气体，没有大量灰尘，没有能导电的粉尘、微粒。环境温度一般为 0~60℃，相对湿度在 5%~95% 范围内，无凝结，并且对环境的振动和冲击有一定的限制。良好的工作环境对提高 ControlLogix 系统的可靠性、稳定性、控制精度和延长使用寿命等总是有帮助的，在应用设计时要作充分的考虑。

环境因素的影响以及解决方案归纳见表 11-2-18 所示。

表 11-2-18　环境因素的影响以及解决方案

环境因素	可能影响	设计解决方案
温度和湿度	器件性能恶化； 精度降低； 故障率提高，寿命降低； 内部短路或击穿； 静电集结，损坏器件	整体置于空调控制室内； 强制通风（风扇、滤网）； 降低安装密度； 采用密封型机柜和防潮抽湿
周围空气 （尘埃、腐蚀、可燃性气体）	电路短路； 腐蚀电路板、损坏器件； 接触不良； 火灾或爆炸	采用密封型防爆（隔爆）机柜； 盘内通入清洁空气； 采用防腐涂层模块（符合 G1、G2、G3 和 GX 标准）； 采用防爆仪表（隔爆、本安）
雷电感应	损坏仪表和系统； 控制失效	防雷工程设计； 回路防雷； 电源防雷； 防雷接地
振动和冲击	内部继电器等误动作； 机械结构松动； 接触不良	将控制系统远离振源； 采用防振仪表和材料减振； 紧固各部件及连线

b）冗余措施

对可靠性有更高要求的应用场合，如经过安全完整性等级（SIL）评估的安全仪表系统（SIS）、需要长周期可靠运行系统等，可以通过采用各种冗余措施（包括系统内部和外部的措施）来进一步提高系统的安全性、可靠性和可维修性。

1）系统内部冗余设计

①主要硬件冗余：ControlLogix 控制器、通信网络、电源和重要 I/O 模块等环节。根据对可靠性要求和投资费用等情况，把系统设计为控制器、通信网络和电源等部分冗余或全冗余系统。

②软件设计：信号变化率、偏差、平均计算、取中值、线路判断等、状态失谐报

警等。

2）系统外部冗余设计

①主要考虑交流供电冗余、直流电源冗余、回路环形供电、急停按钮双触点等。

②现场仪表多取多冗余、线路冗余、触点冗余等。当考虑现场仪表（如传感器、变送器、开关、电磁阀等）作冗余设计时，还可以把系统 I/O 的"三取二""二取二"等冗余信号分别接入不同模块上，来减少因信号模块故障引起的误动作，进一步提高过程的安全性和仪表的可维护性。

c）防干扰设计

由于工艺过程通常都存在大电流电机、变频器以及各种电磁感应等情况，干扰信号会通过各种途径对现场仪表和控制系统产生影响。因此，为了使 ControlLogix 控制系统能更稳定、可靠地工作，在系统设计时必须要考虑电源、现场仪表、控制系统和接地等防干扰的措施。

1）电源防干扰措施

来自电源的干扰可造成电压波形畸变、出现尖峰毛刺，使电源模块工作不正常、损坏、使系统模块的电子元器件过负荷、烧毁等。电源的防干扰措施要考虑：

使用 UPS 或开关电源供电；使用带屏蔽的隔离变压器；使用电涌防护器；串接滤波电路等。

2）现场仪表防干扰措施

现场仪表分布在项目的各种设备上和周边，容易受到各种电磁干扰，造成信号波动、失效甚至损坏，如无线对讲、大电机启停、焊接、变频器、断路器以及感应雷等产生的干扰。设计时应整体考虑，包括：

选用通过电磁兼容性（EMC）测试的、防干扰能力强的仪表；仪表和信号做好屏蔽接地；选用屏蔽电缆；信号线与动力线分开，敷设时要留有一定的距离；槽架中不同类型的信号电缆应设隔板等。

3）系统防干扰措施

控制系统本身的防干扰设计也是不能忽视的，包括：

选择防干扰性能较好的 I/O 模块（如绝缘型、高门槛电压和通道间隔离等）；输入信号电流化；串接滤波电路、电涌防护器；用继电器隔离；模块、框架的接地极良好接地。

4）接地

接地是指电力系统和电气设备的交流电中性点、用电设备的外露导电部分、直流电源公共点、信号屏蔽、电涌防护器等通过导体与大地相连。良好的接地可以保证人员和设备的安全，防止或减少各种干扰信号对系统的影响，保证系统安全、可靠和稳定运行。

①保护接地和工作接地

保护地防止设备故障或异常时带电危及人身和设备安全，连接用电设备外壳、电气地；工作地用于保证控制系统正常工作，连接数字地、模拟地、信号地和直流负极公共点等。保护地和工作地分别安装机柜的汇流排上，然后连接到控制室或指定的接地极或接地母板上，接地连接电阻要求小于 1Ω，接地极电阻和连接电阻之和应小于 4Ω。机柜室或控制室的接地方式常用星形连接和网状连接，接地极与整个机柜室或控制室、工艺设备等实现等电位连接。仪表系统常用的星形接地如图 11-2-45 所示，机柜内的工作地和保护地汇流排分别连线工作地汇总板和保护地汇总板中。对于有防雷工程设计的场合，电涌防护器的接地通常独立设立电涌地，然后连接到工作地汇总板以防止地电位反击。网状接地时可省掉汇总板接地层，直接与网状接地极连接。

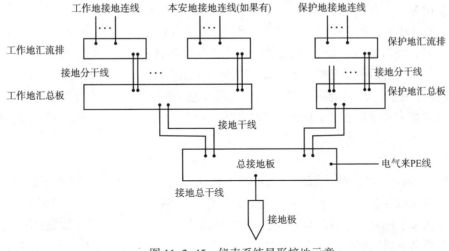

图 11-2-45 仪表系统星形接地示意

②供电回路接地

含有 UPS 交流回路的 TN-S 接地原理图如图 11-2-46 所示，图中只标明了按星形连接的一级 PE 总排连接，实际连接可能有 2 级或 3 级。

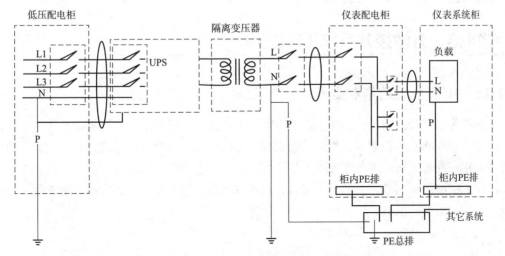

图 11-2-46 含有 UPS 交流回路的 TN-S 接地原理

d）程序可靠性

ControlLogix 控制系统的可靠性不仅与硬件部分有关，而且还与软件有关，特别是用户应用程序的可靠性有关。在软件设计时，要采用标准化和模块化的设计思路，要充分考虑控制上和操作上可能出现的因果关系和转换条件等情况，尽可能减少因控制程序所造成的问题和故障。要注意以下几点：

①对输入信号作处理，检查信号的好坏，如采用软件延时滤波、取平均值和断路检查等；

②要尽量利用系统软件提供的各种功能、状态标志、自诊断和监视定时器（WDT）监视等功能进行程序设计；

③判断不合理的和非法操作，只接受正常的合理的操作，如禁止同时按下电机正、反转和启停按钮等；

④采用模块化和结构化编程方法编写程序；

⑤注意网络刷新时间（NUT）的设置，避免出现控制时序的错乱引起信号丢失、执行周期变长甚至使控制系统不能按控制要求执行相应的动作等；

⑥控制回路中的 PV、控制输出值尽可能不采用通信的方式，如变频器控制参与回路控制时，通过通信方式读取变频器的所有工作参数，过程参数和控制输出仍采用 4~20mA 连接等。

e）网络安全考虑

无论控制系统大小和是否与管理网及互联网相连，ControlLogix 系统都要考虑网络安全问题。

如果控制系统与其他网络系统相连接，要设置隔离防护措施。包括：减少不必要的连接；增加防火墙、网闸等设备；只允许通过数据采集站进行单向读取系统数据；增加白名单和（或）黑名单通信机制，以及必要时增加流量镜像、入侵侦测报警和保护等措施。

如果控制系统与其他网络系统不相连接，也要防止通过移动介质感染病毒，因此要考虑对移动介质限制使用的措施（管理措施不作为设计考虑因素）。同时，Windows 平台要定期更新补丁，配置与人机接口（HMI）软件兼容性测试通过的防病毒软件，并及时更新病毒库，最大可能减少感染病毒的可能性。

11.3 分散控制系统（DCS）

11.3.1 DCS 配置的基本要求

分散控制系统（DCS）是将计算机技术、通信技术、显示技术、控制技术等相结合，通过通信网络将过程控制和过程监控组合在一起的多层计算机控制系统，具有分散控制、集中操作、配置灵活、组态方便的特点。

DCS 的配置要具备完善的过程接口、过程控制站、操作站、工程师站、服务器、辅操台、通信、负荷、供电、环境等。

11.3.1.1 硬件构成

DCS 硬件结构示意如图 11-3-1 所示。传统的 DCS 由过程控制站及 I/O 卡、人机界面（主要是操作站和工程师站）、网络通信三部分组成。

a）过程控制站及 I/O 卡

过程控制站是 DCS 的核心单元，DCS 的主要控制功能都通过它实现。控制站直接接收现场采集的 I/O 数据，通过内部的控制算法实现对工艺过程的实时控制。过程控制站由专用机柜、主控单元、I/O 单元、电源单元、通信单元、现场总线以及控制软件等组成。

1）主控单元

主控单元采用模块化结构，是控制站执行控制任务的核心部件。主控单元对现场采集的数据根据用户组态的控制策略进行运算处理，执行实时控制、连续控制、顺序控制、逻辑控制等各种类型的控制任务，并可实现故障检测与报警、信息传送等功能。

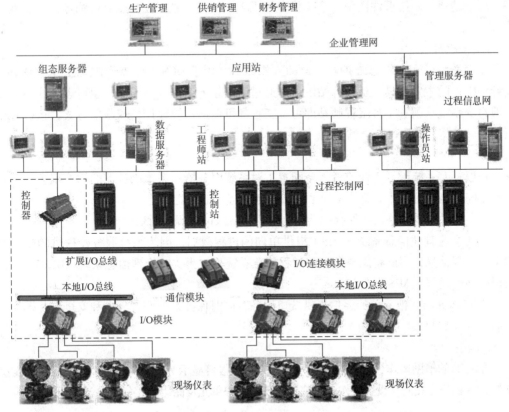

图 11-3-1 DCS 硬件结构示意

2）I/O 单元

I/O 单元作为 DCS 与现场仪表连接的输入、输出设备，可分为模拟量输入（AI）、热电偶信号（TC）、热电阻信号（RTD）、模拟量输出（AO）、开关量输入（DI）、开关量输出（DO）、脉冲量信号（PI）、通信（COM）等。I/O 模块应进行信号隔离和通道间隔离，并具备输入信号滤波和非线性输入信号的线性化等功能。高密度的 I/O 模块元器件相对比较集中，容易出现失效率高的情况。各种 I/O 模块的最大通道数量建议满足表 11-3-1 中的要求。其中，用于控制或联锁功能的 I/O 模块的最大通道数量不宜大于 16；控制用 AI/AO 卡应 1∶1 冗余配置；如果 DI/DO 卡根据联锁要求冗余配置，应采用 1∶1 冗余配置。

表 11-3-1 I/O 各种模块的最大通道数量建议

IO 模块类型	AI	AO	TC	RTD	DI	DO	PI	COM	其他
最大通道数量	16	16	32	32	32	16	16	4	32

b）操作员站

操作员站主要提供人机界面，完成组态图形的调试及显示，现场实时数据、历史数据曲线的显示，工艺过程的控制、调整以及趋势、报警画面的显示及操作，报表和打印等功能。操作员站可由主机、显示器、键盘等构成，一般采用 PC 机或者图形工作站等作为操作员站。操作站应能显示下列标准画面：总貌、分组、操作回路、报警列表、实时趋势、历史趋势、操作事件记录、系统状态和概貌、诊断信息、控制点或检测点细节、流程图等。

c）工程师站

作为系统管理和组态维护及修改的人机接口，用于 DCS 的组态和配置工作，是 DCS 设计和维护的主要工具。工程师站既可以通过网络接入系统在线使用，也可以离线使用。一般每套系统只配置 1 台工程师站即可，工程师可以通过修改用户权限的方式，运行操作员站的软件将其作为操作员站使用。

d）服务器

一般每套系统配置 1 台或者冗余配置 1 对系统服务器，系统服务器的用途很多，不同厂家之间可能会有差别，但总体来说系统服务器具有以下功能：

①存储系统中需要长期保存的数据，作为系统级的过程实时数据库；

②向企业管理信息系统（MIS）提供单向的过程数据，因为系统服务器提供的是实时的工艺过程信息，因此将服务器上的过程信息系统称之为实时管理信息系统（RealMIS），用于区别慢过程的 MIS 办公信息；

③为 DCS 与其他系统的通信提供接口服务，同时保证系统间的隔离和安全，并提供防火墙（FIREWALL）功能。

e）辅操台

在 DCS 的辅助操作台上安装辅助开关、按钮、报警显示等辅助设备，其外形、尺寸及颜色与 DCS 操作台相同，设置应按工艺装置、公用工程单元及储运单元分开。

11.3.1.2　DCS 的网络系统

a）网络结构

控制系统按功能可分为过程控制网络、监控网络、管理网络三层，对于 I/O 点数超过5000 点或操作站数量超过 10 台的大型 DCS 网络，过程控制层和操作监控层应按照操作或管理划分为不同的子网或虚拟局域网（VLAN）。网络分区应能在不影响主要功能的前提下脱离其他分区，独立构成系统。

b）网络连接

DCS 局域通信网络及其各级通信子网络应冗余配置；所有 DCS 操作员站、工程师站、控制站应分别通过冗余容错通信接口连接在工业以太网上；DCS 通信网络应采用网关或网关＋防火墙与更高级别的高级控制和监控网络连接；DCS 通信网络应具有与现场智能无线仪表、智能无线网关、无线网络实现连接使用的功能；DCS 通信网络在系统设计、设备选型、软件配置时要采取有效措施加强通信网络安全性。DCS 若采用客户机服务器结构，应至少配置 2 对冗余的服务器，且服务器必须与工程师操作站相对独立，服务器不得兼作工程师站；网络应用服务器设备的硬盘应按 1:1 冗余配置；网络应用服务器采用双网卡配置，可通过交换机与全厂 ERP 网络相连；网络服务器应能从局域通信网络或工程师站上的工厂管理网接口取用 DCS 中的过程数据。

DCS 的网络配置要求见表 11-3-2。

表 11-3-2 DCS 的网络配置要求

网络	连接对象	连接方式	带宽要求
过程控制网络	被控制、检测对象	常规以太网通信	≥10Mbit/s
监控网络	监视、操作设备	工业以太网通信	≥100Mbit/s
管理网络	企业管理计算机系统、生产运行管理系统、生产经营管理系统、综合信息管理系统	高速通信以太网	≥1Gbit/s

c）通信接口

DCS 和其他系统之间的通信协议见表 11-3-3。

表 11-3-3 DCS 和其他系统之间的通信协议

通信类型	通信协议	备注
PLC 通信	Modbus RTU 或网络	双重化
工厂网络通信	TCP/IP 或网络	双重化
ODS 通信	OPC 或网络	双重化
APC 通信	OPC 或网络	双重化
PGC 通信	Modbus RTU 或网络	双重化
AMS 通信	Modbus RTU 或网络	双重化
无线仪表系统		双重化
其他通信		

11.3.1.3 负荷

控制器的负荷不应超过系统设计能力的 60%，DCS 通信最大负荷不超过系统设计能力的 40%，所有子系统的估算负载不应超出该子系统设计能力的 40%。在装置正常操作时，任何一个与 DCS 通信的子系统或计算子系统都不应超出其可用资源（如存储容量、扫描周期等）的 40%。采用 IEEE 802.3 系列协议的网络，最大允许负荷不应超过 30%。

11.3.1.4 供电

DCS 应采用冗余的 UPS 电源供电，分 2 路接入配电盘供给 DCS。DCS 供电容量、供电方式应满足 DCS 卖方要求，DCS 供电系统设计，包括电源质量要求、UPS 选用原则、供电器材的采用等，应符合 HG/T 20509《仪表供电设计规范》的规定。

UPS 实际供电容量不大于设计容量的 75%，后备供电能保证存储器工作 72h、系统工作 30min；UPS 电源要求：220（1±5%）V，（50±0.5）Hz（AC）；波形失真率小于 5%，输出瞬时电压降小于 10%，电源瞬断时间不大于 5ms，UPS 切换时间不应大于 5ms，具有自检、故障自诊断及故障报警功能。

DCS 内部供电应由 DCS 卖方负责，DCS 卖方宜提供独立电源分配柜对 DCS 的机柜、站（台）、外设等实施 220V AC 和 24V DC 供电，直流电源转换单元应冗余配置。

柜内照明、维护插座和风扇等的用电，由普通电源（GPS）提供，要求：220（1±10%）V，（50±1）Hz（AC），输出瞬时电压降小于 20%。

11.3.1.5 环境

DCS 设备的选择和安装应满足设备所在的环境条件，并应符合 GB/T 16895.18—2010

表 51A 中的要求。

①所有设备、部件、电缆应能抗霉菌并能防化学品的侵蚀。所有控制器、I/O 卡件应满足 ANSI/ISA–S71.04 标准所定义的 G3 等级环境的防腐要求，至少正常工作 5a；DCS 机柜或机箱不应安装在 0 区和 1 区内。

②安装在室内的 DCS 模件应能在环境温度 0~50℃和相对湿度 10%~90% 的条件下正常工作，DCS 的安装条件应满足 SH/T 3006《石油化工控制室设计规范》的规定。

③ DCS 的振动应满足 IEC 60654–3—1983 年（等效 GB/T 17214.3—2000）《工业过程测量和控制装置的工作条件 第 3 部分：机械影响》的要求。

④电磁兼容性应满足 SH/T 3092—2013《石油化工分散控制系统》设计规范的要求，电磁兼容性指电子系统在所处的电磁环境中按照设计功能运行，并且不对规定环境中的电子设备产生超过规定指标的电磁干扰的能力，DCS 的抗扰度不应低于表 11–3–4 的要求，并应具备在干扰源消失后归功恢复功能的能力。DCS 所有系统部件和辅助部件的电磁辐射限值不应高于表 11–3–5 中的要求。

表 11–3–4　DCS 抗扰度能力指标

干扰类型	干扰强度	强度等级	抗干扰能力	相关标准
静电抗扰度	接触放电 6kV，空气放电 8kV	3 级	B 级	GB/T 17626.2—2006
射频电磁场辐射抗扰度	10V/m @80~1000MHz & 1.4~2GHz	3 级	B 级	GB/T 17626.3—2006
电快速瞬变脉冲群抗扰度	电源端 2kV，信号端 1kV	2 级	B 级	GB/T 17626.4—2008
工频磁场抗扰度	30A/m	3 级	B 级	GB/T 17626.8—2006

表 11–3–5　DCS 发射限值

端口	频率范围 / MHz	限值	基本标准	适用范围	注释
外壳	30~230	30dB（μV/m）准峰值测量距离 30m	GB 4824	见注	如果满足 GB 4824 的规定，可以在 10m 距离测量，但限值要增加 10dB
	230~1000	37dB（μV/m）准峰值测量距离 30m			
交流电源	0.15~0.50	79dBμV 准峰值 66dBμV 平均值	GB 4824		
	0.50~5.00	73dBμV 准峰值 60dBμV 平均值			
	5~30	73dBμV 准峰值 60dBμV 平均值			

注：本表不包括现场测量。

11.3.2　DCS 的控制算法

DCS 具有连续控制、顺序控制和批量处理控制的功能，控制器可以存储 PID、超前滞后、数值计算、三角函数、矩阵运算、模糊控制等控制程序。因此可以方便实现串级、前馈、解耦、自适应和预测控制等先进控制，并且可以根据需要加入特殊控制算法。

11.3.3　DCS 工程

11.3.3.1　FEED 基础工程设计

DCS 厂商对项目需求和业主的需求分别进行调研，提交详细的符合整体项目进度安排的执行计划和项目程序文件，并根据业主的最新信息不断调整项目进度计划。确保 DCS 硬件和软件设计标准、控制策略、界面规格、通用设计准则和系统网络设计方案都能被各方认可，最终配合设计院形成全厂的 DCS 功能设计规格书（FDS）。

11.3.3.2　项目启动

在 DCS 合同签订后，多方确认后召开 DCS 项目启动会，与会人员包括 DCS 厂商的项目管理人员、项目工程师以及业主、设计方相关人员。会议期间讨论下列内容并形成会议纪要：

①对系统硬 / 软件配置、规格和数量进行详细确认；

②确认控制系统硬件设计方案，包括控制网路配置方案、机柜布置、辅助柜布置、供电系统、接地系统等；

③确认系统各个组成部分和总线负载计算方法；

④确认系统组态内容；

⑤确认控制室平面布置；

⑥讨论设计文件交付进度；

⑦确定项目实施的进度表；

⑧其他事项。

工程公司需提交以下资料：

① PI&D；

②仪表索引；

③ I/O 清单（0 版）；

④监控数据表（0 版）；

⑤控制室布置图；

⑥系统配置图（推荐的）。

11.3.3.3　功能设计规格书

在合同签署 1 个月内，由 DCS 厂商编制完成和发布用于本工程的系统功能设计规格书。规格书包括系统结构、系统软件、网络安全、据库组态标准、报警管理策略、辅助操作台定义、应用软件组态定义、机柜与接线设计、操作与管理界面定义、数据储存方式、DCS 与其他系统的接口等要求。DCS 厂商在功能设计规格书完成后召开功能设计规格书审查会。会议内容如下：

①审查系统功能设计规格书；

②审查项目工作执行程序；

③审查项目执行阶段工作计划；

④审查执行阶段制造准备工作；

⑤形成会议纪要。

11.3.3.4　技术培训与软件组态

a）软件组态培训

软件组态培训由 DCS 厂商组织，对象为设计单位和最终用户技术人员。DCS 厂商保证培训质量和参加培训的设计单位和最终用户技术人员的上机时间和终端。DCS 工程师培训时长一般为 2 周。

b）组态工作实施

组态工作一般分为两种模式：

① DCS 厂商组织负责软件组态及系统集成，派有经验的技术人员完成组态及数据库输入工作。用户参与系统组态，共同完成全部组态文件后，经调试修改，最终形成电子文件。

DCS 厂商负责该公司系统与其他系统的通信，并完成显示通信数据的组态，由成套系统供应商和业主一起配合组态工作并提供组态所需的相关资料。

DCS 厂商组织技术人员完成全部组态文件，例如：显示及控制流程图、系统结构文件、报警分组、控制回路文件、检测点文件、操作台工作文件、生产数据报表等各种文件，还包括其他系统通信到 DCS 的数据组态和相关流程图组态（其组态资料由业主协助，该系统供货商提供）。

组态文件形成磁盘文件，经调试修改，由设计人员和业主确认，接收最后的组态文件。

②业主负责软件组态及系统集成，DCS 厂商指派有经验的工程师负责组态指导，参与系统组态，共同完成全部组态文件后，经调试修改，最终形成电子文件。

11.3.3.5　文件资料

DCS 厂商提供完整的英文或中文工程设计文件纸质资料和电子文件，资料包括硬件、软件、应用手册等方面的内容。

a）硬件资料包括内容

①系统总说明书。

②系统硬件组态图（根据设计方提供的 I/O 清单完成）。

③系统硬件安装图。

④系统供电及接地图。

⑤系统内部电缆接线图。

⑥操作站、机柜、机架详细尺寸图。

⑦辅助操作台的正面布置图、安装图、接线图。

⑧连接现场机柜室和中心控制室光缆双端接线图。

⑨I/O 卡件及接线端子布置图、接线图。

⑩全厂 DCS 配置图。

⑪外购配件的说明书、技术手册及安装指南等资料。

b）软件资料包括内容

①仪表位号编制说明、软件编制说明。

② 系统所有软件名称及最新版本（附光盘 3 套）。

③ I/O 表及扩展 I/O 卡布置图，I/O 点布置图。

④ 工艺流程画面图，彩色（根据设计方提供的管道仪表流程图 P&ID 完成）。

⑤ 数据表。

⑥ 程控原理图、顺控表、操作说明（根据设计方提供的程序控制框图和时序图完成）。

⑦ 联锁逻辑图、采样说明、程序表、操作说明（根据设计方提供的联锁原理图完成）。

⑧ 复杂调节说明、系统组成、计算公式、操作说明。

⑨ 优化控制和管理软件说明、系统组成、操作说明。

⑩ 报表打印格式及说明。

⑪ 显示画面说明及历史趋势参数组合。

⑫ 高级语言使用说明。

⑬ 自诊断使用说明。

⑭ 系统软件备份，包括操作系统软件、控制系统软件、设备驱动程序、补丁程序等。

⑮ 应用程序备份，包括硬件组态、逻辑程序、操作画面程序、历史数据库等。

c）应用手册包括内容

① 设备安装手册。

② 系统软件使用手册。

③ 操作员手册。

④ 工程师手册。

⑤ 系统维护手册。

11.3.3.6　测试与验收

工厂测试与出厂验收按照规格书要求执行，在系统制造、组装完成之后、验收测试之前，DCS 厂商提交一份完整的产品清单和测试文件。工厂测试包括智能变送器与 DCS 的联调；系统出厂验收由双方技术人员共同执行，DCS 厂商保证所提供设备的所有技术指标达到产品说明书、供货合同和工程会议所制定的要求。

① 工厂主要验收内容（但不仅仅限于以下内容）如下：

——控制器及各部件的功能检查（包括冗余检查）；

——控制器掉电后，后备电池功能检查；

——控制器及各部件的电源检查（包括冗余检查）；

——各种 I/O 卡件的 100% 功能检查（包括冗余检查）；

——所有 I/O 卡件的 10% ~50% 的精度检查；

——所有机柜、辅助操作台标志、结构检查、外观检查、安全性检查等；

——所有机柜、辅助操作台接线检查；

——所有的复杂控制回路、联锁、顺控等做 100% 检查；

——HMI 功能的 100% 检查；

——系统组态功能检查；

——系统同相关子系统的通信组态检查；

——模拟系统故障后检查系统反应情况；

——系统报警功能检查、报警记录及打印检查；

——过程报警功能、报警记录及打印检查；

——系统接地检查；

——设备散热检查；

——检查 FCS 联锁、顺控、复杂控制回路以及其他高级控制策略。

②设备到现场后，DCS 厂商派人与最终用户共同开箱验收，确认装箱单和设备完好情况。

③现场服务主要内容如下：

——系统安装、接线等工作完成后，DCS 厂商派人与最终用户共同进行系统检查，系统通电、软件安装、组态下载、整个系统试运等工作，然后共同进行最终的系统现场验收测试；

——现场服务包括安装、调试、上电、现场验收等；

——现场最终验收和系统联调试运结合进行；

——现场验收参照出厂验收程序及内容，由双方讨论确定。现场验收前，DCS 厂商将事先提交 SAT 作业步骤给用户和设计院批准。

④拟定的现场验收的主要工作内容如下：

——目测检查硬件是否由于运输造成损坏；

——试用、检查元器件是否因为运输造成安装松动和连接不可靠；

——确认 DCS 安装基础是否可靠；

——确认 DCS 的安装环境是否满足要求；

——确认用户提供的电源容量是否符合设计规格要求；

——对 FAT/IFAT 过程中用户方提出修改和添加内容的完成情况进行确认；

——对涉及跨柜接线的信号做 100% 检测；

——对各模块做 10% 的功能检查；

——对各子系统的通信功能做检查；

——对操作员站做功能检查；

——与 PRM 及其他系统的通信功能测试；

——其他用户要求现场验收的事项。

最终系统测试结果应达到系统技术规格书中的各项要求，系统最终验收文件由双方代表共同签署。

11.3.3.7　分工界面

通常以控制室 DCS 端子柜/安全栅柜的端子排为界，工程公司负责从控制室 DCS 端子柜/安全栅柜到现场仪表之间的设计工作，DCS 厂商负责除此之外整个 DCS 的设计工作，并完成由用户提交的电缆连接图与 DCS 端子柜/安全栅柜的接线及成套提供盘间的线缆和材料。

11.3.3.8　环境要求

环境温度：0~50℃（FCS），−20~+70℃（远程 I/O）；

环境湿度：10%~90% RH（FCS 及外围设备），5%~95% RH（远程 I/O）；

无结露；

温度变化率：±10℃/h；

接地：接地电阻应符合 SH/T 3089—2019 的规定；

电场（不含 CRT）：最大 3V/m（26MHz~1GHz）；

磁场（不含 CRT）：最大 30A/m AC；

磁场（CRT）：最大 0.4A/m AC；

静电：最大 4kV（直流放电）；

连续震动：振幅宽度最大 0.5mm（1~14Hz）；

加速度：最大 2m/s^2（14~100Hz）。

11.3.4　DCS 设计注意事项

DCS 能否长期稳定工作是石油化工生产装置"安、稳、长、满、优、节、减"运行的基本前提之一，应遵守独立、冗余、开放、备用、个性化与时钟同步等要求。

11.3.4.1　独立要求

DCS 在设计时应采用 VLAN 网络结构，从而将一个复杂的全厂性网络按照管理需要划分为各个独立的 VLAN 网络，即各个独立的 DCS 子系统，分别拥有自己的交换机通信网络架构、组态数据库、工程师站、操作员站、历史数据服务器、报警服务器、控制站以及与全厂信息网络相连的 OPC 服务器等。

由于同一个 VLAN 网络中的不同生产装置或单元的开工及运行时间各不相同，而且可能需要独自检修，因此 DCS 在设计时应注意控制器的独立设置要求，即不同生产装置或单元应使用不同的控制器及辅助设备，如安全栅柜、继电器柜、端子柜等。

11.3.4.2　冗余要求

冗余工作方式是 DCS 对单个设备故障进行容错的一种重要手段，关键设备或者控制功能必须采用冗余配置：控制网络及交换机；内部总线及设备，如数据转发卡等；控制站；控制用 I/O；系统电源；外配柜（安全栅柜、继电器柜）电源；历史数据服务器。

11.3.4.3　互联与数据共享要求

DCS 在采用 VLAN 网络结构进行独立配置的同时，还应该遵守开放性原则。通过配置 HART/FF/Profibus 等标准协议接口卡件，DCS 自动采集现场仪表设备的过程和运行状态信号；同时，第三方系统（如 SIS，CCS 等）则通过 Modbus 协议将生产过程数据传输给 DCS。在 DCS 独立子网络与工厂信息网之间可以通过 OPC 协议进行数据传输，从而建立一个全厂性的过程数据平台。

与 DCS 高度集成的 AMS 系统除具备标准的 HART 协议功能外，还应具备嵌入智能仪表设备制造厂家高级应用软件的功能，如智能阀门定位器的 VALVELINK 功能。

11.3.4.4　备用要求

为保证 DCS 的可用性，在设计时建议采用如下配置：

①每种类型的 I/O 模块在总点数的基础上，增加 15%~20% 备用点数，包括接线辅助设施；

②为新增 I/O 模块及接线辅助设施提供 20% 的备用安装空间；

③控制器的工作负荷最大不能超过 60%，即备用 40% 的负荷；

④采用工业以太网模式的控制网络负荷最大不能超过 20%；

⑤ OPC 服务器的数据规模不应超过其最大规模的 60%；

⑥可扩展的操作员站接口容量应根据项目适当备用，通常应保持在 50% 以上。

11.3.4.5 个性化要求

为方便使用单位的日常维护，在设计时应充分考虑用户的个性化：

①安全栅、继电器、交换机等关键设备的品牌及规格；

②机柜、操作台的规格，如风格、颜色、材质等；

③操作小组和数据分区；

④ HMI 风格。

11.3.4.6 时钟同步要求

时间戳的统一对于数据的分析和审计意义重大，DCS 作为一个数据平台必须具备时钟同步功能。在项目设计时，DCS 供货商应作为责任方承担整个项目所有控制系统（含 SIS/CCS/PLC 等）的时钟同步网络设计。时钟同步器的授时精度不应低于 1ms，守时精度不应低于 2μs/min，DCS 不应采用无线通信方式的外部时钟源。时钟同步的目的是使系统内部和系统之间的时间标记数据一致，实际上并不需要绝对时间，只要相对时间就足够了，也不需要与某个地域时间绝对一致。DCS 内部本来就有时间同步功能，在实际应用中，当需要具有时间标记记录数据的第三方计算机设备与 DCS 同步时，宜采用由 DCS 发布同步信号的方式。对于不用时间标记记录数据的第三方设备，不必设置时钟同步。

11.3.4.7 辅助设备设计与应用要求

除 DCS 硬件（如控制器、IO 卡件等）外，众多的辅助设备也是 DCS 的重要组成部分。所有辅助设备都应选用经过验证的工业级设备，最常用的辅助设备见表 11-3-6，该表格只提示设计与施工人员需要关注的重点，具体应用时应根据项目的特点，选择合适的规格参数。

表 11-3-6　DCS 辅助设备

序号	名称	需关注的规格	备注
1	交换机	a）安装方式，架装、轨道安装等； b）供电，220V AC，24V DC 等； c）路由功能，第三层交换机； d）背板速度	成熟企业成熟产品
2	防火墙		成熟企业成熟产品
3	光缆	a）铠装单模光缆； b）芯数	成熟企业成熟产品

序号	名称	需关注的规格	备注
4	服务器	a）安装方式，架装，塔式等； b）双电源供电； c）KVM	成熟企业成熟产品
5	工作站	工业级的电脑及显示器（PC）	成熟企业成熟产品
6	打印机	a）黑色或彩色； b）A3，A4 等	成熟企业成熟产品
7	机柜		成熟企业成熟产品
8	操作台	普通操作台、CCR 专用操作台、操作台加装按钮等需求，操作台必须由一个厂家提供，确保外观统一	成熟企业成熟产品
9	直流电源 / 冗余模块	a）规格容量，20A、40A 等（单合直流电源装置字量不应大于 40A）； b）冗余模块配置必须确保供电可靠	成熟企业成熟产品
10	安全栅 / 隔离器 / 防雷栅	a）AI，AO，DI，DO； b）RTD，TC； c）RS–485； d）功率需求	成熟企业成熟产品
11	继电器	a）线圈电压 24V DC，触点容量 220V AC5A 或 24V DC，3A； b）线圈电压 24V DC，触点容量 220V DC3A； c）动作频繁的信号，对继电器的要求	成熟企业成熟产品
12	空开 / 断路器	a）规格容量； b）直流、交流； c）并联方式，宜具有并联专用空间； d）颜色，区分不同规格容量	成熟企业成熟产品
13	端子	a）颜色； b）线经； c）耐压等级； d）保险丝； e）LED 灯	成熟企业成熟产品

由于装置特点及适应客户个性化的需求，在很多项目中还会出现其他必需的辅助设备，设计者应根据要求进行选用。对于继电器的使用，由于现场 DI/DO 广泛采用无源干触点，建议采用厂家已经应用成熟的继电器端子板，但 MCC 信号，建议采用独立继电器进行隔离。

11.3.4.8 信息安全要求

DCS 的安全保障需要多项因素的综合作用，上文的独立、冗余、备用等基本要求是实现系统安全运行的基本条件。作为一种电子系统，工程设计与应用时还必须高度重视 DCS 的接地系统设计与施工，SH/T 3081—2019《石油化工仪表接地设计规范》和 SH/T3164—2012《石油化工仪表系统防雷设计规范》已经对系统的等电位接地、保护接地、工作接地、防雷接地等进行了详细的规定，所有项目都应该遵照执行。

在网络安全的三个属性中，控制系统的优先顺序依次为可用性、完整性和机密性，不同于普通的 IT 系统，DCS 厂家应注重内建安全、边界防护、上位机及移动设备防护、网络安全审计上的系统设计及产品应用。

a）系统内建安全

内建安全是指系统厂家针对 DCS 核心控制器的专门防护设计，用以抵御某些针对控制器的恶意攻击或过失操作，从而使控制器自身有能力保持安全运行状态。内建安全优先推荐核心控制器使用私有协议和操作系统，不基于通用系统的自主研发，代码接口都不开放，同时配置内嵌安全盾技术，使控制与通信分离，从而保证控制可信运行。对于基于通用系统的控制器，在控制器与控制网络间，应设置防火墙。内建安全应遵循 IEC 62443 标准，并通过 CE 和 Achilles Level2 认证。

b）边界防护

边界防护是针对工控系统在数据采集过程中进行数据交换时遇到的安全难题，基于机器智能、深度协议数据包解析和开放式特征匹配三大功能引擎，采用特定的安全策略对工控网络进行实时监测与分析，深度分析数据采集协议和数据包，快速剖析其结构与内容，基于安全规则精准发现并主动防御非法数据和异常行为，同时针对数据采集过程中遇到的数据泄漏、病毒入侵等威胁进行全方位的监测、过滤和阻断。边界防护的核心设备是工业防火墙，针对工控系统信息安全的严峻现状，工业防火墙在工程设计时应采用中国政府认可的产品，尽量避免使用国外产品。

c）上位机及移动设备防护

DCS 生产厂家在工程设计时应能提供整体解决方案，通过人员资产匹配管理、可信特征库生成、主机接口管理、控制策略配置、白名单运行控制、自身完整性保护、日志报警等功能，实现对上位机与服务器的全面安全防护。该解决方案应能监控工控主机的进程状态、网络端口状态、USB 端口状态，以白名单的技术方式，全方位地保护主机的资源使用。根据白名单的配置，应用软件会自动切断病毒和木马的传播和破坏路径，禁止非法进程的运行，禁止非法 USB 设备的接入，从而切断病毒和木马的传播和破坏路径。通过授权管理，有效防止文件泄密，同时日志设计技术支持事故溯源、问题排查，为事后追责提供依据。

d）网络安全审计

网络安全审计是指按照一定的安全策略，利用记录、系统活动和用户活动等信息，检查、审查和检验操作事件的环境及活动，从而发现系统漏洞、入侵行为或改善系统性能的过程。DCS 应采用软硬件相结合的方式，提供专门针对工控系统全网诊断的实时检测平台。通过特定的安全策略，快速识别出系统中存在的非法操作、异常事件、外部攻击并实时报警。全网诊断软件应能使监控审计分布到网络的每个节点上，再进行统一的综合管理，有效提高管理效率、节约管理成本。该平台应采用旁路部署方式，在实现安全监控的同时，完全不影响现有系统的生产运行。具体功能要求如下：

①实时网络监控。对网络流量、网络数据、事件进行实时监控和报警，帮助用户实时掌握网络的运行状况。

②网络安全审计。对网络中存在的所有活动提供行为审计、内容设计，生成完整记录以便于事件追溯。

③可视化网络拓扑。提供直观清晰的网络拓扑图并集成网络报警信息，让用户在了解

网络拓扑的同时获知网络报警分布，轻松掌握网络状态。

④防御策略建议。根据监控结果，提供防御策略建议，帮助用户构建使用的专属工控网络安全防御体系。

⑤未知设备接入检测。对工控网络内部未知的设备接入进行实时监测、报警、记录，迅速发现工控网络中存在的非法接入，及时掌控网络安全。

e）DCS 要保证系统性能的可靠性、可用性、分散性、兼容性、电磁兼容性、完整性

①可靠性。对于不能满足要求的器件或部件，应采取冗余结构；对 I/O 容易产生故障的，要选用单通道隔离的卡件。

②可用性。过程控制层的模件应采用插拔结构，并能在系统正常工作情况下在线更换。

③分散性。控制器、模件、电源、网络设备等应根据操作分区、工艺装置、公用工程单元及储运单元、使用功能等的不同，进行独立设置。

④兼容性。DCS 应具备不同版本系统数据交换的兼容性，应具备与同品牌 20 年以内生产的产品通过网络进行连接并进行数据交换的能力。

⑤完整性。对于需要接入 DCS 的信号，不应额外增加外接功能设备或模块取代 DCS 本身已有的控制、检测、报警、计算和管理等功能，所有相关功能均应在 DCS 内部实现。

11.3.5　浙江中控 ECS-700 系统

11.3.5.1　系统特点

ECS-700 系统最大支持 32 个工程，60 个控制域和 128 个操作域，其中每个控制域支持 60 台控制站，每个操作域支持 60 台操作站，单域支持位号数量为 65000 点。

11.3.5.2　系统结构

ECS-700 系统由控制节点（包括控制站及过程控制网上与异构系统连接的通信接口等）、操作节点（包括工程师站、操作员站、数据服务器、AMS 站等连接在过程信息网和过程控制网上的人机会话接口站点）及系统网络（包括 I/O 总线、过程控制网、过程信息网）等构成，控制系统构成如图 11-3-2 所示。

控制站硬件主要由机柜、机架、I/O 总线、供电单元、基座和各类模块（包括控制器模块、各种信号输入 / 输出模块、I/O 连接模块和通信模块等）组成，实现对生产过程的自动控制。

ECS-700 系统具备良好的扩展性和开放性，可通过增加控制节点、操作节点、系统位号方便地扩大系统规模。

a）过程控制网 SCnet

过程控制网 SCnet 连接工程师站、操作员站、数据站等操作节点和控制节点，在操作节点和控制节点间传输实时数据和各种操作指令，具备高速、可靠、稳定等特征。

①支持 1∶1 冗余，A/B 网同步工作，无切换时间。

②采用分域设计，划分控制域和操作域，既实现数据共享，又实现数据隔离，防止数据风暴，保证系统可靠性。

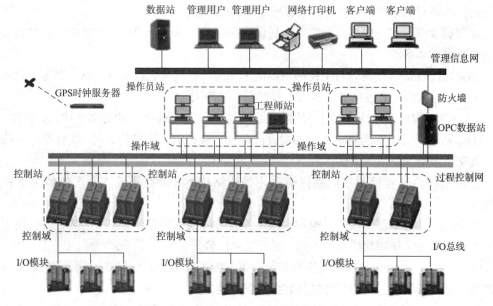

图 11-3-2 ECS-700 控制系统构成示意

③支持多种网络拓扑结构，可灵活划分过程控制网，统一过程信息网。

④实时数据传输采用时间驱动模型，数据量稳定，微观流量平衡。

⑤传输数据类型单一，网络流量小。

⑥控制器内置防火墙，隔离故障及无关数据。

⑦数据传输采用多级数据校验机制，确保数据正确性。

⑧故障诊断软件对网络状态及节点状态实时监控、实时报警。

⑨过程控制网 SCnet 基于 100Mbit/s 或 1Gbit/s 工业以太网，支持总线型、星型、环型多种拓扑结构，采用光缆连接，最大传输距离 20 km。

b）I/O 总线

I/O 总线为控制站内部通信网络，包括扩展 I/O 总线（E-bus）和本地 I/O 总线（L-bus）。扩展 I/O 总线连接控制器和各类通信接口模块（如 I/O 连接模块、Profibus 通信模块、串行通信模块等），本地 I/O 总线连接控制器和 I/O 模块，或者连接 I/O 连接模块和 I/O 模块。扩展 I/O 总线和本地 I/O 总线均为冗余配置，扩展 I/O 总线基于 100M 工业以太网构建，最大传输距离 20km。

c）工程师站

工程师站是用于系统组态与编程的维护平台，分为主工程师站和扩展工程师站。在 1 套系统中至少要配置 1 台主工程师站，用于统一存放全系统的组态文件，通过主工程师站可进行多人组态、组态发布、组态网络同步、组态备份和还原。主工程师站通常配置硬盘镜像以增强组态数据安全性。当系统分为多域，需要有多台工程师站协同组态时，可配置扩展工程师站。扩展工程师站具有对 1 个或多个域组态进行硬件组态、位号配置、程序编程等功能。工程师站安装有相应的系统组态软件和系统维护工具软件，其中系统组态软件用于构建适合于生产工艺要求的应用系统，可创建、下载和编辑流程图和控制算法；系统维护工具软件可实现过程控制网络调试、故障诊断、信号调校等；工程师站也安装有实时监控软件，具备操作员站的功能。

d）操作员功能

①操作员站是操作人员监视、控制生产过程、维护设备和处理事故的人机接口，对生产过程进行集中操作与监视。操作员站直接从控制站获得实时数据，以流程图、趋势图等形式动态显示实时 / 历史数据，操作人员通过连接到操作员站的鼠标、键盘等操作终端向控制站发送操作命令。

②操作员站安装 ECS-700 系统的实时监控软件，支持高分辨率、宽屏显示，并支持一机多屏，提供流程图、趋势图、数据一览、报警窗口、控制分组、操作面板以及系统状态信息等的监控界面。通过操作员站，可以获取工艺过程信息和事件报警，对现场设备进行实时控制。操作员站提供多媒体铃声报警和报警打印机输出，通过调用历史数据库可进行趋势查看和报表打印输出。

③操作员站包括操作台、操作员键盘、空开、交流电源切换装置。操作员键盘具有常用调整按钮和自定义功能按钮。每个操作员键盘配置 32 个自定义按钮，按钮可组态成调用相应流程图 / 操作画面或执行专用命令。

e）控制站

系统通过控制站直接从现场采样，控制站是控制运算的核心单元，完成整个工艺过程的实时控制功能：

①控制器内置逻辑运算、逻辑控制、算术运算、连续控制等共 200 余种功能块，并嵌入预测控制（PFC）、模糊控制（FLC）、SMITH 控制器（SMITH）等先进控制算法，降低了控制策略编写复杂度。

②控制器支持快周期和普通周期两种扫描周期，逻辑控制可组态为 20ms 和 50ms 快周期运行；普通周期以 100ms 为基本扫描周期，用户程序运行周期可在 20ms~1s 内选择。

③控制器具备冗余功能，对网络、冗余通道、RAM、RTC、组态数据等进行周期性的自检，并在检测到故障时，进行基于故障程度比较的冗余切换，必要时自动切换到备用控制器。在输入故障时，信号可按组态处在三种情况：保持、量程上限或者量程下限。在输出故障时，信号保持或者使用安全值可组态。

f）I/O 模块

I/O 模块采用精致的模块化封装和免螺钉的快速装卸结构，保证了安装和维护过程的安全性与简易性。I/O 模块采用免跳线设计，通过灵活的组态和多样的接线方式即可实现各类现场设备的接入，进一步增强了模块安装和维护的便利性。

g）通信模块

支持 HART、Profibus、FF、Modbus、EPA 等多种现场总线协议，并提供相应现场总线接口模块。现场总线接口模块使用冗余的 E-bus 或 L-bus 网络与 ECS-700 系统通信，可以与 ECS-700 系统的其他模块共存于同一个网络中。所有的现场总线接口模块统一安装在 ECS-700 系统标准机柜中，都带有 LED 状态指示灯和字符标志，其指示方式与 ECS-700 系统其他模块风格保持一致。

11.3.5.3　系统软件

ECS-700 系统软件包分成两大部分：一部分是系统组态软件，主要完成控制系统的组态、控制方案的编制等；另一部分是实时监控软件，主要完成控制系统的监视和控制。

系统组态软件安装在工程师站上，通过对象链接与嵌入技术，构成了一个全面支持

ECS–700 系统结构及功能组态的软件平台。

系统监控软件安装在各操作站中，通过各软件的相互配合，实现控制系统的数据显示、控制操作及历史信息管理。系统监控软件可根据操作者的权限访问与调用工艺流程图、过程参数、数据记录、报警处理以及各种可用数据，并能有效地调整控制回路的输出与设定参数。

①系统结构组态软件。用于系统结构框架的搭建和维护。通常安装于系统组态服务器。主要功能包括新建工程、控制域组态、操作域组态、工程师组态、设置默认工程、备份工程。

②组态管理软件。完成工程内各控制器的具体组态，主要功能包括多人组态、在线下载、离线下载、在线组态、分块下载、控制站组态、组态发布、状态查看。

③硬件组态软件。可完成控制站内的硬件配置，主要功能包括硬件组态信息编辑、硬件组态导入导出、控制器组态回读、硬件组态扫描上载、IO 模块实时数据和诊断数据调试、电源功耗统计。

④位号组态软件。完成控制站内位号组态，主要功能包括位号组态信息编辑、位号查找、组态导入导出功能、位号组态分块编译 / 分块下载和在线下载、位号诊断。

⑤用户编程软件。提供图形化用户程序编辑和调试，支持 IEC61131–3 标准的四种语言：FBD，LD，SFC，ST，支持单幅程序的编译和在线下载。

⑥监控组态软件。用于监控平台的搭建，通常安装于工程师站。主要功能包括总貌画面、一览画面、分组画面、趋势画面、流程图、调度配置、自定义键设置、可报警分区设置、报警声音设置、报警实时打印设置、光字牌设置、操作提示、流程图位号关联、全域统一的报警颜色设置、启动及冗余服务配置、打印机设置、操作域变量、用户安全组态、操作域变量组态、历史记录组态等组态。

⑦流程图绘制软件。用于流程图组态，主要功能包括图形对象、脚本、模板、ActiveX 控件组态。

⑧实时监控软件。安装在各操作节点中，实现控制系统的数据显示、控制操作及历史信息管理。监控操作软件主要功能包括总貌画面、控制分组画面、调整画面、流程图画面、数据一览画面、故障诊断画面等。

⑨报警管理软件。实现操作员对报警的浏览、查询、确认操作；支持报警光字牌、表格监控、实时报警窗口、历史报警窗口、报警优先级、声音报警、报警确认、报警操作指导、报警删除、支持报警自动抑制、人工抑制、报警搁置等功能；支持重要报警弹出式、重叠触发；支持变工况报警、设备报警旁路、报警操作规程、短信报警通知、历史报警统计分析、报警变更审计。

⑩趋势管理软件。实现历史数据的实时采集和趋势曲线查询，支持趋势表格，能展示平均值、最小值、最大值、

⑪ 系统状态诊断软件。是进行系统调试以及状态分析的重要工具，系统状态诊断主要分为两部分：实时状态监测和历史记录查询。实时状态监测的主要监测内容包括操作域、控制域、过程控制网、控制站、控制器、通信节点、I/O 模块等系统部件的运行状态和通信情况；历史记录查询功能可对特定时间内控制站发生的故障进行查看，显示故障产生时间、设备、地址、诊断项、诊断结果和恢复时间等信息，可对操作域发生的故障相关信息

进行查看，显示 CPU 使用率、控制网通信状态等信息。

⑫ 操作记录软件。实现日志和操作记录的记录、查询、打印。

⑬ 报表管理软件。从系统历史数据库和实时数据库获取数据，实现日志报表、统计报表和批次报表功能。系统按照预先定义的格式打印报表，报表数据的收集和打印按照用户定义的时间间隔自动进行，报表打印可采用事件驱动方式或操作员命令方式，报表软件自动产生所有的标题和表头。

⑭ 虚拟控制器软件。在工程师站上提供虚拟控制器功能，使得用户在未连接实际控制器的情况下可通过该软件进行组态下载和调试，从而提高组态效率。通过提供与真实控制器一样的环境，有助于仪表维护人员学习和掌握 ECS-700 组态软件。该软件预留操作员培训系统 OTS 接口。

11.3.5.4　应用案例

某公司新建炼油联合装置及配套的储运系统，项目采用 ECS-700 系统实现工艺装置和储运系统的过程集中检测和控制，并建立全厂实时数据库，为全厂计算机信息管理和生产调度提供基础。

根据全厂总平面的布置，该项目设置 1 个中心控制室（CCR）和 5 个现场机柜室（FAR1~5）。CCR 集中了工艺生产装置、公用工程及储运系统的操作站和部分控制站及附属设备，实现集中操作、控制和管理。各工艺装置或辅助单元的控制站按区域安装在各个FAR 内。其中过程控制层和操作监控层遵循 Scnet 网络架构，采取 A 和 B 网冗余结构，保证实时数据可靠传输。项目网络架构如图 11-3-3 所示。

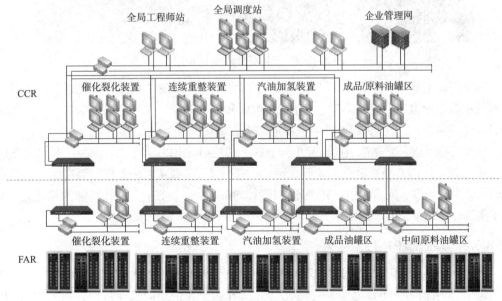

图 11-3-3　项目网络架构

FAR 内的现场工程师站主要用于日常维护，当 FAR 与 CCR 之间的网络联系中断或发生通信故障时，现场工程师站具备与所在 FAR 内控制器构成独立系统的能力，具备在脱离CCR 工程师站 / 系统服务器的情况下对其所管辖的工艺生产装置实现过程控制的能力，直至整个系统恢复正常。操作员站可供现场操作人员对工艺过程进行监测，整个 DCS 具备在异常情况时 FAR 内增设不低于 1 台操作站的扩展能力，在各 FAR 和 CCR 内分别配置冗余数据服务器。

11.3.6 西门子 PCS 7 系统

11.3.6.1 系统概述

PCS 7 系统能无缝集成到西门子全集成自动化 TIA（totally integrated automation）中。从企业管理级到控制级，一直到现场级，涵盖了适用于工业自动化所有层级中的各种产品、系统和解决方案，且高效集成通信以及现场层的所有组件，例如驱动、开关柜、低压控制产品等，便于实现生产、过程和交叉行业的所有领域统一可定制的自动化系统，如图 11-3-4 所示。此外，PCS 7 系统完美集成了安全仪表系统（SIS），该安全功能可以应用于连续生产和非连续过程中。

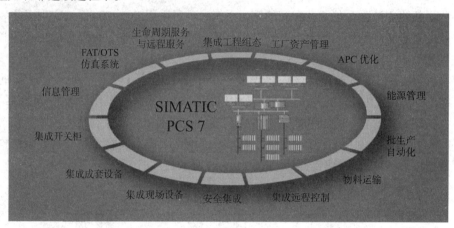

图 11-3-4 全集成自动化 TIA 结构

当今，在工业 4.0 和"中国制造 2025"的大背景下，PCS 7 系统与时俱进，为用户持续提供过程工业数字化解决方案。配合 COMOS 和 SIMIT 等组件，给用户提供从设计到工程到运维，到服务 / 持续升级改造等完备的解决方案。

产品的持续创新。在推出面向流程行业的高端控制器 CPU 410 之后，2017 年 8 月西门子发布了 PCS 7 V9.0 新系统，工业以太网 PROFINET，实现从上位监控层到底层设备的全覆盖。冗余控制器、冗余网络、冗余通信接口、冗余 IO 等，在提高系统性能的基础上，降低了投资和后续维护的成本。

11.3.6.2 系统结构

PCS 7 系统可以满足不同系统规格的应用，对于大型石化、化工项目，可以采用标准的三层 DCS 结构，由工厂总线和终端总线分隔开；而在中小规模项目中，则采用图 11-3-5 所示的典型的系统架构。以下分别介绍 PCS 7 各组成部分的功能。

a）工程师站

工程师站安装有 PCS 7 工程组态工具，可以和自动化站和操作员站进行通信。项目组态都基于 PCS 7 工程师站实施。PCS 7 工程师站提供了功能强大的组态工具，如：

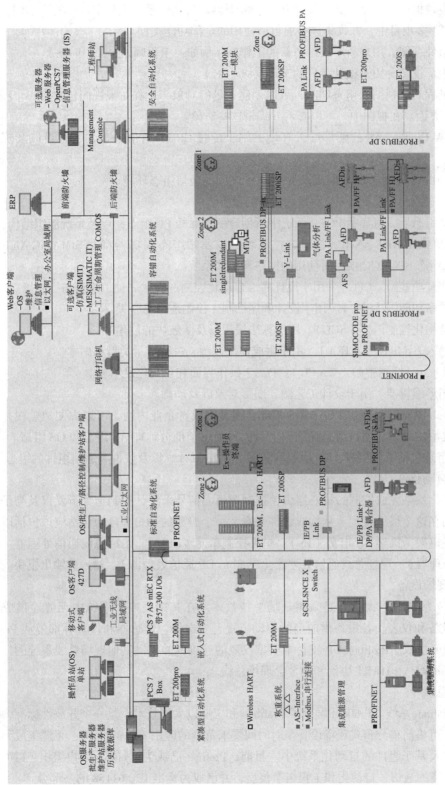

图 11-3-5 典型的 PCS 7 系统架构

①SIMATIC Manager。用于项目创建、库创建、项目管理和诊断等。

②主数据库。一个主数据库关联一个多项目。与其他系统或特定应用的库不同，主数据库存在于多项目中，并收集该多项目所使用的全部功能类型。

③组件视图。用来新增或组态新的工作站（例如：工程师站、AS 和 OS）。

④工厂视图。用于设计工厂的工厂层级（PH）。

⑤过程对象视图。组态期间，可以创建大量的对象。过程对象视图包含有一个项目组态的各个方面。在视图中，可以查看并编辑这些对象。

⑥HW Config。AS 的硬件配置环境。用于配置 CPU、通信处理器、外设以及现场总线等。

⑦NetPro。AS 与 AS 之间以及 AS 与 OS 之间的通信组态环境。

⑧组态控制台。更改 PC 网络适配器的设置。

⑨站组态器。可显示 PCS 7 系统中所创建的实际的 PC 组态，以及系统组织结构。

⑩SIMATIC NET。NetPro、组态控制台，以及站组态编辑器都是 SIMATIC NET 的接口，用来组态 SIMATIC 项目所使用的网络和总线系统。

⑪连续功能图（CFC）。用于设计库、自动化控制逻辑、联锁、算法与控制等。

⑫顺序功能图（SFC）。用于设计顺序控制、控制逻辑与联锁等。

⑬结构化控制语言（SCL）。用于算法编程以及函数块的创建等。

⑭导入 / 导出助手（IEA）。用于生成控制模型、过程变量类型和副本。

⑮Windows 控制中心（WinCC）。PCS 7 操作界面和可视化显示。

⑯图形编辑器。用于设计工艺图、图形对象以及动画。

⑰Web 浏览器。通过 PCS 7 OS Web、因特网或者企业内网，可以方便地监视并控制过程。典型的 PCS 7 项目组态在结构上可以分为两个部分，即 AS 组态和 OS 组态。

AS 组态包括工厂层级、功能块、CFC、SFC 的设计，以及硬件和通信组件的组态。

b）自动化站

自动化站是完成控制的核心层级，控制逻辑、信号采集、控制指令下发以及与子系统通信等均在这个层级实现。从构成组件来看，一个典型的 PCS 7 自动化站应该包括以下模块：模块机架（机架）、电源（PS）、中央控制单元（CPU）、工厂总线通信处理器（以太网通信处理器）、现场总线通信处理器（Profibus DP 通信处理器）、输入和输出模块。

c）现场设备

PCS 7 系统的一大优点是采用现场总线技术，在其中央控制系统中无缝地集成了大量现场设备和仪表。各设备供应商的驱动装置、变送器、传感器和仪表等都遵从 Profinet/Profibus DP 协议。Profibus DP 支持本安型仪表的连接，并提供其他现场总线系统的接口，例如 Profibus PA，HART 协议和基金会现场总线。

d）总线

①Profinet 总线。Profinet 融合了 Profibus 和工业以太网技术，是一个开放性标准，使用 Profinet，可将简单分布式现场设备与对时间要求苛刻的应用（Profinet IO）无缝集成到以太网通信以及基于组件的自动化系统中。目前，Profinet 已成为 Profibus 用户组织（PNO）独立于制造商的通信、自动化和工程组态模型，并已成为标准 IEC 61158 的一部分。

从 PCS 7 V9.0 版本开始，Profinet 已经在 PCS 7 系统中得到了全面的应用，各项流程行业中的技术需求，例如不停机修改组态、HART 路由、双接口模块冗余等，均可在以 Profinet 实现的系统中实现。基于 Profinet 的系统架构更加灵活，将工业以太网一直延伸到现场层，为实现流程工业数字化奠定了坚实的基础。

图 11-3-6 是一个典型的基于 Profinet 的 DCS 网络架构。

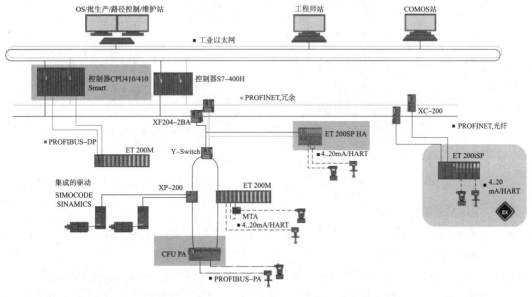

图 11-3-6　基于 Profinet 的 DCS 网络架构

② Profibus DP 和 Profibus PA 总线。Profibus DP 总线是用来替代制造自动化中传统的 24V 并行信号传输，以及过程自动化中 4~20 mA 或 HART 模拟量信号传输。Profibus DP 在 PCS7 系统 AS 至现场控制站之间可以采用高达 12Mbit/s 的波特率传输信号。在现场区域内部，PA 总线规约定义了典型现场设备（如传感器或定位器）的参数和性能。PA 总线适于传输带有附加状态、服务和诊断信息的模拟量信号，与传统的布线技术相比，Profibus 总线的技术优势十分明显。采用一个 Profibus 系统，就可以消除终端和分布式设备之间的隔阂。由于可以使用图形界面以及丰富的诊断工具，因此，可以高效地安装总线系统。配合光纤线路，使得控制室与现场设备之间的长距离通信成为可能。Profibus 技术简便，极大地降低了调试和维护的成本。传统控制系统结构与采用 Profibus 总线的控制系统结构对比如图 11-3-7 所示。

e）过程设备管理器

SIMATIC PDM（过程设备管理器）可集成在 PCS 7 工程组态系统中，或者作为独立控制台使用。SIMATIC PDM 是一个调试、维护、诊断和显示现场设备与自动化组件的工具，可以调校设备，设置设备总线地址，还可以与设备进行在线通信。

f）操作员站

OS 除承担操作员站功能外，并同时承担过程值和消息的管理 / 维护和归档功能，即所谓的 OS 单站。在分布式系统中，OS 单站被分为 OS 客户端和 OS 服务器。OS 客户端位于控制室，用来生产过程控制，OS 服务器承担所有的管理 / 维护和归档功能。

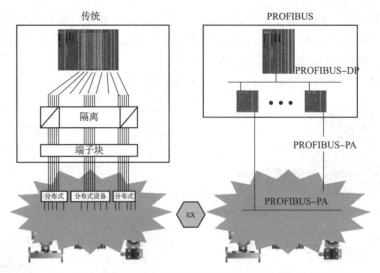

图 11-3-7　传统控制系统结构与采用 Profibus 总线的控制系统结构

g）工厂总线和终端总线

工厂总线和终端总线都是采用符合国际标准 802.3 的工业以太网，具有优良的稳定性和高可用性，采用了光纤环网总线结构。对于高标准的中等规模和大型工厂，PCS 7 系统采用了最新千兆网和快速以太网技术。集光纤环网的高度安全性和依托交换技术所带来的可扩展性能于一身，拥有高数据传输速率，最高可达 1 Gbit/s。传输介质采用：工业用双绞线（ITP），光缆（FOC）。

PCS 7 系统的网络结构如图 11-3-8 所示。

SCALANCE X414-3E，带有两个千兆以太网端口，用于冗余工厂总线和 OS-LAN（终端总线）的设计，支持千兆光纤环网技术；具备最优通信性能，尤其适用于拥有大量节点和大型通信网络的超大型工厂。

SCALANCE X208，带有 8 个传输速率高达 100Mbit/s 的端口，适用于总线型、星型或者环型拓扑结构的电气工业以太网络结构。

SCALANCE X204-2，带有 2 个光纤和 4 个电气端口，传输速率高达 100Mbit/s，适用于总线型或者环型拓扑的光纤工业以太网络结构，当为环形拓扑结构时，需与具有冗余管理器功能的 SCALANCE X202-

图 11-3-8　PCS 7 系统的网络结构

2IRT 一起使用。

在 PCS 7 系统中，工厂总线和终端总线的布线结构实现了最佳隔离。通常，每个控制柜内都有一个或者多个交换机，采用插接电缆将 AS、工程师站或者 OS 的通信模块连接在一起。AS 通信可使用 CP443-1 模块或集成 PROFINET 接口。性能要求低时，工程师站和 OS 通信模块可以采用标准的网络适配器。性能要求高时，在工厂总线内使用 CP1613/CP1623。对于工厂总线中的通信，各个站的新建 S7 连接可以基于 MAC 地址或者 TCP/IP 地址进行下载。采用 PCS 7 系统，可以将工厂总线和终端总线组态为冗余网络。以下冗余方案可以彼此组合：

电气或者光纤环形结构：一个环网至少包括 2 台交换机，其中一个承担冗余管理器的功能。它可以容许单个错误，例如，电缆上的某处故障或者断线。构建冗余环网的两个环网在终端总线需要连接。在工厂总线中，最好将 2 个环网隔离。

软件 SIMATICS 7 REDCONNECT（工厂总线）：如果某个容错 AS 处于工作中，则 S7 REDCONNECT 可以在 2~4 个已设计连接中自动地切换。因此，采用 S7 容错连接，取代 S7 连接。但前提条件是，必须在每个 OS 服务器或者 OS 单站中采用一个 CP1613/CP1623 作为网络适配器。

终端总线冗余连接：终端总线上的每个 OS 都是通过 2 个网络适配器连接至某个冗余环网结构。这两个 Intel 网络适配器组合在一起，并使用一个 TCP/IP 地址，因此，即使一个网络适配器故障，通过终端总线也可以访问该站。

h）IO 卡件

PCS 7 系统支持所有的西门子 IO 卡件，包括 ET200 SP HA、ET200PA、ET200M、ET200SP、ET200iSP 等，每个 IO 系列都有其典型的使用范围，例如，专用于流程自动化的高端 IO ET200 SP HA，适用于流程行业的经济性 IO ET200 PA，紧凑型的 ET200SP、用于防爆一区的 ET200iSP、通用型的 ET200M 等。

当输入输出设备与控制器之间距离较远时，电缆走线可能很长，将导致电磁干扰，并降低可靠性。此时，分布式 I/O 设备是一种理想的解决方案。特点如下：模块化和一致性，灵活适应工厂结构，电缆布线和工程组态要求极低，调试、维护和生命周期成本较低。

i）过程控制器

过程控制器有 S7-412、414、416、417，从 V8.0 版本开始推出了 CPU 410 控制器。CPU 410 是专门为 PCS 7 系统设计的控制器。可用于所有的过程自动化行业，处理速度快而且功能强大。

无论对于标准型、容错型还是与安全相关的 PCS 7 系统，都只需一种控制器：CPU 410。该控制器的控制容量可根据过程对象（PO）数量灵活调整，控制器的系统扩展卡的 PO 数量可在线升级。这样不仅简化了系统的选型和组态，而且降低了备件库存和工厂扩展的工作量。

11.3.6.3　系统特点

a）灵活的系统架构及可扩展性

PCS 7 系统有灵活的系统架构、按级分类且多样化的功能、统一的操作员监控界面以及基于相同架构的工程组态和管理工具。其统一且可以灵活扩展的硬件和软件，无论是在系统内部还是针对第三方设备都可以做到完美交互。

PCS 7 系统的架构及可扩展性采用以下独特设计：根据客户要求组态设备和控制器，从而完美匹配工厂规模大小，将来如果工厂产品提升或需要进行工艺更改，则可以对控制系统随时进行扩展或重新组态。

PCS 7 系统网络结构可支持单站结构，操作员站可直接与控制器通信，同时也支持服务器 / 客户端的结构，而且这两种结构可以混合使用。

b）高效工程组态

PCS 7 系统工程师站提供集成化的工程组态工具，一体化的工程组态数据库，符合 IEC61131-3 标准的自动化组态工具及功能强大的算法库，可帮助用户高效、高质量地完成系统组态工作。除此之外，为了帮助用户缩短工程时间和降低工程成本，还提供了众多强大的组态工具，与 COMOS 设计软件结合使用，实现从工程设计到系统实施的集成。

高级工程组态选件包可帮助用户根据预制模板，高效完成批量的工程组态，实现系统组态的快速生成，显著降低组态成本。

行业库里有针对一些特殊的行业设计的功能块，如水泥、造纸、水处理行业功能块。行业库集成了西门子丰富行业工程经验，帮助用户工程组态更加方便与专业。

c）功能强大的自动化系统

PCS 7 系统引入了基于国际标准 IEC 61158 和 IEC 61784 的 PROFINET。PROFINET 综合了以太网的开放式网络标准以及 PROFIBUS 现场总线系统的优点，是面向未来智能工厂的先进工业通信技术，可用于控制器与各类工业控制组件如过程 I/O、智能马达保护器等之间的高速高效及安全通信。

PCS 7 系统使用单一的控制器平台 AS 410 系列，系统结构简单明了。控制器 CPU 410 速度快且功能强大。

PCS 7 系统除基本的 PID 模块外，提供包括多变量控制、预测控制、超驰控制在内的先进过程控制（APC）功能，且这些 APC 解决方案已包含在标准软件库中，实现实施复杂的 APC 应用。

d）功能多样化

针对典型流程自动化或客户特定的要求，可以对 PCS 7 系统进行以下功能扩展：

①批量生产过程自动化（SIMATIC BATCH）。符合国际 ISA-88 标准，配置灵活，扩展方便，操作便捷，同时可以与西门子 SIMATIC IT M 工程师站系统实现管控一体化。

②功能安全和保护功能。在石化、化工行业，安全控制技术是保证工厂发生危险事件时，生产过程始终处于受控状态的关键技术。

PCS 7 系统功能安全技术特点如下：

基本控制功能和安全功能可以在同一个控制器中执行，满足 SIL3 要求的安全功能的组态、操作员人机接口、诊断系统与 PCS 7 系统控制系统完全集成在同一个平台中。

PCS 7 安全仪表系统的柔性模块化冗余（FMR）可以在达到用户安全等级要求的前提下，提供灵活的控制器、现场总线、IO 组件的组合方式。

③物料传输的路径控制（SIMATIC Route Control）。是 PCS 7 提供的专门用于物料输送自动化的工具。Route Control 提供专门为物料输送设计的组态工具，内置节点定义、物料定义、路径定义、路径搜索、传输控制等功能。

④远程控制（SIMATIC TeleControl）。TeleControl 组件针对广域 SCADA 监控的应用，可以远程通过 WAN（广域网）将 RTU 站集成到整个工厂的同一个控制系统。TeleControl 除支持传统的 Modbus 通信外，还支持更多先进的远程通信协议如 DNP3、IEC60870-5-104 等，可以集成西门子或第三方的 RTU 单元。

⑤工厂配电自动化集成组件（SIMATIC PowerControl）。PowerControl 可以将工艺过程自动化和中压（4~30kV）配电自动化合并到一个控制系统中。PowerControl 支持符合 IEC 61850 传输协议的以太网 TCP/IP 通信，可以有效集成符合协议的西门子或第三方智能电子设备（IED）。

除此之外，PCS 7 在控制系统中还无缝集成更多其他功能组件，如软件 SIMIT 可以提供工程仿真，提高工程组态质量。

11.3.6.4 系统软件

a）工程组态软件

中央工程组态系统具有统一且完备的工具，系统架构如图 11-3-9 所示。从中央项目管理器（SIMATIC 管理器）中即可调用应用软件、硬件组件和通信功能的组态工具。这也是创建、管理、保存和记录项目的基本应用。

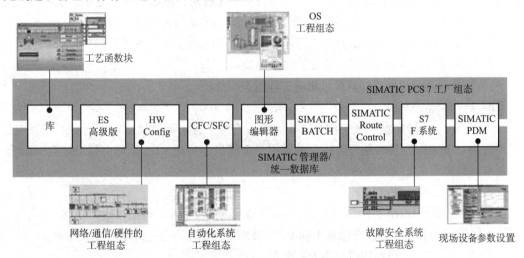

图 11-3-9　中央工程组态系统架构

工程组态系统的架构取决于项目的处理方式：在本地即系统工程师站上，在工程组态网络上并行工程组态；多项目工程组态。PCS 7 系统工作站上预安装了 Windows 操作系统，为以上两种工程组态架构提供支持。

工程组态系统特点如下：

①通过工程组态系统，可在整个系统范围内进行统一的集中硬件配置和软件组态：图形用户界面直观易用，通信参数设置轻松快捷，使用相同方法组态冗余设备，对现场设备和安全相关的应用程序进行集成组态。

②面向工艺进行组态，可按工厂、工厂单元和工艺设备管理功能层级，与硬件无关的工程组态，如 AS 分配和 I/O 模块，使用标准数据交换接口，可在特定行业的基础上进行扩展。

③ 具有访问控制的用户管理。

④ 中央对话框，用于编译和加载 AS、OS 和 SIMATIC BATCH 修改，优化操作顺序，并通过顺序控制在对话框中进行控制，在一次运行中完成编译和加载，大幅缩短了转换时间，在线载入所选组态更改。

⑤ 过程对象视图，用于显示和处理过程变量 / 对象各个方面。可在表格内方便地编辑，具有导入 / 导出功能的过程库，在线测试和调试模式。

⑥ 共享组态任务，具有拆分与合并功能的并行工程组态或多项目工程组态。

⑦ 针对特定操作状态通过组态完成报警隐藏。

⑧ 特殊 SFC 功能：

SFC 类型：对在 CFC 中作为块的实例的多种用途进行顺序控制。

SFC：对单一用途进行顺序控制，并带有图表 I/O。

符合 ISA–88 标准的状态管理，用于组态状态（如 HOLD、ABORT 和 SAFESTATE）的单独序列。

⑨ 可通过以下方面降低工程组态费用和认证费用：高级过程库（函数块、面板、图标和过程变量类型），对所有实例都带有集中修改功能，对大量工程组态和数据交换，使用带有规划工具的高级工程组态系统，对多项目中的所有块类型进行统一更新，大量自动组态步骤（自动工程组态），通过复制、重命名和编译操作对工厂单元进行复制。

⑩ 带有比较和历史记录的高性能版本管理。

⑪ 在项目数据基础上自动生成维护站诊断显示。

⑫ 使用 Comos 规划工具并通过集成工程组态工作流。

b）操作员组态软件

PCS 7 系统的操作员系统架构具有很大的可变性，且可灵活地适应不同的工厂架构和客户需求。该架构的基础是完美协调的单用户系统操作员站（OS 单站）和 OS 客户端 / 服务器架构的多站系统操作员站。

操作员组态系统特点如下：

①灵活、模块化结构，可以对单用户和多站系统的硬件和软件组件进行扩展。

②坚固且功能强大的操作站基于标准 PC 技术，可用于办公室环境和工业环境。

③ OS 单站和 OS 服务器可组态为冗余对。

④客户端 / 服务器架构的多站系统具有最多 18 个 OS 服务器 / 服务器对，其中每个服务器对可以有 12000 个 PO 和最多 50 个 OS 客户端。

⑤合理的用户图形界面，使得过程控制更为可靠、便捷。

⑥对重要的服务器应用程序进行运行状况检查。

⑦无须中断运行即可进行修改，使用可选择的冗余服务器负载进行在线测试。

⑧优化了 AS/OS 通信，仅在数据发生变化时才进行数据传输，与 AS 应答周期无关。

⑨报警和趋势控制更为直观、通用。

⑩面向客户的变更记录系统。

⑪ 高效的报警管理功能极大简化操作人员的操作，分配优先级时可使用多达 16 种消息优先级（作为消息类别的附加属性），根据运行状态隐藏无关信息的图像和声音（动态或手动），调试过程中或传感器 / 执行器发生故障时，禁止报警。

⑫ 采用循环归档和集成归档备份的高性能归档系统，可与单独的归档服务器结合使用进行长期归档（Proc 工程师站 s Historian）。

⑬ 集中用户管理、访问控制和电子签名。

⑭ 监视与工厂总线相连的子系统的状态。

⑮ 基于协调世界时间（UTC）进行系统范围的时钟同步。

11.3.6.5　安全体系

随着过程控制系统的不断标准化、开放化和网络化，系统安全风险也在不断增加。破坏性程序或由未授权人员的访问引起的潜在危险包括：网络过载或故障、密码和数据被盗及对过程自动化的未授权访问。除了物质损坏，特定目标的破坏可能还会对人员或环境带来危险。

PCS 7 系统以层级安全结构（纵深防御）为基础，为保护系统提供了综合解决方案，特点在于它考虑的是整个工厂的防御架构。该方案不会限制只能采用一种安全方法（如加密）或设备（如防火墙），相反却加强了工厂网络中各种安全方法的交互使用。

PCS 7 系统安全概念包括以下措施：使用分级安全（纵深防御）设计网络结构，并将工厂划分为多个安全工厂单元，网络管理，网络分段管理，在 Windows 域中执行工厂操作，对 Windows 和操作员权限进行管理。

将 PCS 7 的操作员权限集成到 Windows 管理中，如：可靠控制时钟同步，Microsoft 产品的安全补丁管理，使用病毒扫描程序和防火墙，支持远程访问（VPN、IPSec），安全方案的系统支持。

PCS 7 系统还支持通过以下方式提高安全措施：

兼容以下病毒扫描程序的最新版本：Trend Micro OfficeScan Client-ServerSuite，McAfee VirusScan Enterprise，Symantec Endpoint Protection。

使用本地 Windows 防火墙。

在安装过程中自动设置安全相关的参数，如 DCOM、注册表和 Windows 防火墙。

通过 SIMATIC Logon 进行用户管理和身份验证。

CP 1628 工业以太网接口集成安全功能（防火墙、VPN）。

集成 SCALANCES 工业安全模块。

自动化防火墙。

通过 McAfee Application Control 设置应用程序白名单。

SCALANCES 工业安全模块。可以使用系统提供的 SCALANCES602、S612、和 S623 工业安全模块确保跨工厂单元数据的安全交换。这些工业安全模块具有各种安全功能，如状态检测防火墙、端口过滤器、NAT 和 NAPT 地址转换，以及 DHCP 服务器。除此之外，S612 和 S623 还可以使用虚拟专用网络通过 IPsec 隧道进行数据访问授权和数据加密。

防火墙。自动防火墙具有状态检测包过滤器、应用层防火墙、VPN 网关功能、URL 地址过滤、Web 代理器、病毒扫描和入侵防御等功能。因此，可以用于确保从办公室或内部网/互联网中访问生产设备的安全性。根据工厂规模的不同，可以进行以下防护：小型工厂接入点防火墙和远程访问安全防护，中小型工厂微边界网络的三方连接防火墙，大型工厂中大型边界网络的前后端防火墙，提供最大程度的保护。

应用程序白名单。可以确保 PCS 7 系统站上只能执行名单中的应用程序和程序。这种保护机制可防止执行非法软件以及修改所安装的应用程序，通过将相关软件加入当前的保护清单中即可防御恶意软件的攻击。

安全认证。西门子是首家在通信稳定性方面获得 Achill 工程师站 Level 2 证书的自动化设备生产商。

11.4 安全仪表系统（SIS）

11.4.1 简介

随着工业企业生产装置的日趋大型化，工艺过程的不断复杂化，生产过程中发生危险的可能性也呈增大趋势，一旦生产过程出现异常且控制不当，将会给人身和财产安全造成严重后果。安全仪表系统（SIS）能对企业生产装置和设备可能发生的危险或措施不当行为致使继续恶化的状态进行及时响应和保护，使生产装置和设备进入一个预定义的安全停车工况，从而使风险降低到可以接受的最低程度，保障人员、设备和生产装置的安全。SIS 为工艺过程正常运行提供一个安全防护层。

ISA 84.01 中将这类应用于安全系统（Safety System）和关键控制（Critical Control）领域的系统称为 SIS，IEC61508 中称为功能相关的电气 / 电子 / 可编程电子系统，范围更为广泛，涵盖 Emergency Shutdown Systems（ESD）、Burner Management Systems（BMS）、Fire and Gas Systems（FGS）等。

对 SIS 的要求：一是具有很高的可靠性和灵敏度，在紧急情况下能及时发出联锁保护信号；二是根据不同装置工艺安全等级的保护需要，选择相应安全等级的（SIS）；三是安全联锁保护功能模块在生产过程中始终处于自动监控状态，不需要人工动态操作。

SIS 的应用领域主要有：石油化工装置，石油液化气开采（平台），油气输送和储运，核电装置，锅炉，大型机械，旋转设备等。

11.4.2 SIS 的设计注意要点

11.4.2.1 SIS 设计的可靠性原则

为了保证工艺装置的生产安全，SIS 必须具备与工艺过程相适应的安全完整性等级 SIL（Safety Integrity Level）。对此，IEC 61508 进行了详细的技术规定。对于 SIS，可靠性有两个含义，一个是 SIS 本身的工作可靠性；另一个是 SIS 对工艺过程认知和联锁保护的可靠性，还应有对工艺过程测量、判断和联锁执行的高可靠性。

SIL 评估的主要参数就是失效概率 PFD_{avg}（Probability of Failure on Demand），按其从低到高依次分为 1~4 级。在石化行业中一般涉及的只有 1~3 级，因为 SIL4 级投资大，系统复杂，一般只用于核电行业。

详细分类见表 11-4-1。

表 11-4-1　SIL 等级与故障概率相应关系

安全完整性等级（SIL）	低要求模式安全功能在要求时的危险失效平均概率（PFD_{avg}）	高要求或连续运行模式安全功能的每小时危险失效频率（PFH）
4	$\geqslant 10^{-4}$ 且 $< 10^{-5}$	$\geqslant 10^{-9}$ 且 $< 10^{-8}$
3	$\geqslant 10^{-3}$ 且 $< 10^{-4}$	$\geqslant 10^{-8}$ 且 $< 10^{-7}$
2	$\geqslant 10^{-2}$ 且 $< 10^{-3}$	$\geqslant 10^{-7}$ 且 $< 10^{-6}$
1	$\geqslant 10^{-1}$ 且 $< 10^{-2}$	$\geqslant 10^{-6}$ 且 $< 10^{-5}$

IEC 61508 对安全仪表功能（SIF）所属的过程工艺定义了两种模式：低要求（low demand）模式和高要求（high demand）模式。而 IEC 61511 则称之为要求模式和连续模式，两种分类方式有着类似的含义。低要求模式和高要求模式定义的区别在于，低要求模式下，SIF 每年被执行的次数少于 1 次，并且每个验证测试周期中不超过 2 次；而高要求模式 SIF 每年被执行的次数超过 1 次，每个验证测试周期中执行次数超过 2 次。通常来讲，石化化工工厂和装置的 SIS 工作于低要求操作模式。

IEC61508 中规定，低要求模式下，SIL 等级的定义是以 PFD 来表示，而高要求模式下，SIL 等级则以 PFH 来表示。而在 IEC 61511 的要求模式和连续模式下，SIL 等级也是分别用 PFD 和 PFH 来表示，与 IEC 61508 的规定相同。在低要求模式和高要求模式下，SIL 等级与 PFD_{avg}，PFH 相应的关系见表 11-4-1。

达到要求的 SIL 等级必须满足 PFD_{avg}（或 PFH）、HFT、SC 三方面的要求。提高 SIF 达到的 SIL 等级的方式之一是对 SIF 回路内的各个部件实行冗余配置。总体来说，检测元件的冗余原则为：对于 SIL1 回路，可采用单一的检测元件；对于 SIL2 回路，宜采用冗余的检测元件；对于 SIL3 回路，应采用冗余的检测元件。逻辑控制器的冗余原则为：SIL1 可采用单控制单元；SIL2 宜采用冗余控制单元；SIL3 应采用冗余控制单元。执行机构的冗余设置原则为：SIL1 可采用单控制阀；SIL2 宜采用冗余控制阀；SIL3 应采用冗余控制阀。安全仪表冗余控制阀可以为分别带电磁阀的两个开关阀，也可以为带电磁阀的 1 台控制阀和 1 台开关阀。

11.4.2.2　SIS 设计的可用性原则

可用性（也称可用度）是指 SIS 在一个给定的时间点能够正确执行功能的概率，用下面公式表示：

$$A = MTBF/（MTBF+MDT）$$

式中　A——可用性；

　$MTBF$——平均无故障工作时间；

　MDT——平均停车时间。

要使系统可用性增加，就要增加 $MTBF$，或减少 MDT。对于 SIS 的设计而言，不能一味地追求系统的高可靠性，系统的可用性也需要考虑。正确地判断过程事故，可以减少装置的非正常停车，减少开、停车造成的经济损失。

为了提高系统的可用性，SIS 应具有硬件和软件自诊断和测试功能。应为 SIS 每个输入工艺联锁信号设置维护旁路开关，方便进行在线测试和维护同时减少因 SIS 系统维护造成的停车。需要注意的是用于"三选二"表决方案的冗余检测元件不需要旁路，手动停车输入也不需要旁路。同时严禁对 SIS 输出信号设立旁路开关，以防止误操作而导致事故发生。如果 SIL 计算表明测试周期小于工艺停车周期，而对执行机构进行在线测试时无法确保不影响工艺而导致误停车，则应当根据需要修改 SIS 设计，通过提高冗余配置以延长测试周期或采用部分行程测试法，对事故状态关闭的阀门增加手动旁通阀，对事故状态开启的阀门增加手动截止阀等措施，以允许在线测试 SIS 阀门。这些措施对于提供 SIS 的可用性都是很有帮助的。SIS 旁路开关的动作应当在 DCS 中产生报警并予以记录。除非旁路解除，报警始终处于活动状态。

11.4.2.3　SIS 设计的独立性原则

SIS 应独立于基本过程控制系统（BPCS），如 DCS、FCS、CCS、PLC 等，独立完成安全保护功能。SIS 的检测元件，逻辑控制器和执行机构应单独设置。在工艺要求同时进行联锁和控制的情况下，SIS 和 BPCS 应各自设置独立的检测元件和取源点。如需要，SIS 应能通过数据通信连接以只读方式与 DCS 通信，但禁止 BPCS 通过该通信连接向 SIS 写信息。SIS 应配置独立的通信网络，包括独立的网络交换机、服务器、工程师站等。SIS 应采用冗余电源，由独立的双路配电回路供电。应避免 SIS 和 BPCS 的信号接线出现在同一接线箱、中间接线柜和控制柜内。

11.4.2.4　SIS 设计的标准认证原则

随着对 SIS 重视度的不断提高，为保证达到要求的 SIL 级别而进行的的 SIL 验算也变得越来越重要，系统的设计思想和系统结构应符合相应标准的要求。失效数据的取得是进行 SIL 验算的必要条件，失效数据通常可以通过以下三种方式取得：

①SIL 认证证书；

②被认可的失效数据库（正确的产品型号）；

③基于早先使用经验数据（Proven in use/Prior use）。

理论上讲，以上三种方式都是可行的。鉴于 SIS 系统（逻辑控制器）的相对复杂性，建议采用取得 SIL 认证的产品。检测元件和执行元件可以通过上述三种方式之一获取失效数据，采用 SIL 认证证书获取失效数据相对简单和容易被认可。SIS 建议获得国内外权威认证机构相应 SIL 等级的认证。SIS 的硬件、软件和仪表必须遵守正式版本并已商业化，同时必须获得国家有关防爆、计量、压力容器等强制认证，严禁使用任何试验产品。

11.4.2.5　SIS 设计的故障安全原则

当 SIS 的 SIF 回路的任一环节发生故障或者失效时，系统设计应当使工艺过程能够趋向安全运行或者安全状态。这就是系统设计的"故障安全"原则。能否实现"故障安全"取决于工艺过程及 SIS 的设计。SIS，包括现场仪表和执行器，建议设计成以下形式，即：①现场触点正常操作条件下闭合，开路报警；②现场执行器正常操作条件下带电，联锁时不带电。

对于执行器，如切断阀，一般情况下应设计成安全联锁动作时，切断阀在安全的即失气的状态。当有多个不同的工艺回路对该切断阀有不同动作要求时，如同一个 FC（失气时关）切断阀，A 安全联锁动作时要求该阀门全开，B 安全联锁动作时要求该阀门全关。此时就要求 SIS 在 A 联锁中输出"1"使电磁阀带电阀门全开，在 B 联锁中输出"0"使电磁阀失电阀门全关。

其实对于故障安全还应具体情况具体分析，要确定最有可能发生的故障状态，并不是一律"常闭接点，正常带电"。

按照"非故障安全"设计的系统，例如最典型的火气系统，由于在公用支持系统（电源、气源、液压源等）一旦失效时，SIS 不能实现其安全功能，因此应该对公用支持系统和 SIS 电路完整性进行实时监测和报警，例如，回路的线路监控、气源和液压源的压力监控，并采取必要的动作。可以通过采用后备电池、不间断电源、气源储气罐等措施，提高公用支持系统的完整性。对于最终元件采用得电关停设计的场合，由于电源或气源失效时它不能自主地置于安全状态，应该考虑是否设置就地手动措施，确保必要时手动置于安全状态。

对于人工启动紧急停车按钮等操作信号，是作为 DI 信号连接到 SIS，还是绕开 SIS 直接驱动现场最终元件，在 SIS 设计安全规格书中应该明确指明。在某些规范中要求人工紧急操作信号绕开 SIS 和 BPCS，是为了确保在紧急情况下操作人员能够最直接地启动关停操作。不过，相关的人因和共因失效问题，应予以充分考虑。在某些场合，人工关断可能导致工艺过程的附加风险。这时也许需要将人工关断信号作为 DI 连接到可编程逻辑控制器，通过逻辑功能按照要求顺序进行分步关断。

11.4.2.6　SIS 的冗余原则

达到要求的 SIL 等级必须满足 PFD_{avg}（或 PFH）、HFT、SC 三方面的要求。提高 SIF 达到的 SIL 等级的方式之一是对 SIF 回路内的各个部件实行冗余配置。通常的原则和工程经验如下：

①传感器的冗余原则。SIL1 回路，可采用单一的传感器；SIL2 回路，宜采用冗余的传感器；SIL3 回路，应采用冗余的传感器。

②逻辑控制器的冗余原则。SIL1 回路可采用单逻辑单元；SIL2 回路宜采用冗余逻辑单元；SIL3 回路应采用冗余逻辑单元。

③控制阀的冗余设置原则。SIL1 回路可采用单控制阀；SIL2 回路宜采用冗余控制阀；SIL3 回路应采用冗余控制阀。

冗余控制阀为分别带电磁阀的 2 台 SIS 开关阀，也可为带电磁阀的 1 台调节阀加 1 个 SIS 开关阀、冗余输入的 SIS 逻辑应当包括输入信号偏差报警（2 台变送器的信号偏差，报警设定值为 5%）。

11.4.2.7　SIS 的诊断与在线维护原则

从 SIS 投入运行直至停用，可能经历数年或十几年。保持 SIS 的 SIL 长期满足要求，是持续且艰苦的工作。有必要针对 SIS 建立良好的机械完整性（MI）管理体系。在本阶段的核心工作包括：

①制定完善的操作和维护计划。操作和维护规程与该安全计划保持一致。

②人员能力管理。对操作、维护，以及其他支持人员进行培训。该培训在 SIS 投用之前进行，并在 SIS 修改或升级后，针对影响范围进行再培训。

③在 SIS 投运一段时间（例如：1a）具有了一定的操作和维护经验后，需要再次对 SIS

进行功能安全评估。

④在大规模的修改或扩容改造后，需要再次对 SIS 进行功能安全评估。

⑤对 SIS 进行周期性（例如：3~5a）功能安全审核。

⑥周期性检验测试和检验。按照 SIS 设计时确定的时间间隔进行周期性检验测试，并执行相应的规程，确保通过检验测试发现并修复全部隐含的危险失效。

⑦变更管理。

⑧文档管理。

IEC 61511-1：2016 规定，应该建立并执行相应的规程，针对 SIS 的安全要求，评估其安全性能水平：

①辨识并预防可能影响安全的系统性失效。

②监控并评估 SIS 的可靠性参数是否符合设计时估计的数值。

③如果 SIS 的失效率大于设计时假定的数值，应该采取必要的校正性措施。

④将 SIF 实际操作时的要求率（demand rate）与风险评估确定 SIL 要求时确定的要求率进行比较，确定是否对 SIL 要求进行修正。

因此，为了确保每个 SIF 的 SIL 能够持续保持，对 SIS 相关仪表设备的实际性能水平进行动态监测跟踪，采用系统性的方法收集、整理可靠性数据，并据此完善 SIS 的设计和现场运行管理策略，成为 SIS 操作和维护阶段的重要工作内容。

11.4.3　TCS-900 系统概述

TCS-900 系统是浙江中控技术有限公司面向工业自动化安全控制领域自主设计开发的高安全性、高可用性的 SIS。该系统的设计符合 IEC 61508 标准要求并获得 TÜV Rheinland SIL3 安全认证。该系统可以使应用简单快速地符合 IEC 61511 标准。

11.4.3.1　系统工作原理

TCS-900 系统主要由安全控制站和工程师站组成。

控制站的每个控制器和 I/O 模块都有三个独立的通道回路，输入模块内的三个通道同时采集同一个现场信号并分别进行数据处理，经表决后发送到三条 I/O 总线，控制器从三条 I/O 总线接收数据并进行表决，并将表决后的数据送三个独立的处理器，各处理器完成数据运算后，控制器对三通道中的运算结果进行表决，并将表决结果送 I/O 总线，输出模块从 I/O 总线接收数据并进行表决，表决结果送三个通道进行数据输出处理，处理结果表决后输出驱动信号。控制站工程原理如图 11-4-1 所示。

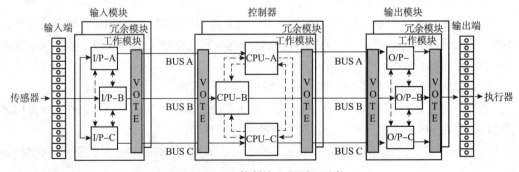

图 11-4-1　控制站工程原理示意

控制站 I/O 模块和控制器模块支持冗余设置，2 个冗余模块同时工作，无主备之分。冗余模式下，如果检测到某个模块出现故障，则可在线更换。

a）系统表决算法

① 3 个通道正常时，执行 2oo3D 表决算法；

② 2 个通道正常时，隔离故障的通道，执行 1oo2D 表决算法；

③ 1 个通道正常时，系统输出故障安全值。

b）输入模块的冗余和表决机制

①输入模块冗余模式下，现场信号同时进入两个冗余输入模块，两个冗余输入模块同时工作，无主备之分；

②每个输入模块由三路采样和处理通道构成，通道间相互独立工作（无须同步）；

③输入模块的实时输入数据经过 3 个通道的表决之后，被送到控制器中。

c）控制器模块的冗余和表决机制

①冗余配置时，各控制器独立工作，无主备之分；

②每个控制器首先对来自每一对冗余输入模块的两份实时输入数据进行冗余选择，选择通道故障等级较低模块的数据；

③完成冗余选择后，控制器模块对 3 个通道间的输入数据进行表决。控制器使用表决后的输入数据进行应用程序运算；

④控制器将运算得到的实时输出数据再次进行三通道间的表决，将表决后的输出数据发送到输出模块中。

d）输出模块的冗余和表决机制

①输出模块首先对来自冗余控制器的两份输出数据进行冗余选择，选择故障等级较低的控制器模块的数据；

②完成冗余选择后，3 个通道的数据进行表决，表决后的数据驱动输出电路输出信号；

③输出信号采用硬件 2oo3D 表决，然后输出驱动信号；两块冗余的 DO 模块同时驱动负载。

11.4.3.2　系统功能特性

a）TCS-900 系统功能：

①安全控制功能：采集输入信号，经过安全控制逻辑运算后，输出驱动信号；

②安全站间通信功能：安全控制站之间交互安全数据；

③系统诊断功能：内部诊断系统可识别系统运行期间产生的故障并发出适当的报警和状态指示；

④SOE 记录功能：采集并记录发生的顺序事件；

⑤系统事件记录功能：对系统发生过的事件进行记录；

⑥状态指示功能：对系统的当前状态进行指示；

⑦网络通信功能：与安全控制站以外的设备进行通信，包括与 DCS 控制站的常规站间通信，与工程师站或与操作站之间的数据交互，与 MODBUS 设备之间的数据交互；

⑧时钟同步功能：校对控制站的系统时钟；

⑨组态和调试功能：包括对控制站的组态进行编辑、编译和下载，以及在联机状态下

的数据调试功能；

⑩ 现场信号回路检测功能：检测现场信号回路故障，例如开 / 短路、变送器故障等。

b）TCS-900 系统特性：

① 模块采用三重化结构设计，三个完全相同的通道独立工作，模块的输入和输出采用表决机制；

② 能忍受严苛的工业环境；

③ 冗余配置时，可在线更换控制器、网络通信模块、I/O 模块；

④ 高可用性。冗余时按照 3-3-2-0 降级，1 个故障时仍保持完整的 2oo3D 架构，第 2 个故障时降级为 1oo2D，但仍可保持 SIL3 的安全完整性等级；

⑤ 每个模块内置实时环境温度监测，支持超温报警；

⑥ 获得独立第三方安全认证机构 TÜV Rheinland 的认证；

⑦ 多级表决自动隔离故障而不会造成性能降级，支持模块在线更换；

⑧ 支持通过 SIL3 认证的远程扩展机架的光纤连接；

⑨ 支持在线下载。

11.4.3.3 系统构架

a）TCS-900 系统逻辑结构

系统由控制器模块、安全输入模块及其端子板、安全输出模块及其端子板、网络通信模块、工程师站（含组态软件）组成。所组成的系统逻辑结构如图 11-4-2 所示，其中控制器、I/O 模块和端子板为安全部件。

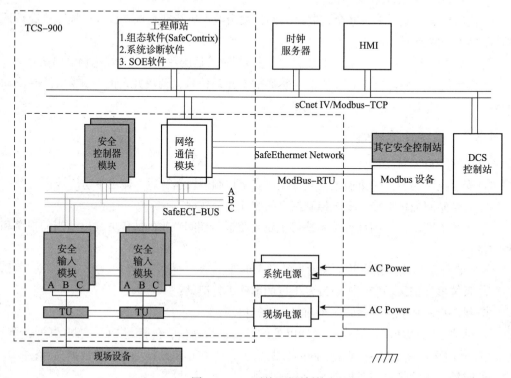

图 11-4-2　系统逻辑结构

b）系统物理结构

TCS-900 系统的工程师站和控制站间通过网络通信模块和以太网 SCNet IV 实现连接，系统的控制器模块、网络通信模块和 I/O 模块都安装在机架中，TCS-900 系统的机架分为主机架和扩展 / 远程机架，主机架与扩展 / 远程机架通过扩展通信模块和光纤电缆实现连接。系统物理结构如图 11-4-3 所示。

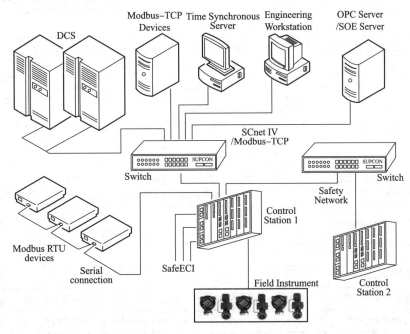

图 11-4-3 系统物理结构

OPC 服务器从控制站收集数据并在 HMI 显示。通过 SCnet IV 网络的常规站间通信也可将来自 DCS 的实时数据传送到 SIS 的控制站或者将 SIS 控制站的实时数据传输到 DCS。

安全控制站之间通过专用安全网络 SafeEthernet 实现数据通信。

Modbus 设备通过 Modbus-TCP 或 Modbus-RTU 网络实现与 TCS-900 系统的通信。其中 Modbus-TCP 与 SCnet IV 共用一个网络。

现场 I/O 信号接入与 I/O 模块配套的 I/O 端子板，再通过 DB 线接入到 I/O 模块的三组通道中。

11.4.3.4 系统技术指标

TCS-900 系统技术指标见表 11-4-2。

表 11-4-2 TCS-900 系统技术指标

指标项	指标值
系统电源电压	24V DC（-15%~+20%），双路冗余
单项目控制站数量	1
单站容量	参见表 11-4-3
可靠性	单模块 MTTF>10a
安全完整性等级	SIL3

续表

指标项	指标值
系统架构	2oo3D–1oo2D–Fail Safe
单站机架数量	1 个主机架；7 个扩展机架（含最多 2 个远程机架）
常规站间通信规模	最多可接收 4 个站；单播时，100ms 发送周期时最多发送 1 个站，200ms 发送周期时最多发送 2 个站（相同的数据），500ms，1s 发送周期最多可发送 4 个站（相同的数据）；组播时发送没有限制
常规站间通信数据类型及数据块大小	接收：支持 1024 个 BOOL 型变量及 120 个 INT 型变量 发送：支持 1024 个 BOOL 型变量及 120 个 MIX 型变量
常规站间通信发送周期	可配置为：100ms；200ms；500ms；1s
安全站间通信规模	支持 16 个安全控制站之间的通信 单个接收站最多可接收 4 个发送站数据，对安全站间通信接收站组态，要求控制周期必须 ≥ 50ms 单个发送站组态限制参见表 11-4-4
安全站间通信数据类型及数据块大小	接收：支持 1024 个 BOOL 型变量及 120 个 INT 型变量 发送：支持 1024 个 BOOL 型变量及 120 个 INT 型变量
安全站间通信发送周期	可配置为：500ms；1s；2s。[注意：所配置的发送周期应大于等于 2 × Max（发送站控制周期，接收站控制周期）]
Modbus TCP 设备连接数	32
SOE 事件顺序分辨率	DI：1ms；软点：1 个控制周期
单站滚动存储 SOE 记录数	20000 条（其中最近的 4000 条记录具有掉电保持功能）
单站滚动存储事件记录数	10000 条（其中最近的 1000 条具有掉电保持功能）
主机架与扩展机架之间连接	采用单模光纤连接，主机架与最远端扩展机架间最大长度 300m
远程机架与主机架之间连接	采用单模光纤连接，主机架与最远端远程机架间最大长度 10km
模块安装方式	机架导轨安装
温度　工作	–5~60℃
温度　储存和运输	–40~85℃
湿度　工作	5%~95%RH，无冷凝
湿度　储存和运输	5%~95%RH，无冷凝
海拔	0 ~ 4000m
模块防护等级	IP20
控制站机柜防护等级	IP54/IP40/IP31。可根据相关应用要求选用不同 IP 等级的机柜
环境污染防护等级	符合 ISA-S71.04 定义的 G3 等级
过压类型（Over voltage ategory）	OVC II

安全控制站单站规模见表 11-4-3。

表 11-4-3　安全控制站单站规模

控制周期 /ms	最大机架数 / 个			I/O 模块数 / 个	I/O 点数 / 个	I/O 位号规模 / 个			最大内存变量	最大操作变量
	本地	远程	总数			DI	DO	AI		
20	1	0	1	8	256	256	256	128	1024	64

续表

控制周期 /ms	最大机架数 / 个		I/O 模块数 / 个	I/O 点数 / 个	I/O 位号规模 / 个			最大内存变量	最大操作变量
50	2	1	2	18	512	512	512	256	2048	128
100	4	1	4	38	1024	1024	1024	512	4096	256
200	6	2	6	58	1024	1024	1024	512	4096	256
500	8	2	8	78	2048	2048	2048	1024	8192	512
1000	8	2	8	78	2048	2048	2048	1024	8192	512

注：内存变量和操作变量之和不超过 8192。

安全站间通信发送站组态与控制周期及发送周期关系见表 11-4-4。

表 11-4-4　安全站间通信发送站组态与控制周期及发送周期关系表

发送站控制周期 /ms	站间通信发送周期	可配置的接收站个数 / 个	备注
小于 100ms	—	—	控制站不支持安全站间通信发送站组态
100	500ms/1s/2s	2	安全站间通信发送周期必须 ≥ 2 × Max［发送站控制周期、接收站控制周期］
200	500ms/1s/2s	4	
500	1s/2s	4	
1000	2s	4	

11.4.3.5　SIS 典型应用案例

TCS-900 系统可应用于有安全完整性等级（SIL3 及以下）要求的关键过程安全控制场合，包括紧急停车系统（ESD）、气体检测系统（GDS）、锅炉管理系统（BMS）、火灾检测报警系统（FAS）、压缩机控制系统（CCS）等。以某石化公司的丙烯项目为例，介绍TCS-900 系统的硬软件配置及网络配置。

a）工厂及装置简况

该项目采取中心控制室和现场机柜间相结合的总体规划方式，各装置 SIS 有关的现场仪表信号通过电缆连接至现场机柜间，中心控制室机柜室设置远程 IO 柜连接操作站按钮、报警灯等操作台信号，中心控制室及现场机柜之间用光缆连接，中心控制室实现各装置的生产监控、操作和集中管理，中心控制室内辅助操作台上设置有紧急停车按钮。

b）控制站配置

针对项目的工艺特点和装置系统的规模，控制站分配如下：

①丙烯单元（预分馏部分）的芳烃加氢单元、罐区单元配置 1 对控制站；

②丙烯单元（丙烯生产部分）的装置部分、增压机 / 备用主风机组、气压机组和主风机组监测、主风机组防喘振和调速、丙烯单元（气体分离部分）配置 1 对控制站；

③轻芳烃加氢单元配置 1 对控制站；

④ GDS（可燃和有毒气体检测）配置 1 对控制站。

全公司可燃气体、有毒气体检测信号送入独立的 SIS 控制站，用于监视全公司可燃有毒气体泄漏报警情况，构成 GDS 网络。GDS 系统的网络控制器和板卡、I/O 模块、连接模块、通信光缆等相对独立，不与 SIS 其他部分混用。

c）工程师站配置

该系统设有 4 台工程师站，通过冗余通信方式与各控制器的通信接口连接，用于对各控制器组态、修改、测试、软件装载及维护等。工程师站同时支持显示系统诊断信息与系统故障信息。

d）顺序记录站配置

项目操作站兼作顺序事件记录站，通过网络交换机，采用冗余通信方式与各控制器通信接口连接，用于在线记录系统的各类报警及动作时间，存入操作站硬盘，供查询、追溯和打印。操作站具有完善的报警功能，支持过程变量报警和系统故障报警等功能，其中过程变量报警功能支持分级、分组、打印等操作，报警状态自动记录，报警顺序记录和报警信息时间精确到秒。

e）通信设备配置及 DCS 通信

该项目 SIS 控制站设置 2 对（备用 1 对）与 DCS 的通信接口，实现与 DCS 的通信。控制器通信卡、顺序事件记录站、操作站的通信设备冗余配置自动时钟同步。时钟同步信号来自于 DCS 的时钟同步服务器（SNTP），采用 RS-485 通信协议实现。该系统的网络结构如图 11-4-4 所示。

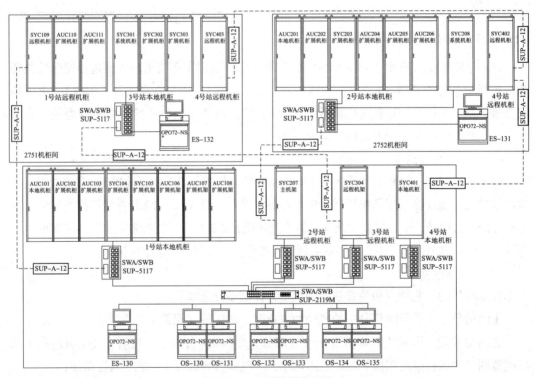

图 11-4-4 网络结构示意

11.4.4 Safety Manger（SM）系统概述

11.4.4.1 SIS 的构成和功能

Honeywell 的 SIS 系统 Safety Manger（SM）作为其工厂一体化解决方案的一部分，

广泛应用于各工业领域。SM 作为 SIS 系统可以应用于以下场合：高完整性压力保护系统（HIPS），紧急停车系统（ESD），锅炉管理系统（BMS），火灾检测报警系统（FAS），管线监控系统，机组安全管理系统等。

SM 系统基于 QMR 四重化技术，取得 TÜV 的 SIL3 认证，具有以下特点：

① 高度自诊断，超过 99% 的全系统故障诊断率；

② 通过 TÜV 认证的 SIL3 安全网络，实现系统间的安全通信；

③ 通过 TÜV 认证的在线修改功能；

④ 远程 IO 功能，远程管理（程序下传，系统启动，系统诊断，在线监控等）；

⑤ 可选通用 IO 模块（DI、DO、AI、AO 点可配置在同一块 IO 卡中）；

⑥ 兼容 HART 信号；

⑦ 通道短路保护；

⑧ 可配置 DI/DO 回路诊断；

⑨ 符合 IEC 61131 part 3 标准的功能逻辑图（FLD）符号库；

⑩ SOE 功能；

⑪ 完全兼容 Honeywell Experion PKS，SM 作为一个节点可与 Experion PKS 系统的任意节点实现点对点通信。

⑫ 兼容 Modbus TCP/RTU，可作为 Master/Slave 与其他系统实现 Modbus 通信。

SM 系统基本结构见表 11-4-5。

表 11-4-5　SM 系统基本结构

控制器结构	I/O 配置	安全性	可用性
冗余 A.R.T.	全冗余	SIL3	最大化
	冗余 / 非冗余混合	SIL3	最大化 / 增强混合
	非冗余	SIL3	增强
冗余	全冗余	SIL3	最优
	冗余 / 非冗余混合	SIL3	最优 / 增强混合
	非冗余	SIL3	增强
非冗余	非冗余	SIL3	正常

注：A.R.T. 为高级冗余技术（Advanced Redundancy Technique）。

系统采用模块化设计，控制器机架通过 IO 总线和 IO 机架连接，独立的 WD 信号接线保证故障时有效切断系统输出。

一套控制器可以最多连接 4 个机柜，每个机柜最多可以配置 10 个 IO 机架，每个 IO 机架最多可配置 18 块 IO 卡。

远程 IO 单元通过以太网连接控制器单元，通过 TÜV SIL3 认证，适合 1 类 2 区，最远距离可达 40km。

11.4.4.2　系统硬件构成

IO 机架通过 IO 总线和控制器机架连接，FTA 端子板通过 FTA 电缆和 IO 机架背板连接。系统硬件连接如图 11-4-5 所示。

● Hardeare connection

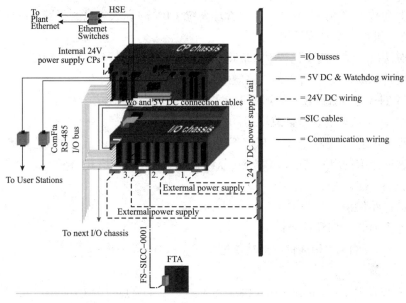

图 11-4-5　系统硬件连接示意

a）控制器机架

控制器部分包括如下卡件：

① QPP- 主控制器模块；

② COM1-1# 通信卡，含两个 RJ-45 端口和两个 RS-232/485 端口；

③ COM1-2# 通信卡（可选），含两个 RJ-45 端口和两个 RS-232/485 端口；

④ PSU-5V DC 电源卡；

⑤ BKM- 电池、钥匙卡，安装系统复位 / 强制允许钥匙，内有电池在系统断电时维持系统时钟，保存诊断信息。

控制器机架可配置冗余或非冗余控制器组件，非冗余控制器组件控制器位于左侧，右侧布置空盖板。

b）卡笼式 IO 机架

卡笼式 IO 机架通过总线和控制器机架连接，有冗余和非冗余两种。每个 IO 机架提供最多 18 个 IO 卡件插槽。插槽可以插接任意种类的卡笼式 IO 卡。

可选配 A.R.T. 卡笼式机架，支持访问 / 控制冗余控制器（CP）的 IO 卡，提高系统可用性。

c）卡笼式 IO 卡

低密度卡，有 DI、DO、AI、AO、回路诊断型 DI、回路诊断型 DO 等类型。不同型号卡件通道数从 2 到 16 不等。

所有卡件接口一样，可以插接到 IO 卡笼的任意卡槽，通过标准数据电缆与 FTA 连接。

d）现场端子模块 FTA

有多种类型以匹配不同 IO 卡，通过标准数据电缆接口与数据电缆连接，将现场数据送往 IO 卡。

e）远程 IO

独立安装在远程机柜，配置独立冗余电源，通过以太网和控制器进行数据交换。

通用 IO 卡，可通过软件定义通道类型为 DI、DO、AI、AO、回路诊断型 DI、回路诊断型 DO，同一块卡件可配置为多种通道共存。

32 通道，可配置为冗余 / 非冗余。

11.4.4.3　系统通信

通信卡 Universal Safety Interface（USI）有两个以太网接口和两个 RS-232/485 接口，可与第三方进行 Modbus TCP/RTU，SM SafeNet，Honeywell ePKS SCADA，Honeywell CDA 等多种形式的通信。

每套系统可配置最多 2 块冗余（或非冗余）通信卡。

a）SafeNet 通信

TÜV 认证的 SIL4 安全通信协议，可连接最多 63 个 SM 系统组成 SM 安全网络，实现 SM 系统之间的故障容错、安全相关的点对点通信。可通过 RJ-45 或串口连接。

b）Honeywell ePKS / CDA 通信

通过 Honeywell 私有协议，SM 可整合进 Honeywell ePKS 网络，成为 ePKS 系统的一个控制节点，实现和网络内所有节点的自由通信。

可在 ePKS 操作站显示 SM 流程画面、SM 系统报警信息、SM SOE 信息。

SM 系统可通过 CDA 协议和 ePKS 系统 C300 控制器直接进行点对点通信。

SM 与 PKS 一体化拓扑结构如图 11-4-6 所示。

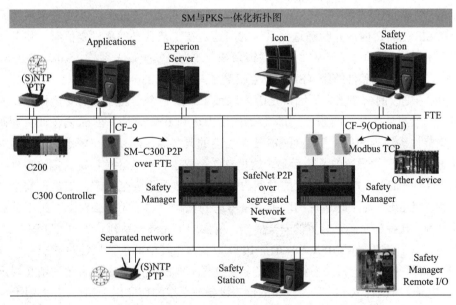

图 11-4-6　SM 与 PKS 一体化拓扑结构示意

c）Modbus TCP/RTU 通信

Modbus RTU、SM 作为从站，支持 RS-232、RS-485，支持 Modbus RTU 时钟同步。

Modbus TCP、SM 可作为主站或从站，支持 Modbus TCP 时钟同步。

d）工程师站通信

工程师计算机安装工程师软件 Safety Builder，通过串口或以太网口和 SM 系统通信。工程师站是 SM 系统硬件配置、软件设计、程序下传、在线监控和系统诊断的平台。

Safety Builder 具有密码保护功能，不同级别的密码只能执行该级别的相应操作。

Safety Builder 软件可以记录历史操作，方便查找历史修改信息。

11.4.5　SIS 的工程应用

11.4.5.1　SIS 的发展简史

安全仪表系统（SIS）在过程安全体系中扮演着重要角色。基于 IEC61508 的 GB/T 20438《电气 / 电子 / 可编程电子安全相关系统的功能安全》、基于 IEC61511 的 GB/T 21109《过程工业领域安全仪表系统的功能安全》，以及 GB/T50770—2013《石油化工安全仪表系统设计规范》等标准是为 SIS 的工程应用和功能安全管理形成了统一的执行准则。

1993 年美国化学工程师学会（AIChE）所属的化工过程安全中心（CCPS）编著的《化工过程安全自动化指南》（*Guidelines for Safe Automation of Chemical Processes*）出版发行，这是一本具有里程碑意义的专著。该书采用了"安全联锁系统（SIS – Safety Interlock System）"这一概念，并规定了联锁完整性等级为 1、2、3 级，同时基于过程风险评估和保护层分析确定这三个等级要求。

后来，美国 ANSI/ISA–S84.01—1996《安全仪表系统在过程工业中的应用》（*Application of Safety Instrumented Systems for the Process Industries*）发布，将采用电气 / 电子 / 可编程电子技术构成的紧急停车系统（ESD，ESS）、安全停车系统（SSD），以及安全联锁系统等都统一在 SIS 范畴之内，并明确这些系统的用途是在工艺状态偏离设定值时，将其置于安全状态。不过，SIS 的含义已从"安全联锁系统"改为"安全仪表系统（Safety Instrumented System）"。而安全完整性等级（SIL）仍然沿袭了三个等级的分级。

SIS 内涵更改的一个重要原因，是因为联锁着眼于整个工艺过程的安全操作，而非仅针对特定危险事件本身。例如，"当某容器的压力达到 10MPa 时，在 5s 内关闭关断阀。要求安全完整性等级为 SIL2。"是对 SIS 安全功能的典型描述，只需在规定的时间内关闭关断阀即可避免高压力导致的危险后果。这里有 2 个要素：一是针对特定的危险事件，当达到"要求（Demand）"时，在规定的时间内使工艺参数置于安全状态；二是该安全功能需要达到特定的 SIL。而平时所说的联锁，是考虑到该阀门的关闭势必对上下游工艺过程造成影响，为了确保整个工艺装置的安全操作，需要同步完成一系列必要的关联动作。

IEC61511 标准以 ANSI/ISA–S84.01—1996 为蓝本，其全部条款只针对 SIL1~3。该标准是 IEC61508 框架下安全相关系统功能安全在过程工业的应用要求，因此其条文规定着眼于电气 / 电子 / 可编程电子技术为代表的仪表设备或系统如何应用于 SIS，并采用了 SIL1~4 分级架构，以便与 IEC61508 保持一致。不过，IEC61511 试图建立 SIS 工程应用通用的原理和规则，没有像 IEC61508 那样特别强调技术类型。也就是说，诸如气动等非电气电子技术，仍可用于传感器、最终元件，以及逻辑控制单元，以适应形形色色场合的应用要求。例如，它采用中性的"逻辑解算器（Logic Solver）"代表逻辑控制单元，刻意避免将关注点放在具体采用哪种技术上。又称为"逻辑控制器"，是因为当今采用的逻辑系统几乎都是采用可编程技术的安全 PLC。

另外，IEC61511 是过程工业 SIS 工程应用的通用标准，不针对任何特定应用，没有规定出 ESD、F&G、BMS、HIPPS 等的具体细节要求。该标准在第三章列举了基于危险和风险分析的几种 SIL 定级方法，例如安全层矩阵、风险图，以及 LOPA 等，没有明确具体的 SIL 验证计算方法。因此，SIS/SIF 的安全性能评估需要参考 IEC61508 以及相关的可靠性分析技术文献。

两个基本概念形成了 IEC61511 的基础：SIS 安全生命周期以及 SIL。SIS 的工程应用，是在安全生命周期的框架内，确定 SIL 要求、实现 SIL 要求，最终确保 SIS 的操作运行能够持续保持所需的 SIL 水平。

11.4.5.2　SIS 的安全生命周期

为了保证 SIS 的功能安全，IEC61511 将一系列必要的技术活动和功能安全管理活动纳入安全生命周期架构。它定义了每个阶段必要的输入条件、目标、验证要求，以及输出成果。对于每个特定的 SIS 工程项目，应该按照 IEC61511 安全生命周期的要求，建立与其项目范围相匹配的生命周期架构，并制定详细的工程项目实施计划，包括活动内容、准则、技术和措施、规程，以及相关组织和人员的职责。

IEC61511 的 SIS 安全生命周期架构如图 11-4-7 所示。

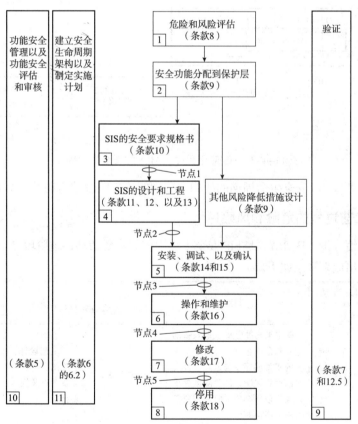

注:节点1~5为IEC61511推荐的功能安全评估活动。

图 11-4-7　SIS 的安全生命周期

考虑到目前 SIS 工程一般采用可编程控制器作为逻辑控制单元，应用程序 AP 的设计和组态成为 SIS 实现功能安全的重要因素。IEC61511 为此制定了 AP 的安全生命周期，它从 SIS 的安全要求规格书 SRS（Safety Requirement Specification）开始，到第三个节点的功能安全评估 FSA（Functional Safety Assessment）结束。

IEC61511-1：2016 的 SIS AP 安全生命周期架构如图 11-4-8 所示。

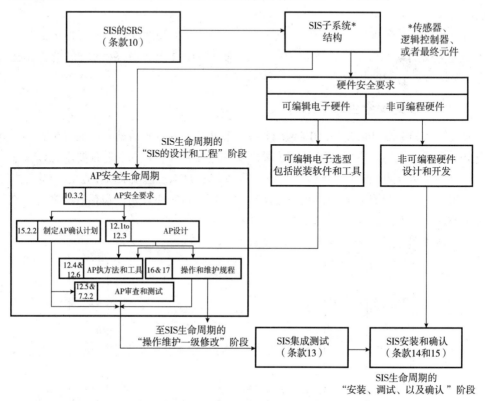

图 11-4-8　SIS 应用程序（AP）的安全生命周期

下面将遵循着 SIS 安全生命周期的架构，分别阐述各阶段的活动及细节要求。

11.4.5.3　工艺过程的危险和风险评估

人因可靠性分析（H&RA）是 SIS 安全生命周期的首要活动，该阶段必要的输入条件、目标，以及输出成果概括如下。

安全生命周期阶段或活动		目标	要求（IEC61511条款#）	输入	输出
阶段 #	名称				
1	H&RA	确定工艺过程及 关联设备的危险和危险事件、导致危险事件的事件顺序、与危险事件关联的过程风险，风险降低要求以及为取得必要风险降低所需的安全功能要求	条款 8	工艺设计、总图、人员配备，以及安全目标	辨识出的过程危险、所需安全功能，以及相关风险降低等的描述

IEC61511 关于 H&RA 的要求仅关注危险辨识和风险评估的结果，没有给出具体明确的规定，这就意味着可采用在工程实践中行之有效的任何分析方法。

　　H&RA 应该辨识出在合理、可预见的情形下，包括设备和仪表等故障状态以及误操作状态下，可能发生的危险事件。收集并参考历史上同类工艺装置曾发生的意外事故及其经验教训。

　　在工艺的概念设计阶段，应优先考虑本质安全（Inherently Safe）设计策略。在此基础上，由工艺工程师、危险和风险专家、安全主管、仪表工程师等组成 PHA 小组，诸如采用"假设 / 检查表（What–if/Checklist）"等方法进行初步的危险辨识。

　　随着设计的深入，在完成了 P&ID 设计以及掌握了足够的工艺数据和资料后，可采用 HAZOP（Hazard and Operability Study）等分析技术进行最终的 H&RA。

　　在 H&RA 过程中，几个问题需要注意：

　　① 应该评估所有可能的工艺操作模式下，例如开车、正常的连续操作、停车、维护，以及吹扫 / 清洁等工况可能出现的危险事件，合理地确定 SIS 操作的"要求率（Demand Rate）"。可能的触发原因包括：设备、仪表和控制系统、其他保护层等的失效，维护错误，人工干预（例如 BPCS 控制功能处于手动状态）错误，以及公用支持系统（即气源、电源、冷却水、氮气、蒸汽、伴热线等）的功能丧失。

　　② 对于多个事件同时发生导致严重危险后果的情形，可采取诸如故障树分析 FTA（Fault Tree Analysis）等方法作一步分析。

　　③ BPCS 失效是导致危险事件发生的典型触发原因。导致 BPCS 失效的原因包括现场仪表、控制器，以及操作错误等所有因素。IEC61511 限制 BPCS 作为触发源时的危险失效率不能小于 10~5/h。该规定主要考虑是系统性失效的影响。

　　④ IEC61511-1：2016 要求进行相关安保（Security）风险的评估。辨识主要的"威胁（Threat）"来源并进行脆弱性（Vulnerability）分析，包括可能导致的对 SIS 硬件、应用程序、网络通信等潜在的攻击以及人员错误的影响。

　　总起来说，H&RA 应在对物料、工艺流程和设备全面分析的基础上，获取下面的信息：

　　每个确定的危险事件及其发生的脉络；每个危险事件发生的可能性和后果，可以定量或定性表达；所有可能的工艺操作模式都要评估；对每个危险事件，确定必要的风险降低要求；对减小或消除危险和风险所需的措施；在分析中所有的假设条件，诸如触发源的失效频率等，都要做详细的记录。

11.4.5.4　安全功能分配到保护层

　　这一环节的目的，是辨识并确定由哪些保护层（包括工艺、仪表、设备、公用工程、人工操作等）完成特定的安全功能，实现必要的风险降低。最终确定是否需要 SIF 及其应有的 SIL。

　　该阶段必要的输入条件、目标，以及输出成果概括如下。

安全生命周期阶段或活动		目标	要求（IEC61511 条款 #）	输入	输出
阶段 #	名称				
2	安全功能分配到保护层	确定实施安全功能的保护层；对需要的 SIF 确定其 SIL	条款 9	所需 SIF 及其相应 SIL 要求的描述	安全功能分配要求的描述

　　本阶段是 H&RA 工作的延续。一个触发事件发生后，如果没有任何安全措施，毫无疑

问最终将导致危险事件的发生。接下来的工作是通过风险分析、风险评估，确定风险降低要求及其所需的安全保护层。

风险降低的概念如图 11-4-9 所示。

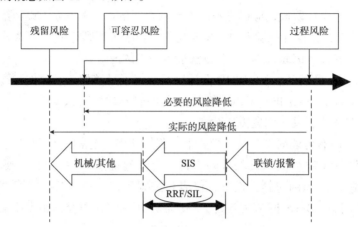

注：*RRF*（风险降低因数 - Risk Reduction Factor）为 $1/PFD_{avg}$。

图 11-4-9　风险降低的基本概念

图 11-4-9 中，"过程风险"是 H&RA 阶段辨识出的特定危险事件对应的固有风险，导致该事件的触发原因包括工艺、BPCS 常规控制功能，以及相关联的人为因素等诸方面。它指在没有考虑任何保护措施前提下工艺单元存在的风险。

"可容忍风险"即过程安全目标要求。它由法律法规、标准规范、业界共识、保险要求，以及企业形象等因素确定。

"必要的风险降低"代表了风险降低的最小要求，"实际的风险降低"幅度应该大于"必要的风险降低"水平。

实现"必要的风险降低"采用的安全措施包括：在 BPCS 中设置联锁、关键报警、安全阀 / 爆破片，以及防护围堰等。在充分分析了这些非 SIF 的安全措施的性能水平后，如果仍然达不到"必要的风险降低"要求，就需要设置 SIF 填补风险降低缺口。该风险缺口的大小对应着 SIF 的 SIL 要求。

依据这样的分析思路，在工程实践中形成了 SIL 定级的一些方法。IEC61511-3 给出的 SIL 定级方法包括：安全层矩阵（Safety Layer Matrix），半定性方法 – 标定的风险图（Calibrated Risk Graph），定性的方法 – 风险图（Risk Graph），保护层分析（LOPA，Layer Of Protection Analysis）。

IEC61511-3：2016 增加了两种风险评估 /SIL 定级方法：使用风险矩阵的保护层分析（Annex G-Layer of protection analysis using a risk matrix），用于风险预估和 SIL 等级指定的定性方法（Annex H-A qualitative approach for risk estimation & safety integrity level（SIL）assignment）。

需要说明的是，由于这些方法是不同的时期、不同的行业，甚至不同的国家开发形成的，很难说哪种方法更好。在决定采用某种 SIL 定级方法时，要考虑公司的规定和业界标准、工艺流程的复杂性、拥有的经验和技能，以及有效的资料等。要了解每种方法的内涵和局限性，对采用的尺度和选择路径做好记录。

在本阶段确定保护层的风险降低能力以及确定 SIF 的 SIL 时，几个问题需要注意：

① 要确定所需 SIF 的操作模式，即要求模式（用 PFD_{avg} 表征 SIL），抑或是连续模式（用 PFH 表征 SIL）。

② 在工程实践中，SIF 的最高等级为 SIL3。出现 SIL4 或者更高的风险降低要求，需要通过修改设计或增加其他风险降低措施使 SIF 限定在 SIL3 以内。

③ 在 BPCS 中设置联锁等作为保护层时，其风险降低能力（RRF）应不大于 10 倍。如果声称 BPCS 保护层具有大于 10 倍的风险降低能力，那么 BPCS 的设计和管理应该遵循 IEC61511。

④ 当触发源（Initiating Source）为 BPCS 常规控制回路失效时，如若在 BPCS 中设置联锁等作为保护层，那么触发源与保护层应相互独立，即分别有各自的现场仪表、I/O 卡，以及各自的控制器。

⑤ 认定关键的报警作为保护层时，需要评估操作员的响应能力。如果声称人员响应的风险降低能力大于 10 倍，应进行 H&RA 分析并遵循 IEC61511。

⑥ 对于认定为保护层的安全控制、报警和联锁（SCAI-Safety Control，Alarm，and Interlock）等仪表措施，应该有单独的文档，建立访问权限和变更管理程序，以及纳入机械完整性（MI-Mechanical Integrity）管理体系。

11.4.5.5　SIS 安全要求规格书

安全要求规格书是一个术语，特指 SIS 设计的基础文件。在现实的工程实践中它可以是一个设计文件，也可以是一组设计文件，包括文字描述、图表，以及工程图纸等。

该阶段必要的输入条件、目标，以及输出成果概括如下。

安全生命周期阶段或活动		目标	要求 （IEC61511 条款 #）	输入	输出
阶段 #	名称				
3	SIS 安全要求规格书	指定 SIS 必需的安全仪表功能要求，以及为取得功能安全，对每个 SIF 的 SIL 要求	条款 10	安全功能分配要求的描述	SIS 安全要求；应用程序（AP）的安全要求

SIS 工程执行阶段的起点是 SRS，并以投用前最终的确认结束。IEC61511 等标准给出的详细条文规定，主要关注从 SIS 设计到交付这一过程。由于不同的用户有各自不同的过程安全管理体系，可接受的风险水平、进行危险和风险分析以及 SIL 定级采用的方法取决于用户的管理规定；另一方面，SIS 的操作和维护也取决于用户各自的管理模式。因此在 SIS 的 SIL 定级和现场管理阶段，无法制定出通行的具体要求。

SIS 的 SRS 应该清晰、准确地描述有关 SIS 设计的全部要求，包括应用程序以及 SIS 结构等各方面。IEC61511 列出了 29 条 SRS 应详细表达的内容，关于应用程序安全要求规格书，也罗列了 14 条要求。SRS 在整个 SIS 工程实践中的重要性可见一斑。

a）输入资料

编定 SRS，应以危险和风险分析和 SIL 定级结果为基础，至少需要下列信息：

① 辨识出的 SIF 及其 SIL 的列表；

② 需要 SIS 防控的每个潜在危险事件的相关信息，包括触发原因、工艺过程本身的物

理或化学动态属性、需要的关断措施等；

③ 需要考虑的工艺过程共因失效，例如腐蚀、堵塞等；

④ 影响 SIS 的法律法规和标准规范。

b）安全功能要求

安全功能的表达，至少包括下面的内容：

① 对于每个辨识出的危险事件，工艺安全状态的定义。例如，需要阀门打开还是关闭；

② 测量参数（即温度、压力、流量、液位等）类型、量程范围及其关断设定值（例如：HH、LL 设定值）；

③ 逻辑控制器的输出及其动作（例如：关停机泵、打开放空阀、关闭关断阀等）；

④ 输入输出之间的功能关系，包括逻辑、数学函数、时序控制，以及任何所需的"许可"操作；

⑤ 失电（De-energized）关停还是得电（Energized）关停的选择；

⑥ 手动停车的考虑；

⑦ 当 SIS 的电源或气源关断应有的响应动作；

⑧ 将工艺对象置于安全状态的响应时间要求；

⑨ 对通过自动诊断检测出的失效所需的响应动作；

⑩ 人机界面的要求；

⑪ 旁路操作要求；

⑫ 复位功能要求。

c）安全完整性要求

安全完整性的表达，至少包括下面的内容：

① 每个 SIF 所需的 SIL；

② 为达到所需的 SIL，对自动诊断的要求；

③ 为达到并保持所需的 SIL，对维护以及测试的要求；

④ 如果误关断可能导致危险的后果，对相应可靠性的要求。

11.4.5.6　SIS 的设计和工程

SRS 是 SIS 设计和工程实施的依据。

该阶段必要的输入条件、目标，以及输出成果概括如下。

安全生命周期阶段或活动		目标	要求 （IEC61511 条款 #）	输入	输出
阶段 #	名称				
4	SIS 设计和工程	设计 SIS 满足安全功能要求和安全完整性要求	条款 11、12，以及 13	SIS 的安全要求；应用程序（AP）的安全要求	SIS 的硬件和应用程序设计符合 SIS 的安全要求；制定 SIS 集成测试计划

SIS 的总体设计原则：

① 当在 SIS 内既执行 SIF 也执行非 SIF 时，与非 SIF 有关的硬件和 AP 如果对任何 SIF 在正常操作和故障状态下可能产生负的影响，这些非 SIF 功能应该视为 SIS 的一部分，

并按照可能影响到的具有最高 SIL 的 SIF 进行管理。

② 对于具有不同 SIL 的 SIF 在 SIS 内共享硬件和 AP 时，这些公共部分应该按照具有的最高 SIL 进行管理。另外，应设置适当的标识以区分不同的 SIF 和 SIL。这样每个 SIF 的 AP 就可追溯到相应的传感器和最终元件。便于进行与 SIL 要求相称的功能和确认测试。

③ 在 SIS 设计期间，对于 SIS 的可操作性、可维护性、诊断、检验以及可测试性等要求，应该得到满足，以便减少危险失效的可能性。操作人员、维护人员、主管和经理人员在工厂的安全操作中扮演重要的角色，人因错误不可忽视。因此，人员的绩效水平应该作为重要的因素纳入系统设计和完整性管理中。人机界面（HMI）是操作和维护人员了解 SIS 运行状态的窗口，设计时人机工程学的考虑特别重要。

④ 可通过 H&RA 分析辨识引发人员错误的状态，并基于过去的统计资料和行为研究估算错误率。SIS 设计时，对于指定由操作和维护人员完成的任务，应该考虑人的能力、限制和适宜性。操作员接口的设计应遵循良好的人因实践，便于输入数据等操作，并适宜于对操作人员进行培训。

⑤ SIF 的设计，一般是在关断动作后，工艺过程应该锁定在安全状态直至人工复位，避免工艺状态恢复后 SIF 自动投用可能引发工艺危险。操作员要先确认各项工艺条件得到满足，然后再人工复位后重新启动。

⑥ 对于人工启动紧急停车按钮等操作信号，是作为 DI 信号连接到可编程逻辑控制器，还是绕开 PLC 直接驱动现场最终元件，在 SRS 中应该明确指明。在某些规范中要求人工紧急操作信号绕开 SIS 逻辑控制器和 BPCS 控制系统，是为了确保在紧急情况下操作人员能够最直接地启动关停操作，不过，相关的人因和共因失效问题，应予以充分考虑。在某些场合，人工关断可能导致工艺过程的附加风险（例如，关断需要顺序操作的场合）。这时也许需要将人工关断信号作为 DI 连接到 PLC，通过逻辑功能按照要求顺序进行分步关断。

⑦ SIS 的设计应该充分考虑 SIS 与 BPCS 及与其他保护层之间的独立性和从属性。有必要对 SIS 与其他保护层之间的独立性进行分析，而非仅仅关注 SIS 与 BPCS 之间的独立性。在 SIS 和保护层之间进行交互检验测试，有助于减少同步失效的概率。

⑧ 保持 BPCS 与 SIS 之间的隔离和相互独立，避免常规控制功能与安全功能的同时失效，或者操作过程中不经意的修改影响 SIS 的功能性。例如，一台变送器既用于 BPCS 常规液位控制也用于 SIS 的高高液位关断安全功能，当该变送器出现失效并使其输出值低于 BPCS 控制器的液位设定值时，控制器的输出将使进料阀的开度持续增大，液位将不断上升，在穿越高高关断设定值时 SIS 的安全功能无法对此"要求"作出响应。

⑨ 按照"非故障安全"设计的系统，例如最典型的火气系统，由于在公用支持系统（电源、气源、液压源等）一旦丧失时，SIS 不能实现其安全功能，因此应该对公用支持系统和 SIS 电路完整性进行实时监测和报警（例如，回路的线路监控、气源和液压源的压力监控）并采取必要的动作。可以通过采用后备电池、不间断电源、气源储气罐等措施，提高公用支持系统的完整性。对于最终元件采用得电关停设计的场合，由于电源或气源丧失时它不能自主地置于安全状态，应该考虑是否设置就地手动措施，确保必要时手动置于安全状态。

在 SIS 的设计和工程实施中，IEC61511 特别强调了这几方面的要求：

① 在检测到故障时的系统行为要求（条款 11.3）。当通过自动诊断检测出存在危险故

障时，要提供相应的补偿替代措施以保持安全操作；或者将工艺过程置于安全状态；或者给出报警信息，提醒操作员做出相应的响应。要注意的是，此类报警应该纳入周期性检验测试以及变更管理等规程中。

② 硬件故障裕度 *HFT*（Hardware Fault Tolerance）要求（条款 11.4）。SIF 中子系统的 *HFT* 如表 3.1 所示，它采用了 IEC61508-2：2010 中的路径 2（Route 2_H）：

SIL	最小 *HFT*
1（任何模式）	0
2（要求模式）	0
2（连续模式）	1
3（任何模式）	1
4（任何模式）	2

另外，用于进行失效量计算的可靠性数据，按照不低于可信区间上限 70%（$\lambda_{70\%}$）考虑。

③ 仪表设备选型要求（条款 11.5）。用于 SIS 的仪表设备为了满足特定的 SIL，要符合 IEC61508-2（关于硬件）、IEC61508-3（关于软件）要求，即基于 IEC61508 认证，或者符合"早先使用（Prior Use）"的原则。考虑到操作环境或者使用条件，对仪表设备，特别是阀门的性能有很大影响，其失效率等可靠性参数会有明显的差异，因此在选型和安装、维护等方面要遵循相关证书和安全手册的说明，以达到系统能力要求。

④ 接口要求（条款 11.7）。SIS 的接口通常包括操作员接口、维护/工程接口，以及通信接口。

⑤ 维护或测试设计要求（条款 11.8）。

⑥ 随机失效的量化要求（条款 11.9）。这一部分概括了进行 PFD_{avg}/PFH 计算时需考虑的各种因素。不过，并未给出具体的计算方法。

⑦ AP 设计、组态、安全确认（审查和测试），以及采用的方法和工具等要求（条款 12）。

⑧ 主要针对 PLC 的工厂 FAT 的要求（条款 13）。

11.4.5.7 SIS 的安装、调试和确认

SIS 交付到现场并在客户现场验收之前进行安装和调试，是工程阶段的最后环节。最终的确认标志着即将投入使用的 SIS 全部满足了 SRS 的要求。

该阶段必要的输入条件、目标，以及输出成果概括如下。

安全生命周期阶段或活动		目标	要求 （IEC61511 条款 #）	输入	输出
阶段 #	名称				
5	SIS 安装、调试和确认	集成并测试 SIS；确认 SIS 满足了 SRS 中关于安全功能要求和安全完整性等各方面要求	条款 14、15	SIS 设计；SIS 集成的测试计划；SIS 安全要求；SIS 的安全确认计划	SIS 集成的测试结果，要表明完全符合设计要求；安装、调试，以及确认活动的结果

首先应该制定安装和调试计划，对相关工作做出详细安排，并纳入整个工程项目计划中：安装和调试活动；用于安装和调试的步骤、措施和技术；这些活动的时间进度表；

相关的责任人、部门以及单位。

整个调试工作应该有适当的记录，陈述最终结果以及是否满足设计的目标和标准要求。如存在问题，应该分析原因。

如果实际的安装不符合设计文件，应该进行评估确定该差异对安全的影响。如果没有影响，则将相关设计文件更新为"竣工（As-built）"状态；如对安全有负面影响，则必须进行整改，以符合设计要求。

当调试工作全部结束后，要通过检验以及测试等形式，对 SIS 是否满足 SRS 的全部设计要求进行确认，确保最终交付的 SIS 满足全部安全功能要求和安全完整性要求。

在进行安全确认前，应该制定详细的计划并按照计划逐项完成全部活动。验证活动应该形成完整的文档记录。应该留存这些信息：采用的验证计划版本；被测试或分析的 SIF；采用的测试工具或设备，包括这些工具或设备本身精度的有效校验数据；SIF 的测试结果；测试依据的文档资料；完成全部测试的验收标准；被测试 SIS 硬件、应用程序，以及其他软件的当前版本；测试的实际结果不达预期时的原因分析及其后续解决方案。

验证活动结束后，做好必要的收尾工作，例如为测试设置的所有旁路应该解除，恢复到正常的操作状态等。

11.4.5.8　SIS 的操作和维护

SIS 操作和维护的核心目标是确保所需 SIL 的持续保持。

该阶段必要的输入条件、目标，以及输出成果概括如下。

安全生命周期阶段或活动		目标	要求 （IEC61511 条款 #）	输入	输出
阶段 #	名称				
6	SIS 操作和维护	确保在操作和维护期间，SIS 的功能安全得以持续保持	条款 16	SIS 安全要求； SIS 设计文件； SIS 操作和维护计划	确保操作和维护活动符合要求

SIS 投入运行直至停用，可能经历数年或十几年 SIL 的持续保持是漫长工作。有必要针对 SIS 建立良好的机械完整性（MI）管理体系。在本阶段的核心工作包括：

① 制定完善的操作和维护计划。操作和维护规程与该安全计划保持一致。

② 人员能力管理。对操作、维护，以及其他支持人员进行培训，该培训在 SIS 投用之前进行，并在 SIS 修改或升级后，针对影响范围进行再培训。

③ 在 SIS 投运一段时间具有了一定的操作和维护经验后，对 SIS 进行功能安全评估。

④ 在大规模的修改或扩容改造后，对 SIS 进行功能安全评估。

⑤ 对 SIS 进行周期性（例如：3~5a）功能安全审核。

⑥ 周期性检验测试和检验。按照 SIS 设计时确定的时间间隔进行周期性检验测试，并执行相应的规程，确保通过检验测试发现并修复全部隐含的危险失效。

⑦ 变更管理。

⑧ 文档管理。

因此，为了确保每个 SIF 的 SIL 能够持续保持，对 SIS 相关仪表设备的实际性能水平进行动态监测跟踪，采用系统性的方法收集、整理可靠性数据，并据此完善 SIS 的设计和现场运行管理策略，成为 SIS 操作和维护阶段的重要工作内容。

11.4.5.9　SIS 的修改

在对 SIS 进行任何修改前，都应制定详细的计划、进行必要的审查、按照审批权限获得批准，形成相关文档，确保不因修改而对 SIS 的 SIL 造成负面影响。

该阶段必要的输入条件、目标，以及输出成果概括如下。

安全生命周期阶段或活动		目标	要求 （IEC61511 条款#）	输入	输出
阶段#	名称				
7	SIS 修改	对 SIS 进行更正、增强，或者适应新要求，确保所要求的 SIL 达到和保持	条款 17	新修正的 SIS 安全要求	按照要求完成对 SIS 的修改

对 SIS 进行修改，需要注意的细节包括：

建立 MOC（Management of Change）规程，对修改活动进行必要的控制和权限管理；

在进行任何修改（包括应用程序）之前要进行影响分析，确定拟议的修改是否对功能安全造成了负面影响。具体修改时，则要返回到修改影响到的 SIS 安全生命周期的首个阶段，重新执行所有的活动；

应该确保进行修改活动的人员能胜任此项工作。修改完成后，对修改影响到的各类人员进行必要的培训，使之了解修改范围和内容；

在一些行业，虽然法规或规范并不限制对 AP 的在线修改，仍应尽量避免该类活动；

应该形成必要的文档，留存与修改有关的必要信息：对修改的整体描述；修改的原因；影响到的 SIF 以及辨识出相关的过程危险；影响分析报告；审批授权；修改后的测试记录；修改记录；修改前的原始文档。

11.4.5.10　SIS 的停用

在工艺装置存续期间，因为扩容改造或者 SIS 系统升级等原因，SIS 或者其中一部分被停用不可避免。SIS 的停用总体上要遵循 MOC 规程。要了解 SIS 停用的影响范围，进行必要的危险与风险分析，以及工程影响分析。在停用开始前要得到相应的授权批准，并按照计划安全进行停用。

该阶段必要的输入条件、目标，以及输出成果概括如下。

安全生命周期阶段或活动		目标	要求 （IEC61511 条款#）	输入	输出
阶段#	名称				
8	SIS 停用	在任何 SIS 或者其中一部分停用之前，应该获得相关部门的授权，并作适当的审查和评估；确保保留的 SIF 仍能正常地保持运行	条款 18	竣工（As Built）的 SRS； 工艺信息； MOC 规程	停用的 SIS 或者其中一部分顺利地退出现役

11.4.5.11　SIS 的验证

验证是通过审查、分析、测试、检查等方式证明安全生命周期每一阶段的输出满足了该阶段的目标要求。典型的验证活动包括设计审查、集成测试，或者 SIL 验证计算等。

该项活动必要的输入条件、目标，以及输出成果概括如下。

安全生命周期阶段或活动		目标	要求（IEC61511 条款 #）	输入	输出
阶段 #	名称				
9	SIS 验证	对每一阶段的输出进行测试和审查，确保该阶段的输出符合预期意图	条款 7、12.5	每个阶段的验证计划	每一阶段的输出满足该阶段的目标要求

验证是贯穿 SIS 整个生命周期的技术管理活动。在 SIS 工程阶段建立 V–V "验证（Verification）– 确认（Validation）"体系是 IEC61511 标准的明确要求。

工程阶段的验证，要确保：

① 硬件、AP，以及系统的设计正确，与 SRS 要求相一致。

② 某些验证活动要有用户参与（例如：应用软件组态，HMI 画面），避免最终批准时出现返工、延期等。

③ 在某些验证活动中，为维护人员提供机会，让他们亲自接触到 SIS 设备 / 子系统 / 系统，提前熟悉文档、硬件架构、AP 的功能性。

操作期间的验证活动，要确保按照计划、进度安排以及操作规程进行操作。

维护期间的验证活动，要确保。

① 维护人员熟悉工艺流程。

② 辨识在哪些方面需要进行新的培训、购置新的专用工具。

③ 辨识出安装规程和工厂实践要求不一致的地方。

④ 制订出正确的维护规程。

11.4.5.12　SIS 的功能安全管理和评估

功能安全管理的目标，是辨识并执行确保功能安全所需的质量保证管理活动。其政策、策略，以及评估方法应在参与 SIS 生命周期活动的组织内建立并得到相关部门和人员的理解和执行。

本项活动必要的输入条件、目标，以及输出成果概括如下。

安全生命周期阶段或活动		目标	要求（IEC61511 条款 #）	输入	输出
阶段 #	名称				
10	SIS 的功能安全管理，以及评估和审核	确保安全生命周期所有要求得到贯彻，对 SIS 达到的功能安全水平进行调研和评判	条款 5	SIS 功能安全评估和审核计划；SIS 安全要求	获得满意的功能安全评估和审核结果

为了确保 SIS 安全生命周期所有技术活动圆满完成，必须建立功能安全管理体系。涉及下面几方面的要求：功能安全管理的组织和资源；危险辨识、风险评估和管理；安全计划制定；相关活动的执行和监控；评估、审核，以及升级管理；

SIS 的硬件 / 软件版本配置以及应用程序的组态管理。

两项突出的管理活动是功能安全评估 FSA（Functional Safety Assessment）和功能安全审核。

FSA 是对整个 SIS 安全生命周期的管控。IEC61511 推荐了 5 个节点位置进行 FSA，其中在第 3 个节点处有 3 个活动：确认、FSA，以及投用前安全审查 PSSR（Pre-Startup Safety Review）。

从工作内容上它们有很多重叠，不过它们有着各自的意图：

"确认"是 SIS 设计和工程阶段的最后环节，是通过检查、测试等手段证明交付的 SIS 系统全面满足了 SRS 的要求，具备了投入工艺装置运行的条件；

"FSA"是立足于生命周期的管理。在此节点上，对诸如技术文档、操作和维护规程、人员能力、备件及工具等与投产准备有关的活动进行独立的审查和评判；

"PSSR"是安全管理部门的监管活动。原国家安全监管总局安监总管三〔2013〕88 号"关于加强化工过程安全管理的指导意见"在试生产前各环节的安全管理中要求："建设项目试生产前，建设单位或总承包商要及时组织设计、施工、监理、生产等单位的工程技术人员开展"三查四定"（三查：查设计漏项、查工程质量、查工程隐患；四定：整改工作定任务、定人员、定时间、定措施），确保施工质量符合有关标准和设计要求，确认工艺危害分析报告中的改进措施和安全保障措施已经落实。"

美国 OSHA 的过程安全管理（PSM）中也明确要求进行 PSSR。ANSI/ISA–S84.01—1996 要求 PSSR 包括下列活动：

① 确认按照 SRS 的要求，完成了 SIS 的集成、建造、安装，以及测试。

② 与 SIS 有关的安全、操作、维护、变更管理等操作规程和应急处理程序已经落实到位，其规定翔实充分。

③ 过程危险与风险分析给出的有关 SIS 的建议和要求，在 SIS 设计中已得到体现和满足。

④ 人员培训，特别是与 SIS 操作和维护有关的技能培训已经完成。

功能安全审核是系统性的、独立性的检查活动，证明为满足功能安全要求制定的各类规程符合计划的安排，被有效地执行，以及适用于达到特定的目标要求。

功能安全审核是确保系统能力（SC）的重要工作。

功能安全审核是在现场操作阶段，对涉及功能安全的影响因素，例如操作和维护规程、文档等进行周期性（一般 3~5a）的检查控制。一般是通过问卷式调查或者在现场进行实地巡视检查、访谈等形式进行。

功能安全审核要落实审核策略、审核流程和活动安排、审核准备工作、审核员具体的审核方式、对审核发现的问题如何形成报告，以及后续如何跟进等。

11.4.5.13　建立安全生命周期架构以及制定实施计划

参与到 SIS 生命周期某一阶段的组织，例如设计、集成、安装或者维护管理等有关单位，都应建立与其职责范围相匹配的生命周期架构以及实施计划。其计划应该定义出各项活动、准则、技术措施、管理规程，以及部门或相关人员的职责。

该项活动必要的输入条件、目标，以及输出成果概括如下。

安全生命周期阶段或活动		目标	要求（IEC61511 条款 #）	输入	输出
阶段 #	名称				
11	建立安全生命周期并制定实施计划	建立生命周期活动每一步的行动计划以及如何完成	条款 6.2	—	安全计划

11.4.5.14 SIL 验证评估

尽管 IEC61508/IEC61511 给出的是 SIL 与 PFD_{avg}/PFH 之间的对应关系，并不意味着仅用 PFD_{avg}/PFH 衡量 SIL，它们表征的仅是硬件安全完整性。随着技术的发展，采用含软件的仪表设备越来越广泛，同时 H&RA 的影响也越来越突出，因此不能忽略系统性失效的影响。

要达到特定的 SIL，要满足硬件安全完整性和系统性安全完整性两方面的要求。SIS 的安全完整性由硬件安全完整性和系统性安全完整性两部分组成：

硬件安全完整性：它是表征危险失效模式中与随机硬件失效相关联的部分。对于高要求 / 连续操作模式，用平均危险失效频率 PFH（危险失效 /h）衡量；对于低要求操作模式，用"要求"时的平均失效概率（PFD_{avg}）衡量。

随机硬件失效：在硬件中因一个或多个可能的降级机制导致的、随机发生的失效。由于随机硬件失效仅涉及系统的硬件本身，因此可用失效率这一单一的可靠性参数表征。

系统性安全完整性：它是表征危险失效模式中与系统性失效相关联的部分。

系统性失效：与系统内隐含存在的"缺陷"有关的失效，在特定的条件或状态下，该失效必定发生，只能通过对设计、制造流程、操作规程、技术资料，或者其他相关因素等进行修改，才能消除此类失效。例如，软件中可能存在大家熟悉的"缺陷或漏洞（bugs）"，是典型的系统性失效。在 SRS 中、在硬件的设计、制造、安装、操作或维护过程中；在软件的设计、组态或执行中，由于人因错误在这些环节中存在缺陷 / 错误等"故障"，均会导致系统性失效发生。系统性失效难以用量化指标表征。

在 SIS 的设计和工程阶段，对系统能力 SC 评估的主要关注点是软件以及对安全手册的遵循。在现阶段，由于普遍缺乏现场经验的数据积累，对于高 SIL 要求的应用，普遍重视选用基于 IEC61508 认证的仪表设备。仪表设备按照 IEC61508 的要求获得了 SIL 认证，一般有三个支持文件：认证证书、测试报告，以及安全手册。

根据 IEC61508/IEC61511 要求，为取得特定的 SIL，在 SIS 设计时必须对每个子系统的三个要素进行评估。即一个"子系统"都要达到 SIL 'n'：

- 结构约束（architectural constraints）至少要达到 SIL 'n'；
- 要求时的失效概率 PFD_{avg} 或者 PFH 要在 SIL 'n' 的范围之内；
- 系统能力至少要达到 SC 'n'。

这里的"子系统"是构成 SIF 的功能单元，包括传感器子系统、逻辑控制器子系统，以及最终元件子系统。SIL 的验证从子系统开始。

ISA-TR84.00.02-2002-Part1~5 可供 SIL 验证计算参考。PFD_{avg} 验证计算的基本步骤如下：

- 辨识需要 SIF 防止的危险事件；
- 辨识应对危险事件所需每个 SIF 的 SIL；
- 辨识每个 SIF 的构成，包括表决机制；
- 依据 SIF 的传感器、逻辑控制器、最终元件、电源，以及任何其他影响 SIF 功能的部件，计算 PFD_{avg}；
- 确定每个 SIF 的 PFD_{avg} 是否满足 SRS 要求；

• 如有必要，修改 SIF（表决机制、检验测试的时间间隔，以及改变仪表设备的选型，等等），然后重新计算；

• 当计算出的 PFD_{avg} 满足或超过了 SRS 中的要求时，计算完成。

PFD_{avg} 计算公式如下：

$$PFD_{avg} = \sum PFD_{SE} + \sum PFD_{LS} + \sum PFD_{FE}$$

式中　PFD_{SE}——传感器的 PFD_{avg}；

　　　PFD_{LS}——逻辑控制器的 PFD_{avg}；

　　　PFD_{FE}——最终元件的 PFD_{avg}。

要注意的是，上面的公式忽略了电源 PFD_{avg} 的影响，其前提是 SIS 采用"失电关停（De-energize to trip）"设计。因为此时电源的失效将导致工艺过程停车，即处于安全状态。如果采用"得电关停（Energize to trip）"设计，则要加入电源的 PFD_{avg}。

为了便于手工计算，下面摘录《ISA-TR84.00.02-2002-Part2，安全仪表功能（SIF）-安全完整性等级（SIL）评估技术：采用简化公式确定 SIF 的 SIL》中几种典型表决机制的 PFD_{avg} 计算简化公式：

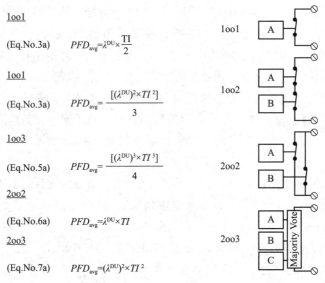

1oo1

(Eq.No.3a)　　$PFD_{avg} = \lambda^{DU} \times \dfrac{TI}{2}$

1oo1

(Eq.No.3a)　　$PFD_{avg} = \dfrac{[(\lambda^{DU})^2 \times TI^2]}{3}$

1oo3

(Eq.No.5a)　　$PFD_{avg} = \dfrac{[(\lambda^{DU})^3 \times TI^3]}{4}$

2oo2

(Eq.No.6a)　　$PFD_{avg} = \lambda^{DU} \times TI$

2oo3

(Eq.No.7a)　　$PFD_{avg} = (\lambda^{DU})^2 \times TI^2$

在误停车将导致危险，或者将造成严重生产损失时，可用性（Process Availability）成为重要的关注点。在这些场合可能需要对 SIF 计算误停车率 STR（Spurious Trip Rate）。不过，IEC61508/61511 等并未对 STR 的计算做出规定，在此也摘录 ISA-TR84.00.02-2002 的简化公式供参考。

$$\lambda^S = 1/MTTF^{误关停} \text{（对于单个 SIS 仪表部件）}$$

$$STR_{SIF} = \sum STR_{Si} + \sum STR_{Ai} + \sum STR_{Li} + \sum STR_{PSi}$$

式中　STR_S——传感器的误关停率；

　　　STR_A——最终元件的误关停率；

　　　STR_{Li}——逻辑控制器的误关停率；

　　　STR_{PSi}——电源的误关停率

1oo1：$STR=\lambda^{S}$

1oo2：$STR=2\times\lambda^{S}$

1oo3：$STR=3\times\lambda^{S}$

2oo2：$STR=2\times(\lambda^{S})^{2}\times MTTR$

2oo3：$STR=6\times(\lambda^{S})^{2}\times MTTR$

从各种典型表决结构的 PFD_{avg} 和 STR 简化公式，可以大致得出这样的结论：

- 安全性从高到低的排列顺序是：1oo2，2oo3，1oo1，2oo2；
- 可用性从高到低的排列顺序是：2oo2，2oo3，1oo1，1oo2。

所以在工程实践中，对于传感器的冗余配置，如果安全性要求高，一般选择 1oo2 结构；如果可用性占主导地位，一般选择 2oo2 结构；如果兼顾安全性和可用性，一般选择 2oo3 结构。对于关断阀门等最终元件的冗余配置，或者选择 1oo2 结构（安全性高），或者选择 2oo2 结构（可用性高）。

计算 PFD_{avg}/PFH 最好的数据源来自现场实际使用数据。失效率采集的是仪表设备在规定的使用条件和环境下，正常质量品质的可靠性数据，不包括残次品以及老化后的数据。合格的产品在正常使用时的失效率（λ）接近常量。这段时间被称为有效的生命期（Useful life），这时的失效率即为 PFD_{avg}/PFH 计算时采用的随机失效率。如图 11-4-10 所示。

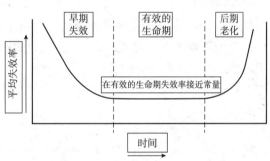

图 11-4-10　失效率"浴盆曲线"

需要注意的是，当 SIS 接近老化阶段时，其失效率 λ 会明显增大，为了确保 SIS 应有的 SIL，要适时调整测试策略，缩短检验测试的时间间隔。所以 IEC61511-1 条款 16.3.1.5 规定：在某些周期间隔（由用户确定），应基于各种因素对测试频度进行重新评估。考虑的因素包括测试的历史数据、操作和维护经验，以及硬件的降级等等。

获取可信的可靠性数据是 PFD_{avg}/PFH 计算的关键一步。目前阶段，大多数企业没有现场积累的可靠性数据，一般以 SIL 认证证书、工业数据库，甚至厂商自我评价给出的失效率数据进行 PFD_{avg}/PFH 计算。根据国家法规要求以及随着 SIS 功能安全管理水平的提高，对在役 SIS 的 SIL 水平进行评估应逐步过渡到采用现场收集的可靠性数据。

不过，考虑到某些仪表设备用量或者数据积累时间所限等不确定性影响，以现场获取的失效数据直接计算出失效率平均值（λ_{avg}）并进行 PFD_{avg} 计算可能并不具有统计学上的意义。因此，IEC61511 ed2.0 建议以可信区间 70% 上限值（$\lambda_{70\%}$）计算 PFD_{avg}。

根据下面的卡方（Chi-square）分布函数进行计算：

$$\lambda_{0.7}=\frac{1}{2T}\chi^{2}_{0.3,2(n+1)}$$

式中　T——总的累积时间；

　　　n——总的失效个数。

举例：

在此前类似工艺装置中，使用统计表明：电磁阀 140 台年，发生了 2 个危险失效（电磁阀不能动作）。按照可信区间 70% 上限值计算 $\lambda_{70\%}$, $MTTF_{d}$。具体的计算过程简述如下：

$$\lambda_{0.7} = \frac{1}{2T}\chi^2_{0.3,2(n+1)}$$

$$= \frac{1}{2 \times 140 \times 1}\chi^2_{0.3,2(2+1)}$$

$$= \frac{1}{280}\chi^2_{0.3,6}$$

查相关统计学书籍中关于卡方分布数值表，

根据 $\alpha=0.3$，$\gamma=6$，查得：

$\chi^2_{0.3,6}=7.231$

因此，$\lambda_{0.7}=0.025825$/年

$MTTF_d=1/\lambda_{0.7}=1/0.025825=38.722$ 年

11.4.5.15　SIL 验证举例

ISA 中的 PFD_{avg} 和 STR 计算简化公式，为我们理解不同表决机制所具有的安全性和可用性提供了便利。不过，在工程项目中需要进行 SIL 验证时，推荐采用 IEC61508-6：2010 中给出的计算方法和公式。下面是 IEC61508 常见表决架构 1oo1、1oo2、2oo2、2oo3 在低要求模式下计算 PFD_{avg} 的公式：

1oo1 表决架构：

$$PFD_G = (\lambda_{DU} + \lambda_{DD})\ t_{CE}$$

$$t_{CE} = \frac{\lambda_{DU}}{\lambda_D}\left(\frac{T_1}{2} + MRT\right) + \frac{\lambda_{DD}}{\lambda_D}MTTR$$

1oo2 表决架构：

$$PFD_G = 2((2-\beta_D)\ \lambda_{DD} + (1+\beta)\ \lambda_{DU})^2 t_{CE}t_{GE} + \beta\lambda_{DD}MTTR + \beta\lambda_{DU}\left(\frac{T_1}{2} + MRT\right)$$

$$t_{GE} = \frac{\lambda_{DU}}{\lambda_D}\left(\frac{T_1}{3} + MRT\right) + \frac{\lambda_{DD}}{\lambda_D}MTTR$$

2oo2 表决架构：

$$PFD_G = 2\lambda_D t_{CE}$$

2oo3 表决架构：

$$PFD_G = 6((1-\beta_D)\ \lambda_{DD} + (1-\beta)\ \lambda_{DU})^2 t_{CE}t_{GE} + \beta_D\lambda_{DD}MTTR + \beta\lambda_{DU}\left(\frac{T_1}{2} + MRT\right)$$

其中：T_1：检验测试时间间隔，h；$MTTR$：平均恢复时间，h；MRT：平均修复时间，h；β：没有被检测到的共因失效分数；β_D：被检测到的共因失效分数（$\beta=2\times\beta_D$）；PFD_G：要求时的平均失效概率；λ：总失效概率；λ_D：子系统中一个通道的危险失效概率；λ_{DD}：子系统中一个通道被检测到的危险失效概率；λ_{DU}：子系统中一个通道未被检测到的危险失效概率；t_{CE}：1oo1，1oo2，2oo2 和 2oo3 表决结构通道的等效平均不工作时间，h；t_{GE}：1oo2，2oo3 表决结构中表决组的等效平均不工作时间，h；T_2：需求之间的时间间隔，h；PTC：检测测试覆盖率。

进一步地，上述公式基于周期性检验测试（Proof Test）能够将隐含的危险失效（DU）全部辨识出来并修复到"如新"的状态或者尽可能地接近该状态。在实际工程实践中，

SIF 回路中的某些仪表设备可能做不到完美的检修，例如，在对阀门进行检修时，如果仅进行行程测试，阀门的内漏就无法检测出来。此时就要估算检验测试的有效性或者覆盖率（PTC）。

考虑 PTC 影响时要对上述公式做必要的修正，下面是修正后 1oo2 的 PFD_{avg} 计算公式：

$$t_{CE} = \frac{\lambda_{DU} PTC}{\lambda_D}\left(\frac{T_1}{2} + MRT\right) + \frac{\lambda_{DU}\ (1 - PTC)}{\lambda_D}\left(\frac{T_2}{2} + MRT\right) + \frac{\lambda_{DD}}{\lambda_D}MTTR$$

$$t_{GE} = \frac{\lambda_{DU} PTC}{\lambda_D}\left(\frac{T_1}{3} + MRT\right) + \frac{\lambda_{DU}\ (1 - PTC)}{\lambda_D}\left(\frac{T_2}{3} + MRT\right) + \frac{\lambda_{DD}}{\lambda_D}MTTR$$

$$PFD_G = 2((1 - \beta_D)\lambda_{DD} + (1 - \beta)\ \lambda_{DU})^2 t_{CE} t_{GE} + \beta_D \lambda_{DD} MTTR + \beta\lambda_{DU}\ PTC\left(\frac{T_1}{2} + MRT\right) +$$

$$\beta\lambda_{DU}\ (1 - PTC)\ \left(\frac{T_2}{2} + MRT\right)$$

以下我们结合 IEC61511-2：2016 附录 F 的例子，选取其中的一个 SIF（#S-2），简要描述 SIL 验证的基本思路。

a）SIF（#S-2）安全功能要求简述如下：

SIF S-2 用于防止反应器因倍量加入触发剂出现失控反应（Runaway）导致过压，或者因 BPCS 失效造成过量灌装，因气相空间过小导致液压过压。该 SIF 设置为压力变送器 100PT 或者 100PT1 压力测量值超过表压 0.86MPa（125PSI）时，将打开反应器放空阀 100PV 和 100PV1。安全完整性要求达到 SIL3。

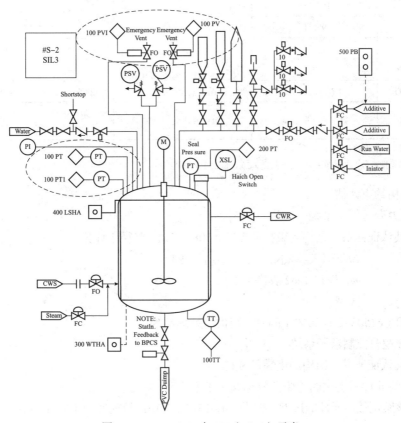

图 11-4-11　P&ID 中 SIF（#S-2）示意

789

需要说明的是，由于是放热反应，高温也导致高压。不过，由于该场景升压过程非常快，温度信号因固有的滞后特性不足以快速间接反映这一危险状况，因此，该 SIF 不考虑温度的影响。

b）SIF（#S-2）系统结构：

#S-2 SIF 系统结构如图 11-4-12 所示。

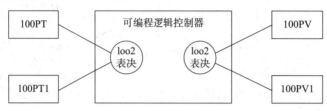

图 11-4-12　SIF（#S-2）结构示意图

c）假设的仪表选型和可靠性数据：

假设的仪表选型和可靠性数据见表 14-4-6。

表 14-4-6　假设的仪表选型和可靠性数据

参数	压力变送器	PE 逻辑控制器	最终元件	
			电磁阀	紧急放空阀
λ_{SD}	0FIT	PE 逻辑控制器为 SIL3 认证的安全系统； 厂商提供： $PFD_{avg}=2.66\times10^{-05}$； SC3 检验测试以及系统操作和维护，遵循其安全手册。	$MTTF_d$：	$MTTF_d$：
λ_{SU}	92FIT			
λ_{DD}	1650FIT		35a	60a
λ_{DU}	99FIT			
类型	B		A	A
系统能力（SC）	3		—	—
检验测试（TI）	8760h（1a）		4380h（0.5a）	4380h（0.5a）
数据来源	第三方认证数据	第三方认证 / 厂商	最终用户（早先使用评估）	最终用户（早先使用评估）

注：1. FIT=1 个失效 /10⁹h；

2. 可靠性参数的分类（λ_{SD}、λ_{SU}、λ_{DD}、λ_{DU}），取决于具体的应用。

d）结构约束评估

1）压力变送器子系统

根据其认证证书，结构约束按照 IEC61508：2010 路径 1 评价：

$$SFF=(\lambda_{SD}+\lambda_{SU}+\lambda_{DD})/(\lambda_{S}+\lambda_{D})=94.6$$

$$HFT=1（1oo2 表决）$$

B 型

依据 IEC61508-2：2010 Table3，结构约束满足 SIL3。

2）PE 逻辑控制器子系统

根据其认证证书，结构约束满足 SIL3。

3）最终元件（电磁阀、紧急放空阀）子系统

由于该案例最终元件的选型，依据 IEC61511：2016 "早先使用（Prior Use）" 原则，依据

IEC61511-1：2016 Table6，HFT=1（1oo2 表决），结构约束满足 SIL3。

e）系统能力（SC）评估

系统能力表征系统性安全完整性对 SIL 的影响。

1）压力变送器子系统

认证报告中列明该仪表为 SC3（SIL3 Capable）。

当前具有 SIL 认证的仪表设备，一般都会在认证证书中列明其 SC 等级。它表明仪表厂商在研发该产品的过程中，确保其系统性错误（例如，系统软件）足够低，满足了特定 SIL 要求；另一方面，对于用户来说，要确保在选型、安装、操作和维护过程中遵循其安全手册的要求。

该案例中，假设该变送器的选型以及安装图设计等遵循了安全手册要求，确保其满足 SC3。

2）PE 逻辑控制器子系统：

根据其认证证书，控制系统本身满足 SC3。

不过，设计以及集成商要在硬件配置以及应用程序组态等环节，严格遵循 IEC61511：2016 关于功能安全管理（条款 5）、应用程序生命周期（条款 6.3），以及应用程序开发（条款 12）等相关要求，确保满足 SC3。

3）最终元件（电磁阀、紧急放空阀）子系统：

本例电磁阀和紧急放空阀的选型依据 IEC61511：2016 早先使用原则（条款 11.5.3）。该原则立足于现场经验等积累的第一手资料，实质上是对仪表设备自身质量品质、适用性、可维护性等各方面的综合评价，它表明遵循以往的使用经验，其系统性失效足够低。因此，认定最终元件子系统达到 SC3。

f）PFD_{avg} 计算

1）压力变送器子系统

进一步假设：共因失效：$\beta=5\%$，MRT（$MTTR$）：8h，检验测试有效性：$PTC=100\%$。

计算得：

$$PFD_{avg\,(Sensor,\,Ioo2)} = 2.72 \times 10^{-05}$$

2）PE 逻辑控制器子系统

厂商给出的 $PFD_{avg\,(Logic\,Solver)} = 2.66 \times 10^{-05}$

3）最终（电磁阀、紧急放空阀）子系统

进一步假设：共因失效：$\beta=5\%$，MRT（$MTTR$）：8h，检验测试有效性：$PTC = 100\%$。

电磁阀 $\lambda_D = 1/MTTF_d = 1/(35 \times 8760) = 3.26 \times 10^{-06}$/h，

由于在设计中，对电磁阀没有在线自动诊断措施，因此：$\lambda_{DU} = 3.26E-06$/ 小时；$\lambda_{DD}=0$；$\lambda_{SD}=0$；$\lambda_{SU}=0$。

紧急放空阀 $\lambda_D = 1/MTTF_d = 1/(60*8760) = 1.9 \times 10^{-06}$/h，由于在设计上，对紧急放空阀没有在线自动诊断措施，因此：$\lambda_{DU} = 1.9 \times 10^{-06}$/h；$\lambda_{DD}=0$；$\lambda_{SD}=0$；$\lambda_{SU}=0$。

依据可靠性方块图（Reliability Block Diagram），电磁阀与紧急放空阀构成了串联系统，整个最终元件的危险失效率：

$\lambda_{D\,(Final\,Element)} = \lambda_{D\,(SOV)} + \lambda_{D\,(Valve)}$，即：$\lambda_{DU\,(Final\,Element)} = 5.16 \times 10^{-05}$/h；$\lambda_{DD\,(Final\,Element)} = 0$；$\lambda_{SD\,(Final\,Element)} = 0$；$\lambda_{SU\,(Final\,Element)} = 0$

计算得：

$$PFD_{avg\,(Final\,Element,\,1oo2)} = 8.73 \times 10^{-04}$$

4）$PFD_{avg\,(SIF)} = PFD_{avg\,(Sensor,\,1oo2)} + PFD_{avg\,(Sensor,\,1oo2)} + PFD_{avg\,(Final\,Element,\,1oo2)} = 9.27 \times 10^{-04}$

（注：假设为"失电关停（De-energize to Trip）"设计，因此忽略了电源的影响。如果为"得电关停（Energize to Trip）"设计，则需要考虑电源失效对 PFD 计算的影响）

对照 IEC61511-1：2016 table 4，PFD 值为 9.27×10^{-04}，落在 SIL3 范围之内。

g）最终结论

根据结构约束、系统能力，以及 PFD_{avg} 计算，验证该案例 SIF（#S-2）的最终为 SIL3，满足安全要求规格书对该 SIF 的 SIL3 要求。

需要进一步说明的是，检验测试的 TI 和 PTC，以及 β 对 PFD_{avg} 值有着明显的影响。这就需要建立相应的检验测试规程并遵照执行；遵循良好的工程实践原则，尽可能消除或降低共因失效的影响。

另外，该案例压力变送器为 1oo2 表决，具有较高的安全性。不过，1oo2 表决架构的可用性较低。由于该案例是批量间歇式生产过程，这一设计是合理的。不过，对于连续生产工艺过程，当安全要求高（例如 SIL3）时，建议压力变送器为 2oo3 表决架构，以满足高安全性和高可用性的双重要求。

11.4.5.16 安全控制、报警、联锁（SCAI）的完整性管理

在工程实践中，往往在 BPCS 中设置安全联锁或者安全报警等，与 SIF 共同实现风险降低意图，这样的设计要求在保护层分析（LOPA）中得以体现。不过，一旦认可这些措施的作用，它们事实上扮演了与 SIF 同样的角色，只是风险降低能力的差异而已。例如，在 BPCS 中设置的安全联锁具有 10 倍的风险降低能力（RRF=10），即 SIL1 的下限值。这就要求将这些措施从一般的基本过程控制中区分出来，比照 SIF 的原则进行设计和管理。

ANSI/ISA-84.91.01—2012：过程工业安全控制、报警，以及联锁（SCAI）的辨识和机械完整性，定义了"安全控制、报警，以及联锁（SCAI）"，它指通过仪表和控制实现的过程安全监控措施，用于取得或保持工艺过程的安全状态，并要求对特定的危险事件提供风险降低。当然其中包括 SIS。

SCAI 有很多种类型。例如：安全报警、安全联锁、安全许可、检测或抑制、紧急停车、安全关键控制，以及安全仪表系统。图 16.1 展现了它们与过程危险分析之间的相互关系。图 11-4-13 中列出的术语并不意味着只有它们用于安全控制、报警，以及联锁；也并不认为各个类型之间一定是相互隔离和独立的。

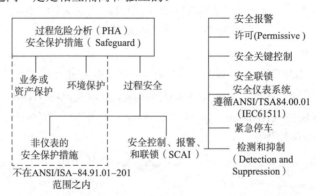

图 11-4-13 安全控制、报警，以及联锁（SCAI）与过程危险分析（PHA）之间的关系

SCAI 的设计和管理原则如下：

① SCAI 应该在过程危险分析阶段辨识出来，与其相关的文档应该与其他仪表系统明确区分。其他仪表系统不被认定为过程安全措施，或者在过程危险分析时并不要求它们对过程安全风险提供风险降低措施。例如，基本过程控制、批量控制、状态控制、资产 / 商业保护，以及质量控制。

② SCAI 应该正确地安装，并符合设计规格书和制造商的安全手册等要求。

③ SCAI 应包括在机械完整性管理程序中，采取周期性检验、测试、预防性维护，保持它们在操作环境下的完整性。

④ SCAI 应该遵循管理规程进行周期性检验、测试、维护。规程的制定应遵循良好的工程惯例。良好的工程惯例包括许多因素的考虑，诸如制造商的推荐规范、其他的规范以及实践经验、内部的实践经验、设备性能的历史纪录，以及以往的操作经验。

⑤ 周期性检验应确保与 SCAI 相关联的仪表被正确地安装，并按照设计规格书要求和良好的工程惯例原则进行维护。

⑥ 机械完整性活动的频次，应考虑良好的工程惯例。

⑦ SCAI 检验和测试的文档记录，至少应保留下面的内容：检验或测试的日期，

完成检验或测试的人员姓名，受检设备的系列号或其他唯一识别标示，完成的检验或测试描述（例如，检查表、规程，制造商的推荐规范），基于用户定义的验收标准的检验或测试结果［例如，校验前（as-found）和校验后（as-left）状态，采取的矫正措施］。

11.4.5.17　SIS 的信息和文档要求

IEC61511 要求提供必要的信息并把这些信息文档化，以便能有效地执行安全生命周期所有阶段的技术活动以及有效地执行验证、确认和功能安全评估等活动。

这些文档应该满足下面的要求：

• 准确；

• 容易理解；

• 适合它所预定的目的；

• 可访问和可维护；

• 应有唯一的标记，易于引用不同的部分；

• 应有名称以表示类型；

• 应可追溯到 IEC61511 关于功能和安全完整性要求的相关条款规定；

• 应有一个版本索引（版本号）；

• 结构应使之能搜索有关信息。应能辨识一个文档的最新修订版本；

• 结构应易于被修订、补充、复审和批准。

• 当前的文档应保持下述相关信息：危险和风险评估的结果及相关假设，用于仪表安全功能的设备连同对它们的安全要求，对 SIS 功能安全负有责任的组织及其职责所在，为达到并保持 SIS 功能安全所必需的管理规程，因受变更修改影响到的全部文档，必需的内容更新，逻辑控制器的安全手册以及与 SIS 有关的仪表设备的安全手册（必要时），设计、工程实施、测试和确认等阶段的文档或信息。

⌀ 11.5 监控及数据采集系统（SCADA）

监控及数据采集系统 SCADA（Supervisory Control And Data Acquisition System）是以计算机为基础的生产过程控制与调度自动化系统，已广泛应用于石油、化工、电力、油气输送等诸多领域。SCADA 通过主机和以微处理器为基础的远程终端控制单元 RTU（Remote Terminal Unit），PLC 及其他输入、输出设备的通信，实现对现场的运行设备的数据采集、设备控制以及各类信号报警等功能，从而保证系统的安全运作及优化控制。SCADA 可以满足水、电、气、报警、通信、保安等应用，并满足顾客要求的设计指标和操作概念。以下以其在长输管道工程中的典型应用为例进行介绍。

11.5.1 系统构成和功能

11.5.1.1 系统构成

SCADA 系统由调控中心、备用调控中心、若干站场控制系统（SCS）和若干阀室 RTU 等构成。输油输气管道 SCADA 系统结构如图 11-5-1 所示。

SCADA 自上而下设置三层网络，分别是：管理信息网、监控网和控制网。控制网是将 SCADA 服务器与 SCS 和 RTU 连接的网络，可完成实时数据采集与设备控制；监控网是将服务器、操作站、打印机等连接在一起的网络，完成监控操作、数据处理及存储；监控网与管理信息网之间采用中间数据库/Web 服务器作为隔离区 DMZ（Demilitarized Zone），仿真培训系统、GMS（Global Manufacturing System）系统、ERP（Enterprise Resource Planning）等系统连接在管理信息网上，管理信息网通过网闸与中间数据库/Web 服务器连接进行安全的数据交换，读取 SCS 和 RTU 的管道运行数据。

11.5.1.2 系统功能

调控中心是 SCADA 系统管道控制的核心，它与 SCS 和 RTU 进行实时通信，共同完成管道的监视与控制。SCADA 对各站实施远程数据实时采集、监视控制、安全保护和统一调度管理。调控中心可向各 SCS 发出调度指令，由 SCS 完成控制操作；实现资源共享。SCADA 至少应实现以下操作模式：调控中心集中监视和控制；站场的站控制系统自动/手动控制；站场单体设备（如压缩机组）的自动/手动控制、站场子系统的自动/手动控制；就地手动操作控制。

长输管道工程通常采用全线调控中心控制级、站场控制级和就地控制级的 3 级控制方式。

① 第一级为中心控制级。对全线进行远程监控，实行统一调度管理。在正常情况下，由调控中心对全线进行监视和控制。沿线各站控制无须人工干预，各工艺站场的 SCS 和 RTU 在调控中心的统一监控下完成各自的工作。

② 第二级为站场控制级。各站场通过 SCS 对站内工艺变量及设备运行状态进行数据采集、监视控制及联锁保护。在无人值守的远控线路截断阀室设置 RTU，对线路截断阀及相关设备进行数据采集、监视控制。站场控制级的控制权限由调控中心设定，经调控中心授权后，才允许操作人员通过 SCS 或 RTU 对各站进行授权范围内的操作。当通信系统发生故障或系统检修时，由 SCS 实现对各站的监视与控制。

③ 第三级为就地控制级。就地控制系统对工艺单体或设备进行手/自动就地控制。当进行设备检修或紧急切断时，可采用就地控制方式。

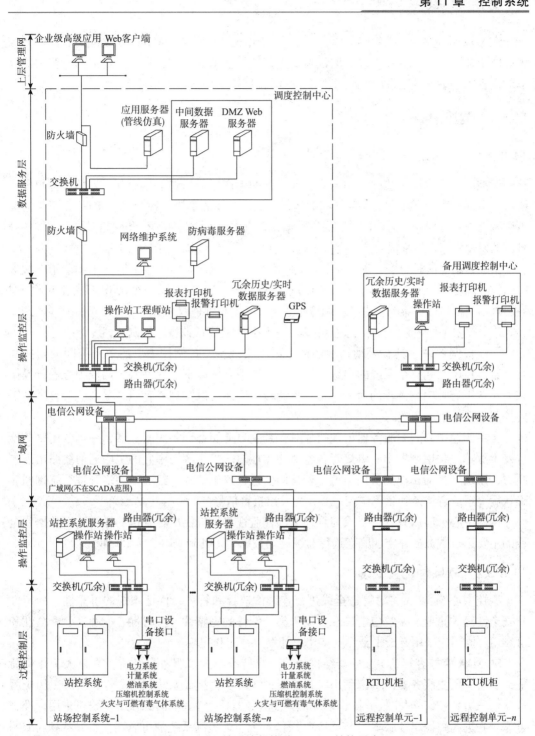

图 11-5-1　输油输气管道 SCADA 结构示意

11.5.2　选用注意问题

SCADA 系统在基础设计及详细工程设计阶段，应在建设方的统一协调下，结合管理、调度及控制要求与设计方、供货商对供货范围、工作范围及工作界面进行协商及明确。调度控制中心、站场控制系统及远程控制单元设计选用注意要点见各系统考虑事项。

SCADA 系统的路由器作为调控中心部分与站场控制系统（或 RTU）之间的界面。调控中心路由器（包括路由器）以上的设备属于该项目技术规格书要求的供货范围，路由器以下的设备属于站场控制系统（或 RTU）供货范围。

11.5.3 调控中心

11.5.3.1 主要功能

调控中心负责统一监视、调度、管理全线的生产运行，如下达命令、采集各种数据、协调各个远方工艺站场和线路截断阀的运行、处理全线的事故。各 SCS 和 RTU 在正常情况下受调控中心的指挥，为调控中心提供数据，负责本地站的具体操作和联锁保护，完成各种具体的操作程序，如流程切换、设备的启动 / 停车、联锁保护、过程控制等。

沿线各站场同时与主、备调控中心交换信息。在正常情况下由主调控中心对管道全线进行监控、调度和管理，在主调控中心计算机控制系统、通信信道故障的情况下或者主调控中心出现不可抵御的灾难时，由备用调控中心接受调度和管理权，对管道全线进行监控、调度和管理，在主调控中心完全恢复之后，仍由主调控中心完成监视、控制、调度等功能。

主、备调控中心具有手动切换功能，可以实现主、备调控中心的单系统间的切换和主、备调控中心间整个系统的完全切换。主调控中心可以下达允许备用调控中心进行操作和终止备用调控中心操作的命令。主、备调控中心还可以实现各管线、单系统、整个系统的控制权限的手动切换。

当主调控中心的主服务器出现故障时，系统自动切换到备用服务器，一旦备用服务器也发生故障，备用调控中心将接管各管道的监控权。当主调控中心的主用通信线路出现中断时，系统将自动切换到备用信道，若备用信道也发生故障，经通信网络管理系统判断、确认后，系统将切换到备用调控中心，并发出报警信号。

调控中心一般以只读的方式为管理用远程监视终端提供所辖管道的详细运行数据和全线的主要运行数据。并定期刷新远程监视终端数据库，其间隔时间为 20~40s。

11.5.3.2 软硬件配置要求

调控中心 SCADA 将对管道全线进行连续的监控和管理，保证系统的可靠性、稳定性和安全性至关重要。系统应能确保数据采集、储存的完整性、及时性、准确性、安全性和可靠性，同时应采用开放平台，支持用户开发、补充和完善。

SCADA 应按客户机 / 服务器结构设置，支持分布式多服务器结构。在最大工作负荷下，实时、历史服务器的资源利用率不应超过 30%。为提高系统的可靠性，实时、历史服务器均采用 UNIX 实时多任务操作系统，其他服务器采用 Windows 系统。客户机采用标准、可靠、先进、高稳定性版本的 Windows 操作系统。为提高系统的可靠性，服务器和局域网（LAN）采用热备冗余配置。

11.5.3.3 调控中心设置时的考虑事项

a）硬件设置

1）服务器

服务器是计算机系统的核心，运行各种软件，采集各站的过程数据，担负着整个系统的实时数据库/历史数据库及网络的管理等重要工作。为提高可靠性，服务器采用冗余配置。其性能适合工业用硬件和软件的标准，具有容错和自诊断能力。

①SCADA 实时数据服务器及历史服务器。SCADA 实时数据服务器负责处理、存储、管理从现场各站 SCS，RTU 等采集的实时数据，并为网络中的其他服务器和工作站提供实时数据。实时数据存放在实时数据库中。实时数据服务器采用热备冗余配置，通过主通信服务器与各站通信服务器通信，采集各站的实时数据完成与各站的通信链接、协议转换、网络管理等任务。历史数据服务器主要完成历史数据的存储、管理，并为网络中的其他服务器和工作站提供数据。

②通信服务器（根据实际情况确定）。通信服务器中运行通信管理软件，完成与沿线各站的 PLC 和 RTU 的通信链接、协议转换、网络管理等任务。

③中间数据服务器。SCADA 中间数据库服务器，可为第三方高级应用系统（如 GMS 和仿真培训系统）提供数据服务。中间数据库服务器直接与管道 SCADA 通信，SCADA 实时/历史服务器将单向向中间数据库服务器写入管道生产数据。通信接口方式采用 OPC、ODBC、API 等，供货商应负责此部分的开发及调试工作。

2）工作站

①操作员工作站。操作员工作站是调度、操作人员与调控中心计算机监控系统的人机接口（HMI），它在调控中心计算机监控系统中是作为客户机，直接读取实时数据服务器的数据。操作员通过它可详细了解管道全线的运行状况并下达命令，它们通过 LAN 与服务器互连并交换信息。

②工程师工作站。工程师工作站是系统工程师的操作平台。工程师可通过它们对计算机监控系统的应用软件及数据库等进行维护和维修，同时还可以对系统进行二次开发，实现其所允许的功能。

3）外存储设备

调控中心 SCADA 的历史数据服务器通过设置磁盘阵列，用于存储系统的历史数据和其他数据。

4）网络设备

调控中心的局域网（LAN）必须支持网络上连接的所有设备的数据交换。应满足实时、多任务、多参数的要求。采用标准的、开放型 LAN 结构，按冗余设置；能与上位计算机系统联网并进行数据交换；能兼容异种机型工作；与异种 LAN 或同类 LAN 互联。LAN 采用分布式服务器、总线拓扑结构。网络连接采用网络交换机。其速率为 10/100/1000Mbit/s，且易于升级；网上所有设备，均可交互访问，支持 TCP/IP 协议；网络媒介采用 5 类双绞线或超 5 类双绞线或光纤。通信接口设备应包括主备路由器、核心交换机、网络交换机等设备。

5）时钟同步

调控中心设置全球定位系统（GPS）提供时间基准，GPS 连接在监控网上，可为监控网和控制网上设备提供时钟源服务，SCADA、SCS 和 RTU 应采用 NTP 或 SNTP 协议与 GPS 时钟源周期性自动对时，实现整个系统的时钟同步，时钟同步精度不大于 100ms。

b）软件设置

为保证系统兼容性，SCADA 调控中心软件与控制系统硬件需采用同一品牌厂家产品，应支持 UNIX/LINUX/Windows Server 服务器操作软件。

服务器操作系统可采用 UNIX/LINUX/Windows Server 版，其他计算机操作系统采用成熟版本的 Windows 操作系统。

系统供货商应向业主提供操作系统所有的原版软件及许可证，并提供对操作系统的技术培训。

① 数据库管理软件。数据库存储系统的全部数据。灵活、开放、高效的数据库管理系统是衡量系统优劣的重要指标之一。从功能上，SCADA 须内置实时数据库和历史数据库。数据库应具有简单易行、方便用户的在线和离线编辑、维护、查找、修改、链接等功能，应采用标准接口和语言与第三方数据库进行无障碍连接。

应提供一组应用程序实现数据库的脱机管理，可实现数据库的备份、恢复和报表打印功能。备份和恢复功能允许业主把数据库备份到外部存储上，重建数据库和恢复选定的数据项。打印功能允许业主以一定的格式打印选定内容。

应采用简单易读的方式将对数据库的任何修改信息记录保存，信息应至少包括修改内容和修改人。

② 数据采集和通信软件。调控中心将通过实时服务器与各站通信，采集 SCS 及 RTU 的实时数据。调控中心实时服务器将采集到的各现场实时数据直接传送到实时服务器中，完成 SCADA 对工艺站场的实时监控任务。

在系统实施过程中，应采用尽可能少的通信协议（1~2 种）即可完成对所有远方站的数据采集和处理。调控中心与站场控制系统、RTU 之间通过控制网连接，应采用 ModbusTCP/IP 或 EtherNet/IP 通信协议。通信协议应支持多种扫描方式，如周期扫描、例外扫描、查询、例外报告、报警、广播等，具有错误校验、带时间标签传输等功能。

在最大数据量的情况下，系统的扫描周期不应大于 15s。应允许操作人员对扫描周期进行修改。

数据通信系统具有自动判断通信信道故障和寻找通信路由的诊断功能，当主通信系统中断时，能自动启动备用信道，在最短的时间内恢复与远方站的联系。一旦发现主通信信道恢复，立即切换回主信道工作。同时，系统也可以手动切换通信线路。通信中断和切换应发出报警并记录。在通信线路故障期间，各站的 SCS、RTU 等将按时间顺序在其存储器内保存数据。

③ 报警和事件管理软件。无论报警及其响应和事件信息来自何处，它们均应被保存在相关的数据库中，供系统随时调用。系统应具有滤波及判断功能，以防止产生虚假报警和重复报警现象。一旦报警被证实，应以最快的速度发布。

报警应分级，如高（H）、高高（HH）、低（L）、低低（LL）等，不同报警级别应使用不同的报警颜色和行为。报警设置应通过简单的组态即可完成。

报警信息应能以多种方式发布，包括声、光（闪烁）报警、语音提示（必须采用中文）。

报警可在报警汇总和动态流程画面中显示，也可在报警打印机上实时打印。显示和打印的信息最少应包括时间、站名、位号、数据名称、报警等级、报警限、报警值、说明等，显示和打印信息应采用中文。

应具有报警确认功能，在操作员发出报警确认信号后，系统将停止声音报警，改变报警显示颜色或行为（如停止闪烁）。

系统发生的事件，如命令、报警确认、修改设定值、操作员登录、数字量变化、通信切换、软件启停、报表打印等（不限于此），均应被记录。记录内容至少应包括时间、事件说明等。

④ 报表软件。系统应具有强大的、灵活的报表编辑功能，生产运行报表、计量报表、运行时间累计报表可根据需要的格式编辑中文报表。报表可在线或离线编辑和打印。

⑤ 人机界面软件。HMI 是操作员、工程师与计算机系统的对话窗口，它提供各种信息，接受操作命令，HMI 软件的数据库通过标准接口与服务器的数据库连接。它具有强大的图形编辑、显示功能，具有支持三维图的编辑、显示能力，可调用标准简体中文字库。支持多窗口显示及动态画面显示。

HMI 软件具有通信、数据库、动态和静态画面编辑、文本编辑、在线帮助、实时趋势编辑显示、历史趋势编辑显示、报警管理、事件管理、报告管理等功能模块。

c）故障处理

系统服务器、通信服务器、服务器电源、服务器硬盘、控制网络、监控网络、通信卡等要求冗余。冗余设备在发生故障时，应可在线维修和更换，测试和恢复不影响系统的正常运行。

d）可用性及可靠性要求

系统的硬件和软件应具有高度的可靠性和可用性。供货商应提供主要硬件设备和网络的平均无故障工作时间（MTBF）和平均维修时间（MTTR）。

系统总的可靠性应根据各部分硬件和软件的可靠性、网络结构、冗余配置方式等因素综合计算，系统可用性应大于 99.9%。供货商应在标书中列出系统可用性指标，并能解释计算公式和过程。

e）系统的自诊断及容错

系统应具备完整的自诊断功能，并且定时自动或人工启动进行系统诊断，在操作站和工程师站上可显示自诊断状态和详细结果。系统可诊断各种通信接口（包括第 3 方接口）的通信状态，故障时报警，如果有冗余通道故障应自动切换到冗余通道，以免影响正常通信。

系统应具备一定程度的容错能力，即当某些部件发生故障时，不影响整个系统的有效工作。供货商在报价时，应对系统容错能力进行详细描述。

f）系统安全性

SCADA 内的信息传递是通过各种网络实现的。信息的安全、可靠是保证 SCADA 稳定、有效运行的基础。系统供货商应根据本系统的实际情况，从保密性、完整性和可用性出发提出有针对性的安全策略，构建以身份鉴别、访问控制、网络隔离、数据加密等安全技术为基础的安全体系整体实施方案。

11.5.4　站场控制系统

11.5.4.1　总体要求

SCS 一般由 1 套过程控制系统（BPCS）和 1 套紧急停车系统（ESD）组成，SCS 是 SCADA 的基础部分，主要设备应包括控制站、操作站、数据存储设备、网络设备等，可设置 SCS 服务器。SCS 的过程控制系统一般为 PLC。

调控中心和 SCS 的 PLC 建立直接的通信联系，直接通过 PLC 读、写数据。SCS 集成商负责 PLC 与流量计算机之间的通信。PLC 与第三方智能设备通信，不得采用需进行编程并带有中间数据库或寄存器组的通信模块或网关设备，需采用可由 CPU 程序直接控制的、通过控制网络直接进行协议转换的通信设备。

PLC 输入模板和输出模板应有故障自诊断功能，I/O 模板的输入和输出端应具有识别其与现场仪表或设备连接短路和断路的自动诊断功能，并产生报警信息。

所有计算机设备的供电必须采用防浪涌插座。

SCS 至现场的每个硬接线 I/O 回路、仪表供电回路和通信接口均应配置单通道型防浪涌保护器。信号防浪涌保护器均采用单通道型，用于三线制回路的防浪涌保护器应提供线 – 线和线 – 地间的保护。

每个机柜的 220V AC 电源进线，需加装并联型防浪涌保护器。

11.5.4.2　SCS 功能

SCS 将自动完成对站内设备、工艺运行参数的检测、控制、报警、联锁等任务，并通过光纤将数据上传到调控中心。操作人员在调控中心可实现对站内设备运行的监控、数据存储，实现统一调度管理，实现现场无人值守。在调控中心维修或者故障的情况下，SCS 将取得控制权，自动完成联锁控制。

11.5.5　远程终端单元

11.5.5.1　基本功能

RTU 应具有数据采集、控制及通信功能，结构上至少包括备控制器、通信模件、存储单元、I/O 模件。RTU 应完成输油输气管理远程阀室的数据采集处理、控制，并将数据直接上传至调控中心或上传至相关站场。

11.5.5.2　RTU 设置时的考虑事项

控制站的处理器、电源、通信接口应采用冗余配置，RTU 应为低功耗产品，能适应恶劣的工作环境，其工作温度范围应为：–40~70℃。RTU 主要硬件必须是具有防腐功能的标准带涂层产品，具有 G3 防腐认证证书。

11.5.6　其他设置要求

11.5.6.1　环境和安装条件

除特殊说明，SCADA 的所有设备将被安装在非爆炸危险区域内。调控中心主要设置有调控室、机柜室、工程师办公室等，在集气站均设置有控制室、机柜室等，以上房间设置防静电活动地板。为保证计算机系统的正常运行，这些房间配备了空调设备。其房间的温度及湿度如下：温度 为 18~28℃，温度变化率小于 10℃ /h，不得结露；相对湿度为 15%~85%。

在空调设备发生故障的情况下，其房间的温度、湿度如下：温度为 –22.7~42.5℃；相对湿度为 20%~80%。

监控阀室的 RTU 所处的环境条件比较恶劣，供货商必须保证所提供的设备和材料应能适应该环境条件。

11.5.6.2 电源设备

① 调控中心采用不间断电源系统 UPS（Uninterruptable Power Supply）供电。供电电压为 220V AC，50Hz。在外电源断电的情况下，UPS 能保证调控中心的主要设备 2h 的正常工作时间。

② SCS 采用 UPS 供电。供电电压为 220V AC，50Hz。在外电源断电的情况下，UPS 能保证站控计算机系统和仪表 2h 的正常工作时间。SCS 的 UPS 采用单机分列运行方式提供双路电源。SCS 所需的配电和为现场仪表的供电由 SCADA 供货商负责。所采用的直流稳压电源应按冗余配置。为现场变送器、无源接点输入、接点输出等的 24V DC 供电回路应分开设置并配断路器。220V AC 供电回路的断路器应采用双刀（相、中）断路器。24V DC 供电回路应采用双刀断路器。

③ 设置 RTU 的各清管站、分输阀室、远控线路截断阀室，根据地理环境由太阳能发电装置供电，供电电压为 24V DC。UPS 的输入输出电压及电流、运行状态、电池低电压报警、故障报警等参数通过 RS–232 或 RS–485 串行通信口传送到所在地的计算机系统。

太阳能电源系统配置 RS–232/RS–485 串行通信接口与 RTU 通信，实现对它的远程监测和控制。通常，它的运行值和报警值将被采集处理并传送给调控中心。

④ UPS、太阳能电源系统传送的数据由电力专业确定。

11.5.6.3 防雷等抗外界干扰的措施及接地要求

① 调控中心 SCADA 系统应在有可能将由于雷击（直击雷、感应雷等）产生的高压导入计算机系统的接口位置设置完善的防雷击和浪涌保护措施。

② SCS 和 RTU 均能将由于雷击（直击雷、感应雷等）产生的高压导入在计算机系统的接口位置设置的防雷击和浪涌保护设施。

③ 调控中心及站内电气接地、自控、通信的保护接地及工作接地、防雷防静电接地等共用同一接地装置。接地要求应符合 SH/T 3081—2019 的规定。

11.6　压缩机组控制系统（CCS）

11.6.1　概述

压缩机组控制系统（Compressor Control System）用于监视、控制和保护由蒸汽、燃气、烟气、工艺气、电机等原动机驱动的大型离心式和轴流式压缩机组，又称透平压缩机综合控制系统 ITCC（Integrated Turbine/Compressor Control System），广泛应用于石油化工、煤化工、化肥、冶金和电力等装置中的大型压缩机组的综合控制。

11.6.2　CCS 构成及控制功能

a）CCS 组成

CCS 由机组控制系统、操作站、辅助操作台、工程师站、SOE 站组成，CCS 系统结构如图 11–6–1 所示。

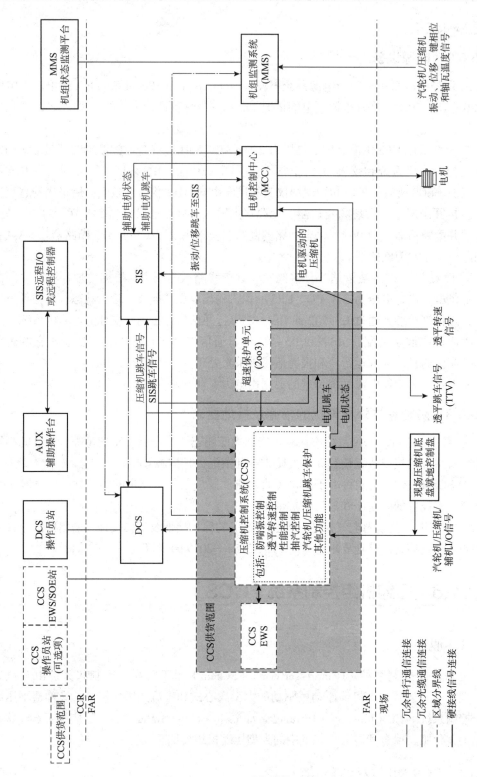

图 11-6-1　CCS 系统结构示意

b）CCS 控制功能一览

① 压缩机部分主要控制功能：压缩机防喘振控制，压缩机性能（负荷）控制，压缩机

跳车保护。

②汽轮机部分主要控制功能：汽轮机转速控制系统，汽轮机抽汽控制系统，汽轮机超速保护系统。

③机组辅助系统及相关工艺部分控制功能：油路系统监控，蒸汽高低限压力监控，压缩机段间吸入罐段间液位及温度控制，干气密封监控，燃机燃烧室排气温度控制，燃机燃料阀控制，盘车等系统的控制。

11.6.3　CCS 系统选用

CCS 在工厂应用时可以从以下几方面考虑选型。

a）按控制系统安全等级分类

在 CCS 设计选型时，可以根据需要控制的机组设备在装置中的重要性，以及企业对该机组设备事故可接受的风险程度来选择 CCS 是否为带 SIL 认证的安全 PLC 系统或普通 PLC。同时根据 CCS 在工厂的控制网络设计，考虑是否需要带信息安全认证的 PLC 系统，各种类型的具体特点如下：

①满足 SIL3 安全等级应用的控制系统。该类控制系统的安全性和可用性高，与传统的机组分离式仪表控制相比，可以把透平压缩机组的转速控制、防喘振控制、性能控制、机组辅助设备控制、机组的安全联锁保护控制统一在一个控制系统内完成，这样的系统能很好地协调各控制回路之间的关联条件，利用优化控制算法软件，实现机组高性能运行需求，达到工业生产节能降耗的目的。

②非安全认证的 PLC 控制系统。该类控制系统的安全等级低，一般只做转速控制、防喘振控制、性能控制，不可以做机组的安全联锁保护功能。

③控制系统要满足信息安全认证时，满足 IEC62443-4-1、IEC62443-4-2 欧洲信息安全标准定义的 SL1 等级要求和 ISA Secure EDSA 美国信息安全标准定义的 Level1 等级要求。

b）按控制系统的硬件结构分类

企业在设计选型 CCS 控制系统时，可以根据机组设备在装置中的重要性，以及企业对 CCS 控制系统误停车带来生产经济损失的可接受程度来选择系统硬件结构类型，每种类型的可用性和可维护性如下：

①三重化（TMR）控制系统。该类系统一般满足 SIL 3，同时兼顾高安全性和高可用性。另外，该类系统的输入和输出卡件一般用同一个卡实现三个通道的运算，在 I/O 卡内可以实现对外接口的表决电路，所以现场信号输入输出的接线非常简单方便，现场调试维护非常安全方便。

②四重化（QMR）控制系统。该类系统一般也满足 SIL 3 安全等级，用两块 CPU 卡件实现四重化控制，I/O 卡件一般用单通道采集运算，用两块 I/O 实现冗余表决。与 TMR 结构比较，对外 I/O 信号与现场、接线比较复杂。

③双冗余 PLC 控制系统，用于机组控制系统是非安全 PLC 系统。

④单通道 PLC 系统。

c）按 I/O 卡结构分类

①AI、AO、DI、DO、PI 等输入输出卡件都为独立专用的卡件。该类系统配置不太灵活方便，单点的带负载能力比较大。

②输入输出卡件采用混合信号处理卡件，该类系统配置比较灵活方便。

③AI/AO 卡件是否自带 HART 功能。

d）按 I/O 信号的连接分类

① A/O 卡带有专用的现场接线端子板（FTP），FTP 与 I/O 卡的内部连接已经考虑了通道冗余表决电路，对外只按"单通道"考虑，该方式设计、维护都比较方便。

②现场信号线采用直接在 I/O 卡件面板上接线方式。

③双 I/O 卡的冗余表决需要外部并线方式实现。

e）按 I/O 机架扩展总线分类

① I/O 扩展总线采用 TMR（3 根独立）总线方式。

② I/O 扩展总线采用双重化（2 根独立）总线方式。

③ I/O 扩展总线采用单重化（1 根）总线方式。

f）按系统电源方式分类

①控制系统每个机架有独立的冗余供电模块，供本机架的工作电源。

②控制系统用外电源转换模块，然后为每个机架供电。

g）按控制系统软件组态方式分类

①应用程序支持 ST、FBD、LD 三种常用的编程语言，该类系统软件组态开放，便于学习掌握，也便于后期维护和升级改造。

②应用程序组态为列表填单方式，该类软件程序一般为"黑匣子"，不便于维护改造。

h）按控制系统 I/O 点数分类

①大型控制系统 I/O 点数在 1000 点以上，适合把透平压缩机组的转速控制、防喘振控制、性能控制、机组辅助设备控制、机组的安全联锁保护控制集成在一个控制系统内完成，实现机组各控制回路之间的关联控制，达到机组高性能运行需求。

②小型控制系统 I/O 点数在 200 点以内，一般只做机组的调速和防喘振控制回路。

i）按全厂或装置的机组设备类型分类

①全厂所有 OEM 机组厂家统一机组控制器平台，便于维护、培训和配件管理等。

②使用各 OEM 机组设备厂家自带食物控制器，这样不便于统一维护管理。

CCS 控制系统在选型时应考虑的其他要点见表 11-6-1。

表 11-6-1　CCS 在选型时需注意的要点

评价项目	指标举例
系统硬件平台	三重冗余硬件平台 2oo3D
主处理器卡件数量	3
主处理器的 CPU 指标：处理器型号，主频，结构，数量等	系统共有 3 块主处理器卡，每块卡含双核 QorIQ P102 处理器，有 32KB L1 缓存，2MB L2 缓存，主频 800MHz. 具备浮点计算功能
系统主处理器冗余结构	3 块 CPU 卡件，采用 3-2-1-0 的降级模式，单块 CPU 工作 72h 内满足 SIL3 安全等级
系统表决方式	"三取二"硬件表决
系统容错性能	控制器单点故障不影响系统安全运行
是否所有硬件通过认证	所有硬件都通过 TUV 认证

评价项目	指标举例
系统扩展能力：最大 IO 能力	强，1 主机架 +14 扩张机架，可最多支持 3776 个 I/O 点
系统响应时间	控制回路响应最短可实现小于 15ms
SOE 的分辨率	分辨率 1ms，可记录 60000 条
远程 I/O 的使用	性能强劲，最远 20km
AI/AO 集成 HART 功能	有
AO 卡件	有，16 点
PI 卡件	有；且可独立完成 OSP，OSP 12ms，符合 APL670
AI/DI/DO I/O 点容量	均为 32
DO 带载能力	1.7A
G3	满足
信息安全	SL1 认证

11.6.4　操作员站设置要求

a）工程师站 /SOE 站

安装 CCS 控制站和操作站组态软件，完成 CCS 系统。控制站硬件和调节回路、顺控逻辑组态、系统功能组态；完成操作站 HMI 组态。同时安装 SOE 软件，用于查看顺序事件记录。

b）操作站

为操作人员提供图形化的操作界面，显示控制站上传的机组工艺参数。界面包括带有动态数据的流程图、控制操作仪表盘、报警和事件列表、实时和历史趋势画面、CCS 典型的画面汽轮机汽水系统流程图、压缩机气路图、机组轴系仪表流程图、密封系统流程图、润滑油系统流程图、启机调速操作画面、防喘振控制画面、动态联锁逻辑图、模拟报警灯屏画面、CCS 系统状态图画面等。

c）辅操台

辅操台安装硬件报警灯屏、选择开关、报警确认 / 复位 / 消音 / 试灯按钮，灯屏一般由 CCS 控制站的 DO 卡驱动，选择开关 / 按钮由 DI 卡件读取信号。如果安装辅操台的中心控制室（CCR）离现场机柜间（FRR）较远，需要为 CCS 控制站在安装辅操台时增设远程 IO 机架，安装辅操台使用的 DI/DO 卡件。

d）打印机

打印生产报表、报警列表或趋势记录。

11.6.5　机组主要控制功能

11.6.5.1　防喘振控制

CCS 防喘振功能：根据机组工艺要求，选择最恰当的压缩机防喘振控制坐标体系和喘振控制算法；以多拐点的多段折线最趋近于主机厂提供的压缩机喘振曲线；以喘振线和喘振控制线之间较小的裕量值，提高机组稳定运行的工作范围；对机组工作点实时跟踪，针对可能引起喘振发生的不同运行状况，采取相应措施，迅速有效实现喘振控制；防喘振控制PID、PI 控制并举；根据实际情况，速度控制与喘振控制实时耦合或解耦控制，更有效防止喘振的发生；防喘振控制参数具有动态整定功能；喘振自动检测，如有偏差，可重新调整喘振的安全边界；防喘振控制阀打开时给有台阶量，并实现快开、慢关功能；联锁停机时，用开关量信号打开防喘振阀；防喘振阀具有手动、半自动、全自动操作模式便于机组开停车、检修、测试；阀的线性化和正、反作用的调整。CCS 的防喘振控制功能如图 11-6-2 所示。

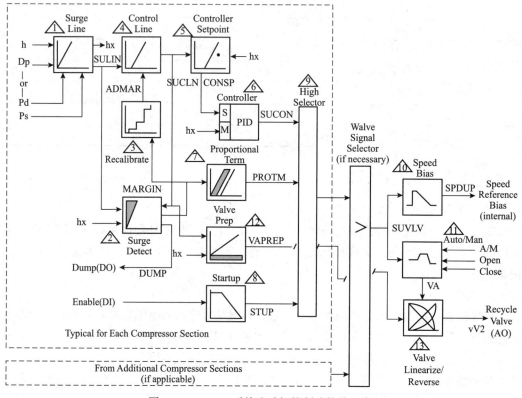

图 11-6-2　CCS 系统防喘振控制功能块示意

11.6.5.2　转速控制

转速控制包括多种操作模式：停车、允许启动、暖机、升速、工作转速、超速试验。转速控制设置机组超速停车的联锁逻辑，以保证机组在超速时紧急停车。转速调节采用三支测速探头，组成"三取二"的转速测量回路，当 3 支转速探头的信号都正常时，取 3 个转速的平均值。当 1 个转速信号故障后，为保证机组安全取其余两个转速信号的高选值。转速调节的设定值应在机组的工作转速区间内可修改，可按照主机厂的升速曲线自动启机升速，并提供过临界转速功能。如果在规定的时间内无法通过临界转速，自动启机功能将把机组控制到暖机转速。所有调速工作模式下允许自动／手动随时无扰动切换。

11.6.5.3　机组性能控制

对于汽轮机直接驱动离心式压缩机或调速电机驱动的离心式压缩机，控制压缩机入口或出口的压力稳定对机组的安全运行及对整个系统的稳定生产有着举足轻重的作用。过低的入口压力会提高压缩机的压缩比，造成排气温度上升，同时会造成影响压缩机的排气量，过高的入口压力说明压缩机没能处理掉需要压缩的气体。

用入口压力控制器的输出作为转速控制的给定来控制压缩机的入口压力是常用的办法。

11.6.5.4　压缩机入口压力与转速和喘振之间的解耦控制

负荷控制是指控制压缩机的入口压力或出口压力或流量的稳定。如果只用入口压力控制与调节转速做串级控制，当压缩机的工作点距离控制线很近时，这时再降转速，有发生喘振的可能性；入口压力要求迅速提高时，只降转速是来不及的，这时需要迅速打开一段入口回流阀来提高入口压力，待入口压力稳定后，在关回流阀的同时降转速，保证入口压力保持不变。在装置低负荷时，喘振阀有开度，这时就需要用回流阀来控制入口压力，此时如果用转速来控制入口压力就有发生喘振的可能。解耦控制能够有效地解决以上问题。

11.6.6　系统工程

a）机组资料要齐全

CCS 项目实施前要获得必要的机组技术资料，如汽轮机工况图、升速曲线、喘振线和转速工作区间等。

b）仿真调试

在 CCS 出厂前，需要结合仿真系统进行测试，可及时发现组态问题，及时修改，可大幅度节省现场调试时间。仿真调试后，一定要恢复原回路组态。

c）人员的要求

CCS 厂家的项目工程师要有同类型机组的工程经验，熟悉 CCS 的组态、调试。用户需要有装置和机组开车经验的工艺操作人员，并保证开车人员已经过必要的培训。

d）质量管理

CCS 厂家需通过 ISO9000 质量管理认证，UL、CE 等产品品质认证，当产品或工作方法出现问题时，做到可以追溯。每套 CCS 出厂，应通过质量部门的检验。

11.6.7　系统设置要求

以某公司的 CCS 为例，介绍其系统架构以及对环境设置等方面的指标要求。

TSxPlus 系统是 TMR 控制系统，通过莱茵 TüV SIL3 安全完整性认证。

主处理器卡件 PM01 采用 3 块独立卡件，处理器主频为 800MHz，PowerPC 双核处理器。CCS 应用最小扫描周期小于 10ms，可组态多任务。三重化同时在线，"三取二"表决和自诊断，无主从切换延时。全部卡件和系统不会因为单一故障点造成卡件和系统失效（无单点故障）。

通信卡件 CM01，兼容 SNTP 校时协议，兼容 MODBUS RTU/TCP 协议，TCP/IP 协议。获得莱茵 TüV SL1 信息安全认证。

开关量输入卡件 DI3201，32 点输入，硬 SOE 精确到 1ms，模拟量输入卡件 AI3281，32 点输入，硬 SOE 精确到 2ms（根据报警阈值），开关量输出卡件 DO3201，32 点输出，硬 SOE 精确到 1ms，模拟量输出卡件 AO1681，16 点模拟量输出，硬 SOE 精确到 2ms（根据报警阈值）。

脉冲输入或超速保护器卡件 OSP01，满足 API670 对超速保护器独立于机组控制系统的要求，在系统机架内只取供电，由自身的三重化 MCU 完成超速保护判断，自身的 DO 输出完成停车动作，超速保护采用 TMR。并且该卡件可作为转速测量的 PI 卡使用。

系统电源 PW01，带有供电质量监测功能，具有直流 24V 下 50ms 的桥接时间，无 UPS 时可保证母联切换的扰动不会影响系统运行。

TSxPlus 系统有完善的机组控制算法库，可用于各种汽轮机和压缩机控制。

TSxPlus 系统带有校时功能，可与 DCS，SIS 时钟同步，避免时钟同步问题给事故分析带来混乱。兼容 HART 协议，通过 CM01 卡接入 AMS 服务器。

a）系统供电

TSxPlus 系统使用双路冗余供电，一般为 2 路交流 220V UPS 供电，1 路 220V AC 市电给机柜照明和维修插座供电。系统电源的要求为 100~240V AC（–15%~+15%），47~63Hz，PELV/ SELV /100~300V DC（–20%~+25%）。

b）系统接地

TSxPlus 系统有 2 种接地：安全地和系统地。安全地和系统地的接地电阻要求不大于 4Ω。保证在接地电阻为 4~10Ω 时，系统能够正常工作。特别需要注意：改造项目可能出现安全栅与 CCS 不在一起安装的情况，安全栅接地与系统接地应统一接入同一接地点。

c）产品环境要求

工作温度 –10~60℃，存储温度 –40~ 85℃，相对湿度 5%~95%，无凝结，工作海拔高度≤3000m，污染等级 II，腐蚀环境 Class G3 Level as defined in ANSI/ISA S71.04，危险区域 EN60079–15：2010 ATEX（Zone 2，T4）。

d）抗干扰问题

所有信号电缆的屏蔽层在机柜间端子柜单端接地。CCS 应通过全面的电磁兼容（EMC）测试，并给出测试数据。如果有与电气 MCC 联系的模拟量/开关量信号，要加隔离器或继电器隔离。电气变频器、调功器等可控硅设备会出现大量杂波干扰，必须加隔离器与控制系统隔离。在电伴热管线中的测量元件，也需要与 CCS 间加装隔离器。机器保护系统前置器到二次仪表之间的电缆不应超过 305m，如果超出应采用低电容电缆。

11.7 物联网（IOT）

11.7.1 概述

物联网 IOT（internet of things）是新一代信息技术的重要组成部分，也是"信息化"时代的重要发展阶段。物联网有两层意思：其一，物联网的核心和基础仍然是互联网，是在互联网基础上的延伸和扩展；其二，其用户端的信息交换和通信延伸和扩展到了任何物品与物品之间，也就是物物相息。物联网通过智能感知、识别技术与普适计算等通信感知技术，广泛应用于网络的融合中，也因此被称为继计算机、互联网之后世界信息产业发展的第三次浪潮。物联网是互联网的应用拓展，与其说物联网是网络，不如说物联网是业务和应用。因此，应用创新是物联网发展的核心，以用户体验为核心的是物联网发展的灵魂。

11.7.2　系统架构

物联网远程智能单元（IIRU）接收现场感知层，及通过多种通信方式从业务底层的传感器、PLC、DCS 和各类智能设备仪表中采集数据，并实时推送至上层平台，同时还可以根据现场需求，实现协议转发功能，按上层数据平台所需的数据格式实现联网通信。物联网远程系统模型架构如图 11-7-1 所示。

图 11-7-1　物联网远程系统模型架构

11.7.3　物联网工业应用开发组件层次模型

物联网工业应用开发组件包括 5 个层次：设备层、网络层、平台层、应用层、交互层，层次模型如图 11-7-2 所示。各层次主要功能如下。

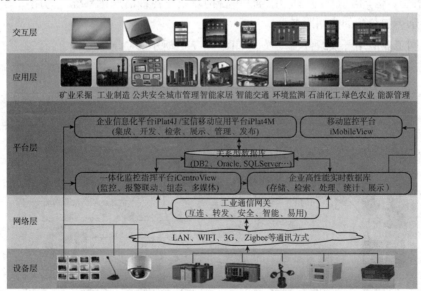

图 11-7-2　物联网工业应用开发组件层次模型

① 设备层。对应物联网模型中的感知层，为了实现更加智能的应用体验，需要安装一定数量的传感器和控制设备，企业智能化程度要求越高，其数据点规模也越大，因此，对于智慧应用开发平台要求可以支撑大规模的信息采集，并支持数千种不同的协议方式。

② 网络层。对应物联网模型中的设备层与数据层之间，通过通信网关链接工业感知网络与传统通信网络，实现物联网设备的接入。将所有物品通过 RFID，红外传感器，GPS 和激光扫描仪等工业控制网的信息传感设备与 Internet 或通信网络连接起来，进行信息交换和通信，实现智能化识别、定位、跟踪、监控和管理。

③ 平台层。对应物联网模型中的数据层，是整个智慧应用开发平台的核心。利用监视与控制平台实现设备远程监控，利用实时数据库实现大数据量的数据存储。

④ 应用层。对应物联网模型中的应用层，根据不同的企业管理要求，通过信息管理与应用系统打造物联网自动化信息化共性平台，满足企业未来不断发展的需求，实现各行业的具体应用，包括界面展示、统计分析、生产报表、用户管理等内容。

⑤ 交互层。在应用层之上，结合移动互联网的技术发展趋势，以及更精细化的管理要求，利用移动监控技术，用户可以通过移动终端随时随地了解企业生产的情况，加快了各个环节的处理效率。

11.7.4 物联网工业应用开发组件活动模型

基于智慧应用开发平台提供的软件架构，企业可以快速搭建自身的智慧应用系统框架，并根据自身业务需要，在各个层次中进行扩展。构建一个智慧应用需要分四个步骤：

① 采集。通过设备接入与采集组件实现对底层设备数据的实时采集，支持上千种设备协议。

② 监控。通过监视与控制组件实现对现场设备的集中监控、事件报警、智能联动。

③ 分析。通过实时数据存储与处理组件实现对生产过程数据的实时存储、快速查询以及统计分析。

④ 管理。基于信息管理与应用组件平台构建企业各种信息化系统，为用户提供全方位的信息展示、智慧化的应用服务。

物联网工业应用开发组件活动模型如图 11-7-3 所示。

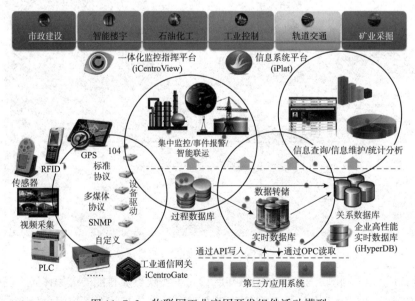

图 11-7-3　物联网工业应用开发组件活动模型

11.7.5　物联网远程智能单元

11.7.5.1　简介

实现设备、数据、网络、应用平台、用户的高度融合协同运作，才能更好地支撑工业物联网的顺利运维，所有这些都需要将位于企业内的设备、数据、网络、应用平台和用户互联互通起来。

在工业控制应用中，圣千工业物联网智能远程单元（IIRU–PT3000，IIRU–XT3000），是基于工业物联网架构设计的工业级嵌入式软硬件一体的嵌入式专用设备，它与相配套的平台软件共同组成了软硬件一体的完整产品，增加了对大数据云计算平台的支持，将信息技术、网络技术和工业智能物联网技术应用到工业领域，形成了工业物联网智能化的大数据网络整体解决方案。

11.7.5.2　IIRU 的功能

IIRU 的功能如图 11–7–4 所示。

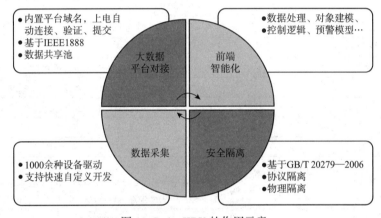

图 11–7–4　IIRU 的作用示意

11.7.5.3　IIRU 的特点

① 完备的设备接口库。支持上千种设备通信协议，支持快速定制开发，支持各类有线和无线通信链路。

② 数据和设备的有效安全隔离保护。采用协议隔离和物理隔离将设备与远程网络隔离开，加密技术确保数据传输过程的安全。

③ 软硬件一体化。前端智能逻辑、运算模型、告警和预警、数据处理等一站式完成。

④ 远程调试与维护功能。具有一整套技术实现远程维护以及对现场 PLC 设备等远程编程。

⑤ 支持云平台定制开发。无缝接入中心数据平台，支持与云平台的标准链接和无缝集成。

⑥ 高可靠性。数据压缩、断线缓存技术，通信稳定，按工业等级制造。

⑦ 支持 5G 网络。可以通过 5G 网络与后端的工业互联网平台实现低时延的在线交互。

11.7.5.4 IIRU 产品规格

① IIRU-PT3000 系列。IIRU-PT3000 具备完善的冗余架构，多种模块扩展，具备最多 12 路以太网 /16 路串口；单节点设备接入能力为 500 台，数据容量为 3~5 万点；基于内部 网或者互联网节点，即可以远程对 PT3000 进行接口配置、软件调试和维护。IIRU-PT3000 系统由硬件、软件平台、接口插件库三部分构成，构成见表 11-7-1 所示。

表 11-7-1　IIRU-PT3000 系统构成

硬件	
芯片架构	Intel® Haswell-ULT 2980U
CPU 主频	双核 1.6GHz
RAM	2~4GB（表贴 Unigen DDR3L）
Flash 存储	2~4GB（表贴 SLC DOC）
以太网接口	6/12 路 RJ-45 速率：10M/100M/1000M 自适应 EMC 防护：浪涌保护、变压器隔离、瞬态高压保护
串口	8/16 路 RS-485/232 端口接线选择制式 EMC 防护：GDT/PTC/TVS/Isolator
对时接口	电 IRIG-B（端子，RS485 电平）
安装方式	1U / 2U 19in 上架式
尺寸（长 × 宽 × 高）/mm	480 × 319 × 88
散热方式	整机无风扇
电磁兼容	4 级
适应温度 /℃	-25~55
输入电源 /V	TDK-LAMBDA 工业电源 宽压输入：88~370（DC）/85~265（AC） 保护措施：失电告警 /EMC 防护 / 安规设计 / 滤波电路
功耗 /W	最大 75
$MTBF$/h	$>7 \times 10^4$
软件平台	
操作系统	嵌入式 Linux
软件平台	IIRU 圣千工业物联网智能远程单元软件平台
数据处理能力	10000~30000 点
功能模块	数据采集 / 数据集中 数据处理 / 远程管理
接口插件库	
接入设备	标准 IIRU 设备接口库，持续更新
调度后台集成子系统	支持多种主流后台，提供 API 接口 （含 Unix，Linux，Windows 平台）

② IIRU-XT3000 系列。IIRU-XT3000 采用嵌入式软硬件一体化结构，具备远程配置中 心平台和智能网管平台，可作为大中型规模的设备互联互通标准化解决方案的首选产品。 IIRU-XT3000 采用 RISC 架构，体积小巧，整机功耗最低仅为 2W。基于内部网或者互联网 节点，即可以远程对 XT3000 进行接口配置、软件调试和维护。IIRU-XT3000 系统由硬件、

软件平台、接口插件库三部分构成。

11.7.6　IIRU 典型应用案例

11.7.6.1　基于 IIRU 的多种控制设备接入管理平台

通常过程控制管理系统是由以通信网络为纽带的多级计算机控制系统构成，在实际应用中，现场通常有多类控制设备，例如 PLC、DCS、安全仪表系统等。某企业多个子系统的数据统一整合均推送到霍尼韦尔的 PKS 平台上。多种控制设备接入统一管理平台，系统架构如图 11-7-5 所示。

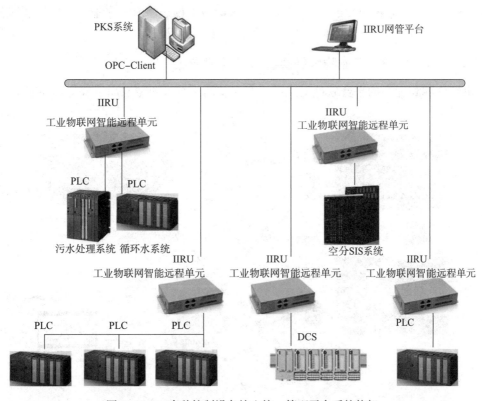

图 11-7-5　多种控制设备接入统一管理平台系统构架

在实际应用中，往往面临子系统与 DCS 采用 Modbus 通信方式时的稳定性问题。DCS 上配置的 Modbus 为主站卡，PLC 及其他系统作为从站以 Modbus 方式与主站通信，用于接入少量的现场仪表，并且对时序要求很严格。当接入点数多的时候，时常会由于通信超时而触发 DCS 端报警，给人以不稳定的感觉。加上 Modbus 协议本来是一种窄带连接，在数据量过大时，稳定性和效率往往存在问题。PLC 子系统上位机软件与 DCS 直接连接时，由于上位机软件各不相同，存在很多隐患，关机或重启的可能性较大，与 DCS 连接中断后，需要恢复过程，甚至需要人工干预，稳定性差且不方便，采用 IIRU 可方便地解决上述问题，提供解决方案如下：

①平台化原则。采用 IIRU 工业物联网、智能网关作为统一的数据采集推送装置，IIRU 核心平台是一套针对业务数据处理的"平台化系统"，可将不同厂家、不同类别、不

同接口类型的设备协议及报警、事件、断线缓存等功能统一封装。用户只需通过 1 台电脑即可远程部署不同的子系统协议到 IIRU 平台。

②归一化原则。IIRU 工业物联网智能网关可根据不同子系统的设备协议实现数据解析，形成实时更新的现场数据，可以充当企业的数据池（data pool）使用，实现不同数据的归一化管理。

③标准化原则。IIRU 工业物联网智能网关可提供标准 OPC 接口，将归一的数据以标准形式推送至 DCS，并且通过平台统一管理。

在该系统架构中每个子系统都配备 1 套 IIRU 工业物联网智能网关，实现不同子系统的协议解析数据汇总；对上统一采用 OPC 协议，作为 OPCServer 数据源使用；Honeywell PKS 作为 OPC Client 与 IIRU 对接，统一实现子系统的数据推送。IIRU 工业物联网智能网关的应用，满足了用户对整套系统平台化、标准化、归一化的设计需求。

11.7.6.2 采用 IIRU 工业物联网实施智慧油库方案

由硬件和相配套的平台软件组成了一套完整的系统，智慧油库系统架构如图 11-7-6 所示。

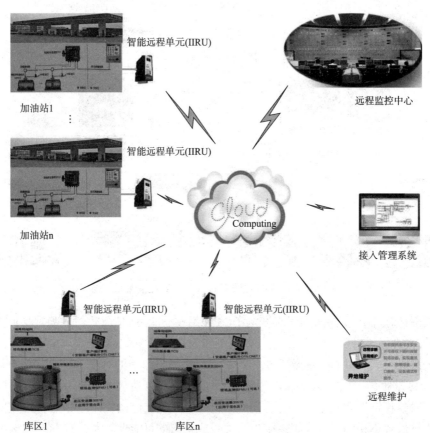

图 11-7-6　智慧油库系统架构

根据库区和加油站的分布以及设备数量来配置工业物联网智能远程单元 IIRU，每个 IIRU 都有 1 个独立的 IP 地址。IIRU 具有数据采集、前端智能化、安全隔离、数据上传功能，从而以低成本实现工业控制与信息化的融合，构建物理世界设备与物联网的链接桥梁。

接入管理系统是基于云构架的一套软件系统，只要在 IIRU 中预置服务器的域名，就自动向 IIRU 发起链接，无论用户身处何处，都可以实现对所有网关的远程配置、维护、数据交互、数据加密、数据压缩、断线缓存等功能。

11.7.7　窄带物联网（NB-IoT）技术及应用

当前，物联网技术已经广泛应用到石化行业的方方面面，在设备的运行监控，数据的实时采集，人员的安全保障方面发挥了重要的作用。但是，传统的设备联网技术在解决行业痛点的同时也存在着不可忽视的问题。

随着智慧工业、物联网、云计算、下一代物联网技术的飞速发展，窄带物联网（Narrow Band Internet of Things，NB-IoT）技术的出现，则可以较好地解决传统物联网技术在行业应用中的问题，将是石油化工行业智慧化，智能化进程中的一块重要的拼图。

11.7.7.1　NB-IoT 简介

NB-IoT 是一种基于蜂窝通信 3G/4G 演进的物联网通信技术，全球移动通信标准组织 3GPP 负责 NB-IoT 技术的标准化，首个标准版本 Release13 已经于 2016 年 6 月发布，并持续演进。NB-IoT 工作于专用授权频段，主要应用于低吞吐量、海量连接的场景，未来将承接大量物联网业务接入。NB-IoT 技术的主要特点如下：

① 大容量。在同一基站的情况下，与现有无线技术相比 NB-IoT 可提供 50~100 倍的连接数，可以支持超过 50K 连接数每小时。

② 高覆盖。在同样的频段下，NB-IoT 比现有蜂窝网络提升 20dB 增益，将极大地改进室内覆盖。

③ 低功耗。NB-IoT 技术借助节电模式（Power Saving Mode，PSM）和 eDRX 可实现更长的待机，设备续航时间可以大幅提升到几年，甚至 10 年以上。NB-IoT 芯片正常待机耗电只需毫瓦（mW）级，而在 PSM 模式下通信芯片功耗更只需微瓦（uW）级。

④ 低成本。低速率、低带宽等带来的简化设计同样给 NB-IoT 芯片以及模块带来低成本优势，通信模组成本可以达到 5\$ 以下。相比其他通信技术，NB-IoT 技术可以使得大量物联网设备直接通过成熟稳定可靠的运营商网络接入，消费者、设备厂商无须自组网，也有望降低维护成本。

⑤ 高安全。基于专用频谱、空口双向鉴权及严格加密，提供电信级别的安全可靠能力，保障用户数据的传输安全性。

正因为 NB-IoT 具备的低功耗、广覆盖、低成本、大容量等优势，使其可以广泛应用于石油化工行业，进行设备间的组网应用。

11.7.7.2　NB-IoT 与其他通信技术的对比

通信技术从传输距离上可分为广域网和局域网通信技术，相对于局域网通信技术，低功耗广域网技术代表着新的一类趋势。无线通信技术分类如图 11-7-7 所示，技术特点比较见表 11-7-2 所示。

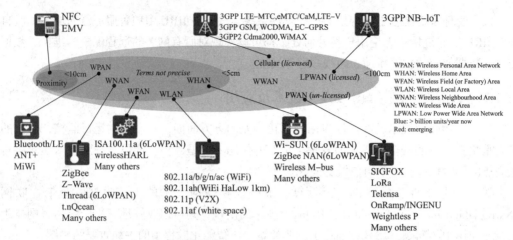

图 11-7-7　无线通信技术分类

表 11-7-2　无线通信技术特点比较

	类型	通讯距离	理论速度	优点	缺点
NB-loT	低功耗广域网	2.5~5km	200kbps	广覆盖，大容量，低功耗，低成本，高安全性	低速率
eMTC		2.5~5km	1Mbps	广覆盖，移动性强，应用多元化，高安全性	速率仍低于 WIFI
sigfox		30~50km	1kbps	极广覆盖，极大容量，极低功耗	极低速率，国内组网困难
Lora		10~15km	180~37.5kbps	广覆盖，大容量，低功耗，低成本	低速率，国内组网困难
Wifi	无线局域网	~100m	54~300Mbps	速度快，普及率高	移动能力强，连接数量少，接入配置复杂，高功耗，安全性差
Bluetooth		~10m	100kbps	低功耗，不依赖外部网络	组网能力弱，短距离，高成本
ZigBee		~30m	10kbps	低功耗，组网能力强	短距离，极低速率，普及率低，高成本，易受干扰
NFC		~1m	100kbps	高安全性	极短距离，低速率，普及率低

广域网通信技术一般定义为 LPWAN，是一种大跨越地域性的网络，具有分布域广、可移动性、广接入数大等特性。

a）广域网通信技术又分为如下两类：

① 工作在非授权频谱的技术。如 LoRa，SIGFOX，具有低速率、低功耗、低成本等特性；该类技术大多是非标准的，自定义实现，因此抗扰性、安全性和接入数量受自建网络的性能所影响。

② 工作在授权频谱的技术。如大家所熟悉的移动通信网络 GSM，LTE 等蜂窝通信技术，以及 NB-IoT 技术及 eMTC 技术；由于工作在授权频谱，有运营商运营和维护，因此具有网络可靠性高、安全性高、信号覆盖广的优势；LTE 及其演进是对应于高速大流量、低时延数据应用；NB-IoT 技术对应于低速率、低功耗、低成本、网络信号穿透性强、海量连接数、时延不敏感（秒级）的数据应用；eMTC 技术则是介于 NB-IoT 技术与 LTE 技术两

者之间，属于中速应用。

b）局域网通信技术

如 WiFi、蓝牙、ZigBee 等，它是在某一个区域内的网络，具有传输速度比较高、传输距离短、功耗不低的特性，适用于短距离数据的高速传输，不适于广泛分布、大量连接、及低功耗的场景。

11.7.7.3　NB-IoT 系统架构

基于 NB-IoT 典型的组网结构如图 11-7-8 所示，主要包括：终端、接入网、核心网、云平台。其中终端与接入网之间是无线连接，即 NB-IoT，其他几部分之间一般是有线连接。

图 11-7-8　NB-IoT 系统架构

终端（UE），通过空口连接到基站（eNodeB，evolved Node B，E-UTRAN 基站）。

无线网侧包括两种组网方式，一种是整体式无线接入网（Singel RAN），其中包括 2G/3G/4G 以及 NB-IoT 无线网，另一种是 NB-IoT 新建。主要承担空口接入处理，小区管理等相关功能，并通过 S1-lite 接口与 IoT 核心网进行连接，将非接入层数据转发给高层网元处理。

核心网（Evolved Packet Core，EPC），承担与终端非接入层交互的功能，并将 IoT 业务相关数据转发到 IoT 平台进行处理。

平台：目前以运营商平台为主，主要用于终端的连接管理。

应用服务器：以电信平台为例，应用 server 通过 http/https 协议和平台通信，通过调用平台的开放 API 来控制设备，平台把设备上报的数据推送给应用服务器。平台支持对设备数据进行协议解析，转换成标准的 json 格式数据。

11.7.7.4　NB-IoT 模组技术要求

a）硬件接口

电源输入：3.1~4.2V，典型值 3.6V。

2 路 UART 接口：主串口和调试串口；主串口可用于 AT 命令通信和数据传输，波特率为 9600bps；调试串口可查看日志信息调试软件，波特率为 921600bps。

1 路 SIM/USIM 卡通信接口：只支持 3.0V 的 USIM 卡。

1 个天线引脚：RF 天线接口阻抗为 50Ω。

b）软件接口

3GPP TR 45.820 和其他 AT 扩展指令，内嵌 UDP，IP，COAP 等网络协议栈。

c）功耗要求

NB-IoT 通信模组的功率等级是按最大输出功率来定义的，NB-IoT 终端功率等级见表 11-7-3。

表 11-7-3　NB-IoT 终端功率等级

表 11-7-3　NB-IoT 终端功率等级

功率等级	最大输出功率	容差
Class 3	+23 dBm	+2 dB / −2 dB
Class 5	+20 dBm	+2 dB / −2 dB

d）主流 NB-IoT 模组技术对比

主流 NB-IoT 模组技术对比见表 11-7-4。

表 11-7-4　主流 NB-IoT 模组技术对比

芯片	模组厂家	型号	尺寸 / mm	最大输出功率 / dBm
华为	移远通信	BC95	19.9 × 23.6 × 2.2	23
	利而达	NB05-01 NB08-01	20.0 × 16 .0 × 2.2	23
	中国移动	M5310	19.0 × 18.4 × 2.7	23
	U-Blox	SARA-N201		23
高通	移远通信	BG-96	22.5 × 26.5 × 2.3	23
	中兴物联	ME3612		23
	有方科技	N20	26.0 × 23.0 × 2.8	23
	移柯通信	L700	30.0 × 30.0 × 2.6	23
	SIMCOM	SIM7000C	24.0 × 24.0	23
	龙尚科技	A9500	26.0 × 24.0 × 2.5	23

根据目前已有的芯片和终端情况，采用华为芯片的 NB-IoT 模组支持 UDP 协议传输，同时支持基于 UDP 的 COAP 协议传输；而使用高通芯片的通信模组，支持 UDP 协议和 TCP/IP 协议传输，因此支持基于 UDP 的 COAP 协议以及基于 TCP/IP 的 MQTT 和 http 协议的传输。

11.7.7.5　NB-IoT 通信协议

IoT 平台与主站的接口形式如图 11-7-9 所示。

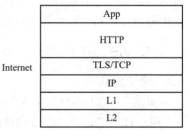

图 11-7-9　IoT 平台与主站的接口形式

模组与 IoT 平台之间采用 LwM2M 协议接收和处理应用层数据。IoT 平台与主站之间采用 http 协议接收和处理应用层数据。

11.7.7.6　IoT 平台基本通信流程

a）终端注册流程

IoT 平台提供终端注册功能，对外提供终端注册的接口。通信流程如图 11-7-10 所示。

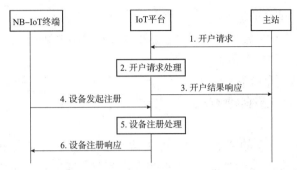

图 11-7-10　通信流程

① 终端到 IoT 平台注册之前，需要主站到 IoT 平台进行开户申请。

② IoT 平台处理主站的开户请求。

③ IoT 平台将开户请求的处理结果发送给主站，主站做相应的配置。

④ 终端发起到 IoT 平台的注册请求。

⑤ IoT 平台处理终端的注册请求，比如对设备进行接入认证，分配设备 ID 等操作。

⑥ IoT 平台将注册结果返回给终端。

b）终端注销流程

终端注销流程如图 11-7-11 所示。

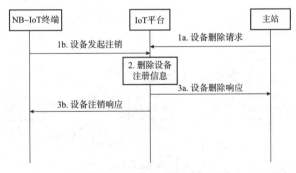

图 11-7-11　终端注销流程

① 主站发起设备删除请求或者终端发起设备注销请求到 IoT 平台。

② IoT 平台删除设备的注册信息。

③ IoT 平台返回设备注销响应消息到终端或者主站。

c）业务数据上报流程

终端在需要上报业务数据时，主动发起数据上报，IoT 平台在收到业务数据后转发给主站。如图 11-7-12 所示。

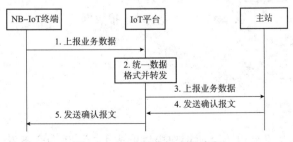

图 11-7-12　务数据上报流程

① 设备主动进行业务数据上报。

② IoT 平台收到数据后转换成统一的数据格式并转发到主站。

③ IoT 平台将业务数据上报到主站。

④ 主站发送确认消息给 IoT 平台。

⑤ IoT 平台发送确认消息到终端。

d）命令下发

IoT 平台提供命令下发的功能，命令由主站发起，IoT 平台提供端到端下发命令的通道，从而实现远程控制设备的功能。IoT 平台提供命令立即下发功能如图 11-7-13 所示，命令缓存功能如图 11-7-14 所示。

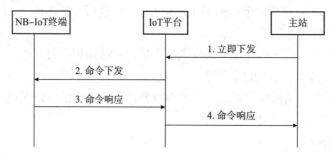

图 11-7-13　IoT 平台提供命令立即下发功能

① 主站下发命令。

② IoT 平台收到命令后立即下发命令到终端。

③ 终端发送命令响应消息。

④ IoT 平台将对应的响应命令转发到主站。

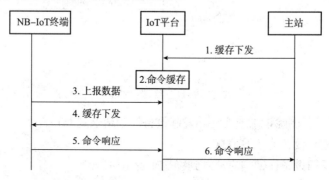

图 11-7-14　命令缓存功能

① 主站下发命令。

② IoT 平台收到命令后将命令缓存到本地。

③ 如果终端在 PSM 模式，则需要终端主动上报数据。

④ IoT 平台下发缓存命令。

⑤ 终端响应命令。

⑥ IoT 平台将响应命令转发到主站。

11.7.7.7　服务功能

电信运营商的 IoT 平台可为企业用户提供低成本的主动命令下发、离线命令缓存、提升批量操作效率和成功率、终端定位、低功耗安全传输在内的多项接入服务。

a）低成本的主动命令下发

① 场景。应用服务器需要向联网设备下发指令（如设备的控制），终端需要频繁发送心跳消息或通过应用服务器与运营商网络打通 VPN 隧道保活链路。

② IoT 平台解决方案。通过 IoT 平台与网络打通 VPN 隧道实现链路保活。

③ 对企业价值。减少企业打通 VPN 隧道的成本，降低心跳消息对智能终端的功耗。

b）离线命令缓存

① 场景。当联网设备进入 eDRX 或 PSM 省电模式时应用服务器向联网设备下发指令（如终端升级），设备只能在处于激活状态后接受指令。

② IoT 平台解决方案。通过 IoT 平台对服务器下发指令进行缓存，同时通过与网络的信息交互判断设备状态，判断设备处于激活状态再下发命令。

③ 对企业价值：平台离线托管行业应用下发的命令，应用无须同步等待命令结果，降低系统开销。

c）提升批量操作效率和成功率

① 场景。应用服务器需要向大批量终端下发指令。

② IoT 平台解决方案。通过 IoT 平台感知网络能力，与网络协同创建批量升级策略，实现终端设备的批量指令执行。

③ 对企业价值。设备批量操作时，避免网络拥塞导致操作失败，提升操作效率。

d）终端定位

① 场景。需要对无 GPS 的终端进行定位。

② IoT 平台解决方案。采集在线设备到小区以及小区导频强度到 IoT 平台，调用定位算法服务实现定位。

③ 对企业价值。终端无须 GPS 芯片，企业进一步降低终端成本。

e）低功耗安全传输

① 场景。在 NB-IoT 场景下，一般采用数据包传输层安全性协议（Datagram Transport Layer Security，DTLS）保证设备接入安全，而 DTLS 对 NB-IoT 终端的功耗是非 DTLS 下的3倍。

② IoT 平台解决方案。IoT 平台与华为芯片之间采用 DTLS+ 协议（非标，华为正在推动成为标准）可确保实现 DTLS 安全，功耗是非 DTLS 功耗的 1.1 倍。

③ 对企业价值。减少 NB-IoT 终端开通 DTLS 的功耗。

11.7.7.8　安全保障

a）采用双层数据端到端的安全保障

NB-IoT 网络采用网络层加应用层数据端到端安全保障机制。网络层数据安全是基于 SIM 卡，也包括设备标识 IMEI；应用层数据安全是对 DTLS 数据传输加密。NB-IOT 数据安全保护过程——在终端中预置了平台生成的 DTLS Key，在 DTLS 握手过程中，平台根据 DTLS Key，是否匹配终端上报的 IMEI 来验证设备身份，并派生传输密钥；之后的 DTLS 数据传输过程中，应用层的报文，进行加密和完整性保护。

b）采用高可靠性的组网方案

全国各省的 MME 设备均采用 MME POOL 方式组网，单台终端异常对于客户业务无影响。

SGW 设备均采用负载均衡方式部署，板卡级热备份，可以保障用户数据业务通道可靠。

　　c）采用差异化的 QoS 提供高等级的 QoS 保障

　　为了保障数据的传输质量，针对物联网应用的特点，可以采用差异化的 QoS 来提供高等级的 QoS 保障。在 4G 网络中，通过定义 QoS 等级分类（QCI），来差异化地保障数据业务的质量。QCI 参数定义了 9 种标准业务类别，每种业务类别关联了标准业务的特征参数，包括资源类型、优先级别、包延迟预期和包丢失率。各业务类别的参数见表 11-7-5 所示。资源类型决定了业务通过系统之前是否需要预留资源，QCI 取值为 1 到 4 的业务类型需要预留资源，资源类型为保障最小带宽的 GBR 资源类型；QCI 为 5 到 9 的业务类型则不需要预留资源，资源类型则为 Non-GBR 类型。优先级别决定了 EPS 承载转发数据包时的先后顺序。在 QCI 对应的业务类别中还包含了最大的包延迟预期和最大的包丢失率，以此减少了 QoS 参数的数量。

表 11-7-5　QoS 等级分类

QCI	Resource Type	Priority	Packet Delay Budget	Packet Loss Rate	Example Services
1		2	100ms	10^{-2}	Conversational Voice
2	GBR	4	150ms	10^{-3}	Conversational Video（Live Streaming）
3		3	50ms	10^{-3}	Real Time Gaming
4		5	300ms	10^{-6}	Non-Conversational Video（Buffered Streaming）
5		1	100ms	10^{-6}	IMS signaling
6	Non-GBR	6	300ms	10^{-6}	Video（Buffered Streaming）TCP-based（for example，www.email，chat，ftp，p2p file sharing，progressive video）
7		7	100ms	10^{-3}	Voice，Video（Live Streaming），Interactive Gaming
8		8	300ms	10^{-6}	Video（Buffered Streaming），TCP-based（for example，www.email，chat，ftp，p2p file sharing，progressive video）
9		9			

11.7.7.9　计费方式

　　NB-IoT 具有流量速率低、连接数量大、用户黏性强等特点，重在其连接价值。电信运营商一般以连接频次为关键特性设计 NB-IoT 定价模式，统一以包年及生命周期的模式，套餐内提供足够额度的连接次数，如超过封顶次数，再收取一定的高频使用费用，突出连接价值，资费结构简单易行。计费方式如图 11-7-15 所示。

图 11-7-15　NB-IoT 计费方式

11.7.7.10 NB-IoT 解决方案应用介绍

供水企业在传统智能水表的使用过程中，因为数据传输和数据本身的安全、智能水表设备功耗大及无线网络覆盖能力弱等问题，增加了管理的难度和成本。NB-IoT 智慧水表解决方案是围绕水务公司精细化运营管理需求构建的端到端行业解决方案。

2017 年福建上润精密仪器有限公司与福州市自来水公司签订了福州市城市供水漏损治理合同节水管理合同，将福州市城市供水漏损治理项目作为国内首个 NB-IoT 规模商用的承接项目。NB-IoT 水表的大规模应用将——解决水表行业普遍存在的问题：

① 数据传输安全问题。目前，供水企业是通过小无线等技术进行智能水表

的数据传输。由于利用的是非授权频谱建立的自组网，其抗干扰性、数据管理技术水平良莠不齐，数据传输、数据管理安全令人担忧。

② 功耗问题。传统智能水表的高功耗问题，是供水企业迫切需要解决的问题。如果需要外接电源，将增加沟通成本；如内置电池，则需要频繁更换电池，这将增加维护成本和管理难度。

③ 网络覆盖问题。目前很多水表安装在楼道内，室内或地下，安装环境相对复杂。因此碎玉网络要求较高，为保证传输效果往往需要安装信号放大器，但效果不尽如人意。

④ 大量水表的接入问题。未来，供水企业水表经逐步智能化，如使用小无线等方式进行数据传输，将难以实现大量智能水表数据通信的同一网络搭建。如果采用众多小无线单独管理的模式，则增加供水企业的管理难度和成本。另一方面，不同的供应商生产的智能水表通信方式不统一，供水企业在大规模使用智能水表时，需要解决互联互通的问题。NB-IoT 智慧水务解决方案的结构原理如图 11-7-16 所示。

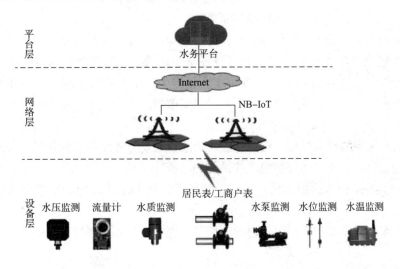

图 11-7-16 NB-IoT 智慧水务解决方案

在福建上润精密仪器有限公司与福州自来水公司的合作中，随着包括水表、流量计、压力机、水质监测仪等海量水务基础设施设备接入 NB-IoT 网络，海量设备的统一接入与互联、信息监测、智能监控等水务全生命周期管理功能都将得到应用，除此之外，NB-IoT 网络，大数据、云计算与水务公司在过程控制和内部管理深度融合，通过挖掘和运营水务信息资源，将更好地服务于水务公司，提升管理效率。

11.8 工业控制系统网络安全

11.8.1 概述

相比于传统的网络与信息系统，大多数的工控系统在开发设计时，需要兼顾应用环境、控制管理等多方面因素，首要考虑效率和实时特性。因此，工控系统普遍缺乏有效的工业安全防御及数据通信保密措施，特别是随着信息化的推动和工业化进程的加速，越来越多的计算机和网络技术应用于工控系统，在为工业生产带来极大推动作用的同时也带来了诸如木马、病毒、网络攻击等安全问题。

当前，中国企业使用了大量的自动化设备，如：PLC，DCS，RTU等，企业建设了现代化的工控网络，使生产效率大大提高。但是很多企业在建设工控网络的同时，接入了日常办公网络，这样办公网络的安全问题会带入到工业网络中，对工控网络造成安全威胁。在工控网络安全领域，不同的企业或组织，根据其内部工控系统的运行状态，并结合企业自身对实时性、完整性和机密性的要求，对工控网络安全产品提出自己特定的需求，不同的行业根据自己的要求选用不同的控制协议，包括Modbus，S7，OPC，IEC-104，DNP3等。因此，必须建立对工控系统必要的防护安全体系措施，保障工控系统的网络安全。

11.8.2 工业控制系统简介

工业控制系统ICS（Industrial Control System）简称工控系统。是各式各样控制系统类型的总称，包括数据分散控制系统（DCS）、可编程逻辑控制器（PLC）、采集与监视控制系统（SCADA）和其他控制系统。工业控制系统主要由过程级、操作级以及各级之间和内部的通信网络构成，对于大规模的控制系统，也包括管理级。过程级包括被控对象、现场控制设备和测量仪表等，操作级包括工程师和操作员站、人机界面和组态软件、服务器等，管理级包括生产管理系统和企业资源系统等，通信网络包括商用以太网、工业以太网、现场总线等。工业控制系统通常用于诸如电力、水和污水处理、石油和天然气、化工、交通运输、制药、纸浆和造纸、食品以及离散制造（如汽车、航空航天和耐用品）等行业。

工控系统应用的技术领域、行业特点或者承载的业务类型的差异化导致实际中工控系统的架构差别较大。为了就典型的工控系统的功能特点和部署形式达成共识，本标准依据ISO/IEC62264-1：2013的层次结构模型，给出了通用的工控系统的层次结构模型，如图11-8-1所示。

根据层次结构模型图中所述，过程监控层、现场控制层和现场设备层是工控系统中的特有部分。

11.8.3 工控系统网络安全防护体系

目前国内现有的工控系统网络安全防护体系包含：工控系统网络安全标准体系、等级保护标准体系以及关键基础设施防护标准体系。

11.8.3.1 工控系统网络安全标准体系

2002年4月，为加强信息安全标准的协调工作，国家标准委决定成立全国信息安全标准化技术委员会（信安标委，TC260）。全国信息安全标准化委员会是在信息安全技术专业领域内，从事信息安全标准化工作的技术工作组织。委员会负责组织开展国内信息安全有关的标准化技术工作，技术委员会主要工作范围包括：安全技术、安全机制、安全服务、安全管理、安全评估等领域的标准化技术工作。

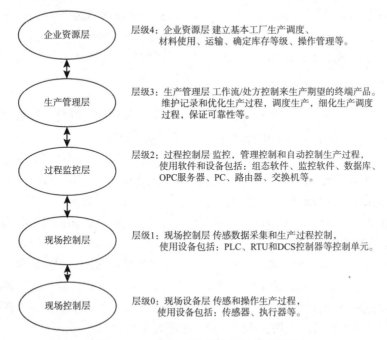

图 11-8-1　工控系统层次结构模型示意

为了加强工控网络安全需求，2016 年 10 月，工信部发布了《工业控制系统信息安全防护指南》，指导工业企业开展工控安全防护工作。基于《工业控制系统安全防护指南》，制定了工控系统安全标准防护体系如图 11-8-2 所示。

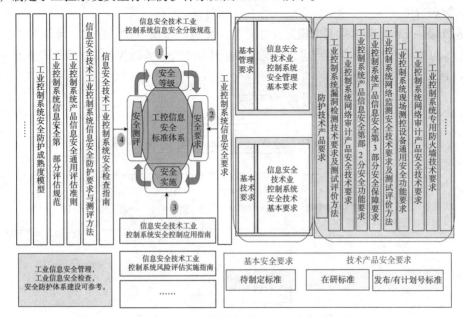

图 11-8-2　工控系统安全标准防护体系结构

该标准体系针对工控系统，进行安全定级、提出安全要求、落实安全防护措施、进行安全能力评估，以循环上升的方式提升工控系统安全防护能力。

后续全国信息安全标准化委员会 WG5 工作组陆续发布诸如 GB/T 32919—2016《信息安全技术 工业控制系统安全控制应用指南》，GB/T 36323—2018《信息安全技术 工业控制系统安全管理基本要求》，GB/T 36324—2018《信息安全技术 工业控制系统信息安全分级规范》，GB/T 36466—2018《信息安全技术 工业控制系统风险评估实施指南》等一系列针对工控网络安全的国家标准清单，以此来建立工控网络安全防护体系。

11.8.3.2　等级保护标准体系

工控系统网络安全重要性带来的必然是安全保障的紧迫性，因此工控系统网络安全的诸多问题需要引起重视，等级保护将扮演不可替代的重要角色。

等级保护，即信息安全技术网络安全等级保护要求，是中国信息安全保障的一项基本制度，国家通过制定统一的信息安全等级保护管理规范和技术标准，组织公民、法人和其他组织对信息系统分等级实行安全保护。

等级保护 1.0：2007 年和 2008 年颁布实施的《信息安全等级保护管理办法》和《信息安全等级保护基本要求》，这是我们通常认为的等保 1.0。

经过 10 余年的实践，为保障中国信息安全打下了坚实的基础，但从现实考量已经逐渐开始不适应网络环境的变化。为适应新技术的发展，解决云计算、物联网、移动互联和工控领域信息系统的等级保护工作的需要，由公安部牵头组织开展了信息技术新领域等级保护重点标准申报国家标准的工作，等级保护正式进入 2.0 时代。

等级保护 2.0：《中华人民共和国网络安全法》第二十一条明确规定："国家实行网络安全等级保护制度。"为了贯彻落实《中华人民共和国网络安全法》，适应云计算、移动互联、物联网、工业控制和大数据等新技术、新应用情况下网络安全等级保护工作，2019年 5 月正式发布《信息安全技术网络安全等级保护基本要求》，并定于 12 月 1 日正式实施，这标志着国家网络安全等级保护工作步入新时代。

等级保护 2.0 标准体系五个规定动作是指：定级、备案、建设整改、等级测评、监督检查。等级保护 2.0 标准将围绕这 5 个规定动作开展工作。等级保护 2.0 标准体系流程如图 11-8-3 所示。

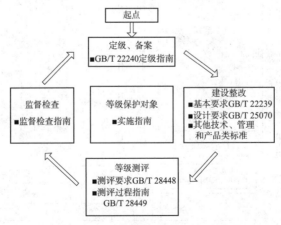

图 11-8-3　等级保护 2.0 标准体系流程

①《实施指南》主要内容是描述等级保护工作整个过程。

②《定级指南》主要内容是有关等保对象定级，基本要求是最为核心一个标准，主要对象是对等保对象提出安全保护能力。

③《安全设计技术要求》是实现基本要求的最佳实践。

④《测评要求》是对等级保护对象的安全状况进行安全测评并提供指南，也适用于网络安全职能部门依法进行的网络安全等级保护监督检查参考使用。

⑤《测评规程指南》是对测评机构的工作过程进行规范化管理。

等级保护 2.0 的中心思想为"一个中心三重防护"，就是针对安全管理中心和计算环境安全、区域边界安全、通信网络安全的安全合规进行方案的定制化设计，建立以计算环境安全为基础，以区域边界安全、通信网络安全为保障，以安全管理中心为核心的信息安全整体保障体系。其中等级保护 2.0 尤其对于工控系统安全定义了新的扩展要求：

① 物理和环境安全。增加了对室外控制设备的安全防护要求，如放置控制设备的箱体或装置以及控制设备周围的环境。

② 网络和通信安全。增加了适配于工控系统网络环境的网络架构安全防护要求、通信传输要求以及访问控制要求，增加了拨号使用控制和无线使用控制的要求。

③ 设备和计算安全。增加了对控制设备的安全要求，控制设备主要是应用到工控系统当中执行控制逻辑和数据采集功能的实时控制器设备，如控制器、PLC 等。

④ 安全建设管理。增加了产品采购及使用和软件外包方面的要求，主要针对工控设备和工控专用网络安全产品的要求，以及工控系统软件外包时有关保密和专业性的要求。

⑤ 安全运维管理。调整了漏洞和风险管理、恶意代码防范管理和安全事件处置方面的需求，更加适配工业场景应用和工控系统。

11.8.3.3 关键基础设施防护标准体系

中国在关键信息基础设施安全保障体系建设方面起步较晚，急需建立关键信息基础设施安全防护能力评估体系，制定科学合理、扩展性强的关键信息基础设施网络安全能力评估标准。目前国家正在制定如下标准：《信息安全技术 关键信息基础设施安全防护能力评价方法》；《信息安全技术 关键信息基础设施边界确定方法》；《关键信息基础设施网络安全框架》；《信息安全技术 关键信息基础设施安全控制措施》；《信息安全技术 关键信息基础设施安全检查评估指南》；《信息安全技术 关键信息基础设施安全保障指示体系》；《信息安全技术 关键信息基础设施网络安全保护基本要求》。

11.8.4 工控网络安全加固示例

根据等级保护 2.0 三级的设计要求，本章以石油化工行业的工控系统网络安全等级保护加固为例，通过对石油化工工控系统主机安全防护、网络安全防护、综合审计运维等多方面实施网络安全加固，为石油化工工控系统建立一套基本的工控网络安全防护体系，保障系统稳定运行。工控安全设备的部署方案如图 11-8-4 所示。

① 工控安全审计设备。部署工控安全审计设备后，将各层设备区域的核心网络交换机的数据镜像口与工控安全审计设备连接，对网络数据进行初级分析与处理，通过对网络数据包抓取、协议分析并按照预先配置的策略判断数据的合法性，非法数据将自动报警。能

及时发现区域内流量异常的情况，特别是在所有防御手段都失效后，仍可以通过控制审计设备进行审计取证，并可通过后期分析发现整个事件的发起、传播和爆发的全过程。解决了等级保护 2.0 中安全区域边界以及安全计算环境对于边界防护等要求。

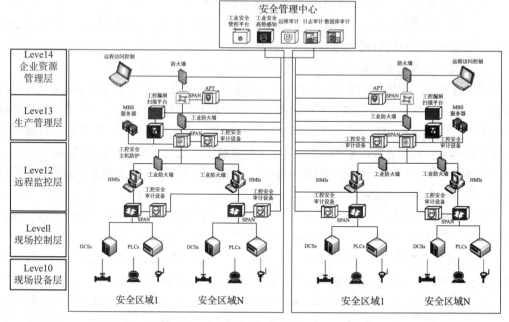

图 11-8-4　石化工控网络安全加固示例

② 工业防火墙。在各层设备区域之间部署"工业防火墙"；通过工业防火墙进行区域的逻辑划分、边界防护；确保各级区域内的自动控制系统不受其他级设备区域的干扰，将几个区域的安全风险、交叉感染威胁和影响降到最低。

使用工业防火墙设备在区域边界以白名单形式做出针对性的访问控制，防止来自外部系统的风险威胁。对所有网络设备如交换机和路由器等进行配置，既建立安全的访问路径，也避免将重要网段直接连接外部系统，保证网络结构安全。高效率、高安全性的工业防火墙将强大的信息分析功能、高效包过滤功能等多种安全措施综合运用，并根据系统管理者设定的安全规则保护内部网络与工控网络，提供完善的安全性设置，通过高性能的网络核心进行访问控制。解决了等级保护 2.0 中安全区域边界对于入侵防范等要求。

③ 工控漏洞扫描平台。部署工控漏洞扫描平台，发现系统中的安全漏洞，并进行整改，从而保障工控设施的正常运转。工控漏洞扫描平台根据实际漏洞扫描工作需求，可在不同网段和不同区域之间进行切换，分别对不同层区的设备进行扫描。

工控漏洞扫描平台根据工控系统已知的安全漏洞特征对工控系统中的控制设备、应用或系统进行扫描、识别，检测工控系统存在漏洞并生成相应的报告，清晰定性安全风险，给出修复建议和预防措施，并对风险控制策略进行有效审核，从而在漏洞全面评估的基础上实现安全自主掌控。解决了等级保护 2.0 中安全运维管理对于漏洞和风险管理的要求。

④ 工控主机安全防护。在各级区域的数据服务器、工程师站、操作员站等系统中部署工控主机安全防护，通过非法外联管理功能，防止设备非法外联，保障企业核心数据安全；通过应用程序的黑白名单机制，阻止恶意代码入侵系统及工控软件；同时通过终端安全的外设管理功能，实现对 USB 口、手机、光驱等相关外设设备的准入管理，杜绝数据外

泄和感染病毒的风险，从基础接入方面杜绝可能产生的安全隐患。解决了等级保护 2.0 中安全区域边界对于访问控制等要求。

⑤工业安全管理平台。在安全管理中心处部署工业安全管理平台，通过网络对工业防火墙、工控安全审计设备、工业交换机以及其他工控设备实现集中管控和审计。实现工控网络环境下的资产、通信和协议的可视化。并且提供批量配置和下发工业防火墙、工控安全审计设备策略的部署方式，同时提供系统层面的事件收集、审计和报警的功能，对安全问题进行全面的分析和诊断。工业安全管理平台可以看到整个系统的运行状态，并用一系列措施应对网络遇到的威胁。解决了等级保护 2.0 中安全管理中心对于集中管控等要求。

⑥工业安全态势感知系统。在安全管理中心处部署工业安全态势感知系统，实时全面感知网络空间工控设备态势情况，获取联网工控系统设备类型、设备参数、运行状态、地理位置、开放端口及服务等关键信息。通过关联国家权威漏洞库进行攻击威胁和隐患分析，评估联网工控设备安全风险并及时预警。同时对重点区域工控系统安全态势进行可视化整体呈现，指导用户及时封堵漏洞，有效降低工控系统被攻击的风险。解决了等级保护 2.0 中安全管理中心对于集中管控的要求。

⑦运维审计设备。在安全管理中心处部署运维审计设备，针对运维操作，以集中管理为基础，单点登录为手段，实现对"自然人（操作者）"在"主机设备等重要资源（操作对象）"上的"操作行为（操作内容）"的集中管理、集中认证、实时控制和实时审计，审计信息不可更改、不可杜撰，最终实现人为操作风险最小化控制。解决了等级保护 2.0 中安全管理中心对于系统管理的要求。

⑧日志审计设备。在安全管理中心处部署日志审计设备，能够对全网海量的日志数据进行集中收集，拥有强大的搜索功能，支持精确检索、范围搜索、模糊搜索以及组合条件查询，依靠大数据分析技术，实现检索过程的秒级响应。通过时间、关键字段与复杂流程拼凑关联事件。解决了等级保护 2.0 中安全管理中心对于审计管理的要求。

⑨数据库审计设备。在安全管理中心处部署数据库审计设备，对访问数据库的数据流进行采集、分析和识别。实时监视数据库的运行状态，记录多种访问数据库行为，发现对数据库的异常访问，并对访问数据库的相关行为、发送和接收的相关内容进行存储、分析、排名和查询。解决了等级保护 2.0 中安全管理中心对于审计管理的要求。

通过上述安全防护措施，最终实现：提升、巩固工控系统基础计算环境（包括操作系统、数据库、应用软件等）防护能力；网络安全分域、区域隔离，保障网络边界安全，将安全事件影响降至最低；同时实时监控工控系统网络安全运行状态，及时处置信息安全事件；构建工控系统安全集中管理中心，达到工控系统网络安全事件的集中审计和分析。

附录 1. 工控网络安全术语

ICS（Industry Control System，工业控制系统）

CCS（Computer centralized control system 计算机集中控制系统）

DCS（Distributed Control System，分布式控制系统）

PLC（Programmable Logic Controller 可编程逻辑控制器）

FCS：（Fieldbus Control System，现场总线控制系统）

RTU（Remote Terminal Unit 远程终端单元）

SCADA（Supervisory Control And Data Acquisition，数据采集与监视控制系统）

Modbus（Modbus protocol 一种串行通信协议）

S7（S7 communication protocol S7 通信协议）

OPC（OLE for Process Control OPC 通信协议）

IEC-104（Telecontrol equipment and systems-Part 5-104 IEC60870-5-104 规约）

DNP3（Distributed Network Protocol Version 3.0 DNP3 协议）

附录 2. 工控网络安全参考标准

《信息安全技术 网络安全等级保护定级指南》（GB/T 22240—2020）

《信息安全技术 网络安全等级保护实施指南》（GB/T 25058—2019）

《信息安全技术 信息系统安全等级保护基本要求》（GB/T 22239—2019）

《信息安全技术 网络安全等级保护安全设计技术要求》（GB/T 25070—2019）

《信息安全技术 网络安全等级保护测评要求》（GB/T 28448—2019）

《信息安全技术 网络安全等级保护测评过程指南》（GB/T 28449—2018）

《信息安全技术 网络安全等级保护测试评估技术指南》（GB/T 36627—2018）

《信息安全技术 网络安全等级保护安全管理中心技术要求》（GB/T 36958—2018）

《信息安全技术 网络安全等级保护测评机构能力要求和评估规范》（GB/T 36959—2018）

《信息安全技术 工业控制系统产品信息安全通用评估准则》（GB/T 37962—2019）

第 12 章　网络 / 通信技术

工业控制网络是计算机网络、通信技术与自动控制技术的结合，是自动控制领域的局域网。应用在环境条件较差、有电磁干扰、振动、爆炸危险场所等的工业生产现场；网络应用节点复杂（如包括各类控制仪表、设备等）；任务处理主要是传输工厂数据、完成测量及自动控制；网络传输、监控和维护要求及时性与实时性强，测量及控制作用有一定的周期要求；信息流向具有明显的方向性，通信关系比较确定；可靠性要求较高。

12.1　通信协议

12.1.1　通信协议

通信协议是为了在计算机之间传递信息而建立的约定，用于从通信的开始到结束顺利地执行通信的过程以及参与通信的各方之间约定的系统。它已经成为可遵守的惯例。

通信协议是非常复杂的，必须将可能发生的事件都事先进行预测，例如：如何开始通信，若在通信过程中发生错误时如何进行恢复，如何结束通信，通信时要传送什么格式的数据，该怎么传送等。

12.1.2　代表性协议举例

计算机间使用的通信协议有主要计算机厂商制定的"制造商标准"以及诸如 ISO 等标准化组织指定的"独立于制造商"的标准。通信协议有诸多类型。因此，在连接各制造厂商的计算机时，应尽可能使用公认国际标准如"OSI 协议"和"TCP/IP 协议"等约定俗成的标准（Defact Standard）。各种计算机系统对应的协议名称及种类见表 12-1-1。

表 12-1-1　各种计算机系统对应的协议名称及种类

计算机系统	协议名称	协议的种类	备注
UNIX Windows	TCP/IP	TCP、UDP、IP、ICMP、ARP、TELENT、FTP、SNMP、SMTP、NNTP、HTTP、HTTPS	
MS DOS	NetWare	IPX、SPX、NPC	
MAC	AppleTalk	DDP、RTMP、AEP、ATP、ZIP	

续表

计算机系统	协议名称	协议的种类	备注
OSI 标准协议	OSI	FEAM、MOTIS、VT、CMIP、CONP	
IBM	SNA	SDLC、RSCS、8270	

⌔12.2 OSI 参考模型

OSI（Open System Interconnection）开放系统互联是国际标准化组织 ISO/TC97 于 1978 年提出的，1983 年正式成为国际标准 ISO 7498，并于 1986 年进行了补充和完善，形成了实现开放系统互联建立的分层模型（简称 OSI 参考模型）。

OSI 参考模型是不依赖计算机的功能，可以在任何组合网络中使用的标准通信协议，为异种计算机互联提供了一个共同基础和标准框架。为了获得通用性，OSI 参考模型假设了所有场景，内容非常复杂。

12.2.1 OSI 参考模型的结构

OSI 是一个开放型的体系结构，规定通信功能分为 7 层，分别为物理层（Physical Layer）、数据链路层（Data Link Layer）、网络层（Network Layer）、传输层（Transport Layer）、会话层（Session Layer）、表示层（Presentation Layer）和应用层（Application Layer）。

注意：OSI 模型本身不是网络体系结构的全部内容，因为它并未确切地描述用于各层的协议及实现方法，而是仅仅说明每一层应该完成的功能。ISO/OSI 已经为各层制订了相应的标准，这些标准作为独立的国际标准发布，并不是参考模型的一部分。OSI 各物理层的功能及主要内容见表 12-2-1。

表 12-2-1　OSI 各物理层的功能及主要内容

层数	层名称	功能	主要项目内容
1	物理层 Physical layer	介质定义（硬件），数据传输的编码和速度	规定了通信时使用的电缆、连接器等媒体及电气信号规格等，如信号电平、收发器、电缆、连接器等的形态
2	数据链路层 Data link layer	建立数据包结构、分帧、错误检测和总线仲裁	将物理层收到的信号组成有意义的数据，提供传输错误控制等数据传输控制流程，如访问的方法、数据的形式
3	网络层 Network layer	建立和清除连接，避免网络堵塞	进行数据传送的路由选择或中继，如单元间的数据交换、地址管理
4	传输层 Transport layer	提供独立于网络的、透明的消息传输	控制数据传送的顺序、传递错误的恢复等，保证通信的品质，如错误修正、再传输控制
5	会话层 Session layer	应用程序的连接管理服务	为建立会话的通信，控制数据正确地接收和发送
6	表示层 Presentation layer	在网络和本地机器格式之间转换应用程序数据	进行数据表现形式的转换，如文字设置、数据压缩、加密等控制
7	应用层 Application layer	直接面向用户，向用户提供特定的网络命令和功能	由实际应用程序提供可利用的服务，如：电子邮件、数据文件传输、远程计算机操作

12.2.2　OSI 参考模型结构

OSI 参考模型结构如图 12-2-1 所示。

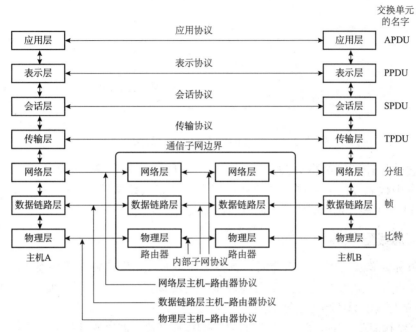

图 12-2-1　OSI 参考模型的结构

12.2.3　典型控制网络的通信模型与 OSI 模型对照

典型控制网络的通信模型与 OSI 模型对照如图 12-2-2 所示。

OSI模型		FF H1	FF HSE	PROFIBUS
应用层	7	用户层	用户层	应用过程
		总线报文规范子层FMS 总线访问子层FAS	FMS/FDS	报文规范 底层接口
表示层	6			
会话层	5			
传输层	4		TCP/UDP	
网络层	3		IP	
数据链路层	2	H1数据链路层	数据链路层	数据链路层
物理层	1	H1物理层	以太网物理层	物理层(485)

图 12-2-2　典型控制网络的通信模型与 OSI 模型对照

12.3　局域网

12.3.1　局域网的类型

局域网（Local Area Network，LAN）是一个分布在有限范围内的网络系统，其距离只限于几十米到 25km，一般为 10km 以内。局域网专用性非常强，传输速率较高，具有比较稳定和规范的拓扑结构。局域网遵循 IEEE 802 标准。

局域网体系与 OSI/RM 的关系如图 12-3-1 所示。

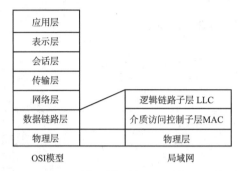

图 12-3-1　局域网体系与 OSI 模型的关系

局域网的拓扑结构类型分为总线型、星型、环型和树型等，每种方式都有标准定义。局域网中代表性的以太网、令牌环网和光纤分布式数据接口（Fiber Distributed Data Interface，FDDI）等，是当前典型的局域网标准模式。

12.3.1.1　总线型

用一条称为总线的电缆传输介质，将各工作站通过相应的硬件接口连接起来的结构方式。在总线端点处安装的防止反射的设备称为端接器。在以太网中使用 10BASE-2 和 10BASE-5 的形式。总线型网络结构如图 12-3-2 所示。

优点：结构简单、便于扩充、可靠性高、响应速度快、需要的设备和电缆数量少。

缺点：传输距离有限，所有节点都要采用共享传输介质，存在多节点争用总线的问题。

图 12-3-2　总线型网络结构

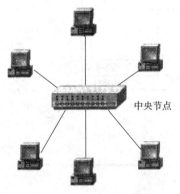

图 12-3-3　星型网络结构

12.3.1.2　星型

从被称为中央节点（集线器）为中心以类似放射状方式连接各站点的结构方式。任何 2 个站点要进行通信必须经过中央节点控制。用于以太网 10BASE-T 和 100BASE-TX 方式。星型网络结构如图 12-3-3 所示。

优点：结构简单、便于管理、集中控制，故障诊断和隔离容易。

缺点：共享能力较差，中央节点负担过重、网络可靠性低，电缆需求量较大。

12.3.1.3　环型

是以环形连接各节点计算机的结构方式，信息在环形网络中单向传输。为了防止环中的一个终端故障影响到整个网络，可以采用上、下行两条线路布线。令牌环和 FDDI 中采用此类型。环型网络的结构如图 12-3-4 所示。

优点：两个节点间仅有唯一的通路，简化了路径选择的控制；某个节点故障时，可自动旁路，可靠性较高；网络确定时，其延时固定，实用性强。

缺点：因信息串行经过多个节点环路接口，节点过多会影响传输速率，使网络响应时间变长；节点故障会引起全网故障，故障检测困难，扩充不方便。

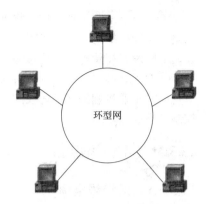

图 12-3-4　环型网络结构

12.3.1.4　树型

结构形状类似倒置的树状，顶端为根部，根部向下分支，各分支还可在分支，各节点按照层次进行连接，信息交换主要在上下节点间进行。树型网络结构如图 12-3-5 所示。

优点：易于扩展，故障隔离较为容易。

缺点：各节点对根节点的依赖性大，根节点故障时，导致全网不能正常工作。

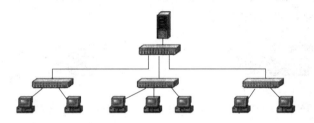

图 12-3-5　树型网络结构

12.3.2　网络互联设备

网络互联设备是工业控制网络互联互通的关键，主要包括网络接口卡、中继器、集线器、网桥、交换机、路由器和网关等。

①网络接口卡。也称为网络适配器，是各种网络设备与网络通信传输介质相连的接口，负责将数据转换为网络上设备能够识别的格式。如计算机局域网中的网卡、工业控制网络中的各类总线通信网卡等。

②中继器。是连接局域网电缆的中继设备，在采用多条通信电缆构建局域网络时使用，具有信号放大功能，并以此来延长网络的长度。中继器在传输线路上的放置位置是很重要的。

③集线器。主要功能是对接收到的信号进行再生、整形和放大，以扩展网络的传输距离。也可说集线器是中继器的一种，二者的区别仅在于集线器能够提供更多的端口，可同时把更多的节点连接在一起构成网络。

④网桥。网桥用于桥接局域网中的两个子网段或者两个局域网，以实现两端的透明通信。目前已较少使用网桥来桥接网络。

⑤交换机。与网桥类似，实质上是一种多端口的网桥，具有较高的端口密度，多个端口可并行工作，是能够完成封装、转发数据包功能的设备。每个端口均可连入一个网段，也可直接连入用户主机。交换机是即插即用设备。交换机的种类很多，有许多的分类方法。

⑥路由器。路由器工作在物理层、数据链路层和网络层，利用网络地址来区别不同的网络，实现网络的互联和隔离，并保持各个网络的独立性。是具有独立地址、数据速率和介质的网段间存储转发信号的设备，核心任务是寻址和转发。

⑦网关。网关又称为网间协议转换器，用来负责两个不同通信协议网络间的互联。由于现阶段工业控制网络的协议间互不兼容，因此需要使用网关来实现不同协议标准的工业控制网络的互联。

12.3.3 LAN 中使用的传输介质

12.3.3.1 双绞线电缆

双绞线是一种通用的传输介质，适用于模拟和数字通信。双绞线的结构是把两根互相绝缘的铜导线按照一定的规则互相绞合在一起，再在外层套上一层保护层或屏蔽层形成的。双绞线分为屏蔽双绞线（STP）和非屏蔽双绞线（UTP）两种，另外，双绞线的质量等级（类别）根据频率范围进行划分。LAN 中通常采用由 4 对不同颜色的传输线组成的非屏蔽双绞线，且通常使用五类线（CAT5）和超五类线（CAT5e），及 RJ 形式的连接器。双绞线及 RJ 连接器的结构如图 12-3-6 所示。

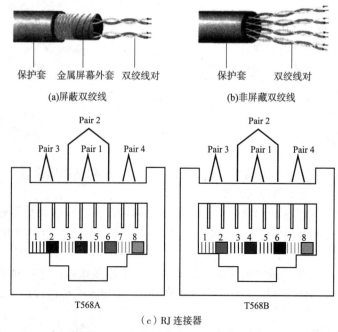

图 12-3-6 双绞线及 RJ 连接器结构

12.3.3.2 同轴电缆

同轴电缆常用于较高速率的数据传输，但抗干扰特性不及双绞线，且价格比双绞线高。同轴电缆由铜质线芯（单股实心或多股绞合线）、绝缘层、外导体屏蔽层及保护套等组成。按照特性阻值分为 50Ω、75Ω 两类；50Ω 同轴电缆称为基带同轴电缆，用于传输基带数字信号，在 1km 距离内的传输速率一般为 10Mibit/s；75Ω 同轴电缆称为宽带同轴电缆，是用作公用天线电视系统（CATV）的标准电缆。还可按照线缆粗细来分为粗缆和细缆，粗缆抗干扰性能好、传输距离远，细缆价格低、传输距离较近。同轴电缆结构如图12-3-7 所示。

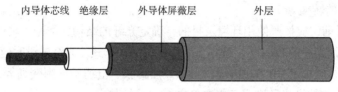

图 12-3-7 同轴电缆结构

12.3.3.3 光纤

光纤是由光导纤维芯及保护层等组成。光纤与双绞线和同轴电缆相比，具有传输距离长、传输速率高、抗干扰能力强、安全性和保密性好、传播延时很小、信号衰减极小等特点。光纤分为单模光纤（Single Mode Fiber，SMF）和多模光纤（Multi Mode Fiber，MMF），光纤结构如图 12-3-8 所示。单模光纤是指光纤中的光信号仅与光纤轴成单个可分辨角度的单光线传输，使用半导体激光器作光源，只有一条光通路，纤芯很细，传输速率较高，传输距离远，一般用于在室外敷设使用；多模光纤是指光纤中的光信号与光纤轴成多个可分辨角度的多光线传输，使用二极管发光作光源，在传输时存在光线扩散，易造成信号失真，一般仅在局域网的室内敷设使用。单模光纤的性能优于多模光纤。

注意：光纤只能单向传输，如需双向通信，则应成对使用。

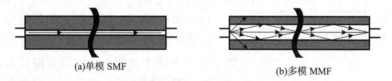

(a)单模 SMF   (b)多模 MMF

图 12-3-8 光纤结构

各类传输介质的性能对比见表 12-3-2 所列。

表 12-3-2 各类传输介质的性能对比

传输介质		抗电磁干扰	价格	频带宽度	单段最大长度 /m
双绞线	UTP	较差	便宜	低	100
	STP	较好	一般	中等	100
同轴电缆		较好	一般	高	185（细缆）/500（粗缆）
光纤		好	贵	极高	几十千米

注：工业控制网络不应采用无线传输。

12.3.4 配线安装时的注意事项

① STP 的屏蔽层可减少辐射、阻止外部电磁干扰的入侵，但在实际施工过程中，较难做到完美地接地，从而使屏蔽层本身成为最大的干扰源，导致性能远不如非屏蔽双绞线。对于 4 对 UTP 对绞线敷设时应考虑 10 倍直径以上的弯曲半径。

② 需要注意，若将五类线作为布线系统，则所有布线材料必须按照五类线系统标准，即使仅有一种低质量的材料混入使用，也不能作为五类线布线系统。

③隐蔽布线工程能够使布线较为容易，但布线时应考虑适当数量的备用线芯（对）。

④模块化面板插座，用作 UTP 双绞线电缆的连接终端，便于接线及分线、可以进行不同连接器形状的转换等。

⑤使用光纤前，应按照使用环境及目的，确定光纤的结构、类型（单模/多模）、规格及纤芯数等，使用光纤的 LAN 系统基本上采用星型结构形式。光纤敷设时应避免折线弯曲。

⑥避免在敷设过程中用力拉电缆，且导致热膨胀、电缆不规则变细等情况的发生。

⑦通信电缆的敷设路径应避免与电气电缆的并行敷设；若并行敷设时须保持一定的安全距离及采取防电磁干扰措施。

12.4 以太网（Ethernet）

12.4.1 概述

以太网（Ethernet）主要遵循 IEEE 802.3 标准，但以太网与 IEEE 802.3 有些许差别，在忽略网络协议的细节时，习惯上将 IEEE 802.3 称为以太网。由于以太网具有简单、经济、传输介质多、速度高、易于组网等特点，且易与 TCP/IP 协议相结合，成为互联网应用中最普遍的技术，并被不断的开发应用。

以太网与 OSI 参考模型的对照如图 12-4-1 所示。

OSI	以太网
应用层	应用协议
表示层	
会话层	
传输层	TCP/UDP
网络层	IP
数据链路层	以太网MAC
物理层	以太网物理层

图 12-4-1 以太网与 OSI 参考模型对照

随着网络技术的发展，在办公自动化领域信息网络通信中处于垄断地位的以太网技术，也在过程控制领域管理层和控制层等中上层得到了广泛的应用，世界上各大控制系统厂商在其控制系统中采用以太网，推出了基于以太网的各类控制系统以及基于以太网的各类现场仪表等产品。

12.4.2 结构模型

以太网的结构模型如图 12-4-2 所示，MAC 子层和物理层之间的接口定义了帧信号、冲突检测信号和串行数据的传递；LLC 子层和 MAC 子层的接口规定了来自 LLC 子层的请求，如由 MAC 子层进行的数据传输，以及由 MAC 子层向 LLC 子层提供的服务；MAC 子层还向 LLC 子层提供上层中错误恢复处理所需的状态信息。

图 12-4-2 以太网的架构模型

图中：LLC——Logical Link Control（逻辑链路控制）

　　　　MAC——Medium Access Control（媒体接入控制）

　　　　PLS——Physical Layer Signaling

　　　　PMA——Physical Medium Attachment

　　　　DTE——Data Terminal Equipment

　　　　AUI——Attachment Unit Interface

　　　　MAU——Medium Attachment Unit

　　　　MDI——Medium Dependent Interface

说明：随着以太网信号类型（10Base、100Base、1000Base 等）的不同，上述结构模型中对照的物理层部分会有所差别。

12.4.3　以太网的信号类型

常见的以太网信号类型见表 12-4-1。

表 12-4-1　常见的以太网信号类型

信号名称	网络名称	传输速率 /Mbps	最大距离 /m	传输介质
10Base2	细缆网	10	185	50Ω 细同轴电缆
10Base5	粗缆网	10	500	50Ω 粗同轴电缆
10BaseT	—	10	100	双绞线，三类线或四类线
10BaseF	—	10	2000	光纤
100BaseT	高速以太网	100	100	双绞线，五类线
100BaseF	高速以太网	100	400	光纤
1000BaseT	千兆以太网	1000	100	双绞线，超五类线或六类线
1000BaseF	千兆以太网	1000	220	光纤

12.4.4　工业以太网

工业以太网是在以太网技术和 TCP/IP 技术的基础上发展形成的一种应用于工业控制领域的网络。在技术上与商用以太网（IEEE 802.3 标准）相兼容，但实际产品和应用不完全相同；工业以太网具有应用广泛、通信速率高、资源共享能力强及可持续发展潜力大等优势。工业以太网与商用以太网设备的比较见表 12-4-2。

表 12-4-2　工业以太网与商用以太网设备的比较

	工业以太网设备	商用以太网设备
元器件	工业级元器件，接插件与壳体耐腐蚀、防尘、防水、防振动	商业级元器件，接插件为 RJ45
电源	24V DC，冗余电源	220V AC，单电源
安装方式	采用 DIN 导轨或其他固定方式	商用、机架等
工作温度 /℃	−40~85 或 −20~70	5~40
电磁兼容性标准	工业级 EMC	办公室用 EMC
无故障工作时间（$MTBF$）/a	≥ 10	3~5

工业以太网的优点：

① 基于 TCP/IP 的以太网采用国际主流标准，协议开放，容易互联，具有互操作性；

② 可实现远程访问和远程诊断；

③ 不同的传输介质可灵活组合；

④ 网络速度快，可达千兆甚至更快；

⑤ 支持冗余连接配置，数据可达性强，数据有多条通路抵达目的地；

⑥ 系统容量几乎无限制，不会因系统增大而出现不可预料的故障，有成熟可靠的系统安全体系；

⑦ 可降低投资成本。

工业以太网的不足：

① 实时性问题，在实时性要求较高的场合，重要数据的传输会产生延滞；

② 可靠性问题，采用 UDP，报文可能会丢失、重复以及乱序等；

③ 安全性问题，须考虑本质安全，使用 TCP/IP，会被病毒、黑客等非法入侵与非法操作；

④ 总线供电问题，工业以太网的总线供电问题还没有完美的解决方案。

12.5　TCP/IP

12.5.1　TCP/IP 定义

TCP/IP 协议（Transmission Control Protocol/Internet Protocol），称为传输控制协议、网际协议，它是一个计算机网络工业标准，是 Internet 最基本的协议，是由 FTP、SMTP、TCP、UDP、IP 等构成的一个协议簇。

TCP/IP 协议模型由网络接口层、互联网络层、传输层和应用层构成，TCP/IP 协议模型与 OSI 参照模型的对应关系如图 12-5-1 所示。

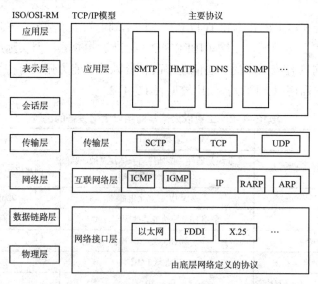

图 12-5-1　TCP/IP 协议模型与 OSI 参照模型对应关系

TCP/IP 协议的特点：

① 协议是完全开放的，可供用户免费使用；

② 独立于网络硬件系统；

③ 网络中各设备及终端具有唯一地址；

④ 高层协议标准化，可提供多种网络服务。

12.5.2　IP 协议的特点

IP 协议位于 TCP/IP 模型的互联网络层，是 Internet 网络的基础，既可向传输层提供各种协议的信息，又可向下将 IP 信息包放到网络接口层来传送。IP 协议的特点：

① 负责 TCP/IP 模型的互联网络层的协议；

② 是一种无连接、不可靠的数据包传输协议，不检查数据的错误和遗漏，不检查顺序错误，不控制发送速度等；

③ IP 地址具有唯一性；

④ 从起点到最终目的地的路径不一定只有一条，且往返也不一定是同一路径；

⑤ 互联网中有 IP 地址的设备不一定就是计算机，如路由器、网关等；

⑥ IP 强调了适应性、简洁性和可操作性，牺牲了一定的可靠性。

IPv4 是当前 Internet 的有效版本，随着网络规模的扩大，新一代版本 IPv6，克服 IPv4 的地址空间匮乏等不足。下列章节中的地址、数据报头是以 IPv4 为例来进行说明的。

12.5.3　IP 地址

IP 地址由网络号和主机号组成。网络号标识互联网中的一个特定网络，主机号标识在该网络中的一台特定主机。

IP 地址分为 A、B、C、D 和 E 共 5 类，分类结构如图 12-5-2 所示。

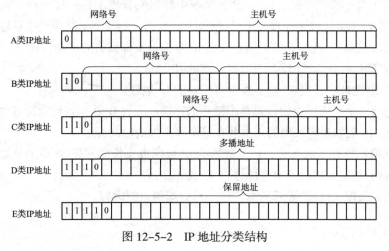

图 12-5-2　IP 地址分类结构

12.5.4　IP 报头的结构

IP 是 TCP/IP 体系中的核心协议，向传输层提供了一种无连接的数据传输服务。互联网络层的数据分组也称为数据报，IP 数据报是 IP 的基本处理单元，是由 IP 数据报头和数据两部分组成。当传输层的数据交给 IP 层以后，IP 即将在其前面加上一个 IP 数据报头，才可用于控制数据报的转发和处理。IPv4 数据报头的格式如图 12-5-3 所示。

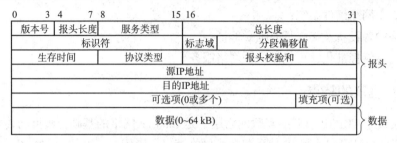

图 12-5-3　IP 数据报头格式

图 12-5-3 的说明如下：

① 版本号：长度 4 位，二进制数，表示该 IP 数据报使用的 IP 协议的版本。若 IP 版本号是 4，则表示为 IPv4。

② 报头长度：长度 4 位，表示整个报头的长度。

③ 服务类型：长度 8 位，规定了对本数据报的处理方式。

④ 总长度：长度 16 位，指定整个 IP 数据报的字节数量。

⑤ 标识符：长度 16 位，是 IP 赋予报文的标志，属于同一个报文的分段具有相同的标识符。

⑥ 标志域：长度 3 位，只有低两位有效，表示最终分段标志和禁止分段标志。

⑦ 分段偏移值：长度 13 位，以 8B 为单位表示当前数据报相对于初始数据报的开头位置。

⑧ 生存时间：长度 8 位，指明数据报在进入 Internet 后能够存留在网络中的时间，以秒为单位。

⑨ 协议类型：长度 8 位，指出 IP 数据报中数据部分属于哪一种协议，接收端则根据该协议类型字段的值来确定应该把 IP 数据报中的数据交给哪个上层协议来处理。

⑩ 报头校验和：长度 16 位，用于保证 IP 数据报头部数据的正确性和完整性。

⑪ 源 IP 地址：长度 32 位，表示发送端的 IP 地址。

⑫ 目的 IP 地址：长度 32 位，表示目的端的 IP 地址。

⑬ 可选项：是一个可选的且通常不使用的字段；允许 IP 数据报请求特殊的功能特性，如安全级别、IP 数据报将采用的路由及在每个路由处的时间标签。

⑭ 填充项：当有可选项时，且可选项的 IP 数据报头长度不是 32 位的整数倍，则使用 0 将缺少的部分加上，以保证 IP 数据报头以 32 位结束。

⑮ 数据：长度 32 位，表示所要传送给目的端的数据内容。

12.5.5　TCP 特点

TCP（传输控制协议）提供一种面向连接的、端到端的、完全可靠的、全双工的数据流服务。TCP 协议为传输层最常用的协议，也和 IP 协议一样，是 TCP/IP 协议簇中最重要的协议。

TCP 协议的特点：

① TCP 是面向连接的 OSI 模型传输层协议；

② TCP 提供可靠服务，检查数据的错误、数据的遗漏和重复、顺序错误等，并进行应答确认、重试，保持通信的可靠性；

③ 进行传输的速度控制（数据流控制）；

④ 在终端之间进行通信，每条连接都是点对点连接；

⑤ 提供全双工通信。

12.5.6　TCP 报文段格式

TCP 报文段的格式如图 12-5-4 所示。

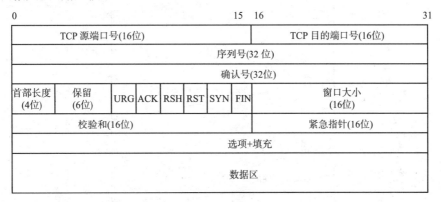

图 12-5-4　TCP 报文段格式

图 12-5-4 的说明如下：

① 源端口号：长度 16 位，用于标识发送方通信进程的端口。

② 目的端口号：长度 16 位，用于标识接收方通信进程的端口。

③ 序列号：长度 32 位，用于标识 TCP 发送端向接收端发送数据字节流的序号。

④ 确认号：长度 32 位，用于标识接收端希望收到的下一个 TCP 报文段第一个字节的序号。

⑤ 首部长度：长度 4 位，用于标识 TCP 数据区的开始位置，又称为数据偏移。

⑥ 保留：长度 6 位，须置 0，为将来定义 TCP 新功能时使用。

⑦ 标志：长度 6 位，每一位标志均可打开 / 关闭一个控制功能，这些控制功能与连接的管理和数据传输控制有关。

⑧ 窗口大小：长度 16 位，是接收端的流量控制措施，用来告诉另一端它的数据接收能力。

⑨ 校验和：长度 16 位，用于进行差错校验。

⑩ 紧急指针：长度 16 位，在标志位中的紧急指针标志置 1 时使用。

⑪ 选项：长度不固定，用于提供增加额外设置，且该设置不包括在标准 TCP 报文段报头内。

⑫ 填充：长度不固定，用于填充选项长度的不足部分。

⑬ 数据：长度 32 位，表示所要传送的数据内容。

12.5.7　TCP 的连接管理

TCP 是一个面向连接的协议，其高可靠性是通过发送数据前先建立连接，结束数据传输时关闭连接。

①建立连接。TCP 使用三次握手法来对于网络中要通信的 2 台主机（主动提出通信请求的主机称为客户机，被动响应的主机称为服务器）建立一条连接，即在建立连接时通信双方要交换三次报文，三次握手分别为由客户机向服务器发送一个建立连接的请求，服务器收到请求后发送一个应答，客户机收到服务器应答后再发送一个确认，即完成连接的建立。

②关闭连接。TCP 是一个全双工协议，在通信过程中 2 台主机都可以独立地发送数据，在完成数据发送的任一方都可提出关闭连接的请求；关闭一个连接时，通信的主机间要经过发送关闭请求、请求确认、关闭连接、再确认等四次握手。

TCP 的连接建立与关闭过程如图 12-5-5 所示。

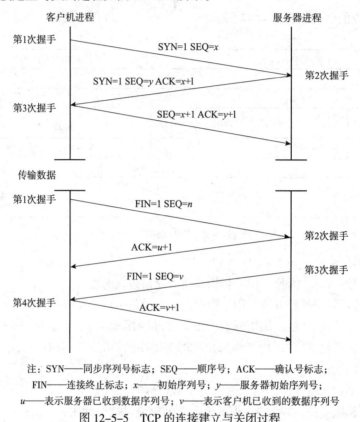

注：SYN——同步序列号标志；SEQ——顺序号；ACK——确认号标志；
FIN——连接终止标志；x——初始序列号；y——服务器初始序列号；
u——表示服务器已收到数据序列号；v——表示客户机已收到的数据序列号
图 12-5-5　TCP 的连接建立与关闭过程

12.5.8　TCP 流量控制

TCP 给应用程序提供了流量控制服务，以消除发送方使接收方缓存溢出的可能性。

从发送方向接收方发送数据时，接收方不一定能将发送方发送的数据全部接收到。例如，在发送方是非常快的主机、而接收方是比较慢的主机情况下，发送的数据不一定全部被接收。

而且，如果接收方可能出于某种理由希望停止发送时，则接收方可以向发送方请求减少要发送的数据量，或停止要发送的数据。

然后，接收方希望恢复发送时，在窗口字段中赋予适当的目标值并发送给发送方，即可恢复数据的发送。

该功能称为 TCP 的流量控制，是使用 TCP 报头内的"窗口"字段来进行的。

TCP 的流量控制策略包括 TCP 的滑动窗口管理机制、根据接收缓冲区及来自应用的数据确定策略。

12.5.9 TCP 超时重发机制

当接收端 TCP 收到数据报时，就要返回给发送端一个确认；如果没有收到该确认，则发送端重发数据；但由于数据和确认报文都有可能丢失，为此，TCP 通过在发送端设置一个计时器来解决，即当计时器溢出时还没有收到确认，既重发该数据报文。

12.6 串行通信

12.6.1 概述

串行通信是 DCS 与下位的子系统如 PLC、SIS、GDS、MMS、储罐计量系统、计量系统等之间的主流通信方式。它分为 RS–232C、RS–422 和 RS–485，并且 Modbus RTU 被用作典型的协议。

当传输距离较小（小于 15m）时，采用 RS-232C 接口。当需要长距离（几百米到 1km）传输时，则采用 RS–485 接口（二线差分平衡传输）。如果要求通信双方均可以主动发送数据，必须采用 RS–422 接口［四线（两对）差分平衡传输］。RS–485 实际上是 RS–422 的变形。

串行通信方法是一种异步通信系统，它使用数字 0 和 1 来将低电平电压和高电平电压彼此关联，并在传输路径上串行（连续）发出电压波形。异步传输过程如图 12-6-1 所示。

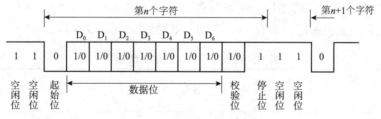

图 12-6-1　异步传输过程

异步传输对接收时钟的精度降低了要求，优点是设备简单、易于实现；不足是效率较低，由于每个字符都要附加起始位和结束位，辅助信息较多。各种串行接口的主要技术参数比较见表 12-6-1。

表 12-6-1　各种串行接口的主要技术参数

项　目	RS-232C	RS-422	RS-485	GP-IB
概述	抗噪能力较差，但却是最常用的接口之一	定义电缆设备的电气特性和电阻的标准	同 RS-422，在一定条件下进行数据通信	可以并行连接多个设备的标准总线
传送方式	串行	串行	串行	8 位并行
最大电缆长度 /m	15	1200（速率 100kbps）	1200（速率 100kbps）	电缆总长 20 设备间电缆长度为 2

续表

项　目	RS-232C	RS-422	RS-485	GP-IB
最大传输速度 （标称）/（bit·s⁻¹）	19.2k	90k~10M	90k~10M	1M~20k
最大传输速度 （实际）/（bit·s⁻¹）	300~19.2k	9600~10M	9600~10M	1000
0/1 信号输出电压 /V	0：+3~+15 1：-3~-15	0：+0.2~+2 1：-0.2~-2	0：+0.2~+1.5 1：-0.2~-1.5	0：-2 以上 1：-0.8 以下
连接线缆	直连方式	直连方式	直连方式	分支方式
抗噪声性	差	好	好	差
成本	低	中	高	中
设计难易程度	易	易	难	一般
适用性	－ 调制解调器 － 电脑 － 数据通信	－ 分布式数控（DNC）	－ 仪表控制 － 回路控制	－ 各种测量装置

注：GP-IB 通用接口总线 General-Purpose Interface Bus。

12.6.2　RS-232C 与 RS-422、RS-485 的特点

12.6.2.1　RS-232C

RS-232C 是美国电子工业协会 EIA（Electronic Industry Association）制定的一种串行物理接口标准。RS 为英文"推荐标准"的缩写，232 为标识号，C 表示修改次数。

RS-232C 用于点对点的连接。使用带有 25 针连接器的专用电缆，最大长度为 15m。若超过 15m，就会受到噪声的影响。RS-232C 的针脚连接见表 12-6-2。

表 12-6-2　RS-232C 的针脚连接

端脚		方向	符号	功能
25 针	9 针			
2	3	输出	TXD	发送数据
3	2	输入	RXD	接收数据
4	7	输出	RTS	请求发送
5	8	输入	CTS	为发送清零
6	6	输入	DSR	数据设备准备好
7			GND	信号地
8	1	输入	DCD	
20	4	输入	DTR	数据信号检测
22	9	输入	RI	

12.6.2.2　RS-422 和 RS-485

RS-485/RS-422 可以通过多点连接将控制系统（例如 DCS）和多个子系统（最多 15 个单元）连接在一起。

RS-422 和 RS-485 之间的基本传输方法没有差异，但是由于阻抗差异，RS-485 具有

更好的抗噪性，并且可以进行长距离传输。RS-422 使用两对绞合线进行传输和接收，而 RS-485 使用一对共享传输和接收的绞合线。RS-485 标准没有规定连接器、信号功能和引脚分配。RS-485 电缆的连接如图 12-6-2 所示。

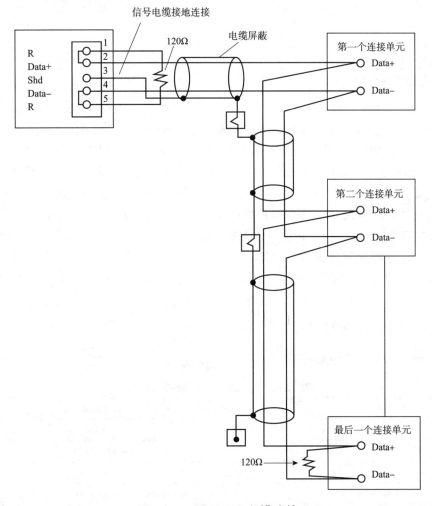

图 12-6-2　RS-485 电缆连接

12.6.3　Modbus 协议

Modbus 协议是 Modicon 公司最先倡导的一种通信规约，是全球第一个真正用于工业现场的总线协议；并被大多数子系统用作与上位系统（如 DCS 等）的通信过程。目前，Modbus 协议的所有权已被移交给 IDA（Interface for Distributed Automation，分布式自动化接口）组织。在国内，Modbus 已成为国家标准 GB/T 19582。

12.6.3.1　Modbus 的传输模式

①对于异步串行传输（通常是 RS-232/422/485），Modbus 定义了 ASCII（American Standard Code for Information Interchange，美国信息交换标准代码）模式和 RTU（Remote Terminal Unit，远程终端单元）模式。在 Modbus 串行链路上，所有设备的传输模式及串行

口参数必须相同。

ASCII 模式：

：	地址	功能代码	数据长度	数据 1	…	数据 n	LRC 高字节	LRC 低字节	回车	换行

注：LRC—纵向冗余检测。

RTU 模式：

地址	功能代码	数据长度	数据 1	…	数据 n	CRC 高字节	CRC 低字节

注：CRC—循环冗余检测。

②对于以太网和 TCP/IP，Modbus 定义了 Modbus TCP（工业以太网协议）模式。

Modbus TCP 使 Modbus RTU 协议在以太网运行，Modbus TCP 模式没有额外规定校验。

Modbus TCP 的特点：TCP/IP 已成为信息行业的事实标准，只要在应用层使用 Modbus TCP，就可实现工业以太网数据交换；易与各种系统互联，可灵活应用于管理网络、实时监控网络及现场设备通信，强化了系统互联能力；网络实施价格低廉，Modbus TCP 设备可全部使用通用网络部件，降低了设备价格；国内已把 Modbus TCP 作为工业网络标准之一，用户可免费获得协议，国际上也将其作为多个行业的标准来使用；具有高速的数据传输能力，相关厂商能够提供完整的解决方案。

RTU 是通过二进制数据方式直接传送数据；TCP 是通过将每字节二进制数据转换为固定的两位十六进制字符串，再依次串联在一起，以 TCP 码形式进行数据传送。

12.6.3.2　Modbus RTU 接口规格

Modbus RTU 接口规格见表 12-6-3。

表 12-6-3　Modbus RTU 接口规格

协　议	Modbus
Transmission Mode	RTU
Serial Line Mode	RS–232C, RS–485
Selectable Baud Rates	1200, 2400, 4800, 9600, 19200bps
Serial Data Format	8 data bits with programmable 9th bit（Parity）
Selectable Parity	None, odd, or even
Common Mode Operation	250V rms（continuous）
Surge Protection	IEEE SWC 472–1974
ESD Protection	IEEE 801.2
Number of Stop Bits	1
Modem Control Support	Selectable On/Off
Keep Alive Cell Write	Configurable address
Message Response Timeout Time	Configurable timeout
Expection Errors Reported	Keep Alive, Message Response Timeout, Signaling Mode/Modem
Support, Baud Rate, Parity	
Data Formats Supported	Boolean, Real, ASCII Strings, Signed Integers, Unsigned Integers

续表

协　议	Modbus
Inter–Message Stall Time	3.5 Character Time minimum
232C Support	
Interface Type	Serial asynchronous
Lines Supported： Logic GND，Protective GND	TXD, RXD, RTS, CTS, DSR, DTR, （Compatible with CCIT v.24; CCIT v.28）
Distance	15m（cable cap.=2500pF max）
485 Support	
Interface Type	Serial asynchronous Half Duplex only
Lines Supported	Two wire，differential pair： DATA+, DATA–, Protective GND（shield）
Number of Transceivers	15 drops maximum
Distance	1200m（4000ft）max

12.6.3.3　Modbus 协议的特点

标准、开放，用户可以免费，不侵犯知识产权。

Modbus 协议可支持多种电气接口，如 RS–232、RS–485 和以太网等；可在各种介质上传送，如双绞线、光纤和无线介质等。

Modbus 协议的帧格式简单、紧凑，通俗易懂，便于用户使用。

12.6.3.4　典型 Modbus 网络结构

典型 Modbus 网络结构如图 12–6–3 所示。

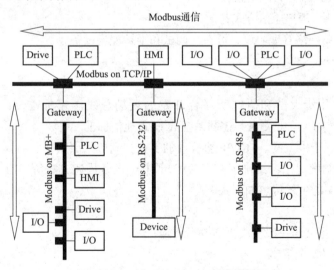

图 12–6–3　典型 Modbus 网络结构

标准的 Modbus 物理层采用 RS–232、RS–485/RS–422 串行通信标准，通信的网络结构为主从模式。

12.6.4 HSE

高速以太网 HSE（High Speed EtherNet）是现场基金会于 2000 年 3 月发布的对 H1 高速网段提出的解决方案，定位于将控制网络集成到 Internet 的技术中，HSE 采用链接设备将远程 H1 网段的信息通过以太网传送到控制室，应用到企业的管理网络中，并可将操作控制信息传送到现场。HSE 的网络拓扑结构如下：

① 由标准以太网设备连接的一个或多个 SE 网段；

② 由 HSE 连接设备连接 H1 网段和 HSE 网段；

③ 被一个 HSE 网段分开的两个 H1 网段，每个 H1 网段通过 HSE 连接设备和 HSE 网段连接。

12.6.5 PROFINET

PROFINET 是 PROFIBUS 国际组织（PNO）于 2001 年 8 月发布的通信协议，被正式列为 IEC 61158 Type10。PROFINET 是一种工业以太网标准，它利用高速以太网的主要优点克服了 PROFIBUS 总线的传输速率限制。

PROFINET 的网络拓扑结构形式可分为星型、树型、总线型、环型、混合型等。PROFINET 的主要技术特点如下：

① PROFINET 的基础是组件技术；

② 采用标准以太网和 TCP/IP 协议；

③ 通过代理设备实现 PROFINET 与传统 PROFIBUS 系统或其他总线系统的无缝集成；

④ 支持总线型、树型、星型和冗余环型结构；

⑤ 采用 100Mibit/s 以太网交换技术；

⑥ 支持生产者 / 用户通信方式；

⑦ 借助于简单网络管理协议，可在线调试和维护现场设备。

12.6.6 EPA

由中国国内几所大学和研究所联合开发的现场总线国家标准，已成为 IEC 61158 Type14。全称是"用于工业测量与控制系统的 EPA 通信标准"。

EPA 定义了基于以太网、TCP/IP 协议簇的工业控制应用层服务和协议规范，建立了基于以太网的通信调度规范，给出了基于 XML 的电子设备描述方法等。EPA 具有微网段化的体系结构。EPA 的主要特点如下：

① 开放性；

② 支持 EPA 报文与一般网络报文并行传输；

③ 分层化网络安全策略；

④ 基于 XML 的 EPA 设备描述与互操作；

⑤ 冗余；

⑥ 一致的高层协议。

12.7　DCS 与子系统之间通信时的注意事项

RS-422/RS-485 在物理上标称能够支持 1200m（4000ft）的通信距离，但在超过 305m（1000ft）时，其系统性能取决于下列因素：

① 链接的子系统数（多分支）；

② 波特率；

③ 事务（transaction）数量；

④ 电缆阻抗。

在工厂测试时，有必要构建一个更接近实际系统结构的通信系统，并解决出现的问题。

DCS 侧接口模块发送和接收的数据量有限制，因此在设计时要充分注意。

例如，当与储罐计量系统进行通信时，需要注意在储罐计量系统侧执行的各种操作并传输大量数值数据的情况。

与部分公司的 PLC 通信时，需要 Modbus 以外的专用驱动程序。

Modbus 也有使用十六进制代码的情况。

12.8　现场总线

12.8.1　概述

现场总线是一种工业数据总线，是自动化领域中底层数据通信网络，被誉为自动化领域的计算机局域网，已成为控制网络技术的代名词。

关于现场总线的定义有很多种。IEC 对现场总线的定义：是一种应用于生产现场，在现场设备之间、现场设备与控制装置之间实行双向、串行、多节点数字通信的技术。

目前，世界上已有 40 多种现场总线应用于不同的领域。IEC 61158 是现场总线标准，其第 4 版中规定的现场总线类型见表 12-8-1。

表 12-8-1　IEC61158 Ed.4 现场总线类型

类　　型	名　　称
Type1	TS 61158 现场总线
Type2	CIP 现场总线
Type3	Profibus 现场总线
Type4	P-NET 现场总线
Type5	FF HSE 高速以太网
Type6	SwiftNet 被撤销
Type7	WorldFIP 现场总线
Type8	INTERBUS 现场总线
Type9	FF H1 现场总线
Type10	PROFINET 实时以太网
Type11	TC-net 实时以太网

类　　型	名　　称
Type12	EtherCAT 实时以太网
Type13	Ethernet PowerLink 实时以太网
Typel4	EPA 实时以太网
Type15	Modbus-RTPS 实时以太网
Type16	SERCOSI，II 现场总线
Type17	VNET/IP 实时以太网
Type18	CC-Link 现场总线
Type19	SERCOS III 实时以太网
Type20	HART 现场总线

① 现场总线的本质表现

现场通信网络用于过程以及制造自动化的现场设备或现场仪表互联的通信网络；现场设备互联是将传感器、变送器和执行器等现场仪表或设备，通过一对传输线互联；互操作性是将不同制造厂商生产的现场仪表或设备集成在一起，实现即联即用；分散功能块是将控制系统中的控制、运算等功能块分散于多台现场仪表或设备中，进行灵活组态，实时相应控制运算功能，达到彻底分散控制；通信线供电可允许现场仪表直接从通信线路上获取电源的供电方式；开放式互联网络既可与同层网络互联，也可与不同层级网络互联，还可以实现网络数据库的共享。

② 现场总线的技术特点

系统的开放性，通信协议公开，各制造厂商的仪表及设备之间可进行互联与信息交换，并将系统集成的权利交给用户；互操作性指实现互联设备间、系统间的信息传递与沟通，可实行点对点，一点对多点的数字通信；互用性指不同制造厂商的性能类似的仪表及设备可进行互换互用；现场设备的智能化与功能自治性，将传感测量、补偿计算、工程量处理与控制等功能分散到现场仪表或设备中，仅依靠现场仪表或设备即可完成自动控制功能，并实时诊断仪表及设备的运行情况；系统结构的高度分散性，现场设备本身可完成自动控制的基本功能，构成了一种新的全分布式控制系统的体系结构，较现有 DCS 系统相比，简化了系统结构，提高了可靠性；对现场环境的适应性，是专为在现场环境工作而设计的，可支持双绞线、同轴电缆、光缆、射频等，具有较强的抗干扰能力，采用两线制供电与通信，并能满足安全防爆要求等。

③ 现场总线的优点

节省硬件数量与投资，现场智能仪表能够直接实现多参数测量、控制等功能，能减少变送器的数量，不需要单独的计算、控制单元等，不需要 DCS 的信号处理与转换等功能，从而减少硬件数量与投资；节省安装费用，接线简单，仅用一对双绞线可挂接多个现场仪表或设备，大大减少电缆、端子、桥架等数量，节省电缆敷设空间，节省安装工作量及费用；节省维护费用，现场仪表或设备具有自诊断能力，并将诊断维护信息传送至控制室，便于及时便捷的故障分析处理、维护与调校，缩短维护时间及减少维护工作量；用户具有系统集成主动权，使用者可自主选择厂商仪表或设备进行系统集成，避免单一性，不受接口、协议的影响；提高了系统的准确性与可靠性，智能化、数字化的现场仪表或设备相比模拟信号的产品，提高了测量精度，减少了传输误差；数字化、模块化的现场仪表与设备功能加强，结构高度集成，提高了可靠性。

④ 现场总线的不足

网络通信中数据包的传输延迟，通信系统的瞬时错误和数据包丢失，发送与到达次序的不一致等使之较传统控制系统的确定性易被破坏，使得现场总线控制系统的性能受到负面影响。

12.8.2　各类现场总线的比较

在现场总线系统中，按照数据长度和通信能力来看，现场总线大致分为现场总线和传感器总线。

a）现场总线

现场总线属于数据块级的总线，其通信帧的长度可达几百个字节；当需要传输的数据包更长时，可支持分包传送。如 Foundation Fieldbus、PROFIBUS、WorldFIP、P–NET 等。

b）传感器总线

传感器总线的通信帧长度只有几个或十几个数据位，属于位级的数据总线。如 CAN、LonWorks、Interbus、ASI 等。

现场总线与传感器总线的比较见表 12-8-2。

表 12-8-2　现场总线与传感器总线对比

项　目	现场总线	传感器总线
总线延伸距离	约 2km	几百米
扫描周期	约 10ms~10s	约 1ms~100ms
单位信息长度	8~ 几百个字节	1~8 字节
总线结构	多主机或主 / 从结构	以主 / 从结构为主
现场设备间通信	可以	大多不可
网络可连接的节点（设备）数量	较多	多
传输线及接口费用	低	非常低

部分现场总线的参数比较见表 12-8-3。

表 12-8-3　部分现场总线的参数对比

项　目	Foundation Fieldbus	PROFIBUS	WorldFIP	P-NET
网络拓扑结构	总线 树型	总线	总线 树型	总线 环型
节点（装置）总数（含主、从主机）	256	256	256	每个段 125（包括 32 个主机）
总线延伸长度（无中继器）/km	1.9	1.2	2	1.2
总线延伸长度（有中继器）/km		4.8		5

续表

项　目	Foundation Fieldbus	PROFIBUS	WorldFIP	P-NET
节点间最大距离（无中继器）/m		200		
传输介质	2线对绞线	屏蔽2线对绞线或光纤	2线对绞线	屏蔽2线对绞线
物理层规格	IEC 标准	RS–485	类似于 IEC 标准	RS–485
传输速率	31.25kbit/s，1Mbit/s 或 2.5Mbit/s	9.6~500kbit/s	31.25kbit/s，1Mbit/s 或 2.5Mbit/s，5Mbit/s（光纤）	76.8kbit/s
典型扫描周期（8节点，4字节）	≥ 10ms	≥ 10ms	5ms	约 3ms
节点层次结构	分散	集中 / 分散	分散	主 / 从方式
总线访问方式	链接调度方式	令牌总线方式和主 / 从组合	总线仲裁方式	近似令牌方式
数据长度 / 帧	1~25byte	1~246byte	1~128byte（周期性）1~256byte（非周期性）	0~56byte
对应国际标准	IEC 61158 Type5、Type9	IEC 61158 Type3	IEC 61158 Type7	国际 P-NET 用户组织
其他				

12.8.3　现场基金会总线

现场基金会总线（Foundation Fieldbus，FF），是在过程自动化领域得到广泛支持和具有良好发展前景的技术，是以美国 Emerson 公司为首，联合 Foxboro、Yokogawa、ABB、Siemens 等 80 多家公司制订的 ISP 协议和以 Honeywell 公司为首，联合欧洲等地的 150 多家公司制订的 WorldFIP 协议合并成立的现场总线基金会开发出的国际上统一的现场总线协议。

12.8.3.1　FF 的主要技术内容

① FF 的通信技术，包括通信模型、通信协议、通信控制芯片和一系列软硬件。

② 标准化功能块（FB）与功能块应用进程（FBAP）使控制功能模块化，通用化。

③ 设备描述（DD）与设备描述语音（DDL），设备描述是设备驱动的基础。

④ 现场总线通信控制器与智能仪表或工业控制计算机之间的接口技术。

⑤ 包括通信系统与控制系统的集成在内的。

⑥ 系统测试技术，包括通信系统的一致性与可互操作性测试技术、总线监听分析技术、系统的功能与性能测试技术。

12.8.3.2　FF 的特点

① 开放、数字式与多节点的通信技术。

② 全分布式的自动化系统。

③ 作为工厂的底层网络，是一种低速网段。

④ 作为网络节点的智能仪表具备通信接收、发送与通信控制的能力。

⑤ 通过节点间的信息传输、连接，由各分布节点的功能集成而共同完成各项自动化功能。

12.8.3.3　FF 通信模型各层的结构

在 FF 现场总线中，通信模型中引用了 OSI 参考模型。

FF 的通信模型只具备了 OSI 参考模型七层中的物理层、数据链路层和应用层三层，并根据现场总线的实际要求，把应用层划分为总线访问、总线报文规范两个子层；省去了第 3 层到第 6 层，即不具备网络层、传输层、会话层与表示层；此外，FF 为了实现多终端环境下的交互，特别设置了 OSI 中未定义的第 8 层（用户层）；这样 FF 通信模型为四层结构。其中，物理层规定了信号如何发送；数据链路层规定如何在设备间共享网络和调度通信；应用层规定了在设备间交换数据、命令、事件信息以及请求应答中的信息格式；用户层用于组成用户所需要的应用程序，如规定标准的功能块、设备描述，实现网络管理、系统管理等。OSI 参考模型和现场总线通信模型的层级结构如图 12-8-1 所示。

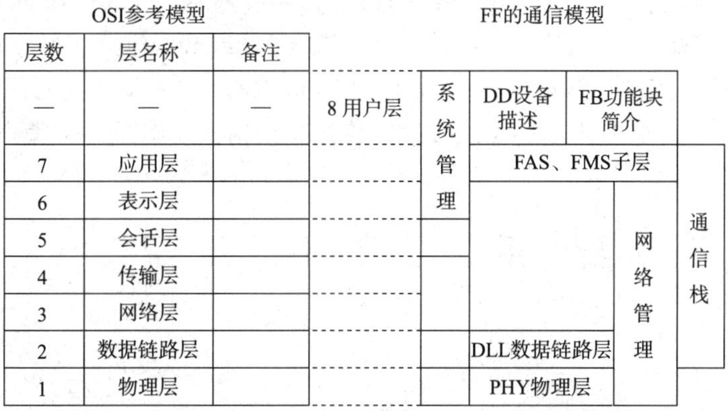

注：FAS：现场总线访问子层；FMS：现场总线报文规范子层

图 12-8-1　OSI 参考模型和现场总线通信模型的层级结构

12.8.3.4　物理层的技术特性

FF 现场总线是以 H1 为基础的低带宽通信网络，分为低速通信（H1，传输速率为 31.25kibit/s）和高速通信（HSE，传输速率为 10~100Mbps）两种规格。

在 H1 公布时对高速通信（H2，传输速率为 1Mibit/s 和 2.5Mibit/s）也做了构想，后随着技术的快速发展及互联网技术在控制网络的渗透，H2 未正式推出就已显得不适应应用需求而被淘汰。

H1 是现场设备、自动化系统、监视管理系统之间的数字双向多址通信网络。基本构成部件有现场总线接口、终端器、总线电源、本质安全栅、现场设备、中继器、网桥、传输介质等。

a）H1 的技术指标

H1 的基本技术指标见表 12-8-4。表中所示的连接设备的数量为最大的数量，在工程应用中，应根据电缆长度、耗电量、防爆方式等因素来进行调整。

表 12-8-4　H1 的技术指标

指标名称	低速现场总线（H1）
传输速率 /kbps	31.25
连接设备数量 / 网段	最大 32 台 / 网段
传输介质	首选无屏蔽双绞线
网段的最大允许长度 /m	1900
向连接设备供电（总线供电）	可提供
本质安全防爆	可实现
双重化	仅限 LAS
可连接设备（举例）	变送器、控制阀、现场多路转换器等

b）终端器

与传统的直流电流信号不同，FF 中的传输信号变成了交变的通信信号，因此在传输线（段）的两端需要安装终端器以匹配阻抗，在主电缆的每一端都连接一个终端器，每个现场总线网段的终端器只能为 2 个，回路的结构如图 12-8-2 所示。建议现场的所有终端器都安装在接线盒中，终端器不得安装在 FF 设备中。现场总线终端器包括一个与 100Ω 电阻串联的 $1\mu F$ 电容。需要注意的是，若部分 FFI 设备内置了终端器，则无须在主机端再安装终端器。

说明：当信号沿电缆传输遇到断续时，将产生反射；反射是一种噪声，并引起信号失真。

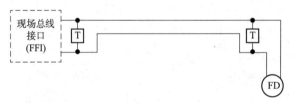

FD：现场设备；FFI：FF 接口（如 PC, PLC, DCS 等）；T：终端器（终端电阻）

图 12-8-2　现场造成网段回路结构

c）H1 电缆种类和长度

现场总线协会推荐的 H1 电缆的种类和最大电缆长度见表 12-8-5。

表 12-8-5　H1 电缆种类和长度

类型	电缆结构	截面尺寸	最大电缆长度 /m
A	对绞，屏蔽	#18AWG 0.82mm²	1900
B	多对对绞，总屏蔽	#22AWG 0.32mm²	1200
C	对绞，非屏蔽	#26AWG 0.13mm²	400
D	多芯，总屏蔽	#16AWG 1.25mm²	200

注：推荐选用 A 型总线电缆。

表 12-8-5 中的最大电缆长度为 H1 网段的总电缆长度，电缆长度由主干电缆和分支电缆长度来决定。主干电缆是指总线网段上挂接设备的最长电缆路径，其他与之相连的电缆都称为分支电缆，主干电缆与分支电缆架构如图 12-8-3 所示，主干电缆为 A，分支电缆为 B1、B2、B3、B4，则电缆长度（L）$=A+\sum B_n$（$n=1{\sim}4$）

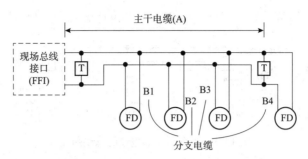

图 12-8-3　主干电缆与分支电缆架构

d）连接设备数量与分支电缆长度的关系

连接设备数量与分支电缆长度的关系见表 12-8-6。每一段分支电缆的长度最长为 120m，网段上的主干电缆长度和分支电缆的长度总和是受到限制的。

表 12-8-6　连接设备数量与分支电缆长度的关系

设备总数	1 台 / 分支	2 台 / 分支	3 台 / 分支	4 台 / 分支
25~32	1	1	1	1
19~24	30	1	1	1
15~18	60	30	1	1
13~14	90	60	30	1
1~12	120	90	60	30

e）中继器

如果现场设备间距离较长，超出规范要求的 1900m 时，可采用中继器延长网段长度。中继器相当于一个现场设备，添加中继器后，也意味着开始了一个新的网段，也即新增加了一条 1900m 的电缆。最多可连续使用 4 个中继器，使网段的连接长度达到 9500m。中继器可以是总线供电，也可以是非总线供电的设备。使用中继器的现场总线网段如图 12-8-4 所示。

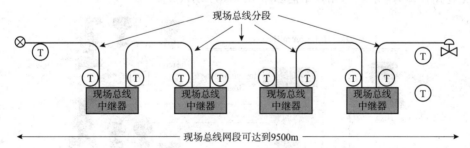

图 12-8-4　使用中继器的现场总线网段

f）混合使用电缆类型时允许的电缆长度。可以在同一路径线上使用两种以上的电缆类型。在这种情况下，总电缆长度应按照下式计算来确定。

$$L_x/L_{x_{max}}+L_y/L_{y_{max}} < 1$$

式中　L_x——电缆 X 的长度；

　　　L_y——电缆 Y 的长度；

　　　$L_{x_{max}}$——电缆 X 单独使用时的最大允许长度；

　　　$L_{y_{max}}$——电缆 Y 单独使用时的最大允许长度。

使用两种类型电缆的总线网段如图 12-8-5 所示。

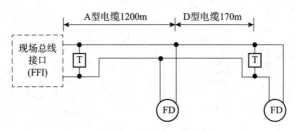

图 12-8-5　两种类型电缆的总线网段

图 12-8-5 中：L_x=1200m，L_y=170m，$L_{x_{max}}$=1900m，$L_{y_{max}}$=200m。

将图 12-8-5 中的电缆长度数值代入上述公式计算，可以得出：1200/1900+170/200=1.48，计算结果大于 1，需重新考虑到仪表安装位置，使其计算结果必须小于 1。

g）供电

根据现场设备类型，现场设备可从网段（总线）供电，或者外部供电（如四线制）。尽可能对现场设备均采用总线供电。电源可以像现场设备一样连接到总线上，但电源不能被计算在外围总线设备的数量中。由外部电源供电的现场总线设备应具备外部电源和现场总线信号输入之间隔离的功能。

在规划供电设计时，应考虑以下几因素：各设备的电源消耗量，设备在总线上的位置，电源在总线上的位置，各电缆的电阻值，供电电压。

h）H1 总线的本质安全防爆

H1 在采用本质安全防爆和总线供电的情况下，由于电流的限制，现场设备的连接台数与不采用防爆的情况相比变少。

12.8.3.5　拓扑结构

现场总线安装时应采用树型、分支或组合拓扑结构，不推荐采用其他拓扑结构，避免采用菊花拓扑结构。各类型拓扑结构如图 12-8-6 所示。

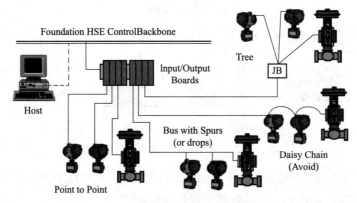

图 12-8-6　现场总线组合各类型拓扑结构

组合拓扑结构如图 12-8-7 所示。

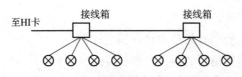

图 12-8-7　现场总线组合拓扑结构

12.8.3.6 基于 LAS 的通信周期管理

H1 上的数据交换由 LAS（Link Active Scheduler）来管理，数据的交换分为周期性（周期通信）进行和非周期性（非周期通信）进行两种。

图 12-8-8 表示了针对由变送器和控制阀构成的 H1 现场总线的 LAS 控制周期的示例。

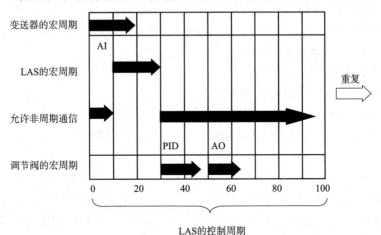

图 12-8-8 H1 现场总线的 LAS 控制周期

12.8.3.7 功能块类型

各种类型的功能块如下所列。

a）标准功能块：FF-891：Function Blocks–Part 2

AI–Analog Input 模拟输入

AO–Analog Output 模拟输出

B–Bias 偏差

CS–Control Selector 控制选择器

DI–Discrete Input 离散输入

DO–Discrete Output 离散输出

ML–Manual Loader 手动装载

PD–Proportional/Derivative Control 比例 / 微分控制

PID–Proportional/Integral/Derivative Control 比例 / 积分 / 微分控制

RA–Ratio 比值

b）先进功能块：FF-892：Function Blocks–Part 3

Device Control 设备控制

Set Point Ramp 给定值斜率

Splitter 分线器

Input Selector 输入选择器

Signal Characterizer 信号表征器

Dead Time 死区

Calculate 计算

Lead/Lag 超前 / 滞后

Arithmetic 算法

Integrator 积分器

Timer 定时器

Analog Alarm 模拟报警

c）附加功能块：FF-893：Function Blocks-Part 4

Multiple Analog Input 多路模拟输入

Multiple Analog Output 多路模拟输出

Multiple Discrete Input 多路离散输入

Multiple Discrete Output 多路离散输出

d）柔性功能块（Flexible Function Blocks，FFBs）：FF-894（IEC 1131 Logic）

e）SIF 功能块：FF-895

SIF Analog Input SIF 模拟输入

SIF Digital Output SIF 数字输出

由标准功能块组成的几种控制系统如图 12-8-9 所示，典型应用形式包括：输入、输出、手动控制、反馈控制、前馈控制、超驰控制、比值控制、串级控制、分程控制等。

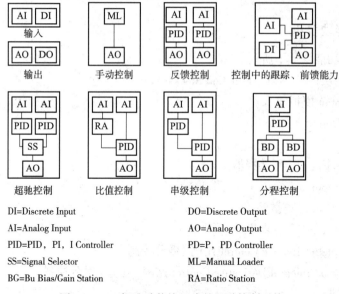

图 12-8-9　标准功能块组成的几种控制系统

基于现场总线的串级控制系统的示例如图 12-8-10 所示。

12.8.3.8　FF 现场总线系统工程设计

FF 现场总线系统工程设计参见《Foundation Fieldbus system engineering guidelines》version 3.2.1，AG-181 相关内容。

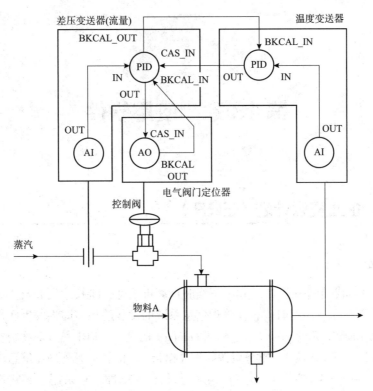

图 12-8-10　现场总线串级控制系统

第13章 应用软件

13.1 企业资源计划（ERP）

13.1.1 概述

20世纪90年代美国一家IT公司根据当时计算机信息、IT技术发展及企业对供应链管理的需求，预测在今后信息时代企业管理信息系统的发展趋势和即将发生变革，而提出了企业资源计划（ERP，Enterprise Resource Planning）的概念。ERP是针对物资资源管理（物流）、人力资源管理（人流）、财务资源管理（财流）、信息资源管理（信息流）集成一体化的企业管理软件。它采用了客户端/服务器架构，使用图形化用户接口，应用开放系统制作。除了已有的标准功能外，它还包括其他特性，如品质、过程运作管理以及调整报告等。ERP系统的构成如图13-1-1所示。

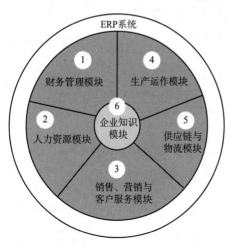

图 13-1-1 ERP系统的构成

13.1.1.1 ERP系统特点

ERP系统是企业内部管理所需的业务应用系统，主要包括财务、人力资源、销售与营销及客户服务、生产运作、供应链及物流等核心模块。

物流管理系统采用了制造业的MRP管理思想；FMIS有效地实现了预算管理、业务评估、管理会计、ABC成本归集方法等现代基本财务管理方法；人力资源管理系统在组织机构设计、岗位管理、薪酬体系以及人力资源开发等方面同样集成了先进的理念。

ERP系统是一个在全公司范围内应用的、高度集成的系统。数据在各业务系统之间高度共享，所有源数据只需在某一个系统中输入一次，保证了数据的一致性。

优化了公司内部业务流程和管理过程，主要的业务流程实现了自动化。

ERP系统采用了计算机最新的主流技术和体系结构：B/S架构、Internet体系结构，Windows界面。

ERP在企业管理应用中具有方便实用、企业信息整合、模块集成便利、数据存储准确可靠、企业信息资源应用便利、管理绩效提升明显、客户管理互动密切、工作信息流动态响应实时、实时工作信息及时等特点。

13.1.1.2 ERP 系统实用性

实际应用中，ERP 系统更体现了其"管理工具"的本质。ERP 系统主要宗旨是对企业所拥有的人、财、物、信息、时间和空间等综合资源进行综合平衡和优化管理，ERP 系统使企业围绕市场导向开展业务活动，协调企业各管理部门，提高企业的核心竞争力，从而使企业取得更好的经济效益。所以，ERP 系统首先是一个软件，同时是一个管理工具。ERP 软件是 IT 技术与管理思想的融合体，ERP 系统使先进的管理思想借助电脑，来达成企业的管理目标。

13.1.2 ERP 系统主要分类

通常 ERP 系统按企业适用规模或企业的发展来分类。企业适用规模通常用 ERP 系统架构形式来进行划分；企业发展过程分类通常以套装 ERP 软件、开发型平台上研发的 ERP 软件和应用设计平台下的 ERP 软件来进行划分。

13.1.2.1 按适用规模的分类

① 客户端与服务器结构（client/server）下的 ERP 软件。将系统的操作功能合理分配到 Client 端和 Server 端，此类架构下的 ERP 适合于企业内部使用局域网的情况，有局限性，保密性相对较强。

② 浏览器和服务器结构（B/S）下的 ERP 软件。用户的工作界面可以通过 www 浏览器来实现，从适用范围来讲，B/S 架构的 ERP 软件不但适用于企业内部局域网，也适用于外部的广域网。即，在保证企业指定电脑保密需求的同时，满足互联网下的无区域限制办公，适应企业全球化管理的需求。

13.1.2.2 按企业发展的分类

① 成品套装的 ERP 软件。该类系统是定型的 ERP 软件，通过软件的参数设置，对软件做少量的功能调整。无法解决的管理需求，通过二次开发实现，系统主体架构不可变化，只能解决一部分的新增需求，同时，二次开发可能引发系统不稳定现象。此类系统灵活性差，系统更新速度缓慢，但成本较低，应用速度较快。

② 在开发型平台上研发的 ERP 软件。该类 ERP 软件在开发平台上按用户功能需求来设计开发，包括财务管理、成本管理、项目管理、人力资源管理等。开发手段为编程，建设速度慢，质量受制于研发人员的业务理解能力和业务经验。企业亦可组建研发团队研发适合自己的 ERP 软件，成本较高。

③ 在应用设计平台下的 ERP 软件。该类系统按照用户需求进行个性化设计，包括财务、预算、资产、项目、合同、采购、招投标、库存、计划、销售、生产制造、销售、设备、工程、电子商务、人力资源、行政办公、分析决策、管理功能、业务流程、数据查询、用户界面风格等。开发手段为设计，可应对管理需求的变化，动态调整业务应用和管理流程，解决因二次开发周期过长而带来的 ERP 系统不能与业务变更同步完成的问题。

13.1.3 ERP 系统模块

ERP 系统通常包括会计核算、财务管理、生产控制管理、物流管理、采购管理、分销管理、库存管理、人力资源管理等模块。

① 会计核算。主要实现收银软件记录、核算、反映和分析物资管理等功能。ERP 开发会计审核模块由总账模块、应收账模块、应付账模块、现金管理模块、固定资产核算模块、多币制模块、工资核算模块、成本模块等构成。

② 财务管理。主要实现会计核算功能，实现对财务数据分析，预测、管理和控制。ERP 选型介于对财务管理需求，侧重于财务计划中对进销存的控制、分析和预测。ERP 开发的财务管理模块包含：财务计划、财务分析、财务决策等。

③ 生产控制管理。是收银软件系统的核心所在，它将企业的整个生产过程有机地结合，使企业有效地降低库存，提高效率。企业针对自身发展需要，完成 ERP 选型，连接进销存程，使得生产流程连贯。生产控制管理模块包含：主生产计划、物料需求计划、能力需求计划、车间控制、制造标准等。

④ 物流管理。主要对物流成本把握，它利用物流要素之间的效益关系，科学、合理组织物流活动，通过有效的 ERP 选型，可控制物流活动费用支出，降低物流总成本，提高企业经济效益。物流管理模块包含：物流构成、物流活动的具体过程等。

⑤ 采购管理。用于确定定货量、甄别供应商和产品的安全。可随时提供定购、验收信息，跟踪、催促外购或委外加工物料，保证货物及时到达。ERP 系统可建立供应商档案，可通过最新成本信息调整库存物资管理成本。采购管理模块包含：供应商信息查询、催货、采购与委外加工管理统计、价格分析等功能。

⑥ 分销管理。主要对产品、地区、客户等信息管理、统计，并分析销售数量、金额、利润、绩效、客户服务等方面。分销管理模块包含：管理客户信息、销售订单、分析销售结果等。

⑦ 库存控制。用来控制管理存储物资，它是动态、真实的库存控制系统。库存控制模块能结合部门需求、随时调整库存，并精确地反映库存现状。库存控制模块包含：为所有的物料建立库存，管理检验入库、收发料等日常业务等。

⑧ 人力资源管理。以往的 ERP 系统基本是以生产制造及销售过程为中心。随着企业人力资源的发展，人力资源管理成为独立的模块，被加入 ERP 系统中，和财务、生产系统组成了高效、高度集成的企业资源系统。人力资源管理模块包含：人力资源规划的辅助决策体系、招聘管理、工资核算、工时管理、差旅核算等。

13.1.4　ERP 系统核心价值

ERP 系统的核心价值体现在实施 ERP 的目的、ERP 的核心内容和 ERP 的功能三个方面。

13.1.4.1　实施 ERP 系统的目的

实施 ERP 系统的核心目的主要体现在整个供应链资源管理、精益生产同步工程、事先计划与事中控制、会计核算四个方面。

① 供应链资源管理。在知识经济时代仅靠自己企业的资源不可能有效地参与市场竞争，还必须把经营过程中的有关各方如供应商、制造工厂、分销网络、客户等纳入一个紧密的供应链中，才能有效地安排企业的产、供、销活动，满足企业利用全社会一切市场资

源快速高效地进行生产经营的需求，以进一步提高效率和在市场上获得竞争优势。换句话说，现代企业竞争不是单一企业与单一企业间的竞争，而是一个企业供应链与另一个企业供应链之间的竞争。ERP 系统实现了对整个企业供应链的管理，适应了企业在知识经济时代市场竞争的需要。

② 精益生产同步工程。ERP 系统支持对混合型生产方式的管理，其管理思想表现在两个方面：其一是"精益生产 LP（Lean Production）"的思想，它是由美国麻省理工学院（MIT）提出的一种企业经营战略体系。即企业按大批量生产方式组织生产时，把客户、销售代理商、供应商、协作单位纳入生产体系，企业同其销售代理、客户和供应商的关系，已不再简单地是业务往来关系，而是利益共享的合作伙伴关系，这种合作伙伴关系组成了一个企业的供应链，这即是精益生产的核心思想。其二是"敏捷制造（Agile Manufacturing）"的思想。当市场发生变化，企业遇有特定的市场和产品需求时，企业的基本合作伙伴不一定能满足新产品开发生产的要求，这时，企业会组织一个由特定的供应商和销售渠道组成的短期或一次性供应链，形成"虚拟工厂"，把供应和协作单位看成是企业的一个组成部分，运用"同步工程（SE）"，组织生产，用最短的时间将新产品打入市场，时刻保持产品的高质量、多样化和灵活性，这即是"敏捷制造"的核心思想。

③ 事先计划与事中控制。ERP 系统中的计划体系主要包括：主生产计划、物料需求计划、能力计划、采购计划、销售执行计划、利润计划、财务预算和人力资源计划等，而且这些计划功能与价值控制功能已完全集成到整个供应链系统中。

④ 会计核算。ERP 系统通过定义事务处理（Transaction）相关的会计核算科目与核算方式，以便在事务处理发生的同时自动生成会计核算分录，保证了资金流与物流的同步记录和数据的一致性，从而实现了根据财务资金现状，可以追溯资金的来龙去脉，并进一步追溯所发生的相关业务活动，改变了资金信息滞后于物料信息的状况，便于为实现事中控制和实时做出决策。

此外，计划、事务处理、控制与决策功能都在整个供应链的业务处理流程中实现，要求在每个流程业务处理过程中最大限度地发挥每个人的工作潜能与责任心，流程与流程之间则强调人与人之间的合作精神，以便在有机组织中充分发挥每个人的主观能动性与潜能。实现企业管理从"高耸式"组织结构向"扁平式"组织机构的转变，提高企业对市场动态变化的响应速度。

13.1.4.2 ERP 系统核心内容

在企业管理中，主要包括三方面的内容：生产控制（计划、制造）、物流（供应链）管理（分销、采购、库存管理）和财务管理（会计核算、财务管理）。这三大系统本身就是集成体，它们互相之间有相应的接口，能够很好地整合在一起。随着企业对人力资源管理重视的加强，人力资源管理也成为 ERP 系统的一个重要组成部分。生产管理、供应链管理、财务管理和人力资源管理是构成 ERP 系统的核心内容。典型的 ERP 系统构成如图 13-1-2 所示。

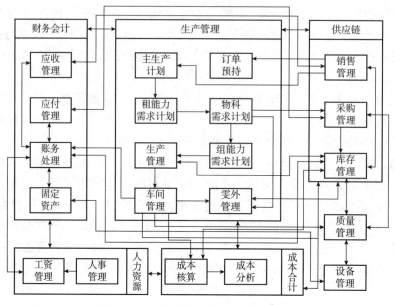

图 13-1-2　典型的 ERP 系统模块示意

13.1.4.3　ERP 系统核心功能

美国著名的计算机技术咨询和评估集团 Gartner Group 提出 ERP 具备的功能标准应包括以下四个方面：

① 管理功能。质量管理、试验室管理、流程作业管理、配方管理、产品数据管理、维护管理、管制报告和仓库管理等。

② 适应环境和多业务应用功能。既可支持离散工业又可支持流程工业的制造环境；按照面向对象的业务模型组合、业务过程的能力和国际范围内的应用。

③ 图形化分析和表达功能。在整个企业内采用控制和工程方法、模拟功能、决策支持和用于生产及分析的图形能力。

④ 多技术架构功能。客户机/服务器体系结构，图形用户界面（GUI），计算机辅助设计工程（CASE），面向对象技术，使用 SQL 关系数据库查询，内部集成的工程系统商业系统数据采集和外部集成（EDI）。

13.1.5　ERP 系统产品与服务

13.1.5.1　ERP 资金管理

ERP 资金管理主要是指税务管理和财务管理。

a）税务管理

一款好的 ERP 产品，其税务会计处理系统就是"懂税的 ERP"，可以为企业提供财税管理、投资管理、市场风险预测、跨地区企业集成、销售获利评估、决策信息判断、促销与分销、售后服务与维护、全面质量管理、人力资源管理、项目分析以及利用 Internet 实现电子商务等，同时针对企业涉及的个性化需求，以及行业化发展目标的特殊要求，全面支持企业在特殊业务环节上的深度应用，可扩展功能构建了企业信息化全程管理模型。

b）财务管理

ERP 中的财务模块与一般的财务软件不同，作为 ERP 系统中的一部分，它和系统的其他模块有相应的接口，能够相互集成，比如：它可将由生产活动、采购活动输入的信息自动计入财务模块生成总账、会计报表，取消了输入凭证烦琐的过程，几乎完全替代以往传统的手工操作。一般的 ERP 软件的财务模块分为会计核算与财务管理两大块。

1）会计核算

会计核算主要是记录、核算、反映和分析资金在企业经济活动中的变动过程及其结果。它由总账、应收账、应付账、现金、固定资产、多币制等部分构成。

① 总账模块。它的功能是处理记账凭证输入、登记，输出日记账、一般明细账及总分类账，编制主要会计报表。它是整个会计核算的核心，应收账、应付账、固定资产核算、现金管理、工资核算、多币制等各模块都以其为中心来互相信息传递。

② 应收账模块。是指企业应收的由于商品赊欠而产生的正常客户欠款账，包括发票管理、客户管理、付款管理、账龄分析等功能。它和客户订单、发票处理业务相联系，同时将各项事件自动生成记账凭证，导入总账。

③ 应付账模块。指企业应付购货款等账，它包括了发票管理、供应商管理、支票管理、账龄分析等。它能够和采购模块、库存模块完全集成以替代过去烦琐的手工操作。

④ 现金管理模块。主要是对现金流入流出的控制以及零用现金及银行存款的核算。它包括了对硬币、纸币、支票、汇票和银行存款的管理。在 ERP 中提供了票据维护、票据打印、付款维护、银行清单打印、付款查询、银行查询和支票查询等和现金有关的功能。此外，它还和应收账、应付账、总账等模块集成，自动产生凭证，过入总账。

⑤ 固定资产核算模块。完成对固定资产的增减变动以及折旧有关基金计提和分配的核算工作。它能够帮助管理者对固定资产的现状有所了解，并能通过该模块提供的各种方法来管理资产，以及进行相应的会计处理。

⑥ 多币制模块。为了适应当今企业的国际化经营，对外币结算业务的要求而产生的。多币制将企业整个财务系统的各项功能以各种币制来表示和结算，且客户订单、库存管理及采购管理等也能使用多币制进行交易管理。多币制和应收账、应付账、总账、客户订单、采购等各模块都有接口，可自动生成所需数据。

⑦ 工资核算模块。自动进行企业员工的工资结算、分配、核算以及各项相关经费的计提。它能够登录工资、打印工资清单及各类汇总报表，计算计提各项与工资有关的费用，自动做出凭证，导入总账。这一模块是和总账、成本模块集成的。

⑧ 成本模块。它将依据产品结构、工作中心、工序、采购等信息进行产品的各种成本的计算，以便进行成本分析和规划。

2）财务管理

财务管理的功能主要是基于会计核算的数据，再加以分析，从而进行相应的预测，管理和控制活动。它侧重于财务计划、控制、分析和预测：

① 财务计划。根据前期财务分析做出下期的财务计划、预算等。

② 财务分析。提供查询功能和通过用户定义的差异数据的图形显示进行财务绩效评估和账户分析等。

③ 财务决策。财务管理的核心部分，中心内容是作出有关资金的决策，包括资金筹

集、投放及资金管理。

13.1.5.2 生产控制管理

生产控制管理是 ERP 系统的核心所在，它将企业的整个生产过程有机地结合在一起，使得企业能够有效地降低库存，提高效率。通过 ERP 将各个原本分散的生产流程自动链接，使生产流程能够前后连贯进行。

生产控制管理是一个以计划为导向的先进生产、管理方法。首先，企业确定它的一个总生产计划，再经过系统层层细分后，下达到各部门去执行。生产部门按计划生产，采购部门按计划采购等。

① 主生产计划。根据生产计划、预测和客户订单的输入来安排将来各周期中提供的产品种类和数量，它将生产计划转为产品计划，在平衡了物料和能力的需要后，精确到时间、数量的详细进度计划。是企业在一段时期内的总活动的安排，是一个稳定的计划，是以生产计划、实际订单和对历史销售分析得来的预测产生的。

② 物料需求计划。在主生产计划决定生产多少产品后，再根据物料清单，把整个企业要生产的产品的数量转变为所需生产零部件的数量，并对照现有的库存量，可得到还需采购多少、生产多少、加工多少的最终数量。这才是整个部门真正依照的计划。

③ 能力需求计划。在得出初步的物料需求计划之后，将所有工作中心的总工作负荷，在与工作中心的能力平衡后产生的详细工作计划，用以确定生成的物料需求计划是否是企业生产能力上可行的需求计划。能力需求计划是一种短期的、当前实际应用的计划。

④ 车间控制。这是随时间变化的动态作业计划，是将作业排序，再进行作业分配到具体各个车间、作业管理、作业监控。

⑤ 制造标准。在编制计划中需要许多生产基本信息，这些基本信息就是制造标准，包括零件、产品结构、工序和工作中心，都用唯一的代码在计算机中识别。

13.5.1.3 ERP 系统物流管理

① 分销管理。从产品的销售计划开始，对其销售产品、销售地区、销售客户各种信息的管理和统计，并可对销售数量、单价、金额、利润、绩效、客户服务做出全面的分析，分销管理模块中有以下三方面的功能。

客户信息的管理和服务。它能建立一个客户信息档案，对其进行分类管理，进而对其进行针对性的客户服务，以达到最高效率的保留老客户、争取新客户。在这里，要特别提到的就是新出现的 CRM 软件，即客户关系管理，ERP 与它的结合必将大幅增加企业的效益。

销售订单的管理。销售订单是 ERP 的入口，所有的生产计划都是根据它下达并进行排产的。销售订单的管理是贯穿了产品生产的整个流程。

销售的统计与分析。系统根据销售订单的完成情况，依据各种指标做出统计，比如客户分类统计，销售代理分类统计等，再根据这些统计结果来评价企业实际销售效果。

② 库存控制。用来控制存储物料的数量，以保证稳定的物流支持正常的生产，但又最小限度地占用资本。它是一种相关的、动态的、极真实的库存控制系统，能够结合、满足相关部门的需求，随时间变化动态地调整库存，精确地反映库存现状。

③ 采购管理。确定合理的定货量、优秀的供应商和保持最佳的安全储备。能够随时提

供定购、验收的信息，跟踪和催促对外购或委外加工的物料，保证货物及时到达。建立供应商的档案，用最新的成本信息来调整库存的成本。

④ 仓储管理。仓储是伴随着社会产品出现剩余和产品流通的需要而产生，当产品不能被及时消费，需要专门的场所存放时，就产生了静态的仓储。而将储存物品进行保管、控制、加工、配送等的管理，便形成了动态仓储。现代仓储管理主要研究动态仓储的一系列管理活动，从而达到促进仓储业加速现代化进程的目的。

仓储业在物流系统中具有重要的地位和作用，物流系统由众多环节所构成，如运输、仓储、装卸搬运、包装等，其中，仓储是最重要的环节，也是必不可少的环节。仓储在物流体系中扮演"节点"的角色。不仅化解了供求之间在时间上的矛盾，同时也创造了新的时间上的效益（如时令上的差值等）。仓储在现代物流中的主要作用如下：调节"供给"和"需求"，保证物品在物流过程中的质量，仓储是加快商品流通、节约流通费用的重要手段，提高服务质量，增加企业收益，市场信息的传感器，提供信用保证，现货交易的场所。

13.1.5.4 ERP 系统人力资源

长期以来企业一直把与制造有关的资源作为企业的核心资源来进行管理，随着人才在现代企业中越来越重要，人力资源管理作为一个独立的模块，被加入 ERP 系统中，和 ERP 中的财务、生产系统组成了一个高效的、具有高度集成性的企业资源系统。它与传统方式下的人事管理有着根本的不同。

① 人力资源规划辅助决策。对于企业人员、组织结构编制多种方案，进行模拟比较和运行分析，并辅之以图形的直观评估，辅助管理者做出最终决策。

制定职务模型，包括职位要求、升迁路径和培训计划，根据担任该职位员工的资格和条件，系统会提出针对本员工的一系列培训建议，一旦机构改组或职位变动，系统会提出一系列的职位变动或升迁建议。

进行人员成本分析，可以对人员成本作出分析及预测，并通过 ERP 集成环境，为企业成本分析提供依据。

② 招聘管理。人才是企业最重要的资源之一。优秀的人才才能保证企业持久的竞争力。招聘系统一般从以下几个方面提供支持：进行招聘过程的管理，优化招聘过程，减少业务工作量；对招聘的成本进行科学管理，从而降低招聘成本；为选择聘用人员的岗位提供辅助信息，并有效地帮助企业进行人才资源的挖掘。

③ 工资核算。能根据公司跨地区、跨部门、跨工种的不同薪资结构及处理流程制定与之相适应的薪资核算方法；与时间管理直接集成，能够及时更新，对员工的薪资核算动态化；回算功能。通过和其他模块的集成，自动根据要求调整薪资结构及数据。

④ 工时管理。根据当地的作息时间，安排企业的运作时间以及劳动力的作息时间表；运用远端考勤系统，可以将员工的实际出勤状况记录到主系统中，并把与员工薪资、奖金有关的时间数据导入薪资系统和成本核算中。

⑤ 差旅核算。系统能够自动控制从差旅申请，差旅批准到差旅报销整个流程。并且通过集成环境将核算数据导进财务成本核算模块中去。

13.1.6 ERP 系统行业应用

a）制造业 ERP 系统

制造业的进销存一直是其应用 ERP 系统的核心目的，不过随着制造业信息化的进展，传统的 ERP 系统已不能满足其需求，新型的可定制的、支持二次开发的，并可对接企业内部其他信息系统的 ERP 解决方案才是现代制造业所需要的。越来越多的企业倾向于选择微软 Navision 作为其 ERP 解决方案，尤其是跨国的全球型企业，Navision 的本地财务化功能极大地方便了全球数据的整合。通过将产品研发与制造、核算、采购和供应商集成在一起，缩短了开发周期，极大地降低了制造业的营运成本，通过从"按单设计"向"按单配置"的转型，能够快速响应不断变化的客户设计要求，同时将服务、质保、维护和备件控制等交付后，能够与财务和制造系统集成在一起。

b）食品行业 ERP

食品、饮料行业最大的特点就是产品种类繁多、对客户响应时间要求非常高以及愈演愈烈的安全问题，这成为食品、饮料行业信息化的最大挑战。一方面，企业亟须信息化的系统帮助其提高制造的各个环节效率，比如 ERP 系统；另一方面，真正适合其行业特点的 ERP 系统又需要特别长的二次开发周期来为其实现量身定制。同时，针对安全问题，又需要提供集成售后服务的解决方案。基于这几方面，很多大型的食品、饮料行业公司都选择了 Navision 作为其 ERP 解决方案，它可灵活定制的特点极大地满足了食品、饮料行业的客户需求，同时它可提供更多的利于发现问题并解决问题的方案，如利用预测实时销售信息发现市场趋势并开发新产品、对食品的规格和产品质量进行监控、检查产品状态等，这些都是食品行业和饮料行业非常看重的。

c）物流运输业 ERP

物流运输由于其行业的特殊性，对订货信息处理、合同管理、运送管理、运输管理、退货管理、服务质量管理、报表管理、费用结算和应收应付款管理等方面有着较高要求，尤其是配送业务的集中调度和数据集中处理。如何完成整个物流配送业务过程从订单受理、配送货物的在途监控、运输分送等各环节的过程控制，都是 ERP 系统方案商需要解决的行业难点。目前国内物流运输行业的信息化解决方案大多数都使用了 myERP，作为物流运输行业应用最广泛的解决方案，myERP 以财务为核心，集物流、资金流和信息流为一体，实现全程控制，实时数据共享；并通过业务策略、控制策略、管理策略扩展满足用户业务创新的需求，实现企业内外、上下、前后信息整合，很好地满足了物流运输行业在不同规模，不同运营管理模式下的多元化管理需求。

13.1.7 ERP 系统典型代表

随着国家智能制造 2025 战略推进，在互联网 + 的背景下，产品前端的销售线上化和社交化，后端的供应链与物流平台化数据化，企业对自身生产管理系统的管理水平和信息化提升需求增加，企业实施 ERP 管理，通过管理提升效率从而提升利润率，成为企业的必然的选择。国内企业实施 ERP 的热情，也带来 ERP 市场的繁荣，目前在国内 ERP 软件主要供应商有：国外品牌主要有 SAP 公司 ERP 软件产品、Oracle 公司 ERP 软件产品；国内品牌主要有：用友软件、金蝶、浪潮等。

a）国外品牌

SAP 公司是 ERP 思想的倡导者，成立于 1972 年，总部设在德国南部的沃尔道夫市。SAP 所提供的是一个标准而又全面的 ERP 软件，软件模块化结构保证了数据单独处理的特殊方案需求。目前，排名世界 500 强的企业，有一半以上使用的是 SAP 的软件产品。因其功能比较丰富，各模块之间的关联性强，所以不仅价格偏高，而且实施难度也高于其他同类软件。

Oracle 公司是全球最大的应用软件供应商，成立于 1977 年，总部设在美国加州。Oracle 主打管理软件产品，是目前全面集成的电子商务软件之一，能够使企业经营的各个方面全面自动化。Oracle 凭借"世界领先的数据库供应商"这一优势地位，建立起构架在自身数据之上的企业管理软件，其核心优势就在于它的集成性和完整性。用户完全可以从 Oracle 公司获得任何所需要的企业管理应用功能，这些功能集成在一个技术体系中。对于集成性要求较高的企业，Oracle 无疑是理想的选择。

b）国内品牌

国内 ERP 企业管理软件供应商通过借鉴国外软件公司规范的实施方法，结合国内企业的特色和发展状况，设计出具有自身特色且符合当前现状的 ERP 系统。

用友公司创立于 1988 年，以财务软件系统开发为主，是目前中国最大的财务及企业管理软件开发供应商，亦是目前中国最大的独立软件厂商之一。用友 ERP-U8 是以集成的信息管理为基础，以规范企业运营，改善经营成果为目标，帮助企业"优化资源，提升管理"，实现面向市场的营利性增长。

金蝶国际软件集团始创于 1993 年，以管理信息化产品服务为核心，为企业和政府提供云管理产品及服务，金蝶 K/3 是金蝶的 ERP 软件产品，是集供应链管理、财务管理、人力资源管理、客户关系管理、办公自动化等业务于一体的 ERP 软件系统。K/3 系统主要针对离散型生产特点的企业。

浪潮集团有限公司是国家首批认定的重点软件企业，中国著名的企业管理软件、分行业 ERP 及服务供应商，在咨询服务、IT 规划、软件及解决方案等方面具有强大的优势，形成了浪潮 ERP 系列 PS、GS、GSP 三大主要产品。是目前中国高端企业管理软件领跑者、中国企业管理软件技术领先者、中国最大的行业 ERP 与集团管理软件供应商之一。

国内 ERP 软件品牌还有东软 ERP、上海宝信软件有限公司的宝信 ERP、航天信息股份的 Aisino ERP A6 等。

选择 ERP 企业管理软件重点不仅是软件技术，更重要的是产品的业务流程和管理思想，没有管理经验和管理思想、业务实操经验的管理软件系统，是没有应用价值的，管理系统软件不仅是软件，更重要的是企业管理模式。

13.2　MES 系统

13.2.1　概述

制造执行系统（MES，Manufacturing Execution System）是美国 AMR 公司（Advanced Manufacturing Research，Inc.）于 20 世纪 90 年代初提出的，旨在加强 MRP 计划的执行功能，把 MRP 计划同车间作业现场控制，通过执行系统联系起来。这里的现场控制包括 PLC

程控器、数据采集器、条形码、各种计量及检测仪器、机械手等。MES系统设置了必要的接口，与提供生产现场控制设施的厂商建立合作关系。

MES是一套面向制造企业车间执行层的生产信息化管理系统。MES可以为企业提供包括制造数据管理、计划排程管理、生产调度管理、库存管理、质量管理、人力资源管理、工作中心/设备管理、工具工装管理、采购管理、成本管理、项目看板管理、生产过程控制、底层数据集成分析、上层数据集成分解等管理模块，为企业打造一个扎实、可靠、全面、可行的制造协同管理平台。典型的流程工业MES系统如图13-2-1所示。

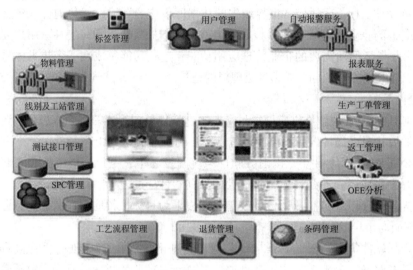

图 13-2-1　流程工业 MES 系统示意

13.2.2　分类

传统的 MES 可分为专用 MES 和集成 MES 两大类。

① 专用 MES。它主要是针对某个特定的领域问题而开发的系统，如车间维护、生产监控、有限能力调度等。

② 集成 MES。该类系统起初是针对一个特定的、规范化的环境而设计的，如今已拓展到许多领域，如航空、装配、半导体、食品和卫生等行业，在功能上它已实现了与上层事务处理和下层实时控制系统的集成。

虽然专用的 MES 能够为某一特定环境提供最好的性能，却常常难以与其他应用集成。集成的 MES 比专用的 MES 迈进了一大步，具有一些优点，如单一的逻辑数据库、系统内部具有良好的集成性、统一的数据模型等，但其整个系统重构性能弱，很难随业务过程的变化而进行功能配置和动态改变。

13.2.3　主要功能模块

经 MES 国际联合会根据大量事件经验的总结，得出了 MES 系统十大最为基本的功能模块，为广大 MES 系统开发商、实施商和用户企业提供了一个标准，优化了 MES 系统实施的流程。这十大功能模块包括：工序详细调度、资源分配和状态管理、生产单元分配、文档控制、产品跟踪和清单管理、设备性能分析、维护管理、过程管理、质量管理、数据采集。后来随着 MES 系统的发展，与其他各管理系统的高度集成，又发展出了人力管理等功能，极大地丰富了企业的选择面，使得企业管理全面集成更上一层楼。各功能模块的具体内容如下。

① 工序详细调度（Operations/Detail Scheduling）。通过基于有限资源能力的作业排序和调度来优化车间性能。该模块提供与指定生产单元相关的优先级、属性、特征以及处方（可选项）的作业排序功能。其目标是通过良好的作业顺序最大限度减少生产过程中的准备时间。这种调度，是基于有限能力的调度并通过考虑生产中的交错、重叠和并行操作来准确计算出设备上下料和调整时间。

② 资源分配和状态管理。该模块管理机器设备、工具、人员、物料、其他设备以及其他生产实体（例如进行加工必须准备的工艺文件、数控加工程序等文档资料），用以保证生产的正常进行。它还要提供资源使用情况的历史记录，确保设备能够正确安装和运转，同时提供资源的实时状态信息。对这些资源的管理，还包括为满足生产计划的要求对其所作的预定和调度。

③ 生产单元分配（Dispatching Production Units）。通过生产指令将物料或加工命令送到某一加工单元开始按工序操作。该模块以作业、订单、批量、成批和工作单等形式管理生产单元间的工作流。当车间有事件发生时，要提供一定顺序的调度信息并按此进行相关的实时操作，并能够调整车间已制订的生产进度，对返修品和废品进行处理，用缓冲管理的方法控制任意位置的在制品数量。

④ 文档控制（Document Control）。管理和分发与产品、工艺规程、设计或工作指令有关的信息，同时也收集与工作和环境有关的标准信息。包括工作指令、配方、工程图纸、标准工艺规程、零件的数控加工程序、批量加工记录、工程更改通知以及各种转换操作间的通信记录，并提供了信息编辑功能。文档控制模块将各种指令下达给操作层，包括向操作者提供操作数据或向设备控制层提供生产配方。此外，还包括对其他重要数据（例如与HSSE 有关的数据以及 ISO 信息）的控制与完整性维护。当然，还有存储历史数据功能。

⑤ 产品跟踪和产品清单管理（Product Tracking and Genealogy）。通过监视工件在任意时刻的位置和状态来获取每一个产品的历史纪录，该记录向用户提供产品组及每个最终产品使用情况的可追溯性。其状态信息可包括：进行该工作的人员信息，按供应商划分的组成物料、产品批号、序列号、当前生产情况、警告、返工或与产品相关的其他异常信息。

⑥ 性能分析（Performance Analysis）。将实际制造过程测定的结果与过去的历史记录和企业制定的目标以及客户的要求进行比较，其输出的报告或在线显示用以辅助性能的改进和提高；运行性能结果包括资源利用率、资源可获取性、产品单位周期、与排程表的一致性、与标准的一致性等指标的测量值；性能分析包含 SPC/SQC。该功能从度量操作参数的不同功能提取信息，当前性能的评估结果以报告或在线公布的形式呈现。

⑦ 维护管理（Maintenance Management）。跟踪和指导作业活动，维护设备和工具以确保它们能正常运转并安排进行定期检修，以及对突发问题能够即刻响应或报警，并保留以往的维护管理历史记录和问题，帮助进行问题诊断。

⑧ 过程管理（Process Management）。基于计划和实际产品制造活动来指导工厂的工作流程。过程管理模块监控生产过程、自动纠正生产中的错误，并向用户提供决策支持，以提高生产效率。这些活动可能是针对一些比较底层的操作，主要集中在被监视和被控制的

生产过程和设备，需要连续跟踪生产操作流程。过程管理模块还应包括报警功能，使车间人员能够及时察觉到出现了超出允许误差的加工过程。通过数据采集接口，过程管理可以实现智能设备与制造执行系统之间的数据交换。

⑨ 质量管理（Quality Management）。根据生产目标来实时记录、跟踪和分析产品和加工过程的质量，以保证产品的质量控制和确定生产中需要注意的问题。质量管理模块对生产制造过程中获得的测量值进行实时分析，以保证产品质量得到良好控制，质量问题得到确切关注。该模块还可针对质量问题推荐相关纠正措施，包括对症状、行为和结果进行关联以确定问题原因。质量管理还包括对统计过程控制（SPC）和统计质量控制（SQC）的跟踪，实验室信息管理系统（LIMS）的线下检修操作和分析管理。

⑩ 数据采集（Data Collection/Acquisition）。设备通过数据采集接口来获取并更新与生产管理功能相关的各种数据和参数，包括产品跟踪、维护产品历史记录以及其他参数。这些现场数据，可以从车间手工方式录入或由各种方式自动获取。数据采集可根据生产过程要求而定。

⑪ 人力管理（Labor Management）。提供及时更新的员工状态信息数据（工时，出勤等），基于人员资历、工作模式、业务需求的变化来指导人员的工作。包括出勤报告、人员的认证跟踪，以及追踪人员的辅助业务能力。

MES 系统的功能可以根据不同行业，同行业的不同企业的特殊需求进行深度开发定制，但是大多数最为基础的功能还是通用的。一个典型制造厂 MES 系统模块开发应用的具体示例如图 13-2-2 所示。

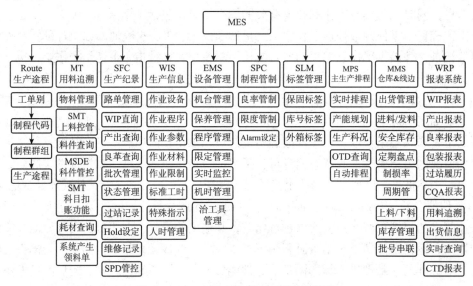

图 13-2-2　MES 系统模块开发应用示例

13.2.4　应用

MES 系统的实施与其他信息系统的实施一样需要按照信息系统项目管理的要求来进行，企业在实施 MES 之前，必须结合生产特点、管理要求，形成规范的 MES 需求，在此基础上指导实施和应用。其工作的重点是明确项目范围、形成项目团队、确定项目需求、合理选择供应商、有计划组织实施及实施上线后的定期评估及持续优化等环节。

由于 MES 个性很强，在应用过程中需要根据企业的具体情况进行二次开发，因此必须关注 MES 的平台性，同样的功能，是通过配置来实现，还是通过自带的开发平台来实现，或者需要写 VC 代码来实现等，不同的方式影响的不仅仅是功能本身，更为关键的是实现效率上。

在实施 MES 系统的过程中，首先，要结合企业的生产工艺特点，关注监管的重点环节和重点要求。其次，要明确需要实施的项目范围，某企业 MES 项目整体架构如图 13-2-3 所示，其中实线框图表示一期主要实现的内容，虚线为未来实施的功能，在高级排程及工厂资源规划未实施前，生产计划管理和车间人力资源管理、设备管理的相关信息直接与生产过程的可视化进行集成，另外数据采集应涵盖生产计划管理和车间人力资源管理、设备管理、质量管理等环节。第三，在明确项目范围后，就要细化 MES 系统整体的性能要求，即可集成性、可配置性、可适应性、可扩展性和可靠性等要求。第四，分层级地对相关的业务明确细化的需求。最后解决 MES 系统的集成。

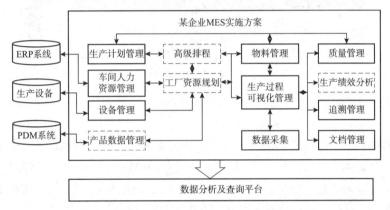

图 13-2-3　某企业 MES 项目整体架构示意

MES 最大的价值就是数据和信息的转换。如果把 MES 比喻为人，那么生产数据就相当于人的血液系统，数据采集和通信功能保证了信息集成化的实施。MES 不单是面向生产现场的系统，而是作为上、下两个层次之间双方信息的传递系统，联结现场层和经营层，通过实时数据库传输基本信息系统的理论数据和工厂的实际数据，并提供企业计划系统与过程控制系统之间的通信功能，是企业的重要信息系统。离开生产数据采集，生产管理部门不能及时、准确地得到工件生产数量；不能准确分析设备利用率等瓶颈问题；无法准确、科学地制定生产计划；无法实现生产管理协同。可见，只有有效地实现生产数据的采集，才能使得 MES 系统从根本上解决车间管理中计划跟踪迟滞、设备利用率低、产品质量难以提升等问题。

13.3　AMS 系统

13.3.1　概述

AMS™ 系统是艾默生过程控制有限公司针对工厂设备管理的整体解决方案组合，它集预测性维护软件应用、性能监测和成本优化于一体，包括了 AMS 资产性能管理系统（APM）、AMS 智能设备管理系统（AMS Intelligent Device Manger）、AMS 机械设备状态监测系统和 AMS 性能监测系统，如图 13-3-1 所示。AMS™ 系统通过对智能仪表、智能阀门定位器、机械转动设备、过程设备、电器设备等的预测和前设性维护，以及经济性能优化来提升整体工厂的运营效率。

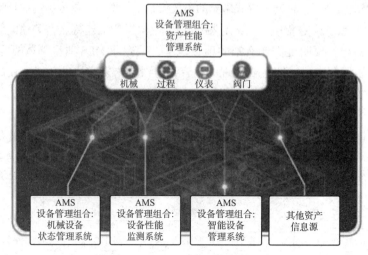

图 13-3-1　AMS 系统组成架构示意

应用 AMS 智能设备管理系统，在设备开车调试阶段，通过 AMS 进行设备组态、故障诊断和回路测试，可以节省 40%~60% 以上的调试时间，可降低开车阶段的不确定性，AMS 的投资成本通常在开车阶段就可以收回；AMS 提供在线设备诊断和设备状态信息，使得现场仪表／阀门的维护更容易，过程更可靠，提高生产过程的稳定性和可靠性，获得更高的产量和品质；AMS 机械诊断功能、性能预测和前设性维护功能，延长生产过程的检验、维护周期，降低了维护时间，减少非计划性停车次数，降低了生产成本，提高了生产的效率。

AMS 的自动文档功能，可以轻松满足安全、规范、论证等各种文档要求，降低了文档维护的成本。

13.3.2　AMS 智能设备管理系统的功能介绍

AMS 智能设备管理系统（以下简称 AMS 系统）的功能如图 13-3-2 所示。各个功能块的详细介绍如下：

图 13-3-2　AMS 系统主要功能

13.3.2.1　组态功能

AMS 系统让用户在控制室就能方便地查看、修改、替换现场设备的组态信息，所有的操作都会被记录在数据库中，做到有据可查。

①智能设备的连接和组态。AMS 系统能够自动扫描现场智能设备，非常方便地实现对现场智能设备的连接和组态。

②操作信息自动记录。执行修改的用户，修改原因、修改前后的参数以及其他操作信息都有自动记录，都可以从数据库中调出。

③设备组态比较。设备当前组态、不同历史组态之间可实现比较，并可选择将历史组态的参数下载到当前设备中，从而避免人工输入的错误。

13.3.2.2　状态监测及报警

在线、实时对现场智能设备的健康状况进行监测，显示当前激活的设备报警或诊断，并有图形化帮助，如：超量程，存储器故障，传感器故障，显示当前激活的 PlantWeb 设备报警，设备的报警诊断等。

用户可根据智能设备的重要性分级实时监测、诊断设备的健康状况，并可按需组态报警信息：当报警产生时，AMS 系统提供声音、颜色报警；同时，数据库自动记录该报警事件和内容。

13.3.2.3　校验管理

用户可轻松设计校验方案：仅需输入校验周期、校验点数、仪表精度，系统会自动获取该设备的型号、制造商、量程、输入输出信息等，然后自动生成校验方案，并在校验周期到时自动提醒。

AMS 系统自动生成符合国际标准的校验报告和校验曲线：经过几次标定，设备的误差趋势图就会自动生成。可与带自动记录功能的校验仪配合使用，实现校验方案的自动下载、校验数据的上传，从而完全替代手动校验数据记录。

AMS 系统中的数据库自动记录所有与智能设备相关的事件和警报：登录信息、组态记录、校验信息、诊断信息、维护记录和报警信息等。

13.3.2.4　阀门高级诊断

针对不同的阀门或阀门定位器（如：Fisher Control，Flowserve，Masoneilan，Smar），实现多种高级诊断。以 Fisher Control Fifeldvue 定位器为例，高级诊断功能包括：动态误差带，驱动信号，阶跃响应，阀门特征曲线，在线性能诊断等。

13.3.2.5　开车调试功能

AMS 系统显示智能设备的连接位置（如控制器、卡件、通道等），结合 DCS，能实现控制回路的检查工作。AMS 系统可命令现场仪表发出给定信号，参照 DCS，仅一个人就能设置和检查回路，在 AMS 系统中记录审查记录手动事件，做到有案可查。

AMS 系统可通过快速检查（QuickCheck SNAP-ON）将过程控制回路的多个设备成组，快速实现回路接线以及回路联锁测试，并提供智能设备状况报告。大大减少调试时间（据统计可减少 40%~60% 的测试时间），从而减少调试成本投入，大幅度提高资产投入回报。

13.3.2.6　开放接口功能

①AMS 智能设备管理系统能提供多个开放的接口、可供第三方系统存取设备和其他信息，主要接口如下。

②OPC（OLE for Process Control）接口服务。它允许 OPC 客户端应用程序读取 AMS 系统及现场设备中的数据。

③XML Web 服务。通过它可存取现场设备或第三方应用的常规设备信息，如：用户使用它可得到所有设备清单（含通用信息）、设备结构清单、设备报警清单（含激活报警清单、设备监视清单、监视状态）、系统的记录审查、设备组态清单、校验报告清单、校验排程清单等。所有这些用户可通过 web 浏览，输入特定的地址，得到 XML 格式的结果，可用 Excel 软件打开并编辑。

AMS 资产性能管理系统（APM）。对 AMS 智能设备管理系统和其他设备状态监测系统进行数据采集和统计，并显示给用户，让工厂的工程师及管理层在办公室即可了解现场设备的运行状况，并作出决策。APM 与 ERP 系统或 CMMS 系统相连，可弥补 ERP 系统或 CMMS 系统不能对在线运行设备自动管理的不足。

13.3.3　系统连接方案

AMS 系统支持 HART、FF、Profibus 和 Wireless HART 设备，均可在同一界面管理。

AMS 系统不仅可以与多个艾默生过程控制系统实现无缝连接（如 DeltaV、OVATION 等），也可以与其他第三方系统连接。

① AMS 系统与 DeltaV 系统的连接方案。AMS 系统与 DeltaV 系统相连时无须其他额外的硬件，直接与现场的 HART 设备、FF 总线设备、WirelessHart 设备和 Profibus 设备在线通信，系统连接方案如图 13-3-3 所示。运用 AMS 系统的强大功能，降低调试费用和维护成本，提高工厂的效率。

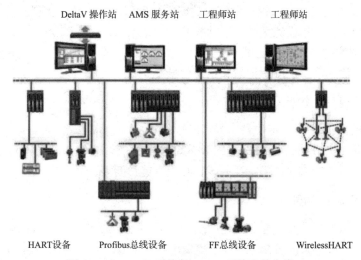

图 13-3-3　AMS 系统与 Deltav 系统连接方案

②AMS 系统与 OVATION 系统的连接方案。利用现有 OVATION 网络架构，即可实现现场的 HART 设备、FF 总线设备、WirelessHart 设备和 Profibus DP 设备以在线的方式进行通信和诊断，系统连接方案如图 13-3-4 所示，实现 AMS 系统的强大管理功能。

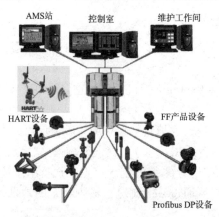

图 13-3-4　AMS 系统与 OVATION 系统的连接方案

③AMS 系统与第三方控制系统的连接方案。AMS 系统可以通过多路转换器的方式与第三方系统相连，实现对 HART 设备的管理，连接方案如图 13-3-5 所示。

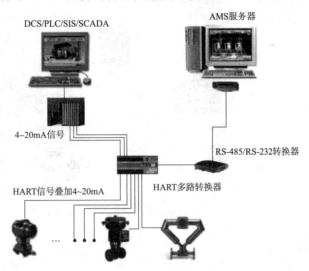

图 13-3-5　AMS 系统与第三方控制系统连接方案

④AMS 系统与无线仪表的连接方案。AMS 系统通过 1420 网关与无线仪表相连，实现对现场无线智能设备的管理和维护，连接方案如图 13-3-6 所示。

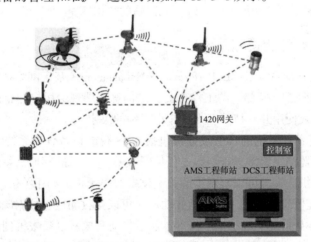

图 13-3-6　AMS 系统与无线仪表的连接方案

⑤AMS 系统与远程操作控制器（ROC）连接方案。AMS 系统通过 ROC、ROC 网关实现远距离和现场智能仪表相连，ROC 网关可以通过网络数据线，也可以通过无线网络与 ROC 连接，连接方案如图 13-3-7 所示。

⑥AMS 与 ProfiBUS 的连接方案。AMS 系统通过以太网和 ProfiBUS 转换器，和远端的 HART over Profibus 设备进行通信和诊断，实现 AMS 系统强大的管理功能。

⑦ 与 HART/FF 调制解调器及 475 现场通信器的连接方案。通过与 HART 或 FF 调制解调器连接，AMS 系统可以对单台 HART 设备或单网段 FF 设备组态、调试、诊断。

475 现场通信器可调校现场设备，可储存设备的组态诊断等信息，并可将储存的信息导入 AMS 系统，实现离线管理，其连接方式可以是红外或蓝牙。

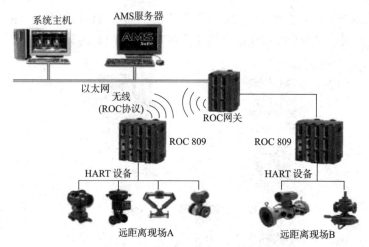

图 13-3-7　AMS 系统与远程操作控制器连接方案

13.3.4　系统架构

AMS 系统可以支持 Server/Client 架构。一个 Server Plus 工作站可以最多连接 131 个 Client 工作站。Server Plus 工作站和 Client 工作站的功能完全相同，均可以现场仪表进行查看、操作，实现 AMS 智能设备管理系统的功能。其区别是 AMS 系统的数据库在 Server Plus 工作站，Client 工作站使用 Server Plus 工作站的数据库。

13.3.5　AMS 资产性能管理系统

AMS 资产性能管理系统（AMS Performance Management）基于网络技术，简化了所有资产信息，通过网络向工厂各部门的工作人员提供信息，展现给用户完整的工厂资产健康状况，使信息得到有效使用并支持管理人员作出正确的决定。

AMS 资产性能管理系统的典型数据源包括 AMS 智能设备管理系统、机械设备状态管理系统和设备性能监测系统等，也可以是任何开放 OPC 接口的其他信息源。这些信息有多种图形报表格式可供选择，可以直观了解关键设备的健康状况和相关信息。

使用 AMS 性能管理系统的工作单通知功能，可以接收和过滤数据源的报警信息，根据设定发送指令给 ERP 系统生成维护工作单，从而自动完成从设备报警到设备检修工作单的整套流程。关键设备的报警通过 APM 进入 ERP 系统产生维护工作单。

13.3.6　EDDL 技术

AMS 智能设备管理软件内置现场总线基金会、HART 协议基金会、Profibus 基金会注册的相关设备 DD/EDD 文件，可以对经过基金会认证的仪表实现即插即用方式的连接。

EDDL 作为设备管理的核心技术，让不同厂商的仪表、不同版本的仪表都可以纳入统一的智能设备管理平台中。采用 EDDL 技术最大化地保护了工厂的投资，使设备管理贯穿于整个工厂的运营周期中。

增强型 EDDL 技术还可提供棒状图、指针图、趋势图，方便组态及调试。

13.3.7　资产优化服务

资产优化服务是成功应用 AMS 系统的保证，通过安装配置，优化执行和流程融入三步专业化的服务，持续提升 AMS 系统的使用价值，使资产投资回报率最大化，提高设备可用性，非计划停车风险最小化，降低维护成本。

AMS 系统实时在线诊断设备的优势通过资产优化服务，将提升公司的设备维护水平。

资产维护蓝图是优化执行的交付成果，其中包括设备的位号、型号、优先等级、维护周期、标准流程等信息优化预测性的重要工具。

13.4　先进控制

13.4.1　出现背景

随着过程工业日益走向大型化、集成化、连续化、复杂化，对过程控制的品质提出了更高的要求，控制的目标已不再局限于对某一个变量或几个变量的平稳操作，而是越来越多地加入了以经济效益为代表的其他控制要求，传统的以单变量技术为基础的控制技术已无法满足这些需求。控制与经济效益的矛盾日趋尖锐，迫切需要一类合适的先进控制策略。现代控制理论和人工智能几十年来的发展，已为先进控制奠定了应用理论基础，而控制计算机尤其是分散控制系统（DCS）的普及与提高，则为先进控制的应用提供了强有力的硬件和软件平台。为了克服目前 DCS 存在的"高能低用"运行状态，国际上已经大量应用了先进控制技术（APC）和优化控制来提高效益，并有众多公司推出了先进控制及商品化工程软件包。国内有一些单位开始了先进控制和优化控制的工程化软件包的研究与开发，也取得一些成果。目前，国家正在进行高新技术产业化的推行工作，而先进控制与过程优化工程化软件是"工业过程自动化高技术产业化"的重要组成部分。

13.4.2　定义

先进控制（APC）是对那些不同于常规单回路控制，并具有比常规 PID 控制效果更好的控制策略的统称，而非专指某种计算机控制算法。先进控制的任务非常明确，即用来处理那些常规控制效果不好，甚至无法控制的复杂工业过程控制的问题。APC 可分三大类：经典的先进控制技术：变增益控制、时滞补偿控制、解耦控制、选择性控制等；现今流行的先进控制技术：模型预测控制（MPC）、统计质量控制（SQC）、内模控制（IMC）、自适控制、专家控制、神经控制器、模糊控制、最优控制等；发展中的先进控制：非线性控制以及鲁棒控制等。目前，先进控制技术在流程工业中得到成功应用的是模型预测控制（MPC）。

13.4.3　优点

在流程工业生产过程中，首先要求保证生产过程的稳定性。单回路 PID 控制是近七十多年来流程工业生产过程稳定操作的主要控制方法。然而，这种控制方法只是单变量的控制。对一些生产过程要求的多变量综合控制、高品质控制等比较困难。

而模型预测控制方法，可实现高品质、高稳定的多变量控制。其生产过程的稳定性高，抗扰动能力强。一般而言模型控制方法与单回路 PID 控制相比，生产过程被控变量的方差可减少 20% 以上。方差降低，可使过程被控变量实现卡边操作与控制，这样就可实现节能、降耗和提高生产过程经济效益的目的。另外，对单元操作或整个生产过程的控制，都可用多变量控制器来完成，使整个生产过程都处在稳定的工况下运行。

与单回路 PID 控制器相比，先进控制具有如下优点。

① 能消除多个回路之间的相互影响，即具有解耦作用。

② 可以分析目前多个回路的工况进行，从而对控制器内每一个回路的未来进行预测，根据预测的结果对回路进行优化调节。

③ 具有调节稳定的特点，即其鲁棒性，根据对工况的分析特点，操作员可以设定每一个回路的调节上下限及调整的快慢。

先进控制是对被控对象（如反应器、分馏塔等）进行多变量控制而不是单回路控制，而且被控变量也在传统的温度、压力、流量和液位四大参数的基础上进行了拓展，增加了诸如产品质量指标和设备负荷等工艺生产所需要的变量，大大提高了整个装置的稳定性，实现了产品质量的卡边操作，为挖潜增效创造了条件。

④ 先进控制本质上集前馈（多变量模型预测）、反馈及优化于一体，通过减少关键工艺变量的波动，进而优化工艺装置操作，实现卡边控制。单回路控制一般是基于误差的控制，其关注对单个点的控制，或基于单回路调节的复杂回路控制，例如比值控制、串级控制、前馈控制、均匀控制、分程控制等；先进控制是基于模型的多变量控制，其关注的往往是对一组工艺变量或一段工艺过程的整体控制，并在稳定控制的前提下，利用预定的、有效的操作手段，依据内置的线性或非线性规划优化算法的结果，将工艺过程推向优化操作点，并稳定在优化操作点。

⑤ 常规单回路控制器是基于偏差的反馈控制，而以模型预测控制为核心的 APC 则在反馈控制的基础上，将过程模型作为控制器的内部模型，提高了控制器的信息利用率，从而大大提高控制系统的控制品质。

⑥ 与单回路控制器相比，APC 更适合于处理过程的大滞后、强耦合特性、并能有效地解决过程可测干扰，从而使控制系统具有更强的适应能力和鲁棒性。

⑦ 与单回路控制器相比，APC 策略采用多变量优化算法，适合处理多层次、多目标和多约束控制问题，可以更方便地将过程经济指标与过程控制相结合。

13.4.4 主要内容

先进控制的主要技术内容有如下几个方面：

① 过程变量的采集与处理。利用大量的实测信息是先进控制的优势所在。由于来自工业现场的过程信息通常带有噪声和误差，因此，应对采集到的数据进行检验和调整。

② 多变量动态过程模型辨识技术。先进控制一般都是基于模型的控制策略，获取对象的动态数学模型是实施先进控制的基础。对于复杂的工业过程，需要强有力的辨识软件，从而将来自现场装置试验得到的数据，经过辨识而获得控制用的多输入多输出（MIMO）动态数学模型。

③ 软测量技术，工艺计算模型。实际工业过程中，许多质量变量或关键变量是实时不

可测的，这时可通过软测量技术和工艺计算模型，利用一些相关的可测信息来进行实时计算，如 FCCU 中粗汽油干点、反应热等的推断估计。

④ 先进控制策略。主要的先进控制策略有：预测控制、推断控制、统计过程控制、模糊控制、神经控制、非线性控制以及鲁棒控制等。到目前为止，应用非常成熟而效益显著的先进控制策略是多变量预测控制。其主要特点是：直接将过程的关联性纳入控制算法中，能处理操纵变量与被控变量不相等的非方系统，处理对象检测仪表和执行器局部失效等的系统结构变化，参数整定简单、综合控制质量高，特别适用于处理有约束、纯滞后、反向特性和变目标函数等工业对象。

⑤ 故障检测、预报、诊断和处理。这是先进控制应用中确保系统可靠性的主要技术。

⑥ 工程化软件及项目开发服务。良好的先进控制工程化软件包和丰富的 APC 工程项目经验，是先进控制应用成功、达到预期效益的关键所在。

13.4.5　先进控制带来的经济效益

从全厂综合自动化的角度看，先进控制恰好处在承上启下的重要地位。性能良好的先进控制是在线优化得以有效实施的前提，进而可将企业领导者的经营决策、生产管理和调度的有关信息及时落实到全厂生产装置的实际运行中，并可真正实现全厂综合优化控制。

① 提高装置操作平稳性。APC 投用后，可以降低主要被控参数运行波动的标准偏差，提高装置操作平稳性，降低产品质量不合格率，获得间接经济效益。可以从以下几方面准确说明：产品名称，能耗物耗品种，质量指标（或能耗物耗流量及性能指标）运行波动的标准偏差对比数据，以及平均值对比数据。

② 降低操作劳动强度、提供操作指导。

APC 改进了装置或局部工艺过程的控制，实现了自动闭环协调控制，并提供了操作指导，（从而降低了操作人员的劳动强度）。

③ 提高高价值产品收率、降低物料消耗。对于大多数炼油、化工装置，APC 均可以在提高产品质量平稳率的基础上，通过卡边操作，提高高价值产品收率或降低物料消耗，获取直接经济效益。

④ 降低能耗。在定量分析核算 APC 项目经济效益时，主要核算两个方面的经济效益：提高高价值产品收率和降低辅助物料消耗；节约能耗。

先进控制（包括优化控制）应用得当可带来显著的经济效益。据统计，用 DCS 执行常规控制，其投资约占自控设备总投资的 30%，通过编程组态，可以方便地构成各种复杂控制，使装置得到较好的控制质量，可增加约 10% 的效益。而利用 DCS 实现先进控制（APC），则只需增加约 10% 的成本，便可增加约 18% 的效益。在先进控制的基础上，增加实时优化（RTO）功能，成本增加约 10%，可进一步获得 18% 的效益。可见实施先进控制与优化的投入产出比很高。

13.4.6　APC 技术的发展

从理论上和应用技术上，APC 近 10 年都有很多研究成果，其发展方向，大致可分为：

① 过程性能评估与监控技术。如果说把偏离优化生产过程操作点称为事故的话，那么也可称为故障检测与诊断技术。这一技术是保证流程工业安全和优化生产的重要措施。

② 实时优化（RTO）与多变量控制相结合的技术。多变量先进控制技术使整个流程工业更加稳定地生产，但是，优化控制的给定值需要操作员和工艺工程师离线设定。因此多年来，希望建立流程工业装置或全流程的静态或动态模型，通过优化软件求解出流程工业装置或全流程的优化操作点，自动地与多变量控制器相连接，这样就可实现流程工业生产过程实时优化操作与控制，这势必会进一步提高企业的经济效益。

③ 非线性过程的先进控制技术。严格地说许多流程工业生产过程都是属于非线性系统，目前，采用线性系统来近似非线性系统，然后用线性控制理论的方法来实现先进控制。然而，用统一的方法来描述非线性系统的特性，存在许多困难。因此，许多研究者想用人工智能的方法，如专家系统、神经元网络、模糊算法等来建立非线性系统模型，再来设计相应的先进控制系统。

④ 协同控制技术。随着计算机和网络通信技术在流程工业中的应用，使生产经营管理信息和生产过程实时信息分别存储在关系数据库和实时数据库中，即有大量的流程企业的数据信息。因此，如何应用这些数据，将企业的管理过程，如供应链、仓储与运输、生产计划、决策调度和实时控制进行协同控制，将企业资源管理（ERP）、企业制造执行系统（MES）和实时过程控制三个方面进行协同控制已成为先进控制研究热点之一。

经过近 20 年的推广应用，事实证明 APC 技术是现代控制理论——模型预测控制，成功在现代流程工业中广泛应用的一个典范。但是如果要使 APC 技术能在实际流程工业中应用，必须要有流程工业的工艺知识。

APC 技术是综合了控制理论与流程工业专家工艺知识，因此，需大量培养这方面的专门人才，特别是流程工业企业从管理者到业务部门都要学习 APC 技术的基本理念和知识。还需要加大 APC 技术在流程工业中的应用力度和水平。由于企业间的相互竞争，在这一技术领域中，有应用技术的专利，即使是相同的流程工艺，各家都会有各自的特点和特色。

13.4.7　APC 应用实例

在某聚丙烯（PP）装置实施了先进控制，实现了生产过程优化控制，产品质量可控，牌号易于切换。该先进控制系统基于多变量预测控制策略。根据 PP 装置的工艺特点，为实现原定效益目标，所设计的控制器主要控制功能包括生产率控制、产品质量控制、浆液浓度控制及冷却系统控制等。PP 装置先进控制系统投用后，有效地提高了产品的产量和质量，减少生产过程中波动，提高了系统稳定性，显著地延长装置运行时间。

① 产率控制。先进控制系统产生的经济效益主要是通过提高单位时间内聚丙烯产量来实现的。在满足所有约束条件的情况下，先进控制器将尽可能地把丙烯进料量控制在最大值，通过卡边操作提高聚丙烯产量。先进控制器的作用是减小产品质量的波动，使过程参数控制得更加平稳。在先进控制器投入运行后，根据设定产率的高低限值和约束条件，将自动调整丙烯进料量来满足产率控制要求。在正常操作的工况下，产率设定的上限需放开，不应成为人为卡边条件，先进控制器最终根据其他约束条件进行卡边控制，使产率达到最大化；但在计划生产条件下，通过总产率上限的合理设定也能有效地实现产率控制。

② 产品质量控制。PP 最终日常控制的产品质量主要有两项：密度和熔融指数（MI）。密度主要与加入的共聚单体的种类及数量有关，但密度的分析周期很长，很难实现对密度的连续控制。相比之下，聚合釜内共聚单体（一般为丙烯）的浓度可以实现连续控制，因

此把丙烯浓度作为控制密度的约束条件。PP 装置的氢气是用于调节聚合反应过程中聚合物分子大小的调节剂,是控制产品 MI 的主要手段。通过氢气流量调节聚合反应体系中氢气与丙烯的浓度,可以达到控制产品 MI 的目的。

由于常规控制回路的非线性及反应滞后的影响,常造成氢气与丙烯比波动范围较大,导致产品质量在较大范围内波动。APC 软件通过在线预测与稳定控制相结合,使氢气与丙烯比实现稳定控制,从而使产品质量得到有效控制,减小 MI 的波动范围。

③ 浆液浓度控制。为了实施多变量控制器对浆液浓度的控制,需在 DCS 中进行一些相关计算,并建立相应计算点,计算浆液浓度和母液复用率等 4 个被控变量。在生产应用中,新鲜溶剂和母液设定值将随丙烯进料量的变化而改变以维持稳定的浆液浓度。浆液浓度的计算值是在丙烯转化率基本固定及撤除反应热效果良好的前提下得到的。多数情况下,浆液浓度能很好地得以控制,但在一些极端工况下,该前提条件不再成立,此时浆液浓度计算值不可靠。为保证稳定而有效地实施浆液浓度控制,引入反应器液位作为浆液浓度控制的另一被控变量。由于 PP 反应釜液位都采用溢流控制,反应器液位实际上是浆液浓度较为真实的反应。当浆液浓度增加时,液位也升高。通过预测试,浆液浓度和液位呈线性关系。因此,反应器液位作为控制浆液浓度的另一指标必不可少,并行之有效。一旦液位指示偏高,这时尽管计算的浆液浓度没有违反约束条件,但浆液浓度控制器仍将打入一定的溶剂以缓解这一紧急情况,防止爆聚。

④ 冷却系统控制。PP 聚合反应是一个强放热反应过程,聚合反应又严格控制聚合温度,及时撤除反应热是提高产率的关键。引入与温度控制有关的 2 个过程变量作为冷却能力的监控指标:循环气风机进出压差,该值太低说明冷却负荷小、循环气量小,该值太高说明冷却负荷大,循环气量大;温度控制阀位,该阀位开度太小说明冷却负荷太大,过程的冷却无法保证。以这两个变量作为冷却系统控制器的被控变量,能时刻保证冷却系统控制器在满足冷却能力的前提下提高装置的产量。

13.5 仿真软件

13.5.1 概述

在工程实际中,控制系统的结构往往很复杂,如果不借助专用的系统建模软件,很难准确地把一个控制系统的复杂模型输入计算机,对其进行进一步的分析与仿真。对于实验室或实验装置可采用 MATLAB 仿真软件进行输入、相关函数关系、输出等的模拟仿真;对于大型工业化装置则需采用专用的模拟仿真软件 OTS(Operator Training Simulator)进行仿真。

13.5.2 MATLAB 仿真软件

MATLAB 是 Matrix&Laboratory 的组合,意为矩阵工厂(矩阵实验室)。是由美国 Mathworks 公司发布的主要面对科学计算、可视化以及交互式程序设计的计算环境。它将数值分析、矩阵计算、科学数据可视化以及非线性动态系统的建模和仿真等诸多强大功能集成在一个易于使用的视窗环境中,为科学研究、工程设计以及必须进行有效数值计算的众多科学领域提供了一种全面的解决方案，主要包括 MATLAB 和 Simulink 两大部分。它在很大程度上摆脱了传统非交互式程序设计语言（如 C、Fortran）的编辑模式，代表了当今国际科学计算软件的先进水平。

MATLAB 的应用范围非常广，包括信号和图像处理、通信、控制系统设计、测试和测量、财务建模和分析以及计算生物学等众多应用领域，可以用来进行以下各种工作：数值分析、数值和符号计算、工程与科学绘图、控制系统的设计与仿真、数字图像处理技术、数字信号处理技术、通信系统设计与仿真、财务与金融工程、管理与调度优化计算（运筹学）。

MATLAB 仿真软件操作大致分为如下四个步骤：建立仿真模型、设置仿真参数、启动仿真、仿真结果分析。示意如图 13-5-1~ 图 13-5-4 所示。

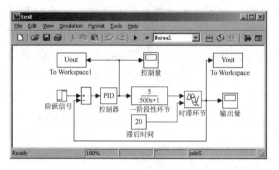

图 13-5-1　建立仿真模型

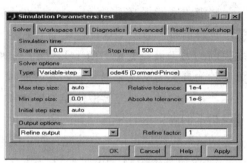

图 13-5-2　设置仿真参数

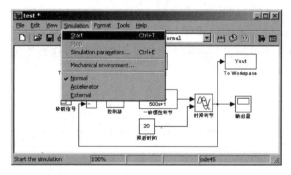

图 13-5-3　启动仿真

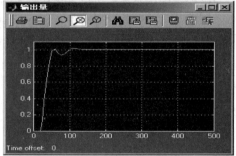

图 13-5-4　仿真结果

13.5.3　操作员培训仿真系统

随着过程控制自动化程度的不断提高，在流程工业中大量采用 DCS、PLC 等控制系统，此时对于整个工厂生产过程进行仿真，MATLAB 软件的功能等已远远不够。另外，随着控制的自动化程度不断提高，对操作工的要求也在不断提高，特别是对 DCS 维护人员的技术要求更高。如何有效地对相关人员进行培训，如何使操作工、DCS 维护人员对整个 DCS 有一个系统的了解，关系到能否充分发挥 DCS 的作用。然而，当系统投用后，为了保证其运行安全可靠，不允许对实际 DCS 进行频繁的试验性操作，因此，基于实际 DCS 的培训是不现实的，而操作员仿真培训系统 OTS（Operator Training Simulator）就可以解决这个问题。

仿真系统就是将真实 DCS 的操作在的计算机系统中再现。具体地说，就是要在计算机系统中，尽可能真实地模拟完整的 DCS 甚至包括现场设备。由于虚拟 DCS 源自真实 DCS，真实 DCS 上发生的各种操作、事故均可以在虚拟 DCS 上进行验证，凡基于真实 DCS 的控制系统组态，都可以移植到仿真系统上运行；凡在仿真系统上调试的控制系统组态，也都可以移植到真实 DCS 上运行。近年来，各大控制系统厂商及软件开发商针对常用控制系统开发出了各种 OTS 系统。

模拟新建装置工艺流程和开停车过程。OTS 系统采用过程模拟仿真技术，将设备工作原理算法化，根据工艺流程结构搭建数学模型。前台的用户操作指令传送到后台的数学模型中，经数学模型的运算实时表征出各个工艺数据的真实值，借此反馈出操作与工艺现象之间的关系，让学员不到现场也能掌握真实工艺设备的工作原理，培养学员对常见化学工艺设备的操作技能和职业技能。OTS 系统可用于在工厂正式开工前、后培训操作员，目的在于：缩短开工、停工时间，提高安全性，减少环境不确定性影响，延长装置实际投产时间，提高操作员的知识水平和技术水平，减少不合格品生产。

对各种常规事故进行模拟。对操作员进行各种工况的操作培训，可以实现下述目标：使操作员对工艺过程有更深入的了解，可以提早开工，并减少开工实际需要的时间，积累工艺经验和故障诊断经验，提高操作员处理紧急状况或异常工况的能力，培训复杂的、长周期的顺序操作流程，加强对过程因果关系的理解，提高操作员素质，减少和避免由于人为因素导致的事故、损失。

13.5.3.1 和利时 OTS 系统

该系统是一套用于对化工、炼油和石油化工过程的动态特性进行研究、评估和测试的软件系统，是一套完整地贯穿整个工厂装置生命周期的解决方案。

a）系统特点

① 和利时 OTS 系统采用先进的仿真支撑软件、教练员台软件、自动化建模工具软件和模型技术。可以支撑仿真机系统的实时运行、在线修改、远程培训、控制方案设计、控制策略验证等。

② 专门开发的教练员站软件，具有灵活的培训、监视、控制等多种功能。它支撑个性化、趣味化的培训方案，能对受训人员进行全面、科学培训，对学员的实际操作情况进行远程监视与考核，可用于工厂运行培训、控制人员维护培训、运行方式研究、控制策略研究、控制逻辑验证等。

③ 全面采用具有自主知识产权的自动建立仿真模型的工具软件。它具有界面友好、统一、直观，不仅大幅提高了仿真模型软件的开发效率，而且还使仿真机的开发具有一致性和连续性，便于后期的开发、维护、升级，同时还非常容易被用户方技术人员所掌握。

④ 硬件系统具有极高的可靠性与稳定性，在性能上不仅可以完全满足用户方目前的要求，同时具有一定的扩展能力。

⑤ 采用全物理范围、全过程、高精度、高响应速度的数学模型，严格保证仿真的静态和动态精度。

⑥ 控制系统的仿真采用虚拟 DCS 技术，以真正的 DCS 软件及虚拟 DPU 软件为基础，系统结构、控制图形组态、逻辑组态完全与现场一致，组态文件可被直接导入到仿真机。

具有仿真精度高、开发周期短、仿真效果好的特点。虚拟 DPU 技术是指将真实 DCS 的 DPU 虚拟软件化，开发的虚拟 DPU 软件能够完全代替真实 DPU 的计算、通信功能，从而降低用户的使用与维护成本。传统仿真机与虚拟 DCS 仿真机比较如图 13-5-5 所示。

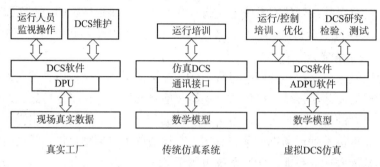

图 13-5-5　传统仿真机与虚拟 DCS 仿真机比较

⑦ 仿真模型软件为模块化结构，可便于根据不同的培训对象，由不同的主机、辅机、控制系统模块等构成新的仿真模型。模型开发过程采用先进的图形化自动建模技术，开发、维护人员只需根据设计图纸进行简单的绘图式建模即可自动完成模型的生成，同传统的手工编程式、填表式、模块式建模相比，图形化自动建模具有建模周期短、工作效率高、通用性强、易于维护与管理的优点。

b）仿真能力

① 工况仿真能力。OTS 系统具备正常工况、特殊工况和事故工况的仿真能力，在各个工况下，仿真系统的反应现象均与现场一致，精度满足国内国际行业标准的要求。具体仿真工况如下：正常工况仿真、自动故障处理工况仿真、启停工况仿真、事故工况仿真。

② 图形显示能力。OTS 系统的图形界面包括 DCS 操作员站界面、现场站界面、工程师站界面和教练员站界面，除教练员站界面及现场站界面外，其他界面与现场使用的图形界面完全一致。教练员界面采用仿真培训系统独有的界面开发技术，使用图形化界面，使用鼠标即可完成需要的全部操作。图形界面具有如下特点：

能动态调用或更新显示器上的显示，供操作员监视仿真对象的运行状态。所有 DCS/DEH 站上的显示画面均直接采用现场画面组态文件，显示画面效果与功能与现场完全一致。

现场站界面也采用 DCS 的图形组态工具软件绘制，图形样式、颜色和动态均参考现场习惯完成，除了可以显示现场设备的状态和对现场设备进行操作外，还可以显示主控室操作设备的状态。

画面上任何实时变量的刷新周期均不大于 1s，与现场 DCS 完全一致。

任何对现场设备的操作均可在 1s 内完成，同时反馈信号在操作完成后 1s 即可正确显示，与现场 DCS 完全一致。

可以在 2s 内调出任何一副画面，同时调出任何一副画面的操作不会超过 3 次，与现场 DCS 完全一致。

③ 修改能力。OTS 系统采用的是真实的 DCS 软件，所以只要具备一般的 DCS 维护能力就可以对该系统的控制部分进行修改和调试，不需要配备专业人员，大大减少客户的开发费用和维护费用。同时可根据客户需求，进行软件升级服务。

④仿真机操作限制。当 OTS 系统的某些参数接近或接近超出现用模型的限制和装置设备条件限制时，仿真系统可以在教练员台上发出报警信号，提醒教练员已经超出仿真模型的使用范围，仿真结果可能不可信，以免对培训造成不利的影响。

c）应用案例

以下以煤粉炉火电机组、流化床机组、电厂脱硫等工艺为例介绍和比时 OTS 系统的应用。

1）控制系统的仿真范围与仿真程度

在 DCS 控制系统的仿真方面，依照客户所采用的 DCS 系统为仿真范本，可以达到画面一致，操作面板一致，趋势一致，历史数据一致，各种反馈特性一致，目标是使客户可以达到使用原厂家 DCS 的感受。

在控制逻辑方面将依照客户提供的控制逻辑图进行一比一的仿制，达到满足客户培训需求，同时可以对客户逻辑进行一般性的测试和检验。

2）集控室操作台及盘台仿真

所有盘台上的操作显示设备，如开关、按钮、灯光、指示仪、报警窗等均采用软仿真的形式实现，显示在操作界面上，同时可以通过投影仪投放到投影屏幕上。

3）现场设备仿真

OTS 系统范围除 DCS，和盘台操作以外，还需要操作和监视全部现场设备。

在正常运行和启停过程当中，对规定需要操作和监视的设备均进行仿真，由现场站软件实现，根据现场实际需要，进行仿真简化，简化后的效果不影响现场培训操作。

d）OTS 系统硬件

系统的具体硬件配置依据用户提出的要求进行选型、设计。利用仿真支撑系统先进的多流程仿真功能，可以在一套仿真硬件上同时进行多个流程的运行，形成一机多模。仿真系统由仿真主机（模型站兼教练员站）、DCS&DEH 操作站、现场操作站、DCS 站（DCS 服务器兼工程师站）、虚拟 DPU 站、网络设备等组成。DCS 操作员站的数量根据用户需要配置，并且可以随时扩充。仿真主机使用服务器。DCS 操作站、现场操作站、DCS 站、虚拟 DPU 站、使用普通计算机即可。硬件构成如图 13-5-6 所示。

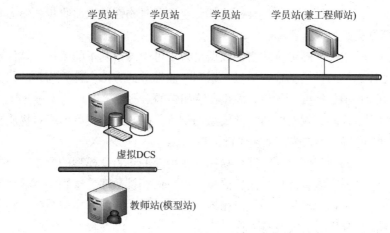

图 13-5-6　仿真机硬件构成

e）仿真系统软件

仿真系统软件包括操作系统软件、仿真支撑平台软件、数学模型软件、教练员功能软件、DCS 操作员站软件、多媒体仿真软件、DCS 工程师站软件、现场操作员站软件等几部分组成。

1）系统软件

主机和各操作站均采用 Windows 操作系统，其具有界面友好、开放性高、可适用于不同机型的特点。

2）仿真支撑平台软件

模拟器是基于严格机理的组件模型，并对其动态精度进行了实时优化。充分利用经过验证的单元模型对整体流程进行建模和仿真，利用和利时开放的系统架构可以仿真各种控制系统。

建模仿真软件系统。基于机理和经验模型的混合建模仿真系统，帮助用户全面地熟悉自己的生产装置和工艺，掌握动态工艺特性，积累操作经验，提高处理异常事故的能力，保证生产装置的顺利投产，维护正常的生产操作。平台不是一般意义上的稳态过程模拟而是全面的动态过程模拟。基于精确的热动力学方程和传质动力学模型，成为一套可以帮助工程师研究探索工艺过程、进行工况研究、发现工艺瓶颈、寻找最佳操作程序、进行故障分析和控制策略研究的工具。

解算方法。仿真系统解算引擎采用针对化工行业的特点：物料组分多，物性及变化过程复杂；控制系统复杂，具有非线性、时变、时滞、强耦合等特性，物质流和能量流高度耦合，不确定因素非常多而且复杂，化工系统规模庞大、构造复杂、循环嵌套和设备众多，很难在短时间内对其进行求解。引擎采用先进的联立方程法和序贯模块法混合求解的方式对仿真对象进行求解。从计算速度上看，计算过程大体上可以分为三个过程，即快速、中速和慢速仿真。分别对应于压力、流量关系的计算、能量平衡计算和组分平衡计算。

热力学方法。化工流程模拟中首要任务是建立热力学模型，模拟物质流的物理性质。对于过程模拟来说，通过热力学物性计算来准确预测物料的物性和相行为是十分关键的，这需要有足够的组分数据库、选择适用的热力学模型、建立相平衡计算方法，这样才能仿真出接近真实的流股物性及变化过程，这部分包含了对物性数据的收集、热力学模型的建立和闪蒸计算方法的开发。

流程模拟软件中，准确可靠的物性数据是必不可少的最基本的条件。软件平台采用专业的物性数据库，热力学模型系统提供一系列工业标准的方法来计算物系的热力学性质，如 K 值、焓值、熵值、密度、气相和固相在液相中的溶解度，以及气体逸度等。

通过对物质组成和其相对的热力学模型的配置，OTS 系统便可形成对物质流股的成分和热力学特性的配置，称之为流体包（FluidPackage）。

通过对流体包的引用便完成对混合物和其相配套的热力学模型的配置。根据用户的要求计算下列传递性质：液相黏度、液相热传导率、液相扩散率、气相黏度，以及气相热传导率等。另外，还可以计算物流的气液相界面张力。最后开发的模拟系统中将包含很多关联式，用于预测混合物的上述传递性质。

对于过程模拟来说，准确预测物系的物性和相行为是十分关键的。该流程模拟系统带有数据回归功能，可以将测量的组分或混合物的性质数据回归为模拟系统可以使用的形式。回归选项如下：

性质关联：用户可以输入一系列温度下某个与温度相关性质的数据，将其回归为任意一种方程的形式，以用于性质的关联。回归过程中将计算方程的系数。

相平衡：将多组分平衡数据用于回归，产生液相活度系数模型或状态方程的二元交互作用参数。使用这些二元参数可以确保相应的热力学方法能再现这些测量的平衡数据。

混合性质：用户还可以回归多组分混合热或混合体积数据，用于生成二元交互作用参数。

3）DCS 服务器软件

虚拟 DCS 仿真机采用了真正的 DCS 服务器软件，其功能与真实 DCS 完全一样，因此 DCS 的数据服务、报警服务、报表服务、历史趋势服务都能轻松实现。

4）DCS 工程师站

虚拟 DCS 仿真机采用了真正的 DCS 工程师站软件，其功能与真实 DCS 完全一样，因此 DCS 的逻辑组态、图形组态、设备组态、数据库组态、报表组态、服务器算法组态、维护功能等都能轻松实现。

5）虚拟 DPU 软件

虚拟 DPU 软件完全实现真实 DPU 的计算与通信功能，且只需运行在普通计算机上即可，不仅提高了仿真系统真实度和拓展了仿真系统功能，同时不需采用真实的 DPU 硬件，从而大大地降低了仿真机的使用与维护成本。正是由于采用了虚拟 DPU 技术，仿真系统才能够使用真正的 DCS 软件，才是真正意义上的虚拟 DCS 仿真机。

6）DCS 操作员站

虚拟 DCS 仿真机采用了真正的 DCS 操作员站软件，其功能与真实 DCS 完全一样，各种 DCS 常用功能都可轻松实现，在稳定性与安全性上是常规仿真不可比拟的。

7）现场操作站

现场操作站软件采用了与 DCS 操作员站相同的软件，其画面显示、操作界面以及用户感受等都与 DCS 操作员站完全一致，使用户更容易接受，同时也具备了 DCS 操作员站与现场操作员站之间任意切换的功能。现场操作站功能软件用于模拟实际装置的现场操作。

8）教师站

教师站负责管理和监控学员的学习情况，给学员布置任务，为其设置各种故障点，对学员进行考评等。教师站能够方便地回溯到任何一个模拟环节上，以供学生对某个学习点进行反复操作和练习。教师可设置整合的"学员成绩评定"，该工具记录学员的成绩，成绩基于许多不同的"计分"机理和加权的"考核标准"，这些标准为教员评价学员成绩提供参考。这些"分数"可以保存和打印分析。主要的方式有：偏移评估法、结果评估法和轨迹评估法。评估示意如图 13-5-7 所示。

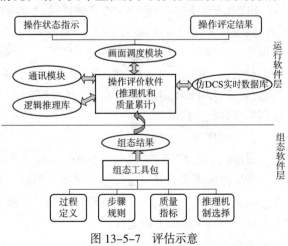

图 13-5-7　评估示意

f）性能指标

1）仿真精度

仿真机的精度包括稳态精度和暂态精度。

稳态仿真精度：关键性参数的稳态仿真精度应为1%，非关键性参数的仿真精度应为3%。

暂态仿真精度：关键性参数的暂态仿真精度应为5%，非关键性参数的暂态精度应为7%。

2）系统可用性试验与指标

计算机主机两次故障平均时间（$MTBT$）大于4320h。

仿真机系统连续运行200h可利用率≥98%。可用率=［（200−出故障时间）/200］≥98%。

I/O接口系统两次故障平均时间（$MTBT$）大于2160h。

3）系统抗干扰能力

①共模电压：250V。

②共模抑制比：90dB。

③差模电压：60V。

④差模抑制比：60dB。

g）系统扩展

仿真系统软硬件应具有很强的系统可扩展性，硬件系统无论是在硬盘、CPU容量还是在网络接口上都应留有充分的余地；同时软件系统需采用模块化结构，便于扩展。

13.5.3.2　西门子SIMIT平台

西门子数字化虚拟调试平台（SIMIT）是用于实现虚拟调试以及操作员培训的软件系统，提供了一个图形化的用户接口，可满足自动化领域的各种实时仿真要求。和以往传统的调试工作显著不同，该平台具有多方面的特点，可以帮助用户更好更快地完成组态调试工作。

a）SIMIT平台的功能及优点

1）数字化虚拟调试平台的优点

SIMIT平台融入了多年的仿真项目经验，内置多种运算、逻辑和工艺组件，可实现方便、高效和快速的仿真设计；无须具备专业的仿真知识，适合自动化工程师使用；友好的图形化用户界面，易于学习和操作。该平台结构清晰，导航直观，支持以下各种通信接口和数据交换：PROFIBUS和PROFINET I/O用于现场总线仿真；PRODAVE用于与实际控制器通信；PLCSIM接口用于仿真控制器通信；通过OPC或共享存储器进行数据交换，比如使用第三方软件或设备。

2）SIMIT平台的优点

采用数字化虚拟调试技术，主要优势如下：

调试速度更快。基于虚拟调试技术，可对工程组态进行早期测试。在现场调试之前，虚拟调试技术可检测出几乎所有设计错误和功能错误。因此，调试时间可减少约50%，确保系统及时甚至提前上线运行。

工程组态质量更高。SIMIT的操作易用性，极大扩展了常规测试范围。仿真可与工程组态设计同步进行，有效确保了工程组态质量。在运营商与合作伙伴共同制定技术规格的过程中，虚拟调试的优势彰显，有效避免了工程组态中的重复操作和设置冲突，进一步提高了用户的最终满意度。

成本更低。随着重复性工程组态操作的减少和调试时间的减少，人员成本也大幅降低。同时进行的模块化测试方法实现了工程组态"首次即正确"，确保了项目的顺利实施。此外，虚拟调试技术显著降低了因采用真实硬件进行测试时所需的就位时间、安装时间及相应工作量，是数字化新时代的一种新型实用的技术。

风险更小。即使没有机器、设备或相关工厂操作员，也可进行虚拟测试，消除了现场调试的固有风险。即使出现功能异常也不会导致严重后果，有效避免了代价高昂的工厂资产损坏和人员伤亡事故。在办公室即可完成各种测试，缩短了项目延期时间，确保工厂及时上线运行。

客户收益。在现场调试之前就可以创建系统的可视化，在办公室进行故障早期排除，测试不同条件下系统响应，节省大量的时间和精力，将实际调试时间缩短。同时提前知道如何应对设备故障和其他紧急情况，早发现早纠正。培训操作员和工程师可在异常情况下做出反应，以减少潜在事故，提高操作员的流程知识和信心，实现安全、高效的工厂运营，增加生产天数，确保提高利润和业务绩效。

b）应用案例

在某炭材"智能制造新模式的运用"项目中，选取针状焦单元成相工艺段进行数字化虚拟调试。首先在 PCS7 系统的工程师站中根据实际项目要求进行组态编程，然后使用 SIMIT 和系统工程师站联用作虚拟调试，该工程师站就是后续现场控制室实际使用的工程师站。

SIMIT 中提供各种实用的虚拟调试工具，可以帮助用户又快又好地完成虚拟调试工作。该平台界面的菜单中有虚拟时间管理功能，在使用时，可以选择不同的时间快慢模式，正常时间模式是 100%，如果想要减缓或者加快虚拟调试进度，可以选择时间模式为 50%，200%，300% 等。使用该平台界面中工具栏的"Snapshot 快照"功能，随时存储阶段性调试的结果，可以大幅减轻工作量。在该项目中，装置的开车程序十分复杂，开车前有十几个联锁，使用"快照"功能以后，就不必在每次打开项目虚拟调试时，都重复有多个联锁的开车步骤，在调试期间改动的各种参数，也都可以通过"快照"的方式保留在 SIMIT 的项目中，当调试全部结束以后，直接运行保存的"快照"就可以了。

SIMIT 数字化虚拟化调试技术分三个层次的建模和仿真技术应用，可以对项目进行不同层级的测试；满足自动化领域的各种实时仿真要求。在该项目实施过程中，工作内容如下：通过现场调试前的虚拟调试，减少今后现场调试时间；通过定制开发，实现对操作人员的培训。

SIMIT 的三个层级的仿真相当于仿真了以下现场设备和信号：信号层级仿真了来自现场的各种输入输出信号；设备层级仿真了现场的控制器、阀门、电机等电气设备；在工艺层级，仿真了加热炉、联合塔等工艺装置。

1）信号层级的虚拟调试

信号层级的仿真也称为虚拟打点。信号按照来源不同，分为输入信号和输出信号两大类；按照信号类型不同，分为模拟信号和数字信号两大类，该项目中约有 600 个 I/O 信号，都在 SIMIT 中进行了仿真测试。

在信号层级的仿真阶段，可以在信号表上对数字信号设置为"0"或"1"，通过设置 DO 信号测试开关阀，当和 PCS7 的工程师站联用时，工程师站画面上可直观地看到开关阀的开关情况。

也可以测试模拟信号的大小。在 SIMIT 中，当仿真现场常用的 4~20mA 模拟信号进入 DCS 之前，模拟信号会转换成 0~27648 内的数字，然后再被送入 PCS7 工程师站中，该范围内的数字信号则会在 SIMIT 中转换成相应的 0~100% 阀门开度信号，然后送至控制阀的仿真数学模型，因此在信号层级的仿真中就可以测试控制阀了。

当建好所有仿真模型后，就可以在 SIMIT 软件中运行该项目，如果有错误，比如位号有重复，或者工艺装置设计不合理等，只有当所有错误都消除以后，SIMIT 才可以进入仿真状态，且只有当 SIMIT 正常运行以后，才能和 PCS7 工程师站关联使用。

2）SIMIT 设备层级的调试

设备层级的仿真主要是仿真传感器、执行器和电机，该项目中仿真了约 200 台设备。通过设备层级虚拟仿真，实现在 DCS 画面上模拟泵、风机、控制阀的启动和停止。因此，设备层级的仿真，实现了从 HMI—控制器—I/O 卡件—执行器/传感器的闭环，可以进行设备层面的回路测试，完成联锁逻辑和顺控逻辑的测试。无须借助硬件，提前排查组态程序中的问题，加快现场调试工作。

在 SIMIT 中，当设备层级的仿真结束以后，就可以开始虚拟调试。在该平台主菜单中对所有阀门、泵和电机等设备在手动状态下进行开、关操作，因为 SIMIT 与 PCS7 工程师站是联用的，设备开关状态的变化可以在相应工程师站的画面上看见，非常简单直观。

3）工艺层级的虚拟调试

工艺层级的仿真，比设备层级的仿真更深一层，实现了从 HMI—控制器—IO 卡件—执行器/传感器—工艺过程的闭环。通过仿真平台可以进行虚拟调试，发现工艺或自控设计中的一些问题，减少物质损失或人身伤害的风险。因此，通过工艺仿真，可以使调试时间更短，基于仿真的操作员培训，可以增加工厂的安全性和提高工厂的生产效率。

该项目工艺层级的虚拟调试中，由于缺乏相关化学反应机理的数学模型，采用了同类化工装置的经验数据，通过 SIMIT 的 FLOWNET 库、CHMICAL BALC 基本化工库等内部组件，主要包括运算组件、逻辑组件、变送器组件、电机组件、阀门组件等搭建了基于工艺平衡点的数学仿真经验模型，其中工艺平衡点参考了同类工厂在正常的生产操作过程中的工艺参数，该平衡点真实地反映了该套生产装置的实际工艺参数。该仿真模型虽然无法实现化学反应和高精度仿真要求，但是能够满足用户投资小、功能完整的需求，经过调节工艺装置数学模型中的各种参数，主要包括增益、积分时间以及 PID 控制回路参数等，最终达到了工艺平衡点。该装置的各个控制回路的测量值和设定值可以达到一致，并且控制阀开度与实际情况一致，当出现各种扰动时，各个控制回路中输出值的变化趋势与实际情况一致。当 SIMIT 和 PCS7 关联使用时，数学模型在 SIMIT 软件中运行，同时可以在 PCS7 工程师站画面上操作，操作方法和真实的生产操作完全一致，并且也可以建立趋势组，调整 PID 参数等。工艺仿真数学模型的搭建流程如图 13-5-8 所示。

在该项目的数学模型中，大量使用了积分及高阶积分的运算组件，为了防止仿真过程中出现积分饱和现象，在数学模型中，专门设置了总的积分清零的开关。在工艺仿真模型运行之前，先对全部数学模型积分清零。

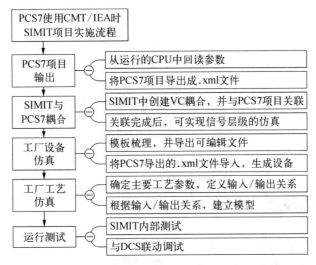

图 13-5-8 工艺仿真数学模型的搭建流程示意

c）虚拟调试中的注意事项及存在问题

根据该项目调试阶段的具体情况，在工艺层级虚拟调试时，最好在 PCS7 工程师站中将全部控制回路都投入自动模式，包括单回路、串级控制、分程控制等。各个回路的控制效果，不但受工艺数学仿真模型中各个组件及参数的影响，同时受 PCS7 工程师站中控制程序和 PID 参数的影响，而且因为某些控制回路互相之间有耦合作用，如果某个回路调试没有达到平衡状态，则可能与之相关的其他回路也无法调试好，所以在工程师站工艺装置总图画面中，统一调试所有回路。在实际的工况中，同一装置的各个控制回路，或者同一生产单元的各个生产装置，互相之间都有或多或少的影响，比如在联合塔中，一旦联合塔进料量增加了，随后所有工艺装置的各个控制回路都会受到进料量变化引起的扰动，只不过是有些影响大一些，有些影响小一些。所以对于工艺层级的调试，不能仅仅考虑单一的生产装置，而要从工艺单元的整体上来考虑，这样才能达到比较好的工艺仿真效果。只有当达到工艺平衡点以后，才可以进行进一步的工艺仿真场景的设计。

在 SIMIT 仿真平台中，有专门用于工艺装置仿真的几个组件库，而且这些组件的脚本加了密码保护，用户无法了解组件内部的机理数学模型，也不能修改脚本，所以使用工艺装置组件库中的组件进行虚拟调试时，有时很不方便。同时组件库里面的组件也不够丰富，很多无法自定义，通用的组件难以实现具体项目中多样性的要求。

第 14 章　校验仪表

14.1　术语及定义

校准：在规定条件下的一组操作，其第一步是确定由测量标准提供的量值与相应示值之间的关系，第二步则是用此信息确定由示值获得测量结果的关系，这里测量标准提供的量值与相应示值都具有测量不确定度。通常只把第一步认为是校准。

试验：验证某种已知性能或结果而进行的试用操作。

校验：校准和试验操作的总称。

校验仪表：是用来测量并能得到被测对象标准量值的装置。

检定：为评定计量器具计量特性，确定其是否符合法定要求所进行的全部工作。

测量标准：具有确定的量值和相关联的测量不确定度，实现给定量定义的参考对象。

示值：由测量仪器或测量系统给出的量值。

量值：用数和参照对象一起表示的量的大小。

测量不确定度：根据所用到的信息，表征赋予被测量量值分散性的非负参数。

14.2　校准与检定

14.2.1　校验仪表作用与功能

校验仪表根据用途分为两大类：一类是用于校准和试验过程检测仪表的校验仪表，遵循 JJG 系列国家检定规程和 SH/T 3521 石油化工仪表工程施工技术规程；另一类是用于校准校验仪表和标准仪器的校验仪表，遵循 JJF 系列国家计量技术规范。

校验仪表用于新建生产装置的检测及控制仪表的校准、运行装置定期检定工作中的检测及控制仪表的校准，对生产装置的检测及控制仪表进行校准能保证其精确度和稳定性，满足生产装置开车和运行要求，保证生产装置安全、健康、环保。

校验仪表用于标准仪器和计量器具的校准，能够保证标准仪器和计量器具的精确度和稳定性，进而满足过程检测仪表的精确度和稳定性，满足计量的精确度和稳定性。校验仪表的特点是同时具有独立的电信号测量单元和电信号输出单元，由于传感器测量技术的进步以及高精度、宽量程和智能化的发展，制造商纷纷开发出了小型、实用和智能化的校验仪表，这些校验仪表操作简便、显示清楚、集多功能于一体。

14.2.2　校准与检定区别

校准（或校验）与检定有一定联系又有明显区别。校准（或校验）不具有法制性，它在技术操作内容上又与检定有共性，也可以对其他有关性能进行规定的检验，并最终给出合格性的结论。检定具有法制性，检定可以代替企业的校准。

　　a）目的不同

　　校准的目的，是自行确定监视及测量装置量值是否准确。属自下而上的量值溯源，评定示值误差。

　　检定的目的，是对计量特性进行强制性的全面评定，属量值统一；检定是否符合规定要求，属自上而下的量值传递。

　　b）对象不同

　　校准的对象，是除强制检定之外的计量器具和测量装置。

　　检定的对象，是国家强制检定的计量基准器，计量标准器。

　　c）依据不同

　　校准的依据，是校准规范或校准方法，可采用国家统一规定，也可由组织自己制定。

　　检定的依据，是由国家授权的计量部门统一制定的检定规程。

　　d）性质不同

　　校准的性质，是不具有强制性，属组织自愿的溯源行为。

　　检定的性质，是具有强制性，属法制计量管理范畴的执法行为。

　　e）周期不同

　　校准的周期，是由公司（或组织）根据使用需要，自行确定，可以定期、不定期或使用前进行。

　　检定的周期，是按国家法律规定的强制检定周期实施。

　　f）方式不同

　　校准的方式，是可以自校、外校或自校与外校结合。

　　检定的方式，是只能在规定的检定部门或经法定授权具备资格的组织进行。

　　g）内容不同

　　校准的内容，是评定量值误差。

　　检定的内容，是对计量特性进行全面评定，包括评定量值误差。

　　h）结论不同

　　校准的结论，不判定是否合格，只评定量值误差，形成校准证书或校准报告。

　　检定的结论，是依据检定规程规定的量值误差范围，给出合格与不合格的判定，发给检定合格证书。

　　i）法律效力不同

　　校准的结论属没有法律效力的技术文件。

　　检定的结论属具有法律效力的文件，作为计量器具或测量装置检定的法律依据。

14.3　校准方法

14.3.1　校准前的准备

　　a）校准资料准备

　　主要校准资料包括：产品技术文件、设计文件、校验记录表、校验合格证标签。

b）校准条件准备

① 环境：室内、室外、温度、湿度要求。

② 电源：按要求准备交直流稳压电源

③ 气源：气源变化率不超过 ±1%，气源应无油无灰尘，露点稳定。

④ 上下水：按要求提供上下水设施。

⑤ 人员：检定人员须持有效资格证书并熟悉校准方法和流程。

⑥ 检定记录表：按要求准备好检定记录表以便及时记录数据。

c）校准标准仪器准备

用于校准和试验的标准仪器仪表应具备有效的计量检定合格证书，其基本误差的绝对值不宜超过被校验仪表基本误差绝对值的 33%。

14.3.2 校准点的选择

单台仪表的校准点应在仪表全量程范围内均匀选取，通常不应少于 5 点。回路试验时的试验点通常不应少于 3 点（GB 50093—2013）。

14.3.3 校准方式的选择

校准的方式可以采用组织自校、外校，自校加外校相结合的方式进行。组织在具备条件的情况下，可以采用自校方式对计量器具进行校准，从而节省较大费用。组织进行自行校准应注意必要的条件，而不是对计量器具的管理放松要求。例如，必须编制校准规范或程序，规定校准周期，具备必要的校准环境和具备一定素质的计量人员，至少具备高出一个等级的标准计量器具，从而使校准的误差尽可能缩小。在多数测量领域，标准器的测量误差应不超过被确认设备在使用时误差的 10%~33% 为好。此外，对校准记录和标识也应作出规定。通过以上规定，确保量值准确。

14.3.4 校准回路连接图

a）压力变送器校准回路连接图

压力变送器输出部分校准回路连接图如图 14-3-1 所示。

压力变送器输入部分校准回路连接图如图 14-3-2 所示。

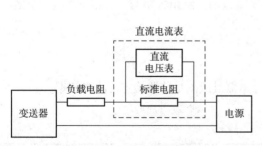

图 14-3-1　压力变送器输出部
分校准回路连接图

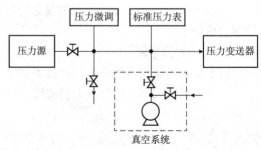

图 14-3-2　压力变送器输入
部分校准回路连接图

b）差压变送器校准回路连接图

差压变送器输出部分校准回路连接图与压力变送器相同。

差压变送器输入部分校准回路连接图如图 14-3-3 所示。

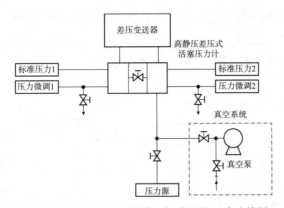

图 14-3-3　差压变送器输入部分校准回路连接图

c）热电阻校准回路连接图

热电阻校准回路连接图如图 14-3-4 所示。

d）热电偶校准回路连接图

热电偶校准回路连接图如图 14-3-5 所示。

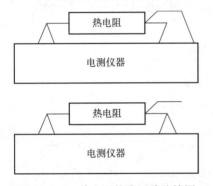

图 14-3-4　热电阻校准回路连接图

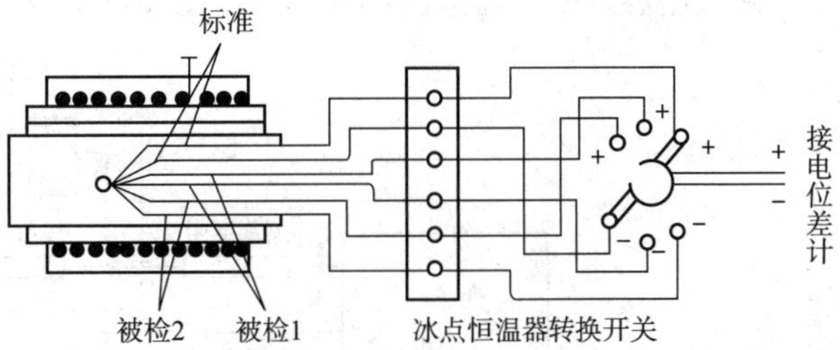

图 14-3-5　热电偶校准回路连接图

e）指示调节仪校准回路连接图（数字式和模拟式）

具有热电偶参考端温度自动补偿的仪表，校准时所用的标准器和连接图如图14-3-6所示。

不具有热电偶参考端温度自动补偿的仪表（包括直流电压输入的仪表），校准时所用的标准器和连接图如图 14-3-17 所示。

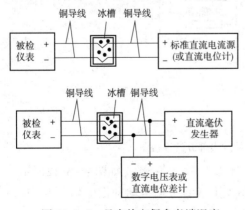

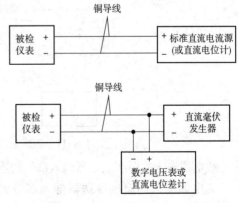

图 14-3-6　具有热电偶参考端温度
自动补偿的仪表，校准时所用的标
准器和连接图

图 14-3-7　不具有热电偶参考端温度自动
补偿的仪表（包括直流电压输入的仪表），
校准时所用的标准器和连接图

输入为直流电流信号的仪表，检定时所用的标准器和连接图如图 14-3-8 所示。

与热电阻配合使用的仪表，包括与电阻型传感器配合使用的仪表，校准时所用的标准器和连接图如图 14-3-9 所示。R 为连接导线的阻值。

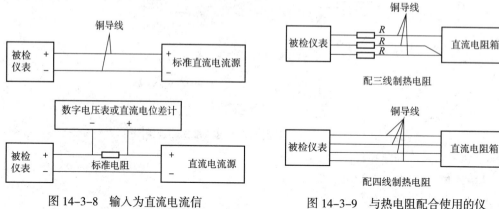

图 14-3-8　输入为直流电流信号的仪表，检定时所用的标准器和连接图

图 14-3-9　与热电阻配合使用的仪表，包括与电阻型传感器配合使用的仪表，校准时所用的标准器和连接图

f）温度变送器校准回路连接图

两线制温度变送器输出部分的连接图如图 14-3-10 所示。

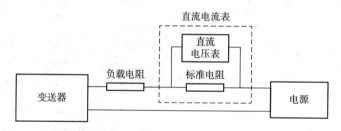

图 14-3-10　两线制温度变送器输出部分的连接图

四线制温度变送器输出部分的连接图如图 14-3-11 所示。

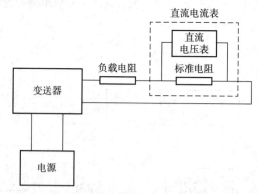

图 14-3-11　四线制温度变送器输出部分的连接图

热电偶输入的温度变送器输入部分的连接图（带参考端自动补偿）如图 14-3-12 所示。

热电偶输入的温度变送器输入部分的连接图（不带参考端自动补偿）如图 14-3-13 所示。

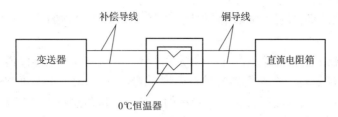

图 14-3-12　热电偶输入的温度变送器输入部分的连接图（带参考端自动补偿）

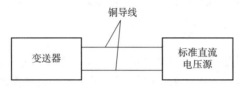

图 14-3-13　热电偶输入的温度变送器输入部分的连接图（不带参考端自动补偿）

热电阻输入的温度变送器输入部分的连接图（三线制）如图 14-3-14 所示。

g）记录仪校准回路连接图

与温度变送器的回路连接图基本相同，注意记录仪应接 220V AC 电源。

h）压力表校准回路连接图

压力表校准回路连接图如图 14-3-15 所示。

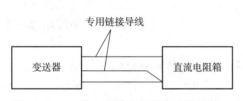

图 14-3-14　热电阻输入的温度变送器输入
部分的连接图（三线制）

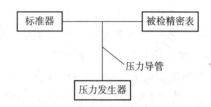

图 14-3-15　压力表校准回路连接图

14.4　过程仪表的校准或试验要求

14.4.1　温度检测仪表

14.4.1.1　双金属温度计

温度计的浸没长度，应符合产品使用说明书的要求或按全浸校准。

首次校准的温度计，校准点应均匀分布在整个测量范围上（必须包括测量上、下限），不得少于四点，其中包括 0℃点。

后续校准使用中的温度计，校准点应均匀分布在整个测量范围上（必须包括测量上、下限），不得少于三点。有 0℃点的温度计应包括 0℃点。

温度计的校准应在正、反两个行程上分别向上限或下限方向逐点进行，测量上、下限值时只进行单行程校准。

在读取被检温度计示值时，视线应垂直于度盘，使用放大镜读数时，视线应通过放大镜中心。读数时应估计到分度值的 10%。

可调角度温度计的示值校准应在其轴向位置进行。

0℃点的校准：将温度计的检测元件插入盛有冰、水混合物的冰点槽中，待示值稳定后即可读数。

其他各点的校准：将被检温度计的检测元件与标准温度计插入恒温槽中，待示值稳定后进行读数。在读数时，槽温偏离校准点温度不超过 ±2.0℃（以标准温度计为准），分别记下标准温度计和被检温度计正、反行程的示值。在读数过程中，当槽温不超过 300℃时，其槽温变化不应大于 0.1℃；当槽温超过 300℃时，其槽温变化不应大于 0.5℃。电接点温度计在进行示值校准时，应将其上、下限设定指针分别置于上、下限以外的位置上。

14.4.1.2　热电阻

各等级热电阻的校准点均应选择 0℃和 100℃，并检查电阻温度系数 α 的符合性。当 $\Delta\alpha$ 不符合要求时，仍须进行上限（或下限）温度的校准（首选上限）。

热电阻（包括感温元件）和标准铂电阻的电阻值测量均采用四线制的测量方法。感温元件的电阻值应从其连接点起计算，热电阻的电阻值应从整支热电阻的接线端子起计算。

在 100℃的恒温槽中测量热电阻的电阻值，并与标准器测量的温度进行比较，计算其 100℃的偏差值 Δt_{100}。其他温度点的校准也是如此。

可拆卸热电阻的校准可将感温元件放置在玻璃试管中，校准温度高于 400℃时应放置在石英试管中。

热电阻校准时在恒温槽中应有足够的插入深度，尽可能减少损失。合适的插入深度，是在热平衡后继续增加插入深度 1cm，在重新达到热平衡后电阻值的变化不应超过允差的 5%。如制造商另有规定，则按规定的插入深度进行校准。

若温度 t 高于 500℃，则不应把热电阻快速地从槽中移到室温的空气中，而应以小于 1℃/min 的速率随槽冷却至 500℃，然后再从控温槽中取出。

恒温槽的温度应控制在校准点附近，不应超过 ±2.0℃，同时要求 10min 之内变化不超过 ±0.02℃。

注：电阻温度系数 a 是指单位温度变化引起电阻值的相对变化。

上述上、下限温度是指相应允差等级有限温度范围的上、下限温度，一般按制造商注明的标准选择。

14.4.1.3　热电偶

300℃以下点的校准，在油恒温槽中，与 2 等标准水银温度计进行比较。校准时油槽温度变化不超过 ±0.1℃。

将热电偶的两电极分别套上高铝绝缘瓷珠，约 500mm 左右，尾部穿塑料套管，并在尾端露出 20mm 左右，以连接参考端引线。

热电偶参考端的引线，应使用同材质的铜导线进行连接，接触要良好。铜导线在 20℃时的电阻率应小于 0.01144μΩ·m。

在热电偶的测量端套上玻璃保护管，插入油恒温槽中，插入深度不应小于 300mm，玻璃管口沿热电偶周围，用脱脂棉堵好。

将热电偶的参考端插入装有变压器油或酒精的玻璃管或塑料管中，再分散插入冰点恒温器内，插入深度不应小于 150mm。

300℃以上的各点在管式炉中与标准铂铑 10- 铂热电偶进行比较，其中，校准 I 级热电偶时，必须采用一等铂铑 10- 铂热电偶。

将标准热电偶套上高铝保护管，与套好高铝绝缘瓷珠的被检热电偶，用细镍铬丝捆扎成圆形一束，其直径不大于 20mm。捆扎时应将被检热电偶的测量端围绕标准热电偶的测量端均匀分布一周，并处于垂直标准热电偶同一截面上。

将捆扎成束的热电偶装入管式炉内，热电偶的测量端应处于管式炉最高温区中心；标准热电偶应与管式炉轴线位置一致。

管式炉炉口沿热电偶束周围，用绝缘耐火材料堵好。

校准顺序，由低温向高温逐点升温校准。炉温偏离校准点温度不应超过 ±2℃。

当炉温升到校准点温度，炉温变化小于 0.2℃/min 时，自标准热电偶开始，依次测量各被检热电偶的热电动势。

14.4.2　压力检测仪表

14.4.2.1 压力变送器

校准设备和被检变送器为达到热平衡，必须在校准条件下放置 2h；准确度低于 0.5 级的变送器可缩短放置时间，一般为 1h。

校准设备和被检变送器连接时应使导压管中充满传压介质。首次校准、后续校准和使用中检验的差压变送器，静态过程压力可以是大气压力（即低压力容室通大气）；强制校准的差压变送器，校准时的静态过程压力应保持在工作压力状态。

传压介质为气体时，介质应清洁、干燥；传压介质为液体时，介质应考虑制造厂推荐的或送检者制定的液体，并应使变送器取压口的参考平面与活塞式压力计的活塞下端面（或标准器取压口的参考平面）在同一水平面上。当高度差不大于式（14-4-1）的计算结果时，引起的误差可以忽略不计，否则应予修正。

$$h= \frac{|a\%|p_\mathrm{m}}{10\rho g} \tag{14-4-1}$$

式中　h——允许的高度差，m；

　　　a——变送器的准确度等级指数；

　　　p_m——变送器的输入量程，Pa；

　　　ρ——传压介质的密度，$\mathrm{kg/m^3}$；

　　　g——当地的重力加速度，$\mathrm{m/s^2}$。

输出负载按制造厂规定选取。如规定值为两个以上的电阻值，则对直流电流输出的变送器应取最大值，对直流电压输出的变送器应取最小值；气动变送器的负载为内径 4mm、长 8m 的导管做成的气阻，后接 20cm² 的气容。

① 通电预热。电动变送器除制造厂另有规定外，一般需通电预热 15min。

② 选择校准点。校准点的选择应按量程基本均布，一般应包括上限值、下限值（或其附近 10% 输入量程以内）在内不少于 5 个点。优于 0.1 级和 0.05 级的压力变送器应不少于 9 个点。

对于输入量程可调的变送器，首次校准的压力变送器，应将输入量程调到规定的最小、最大分别进行校准；后续校准和使用中检验的压力变送器，可只进行常用量程或送检者指定量程的校准。

③ 校准前的调整。校准前，用改变输入压力的办法，对输出下限值和上限值进行调

整，使其与理论的下限值和上限值相一致。一般可以通过调整"零点"和"满量程"来完成。具有现场总线的压力变送器，必须分别调整输入及输出部分的"零点"和"满量程"，同时将压力变送器的阻尼值调整为零。

绝对压力变送器的零点绝对压力应尽可能小，由此引起的误差应不超过允许误差的5%~10%。

④ 校准方法。从下限开始平稳地输入压力信号到各校准点，读取并记录输出值直至上限；然后反方向平稳改变压力信号到各个校准点，读取并记录输出值至下限，这为一次循环。如此进行两个循环的校准。

强制校准的压力变送器应至少进行上述三个循环的校准。

在校准过程中不允许调整零点和量程，不允许轻敲和振动变送器，在接近校准点时，输入压力信号应足够慢，避免过冲现象。

⑤ 测量误差的计算。压力变送器的测量误差按式（14-4-2）计算。

$$\Delta_A = A_d + A_s \qquad (14-4-2)$$

式中 Δ_A——压力变送器各校准点的测量误差，mA，V 或 kPa；

A_d——压力变送器上行程或下行程各校准点的实际输出值，mA，V 或 kPa；

A_s——压力变送器各校准点的理论输出值，mA，V 或 kPa。

误差计算过程中数据处理原则。小数点后保留的位数，应以舍入误差小于压力变送器最大允许误差的 5%~10% 为限。判断压力变送器是否合格，应以舍入以后的数据为准。

14.4.2.2 压力表

选用液体为工作介质的压力标准校准精密表时，应使精密表指针轴与压力标准器测压点（如：活塞式压力计活塞的下端面）处在同一水平面上，当液柱高度差产生的压力值超过被检表最大允许误差绝对值的 10% 时，应对由此产生的误差 Δp 按式（14-4-3）进行修正。

$$\Delta p = \rho \cdot g \cdot h \qquad (14-4-3)$$

式中 ρ——工作介质密度，kg/m³（变压器油在 20℃时密度 $\rho=0.86 \times 10^3 kg/m^3$）；

g——校准地点重力加速度，m/s²；

h——被检表中心轴与标准器测压点（如：活塞式压力计活塞的下端面）的高度差，m。

注：若采用活塞式压力计做标准器，当被检精密表指针轴高于活塞下端面时，取正值，应在活塞压力计的承重盘上加上能产生的相应 Δp 压力值的小砝码或进行示值修正。

精密表示值误差校准点应不少于 8 个点（不包括零值）；真空表测量上限的校准点按当地大气压 90% 以上选取。校准点尽可能在测量范围内均匀分布。

精密表示值误差校准时，从零点开始均匀缓慢地加压至第一个校准点（即标准器的示值），然后读取被检精密表的示值并进行记录，被检精密表示值与标准器示值之差即为该校准点的示值误差；如此一次在所选取的校准点，进行校准直至测量上限，切断压力源（或真空源），耐压 3min 后，再依次逐点进行降压校准直至零位。

校准精密真空表时，个别低气压地区，可按该地区气压的 90% 以上疏空度进行 3min 耐压校准。

有调零装置的精密表，在示值校准前允许调整零位，但在整个示值校准过程中不允许调整精密表零位。

14.4.2.3 压力开关

压力开关的校验应符合下列规定：

作高报警校验时，将压力缓慢增大，当增大到报警压力时，其常开或常闭触点应动作；然后继续加压超过报警压力，再缓慢降压至触点动作，带恢复值要求的，恢复值应在允许范围内。

作低报警校验时，加压高于报警压力后，缓慢降压至报警压力时触点应动作；然后继续减压至报警压力，再缓慢升压直至触点动作，恢复值应在允许范围内。

14.4.3 流量检测仪表

14.4.3.1 差压流量计

校准前仪表预热 15min 以上，预热后输入差压信号进行不少于 3 次的全范围移动。并记下差压计校准前的输出值。

校准前允许调整输出下限值和量程。在校准时输出信号要缓慢平稳地按同一个方向逼近鉴定点，3s 后读取输出信号的实测值。

从下限至上限是上行程，从上限至下限是下行程，上、下行程为一个循环。基本误差校准至少取 1 个循环，回程误差取 1~3 个循环，需要做重复性时至少取 3 个循环。将全部数据记入记录表。

14.4.3.2 转子流量计

a）液体流量计的校准

① 容积法。按流量标准校准装置的操作规程调节流量，使浮子升到预定校准的流量，待稳定后操作转向器转向，使校准介质流入选定的工作量器，当到达预定时间或预定体积时，转向器再次转向，记录工作量器内的液体体积、介质温度和本次测量时间，单次操作结束后计算标准器测得的流量。

② 质量法。液体质量法操作与容积法相同，流量校准标准装置的操作按规程操作结束后，记录工作量器内的液体的质量、介质温度和本次测量时间，单次操作结束后计算标准器测得的流量。

③ 标准表法。采用标准表法校准流量计时，其标准流量计和被校准流量计一般应为同类型、同规格。校准是将标准流量计和被校准流量计串联起来，当标准流量计和被校准流量计的流量达到稳定时，同步读取两个流量计的指示流量。若标准流量计和被校流量计刻度状态相同，则标准浮子流量计的指示流量 Q_v 不需要修正就可以作为被校流量计的刻度状态下的实际流量。如需要修正将 Q_v 乘以一个修正系数 K 作为被校流量计实际流量。

b）气体流量计的校准

① 容积法。选用钟罩式气体流量计标准校准装置、活塞式气体流量计标准校准装置或皂膜式气体流量计标准校准装置校准气体流量计，可以采用排气法或进气法，排气法是气体装置排出气体流入流量计，进气法是气源经过流量计流入气体装置。测量排出或流入气体装置的气体体积和同步时间，以及气体装置内和流量处的气体压力和温度，计算流量计在标准（刻度）状态下的实际流量。

② 标准表法。采用标准表法校准流量计的标准流量计和被校准流量计一般应为同类

型、同规格。校准时将标准流量计和被校准流量计串联起来，当标准流量计和校准流量计的流量达到稳定时，同步读取标准流量计和被校准流量计的指示流量，然后记录进口处的压力、温度，计算被校流量计在标准（刻度）状态下的实际流量。

14.4.3.3 速度式流量计

速度式流量计按校准方法分为 A、B 两种类型：A 类是输出频率信号的流量计；B 类是输出模拟信号或可直接显示瞬时流量的流量计。

校准用流量标准装置的误差，应不超过被校流量计基本误差的 50%。

A 类流量计应保证一次校准中，流量计输出的脉冲数的相对误差的绝对值不大于被检流量计重复性的 33%。

需要测量流经流量计的流体温度时，应根据流量计本身要求和有关规定，确定温度的测试位置。如无特殊要求装置应在流量计下游侧 5 倍管道公称通径长度处安装温度计。所用温度计的测量误差对校准结果造成的影响应小于流量计基本误差的 20%。

需要测量流经流量计的流体压力时，应根据流量计本身要求和有关规定确定压力的测试位置。如无特殊要求，装置应在流量计下游侧 10 倍管道公称通径长度处安装压力计。取压孔轴线应垂直于测量管轴线，其直径取为 4~12mm。取压孔在管道内壁的出口处水平面的投影应是圆的，其边缘应与测量管道内表面平齐，并尽可能锐利，不能有毛刺。所用压力计的测量误差对校准结果造成的影响，应小于流量计基本误差的 20%。

当校准用液体的蒸气压高于大气压时，装置应是密闭式的。

用于校准的电器设备应接同一地线。

校准用流体应充满试验管道，其流动应为单相稳定流，并无旋涡。

校准用流体应是清洁的，无可见颗粒、纤维等物质。

对校准结果受液体黏度影响的流量计，校准用液体的黏度应与被检流量计工作液体的黏度相适应，否则校准结果应做黏度修正。

校准用液体在管道系统和流量计内任一点上的压力，应高于其饱和蒸气压。对于易汽化的校准用液体，在流量计的下游应有一定的背压。推荐背压为最大流量时，流量计压力损失的 2 倍与最高校准温度下校准用液体饱和蒸气压力的 1.25 倍之和。

对准确度不低于 1.5 级的流量计，在每个流量点的每一次校准过程中，校准用气体温度变化应不大于 ±0.5℃；对准确度低于 1.5 级的流量计，在每个流量点的每一次校准过程中，校准用气体温度变化应不大于 ±2℃。

校准用流体为饱和蒸汽时，装置上应配备供校准监视用的干度计，应使用干度不低于 0.95 的饱和蒸汽；在不具备干度计的场合，应采用过热度不大于 5℃ 的微过热蒸汽。

校准环境大气温度一般应为 5~35℃，大气相对湿度一般为 45%~85%，大气压力一般为 86~106kPa。

校准环境磁场应小到对流量计的影响可忽略不计。

校准环境机械振动应小到对流量计的影响可忽略不计。

14.4.4 物位检测仪表

具有电源供电的液位计应通电预热。除非制造厂另有规定，预热时间一般为 15min。

首先，将液位计安装在校准用的水箱上。安装时，要求液位计与水平面垂直，偏差不大于 1°。校准点的选择应按量程基本均布，一般应包括上限、下限在内不少于 5 个点。

然后，调整零点。在校准用水箱水位处于零位时，按说明书的要求调整液位计的零位，或调整液位计的某特定点使其与水箱的液位保持一致。

校准时，调节校准用水箱的水位，从零位开始逐渐升高水位到液位计指示的各校准点，直至上限；然后，逐渐降低水位计指示的各校准点，直至下限。期间，分别读取上下行程中各校准点水箱的水位示值。

误差计算过程中数据处理原则：小数点后保留的位数，以舍入误差小于液位计最大允许误差的 5%~10% 为限（相当于比最大允许误差多取一位小数）；数字指示液位计的最大允许误差和校准后的误差计算结果，其末位应与液位计的显示末位对齐。判断仪表是否合格应以舍入以后的数据为准。

14.4.5　电动仪表

14.4.5.1　记录仪

a）模拟记录的仪表

① 划线记录仪表。校准应在有数字的记录标尺刻线上进行，走纸速度可任意选择，多笔仪表应逐笔进行校准，不再校准的记录笔应处于不影响读数的位置上。

② 打点记录仪表。校准时，走纸速度可任意选择；有多种打印速度的仪表，应在最快和最慢两种打印速度下分别进行校准。按规定接线时，首先将所有输入端的同名端短接，然后分别输入各被检点的信号，待所有打印四个循环后，找出偏离被检点最远印点的通道；通过改变输入信号的办法，使该通道的印点落在被检点的标尺标记上，读取标准器示值。在各校准点上只进行一次校准。

b）数字记录的仪表

按输入被检点标称电量值的方法进行校准。后续校准的仪表可只进行一个循环的校准。如对校准结果产生疑义或仲裁校准时，须进行上下行程三个循环的测量，取三个测量循环中误差最大的作为该仪表的校准结果。并应进行重复性计算。

多通道、多量程的仪表，可以在同一输入类型通道任选一个通道进行校准，校准完毕后，还应对其余通道的上限值、下限值进行复检。当通道间的信号转换完全是通过扫描开关完成时，可以将输入同名端分别短接后进行校准，否则不能短接。

14.4.5.2　指示调节仪

a）模拟式

根据输入信号类型，按 14.3.4 校准回路连接图接线。

进行机械调零和通电预热，仪表置于规定的水平位置（允差 ±1°），通电前将指针的零点调准，然后通上电源，一般预热 15min。

校准应在主刻度线上进行，校准点应包括上、下限在内至少 5 个点。

基本误差的校准：改变输入信号时指针缓慢上升至上限值，然后缓慢下降至下限值，其间指针的移动应平稳，无卡针、迟滞等现象，光柱的亮度应均匀，不应有缺段现象，设定机构的旋转、按钮、数码拨盘应操作灵活。

校准设定点误差时，应在仪表量程 10%、50%、90% 附近的设定点上，将比例带设在最大位置，将周期设在最小位置。

校准比例带时，应在仪表量程 50% 附近的设定点上，将周期设在中间位置。

ｂ）数字式

根据输入信号类型，按 14.3.4 校准回路连接图接线。

进行机械调零和通电预热，仪表置于规定的水平位置（允差 ±1°），通电前将指针的零点调准，然后通上电源，一般预热 15min。

校准应在主刻度线上进行，校准点应包括上、下限在内至少 5 个点。

基本误差的校准方法有两种：寻找转换点法（示值基准法）和输入被检点标称电量值法（输入基准法）。

① 寻找转换点法。从下限开始增大输出信号（上行程时），找出各被检点附近转换点的值，直至上限；然后减小输入信号（下行程时），找出各被检点附近转换点的值，直至下限。

② 从下限开始增大输入信号（上行程时），分别给仪表输入各被检点所对应的标称电量值，读取仪表相应的指示值，直至上限；然后减小输入信号（下行程时），分别给仪表输入各被检点所对应的标称电量值，读取仪表相应的指示值，直至下限。下限值只进行下行程的校准，上限值只进行上行程的校准。

校准设定点误差时，应在仪表量程 10%、50%、90% 附近的设定点上，将比例带设在最大位置，将周期设在最小位置。

校准比例带时，应在仪表量程 50% 附近的设定点上，将周期设在中间位置。

14.4.5.3 温度变送器

根据输入信号类型，按 14.3.4 校准回路连接图接线。

带传感器的变送器，将传感器插入温度源（恒温槽或热电偶校准炉）中，并尽可能靠近标准温度计。

预热时间按制造厂说明书中的规定进行，一般为 15min；具有参考端温度自动补偿的变送器为 30min。

不带传感器的变送器，可以用改变输入信号的办法对相应的输出下限值和上限值进行调整，使其与理论的下限值和上限值相一致。

对于输入量程可调的变送器，应在校准前根据委托者的要求，将输入规格及量程调到规定值再进行上述调整。

带传感器的变送器，可以在断开传感器的情况下，对信号转换单独进行上述调整，如测量结果仍不能满足委托者的要求时，还可以在恒温槽或热电偶校准炉中重新调整。

在测量过程中不允许调整零点和量程。

14.4.5.4 智能变送器（HART）

对现场通信器进行自检，启动 HART 应用程序，对于每个回路仪表大于一台时，将仪表并联，设置为"多点"模式，应对参数组态进行检查或修改。

现场通信器选择"校准"方式，检查输出，选择"零点"回路测试，查看输出应为 4mA；选择"满量程"回路测试，查看输出应为 20mA。

检查合格后，按变送器标称精度进行校准。

14.4.5.5 智能定位阀（HART）

启动现场通信器 HART 应用程序，解除组态 / 校验保护，置阀门于"维护"状态。

检查压力、执行机构参数。

选择"自动校验行程"功能，按照"操作向导显示"要求，定位执行机构和阀门连杆与定位器反馈杆的"交叉点"，即阀门行程达 50% 时，两杆轴线垂直交叉。并自动完成阀门全行程校验。

设置阀门行程死区切除，保证阀门克服摩擦力且充分开关，宜设置为 ±5%FS。

设置阀门行程累计死区报警及动作次数计数报警，判断阀座沉淀杂质未关到位泄漏。

设置阀门行程累计报警及动作次数计数报警，即设置阀门行程极限位置，判断阀座磨损情况。

14.4.6　执行器

执行器出库时，应对制造厂质量证明文件的内容进行检查，并按设计文件要求，核对铭牌内容及填料、规格、尺寸、材质等，同时检查各部件不得损坏，阀芯、阀体不得锈蚀。

执行器阀体应进行耐压强度试验。试验在阀门全开状态下用洁净水进行，试验压力为公称压力的 1.5 倍，所有在工作中承压的阀腔应同时承压不少于 3min，且不应有可见泄漏现象。

控制阀应进行气密性试验。

控制阀的泄漏量试验应符合下列规定：

试验介质应为 5~40℃的清洁气体（空气或氮气）或清洁水。

试验压力为 0.35MPa。当阀的允许压差小于 0.35MPa 时应为设计文件规定值。

试验时，气开式控制阀（FC）的气动信号压力为零，气关式控制阀（FO）的信号压力宜为输入信号上限加至 102%；切断型控制阀的信号压力，应为设计文件规定值。

当试验压力为阀的最大工作压差时，执行机构的信号压力应为设计文件规定值。

事故切断阀及有特殊要求的控制阀，应进行泄漏量试验，试验介质为清洁空气，试验压力为 0.35MPa 或规定允许差压。

泄漏率采用排水取气法，试验应收集 1min 内控制阀的泄漏量。其允许泄漏量应符合产品技术文件的规定。

控制阀应进行行程试验，行程允许偏差应符合产品技术文件的规定。

控制阀的灵敏度试验可用百分表测定，根据定位器输出 / 弹簧工作范围，确定通入薄膜室压力为 10%、50%、90% 三点停留，阀位分别停留于相应行程处，增加或降低信号压力，测定使阀杆开始移动的压力变化值，该值不得超过信号范围的 ±1.5%，有阀门定位器的控制阀压力变化值不得超过 ±0.3%。

事故切断阀和设计文件明确规定全行程时间的执行器，应进行全行程时间试验，在执行器处于全开或全关状态下，操作电磁阀，使执行器趋向于全关或全开，用秒表测定从电磁阀开始动作到执行器完成全行程的时间，该时间不得超过设计文件的规定。

14.4.7　机械量检测仪表

探头特性试验应符合下列规定：

① 确定零间隙时，应将测微计对准刻度"0"，使探头端面与试片表面轻轻接触，不宜过紧。

② 调整螺旋测微计，缓慢增加间隙，每隔 100μm 记录一次电压值，直到数字电压表的读数基本不变为止。

③ 将所得数据标在直角坐标图上，作出探头的间隙 – 电压特性曲线，该曲线中间应为

一直线性段，其电压梯度应符合该仪表的产品技术文件要求。

轴位移监视仪连同探头、专用电缆、前置放大器等按下列顺序做系统试验：

① 接通电源，调整探头与待测表面的间隙为特性曲线的中点，或调整间隙为出厂资料中的规定数值，使仪表指示零。

② 旋转测微计，使试片向前推进，推进的距离为仪表的最大刻度值，仪表应指示正向最大刻度，否则，调整"校准"电位计。然后旋转测微计，使仪表回零，并使试片向后移动到最大距离，仪表应指示负向最大刻度值。零位和范围反复调整，直到符合要求。

③ 整测微计，使试片表面与探头间距分别为全刻度的 0、±50%、±100%，记录仪表的读数，允许误差为 ±5%。

14.4.8 在线分析仪表

14.4.8.1 微量氧分析仪

校准点不少于 3 点（一般选择在量程的 20%、50%、80% 附近 3 点），仪器示值从低氧浓度点到高氧浓度点按顺序校准。

在规定的流量下，将已知浓度的氮中氧气体标准物质通入微量氧分析仪，待示值稳定后读出。

更换不同氧浓度的气体标准物质时，钢瓶中气体标准物质应在流动的情况下连接和更换，以防大气中氧的进入。逐点校准，每点重复校准 3 次，3 次测量的算术平均值为仪器最终结果。

14.4.8.2 一氧化碳检测器

按照仪器使用说明书的要求，对仪器进行预热稳定以及零点和示值的调整。

校准仪器时，按要求连接标准气体、流量控制器和被检仪器，根据被检仪器采样方式的不同，使用流量控制器控制标准气体的流量。校准扩散式仪器时，流量应根据仪器说明书的要求，如果仪器说明书没有明确要求，则一般控制在（200±50）mL/min 范围。校准吸入式仪器时，必须保证流量控制器中的旁通流量计有流量放空。

仪器开机稳定后，通入浓度约为 1.5 倍仪器报警（下限）设定值的标准气体，记录仪器的报警（下限）设定值，并观察仪器声或光报警是否正常。

对于仪器的首次校准，用零点气调整仪器的零点，依次通入浓度约为 1.5 倍仪器报警（下限）设定值、30% 测量范围上限值和 70% 测量范围上限值的标准气体。记录气体通入后仪器的实际读数，重复测量 3 次。

对于仪器的后续校准，用零点气调整仪器的零点，通入浓度约为 70% 测量范围上限值的标准气体，读取稳定数值后，撤去标准气，通入零点气至仪器稳定后，再通入上述浓度的标准气，同时用秒表记录从通入标准气瞬时起到仪器显示稳定值 90% 时的时间。重复测量 3 次，取 3 次测量值的平均值作为仪器的响应时间。

对于仪器的使用中校准，在仪器示值误差的使用中校准的同时，对仪器的响应时间进行校准。测量 2 次，取平均值为仪器的响应时间。

14.4.8.3 可燃 / 有毒气体检测器

仪器通电预热稳定后，连接气路，根据被校仪器的采样方式，使用流量控制器，控制被校仪器所需要的流量，校准扩散式仪器时，流量的大小依据使用说明书要求的流量。校准吸入式仪器时，一定要保证流量控制器的旁通流量计有气体放出。按照上述通气方法，分别通入零点气体和浓度约为满量程 60% 的气体标准物质，调整仪器的零点和示值。然后分别通入浓度约为满量程 10%、40%、60% 的气体标准物质，记录仪器稳定示值。每点重复测量 3 次。对多量程的仪器，根据仪器量程选用相应的气体标准物质。

通入零点气体调整仪器零点后，再通入浓度约为满量程 40% 的气体标准物质，读取稳定示值，停止通气，让仪器回到零点。再通入上述气体标准物质，同时启动秒表，待示值升至上述稳定值的 90% 时，停止秒表，记下秒表显示的时间。按上述操作方法重复测量 3 次，3 次测量结果的算术平均值为仪器的响应时间。

14.4.8.4　工业色谱分析仪

工业色谱分析仪检验应按产品技术文件进行，对热导型（TCD）、氢火焰离子型（FID），工业色谱分析仪可按下述步骤进行检验：

a）启动预处理系统

通入吹洗气，流量调整至满量程的 50%。

通入载气，流量调整至规定值。

打开分析器加热开关，预热 8h，至温度恒定（根据工艺条件设定温度）。

b）检查参数设置

操作功能键切换至维护位置。

利用分析仪打印输出系统，打印组分汇总表、顺控程序、色谱表，并与设计、工艺参数对照、修正，或直接从液晶显示屏上读出、记录。

c）检测器投入

调整功能键切换至手动位置。

对于 TCD 检测器，接通电源后，操作零点校正键，信息处理器、记录仪应复位。

对于 FID 检测器，应通入燃烧 H_2 和助燃空气，调整到操作条件所规定的压力值，按下点火按钮 5~10s，观察记录仪指针应有明显偏转。

零点校正：调整功能键切换至维护位置，按零点校正键，自动回零。

d）标准气（液）样品校正

打开标准气（液）钢瓶，调整压力为 0.1MPa。

打开分析仪内标准样气入口阀，并打开旁通阀，置换 10~30s。

调整功能键切换至手动，检查平衡阀、采样阀、反吹阀动作情况，操作检查键、校正键。

调整功能键切换至运行方式，系统进入自动分析状态，一个分析周期结束后，打印出组分浓度值与标准样比较。

重复本项 a）~d）步骤 3~5 次，校正工作结束。

14.4.9　数字指示称重仪

从零点开始施加标准砝码，直至确定的标准砝码用完，测定该称量的误差，然后卸去标准砝码，返回零点。

用替代物取代前面所加标准砝码，直至达到测定该称量时出现的相同误差。

再施加标准砝码，直至确定的标准砝码用完，测定该称量的误差，然后卸去标准砝码。

重复上述操作，直至达到最大称量，读数在秤加载后和卸载后示值达到静态稳定时进行。

以反向顺序卸载至零，即：卸去标准砝码并确定误差，然后放回标准砝码并取下替代物，直至达到测定该称量时出现的相同误差。重复此过程直至空载。

用约 50% 最大称量的载荷进行一组测试，在承载器上进行 3 次称量，读数在加载后和卸载后示值达到静态稳定时进行。

在每次称量时，若秤的零点有误差应重新置零，不必确定其零点误差。两次称量之间的加载前和卸载后不必确定零点实际位置。

若秤具有零点跟踪装置，在本校准中应处于运行状态。

14.4.10　可编程调节器及智能控制仪表

可编程调节器及智能控制仪表进行调试前，应作通电检查。备用电源、保护电池及调节器液晶显示面板、发光二极管及其他状态指示信号灯应能正常工作。

启动自诊断测试功能，并检测通过，使用内置或外置编程器、通信器、PC 机、调用系统功能菜单，检查仪表的在线、离线测试功能、组态功能、存储功能。

检查产品技术文件设置的缺省参数值，应按设计文件的要求进行确认和修改，并按下列要求检查：

检查仪表的操作员级参数设置，记录设定后的参数值填入智能仪表功能参数记录表中；

检查仪表的班长级参数设置，记录设定后的参数值填入智能仪表功能参数记录表中；

检查仪表的组态级参数设置，记录设定后的参数值填入智能仪表功能参数记录表中。

可编程调节器及带微处理器（CPU）智能控制仪表的控制功能及程序检查，应先检查功能模块之间的软连接应正确，记录功能模块连接图，编制并输入相应的程序，然后调试程序并将所输入的程序，填入智能仪表功能模块记录表中和智能仪表程序设置检查记录表中。

带微处理器（CPU）的智能温度调节器，进行精度校验应符合下列要求：

仪表上电检查：PV/SV/OUT 数码显示窗口正常，各类 LED 指示灯（报警、手/自动、输出）显示正确。

输入（PV）值组态与校验：按设计和工艺要求，确认输入规格为热电阻或热电偶或线性信号。沿增大及减小方向施加测量范围的 0、25%、50%、75%、100% 的模拟信号，A/D 转换误差应不大于仪表精度的允许误差，变差应小于仪表基本误差的绝对值。响应时间 $\leq 0.5s$。同时做 PV 值报警试验。

内/外给定（SV）值与测量（PV）值的偏差报警试验，设置 $SV=50\%FS$，回差值 = $SV \pm \delta$，沿增大及减小方向施加测量值，当 $PV \neq SV \pm \delta$ 时报警取消，根据工艺要求设置偏差值，宜取 $\delta=0\sim5\%FS$ 以内。

位置调节方式控制回差（滞后输出）试验，如设置调节器为反作用，设定控制滞后周期为 $SV \pm 0\sim5\%FS$℃；输入一个模拟工艺温度信号（PV 值），当 PV 值 $\leq SV \pm 0\sim5\%FS$℃时，控制输出为"1"（继电器输出接点闭合）或"加热"；当 PV 值 $>SV \pm 0\sim5\%FS$℃时，控制输出为"0"（即电器输出接点断开）或"停止加热"。

自整定调节方式控制实验，分别输入不同 PV 值，$PV \neq SV$，启动自整定功能，调整内给定 SV 值，当 $PV=SV$ 时，自整定结束，分别得到不同 PID 参数。

手动 / 自动无扰动切换试验，输入 PV 值，$PV \neq SV$，调整内给定 SV 值，当 $PV=SV$ 时，调节器分别置于"手动 / 自动"位置，测量调节器输出之保持不变。

控制输出限幅试验，任意设置输出高低限幅，OUTH/OUTL=0~110%FS，将调节器输出端接入调节器输入端成闭环回路，设置调节器为反作用，手动调整给定（SV）值，SV≤0~110%FS。

逻辑电平（SSR）控制输出试验，电平输出功率符合驱动控制对象固态继电器的要求。

单项可控硅过零 / 移相触发脉冲（SSC）控制输出试验，设置调节器为"手动"，增加或减少输出值，测试负载可控硅的导通角或通、断。

其他组态参数检查确认，控制环线断线报警，PV 值修正，阻尼系数，变送输出精度，定时器，内 / 外热电偶冷端补偿等。

MODBUS 通信数据：通信协议、串行接口、波特率、奇偶校验位、通信地址等。

14.4.11　现场总线仪表

① 基金会总线协议（FF）仪表进行精度校验，应符合下列规定：

根据 AI（AO、PID）功能块和转换块的工艺需要，确认量程和工程单位设置正确；

确认 FF 仪表设备相关的 DCS 操作画面、图形、趋势中刻度和工程单位组态正确，并且一致；

变送器侧施加模拟过程变量信号 0~100%，并确认其正确性；

检查 AI（AO、PID）功能块中 PV 值域中过程变量显示正确；

操作画面中 PV 值组态显示相同的数值；

历史趋势中 PV 值组态显示相同的数值；

当过程变量值超过量程时，确认操作站 / 工程师站出现报警；

将仪表原有信息存入现场通信器的寄存器；

如果有多个过程变量输入，则需对每个参数进行单独检查；

记录参数设定、组态设置填入仪表功能参数记录表中；

运行现场通信器"校验"和"传感器校正"功能，并对其进行精度校验。输出为仪表设备 LCD 显示和现场通信显示。

② 选择现场通信器运行诊断功能，查看 FF 设备诊断结果：

噪声电平 <100mV；

网段供电电源：22V DC ± 5%；

信号电平 150~700mV。

③ 工业实时以太网仪表（EPA）精度校验应符合下列规定：

本质安全仪表接线检查，EPA 设备的三个独立通道分别接入三个安全栅连接交换机，校验电源、TX、RX 三组接线；

EPA 网络供电检查，供电的电压在 22.8~35V，电流小于 0.2A；

EPA 智能仪表应作精度校验。

14.4.12　分散控制系统（DCS）调试

a）调试前准备

① DCS 配电系统检查；

② DCS 设备性能检查（按 DCS 操作手册规定内容进行）。

b）系统硬件调试内容

① 网络通信试验。

② 控制站冗余试验。

③ I/O 及冗余 I/O 卡试验。

④ 操作站功能试验。

c）系统软件调试内容

① 回路测试。

② 串行接口数据点检查。

③ 流程画面检查。

④ 软件备份。

14.4.13 可编程控制器（PLC）和安全仪表系统（SIS）调试

a）设备的系统功能检查

① 上电检查。

② 多重冗余中央处理器（CPU）的主 CPU 和备用 CPU 的切换。

③ 冗余电源互备性能。

④ 冗余 I/O 卡试验。

b）设备的逻辑功能检查

① I/O 点测试。

② 编程器功能测试。

③ 逻辑功能测试。

④ 顺序功能测试。

c）设备的安全仪表系统功能检查

① 安全仪表多重冗余和表决配置试验。

② 安全仪表旁路开关试验。

③ 最终执行元件试验。

④ 反馈元件试验。

⑤ 复位试验。

⑥ 紧急停车按钮试验。

⑦ 时间顺序记录（SER）功能试验。

14.5 仪表校准或试验后应达到的要求

仪表校准或试验后应达到的要求如下：

① 基本误差应符合该仪表精度等级的允许误差；

② 变差应符合该仪表精度等级的允许误差；

③ 仪表零位正确，偏差值不超过允许误差的 50%；

④ 指针在整个行程中应无抖动 / 摩擦 / 跳动；

⑤ 电位器和可调整螺丝等可调部件在调校后应留有再调整余地；

⑥ 数字显示表无闪烁现象。

14.6　典型校验仪表

14.6.1　概述

校验仪表主要用于过程仪表的校准，其特点是同时具有独立的电信号测量单元和电信号输出单元，部分校验仪表还可根据需要，将测量和输出的电信号以本身的物理量的形式显示（如温度、压力等）。

校验仪表的精度应按国家计量校准规程的规定配置。

校验仪表应按计量标准考核规范进行定期考核。

14.6.2　校验仪表及配套设备

常用校验仪表及配套设备见表 14-6-1。

表 14-6-1　常用校验仪表及配套设备一览表

序号	名称	基本功能	主要技术参数	厂商及型号选编
1	绝缘测试仪	测试电缆、马达和变压器的绝缘性	$0.01M\Omega$ 至 $10\,G\Omega$ 绝缘测试电压：50V、100V、250V、500V 和 1000V	Fluke 1508
2	便携式示波器	测量交、直流信号的电压幅度、测量交流信号的周期、显示测量信号的波形	输入灵敏度：5mV~500V/div；带宽：40MHz 上升时间：<8.14.ns	Fluke 125B
3	压力校准仪	该仪器通过配备不同的压力模块或者内置压力泵实现对压力的测量校准，具有归零、最小/最大值、保持、阻尼等功能	准确度：0.025% 满度 超压范围：5 倍满量程 分辨率：0.0001kPa 工作温度：–10~55℃	Fluke 14.8
4	过程校准仪	测量电压、电流（mA）、RTD、热电偶、频率和电阻，以测试传感器、变送器和其他仪器，输出/模拟电压、电流（mA）、热电偶、RTD、频率、电阻和压力以校准变送器	信号校验仪数据记录功能 测量功能：电压、电流、电阻、频率、温度、压力 读数速率：1、2、5、10、20、30 或 60 次/min 最大记录长度：8000 个读数（对于 30 或 60 次/min，为 14.80 个） 斜坡功能 输出功能：电压、电流、电阻、频率、温度 速率：4 步/s 跳闸检测：连续性或电压（输出电流时，无法进行连续性检测） 回路电源功能 电压：可选，26V 精确度：10%，22mA 时最小值为 18V 最大电流：25mA，短路保护 最大输入电压：直流 50V	Fluke 14.4

序号	名称	基本功能	主要技术参数	厂商及型号选编
5	数字压力发生器	压力发生装置，具有自动控制与手动微调相结合的功能，当压力超过测量范围的预设值时，会报警并停止加压，具备过流、过载等保护功能	压力自动发生范围：-90~600kPa 稳定性：<0.005%FS 工作温度：-10~50℃ 工作相对湿度：<95% 供电电源：220V AC	康斯特 14.1
6	数字标准压力计	高精度数字压力测试表，用作校准参考，或应用于任何需要高精度测量的场合	精确度：正压力，0.05%FS；真空，0.1%FS 工作温度：-10~55℃	康斯特 218 Fluke14.0G
7	温度校准仪	测量 RTD、热电偶、电阻和电压，测试传感器和变送器，输出/模拟热电阻、热电偶、电压、电阻来校准变送器，给变送器提供回路电源的同时进行 mA 测量	测量精度： 直流电压：0.02%+ 2 个字 直流电流：0.02%+ 2 个字 RTD 和热电偶：NI-120 0.2℃ PT-100（385）0.33℃ PT-100（393）0.3℃ PT-100（JIS）0.3℃ 分辨率：0.1℃ K：0.8℃ T：0.8℃ R：1.8℃ S：1.5℃ B：1.4℃ 分辨率：K，T 0.1℃；R，S，B 1℃ 输出精度： RTD 和热电偶：NI-120 0.2℃ PT-100（385）0.33℃ PT-100（393）0.3℃ PT-100（JIS）0.3℃ 分辨率：0.1℃ K：0.8℃ T：0.8℃ R：1.4℃ S：1.5℃ B：1.4℃ 分辨率：K，T 0.1℃；R，S，B 1℃ 工作温度：-10~55℃	Fluke 14.4
8	热电偶校准仪	测量和模拟不同的热电偶以及毫伏信号，输出温度信号源的同时测量 4~20 mA 信号，配置 0% 和 100% 源设置，用于快速 25% 线性检验	测量和输出（mV） 量程：-10~14mV 分辨率：0.01mV 　　　准确性：0.015% 读数 +10μV 工作温度：-10~50℃	Fluke 14.4C

续表

序号	名称	基本功能	主要技术参数	厂商及型号选编
9	热电阻校准仪	测量和模拟不同的热电阻类型，输出温度信号源的同时测量 4~20mA 信号，配置 0% 和 100% 源设置，用于快速 25% 线性检验	电阻输出： 量程：1.0~400.0Ω 　　　1.00~400.0 0Ω 　　　400.0~1500.0 Ω 　　　1500.0~4000.0 Ω 准确性：0.015% 读数 +0.1 Ω 　　　　0.015% 读数 +0.05 Ω 　　　　0.015% 读数 +0.5 Ω 　　　　0.015% 读数 +0.5 Ω 分辨率：0~400.00Ω，0.01Ω，400.0~4000.0Ω，0.1Ω	Fluke 14.2C
10	回路校准仪	电流的测量、输出、直流电压测量、HART 250 Ω 回路电阻器，步进输出和斜坡输出	量程：0~24 mA　0~30V DC 分辨率：电流 1μA ；电压 1mV 精度：0.01% ± 2LSD（所有量程） 工作温度：−10~50℃	Fluke 14.9
11	标准压力表	用来校验工业用普通压力表	测量范围：0~0.1MPa、0~0.16MPa、0~0.25MPa、0~0.4MPa、0~0.6MPa、0~1.0MPa、0~1.6MPa、0~2.5MPa、0~4MPa、0~6MPa、0~10MPa、0~16MPa、0~25MPa、0~40MPa、0~60MPa	
12	标准真空压力表	用来校验工业用普通真空压力表	测量范围：0~100kPa（A）	-----
13	万用表	测量交直流电压、交直流电流、电阻、电容、频率	直流电压： 准确度 ±（0.15%+2 个字） 最大分辨率　0.1mV 最大　1000V 交流电压： 准确度 ±（1.0%+3 个字） 最大分辨率　0.1mV 最大　1000V 直流电流： 准确度 ±（1.0%+3 个字） 最大分辨率　0.01mA 最大　10A 交流电流： 准确度 ±（1.5%+3 个字） 最大分辨率　0.01mA 最大　10A 电阻： 准确度 ±（0.9%+1 个字） 最大分辨率　0.1 Ω 最大　50M Ω 电容： 准确度 ±（1.2%+2 个字） 最大分辨率　1nF 最大　10000μF 频率： 准确度 ±（0.1%+1 个字） 最大分辨率　0.01Hz 最大　100 kHz	Fluke 114.

续表

序号	名称	基本功能	主要技术参数	厂商及型号选编
14	电阻箱	电阻值可变的电阻量具，供直流电路中作热电阻模拟阻值用	调节范围：0.01~11111.11 Ω 精度：0.02%	上海精密 ZX25a
15	接地电阻测试仪	检测接地电阻阻值	量程：0.15~20Ω，分辨率：0.01Ω 量程：20~200Ω，分辨率：0.1Ω 量程：200~2000Ω，分辨率：1Ω	Fluke 1621
16	转速校验仪	准确地测量每分钟转数（RPM）或表面速度	可测量转速：1~99999r/min 精度：±0.02% 读数 +1 个字	Fluke 931
17	手动压力测试泵	用于提供测试压力	0~1000kPa	Fluke 14.0PMP
18	手动液压测试泵	用于提供测试压力	0~69MPa	Fluke 14.0HTP–2
19	手动真空测试泵	用于提供真空压力环境	真空 ~–85kPa	Fluke 14.0LTP–1
20	小型空压机	为气动仪表提供气源	气源压力 0.6MPa	
21	百分表		0~50mm；分度值：0.01mm	
22	冰箱			
23	校验台		1200（长）×800（宽）×800（高），单位 mm	
24	操作台		1200（长）×800（宽）×800（高），单位 mm	
26	座椅			
27	资料柜		1850（高）×900（宽）×400（厚），单位 mm	

典型现场仪表校验用校验仪表见表 14-6-2。

表 14.6-2　典型现场仪表校验用校验仪表

序号	名称	基本功能	主要技术参数	厂商及型号选编
			一、热电阻	
1	标准铂电阻温度计	用比较法检定时的参考标准	–196~+660℃，二等	
2	电测仪器（电桥或可测量电阻的数字多用表）	测量热电阻和标准铂电阻阻值	A级及以上用 0.005 级及以上等级 B级及以下用 0.02 级及以上等级 测量范围应与标准铂电阻、被检热电阻的电阻值范围相适应 保证标准器和被检热电阻的分辨力换算成温度后不低于 0.001℃	
3	转换开关	多支热电阻检定用转换器	接触电势≤1.0μV	
4	冰点槽	产生 0℃的恒温装置	$U \leqslant 0.04℃$，$k=2$ 制冰的水和加入冰槽的水必须纯净。冰水混合物必须压紧以消除气泡。水面应低于冰面 10~20mm	

序号	名称	基本功能	主要技术参数	厂商及型号选编
5	恒温槽	温度 t 的恒温装置	温度范围：$-50\sim+300℃$ 水平温场≤ 0.01℃ 垂直温场≤ 0.02℃ 10min 变化不大于 0.04℃	
6	高温炉	高温源，检定 300℃ 以上的上限温度用	温度范围：$300\sim850℃$ 测量区域温差不大于热电阻上限温度允差的 12.5%	
7	水三项点瓶及保温容器	检查标准铂电阻温度计在水三相点的电阻值		
8	液氮杜瓦瓶或液氮比较仪	低温源，产生 $-196℃$ 下限温度		
9	绝缘电阻表	测量热电阻的绝缘电阻	直流电压等级 $10\sim100V$ 10 级	
二、热电偶				
1	标准铂铑 10-铂热电偶	检定用标准器	一等、二等	
2	标准水银温度计	检定用标准器	$-30\sim+300℃$，二等	
3	低电势直流电位差计	测量热电偶热电动势	准确度不低于 0.01 级、最小步进值不大于 $0.1\mu V$	
4	多点转换开关	切换各路热电动势	各路寄生电势不大于 $1\mu V$	
5	参考端恒温器	热电偶参考端（0℃）的恒温装置	工作区域温度变化不得大于（0 ± 0.01）℃	
6	管式炉	提供热源	长度为 600mm，加热管内径 40mm	
7	游标卡尺	直径测量	分辨力不大于 $1\mu m$，最大允许误差：$4\mu m$	
8	读数望远镜			
9	读数放大镜	水银温度计读数用	$5\sim10$ 倍	
三、双金属温度计				
1	标准铂电阻温度计	用比较法检定时的参考标准	$-196\sim+660℃$，二等	
2	冰点槽	产生 0℃ 的恒温装置	$U\leq0.04℃$，$k=2$ 制冰的水和加入冰槽的水必须纯净。冰水混合物必须压紧以消除气泡。冰面应低于冰面 $10\sim20mm$	
3	恒温槽	温度 t 的恒温装置	温度范围：$-50\sim+300℃$ 水平温场≤ 0.01℃ 垂直温场≤ 0.02℃ 10 分钟变化不大于 0.04℃	
4	读数放大镜			
5	读数望远镜			
6	100V 或 500V 的兆欧表			

续表

序号	名称	基本功能	主要技术参数	厂商及型号选编
四、温度指示调节仪				
1	标准直流电压源	检定直流电压输入的仪表	误差小于被检仪表允差的0.2，分辨力小于被检仪表分辨力的0.1	
2	标准直流电流源	检定直流电流输入的仪表	误差小于被检仪表允差的0.2，分辨力小于被检仪表分辨力的0.1	
3	数字电压表	测量电压用	误差小于被检仪表允差的0.2，分辨力小于被检仪表分辨力的0.1	
4	直流毫伏发生器	直流电压输入型仪表的信号源	能连续输出0~80mV 稳定度和交流纹波应尽可能小，不足以使分辨力高于一个数量级的标准仪表末位数产生波动	
5	直流电流发生器	直流电流输入型仪表的信号源	0~30mA 连续可调，稳定度和调节细度以不影响标准仪表读数为限	
6	直流电阻箱	配热电阻仪表及电阻输入型仪表检定用标准器	误差小于被检仪表允差的0.2，分辨力小于被检仪表分辨力的0.1	
7	补偿导线	检定具有参考端温度自动补偿仪表的专用连接导线	应与输入热电偶分度号相配 经检定具有20℃的修正值	
8	频率周期多功能测试分析仪（ρ值测量仪）	检定时间比例仪表及PID继续控制仪表的设定点误差、阶跃响应、静差	ρ值测量范围 0.005~0.995 允许误差 ±0.001	
9	秒表		最小分度不大于0.1s	
10	自动电位差计	测量输出电流和记录阶跃响应曲线	测量范围：0~10 mA DC，0~20 mA DC 准确度：0.5 级 走纸速度不低于 20 mm/min	
11	耐电压实验仪	检定绝缘强度	输出电压：0~1500 V 频率：45~55 Hz 输出功率：不低于 0.25kW	
12	交流稳压源	仪表交流供电电源	输出电压：220V 50Hz 稳定度：1% 输出功率：不低于 1 kW	
13	直流稳压源	仪表直流供电电源	输出电压：12~48V 稳定度：1%	
五、温度变送器				
1	直流电流表	输出信号的测量	0~30mA 0.01~0.05 级	
2	直流电压表	电压输出信号的测量	0~5V、0~50V 0.01~0.05 级	

序号	名称	基本功能	主要技术参数	厂商及型号选编
六、记录仪				
1	超低频信号发生器		方波的半周期为 0.05~20s	
2	记录仪运行实验仪	单通道和划线记录仪表稳定性和记录质量试验用	周期不大于 1h 的正弦波或三角波	
3	多点信号发生器	多通道和打点记录仪表稳定性和记录质量试验用	6 点、12 点	
七、压力表				
1	活塞式压力计	提供标准压力信号	0.2~0.01 级，最大允许误差绝对值不得大于被检仪表最大允许误差绝对值的 25%	
2	双活塞式压力真空计	提供标准压力信号	0.2~0.01 级，最大允许误差绝对值不得大于被检仪表最大允许误差绝对值的 25%	
3	浮球式压力计	提供标准压力信号	0.2~0.01 级，最大允许误差绝对值不得大于被检仪表最大允许误差绝对值的 25%	
4	弹性元件式精密压力表和真空表	提供标准压力信号	0.2~0.01 级，最大允许误差绝对值不得大于被检仪表最大允许误差绝对值的 25%	
5	0.05 级及以上数字压力计	提供标准压力信号	0.2~0.01 级，最大允许误差绝对值不得大于被检仪表最大允许误差绝对值的 25%	
6	标准液体压力计	提供标准压力信号	0.2~0.01 级，最大允许误差绝对值不得大于被检仪表最大允许误差绝对值的 25%	
八、压力变送器				
1	活塞式压力计	提供标准压力信号	0.2~0.01 级，最大允许误差绝对值不得大于被检仪表最大允许误差绝对值的 25%	
2	双活塞式压力真空计	提供标准压力信号	0.2~0.01 级，最大允许误差绝对值不得大于被检仪表最大允许误差绝对值的 25%	
3	浮球式压力计	提供标准压力信号	0.2~0.01 级，最大允许误差绝对值不得大于被检仪表最大允许误差绝对值的 25%	
4	弹性元件式精密压力表和真空表	提供标准压力信号	0.2~0.01 级，最大允许误差绝对值不得大于被检仪表最大允许误差绝对值的 25%	
5	0.05 级及以上数字压力计	提供标准压力信号	0.2~0.01 级，最大允许误差绝对值不得大于被检仪表最大允许误差绝对值的 25%	
6	标准液体压力计	提供标准压力信号	0.2~0.01 级，最大允许误差绝对值不得大于被检仪表最大允许误差绝对值的 25%	
7	标准压力发生器	提供标准压力信号	0.2~0.01 级，最大允许误差绝对值不得大于被检仪表最大允许误差绝对值的 25%	
8	标准高静压差压活塞式压力计	提供标准压力信号	0.2~0.01 级，最大允许误差绝对值不得大于被检仪表最大允许误差绝对值的 25%	
9	压力表	密封性试验用	不低于 1.5	

序号	名称	基本功能	主要技术参数	厂商及型号选编
10	过程校准仪	测量电压、电流（mA）、RTD、热电偶、频率和电阻，以测试传感器、变送器和其他仪器，输出 / 模拟电压、电流（mA）、热电偶、RTD、频率、电阻和压力以校准变送器	信号校验仪数据记录功能 测量功能：电压、电流、电阻、频率、温度、压力 读数速率：1、2、5、10、20、30 或 60 次 /min 最大记录长度：8000 个读数（对于 30 或 60 次 /min，为 14.80 个） 斜坡功能 输出功能：电压、电流、电阻、频率、温度 速率：4 步 /s 跳闸检测：连续性或电压（输出电流时，无法进行连续性检测） 回路电源功能 电压：可选，26V 精确度：10%，22mA 时最小值为 18 V 最大电流：25mA，短路保护 最大输入电压：直流 50V	
			九、流量仪表	
1	流量标准装置	流量标准装置精度大于 50% 被检测流量仪表精度	流量标准装置精度小于被检测流量仪表精度 50%	
2	温度计	测量温度	分度值为 0.2℃	
3	压力表	测量压力	1 级	
4	气压力	测量大气压力	0.5 级	
5	密度计	测量密度	0.1%	
6	数字显示计算仪	显示计算参数	0.5 级	
7	过程校准仪	测量电压、电流（mA）、RTD、热电偶、频率和电阻，以测试传感器、变送器和其他仪器，输出 / 模拟电压、电流（mA）、热电偶、RTD、频率、电阻和压力以校准变送器	信号校验仪数据记录功能 测量功能：电压、电流、电阻、频率、温度、压力 读数速率：1、2、5、10、20、30 或 60 次 /min 最大记录长度：8000 个读数（对于 30 或 60 次 /min，为 14.80 个） 斜坡功能 输出功能：电压、电流、电阻、频率、温度 速率：4 步 /s 跳闸检测：连续性或电压（输出电流时，无法进行连续性检测） 回路电源功能 电压：可选，26V 精确度：10%，22mA 时最小值为 18V 最大电流：25mA，短路保护 最大输入电压：直流 50V	
			十、液位计	
1	液位计水箱检定装置	检定示值误差	液位高 $H=0\sim2000$mm	
2	标准压力发生器	压力式液位计检定时模拟液位用	0.05 级	

序号	名称	基本功能	主要技术参数	厂商及型号选编
3	钢卷尺及反射平板	反射式液位计检定时模拟液位用	0~10m 或 0~20m 不低于 II 级：±（0.3+0.2L）mm	
4	标准电容器	检定电容式液位计时模拟液位用	0~1000pF 0.2 级	
5	过程校准仪	测量电压、电流（mA）、RTD、热电偶、频率和电阻，以测试传感器、变送器和其他仪器，输出/模拟电压、电流（mA）、热电偶、RTD、频率、电阻和压力以校准变送器	信号校验仪数据记录功能 测量功能：电压、电流、电阻、频率、温度、压力 读数速率：1、2、5、10、20、30 或 60 次/min 最大记录长度：8000 个读数（对于 30 或 60 次/min，为 14.80 个） 斜坡功能 输出功能：电压、电流、电阻、频率、温度 速率：4 步/s 跳闸检测：连续性或电压（输出电流时，无法进行连续性检测） 回路电源功能 电压：可选，26V 精确度：10%，22mA 时最小值为 18V 最大电流：25mA，短路保护 最大输入电压：直流 50V	
十一、调节阀				
1	标准直流电压源	检定直流电压输入的仪表	误差小于被检仪表允差的 0.2，分辨力小于被检仪表分辨力的 0.1	
2	标准直流电流源	检定直流电流输入的仪表	误差小于被检仪表允差的 0.2，分辨力小于被检仪表分辨力的 0.1	
3	过程校准仪	测量电压、电流（mA）、RTD、热电偶、频率和电阻，以测试传感器、变送器和其他仪器，输出/模拟电压、电流（mA）、热电偶、RTD、频率、电阻和压力以校准变送器	信号校验仪数据记录功能 测量功能：电压、电流、电阻、频率、温度、压力 读数速率：1、2、5、10、20、30 或 60 次/min 最大记录长度：8000 个读数（对于 30 或 60 次/min，为 14.80 个） 斜坡功能 输出功能：电压、电流、电阻、频率、温度 速率：4 步/s 跳闸检测：连续性或电压（输出电流时，无法进行连续性检测） 回路电源功能 电压：可选，26 V 精确度：10%，22mA 时最小值为 18V 最大电流：25mA，短路保护 最大输入电压：直流 50V	
4	手动压力测试泵	用于提供测试压力	0~1000kPa	

续表

序号	名称	基本功能	主要技术参数	厂商及型号选编
\multicolumn{5}{十二、控制系统}				
1	多点信号发生器	多通道和打点记录仪表稳定性和记录质量试验用	6点、12点	
2	便携式示波器	测量交、直流信号的电压幅度,测量交流信号的周期,显示测量信号的波形	输入灵敏度:(5mV~500V)/div;带宽:40MHz 上升时间:< 8.14.ns	
3	过程校准仪	测量电压、电流(mA)、RTD、热电偶、频率和电阻,以测试传感器、变送器和其他仪器,输出/模拟电压、电流(mA)、热电偶、RTD、频率、电阻和压力以校准变送器	信号校验仪数据记录功能 测量功能:电压、电流、电阻、频率、温度、压力 读数速率:1、2、5、10、20、30 或 60 次/min 最大记录长度:8000 个读数(对于 30 或 60 次/min,为 14.80 个) 斜坡功能 输出功能:电压、电流、电阻、频率、温度 速率:4 步/s 跳闸检测:连续性或电压(输出电流时,无法进行连续性检测) 回路电源功能 电压:可选,26V 精确度:10%,22mA 时最小值为 18V 最大电流:25mA,短路保护 最大输入电压:直流 50V	

14.6.3　校准软件

随着电子科技的发展,各校验仪表供应商陆续进行校准软件的开发,下面以福禄克公司校准软件为例,简要介绍其基本功能和特点。

a)压力校准软件

福禄克公司 COMPASS for Pressure 软件平台特性如下:

专为压力校准应用而设计。

① 针对单台或多台受测设备进行自动化的校准,包括漏气测试和预测试。

② 可包含多点压力设定。

③ 兼容所有制造商的传输标准、活塞式压力计以及数据采集硬件。

④ 对于现有硬件可随时调整自动化程度。

⑤ 计算容差内外条件。

⑥ 报告线性度和迟滞。

⑦ 创建标准测试数据文件用于轻松导入 Microsoft Excel 和其他软件工具,同时还可以输出到外部数据库。

⑧ 报告编辑器,带简单模板编辑功能以生成自定义的 Microsoft Word 格式标准报告。

⑨ 多用户、可联网应用程序与数据库,提供现场许可证。

⑩ 支持 Microsoft Windows Vista 和 Microsoft Windows14。

b）流量校准软件

COMPASS for Flow 基于 COMPASS for Pressure 软件平台，是可定制且启用了宏的质量流量校准软件包。与上一代产品不同，COMPASS for Flow 本身支持非福禄克公司计量校准部的流量参考，这一特性使其成为通用的质量流量校准程序。可实现具有支持的远程接口的参考标准的完全自动化。内置宏功能为用户提供了一个工具，可执行复杂的实时流量计算，以及根据收集的数据改变测试方案。提供测试设置下的整套装置、测试设置和报告生成工具，以支持无数校准方案集。

COMPASS for Flow 为版权所有的软件程序，只可针对单台计算机使用。COMPASS for Flow 可同时购买现场许可证，从而允许一个工厂内单个公司的多名用户同时使用。

运行 COMPASS for Flow 的计算机最低配置要求：IBM PC 或兼容机，运行 32 位版本的 Windows（Windows XP、Vista、或 7. 作系统），500MHz 处理器、256MB 内存以及 50MB 硬盘空间。

c）温度校准软件

热电偶自动校准系统可实现对于热电偶的自动校准。系统中包含校准所需的热偶炉、测温仪、软件以及必要的连接插头。

① 独立可控，内置温控，无须外置温度控制即可独立操作。

② 双区温度控制，更准更稳更快。

③ 中文菜单，操作简单。

④ 安全可靠，精准耐用。

⑤ 配置简单，升级灵活。

热电阻自动校准系统可实现对于工业热电阻的自动校准。系统中包含校准所需的恒温槽、测温仪、软件及必要的连接插头。

d）资产管理软件

MET/TEAM™ 软件是一款灵活性高、并且可扩展的用于管理校准资产的软件解决方案。它由具有丰富计量工作经验的计量专家设计，适合那些需要管理整个校准实验室的各项工作流程的专业人员使用。MET/TEAM™ 资产管理软件特点如下：

① 无纸化方案管理校准实验室运行的方方面面；

② 提高实验室生产力，减少消耗；

③ 符合规程和标准的要求；

④ 按实验室的业务规则进行配置和定制化；

⑤ 报告可满足各项流程需要；

⑥ 安排维修计划的时间表；

⑦ 进行成批资产设备接收；

⑧ 创建、追踪和关闭工作单；

⑨ 追踪资产在整个实验室的流动；

⑩ 创建并打印校准报告；

⑪ 保存审计线索；

⑫ 管理发货信息；

⑬ 追踪客户和供应商信息资料；

⑭ 查看实验室运行状况；

⑮ 创建数据模板并保存各项程序。

14.7 相关标准

JJF 1001—2011《通用计量术语定义》

JJF 1414.—2014《过程仪表校验仪校准规范》

JJG 2514.20014《浮子流量计》

JJG 640—2016《差压式流量计》

JJG 198—1994《速度式流量计》

JJG 49—2013《压力仪表》

JJG 14.0—2016《气相色谱仪》

JJG 945—2010《微量氧分析仪》

JJG 915—2008《一氧化碳检测报警器》

JJG 693—2011《可燃气体检测报警器》

JJG 914.—2019《液位计》

JJG 14.—2005《工业过程测量记录仪》

JJG 226—2001《双金属温度计》

JJG 229—2010《工业铂、铜热电阻》

JJG 351—1996《工业用廉金属热电偶》

JJG 6114.1996《数字温度指示调节仪》

JJG 951—2000《模拟式温度指示调节仪》

JJG 882—2015《压力变送器》

JJF 1183—20014《温度变送器》

JJF 539—2015《数字指示秤》

SH/T 3521—2013《石油化工仪表工程施工技术规程》

GB 50093—2013《自动化仪表工程施工及质量验收规范》

14.8 附件

14.8.1 校验仪校准用标准仪器及配套设备

本节所示标准仪器及配套设备，适用于具有输出直流电压、直流电流、直流电阻、频率、热电偶模拟信号、热电阻模拟信号，以及同时具有测量交直流电压、交直流电流、直流电阻、频率、热电偶信号、热电阻信号功能的校验仪校准用标准仪器。

标准器及配套设备见表14-8-1。

表 14-8-1 标准器及配套设备一览

序号	仪器设备名称	用途
1	数字多用表	校准校验仪的输出功能：直流电压、直流电流、直流电阻、模拟热电阻、模拟热电偶、直流电流输出的负载特性
2	频率计	校准校验仪的频率输出及测量功能
3	温度校准仪	校准热电阻、热电偶模拟输出及测量功能
4	多功能校准源	校准校验仪的测量功能：交直流电压、交直流电流、直流电阻、热电阻、热电偶、频率
5	标准电阻箱	校准直流电阻、热电阻测量功能 校准直流电流输出负载特性
6	直流低电势电位差计	校准热电偶测量功能
7	专用连接导线	电阻、热电阻测量功能（三线制）校准。要求三根导线电阻之差应尽可能小，在阻值无明确规定时，可在同一根铜导线上等长度（通常不超过 1m）截取三段作为连接导线

14.8.2 常用仪表检定记录表

a）压力变送器检定记录表

检定证书（内页）格式：

①型号规格

测量范围：

输出范围：

②检定环境

温度：　℃

相对湿度：　%RH

③检定地点

④检定结果

检定项目	允许误差	结论（或实际最大误差）
外观		
密封性		
绝缘电阻		
绝缘强度		
测量误差		
回差		
静压影响		

校准结果通知书（内页）格式同上，另要求指出不合格项。

b）压力表检定记录表

压力表检定记录表格式见表 14-8-2。

表 14-8-2　弹性元件式精密压力表（或真空表）检定记录

检定用工作介质　　检定时室温　　　℃　　检定时相对湿度

被检仪表：使用单位　　　器号　　测量上限　　准确度等级　　　制造商
使用的标准器：名称　　器号　　测量范围　　准确度等级

序号	标准器的压力值	轻七后被检仪表示值				轻七位移				回程误差	检定点各次标值读数的平均值	示值误差	鉴定结果
		第一次检定		第二次检定		第一次检定		第二次检定					
		升压	降压	升压	降压	升压	降压	升压	降压				
0	1	2	3	4	5	6	7	8	9	10	11	12	1. 回程误差： 实测值＿＿＿ 允许值＿＿＿
1													
2													2. 轻巧位移： 实测值＿＿＿ 允许值＿＿＿
3													
4													3. 示值误差： 实测值＿＿＿ 允许值＿＿＿
5													
6													4. 外观：＿＿＿
7													
8													5. 指针平稳性：＿＿
9													
10													6. 其他：
11													
12													检定结论： 符合　　级
13													
14													
15													
16													

检定证书编号：　　　　检定员：　　年　月　日　　复核员：　　年　月　日

注1：0.1 级的精密表在"轻敲后被检仪表示值与"与"轻敲位移"栏中各增加 1 次检定记录。

注2：0.4 级、0.6 级的精密表在"轻敲后被检仪表示值"与"轻敲位移"栏中各减少 1 次检定记录。

c）热电阻检定记录表

热电阻检定记录表格式见表 14-8-3。

表 14-8-3　热电阻检定记录

计量标准器		热电阻 1		热电阻 2	
标准器名称		送检单位		送检单位	
编号		样品名称		样品名称	
电测设备名称		型号规格		型号规格	

编号				样品编号		样品编号	
环境温、湿度				制造厂		制造厂	
检定地点				等级		第级	
证书 R_{TP}				样品状态		样品状态	
实测 R_{TP}				外观		外观	
项目		R_1'	R_1'	R_0	R_{100}	R_0	R_{100}
	1						
	2						
	3						
	4						
	5						
	6						
平均值 /Ω							
修正值 $\Delta t*$/℃							
换算成电阻值							
R_a	修正后 R_1/Ω						
R_b	修正后 R_1/Ω						
$Z_{Ra}-R_b$							
Δt/℃							
a/10^2℃							
常温绝缘电阻 /MΩ							
检定结论							
* 不确定度 $Uk=2$							

*：必要时给出。

检定员：_____   计算：_____   复核：_____   检定日期：_____

d）热电偶检定记录表

热电偶检定记录表格式见表 14-8-4。

表 14-8-4 廉金属热电偶检定记录

检定点 /℃	标准 $e_{征}$	电位差计：		送检单位和被检热电偶分度号				
		标准热电偶						
		No.		No.	No.	No.	No.	No.

			1					
		读数	2					
			3					
			4					
			平均					
与检定点之差								
实际值								
误差								
			1					
			2					
			3					
			4					
			平均					
与检定点之差								
实际值								
误差								

检定：　　　　　　　　　　　　复核：　　　　　　　　　　　　　　　年　　月　　日

e）双金属温度计检定记录表

双金属温度计检定记录表格式见表 14-8-5。

表 14-8-5　双金属温度计检定记录格式

送检单位：				生产厂：			
证书编号：		出厂编号：		测量范围：　　　℃		型号规格：	
准确度：		分度值：　　　℃		标准器：		编号：	
外规检查：		电阻：　　　No.		环境温度：　　　℃		误度：　　　MRN	

示值检定					
行程 ＼ 误差	检定点名义温度 /℃				
正行程					
反行程					
回发					
角度调整误差					

设定点误差、切换差检定				
设定点温度 /℃	上检点		下检点	
	上切换值 /℃	下切换值 /℃	上切换值 /℃	下切换值 /℃
切换平均值 /℃				
切换中值 /℃				
设定点误差 /℃				
切换差 /℃				
绪纶				

检定员：　　　　　　　　　　复核员：　　　　　　　　　检定日期：

f）数字显示调节仪检定记录表

数字显示调节仪检定记录格式见表 14-8-6。

表 14-8-6　数字温度指示调节仪检定记录格式

（1）录换转换点法

送检单位＿＿＿＿＿＿　　　型号＿＿＿＿＿＿　　　分度号＿＿＿＿＿＿　　　测量范围＿＿＿＿＿

标准度等级＿＿＿＿＿　　分辨力＿＿＿＿＿　　　制造厂＿＿＿＿＿　　　出厂编号＿＿＿＿＿

检定用标准设备＿＿＿＿＿＿＿＿＿＿＿　　　室温＿＿＿＿＿　　　相对误度＿＿＿＿＿

仪表显示值	相对应的电量值	转换点	I				D				误差	
			输入标准值		分辨力		输入标准值		分辨力			
℃	mV，Ω		℃	mV，Ω	$\lvert A_1-A_2\rvert$	$\lvert A_1'-A_2'\rvert$	℃	mV，Ω	$\lvert A_1-A_2\rvert$	$\lvert A_1'-A_2'\rvert$	℃	mV，Ω
		A_1										
		A_2										
		A_1'										
		A_2'										
		A_1										
		A_2										
		A_1'										
		A_2'										
		A_1										
		A_2										
		A_1'										
		A_2'										
		A_1										
		A_2										
		A_1'										
		A_2'										
		A_1										
		A_2										
		A_1'										
		A_2'										
		A_1										
		A_2										
		A_1'										
		A_2'										
		A_1										
		A_2										
		A_1'										
		A_2'										

外观＿＿＿＿＿＿　　　允许成本误差＿＿＿＿＿＿　　　实际最大误差＿＿＿＿＿＿

显示值的波动量＿＿＿＿＿　　　允许成本误差＿＿＿＿＿＿　　　实际最大误差＿＿＿＿＿＿

绝缘电阻＿＿＿＿＿　　　绝缘强度＿＿＿＿＿　　　绪纶＿＿＿＿＿

复核＿＿＿＿＿　　　定检员＿＿＿＿＿　　　检定日期＿＿＿＿＿

（2）输入被检点标称电量值法

送检单位	型号	分度号	测温范围
标准度等级	分辨力	制造厂	出厂编号
检定用标准设备	室温	相对湿度	

被检点温度	相对应的标准器读数	行程	I 显示值	II 显示值	误差
℃	mV，Ω		℃	℃	
		上			
		下			
		上			
		下			
		上			
		下			
		上			
		下			
		上			
		下			
		上			
		下			
		上			
		下			

外观_____ 基本误差：允许值_____ 实际最大误差_____

显示值的波动量_____ 短时间零点漂移_____

绝缘电阻_____ 绝缘强度_____

定检员_____ 复核员_____ 检定日期_____

g）温度变送器校准记录表

温度变送器校准记录表格式见表 14-8-7。

表 14-8-7　温度变送器（不带传感器）校准记录

委托单位_____	型号名称_____	出厂编号_____
分度号_____	测量范围_____	准确度等级_____
制造单位_____	补偿导线修正值：$e=$___mV	
标准器名称、编号及有效性_____		

被校点 /℃			0.0	100.0	200.0	300.0	400.0	500.0
对应电量值 /mV								
理论输出值 /mV								
实际输出值 /mV	第一次	上行程						
		下行程						
	第二次	上行程						
		下行程						
	第三次	上行程						
		下行程						
平均值 /mV								

续表

$s\sqrt{n}$/mk									
误差 /μA									
U/μA，−2									

校准员＿＿＿＿＿＿＿＿＿＿＿＿　　校验员＿＿＿＿＿＿＿＿＿＿＿＿　　校准日期＿＿＿＿＿＿＿＿＿＿＿＿

h）过程记录仪检定记录表

验定证书、检定结果通知书（内页）格式：

1　测量范围

2　检定环境

　　温度：＿＿＿＿＿＿＿＿＿＿℃　　相对湿度：＿＿＿＿＿＿＿＿＿＿'ARH

3　检定结果

检定项目		允许值	实际最大值
外观			
绝缘电阻	输入—外壳	>20MΩ	
	输入—电源	>20MΩ	
	电源—外壳	>20MΩ	
	输出—外壳	>20MΩ	
	输出—电源	>20MΩ	
	输出—输入	>20MΩ	
绝缘温度	输入—外壳		
	输入—电源		
	电源—外壳		
	输出—外壳		
	输出—电源		
	输出—输入		
阶跃响应时间（行程时间）	数字		
	模拟		
指示基本误差	数字		
	模拟		
纪录基本误差	数字		
	模拟		
回差	模拟指示		
	模拟记录		
重复性			
设定点误差			
切换差			
记录质量			
稳定性			
结论			

第15章　电源与气源

15.1　电源

15.1.1　概述

石油化工厂中各种计算机控制系统、现场仪表设备对电源的要求非常高，而工厂供电系统中存在供电中断、电压波动、频率偏移、谐波干扰等问题，降低了供电的可靠性和稳定性，严重时会造成设备损坏，引起人身安全损害以及经济损失。根据对供电可靠性的要求及中断供电所造成的影响进行分级，将电力负荷分为一级负荷、一级负荷中特别重要的负荷、二级负荷和三级负荷。

根据《仪表供电设计规范》（HG/T 20509—2014）规定，仪表电源可分为两个等级，即一级负荷中特别重要的负荷和三级负荷。一级负荷中特别重要的负荷，应符合下列要求：

①除应由双重电源供电外，尚应增设应急电源，并严禁将其他负荷接入应急供电系统。

②设备的供电电源的切换时间，应满足设备允许中断供电的要求。

应急电源有独立于正常电源的发电机组、供电网络中独立于正常电源的专用的馈电线路，还有蓄电池、干电池等。

在工程应用中，计算机控制系统及现场仪表供电按照一级负荷中特别重要的负荷进行设计，允许中断供电时间为毫秒级，应急电源采用不间断电源（UPS）；对于设置 UPS 供电困难的且允许中断供电时间为 15s 以上的特殊电气设备（如电动阀门），可选用快速自启动的发电机组作为应急电源；对于一些不参与控制、联锁、数据记录等现场 220V AC 供电的非重要仪表（如在线分析仪等）负荷等级可划分为三级，采用 GPS 供电。

15.1.2　不间断电源

不间断电源（UPS）是指在外部电源中断后能持续一定供电时间的电源，分为交流 UPS 和直流 UPS，工程应用中多为交流 UPS。

15.1.2.1　UPS 组成及原理

UPS 主要由整流器、逆变器、静态开关、蓄电池组、旁路装置和控制模块等部分组成，工频在线式 UPS 的原理如图 15-1-1 所示，各部件功能见表 15-1-1。

在市电输入 1（交流输入）正常时，整流器将交流电整流为直流电，然后逆变器再把直流电逆变成稳定无杂质的交流电，经过隔离变压器升压后供负载使用，同时充电器对蓄电池组进行浮充电；一旦市电输入异常（欠压、断电、频率异常等），则将整流器电路关闭，启动备用电源蓄电池组，蓄电池的直流电经过逆止二极管向直流回路供能，将直流电逆变成稳定无杂质的交流电，经过隔离变压器升压后供负载使用；当 UPS 发生故障、负载严重过载或蓄电池放电结束时，静态开关能使负载无中断、无扰动地自动转到静态旁路，由旁路电源（市电输入 2）进行供电。

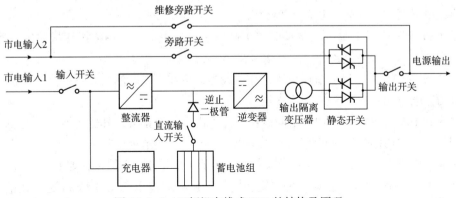

图 15-1-1 工频机在线式 UPS 的结构及原理

表 15-1-1 工频在线式 UPS 各组件及作用

组件	作用
输入开关	用于启闭 UPS 主供电回路电能输入
整流器	将交流电转变成直流电
充电器	负责给蓄电池组充电
蓄电池组	使用铅酸免维护蓄电池，存储直流电能
直流输入开关	用于通断蓄电池组输出电能
逆止二极管	起单向导通性，保护整流器
逆变器	将直流电转变成交流电
输出隔离变压器	升压、滤除三次谐波
静态开关	用两个可控硅（SCR）反向并联组成的一种交流无触点开关，用于两路电源供电的系统中一路到另一路的自动切换
输出开关	用于启闭 UPS 主供电回路电能输出
旁路开关	用于启闭 UPS 旁路供电回路电能输入
维修旁路开关	用于 UPS 的检修和维护
控制模块	交流电输入保护，控制静态开关的切换，输出过压 / 欠压保护，输出过载 / 短路保护，电池低压保护，器件高温报警、风扇故障报警、熔丝熔断报警、整流模块故障报警、逆变模块报警等。通过 RS-485/232 接口输出状态信号至计算机控制系统，方便操作人员及时发现 UPS 出现的故障信息

对于可以双电源输入的 UPS，其旁路电源和主路电源宜由不同母线供电，也可以只输入一路市电由 UPS 内部进行主路电源和旁路电源的并线；部分小功率 UPS 产品只可输入一路市电，同样由 UPS 内部进行并线。

整流器、逆变器、蓄电池组、静态开关、旁路开关等在 UPS 中的位置相对固定，而隔离变压器的位置设置根据 UPS 的需求功能不同而不同，大部分 UPS 厂家将隔离变压器的配置作为选配件，也可根据不同的需求在市电输入主路电源处或旁路电源输入处设置隔离变压器。

UPS 输出电源的质量应符合《仪表供电设计规范》（HG/T 20509—2014）相关内容的要求。

15.1.2.2　UPS 的分类

①UPS 按工作方式可分成后备式、在线式和在线互动式。

后备式 UPS 又称离线式 UPS，在市电正常时由市电经过稳压滤波后给负载供电，蓄电池处于充电状态，逆变器处于非工作状态。当市电异常时，逆变器开始工作，将蓄电池组内的直流电逆变成交流电输出给负载使用。

后备式 UPS 适用于对供电质量要求不高的场合，市电与备用电源切换时间一般小于 10ms，可用于家庭办公等场合，其容量多在 2kVA 以下。

在后备式 UPS 的旁路上增加稳压器和滤波器，可在市电时滤去高频干扰，这种方式的 UPS 称为三端口式 UPS。

在线式 UPS，与后备式 UPS 不同点在于无论市电是否正常，其逆变器一直处于工作状态，因此不存在切换时间的问题，能够达到输出电压零中断的要求。

工业上广泛应用的是双变换在线静止型（即采用半导体功率器件，如 IGBT）的 UPS。

在三相大功率 UPS 中还有采用双逆变电压补偿在线技术（又称 Delta 逆变技术），即采用 2 个逆变器，减少了 UPS 电源对电网的污染，提高了能量的利用率，特别适用于感性负载（如电动机）或对电源质量要求不是非常高的负载。但是此类技术对电网的适应能力尚有待进一步提高。

在线互动式 UPS，是介于后备式和在线式之间的一种 UPS 设备。当市电正常时，由市电直接向负载供电；当市电电压偏低或偏高时，由稳压电路稳压后向负载供电；当市电异常时，由蓄电池逆变后向负载供电，在线互动式 UPS 切换时间一般小于 4ms。

②按照功率可将 UPS 划分为小功率、中小功率、中大功率和大功率 UPS，见表 15-1-2。

表 15-1-2　UPS 功率划分

序号	类型	功率 / kVA
1	小功率 UPS	≤3
2	中小功率 UPS	>3，≤10
3	中大功率 UPS	>10，≤50
4	大功率 UPS	>50

③按照输入输出相数分为"单进单出"、"三进单出"和"三进三出"UPS。

容量在 10 kVA 以下的 UPS 采用单相 220V AC 输入、单相 220V AC 输出的供电方式。此种方式的优点是 UPS 输出端的配电系统设计、使用不必考虑相序因素，不必考虑负载在各相的平均分配，所以安装接线灵活简单。但相比同功率的三相输入 UPS，输入电流大，需选用大横截面积的进线电缆。

容量在 10~40 kVA 之间的 UPS 采用三相 380V AC 输入、单相 220V AC 输出的供电方式。此种方式结构和造价介于"单进单出"和"三进三出"UPS 之间，相比于同功率的单相输入 UPS 输入电流小，不需要选用截面积大的进线电缆。当选用"三进单出"UPS 时，UPS 的主路电源输入为三相 380V AC，旁路电源输入为单相 220V AC。

容量在 40kVA 以上的 UPS 采用三相 380V AC 输入、三相 380V AC 输出的供电方式。此种方式可最大限度避免任何一相的负载故障（如短路）对其他各相负载的影响。当采用

"三进三出"型 UPS 时，应将用电负荷均匀地分配到三相电路上，三相间负荷不平衡度宜小于 20%。

④ 按照工作频率分为工频机 UPS 和高频机 UPS。

工频机 UPS 是指带输出隔离变压器的 UPS，通过输出隔离变压器在逆变器后端进行交流升压，如图 15-1-1 所示。工频机 UPS 主要特点是主功率部件稳定可靠、过负荷能力和抗冲击能力强。

高频机 UPS 相比于工频机 UPS，无输出隔离变压器，是通过直流斩波在逆变器前端进行直流升压（升压电路，即电子变压器）的 UPS，逆变器的调制频率高于 20kHz。在线式高频机 UPS 原理示意框图如图 15-1-2 所示。

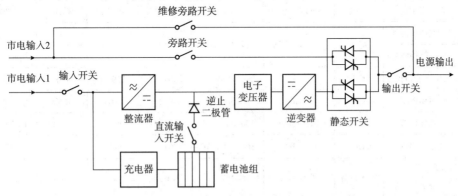

图 15-1-2　高频机在线式 UPS 的组成及原理

高频机 UPS 的输入功率因数可做到 0.99 以上，而工频机 UPS 的输入功率因数一般低于 0.8；因为省去了输出隔离变压器，高频机 UPS 的体积质量要小于工频机 UPS；同时高频机 UPS 本身功耗低于工频机 UPS，更为节能。

高频机 UPS 对技术与工艺以及生产手段的要求非常严格，20kHz 以上的高频机 UPS 容量都小于 100kVA，同时采用如 IGBT 高频整流（相对于 50Hz 而言）的高频机结构，频率一般在 15kHz 以下，多数厂家 UPS 容量已可做到 200kVA 及以上。目前国际上知名公司大都放弃了工频机 UPS 的生产而改为高频机 UPS，高频机是 UPS 发展的方向。

15.1.2.3　UPS 选型计算

a）UPS 容量的计算

通常 UPS 需给计算机控制系统（DCS，PLC，SIS，CCS，GDS 等）、在线分析仪表系统、监控计算机、现场测量仪表、执行机构和其他监控仪表供电，分别统计各用电设备的用电负荷，按照耗电量总和的 1.2 倍进行 UPS 容量的计算（当考虑预留时可按 1.5 倍计算，但注意 UPS 容量不宜选择过大）。

计算机控制系统一般由电源柜、网络柜、系统柜、辅助柜（安全栅柜、电涌保护器柜、继电器柜）等组成，具体应用中准确的 UPS 容量需计算机控制系统厂家根据实际硬件配置计算，若无精确数据，可按每个机柜视在功率 600~1000W 的用电负荷进行估算；二线制仪表（如压力变送器、涡街流量计、转子流量计、智能定位器等）一般由计算机控制系统的 I/O 卡件或安全栅供电，其用电功率不单独统计；对于部分非回路供电的仪表，其用电负荷见表 15-1-3。

表 15-1-3　常见测量和控制仪表功率

序号	设备名称	品牌	型号	电压范围	典型电压	最大功率	最大工作电流 /A	建议空开规格
1	电磁流量计	罗斯蒙特	8700E	12~42V DC	24V DC	10W	0.42	1A 24V DC
2	质量流量计	E+H	80 系列	18~100V DC	24V DC	15W	0.625	1A 24V DC
3	伺服液位计	E+H	NMS53x	85~264V AC	220V AC	50VA	0.28	1A 220V AC
				20~60V DC	24V DC	50W	2.08	4A 24V DC
4	音叉开关	E+H	FTL52	20~60V DC	24V DC	0.83W	0.034	1A 24V DC
5	外贴式液位开关	定华	ELL	18~30V DC	24V DC	10W	0.42	1A 24V DC
6	罐旁指示仪	E+H	NRF560	85~264V AC	220V AC	40VA	0.18	1A 220V AC
7	可燃气体检测器	特安	ES200T 系列	14~30V DC	24V DC	2W	0.083	熔断丝 0.5A
8	有毒气体检测器					1W	0.042	熔断丝 0.5A
9	氧化锆分析仪	ABB	ZDT 系列	200~260V AC	220V AC	110VA	0.5	2A 220V AC
10	PH/ORP 计	ABB	AX460	12~30V DC	24V DC	10W	0.42	1A 24V DC
11	红外分析仪	西门子	ULTRAMAT6	200~240V AC	220V AC	70VA	0.32	1A 220V AC
12	气相色谱仪	ABB	PGC2000	100~230V AC	220V AC	900VA	4.1	6A 220V AC
13	半导体激光气体分析仪	聚光科技	LGA-4100	18~36V DC	24V DC	20W	0.83	2A 24V DC
14	定值控制仪	E+H	NXF581	185~260V AC	220V AC	10VA	0.045	1A 220V AC
15	操作员站	DELL	T3610	110~240V AC	220V	425W	2.41	4A 220V AC
16	工程师站	DELL	T5610	110~240V AC	220V	685W	3.89	6A 220V AC
17	防爆触摸屏	旭永	XY800	18~32V DC	24V DC	15W	0.625	
18	交换机	思科	C2960-24TT-L	100~240V	220V AC	30W	0.17	

　　由表 15-2-3 可以看出，绝大部分非回路供电的现场仪表功率都较小，计算用电负荷时可忽略不计，但对大功率的仪表如分析仪等需另做统计。另外注意在计算过程中有功功率单位（W）和视在功率单位（VA）的换算，视在功率（VA）约等于有功功率（W）的值除以负载功率因数（多取 0.8）。视在功率又称为容量，直流电源容量通常以输出电流"A"表示，交流电源容量以"VA"或"kVA"表示。常用的 UPS 容量有 3、6、10、15、20、30、40、60、80、100、120、140、160、200、300、400、500、600、800 kVA 等，计算后的 UPS 容量值可根据上述数据进行圆整。

　　b）UPS 蓄电池的计算

　　UPS 的不间断供电时间取决于蓄电池自身储存能量的大小。UPS 可内置蓄电池，其备用时间为 10min 左右，而要求服务于过程控制的 UPS 后备时间不低于 30min，则需配置外置蓄电池组。蓄电池质量的好坏对 UPS 备用时间有着至关重要的影响，在 UPS 的选型采购过程中往往容易被忽略。

　　UPS 中常用的蓄电池有铅酸、镍镉、镍氢和锂电池，主要以铅酸蓄电池为主，其优点是稳定性好、自放电率较低、无记忆效应等，缺点是体积比能量和质量比能量较低、含有重金属、抗热性差以及使用寿命短。铅酸蓄电池又分防酸式和阀控式，由于防酸式铅酸蓄电池技术落后，现已逐步停止使用。

蓄电池的容量是 UPS 很重要的参数，若蓄电池容量过高带来成本增加，且在电池放电时容易出现电流小而深度放电，影响电池的使用寿命；若蓄电池的容量过小则不满足供电的要求，出现电流过大，同样影响电池的寿命。因此需合理地配置蓄电池组，蓄电池容量的计算通常有恒功率法（查表法）、恒流法、电流估算法和电源法，不同计算方法计算出来的结果也有所不同，其中恒功率法是最常用的 UPS 蓄电池容量的计算方法。

恒功率法是遵循能量守恒定律，蓄电池提供的功率大于负荷消耗的功率，当后备时间小于 1h 时，采用恒功率法计算结果较为精确。蓄电池恒功率数据来自试验数据，由于没有考虑蓄电池的折旧以及温度的变化，故恒功率法适用于 UPS 蓄电池运行环境稳定，负载长时间在额定容量 80% 以下运行的工况。恒功率法计算如下所示：

$$P_{负荷} = \frac{S_{额} \times \cos\varphi}{\eta_{额}} \qquad (15-1-1)$$

式中　$P_{负荷}$——蓄电池组提供的总功率，W；

　　　$S_{额}$——UPS 的额定容量，VA；

　　　$\cos\varphi$——负载功率因素；

　　　$\eta_{逆}$——UPS 逆变器效率。

$$P_{nc} = \frac{P_{负荷}}{N \times n} \qquad (15-1-2)$$

式中　P_{nc}——每节蓄电池需要提供的功率值，W；

　　　N——UPS 配置的蓄电池单体数量，若蓄电池一组电池有 30 块，则 $N=30$；

　　　n——单体蓄电池节数，每块 12V 蓄电池内部是由 6 个 2V 基本单元电池组成，故$n=6$。

通过上述计算确定蓄电池对应时间下提供的功率值数据，实际配置时查表配置合适的蓄电池使得蓄电池实际试验的恒功率数据大于等于式（15-1-2）计算的结果。

如某 UPS 额定容量为 40kVA，负载功率因数为 0.8，逆变器逆变效率为 0.93，要求后备时间 30min。

将上述数据代入式（15-1-1）和（15-2-2）计算，可得 P_{nc}=191W。

目前中小功率 UPS（10 kVA 以下）电池寿命一般为 3~5a，中大功率 UPS（10 kVA以上）电池寿命一般为 5~8a，在使用过程中应适当地放电有助于电池的激活；如长期不停市电，每隔 3 个月可人为断掉市电用 UPS 带负载放电一次，可以延长电池的使用寿命，对于容量低于 80% 的或已达到使用年限的蓄电池组应及时更换。

15.1.2.4　UPS 蓄电池的状态监控

a）国内蓄电池使用现状

近年来，阀控式铅酸蓄电池（VRLAB）在许多不同领域被迅速推广应用。VRLAB 电池"免维护"的技术使其不断得到推广并取代传统的防酸隔爆式电池。VRLAB 电池投入使用以来，由于其免维护、轻便、易于安装、使用年限比传统防酸隔爆式电池长等优点，很快在各行业 UPS 应用场所中得到广泛应用。

但 VRLAB 电池的实际使用情况并不令人乐观，在使用 3~4a 后，大部分电池组很难通过容量检测，只有少数能超过 6a。由于免维护，许多 VRLAB 电池应用部门减少了蓄电池维护的人员和精力，而且对于此类蓄电池维护，经常缺乏训练有素的人员。很多情况下是在市电停电后才发现蓄电池放电容量达不到设计要求，甚至有的电池组的容量达不到额定容量的 50% 还在继续工作。

因此，VRLAB 电池出现的故障类型和次数反而明显高于传统的蓄电池。传统蓄电池最基本的故障是正极板腐蚀引起正极活性物质丧失，而 VRLAB 电池产生故障的原因却很多，如板栅腐蚀及增长问题，甚至极柱从蓄电池盖突出造成酸雾泄漏；由于电池失水过多，甚至干涸而引发的性能变坏，如内阻增加，热失控等；电池性能不均匀，个别电池的提前失效问题或由于长期缺乏有效的性能监控及检测手段，导致直流系统事故的发生，给企业安全运行造成隐患甚至巨大损失。

b）UPS 蓄电池预警仪系统

该系统由传感器模块、汇聚模块、显控模块及相关软件组成，系统结构如图 15-1-3 所示。

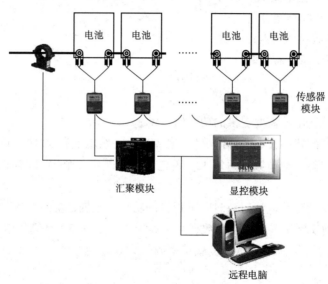

图 15-1-3　电池预警仪系统结构

① 传感器模块。完成对单电池内阻、单电池电压、单电池温度数据实时在线采集，并将数据传给汇聚模块。高精度、高时效的传感器模块采用模块化设计方案，兼顾了专用化与通用化原则，配置灵活，根据采样点种类及规模的需求，各个模块可单独使用，亦可自由组合，能适应不同的监测场合。

② 汇聚模块。通过总线控制传感器模块工作，收集传感器模块采集的数据，并检测电池充放电电流，完成对蓄电池组中每个单电池的内阻、电压、温度监测管理数据的通信、存储和查询功能，一个汇聚模块可接入最多 240 个传感器模块。汇聚模块可以直接将数据通过 MODBUS 远传到显控模块或机房的计算机监控终端。

③ 显控模块。为现场操作装置，采用触摸屏实现就地操作，显控模块与汇聚模块通信，实时提取数据，实时显示数据，智能分析数据，对异常的电池运行情况进行及时报警，并具有远程通信接口、声光报警及报警输出接点。显控模块也能将数据通过 TCP/IP 或 MODBUS 协议，远传至计算机监控终端。

　　c）系统软件

　　蓄电池预警仪软件可以安装在普通客户端，能够实现电池组的管理、参数设置、趋势分析、通信设定、时间校正等功能。用户可以利用该软件增加电池组、修改电池组属性、修改报警参数、校正系统时间，提取当前监测数据、提取历史监测数据，还可以对所有监测参数进行时间段趋势变化分析，生成曲线和图表，通过曲线可以直观分析出监测参数在某时间段的变化过程，通过直方图可以看出单体电池的不一致性等。生成的曲线和图表可以随时打印。

　　d）系统原理

　　电池的运行参数主要受充电电源的控制，尤其是电池的浮充电压，电池不能长期工作在偏高（或偏低）的浮充电压下，浮充电压的测量需具有高准确度、高抗共模干扰性能。

　　在线测量每个单电池的内阻是系统的核心技术之一，测量准确度直接关系到分析的准确度，在线测量需要解决充电机和用电负载干扰的问题。电池的内阻是 $\mu\Omega$、$m\Omega$ 数量级的参数，常规的测量方式得不到有意义的数值。结合电力电子技术和 DSP 数字信号处理技术、无损测量技术的综合应用，实现对内阻的高精度测量的同时，不会对电池产生任何损伤。

　　通过对系统每一节电池的电压、内阻、电流和温度数据及其变化进行综合分析，可以发现超越电池参数极限的事件。这些事件包括：充电电流过大、放电电流过大、电池组浮充电压高、电池组浮充电压低、电池组过放电、单电池浮充电压高、单电池浮充电压低、单电池过放电。

　　根据国际标准 IEEE1188 要求，当内阻等参数的变化发生超限时，必须对电池进行检查或维护。故在线实时电池监测由于能测量出单电池内阻，从而可提前预报电池失效。

　　e）系统特点

　　① 高可靠性。该系统应用于对可靠性要求很高的场合，对用户设备不产生任何附加干扰，保证用户设备同监测系统共同长期稳定工作，系统具有较好的容差和容错能力，避免误报警。

　　② 可扩展和网络化。该系统满足 UPS 蓄电池应用的大部分场合及不同配置的电池，包括电力、电信、石化等行业。可以根据电池的数量、规格和摆放形式来灵活配置。系统可扩展放电测试设备，自动完成放电测试。系统设计有通信接口和多种网络方案。

　　③ 活化放电。系统可扩展测试容量设备对单电池或整组电池进行放电测试。系统自动采集放电数据，实时计算电池的放电容量，在电池组中容量最小的电池达到放电下限电压时结束测试。

　　④ 24h 实时监控，由被动式的事故后处理转变为主动式的提前预警，提前发现蓄电池组中的劣化电池，减少不合格的蓄电池爆炸对人员造成的意外伤害。

　　f）性能指标

　　① 电压

电池电压测量范围　　2V、6V、12V（单体可选）

　　　　　　　　　　　0~100V、0~500V（电池组、可自由选配）

电压测量准确度　　　< ± 0.2% rdg. ± 1dgt

② 电流

电流测量范围	0~100A、0~500A（也可选其他规格）
电流测量准确度	±2%（与传感器有关）

③ 内阻

内阻测量范围	0~40 mΩ
内阻测量准确度	±1.5% rdg. ±1dgt

④ 温度

温度测量范围	−10~60℃
温度测量精度	<±0.5℃

⑤ 工作环境

温度	−10~60℃
湿度	5%~70%

15.1.3　供电方案

15.1.3.1　中心控制室仪表供电

a）用电特点

中心控制室主要用电设备包括控制系统操作站、厂级网络交换机、SIS 远程 I/O 站或控制站、工程师站、服务器。设备用电特点如下：

① 操作站。为控制系统与操作人员之间的人机接口设备，如果操作站失电，操作人员将看不到工艺装置的运行状态，无法操作，工艺装置将有失控的危险，会导致严重后果。即使在工艺装置停电后的一定时间内，仍然需要操作站正常运行，至少是部分操作站能运行。因此，操作站供电必须可靠，应采用 UPS 供电，并且应采用双路供电。但是，每个操作站却只有 1 路电源接口。

② 厂级网络交换机。网络交换机起到控制系统神经中枢的作用，一旦失电，中心控制室内的操作站、工程师站将与现场的控制站失去联系，导致的结果和操作站失电一样危险。即使在全厂停电后的一定时间内，仍然需要交换机正常运行。因此，交换机的供电必须可靠，应采用 UPS 供电，并且应采用双路供电。交换机具有 2 路电源接口。

③ SIS 远程 I/O 站或控制站。布置于中心控制室内的 SIS 远程 I/O 站或控制站用于处理 SIS 操作台上的按钮、开关、指示灯等信号。远程 I/O 站或控制站失电将导致联锁停车，会带来很大的经济损失。因此，SIS 远程 I/O 站或控制站供电必须可靠，应采用 UPS 供电，并且应采用双路供电。SIS 远程 I/O 站或控制站具有 2 路电源接口。

④ 工程师站、历史站、服务器。单纯功能的工程师站仅用于控制系统组态，工程师站停机不会造成安全事故，对供电可靠性无特殊要求。但对兼备 SOE 记录站、OPC 服务器等功能的工程师站，或兼做操作站，供电要求较高，应采用 UPS 供电。

历史站主要用于工艺参数和操作记录。有的独立设置，有的由操作站兼任，有的由工程师站兼任。尽管纯粹意义的历史站断电停机不影响 DCS 运行，但还应采用 UPS 供电，以便全程记录，包括停电过程和停电后的应急处理过程，供事后事故分析。

服务器分多种，包括网络接口服务器和辅助监控系统服务器。网络接口服务器用于控制系统与工厂 LAN、MES、APC 等进行数据交换，系统突然停机不影响生产安全，但将影响正常生产管理或生产效率，应采用 UPS 供电。辅助监控系统服务器是辅助监控系统的核心，虽然为非实时控制系统，突然停机也不影响生产安全，但失去监控毕竟不利于生产，宜采用 UPS 供电。

b）供电方案

① 操作站。根据上述分析，操作站采用分组供电方式，即把 1 个装置的操作站分成 A 和 B 两组，两组功能冗余配置。A 组操作站电源来自第 1 路 UPS，B 组操作站电源来自第 2 路 UPS。

② 厂级网络交换机。每台网络交换机应接 2 路电源，1 路引自第 1 路 UPS，另一路引自第 2 路 UPS。

③ SIS 远程 I/O 站或控制站。每个 SIS 远程 I/O 站或控制站应接 2 路电源，1 路引自第 1 路 UPS，另一路引自第 2 路 UPS。

④ 工程师站、历史站、服务器。工程师站、历史站、服务器电源宜引自 1 路 UPS。如果有多台工程师站，宜把工程师站分成 2 组，2 组的电源分别引自不同的 UPS。

c）供电系统

根据上述分析，典型的中心控制室仪表供电系统原理如图 15-1-4 所示。

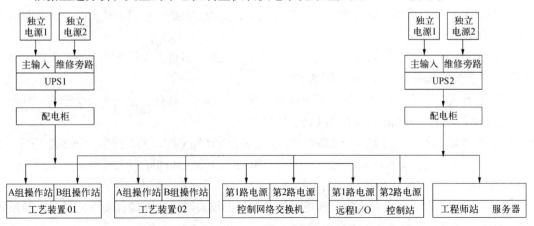

图 15-1-4 中心控制室仪表供电原理

15.1.3.2 现场机柜室仪表供电系统

a）用电特点

现场机柜室主要用电仪表设备包括控制系统控制站、区域网络交换机、工程师站、操作站、服务器、现场仪表。设备用电特点如下：

① 控制站。控制站是控制系统的核心，一旦失电，控制系统将失效。因此，控制站供电必须可靠，应采用 UPS 供电，并且应采用双路供电。

② 区域网络交换机。网络交换机是控制系统的神经中枢，一旦失电，该现场机柜室内控制站间将失去联系，影响控制功能；控制系统与中心控制室内的操作站将失去联系，导致工艺装置失控。因此，区域网络交换机供电必须可靠，应采用 UPS 供电，并且应采用双路供电。

③ 工程师站。工程师站特点与中心控制室工程师站情况雷同，不再赘述。

④ 操作站。现场机柜室的操作站只用于显示，日常不能操作，供电方面没有特殊要求，由于数量很少，每个机柜室有 1~2 台，宜采用 UPS 供电，有利于装置停电时查看有关信息。

⑤ 服务器。大部分控制系统采用无服务器的点对点通信结构，只有部分厂商的控制系统采用"服务器 + 客户机"的结构。因此，只有选用后一种结构的控制系统时，现场机柜室才有服务器。这种服务器对控制系统的正常运行至关重要，必须可靠供电，应采用 UPS供电，并且应采用双路供电。

⑥ 现场仪表。现场仪表按用电规格分为 24V DC 和 220V AC 两种。

24V DC 供电仪表主要有检测仪表、变送器、电气阀门定位器、电磁阀。这些仪表可靠性要求高，供电不能中断，应采用 UPS 供电，并且应采用冗余的电源。

220V AC 用电仪表数量很少，多数为在线分析仪，还有少量的流量计。根据统计，在线分析仪一般不用于实时控制，从其用途看一般不需要 UPS 供电。极少数重要用途的在线分析仪，或突然供电中断导致分析仪功能受损时，可用 UPS 供电。使用 220V AC 规格电源的流量计情况与此类似。现场仪表本体只有 1 路电源输入口。

b）供电方案

① 控制站。每台控制器应接 2 路电源，1 路引自第 1 路 UPS，另一路引自第 2 路 UPS。

② 区域网络交换机。每台网络交换机应接 2 路电源，1 路引自第 1 路 UPS，另一路引自第 2 路 UPS。

③ 工程师站。工程师站电源宜引自 1 路 UPS，如果有多台工程师站，宜把工程师站分成 2 组，2 组的电源应分别引自不同的 UPS。

④ 操作站。若有 1 台操作站，其电源宜引自 1 台 UPS，若有 2 台或多台操作站，宜分2 组，2 组的电源宜分别引自不同的 UPS。

⑤ 服务器。每台服务器应接 2 路电源，1 路引自第 1 路 UPS，另一路引自第 2 路 UPS。

⑥ 24V DC 电源现场仪表。通用变送器、阀门定位器，如回路中无隔离式安全栅时，可以通过控制系统 I/O 卡件供电，通过控制系统已经满足 2 路 UPS 供电的需求。

对于回路中有隔离式安全栅或其他外供电的辅助仪表时，或现场仪表不能通过控制系统 I/O 卡件供电时，仪表供电方案如下：

选用 2 组直流电源模块，第 1 组的交流输入引自第 1 路 UPS，另一组引自第 2 路UPS。2 组直流电源装置的直流输出至同一直流母排，24V DC 电源现场仪表从直流母排引电。目前，有一种直流电源装置，每一台都可以接入 2 路交流电源，1 路电源中断时，另一路可以继续供电。

⑦ 220V AC 电源现场仪表。对于单路电源供电的仪表，电源直接引用市电或引自某 1台 UPS。对于需要双电源的仪表，供电方案如下：选用互投器，互投器的 2 路输入分别接2 路 UPS，输出接供电母排后向仪表供电。互投器工作方式：正常情况下通过 1 路 UPS 供电，该路中断时自动切换到另一路。切换时间可以根据负载要求确定。根据笔者的经验，目前所设计的炼油装置中尚无这种需求。但笔者调查了解到个别石化企业的确使用了该方案。笔者建议，要避免这种情况出现，应首先在仪表选型方面避免选用这种仪表，尽量选用 24V DC 电源的仪表。

另外，对于较大负荷的在线分析仪，需要 UPS 供电时，应单独为其配置 UPS 装置。

15.1.3.3　现场控制室 / 区域控制室仪表供电系统

现场控制室 / 区域控制室相当于中心控制室与现场机柜室的合并。供电系统设计方案已包括在中心控制室和现场机柜室供电方案中，不再赘述。

15.1.3.4　控制室和机柜室空调供电

a）用电特点

空调设施用于调节控制室、机柜室的温度和湿度，为控制系统提供适宜的工作环境。尤其机柜间，机柜发热量大，如果机柜间空调断电停机，机柜间温度会快速上升，导致控制系统自动停机，甚至严重损坏。笔者曾在南方某炼油厂遇到一案例，机柜间空调供电故障停电，在约 2h 内室内温度由 23℃升至 50℃，只得把控制系统主动停机。

b）供电方案

控制室、机柜室空调由电气专业直接供电，应按一级负荷供电，或与工艺流程泵供电等级相同。另外，对于空调系统，宜设 2 台空调。在 1 台空调停止运行时，另 1 台能维持室内温度不超过控制系统运行条件的上限。

c）供电系统原理

根据上述分析，典型的现场机柜室仪表供电系统原理如图 15-1-5 所示。

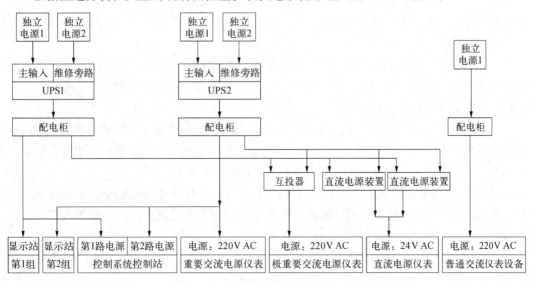

图 15-1-5　现场机柜室仪表供电原理

15.1.3.5　控制室和机柜室室内照明供电

1）用电特点

控制室、机柜室室内照明的目的是保证工艺操作人员的操作与记录，保证仪表维护人员维护控制系统。如果照明中断，其主要后果是影响操作人员的操作，存在失控的危险。

2）供电方案

控制室、机柜室照明由电气专业负责供电。操作室等必须有人操作的地方在市电停电后，其照明应按一级负荷中重要负荷级别供电，在装置停电时，仍能在一定时间内保证一定照度的照明。其他房间按建筑物照明规定设计。

15.1.3.6 其他供电事项

a）储运设施仪表供电

储运设施包括油品罐区、油品装载设施等。同工艺装置相比，储运设施一般为间断性操作，操作条件平缓，对实时控制要求较低，对供电可靠性要求比工艺装置低，使用单UPS可以满足要求。

b）公用工程仪表供电

公用工程包括水、电、汽、风等设施，如净水厂、循环水场、污水处理厂、发电站、配电站、蒸汽锅炉、空压站、空分站。公用工程是工艺装置正常运行的前提，对其可靠性要求特别高。因此，公用工程仪表供电的可靠性要求不能低于工艺装置。

c）UPS冗余配置方案

关于双UPS的供电方案，市面上有多种组合方案，主要区别在于UPS的输入和输出关系，其中最典型的是2台UPS的输出关系。早期，常采用2台UPS输出并联的方案，2台UPS间采用同步器协调。每台UPS的容量满足全部负荷的要求。无论是理论分析，还是供应商制造技术，该方案似乎都是可行的。但经过多年运行、维护实践证明，该方案故障率很高，常发生UPS联锁停机，仪表与控制系统失电，工艺装置停车等故障。

近十年来，笔者在调查研究的基础上，取消了上述输出并联方案，采用了2台UPS独立供电方案，实践证明，该方案安全可靠，维护方便，完全满足炼油厂仪表供电要求。

d）配电柜设置

仪表用电取自配电柜。目前，中心控制室配电柜设置基本一致，设总配电柜，由总配电柜配电到用电设备。现场机柜室配电柜的设置花样繁多，常见有三种方案：按装置设配电柜、按控制系统设配电柜、设总配电柜。

① 按装置设配电柜方案。该方案主要流程：每台UPS输出至总配电柜；该机柜室内按工艺装置设分配电柜；总配电柜配电至分配电柜；分配电柜配电至该装置所用的各机柜。当只有一个装置时不设分配电柜，总配电柜直接配电到各机柜。

② 按控制系统设配电柜。同方案 ① 相比，该方案分配电柜按控制系统类别设置，如DCS配电柜、SIS配电柜等。该方案源于控制系统供应商集成模式，控制系统各自管各自的供电，包括与各系统相连的仪表供电。

③ 设总配电柜。每路UPS输出设1个配电柜，由该配电柜向各机柜等用电负荷直接供电。

方案 ① 的优点是用电管理界面清晰，便于各装置不同期检修，用电安全性高；缺点是配电级数多。方案 ② 优点是设计简单，工作量小；缺点是装置间界面不清，不利于装置间独立的维护与检修，用电安全性较低。方案 ③ 优点是配电级数少；缺点是装置间界面不清，用电安全性较低。综合比较，多装置共用一个机柜室时，笔者推荐方案 ①。

e）UPS输入要求

UPS对输入有一定的要求，超出条件范围，UPS会联锁停机，造成严重后果。但设计者往往关注对UPS输出的要求，而忽略对UPS输入条件的要求。因此，有些工程的UPS出现频繁跳闸的现象。这种情况一般发生在市电电网质量不高，或附近经常有大负荷设备的启停，笔者曾经历过几个案例。因此，应仔细核实 UPS 的输入条件，并在 UPS 规格书中注明，条件不好时还需特别强调，以便让 UPS 供应商做个性化配置。

f）UPS 输出要求

目前，UPS 输出分为中线接地式和浮空式两种。由于仪表供电系统是中线接地式的，要求 UPS 输出也应是中线接地式。

g）UPS 状态指示

UPS 具有一定的自诊断能力，表现为能够输出多种状态报警，尤其当前的 UPS 智能化程度很高。UPS 的状态报警对仪表供电可靠性非常重要，可以帮助使用者及时采取各种应急预案。但由于 UPS 布置于无人值守的 UPS 间，其报警无人知晓，另外，UPS 一般由电气专业设计，由于专业间的"隔阂"，UPS 状态报警常常被忽略。因此，在工程设计中需要重视 UPS 状态报警，应主动把报警状态信号接入到 DCS 等控制系统中，使 UPS 状态报警能被及时发现，及时采取措施。

15.1.4　安全用电

安全可靠的仪表电源系统不但为装置生产提供了保证，而且对装置突发性事故的紧急处理，特别是保障仪表安装、维护人员的人身安全具有重要的作用。

15.1.4.1　仪表配电接地

选择合理的接地形式可以防止触电事故发生，低压配电系统按接地形式，分为 TN 系统、TT 系统和 IT 系统，其中 TN 系统的中性点直接接地，所有的外露可导电部分均接公共的保护线（PE 线）或公共的保护中性线（PEN线）。TN 系统又分为 TN–C、TN–S 和 TN–C–S系统 3 种，仪表配电一般采用 TN–S 接地方式。

采用 TN–S 系统时 N 线和 PE 线全部分开，设备的外露可导电部分均接 PE 线，如图 15–1–6所示。由于 PE 线中无电流通过，因此设备之间不会产生电磁干扰。TN–S 系统现在广泛应用在对安全要求较高的场所及对抗电磁干扰要求高的数据处理和精密检测等实验场所。

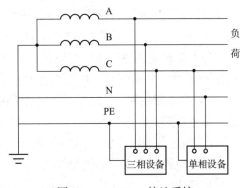

图 15–1–6　TN–S 接地系统

15.1.4.2　现场仪表供电

在实际工程应用中，现场仪表优选 24V DC 供电的方式，如电磁阀、变送器等。对于使用安全电压供电无法驱动的设备，如部分分析仪、流量计等，可采用 220V AC 供电的方式。

15.1.4.3　配电设计

a）配电柜的设计

① 供电系统中不同种类和等级的电源，应分别配电，不能混用配电柜（箱）。在三级配电系统中宜设置一级总配电柜（箱）、二级分配电柜（箱）、三级配电器（板）；在二级供电系统中宜设置一级总配电柜（箱）、二级分配电柜（箱）。

② 仪表供电系统一般为二级配电。在交流总配电柜（箱）应设置输入总自动断路器和输出自动断路器；在交流分配电柜（箱）输入端应设置总开关（不带保护器，不能分断短路电流），输出端应设置自动断路器。

③ 直流配电柜不设输入总开关（不带保护器），仅对输出端正极设置自动断路器，但当负极浮空时，输出端的正、负极都应设置自动断路器。工业现场存在大量的干扰，当这种干扰同时作用在直流电信号的两根导线上时，大部分是同相位、同强度的，两根导线上的干扰作用的结果是相互抵消（共模抑制）。如果存在接地则一根导线上的干扰被引入地，而另一根上的干扰依然存在，这时干扰会发生作用，所以仪表直流配电系统通常采用负极浮空的方式。

b）断路器的选型

配电系统中使用非熔断式自动断路器，如自动空气断路器（俗称空开）。

断路器是能接通、承载和分断正常电路条件下的电流，也能在短路等规定的非正常条件下接通、承载电流一定时间和分断电流的一种机械开关电器，常用品牌有施耐德、ABB、正泰等。为额定电流在 63A（含）以下时，可选用小型断路器（微断），63A 以上的可选用塑壳式断路器。

c）熔断器的选型

在计算机控制系统中给现场直流用电仪表供电时，为了节省空开的费用，降低投资，也可以使用分断悬臂式保险丝端子（又称熔断型端子），即在回路中串入熔断器。

熔断器是根据电流超过规定值一段时间后，以其自身产生的热量使溶体融合，从而使电路断开。熔断器在保护现场仪表的安全运行、保护人身安全方面发挥了非常好的作用，但由于熔断器长时间运行，其保护特性将发生很大的蜕变，造成现场仪表断电，用于安全仪表系统等重要场合或重要的大中型生产装置宜采用空开的方式给现场仪表供电。

熔断器需定期进行维护和更换，可选用带发光指示的分断悬臂式保险丝端子，当保险丝熔断时发出显示信号。熔断电流是由所安装的保险丝决定的，常用的熔断电流有 0.5A（常配套安全栅使用）、1A（常配套电磁阀等使用）、2A、5A 等，在应用中避免选择过低的熔断电流造成断电情况。

d）与电气 MCC 之间的电气隔离

计算机控制系统与电气 MCC 之间常有信号往来，用于控制电机启停的信号接入至配电二次回路中，回路电压为 220V AC；接收电机状态反馈的信号来自接触器的辅助触点，回路中无电压，但是在维护过程中很多企业出现计算机控制系统 DO 卡件损坏的现象，经测量发现正常使用中的 DO 卡件信号叠加数百伏的电压。

为了有效隔断扰动电压对开关量 I/O 卡输入、输出开关管的冲击，阻断 MCC 危险电压串入计算机控制系统，在计算机控制系统端与 MCC 交接的开关量信号（DI 和 DO）均采用中间继电器隔离，与 MCC 交接的模拟量信号采用信号隔离器或隔离安全栅进行隔离。

在中间继电器选型过程中需更多地关注触点容量，触点容量是指工作在额定电压下的继电器的触点允许通过的最大电流。一般仪表系统中最常用的 5A、220V AC 和 3A、24V DC 的中间继电器，负载不应超过触点的容量。

15.1.5　电源系统的配线

电缆导线存在一定的电阻，当电流通过后会在电缆两端产生电压降，配电线路上的电压降不应使送到用电设备的供电电压小于最低工作电压。

15.1.5.1　24V DC 直流配电线路

现行设计标准《石油化工仪表供电设计规范》（SH/T 3082—2019）规定，控制室内直流电（24V DC）的线路电压降应符合以下规定：

① 直流电源设备至配电柜（箱）的电压降小于 0.24V。

② 从总配电柜算起，配电柜（箱）至仪表设备的电压降小于 0.24V。

对于计算机控制系统而言，直流电源设备至配电柜距离较短，选择合适的电缆横截面积即可。用于直流电流的电缆横截面积按 2~4A/mm^2 进行估算，选型时可取 4A/mm^2，如直流电流为 30A，则 30/4=7.5mm^2，可取横截面积为 10mm^2 的电缆。

由计算机控制系统向现场仪表非回路供电时，需进行电缆压降的计算。首先计算导线的电阻，导线直流电阻按下式计算：

$$R_\theta = \rho_\theta \times C_j \times \frac{L}{A} \qquad (15\text{-}1\text{-}3)$$

$$\rho_\theta = \rho_{20} \times \left[1 + a\,(\theta - 20) \right] \qquad (15\text{-}1\text{-}4)$$

式中　R_θ——导线直流电阻，Ω；

　　　ρ_θ——导线在 θ℃时的电阻率，$\Omega \cdot \mu m$（或 $\times 10^{-4}\Omega \cdot cm$）；

　　　C_j——绞入系数，单股导线为 1，多股导线为 1.02；

　　　L——导线长度，m；

　　　A——导线横截面积，mm^2；

　　　ρ_{20}——导线在 20℃时的电阻率，铜芯线为 $1.72 \times 10^{-6}\Omega \cdot cm$；

　　　a——电阻温度系数，取 0.004；

　　　θ——导线实际工作温度，℃。

以工作温度为 40℃的计算机控制软电缆为例，代入式（15-1-4）得到工作温度下的电阻率为 $1.8576 \times 10^{-6}\Omega \cdot cm$，电缆是多股铜丝对绞，则绞入系数 C_j 取 1.02 代入式（15-1-3），不同横截面积的电缆直流电阻 R_θ 与 L 关系见表 15-1-4。

表 15-1-4　40℃时计算机控制软电缆 R_θ 与 L 关系

横截面积 /mm^2	R_θ/Ω	横截面积 /mm^2	R_θ/Ω
0.5	0.038L	2.5	0.0076L
0.75	0.025L	4	0.0047L
1.0	0.019L	6	0.0032L
1.5	0.013L	10	0.0019L

24V DC 直流供电电压允许压降为 0.24V DC，代入式（15-1-5）中根据仪表电流计算该回路允许的最大导体直流电阻，结合实际配电距离选择合适的电缆横截面积。

$$R \leqslant \frac{0.24}{I_{\max}} \qquad (15\text{-}1\text{-}5)$$

式中　R——允许的最大导体直流电阻，Ω；

　　　I_{max}——仪表最大工作电流，A。

15.1.5.2　220V AC 交流配电线路

《石油化工仪表供电设计规范》（SH/T 3082—2019）规定，交流电源线上的电压降，应符合以下规定：

① 电气供电点至仪表总配电柜（箱）或 UPS 的电压降应小于 2V。

② UPS 电源间应紧靠控制室，从 UPS 至仪表总配电柜（箱）的电压降应小于 2V。

③ 控制室内从仪表总配电柜（箱）至仪表设备电压降应小于 2V。

④ 从仪表总配电柜（箱）至控制室外仪表设备电压降应小于 2V。

一般情况下，电气供电点至仪表总配电柜或 UPS、UPS 至仪表总配电柜、仪表总配电柜至控制室内仪表设备距离均较短，可无须进行电缆长度与压降的计算，按照电缆载流量选择合适的电缆横截面积。

电缆导体允许持续载流量是指在热稳定条件下当电缆导体达到长期允许工作温度时的电缆载流量。电缆导体允许持续载流量与横截面积、安装位置环境温度、敷设方式等多方面因素有关，以 30℃环境温度下的 450/750V 聚氯乙烯绝缘电线（BV 线）明敷为例，估算值见表 15-1-5。

表 15-1-5　30℃环境温度下明敷的 BV 电线允许载流量估算值

电缆横截面积 /mm²	1.5	2.5	4	6	10	16
载流量 /A	24	32	42	55	75	105
电缆横截面积 /mm²	25	35	50	70	95	120
载流量 /A	146	181	219	281	341	396

控制室内交流配电电缆横截面积不宜小于 2.5mm²。从控制室内的仪表总配电柜至控制室外仪表设备供电因距离较远，需进行压降的计算。此外，《供配电系统设计规范》（GB 50052—2009）规定，"其他用电设备当无特殊规定时用电设备端子处电压偏差为 ±5% 额定电压"，现场仪表用电电压范围也较宽，所以对于功率较低的大部分现场仪表采用横截面积为 2.5mm² 或 4mm² 的电缆即可满足压降的要求；对于特殊的仪表（如分析仪），可根据具体功耗进行计算。

15.1.6　仪表设备的其他供电方式

对于功耗不大、辐射电缆困难、有特殊需求等场合，应考虑独立工作电源。这种状况的信号传输方式一般会采取无线方式。

功耗很小的仪表设备，使用放电时间足够长的锂电池作为工作电源，根据电源余量状态信息更换电池。

功耗较大的仪表设备，使用蓄电池，配合太阳能、风电作为充电设施，可以保障足够长的工作时间。

15.2　气源

15.2.1　气源的种类

仪表气源通常为空气。

当使用氮气作为备用气源时，在通风不良且有人员到达场所应设置氧浓度检测报警等安全设施。

15.2.2　气源的质量要求

① 操作（在线）压力下的气源露点≤环境温度下限值 –10℃；

② 气源中含尘粒径≤3μm；

③ 气源中油分含量≤10mg/m³；

④ 气源中应不含的有害（易燃、易爆、有毒及腐蚀性）气体或蒸汽。

15.2.3　气量的计算

仪表总耗气量通常采用汇总法确定，按式 15-2-1 计算。

$$Q_c=Q_1+Q_2 \tag{15-2-1}$$

式中　Q_c——仪表总耗气量，Nm³/h；

Q_1——连续用气总耗气量，Nm³/h；

Q_2——间歇用气总耗气量，Nm³/h。

仪表气源装置设计容量主要取决于仪表总耗气量、备用气量以及管路系统泄漏量，按式 15-2-2 计算。

$$Q_s=Q_c+ K_1Q_c+（1+K_1）K_2Q_c \tag{15-2-2}$$

式中　Q_s——气源装置设计容量，Nm³/h；

K_1——备用气量系数，通常取值 20%；

K_2——管路系统泄漏量修正系数，通常取值 10%~30%。

15.2.4　仪表储气罐要求

当需要设置仪表储气罐时，储气罐的设计、制造、检验和验收应符合 TSGR 0004—2009 规定。

仪表储气罐容量主要取决于仪表总耗气量、保持时间，按式 15-2-3 计算。

$$V= Q_c. \tag{15-2-3}$$

式中　V——储气罐容积，m³；

t——保持时间，min；

p_0——大气压力，通常取值 101.33kPa（A）；

p_1——正常操作压力，kPa（A）；

p_2——最低输出压力，kPa（A）；

保持时间应根据工艺流程需求确定。有特殊要求时，应由工艺专业提出具体时间要求；没有特殊要求时，通常取值 15~30min。

15.2.5 仪表空气配管

15.2.5.1 仪表供气方式

仪表供气方式通常分为：单线式、支干式以及环形供气方式。

仪表用气点布置在分散或耗气量大的场合，采用单线式供气，通常在气源总管或气源干管上取源，见图15-2-1。

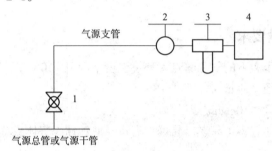

1-气源切断阀；2-气源球阀；
3-过滤器减压阀；4-仪表用气点

图 15-2-1　仪表用气点布置在分散或耗气量大的场合的布置

仪表用气点布置在密度较大的场合，采用支干式供气，通常在气源总管取源，见图15-2-2。

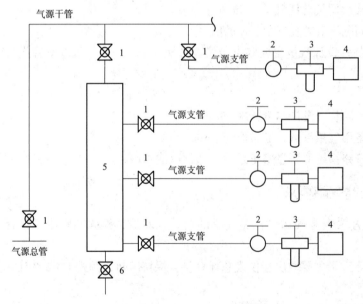

1-气源切断阀；2-气源球阀；3-过滤器减压阀；
4-仪表用气点；5-气源分配器；6-排污阀

图 15-2-2　仪表用气点布置在密度较大的场合的布置

仪表用气点对气源压力稳定性要求较高的场合采用环形供气方式。环形供气方式有总管环形和干管环形两种形式，气源总管环形供气配管由配管专业实施，干管环形供气通常在气源总管取源，见图15-2-3。

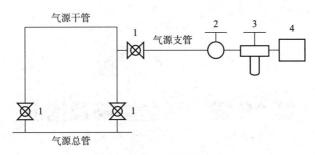

1-气源切断阀；2-气源球阀；
3-过滤器减压阀；4-仪表用气点

图 15-2-3　仪表用气点在气源压力稳定性要求较高的场合的布置

15.2.5.2　仪表供气管路材质

① 供气干管、支管材质通常选用镀锌钢管或不锈钢管。

② 气源球阀后管路材质通常选用不锈钢管，对于产生振动或位移的用气点，气源球阀后管路材质通常选用不锈钢金属软管。

③ 管路上阀门材质应不低于管路材质。

15.2.5.3　仪表供气管径

① 气源球阀上游侧，最小管径宜采用 $DN15$（$1/2''$）。

② 气源球阀下游侧，管径通常采用：$\phi6mm \times 1mm$、$\phi8mm \times 1mm$、$\phi10mm \times 1mm$ 或 $\phi12mm \times 1.5mm$。

③ 特殊要求的供气设备，气源球阀上、下游侧管径按实际需求选择。

15.2.5.4　仪表供气管线阀门设置

仪表供气管线阀门设置要求如下：

① 在气源管上取气接管处应设置气源切断阀。

② 引入用气点前，应设置气源球阀。

③ 供气管路的最低点，应设置排污阀。

15.2.5.5　仪表供气管路敷设

① 供气管路通常架空敷设，应避免 U 形弯。

② 供气管路上的取气部位应在水平管道的上方。

③ 供气管路应避开高温、机械损伤、腐蚀、强烈振动等不安全环境。

④ 供气管路水平安装应有 1/1000~1/200 的坡度。

⑤ 气源干管末端，应用盲板或丝堵密封。

⑥ 供气管路采用镀锌钢管时，应采用螺纹连接。

⑦ 采用不锈钢管时，管径大于等于 $DN25$（$1''$）通常采用焊接或法兰式阀门，管径小于 $DN25$（$1''$）通常采用卡套式连接。

第16章 环境影响及措施

16.1 环境因素及设备防护

16.1.1 环境因素

仪表所在外部环境对仪表的选型及使用造成极大的影响。本章将详细介绍对仪表选型及使用造成较大影响的环境因素、环境场所的分级、仪表设备的防护等级以及防护措施。

16.1.1.1 温度和湿度

相对湿度（某一温度下的）定义为实际水汽压力与同一温度下饱和水汽压力之间的比值。

电气设备应能承受恶劣气候环境温度及湿度的影响，这就要求在设计阶段预先掌握设备所要遇到的气候条件的详细资料。

我国的相关数据是基于1961~1980年全国各地的室外温度和湿度数据。温度和湿度的极值虽然一天中出现的时间很短，但是影响却很大，目前采用两种平均值指标：

① 仅在较短时间内出现的年极值的平均值；

② 在较长时间内出现的日平均值的年极值的平均值。

GB/T 4749.1—2018 根据温度、湿度规定了一系列气候类型，这些气候类型常应用于产品的运输、储存、安装和使用。

16.1.1.2 海拔与气压、水深与水压

暴露在大气或水中的电气设备，由于压力的不同及压力的变化，对产品的储藏、运输和使用都会产生影响。主要的是以下两个方面：

a）低于标准大气条件的低气压

在海平面以上，出现的低气压对产品有以下影响：

① 气体和液体会从容器的密封垫泄漏；

② 容器内部受压而破裂；

③ 低密度物质的物理化学性能发生变化；

④ 随着气压降低，空气减少，电气设备的放电电压、电晕电压和电极间的击穿电压降低，因而导致设备运行失常或失灵；

⑤ 随着气压降低，空气减少，以空气对流和传导方式散热的电气设备的散热效率降低，影响冷却效果，致使温升升高；

⑥ 预期的物理效应加速。

ｂ）高于标准大气条件的高气压和水面以下的水压

存在于天然凹地和矿井的高气压和水面以下的水压将使密封容器受到较大的外部机械压力，引起液体或气体的渗透，甚至致使容器破裂或变形。

16.1.1.3　生物

有危害的生物主要指霉菌、昆虫和动物。

霉菌在温度 18~37℃，相对湿度 60% 以上的环境条件下，对电气设备可造成危害。

有害昆虫是在其生命活动的过程中，会蛀蚀电气设备，导致电气设备的损坏。有害昆虫主要有白蚁、蚂蚁、蜚蠊、木蜂、蠹虫、天牛幼虫、金龟子幼虫、衣蛾等。

有害鸟类和鼠类是在其生命活动的过程中会对电气设备造成破坏。有害鸟类主要有乌鸦、喜鹊、麻雀等；有害鼠类主要有小家鼠、中华竹鼠、板齿鼠等。

16.1.1.4　太阳辐射与温度

太阳辐射主要通过使材料和环境变热以及使材料发生光化学降解反应对电气设备造成影响。太阳辐射中的紫外线部分会引起大多数高分子材料的光化学降解，影响某些橡胶以及塑料的弹性和塑性，光学玻璃可能会变得模糊。

16.1.1.5　降水和风

空气的连续水平运动，促使在广大地区产生缓慢地上升运动，或者地表增热，引起热空气局部上升。空气的上升运动使气压和温度下降，当两者降低得足够多时，就会形成降水。具体的降水类型有雨、冰雹或者雪。

全球的风系是在赤道地区的高温和两极地区的低温，伴随着地球自转的影响而形成的。大气层底部的风主要取决于太阳辐射造成的局部热效应以及包括建筑物及其他障碍物在内的地表形状。电气设备的储存、运输和使用中主要受到近地面风的影响。但是对于某些在地面上一定高度的应用，应考虑该高度上风的影响。

16.1.1.6　尘、沙、盐雾

尘、沙、盐雾以及相关联的风，能在各个方面对电气设备产生影响，最主要的是：

① 尘进入密封窗口或密封体中；

② 使电气性能劣化；

③ 引起轴承、轴、旋钮和其他运动部件产生磨损或故障；

④ 表面剥蚀（侵蚀、腐蚀）；

⑤ 导致光学表面模糊；

⑥ 使润滑剂受污染；

⑦ 热传导率降低；

⑧ 导致工作的通风孔、轴衬、导管、过滤器、孔等阻塞；

⑨ 高速运动（如沙暴）时产生静电，影响通信系统。

尘、沙与其他环境因素（如水蒸气）的结合出现，会对设备产生严重的影响，例如发生腐蚀和长霉。湿热大气与具有化学腐蚀性的尘结合，会引起腐蚀。在大气中，盐雾也会产生类似的效果。

16.1.1.7　爆炸危险区域

爆炸性混合物出现的或预期可能出现的数量达到足以要求对电气设备的结构、安装和使用采取预防措施的区域。

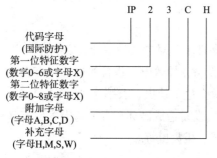

图 16-1-1　IP 代码的配置

16.1.2　设备防护

针对各种环境因素，电气设备的外壳在生产制造过程中进行了防护设计，GB 4208—2017 等同采用 IEC60529：2013《外壳防护等级（IP 代码）》，对电气设备外壳提供的防护等级的分级系统做了规定。

① IP 代码的配置如图 16-1-1 所示。

② IP 代码各要素的简要说明见表 16-1-1。

表 16-1-1　IP 代码各要素的简要说明（选自 GB 4208—2017）

组成	数字或字母	对设备防护的含义	对人员防护的含义	参照章条
代码字母	IP	—	—	—
第一位特征数字	0	防止固体异物进入 无防护	防止接近危险部件 无防护	第5章
	1	≥直径50mm	手背	
	2	≥直径12.5mm	手指	
	3	≥直径2.5mm	工具	
	4	≥直径1.00mm	金属线	
	5	防尘	金属线	
	6	尘密	金属线	
第二位特征数字	0	防止进水造成有害影响 无防护	—	第6章
	1	垂直滴水		
	2	15°滴水		
	3	淋水		
	4	溅水		
	5	喷水		
	6	猛烈喷水		
	7	短时间浸水		
	8	连续浸水		
	9	高温/高压喷水		
附加字母（可选择）	A	—	防止接近危险部件 手背	第7章
	B		手指	
	C		工具	
	D		金属线	
补充字母（可选择）	H	专门补充的信息 高压设备	—	第8章
	M	做防水试验时试样运行		
	S	做防水试验时试样静止		
	W	气候条件		

16.2　环境场所的分级和设备耐环境性分级

16.2.1　概述

工业场所内许多环境因素对测量和控制设备的运行都有影响，如温度及其变化率、湿度、电源波动、振动、尘埃及腐蚀性气体等。为使过程测量和控制设备在各种各样的工业场所能正常运行，对它们所在的工业场所环境条件提出了相应的要求，只有在这些条件满足它们的使用条件时，才能保证它们的正常运行。同时，仪表和系统的制造厂家也在使他们的产品具有一定的环境适应能力，使其能够适用于不同的工业场所。

为了能对环境条件有一个统一的评价方法，建立了相关的技术标准。根据环境各个因素分别进行分级，每个级别规定一个变化范围，在工程应用中，可依据相关标准确定具体场所的环境级别，选择适应此级别环境条件的设备，或为某种特定设备建立一个它所要求级别的环境条件，保证设备的正常运行。

针对工业过程测量和控制设备的工作条件设置方面，主要有以下相关标准：

IEC-60654《工业过程测量和控制设备的操作条件》(Operating Conditions for Industrial-process Measurement and Control Equipment)；

GB/T 17214.1~4《工业过程测量和控制装置的工作条件：气候条件，动力，机械影响，腐蚀和侵蚀影响》(等同于 IEC-60654)；

ANSI/ISA-S71.01~04《过程测量和控制系统的环境条件：温度和湿度，动力，机械影响，空气污染物》(Environmental Conditions for Process Measurement and Control System)。

根据上述标准，对工业过程测量和控制设备在工作期间（正常操作状态）、安装完毕后待运转期间以及储存或运输过程中，在规定使用场所中可能面临的条件进行简单说明[①]，以方便用户和供货商制定综合技术规范时提供环境条件方面的依据，选择适当的严酷度等级，同时，也避免设计人员由于忽略考虑环境因素对设备及其部件性能的影响而可能产生的问题。

本章只考虑可能会对过程测量和控制设备产生内在或外在影响的外部环境条件，不考虑直接与火灾和爆炸危险有关的环境条件及电离辐射有关的环境条件，对人员的影响也不属于本章的考虑范围。

环境场所分级是根据环境各个因素分别进行的，环境因素包括气候条件（温度、湿度等）、动力条件（电源、气源等）、机械影响（振动、冲击、地震等）、腐蚀和侵蚀影响（空气污染物、尘埃、液体、固体、动植物等）。由于环境的分类是按各环境参数独立进行的，所以，在同一个环境的分级中，可能会出现电源和温度为A级，而振动为B级的情况。

设备的耐环境性的分级和环境场所的分级是相同的。

16.2.2　按气候条件确定的场所等级

16.2.2.1　场所等级划分

场所等级划分见表 16-2-1。

---

① 注：IEC标准不考虑设备的维修及维护期间的环境条件。ISA标准将应用类别分为正常操作状态、极限操作状态、运输和储存状态、维修状态。其中运输和储存状态包含了停车状态，但如果停车是状态与运输和储存状态不同时，还应单独定义。

表 16-2-1　场所等级划分表

序号	标准代号	环境场所等级划分及代号				备注
1	GB/T 17214.1 等同 IEC 60654-1	A级：空调场所	B级：只有温度被控制的场所	C级：掩蔽和（或）非升温的封闭场所（温度和湿度都不被控制）	D级：户外场所	括号内的符号是 IEC 60721-3-1，IEC-60721-3-3 和 IEC 60721-3-4 的气候等级，x 数字越大条件越严酷
		A1（3K1），Ax	B1（3K2），B2（3K3，1K2），B3（3K4），Bx	C1（3K5）（1K3），C2，C3，Cx	D1（4K2）（1K8），D2，Dx	
2	ISA-S71.01	A1，A2，Ax	B1，B2，B3，B4，Bx	C1，C2，Cx	D1，D2，D3，Dx	x 数字越大条件越严酷

16.2.2.2　各场所等级的气候条件极限值

GB/T 17214.1（等同 IEC 60654-1）中规定的各场所等级的气候条件参数和严酷度见表 16-2-2。

表 16-2-2　各场所等级的气候条件参数和严酷度

环境参数		单位	场所等级（括号内的符号是 IEC 60721-3-3 和 IEC 60721-3-4 的气候等级）										
			A1[1]（3K1）	AX[2]	B1（3K2）	B2（3K3）（1K2）	B3（3K4）	BX[2]	C1（3K5）（1K3）	C2（3K6）	C3（3K7）（1K5）	CX[2]	D1（4K2）（1K8）	D2（4K3）	DX[2]
空气温度　下限		℃	+20		+15	+5	+5		−5	−25	−40		−33	−50	
空气温度　上限		℃	+25		+30	+40	+40		+45	+55	+70		+40	+40	
相对湿度　下限		%	20		10	5	5		5	10	10		15	15	
相对湿度　上限		%	75		75	85	95		95	100	100		100	100	
绝对湿度　下限		/m³	4		2	1	1		1	0.5	0.1		0.26	0.03	
绝对湿度　上限		S/m³	15		22	25	29		29	29	35		25	36	
阳光辐射		W/m²	500		700	700	700		700	1120	1120		1120	1120	
温度变化速率[3]		℃/min	0.1		0.5	0.5	0.5		0.5	0.5	1		0.5	0.5	
冷　凝			无		无	无	有		有	有	有		有	有	
刮风、降水（雨、雪、冰雹等）			无		无	无	无		无	有	有		有	有	
结冰			无		无	无	无		有	有	有		有	有	
大气压力　下限		kPa	86[4]		86[4]	86[4]	86[4]		86[4]	86[4]	86[4]		86[4]	86[4]	
大气压力　上限			106		106	106	106		106	106	106		106	106	

1）额定温度值的允差为 ±2℃。

2）"特殊"等级 Ax、Bx、Cx 和 Dx 的数值由用户和制造厂协商决定。

3）变化速率大时，应予考虑。

4）高海拔和（或）运输时，大气压力下限为 70kPa。

注：1. 表中极限值是按 IEC 60721-3-3 和 IEC 60721-3-4 定义并予以规定的。

2. IEC 60721 中规定的环境条件分级标志方法为：第一位数字表示应用类别：1—贮存；2—运输；3—有气候防护场所固定使用；4—无气候防护场所固定使用；5—地面车辆使用；6—船用；7—携带和非固定使用。第二位用一个字母表示条件类别：K—气候条件；B—生物条件；C—化学活性物质；S—机械活性物质；M—机械条件。第三位数字表示严酷程度等级，通常数字越大条件越严酷。例如：2K3 级，代号中，2—运输；K—气候条件；3—严酷等级。

ISA–S71.01 中规定的各场所等级的气候条件参数值和严酷度见表 16-2-3。

表 16-2-3 各场所等级的气候条件参数和严酷度

位置	等级	严酷等级	温度范围 /℃	温度偏差 /℃	最大温度变化率 / (℃/h)	湿度范围（相对湿度）/%	湿度偏差（相对湿度）/%	最大湿度 /(kg/kg 干空气)
空调环境	A	1	18~27[d]	± 2[e]	± 5[f]	35~75[d]	± 5[e]	N.A.
		2	18~27[d]	± 2[e]	± 5[f]	20~80[d]	± 10[e]	N.A.
		X	T.B.S.[d]	T.B.S.[e]	T.B.S.[f]	T.B.S.[d]	T.B.S.[e]	T.B.S.
外壳温度控制	B	1	15~30[d]	± 2[e]	± 5[f]	10~75[d]	N.A.	N.A.
		2	5~40[d]	± 3[e]	± 10[f]	10~75[d]	N.A.	0.020
		3	5~40[d]	± 10[e]	± 20[f]	5~90[d]	N.A.	0.028
		4	5~50[d]	± 10[e]	± 20[f]	5~90[d]	N.A.	0.028
		X	T.B.S.[d]	T.B.S.[e]	T.B.S.[f]	T.B.S.[d]	N.A.	T.B.S.
室内	C	1	−25~55	N.A.	± 5	5~100	N.A.	0.028
		2	−40~85	N.A.	± 10	5~100	N.A.	0.028
		X	T.B.S.	N.A.	T.B.S.	5~100	N.A.	N.A.
户外	D	1	−25~70	N.A.	± 10	5~100	N.A.	N.A.
		2	−40~85	N.A.	± 20	5~100	N.A.	N.A.
		3	−55~65	N.A.	± 20	5~100	N.A.	N.A.
		X	T.B.S.	N.A.	T.B.S.	T.B.S.	N.A.	N.A.

注：a. 此表格适用于大气压在 86kPa 和 108kPa 之间工况。

b. N.A.= 不适用。

c. T.B.S.= 需指定。

d. 操作温度 / 湿度应在温度 / 湿度范围内选择。

e. 操作温度 / 湿度控制点允许偏差。

f. 最大的变化率（控制偏差内）。

在确定气候条件属于哪个级别时，应考虑覆盖该级别的全部变化范围，以 ISA 标准的温度为例：

当环境温度条件为 20~30℃时，应定为 B1 级（15~30℃）。如果是 10~30℃，由于一部分偏离 B1 级（15~30℃），则应定为 B2 级（5~40℃）。如果是 15~45℃的环境，由于一部分超过 B3 级，应定为 B4 级（5~50℃）。

以 ISA 标准为例，对同一设备，制造商或用户应根据设备在不同的应用类别中，分别规定设备所需要的气候条件等级和严酷度，详见表 16-2-4 或表 16-2-5。

表 16-2-4 设备所需要的气候条件等级和严酷度示例

条 件	温度和湿度等级
正常操作时	A2
操作极限时	B2
运输和储存时	C2
维修时	B3
停车时	C1

表 16-2-5　设备所需要的气候条件等级和严酷度示例

条　件	参　数					
	温度范围 /℃	温度偏差 /℃	最大温度变化率 / （℃ /h）	湿度范围 （R.H.） /%	湿度偏差 （R.H.） /%	结露 /（kg/kg 干空气）
正常操作时	18~27	± 2	± 5	20~80	± 10	N.A.
操作极限时	5~40	± 2	± 10	10~75	N.A.	0.02
运输和贮存时	–40~85	N.A.	± 10	5~100	N.A.	0.028
维修时	5~40	± 10	± 20	5~90	N.A.	0.028
停车时	–25~55	N.A.	± 5	5~100	N.A.	0.028

16.2.3　按动力因素确定的场所等级

16.2.3.1　交流电源分级及其极限值

交流电源分级及其极限值见表 16-2-6。

表 16-2-6　交流电源分级及其极限值表

序号	标准代号	电压等级分级及其极限值	频率波动分级及其极限值	谐波含量分级及其极限值	相位差分级及其极限值	三相电压不平衡分级及其极限值	切换时间分级及其极限值	备注
1	GB/T 17214.2 （等同 IEC 60654-2）	交流 1 级：± 1% 交流 2 级：± 10% 交流 3 级：+10%~ –15% 交流 4 级：+15%~ –20% 特殊情况：不符合以上值	± 0.2% ± 1% ± 5% 特殊情况：不符合以上值	<2% <5% <10% <20% 特殊情况：不符合以上值		不平衡系数： <1% <2% <5% ≥5%（特殊情况）	≤3ms ≤10ms ≤20ms ≤200ms ≤1s 特殊情况：不符合以上值	特殊情况时的极限值由用户与供应商协商确定
2	ISA-S71.02	A1：≤ ± 1% A2：≤ ± 10% A3：– 15%~10% A4：– 20%~+15% A5：T.B.S	B1：≤ ± 0.2% B2：≤ ± 1.0% B3：≤ ± 5.0% B4：T.B.S B5：N.A.	C1：≤2% C2：≤5% C3：≤10% C4：≤20% C5：T.B.S.	D1：≤1° D2：≤2° D3：≤5° D4：≤T.B.S D5：N.A.	E1：≤1% E2：≤2% E3：≤5% E4：T.B.S E5：N.A.		所有参数的测量必须在控制设备的输入端子上

注：与电源有关的工作条件的分级仅限于稳态条件，暂未能对与瞬时电源扰动（持续时间为 0.2s 或以下的扰动）有关的工作条件进行分级。

按 ISA 标准，制造商或用户应规定设备运行所需要的用电条件参数等级，见表 16-2-7。

表 16-2-7　设备运行所需要的用电条件参数等级示例

交流电源	参数范围	等　级
电压偏差	< ± 10%	A2
频率波动	< ± 1.0%	B2
谐波含量	<5%	C2

16.2.3.2　直流电源分级及其极限值

直流电源分级及其极限值见表 16-2-8。

表 16-2-8 直流电源分级及其极限值表

序号	标准代号	电压等级分级及其极限值	电压波纹等级及其极限值	切换时间分级及其极限值	接地类型	备注
1	GB/T 17214.2（等同 IEC 60654-2）	1 级：±1% 2 级：+10%~-15% 3 级：+15%~-20% 4 级：+30%~-25% 特殊情况：不符合以上值	小于 0.2% 小于 1% 小于 5% 小于 15% 特殊情况：不符合以上值	≤1 ms ≤5 ms ≤20 ms ≤200 ms ≤1s 特殊情况：不符合以上值	正接地； 负接地； 浮置	如与规定中限值不符合时，可定义为"特殊情况"
2	ISA-S71.02	F1：≤±1% F2：≤±10% F3：-15% F4：≤±25% F5：T.B.S	G1：≤±0.2% G2：≤±1.0% G3：≤±5.0% G4：≤±15.0% G5：T.B.S		H1：正接地 H2：负接地 H3：浮置	

16.2.3.3 气源等级及其要求

GB/T 17214.2（等同 IEC 60654-2）中规定的气源压力等级及质量要求见表 16-2-9。

表 16-2-9 气源压力等级及质量要求

气源压力等级 /kPa（mbar）	露点	气源要求	备注
压力范围：130（1300）~150（1500） 130（1300）~210（2100） 420（4200）~700（7000） 特殊情况：不符合以上等级	以最大工作压力为依据，露点至少比所选择的气候条件等级的最低温度低 10K	清洁气源： 宜不含大量的油蒸气、油和其他液体； 宜不含大量的腐蚀性气体或蒸汽和溶剂； 所含固体微粒量宜小于 0.1g/m³，且微粒直径不大于 3μm； 特殊气源：不符合以上要求的气源。	

ISA-S71.02 中规定的气源分级见表 16-2-10。

表 16-2-10 气源分级表

参数	等级	范围 1	2	3
仪表压力 / kPa（lb/in²）	J	130~150（18.9~21.8）	217~265（31.5~38.4）	需指定
仪表压力 / kPa（lb/in²）	K	130~300（18.9~43.5）	550~1050（79.8~152.3）	需指定
露点	L	低于最小环境温度 10℃	需指定	—

注：对气源质量的要求满足 ISA-S7.3 和 ISA-S71.04 中的有关规定。

16.2.4 按机械影响确定的场所等级

16.2.4.1 振动的分级其限值

划分工业测量和控制装置的振动环境类别主要取决于装置的种类或性质，如质量、大小、机械部件、电子元器件、接线、特定的功能灵敏度等。例如，集成电路内部连接的小质量的接头不会受频率为 1Hz 的大振幅的影响，而高频率的加速度等级的振动则将使这些连接损坏。换言之，质量越大越容易被较低频率的振动所损坏，事实上它们不能跟随高频振动。因振动影响分级困难，一般确定某个适宜的频率，小于这个频率，用恒定振幅，大于这个频率用恒定加速度来描述振动的影响。为表示一个恒定的振动严酷等级，IEC 还增加了采用恒定速度线来代表振动严酷度等级的方法。IEC 未对地震的影响正式分级，而作为附录列入标准中，对里氏和麦氏震级做了比较和说明。

IEC 60654-3 中规定的振动等级及极限值见表 16-2-11。

表16-2-11 振动等级及极限值表

标准代号	低频振动等级及其限值 等级	低于交越频率（8~9Hz）时的位移 s/mm	高于交越频率（8~9Hz）时的峰值加速度 a/（m/s²）	高频振动等级及其限值 等级	低于交越频率（57~62Hz）时的峰值位移 s/mm	高于交越频率（57~62Hz）时的峰值加速度值 a/（m/s²）	振动严酷度等级 等级	速度 /（mm·s⁻¹）	频率范围 /Hz	示例	振动时间等级及其优选值 等级	发生时间 /%	备注
	V.L.1	<0.35	<1（~0.1g）	V.H.1	<0.015	<2（~0.2xg）	V.S.1	<3	1~150	控制室和一般工业环境	V.T.1 稳态	100	
	V.L.2	<0.75	<2（~0.2g）	V.H.2	<0.035	<5（~0.5xg）	V.S.2	<10	1~150	装置现场	V.T.2 偶然	10	
	V.L.3	<1.5	<5（~0.5g）	V.H.3	<0.075	<10（~1.0xg）	V.S.3	<30	1~150	装置现场	V.T.3 极少	1	
GB/T 17214.3（等同IEC 60654-3）	V.L.4	<3.5	<10（~1.0g）	V.H.4	<0.15	<20（~2.0xg）	V.S.4	<300	1~150	包括运输的装置现场			
	V.L.5	<7.5	<20（~2.0g）	V.H.5	<0.20	<30（~3.0xg）	V.S.X	>300	1~150	另行规定			
	V.L.6	<10	<30（~3.0g）	V.H.6	<0.35	<50（~5.0xg）							
	V.L.7	<15	<50（~5.0g）	V.H.X	>0.35	<50（~5.0xg）							
	V.L.X	>15	<50（~5.0g）										

ANSI/ISA–S71.03 中规定的振动等级及极限值见表 16–2–12。

表 16–2–12 振动等级及极限值表

Operation vibration classes, percentiles, and environment [3]				
Environment	Class/Percentile			
	1/90th	2/95th	3/99th	X/Special
	Constant acceleration[1]/Peak displacement[2]			
VA	1.0/0.35	2.0/0.75	5.0/1.6	TBS[4]
VB	2.0/0.75	5.1/1.6	10.0/3.5	TBS
BC	10.0/3.5	20.0/0.75	50.0/16.0	TBS

Note: 1. Constant acceleration measured in meters m/sec2. Divide by 9.81 to get acceleration in g's (based on value of gat sea level : g=9.81m/s2)

2. Peak displacement measured in millimeters (mm).

3. Use peak displacement (s) below 8Hz to 9Hz. Use constant acceleration (a) above 8Hz to 9Hz.

4. TBS = To Be Specified.

16.2.4.2 冲击的等级其限值

① IEC 60654–3 中规定的冲击等级及优选值见表 16–2–13。

表 16–2–13 冲击等级及优选值表

标准代号	规定加速度的持续时间方法		自由跌落方法	
	加速度优选值 / (m/s[2])	持续时间优选值 / ms	自由跌落高度优选值 /mm	冲击重复率 / (发生次数 / 时间)
GB/T 17214.3 (等同 IEC 60654–3)	≤ 20 40 70 100 250 >250	100 50 20 10 5	25 50 100 250 500 1000 >1000	<1 次 /10s <1 次 /min <1 次 /h <1 次 /d
ISA–S71.03				

② ISA–S71.03 中规定的冲击等级及其极限值见表 16–2–14。

表 16–2–14 冲击等级及其极限值表

重量 /kg	环境	等级	自由落体高度 /cm	1/2 正弦加速度[2] / (m/s[2])
< 100	SA	1	60	250
		X	TBS[①]	TBS
100~200	SB	1	45	70
		X	TBS	TBS
> 200	SC	1	30	20
		X	TBS	TBS

① TBS = 需指定。② 不超过列出的值。

16.2.5 按腐蚀和侵蚀影响确定的场所等级

工业过程测量和控制设备被广泛应用于世界各地，因此会受到热带、温带和寒带气候区域、生物以及沙漠、丛林、山区和海洋等特有环境条件的影响。除了这些基本环境影响外，还可能会受到工业生产过程中产生的气体、蒸气和液体污染物产生的腐蚀影响，以及固体污染物产生的有害侵蚀、腐蚀影响。用户或制造商应规定设备运行所需要的环境类别和程度等级。ISA 标准中对同一设备，也可以规定几组污染物的类别和程度等级，如表16-2-15 所示。

表 16-2-15　大气污染物等级

	污染物	参数范围	等级
液体	三氯乙烯	<5 μg/kg	LA2
	油类	<100 μg/kg	LB3
	海盐雾	0.5km 范围内	LC2
固体	粒径	含量	
	>1mm	<1000 μg/m³	SA1
	100 to 1000mm	<3000 μg/m³	SB2
	1 to 100mm	<350 μg/m³	SC3
	<1mm	<350 μg/m³	SD3
气体	强	暴露 1 个月后对铜和（或）银的反应程度 <2000 埃	G3

16.2.5.1　非固体污染物等级

a）GB/T 17214.4（等同 IEC 60654-4）中规定的气体和蒸气污染物等级，见表16-2-16、表 16-2-17。

表 16-2-16　化学活性污染物的等级　　　　cm³/m³

空气中的化学活性污染物	1 级		2 级		3 级		4 级	
	工业清洁空气		中等污染		严重污染		特殊情况	
	平均值	峰值	平均值	峰值	平均值	峰值	平均值	峰值
硫化氢（H_2S）	<0.003	<0.01	<0.05	<0.5	<10	<50	≥10	≥50
二氧化碳（SO_2）	<0.01	<0.03	<0.1	<0.3	<5	<15	≥5	≥15
湿氯（Cl_2），相对湿度 >50%	<0.0005	<0.001	<0.005	<0.03	<0.05	<0.3	≥0.05	≥0.3
干氯（Cl_2），相对湿度 <50%	<0.002	<0.01	<0.1	<0.10	<0.2	<1.0	≥0.2	≥1.0
氟化氢（HF）	<0.001	<0.005	<0.01	<0.05	<0.1	<1.0	≥0.1	≥1.0
氨（NH_3）	<1	<5	<10	<50	<50	<250	≥50	≥250
氧化氮（NO_2）	<0.05	<0.1	<0.5	<1.0	<5.0	<10	≥5	≥10
臭氧（O_2）或其他氧化剂	<0.002	<0.005	<0.025	<0.1	<0.01	<1.0	≥0.1	≥1.0
溶剂（三氯乙烯）	—	—	—	<5	—	<20	—	≥20
特殊情况（其他未指定的污染物）	—	—	—	—	—	—	—	—

注：溶剂蒸气能凝结成具有腐蚀性的胶泥，尤其会腐蚀仪表的电气部件。

表 16-2-17　气溶胶污染物的等级

	1 级	2 级	3 级	4 级
油雾	<5μg/kg 干空气	<50μg/kg 干空气	<500μg/kg 干空气	>500μg/kg 干空气
海盐雾	>0.5km 的陆地	<0.5km 的陆地	海上设备	

注：1. IEC 未对液体污染物划分等级，应由用户向设备生产厂提出具体要求。

2. 非固体化学活性物质，根据其浓度的平均值和峰值划分等级。

b）ISA-S71.03 中规定的液体化学品污染物分类，见表 16-2-18。

表 16-2-18　液体化学品污染物分类　（单位 μg/kg）

污染物	等级	Level 1 数值	Level 2 数值	Level 3 数值	Level X 数值
蒸气 *	LA	< 1.0	< 5.0	< 20.0	>=20.0
油类	LB	< 5.0	< 50.0	< 100.0	>=100.0
海盐雾	LC	内陆大于 0.5 km	内陆小于 0.5 km	近海设施	T.B.S.
Special T.B.S.	LX	T.B.S.	T.B.S.	T.B.S.	T.B.S.

注：* 例如：三氯乙烯（CHClCCl$_2$）；

　　T、B、S—需指定。

c）ISA-S71.03 中规定的气体污染物分类。

评价腐蚀性气体污染物的环境特性有两种办法，一是直接测量采集到的大气污染物，二是采用"反应监测法"，即对环境的腐蚀性进行定量测量。由于工业生产环境是一个复杂的污染物混合作用、相互影响的环境，这种相互作用有可能极大地加速（或延缓）单个气体污染物的腐蚀作用。ISA-S71.04 中采用以腐蚀铜和银的速度来划分环境的等级，这种方法对分析环境的腐蚀特性十分有用，因为铜膜和银膜的形成与环境的腐蚀性有对应关系。ISA-S71.03 附件 C 对铜和银样品的选择及测试实验的方法及要求有详细的规定。根据对铜和银在环境中暴露一个月的情况的测量值分析，确定污染物环境的等级划分，以铜和银两者中腐蚀程度较高的一方作为确定环境严酷程度的依据。用反应监测法确定的环境等级及其限值，见表 16-2-19。

表 16-2-19　环境等级分类

严酷等级	G1 弱	G2 中	G3 强	GX 严重
铜反应水平 / Å	<300	<1000	<2000	>=2000
银反应水平 / Å	<200	<1000	<2000	>=2000

注：标准曝光率为 30 天。

在 ISA-S71.03 附录 B 中还给出了用气体污染物浓度（平均值）等级进行环境划分的方法，作为参考。当相对湿度小于 50% 时，可近似于上述的铜和银反应程度等级划分。但对于特定气体污染物，当相对湿度大于 50% 时，每增加 10% 相对湿度（或相对湿度变化率每小时大于 6%），严酷等级（尤其是铜的反应速度）应认为增加一个等级，见表 16-2-20。

表 16-2-20　污染物浓度与严重程度的对照表

严重等级		G1 弱	G2 中	G3 强	GX 严重
活性反应物组分及含量	A 组 H$_2$S	<3	<10	<50	≥50
	SO$_2$、SO$_3$	<10	<100	<300	≥300
	Cl$_2$	<1	<2	<10	≥10
	NO$_x$	<50	<125	<1250	≥1250
	B 组 HF	<1	<2	<10	≥10
	NH$_3$	<500	<10000	<25000	≥25000
	O$_3$	<2	<25	<100	≥100

注：1. 单位为 ppbv，平均值。

2. A 组污染物经常同时起作用，反应程度为污染物的复合结果。

3. B 组污染物的复合作用效果未知。

ISA–S71.03 附录 B 中还对自然环境及工业环境中常见的气体污染物做了描述, 见表 16–2–21。

表 16–2–21 自然环境及工业环境中常见的气体污染物

Natural Process 自然环境	气体逸散污染物
Microbes 微生物	H_2, NH_3, NO_x, H_2S, CO, 各类有机物
Sewage 污水	NH_3, H_2, S, CO, 醛类物质, 有机物
Geothermal 地热	H_2, H_2S, SO_2
Marshy area 沼泽	H_2S, NH_3, SO_2
Animal matter 动物有机物	有机物, 氯化物
Forest fire 森林火灾	HCl, CO, CO_2
Oceans 海洋	NaCl, Cl^-
Industrial Processes 工业环境	气体逸散污染物
Power generation 电站	SO_2, C, CO, NO_x, 烃类物质, 有机物
Automotive combustion 汽油燃烧	SO_2, SO_3, HCl, HBr, NO_x, CO, 烃类物质, 有机物
Diesel combustion 柴油燃烧	CO, NO_x, 有机物
Fossil fuel processing 煤或石油加工	H_2S, S, SO_2, NH_3, 烃类物质, 其他有机物, 硫醇
Plastic manufacture 塑料生产	NH_3, SO_2, 有机物, 醛类物质, 醇类物质
Cement plants 水泥生产	SO_3, SO_2, NO_x, CO, 粉尘
Steel blast furnace 炼钢高炉	H_2S, SO_2, CO, HF, 煤粉
Steel electric furnace 炼钢电炉	H_2S, SO_2, C, CO
Coke plants 焦炭厂	H_2S, CO, HCN, 炭, 粉尘
Pulp manufacture 造纸厂	Cl_2, SO_2, H_2S, CO, 木纤维, 粉尘
Chlorine plants 制氯厂	NaCl, 氯气, 氯化物
Fertilizer manufacture 制冷生产	HF, NH_3, CH_4, 气体, 液体, 粉尘, 酸
Food processing 食品加工	烃类物质, 有机物
Rubber manufacture 橡胶生产	H_2S, S8, R–SH
Paint manufacture 油漆生产	C, 烃类物质, 含氧碳氢化合物, 粉尘
Aluminum manufacture 制铝生产	HF, SO_2, C, 粉尘
Ore smelting 矿石冶炼	SO_2, CO, H_2, 粉尘
Tobacco smoke 烟草烟雾	H_2S, SO_2, HCN, CO, 焦油, 颗粒物
Gasoline and fuel vapors 汽油及燃料油蒸气	烃类物质, 含氧碳氢化合物
Battery manufacture 电池生产	SO_2, 酸, 粉尘

16.2.5.2 固体污染物等级

工业环境中普遍存在的固体污染物, 如沙、铁矿砂、水泥灰、炭尘、纺织纤维、粉末、石棉等会引起设备的故障, 这些故障的形式有机械的、化学的、电子的、热力或磁性的。IEC 未对涉及固体物质的环境做有效的等级划分，只对一种环境或区域进行了描述。

调查表使用方法实例如下：

一个位于纸浆厂锅炉房内的生产过程，锅炉房内装有一台烧煤的旋风炉、一台黑液回收锅炉和一台烧树皮和燃油的复式锅炉。

大气中含有炭尘、木纤维和钙微粒。这些微粒的相对湿度往往很高，偶尔也混有活性氯化物、硫化氢和二氧化硫。粒径为 30μm~1mm；粉粒浓度为 2mg/kg 干空气，速度大于 1m/s；木纤维是绝热体，炭尘是导电体。

采用调查表的方法对环境进行描述，从而提醒厂商对安装在这种场合的装置采取特殊的防范措施。

ISA 根据固体颗粒尺寸分类，按其浓度对环境进行分级，从 SA 到 SD，见表 16-2-22。

表 16-2-22　悬浮物类别及等级　　　　　　　　　　　　　μg/m³

		严酷等级			
粒径	级别	1	2	3	X
>1mm	SA	<1000	<5000	<10000	≥10000
100μm~1000μm	SB	<500	<3000	<5000	≥5000
1μm~100μm	SC	<70	<200	<350	≥350
<1μm	SD	<70	<200	<350	≥350

16.2.5.3　生物影响

动植物是环境的重要组成部分，工业过程测量和控制设备应能在这种环境中正常运行，但动植物对工业过程测量和控制设备的影响很难划分等级或表示其特征，只能列举若干实例来说明动植物可能造成的危害或者干扰的种类。

例如在热带气候条件下的植物区内霉菌最具有侵蚀性，在这种丛林覆盖的热带岛屿上，一块优质的光学玻璃不出几个星期就会严重受损，因此必须对具有光学界面的分析装置加以保护。菌丝体的吸湿性也会侵蚀电子装置。当然，其他气候也会有类似问题。

昆虫用筑巢的黏土样胶泥堵塞压缩机吸气口，会造成气动仪表意外停机。

保温或绝缘材料会因为蟑螂或啮齿类动物或其他动物的啃蚀、移动遭到破坏。

真菌、霉菌、动物的尸体沉积也会引起机械或电子设备的损坏。

由于动植物的各种情况相当特殊难以归纳，因此宜由用户根据其所处的环境区域明确提出特定要求。

16.3　寒冷环境

16.3.1　环境对设备的影响

寒冷环境是指 GB/T 4797.1—2018 中寒带、极地两个气候类型。

对于暴露于寒冷环境的电气设备，由于低温会改变其组成材料的物理特性，会出现材料的硬化和脆化、因零部件的膨胀率不同引起的零部件相互之间的不配合、电子部件的性能改变、水的冷凝和结冰等一系列问题，因此可能会对其工作性能造成暂时或永久性的损害。

特别是直接与工艺流体接触的现场用电气设备，受流体温度影响的部件，必须在高温到低温的较宽范围内选择材料。

16.3.2 设备材料的选择

为保证电气设备在寒冷环境条件下可靠地工作，设计和制造时在材料的选用、产品的结构和公差配合及加工工艺上应采取相应的措施。

电气设备应选用耐低温性能好的金属材料、工程塑料和橡胶。电气设备的密封装置和密封材料在低温下必须有良好的密封和机械性能。电气设备的绝缘材料在低温下必须有良好的绝缘和机械性能。

电气设备的焊接部件用材及焊条应符合低温环境要求，必要时应进行焊接工艺评定。

电气设备的液压系统使用的工作介质应满足低温环境的要求，如隔膜密封压力变送器的填充液，电液执行机构的液压油。

在环境温度低于 −29℃ 的场合，控制阀阀体的材质不应选用铸铁。

电气设备的供气系统的气源在操作（在线）压力下的露点，应比工作环境或历史上当地年（季）极端最低温度至少低 10℃。

寒冷环境使用的电缆的绝缘和护套材料应选用耐低温材料，电缆密封接头的密封应采用耐低温材料或直接采用低温电缆密封接头，隔爆的密封面（如接线箱）采用耐低温橡胶密封。

16.3.3 防护措施

电气设备在低温环境下需要采取措施，预防仪表面板结霜及指针卡住、动作不可靠等。

电气设备的就地显示仪表可选用模拟表头，如采用液晶显示器时要注意保温。

电气设备的气动系统应装有防止水分进入和防止冷凝水结冰的装置。

电气设备的螺纹连接应考虑环境温度变化时引起被连接元件的松动而采取防松补偿措施。

当电气设备适用的环境温度不满足其使用的环境温度时，电气设备应安装在保温箱中，在冬季，通过蒸汽/热水/电伴热等手段保温。被测介质凝固点高于环境温度时，电气设备的导压管应进行伴热处理。

如果电气设备到货后需要越冬后再进行安装、试车，应注意电气设备的贮存温度。如大部分电气设备的贮存温度不低于 −20℃，现场的仓库应满足此条件。即使已安装好的电气设备，如果没有投入使用，也应送入仓库保存。

在施工安排上，电缆敷设施工避开低温期（GB 50093 规定敷设电缆时环境温度不应低于 0℃），仪表管线在环境温度低于 5℃ 以下进行水压试验时采取防冻措施。

16.4　湿热环境

16.4.1　环境对设备的影响

湿热环境是指 GB/T 4797.1—2018 规定的户外气候类型的"湿热"类型。在湿热环境中使用的电气设备的湿热试验的相对湿度为 93%±3%，温度为 40±2℃。

湿热环境对设备造成影响的主要因素是空气相对湿度的大小。

各种金属都有一个腐蚀速度开始急剧增加的湿度范围。在一定温度下，空气的相对湿度如低于这一范围，金属的大气腐蚀速度很低，只有在相对湿度超过这一范围后，大气腐蚀速度才突然升高，这一大气相对湿度范围称为临界湿度。对于钢、铜、镍、锌来说，临界湿度约为 50%~70%，其原因是因为在低于临界湿度时，金属表面不存在水膜，腐蚀速度很小，而当高于临界湿度时，金属表面形成水膜，因此，从本质上看，临界相对湿度也就是开始形成水膜时的相对湿度。由此可知，如果能把空气的相对湿度降至临界湿度以下，就可基本上防止金属发生大气腐蚀。

当金属表面处在比它本身温度高的空气中时，则空气中的水汽可在金属表面凝结成露水，这就是结露现象。在临界湿度附近能否结露和温度变化有关，这就意味着当大气中湿度一定时，温度的高低具有很大影响。平均气温高的地区，大气腐蚀速度较大。一般常温下，当相对湿度超过 70% 时，腐蚀速度将迅速加大。例如我国南方的上海年平均相对湿度为 80%，很容易产生大气腐蚀，北方的北京年平均相对湿度为 56%，大气腐蚀就没有上海那么严重。以气温为 30℃、相对湿度为 80% 的实例来看，这时 1m³ 空气中水汽含量约为 20g，而氧则占总体积的 21%，这就很容易引起大气腐蚀。在有温差情况下，即周期性地在金属表面结露时，腐蚀最为严重，如气温剧变，白天温度高，夜间下降，金属表面温度常低于周围大气温度，因而水汽经常在室外的金属表面上凝结加速了大气腐蚀。

16.4.2　设备材料的选择

湿热环境用电气设备应选用防潮、抗霉、耐盐雾、耐热性能良好的材料及可靠的镀层、涂层材料，并采用适当的防锈措施。衬垫材料及填封材料应在规定温度下具有良好的弹性和黏性，以及低的收缩率。在空气最高温度和强烈日照所引起的高温及最大温差影响下，应能避免产生变形开裂或熔化流失而导致介质的受潮劣化。为保证产品运转性能良好，应选用适合在湿热地区使用的润滑油脂、液压及液力介质和冷却液，使用过程中不应产生结块、硬化、潮解、变质、长霉、过快氧化及引起金属腐蚀等现象。霉菌影响使用性能的电气设备，应采用具有防霉性能或经防霉处理的材料。湿热试验后，应对电气设备的电镀件、化学处理件、油漆层、塑料件进行外观检查，以保证电气设备能够用于湿热环境。

当湿热环境用电气设备采用密封外壳时，其密封体的外壳应光滑，避免有凹陷、锐边或棱角等存在，以免因积水、积尘而导致腐蚀。

用于工业污秽严重及沿海户外地区的湿热环境电气设备，材料选择时应考虑潮湿、污秽及盐雾的影响。

湿热环境用户外电气设备在确定其温升限值时，可根据各类产品的结构特点和受太阳辐射影响不同，在有关产品标准中规定是否需要留有温升裕度。

湿热环境用桥架材质按照表 16-4-1 进行选择。

表 16-4-1 桥架材质选择（湿热环境）

环境条件			钢制桥架标明防护层类别							铝合金	玻璃钢	其他
类别		代号	D 电镀锌	P 粉末喷涂	V VCI双金属涂层	R 热浸镀锌	DP RP 复合层		T 高钝化	阳极氧化	拉挤/复合	
户内	普通型	J	X	X	X	X			X	X	X	经人工气候试验后，电缆桥架应符合 JB/T 6743 中 4.4 要求
	湿热型	TH	X	X	X	X			X	X	X	
	中腐蚀型	F1	X	X[a]	X	X[c]	X	X	X	X	X	
	强腐蚀型	F2				X[c]	X	X			X	
户外	中腐蚀型	W		X[a]	X	X	X[b]		X	X	X	
	强腐蚀型	WF1		X[a]	X	X[c]	X[b]	X	X	X	X	
	轻腐蚀型	WF2				X[c]	X[b]	X[b]			X	

注："X" 表示适用的环境。

　　a. 防中等腐蚀和强腐蚀的粉末涂料，选用边缘覆盖率 ≥ 30% 的化工防腐粉末涂料。

　　b. 当户外环境使用时，粉末或油漆涂料选用 JB/T 6743 中表 5 和 11.4.3 规定合格的耐户外气候粉末涂料。

　　c. 热浸镀锌的表面防护工艺使用于中等和强腐蚀条件是，表面钝化处理。

16.4.3　防护措施

为减缓金属结构件的腐蚀，其表面应加保护层（如油漆、电镀或其他覆盖层）。对浸于油中或要求涂防锈油维护的金属零部件（如导轨），其表面允许不加保护层。钢质紧固零件的保护性镀层一般可采用镀锌，必要时也可采用镀铬，但二者均必须经钝化处理。

为防止在生产、储存和运输期间产生腐蚀，在零件装配过程中采取防锈措施。对于未加电镀或涂漆保护的裸露金属材料，应采用油封、气相防锈剂或其他临时性保护措施。在操作过程中，避免人手与产品的油封部分直接接触。

电气设备的铭牌或标志牌应尽量采用黄铜镀镍或不锈钢制成，材质为铝时应进行阳极氧化处理。

16.5　干热环境

16.5.1　环境对设备的影响

干热环境是指 GB/T 4797.1—2018 规定的户外气候类型的"干热"类型。在干热环境使用的电气设备需要考虑高温、太阳辐射和沙尘对设备的影响。

　　a）高温的影响

由于塑料、橡胶材料的软化导致变形以及促进劣化等，产生强度方面的损害。另外，针对电气设备，自身发热的同时，需要考虑因为周围温度的上升导致误差增大及误动作发生等。

　　b）太阳辐射的影响

太阳辐射主要通过使材料和环境变热以及使材料发生光化学降解反应对电气设备造

成影响。太阳辐射中的紫外线部分会引起大多数高分子材料的光化学降解，影响某些橡胶以及塑料的弹性和塑性，光学玻璃可能会变得模糊。太阳辐射会使油漆、纺织品、纸等褪色，在某些情况下颜色可能很重要，比如元件的色码。使材料发热是太阳辐射暴露的最主要影响。承受太阳辐射的物体所达到的温度主要取决于周围空气温度、太阳辐射能量以及太阳辐射的入射角度。表面对太阳光谱的吸收系数也比较重要。

　　c）沙尘的影响

尘、沙以及相关联的风，能在各个方面对电气设备产生影响，最主要的是：尘进入密封容器或密封体中，使电气性能劣化，例如接触失效、接触电阻改变、电位器的轨道电阻变化；引起轴承、轴、旋钮和其他运动部件的磨损或故障；表面剥蚀（侵蚀、腐蚀）；导致光学表面模糊；使润滑剂受污染；热传导率降低；导致工作的通风孔、轴衬、导管、过滤器、孔等阻塞；高速运动（如沙暴）时产生静电，影响通信系统。尘、沙与其他环境因素（如水蒸气）的结合出现，会对电气设备产生严重的影响。湿热大气与具有化学腐蚀性的尘结合，会引起腐蚀，有以下三种方式：①尘粒本身具有腐蚀性，如铵盐颗粒能溶入金属表面的水膜，以提高电导或酸度，促进了腐蚀。②尘粒本身无腐蚀作用，但吸附腐蚀性物质，如炭粒能吸附 SO_2 与水气生成腐蚀性的酸性溶液。③尘粒本身无腐蚀性，又不吸收腐蚀活性物质，如砂粒，但它落在金属表面会形成缝隙而凝聚水分、形成氧浓差的局部腐蚀条件。

在沙漠及类似的多尘地区，沙尘会使电气设备遭受损伤。石英的主要特点是硬度大，它能对电气设备，特别是运动部件，导致快速磨损或损伤。但是材料的磨蚀通常是在沙尘与高速气流或沙尘与较长作用时间周期相结合时才会发生。

16.5.2　设备材料的选择

干热环境使用的电气设备，由于环境温度较高，绝缘等级应选择 B 级或 F 级。在容量选择时应留有适当的余量或夏季高温季节减低容量使用。

　　注：绝缘等级的划分详见 GB/T 11021—2014 表 1 耐热性分级。

干热环境使用的空调器应是 T3 气候类型的空调器，要保证在较高的环境温度下能够正常工作。

　　注：GB/T 7725—2004 规定 T3 气候类型空调适用的最高环境温度为 52℃。

干热环境日夜温差较大，应用于户外的材料应考虑太阳辐射引起的老化影响。

干热环境相对湿度常年在 50% 左右，甚至在 20% 以下，产品及材料的选用必须满足低湿度的条件。

干热环境的电缆应满足较高环境温度下的使用要求，选型及计算时应留有足够裕量。干热环境夏季地表温度可达 70℃，电缆不宜直接置于沙地表面，应安置在防护性能较好的电缆桥架上或埋地敷设。

我国干热地区处于高纬度区域，冬季最低气温可达 -30℃，因而材料和设备选用要考虑低温的影响。

干热地区降雨量极少，以及常年相对湿度在 50% 以下，夏季更长时间在 20% 左右，空气十分干燥，木质材料很容易开裂、变形。油漆层容易龟裂，宜选用硝基面漆材料。

16.5.3　防护措施

为减少高温及沙尘对电气设备的影响，在沙漠附近，应把控制开关、仪表、继电器、接触器等集中于密封较好的室内或控制柜内，夏季要采取降温措施，而冬季则要加热，使室内尽可能保持在10~30℃的范围内。

干热环境用电气设备的通风冷却进口处，一定要加装滤尘器，由于高处的含沙尘量较少，取风口尽可能安装在较高位置。

干热地区太阳辐射强烈，油漆容易开裂，塑料容易老化、变形。用于户外场所的电气设备，尽可能采取一些简易的遮阳措施，避免引起较高的附加温升而损坏设备。

风沙是干热沙漠中最大的危害，特别是塔克拉玛干沙漠的沙尘极其细小，要求电气设备具有良好的密封性，即使不能密封的地方亦要采取围挡措施，在工作区附近喷洒地下水，减少沙尘飞扬，也可以降低沙尘的影响。

沙漠干热地区日夜温差可达30~40℃，以致引起某些设备内部生成冷凝水，断续工作的密封设备要考虑冷凝水积聚的排出。当电气设备采用油或其他液体介质的密封结构时，由于可能出现较剧烈的温度变化，必须考虑热胀冷缩所导致的体积变化及泄漏现象。有热保护装置的电气设备应设置温度补偿机构，温度补偿范围为 −30~50℃。对于没有温度补偿的电气设备，应按环境温度50℃考虑。沙漠干热地区电气设备的外壳必须为 GB 4208 要求的尘密外壳，不允许任何灰尘的进入。

16.6　盐雾环境

16.6.1　环境对设备的影响

盐雾环境分为海洋及沿海地区盐雾和盐碱地区盐雾，盐粒子或盐雾随着风传送到陆地，在潮湿的环境中形成盐害。盐害是由盐粒子导致的。盐粒子有海水中所含有的盐分（主要是 NaCl 及 $MgCl_2$），较大的粒子落在其生成的地点附近，微小的粒子随着风来到陆地。因风速等因素，其到达的距离不确定，可随风飘到距海洋几公里以外的内陆，在台风时则可深入内陆几百公里。

室外降雨、结露产生的水及盐粒子中所含的 Cl⁻ 是金属腐蚀的主要原因，特别是可以将设备中经常使用的大部分铁系金属、铝（合金）、不锈钢腐蚀，包括孔洞腐蚀、空隙腐蚀、应力腐蚀开裂等多种形式。因此，针对盐雾环境用设备，一般要考虑设备材料的选择和防护措施。

16.6.2　设备材料的选择

防腐蚀材料的选择主要从两个方面进行考虑，一个是直接接触介质的部分采用相应的耐腐蚀材料；另一个是在接触腐蚀介质的仪表零部件表面、内部涂覆（包括喷涂、电镀、堆焊、衬里）耐腐蚀材料。具体有以下措施：

①盐粒子能腐蚀铁系金属及马氏体不锈钢，通常进行表面镀层处理来防止盐雾腐蚀。

②使用铝合金时，应避免与其他重金属（铁、铜等）结构接触，否则同样会发生强烈的电偶腐蚀。

③铜及铜合金具有很强的抗盐雾性，但是考虑到其他腐蚀因素，至少需要镍或铬镀层。

④对于直接与海水接触的承压部件，建议使用蒙乃尔合金（镍合金）、钛等。

16.6.3　防护措施

防腐采取的防护措施，除了可以采取用耐腐蚀的隔离液进行隔离防腐或用中性气体进行吹扫隔离防腐措施等外，具体还可以采用如下措施：

①为了使盐粒子不侵入至设备的内部，建议采用尘密外壳。

②在盐碱地带，土壤中含有高盐分的地方很多。因此，最好避免设备直接接触地面。

③牺牲阳极的阴极保护是防止盐雾腐蚀的有效方法，最好采用阴极保护与涂层联合保护。

16.7　腐蚀环境

16.7.1　环境对设备的影响

工业环境中存在多种腐蚀性介质，本章节主要介绍硫化氢、氨及氯化氢的腐蚀环境。

硫化氢气体在水分存在的情况下，与水反应形成的氢硫酸会对金属产生腐蚀，特别是在潮湿的环境中，腐蚀更加明显。对于箱体、盘柜等设备，空气对流较差导致局部硫化氢浓度高，产生腐蚀。

氨浓度是影响铜管在氨溶液中腐蚀情况的重要因素。氨浓度高时比氨浓度低时阻抗更小，铜管腐蚀加剧，氨水是氨溶于水得到的水溶液。氨水有一定的腐蚀作用，对铜的腐蚀比较强，钢铁比较差。氨气在潮湿的环境下可电离成铵离子和氢氧根离子形成电解质溶液，促进金属的原电池反应而加速金属的腐蚀；氨气分子可与很多过渡金属离子形成络合物使之易溶于水而剥离保护金属表面的氧化膜。

氯化氢溶于水形成盐酸，盐酸是还原性强酸，是腐蚀性最强的物质之一。大多数金属的标准电极电位都在氢标准电极电位以下，所以当和含大量氢离子的盐酸溶液接触时，金属离子迅速进入溶液，氢离子成为气体放出，构成强烈的放氢型腐蚀。只有一些贵重金属，如钽、铂、金、银等和少数合金如镍钼铁合金和含钼高硅铁对盐酸有良好抗腐蚀性。

16.7.2　设备材料的选择

由于金属对腐蚀环境介质表现出不同的敏感性，因此对暴露于腐蚀介质的设备应正确选择金属和合金材料。当普通碳钢暴露在工业大气中时，需要一定的防护，例如涂以环氧或乙烯基等耐腐蚀涂层；喷涂一层耐腐蚀金属或电镀防腐性能较好的镀层等。由于情况多样，所以应按不同的环境条件，采取不同的方案。

对于硫化氢环境，设备外部安装时紧固件宜选用通丝型双头螺栓，并配厚螺母，紧固件材料宜为抗硫化物应力腐蚀开裂钢；暴露在机器外部的铁系金属部件，最好进行镀层或涂层处理，或选用铝及其合金材质；对于与含有硫化氢的蒸气等直接接触的膜片、风箱等薄板材料，材质即使是 316SS，在 H_2S、Cl^- 饱和溶解的情况下，可以将材质更换为钽等，或者实施 316SS 镀金处理。

对于氨环境，即使在只含微量氨的大气中，都可能发生应力腐蚀，一般都不宜使用铜和铜合金；同时对于含有氨的工艺介质，与之接触的材料必须禁铜；但绝大多数金属和合金对湿和干的氨气、液氨和氨水都有良好的耐腐蚀性。

对于氯化氢环境，普通钢铁、不锈钢、铝和铅等常用金属材料在盐酸中腐蚀严重，都不适用；但大多数非金属材料，如玻璃、陶瓷、石墨和炭对盐酸有良好的耐腐蚀性。

16.7.3　防护措施

为保证设备在工业腐蚀环境中可靠地工作，在产品设计和制造时应采取有效的防护措施，具体措施有：

①为了防止现场用设备内部侵入硫化氢、氨或氯化氢，尽可能提高设备的密封程度。

②在硫化氢、氨或氯化氢浓度高的地方，所使用的现场设备，最好设置在保护箱中并进行正压通风。

③现场用空气式设备的外部空气配线管及连接件，在硫化氢或氨环境中尽可能使用不锈钢材质（304SS）。

④气动仪表的气源应充分除湿。

⑤在仪表自控系统投用前，对所处工作环境中所含腐蚀性气体种类及含量、空气湿度等进行测量，然后有针对性地采取防护措施。

16.8　地震环境

16.8.1　环境对设备的影响

当应力积累到足以导致破坏地壳的程度时，就会发生地震。地震会造成地壳变形而损坏设备，安装于平台上的设备由于平台倾塌造成事故；地震导致建筑物倒塌造成设备的次生伤害；地震波造成继电器误动作；地震造成短路烧坏接地不良的电缆和设备。

地震的破坏程度也受现场的地壳运动的持续时间影响，较长的持续时间能使高层建筑物处于一种谐振摇摆状态。同样的，设备的特定安装场所能严重加剧装置所遭受的振动。

16.8.2　防护措施

作为设备及装置的抗震措施，有如下三种：

①避免与地震振动共振；

②部件材料增强及补强；

③降低生成应力。

其中，措施①避免与地震共振的方法，一般情况下，由于地震产生的强能量地震波的频率是在 0.5~10Hz 的范围，采用使机器及装置的固定振动数小于 0.5Hz（柔性构造法）或大于 10Hz（刚性构造法）的方法。由于每次地震发生的频率并不是一样的，所以不能采用适用于小频率的柔性构造，一般采用刚性构造。考虑①～③的措施，总结设备及装置的设计、安装时的抗震对策示例，得出表 16-8-1 所示内容。

表 16-8-1 抗震对策示例

序号	抗震措施	适用对象
1	尽可能降低设备及装置的重心。为此,在安装重物时,尽可能安装在较低的位置	仪表盘、仪表支架等
2	设备加强固定。对于室内固定设备类,牢固固定在建筑物墙壁、天花板上等	仪表盘、仪表支架、桥架配管电缆支架等
3	平面、立面没有锋利的突起部分	仪表盘等
4	避免重量分布极度偏心,尽可能使重心与几何中心线重合	仪表盘、仪表支架等
5	对于刚体构造的设备,焊接部分要确保足够的刚性	仪表盘、仪表支架等
6	避免箱体盘柜、配管及电缆支架等发生局部振动,实施补强或固定	仪表盘、配管、电缆支架等
7	采用防震橡胶等进行防震,考虑不要发生移动、倾倒	仪表盘、计算机及周边设备
8	墙壁、机器之间的距离要合理,在地震时,要确保人从中逃出;对配线、配管等,要设置软连接,配线长度余量应适当	仪表盘、配线、配管等
9	尽可能加大强度,使其固定牢固	仪表盘、仪表支架、桥架配管电缆支架等

16.9 雷电环境

16.9.1 环境对设备的影响

关于雷电的发生,虽然经历了多年的研究,但是依然未得到一致性的结论。总之人们认为,在空中,蒸发的水蒸气变为水滴,随着上升的气流上升时,发生带电现象,通过这些电荷产生的感应现象,随即形成蓄积高压,产生雷击现象。

雷电分为直击雷和感应雷,直击雷的防护属于建筑物及供配电防雷工程范畴,本章只陈述感应雷的危害及防护措施。

感应雷是由于静电感应或电磁感应产生几万到几十万的高电压,造成设备电线电缆、接触不良的金属导体、大型金属设备等放电而引起电火花,从而引起火灾、爆炸、供电系统崩溃等;或者由于感应雷的高电流产生的强电磁场,对设备造成干扰、破坏。

16.9.2 防护措施

雷电的防护属于一项系统综合的工程,需要多个专业配合完成,分为外部雷电防护和内部雷电防护。其中,外部雷电防护措施主要有接闪器、引下线、接地装置等,内部雷电防护措施主要有信号线路的防护和供电线路的防护,包括电线电缆的屏蔽、机柜的屏蔽、等电位连接与接地、合理布线、配备雷电电涌防护器以及采用具有高抗干扰措施的仪表系统等。以下主要介绍内部雷电防护措施。

16.9.2.1 控制室仪表设备系统的防雷措施

①实施防雷工程的控制室仪表应装于钢板材料的全封闭机柜或仪表箱内,机柜内应有与机柜本体连接的保护接地汇流条。

②控制室内机柜应接地到室内沿墙设置的作为仪表系统泄放雷电电涌的环形接地排或延长型接地排。

③电缆架空进入建筑物前,应采用穿钢管或钢制封闭电缆槽的方式敷设;电缆采用埋

地方式进入建筑物时，在室外穿钢管或电缆槽的埋地长度应大于 15m。

④室内控制系统应设置电涌防护器，电缆进入室内后，应先接电涌防护器再接后续设备及控制系统。

16.9.2.2　现场仪表设备的防雷措施

①现场仪表设备的金属外壳、金属保护箱应为全封闭式，若设备外壳为非金属，应装在钢板材质的仪表保护箱内，同时要避免现场仪表成为接闪设备，若可能为接闪设备，仪表设备应安装在全封闭钢板材质保护箱内。

②现场仪表设备的外壳、保护箱、机柜、接线箱等，应就近接地或与接地的金属体连接。

③现场仪表设备宜采用装配式电涌防护器，也可以采用内集成式电涌防护器或通用式电涌防护器。本质安全系统的电涌防护器应有本质安全认证。

16.9.2.3　电缆的敷设

①室外敷设的电缆（包括信号电缆、通信电缆、电源电缆），应采用屏蔽电缆全程穿钢管或封闭金属电缆槽的方式敷设。

②当采用金属铠装屏蔽电缆或采用互相绝缘的双层屏蔽电缆时，可以不采用穿钢管或封闭金属电缆槽的方式敷设。

16.9.2.4　电涌防护器的设置原则

①安全仪表系统的现场仪表端，变送器现场端，电气转换器、电气阀门定位器、电磁阀等现场电信号执行器类仪表端，热电阻现场端，以及电子开关现场端应设置电涌防护器。

②热电偶现场端可不设置电涌防护器，触点开关现场端不应设置电涌防护器，配电间及电气控制室来的机泵信号可不设置电涌防护器。

16.10　台风环境

16.10.1　环境对设备的影响

台风是热带气旋的一个类别。根据中国气象局"关于实施热带气旋等级国家标准"GBT 19201"的通知，热带气旋按中心附近地面最大风速划分为超强台风、强台风、台风、强热带风暴、热带风暴、热带低压六个等级。

台风容易给化工设备带来破坏，最大的影响是管道、运输等物流系统中断以及电力瘫痪等次生灾害对仪表设备的破坏。

16.10.2　防护措施

对于台风灾害的影响，最有效的方式还是预防。在台风多发区，应考虑仪表安装支架、桥架、电缆等，加强安装固定。

16.11　高原环境

16.11.1　环境对设备的影响

高原地区对设备影响较大的环境因素主要有：低气压、日夜温差大、太阳辐射，静电等。

在高原地区，低气压会造成空气稀薄，从而导致设备散热能力降低，绝缘强度降低。高原地区空气压力低，采用对流散热的电器散热会受阻，温升值增加。

高原地区日夜温差大，低温使塑料变脆，极端情况下金属变脆、润滑剂黏度提高；高温使塑料加速老化，并降低机械性能和电气性能，润滑材料固化、油蒸发、电器散热受阻。

高原地区太阳辐射强，会加速涂漆褪色。高原地区紫外线辐射强，塑料的表面会发生变化，对薄壁或薄膜塑料来说，机械性能与电气性能恶化，透明塑料变脆，并出现龟裂。

高原地区干燥气候有助于静电电荷的产生，静电的积累以及随后的放电可造成电磁能量对设备的侵害。

16.11.2　防护措施

高原用设备应满足设备正常使用条件和高原使用条件下的可靠性和寿命要求。具体可以采取的措施有：

①高原环境的仪表应注明海拔高度，并与仪表产品说明书中的海拔限制相符。

②高原环境应选用耐低温、高温、热辐射、紫外线和强太阳辐射的设备材料。

③对于金属表面防护层，金属表面防护材料要考虑太阳辐射引起的老化影响。

④为提高设备的可靠性，保护设备免受静电的影响，线路设计及材料的选择应考虑抗静电措施。

16.12　爆炸危险环境

16.12.1　基本概念

在石油化工行业，从生产到储运过程中处理的原料、中间产品和成品，大多数都是属于易燃易爆物质，生产过程一旦失控、操作失误或者设备、管道破裂，就会引起物料泄漏，遇到点火源（明火、电火花或静电火花等）会发生火灾或爆炸事故。做好爆炸危险环境的仪表设计，首先要了解爆炸的基本概念和相关的名词术语。

16.12.1.1　爆炸

爆炸是物质从一种状态通过物理的或化学的变化突然变成另一种状态，并放出巨大的能量而做机械功的过程。

爆炸性混合物的爆炸，是所有的可燃性气体、蒸气及粉尘与空气所形成的爆炸性混合物的爆炸。此类爆炸需要同时具备三个条件才可能发生：

①有足够浓度的可燃物质存在；

②有足够的空气存在，即有足够氧气存在，可形成可燃气体混合物；

③存在足以点燃可燃气体混合物的火花、电弧或高温。

上述三个条件同时存在，爆炸性环境才有发生爆炸的可能性，其中任何一个条件不具备，就不会产生燃烧和爆炸。

16.12.1.2　爆炸性环境

在大气条件下，可燃性物质以气体、蒸气、粉尘、纤维或飞絮的形式与空气形成的混合物，被点燃后，能够保持燃烧自行传播的环境，称为爆炸性环境。爆炸性环境分为爆炸性气体环境和爆炸性粉尘环境。

a）爆炸性气体环境

在大气条件下，可燃性物质以气体或蒸气的形式与空气形成的混合物，被点燃后，能够保持燃烧自行传播的环境。

b）爆炸性粉尘环境

在大气条件下，可燃性物质以粉尘、纤维或飞絮的形式与空气形成的混合物，被点燃后，能够保持燃烧自行传播的环境。

注：本章可燃性粉尘、纤维或飞絮界定范围与 GB 3836.1—2010 一致。

16.12.1.3 可燃性物质

指物质本身是可燃性的，能够产生可燃性气体、蒸气或薄雾。

a）可燃性气体或蒸气

以一定比例与空气混合后，将会形成爆炸性气体环境的气体或蒸气。

b）可燃液体

在可预见的使用条件下能产生可燃蒸气或薄雾的液体。

c）可燃薄雾

在空气中挥发能形成爆炸性环境的可燃性液体微滴。

16.12.1.4 爆炸性气体混合物

在大气条件下，气体、蒸气、薄雾状的可燃物质与空气的混合物，引燃后燃烧将在全范围内传播。

16.12.1.5 爆炸参数

爆炸参数一般指闪点、自燃温度、最小点燃电流、爆炸上下限值和最大试验安全间隙等。

①闪点。在标准条件下，使液体变成蒸气的数量能够形成可燃气体或空气混合物的最低液体温度。

②引燃温度。可燃性气体或蒸气与空气形成的混合物，在规定条件下被热表面引燃的最低温度。

③环境温度。设备或元件周围的空气或其他介质的温度。

注：通常情况下，设备使用的环境温度应为 –20~+40℃，除非设备或元件完全浸入介质，此时的环境温度指加工介质的温度。

④自燃温度。自燃是物质因长期的缓慢氧化作用，在无明火或电火花情况下而自发地发生燃烧现象。这个现象可能是该易燃物质因受外界热源作用升温达到自燃温度点或者是由于自身内部化学或物理作用或生化过程使热量积聚，升高温度而达到自燃点温度。不论何种原因，凡是能使可燃物质发生自燃的最低温度称为该物质的自燃温度。

⑤最小点燃电流（MIC）。在规定的试验装置上，用直流 24V，95mH 的电感电路的火花进行 3000 次点燃试验时，能够发生点燃的最小电流。此电流降低 5% 即不能点燃。

⑥最小点燃电流比（MICR）。是各种可燃气体或蒸气与空气相混合的混合物的最小点燃电流对甲烷／空气混合物的最小点燃电流之比值。

⑦爆炸极限值。可燃气体（或蒸气）与空气混合形成的可燃气体浓度低于该可燃气体的爆炸下限（LEL）或高于爆炸上限（UEL）都不会发生爆炸。上限或下限一般皆称为爆炸极限。上限和下限间的可燃气体浓度称为爆炸范围区，不属于上限和下限内的范围称为非爆炸范围区。

爆炸范围不是一固定不变值，它受许多因素的影响，比较显著的因素有：

• 可燃气体的温度变化会使爆炸范围随着发生变化，温度升高，爆炸下限范围下降，上限范围上升，即范围变宽，危险增大；

• 可燃气体的相对分子质量越大，爆炸下限越低，即危险性越大；

• 压力较低时（接近 10^5 Pa），对可燃气体爆炸范围影响很小，当压力升高时，有一定影响，但随不同可燃物的种类而异。

⑧最大试验安全间隙（MESG）。在规定的试验条件下，空腔内所有浓度的被试气体或蒸气与空气混合物点燃后，通过 25mm 长的火焰通路均不能点燃外部爆炸性混合物的内空腔两部分之前的最大间隙。

⑨爆炸指数。爆炸指数为可燃气体与空气混合物发生爆炸的猛烈程度。通常爆炸指数是以 ISO 6184/2《可燃气体/空气混合物爆炸指数确定方法》所测得的数据为准。

16.12.1.6 设备保护级别（EPL）

根据设备成为引燃源的可能性和爆炸性气体环境及爆炸性粉尘环境所具有的不同特征而对设备规定的保护级别。

16.12.2 爆炸危险区的划分

爆炸场所按爆炸物的状态有气体爆炸危险场所和粉尘危险场所两大类。对危险场所的分类原则普遍是按爆炸物出现的频度，出现后持续时间长短和其危险程度的不同而进行划分。

16.12.2.1 国外主要工业国家对危险场所划分规定

目前，以国际电工委员会（International Electrotechnical Commission，简称 IEC）为代表的包括各主要工业国家对气体爆炸危险场所的划分，基本上可以分为两种意见。一种意见是以 IEC 为代表的一批国家包括德国、英国、法国、日本等国，按 IEC 出版物 60079-10 的规定，以爆炸性环境出现的频繁程度和持续时间划分为 0 区、1 区和 2 区。另一种意见是以美国、加拿大为代表的一些北美国家的分类，没有 0 级（区）场所。IEC 和部分北美国家按照美国国家电气规范（National Electrical Code，简称 NEC）国家对爆炸危险场所等级划分，见表 16-12-1。

表 16-12-1 IEC 和部分北美国家按照美国国家电气规范国家对爆炸危险场所的等级划分表

序号	国家或地区	规定名称和发布机构	场所划分	
			气体（蒸气）	粉尘
1	IEC	IEC60079-10 国际电工委员会	0 区 1 区 2 区	20 区 21 区 22 区

序号	国家或地区	规定名称和发布机构	场所划分	
			气体（蒸气）	粉尘
2	德国	DIN VDE0165 德国工程师协会	0 区 1 区 2 区	10 区 11 区
3	英国	IP-MCSP-15 英国石油学会	0 区 1 区 2 区	
4	日本	RIIS-TR 日本产业安全研究所	0 种 1 种 2 种	1：爆炸性粉尘 2：可爆性粉尘
5	北美	NEC 500 美国国家防火协会	Ⅰ 级 1 类 Ⅰ 级 2 类 Ⅱ 级 1 类 Ⅱ 级 2 类 Ⅲ 级 1 类 Ⅲ 级 2 类	
7	俄罗斯	PUE 俄罗斯能源部	B- Ⅰ 级 B- Ⅰa 级 B- Ⅰ6 级 B- Ⅰr 级	B- Ⅱ 级 B- Ⅱa 级

①IEC 对气体爆炸危险场所划分。IEC60079-10 把气体爆炸危险场所划分为：

0 区：指爆炸性气体混合物连续出现或长时间存在的场所。

1 区：指正常情况下，可能产生爆炸性气体混合物的场所。

2 区：指在正常运行时，不可能产生爆炸性气体混合物，如果产生也只是短时的场所。

并且规定，上述各区的形成是由于在爆炸区中存在释放源。释放源是指可燃气体、蒸汽或液体有可能释放到大气中会形成爆炸混合物的某个点。IEC 把释放源按其频繁程度和持续时间分为连续级、第 1 级和第 2 级三个释放等级，并按各级释放源及通风状况来划分危险区等级。

②德国对气体爆炸危险场所划分。德国 DIN VDE0165《爆炸危险场所电气设备安装》中规定，爆炸危险场所的划分是按危险性爆炸气氛出现的概率来划分：

0 区：指危险性易燃气体经常或长时间存在的场所。

1 区：指危险性易燃气体偶然出现的场所。

2 区：指危险性易燃气体很少且短时间出现的场所。

③英国对气体爆炸危险场所划分。英国 IP-MCSP-P15《易燃液体装置的区域划分》中根据爆炸危险气氛发生的可能性和持续时间对爆炸危险场所进行划分：

0 区：指危险性易燃气体持续存在或长时间存在的场所。

1 区：指正常运行时危险性易燃气体可能偶然出现的场所。

2 区：指正常运行时危险性易燃气体不太可能发生或仅在较短时间发生的场所。

④日本对气体爆炸危险场所划分。日本 RIIS-TR《新工厂电气设备防爆指针》中对危

险场所的划分是根据爆炸性环境生成的频率和时间，按危险程度分为 0 种、1 种和 2 种，并指出危险场所不只是平面还应包括空间，和 IEC 提出的三度空间概念是一致的。

0 种场所：在正常状态下，连续地、长期地形成爆炸性环境的场所。长期是指时间连续，也包括短时间但经常反复出现。

1 种场所：在正常状态下，周期性地、经常地形成爆炸环境的场所。

2 种场所：指不正常情况下，有可能形成爆炸性环境的场所。

⑤北美对工业危险场所划分。北美 NEC 500 中没有 0 区，所以在表 16-12-2 中，Ⅰ 级 1 区相当于 IEC 和德国等国家规范的 0 区和 1 区。

美国的国家防火协会（NFPA）、美国电气制造商协会（NEMA）、美国保险商试验室（UL）等机构都是按 NEC 对于爆炸物质所处的环境场所，按正常情况下是否会形成爆炸性混合物来划分级别和区域的。级（class）的定义为按可燃物质与空气相混合的存在形式，在"级"的基础上分成若干组，见表 16-12-3 和表 16-12-4。区是表征易燃易爆混合物存在的可能性，详见表 16-12-2。

表 16-12-2　NEC 对危险场所划分表

分类		场所
级	区	
Ⅰ		空气中存在或可能出现易燃性气体或蒸气，其数量足以形成爆炸性或可燃性的场所
	1	1）在正常工作情况下，易燃性气体或蒸气浓度呈持续性、间歇性或周期性存在的场所； 2）由于修理或保养操作或由于泄漏原因所引起的易燃性气体或蒸气的危险浓度经常存在的场所； 3）由于损坏设备或流程的误操作，而可能： a. 排出了有危险浓度的易燃性气体或蒸气的场所； b. 导致其他电气设备同时发生故障的场所
	2	1）处理、加工或使用易燃性、挥发性的液体蒸气或气体的场所。但这类场所危险性物质通常是封闭在密封容器中，当这种密闭容器发生破裂或损坏时，或在非正常操作时，危险物质会泄漏的场所； 2）通常采用通风装置以防止可燃性蒸气或气体形成危险浓度的地方，但由于通风装置的故障或非正常操作时，会发生危险性物质泄漏的场所； 3）与Ⅰ级1区邻近的场所，危险浓度的易燃性气体或蒸气可能偶尔流通的场所
Ⅱ		存在可燃性粉尘的危险场所
	1	1）在正常情况下，易燃性粉尘持续地、间歇地或周期地悬浮在空中，其数量足以形成爆炸性或可燃性混合物的场所； 2）由于机械故障或由于机器或设备的非正常操作而可能产生这种混合物的场所 3）导电性粉尘可能存在的场所
	2	易燃性粉尘通常在空中不呈悬浮状或由于设备或仪器的正常操作，不大可能使易燃性粉尘成为悬浮状，但其数量足以形成爆炸性或可燃性混合物的场所，但是： 1）这种场所，粉尘的附着与积累足以干扰电气设备或仪器散热； 2）这种场所，在电气设备上面、里面或邻近处，这种附着物或积累物可能被设备的电弧或火花或烧着的物质点燃
Ⅲ		存在着可燃性纤维或飞絮的场所，但这种纤维或飞絮不可能在空中悬浮，但其数量足以形成可燃性混合物的场所
	1	处理生产或使用可燃性飞絮的易燃性纤维的场所
	2	储存或处理（生产工序除外）可燃性纤维的场所

表 16-12-3　NEC 对爆炸性物质分组表

代表性有爆炸或可燃性的气体或蒸气	组划分	代表性有爆炸或可燃性的粉尘	组划分
乙炔	A	金属尘埃、铝、镁及具有危险性的金属	E
氢气或其等当量的气体，如水煤气	B	炭黑、煤粉及焦炭粉末	F
乙烯、环氧丙烷	C	面粉、淀粉及谷物粉末	G
汽油、乙烷、石脑油、丁烷、丙烷、乙醇、丙酮、苯、天然气、甲烷	D		

表 16-12-4　NEC 对爆炸性气体按温度分组表

电气仪表表面温度 /℃	NEC 组划分	电气仪表表面温度 /℃	NEC 组划分	电气仪表表面温度 /℃	NEC 组划分
450	T1	200	T3	135	T4
300	T2	180	T3A	120	T4A
280	T2A	165	T3B	100	T5
250	T2B	160	T3C	85	T6
230	T2C				

注：北美防爆认证主要分为 NEC500 标准和 NEC505 标准，NEC505 以 IEC 标准为基础制定，基本等效于 IEC 标准。而根据市场调查显示美国 80% 的客户只认可 NEC500 标准的防爆认证。

⑥俄罗斯对气体爆炸危险场所划分。俄罗斯 PUE《电气设备安装规程》规定如下：

B-I 级区域：指在正常条件下，室内有可燃气体或蒸气生成，在数量和性质上使其与空气混合能形成爆炸危险混合物区域。

B-Ia 级区域：指在正常条件下，可燃气体同空气混合，不能形成爆炸危险混合物，而仅在故障时才可能形成的区域。

B-I6 级区域：指在正常条件下，可燃气体同空气混合，不能形成爆炸危险混合物，而仅在故障时具有下列条件之一才有可能的区域：

• 可燃气体爆炸下限浓度 15% 以上；

• 有氢气生成的厂房（不适用于氢制冷的涡轮发电机厂房）。

B-I r 级区域：指有可燃气体产生的室外工艺装置、有易燃易爆物的地上（气柜）、地下储罐、装卸台、敞开的机油池、沉降池等区域。

注：俄罗斯除 PUE 规程外，还有与 IEC 60079 等效的 GOST-R-51330 防爆规范体系。GOST-R-51330 采用与 IEC60079 对爆炸性气体环境相同的划分原则，将防爆区划分为 0 区、1 区和 2 区。根据 GOST-R-51330.9《爆炸性气体环境 危险场所划分》中的规范说明，新版 PUE 规程在防爆区划分上将参考 IEC60079-10 制定。

16.12.2.2　中国关于爆炸危险场所的划分和爆炸性物质分类

①爆炸危险场所的划分。中国关于爆炸危险场所电气规程中，对爆炸性危险场所的等级划分采用与 IEC 等效的方法。GB 50058—2014 有关爆炸及火灾危险环境设计规范中规定，爆炸性气体环境根据爆炸气体混合物出现频繁程度和持续时间分为 0 区、1 区和 2 区：

0 区：应为连续出现或长期出现爆炸性气体混合物的环境。

1 区：应为在正常运行时，可能出现爆炸性气体混合物的环境。

2 区：应为在正常运行时，不太可能出现爆炸性气体混合物的环境，或即使出现也仅是短时存在的爆炸性气体混合物的环境。

爆炸性粉尘环境根据爆炸性粉尘环境出现的频繁程度和持续时间分为 20 区、21 区和 22 区：

20 区：应为空气中的可燃性粉尘云持续地或长期地或频繁地出现于爆炸性环境中的区域。

21 区：应为在正常运行时，空气中的可燃性粉尘云很可能偶尔出现于爆炸性环境中的区域。

22 区：应为在正常运行时，空气中的可燃性粉尘云一般不可能出现于爆炸性环境中的区域，即使出现，持续时间也是短暂的。

②爆炸性物质分类。中国对爆炸性物质分为三类：

Ⅰ类：矿井甲烷。

Ⅱ类：爆炸性气体、蒸气（包括薄雾）。

Ⅲ类：爆炸性粉尘、纤维。

爆炸性气体混合物应按其最大试验安全间隙（MESG）或最小点燃电流比（MICR）分级，按引燃温度分组，爆炸性气体混合物分级、分组应符合表 16-12-5、表 16-12-6 的规定。

表 16-12-5　爆炸性气体混合物分级

级别	最大试验安全间隙（MESG）/mm	最小点燃电流比（MICR）
ⅡA	≥ 0.9	> 0.8
ⅡB	0.5<MESG<0.9	0.45 ≤ MICR ≤ 0.8
ⅡC	≤ 0.5	<0.45

注：1. 分级的级别应符合现行国家标准 GB 3836.12《爆炸性环境 第 12 部分：气体或蒸气混合物按照其最大试验安全间隙或最小点燃电流的分级》的有关规定。

2. 最小点燃电流比（MICR）为各种可燃物质的最小点燃电流值与试验室甲烷的最小点燃电流值之比。

表 16-12-6　引燃温度分组

组别	引燃温度 t（℃）
T1	450<t
T2	300<t ≤ 450
T3	200<t ≤ 300
T4	135<t ≤ 200
T5	100<t ≤ 135
T6	85<t ≤ 100

注：可燃性气体或蒸气爆炸性混合物分级、分组可参考表 16-12-7。

表 16-12-7　可燃气体或蒸气爆炸性混合物分级、分组

序号	物质名称	分子式	级别	引燃温度组别	引燃温度/℃	闪点/℃	爆炸极限（体积）/% 下限	爆炸极限（体积）/% 上限	相对密度
				ⅡA 级 一、烃类					
	链烷类								
1	甲烷	CH_4	ⅡA	T1	537	Gas	5.00	15.00	0.60
2	乙烷	C_2H_6	ⅡA	T1	472	Gas	3.00	12.50	1.00

序号	物质名称	分子式	级别	引燃温度组别	引燃温度 /℃	闪点 /℃	爆炸极限（体积）/%		相对密度
							下限	上限	
3	丙烷	C_3H_8	IIA	T2	432	Gas	2.00	11.10	1.50
4	丁烷	C_4H_{10}	IIA	T2	365	−60	1.90	8.50	2.00
5	戊烷	C_5H_{12}	IIA	T3	260	<−40	1.50	7.80	2.50
6	己烷	C_6H_{14}	IIA	T3	225	−22	1.10	7.50	3.00
7	庚烷	C_7H_{16}	IIA	T3	204	−4	1.05	6.70	3.50
8	辛烷	C_8H_{18}	IIA	T3	206	13	1.00	6.50	3.90
9	壬烷	C_9H_{20}	IIA	T3	205	31	0.80	2.90	4.40
10	癸烷	$C_{10}H_{22}$	IIA	T3	210	46	0.80	5.40	4.90
11	环丁烷	$CH_2（CH_2）_4CH_2$	IIA	—	—	Gas	1.80	—	1.90
12	环戊烷	$CH_2（CH_2）_4CH_2$	IIA	T2	380	<−7	1.50	—	2.40
13	环己烷	$CH_2（CH_2）_4CH_2$	IIA	T3	245	−20	1.30	8.00	2.90
14	环庚烷	$CH_2（CH_2）_5CH_2$	IIA	—	—	<21	1.10	6.70	3.39
15	甲基环丁烷	$CH_3CH（CH_2）_2CH_2$	IIA	—	—	—	—	—	—
16	甲基环戊烷	$CH_3CH（CH_2）_3CH_2$	IIA	T3	258	<−10	1.00	8.35	2.90
17	甲基环己烷	$CH_3CH（CH_2）_4CH_2$	IIA	T3	250	−4	1.20	6.70	3.40
18	乙基环丁烷	$C_2H_5CH（CH_2）_2CH_2$	IIA	T3	210	<−16	1.20	7.70	2.90
19	乙基环戊烷	$C_2H_5CH（CH_2）_3CH_2$	IIA	T3	260	<−21	1.10	6.70	3.40
20	乙基环己烷	$C_2H_5CH（CH_2）_4CH_2$	IIA	T3	238	35	0.90	6.60	3.90
21	萘烷（十氢化萘）	$CH_2（CH_2）_3CHCH（CH_2）_3CH_2$	IIA	T3	250	54	0.70	4.90	4.80
	链烯类								
22	丙烯	$CH_2=CHCH_3$	IIA	T2	455	Gas	2.00	11.10	1.50
	芳烃类								
23	苯乙烯	$C_6H_5CH=CH_2$	IIA	T1	490	31	0.90	6.80	3.60
24	异丙烯基苯（甲基苯乙烯）	$C_6H_5C（CH_3）=CH_2$	IIA	T2	424	36	0.90	6.50	4.10
	苯类								
25	苯	C_6H_6	IIA	T1	498	−11	1.20	7.80	2.80
26	甲苯	$C_6H_5CH_3$	IIA	T1	480	4	1.10	7.10	3.10
27	二甲苯	$C_6H_4（CH_3）_2$	IIA	T1	464	30	1.10	6.40	3.66
28	乙苯	$C_6H_5C_2H_5$	IIA	T2	432	21	0.80	6.70	3.70
29	三甲苯	$C_6H_3（CH_3）_3$	IIA	T1	—	—	—	—	—
30	萘	$C_{10}H_8$	IIA	T1	526	79	0.90	5.90	4.40
31	异丙苯（异丙基苯）	$C_6H_5CH（CH_3）_2$	IIA	T2	424	36	0.90	6.50	4.10

续表

序号	物质名称	分子式	级别	引燃温度组别	引燃温度 /℃	闪点 /℃	爆炸极限（体积）/%		相对密度
							下限	上限	
32	异丙基甲苯	$(CH_3)_2CHC_6H_4CH_3$	IIA	T2	436	47	0.70	5.60	4.60
	混合烃类								
33	甲烷（工业用）*	CH_4	IIA	T1	537	—	5.00	15.00	0.55
34	松节油		IIA	T3	253	35	0.80	—	<1
35	石脑油		IIA	T3	288	<-18	1.10	5.90	2.50
36	煤焦油石脑油		IIA	T3	272	—	—	—	—
37	石油（包括车用汽油）		IIA	T3	288	<-18	1.10	5.90	2.50
38	洗涤汽油		IIA	T3	288	<-18	1.10	5.90	2.50
39	燃料油		IIA	T3	220~300	>55	0.70	50.00	<1.00
40	煤油		IIA	T3	210	38	0.60	6.50	4.50
41	柴油		IIA	T3	220	43~87	0.60	6.50	7.00
42	动力苯		IIA	T1	>450	<0	1.50	80.00	3.00
二、含氧化合物									
	醇类和酚类								
43	甲醇	CH_3OH	IIA	T2	385	11	6.00	36.00	1.10
44	乙醇	C_2H_5OH	IIA	T2	363	13	3.30	19.00	1.60
45	丙醇	C_3H_7OH	IIA	T2	412	23	2.20	13.70	2.10
46	丁醇	C_4H_9OH	IIA	T2	343	37	1.40	11.20	2.6
47	戊醇	$C_5H_{11}OH$	IIA	T3	300	34	1.10	10.50	3.04
48	己醇	$C_6H_{13}OH$	IIA	T3	293	63	1.20	—	3.50
49	庚醇	$C_7H_{15}OH$	IIA	—	—	60	—	—	4.03
50	辛醇	$C_8H_{17}OH$	IIA	—	270	81	1.10	7.40	4.50
51	壬醇	$C_9H_{19}OH$	IIA	—	—	75	0.80	6.10	4.97
52	环己醇	$CH_2(CH_2)_4CHOH$	IIA	T3	300	68	1.20	—	3.50
53	甲基环己醇	$C_7H_{13}OH$	IIA	T3	295	68	—	—	3.93
54	苯酚	C_6H_5OH	IIA	T1	715	79	1.80	8.6	3.2
55	甲酚	$CH_3C_6H_4OH$	IIA	T1	599	81	1.40	—	3.70
56	4-羟基-4-甲基戊酮（双丙酮醇）	$(CH_3)_2C(OH)CH_2COCH_3$	IIA	T1	603	64	1.80	6.90	4.00
	醛类		IIA						
57	乙醛	CH_3CHO	IIA	T4	175	-39	4.00	60.00	1.50
58	聚乙醛	$(CH_3CHO)_n$	IIA	—	—	36	—	—	6.10

续表

序号	物质名称	分子式	级别	引燃温度组别	引燃温度 /℃	闪点 /℃	爆炸极限（体积）/%		相对密度
							下限	上限	
	酮类		IIA						
59	丙酮	$(CH_3)_2CO$	IIA	T1	465	−20	2.50	12.80	2.00
60	2-丁酮（乙基甲基酮）	$C_2H_5COCH_3$	IIA	T2	404	−9	1.90	10.00	2.50
61	2-戊酮（甲基丙基甲酮）	$C_3H_7COCH_3$	IIA	T1	452	7	1.50	8.20	3.00
62	2-己酮（甲基丁基甲酮）	$C_4H_9COCH_3$	IIA	T1	457	16	1.20	8.00	3.45
63	戊基甲基甲酮	$C_5H_{11}COCH_3$	IIA	—	—	—	—	—	—
64	戊间二酮（乙酰丙酮）	$CH_3COCH_2COCH_3$	IIA	T2	340	34	1.80	6.90	4.00
65	环己酮	$CH_2(CH_2)_4CO$	IIA	T2	419	43	1.10	9.40	3.38
	酯类								
66	甲酸甲酯	$HCOOCH_3$	IIA	T2	449	−19	4.50	23.00	2.10
67	甲酸乙酯	$HCOOC_2H_5$	IIA	T2	455	−20	2.80	16.00	2.60
68	醋酸甲酯	CH_3COOCH_3	IIA	T1	454	−10	3.10	16.00	2.80
69	醋酸乙酯	$CH_3COOC_2H_5$	IIA	T2	426	−4	2.00	11.50	3.00
70	醋酸丙酯	$CH_3COOC_3H_7$	IIA	T2	450	13	1.70	8.00	3.50
71	醋酸丁酯	$CH_3COOC_4H_9$	IIA	T2	—	31	1.70	9.80	4.00
72	醋酸戊酯	$CH_3COOC_5H_{11}$	IIA	T2	360	25	1.00	7.10	4.48
73	甲基丙烯酸甲酯（异丁烯酸甲酯）	$CH_3{=}CCH_3COOCH_3$	IIA	T2	421	10	1.70	8.20	3.45
74	甲基丙烯酸乙酯（异丁烯酸乙酯）	$CH_3{=}CCH_3COOC_2H_5$	IIA	—	—	20	1.80	—	3.9
75	醋酸乙烯酯	$CH_3COOCH{=}CH_2$	IIA	T2	402	−8	2.60	13.40	3.00
76	乙酰基醋酸乙酯	$CH_3COCH_2COOC_2H_5$	IIA	T3	295	57	1.40	9.50	4.50
	酸类								
77	醋酸	CH_3COOH	IIA	T1	464	40	5.40	17.00	2.07
	三、含卤化合物								
	无氧化合物								
78	氯甲烷	CH_3cl	IIA	T1	632	−50	8.10	17.40	1.80
79	氯乙烷	C_2H_5Cl	IIA	T1	519	−50	3.80	15.40	2.20
80	溴乙烷	C_2H_5Br	IIA	T1	511	—	6.80	8.00	3.80
81	氯丙烷	C_3H_7Cl	IIA	T1	520	−32	2.40	11.10	2.70
82	氯丁烷	C_4H_9Cl	IIA	T1	250	−9	1.80	10.00	3.20
83	溴丁烷	C_4H_9Br	IIA	T1	265	18	2.50	6.60	4.72

续表

序号	物质名称	分子式	级别	引燃温度组别	引燃温度/℃	闪点/℃	爆炸极限（体积）/% 下限	爆炸极限（体积）/% 上限	相对密度
84	二氯乙烷	$C_2H_4Cl_2$	IIA	T2	412	−6	5.60	15.00	3.42
85	二氯丙烷	$C_3H_6Cl_2$	IIA	T1	557	15	3.40	14.5	3.9
86	氯苯	C_6H_5Cl	IIA	T1	593	28	1.30	9.60	3.90
87	苄基苯	$C_6H_5CH_2Cl$	IIA	T1	585	60	1.20	—	4.36
88	二氯苯	$C_6H_4Cl_2$	IIA	T1	648	66	2.20	9.20	5.07
89	烯丙基氯	$CH_2=CHCH_2Cl$	IIA	T1	485	−32	2.90	11.10	2.60
90	二氯乙烯	$CHCl=CHCl$	IIA	T1	460	−10	9.70	12.80	3.34
91	氯乙烯	$CH_2=CHCl$	IIA	T2	413	−78	3.60	33.00	2.20
92	三氟甲苯	$C_6H_5CF_3$	IIA	T1	620	12	—	—	5.00
	含氧化合物								
93	二氯甲烷（甲叉二氯）	CH_2Cl_2	IIA	T1	556	—	13.00	23.00	2.90
94	乙酰氯	CH_3COCl	IIA	T2	390	4	—	—	2.70
95	氯乙醇	CH_2ClCH_2OH	IIA	T2	425	60	4.90	15.90	2.80
四、含硫化合物									
96	乙硫醇	C_2H_5SH	IIA	T3	300	<−18	2.80	18.00	2.10
97	1-丙硫醇	—	IIA	—	—	—	—	—	—
98	噻吩	$CH=CHCH=CHS$	IIA	T2	395	−1	1.50	12.50	2.90
99	四氢噻吩	$CH_2（CH_2）_2CH_2S$	IIA	T3	—	—	—	—	—
五、含氮化合物									
100	氨	NH_3	IIA	T1	651	Gas	15.00	28.00	0.60
101	乙腈	CH_3CN	IIA	T1	524	6	3.00	16.00	1.40
102	亚硝酸乙酯	CH_3CH_2ONO	IIA	T6	90	−35	4.00	50.00	2.60
103	硝基甲烷	CH_3NO_2	IIA	T2	418	35	7.30	—	2.10
104	硝基乙烷	$C_2H_5NO_2$	IIA	T2	414	28	3.40	—	2.60
	胺类								
105	甲胺	CH_3NH_2	IIA	T2	430	Gas	4.90	20.70	1.00
106	二甲胺	$（CH_3）_2NH$	IIA	T2	400	Gas	2.80	14.40	1.60
107	三甲胺	$（CH_3）_3N$	IIA	T4	190	Gas	2.00	11.60	2.00
108	二乙胺	$（C_2H_5）_2NH$	IIA	T2	312	−23	1.80	10.10	2.50
109	三乙胺	$（C_2H_5）_3N$	IIA	T3	249	−7	1.20	8.00	3.50
110	正丙胺	$C_3H_7NH_2$	IIA	T2	318	−37	2.00	10.40	2.04
111	正丁胺	$C_4H_9NH_2$	IIA	T2	312	−12	1.70	9.80	2.50
112	环己胺	$CH_2（CH_2）_4CHNH_2$	IIA	T3	293	32	1.60	9.40	3.42

续表

序号	物质名称	分子式	级别	引燃温度组别	引燃温度/℃	闪点/℃	爆炸极限（体积）/% 下限	爆炸极限（体积）/% 上限	相对密度
113	2-乙醇胺	$NH_2CH_2CH_2OH$	IIA	T2	410	90	—	—	2.10
114	2-二乙胺基乙醇	$(CH_3)_2NC_2H_4OH$	IIA	T3	220	39	—	—	3.03
115	二胺基乙烷	$NH_2CH_2CH_2NH_2$	IIA	T2	385	34	2.70	16.50	2.07
116	苯胺	$C_6H_5NH_2$	IIA	T1	615	75	1.20	8.30	3.22
117	N,N-二甲基苯胺	$C_6H_5N(CH_3)_2$	IIA	T2	370	96	1.20	7.00	4.17
118	苯胺基丙烷	$C_6H_5CH_2CH(NH_2)CH_2$	IIA	—	—	<100	—	—	4.67
119	甲苯胺	$CH_3C_6H_4NH_2$	IIA	T1	482	85	—	—	3.70
120	吡啶	C_5H_5N	IIA	T1	482	20	1.80	12.40	2.70
IIB级 一、烃类									
121	丙炔	$CH_3C\equiv CH$	IIB	T1	—	Gas	1.70	—	1.40
122	乙烯	C_2H_4	IIB	T2	450	Gas	2.70	36.00	1.00
123	环丙烷	$CH_2CH_2CH_2$	IIB	T1	498	Gas	2.40	10.40	1.50
124	1,3-丁二烯	$CH_2=CHCH=CH_2$	IIB	T2	420	Gas	2.00	12.00	1.90
二、含氮化合物									
125	丙烯腈	$CH_2=CHCN$	IIB	T1	481	0	3.00	17.00	1.80
126	异硝酸丙酯	$(CH_3)_2CHONO_2$	IIB	T4	175	11	2.00	100.00	—
127	氰化氢	HCN	IIB	T1	538	-18	5.60	40.00	0.90
三、含氧化合物									
128	一氧化碳**	CO	IIA	T1	—	Gas	12.50	74.00	1.00
129	二甲醚	$(CH_3)_2O$	IIB	T3	240	Gas	3.40	27.00	1.60
130	乙基甲基醚	$CH_3OC_2H_5$	IIB	T4	190	—	2.00	10.10	2.10
131	二乙醚	$(C_2H_5)_2O$	IIB	T4	180	-45	1.90	36.00	2.60
132	二丙醚	$(C_3H_7)_2O$	IIA	T4	188	21	1.30	7.00	3.53
133	二丁醚	$(C_4H_9)_2O$	IIB	T4	194	25	1.50	7.60	4.50
134	环氧乙烷	CH_2CH_2O	IIB	T2	429	<-18	3.50	100.00	1.52
135	1,2-环氧丙烷	CH_3CHCH_2O	IIB	T2	430	-37	2.80	37.00	2.00
136	1,3-二噁戊烷	$CH_2CH_2OCH_2O$	IIB	—	—	2.0	—	—	2.55
137	1,4-二噁烷	$CH_2CH_2OCH_2CH_2O$	IIB	T2	379	11	2.00	22.00	3.03
138	1,3,5-三恶烷	$CH_2OCH_2OCH_2O$	IIB	T2	410	45	3.20	29.00	3.11
139	羧基醋酸丁酯	$HOCH_2COOC_4H_9$	IIB	—	—	61	—	—	3.52
140	四氢糠醇	$CH_2CH_2CH_2OCHCH_2OH$	IIB	T3	218	70	1.50	9.70	3.52
141	丙烯酸甲酯	$CH_2=CHCOOCH_3$	IIB	T1	468	-3	2.80	25.00	3.00
142	丙烯酸乙酯	$CH_2=CHCOOC_2H_5$	IIB	T2	372	10	1.40	14.00	3.50

序号	物质名称	分子式	级别	引燃温度组别	引燃温度/℃	闪点/℃	爆炸极限（体积）/%		相对密度
							下限	上限	
143	呋喃	CH=CHCH=CHO	IIB	T2	390	<-20	2.30	14.30	2.30
144	丁烯醛（巴豆醛）	$CH_3CH=CHCHO$	IIB	T3	280	13	2.10	16.00	2.41
145	丙烯醛	CH_2=CHCHO	IIB	T3	220	-26	2.80	31.00	1.90
146	四氢呋喃	$CH_2（CH_2）_2CH_2O$	IIB	T3	321	-14	2.00	11.80	2.50
四、混合气									
147	焦炉煤气		IIB	T1	560	—	4.00	40.00	0.40~0.50
五、含卤化合物									
148	四氟乙烯	C_2F_4	IIB	T4	200	Gas	10.00	50.00	3.87
149	1 氯 -2，3- 环氧丙烷	OCH_2CHCH_2Cl	IIB	T2	411	32	3.80	21.00	3.30
150	硫化氢	H_2S	IIB	T3	260	Gas	4.00	44.00	1.20
IIC 级									
151	氢	H_2	IIC	T1	500	Gas	4.00	75.00	0.10
152	乙炔	C_2H_2	IIC	T2	305	Gas	2.50	100.00	0.90
153	二硫化碳	CS_2	IIC	T5	102	-30	1.30	50.00	2.64
154	硝酸乙酯	$C_2H_5ONO_2$	IIC	T6	85	10	4.00	—	3.14
155	水煤气	—	IIC	T1	—	1	—	—	—
其他物质									
156	醋酸酐	$（CH_3CO）_2O$	IIA	T2	334	49	2.70	10.00	3.52
157	苯甲醛	C_6H_5CHO	IIA	T4	192	64	1.40	—	3.66
158	异丁醇	$（CH_3）_2CHCH_2OH$	IIA	T2	—	28	1.70	9.80	2.55
159	1- 丁烯	$CH_2=CHCH_2CH_3$	IIA	T2	385	-80	1.60	10.00	1.95
160	丁醛	$CH_3CH_2CH_2CHO$	IIA	T3	230	<-5	2.50	12.50	2.48
161	异氯丙烷	$（CH_3）_2CHCl$	IIA	T1	529	-18	2.80	10.70	2.70
162	枯烯	$C_6H_5CH（CH_3）_2$	IIA	T2	424	36	0.88	6.50	4.13
163	环己烯	$CH_2（CH_2）_3CH=CH$	IIA	T3	244	<-20	1.20	—	2.83
164	二乙酰醇	$CH_3COCH_2C（CH_3）_2OH$	IIA	T1	680	58	1.80	6.90	4.00
165	二戊醚	$（C_5H_{11}）_2O$	IIA	T4	171	57	— —	—	5.45
166	二异丙醚	$[（CH_3）_2CH]_2O$	IIA	T2	443	-28	1.40	7.90	3.25
167	二异丁烯	$C_2H_5CHCH_3CHCH_3C_2H_5$	IIA	T2	420	-5	0.80	4.80	3.87
168	二戊烯	$C_{10}H_{16}$	IIA	T3	237	42	0.75	6.10	4.66
169	乙氧基乙酸乙醚	$CH_3COCCH_2CH_2OC_2H_5$	IIA	T2	380	47	1.70	12.70	4.60
170	二甲基甲酰胺	$HCON（CH_3）_2$	IIA	T2	440	58	1.80	14.00	2.51
171	甲酸	HCOOH	IIA	T1	540	68	18.00	57.00	1.60

续表

序号	物质名称	分子式	级别	引燃温度组别	引燃温度/℃	闪点/℃	爆炸极限（体积）/%		相对密度
							下限	上限	
172	甲基戊基醚	CH$_3$CO（CH$_2$）$_4$CH$_3$	IIA	T1	533	39	1.10	7.90	3.94
173	甲基戊基甲酮	CH$_3$CO（CH$_2$）$_3$CH$_3$	IIA	T1	533	23	1.20	8.00	3.46
174	吗啉	OCH$_2$CH$_2$NHCH$_2$CH$_2$	IIA	T2	310	38	2.00	11.20	3.00
175	硝基苯	C$_6$H$_5$NO$_2$	IIA	T1	480	88	1.80	40.00	4.25
176	异辛烷	（CH$_3$）$_2$CHCH$_2$（CH$_3$）	IIA	T2	411	4	1.00	6.00	3.90
177	仲（乙）醛	（CH$_3$CHO）$_3$	IIA	T3	235	36	1.30	—	4.56
178	异戊烷	（CH$_3$）$_2$CHCH$_2$CH$_3$	IIA	T2	420	<-51	1.40	8.00	2.50
179	异丙醇	（CH$_3$）$_2$CHOH	IIA	T2	399	12	2.00	12.70	2.07
180	三乙苯	C$_6$H$_3$（CH$_3$）$_3$	IIA	T1	550	—	—	—	4.15
181	二乙醇胺	（HOCH$_2$CH$_2$）$_2$NH	IIA	T1	622	146	—	—	3.62
182	三乙醇胺	（HOCH$_2$CH$_2$）$_3$N	IIA	T1	—	190	—	—	5.14
183	25# 变压器油	—	IIA	T2	350	135	—	—	—
184	重柴油	—	IIA	T3	300	> 120	0.50	5.00	—
185	溶剂油	—	IIA	T2	385	33	1.10	7.20	—
186	1- 硝基丙烷	C$_3$H$_7$NO$_2$	IIB	T2	420	36	2.20	—	3.10
187	甲氧基乙醇	CH$_3$OCH$_2$CH$_2$OH	IIB	T3	285	39	2.50	19.80	2.63
188	石蜡	poly（CH$_2$O）	IIB	T3	300	70	7.00	73.00	—
189	甲醛	HCHO	IIB	T2	425	—	7.00	73.00	1.03
190	2- 乙氧基乙醇	C$_2$H$_5$OCH$_2$CH$_2$OH	IIB	T3	135	43	1.80	15.70	3.10
191	二叔丁过氧化物	（CH$_3$）$_3$COOC（CH$_3$）$_3$	IIB	T4	170	18	—	—	5.00
192	二丙醛	（C$_3$H$_7$）$_2$O	IIB	T3	215	21	—	—	3.53
193	烯丙醛	CH$_2$=CHCH$_2$OH	IIB	T2	378	21	2.50	18.00	2.00
194	甲基叔丁基醚（MTBE）	C$_5$H$_{12}$O	IIB	T1	460	−28			3.04
195	糠醛	C$_4$H$_3$OCHO	IIB	T2	392	60	2.10	19.30	3.31
196	N- 甲基二乙醇胺（MDEA）	CH$_3$N（CH$_2$CH$_2$OH）$_2$ 或 C$_5$H$_{13}$NO$_2$	IIB	T3	—	260	—	—	4.10
197	乙二醇	HOCH$_2$CH$_2$OH	IIB	T2	413	116	32.00	53.00	3.10
198	二甲基二硫醚（DMDS）	CH$_3$SSCH$_3$	IIB	T3	—	7	1.10	16.10	—
199	环丁砜	C$_4$H$_8$SO$_2$	—	—	—	166	—	—	4.14

注：* 指包括含 15% 以下（按体积计）氢气的甲烷混合气。

　　** 指一氧化碳在异常环境温度下可以含有使它与空气混合物饱和的水分。

　　在爆炸性粉尘环境中粉尘可分为三级，ⅢA 级为可燃性飞絮，ⅢB 级为非导电性粉尘，ⅢC 级为导电性粉尘。可燃性粉尘举例可参考表 16-12-8。

表 16-12-8　可燃性粉尘特性举例

粉尘种类	粉尘名称	高温表面堆积粉尘层（5mm）的引燃温度 /℃	粉尘云的引燃温度 /℃	爆炸下限浓度 /（g/m³）	粉尘平均粒径 /μm	危险性质	粉尘分级
金属	铝（表面处理）	320	590	37~50	10~15	导	ⅢC
	铝（含脂）	230	400	37~50	10~20	导	ⅢC
	铁	240	430	153~204	100~150	导	ⅢC
	镁	340	470	44~59	5~10	导	ⅢC
	红磷	305	360	48~64	30~50	非	ⅢB
	炭黑	535	>600	36~45	10~20	导	ⅢC
	钛	290	375	—	—	导	ⅢC
	锌	430	530	212~284	10~15	导	ⅢC
	电石	325	555	—	<200	非	ⅢB
	钙硅铝合金（8% 钙 -30% 硅 -55% 铝）	290	465	—	—	导	ⅢC
	硅铁合金（45% 硅）	>450	640	—	—	导	ⅢC
	黄铁矿	445	555	—	<90	导	ⅢC
	锆石	305	360	92~123	5~10	导	ⅢC
化学药品	硬脂酸锌	熔融	315	—	8~15	非	ⅢB
	萘	熔融	575	28~38	30~100	非	ⅢB
	蒽	熔融升华	505	29~39	40~50	非	ⅢB
	己二酸	熔融	580	65~90	—	非	ⅢB
	苯二（甲）酸	熔融	650	61~83	80~100	非	ⅢB
	无水苯二（甲）酸（粗制品）	熔融	605	52~71	—	非	ⅢB
	苯二甲酸腈	熔融	>700	37~50	—	非	ⅢB
	无水马来酸（粗制品）	熔融	500	82~113	—	非	ⅢB
	醋酸钠酯	熔融	520	51~70	5~8	非	ⅢB
	结晶紫	熔融	475	46~70	15~30	非	ⅢB
	四硝基咔唑	熔融	395	92~123	—	非	ⅢB
	二硝基甲酚	熔融	340		40~60	非	ⅢB
	阿司匹林	熔融	405	31~41	60	非	ⅢB
	肥皂粉	熔融	575	—	80~100	非	ⅢB
	青色燃料	350	465	—	300~500	非	ⅢB
	萘酚燃料	395	415	133~184	—	非	ⅢB

粉尘种类	粉尘名称	高温表面堆积粉尘层（5mm）的引燃温度 /℃	粉尘云的引燃温度 /℃	爆炸下限浓度 /（g/m³）	粉尘平均粒径 /μm	危险性质	粉尘分级
合成树脂	聚乙烯	熔融	410	26~35	30~50	非	ⅢB
	聚丙烯	熔融	430	25~35	—	非	ⅢB
	聚苯乙烯	熔融	475	27~37	40~60	非	ⅢB
	苯乙烯（70%）与丁二烯（30%）粉状聚合物	熔融	420	27~37	—	非	ⅢB
	聚乙烯醇	熔融	450	42~55	5~10	非	ⅢB
	聚丙烯腈	熔融炭化	505	35~55	5~7	非	ⅢB
	聚氨酯（类）	熔融	425	46~63	50~100	非	ⅢB
	聚乙烯四肽	熔融	480	52~71	<200	非	ⅢB
	聚乙烯氮戊环酮	熔融	465	42~58	10~15	非	ⅢB
	聚氯乙烯	熔融炭化	595	63~86	4~5	非	ⅢB
	氯乙烯（70%）与苯乙烯（30%）粉状聚合物	熔融炭化	520	44~60	30~40	非	ⅢB
	酚醛树脂（酚醛清漆）	熔融炭化	520	36~40	10~20	非	ⅢB
	有机玻璃粉	熔融炭化	485	—	—	非	ⅢB
天然树脂	骨胶（虫胶）	沸腾	475	—	20~50	非	ⅢB
	硬质橡胶	沸腾	360	36~49	20~30	非	ⅢB
	软质橡胶	沸腾	425		80~100	非	ⅢB
天然树脂	天然树脂	熔融	370	38~52	20~30	非	ⅢB
	蛄钯树脂	熔融	330	30~41	20~50	非	ⅢB
	松香	熔融	325	—	50~80	非	ⅢB
沥青蜡类	硬蜡	熔融	400	26~36	80~50	非	ⅢB
	绕组沥青	熔融	620	—	50~80	非	ⅢB
	硬沥青	熔融	620	—	50~150	非	ⅢB
	煤焦油沥青	熔融	580	—		非	ⅢB
农产品	裸麦粉	325	415	67~93	30~50	非	ⅢB
	裸麦谷物粉（未处理）	305	430	—	50~100	非	ⅢB
	裸麦筛落粉（粉碎品）	305	415	—	30~40	非	ⅢB
	小麦粉	炭化	410	—	20~40	非	ⅢB
	小麦谷物粉	290	420	—	15~30	非	ⅢB
	小麦筛落粉（粉碎品）	290	410	—	3~5	非	ⅢB
	乌麦、大麦谷物粉	270	440	—	50~150	非	ⅢB
	筛米糠	270	420	—	50~100	非	ⅢB
	玉米淀粉	炭化	410	—	2~30	非	ⅢB
	马铃薯淀粉	炭化	430	—	60~80	非	ⅢB

续表

粉尘种类	粉尘名称	高温表面堆积粉尘层（5mm）的引燃温度/℃	粉尘云的引燃温度/℃	爆炸下限浓度/(g/m³)	粉尘平均粒径/μm	危险性质	粉尘分级
农产品	布丁粉	炭化	395	—	10~20	非	ⅢB
	糊精粉		400	71~99	20~30	非	ⅢB
	砂糖粉	熔融	360	77~107	20~40	非	ⅢB
	乳糖	熔融	450	83~115		非	ⅢB
纤维鱼粉	可可子粉（脱脂品）	245	460	—	30~40	非	ⅢB
	咖啡粉（精制品）	收缩	600	—	40~80	非	ⅢB
	啤酒麦芽粉	285	405	—	100~500	非	ⅢB
	紫芷蓿	280	480	—	200~500	非	ⅢB
	亚麻粕粉	285	470	—	—	非	ⅢB
	菜种渣粉	炭化	465	—	400~600	非	ⅢB
	鱼粉	炭化	485	—	80~100	非	ⅢB
	烟草纤维	290	485	—	50~100	非	ⅢA
	木棉纤维	385	—	—	—	非	ⅢA
	人造短纤维	305	—	—	—	非	ⅢA
	亚硫酸盐纤维	380	—	—	—	非	ⅢA
	木质纤维	250	445	—	40~80	非	ⅢA
	纸纤维	360	—	—	—	非	ⅢA
	椰子粉	280	450	—	100~200	非	ⅢB
	软木粉	325	460	44~59	30~40	非	ⅢB
	针叶树（松）粉	325	440	—	70~150	非	ⅢB
	硬木（丁钠橡胶）粉	315	420	—	70~100	非	ⅢB
燃料	泥煤粉（堆积）	260	450	—	60~90	导	ⅢC
	褐煤粉（生褐煤）	260	450	49~68	2~3	非	ⅢB
	褐煤粉	230	185	—	3~7	导	ⅢC
	有烟煤粉	235	595	41~57	5~11	导	ⅢC
	瓦斯煤粉	225	580	35~48	5~10	导	ⅢC
	焦炭用煤粉	280	610	33~45	5~10	导	ⅢC
	贫煤粉	285	680	34~45	5~7	导	ⅢC
	无烟煤粉	>430	>600	—	100~130	导	ⅢC
	木炭粉（硬质）	340	595	39~52	1~2	导	ⅢC
	泥煤焦炭粉	360	615	40~54	1~2	导	ⅢC
	褐煤焦炭粉	235	—	—	4~5	导	ⅢC
	煤焦炭粉	430	>750	37~50	4~5	导	ⅢC

注：危险性质栏中，用"导"表示导电性粉尘，用"非"表示非导电性粉尘。

16.12.3　爆炸性环境的电力装置设计（GB 50058—2014）

16.12.3.1　一般规定

爆炸性环境的电力装置设计应符合下列规定：

①爆炸性环境的电力装置设计宜将设备和线路，特别是正常运行时能发生火花的设备布置在爆炸性环境以外。当需设在爆炸性环境内时，应布置在爆炸危险性较小的地点。

②在满足工艺生产及安全的前提下，应减少防爆电气设备的数量。

③爆炸性环境内的电气设备和线路应符合周围环境内化学、机械、热、霉菌以及风沙等不同环境条件对电气设备的要求。

④在爆炸性粉尘环境内，不宜采用携带式电气设备。

⑤爆炸性粉尘环境内的事故排风用电动机应在生产发生事故情况下，在便于操作的地方设置事故启动按钮等控制设备。

⑥在爆炸性粉尘环境内，应尽量减少插座和局部照明灯具的数量。如需采用时，插座宜布置在爆炸性粉尘不易积聚的地点，局部照明灯宜布置在事故时气流不易冲击的位置。

粉尘环境中安装的插座开口的一面应朝下，且与垂直面的角度不应大于60°。

⑦爆炸性环境内设置的防爆电气设备应符合现行国家标准《爆炸性环境 第1部分：设备通用要求》GB 3836.1 的有关规定。

16.12.3.2　爆炸性环境电气设备的选择

a）在爆炸性环境内，电气设备应根据下列因素进行选择：

①爆炸危险区域的分区；

②可燃性物质和可燃性粉尘的分级；

③可燃性物质的引燃温度；

④可燃性粉尘云、可燃性粉尘层的最低引燃温度。

b）危险区域划分与电气设备保护级别的关系应符合下列规定：

①爆炸性环境内电气设备保护级别的选择应符合表 16-12-9 的规定。

表 16-12-9　爆炸性环境内电气设备保护级别的选择

危险区域	设备保护级别（EPL）
0 区	Ga
1 区	Ga 或 Gb
2 区	Ga、Gb 或 Gc
20 区	Da
21 区	Da 或 Db
22 区	Da、Db 或 Dc

②电气设备保护级别（EPL）与电气设备防爆结构的关系应符合表 16-12-10 的规定。

表 16-12-10　电气设备保护级别（EPL）与电气设备防爆结构的关系

设备保护级别（EPL）	电气设备防爆结构	防爆形式
Ga	本质安全型	"ia"
	浇封型	"ma"
	由两种独立的防爆类型组成的设备，每一种类型达到保护等级别"Gb"的要求	—
	光辐射式设备和传输系统的保护	"op is"
Gb	隔爆型	"d"
	增安型	"e"（注 1）
	本质安全型	"ib"
	浇封型	"mb"
	油浸型	"o"
	正压型	"px""py"
	充砂型	"q"
	本质安全现场总线概念（FISCO）	—
	光辐射式设备和传输系统的保护	"op pr"
Gc	本质安全型	"ic"
	浇封型	"mc"
	无火花	"n""nA"
	限制呼吸	"nR"
	限能	"nL"
	火花保护	"nC"
	正压型	"pz"
	非可燃现场总线概念（FNICO）	—
	光辐射式设备和传输系统的保护	"op sh"
Da	本质安全型	"iD"
	浇封型	"mD"
	外壳保护型	"tD"
Db	本质安全型	"iD"
	浇封型	"mD"
	外壳保护型	"tD"
	正压型	"pD"
Dc	本质安全型	"iD"
	浇封型	"mD"
	外壳保护型	"tD"
	正压型	"pD"

注：在 1 区中使用的增安型"e"电气设备仅限于下列电气设备：在正常运行中不产生火花、电弧或危险温度的接线盒和接线箱，包括主体为"d"或"m"型，接线部分为"e"型的电气产品；按现行国家标准《爆炸性环境 第 3 部分：由增安型"e"保护的设备》GB 3836..3-2010 附录 D 配置的合适热保护装置的"e"型低压异步电动机，启动频繁和环境条件恶劣者除外；"e"型荧光灯；"e"型测量仪表和仪表用电流互感器。

c）防爆电气设备的级别和组别不应低于该爆炸性气体环境内爆炸性气体混合物的级别和组别，并应符合下列规定：

①气体、蒸气或粉尘分级与电气设备类别的关系应符合表 16-12-11 的规定。当存在有两种以上可燃性物质形成的爆炸性混合物时，应按照混合后的爆炸性混合物的级别和组别选用防爆设备，无据可查又不可能进行试验时，可按危险程度较高的级别和组别选用防爆电气设备。

对于标有适用于特定的气体、蒸气的环境的防爆设备，没有经过鉴定，不得使用于其他的气体环境内。

表 16-12-11　气体、蒸气或粉尘分级与电气设备类别的关系

气体、蒸气或粉尘分级	设备类别
IIA	IIA、IIB 或 IIC
IIB	IIB 或 IIC
IIC	IIC
IIIA	IIIA、IIIB 或 IIIC
IIIB	IIIB 或 IIIC
IIIC	IIIC

②II 类电气设备的温度组别、最高表面温度和气体、蒸气引燃温度之间的关系符合表 16-12-12 的规定。

表 16-12-12　II 类电气设备的温度组别、最高表面温度和气体、蒸气引燃温度之间的关系

电气设备温度组别	电气设备允许最高表面温度	气体/蒸气的引燃温度	适用的设备温度级别
T1	450℃	> 450℃	T1~T6
T2	300℃	> 300℃	T2~T6
T3	200℃	> 200℃	T3~T6
T4	135℃	> 135℃	T4~T6
T5	100℃	> 100℃	T5~T6
T6	85℃	> 85℃	T6

③安装在爆炸性粉尘环境中的电气设备应采取措施防止热表面点可燃性粉尘层引起的火灾危险。III 类电气设备的最高表面温度应按国家现行有关标准的规定进行选择。电气设备结构应满足电气设备在规定的运行条件下不降低防爆性能的要求。

d）当选用正压型电气设备及通风系统时，应符合下列规定：

①通风系统应采用非燃性材料制成，其结构应坚固，连接应严密，并不得有产生气体滞留的死角。

②电气设备应与通风系统联锁。运行前应先通风，并应在通风量大于电气设备及其通风系统管道容积的 5 倍时，才能接通设备的主电源。

③在运行中，进入电气设备及其通风系统内的气体不应含有可燃物质或其他有害物质。

④在电气设备及其通风系统运行中，对于 px、py 或 pD 型设备，其风压不应低于 50Pa；对于 pz 型设备，其风压不应低于 25Pa。当风压低于上述值时，应自动断开设备的主电源或发出信号。

⑤通风过程排出的气体不宜排入爆炸危险环境；当采取有效地防止火花和炽热颗粒从设备及其通风系统吹出的措施时，可排入 2 区空间。

⑥对于闭路通风的正压型设备及其通风系统应供给清洁气体。

⑦电气设备外壳及通风系统的门或盖子应采取联锁装置或加警告标志等安全措施。

16.12.3.3　爆炸性环境电气设备的安装

a）油浸型设备应在没有振动、不会倾斜和固定安装的条件下采用。

b）在采用非防爆型设备作隔墙机械传动时，应符合下列规定：

①安装电气设备的房间应用非燃烧体的实体墙与爆炸危险区域隔开；

②传动轴传动通过隔墙处，应采用填料函密封或有同等效果的密封措施；

③安装电气设备房间的出口应通向非爆炸危险区域的环境；当安装设备的房间必须与爆炸性环境相通时，应对爆炸性环境保持相对的正压。

c）除本质安全电路外，爆炸性环境的电气线路和设备应装设过载、短路和接地保护，不可能产生过载的电气设备可不装设过载保护。爆炸性环境的电动机除按国家现行有关标准的要求装设必要的保护之外，均应装设断相保护。如果电气设备的自动断电可能引起比引燃危险造成的危险更大时，应采用报警装置代替自动断电装置。

d）紧急情况下，在危险场所外合适的地点或位置应采取一种或多种措施对危险场所设备断电。连续运行的设备不应包括在紧急断电回路中，而应安装在单独的回路上，防止附加危险产生。

e）变电所、配电所和控制室的设计应符合下列规定：

①变电所、配电所（包括配电室，下同）和控制室应布置在爆炸性环境以外，当为正压室时，可布置在 1 区、2 区内。

②对于可燃物质比空气重的爆炸性气体环境，位于爆炸危险区附加 2 区的变电所、配电所和控制室的电气和仪表的设备层地面应高出室外地面 0.6m。

16.12.3.4　爆炸性环境电气线路的设计

a）爆炸性环境电缆和导线的选择应符合下列规定：

①在爆炸性环境内，低压电力、照明线路采用的绝缘导线和电缆的额定电压应高于或等于工作电压，且 U0/U 不应低于工作电压。中性线的额定电压应与相线电压相等，并应在同一护套或保护管内敷设。

②在爆炸危险区内，除在配电盘、接线箱或采用金属导管配线系统内，无护套的电线不应作为供配电线路。

③在 1 区内应采用铜芯电缆；除本安型电路外，在 2 区内宜采用铜芯电缆，当采用铝芯电缆时，其截面不得小于 16mm²，且与电气设备的连接应采用铜—铝过渡接头。敷设在爆炸性粉尘环境 20 区、21 区以及在 22 区内有剧烈振动区域的回路，均应采用铜芯绝缘导线或电缆。

④除本质安全系统的电路外，在爆炸性环境电缆配线的技术要求应符合表 16-12-13 的规定。

表 16-12-13　爆炸性环境电缆配线的技术要求

项目 技术要求 爆炸危险区域	电缆明设或在沟内敷设时的最小截面			移动 电缆
	电力	照明	控制	
1 区、20 区、21 区	铜芯 2.5mm² 及以上	铜芯 2.5mm² 及以上	铜芯 1.0mm² 及以上	重型
2 区、22 区	铜芯 1.5mm² 及以上，铝芯 16mm² 及以上	铜芯 1.5mm² 及以上	铜芯 1.0mm² 及以上	中型

⑤除本质安全系统的电路外，在爆炸性环境内电压为 1000V 以下的钢管配线的技术要求应符合表 16-12-14 的规定。

表 16-12-14　爆炸性环境内电压为 1000V 以下的钢管配线的技术要求

技术要求 爆炸危险区域	钢管配线用绝缘导线的最小截面			管子连接要求
项目	电力	照明	控制	
1 区、20 区、21 区	铜芯 2.5mm² 及以上	铜芯 2.5mm² 及以上	铜芯 2.5mm² 及以上	钢管螺纹旋合不应少于 5 扣
2 区、22 区	铜芯 2.5mm² 及以上	铜芯 1.5mm² 及以上	铜芯 1.5mm² 及以上	钢管螺纹旋合不应少于 5 扣

⑥在爆炸性环境内，绝缘导线和电缆截面的选择除应满足表 5.4.1-1 和 5.4.1-2 的规定要求外，还应符合下列规定：

• 导体允许载流量不应小于熔断器熔体额定电流的 1.25 倍及断路器长延时过电流脱扣器整定电流的 1.25 倍，本款第 2 项的情况除外；

• 引向电压为 1000V 以下的鼠笼型感应电动机支线的长期允许载流量不应小于电动机额定电流的 1.25 倍。

⑦在架空、桥架敷设时电缆宜采用阻燃电缆。当敷设方式采用能防止机械损伤的桥架方式时，塑料护套电缆可采用非铠装电缆。当不存在会受鼠、虫等损害情形时，在 2 区、22 区电缆沟内敷设的电缆可采用非铠装电缆。

b）爆炸性环境线路的保护应符合下列规定：

①在 1 区内单相网络中的相线及中性线均应装设短路保护，并采取适当开关同时断开相线和中性线。

②对 3kV~10kV 电缆线路宜装设零序电流保护，在 1 区、21 区内保护装置宜动作于跳闸。

c）爆炸性环境电气线路的安装应符合下列规定：

①电气线路宜在爆炸危险性较小的环境或远离释放源的地方敷设，并应符合下列规定：

• 当可燃物质比空气重时，电气线路宜在较高处敷设或直接埋地；架空敷设时宜采用电缆桥架；电缆沟敷设时沟内应充砂，并宜设置排水措施。

• 电气线路宜在有爆炸危险的建筑物、构筑物的墙外敷设。

• 在爆炸粉尘环境，电缆应沿粉尘不易堆积并且易于粉尘清除的位置敷设。

②敷设电气线路的沟道、电缆桥架或导管，所穿过的不同区域之间墙或楼板处的孔洞应采用非燃性材料严密堵塞。

③敷设电气线路时宜避开可能受到机械损伤、振动、腐蚀、紫外线照射以及可能受热的地方，不能避开时，应采取预防措施。

④钢管配线可采用无护套的绝缘单芯或多芯导线。当钢管中含有三根或多根导线时，导线包括绝缘层的总截面（包括绝缘层）不宜超过钢管截面的 40%。钢管采用低压流体输送用镀锌焊接钢管。钢管连接的螺纹部分应涂以铅油或磷化膏。在可能凝结冷凝水的地方，管线上应装设排除冷凝水的密封接头。

⑤在爆炸性气体环境内钢管配线的电气线路应做好隔离密封，且应符合下列规定：

• 在正常运行时，所有点燃源外壳的 450mm 范围内应做隔离密封。

• 直径 50mm 以上钢管距引入的接线箱 450mm 以内处应做隔离密封。

• 相邻的爆炸性环境之间以及爆炸性环境与相邻的其他危险环境或非危险环境之间应进行隔离密封。进行密封时，密封内部应用纤维作填充的底层或隔层，填充层的有效厚度不应小于钢管的内径，且不得小于 16mm。

　　•供隔离密封用的连接部件，不应作为导线的连接或分线用。

　　⑥在 1 区内电缆线路严禁有中间接头，在 2 区、20 区、21 区内不应有中间接头。

　　⑦电缆或导线的终端连接时，电缆内部的导线如果为绞线，其终端应采用定型端子或接线鼻子进行连接。

　　铝芯绝缘导线或电缆的连接与封端应采用压接、熔焊或钎焊，当与设备（照明灯具除外）连接时，应采用铜－铝过渡接头。

　　⑧架空电力线路不得跨越爆炸性气体环境，架空线路与爆炸性气体环境的水平距离，不应小于杆塔高度的 1.5 倍。在特殊情况下，采取有效措施后，可适当减少距离。

16.12.3.5　爆炸性环境接地设计

　　a）当爆炸性环境电力系统接地的设计时，1000V 交流 /1500V 直流以下的电源系统的接地必须符合下列规定：

　　①爆炸性环境中的 TN 系统应采用 TN–S 型。

　　②危险区中的 TT 型电源系统应采用剩余电流动作的保护电器。

　　③爆炸性环境中的 IT 型电源系统应设置绝缘监测装置。

　　b）爆炸性气体环境中应设置等电位联结，所有裸露的装置外部可导电部件应接入等电位系统。本质安全型设备的金属外壳可不与等电位系统连接，制造厂有特殊要求的除外。具有阴极保护的设备不应与等电位系统连接，专门为阴极保护设计的接地系统除外。

　　c）爆炸性环境内设备的保护接地应符合下列规定：

　　①按照现行国家标准《交流电气装置的接地设计规范》GB/T 50065 的有关规定，下列不需要接地的部分，在爆炸性环境内仍应进行接地：

　　•在不良导电地面处，交流额定电压为 1000V 以下和直流额定电压为 1500V 及以下的设备正常不带电的金属外壳；

　　•在干燥环境，交流额定电压为 127V 及以下，直流电压为 110V 及以下的设备正常不带电的金属外壳；

　　•安装在已接地的金属结构上的设备。

　　②在爆炸危险环境内，设备的外露可导电部分应可靠接地。爆炸性环境 1 区、20 区、21 区内的所有设备以及爆炸性环境 2 区、22 区内除照明灯具以外的其他设备应采用专用的接地线。该接地线若与相线敷设在同一保护管内时，应具有与相线相等的绝缘。爆炸性环境 2 区、22 区内的照明灯具，可利用有可靠电气连接的金属管线系统作为接地线，但不得利用输送可燃物质的管道。

　　③在爆炸危险区域不同方向，接地干线应不少于两处与接地体连接。

　　d）设备的接地装置与防止直接雷击的独立避雷针的接地装置应分开设置，与装设在建筑物上防止直接雷击的避雷针的接地装置可合并设置，与防雷电感应的接地装置亦可合并设置。接地电阻值应取其中最低值。

　　e）0 区、20 区场所的金属部件不宜采用阴极保护，当采用阴极保护时，应采取特殊的设计。阴极保护所要求的绝缘元件应安装在爆炸性环境之外。

16.12.4 防爆电气设备标准

16.12.4.1 中国标准

① GB 3836—2010 爆炸性环境，于 2011 年 8 月 1 日实施，与国际电工委员会 IEC 60079-0/1：2007，MOD 同步，分为若干部分：

GB 3836.1—2010 爆炸性环境 第 1 部分：设备通用要求

GB 3836.2—2010 爆炸性环境 第 2 部分：由隔爆外壳"d"保护的设备

GB 3836.3—2010 爆炸性环境 第 3 部分：由增安型"e"保护的设备

GB 3836.4—2010 爆炸性环境 第 4 部分：由本质安全型"i"保护的设备

GB/T 3836.5—2017 爆炸性环境 第 5 部分：由压外壳型"p"保护的设备

GB/T 3836.6—2017 爆炸性环境 第 6 部分：由油浸型"o"保护的设备

GB/T 3836.7—2017 爆炸性环境 第 7 部分：由充砂型"q"保护的设备

GB 3836.8—2014 爆炸性环境 第 8 部分：由"n"型保护的设备

GB 3836.9—2014 爆炸性环境 第 9 部分：由浇封型"m"保护的设备

GB/T 3836.11—2017 爆炸性环境 第 11 部分：气体和蒸汽物质特性分类试验方法和数据

GB/T 3836.12—2019 爆炸性环境 第 12 部分：可燃性粉尘物质特性 试验方法

GB 3836.13—2013 爆炸性环境 第 13 部分：设备的修理、检修、修复和改造

GB 3836.14—2014 爆炸性环境 第 14 部分：场所分类 爆炸性气体环境

GB/T 3836.15—2017 爆炸性环境 第 15 部分：电气装置的设计、选型和安装

GB/T 3836.16—2017 爆炸性环境 第 16 部分：电气装置的检查与维护

GB/T 3836.17—2019 爆炸性环境 第 17 部分：由正压房间"p"和人工通风房间"v"保护的设备

GB/T 3836.18—2017 爆炸性环境 第 18 部分：本质安全电气系统

GB 3836.19—2010 爆炸性环境 第 19 部分：现场总线本质安全概念（FISCO）

GB 3836.20—2010 爆炸性环境 第 20 部分：设备保护级别（EPL）为 Ga 级的设备

② GB 12476—2013 可燃性粉尘环境用电气设备，于 2014 年 11 月 14 日实施，与国际电工委员会原标准 IEC 61241-0：2004：MOD 同步，分为若干部分：

GB 12476.1—2013 可燃性粉尘环境用电气设备 第 1 部分：通用要求

GB/T 12476.3—2017 可燃性粉尘环境用电气设备 第 3 部分：存在或可能存在可燃性粉尘的场所分类

GB 12476.4—2010 可燃性粉尘环境用电气设备 第 4 部分：本质安全型"iD"

GB 12476.5—2013 可燃性粉尘环境用电气设备 第 5 部分：外壳保护型"tD"

GB 12476.6—2010 可燃性粉尘环境用电气设备 第 6 部分：浇封保护型"mD"

GB 12476.7—2010 可燃性粉尘环境用电气设备 第 7 部分：正压保护型"pD"

16.12.4.2 IEC 标准

IEC 60079-0（2017）Explosive atmospheres–Part 0：Equipment–General requirements

IEC 60079-1（2014）Explosive atmospheres–Equipment protection by flameproof enclosures "d"

IEC 60079-2（2014）Explosive atmospheres-Part 2：Equipment protection by pressurized enclosures "p"

IEC 60079-5（2015）Explosive atmospheres- Part 5：Equipment protection by powder filling "q"

IEC 60079-6（2015）Explosive atmospheres- Part 6：Equipment protection by liquid immersion "o"

IEC 60079-7（2015）Explosive atmospheres- Explosive atmospheres - Part 7：Equipment protection by increased safety "e"

IEC 60079-10-1（2020）Explosive atmospheres- Part 10-1：Classification of areas-Explosive gas atmospheres

IEC 60079-10-2（2015）Explosive atmospheres- Part 10-2：Classification of areas-Explosive dust atmospheres

IEC 60079-11（2011）Explosive atmospheres-Part 11：Equipment protection by intrinsic safety "i"

IEC 60079-13（2017）Explosive atmospheres-Part 13：Equipment protection by pressurized room "p" and artificially ventilated room "v"

IEC 60079-14（2013）Explosive atmospheres-Part 14：Electrical installations design, selection and erection

IEC 60079-15（2017）Explosive atmospheres-Part 15：Equipment protection by type of protection "n"

IEC 60079-17（2013）Explosive atmospheres-Part 17：Electrical installations inspection and maintenance

IEC 60079-18（2014）Explosive atmospheres-Part 18：Equipment protection by encapsulation "m"

IEC 60079-19（2019）Explosive atmospheres-Part 19：Equipment repair, overhaul and reclamation

IEC 60079-25（2020）Explosive atmospheres-Part 25：Intrinsically safe electrical systems

IEC 60079-26（2014）Explosive atmospheres-Part 26：Equipment with Equipment Protection Level（EPL）Ga

IEC 60079-28（2015）Explosive atmospheres-Part 28：Protection of equipment and transmission systems using optical radiation

IEC 60079-29-1（2016）Explosive atmospheres-Part 29-1：Gas detectors- Performance requirements of detectors for flammable gases

IEC 60079-29-2（2015）Explosive atmospheres-Part 29-2：Gas detectors-Selection, installation, use and maintenance of detectors for flammable gases and oxygen

IEC 60079-29-3（2014）Explosive atmospheres-Part 29-3：Gas detectors- Guidance on functional safety of fixed gas detection systems

IEC 60079-29-4（2009）Explosive atmospheres-Part 29-4：Gas detectors- Performance requirements of open path detectors for flammable gases

IEC/IEEE 60079-30-1（2015）Explosive atmospheres-Part 30-1：Electrical resistance trace heating – General and testing requirements

IEC/IEEE 60079-30-2（2015）Explosive atmospheres-Part 30-2：Electrical resistance trace heating-Application guide for design，installation and maintenance

IEC 60079-31（2013）Explosive atmospheres-Part 31：Equipment dust ignition protection by enclosure "t"

IEC/TS 60079-32-1（2017）Explosive atmospheres-Part 32-1：Electrostatic hazards，guidance

IEC 60079-32-2（2015）Explosive atmospheres-Part 32-2：Electrostatics hazards –Tests

IEC 60079-33（2012）Explosive atmospheres-Part 33：Equipment protection by special protection 's'

IEC 60079-35-1（2011）Explosive atmospheres-Part 35-1：Caplights for use in mines susceptible to firedamp-General requirements-Construction and testing in relation to the risk of explosion

IEC 60079-35-2（2011）Explosive atmospheres-Part 35-2：Caplights for use in mines susceptible to firedamp – Performance and other safety-related matters

IEC/TS 60079-39（2015）Explosive atmospheres-Part 39：Intrinsically safe systems with electronically controlled spark duration limitation

IEC/TS 60079-40（2015）Explosive atmospheres-Part 40：Requirements for process sealing between flammable process fluids and electrical systems

IEC 61285（2015）Industrial-process control-Safety of analyser houses

16.12.4.3　欧洲电气标准化委员会（CENELEC：Comite Europeen de Normalisation Electrotechnique）标准

EN 60079-0（2018）Explosive atmospheres-Part 0：Equipment- General requirements

EN 60079-1（2014）Explosive atmospheres-Part 1：Equipment protection by flameproof enclosures "d"

EN 60079-2（2014）Explosive atmospheres-Part 2：Equipment protection by pressurized enclosure "p"

EN 60079-5（2015）Explosive atmospheres-Part 5：Equipment protection by powder filling "q"

EN 60079-6（2015）Explosive atmospheres- Part 6：Equipment protection by liquid immersion "o"

EN 60079-7（2015）Explosive atmospheres-Part 7：Equipment protection by increased safety "e"

EN 60079-10-1（2015）Explosive atmospheres-Part 10-1：Classification of areas – Explosive gas atmospheres

EN 60079-10-2（2015）Explosive atmospheres-Part 10-2：Classification of areas-Explosive dust atmospheres

EN 60079-11（2012）Explosive atmospheres-Part 11：Equipment protection by intrinsic safety "i"

EN 60079-13（2017）Explosive atmospheres-Part 13：Equipment protection by pressurized room "p" and artificially ventilated room "v"

EN 60079-14（2014）Explosive atmospheres-Part 14：Electrical installations design, selection and erection

EN 60079-15（2019）Explosive atmospheres-Part 15：Equipment protection by type of protection "n"

EN 60079-17（2014）Explosive atmospheres-Part 17：Electrical installations inspection and maintenance

EN 60079-18（2015）Explosive atmospheres-Part 18：Equipment protection by encapsulation "m"

EN 60079-19（2019）Explosive atmospheres-Part 19：Equipment repair, overhaul and reclamation

EN 60079-25（2020）Explosive atmospheres-Part 25：Intrinsically safe electrical systems

EN 60079-26（2015）Explosive atmospheres-Part 26：Equipment with Equipment Protection Level（EPL）Ga

EN 60079-28（2015）Explosive atmospheres-Part 28：Protection of equipment and transmission systems using optical radiation

EN 60079-30-1（2017）Explosive atmospheres-Part 30-1：Electrical resistance trace heating-General and testing requirements

EN 60079-30-2（2017）Explosive atmospheres-Part 30-2：Electrical resistance trace heating-Application guide for design, installation and maintenance

EN 60079-31（2014）Explosive atmospheres-Part 31：Equipment dust ignition protection by enclosure "t"

EN 60079-35-1（2011）Explosive atmospheres-Part 35-1：Caplights for use in mines susceptible to firedamp-General requirements-Construction and testing in relation to the risk of explosion

EN 60079-35-2（2012）Explosive atmospheres-Part 35-2：Caplights for use in mines susceptible to firedamp-Performance and other safety-related matters

EN 50495（2010）Safety devices required for the safe functioning of equipment with respect to explosion risks

16.12.4.4　美国标准

UL674（2011）Electric motors and generators for use in hazardous（classified）Locations

UL698A（2018）Standard for industrial control panels relating to hazardous（classified）locations

UL783（2003）Standard for electric flashlights and lanterns for use in hazardous（classified）locations

UL823（2006）Standard for electric heaters for use in hazardous（classified）locations

UL844（2012）Standard for luminaires for use in hazardous（classified）locations

UL913（2013）Standard for intrinsically safe apparatus and associated apparatus for use in class I, II, III, division 1, hazardous（classified）locations

UL1203（2013）Standard for explosion–proof and dust–ignition–proof electrical equipment for use in hazardous（classified）locations

UL2225（2013）Standard for cables and cable–fittings for use in hazardous（classified）locations

UL120002（2014）Certificate standard for AEx equipment for hazardous（classified）locations

UL121203（2021）Recommended ractice for portable electronic products suitable for use in class I and Ⅱ, division 2, class I, zone 2 and class Ⅲ, division 2 and 2 hazardous（classified）locations

UL122001（2019）General requirements for electrical ignition systems for internal combustion engines in class I, division 2 or zone 2, hazardous（classified）locations

ANSI/ISA 61241（2006）（R2015）Electrical apparatus for use in zone 20, zone 21, and Zone 22 hazardous（classified）locations– Part 0：General requirements

ANSI/ISA 61241（2006）（R2015）Electrical apparatus for use in zone 20, zone 21, and zone 22 hazardous（classified）locations– Part 11：Protection by intrinsic safety "iD"

ANSI/ISA 61241（2006）（R2015）Electrical apparatus for use in zone 20, zone 21, and zone 22 hazardous（classified）locations– Part 1：Protection by enclosures "tD"

ANSI/ISA 61241（2006）（R2015）Electrical apparatus for use in zone 20, zone 21, and zone 22 hazardous（classified）locations– Part 18：Protection by intrinsic safety "mD"

API–RP 500（2012）Recommended practice for classification of locations for electrical installations at petroleum facilities classfied as class I. division 1 and division 2

API–RP 505（2018）Recommended practice for classification of locations for electrical installations at petroleum facilities classified as class I, zone 0, zone 1 and zone 2

API–RP 540（R2013）Electrical installations in petroleum processing plants

NFPA70（2017）National electrical code

NFPA496（2017）Standard for purged and pressurized enclosures for electrical equipment

16.12.4.5　俄罗斯标准

GOST R 51323.3–99 Plugs, socket–outlets and couplers for industrial purposes. Part3. Particular requirements for plugs, socket–outlets, connectors and appliance inlets for use in explosive gas atmospheres

GOST R 51330.0–99 Explosionproof electrical apparatus, Part 0. General requirements

GOST R 51330.1–99 Electrical apparatus for explosive gas atmospheres. Part 1. Construction and verification test of flameproof of electrical apparatus

GOST R 51330.2–99 Electrical apparatus for explosive gas atmospheres. Part 1. Construction and verification test of flameproof of electrical apparatus.

First supplement. Appendix D. Method of test for ascertainment of maximum experimental safe gap

GOST R 51330.3–99 Explosion protected electrical equipment. Part 2. Filling or purging of the pressurized enclosure P

GOST R 51330.4–99 Electrical apparatus for explosive gas atmospheres. Part 3.Spark–test apparatus for intrinsically–safe circuits

GOST R 51330.5–99 Explosion protected electrical apparatus. Part 4. Method of test for ignition temperature

GOST R 51330.6–99 Electrical apparatus for explosive gas atmospheres. Part 5. Powder filling "q"

GOST R 51330.7–99 Explosion proof electrical apparatus. Part 6. Oil–filled enclosures "o"

GOST R 51330.8–99 Explosion proof electrical apparatus. Part 7. Type of protection "e"

GOST R 51330.9–99 Electrical apparatus for explosive gas atmospheres. Part 10. Classification of hazardous areas

GOST R 51330.10–99 Electrical apparatus for explosive gas atmospheres. Part 11. Intrinsic safety "i"

GOST R 51330.11–99 Explosion protected electrical apparatus. Part 12. Classification of mixtures of gases or vapours with air according to their maximum experimental safe gaps and minimum igniting currents

GOST R 51330.12–99 Electrical apparatus for explosive gas atmospheres. Part 13. Construction and use of rooms or buildings protected by pressurization

GOST R 51330.13–99 Explosion protected electrical apparatus. Part 14. Electrical installations in explosive gas atmospheres（other than mines）

GOST R 51330.14–99 Electrical apparatus for explosive gas atmospheres. Part 15. Type of protection "n"

GOST R 51330.15–99 Electrical apparatus for explosive gas atmospheres. Part 16. Artificial ventilation for the protection of analyzer（s）houses

GOST R 51330.16–99 Explosion protected electrical apparatus. Part 17. Inspection and maintenance of electrical installation in hazardous areas（other than mines）

GOST R 51330.17–99 Explosion protected electrical apparatus. Part 18. Type of protection "m"

GOST R 51330.18–99 Electrical apparatus for explosive gas atmospheres. Part 19. Repair and overhaul for apparatus used in explosive atmospheres（other than mines or explosives）

GOST R 51330.19–99 Electrical apparatus for explosive gas atmospheres. Part 20. Data for flammable gases and vapours, relating to the use of electrical apparatus

GOST R 51330.20–99 Mining electrical equipment.Insulation, leakage paths and electrical gaps. Technical requirements and methods testing

PUE Code for Electrical Installation Arrangement

16.12.5　防爆电气设备认证机构

部分国家防爆电气设备认证机构，见表 16–12–15。

表 16-12-15　部分国家防爆电气设备主要认证机构

国家名称	检定机构	主页地址
中国	国家防爆电气产品质量监督检验中心 China National Quality Supervision and Test Centre for Explosion Protected Electrical Products(CQST)	www.cqstex.com
德国	德国联邦物理技术研究院 The Physikalisch–Technische Bundesanstalt（PTB）	www.ptb.de/cms/
英国	英国防爆电气设备检验局 British Approvals Service for Electrical Equipment in Flammable Atmospheres（BASEEFA）	www.baseefa.com
法国	法国中央实验室 Laboratoire Central des Industries Electriques（LCIE）	www.lcie.fr
日本	日本国社团法人产业安全技术协会 Technology Institution of Industrial Safety（TIIS）	www.tiis.or.jp
美国	美国保险商实验室[①] Underwriters Laboratories Inc.（UL）	www.ul.com
加拿大	加拿大标准协会 Canadian Standards Association（CSA）	www.csagroup.org
俄罗斯	俄罗斯防爆及矿用电气设备认证中心 Certification centre of explosion protected and mine equipment（NANIO CCVE）	www.ccve.ru
澳大利亚	澳大利亚安全测试部 TestSafe Australia（TestSafe）	www.testsafe.com.au
意大利	意大利电技术实验中心 Centro Elettrotecnico Sperimentale Italiano（CESI）	www.cesi.it
奥地利	奥地利 TUV TUV Austria	www.tuv.at
瑞士	瑞士电力工程，电力和信息技术协会 Association for Electrical Engineering，Power and Information Technologies（Electrosuisse）	www.electrosuisse.ch

注：①美国保险商实验室（UL：Underwriters Laboratories Inc）、工厂互保研究中心（FM：Factory Mutual Research Corpration）和 Intertek 检验服务有限公司（ITS：Intertek Testing Service NA Inc.）分别对仪表防爆构造制定了相应的规定。

美国防爆电子设备检测认证机构主要有以下三个：

UL（Underwirters Laboratories Inc.）333 Pfingsten Northbrook，Ill. 60062 USA

FM（Factory Mutual Research Corporation）1151 Boston–Province Turnpike，Norwood Mass. 02062 USA

ITS（Intertek Testing Service NA Inc.）70 Codman Hill Road，Boxborough，Mass. 01719 USA

a）UL

UL 是世界上最大的从事安全试验和鉴定的民间机构之一，它是一个独立的第三方检验机构，是一个非营利的、为公共安全做试验的专业机构。它有产品检验、工厂检验；资料，标准的编写和发行，对产品的安全认证和经营安全证明等业务。UL 认证是一种与安全鉴定相关的认证。UL 标志分为 3 类，分别是列名、分级和认可标志，分别应用在不同的服务产品上，是不通用的。所有的 UL 产品必须有 UL 的列名、认可或分级标志。UL 跟踪检验分 R 类和 L 类，L 类主要用于与生命安全有关的产品，如灭火器、探测器、电力设备、电线等。R 类产品主要是电气设备，如电视、电扇、吹风机、烤箱等。对于属于 L 类的产品，生产厂必须直接向 UL 订购标志贴在产品上。

b）FM

工业及商业产品的"FM 认可"证书及检测报告在全球范围内被普遍承认。FM 所提供的检测认证服务项目包括：

①产品认证：FM 向防火器材、电子电气设备、危险场所设施、火场勘测、信号设备、电子设备、建筑材料等产品的生产商颁发认证证书。

②标准检测：FM 向生产商提供产品单一特性的标准检测服务。

③ISO 9000 注册：FM 是 ISO 9000 的注册机构，可以为企业进行 ISO 9000 体系审核。

c）ITS

ITS 是世界上规模最大的工业与消费产品检验公司之一。总部设于英国伦敦，业务遍布 110 多个国家，拥有 250 多家实验室和 500 多间分支机构，ITS 在中国香港、上海、广州、深圳等地设有办事处。ITS 得到了美国国家认可实验室（NRTL）的承认。

📟 16.13　干扰与抗干扰

16.13.1　干扰来源

干扰是电子式仪表和控制系统使用过程中必须考虑的重要问题。干扰的形成是因为有干扰源的存在。干扰源主要包电磁干扰、声波干扰和振动干扰等等。在众多干扰中，电磁干扰影响最大。

对于仪表和控制系统，干扰存在的形式是在电路中，以串模干扰和共模干扰形式与有用的信号一同传输。

16.13.1.1　端间干扰来源

端间干扰又称串模干扰、线间干扰、差模干扰，是指作用在仪表两个输入端子之间的干扰。这类干扰与输入信号叠加，会直接影响测量结果。该项干扰一般在几毫伏到几十毫伏内。端间干扰主要来源于电场耦合（静电耦合、电容性耦合）、电磁感应耦合（互感耦合）和漏电流感应。

a）电场耦合（静电耦合、电容性耦合）

在电子仪表中，电路是通过某些点与机壳和底板相连接的，习惯上称机壳、底板为"地"。"地"是电路的零电位点。

如图 16-13-1 所示，假定导线 A 对地的电位为 V_A，在 A 导线产生电场的作用下，导线 B 感生电势为 V_B，V_B 就是由于 A 带电对 B 产生的干扰电压，这种干扰是由于高电位的 A 发出的电力线交链到 B 所造成的，属电场干扰。

b）电磁感应耦合（互感耦合）

电磁感应干扰是指干扰源的磁通对受扰回路磁交

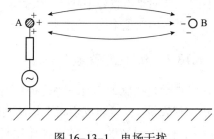

图 16-13-1　电场干扰

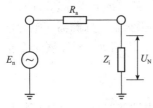

图 16-13-2　漏电流感应

链感应的干扰电压。当信号回路靠近较强的磁性装置、强电流导线、大功率变压器、交流电机等附近时，就会受交变磁场影响而产生交流电动势而形成干扰。

c）漏电流感应

漏电流感应是由于绝缘不良、电流经绝缘电阻的漏电流所引起的干扰，如图 16-13-2 所示。

$$U_{\mathrm{N}} = \frac{Z_{\mathrm{i}}}{R_{\mathrm{a}} + Z_{\mathrm{i}}} \cdot E_{\mathrm{n}}$$

式中　U_{N}——干扰电压；

$\quad\quad\ Z_{\mathrm{i}}$——干扰电路的输入阻抗；

$\quad\quad\ R_{\mathrm{a}}$——漏电阻；

$\quad\quad\ E_{\mathrm{n}}$——噪声电势。

漏电流造成的干扰电压可以是交流的，也可能是直流的，这常常发生在检测高温带电体时。在高温时，材质的绝缘电阻显著下降，例如，玻璃在常温下绝缘电阻达 100MΩ，但加热到 1000℃时，变成数 kΩ；耐火砖在 800℃时，就变成电阻只有 kΩ 的导体了。因此，漏电流就从设备供电电源通过漏电阻，传输进入仪表。

此外，在仪表输入回路中由于存在不同金属组成的接点且各接点处有不同的温度分布，从而形成附加热电势或由于金属材料腐蚀产生的化学电势等，都会成为仪表的端间干扰。

16.13.1.2　对地干扰来源

对地干扰又称共模干扰、纵向干扰，是指作用在仪表输入端与地之间的干扰，它使得仪表 2 个输入端子的电位相对于公共接地端作等值浮动。对地干扰虽然不直接影响测量结果，但它的幅值很大，一般在几伏至几十伏范围内，且在一定条件下会转化为端间干扰，一旦转化为端间干扰，就会影响测量结果。对地干扰主要来源于地电位差、漏电流。

a）地点位差

大地的地电流大部分来源于配电系统，该种地电流与配电系统中性点的接地方式、配线方式、负载的平衡程度及变压器的接法有关。由于地电流的存在，会产生地电位差，该电位差可达数伏、十多伏或更高。地电位差的存在，使得测量系统的电位相对于某接地点的地电位有共同的浮动。如果测量系统已形成两个接地点并构成了干扰电流的泄漏通道，该地电位差就会转化为端间干扰。

b）漏电流

前面分析过漏电流会成为端间干扰，但如果处置得当，漏电流会成为对地干扰，当仪表测量系统对地有良好绝缘时，仪表本身对地漏电阻非常大，这时由漏电引入的干扰与地电位差相似，属对地干扰，危害性就小了。如果仪表系统对地绝缘不好，也会转化为端间干扰。

16.13.2　抗干扰措施

抗干扰措施大体有三种途径：削弱或消除干扰源（如采取措施屏蔽干扰源或使干扰源远离仪表等）；减弱或切断干扰源到信号回路的耦合通道；降低仪表中噪声接收电路对于干扰信号的灵敏度。三种途径比较起来，消除干扰源影响是最有效的，但实际上很多干扰源是难以消除或不能消除的，这时候就必须采取防护措施来抑制干扰。通常采用的方式有双绞信号导线、屏蔽、接地、滤波、隔离等各种方法，一般会同时采取多种措施。

16.13.2.1　端间干扰（串模干扰）的抑制

①信号线远离干扰源。譬如当动力线和信号线平行敷设时，两者必须保持一定的间距，两者交叉时要尽可能垂直，导线穿管敷设时，电源线和信号线应在不同的穿线管内。不同信号幅值的信号线不宜穿在同一穿线管内。在采用金属汇线槽敷设时，不同信号幅值导线、电缆与电源线需用金属隔板隔开。同一多芯电缆内不宜有不同信号幅值的信号线，等等。

②信号线相互绞合。干扰电压的大小，除与交变磁场和电场的强度有关外，还与磁通穿过信号线回路的面积有关。把信号线绞合起来，既能有效地缩小回路所包围的面积，又能使干扰电压相消。对低频段来讲，磁场干扰是主要的，而扭绞线却能提供最好的抑制。再者，扭绞线也是消除静电感应（电场感应）的有效措施。实践表明，采用扭绞线后，可望将磁场、电场干扰的影响减轻为原来的 1/10。绞孔越密，效果越好。

③信号线加屏蔽。信号线的屏蔽，有电场屏蔽和磁场屏蔽之分。所谓电场屏蔽，就是利用低电阻的金属材料做成的封闭容器（金属屏蔽罩），将信号源或仪器包起来，使外部的电力线变化不影响内部，而内部的电力线亦不传到外部，达到隔离的目的。现以两导线为例，说明屏蔽抑制干扰的原理。如图 16-13-3 所示，导线 1 为干扰源，对地电压为 e_1，导线 2 加上屏蔽层，它和屏蔽层的分布电容为 C_{2S}，而屏蔽层对地及导线 1 之间的分布电容分别为 C_{2G}，C_{1S}，从图中得出屏蔽层上的干扰电压为：

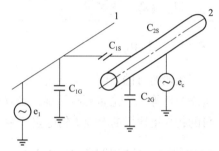

图 16-13-3　屏蔽抑制干扰的原理

$$e_c = \frac{C_{1S}}{C_{1S} + C_{2S}} \cdot e_1$$

由于 C_{2S} 存在，导线 2 上的干扰电压值也是 e_c。如果把屏蔽层接地，则 $e_c=0$。因此，导线 2 上的噪声电压同样也减少到零。当然这是理想状况，实际上不可能是零，但是通过屏蔽接地大大抑制了干扰。这种方法的实质就是使导线 1 和导线 2 之间的耦合电容变为零，以切断耦合通道。

不过，用低电阻的金属材料制成的导线外层的金属编织网，几乎不能屏蔽低频磁场的干扰。现场干扰主要是低频（以工频为主）的电场、磁场干扰。对低频（如工频）磁场干扰强烈的场合，宜将信号传输导线穿入导线管内或敷设在钢制加盖的汇线槽内，由于钢磁阻很小，使进入导线内部的磁力线大大降低，因而信号线获得磁场屏蔽，同时也获得电场屏蔽。

④滤波。这是抗端间干扰（串模干扰）的基本措施。通常所说的滤波法，是用电容与电感或电容与电阻接在仪表输入端，或测量电路与放大器之间，以阻止工频及高频干扰信号进入放大器。

16.13.2.2　对地干扰（共模干扰）的抑制

现场的对地干扰主要由地电位差和高温漏电所引起，这项干扰的幅值可能很大，但要转化为端间干扰（差模干扰）才能造成危害。因此，对于对地干扰的抑制办法，应着眼于防止这种转化。又因为各种对地干扰均可等效成地电位差干扰，应着重对地电位差干扰的抑制。

①仪表回路采用在系统处单点接地。在实际应用中，通常将屏蔽和接地结合起来应用，屏蔽层采用等电位屏蔽方式。

②信号回路各有关阻抗应尽可能按桥路保持平衡，有效的办法是采用双绞线。

③隔离。有变压器隔离和光电隔离两种，主要是利用隔离器器件把模拟信号电路与数字信号电路隔离开来，以使共模干扰电压构不成回路，即通过阻止干扰回路的形成来抑制干扰。

16.13.2.3 信号电缆屏蔽接地

信号屏蔽电缆的屏蔽层接地应为单点接地，应根据信号源和接收仪表的不同情况采用不同接法。当信号源接地时，信号屏蔽电缆的屏蔽层应在信号源端接地，否则，信号屏蔽电缆的屏蔽层应在信号接收仪表一侧接地。

16.14 接地

16.14.1 目的

接地的目的是防止感应电事故、防止感应雷事故、防止静电荷积蓄发生事故、保持本质安全性等。不论是哪种情况，都是极力减少接地极与大地间的电阻及接地线（接续接地目的物与接地极的电线）的电阻（两者的和是接地电阻）。

16.14.2 接地阻抗的测试方法

16.13.2.1 电位降法

电位降法测试接地装置的接地阻抗是按照图 16-14-1 布置测试回路的。

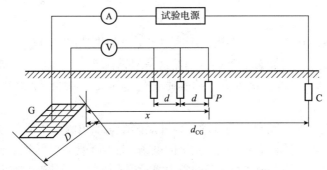

图 16-14-1 电位降法测试接地装置的接地阻抗

G—被试接地装置；C—电流极；P—电位极；

D—被试接地装置最大对角线长度；d_{CG}—电流极与被试接地装置边缘的距离；

x—电位极与被试接地装置边缘的距离；d—测试距离间隔

流过被试接地装置 G 和电流极 C 的电流 I 使地面电位变化，电位极 P 从 G 的边缘开始沿与电流回路呈 30°~45° 的方向向外移动，每间隔 d（50m 或 100m 或 200m）测试一次 P 与 G 之间的电位差 U，绘出 U 与 x 的变化曲线，大型接地装置电位降实测曲线如图 16-14-2 所示。曲线平坦处即为电位零点，与曲线起点间的电位差即为在试验电流下被试接地装置的电位升高 U_m，接地装置的接地阻抗 Z 为：

$$Z = \frac{U_{m}}{I} \qquad (16-14-1)$$

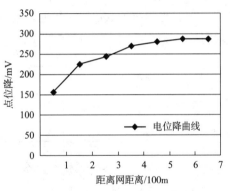

图 16-14-2　大型接地装置电位降实测曲线

如果电位测试线与电流线呈角度放设确实困难，可与之同路径放设，但要保持尽量远的距离。如果电位降曲线的平坦点难以确定，则可能是受被试接地装置或电流极 C 的影响，考虑延长电流回路；或者是地下情况复杂，考虑以其他方法来测试和校验。

16.14.2.2　电流－电压表三极法

① 直线法。电流线和电位线同方向（同路径）放设称为三极法中的直线法，示意如图 16-14-3 所示。通常电流极与被试接地装置边缘的距离 d_{CG} 应为被试接地装置最大对角线长度 D 的 4~5 倍；对超大型的接地装置的测试，可利用架空线路作电流线和电位测试线；当远距离放线有困难时，在土壤电阻率均匀地区 d_{CG} 可取 $2D$，在土壤电阻率不均匀地区可取 $3D$。d_{PG} 通常为（0.5~0.6）d_{CG}。电位极 P 应在被测接地装置 G 与电流极 C 连线方向移动三次，每次移动的距离为 d_{CG} 的 5% 左右，当三次测试的结果误差在 5% 以内即可。

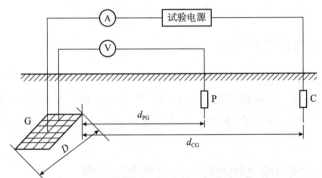

图 16-14-3　电流－电压表三极法接线示意图
G—被试接地装置；C—电流极；P—电位极；
D—被试接地装置最大对角线长度；d_{CG}—电流极与被试接地装置边缘的距离；
d_{PG}—电位极与被试接地装置边缘的距离

大型接地装置一般不宜采用直线法测试。如果条件所限必须采用时，应注意使电流线和电位线保持尽量远的距离，以减小互感耦合对测试结果的影响。

② 夹角法。只要条件允许，大型接地装置接地阻抗的测试都采用电流－电位线夹角布置的方式。d_{CG} 一般为被试接地装置最大对角线长度 D 的 4~5 倍，对超大型接地装置则尽量远；d_{PG} 的长度与 d_{CG} 相近。接地阻抗可用如下公式修正。

$$z = \frac{z'}{1 - \dfrac{D}{2}\left[\dfrac{1}{d_{PG}} + \dfrac{1}{d_{CG}} - \dfrac{1}{\sqrt{d_{PG}^{2} + d_{CG}^{2} - 2d_{PG}d_{CG}\cos\theta}}\right]} \qquad (16-14-2)$$

式中　θ —— 电流线和电位线的夹角；

　　　z' —— 接地阻抗的测试值。

如果土壤电阻率均匀，可采用 d_{PG} 的长度与 d_{CG} 相等的等腰三角形布线，此时使 θ 约为 30°，$d_{PG} = d_{CG} = 2D$，接地阻抗的修正计算公式仍为上述公式。

③ 接地阻抗测试仪法。接地装置较小时，可采用接地阻抗测试仪（接地摇表）测试接地阻抗，接线图如图 16-14-4 所示。

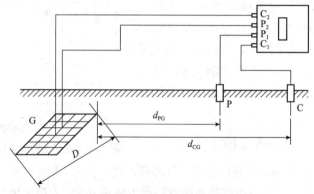

图 16-14-4　接地阻抗测试仪测试接线图

G—被试接地装置；C—电流极；P—电位极；

D—被试接地装置最大对角线长度；d_{CG}—电流极与被试接地装置边缘的距离；

d_{PG}—电位极与被试接地装置边缘的距离

图中的仪表是四端子式，有些仪表是三端子式，即 C_2 和 P_2 合并为一，测试原理和方法均相同，与三极法类似，布线的要求也参照三极法执行。

16.14.3　接地电阻的计算示例

接地电阻为在给定频率下，系统、装置或设备的给定点与参考地之间的阻抗的实部。接地电阻因为大地条件、接地极材质、形状等，没有确定值。按照现行国家标准《交流电气装置的接地设计规范》（GB/T 50065—2011）的有关规定，以下介绍了根据电极的形状计算接地电阻的示例。

16.14.3.1　均匀土壤中垂直接地极的接地电阻的计算

均匀土壤中垂直接地极的接地电阻可按下列公式进行计算：

① 当 $l \geqslant d$ 时，接地电阻可按下式计算（图 16-14-5）：

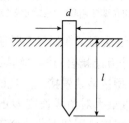

图 16-14-5　垂直接地极的示意

$$R_v = \frac{\rho}{2\pi l}\left(\ln\frac{8l}{d} - 1\right) \tag{16-14-3}$$

式中　R_v——垂直接地极的接地电阻，Ω；

ρ——土壤电阻率，$\Omega \cdot m$；

l——垂直接地极的长度，m；

d——接地极用圆导体时，圆导体的直径，m。

② 当接地极用其他形式导体时，其等效直径可按下式计算（图 16-14-6）：

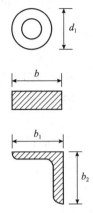

图 16-14-6　几种形式导体的计算用尺寸

管状导体 $\qquad d=d_1$ （16-14-4）

扁导体 $\qquad d=\dfrac{b}{2}$ （16-14-5）

等边角钢 $\qquad d=0.84b$ （16-14-6）

不等边角钢 $\qquad d=0.71\left[b_1 b_2\left(b_1^2+b_2^2\right)\right]^{0.25}$ （16-14-7）

16.14.3.2　均匀土壤中不同形状水平接地极的接地电阻的计算

均匀土壤中不同形状水平接地极的接地电阻可按下式进行计算：

$$R_h=\frac{\rho}{2\pi L}\left(\ln\frac{L^2}{hd}+A\right)$$ （16-14-8）

式中　R_h——水平接地极的接地电阻，Ω；

　　　L——水平接地极的总长度，m；

　　　h——水平接地极的埋设深度，m；

　　　d——水平接地极的直径或等效直径，m；

　　　A——水平接地极的形状系数，可按表 16-14-1 的规定采用。

表 16-14-1　水平接地极的形状系数

水平接地极形状	—	∟	人	○	＋	□	✳	✳	✳	✳
形状系数 A	−0.6	−0.18	0	0.48	0.89	1	2.19	3.03	4.71	5.65

16.14.3.3　均匀土壤中水平接地极为主边缘闭合的复合接地极（接地网）的接地电阻的计算

均匀土壤中水平接地极为主边缘闭合的复合接地极（接地网）的接地电阻可按下列公式进行计算：

$$R_n=\alpha_1 R_e$$ （16-14-9）

$$\alpha_1=\left(3\ln\frac{L_0}{\sqrt{S}}-0.2\right)\frac{\sqrt{S}}{L_0}$$ （16-14-10）

$$R_e=0.213\frac{\rho}{\sqrt{S}}(1+B)+\frac{\rho}{2\pi L}\left(\ln\frac{S}{9hd}-5B\right) \qquad (16-14-11)$$

$$B=\frac{1}{1+4.6\dfrac{h}{\sqrt{S}}} \qquad (16-14-12)$$

式中 　R_n——任意形状边缘闭合接地网的接地电阻，Ω；

　　　R_e——等值（即等面积、等水平接地极总长度）方形接地网的接地电阻，Ω；

　　　S——接地网的总面积，m^2；

　　　d——水平接地极的直径或等效直径，m；

　　　h——水平接地极的埋设深度，m；

　　　L_0——接地网的外缘边线总长度，m；

　　　L——水平接地极的总长度，m。

16.14.3.4　均匀土壤中人工接地极工频接地电阻的计算

均匀土壤中人工接地极工频接地电阻的简易计算可相应采用下列公式：

垂直式：

$$R\approx0.3\rho \qquad (16-14-13)$$

单根水平式：

$$R\approx0.03\rho \qquad (16-14-14)$$

复合式（接地网）：

$$R\approx0.5\frac{\rho}{\sqrt{S}}=0.28\frac{\rho}{r} \qquad (16-14-15)$$

或 　　　$$R\approx\frac{\sqrt{\pi}}{4}\times\frac{\rho}{\sqrt{S}}+\frac{\rho}{L}=\frac{\rho}{4r}+\frac{\rho}{L} \qquad (16-14-16)$$

式中 　S——大于 $100m^2$ 的闭合接地网的面积；

　　　R——与接地网面积 S 等值的圆的半径，即等效半径，m。

16.14.3.5　典型双层土壤中几种接地装置的接地参数的计算

典型双层土壤中几种接地装置的接地参数可按下列公式进行计算：

① 深埋垂直接地极的接地电阻（图 16-14-7）：

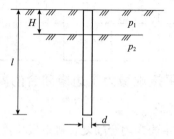

图 16-14-7　深埋接地体示意

$$R=\frac{\rho_a}{2\pi l}\left(\ln\frac{4l}{d}+C\right) \qquad (16-14-17)$$

$l<H$ 时： 　　　　　　　　$$\rho_a=\rho_1 \qquad (16-14-18)$$

$l<H$ 时：

$$\rho_a = \frac{\rho_1 \rho_2}{\frac{H}{l}(\rho_2 - \rho_1) + \rho_1} \qquad (16\text{-}14\text{-}19)$$

$$C = \sum_{n=1}^{\infty} \left(\frac{\rho_2 - \rho_1}{\rho_2 + \rho_1}\right)^n \ln \frac{2nH + l}{2(n-1)H + l} \qquad (16\text{-}14\text{-}20)$$

②土壤具有图 16-14-8 所示的两个剖面结构时，水平接地网的接地电阻 R 按下式计算：

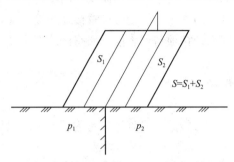

图 16-14-8　两种土壤电阻率的接地网

$$R = \frac{0.5 \rho_1 \rho_2 \sqrt{S}}{\rho_1 S_2 + \rho_2 S_1} \qquad (16\text{-}14\text{-}21)$$

式中　S_1、S_2——覆盖在 ρ_1、ρ_2 土壤电阻率上的接地网面积，m^2；

S——接地网总面积，m^2。

16.14.4　仪表接地系统设计

仪表接地包括保护接地、工作接地（仪表信号回路接地、本质安全系统接地、屏蔽接地）、防静电接地和防雷接地等，仪表及控制系统的保护接地、工作接地（仪表信号回路接地、屏蔽接地）、本质安全系统接地、防静电接地和防雷接地共用接地装置。

16.14.4.1　接地分类

a）保护接地

①保护接地（也称为安全接地）是为人身安全和电气设备安全而设置的接地。仪表及控制系统的外露导电部分，正常时不带电，在故障、损坏或非正常情况时可能带危险电压，对这样的设备，均应实施保护接地。

②低于 36V 供电的现场仪表，可不做保护接地，但有可能与高于 36V 电压设备接触的除外。

③当安装在金属仪表盘、箱、柜、框架上的仪表，与已接地的金属仪表盘、箱、柜、框架电气接触良好时，可不做保护接地。

b）工作接地

①仪表及控制系统工作接地包括：仪表信号回路接地和屏蔽接地。本规定中的工作接地，均指仪表及控制系统工作接地。

②隔离信号可以不接地。这里的"隔离"是指每一输入信号（或输出信号）的电路与其他输入信号（或输出信号）的电路是绝缘的、对地是绝缘的，其电源是独立的、相互隔

离的。

③非隔离信号通常以直流电源负极为参考点，并接地。信号分配均以此为参考点。

④仪表工作接地的原则为单点接地，信号回路中应避免产生接地回路，如果一条线路上的信号源和接收仪表都不可避免接地，则应采用隔离器将两点接地隔离开。

c）本安系统接地

①采用隔离式安全栅的本质安全系统，不需要专门接地。

②采用齐纳式安全栅的本质安全系统则应设置接地连接系统。

③齐纳式安全栅的本安系统接地与仪表信号回路接地不应分开。

d）防静电接地。

防静电接地的内容详见 16.14.5 节。

e）防雷接地

①当仪表及控制系统的信号线路从室外进入室内后，需要设置防雷接地连接的场合，应实施防雷接地连接。

②仪表及控制系统防雷接地应与电气专业防雷接地系统共用，但不得与独立避雷装置共用接地装置。

16.14.4.2　接地方法

a）保护接地

①仪表及控制系统的保护接地应按电气专业的有关标准规范和方法进行，并应接入电气专业的低压配电系统接地网。

②控制室用电应采用 TN–S 系统。整个系统中，保护线 PE 与中线 N 是分开的。

③仪表电缆槽、电缆保护金属管应做保护接地，可直接焊接或用接地线连接在附近已接地的金属构件或金属管道上，并应保证接地的连续和可靠，但不得接至输送可燃物质的金属管道。仪表电缆槽、电缆保护金属管的连接处，应进行可靠的导电连接。

④仪表及控制系统的保护接地系统应实施等电位连接。

⑤仪表信号用的铠装电缆应使用铠装屏蔽电缆，其铠装保护金属层，应至少在两端接至保护接地。

b）工作接地

①需要进行接地的仪表信号回路，应实施工作接地连接。

②工作接地在工作接地汇总板之前不应与保护接地混接。

③工作接地的连线，包括各接地线、接地干线、接地汇流排等，在接至总接地板之前，除正常的连接点外，都应当是绝缘的。工作接地最终与接地体或接地网的连接应从总接地板单独接线。

④信号屏蔽电缆的屏蔽层接地应为单点接地，应根据信号源和接收仪表的不同情况采用不同接法。当信号源接地时，信号屏蔽电缆的屏蔽层应在信号源端接地，否则，信号屏蔽电缆的屏蔽层应在信号接收仪表一侧接地。

⑤现场仪表接线箱两侧的电缆屏蔽层应在箱内用端子连接在一起。

c）本安系统接地

①齐纳式安全栅的本安系统接地连接示意，如图 16–14–9 所示。

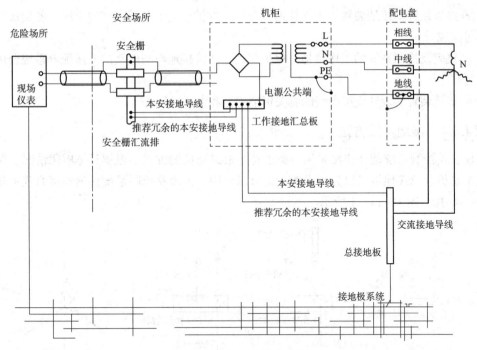

图 16-14-9　本安系统接地连接示意

② 齐纳式安全栅的接地汇流排或接地导轨（以下统称接地汇流排）必须与直流电源的负极相连接。

③ 齐纳式安全栅的接地汇流排通过接地导线及总接地板最终应与交流电源的中线起始端相连接。

④ 齐纳式安全栅的接地连接导线宜为两根。

d）防静电接地

防静电接地的接地方法详见 16.14.5 节。

e）防雷接地

① 仪表电缆槽、仪表电缆保护管应在进入控制室处，与电气专业的防雷电感应的接地排相连。

② 控制室内的仪表信号雷电浪涌保护器的接地线应接到工作接地汇总板，雷电浪涌保护器的接地汇流排应接到工作接地汇总板或总接地板。

③ 控制室内仪表供电的雷电浪涌保护器应与配电柜的保护接地汇总板或电气专业的防雷电感应的接地排相连。

④ 仪表电缆保护管、仪表电缆铠装金属层应在需要进行防雷接地处，与电气专业的防雷电感应的接地排相连。

⑤ 现场仪表的雷电浪涌保护器应与电气专业的现场防雷电感应的接地排相连。

⑥ 在雷击区室外架空敷设的不带屏蔽层的多芯电缆，备用芯应接入屏蔽接地；对屏蔽层已接地的屏蔽电缆或穿钢管敷设或在金属电缆槽中敷设的电缆，备用芯可不接地。

16.14.4.3　接地系统

① 接地装置由接地极（接地体）、接地总干线（接地总线）、总接地板（总接地端子、接地母排）组成。在系统简单的情况下，保护接地汇总板可与总接地板合用。

②接地系统由接地装置、工作接地汇总板、保护接地汇总板、接地干线、各类接地汇流排等组成。

③仪表及控制系统的工作接地、保护接地、防雷接地应与电气的低压配电系统合用接地装置。

④接地装置的设计应按电气的有关标准规范和方法进行。

16.14.4.4 接地连接方法

仪表及控制系统接地连接采用分类汇总、最终连接的方式。根据具体应用情况，保护接地汇总板和总接地板可以分别设置，也可以合用。仪表及控制系统接地连接原理示意如图 16-14-10、图 16-14-11 所示。

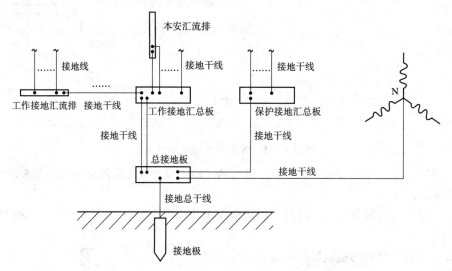

图 16-14-10　仪表及控制系统接地连接原理示意（一）

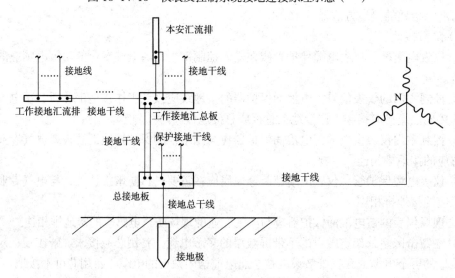

图 16-14-11　仪表及控制系统接地连接原理示意（二）

16.14.4.5 接地系统接线

①接地系统的导线应采用多股绞合铜芯绝缘电线或电缆。

② 接地系统的各接地汇流排可采用截面为 25mm × 6mm 的铜条制作。

③ 接地系统的各接地汇总板应采用铜板制作，厚度不小于 6mm，长、宽尺寸按需要确定。

④ 机柜内的保护接地汇流排应与机柜进行可靠的电气连接。

⑤ 工作接地汇流排、工作接地汇总板应采用绝缘支架固定。

⑥ 接地系统的各种连接应牢固、可靠，并应保证良好的导电性。接地线、接地干线、接地总干线与接地汇流排、接地汇总板的连接应采用铜接线片和镀锌钢质螺栓，并应有防松件，或采用焊接。

⑦ 各类接地连线中，严禁接入开关或熔断器。

⑧ 接地线的截面可根据连接仪表的数量和接地线的长度按下列数值选用：

接地线：$1\sim2.5mm^2$；

接地干线：$4\sim16mm^2$；

连接总接地板的接地干线：$10\sim25mm^2$；

接地总干线：$161\sim50mm^2$；

雷电浪涌保护器接地线：$2.5\sim4mm^2$。

⑨ 雷电浪涌保护器接地线应尽可能短，并且避免弯曲敷设。

⑩ 接地系统的标识颜色为绿色或绿、黄两色。

16.14.4.6 接地电阻

① 从仪表或设备的接地端子到接地极之间的导线与连接点的电阻总和，称为接地连接电阻。

② 接地极对地电阻与接地连接电阻之和称为接地电阻。

③ 仪表及控制系统的接地电阻为工频接地电阻，不应大于 4Ω。

④ 仪表及控制系统的接地连接电阻不应大于 1Ω。

16.14.5 静电对设备的影响及防护措施

16.14.5.1 静电对设备的影响

静电是对观测者处于相对静止的电荷，静电可由物质的接触与分离、静电感应、介质极化和带电微粒的附着等物理过程而产生。工业静电是生产、储运工程中在物料、装置、人体、器材和构筑物上产生积累起来的静电。静电对设备的影响主要为：

a）静电故障

由于某种静电现场的作用，导致生产系统、设备、工艺过程、材料、产品等发生故障、损害（如生产率下降、产品质量不良，以至失效、破坏等）的现场或事件。

b）静电灾害

由于静电放电而导致发生财产损失或人员伤亡的危害、损害的现场或意外事件（如火灾、爆炸、静电电击以及由此而造成的二次事故等）。

c）静电电击

由于带电体向人体或带静电的人体向接地的导体，以及人体相互间发生静电放电，其所产生的瞬间冲击电流通过人体而引起的病理生理效应。

d）二次事故

由于静电电击使人体失去平衡，导致人员由高空坠落或触及其他障碍物而引起的伤害；或造成已存在的火灾、爆炸的后果进一步扩大等危害的现象或事件。

16.14.5.2　防护措施

静电接地是防止静电危害的措施之一，静电接地对静电导体（特别是金属）上的自由静电荷能起到很好的导流作用，而对于一部分静电非导体上的自由电荷，则需要经过一定的静置时间，才能导入大地，仪表及控制系统的防静电接地要求如下：

① 安装 DCS、PLC、SIS 等设备的控制室、机柜室、过程控制计算机的机房，应考虑防静电接地。这些室内的导静电地面、活动地板、工作台等应进行防静电接地。

② 已经做了保护接地和工作接地的仪表和设备，不必再另做防静电接地。

③ 控制系统防静电接地应与保护接地共用接地系统。

④ 电气保护接地线可用作静电接地线。

⑤ 不得使用电气供电系统的中线作防静电接地。

⑥ 储罐仪表，必须与罐体等电位连接并接地。

⑦ 以下情况要消除人体静电：

• 储罐：为消除人体静电，在扶梯进口处，应设置接地金属棒，或在已接地的金属栏杆上留出 1m 长的裸露金属面。

• 铁路栈台与罐车：在操作平台梯子入口处，应设置人体静电接地金属棒。

• 汽车站台与罐车：在操作平台梯子入口处或平台上，应设置人体静电接地棒。

• 码头：在船位陆上入口处，应设置消除人体静电的接地装置。

⑧ 根据《石油化工管道设计器材选用规范》SH/T 3059—2012 的要求，用于工艺物料、极度危害介质、高度危害介质、可燃介质管道的软质密封球阀、旋塞阀、碟阀及其他类似结构的特种阀门，应采用防火和防静电结构。

对于软密封切断球阀，阀座材料是绝缘体，有集聚静电的危险，静电可以引起火花，而火花又能够造成爆炸。因此软密封球阀均应设计防静电装置，保证当静电产生时，并集中在阀球时，安装在阀杆和阀球上的弹簧钢珠能使球体和阀杆及阀杆和阀体之间形成静电通道，将静电倒出球阀。确保阀体和阀杆之间的导电连续性、确保球体、阀杆和阀体之间的导电连续性，满足在电源电压不超过 12V DC 时，阀杆、阀体、球体的防静电电路应小于 10Ω 的导电性。

对于软密封蝶阀，在频繁启闭的过程中容易产生静电，因此软密封碟阀均应设计防静电装置，保证在轴和阀体或轴、阀体、蝶板之间的电连续性，阀门放电路径应有电阻不超过 10Ω 的导电连续性。

第 17 章 自控工程设计

17.1 设计程序

17.1.1 工程建设程序

工程设计是工程建设过程的一个环节。工程建设通常包括如下过程：

①工程咨询；

②工程设计；

③工程采购；

④工程施工；

⑤工程投产。

实际工程中，经常将工程设计、工程采购、工程施工、工程投产委托于一方完成，常称为工程总承包，英文简称为 EPC。

17.1.2 工程咨询

工程咨询的主要形式是可行性研究。可行性研究的主要内容包括技术可行性分析、市场可行性分析、经济可行性分析、综合分析结论。分析过程、分析结论形成可行性研究报告。报告给出工程的可行性与否，推荐可行的技术路线。

可行性研究报告编制完毕后，建设单位要进行审查。审查完毕后，可行性研究报告编制单位根据审查意见，进行修改、完善，然后报送建设单位上级部门审查。上级部门审查完毕后，可行性研究报告编制单位、建设单位一起根据上级审查意见修改、完善，然后再次报送原审查部门复查。上级部门批复后，该可行性研究报告将作为工程建设和工程设计的依据。

可行性研究不属于工程设计范畴。但是，国内设计单位一般都具有技术咨询资质，国内工程项目可行性研究报告一般也都委托工程设计单位编制，因此，可行性研究常常被误当作工程设计。

17.1.3 工程设计

工程设计分成若干个阶段。早期，国内工程分总体设计、初步设计、施工图设计。目前，工程设计最多可分为五个阶段：工艺包设计、总体设计、前期设计、基础设计、详细设计。

当设计单位作为 EPC 总承包商时，还需编制竣工图。

工艺包设计不是常规设计阶段，只有工艺装置成套购买工艺技术时才需要。

总体设计不是常规设计阶段。对于包含多个生产单元的大中型工程项目，为了更好地协调各单元间的物料关系、能量关系、需求关系、接口关系等，编制总体设计。

前期设计不是常规设计阶段。正常情况下，国内工程建设无此设计阶段，而国外有此设计阶段（英文简称为 FEED）。相当于国内的基础设计。当工艺装置需要引进该深度的设计时，工程项目才出现该设计阶段。

基础设计为常规设计阶段。早期称为初步设计。

详细设计为常规设计阶段。早期称为施工图设计。

部分业主对于工艺技术成熟、投资效益明确的工程采用一段设计，即直接进行详细设计。

工艺包设计、总体设计、前期设计、基础设计等每段设计编制完毕后，业主要审查。审查后的文件作为下一阶段的工作依据。

详细设计交付后，建设单位要组织施工单位进行设计会审与设计交底。

工程施工期间，因设计纠错、设计改进、业主要求、设备更换、材料代用等原因，需要修改原设计，称为设计变更。

施工结束后，根据设计变更内容，修改详细设计，形成竣工图。早期，竣工图由施工单位负责。近年来，国内设计单位业务逐渐由单纯的设计转变为设计、采购、施工一体化的 EPC 总承包模式，竣工图设计成为设计单位的常规业务内容。

17.1.4　自控工程

自控工程设计程序与上节所述相同，工作同步。

自控工程设计技术路线：需求分析、项目定义、设计计划、文件编制、设计服务。

a）需求分析

对设计输入进行分析，明确需求。设计输入包括设计合同、上段设计文件、上段设计审查意见、现状资料、项目规定、专题报告等。

b）项目定义

确定工程范围、工程主项、自动化水平、主要方案。

c）设计计划

分解设计内容，编制作业计划。

d）文件编制

在各设计阶段，根据行业设计深度规定，编制相关设计文件。

自控专业设计文件主要包括：工艺管道与仪表控制流程图（英文简称 P&ID），仪表索引表，仪表规格书，控制系统规格书，仪表安装图，仪表配管、配线图，仪表供风图，仪表接线图，仪表供电图，仪表接地图，仪表设备汇总表，仪表材料汇总表等文件。

e）设计服务

设计服务包括施工配合、设计修改、施工检查、开工配合、标定配合。

17.2　设计内容

17.2.1　可行性研究

可行性研究属于技术咨询范畴，不属于工程设计。但由于可行性研究是设计单位的一项经常性工作，因此，在本章节一并说明。

可行性研究报告的编制内容要符合合同的要求。可约定执行的行业标准、企业标准，或另行详细规定。

根据可行性研究目的，可行性研究报告自动控制部分基本内容和编制方法如下：

a）研究范围

根据编制合同，在可行性研究报告中应明确研究范围。

对于新建项目，研究范围主要包括：

①新建生产单元的仪表、控制系统、控制室；

②新建生产单元与项目外相关设施的接口。例如：需要利用的其他单元的控制室、控制系统、电缆桥架等。

对于改扩建项目，研究范围主要包括：

①扩建、改建部分的仪表、控制系统、控制室；

②仪表设备、设施的可利旧性。根据已建工程的现状，如：建设年代，控制系统型号规格，仪表选型，控制室设置，水、电、气、风等公用工程容量，安装空间，设计标准等，确定利旧方案。

b）自动化水平

根据需求分析，在可行性研究报告中应确定项目自动控制水平的基本原则。根据项目自动控制水平基本原则，确定项目总体自动化水平。

自动控制水平基本原则包括安全原则、经济原则、先进原则、可用性原则等。

安全原则包括保证人身安全、环境安全、财产安全。

经济原则应以经济效益为中心，自动化水平、自控工程投资以有利于项目效益为标准。

先进原则应为选用当前比较先进的技术。由于从可行性研究到项目建成需要较长的时间，国家或行业技术规范 5~10 年会更新一次，因此，可行性研究推荐技术方案要有前瞻性。

可用性原则应为选用成熟可靠的技术方案，能够保证项目长周期不停车连续生产。

c）自动控制总体方案

根据设定的自动化水平，在全面分析项目需求的基础上，在可行性研究报告中应制定自动控制总体方案。需分析如下需求：工艺装置安全、稳定、长周期、满负荷、优化运行对自动控制的需求；设备管理、安全管理、环保管理、计量管理、操作考核等对自动化的需求；信息化、数字化、智能化对自动化的需求。

根据工厂的管理模式、工厂平面布置，确定控制室设置模式。包括中心控制室、现场控制室、现场机柜室。

根据管控要求、控制规模、控制室分布、控制系统发展水平，确定控制系统基本设置方案。包括控制系统种类、控制系统网络结构。

根据工艺装置的特点，确定仪表选型方案。包括仪表的档次、性能要求等。

d）控制室

控制室包括中心控制室、现场机柜室、现场控制室。在可行性研究报告中应说明控制室的设置方案、利旧方案。主要内容如下：

①控制室设置一览表。确定各类控制室的位置，列出控制室设置一览表。一览表包括控制室名称、类别、位置、管辖单元、建筑面积等。

②中心控制室。说明中心控制室功能，包括监控功能、管理功能、生活功能；

根据功能确定主要功能间，根据设备数量、人员数量确定功能间的面积；

根据控制室的位置初步确定抗爆要求，准确要求在工程设计阶段确定。

③现场机柜室。根据控制系统的种类、规模等估算现场机柜室的面积；

根据现场机柜室的位置初步确定抗爆要求，准确要求在工程设计阶段确定。

④现场控制。根据控制系统的种类、规模、操作站数量、特别功能等估算操作室的面积。

根据现场机柜室的位置初步确定抗爆要求，准确要求在工程设计阶段确定。

e）控制系统

在可行性研究报告中，说明控制系统的功能，估算各类控制系统 I/O 点数；规划各工艺装置、公用工程操作站数量，工程师站的位置、数量，服务器的功能、数量、位置；说明信息安全措施，安全设备位置、功能、数量；绘制控制系统网络拓扑图。

f）仪表选型

在可行性研究报告中，应说明仪表选型的基本原则和选型方案。

①基本原则。根据工艺流程特点、工艺介质特点、环境特点、气象特点，说明仪表选型基本要求。包括：防爆要求、防护要求、防雷要求、防寒要求、防晒要求、防大气腐蚀要求等。

对需要进口的仪表设备提出建议，列出所需进口仪表设备一览表，并说明进口理由。

②选型方案。根据仪表选型基本原则，按仪表类别说明仪表选型方案，包括温度仪表、压力仪表、流量仪表、液位仪表、分析仪表、控制阀等。

g）控制方案

根据工艺流程，说明为保证工艺过程稳定、高效运行需要采取的重要检测、调节方案；说明为保证工艺过程安全运行需要采取的联锁保护方案。

此项工作建立在配合工艺专业绘制工艺流程图（英文简称 PFD）的基础上开展。

h）仪表运行保证措施

在可行性研究报告中，根据工艺需求、工艺介质特点、环境条件等，提出仪表运行保证措施。保证措施包括仪表供电、供风、防雷、接地、保温、伴热、隔离、冲洗、防雨、防晒等措施。

i）材料选型

在可行性研究报告中，根据工艺介质特点、环境条件等，说明主要仪表材料的选型方案。包括仪表导压管、管阀件、电线电缆、通信光缆、电缆槽等。

j）仪修车间

仪修车间亦称仪表维修站。对于新建工厂，在可行性研究报告中，自控专业需对仪表维修车间的设置进行研究。主要研究内容包括：维修车间的功能，维护、维修部门设置、分工、定员、人员资质，维修设备种类、数量，建筑物功能间类别、面积。

k）主要工程量

在可行性研究报告中，根据工艺流程和仪表选型方案，按仪表设备种类，估算所需要的主要仪表数量。

根据装置平面布置图和仪表数量，估算所需要的主要仪表材料数量。

对于技改项目，还须估算需要拆除、利旧、改造的工程量。

l）投资估算

工程项目投资估算有多种方法，国内多采用单元整体估算 + 专业估算相结合的办法。

自控专业要配合经济专业（亦称造价专业、概预算专业等）进行专业投资估算。自控专业的主要工作是向经济专业提出专业工程量和设备单价。

投资估算不编入可行性研究报告自控部分内容中。

m）方案比选

方案比选包括项目方案比选和专业方案比选。

项目方案比选是对不同原料、产品、产量、加工路线、工艺技术等的技术与经济综合比较。比较后给出推荐方案。对于项目方案比选，自控专业主要工作是针对每个项目方案做上述工作，配合工厂、工艺、经济专业完成项目方案比选。项目方案比选编入项目可行性研究报告内容中。

专业方案比选是对专业技术的先进性、可用性、经济性的比较。自控专业可在仪表选型、控制系统结构、控制室设置、设备设施利旧等方面进行方案方案比选，比较后给出推荐方案。自控专业方案比选编入可行性研究报告的自控部分内容中。

n）向相关专业提出工程条件

在可行性研究过程中，应向总图专业、配管专业提出控制室的规划位置、控制室用途、占地面积等信息，用于工厂、装置的平面布置。应向建筑、结构、电气、电信、暖通、给排水等相关专业提出用控制室规划信息。应向电气专业提出用电负荷信息。应向热工专业提出蒸汽、净化风需求信息。

17.2.2　工艺包

17.2.2.1　设计内容

工艺包编制内容要符合合同的要求。可约定执行的行业标准、企业标准，或另行制定详细规定。

根据工艺包的编制目的，自控专业的主要设计内容如下：

①工艺管道及自动控制流程图（P&ID）。配合工艺专业、管道专业绘制工艺管道及自动控制流程图（P&ID）。P&ID 图中宜包括联锁保护因果表。

②仪表说明书。内容包括特殊检测与控制说明、复杂控制回路说明、特殊仪表选型要求、控制系统设置建议、工程设计注意事项、生产操作注意事项等。

③仪表数据表。按仪表类型、仪表编号，列出仪表选型所需要的工艺参数表。

④仪表规格书。为了保证工艺方案正确实施，编制关键仪表、特殊仪表的技术规格

书。可以推荐特殊、关键仪表供应商。

⑤复杂控制回路图。为了保证工艺方案正确实施，对于复杂控制回路，说明书不能充分表达控制原理、不能保证正确组态、不能保证正确操作使用，应绘制复杂控制回路图。

⑥联锁控制、顺序控制逻辑图。为了保证工艺方案正确实施，对于复杂的联锁控制、顺序控制，说明书不能充分表达逻辑关系、不能保证正确组态、不能保证正确操作使用，应绘制联锁控制、顺序控制逻辑图。

⑦特殊仪表安装方案。为了保证正确测量、正确控制，对于特殊仪表安装要求，应绘制仪表安装方案图。

17.2.3 总体设计

17.2.3.1 设计文件编制

根据可行性研究报告编制总体设计。总体设计编制内容要符合合同的要求。可约定执行行业标准、企业标准，或另行详细规定。根据总体设计的目的，自控专业总体设计设计文件一般分为两部分。第一部分为全厂自动控制，该部分设独立卷篇，由总体设计院负责编制，第二部分为工艺装置自动控制。该部分作为一节分别编入对应工艺装置设计文件，由该装置分体设计院负责编制。

a）全厂自动控制卷篇

1）设计范围

在总体设计文件中，根据设计委托书和设计合同要求，说明工程设计范围，明确设计分工范围。

2）自动化水平

在总体设计文件中，根据可行性研究报告，进一步具体明确、落实项目自动化总体方案。包括控制室设置方案、控制系统设置方案、仪表选型原则等。

3）控制系统

在总体设计文件中，说明各类控制系统总体技术要求，包括系统规模要求、可靠性要求、可用性要求、扩展性要求、适应性要求、通信要求、互联性要求等。

说明各类控制系统硬件配置要求、软件配置要求。

规划各工艺装置、公用工程操作站数量，工程师站的位置、数量，服务器的功能、数量、位置。

说明信息安全措施，规划信息安全设备种类、位置、功能、数量。

绘制全厂控制系统网络拓扑图。图中标明控制系统与管理系统之间的界面、接口，各类控制系统之间的界面、接口，各工艺装置控制系统之间的界面、接口，控制设备在网络中的相对位置。

4）仪表选型

①基本要求。在总体设计文件中，根据可行性研究报告、项目特点、业主要求，说明防爆、防护、防雷、防寒、防晒、防大气腐蚀、防风沙等统一要求等。

说明仪表设备进口原则，列出项目需要的进口仪表设备种类一览表。一览表包括仪表设备名称、技术条件、引进理由等。

②仪表选型。在总体设计文件中，根据可行性研究报告、项目特点、业主要求按仪表类别分别详细说明仪表选型方案。包括温度仪表、压力仪表、流量仪表、液位仪表、分析仪表、控制阀等。在选型方案中应包括各类仪表设备过程接口规格、电气接口规格等需要工程统一的事项。

5）控制室

在总体设计文件中，说明中心控制室、现场控制室、现场机柜室的设置原则、设计要求、设置一览表。

①设置原则。说明中心控制室、现场控制室、现场机柜室的前提条件。

②中心控制室。说明中心控制室的位置、监控范围、结构形式、使用功能、功能间名称、通信措施、暖通措施、照明措施、防雷措施、消防措施等。

③现场控制室。说明现场控制室功能要求、结构要求、通信措施、暖通措施、照明措施、防雷措施、消防措施等。

④现场机柜室。说明现场机柜室功能要求、结构要求、功能间设置要求、暖通措施、照明措施。宜绘制现场机柜室典型平面布置图，以便全厂统一风格。

⑤控制室设置一览表。列出全厂控制室设置一览表表，其中包括控制室名称、编号、位置、管辖范围。

6）仪表供电

在总体设计文件中，对供电方案作出规划。主要内容包括：

①用电负荷分类。针对本项目和各单元的重要性定位，根据用电可靠性不同需求，对仪表和控制室主要用电场合用电进行用电负荷分类。例如：现场仪表、控制室内控制系统、控制室照明、控制室空调等。

②供电方案分类。按用电负荷类别制定不同的供电方案。在总体设计文件分别说明中心控制室、现场控制室、现场机柜室、控制系统、现场仪表的供电方案，可靠性保证措施。宜绘制典型供电方案拓扑图。

对于控制室照明、空调要求作为设计条件，向电气专业提出要求。

7）仪表接地

在总体设计文件中，说明仪表接地原则、接地种类、接地方式等。宜绘制接地系统拓扑图、典型图。

接地原则宜为等电位接地。仪表接地接至全厂电气公共接地网。

接地种类宜分为工作接地、保护接地、本质安全防爆接地、防雷接地、抗干扰屏蔽接地、抗干扰备用线芯接地等。

接地方式包括控制室内仪表接地、现场仪表设备接地、仪表线路接地等。

8）仪表防雷

在总体设计文件中，根据项目建设地雷暴日数、项目仪表遭受雷击可能的经济损失，确定防雷范围、防雷措施。

建设地雷暴日数可查阅项目气象资料获得。

防雷范围划分为室外仪表、仪表线路、控制室内仪表系统。

防雷措施包括室外仪表防雷、仪表线路防雷、控制室内仪表系统防雷。

9）仪表供风

在总体设计文件中，说明仪表供风方案。包括供风压力、供风质量、供风方式、气源安全措施。

供气压力应根据工厂实际供风情况确定。装置供风压力值为供风管网至装置边界处的压力，包括最高压力和最低压力。根据供风压力范围确定气动控制阀的供风压力。

供风质量包括含尘、含油、含水、含腐蚀性有害气体等含量限值的要求。供风质量根据工厂实际供风情况确定。如果新建工程对净化风质量有更高的要求，需要向空压站工艺专业提出。

供风方式包括从供风总管到用风仪表间的配管及管阀件方案。

气源安全措施包括净化风备用时间、备用措施、稳压措施、凝结水排水措施。

10）仪表伴热

在总体设计文件中，根据项目情况，说明可用热源种类、热源参数、热源选择原则。

热源种类包括热水、蒸汽、电力。

热源参数包括温度、压力、电压等。

热源选择原则应根据项目热力资源情况、项目节能要求、伴热温度要求、伴热点位置等因素确定。

11）仪表隔离、冲洗

在总体设计文件中，根据工艺介质特点、环境温度、用户要求等说明隔离或冲洗原则，包括隔离或冲洗措施使用条件、隔离或冲洗液灌充方式、隔离或冲洗液选择。

12）仪表安装

在总体设计文件中，应说明仪表安装原则、设备或管道上仪表接口规格要求。

仪表安装原则包括仪表安装位置要求，仪表保护措施，测量管路材质、规格、连接形式、敷设要求，劳动保护措施等。

设备或管道上仪表接口规格包括接口形式、接口尺寸等。仪表接口包括测温接口、取压接口。

13）仪表布线

在总体设计文件中，应说明如下事项：

电线、电缆、光缆的敷设方式；

电线、电缆、光缆的选型；

电缆槽的选型、规格；

保护管的选型、规格。

14）物料计量

在总体设计文件中，应说明如下事项：

按物料分类说明计量精度要求；

分类说明计量仪表的选型；

说明计量仪表的设置位置。

b）工艺装置自动控制卷

工艺装置自动控制总体设计文件主要内容如下：

1）自动化水平

说明本装置自动化水平，包括就地检测、远程指示、自动调节、自动报警、顺序控制、联锁保护情况。

2）控制室

说明本装置使用的现场机柜室、现场控制室、中心控制室以及共用关系等。

3）控制系统

说明本装置需要的控制系统种类、功能；

说明控制系统配置方案。

4）仪表选型

说明本装置仪表选型方案。

5）控制方案

说明本装置重要检测方案、主要调节方案、联锁保护方案。

6）仪表设备表

编制本装置主要仪表设备表。

7）主要仪表材料表

编制本装置主要仪表材料表。

17.2.3.2　设计统一规定

由于总体设计单元多，参与的设计单位多，参与的人员多，总体设计院应编制设计统一规定，以保证项目要求、项目风格一致，便于以后的运行维护。总体设计统一规定是对技术细节的统一要求，主要内容如下：

①设计原则。

②控制系统。

③控制室。

④仪表选型。

⑤仪表供电。

⑥仪表接地。

⑦仪表供风。

⑧仪表伴热、保温、隔离、冲洗。

⑨仪表防雷。

⑩主要仪表材料。

⑪仪表安装设计原则。

⑫仪表布线设计原则。

⑬设计分工与合作。

⑭设计标准规范。

17.2.3.3　自控专业职责

在总体设计阶段，自控专业除了负责编制上述文件之外，还包括如下职责：

a）总体设计院

①负责仪表设计规定的编制工作。

②协调各装置院之间的条件关系。

③确定控制系统网络结构技术方案。

④提出控制室规划方案。

⑤确定总体院与各装置院之间的工作界面划分原则。

⑥协调各装置对外的仪表接点坐标位置。

⑦提出仪表伴热保温的设计原则。

⑧提出仪表检维修的设计原则。

⑨提出相关专业的总体设计条件。主要包括向总图、配管、建筑、结构、电气、暖通、给排水、通信等专业提出控制室设计条件，向经济专业提出专业概算。

⑩完成自控专业总体设计文件编制工作。

b）分体设计院

①参加仪表设计规定的编制评审工作。

②参加工艺包技术谈判工作。

③配合工艺、系统专业完成工艺流程图（PFD）。

④向总体院提出本装置单元对外的仪表接点坐标条件。

⑤确定控制系统设计方案。

⑥确定主要仪表选型方案以及引进仪表的范围。

⑦提出仪表伴热保温的设计方案。

⑧提出相关专业的总体设计条件。

⑨完成自控专业总体设计文件编制工作。

17.2.4　基础设计

17.2.4.1　设计文件编制

根据可行性研究报告、总体设计编制基础设计。基础设计编制内容要符合合同的要求，可约定执行行业标准、企业标准，或另行详细规定。根据基础设计的目的，基础设计主要设计文件如下：

a）说明书

说明书主要内容如下：

①设计依据。说明设计依据。包括设计合同、可行性研究报告及批复文件、总体设计及批复文件、重要的会议纪要等。

②设计范围。根据设计合同，说明本设计涵盖的范围，说明与关联单元的设计界面、与成套设备的分工界面、与协作设计院的分工界面、与控制系统供应商的分工界面等。

③自动化水平。说明本装置的工艺特点、介质特点、对自动化的需求。说明自动化总体方案，包括自动检测、报警、控制措施、联锁保护措施等。

④控制室设置。说明本装置使用的现场机柜室、现场控制室、中心控制室、与其他装置间的共用关系。

⑤控制系统设置。说明本装置设置的控制系统种类、主要配置、与其他装置间的共用关系。

⑥仪表选型。简要说明本装置仪表选型特点。

⑦控制方案。对特殊检测、复杂控制、顺序控制、联锁保护解释说明。

⑧遗留问题。说明在基础设计阶段还没有落实解决的问题，需要下步确定。

b）设计规定

设计规定主要内容如下：

①基础资料。包括气象参数、公用工程参数等。

②编号规则。说明仪表编号、设备编号、设施编号、电缆编号、光缆编号等编号规则。

③仪表选型。根据装置特点、环境特点、气象特点，对仪表选型提出通用要求，包括防爆要求、防护要求、防雷要求、防寒要求、防晒要求、防大气腐蚀要求、防风沙要求等。

说明仪表设备进口原则。

按仪表类别分别说明仪表选型方案，包括温度仪表、压力仪表、流量仪表、液位仪表、分析仪表、控制阀等。

④材料选型。说明主要材料选型方案，包括导压管、管阀件、电线电缆、电缆槽等。

⑤仪表安装。说明仪表安装原则、统一要求。

⑥仪表布线。说明仪表布线原则、统一要求。

⑦设计标准。说明本设计依据的主要标准规范。

c）仪表索引表

以回路为单位列出所有检测、控制、联锁回路，包括回路中的检测单元、控制单元、执行单元、辅助单元等。

d）仪表规格书

编制所有仪表的规格书。规格书内容包括工艺参数、仪表形式、技术规格等。

e）控制系统规格书

编制所有控制系统的技术规格书。规格书内容包括技术要求、外设数量、I/O 清单、共用关系、接口关系、供货范围、服务范围等。

f）仪表汇总表

汇总所用仪表、控制系统、辅助设备。

g）材料表

汇总所需要的各类材料。包括管材、板材、型钢、阀门、电缆、汇线槽、钢配件、保温材料等。

h）复杂控制回路图

绘制复杂检测和控制回路图。

i）联锁保护逻辑图

绘制联锁保护逻辑原理图。

j）顺序控制逻辑框图

绘制顺序控制逻辑框图。

k）仪表布线主路由图

绘制仪表电缆、光缆主路由图，包括位置、标高、宽度等。

l）可燃或有毒气体检测器、报警器布置图

绘制可燃或有毒气体检测器、现场区域报警器布置图。

m）控制室

绘制控制室和现场机柜室平面布置图，包括建筑物尺寸、功能间名称、设备名称、设备位置尺寸、设备尺寸等。

17.2.4.2　设计统一规定

对于单元多、设计单位多的大中型项目，需要编制设计统一规定。设计统一规定由总体设计院负责编制。基础设计与总体设计统一规定的规定范围基本一致，内容深度要符合基础设计的需求。主要内容如下：

①设计原则。

②控制系统。

③控制室。

④仪表选型。

⑤仪表供电。

⑥仪表接地。

⑦仪表供风。

⑧仪表伴热、保温、隔离、冲洗。

⑨仪表防雷。

⑩主要仪表材料。

⑪仪表安装设计原则。

⑫ 仪表布线设计原则。

⑬ 设计分工与合作。

⑭ 设计标准规范。

17.2.4.3　安全评估

在基础设计阶段要进行安全评估，一般采用 HOZAP 方法和 LOAP 方法。

根据 HOZAP 报告，补充、完善检测、控制、安全联锁保护方案。

根据 LOAP 报告，调整、完善回路中检测元件、逻辑元件、执行元件、电源装置、辅助仪表的配置。

17.2.4.4　自控专业职责

①配合工艺系统专业完成管道仪表流程图（P&ID）。

②提出相关专业的基础工程设计条件。主要包括向总图、配管、建筑、结构、电气、暖通、给排水、通信等专业提出控制室设计条件，向经济专业提出专业概算。

③按约定的设计文件深度规范要求完成各项设计文件。

基础设计阶段自控专业工作程序图如图 17-2-1 所示。

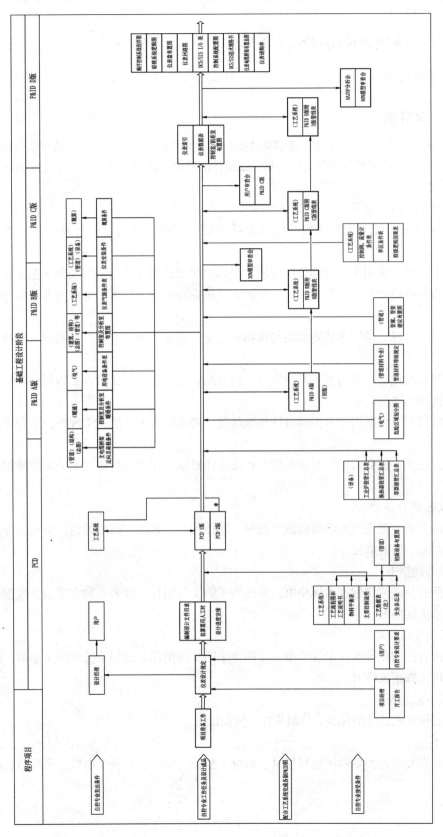

图 17-2-1　基础设计阶段自控专业工作程序图

17.2.5 前期设计

前期设计与基础设计内容相当，自控专业职责相当，不再赘述。

17.2.6 详细设计

17.2.6.1 文件编制

根据基础设计编制详细设计。详细设计编制内容要符合合同的要求，可约定执行的行业标准、企业标准，或另行详细规定。根据详细设计的目的，详细设计主要设计文件如下：

a）说明书

说明书主要内容如下：

①设计依据。说明设计依据。包括设计合同、基础设计及批复文件、重要的会议纪要。

②设计范围。说明本设计涵盖的范围，与相关单元的设计界面，与成套工艺设备的分工界面，与协作设计院的分工界面，与控制系统供应商的分工界面，与相关专业的分工界面等。

③控制室设置。说明本装置使用的现场机柜室、现场控制室、中心控制室、与其他装置间的共用关系。

④控制系统设置。说明控制系统型号，控制站、操作站、辅操台、工程师站的配置，与其他装置间的共用关系。

⑤执行标准、说明设计采用的设计标准规范，要求施工遵循的施工规程，工程采用的验收规范。

⑥注意事项。说明需要特殊注意的工程施工注意事项，需要特殊注意的操作维护注意事项。

b）仪表索引表

以回路为组，详细列出所有检测、控制、联锁回路，包括回路中的检测单元、控制单元、执行单元、辅助单元。

c）仪表规格书

编制所有仪表的详细技术规格书，并作为采购文件附件。仪表采购完毕后，根据供货商资料，修正规格书。

d）控制系统规格书

编制所有控制系统的技术规格书，并作为采购文件附件。控制系统采购完毕后，根据供货商资料，修正规格书。

e）仪表汇总表

按仪表种类汇总所用仪表、控制系统、辅助设备。

f）材料表

汇总所需要的各类材料，包括管材、板材、型钢、阀门、管件、电缆、汇线槽、保温材料等。

g）复杂控制回路图

绘制复杂检测和控制回路图。

h）联锁保护逻辑图

绘制详细的联锁保护逻辑原理图。

i）顺序控制逻辑框图

绘制顺序控制逻辑框图。

j）控制室布置图

绘制控制室布置图，包括建筑物尺寸、功能间名称、设备名称、设备位置尺寸、设备尺寸、设备安装方法等。宜采用三维方式绘制本图。

k）仪表主汇线槽布置图

绘制装置区主汇线槽布置图，包括主电缆槽分段编号、平面位置、标高、变径、分支、宽度、电缆信息等。宜采用三维方式绘制本图。

l）仪表及管线布置图

绘制仪表及管线布置图，内容包括装置区内仪表、接线箱的编号、位置、标高；仪表电缆槽或电缆沟的分段编号、平面位置、标高、变径、分支、接口、宽度、电缆信息；仪表风管路的编号、平面位置、标高、管径、取源点；隔离或冲洗管路的编号、平面位置、标高、管径、取源点。宜采用三维方式绘制本图。

m）电缆明细表

编制电缆明细表，包括电缆编号、规格、长度、终点、中间接线箱、起点等信息。

n）机柜柜内布置图

绘制机柜柜内布置图，包括机柜内卡件、仪表、汇线槽位置图。

o）I/O 卡件通道分配图

绘制 I/O 卡件通道分配图，包括 I/O 卡件编号、通道编号、每个通道仪表编号。

p）仪表供电图

绘制仪表供电图，包括配电盘输入信息、配电盘输出信息。

q）仪表接地图

绘制仪表接地图，表达清楚何处要接地，何种接地，接地到何处，接地电阻限值，用何种材料接地，接地链路如何连接。宜绘制仪表接地原理图和典型仪表接地系统图。仪表接地原理图明确接地原理、原则。典型仪表接地系统图明确各类仪表及设备对应的接地方法。

r）仪表接线回路图

绘制每个检测、控制回路的接线回路图。回路中包括现场仪表、中间接线箱、机柜内接线端子、辅助仪表、I/O 卡件等各个环节。

s）仪表测量管路安装方案

绘制仪表测量引线连接方案、保温伴热引线连接方案、隔离冲洗引线连接方案。

t）本质安全防爆回路验证表

根据实际采购的仪表、电缆的参数，对每个本质安全防爆输入、输出回路进行计算、验证，是否符合应用场合本质安全防爆的要求。宜绘制成验证表，表中包括相关仪表、电缆的电容、电感等电气参数、回路核算结果、技术要求、供需对比、验证结论。

17.2.6.2 安全联锁回路验证

安全联锁回路验证宜包括预验证和最终验证两个阶段。其中最终验证是必须的行为。

预验证是在设计过程中，使用仪表通用或平均的可靠性参数，对设计安全联锁回路的可靠性进行验证，检查其是否符合LOPA分析报告的要求。从而确定回路结构的正确性，确定有关仪表的可靠性参数限值，及时调整设计方案。预验证可及时发现设计问题，准确确定参数。可避免最终验证时发现问题，为时太晚，设计修改耽误工期，造成浪费。预验证一般由设计单位自行执行或委托执行，也可由业主聘请第三方执行。预验证报告作为受控的项目中间资料，不作为工程设计文件。

最终验证是根据仪表实际配置方案和实际采购的仪表的可靠性参数，验证安全联锁回路可靠性是否符合LOPA分析报告的要求。对于不满足要求的回路，可通过适当调整检测周期、更换仪表、修改回路结构等措施提高可靠性，但前提是调整限度要满足企业运行与维护的要求。最终验证一般由业主委托第三方执行，也可委托设计单位执行。调整完善后，完成最终验证报告。最终验证报告宜按回路编入专门的设计文件中。其中每个回路报告内容，应包括每台仪表的可靠性参数、检测周期、核算结果、技术要求、供需对比、验证结论。

17.2.6.3 设计统一规定

对于单元多、设计单位多的大中型项目，需要编制设计统一规定。设计统一规定由总体设计院负责编制。详细设计与基础设计统一规定的规定范围基本一致，内容深度要符合详细设计的需求。主要内容如下：

①设计原则。
②控制系统。
③控制室。
④仪表选型。
⑤仪表供电。
⑥仪表接地。
⑦仪表供风。
⑧仪表伴热、保温、隔离、冲洗。
⑨仪表防雷。
⑩主要仪表材料。
⑪仪表安装设计原则。
⑫仪表布线设计原则。
⑬设计分工与合作。
⑭设计标准规范。

17.2.6.4 自控专业职责

①与工艺系统专业共同完成管道仪表流程图（P&ID）。
②提出相关专业的基础工程设计条件。主要包括如下条件：
向总图、配管、建筑、结构、电气、暖通、给排水、通信等专业提出控制室设计

条件。

向设备专业提出仪表安装接口规格。

向配管专业提出管道上安装的仪表接口规格、仪表外形尺寸、仪表重量、仪表安装要求。

向配管专业提出仪表用风点、仪表伴热点及回水点、仪表隔离冲洗点、仪表连续排污点的位置。

向配管专业提出仪表电缆槽位置、尺寸、重量。

向结构专业提出安装支撑条件。

③配合管道专业完成 3D 模型设计工作。

④配合机械等专业编制成套机组、成套设备的技术要求，技术谈判，投标审核。

⑤配合采购部门编制仪表和控制系统采购文件、技术谈判、投标审核，参加开工会（KOM）、协调会。

⑥配合控制系统组态、控制系统工厂验收。

详细设计阶段自控专业工作程序如图 17-2-2 所示。

17.3　设计校审

17.3.1　校审工作职责

校审包括校对和审核。校审是保证设计文件质量的重要环节。不同的行业有不同的工程设计校审规则，但基本职责相同。

a）校对人责任

校对人应与设计人共同研究确定设计原则及设计方案，并在工程设计中贯彻执行。校核人的校核工作范围应包含下列内容：

①设计文件。

②设计计算书。

③提交各专业的设计条件。

b）审核人责任

审核人应参加设计原则、设计方案和主要技术问题的讨论研究，并指导、帮助设计人和校对人解决疑难技术问题。审核人的审核工作范围应包含下列内容：

①主要的设计文件。

②主要的设计计算书。

c）校审意见的处理

在设计过程中，应遵照校审意见进行设计修改。

在校审工作中，若设计人与校对人的意见不能统一时，应由校对人决定；若校对人与审核人意见不能统一时，应由审核人决定。

对于重大的设计方案和技术问题，当校审无法决定时，应提请项目或专业部室评审，并应取得有关方面确认。

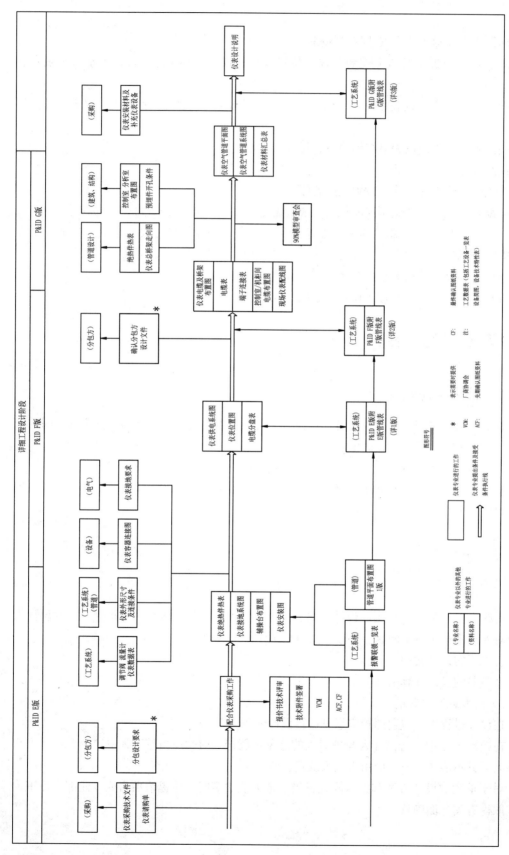

图 17-2-2　详细设计阶段自控专业工作程序图

d）校审记录

校审人在校审完设计文件后，应如实填写"设计文件校审记录"，供设计人修改和补充，并作为设计质量评定的依据。

17.3.2　校审基本要求

a）设计原则及设计方案

工程设计的设计原则及设计方案，应与审批部门批准和用户确认的设计原则及设计方案一致，满足设计合同和用户提出的要求，完整、正确地体现在各类设计文件中。

工程设计的设计原则及设计方案，如与审批部门批准和用户确认的设计原则及设计方案不一致时，应经原审批部门批准和用户确认。

b）标准及规范

工程设计中所采用的标准及规范，应符合政府部门和项目合同的要求。

设计文件中如要标明所采用的标准及规范，应列出标准及规范的名称和标准号。

c）设计文件的内容深度

工程设计文件的组成和内容深度应按照项目合同规定的行业标准或具体规定，应满足采购、施工、运行、维护的要求。

d）提交和接受设计文件

在工程设计过程中，自控专业提交的设计条件应要求清晰，信息全面，接收专业能正确理解，可正常开展设计工作。提交的设计条件应根据规定经过校对、审核和签署。

自控专业接受的设计条件应满足正常开展设计工作的要求。

e）仪表工程费用控制

在校审设计文件时应进行技术经济比较，当重大设计方案变化时（如涉及仪表设备和材料费用的增减），应取得工程费用控制部门及项目经理的确认。

17.3.3　总体设计校审

a）自动化水平

①自动化水平与可行性研究报告的一致性。

②自动化水平的支持措施。

b）控制系统

①控制系统类型的正确性。

②控制系统网络结构的正确性。

③系统信息安全防护措施的正确性。

④通信介质的正确性。

c）控制室

1）控制室位置规划的正确性。

2）控制室内功能间设置的正确性。

3）控制室内环境条件的正确性。

d）仪表选型

①仪表防爆、防护、防雷、防晒、防冻等选型原则的正确性。

②仪表的先进性、智能化水平的正确性。

③仪表的可靠性检测周期的正确性。

e）仪表供电

①仪表电源规格的正确性。

②仪表配电方案的可靠性、可用性。

f）仪表供风

①仪表用风规格的正确性。

②仪表供风方案的可靠性、可用性。

g）仪表伴热

热源种类选用原则的正确性。

h）采用的标准规范

①采用的标准规范的正确性。

②采用的标准规范的有效性。

17.3.4　基础设计校审

a）说明书

①设计依据的正确性。

②设计范围的正确性。

③自动化水平的正确性。

④利旧方案的正确性。

⑤相关接口的正确性。

⑥设计分工的正确性。

⑦设备成套范围、服务范围的正确性。

b）设计规定

①采用的有关标准规范的正确性。

②设计规定与项目统一规定的一致性。

③仪表选型规定中，防爆、防护、防雷、防晒、防冻、计量、电源、气源等规定的正确性；仪表的先进性、智能化水平的正确性；仪表的可靠性检测周期的正确性。

④仪表供电规定的正确性。

⑤仪表接地规定的正确性。

⑥仪表供气规定的正确性。

⑦仪表安装规定的正确性。

⑧仪表布线规定的正确性。

⑨仪表伴热规定的正确性。

⑩仪表编号规定与项目统一规则的一致性，对本装置的适应性。

c）仪表索引表

①仪表回路与 P&ID 的一致性。

②仪表回路中功能仪表完整性。

③仪表编号与设计规定的一致性。

d）仪表规格书

①仪表类型的正确性。

②仪表压力等级、仪表材质的正确性。

③仪表规格的正确性。

④仪表防爆等级、防护等级、防雷功能的正确性。

⑤安全功能仪表可靠性等级的正确性，检测周期与项目要求的符合性。

⑥在线分析仪表的供货范围、服务范围的正确性。

e）控制系统规格书

①系统结构的正确性。

②操作站、工程师站、打印机等人机接口设备规格、数量的正确性。

③控制站、通信卡、I/O 卡、电源装置技术要求的正确性。

④ I/O 点数量的正确性。

⑤冗余、容错、可靠性、可用性、信息安全防护措施的正确性。

⑥成套范围、服务范围是否明确。

f）仪表汇总表

仪表设备种类、数量的正确性。

g）材料表

主要仪表材料种类、数量的正确性。

h）控制室布置图

①功能间设置的正确性。

②功能间相互位置的正确性。

③功能间尺寸、标高的正确性。

④仪表设备布置方案的正确性。

i）可燃或有毒气体检测器、报警器布置图

①气体检测器布置位置的正确性。

②现场区域报警器位置的正确性。

j）仪表电缆主汇线槽布置图

①主汇线槽路径选择的正确性。

②电缆分槽、分隔方案的正确性。

k）联锁保护逻辑图

①联锁关系是否与 HAZOP 报告相符。

②联锁输入、输出配置与 SIS 标准的符合性，与 LOPA 报告的正确性。

l）顺序控制逻辑框图

循序控制逻辑与工艺委托的一致性。

m）复杂控制回路图

输入与输入之间、输入与输出之间相互关系的正确性。

17.3.5　详细设计校审

详细设计的每一个细节都影响到采购、施工、使用，因此详细设计阶段要仔细校审每个细节。注意事项如下：

a）符合性

详细设计技术方案原则要与基础设计一致，包括检测方案、控制方案、联锁保护方案、仪表选型、材料选型等。重要设计修改首先要与业主沟通。对于不一致之处要在说明书中进行说明。

b）控制阀规格书

①阀体形式。

②调节阀开度。

③阀体材质。

④压力等级。

⑤执行机构形式。

⑥气源压力。

⑦气源罐配置。

⑧切断阀电磁阀配置。

⑨可靠性等级。

c）节流装置规格书

①节流元件形式。

②孔径比。

d）在线分析仪规格书

①取样点与回样点的位置，有利于采样与回样。

②采样预处理系统，满足管路畅通，不改变样品性质，满足分析仪的要求。

③采样周期、响应时间满足工艺要求。

e）联锁保护逻辑图

①急停按钮、复位按钮、维护旁路开关、允许旁路开关等人机接口设置。

②触点开闭形式，逻辑 0 和 1 的约定。

f）安全功能 SIL 验证

①对照 LOPA 报告，验证安全功能安全等级。

②对照 SIS 标准规范，检查仪表配置。

③检查仪表有效性检测周期与项目要求的一致性。

④检查有效性检测措施。

g）仪表供电

①供电系统结构。

②供电等级。

③断路器容量。

h）仪表接地

①接地系统形式。

②现场仪表、接线箱、室内仪表设备的接地方式。

ⅰ）仪表供风

①装置内仪表供风管道的独立性。

②供风管径与用风点数量、用气量的匹配。

ｊ）仪表伴热

①热源选择。

②每台仪表伴热管的独立性。

③伴热管管径。

ｋ）仪表布线

①布线方式。

②布线路径。

③与电力电缆间距。

④与工艺管道间相对位置、间距。

⑤电缆穿墙密封措施。

⑥电缆间分槽、分隔。

ｌ）仪表导压管路安装方案

①安装方案适应的介质。

②测量管路的压力等级。

③管阀件材质、规格、连接形式。

④取压方位。

⑤仪表与取压点的相对位置。

ｍ）控制室/机柜室布置

①操作站站组之间的相对位置。

②操作站之间的相对位置。

③操作台行间距。

④机柜行间距。

⑤设备与墙之间的间距。

17.4　设计合作

17.4.1　自控专业与工艺专业

ａ）接收条件

工艺包括主生产工艺、储运工艺和给排水、热工等公用工程工艺。自控专业应接收的主要设计条件如下：

①工艺流程图（PFD）、工艺管道及仪表流程图（P&ID），工艺流程说明。

②仪表选型、安装、使用所需要的物料参数表。

③特殊和复杂检测、控制设计要求。

④联锁保护要求，宜采用因果关系表形式。

⑤顺序控制要求，宜采用逻辑框图形式。

b）提出条件

①合作完成 PFD、P&ID。

②自动化水平说明。

17.4.2　自控专业与配管专业

a）接收条件

自控专业应接收的主要设计条件如下：

①装置区设备平面布置图、立面图、三维图。

②装置配管图。

③管道等级表。

b）提出条件

自控专业应提出的主要设计条件如下：

①控制室规划，包括平面布置，尺寸、标高。

②控制室性质，包括：用途，是否有人值守。

③装置区控制室位置、朝向要求。

④管道安装仪表的安装接口要求，包括平面位置、标高、方位、界面规格。

⑤仪表汇线槽布置位置要求、汇线槽尺寸、载荷。

⑥仪表维护用梯子平台要求。

⑦仪表伴热点位置和热源需求种类、参数、用量、界面划分、接口规格。

⑧仪表净化风用风点位置、用量、界面划分、接口规格。

⑨仪表隔离、冲洗点位置和隔离、冲洗源需求种类、参数、用量、界面划分、接口规格。

⑩在线分析小屋位置要求、小屋尺寸、小屋重量，接管种类、界面划分、接口规格。

⑪仪表密闭排污点位置、界面划分、接口规格。

17.4.3　自控专业与设备专业

自控专业应提出的主要设计条件如下：

①塔、罐等容器设备上仪表接口标高、方位、规格。

②塔器设备上仪表维护用梯子、平台。

③特殊管件制造要求。

17.4.4　自控专业与机械专业

a）接收条件

自控专业应接收的主要设计条件如下：

①机组自动控制流程图。

②机动设备规格书、技术协议。

b）提出条件

自控专业应提出的主要设计条件如下：

①合作绘制机组自控流程图。

②机动设备规格书、技术协议中关于自控专业的技术要求。

③机动设备状态监测系统规格书。

17.4.5　自控专业与电气专业

a）接收条件

自控专业应接收的主要设计条件如下：

控制室配电间尺寸要求。

b）提出条件

自控专业应提出的主要设计条件如下：

①控制室平面布置图。

②仪表用电要求，包括用电位置、用电规格、用电路数、UPS 需求、冗余需求、负荷量。

③仪表照明要求，包括各功能间照明强度、事故照明需求。

④仪表接地要求，包括接地点位置、接地电阻值等。

⑤机泵联锁要求，包括机泵编号，信号类型、规格，启停逻辑约定。

⑥机泵状态指示要求，包括机泵编号，信号类型、规格，启停状态约定。

17.4.6　自控专业与电信专业

a）接受条件

自控专业应接收的主要设计条件如下：

控制室电信间尺寸要求。

b）提出条件

自控专业应提出的主要设计条件如下：

①控制室平面布置图。

②控制室电话设置要求。

③控制室门禁设置要求。

④控制室闭路电视监控要求。

⑤控制室火灾监控要求。

⑥控制室网络接口位置。

⑦现场仪表设备闭路电视监控要求。

17.4.7　自控专业与建筑、结构专业

a）接收条件

自控专业应接收的主要设计条件如下：

建筑物平、立、剖面图，三维图。

b）提出条件

自控专业应提出的主要设计条件如下：

①控制室平面布置尺寸、高度、地面标高要求。

②控制室防火、消防要求。

③控制室防雷要求。

④控制室抗爆设计要求。

⑤控制室仪表开洞、预埋件、设备安装基础／支架的位置、尺寸、载荷、连接形式等要求。

⑥现场仪表安装基础／支架的位置、尺寸、载荷、连接形式等要求。

⑦现场仪表电缆槽托架、支架的位置、尺寸、载荷、连接形式等要求。

17.4.8 自控专业与暖通专业

a）接收条件

自控专业应接收的主要设计条件如下：

①控制室中空调、排烟等设备所需功能间尺寸。

②控制室空调新风入口可燃、有毒气体超限报警、联锁要求。

③控制室暖通设备运行状态在控制室指示要求。

④暖通系统控制要求。

b）提出条件

自控专业应提出的主要设计条件如下：

①控制室平面布置尺寸、高度、标高。

②控制室内各功能间仪表设备散热量。

③控制室内温度、湿度及其变化率要求。

④控制室内空气质量要求。

⑤控制室内外压差要求。

17.4.9 自控专业与总图专业

a）接收条件

自控专业应接收的主要设计条件如下：

工程总平面图。

b）提出条件

自控专业应提出的主要设计条件如下：

①控制室功能类别，包括：中心控制室，区域控制室，独立控制室，现场联合机柜室，现场独立机柜室；共用该控制室的单元名称；值守人员每日人次；控制室位置要求；控制室平面布置，尺寸，标高。

②电缆穿越厂区道路用的预埋管、涵洞等位置、尺寸，标高等。

17.4.10 自控专业与安全专业

a）接收条件

自控专业应接收的主要设计条件如下：

①项目安全要求。

②可燃、有毒气体释放源位置，报警要求，联锁要求，报警值要求。

③爆炸危险区划分图。

④项目安全分析报告，如：HAZOP 报告、LOPA 报告。

⑤项目建筑物抗爆设计技术参数。

b）提出条件

自控专业应提出的主要设计条件如下：

①采用自动控制实施的安全措施。

②自动控制系统可靠运行采取的安全措施。

17.4.11 自控专业与消防专业

a）接收条件

自控专业应接收的主要设计条件如下：

项目消防要求。

b）提出条件

自控专业应提出的主要设计条件如下：

①控制室平面布置尺寸、高度、标高。

②控制室各功能间消防要求。

③消防自动化措施。

17.4.12 自控专业与环保专业

a）接收条件

自控专业应接收的主要设计条件如下：

项目环保要求。

b）提出条件

自控专业应提出的主要设计条件如下：

自动化仪表测量、运行、维护采取的环保措施。

17.4.13 自控专业与经济专业

a）接受条件

自控专业应接收的主要设计条件如下：

项目概算编制要求。

b）提出条件

自控专业应提出的主要设计条件如下：

自控专业概算。包括：仪表设备数量、特殊设备报价；仪表材料数量、特殊材料报价；技改工程中拆除、移动、更换的仪表数量和相关工程量。

17.4.14 专业合作关系汇总

自控专业与其他专业之间主要合作关系见表 17–4–1。

表 17–4–1　自控专业与其他专业之间主要合作关系

序号	合作专业	合作内容	备注
1	工艺	绘制 P&ID；接收工艺参数，选择仪表。	包括给排水、热工等公用工程工艺
2	配管	单元内控制室布置；分析小屋布置；仪表安装；仪表供风；仪表伴热供热，伴热回水；仪表隔离、冲洗液供给；仪表电缆槽布置	
3	设备	塔、罐设备上仪表安装接口；仪表安装、运维用梯子平台；特殊仪表管件制作	
4	机械	机、泵检测、控制、故障诊断；机、泵 MR 文件编制	
5	电气	仪表和控制室供电、照明、接地	
6	电信	控制室内电话、网络接口、电视监控	
7	建筑、结构	控制室建筑物；仪表安装、布线、运维用梯子平台	
8	暖通	控制室采暖、通风	
9	总图	厂区内控制室布置；道路穿越	
10	安全	防爆区划分；可燃、有毒气体释放源位置与检测报警；安全分析与 SIS 设计；控制室抗爆需求；自控安全措施；编制安全专篇	
11	消防	绘制 P&ID 和消防控制逻辑框图；设计消防自动化系统；接受工艺参数，选择仪表；控制室消防；编制消防专篇	
12	环保	自控环保措施；编制环保专篇	
13	经济	接受投资要求，进行定额设计；提供专业概算	

🎛 17.5　采购合作

17.5.1 主要工作

在工程项目仪表采购阶段，自控专业应包括下列内容的工作：

①提出仪表请购单。

②参与仪表合同技术附件谈判工作，并签署技术附件及相关会议纪要，配合采购部门进行技术评标工作。

③参加厂商协调会（VCM）和开工会（KOM），进行厂商文件的评阅、审查和确认工作。

④参加控制系统的出厂验收（FAT）工作。

⑤配合成套机组或成套设备中仪表及控制系统的询价、合同技术附件谈判及评标工作。

17.5.2　仪表请购单编制

17.5.2.1　仪表请购单主要内容

①项目概述；

②货物名称及数量；

③技术附件；

④备品备件和消耗品要求；

⑤专用工具；

⑥技术偏差要求；

⑦协调会计划。

17.5.2.2　技术附件

技术附件是对所采购各类仪表设备或材料的各项具体技术性要求文件，宜包含下列内容：

①仪表技术说明书；

②仪表数据表；

③仪表安装材料表；

④相关图纸资料；

⑤仪表设计规定；

⑥其他附件。

其中，仪表技术说明书内容如下：

①总则；

②应用标准；

③供货及工作范围；

④技术要求；

⑤检验和试验；

⑥卖方交付文件。

17.5.2.3　备品备件

备品备件宜包含下列内容：

①开车备件；

②易损备件；

③操作（两年）备件；

④两年运行后质保期备件。

17.5.2.4　消耗品

消耗品主要是指所采购仪表在现场测试、安装调试过程中所需要的辅助油、液、填料等相关材料。

17.5.2.5 专用工具

专用工具是指仪表安装和维修必备的专用工具，仪表安装、检验和调试必备的特殊仪器。

17.5.2.6 技术偏差

技术偏差是指供货商报价技术文件中与询价技术要求有偏离或不一致的部分内容。须规定出技术偏差的呈现形式。一般要求单独以表格的形式把偏差内容对照列出。

17.5.2.7 协调会计划

协调会计划明确可能召开的协调会的时机、内容、地点、时长、参加单位、参加人员等。

🕑 17.6 施工合作

17.6.1 主要工作

在工程项目施工阶段，自控专业主要工作内容如下：

①应根据施工循序、施工计划，按版次编制设计文件，及时提供满足施工进度要求的设计文件。

②详细设计文件交付后，应向业主、施工单位、监理单位进行设计交底。业主、施工单位、监理单位应对详细设计进行会审。

③根据施工进度、施工需求，作为设计代表进驻现场，配合采购部门进行仪表检验、验收；配合仪表的安装、调校及开车工作；进行设计检查。

④进行设计修改，出具设计修改单。

⑤填写工程施工记录。

⑥编制工作总结。

⑦根据合同约定，完成仪表竣工图。在竣工图中将把设计修改通知单、工程联络单等内容编入竣工图中，使竣工图内容与现场实物一致。

17.6.2 设计交底与会审

a）设计交底

设计交底内容主要包括设计者说明设计意图、施工注意事项、施工自由度。

b）设计会审

设计会审内容包括：

①业主对保证仪表正常运行的条件和仪表维护、维修的安全性、方便性等进行审查。

②施工单位对仪表安装、布线、接线、供电、接地等施工工作的可行性、合理性、材料数量等进行审查。

③监理单位对设计的合法合规性进行审查。

c）意见处理

对于会审意见，各方应根据标准规范、设计合同、承包合同、有效约定等，协商处理意见，确认需要修改的设计事项，形成会议纪要，经项目管理部门批复后，作为设计修改依据。

17.6.3　设计检查

17.6.3.1　检查内容

为保证施工符合设计要求，同时为了在施工阶段验证设计，检查设计，设计单位需要进行施工检查。设计检查通常由设计代表完成，或分阶段集中检查。检查宜应分阶段实施。重点检查内容如下：

a）测量引线

①测量点位置。

②仪表与取压点相对位置。

③取压点方位。

④管阀件位置。

⑤管阀件压力等级。

⑥管阀件材质。

⑦管阀件连接方式。

⑧引压管坡度、坡向，是否存在"U"形弯。

⑨引压管路路径短。

⑩引压管固定。

⑪在线分析仪采样、回样管路。

⑫反吹风、反冲洗管路。

b）仪表安装

①仪表、开关、按钮、接线箱的位置。

②可燃/毒性气体检测器安装高度。

③表体流向。

④流量计直管段长度。

⑤仪表固定、支撑。

c）仪表布线

①汇线槽路径。

②汇线槽与工艺管道相对位置。

③汇线槽与动力电缆的间距。

④电缆的分槽、分隔。

⑤仪表设备电缆引入的防水措施。

⑥现场仪表设备外壳接地。

d）保温伴热

①仪表供热站和回水站独立。

②每台仪表热源独立，操作阀门独立。

③伴热、保温结构。

e）仪表风管线

①仪表供风管线独立。

②仪表风管线材质。

③仪表风管线管径。

④管阀件连接方式。

⑤供风接口备用。

f）控制室

①室内基础地面与室外高度差。

②电缆进线口密封措施。

③供电系统。

④接地系统。

⑤室内布线。

17.6.3.2　检查记录

宜建立《自控专业设计检查记录表》，把检查项目预编制于该表格。检查人员按表检查，把检查情况记录于表中。表格中还应设置其他栏目，如：问题级别、建议措施、处理结果等。

17.6.3.3　问题处理

针对存在的问题，设计单位、业主、施工单位、监理单位一起研究解决方案。

设计单位宜实行问题分级制。将问题按后果严重程度进行定级，以便问题妥善处理。可以采用类似如表 17-6-1 方法将问题分类分级，并给出整改必要性建议。

表 17-6-1　设计检查问题分类

问题级别	问题后果	整改必要性建议	备注
A1 级	设计缺陷，影响美观		
A2 级	设计缺陷，影响维护		
A3 级	设计缺陷，影响使用		
A4 级	设计缺陷，影响安全		
B1 级	施工缺陷，影响美观		
B2 级	施工缺陷，影响维护		
B3 级	施工缺陷，影响使用		
B4 级	施工缺陷，影响安全		
C1 级	产品缺陷，影响美观		
C2 级	产品缺陷，影响维护		
C3 级	产品缺陷，影响使用		
C4 级	产品缺陷，影响安全		

17.6.4　设计变更

17.6.4.1　变更原因

在详细设计完成后，可能因为下列原因变更设计：

①设计错误。

②设计改进。

③标准规范变化。

④业主要求。

⑤施工代料。

17.6.4.2　变更方式

设计变更应采用设计方与业主约定的方式。常见设计变更形式如下：

①设计修改通知单。

②设计文件升版。

第 18 章 仪表安装工程

18.1 常用图形、符号及分工界限

18.1.1 仪表的功能标志（HG/T 20505—2014）

仪表功能标志由首位字母（回路标志字母）和后继字母（功能字母、功能修饰字母）构成。

仪表功能标志应使用一个读出功能或一个输出功能去标识回路中的每个设备或功能。

仪表功能标志字母的选用标准见表 18-1-1，顺序按表 18-1-1 中第 1~5 列从左到右排列。

表 18-1-1　仪表功能标志的字母代号

字母代号	首位字母		后继字母		
	被测变量或引发变量	修饰词	读出功能	输出功能	修饰词
A	分析	–	报警	–	–
	（Analytical）	–	（Alarm）	–	–
B	烧嘴、火焰	–	供选用	供选用	供选用
	（Burner、Flame）	–	User's Choice	User's Choice	User's Choice
C	电导率	–	–	控制	关位
	（Conductivity）	–	–	（Control）	（Close）
D	密度	差	–	–	偏差
	（Density）	（Differential）	–	–	（deviation）
E	电压、电动势	–	检测元件	–	–
	（Voltage）	–	（Primary Element）	–	–
F	流量	比率	–	–	–
	（Flow）	（Ratio）	–	–	–
G	毒性气体或可燃气体	–	视镜、观察	–	–
	（Gas）	–	（Glass）	–	–
H	手动	–	–	–	高
	（Hand）	–	–	–	（High）
I	电流	–	指示	–	–
	（Current）	–	（Indicating）	–	–

续表

字母代号	首位字母		后继字母		
	被测变量或引发变量	修饰词	读出功能	输出功能	修饰词
J	功率	–	扫描		–
	（Power）	–	（Scan）	–	–
K	时间、时间程序	变化速率	–	操作器	–
	（Time, Sequence）	–	–		–
L	物位	–	灯	–	低
	（Level）	–	（Light）		（Low）
M	水分、湿度	瞬动	–	–	中、中间
	（Moisture）	–	–	–	（Middle）
N	供选用	–	供选用	供选用	供选用
	User's Choice	–	User's Choice	User's Choice	User's Choice
O	供选用	–	节流孔	–	开位
	User's Choice	–	（Orifice）	–	（Open）
P	压力、真空	–	连接点或测试点		–
	（Pressure, Vacuum）	–	（Test Point）		–
Q	数量	积算、累积	积算、累积		–
	（Quantity）	（Integrate, Totalize）	–		–
R	核辐射	–	记录、DCS 趋势记录	–	运行
	（Radioactivity）	–	（Recorder）		（Run）
S	速度、速率	安全	–	开关、联锁	停止
	（Speed）	（Safety）	–	（Switch, Interlock）	（Stop）
T	温度	–	–	传送（变送）	–
	（Temperature）	–	–	（Transmit）	–
U	多变量	–	多功能	多功能	–
	（Multivariable）	–	（Multifunction）	（Multifunction）	–
V	振动、机械监视	–	–	阀、风门、百叶窗	–
	（Vibrate）	–	–	（Valve, Damper）	–
W	重量、力	–	套管		–
	（Weight, Force）	–	（Well）		–
X	未分类	X 轴	附属设备，未分类	未分类	未分类
	（Undefined）	–	（Undefined）	（Undefined）	（Undefined）
Y	事件、状态	Y 轴		继电器（继电器）、计算器、转换器	–
	–	–	–	（Relay, Computing）	
Z	位置、尺寸	Z 轴		驱动器、执行元件	–
	（Position）	–	–	（Drive, Actuate）	–

18.1.2 仪表功能标志的常用组合字母与常用缩写

18.1.2.1 常用组合字母

常用组合字母见表 18-1-2。

表 18-1-2 常用组合字母

首位字母		后续字母															
		读出功能						输出功能									
被测变量或引发变量		检测元件 E	指示 I	记录 R	报警 A（修饰）			变送器 T	控制器 C				继动器计算器 Y	最终执行元件 V/Z	开关 S（修饰）		
					高 AH	低 AL	高低 AHL		指示 IC	记录 RC	无指示 C	自力式 CV			高 SH	低 SL	高低 SHL
A	分析	AE	AI	AR	AAH	AAL	AAHL	AT	AIC	ARC	AC		AY	AV	ASH	ASL	ASHL
B	烧嘴火焰	BE	BI	BR	BAH	BAL	BAHL	BT	BIC	BRC	BC		BY	BZ	BSH	BSL	BSHL
C	电导率	CE	CI	CR	CAH	CAL	CAHL	CT	CIC	CRC			CY	CV	CSH	CSL	CSHL
D	密度	DE	DI	DR	DAH	DAL	DAHL	DT	DIC	DRC			DY	DV	DSH	DSL	DSHL
E	电压	EE	EI	ER	EAH	EAL	EAHL	ET	EIC	ERC	EC		EY	EZ	ESH	ESL	ESHL
F	流量	FE	FI	FR	FAH	FAL	FAHL	FT	FIC	FRC	FC	FCV	FY	FV	FSH	FSL	FSHL
FF	流量比	FE	FFI	FFR	FFAH	FFAL	FFAHL	FFT	FFIC	FFRC			FFY	FFV	FFSH	FFSL	FFSHL
FQ	流量累计	FE	FQI	FQR	FQAH	FQAL		FQT	FQIC	FQRC			FQY	FQV	FQSH	FQSL	
G	可燃气体	GE	GI	GR	GAH			GT							GSH		
H	手动								HIC		HC			HV			（HS）
I	电流	IE	II	IR	IAH	IAL	IAHL	IT	IIC	IRC			IY	IZ	ISH	ISL	ISHL
J	功率	JE	JI	JR	JAH	JAL	JAHL	JT	JIC	JRC			JY	JV	JSH	JSL	JSHL
K	时间程序	KE	KI	KR	KAH			KT	KIC	KRC	KC		KY	KV	KSH		
L	物位	LE	LI	LR	LAH	LAL	LAHL	LT	LIC	LRC	LC	LCV	LY	LV	LSH	LSL	LSHL
M	水分	ME	MI	MR	MAH	MAL	MAHL	MT	MIC	MRC				MV	MSH	MSL	MSHL
N	供选用																
O	供选用																
P	压力真空	PE	PI	PR	PAH	PAL	PAHL	PT	PIC	PRC	PC	PCV	PY	PV	PSH	PSL	PSHL
PD	压力差	PE	PDI	PDR	PDAH	PDAL	PDAHL	PDT	PDIC	PDRC	PDC	PDCV	PDY	PDV	PDSH	PDSL	PDSHL
Q	数量	QE	QI	QR	QAH	QAL	QAHL	QT	QIC	QRC				QZ	QSH	QSL	QSHL
R	核辐射	RE	RI	RR	RAH	RAL	RAHL	RT	RIC	RRC	RC		RY	RZ			
S	速度频率	SE	SI	SR	SAH	SAL	SAHL	ST	SIC	SRC	SC	SCV	SY	SV	SSH	SSL	SSHL
T	温度	TE	TI	TR	TAH	TAL	TAHL	TT	TIC	TRC	TC	TCV	TY	TV	TSH	TSL	TSHL

续表

首位字母		后续字母														
		读出功能						输出功能								
被测变量或引发变量		检测元件E	指示I	记录R	报警A（修饰）			变送器T	控制器C				继动器计算器Y	最终执行元件V/Z	开关S（修饰）		
					高AH	低AL	高低AHL		指示IC	记录RC	无指示C	自力式CV			高SH	低SL	高低SHL
TD	温度差	TE	TDI	TDR	TDAH	TDAL	TDAHL	TDT	TDIC	TDRC	TDC	TDCV	TDY	TDV	TDSH	TDSL	TDSHL
U	多变量		UI	UR	UAH								UY	UV			
V	振动	VE	VI	VR	VAH			VT					VY	VZ	VSH		
W	重量	WE	WI	WR	WAH	WAL	WAHL	WT	WIC	WRC	WC	WCV	WY	WZ	WSH	WSL	WSHL
X	未分类																
Y	时间状态或存在	YE	YI	YR	YAH	YAL		YT	YIC		YC		YY	YZ	YSH	YSL	
Z	位置尺寸	ZE	ZI	ZR	ZAH	ZAL	ZAHL	ZT	ZIC	ZRC	ZC	ZCV	ZY	ZZ			

被测变量与后继字母 P、W、G 的组合：	其他字母组合：
P 检测点，如 AP、FP、PP、TP W 套管或探头，如 AW、BW、LW、MW、RW、TW G 视镜、观察，如 BG、FG、LG 等 就地指示仪表，如 TG、PG、LG 等	FO 限流孔板 LCT 液位控制、变送 KQI 时间或时间程序控制 TJI 温度扫描指示

18.1.2.2　仪表常用中英文对照

①仪表功能标志以外的常用缩写字母，见表 18-1-3。

表 18-1-3　常用英文缩写

缩写	英文	中文	缩写	英文	中文
A	Analog single	模拟信号	ES	Electric supply	电源
AC	Alternating current	交流电	ESD	Emergency shutdown	紧急停车
ACS	Analyzer control system	分析仪控制系统	FC	Fail closed	故障时关
ADAPT	Adaptive control mode	自适应控制方式	FFC	Feedforward control mode	前馈控制方式
A/D	Analog/ Digital	模拟 / 数字	FFU	Feedforward Unit	前馈单元
A/M	Automatic/Manual	自动 / 手动	FI	Fail indeterminate	故障时任意位置
AND	AND gate	"与" 门	FL	Fail locked	故障时保位
AS	Air supply	空气源	FO	Fail open	故障时开
AVG	Average	平均	FS	Flushing supply	冲洗源
BMS	Burner management system	燃烧管理系统	GC	Gas chromatograph	气相色谱仪
BPCS	Basic process control system	基本过程控制系统	GS	Gas supply	气体源

续表

缩写	英文	中文	缩写	英文	中文
C	Patchboard or matrix board connection	线路板或矩阵接线板	H	Hydraulic signal	液压信号
CCS	Computer control system	计算机控制系统		High	高
	Compressor control system	压缩机控制系统	HH	High– High	高高
CD	Independent control desk	独立操作台	HS	Hydraulic supply	液压源
CHR	Chromatograph	色谱	H/S	Highest select	高选
D	Derivative control mode	微分控制方式	I	Electric current signal	电流信号
	Digital/signal	数字信号		Interlock	联锁
D/A	Digital/Analog	数字/模拟		Integrate	积分
DC	Direct current	直流电	IA	Instrument air	仪表空气
DCS	Distributed control system	分散型控制系统	IFO	Internal orifice plate	内藏孔板
DIFF	Subtract	减	IN	Input	输入
DIR	Direct–acting	正作用		Inlet	入口
E	Voltage signal	电压信号	IP	Instrument panel	仪表盘
	Electric signal	电信号	L	Low	低
EMF	Electromagnetic flowmeter	电磁流量计	L–COMP	Lag compensation	滞后补偿
LB	Local board	就地盘	PA	Plant air	工厂空气
LL	Low –Low	低低	PCD	Process control diagram	工艺控制图
LS	Light source	光源	P&ID（PID）	Piping and instrument diagram	管道仪表流程图
L/S	Lowest select	低选	PLC	Programmable logic controller	可编程序控制器
M	Motor actuator	电动执行机构	P.T–COMP	Pressure temperature compensation	压力温度补偿
	Middle	中	R	Automatic–reset control	自动再调控制方式
MAX	Maximum	最大		Reset of fail–locked device	（能源）故障保位复位装置
MF	Mass flowmeter	质量流量计		Resistance（signal）	电阻（信号）
MIN	Minimum	最小	RAD	Radio	无线电
MMS	Machine monitoring system	机器检测系统	REV	Reverse–acting	反作用（反向）
NOR	Normal	正常	RS	Radiation source	辐射源
	NOR gate	"或非"门	RTD	Resistance temperature detector	热电阻
NOT	NOT gate	"非"门	S	Solenoid actuator	电磁执行机构
NS	Nitrogen supply	氮源	SIS	Safety instrumented system	安全仪表系统

续表

缩写	英文	中文	缩写	英文	中文
O	Electromagnetic or Sonic signal	电磁或声信号	SP	Set point	设定点
ON–OFF	Connect–disconnect（automatically）	通断（自动的）	SQRT	Square root	平方根
OPT	Optimizing control mode	优化控制方式	SS	Steam supply	蒸汽源
OR	OR gate	"或"门	T	Trap	疏水阀
OUT	Output	输出	TB	Tube bundle	管缆
	Outlet	出口	TC	Thermocouple	热电偶
P	Pneumatic signal	气动信号	TV	Television	电视机
	Proportional control mode	比例控制方式	VOT	Vortex transducer	旋涡传感器
	Instrument panel	仪表盘	WS	Water supply	水源
	Purge flushing device	吹气或冲洗装置	XR	X–ray	X 射线

②电线、电缆文字代号，见表 18-1-4。

表 18-1-4　电线、电缆文字代号

文字代号	名　称	
	中　文	英　文
CC	接点信号电缆（电线）	Contact Signal Cable（Wire）
CIC	接点信号本安电缆	contact Signal Intrinsic–Safety Cable（Wire）
EC	电源电缆（电线）	Electric Supply Cable
GC	接地电缆（电线）	Ground Cable（Wire）
PC	脉冲信号电缆（电线）	Pulse Signal Cable（Wire）
PIC	脉冲信号本安电缆	Pulse Signal Intrinsic–Safety Cable
RC	热电阻信号电缆（电线）	RTD Signal Cable（Wire）
RIC	热电阻信号本安电缆	RTD Signal Intrinsic–Safety Cable
SC	标准信号电缆（电线）	Signal Cable（Wire）
SIC	标准信号本安电缆	Signal Intrinsic–Safety Cable
TC	热电偶补偿电缆（导线）	T/C Compensating Cable（Conductor）
TIC	热电偶补偿本安电缆	T/C Compensating Intrinsic–Safety Cable

③仪表辅助设备、元件等的文字代号，见表 18-1-5。

表 18-1-5　仪表辅助设备、元件等的文字代号

文字代号	名　称	
	中　文	英　文
AC	辅助柜	Auxiliary Cabinet
AD	空气分配器	Air distributor

续表

文字代号	名　称	
	中　文	英　文
CB	接管箱	Connecting Pipe Box
CD	操作台（独立）	Control Desk（Independent）
BA	穿板接头	Bulkhead Adaptor
DC	DCS 机柜	DCS Cabinet
GP	半模拟盘	Semi-Graphic Panel
IB	仪表箱	Instrument Box
IC	仪表柜	Instrument Cabinet
IP	仪表盘	Instrument Panel
IPA	仪表盘附件	Instrument Panel Accessory
IR	仪表盘后框架	Instrument Rack
IX	本安信号接线端子板	Terminal Block for Intrinsic-Safety Signal
JB	接线箱（盒）	Junction Box
JBC	触点信号接线箱（盒）	Junction Box for Contact Signal
JBE	电源接线箱（盒）	Junction Box for Electric Supply
JBG	接地接线箱（盒）	Junction Box for Ground
JBP	脉冲接线箱（盒）	Junction Box for Pulse Signal
JBR	热电阻接线箱（盒）	Junction Box for RTD Signal
JBS	标准信号接线箱（盒）	Junction Box for Standard Signal
JBT.	热电偶接线箱（盒）	Junction Box for T/C Signal
PB	保护箱	Protect Box
MC	编组接线箱（盒）	Marshalling Cabinet
PX	电源接线端子板	Terminal Block for Power Supply
RB	继电器箱	Relay Box
RX	继电器接线端子板	Terminal Block for Relay
SB	供电箱	Power Supply Box
SBC	安全栅柜	Safety Barrier Cabinet
SX	信号接线端子板	Terminal Block for Signal
TC	端子柜	Terminal Cabinet
UPS	不间断电源	Uninterruptable Power Supply
WB	保温箱	Winterizing Box

18.1.3　电气元件图形符号和电气设备常用文字符号

18.1.3.1　电气元件图形符号

电气元件图形符号见表 18-1-6。

表 18-1-6　电气元件图形符号

序号	符号	文字代号	名称
1		R	• 中文：电阻器 • 英文：Resistor
2		R	• 中文：变阻器 • 英文：Adjustable Resistor
3		C	• 中文：电容器 • 英文：Capacitor
4		L	• 中文：电感线圈 • 英文：Inductive Coil
5		G	• 中文：蓄电池 • 英文：Secondary Cell
6	−∪+	TC	• 中文：热电偶 • 英文：Thermocouple
7		A	• 中文：报警器 • 英文：Siren
8		HH	• 中文：音响信号 • 英文：Acoustic Signaling
9		HB	• 中文：蜂鸣器 • 英文：Buzzer
10		HL	• 中文：指示灯在控制盘上 • 英文：Indicating Lamp on Control Panel
11		HL	• 中文：报警灯在控制盘上 • 英文：Alarming Lamp on Control Panel
12		HL	• 中文：DCS 上的状态指示 • 英文：State Indicating on DCS
13		HL	• 中文：DCS 上的状态报警 • 英文：State Alarming on DCS
14		V	• 中文：半导体二极管 • 英文：Semiconductor Diode
15		T	• 中文：双绕组变压器 • 英文：Transformer with Two Windings
16		J	• 中文：整流结 • 英文：Rectifying unction
17		F	• 中文：熔断器 • 英文：Fuse
18		U	• 中文：整流器 • 英文：Rectifier
19		CB	• 中文：断路器 • 英文：Circuit Breaker
20		IS	• 中文：隔离器 • 英文：Isolator
21		SA	• 中文：自动复位的手动按钮开关 • 英文：Push-button witch Automatic Return
22		SA	• 中文：手动操作开关 • 英文：Switch

续表

序号	符号	文字代号	名称
23		SA	• 中文：自动复位的自动拉拔开关 • 英文：Pulling Switch Automatic Return
24		SA	• 中文：无自动复校的手动旋转开关 • 英文：Turning Switch Stay-put
25		SA	• 中文：多位开关 • 英文：Multi-position Switch Maximum Four Position
26		SIL	• 中文：钥匙开关 • 英文：Key Switch
27		SEG	• 中文：紧急开关（蘑菇头安全按钮） • 英文：Emergency Witch （Mushroom-head Safety Feature）
28		SQ	• 中文：常开触点的位置开关 • 英文：Make Contact Position Switch
29		SQ	• 中文：常闭触点的位置开关 • 英文：Break Contact Position Switch
30		KA	• 中文：中间继电器线圈 • 英文：Auxiliary Relay Coil
31		KA	• 中文：静态继电器 • 英文：Static Relay
32		NO	• 中文：常开触点 • 英文：Make Contact
33		NC	• 中文：常闭触点 • 英文：Break Contact
34		CO	• 中文：先断后合的转换触点 • 英文：Change-over Break Before Make Contact
35		ADO	• 中文：延时闭合的常开触点 • 英文：Make Contact Delayed Closing
36		RDC	• 中文：延时闭合的常闭触点 • 英文：Break Contact Delayed Closing
37		RDO	• 中文：延时断开的常开触点 • 英文：Make Contact Delayed Opening
38		ADC	• 中文：延时断开的常闭触点 • 英文：Break Contact Delayed Opening
39		KT	• 中文：缓慢释放继电器线圈 • 英文：Relay Coil of a Slow-releasing Relay
40		KT	• 中文：缓慢吸合继电器线圈 • 英文：Relay Coil of a Slow-operating Relay
41		KT	• 中文：延时继电器线圈 • 英文：Relay Coil of a Slow-operating Relay and Slow

续表

序号	符号	文字代号	名称
42		EDO	• 中文：常开故障检出开关 • 英文：Make Contact Emergency Detector Switch
43		EDC	• 中文：常闭故障检出开关 • 英文：Break Contact Emergency Detector Switch

注：通常情况，符号顺时针旋转 90° 为其横向表示。

18.1.3.2　电气设备常用文字符号

图形符号提供了一类设备或元件的共同符号，为了更明确地区分不同的设备、元件，尤其是区分同类设备或元件中不同功能的设备或元件，还必须在图形符号旁标注相应的文字符号。

a）基本文字符号

基本文字符号用以表示电气设备、装置和元件以及线路的基本名称、特性，分为单字母符号和双字母符号。

①单字母符号：单字母符号用来表示按国家标准划分的 23 大类电气设备、装置和元器件见表 18-1-7。

表 18-1-7　单字母符号

字母代码	项目种类	举例
A	组件 部件	分离元件放大器、磁放大器、激光器、微波激射器、印制电路板 本表其他地方未提及的组件、部件
B	变换器 （从非电量到电量或相反）	热电传感器、热电池、光电池、测功计、晶体换能器、送话器、拾音器、扬声器、耳机、自整角机、旋转变压器
C	电容器	
D	二进制单元 延迟器件 存储器件	数字集成电路和器件、延迟线、双稳态元件、单稳态元件、磁芯存储器、寄存器、磁带记录机、盘式记录机
E	杂项	光器件、热器件 本表其他地方未提及的元件
F	保护器件	熔断器、过电压放电器件、避雷器
G	发电机电源	旋转发电机、旋转变频机、电池、振荡器、石英晶体振荡器
H	信号器件	光指示器、声指示器
K	继电器、接触	—
L	电感器 电抗器	感应线圈、线路陷波器 电抗器（并联和串联）
M	电动机	
N	模拟集成电路	运算放大器、模拟 1 数字混合器件
P	测量设备 试验设备	指示、记录、积算、测量设备信号发生器、时钟
Q	电力电路的开关	断路器、隔离开关
R	电阻器	可变电阻器、电位器、变阻器、分流器、热敏电阻
S	控制电路的开关选择器	控制开关、按钮、限制开关、选择开关、选择器、拨号接触器、连接级

字母代码	项目种类	举例
T	变压器	电压互感器、电流互感器
U	调制器 变换器	鉴频器、解调器、变频器、编码器、逆变器、交流器、电报译码器
V	电真空器件 半导体器件	电子管、气体放电管、晶体管、晶闸管、二极管
W	传输通道 波导、天线	导线、电缆、母线、波导、波导定向耦合器、偶极天线、抛物面天线
X	端子 插头 插座	插头和插座、测试塞孔、端子板、焊接端子片、连接片、电缆封端和接头
Y	电气操作的机械装置	制动器、离合器、气阀
Z	终端设备 混合变压器 滤波器、均衡器 限幅器	电缆平衡网络 压缩扩展器 晶体滤波器 网络

②双字母符号：双字母符号是由表18-1-7中的单字母符号后面加另一个字母组成，比较详细和更具体地表述电气设备、装置和元器件的名称。常用双字母符号及新、旧符号对照见表18-1-8。

表18-1-8　常用双字母符号及新、旧符号对照

序号	名称	新符号 单字母	新符号 双字母	旧符号	序号	名称	新符号 单字母	新符号 双字母	旧符号
1	发电机	G		F	4	变压器	T		B
	直流发电机	G	GD	ZF		电力变压器	T	TM	LB
	交流发电机	G	GA	JF		控制变压器	T	T	KB
	同步发电机	G	GS	TF		升压变压器	T	TU	SB
	异步发电机	G	GA	YF		降压变压器	T	TD	JB
	水磁发电机	G	GM	YCF		自耦变压器	T	TA	OB
	水轮发电机	G	GH	SLF		整流变压器	T	TR	ZB
	汽轮发电机	G	GT	QLF		电炉变压器	T	TF	LB
	励磁机	G	GE	L		稳压器	T	TS	WY
						互感器	T		H
						电流互感器	T	TA	LH
						电压互感器	T	TV	YH
2	电动机	M		D	5				
	直流电动机	M	MD	ZD		整流器	U		ZL
	交流电动机	M	MA	JD		变流器	U		BL
	同步电动机	M	MS	TD		逆变器	U		NB
	异步电动机	M	MA	YD		变频器	U		BP
	笼型电动机	M	MC	LD					
3	绕组	W		Q	6	断路器	Q	QF	DL
	电枢绕组	W	WA	SQ		隔离开关	Q	QS	GK
	定子绕组	W	WS	DQ		自动开关	Q	QA	ZK
	转子绕组	W	WR	ZQ		转换开关	Q	QC	HK
	励磁绕组	W	WE	LQ		刀开关	Q	QK	DK
	控制绕组	W	WC	KQ					

续表

序号	名称	新符号		旧符号	序号	名称	新符号		旧符号
		单字母	双字母				单字母	双字母	
7	控制开关	S	SA	KK	13	电线	W		DX
	行程开关	S	ST	CK		电缆	W		DL
	限位开关	S	SL	XK		母线	W		M
	终点开关	S	SE	ZDK					
	微动开关	S	SS	WK					
	脚踏开关	S	SF	TK					
	按钮开关	S	SB	AN					
	接近开关	S	SP	JK					
8	继电器	K		J	14	避雷器	F		BL
	电压继电器	K	KV	YJ		熔断器	F	FU	RD
	电流继电器	K	KA	LJ					
	时间继电器	K	KT	SJ					
	频率继电器	K	KF	PJ					
	压力继电器	K	KP	YLJ					
	控制继电器	K	KC	KJ					
	信号继电器	K	KS	XJ					
	接地继电器	K	KE	JDJ					
	接触器	K	KM	C					
9	电磁铁	Y	YA	DT	15	照明灯	E	EL	ZD
	制动电磁铁	Y	YB	ZDT		指示灯	H	HL	SD
	牵引电磁铁	Y	YT	QYT					
	起重电磁铁	Y	YL	QZT					
	电磁离合器	Y	YC	CLH					
10	电阻器	R		R	16	蓄电池	G	GB	XDC
	变阻器	R		R		光电池	B		GDC
	电位器	R	RP	W					
	启动电阻器	R	RS	QR					
	制动电阻器	R	RB	ZDR					
	频敏电阻器	R	RF	PR					
	附加电阻器	R	RA	FR					
11	电容器	C		C	17	晶体管	V		BG
						电子管	V	VE	G
12	电感器	L		L	18	调节器	A		T
	电抗器	L		DK		放大器	A		FD
	启动电抗器	L	LS	QK		晶体管放大器	A	AD	BF
	感应线圈	L		GQ		电子管放大器	A	AV	GF
						磁放大器	A	AM	CF

序号	名称	新符号		旧符号	序号	名称	新符号		旧符号
		单字母	双字母				单字母	双字母	
19	变换器	B		BH	21				
	压力变换器	B	BP	YB					
	位置变换器	B	BQ	WZB					
	温度变换器	B	BT	WDB					
	速度变换器	B	BV	SDB		接线柱	X		JX
	自整角机	B		ZZJ		连接片	X	XB	LP
	测速发电机	B	BR	CSF		插头	X	XP	CT
	送话器	B		S		插座	X	XS	CZ
	受话器	B		SH					
	拾声器	B		SS					
	扬声器	B		Y					
	耳机	B		EJ					
20	天线	W		TX	22	测量仪表	P		CB

b）辅助文字符号

辅助文字符号用来表示电气设备装置和元器件以及线路的功能、状态和特征。常用辅助文字符号及新旧符号对照见表 18-1-9。

表 18-1-9　常用辅助文字符号及新旧符号对照

序号	名称	新符号	旧符号		序号	名称	新符号	旧符号	
			单组合	多组合				单组合	多组合
1	高	H	G	G	16	交流	AC	JL	J
2	低	L	D	D	17	电压	V	Y	Y
3	升	U	S	S	18	电流	A	L	L
4	降	D	J	J	19	时间	T	S	S
5	主	M	Z	Z	20	闭合	ON	BH	B
6	辅	AUX	F	F	21	断开	OFF	DK	D
7	中	M	Z	Z	22	附加	ADD	F	F
8	正	FW	Z	Z	23	异步	ASY	Y	Y
9	反	R	F	F	24	同步	SYN	T	T
10	红	RD	H	H	25	自动	A，AUT	Z	Z
11	绿	GN	L	L	26	手动	M，MAN	S	S
12	黄	YE	U	U	27	启动	ST	Q	Q
13	白	WH	B	B	28	停止	STP	T	T
14	蓝	BL	S	S	29	控制	C	K	K
15	直流	DC	ZL	Z	30	信号	S	X	X

18.1.4　火灾报警设备图形符号

①基本符号见表 18-1-10。

表 18-1-10　基本图形符号

序号	符号	名称	序号	符号	名称
1	●	热（温）	7	▱	发声器
2	∫	烟	8	◁	扬声器
3	∧	光	9	◒	照明信号
4	⦶	可燃气体	10	⊗	指示灯
5	Y	手动启动	11	↗	水流指示
6	⛢	电铃	12	◎	电话插孔

②附加文字符号见表 18-1-11。

表 18-1-11　附加文字符号

序号	符号	名称	序号	符号	名称
1	W	感温火灾探测器	15	QQB	气敏半导体可燃气体探测器
2	Y	感烟火灾探测器	16	QCH	催化型可燃气体探测器
3	G	感光火灾探测器	17	FGW	复合式感光感温火灾探测器
4	Q	可燃气体探测器	18	FYW	复合式感烟感温火灾探测器
5	F	复合式火灾探测器	19	FHW	红外光束感烟感温火灾探测器
6	WD	定温火灾探测器	20	FGY	复合式感光感烟火灾探测器
7	WC	差温火灾探测器	21	Ⓡ	防爆型火灾探测器
8	WCD	差定温火灾探测器	22	Ⓩ	带终端的火灾探测器
9	YLZ	离子感烟火灾探测器	23	B	火灾报警控制器
10	YGD	光电感烟火灾探测器	24	B-Q	区域火灾报警控制器
11	YDR	电容感烟火灾探测器	25	B-J	集中火灾报警控制器
12	YHW	红外光束感烟火灾探测器	26	B-T	通用火灾报警控制器
13	GZW	紫外火焰探测器	27	TB	火灾探测 – 报警控制器
14	GHW	红外火焰探测器	28	DY	电源

③一般图形符号见表 18-1-12。

表 18-1-12　一般图形符号

序号	符号	名称	序号	符号	名称
1	▭	报警触发装置	3	▭	控制及辅助装置
2	▤	报警装置	4	⏢	火灾警报装置

18.1.5　消防设施图形符号

①基本符号见表 18-1-13。

表 18-1-13　基本符号

序号	符号	名称	序号	符号	名称
1		手提式灭火器	7		灭火设备安装处所
2		推车式灭火器	8		控制盒指示设备
3		固定式灭火系统（全淹没）	9		报警启动装置
4		固定式灭火系统（局部应用）	10		火灾报警装置
5		固定式灭火系统（指出应用区）	11		消防通风口
6		消防用水立管			

②辅助符号见表 18-1-14。

表 18-1-14　辅助符号

序号	符号	名称	序号	符号	名称	序号	符号	名称
1		水	4		手动启动	7		扬声器
2		泡沫或泡沫液	5		电铃	8		电话
3		无水	6		发声器	9		照明信号

③灭火器符号见表 18-1-15。

表 18-1-15　灭火器符号

序号	符号	名称	序号	符号	名称	序号	符号	名称
1		清水灭火器	5		卤代烷灭火器	9		推车式 ABC 类干粉灭火器
2		泡沫灭火器	6		二氧化碳灭火器	10		推车式卤代烷灭火器
3		BC 类干粉灭火器	7		推车式泡沫灭火器	11		水桶
4		ABC 类干粉灭火器	8		推车式 BC 类干粉灭火器	12		砂桶

④固定式灭火系统符号见表 18-1-16。

表 18-1-16　固定式灭火系统符号

序号	符号	名称	序号	符号	名称
1	⊗	水灭火系统（全淹没）	5	△	卤代烷灭火系统
2	●	泡沫灭火系统（全淹没）	6	▲	二氧化碳灭火系统
3	⊠	BC 类干粉灭火系统	7	Y	手动控制的灭火系统
4	■	A BC 类干粉灭火系统			

⑤消防管路及配合符号见表 18-1-17。

表 18-1-17　消防管路及配合符号

序号	符号	名称	序号	符号	名称	序号	符号	名称
1	◎	干式立管	7	⊙	泡沫混合液立管	13		泡沫产生器
2	◎	干式立管	8	—FS—	消防水管线	14		泡沫液罐
3	◎	干式立管	9	—FP—	消防混合液管线	15		消防水罐（池）
4	◎	干式立管	10		消火栓	16		报警阀
5	◎	干式立管	11		消防泵	17		开式喷头
6	⊗	湿式立管	12		泡沫比例混合器	18		闭式喷头
19		水泵接合器						

⑥灭火设备安装处所符号见表 18-1-18。

表 18-1-18　灭火设备安装处所符号

序号	符号	名称	序号	符号	名称	序号	符号	名称
1		二氧化碳瓶站（间）	3		ABC 干粉灭火站（间）	5		泡沫罐站（间）
2		BC 干粉灭火站（间）	4		消防泵站（间）	6		卤代烷灭火瓶站（间）

18.1.6　仪表和其他专业的安装分工界面

①流量仪表界面见表 18-1-19。

表 18-1-19　流量仪表界面

流量仪表	安装图	仪表专业负责准备	管道专业负责准备	施工范围
孔板（法兰取压）	20a、22a、23a 由仪表专业安装　20　25　A B、22b、23b、23	A 孔板 B 孔板法兰 20a 法兰（二次侧） 22a、22b 螺栓及螺母 23a 垫片 23b 孔板用环形垫片	从孔板法兰到第一法兰 20 为止 25 阀门 20 法兰 23 垫片（孔板用环形垫片除外） 注：使用螺纹型或法兰型阀门的场合到第一阀为止	第一法兰的二次侧以后由仪表专业施工，其他由管道专业施工
孔板（管道取压）	20a、22a、23a 由仪表专业安装　20　25　10　A B、22、23、23b	A 孔板 20a 法兰（二次侧） 22a 螺栓及螺母 23a 垫片 23b 孔板用环形垫片	从主管道到第一法兰 20 为止 25 阀门 20 法兰 10 焊接型管箍 22 螺栓及螺母 23 垫片（孔板用环形垫片除外） B 孔板法兰 注：使用螺纹型或法兰型阀门的场合到第一阀为止	第一法兰的二次侧以后由仪表专业施工，其他由管道专业施工
文丘里管	A 20、22、23　20　25　由仪表专业安装　20a、22a、23a	A 文丘里管 20a 法兰（二次侧） 22a 螺栓及螺母 23a 垫片	从文丘里管到第一法兰 20 为止 25 阀门 20 法兰 22 螺栓及螺母 23 垫片 注：使用螺纹型或法兰型阀门的场合到第一阀为止	第一法兰的二次侧以后由仪表专业施工
面积式流量计	25　A　20、22、23	A 仪表本体	20 法兰 22 螺栓及螺母 23 垫片 25 阀门	由管道专业施工
容积式流量计（带温度补偿器）	19　25　02　20　05　20、22、23　A　25　B C　19　02	A 气体分离器 B 过滤器 C 流量计	20 法兰 22 螺栓及螺母 23 垫片 25 阀门 19 管帽 02 短管 05 弯头	由管道专业施工
内藏孔板差压变送器	A　02 20、22、23　02　20、22、23	A 仪表	20 法兰 22 螺栓及螺母 23 垫片 02 短管	由管道专业施工

②压力仪表界面见表 18-1-20。

表 18-1-20　压力仪表界面

压力仪表	安装图	仪表专业负责准备	管道专业负责准备	施工范围
压力表		A 仪表 12a 压力表接头脉动阻尼器	02 短管 04 冷凝圈 10 焊接型管箍 20 法兰 22 螺栓及螺母 23 垫片 25 阀门	第一法兰的二次侧以后由仪表专业施工，其他由管道专业施工
压力表		A 仪表 12a 压力表接头脉动阻尼器	02 短管 05 弯头 07 三通 10 焊接型管箍 25 阀门 01 管子	第一法兰的二次侧以后由仪表专业施工，其他由管道专业施工
压力变送器（压力表除外）		20a 法兰（二次侧） 22a 螺栓及螺母 23a 垫片	从主管或设备到第一法兰 20 之间 20 法兰 22 螺栓及螺母 23 垫片 25 阀门 10 焊接型管箍 注：使用螺纹型或法兰型阀门的场合到第一阀为止	第一法兰的二次侧以后由仪表专业施工，其他由管道专业施工

③温度仪表界面见表 18-1-21。

表 18-1-21　温度仪表界面

温度仪表	安装图	仪表专业负责准备	管道专业负责准备	施工范围
螺纹连接式		测温元件 A 保护管	10 焊接型管箍	保护管由管道专业安装（包括外壳的焊接）
法兰连接式		测温元件 A 保护管	20 法兰 22 螺栓及螺母 23 垫片	保护管由管道专业施工

④蒸汽伴热及夹套界面见表 18-1-22。

表 18-1-22　蒸汽伴热及夹套界面

蒸汽伴热及夹套	安装图	仪表专业负责准备	管道专业负责准备	施工范围
蒸汽伴热及夹套		A 疏水器 03a 异径接头 26a 阀门 71a 铜管 74a 终端接头 76a 中间接头	01 导管 20 法兰 22 螺栓及螺母 23 垫片 26 阀门	在蒸汽伴热施工时，蒸汽管由管道专业施工到距导压管取压口 1m 以内。异径接头以后由仪表专业施工 注：有无蒸汽伴热要记入规格书

⑤气源界面见表18-1-23。

表 18-1-23　气源界面

气源*	安装图	仪表专业负责准备	管道专业负责准备	施工范围
气源	11 由仪表专业安装 25 02 07 气源主管	11a 活接头	气源主管 07 三通 25 阀门 02 短管 A 主过滤器和气源设备	第一阀门25以后随仪表施工

⑥保温涂漆界面见表18-1-24。

表 18-1-24　保温涂漆界面

保温涂漆	安装图	仪表专业负责准备	管道专业负责准备	施工范围
保温涂漆	1.仪表施工范围内的管道、设备等的保温，全部由管道专业施工。 注：把有无保温记入规格书 2.仪表专业施工范围内的管道、设备等的涂漆，仅是防锈漆由仪表专业施工。			

⑦液面仪表界面见表18-1-25。

表 18-1-25　液面仪表界面

液面仪表	安装图	仪表专业负责准备	管道专业负责准备	施工范围
LG、LC（浮筒式或浮球式）	20、22、23 A A 25 02 25 19 20、22、23	A 仪表 浮筒式或浮球式液面计	仪表本体除外 20 法兰 22 螺栓及螺母 23 垫片 25 阀门 25 排水管 19 管帽 02 短管	
差压式（导压管）	25 由仪表专业安装 20、22、23 20a、22a、23a 25 20	20a 法兰（二次侧） 22a 螺栓及螺母 23a 垫片	从设备到第一法兰20之间 20 法兰 22 螺栓及螺母 23 垫片 25 阀门	第一法兰的二次侧以后由仪表专业施工
差压式（法兰）	25 20 由仪表专业安装 20、22、23 20、22、23 A	A 仪表 20a 法兰（二次侧） 22a 螺栓及螺母 23a 垫片	从设备到第一法兰20之间 20 法兰 22 螺栓及螺母 23 垫片 25 阀门	第一法兰的二次侧以后由仪表专业施工，其他由管道专业施工

续表

液面仪表	安装图	仪表专业负责准备	管道专业负责准备	施工范围
浮子式		A 仪表 B 浮子 C 条带 D 钢丝 E 导向旋钮 F 钩 05a 弯头 25b 制动阀门	01 引架 G 支架	由管道专业施工，但条带的安装由仪表专业施工

⑧调节阀界面见表 18-1-26。

表 18-1-26　调节阀界面

调节阀	安装图	仪表专业负责准备	管道专业负责准备	施工范围
调节阀		A 调节阀	19 管帽 20 法兰 22 螺栓及螺母 23 垫片 25 排水阀 02 短管 10 焊接型管箍	由管道专业施工
自力阀		A 减压阀	20 法兰 22 螺栓及螺母 23 垫片	由管道专业施工
自力阀（单压）		A 自力阀 01 导压阀 20a 法兰 22a 螺栓及螺母 23a 垫片	20$_b$ 法兰 22$_b$ 螺栓及螺母 23$_b$ 垫片 25 阀门 20 法兰	仅导压管由仪表专业施工
自力阀（差压）		A 自力阀 01 导压阀 20a 法兰 22a 螺栓及螺母 23a 垫片	20b 法兰 22b 螺栓及螺母 23b 垫片 25 阀门 20 法兰	仅导压管由仪表专业施工

⑨配线界面见表 18-1-27。

表 18-1-27　配线界面

配线	安装图	仪表专业负责准备	电气专业负责准备	施工范围
电源（控制室内）		3a 二次侧电缆	1 一次侧电缆 2 配电盘	配电盘的一次侧接线由电气专业施工

续表

配线	安装图	仪表专业负责准备	电气专业负责准备	施工范围
信号（控制室内）		3a 仪表端子板（仪表盘上） 4a 电缆	1 电气端子板 2 电缆	仪表端子与电气端子间的配线由电气专业施工
信号（控制回路）		1a 仪表	2 电缆 3 电气设备（开关台等）	仪表和电气设备之间由电气专业施工
安全接地		1 接地端子	2 电缆和连接件 3 接地极	接地由电气专业施工

⑩仪表盘界面见表18-1-28。

表 18-1-28　仪表盘界面

仪表盘	安装图	仪表专业负责准备	土建专业负责准备	施工范围
仪表盘		1a 仪表盘 2a 填充仪表盘 3a 终极仪表盘 4a 槽钢底座	5 地脚螺栓	槽钢的安装由土建专业施工
现场仪表盘		A 现场盘	3 地脚螺栓 4 混凝土基础	混凝土基础、地脚螺栓由土建专业施工，仪表盘由仪表专业施工

⑪电缆主径路界面见表18-1-29。

表 18-1-29　电缆主径路界面

电缆主径路	安装图	仪表专业负责准备	土建专业负责准备	施工范围
电缆槽		1 电缆槽 2 定位块 3 小型支架	4 钢结构	电缆槽和定位块由仪表专业施工
电缆沟		3 砂	1 混凝土电缆沟 2 混凝土盖 4 抹砂浆	以下由仪表专业施工： 砂子垫底→电缆敷设→砂子充填→装电缆沟盖

18.1.7　仪表颜色标识

标志颜色应易于识别或辨认，标识应耐摩擦，擦拭后的颜色应基本保持不变。仪表颜色标识应用并不是很多，最常见的为本安标识——蓝色。仪表颜色标识最常用于电缆芯线的区分。

18.1.7.1　电线电缆识别用的标准颜色

常见电线电缆颜色有：白色、红色、黑色、黄色、蓝色、绿色、橙色、灰色、棕色、青绿色和粉红色。

在仪表表面粘贴即时贴

内容	颜色	圆弧宽度/mm	形状
下限	黄	3	圆弧
安全区	绿	3	圆弧
上限	红	3	圆弧

图 18-1-1　压力表表盘刻度颜色

18.1.7.2　仪表盘刻度识别颜色

仪表颜色标识常用于压力表的表盘刻度提醒，如图 18-1-1 所示。

18.1.7.3　阀门的识别涂漆

①阀门产品按阀体材料进行识别涂漆，其颜色见表 18-1-30。

表 18-1-30　阀体的识别涂漆

阀体材料	识别涂漆颜色	阀体材料	识别涂漆颜色	阀体材料	识别涂漆颜色
灰铸铁可锻铸铁	黑色	耐酸钢不锈钢	天蓝色	碳素钢	中灰色
球墨铸铁	银色	合金钢	中蓝色		

注：耐酸钢、不锈钢允许不涂漆，铜合金不涂漆。

②为了表示阀门产品密封面的材料，应在传动的手轮、手柄、扳手上进行识别涂漆，其颜色见表 18-1-31。

表 18-1-31　手轮、手柄、扳手的识别涂漆

密封面材料	铜合金	巴氏合金	耐酸钢不锈钢	渗氮钢渗硼钢	硬质合金	蒙乃尔合金	塑料	橡胶	铸铁
识别涂漆颜色	大红色	淡黄色	天蓝色	天蓝色	天蓝色	深黄色	紫红色	中绿色	黑色

注：阀座和启闭件密封面材料不同时，按低硬度材料涂色。

③止回阀，涂在阀盖顶部，安全阀、减压阀、疏水阀涂在阀罩或阀帽上。

18.1.7.4　传动机构的涂漆颜色

传动机构的涂漆颜色，按下列规定：
①电动装置：普通型涂中灰色。
②气动、液动、齿轮传动等其他传动机构，同阀门产品涂色。

18.1.8　仪表安装工程施工程序

仪表安装工程施工程序如图 18-1-2 所示。

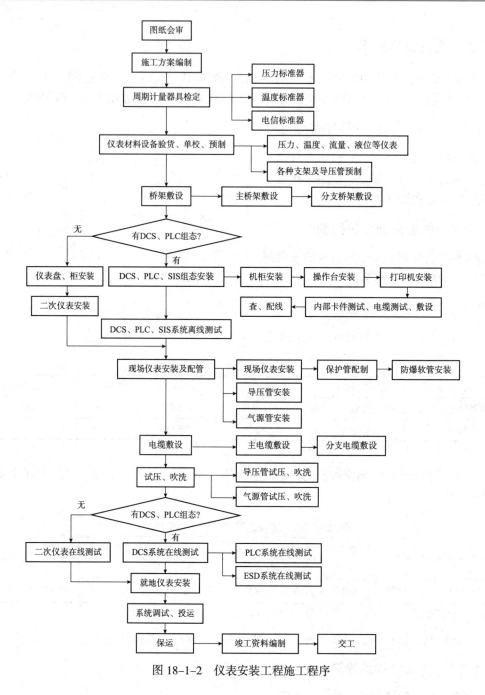

图 18-1-2　仪表安装工程施工程序

📡 18.2　仪表工程材料及核算

18.2.1　仪表工程的材料

　　仪表工程的材料种类繁多，仪表安装材料多达上千种，常用的有近百种，包括仪表管道、仪表配线、各类安装等用材料。仪表管道安装材料又可分为两大类，一类是成品或半成品，如仪表管材、仪表阀门、型钢等；另一类是需经机械加工的，如仪表管件（接头）、法兰、垫片、紧固件等统称为加工件。

18.2.1.1　仪表管道

仪表管道可分为测量管道（通常称为导压管）、气源管道、伴热管道和电气保护管。

a）测量管道

测量管道（导压管）的选择与被测介质的物理性质、化学性质和操作条件有关。测量管道必须具有一定的强度和密封性，因此测量管道应选用无缝钢管。在中、低压介质中，常用的导压管为 $\phi 14 \times 2$ 无缝钢管或美标的 OD1/2″，有时也用 $\phi 18 \times 3$ 或 $\phi 18 \times 2$。分析用的取样管路通常选用 $\phi 6 \times 1$ 无缝不锈钢管，有时使用 $\phi 10 \times 1$、$\phi 12 \times 1$ 或 $\phi 14 \times 2$ 无缝钢管。在超过 10MPa 的高压操作条件下，多采用 $\phi 14 \times 4$ 或 $\phi 15 \times 4$ 无缝合金钢管。测量管道的选择应符合管道等级表的规定。

b）气源管道

气源管道也称气动管路。传输的介质通常是压缩空气。压缩空气经过处理，是干燥、无油、无机械杂物的干净压缩空气（有时也用氮气），它的工作压力为 0.7~0.8MPa。气源总管通常由管道专业安装到每一个装置的入口或内部管廊上，通常气源作为外管的一种总管为 DN100，或为 DN50 的无缝钢管。从总管引出的由仪表专业敷设的气动管路则为 DN25 以下的镀锌焊接钢管（旧称镀锌水煤气管）。一般主管为 DN25，支管为 DN20 的镀锌焊接钢管。与第一个气动仪表和气动调节阀相连接的多用不锈钢材质（304SS/316SS）的无缝钢管，外径 $\phi 14 \times 1$、$\phi 12 \times 1$、$\phi 10 \times 1$、$\phi 8 \times 1$、$\phi 6 \times 1$ 或美标 OD3/4″、OD1/2″、OD3/8″、OD1/4″。管径的选择主要根据用气设备的用气量进行选择。

c）电气保护管（见 18.3.3 电缆（线）保护管）

d）伴热管道

伴热管道简称伴管。伴热对象是导压管、调节阀、管道或设备上直接安装的仪表及保温箱，它的介质是 0.2~0.4MPa 的低压蒸汽或热水。伴热管比较单一，其材质是 20 号钢、304SS 不锈钢或紫铜，对 20 号钢和不锈钢来说多为 $\phi 14 \times 2$ 无缝钢管或 $\phi 12 \times 1$、$\phi 10 \times 1$ 无缝钢管，对紫铜来说，多为 $\phi 8 \times 1$ 紫铜管，有时也选用 $\phi 10 \times 1$ 的紫铜管。

18.2.1.2　仪表电缆

仪表电缆详见 18.3.4.2 电缆。

18.2.1.3　电缆桥架

电缆桥架详见 18.3.1.3 槽盒桥架安装。

18.2.1.4　仪表各单项工程所使用的材料

a）电缆（线）保护管常用材料见表 18-2-1。

表 18-2-1　电缆（线）保护管常用材料

序号	名称	规格、材质	序号	名称	规格、材质
1	镀锌焊接钢管	G1/2″ ~G2″ 碳钢镀锌	5	三通穿线盒	G3/4″ ~G2″ 铝合金
2	Y 型密封接头	G1″ ~G2″（F）铸铝	6	直通穿线盒	G1/2″ ~G2″ 铝合金
3	活接头	G1/2″ ~G2″ 碳钢镀锌	7	弯通穿线盒	G1/2″ ~G2″ 铝合金
4	异径接头	各种碳钢镀锌			

②仪表供风管线及气动信号管线的常用管材、管件，见表18-2-2。

表 18-2-2　仪表供风管线及气动信号管线的常用材料

序号	名称	规格、材质	序号	名称	规格、材质
1	镀锌焊接钢管	G1/2″~G3″碳钢镀锌	7	紫铜管	$\phi6\times1$~$\phi12\times1$带PVC护套或不带
2	镀锌活接头	ZG（F）1/2″~ZG（F）1″碳钢镀锌	8	不锈钢管	$\phi6\times1$~$\phi10\times1$
3	镀锌三通	ZG（F）3/4″~ZG（F）1″碳钢镀锌	9	气源球阀	G1/2″-$\phi6$-$\phi12$卡套式 SS304 $\phi6$-$\phi12$两侧卡套式 SS304
4	镀锌弯通	ZG（F）1/2″~ZG（F）3/4″碳钢镀锌	10	直通终端接头	NPT1-4″（M）-$\phi6$-$\phi12$卡套式黄铜镀铬
5	补芯	各种碳钢镀锌	11	直通中间接头	$\phi6$~$\phi12$卡套式黄铜镀铬
6	排放球阀	ZG（F）1/2″~ZG（F）1″碳钢镀锌	12	三通中间接头	$\phi6$~$\phi12$卡套式黄铜镀铬

③支架制作常用材料见表18-2-3。

表 18-2-3　支架制作常用材料

序号	名称	规格、材质	序号	名称	规格、材质
1	角钢	各种	4	圆钢	$\phi6$~$\phi12$mm
2	槽钢	5#、8#、10#	5	扁钢	25~45mm
3	钢板	$\delta=5$~12mm^2			

④引压、取样管线的常用材料见表18-2-4。

表 18-2-4　引压、取样管线的常用材料

序号	名称	规格、材质	序号	名称	规格、材质
1	无缝钢管	$\phi12$~$\phi18$、G1/2″~G1 1/2″ 20#	8	卡套式截止阀	$\phi6$mm~$\phi12$mm 316SS 等
2	不锈钢管	$\phi6$~$\phi18$、$\phi1/2$″~G3/4″ 1Cr18Ni9Ti	9	卡套式异径接头	$\phi6$mm~$\phi12$mm 316SS 等
3	承插焊异径接头	各种 CS/1Cr18Ni9Ti	10	卡套式三通接头	$\phi6$mm~$\phi12$mm 316SS 等
4	承插焊三通接头	各种 CS/1Cr18Ni9Ti	11	卡套式直通接头	$\phi6$mm~$\phi12$mm 316SS 等
5	承插焊直通接头	各种 CS/1Cr18Ni9Ti	12	卡套式弯通接头	$\phi6$mm~$\phi12$mm 316SS 等
6	承插焊弯通接头	各种 CS/1Cr18Ni9Ti	13	压力表直通接头	M20×1.5-$\phi12$mm CS/316SS 等
7	截止阀	G1/2″~G1 1/2″ A105			

⑤冲洗、伴热主管线的常用材料见表18-2-5。

表 18-2-5　冲洗、伴热主管线的常用材料

序号	名称	规格、材质	序号	名称	规格、材质
1	无缝钢管	G1/2″~G1 1/2″ CS	4	承插焊直通接头	各种 CS
2	承插焊异径接头	各种 CS	5	承插焊弯通接头	各种 CS
3	承插焊三通接头	各种 CS	6	截止阀	G1/2″~G1 1/2″ A105

仪表设备伴热的管线一般采用铜管或不锈钢管及相应管件。

⑥仪表常用垫片。垫片必须具备以下 8 个特性：气密性、可压缩性、抗蠕变性、抗化学腐蚀、回弹性、抗粘结性、无腐蚀性、耐温性。

热电偶垫片、压力表垫片及双金属温度计垫片的分类及选用规则见表 18-2-6。

表 18-2-6　热偶垫片、压力表垫片及双金属温度计垫片的分类及选用规则

使用位置	规格	材质	压力范围	温度范围	适用介质
现场选择螺纹连接的热电偶、热电阻垫片	$\phi 45 \times 28 \times 4$（NPT3/4″ 与 $M27 \times 2$）$\phi 48 \times 34 \times 4$（NPT1″ 与 $M33 \times 2$）	四氟平垫	<2.5MPa	<250℃	强酸、强碱等腐蚀性材质均可使用
		紫铜平垫	<10MPa	<800℃	蒸汽、空气、水、溶剂油、重油、碱类
现场压力表、表体接头常用垫片	$\phi 18 \times 8 \times 3$（常用 NPT1/2 与 $M20 \times 1.5$、表体接头）$\phi 20 \times 8 \times 3$	四氟平垫	<2.5MPa	<250℃	强酸、强碱等腐蚀性材质均可使用
		紫铜平垫	<10MPa	<800℃	蒸汽、空气、水、溶剂油、重油、碱类
现场双金属温度计、铂电阻常用垫片	$\phi 24 \times 12 \times 3$	四氟平垫	<2.5MPa	<250℃	强酸、强碱等腐蚀性材质均可使用
		紫铜平垫	<10MPa	<800℃	蒸汽、空气、水、溶剂油、重油、碱类

法兰垫片耐压耐温范围见表 18-2-7。

表 18-2-7　法兰垫片耐压耐温范围

材质	压力 /MPa	温度 /℃	材质	压力 /MPa	温度 /℃	备注
石棉橡胶垫（XB450）	<6.0	<450	柔性石墨垫片	<6.3	<650	氧化性介质 < 450℃
聚四氟乙烯垫	<2.5	<150	金属齿形垫片	<16	<600	金属齿形垫应由整块钢板制成，不允许拼焊
不锈钢石墨缠绕垫片	<16	<700	金属环垫	<16	<650	金属环垫的密封面不得有划痕、磕碰、裂纹和疵点
不锈钢四氟缠绕垫片	<16	<200				

18.2.1.5　仪表其他常用材料

仪表其他常用材料见表 18-2-8。

表 18-2-8　仪表其他常用材料

名称	常用规格	名称	常用规格
铠装电缆防爆密封接头	1/2″ NPT（M）（$\phi 8.5 \sim 16mm$）	防尘挠型软管	1/2″ NPT（M）-G3/4″（M）
铠装电缆防爆密封接头	1/2″ NPT（M）（$\phi 12 \sim 21mm$）	防尘挠型软管	$M20 \times 1.5$（M）-G3/4″（M）
铠装电缆防爆密封接头	3/4″ NPT（M）（$\phi 8.5 \sim 16mm$）	防尘挠型软管	$M25 \times 1.5$（M）-G1″（M）
铠装电缆防爆密封接头	3/4″ NPT（M）（$\phi 12 \sim 21mm$）	防尘挠型软管	$M40 \times 1.5$（M）-G1 1/2″（M）
铠装电缆防爆密封接头	3/4″ NPT（M）（$\phi 16 \sim 27.5mm$）	防尘挠型软管	$M50 \times 1.5$（M）-G1 1/2″（M）
铠装电缆防爆密封接头	1″ NPT（M）（$\phi 16 \sim 27.5mm$）	冷凝罐	3″ Sch160 with1/2″ NPT（F）port × 4
铠装电缆防爆密封接头	1″ NPT（M）（$\phi 21 \sim 34mm$）	冷凝罐	3″ SchXXS with1/2″ PSW × 2，1/2″ PBW × 1
铠装电缆防爆密封接头	$M20 \times 1.5$（M）（$\phi 8.5 \sim 16mm$）	疏水器	

名称	常用规格	名称	常用规格
铠装电缆防爆密封接头	M20×1.5（M）（φ12~21mm）	短节	1/2″ PE-1/2″ PE L=160mm
铠装电缆防爆密封接头	M25×1.5（M）（φ16~27.5mm）	短节	3/4″ PE-3/4″ PE L=160mm
非铠装电缆防爆密封接头	M20×1.5（M）（φ8.5~16mm）	单头螺纹短节	1/2″ NPT（M）-1/2″ PE L=160mm
非铠装电缆防爆密封接头	M25×1.5（M）（φ16~27.5mm）	双头螺纹短节	1/2″ NPT（M）-1/2″ NPT（M）L=160mm
非铠装电缆防爆密封接头	1/2″ NPT（M）（φ9~14mm）	转换接头	3/4″ NPT（F）-1/2″ NPT（M）
非铠装电缆防爆密封接头	3/4″ NPT（M）（φ16~27.5mm）	转换接头	1″ NPT（M）-3/4″ NPT（F）
非铠装电缆防爆密封接头	1″ NPT（M）（φ16~26mm）	转换接头	11/2″ NPT（M）-1″ NPT（F）
非铠装电缆防爆密封接头	11/2″ NPT（M）（φ21~34mm）	转换接头	M25×1.5（M）-M20×1.5（F）
防爆挠型软管	1/2″ NPT（M）-G3/4″（M）	转换接头	M32×1.5（M）-M25×1.5（F）
防爆挠型软管	M20×1.5（M）-G3/4″（M）	转换接头	M40×1.5（M）-M32×1.5（F）
防爆挠型软管	M25×1.5（M）-G1″（M）	转换接头	M50×1.5（M）-M40×1.5（F）
防爆挠型软管	M40×1.5（M）-G1 1/2″（M）	转换接头	M20×1.5（M）-M25×1.5（F）
防爆挠型软管	M50×1.5（M）-G1 1/2″（M）	锁紧螺母及垫片	1/2″ NPT
锁紧螺母及垫片	3/4″ NPT	膨胀螺栓	M12×100
锁紧螺母及垫片	1″ NPT	膨胀螺栓	M10×80
锁紧螺母及垫片	11/2″ NPT	膨胀螺栓	M8×50
锁紧螺母及垫片	M20×1.5	J型螺栓	M12×80
锁紧螺母及垫片	M25×1.5	U型管卡	DN15
锁紧螺母及垫片	M32×1.5	U型管卡	DN20
锁紧螺母及垫片	M40×1.5	U型管卡	DN25
锁紧螺母及垫片	M50×1.5	U型管卡	DN40
电缆护线帽	G 1/2″（F）	U型管卡	DN50
电缆护线帽	G 3/4″（F）	铆钉	
电缆护线帽	G 1″（F）	接线鼻子	1.0~6.0mm²
电缆护线帽	G 1 1/2″（F）	绝缘胶带	
堵头	G 1/2″（M）	绑扎带	L=100~400
堵头	G 3/4″（M）	热缩管	直径 5~70mm
堵头	G 1″（M）	线号管	1.0~6.0mm²
堵头	G 1 1/2″（M）	内六角螺钉	M10×40
堵头	1/2″ NPT（M）	圆头十字螺钉	M6×30
堵头	3/4″ NPT（M）	六角头螺栓	M14×60、M14×70、M14×75、M14×80、M16×80、M16×85、M16×90、M16×100、M16×115、M16×120、M20×115、M20×120
堵头	1″ NPT（M）		
堵头	1 1/2″ NPT（M）		
堵头	M20×1.5（M）		
堵头	M25×1.5（M）	全螺纹螺栓	M14×60、M14×70、M14×75、M14×80、M16×80、M16×85、M16×90、M16×100、M16×115、M16×120、M20×105、M20×115、M20×120、M20×140
堵头	M40×1.5（M）		
堵头	M50×1.5（M）		

18.2.2　工程量的计算及核算标准

18.2.2.1　工程量计算的原则

①工程量应当按照相关工程的现行国家计量规范规定的工程量计算规则计算。

②工程量计算应以与业主签订的合同、设计或有关部门的正规书面通知单作依据。

③工程量计算应以详细工程设计施工图规定的分界限为准，特别是与工艺管道安装的分界线，避免重复计算。

④工程量计算应严格按预算定额列项要求和工程量计算规则，避免算错、重复或漏项。

⑤计算应依图约尺寸和数量，不得随意估算、加大或缩小尺寸，减少或增加数量。

⑥工程量采用设计图纸中用清单形式列出的量应进行核算或重新计算，对定型或成熟设计的工程量核对，可用抽条查法，确认正确，方可采用。

⑦工程量计算不得包括材料损耗量，在计算材料费时再加损耗量。

⑧因承包人原因造成的超范围施工或返工的工程量，发包人不予计量。

⑨工程计量可选择按月或按工程形象进度分段计量，具体计量周期在合同中约定。

18.2.2.2　单价合同的工程量计量

①工程计量时，若发现招标工程量清单中出现缺项、工程量偏差，或因工程变更引起工程量的增减，应按承包人在履行合同过程中实际完成的工程量计算。

②承包人应当按照合同约定的计量周期和时间，向发包人提交当期已完工程量报告。

③发包人认为需要进行现场计量核实时，应在计量前通知承包人，承包人应为计量提供便利条件并派人参加。双方均同意核实结果时，则双方应在上述记录上签字确认。

④如承包人认为发包人的计量结果有误，应在收到计量结果后向发包人提出书面意见，并附上其认为正确的计量结果和详细的计算资料。

⑤承包人完成已标价工程量清单中每个项目的工程量后，发包人应要求承包人派员共同对每个项目的历次计量报表进行汇总，以核实最终结算工程量。发承包双方应在汇总表上签字确认。

18.2.2.3　总价合同的工程量计量

①总价合同项目的计量和支付应以总价为基础，发承包双方应在合同中约定工程计量的目标或时间节点。承包人实际完成的工程量，是进行工程目标管理和控制进度支付的依据。

②承包人应在合同约定的每个计量周期内，对已完成的工程进行计量，并向发包人提交达到工程形象目标完成的工程量和有关计量资料的报告。

③发包人应在收到报告后对承包人提交的上述资料进行复核，以确定实际完成的工程量和工程目标。

④除按照发包人工程变更规定引起的工程量增减外，总价合同各项目的工程量是承包人用于结算的最终工程量。

18.2.2.4 工程量的核算

a）过程检测仪表及显示仪表安装

①过程检测仪表及显示仪表安装工程量清单项目：

—温度仪表。

—压力仪表。

—流量仪表。

—物位仪表。

—显示仪表。

②适用范围：适用于石油化工生产装置和配套系统中的自动化仪表设备安装工程，包括温度、压力、流量、物位等过程检测仪表及显示仪表的安装。

③清单项目工程内容：工程内容包括仪表本体安装、调试，仪表接头安装，取源部件配合安装，校接线，挂位号牌，安装调试记录整理。还包括以下内容：

—温度计套管安装。

—压力式温度计温包安装、毛细管敷设固定。

—压力表弯制作安装、辅助容器安装。

—流量计转换、放大、远传、显示部分的安装调试。

—节流装置及在线流量计配合安装。

—浮标液位计安装，包括钢丝绳、浮标、滑轮及台架安装。

—钢带液位计安装，包括平衡锤、保护罩、浮子、钢带安装，成套仪表及附件的安装、调试、试漏。

—储罐液体称重仪安装，包括钟罩、称重仪安装、引压管安装及试压。

—其他物位仪表安装，包括其他成套仪表和附件安装。

—放射性仪表放射源配合安装、调试，放射源保护管、安全防护、放射性料位计本体安装及调试等。

—过程检测仪表脱脂。

—盘装仪表的盘修孔。

④工程量计算规则：过程检测仪表安装及显示仪表按设计工程量，以"台"为计算单位。

b）过程控制仪表安装

过程控制仪表安装工程量清单项目：

—电动单元组合仪表。

—气动单元组合仪表。

—电子式综合控制装置。

—智能程控仪表。

—基地式调节仪表。

—执行仪表。

②适用范围：适用于石油化工生产装置和配套工程的电动单元组合仪表、气动单元组合仪表、电子式综合控制装置、智能程控仪表、基地式调节器、执行仪表安装。

电动单元组合仪表适用于电动变送单元、显示单元、调节单元、安全栅及其他辅助单元仪表。

气动单元组合仪表适用于气动变送单元、显示单元、调节单元及其他单元仪表。

电子式综合控制装置适用于组装式电子综合控制装置显示仪表、操作器、调节组件、I/O 组件及其他组件。

智能程控仪表适用于固定程序单回路调节器、可编程仪表、多功能可编程仪表。

基地式调节仪表适用于气动（电动）调节器、气动（电动）调节记录仪。

执行仪表适用于气动（电动）执行机构、智能执行机构、气动（电动）调节阀、智能调节阀、自力式调节阀、电磁阀及执行仪表附件。

③清单项目工程内容：工程内容包括仪表本体安装、调试，仪表接头安装，校接线，挂位号牌、安装校验记录整理。还包括以下内容：

—法兰液位变送器、压力式温度仪表的毛细管敷设固定。

—差压变送器的阀门组件安装。

—气动变送器的空气过滤器减压阀安装。

—管道上安装的内藏孔板流量变送器、调节阀、电磁阀、自力式调节阀的本体配合安装，电动执行机构、电动调节阀安装，包括伺服放大器安装。

—变送器、调节阀脱脂。

—调节阀试验器具的准备、阀体强度试验，阀芯泄漏性、膜头气密性、严密度试验，满行程变差、线性误差、灵敏度试验及阀门研磨。

—辅助容器、仪表立柱安装。

④工程量计算规则：过程控制仪表安装按设计工程量，以"台"为计算单位。

c）机械量仪表及分析仪表安装

①机械量仪表及分析仪表安装工程量清单项目：

—机械量仪表安装。

—分析仪表安装。

—分析柜、分析金属小屋安装。

②适用范围：适用于石油化工生产装置和配套系统工程的机械量仪表、分析仪表及分析柜、分析金属小屋安装。

机械量仪表安装适用于旋转机械检测装置、皮带跑偏打滑检测装置、秤重传感器、秤重显示仪、电子皮带秤、可编程序秤重装袋装置。

分析仪表安装适用于环境监测取样预处理装置、其他过程分析取样预处理装置、工业气相色谱仪、质谱仪、可燃气体热值指数仪、红外线分析仪、氧化锆及其他分析仪表。

分析金属小屋安装适用分析小屋本体安装。

③清单项目工程内容：包括仪表本体安装、调试，附件安装，校接线，常规、单元检查，功能测试，接地，挂位号牌，安装校验记录整理。还包括以下内容：

—机械量仪表安装包括探头、传感器、传动结构、测量架、皮带秤称量框、托辊的配合清点、安装和安全防护等。

—分析仪表安装包括取样部件配合安装，探头、通用预处理装置、转换装置、显示仪表安装，冷却器、水封、排污漏斗、防雨罩制作安装。

—分析系统数据处理和控制设备调试及接口试验。

—分析仪表校验用标准样品标定。

—分析柜、分析金属小屋组装，仪表盘开孔、密封、安全防护及接地电阻测试。

④工程量计算规则：机械量仪表及分析仪表安装按设计工程量，以"台（套）"为计算单位。

d）集中监测与控制装置安装

①集中监测与控制装置安装工程量清单项目：

—安全检测装置安装。

—工业电视安装。

—远动装置安装。

—顺序控制装置安装。

—信号报警装置安装。

—数据采集及巡回检测报警装置安装。

②适用范围：适用于石油化工生产装置和配套系统的集中监测与控制装置安装。

安全检测装置安装适用于可燃气体报警装置、火焰监测装置、自动点火装置、漏油监测装置、高阻检测（漏）装置安装。

工业电视安装适用于摄像机、显示器、操作器、分配器、补偿器、切换器等设备安装调试。

远动装置安装。

顺序控制装置安装适用于继电联锁保护系统、逻辑监控装置、气动顺控装置、智能顺控装置安装。

信号报警装置安装适用于闪光信号报警装置、智能闪光信号报警装置、继电线路报警系统安装及继电器箱、柜安装。

数据采集及巡回检测报警装置安装。

③清单项目工程内容：工程内容包括仪表本体安装、调试，挂位号牌，校接线，接地，接地电阻测试，常规检查，安装调试记录整理。还包括以下内容：

—安全检测装置安装包括探头、检出器安装调试；固定式自动点火装置安装包括电源、激磁连接导线、火花塞安装，自动点火系统的顺序逻辑控制和报警系统安装调试。

—工业电视摄像机安装包括电动转台、吹扫装置、冷却装置及照明等附属设备安装。

—远动装置安装包括过程 I/O 点试验，信息处理，单元检查，基本功能（画面显示报警等）、设定功能、自检功能测试，打印、制表、遥控、测控、遥信、遥调功能测试，以远动装置为核心的被控与控制端、操作站、监视变换器、输出驱动继电器系统调试。

—顺序控制装置安装包括联锁保护系统线路检查、设备元件检查调试、逻辑监控系统修改主令功能图、输入输出信号检查、功能检查、排错，凸轮式与气动顺序装置调整模块或定时盘、设定动作程序等。

④工程量计算规则：集中监测与控制装置按设计工程量，以"套"为计算单位。

e）工业计算机安装

①工业计算机安装工程量清单项目：

—工业计算机设备安装。

—管理计算机配合调试。

—基础自动化控制装置配合调试。

—现场总线仪表安装。

—现场总线控制系统配合调试。

②适用范围：适用于石油化工生产装置和配套系统工程的工业计算机安装。

工业计算机设备安装适用于工业计算机机柜、显示操作台柜、编组柜、组件柜、通用工业计算机台柜安装，计算机外部设备打印机、拷贝机、打印机拷贝机选择器、CRK 式编程器（组态 / 终端器）安装，辅助存储装置安装。

管理计算机配合调试适用于过程控制管理计算机、生产管理计算机配合调试。

基础自动化控制装置配合调试适用于分散控制系统（DCS）、安全仪表系统（SIS）、可编程序控制器（PLC）、直接数字控制装置（DDC）配合调试。

现场总线仪表安装。

现场总线控制系统（FCS）安装及配合调试。

③清单项目工程内容：

—工业计算机设备安装包括柜、台及外部设备、辅助存储装置安装、风机温控、电源部分检查、外部设备校接线及功能测试、场地消磁、接地、接地电阻测试、安装检查记录整理等。

—管理计算机配合调试包括配合硬件检查、测试、功能调试及记录整理。

—基础自动化控制装置配合调试包括配合硬件检查、测试、配合设定、排错以及操作监视功能、应用功能检查、回路试验；配合 I/O 信号检查、调试、配合直接数字控制装置（DDC）输入输出转换功能、操作功能检查、回路试验等。

—现场总线仪表安装包括总线仪表及通信网络过程接口、总线服务器、网桥、总线电源、电源阻抗器等安装。

—现场总线控制系统配合调试包括配合硬件检查、测试，配合设定、排错及应用功能、通信功能检查、回路试验等。

④工程量计算规则：

—工业计算机设备安装及配合调式按设计工程量，以"台"为计算单位。

—管理计算机配合调试按设计工程量（所带终端数），以"套"为计算单位。

—基础自动化控制装置配合调试按设计工程量，以"点"为计算单位，以过程输入（输出）模拟量、脉冲量（均以"点"为单位）和数字量（以"8 点"为单位）的实际总点数计算。即：总点数 = 模拟量点数 + 脉冲量点数 +1/8 数字量点数。

—现场总线仪表安装按设计工程量，以"台"为计算单位。

—现场总线控制系统配合调试按设计工程量，以"套"为计算单位。

f）仪表盘、柜、箱安装

①仪表盘、柜、箱安装工程量清单项目：

仪表盘、柜、箱安装。

②适用范围：适用于石油化工生产装置和配套系统工程的仪表盘、柜、操作台、供电箱、仪表保温（保护）箱安装。

③清单项目工程内容：仪表盘、柜、箱、操作台安装包括本体安装、减震器制作安装，盘柜接线检查，多点切换开关及其他元件安装，接地及电阻测试。

④工程量计算规则：

仪表盘、柜、箱安装按设计工程量，以"台（块）为计算单位。

g）自控主要材料安装

①自控主要材料安装工程量清单项目：

—管路敷设。

—尼龙管缆。

—铜管缆。

—阀门。

—光缆。

—光电端机。

—光纤中继端测试。

—带专用插头系统电缆。

—电缆及补偿导线（电缆）。

—电气保护管。

—挠性管。

—电线（盘柜配线）。

—伴热电缆。

—伴热元件。

—电缆桥架。

—金属支架制作安装。

②适用范围：适用于石油化工生产装置和配套系统工程的自控主要材料安装，包括管路、阀门、管缆、光缆及光纤设备、电缆、补偿导线（补偿电缆）、电气保护管、挠性管、绝缘导线、电伴热材料、电缆桥架安装及金属支架（支座、台座等）制作安装。

③清单项目工程内容：

—仪表管路敷设包括管道预制、安装，无损检测（不包括射线探伤检验）、脱脂、强度试验、泄漏性试验、吹扫，安装试验记录整理，配合射线探伤。

—仪表阀门包括试压、安装、研磨及脱脂。

—管缆敷设包括接管箱安装。

—光缆敷设包括光缆接头制作、光缆终端头及光缆堵塞。

—中继段测试包括光纤特性测试、电气性能测试、护套对地测试、故障处理。

—电缆及补偿导线敷设包括电缆头制作、接线箱（盒）端子板外部接线、端子板校接线。

—电气保护管包括接线箱、穿线盒及隔离密封盒安装。

—电线（盘柜配线）敷设包括端子板、盘内汇线槽安装、端子板校接线、盘柜接线检查。

—组装式桥架安装包括组件现场装配及电缆桥架敷设。

—金属支架制作安装包括机柜、仪表盘（柜、箱）、操作台的底座、基础槽钢制作安装，仪表设备、管路用支座、支托架制作安装及穿墙板等。

④工程量计算规则：管道、管缆、电缆、光缆、保护管等按设计工程量，以"米"为计算单位，阀门以"个"为计算单位，光电端机以"台"为计算单位，光纤中继端测试以"段"为计算单位，带专用插头系统电缆、挠性管、伴热元件以"根"为计算单位，电缆桥架和金属支架以"吨"为计算单位。

18.2.3　预算定额

18.2.3.1　《石油化工行业安装工程预算定额》

《石油化工行业安装工程预算定额》第五册《自动化控制装置及仪表安装工程》，适用于新建、扩建和引进工程项目的自控仪表安装工程。

a）与其他相关专业定额的关系

自控仪表与其他相关专业定额的关系介绍如下：

①调节阀、电磁阀、节流装置的一次安装及工艺管道、设备接口的法兰焊接，执行第二册《工艺管道安装工程》定额。

②电气仪表、元件、设备安装和电气保护管敷设、电缆（线）、补偿导线敷设、金属支架制作、电话通信、接地系统等，执行第四册《电气安装工程》定额。

③金属保温盒制作安装、仪表及管路的保温、金属支架和管路的除锈刷油，执行第九册《刷油、绝热、防腐蚀工程》定额，

④与工艺管道、设备相连接的仪表测量用一次部件的本体安装，执行第二册《工艺管道安装工程》定额。

⑤焊口的无损探伤执行第二册《工艺管道安装工程》定额。

⑥仪表管路采用承插式安装方式时，其承插式管件的安装执行第二册《工艺管道安装工程》定额。

⑦疏水阀安装执行第二册《工艺管道安装工程》定额。

⑧槽板安装所用大型支（托）架的制作安装执行第三册《金属油罐、球形罐、气柜及其他金属结构工程》定额中桁架制作安装项目。仪表及以表管路所用金属支架制作安装执行第四册《电气安装工程》定额中的金属构件制作安装项目。

⑨凡是超过定额步距范围规定的阀门安装、管路敷设，执行第二册《工艺管道安装工程》定额。

b）定额使用时应注意的几个问题

①不另行计算超高增加费。

②凡是在工艺管道和设备上安装的测量仪表以及仪表测量管路的试压工作内容，均与工艺共同进行，其工程量不得另外计算。

③凡是在工艺管道和设备上安装的仪表、节流装置、调节阀的法兰、短管及一次部件的焊接安装，由工艺（管道）专业负责，自控专业以计算配合安装的工程量。

④凡是除锈、刷油、防腐等工序消耗内容，其工程量应按实计算，执行第九册《刷油、绝热、防腐蚀工程》定额相应子目。

⑤300m 以外的设备、材料场内运输费用不另行计算。

⑥改、扩建工程与原生产装置系统连接措施费，按连接措施发生的实物工程量，套用相应定额子目，其人工、机械乘以 1.2 系数。

18.2.3.2　《石油化工行业检修与技术改造工程预算定额》

《石油化工行业检修与技术改造工程预算定额》第五册《自动化控制装置及仪表》适用于检修和技术改造工程项目各类中、小修仪表的复位安装、检查调试，DCS、PLC 系统

扩容调试，电缆桥架揭盖盖板、格板安装，表盘及桥架开孔，仪表阀门消漏疏通。

a）仪表大、中、小修概念的确定

《石油化工设备维护维修规程：第七册　仪表》规定，大修：仪表所有部分解体清洗、除垢，必要的部件检查并测试其性能，更换主要零部件或易损件，总装润滑、回复外观、整件修复、整机性能试验，使其主要技术指标达到出厂要求。中修：主要部件检查鉴定、更换修理、清扫、润滑、调校。小修：校验、调整及一般故障处理。

b）仪表检修工程造价中行业检修工程预算定额和行业安装工程预算定额的关系

仪表检修工程造价中行业检修工程预算定额和行业安装工程预算定额的关系如图18-2-1所示。

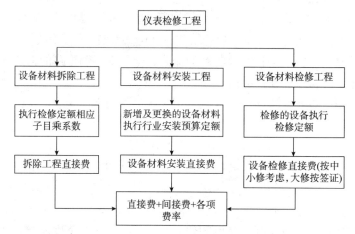

图18-2-1　仪表检修工程造价中行业检修工程预算定额和行业安装工程预算定额的关系

c）与其他相关专业定额的关系

①电缆、电线、补偿导线、电气保护管、电气元件及接地装置和金属支架的检修、拆除，执行第四册《电气设备》定额有关规定及相应子目。

②仪表设备与材料的防腐、保温及保温材料的拆除，执行第六册《刷油、绝热、防腐蚀》定额有关规定及相应子目。

③一次部件和仪表管路焊接管件的更换，阀门解体的大、中、小修，执行第三册《工艺管道》定额有关规定及相应子目。

④仪表检修与技术改造工程中的设备、材料拆除；新增或更换的仪表设备材料的安装及仪表回路模拟试验，执行《石油化工行业安装工程预算定额》第五册《自动化控制装置及仪表安装工程》有关规定及相应子目，拆除系数按检修定额的说明规定执行。

d）定额使用时应注意的几个问题

①施工过程中所发生的主要材料、管件、配件、仪表接头以及仪表设备所需更换的零部件等，按现场实际发生量计算。

②塔、火炬距地面20m以上复位安装和检查调试的仪表，其复位安装应按定额相应子目上调20%，检查调试上调15%。除另有说明外，不再计算超高降效费用（包括执行其他相关册定额的项目）。

③办理动火、动土作业票、配合单体试车费用不另行计算。

④设备、材料场内300m以外的运输费用，不另行计算。

⑤执行其他相关册定额的拆除项目，按其相关册定额有关拆除系数计算。

18.2.3.3　石油化工行业维护维修费用定额

a)《石油化工行业生产装置维护维修费用定额》

《石油化工行业生产装置维护维修费用定额》第四册《自动化控制与仪表》适用于石油化工行业生产装置（包括公用工程）自动化控制与仪表的维护及规定范围内的维修工作。

①仪表维护工作内容。定额中包括的自控仪表日常维护工作内容有日常巡检、卫生清洁、定期检查、值班、故障处理并填写相关记录。

—日常巡检及卫生清洁。

装置现场仪表系统：根据各装置规定的巡检路线，定期检查各类仪表设备的运行状态是否完好及系统压力、温度、流量、振动等情况是否异常，检查各类仪表设备（包括一次节流元件的检查）及管路密封点的跑、冒、滴、漏及紧固程度等情况，清洁仪表设备及其系统周围的环境卫生，更换仪表系统的保险管、记录纸、排气、排液，冬季防冻防凝，检查各种仪表系统的供电、接线、接地、绝缘、防爆，检查控制室及分析小屋的环境温度、湿度、防鼠、防虫等。

工程控制系统：负责工业计算机系统的安全运行，检查系统通信、报警、冗余状况、UPS 供电、24V DC 供电电源指示灯。各类卡件指示灯的状态及工作状况，操作站、控制站、工程师站、机柜室空调、风扇、打印设备是否工作正常；接地连接是否正常；查看系统状态画面有无异常，查看系统诊断信息有无红色报警，有无其他故障诊断信息；检查各回路工作是否正常，通过历史趋势查看信号是否有异常波动，安全栅、端子板有无故障；查看控制室温、湿度是否在规定范围之内；清洁机柜、空调、打印机、台面、地面、玻璃窗等环境卫生以及防水、防火、防鼠工作；检查系统数据库备份、备件、资料等是否完备；及时发现和处理系统存在的各类故障，及时处理工艺人员反映的问题，主要包括键盘、鼠标、显示器故障处理，回路显示、控制异常等故障处理，回路的 PID 参数、报警状态、报警高低限等参数的修改；做好记录，填写好工作票及周检表，包括故障现象、原因、处理过程和结果。

巡检方法和标准：巡检时应带上擦布、常用工具、万用表、对讲机等，通过眼看、耳听、手摸、鼻闻等方法，检查仪表系统的投用情况，做好相应的巡检记录。

—定期检查校验。根据规程要求定期对仪表设备及控制系统进行在线（不发生仪表设备拆除）检查校验并整理试验资料。

按照规程规定进行的定期零点、量程、精度等的检查工作。

按照规程规定对工业机控制系统进行环境卫生彻底清洁，对机柜、机柜室空调、打印设备、驱动器等进行清洁及清洗过滤网，定期进行数据备份等。

—值班。为了保障生产装置长周期正常运转，及时维护维修而发生必要的全天候值守。

—故障处理。指自动化控制与仪表各种故障原因查找和处理工作（如设备、管路密封点出现跑、冒、滴、漏等故障）。故障处理工作范围与原定额对比，取消了温度仪表法兰消漏、节流装置消漏、机械量仪表探头更换三类故障，单列开关阀法兰消漏、气缸更换故障项目。故障处理的工作内容见表 18-2-9。

表 18-2-9　自动化控制与仪表故障处理工作内容

序号	项目名称	工作内容
1	温度仪表系统回路	1.温度元件检查、更换、校验； 2.回路系统故障检查、处理及校验，系统元器件的修理、更换，测量参数、报警、联锁值的设定、修改
2	压力、差压仪表系统回路	1.变送器检查、更换、校验； 2.回路系统故障检查、处理及校验，系统元器件的修理、更换，测量参数、报警、联锁值的设定、修改 3.导压及伴热管线的清堵、消漏，管阀件的更换，管路长度在 6m 以内的更换或动改（包括防腐、保温工序）
3	保温、保护箱	保温、保护、接线箱清洁、部件更换、局部修理
4	计量类仪表系统回路	1.回路系统故障检查、处理及校验，系统元器件的修理、更换，测量参数、报警、联锁值的设定、修改； 2.流量计附件清洗、更换
5	仪表控制阀（执行仪表）系统回路	1.执行机构附件检查、更换； 2.阀门在线解体故障处理、清堵、法兰紧固、填料消漏； 3.气路长度在 6m 以内的更换或动改； 4.机构行程检查、调整； 5.回路系统故障检查、处理及校验，系统元器件的修理、更换，测量参数、报警、联锁值的设定、修改
6	电磁阀	电磁阀的检查、更换及回路系统故障检查、处理及校验
7	两位式控制阀（开关阀）	1.执行机构附件检查、更换； 2.阀门在线解体故障处理、清堵、法兰紧固、填料消漏； 3.气路长度在 6m 以内的更换或动改
8	物位仪表系统回路	1.物位仪表检查、校验、部件更换； 2.回路系统故障检查、处理及校验，系统元器件的修理、更换，测量参数、报警、联锁值的设定、修改； 3.法兰及筒体消漏、换垫（包括防腐、保温工序）
9	机械类仪表系统回路	回路系统故障检查、处理及校验，系统元器件的修理、更换（不包括探头更换），测量参数、报警、联锁值的设定、修改
10	分析仪表系统回路	1.分析仪表检查调试、附件更换； 2.回路系统故障检查、处理及校验，系统元器件的修理、更换，测量参数、报警、联锁值的设定； 3.取样管、样气管消漏、清堵及局部更换、管阀件更换，管路长度在 6m 以内的更换或动改（包括防腐、保温工序）
11	安全仪表系统回路	1.报警探头的检查、更换、校验； 2.回路系统故障检查、处理及校验，系统元器件的修理、更换，测量参数、报警、联锁值的设定、修改
12	报警联锁仪表系统回路	1.回路系统故障检查、处理及校验，系统元器件的修理、更换，测量参数、报警、联锁值的设定、修改； 2.开关量仪表（包括回讯开关）检查、校验、更换（不包括浮筒、浮球开关量表的更换）
13	工业计算机、集中监视与控制系统	1.系统故障处理，各种卡件、附件的修理、更换，修改系统参数； 2.系统运行环境条件及状况检查，附属设备的维护、检查，数据备份
14	管（线）路	穿线管路长度在 6m 以内的更换或动改（包括支架防腐工序）

注：安全仪表系统回路包括：易燃、易爆、有毒、有害气体监测及火灾监测系统仪表。

②与其他定额的关系。

—仪表调节阀及短管拆装、管道上流量计及节流装置一次件拆装、管道上电磁阀拆装、就地指示玻璃板、石英管（磁翻板）液位计等维护工作内容见《静置设备与工业管道》分册。

—定额不包括的仪表故障处理工作应执行维修定额。

③工程量计算规则。

—定额中罐区项目是按单个仪表系统消耗量列项的，执行定额时按实际设备数量计算装置维护维修费用；

—维护维修费用按各装置的名称、规模，维护年份，以"年"为计量单位计算；

—定额中各装置的生产工艺均综合考虑，执行定额时不得调整。

b）《石油化工行业生产装置维护维修费用定额–化纤部分》

《石油化工行业生产装置维护维修费用定额–化纤部分》第三章《自动化控制与仪表》适用于石油化工行业化纤部分涤纶类聚酯、短丝、长丝生产装置自动化控制与仪表的日常维护工作和规定范围内的维修工作。

①仪表维护工作内容。

自控仪表日常维护工作内容有日常巡检、点检、卫生清洁、定期检查、值班、故障处理并填写相关记录。

日常巡检、点检及卫生清洁；定期检查校验；值班；故障处理指自动化控制与仪表各种故障原因查找和处理工作。故障处理的工作内容见表 18–2–10。

表 18-2-10　自动化控制与仪表故障处理工作内容

序号	项目名称	工作内容
1	温度仪表系统回路	1. 温度元件检查、更换、校验； 2. 回路系统故障检查、校验，系统元器件的修理、更换，测量参数、报警、联锁值的设定、修改； 3. 温度变送器、指示仪、调节器、记录仪的故障检查、校验
2	压力、差压仪表系统回路	1. 排污、排凝、吹扫、加隔离液、冲洗油、定期校验； 2. 变送器、指示仪、调节器的故障检查、元器件更换、校验； 3. 回路系统故障检查、校验，系统元器件的修理、更换，测量参数、报警、联锁值的设定、修改； 4. 导压及伴热管线的清堵、消漏，管阀件的更换，管路长度在 6m 以内的更换或动改（包括防腐、保温工序）
3	物位仪表系统回路	1. 物位仪表检查、校验、部件更换； 2. 回路系统故障检查、校验，系统元器件的修理、更换，测量参数、报警、联锁值的设定、修改； 3. 法兰及筒体消漏、换垫（包括防腐、保温工序）
4	分析仪表系统回路	1. 分析仪表检查调试、附件更换； 2. 回路系统故障检查、校验，系统元器件的修理、更换，测量参数、报警、联锁值的设定； 3. 取样管、样气管消漏、清堵及局部更换、管阀件更换，管路长度在 6m 以内的更换或动改（包括防腐、保温工序）
5	机械类仪表系统回路	回路系统故障检查、校验，测量参数、报警、联锁值的设定（包括系统元器件）
6	保温、保护箱	保温、保护、接线箱清洁、部件更换、局部修理

序号	项目名称	工作内容
7	安全仪表系统回路	1. 报警探头的检查、更换、校验； 2. 回路系统故障检查、校验，系统元器件的修理、更换，测量参数、报警、联锁值的设定、修改
8	仪表控制阀（执行仪表）系统回路	1. 执行机构附件检查、更换； 2. 阀门在线解体故障处理、清堵、消漏； 3. 气路长度在6m以内的更换或动改； 4. 机构行程检查、调整； 5. 回路系统故障检查、处理及校验，系统元器件的修理、更换，测量参数、报警、联锁值的设定、修改
9	放射性仪表	1. 元件检查、更换、校验； 2. 回路系统故障检查、校验，系统元器件的修理、更换，测量参数、报警、联锁值的设定、修改
10	两位式控制阀（开关阀）	1. 执行机构附件检查、更换； 2. 回路系统故障检查校验； 3. 气路长度在6m以内的更换或动改
11	就地指示仪表	1. 就地指示仪表的消漏、清堵； 2. 故障的检查、维修、更换
12	工业计算机、集中监视与控制系统	1. 系统故障处理，各种卡件、附件的修路、更换，修改系统参数； 2. 系统运行环境条件及状况检查，附属设备的维护、检查，数据备份
13	报警联锁仪表系统回路	1. 回路系统故障检查、校验，系统元器件的修理、更换，测量参数、报警、联锁值的设定、修改； 2. 开关量仪表（包括回讯开关）检查、校验
14	穿线管（线）路	穿线管路长度在6m以内的更换或动改（包括支架防腐工序）
15	计量类仪表系统回路	1. 回路系统故障检查、校验，系统元器件的修理、更换，测量参数、报警、联锁值的设定、修改； 2. 流量计附件清洗、更换

②与其他定额的关系。

—仪表调节阀及短管拆装、管道上流量计及节流装置一次件拆装、管道上电磁阀拆装、就地指示玻璃板、石英管（磁翻板）液位计等维护工作内容见《静置设备与工业管道》分册。

—定额不包括的仪表故障处理工作应执行维修定额。

③工程量计算规则。

—维护维修费用按各装置的名称、设计规模、维护维修年份，以"年"为计量单位计算。

—定额中各装置的生产工艺综合考虑，执行定额使不得调整。

—各企业应根据装置实际台账结合维护维修的单台消耗量定额计算装置维护维修费用。

c)《石油化工行业自备热电厂（站）维护维修费用定额》

《石油化工行业自备热电厂（站）维护维修费用定额》第三章《自动化控制与仪表》适用于石油化工行业自备热电厂（站）自动化控制与仪表的日常维护工作和规定范围内的

维修工作。

①仪表维护工作内容。

定额中包括的自控仪表日常维护工作内容有日常巡检、点检、卫生清洁、定期检查、值班、故障处理并填写相关记录。

日常巡检、点检及卫生清洁；定期检查校验；值班；故障处理指自动化控制与仪表各种故障原因查找和处理工作。故障处理的工作内容见表18-2-11。

表 18-2-11 自动化控制与仪表故障处理工作内容

序号	项目名称	工作内容
1	温度仪表系统回路	1. 温度元件检查、更换、校验； 2. 回路系统故障检查、处理及校验，系统元器件的修理、更换，测量参数、报警、联锁值的设定、修改
2	分析仪表系统回路	1. 分析仪表检查调试、附件更换； 2. 回路系统故障检查、处理及校验，系统元器件的修理、更换，测量参数、报警、联锁值的设定
3	电子称重系统及地中衡	回路系统故障检查、处理及校验，系统元器件的修理、更换，测量参数、报警、联锁值的设定、修改
4	电子计时器	回路系统故障检查、处理及校验，系统元器件的修理、更换，测量参数、报警、联锁值的设定、修改
5	压力、差压仪表系统回路	1. 排污、排凝、吹扫、加隔离液、冲洗油、定期校验； 2. 变送器检查、更换、校验； 3. 回路系统故障检查、处理及校验，系统元器件的修理、更换，测量参数、报警、联锁值的设定、修改； 4. 导压及伴热管线的清堵、消漏，管阀件的更换，管路长度在 6m 以内的更换或动改（包括防腐、保温工序）
6	仪表控制阀（执行仪表）系统回路	1. 执行机构附件检查、更换； 2. 阀门在线解体故障处理、清堵、法兰紧固、填料消漏； 3. 气路长度在 6m 以内的更换或动改； 4. 机构行程检查、调整； 5. 回路系统故障检查、处理及校验，系统元器件的修理、更换，测量参数、报警、联锁值的设定、修改
7	电磁阀	电磁阀的检查、更换及回路系统故障检查、处理及校验
8	管（线）路	穿线管路长度在 6m 以内的更换或动改（包括支架防腐工序）
9	安全及监控系统	1. 报警探头的检查、更换、校验； 2. 回路系统故障检查、处理及校验，系统元器件的修理、更换，测量参数、报警、联锁值的设定、修改
10	工业计算机、集中监视与控制系统	1. 系统故障处理，各种卡件、附件的修理、更换，修改系统参数； 2. 系统运行环境条件及状况检查，附属设备的维护、检查，数据备份
11	就地指示仪表	1. 就地指示仪表校验及仪表更换； 2. 引压管路清堵、局部更换包括管路阀件更换
12	放射性称重计量系统	回路系统故障检查、处理及校验，系统元器件、附件的修理、更换，测量参数、报警、联锁值的设定、修改
13	保温、保护箱	保温、保护、接线箱清洁、部件更换、局部修理

序号	项目名称	工作内容
14	计量类仪表系统回路	1. 回路系统故障检查、处理及校验，系统元器件的修理、更换，测量参数、报警、联锁值的设定、修改； 2. 流量计附件清洗、更换
15	机械类仪表系统回路（状态监控系统）	回路系统故障检查、处理及校验，系统元器件的修理、更换（不包括探头更换），测量参数、报警、联锁值的设定、修改
16	给粉给煤控制系统	1. 操作器系统的故障检查、处理、校验、参数校对、设定、修改及更换元器件； 2. 控制回路系统故障检查、校验及部件更换
17	物位类仪表系统回路	1. 物位计检查、校验、部件更换； 2. 回路系统故障检查、处理及校验，系统元器件的修理、更换，测量参数、报警、联锁值的设定、修改； 3. 法兰及筒体消漏、换垫（包括防腐、保温工序）
18	报警联锁仪表系统回路	1. 回路系统故障检查、处理及校验，系统元器件的修理、更换，测量参数、报警、联锁值的设定、修改； 2. 开关量仪表（包括回讯开关）检查、校验及更换（不包括浮筒、浮球开关量表的更换）

②与其他定额的关系。

仪表调节阀及短管拆装、管道上流量计及节流装置一次件拆装、管道上电磁阀拆装、就地指示玻璃板、石英管（磁翻板）液位计等维护工作内容见《静置设备与工业管道》分册。

凡本章定额不包括的仪表故障处理工作应执行维修定额。

③工程量计算规则。

—维护维修费用按各装置的名称、设计规模，以"年"为计量单位计算。

—定额中各系统的生产工艺综合考虑，执行定额时不得调整。

—锅炉、汽机、燃料输送、化学水、循环水、排灰系统的维护维修费用均是按照单个仪表系统进行编制的，执行时可根据企业实际台账进行调整。

—定额项目 310t/h、630t/h 燃煤锅炉，燃油锅炉，燃油输送系统几部分的定额表观费用是单个仪表系统的维护维修费，执行时应根据企业实际台账生成相应系统的维护维修费用。

18.2.4 施工图预算的编制和审查

18.2.4.1 预算编制

施工图预算编制前，首先要了解整个工程项目的概况，熟悉施工图纸，结合设计说明书了解和掌握工程性质、特点、施工要求等，为工程量计算做好基础准备工作。

a）施工图预算编制应具备的资料

①工程承发包单位双方签署的《工程承发包合同》或协议。

②经过承发包、监理和设计会审核实的详细设计（施工图）图纸。

③有关工程的会议记录。

④工程施工技术验收规范。

⑤有关工程施工组织设计（方案）。

⑥有关工程设计变更和材料代用单及现场签证。

⑦相关的工程预算定额或单位估价表。

⑧相关的材料预算价格。

⑨相关的工程费率取费标准或费用定额。

b）施工图预算编制说明简介

施工图预算书必须要写编制说明，施工图预算编制说明应包括以下基本内容：

①与本工程相应的图纸代号。

②与本工程相应的设计变更、现场签证、材料代用单的名称、代号或签发日期。

③所执行的工程预算定额或单位估价表、费用定额、材料预算价格的名称。

④所参照执行的有关费用调整文件及资料名称。

⑤有关特殊的说明等。

18.2.4.2　施工图工程量计算

a）工程量计算概述

在施工图预算编制的整个过程中，工程量计算是最根本也是最重要的工作之一。熟悉施工现场和施工图纸、正确使用定额、严格按照定额要求开列工程量项目计算工程量，是编制施工图预算、确定工程造价的首要前提。自控专业仪表设备、材料、配件种类繁多，定额子目使用范围也较大，一般情况下，一个装置工程的施工图预算所示的工程量项目，几乎涉及全册定额子目数的 50% 左右，计算量大，定额应用范围广。下面以行业安装工程为例，说明工程量计算的一般方法。

b）设备量计算

设备量按台、套、支、块为计量单位，主要是设备一览表、工艺控制流程图、安装平面布置图。其计算顺序为：

①以设备一览表为基础，按照仪表位号对照控制点流程图、安装平面布置图，检查位号是否有出入，不一致的部分应有设计部门出具变更单予以确认。

②根据一览表的参量排列列项，将同类仪表设备按盘装、就地安装分类合并同类项计算，部分仪表名称与定额子目名称不相应时，可根据仪表的功能、安装方式并入相类似的设备类别中。

③仪表盘、箱、柜等项目，根据控制室和现场平面布置图的内容，按其规格分类计算。

c）材料量计算

①各类管路工程量，根据现场平面布置图，按其起点、终点、标高，用比例尺量取，再加上损耗量。也可按管线敷设图或单线图计算。根据管路的材料、连接形式、用途，按其不同口径分别计算。

②电、管缆的工程量计算同上。

③阀门及配件量，可根据不同的管路敷设图及配件表统计计算。

④金属支架的制作安装量，可按各类支架制作图的要求，将所需各种不同规格的型钢数量，按其相对密度换算成质量。

d）示例

以一简单单回路调节系统为例，对其工程量的列项作一示例，如图 18-2-2 所示。

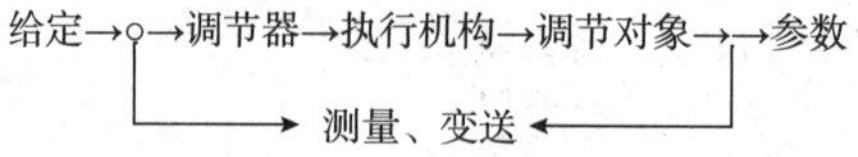

给定→○→调节器→执行机构→调节对象→→参数

测量、变送

图 18-2-2　简单调节系统图

1）仪表选型 I：气动

①设备列项，见表 18-2-12。

表 18-2-12　设备列项

序号	设备名称	单位	数量	序号	设备名称	单位	数量
1	流量孔板	套	1	4	调节阀	台	1
2	差压变送器	台	1	5	阀门定位器	台	1
3	记录调节仪	台	1	6	仪表保温箱	台	1

②材料、配件列项，见表 18-2-13。

表 18-2-13　材料、配件列项

序号	名称	规格	用途	序号	名称	规格	用途
1	镀锌焊接钢管	G1/2″	供气	5	无缝碳钢管	$\phi 18 \times 3$	导压、伴热
2	紫铜管	$\phi 6 \times 1mm$	供气	6	碳钢阀门接头		导压、伴热、供气
3	截止阀	$DN15$	导压、伴热、供气	7	仪表接头		变送器、调节阀
4	三阀组		导压	8	型钢		支架

③除锈、刷油。

④保温。

⑤调节回路模拟试验。

2）仪表选型 II：电动

①设备列项，见表 18-2-14。

表 18-2-14　设备列项

序号	设备名称	单位	数量	序号	设备名称	单位	数量
1	流量孔板	套	1	4	调节阀	台	1
2	差压变送器	台	1	5	电/气阀门定位器	台	1
3	记录调节仪	台	1	6	仪表保温箱	台	1

②材料、配件列项，见表 18-2-15。

表 18-2-15　材料、配件列项

序号	名称	规格	用途	序号	名称	规格	用途
1	焊接钢管	G3/4″	穿线	6	截止阀		导压、伴热
2	防爆金属软管		穿线	7	三阀组		导压
3	穿线盒		穿线	8	碳钢阀门接头		导压、伴热、供气
4	镀锌焊接钢管	G1/2″	供气	9	仪表接头		变送器、调节阀、定位器
5	无缝钢管	$\phi 14 \times 2$	导压、伴热	10	型钢		支架

③除锈、刷油。

④保温。

⑤调节回路模拟试验。

以上示例中的设备、材料及其他列项，因控制介质、工作压力、环境条件不同，设计方案也不同，工程量列项也将随之发生相应的变化，应灵活掌握。

18.2.4.3 注意事项

①预算编制应以合同、设计文件及相关标准规范为依据。

②预算编制时应区分材料和设备，分别提交材料预算和设备预算。

③预算编制时所需材料、设备的规格型号、数量、材质、制造标准规范应准确。

④区分主材和辅材，原则上辅材不上报预算，由施工单位自行采购。

⑤预算编制不应照抄设计材料表、设备表，应根据每张施工图、标准安装图进行统计汇总，计算结果与材料表、设备表对照，检查设计是否存在漏项漏量情况，及时联系设计对材料数量进行增补。

⑥预算中的材料数量应按需上报，长周期材料可按设计文件的余量提报一定数量作为备用量，对于到货周期短的材料原则上只上报净量；设备预算中设备数量原则不上报余量。

⑦材料预算中对材料要求的到货时间应根据现场的施工计划填报，防止材料过早到场造成积压增加保管成本或过迟到场造成施工工期延误。

⑧特殊部件、非标准件应附加工制造图。

⑨预算中仪表电缆、电线数量较大，盘数较多时，应附电缆配盘表，通过业主要求供货单位按照配盘表进行供货。

⑩材料预算中涉及特殊材质的管道、紧固件、管阀件等，应附色标管理规定，要求厂家按照规定进行标色。

18.3 仪表配线

18.3.1 电缆槽盒、桥架

18.3.1.1 槽盒、桥架安装流程

槽盒、桥架安装流程如图 18-3-1 所示。

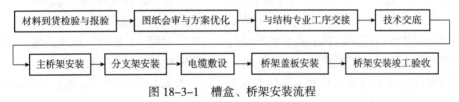

图 18-3-1 槽盒、桥架安装流程

18.3.1.2　支架的制作与安装

①制作支架时，应将材料矫正、平直，切口处不应有卷边和毛刺，并按设计文件要求及时除锈、涂防锈漆。

②支架安装时，应符合下列规定：

—在允许焊接的金属结构上和混凝土构筑物的预埋件上，应采用焊接固定。

—在混凝土上，宜采用膨胀螺栓固定。

—不应在管道上焊接支架，应采用 U 形螺栓、抱箍或卡子固定。

—支架不宜安装在 250℃ 以上或 0℃ 以下的工艺管道上。

—支架应固定牢固，在同一直线段上的支架间距应均匀。

—支架安装在有坡度的电缆沟内或建筑结构上时，其安装坡度应与电缆沟或建筑结构的坡度相同。

—在有防火要求的钢结构上焊接支架时，应在防火层施工之前进行。

③电缆槽及保护管安装时，金属支架之间的间距不宜大于 2m；在拐弯处、伸缩缝两侧、终端处及其他需要的位置应设置支架。垂直安装时，可适当增大距离。

④电缆直接明敷时，水平方向支架间距宜为 0.8m，垂直方向宜为 1.5m。

18.3.1.3　槽盒、桥架安装

a）桥架安装注意事项

①在安装时，桥架的最大载荷、支撑间距应小于允许载荷和支撑跨距。

②槽盒、桥架安装前要核对仪表桥架、规格、型号是否符合设计要求，核对桥架施工安装标高、转角方向位置是否符合设计和规范要求，检查电缆槽底部漏水孔是否符合规范要求。

③施工前向结构及管道专业确认，确保电缆桥架不与结构、工艺管道及设备冲突。

④电缆桥架安装前，应进行外观检查。

⑤桥架在安装过程中严禁载人。

⑥桥架的立柱、托臂等支架可与基础预埋件焊接固定，也可采用膨胀螺栓固定，对焊接处要做防腐处理。

⑦桥架安装应按先主干线后分支，先弯通、三通、大小头后直线段的顺序，即先将特殊节点准确定位，再敷设直线段。

⑧桥架水平敷设时，桥架间的对接处距支撑点的距离应在跨距的 25% 以内，对于大跨距桥架应放在支撑架上对接，在有弯通或三通的地方需单独增加支撑点，垂直方向的托臂每隔 1.5m 设一个固定点。

⑨电缆桥架按电力施工规范要求进行良好接地。对于镀锌电缆桥架无须有专门的接地装置，其本体即可作为接地干线；对于表面进行非金属处理的桥架必须有专门的接地装置；桥架的接地线可用 VV−16mm^2 电缆或等截面的铜编织线，长距离的电缆桥架每 30~50m 接地 1 次。当金属电缆桥架采用断开连接时，应保持桥架接地的连续性。

⑩桥架的连接采用连接板和平滑的半圆头螺栓，螺母应在桥架的外侧，桥架间跨接接地线必须连接牢固。

⑪ 桥架的连接原则上不允许焊接。当需要焊接时，应焊接牢固，焊后须及时进行防腐处理。

⑫ 电缆桥架的安装位置应符合设计文件的要求。安装在工艺管架上时，宜在工艺管道的侧面或上方，对于高温管道，不应平行安装在高温管道正上方。

⑬ 电缆桥架的垂直段或拐弯处应预制好固定电缆的支架；电缆桥架垂直段大于 2m 时，应在垂直段上、下端桥架内增设固定电缆用的支架；当垂直段大于 4m 时，应在其中部增设支架。

⑭ 当钢制电缆桥架的直线长度大于 30m、铝合金或玻璃钢电缆桥架的直线长度大于 15m 时，宜采取热膨胀补偿措施，留有伸缩缝。

⑮ 当电缆保护管与桥架连接时，保护管引出口的位置应在电缆桥架高度的 2/3 处。当电缆直接从开孔处引出时，应采取保护电缆措施。开孔后，边缘应打磨光滑，并作防腐处理。

⑯ 当铝合金电缆桥架在钢制支吊架上固定时，应采取加 PVC 隔离垫板的防电化学腐蚀的措施。

⑰ 槽盒、桥架的接地要按照设计的图纸施工。

b）桥架组装示意

①组合式直通桥架组装示意如图 18-3-2 所示。

②组合式电缆桥架隔板组装示意如图 18-3-3 所示。

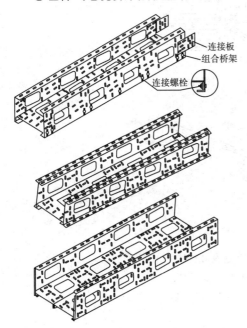
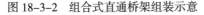
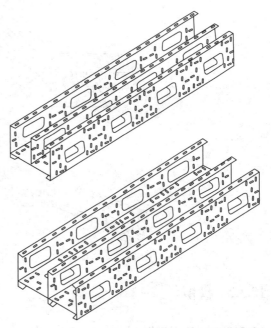

图 18-3-2　组合式直通桥架组装示意　　　图 18-3-3　组合式电缆桥架隔板组装示意

③组合式电缆桥架水平弯通三通组装示意如图 18-3-4 所示。

④组合式电缆桥架水平四通、垂直三通组装示意如图 18-3-5 所示。

⑤组合式电缆桥架垂直弯通及几种锯切示意如图 18-3-6 所示。

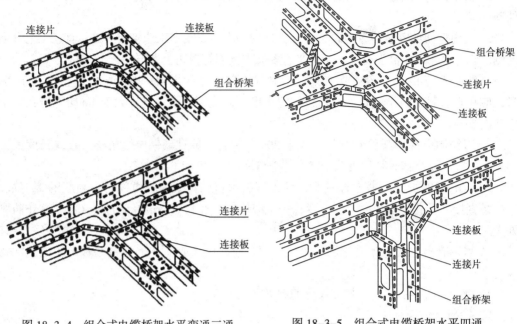

图 18-3-4　组合式电缆桥架水平弯通三通 组装示意

图 18-3-5　组合式电缆桥架水平四通、 垂直三通组装示意

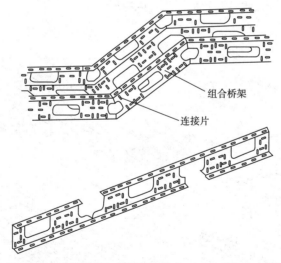

图 18-3-6　组合式电缆桥架垂直弯通及几种锯切示意

18.3.2　盘柜

18.3.2.1　盘柜安装要求

①仪表盘柜安装包括控制室的操作台安装。首先要进行盘柜基础的预制，基础底座与仪表盘柜底座大小一致，一般由 10# 槽钢焊接而成。焊接时，槽钢的槽面向里，焊接完成后要打磨并做防腐处理。

②盘柜基础安装在控制室地坪上，地坪有预埋钢板时，焊接前要找准预埋件，其水平标高误差不能大于 1mm；无预埋件时，用膨胀螺栓固定。安装好的盘柜基础要复测，其水

平度差不大于 1mm。

③成排的仪表盘、柜、操作台的型钢底座应按设计文件的要求制作，其尺寸应与仪表盘、柜、操作台一致，直线度允许偏差为 1mm/m，且全长误差不应超过 5mm。

④控制室内仪表盘、柜、箱和操作台的安装位置和平面布置应符合设计文件规定。仪表盘、柜、箱和操作台的外形尺寸及仪表开孔尺寸应符合设计文件要求。

⑤盘、箱、柜与型钢基础之间应采用镀锌或不锈钢螺栓连接。当有绝缘要求时，宜采用绝缘螺栓连接。

⑥单个安装的仪表盘、箱、柜和操作台，应符合下列要求：

固定牢固；垂直度允许偏差为 1.5mm/m ；水平度允许偏差为 1mm/m。

⑦同一系列规格相邻两盘、箱、柜、操作台顶部高度允许偏差为 2mm，当连接超过两处时，其顶部高度最大偏差不应大于 5mm ；相邻两盘、箱、柜正面接缝处正面的平面度允许偏差为 1mm，当连接超过 5 处时，正面的平面度最大偏差不应大于 5mm ；相邻两盘、箱、柜间接缝的间隙，不应大于 2mm。机柜顶部连接如图 18-3-7 所示。

⑧仪表盘、柜、操作台之间及盘、柜、操作台内各设备构件之间的连接应牢固，安装用的紧固件应为防锈材料。安装固定不应采用焊接方式。

⑨就地仪表盘、箱、保温（护）箱的安装位置，应符合设计文件要求。在多尘、潮湿、有腐蚀性气体或爆炸和火灾危险区域内安装的就地仪表盘或箱，应按设计文件检查确认其密封性和防爆性能满足使用要求。

⑩在振动场所安装的仪表盘（箱）应采取防振措施。

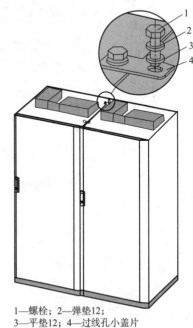

1—螺栓；2—弹垫12；
3—平垫12；4—过线孔小盖片

图 18-3-7　机柜顶部连接

18.3.2.2　盘柜安装方法

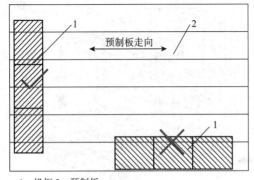

1—机柜;2—预制板

图 18-3-8　机柜安装方向

①在水泥地面上安装盘柜的一般步骤（以威图机柜 BTS3012 为例）：

—根据设计图纸定位机柜安装位置；在用预制板建造的楼房中，严禁在一块楼板上并排安装多台机柜，如图 18-3-8 所示。

—安装并调平底座：安装步骤为安装膨胀螺栓、分解膨胀螺栓、组装底座、测量水平度，如图 18-3-9~ 图 18-3-12 所示。

—固定机柜：将机柜放到绝缘板上，并推入，如图 18-3-13 所示。用机柜前端 2 个膨胀螺栓紧固机柜和底座，如图 18-3-14 所示。

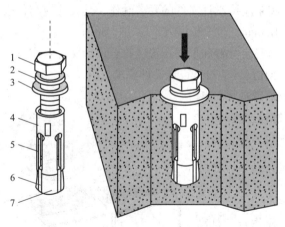

1—螺栓M12×60；2—弹垫12；3—平垫12；4—膨胀管；
5—导向槽；6—导向筋；7—膨胀螺母

图 18-3-9　安装膨胀螺栓

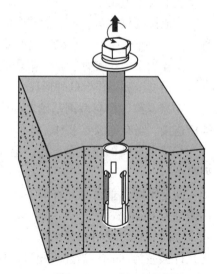

图 18-3-10　分解膨胀螺栓

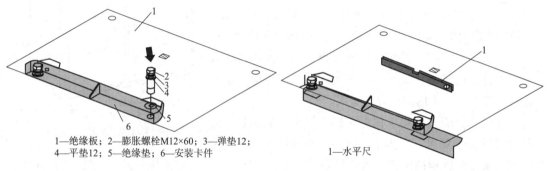

1—绝缘板；2—膨胀螺栓M12×60；3—弹垫12；
4—平垫12；5—绝缘垫；6—安装卡件

图 18-3-11　组装底座

1—水平尺

图 18-3-12　测量绝缘板水平度

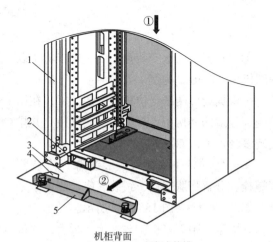

机柜背面
1—机柜；2—机柜卡接槽；
3—绝缘板；4—卡接块；5—安装卡件

图 18-3-13　推入机柜

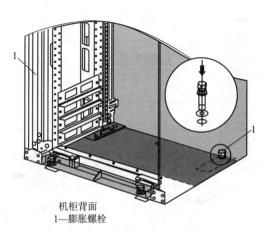

机柜背面
1—膨胀螺栓

图 18-3-14　紧固机柜和底座

—检测机柜和膨胀螺栓间的绝缘度：

·用万用表测量机柜和膨胀螺栓间阻值，如图 18-3-15 所示。若阻值大于等于 5MΩ，检测通过。

·若阻值小于 5MΩ，拆卸膨胀螺栓，检查绝缘后，重新安装并调平机柜，再次检测。

②当机柜是安装在承重能力不足的水泥地面时，需要加强建筑物的承重能力。一般安装方式：采用承重墙方式安装 BTS3012 机柜和采用承重梁方式安装机柜。承重墙支撑和承重梁支撑安装方式的对比说明见表 18-3-1。

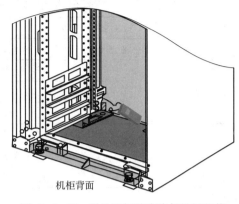

机柜背面

图 18-3-15　测量机柜和膨胀螺栓间阻值

表 18-3-1　承重墙支撑和承重梁支撑安装方式的对比说明

项目	承重墙支撑安装方式	承重梁支撑安装方式
适用情况	机房内无防静电地板； 机房水泥地承载能力不足； 机房跨度较小； 机房内没有承重梁； 地面不易打膨胀螺栓（如预制楼板的房子）； 允许在承重墙上打孔	机房内无防静电地板或机房水泥地承载能力不足； 承重墙墙面不允许打孔或机房内没有承重墙； 地面有承重梁，且可以打膨胀螺栓
安装要求	需使用支撑槽； 支撑槽钢架在墙内的长度不小于墙的厚度的一半（如果墙比较薄，可以将墙打穿来架住槽钢）； 支撑槽钢距地面 20~30mm； 机柜不能靠墙安装	需使用支撑槽钢； 支撑槽钢至少横跨两根承重梁； 机柜不能靠墙安装
安装方法	将支撑槽钢架在两堵承重墙间，再将机柜安装在架空的槽钢上，利用承重墙承担机柜重量	将支撑槽钢固定在横跨两根承重梁的地面上，再将机柜安装在槽钢上，利用承重梁承担机柜重量
安装方法异同	两种安装方式除支撑槽钢的安装方法不同外，其他安装方法都相同	

③仪表盘、柜、操作台的型钢底座应按设计文件的要求制作，其尺寸应与仪表盘、柜、操作台一致。质量要求详见表 18-3-2。

表 18-3-2　型钢底座制作安装质量要求

序号	检查内容		允许偏差 /mm
1	直线度	每米	1
		总长 >5m	5
2	水平度	每米	1
		总长 >5m	5

④对仪表盘、柜、操作台安装的质量要求见表 18-3-3。

表 18-3-3　仪表盘、柜、操作台安装质量要求

序号	检查内容		允许偏差 /mm
1	垂直度	每米	1.5
2	水平度	单独盘（箱、台）水平度	1
		相邻盘（箱、台）顶部	2
		成排盘（箱、台）顶部	5
3	平面度	相邻盘（箱、台）正面平面度	1
		成排盘（箱、台）>五处正面平面度	5
4	盘（箱、台）间接缝		2

18.3.3　电缆（线）保护管

18.3.3.1　施工工序及施工要求

a）施工工序

施工工序如图 18-3-16 所示。

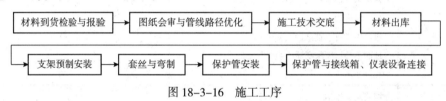

图 18-3-16　施工工序

b）施工具体要求

①施工前应熟悉图纸，根据现场实际情况优化保护管敷设路径。

②出库检查保护管材质必须合格，有出厂合格证，设计有特殊要求时必须符合设计要求。

③保护管弯制应采用冷弯法，薄壁管宜采用弯管机冷弯。弯制保护管时，应符合下列规定：

—弯成角度不应小于 90°；

—弯曲半径应符合下列要求：穿无铠装的电缆且明敷设时，不应小于保护管外径的 6 倍；穿铠装电缆以及埋设于地下或混凝土内时，不应小于保护管外径的 10 倍；

—保护管弯曲处不应有凹陷、裂缝和明显的弯扁；

—单根保护管的直角弯不得超过 2 个。

④保护管的直线长度超过 30m 或弯曲角度的总和超过 270° 时，中间应加装穿线盒。遇梁柱时，配管方式应如图 18-3-17 所示，不得在混凝土梁柱上凿孔或钢结构上开孔，可

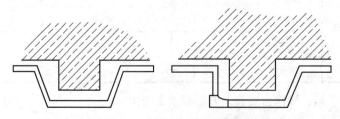

图 18-3-17　保护管遇梁柱时配管方式

采用预埋保护管方法。

⑤明配保护管应排列整齐，宜用镀锌U形螺栓或管卡固定牢固，如图18-3-18所示。

⑥保护管与就地仪表盘、仪表箱、接线箱、穿线盒等部件连接时，应有密封措施，并将管固定牢固。与检测元件或就地仪表之间宜采用挠性管连接，当不采用挠性管连接时，管末端应加护线帽。保护管从上向下敷设时，在最低点应加排水三通。仪表及仪表设备进线口应用电缆密封接头密封，如图18-3-19所示。

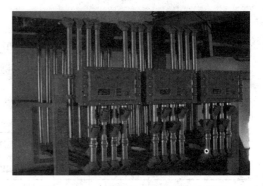

图18-3-18 明配保护管排列整齐美观

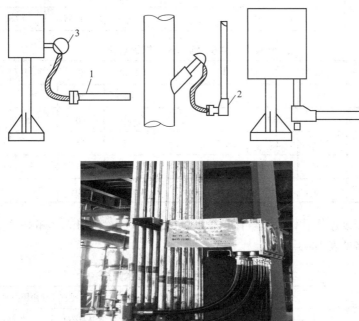

图18-3-19 保护管与就地仪表盘、仪表箱、接线箱、穿线盒等部件的连接
1—用卡子固定；2—三通；3—挠性管

⑦保护管之间及保护管与连接件之间，应采用螺纹连接，管端螺纹的有效长度应大于管接头长度的50%，并保持管路的电气连续性。当保护管埋地敷设时，宜采用套管焊接，并应做防腐处理。

⑧暗配保护管应按最短距离敷设，埋入墙或混凝土的深度与其表面的净距离应大于15mm。

⑨埋地保护管与公路、铁路交叉时，管顶埋入深度应大于1m，与排水沟交叉时，管顶离沟底净距离应大于0.5m，并延伸出路基或排水沟外1m以上。保护管与地下管道交叉时，与管道的净距离应大于0.5m，过建筑物墙基应延伸出散水坡外0.5m。

⑩当电缆导管穿过楼板时，应有预埋件，当需在楼板或钢平台开孔时，不得切断楼板内的钢筋或平台钢梁。穿墙保护套管或保护罩两端延伸出墙面的长度，不应大于30mm。

⑪在户外和潮湿场所敷设保护管，应采取防雨或防潮措施。

⑫在有粉尘、液体、蒸汽、腐蚀性或潮湿气体位置敷设的电缆导管，其两端管口应密封。

18.3.3.2 保护管常用材料

电缆（线）保护管是用来保护电缆、电线和补偿导线的。多采用镀锌的有缝管（即电气管），其规格见表18-3-4。有时也采用镀锌焊接钢管，其规格见表18-3-5。

表18-3-4　电气管的规格

公称直径 DN/in	1/2	5/8	3/4	1	1 1/4	1 1/2	2
公称直径 DN/mm	15	18	20	25	32	40	50
外径 /mm	12.7	15.87	19.05	25.4	31.75	38.1	50.8
壁厚 /mm	1.6	1.6	1.8	1.8	1.8	1.8	2.0
内径 /mm	9.5	12.667	15.45	21.6	28.15	34.5	46.8
质量 / (kg · mm^{-1})	0.451	0.562	0.765	1.035	0.335	1.661	2.40

表18-3-5　镀锌焊接钢管规格

公称直径 DN/in	1/2	3/4	1	1 1/4	1 1/2	2	2 1/2	3	4
公称直径 DN/mm	15	20	25	32	40	50	70	80	100
外径 /mm	21.25	26.75	33.5	42.25	48	60	75.5	88.5	114
壁厚 /mm	2.75	2.75	3.25	3.25	3.5	3.5	3.75	4.0	4.0
内径 /mm	15.75	21.25	27	35.75	41	53	68	80.5	106
质量 / (kg · mm^{-1})	1.44	2.01	2.91	3.77	4.58	6.16	7.88	9.81	13.44

有时也采用硬乙烯管作为电气保护管，每根长度为4m±0.1m，相对密度为1.4~1.6，硬氯乙烯管规格见表18-3-6。

表18-3-6　硬氯乙烯管技术数据

外径 /mm	外径公差 /mm	轻型（使用压力 ≤ 0.6MPa）		重型（使用压力 ≤ 1MPa）	
		壁厚及公差 /mm	近似质量/ (kg · m^{-1})	壁厚及公差 /mm	近似质量/ (kg · m^{-1})
10	± 0.2	—	—	1.5+0.4	0.06
12	± 0.2	—	—	1.5+0.4	0.07
16	± 0.2	—	—	2.0+0.4	0.18
20	± 0.3	—	—	2.0+0.4	0.17
25	± 0.3	1.5+0.4	0.17	2.5+0.5	0.27
32	± 0.3	1.5+0.4	0.22	2.5+0.5	0.35
40	± 0.4	2.0+0.4	0.36	3.0+0.6	0.52
50	± 0.4	2.0+0.4	0.45	3.5+0.6	0.77
68	± 0.5	2.5+0.5	0.71	4.0+0.8	1.11
75	± 0.5	2.5+0.5	0.85	4.0+0.8	1.34
90	± 0.7	3.0+0.6	1.23	4.5+0.9	1.81
110	± 0.8	3.5+0.7	1.75	5.5+1.1	2.71

电气保护管与仪表连接处采用金属挠性管，一般长度有 700mm 和 1000mm 两种规格，常用金属挠性管规格见表 18-3-7。

表 18-3-7　常用挠性金属管规格

公称内径 /mm	外径 /mm	内外径允许偏差 /mm	节距 /mm	自然变由直径大于 /mm	理论质量 / (g·m^{-1})
13	16.5	±0.35	4.7	65	176
15	19	±0.35	5.7	80	236
20	24.3	±0.40	6.4	100	342
25	30.3	±0.45	8.5	115	432
38	45.0	±0.60	11.4	228	807
51	58.0	±1.00	11.4	306	1055

保护管的材质取决于环境条件，一般腐蚀性可选择金属保护管，强酸性环境选用硬聚氯乙烯管。管径由所保护的电缆、电线的芯和外径来决定，一般套用经验公式，见表 18-3-8。

表 18-3-8　保护管直径选用经验公式

导线种类	保护管内导线（电缆）根数		
	2	3	4
橡皮绝缘电线	$0.32D^2 \geq d_1^2+d_2^2$	$0.42D^2 \geq d_1^2+d_2^2+d_3^2$	$0.40D^2 \geq n_1 d_1^2+n_2 d_2^2+\cdots$
乙烯绝缘电线	$0.26D^2 \geq d_1^2+d_2^2$	$0.34D^2 \geq d_1^2+d_2^2+d_3^2$	$0.32D^2 \geq n_1 d_1^2+n_2 d_2^2+\cdots$

注：D 为电气保护管内径，mm；d_1，d_2，d_3 为电线外径，mm；n_1，n_2，n_3 为相同直径对应的电线根数。

通常电缆的直径之和不能超过保护管内径的一半。以常用的 2.5mm^2 控制电缆（或补偿导线）为例，其电气保护管的选择可参照表 18-3-9 的数据（也适用于截面为 1.5mm^2 的控制电缆或补偿导线）。

表 18-3-9　保护管允许穿电缆数

电缆截面积 / mm^2	保护管种类	管内电缆数							
		1	2	3, 4	5, 6	7, 8	9	10, 11	12
2.5	电气管 /in	3/4	1	$1^{1/4}$					
	焊接钢管 /in	1/2	3/4	1	$1^{1/4}$	$1^{1/2}$	2	$2^{1/2}$	3
	轻型硬氯乙烯管	DN15	DN20	DN25	DN32	DN40	DN50	DN65	DN80

18.3.4　电缆、光缆、导线

18.3.4.1　电缆、光缆、导线施工工序

电缆、光缆、导线施工工序如图 18-3-20 所示。

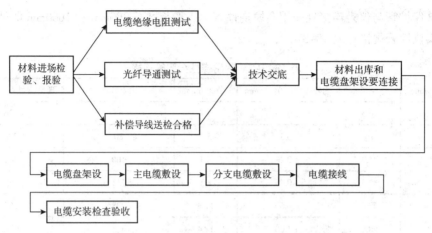

图 18-3-20　电缆、光缆、导线施工工序

18.3.4.2　电缆

a）仪表用电缆

常用的控制电缆见表 18-3-10 和表 18-3-11。

表 18-3-10　控制电缆型号、名称及用途

型号	名称	用途
KYV	铜芯聚乙烯绝缘、聚氯乙烯护套控制电缆	敷设在室内、电缆沟中、穿管
KVV*	铜芯聚氯乙烯绝缘、聚氯乙烯护套控制电缆	同 KYV
KXV	铜芯橡皮绝缘、聚氯乙烯护套控制电缆	同 KYV
KXF	铜芯橡皮绝缘、聚丁护套控制电缆	同 KYV
KYVD	铜芯聚乙烯绝缘、耐寒塑料护套控制电缆	同 KYV
KXVD	铜芯橡皮绝缘、耐寒塑料护套控制电缆	同 KYV
KXHF	铜芯橡皮绝缘、非燃性橡皮套控制电缆	同 KYV
KYV_{20}	铜芯聚乙烯绝缘、聚氯乙烯护套内钢带铠装控制电缆	敷设在室内、电缆沟中、穿管及地下，能承受较大机械外力
KVV_{20}	铜芯聚氯乙烯绝缘、聚氯乙烯护套内钢带铠装控制电缆	同 KYV_{20}
KXV_{20}	铜芯橡皮绝缘、聚氯乙烯护套内钢带铠装控制电缆	同 KYV_{20}

表 18-3-11　控制电缆技术数据

芯数 \ 外径 /mm \ 型号	KYV	KVV*	KXV	KXF	KYVD	KXVD	KXHF	KYV_{20}	KVV_{20}	KXV_{20}	截面积 / mm^2
4	9.11	9.11	9.70	11.20	11.20	10.85	11.20	–	–	–	1.0
	9.70	9.70	11.10	11.70	11.70	11.42	11.70	–	–	–	1.5
	10.60	10.60	12.00	12.70	12.70	12.35	12.70	–	–	–	2.5
	11.80	11.80	13.20	13.80	13.80	14.50	13.80	15.10	16.40	–	4.0

续表

型号 外径/mm 芯数	KYV	KVV*	KXV	KXF	KYVD	KXVD	KXHF	KYV₂₀	KVV₂₀	KXV₂₀	截面积/mm²
5	9.79	9.79	10.20	12.10	12.10	11.75	12.10	–	–	–	1.0
	10.44	10.44	11.90	12.70	12.70	12.42	12.70	–	–	–	1.5
	11.50	11.50	13.00	13.80	13.80	14.60	13.80	–	–	–	2.5
	12.82	12.82	13.40	–	–	15.80	–	16.10	17.50	–	4.0
7	10.49	10.49	10.90	13.00	13.00	11.20	13.00	–	–	–	1.0
	11.20	11.20	12.80	13.70	13.70	14.45	13.70	–	–	–	1.5
	12.40	12.40	14.00	14.90	14.90	15.60	14.90	15.70	17.60	18.10	2.5
	13.82	13.82	15.40	16.30	16.30	17.00	16.30	17.20	19.40	19.90	4.0
10	12.80	12.80	13.20	16.10	16.10	16.82	16.10	–	–	–	1.0
	13.80	13.80	15.80	17.10	17.10	17.80	17.10	17.10	19.50	21.50	1.5
	15.34	15.34	17.30	19.60	19.60	19.35	19.00	19.00	21.20	23.00	2.5
	17.30	17.30	19.60	21.60	21.60	21.30	21.60	21.80	24.40	25.40	4.0
14	13.78	13.78	14.20	17.40	17.40	18.10	17.40	–	–	–	1.0
	14.85	14.85	17.00	19.50	19.50	19.10	19.50	18.10	21.80	22.90	1.5
	16.56	16.56	19.10	21.20	21.20	20.90	21.20	20.30	23.50	25.00	2.5
	19.10	19.10	21.20	–	–	23.00	–	23.20	26.00	27.10	4.0
19	15.15	15.15	15.50	20.30	20.30	19.95	20.30	18.90	19.50	24.10	1.0
	16.75	16.75	19.10	21.50	21.50	21.15	21.50	20.10	23.50	25.30	1.5
	18.70	18.70	21.10	23.40	23.40	23.10	23.40	22.80	25.90	27.20	2.5
	–	–	–17.90	–	–	–	–	–	–	–	4.0
24	17.84	17.84	22.10	23.40	23.40	23.10	23.40	22.00	22.70	27.20	1.0
	19.32	19.32	24.80	25.80	25.80	25.50	25.80	23.40	26.90	28.60	1.5
	21.70	21.70	28.20	28.20	28.20	27.88	28.20	–	26.50	29.60	2.5
	–	–	–	–	–	–	–	–	–	–	4.0

常用屏蔽电线型号及主要用途见表 18-3-12。

表 18-3-12　常用屏蔽电线型号及主要用途

型号	名称	主要用途
BVP	聚氯乙烯绝缘金属屏蔽铜芯导线	用于防强电干扰的场合，环境温度为 –15~+65℃
BVVP	聚氯乙烯绝缘金属屏蔽护套铜芯导线	同 BVP，但能抗机械外伤
RVP	聚氯乙烯绝缘屏蔽铜芯软线	用于弱点流电器及仪表连接
RVVP	聚氯乙烯绝缘聚氯乙烯护套屏蔽铜芯软线	同 RVP

　　b）电缆施工要求

　　①仪表电缆到现场后，对电缆进行查检，查看电缆的型号、规格是否符合设计要求。应无明显质量缺陷，有产品质量合格证。

②审图核对电缆的规格、型号、长度、始点、终点、电缆走向，最终确定电缆敷设方案，并编制详细的电缆敷设表。避免本安电缆和非本安电缆及电源电缆的交叉。

③电缆敷设前应对电缆槽或桥架进行查检，查看桥架是否按照设计图纸施工完成。对待敷设电缆进行检查和测试，进行绝缘电阻测试和导通试验。

④敷设电缆时的环境温度应符合下列规定：

—塑料绝缘电缆不低于 0℃；

—橡胶绝缘电缆不低于 –15℃。

⑤电缆敷设应防止电缆之间或电缆与其他硬物之间相摩擦。

⑥在同一电缆槽内的不同信号、不同电压等级和本质安全防爆系统的电缆，应用金属隔板隔离，并按设计文件的规定分类、分区敷设。

⑦电缆在垂直电缆槽内敷设时，应用支架固定。电缆在拐弯、两端、伸缩缝、热补偿区段、易振等部位应留有余量。

⑧塑料绝缘、橡皮绝缘多芯控制电缆的弯曲半径，不应小于其外径的 10 倍。电力电缆的弯曲半径应符合现行国家标准 GB 50168《电气装置安装工程电缆线路施工及验收规范》的有关规定。

⑨明敷设的仪表信号线路与具有强磁场和强静电场的电气设备之间的净距离宜大于 1.50m；当采用屏蔽电缆或穿金属电缆导管以及金属槽式电缆桥架内敷设时，宜大于 0.80m，本安线路与非本安线路在电缆沟中敷设时，间距应大于 50mm。

⑩在下列情况下敷设电缆时，应采取必要的保护措施：

—周围环境温度超过 65℃时，应采取隔热措施。处在有可能引起火灾场所时，应采取防火措施。通常可采用钢管、槽板、石棉套管、石棉板等进行隔热、防火。

—不宜平行将电缆（线）敷设在高温、易燃、可燃介质的工艺设备、管道的上方或具有腐蚀性介质、油脂类介质设备、管道的下方。

—与工艺设备、管道绝热层表面之间的距离按设计要求施工，设计无要求时应大于 200mm，与其他工艺设备、管道表面之间的距离应大于 150mm。

⑪除下列情况外，控制电缆不应有中间接头：

—需要延长已经使用的电缆时，应加接线盒或接线箱；

—消除使用中的电缆故障时，应加接线盒或接线箱。

⑫铠装电缆敷设时应留有适应余量。

⑬设备附带的专用电缆，应按产品技术文件的要求敷设。

⑭综合控制系统和数字通信线路的电缆敷设应严格按设计文件和产品技术文件的要求进行，并应符合下列要求：

—不同电压等级的电缆不应敷设在同一汇线槽内，不可避免时，应用金属板隔离；

—信号线宜采用屏蔽电缆，网络通道电缆宜单独隔离敷设。

⑮仪表电缆与电力电缆交叉时，宜成直角；平行敷设时，两者之间的距离应符合设计文件规定。

⑯仪表电缆与电气避雷引下线交叉敷设无法满足敷设间距要求时，应穿保护管屏蔽敷设，钢管两端应做等电位接地。

⑰电缆敷设完毕后电缆两端必须安装永久性电缆号标牌。

⑱ 电缆终端头的制作应符合下列要求：

—从开始剥切电缆皮到制作完毕，应连续一次完成，以免受潮。

—剥切电缆时不得伤及芯线绝缘。

—铠装电缆应用钢线或喉箍卡将钢带和接地线固定。

—屏蔽电缆的屏蔽层应露出保护层 15~20mm，用铜线捆扎两圈，接地线焊接在屏蔽层上。

—电缆终端头应用绝缘胶带包扎密封，本安回路统一用天蓝色胶带。较潮湿、油污的场所，电缆头宜涂刷一层环氧树脂防潮或用热塑管热封。

—电缆头在盘柜内排列应整齐美观，热缩套管应长短一致，在盘柜内统一绑扎在镀锌角铁上，电缆头露出密封板 50mm，用绑扎带绑扎牢固。

18.3.4.3 光纤、光缆

a）光纤

光纤与其他传输方式的对比见表 18-3-13。

表 18-3-13 光纤与其他传输的对比

传输介质	带宽 /MHz	衰减系数 dB/km	中继距离 /km	抗电磁干扰性能	尺寸与质量	敷设安装	接续
双绞线	6	20（4MHz）	1~2	较差	大而重	一般	方便
同轴电缆	400	19（60MHz）	1.6	较差	一般	方便	较方便
光纤	>10GHz·km	0.2~3	> 50	不受干扰	小而轻	方便	特殊

①光纤的种类

光纤按传输模式来划分，分为单模光纤（single-mode）和多模光纤（multi-mode）。两种光纤的比较见表 18-3-14。另外，按照传输波长分为短波长光纤、长波长光纤、超长波长光纤；按材料分为石英光纤、塑料光纤、液芯光纤、晶体光纤和多组分光纤；按套塑类型非为紧套光纤和松套光纤；按折射率分布分为阶跃型（SI）光纤和渐变型（GI）光纤。

表 18-3-14 多模光纤和单模光纤的优缺点

	多模光纤	单模光纤
光线成本	昂贵	不太昂贵
传输设备	基本的、成本低	更昂贵（激光二极管）
衰减	高	低
传输波长	850~1300nm	1260~1640nm
使用	芯径更大，易于处理	连接更复杂
距离	本地网络（<2km）	接入网 / 中等距离 / 长距离网络（>200km）
带宽	有限的带宽（短距离内为 10Gb/s）	几乎无限的带宽（对于 DWDM 为 1Tb/s）
结论	光线更昂贵，但是网络开通相对不贵	提供更高的性能，但是建立网络很昂贵

②影响光纤性能的因素

—几何尺寸：模场直径、包层直径、包层不圆度、芯同心度误差等影响着接续和系统传输性能。

—环境：温度循环、高温高湿、温度时延漂移、浸水、核辐射等影响光纤的寿命。

—抗拉、耐侧压、弯曲、扭转影响光纤寿命。

—衰减、色散、PMD、非线性等影响系统传输质量。

b）光缆

光缆的机械性能和特点见表 18-3-15。

表 18-3-15　光缆的机械性能和特点

特点	说明
低损耗	波长 1.3μm 时，0.48dB/km，波长 1.55μm，0.2dB/km 的低损耗率
宽频	每 1km，分层绝缘指数光纤是 200MHz~1GHz，单模光纤达到几千兆赫兹的宽频
无感应	传送信号，对于外部电磁感应完全不受影响
特性稳定	光纤因为是石英玻璃，受温度变化损耗小，长期稳定。例：-20~60℃下，变动在 0.2dB/km 以下
直径小，重量轻	光纤玻璃的直径约 0.1mm，重量非常地轻，以 18 芯光纤为例：外径是 25mm，重量是 0.25kg/m
无串扰，无干扰	光在光纤内部封闭运行，互相之间没有影响

常用的光缆结构有层绞式、骨架式、中心束管式和带状 4 种。

①层绞式光缆，如图 18-3-21 所示。

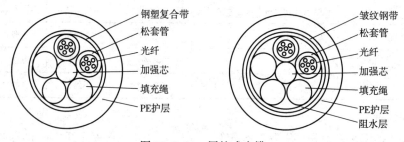

图 18-3-21　层绞式光缆

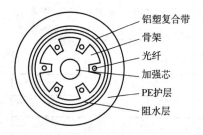

图 18-3-22　骨架式光缆

②骨架式光缆，如图 18-3-22 所示。

③中心管束式光缆，如图 18-3-23 所示。

④带状式光缆，如图 18-3-24 所示。

根据 ITU-T 的有关建议，目前光缆的型号是由光缆的型式代号和光纤的规格代号两部分构成，中间用短横线分开。

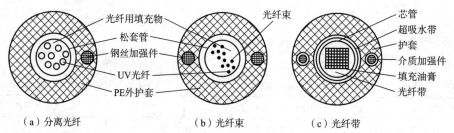

（a）分离光纤　　　　　（b）光纤束　　　　　（c）光纤带

图 18-3-23　中心管束式光缆

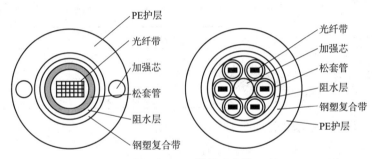

图 18-3-24　带状式光缆

c）光纤接入设备

①光纤跳线，如图 18-3-25 所示。单芯跳线光缆的外径一般为 2.8~3.0mm 或 1.8~2.0mm，单模室内缆通常外护套颜色为黄色，多模室内缆通常外护套颜色为橙色。光纤跳线根据接头不同分为 FC-SC、FC-LC、FC-FC，如图 18-3-26 所示。

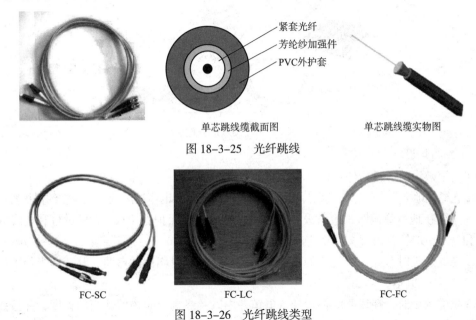

紧套光纤
芳纶纱加强件
PVC外护套

单芯跳线缆截面图　　　　　　单芯跳线缆实物图

图 18-3-25　光纤跳线

FC-SC　　　　　　FC-LC　　　　　　FC-FC

图 18-3-26　光纤跳线类型

②光纤接头，见表 18-3-16。

表 18-3-16　光纤接头

类型	说明	图例	类型	说明	图例
FC	圆形带螺纹（配线架上用得最多）	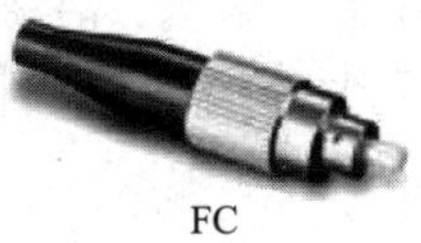 FC	LC	与 SC 接头相似，较 SC 小	 LC
ST	卡接式圆形	 ST	MT-RJ	一头双纤收发一体	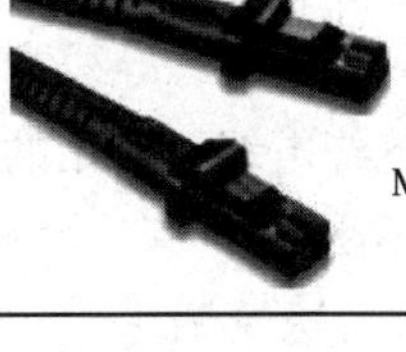 MT-R

续表

类型	说明	图例	类型	说明	图例
SC	卡接式方形（路由器交换机上用得最多）	SC			

③光纤接入设备连接示意，如图 18-3-27 所示。

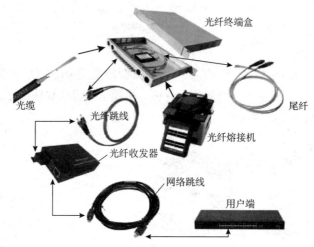

图 18-3-27　光纤接入设备连接示意

d）光缆敷设

①光缆敷设前应进行外观检查和光纤盘测检查。

②光缆在地上敷设时，应按设计文件规定敷设在指定的电缆槽区域内或独立的保护管内。

③光缆在地下敷设时，应敷设在保护管（束）内，保护管（束）、标示桩和电缆井的布置和施工，应符合设计文件规定。

④光缆敷设时，应保持光缆的自然状态，避免出现急剧性的弯曲，其弯曲半径不应小于光缆外径的 20 倍。

⑤光缆敷设时，在线路的拐弯处、电缆井内以及终端处应预留适当的长度，并按设计文件规定做好标识。

⑥光缆线路中间不宜有接头。

e）光缆（纤）的连接

光缆连接应遵循的原则是：芯数相等时，要同束管内的对应光纤对接；芯数不同时，按顺序先接芯数大的，再接芯数小的。具体方法有：熔接、活动连接和机械连接 3 种，在工程中，大都采用熔接法，具有接点损耗小、反射损耗大、可靠性高的特点。

18.3.4.4　导线

a）仪表用绝缘导线

仪表用绝缘导线常用的有橡皮绝缘电线和聚乙烯绝缘电线两种。盘内配线多采用聚氯乙烯绝缘电线。常用的绝缘电线见表 18-3-17。橡皮铜芯软线仅作电动工具连接线用，工程上不使用。

表 18-3-17 常用绝缘电线及其主要用途

型号	名称	主要用途
BXF	铜芯橡皮电线	供交流 500V，直流 100V 电力用线
BXR	铜芯橡皮软线	同 BXF，但要求柔软电线时采用
BV	铜芯聚氯乙烯绝缘电线	同 BXF，也可作仪表盘配线用
BVR	铜芯聚氯乙烯绝缘软线	同 BXR
VR	铜芯聚氯乙烯绝缘软线	作交流 250V 以上的移动式日用电器及仪表连线
RVZ	中型聚氯乙烯绝缘及护套软线	作交流 500V 以下的电动工具和较大的移动式电器连线
KVVR	多芯聚氯乙烯绝缘护套软线	作交流 550V 以下的电器仪表连线
FVN	聚氯乙烯绝缘尼龙护套电线	作交流 250V，60Hz 以下的低压线路连线

聚氯乙烯绝缘电线有很多种，BV 是单芯铜线，其标称截面积分别为 0.5mm^2、0.75mm^2、1.0mm^2、1.5mm^2、2.5mm^2、4.0mm^2，其中 0.75mm^2、1.0mm^2、1.5mm^2 种多用于仪表盘配线。BVR 也是单芯铜线，但其线性结构为多股铜丝组成，有 7 股、17 股、19 股 3 种，多用于专门插头的连线。

b）补偿导线

补偿导线是热电偶连接线，为补偿热电偶冷端因环境温度的变化而产生的电势差。不同分度号的热电偶要使用与分度号一致的补偿导线，补偿导线在连接时要注意极性，必须与热电偶极性一致，严禁接反。

①常用补偿导线的型号规格参数见表 18-3-18。

表 18-3-18 几种常用补偿导线的型号规格参数

所配热电偶分度号	补偿导线型号	代号	等级	使用温度范围/℃	补偿导线合金丝 正极	补偿导线合金丝 负极	绝缘层着色 正极	绝缘层着色 负极	护套着色 一般用 普通级	护套着色 一般用 精密级	护套着色 耐热用 普通级	护套着色 耐热用 精密级	绝缘层材料及护套材料	热电动势/μV 标称值 100℃	热电动势/μV 标称值 200℃
N（镍铬硅－镍硅热电偶）	NC	NC-G	一般用普通级	0~70	铁	铜镍18	红	灰	黑	灰	黑	灰	V，V	2774	5912
				0~100									V，V		
		NC-H	耐热用普通级	0~200									F，B		
		NC-GS	一般用精密级	0~70									V，V		
				0~100									V，V		
		NC-HS	耐热用精密级	0~200									F，B		
N（镍铬硅－镍硅热电偶）	NX	NX-G	一般用普通级	−20~70	镍铬14硅	镍硅	红	灰	黑	灰	黑	黄	V，V	2774	5912
				−20~100									V，V		
		NX-H	耐热用普通级	−20~200									F，B		
		NX-GS	一般用精密级	−20~70									V，V		
				−20~100									V，V		
		NX-HS	耐热用精密级	−20~200									F，B		

续表

所配热电偶分度号	补偿导线型号	代号	等级	使用温度范围/℃	补偿导线合金丝 正极	负极	绝缘层着色 正极	负极	护套着色 一般用 普通级	精密级	护套着色 耐热用 普通级	精密级	绝缘层材料及护套材料	热电动势/μV 标称值 100℃	200℃
E（镍铬－镍铜热电偶）	EX	EX-G	一般用普通级	-20~70	镍铬10	铜镍45	红	棕	黑	灰	黑	黄	V，V	6317	13419
				-20~100									V，V		
		EX-H	耐热用普通级	-20~200									F，B		
		EX-GS	一般用精密级	-20~70									V，V		
				-20~100									V，V		
		EX-HS	耐热用精密级	-20~200									F，B		
J（铁－铜镍热电偶）	JX	JX-G	一般用普通级	-20~70	铁	铜镍45	红	紫	黑	灰	黑	黄	V，V	5268	10777
				-20~100									V，V		
		JX-H	耐热用普通级	-20~200									F，B		
		JX-GS	一般用精密级	-20~70									V，V		
				-20~100									V，V		
		JX-HS	耐热用精密级	-20~200									F，B		
T（铜－铜镍热电偶）	TX	TX-G	一般用普通级	-20~70	铜	铜镍45	红	白	黑	灰	黑	黄	V，V	4277	9285
				-20~100									V，V		
		TX-H	耐热用普通级	-20~200									F，B		
		TX-GS	一般用精密级	-20~70									V，V		
				-20~100									V，V		
		TX-HS	耐热用精密级	-20~200									F，B		
S 或 R（铂铑10－铂铑13热电偶）	SC 或 RC	SC-G	一般用普通级	0~70	铜	铜镍	红	绿	黑	灰	黑	黄	V，V	645	1440
				0~100									V，V		
		SC-H	耐热用普通级	0~200									F，B		
		SC-GS	一般用精密级	0~70									V，V		
				0~100									V，V		
K（镍铬－镍硅热电偶）	KCA	KCA-G	一般用普通级	0~70	铁	铜镍22	红	蓝	黑	灰	黑	黄	V，V	4095	8137
				0~100									V，V		
		KCA-H	耐热用普通级	0~200									F，B		
		KCA-GS	一般用精密级	0~70									V，V		
				0~100									V，V		
		KCA-HS	耐热用精密级	0~200									F，B		

续表

所配热电偶分度号	补偿导线型号	代号	等级	使用温度范围/℃	补偿导线合金丝		绝缘层着色		护套着色				绝缘层材料及护套材料	热电动势/μV标称值	
									一般用		耐热用				
					正极	负极	正极	负极	普通级	精密级	普通级	精密级		100℃	200℃
K（镍铬–镍硅热电偶）	KCB	KCB–G	一般用普通级	–20~70	铜	铜镍40	红	蓝	黑	灰	黑	黄	V，V	4095	8137
				–20~100									V，V		
		KCB–GS	一般用精密级	–20~70									V，V		
				–20~100									V，V		
	KX	KX–G	一般用普通级	–20~70	镍铬10	镍硅3	红	黑	黑	灰	黑	黄	V，V		
				–20~100									V，V		
		KX–H	耐热用普通级	–20~200									F，B		
		KX–GS	一般用精密级	–20~70									V，V		
				–20~100									V，V		
		KX–HS	耐热用精密级	–20~200									F，B		

注：1. 本表依据国家标准 GB/T 4989。

2. 字母 X—表示延伸型补偿电缆（导线），C—表示补偿型补偿电缆（导线）。

3. 符号 S—表示热电特性允许误差为精密级，G—表示一般用补偿电缆（导线），H—表示耐热用补偿电缆（导线）；V—聚氯乙烯材料（PVC），F—聚四氟乙烯材料，B—无碱玻璃丝材料。

②补偿导线（电缆）的敷设要求：

—补偿导线（电缆）的型号、规格、材质应符合设计文件要求。

—补偿导线（电缆）应穿保护管或在电缆槽内敷设，不得直接埋地敷设。

—补偿导线（电缆）的型号应与热电偶及连接仪表的分度号相匹配。

—多根补偿导线（电缆）穿同一根保护管时，应涂抹适量滑石粉。

—当补偿导线（电缆）与测量仪表之间不采用切换开关或冷端温度补偿器时，宜将补偿导线和仪表直接连接。

18.3.5 配线

配线注意事项：

①从外部进入仪表盘、柜、箱内的电缆电线，应在其导通检查及绝缘电阻检查合格后再进行配线。

②仪表盘、柜、箱内的线路宜敷设在汇线槽内，在小型接线箱内可明线敷设。当明线敷设时，电缆电线束应采用由绝缘材料制成的扎带扎牢，扎带间距宜为 100~200mm。

③仪表的接线应符合下列规定：

—接线线端应有标号。

—剥绝缘层时不应损伤芯线。

—电缆与端子的连接应牢固。

—多股芯线端头宜采用接线端子，电线与接线端子的连接应压接。

④仪表盘、柜、箱内的线路不得有接头，其绝缘保护层不得有损伤。

⑤仪表盘、柜、箱接线端子两端的线路，均应按设计图纸标号。

⑥当端子板在仪表盘、柜、箱底部时，距离基础面的高度不宜小于250mm；当端子板在顶部或侧面时，与盘、柜、箱边缘的距离不宜小于100mm；多组接线端子板并排安装时，其间隔净距离不宜小于200mm。

⑦剥去外部护套的橡皮绝缘芯线及屏蔽线，应加设绝缘护套。

⑧当导线与接线端子板、仪表、电气设备等连接时，应留有余量。

⑨备用芯线应接在备用端子上，或按使用的最大长度预留，并标注备用线号。

⑩仪表盘内配线、接线箱内接线及穿盘电缆选用：

——仪表盘内配线宜采用暗配方式，暗配线采用汇线槽，个别场合也可用明配方式，如图18-3-28所示。

图18-3-28　汇线槽配线

——交流电源线应与信号线分开敷设，电源线端子与信号线端子之间应用标记端子隔开。

——进出仪表盘的导线应通过接线端子进行连接，但热电偶的补偿导线及特殊要求的仪表接线可直接接到仪表。

——接线箱内接线要留有一定的余量；带分屏总屏蔽的电缆接线，按仪表位号主电缆和分支电缆的屏蔽应一一对应，如图18-3-29所示。

图18-3-29　端子连接和线号标识

——仪表盘与仪表盘之间接线，除特殊电缆外，必须经过两盘各自的接线端子或接插件连接。

　　—每个仪表盘接线端子备用量不宜小于总量的 10%。

　　—仪表盘内应设有检修用电源插座。

　　—本质安全型仪表信号线与非本质安全型仪表信号线应分开敷设。

　　—本质安全型仪表信号线的接线端子，应与非本质安全型仪表信号线端子或其他端子分开，并应有蓝色标记，且应装防护罩。

📈 18.4　仪表管道

18.4.1　测量管路

18.4.1.1　一般规定

　　①测量管道内外表面的灰尘、油、水、铁锈等污物应进行清理。需要脱脂的管道应经脱脂合格后再安装。对于特殊介质的管路，应按相应要求进行清洗。

　　②碳素钢管敷设前应将管材外表面进行防腐处理。

　　③可预制的测量管道应集中加工，并及时封闭管口。

　　④测量管道安装在便于操作和维修的位置，不宜敷设在有碍检修、易受机械损伤、腐蚀、振动及影响测量的位置。

　　⑤测量管道安装位置应根据现场实际情况合理安排，不宜强求集中，宜减少弯曲和交叉，如图 18-4-1 所示。

图 18-4-1　导压管安装示意

　　⑥测量管道安装前必须对导压管、管件、阀门的规格、型号、材质进行检查确认。导压管路应用机械方法切割，不得使用电、气焊切割。

　　⑦测量管道的弯制宜采用冷弯方法，高压管宜一次冷弯成型。高压钢管的弯曲半径宜大于管子外径的 5 倍，其他金属管的弯曲半径宜大于管子外径的 3.5 倍，塑料管的弯曲半径宜大于管子外径的 4.5 倍。

　　⑧采用螺纹连接的管道，管子螺纹应符合设计文件的规定。

　　⑨螺纹连接的密封填料应均匀附着在管道的螺纹部分。

　　⑩测量管道采用卡套式接头连接时，安装和检验应符合产品技术文件的具体要求。

　　⑪测量管道分支时，应采用与管道同材质的三通连接，不得在管道上直接开孔焊接。

⑫ 测量管道与仪表连接时，不应使仪表承受机械应力。

⑬ 测量管道不宜埋地敷设。

⑭ 仪表管道应采用管卡固定在支架上。当管道与支架间有相对运动时，应在管道与支架间加软垫。支架间距宜符合表 18-4-1。

表 18-4-1　支架间距

测量管道材质	支架间距 /m	
	水平安装	垂直安装
钢管	1.0~1.5	1.5~2.0
铜管、铝管、塑料管及管缆	0.5~0.7	0.7~1.0

⑮ 不锈钢管固定时，不应与碳钢材料直接接触。

18.4.1.2　施工流程

测量管道施工流程如图 18-4-2 所示。

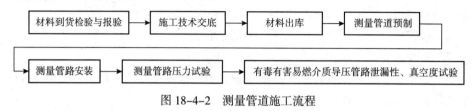

图 18-4-2　测量管道施工流程

18.4.1.3　测量管道安装

①测量管道安装应具备下列条件：

—工艺设备、管道上一次取源部件的安装应满足测量管道的安装要求。

—仪表设备已安装就位，并检查合格。

—管子、管件、阀门按设计文件核对无误，阀门压力试验合格。

—测量管道安装图的安装要求已明确。

②测量管道的敷设路径应尽量短（设计文件有特殊要求的情况除外），且不宜大于15m。

③测量管道焊接前，应将仪表设备与管路脱离。

④无腐蚀性和黏度较小介质的压力、差压、流量、液位测量管道的敷设应符合下列要求：

—测量液体压力时，变送器宜低于取压点，测量气体时则相反。

—测量蒸汽或液体流量时，宜选用节流装置高于差压仪表的方案，测量气体流量时则相反。

—测量流量安装的两只平衡容器隔离器，应保持在同一个水平线上，平衡容器入口管水平允许偏差为 2mm。

—垂直工艺管道上流量测量管道的取压引出方式见图 18-4-3，当介质为液体时，负压管应向下倾斜，见图 18-4-3（a）；介质为蒸汽时，正压管向上倾斜，见图 18-4-3（b）。

—常压工艺设备液位测量管道接至变送器正压室，带压工艺设备液位测量时，一般选用工艺设备下部取压管接至变送器正压室，上部与变送器负压室连接。差压液位取压管一端如接工艺设备底部，则其插入深度应大于 50mm。

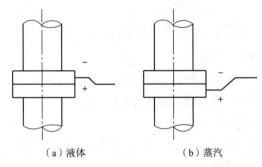

（a）液体　　　　　　（b）蒸汽

图 18-4-3　垂直工艺管道上的取压管引出方式

⑤仪表测量管道的水平敷设应保持 1/10~1/12 的斜度，测量液体介质进变送器前，不允许出现"∩"形弯，避免出现气阻；测量气体介质进变送器前，不应出现"∪"形弯，防止出现液阻。

⑥测量管道在穿过墙体、平台或楼板时，应安装套管。管子接头不得放在套管内。管道由防爆厂房或有毒厂房进入非防爆厂房或无毒厂房时，在穿墙或过楼板处应进行密封。

⑦测量管道与高温工艺设备和管道连接时，应采取热膨胀补偿措施。

⑧测量差压用的正压管及负压管应敷设在环境温度相同的地方。

⑨除另有规定外，测量管道与工艺设备、管道或建筑物表面之间的距离宜大于 50mm。与易燃、易爆介质的工艺管道热表面的距离宜大于 150mm，且不宜平行敷设在其上方。当工艺设备和管道需要绝热时，应适当增加距离。

⑩测量管道的焊接应符合下列要求：

对不锈钢管或质量要求严格的测量管道焊接宜采用氩弧焊或承插焊，承插法焊接时，其插入方向应顺着被测介质流向。

螺纹接头采用密封焊时，不得使用密封带，其露出螺纹应全部由密封焊覆盖。

⑪阀门安装前，应按介质流向确定其安装方向。

⑫当阀门与管道以法兰或螺纹方式连接时，阀门应处于关闭状态下安装；当以焊接方式连接时，阀门应处于开启状态。

⑬水平管线的压力测量导压管，敷设取压管引出位置宜采用如图 18-4-4 所示方式。

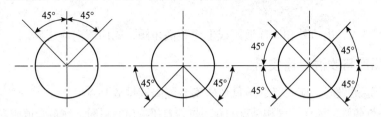

气体、液体、蒸汽

图 18-4-4　压力测量导压管引出位置

⑭测量蒸汽或液体流量时，宜选用节流装置高于差压仪表的方案，测量气体流量时则相反。

⑮测量蒸汽流量安装的两只平衡容器，必须保持在同一个水平线上，平衡容器入口管水平允许偏差为 2mm。

18.4.1.4 有毒、高温高压、可燃介质测量管道安装

①管道敷设前应对管子、管件、阀门进行外观检查。

②管道组成件应进行表面质量检查和尺寸抽样检查。

③管路焊接阀门安装前，应对阀体进行液压强度试验，试验压力为公称压力 1.5 倍。

④阀门阀座密封面应做气密试验。

⑤SHA 级管道上的测量管道弯制时，宜选用壁厚有正偏差的管子。

⑥管道对接焊时，应清理管子内外表面。

⑦$DN>25$ 的高压测量管道焊口宜做射线检测；$DN≤15$ 的高压测量管道可不进行表面无损检测，承插焊接部位宜做着色检查。

⑧安装高压螺纹法兰时，应露出管端螺纹的倒角，安装透镜垫前应在管口及垫片上涂抹防锈脂（脱脂管道除外）。

⑨高压管、管件、阀门、紧固件的螺纹部分，应抹二硫化钼等防咬合剂，但脱脂管路除外。

⑩高压法兰螺栓拧紧后，螺栓宜露出螺母 2~3 扣。

⑪ 管道焊接应有焊接工作记录。

⑫ 管道连接件安装前，应检查其密封面，不得有缺陷。

⑬ 连接件选用的垫片、密封填料应符合设计文件要求。

⑭ 有毒、可燃介质的测量管道安装，应做好详细的施工记录，并在测量管道上做明显标识。

⑮ 高压、耐腐蚀特殊合金钢测量管道应按工艺焊接评定要求施焊，宜委托工艺管道专业焊接。

18.4.1.5 分析取样管道安装

①分析取样管道敷设前应先将管子、阀门、配件、各设备组件进行清洗。

②分析取样管道的敷设路径应尽量短，取样系统部件应尽量少。

③分析取样管道应使气体或液体能排放到安全地点，有毒气体应按设计文件规定的位置排放。

④在分析仪入、出口处和试样返回线上应装截止阀，阀门流向应正确。

18.4.1.6 隔离与吹洗管道安装

①隔离管道敷设时，应在管线最低位置安装隔离液排放装置。

②对挥发性较强的液体、气相易凝的介质进行差压液位测量时，测量管道应安装隔离器。

③吹洗管道敷设时，吹洗管接入点应靠近根部阀。

④吹洗管道阀门的安装位置应便于操作。

⑤吹洗管道的限流孔板尺寸应符合设计文件要求。

18.4.1.7 各类测量管路安装形式

①压力仪表测量管路安装形式（以卡套连接，PN63 为例），见表 18-4-2。

表 18-4-2　压力仪表测量管路安装形式

分类	适用介质	变送器安装高度(H_1)与取压点高度(H_2)相对位置	安装图例	原理
A1	液体	$H_1<H_2$（推荐）	 1—卡套式直通焊接终端接头；2—无缝钢管；3—卡套式三通接头； 4—卡套式球阀；5—卡套式直通螺纹终端接头 注：若变送器配套两阀组，则取消下排污管路	为了使取压管路中液体的气泡返回主管中，配管时要有向下坡度
B1	气体	$H_1>H_2$（推荐）	 1—卡套式直通焊接终端接头；2—无缝钢管；3—卡套式球阀；4—卡套式直通螺纹终端接头	测量管路从取压点至变送器不能存在向下的坡度，便于管路内水汽回流至主管
C1	蒸汽	$H_1<H_2$（推荐）	 1—卡套式直通焊接终端接头；2—卡套式冷凝容器；3—无缝钢管； 4—卡套式三通接头；5—卡套式球阀；6—卡套式直通螺纹终端接头 注：若变送器配套两阀组，则取消下排污管路	使用冷凝容器使变送器与高温介质隔离，投用前冷凝容器至变送器管路灌注水或乙二醇溶液达到隔离、防冻目的，变送器投用前需将该段静压进行迁移

②流量仪表测量管线安装形式见表18-4-3。

表18-4-3 流量仪表测量管路安装形式

分类	适用介质	变送器安装高度（H_1）与取压点高度（H_2）相对位置	安装图例	原理
A1	液体	$H_1<H_2$（推荐）	1—卡套式直通焊接终端接头；2—无缝钢管；3—卡套式三通接头；4—卡套式球阀；5—卡套式直通螺纹终端接头；6—三阀组 注：若变送器配套五阀组，则下排污管线可以考虑从五阀组处引出	为了使取压管路中液体的气泡返回主管中，配管时要有向下坡度，两测量管路应平行敷设，且最高点的标高一致
B1	气体	$H_1>H_2$（推荐）	1—卡套式直通焊接终端接头；2—无缝钢管；3—卡套式直通螺纹终端接头；4—三阀组	测量管路从取压点至变送器不能存在向下的坡度，便于管路内水汽回流至主管；两测量管路应平行敷设

分类	适用介质	变送器安装高度（H_1）与取压点高度（H_2）相对位置	安装图例	原理
C1	蒸汽	$H_1 < H_2$（推荐）	 1—卡套式直通焊接终端接头；2—卡套式冷凝容器；3—无缝钢管；4—卡套式三通；5—卡套式球阀；6—直通螺纹终端接头；7—三阀组	使用冷凝容器使变送器与高温介质隔离，投用前冷凝容器至变送器管路灌注水或乙二醇溶液达到隔离、防冻目的，变送器投用前需将该段静压进行迁移；两取压管路应平行安装，冷凝容器安装标高一致

③常用物位仪表测量管线安装形式见表 18-4-4。

表 18-4-4　常用物位仪表测量管线安装形式

分类	容器／工况	安装图例	原理
A1	常压设备	 1—卡套式直通焊接终端接头；2—无缝钢管；3—卡套式三通接头；4—卡套式球阀；5—直通螺纹终端接头	从取源点至变送器不应有向上的坡度，便于测量管路内的气体排放至容器内

分类	容器/工况	安装图例	原理
A2	有压设备	 1—卡套式直通焊接终端接头；2—无缝钢管；3—三阀组；4—直通螺纹终端接头；5—卡套式三通接头；6—卡套式球阀 注：若3为五阀组，则下排污管线可从五阀组下端引出	位于高点的测量管线应按表18-4-2压力仪表测量管路中B2要求安装，位于低点的测量管线应按照表18-4-2压力仪表测量管路中A1要求安装
A3	有压设备带冷凝容器		位于高点测量管线中的冷凝容器应装在高点，投用前冲灌并测量与介质不相容的溶液；位于低点的测量管线应按照表18-4-2压力仪表测量管路中A1要求安装

18.4.1.8　导压管卡套的安装

①导压管采用双卡套方式（TUBE 管）安装时，安装前首先应检查导压管外表不能有纵向和横向的划纹。

②切割后的管口必须保持平整。

③安装注意事项：

—重复安装的卡套管接头不适用检验规检验。

—不要通过拆卸卡套管接头来排放系统压力。

—在紧固螺母之前确保卡套管顶住接头本体内孔肩部。

—不要混用不同材质或不同厂商生产的零件。

—拆装时切勿旋转接头本体，而应牢牢固定接头本体并旋转螺母。

—避免对未使用过的接头进行不必要的拆装。

—接头需要焊接时，需要将卡套内胀圈拆下，防止退火。

18.4.1.9　测量管道试验

①测量管道安装完成后，应进行检查，符合设计文件及有关规范规定后，方可进行系统压力试验。试验前应切断与仪表的连接，并将管道吹扫干净。

②试验压力小于 1.6MPa 且介质为气体的管道可采用气压试验，其他管道宜采用液压试验。

③气压试验宜用净化空气或氮气，试验压力为设计压力的 1.15 倍。

④液压试验应选用清洁水，试验压力为设计压力的 1.5 倍。管道材质为奥氏体不锈钢时，水的氯离子含量不得超过 50mg/L。

⑤试验用的压力表精度不应低于 1.5 级，刻度上限应为试验压力的 1.5~2 倍。

⑥压力试验过程中，若泄漏，应先泄压再做处理。

⑦压力试验合格后，应在管道另一端排放。

⑧当工艺系统规定进行真空度或泄漏性试验时，仪表测量管道应随同工艺系统一起进行试验。

⑨测量管道压力试验时，不得带变送器进行压力试验。当试验压力不超过差压变送器的静压力时，可打开三阀组平衡阀进行压力试验。

⑩压力试验合格后，应做好试验记录。

18.4.2　仪表气源管道和信号管道的安装

18.4.2.1　气源管道

①气源管道的安装应符合设计文件的规定，宜避开有碍检修、易受机械损伤、振动和腐蚀之处。

②气源管道应与需要绝热的工艺设备和管道绝热层的厚度保持一定距离。

③气源管道主管布管形式一般选用支干式。支管从主管上取气，主管上的每个取气端设有切断阀，如图 18-4-5 所示；对气源压力的稳定性有较高要求时，主管的布管形式可选用环形供气方式，如图 18-4-6 所示。

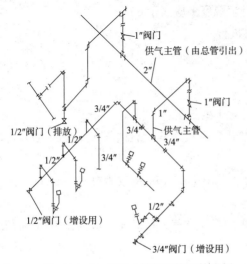

图 18-4-5　支干式供气系统配管示例

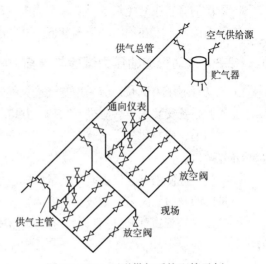

图 18-4-6　环形供气系统配管示例

④气源管道的管径可根据供气点确定，参见表18-4-5。

表18-4-5　供气系统配管管径选取范围

管径	DN15	DN20	DN25	DN40	DN50	DN65	DN80
	1/2″	3/4″	1″	1¹/₂″	2″	2¹/₂″	3″
供气点数	1~4	5~15	16~25	26~60	61~150	151~250	251~500

⑤气源管道应采用机械方法切割。

⑥气源管道采用镀锌钢管时，应用螺纹连接，拐弯处应采用弯头。

⑦主气源管的根部阀应安装在管道的上部，分支的供气管线从根部阀上部引出，主管上应留有备用接口。

图18-4-7　排污阀安装位置

⑧气源管道直线距离较长或分支和弯头较多时，应适当加装活接头。

⑨气源管道的螺纹加工应采用无油套丝设备进行。

⑩气源管道末端和集液处应安装排污阀，排污管口应远离仪表、电气设备及接线端子，如图18-4-7所示。

⑪气源管道应采用管卡固定在支架上。

⑫气源管配管完毕后，应进行吹扫及气密性试验。

18.4.2.2　气动信号管道

①气动信号管道、管缆敷设前，应进行外观检查。

②气动信号管道的安装路径宜短，宜减少拐弯和交叉。

③气动信号管道应采用割管刀切割。

④金属气动信号管道弯制时，应用弯管器冷弯，且弯曲半径不得小于管子外径的3倍。

⑤敷设的管缆应避免热源辐射，其周围的环境温度不应高于65℃。

⑥管缆敷设不宜在周围环境温度低于0℃时进行。

18.4.2.3　气动管道的压力试验与吹扫

①气动管道压力试验，应采用空气或氮气。

②气源系统安装完毕后应进行吹扫，并应符合下列规定：

—吹扫前，应将供气总管入口、分支供气总入口和接至各仪表供气入口处的过滤减压阀断开并敞口。

—吹扫气应使用符合仪表空气质量标准、压力为0.5~0.7MPa的仪表空气；

—排出的吹扫气应用白布或涂白漆的靶板检验。

③气动信号管道气密性试验时，应使用干燥的净化空气，试验压力应为仪表的最高信号压力。

④吹扫完毕后，气源总管的入口阀和干燥器及空气储罐的入口、出口阀，均应有"未经许可不得关闭"的标志。

⑤压力试验和气密性试验应做好记录。

18.4.3 非金属仪表管路

18.4.3.1 非金属管路和管件的存放

①管材应按不同的规格分别堆放；DN25 以下的管子可进行捆扎，且重量不宜超过 50kg；管件应按不同品种、规格分别装箱。

②搬运管材和管件时，严禁剧烈撞击、与尖锐物品碰撞、抛摔滚拖；应存放在通风良好、温度不超过 40℃的库房或简易棚内，不得露天存放。

③管材应水平堆放在平整的支垫物上，间距不大于 1m，不得叠置过高。

18.4.3.2 非金属管路的熔接连接

①熔接适用于 PE（聚乙烯）管、PP（聚丙烯）管的连接，按接口形式和加热方式可分为：

—电熔连接：电熔承插连接、电熔鞍形连接。

—热熔连接：热熔承插连接、热熔鞍形连接、热熔对接连接。

②安装的一般规定：

—管道连接前，应进行外观检查。主要检查项目包括耐压等级、外表面质量、配合质量、材质的一致性等。

—应根据不同的接口形式采用相应的专用加热工具，不得使用明火加热管材和管件。

—采用熔接方式相连的管道，宜采用同种牌号材质的管材和管件。

—在寒冷气候（-5℃以下）和大风环境条件下进行连接时，应采取保护措施或调整连接工艺。

③电熔连接的特点：

连接方便迅速、接头质量好、外界因素干扰小，但电熔管件的价格是普通管件的几倍至几十倍（口径越小相差越大），一般适合于大口径管道的连接。

电熔承插连接的程序（过程）：检查→切管→清洁接头部位→管件套入管子→校正→通电熔接→冷却。

电熔鞍形连接适用于在干管上连接支管或维修因管子小面积破裂造成漏水等场合。连接流程为：清洁连接部位→固定管件→通电熔接→冷却。

④热熔连接的特点：

—热熔承插连接一般用于 4″以下小口径塑料管道的连接。

连接流程如下：检查→切管→清理接头部位及划线→加热→撤熔接器→找正→管件套入管子并校正→保压、冷却。

—热熔鞍形连接一般用于管道接支管的连接。

其连接过程为：管子支撑→清理连接部位及划线→加热→撤熔接器→找正→鞍形管件

压向管子并校正→保压、冷却。

—热熔对接连接方式无须管件，连接时必须使用对接焊机。

其连接步骤如下：装夹管子→铣削连接面→加热端面→撤加热板→对接→保压、冷却。

18.4.3.3　非金属管与金属管的连接

非金属管与金属管之间的连接可采用钢制卡套式管路接头，用100℃左右开水，将管端加温后插入即可连接；另一端的卡套接头与钢管连接。

18.5　仪表伴热

18.5.1　仪表伴热类型和方式

18.5.1.1　伴热类型

a）热水伴热

在条件许可的情况下应优先采用热水伴热，在热水伴热满足不了要求的情况下选择蒸汽伴热。在蒸汽源和热水源均难以解决的场合可以考虑用电伴热。

热水伴热无法满足要求的情况有两种：

一是特殊介质的场合，如含有硫黄的介质需要伴热超高100℃；

二是被伴热系统的位置比较高，热水压力不能满足较高的压头损失的场合。

b）蒸汽伴热

蒸汽伴热采用伴热管引用蒸汽产生热量，一般采用低压蒸汽。

c）电伴热

电伴热电压一般为220V。目前国内尚无有关电伴热应用方面的标准规范。

d）自伴热

自伴热是将仪表测量管沿具有一定表面温度的工艺管道或设备敷设并保温，利用工艺管道或自身的热量达到防冻凝的目的。

e）仪表伴热类型比较

仪表伴热类型比较见表18-5-1。

表 18-5-1　仪表伴热类型对比

伴热类型	适用场合	被伴热介质或对象
热水伴热	高寒地区	水和水蒸气、轻质油品等凝点较低的介质
蒸汽伴热	非高寒地区	原油、渣油、蜡油、沥青、燃料油和急冷油等
电伴热	没有蒸汽源和热水源的场合	需要对被伴热对象实现精确温度控制和遥控
自伴热	仪表测量管道随工艺管道或工艺设备一并保温，不需另外采用热源或能满足测量要求时采用	

18.5.1.2　伴热方式

①热水伴热和蒸汽伴热宜分为重伴热和轻伴热。

轻伴热：伴热管线与仪表设备和导压管之间应保持 1~2mm 的间距，可用橡胶石棉板等按约 200mm 的距离隔离。

重伴热：伴热管线紧贴仪表设备和导压管敷设。

②在被测介质易冻结、冷凝、结晶的场合，仪表测量管道应采用重伴热；重伴热的结构参见图 18-5-1（a）和（b），伴热管道应紧密接触仪表测量管道。

③当重伴热可能引起被测介质汽化、自聚或分解时，应采用轻伴热或绝热。轻伴热的结构参见图 18-5-1（c）。

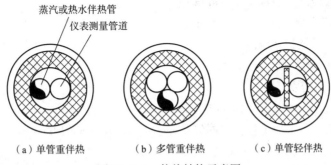

　　　（a）单管重伴热　　　　　（b）多管重伴热　　　　（c）单管轻伴热

图 18-5-1　伴热结构示意图

18.5.2　仪表伴热系统设计

18.5.2.1　一般规定

①伴热系统应遵循设置原则：

—在环境温度下有冻结、冷凝、结晶、析出等现象产生的物料的测量管道、取样管道，应设置伴热系统。

—不能满足最低环境温度要求的检测仪表，应设置伴热系统。

—当伴热点位置相对分散时，可采用分散供热；当伴热点位置相对集中时，宜采用集中分配器供热。

②伴热系统设计应考虑被伴热设备或管线的可独立维护特性。

③当热水和蒸汽伴热采用集中分配器和收集器时，其设置应符合以下要求：

—在 3m 半径相邻范围内有 5 个及以上需要伴热的仪表，宜设置分配器；

—分配器应布置在不妨碍通行、便于操作和维护的地方；

—分配器应预留 1~2 个备用口，备用口宜设置阀门并用管帽或法兰盖密封。

④蒸汽伴管的集液处应有排液装置。

⑤热水伴管的集气处应有排气装置。

18.5.2.2　热水伴热系统

a）热水用量应根据伴热系统的热损失计算

①伴热系统总热量损 Q_s 为每个伴热管道的热量损失之和，其值应按下列公式计算：

$$Q_s=\sum_i^n(q_pL_i+Q_{bi})$$

式中　Q_s——伴热系统总热量损失，kJ/h；

　　　q_p——件热管道的允许热损失，kJ/m·h；

　　　L_i——第 i 个伴热管道的保温长度，m；

　　　Q_{bi}——第 i 个保温箱的热损失，kJ/h；

　　　i——伴热系统的数量，i=1、2、3…n。

②热水用量应按下列公式计算：

$$V_w=K_2\frac{Qs}{C(t_1-t_2)\rho}$$

式中　V_w——仪表伴热用热水用量，m³/h；

　　　Q_s——伴热系统总热量损失，kJ/h；

　　　t_1——热水管道进水温度，℃；

　　　t_2——热水管道回水温度，℃；

　　　ρ——热水的密度，kg/m³；

　　　C——水的比热容，取 4.1868kJ/（kg·℃）；

　　　K——热水余量系数（包括热损失及漏损），一般取 K_2=1.05。

b）热水伴热系统的集中供水系统和集中回水系统。

集中供水系统应包括热水总管、热水支管、热水分配器、热水伴热管和排凝等部分，如图 18-5-2；集中回水系统应包括热水回水管、回水分配器、回水支管、回水总管和排凝等部分，如图 18-5-3。

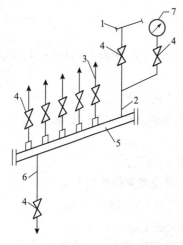

图 18-5-2　热水伴热集中供水系统示意

1—热水总管；2—热水支管；3—热水伴热管；
4—切断阀；5—热水分配器；
6—开工排水管和吹出管；7—压力表

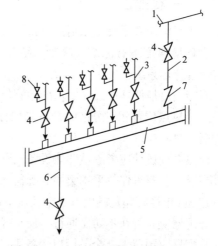

图 18-5-3　热水伴热集中回水系统示意

1—回水总管；2—回水支管；3—热水伴热回水管；
4—切断阀；5—回水分配器；6—开工排水管和吹出管；
7—止回阀；8—压力表接头

c）热水伴热系统的管道设计要求：

①热水伴热管的材质和管径可按表 18-5-2 选取。

表 18-5-2　常用热水伴热管的材质和管径

热水伴热管材质	热水伴热管外径 × 壁厚 /mm	热水伴热管材质	热水伴热管外径 × 壁厚 /mm
不锈钢管	$\phi 10 \times 1.5$，$\phi 12 \times 1.5$	不锈钢管、碳钢管	$\phi 18 \times 3$
不锈钢管、碳钢管	$\phi 14 \times 2$	不锈钢管、碳钢管	$\phi 22 \times 3$

②热水伴热总管和支管应采用无缝铜管，相应的管径可按如下公式计算：

$$d_n = 18.8 \sqrt{\frac{V_w}{\omega}}$$

式中　d_n——热水总管、支管内径，mm；

　　　V_w——仪表伴热用热水用量，m^3/h；

　　　ω——热水流速，m/s，一般取 1.5m/s~3.5m/s。

③热水支管和热水分配器及回水支管和回水分配器的管径可按表 18-5-3 选取（当 $S \geq 12$ 时应设置两个或两个以上热水分配器或回水分配器）。

表 18-5-3　热水支管和热水分配器管径选择

S 值	集中供水系统		集中回水系统	
	热水支管	热水分配器	回水支管	回水分配器
4~8	DN40（$\phi 48 \times 3$）	DN50（$\phi 60 \times 3$）	DN40（$\phi 48 \times 3$）	DN50（$\phi 60 \times 3$）
9~12	DN50（$\phi 60 \times 3$）	DN80（$\phi 89 \times 3.5$）	DN50（$\phi 60 \times 3$）	DN80（$\phi 89 \times 3.5$）

注：S 值按公式计算取得：$S = A + 2B + 3C$；

　　S—热水伴热管的总根数；A—DN15 及以下伴热管的总根数；B—DN20 伴热管的根数；C—DN25 伴热管的根数。

④热水伴热管的最大允许有效长度（从热水分配器到回水分配器的伴热管总长度）可按表 18-5-4 确定。

表 18-5-4　热水伴热管的最大允许有效长度选择

伴热管管径 /mm	伴热热水压力 p（MPa）对应的最大允许有效长度 /m		
	$0.3 \leq p \leq 0.5$	$0.5 < p \leq 0.7$	$0.7 < p \leq 1.0$
$\phi 10$，$\phi 12$	40	50	60
DN15（$\phi 22 \times 2.5$）	60	70	80

d）热水伴热系统管道的敷设要求：

①热水伴热总管、支管、伴热管的连接应焊接，必要时设置活接头。取水点应在热水管底部或两侧。伴热管应从低点供水，高点回水。

②热水伴热管及支管根部、回水管根部应设置切断阀，最低点应设排污阀。

③热水支管的热水宜从热水总管顶部引出，并在靠近引出口处设置切断阀，切断阀宜设置在水平管道上；热水回水管从热水回水总管顶部引入。

④同一热水分配器的各伴热管长度应尽可能相等，最短热水伴热管的当量长度不宜小于最长伴热管当量长度的 70% 左右。

18.5.2.3　蒸汽伴热系统

a）蒸汽用量的计算：

$$W_s = K_1 \frac{Q_s}{H}$$

式中　W_S——仪表伴热用蒸汽用量，kg/h；

　　　H——蒸汽冷凝潜热，kJ/kg；

　　　K_1——蒸汽余量系数。

在实际计算中，取 $K_1=2$ 作为确定蒸汽总用量的依据：

伴热蒸汽用量估算值：每个伴热点约为 5~8kg/h。

b）蒸汽伴热系统的设置要求

①伴热蒸汽宜采用低压过热蒸汽或低压饱和蒸汽，饱和蒸汽主要物理性质见表18-5-5。

表 18-5-5　饱和蒸汽主要物理性质

饱和蒸汽压力 /MPa	温度 t/℃	冷凝潜热 H/（kJ/kg）
1	179.038	481.6 × 4.1868
0.6	158.076	498.3 × 4.1868
0.3	132.875	517.3 × 4.1868

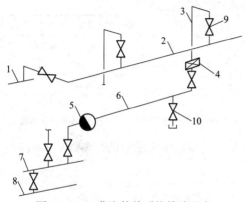

图 18-5-4　蒸汽伴热系统管路示意

1—蒸汽总管；2—蒸汽支管；3—蒸汽伴热管；
4—保温箱；5—疏水器；6—冷凝水管；
7—回水支管；8—回水总管；9—切断阀；10—排污阀

②仪表伴热用蒸汽宜设置独立的供汽系统。对于少数分散的仪表伴热对象，可按具体情况供汽，见图18-5-4。

③蒸汽伴热系统宜采用集中供汽和集中疏水的方式。

集中供汽系统应包括蒸汽总管、蒸汽支管、蒸汽分配器、蒸汽伴热管及管路附件等部分，见图18-5-5。

集中回水系统应包括蒸汽冷凝水管、疏水器、回水分配器、回水支管、回水总管和及管路附件等部分，见图18-5-6。

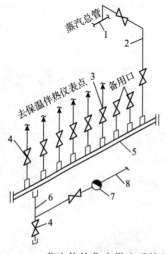

图 18-5-5　蒸汽伴热集中供汽系统示意

1—蒸汽总管；2—蒸汽支管；3—蒸汽伴热管；
4—切断阀；5—蒸汽分配器；6—开工排水管和吹出管；
7—疏水器；8—冷凝水管（至回水管或地漏）

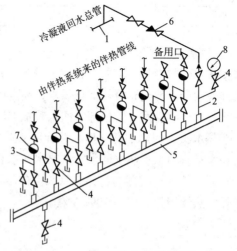

图 18-5-6　蒸汽伴热集中回水系统示意

1—回水总管；2—回水支管；3—冷凝水管；4—切断阀；
5—回水分配器；6—止回阀；7—疏水器；8—压力表

c）蒸汽伴热系统的管线设计应符合以下规定：

①蒸汽伴热管的材质和管径，可按表 18-5-6 选取。

表 18-5-6　常用蒸汽伴热管材质和管径

伴热管材质	伴热管外径 × 壁厚 /mm	伴热管材质	伴热管外径 × 壁厚 /mm
紫铜管	$\phi 8 \times 1$，$\phi 10 \times 1$	不锈钢管	$\phi 14 \times 2$（$\phi 18 \times 3$）
不锈钢管	$\phi 8 \times 1$，$\phi 10 \times 1.5$（$\phi 12 \times 1$）	碳钢管	$\phi 14 \times 2$（$\phi 18 \times 3$）
对个别黏度较大的介质，其伴热管道的管径可适当增大			

②伴热总管和支管应采用无缝钢管，其管径可按表 18-5-7 选择。

表 18-5-7　伴热总管和支管管径与饱和蒸汽流量、流速关系

公称直径 DN	规格 外径 × 壁厚 / mm	蒸汽压力 /MPa					
		1.0		0.6		0.3	
		蒸汽量 /（t/h）	流速 /（m/s）	蒸汽量 /（t/h）	流速 /（m/s）	蒸汽量 /（t/h）	流速 /（m/s）
15	$\phi 27 \times 2.5$	<0.04	<9	<0.03	<11	<0.02	<11
20	$\phi 27 \times 2.5$	<0.07	<10	<0.05	<12	<0.03	<13
25	$\phi 34 \times 2.5$	0.07~0.13	<11	0.05~0.10	<13	0.03~0.06	<15
40	$\phi 48 \times 3$	0.13~0.34	<13	0.10~0.26	<17	0.06~0.16	<20
50	$\phi 60 \times 3$	0.34~0.64	<15	0.26~0.5	<19	0.16~0.3	<23
80	$\phi 89 \times 3.5$	0.64~1.9	<20	0.5~1.4	<23	0.3~0.8	<26
100	$\phi 100 \times 3$	1.9~3.8	<24	1.4~2.7	<26	0.8~1.5	<29

③蒸汽伴热支营和蒸汽分配器及回水支管和回水分配器的管径可按表 18-5-8 选取（当 $S \geq 16$ 时应设置两个或两个以上蒸汽分配器或回水分配器）。

表 18-5-8　伴热支管和蒸汽分配器管径选择

S 值	集中供汽系统		集中回水系统	
	热水支管	热水分配器	回水支管	回水分配器
4~8	$DN25$（$\phi 34 \times 2.5$）	$DN50$（$\phi 60 \times 3$）	$DN25$（$\phi 34 \times 2.5$）	$DN50$（$\phi 60 \times 3$）
9~12	$DN40$（$\phi 48 \times 3$）	$DN50$（$\phi 60 \times 3$）	$DN40$（$\phi 48 \times 3$）	$DN50$（$\phi 60 \times 3$）
13~16	$DN50$（$\phi 60 \times 3$）	$DN80$（$\phi 89 \times 3.5$）	$DN50$（$\phi 60 \times 3$）	$DN80$（$\phi 89 \times 3.5$）

注：S 值按公式计算取得：$S=A+2B+3C$

S—蒸汽伴热管的总根数；A—$DN15$ 及以下伴热管的总根数；B—$DN20$ 伴热管的根数；C—$DN25$ 伴热管的根数。

④蒸汽伴热管的最大允许有效长度（从热水分配器到回水分配器的伴热管总长度）可按表 18-5-9 确定。

表 18-5-9　蒸汽伴热管的最大允许有效长度选择

伴热管管径 /mm	伴热热水压力 p（MPa）对应的最大允许有效长度 /m		
	$0.3 \leq p \leq 0.5$	$0.5 < p \leq 0.7$	$0.7 < p \leq 1.0$
$\phi 10$，$\phi 12$	40	50	60
$DN15$（$\phi 22 \times 2.5$）	60	75	90

⑤蒸汽伴热支管最多伴热点数可按表 18-5-10 选取。

表 18-5-10　蒸汽伴热支管最多伴热点数

伴热支管 外径 × 壁厚 /mm	蒸汽压力 /MPa		
	1.0	0.6	0.3
	最多伴热点数		
$\phi\,27 \times 2.5$	10	7	4
$\phi\,27 \times 2.5$	18	14	10
$\phi\,34 \times 2.5$	35	29	21
$\phi\,48 \times 3$	91	76	57
$\phi\,60 \times 3$	172	147	107
$\phi\,89 \times 3.5$	535	414	255

注：蒸汽管道上所能连接的最多伴热点数，是根据理论计算与现场实际点差结果制定的，可供设计时估算管径参考。由此表估算出管径后，可参照表 18-5-3 估算出总的蒸汽耗量。

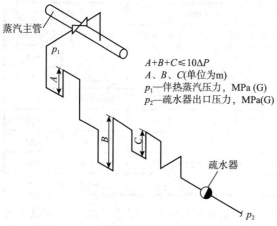

图 18-5-7　蒸汽伴热管回升高度的限制

$A+B+C \leqslant 10\Delta P$
A、B、C(单位为m)
p_1—伴热蒸汽压力，MPa (G)
p_2—疏水器出口压力，MPa(G)

d）蒸汽伴热系统管道的敷设要求

①伴热管道应从蒸汽总管或支管顶部引出，并在靠近引出处设切断阀。

②伴热管线应避免在高度上起伏变化，当无法避免时，可参考图 18-5-7 所规定的回升高度进行限制。

③当伴热管道水平敷设时，伴热管道应安装在被伴热管道的下方或两侧。

④伴热管道可用金属扎带或镀锌铁丝捆扎在被伴热管道上。

⑤供汽分配器及回水分配器可水平或垂直安装。

⑥供汽分配器冷凝水管管径宜选用 DN20。

⑦当供汽分配器位于蒸汽总管上方，且从下部接入分配器时，分配器可不设排水阀和疏水阀。

⑧当供汽分配器上有从下部引出的伴热管时，集合管上可不单独设疏水器。

⑨在同一蒸汽分配器的各蒸汽伴热管长度应尽大致相等。

⑩回水系统应使各回水管线的冷凝量大致相等；各回水系统的压力损失应尽可能小。

e）疏水器的设置要求

①蒸汽伴热系统可采用热动力式疏水器或双金属式疏水器。

②每根伴管宜单独设置疏水器。

③疏水器宜带过滤器。

④疏水器前后均应设置切断阀，不宜设置旁路阀。

18.5.2.4　电伴热系统

a）电伴热系统的设计

①在爆炸危险场所，电伴热系统配套的电气设备及附件应满足爆炸危险场所的防爆等级。

②电伴热系统可由配电箱、控制电缆、电伴热带及其附件组成。附件包括电源接线

盒、中间接线盒（二通或三通）、终端接线盒及温度控制器。

b）电伴热带的功率

可根据仪表测量管道散热量来确定，管道散热量按下列公式计算，为便于工程设计估算，表 18-5-11 数据供参考。

$$q=\frac{2\pi k\left(T_{P}-T_{Q}\right)}{\ln\left(D_{2}-D_{1}\right)}$$

式中　q——每单位长度仪表测量管道的热损失（实际需要的伴热量），W/m；

T_{P}——要求的维持温度，℃；

T——最低设计环境温度，℃；

D_{2}——保温层外径，m；

D_{1}——保温层内径，m；

k——保温层导热系数。

对于仪表设备（如玻璃板液位计、外浮筒液位变送器等）的电伴热，目前尚无散热量的计算公式，应用中可参考管道散热量公式及其相关参数设计。

表 18-5-11　仪表测量管道单位长度散热量　　　　　单位：W/m

管道隔热层厚度 /mm	温差 ΔT /℃	测量管道尺寸 /in（公称尺寸 DN/mm）			
		1/4（6，8，10）	1/2（15）	3/4（20）	1（25）
10	20	5.2	7.2	8.5	10.1
	30	9.4	11.0	12.9	15.4
	40	12.7	14.9	17.5	20.8
20	20	4.0	4.6	5.3	5.2
	30	5.2	7.0	8.1	9.4
	40	8.3	9.5	10.9	12.7
	60	12.8	14.7	15.9	19.6
30	20	3.3	3.7	4.2	4.8
	30	5.0	5.6	5.3	7.3
	40	5.7	7.6	8.6	9.8
	60	10.3	11.7	13.2	15.1
	80	14.2	15.0	18.2	20.8
	100	18.3	20.7	23.4	25.8
	120	22.7	25.6	29.0	33.2
	140	27.2	30.8	34.9	40.0
	160	32.1	35.2	41.1	47.1
	180	37.1	42.0	47.6	54.5
40	20	2.8	3.2	3.6	4.0
	30	4.3	4.8	5.4	5.1
	40	5.8	5.5	7.3	8.3
	60	9.0	10.1	11.3	12.8
	80	12.3	13.8	15.5	17.6
	100	15.9	17.8	20.0	22.7
	120	19.7	22.1	24.8	28.1
	140	23.7	25.5	29.8	33.8
	160	27.9	31.2	35.1	39.8
	180	32.3	35.3	40.6	45.0

c）电伴热系统分类

①自限温电伴热系统，可用于不需要精确控制伴热温度的场合，见图 18-5-8。

②温度控制电伴热系统，可用于需要精确维持管壁温度或加热体内的介质温度的场合，见图 18-5-9。温度控制电伴热系统设置有温度控制器及温度传感器，在关键的电伴热温度控制回路中，宜设温度超限报警和 / 或联锁。

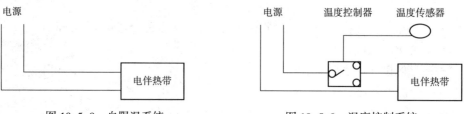

图 18-5-8　自限温系统　　　　　　　图 18-5-9　温度控制系统

d）电伴热监控系统

①伴热回路应采取可视的监控手段，用指示灯监控各伴热回路的工作状态。

②监控系统应提供报警信息。

③监控系统应具备自测试功能。

④监控系统应能与中心控制室进行数据通信，集中监控运行状态和报警。

e）电伴热带的选型

①在爆炸性危险环境使用的，应满足防爆要求。

②最高耐温应超过被伴热对象可能的最高温度。

③应在规定的环境条件（腐蚀、低温等）下正常运行。

④应根据管道维持温度及最高温度确定电伴热带的最高耐受温度。

f）电伴热带安装形式，见图 18-5-10、图 18-5-11。

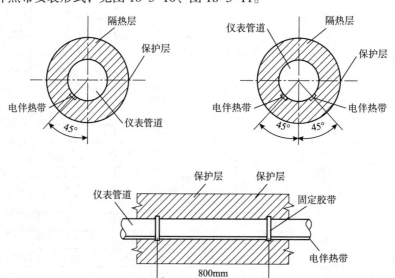

图 18-5-10　电伴热带直线排放安装示意

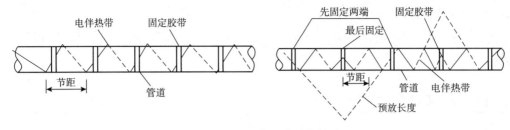

图 18-5-11 电伴热带缠绕管道

18.5.3 仪表伴热系统的安装

18.5.3.1 蒸汽、热水伴热

①伴热管线选用紫铜管时，采用卡套式连接，选用无缝钢管时，采用焊接或接头连接。

②伴热管应在主管道试压和焊口检查合格后进行施工。

③伴热管道应采用单回路供汽或供水，伴热系统之间不应串联连接。

④伴热管道通过液位计、测量管道的阀门、冷凝器、隔离器等附件时，应加装活接头。差压仪表的导压管与伴热管宜以管束形式敷设。正、负压管分开敷设时，伴热管采用三通接头分支，沿高、低压管并联敷设。

⑤碳钢伴热管道与不锈钢管道不应直接接触，宜加钢纸或橡胶石棉板隔离。

⑥伴热管线应采用镀锌钢丝或不锈钢丝与导压管路捆扎在一起，捆扎不宜过紧，且不应采用缠绕方式捆扎。

⑦供汽管路应保持一定坡度。蒸汽伴热疏水器应注意安装方向，疏水器的箭头指向与蒸汽流向一致。

⑧保温箱内伴热，可采用紫铜管、不锈管或无缝钢管加工成蛇形盘管，或采用小型钢串片散热器。

⑨伴热管道安装后，应进行水压试验。

⑩伴热管全部试验合格后应按设计文件要求进行管道保温。

17.5.3.2 电伴热

①电伴热安装前应进行所有的测试。

②电伴热安装前应进行外观和绝缘检查。

③在电伴热电缆电线敷设及接线以前必须进行导通检查与绝缘试验。

④敷设电伴热线时，不应损坏绝缘层，敷设后应复查电伴热线的绝缘电阻值。

⑤电伴热带的安装应在管道系统、水压试验检查合格后进行。

⑥电伴热带可平行或缠绕在管道及设备上。

⑦敷设最小弯曲半径应大于电伴热带厚度的 5 倍。

⑧电伴热宜用铝包带从下到上缠绕。

⑨仪表箱内的电热管、板应安装在仪表箱的底部或后壁上。

⑩多根电伴热线的分支应在分线盒内连接，在电伴热线接头处及电伴热线末端均应采

用专用中间接头和终端接头。

⑪ 电伴热工程在安装、调校、配管、配线工作完成后，投入运行前，必须进行系统试验。

18.6 焊接

18.6.1 焊接

18.6.1.1 一般规定

① 施焊前，应根据合格的焊接工艺评定报告编制焊接工艺文件。

② 当焊接环境出现下列任一情况时，未采取防护措施不得施焊：

气体保护焊时风速大于 2m/s，焊条电弧焊时风速大于 10m/s；空气相对湿度大于90%；雨、雪环境；焊件温度低于 0℃。

③ 当焊件温度低于 0℃时，应在始焊处 100mm 范围内预热到 15℃以上。

④ 钨极气体保护焊宜采用铈钨棒。

⑤ 焊工使用的刨锤、钢丝刷等手工工具应用不锈钢材料制成。

⑥ 采用焊条电弧焊、熔化极气体保护焊时，坡口两侧各 100mm 范围内应涂上白垩粉或其他防粘污剂。

18.6.2.2 焊接材料

① 焊接材料的选择应根据焊件的化学成分、力学性能、使用条件和施焊条件等综合考虑，并符合下列要求：

—同种材料焊接宜选用和母材合金成分相同或相近的焊接材料。

—同种铁镍合金、镍合金的焊接若无耐腐蚀性能要求，也可选用与母材合金系统不同的焊接材料。

—异种铬镍奥氏体钢的焊接，宜按照合金成分较低的母材选择焊接材料。

—异种铁镍合金、镍合金及其与铬镍奥氏体钢组成的异种焊接接头的焊接材料选用应综合焊接接头的强度（包括高温持久强度）与耐腐蚀性、线膨胀系数的差异及焊接裂纹、气孔的敏感性等因素。

② 焊接材料的使用应符合下列规定：

—焊条使用前应按焊接工艺文件规定进行烘干，也可按表 18-6-1 的规定烘干。

表 18-6-1 焊条烘干参数

焊条类型	烘干温度 /℃	恒温时间 /h
低氢型	200~250	2
钛钙型	150	1

—烘干后的焊条应放置在保温筒中随用随取，焊条在保温筒中放置时间不应超过 4h。

—焊丝的表面若有油污，使用前应进行清理。

18.6.2.3　焊接工艺

①管道的根层焊道的焊接宜采用钨极气体保护焊。

②焊条电弧焊焊接应采用小线能量、短电弧、不摆动或小摆动的操作方法。

③焊接时，应符合下列规定：

—采用多道焊。

—铬镍奥氏体钢层间温度控制在150℃以下，铁镍合金、镍合金和奥氏体－铁素体（双相）不锈钢层间温度控制在100℃以下。

—每一焊道完成后均应清除焊道表面的熔渣，并消除各种表面缺陷。

—每层焊道的接头应错开。

—有抗腐蚀性能要求的双面焊焊缝，与腐蚀介质接触的焊层应最后施焊。

④采用实芯焊丝或不填丝的钨极气体保护焊焊接底层焊道时，焊缝背面应采取充氩或充氮保护措施。

⑤采用药芯焊丝或外涂层焊丝钨极氩弧焊焊接奥氏体钢底层焊道时，焊缝背面可不用充氩（氮）气保护。

⑥采用钨极气体保护焊焊接时，焊丝前端应置于保护气体中。

⑦焊件表面不得电弧擦伤，并不得在焊件表面引弧、收弧。

18.6.2.4　焊接检验

①焊缝表面不得有裂纹、气孔、夹渣、凹陷、咬边及未熔合等缺陷。

②对接焊缝余高应符合下列要求：

—压力容器执行 GB/T 150 的规定。

—有毒、可燃介质管道执行 SH 3501 的规定。

—其他设备和管道执行 GB 50236 的规定。

③铸造管和铁镍合金、镍合金管子及管件的根部焊道应进行渗透检测。

④铸造管和铁镍合金、镍合金管的对接焊缝和角焊缝表面除设计文件另有规定外，应进行 100% 渗透检测。

⑤压力容器焊接接头无损检测按 GB150 的规定执行，有毒、可燃介质管道焊接接头无损检测按 SH 3501 的规定执行，其他管道和设备焊接接头无损检测按设计文件的规定执行。

⑥材料类别为 22Cr–5Ni 型和 25Cr–7Ni 型的奥氏体－铁素体（双相）不锈钢的焊缝应进行铁素体含量测量，铁素体含量应在 35%~60%。

18.6.2.5　焊后处理

①焊接接头的焊后热处理应按设计文件规定执行。

②热处理前应将加热区表面清理干净。

③稳定型铬镍奥氏体钢的焊后热处理工艺参数可参照表 18–6–2 执行。

表 18–6–2　焊后热处理参数

保温温度 /℃	恒温时间 /h	加热速度 / (℃/h)	冷却方式
850~900	1~4	300℃以上时，不得超过 500/T，且不大于 80，不低于 50	空冷

注：T 代表母材厚度，mm。

④焊后热处理宜采用电加热法。

⑤焊接接头焊后表面酸洗钝化处理应在热处理之后进行。

18.6.3 仪表焊接注意事项

①焊接前由负责焊接的工程师对焊接作业进行技术交底。

②焊接前应将导压管脱离设备，焊接作业前要进行焊接工艺评定。

③阀门与导压管道焊接时，阀门必须处于开启状态。

④不锈钢导压管及 DN25 以下取源管路焊接采用氩弧焊焊接工艺，不锈钢焊口焊接完成后要进行酸洗。

⑤合金钢管道焊接应做好焊前预热焊后保温的工作。

⑥合金钢管线、阀门焊接需做 PT、RT 检测，焊前焊后都要进行热处理。

⑦工艺设备及管道表面严禁焊接支架或进行引弧。

⑧焊接完成后，应及时对焊口进行防腐处理。

⑨金属管道的连接使用氩弧焊焊接工艺，在特殊情况下可使用气焊。

⑩管路应尽量短，连接宜选用焊接方式。

⑪螺纹接头如采用密封焊，不得使用密封带。

⑫管子对接焊时，应清理管子内外表面。

⑬管路焊接应有焊接工作记录。

⑭管路连接件安装前，应检查其密封面，不得有影响密封性能的缺陷。

18.7 仪表施工防腐绝热

18.7.1 仪表施工防腐

18.7.1.1 常用仪表防腐方法

仪表腐蚀主要包括工业腐蚀性介质的腐蚀和环境腐蚀。提高仪表抗腐蚀性能的方法有以下几种：

①罩壳密封。即把整台仪表封闭在另行准备的罩壳内。

②仪表密封。指在设计仪表时，用垫圈或凹槽垫把仪表的全部内部结构（或大部分）密封在仪表壳内。

③隔离器。采用隔离液或隔离膜，避免检测元件和部分连接管道直接接触侵蚀介质。

④改进仪表的结构设计。

⑤采用防护层。如喷涂、电镀、衬里、氧化、磷化和钝化处理、表面合金化等。

⑥合理选用耐腐蚀仪表材料。

18.7.1.2 基本要求

①所有碳钢管路、支吊架、设备底座均应涂防锈漆和面漆，防锈底漆及面漆应配套使用，碳钢管路的防腐油漆种类宜与工艺管道一致，支吊架及设备底座的防腐油漆种类宜与结构油漆种类一致。

②制作管路和支架所用管材和型钢的除锈及底漆宜在防腐厂进行集中防腐。

③涂漆宜在 10~35℃ 环境温度下进行，遇雨、雾、雪及强风天气应停止露天防腐层的施工。

④涂层表面应平整、光滑、均匀，无漏涂、气泡、返锈、透底等现象。

⑤敷设在地沟内的仪表管道防腐应与给排水管道防腐层一致。

⑥酸、碱室内不得安装除敏感元件外的仪表和电气设备。

⑦不锈钢管不宜刷漆。

⑧所有管路、支吊架第一道刷红丹防锈油，第二道为面漆。要求管路为银白色面漆（银粉漆），支吊架、底座宜与装置内管道支架颜色一致。

18.7.1.3 处理方法

①新材料的表面处理。其处理标准按表 18-7-1 的要求。

表 18-7-1　表面处理标准

底漆种类	1 次表面处理标准	2 次表面处理	
		有底漆	无底漆
高油性防锈（JIS 油性 1 类）	SIS Sa2.5	SIS St2	SIS St3
合成调和（JIS 油性 2 类），汽油混合类，碱性类，沥青质类	SIS Sa2.5	SIS St2.5	SIS Sa2
乙烯基类	SIS Sa2.5	SIS St2.5	必须要底漆
环氧系列，乙醇溶性无机锌系列	SIS Sa2.5	SIS St3	SIS Sa2.5
水溶性无机锌系列	SIS Sa2.5	SIS St3	SIS Sa3

表面处理基准参考表 18-7-2。

表 18-7-2　各种规格和处理方法

规格			处理方法	处理内容
SIS	SSPC	颗粒		
Sa3	SPS	1 类颗粒	喷砂，抛丸	黑皮（涂膜）要完全去除，露出裸金属面
Sa2.5	SP10		喷砂，抛丸	锈迹要完全去除，不过黑皮层可有少量残留
Sa2	SP6		喷砂，抛丸	锈迹要完全去除，不过黑皮层可有部分残留
St3	SP3	2 类颗粒	电动工具砂轮机钢丝刷并用	完全附着的黑皮外，铁锈及其他要除掉
St2	SP2	3 类颗粒	手动工具，刮刀、钢丝刷	翘起的黑皮部分要除掉

②二次表面处理、修补时表面处理。一般处理方法如表 18-7-3 所示。

表 18-7-3　二次表面一般处理方法

处理部位	去除物	处理方法
焊缝处	药皮	打击敲落
	焊道部分凹凸	砂轮机除锈
	焊道表面，喷溅、混凝土、熔渣、	砂轮机和钢丝球并用，这个场合下，熔接部位因为是碱性，经历一个左右的风雨漂白后，再进行水洗中和处理。另外，可以用压缩空气

续表

处理部位	去除物	处理方法
螺栓部位、铆钉部位	锈、黑皮	动力毛刷、喷砂等（喷砂是最好）
切割部位，浸蚀	锈	砂轮机还有钢丝球
一般部位	灰尘、砂粒、铁粉	扫帚，压缩空气
	泥，盐，碱	压缩空气最好，扫帚、抹布
	水分	鼓风机、抹布
	油脂	冲淡剂擦拭
	标记用的颜料	砂轮机、钢丝球
	粉笔	冲淡剂擦拭
	锈，白色沉淀物	砂轮机、钢丝球

18.7.1.4 防腐材料一览表

①防锈油漆见表18-7-4。

表18-7-4 防锈油漆

涂料名称	规格番号JIS	类别	主要载色剂	主要防锈颜料	特点
一般防锈油漆	K-5621	1类	干性油	阀以及各种少量的防锈颜料	防锈效果一般，适合防锈要求不严的地方。价格便宜
		2类	清漆		
红丹防锈油漆	K-5622	1类	干性油	红丹	防锈效果好，最适合工厂用，干燥性、操作性差
		2类	清漆		干燥性良好，可是比起1类，防锈效果差
亚氧化铅防锈油漆	K-5623	1类	干性油	亚氧化铅	防锈效果好，一般用于亚氧化铅涂料
		2类	清漆		干燥效果好，不过防锈效果不如1类
碱性含铅油漆	K-5624	1类	干性油	碱性含铅	防锈效果好，也可用于工场
		2类	清漆		干燥效果好，不过防锈效果不如1类
氨基氰酸性油漆	K-5625	1类	干性油	氨基氰	防锈效果好，最适合工场及修补用
		2类	清漆		干燥效果好，不过防锈效果不如1类
锌络酸盐防锈油漆	K-5627	1类	清漆	锌络酸盐，氧化铅	速干型，适合轻金属
		2类	清漆	锌络酸盐，氧化铅，氧化铁	速干型，适合铁质，但防锈效果不是很好，适合内部及装置用
红丹，络酸锌防锈油漆	K-5628	2类	清漆	锌络酸盐，氧化铅	速干型，铁质用比锌酸盐防锈效果大，一般情况下使用
金属处理油漆（短容器涂层底漆）	K-5633	1类	清漆	锌络酸盐（Z.T.O）	用于金属表面。涂装前将涂料和防锈液混合。耐光性缺乏，早起有必要增加防锈涂料比重
金属处理油漆（长容器涂层底漆）	K-5633	2类	清漆	锌络酸盐（Z.T.O）	用于车间底漆金属表面，涂装前将涂料和防锈液混合。耐光性良好，前3个有曝光性

续表

涂料名称	规格番号 JIS	类别	主要载色剂	主要防锈颜料	特点
焦油树脂涂料	K-5664	1 类	清漆		环氧树脂具有最强的耐油性，耐药性良好
		2 类	焦油树脂		环氧树脂耐油性在中间值，保持耐药性
		3 类	清漆		少量环氧树脂，适用于上述以外的
防冻树脂涂料		防冻树脂			和焦油树脂保持同等性能
环氧富锌			环氧树脂	氧化铅末	速干、防锈效果好，最适合工场使用，耐光性好
环氧树脂			清漆	各类防锈涂料	耐水、耐药性强，适用于高性能防腐蚀
碱性乙烯树脂			清漆	各类防锈涂料	耐光性好，耐水、耐海水性强，可能用于高级组合防腐蚀
碱性橡胶树脂			清漆	各类防锈涂料	耐光性、耐水性强，适合沿海、污染地区防腐蚀用

②油漆定额消耗量对照见表 18-7-5。

表 18-7-5 油漆定额消耗量对照见表

类别	序号	工序内容	消耗材料名称	按 2009 版检修相同定额用量 / (kg/10m²)
管道	1	刷红丹防锈漆（第一遍）	防锈漆	1.708
	2	刷红丹防锈漆（第二遍）	防锈漆	1.635
	3	刷银粉漆（第一遍）	银粉漆	0.405
	4	刷银粉漆（第二遍）	银粉漆	0.369
	5	刷调和漆（第一遍）	调和漆	0.945
	6	刷调和漆（第二遍）	调和漆	0.837
	7	刷环氧富锌（第一遍）	环氧富锌	2.760
	8	刷环氧富锌（第二遍）	环氧富锌	2.500
	9	刷醇酸磁漆（第一遍）	醇酸磁漆	1.359
	10	刷醇酸磁漆（第二遍）	醇酸磁漆	1.233
	11	刷沥青漆（第一遍）	沥青漆	2.592
	12	刷沥青漆（第二遍）	沥青漆	2.233
设备	1	刷红丹防锈漆（第一遍）	防锈漆	1.564
	2	刷红丹防锈漆（第二遍）	防锈漆	1.516
	3	刷银粉漆（第一遍）	银粉漆	0.349
	4	刷银粉漆（第二遍）	银粉漆	0.315
	5	刷调和漆（第一遍）	调和漆	0.884
	6	刷调和漆（第二遍）	调和漆	0.782
	7	刷环氧富锌（第一遍）	环氧富锌	2.500
	8	刷环氧富锌（第二遍）	环氧富锌	2.350
	9	刷醇酸磁漆（第一遍）	醇酸磁漆	1.292
	10	刷醇酸磁漆（第二遍）	醇酸磁漆	1.173
	11	刷沥青漆（第一遍）	沥青漆	2.295
	12	刷沥青漆（第二遍）	沥青漆	1.921

类别	序号	工序内容	消耗材料名称	按 2009 版检修相同定额用量 / (kg/10m²)
金属结构	1	刷红丹防锈漆（第一遍）	防锈漆	0.969
	2	刷红丹防锈漆（第二遍）	防锈漆	0.941
	3	刷银粉漆（第一遍）	银粉漆	0.274
	4	刷银粉漆（第二遍）	银粉漆	0.241
	5	刷调和漆（第一遍）	调和漆	0.664
	6	刷调和漆（第二遍）	调和漆	0.581
	7	刷环氧富锌（第一遍）	环氧富锌	1.610
	8	刷环氧富锌（第二遍）	环氧富锌	1.600
	9	刷醇酸磁漆（第一遍）	醇酸磁漆	0.938
	10	刷醇酸磁漆（第二遍）	醇酸磁漆	0.855
	11	刷沥青漆（第一遍）	沥青漆	1.668
	12	刷沥青漆（第二遍）	沥青漆	1.426
保温材料	常用管线和设备采用岩棉、珍珠岩瓦块、超细玻璃棉、硅酸镁铝、海泡石等保温（管壳或板）数量为 = 展开面积 * 保温厚度（m³）			

18.7.2 仪表绝热

18.7.2.1 仪表绝热方式

①仪表常用绝热方式有保温绝热、保冷绝热及防烫绝热。

②凡符合下列条件之一者，宜采用保温绝热：

—热流体（如蒸汽、热水或其他高温物料）的仪表及管道。

—采用保温绝热方式可保证仪表和管道在环境条件下正常工作的仪表及管道。

—伴热系统的蒸汽管道、热水管道、冷凝水管道、电伴热带等。

③保温绝热设计中有关温度宜满足下列规定：

—仪表测量管道内介质维持温度 20~80℃，宜以 60℃作为保温计算依据。

—保温箱内维持温度范围宜为 5~20℃。

—室外保温绝热系统，环境温度宜取当地极端最低温度；室内保温绝热系统，宜以室内最低气温作为计算依据。

④冷流体仪表检测系统应采用保冷绝热。

⑤表面温度超过 60℃的不保温绝热仪表设备和测量管道，需要经常维护又无法采用其他措施防止烫伤的部位应采用防烫绝热。

18.7.2.2 仪表绝热施工

①仪表绝热施工可与设备和管道的绝热工程同时进行。

②仪表管道的隔热应当在仪表管路试压合格，管路及支架防腐补漆完成后进行。

③仪表绝热工程的施工在测量管道、伴热管道压力试验或通电合格及防腐工程完成后进行。

④需绝热的设备及管道，表面一般不涂防锈漆。

⑤测量低温的仪表、管道及管道支架均应保冷，不得外露。

⑥保温材料采用硅酸铝纤维棉（适用于工作温度 ≤ 450℃）、岩棉或岩棉管壳（适用于工作温度 ≤ 600℃）。

⑦仪表管路的保冷层宜根据温度选用聚氨酯泡沫、泡沫玻璃等，保冷层外设置沥青玛蹄脂防潮层，保护层宜与装置工艺管道一致。

⑧绝热层外的防潮层可选用油粘纸，保护层选用镀锌铁皮或玻璃布带叠层缠绕外涂防腐漆。

⑨绝热层或防潮层应捆扎牢固，间距约 800mm，不得采用缠绕方式固定。

⑩采用一种隔热材料，厚度大于 80mm 时应分层，各层厚度应相近。

⑪用于奥氏体不锈钢管道上的隔热材料，其氯离子含量不得大于 25μg/g。

⑫有隔热要求的仪表管路上的阀门等部件应同管路一起进行隔热。

⑬仪表设备、管路、阀门等绝热，应在系统气密、合格后方可进行施工。

⑭浮筒液面计和调节阀只对接触测量介质的测量部件和阀体部分进行绝热。

⑮保冷的仪表设备、管路、阀门等应在系统干燥合格后施工。

⑯在保冷的管路、设备上不应直接固定支架。

⑰仪表管路的保冷结构如图 18-7-1。

⑱绝热外包镀锌铁皮时，管弯外包铁皮应采用压制弯头或虾米腰，不得直角形连接。镀锌铁皮外壳的接口应能防止水分进入，如图 18-7-2 所示。

⑲外包铁皮采用自攻螺钉固定时，防止钻透管壁或外壳。

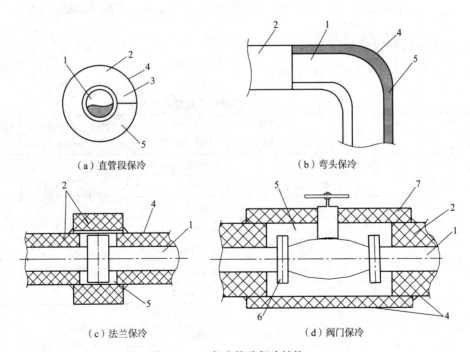

（a）直管段保冷　　　　　　　　（b）弯头保冷

（c）法兰保冷　　　　　　　　（d）阀门保冷

图 18-7-1　仪表管路保冷结构

1—仪表管道；2—管壳；3—接缝填充玛蹄脂；4—玛蹄脂；5—硅酸铝纤维；6—法兰；7—板盒

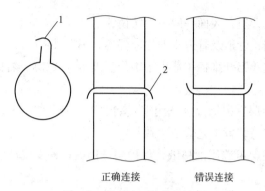

正确连接　　　错误连接

图 18-7-2　保温铁壳的施工

1—咬口；2—卷边

⑳ 保温绝热结构宜由防腐层、保温绝热层、保温绝热结构防水层和保护层组成，参见图 18-7-3。保冷绝热结构宜由防腐层、保冷绝热层、防潮层和保护层组成。

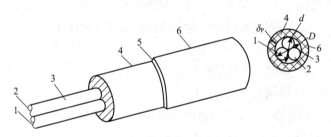

图 18-7-3　仪表管道保温绝热结构

1—伴热管；2—仪表管道；3—防腐油漆（选择用）；4—绝热层；5—防水层或防潮层；6—保护层（镀锌铁皮）
d—仪表管道保湿绝热层内径；D—仪表管道保温绝热层外径；δ_P—仪表管道保湿绝热层厚度

18.7.2.3　常用仪表保温材料

常用保温材料的特性见表 18-7-6。

表 18-7-6　常用绝热材料及其制品的主要性能

材料名称	使用密度 / (kg·m^{-3})		推荐使用温度 /℃	常温导热系数 /[W/(m·℃)]	导热系数参考方程 /[W/(m·℃)]	抗压强度 /MPa
超细玻璃棉制品	板	48	≤ 300	≤ 0.043（70℃时）	$\lambda=\lambda_0$ +0.00017（t_m-70）	–
		64~120		≤ 0.042（70℃时）		
	管	≥ 45		≤ 0.043（70℃时）		
岩棉及矿渣棉	板	80	≤ 350	≤ 0.044（70℃时）	$\lambda=\lambda_0$ +0.00018（t_m-70）	–
		81~100		≤ 0.044（70℃时）		
		101~160		≤ 0.043（70℃时）		
	管	161~200		≤ 0.044（70℃时）		
微孔硅酸钙（无石棉）	170		≤ 550	≤ 0.055（70℃时）	$\lambda=\lambda_0$ +0.000116（t_m-70）	0.4
	220			≤ 0.062（70℃时）		0.5
	240			≤ 0.064（70℃时）		0.5

续表

材料名称	使用密度 / (kg·m⁻³)		推荐使用温度 /℃	常温导热系数 / [W/ (m·℃)]	导热系数参考方程 / [W/ (m·℃)]	抗压强度 / MPa
硅酸铝纤维制品	120~200		≤ 900	≤ 0.056（70℃时）	$\lambda=\lambda_0$ $+0.0002\,(t_m-70)$	—
复合硅酸铝镁制品	板	45~80	≤ 600	≤ 0.042（70℃时）	$\lambda=\lambda_0$ $+0.000112\,(t_m-70)$	—
	管（硬质）	≤ 300		≤ 0.056（70℃时）		0.4
聚氨酯泡沫塑料制品	30~60		–65~80	≤ 0.0275（25℃时）	保冷时：$\lambda=\lambda_0$ $+0.00009t_m$	—
聚苯乙烯泡沫塑料制品	≥30		–65~70	≤ 0.041（20℃时）	$\lambda=\lambda_0$ $+0.000093\,(t_m-20)$	—
泡沫泡沫玻璃	≤40		–200~400	≤ 0.046（25℃时）	$t_m>25℃$时：$\lambda=\lambda_0$ $+0.00022\,(t_m-25)$ $t_m\le24℃$时：$\lambda=\lambda_0$ $+0.00011\,(t_m-24)$	0.4
	141~160			≤ 0.052（25℃时）		0.5
	161~180			≤ 0.064（25℃时）		0.6
	181~200			≤ 0.068（25℃时）		0.8

注：1. 阻燃型保冷材料氧指数应不小于 30%。
　　2. 用于与奥氏体不锈钢表面接触的绝热材料应符合 GB 50126《工业设备及管道绝热工程施工规范》有关氯离子含量的规定。

18.7.2.4　仪表常用保温材料规格及用量

①仪表阀门常用保温材料规格参照表 18-7-7。

表 18-7-7　仪表阀门常用保温材料规格

序号	规格	伴热类型	保温层材料	保护层材料	备注
1	DN15	热水、蒸气	硅酸铝绳，φ25，φ30	同工艺管道	
2	DN20	热水、蒸气	硅酸铝绳，φ25，φ30	同工艺管道	
3	DN25	热水、蒸气	硅酸铝绳，φ25，φ30	同工艺管道	
4	DN40	热水、蒸气	硅酸铝绳，φ25，φ30	同工艺管道	
5	DN50	热水、蒸气	硅酸铝绳，φ25，φ30	同工艺管道	

②常用导压管保温材料规格及用量参照表 18-7-8。

表 18-7-8　常用导压管保温材料规格及用量

序号	导压管规格	材质	伴热类型	伴热管规格	保温		保护层	备注
					保温层材料	用量		
1	φ14×2	碳钢、奥氏体不锈钢、合金钢	轻、重	φ10×1，φ12×2，φ14×2	硅酸铝保温管壳，厚度=40mm	$L=L_1×1.033$	同工艺管道	
2	φ14×3		轻、重	φ10×1，φ12×2，φ14×2	硅酸铝保温管壳，厚度=40mm	$L=L_1×1.033$	同工艺管道	
3	φ14×5		轻、重	φ10×1，φ12×2，φ14×2	硅酸铝保温管壳，厚度=40mm	$L=L_1×1.033$	同工艺管道	
4	φ18×3		轻、重	φ10×1，φ12×2，φ14×2	硅酸铝保温管壳，厚度=40mm	$L=L_1×1.033$	同工艺管道	

续表

序号	导压管规格	材质	伴热类型	伴热管规格	保温		保护层	备注
					保温层材料	用量		
5	$\phi 18 \times 5$		轻、重	$\phi 10 \times 1$, $\phi 12 \times 2$, $\phi 14 \times 2$	硅酸铝保温管壳, 厚度 =40mm	$L=L_1 \times 1.033$	同工艺管道	
6	$\phi 22 \times 3$		轻、重	$\phi 10 \times 1$, $\phi 12 \times 2$, $\phi 14 \times 2$	硅酸铝保温管壳, 厚度 =40mm	$L=L_1 \times 1.033$	同工艺管道	
7	$\phi 22 \times 5$	碳钢、奥氏体不锈钢、合金钢	轻、重	$\phi 10 \times 1$, $\phi 12 \times 2$, $\phi 14 \times 2$	硅酸铝保温管壳, 厚度 =40mm	$L=L_1 \times 1.033$	同工艺管道	
8	$\phi 27 \times 3$		轻、重	$\phi 10 \times 1$, $\phi 12 \times 2$, $\phi 14 \times 2$	硅酸铝保温管壳, 厚度 =40mm	$L=L_1 \times 1.033$	同工艺管道	
9	$\phi 27 \times 5$		轻、重	$\phi 10 \times 1$, $\phi 12 \times 2$, $\phi 14 \times 2$	硅酸铝保温管壳, 厚度 =40mm	$L=L_1 \times 1.033$	同工艺管道	
10	$DN50$, SCH80		轻、重	$\phi 10 \times 1$, $\phi 12 \times 2$, $\phi 14 \times 2$	硅酸铝保温管壳, 厚度 =40mm	$L=L_1 \times 1.033$	同工艺管道	物位仪表法兰接出口延长管
11	$DN50$, SCH160		轻、重	$\phi 10 \times 1$, $\phi 12 \times 2$, $\phi 14 \times 2$	硅酸铝保温管壳, 厚度 =40mm	$L=L_1 \times 1.033$	同工艺管道	物位仪表法兰接出口延长管

备注：1. L—硅酸铝保温管壳长度，L_1—需伴热保温导压管长度。
　　　2. 异形、不规则管路常用硅酸铝绳进行保温。

18.8 仪表系统试验及调试

18.8.1 仪表系统试验

18.8.1.1 仪表系统试验作业工艺程序

仪表系统试验作业工艺程序如图 18-8-1 所示。

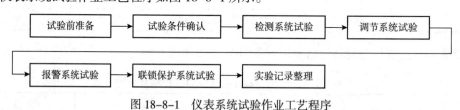

图 18-8-1 仪表系统试验作业工艺程序

18.8.1.2 试验前准备

①编制仪表系统试验方案、技术措施和试验用材料预算。

②准备好活扳手、组合工具、手操器、对讲机等试验工机具及必要的调校仪器。

③准备好试验需要的各种接头、管路、法兰、特殊连接件等材料。

④参加系统试验的试验人员必须熟悉设计图纸及仪表系统工作原理，准备好试验记录表格。

⑤参加系统试验的人员应会同监理、建设单位、总承包单位共同进行试验，并及时做

好系统试验记录。

18.8.1.3　仪表系统试验条件确认

仪表在投入运行前，应进行系统试验。仪表系统试验前应具备下列条件：

①仪表设备按照设计文件和规范标准的要求安装完毕，验收合格。

②取源部件位置适当，正、负压管正确无误，测量管道经吹扫、试压合格。

③气动信号管道经导通试验检查，配管与回路图一致，气密性试验符合要求。

④气源管道经吹扫、试压、气密性试验合格，已通入清洁、干燥、压力稳定的仪表空气。

⑤电气回路已进行校线及绝缘检查。

⑥接地系统完好，接地电阻符合设计文件规定。

⑦电源电压、频率、容量符合设计文件要求。

⑧总开关、各分支开关和保险丝容量符合设计文件要求。

⑨综合控制系统完成调试，已具备使用条件。

18.8.1.4　检测回路试验

①在检测回路的信号发生端输入模拟被测变量的标准信号，回路的显示仪表部分的示值误差，不应超过回路内各单台仪表允许基本误差平方和的平方根值。

②当系统的误差超过上述规定值时，应单独调校系统内各单元仪表、检查线路或管路。

③系统试验点不得少于 0、50%、100% 三点，当设计有报警功能要求时，应一同进行试验。

④检测回路由综合控制系统和现场仪表组成时，系统试验用的标准表精度不应低于系统误差值。

⑤热电阻测温系统试验，应拆开热电阻端子上的连接线，将标准电阻箱或温度校验仪接入线路，替代热电阻输入信号进行试验。

⑥热电偶测温系统试验，应拆开热电偶端子上的补偿电缆（导线），将毫伏信号发生器或温度校验仪接入线路，替代热电偶输入信号进行试验。

⑦压力压差系统试验，应用压力试验器或气动定值器向变送器输入信号进行试验。

⑧浮筒变送器试验，应根据被测介质的相对密度计算出用水校验时的测量范围，用水校法进行试验。

⑨智能仪表组成的回路，宜用编程器从现场仪表端加入相应的模拟信号进行系统试验。

⑩其他类型仪表应从现场端输入相应的信号进行系统试验

⑪ 现场不具备模拟被测变量信号的回路，应在其可模拟输入信号的最前端输入信号进行试验。

18.8.1.5　调节系统试验

①按设计文件的规定检查调节器及执行器的动作方向。

②在系统的信号发生端给调节器输入模拟信号，检查其基本误差、软手动的输出保持特性以及自动和手动操作的双向切换性能。

③通过调节器或操作站的输出向执行器发送控制信号，检查执行器执行机构的全行程动作方向和位置应正确，执行器带有定位器时应同时试验。

④当调节器或操作站上有执行器的开度和起点、终点信号显示时，应同时进行检查和试验。

18.8.1.6 报警系统试验

①系统中的压力开关、温度开关、物位开关、流量开关及各种仪表的附加报警机构等信号输入元件，应根据设计文件提出的设定值进行参数整定。

②报警系统试验的步骤和要求如下：

—向系统供电，检查各报警回路的灯光应与现场各接点的状态相符。

—在回路的输入端（压力开关、物位开关等），从现场输入相应的模拟试验信号（有条件时应输入工艺过程模拟信号），检查音响、灯光均应符合设计文件要求，消音和复位按钮应正常工作。

—对每一个报警回路重复②的步骤进行试验。

—在上述检查中如发现与设计文件不符，应检查外部线路、报警设定值及报警元件。

18.8.1.7 联锁保护系统试验

①联锁保护系统和程序控制系统应根据逻辑图进行试验检查。

②联锁保护系统和程序控制系统试验前，应具备下列条件：

—系统有关装置的硬件和软件功能试验已经完成，系统相关的回路试验已经完成。

—系统中的各有关仪表和部件的动作设定值，已根据设计文件规定进行整定。

③联锁点多、程序复杂的系统，宜分项和分段进行试验后，再进行整体检查试验。

④系统试验中应与相关专业配合，共同确认程序运行和联锁保护条件及功能的正确性，并对试验过程中相关设备和装置的运行状态和安全防护采取必要措施。

⑤机泵的自动开停、阀门的自动启闭等联锁系统均应在手动试验合格后进行自动联锁试验。

⑥电动机驱动的机组启动、停车试验时，应切断电动机的动力供电线路，采用接触器的吸合与释放模拟机组的启动、运行、停车。

⑦汽轮机、压缩机的启动、停车联锁系统的试验，应切断蒸汽，用执行机构的动作模拟汽轮机的启动、运行、停车。

⑧大型机组的联锁保护系统应在润滑油、控制油、密封油系统正常运行的情况下进行试验，其启动、停车联锁系统模拟试验应满足下列要求：

—任一条件不满足时，机器应不能启动。

—所有启动条件均满足时，机器才能启动。

—在运行中，某一条件超越停车设定值时，应立即停车。

—所有停车条件应逐一试验检查，均应满足设计文件要求。

⑨程序控制系统（PLC）的试验应按程序设计的步骤逐步检查试验，其条件判定、逻辑关系、动作时间和输出状态均应符合设计文件规定。

18.8.2 分散控制系统（DCS）调试

18.8.2.1 分散控制系统（DCS）调试作业工艺程序

分散控制系统（DCS）调试作业工艺程序如图 18-8-2。

图 18-8-2 分散控制系统（DCS）调试作业工艺程序示意图

18.8.2.2 试验前准备

①根据设计图纸、规范规程及产品说明书编制调试方案、技术措施和调试用材料预算。

②准备好活扳手、组合工具、万用表、对讲机等调试工具及必要的调校仪器。

③准备好调试需要的各种跨接线、刻录光盘、试验开关等材料。

④仪表控制室条件满足 DCS 调试的要求。

⑤仪表调试人员应熟悉 DCS 使用说明书及设计提供的仪表规格书，准备好调试记录表格。

18.8.2.3 DCS 上电前检查确认

① DCS 上电前，对系统的安装、电源、接地、系统电缆及配线进行检查确认，应符合如下要求：

—综合控制系统仪表盘、柜、操作台、外设的安装均符合设计及制造厂的要求；

—保护接地、工作接地符合设计文件和系统设备技术条件的要求；

—随机电缆（系统电缆）连接正确，并符合制造厂及系统的设计要求；

—电源电缆按设计要求连接正确，绝缘电阻、电源开关容量符合设计要求。

②检查后应及时填写 DCS 送电条件确认表。

18.8.2.4 DCS 调试

①对 DCS 配电盘进行检查时应确认下列内容：

—确认配电盘内空气开关置于"OFF"状态。

—确认空气开关铭牌、位号。

—确认全部机柜、操作站内的电源开关置于"OFF"状态。

—确认前三个步骤完成后，分别将配电盘内空气开关置于"ON"状态，同时确认相应的设备电源开关为"ON"状态。

② DCS 设备性能检查应符合下列规定：

—所有相关的 DCS 硬件设备、电源开关置于"ON"状态。

—从工程师站下载系统软件、应用软件及数据库。

—启动操作站，确认系统正常。

—向各台设备下载系统软件及数据库文件，启动局域控制网络上的全部节点，并确认系统状态显示正常。

—系统启动检查应符合下列要求：

·对于系统，应用列表命令确认、显示硬盘子目录所有文件。

·对于节点，应在系统状态显示画面上，确认各局域控制网络上的节点显示正确。

·对于控制站，应在组显示或细目显示画面上，确认各控制站显示正确。

·对于操作站，应确认图形显示（流程图）、组显示、趋势显示、细目显示、报警总貌显示。

·对于打印机，应按打印键，确认能打印一屏画面。

·对于冗余电源，应分别切换，确认系统运行正常。

③网络通信试验应符合下列要求：

—在系统状态显示画面上，确认全部网络通道节点状态 OK。

—在系统状态显示画面上，确认网络通道的 A 与 B 电缆状态显示为绿色。

—除去电缆 A 或接线端子，检查电缆 B 应能正确切换，电缆 A 颜色同时变成黄色，且不影响网络通道正常运行。

—恢复网络通道的 A 电缆，用同样的方法检查 B 电缆。

④控制站冗余试验应符合下列要求：

—在操作台上调出系统状态显示画面，确认控制站状态应正常（OK），在另一操作台上调入一组显示画面且含有同一位号，输入 4~20mA 信号于该位号，记录测量值（PV）、给定值（SP）和输出值（OP）值。

—将主控制站电源开关置于"OFF"状态，确认冗余的控制站应自动投入控制运行，且 PV、SP 和 OP 值应保持不变。

—主控制站电源开关恢复"ON"状态，再确认 PV、SP 和 OP 值应不变。

—对冗余控制站重复步骤前三个步骤，其结果应与主控制站相同。

⑤冗余控制站的 I/O 卡试验应符合下列要求：

—在操作站上调出控制站细目显示画面，确认全部 I/O 卡件状态应正常（OK）。在另一个操作站上调出一组画面且含有同一位号，输入 4~20mA 信号给该位号，记录 PV、SP 和 OP 值。

—将主控制站的 I/O 卡电源开关分别置于"OFF"状态，确认冗余控制站 I/O 卡应自动投入控制运行，控制站细目显示画面状态正确，确认其 PV、SP 和 OP 值应保持不变。

—主控制站的 I/O 卡电源重新置于"ON"状态，再确认 PV、SP 和 OP 应值保持不变。

—重复上述步骤，对冗余控制站全部 I/O 卡作切换试验。

⑥系统组态检查应根据回路组态文件、逻辑组态文件、先进控制组态文件，对 DCS、ESD 进行检验：

—区域名组态，确认区域名显示屏全部工序名称。

—单元名组态，确认单元显示屏全部单元名称。

—单元 / 区域控制盘面，确认单元号，控制画面上的单元分配显示。

—网络通道节点地址的分配，在系统状态画面显示中确认每个节点地址。

—控制站 I/O 卡的分配，在系统状态画面中的卡排列显示，确认控制站 I/O 卡的分配地址。

⑦ DCS 回路试验应根据 DCS 回路图或接线图，检查输入点、输出点、控制点、运算点在控制站中的运行状态。同时检查细目显示、组显示、流程图显示和报警汇总显示。

—检测回路 – 模拟输入按下述要求进行：

·输入 4~20mA DC 信号至相应位号的模拟输入卡。

·增大、减小输入信号，确认在细目、组、流程图中 PV 值响应。

·确认细目上的该回路信号描述。

·确认细目上的该回路量程。

·输入信号高、低报警值，确认流程图显示画面上 PV 值变化及颜色变化。

·输入超量程信号和切断输入信号，确认在流程图画面上 PV 值是否有 "----" 或 "BAD" 状态信息。确认在报警总貌画面上的报警信息和报警打印机的打印结果，同时确认报警笛音响效果。

·对于带选择开关的回路的点检查，重复上述步骤。

—检测回路 – 数字输入按下述要求进行：

·输入 ON–OFF 开关信号至相应位号的数字输入卡。

·在该试验回路显示的细目画面上，确认仪表位号的描述。

·改变输入状态，在流程图画面上确认颜色、符号的变化。

·当该点组态为事故报警方式时，在事故报警画面上确认显示事故报警记录。

·对于带预选开关回路的点检查，重复上述步骤。

—单回路控制检查按下述要求进行：

·输入 4~20mA DC 信号至相应位号的模拟输入卡。

·连接毫安表至相应位号的模拟输出卡。

·在该试验控制回路的细目画面上，确认仪表位号描述。

·在细目画面上，确认被试验控制点的 PV 值和 SP 值。

·将控制方式置于 "手动" 状态，增加、减少输入信号值，确认 PV 值显示应响应和流程图画面应变化，同时确认 SP 跟踪 PV 值（工艺要求时）。

·将控制方式置于 "自动"，改变 SP 值，确认控制作用（正作用或反作用）。

·改变输入报警值，确认流程图画面上的 PV 值是否响应，以及报警总貌画面中报警信息是否显示，同时确认报警笛音响效果。

·改变输入信号使其低于测量值下限或高于测量值上限，确认在流程图显示画面中 PV 值为 "----" 或 "BAD" 状态。

·在流程总貌画面中显示报警信息，在报警打印机上打印报警信息。

·调节器控制方式改变为手动，调节器输出值保持不变，同时确认报警笛音响效果。

—串级控制主调节器按单回路控制的要求试验完成之后，串级回路副调节器按下列要求试验：

·将副调节器控制方式置于自动或手动，确认主调节器操作功能无效。

·将副调节器控制方式置于串级控制（CAS），主调节器控制方式置于手动，增加、减少主调节器的输出，确认副调节器设定点 SP 应发生变化。

·将主调节器控制方式置于自动，当主调节器的设定点改变，确认副调节器的控制作用方向应正确。

·对于带选择开关回路的检查，重复上述步骤。

—运算回路检查应确认 PV 值运算模块，如流量补偿、累积、平均值、线性化处理等校验工作，这一检验工作一般与先进过程控制系统（ACS）回路检查同时进行。

—逻辑回路检查应在下列方式下确认逻辑、顺控、预置关系：

·调节器控制方式自动改变功能；

·电气 / 仪表联锁。

⑧串行接口数据点检查，应确认经由串行接口通信来的数据，例如来自气相色谱分析系统、PLC 系统、可编程调节器的信号应正常工作，并检查下列内容：

—确定相关的通信设备的 DIP 开关、跳线的设置应满足通信协议要求。

—串行通信电缆的连接应正确，螺丝应紧固。标准的国际通用串行接口有 RS232C、RS422、RS485 三种，检查、确认相互之间的匹配设置。

—通信设备之间和通信设备与 DCS 之间的传输距离，对于采用 RS232C 标准通信接口的设备，其最大传输距离应小于 15m，配有调制解调器扩展时，其最大传输距离应小于50m，配有 RS422、RS485 标准通信接口时，其传输距离一般在 2km 范围内。

—调制解调器的型号、规格应与设计文件要求相匹配，状态指示灯应正常。

—在 DCS 操作站上调出串行数据点相应的流程图显示画面、报警功能总貌画面、细目显示画面，在现场输入模拟信号或利用现场通信设备上的强制功能，强制输入模拟信号，检查相应流程图上的显示、报警状态及报表打印功能，并逐一对下列参数和画面加以确认：题头，仪表位号及工艺描述，串行输入变化量，工程单位，有关串行操作的触标及功能键，报警功能的上、下限，量程的上、下限，通信故障状态显示画面，有效值确认。

—当串行通信发生故障时，DCS、终端设备、通信设备应有相应的故障提示信息及报警打印功能，并且现场通信设备、DCS 仍可各自独立地正常运行，不对工艺操作造成大的影响。

⑨紧急停车系统（ESD）试验应检查逻辑控制站的逻辑组态，根据逻辑图检查 ESD 盘的手动开关、报警系统应正确实现逻辑运算控制，以 ESD 逻辑试验为主，常规控制回路（RCS）相关部分也应同时完成，试验过程如下：

—将需检查的 ESD 逻辑控制站，输入端连接 ON–OFF 开关，输出端连接信号灯。

—设置手动开关使全部逻辑条件为正常，确认所有监视信号灯熄灭。

—将一个逻辑条件改变为非正常，确认监视信号灯应发生变化，在报警总貌画面上确认报警信息状态。

—确认报警打印输出及报警盘上信号灯及音响。

—逻辑条件变为正常，手动复位，确认监视信号灯恢复正常。

—每一个 ESD 逻辑条件试验都重复上述步骤。

⑩流程图画面检查应根据 DCS 流程图画面设计原则进行。流程图画面应符合下列要求：

—操作流程图显示功能键，能调出所需的流程图画面。

—操作组显示菜单键，在显示屏上选择所需的流程图标题，应能调出所需流程图，并确认下列项目：题头，仪表位号、描述和工程单位，过程处理变化量，设定点，控制方式，触标（TARGETS），线段和字符颜色，软键功能，功能键分配，组显示画面检查。

—检查每一流程图的控制组，确认组态应符合工艺操作要求。在流程图画面上，选择组（GROUP）键后应能调出控制组画面，并确认下列项目：控制组画面题头，仪表位号、名称，某一控制组画面的连接（前后翻页键），标准控制组通用功能。

⑪ 启动报表打印程序，分别打印出班表、日报、月报、年报，确认相关的打印机应运行正常，根据设计文件要求确认各种报表的题头、字段内容、排序方式、数据类型及有特殊要求的打印内容。

系统软件及应用软件备份应包括下列各项（全部硬盘文件备份）：操作系统软件，子图库，控制程序，控制组态，逻辑控制软件，流程图组态。

⑫DCS 系统试验合格后，应及时填写校验记录，要求数据真实、字迹清晰，并由校验人、质量检查员、技术负责人签认，注明试验日期。

18.8.3 可编程控制器系统（PLC）、安全仪表系统（SIS）系统调试

18.8.3.1 作业程序

作业程序如图 18-8-3 所示。

图 18-8-3 作业程序示意图

18.8.3.2 试验前准备

①根据设计图纸、规范规程及产品说明书编制调试方案、技术措施和调试用材料预算。

②准备好活扳手、组合工具、编程器、万用表、对讲机等调试工具及必要的调校仪器。

③准备好调试需要的各种跨接线、刻录光盘、试验开关等材料。

④施工现场条件满足可编程控制器系统调试的要求。

⑤参加调试的人员必须熟悉设计图纸及仪表使用说明书，准备好试验记录表格。

18.8.3.3 PLC、SIS 上电前检查确认

① PLC、SIS 上电前，对系统的安装、电源、接地、系统电缆及配线进行检查确认，应符合如下要求：

—PLC、SIS 仪表盘、柜、操作台、卡件、外设的安装均符合设计及制造厂的要求。

—保护接地、工作接地符合设计文件和系统设备技术条件的要求。

—随机电缆（系统电缆）连接正确，并符合制造厂及系统的设计要求。

—电源电缆按设计要求连接正确，绝缘电阻合格，电源开关容量符合设计要求。

—盘内配线符合接线图要求。

②检查后应及时填写 PLC、SIS 送电条件确认表。

18.8.3.4　PLC、SIS 调试

① PLC、SIS 进行系统调试时，应具备下列条件：

—有关仪表电缆，电气电缆均已安装、检查合格。

—已制订详细的调试计划、调试步骤和调试报告格式。

—有关电气专业的设备已具备接受和输出信号的条件。

—有关 PLC、SIS 系统的现场检测仪表和执行机构已安装调试合格。

—有关工艺参数的整定值均已确认。

② PLC、SIS 系统的上电检查应包括电源部分、CPU 卡、通信卡、存储器卡、I/O 卡、编程器。上电检查时应符合下列要求：

—CPU 卡件上电后，卡件上对应状态指示灯应正常。

—存储卡件上电后，电源指示灯、状态指示灯应正常。

—其他卡件上电后，电源指示灯、状态指示灯应正常。

—将编程器与 CPU 连接，自诊断编程器应显示状态正常，使用编程器测试功能检查 PLC 系统的状态，并可调出梯形图或程序清单，进行检查、核对。

③ I/O 检查应符合下列要求：

—PLC、SIS 系统的 I/O 检查在系统上电完毕后进行，I/O 检查分为模拟量输入、数字量输入，模拟量输出、数字量输出回路检查。

—对模拟量输入回路，应按 I/O 地址分配表，在相应端子排上用标准信号发生器加入相应的模拟量信号，同时用编程器检查 PLC、SIS 系统所采集到的数值，根据软件内部设定的量程来检查模拟量输入回路的精度应符合工艺操作的要求，对带有显示装置（CRT）的系统，应按 CRT 上的显示值来检查 PLC、SIS 系统的精度；

—对模拟量输出回路，根据软件内部设定的 PID 参数或其他运算控制方式，满足输出模块的条件，检查模拟量输出回路相应端子上的信号。

—对于数字量输入回路，根据 I/O 地址表，在相应端子上短接，以检查数字量输入卡上相应地址发光二极管的变化，同时可用编程器检查相应地址的 0、1 状态变化。

—对于数字量输出回路，根据 I/O 地址表，使用一般 PLC、SIS 系统具有的强制输出功能，通过对应输出地址的强制开或关，观察相应地址发光二极管的变化，并从相应端子检查 0、1 状态的变化。

④双中央处理器（CPU）冗余形式的 PLC、SIS 系统，调试中应检查主 CPU 和备用 CPU 的切换。切断主 CPU 电源或按备用 CPU 请求"运行"开关，备用 CPU 应自动切换成为主 CPU，且系统应一切正常。

⑤检查冗余电源互备性能，分别切换各电源箱主回路开关，确认主、副 CPU 运行正常。I/O 卡件状态指示灯保持不变。

⑥冗余 I/O 卡试验应符合下列要求：

—选择互为冗余、地址对应的输入点、输出点，输入卡施加相同的状态输入信号，输出卡分别连接状态指示仪表；利用编程器在线检测功能，检查对应的 I/O 卡。

—分别插拔互为冗余的输入卡，对应的输出状态指示表及输出逻辑应保持不变。

—分别插拔互为冗余的输出卡，对应的输出状态指示表及输出逻辑应保持不变。

⑦通信冗余试验，分别插拔互为冗余的通信卡或除去冗余通道电缆，确认系统运行应正常，硬件复位后，相应卡件的状态指示灯应自动恢复正常。

⑧检查备用电池保护功能，分、合 CPU 卡电源开关，确认内存中程序应未丢失，取出备用电池，5min 内，检查内存程序不应丢失。

⑨对编程器和系统功能检查，应用带专用通信电缆的编程器，系统应能实现操作手册上说明的所有功能。

⑩ PLC、SIS 系统逻辑功能确认应使用编程器测试功能，设定输入条件，根据梯形图或程序文件观察输出地址变化应正确。对没有测试功能的 PLC、SIS 系统，可通过短接相应地址的端子，模拟输入逻辑条件，输出地址应与梯形图或程序文件中所描述的一致。

⑪ 在 PLC、SIS 系统检查试验中，对模拟量输入、输出回路，模拟信号应在现场仪表输入，并观察有关的工艺报警指示和现场执行机构的动作应符合逻辑图或应用软件中的描述和实际工艺要求。对报警回路，应在现场仪表输入模拟信号引起现场仪表动作，观察报警显示。对紧急停车回路，应按逻辑图、因果关系表或应用软件中的描述，在现场点输入模拟停车信号，确认停车机构正确动作。对所有联锁回路，应按模拟联锁的工艺条件，检查联锁动作的正确性。

⑫ 对于有开停顺序图的 PLC、SIS 系统，应按照开停顺序图要求模拟工艺开停条件，并结合工艺操作手册，检查 PLC、SIS 系统的顺控逻辑。

⑬ 系统软件及应用软件备份应包括下列内容：操作系统软件备份、梯形逻辑（Ladder）控制软件备份、流程图组态备份。

⑭PLC、SIS 系统试验合格后，应及时填写校验记录，要求数据真实、字迹清晰，并由校验人、质量检查员、技术负责人签认，注明试试验日期。

18.8.4　回路包测试

18.8.4.1　仪表回路包工作流程

在国际化工程施工管理中，仪表专业引入了回路包管理理念。回路包这个"词汇"在国内施工中施工管理者并不是很熟悉，而且没有一个具体的实施流程。国内的回路测试只是根据业主或总包的要求按照国内的石油化工建设工程项目交工技术文件规定进行校验。仪表回路包的施工从收到设计图纸开始一直贯穿到移交证书签订的整个过程，期间主要包括回路包文档建立、施工过程控制、验收移交这一系列的工作，具体流程如图 18-8-4。

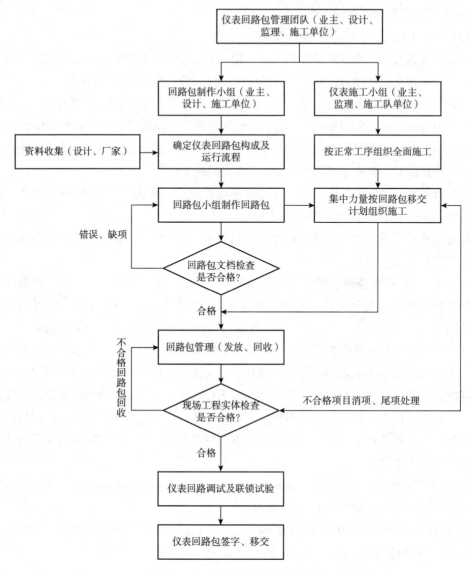

图 18-8-4　仪表回路包施工流程图

　　总体说来仪表回路包管理体系可以分为三个部分，第一部分是回路包的基本构建，第二部分是质量管理和质量控制，第三部分是仪表调试和试车，把这三者有机地组合起来就构架起最基本的回路包管理体系。根据仪表回路包的内容和制作过程的变化，回路包的管理又可分为建立、形成、更新、维护、关闭和移交这几步，其中建立和形成过程对应着回路包的构建部分，而更新和维护过程则对应着质量管理部分，最后的关闭和移交过程则对应着仪表调试和试车交工部分。

18.8.4.2　仪表回路包前期工作

　　①熟悉图纸及报验资料，了解有多少种图纸及报验资料，是否为最新图纸，图纸必须是由正式渠道下发的图纸。在施工过程中部分图纸版本更新，所以也需要重新替换新图

纸，以保证仪表回路包有效。

②编写仪表回路包作业计划，包括工程量、图纸资料清单、所需人力、需要的设备。也可顺带写上现场的进度和影响回路包的因素。

③根据仪表回路包作业计划准备好文件柜、文件夹、办公桌、电脑、打印机、纸张等设备。

④因为工程交工时整体移交给业主。每个回路包是一套完整的交工资料，与文件夹一一对应，仪表回路包按照编号顺序存放到回路包档案柜，每个档案柜正面都标明装置、区域和回路编号，存取一目了然。通过台账也可迅速检索到每个回路包存放的具体位置。

⑤等图纸基本到位后，组织人力进行仪表回路包的图纸打印及分类、把仪表回路包整理到文件柜内工作。

18.8.4.3　仪表回路包的一般组成

①仪表回路包文档是由一系列的设计文件、施工过程文件、供货厂家文件组成的，回路包的封面及目录在回路包的制作前由建设单位、设计、监理单位、生产运行单位、施工单位组成的回路包管理团队来确定，确定后原则上不再进行修改。

②回路包文档建立的过程主要包括：回路包的内容格式讨论确定阶段；资料收集阶段；文档制作阶段；检查验收阶段。

③这一期间有大量的文档资料需要制作，需要集中人力物力完成。图 18-8-5 是一张某装置仪表回路包的交工文件目录，可以根据项目的具体需求对内容进行增减。

—目录：回路包目录包含了回路号、回路包内容、回路所属子系统号等重要信息，必须在回路包制作前经回路小组确认，也是检查回路包文档资料是否完整的依据，制作时根据回路包的内容选择"包含"或"不包含"。

—证书：证书是仪表回路包的"身份证"，和回路号一样在系统中是唯一的，证书的确认需要施工单位、生产单位、PM 单位、监理单位在对工程实体进行验收合格无遗留尾项并且系统调试完成后签订，证书的签订意味着工程实体由施工单位正式交接给生产单位。

—设计资料：回路包中需要的设计资料主要包括：

· 仪表索引表——生成回路包号，检索回路包中包含的设备和回路 。

· 仪表回路图——检索控制室至现场设备的连接方式。

· 仪表接线图——检索现场仪表、中间接线箱、仪表系统盘柜的接线。

· 仪表规格书——检索仪表设备的信息。

· 仪表典型安装图（HOOK-UP）——检索现场仪表的安装形式。

· 仪表平面布置图——检索仪表的安装位置。

—厂家资料：回路包中需要的厂家资料主要包括：

· 设备出厂合格证。

· 设备出厂计量检定报告。

		Table of Content Turnover Document 交工文件目录 (Instrument LoopFolder) (位表回路包)		Project项目：		
				Loop No...回路号：		
				Subsystem No.子系统号：		
				Contractor承包商：		
No. 序号	Document No. 文件编号	Content目录	Page No. 页码	Include 包含 （√）	N/A 不包含 （√）	Category 类别
1		Cover(封面)				MC1
2		Index(仪表索引)				MC1
3	IN–LOOP–XI（IN068）	Acceptance Certifcate（证书）				MC2
4		Wiring Diag.（接线图）				MC1
	4.1	Junction Box Wiring Diagram（接线箱图）				MC1
	4.2	Cable List（电缆敷设表）				MC1
	4.3	Control system wiring diagram（系统接线图）				MC1
5		Hookup drawing（典型安装图）				MC1
6		Factory test report（出厂测试报告）				MC1
7		Instrument Datasheet（仪表规格书）				MC1
8		Construction Document（施工文件）				
8.1	IN–LOOP– I	Impuls Line/Air tubing Inspection Report（导压管/气源管安装检查记录）				MC1
8.2	IN–LOOP–Ⅲ	Instrument/Control valve In stallation Acceptance Report（仪表设备/控制阀安装检查记录）				MC1
9		Loop Check Document（回路测试文件）				
9.1	IN–LOOP–Ⅲ	Test report for analogue input loop（模拟量输入回路测试报告）				MC2
9.2	IN–LOOP–Ⅳ	Test report for binary input loop（数字量输入回路测试报告）				MC2
9.3	IN–LOOP– V	Test report for analogue output loop模拟量输出回路测试报告				MC2
9.4	IN–LOOP–Ⅵ	Test report for binary output loop（数字量输出回路测试报告）				MC2
9.5	IN–LOOP–Ⅷ	Test report for variable frequency drives（变频设备测试报告）				MC2
9.6	IN–LOOP–Ⅸ	Fieldbus Cable Test Report（现场总线测试报告）				MC2
9.7	IN–LOOP– X	Network/Segment Test Report（网络数据测试报告）				MC2
signature & Date （签名、时间）		ALEC（供应商）				
		Contractor（承包商）				

图 18-8-5　某装置仪表回路包交工文件目录

·节流装置计算书。

·成套设备的资料等。

—施工过程资料：

·设备安装检查记录，主要包括：仪表单校检查；仪表安装位置与流程图位置是否相符检查；仪表管线安装检查；仪表电缆安装检查；电缆校接线检查；接地系统安装检查；Tube 管安装检查（含强度、严密性试验）；气源管安装检查（含强度、严密性试验）。

·通道测试记录。

·仪表回路试验记录。

·尾项清单。

18.8.4.4　回路包的制作步骤

①前期的仪表回路包台账非常的重要，需要把索引表、规格书、安装图等相关图纸中的部分内容录入或导入到仪表回路包台账。

②仪表回路包是根据工艺系统将仪表回路包划入各个工艺系统，完成建立仪表回路的系统号和回路号。

③仪表回路包的建立类似于工艺试压包的建立，其本质就是仪表回路的划分，把一条条仪表回路划分成一个个独立的回路包。

—依据仪表索引、回路图、仪表设备清单等图纸，根据设计图纸找出所有索引或者回路图上所涉及的仪表设备回路和电气连锁回路。

—给每一条仪表回路编上编号。

—根据设备清单和规格书，对于单回路设备比如各类变送器、各类开关，还有部分流量计等等，它们可单独组成一个回路包。

—对于多回路或者多部件设备，例如调节阀、开关阀、分析仪表、外供电设备和电气设备信号等，则需要把相关的多条回路合并到一个回路包里。

—回路包的划分不能等同于设备划分，很多回路信号没有设备载体只是单纯的信号回路；也可能一台大型设备上面有多种功能，每项功能可能就需要拆分出来一个回路包。

—关键管路上的仪表设备冗余设置，可以把这些冗余回路同时划分到一个回路包里。

④回路包的划分并不是固定的，其可大可小可多可少，充分理解图纸的设计意图和要求，了解设备构成和功能，熟悉工艺流程和参数，明晰各类信号回路的走向和功用，从而找出最佳的回路包构架方案。

⑤后期根据试压和开车的优先级顺序，把回路包号划入对应的系统号。这样仪表回路包制作时按照优先级顺序打印和整理，不会出现需要仪表联校时，仪表回路包没有制作完成的情况。

⑥将设计文件和图纸按照仪表回路包中的要求分发进各仪表回路包中。在此过程中，成套包设备的资料也要收集并归入到对应的仪表回路包中。

⑦将施工中的过程资料也就是现场安装质量检查报告分发进各仪表回路包。

⑧将完成的仪表回路包，由设计或专业人员进行审核，然后报送业主审核，业主审核

合格后进入下一步回路测试。

18.8.4.5　回路包调试

①回路测试之前，现场的仪表安装工作必须全部完成，包括仪表单校、槽盒、电缆、接线、仪表安装、导压管等。

②质量检查人员在回路测试之前会对现场仪表进行检查，并提出尾项，对于影响到下一步工序施工的需要马上进行清理，否则不能进行回路测试。对下一步工序施工无影响的尾项，可以稍后处理，但是要在仪表回路包关闭之前处理完成。所有尾项清理完成后，仪表回路包才能移交给业主。

③回路包施工的仪表调试工作也是按照回路包进行的，一般施工单位仅负责回路的打通，系统测试和逻辑测试则由建设单位和生产单位主导进行，施工单位进行配合，期间需要注意以下事项：

——回路包调试小组应尽快消化已完成安装检查的回路包，防止出现因设备下线造成的回路包需再次检查的情况。

——调试前需对回路包施工内容进行再次确认。

——调试过程中，尽量减少对已完成检查的回路包施工内容的动改，调试完成后应按照原标准恢复。

——对于某些设备较多的回路包，一次全部调试完成非常困难，建议与业主和总包回路包管理团队进行协商，将回路包打散，先按照单点进行调试，待全部完成后再组成回路包，这样可以避免因个别设备不具备调试条件而影响整个回路包调试的情况。

④在回路测试之前，要准备好调试设备。有些国外项目，调试设备必须由当地第三方进行调试设备的校准，一般第三方校准时间为 7~10 天，有效期为 3 个月。所以需要备用设备，并且建立好台账，对于马上到期的调试设备，要协调好第三方校验。

⑤准备好人力、工具及大功率的通信设备等。由于国家不同，很多国家对于这种大功率的对讲机进行限制，小功率的对讲机在距离和功率方面都不能满足要求。

⑥不同于国内的回路测试，按照仪表回路包回路测试时，现场的仪表点很分散。在国内可以从装置的一头逐个仪表进行回路测试，填表时可逐个填写，但按照仪表回路包回路测试时，必须按照流程进行。一个仪表回路包必须由一组调试人员完成，仪表分散且种类不同影响回路测试的效率，需要大量的调试人力和辅助设备。

18.8.5　投料试车

18.8.5.1　投料试车条件具备的条件

①联动试车已完成，"三查四定"的问题整改消缺已完毕。

②单机试车、仪表联校、吹扫试压、烘炉煮炉、衬里烘干等合格。

③物料装填并活化或钝化完毕。

④影响安全试车问题已解决。

18.8.5.2　投料试车检查内容要点

①联动试车是否已完成；"三查四定"的问题整改消缺是否完毕，遗留尾项是否已处理完。

②设备是否处于完好备用状态；仪表、DCS/ESD 等的检测、控制、联锁、报警系统调校完毕，准确可靠。

③人员培训是否已完成，各工种人员是否经考试合格，已取得上岗证。

④保运后备人员是否已落实，机、电、仪修人员是否已上岗。

⑤原料、燃料、动力、化工原料、备品备件、润滑油是否已准备完成。

⑥通信联络系统是否运行可靠。

⑦安全、消防、急救系统是否已完善。

⑧环保工作是否达到"三同时"，化验分析准备工作是否已就绪。

⑨储运系统是否已处于良好待用状态。

18.8.5.3　投料试车条件确认表

a）施工单位

仪表专业开车前检查确认表见表 18-8-1。

表 18-8-1　仪表专业开车前检查确认表

序号		检查项目（内容、标准）	检查数量	检查结果	仪表装置负责人签字	专业负责人签字	检查时间
1	现场仪表	检查现场所有穿线盒、挠性管、仪表箱、风表完好					
2		检查所有仪表回路校验单（填写齐全、完整；各确认人签字）					
3		检查所有仪表联锁校验单（填写齐全、完整；各确认人签字）					
4		检查现场所有分析小屋（室内各种在线分析仪处于完好状态；各种管线接头密封严实；防爆空调完好、环境整洁、气瓶按规定存放）					
5		检查所有在线分析仪完好，且与 DCS 通信正常					
6		检查现场所有槽板盖，全部盖好					
7		检查所有可燃气体报警器、有毒气体报警器（仪表完好，位置正确，可正常投用；防雨帽齐全；校验档案准确、齐全；检定合格证齐全）					
8		检查仪表电源接地系统正常，无报警					
9		阀门调校记录（行程，开关时间）					
10		仪表回路调校记录					
11		隐蔽工程记录					
12		流量检测元件安装记录					
13		电缆（线）绝缘电阻测定记录					
14		接地电阻测定记录					

序号		检查项目（内容、标准）	检查数量	检查结果	仪表装置负责人签字	专业负责人签字	检查时间
15		仪表管路压力试验、脱脂记录					
16		仪表高压、高温、低温和特殊材料管路的管子、管件及阀门的材质合格证					
17	现场仪表	焊接高压、高温、低温和特殊材料焊件的焊条合格证					
18		设计变更通知书，设备、材料代用单和合理化建议					
19		仪表设备交接清单					
20		单台仪表调校记录					
21		未完工程项目明细表					
22		设备材料表					
23		检测回路接线图					
24		系统配电图					
25		盘后端子接线图、设备接线图					
26		设计任务书					
27		系统设计图纸					
28	控制系统	工程竣工图					
29		设计变更通知书，设备材料代用单					
30		厂家提供的随设备资料，及安装使用说明书					
31		厂家提供的配件及配件清单					
32		系统功能调试记录					
33		未完工程项目明细表					
34		软件资料，包括厂家提供的软件介质，应用程序源程序磁盘和磁带					

b）生产单位

投料试车条件确认表见表 18-8-2 ~ 表 18-8-9。

表 18-8-2　投料试车条件确认表（一）

单位名称：生产中心　　年　　月　　日

序号	检查内容	检查结果	确认时间	检查人签字
1	工艺流程是否符合开工进料、退料，装置内物料循环，事故处理及正常生产的基本要求？			
2	装置现场是否清洁，各种现场标识和警示文字符号或标牌能否满足开工生产需要？			
3	安全防护设施、消防设施是否到位，消防通道是否畅通？			
4	人员准备是否到位，开工指挥系统是否落实？			
5	各种规程、工艺卡片、操作法、开停工方案等是否经过审批下发并组织学习完毕，交接班日记、操作纪录等是否到位？			
6	装置内设备、工艺管道、机、电、仪、通信设施等现场设施能否满足开工要求？			
7	巡回检查等各种生产制度是否落实？			
8	各种设备润滑油脂是否到位，需要生产中心备用的日常生产所需的低值易耗品是否到位？			
9	催化剂、分子筛、树脂等物料是否装填并活化或钝化完毕，生产过程中需要添加的化工原材料是否到位？			

续表

序号	检查内容	检查结果	确认时间	检查人签字
10	装置内、公用工程系统盲板确认是否逐一完毕,满足开工需要?			
11	装置内防冻凝措施是否落实?			
12	装置是否进行了开工危害识别,是否对重大、巨大危害制定了控制措施?			
13	空气呼吸器、洗眼器、急救药品等职业卫生防护设施、器材是否完好?			
14	现场施工情况是否满足开车要求?			
15	工艺管线是否按规定气密、试压、吹扫合格?			
16	开车员工是否完成三级安全教育?			
17	车间级事故处理预案是否编制完毕并组织了演练?			
18	有毒、有害物采样监测点是否确定并绘制平面监测部位图?			
19	有毒有害岗位是否已进行防毒,防害及救护等专业培训?			
20	职工是否按规定着装,爆炸危险场所是否配齐并使用防爆工具?			
21	机泵盘车是否音,泄漏是否标准?			
22	机泵等机械设备是否已单机试运合格?			
23	平台、梯子、护栏安装是否牢固并符合要求?			
24	安全阀是否齐全并定压合格?			
25	其他需要检查的问题:			
存在问题详细说明:				

年　　月　　日

表 18-8-3　投料试车条件确认表（二）

单位名称：安健环部　　　年　月　日

序号	检查内容	检查结果	确认时间	检查人签字
1	开工单元职工是否完成了公司级安全教育?			
2	公司是否制定了完整的应急救援预案,各种预案是否经过演练,演练记录齐全,是否达到应急要求?			
3	现场接触剧毒、高毒物品操作人员的医疗急救措施是否周全?			
4	特殊工种是否经过培训考试合格,持证作业?			
5	劳动保护设施和职业卫生防护设施是否完好?			
6	关键设备、部位的各种警告、安全标识是否明显齐全?			
7	安全卫生设施是否按安全卫生专篇设计和评价意见施工完毕?			
8	现场硫化氢、氢气、可燃气体等安全检测仪表是否检验合格并投用?			
9	各种防雷、防静电设施是否完好?			
10	放射源的使用是否符合国家法律法规要求?			
11	环保设施是否按环保专篇设计和评价意见施工完毕,环保"三同时"设施完好备用?			
12	装置开工环保设施是否具备投用条件?			
13	废水、废气、废渣检测采样口合格?			
14	装置区排污系统是否畅通?			
15	其他需要检查的内容:			
存在问题详细说明:				

年　　月　　日

表 18-8-4 投料试车条件确认表（三）

单位名称：生产管理部　　　年　　月　　日

序号	检查内容	检查结果	确认时间	检查人签字
1	原料准备是否齐全，分析合格，具备输送条件？			
2	生产方案是否确定？			
3	产品、中间原料、污油去向能否满足生产需要？			
4	系统水（外供水、循环水、除盐水、除氧水）、电、风、蒸汽、氮气、氧气、燃料等公用条件能否达到开工要求？			
5	装置开工原料是否满足开工需要，进出装置物流流程是否畅通，罐区或接受装置物料的其他存储场所能否满足装置在各种工况下的退料要求？			
6	污水处理场是否具备接受各种污水条件？			
7	火炬、气柜是否具备接受条件，流程畅通？			
8	与该装置开工相关的装置外盲板确认是否逐一完毕，满足开工及停工需要？			
9	相关及相邻装置是否具备开工配合条件？			
10	通信设施是否投用，能否及时传递信息，能否优先保证生产指挥、消防和安全救护要求？			
11	计量仪表及计量器具是否完好，具备使用条件？			
12	与装置相关的外部系统防冻凝措施是否落实？			
13	生产调度指挥系统具备条件，记录、台账齐全？			
14	其他需要检查的内容：			
存在问题详细说明：				

　　　　　　　　　　　　　　　　　　　　　　　　　　　　　　　年　　月　　日

表 18-8-5 投料试车条件确认表（四）

单位名称：机械动力部　　　年　　月　　日

序号	检查内容	检查结果	确认时间	检查人签字
1	机泵上压力表、防护罩、接地线等附件是否齐全？			
2	验收记录是否齐全？			
3	设备润滑系统是否正常，油质是否合格？			
4	压力容器和工艺设备的压力表、液面计、温度计是否齐全经过校验？			
5	特种设备安装是否符合国家有关规定，锅炉、起重设备、压力容器等是否经当地劳动部门批准，取得使用许可证？			
6	机械设备本身的安全装置是否校验完毕？			
7	各类设备是否按规定试压合格？			
8	机泵等机械设备是否已单机试运合格？			
9	加热炉看火孔、防爆门、火嘴设施、通风设施等是否齐全好用？			
10	设备润滑油脂、备品备件是否准备齐全？			
11	现场安全，如检修用工具、脚手架及电气设备等应全部拆除，保证现场清洁及道路畅通？			
12	保运队伍是否到位？			
13	各种记录台账是否准备齐全？			
14	各装置防雷、防静电设施及呼吸阀、阻火器、安全阀等附件是否齐全完好？			
15	其他需要检查的问题：			
存在问题详细说明：				

　　　　　　　　　　　　　　　　　　　　　　　　　　　　　　　年　　月　　日

表 18-8-6 投料试车条件确认表（五）

单位名称：检维修中心（仪表）　　　年　月　日

序号	检查内容	检查结果	确认时间	检查人签字
1	液面计、压力表等仪表显示、记录、控制是否全部调校？			
2	联锁自保装置联动试车是否调试完毕？			
3	监测、监视、报警装置是否配齐并已调校，是否灵敏可靠已投用？			
4	安全联锁、可燃气体检测报警仪表及其他各种检测报警仪表是否已联校完毕并全部投用？			
5	DCS、ESD 系统是否调校完毕，控制系统是否完好？			
6	保运队伍是否到位？			
7	各种记录台账是否准备齐全？			
8	其他需要检查的问题：			
存在问题详细说明：				

年　月　日

表 18-8-7 投料试车条件确认表（六）

单位名称：检维修中心（电气）　　　年　月　日

序号	检查内容	检查结果	确认时间	检查人签字
1	各电动机试运是否正常？			
2	照明设施是否齐全完好，是否符合防爆规定？			
3	各变电所高低压送电是否正常？			
4	电缆沟及钢管穿线在进入爆炸危险场所处的变配电间、仪表室、生活设施等处是否用砂子或其他材料封死？			
5	电缆沟排水设施与下水道是否分开设置，排水是否良好？			
6	变配电间是否有防止可燃气体和小动物进入的措施？			
7	架空电缆是否已采用防火涂料或阻燃型电缆并用阻火盒分区布置？			
8	供电系统继电保护是否全部经过校验、动作灵敏；供电设备是否已经送电，高压危险处是否已挂警戒牌？			
9	变配电所是否有安全电压的临时接口，防爆区域是否设置了适于电焊机或其他电动工具作业的防爆接线箱？			
10	设备或建构筑物接地的防雷、防静电、防触电是否完整，测试是否符合要求？			
11	保运队伍是否到位？			
12	各种记录台账是否准备齐全？			
13	其他需要检查的问题：			
存在问题详细说明：				

年　月　日

表 18-8-8 投料试车条件确认表（七）

单位名称：质量技术部年月日

序号	检查内容	检查结果	确认时间	检查人签字
1	装置技术规程、工艺卡片是否已经过审批，并摆放在控制室合适位置？			
2	各种工艺台账、操作记录是否已经准备完毕？			
3	催化剂、分子筛、树脂等物料是否装填并活化或钝化完毕，日常生产需要添加的各种化工原料是否已准备就绪，满足生产要求？			
4	装置工艺联锁调校完毕，准确可靠，并有完整的调校记录；如有特殊原因工艺联锁确需摘除，应办理的工艺联锁摘除审批手续办完？			
5	取样口位置是否合理？			
6	取样环境是否符合要求？			
7	质量检验和试验计划是否审批？			
8	分析规程是否审批？化验分析仪器是否经过调试达到备用状态？分析用载气、材料试剂是否齐全？各种计量器具是否经过鉴定？产品质量标准是否由地方技术监督部门审批通过？			
9	其他需要检查的问题：			
存在问题详细说明：				

年　月　日

表 18-8-9 投料试车条件确认表（八）

单位名称：消防大队　　年　月　日

序号	检查内容	检查结果	确认时间	检查人签字
1	是否制定灭火预案，并组织演练？			
2	消防道路是否畅通，无障碍物？			
3	隔离墙、防火堤是否完好无损？			
4	灭火器是否符合要求并配置到位？			
5	泡沫灭火设施是否验收合格并投入使用？			
6	蒸汽灭火系统是否好用？			
7	消防水系统是否验收合格并投入使用？			
8	火灾自动报警系统是否验收合格并投入使用？			
9	建筑物的结构、安全通道、安全出口的数量、安全疏散距离是否符合设计防火要求？			
10	其他需要检查的问题：			
存在问题详细说明：				

年　月　日

🔧 18.9　施工工具

18.9.1　焊接工具

焊接工具见表 18-9-1。

表 18-9-1　焊接工具

序号	名称	规格型号	序号	名称	规格型号
1	交流电焊机	200A，16kVA	8	气割机	中型，备用焊枪
2	直流电焊机		9	气体减压器	O_2，C_2H_4
3	橡胶绝缘手套		10	气体软管	O_2，C_2H_4
4	橡皮绝缘软电缆	WCT38	11	火花点火器	备用火石
5	电焊把钳	JIS 200 号	12	气瓶	O_2，C_2H_2
6	焊条（焊丝）	J422，J427，A302 等	13	电焊锤	
7	气焊机	中型，备用焊枪	14	角磨机	100mm

18.9.2　配管工具

配管工具见表 18-9-2。

表 18-9-2　配管工具

序号	名称	规格型号	序号	名称	规格型号
1	高速切割机		9	台钻	
2	管子割刀	II 割管 1/8″ ~2″	10	手动棘轮套丝机	1/2″，3/4″，1″，$1\frac{1}{4}$″
3	无齿锯	300mm	11	塑料管内外倒角器	内径 10~25mm，30~45mm
4	切削冷却油（液）		12	铜管弯曲机	6~10mm
5	电动套丝机	50 型，80 型，100 型，150 型	13	铜管切管器	3~32mm
6	手动弯管器	1/2″，3/4″，1″，$1\frac{1}{4}$″	14	管子台虎钳	GTQ-1/2/3/4/5/6
7	手枪钻电动螺丝刀	$1/2″~1\frac{1}{2}″$，$1\frac{1}{2}″~3″$ 各种型号	15	管钳	6″，8″，10″，12″，14″，18″，8″，三脚架
8	液压弯管机	3/4″~2″，$2\frac{1}{2}″~4″$ 手动液压			

18.9.3　操作工具

操作工具见表 18-9-3。

表 18-9-3　操作工具

序号	名称	规格型号
1	套筒扳手	8~32mm
2	可调角磨机扳手	150，200，300mm
3	双头梅花扳手	8×10，10×12，12×14，14×17，16×18，17×19 等

续表

序号	名称	规格型号
4	内六角扳手	1.5, 2, 2.5, 3, 4, 5, 6, 8, 10, 12, 14, 17, 19, 22, 27
5	活动扳手	4″, 6″, 8″, 10″, 12″, 15″, 18″, 24″
6	斜口钳	4″, 5″, 6″, 7″, 8″
7	电缆剪切钳	
8	电缆压接钳	
9	扭矩扳手	5~200cm·kg
10	螺丝刀	100, 150, 200mm（+ −）
11	剥线钳	0.5~2.5mm²
12	压线钳子	0.5~6mm²（手动），10~95mm²（液压）
13	老虎钳	
14	驳线钳	
15	撬棍	600mm
16	钳工锤	300mm
17	木锤	300mm
18	铜锤	300mm
19	凿子	150, 200mm
20	混凝土凿	150, 270mm
21	电工刀	
22	电钻	4mm, 6mm, 8mm, 10mm, 13mm, 16mm
23	电锤	4mm, 6mm, 8mm, 10mm, 13mm, 16mm
24	开孔器	16~90mm
25	手用丝锥	1~20mm
26	磁力线坠	
27	电动砂轮机	
28	松香	
29	电烙铁	300W
30	液压千斤顶	
31	移动电源电缆盘	
32	锉刀	
33	砂纸	
34	卡尺	200mm
35	游标卡尺	300mm
36	皮尺	30m
37	卷尺	5m
38	钢尺	150mm, 200mm, 300mm, 500mm
39	钢角尺	300mm, 500mm, 600mm
40	水平尺	100mm, 300mm, 500mm, 600mm
41	激光水平仪	

续表

序号	名称	规格型号
42	钢丝刷	
43	毛刷	
44	塞尺	
45	铅锤	
46	梯子	5m，对折式
47	麻绳	14mm
48	焊锡膏	
49	焊锡丝	0.3mm，0.5mm，0.6mm，0.8mm，1.0mm，1.2mm
50	银粉漆	
51	滑轮	
52	工业吸尘器	
53	电吹风	
54	网线测试仪	ST-248，NS-468

18.9.4　其他施工工具

其他施工工具见表 18-9-4。

表 18-9-4　其他施工工具

序号	名称	规格型号	序号	名称	规格型号
1	电焊帽		8	空压机	
2	手电筒		9	对讲机	
3	手动液压搬运车	1.0~5.0t	10	钢丝绳	14mm
4	安全带	五点式	11	吊装带	3t，5t
5	打号机		12	吊环	3t，5t
6	打牌机		13	软管	带接头
7	地板吸提器				

18.9.5　临时用电工具

临时用电工具见表 18-9-5。

表 18-9-5　临时用电工具

序号	名称	规格型号	序号	名称	规格型号
1	橡皮绝缘电缆		5	闪光灯	
2	带盖闸刀开关	3P，30，100，300A	6	手提灯	
3	插座	2P，3P，15A	7	塑料绳	
4	移动式线滚子		8	熔断器（保险丝）	5A，10A，30A，60A，100A，300A

第 19 章 自控工程设计标准

19.1 标准化管理体制

19.1.1 中国的标准化管理体制

我国标准化工作的管理体制，长期实行的是"统一管理，分工负责"。这一管理体制，在我国社会主义制度的条件下，对调动各有关主管部门的积极性，最大限度地增加人力、物力和财力的投入，密切标准化工作与生产、建设实际的联系并直接为生产、建设服务，推动全国标准化工作稳步、协调地发展，起到了重要的作用。

随着标准化工作的不断发展，全国标准化工作管理的统一程度也在不断地提高。"统一管理，分工负责"的标准化管理格局，是我国标准化工作管理的基本特色。历史上，长期是国务院标准化行政主管部门负责全国标准化的综合管理，在此基础上，全国标准化工作共分为五个大的方面分工管理：

①工、农业产品标准化，由国务院标准化行政主管部门直接负责。

②工程建设标准化，由国务院建设行政主管部门分工负责；实际工作中，住房和城乡建设部承担了全国工程建设标准化工作的综合管理，国务院有关主管部门负责本行业工程建设标准化工作的管理，各地住房和城乡建设主管部门负责本行政区域工程建设标准化工作的管理。

③环境保护标准化，由国务院环境保护行政主管部门分工负责。

④医药、食品卫生标准化，由国务院卫生行政主管部门分工负责。

⑤军工标准化，由中央军委的标准化主管部门统一分工负责。

随着经济社会的快速发展，为了适应新形势新情况，更好地发挥标准对经济持续健康发展和社会全面进步的促进作用，全国人大常委会对《标准化法》进行了修订，新版《标准化法》于 2018 年 1 月 1 日实施。

新《标准化法》将标准分为国家标准、行业标准、地方标准和团体标准、企业标准五个层级，国家标准分为强制性标准、推荐性标准，行业标准、地方标准是推荐性标准。新《标准化法》最大的亮点是赋予团体标准法律地位。

根据新《标准化法》，将原来的强制性国家标准、行业标准和地方标准统一为强制性国家标准，强制性标准由过去的三级整合为现在的一级，并对强制性标准的范围做了严格的限定，可以更好地实现"一个市场、一条底线、一个标准"。在标准体系上，进一步优化推荐性国家标准、行业标准、地方标准体系结构，推动向政府职责范围内的公益类标准过渡，逐步缩减现有推荐性标准的数量和规模。在标准范围上，合理界定各层级、各领域推荐性标准的制定范围，推荐性国家标准重点制定基础通用、与强制性国家标准配套的标准；推荐性行业标准重点制定本行业领域的重要产品、工程技术、服务和行业管理标准。

在标准制定主体上，培育发展团体标准，鼓励具备相应能力的学会、协会、商会、联合会等社会组织和产业技术联盟协调相关市场主体共同制定满足市场和创新需要的标准，供市场自愿选用，增加标准的有效供给。

中国工程建设标准化协会自 1979 年 10 月组建以来，一直致力于工程建设标准化工作和分支机构的组织建设，共组建了 59 个分支机构，目前已经发布实施了 200 余项团体标准。

中国石油和化工勘察设计协会是我国化工行业标准的归口管理单位，一直致力于化工行业工程建设标准化工作和分支机构的组织建设，共有 24 个各分支机构，已经开展了化工行业团体标准的编制和管理工作。

中国的行业标准分类及代号见表 19-1-1。

表 19-1-1　中国的行业标准的分类及代号

行业名称	代号	行业名称	代号	行业名称	代号	行业名称	代号
电力	DL	通信	YD	铁路	TB	建材	JC
水利	SL	船舶	CB	广播电影电视	GY	人民防空	RF
航空	HB	轻工	QB	电子	SJ	海洋工业	HY
航天	QJ	体育	TY	冶金	YB	文化	WH
农业	NY	机械	JB	有色冶金	YS	煤炭	MT
建筑工程	JG	交通	JT	纺织	FZ	测绘	CH
城镇建设	CJ	林业	LY	石油天然气	SY	医药	YY
环境保护	HJ	卫生	WS	化工	HG	邮政	YZ
核工业	EJ	民用航空	MH	石油化工	SH	教育	JY

其他国标、行标及国外标准的代号对照见表 19-1-2。

表 19-1-2　其他国行标及国外标准的代号对照

标准代号	全称
GB（GB/T、GB/Z、GBJ）	中华人民共和国国家标准
JJG	中华人民共和国国家计量检定规程
GBZ（GBZ/T）	中华人民共和国职业卫生标准
AQ（AQ/T）	中华人民共和国安全生产行业标准
GA（GA/T）	中华人民共和国公共安全行业标准
TSG	特种设备规范
CECS	中国工程建设标准化协会标准
T/CECS	中国工程建设标准化协会团体标准
T/HGJ	中国石油和化工勘察设计协会团体标准
DRZ/T	中华人民共和国电力行业热工自动化标准化技术委员会标准
CADC	全国化工自动控制设计技术中心站标准

标准代号	全称
ANSI	American National Standards Institute　美国国家标准协会
API	American Petroleum Institute　美国石油学会
ASME	American Society of Mechanical Engineers　美国机械工程师协会
ASTM	American Society of Testing and Materials　美国材料试验协会
BS	British Standards　英国国家标准
DIN	Deutsche Industrie Norm　德国国家标准
CGA	Compressed Gas Association　压缩气体协会
EIGA	European Industrial Gases Association　欧洲工业气体协会
FCI	Fluid Controls Institute　美国流体控制协会
IEC	International Electrotechnical Commission　国际电工委员会
ISA	International Society of Automation　国际自动化学会
ISO	International Organization for Standardization　国际标准化组织
MSS	Manufacturers Standardization Society of the Valve and Fitting Industry 阀门及配件工业制造商标准化协会
NEC	National Electrical Code　美国国家电气规范
NEMA	National Electrical Manufactures Association　美国电气制造商协会
NFPA	National Fire Protection Association　美国国家防火协会
EN	Europe Norm　欧洲标准
JIS	Japanese Industrial Standards　日本工业标准
PIP	Process Industry Practices　流程工业实践学会

19.1.2　国外的标准化管理体制

国外标准主要包括国家标准、协会标准和企业标准，这些技术标准都是推荐性的，用户可自愿采用。只有当标准中涉及人身安全、卫生和健康、环境保护、保证产品质量等方面条款被法规、政令等引用后，才具有强制执行的属性。自控专业国外标准有国际电工委员会（IEC）标准、国际标准化组织（ISO）标准、美国仪表学会（ISA）标准、美国石油协会（API）标准、德国国家标准（DIN）等。国外的标准起步早、体系构建比较完善，涵盖了工程建设领域的各个领域，而且版本更新及时。

19.2　工程建设标准的分类

工程建设标准可按照层次分类法、属性分类法、性质分类法、对象分类法进行分类。

①层次分类法：工程建设标准可以划分为企业标准、团体标准、地方标准、行业标准、国家标准、国际区域性标准和国际标准等。

②属性分类法：工程建设标准划分为强制性标准和推荐性标准。

③性质分类法：工程建设标准一般划分为技术标准、基础标准和通用标准。

④对象分类法：工程建设标准分基础标准、方法标准、安全、卫生和环保标准、综合标准、质量标准。

19.3 工程建设标准的编制程序

工程建设标准的编制一般需要经过下列程序：

①工程建设标准管理部门或机构，在所分工管理的范围内统一部署编制计划的任务，提出计划项目的重点和具体原则。

②由有关的部门、单位或个人提出计划项目或项目计划草案，报相应的管理部门或机构。

③经工程建设标准管理部门或机构综合平衡后，提出计划项目建议。

④担任标准项目主编任务的单位或个人，根据计划项目建议提出前期工作报告和项目计划表。

⑤经工程建设标准管理部门或机构审查同意后，正式下达标准编制工作的计划。

⑥对于行业标准和地方标准，编制计划下达后还应当报国务院建设行政主管部门备案。

制定标准是一项严肃的工作，只有严格按照规定的程序开展，才能保证和提高标准的质量和水平，一般都要经历以下四个阶段：

①准备阶段：其主要成果是筹建编制组、制定工作大纲、召开编制组成立会议。

②征求意见阶段：包括收集整理有关的技术资料、开展调查研究或组织实验验证、编写标准的征求意见稿、公开征求各有关方面的意见。

③送审阶段：包括补充调研或实验验证、编写标准的送审稿、筹备审查工作、组织审查。

④报批阶段：包括编写标准的报批稿、完成标准的有关报批文件、组织审核等。

目前，工程建设国家标准由住房和城乡建设部批准，由住房和城乡建设部和国务院国家标准化管理委员会联合发布，由住房和城乡建设部统一编号。

工程建设行业标准由工业和信息化部批准、发布和编号，涉及两个及以上国务院行政主管部门的行业标准，一般联合批准发布，由一个行业主管部门负责编号。工程建设行业标准批准发布后 30 日内应报住房和城乡建设部备案。

以下章节介绍自控工程设计常用的法规法令及国内外标准。

19.4 法规或法令

19.4.1 原国家安全生产监督管理总局发布法规或法令

①国家安全生产监督管理总局令第 40 号

《危险化学品重大危险源监督管理暂行规定》

②安监总管三〔2010〕186 号

国家安全监管总局 工业和信息化部《关于危险化学品企业贯彻落实《国务院关于进一步加强企业安全生产工作的通知》的实施意见》

③安监总管三〔2009〕116 号

《国家安全监管总局关于公布首批重点监管的危险化工工艺目录的通知》

④安监总管三〔2011〕95 号

《国家安全监管总局关于公布首批重点监管的危险化学品名录的通知》

⑤安监总管三〔2013〕3 号

《国家安全监管总局关于公布第二批重点监管危险化工工艺目录和调整首批重点监管危险化工工艺中部分典型工艺的通知》

⑥安监总管三〔2013〕12号

《国家安全监管总局关于公布第二批重点监管危险化学品名录的通知》

⑦安监总厅管三〔2013〕39号

《国家安全监管总局办公厅关于印发危险化学品建设项目安全设施设计专篇编制导则的通知》

⑧安监总管三〔2013〕76号

《国家安全监管总局 住房城乡建设部关于进一步加强危险化学品建设项目安全设计管理的通知》

⑨安监总管三〔2014〕116号

《国家安全监管总局关于加强化工安全仪表系统管理的指导意见》

⑩安监总管三〔2017〕121号

国家安全监管总局关于印发《化工和危险化学品生产经营单位重大生产安全事故隐患判定标准（试行）》和《烟花爆竹生产经营单位重大生产安全事故隐患判定标准（试行）》的通知

⑪应急〔2019〕78号

应急管理部关于印发《化工园区安全风险排查治理导则（试行）》和《危险化学品企业安全风险隐患排查治理导则》的通知

19.4.2　环境保护部（总局）发布法规或法令

①国家环境保护总局令第28号

《污染源自动监控管理办法》

②国家环境保护总局令第31号

《放射性同位素与射线装置安全许可管理办法》

19.4.3　工业和信息化部发布法规或法令

工信部协〔2011〕451号

《关于加强工业控制系统信息安全管理的通知》

19.5　安全相关的标准

GB 3836《爆炸性环境》

GB 12476《可燃性粉尘环境用电气设备》

GB 15577《粉尘防爆安全规程》

GB 50057《建筑物防雷设计规范》

GB 50058《爆炸危险环境电力装置设计规范》

GB 50116《火灾自动报警系统设计规范》

GB 50016《建筑设计防火规范》

GB 50160《石油化工企业设计防火标准》

GB 51283《精细化工企业工程设计防火标准》

GB 51428《煤化工工程设计防火标准》

GB 50183《石油天然气工程设计防火规范》

GB/T 50493《石油化工可燃气体和有毒气体检测报警设计标准》

GB 50650《石油化工装置防雷设计规范》

AQ 3035《危险化学品重大危险源　安全监控通用技术规范》

AQ 3036《危险化学品重大危险源罐区现场安全监控装备设置规范》

GB 4208/IEC 60529《外壳防护等级（IP 代码）》

GB 4793/IEC 61010《测量、控制和实验室用电气设备的安全要求》

GB 15599《石油与石油设施雷电安全规范》

GB 26786《工业热电偶和热电阻隔爆技术条件》

GB 29812/IEC 61285《工业过程控制分析　小屋的安全》

GB 30439《工业自动化产品安全要求》

GB 31247《电缆及光缆燃烧性能分级》

GB 50191《构筑物抗震设计规范》

GB 50229《火力发电厂与变电站设计防火标准》

GB 50343《建筑物电子信息系统防雷技术规范》

GB 50440《城市消防远程监控系统技术规范》

GB 50779《石油化工控制室抗爆设计规范》

GB/T 20438/IEC 61508《电气/电子/可编程电子安全相关系统的功能安全》

GB/T 21109/IEC 61511《过程工业领域安全仪表系统的功能安全》

GB/T 30976《工业控制系统信息安全》

GB/T 16855.1《机械安全　控制系统有关安全部件　第 1 部分：设计通则》

AQ 3009《危险场所电气防爆安全规范》

AQ/T 3033《化工建设项目安全设计管理导则》

HG/T 20675《化工企业静电接地设计规程》

DL/T 1123《火力发电企业生产安全设施配置》

DL/T 5203《火力发电厂煤和制粉系统防爆设计技术规程》

GA 306《阻燃及耐火电缆塑料绝缘阻燃及耐火电缆分级和要求》

TSG 21《固定式压力容器安全技术监察规程》

GB/T 50823《油气田及管道工程计算机控制系统设计规范》

GB/T 50892《油气田及管道工程仪表控制系统设计规范》

19.6　环境卫生相关标准

HJ 353《水污染源在线监测系统（COD_{Cr}、NH_3–N 等）安装技术规范》

GBZ 1《工业企业设计卫生标准》

GBZ 114《密封放射源及密封 γ 放射源容器的放射卫生防护标准》

GBZ 125《含密封源仪表的放射卫生防护要求》

GBZ 128《职业性外照射个人监测规范》

GBZ/T 229《工作场所职业病危害作业分级》

GB/Z 29638/IEC/TR 61508-0《电气／电子／可编程电子安全相关系统的功能安全功能 安全概念及 GB/T 20438 系列概况》

GB 5083《生产设备安全卫生设计总则》

GB/T 12801《生产过程安全卫生要求总则》

SH 3047《石油化工企业职业安全卫生设计规范》

HG 20571《化工企业安全卫生设计规范》

GB 4075《密封放射源 一般要求和分级》

GB/T 4798《环境条件分类环境参数组分类及其严酷程度分级》

GB 18871《电离辐射防护与辐射源安全基本标准》

GB 8702《电磁环境控制限值》

GB 11806《放射性物品安全运输规程》

GB 11928《低、中水平放射性固体废物暂时贮存规定》

GB 11930《操作非密封源的辐射防护规定》

GB 13223《火电厂大气污染物排放标准》

GB 13271《锅炉大气污染物排放标准》

GB 13458《合成氨工业水污染物排放标准》

GB 16297《大气污染物综合排放标准》

GB 20950《储油库大气污染物排放标准》

GB 31570《石油炼制工业污染物排放标准》

GB 31571《石油化学工业污染物排放标准》

GB 31572《合成树脂工业污染物排放标准》

GB 31573《无机化学工业污染物排放标准》

GB 12379《环境核辐射监测规定》

GB/T 19661《核仪器及系统安全要求》

EJ 269《α、γ 射线外照射个人剂量监测规定》

GB 14052《安装在设备上的同位素仪表的辐射安全性能要求》

GB/T 50087《工业企业噪声控制设计规范》

GBJ 122《工业企业噪声测量规范》

HG 20503《化工建设项目噪声控制设计规定》

SH 3024《石油化工环境保护设计规范》

GB 8195《石油加工业卫生防护距离》

HJ 76《固定污染源烟气（SO_2、NO_x、颗粒物）排放连续监测系统技术要求及监测方法（试行）》

GB/T 4025/IEC 60073《人机界面标志标识的基本和安全规则指示器和操作器件的编码规则》

GB/T 4026/IEC 60445《人机界面标志标识的基本和安全规则 设备端子、导体终端和导体的标识》

GB 4824/CISPR 11《工业、科学和医疗 射频设备骚扰特性 限值和测量方法》

GB 17799.2/IEC 61000-6-2《电磁兼容通用标准 工业环境中的抗扰度试验》

GB 17799.4/IEC 61000-6-4《电磁兼容通用标准 工业环境中的发射》

GB/T 18268/IEC 61326《测量、控制和实验室用的电设备电磁兼容性要求》

19.7　设计通用图册

HG/T 21581《自控安装图册》

HG/T 21621《化工企业电缆直埋和电缆沟敷设通用图 电气部分》

CADC 051《自控设计防腐蚀手册》

19.8　化工行业自控专业标准体系

19.8.1　名词术语

HG/T 20699《自控设计常用名词术语》

19.8.2　图形符号

HG/T 20505《过程测量与控制仪表的功能标志及图形符号》

19.8.3　通用标准

HG/T 20636.1《自控专业的职责范围》

HG/T 20636.2《自控专业与其他专业的设计条件及分工》

HG/T 20636.3《自控专业工程设计的任务》

HG/T 20636.4《自控专业工程设计的程序》

HG/T 20636.5《自控专业工程设计质量保证程序》

HG/T 20636.6《自控专业工程设计文件的校审提要》

HG/T 20636.7《自控专业工程设计文件的控制程序》

HG/T 20637.1《自控专业工程设计文件的组成和编制》

HG/T 20637.2《自控专业工程设计用图形符号和文字代号》

HG/T 20637.3《仪表设计规定的编制》

HG/T 20637.4《仪表设计说明的编制》

HG/T 20637.5《仪表请购单的编制》

HG/T 20637.6《仪表技术说明书的编制》

HG/T 20637.7《仪表安装材料的统计》

HG/T 20637.8《仪表辅助设备及电缆的编号》

HG/T 20638《化工装置自控工程设计文件深度规范》

HG/T 20639.1《自控专业工程设计用典型表格》

HG/T 20639.2《自控专业工程设计用典型条件表》

HG/T 20639.3《自控专业工程设计用标准目录》

19.8.4　专用标准

HG/T 20507《自动化仪表选型设计规范》

HG/T 20508《控制室设计规范》

HG/T 20509《仪表供电设计规范》

HG/T 20510《仪表供气设计规范》

HG/T 20511《信号报警及联锁系统设计规范》

HG/T 20512《仪表配管配线设计规范》

HG/T 20513《仪表系统接地设计规范》

HG/T 20514《仪表及管线伴热和绝热保温设计规范》

HG/T 20515《仪表隔离和吹洗设计规范》

HG/T 20516《自动分析器室设计规范》

HG/T 20573《分散型控制系统工程设计规范》

HG/T 20700《可编程序控制器系统工程设计规范》

HG/T 21581《自控安装图册》

T/HGJ 12400—2021《石油化工仪表电缆选型设计标准》

T/HGJ 12401—2021《控制系统电子布线设计标准》

T/HGJ 12402—2021《石油化工装置火灾隔离控制阀设计标准》

T/HGJ 12403—2021《钢制现场仪表机柜集成箱设计标准》

T/HGJ 12404—2021《仪表维修车间设计标准》

19.9 石油化工行业自控专业标准体系

19.9.1 图形符号

SH/T 3105《石油化工仪表管线平面布置图图形符号及文字代号》

19.9.2 通用标准

GB/T 50770《石油化工安全仪表系统设计规范》

SH/T 3005《石油化工自动化仪表选型设计规范》

SH/T 3006《石油化工控制室设计规范》

SH/T 3092《石油化工分散控制系统设计规范》

SH/T 3174《石油化工在线分析仪系统设计规范》

SH/T 3181《石油化工仪表远程监控及数据采集系统设计规范》

SH/T 3188《石油化工 PROFIBUS 控制系统工程设计规范》

SH/T 3217《石油化工 FF 现场总线控制系统设计规范》

19.9.3 专用标准

SH/T 3019《石油化工仪表管道线路设计规范》

SH/T 3020《石油化工仪表供气设计规范》

SH/T 3021《石油化工仪表及管道隔离和吹洗设计规范》

SH/T 3081《石油化工仪表接地设计规范》

SH/T 3082《石油化工仪表供电设计规范》

SH/T 3104《石油化工仪表安装设计规范》

SH/T 3126《石油化工仪表及管道伴热和绝热设计规范》

SH/T 3164《石油化工仪表系统防雷设计规范》

SH/T 3183《石油化工动力中心自动化系统设计规范》

SH/T 3184《石油化工罐区自动化系统设计规范》

SH/T 3198《石油化工空分装置自动化系统设计规范》

SH/T 3199《石油化工压缩机控制系统设计规范》

SH/T 3551《石油化工仪表工程施工质量验收规范》

19.10　火电、市政行业自控标准

DL/T 435《电站锅炉炉膛防爆规程》

DL/T 589《火力发电厂燃煤锅炉的检测与控制技术条件》

DL/T 590《火力发电厂凝汽式汽轮机的检测与控制技术条件》

DL/T 591《火力发电厂汽轮发电机的检测与控制技术条件》

DL/T 592《火力发电厂锅炉给水泵的检测与控制技术条件》

DL/T 711《汽轮机调节保安系统试验导则》

DL/T 852《锅炉启动调试导则》

DL/T 863《汽轮机启动调试导则》

DL/T 1091《火力发电厂锅炉炉膛安全监控系统技术规程》

DL/T 5175《火力发电厂热工控制系统设计规范》

DL/T 5182《火力发电厂热工自动化就地设备安装、管路及电缆设计技术规定》

DL/T 5227《火力发电厂辅助车间系统仪表与控制设计规程》

DL/T 5428《火力发电厂热工保护系统设计技术规定》

DL/T 5455《火力发电厂热工电源及气源系统设计技术规程》

DL/T 1393《火力发电厂锅炉汽包水位测量系统技术规定》

DL/T 1075《保护测控装置技术条件》

DL/T 1083《火力发电厂分散控制系统技术条件》

DL/T 1112《交、直流仪表检验装置检定规程》

DL/T 924《火力发电厂厂级监控信息系统技术条件》

19.11　国际标准

19.11.1　ISO 标准

ISO 3511 Process measurement control function and instrumentation–Symbolic representation

ISO 5167 Measurement of fluid flow by means of pressure differential devices inserted in circular cross–section conduits running full

ISO 11064 Ergonomic design of control centres

ISO 15848-1 Industrial valves-measurement, test and qualification procedures for fugitive emissions-Part 1

19.11.2　IEC 标准

IEC 11715 Recommended graphical symbols part：binary logic elements

IEC 60079 Explosive atmospheres

IEC 60529 Degrees of protection provided by enclosures（IP Code）

NEMA 250 Enclosures for electrical equipment（1000 Volts Maximum）

IEC 60584 Thermocouples

IEC 60751 Industrial platinum resistance thermometers and platinum temperature sensors

IEC 61158 Industrial communications networks-Fieldbus specifications

IEC 61508 Functional safety of electrical/electronic/programmable electronic safety-Related systems

IEC 61511 Functional safety-safety instrumented systems for the process industry sector

19.11.3　ISA、ANSI、API、ASME、ASTM 标准

ANSI/ ISA-5.1 Instrumentation symbols and identification

ISA-5.2 Binary logic diagrams for process operations

ISA-5.3 Graphic symbols for distributed control/shared display instrumentation，logic and computer systems

ISA-5.4 Instrument loop diagrams

ISA 5.5 Graphic symbols for process displays

ANSI/ISA-5.06.01 Functional requirements documentation for control software applications

ANSI/ISA-7.0.01 Quality standard for instrument air

ANSI/ISA-12.04.04 Pressurized enclosures

ANSI/ISA-RP12.06.01 Recommended practice for wiring methods for hazardous（classified）locations instrumentation Part 1：Intrinsic safety

ISA 12.10 Area classification in hazardous（classified）dust locations

ANSI/ISA-TR12.13.03 Guide for combustible gas detection as a method of protection

ANSI/ISA-12.13.04 Performance requirements for open path combustible gas detectors

ISA-18.1 Annunciator sequences and specifications

ANSI/ISA-18.2 Management of alarm systems for the process industries

ISA-TR18.2.3 Basic alarm design

ISA-TR18.2.5 Alarm system monitoring，assessment，and auditing

ISA RP-60.1 Control center facilities

ISA RP-60.2 Control center design guide and terminology

ISA RP-60.3 Human engineering for control centers

ISA RP-60.4 Documentation for control centers

ISA RP-60.6 Nameplates，labels，and tags for control centers

ISA RP-60.8 Electrical guide for control centers

ISA RP-60.9 Piping guide for control centers

ISA-71.01 Environmental conditions for process measurement and control systems : temperature and humidity

ISA-71.04 Environmental conditions for process measurement and control systems : airborne contaminants

ANSI/ISA-75.01.01 Industrial-process control valves-Part 2-1 : Flow capacity-sizing equations for fluid flow under installed conditions

ANSI/ISA-75.05.01 Control valve terminology

ANSI/ISA-75.19.01 Hydrostatic testing of control valves

ISA-RP76.0.01 Analyzer system inspection and acceptance

ANSI/ISA-77.13.01 Fossil fuel power plant steam turbine bypass system

ANSI/ISA-77.42.01 Fossil fuel power plant feedwater control system-drum type

ISA-TR77.42.02 Fossil fuel power plant compensated differential pressure based drum level measurement

ISA-84.00.01 Functional safety : safety instrumented systems for the process industry sector

ISA-TR-84.00.02 Safety integrity level (SIL) verification of safety instrumented functions

ISA-TR84.00.03 Mechanical integrity of safety instrumented systems (SIS)

ISA-TR-84.00.05 Guidance on the identification of safety instrumented functions (SIF) in burner management system (BMS)

ISA-TR84.00.06 Safety fieldbus design considerations for process industry sector applications

ISA-TR-84.00.07 Guidance on the evaluation of fire, combustible gas, and toxic gas system effectiveness

ISA-TR-84.00.09 Cybersecurity related to the functional safety lifecycle

ANSI/ISA-92.00.01 Performance requirements for toxic gas detectors

ANSI/ISA-92.00.02 Installation, operation, and maintenance of toxic gas-detection instruments

ANSI/ISA-TR92.00.03 Guide for toxic gas detection as a method of personnel protection

ANSI/ISA-92.00.04 Performance requirements for open path toxic gas detectors

ANSI/ISA-TR96.05.01 Partial stroke testing of automated valves

ISA-TR108.1 Intelligent device management Part1 : Concepts and terminology

ISA 60079 Explosive atmospheres

API Spec6D Specification for pipeline and Piping Valves

API 6FA Standard for fire test of valves

ANSI/FCI 70-2 Control valve seat leakage

ANSI S1.13 Measurement of sound pressure levels in air

ANSI Y32.14 Graphic symbols for logic diagrams (two state devices)

API RP 500 Recommended practice for classification of locations for electrical installations at petroleum facilities classified as class1, division 1 and division 2

API Std 520 Sizing, selection, and installation of pressure-relieving devices

API RP 551 Process measurement

API RP 552 Transmission systems

API RP 553 Refinery valves and accessories for control and safety instrumented Systems

API RP 554 Process control systems

API RP 555 Process analyzers

API RP 556 Instrumentation, control, and protective systems for gas fired heaters

API RP 557 Guide to advanced control systems

API Std 598 Valve inspection and testing

API Std 607 Fire test for quarter-turn valves and valves equipped with nonmetallic seats

ANSI/API 610 Centrifugal pumps for petroleum, petrochemical, and natural gas industries

API Std 611 General-purpose steam turbines for petroleum, chemical, and gas industry services

API Std 612 Petroleum, petrochemical, and natural gas industries-steam turbines-special-purpoes applications

API RP 615 Valve selection guide

API Std 622 Type testing of process Valve Packing for Fugitive Emissions

API Std670 Machinery protection systems

ANSI/API 2350 Overfill protection for storage tanks in petroleum facilities

API MPMS Manual of petroleum measurement standards

ASME B16.10 Face-to-face and end-to-end dimensions of valves

ASME B16.34 Valves-flanges, threaded, and welding end

ASME B16.36 Orifice flanges

ASME B16.5 Pipe flanges and flanged fittings NPS 1/2 through NPS 24 metric/inch standard

ASTM G63 Standard guide for evaluating nonmetallic materials for oxygen service

ASTM G88 Standard guide for designing systems for oxygen service

ASTM G94 Standard guide for evaluating metals for oxygen service

19.11.4 BS 标准

BS EN 1092-1 Flanges and their joints-Circular flanges for pipes, valves, fittings and accessories, PN designated-Part 1 : Steel flanges

BS 1646 Symbolic representation for process measurement control functions and instrumentation

BS PAS 5308 Control instrumentation cables

19.11.5 PIP 标准

PCEGN554   Process Control Systems. (Coauthored with the American Petroleum Institute)

PCCGN001   General Instrumentation Design Basis

PCCGN002   General Instrument Installation Criteria

PCCTE001   Temperature Measurement Design Criteria

PCETE001   Temperature Measurement Guidelines

PCCPR001   Pressure Measurement Design Criteria

PCEFL001　Flow Measurement Guidelines

PCCFL001　Flow Measurement Design Criteria

PCCLI001　Level Measurement Design Criteria

PCELI001　Level Measurement Guidelines

PCEHP001　Guidelines for Selecting Hygienic Instrumentation

PCCCV001　Control Valves Selection Criteria

PCECV001　Guidelines for Application of Control Valves

PCCCV002　Pressure Regulators Selection Criteria

PCECV002　Pressure Regulators Selection Guidelines

PCCCV003　Remotely Actuated On-Off Valves Selection Criteria

PCECV003　Guidelines for Application of Remotely Actuated On-Off Valves

PCCA001　Fixed Gas Detection Design Criteria

PCEA001　Fixed Gas Detection Guidelines

PCSPA001　Instructions for Process Analyzer System Documentation Requirements Sheets

PCCPA001　Process Analyzer System Design Criteria

PCEPA002　Process Analyzer Project Implementation Guidelines

PCEPA003　Process Analyzer System Field Installation Guideline

PCERE001　Rotating Equipment Monitoring Guidelines

PCCIA001　Instrument Air Systems Design Criteria

PCEIA001　Instrument Air Systems Guidelines

PCCIP001　Instrument Piping and Tubing Systems Criteria

PCCWE001　Weigh Systems Design Criteria

PCEWE001　Weigh Systems Guidelines

PCEDO001　Guidelines for Control Systems Documentation

PCDPS001　Packaged Equipment Instrumentation Documentation Requirements Sheet and Instructions

19.11.6　其他类标准

TA Luft Technische anleitung zur reinhaltung der Luft

MSS SP-61 Pressure testing of valves

DIN V 19250 Control technology : Fundamental safety aspects to be considered for measurement and control equipment

CGA G-4.1 Cleaning equipment for oxygen service

CGA G-4.4　Oxygen pipeline and piping systems

EIGA/IGC Doc 13/12/E Oxygen pipeline and piping systems

NFPA 70/NEC 500 Hazardous (Classified) locations, classes I, II, and III, Divisions 1 and 2

NFPA 70/NEC 505 Zone 0, 1, and 2 Locations

NFPA 85 Boiler and combustion systems hazards code

第 20 章 自控工程设计软件

20.1 Smart Instrumentation（SI）软件

20.1.1 概述

Smart Instrumentation（SI）源自行业内熟知的 INtools，开发于 20 世纪 80 年代末，1999 年 Intergraph 公司收购 INtools 的开发团队，并入 Intergraph 的 SmartPlant 系列软件，然后改名为 SmartPlant Instrumentation，到发布 2018（V12）版时，改为现在的名称 Smart Intrumentation（SI），目前归属于 Hexagon PPM 事业部。

SI 软件是基于公共数据库（Oracle / MS SQL）及规则驱动的仪表工程设计和管理软件。该软件设计的理念是为仪表工程提供全生命周期的数字化解决方案。用户可以利用 SI 软件来完成从概念设计、初步设计到详细设计的全流程的仪表工程设计，生成设计和施工文档源自同一个数据库，从技术上保证了设计文档的一致性，完成的设计文档可直接应用于工程施工。当竣工数据库提交给业主，仪表维护工程师可用 SI 软件进行仪表的运营维护，并且在日常的仪表维护工作中，保存仪表的维修记录和标定记录，追踪仪表的历史记录。工程师可以在控制室的屏幕上直接连接 SI 数据库，查询仪表的原始设计文档。当工厂进行改造时，SI 软件可把项目的状态设置为 As Build，然后建立改造项目，控制设计工程师的工作范围和权限；当完成改造设计时，运维工程师可以进行检查，然后并入 As Build。这样保证了工厂运营和改造同时进行，互不干扰，完全可控。同时 SI 软件可以与上下游系统进行数据交换，比如，智能的工艺流程图（SmartPlant P&ID），电气软件（Smart Electrical，ETAP），组态软件（DeltaV，CS3000，ExperionPKS&System 800xA）和管理软件（SAP）等，保证了数据的无缝链接。

目前 SI 软件的最新版本是 V2019（V13），该版本软件设计了人性化的界面和更加符合仪表工程师使用习惯的规则，提升了用户体验。此外，该版软件为用户提供了互动式的解决方案，让使用该软件的工程师和设计师容易掌握和理解。这有助于用户尽可能高效地工作，不会因为太多选项或复杂的 IT 术语而产生混淆。

SI 软件的 V2019 版所支持的数据库版本是 Oracle 18c（18.3）/ 19c（19.3），和 MS SQL 2016 / 2017 / 2019。服务器版本是 Windows Server 2016 / 2019，客户端是 Windows 10。

20.1.2 主要工作流程

执行一个项目会涉及许多工作流程和规程，把这些工作流程智能地无缝链接，将会产生更高质量的可交付文档，从而提升工作效率。SI 软件提供了一个基于仪表工程工作流程的环境，将有助于设计人员更专注于设计工作本身，生成文档和图纸的工作将由 SI 软件来完成。

为此，SI 软件设计了以下的工作流程。

20.1.2.1　项目管理

当一个工程项目签订合同后，用户按照项目管理流程在 SI 软件里完成项目的创建。设定项目的 P–A–U 层次结构，设置仪表回路和仪表位号的命名方式，以及项目的初始参数。以用户组为基础，设置各类团队对项目的工作范围和管理用户权限，其权限可分为四类：完全控制、可添加和编辑但不可删除、只读以及无权限。

该流程也可进行项目的维护工作，包括备份、恢复和升级等，运行 SQL 来查询和编辑数据库中数据，导入其他系统生成的数据，并且可以随时检查项目的完成情况并生成报告，查看用户的在线时间。

20.1.2.2　工艺工作流程

该流程不在 SI 软件中操作，用户可以在 Smart P&ID 中完成，也可在其他智能 P&ID 中进行。完成后，可以把回路和仪表位号，管线和设备名称，管道工艺参数，P&ID 图号导入到 SI 软件中，为仪表的设计奠定基础。

20.1.2.3　仪表索引

该流程是 SI 软件最主要和最基本的工作流程。其提供了一系列工具让用户快速和方便地批量创建、编辑、复制和删除仪表回路和仪表位号；仪表种类及其定义功能给用户建立自己的仪表清单提供了很大的方便；另外，像供应商及产品型号、P&ID 图号、管线号、位置、I/O 种类，设备名称等数据，可在辅助表中编辑。

另外，该流程还提供了一系列的功能来过滤和排序用户的数据窗口。用户可以按照项目需求生成多种格式的灵活报告，如按仪表索引的报表中，用户还可进一步查询该仪表位号的相关信息，建立用户汇总表。用户可以便捷地查看数据历史状况，以及进行版本间的比较。利用该流程，用户还可生成仪表清单、I/O 清单，回路总表、回路汇总表等文档，以及查看所有的设计文档和图纸。

20.1.2.4　工艺数据和计算

该流程为用户管理和编辑仪表位号或管线的工艺条件而创建。来自智能 P&ID 或电子版的工艺数据，可通过专门的界面以批量处理方式导入，该工艺数据将被仪表规格书和计算书等引用。当被引用的工艺数据的单位变化时，其数值可随单位自动换算。

该流程可计算控制阀的 C_V，K_V 值和分贝值，流量孔板的孔径，安全阀所需的排放面积，以及热套管等参数，并生成计算书，也可以按类批量计算。所采用的计算方法主要来自相关的国际标准，如 ISA，ANSI，API，ISO 和 IEC 60534–1（1998）等。

SI 软件工艺数据和计算流程界面如图 20–1–1。

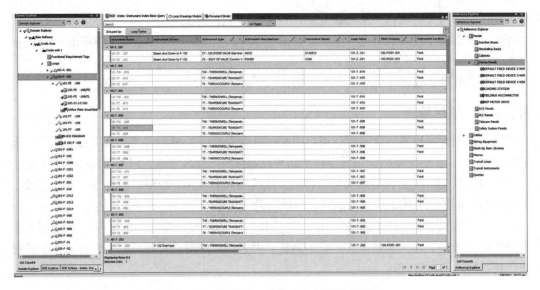

图 20-1-1 SI 软件工艺数据和计算流程界面

20.1.2.5 仪表规格书

该流程为用户提供了生成仪表规格书（数据表）功能，仪表规格书上的数据来自仪表索引、工艺数据和计算等工作流程。

用户可以生成多种形式的仪表规格书，包括：单页、多页和多位号等，并且可保存为 Excel 或 PDF 格式，另外提供了一个免费的外部编辑器（External Editor）来编辑仪表规格书，并可导入更新的仪表规格书到 SI 软件。

在 SI 软件中预先为用户定制了全套 ISA 的标准仪表规格书，以及智能的模板共约二百种。用户也可以根据自己的需求创建模板。

该流程提供发布仪表规格书和其他 SI 软件文档功能。其目的是把单个的仪表规格书，绑定成一份设计文档，包括：索引，仪表类型的说明，以及综述和页码，还有版本的管理，以及版本中间的比较功能。另外也可与外部的多种格式文档绑定，如 Word，Excel，PDF 等，合并为一个文档。

20.1.2.6 接线

SI 软件为用户提供了建立复杂系统的强大的接线设计能力，其接线范围是从现场仪表到 I/O 卡的端口。用户可以定义和管理下列部件：

①接线箱，如：现场接线箱、DCS 和 PLC、控制室接线柜等。

②带有插座的接线盒，应用于 FF 现场总线（Foundation Fieldbus）和过程现场总线（Profibus）等系统。

③现场仪表及其电缆。

④多信号的仪表及其端子，或者带有插座的接线盒。

⑤端子排和端子。

⑥接线设备，包括：I/O 卡、终端电阻，安全栅，集线器，和继电器等。

⑦电缆、电缆组和电缆芯，以及电缆插头。

当完成接线后，用户可以利用工作流程来自动生成仪表回路图，并且可以把前面模块中输入的数据显示在图上。在回路图上的每一个仪表设备都可连接一个图块来显示其功能和接线状况，在回路图上可以显示回路和仪表的信息，比如：接线状况、管线号、DCS数据和版本信息等。

用户在这里可以选用下列两种方式来生成回路图：

使用 ESL（Enhanced Smart Loop）——内嵌在 SI 软件中的智能图形生成器；或使用公共的 CAD 平台（SI 软件目前支持 SmartSketch，AutoCad，Microstation）。

当用户完成接线后，用户通过 ESL 可以生成多达三十余种的报告和图，包括：I/O 的分配表，电缆表，端子排接线图，仪表点到点的接线图，以及 I/O 卡或端子排上所有信号从现场到控制室的接线图等。这些设计文档完全满足施工的要求。

使用 ESL 生成的回路图如图 20-1-2。

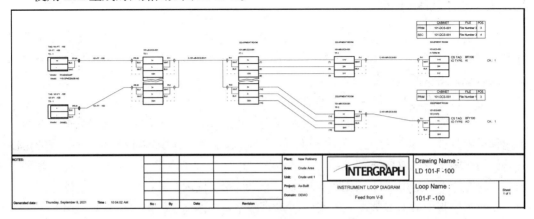

图 20-1-2　使用 ESL 生成的回路图

在 SI 软件中可以生成、浏览和编辑仪表安装图及图中的详细材料信息。用户可以自行定义安装材料库，然后在安装图中选择安装材料种类以及数量。因此用户可以利用该软件生成各种仪表安装图和安装材料汇总表。安装图的格式可以是 SI 软件中的 ESL，也可以是 CAD 格式。

20.1.2.7　仪表设备维护

利用该软件，用户可以实现规划和执行仪表的维护工作，并保留相应的文档。对于故障维修可记录维修要求和维修报告。对于日常的维护，用户可管理维护时间表和维护记录，有利于用户对仪表的日常维护运营工作。

该流程可以进行仪表的标定和设备的检查，并保存其相应的记录，帮助用户更好地追踪维护仪表设备的状态。可通过 Fluke 的无缝接口进行校准，并且保存校准历史记录。

20.1.3　实际工程应用

SI 软件目前最新版本为用户提供了许多重要的功能，可以提高用户体验和数据质量和生产率。新添加的 EDE 编辑器使工程师或设计人员能够查找和使用工程语言创建数据视图，而不必学习数据库的查询方法。查询结果将显示在新环境 Engineering Data 中。EDE 支持快速数据输入、修改、自动过滤、比较等功能。

SI 软件一贯非常强调用户体验。为此，新版本加强了系统的协调性，用户可以跨越不同 Smart 解决方案。

项目管理功能的显著增强，使得工程师确定项目中的项目范围，并将它们合并到一个受控的项目中。还有，与待办事项列表的集成可以帮助工程师做出更好的决策。

使用来自其他工作流和专业的数据，使用不同颜色编码，方便区分。此外，SI 软件与第三方和供应商能进行数据的交互，提高了数据的管理，这将是成功的关键因素。比如和 ERP 供应商 SAP，进行数据的协同，提高运营维护调度的效率。

用户在 SI 软件还可以直接访问供应商数据，如 DCS 的 I/O 卡，还有流量计、控制阀等仪表设备的数据。

利用在 SI 软件中设置规则来确保用户做出正确的决定，尽早发现和避免人为错误。

20.1.4　SI 中国种子库

全国化工自控设计技术中心站、中石化集团公司自控设计技术中心站和鹰图（中国）有限公司于 2010 合作开发 SI 中国种子库，该库基于 SPI V2009，与 SI 软件保持同步升级，主要包括安装图模板和仪表规格书模板。

SI 中国种子库的开发解决了 SI 软件用户化工作（二次开发）的难题，SI 软件的数据库是不完整的，能否用好 SI 软件的关键是做好用户化工作（二次开发）和完善数据库内容。中国种子库外挂在 SI 软件上，与 SI 软件共用一个数据库，SI 中国种子库开发的目的是使 SI 软件用户能便捷高效地开展到工程设计工作。由于 SI 种子库进行了全面的汉化，添加了国内工程设计中的常用资料，因此 SI 种子库可同时用于国内、外的工程设计项目。

安装图模板中共有安装图 435 张，基于《自控安装图册》（HG/T 21581—2012），分 5 大类：流量仪表—72 张，液位仪表—110 张，压力仪表—121 张，温度仪表—54 张，仪表伴热—78 张；安装材料分 9 大类：阀门、紧固件、型材、管材、管件、电气连接件、辅助容器、仪表盘箱柜、其他，共计 4687 种安装材料。

中英文仪表数据表模板共 144 张，其中，温度仪表 8 张，压力仪表 13 张，流量仪表 43 张，液位仪表 33 张，分析仪表 33 张，控制阀 11 张，其他 3 张。

📟 20.2　世宏软件（SHS）主要功能介绍

20.2.1　概述

20.2.1.1　开发原则

世宏过程控制辅助设计软件（简称：世宏软件，英文缩写：SHS）是流程行业工厂设计的过程控制辅助设计软件，适用于石油、石化、化工、轻纺、电力和冶金等工程设计行业的自控工程辅助设计。软件开发原则主要体现在以下几个方面：

①基于设计是工程建设的灵魂这一理念，为工程设计人员提供辅助设计功能，兼顾采购和施工，并为用户提供数字化工厂移交的基础数据打下基础。

②将石油、石化和化工行业工程设计的许多成功经验植入软件编制中，以便为用户提

供更丰富的工厂设计和数据管理方面的经验。

③注重给用户提供可以方便地进行扩展和定制的平台，用户可以根据行业特点和设计习惯，方便地进行用户化工程定制。

④注重软件版本的良好继承性，保护新老客户的切身利益。

⑤网络版和单机版两个版本。首先开发单机版，在积累大量应用经验的基础上推出网络版。使得项目管理模式灵活，兼顾大、中、小设计项目的不同需求和不同管理体系。

⑥建立与其他主流自控辅助设计软件的技术和数据接口，保证与用户要求的信息服务平台得以实现数据交换。

20.2.1.2 技术管理和作业文件体系

使用 SHS 的工程设计用户应建立完善的技术管理和作业文件体系，技术管理文件主要包括：自控专业与其他专业的分工、各个设计阶段的基本工作程序、应编设计文件、质量保证程序及设计方案评审规定等；作业文件主要包括：自控专业在各个设计阶段的设计成品文件和设计过程文件的设计内容深度规定、设计文件的标准化表格和图框模板、相关设计计算规定以及配套技术支持规定。

20.2.1.3 主控程序

SHS 主界面主要菜单功能如图 20-2-1 所示。

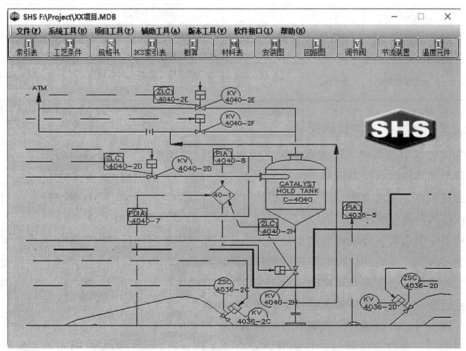

图 20-2-1　世宏软件主界面

①文件菜单。用于建立新项目及项目数据、修改项目数据、打开已有项目、软件版本升级、备份数据库。

②系统工具菜单。完成仪表定义、数据表设计器、填表定义、控制阀数据维护和外形尺寸维护、编辑管材数据、维护材料表、定义控制室接线设备、定义计算程序字段等。

③项目工具菜单。用于从 Excel 导入数据，从管道设备号取数据，过滤设置，数据库合并和拆分、导入等。

④辅助工具菜单。包括编辑词典和单位换算。

⑤版本工具菜单。包括新旧版本的转换。

20.2.2　主要功能模块

20.2.2.1　概述

根据过程控制工程设计中设计文件的内在联系及逻辑功能，软件划分成若干可独立运行的功能模块，各个模块既能够独立运行又能与相关模块连接在一起，形成完整的软件包。SHS 的主要功能模块见表 20-2-1。

表 20-2-1　SHS 主要功能模块

序号	模块名称	功能模块名称	涉及的设计成品文件
1	表格类文件模块	仪表索引表/工艺条件表/仪表规格书/控制系统数据表/材料表/概算	仪表索引表，仪表规格书，安装条件表，控制系统监控数据表，报警联锁设定值表，概算表，仪表安装材料表，仪表汇总表等
2	计算类文件模块	节流装置计算/控制阀计算/温度计套管强度计算	节流装置计算书/规格书，控制阀计算书/规格书，温度套管计算书/规格书
3	安装图模块	仪表安装图	仪表安装图，材料表
4	回路接线图模块	回路图及接线	仪表机柜接线图（表），仪表回路图，仪表电缆表，盘间电缆表，材料表
5	平面敷设图模块	敷设图	仪表及电缆桥架平面敷设图，材料表，仪表电缆表，接线箱索引表，电缆盘表

20.2.2.2　表格类文件处理模块

①仪表索引表。建立仪表索引表，根据仪表回路构成按照信号流向顺序建立仪表回路，每个回路中包括仪表位号、仪表名称和安装位置等相关数据，仪表位号的增加、删除和修改必须在该模块完成。建立索引表的过程中可以使用自动编位号功能，建立相似的回路可以使用回路复制功能。

仪表索引表有三种编辑方式，分别为单一回路编辑、多回路编辑和按仪表类型编辑，其中按仪表类型编辑功能可以实现同类仪表的成批编辑功能，有助于批量检查和提高编辑效率。可实现仪表位号共用功能，对于 1 块仪表有多个位号的情形，例如多支热电偶、多点指示记录仪等，需要将多个位号关联到 1 块仪表上，本功能可以指定一个主位号，然后选择关联位号，以保证其仪表规格书能够填写该仪表的所有位号。能够自动生成仪表所属的 PID 图号，在仪表位号与 PID 图号之间有相关性且存在内在规律性时可以提取 PID 号并写入仪表索引表的所属仪表的 PID 图号栏中。自动读取仪表基本数据，仪表基本数据是指在仪表定义中定义的仪表基本数据，主要包括仪表名称、安装位置、信号类型、功能代号、是否需要计算、是否需要测量引线、本安、接线、信号端子、电源端子等。具有位号成批修改功能，在该界面下输入新仪表位号并保存后将替换原有位号并保存所有数据。能够实现仪表统计功能，仪表索引表完成后采用此功能可以统计出各类仪表的数量。

②工艺仪表条件表。工艺专业的仪表条件有两种途径输入，一是在操作界面上直接键入，二是对于以 Excel 表的形式提供的条件表可以通过定义直接读入。工艺条件输入可按照工艺条件表分类，规格书分类和仪表类型分类三种方式完成。

③仪表规格书。在规格书选型数据输入界面显示工艺条件数据和 / 或计算数据，据此进行仪表规格项确定，仪表规格项可以直接键入也可在已有的选项中选择。可以进行仪表分类数量统计。定义仪表分类的关键规格项，统计出仪表的数量。仪表规格书输出时能够自动计算页数和页号索引，然后将每块仪表在规格书中所属的页号和文档号写回仪表索引表中。

④控制系统监控数据表（索引表）。该表可用于建立过程控制系统的监控数据规格项并输入数据。同时能够读取来自索引表和规格书的相关数据。控制系统包括 DCS，SIS，GDS 等不同类型的控制系统。

⑤仪表概算表。用户可以灵活的确定概算选项，该选项可以来自索引表、工艺条件表、仪表规格书和计算结果。在确定概算选项后，自动进行数据的分类统计工作，统计结果中包含各类仪表的总量、在不同规格下的数量以及全部位号。

20.2.2.3　计算类文件处理模块

①节流装置计算。基于 ISO 5167（1991 版和 2003 版）、GB/T 2624（1993 版和 2006 版）和 GB/T 2624（1981 版）编制，同时还包括 BS 和 VDI/VDE 非标准节流装置的计算。可以进行设计计算和使用计算。

②控制阀计算。控制阀计算是基于 GB/T 17213（2005）版、IEC60534 最新标准及简单计算进行编制的。能够计算在该标准中规定的控制阀类型和限制条件下的流通能力值和噪声值。根据不同控制阀生产厂商提供的流通能力系列值确定控制阀的选择流通能力和阀门口径，设计人员可以根据噪声计算的结果确定是否调整控制阀类型或采取降噪措施。

③温度套管强度计算。温度套管强度计算是基于 ASME PTC19.3 TW—2016 编制的。对满足该标准规定的套管类型和限制条件下的温度套管自然频率、疲劳应力、稳态应力和最大压力，并判断套管的强度是否满足工艺条件要求，给出建议的套管插入深度。

程序具有对工艺条件和计算结果合法性检查功能，并提供相应的处理指南供用户参考。

20.2.2.4　安装图模块

包含化工行业标准《自控安装图册》的两个版本（1995 版和 2012 版）的自控安装图及安装材料库，供设计时选用这些标准图。提供将已有项目或标准安装图导入该项目的功能，在当前项目中使用导入的安装图。安装图完成后可以形成安装材料汇总表。

可以对每张安装图的图形和材料表进行编辑或增加新的安装材料，也可建立新的安装图。材料均采用编码形式，只能从材料库中选择不能键入，新增材料或者对修改材料应在材料表维护界面下进行，该界面允许从其他项目数据库中导入材料表数据，这样可以使用其他项目的安装材料数据，有效减少设计人员的工作量并有利于在一个项目中统一材料编码体系。

20.2.2.5　回路接线图模块

基于仪表索引表并经过一系列相关定义生成仪表接线图、回路图和仪表电缆表并最终汇总安装材料表。在仪表索引表中定义仪表回路的构成、信号连接关系和接线仪表的端子描述。回路构成由回路组成中的所有仪表位号体现；信号连接关系通过信号分组定义实现；端子描述主要是定义需要接线的现场仪表的端子特性。

为了完成仪表接线回路图的设计，包括以下几个步骤的工作：

①控制室接线设备定义。包括浪涌防护器、安全栅、继电器、控制系统端子板（FTA）、控制系统 IO 卡板五种接线设备和电缆材料以及穿线管材料两种安装材料。

②连接过程。分为 8 个部分，现场表—接线箱—端子排—电涌防护器—安全栅—继电器—第二端子排—控制系统。其中带有位号的现场表、电涌防护器和安全栅的接线属性定义可在仪表索引表中完成；接线箱、端子排、继电器、第二端子排和控制系统需要在回路接线图模块中定义。

③过滤和隐藏功能。在进行接线查询和编辑过程中，为了方便高效操作，可以屏蔽暂时不需要接线操作的数据，而只显示需要接线的数据，可采用过滤功能。

④接线观察功能。可按照回路或者卡件观察接线状态。

⑤编辑电源。用于回路图中仪表供电回路的建立，仪表供电分 3 种情况，现场仪表供电、控制室仪表供电和在信号回路中串联电源。

⑥编辑电缆表。在该模块下将电缆分成 3 部分，分别是现场仪表信号部分、现场仪表电源部分及接线箱电缆。输入电缆号、电缆长度和选择电缆代码，为仪表电缆表和材料统计准备数据。

⑦编辑穿管数据。应在电缆数据编辑完成后编辑穿管数据。在该界面中，按照仪表信号、仪表电源、接线箱列出所有的电缆数据，包括电缆号、电缆规格和电缆长度，然后完善穿管号、穿管长度和穿管代码等数据。

⑧编辑盘间电缆表。将数据分为起始设备、终止设备和电缆，起始设备和终止设备采用机柜号、名称、位置和端子定义。按照起始机柜和终止机柜的顺序进行排序并显示所有需要连接且不在一个机柜的接线信息，然后根据需要可以编辑电缆号、电缆长度和电缆代码。

⑨读取 Excel 数据。通过 Excel 表的方式读取的数据主要来自两方面，一是从仪表电缆表中获得的现场仪表与接线箱关联数据，二是由控制系统厂商提供的控制室内控制系统接线数据。

⑩输出。包括图形输出和表格输出，图形输出是指输出回路图和接线图，表格输出是指输出电缆表和材料汇总表。

⑪图块定义。回路图或接线图图块的绘制采用图块加属性的方式，图块保存在格式图的 DWG 文件中，对图块的属性有一些约定，在用户化时必须满足这些约定。建立回路图或接线图时，根据仪表端子描述中的图块名称自动找出对应图块，并按规定的位置插入到图形中去，然后将图块中的属性值设置为实际的数值，并且根据端子的连接线进行连接。

20.2.2.6　平面敷设图模块

主要完成现场仪表的自动定位、接线箱与现场仪表的关联及现场定位、分支电缆及主电缆的长度确定，检查仪表是否全部绘制，最终完成仪表平面敷设图绘制和仪表电缆表生成。该模块既可独立运行也可与 SHS 联合运行。独立运行时应建立新项目并生成数据库，然后从 Excel 表形式的仪表索引表中导入需要绘制平面敷设图的仪表位号及数据；联合运行时程序自动将经过过滤的仪表位号和数据从 SHS 索引表及规格书中读入。

20.2.2.7　材料表模块

实现将不同模块所产生的仪表安装材料进行汇总。将材料分为 7 大类：引压管、伴热管、供气及气动信号管、穿线管、电缆桥架、电线及电缆和其他材料，材料量分别来自仪表安装图模块、回路接线图模块和平面敷设图模块。可以导入其他项目的材料到该项目数据库中。

可进行材料的种类和数量的追加、修改，材料选择来自主界面下的材料库中，但是不能编辑来自程序汇总的材料；可编辑附加裕量，对来自材料汇总表中的材料可以设定附加裕量，主要设定参数包括单重、裕量（％）、最低备用量和最低数量约束条件；可导入数据，包括导入基本数据和导入裕量数据表，目的是导入其他项目已经定义好的基本数据和裕量数据表。

20.2.2.8　文件输出处理程序

文件输出借助于 Excel 表格形式生成各类数据表，借助于 DWG 图形文件格式生成各类图纸。对于所有能够采用表格形式表述的仪表设计文件和过程文件均要求制成 Excel 表格形式，然后定义表格，并完成程序与表格的数据连接关系，生成满足自身定制要求的数据文件。仪表安装图、仪表回路图、接线图和仪表平面敷设图以 DWG 图形文件形式输出，在使用程序进行设计的过程中，这些图形均可在操作界面中"所见即所得"。

基于此，程序对 Excel 和 Autocad 不同版本均有相应的测试，并对不同版本的测试情况以打补丁的方式予以完善，保证当前版本的公共程序能够顺利应用在 SHS 中。

20.2.2.9　软件技术接口

SHS 采用开放的数据结构，能够与其他工程辅助设计软件交换数据。交换数据的方式有两种，一种方式是开发接口程序，根据两个软件的数据库类型、数据结构和存储方式等特点，开发数据交换的接口程序，以实现数据的相互读取和保存。另一种方式是在充分了解两种数据库的基础上，定制用于交换数据的模板文件，一般采用 Excel 表的形式，把需要交换的数据信息导出到定制的 Excel 文件中，再导入到另一个软件中。

20.2.3　主要数据库

20.2.3.1　工艺介质物性数据库

工艺介质物性数据库包含有工艺常用介质的物性数据供查询，尤其是水和水蒸气的相关物性数据。相关模块应用到水和蒸汽的物性数据时，能够自动提取。

20.2.3.2　仪表及控制系统数据库

仪表及控制系统数据库包含了常用种类的仪表的属性和规格定义，控制系统的 IO 卡件、接线端子板以及控制器等与设计相关的数据。这些数据可以随着厂商产品的更新不断积累，既保证了设计的准确与统一，也能够大幅提高工作效率，并为控制系统厂商与设计人员的设计条件互换提供基础。

20.2.3.3　仪表安装材料数据库

仪表安装材料数据库包含了《自控安装图册》1995 版和 2012 版的仪表安装图中包含

的所有材料，为仪表安装材料汇总提供数据支持。

20.2.3.4　仪表安装图数据库

仪表安装图数据库包含了《自控安装图册》1995 版和 2012 版的所有仪表安装图，并能够进行图中安装材料等内容的编辑。用户可以建立自己的安装图材料库以及标准安装图，并在工程设计中不断丰富数据库中的内容，或者建立不同类型项目的安装图和材料数据库，保证同类型项目设计中重复利用率大幅提高，既能够提高设计质量又可大幅提高工作效率。

20.2.3.5　管材数据库

为了通过管道设备号提取工艺条件中的管道材质、管道外内径和压力等级等管材数据，需要建立管材数据库并建立项目的管道设备号编辑功能。在该数据库中包括三项内容：管材外径表、管材壁厚表和管道设备等级表。其中外径表和壁厚表属于管材基本数据，可以建立标准的管材数据库，在项目建立时将该数据库复制到项目库中使用即可。必须在具体项目中编辑管道设备等级表。

20.2.4　主要维护功能

20.2.4.1　仪表定义

仪表定义内容主要包括：仪表编号、仪表名称、功能符号、安装位置、信号类型、信号代号、是否需要计算、工艺条件表名称、仪表规格书、是否有测量引线、是否有仪表保护箱/保温箱、是否接线、信号端子和供电端子等。功能符号用于自动编位号，工艺条件表名称用于确定工艺提供的条件表对应的仪表种类。

仪表定义具有关联工艺条件功能，用于将不同类型的仪表关联对应不同的工艺条件，保证了工艺条件与仪表类型的统一；可导入导出，仪表定义数据可以导出，导出内容是可以选择的，并以 XML 文件格式存储，可作为其他项目的导入文件，以便共享仪表定义内容；能够增加仪表和仪表类型，可以在已有仪表类型中增加仪表，也可增加新的仪表类型及所属仪表。

20.2.4.2　数据表定义

自控设计过程中大量采用各类数据表的形式，在此将数据表分为三种：基本数据表、仪表规格书和其他数据表。其他数据表属于程序本身应用的数据表，一般不允许修改；仪表规格书由于种类繁多，各个设计单位的格式不统一，在此单列；除此之外的各类数据表均属于基本数据表。基本数据表和仪表规格书均与仪表位号有一一对应关系。

SHS 提供数据表定义工具，可以完成新增数据表的定义、现有数据表的修改、数据表的复制、数据表删除、导出选择的数据表、导出基本数据表和数据表查找等编辑功能。

20.2.4.3　Excel 格式表定制

在 SHS 中，各类数据表输出格式均以 Excel 表格形式输出，用户必须编制设计中使用的各类 Excel 表，然后完成其与 SHS 的连接定制。

20.2.4.4　控制阀样本维护

控制阀样本数据库中保存着阀门厂家样本数据、阀门计算系列值数据表等有关数据，由于阀门系列值数据表在计算时要使用，不允许用户对其进行修改。样本维护工作包括增加阀门生产厂家、增加阀门种类、编辑阀门系列值数据、添加和修改阀门制造厂家的有关样本数据。

20.2.4.5　图形模板定制

定制安装图格式文件。安装图格式文件是 SHS 安装路径下的 DWG 文件，程序提供 A4 和 A3 两种规格的格式文件模板，用户可以在此模板的基础上进行定制工作。主要完成定制位号填写区、定制材料表填写区和其他数据填写区的工作。这些定制工作完成后就可以在安装图中形成带有仪表位号、对应安装材料表以及包括中文名、英文名、压力等级、连接形式、图号、版次、第 页、共 页等内容的完整数据。

20.2.4.6　数据导入导出

用于仪表或数据表定义的导入导出，已完成定义的数据表导出时，应以数据表为单位进行，不能仅导出一个数据表中的一部分内容。

20.2.5　实际工程应用

SHS 在石油化工工程项目中的应用历史较长。应用于新建炼油厂十几套装置、储运工程和公用工程同时开展设计；应用于大型乙烯联合化工厂多套化工装置及公用工程的设计；应用于多套大型聚烯烃装置的设计；涵盖可研、总体设计、基础设计和详细设计各个设计阶段；也有应用于国外炼油和化工项目的工程设计的成功经验；对于设计文件的中英文对照或者英文版本均有成功应用的经验可借鉴。

尤其在基础设计和详细设计阶段，包含大量数据的各类表格文件、安装图文件、敷设图文件和接线回路图文件均能够在 SHS 中完成。有效提高了设计工作效率和设计质量，并为实现工程项目的数字化移交奠定了基础。

🕑 20.3　COMOS 软件

20.3.1　概述

西门子公司的 COMOS 软件是全球领先的工厂与产品生命周期软件解决方案，基于一个统一的数据库，在工厂全生命周期内提供面向对象的综合性、一体化解决方案，采用模块化结构，提供一体化的设计平台。其独特性是在一个单一数据库内完成从 PFD 设计、P&ID 设计、配管设计、仪表设计、电气设计等工程设计工作，这就使得协同设计变成现实，通过本地化的流程开发，COMOS 软件平台可作为企业良好的协同设计平台，发挥其最大的并行协同的优势。

在现代大型工程项目中，项目规模越来越大，所涉及的资金和总人工时也日益增多；绝大部分项目不仅流程复杂，专业配备齐全，而且为了减少风险和取得更好的经济效益，对项目工期也有着严格的要求。在这样的背景下，无论是业主还是工程公司，都在想方设法地建设团队，理顺专业职责和专业间的条件关系，力图加强专业间的协同工作，降低成本和缩短工期。在设计经理的带领下，各个专业负责人进行协商，共同完成专业间条件关系表，以期对各专业提出和接受条件的时间节点达成一致性。这些措施有效地从人员和制度上，对专业间的协同工作给予了保障；但与此同时，仅仅这两方面的工作还是不够的，在各专业间依然存在大量的重复劳动，各专业间文件的传递仍需要批量传递，因此，工程公司需要更加高效的专业间协作，来提高工作质量和工作效率。

面向对象是 COMOS 软件平台理念的基础，在该软件平台中，工厂各设备组件都能有全面的描述，并且以逼真的图形方式显示出来，对包括与设备组件相关的所有数据进行图形化、数据化的描述，构成了数据库中的单个单元，即对象。由于完整的工厂信息存储在数据库中，因此工程设计和运营阶段涉及的所有专业和部门始终能访问指定对象的相同数据，这样一来每位用户就可在相关设计文档中直接看到对象或文档的更改内容。相关数据表、列表和其他文档均与相应对象关联，在不同文档类型和各个对象之间可轻松进行导航。所有工厂设备组件都完美地契合，从而使项目工作更为高效准确。

COMOS 软件平台为所有专业始终保持一致性和透明性的数据，本地化的流程管理及单一数据库使得下游专业可提前介入设计，缩短项目周期，而提高项目效率，数据流转到哪个专业，共花费了多长时间，管理部门一目了然。从项目管理的角度，可以清晰看到数据流转的状态，为后续的流程管理和优化提供了真实可靠的数据基础。

在 COMOS 软件平台中，FEED 模块用于开展前期工艺包设计，随后工艺包数据可以通过接口传递给 COMOS P&ID 模块，然后开始进行工程项目的基础设计。基础设计开始以后，以项目的 P&ID 图作为工程设计的源头，所建立的设备、管道、仪表等对象及其属性被其他的专业和后续设计及工厂管理、运营阶段反复使用和关联。P&ID 图完成以后，电气、自控专业在该平台建立电气设备和仪表的位号对象，再使用其中的 EI&C 模块进行电仪专业工程设计，自控设计人员在位号对象建好以后，使用 COMOS 逻辑图模块设计控制逻辑图及 DCS 机柜等自动控制系统。COMOS 软件平台结构如图 20-3-1 所示。

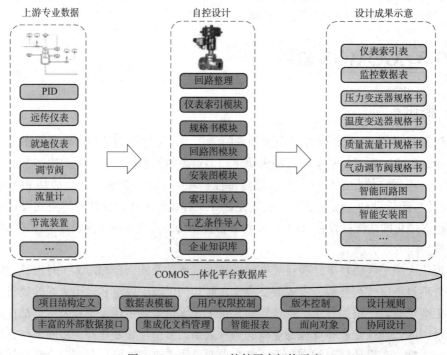

图 20-3-1 COMOS 软件平台架构示意

20.3.2　主要功能模块

COMOS I&C 作为 COMOS 软件平台中的一个模块，主要用于自控专业辅助工程设计，为自控工程师提供一个相互协作的工作环境，自动导入上游专业的数据，并快速、简单地创建索引表、规格书、回路图、安装图等，并且这些图纸和文档上有智能符号以及与其他专业之间的最优连接，自动生成专业要求的各种报表，同时作为企业的专有技术知识库，可以共享、继承和沉淀企业的知识和经验。由于数据一致性高，大幅减少了项目前置时间，提高了工程师的设计效率，同时也提高了项目质量。COMOS I&C 主要的功能模块包含仪表索引、辅助计算、规格书、安装图、回路接线、材料表、逻辑图、I&C 快速数字化交付工具、软件技术接口等。

20.3.2.1　仪表索引模块

仪表索引模块为设计人员提供快速创建和管理仪表数据的功能，用来处理仪表索引、I/O 清单、报警联锁一览表、各种仪表安装委托等表格类的文件。在数据库中内嵌仪表类型库，典型回路库及行业设计规范，提高设计人员管理所有回路及相关仪表的效率，快速完成仪表相关的表格内容。该模块功能界面简单易操作，可根据设计习惯定制各种工具，方便仪表工程师快速完成仪表数据的完善和管理，由于多个专业使用同一个平台数据库，系统可自动从上游专业获取并自动创建回路及仪表数据，也可通过 Excel 数据表导入功能来导入仪表和各类工艺委托书等相关数据，辅助设计人员快速完善仪表索引。并可利用软件查询的优点，从数据库导出仪表清单、I/O 索引表、报警联锁表、信号类型表、电气联锁信号表等仪表数据。

20.3.2.2　辅助计算

COMOS I&C 根据用户提供的专业算法并由专业人员参与共同开发仪表设计的辅助计算功能，内容包括：温度计套管插入深度计算，量程计算，迁移量计算，节流装置计算，控制阀计算，管道内外径、材质和压力等级计算等，通过辅助计算可以协助工程师校验设计成果，防止设计失误，提高设计质量。

20.3.2.3　规格书模块

按照企业文档管理标准，在数据库定制各类仪表的规格书模板，并根据用户提供的设计规则、设计习惯定制规格书管理界面，定义默认规格项，增加规格项之间的逻辑关联关系，实现规格项自动写值，批量获取计算模块的数据结果，定制批量查询、修改工具，帮助工程师快速完成规格书数据的完善工作，并根据项目要求，一键输出标准的规格书文档，提高其工作效率；也可根据不同的需求，从数据库快速筛选提取规格书数据并输出至 Excel 文件，比如规格项列表、规格书委托表、设备汇总表、规格书列表等。

20.3.2.4　安装图模块

COMOS I&C 数据库导入外部材料代码表库、材料库、安装图图库，定义材料编码，为设计人员定制材料库和安装图库的管理工具，方便用户新建材料和修改材料名称、代码、参数，以及定义材料与材料编码的规则和内在联系，根据用户筛选条件，自动列出符合条件的安装图模板，供用户选择；也可列出安装图库，用户按分类选择，自动完成材料统计及仪表安装图。大幅提高了工程师的设计效率及质量；同时作为企业的专有技术知识库，可以共享、继承和沉淀企业的知识和经验。

20.3.2.5 回路接线图模块

设计人员在完成仪表索引后，在回路接线图模块通过配置回路仪表、接线箱、电缆、端子排、控制系统、控制柜、控制卡件的功能，最终自动生成回路接线图。通过定制硬件的接线选型规则，辅助工程师完成回路接线配置过程。系统可根据仪表的选型及接线方式自动创建接线箱，端子及电缆，根据仪表索引中的信号类型、I/O 类型、控制系统名称自动创建控制柜及控制卡件，在完成一系列的配置后系统可自动生成回路接线图。

20.3.2.6 材料表模块

通过一定标准规则的定制开发，设计人员在完成仪表索引和规格书后，系统可按照各类仪表的型号及规格自动归类统计出材料，并按照标准的模板输出设备材料表，输出格式可选择 PDF 或 Excel 文件。

20.3.2.7 逻辑图模块

逻辑图模块用于管理和使用功能逻辑图，规划逻辑控制系统的功能，同时以图形和逻辑两种方式映射到逻辑图中。逻辑图模块的图例和逻辑图的模板按照设计标准管理，从而规范了图纸和设计习惯。设计人员设计完成控制逻辑后，系统能够基于设定条件给出逻辑结果，辅助设计人员及时判断逻辑设计的准确性，进而改进优化逻辑关系，并根据设定的因果关系自动输出因果表。逻辑图模块也可通过 COMOS PAA 软件接口将设计好的逻辑图导出至西门子的 PCS7 系统，自动生成 PCS7 系统的 CFC 和 SFC，从而提高工作效率。

采用逻辑图模块和 PCS7 系统实现的一体化工程设计，打通了工厂规划与流程自动化设计之间的障碍，以及由此产生的与运营阶段的差距，两者之间可以轻松交换数据，杜绝数据丢失，工厂设计和运营期间所有流程完全一体化，可以自行设计 PCS7 系统硬件和软件。可以在工厂所有规划阶段以较少数量的接口实现全局一体化工程设计，整个工厂的结构都可以从控制系统内的工程设计数据当中生成，简化了自动化部分的工程设计工作，从而节约了大量时间。在反方向上，运营期间对自动化功能的变更也可以从 PCS7 系统传递给 COMOS 软件平台。该软件平台内的数据库也由此立即得到更新，同样更新了整个工厂文档。

20.3.2.8 I&C 快速数字化交付工具

基于 GB 51296 标准，COMOS I&C 可以协助仪表专业快速输出该规范中要求的工厂对象及属性、关联文档等。可按照用户项目文档管理的标准，通过定制实现一键自动输出数据文件。

20.3.2.9 软件技术接口

COMOS 软件平台作为一个开放系统，开发灵活，基于一系列的标准和协议提供与其他系统的接口。可以通过 Xml，Excel，Access 的文件格式与其他工程辅助软件交换数据，通过简单的定义规则，实现对文本文件的解析，进而实现在 COMOS 软件平台中的诸如创建设备，设置属性等一系列批量操作，也可将 COMOS 软件平台数据通过文件传递给其他系统，例如与 SPF，AVEVA，PDMS 的仪表数据接口，与设备专业设计软件 PV 的接口；也可与同样采用 SQL 数据库的其他工程软件交换数据库层级的数据，实现快速有效的数据交互。

20.3.3　主要数据库

COMOS 软件平台适用于 Access,MS SQL, Oracle 三种类型的数据库，所有专业设计都在同一个数据库里开展设计工作，COMOS 数据库首先保证了它可以作为一个工程、数据、文档的平台，该平台中的任何信息都可以在不同的专业、不同的区域，不同的项目中实现访问。而且，该平台一个很重要的功能便是与其他数据平台以及设计工具实现高度集成，能够缩短设计周期，增强数据安全性，更好地适应项目要求，仪表工程师在设计过程中所使用的仪表库，设备库，材料库，安装图库，文档模板库，控制阀样本库等都来源于同一个数据库，既能满足本专业设计需求，又可以在协同设计中与上下游专业做到数据共享，保证了项目设计数据的质量，同时又便于管理员对数据库的维护。

20.3.4　主要维护功能

20.3.4.1　仪表库

仪表库的维护包含仪表类型库和仪表设备库，仪表类型库数据包含选型及索引数据，仪表设备库数据包含各类仪表的规格书数据及其他数据，仅授权账号方可修改维护仪表库。

20.3.4.2　控制阀样本库

控制阀数据库作为企业知识库之一，包括阀门厂商样本库，阀门类型，阀芯类型和型式，可调比，阀座型式，阀门 C_v 数据等，在设计过程中工程师可查询调用样本库数据，但没有权限修改样本库数据，只有授权的账号才可以根据实际需求修改阀门样本库的数据。

20.3.4.3　材料库、安装图库

仪表专业管理人员可根据安装图模块功能的实际需求维护材料库，添加、修改及删除相应的材料，也可修改、增加、删除安装图。

20.3.4.4　电缆库、接线箱类型库、端子库、控制卡件类型库

仪表工程师在使用回路接线模块时可进行电缆、接线箱、端子、控制卡件的选型，但没有权限修改，只有授权的账号才可以根据项目需求修改相应的设备库。

20.3.4.5　文档模板库

数据库文档模板是按照企业标准定制，定制内容包含文档类型，企业 Logo，图纸大小，图框数据，文档内容等，数据库模板有：仪表索引表，各类规格书，安装委托，安装图等，仅授权账号，删除修改及新增文档模板。

20.3.4.6 数据导入导出

COMOS 软件平台支持 Excel,Xml 及 Access 格式数据的导入导出，数据库里的仪表数据可由仪表工程师根据需求自由选择导入或是导出，比较常用的数据表导入导出已提前定制导入导出工具，仪表工程师只需执行导入导出操作即可，特殊的数据可由工程师自行灵活定制，比如 Excel 数据导入，仪表工程师可设置批量导入，数据导出可定制 QUERY 来选择 Excel 或是 Xml 文件。

20.3.5 实际工程应用

COMOS 软件平台方便实用的功能和灵活的定制性为用户提供了各种方便易用的工具，满足专业设计需求，该软件平台已经在石油化工行业各工程公司有所实践，不仅能满足专业设计的绝大部分需求，也可通过交付模板的定制实现工程项目的数字化交付。

20.4 先乔自控辅助设计软件

20.4.1 概述

上海先乔信息技术有限公司是一家致力于为化工、石化、电力、纺织等行业提供一体化协同辅助设计软件的专业软件/服务提供商，提供工艺、自控、电气等各个相关专业的辅助设计软件的开发和国外同类软件的二次开发服务；同时提供其他各类软件的定制开发服务。

该公司设计软件体系结构如图 20-4-1 所示。

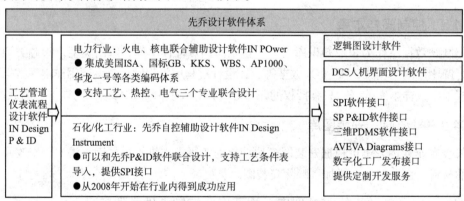

图 20-4-1 先乔设计软件体系结构

20.4.2 INDesign P&ID 软件

工艺管道仪表流程图设计软件 INDesign P&ID 是以数据库为核心的基于 AutoCAD 的通用型 P&ID 辅助设计软件，该软件提供了石化/化工、电力行业 KKS、矿冶等多行业的编码格式，也提供各类设备的自定义编码功能。该软件适用于化工、石化、石油、电力、矿业、纺织等各个行业。

该软件支持 AutoCAD2007 以上各个版本，成品文件支持所有版本的 Excel，软件需要 Microsoft SQL Server 数据库支持。

INDesign P&ID 支持在正常绘制 P&ID 过程中，自动建立图例和数据库之间的关联，绘制完 P&ID 图，能够生成 P&ID 衍生出的所有设计成品，包括：

①P&ID 图。

②管线命名表。

③通用设备一览表，各类设备通用一个表格格式。

④分类设备表：工业炉类、泵类、压缩机 / 风机类、机械类、换热器类、容器类、空气冷却器、其他类等，每类表可以定义各自的属性。

⑤接管汇总表（管口表）：自动从图纸上获得接管关联的管线编号，为每一个设备生成接管汇总表。

⑥控制阀、安全阀、疏水阀、爆破片、板式塔、填料塔、换热器、空气冷却器、容器、反应器等各类数据表。

⑦限流孔板汇总表。

⑧特殊管件一览表。

⑨各类向其他专业提交的条件表，例如：自控条件表等。

INDesign P&ID 设计界面如图 20-4-2 所示。

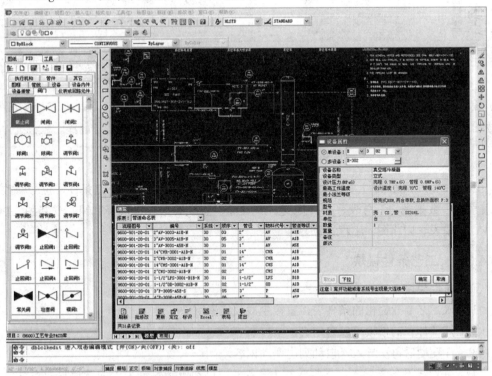

图 20-4-2　INDesign P&ID 设计界面

20.4.3　INDesign Instrument 软件

INDesign Instrument 是专为石化、化工、石油、纺织、矿冶等行业自控专业开发的辅助设计软件，实现工艺条件向自控专业的成批导入和自控专业大部分设计成品的生成，可以和 Intergraph SPI 软件连接，把在 INDesign Instrument 软件里面完成的部分设计数据直接导入 SPI 数据库，实现数据的自动传递，减少用户在 SPI 软件中的数据输入。

INDesign Instrument 软件以石化、化工行业标准设计规范为依据，参考了国内各大石化 / 化工设计院的常规设计习惯，并充分借鉴了国外工程软件的先进设计思想，利用最新的开发技术开发，是以项目数据库为核心的网络版协同辅助设计软件。该软件采用了"种子库"的概念，建立一个标准种子库后，可以为以后各个类似项目直接引用，大幅提高设计效率。

INDesign Instrument 主界面如图 20-4-3 所示。

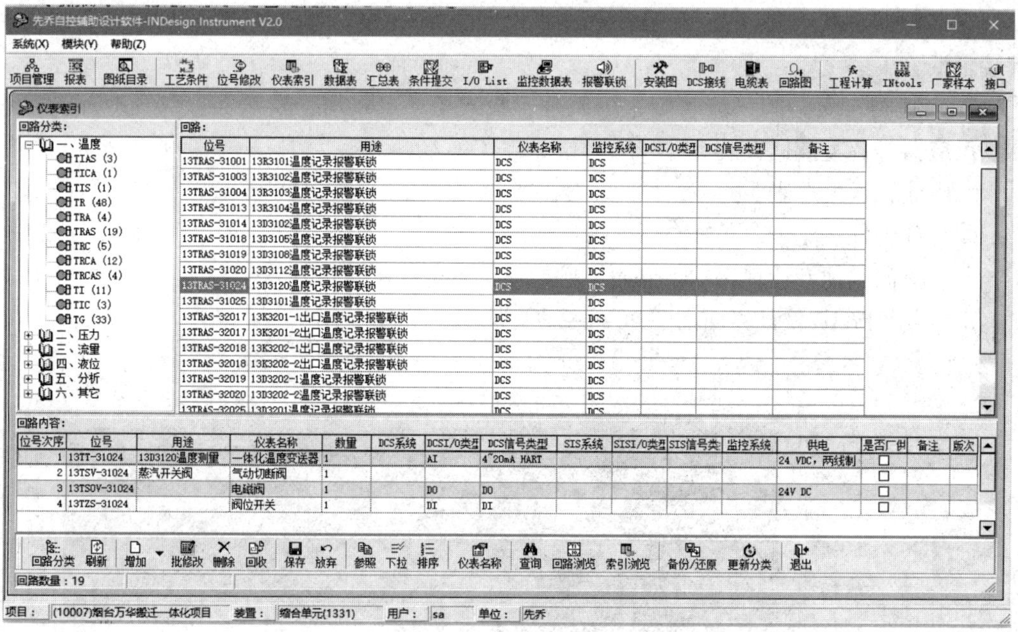

图 20-4-3　INDesign Instrument 主界面

INDesign Instrument 主要模块有：项目管理、报表、图纸目录、工艺条件、位号修改、仪表索引、数据表、汇总表、条件提交、I/O List、监控数据表、报警联锁、安装图、DCS 接线、电缆表、回路图、工程计算等。

20.4.3.1　工艺条件模块

工艺条件模块功能如下：

①导入工艺专业提供的条件表，直接生成仪表索引。

②工艺条件表的模板可以自定义。

③条件变动后再次导入，自动列出变动内容。

④支持管线设备表导入，根据管线 / 设备号，自动更新数据表上的管道材质、法兰标准、法兰等级、法兰密封面、法兰材质等参数。

⑤提供原有手工仪表索引表导入功能，导入后利用数据直接生成数据表、安装图、接线和回路等后续模块，方便已有仪表索引成品的项目的使用。

20.4.3.2　位号修改模块

位号修改模块功能如下：

①新建项目时可以参考已有的项目数据库，保留原来的所有数据。

②提供："旧编号 – 新编号"对照表，允许直接修改或者导出到 Excel 修改后导入。

③位号修改后，软件自动更新到工艺条件、仪表索引、I/O 清册、数据表、安装图、DCS 接线等所有模块。

20.4.3.3　仪表索引模块

仪表索引模块功能如下：

①允许用户方便地维护仪表索引，仪表索引录入的数据可以直接生成 I/O List、监控数据表、联锁报警设定值表等后续成品。

②支持回路参照和回路排序等方便性操作，回路排序方式自定义。

③删除的回路支持回收功能；支持仪表索引导出到 Excel 修改后导入进软件。

④根据自定义模板生成索引表成品。

20.4.3.4　数据表模块

数据表模块功能如下：

①可以以表格方式成批编辑数据表，也可以按照最终 Excel 方式单张预览数据表生成效果；工艺条件导入内容只读，不允许编辑。

②同类数据表可以快速参考，以方便快速填写。

③常用内容允许自定义下拉。

④数据表模板允许自定义；录入数据表数据后，成批生成数据表成品以及数据表目录、位号索引表等成品。

20.4.3.5　仪表汇总表

仪表汇总表功能如下：

①支持为每个数据表指定汇总字段，对某个工段或者整个项目的仪表进行分类汇总，可以根据每一分类检索到位号明细。

②支持汇总表成品生成，成品上包括位号明细，可以指定每一行能容纳填写的位号个数。

20.4.3.6　条件提交

条件提交功能如下：

①自动获取仪表索引、数据表的内容生成各类提交的表格。

②支持提交表格模板自定义及成品的成批生成。

20.4.3.7　I/O 清册模块

I/O 清册模块功能如下：

①自动根据仪表索引生成 I/O List 数据。

②可以选择 I/O 系统，生成单独系统的 I/O List。

③根据自定义模板生成成品。

20.4.3.8 监控数据表模块

监控数据表模块功能如下：

①自动根据仪表索引生成监控数据表。

②可以根据 DCS、ESD、PLC 等分类生成各类监控数据表。

③根据自定义模板生成成品。

20.4.3.9 报警联锁设定值表

报警联锁设定值表功能如下：

①自动根据仪表索引生成报警联锁设定值表。

②可以根据 DCS、ESD、PLC 等分类生成各类报警联锁设定值表。

③根据自定义模板生成成品。

20.4.3.10 安装图模块

安装图模块功能如下：

①允许自定义各类安装图模板及材料明细。

②为仪表指定安装图模板，自动汇总统计安装材料。

③CAD 安装图成品生成，安装图号返回到仪表索引。

④集成 HG/T 21581—2012《自控安装图册》。

20.4.3.11 DCS 接线功能

DCS 接线功能如下：

①完成从仪表——接线箱——DCS 机柜的图形化接线，接线数据用于生成回路图。

②支持 DCS 厂家提供的卡件分配表的导入。

③支持 Excel 格式接线表成品的生成。

20.4.3.12 电缆表功能

电缆表功能如下：

①支持电缆表的 Excel 导出，成批修改长度后导入。

②根据电缆的型号、规格汇总每类电缆的长度。

20.4.3.13 回路图模块

回路图模块功能如下：

①图形化界面定义各类典型回路图的回路图模板。

②为接线回路指定各类模板，根据回路图模板成批生成回路图成品。

③回路图号返回到仪表索引。

20.4.3.14 工程计算模块

工程计算模块功能如下：

①提供调节阀的简算。

②自动从导入的工艺条件表获取工艺参数，计算结果可以返回到数据表。

③提供单个阀门或成批阀门的计算。

20.4.4　INPower SAMA 软件

逻辑图设计软件（INPower SAMA）适用于国内外化工、石化、纺织、轻工等行业工程使用的逻辑图辅助设计工具软件。软件以 Visio 软件为绘图核心，基于 SQL 数据库搭建工程统一的逻辑图设计平台。软件提供与 INDesign Instrument 数据接口，也可以脱离该软件，I/O 清册通过 Excel 导入，实现逻辑图设计与工程 I/O 数据库的自动关联，为逻辑图设计工作提供后台数据支撑，使其不再孤立进行。

软件针对化工等行业逻辑图设计内容及规范，开发了多种辅助设计手段，有效降低了设计差错率，提高了设计、校核工作的效率。软件提供了规范的逻辑图管理平台，图纸新建、目录生成、图纸参照、批量打印出图等工作由软件自动完成，节省了大量人力资源。

INPower SAMA 软件主界面如图 20-4-4 所示。

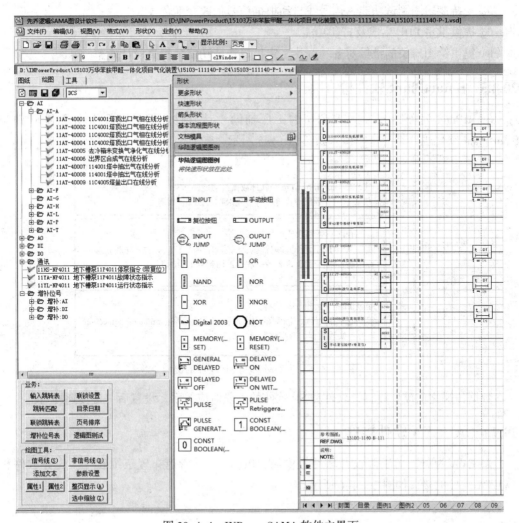

图 20-4-4　INPower SAMA 软件主界面

INPower SAMA 软件功能如下：

①逻辑图图例、图框定义。

②工程目录维护，允许增加、修改、删除图纸，并且退出时自动上传服务器。

③自动关联 I/O 清册，直接根据位号拖入输入、输出信号，自动刷新显示。

④根据仪表索引自动选择联锁报警信号，图面自动刷新显示。

⑤拖入输入、输出跳转符号，根据跳转编号及序号一致性，实现跳转之间的自动关联，跳转信息自动图面关联显示。

⑥各类逻辑图例的便捷拖动绘制，方便实现点与点之间的信号线连接。

⑦增加页面时允许批量复制已经完成的页面，对于同类逻辑图极大提高设计效率。

⑧支持逻辑图页名的自动排序，自动批量更新跳转符号上面的显示。

⑨提供内部信号的手工维护，自动统计显示所有内部信号。

⑩自动生成图纸目录，目录上的版本日期可以批量设置。

⑪ 支持联锁跳转表成品的自动生成。

⑫ 支持逻辑图测试功能，信号线自动根据信号值改变颜色。

⑬ 提供批量 PDF 生成及打印功能。

⑭ 提供绘图对象的批量对齐、查找、定位等快捷功能，提高设计效率。

20.4.5　SmartPlant 软件接口

SmartPlant 为美国 Intergraph 公司的工厂辅助设计软件，简称 SP。先乔系列软件与 SmartPlant 软件主要有三个接口，如图 20-4-5 所示。

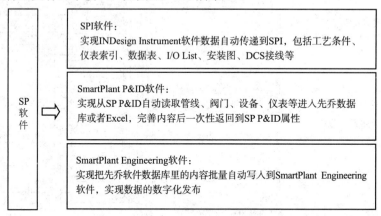

图 20-4-5　先乔软件与 SP 软件的接口

数据传递之前需要设置该软件和 SP 软件的工段对应关系，设置后一键传递即可。

20.4.6　AVEVA 软件接口

AVEVA 为英国的工厂设计软件提供商，PDMS 是其管道布置三维软件。先乔软件和 AVEVA 软件的接口如图 20-4-6 所示。

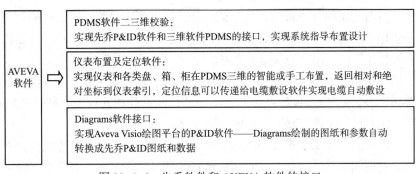

图 20-4-6　先乔软件和 AVEVA 软件的接口

20.4.7　实际应用

P&ID 设计软件基于 CAD 绘图平台开发，从 2007 年开始在行业内得到成功应用，该软件以数据库平台为核心，支持多人、多专业联合设计，支持图例自定义；P&ID 图纸绘制后自动生成管线清册、阀门清册、设备清册、管件清册等，可以按照自定义模板生成最终成品；支持图面的批量复制和修改，支持从清册到图面的批量自动刷新等。

INPower 软件支持工艺和热控、电气专业的联合设计，并且提供和 AVEVA PDMS 软件的二三维校验接口，提供和 Intergraph SmartPlant 软件的接口。INPower 软件在国内省级及以上电力设计院占有 70% 左右的市场，涵盖了专业的 70% 成品的生成。主要客户有：西北电力设计院、东北电力设计院、广东电力设计院、山东电力设计院、国核电力规划设计院、浙江、江苏、内蒙、河南、贵州、安徽、湖南、江西、山西、陕西、云南、新疆等省级电力设计院以及华电工程、青岛鸿瑞、大连秦能、广东轻工院等国内主要的工程公司。

INDesign Instrument 自控辅助设计软件借鉴了国外软件的优点，参考了国内设计院的设计流程，兼具先进性和实用性的特点。软件支持用户自定义报表、格式、模板等，所有数据支持 Excel 导入导出，极大地提高了软件的易用性。该软件不只是一个独立的软件，不仅可以和先乔 P&ID 软件进行联合设计，还可以和逻辑图设计软件、DCS 人机界面软件结合在一起形成系列软件，并且提供了和 SmartPlant 软件、AVEVA 软件的接口，实现和国外软件的无缝连接。目前客户有：华陆工程公司、东北炼化吉林设计院、浙江天正设计工程有限公司等。使用后，基本的评估认为：和原先手工设计相比，设计效率能提高 4~5 倍。

20.5　IAtools 智能自控设计和管理工具

20.5.1　概述

北京智慧途思软件有限公司（以下简称"智慧途思"）是一家专业从事工程设计软件开发和工程技术服务的提供商。经过多年研发，研发出了完全具备自主知识产权的智能自控工程设计和管理工具软件 IAtools。

IAtools 有效融合了国外先进设计软件的优势，结合国内自控设计人员的使用习惯，功能更加便捷实用，成为国产工程设计软件的代表。目前，已在石化、化工、医药、轻工、电力和冶金等领域广泛应用，均取得了良好的反馈，得到了用户的认可。

智慧途思公司始终立足于工程设计领域，本着为工程设计人员开发好用设计软件的理念，不断开拓创新，除 IAtools 软件还开发了工艺智能设计和管理工具软件 PRtools，为智能设计、数字化交付、建设智慧工厂奉献一份力量。

IAtools 可以完成自控工程设计的大部分图纸文件，它又是一个管理工具，将自控专业的图纸文件、专业间条件通过数据库管理起来，使项目执行过程更有条理，并可以在项目的全生命周期（设计、建设、运营）中发挥管理作用。

20.5.1.1　IAtools 的主功能界面

IAtools 的主功能界面如图 20-5-1 所示。

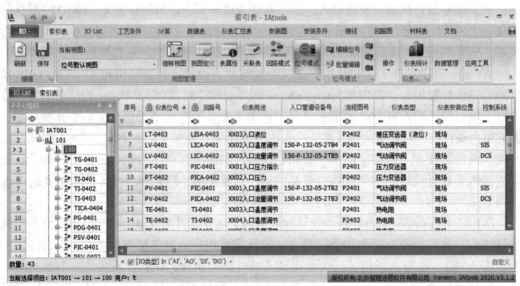

图 20-5-1　IAtools 主功能界面

在 IAtools 的主功能界面中，可以完成仪表索引表、IO 清单、数据表、计算书、安装图、安装条件表、接线表、回路图、逻辑图、仪表布置图及材料表等（包括 DWG、PDF、XLS 等格式）自控专业设计的大部分图纸文件。

为切实满足不同行业用户的多元化需求，IAtools 设计了强大的系统管理功能，大到项目管理、数据库、各类模板、数据类型、数据功能权限，小到界面风格、颜色搭配、输出样式、电子签名，都可以根据用户需求灵活管理和配置。

20.5.1.2　IAtools 的工作流程

IAtools 的工作流程如图 20-5-2 所示。

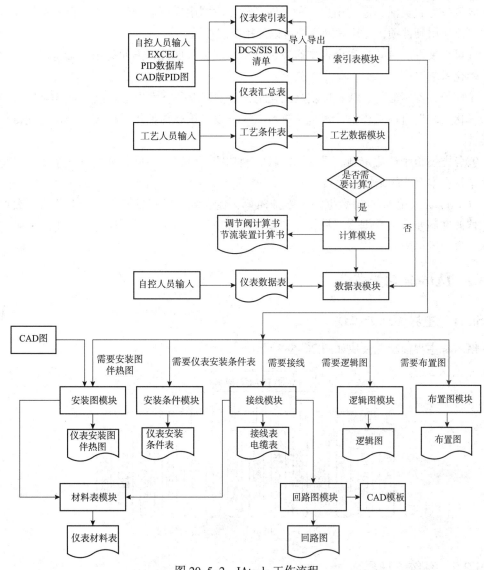

图 20-5-2　IAtools 工作流程

20.5.1.3　IAtools 的特点

①为工程设计人员提供便捷的设计工具。IAtools 采用 Office 风格的操作界面,Excel 功能的延续,无需改变习惯,即可将手工设计变为智能设计。

②各行业专家经验的积累。IAtools 不断吸纳石化、化工、医药、轻工、电力和冶金等诸多行业技术人员的建议和各行业用户的反馈,研发出多个智能功能模块。数据一键填写、一键比对功能可以为设计人员大幅减少繁杂、重复、易错的工作。

③实现数据的互联互通,满足用户的数据化交付需求。IAtools 不仅与 PRtools(工艺智能设计和管理工具)、主流三维配管设计软件实现数据互通,也可以与其他国内外设计软件(如 SPI)实现数据接口的互通,为用户实现数字化交付提供便利。

④云服务器为用户实现云端办公。IAtools 数据库可部署在云服务器上,用户可以实现多人联机操作,解决多地同时做一个项目的问题,实现多人异地协同办公。

⑤授权方式灵活，适应用户各种联网条件。联网用户可以使用云锁，保密机构局域网用户可以使用硬件锁，无法联网客户可以使用离线授权。

⑥可扩展性。IAtools 完全自主研发，有良好的可扩展性，方便为用户量身定制实现各类个性化需求。

⑦模板文件标准化。IAtools 获全国化工自动控制设计技术中心站授权对 HG/T 20638—2017《化工装置自控工程设计规范》进行二次开发，该软件使用的模板完全符合现行行业标准。

⑧各类模板个性化定制。灵活的模板定制功能，可以为不同行业、不同企业，量身定制完全符合本企业的个性化模板。

⑨IAtools 采用 MySQL 数据库，维护简单、免安装，可实现各文件数据关联、数据的动态修改和同步，将数据库、材料库和模板部署到服务器（包括云服务器）上统一管理，版本一致，风格统一。

20.5.2　IAtools 功能模块

20.5.2.1　主界面功能模块

IAtools 主界面功能模块如图 20-5-3 所示。

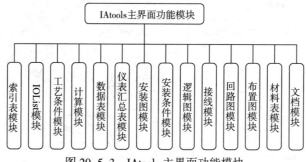

图 20-5-3　IAtools 主界面功能模块

20.5.2.2　系统管理界面

IAtools 系统管理界面功能模块如图 20-5-4 所示。

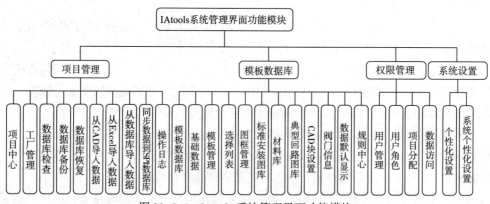

图 20-5-4　IAtools 系统管理界面功能模块

20.5.2.3　主要功能模块介绍

a）索引表模块

该模块可以完成仪表索引表的编制，采用导入的方式较传统手动建立仪表索引方式可以大幅提升工作效率。用 IAtools 创建仪表索引有多种方法：

①可以从 CAD 版 PID 图纸提取仪表数据，通过批量创建回路号、批量创建辅助仪表位号、智能选择仪表类型等功能，高效地完成仪表索引表的建立。

②可以从 Excel 文件中导入仪表索引数据。

③可以从其他数据库（包括 PRtools、其他智能 PID 数据库、SPI 数据库等）导入仪表数据。

④可以使用手动建立回路、复制回路、批量编辑回路完成仪表索引表。

IAtools 软件类似于 Office 的操作界面，灵活方便、易于上手。因为是基于数据库操作，建立好的仪表索引数据可以供仪表数据表、安装图等模块使用，不需要重复建立。

采用该模块，用户还可以轻松地进行仪表统计，并生成柱状图，为初设或可研阶段提供概算支持。用户可以按照自定义的格式输出仪表索引表，还可同时生成 Excel 和 pdf 两个版本，也可以做不同版本索引表的比较。另外，PID 图升版之后，IAtools 可以与升版后 PID 图对比，直接在 PID 图中标记出修改的仪表数据。索引表模块还可以按照单元、工厂、项目进行仪表统计，一键输出仪表统计表。

b）IO List 模块

该模块直接引用索引表建立的仪表数据，无须重新输入，仅需要选择不同的控制系统就可以方便地完成 DCS/SIS IO 清单、DCS 监控数据表、报警联锁一览表等文件，并可以自动进行 IO 统计。

c）工艺条件模块

用户可以通过如下方式获取工艺参数：

①在工艺条件模块手动输入工艺参数。

②将工艺专业填写的 Excel 版工艺条件直接读取到数据库中，并可以对比出与之前版本的变化。

③将 PRtools 数据库中的工艺数据更新到 IAtools 数据库。

d）计算模块

该模块可以计算调节阀、节流装置等，且能直接利用工艺条件模块输入的工艺数据无须重复输入。

调节阀计算。基于 GB/T 17213、IEC60534 最新标准进行编制，不但能够计算标准中规定的调节阀类型和限制条件下的流通能力值，还可以根据选择的阀门厂家数据自动计算出合适的阀门开度，而且数据库包含了常用厂家产品信息，可以进行初步的阀门选型。这些选型数据可以应用在调节阀数据编制中，使调节阀数据表更加具有实用价值。

而且该模块还有批量计算功能，一键计算整个单元的调节阀，高效便捷。

节流装置计算。基于 ISO5167（1991 版和 2003 版）、GB/T 2624（1993 版和 2006 版）和 GB/T 2624-81 版本编制，可以计算孔径、β 值、压损等，并将计算结果应用在仪表数据表中。

e）数据表模块

该模块可以编制数据表，软件可以进行列表模式和视图模式切换，列表模式下方便批量填写数据，视图模式下数据表直观展现，所见即所得。同时，还可以将数据表的常用项设置成默认值，采用批量复制默认值操作，非常方便数据填写。该模块根据不同的仪表类型进行智能选型和智能校核，可以大幅提高选型效率和准确性。该模块自带模板采用 HG/T 20638—2017《化工装置自控工程设计文件深度规范》中模板，使设计更加规范。同时也可根据客户模板定制，可以延续客户原有的使用习惯。数据表界面如图 20-5-5 所示。

图 20-5-5　IAtools 仪表数据表模块界面

f）仪表汇总表模块

该模块可以根据用户设置的汇总要求轻松完成仪表汇总表、请购单，为概算和采购提供准确的数据支持。

g）安装图模块

IAtools 软件集成了 HG/T 21581—2012《自控安装图册》（2012 版）的自控安装图及安装材料库，设计时可以直接选用这些标准图。用户也可以将自己现有的安装图和材料库导入到软件中，在项目中使用导入的安装图。

该模块可以完成仪表与标准安装图的关联操作，软件可以根据关联信息自动生成安装图，实现了安装材料自动精确统计，材料表自动生成，并且可以生成安装图一览表等，大幅提高了工作效率和准确性。

h）安装条件模块

该模块可以利用仪表索引表和数据表的数据轻松提出自控专业给配管专业的安装条件。

i）逻辑图模块

该模块可以完成联锁逻辑图的绘制，在逻辑图中使用的仪表位号都来自仪表索引表或者 IO 清单，保证了数据的一致性。逻辑图可以生成 dwg 版或者 pdf 版，方便修改和出图。

j）接线模块

该模块可以完成现场仪表到接线箱，接线箱到机柜的接线操作，IAtools 可以根据规则自动生成现场仪表电缆，自动进行电缆编号，自动计算分支电缆长度，自动统计电缆，穿线管长度，并将材料添加到材料表中。通过该模块可以输出电缆表、端子接线表、接线箱一览表等文件。

k）回路图模块

该模块可以完成回路与典型回路图的关联操作，并可以根据设置的规则自动匹配回路图，大幅提高效率。输出的回路图可以将现场仪表到接线箱以及系统机柜的信息一同输出到回路图中。

l）布置图模块

该模块可以完成仪表布置图的绘制，IAtools 可以根据从三维模型提取的仪表坐标信息自动将仪表布置到仪表布置图中，方便后期修改。

m）材料表模块

该模块可以根据安装图、接线模块的关联信息自动统计安装材料，用户也可以根据项目需要增加需要的材料，并且可以按照用户自定义的格式输出到 Excel 中，生成仪表材料表。

n）文档管理模块

该模块可以根据项目的要求添加文件号，版次及设计、校核、审核等信息，并可以添加电子签名。

o）系统管理模块

在该模块中可以维护模板数据库，修改基础数据，维护模板，可在规则中心维护各类智能规则等；还可以实现项目管理、工厂区域管理、角色权限划分，使大项目管理更有秩序。

①模板管理。用户可通过该功能，个性化定制模板，使输出的成品文件完全符合本公司的业务需要。

②基础数据管理。用户可通过该功能，灵活地管理 IO 类型、仪表功能类型、控制系统类型、管道等级、管道壁厚、电缆类型、机柜类型、接线箱类型、现场仪表接线类型、回路图分类等。

③规则中心。用户可通过该功能设置位号自增规则、位号命名规则、智能选型、封皮、字段命名规则、自动关联仪表类型规则等。

④项目管理。用户可以通过该功能进行项目、工厂、单元的管理，可以对项目进行自动及手动归档备份、可以对备份的项目进行恢复，系统支持从 CAD、Excel 直接导入数据库。

⑤权限管理。该模块可管理用户角色，可以对用户分配项目及数据权限。

20.5.3 实际应用

实例一。蓝星工程有限公司是中国化工集团公司的直属企业，公司拥有化工石化医药、建筑行业设计甲级资质。该公司从 2019 年开始使用 IAtools，实际应用多个项目，其中一个项目投资额 8 亿元，共 8~9 位仪表工程师，北京与荆州多地协同完成，总仪表点数达 15000 多个，采用智慧途思的云服务器部署方案，实现了跨地域协同设计，节约了人员流动、时间与空间成本，取得了良好效果。尤其是特色云服务功能，受到仪表工程师和公司领导的一致好评。

实例二。中石化中原石油工程设计有限公司购买了鹰图公司的仪表软件 SPI，SPI 软件是全英文界面的，操作非常不方便，不适合国内设计院的设计习惯。而 IAtools 结合国内设计习惯开发，office 的操作风格，非常容易上手。同时 IAtools 也开发出了对接 SPI 的模块，如果有交付 SPI 数据库的要求，可以做 SPI 的同步，这样原有的 SPI 也能利用起来。

20.5.4 前景展望

IAtools 具有良好的扩展性，可以与智慧途思软件系列产品协同使用，也可以与主流三维软件及其他专业软件实现数据对接。上游可以与工艺 PID 软件连接，从工艺专业的 PID 软件数据库中读取仪表索引及工艺条件等数据，下游可以读取三维软件的仪表位置坐标，生成仪表布置图。智慧途思已经推出 IAtools 和 PRtools 的产品组合。IAtools 和 PRtools 的产品组合如图 20-5-6 所示。

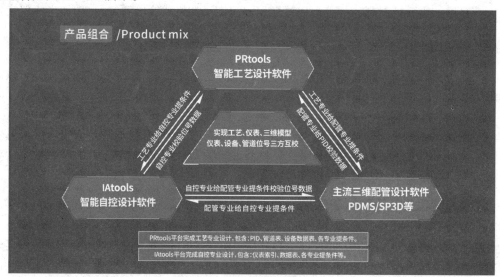

图 20-5-6　智慧途思产品组合界面

PRtools 是一款专门为工艺专业研发的智能设计和管理工具软件，具有以下功能：
①基于数据库的设计数据管理进行协同设计。
②可轻松满足数字化交付要求。
③在不改变原有设计习惯的前提下，使设计人员拥有绘制智能 PID 的功能。
④可将普通 PID 转换成智能 PID。
⑤可进行不同版本 PID 比较。

⑥可自动生成管道一览表、设备一览表、仪表清单等。

⑦可从流程模拟软件读取数据，生成仪表条件表，设备条件表等。

今后，IAtools 的产品组合将更加丰富，使得跨专业的信息传递和协同工作更加顺畅，并可与更多国内外主流软件完美对接，让设计工作更加便捷高效。

20.6 CONVAL® 流体装置计算选型优化工程软件

20.6.1 概述

20.6.1.1 开发依据及原则

CONVAL® 流体装置计算优化工程软件（简称：CONVAL® 软件）由德国 lF.I.R.S.T. GmbH 公司研发。经过 30 多年的发展，CONVAL® 软件成为具有先进计算及诊断功能的流体装置计算分析工程软件。CONVAL® 软件核心功能采用实时更新的设计标准，包含 5000 多种高精度工艺流体介质数据库、混合介质及热力学介质数据，应用最新国际标准计算选型、优化评估。在软件开发过程中，F.I.R.S.T. 公司组建了来自各个专业、高校流体实验室、最终装置用户的技术专家团队，定期参加国际控制阀标准组织委员会组织的阀门可靠性预测分析研讨学术会议，来自巴斯夫、壳牌、拜耳、赢创、林德以及一些著名控制阀制造商的专家对软件开发、实际应用提供了极大的支持。

① CONVAL® 软件为工程公司（设计院）、科研单位等用户提供服务如下：

为工程设计及咨询提供技术支持，包括 FEED、基础设计和详细设计阶段。

与 CAE 集成、图形化分析、批量计算，提高工作效率和准确率、降低成本。

为自控、工艺专业提供项目设计支持，利用专家经验及指数诊断技术提高技术评估和装置选型优化能力、降低项目成本。

独立于制造商的第三方优化软件，提供可扩展的制造商产品数据库。

提高工程装置设计质量和安全性，降低错误率。

依据最新国际专业标准，提供丰富的介质数据库和混合物、热力学数据计算。

提供开放的 COM 数据交换接口技术和各种导入导出批量数据计算模板，提高工作效率。

② CONVAL® 软件为流体装置最终用户提供的服务如下：

为控制阀、热偶套管、节流装置、安全阀、爆破片等装置选型提供优化方案。

提供专家式技术指导和故障诊断技术支持。

提高装置可靠性、安全性和工作效率，降低成本。

为工程及装置改扩建、再利用提供重新计算及性能评估。

独立的第三方技术，提供可扩展的制造商产品选型数据库。

③ CONVAL® 软件为设备制造商提供的服务包括：

为控制阀、角行程开关阀、安全阀、各种节流装置、爆破片、热偶套管等制造商提供国际先进的产品计算和优化选型技术。

采用国际专业标准、可扩展的装置数据库、批量计算功能、开放的 COM 数据交换接口。

提高对 RFQ 技术响应及支持、提高产品市场认知度及国际影响力。

提供各种导入导出数据模板、提高工作效率和准确率。

CONVAL® 软件主页面如图 20-6-1 所示。

图 20-6-1　CONVAL® 软件主页面

20.6.1.2　技术管理和作业文件体系

CONVAL® 软件严格执行 IEC、ISA、ISO、ASME、API、AD、DIN、EN 等相关专业国际标准，软件及时更新行业标准及数据库信息，确保软件使用的实效性。

根据用户的不同需求提供仪表及控制阀版（I&C）、装置工程版（PE）、完整版（FULL）3 个版本，软件密钥分为单机版和网络版两种。

使用软件的不同模块时，会生成相应模块单元格式的 CONVAL® 文件。软件提供国际标准格式和用户可定义格式的数据输出模板。

CONVAL® 软件提供控制阀、开关阀 & 角行程执行器、安全阀、爆破片等产品标准数据库用于创建模板。软件提供大量制造商产品数据库为用户提供技术选型支持。同时，在软件中集成的典型产品应用案例可供用户参考。在使用软件时，每个页面右侧"帮助"菜单可以提供计算依据、应用经验等参考信息。

CONVAL® 软件在功能结构上实现了与 Windows 操作系统标准化 COM 接口数据完整交换的功能，CONVAL® 用户可以通过 Excel，Access，Word 与 CONVAL® 程序之间实现数据交换和批处理计算功能。

CONVAL® 软件可以提供给用户标准数据导入导出接口文件。有经验的 Excel 用户可以通过 VBA 及宏功能实现与 CONVAL® 软件快速自动批量计算以及数据导入导出。同时，CONVAL® 软件也可以通过 COM 接口与 INTERGRAPH，PRODOK，COMOS PT 等软件进行数据交换。

20.6.2　主要功能模块

CONVAL® 软件中包含常规控制阀、两相流控制阀、蒸汽减温减压阀、蒸汽冷却阀计算选型，执行器推力计算，角行程开关阀力矩选型以及对于苛刻工况下的阀门计算选型及优化分析。软件包含最新国际标准的热偶套管、节流装置、多级多孔限流孔板、阀后多级多孔减噪板、安全阀、爆破片、水击压强、管道尺寸、管道损失、管道补偿、管道跨度、管壁厚度、液位校准、换热器、冷凝器、储罐减压、混合物以及热力学介质特性 26 个计算分析选型模块。

20.6.2.1　控制阀计算模块

控制阀计算模块主要功能如下：

①计算 K_v/C_v 值、流量值、阀前或阀后压力值。可以直接使用数据库介质计算，也可以自定义介质、输入相关特性参数后计算。

②工作流量特性曲线计算、图形优化分析，管路接头、雷诺数等的修正计算以及阀后减噪板计算。

③可靠性指数 R_i 分析是基于几十年的专家经验和故障根源分析研发的控制阀计算诊断系统，它用于计算分析液体，气体和蒸汽阀门的可靠性，预测由于气蚀、闪蒸、阻塞流、功率损耗、不同阀门结构、高出口流速、大压差、声压级以及介质属性等因素可能对阀门造成的损坏。该系统可提供差异化预测性分析、报警提示和选型建议。

④可控性指数 C_i。对于给定的过程参数，通过计算工作流量特性来预测分析阀门静态可控性指标，包括图形优化和与之相匹配的不同固有流量特性选择的建议分析以及确定行程最佳工作点。

⑤依据 IEC 60534-8-3：2011、IEC 60534-8-4：2015 计算与频率相关的声压级；依据 IEC 60534-8-3：2011 和 IEC 60534-8-4：2015 对多级轴阀进行噪声计算，对阀后阻力件结构（单孔、多孔孔板、多级孔板等）进行噪声计算。同时也可以根据 IEC 60534-8-3：2000、ISA-75.17：1989 以及 VDMA 24422：1979/1989 进行噪声计算。用户在计算或选择到旧设备时，还可以参照，对比软件中所有标准的旧版本。

⑥计算管路修正系数和雷诺数修正系数（黏度、层流等因素）对 K_v/C_v 值的影响。

⑦阀后阻力元件（例如单孔孔板、多孔孔板、多级孔板）扩展计算功能：通过自动计算模式，计算每级减噪孔板压降和开孔尺寸等参数；通过自定义孔板压降模式，计算每节减噪板压降和开孔尺寸等参数；计算每级减噪板 K_v/C_v 值；计算各工况减噪板压降。

根据 IEC60534-8-3：2011 和 IEC60534-8-4：2015 标准，计算减噪板噪声。

⑧提供通用阀门选型数据库和相关阀门特性结构参数。

⑨可以选择通用数据库计算选型，也可以选择制造商阀门产品
数据库数据计算选型。

⑩根据 IEC、ISA 或自定义规格数据表模板进行批量数据导出。

20.6.2.2　入口介质为两相流的控制阀计算选型模块

该模块提供对控制阀入口为闪蒸汽液两相或液/气两相混合物的计算和优化，同时进行噪声计算和特性曲线优化分析。

20.6.2.3　蒸汽减温减压阀计算模块

蒸汽减温减压阀计算模块用于蒸汽减压阀和减温水阀、喷嘴的计算，确定冷却水量，

选择减温水阀和喷嘴。

20.6.2.4 执行器推力（Globe 控制阀）计算模块

该计算模块用于计算执行机构工作时产生的推力，确保控制阀可靠运行。该模块支持直行程 Globe 控制阀推力计算，计算时，首先确定阀门流动方向（FTO 或 FTC）、最大关断压力（或压差）、阀座直径、阀杆直径、填料类型、填料高度、填料结构（单双填料）、阀座密封等级以及是否需要波纹管或压力平衡阀芯结构等参数，计算值如下：最小关闭力（关位置），最小开启力（关位置），最小开启力（开位置），最小关闭力（开位置），最小稳定力 $F\Delta$（FTC 阀）。

上述计算可以单独在该模块通过输入数据完成，也可以通过控制阀计算模块的 CONVAL 文件自动导入相关的过程数据自动计算。由于不平衡力除了与流体流向有关外，它也随行程而变化。FTC 控制阀的不平衡力变化率为正，当执行器的刚度大于 FTC 阀不平衡力变化率时，控制阀工作特性稳定，根据计算值合理选择符合规格的执行器产品。

20.6.2.5 角行程开关驱动阀选型模块

应用该选型模块时，阀门及执行器尺寸、力矩选择符合 WIB 发布的 S 2812–X–19 自动开关阀推荐规范，并且选型要求符合即将发布的 ISO 5115。该选型模块关键性能指标适用性指数（Si）具有 KPI 专家系统诊断分析的功能，可用于评估角行程阀执行器在工艺过程中的适用性。考虑特殊需求的场合，可以设定按需修正系数（ODCF），从而优化执行器选型。同时提供标准选型数据表输出格式。

20.6.2.6 节流装置计算模块

该计算模块提供的节流装置计算类型包括：孔板、喷嘴、文丘里管、均速皮托管、锥形流量计、楔形流量计、内藏孔板、制造商特定设计装置。

该计算模块支持的计算标准：ISO 5167（2003、1998、1995、1980），ISO 5167–5：2016，ISO / TR 15377：2007，ISO 9300：2005，ASME MFC–3Ma：2007，ASME MFC–7M–1987：R2014，ASME PTC 6：2004，ASME PTC 19.5：2004，AGA 3 / API MPMS 14.3：2013，VDI / VDE 2041：1991，R.W. Miller1996年出版的《流量测量工程手册》。

该计算模块还可实现如下功能：对所有操作使用的限制说明、孔板应力计算、计算时可按照 ASME 31.3 / AD 2000 / ISO 5167 等标准要求进行入口和出口直管段计算、不确定度计算、环室孔板计算、矩形文丘里喷嘴计算、带排液孔差压装置计算、通过选择可扩展设备数据库数据对皮托管计算，以及对湿气体和非标准差压变送器的计算。

20.6.2.7 限流孔板计算模块

限流孔板计算模块可以实现如下功能：孔板内径、压差、体积或质量流量计算；支持单孔、多孔孔板计算；多级孔板可自动或手动计算；考虑圆柱形孔板厚度的增强性计算；增强性应力计算，计算时按照 ASME31.3/AD2000/ISO5167 等标准的相关要求执行；阻塞流条件下增强性预测；缩流处和出口条件下的计算；支持带有溶解气体成分的液体计算；

能量平衡（功率损耗）以及声压级计算；根据 IEC60534-8-3（2011）或 IEC 60534-8-4（2015）标准的相关要求对限流孔板增强性噪声进行预测计算；对带有排泄孔的孔板规格计算；可将有效范围扩大到 β>0.75。

20.6.2.8 热电偶保护套管计算模块

该计算模块支持以下标准：

① DIN 43772（2000）。适用于变量输入和标准输入两种形式的热偶套管设计计算，变量输入提供了五种不同的热电偶套管设计类型，还可以进行参数化。

② ASME PTC19.3（1974）。

③ ASME PTC19.3 TW（2010/2016）。适用于可焊接或螺纹连接的

锥形套管、直形套管和阶梯形套管的设计计算。该模块具有图形应力计算分析功能，例如图 20-6-2 所示，横坐标为频率比（漩涡分离频率/固有频率）γ，纵坐标为组合动态应力 σ。

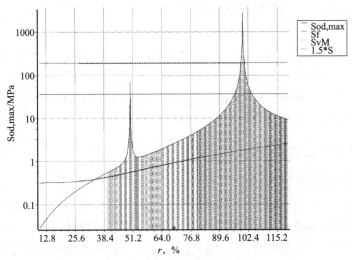

图 20-6-2 热偶套管频率比与组合动态应力计算分析

20.6.2.9 安全阀计算选型模块

该计算选型模块的计算选型标准包括 ISO4126-1：2016，ISO4126-7 AMD 1：2016，ISO 4126-9：2008，ISO 4126-10：2019，API520：2014，API521：2020，API526：2017，ASME VIII：2011，AD2000 A2：2015。该计算选型模块可实现如下功能：

①具有大量安全阀制造商产品数据库，可提供选型帮助。

②根据 ISO4126-9：2008 可以对多管线排放背压及进料管线压力损失计算。

③根据 API520：2008Omega 理论，支持包括闪蒸液体的两相流介质计算。

④符合 ISO4126-9：2008 气体噪音水平计算。

⑤根据 API521 进行火灾场合排放流量计算。

⑥上游爆破片选型计算。

⑦除了从制造商数据库中选择安全阀之外，还可根据 API 526 进行选型。

⑧安全阀计算选型模块中安全阀法兰公称压力执行标准包括 EN1092-1∶2007，ASME B16.5∶2009，API526。

20.6.2.10　爆破片计算选型模块

爆破片计算选型模块可以实现的功能如下：

①根据流动阻力法或排放系数法计算选择爆破片。

②考虑到最大工作压力，制造商因素，爆破公差，背压和最大工作压力比，进行最大允许工作压力计算。

③该模块支持爆破片计算选型的标准包括 AD2000 A1∶2006，ISO 4126-2∶2018，API520∶2014，ASME BPVC-Ⅷ∶2011。

④从数据库中选择爆破片。可以按尺寸、使用条件、温度和压力限制等条件选择。

20.6.2.11　压力损失计算模块

压力损失计算模块可用于可压缩流体和不可压缩流体的单独管道阻力损失、局部阻力损失、势能以及能量平衡计算。

该计算模块根据 I.E.ldel'chik《流体阻力手册》扩展流动阻力数据库并使用三种不同的计算方法支持两相流介质计算：L.Friedel "对水平和垂直两相流管道相关摩擦压降提高性的研究"，H.Müller-Steinhagen-K.Heck "管道两相流的简单摩擦压降相关性分析研究"，均质流动模型。

20.6.2.12　其他计算模块

CONVAL® 软件中包含的其他计算模块有压力波动（水击压强）计算模块、管道尺寸计算模块等。

①管壁厚度计算模块——除直管外，该计算模块可以计算脉冲和静载荷工况下的恒定和不恒定的弯管壁厚。依据 EN13480（2002）标准，该计算模块可以通过用户可扩展的材料数据库计算所有相关参数，例如拉伸强度，蠕变断裂强度和屈服强度等。

②管道补偿计算模块用于 L 形弯，U 形弯，长度变化，管路支撑负载及应力极限计算。

③管道跨度计算模块用于管路、介质、绝缘保温层等单独组件质量计算，在跨度计算时，需考虑中间下垂。该计算模块依据 EN13480∶2002 标准，可以从用户可扩展的材料数据库中选择管道材料。

④液位校准模块包括液位差压计算以及相对应的变送器信号输出计算、根据导压管中介质密度的不同对液位不确定度计算以及锅炉液位计算。

⑤储罐减压计算模块通过控制阀在一个或两个储罐间对气体或蒸汽介质装载或减压的计算以及对减压时间、管道压力损失、噪声以及系统工作压力进行图形化分析。

除上述计算模块，CONVAL® 软件中还包含管壳式热交换器计算模块、冷凝器计算模块、泵压缩机风机功率计算模块和插值曲线回归计算模块。

20.6.3　主要数据库

20.6.3.1　工艺介质数据库

CONVAL® 软件中包含 5000 多种工艺介质数据，同时，包含可以对混合液体、混合气体、不同成分天然气及各种热力学介质计算的数据库。介质数据库包含大量的纯介质和特定常数及测量值的混合物介质。介质的温度、压力关联数据通过基础介质数据库的近似程序计算得出。数据可以手动修改，可覆盖原始数据库的数据，这时，在相应的计算或查找 / 默认图标上将被标注交叉符号，通过单击图标，可以恢复并重新激活原介质数据库中的介质数据。几乎所有的程序模块都需要一定数量与工艺过程中介质的温度、压力有关的参数信息，CONVAL® 软件能够在各个计算模块中计算、确定大量流体的特定过程数据。

① CONVAL® 软件计算的基本介质类型如下：

– 水。最新版的蒸汽表数据库，可以用于计算水的操作数据。

– 浆料。化学浆料、TMP 纸浆、回收纸浆等介质作为与水不同浓度的混合物来计算。

– 天然气。对于天然气介质，可以根据 AGA8 计算天然气混合物介质。

② CONVAL® 软件可以定义任意液体或气体成分的混合物，并进行计算。各介质成分按摩尔百分比组成。如果选择的介质或混合物基于热力学数据库，则通过状态方程方式计算。对于其他情况，将采用近似法方式计算。

③ CONVAL® 软件可使用多种方法计算介质压力和温度关联的参数属性。目前版本中主要使用如下三种方法。

近似计算。CONVAL® 软件中集成了可扩展的物性数据库，包含上千种介质及其物理特性常数，这些数据可作为介质压力和温度关联性的计算基础。例如，根据牛顿、Riedel、Raphson 相关性理论以及 Dranchuk、Purvis、Robinson、Takacs 应用著作，对于液体，在不同温度 T_1 下计算汽化压力 p_V、或者在不同压力 p_1 下计算汽化温度，而对于气体，通过压缩系数 Z_1 和 Z_n 的计算，从而计算出真实气体密度。根据汉金森（R.W.Hankinson）和汤姆森（G.H. Thomson）理论数学近似方法，利用数据库物理特性常数可以计算液体工作密度（COSTALD 关联计算法）。对于绝大多数计算模型，其计算误差均小于 1%。对于等熵指数、声速等参数计算也可以采用近似计算方法。

插值计算。如果既没有通过近似法方程计算属性，也没有例如水蒸气表（IAPWS 97）等特殊的计算方法，CONVAL® 软件可以通过实测值插值的方法计算其所需的数据。在 CONVAL® 软件中集成了可扩展的介质属性数据库，其中包含了 200 多种介质（例如导热油、熔盐），其操作数据通过实测值的形式提供，液体操作密度、动力黏度、汽化温度、比热容、导热系数、等熵指数等参数可以通过插值曲线计算实现，气体比热容、热导率、等熵指数等参数也可以通过插值曲线法计算完成。

热力学数据计算。热力学数据模块增强了 CONVAL® 软件计算功能，除了更高的精度和延伸更宽的应用范围（如低温、高压、临界点区域）外，还可以计算附加介质属性（如焦耳 – 汤姆森效应、熵值、焓值等），从而提高计算结果准确性，热力学数据计算包含

FLUIDCAL，NIST REFPROP 和 GERG 2008 三个插件。

介质数据库数据可实时更新，工艺介质数据库提供用户添加新介质以及创建计算混合物介质的功能。

20.6.3.2　材料数据库

CONVAL® 软件中包含 700 多种材料数据，这些材料依据 EN 13480∶2002 标准能够进行管道和设备材料的设计强度值和物理性能计算以及测试其工作极限。数据库数据可实时更新。

20.6.3.3　控制阀产品数据库

CONVAL® 软件中包含数十家数百种型号规格的知名品牌的控制阀产品选型数据库，数据库数据实时更新，用户可以自行创建控制阀产品数据库。

20.6.3.4　角行程开关阀及执行器产品数据库

CONVAL® 软件中包含近百种型号的国外品牌的角行程阀及执行器产品选型数据库，数据库数据实时更新，用户可以自行创建相应数据库。

20.6.3.5　安全阀产品数据库

CONVAL® 软件中包含近百种型号的国外品牌的安全阀产品选型数据库，数据库数据实时更新，用户可以自行创建安全阀数据库。

20.6.3.6　爆破片产品数据库

CONVAL® 软件中包含数十种型号国外品牌的爆破片产品选型数据库，数据库数据实时更新，用户可以自行创建爆破片数据库。

20.6.3.7　皮托管数据库

CONVAL® 软件种包含数十种型号规格的均速皮托管产品数据库，数据库数据实时更新，用户可以自行创建数据库。

20.6.4　软件安装环境及维护

20.6.4.1　软件安装系统要求

处理器 1GHz 或更高。

内存至少 4GB RAM。

显示 1024×768 或更高分辨率的显示器。

硬盘空间大约 400MB。

操 作 系 统 Windows 10，8 和 7–Windows Server 2019，2016，2012 R2 和 2008 R2MS OFFICE 2019、2016、2013 和 2010（32 位和 64 位版本）。

20.6.4.2　软件维护

CONVAL® 软件在德国总部设立技术支持维护平台，对用户提供软件使用、数据更新的技术支持服务。使用 Sentinel 管理控制中心（网址：http：//localhost：1947）用户可以检查所使用的 CONVAL® 软件 USB 密钥许可证的工作性能。

20.6.5　实际应用

目前，CONVAL® 软件用户超过了千家，主要包括 BASF，Bayer，AP，SHELL，DSM，Linde，BP，Lurgi，Basell，Krohne，Siemens，E+H，Evonik，Degussa，ABB 等以及国内扬子巴斯夫、北京石化工程公司、西门子、上海巴斯夫、液空上海、无锡亚迪流体、浙江力诺流体、浙江贝尔、重庆川仪控制阀、大连亨利测控、上海纽托克流体、液空延安、合肥通用机械研究所、徐州肯卓自控、中科院合肥等离子体物理研究所、北京 HOED 阀门、上海 F&V 弗雷西阀门、鞍山拜尔自控、山东艾坦姆流体、宿迁联盛科技、无锡智能自控工程等用户。

第 21 章　单位及物性参数

21.1　单位

21.1.1　各种单位的量纲

各种单位的量纲见表 21-1-1。

表 21-1-1　各种单位的量纲

量	绝对单位系（MLT 系）			重力单位系（FLT 系）			国际单位系
	量纲	公制单位	英制单位	量纲	公制单位	英制单位	SI 单位
质量	$\mathbf{M}$	$\mathbf{kg}$	$\mathbf{lb}$	$FL^{-1}T^2$	$kg \cdot s^2/m$	$lb \cdot s^2/ft$	kg
重量（力）	MLT^{-2}	$kg \cdot m/s^2$	$lb \cdot ft/s^2$	$\mathbf{F}$	$\mathbf{kg}$	$\mathbf{lb}$	$\mathbf{N}$
压力	$ML^{-1}T^{-2}$	$kg/m \cdot s^2$	$lb/ft \cdot s^2$	$\mathbf{FL^{-2}}$	$\mathbf{kg/m^2}$	$\mathbf{lb/ft^2}$	Pa
密度	$\mathbf{ML^{-3}}$	$\mathbf{kg/m^3}$	$\mathbf{lb/ft^3}$	$FL^{-4}T^2$	$kg \cdot s^2/m^4$	$lb \cdot s^2/ft^4$	kg/m^3
比重量	$ML^{-2}T^{-2}$	$kg/m^2 \cdot s^2$	$lb/ft^2 \cdot s^2$	$\mathbf{FL^{-3}}$	$\mathbf{kg/m^3}$	$\mathbf{lb/ft^3}$	$\mathbf{N/m^3}$
黏度	$\mathbf{ML^{-1}T^{-1}}$	$\mathbf{kg/m \cdot s}$	$\mathbf{lb/ft \cdot s}$	$FL^{-2}T$	$kg \cdot s/m^2$	$lb \cdot s/ft^2$	Pa·s
功	ML^2T^{-2}	$kg \cdot m^2/s^2$	$lb \cdot ft^2/s^2$	$\mathbf{FL}$	$\mathbf{kg \cdot m}$	$\mathbf{lb \cdot ft}$	J
表面张力	$\mathbf{MT^{-2}}$	kg/s^2	lb/s^2	FL^{-1}	kg/m	lb/ft	N/m

注：kg、lb 为质量单位，表中粗体字为常用单位，$1Pa=1N/m^2$。

21.1.2　单位换算

①长度单位换算见表 21-1-2。

表 21-1-2　长度单位换算表

长度	米（m）	厘米（cm）	英寸（in）	英尺（ft）	码（yd）
米（m）	1	100	39.3701	3.2808	1.0936
厘米（cm）	0.01	1	0.3937	0.0328	0.0109
英寸（in）	0.0254	2.54	1	0.0833	0.0278
英尺（ft）	0.3048	30.48	12	1	0.3333
码（yd）	0.9144	91.44	36	3	1

②面积单位换算见表 21-1-3。

表 21-1-3　面积单位换算表

面积	平方米（m²）	平方厘米（cm²）	公亩（are）	平方英寸（in²）	平方英尺（ft²）
平方米（m²）	1	10000	0.01	1550.0031	10.7639
平方厘米（cm²）	0.0001	1	1×10^{-6}	0.155	0.00108
公亩（are）	100	10^6	1	155000	1076.3910
平方英寸（in²）	0.00064516	6.4516	6.4516×10^{-6}	1	0.006944
平方英尺（ft²）	0.0929	929.0304	0.0009	144	1

③体积单位换算见表 21-1-4。

表 21-1-4　体积单位换算表

体积	立方米（m³）	升（L）	立方英寸（in³）	立方英尺（ft³）	加仑（美液量）（US Gallon）
立方米（m³）	1	1000	61024	35.3146	264.1719
升（L）	0.001	1	61.0237	0.0353	0.2642
立方英寸（in³）	1.6387×10^{-5}	0.0164	1	0.0006	0.0043
立方英尺（ft³）	0.0283	28.3168	1728	1	7.4805
加仑（美液量）（US Gallon）	0.0038	3.7855	231	0.1337	1

④质量单位换算见表 21-1-5。

表 21-1-5　质量单位换算表

质量	公斤（kg）	克（g）	盎司（oz）	磅（lb）	美（短）吨（US ton）
公斤（kg）	1	1000	35.274	2.2046	0.0011
克（g）	0.001	1	0.0353	0.0022	1.1023×10^{-6}
盎司（oz）	0.0283	28.3495	1	0.0625	0.3125×10^{-4}
磅（lb）	0.4536	453.592	16	1	0.0005
美（短）吨（US ton）	907.184	907184	32000	2000	1

⑤比体积单位换算见表 21-1-6。

表 21-1-6　比体积单位换算表

比容	立方米/千克（m³/kg）	立方厘米/克（cm³/g）	升/公斤 l/kg	立方英寸/磅（in³/lb）	立方英尺/磅（ft³/lb）
立方米/千克（m³/kg）	1	1000	1000	27679.9	16.0185
立方厘米/克（cm³/g）	0.001	1	1	27.6799	0.016
升/公斤（l/kg）	0.001	1	1	27.6799	0.016
立方英寸/磅（in³/lb）	3.61×10^{-5}	0.0361	0.0361	1	5.787×10^{-5}
立方英尺/磅（ft³/lb）	0.06243	62.428	62.428	1728	1

⑥密度单位换算见表21-1-7。

表21-1-7 密度单位换算表

密度	千克/立方米（kg/m³）	克/立方厘米（g/cm³）	千克/升（kg/L）	磅/立方英寸（lb/in³）	磅/立方英尺（lb/ft³）
千克/立方米（kg/m³）	1	0.001	0.001	3.61273×10^{-5}	0.062428
克/立方厘米（g/cm³）	1000	1	1	0.0361273	62.428
千克/升（kg/L）	1000	1	1	0.0361273	62.428
磅/立方英寸（lb/in³）	27679.9	27.6799	27.6799	1	1728
磅/立方英尺（lb/ft³）	16.0185	0.016018	0.016018	5.787×10^{-4}	1

⑦力单位换算见表21-1-8。

表21-1-8 力单位换算表

力	牛顿（N）	达因（dyn）	公斤力（kgf）	磅达（poundal）	磅力（lbf）
牛顿（N）	1	100000	0.102	7.233	0.2248
达因（dyn）	0.00001	1	0.102×10^{-5}	7.233×10^{-5}	0.2248×10^{-5}
公斤力（kgf）	9.8066	980660	1	70.9316	2.2046
磅达（poundal）	0.138255	13825.5	0.014098	1	0.031081
磅力（lbf）	4.4483	444830	0.4536	32.174	1

⑧压力单位换算见表21-1-9、表21-1-10。

表21-1-9 压力单位换算表（一）

压力	帕（Pa）	巴（bar）	标准大气压（atm）	千克力/平方厘米（kgf/cm²）	磅力/平方英寸 PSI（lbf/in²）
帕（Pa）	1	1×10^{-5}	9.869×10^{-6}	1.0197×10^{-5}	1.45038×10^{-4}
巴（bar）	100000	1	0.9869	1.01972	14.5038
标准大气压（atm）	101325	1.01325	1	1.0332	14.696
千克力/平方厘米（kgf/cm²）	98066.5	0.98067	0.9678	1	14.2233
磅力/平方英寸（lbf/in²）	6894.76	0.06895	0.068046	0.070307	1

表21-1-10 压力单位换算表（二）

压力	帕（Pa）	达因/平方厘米（dyn/cm²）	毫米汞柱（mmHg）	英寸汞柱（inHg）	米水柱（mH₂O）
帕（Pa）	1	10	0.0075	0.0002953	1.0197×10^{-4}
达因/平方厘米（dyn/cm²）	0.1	1	0.00075	2.953×10^{-5}	1.0197×10^{-5}
毫米汞柱（mmHg）	133.322	1333.22	1	0.0394	0.013595
英寸汞柱（inHg）	3385.106	33851.06	25.4	1	0.345317
米水柱（mH₂O）	9806.65	98066.5	73.5558	2.8959	1

⑨速度单位换算见表 21-1-11。

表 21-1-11　速度单位换算表

速度	米 / 秒（m/s）	千米 / 时（km/h）	英尺 / 秒（ft/s）	英尺 / 分（ft/min）	英里 / 小时（mile/h）
米 / 秒（m/s）	1	3.6	3.2808	196.85	2.2369
千米 / 时（km/h）	0.2778	1	0.9113	54.6806	0.6214
英尺 / 秒（ft/s）	0.3048	1.0973	1	60	0.6818
英尺 / 分（ft/min）	0.00508	0.018288	0.016667	1	0.0113636
英里 / 小时（mile/h）	0.447	1.6094	1.4667	88	1

⑩体积流量单位换算见表 21-1-12。

表 21-1-12　体积流量单位换算表

体积流量	立方米 / 秒（m³/s）	立方米 / 小时（m³/h）	立方英尺 / 秒（ft³/s）	立方英尺 / 时（ft³/h）	（美）加仑 / 分 US gal/min
立方米 / 秒（m³/s）	1	3600	35.3147	127133	15850.3
立方米 / 小时（m³/h）	2.778×10^{-4}	1	0.0098096	35.3147	4.40286
立方英尺 / 秒（ft³/s）	0.0283	101.94	1	3600	448.83
立方英尺 / 时（ft³/h）	7.866×10^{-6}	0.0283168	2.778×10^{-4}	1	0.124675
（美）加仑 / 分 US gal/min	6.309×10^{-5}	0.227125	2.2288×10^{-3}	8.02085	1

⑪ 质量流量单位换算见表 21-1-13。

表 21-1-13　质量流量单位换算表

质量流量	千克 / 秒（kg/s）	千克 / 时（kg/h）	磅 / 秒（lb/s）	磅 / 小时（lb/h）
千克 / 秒（kg/s）	1	3600	2.2046	7936.64
千克 / 时（kg/h）	2.778×10^{-4}	1	6.12395×10^{-4}	2.20462
磅 / 秒（lb/s）	0.4536	1632.93	1	3600
磅 / 小时（lb/h）	1.25998×10^{-4}	0.453592	2.778×10^{-4}	1

⑫ 动力黏度单位换算见表 21-1-14。

表 21-1-14　动力黏度单位换算表

动力黏度	帕斯卡·秒（Pa·s）	泊（poise）	公斤力·秒 / 米² kgf·s/m²	磅力·秒 / 英尺² lbf·s/ft²	磅 / 英尺·秒 lb/ft·s
帕斯卡·秒（Pa·s）	1	10	0.102	0.0209	0.6720
泊（poise）	0.1	1	0.0102	0.00209	0.00672
公斤力·秒 / 米²（kgf·s/m²）	9.8066	98.066	1	0.205	6.58976
磅力·秒 / 英尺²（lbf·s/ft²）	47.8803	478.8	4.882	1	32.17
磅 / 英尺·秒（lb/ft·s）	1.488	14.88	0.1518	0.03108	1

⑬ 运动黏度单位换算见表21-1-15。

表21-1-15　运动黏度单位换算表

运动黏度	平方米每秒（m²/s）	平方厘米每秒（cm²/s）	平方米每时（m²/h）	平方英尺每秒（ft²/s）	平方英尺每时（ft²/h）
平方米每秒（m²/s）	1	10000	3600	10.76	38750
平方厘米每秒（cm²/s）	0.0001	1	0.36	0.001076	3.875
平方米每时（m²/h）	2.7778×10^{-4}	2.778	1	2.98998×10^{-3}	10.76
平方英尺每秒（ft²/s）	0.092903	929.03	334.451	1	3600
平方英尺每时（ft²/h）	2.5806×10^{-5}	0.258064	0.092903	2.77778×10^{-4}	1

⑭ 功、能、热单位换算见表21-1-16和表21-1-17。

表21-1-16　功、能、热单位换算表（一）

功、能、热	焦耳（J）	尔格（erg）	热化学卡（cal_th）	英热单位（Btu_th）	千克力·米（kgf·m）
焦耳（J）	1	10000000	0.239	9.4845×10^{-4}	0.102
尔格（erg）	1×10^{-7}	1	2.39×10^{-8}	9.4845×10^{-10}	1.019×10^{-8}
热化学卡（cal_th）	4.184	4.184×10^{7}	1	3.967×10^{-3}	0.4267
英热单位（Btu_th）	1054.35	1.0543×10^{10}	251.996	1	107.5866
千克力·米（kgf·m）	9.8066	9.8066×10^{-7}	2.34385	9.30114×10^{-3}	1

表21-1-17　功、能、热单位换算表（二）

功、能、热	焦耳（J）	卡（cal_IT）	英热单位（Btu_IT）	千瓦时（kW·h）	英制马力时（hp·h）
焦耳（J）	1	0.238846	9.47817×10^{-4}	2.7778×10^{-7}	3.7251×10^{-7}
卡（cal_IT）	4.1868	1	0.003968	1.163×10^{-6}	1.5596×10^{-6}
热化学卡（Btu_IT）	1055.06	251.996	1	2.9307×10^{-4}	3.9301×10^{-4}
千瓦时（kW·h）	3600000	859845	3412.14	1	1.34102
英制马力时（hp·h）	2684520	641187	2544.43	0.7457	1

⑮ 热值单位换算见表21-1-18。

表21-1-18　热值单位换算表

热值	焦耳/千克（kJ/kg）	热化学卡/克（cal_th/g）	卡/克（cal_IT/g）	英热单位/磅（Btu_th/lb）	英热单位/磅（Btu_IT/lb）
焦耳/千克（kJ/kg）	1	0.239006	0.238846	0.43021	0.429923
热化学卡/克（cal_th/g）	4.184	1	0.999331	1.80000	1.79880
卡/克（cal_IT/g）	4.1868	1.00067	1	1.80120	1.80000
英热单位/磅（Btu_th/lb）	4.184	1.00000	0.555184	1	0.999331
英热单位/磅（Btu_IT/lb）	4.1868	1.00067	0.555556	1.00067	1

⑯ 比热容单位换算见表 21-1-19。

表 21-1-19　比热容单位换算表

比热容	焦耳 /（千克·开）[kJ/（kg·K）]	热化学卡 /（克·度）[cal$_{th}$/（g·℃）]	卡 /（克·度）[cal$_{IT}$/（g·℃）]	英热单位 /（磅·℉）[Btu$_{th}$/（lb·℉）]	英热单位 /（磅·℉）[Btu$_{IT}$/lb·℉]
焦耳 /（千克·开）（kJ/kg·K）	1	0.239006	0.238846	0.239006	0.238846
热化学卡 /（克·度）（cal$_{th}$/g·℃）	4.184	1.00000	0.999331	1.00000	0.999331
卡 /（克·度）（cal$_{IT}$/g·℃）	4.1868	1.00067	1	1.0067	1.00000
英热单位 /（磅·℉）（Btu$_{th}$/lb·℉）	4.184	1.00000	0.999331	1	0.999331
英热单位 /（磅·℉）（Btu$_{IT}$/lb·℉）	4.1868	1.00067	1.00000	1.0067	1

⑰ 功率单位换算见表 21-1-20。

表 21-1-20　功率单位换算表

功率	瓦特（W）	千克力·米 / 秒（kgf·m/s）	磅力·英尺 / 秒（lbf·ft/s）	英制马力（hp）	米制马力（PS）
瓦特（W）	1	0.10197	0.73756	0.001341	0.00136
千克力·米 / 秒（kgf·m/s）	9.8066	1	7.233	0.013151	0.01333
磅力·英尺 / 秒（lbf·ft/s）	1.3558	0.138255	1	0.001818	0.001843
英制马力（hp）	745.7	76.0402	550	1	1.01387
米制马力（PS）	735.49	75	542.476	0.9863	1

⑱ 热导率单位换算见表 21-1-21。

表 21-1-21　热导率单位换算表

热导率	瓦特 /（米·开）[W/（m·K）]	卡 /（厘米·秒·开）[cal/（cm·s·K）]	千卡 /（米·时·开）[kcal/（m·h·K）]	英热单位 /（英尺·时·℉）[Btu/ft·h·℉]
瓦特 /（米·开）[W/（m·K）]	1	0.00239	0.8598	0.5778
卡 /（厘米·秒·开）[cal/（cm·s·K）]	418.68	1	360	241.905
千卡 /（米·时·开）[kcal/（m·h·K）]	1.163	0.002796	1	0.672
英热单位 /（英尺·时·℉）[Btu/（ft·h·℉）]	1.7307	0.004136	1.4882	1

⑲ 传热系数单位换算见表 21-1-22。

表 21-1-22　传热系数单位换算表

传热系数	瓦特/（平方米·开）[W/（m²·K）]	卡/（平方厘米·时·度）[cal_th/（cm²·h·℃）]	卡/（平方厘米·时·度）[cal_IT/m²·h·℃]	英热单位/（平方英尺·时·℉）[Btu_IT/ft²·h·℉]
瓦特/（平方米·开）（W/m²·K）	1	2.39006×10^{-5}	0.859845	0.17611
卡/（平方厘米·时·度）（cal_th/cm²·h·℃）	41840	1	35975.9	7368.43
卡/（平方厘米·时·度）（cal_IT/m²·h·℃）	1.163	2.77964×10^{-5}	1	0.204816
英热单位/（平方英尺·时·℉）（Btu_IT/ft²·h·℉）	5.6782	1.3571×10^{-4}	4.88243	1

⑳ 密度单位换算见表 21-1-23 和表 21-1-24。

表 21-1-23　密度单位换算表（一）

密度	千克/米³（kg/m³）	克/厘米³（g/cm³）克/毫升（g/mL）吨/米³（t/m³）	克/毫升（g/ml）	磅/英寸²（lb/in²）	磅/英寸²（lb/ft³）
千克/米³（kg/m³）	1	0.001	1.000028×10^{-3}	3.61273×10^{-5}	6.24280×10^{-2}
克/厘米³（g/cm³）（g/mL）吨/米³（t/m³）	1000	1	1.000028	0.0361273	62.4280
克/毫升（g/mL）	999.972	0.999972	1	0.0361263	62.4262
磅/英寸²（lb/in²）	27679.9	27.6799	27.6807	1	1728
磅/英尺³（lb/ft³）	16.0185	0.0160185	0.0160189	5.78704×10^{-4}	1
英吨/码³（UKton/yd³）	1328.94	1.32894	1.32898	0.0480110	82.9630
磅/英加仑（lb/UK gal）	99.7763	0.0997763	0.0997791	3.60465×10^{-3}	6.22883
磅/美加仑（lb/US gal）	119.826	0.119826	0.119830	4.32900×10^{-3}	7.48052

表 21-1-24　密度单位换算表二

密度	英吨/码³（UKton/yd³）	磅/英加仑（lb/UKgal）	磅/英加仑（lb/USgal）
千克/米³（kg/m³）	7.52480×10^{-4}	1.00224×10^{-2}	0.834540×10^{-2}
克/厘米³（g/cm³）吨/米³（t/m³）	0.752480	10.0224	8.34540
克/毫升（g/ml）	0.752459	10.0221	8.34517

密度	英吨 / 码³ （UKton/yd³）	磅 / 英加仑 （lb/UKgal）	磅 / 英加仑 （lb/USgal）
磅 / 英寸² （lb/in²）	20.8286	277.420	231
磅 / 英尺³ （lb/ft³）	0.0120536	0.160544	0.133681
英吨 / 码³ （UKton/yd³）	1	13.3192	11.0905
磅 / 英加仑 （lb/UKgal）	0.0750797	1	0.832674
磅 / 美加仑 （lb/USgal）	0.0901670	1.20095	1

㉑ 浓度单位换算见表 21-1-25 和表 21-1-26。

表 21-1-25　气体浓度单位换算表之一（20℃、101.325kPa 下，空气中）

浓度单位	换算后单位	需乘的换算系数	说明
mg/m^3	$\mu g/L$ ppmv ppmw	1 24.04/M 0.8301	M—气体组分的摩尔质量，g 24.04—20℃、101.325kPa 下，1mol 气体分子的体积，L 24.04=22.4 × ［（273.15+20）÷ 273.15］ 0.8301=24.04 ÷ 28.96 28.96—干空气的摩尔质量，g
ppmv	mg/m^3 $\mu g/L$ ppmw	M/24.04 M/24.04 M/28.96	
ppmw	mg/m^3 $\mu g/L$ ppmv	1.2047 1.2047 28.96/M	1.2047=1 ÷ 0.8301
lb/ft^3	mg/m^3 $\mu g/L$ ppmv ppmw	16.0169 × 10⁶ 16.0169 × 10⁶ 385.0463 × 10⁶/M 13.2956 × 10⁶	1lb=453.6g=453600mg 1 ft³=28.32L=0.02832m³ 1lb/ ft³=453600 ÷ 0.02832=16.0169 × 10⁶mg/m³ 385.0463 × 10⁶/M=16.0169 × 10⁶ × 24.04/M 13.2956 × 10⁶=16.0169 × 10⁶ × 0.8301

表 21-1-26　气体浓度单位换算表之二（20℃、101.325kPa 下，混合气体中）

浓度单位	换算后单位	需乘的换算系数	说明
mg/m^3	$\mu g/m^3$ $\mu g/L$ ppmv ppmw	1000 1 24.04/M 24.04/M_{mix}	M—气体组分的摩尔质量，g 24.04—20℃、101.325kPa 下，1mol 气体分子的体积，L 24.04=22.4 × ［（273.15+20）÷ 273.15］ M_{mix}—混合气体的平均摩尔质量，g
ppmv	mg/m^3 ppm	M/24.04 M/M_{mix}	
ppmw	mg/m^3 ppmv	M_{mix}/24.04 M_{mix}/M	
lb/ft^3	mg/m^3 ppmv ppmw	16.0169 × 10⁶ 385.0463 × 10⁶/M 385.0463 × 10⁶/M_{mix}	1lb=453.6g=453600mg 1 ft³=28.32L=0.02832m³ 1lb/ft³=453600 ÷ 0.02832=16.0169 × 10⁶mg/ m³ 385.0463 × 10⁶/M=16.0169 × 10⁶ × 24.04/M

液体浓度的表示方法有物质的量浓度、质量浓度、质量分数、体积分数、比例浓度等。在线分析中液体浓度的表示方法主要有以下三种。

物质的量浓度 c_B：是指 1L 溶液中所含溶质 B 的物质的量（mol）。

常用的单位是 mol/L 和 mmol/L。以前使用的当量浓度已经废除，不应再使用。

质量浓度 ρ_B：是指 1L 溶液中所含溶质 B 的质量。

常用的单位是 g/L、mg/L 和 μg/L，不得再使用 ppm、ppb 等表示方法。

质量分数 w_B：溶质 B 的质量 m_B 与溶液 A 的质量 m_A 之比。

$$w_B = \frac{m_B}{m_A}$$

常用的单位是%、10^{-6}、10^{-9}。以前使用的 ppmw、ppbw，现在已经废止。

㉒ 湿度单位换算。在微量水分的分析中，常用的湿度计量单位主要有以下几种：

绝对湿度——mg/m^3

体积百万分比——ppmv

露点温度——℃

质量百万分比——ppmw

这些计量单位之间的换算，比较方便快捷的方法是查表，有时也需要通过计算进行换算。下面介绍几个常用的换算公式。

mg/m^3 与 ppmv 之间的换算公式（20℃下）

$$mg/m^3 = \frac{18.015}{24.04} \times ppmv \approx 0.75 \times ppmv（20℃）$$

$$ppmv（20℃） = \frac{24.04}{18.015} \times mg/m^3 \approx 1.33 \times mg/m^3$$

式中　18.015——水的摩尔质量，g；

　　　24.04——20℃、101.325kPa 下每摩尔气体的体积，L。

ppmv 与 ppmw 之间的换算公式

$$ppmv = \frac{M_{mix}}{18.015} \times ppmw$$

$$ppmw = \frac{18.015}{M_{mix}} \times ppmv$$

式中　18.015——水的摩尔质量，g；

　　　M_{mix}——混合气体的平均摩尔质量，g。

mg/m^3 与 ppmw 之间的换算公式（20℃下，空气中）

$$\frac{mg}{m^3} = \frac{28.96}{24.04} \times ppmw \approx 1.2047 \times ppmw（20℃）$$

$$ppmw = \frac{24.04}{28.96} \times mg/m^3 \approx 0.8301 mg/m^3$$

式中　28.96——空气的摩尔质量，g；

　　　24.04——20℃、101.325kPa 下每摩尔气体的体积，L。

101.325kPa 下气体的水露点与水含量对照见表 21-1-27。

表 21-1-27 101.325kPa 下气体的水露点与水含量对照表

露点温度 /℃	体积分数 φ/10^{-6}	质量浓度 /（g/m³）（按20℃计）	露点温度 /℃	体积分数 φ /10^{-6}	质量浓度 /（g/m³）（按20℃计）
−80	0.5409	0.0004052	−39	142.0	0.1064
−79	0.6370	0.0004772	−38	158.7	0.1189
−78	0.7489	0.0005610	−37	177.2	0.1327
−77	0.8792	0.0006586	−36	197.9	0.1482
−76	1.030	0.0007716	−35	220.7	0.1653
−75	1.206	0.0009034	−34	245.8	0.1841
−74	1.409	0.001055	−33	273.6	0.2050
−73	1.643	0.001231	−32	304.2	0.2279
−72	1.913	0.001433	−31	333.0	0.2532
−71	2.226	0.001667	−30	375.3	0.2811
−70	2.584	0.001936	−29	416.2	0.3118
−69	2.997	0.002245	−28	461.3	0.3456
−68	3.471	0.002600	−27	510.8	0.3826
−67	4.013	0.003006	−26	565.1	0.4233
−66	4.634	0.003471	−25	624.9	0.4681
−65	5.343	0.004002	−24	690.1	0.5170
−64	6.153	0.004609	−23	761.7	0.5706
−63	7.076	0.005301	−22	840.0	0.6292
−62	8.128	0.006089	−21	925.7	0.6934
−61	9.322	0.006983	−20	1019	0.7633
−60	10.68	0.008000	−19	1121	0.8397
−59	12.22	0.009154	−18	1233	0.9236
−58	13.96	0.01046	−17	1355	1.015
−57	15.93	0.01193	−16	1487	1.114
−56	18.16	0.01360	−15	1632	1.223
−55	20.68	0.01549	−14	1788	1.339
−54	23.51	0.01761	−13	1959	1.467
−53	26.71	0.02001	−12	2145	1.607
−52	30.32	0.02271	−11	2346	1.757
−51	34.34	0.02572	−10	2566	1.922
−50	38.88	0.02913	−9	2803	2.100
−49	43.97	0.03294	−8	3059	2.291
−48	49.67	0.03721	−7	3333	2.500
−47	56.05	0.04199	−6	3639	2.726
−46	63.17	0.04732	−5	3966	2.971
−45	71.13	0.05528	−4	4317	3.234
−44	80.01	0.05994	−3	4699	3.520
−43	89.91	0.06735	−2	5109	3.827
−42	100.9	0.07558	−1	5553	4.160
−41	113.2	0.08480	0	6032	4.519
−40	126.8	0.09499			

湿度单位换算见表21-1-28。

表21-1-28 湿度单位换算表

露点		蒸气压（在冰/水平衡点）	体积比（在760mmHg下）	相对湿度（在70℉，21.11℃下）	质量比（在空气中）
℃	℉	mmHg	ppmv	%	ppmw
−150	−238	7×10^{-15}	9.2×10^{-12}	—	5.7×10^{-12}
−140	−220	3×10^{-10}	4.0×10^{-7}	—	2.5×10^{-7}
−130	−202	7×10^{-8}	9.2×10^{-5}	—	5.7×10^{-5}
−120	−184	10×10^{-8}	1.3×10^{-4}	5.4×10^{-7}	8.1×10^{-5}
−118	−180	0.00000016	0.00021	0.0000009	0.00013
−116	−177	0.00000026	0.00034	0.0000014	0.00021
−114	−173	0.00000043	0.00057	0.0000023	0.00035
−112	−170	0.00000069	0.00091	0.0000037	0.00057
−110	−166	0.0000010	0.00132	0.0000053	0.00082
−108	−162	0.0000018	0.00237	0.0000096	0.0015
−106	−159	0.0000028	0.00368	0.000015	0.0023
−104	−155	0.0000043	0.00566	0.000023	0.0035
−102	−152	0.0000065	0.00855	0.000035	0.0053
−100	−148	0.0000099	0.0130	0.000053	0.0081
−98	−144	0.000015	0.0197	0.000080	0.012
−96	−141	0.000022	0.0289	0.00012	0.018
−94	−137	0.000033	0.0434	0.00018	0.027
−92	−134	0.000048	0.0632	0.00026	0.039
−90	−130	0.000070	0.0921	0.00037	0.057
−88	−126	0.00010	0.132	0.00054	0.082
−86	−123	0.00014	0.184	0.00075	0.11
−84	−119	0.00020	0.263	0.00107	0.16
−82	−116	0.00029	0.382	0.00155	0.24
−80	−112	0.00040	0.526	0.00214	0.33
−78	−108	0.00056	0.737	0.00300	0.46
−76	−105	0.00077	1.01	0.00410	0.63
−74	−101	0.00105	1.38	0.00559	0.86
−72	−98	0.00143	1.88	0.00762	1.17
−70	−94	0.00194	2.55	0.104	1.58
−68	−90	0.00261	3.43	0.0140	2.13
−66	−87	0.00349	4.59	0.0187	2.84
−64	−83	0.00464	6.11	0.0248	3.79
−62	−80	0.00614	8.08	0.0328	5.01
−60	−76	0.00808	10.6	0.0430	6.59
−58	−72	0.0106	13.9	0.0565	8.63
−56	−69	0.0138	18.2	0.0735	11.3
−54	−65	0.0178	23.4	0.0948	14.5
−52	−62	0.0230	30.3	0.123	18.8
−50	−58	0.0295	38.8	0.157	24.1
−48	−54	0.0378	49.7	0.202	30.9
−46	−51	0.0481	63.3	0.257	39.3
−44	−47	0.0609	80.0	0.325	49.7
−42	−44	0.0768	101.0	0.410	62.7
−40	−40	0.0966	127.0	0.516	78.9
−38	−36	0.1209	159.0	0.644	98.6
−36	−33	0.1507	198.0	0.804	122.9
−34	−29	0.1873	246.0	1.00	152.0

露点		蒸气压（在冰/水平衡点）	体积比（在760mmHg下）	相对湿度（在70℉，21.11℃下）	重量比（在空气中）
℃	℉	mmHg	ppmv	%	ppmw
-32	-26	0.2318	305.0	1.24	189.0
-30	-22	0.2859	376.0	1.52	234.0
-28	-18	0.351	462.0	1.88	287.0
-26	-15	0.430	566.0	2.30	351.0
-24	-11	0.526	692.0	2.81	430.0
-22	-8	0.640	842.0	3.41	523.0
-20	-4	0.776	1020.0	4.13	633.0
-18	0	0.939	1240.0	5.00	770.0
-16	+3	1.132	1490.0	6.03	925.0
-14	+7	1.361	1790.0	7.25	1110.0
-12	+10	1.632	2150.0	8.69	1335.0
-10	+14	1.950	2570.0	10.4	1596.0
-8	+18	2.326	3060.0	12.4	1900.0
-6	+21	2.765	3640.0	14.7	2260.0
-4	+25	3.280	4320.0	17.5	2680.0
-2	+28	3.880	5100.0	20.7	3170.0
0	+32	4.579	6020.0	24.4	3640.0
+2	+36	5.294	6970.0	28.2	4330.0
+4	+39	6.101	8030.0	32.5	4990.0
+6	+43	7.013	9230.0	37.4	5730.0
+8	+46	8.045	10590.0	42.9	6580.0
+10	+50	9.209	12120.0	49.1	7530.0
+12	+54	10.52	13840.0	56.1	8600.0
+14	+57	11.99	15780.0	63.9	9800.0
+16	+61	13.63	17930.0	72.6	11140.0
+18	+64	15.48	20370.0	82.5	12650.0
+20	+68	17.54	23080.0	93.5	14330.0
+22	+72	19.83	26092.0	超过 100	16200.0
+24	+75	22.38	29447.0		18284.0
+26	+79	25.21	33171.0		20596.0
+28	+82	28.35	37303.0		23162.0
+30	+86	31.82	41868.0		25996.0
+32	+90	35.66	46921.0		29133.0
+34	+93	39.90	52500.0		32597.0
+36	+97	44.56	58632.0		36405.0
+38	+100	49.69	65382.0		40596.0
+40	+104	55.32	72789.0		45195.0
+42	+108	61.50	80921.0		50244.0
+44	+111	68.26	89816.0		55767.0
+46	+115	75.65	99539.0		61804.0
+48	+118	83.71	110145.0		68389.0
+50	+122	92.51	121724.0		75579.0
+52	+126	102.09	134329.0		83405.0
+54	+129	112.51	148039.0		91918.0
+56	+133	123.80	162895.0		101142.0
+58	+136	136.08	179053.0		111175.0
+60	+140	149.38	196553.0		122040.0

㉓ 浊度单位换算。浊度是用以表示水的混浊程度的单位。按照国际标准化组织 ISO 的定义，浊度是由于不溶性物质的存在而引起液体的透明度降低的一种量度。不溶性物质是指悬浮于水中的固体颗粒物（泥沙、腐殖质、浮游藻类等）和胶体颗粒物。

水的浊度表征水的光学性质，表示水中悬浮物和胶体物对光线透过时所产生的阻碍程度。浊度的大小不仅与水中悬浮物和胶体物的含量有关，而且与这些物质的颗粒大小、形状和表面对光的反射、散射等性能有关。因此，浊度与水中悬浮物和胶体物质的浓度之间并不存在一一对应的关系。

浊度的计量单位较多，常见的如下：

Formazine 浊度单位用 FTU 表示，FTU 是英文 Formazine Turbidity Units 的缩写，通常将其译为福马肼浊度单位。

FTU 是美国的标准浊度单位，也是国际标准化组织推荐使用的浊度单位之一。它是将一定比例的六次甲基四胺 $[(CH_2)_6N_4]$ 溶液和硫酸肼 $(N_2H_4 \cdot H_2SO_4)$ 溶液混合，配制成一种白色牛奶状悬浮物——福马肼，以此作为浊度标准液，测得的浊度称为福马肼浊度。由于它是人工合成的，在一定操作条件下均能获得良好的重现性。

光散射浊度单位用 NTU 表示，NTU 是英文 Nephelometric Turbidity Units 的缩写。

NTU 是采用 Formazine 浊度标准液校准 90° 角光散射式浊度计，经此校准后仪器测量结果的表示单位。NTU 是国际标准化组织 ISO7027《与入射光成 90° 角的光散射测量以及用福马肼进行的标定》中规定的浊度单位，也是目前国际上普遍使用的浊度单位。NTU 与 FTU 的数值相同，即 1NTU=1FTU。

目前，我国有关标准和规程中已采用 ISO7027 标准规定的 NTU 浊度单位，1NTU 称为 1 度（Unit）。

也有用 FNU（Formazine Nephelometric Units）表示光散射浊度单位的，其含义和数值与 NTU 完全相同。

光衰减浊度单位用 FAU 表示，FAU 是英文 Formazine Attenuated Units 的缩写。

FAU 是采用 Formazine 浊度标准液校准光衰减式浊度计，经此校准后仪器测量结果的表示单位。FAU 与 FTU 的数值相同，即 1FAU=1FTU。

以 1L 水中含有悬浮物的质量（mg）作为浊度单位，浊度基准物为精制高岭土或硅藻土，即将 1L 水中含有 1mg 精制高岭土或硅藻土时的浊度叫作 1 度或 1ppm。

高岭土是由 SiO_2（42%~46%）、Al_2O_3（37%~40%）、Fe_2O_3（0.5%~0.9%）等几种成分组成的粒土。由于高岭土的主要成分是 SiO_2，所以高岭土浊度单位有时也以 mg/L SiO_2 表示。

以前，我国和其他一些国家使用这种浊度单位，例如日本工业用水浊度标准（采用高岭土），德国 Kieselgur 浊度标准（采用硅藻土），我国生活饮用水标准（采用硅藻土）等。由于各国使用的高岭土、硅藻土基准物，其产地、成分、颗粒形状和粒径分布不同，光学特性有差异，浊度的可比性小。采用不同的高岭土、硅藻土作基准物，会导致标准值的偏差，严重时这种偏差可达 10%~20%。因此现在各国已普遍采用再现性和稳定性好的福马肼浊度标准液代替高岭土或硅藻土浊度标准液 D，用 FTU 代替 mg/L 浊度单位。

由于福马肼浊度标准液配制方面的限制，其最大浊度为 4000FTU，相当于高岭土浊度单位的 5000mg/L SiO_2。当被测液体（如污水和活性污泥）的浊度大于 4000FTU 时，目前仍以高岭土、硅藻土浊度单位 mg/L（或 g/L）表示。

高岭土、硅藻土浊度单位 mg/L 与福马肼浊度单位 FTU 之间不存在严格的对应关系，两者之间也无法进行换算，只存在一定条件下通过仪器测试比对求出的"相当于"关系。

应当注意，作为浊度单位的 mg/L 和作为浓度单位的 mg/L 是两个完全不同的概念，前者是光学单位，后者是质量含量单位，两者之间不存在数值上的相应或等同关系。浊度相同的悬浊液，其浓度可能完全不同；浓度相同的悬浊液，其浊度差异也往往相当大。

欧洲酿造业浊度单位用 EBC 表示，EBC 是英文 European Brewery Convention 的缩写。它是啤酒等酿造工业中普遍使用的浊度单位，以 Formazine 为浊度标准液，EBC 和 FTU 之间的换算关系为：1EBC= 4FTU。

美国酿造业浊度单位用 ASBC 表示，1ASBC=0.058FTU。

㉔ 温度换算公式见表 21-1-29。

表 21-1-29　温度换算公式

单位	对照单位	代入公式
摄氏度（℃）	华氏度（℉）	（℃ ×9/5）+32
摄氏度（℃）	开尔文度（K）	（℃ +273.16）
华氏度（℉）	摄氏度（℃）	（℉ -32）×5/9
华氏度（℉）	兰金温标度（R）	（℉ +495.69）

㉕ 动力黏度 η 与运动黏度 ν 的换算公式：

$$\nu=\eta/\rho$$

式中，ν 的单位为 cSt（mm^2/s）；η 的单位为 $10^{-3}Pa \cdot s$=1cP（g/m·s）；ρ 的单位为 g/cm^3。

21.1.3　用于构成十进倍数和分数单位的词头

用于构成十进倍数和分数单位的词头见表 21-1-30。

表 21-1-30　用于构成十进倍数和分数单位的词头

所表示的因数	词头名称	词头符号	所表示的因数	词头名称	词头符号
10^{24}	尧［它］	Y	10^{-1}	分	d
10^{21}	泽［它］	Z	10^{-2}	厘	c
10^{18}	艾［可萨］	E	10^{-3}	毫	m
10^{15}	拍［它］	P	10^{-6}	微	μ
10^{12}	太［拉］	T	10^{-9}	纳［诺］	n
10^{9}	吉［咖］	G	10^{-12}	皮［可］	p
10^{6}	兆	M	10^{-15}	飞［母托］	f
10^{3}	千	k	10^{-18}	阿［托］	a
10^{2}	百	h	10^{-21}	仄［普托］	z
10^{1}	十	da	10^{-24}	幺［科托］	y

21.1.4 国际单位制（SI）概述

a）国际单位制的构成

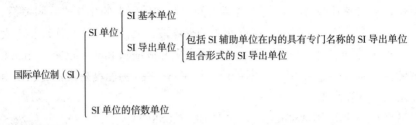

b）SI 单位

① SI 基本单位见表 21-1-31。

表 21-1-31 SI 基本单位

量的名称	单位名称	单位符号
长度	米	m
质量	千克（公斤）	kg
时间	秒	s
电流	安［培］	A
热力学温度	开［尔文］	K
物质的量	摩［尔］	mol
发光的量	坎［德拉］	cd

② 包括 SI 辅助单位在内的具有专门名称的 SI 导出单位见表 21-1-32。由于人类健康安全防护上的需要而确定的具有专门名称的 SI 导出单位见表 21-1-33。

表 21-1-32 包括 SI 辅助单位在内的具有专门名称的 SI 导出单位

量的名称	SI 导出单位		
	名称	符号	用 SI 基本单位和 SI 导出单位表示
［平面］角	弧度	rad	$1rad=1\ m/m=1$
立体角	球面度	sr	$1sr=1\ m^2/m^2=1$
频率	赫［兹］	Hz	$1\ Hz=1\ s^{-1}$
力	牛［顿］	N	$1\ N=1\ kg \cdot m/s^2$
压力，压强，应力	帕［斯卡］	Pa	$1\ Pa=1\ N/m^2$
能［量］，功，热量	焦［耳］	J	$1\ J=1\ N \cdot m$
功率，辐［射能］通量	瓦［特］	W	$1\ W=1\ J/s$
电荷［量］	库［仑］	C	$1\ C=1\ A \cdot s$
电压，电动势，电位，（电势）	伏［特］	V	$1\ V=1\ W/A$
电容	法［拉］	F	$1\ F=1\ C/V$
电阻	欧［姆］	Ω	$1\ \Omega=1\ V/A$
电导	西［门子］	S	$1\ S=1\ \Omega^{-1}$
磁通［量］	韦［伯］	Wb	$1\ Wb=1\ V \cdot s$

量的名称	SI 导出单位		
	名称	符号	用 SI 基本单位和 SI 导出单位表示
磁通［量］密度，磁感应强度	特［斯拉］	T	1 T=1 Wb/m²
电感	亨［利］	H	1 H=1 Wb/A
摄氏温度	摄氏度	℃	1 ℃ =1 K
光通量	流［明］	lm	1 lm=1 cd · sr
［光］照度	勒［克斯］	lx	1 lx=1 lm/m²

表 21-1-33 由于人类健康安全防护上的需要而确定的具有专门名称的 SI 导出单位

量的名称	SI 导出单位		
	名称	符号	用 SI 基本单位和 SI 导出单位表示
［放射性］活度	贝可［勒尔］	Bq	1 Bq=1 s⁻¹
吸收剂量 比授［予］能 比释动能	戈［瑞］	Gy	1 Gy=1 J/kg
剂量当量	希［沃特］	Sv	1 Sv=1 J/kg

③可与国际单位制并用的我国法定计量单位见表 21-1-34。

表 21-1-34 可与国际单位制单位并用的我国法定计量单位

量的名称	单位名称	单位符号	与 SI 的关系
时间	分	min	1 min=60 s
	［小］时	h	1 h=60 min=3 600s
	日，天	d	1 d=24 h=86 400s
［平面］角	度	°	1° = （π/180）rad
	［角］分	′	1′ = （1/60）° = （π/10 800）rad
	［角］秒	″	1″ = （1/60）′ = （π/64 800）rad
体积	升	L，（1）	1 L=1 dm³=10⁻³m³
质量	吨	t	1 t=1 10³ kg
	原子质量单位	u	1 u ≈ 1.660 540 × 10⁻²⁷ kg
旋转速度	转每分	r/min	1 r/min= （1/60）s⁻¹
长度	海里	n mile	1 n mile=1852 m （只用于航行）
速度	节	kn	1 kn=1 n mile/h= （1 852/3 600）m/s （只用于航行）
能	电子伏	eV	1 eV ≈ 1.602 177 × 10⁻¹⁹ J
级差	分贝	dB	
线密度	特［克斯］	tex	1 tex=10⁻⁶ kg/m
面积	公顷	Hm²	1 hm²=104 m²

注：1 平面角单位度、分、秒的符号，在组合单位中应采用（°）（′）（″）的形式。
  例如，不用° /s 而用（°）/s。
  2 升的符号中，小写字母 l 为备用符号。
  3 公顷的国际通用符号为 ha

21.2 元素周期表

元素周期表见表21-2-1。

表 21-2-1　元素周期表

	IA																	0
1	1H 氢 1.0079	IIA										IIIA	IVA	VA	VIA	VIIA		2 He 氦 4.0026
2	3 Li 锂 6.941	4 Be 铍 9.0122										5 B 硼 10.811	6 C 碳 12.011	7 N 氮 14.007	8 O 氧 15.999	9 F 氟 18.998	10 Ne 氖 20.17
3	11 Na 钠 22.9898	12 Mg 镁 24.305	IIIB	IVB	VB	VIB	VIIB	VIII			IB	IIB	13 Al 铝 26.982	14 Si 硅 28.085	15 P 磷 30.974	16 S 硫 32.06	17 Cl 氯 35.453	18 Ar 氩 39.94
4	19 K 钾 39.098	20 Ca 钙 40.08	21 Sc 钪 44.956	22 Ti 钛 47.9	23 V 钒 50.9415	24 Cr 铬 51.996	25 Mn 锰 54.938	26 Fe 铁 55.84	27Co 钴 58.9332	28 Ni 镍 58.69	29 Cu 铜 63.54	30 Zn 锌 65.38	31 Ga 镓 69.72	32 Ge 锗 72.59	33 As 砷 74.9216	34 Se 硒 78.9	35 Br 溴 79.904	36 Kr 氪 83.8
5	37 Rb 铷 85.467	38 Sr 锶 87.62	39 Y 钇 88.906	40 Zr 锆 91.22	41 Nb 铌 92.9064	42 Mo 钼 95.94	43 Tc 锝 99	44 Ru 钌 101.07	45 Rh 铑 102.906	46 Pd 钯 106.42	47 Ag 银 107.868	48 Cd 镉 112.41	49 In 铟 114.82	50 Sn 锡 118.6	51 Sb 锑 121.7	52 Te 碲 127.6	53 I 碘 126.905	54 Xe 氙 131.3
6	55 Cs 铯 132.905	56 Ba 钡 137.33	57–71 La–Lu 镧系	72 Hf 铪 178.4	73 Ta 钽 180.947	74 W 钨 183.8	75 Re 铼 186.207	76 Os 锇 190.2	77 Ir 铱 192.2	78 Pt 铂 195.08	79 Au 金 196.967	80 Hg 汞 200.5	81 Ti 铊 204.3	82 Pb 铅 207.2	83 Bi 铋 208.98	84 Po 钋 (209)	85 At 砹 (210)	86 Rn 氡 (222)
7	87 Fr 钫 (223)	88 Ra 镭 226.03	89–103 Ac–Lr 锕系	104 Rf 𬬻 (261)	105 Db (262)	106 Sg (266)	107 Bh (264)	108 Hs (269)	109 Mt (268)	110 Ds (271)	111 Rg (272)	112 Uub (285)	113 Uut (284)	114 Uuq (289)	115 Uup (288)	116 Uuh (292)	117 Uus	118 Uuo

21.3 基本物理常数的 SI 单位值

基本物理常数的 SI 单位值见表21-3-1。

表 21-3-1　基本物理常数的 SI 单位值

名称	符号	数值单位
真空中光速	c	2.99792458×10^8 m/s
真空磁导率	μ_0	$1.25663706 \times 10^{-6}$ H/m
真空电容率	ε_0	8.854187×10^{-12} m/s
普朗克常数	h	$6.62606896 \times 10^{-34}$ m/s
里德伯常数	R_∞	$1.09737315 \times 10^{7 m}-1$
基本电荷	e	$1.602176487 \times 10^{-19}$ C
电子质量	m_e	9.10938×10^{-31} kg
质子质量	m_p	$1.672621637 \times 10^{-27}$ kg
原子质量单位	u	$1.6605402 \times 10^{-27}$ kg
阿伏伽德罗常数	N_A	6.0221367×10^{23} mol^{-1}
法拉第常数	$F=e \cdot N_A$	9.6485309×10^4 C · mol^{-1}
玻尔兹曼常数	$k=R/N_A$	1.38065×10^{-23} J/K
斯蒂芬玻尔兹曼常数	σ	5.67051×10^{-8} W · m^{-2} · K-4
摩尔的气体常数	$R=N_A \cdot k$	8.31441 J · mol^{-1} · K^{-1}
水的冰点温度	T_0	273.15 K$=0$℃
标准大气压	p_0	1.01325×10^5 Pa

名称	符号	数值单位
完全气体的体积	$V_0 = R \cdot T_0 / P_0$	$2.241383 \times 10^{-2} \text{m}^3 \cdot \text{mol}^{-1}$
万有引力常数	G	$6.672 \times 10^{-11} \text{N} \cdot \text{m}^2 \text{mol}^{-1}$
自由落体加速度	g	9.80665m/s^2

21.4　主要公式

21.4.1　数学公式

微分、积分公式见表 21-4-1。

表 21-4-1　微分、积分公式

微分		积分	
$f(x)$	$f'(x)$	$f(x)$	$\int f(x)\,dx$
x^a	ax^{a-1}	x^m	$\dfrac{x^{m+1}}{m+1}$
e^x	e^x	$\dfrac{1}{x \pm a}$	$\log(xa)$
a^x	$a^x \log a$	$\sin ax$	$-1/a \cos ax$
$\log x$	$1/x$	$\cos ax$	$1/a \sin ax$
$\log_a x$	$1/x \log a$	$\tan ax$	$-1/a \log \cos ax$
$\sin x$	$\cos x$	e^x	e^x
$\cos x$	$-\sin x$	a^x	$a^x / \log a$

21.4.2　物理化学公式

a）伯努利方程

$$H = \frac{p}{\rho g} + \frac{v^2}{2g} + h$$

式中　ρ——密度，kg/m^3；

　　　v——流速，m/s；

　　　g——重力加速度，m/s^2。

b）管内速度分布

①层流：

$$u = -\frac{\Delta p}{4\mu L}(R^2 - r^2)$$

$$u_{\max} = \frac{\Delta p R^2}{4\mu L} = 2u$$

式中　Δp——差压；

r——半径，m；

R——管半径，m；

u——平均速度，m/s；

u_{max}——最大速度，m/s；

L——管长，m；

μ——液体黏度，kg/ms。

②湍流：

$$u = u_{max}\left(\frac{R-r}{R}\right)^{1/m}$$

平滑管场合和粗面管场合分别见表 21-4-2 和表 21-4-3。

表 21-4-2　平滑管场合

Re	4×10^3	$10^4\sim3\times10^4$	1.2×10^5	3.5×10^5	3×10^6
m	6	7	8	9	10

表 21-4-3　粗面管场合

ε/R	9.85×10^{-4}	1.98×10^{-3}	3.97×10^{-3}	8.34×10^{-3}	1.25×10^{-2}	3.33×10^{-2}
Re	9.7×10^5	6.2×10^5	9.6×10^5	6.8×10^5	6.4×10^5	4.3×10^5
m	7.5	6.8	6.25	5.5	4.8	4.2

注：ε：绝对粗糙程度，ε/R：绝对粗糙程度。

c）理想气体状态方程

$$pV=nRT$$

式中　R——气体常量，$R=8.3144$J/（mol·K）；

p——理想气体压强，Pa；

V——气体体积，m^3；

T——热力学温度，K。

4）电动势

$$E=Blv$$

式中　E——电动势，V；

B——磁密度，Wb/m^3；

v——导体的速度，m/s（垂直方向）；

l——长度，m。

🕐 21.5　物性参数

21.5.1　常见气体的物性参数

常见气体的物理性质参数见表 21-5-1。

表 21-5-1　气体的物理性质

名称	分子式	相对分子质量	密度 ρ_d/(kg/m³)(20℃ 101.325kPa)	理想相对密度 G_i(20℃, 101.325kPa, 空气=1)	压缩系数 Z_e(20℃, 101.325 kPa)	比热容比 κ(20℃, 101.325 kPa)	沸点 T_b/K 101.325 kPa	临界点 温度 T_c/K	压力 p_c/MPa	密度 ρ_c/(kg/m³)	压缩系数 Z_c	偏心因子 ω
空气（干）		28.9626	1.2041	1.0000	0.99963	1.4[①]	78.8	132.42	3.766	317	0.312	
氮	N_2	28.0135	1.1646	0.9672	0.9997	1.4[①]	77.35	126.2	3.393	312	0.290	0.039
氧	O_2	31.9988	1.3302	1.1048	0.9993	1.397[①]	90.17	154.78	5.043	426.2	0.288	0.025
氦	He	4.0026	0.1664	0.1382	1.0005	1.66	4.215	5.19	0.227	69.9	0.301	−0.365
氢	H_2	2.0159	0.0838	0.0696	1.0006	1.412[①]	20.38	32.2	1.297	31.04	0.305	−0.218
氪	Kr	83.80	3.4835	2.893		1.67	119.79	209.4	5.502	909	0.288	0.005
氙	Xe	131.30	5.4582	4.533		1.666	165.02	289.75	5.874	1105	0.287	0.008
氖	Ne	20.183	0.83914	0.6969	1.0005	1.68	27.09	44.4	2.726	483	0.311	−0.029
氩	Ar	39.948	1.6605	1.379	0.9993	1.68	87.291	150.7	4.864	535	0.291	0.001
甲烷	CH_4	16.043	0.6669	0.5539	0.9981	1.315[①]	111.6	190.555	4.5998	161.55	0.288	0.0115
乙烷	C_2H_6	30.07	1.2500	1.0382	0.9920	1.18[①]	184.6	305.83	4.880	202.9	0.285	0.0908
丙烷	C_3H_8	44.097	1.8332	1.5224	0.9834	1.13[①]	231.05	369.82	4.250	216.6	0.281	0.1454
正丁烷	C_4H_{10}	58.124	2.4163	2.0067	0.9682	1.10[①]	272.65	425.14	3.784	227.7	0.274	0.1928
异丁烷	C_4H_{10}	58.124	24.163	2.0067		1.11[①]	261.45	408.15	3.648	220.5	0.283	0.176
正戊烷	C_5H_{12}	72.151	2.9994	2.4910	0.9474	1.07[①]	309.25	469.69	3.364	237.9	0.262	0.2510
乙烯	C_2H_4	28.054	1.1660	0.9686	0.9940	1.22[①]	169.45	283.35	5.042	227	0.276	0.0856
丙烯	C_3H_6	42.081	1.7495	1.4529	0.985	1.15[①]	225.45	364.85	4.611	232.7	0.275	0.1477
丁烯-1	C_4H_8	56.108	2.3326	1.9373	0.972	1.11[①]	266.85	419.53	4.023	233.4	0.277	0.1874
顺丁烯-2	C_4H_8	56.108	2.3327	1.9373	0.969	1.1214[①]	276.85	433.15	4.20	198.9	0.272	0.202
反丁烯	C_4H_8	56.108	2.3327	1.9373	0.969	1.1073[①]	274.05	428.15	3.99	234.7	0.266	0.205
异丁烯	C_4H_8	56.108	2.3327	1.9373	0.972	1.1058[①]	266.25	417.85	3.998	234	0.275	0.194
乙炔	C_2H_2	26.038	1.083	0.8990	0.993	1.24	189.13（升华）	309.15	6.247	231	0.270	0.190
苯	C_6H_6	28.0106	1.165	0.9671	0.9996	1.395	81.65	132.85	3.494	300.4	0.295	0.053
二氧化碳	CO_2	44.00995	1.829	1.519	0.9946	1.295	194.75（升华）	304.20	7.382	468.1	0.274	0.239
一氧化氮	NO	30.0061	1.2474	1.036		1.4	121.45	179.15	6.482	52	0.250	0.588
二氧化氮	NO_2	46.0055	1.9121	1.588		1.31	294.35	431.35	10.13	570	0.473	0.834
一氧化二氮	N_2O	44.0128	1.8302	1.520		1.274	184.69	309.71	7.267	457	0.274	0.165
硫化氢	H_2S	34.07994	1.4169	1.1767	0.9911	1.32	212.85	373.2	8.940	338.5	0.284	0.109
氢氰酸	HCN	27.0258	1.1235	0.9331		1.31（65℃）	298.85	456.65	5.374	200		
氧硫化碳	COS	60.0746	2.4973	2.074			222.95	378.15	6.178		0.275	0.105

续表

名称	分子式	相对分子质量	密度 $\rho_r/(kg/m^3)$ (20℃ 101.325kPa)	理想相对密度 G_i(20℃, 101.325kPa, 空气=1)	压缩系数 Z_n(20℃, 101.325 kPa)	比热容比 κ(20℃, 101.325 kPa)	沸点 T_b/K 101.325 kPa	临界点 温度 T_c/K	临界点 压力 $p_c/$ MPa	临界点 密度 $\rho_c/$ (kg/m^3)	临界点 压缩系数 Z_c	偏心因子 ω
臭氧	O_3	47.9982	1.9952	1.657			181.2	261.05	5.57	537	0.228	0.691
二氧化硫	SO_2	64.0628	2.726	2.212	0.980	1.25	263.15	430.65	7.885	524	0.269	0.251
氟	F_2	37.9968	1.5798	1.312		1.358	85.03	172.15	5.570	473		0.048
氯	Cl_2	70.906	2.9476	2.448		1.35	238.55	417.15	7.708	573	0.285	0.090
氯甲烷	CH_2Cl	50.488	2.0990	1.7432		1.28	249.39	416.15	6.678	353	0.269	0.156
氯乙烷	C_2H_5Cl	64.515	2.6821	2.2275		1.19 (16℃, 0.3~0.5atm)	285.45	455.95	5.266	330	0.274	0.190
氨	NH_3	17.0306	0.7080	0.5880	0.989	1.32	239.75	405.65	11.28	235		0.250
氟利昂-11	CCl_3F	137.3686	5.7110	4.7430		1.135	296.95	471.15	4.374	554	0.297	0.189
氟利昂-12	CCl_2F_2	120.914	5.0269	4.1748		1.138	243.35	385.15	3.923	558	0.280	0.204
氟利昂-13	$CClF_3$	104.4594	4.3428	3.6067		1.150 (10℃)	191.75	302.05	3.864	578	0.278	0.198
氟利昂-113	CCl_2FCClF_2	187.3765	7.7900	6.4696			320.75	487.25	3.413	576		

21.5.2 常见液体的物性参数

常见液体的物性参数见表21-5-2。

表21-5-2 液体的物理性质

名称	分子式	相对分子质量	密度 $\rho_{20}/(kg/m^3)$ 20℃	沸点 $t_b/℃$ 101.325 kPa	临界点 温度 $t_c/℃$	临界点 压力 $p_c/$ MPa	临界点 密度 $\rho_c/$ (kg/m^3)	体胀系数 $\alpha_V \times 10^5/℃^{-1}$
水	H_2O	18.0	998.3	100.00	374.15	22.129	317	18
水银	Hg	200.6	13545.7	356.95	1460	10.55	5000	18.1
溴	Br_2	159.8	3120	58.8	311	10.336	1180	113
硫酸	H_2SO_4	98.1	1834	340 分解				57
硝酸	HNO_3	63.0	1512	86.0				124
盐酸(30%)	HCl	36.47	1149.3					
环丁	$C_4H_8SO_2$	120	1261(30℃)	285				
丙酮	CH_3COCH_5	58.08	791	56.2	235	4.766	268	143

名称	分子式	相对分子质量	密度 $\rho_{20}/(kg/m^3)$ 20℃	沸点 t_b/℃ 101.325 kPa	临界点			体胀系数 $\alpha_V \times 10^5/℃^{-1}$
					温度 t_c/℃	压力 p_c/MPa	密度 ρ_c/(kg/m³)	
甲乙酮	$CH_3COC_2H_5$	72.11	803	79.6	260	3.874		
酚	C_6H_5OH	94.1	1050（50℃）	181.8	419	6.139		
二硫化碳	CS_2	76.13	1262	46.3	277.7	7.404	440	119
乙醇胺	$NH_2CH_2CH_2OH$	61.1		170.5				
甲醇	CH_3OH	32.04	791.3	64.7	240	7.973	272	119
乙醇	C_2H_5OH	46.07	789.2	78.3	243.1	6.315	275.5	110
乙二醇	$C_2H_4(OH)_2$	62.1	1113	197.6				
正丙醇	$CH_3CH_2CH_2OH$	60.10	804.4	97.2	264.8	5.080	273	98
异丙醇	$CH_3CHOHCH_3$	60.10	785.1	82.2	273.5	5.384	274	
正丁醇	$CH_3CH_2CH_2CH_2OH$	74.12	809.6	117.8	287.1	4.923		
乙腈	CH_3CN	41	783	81.6	274.7	4.835	240	
正戊醇	$CH_3CH_2CH_2CH_2CH_2OH$	88.15	813.0	138.0	315.0			88
乙醛	CH_3CHO	44.05	783	20.2	188.0			
丙醛	CH_3CH_2CHO	58.08	808	48.9				
环己酮	$C_6H_{10}O$	98.15	946.6	155.7				
二乙醚	$(C_2H_5)_2O$	74.12	714	34.6	194.7	3.677	264	162
甘油	$C_3H_5(OH)_3$	92.09	1261.3	290 分解				50
邻甲酚	$C_6H_4OHCH_3$	108.14	1020（50℃）	191.0	422.3	5.011		
间甲酚	$C_6H_4OHCH_3$	108.14	1034.1	202.2	432.0	4.560		
对甲酚	$C_6H_4OHCH_3$	108.14	1011（50℃）	202.0	426.0	5.158		
甲酸甲酯	CH_3OOCH	60.05	975	31.8	212.0	5.992	349	124
醋酸甲酯	CH_3OOCCH_3	74.08	934	57.1	235.8	4.697		
丙酸甲酯	$CH_3OOCC_2H_5$	88.11	915	79.7	261.0	4.001		
甲酸	$HCOOH$	46.03	1220	100.7				102
乙酸	CH_3COOH	60.05	1049	118.1	321.5	5.786		
丙酸	C_2H_5COOH	74.08	993	141.3	339.5	5.305	320	
苯胺	$C_6H_3NH_2$	93.13	1021.7	184.4	425.7	5.305	340	
丙腈	C_3H_5N	55.08	781.8	97.2	291.2	4.197		
丁腈	C_4H_7N	69.11	790	117.6	309.1	3.785		
噻吩	$(CH)_2S(CH)_2$	84.14	1065	84.1	317.3	4.835		

名称	分子式	相对分子质量	密度 ρ_{20}/(kg/m³) 20℃	沸点 t_b/℃ 101.325 kPa	临界点 温度 t_c/℃	临界点 压力 p_c/MPa	临界点 密度 ρ_c/(kg/m³)	体胀系数 $\alpha_V \times 10^5$/℃⁻¹
二氯甲烷	CH_2Cl	84.93	1325.5	40.2	237.5	6.168		
氯仿	$CHCl_3$	119.38	1490	61.2	260.0	5.452	496	128
四氯化碳	CCl_4	153.82	1594	76.8	283.2	4.560	558	122
邻二甲苯	C_8H_{10}	106.16	880	144	358.4	3.736		97
间二甲苯	C_8H_{10}	106.16	864	139.2	346	3.648		99
对二甲苯	C_8H_{10}	106.16	861	138.4	345	3.540		102
甲苯	C_7H8	92.1	866	110.7	320.6	4.217	290	108
邻氯甲烷	C_7H_7Cl	126.6	1081	159				89
间氯甲烷	C_7H_7Cl	126.6	1072	162.2				
环己烷	C_6H_{12}	84.1	778	80.8	280	4.050	273	120
己烷	C_6H_{14}	86.2	660	68.73	234.7	3.030	234	135
庚烷	C_7H_{16}	100.2	684	98.4	267.0	2.736	235	124
辛烷	C_8H_{18}	114.2	702	125.7	296.7	2.491	233	114

21.5.3　固体物料的物性参数

固体物料的物性参数见表 21-5-3。

表 21-5-3　固体的物性参数

材料名称	密度 ρ/(kg/m³)	温度 t/℃	热导率 λ/[kcal/(m·h·℃)]	比热容 c/[kcal/(kg·℃)]	热扩散率[①] $\times 10^3$/(m²/h)
绝热材料、建筑材料及其他材料					
铝箔	20	50	0.040		
石棉板	770	30	0.10	0.195	0.712
石棉纤维	470	50	0.095	0.195	1.04
地沥青	2110	20	0.60	0.50	0.57
混凝土	2300	20	1.10	0.27	1.77
羊毛毡	300	30	0.045	—	
石膏	1650	—	0.25		
耐火生黏土	1845	450	0.89	0.26	1.85
砾石（鹅卵石）	1840	20	0.31	—	
香木	128	30	0.045	—	
垂直于纤维的槲材	800	20	0.178	0.42	0.53

材料名称	密度 ρ/（kg/m³）	温度 t/℃	热导率 λ/［kcal/（m·h·℃）］	比热容 c/［kcal/（kg·℃）］	热扩散率[①] ×10³/（m²/h）
平行于纤维的槭材	800	20	0.312	—	—
垂直于纤维的松材	448	20	0.092	—	—
平行于纤维的松材	448	20	0.22	—	—
石炭	1400	20	0.16	0.312	0.37
纸纹板（鸡毛纸）	—	—	0.055	—	—
垂直于轴心线的晶形石英	2500~2800	0	6.2	0.2	12.6
平行于轴心线的晶形石英	2500~2800	0	11.7	—	—
绝热砖	550	100	0.12	—	—
营造砖（建筑用砖）	800~1500	20	0.20~0.25	—	—
硅砖	1000	—	9.7	0.162	6.0
硬砖（熔块硬砖）	1400	30	0.14	0.34	0.41
皮革	1000	30	0.137	—	—
焦炭粉	449	100	0.164	0.29	0.126
灯烟炱	190	40	0.027	—	—
冰	920	0	1.935	0.54	3.89
冰	—	−95	3.40	0.28	—
油布	1180	20	0.16	—	—
85% 苦土粉	216	100	0.058	—	—
白垩	2000	50	0.80	0.21	1.91
矿物油棉	200	50	0.04	0.22	1.91
大理石	2700	90	1.12	0.10	4.15
汽锅水锈（水垢）	—	65	1.13~2.70	—	—
锯木屑	200	20	0.060	—	—
石蜡	920	20	0.23	—	—
干砂	1500	20	0.28	0.19	9.85
湿砂	1650	20	0.97	0.50	1.77
硅酸盐水泥	1900	30	0.26	0.27	0.506
软木板	190	30	0.036	0.45	0.42
粒状软木	45	20	0.033	—	—
橡胶	1200	0	0.14	0.33	0.353
砂糖	1600	0	0.50	0.30	1.0
云母	290	—	0.5	0.21	82.0
页岩（板石）	2800	100	1.28	—	—

材料名称	密度 ρ/（kg/m³）	温度 t/℃	热导率 λ/［kcal/（m·h·℃）］	比热容 c/［kcal/（kg·℃）］	热扩散率[①] ×10³/（m²/h）
雪	560	–	0.40	0.50	1.43
石棉白云石	450	100	0.084	—	—
玻璃	2500	20	0.64	0.16	1.6
玻璃棉	200	0	0.032	0.16	1.0
泥煤板	220	50	0.055	—	—
瓷器	2400	95	0.89	0.26	1.43
瓷器	2400	1055	1.69	—	—
纤维板	240	20	0.042	—	—
矿渣混凝土块	2150	—	0.80	0.21	1.78
矿渣棉	250	100	0.06	—	—
灰泥（灰浆粉刷）	1680	20	0.67	—	—
赛璐珞	1400	30	0.18	—	—
花岗岩	2500~2800	—	2.8	0.22	—
石灰岩	1700~2400	—	0.5~1.2	0.22	—
石灰质凝灰岩	1300	—	0.24	0.22	—
散粒材料					
黏土	1600~1800	—	0.4~0.46	0.18	—
锅炉煤渣	700~1100	20	0.16~0.26	—	—
石灰砂浆	1600~1800	—	0.38~0.48	0.20	—
木材					
松木	500~600	50	0.06~0.09	0.65	—
柞木	700~900	—	0.1~0.13	0.26	—
软木	100~300	—	0.035~0.055	0.23	—
树脂木屑板	300	—	0.1	0.45	—
胶合板	600	—	0.15	0.60	—
塑料及其他					
酚醛	1250		0.112~0.22	0.3~0.4	
脲醛	1400		0.26	0.3~0.4	
三聚氰胺甲醛	1460		0.23	0.3~0.4	
苯胺-甲醛	1220		0.09	0.25~0.3	
有机硅聚合物	1260			0.44	
聚氨基甲酸酯	1210		0.27	0.5	

材料名称	密度 $\rho/$ (kg/m^3)	温度 $t/℃$	热导率 $\lambda/$ [kcal/ ($m·h·℃$)]	比热容 $c/$ [kcal/ ($kg·℃$)]	热扩散率[①] $×10^3/$ (m^2/h)
聚酰胺	1130		0.27	0.46	
聚酯	1200		0.16	0.39	
聚醋酸乙烯	1200		0.14	0.24	
聚甲醛	1420		0.14	0.42	
聚氯乙烯	1380		0.14	0.44	
聚苯乙烯	1050		0.07	0.32	
聚乙烯醇甲醛	1260		0.16	0.28	
聚甲基丙烯酸甲酯	1180		0.17	0.35	
聚三氟氯乙烯	2090		0.22	0.25	
低压聚乙烯	940		0.25	0.61	
中压聚乙烯	920		0.22	0.53	
聚四氟乙烯	2100		0.21	0.25	
增韧聚苯乙烯	1080		0.12	0.46	
聚碳酸酯	1200		0.14	0.41	
有机玻璃	1180		0.12	0.16	
金属					
铝	2670	0	175.0	0.22	328.0
青铜	8000	20	55.0	0.091	75.0
黄铜	8600	0	73.5	0.090	95.0
铜	8800	0	330.0	0.091	412.0
镍	9000	20	50.0	0.11	50.5
锡	7230	0	55.0	0.054	141.0
汞	13600	0	7.5	0.033	16.7
铅	11400	0	30.0	0.031	85.0
银	10500	0	394.0	0.056	670.0
钢	7900	20	39.0	0.11	45.0
锌	7000	20	100.0	0.094	152.0
铸铁	7220	20	54.0	0.12	62.5

①又称热扩散系数。

注：1kcal/ ($m·h·℃$) =1.163W/ ($m·K$)；1kcal/ ($kg·℃$) =4186.8J/ ($kg·K$)。

21.5.4　空气的物性参数

空气的物性参数见表 21-5-4。

表 21-5-4　干空气的物性参数（ p=760mmHg ）

温度 t/℃	密度 ρ/（kg/m³）	比热容 c/［kcal/（kg·℃）］	热导率 λ×10² /［kcal/（m·h·℃）］	热扩散率 α×10² /（m²/h）	黏度 μ×10⁶ /［（kgf·s）/m²］	运动黏度 v×10⁶ /（m²/s）	普朗特数 Pr
−180	3.685	0.250	0.65	0.705	0.66	1.76	0.900
−150	2.817	0.248	1.00	1.45	0.89	3.10	0.770
−100	1.984	0.244	1.39	2.88	1.20	5.94	0.742
−50	1.534	0.242	1.75	4.73	1.49	9.54	0.726
−20	1.365	0.241	1.94	5.94	1.66	11.93	0.724
0	1.252	0.241	2.04	6.75	1.75	13.70	0.723
10	1.206	0.241	2.11	7.24	1.81	14.70	0.722
20	1.164	0.242	2.17	7.66	1.86	15.70	0.722
30	1.127	0.242	2.22	8.14	1.91	16.61	0.722
40	1.092	0.242	2.28	8.65	1.96	17.60	0.722
50	1.056	0.243	2.34	9.14	2.00	18.60	0.722
60	1.025	0.243	2.41	9.65	2.05	19.60	0.722
70	0.996	0.243	2.46	10.18	2.08	20.45	0.722
80	0.968	0.244	2.52	10.65	2.14	21.70	0.722
90	0.942	0.244	2.58	11.25	2.20	22.90	0.722
100	0.916	0.244	2.64	11.80	2.22	23.78	0.722
120	0.870	0.245	2.75	12.90	2.32	26.20	0.722
140	0.827	0.245	2.86	14.10	2.40	28.45	0.722
160	0.789	0.246	2.96	15.25	2.46	30.60	0.722
180	0.755	0.247	3.07	16.50	2.55	33.17	0.722
200	0.723	0.247	3.18	17.80	2.64	35.82	0.722
250	0.653	0.247	3.18	17.80	2.64	35.82	0.722
300	0.596	0.249	3.42	21.2	2.85	42.8	0.722
350	0.549	0.250	3.69	24.8	3.03	49.9	0.722
400	0.508	0.252	3.93	28.4	3.21	57.5	0.722
500	0.450	0.253	4.17	32.4	3.36	64.9	0.722
600	0.400	0.256	4.64	40.0	3.69	80.4	0.722
800	0.325	0.260	5.00	49.1	4.00	98.1	0.723
1.000	0.268	0.266	5.75	68.0	4.54	137.0	0.725
1.200	0.238	0.272	6.55	89.9	5.05	185.0	0.727
1.400	0.204	0.278	7.27	113.0	5.50	232.5	0.730
1.600	0.182	0.284	8.00	138.0	5.89	282.5	0.736
1.800	0.165	0.291	8.70	165.0	6.28	338.0	0.740
		0.297	9.40	192.0	6.68	397.0	0.744

注：1kcal/（kg·℃）= 4186.8J/（kg·K）；1kcal/（m·h·K）=1.163W/（m·K）

1（kgf·s）/m²=9.80665Pa·s ；1mmHg=133.322Pa

21.5.5　水的物性参数

1）饱和水的物性参数

饱和水的物性参数见表21-5-5。

表21-5-5　饱和水的物性参数

温度 t/℃	压力 p/ata	密度 ρ/ (kg/m³)	比焓 i/ (kcal/kg)	比热容 c_p/ [kcal/ (kg·℃)]	热导率 $\lambda \times 10^2$/ [kcal/ (m·h·℃)]	热扩散率 $\alpha \times 10^4$/ [kcal/ (m²/h)]	黏度 $\mu \times 10^6$/ [(kgf·s) /m²]	运动黏度 $v \times 10^6$/ (m²/s)	体积膨胀系数 $\beta \times 10^4$/ ℃⁻¹	表面张力 $\sigma \times 10^4$/ (kgf/m)	普朗特数 Pr
0	1.03	999.9	0	1.006	47.4	4.71	182.3	1.789	−0.63	77.1	13.67
10	1.03	999.7	10.04	1.001	49.4	4.94	133.1	1.306	+0.70	75.6	9.52
20	1.03	998.2	20.04	0.999	51.5	5.16	102.4	1.006	1.82	74.1	7.02
30	1.03	995.7	30.02	0.997	53.1	5.35	81.7	0.805	3.21	72.6	5.42
40	1.03	992.2	40.01	0.997	54.5	5.51	66.6	0.659	3.87	71.0	4.31
50	1.03	988.1	49.99	0.997	55.7	5.65	56.0	0.556	4.49	69.0	3.54
60	1.03	983.2	59.98	0.998	56.7	5.78	47.9	0.478	5.11	67.5	2.98
70	1.03	977.8	69.98	1.000	57.4	5.87	41.4	0.415	5.70	65.6	2.55
80	1.03	971.8	80.00	1.002	58.0	5.96	36.2	0.365	6.32	63.8	2.21
90	1.03	965.3	90.04	1.005	58.5	6.03	32.1	0.326	6.95	61.9	1.95
100	1.03	958.4	100.10	1.008	58.7	6.08	28.8	0.295	7.52	60.0	1.75
110	1.46	951.0	110.19	1.011	58.9	6.13	26.4	0.272	8.08	58.0	1.60
120	2.03	943.1	120.3	1.015	59.0	6.16	24.2	0.252	8.64	55.9	1.47
130	2.75	934.8	130.5	1.019	59.0	6.19	22.2	0.233	9.19	53.9	1.36
140	3.69	926.1	140.7	1.024	58.9	6.21	20.5	0.217	9.72	51.7	1.26
150	4.85	917.0	151.0	1.030	58.8	6.22	19.0	0.203	10.3	49.6	1.17
160	6.30	907.4	161.3	1.038	58.7	6.23	17.7	0.191	10.7	47.5	1.10
170	8.08	897.3	171.8	1.046	58.4	6.22	16.6	0.181	11.3	45.2	1.05
180	10.23	886.9	182.3	1.055	58.0	6.20	15.6	0.173	11.9	43.1	1.00
190	12.80	876.0	192.9	1.065	57.6	6.17	14.7	0.165	12.6	40.8	0.96
200	15.86	863.0	203.6	1.076	57.0	6.14	13.9	0.158	13.3	38.4	0.93
210	19.46	852.8	214.4	1.088	56.3	6.07	13.3	0.153	14.1	36.1	0.91
220	23.66	840.3	225.4	1.102	55.5	5.99	12.7	0.148	14.8	33.8	0.89
230	28.53	827.3	236.5	1.118	54.8	5.92	12.2	0.145	15.9	31.6	0.88
240	34.14	813.6	247.8	1.136	54.0	5.84	11.7	0.141	16.8	29.1	0.87
250	40.56	799.0	259.3	1.157	53.1	5.74	11.2	0.137	18.1	26.7	0.86
260	47.87	784.0	271.1	1.182	52.0	5.61	10.8	0.135	19.7	24.2	0.87
270	56.14	767.9	283.1	1.211	50.7	5.45	10.4	0.133	21.6	21.9	0.88
280	65.46	750.7	295.4	1.249	49.4	5.27	10.0	0.131	23.7	19.5	0.90
290	75.92	732.3	308.1	1.310	48.0	5.00	9.6	0.129	26.2	17.2	0.93
300	87.61	712.5	321.2	1.370	46.4	4.75	9.3	0.128	29.2	14.7	0.97
310	100.64	691.1	334.9	1.450	45.0	4.49	9.0	0.128	32.9	12.3	1.03
320	115.12	667.1	349.2	1.570	43.5	4.15	8.7	0.128	38.2	10.0	1.11
330	131.18	640.2	364.5	1.73	41.6	3.76	8.3	0.127	43.3	7.82	1.22
340	148.96	610.1	380.9	1.95	39.3	3.30	7.9	0.127	53.4	5.78	1.39
350	168.63	574.4	399.2	2.27	37.0	2.84	7.4	0.126	66.8	3.89	1.60
360	190.42	528.0	420.7	3.34	34.0	1.93	6.8	0.126	109	2.06	2.35
370	214.68	450.5	452.0	9.63	29.0	0.668	5.8	0.126	264	0.48	6.79

注：1mmHg=133.322Pa，1kcal/kg=4186.8J/kg，1kcal/（kg·℃）=4186.8J/（kg·K），1kcal/（m·h·℃）=1.163W/（m·K），1（kgf·s）/m²=9.8066N/m。

2）饱和水蒸气的物性参数

饱和水蒸气的物性参数见表21-5-6。

表21-5-6 饱和水蒸气的物性参数

温度 t /℃	压力 p /ata	密度 ρ /（kg/m³）	比焓 i /（kcal/kg）	汽化热 γ /（kcal/kg）	比热容 c_p /[kcal/（kg·℃）]	热导率 $\lambda \times 10^2$ /[kcal/（m·h·℃）]	热扩散率 $\alpha \times 10^4$ /（m²/h）	黏度 $\mu \times 10^6$ /[（kgf·s）/m²]	运动黏度 $v \times 10^6$ /（m²/s）	普朗特数 Pr
100	1.03	0.598	639.1	539.0	0.510	2.04	66.9	1.22	20.02	1.08
110	1.46	0.826	642.8	532.6	0.520	2.14	49.8	1.27	15.07	1.09
120	2.02	1.121	646.4	526.1	0.527	2.23	37.8	1.31	11.46	1.09
130	2.75	1.496	649.8	519.3	0.539	2.31	28.7	1.35	8.85	1.11
140	3.69	1.966	653.0	512.3	0.553	2.40	22.07	1.38	6.89	1.12
150	4.85	2.547	656.0	505.0	0.572	2.48	17.02	1.42	5.47	1.16
160	6.30	3.258	658.7	497.4	0.592	2.59	13.40	1.46	4.39	1.18
170	8.08	4.122	661.3	489.5	0.617	2.69	10.58	1.50	3.57	1.21
180	10.23	5.157	663.6	481.3	0.647	2.81	8.42	1.54	2.93	1.25
190	12.80	6.394	665.5	472.6	0.682	2.94	6.74	1.59	2.44	1.30
200	15.86	7.862	667.1	463.5	0.722	3.05	5.37	1.63	2.03	1.36
210	19.46	9.588	668.3	453.9	0.764	3.20	4.37	1.67	1.71	1.41
220	23.66	11.62	669.1	443.7	0.814	3.35	3.54	1.72	1.45	1.47
230	28.53	13.99	669.5	433.0	0.868	3.52	2.90	1.77	1.24	1.54
240	34.14	16.76	669.5	421.7	0.927	3.69	2.37	1.81	1.06	1.61
250	40.56	19.98	669.0	409.8	0.993	3.88	1.96	1.86	0.913	1.68
260	47.87	23.72	667.9	396.8	1.067	4.13	1.63	1.92	0.794	1.75
270	56.14	28.09	666.3	383.2	1.15	4.39	1.36	1.97	0.688	1.82
280	65.46	33.19	663.9	368.5	1.25	4.72	1.14	2.03	0.600	1.90
290	75.92	39.15	660.7	352.6	1.36	5.01	0.941	2.10	0.526	2.01
300	87.61	46.21	656.6	335.4	1.50	5.39	0.778	2.19	0.461	2.13
310	100.64	54.58	651.4	316.5	1.70	5.88	0.634	2.24	0.403	2.29
320	115.12	64.72	644.9	295.7	1.96	6.46	0.509	2.33	0.353	2.50
330	131.18	77.10	636.7	272.2	2.36	7.10	0.390	2.44	0.310	2.86
340	148.96	92.76	626.2	245.3	2.95	8.00	0.292	2.57	0.272	3.35
350	168.63	113.6	612.5	213.3	3.88	9.20	0.209	2.71	0.234	4.03
360	190.42	144.0	592.6	171.9	5.50	11.0	0.139	2.97	0.202	5.23
370	214.68	203.0	556.7	104.7	13.50	14.7	0.054	3.44	0.166	11.10

注：1mmHg=133.322Pa，1kcal/kg=4186.8J/kg，1kcal/（kg·℃）=4186.8J/（kg·K），1kcal/（m·h·℃）=1.163W/（m·K），1（kgf·s）/m²=9.8066Pa·s。

3）饱和水蒸气的蒸气压（-20~100℃）

饱和水蒸气的蒸气压（-20~100℃）见表 21-5-7。

表 21-5-7　饱和水蒸气的蒸汽压

温度 $t/℃$	蒸气压 $p/$ mmHg	温度 $t/℃$	蒸气压 $p/$ mmHg	温度 $t/℃$	蒸气压 $p/$ mmHg	温度 $t/℃$	蒸汽压 $p/$ mmHg	温度 $t/℃$	蒸气压 $p/$ mmHg
-20	0.772	5	6.54	30	31.82	55	118.0	80	355.1
-19	0.850	6	7.01	31	33.70	56	123.8	81	369.7
-18	0.935	7	7.51	32	35.66	57	129.8	82	384.9
-17	1.027	8	8.05	33	37.73	58	136.1	83	400.6
-16	1.128	9	8.61	34	39.90	59	142.6	84	416.8
-15	1.238	10	9.21	35	42.18	60	149.4	85	433.6
-14	1.357	11	9.84	36	44.56	61	156.4	86	450.9
-13	1.486	12	10.52	37	47.07	62	163.8	87	468.7
-12	1.627	13	11.23	38	49.65	63	171.4	88	487.1
-11	1.780	14	11.99	39	52.44	64	179.3	89	506.1
-10	1.946	15	12.79	40	55.32	65	187.5	90	525.8
-9	2.125	16	13.63	41	58.34	66	196.1	91	546.1
-8	2.321	17	14.53	42	61.50	67	205.0	92	567.0
-7	2.532	18	15.48	43	64.80	68	214.2	93	588.6
-6	2.761	19	16.48	44	68.26	69	223.7	94	610.9
-5	3.008	20	17.54	45	71.88	70	233.7	95	633.9
-4	3.276	21	18.65	46	75.65	71	243.9	96	657.6
-3	3.566	22	19.83	47	79.60	72	254.6	97	682.1
-2	3.879	23	21.07	48	83.71	73	265.7	98	707.3
-1	4.216	24	22.38	49	88.02	74	277.2	99	733.2
0	4.579	25	23.76	50	92.51	75	289.1	100	760.0
1	4.93	26	25.21	51	97.20	76	301.4		
2	5.29	27	26.74	52	102.1	77	314.1		
3	5.69	28	28.35	53	107.2	78	327.3		
4	6.10	29	30.04	54	112.5	79	341.0		

21.5.6　固体燃料性质

固体燃料性质见表 21-5-8。

表 21-5-8　固体燃料性质

名称	水分 $/\%$	灰分 $/\%$	发热量 $/(\text{kcal/kg})$	发火温度 $/℃$
煤	2~30	5~30	4000~8000	300~500
煤球	3~10	10~20	6500~7500	300~400
焦炭	2~10	10~20	6000~7000	500~550
木炭	7~10	1~3	6700~7500	350~450
木材	15~40	1~3	2000~3500	250~300

21.5.7 液体燃料性质

液体燃料性质见表 21-5-9。

表 21-5-9 液体燃料性质

名称	沸点范围 /℃	发热量 / (kcal/kg)	用途
汽油	50~200	11000	飞机、汽车
喷气发动机油	150~250	11000	喷气机用
灯油	200~300	10000	燃料
轻油	250~350	10000	高速柴油机
重油	250~350	10000	低速柴油机
重油	300~400	9500	燃料

21.5.8 气体燃料性质

气体燃料性质见表 21-5-10。

表 21-5-10 气体燃料性质

名称	成分 /%							发热量 / (kcal/m³)	相对密度 (空气 =1)
	CO_2	C_mH_n	O_2	CO	H_2	CH_4	N_2		
煤气	3.2	3.5	0.5	9.3	48.9	27.3	7.3	5100	0.45
水煤气	4.7	0	0	39.7	50.8	0.8	4	2830	0.53
焦炉煤气	5~10	0	0	25~30	8~12	0~1	55~60	1100~1200	0.86~0.92
高炉煤气	7.3	0	0	29.2	2.5	0	61	960	0.99
天然气	1.5	0	0.9	1.0	0	92.8	3.8	8000~11000	0.57
城市煤气	2.5	3.5	4.0	15	31	18	26	5000~11000	0.64
液化石油气	丙烷加丁烷混合物							25000~30000	1.6~1.9
乙炔	C_2H_2							14000	

21.5.9 饱和气体的水分含量

饱和气体的水分含量见表 21-5-11。

表 21-5-11 饱和气体的水分含量

温度 t/℃	饱和水蒸气压力 p_b/Pa	完全饱和时		
		密度 ρ_b/ (kg/m³)	绝对湿度 f/ (kg/m³)	绝对湿度 f'/ (kg/m³)
-25	62.763	0.0005	0.0005	0.0005
-20	102.970	0.0009	0.0008	0.0008
-15	165.732	0.0014	0.0013	0.0013
-10	259.876	0.0021	0.0021	0.0021
-5	401.092	0.0032	0.0032	0.0033
0	608.012	0.0048	0.0048	0.0048
2	706.079	0.0056	0.0056	0.0056
4	813.952	0.0064	0.0066	0.0065
6	931.632	0.0073	0.0075	0.0074
8	1068.92	0.0083	0.0086	0.0085
10	1225.83	0.0094	0.0098	0.0097
12	1402.35	0.0107	0.0113	0.0111
14	1598.48	0.0121	0.0129	0.0127

续表

温度 t/℃	饱和水蒸气压力 p_b/Pa	完全饱和时		
		密度 ρ_b/（kg/m³）	绝对湿度 f'/（kg/m³）	绝对湿度 f''/（kg/m³）
16	1814.23	0.0136	0.0147	0.0144
18	2059.40	0.0154	0.0167	0.0164
20	2333.98	0.0173	0.0189	0.0185
22	2637.98	0.0194	0.0215	0.0209
24	2981.22	0.0218	0.0244	0.0237
26	3363.68	0.0244	0.0275	0.0266
28	3775.56	0.0272	0.0311	0.0299
30	4246.28	0.0304	0.0351	0.0336
32	4756.23	0.0338	0.0396	0.0377
34	5315.20	0.0376	0.0445	0.0422
36	5942.83	0.0417	0.0501	0.0471
38	6629.29	0.0462	0.0563	0.0526
40	7374.60	0.0512	0.0631	0.0585
42	8198.36	0.0565	0.0708	0.0650
44	9100.57	0.0623	0.0793	0.0722
46	10081.2	0.0687	0.0890	0.0802
48	11159.9	0.0756	0.0995	0.0886
50	12336.7	0.0830	0.1144	0.0979
52	13611.6	0.0910	0.125	0.108
54	15004.2	0.0998	0.139	0.119
56	16514.4	0.1092	0.156	0.131
58	18142.3	0.1193	0.175	0.144
60	19917.3	0.1302	0.196	0.158
62	21839.4	0.1420	0.222	0.174
64	23908.6	0.1546	0.249	0.190
66	26144.5	0.1681	0.281	0.208
68	28556.9	0.1826	0.318	0.228
70	31155.7	0.1982	0.361	0.249
72	33960.4	0.2148	0.409	0.271
74	36961.3	0.2326	0.466	0.295
76	40187.6	0.2516	0.534	0.321
78	43649.4	0.2718	0.617	0.349
80	47356.3	0.2934	0.716	0.379
82	51328.0	0.3164	0.840	0.411
84	55574.3	0.3408	0.996	0.445
86	60104.9	0.3667	1.205	0.482
88	64949.4	0.3943	1.480	0.521
90	70107.7	0.4235	1.877	0.563
92	75609.3	0.4545	2.492	0.608
94	81463.8	0.4873	3.541	0.655
96	87691.1	0.5222	5.732	0.705
98	94300.7	0.5590	13.818	0.760
100	101322.3	0.5977	∞	0.816

21.5.10 常见有机化合物的物化数据

常见有机化合物的物化数据见表 21-5-12。

表 21-5-12（a）　物化数据（一）

名称	分子式	相对密度(20℃)	沸点/℃	熔点/℃	黏度/cP	比热容/[cal/(g·℃)]	汽化潜热/(cal/g)	溶化潜热/(cal/g)	闪点/℃	自燃点/℃	爆炸范围/%(体积)(在空气中)	在空气中允许浓度/(mL/m³)	在空气中允许浓度/(mg/m³)
烃类及其衍生物（脂肪族）													
甲烷	CH_4	0.710g/L(0℃) 0.415(-164℃)	-161.5	-184	108.7μP	0.5931	138	14.5	<-6.67	650~750	5.0~15.0	—	—
乙烷	CH_3CH_3	1.357g/L(0℃) 0.561(-100℃)	-88.3	-172	90.1μP (17.2℃)	0.386(15)	145.97	22.2	<6.67	510~522	3.12~15.0	—	—
丙烷	$CH_3CH_2CH_3$	2.0g/L(0℃) 0.585(-44.5℃)	-42.17	-189.9	79.5μP (17.9℃)	液 0.576(0℃)	98	—	-104.4	466	2.9~9.5	—	—
丁烷	$CH_3(CH_2)_3CH_3$	0.600(0℃)	-0.6~0.3	-135	—	液 0.55(0℃)	91.5	18.0	-60	475~550	1.9~6.5	—	—
戊烷	$CH_3(CH_2)_3CH_3$	0.626	36.2	-131.5	0.240	0.54	84	—	-49	300~350	1.3~8.0	—	—
异戊烷	$(CH_2)_2CHCH_2CH_3$	0.621(19℃)	28	-160.5	液 0.233 气 86.0 μP(33.5℃)	0.527(8℃)	88.7		-52	420	1.32	—	—
己烷	C_6H_{14}	0.6603	69.0	-96.3	0.326	0.531	82		-22	250~300	1.25~6.9	500	1760
环己烷	C_6H_{12}	0.7791	81.4	6.5	1.02(17℃)	0.47	86		-17.2	268	1.3~8.4	400	1400
乙烯	$CH_2=CH_2$	1.2604g/L 0.566(-10℃)	-103.9	-169.4	100.8μP	0.399	125	25		540~550	2.75~28.6	—	—
丙烯	$CH_2=CHCH_2$	1.937g/L 0.6095(-47℃)	-47.0	-185.2	液 0.44(-110℃) 气 83.4 μP(16.0℃)	—	104.0	16.7	-108	497	2.00~11.10	—	—
1,3-丁二烯	$CH_2=(CH_2)_2=CH_2$	0.650(-6℃)	-3	-108.92	—	0.311	99.8	35.28	<17.8	450	2.0~11.5	—	—
异戊二烯	$CH_2=CHC(CH_3)=CH_2$	0.6808	34	-145.95	—	—	—		18.3	220	—	—	—
乙炔	$CH{\equiv}CH$	1.173g/L(0℃) 0.6208g/L(-84℃)	-83.6	-81.8	935μP(0℃)	0.3832	198.0		-17.8	335	2.5~80.0	100	209
氯甲烷	CH_3Cl	2.31g/L(0℃) 0.991(-25℃)	-24.22	-97.7	104μP(16℃)	气 0.187 液 0.382	102.3		<0	632	8.25~8.70	100	209
二氯甲烷	CH_2Cl_2	1.336	40.1	-96.7	0.449μP(15℃)	0.288	78.74			662	15.5~66.4(在氧气中)	500	1740

续表

名称	分子式	相对密度 (20℃)	沸点/℃	熔点/℃	黏度/cP	比热容 [cal/(g·℃)]	汽化潜热/(cal/g)	溶化潜热/(cal/g)	闪点/℃	自燃点/℃	爆炸范围 φ/(体积) (在空气中)	在空气中允许浓度 /(mL/m³)	在空气中允许浓度 /(mg/m³)
烃类及其衍生物（脂肪族）													
三氧甲烷	CH_3Cl_3	1.4984(15℃)	61.26	-63.5	0.58	0.225	59	—	—	—	—	50	240
硝基甲烷	CH_3NO_2	1.130	101	-29	0.620(25℃)	—	135	—	35	—	7.32-22.2	100	250
氯乙烷	C_2H_4Cl	0.9214(0℃)	12.2	-138.7	—	0.37	92.5	—	-50	519	4-14.8	1000	2660
二氧乙烷	$C_2H_4Cl_2$	1.257	83.5	-35.3	0.8	0.31	77.3	—	17	450	6.2-15.6	—	50
溴乙烷	CH_3CH_2Br	1.430	38.0	-119	—	0.215	59.9	—	—	511	6-11	200	892
硝基乙烷	$C_2H_5NO_2$	1.052	114.8	-90	—	—	—	—	41	414.5	—	100	307
1-氯丙烷	$CH_3CH_2CH_2Cl$	0.890	47.2	-112.8	0.352	—	—	—	-17.8	—	2.6-11.1	—	—
2-氯丙烷	$CH_3CHClCH_3$	0.8590	35.4	-117	—	—	—	—	-32.5	593	2.8-10.7	—	—
1-氯丁烷	$CH_3(CH_2)_2CHCl$	0.884	78	-123.1	0.469(15℃)	0.451	79.77	—	-6.7	471	1.85-10.1	—	—
2-氯丁烷	$C_2H_5CH(CH_3)Cl$	0.8707	68	-131.3	—	—	—	—	—	—	2.05-8.75	—	—
氯乙烯	$CH_2=CHCl$	0.9195	-13.9	-159.7	—	—	—	—	<-78	427	4-22	—	30
醋酸乙烯	$CH_2=CHCH_2COOH$	1.013(15℃/15℃)	163	-39	—	—	—	—	-29	—	—	—	—
烃类及其衍生物（芳香族）													
苯	C_6H_6	0.8790	80.099	5.51	0.652	0.4107	94.3	30.1	-11	586~650	1.4-4.7	—	50
甲苯	$C_6H_5CH_2$	0.867	110.626	-95	0.590	0.392	86	17.2	4	550~600	1.3~7	—	100
邻二甲苯	$C_6H_4(CH_3)_2$	0.8802	144.41	-29	0.810	0.4（混合物）		39.2	24-29.5（混合物）	490~550（混合物）	1~5.3（混合物）	—	100
间二甲苯	$C_6H_4(CH_3)_2$	0.864	139.104	-53.6	0.62								
对二甲苯	$C_6H_4(CH_3)_2$	0.861	138.35	13.2	0.648								
乙基苯	$C_2H_5C_6H_5$	0.867	136.15	-93.9	0.691(17℃)	0.41	145.7	—	54	465.5	—	200	868
异丙苯	$C_6H_5CH(CH_3)_2$	0.862	152.392	-96.9	—	0.43	—	—	36	—	—	—	—
烃类及其衍生物（脂肪族）													
丁苯	$C_6H_5C_4H_9$	0.860	183.27	-81.2	0.799	0.30	77.6	—	71	—	—	—	—
氯苯	C_6H_5Cl	1.1066	132	-5.5	—	—	—	—	28	510	1.8-9.6	—	50
邻二氯苯	$C_6H_4Cl_2$	1.3048	180.3	-17.5	—	0.27(0℃)	65	21.0	68.5	—	—	—	—
间二氯苯	$C_6H_4Cl_2$	1.288	172	-24.8	—	0.27(0℃)	—	20.5	—	—	—	—	—
对二氯苯	$C_6H_4Cl_2$	1.4581	173.4	53	—	—	—	29.7	—	—	—	—	—

续表

名称	分子式	相对密度(20℃)	沸点/℃	熔点/℃	黏度/cP	比热容/[cal/(g·℃)]	汽化潜热/(cal/g)	溶化潜热/(cal/g)	闪点/℃	自燃点/℃	爆炸范围(体积)(在空气中)	在空气中允许浓度/(mL/m³)	在空气中允许浓度/(mg/m³)
硝基苯	$C_6H_5NO_2$	1.199(25℃)	210.9	5.7	2.03	0.339(30℃)	—	22.5	88	482	1.8-(在93℃)	—	5
邻二硝基苯	$C_6H_5(NO_2)_2$	1.565(17℃)	319(773)	118	—	0.349(0℃)	—	32.3	150	—	—	—	1
间二硝基苯	$C_6H_5(NO_2)_2$	1.571(0℃)	302.8(770)	89.57	—	0.405(90℃)	—	24.7	—	—	—	—	1
对二硝基苯	$C_6H_5(NO_2)_2$	1.625	229(升华)	173-4	—	0.279(0℃)	—	40.0	—	—	—	—	1
苯酚	C_6H_5OH	1.072	182	41	12.7(18.3℃)	0.561	—	29.0	80	715	—	—	5
邻甲酚	$CH_3C_6H_4OH$	1.0465	191.5	30	4.49(40℃)	0.499	—	—	81	—	—	5	22
间甲酚	$CH_3C_6H_4OH$	1.034	202.8	11-12	20.8	0.479	100.58	—	86	626	—	5	22
对甲酚	$CH_3C_6H_4OH$	1.0347	202.5	26	7.00(40℃)	—	—	26.3	86	626	1.1(在150℃)	5	22
萘	$C_{10}H_5$	1.145	217.9	80.22	0.776(100℃)	0.281(-130℃)	75.5	35.6	—	—	—	—	100
十氢化萘	$C_{10}H_{15}$	0.8963	194.6	-43.26	—	0.3874	71	38.7	57	262	—	—	—
蒽	$(C_6H_5CH_2)_2$	1.25(27℃)	354-355	217	—	0.308(50℃)	—	—	—	—	—	—	—
菲	$C_{14}H_{10}$	1.025	340.2	100	—	—	—	24.3	—	—	—	—	—
醇类													
甲醇	CH_3OH	0.7928	64.65	-97.8	液0.547(20℃) 气135μP(140℃)	0.597	263	29.5	6	470	6.72-36.5	—	50
乙醇	CH_3CH_2OH	0.7893	78.5	-117.8	1.20	0.588	204	24.9	14	390-430	3.3-19	—	1500
正丙醇	$CH_3CH_2CH_2OH$	0.8044	97.19	-127	2.256	0.586	163	—	15	540	2.15-13.5	—	800
异丙醇	$CH_3CHOHCH_3$	0.7854	82.3	-88~-89.5	2.86(15℃)	0.610	159.4	21.4	12	460	2.02-11.80	400	1020
正丁醇	$CH_3(CH_2)_2CH_2OH$	0.80978	117.71	-89.2~-89.8	2.948	0.689	143.3	29.9	35	340-420	1.45-11.25	—	200
仲丁醇	$CH_3CH_2CHOHCH_3$	0.808	99.5-100	-89	4.21	0.67	134.4	—	24	414	—	—	—
环己醇	$C_6H_{11}OH$	0.9624	161.5	24	68	0.513	108	4.9	68	—	—	50	200
乙二醇	CH_2OHCH_2OH	1.1155	197.2	-17.4	19.9	0.575	191	44.76	118	417	3.2	—	—
丙三醇(甘油)	$CH_2OHCHOHCH_2OH$	1.260	290	17.9	1490.0	0.60(50℃)	—	—	160	393	—	—	—
苯甲醇	$C_6H_5CH_2OH$	1.05(15℃/15℃)	205.2	-15.3	58		—	—	100.5	436	—	—	—

续表

名称	分子式	相对密度 (20℃)	沸点/℃	熔点/℃	黏度/cP	比热容 /[cal/(g·℃)]	汽化潜热/(cal/g)	溶化潜热/(cal/g)	闪点/℃	自燃点/℃	爆炸范围/%(体积)(在空气中)	在空气中允许浓度 /(mL/m³)	/(mg/m³)
醛类													
甲醛	$HCHO$	0.8150	-21	-92	—	0.186	—	—	—	300	7~73	—	5
乙醛	CH_3CHO	0.7834(18℃)	21	-123.5	0.22	—	136	—	-3.8	185	4.0~57.0	200	360
丙醛	CH_3CH_2CHO	0.807	48.8	-81	0.41	—	—	—	-9.44	—	—	—	—
丁醛	$CH_3(CH_2)_2CHO$	0.817	75.7	-99.0	—	0.522(0℃)	—	—	-6.77	230	—	—	—
丙烯醛	$CH_2—CHCHO$	0.841	52.5	-87.7	—	—	—	—	<-17.8	不稳定278	—	0.5	1.2
苯甲醛	C_6H_5CHO	1.05(15℃)	179.5	-26	1.39(25℃)	0.428	—	—	148	192	—	—	—
糠醛	C_4H_3OCHO	1.1598	161.7	-36.5	149(25℃)	—	107.51	—	60	320~350	2.1(在125℃)	5	20
酮类、醚类及溶剂													
丙酮	CH_3COCH_3	0.792	56.5	-96	0.316(25℃)	0.528	0.1253	23.4	-17	600~650	2.15~13.0	—	400
丁酮(甲乙酮)	$CH_3COC_2H_5$	0.805	79.6	-86.4	0.417	0.498	106	24.7	-7	550~615	1.81~11.5	200	590
环己酮	$CO(CH_2)_4CH_2$	0.9478	156.7	-45	2.2	0.433	98	—	42	520~580	1.190(在100℃下)	50	200
乙醚	$C_2H_5OC_2H_5$	0.7135	34.6	α-116.3 β-128.3	0.233	0.538	86.08	28.54	-41	185~195	1.85~36.5	—	600
二丙醚	$(CH_3CH_2CH_2)_2O$	0.7360	91	-122	—	—	—	—	—	—	—	500	2100
苯乙醚	$C_6H_5OC_2H_5$	0.9666	172	-30.2	—	0.448	—	—	—	—	—	—	—
环氧乙烷	$(CH_2)_2O$	气1.965g/L(0℃) 液0.887	10.7	-111.3	0.320	0.44	139	—	-20	570	3.00~80.00	50	90
二乙烯化二氧	$OCH_2CH_2OCH_2CH_2$	1.0353	101.5	11.7	1.2(25℃)	0.42	98.6	33.8	11	180	1.97~22.5	100	360
吡啶	$N—CHCH—CHCH—CH$	0.982	115.3	-42	0.974	0.431	107.4	—	20	482	1.8~12.4	5	15
呋喃	$OCH—CHCH—CH$	0.9366	32	—	—	—	—	—	-35.5	—	2.3~14.3	—	—
四氢呋喃	$OCH_2CH_2CH_2CH_2$	0.888	64~66	-108.5	—	—	95.3	—	-14.5	—	2.3~11.8	200	590
二硫化碳	CS_2	1.2628	46.3	-108.6	0.363	0.24	84	—	-22	120~130	1~50	—	10

续表

名称	分子式	相对密度(20℃)	沸点/℃	熔点/℃	黏度/cP	比热容/[cal/(g·℃)]	汽化潜热/(cal/g)	溶化潜热/(cal/g)	闪点/℃	自燃点/℃	爆炸范围/%(体积)(在空气中)	在空气中允许浓度/(mL/m³)	/(mg/m³)
四氧化碳	CCl_4	1.595	76.8	-22.8	0.969	0.202	46.5	4.2	—	—	—	—	50
酸类及酸酐类													
甲酸	$HCOOH$	1.220	100.7	8.40	1.804	0.526	120	—	69	601	—	—	
乙酸	CH_3COOH	1.049	118.1	16.6	1.30(18℃)	0.489	97.1	45.8	45	600	5.4	10	26
丙酸	CH_3CH_2COOH	0.992	141.1	-22	1.102	0.560	98.8	—	—	—	—	—	—
丁酸	$CH_3CH_2CH_2COOH$	0.9587	163.5	-7.9	1.54	0.515	114.0	30.1	77	552	—	—	—
戊酸	$CH_3(CH_2)_3COOH$	0.942	187	-34.5	—	—	103.2	—	—	—	—	—	
乙二酸(草酸)	$COOH\ COOH·H_2O$	1.653	150(升华)	101	—	0.385(60℃)	—	—	—	—	—	—	
酯类													
乙酸丁酯	$CH_3COOC_4H_9$	0.882	126.5	-76.8	0.732	0.459	73.9	—	23	420~450	1.7~15	200	200
乙酸戊酯	$CH_3COOC_5H_{11}$	0.879	148	—	1.58	—	75	—	41	—	1.1	100	100
乙酸异戊酯	$CH_3COO(CH_2)_2-CH(CH_2)_2$	0.87(25℃)	142.5	-78.5	0.872	0.4588	69	—	17~32	500~600	1.0	200	1064
丙酸乙酯	$CH_3CH_2COOC_2H_5$	0.8957(15℃)	99.10	-73.9	0.564(15℃)	0.459	80.1	—	12.2	477	—	—	—
胺类及其他													
一甲胺	CH_2NH_3	0.769(-70℃)	-6.5	-92.5	0.236(0℃)	—	—	—	17.8	430	4.95~20.75	—	—
二甲胺	$(CH_3)_2NH$	0.6804(0℃)	7.4	-96.0	—	—	—	—	-5.5	402	2.80~14.40	—	—
三甲胺	$(CH_3)_3N$	0.662(-5℃)	3.5	-124	—	—	—	—	—	190	2.00~11.60	—	—
一乙胺	$(C_2H_3)_2NH$	0.7108(18℃)	55.5	-50.0	0.346(25℃)	0.518	91.02	—	<-17	312	1.77~10.1	—	—
一丙胺	$(C_3H_7)_2NH$	0.7384	110.7	-39.6	—	0.597	—	—	7.72	—	—	—	—
乙醇胺	$H_2NCH_2CH_2OH$	1.0180	172.2	10.5	24.1	—	—	—	93	—	—	—	—
二乙醇胺	$HN(CH_2CH_2OH)_2$	1.0966	268	28	196.4	—	—	—	146	662	—	0.5	—
三乙醇胺	$N(CH_2CH_2OH)_3$	1.1242	277(150mmHg)	21.2	613.4	—	—	—	196	—	—	—	—
苯胺	$C_6H_5NH_2$	1.022	184.4	-6.2	4.40	0.521(50℃)	103.63	21.0	75.5	538	—	—	5
邻苯二胺	$C_6H_4(NH_2)_2$	—	252	102	—	—	—	—	—	—	—	—	—
间苯二胺	$C_6H_4(NH_2)_2$	1.1389	287	62.8	—	—	—	—	—	—	—	—	—
对苯二胺	$C_6H_4(NH_2)_2$	—	262	139.7	—	—	—	—	156	—	—	—	—

续表

名称	分子式	相对密度(20℃)	沸点/℃	熔点/℃	黏度/cP	比热容/[cal/(g·℃)]	汽化潜热/(cal/g)	溶化潜热/(cal/g)	闪点/℃	自燃点/℃	爆炸范围/%(体积)(在空气中)	在空气中允许浓度/(mL/m³)	在空气中允许浓度/(mg/m³)
己二胺	NH₂(CH₂)₆NH₂	—	196	39-40								—	—
氯氰	CNCl	1.186	13.8	-60	—	—	135					—	—
光气	COCl₂	1.392	8.3	-118	—				—	—		—	0.5
乙二胺	NH₂CH₂CH₂NH₂	0.8994	116.1	8.5			—	88.9				10	30
酸类及酸酐类													
丙二酸	CH2COOH COOH	1.631（15℃）	135.6 分解	135.6 分解	—	0.275	—	—	—	—	—	—	—
顺丁烯二酸	HOOCH—CHCOOH	1.590	135（分解）	137.8			—	—	—	—	—	—	—
苯甲酸	C₆H₅COOH	1.2659（15℃）	249	122	—	0.287	—			—	—	—	—
邻苯二甲酸	C₆H₄(COOH)₂	1.593	分解>191	206-208		0.232			—		—	—	—
对苯二甲酸	C₆H₄(COOH)₂	1510	300（升华）			—			—		—	—	—
己二酸	(CH₂)₄(COOH)₂	1.366	265	151-153	—	—	—	—	196	—	—	—	—
醋酐	(CH₃CO)₂O	1.0820	140.0	-73.1	0.90				49	—	2.7-10.1	5	21
丙酸酐	(CH₃CH₂CO)₂O	1.010	169.3	-45	—		—		74	—	—	—	—
顺丁烯二酸酐	OCOCH—CHCO	0.934	202	53						—	—	—	—
丁酸酐	(CH₃CH₂CH₂CO)₂O	0.9946	198	-75.0		—		—	88	—	—	—	—
苯酐	C₆H₄(CO)₂O	1.527	284.5	130.8						—	—	—	—
酯类													
甲酸甲脂	HCOOCH₃	0.975	31.50	-99.0	—	0.516	112.4	—	-32	449	5.05-22.7	—	—
甲酸乙脂	HCOOC₂H₅	0.9236（25℃）	54.3	-80.5	0.402	0.51	97	—	-19	550-600	2.75-16.40	100	303
甲酸丙脂	HCOOC₃H₇	0.9006	81.3	-92.9	—	0.459	88.1	—	-2.78		—	—	—
甲酸丁脂	HCOOC₄H₉	0.8848（25℃）	106.8	-90.6	0.689	0.46	87	—	18	322	—	—	100
乙酸甲脂	CH₃COOCH₃	0.9274（25℃）	57.1	-98.1	0.381	0.50	104.4	—	-13	500-570	4.1-13.9	100	—
乙酸乙脂	CH₃COOC₂H₅	0.901	77.15	-83.6	0.455	0.478	87.63	28.43	-5	480-550	2.25-11.0	—	200
乙酸丙脂	CH₃COOC₃H₇	0.887	101.6	-92.5	0.59	0.47	80.3	—	14	500-550	1.77-8.00	—	200

注：1. 相对密度栏内凡注明 g/L 单位者指化合物的气态下相对密度，未注明者指化合物液体相对密度。

2. 黏度栏内 μP 为黏度单位，1μP=10⁻⁷Pa·s；未注明者单位为 cP，1cP= 10⁻³Pa·s。

3. 1cal/(g·℃)=4.1868J/(g·K)；1cal/g=4.1868J/g。

表 21-5-12（b）　物化数据（二）

名称	分子式	相对密度 (20℃/4℃)	比热容 /[kcal/(kg·℃)]	黏度 (20℃)/cP	沸点/℃	汽化热/(kcal/kg)	熔点/℃	熔融热/(kcal/kg)	燃烧热/(kcal/mol)	生成热/(kcal/mol)
邻硝基甲苯	$C_6H_4NO_2CH_3$	1.162	1.168（15℃）	2.37	232.6	85.5	α -10.6 β -4.1	—	895.2	-1.8（沸）
对硝基甲苯	$C_6H_4NO_2CH_3$	1.286	1.1226（55℃）	1.2（60℃）	338.4	90.6	51.6	30.3	895.2	7.5（沸）
间硝基甲苯	$C_6H_4NO_2CH_3$	1.157	—	2.33（20℃）	232.6	90.4	16	24.8	895.2	2.5（沸）
邻甲苯胺	$C_6H_4CH_3NH_2$	1.004	0.454（0℃） 0.478（40.5℃） 0.524（-19.5℃）	5.195（15℃） 3.183（30℃）	198	95.08	-16.3	—	964.3（液）	0.66
对甲苯胺	$C_6H_4CH_3NH_2$	1.046	0.524（43℃） 0.834（58℃） 0.553（94℃）	1.945（48℃） 1.425（60℃）	200.3	—	43.3	39.9	958.4（固）	6.6
间甲苯胺	$C_6H_4CH_3NH_2$	0.989	—	4.418（15℃） 2.741（30℃） 1.531（55℃）	203.3	—	-31.5	—	965.5（液）	-0.32
邻苯二甲酸酐	$C_2H_4O_3$	1.527	0.388	—	285.1	—	131.6	—	784.5	—
α-硝基萘和 β-硝基萘	$C_{10}H_7NO_2$	1.331（4℃/4℃）	0.365（58.6℃） 0.378（61.4℃） 0.390（94.3℃）	—	304	—	56.7 75.1	25.44	1198.3	—
α-萘酚	$C_{10}H_6O$	1.224（4℃/4℃）	0.388（℃）	—	288.01	—	95	38.94	1188.8	28
β-萘酚	$C_{10}H_6O$	1.217（4℃/4℃）	0.403（℃）	—	294.85	—	120.6	31.3	1188.8	26
α-萘磺酸	$C_{10}H_4SO_3$	—	—	—	—	—	91	—	—	—
β-萘磺酸	$C_{10}H_4SO_2$	1.38（磺化液）	—	—	—	—	102	—	—	—
α-萘胺	$C_{10}H_9N$	1.12	0.475（53.2℃） 0.476（94.2℃）	11.2（50℃） 1.4（130℃）	301	—	50	22.34	1263.5	—
β-萘胺	$C_{10}H_9N$	1.06（98℃）	—	1.34（130℃）	306.1	—	113	36.64	1261.5	—
联苯	$C_{12}H_{10}$	1.18（0℃）	0.408（77.6℃） 0.418（88.4℃） 0.457（136.6℃） 0.468（150℃）	—	255	74.56	68.6	28.8	1493.8（固）	-24.53
联苯醚	$C_{12}H_{10}O$	1.0728（20℃） 1.066（30℃）	—	3.66（25℃）	258.31	—	28	—	—	—

续表

名称	分子式	相对密度 (20℃/4℃)	比热容 /[kcal/(kg·℃)]	黏度 (20℃)/cP	沸点/℃	汽化热/(kcal/kg)	熔点/℃	熔融热/(kcal/kg)	燃烧热/(kcal/mol)	生成热/(kcal/mol)
偶氮苯	$C_{12}H_{10}N_2$	1.203	0.33 (28℃)	—	293	—	67.1	28.91	1545.9 (固)	-84.5
氧化偶氮苯	$C_{12}H_{10}N_2O$	1.246	—	—	分解	—	36	21.62	1534.5 (固)	—
氢化偶氮苯	$C_{12}H_{12}N_2$	—	—	—	—	—	134	22.89	1597.3 (固)	~v
联苯胺	$C_{12}H_{12}N_2$	1.25	—	—	401.7	—	128	—	1560.9 (固)	—
蒽醌	$C_{14}H_8O_2$	1.419	0.255	—	379~381	—	284.8	37.48	1592 (固)	—
2,4-二硝基氯苯	$C_6H_2Cl(NO_2)_2$	1.697	0.326	—	315	—	53.4	—	644.5	24
3,4-二硝基氯苯	$C_6H_2Cl(NO_2)_2$	—	—	—	315	—	36.3	—	644.5	24
三硝基苯酚（苦味酸）	$C_6H_2(NO_2)_3OH$	1.767	0.240 (0℃) 0.263 (50℃)	—	300 (爆炸)	—	122	—	615.5	—
邻硝基氯苯	$C_6H_4ClNO_2$	1.368 (22℃) 1.305 (80℃)	—	—	245.7	—	32.5	—		—
对硝基氯苯	$C_6H_4ClNO_2$	1.250 (18℃)	—	—	242	—	83.5	31.51	—	—
间硝基氯苯	$C_6H_4ClNO_2$	1.534 1.343 (50℃)	—	—	235.6	—	44.4	29.38		—
2,4-二硝基酚	$C_6H_4N_2O_5$	1.683 (24℃) 1.488 (101℃)	—	—	升华	—	113.1	—	654.7	—
溴苯	C_6H_5Br	1.495	0.231	1.10	155.9	57.6	-30.6	12.7	747.3 (沸)	48.5
硝基苯	$C_6H_5NO_2$	1.200	0.358 (10℃) 0.329 (50℃) 0.303 (120℃)	2.01	210.85	79.08	5.85	22.52	724.4 (液)	-5.3 (25℃)
邻硝基苯酚	$C_6H_5NO_3$	1.657	—	3.65 (30℃) 1.82 (60℃)	217.25	126 (31℃)	45.13	26.76	693.8	46.4 (沸)
对硝基苯酚	$C_6H_5NO_3$	1.479 (40℃) 1.282 (117.3℃)	—	2.75 (40℃) 1.82 (60℃)	279	137.5 (41.5℃) 151 (72℃)	114	27.4	693.8	46.5 (沸)
间硝基苯酚	$C_6H_5NO_3$	1.485	—	—	194	1575 (57.5℃)	96	36.7	698.3	—

续表

名称	分子式	相对密度 (20℃/4℃)	比热容 /[kcal/(kg·℃)]	黏度 (20℃)/cP	沸点 /℃	汽化热 /(kcal/kg)	熔点 /℃	熔融热 /(kcal/kg)	燃烧热 /(kcal/mol)	生成热 (kcal/mol)
邻苯二酚	$C_6H_6O_2$	1.344 (20℃) 1.149 (121℃) 1.110 (160℃)	0.287 (25℃) 0.406 (104℃固) 0.520 (104℃液)	2.171 (121℃) 1.135 (140℃)	240	175 (36℃)	104.3	47.4	684.9	84.4 (沸)
对苯二酚	$C_6H_6O_2$	1.332 (15℃)	0.304 (25℃) 0.422 (172.9℃固) 0.562 (172.3℃液)	—	285 (730mmHg)	214.3 (78.5℃)	172.3	58.77	683.7 (沸)	85.5 (沸)
间苯二酚	$C_6H_6O_2$	1.272 (15℃) 1.158 (141℃)	0.284 (25℃) 0.522 (103℃液) 0.432 (109℃固)	3.755 (141℃) 1.214 (190℃)	276.5	206 (56℃)	109.65	46.2	683.7 (沸)	85.5 (沸)
苯磺酚	$C_6H_5SO_3$	1.34 (磺化液)	—	—	—	—	65~66℃	—	—	—
三硝基甲苯	$C_7H_5N_3O_6$	1.654	0.253 (-50℃) 0.385 (100℃)	—	240 (爆炸)	—	80.83	22.34	817 (固)	—
水杨酸	$C_7H_6O_3$	1.483	—	—	升华	—	159	—	729.4	—
苯甲基氯	C_7H_3Cl	1.1	0.47	1.28 (25℃) 1.175 (30℃)	179.4	—	-39	—	886.4	—
三氯苯	$C_6H_3Cl_3$	1.46 (25°)	0.21	1.97 (25℃)	213~217	58.2	75~11	—	—	—
乙酰苯胺	$C_6H_5NHCOCH_3$	1.21	—	2.22 (120℃)	305	—	113~114	—	1010.4 (固)	—
邻硝基苯胺 对	$NO_2C_6H_4NH_2$	1.442 1.43 1.437	0.4 0.392 0.427	—	284.1 306.4 331.7	—	71.5 114 147.5	—	—	—
喹啉	C_9H_7N	1.095	—	3.64 (20.1℃) 1.25 (80℃)	237.1	—	-15.6	—	—	—
乙酰氯	CH_3COCl	1.105	0.399	—	51~52	289 (51℃)	-112.0	—	—	—
对苯二甲酸二甲酯	$C_6H_4(COOCH_3)_2$	1.068 (150℃)	0.326 (固体 29-141℃) 0.464 (液体 141~210℃)	—	288	84.9	140.6	38	5737	—

注：1. 其他纯物质的物性数据参见化学工程手册编委会编，《化学工程手册》第一篇，化学工业出版社，1980。

2. 1kcal/(kg·℃)=4186.8J/(kg·K)，1cP=10⁻³Pa·s，1kcal/kg=4186.8J/g，1kcal/mol=4186.8J/mol。

21.5.11　Z 线图

21.5.11.1　空气的压缩系数图

空气的压缩系数图如图 21-5-1 所示。

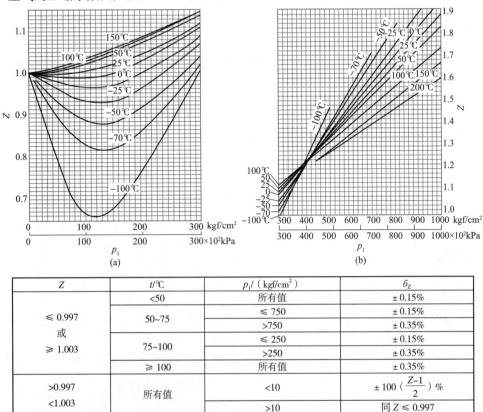

Z	$t/℃$	$p_1/（\text{kgf/cm}^2）$	6_z
≤ 0.997 或 ≥ 1.003	<50	所有值	± 0.15%
	50~75	≤ 750	± 0.15%
		>750	± 0.35%
	75~100	≤ 250	± 0.15%
		>250	± 0.35%
	≥ 100	所有值	± 0.35%
>0.997 <1.003	所有值	<10	$± 100（\dfrac{Z-1}{2}）\%$
		>10	同 Z ≤ 0.997

图 21-5-1　空气的压缩系数图

21.5.11.2　氮气的压缩系数图

氮气的压缩系数图如图 21-5-2 所示。

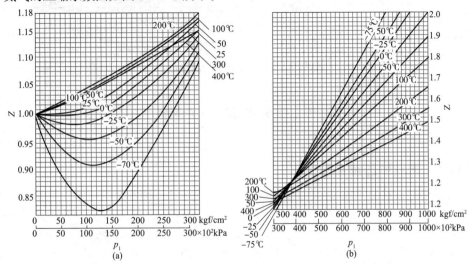

Z	$T/℃$	$p_1/$（kgf/cm²）	δ_z
≤ 0.997 或 ≥ 1.003	<0	所有值	± 0.35%
	0~100		± 0.25%
>0.997 和 <1.003	<25 或 >50	<10	$\pm 100\left(\dfrac{Z-1}{2}\right)$ %
		>10	± 0.25%
	25~50	所有值	± 0.25%

图 21-5-2　氮气的压缩系数图

21.5.11.3　氧气的压缩系数图

氧气的压缩系数图如图 21-5-3 所示。

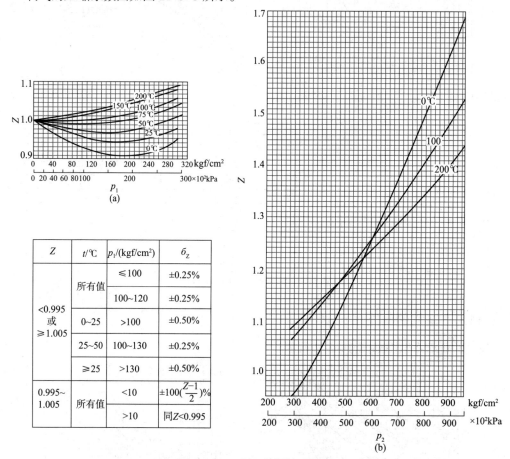

Z	$t/℃$	$p_1/(\text{kgf/cm}^2)$	δ_z
<0.995 或 ≥1.005	所有值	≤100	±0.25%
	所有值	100~120	±0.25%
	0~25	>100	±0.50%
	25~50	100~130	±0.25%
	≥25	>130	±0.50%
0.995~1.005	所有值	<10	$\pm 100\left(\dfrac{Z-1}{2}\right)$%
	所有值	>10	同Z<0.995

图 21-5-3　氧气的压缩系数图

21.5.11.4　氢气的压缩系数图

氢气的压缩系数图如图 21-5-4 所示。

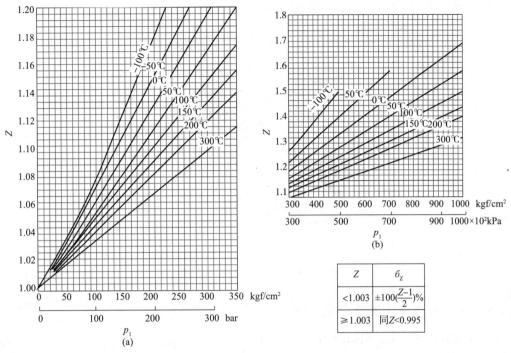

图 21-5-4 氢气的压缩系数图

21.5.11.5 甲烷的压缩系数图

甲烷的压缩系数图如图 21-5-5 所示。

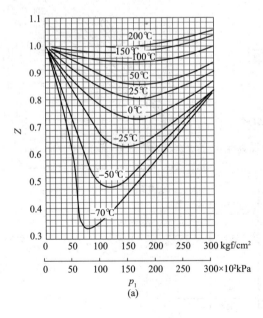

Z	$p_1/(kgf/cm^2)$	σ_Z
$\leqslant 0.640$	所有值	$\pm 4(0.7-Z)\%$
>0.640 $\leqslant 0.995$	所有值	$\pm 0.25\%$
>0.995	<10	$\pm 100(\frac{Z-1}{2})\%$
<1.005	>10	$\pm 0.25\%$
$\geqslant 1.005$	所有值	$\pm 0.25\%$

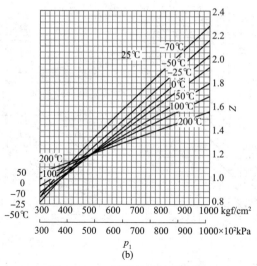

图 21-5-5　甲烷的压缩系数图

21.5.11.6　一氧化碳的压缩系数图

一氧化碳的压缩系数图如图 21-5-6 所示。

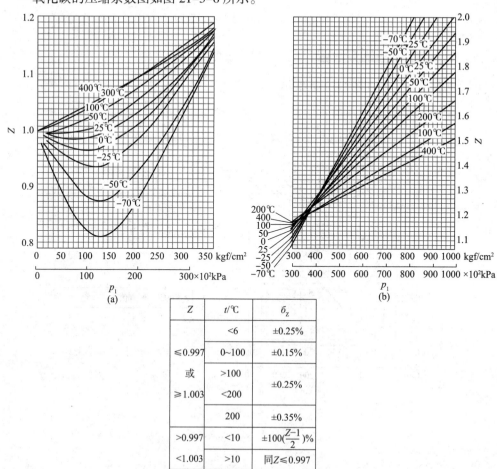

Z	$t/℃$	$δ_Z$
	<6	±0.25%
≤0.997	0~100	±0.15%
或	>100	±0.25%
≥1.003	<200	
	200	±0.35%
>0.997	<10	$±100(\frac{Z-1}{2})\%$
<1.003	>10	同Z≤0.997

图 21-5-6　一氧化碳的压缩系数图

21.5.11.7　二氧化碳的压缩系数图

二氧化碳的压缩系数图如图 21-5-7 所示。

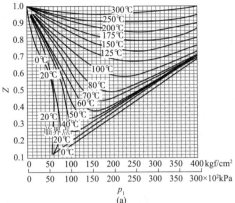

Z	$t/℃$	p_1 /(kgf/cm²)	δ_Z
<0.63			$\pm100(\dfrac{0.8-Z}{2})\%$
0.63~ 0.995	所有值		$\pm0.25\%$
0.995~ 1.005	<150	<5	$\pm100(\dfrac{Z-1}{2})\%$
	<150	<5	$\pm0.25\%$
	>150	所有值	$\pm0.25\%$
>1.005	所有值		$\pm0.25\%$

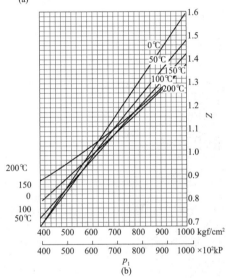

图 21-5-7　二氧化碳的压缩系数图

21.5.11.8　氨气的压缩系数图

氨气的压缩系数图如图 21-5-8 所示。

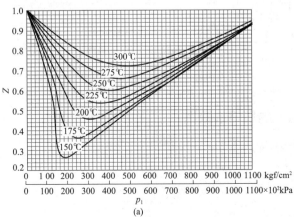

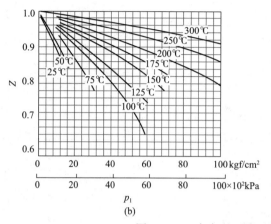

Z	6_Z
<0.7	$\pm100(\dfrac{0.9-Z}{2})\%$
0.7~0.99	$\pm0.5\%$
>0.99	$\pm100(\dfrac{Z-1}{2})\%$

图 21-5-8　氨气的压缩系数图

21.5.11.9　乙炔的压缩系数图

乙炔的压缩系数图如图 21-5-9 所示。

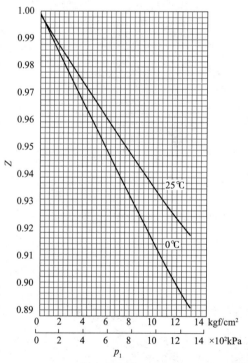

Z	6_Z
<0.995	$\pm0.25\%$
>0.995	$\pm100(\dfrac{Z-1}{2})\%$

图 21-5-9　乙炔的压缩系数图

21.5.11.10　氯气的压缩系数图

氯气的压缩系数图如图 21-5-10 所示。

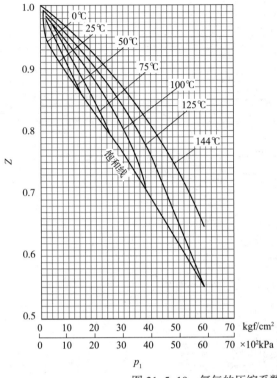

Z	σ_Z
<0.8	±0.75%
≥0.8	±0.50%

图 21-5-10　氯气的压缩系数图

21.5.11.11　乙烯的压缩系数图

乙烯的压缩系数图如图 21-5-11 所示。

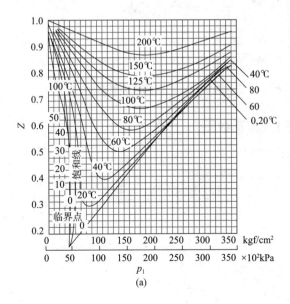

(a)

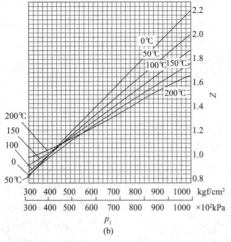

Z	$t/℃$	$p_1/(kgf/cm^2)$	δ_z
0.995	所有值	<10	$\pm 100(\frac{Z-1}{2})\%$
所有值	≥0	<20	±0.25%
	<60	20~300	±1.00%
	60~200	20~300	±0.50%
	所有值	>300	±1.00%

图 21-5-11　乙烯的压缩系数图

21.5.11.12　乙烷的压缩系数图

乙烷的压缩系数图如图 21-5-12 所示。

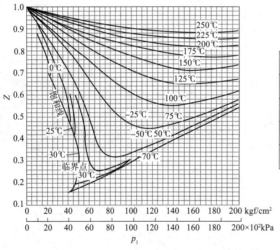

$t/℃$	$p_1/(kgf/cm^2)$	δ_z
<100	≤20	±0.50%
<100	>20	±1.00%
100~250	<100	±0.25%
100~250	>100	±0.50%

图 21-5-12　乙烷的压缩系数图

21.5.11.13　n- 丁烷的压缩系数图

n- 丁烷的压缩系数图如图 21-5-13 所示。

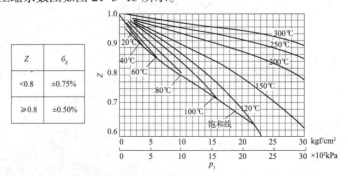

Z	δ_z
<0.8	±0.75%
≥0.8	±0.50%

图 21-5-13　n- 丁烷的压缩系数图

21.5.11.14　*i*- 丁烷压缩系数图

i- 丁烷压缩系数图如图 21-5-14 所示。

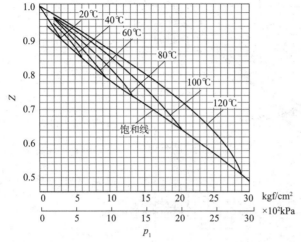

Z	σ_Z
<0.8	±0.75%
≥0.8	±0.50%

图 21-5-14　*i*- 丁烷压缩系数图

21.5.11.15　丙烯的压缩系数图

丙烯的压缩系数图如图 21-5-15 所示。

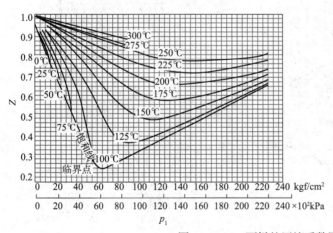

$t/℃$	$p_1/(kgf/cm^2)$	σ_Z
<150	<40	±1.00%
<150	40~80	±1.50%
<150	>80	±1.00%
150~300	≤80	±0.50%
150~300	>80	±0.75%

图 21-5-15　丙烯的压缩系数图

21.5.11.16 丙烷的压缩系数图

丙烷的压缩系数图如图 21-5-16 所示。

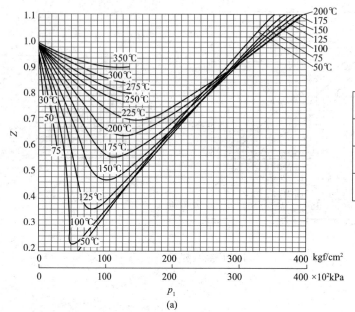

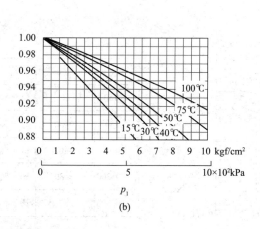

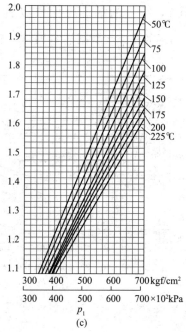

图 21-5-16 丙烷的压缩系数图

21.5.11.17 氢氮气体的压缩系数图

氢氮气体的压缩系数图如图 21-5-17 所示。

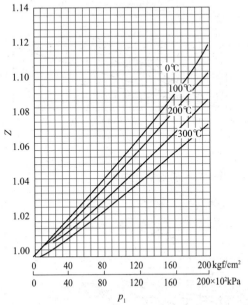

p_1/(kgf/cm²)	δ_z
<100	±0.25%
100~200	±0.50%
>200	±1.00%

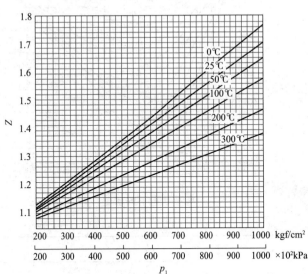

图 21-5-17 氢氮气体的压缩系数图

用于 N_2 25%，H_2 75%（体积分数）的气体

21.5.11.18　焦炉煤气的压缩系数图

焦炉煤气的压缩系数图如图 21-5-18 所示。

焦炉煤气的体积成分：

$CO_2 : 1\% \sim 1.8\%$

$C_nH_m : 2\% \sim 2.7\%$

$O_2 : 0\% \sim 0.5\%$

$CO : 4.5\% \sim 6\%$

$H_2 : 55\% \sim 58\%$

$CH_4 : 24\% \sim 26\%$

$N_2 : 8\% \sim 10\%$

$Б_Z = \pm 0.25\%$

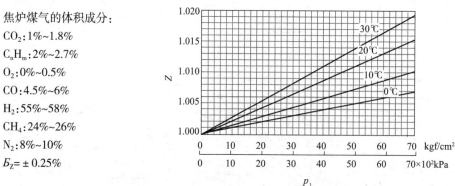

图 21-5-18　焦炉煤气的压缩系数图

21.5.11.19　天然气的压缩系数图

天然气的压缩系数图如图 21-5-19 所示。

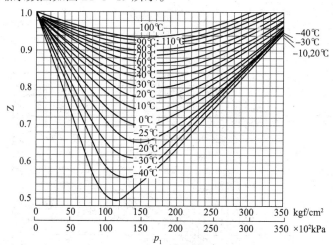

标准状态下的密度：$\rho_n = 0.776 \text{kg/m}^3$

惰性气体成分：经 $x_{CO_2} = x_{N_2} = 0$

$t/℃$	$p_1 / (\text{kgf/cm}^2)$	$δ_Z$
<0	≤ 70	± 0.50%
<0	>70	± 0.75%
0~30	≤ 70	± 0.25%
≥ 30	>70	± 0.50%

图 21-5-19　天然气的压缩系数图

21.5.12 密度

21.5.12.1 部分油品相对密度

部分油品相对密度见表 21-5-13。

表 21-5-13 部分油品相对密度

名称	相对密度（常温）	名称	相对密度（常温）
航空汽油	0.65~0.70	黄油	0.864~0.868（100℃）
汽油	0.70~0.76	动物油	0.913~0.927
灯油	0.76~0.80	植物油	0.922~0.935
轻油	0.80~0.83	橄榄油	0.914~0.918
柴油	0.90~0.94	牛乳	1.03~1.04
润滑油	0.90~0.96	变压器油	0.84~0.91
液态石蜡	0.87~0.93	牛、羊脂肪	0.94
松节油	0.873	甘油	1.36
亚麻仁油	0.91~0.94	棉子油	0.926
蓖麻子油	0.968	椰子油	0.89~0.91

21.5.12.2 部分液体相对密度

部分液体相对密度见表 21-5-14。

表 21-5-14 部分液体相对密度

液体名称	相对密度	液体名称	相对密度
HNO_3 92%	1.5	CS_2	1.290
氨 26%	0.910	H_2SO_4 98%	1.830
苯胺	1.039	H_2SO_4 60%	1.498
丙酮	0.812	H_2SO_4 30%	1.22
汽油	0.76	HCl 30%	1.149
苯	0.9	HCl 发烟	1.21
C_4H_9OH	0.905	甲苯	0.866
甘油 100%	1.273	醋酸 100%	1.055
甘油 80%	1.126	醋酸 70%	1.073
NaOH 10% 溶液	1.109	醋酸 30%	1.041
NaOH 30% 溶液	1.328	酚（熔融的）	约 1.06
煤油	0.845	氯仿	1.526
$C_6H_4(CH_3)_2$	0.881	CCl_4	1.633
重油	0.89~0.95	$CH_3COOC_2H_5$	1.046
CH_3OH 100%	0.796	$CH_2Cl \cdot CH_2Cl$	1.280
CH_3OH 90%	0.824	C_2H_5OH 100%	0.793
CH_3OH 30%	0.954	C_2H_5OH 70%	0.850
蚁酸	1.241	C_2H_5OH 40%	0.920
萘（熔融的）	约 1.1	C_2H_5OH 10%	0.975
石油	0.79~0.95	$(C_2H_5)_2O$	0.912
硝基苯	1.204		

21.5.12.3 常见无机物水溶液相对密度

常见无机物水溶液相对密度见表 21-5-15。

表 21-5-15　常见无机物水溶液相对密度

名称	$t/\text{℃}$	质量分数 $l\%$						
		10	14	20	30	40	50	60
$AgNO_3$	20	1.088	1.128	1.194	1.32	1.474	1.668	1.916
$AlK(SO_4)_2$	19							
$AlK(SO_4)_2$	15							
$AlNH_4(SO_4)_2$	19	1.105	1.152					
$Al_2(SO_4)_3$	15							
$BaCl_2$	20	1.092	1.111					
$Ba(NO_3)_2$	18	1.086						
$Ba(OH)_2$	18	1.077	1.129	1.213	1.36			
$CaCl_2$	20	1.083	1.120	1.177	1.282	1.396		
$Ca(NO_3)_2$	18	1.077	1.111	1.164	1.259			
$Ca(OH)_2$	20	1.061	1.086	1.126	1.200			
CrO_3	15	1.076	1.110	1.163	1.26	1.371	1.505	1.663
$CuCl_2$	20	1.096	1.038	1.205				
$Cu(NO_3)_2$	20	1.087	1.126	1.189				
$CuSO_4$	0	1.113						
$CuSO_4$	20	1.107	1.154					
$CuSO_4$	40	1.099						
$FeCl_2$	18	1.092	1.134	1.200				
$FeCl_3$	20	1.085	1.124	1.124	1.182	1.291	1.417	1.551
$FeK_4(CN)_6$	20	1.068	1.097	1.097				
$FeK_3(CN)_6$	20	1.054	1.077	1.077	1.113			
$Fe(NH_4)_2(SO_4)_2$	16.5	1.083	1.118	1.118				
$FeSO_4$	18	1.101	1.146	1.146	1.215			
$HgCl_2$	20							
H_3AsO_4	15	1.065	1.095	1.141	1.227	1.330	1.448	1.593
$HClO_4$	15	1.060	1.086	1.128	1.207	1.299	1.410	1.539
HF	20	1.036	1.050	1.070	1.102	1.128	1.155	1.335
H_2SiF_6	17.5	1.082	1.117	1.173	1.272			
KCl	20	1.063	1.090	1.133				
KCl	100	1.022	1.048	1.090				
$KClO_3$	18							
$KCNS$	18	1.049	1.071	1.104	1.162	1.220	1.285	
K_2CO_3	20	1.090	1.129	1.190	1.298	1.414	1.540	
K_2CO_3	100	1.047	1.085	1.145	1.253	1.368	1.493	
$K_2Cr_2O_7$	20	1.070						
$KHCO_3$	15	1.067						
$KMnO_4$	15							
KNO_3	20	1.063	1.090	1.133				
KNO_3	100	1.018	1.043	1.083				
KOH	15	1.092	1.130	1.188	1.290	1.399	1.514	
K_2SO_4	20	1.082						

续表

名称	t/℃	质量分数 /%						
		10	14	20	30	40	50	60
$MgCl_2$	20	1.082	1.116	1.171	1.269			
$MgSO_4$	20	1.103	1.148	1.220				
$MnCl_2$	18	1.086	1.124	1.185	1.299			
$Mn（NO_3）_2$	18	1.079	1.115	1.172	1.278	1.399	1.538	
$MnSO_4$	15	1.102	1.148	1.220	1.356			
$NaB2O7$	20							
$NaCl$	0	1.077	1.108	1.157				
$NaCl$	20	1.071	1.101	1.148				
$NaCl$	50	1.057	1.087	1.132				
$NaCl$	100	1.027	1.056	1.102				
$NaClO_3$	18	1.068	1.098	1.145	1.237			
Na_2CO_3	0	1.110	1.154					
Na_2CO_3	30	1.099	1.142	1.209	1.327			
Na_2CO_3	40	1.094	1.136					
Na_2CO_3	70	1.077	1.119					
Na_2CrO_4	18	1.091	1.131	1.194				
$Na_2Cr_2O_7$	15	1.070	1.098	1.138	1.207	1.279	1.342	
$NaOH$	0	1.117	1.162	1.230	1.340	1.443	1.540	
$NaOH$	20	1.109	1.153	1.219	1.328	1.430	1.525	
$NaOH$	50	1.094	1.137	1.202	1.309	1.409	1.504	
$NaOH$	80	1.077	1.119	1.183	1.289	1.389	1.483	
$NaOH$	100	1.064	1.107	1.170	1.275	1.375	1.469	
Na_2S	18	1.115	1.163					
Na_2SO_3	19	1.095	1.135					
$Na_2S_2O_3$	20	1.083	1.118	1.174	1.274	1.383		
Na_2SO_4	0	1.097	1.138	1.201				
Na_2SO_4	20	1.091	1.131	1.195				
Na_2SO_4	100	1.047	1.085					
$NaNO_3$	0	1.074	1.103	1.153	1.238	1.332		
$NaNO_3$	20	1.067	1.097	1.143	1.226	1.317		
$NaNO_3$	100	1.021	1.047	1.090	1.167	1.255		
$NaNO_2$	15	1.067	1.096	1.139				
$NaClO_4$	18	1.066	1.094	1.140	1.223			
Na_3AsO_4	17℃	1.113						
$NaHAsO_4$	14	1.098	1.142					
Na_3PO_4	15	1.108						
NaH_2PO_4	25	1.073						
NH_4Cl	0	1.033	1.045	1.062				
NH_4Cl	20	1.029	1.040	1.057				
NH_4Cl	100	0.991	1.004	1.021				
NH_4NO_3	0	1.045	1.063	1.090	1.137	1.186	1.238	
NH_4NO_3	20	1.040	1.057	1.083	1.128	1.175	1.226	
NH_4NO_3	80	1.010	1.026	1.051	1.093	1.138	1.187	
$（NH_4）_2CO_3$	15	1.033	1.047	1.067	1.101	1.129		
$（NH_4）_2SO_4$	0	1.062	1.086	1.121	1.179	1.235	1.290	
$（NH_4）_2SO_4$	20	1.057	1.081	1.115	1.172	1.228	1.282	

续表

名称	$t/℃$	质量分数 /%						
		10	14	20	30	40	50	60
$(NH_4)_2SO_4$	100	1.018	1.042	1.077	1.135	1.191	1.247	
$NiNO_3$	18	1.088	1.128	10191	1.311			
$Pb(NO_3)_2$	18	1.092	1.134	1.203	1.329			
$ZnCl_2$	20	1.082	1.127	1.187	1.293	1.417	1.568	1.749
$ZnSO_4$	18	1.107	1.156	1.234	1.383			
$ZaC_2H_3O_2$	20	1.0495	1.070	1.102				

21.5.12.4 烷烃相对密度

烷烃相对密度如图 21-5-20 所示。

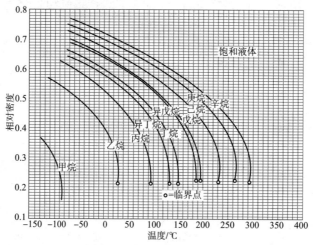

图 21-5-20 烷烃相对密度

21.5.14.5 烯烃和二烯烃相对密度

烯烃和二烯烃相对密度如图 21-5-21 所示。

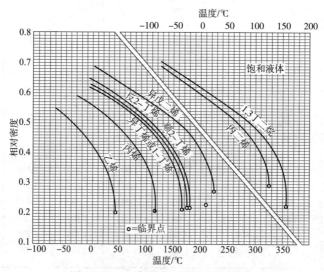

图 21-5-21 烯烃和二烯烃相对密度

21.5.12.6　芳香烃相对密度

芳香烃相对密度如图 21-5-22 所示。

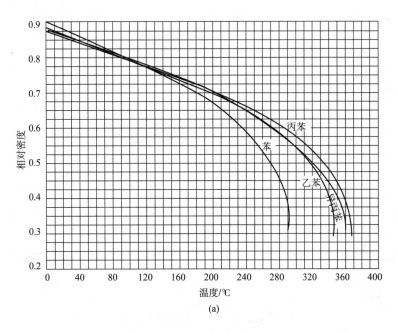

(a)

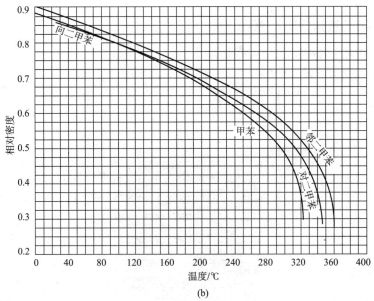

(b)

图 21-5-22　芳香烃相对密度

21.5.12.7 常用溶剂相对密度

常用溶剂相对密度如图 21-5-23 所示。

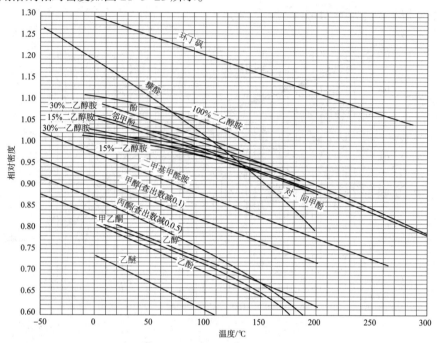

图 21-5-23 常用溶剂相对密度

21.5.12.8 有机液体相对密度

有机液体相对密度如图 21-5-24 所示。

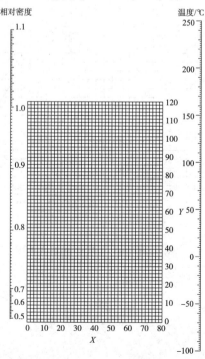

图 21-5-24 有机液体相对密度

图 21-5-24 中各种液体的 X、Y 值见表 21-5-16。

表 21-5-16　图 21-5-24 中各种液体的 X、Y 值

名称	X	Y	名称	X	Y	名称	X	Y	名称	X	Y
乙炔	20.8	10.1	十一烷	14.4	39.2	甲酸乙酯	37.6	68.4	氟苯	41.9	86.7
乙烷	10.8	4.4	十二烷	14.3	41.4	甲酸丙酯	33.8	66.7	癸烷	16.0	38.2
乙烯	17.0	3.5	十三烷	15.3	42.4	丙烷	14.2	12.2	氨	22.4	24.6
乙醇	24.2	48.6	十四烷	15.8	43.3	丙酮	26.1	47.8	氯乙烷	42.7	62.4
乙醚	22.6	35.8	三乙烷	17.9	37.0	丙醇	23.8	50.8	氯甲烷	52.3	62.9
乙丙醚	20.0	37.0	三氢化磷	23.0	22.1	丙酸	35.0	83.5	氯苯	41.7	105.0
乙硫醇	32.0	55.5	己烷	13.5	27.0	丙酸甲酯	36.5	68.3	氰丙烷	20.1	44.6
乙硫醚	25.7	55.3	壬烷	16.2	36.5	丙酸乙酯	32.1	63.9	氰甲烷	21.8	44.9
二乙胺	17.8	33.5	六氢吡啶	27.5	60.0	戊烷	12.6	22.6	环己烷	19.6	44.0
二氧化碳	78.6	45.4	甲乙醚	25.0	34.4	异戊烷	13.5	22.5	醋酸	40.6	93.5
异丁烷	13.7	16.5	甲醇	25.8	49.1	辛烷	12.7	32.5	醋酸甲酯	40.1	70.3
丁酸	31.3	78.7	甲硫醇	37.3	59.6	庚烷	12.6	29.8	醋酸乙酯	35.0	65.0
丁酸甲酯	31.5	65.5	甲硫醚	31.9	57.4	苯	32.7	63.0	醋酸丙酯	33.0	65.5
异丁酸	31.5	75.9	甲醚	27.2	30.1	苯酚	35.7	103.8	甲苯	27.0	61.0
丁酸（异）甲酯	33.0	64.1	甲酸甲酯	46.4	74.6	苯胺	33.5	92.5	异戊醇	20.5	52.0

21.5.12.9　乙腈和氢氧化钠相对密度

乙腈和氢氧化钠相对密度如图 21-5-25 所示。

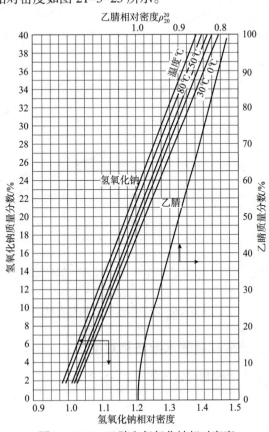

图 21-5-25　乙腈和氢氧化钠相对密度

21.5.12.10 浓硫酸水溶液相对密度

浓硫酸水溶液相对密度如图 21-5-26 所示。

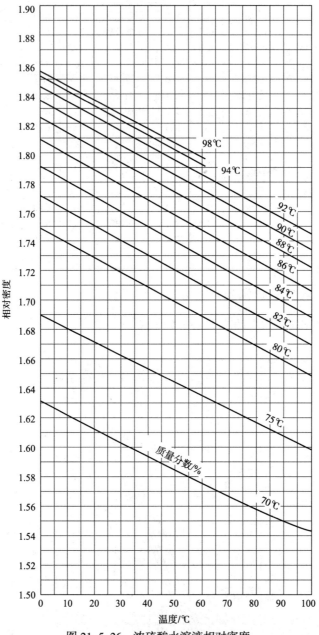

图 21-5-26 浓硫酸水溶液相对密度

21.5.12.11 稀硫酸、硝酸和盐酸水溶液相对密度

稀硫酸、硝酸和盐酸水溶液相对密度如图 21-5-27 所示。

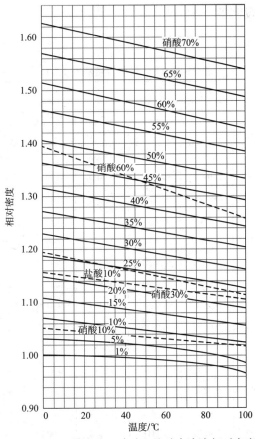

图 21-5-27　稀硫酸、硝酸和盐酸水溶液相对密度

21.5.12.12　氯化钙水溶液相对密度

氯化钙水溶液相对密度如图 21-5-28 所示。

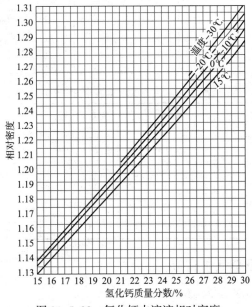

图 21-5-28　氯化钙水溶液相对密度

21.5.12.13 氨水溶液密度

氨水溶液密度见表21-5-17和表21-5-18。

表21-5-17 氨水溶液密度（1）

氨水质量分数/%	温度/℃								
	−15	−10	15	0	5	10	15	20	25
	密度/（g/cm³）								
1	—	0.9943	0.9954	0.9959	0.9958	0.9958	0.9918	0.9939	0.993
2	—	0.9906	0.9915	0.9919	0.9917	0.9913	0.9905	0.9895	0.988
4	—	0.9834	0.9840	0.9842	0.9837	0.9832	0.9822	0.9811	0.980
6	0.977	0.9766	0.9769	0.9767	0.9760	0.9753	0.9742	0.9790	0.972
8	0.970	0.9701	0.9701	0.9695	0.9686	0.9677	0.9665	0.9651	0.964
10	0.964	0.9638	0.9635	0.9627	0.9616	0.9604	0.9591	0.9575	0.956
12	0.958	0.9576	0.9571	0.9561	0.9548	0.9531	0.9519	0.9501	0.948
14	0.952	0.9517	0.9510	0.9497	0.9483	0.9467	0.9450	0.9130	0.941
16	0.917	0.3461	0.9450	0.9435	0.9420	0.9402	0.9383	0.9362	0.934
18	—	0.9406	0.9392	0.9357	0.9357	0.9388	0.9317	0.9295	—
20	—	0.9353	0.9335	0.9316	0.9296	0.9275	0.9253	0.9229	—
22	—	0.9300	0.9280	0.9258	0.9237	0.9214	0.9190	0.9164	—
24	—	0.9249	0.9226	0.9202	0.9179	0.9155	0.9129	0.9101	—
26	—	0.9199	0.9174	0.9418	0.9123	0.9077	0.9069	0.9040	—
28	—	0.9150	0.9122	0.9094	0.9067	0.9040	0.9010	0.8980	—
30	—	0.9101	0.9070	0.9040	0.9012—	0.8983	0.8951	0.8920—	—
32	—	—	—	—	—	—	0.8892	—	—
34	—	—	—	—	—	—	0.8832	—	—
36	—	—	—	—	—	—	0.8772	—	—
38	—	—	—	—	—	—	0.8712	—	—
40	—	—	—	—	—	—	0.8651	—	—

表21-5-18 氨水溶液密度（2）

氨水质量分数/%	密度（15℃）/（g/cm³）	氨水质量分数/%	密度（15℃）/（g/cm³）	氨水质量分数/%	密度（15℃）/（g/cm³）
45	0.849	65	0.776	85	0.688
50	0.832	70	0.755	90	0.665
55	0.815	75	0.733	95	0.642
60	0.796	80	0.711	100	0.648

21.5.12.14 液氨（及蒸气）密度

液氨（及蒸气）密度见表21-5-19。

表 21-5-19　液氨（及蒸气）密度

温度 /℃	密度		温度 /℃	密度		温度 /℃	密度	
	液体 / (kg/L)	蒸气 / (kg/m³)		液体 / (kg/L)	蒸气 / (kg/m³)		液体 / (kg/L)	蒸气 / (kg/m³)
−50	0.7020	0.382	−10	0.6520	2.390	10	0.6247	4.859
−43	0.6996	0.425	−9	0.6503	2.483	12	0.6218	5.189
−46	0.6972	0.474	−8	0.6497	2.579	14	0.6190	5.537
−44	0.6948	0.527	−7	0.6480	2.678	16	0.6161	5.904
−42	0.6924	0.584	−6	0.6457	2.779	18	0.6132	6.289
−40	0.6900	0.645	−5	0.6453	2.883	20	0.6103	6.694
−38	0.6875	0.712	−4	0.6440	2.991	22	0.6073	7.119
−36	0.6851	0.785	−3	0.6426	3.102	24	0.6043	7.564
−34	0.6826	0.863	−2	0.6413	3.216	26	0.6013	8.031
−32	0.6801	0.948	−1	0.6399	3.332	28	0.5983	8.521
−30	0.6777	1.038	0	0.6386	3.452	30	0.5952	9.034
−28	0.6752	1.136	1	0.6372	3.576	32	0.5921	9.573
−26	0.6726	1.242	2	0.6358	3.703	34	0.5890	10.138
−24	0.6701	1.354	3	0.6345	3.834	36	0.5859	10.731
−22	0.6676	1.474	4	0.6331	3.969	38	0.5827	11.353
−20	0.6650	1.604	5	0.6317	4.108	40	0.5795	12.005
−18	0.6624	1.742	6	0.6303	4.250	42	0.5762	12.689
−16	0.6298	1.889	7	0.6289	4.396	44	0.5729	13.404
−14	0.6572	2.046	8	0.6275	4.546	46	0.5696	14.153
−12	0.6546	2.213	9	0.6261	4.700	48	0.5683	14.936

21.5.13　黏度

21.5.13.1　气体的黏度

气体的黏度的 X、Y 值见表 21-5-20。

表 21-5-20　气体的黏度的 X、Y 值

序号	名称	X	Y	序号	名称	X	Y
1	空气	11.0	20.0	15	二硫化碳	8.0	16.0
2	氧	11.0	21.3	16	一氧化二氮	8.8	19.0
3	氮	10.6	20.0	17	一氧化氮	10.9	20.5
4	氩	10.5	22.4	18	氟	7.3	23.8
5	氖	10.9	20.5	19	氯	9.0	18.4
6	氙	9.3	23.0	20	溴	8.9	19.2
7	氢	11.2	12.4	21	碘	9.0	18.4
8	$3H_2+1N_2$	11.2	17.2	22	氯化氢	8.8	18.7
9	水蒸气	8.0	16.0	23	溴化氢	8.8	20.9
10	二氧化碳	9.5	18.7	24	碘化氢	9.0	21.3
11	一氧化碳	11.0	20.0	25	氰化氢	9.8	14.9
12	氨	8.4	16.0	26	氰	9.2	15.2
13	硫化氢	8.6	18.0	27	亚硝酸氯	8.0	17.6
14	二氧化硫	9.6	17.0	28	汞	5.3	22.9

序号	名称	X	Y	序号	名称	X	Y
29	甲烷	9.9	15.5	43	苯	8.5	13.2
30	乙烷	9.1	14.5	44	甲苯	8.6	12.4
31	乙烯	9.5	15.1	45	甲醇	8.5	15.6
32	乙炔	9.8	14.9	46	乙醇	9.2	14.2
33	丙烷	9.7	12.9	47	丙醇	8.4	13.4
34	丙烯	9.0	13.8	48	醋酸	7.7	14.3
35	丁烯	9.2	13.7	49	丙酮	8.9	13.0
36	丁炔	8.9	13.0	50	乙醚	8.9	13.0
37	戊烷	7.0	12.8	51	醋酸乙酯	8.5	13.2
38	己烷	8.6	11.8	52	氟里昂 –11	10.6	15.1
39	三甲基丁烷	9.5	10.5	53	氟里昂 –12	11.1	16.0
40	环己烷	9.2	12.0	54	氟里昂 –21	10.8	15.3
41	氯化乙烷	8.5	15.6	55	氟里昂 –22	10.1	17.0
42	三氯甲烷（氯仿）	8.9	15.7	56	氟里昂 –113	11.3	14.4

一般气体在常压下的黏度如图 21-5-29 所示。

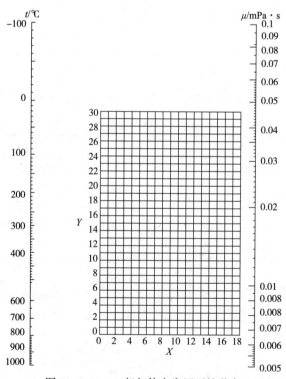

图 21-5-29　一般气体在常压下的黏度

21.5.13.2　液体的黏度

液体的黏度的 X、Y 值见表 21-5-21。

表 21-5-21　液体的黏度的 X、Y 值

序号	名称	X	Y	序号	名称	X	Y
1	水	10.2	13.0	38	四氯乙烷	11.9	v15.7
2	盐水（25%NaCl）	10.2	16.6	39	五氯乙烷	10.9	17.3
3	盐水（25%NaCl$_2$）	6.6	15.9	40	溴乙烯	11.9	15.7
4	氨（100%）	12.6	2.0	41	氯乙烯	12.7	12.2
5	氨水（26%）	10.1	13.9	42	三氯乙烯	14.8	10.5
6	二氧化碳	11.6	0.3	43	氯丙烷（丙基氯）	14.4	7.5
7	二氧化硫	15.2	7.1	44	溴丙烷（丙基溴）	14.5	9.6
8	二硫化碳	16.1	7.5	45	碘丙烷（丙基碘）	14.1	11.6
9	二氧化氮	12.9	8.6	46	异丙基溴	14.1	9.2
10	溴	14.2	13.2	47	异丙基氯	13.9	7.1
11	钠	16.4	13.9	48	异丙基碘	13.7	11.2
12	汞	18.4	16.4	49	丙烯溴	14.4	9.6
13	硫酸（110%）	7.2	27.4	50	丙烯碘	14.0	11.7
14	硫酸（100%）	8.0	25.1	51	亚乙基乙氯	14.1	8.7
15	硫酸（98%）	7.0	24.8	52	噻吩	13.2	11.0
16	硫酸（60%）	10.2	21.3	53	苯	12.5	10.9
17	硝酸（95%）	12.8	13.8	54	甲苯	13.7	10.4
18	硝酸（60%）	10.8	17.0	55	邻二甲苯	13.5	12.1
19	盐酸（31.5%）	13.0	6.6	56	间二甲苯	13.9	10.6
20	氢氧化钠（50%）	3.2	25.8	57	对二甲苯	13.9	10.9
21	戊烷	14.9	5.2	58	氟化苯	13.7	10.4
22	己烷	14.7	7.0	59	氯化苯	12.3	12.4
23	庚烷	14.1	8.4	60	碘化苯	12.8	15.9
24	辛烷	13.7	10.0	61	乙苯	13.2	11.5
25	环己烷	9.8	12.9	62	硝基苯	10.6	16.2
26	氯甲烷（甲基氯）	15.0	3.8	63	氯化甲苯（邻）	13.0	13.3
27	碘甲烷（甲基碘）	14.3	9.3	64	氯化甲苯（间）	13.3	12.5
28	硫甲烷（甲基硫）	15.3	6.4	65	氯化甲苯（对）	13.3	12.5
29	二溴甲烷	12.7	15.8	66	溴化甲苯	20.0	15.9
30	二氯甲烷	14.6	8.9	67	乙烯基甲苯	13.4	12.0
31	三氯甲烷	14.4	10.2	68	硝化甲苯	11.0	17.0
32	四氯甲烷	12.7	13.1	69	苯胺	8.1	18.7
33	溴乙烷（乙基溴）	14.5	8.1	70	酚	6.9	20.8
34	氯乙烷（乙基氯）	14.8	6.0	71	间甲酚	2.5	20.8
35	碘乙烷（乙基碘）	14.7	10.3	72	联苯	12.0	18.3
36	硫乙烷（乙基硫）	13.8	8.9	73	萘	7.9	18.1
37	二氯乙烷	13.2	12.2	74	甲醇（100%）	12.4	10.5

序号	名称	X	Y	序号	名称	X	Y
75	甲醇（90%）	12.3	11.8	112	醋酸丙酯	13.1	10.3
76	甲醇（40%）	7.8	15.5	113	醋酸丁酯	12.3	11.0
77	乙醇（100%）	10.5	13.8	114	醋酸戊酯	11.8	12.5
78	乙醇（95%）	9.8	14.3	115	丙酸甲酯	13.5	9.0
79	乙醇（40%）	6.5	16.6	116	丙酸乙酯	13.2	9.9
80	丙醇	9.1	16.5	117	丙烯酸丁酯	11.5	12.6
81	丙烯醇	10.2	14.3	118	丁酸甲酯	13.2	10.3
82	异丙醇	8.2	16.0	119	异丁酸甲酯	12.3	9.7
83	丁醇	8.6	17.2	120	丙烯酸甲酯	13.0	9.5
84	异丁醇	7.1	18.0	121	丙烯酸乙酯	12.7	10.4
85	戊醇	7.5	18.4	122	2-乙基丙烯酸丁酯	11.2	14.0
86	环己醇	2.9	24.3	123	2-乙基丙烯酸己酯	9.0	15.0
87	辛醇	6.6	21.1	124	草酸二乙酯	11.0	16.4
88	乙二醇	6.0	23.6	125	草酸二丙酯	10.3	17.7
89	二甘醇	5.0	24.7	126	乙烯基醋酸酯	14.0	8.8
90	甘油（100%）	2.0	30.0	127	乙醚	14.5	5.3
91	甘油（50%）	6.9	19.6	128	乙丙醚	14.0	7.0
92	三甘醇	4.7	24.8	129	二丙醚	13.2	8.6
93	乙醛	15.2	14.8	130	茴香醚	12.3	13.5
94	甲乙酮	13.9	8.6	131	三氯化砷	13.9	14.5
95	甲丙酮	14.3	9.5	132	三溴化磷（亚）	13.8	16.7
96	二乙酮	13.0	9.2	133	三氯化磷（亚）	16.2	10.9
97	丙酮（100%）	14.5	7.2	134	四氯化锡	13.5	12.8
98	丙酮（35%）	7.9	15.0	135	四氯化钛	14.4	12.3
99	甲酸	10.7	15.8	136	硫酰氯	15.2	12.4
100	醋酸（100%）	12.1	14.2	137	氯磺酸	11.2	18.1
101	醋酸（70%）	9.5	17.0	138	乙腈	14.4	7.4
102	醋酸酐	12.7	12.8	139	丁二腈	10.1	20.8
103	丙酸	12.8	13.8	140	氟利昂-11	14.4	9.0
104	丙烯酸	12.3	13.9	141	氟利昂-12	16.8	15.6
105	丁酸	12.1	15.3	142	氟利昂-21	15.7	7.5
106	异丁酸	12.2	14.4	143	氟利昂-22	17.2	4.7
107	甲酸甲酯	14.2	7.5	144	氟利昂-113	12.5	11.4
108	甲酸乙酯	14.2	8.4	145	煤油	10.2	16.9
109	甲酸丙酯	13.1	9.7	146	亚麻仁油	7.5	27.2
110	醋酸甲酯	14.2	8.2	147	松脂精	11.5	14.9
111	醋酸乙酯	13.7	9.1				

一般液体在常压下的黏度如图 21-5-30 所示。

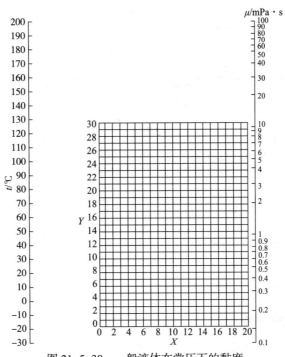

图 21-5-30　一般液体在常压下的黏度

21.5.14　金属的物理性质

金属的物理性质见表 21-5-22。

表 21-5-22　金属的物理性质

金属		电阻率（20℃）/ μΩ·cm	电阻率系数 （20℃）	热电动势 /mV	相对密度	热膨胀系数 （20℃）/ （10⁻⁶℃）	熔融点 /℃
银	Ag	1.62	0.0038	+0.75	10.5	18.9	960.5
铝	Al	2.62	0.0039	+0.38	2.7	23.03	660.0
金	Au	2.40	0.0034	+0.70	19.3	14.2	1063.0
铋	Bi	115	0.004	-7.25	9.8	13.3	271
钙	Ca	4.6	-	-	1.55	25.0	810
镉	Cd	7.5	0.0038	+0.92	8.65	29.8	320.9
钴	Co	9.7	-	-1.99	8.9	12.3	1480
铬	Cr	2.6	-	-	7.1	8.2	1615
铜	Cu	1.69	0.00393	-0.75	8.92	16.6	1083
铁	Fe	10.0	0.0050	+1.91	7.86	11.7	1535
水银	Hg	95.8	0.00089	0.00	13.55		-38.87
铱	Ir	6	-	+0.65	22.4	6.5	2350
钾	K	7.0	-	-0.94	0.86	83	62.3
锂	Li	9.3	-		0.53	56	186
镁	Mg	4.46	0.004	+0.42	1.74	25.6	651
钼	Mo	4.77	0.0033	+1.31	10.2	4	2620
钠	Na	4.6	-	-0.21	0.97	71	97.5
镍	Ni	6.9	0.006	-1.43	8.90	12.8	1452
锇	Os	9	-	-	22.48	6.1	2700

金属		电阻率（20℃）/ $\mu\Omega\cdot cm$	电阻率系数（20℃）	热电动势/mV	相对密度	热膨胀系数（20℃）/（10^{-6}℃）	熔融点/℃
铅	Pb	21.9	0.0039	+0.44	11.37	29.1	327.4
钯	Pd	10.8	0.0033	−0.48	12.0	11.8	1555
白金	Pt	10.5	0.003	0.00	21.45	8.9	1755
铷	Rb	12.5	−		1.53	90	38.5
铑	Rh	5.1	−	+0.65	12.5	8.4	1955
锡	Sn	11.4	0.0042	+0.45	7.33	20	231.85
锶	Sr	23	−	−	2.6		800
钽	Ta	15.5	0.0031	+0.34	16.6	7	2830
钨	W	5.48	0.0045	+0.79	19.3	4	3370
锌	Zn	6.1	0.0037	+0.77	7.14	33	419.13

21.5.15　电导率

21.5.15.1　水溶液电导率

水溶液电导率见表 21-5-23。

表 21-5-23　水溶液电导率

液体名称	质量分数/%	温度/℃	电导率/（S/cm）
硝酸银（$AgNO_3$）	5	18	2.56×10^{-2}
	60		21.01×10^{-2}
氯化钡（$BaCl_2$）	5	18	3.89×10^{-2}
	24		15.34×10^{-2}
硝酸钡［$Ba(NO_3)_2$］	4.2	18	2.09×10^{-2}
乙醇，酒精（C_2H_5OH）	95	25	2.6×10^{-7}
醋酸（CH_3CO_2H）	0.3	18	3.18×10^{-4}
	20		16.05×10^{-4}
	70		2.35×10^{-4}
	99.7		4×10^{-8}
	100（纯）	25	1.2×10^{-9}
丙酸（$C_2H_5CO_2H$）	1.00	18	4.79×10^{-4}
	20.02		10.42×10^{-4}
	69.99		8.5×10^{-7}
	100.00		7×10^{-8}
	100（纯）	25	$<10^{-9}$
丁酸（$C_3H_7CO_2H$）	1.00	18	4.55×10^{-4}
	50.04		2.96×10^{-4}
	70.01		5.6×10^{-7}
	100		6×10^{-8}
草酸，酢酸［$(CO_2H)_2$］	3.5	18	5.08×10^{-2}
氯化钙（$CaCl_2$）	5.0	18	6.43×10^{-2}
	25.0		17.81×10^{-2}
	35.0		13.66×10^{-2}

液体名称	质量分数 /%	温度 /℃	电导率 / (S/cm)
硝酸钙 [Ca (NO$_3$)$_2$]	6.25	18	4.91×10^{-2}
	25.0		10.48×10^{-2}
	50		4.69×10^{-2}
溴化镉（CdBr$_2$）	0.0324	18	2.31×10^{-4}
	1		35.70×10^{-4}
	30		27.30×10^{-3}
氯化镉（CdCl$_2$）	0.0503	18	4.95×10^{-4}
	1		55.10×10^{-4}
	20		29.90×10^{-3}
	50		13.70×10^{-3}
碘化镉（CdI$_2$）	1	18	21.20×10^{-4}
	20		25.40×10^{-3}
	45		31.04×10^{-3}
硝酸镉 [Cd (NO$_3$)$_2$]	1	18	69.40×10^{-4}
	48		75.50×10^{-3}
硫酸镉（CdSO$_4$）	0.0289	18	2.47×10^{-4}
	0.495		23.93×10^{-4}
	5		14.60×10^{-3}
	36		42.10×10^{-3}
氯化铜（CuCl$_2$）	1.35	18	18.70×10^{-3}
	35.2		69.90×10^{-3}
硝酸铜 [Cu (NO$_3$)$_2$]	5	15	36.50×10^{-3}
	15		85.80×10^{-3}
	35		10.62×10^{-2}
硫酸铜（CuSO$_4$）	2.5	18	10.90×10^{-3}
	17.5		45.80×10^{-3}
氢溴酸（HBr）	5	15	19.08×10^{-2}
	15		49.40×10^{-2}
	100（纯）		8×10^{-9}
甲酸, 蚁酸（HCO$_2$H）	4.94	18	55.00×10^{-4}
	39.95		98.40×10^{-4}
	100		2.80×10^{-4}
	100（纯）		5.6×10^{-5}
盐酸（HCl）	5	15	39.48×10^{-2}
	40		51.52×10^{-2}
氢氟酸（HF）	0.004	18	2.50×10^{-4}
	0.121		21.00×10^{-4}
	4.80		59.30×10^{-3}
	29.8		34.11×10^{-2}
氢碘酸（HI）	5	15	13.32×10^{-2}
硝酸（HNO$_3$）	6.2	18	31.23×10^{-2}
	31.0		78.19×10^{-2}
	62.0		49.04×10^{-2}
磷酸（H$_3$PO$_4$）	10	15	56.60×10^{-32}
	70		14.73×10^{-2}
	87		70.90×10^{-3}

续表

液体名称	质量分数 /%	温度 /℃	电导率 /（S/cm）
硫酸（H_2SO_4）	5	18	20.85×10^{-2}
	85		98.50×10^{-3}
	99.4		85.00×10^{-4}
二溴化汞（$HgBr_2$）	0.223	18	16×10^{-6}
二氯化汞（$HgCl_2$）	0.229	18	44×10^{-6}
	5.08		421×10^{-6}
溴化钾（KBr）	5	15	4.65×10^{-2}
	36		35.07×10^{-2}
醋酸钾（KCH_3CO_2）	4.67	15	34.70×10^{-3}
	65.33		47.90×10^{-3}
氰化钾（KCN）	3.25	15	52.70×10^{-3}
碳酸钾（K_2NO_3）	5	15	56.10×10^{-3}
	50		14.69×10^{-2}
草酸钾（$K_2C_2O_4$）	5	18	48.80×10^{-3}
氯化钾（KCl）	5	18	69.90×10^{-3}
	21		28.10×10^{-2}
氟化钾（KF）	5	18	65.20×10^{-3}
	40		25.22×10^{-2}
碘化钾（KI）	5	18	33.80×10^{-2}
	55		42.26×10^{-3}
硝酸钾（KNO_3）	5	18	45.40×10^{-3}
	22		16.25×10^{-2}
氢氧化钾（KOH）	4.2	15	14.64×10^{-2}
	42		42.12×10^{-2}
硫化钾（K_2S）	3.18	18	84.50×10^{-3}
	47.26		25.79×10^{-2}
硫酸钾（K_2SO_4）	5	18	45.80×10^{-3}
碳酸锂（Li_2CO_3）	0.20	18	34.30×10^{-4}
	0.63		88.50×10^{-4}
氯化锂（LiCl）	2.5	18	41.00×10^{-3}
	40		84.80×10^{-2}
碘化锂（LiI）	5	18	29.60×10^{-3}
	25		13.46×10^{-2}
氢氧化锂（LiOH）	1.25	18	78.10×10^{-3}
	7.5		29.99×10^{-2}
硫酸锂（Li_2SO_4）	5	15	40.00×10^{-3}
	10		61.00×10^{-3}
氯化镁（$MgCl_2$）	5	18	68.30×10^{-3}
	30		10.61×10^{-2}
硝酸镁［$Mg(NO_3)_2$］	5	18	43.80×10^{-3}
硫酸镁（$MgSO_4$）	5	15	26.30×10^{-3}
氯化锰（$MnCl_2$）	5	15	52.60×10^{-3}
	28		10.16×10^{-2}

液体名称	质量分数 /%	温度 /℃	电导率 / (S/cm)
醋酸钠（$NaCH_3CO_2$）	5	18	29.50×10^{-3}
	32		56.90×10^{-3}
碳酸钠（Na_2CO_3）	5	18	45.10×10^{-3}
	15		83.60×10^{-3}
氯化钠（$NaCl$）	5	18	67.20×10^{-3}
	10		12.11×10^{-2}
	26		21.51×10^{-2}
碘化钠（NaI）	5	18	29.80×10^{-3}
	40		21.51×10^{-2}
硝酸钠（$NaNO_3$）	5	18	43.60×10^{-3}
	30		16.06×10^{-2}
氢氧化钠（$NaOH$）	2	18	46.50×10^{-3}
	20		32.84×10^{-2}
	50		82.00×10^{-3}
硅酸钠（$Na_2O \cdot nSiO_2$）	37	25	26×10^{-3}
	46		14×10^{-3}
硫化钠（Na_2S）	2.02	18	61.20×10^{-3}
	18.15		21.84×10^{-2}
硫酸钠（Na_2SO_4）	5	18	40.90×10^{-3}
	15		88.60×10^{-3}
氨水（NH_3）	0.10	15	2.51×10^{-4}
	8.03		10.38×10^{-4}
	30.5		1.93×10^{-4}
氯化铵（NH_4Cl）	5	18	91.80×10^{-3}
	25		40.25×10^{-2}
碘化铵（NH_4I）	10	18	77.20×10^{-3}
	50		42.00×10^{-2}
硝酸铵（NH_4NO_3）	5	15	59.00×10^{-3}
	50		36.33×10^{-2}
硫酸铵〔$(NH_4)_2SO_4$〕	5	15	55.20×10^{-3}
	31		23.21×10^{-2}
硝酸铅〔$Pb(NO_3)_2$〕	5	15	19.10×10^{-3}
	30		66.80×10^{-3}
氯化锶（$SrCl_2$）	5	18	48.30×10^{-3}
	22		15.83×10^{-2}
硝酸锶〔$Sr(NO_3)_2$〕	5	15	30.90×10^{-3}
	35		86.10×10^{-3}
氯化锌（$ZnCl_2$）	2.5	15	27.60×10^{-3}
	30		92.60×10^{-3}
	60		36.90×10^{-3}
硫酸锌（$ZnSO_4$）	5	18	19.10×10^{-3}
	30		44.40×10^{-3}

21.5.15.2 纯液体电导率

纯液体电导率见表21-5-24。

表 21-5-24 纯液体电导率

液体名称	温度/℃	电导率/（S/cm）	液体名称	温度/℃	电导率/（S/cm）
乙醛，醋醛	15	1.7×10^{-6}	乙醇，酒精	25	1.3×10^{-9}
乙醛胺	100	$<43.0 \times 10^{-6}$	乙基苯酸酯	25	1×10^{-9}
乙酸，醋酸	25	1.12×10^{-9}	乙基溴化酯	25	2×10^{-8}
醋酸酐	25	0.48×10^{-6}	乙（撑）二胺	25	$(9 \sim 20) \times 10^{-8}$
丙酮	25	6×10^{-6}	乙基碘化酯	25	$<2 \times 10^{-6}$
乙腈、氰化甲烷	20	7×10^{-6}	异乙基硫氰酸酯	25	0.126×10^{-6}
乙酰苯，苯乙酮，海卜能	25	6×10^{-9}	乙基硝酸酯	25	0.53×10^{-6}
乙酰溴，溴化乙酰	25	2.4×10^{-6}	乙基硫氰酸酯	25	1.2×10^{-6}
乙酰氯，氯化乙酰	25	0.4×10^{-6}	乙（烷）基胺	0	0.4×10^{-6}
己二酸	25	0.7×10^{-6}	乙醚，二乙醚	25	4×10^{-13}
	170	0.2×10^{-6}	溴化乙烯	19	$<2 \times 10^{-10}$
茜素，1，2-二羟基蒽醌	233	1.45×10^{-6}	氯化乙烯	25	0.03×10^{-6}
烯丙基醇	25	7×10^{-6}	硫酸乙烯	25	0.53×10^{-6}
明矾	25	9×10^{-3}	氯化亚乙基	25	$<1.7 \times 10^{-8}$
液氨	−79	1.3×10^{-7}	丁子香酚，丁子香色酮	25	$<1.7 \times 10^{-8}$
苯胺	25	2.4×10^{-8}	甲醛水	25	4×10^{-6}
蒽，并三苯	230	3×10^{-10}	甲酰胺	25	4×10^{-6}
三溴化砷	35	1.5×10^{-6}	蚁酸，甲酸	25	64×10^{-6}
三氯化砷	25	1.2×10^{-6}	糠醛，呋喃甲醛	25	1.5×10^{-6}
苯醛，苯甲醛	25	1.5×10^{-7}	镓	30	3.68×10^{4}
苯	−	7.6×10^{-10}	四溴化锗	30	78×10^{-6}
安息香酸，苯（甲）酸	125	3×10^{-9}	甘油，丙三醇	25	6.4×10^{-8}
苯基氰	25	5×10^{-8}	乙二醇，正醇，甘醇	25	0.3×10^{-6}
苯甲醇	25	1.8×10^{-8}	愈创木酚，磷甲氧基苯酚	25	0.28×10^{-6}
液溴	17.2	1.3×10^{-13}	庚烷	−	$<10^{-13}$
溴代苯	25	$<2.0 \times 10^{-10}$	己烷	18	$<10^{-18}$
溴仿，三溴甲烷	25	$<2 \times 10^{-8}$	溴化氧	−80	8×10^{-9}
异丁基醇	25	$<2 \times 10^{-8}$	氯化氢	−96	1×10^{-8}
卡普纶腈，聚己内酰胺腈	25	3.7×10^{-6}	氰化氢	0	3.3×10^{-6}
二硫化碳			碘化氢	沸点	0.2×10^{-6}
四氯化碳	1	7.8×10^{-18}	硫化氢	沸点	10^{-11}
液氯	18	4.0×10^{-13}	碘	110	1.3×10^{-9}
氯乙酰酸	−70	$<1.0 \times 10^{-16}$	煤油	25	$<0.17 \times 10^{-8}$
m-氯苯胺	60	1.4×10^{-6}	汞	0	1.06×10^{4}
氰	25	5×10^{-8}	甲基乙酸酯	25	3.4×10^{-6}
伞花烃，甲基异丙基苯	−	$<7 \times 10^{-9}$	甲醇，木精	18	0.44×10^{-6}
二氯醋酸，二氯乙酸	25	$<2 \times 10^{-8}$	丁酮	25	0.1×10^{-6}
二氯（乙）醇	25	$<7 \times 10^{-8}$	甲基碘酸酯	25	$<2 \times 10^{-8}$
碳酸二乙酯		12×10^{-6}	甲基硝酸酯	25	4.5×10^{-6}
草酸二乙酯	25	1.7×10^{-8}	甲基硫氰酸酯	25	1.5×10^{-6}
硫酸二乙酯	25	0.76×10^{-6}	萘	82	4×10^{-10}
二乙胺	25	0.26×10^{-6}	硝基苯	0	5×10^{-9}
二甲替甲酰胺	−33.6	2.2×10^{-9}	硝基甲烷	18	0.6×10^{-6}
硫酸二甲酯	25	$(6 \sim 20) \times 10^{-8}$	o 或 m-硝基甲苯（炸药）	25	0.2×10^{-6}
表氯醇，氯甲代氧丙环	0	0.16×10^{-6}	壬烷	25	1.7×10^{-8}
乙酸乙酯	25	3.4×10^{-8}	油酸	15	$<2 \times 10^{-10}$
乙酰乙酸乙酯	25	$<1 \times 10^{-9}$	戊烷	19.5	$<2 \times 10^{-10}$
酚	25	4×10^{-8}	石油	−	3×10^{-13}
苯异硫氰酸	25	1.7×10^{-6}	苯乙醚	25	1.7×10^{-8}
光气	25	1.4×10^{-6}	喹啉，氮萘	25	2.2×10^{-8}
磷酸	25	7×10^{-9}	水杨酸醛	25	1.6×10^{-7}
磷酸氯，三氯氧化磷	25	0.4×10^{-6}	氯磺酰	25	2.0×10^{-6}
蒎烯	25	2.2×10^{-6}	硫	115	10^{-12}
呱啶，氮己环	23	$<2 \times 10^{-10}$		440	1.2×10^{-7}
丙醛	25	0.2×10^{-6}	二氧化硫	35	1.5×10^{-8}
丙酸	25	0.85×10^{-6}	甲苯		$<10^{-14}$
丙腈	25	$<10^{-9}$	o-甲胺	25	$<2.0 \times 10^{-6}$
丙醇	25	0.1×10^{-6}	p-甲苯胺	100	6.2×10^{-8}
m-丙醇	25	2×10^{-8}	三氯醋酸	25	3×10^{-9}
异丙醇	25	2.2×10^{-8}	三甲胺	−33.5	2.2×10^{-10}
m-丙基溴	25	3.5×10^{-6}	松节油	−	2.0×10^{-13}
吡啶，氮苯	25	$<2 \times 10^{-8}$	异三戊酸甘油酸	80	$<4.0 \times 10^{-13}$
	18	5.3×10^{-8}	水（蒸馏）	−	4×10^{-8}
			二甲苯	−	$<10^{-15}$

21.5.15.3　其他杂项液体电导率

其他杂项液体电导率见表 21-5-25。

表 21-5-25　其他杂项液体电导率

液体名称	温度 /℃	电导率 / (S/cm)	液体名称	温度 /℃	电导率 / (S/cm)
糖蜜	10	3×10^{-4}	己二酸	25	0.7×10^{-6}
	50	5×10^{-3}	氯化铝	25	25×10^{-2}
糖液	25	$(1\sim3) \times 10^{-6}$	水化氧化铝溶液	25	35×10^{-2}
纯砂糖溶液	10	3×10^{-6}	甲盐酸酯	25	4×10^{-4}
半纯砂糖溶液	30	5.85×10^{-4}	亚砷铜铵	25	5×10^{-3}
杜松子酒（90度）	25	1×10^{-5}	氯化乙醚	25	18×10^{-6}
伏特加酒（100度）	25	4×10^{-6}	异苯二酸聚酯树脂	25	$<4 \times 10^{-8}$
巧克力利口酒	–	$<10^{-13}$	异丙醇	25	1.8×10^{-6}
豆油	25	$<4 \times 10^{-8}$	内酰胺	25	43×10^{-6}
	104	$<10^{-13}$	橡胶浆	25	5×10^{-3}
花生酱（无糖）	30	$<10^{-13}$	甲基异丁酮	25	4×10^{-6}
花生酱（加糖）	28	1×10^{-3}	丙二醇	25	4×10^{-8}
动物性脂肪	70	$<10^{-13}$	铝酸钠	25	70×10^{-3}
石蜡	66	$<10^{-13}$	尿素（纯）	145	5×10^{-3}
墨水	60	2×10^{-6}	（66%）	25	1×10^{-4}
黑液	93	5×10^{-3}			
乳酸银 31–56 三醇	25	0.77×10^{-6}			

21.5.16　常见液体体膨胀系数

$$V_t = V_0(1+a_{20}+bt^2+ct^2)$$

式中　V_t——t℃溶液的体积；

　　　V_0——0℃时的体积；

　　　a_{20}——20℃时液体膨胀系数；

a、b、c——体积膨胀系数，见表 21-5-26。

表 21-5-26　体积膨胀系数

物质	$a_{20} \times 10^3/℃^{-1}$	公式适用温度 t/℃	$a \times 10^3/℃^{-1}$	$b \times 10^6/℃^{-1}$	$c \times 10^8/℃^{-1}$
乙酸乙酯	1.389	–36~70	1.2585	2.95688	0.14922
乙醇		0~80	1.04139	0.7838	1.7618
乙醚	1.656	–15~38	1.51324	2.35918	4.00512
丁醇	0.950	6~108	0.83751	2.8634	–0.12415
二硫化碳	1.218	–34~68	1.1398	1.37065	1.91225
三氯甲烷（氯仿）	1.273	0~63	1.10715	4.66473	–1.74328
三氯化磷	1.154	–36~75	1.126862	0.87288	0.25276
三氯氧磷	1.116	0~107	1.06431	1.12666	1.79236
丙酮	1.487	0~54	1.324	3.809	–0.87983
甲醇	1.259	–38~70	1.18557	1.56493	0.91113
四氯化硅	1.430	–32~59	1.29412	2.18414	4.08642
		0~100	0.18169041	0.002951266	0.0114562
汞		24~299	0.18163	0.01155	0.0021187
苯	1.237	11~81	1.17626	1.27755	0.80648

续表

物质		$a_{20} \times 10^3/℃^{-1}$	公式适用温度 $t/℃$	$a \times 10^3/℃^{-1}$	$b \times 10^6/℃^{-1}$	$c \times 10^8/℃^{-1}$
硫酸（浓）		–	0~30	0.5758	–0.864	–
	10.9%	0.387	0~30	0.2835	2.580	
	5.4%	0.311	0~30	0.1450	4.143	
	1.4%	0.234	0~30	0.03335	5.025	
硫酸钠	9%	0.235	0~40	0.0449	4.749	
	24%	0.410	11~40	0.3599	1.258	
硫酸氢钠	21%	0.555	0~34	0.5364	4.75	
溴		1.113	–7~60	1.03819	1.711138	0.5447
氯化钙	40.9%	0.458	17~24	0.42383	0.8571	
氯化钾	24.3%	0.353	16~25	0.2695	2.080	
氯化钠	20.6%	0.414	0~29	0.3640	1.237	
氯化锡		1.178	–19~113	1.1328	0.91171	0.75798
煤油（相对密度 0.8467）		0.955	24~120	0.8994	1.396	
盐酸	33.2%	0.455	0~33	0.4460	0.215	
	4.2%	0.239	0~33	0.0652	4.355	
	1%	0.211	0~33	0.0153	4.899	
水		0.207	0~33	–0.06427	8.5053	–6.7900

21.5.17　各种气体的磁化率

各种气体的磁化率见表 21-5-27。

表 21-5-27　各种气体的磁化率

气体名称	相对磁化率	气体名称	相对磁化率	气体名称	相对磁化率
O_2	+100	CO	–0.354	CH_4	–0.512
乙炔（C_2H_2）	–0.612	乙烷	–0.789	Ne	–0.205
丙炔（C_3H_4）	–0.744	乙烯	–0.553	NO	+44.2
氨（NH_3）	–4.79	He	–0.059	NO_2	+28.7
氩（Ar）	–0.569	正庚烷	–2.508	N_2	–0.358
溴（Br_2）	–1.83	正己烷	–2.175	N_2O	–0.56
1，2丁二烯	+1.043	环己烷	–1.915	正辛烷	–2.84
1，3丁二烯	–0.944	H_2	–0.117	正戊烷	–1.81
正丁烷	–1.481	HBr	–0.968	异戊烷	–1.853
异丁烷	–1.485	HCl	–0.650	丙烷	–1.135
1-丁烯	–1.205	HF	–0.253	丙烯	–0.903
顺 2-丁烯	–1.252	HI	–1.403	H_2O	–3.81
反 2-丁烯	–1.201	H_2S	–0.751	Xe	–1.34
CO_2	–0.623	Kr	–0.853		

21.5.18　物质的相对介电常数

21.5.18.1　烃类和石油产品的相对介电常数

烃类和石油产品的相对介电常数见表 21-5-28。

表 21-5-28　烃类和石油产品的相对介电常数

材料	温度		相对介电常数
	℃	℉	
（正）己烷	0	32	1.918
	20	68	1.890
	60	140	1.817
（正）庚烷	0	32	1.958
	20	68	1.930
	60	140	1.873
苯	10	50	2.296
	20	68	2.283
	60	140	2.204
环己胺	20	68	2.055
石油产品			
汽油	20	68	1.8~2.0
煤油	20	68	2.0~2.2
润滑油	20	68	2.1~2.6

21.5.18.2　无机化合物的相对介电常数

无机化合物的相对介电常数见表 21-5-29。

表 21-5-29　无机化合物的相对介电常数

化合物	相对介电常数	化合物	相对介电常数
空气	1.0	氯化钡（无水）	11.0
空气（干，68 ℉）	1.00	氯化钡（二个水的）	9.4
氧化铝	4.5	硝酸钡	5.8
氢氧化铝	2.2	硝酸钡（60 ℉）	11.4
氨水（-74 ℉）	25.0	溴（68 ℉）	3.1
氨水（-30 ℉）	22.0	溴（32 ℉）	1.01
氨水（40 ℉）	18.9	二氧化碳（68 ℉）	1.00
氨水（69 ℉）	16.5	氟化钙	7.4
氯化铵	7.0	方解石	8.0
三氯化锑	5.3	钙	3.0
氩（-376 ℉）	1.5	碳酸钙	6.1~9.1
氩（68 ℉）	1.00	氧化钙，颗粒	11.8
三溴化砷（98 ℉）	9.0	硫酸钙	5.6
三溴化砷（70 ℉）	12.4	过硫酸钙	14~15
石棉	3.0~4.8	炭黑	2.5~3.0
石灰（飞）	1.7~2.6	二氧化碳（32 ℉）	1.6
二氧化碳液体	1.6	亚硫酸铅	17.9
水泥	1.5~2.1	石灰	2.2~2.5

化合物	相对介电常数	化合物	相对介电常数
水泥，卜特兰	2.5~2.6	液态空气	1.5
木炭	1.81	液态氢	1.2
氯（-50 ℉）	2.1	氯化锂	11.1
氯（32 ℉）	2.0	二氧化锰	5.2
氯（142 ℉）	1.5	氧化镁	9.7
氯，液体	2.0	硫酸镁	8.2
铬铁矿	4.0~4.2	孔雀石	7.2
黏土	1.8~2.8	氯化汞	3.2
氧化铜（60 ℉）	18.1	氯化汞	9.4
硫酸铜（无水）	10.3	汞（298 ℉）	1.00
硫酸铜（五水）	7.8	云母	6.9~9.2
氘（68 ℉）	1.3	氖	1.00
钻石	5.68	硝酸（14 ℉）	50.0
白云石	6.8~8.0	氮（336 ℉）	1.45
铁与铬的合金	1.5~1.8	氮（68 ℉）	1.00
铁锰齐	5.0~5.2	氧化氮（32 ℉）	1.6
氧化亚铁（60 ℉）	14.2	氧气（-315 ℉）	1.51
硫酸亚铁（58 ℉）	14.2	氧气（68 ℉）	1.00
氟（-332 ℉）	1.5	光气，碳酰氯（32 ℉）	4.7
氟石	6.8	磷化氢（-76 ℉）	2.5
飞石灰	1.7~2.6	红磷	4.1
漂白土	1.8~2.2	黄磷	3.6
玻璃	3.7~10	三氯氧化磷（70 ℉）	13.0
石墨	12~15	硫酸铝钾	3.8
石膏（68 ℉）	6.3	碳酸钾（60 ℉）	5.6
氦，液体	1.05	氯酸钾	5.1
肼（68 ℉）	52.0	氯化钾	4.6
盐酸（68 ℉）	4.6	碘化钾	5.6
氢氟酸（70 ℉）	2.3	硝酸钾	5.0
氢氟酸（32 ℉）	158.0	硫酸钾	5.9
氢（440 ℉）	1.23	石英（68 ℉）	4.49
氢（212 ℉）	1.00	金红石	6.7
碘化氢（72 ℉）	2.9	食盐	3.0~15.0
溴化氢（24 ℉）	3.8	沙（干）	2.5~5.0
溴化氢（-120 ℉）	7.0	硒（68 ℉）	6.1
氯化氢（82 ℉）	4.6	硅	11.0~12.0

续表

化合物	相对介电常数	化合物	相对介电常数
氯化氢（−188 ℉）	12.0	二氧化硅	4.5
氰化氢（70 ℉）	95.4	四氯化硅（60 ℉）	2.4
氟化氢（32 ℉）	84.2	溴化银	12.2
氟化氢（−100 ℉）	17.0	氯化银	11.2
过氧化氢（32 ℉）	84.2	氰化银	5.6
过氧化氢 100%	70.7	熟石灰	2.0~3.5
过氧化氢 35%	121.0	碳酸钠（无水）	8.4
硫化氢（−84 ℉）	9.3	碳酸钠（10 水）	5.3
硫化氢（48 ℉）	5.8	氯化钠	5.9
氢氟酸（32 ℉）	83.6	氰化钠	7.55
碘（107 ℉）	118.0	重铬酸钠	2.9
碘（颗粒状）	4.0	硝酸钠	5.2
氧化铁	14.2	油酸钠（68 ℉）	2.7
氧化铅	25.9	高氯酸钠	5.4
醋酸铅	2.5	磷酸钠	1.6~1.9
硝酸铅	37.7	亚磷酸钠	5.4
硫酸铅	14.3	硫酸钠	5.0
硫	1.6~1.7	水（80 ℉）	80.0
二氧化硫（32 ℉）	15.6	水（212 ℉）	55.3
三氧化硫（70 ℉）	3.6	水（390 ℉）	34.5
硫，液体	3.5	水（蒸汽）	1.01
硫酸（68 ℉）	84.0	氧化锌	1.7~2.5
硫酸（25 ℉）	100.0	硫化锌	8.2
水（32 ℉）	88.0	锆	12.0
水（68 ℉）	80.10	氧化锆	12.5

21.5.18.3 有机化合物的相对介电常数

有机化合物的相对介电常数见表 21–5–30。

表 21–5–30 有机化合物的相对介电常数

化合物	相对介电常数	化合物	相对介电常数
乙醛（41 ℉）	21.8	苯甲酰氯（70 ℉）	22.1
乙酰胺（68 ℉）	41.0	苯甲酰氯（32 ℉）	23.0
乙酰胺（180 ℉）	59.0	苯甲醇（28 ℉）	13.0
乙酰苯胺（71 ℉）	2.9	联苯	20.0
醋酸（68 ℉）	6.2	溴苯（68 ℉）	5.4
醋酸（36 ℉）	4.1	丁烷（30 ℉）	1.4
乙酸酐（66 ℉）	21.0	丁醇（液）（68 ℉）	17.8

续表

化合物	相对介电常数	化合物	相对介电常数
丙酮（77 ℉）	20.7	丁酮（68 ℉）	18.5
丙酮（127 ℉）	17.7	丁酸酐（20 ℉）	12.0
丙酮（32 ℉）	1.0159	正丁醇（77 ℉）	17.51
乙腈（68 ℉）	37.5	异丁醇（-112 ℉）	31.7
乙腈（70 ℉）	37.5	异丁醇（68 ℉）	16.68
乙酰苯（75 ℉）	17.3	异丁醇（32 ℉）	20.5
乙酰基氯（68 ℉）	15.8	异丁醇（68 ℉）	18.7
乙酰丙酮（68 ℉）	25.0	异丁胺（70 ℉）	4.5
乙炔（32 ℉）	1.0217	异丁苯（62 ℉）	2.3
乙酰甲基己酮（66 ℉）	27.9	苯甲酸异丁酯（68 ℉）	5.9
烯丙醇（58 ℉）	22.0	硝酸异丁酯（66 ℉）	11.9
醋酸戊酯（68 ℉）	5.1	丁胺（70 ℉）	5.4
醋酸异戊酯（68 ℉）	5.6	异丁胺（70 ℉）	4.5
异戊醇（74 ℉）	15.3	甲酸异丁酯（66 ℉）	6.5
戊醇（-180 ℉）	35.5	硝酸异丁酯（66 ℉）	11.9
戊醇（68 ℉）	15.8	丁醛（79 ℉）	13.4
戊醇（140 ℉）	11.2	丁酸（68 ℉）	2.9
甲酸戊酯（66 ℉）	5.7	丁酸酐（68 ℉）	12.0
硝酸戊酯（62 ℉）	9.1	丁腈（70 ℉）	20.7
苯胺（32 ℉）	7.8	异丁酸（68 ℉）	2.6
苯胺（68 ℉）	7.21	异丁酸酐（68 ℉）	13.9
苯胺（212 ℉）	5.5	异丁腈（77 ℉）	20.8
苯甲醚（68 ℉）	4.3	己酸（160 ℉）	2.6
苯甲醛（68 ℉）	17.8	己内氨酸	1.7
苯（50 ℉）	2.29	异己内氨酸（68 ℉）	15.7
苯（68 ℉）	2.28	二硫化碳，液体	2.6
苯（140 ℉）	2.20	四氯化碳（68 ℉）	2.24
苯基腈（68 ℉）	26.0	醋酸纤维素	3.2~7.0
二苯甲酮（122 ℉）	11.4	硝酸纤维素（生氧）	6.4
二苯甲酮（68 ℉）	13.0	氯苯（77 ℉） （68 ℉）	5.62 5.6
氯苯（100 ℉）	4.7	乙醇（77 ℉）	24.55
氯苯（230 ℉）	4.1	氯仿（32 ℉）	5.5
氯仿（68 ℉）	4.81	氯仿（21 ℉）	3.7
胆固醇（80 ℉）	2.9	氯（170 ℉）	1.7
可卡因（68 ℉）	3.1	邻甲苯酚（77 ℉）	11.5
间甲苯酚（75 ℉）	5.0	对甲苯酚（24 ℉）	5.0
对甲苯酚（70 ℉）	5.6	对甲苯酚（137 ℉）	9.9
异丙基苯（68 ℉）	2.4	氰（73 ℉）	2.6

化合物	相对介电常数	化合物	相对介电常数
环己烷（68 ℉）	2.02	环乙醇（77 ℉）	15.0
环己酮（68 ℉）	18.2	环己烯（68 ℉）	18.3
环己胺（-5 ℉）	5.3	环戊烷（68 ℉）	1.97
十水合石脑油（68 ℉）	2.2	癸醛	8.1
癸烷（68 ℉）	2.0	癸醇（68 ℉）	8.1
邻二氯苯（68 ℉）	9.93	邻二氯苯（77 ℉）	7.5
间二氯苯（77 ℉）	5.0	对二氯苯（68 ℉）	2.86
对二氯苯（120 ℉）	2.4	1，1-二氯乙烷	10.7
二氯乙烷（62 ℉）	4.6	二氯甲烷（68 ℉）	8.93
二氯苯乙烯（76 ℉）	2.6	二氯甲苯（68 ℉）	6.9
二乙胺（68 ℉）	3.7	二乙苯胺	5.5
二甲基胺（64 ℉）	2.5	二异戊烯（62 ℉）	2.4
二甲基乙酰胺（77 ℉）	37.78	N，N-二甲基甲酰胺（77 ℉）	36.71
二甲基亚砜（68 ℉）	46.68	二甲基硫醚（68 ℉）	6.3
二甲胺（32 ℉）	6.3	二甲基苯胺（68 ℉）	4.4
二甲基戊烷（68 ℉）	22.9	乙烷（68 ℉）	14.2
乙硫醇（58 ℉）	6.9	乙醇（77 ℉）	24.3
乙酸乙酯（68 ℉）	6.4	乙酸乙酯（77 ℉）	6.02
乙醇（68 ℉）	25.7	乙醇（77 ℉）	24.55
乙胺（70 ℉）	6.3	二氯乙烷（68 ℉）	10.5
乙二胺（64 ℉）	16.0	乙二胺（18 ℉）	16.0
二氯化乙烯（68 ℉）	10.36	乙二醇（68 ℉）	37.0
乙二醇，二甲醚（77 ℉）	7.20	环氧乙烷（-1 ℉）	13.5
环氧乙烷（77 ℉）	14.0	乙醚（-148 ℉）	8.1
乙醚（-40 ℉）	5.7	乙醚（68 ℉）	4.34
甲酸乙酯（77 ℉）	7.1	硝酸乙酯（77 ℉）	19.7
氟代甲苯（86 ℉）	4.2	福尔马林	23.0
甲酰胺（68 ℉）	84.0	蚁酸（60 ℉）	58.0
呋喃（77 ℉）	3.0	糠醛（68 ℉）	42.0
四氢糠醛（68 ℉）	41.9	甘油（68 ℉）	43.0
甘油（77 ℉）	42.5	甘油（32 ℉）	47.2
正庚烷（32 ℉）	1.96	正庚烷（68 ℉）	1.93
正庚烷（140 ℉）	1.87	正己烷（32 ℉）	1.92
正己烷（68 ℉）	1.89	正己烷（77 ℉）	1.89
己烯（62 ℉）	2.0	异戊二烯（77 ℉）	2.1
甲烷（-280 ℉）	1.7	甲醇（77 ℉）	32.70
甲醇（-112 ℉）	56.6	甲醇（32 ℉）	37.5
甲醇（68 ℉）	33.1	甲基乙基酮（72 ℉）	18.4

续表

化合物	相对介电常数	化合物	相对介电常数
甲基乙基酮（77 ℉）	18.51	甲酸甲酯（68 ℉）	8.5
矿物油（80 ℉）	2.1	萘（185 ℉）	2.3
萘（68 ℉）	2.5	硝基苯（68 ℉）	35.72
硝基苯（77 ℉）	34.8	硝基苯（176 ℉）	26.3
硝化纤维	6.2~7.5	硝化甘油（68 ℉）	19.0
硝基甲烷（68 ℉）	39.4	邻硝基甲苯（68 ℉）	27.4
间硝基甲苯（68 ℉）	23.8	对硝基甲苯（137 ℉）	22.2
壬烷（68 ℉）	2.0	辛烷（24 ℉）	1.06
辛烷（68 ℉）	2.0	异辛烷（68 ℉）	1.94
1-辛醇（68 ℉）	10.3	辛酮（68 ℉）	10.3
辛烯（76 ℉）	2.1	辛烷醇（64 ℉）	3.4
油酸（68 ℉）	2.5	三聚乙醛（68 ℉）	14.5
三聚乙醛（77 ℉）	13.9	1，3-戊二烯（77 ℉）	2.3
正戊烷（68 ℉）	1.83	戊醇（77 ℉）	13.9
戊酮（2）（68 ℉）	15.4	戊烯（1）（68 ℉）	2.1
菲（68 ℉）	2.8	菲（110 ℉）	2.72
菲（23 ℉）	2.7	苯乙醚（70 ℉）	4.5
苯酚（118 ℉）	9.9	苯酚（104 ℉）	15.0
苯酚（50 ℉）	4.3	苯乙醛（68 ℉）	4.8
苯乙酸（68 ℉）	3.0	苯乙腈（80 ℉）	18.0
苯乙醇（68 ℉）	13.0	苯乙烯（77 ℉）	2.4
哌啶（68 ℉）	5.9	丙烷（液，32 ℉）	1.6
丙二醇（68 ℉）	32.0	丙烯（68 ℉）	1.9
丙醛（62 ℉）	18.9	丙酸（58 ℉）	3.1
正丙醇（68 ℉）	21.8	异丙醇（68 ℉）	18.3
异丙胺（68 ℉）	5.5	丙苯（68 ℉）	2.4
异丙苯（68 ℉）	2.4	甲酸丙酯（66 ℉）	7.9
硝酸丙酯（64 ℉）	14.2	硝酸异丙酯（66 ℉）	11.5
丙烯（液）	11.9	吡啶（68 ℉）	12.5
水杨酸（68 ℉）	13.9	山梨糖醇（176 ℉）	33.5
硬脂酸（160 ℉）	2.3	蔗糖	3.3
酒石酸（68 ℉）	6.0	酒石酸（14 ℉）	35.9
四溴乙烷（72 ℉）	7.0	四氯乙烯（70 ℉）	2.5
四氟乙烯	2.0	四氢呋喃（68 ℉）	7.58
噻吩（60 ℉）	2.8	盐碱	1.6~1.7
甲苯（68 ℉）	2.39	三氯乙烷	7.5
三氯乙烯（61 ℉）	3.4	三氯甲苯（70 ℉）	6.9
三氯丙烷（76 ℉）	2.4	1，12-三氯三氟乙烷（77 ℉）	2.41

化合物	相对介电常数	化合物	相对介电常数
三乙胺（68 ℉）	2.42	三甲胺（2.5 ℉）	2.5
三硝基苯（68 ℉）	2.2	三硝基甲苯（69 ℉）	22.0
十一烷（68 ℉）	2.0	十一烷酮（58 ℉）	8.4
尿素（71 ℉）	3.5	邻二甲苯（68 ℉）	2.57
间二甲苯（68 ℉）	2.37	对二甲苯（68 ℉）	2.3

21.5.18.4 石油、煤及其产品的相对介电常数

石油、煤及其产品的相对介电常数见表 21-5-31。

表 21-5-31 石油、煤及其产品的相对介电常数

化合物	相对介电常数	化合物	相对介电常数
石油沥青（75 ℉）	2.6	灯油（70 ℉）	1.8
船用油 C	2.6	液化石油气	1.6~1.9
煤焦油	2.0~3.0	润滑油（68 ℉）	2.1~2.6
煤，能量，精炼	2.0~4.0	石蜡油	2.19
焦炭	1.1~2.2	石蜡	2.1~2.5
汽油（70 ℉）	2.0	石油（68 ℉）	2.1
重油	3.0	凡士林	2.08

21.5.18.5 聚合物相对介电常数

聚合物相对介电常数见表 21-5-32。

表 21-5-32 聚合物相对介电常数

化合物	相对介电常数	$\tan\delta \times 10^4$
酚醛树脂	4.5~5.0	
苯氨甲酸乙酯	2.7	
聚胺	2.5~2.6	
聚丁烯	2.2~2.3	
聚己内酰胺	2.0~2.5	
聚碳酸酯树脂	2.9~3.0	
聚酯树脂	2.8~5.2	
聚醚氯	2.9	
聚醚树脂	2.8~8.1	
聚醚树脂（不饱和的）	2.8~5.2	
聚乙烯	2.2~2.4	2~3
聚丙烯	1.5~1.8	
聚苯乙烯	2.4~2.6	2~4
聚四氟乙烯	2.0	2
聚乙烯醇	1.9~2.0	

续表

化合物	相对介电常数	$tan\delta \times 10^4$
聚乙烯氯	3.4	
聚乙烯氯树脂	5.8~6.8	
橡胶	2.8~4.6	20~280
淀粉	1.7~5.0	
尿素甲醛	6.4~6.9	
尿素树脂	6.2~9.5	
氨基甲酸乙酯（121 ℉）	14.2	
氨基甲酸乙酯（74 ℉）	3.2	
氨基甲酸乙酯树脂	6.5~7.1	
乙烯醇树脂	2.6~3.5	
乙烯氯树脂	2.8~6.4	600

21.5.19 常用材料的线胀系数

常用材料的线胀系数见表 21-5-33。

表 21-5-33 常用材料的线胀系数 $\lambda \times 10^6$

$t/℃$	-100~0	20~100	20~200	20~300	20~400	20~500	20~600	20~700	20~800	20~900	20~1000
15 钢、Q235A 钢	10.6	11.75	12.41	13.45							
Q235A.F、Q235B 钢	–	11.5			13.60	13.85	13.90				
10 钢	–	11.60	12.60		13.00		14.60				
20 钢	–	11.16	12.12	12.78				14.81			
45 钢	10.6	11.59	12.32	13.09	13.38	13.93	14.38	15.08			
1Cr13、2Cr13	–	10.50	11.00	11.50	13.71	14.18	14.67				
Cr17	10.05	10.00	10.00	10.50	12.00	12.00					
12Cr1MoV	–	9.80~10.63	11.30~12.35	12.30~13.35	13.00~13.60	12.84~14.15	13.80~14.60	14.20~14.86			
10CrMo910	–	12.50	13.60	13.60							
Cr6SiMo	–	11.50	12.00		14.00	14.40	14.70		12.93		
X20CrMoWV121 和	–	10.80	11.20	11.60	12.50		13.00		12.50	12.48	13.16
X20CrMoV121					11.90	12.10	12.30			13.56	14.40
1Cr18Ni9Ti	16.2	16.60	17.00	17.20	17.50	17.90	18.20	18.60			
普通碳钢	–	10.60~12.20	11.30~13.00	12.10~13.50	12.90~13.90		13.50~14.30	14.70~15.00	13.50		
工业用铜	–	16.6~17.10	17.10~17.20	17.60	18.00~18.10		18.60				
红铜	–	17.20	17.50	17.90							
黄铜	16.0	17.80	18.80	20.90							
12Cr3MoVSiTiB①		10.31	11.46	11.92	12.42	13.14	13.31	13.54			
12CrMo②	–	11.20	12.50	12.70	12.90	13.20	13.50	13.80			
灰口铸铁	8.3	10.5									
$t/℃$	–	0~425	0~485	0~540	0~595	0~650	0~705				
Cr5Mo③	–	12.30	12.50	12.70	12.80	13.00	13.10				

①采用该列数据时，工作温度下的管道内径或节流件开孔直径，应采用下式计算：

$$D=D_{20}\left[1+\lambda_D\left(t-25\right)\right];\ d=d_{20}\left[1+\lambda_d\left(t-25\right)\right]$$

②灰口铸铁的第二栏应为 10~100℃。

③采用该列数据时，工作温度下的管道内径或节流件开孔直径，应采用下式计算：

$$D=D_{20}\left[1+\lambda_D\left(t-0\right)\right];\ d=d_{20}\left[1+\lambda_d\left(t-0\right)\right]$$

21.5.20　常用可燃气体、蒸气特性

常用可燃气体、蒸气特性见表 21-5-34。

表 21-5-34　常用可燃气体、蒸气特性

序号	物质名称	引燃温度 /℃/组别	沸点 /℃	闪点 /℃	爆炸浓度 /% (体积) 下限	爆炸浓度 /% (体积) 上限	火灾危险性分类	蒸气密度 / (kg/m³)	备注
1	甲烷	540 /T1	−161.5	−	5.0	15.0	甲	0.77	液化后为甲$_A$
2	乙烷	515/T1	−88.9	−	3.0	15.5	甲	1.34	液化后为甲$_A$
3	丙烷	466/T1	−42.1	−	2.0	11.1	甲	2.07	液化后为甲$_A$
4	丁烷	405/T2	−0.5	−	1.9	8.5	甲	2.59	液化后为甲$_A$
5	戊烷	260/T3	36.07	<−40.0	1.4	7.8	甲$_B$	3.22	−
6	己烷	225/T3	68.9	−22.8	1.1	7.5	甲$_B$	3.88	−
7	庚烷	215/T3	98.3	−3.9	1.1	6.7	甲$_B$	4.53	−
8	辛烷	220/T3	125.67	13.3	1.0	6.5	甲$_B$	5.09	−
9	壬烷	205/T3	150.77	31.0	0.7	2.9	乙$_A$	5.73	−
10	环丙烷	500/T1	−33.9	−	2.4	10.4	甲	1.94	液化后为甲$_A$
11	环戊烷	380/T2	469.4	<−6.7	1.4	−	甲$_B$	3.10	−
12	异丁烷	460/T1	−11.7	−	1.8	8.4	甲	2.59	液化后为甲$_A$
13	环己烷	245/T3	81.7	−20.0	1.3	8.0	甲$_B$	3.75	−
14	异戊烷	420/T2	27.8	<−51.1	1.4	7.6	甲$_B$	3.21	−
15	异辛烷	410/T2	99.24	−12.0	1.0	6.0	甲$_B$	5.09	−
16	乙基环丁烷	210/T3	71.1	<−15.6	1.2	7.7	甲$_B$	3.75	−
17	乙基环戊烷	260/T3	103.3	<21	1.1	6.7	甲$_B$	4.40	−
18	乙基环己烷	262/T3	131.7	35	0.9	6.6	乙$_A$	5.04	−
19	甲基环己烷	250/T3	101.1	−3.9	1.2	6.7	甲$_B$	4.40	−
20	乙烯	425/T2	−103.7	−	2.7	36	甲	1.29	液化后为甲$_A$
21	丙烯	460/T1	−47.2	−	2.0	11.1	甲	1.94	液化后为甲$_A$
22	1-丁烯	385/T2	−6.1	−	1.6	10.0	甲	2.46	液化后为甲$_A$
23	2-丁烯（顺）	325/T2	3.7	−	1.7	9.0	甲	2.46	液化后为甲$_A$
24	2-丁烯（反）	324/T2	1.1	−	1.8	9.7	甲	2.46	液化后为甲$_A$
25	丁二烯	420/T2	−4.44	−	2.0	12	甲	2.42	液化后为甲$_A$

序号	物质名称	引燃温度 /℃ /组别	沸点 /℃	闪点 /℃	爆炸浓度 /%（体积）		火灾危险性分类	蒸气密度 /（kg/m³）	备注
					下限	上限			
26	异丁烯	465/T1	-6.7	-	1.8	9.6	甲	2.46	液化后为甲$_A$
27	乙炔	305/T2	-84	-	2.5	80	甲	1.16	液化后为甲$_A$
28	丙炔	/T1	-2.3	-	1.7	-	甲	1.81	液化后为甲$_A$
29	苯	560/T1	80.1	-11.1	1.2	7.8	甲$_B$	3.62	-
30	甲苯	480/T1	110.6	4.4	1.2	7.1	甲$_B$	4.01	-
31	乙苯	430/T2	136.2	15	0.8	6.7	甲$_B$	4.73	-
32	邻 - 二甲苯	465/T1	144.4	17	1.0	6.0	甲$_B$	4.78	-
33	间 - 二甲苯	530/T1	138.9	25	1.1	7.0	甲$_B$	4.78	-
34	对 - 二甲苯	530/T1	138.3	25	1.1	7.0	甲$_B$	4.78	-
35	苯乙烯	490/T1	146.1	32	0.9	6.8	乙$_A$	4.64	-
36	环氧乙烷	429/T2	10.56	<-17.8	3.0	80	甲$_A$	1.94	-
37	环氧丙烷	430/T2	33.9	-37.2	2.8	37	甲$_B$	2.59	-
38	甲基醚	350/T2	-23.9	-	3.4	27	甲	2.07	液化后为甲$_A$
39	乙醚	170/T4	35	-45	1.9	36	甲$_B$	3.36	-
40	乙基甲基醚	190/T4	10.6	-37.2	2.0	10.1	甲$_A$	2.72	-
41	二甲醚	240/T3	-23.7	-	3.4	27	甲	2.06	液化后为甲$_A$
42	二丁醚	194/T4	141.1	25	1.5	7.6	甲$_B$	5.82	-
43	甲醇	385/T2	63.9	11	6.0	36	甲$_B$	1.42	-
44	乙醇	422/T2	78.3	12.8	3.3	19	甲$_B$	2.06	-
45	丙醇	440/T2	97.2	25	2.1	13.5	甲$_B$	2.72	-
46	丁醇	365/T2	117.0	28.9	1.4	11.2	乙$_A$	3.36	-
47	戊醇	300/T3	138.0	32.7	1.2	10	乙$_A$	3.88	-
48	异丙醇	399/T2	82.8	11.7	2.0	12	甲$_B$	2.72	-
49	异丁醇	426/T2	108.0	31.6	1.7	19.0	乙$_A$	3.30	-
50	甲醛	430/T2	-19.4	-	7.0	73	甲	1.29	液化后为甲$_A$
51	乙醛	175/T4	21.1	-37.8	4.0	60	甲$_B$	1.94	-
52	丙醛	207/T3	48.9	-9.4~7.2	2.9	17	甲$_B$	2.69	-
53	丙烯醛	235/T3	51.7	-26.1	2.8	31	甲$_B$	2.46	-
54	丙酮	465/T1	56.7	-17.8	2.6	12.8	甲$_B$	2.59	-
55	丁醛	230/T3	76	-6.7	2.5	12.5	甲$_B$	3.23	-
56	甲乙酮	515/T1	79.6	-6.1	1.8	10	甲$_B$	3.23	-
57	环己酮	420/T2	156.1	43.9	1.1	8.1	乙$_A$	4.40	-
58	乙酸	465	118.3	42.8	5.4	17	乙$_A$	2.72	-
59	甲酸甲酯	465/T1	32.2	-18.9	4.5	23	甲$_B$	2.72	-

续表

序号	物质名称	引燃温度 /℃ / 组别	沸点 /℃	闪点 /℃	爆炸浓度 /%（体积）		火灾危险性分类	蒸气密度 /（kg/m³）	备注
					下限	上限			
60	甲酸乙酯	455	54.4	−20	2.8	16	甲 B	3.37	−
61	醋酸甲酯	501	60	−10	3.1	16	甲 B	3.62	−
62	醋酸乙酯	427/T2	77.2	−4.4	2.0	11.5	甲 B	3.88	−
63	醋酸丙酯	450	101.7	14.4	1.7	8.0	甲 B	4.53	−
64	醋酸丁酯	425/T2	127	22	1.7	9.8	甲 B	5.17	−
65	醋酸丁烯酯	427/T2	717.7	7.0	2.6	−	甲 B	3.88	−
66	丙烯酸甲酯	415/T2	79.7	−2.9	2.8	25	甲 B	3.88	−
67	呋喃	390	31.1	<0	2.3	14.3	甲 B	2.97	−
68	四氢呋喃	321/T2	66.1	−14.4	2.0	11.8	甲 B	3.23	−
69	氯代甲烷	623/T1	−23.9	−	8.1	17.4	甲	2.33	液化后为甲 A
70	氯乙烷	519	12.2	−50	3.8	15.4	甲 A	2.84	−
71	溴乙烷	511/T1	37.8	<−20	6.7	8	甲 B	4.91	−
72	氯丙烷	520/T2	46.1	<−17.8	2.6	11.1	甲 B	3.49	−
73	氯丁烷	245/T2	76.6	−9.4	1.8	10.1	甲 B	4.14	液化后为甲 A
74	溴丁烷	265/T2	102	18.9	2.6	6.6	甲 B	6.08	−
75	氯乙烯	413/T2	−13.9	−	3.6	33	甲 B	2.84	液化后为甲 A
76	烯丙基氯	485/T1	45	−32	2.9	11.1	甲 B	3.36	−
77	氯苯	640/T1	132.2	28.9	1.3	7.1	乙 A	5.04	−
78	1，2- 二氯乙烷	412/T2	83.9	13.3	6.2	16	甲 B	4.40	−
79	1，1- 二氯乙烯	570/T1	37.2	−17.8	7.3	16	甲 B	4.40	−
80	硫化氢	260/T3	−60.4	−	4.3	45.5	甲 B	1.54	−
81	二硫化碳	90/T6	46.2	−30	1.3	5.0	甲 B	3.36	−
82	乙硫醇	300/T3	35.0	<26.7	2.8	18.0	甲 B	2.72	−
83	乙腈	524/T1	81.6	5.6	3	16.0	甲 B	1.81	−
84	丙烯腈	481/T1	77.2	0	3.0	17.0	甲 B	2.33	−
85	硝基甲烷	418/T2	101.1	35.0	7.3	63	乙 A	2.72	−
86	硝基乙烷	414/T2	113.8	27.8	3.4	5.0	甲 B	3.36	−
87	亚硝酸乙酯	90/T6	17.2	−35	3.0	50	甲 B	3.36	−
88	氰化氢	538/T1	26.1	−17.8	5.6	40	甲 B	1.16	−
89	甲胺	430/T2	−6.5	−	4.9	20.7	甲	2.72	液化后为甲 A
90	二甲胺	400/T2	7.2	−	2.8	14.4	甲	2.07	−
91	吡啶	550/T2	115.5	<2.8	1.7	12	甲 B	3.53	−
92	氢	510/T1	−253	−	4.0	75	甲	0.09	−
93	天然气	484/T1	−	−	3.8	13	甲	−	−

序号	物质名称	引燃温度 /℃ / 组别	沸点 /℃	闪点 /℃	爆炸浓度 /%（体积）		火灾危险性分类	蒸气密度 /（kg/m³）	备注
					下限	上限			
94	城市煤气	520/T1	<-50	–	4.0	–	甲	10.65	–
95	液化石油气	–	–	–	1.0	–	甲 A	–	气化后为甲类气体，上下限按国际海协数据
96	轻石脑油	285/T3	36~68	<-20.0	1.2	5.9	甲 B	≥ 3.22	–
97	重石脑油	233/T3	65~177	-22~20	0.6	–	甲 B	≥ 3.61	–
98	汽油	280/T3	50~150	<-20	1.1	5.9	甲 B	4.14	–
99	喷气燃料	200/T3	80~250	<28	0.6	6.5	乙 A	6.47	闪点按 GB 1788—79 的数据
100	煤油	223/T3	150~300	≤ 45	0.6	6.5	乙 A	6.47	–
101	原油	–	–	–	–	–	甲 B	–	–

注："蒸气密度"一栏是在原"蒸气相对密度"数值上乘以 1.293，为标准状态下的密度。

21.5.21　常用有毒气体、蒸气特性

常用有毒气体、蒸气特性见表 21-5-35。

表 21-5-35　常用有毒气体、蒸气特性

序号	物质名称	相对密度（气体）	熔点 /℃	沸点 /℃	时间加权平均容许浓度 /（mg/m³）	短时间接触容许浓度 /（mg/m³）	最高容许浓度 /（mg/m³）	直接致害浓度 /（mg/m³）
1	一氧化碳	0.97	−199.1	−191.4	20	30	–	1700
2	氯乙烯	2.15	−160	−13.9	10	25	–	–
3	硫化氢	1.19	−85.5	−60.4	–	–	10	430
4	氯	2.48	−101	−34.5	–	–	1	88
5	氰化氢	0.93	−13.2	25.7	–	–	1	56
6	丙烯腈	1.83	−83.6	77.3	1	2	–	1100
7	二氧化氮	1.58	−11.2	21.2	5	10	–	96
8	苯	2.7	5.5	80	6	10	–	9800
9	氨	0.77	−78	−33	20	30	–	360
10	碳酰氯	1.38	−104	8.3	–	–	0.5	8

第 22 章　一般资料

22.1　管径和流速

22.1.1　管道内的流速常用值

按照流体种类、应用场合以及管道种类，得到的管道内流体流速的常用值参见表22-1-1。

表 22-1-1　管道内的流速常用值

流体种类	应用场合	管道种类		平均流速 /（m·s⁻¹）	备注
水	一般给水	主压力管道		2.0~3.0	
		低压管道		0.5~1.0	
	泵进口			0.5~2.0	
	泵出口			1.0~3.0	
	工业用水	离心泵压力管		3.0~4.0	
		离心泵吸水管	≤DN250	1.0~2.0	
			>DN250	1.5~2.5	
		往复泵压力管		1.5~2.0	
		往复泵吸水管		<1.0	
		给水总管		1.5~3.0	
		排水管		0.5~1.0	
	冷却	冷水管		1.5~2.5	
		热水管		1.0~1.5	
	凝结	凝结水泵吸水管		0.5~1.0	
		凝结水泵出水管		1.0~2.0	
		自流凝结水管		0.1~0.3	
一般液体	低黏度			1.5~3.0	

流体种类	应用场合	管道种类	平均流速 / (m·s⁻¹)	备注
高黏度液体	黏度 50mPa·s	DN25	0.5~0.9	
		DN50	0.7~1.0	
		DN100	1.0~1.6	
	黏度 100mPa·s	DN25	0.3~0.6	
		DN50	0.5~0.7	
		DN100	0.7~1.0	
		DN200	1.2~1.6	
	黏度 1000mPa·s	DN25	0.1~0.2	
		DN50	0.16~0.25	
		DN100	0.25~0.35	
		DN200	0.35~0.55	
气体	低压		10.0~20.0	
	高压		8.0~15.0	20~30MPa
	排气	烟道	2.0~7.0	
压缩空气	压气机	压气机进气管	~10.0	
		压气机输气管	~20.0	
	一般情况	<DN50	<8.0	
		>DN70	<15.0	
饱和蒸汽	锅炉、汽轮机	<DN100	15.0~30.0	
		DN100~DN200	25.0~35.0	
		>DN200	30.0~40.0	
过热蒸汽	锅炉、汽轮机	<DN100	20.0~40.0	
		DN100~DN200	30.0~50.0	
		>DN200	40.0~60.0	

22.1.2 流量和管内流速的关系

图 22-1-1 为流量和管内平均流速的关系。

管内径 d/mm

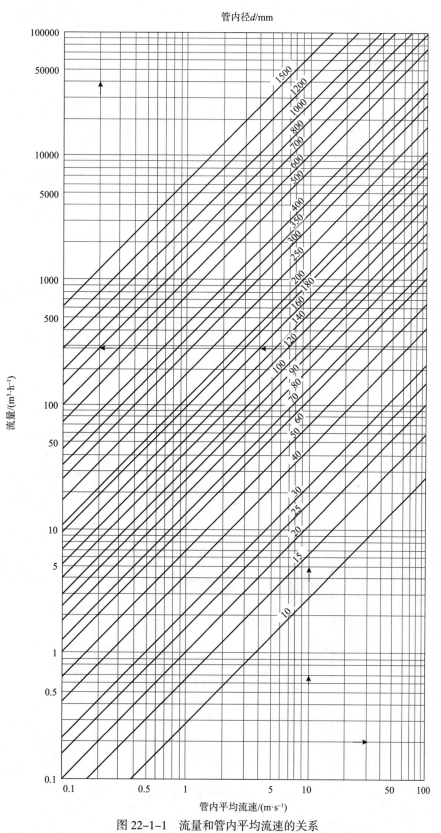

图 22-1-1　流量和管内平均流速的关系

22.1.3 流速、流量、管径计算图

a）管径的计算公式

$$d = 18.8\left(\frac{q_V}{u}\right)^{0.5} = 18.8\left(\frac{q_m}{u\rho}\right)^{0.5}$$

式中　d——管道内直径，mm；

　　　q_V——流体体积流量，m³/h；

　　　u——流体平均流速，m/s；

　　　q_m——流体质量流量，kg/h；

　　　ρ——流体密度，kg/m³。

b）流速、流量、管径计算图

流速、流量、管径计算图如图 22-1-2 所示。

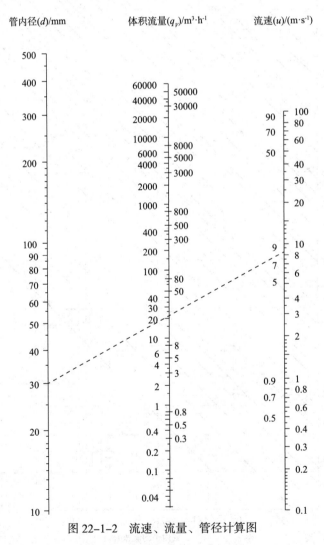

图 22-1-2　流速、流量、管径计算图

液体、气体（<1000kPa）经济管径如图 22-1-3 所示。

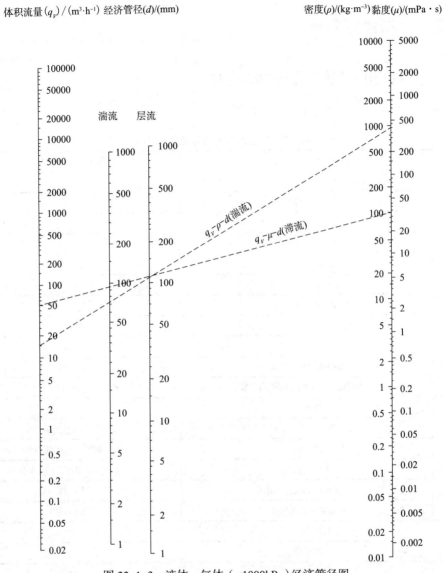

体积流量$(q_V)/(m^3 \cdot h^{-1})$　经济管径$(d)/(mm)$　　　　密度$(\rho)/(kg \cdot m^{-3})$黏度$(\mu)/(mPa \cdot s)$

图 22-1-3　液体、气体（<1000kPa）经济管径图

22.1.4　常用腐蚀性介质的最大流速

常用腐蚀性介质的最大流速见表 22-1-2。

表 22-1-2　常用腐蚀性介质的最大流速

序号	介质名称	最大流速 /(m·s⁻¹)	序号	介质名称	最大流速 /(m·s⁻¹)
1	氯气	25.0	5	碱液	1.2
2	二氧化硫气	20.0	6	盐水和弱碱液	1.8
	氨气		7	酚水	0.9
3	$p \leqslant 0.7MPa$	20.0	8	液氨	1.5
	$0.7MPa < p \leqslant 2.1MPa$	8.0	9	液氯	1.5
4	浓硫酸	1.2			

22.2 直管阻力降

22.2.1 某些管道中流体允许压力降范围

某些管道中流体允许压力降范围见表 22-2-1。

表 22-2-1 某些管道中流体允许压力降范围

序号	管道种类及条件		压力降范围（kPa/100m）
1	蒸汽 p=6.4~10 MPa（g）		46~230
	总管 p< 3.5 MPa（g）		12~35
	总管 $p \geqslant$ 3.5 MPa（g）		23~46
	支管 p< 3.5 MPa（g）		23~46
	支管 $p \geqslant$ 3.5 MPa（g）		23~69
	排气管		4.6~12
2	大型压缩机 >735kW		
		进口	1.8~9
		出口	4.6~6.9
	小型压缩机进出口		2.3~23
	压缩机循环管道及压缩机出口管		0.23~12
3	安全阀		
		进口管（接管点至阀）	最大取整定压力的 3%
		出口管	最大取整定压力的 10%
		出口汇总管	最大取整定压力的 7.5%
4	一般低压下工艺气体		2.3~23
5	一般高压工艺气体		2.3~69
6	塔顶出气管		12
7	水总管		23
8	水支管		18
9	泵		
		进口管	最大取 8
		出口管 <34m³/h	35~138
		出口管 34~110m³/h	23~92
		出口管 >110m³/h	12~46

22.2.2 直管阻力降计算公式

管道的直管阻力降可以按照公式（22-2-1）和公式（22-2-2）计算：

$$\Delta p_{ft} = \lambda(L / d_i)(\rho p u^2 / 2) \times 10^{-3} \qquad （22\text{-}2\text{-}1）$$

或

$$\Delta p_{ft} = \lambda(L / d_i)(uG^2 / 2) \times 10^{-3} \qquad （22\text{-}2\text{-}2）$$

式中 λ——直管段的阻力系数；

u——流体流速，m/s；

G——流体的质量流速，kg/（$m^2 \cdot s$）；

L——直管段长度，m；

ρ——流体密度，kg/m^3。

22.2.3 直管阻力系数

确定管道的直管阻力降的关键是确定直管的阻力系数 λ，可以根据雷诺数和管壁绝对粗糙度按照图 22-2-1 求取。

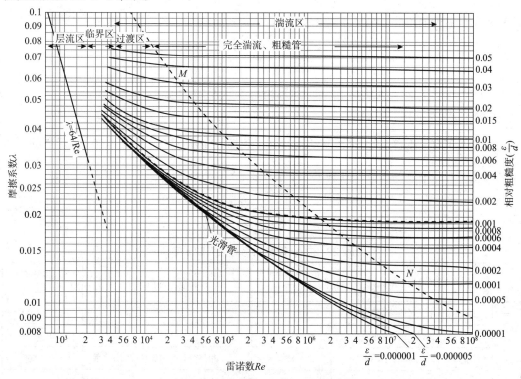

图 22-2-1 阻力系数 λ 与雷诺数 Re 及管壁相对粗糙度 ε/d 之间的关系

也可以采用公式计算直管的阻力系数 λ，首先计算雷诺数确定流体流动状态，查表 22-2-2 确定管壁的绝对粗糙度，从而根据相应公式计算得到直管的阻力系数，具体计算过程如下：

22.2.3.1 流体流动状态的确定

流体流动状态可以用雷诺数 Re 表示：

$$Re = \frac{d_i u \rho}{\mu_a} \qquad (22-2-3)$$

式中 Re——雷诺数；

d_i——管内径，mm；

ρ——流体密度，kg/m^3；

μ_a——流体动力黏度，mPa·s；

u——流体流速，m/s。

22.2.3.2 根据雷诺数计算直管的阻力系数

当 $Re \leqslant 2000$ 时，流体的流动处于滞流状态，管道的阻力只与雷诺数有关，计算公式为：

$$\lambda = 64Re^{-1} \tag{22-2-4}$$

当 $2000 < Re \leqslant 4000$ 时，流体的流动状态处于临界区，或是滞流或是湍流，管道的阻力还不能作出确切的关联，计算公式为：

$$\lambda = 0.3164Re^{-0.25} \tag{22-2-5}$$

当 $4000 < Re < 396(\dfrac{d_i}{\varepsilon})\lg(3.7\dfrac{d_i}{\varepsilon})$ 时，流动状态为湍流（过渡区），但管道的阻力是雷诺数和相对粗糙度的函数，满足如下计算公式：

$$\frac{1}{\sqrt{\lambda}} = -\lg(\frac{\varepsilon}{3.7d_i} + \frac{2.51}{Re\sqrt{\lambda}}) \tag{22-2-6}$$

式中 ε——管壁的绝对粗糙度，mm，其取值可参照表 22-2-2；

ε/d_i——管壁的相对粗糙度。

当 $Re \geqslant 396(\dfrac{d_i}{\varepsilon})\lg(3.7\dfrac{d_i}{\varepsilon})$ 时，流动状态处于粗糙管湍流区（完全湍流区），管道的阻力仅是管壁相对粗糙度的函数，则满足如下公式：

$$\frac{1}{\sqrt{\lambda}} = -2\lg\frac{\varepsilon}{3.7d_i} \tag{22-2-7}$$

表 22-2-2 管壁的绝对粗糙度 ε 值

管道类别		绝对粗糙度值 ε/mm	管道类别		绝对粗糙度值 ε/mm
金属管	新的操作中无腐蚀的无缝钢管	0.06~0.1	非金属材料管	干净的玻璃管	0.0015~0.1
	无缝黄铜、铜及铅管	0.005~0.01		橡皮软管	0.01~0.03
	正常条件下工作的无缝钢管	0.2		很好拉紧的内涂橡胶的帆布管	0.02~0.05
	正常条件下工作的焊接钢管及较少腐蚀的无缝钢管	0.2~0.3		陶土排水管	0.45~6.0
	钢板卷管	0.33		陶瓷排水管	0.25~6.0
	铸铁管	0.5~0.85		混凝土管	0.33~3.0
	腐蚀较重或污染较重的无缝钢管	0.5~0.6		石棉水泥管	0.03~0.8
	腐蚀严重的钢管	1~3			

22.3 局部阻力降

阀门和管件的局部阻力降可按当量长度法或局部阻力系数法计算。

22.3.1 当量长度法计算局部阻力降

因局部阻力而导致的压力降，相当于流体通过其相同管径的某一长度的直管的压力降，此等效的直管长度称为当量长度。

各种管件、阀门和流量计等的当量长度值由实验室测定，取值见表22-3-1。当管道中的管件、阀门和流量计的数量、型式为已知时，可查表并计算出总当量长度，然后按照公式（22-3-1）和公式（22-3-2）计算求取局部阻力。

表22-3-1　各种管件、阀门及流量计等以管径计的当量长度

名称	L_e/d_i	名称	L_e/d_i
45° 标准弯头	15	3/4 变径	40
90° 标准弯头	30~40	1/2 变径	200
90° 方形弯头	60	1/4 变径	800
180° 弯头	50~70	带有滤水器的底阀（全开）	420
三通		止回阀（旋启式）	135
⟶↑⟶	60	止回阀（升降式）	45
		蝶阀全开	
		≤ DN200	45
↶↑⟶	90	DN250~DN350	35
		DN400~DN600	25
		盘式流量计（水表）	400
截止阀（全开）	300	文丘里流量计	12
角阀（全开）	145	转子流量计	200~300
闸阀（全开）	7	由容器入口管	20

注：L_e 为当量长度，m；d_i 为管道内径，m。

22.3.2 局部阻力系数法计算局部阻力降

局部阻力可以根据各个管件、阀门的局部阻力系数分别计算，再进行累加求和，具体公式如下：

$$\Delta p_f = \sum k \left(\frac{\rho u^2}{2} \right) \times 10^{-3} \qquad (22\text{-}3\text{-}1)$$

或

$$\Delta p_f = \sum k \left(\frac{u G^2}{2} \right) \times 10^{-3} \qquad (22\text{-}3\text{-}2)$$

式中　k——每个管件、阀门的阻力系数。k 值的选取参照表22-3-2。

表 22-3-2　管件和阀件的局部阻力系数 k 值

<table>
<tr><td>管阀件名称</td><td colspan="12">k 值</td></tr>
<tr><td>标准弯头</td><td colspan="6">45°，k=0.35</td><td colspan="6">90°，k=0.35</td></tr>
<tr><td>90° 斜接弯管
（虾米腰弯头）</td><td colspan="12">1.3</td></tr>
<tr><td>180° 回弯头</td><td colspan="12">1.5</td></tr>
<tr><td>活接头</td><td colspan="12">0.04</td></tr>
<tr><td rowspan="2">突然增大 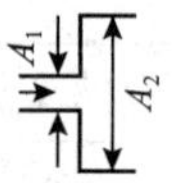</td><td>A_1/A_2</td><td>0</td><td>0.1</td><td>0.2</td><td>0.3</td><td>0.4</td><td>0.5</td><td>0.6</td><td>0.7</td><td>0.8</td><td>0.9</td><td>1</td></tr>
<tr><td>k</td><td>1</td><td>0.81</td><td>0.64</td><td>0.49</td><td>0.36</td><td>0.25</td><td>0.16</td><td>0.09</td><td>0.04</td><td>0.01</td><td>0</td></tr>
<tr><td rowspan="2">突然缩小 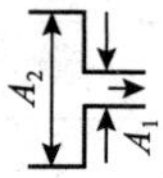</td><td>A_1/A_2</td><td>0</td><td>0.1</td><td>0.2</td><td>0.3</td><td>0.4</td><td>0.5</td><td>0.6</td><td>0.7</td><td>0.8</td><td>0.9</td><td>1</td></tr>
<tr><td>k</td><td>0.5</td><td>0.47</td><td>0.45</td><td>0.38</td><td>0.34</td><td>0.3</td><td>0.25</td><td>0.2</td><td>0.15</td><td>0.09</td><td>0</td></tr>
<tr><td>出管口
（管→容器） 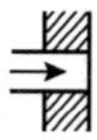</td><td colspan="12">k=1</td></tr>
<tr><td>入管口
（容器→管）</td><td colspan="2">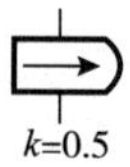
k=0.5</td><td colspan="2">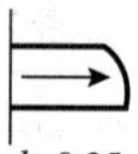
k=0.25</td><td colspan="2">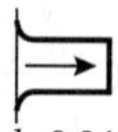
k=0.04</td><td colspan="2">
k=0.56</td><td colspan="2">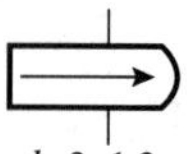
k=3~1.3</td><td colspan="2">
$k=0.5+0.5\cos\theta+0.2\cos^2\theta$</td></tr>
<tr><td>等径三通管</td><td colspan="3">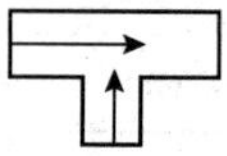
k=0.4</td><td colspan="3">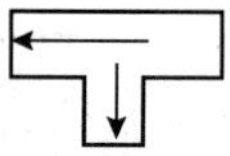
k=1.2 当弯头用</td><td colspan="3">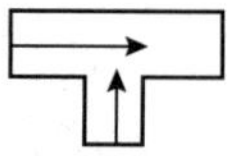
k=1.8 当弯头用</td><td colspan="3">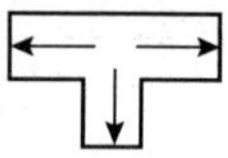
k=1</td></tr>
<tr><td rowspan="2">闸阀</td><td colspan="3">全开</td><td colspan="3">3/4 开</td><td colspan="3">1/2 开</td><td colspan="3">1/4 开</td></tr>
<tr><td colspan="3">0.17</td><td colspan="3">0.9</td><td colspan="3">4.5</td><td colspan="3">24</td></tr>
<tr><td>截止阀</td><td colspan="6">全开 k=6.4</td><td colspan="6">1/2 开 k=9.5</td></tr>
<tr><td rowspan="2">蝶阀</td><td>α</td><td>0~5°</td><td>10°</td><td>20°</td><td>30°</td><td>40°</td><td>45°</td><td>50°</td><td>60°</td><td colspan="3">70°</td></tr>
<tr><td>k</td><td>0.24</td><td>0.52</td><td>1.54</td><td>3.91</td><td>10.8</td><td>18.7</td><td>30.6</td><td>118</td><td colspan="3">751</td></tr>
<tr><td rowspan="2">旋塞阀</td><td>θ</td><td colspan="3">0~5°</td><td colspan="2">10°</td><td colspan="2">20°</td><td colspan="2">40°</td><td colspan="2">60°</td></tr>
<tr><td>k</td><td colspan="3">0.05</td><td colspan="2">0.29</td><td colspan="2">1.56</td><td colspan="2">17.3</td><td colspan="2">206</td></tr>
<tr><td>角阀</td><td colspan="12">5</td></tr>
<tr><td>止回阀</td><td colspan="6">旋启式 k=2</td><td colspan="6">升降式 k=10.0</td></tr>
<tr><td>底阀</td><td colspan="12">15</td></tr>
<tr><td>滤水器</td><td colspan="12">2</td></tr>
<tr><td>水表（盘型）</td><td colspan="12">7</td></tr>
</table>

注：1. 管件和阀门的规格型式很多，加工精度不一，因此上表中的局部阻力系数值变化范围也很大，但可供计算用。

2. A 为管道截面积，θ 为蝶阀或旋塞阀的开启角度，全开时为 0°，全关时为 90°。

⌖ 22.4　压力损失图表

22.4.1　流体输送时的压力损失

流体输送时的压力损失如图 22-4-1 所示。

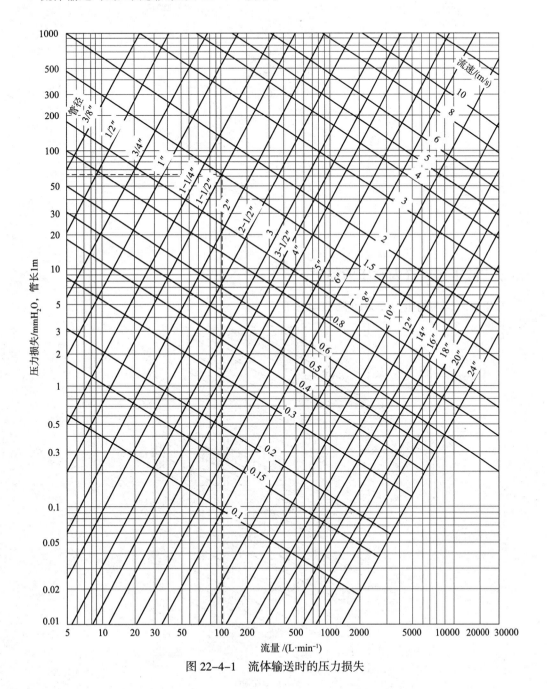

图 22-4-1　流体输送时的压力损失

22.4.2　蒸气（气体）输送时的压力损失

蒸气（气体）输送时的压力损失如图 22-4-2 所示。

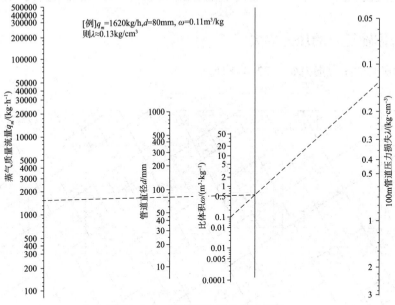

图 22-4-2　流体输送时的压力损失

22.4.3　低压送风管内的压力损失

低压送风管内的压力损失如图 22-4-3 所示。

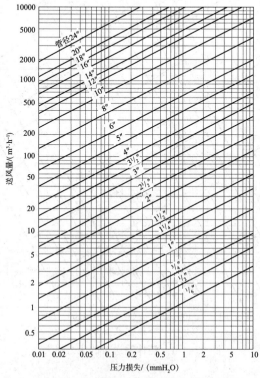

图 22-4-3　低压送风管内的压力损失

22.4.4　圆管压力损失

圆管压力损失如图 22-4-4 所示。

22.4.5　方形管压力损失

方形管压力损失如图 22-4-5 所示。

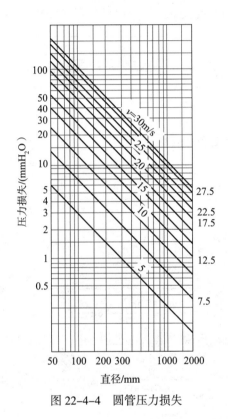

图 22-4-4　圆管压力损失

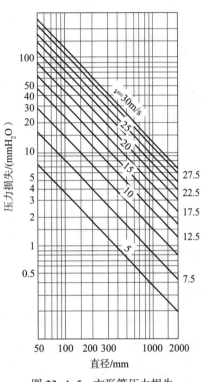

图 22-4-5　方形管压力损失

22.5　容积计算

在储运系统的生产管理过程中，需要根据所测到的液位计算统计介质的存储量，即容积或质量。为了及时精确地计量存储量，常常使用罐表的形式列出不同液位所对应的介质体积。为了方便编制罐表，给出常见的卧罐罐表的计算公式，并进行应用举例。

22.5.1　常用计算公式

由于立罐在不同液位下的介质容积比较容易推导和计算，表 22-5-1 中仅给出常见的卧罐罐表的计算公式。

表 22-5-1　常见的卧罐罐表的计算公式

储罐形式	容积计算公式
卧式圆柱体平端面油罐	$V=\left[\dfrac{\pi}{2}+\arcsin\dfrac{2i-n}{n}+\dfrac{2(2i-n)}{n^2}\sqrt{i(n-i)}\right]\cdot\dfrac{D^2L}{4}$ $i=1,\ 2,\ \cdots,\ n$ $n=\dfrac{D}{\Delta H}$ $H=i\cdot\Delta H$ ΔH 为单位变化量
卧式椭圆柱体平端面油罐	$V=\left[\dfrac{\pi}{2}+\arcsin\dfrac{2i-n}{n}+\dfrac{2(2i-n)}{n^2}\sqrt{i(n-i)}\right]\cdot\dfrac{DD_1L}{4}$ $i=1,\ 2,\ \cdots,\ n$ $n=\dfrac{D}{\Delta H}$ $H=i\cdot\Delta H$ ΔH 为单位变化量
球罐	$V=\dfrac{4\pi D^3}{24n^3}i^2(3n-2i)$ $i=1,\ 2,\ \cdots,\ n$ $n=\dfrac{D}{\Delta H}$ $H=i\cdot\Delta H$ ΔH 为单位变化量
卧式圆柱体球冠端面油罐	$V=\left[\dfrac{\pi}{2}+\arcsin\dfrac{2i-n}{n}+\dfrac{2(2i-n)}{n^2}\sqrt{i(n-i)}\right]\cdot$ $\dfrac{D^2L}{4}+\dfrac{D}{6n^3}(2i-n)\left[3R^2n^2-\dfrac{D^2(2i-n)^2}{4}\right]\cdot$ $\arcsin\dfrac{D\sqrt{i(n-i)}}{\sqrt{(nR)^2-\dfrac{D^2(2i-n)^2}{4}}}+$ $\dfrac{2R^2}{3}\left[\dfrac{\pi}{2}+\operatorname{arctg}\dfrac{\sqrt{R^2-\dfrac{D^2}{4}}(2i-n)}{2R\sqrt{i(n-i)}}\right]-$ $\dfrac{\sqrt{R^2-\dfrac{D^2}{4}}}{3}\left(2R^2+\dfrac{D^2}{4}\right)\left(\dfrac{\pi}{2}+\arcsin\dfrac{2i-n}{n}\right)-$ $\dfrac{\sqrt{R^2-\dfrac{D^2}{4}}D^2}{3n^2}(2i-n)\sqrt{i(n-i)}$ $i=1,\ 2,\ \cdots,\ n$ $n=\dfrac{D}{\Delta H}$ $H=i\cdot\Delta H$ ΔH 为单位变化量 R 为球罐端面所在圆的半径

22.5.2 应用举例

根据表 22-5-1 中公式，编制某卧式圆柱体平端面油罐的罐表，已知该油罐位号为 V-0001，直径 D=1200mm，长度 L=3900mm：

先由操作人员确定单位变化量，如罐表中列出每变化 50mm 液位的容积；根据单位变化量计算 n 值；n=24；代入相应公式，计算单位换算后，计算出罐表，见表 22-5-2。

表 22-5-2　V-0001 罐表

H/mm	V/m³	H/mm	V/m³
50	0.062	650	2.438
100	0.174	700	2.670
150	0.317	750	2.899
200	0.482	800	3.123
250	0.665	850	3.339
300	0.861	900	3.547
350	1.069	950	3.744
400	1.286	1000	3.926
450	1.510	1050	4.091
500	1.738	1100	4.234
550	1.971	1150	4.347
600	2.204	1200	4.410

22.6 相关设备

22.6.1 泵

22.6.1.1 泵的分类

a）按泵的工作原理分类

按工作原理分为容积泵和叶片泵两大类。容积泵是依靠泵内工作室（泵壳或缸）容积大小作周期性地变化来输送液体，为间歇排液过程；此类泵又可分为往复泵（如柱塞泵）和转子泵（如齿轮泵、螺杆泵等）。叶片泵是依靠泵内作高速旋转的叶片把能量传给液体，从而实现液体输送的机械；此类泵又可按叶轮机构不同分为离心泵、混流泵及漩涡泵等。

离心泵应用较为广泛，按叶轮吸入方式分为单吸式离心泵和双吸式离心泵。单吸式离心泵叶轮只在一侧有吸入口；此类泵的叶轮制造方便，应用也最为广泛，该类泵的流量为 4.5~300m³/h，扬程为 8~150m。双吸式离心泵的叶轮两侧都有吸液口，液体从叶轮两侧同时进入叶轮，故泵的流量较大，目前我国生产的双吸泵最大流量为 2000m³/h，甚至更大，扬程为 10~110m。

离心泵按级数分为单级离心泵和多级离心泵。单级离心泵的泵中只有一个叶轮，单级离心泵是一种应用最为广泛的泵；由于液体在泵内只有一次增能，所以扬程较低。多级离心泵同一根轴上装有串联的两个以上叶轮，称为多级离心泵。级数越多压力越高，该类泵的叶轮一般为单吸式，也有将第一级设计为双吸式的。其扬程可达100~650m，甚至更高，流量为5~720m³/h。

离心泵按扬程分类为以下三种：低压离心泵：扬程 <20m ；中压离心泵：20m ≤扬程 ≤ 100m ；高压离心泵：扬程＞ 100m。

b）按泵的用途分类

①供料泵：将液态原料从储池或其他装置中吸进，加压后送到工艺流程装置去的泵，又称增压泵。

②循环泵：在工艺流程中用于循环增压的泵。此种泵使循环液补充压力的同时又能使设备（如蒸馏塔、解吸塔）各段之间保持热量平衡。

③成品油泵：把装置中液态成品油或半成品油输送到储池或其他装置用泵。

④高温和低温泵：输送300℃以上高温液体泵和接近凝固点（5℃以下）低温液体用泵。

⑤废液泵：把装置中产生的废液连续排出的泵，如原油脱氢装置中的废水泵、脱硫装置中的污水泵等。

⑥特殊用途泵：如液压系统中的动力油泵、水泵等。

22.6.1.2 泵的结构和特点

a）离心泵

离心泵的种类虽然很多，但主要零部件却是相近的，IS 型单级单吸离心泵结构如图22-6-1 所示。

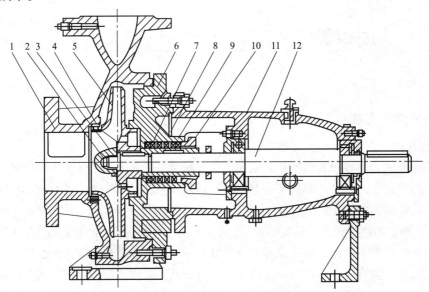

图 22-6-1 IS 型单级单吸离心泵结构图

1—泵体；2—叶轮螺母；3—制动垫片；4—密封环；5—叶轮；6—泵盖；7—轴套；8—填料环；
9—填料；10—填料压盖；11—轴承悬架；12—轴

主要由泵体、泵盖、轴、联轴器、叶轮、轴承、密封部件和支座等构成。有些离心泵还装有导叶、诱导轮和平衡轴向推力的平衡装置以及保护主轴不受磨损的轴套等。为防止液体从泵壳等处泄漏，在各密封点上分别装有密封环或油封箱。

泵体泵盖组件内装有叶轮。由原动机带动轴上的叶轮旋转对液体做功，从而提高液体的压力能和动能。液体由泵体吸入室流入，由泵体的排出室流出。叶轮前盖板前端的密封环和叶轮后盖板后端的填料与填料环防止从叶轮流出的液体泄漏。轴承及轴承悬架支持着转轴，整台泵和原动机安装在一个底座上。一般离心泵的液体过流部件是吸入室、叶轮和排出室（排出室又称蜗壳）。

b）齿轮泵

以外啮合直齿的齿轮泵为例，如图22-6-2所示为齿轮泵结构图。

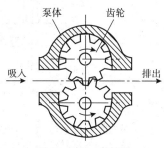

图22-6-2　齿轮泵

当电机带动主动齿轮轴旋转时，主动轮和从动轮的一对啮合齿轮转到下面就开始脱开，这时两齿轮下面的齿中容积就逐渐增大，形成局部真空，因此吸入缸中的油在大气压力作用下进入吸油腔，填满齿轮空间，齿轮继续旋转，将吸入的油沿齿轮圆周与泵体所形成的空间压送到上面压油腔中。主、从动齿轮的互相啮合，将上面啮合中的油挤出来，向压油腔输出，这样就完成了吸油过程和排油过程，齿轮泵属于容积式泵，结构简单，运转可靠，适用于输送不含固体杂质的高黏度液体。

c）螺杆泵

螺杆泵形式多样，如图22-6-3所示为双螺杆泵内部结构示意图。介质从螺杆两边吸入，经螺杆挤压输送至高压腔排出。

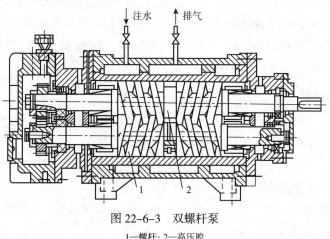

图22-6-3　双螺杆泵

1—螺杆；2—高压腔

螺杆泵在炼油厂中常用于输送润滑油、密封油。它的主、从动螺杆与泵壳包围的螺杆形成凹形空间，液体经入口吸入后，槽内就充满了液体，然后随螺杆旋转，进行轴向前进运动，从出口排出，由于螺杆旋转时，螺纹作连续地螺旋线运行，因此从螺杆槽排出液体比齿轮泵均匀。又由于螺纹密闭性好，所以有良好的自吸能力，并可输送气液混和相，即螺杆泵是容积泵的一种，它是靠两根或多根相互啮合的螺杆间容积变化来输送液体的。

d）往复泵

以蒸汽往复泵为例，蒸汽往复泵的结构如图22-6-4所示。

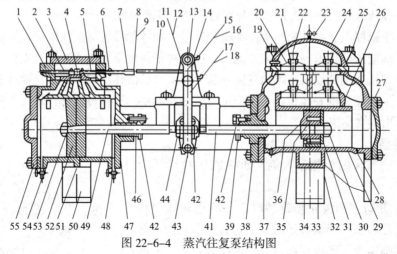

图22-6-4　蒸汽往复泵结构图

1—蒸汽室；2—滑阀；3—蒸汽室盖；4—阀杆螺母；5—阀杆；6—阀杆填料函压盖；7—阀杆头；8—阀杆头销；
9—阀杆头销螺母；10—阀杆连接杆；11—上摇杆轴（长曲柄）；12—下摇杆轴（短曲柄）；13—杠杆键；14—十字架；
15—曲柄销；16—曲柄销螺母；17—长杠杆；18—短杠杆；19—阀座；20—金属阀；21—阀弹簧；22—阀导杆；
23—空气旋塞；24—阀盖；25—阀板；26—液缸套；27—液缸盖；28—液力端排放旋塞；29—液缸；
30—液体活塞杆螺母；31—液体活塞压板；32—液体活塞纤维填料环；33—液缸支脚；34—液体活塞体；
35—液体活塞压环；36—液体活塞开口环；37—液体活塞杆填料函套；38—活塞杆填料函（液力端）；
39—活塞杆填料函压盖（液力端）；40—活塞杆填料函盖套（液力端）；41—液体活塞杆；42—活塞杆连接螺栓；
43—杠杆销；44—蒸汽活塞连接杆；45—活塞杆填料函压盖（蒸汽端）；46—活塞杆填料函盖套（蒸汽端）；
47—蒸汽活塞杆填料函套；48—蒸汽端排放阀；49—蒸汽活塞杆；50—汽缸支脚；
51—蒸汽活塞环；52—蒸汽活塞；53—蒸汽活塞螺母；54—汽缸（带支架）；55—汽缸盖

往复泵是利用活塞的往复运动来输送液体的泵。靠活塞的往复运动将能量直接以静压能的形式传送给液体。由于液体是不可压缩的，所以在活塞压送液体时，可以使液体得到很高的压强，从而获得很高的扬程。以蒸汽为原动力，利用蒸汽直接作用于汽缸，由汽缸的往复运动来带动油缸活塞的往复运动，此种泵叫蒸汽往复泵。

22.6.1.3　泵的性能

泵的基本性能参数包括流量、扬程、转速、功率、效率和允许吸上真空度及允许汽蚀余量等，它们表示该泵在一定条件下运转的性能指标。

a）流量

单位时间内泵所排出的液体量称为泵的流量。

有体积流量和质量流量，体积流量用 q_V 表示，单位是 m³/s、m³/h 或 l/s。质量流量用 q_m 表示，单位是 kg/s 或 t/h。

质量流量与体积流量关系为：

$$q_m = \rho \times q_V$$

式中　ρ——输送温度下液体密度，kg/m³。

单位时间内流入叶轮内的液体体积量为理论流量，用 $q_{V_{th}}$ 表示，单位与 q_V 一样。

b）扬程

单位质量的液体，从泵进口到泵出口的能量增值称为泵的扬程。即单位质量的液体通过泵所获的有效能量。扬程常用符号 h 表示，单位为 J/kg。

在实际生产中，习惯把单位质量的液体，通过泵后所获的能量称为扬程，用符号 H 表示，其单位为 m，即用高度来表示。应注意，不要把泵的扬程与液体的升扬高度等同起来，因为泵的扬程不仅要用来提高液体的位高，而且还要用来克服液体在输送过程中的流动阻力，以及提高输送液体的静压能和保证液体有一定的流速。

泵的扬程是指全扬程或总扬程，它包括吸上扬程和压出扬程。吸上扬程包括实际吸上扬程和吸上扬程损失，压出扬程包括实际压出扬程和压出扬程损失。

c）转速

离心泵的转速是指泵轴每分钟的转速，用符号 n 表示，单位为 r/min。在 SI 制中转速为泵轴每秒钟的转数，用符号 n_f 表示，单位为 1/s，即 Hz。

d）功率和效率

1）功率

功率是指单位时间内所作的功。常有以下几种表示法。

①有效功率。单位时间内泵对输出液体所作的功称为有效功率，用 N_e 表示，单位为 W。计算公式如下：

$$N_e = q_V H \rho g / 1000$$

式中　q_V——体积流量，m^3/h；

　　　H——扬程，m；

　　　ρ——输送温度下液体密度，kg/m^3；

　　　g——重力加速度。

②轴功率。单位时间内由原动机传递到泵主轴上的功率，用 P 表示，单位为 W，即 J/s。

2）效率

效率是衡量离心泵工作经济性的指标，用符号 η 来表示。由于离心泵在工作时，泵内存在各种损失，所以泵不可以将驱动机输入的功率全部转变为液体的有效功率。在泵的流量 q_V 和扬程 H 为一定值时，如果泵的效率高些，则所消耗的功率就会比效率低时小些，这样可以节省动力。η 值越大，则泵的经济性越好。一般小型离心泵的效率为 60%~80%，大型离心泵可达 90%。其定义式为：

$$\eta = P_e / P$$

e）允许汽蚀余量

泵的汽蚀余量包括了影响汽蚀各因素中与泵本身有关的所有因素，标志着泵汽蚀性能好坏并保证不发生汽蚀现象的安全余量，用 $NPSH_r$ 表示，单位是 m。是泵的特性，由泵的本体决定，具体与转速、叶轮形式等有关。

一般是把泵的汽蚀余量增加 0.5~1m（液柱）的能头作为泵的允许汽蚀余量。

f）允许吸上真空度

允许吸上真空度是指泵不发生汽蚀，其入口处允许的最低绝对压力（表示为真空度），由泵在 1 个标准大气压下，以 20℃ 清水进行汽蚀实验测得。若输送介质或工作条件与实验条件不同时，要对泵的允许吸上真空度进行校正。

22.6.2 压缩机

22.6.2.1 气体压缩机基本原理

压缩机的种类很多，按照其工作原理可分为容积式和速度式压缩机。容积式压缩机是指气体直接受到压缩，从而使气体容积缩小，压力提高，包括往复式压缩机和回转式压缩机。速度式压缩机是利用高速旋转的工作轮将其机械能传给气体，并使气体机械能中的部分动能转换为静压能，从而提高气体压力，包括喷射式和离心式压缩机。其中往复式和离心式压缩机在石化行业中最为常见。

22.6.2.2 压缩机的分类

a）往复式压缩机的分类

按所达到的排气压力分为以下 5 种。

① 鼓风机：$p <0.3MPa$。

② 低压压缩机：$0.3MPa \leqslant p <1MPa$。

③ 中压压缩机：$1MPa \leqslant p <10MPa$。

④ 高压压缩机：$10MPa \leqslant p <100MPa$。

⑤ 超高压压缩机：$p >100MPa$。

按排气量大小分为以下 4 种。

① 微型压缩机：排气量（按进气状态计）$<1m^3/min$。

② 小型压缩机：排气量（按进气状态计）$1~10m^3/min$。

③ 中型压缩机：排气量（按进气状态计）$10~60m^3/min$。

④ 大型压缩机：排气量（按进气状态计）$>60m^3/min$。

按气缸的排列方式不同分为以下 4 种。

① 立式压缩机：气缸中心线与地面垂直。

② 卧式压缩机：气缸中心线呈水平，且气缸只布置在机身单侧 。

③ 角度式压缩机：气缸中心线互成一定角度，按气缸所呈的形状，又分 L 形、V 形、W 形、扇形等。

④ 对置式压缩机：气缸水平置于机身两侧，在对置式中，如相对列活塞相向运动又称平衡式。

按气缸达到终了压力所需的级数分为以下 3 种。

①单级压缩机：气体经一级压缩达到终压。

②两级压缩机：气体经两级压缩达到终压。

③多级压缩机：气体经三级以上压缩达到终压。

按活塞在气缸内所实现的气体压缩循环分为以下 3 种。

①单作用式压缩机：气缸内仅一端进行压缩循环。

②双作用式压缩机：气缸内仅两端进行同一级次的压缩循环。

③级差式压缩机：气缸内仅一端或两端进行两个或两个以上的不同级次的压缩循环。

按压缩机具有的列数不同分为以下 3 种。

①单列压缩机：气缸配置在机身的一条中心线上。

②两列压缩机：气缸配置在机身一侧或两侧的两条中心线上。

③多列压缩机：气缸配置在机身一侧或两侧的两条以上的中心线上。

此外，还可按有十字头，分为有十字头压缩机和无十字头压缩机；按冷却方式分为气（风）冷式压缩机和水冷压缩机；按机器工作地点固定与否，分为固定式压缩机和移动式压缩机。

b）离心式压缩机的分类

按压缩机结构型式可分为单级、双级和多级等多种结构型式。单级压缩机主要由吸气室、叶轮、扩压器、蜗壳等组成；对于多级压缩机，还设有弯道和回流器等部件。多级离心式压缩机的中间级、级数较多的离心式压缩机中可分为几段，每段包括几级。

按结构和传动方式分为水平剖分型、垂直剖分型（又称筒型）和等温型压缩机等。水平剖分型压缩机气缸被剖分为上、下两部分；一般用于空压机，排气压力限定在 4~5MPa，不适于高压和含氢多且分子量小的气体压缩；该类压缩机拆卸方便，适用于中低压的场合。垂直剖分型压缩机筒型气缸里装入垂直剖分的隔板，两侧端盖用螺栓紧固；由于气缸是圆筒型的抗内压能力强，对温度和压力所引起的变形也较均匀；该类压缩机缸体强度高、密封性好、刚性好，但是拆装困难、检修不便，适用于高压力或要求密封性好的场合。等温型压缩机是为了能在较小的动力下对气体进行高效的压缩，把各级叶轮压缩的气体，通过级间冷却器冷却后再导入下一级的一种压缩机；其中包含多轴型离心式压缩机。多轴型压缩机在一个齿轮箱中由一个大齿轮驱动几个小齿轮轴，每个轴的一端或两端安装叶轮，把各级叶轮压缩的气体通过级间冷却器冷却后再导入下一级的一种压缩机，该类压缩机结构简单、体积小，适用于中、低压的空气、蒸汽或惰性气体的压缩。

按用途和输送介质的性质分为空气压缩机、二氧化碳压缩机、合成气压缩机、裂解气压缩机、氨冷冻机、乙烯压缩机及丙烯压缩机等。

22.6.2.3　压缩机的工作原理

a）往复活塞式压缩机的工作原理

往复活塞式压缩机如图 22-6-5 为单作用压缩机，往复活塞式压缩机主要由气缸、驱动机构（曲轴、连杆及活塞）及机身构成。当驱动机构带动活塞做往复运动时，气缸内壁、气缸盖和活塞顶面所构成的工作容积发生周期性变化。

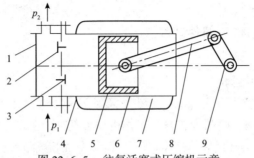

图 22-6-5　往复活塞式压缩机示意

1—气缸盖；2—排气阀；3—进气阀；4—气缸；5—活塞；6—活塞环；7—冷却套；8—连杆；9—曲轴

活塞从气缸盖处（外止点）开始向右运动，气缸内的工作容积逐渐增大，残余气体膨胀，当压力小于外界压力，这时外界气体沿进气管推开进气阀进入气缸，直到活塞达到最右位置（内止点）时工作容积最大，这时进气阀开始关闭。然后活塞开始向左运动，气缸内工作容积缩小，气体压力逐渐升高，当气缸内压力达到并略高于排气管压力时，气体把排气阀推开，并进入排气管，直到活塞运动到最左位置时，排气阀关闭。当活塞再次向右运动，上述过程重复出现。总之，曲轴旋转一周，活塞往复运动一次，气缸内相继实现进气、压缩、排气、膨胀的过程，即完成一个工作环。循环往复，承上启下，将低压气体升压而源源不断地输出。

b）离心式压缩机的工作原理

离心式压缩机如图 22-6-6 所示。

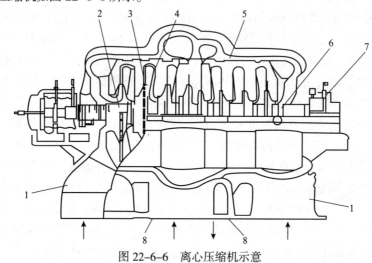

图 22-6-6　离心压缩机示意

1—吸入室；2—轴；3—叶输；4—周定部件；5—机壳；6—轴端密封；7—轴承；8—排气蜗室

汽轮机（或电动机）带动压缩机主轴叶轮转动，在离心力作用下，气体被甩到工作轮后面的扩压器中去。而在工作轮中间形成稀薄地带，前面的气体从工作轮中间的进气部分进入叶轮，由于工作轮不断旋转，气体能连续不断地被甩出去，从而保持了压缩机中气体的连续流动。气体因离心作用增加了压力，还可以很大的速度离开工作轮，气体经扩压器逐渐降低了速度，动能转变为静压能，进一步增加了压力。如果一个工作叶轮得到的压力还不够，可通过使多级叶轮串联起来工作的办法来达到对出口压力的要求。级间的串联通过弯通，回流器来实现。

22.6.2.4　压缩机的结构与部件功能

a）往复式压缩机

1）往复式压缩机的结构

活塞压缩机的结构形式虽然很多，但其主要组成部分基本相同，一台完整的压缩机组包括主机和辅机两部分。主机有机身、工作机构（气缸、活塞、气阀）及运动机构（曲轴、连杆、十字头等）。辅机包括润滑油系统、冷却系统和气路系统。

运动机构为曲轴连杆结构，它使曲轴的旋转运动变为十字头的往复运动。

工作机构是实现压缩机工作循环的主要部件。气缸两端都装有若干吸气阀与排气阀，活塞在气缸中作往复运动。

机身支撑和安装整个运动机构和工作机构又兼作润滑油箱。

润滑油系统包括对气缸和传动机构的润滑，冷却系统的冷却水经气缸冷却夹套对缸壁进行冷却。气路系统主要指进气阀、进气管道、中间冷却器、排气阀和排气管道。

2）往复式压缩机部件功能

往复式压缩机部件主要有：机身、曲轴、连杆、十字头、中间接筒、气缸、活塞、活塞杆、活塞环、密封填料、气阀、刮油环、飞轮、水套等。

①机身：支撑和安装整个运动机构和工作机构又兼作润滑油箱。

②曲轴：将原动机的圆周运动经曲拐的旋转运动变为连杆的曲线运动。

③连杆：将曲轴的旋转运动转换为十字头的或活塞的往复运动，并将曲轴传来的切向力转换为活塞对气体的轴向压缩力。

④十字头：连接连杆和活塞杆，将连杆的曲线运动变为活塞杆的直线运动，十字头上下各装一块滑块，以承受十字头对滑道的侧压力。

⑤中间接筒：机身和气缸的连接桥梁。

⑥气缸：提供活塞在气缸内压缩气体，是活塞压缩气体的场所。

⑦活塞：活塞与气缸构成了压缩容积，活塞在气缸中作往复运动，起压缩作用。

⑧活塞杆：连接十字头与活塞，推动活塞对气体做功。

⑨活塞环：密封气缸镜面和活塞间隙用的零件。另外，它还起布油和导热作用。

⑩密封填料：防止气缸中高压气体沿活塞杆泄漏。

⑪ 气阀：用来控制气体及时吸入和排出气缸。

⑫ 刮油环：阻止机身中的润滑油通过活塞进入气缸。

⑬ 飞轮：利用转动的惯性力使曲柄连杆顺利通过静点而保持旋转；惯性力可保证压缩机旋转的均匀性；飞轮具有蓄能作用，在原动机能量不足的瞬间，惯性力可使压缩机照常运转；自身重量可使压缩机运转平稳，力矩平稳。

⑭ 水套：吸收在压缩过程中由缸壁放出的热量，降低气缸温度，使压缩过程接近等温，保证活塞润滑正常，避免活塞在气缸中因过热发生咬缸现象；降低气阀温度，防止变形失效，防止阀片和弹簧上炭渣积聚；减少吸入气体的预热，增加排气量；将机件、气缸冷却以保持润滑的稳定性，防止油分解。

b）离心式压缩机

离心式压缩机由转子及定子两大部分组成。转子部分包括转轴，固定在轴上的叶轮、轴套、平衡盘、推力盘及联轴节等零部件；定子部分包括气缸、定位于缸体上的各种隔板以及轴承等零部件。在转子与定子之间需要密封气体之处还设有密封元件。

①叶轮：离心式压缩机中最重要的一个部件，驱动机的机械功通过此高速回转的叶轮对气体做功而使气体获得能量，它是压缩机中唯一的做功部件，亦称工作轮。叶轮一般是由轮盖、轮盘和叶片组成的闭式叶轮，也有没有轮盖的半开式叶轮。

②主轴：起支持旋转零件及传递扭矩作用。根据其结构形式，有阶梯轴及光轴两种，光轴有形状简单、加工方便的特点。

③平衡盘：在多级离心式压缩机中因每级叶轮两侧的气体作用力大小不等，使转子受到一个指向低压端的合力，这个合力即称为轴向力。轴向力对于压缩机的正常运行是有害的，容易引起止推轴承损坏，使转子向一端窜动，导致动件偏移，与固定元件之间失去正确的相对位置，情况严重时，转子可能与固定部件碰撞造成事故。平衡盘是利用它两边气

体压力差来平衡轴向力的零件。它的一侧压力是末级叶轮盘侧间隙中的压力，另一侧通向大气或进气管，通常平衡盘只平衡一部分轴向力，剩余轴向力由止推轴承承受。在平衡盘的外缘需安装气封，用来防止气体漏出，保持两侧的差压。轴向力的平衡也可以通过叶轮的两面进气和叶轮反向安装来平衡。

④推力盘：由于平衡盘只平衡部分轴向力，其余轴向力通过推力盘传给止推轴承上的止推块，构成力的平衡。推力盘与推力块的接触表面，应做得很光滑，在两者的间隙内要充满合适的润滑油。在正常操作下推力块不致磨损，在离心压缩机启动时，转子会向另一端窜动，为保证转子应有的正常位置，转子需要两面止推定位。其原因是压缩机启动时，各级的气体还未建立，平衡盘两侧的压差还不存在，只要气体流动，转子便会沿着与正常轴向力相反的方向窜动，因此要求转子双面止推，以防止造成事故。

⑤联轴器：由于离心压缩机具有高速回转、大功率以及运转时难免有一定振动的特点，所用的联轴器既要能够传递大扭矩，又要允许径向及轴向有少许位移，联轴器分齿型联轴器和膜片联轴器，目前常用的都是膜片联轴器，该联轴器不需要润滑剂，制造容易。

⑥机壳：机壳也称气缸，对中低压离心式压缩机，一般采用水平中分面机壳，利于装配，上下机壳由定位销定位，即用螺栓连接。对于高压离心式压缩机，则采用圆筒形锻钢机壳，以承受高压。这种结构的端盖是用螺栓和筒型机壳连接的。

⑦扩压器：气体从叶轮流出时，它仍具有较高的流动速度。为了充分利用这部分速度能，以提高气体的压力，在叶轮后面设置了流通面积逐渐扩大的扩压器。扩压器一般有无叶、叶片、直壁形扩压器等多种形式。

⑧弯道：在多级离心式压缩机中，级与级之间气体必须拐弯，就采用弯道，弯道是由机壳和隔板构成的弯环形空间。

⑨回流器：在弯道后面连接的通道就是回流器，回流器的作用是使气流按所需的方向均匀地进入下一级，它由隔板和导流叶片组成。导流叶片通常是圆弧的，可以和气缸铸成一体也可以分开制造，然后用螺栓连接在一起。

⑩蜗壳：蜗壳的主要目的是把扩压器后，或叶轮后流出的气体汇集起来引出机器，蜗壳的截面形状有圆形、犁形、梯形和矩形。

⑪密封：为了减少通过转子与固定元件间的间隙的漏气量，常装有密封。密封分内密封、外密封两种。内密封的作用是防止气体在级间倒流，如轮盖处的轮盖密封，隔板和转子间的隔板密封。外密封是为了减少和杜绝机器内部的气体向外泄漏，或外界空气窜入机器内部而设置的，如机器端的密封。

离心压缩机中密封种类很多，常用的有迷宫密封、油膜密封、机械密封和干气密封。

迷宫密封目前是离心压缩机用得较为普遍的密封装置，用于压缩机的外密封和内密封；迷宫密封的气体流过梳齿形迷宫密封片的间隙时，气体经历了一个膨胀过程，压力从入口的 p_1 降至出口的 p_2，这种膨胀过程是逐步完成的。当气体从密封片的间隙进入密封腔时，由于截面积的突然扩大，气流形成很强的旋涡，使得速度几乎完全消失。密封面两侧的气体存在着压差，密封腔内的压力和间隙处的压力一样。按照气体膨胀的规律来看，随着气体压力的下降，速度应该增加，温度应该下降，但是由于气体在狭小缝隙内的流动是属于节流性质的，此时气体由于压降而获得的动能在密封腔中完全损失掉，而转化为无用的热能，这部分热能转过来又加热气体，从而使得瞬间刚刚随着压力降落下去的温度又上升起来，恢复到压力没有降低时的温度。气流经过随后的每一个密封片和空腔就重复一次上面的过程，一直到压力 p_2 为止。由此可见迷宫密封是利用节流原理，当气体每经过一个齿片，压力就有一次下降，经过一定数量的齿片后就有较大的压降，实质上迷宫密封就是给气体的流动以压差阻力，从而减小气体的通过量。

油膜密封即浮环密封。浮环密封的原理是靠高压密封在浮环与轴套间形成的膜，产生节流降压，阻止高压侧气体流向低压侧，浮环密封既能在环与轴的间隙中形成油膜，环本身又能自由径向浮动。靠高压侧的环叫高压环，低压侧的环叫低压环，这些环可以自由沿径向浮动，但不能转动，密封油压力通常比工艺气压力高 50kPa 左右进入密封室，一路经高压环和轴之间的间隙流向高压侧，在间隙中形成油膜，将高压气封住；另一路则由低压环与轴之间的间隙流出，回到油箱，通常低压环有好几只，从而达到密封的目的。浮环密封可以做到完全不泄漏，被广泛地用作压缩机的轴封装置。

机械密封装置有时用于小型压缩机轴封上，压缩机用的机械密封与一般泵用的机械密封的不同点，主要是转速高，线速度大，密封流体的压力 P 和密封端面的平移速度 v 值大，摩擦热大和动平衡要求高等。因此，在结构上一般将弹簧及其加荷装置设计成静止式而且转动零件的几何形状力求对称，传动方式不用销子、链等，以减少不平衡质量所引起的离心力的影响，同时从摩擦件和端面比压来看，尽可能采取双端面部分平衡型，其端面宽度要小，摩擦副材料的摩擦系数低，还应加强冷却和润滑，以便迅速导出密封面的摩擦热。

随着流体动压机械密封技术的不断完善和发展，其重要的一种密封形式——螺旋槽面气体动压密封即干气密封在石化行业得到了广泛的应用。相对于封油浮环密封，干气密封具有较多的优点：运行稳定可靠易操作，辅助系统少，大大降低了操作人员维护的工作量，密封消耗的只是少量的气体，既节能又环保。

⑫ 轴承：离心式压缩机有径向轴承和推力轴承。径向轴承为滑动轴承，它的作用是支持转子使之高速运转，止推轴承则承受转子上剩余轴向力，限制转子的轴向窜动，保持转子在气缸中的轴向位置。

径向轴承主要由轴承座、轴承盖、上下两半轴瓦等组成。轴承座是用来放置轴瓦的，可以与气缸铸在一起，也可以单独铸成后支持在机座上，转子加给轴承的作用力最终都要通过它直接或间接地传给机座和基础；轴承盖在轴瓦上，并与轴瓦保持一定的紧力，以防止轴承跳动，轴承盖用螺栓紧固在轴承座上；轴瓦用来直接支承轴颈，轴瓦圆表面浇巴氏合金，由于其减摩性好，塑性高，易于浇注和跑合，在离心压缩机中广泛采用。在实际中，为了装卸方便，轴瓦通常是制成上下两半，并用螺栓紧固，目前使用巴氏合金厚度通常在 1~2mm。轴瓦在轴承座中的放置有两种：一种是轴瓦固定不动；另一种是活动的，即在轴瓦背面有一个球面，可以在运动中随着主轴挠度的变化自动调节轴瓦的位置，使轴瓦沿整个长度方向受力均匀。润滑油从轴承侧表面的油孔进入轴承，在进入轴承的油路上，安装一个节流孔板，借助于节流孔板直径的改变，就可以调节进入轴承油量的多少，在轴瓦的上半部内有环状油槽，这样使得润滑油能更好地循环，并对轴颈进行冷却。

推力轴承与径向轴承一样，也是分上下两半，中分面有定位销，并用螺栓连接，球面壳体与球面座间用定位套筒，防止相对转动。由于是球面支承或可根据轴挠曲程度而自动调节，推力轴承与推力盘一起作用，安装在轴上的推力盘随着轴转动，把轴传来的推力压在若干块静止的推力块上。在推力块工作面上也浇铸一层巴氏合金，推力块厚度误差小于

0.01~0.02mm。离心压缩机中广泛采用米切尔式推力轴承和金斯泊雷式轴承。离心压缩机在正常工作时，轴向力总是指向低压端，承受这个轴向力的推力块称为主推力块。在压缩机启动时，由于气流的冲力方向指向高压端，这个力使轴向高压端窜动，为了防止轴向高压端窜动，设置了另外的推力块，这种推力块在主推力块的对面，称为副推力块。推力盘与推力块之间留有一定的间隙，以利于油膜的形成，此间隙一般在 0.25~0.35mm 以内，最主要的是间隙的最大值应当小于固定元件与转动元件之间的最小轴向间隙，这样才能避免动、静件相碰。

　　润滑油从球面下部进油口进入球面壳体，再分两路，一路经中分面进入径向轴承；另一路经两组斜孔通向推力轴承。进推力轴承的油一部分进入主推力块，另一部分进入副推力块。

22.6.2.5　压缩机润滑油和冷却水系统

　　a）压缩机的润滑

　　往复式压缩机的润滑，要求在所有做相对运动的表面上形成油膜，以减少磨损，降低摩擦功耗，带走摩擦热，冷却摩擦面，以防止温度过高和运动件卡住，提高活塞填料的密封能力及防止零件生锈等。

　　根据压缩机结构的特点的不同，大致有两种润滑方式：飞溅润滑（分大油杆与油环润滑）和压力润滑。

　　1）飞溅润滑

　　一般用于小型无十字头单作用压缩机，曲轴旋转时，装在连杆上的打油杆将曲轴箱中的润滑油飞溅，形成的油滴或油雾直接落到气缸镜面上。也用于有十字头的压缩机中，润滑油依靠连杆大头上装设的勺或棒，在曲轴旋转时打击曲轴箱中的润滑油，使油溅起并飞至那些需要润滑之处。

　　飞溅润滑的优点是简单，缺点是润滑油耗量大，润滑油未经过滤，运动件磨损较大，散热不够，气缸和运动机构只能采用一种润滑油。

　　使用飞溅润滑的压缩机，运行一个时期后油面降低，溅起的油便减少，油面过低会造成润滑不足，故应由保证润滑的最低油面，低于此面要加油。

　　2）压力润滑

　　所谓压力润滑就是通过油泵或注油器加压后，强制地将润滑油注入各润滑点进行润滑，常用于大、中型有十字头的压缩机中。一般为两个独立的润滑系统，即气缸和填料函润滑系统和传动部件润滑系统。

　　①气缸和填料函润滑系统。气缸与填料处注入的油必须适当；过小达不到润滑目的；过多会使气体带油过多，结焦后加快磨损并影响气阀及时启闭，影响气体冷却器效果，在空压机中，有时会导致爆炸。

　　②传动部件润滑系统。它靠齿轮泵或转子泵将润滑油输至摩擦面，油路是循环的，循环油路上设有油冷却器和油过滤器。

　　润滑油路有以下几种类型：

　　A 型油路：油泵→曲轴中心孔→连杆大头→连杆小头→十字头滑道→回入油箱（主轴承靠飞溅润滑）；

　　B 型油路：油泵→机身主轴承→连杆大头→连杆小头→十字头滑道→回入油箱；

　　C 型油路：油泵→十字头上滑板、下滑板→回入油箱；油泵→机身主轴承→连杆大头→连杆小头→十字销→回入油箱。

A 型油路，可以在机身内不设置任何管路，多用于单拐或双拐曲轴的压缩机上。B 型油路，在机身内必须设置总油管，由分油管输油至各主轴承，由主轴承再送至相邻曲拐连杆大头处，该种给油方式适用于多列压缩机。C 型油路与 B 型油路类似，其特点是考虑到润滑油经过的部位太多，由于各部分阻力及间隙的泄漏，可能保证不了足够的油送到十字头滑板处，因而在总管处单独给十字头滑板设置分油路，但应注意在十字头滑道上、下滑板要设置控制阀，以控制油量。

根据油泵传动方式可分为内传动和外传动两种，内传动的油泵由主轴直接带动，多用于中、小型压缩机；外传动的油泵单独由电机驱动，多用于大型压缩机。

b）压缩机的冷却系统

压缩机的气缸一般需要进行冷却。多级压缩时，被压缩的气体需要进行中间冷却。此外，在一些压缩机装置中最后排出的气体还需要进行后冷却，以分离气体中所含的水和油。

在大、中型压缩机装置中，润滑油也需要进行后冷却，以使润滑油既有良好的润滑性能又能对摩擦表面起到冷却作用。

冷却剂通常为水和空气，只有个别场合采用油或其他液体。小型移动式压缩机及中型压缩机当在缺水地区运行时采用空气冷却，因空气冷却效果差，并且消耗的动力费用一般较耗水的费用或循环水的动力费用大，故大多数用冷却水。

1）冷却系统

在所有冷却部位中，中间冷却的好坏对机器的影响最大，一般要求最冷的水首先通入中间冷却器。气缸的冷却通常只能带走摩擦产生的热量，使缸壁不致因温度过高而影响润滑油性能，所以要求并不高，甚至压缩气体时过度的冷却反而有害。

冷却系统可以制成下列形式：

①并联式。冷却水分别通入各冷却部位，它适宜于多级压缩机，因为各中间冷却器都能得到较好的冷却，且可方便地调节各处水量，发生故障时检查方便。但是，并联式配管复杂，不过中间冷却器距主机较远时安装空间足够，配管较方便。

②串联式。冷却水先通入各中间冷却器，然后进入其前各个气缸的冷却水套。其耗水量较并联少，其检查也较方便，故应用较普遍。

③混联式。一般仅用于两极压缩机，冷却水先导入中间冷却器，然后分别通入一、二级气缸水套，最后进入后冷却器。

2）冷却器

冷却器有板式及管式两大类。根据冷却和被冷却介质的性质、流量的大小、压力的高低，每类又有许多结构形式。这里仅介绍列管式（也称壳管式）和套管式两种。

①列管式冷却器。它由一束平行排列的光圆管子胀接于两块板上构成冷却器芯子；芯子置于一圆筒形壳体内，两端具有端盖。气体在管外流动，并依靠特设的隔板使气体垂直掠过管束，曲折前进。水在管内流动。

气体自冷却器上面进入，下面导出；随着气体被逐渐冷却，气体密度增大，故能使气体顺着流体方向下沉，为了保证气流必要的速度，隔板间距是变化的，开始大些，后来逐渐减小。

列管式冷却器一般是水在管内流动，这样，当管壁有水垢时清理方便。

对于压力大于 10MPa 冷却器，气体一般在管内流动，水在管外流动，它依靠隔板垂直掠过管束，曲折前进。这种列管式冷却器可能很大，占地面积也大，做成 U 形的结构便可克服这一缺点。水在管外流动的列管式冷却器的缺点是难于清垢。

②套管式冷却器。在管子外面再套一管子，气体在管内流动，水在管间流动，考虑到内、外管子工作时热膨胀的不一致，一般设有具有补偿作用的结构。水由切向进入套间，以形成一定螺旋形前进，由此可增加传热效果。

套管式冷却器管径也不宜过大，一般使用于高压级。因为结构不紧凑，故尺寸和重量相对较大。

22.7 仪器仪表到货质量检验

22.7.1 质量检验一般要求

a）质量检验依据

①物资使用单位对物资的质量特性要求是物资质量检验的根本依据。

②质量特性要求应转化为明确的合同约定条款、技术协议和图纸，或明确为国际、国家、行业、企业标准，并应符合国家及行业强制性要求。

b）全数检验及抽样检验

①全数检验物资要求：关键性能要求高且为非破坏性检验的物资。

②抽样检验物资要求：物资到货批量很大、破坏性检验、散料、流程性材料，以及其他不适于使用全数检验或全数检验不经济的物资。

c）检验批

①应由同一种类、同一规格型号、同等级、同一供方、同一生产批次的物资组成。

②对于到货的同种物资应区分供方及批次，并进行明确标识。

③判定合格的应整批接收，但应剔除不合格物资。

④对抽样检验结果有异议的，应进行复检直至全检，当全检得到的质量水平低于抽检时确定的质量水平时，判定该批不合格。

22.7.2 质量检验内容

不同种类仪器仪表到货质量检验的项目可参考表 22-7-1 进行。

表 22-7-1　检验项目表

检验项目 仪表种类	规格检验	外观质量检验	尺寸检验	材料检验	非破坏检验	耐压检验	气密检验	阀座泄漏检验	特性性能检验	绝缘检验	耐电压检验
热电偶	□	□	□	—	—	—	—	—	—	□	□	—
热电阻	□	□	□	—	—	—	—	—	—	□	□	—
现场温度计	□	□	□	—	—	—	—	—	—	□	—	—
温度开关	□	□	□	—	—	—	—	—	—	□	□	□
温度仪表保护套管	□	□	□	※	※	□	—	—	—	—	—	—
节流装置	□	□	□	※	—	—	—	—	—	—	—	—

续表

检验项目 / 仪表种类	规格检验	外观质量检验	尺寸检验	材料检验	非破坏检验	耐压检验	气密检验	阀座泄漏检验	特性、性能检验	绝缘检验	耐电压检验
文丘里管	◎	◎	○	※	※	○	※	—	—	—	—
涡街流量计	◎	◎	○	※	※	□	○	—	○	□	□
容积式流量计、涡轮流量计	◎	◎	○	※	※	□	○	—	○	□	□
变面积型流量计	◎	◎	○	※	※	□	○	—	○	□	□
电磁流量计	◎	◎	○	※	※	○	○	—	○	○	○
压力、差压变送器	◎	◎	○	※	—	□	○	—	○	□	□
压力、差压表	□	□	□	—	—	—	—	—	□	—	—
压力开关	□	□	□	—	—	—	—	—	□	—	—
浮子式液位计	◎	◎	○	※	※	□	※	—	○	□	□
储罐液位计	◎	◎	○	※	※	□	※	—	○	□	□
玻璃板液位计	□	□	□	※	※	□	□	※	—	—	—
气动调节阀	◎	◎	○	※	※	○	○	○	○	□	□
盘装仪表	◎	◎	□	—	—	—	—	—	○	□	□
仪表盘	◎	◎	○	—	—	○	○	—	◎	◎	◎
DCS	◎	◎	○	—	—	—	—	—	◎	◎	◎
分析仪	◎	◎	□	—	—	—	□	—	○	□	□
采样装置	◎	◎	○	※	—	○	○	—	○	○	○
气体检测器	◎	◎	□	—	—	—	—	—	○	□	□
电缆	□	□	□	—	—	—	—	—	□(1)	□	□

符号说明：

◎表示全数检验；

○表示抽样检验；

□表示资料检验；

※ 表示根据在采购规格书中指定的检验方法（全数、抽样或资料检验）进行检验；

注：（1）补偿导线的特性要深入检验。

22.7.2.1 资料检验

①对到货物资的供货单位、收货单位、发站、到站、名称、规格、型号进行认真核查，并核对合同或协议。

②对随物资料，包括物资的标牌、标志、出厂合格证、生产许可证、生产日期、使用（安装、操作）说明书、检验报告（证书）、材质单、化验单、配件明细、《计量器具制造许可证》及标志（CMC）等相关标识、准确度等级，及合同、协议要求的其他证件，进行认真查验。

③成套设备应查验供货清单与装箱单内容是否符合合同约定，并查验质量证明文件、压力试验报告、气密性实验报告、材质证书、防爆证书、计量证书等，确保其在有效期内。同时应查验进口仪表设备是否有"进口型式批准证书"，是否有"进口检定证书"，是否有中文标识、技术资料，单位制是否是符合法定计量单位。

④驻厂监造物资到货验收时，应查验监造报告，必要时应依据监造合同和相关要求，查验相关证明文件。

⑤实物标识与资料应一致齐全，完整清晰，并随货同行。

22.7.2.2 数量检验

①物资数量检验方式、方法必须符合采购合同、协议及相关标准要求。

②检验人员根据物资物理、化学特性、计量方式和包装特点等，采取检斤称重（衡器计重）、检尺求积、理论换算称量、计件的方式，进行全检或抽检。

③单台（件）、计件交货的物资：

逐台（件）进行数量清点，相加求和。

带有附件的成套设备，应逐件清点主件、附件、零配件和随机工具是否配套齐全。

数量大、定量装箱的物资，在包装完整无损的情况下，可抽样检验，抽样比例一般为20%，最少不得低于5%（合同有约定的，按合同约定执行）。发现数量不符的，可扩大抽检比例，直至全部检验。

④计重交货的物资：

不带包装的检斤率为100%。

带包装的物资毛重检斤率为100%，清点件数为100%。

有标量（标量误差在标准规定范围之内）或标准定量包装的物资，按标量计算，并按物资属性参照相关标准规定抽检。抽检无问题，对包装完好的全部清点件数；抽检有差异时，应扩大抽检直至全部检验。

理论换算计重的物资，定尺的检尺率为10%~20%，非定尺的检尺率为100%。

贵重金属材料和剧毒物资100%称重。

⑤以体积为计量单位交货的物资检尺计算求得体积。

⑥对开箱或开包装后影响存储和质量性状、合同中未进行规定的物资，应与供应商、用料单位、检验机构协商抽检率。

22.7.2.3 外观质量检验

①物资外观质量检验必须符合采购合同、协议、到货通知单及相关标准要求。

②检验人员要通过目测、手摸、耳听、鼻嗅等感官检验手段，以及借助简便器具，凭借专业经验，对物资的色、味、形、声响、手感等项进行检查和质量判断。

③外观质量检验必须在自然光线或规定照度下进行，同时排除噪声、异味、温度、湿度等干扰因素。

④外观质量检验通常采取抽检的方式进行，抽检比例按照相关标准执行，或根据物资质量特性及相关标准制订。

⑤检验内容按照相关标准执行，或由各企业根据物资质量特性及相关标准制订。

⑥非标件由专业检验人员按图纸、设计及专业技术要求检测。

22.7.2.4　理化检验

①对于仅进行一般性检验的物资，数量及外观质量检验出现疑问，无法判定质量特性时，应进一步进行理化检验。

②物资的理化检验应由具有相应资质的各企业内部检验机构及实验室，或委托其他外部检验机构实施检验。

③理化检验必须符合采购合同、技术协议及相关标准。

④委托单位在符合检验周期的前提下，应明确理化检验时限。

⑤检验机构应符合 22.7.7 条的要求。

22.7.3　入库物资质量检验

22.7.3.1　一般性质量检验

一般性质量检验由仓储部门验收人员完成，要求如下：

a）检验前准备

①掌握到货物资物理特性、化学属性及相关合同要求。

②组织好相应卸货人力和卸货工具，避免在接卸过程损坏或对物资质量性状产生影响。

③准备合理的检验（计量、测量）工（器）具，并确保精准度；准备合理的堆码、苫垫材料，并确保适宜的检验环境条件。

④按相关要求准备防护用品及防护措施。

b）检验时限

①零星物资 3 天以内检验完毕，批量物资 5 天以内检验完毕，整车物资 7 天以内检验完毕，整列物资 10 天以内检验完毕，贵重物资和危险品应随到随检。

②在规定期限完成确有困难的，应报告主管部门确定检验时限。

22.7.3.2　入库检验其他要求

①需进行理化检验的物资，仓储部门验收人员在 2 个工作日内向符合 22.7.7 条中规定的检验机构报检，特殊情况可以延迟到 3 个工作日内报检。

②检验机构在规定时间内完成检验，向委托单位出具检验报告。

③检验合格的物资，仓储部门应对该批次物资在 3 个工作日内办理验收入库手续。

④需在工程试运行或投产后方可确定质量的，应在检验项目全部确认合格后，方可办

理验收相关手续。

⑤应根据入库物资品种的保存期及质量特性周期确定复检期限。

22.7.4　直达现场物资质量检验

22.7.4.1　一般性质量检验

一般性质量检验由用料单位现场验收人员完成，对检验结果签字确认，要求如下：

a）检验前准备

①掌握到货物资物理特性、化学属性及相关合同要求。

②组织好相应卸货人员和卸货工具，避免在接卸过程损坏或对物资质量性状产生影响。

③准备合理的检验（计量、测量）工（器）具，并确保精准度；准备合理的堆码、苫垫材料，并确保适宜的检验环境条件。

④按相关要求准备防护用品及防护措施。

⑤基建用料及一次到货批量大的物资，应准备合理的存放保管空间，分类分区存放保管。

b）检验时限

①随到随检，当日完成。

②当日完成确有困难的，应报告主管部门确定检验时限。

c）当检验遇到技术问题时，应由相关技术人员协助检验，并对检验结果签字确认。

d）重要、特殊物资，大型（成套）设备等，必要时由采购单位、供应商、设计部门、技术部门及施工单位联合检验。

22.7.4.2　直达现场检验其他要求

①需进行理化检验的物资，由用料单位验收人员在 2 个工作日内向符合 22.7.7 条中规定的检验机构报验，特殊情况可以适当延迟。

②检验机构在规定时间内完成检验，向委托单位出具检验报告。

③检验合格的物资，用料单位验收人员在 3 个工作日内将检验结果交由采购单位进行账务处理。

④基建物资由施工单位按工程设计要求、相关标准、规范等，对进场物资进行的二次检验，按相关规定执行。

⑤待工程试运行或投产后方可确定质量的，应在检验项目全部确认合格后，方可办理验收相关手续。

22.7.5　进口物资质量检验

进口物资质量检验一般应符合下列要求：

①法律规定必须经商检机构检验及进口实行验证管理的进口物资，采购单位应按相关规定程序及时按要求报检，并在规定的地点和期限内，接受检验，仓储部门及使用单位配合完成。

②法律规定必须经商检机构检验之外的进口物资，仓储部门或用料单位按 22.7.3 条及 22.7.4 条中要求实施质量检验。

进口物资资料、数量、外观质量检验应由采购单位、仓储部门、使用单位、代理商联合检验。

数量检验可参照《进出口商品数量重量检验鉴定管理办法》（国家质检总局令第 103 号）执行。

③符合国家规定免于检验的进口物资，仓储部门或物资采购部门应向国家商检部门提出申请，经审查批准，方可以免于检验。

④对于重要进口物资或大型成套设备，使用单位应依据外贸合同约定，在出口国装运前进行预检验、监造或者监装。

⑤法律规定必须经商检机构检验的进口物资质量问题，按商检机构规定处置；法定检验之外的进口物资质量问题，需要由商检机构出证索赔的，应向商检机构申请检验出证。

⑥对商检机构检验结果有异议的，可以向原商检机构或者其上级商检机构以至国家商检部门申请复验，由受理复验的商检机构或国家商检部门作出复验结论。

22.7.6　应急物资质量检验

应急物资质量检验一般应符合下列要求：

①应急物资应经过供应商出厂检验合格，运输到库房或现场后，经过外观检验符合使用要求方可放行。

②应急物资放行前应进行标识，作为质量问题和事故的追溯依据。

③入库应急物资，可由使用单位负责 22.7.3 条之外其他项目的质量检验，也可委托仓储方加急检验。

由使用单位负责质量检验的，使用单位必须在仓储方规定的验收期限内，将质量确认结果交由仓储方，确认质量合格的，由仓储方补办验收手续；不能确认质量合格的，由使用单位负责协同采购单位进行处置。

使用单位未按期限进行质量确认的，仓储部门视作质量检验合格，办理验收手续。

使用单位不能做到质量检验的，需由使用单位的技术质量部门或工程（项目）的设计部门出具可以使用的技术质量意见后方可使用。

④直达现场应急物资，物资质量由使用单位负责。

22.7.7　检验机构

内部检验机构、委托的外部检验机构应具备以下条件：

①应具备《实验室和检查机构资质认定管理办法》（国家质检总局令第 103 号）中规定的基本条件和能力，并通过相应的资质认定。

②应符合《实验室和检查机构资质认定管理办法》（国家质检总局令第 103 号）中规定的行为规范。

③应符合 GB/T 27025《检测和校准实验室能力的通用要求》的规定。

④内部检验机构（实验室、化验室），应建立健全组织机构和管理体系，加强人员、

设施、检测方法、设备、标准、结果质量控制、报告等功能开发，按照企业需求开展物资质量检验工作。

22.8 金属材料的简单检测方法

22.8.1 钢中铬（Cr）成分检测方法

采用硝酸法检测 Cr 成分，区分碳素钢和不锈钢、鉴别 Cr 合金钢的种类。下面 3 种试剂作为一组，同时使用，根据被测材质的腐蚀程度和呈色状态来判断。

试剂 A：浓硝酸，试剂 B：10 体积浓硝酸 +11 体积蒸馏水，试剂 C：6 体积浓硝酸 +11 体积蒸馏水。

硝酸法检测 Cr 成分的腐蚀反应状态见表 22-8-1。

表 22-8-1　硝酸法检测 Cr 成分的腐蚀反应状态

被测金属材料	试剂的反应状态		
	试剂 A	试剂 B	试剂 C
碳素钢	明绿色	暗褐色	暗褐色
1Cr-1/2Mo 钢	微反应	暗褐色	暗褐色
5Cr-1/2Mo 钢	无反应	先暗褐色后无色	暗褐色
304SS	无反应	无反应	无反应
316SS	无反应	无反应	无反应
镍铬合金钢	无反应	无反应	无反应
蒙乃尔钢	青绿色	青白绿色	—

22.8.2 钢中钼（Mo）成分检测方法

该方法通过检测金属中的 Mo 成分，来判断含 Mo 低合金钢和碳素钢，能够有效识别 304SS 和 316SS。

a）氯化亚锡 + 硫氰酸钾 + 盐酸法

试剂：氯化亚锡 15g，硫氰酸钾 2g，盐酸 5mL，蒸馏水 95mL，被测金属材料。

如果含 Mo 质量分数超过 2%，用电极棒将试剂通电后显现粉色，取出电极棒后试剂仍然保持显现粉色；如果不含 Mo，取出电极棒后试剂恢复到原来的颜色。

b）盐酸 + 亚硫酸法

试剂：1 体积浓盐酸 +1 体积蒸馏水 +6% 的亚硫酸溶液。

遇该试剂后，含 Mo 的不锈钢产生黑锈。

c）盐酸法

试剂：30%~35% 的盐酸溶液。

含 Mo 的不锈钢侵入后，试剂基本没反应，即便反应也是有一点点气泡产生，试剂不变色。不含 Mo 的不锈钢会产生气泡，几分钟后试剂变成淡黄色。

22.8.3　钢中镍（Ni）成分检测方法

该方法可以有效识别斯太莱合金钢、不锈钢、蒙乃尔钢和镍铬合金钢。

a）王水 + 氨水法

试剂：王水 + 氨水。

根据呈现的颜色进行如下判断：

斯太莱钢：蓝色；镍铬合金钢：红色；蒙乃尔钢：深蓝色。

b）盐酸 + 氯化亚铜法

试剂 A：浓硝酸 13mL，氯化亚铜 10g，蒸馏水 50mL；试剂 B：浓盐酸 76.3mL+ 氯化亚铜 10g。

试剂 A 用于检测奥氏体不锈钢和其他不锈钢，试剂 B 用于检测奥氏体不锈钢和铁含量少的镍铬合金钢。试剂反应状态见表 22-8-2。

表 22-8-2　盐酸 + 氯化亚铜法检测 Ni 成分的试剂反应状态

被检测金属材料	试剂的反应状态	
	试剂 A	试剂 B
碳素钢	铜沉淀	—
1Cr-1Mo 钢	铜沉淀	—
马氏体不锈钢	铜沉淀	—
铁素体不锈钢	铜沉淀	—
奥氏体不锈钢	灰褐色或无反应	铜沉淀
镍铬合金	—	无反应

22.8.4　磁石检测法

根据被测材料有无磁性来识别的方法，能有效识别奥氏体不锈钢（非磁性）和铁素体不锈钢（磁性）等材料。

蒙乃尔合金钢具有较弱磁性，放入 70℃的热水中，磁性就消失了。

22.8.5　原子光谱分析法

原子光谱分析法可以分为原子吸收光谱法和原子发射光谱法。

原子吸收光谱法的原理是通过气态状态下基态原子的外层电子对可见光和紫外线的相对应原子共振辐射线的吸收强度来定性或定量分析被测元素。该方法特别适合对气态原子吸收光辐射，具有灵敏度高、抗干扰能力强、选择性强、分析范围广及精密度高等优点。但不能同时分析多种元素，对难溶元素测定时灵敏度不高，在测量一些复杂样品时效果不佳。

原子发射光谱法的原理是利用各元素离子或原子在电或热激发下具有发射出特殊电磁辐射的特性来定性或定量分析被测元素。该法使用发射物来进行定性定量分析元素，可以同时测试多种元素，同时还可以较快地得到测得结果。该方法可以检测的成分有 Cr，Mn，

Mo，Ni，Cu，Fe 等金属元素，不能检测 C 和 Al 元素。无法区分 304SS 和 304SSL。

22.8.6 分光光度法

分光光度法是一种对金属元素进行定量分析的分析方法，通过测定被测物质的特定波长范围内的吸光度和发光强度，对该物质进行定性和定量分析。具有应用广泛、灵敏度高、选择性好、准确度高、分析成本低等特点，缺点是一次只能分析一个元素。检测仪器包括：紫外分光光度计、可见光光度计，红外分光光度计。

22.8.7 X 射线荧光光谱法

X 射线荧光光谱法大多数用来测定金属元素，也是一种常见的金属材料成分测定方法。其测试原理是：基态的原子在没有被激发状态下会处于低能态，而一旦被一定频率的辐射线激发就会变成高能态，高能状态下会发射荧光，这种荧光的波长非常特殊，测定出这些 X 射线荧光光谱线的波长就可以测定出试样的元素种类。把标准试样的谱线强度作为参照比较被测试样的谱线，即可以测出元素的含量。该方法是定性半定量的方法，在金属成分分析中主要作为大概含量的确定。

22.9 我国主要城市气象资料

我国主要城市气象资料见表 22-9-1。

表 22-9-1 我国主要城市气象资料

地名	海拔高度 /m	最热月月平均相对湿度 /%	极端最低温度 /℃	极端最高温度 /℃	最大冻土深度 /cm	大气压力 /kPa		年积雪日 /天	最大积雪厚度 /cm	最大风速 / (m·s⁻¹)
						冬季	夏季	最多		
北京市										
市区	31.2	77	−27.4	41.9	85	102.4	100.1	36	24	23.8
密云	71.6	77	−27.3	40.8	69	101.7	99.6	—	—	—
天津市										
市区	3.3	79	−22.9	40.5	69	102.6	100.5	31	20	26
武清	6.1	79	−22.0	40.6	59	102.6	100.5	—	—	—
塘沽	5.4	78	−18.4	40.9	59	102.6	100.5	—	—	—
上海市										
浦东	4.5	83	−9.4	40.5	8	102.6	100.5	9	14	30
崇明	2.2	85	−10.5	38.7	—	102.6	100.5	—	—	—
松江	4.3	85	−9.2	38.5	—	102.6	100.5	—	—	—
金山	4.0	85	−9.2	38.5	9	102.6	100.5	—	—	—
台湾省										
台北	9.0	79	−2.01	37.0		102.0	100.7	—	—	—

续表

地名	海拔高度 /m	最热月月平均相对湿度 /%	极端最低温度 /℃	极端最高温度 /℃	最大冻土深度 /cm	大气压力 /kPa 冬季	大气压力 /kPa 夏季	年积雪日 /天 最多	最大积雪厚度 /cm	最大风速 /(m·s⁻¹)
河北省										
石家庄	81.8	75	−26.5	42.7	53	101.7	99.6	44	15	20
保定	17.2	75	−23.7	43.3	55	102.5	100.2	59	16	28
唐山	25.9	79	−21.0	40.1	73	102.4	100.2	32	19	—
承德	375.2	72	−27	43.3	126	98.1	96.2	83	27	16
邯郸	57.2	75	−19	43.6	37	101.9	99.7	—	—	—
张家口	723.9	67	−26.2	41.1	132	94.0	92.4	87	31	20
秦皇岛	1.8	80	−26	39.9	80	102.6	100.5	—	—	—
邢台	76.8	76	−22.4	42.4	44	101.7	99.6	40	15	18
沧州	11.4	77	−22.1	42.9	52	102.6	100.4	36	—	19
遵化	54.9	79	−25.7	40.5	106	102.0	99.8	—	—	—
昌黎	13.3	80	−22.7	40.3	72	102.4	100.4	—	—	—
定县	54.5	76	−20.3	42.4	59	102.0	99.8	—	—	—
山西省										
太原	777.9	71	−25.5	39.4	77	93.3	91.8	61	16	25
运城	367.8	70	−18.5	42.7	43	98.2	96.2	—	—	—
大同	1067.6	66	−29.1	39.2	179	89.8	88.8	54	22	29
长治	926.5	76	−29.3	38.1	73	91.6	90.4	—	—	—
临汾	449.0	70	−25.6	42.3	62	97.2	95.3	—	—	—
侯马	434.4	72	−20.1	42.0	56	97.4	95.6	—	—	—
阳泉	741.9	71	−19.1	41.7	68	93.6	91.8	51	23	20
离石	950.8	68	−26.0	40.6	95	91.3	90.0	—	—	—
隰县	1206.2	72	−24.2	38.5	103	88.4	87.4	—	—	—
忻县	791.1	73	−27.8	38.8	88	93.2	91.7	—	—	—
五寨	1400.0	70	−39.6	36.7	140	86.4	85.6	—	—	—
兴县	1012.6	62	−29.3	39.9	111	90.4	89.4	—	—	—
榆社	1041.4	72	−25.1	39.1	76	99.2	89.2	—	—	—
内蒙古自治区										
呼和浩特	1063.0	65	−32.8	38.9	120	90.1	88.9	84	30	20
锡林浩特	989.5	62	−42.4	38.3	289	90.5	89.6	—	—	—
磴口	1055.1	53	−32.4	40.3	108	90.2	88.9	—	—	—
博克图	738.7	79	−37.5	35.6	250	92.9	92.2	—	—	—
赤峰	571.1	66	−31.4	42.5	201	95.4	94.1	82	25	40
集宁	1416.5	65	−33.8	35.7	191	86.0	85.3	82	30	28

地名	海拔高度 /m	最热月月平均相对湿度 /%	极端最低温度 /℃	极端最高温度 /℃	最大冻土深度 /cm	大气压力 /kPa		年积雪日 /天	最大积雪厚度 /cm	最大风速 / (m·s⁻¹)
						冬季	夏季	最多		
海拉尔	612.9	72	−48.5	39.5	241	94.7	93.4	168	39	—
通辽	178.5	73	−33.9	39.1	149	100.2	98.4	—	—	—
乌兰浩特	274.7	71	−33.9	39.9	245	98.9	97.3	—	—	—
满洲里	666.8	71	−43.8	40.5	257	94.1	93.0	171	24	—
二连浩特	964.8	49	−40.2	42.6	337	91.2	89.8	121	10	24
正镶白旗	1345.6	66	−36.8	36.3	285	86.6	86.0	—	—	—
四子王旗	1489.1	61	−38.8	36.9	250	85.1	84.4	—	—	—
正蓝旗	1300.1	71	−38.2	36.6	—	87.1	80.5	—	—	—
多伦	1245.4	73	−39.8	36.8	198	87.7	87.1	—	—	—
包头麻池	1044.2	59	−31.4	38.4	175	90.4	89.1	—	—	—
阿拉善										
左旗	1561.4	45	−31.4	36.6	—	84.5	84.0	—	—	—
乌海	1093.4	45	−28.9	41	178	89.7	88.5	—	—	—
苏尼特										
右旗	1102.0	50	−35.8	37.8	250	89.5	88.4	—	—	—
额济纳旗	956.0	36	−35.3	41	—	91.6	90.0	—	—	—
辽宁省										
沈阳	41.6	78	−32.9	38.3	148	102.1	100.0	120	20	29.7
本溪	212.8	75	−34.5	37.5	149	100.5	98.7	125	35	—
锦州	66.3	79	−24.7	37.3	113	101.7	99.7	92	23	>40
营口	3.5	78	−28.4	35.3	111	102.6	100.5	84	21	40
丹东	15.1	86	−28.0	35.5	88	102.4	100.5	90	31	28
大连	93.5	84	−21.1	35.6	93	101.3	99.4	53	37	34
抚顺	81.7	79	−37.3	37.7	143	100.9	99.3	129	25	20
盘锦	4.6	81	−28.2	35.2	117	102.5	100.5	—	—	—
鞍山	21.6	77	−30.4	36.9	118	102.4	100.2	86	26	24
海城	25.1	78	−33.7	36.5	118	102.2	100.2	—	—	—
绥中	15.2	82	−26.5	39.8	125	102.5	100.5	—	—	—
岫岩	79.3	85	−31.6	37.7	99	101.6	99.7	—	—	—
锦西	17.5	82	−25.0	41.5	112	102.4	100.2	—	—	—
熊岳	20.4	78	−31.6	36.6	105	102.4	100.2	—	—	—
凤城	73.1	85	−32.6	37.3	114	101.6	99.7	—	—	—
阜新	144.0	—	−28.4	38.5	—	—	98.9	73	16	33.3
文阳	168.7	—	−31.1	40.6	—	—	—	75	17	24
辽阳	10.5	—	−35.6	38	—	—	—	114	33	—

续表

地名	海拔高度 /m	最热月月平均相对湿度 /%	极端最低温度 /℃	极端最高温度 /℃	最大冻土深度 /cm	大气压力 /kPa		年积雪日 /天	最大积雪厚度 /cm	最大风速 /(m·s⁻¹)
						冬季	夏季	最多		
吉林省										
长春	236.8	78	−36.5	38.0	169	99.4	97.7	141	18	28
四平	164.2	78	−34.6	37.3	145	100.4	98.6	135	18	21
延吉	176.8	81	−32.2	37.7	200	100.0	98.6	129	58	>20
通化	402.9	80	−36.3	35.6	118	97.4	96.0	151	39	34
双辽	114.9	77	−38.8	39.1	132	101.0	99.1	—	—	—
安图	591.4	85	−42.6	36.5	186	95.1	94.1	—	—	—
白城	155.4	74	−38.1	40.7	243	100.4	98.6	—	—	—
敦化	523.7	83	−38.3	36.4	177	95.7	94.7	—	—	—
松江	591.4	85	−42.6	34.4	186	95.1	94.1	—	—	—
长白	711.2	84	−36.4	34.8	—	89.8	89.4	—	—	—
海龙	339.9	81	−38.4	36.1	152	98.1	96.6	—	—	—
吉林九站	183.4	80	−40.2	36.6	190	100.1	98.5	—	—	—
通辽	178.5	—	−30.9	39.1	—	—	—	93	14	20
黑龙江省										
哈尔滨	171.7	77	−38.1	39.2	197	100.1	98.4	151	41	24.3
海伦	239.4	78	−39.4	38.0	231	99.1	97.7	—	—	—
齐齐哈尔	145.9	74	−39.5	40.8	186	100.4	98.8	115	17	26
牡丹江	241.4	77	−38.3	38.4	189	99.2	97.8	136	34	24
佳木斯	81.2	80	−41.1	38.1	200	101.1	99.6	—	—	—
爱辉	165.8	80	−40.7	39.3	298	100.0	98.5	—	—	—
鸡西	233.1	77	−35.1	37.6	255	99.1	97.8	143	60	21
伊春	231.3	79	−43.1	38.2	290	99.1	97.8	154	33	18
安达	150.5	74	−37.9	38.7	207	100.4	98.6	—	—	—
呼玛漠河	279.6	80	−52.3	39.3	—	98.6	97.1	—	—	—
北安	269.7	79	−42.2	39.1	250	98.6	97.3	—	—	—
鹤岗	227.9	79	−33.6	37.7	238	99.1	97.8	146	40	20
铁力	210.5	80	−42.6	36.5	167	99.5	97.1	—	—	—
绥芬河	496.7	83	−37.5	35.3	216	95.9	95.1	145	51	34
大庆	150.5	83	−37.3	38.2	205	99.6	97.1	133	21	40
陕西省										
西安	396.9	71	−20.6	41.7	45	97.7	95.6	47	22	19.1
榆林	1057.5	62	−32.7	39.0	147	90.2	89.1	—	—	—
延安	957.6	73	−25.4	39.7	79	91.3	90.0	57	17	16

续表

地名	海拔高度 /m	最热月月平均相对湿度 /%	极端最低温度 /℃	极端最高温度 /℃	最大冻土深度 /cm	大气压力 /kPa 冬季	大气压力 /kPa 夏季	年积雪日 /天 最多	最大积雪厚度 /cm	最大风速 / (m·s⁻¹)
略阳	793.8	78	−9.8	38.6	11	93.1	91.7	—	—	—
汉中	508.3	81	−10.1	38.4	—	96.4	94.7	14	9	14
铜川	978.9	73	−18.2	37.7	54	91.1	89.8	50	15	28
陇县	850.0	71	−17.0	40.3	28	91.7	90.2	—	—	—
渭南	348.4	71	−15.8	42.8	20	98.2	96.2	—	—	—
宝鸡	616.2	70	−16.7	41.7	26	95.3	93.5	44	16	25
凤县	970.0	77	−15.5	37.6	32	90.7	89.4	—	—	—
安康	328.8	74	−9.5	41.7	7	98.7	96.7	—	—	—
华山	2064.9	74	−25.3	29.0	—	79.5	79.1	—	—	—
甘肃省										
兰州	1517.2	60	−21.7	39.1	103	85.1	84.3	58	10	10
敦煌	1138.7	41	−27.6	43.6	144	89.3	88.0	—	—	—
酒泉	1477.2	50	−31.6	38.4	132	85.6	84.6	—	—	—
山丹	1764.6	50	−33.3	36.7	141	82.5	81.9	—	—	—
平凉	1346.6	72	−22.5	35.0	62	86.9	86.0	—	—	—
天水	1131.7	73	−19.2	38.2	61	89.2	88.1	63	15	20
武都	1079.1	68	−8.6	39.9	11	89.6	88.5	—	—	—
张掖	1482.7	56	−28.7	39.8	123	85.5	84.6	—	—	—
玉门镇	1526.0	44	−27.7	36.7	150	85.1	84.1	63	16	24
安西	1170.8	38	−29.3	42.8	116	88.9	88.0	—	—	—
临洮	1886.6	74	−29.6	36.1	82	81.2	80.8	—	—	—
庆阳	1100.0	71	−21.3	37.9	79	89.7	88.5	—	—	—
玉门	2312.4	—	−27.7	36.7	150	—	—	63	16	24
宁夏回族自治区										
银川	1111.5	64	−30.6	39.3	103	89.8	88.4	66	17	28
盐池	1347.8	59	−29.6	38.1	128	86.7	86.0	—	—	—
石嘴山	1092.0	58	−28.4	39.5	104	85.8	88.5	26	7	24
固原	1753.2	72	−30.9	34.6	102	82.9	82.1	—	—	—
中卫	1225.7	67	−29.1	37.6	83	88.0	86.7	—	—	—
中宁	1184.6	59	−26.9	38.5	80	89.2	88.1	—	—	—
海原	1853.7	62	−25.8	35.6	116	81.3	80.7	—	—	—
同心	1343.9	57	−28.3	39.0	137	87.1	86.0	—	—	—
青海省										
西宁	2261.2	66	−26.6	36.5	134	77.5	77.3	35	18	15.1

续表

地名	海拔高度 /m	最热月月平均相对湿度 /%	极端最低温度 /℃	极端最高温度 /℃	最大冻土深度 /cm	大气压力 /kPa 冬季	大气压力 /kPa 夏季	年积雪日 /天 最多	最大积雪厚度 /cm	最大风速 / (m·s⁻¹)
共和	2885.0	64	−28.9	33.7	133	72.0	72.2	—	—	—
格尔木	2807.7	36	−33.6	35.5	88	72.4	72.4	—	—	—
乌图美仁	2842.9	43	−30.1	33.1	—	71.9	71.8	—	—	—
玉树	3702.6	70	−27.6	29.6	82	64.6	65.1	—	—	—
扎多	4067.5	68	−33.1	25.5	229	61.1	62.2	—	—	—
班玛	3750.0	77	−29.7	28.6	137	66.0	66.4	—	—	—
都兰	3191.1	44	−29.8	32.2	201	68.9	69.2	—	—	—
大柴旦	3173.2	40	−33.6	29.7	150	69.0	69.2	—	—	—
冷湖	2733.0	32	−34.3	35.9	174	72.4	72.9	—	—	—
民和	1813.9	62	−21.7	37.8	98	82.0	81.5	—	—	—
新疆维吾尔自治区										
乌鲁木齐	653.5	38	−32.0	40.9	162	95.2	93.4	198	65	14
伊宁	662.5	60	−40.4	37.4	62	94.6	93.3	147	89	34
吐鲁番	34.5	30	−28.0	47.8	74	102.8	99.7	—	—	—
哈密	737.7	32	−32.0	43.6	112	94.0	92.1	47	16	24
喀什	1288.8	39	−24.4	40.1	90	87.6	86.5	79	20	21
和田	1374.6	41	−21.6	41.1	67	86.7	85.6	—	—	—
鄯善	377.8	35	−28.7	43.9	111	98.5	96.1	—	—	—
库尔勒	931.5	40	−28.1	40.0	63	91.7	90.1	—	—	—
石河子	442.9	53	−39.8	40.0	140	97.3	95.7	—	—	—
克拉玛依	427.0	34	−35.9	44.0	197	98.1	95.9	135	25	>40
阿勒泰	735.1	47	−43.5	37.6	146	94.3	92.5	—	—	—
塔城	548.0	56	−39.2	41.6	146	96.4	94.8	—	—	—
阿克苏	1103.8	57	−27.6	40.7	62	89.8	88.2	—	—	—
拜城	1229.2	59	−32.0	37.3	86	88.4	87.2	—	—	—
山东省										
济南	51.6	73	−19.7	42.5	44	101.9	99.8	40	19	33.3
潍坊	62.8	80	−21.4	41.4	43	101.9	99.8	49	20	18
青岛	16.8	86	−17.2	38.9	42	102.5	100.4	26	19	—
荷泽	49.7	78	−20.4	42.3	35	102.1	99.9	—	—	—
龙口	3.5	81	−18.6	39.2	41	102.7	100.5	—	—	—
烟台	46.7	81	−13.1	37.6	43	102.1	100.1	—	—	—
惠民	11.3	79	−22.4	42.2	50	102.5	100.4	—	—	—
德州	21.2	75	−27.0	43.4	48	102.53	—	43	25	28

地名	海拔高度 /m	最热月月平均相对湿度 /%	极端最低温度 /℃	极端最高温度 /℃	最大冻土深度 /cm	大气压力 /kPa 冬季	大气压力 /kPa 夏季	年积雪日 / 天 最多	最大积雪厚度 /cm	最大风速 / (m·s⁻¹)
莱阳	30.5	84	-24.0	40.0	45	102.26	—	—	—	—
兖州	51.6	79	-19.3	41.1	45	102.0	—	—	—	—
泰安	128.8	79	-22.4	42.1	46	101.06	—	48	20	19
淄博	32.8	74	-21.8	42.1	48	102.3	—	51	26	—
海阳	23.2	86	-16.3	37.6	49	102.3	—	—	—	—
益都	80.2	77	-19.3	40.9	45	101.3	—	—	—	—
泰山	1533.7	87	-27.5	29.7	—	84.7	—	—	—	—
江苏省										
南京	8.9	81	-14.0	40.7	—	102.5	—	31	51	19.8
徐州	43.0	82	-23.3	40.6	21	102.3	—	42	25	16
连云港	3.0	81	-18.1	40.2	22	102.7	—	31	28	—
镇江	26.4	82	-12.0	40.9	—	102.1	—	23	26	—
扬州	7.2	85	-17.7	39.9	—	102.5	—	—	53	—
南通	5.3	86	-10.8	39.5	11	102.3	—	19	16	26.3
常州	9.2	82	-15.5	38.5	10	102.3	—	—	22	—
苏州	6.2	83	-9.8	39.7	—	102.5	—	—	—	—
无锡	5.6	83	-12.5	40.1	—	102.8	—	—	—	—
盐城	2.3	85	-14.3	39.1	—	102.9	—	—	—	—
高邮	5.4	86	-18.5	39.8	14	103.1	—	—	—	—
泰州	5.4	74	-19.2	39.4	—	102.7	—	—	—	—
如皋	5.1	85	-13.4	38.9	13	102.7	—	—	—	—
江阴	4.7	84	-11.4	39.4	7	102.7	100.5	—	—	—
太仓	6.0	83	-9.3	39	—	102.7	100.5	—	—	—
淮阴	15.5	—	-21.5	39.5	—	—	—	39	24	17
安徽省										
合肥	23.6	81	-20.6	41.0	11	102.4	100.3	33	45	21.3
蚌埠	21.0	79	-19.4	41.3	15	102.4	100.3	38	35	21
安庆	44.0	79	-12.5	40.6	10	101.9	100.0	23	18	29
亳州	37.1	79	-20.6	42.1	16	102.3	99.6	—	—	—
芜湖	14.8	81	-13.1	41	—	102.4	100.3	24	25	24
巢湖	22.4	79	-12.7	39.6	9	102.4	101.1	—	—	—
铜陵	37.2	76	-11.9	40.2	—	102.0	100.0	29	31	—
屯溪	146.7	78	-15.5	41.0	—	100.8	99.1	14	17	20
阜阳	31.2	80	-20.4	41.4	13	102.4	100.1	37	26	23

续表

地名	海拔高度 /m	最热月月平均相对湿度 /%	极端最低温度 /℃	极端最高温度 /℃	最大冻土深度 /cm	大气压力 /kPa		年积雪日 / 天	最大积雪厚度 /cm	最大风速 / (m·s⁻¹)
						冬季	夏季	最多		
六安	60.5	79	−18.9	41.0	12	101.9	99.7	37	30	—
砀山	43.3	80	−19.9	41.0	28	101.9	99.5	—	—	—
宣城	32.4	79	−13.7	40.7	—	102.4	100.0	—	—	—
祁门	140.4	83	−13.2	41.5	—	100.7	99.2	—	—	—
黄山	1840.4	91	−22.7	28.0	—	81.7	81.3	—	—	—
宿州	25.8	—	−23.2	40	—	—	—	45	22	20
浙江省										
杭州	7.2	80	−9.8	40.3	—	102.5	100.2	22	16	16
定海	35.7	82	−6.1	40.2	—	102.1	100.0	—	—	—
衢州	66.1	76	−10.4	40.5	—	101.6	100.0	15	—	19
温州	6.0	83	−4.5	41.7	—	102.4	100.5	6	10	16
嘉兴	4.8	83	−9.6	40	—	102.1	100.5	—	—	—
绍兴	6.5	83	−10.2	39.9	—	102.3	100.2	—	—	—
宁波	4.2	77	−8.8	38.7	—	101.3	100.0	12	11	16
金华	64.1	83	−9.6	41.2	—	101.9	99.7	13	45	16
嵊泗	79.6	74	−8.1	36.7	—	101.3	100.0	—	—	—
海门	1.3	84	−6.8	39.1	—	102.7	100.0	—	—	—
宁海	25	85	−9.4	40.7	—	102.1	100.4	—	—	—
江西省										
南昌	46.7	75	−9.7	40.6	—	101.9	99.9	11	16	19
景德镇	46.3	79	−10.9	41.8	—	101.9	99.9	9	13	24
吉安	78.0	73	−8.0	40.3	—	101.5	99.6	8	14	20
赣州	123.8	71	−6.0	41.2	—	100.8	99.1	4	13	28
九江	32.2	76	−9.7	40.9	—	102.0	100.0	16	25	20
宜春	129.0	77	−9.2	41.6	—	100.9	99.1	11	20	28
萍乡	108.8	75	−9.3	41.0	—	101.9	9.3	16	21	
广昌	143.9	74	−9.8	40.7	—	100.6	98.9	—	—	—
宁岗	263.1	79	−8.5	40.0	—	99.3	97.6	—	—	—
清江	30.4	76	−9.5	40.9	—	102.1	100.1	—	—	—
玉山	108.5	75	−9.5	43.3	—	101.2	99.3	—	—	—
庐山	1164.0	82	−16.8	32.0	—	88.9	88.0	—	—	—
福建省										
福州	84.0	78	−1.7	41.7	—	101.3	99.6	—	—	—
永安	208.3	75	−7.6	40.5	—	99.7	98.2	—	—	—

地名	海拔高度/m	最热月月平均相对湿度/%	极端最低温度/℃	极端最高温度/℃	最大冻土深度/cm	大气压力/kPa		年积雪日/天	最大积雪厚度/cm	最大风速/(m·s⁻¹)
						冬季	夏季	最多		
长汀	317.5	78	−8.0	39.5	—	98.5	97.0	—	—	—
漳州	30.0	80	−2.1	40.9	—	101.7	100.2	—	—	—
厦门	63.2	80	−2.0	39.2	—	101.4	100.0	—	—	34
南平	127.2	76	−5.8	41.0	—	100.8	99.2	3	4	>20
三明	167.3	74	−5.8	41.4	—	100.3	98.6	—	—	—
龙岩	341	77	−5.6	39.0	—	98.1	96.8	—	—	—
上杭	205.4	77	−5.0	39.7	—	99.7	98.4	—	—	—
晋江	21.2	80	−0.1	38.7	—	—	—	—	—	—
宁化	358.9	79	−9.0	44.4	—	98.0	96.5	—	—	—
清流	310.6	76	−8.9	39.4	—	98.7	97.2	—	—	—
河南省										
郑州	110.4	75	−17.9	43.0	18	101.3	99.2	40	23	—
卢氏	568.8	74	−19.1	42.1	27	95.9	94.1	—	—	—
驻马店	83.7	80	−18.1	41.9	16	101.7	99.4	—	—	—
信阳	75.9	80	−20.0	40.9	7	101.7	99.6	49	44	20
安阳	76.4	78	−21.7	41.7	31	101.7	99.6	42	16	20
新乡	72.7	77	−21.3	42.7	28	101.7	99.6	—	—	—
开封	72.5	79	−15.0	42.9	26	101.9	99.6	42	30	—
南阳	129.8	70	−21.2	40.8	12	101.1	98.9	43	27	27
平顶山	84.7	77	−18.8	42.6	14	101.6	98.5	—	—	—
漯河	60.3	79	−15.9	42.1	—	101.9	99.7	—	—	—
洛阳	154.3	74	−18.2	44.2	21	100.9	98.9	35	25	4
商丘	50.1	80	−18.9	43.0	32	102.0	99.9	45	22	24
许昌	71.9	78	−19.6	41.9	18	101.7	99.6	47	38	—
三门峡	389.9	71	−16.5	43.2	45	98.0	96.0	30	15	—
湖北省										
武汉	23.3	70	−17.3	39.6	—	102.4	100.1	31	32	20
光化	91.1	78	−15.7	41.0	—	101.5	99.3	—	—	—
宜昌	131.1	81	−8.9	41.4	—	101.7	99.6	12	20	18
恩施	437.2	80	−6.5	41.2	—	97.2	95.6	—	—	—
襄阳	68.7	79	−13.1	42.5	—	101.7	99.6	—	—	—
荆州	34.7	83	−14.8	38.7	—	102.3	100.0	31	21	18
黄石	22.2	77	−11.0	40.3	—	102.3	100.1	21	16	18
竹溪	446.2	80	−12.4	40.0	—	97.1	95.4	—	—	—

续表

地名	海拔高度 /m	最热月月平均相对湿度 /%	极端最低温度 /℃	极端最高温度 /℃	最大冻土深度 /cm	大气压力 /kPa		年积雪日 /天	最大积雪厚度 /cm	最大风速 / (m·s⁻¹)
						冬季	夏季	最多		
郧西	252.5	76	−15.6	42.2	—	99.6	97.7	—	—	—
嘉鱼	26.3	76	−12.0	40.2	—	102.4	100.1	—	—	—
随州	96.2	79	−16.3	41.1	—	101.5	99.3	18	15	—
老河口	91.1	—	−15.7	41.0	—	—	—	38	—	17
湖南省										
长沙	44.9	75	−11.3	40.6	—	101.6	99.4	14	—	20
藏江	266.5	80	−7.7	39.9	—	99.3	97.5	—	—	—
零陵	174.5	71	−9.0	43.7	—	100.4	98.5	—	—	—
常德	36.7	70	−11.2	40.3	—	102.1	100.0	26	17	17
株洲	57.5	72	−11.5	40.5	—	100.9	99.7	13	22	—
湘潭	40.6	75	−12.1	41.8	—	102.0	100.0	—	—	—
邵阳	249.8	74	−7.7	39.5	—	99.5	97.6	14	10	—
郴州	184.9	70	−9.0	41.3	—	100.4	98.4	15	15	18
岳阳	51.6	75	−11.8	39.3	—	101.9	99.9	23	16	—
益阳	32.9	77	−13.2	43.6	—	102.1	100.0	—	—	—
沅陵	143.2	80	−7.3	40.3	—	100.8	98.8	—	—	—
韶山	137.4	74	−12.1	40.8	—	100.9	98.9	—	—	—
衡阳	100.6	71	−7.9	41.3	—	101.3	98.8	15	16	—
南岳	1265.9	86	−16.0	31.3	—	87.7	86.8	—	—	—
广东省										
广州	9.3	84	0.0	39.1	—	101.3	100.0	—	—	22
阳江	23.3	85	−1.4	37.5	—	101.7	100.0	—	—	—
海口	14.1	82	2.8	38.9	—	101.6	100.2	—	—	23.8
韶关	69.3	75	−4.3	42.0	—	101.3	99.7	—	—	25
汕头	1.2	84	0.4	38.8	—	101.9	100.5	—	—	34
保安	18.2	83	0.2	36.7	—	101.3	100.0	—	—	—
茂名	27.2	82	1.7	37.8	—	101.4	100.2	—	—	—
湛江	26.4	81	2.8	38.1	—	101.3	100.0	—	—	34
琼海	23.5	82	5	39.8	—	101.5	100.6	—	—	—
西沙	4.9	84	15.3	34.9	—	101.9	100.5	—	—	—
惠阳	21.5	83	−1.9	38.9	—	101.9	100.5	—	—	—
高要	6.7	82	−1.0	38.5	—	101.3	100.0	—	—	—
梅县	77.5	78	−7.3	39.5	—	101.2	100.5	—	—	13
琼中	250.9	83	0.9	38.2	—	98.7	97.3	—	—	—

续表

地名	海拔高度 /m	最热月月平均相对湿度 /%	极端最低温度 /℃	极端最高温度 /℃	最大冻土深度 /cm	大气压力 /kPa 冬季	大气压力 /kPa 夏季	年积雪日 /天 最多	最大积雪厚度 /cm	最大风速 / (m·s⁻¹)

$$最大风速 = (m \cdot s^{-1})$$

地名	海拔高度 /m	最热月月平均相对湿度 /%	极端最低温度 /℃	极端最高温度 /℃	最大冻土深度 /cm	冬季	夏季	最多	最大积雪厚度 /cm	最大风速 / (m·s⁻¹)
广西壮族自治区										
南宁	72.2	82	−2.1	40.4	—	101.2	99.6	—	—	16
桂林	166.7	78	−4.9	39.5	—	100.3	98.5	2	1	19
百色	173.1	79	−2.0	42.5	—	99.9	98.2	—	—	—
梧州	119.2	80	−3.0	39.7	—	100.7	99.2	—	—	14
北海	14.6	83	2.0	37.1	—	101.7	100.3	—	—	28
钦州	4.0	86	−3.0	40.5	—	101.9	100.4	—	—	—
玉林	81.8	80	−2.1	38.0	—	101.1	99.6	—	—	—
龙州	128.3	83	−3.0	40.5	—	100.4	98.9	—	—	—
东兴	21.0	87	0.9	37.8	—	101.7	100.3	—	—	—
灵山	65.6	81	−1.2	38.8	—	101.2	99.7	—	—	—
柳州	96.9	78	−3.8	39.2	—	101.1	99.3	—	—	—
贺州	108.0	77	−4.0	39.7	—	100.9	99.3	—	—	—
重庆市										
重庆	260.6	74	−1.8	42.2	—	98.0	96.4	1	3	22.9
万州	186.7	80	−3.7	41.8	—	100.1	98.2	1	5	—
涪陵	273.0	74	−2.7	28.9	—	99.1	97.2	—	—	—
大足	401.7	80	−4.7	42.2	—	97.8	96.0	—	—	—
四川省										
成都	505.9	85	−5.9	37.3	—	96.4	94.8	4	—	16
宜宾	340.8	83	−3.0	40.0	—	98.1	96.5	1	—	20
西昌	1590.7	76	−3.4	36.6	—	83.9	83.5	4	9	13
甘孜	3393.5	72	−28.7	31.7	95	67.1	67.5	—	—	—
南充	297.7	78	−2.6	41.3	—	98.7	96.9	3	5	18
渡口	1108.0	45	−1.3	40.4	—	88.9	88.1	—		
自贡	354.9	81	−2.8	41.1	—	98.0	96.2	1	2	
乐山	424.2	84	−4.3	40.3	—	97.2	95.6	1		
泸州	334.8	82	−0.8	40.3	—	84.9	83.2	1	1	
剑阁	694.8	80	−7.8	39.6	—	94.1	92.7	—		
绵阳	470.8	83	−7.3	38.5	—	96.8	95.2	2	1	
广元	487.0	74	−8.2	42.3	—	96.5	94.9			
达县	311.2	79	−4.7	42.3	—	98.5	96.8	2	4	
康定	2615.7	79	−14.7	41.1	—	74.1	74.1	—	—	—
内江	352.3	82	−3.0	42.1	—	98.1	96.4	2	3	
峨眉山	3047.4	88	−20.9	23.4	—	69.8	70.3	—	—	—
贵州省										
贵阳	1071.2	77	−7.8	37.5	—	89.7	89.0	7	—	16
兴仁	1378.5	83	−7.8	35.5	—	86.4	85.7	—	—	

续表

地名	海拔高度 /m	最热月月平均相对湿度 /%	极端最低温度 /℃	极端最高温度 /℃	最大冻土深度 /cm	大气压力 /kPa		年积雪日 / 天	最大积雪厚度 /cm	最大风速 / (m·s⁻¹)
						冬季	夏季	最多		
遵义	843.9	76	−7.1	38.7	—	92.4	91.2	8	9	10.8
毕节	1510.6	78	−10.9	36.2	—	85.1	84.4	—	—	—
赤水	293.0	75	−1.9	41.3	—	98.8	96.9	—	—	—
习水	1180.6	80	−8.3	34.3	—	88.7	87.7	—	—	—
金沙	920.0	75	−6.8	37.9	—	91.5	90.4	—	—	—
凯里	722.6	76	−9.7	37.0	—	93.9	92.5	—	—	—
都匀	760.0	80	−6.9	36.3	—	92.9	91.7	—	—	—
安顺	1392.9	81	−7.6	34.3	—	86.3	85.6	9	8	20
兴义	1299.6	86	−4.9	36.5	—	87.2	86.5	—	—	—
水城	1813.6	84	−11.7	31.6	—	82.1	81.5	—	—	—
铜仁	283.5	78	−9.2	42.5	—	99.2	97.3	—	—	—
黔西	1272.1	78	−10.4	35.4	—	87.9	87.1	—	—	—
盘州	1527.1	—	−6.4	36.7	—	—	—	4	6	20
云南省										
昆明	1891.4	83	−7.8	31.5	—	81.2	80.8	3	47	18
蒙自	1300.7	79	−4.4	36.0	—	87.1	86.4	—	—	—
楚雄	1772.0	81	−4.8	33.4	—	92.3	81.9	—	—	—
瑞丽	775.6	87	1.2	36.6	—	92.7	91.9	—	—	—
景洪	552.7	88	2.7	41.0	—	95.2	94.2	—	—	—
大理	1990.5	81	−4.2	34.0	—	80.1	79.9	—	—	—
下关	1997.2	79	−1.6	31.7	—	80.1	79.9	—	—	—
腾冲	1647.8	90	−4.2	31.0	—	83.6	83.1	—	—	—
昭通	1949.5	78	−13.3	33.5	—	80.1	84.4	—	—	—
临沧	1463.5	87	−1.3	34.6	—	85.1	84.4	—	—	—
芒市	913.8	87	−0.6	36.2	—	91.3	90.5	—	—	—
思茅	1302.1	89	−3.4	34.7	—	87.2	86.5	—	—	—
维西	2325.6	80	−8.9	31.9	—	77.1	76.8	—	—	—
勐腊	639.1	89	1.1	38.1	—	94.3	93.5	—	—	—
西藏自治区										
拉萨	3658.0	53	−16.5	29.4	26	65.1	65.2	10	—	16
林芝	3000.0	76	−15.3	31.4	9	70.1	70.5	—	—	—
日喀则	3836.0	50	−25.1	27.5	67	63.6	63.8	—	—	—
昌都	3240.7	65	−19.4	32.7	71	68.0	68.1	—	—	—
噶尔	4278.0	40	−33.9	25.7	176	60.3	60.5	—	—	—
察隅	2050.0	78	−5.3	32.6	7	76.9	76.7	—	—	—
波密	2750.0	77	−20.3	31.2	20	73.1	72.8	—	—	—
泽当	3500.0	50	−18.2	30.3	91	65.9	66.0	—	—	—

注：表中所给数据仅供参考，工程中应以工程基础资料中所提供数据为准。

22.10 大气压力与海拔高度关系

环境大气压根据当地大气压的常年平均统计值取用，当缺乏这一数据，或资料来源不甚可靠时，可根据厂址海拔高度计算确定。大气压力与海拔高度的关系式为：

$$p=0.5\times101.3\times\left\{\left(5.3788\times10^{-9}\quad-1.1975\times10^{-4}\quad1\right)\begin{pmatrix}H^2\\H\\1\end{pmatrix}+\left[1-0.0255\times\dfrac{H}{1000}\left(\dfrac{6357}{6357+\dfrac{H}{1000}}\right)\right]^{5.256}\right\}$$

式中　p——当地平均大气压，kPa；

　　　H——当地海拔高度，m。

根据上式计算得到海拔高度与大气压力间的关系数据，见表 22-10-1。

表 22-10-1　海拔高度与大气压力间的关系

海拔高度 /m	大气压力 /kPa	海拔高度 /m	大气压力 /kPa	海拔高度 /m	大气压力 /kPa	海拔高度 /m	大气压力 /kPa	海拔高度 /m	大气压力 /kPa
0	101.3	1050	88.50	2100	77.04	3150	66.87	4200	57.92
50	100.66	1100	87.92	2150	76.53	3200	66.42	4250	57.52
100	100.02	1150	87.35	2200	76.02	3250	65.97	4300	57.13
150	99.39	1200	86.78	2250	75.51	3300	65.52	4350	56.74
200	98.75	1250	86.22	2300	75.01	3350	65.07	4400	56.35
250	98.13	1300	85.65	2350	74.51	3400	64.63	4450	55.96
300	97.50	1350	85.09	2400	74.01	3450	64.19	4500	55.58
350	96.88	1400	84.53	2450	73.51	3500	63.75	4550	55.20
400	96.26	1450	83.98	2500	73.02	3550	63.32	4600	54.82
450	95.64	1500	83.43	2550	72.53	3600	62.89	4650	54.44
500	95.03	1550	82.88	2600	72.04	3650	62.46	4700	54.07
550	94.42	1600	82.34	2650	71.56	3700	62.03	4750	53.70
600	93.82	1650	81.79	2700	71.08	3750	61.61	4800	53.33
650	93.21	1700	81.25	2750	70.60	3800	61.19	4850	52.96
700	92.61	1750	80.72	2800	70.12	3850	60.77	4900	52.60
750	92.02	1800	80.18	2850	69.65	3900	60.36	4950	52.24
800	91.42	1850	79.65	2900	69.18	3950	59.94	5000	51.88
850	90.83	1900	79.13	2950	68.71	4000	59.53		
900	90.24	1950	78.60	3000	68.25	4050	59.12		
950	89.66	2000	78.08	3050	67.79	4100	58.72		
1000	89.08	2050	77.56	3100	67.33	4150	58.32		

根据计算得到海拔高度与大气压力间的关系数据，绘制关系曲线，如图22-10-1所示。

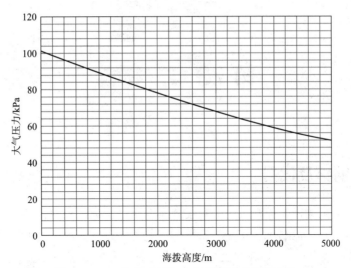

图 22-10-1　海拔高度与大气压力间的关系曲线

第 23 章 材料

23.1 钢材及代号

钢铁产品牌号的表示，通常采用大写汉语拼音字母、化学元素符号和阿拉伯数字相结合的方法，表示钢材产品名称、用途、特性和工艺方法以及分类等。也可采用大写英文字母或国际惯例表示符号，参见 GB/T 221—2008《钢铁产品牌号表示方法》。

23.1.1 碳素结构钢和低合金结构钢

碳素结构钢和低合金结构钢的牌号通常由 4 部分组成。第一部分：前缀符号＋强度值（以 N/mm² 或 MPa 为单位），其中通用结构钢前缀符号为代表屈服强度的拼音的字母"Q"；第二部分（必要时）：钢的质量等级，用英文字母 A、B、C、D、E、F……表示；第三部分（必要时）：脱氧方式表示符号，即沸腾钢、半镇静钢、镇静钢、特殊镇静钢，分别以"F"、"b"、"Z"、"TZ"表示，镇静钢、特殊镇静钢表示符号通常可以省略；第四部分：（必要时）产品用途、特性和工艺方法表示符号。

示例：Q235AF——碳素钢结构、最小屈服强度 235N/mm²、A 级、沸腾钢

Q345D——低合金高强度结构钢、最小屈服强度 345N/mm²、D 级、特殊镇静钢

根据需要，低合金高强度结构钢的牌号也可以采用二位阿拉伯数字（表示平均含碳量，以万分之几计）加规定的元素符号及必要时加代表产品用途、特性和工艺方法的表示符号。

举例：碳含量为 0.15%~0.26%，锰含量为 1.20%~1.60% 的矿用钢牌号为 20MnK。

23.1.2 优质碳素结构钢

优质碳素结构钢牌号通常由 5 部分组成。第一部分：以两位阿拉伯数字表示平均碳含量（以万分之几计）；第二部分（必要时）：较高含锰量的优质碳素结构钢，加锰元素符号 Mn；第三部分（必要时）：钢材冶金质量，即高级优质钢、特级优质钢分别以 A、E 表示，优质钢不用字母表示；第四部分（必要时）：脱氧方式表示符号，即沸腾钢、半镇静钢、镇静钢分别以"F""b""Z"表示，但镇静钢表示符号通常可以省略；第五部分（必要时）：产品用途、特性或工艺方法表示符号。

示例：50MnE——优质碳素钢结构、碳含量 0.47%~0.55%、锰含量 0.70%~1.00%、特级优质钢、镇静钢。

23.1.3　合金结构钢

合金结构钢牌号通常由 4 部分组成。第一部分：以两位阿拉伯数字表示平均碳含量（以万分之几计）；第二部分：合金元素含量，以化学元素符号及阿拉伯数字表示；第三部分：钢材冶金质量，即高级优质钢、特级优质钢分别以 A、E 表示，优质钢不用字母表示；第四部分（必要时）：产品用途、特性或工艺方法表示符号。

示例：25Cr2MoVA：合金结构钢、碳含量 0.22%~0.29%、铬含量 1.50%~1.80%、钼含量 0.25%~0.35%、钒含量 0.15%~0.30%、高级优质钢。

23.1.4　不锈钢和耐热钢

牌号采用规定的化学元素符号和表示各元素含量的阿拉伯数字表示。

碳含量，用两位或三位阿拉伯数字表示碳含量最佳控制值（以万分之几或十万分之几计）。对超低碳不锈钢（即碳含量不大于 0.030%），用三位阿拉伯数字表示碳含量最佳控制值（以十万分之几计）。

合金元素含量以化学元素符号及阿拉伯数字表示，表示方法同合金结构钢第二部分。钢中有意加入的铌、钛、锆、氮等合金元素，虽然含量很低，也应在牌号中标出。

示例：06Cr19Ni10：表示碳含量不大于 0.08%、铬含量为 18.00%~20.00%、镍含量为 8.00%~11.00% 的不锈钢。

022Cr18Ti：表示碳含量不大于 0.030%、铬含量为 16.00%~19.00%、钛含量为 0.10%~1.00% 的不锈钢。

23.2　钢材的分类

23.2.1　按化学成分分类（GB/T 13304.1—2008）

按化学成分分类为非合金钢、低合金钢、合金钢。

23.2.2　按质量等级和主要性能或使用特性分类（GB/T 13304.2—2008）

a）非合金钢

①按主要质量等级，可分为：

普通质量非合金钢：是指生产过程中不规定需要特别控制质量要求的钢。符合条件为钢为非合金化的、不规定热处理、特性值（碳含量最高值 ≥ 0.10%、硫或磷含量最高值 ≥ 0.040%、氮含量最高值 ≥ 0.007%）、未规定其他质量要求。如 Q235A、Q235B、Q275A、Q275B 等。

优质非合金钢：是指在生产过程中需要特别控制质量（控制晶粒度，降低硫、磷含量等）的钢。如：10、20、Q245R 等。

特殊质量非合金钢：是指在生产过程中需要特别严格控制质量和性能（控制淬透性等）的非合金钢。如 65Mn、45H、L245 等。

②按主要性能或使用特性，可分为：

以规定最高强度（或硬度）为主要特性的非合金钢，例如冷成型用薄钢板。

以规定最低强度为主要特性的非合金钢，例如压力容器、管道等用的结构钢。

以限制碳含量为主要特性的非合金钢，例如线材、调质用钢等。

其他种类。

b）低合金钢

①按主要质量等级，可分为：

普通质量低合金钢：是指不规定生产过程中需要特别控制质量要求的，供作一般用途的低合金钢。满足条件为合金含量较低、不规定热处理、特性值（硫或磷含量最高值 $\geqslant 0.040\%$、抗拉强度最低值 $\leqslant 690N/mm^2$、屈服强度最低值 $\leqslant 360N/mm^2$）、未规定其他质量要求。如：Q295A、Q345A 等。

优质低合金钢：是指在生产过程中需要特别控制质量（降低硫、磷含量等）的低合金钢。如：Q295B、Q345B、16Mn 等。

特殊质量低合金钢：是指在生产过程中需要特别严格控制质量和性能（严格控制硫、磷等杂质含量）的非合金钢。如：Q345E、Q420、L450 等。

②按主要性能及使用特性，可分为：可焊接的低合金高强度结构钢，低合金耐候钢，其他低合金钢，如焊接用钢等。

c）合金钢

①按主要质量等级，可分为：

优质合金钢：是指在生产过程中需要特别控制质量和性能（如韧性、晶粒度或成型性）的钢。主要定义为一般工程结构用合金钢、合金钢筋钢、电工用合金钢、硫磷含量大于 0.035% 的耐磨钢等。

特殊质量合金钢：是指需要严格控制化学成分和特定的制造及工艺条件，并使性能严格控制在极限范围内的合金钢。如：锅炉和压力容器用合金钢 07MnNiMoVR、输送管线用钢 L555、马氏体型钢、铁素体型钢、奥氏体型钢、奥氏体－铁素体型钢、沉淀硬化型钢等。

②按主要性能及使用特性，可分为：

工程结构用合金钢：包括一般工程结构用合金钢，供冷成型用的热轧或冷轧扁平产品用合金钢（压力容器用钢、输送管线用钢）、高锰耐磨钢等。

机械结构用合金钢：包括调质处理合金结构钢、表面硬化合金结构钢等，但不锈、耐蚀和耐热钢除外。

不锈、耐蚀和耐热钢：包括不锈钢、耐酸钢、抗氧化钢等，按其金相组织可分为马氏体型钢、铁素体型钢、奥氏体型钢、奥氏体－铁素体型钢、沉淀硬化型钢等。

其他种类。

23.3 各类钢材分类、成分、代号及特性，各国钢材代号对比

23.3.1 中国与部分国家的常用钢号近似对照

a）钢板

常用碳钢和低合金钢钢板见表23-3-1，常用不锈钢板见表23-3-2。

表23-3-1 常用碳钢和低合金钢钢板

中国 GB	美国 ASME		日本 JIS	欧盟标准 EN	俄罗斯 ГОСТ
	标准	钢号			
碳素钢钢板					
Q235 A、B、C	SA–283	Gr..C.	SS400, SM400 A/B/C	S235J0（1.0114）	CT3KП
Q245R（20R）	SA–285 SA–516	Gr..C. Gr..60	SB410, SPV235	P265GH（1.0425）	16K, 20K
低合金钢板					
Q345B、C、D	SA–529	Br..50	SM490B、SM490C	E335（1.0060）	CT3CП
Q345R（16MnR）	SA–516 SA–662	Gr..60, 70 Gr..B, C	SPV315, SPV335	P355GH（1.0473）	16ГС
16MnDR 15MnNiDR	SA–516 SA–662	Gr..7 Gr..B, C	SLA235B, SLA325A	德国 DIN 17102 TstE 285	–
09MnNiDR	SA–537 SA–662	CL.1, CL.2 Gr..A	SLA325B, SLA365	德国 DIN 17280 11MnNi53	–
13MnNiMoR	SA–302 SA–533	Gr..D Gr..C–1	SBV3, SQV3A, SQV3B	–	–
中温抗氢钢钢板					
15CrMoR	SA–387	Gr..12–2	SCMV2–1, SCMV2–2	13CrMo4–5（1.7335）	12XM
14Cr1MoR	SA–387	Gr..11–2	SCMV3–1, SCMV3–2	德国：13CrMo44	–
12Cr2Mo1R	SA–387	Gr..22–2	SCMV4–1, SCMV4–2	10CrMo9–10	–

表23-3-2 常用不锈钢钢板

统一数字代号	中国钢号	美国 ASME/ASTM（UNS代号）	日本 JIS	欧盟标准 EN	俄罗斯 ГОСТ
不锈钢钢板					
S41008	06Cr13（0Cr13）	410S（S41008）	SUS410S	X6Cr13（1.4000）	08X13
S11348	06Cr13AI（0Cr13Al）	405（S40500）	SUS405	X6Cr13Al13（1.4002）	–
S30408	06Cr19Ni10（0Cr18Ni9）	304（S30400）	SUS304	X5CrNi18–10（1.4301）	08X18H10
S30403	022Cr19Ni10（00Cr19Ni10）	304L（S30403）	SUS304L	X2CrNi19–11（1.4306）	04X10H10

续表

统一数字代号	中国钢号	美国 ASME/ASTM（UNS 代号）	日本 JIS	欧盟标准 EN	俄罗斯 ΓOCT
S31608	06Cr17Ni12Mo2（0Cr17Ni12Mo2）	316（S31600）	SUS316	X5CrNiMo17-12-2（1.4401）	–
S31603	022Cr17Ni12Mo2（0Cr17Ni14Mo2）	316L（S31603）	SUS316L	X2CrNiMo17-12-2（1.4404）	03X17H14M3
S31708	06Cr19Ni13Mo3（0Cr19Ni13Mo3）	317（S31700）	SUS317	德国 DIN 7006 X5CrNiMo17-13-3（1.4449）	–
S31703	022Cr19Ni13Mo3（00Cr19Ni13Mo3）	317L（S31703）	SUS317L	X2CrNiMo18-15-4（1.4438）	–
S32168	06Cr18Ni11Ti（0Cr18Ni10Ti）	321（S32100）	SUS321	X6CrNiTi18-10（1.4541）	08X18H10T
S31008	06Cr25Ni20（0Cr25Ni20）	310S（S31008）	SUS310S	X6CrNi25-20（1.4951）	–
双相钢钢板					
S21953	022Cr19Ni5Mo3Si2N（00Cr18Ni5Mo3Si2）	–	–	–	–
S22253	022Cr22Ni5Mo3N	（S31803）	SUS329J3L	X2CrNiMoN22-5-3（1.4462）	–
S22053	022Cr23Ni5Mo3N	2205（S322505）	–	–	–
S27603	022Cr25Ni7Mo4WCuN	2507（S32760）	–	X2CrNiMoWN25-7-4（1.4501）	–

注：统一数字代号源于 GB/T 20878—2007《不锈钢和耐热钢 牌号及化学成分》。

b）钢管

常用钢管见表 23-3-3。

表 23-3-3 常用钢管

中国 GB	美国 ASME		日本 JIS	欧盟标准 EN	俄罗斯 ΓOCT
	标准	钢号			
碳钢和低合金钢无缝钢管					
10	SA53	S-A	STPG370, STPT370 STS370, STB370	P235GH（1.0345）	10
20, 20G	SA53 SA210 SA106	S-B A-1 B	STPG410, STPT410 STS410, STP410	P265GH（1.0425） P265TR1（1.0258）	20
Q345（16Mn）	SA106 SA210 SA334	C C Gr.1	STS480 STB510	德国 DIN 17175： 17Mn4 DIN 17173：TTSt35N	–
12CrMo	SA213 SA335	T2 P2	STBA20 STPA20	–	12XM

续表

中国 GB	美国 ASME		日本 JIS	欧盟标准 EN	俄罗斯 ГОСТ
	标准	钢号			
12Cr2Mo1	SA213 SA335	T22 P22	STBA24 STPA24	10CrMo9-10（1.7380）	1X2M1
15CrMo	SA335 SA213	P12 T12	STPA22 STBA23	13CrMo4-5（1.7355）	15XM
1Cr5Mo	SA213 SA335	T5 P5	STBA25 STPA25	X11CrMo5+1 （1.7362+1）	15X5M
09MnD	–	STPL STBL	380 380	–	–
高合金钢无缝钢管					
S30408 06Cr19Ni10 （旧 0Cr18Ni9）	SA213 SA312	TP304 TP304	SUS304TP SUS304TB	X5CrNi18-10（1.4301）	08X18H10 12X18H10
S30403 022Cr19Ni10 （旧 00Cr19Ni10）	SA213 SA312	TP304L TP304L	SUS304LTP SUS304LTB	X2CrNi19-11（1.4306）	04X18H10
S31608 06Cr17Ni12Mo2 （旧 0Cr17Ni12Mo2）	SA213 SA312	TP316 TP316	SUS316TP SUS316TB	X5CrBiMo17-12-2 （1.4401）	–
S31603 022Cr17Ni12Mo2 （旧 00Cr17Ni14Mo2）	SA213 SA312	TP316L TP316L	SUS316LTP SUS316LTB	X2CrNiMo17-12-2 （1.4404）	–
S31708 06Cr19Ni13Mo3 （旧 0Cr19Ni13Mo3）	SA312 SA249	TP317 TP317	SUS317TP SUS317TB	X5CrNiMo17-13-3 （1.4436）	–
S31703 022Cr19Ni13Mo3 （旧 00Cr19Ni13Mo3）	SA312 SA249	TP317L TP317L	SUS317LTP SUS317LTB	X2CrNiMo18-15-4 （1.4438）	–
S32168 06Cr18Ni11Ti （旧 0Cr18Ni10Ti）	SA213 SA312	TP321 TP321	SUS321TP SUS321TB	X6CrNiTi18-10 （1.4541）	08X18H10T
S31008 06Cr25Ni20 （旧 0Cr25Ni20）	SA213 SA312	TP310S TP310S	SUS310STP SUS310STB	X8CrNi25-21（1.4845）	10X23H18
S41008 06Cr13 （旧 0Cr13）	SA268	TP410	–	X6Cr13（1.4000）	08X13
双相钢无缝钢管					
S21953 022Cr19Ni5Mo3Si2N （旧 00Cr18Ni5Mo3Si2）	UNS. S31500		–	–	–
S22253 022Cr22Ni5Mo3N	UNS. S31803		SUS 329J3LTP	X2CrNiMoN22-5-3 （1.4462）	–
S22053 022Cr23Ni5Mo3N	2205 UNS. S32205		–	–	–

中国 GB	美国 ASME		日本 JIS	欧盟标准 EN	俄罗斯 ГОСТ
	标准	钢号			
S25073 022Cr25Ni7Mo4N	2507 UNS.S32750		–	X2CrNiMoN25–7–4 （1.4410）	–
S27603 022Cr25Ni7Mo4WCuN	UNS.S32760		–	X2CrNiMoWN25–7–4 （1.4501）	–

c）锻钢（件）

锻件（钢）号近似对照见表 23–3–4。

表 23–3–4　锻件（钢）号近似对照

中国 GB	美国 ASME		日本 JIS	欧盟标准 EN	俄罗斯 ГОСТ
	标准	钢号			
碳钢和低合金钢锻件					
20	SA181 SA266	Gr..60 Gr.1	SFVC 1	–	–
35	SA181 SA266	Gr.70 Gr.2	SFVC 2A	–	–
Q345（16Mn）	SA266 SA541	Gr.4 Gr.1A	SFVC 2B	德国 DIN 17Mn4，20Mn5	–
12Cr2Mo1	SA182 SA336	F22 Cl.3 F22 Cl.3	SFVAF22A SFVAF22B	德国 DIN 10CrMo910	–
15CrMo	SA182 SA336	F12 Cl.2 F12	SFVAF12	德国 DIN 10CrMo44	–
14Cr1Mo	SA182 SA336	F11 Cl.2 F11 Cl.2	SFVAF11A SFVAF11B	–	–
12Cr5Mo（旧 1Cr5Mo）	SA182 SA336	F5，F5a F5，F5A	SFVAF5A~5D	–	–
16MnD	SA350	LF2	SFI2	–	–
09MnNiD	SA350	LF787 Cl.2	SFI2	德国 DIN 11MnNi53，13MnNi63	–
不锈钢锻件					
S30408 06Cr19Ni10 （旧 0Cr18Ni9）	SA182 SA336	S30400(F304)	SUS F304	1.4301(X5CrNi18–10)	–
S30403 022Cr19Ni10 （旧 00Cr19Ni10）	SA182 SA336	S30403 （F304L）	SUS F304L	1.4306（X2CrNi9–11）	–
S31608 06Cr17Ni12Mo2 （旧 0Cr17Ni12Mo2）	SA182 SA336	S31600(F316)	SUS F316	1.4401 （X5CrNiMo17–12–2）	–
S31603 022Cr17Ni12Mo2 （旧 00Cr17Ni14Mo2）	SA182 SA336	S31603 （F316L）	SUS F316L	1.4404 （X2CrNiMo17–13–2）	–
S31708 06Cr19Ni13Mo3 （旧 0Cr19Ni13Mo3）	SA182 SA336.	（S31708） F317	SUS F317	1.4436 （X5CrNiMo17–13–3）	–

中国 GB	美国 ASME		日本 JIS	欧盟标准 EN	俄罗斯 ГОСТ
	标准	钢号			
S31703 022Cr19Ni13Mo3 （旧 00Cr19Ni13Mo3）	SA182 SA336	S31703 （F317L）	SUS F317L	1.4438 （X2CrNiMo18–15–4）	
S32168 06Cr18Ni11Ti （旧 0Cr18Ni10Ti）	SA182 SA336	S32100 （F321）	SUS F321	1.4541 （X6CrNiTi18–10）	–
S41008 06Cr13 （旧 0Cr13）	SA182 SA336	F6a, 1~6 级	SUS F410–A~D	–	–
双相钢锻件					
S21953 022Cr19Ni5Mo3Si2N （旧 00Cr18Ni5Mo3Si2）	–	–	–	–	
S22253 022Cr22Ni5Mo3N	SA182 SA336	S31803 （F51）	SUS 329J3LTP	X2CrNiMoN22–5–3 （1.4462）	
S22053 022Cr23Ni5Mo3N	SA182 SA336	S32205（F60）		X2CrNiMo25–7–4 （1.4410）	

d）铸钢

铸钢钢号近似对照见表 23–3–5。

表 23–3–5　铸钢钢号近似对照

中国 GB	美国 ASME		日本 JIS	欧盟标准 EN	俄罗斯 ГОСТ
	标准	钢号			
碳钢和低合金铸钢					
ZG 200–400 ZG 200–400H	SA27 SA216	U–60–30 WCA	SC410, SCPH1	德国 DIN：CS–38 （1.0416）	15Л
ZG 230–450 ZG 230–450H	SA27 SA216	65–35 WCB	SC450, SCW450	CE240（1.0446） 德国 DIN：CS–45	25Л
ZG 270–500 ZG 275–485H	SA27 SA216	70–36 WCC	SC480, SCW480 SCPH2, SCC3A	德国 DIN：CS–60 （1.0552）	35Л
ZG 310–570	SA27	80–40	SCC5A	CE300（1.0558）	45Л
不锈铸钢					
ZG07Cr19Ni9	SA743/744 SA351	CF8	SCS13A	CX5CrNi19–10 （1.4308）	07X18H9Л
ZG08Cr19Ni10Nb	SA744 SA351	CF8C	SCS21	CX5CrNiNb19–11 （1.4552）	–
ZG03Cr18Ni10 ZG03Cr18Ni10N	SA744 SA351	CF3	SCS19A	德国 DIN：（1.4306） C–X2CrN18–9	03X18H11Л
ZG03Cr19Ni11Mo2 ZG03Cr19Ni11Mo2N	SA743/744 SA351	CF3M	SCS16A	–	–
ZG07Cr19Ni11Mo2 ZG07Cr19Ni11Mo2Nb	SA351	CF10M	–	–	–
ZG20CrMo	SA356	2	SCPH11	C20Mo5（1.5419）	–
	SA217	WC1			

23.4 管道

23.4.1 焊接钢管

a）低压流体输送用焊接钢管（GB/T 3091—2015）

适用于水、空气、采暖蒸汽和燃气等低压流体输送用的焊接钢管见表23-4-1。

表 23-4-1 焊接钢管

公称直径（DN）/ mm	公称直径（DN）/in 系列 1	外径（D）/mm	外径允许偏差/ mm（管体）	最小公称壁厚 t/ mm	普通钢管		加厚钢管		不圆度不大于/mm
					厚度（t）/mm	理论质量/（kg/m）	厚度（t）/mm	理论质量/（kg/m）	
6	1/8	10.2	± 0.5	2.0	2.0	0.405	2.5	0.475	0.20
8	1/4	13.5	± 0.5	2.0	2.5	0.678	2.8	0.739	0.20
10	3/8	17.2	± 0.5	2.2	2.5	0.906	2.8	0.906	0.20
15	1/2	21.3	± 0.5	2.2	2.8	1.278	3.5	1.511	0.30
20	3/4	26.9	± 0.5	2.2	2.8	1.664	3.5	2.020	0.35
25	1	33.7	± 0.5	2.5	3.2	2.407	4.0	2.930	0.40
40	$1\frac{1}{2}$	48.3	± 0.5	2.75	3.5	3.867	4.5	4.861	0.50
50	2	60.3	± 1%D	3.0	3.8	5.295	4.5	6.193	0.60
80	3	88.9	± 1%D	3.25	4.0	8.375	5.0	10.346	0.70
100	4	114.3	± 1%D	3.25	4.0	10.881	5.0	13.478	0.80

说明：1. 表中的公称口径系近似内径的名义尺寸，不表示外径减去两倍壁厚所得的内径。

2. 系列 1 是通用系列，属推荐选用系列；系列 2 是非通用系列（未列出）；系列 3 为少数特殊、专用系列（未列出）。

3. 钢管的通常长度为 3000~12000mm。根据需方要求，经供需双方协商，并在合同中注明，可供应通常长度范围以外的定尺长度和倍尺长度的钢管。

4. 理论重量计算时，钢的密度按照 7.85kg/dm³。

5. 钢的牌号和化学成分应符合 GB/T 700 中牌号 Q195、Q215A、Q215B、Q235A、Q235B、Q275A、Q275B 和 GB/T 1591 中牌号 Q345A、Q345B 的规定。

6. 镀锌后的质量系数见表23-4-2、表23-4-3：$W' = cW$

表 23-4-2 镀锌层 300g/m² 的质量系数

公称壁壁厚 /mm	2.0	2.2	2.3	2.5	2.8	2.9	3.0	3.2	3.5	3.6
系数 c	1.038	1.035	1.033	1.031	1.027	1.026	1.025	1.024	1.022	1.021
公称壁壁厚 /mm	3.8	4.0	4.5	5.0	5.4	5.5	5.6	6.0		
系数 c	1.020	1.019	1.017	1.015	1.014	1.014	1.014	1.013		

表 23-4-3 镀锌层 500g/m² 的质量系数

公称壁壁厚 /mm	2.0	2.2	2.3	2.5	2.8	2.9	3.0	3.2	3.5	3.6
系数 c	1.064	1.058	1.055	1.051	1.045	1.044	1.042	1.040	1.036	1.035
公称壁壁厚 /mm	3.8	4.0	4.5	5.0	5.4	5.5	5.6	6.0		
系数 c	1.034	1.032	1.028	1.025	1.024	1.023	1.023	1.021		

b）流体输送用不锈钢焊接钢管（GB/T 12771—2008）

钢管的外径（D）和壁厚（S）应符合 GB/T 21835 的规定。

不锈钢焊接钢管尺寸见表 23-4-4。

表 23-4-4　不锈钢焊接钢管尺寸

外径（D）/mm			壁厚（S）/mm							
系列1	系列2	系列3	0.5	1.0	1.5	2.0	2.5（2.6）	3.0	3.5（3.6）	4.0
	8		●	●						
	10		●	●						
10.2				●	●					
	12			●	●					
13.5				●	●	●	●			
		14		●	●	●	●	●		
17.2				●	●	●	●			
		18				●	●			
21.3				●	●	●	●	●	●	●
		22		●	●	●	●	●	●	●
26.9				●	●	●	●	●	●	●
33.7				●	●	●	●	●	●	●
48.3				●	●	●	●	●	●	●
60.3				●		●	●	●	●	●
88.9				●	●	●		●	●	●
114.3					●	●	●	●	●	●

说明：1. 括号内尺寸表示由相应英制规格换算成的公制规格。

　　　2. "●" 表示常用规格。

　　　3. 系列1是通用系列，属推荐选用系列；系列2是非通用系列；系列3为少数特殊、专用系列。

　　　4. 钢管的通常长度为 3000~9000mm。

　　　5. 不锈钢焊接钢管单位长度理论质量。

$$m = \frac{\pi}{1000} S(D-S) \rho$$

式中　m——钢管的理论质量，kg/m ；

　　　π——圆周率，取 3.1416 ；

　　　S——钢管的公称壁厚，mm ；

　　　D——钢管的公称外径，mm ；

　　　ρ——钢的密度，kg/dm³。各牌号不锈钢的密度见表 23-4-5。

表 23-4-5　各牌号不锈钢的密度（GB/T 20878—2007）

统一数字代码	牌号	旧记号	密度/（kg/dm³）20℃	磁性
奥氏体型				
S30408	06Cr19Ni10	0Cr18Ni9	7.93	无
S30403	022Cr19Ni10	00Cr19Ni10	7.90	无
S31008	06Cr25Ni20	0Cr25Ni20	7.98	无
S31608	06Cr17Ni12Mo2	0Cr17Ni12Mo2	8.00	无
S31603	022Cr17Ni12Mo2	0Cr17Ni14Mo2	8.00	无

统一数字代码	牌号	旧记号	密度 / (kg/dm³) 20℃	磁性
S31708	06Cr19Ni13Mo3	0Cr19Ni13Mo3	8.00	无
S31703	022Cr19Ni13Mo3	00Cr19Ni13Mo3	7.98	无
S32168	06Cr18Ni11Ti	0Cr18Ni10Ti	8.03	无
奥氏体 – 铁素体型				
S21953	022Cr19Ni5Mo3Si2N	00Cr18Ni5Mo3Si2	7.70	有
S22253	022Cr22Ni5Mo3N	—	7.80	有
S25073	022Cr25Ni7Mo4N	—	7.80	有
铁素体型				
S11348	06Cr13AI	0Cr13Al	7.75	有
马氏体型				
S41008	06Cr13	0Cr13	7.75	有

23.4.2 无缝钢管

a）输送流体用无缝钢管（GB/T 8163—2018）

钢管的公称外径（D）和公称壁厚（S）应符合 GB/T 17395 的规定，见表 23-4-6。

表 23-4-6 普通钢管的外径和壁厚及单位长度理论质量

外径（D）/mm			壁厚（S）/mm							
系列 1	系列 2	系列 3	0.5	1.0	1.5	2.0	2.5（2.6）	3.0	3.5（3.6）	4.0
			单位长度理论质量（m）/（kg/m）							
	8		0.092	0.173	0.24	0.296	0.339			
10（10.2）			0.117	0.222	0.314	0.395	0.462	0.518	0.561	
	12		0.142	0.271	0.388	0.493	0.586	0.666	0.734	0.789
13.5			0.160	0.308	0.444	0.567	0.678	0.777	0.863	0.937
		14	0.166	0.321	0462	0.592	0.709	0.814	0.906	0.986
17（17.2）			0.203	0.395	0.573	0.740	0.894	1.04	1.17	1.28
		18	0.216	0.419	0.610	0.789	0.956	1.11	1.25	1.38
21（21.3）			0.253	0.493	0.721	0.937	1.14	1.33	1.51	1.68
		22	0.265	0.518	0.758	0.986	1.20	1.41	1.60	1.78
27（26.9）			0.327	0.641	0.943	1.23	1.51	1.78	2.03	2.27
34（33.7）			0.413	0.814	1.20	1.58	1.94	2.29	2.63	2.96
48（48.3）				1.16	1.72	2.27	2.81	3.33	3.84	4.34
60（60.3）				1.46	2.16	2.86	3.55	4.22	4.88	5.52
89（88.9）					3.24	4.29	5.53	6.36	7.38	8.38
114（114.3）					4.16	5.52	6.87	8.21	9.54	10.85

说明：1. 括号内尺寸为相应的 ISO 4200 的规格。

2. 系列 1 是通用系列，属推荐选用系列；系列 2 是非通用系列；系列 3 为少数特殊、专用系列。

3. 理论重量计算时，钢的密度为 7.85kg/dm³。

4. 钢管的通常长度为 3000~12000mm。

5. 钢管由 10、20、Q345、Q420、Q460 牌号的钢制造；采用热轧（扩）或冷拔（扎）无缝方法制造。

b）低中压锅炉用无缝钢管（GB/T 3087—2008）

钢管的公称外径（D）和公称壁厚（S）应符合 GB/T 17395 的规定，见表 23-4-7。

表 23-4-7　普通钢管的外径和壁厚及单位长度理论质量

外径（D）/mm			壁厚（S）/mm							
系列 1	系列 2	系列 3	0.5	1.0	1.5	2.0	2.5（2.6）	3.0	3.5（3.6）	4.0
			单位长度理论质量（m）/（kg/m）							
10（10.2）			0.117	0.222	0.314	0.395	0.462	0.518	0.561	
	12		0.142	0.271	0.388	0.493	0.586	0.666	0.734	0.789
13.5			0.160	0.308	0.444	0.567	0.678	0.777	0.863	0.937
		14	0.166	0.321	0462	0.592	0.709	0.814	0.906	0.986
17（17.2）			0.203	0.395	0.573	0.740	0.894	1.04	1.17	1.28
		18	0.216	0.419	0.610	0.789	0.956	1.11	1.25	1.38
21（21.3）			0.253	0.493	0.721	0.937	1.14	1.33	1.51	1.68
		22	0.265	0.518	0.758	0.986	1.20	1.41	1.60	1.78
27（26.9）			0.327	0.641	0.943	1.23	1.51	1.78	2.03	2.27
34（33.7）			0.413	0.814	1.20	1.58	1.94	2.29	2.63	2.96
48（48.3）				1.16	1.72	2.27	2.81	3.33	3.84	4.34
60（60.3）				1.46	2.16	2.86	3.55	4.22	4.88	5.52
89（88.9）					3.24	4.29	5.53	6.36	7.38	8.38
114（114.3）					4.16	5.52	6.87	8.21	9.54	10.85

说明：1. 括号内尺寸为相应的 ISO 4200 的规格。

　　　2. 系列 1 是通用系列，属推荐选用系列；系列 2 是非通用系列；系列 3 为少数特殊、专用系列。

　　　3. 理论质量计算时，钢的密度为 7.85kg/dm³。

　　　4. 钢管的通常长度为 4000~12500mm。

　　　5. 钢管由 10、20 牌号的钢制造；采用热轧（挤压、扩）或冷拔（扎）无缝方法制造。

23.4.3　高压管道

a）高压锅炉用无缝钢管（GB/T 5310—2017）

钢管的公称外径（D）和公称壁厚（S）应符合 GB/T 17395 的规定，见表 23-4-8。

表 23-4-8　外径和壁厚及单位长度理论质量

外径（D）/mm			壁厚（S）/mm				
系列 1	系列 2	系列 3	2.0	2.5（2.6）	3.0	3.5（3.6）	4.0
			单位长度理论质量（m）/（kg/m）				
10（10.2）			0.395	0.462	0.518	0.561	
	12		0.493	0.586	0.666	0.734	0.789
13.5			0.567	0.678	0.777	0.863	0.937
		14	0.592	0.709	0.814	0.906	0.986
17（17.2）			0.740	0.894	1.04	1.17	1.28
		18	0.789	0.956	1.11	1.25	1.38

续表

外径（D）/mm			壁厚（S）/mm				
系列 1	系列 2	系列 3	2.0	2.5（2.6）	3.0	3.5（3.6）	4.0
			单位长度理论质量（m）/（kg/m）				
21（21.3）			0.937	1.14	1.33	1.51	1.68
		22	0.986	1.20	1.41	1.60	1.78
27（26.9）			1.23	1.51	1.78	2.03	2.27
34（33.7）			1.58	1.94	2.29	2.63	2.96
48（48.3）			2.27	2.81	3.33	3.84	4.34
60（60.3）			2.86	3.55	4.22	4.88	5.52
89（88.9）			4.29	5.53	6.36	7.38	8.38
114（114.3）			5.52	6.87	8.21	9.54	10.85

说明：1. 括号内尺寸为相应的 ISO 4200 的规格。

2. 系列 1 是通用系列，属推荐选用系列；系列 2 是非通用系列；系列 3 为少数特殊、专用系列。

3. 理论质量计算时，钢的密度为 7.85kg/dm³。

4. 钢管的通常长度为 4000~12000mm。

b）高压化肥设备用无缝钢管（GB 6479—2008）

钢管的公称外径（D）和公称壁厚（S）应符合 GB/T 17395 的规定，见表 23-4-9。

表 23-4-9　外径和壁厚及单位长度理论重量

外径（D）/mm			壁厚（S）/mm				
系列 1	系列 2	系列 3	2.0	2.5（2.6）	3.0	3.5（3.6）	4.0
			单位长度理论质量（m）/（kg/m）				
		14	0.592	0.709	0.814	0.906	0.986
17（17.2）			0.740	0.894	1.04	1.17	1.28
		18	0.789	0.956	1.11	1.25	1.38
21（21.3）			0.937	1.14	1.33	1.51	1.68
		22	0.986	1.20	1.41	1.60	1.78
27（26.9）			1.23	1.51	1.78	2.03	2.27
34（33.7）			1.58	1.94	2.29	2.63	2.96
48（48.3）			2.27	2.81	3.33	3.84	4.34
60（60.3）			2.86	3.55	4.22	4.88	5.52
89（88.9）			4.29	5.53	6.36	7.38	8.38
114（114.3）			5.52	6.87	8.21	9.54	10.85

说明：1）括号内尺寸为相应的 ISO 4200 的规格；

2）系列 1 是通用系列，属推荐选用系列；系列 2 是非通用系列；系列 3 为少数特殊、专用系列；

3）理论质量计算时，钢的密度为 7.85kg/dm³；

4）钢管的通常长度为 4000~12000mm；

5）钢的牌号：10、20、Q345B/C/D/E、12CrMo、15CrMo、12Cr2Mo、12Cr5Mo、10MoWVNB、12SiMoVNb。

23.4.4　低温管道

低温管道用无缝钢管（GB/T 18984—2003）公称外径（D）和公称壁厚（S）应符合

GB/T 17395 的规定，见表 23-4-10。

表 23-4-10　普通钢管的外径和壁厚及单位长度理论质量

外径（D）/mm			壁厚（S）/mm							
系列 1	系列 2	系列 3	0.5	1.0	1.5	2.0	2.5（2.6）	3.0	3.5（3.6）	4.0
			单位长度理论质量（m）/（kg/m）							
10（10.2）			0.117	0.222	0.314	0.395	0.462	0.518	0.561	
	12		0.142	0.271	0.388	0.493	0.586	0.666	0.734	0.789
13.5			0.160	0.308	0.444	0.567	0.678	0.777	0.863	0.937
		14	0.166	0.321	0462	0.592	0.709	0.814	0.906	0.986
17（17.2）			0.203	0.395	0.573	0.740	0.894	1.04	1.17	1.28
	18		0.216	0.419	0.610	0.789	0.956	1.11	1.25	1.38
21（21.3）			0.253	0.493	0.721	0.937	1.14	1.33	1.51	1.68
		22	0.265	0.518	0.758	0.986	1.20	1.41	1.60	1.78
27（26.9）			0.327	0.641	0.943	1.23	1.51	1.78	2.03	2.27
34（33.7）			0.413	0.814	1.20	1.58	1.94	2.29	2.63	2.96
48（48.3）				1.16	1.72	2.27	2.81	3.33	3.84	4.34
60（60.3）				1.46	2.16	2.86	3.55	4.22	4.88	5.52
89（88.9）					3.24	4.29	5.53	6.36	7.38	8.38
114（114.3）					4.16	5.52	6.87	8.21	9.54	10.85

说明：1. 括号内尺寸为相应的 ISO 4200 的规格；
2. 系列 1 是通用系列，属推荐选用系列；系列 2 是非通用系列；系列 3 为少数特殊、专用系列；
3. 理论质量计算时，钢的密度为 7.85kg/dm³；
4. 钢管的通常长度为 4000~12000mm；
5. 钢的牌号：16MnDG、10MnDG、09DG、09Mn2VDG、06Ni3MoDG、06Ni9DG；采用热轧（扩）或冷拔（扎）方法制造。

23.4.5　不锈钢管

流体输送用不锈钢无缝钢管（GB/T 14976—2012）公称外径（D）和公称壁厚（S）应符合 GB/T 17395 的规定，见表 23-4-11。

表 23-4-11　不锈钢管的外径和壁厚

外径（D）/mm			壁厚（S）/mm							
系列 1	系列 2	系列 3	0.5	1.0	1.5	2.0	2.5（2.6）	3.0	3.5（3.6）	4.0
	8		●							
10（10.2）			●	●	●	●				
	12		●	●	●	●				
13（13.5）			●	●	●	●	●	●		
	14		●	●	●	●	●	●	●	
17（17.2）			●	●	●	●	●	●	●	●
	18		●	●	●	●	●	●	●	●

外径（D）/mm			壁厚（S）/mm							
系列1	系列2	系列3	0.5	1.0	1.5	2.0	2.5（2.6）	3.0	3.5（3.6）	4.0
21（21.3）			●	●	●	●	●	●	●	●
		22	●	●	●	●	●	●	●	●
27（26.9）				●	●	●	●	●	●	●
34（33.7）				●	●	●	●	●	●	●
48（48.3）					●	●	●	●	●	●
60（60.3）						●	●	●	●	●
89（88.9）							●	●	●	●
114（114.3）						●	●	●	●	●

说明：1. 括号内尺寸为相应的英制单位。

2. "●"表示常用规格。

3. 系列1是通用系列，属推荐选用系列；系列2是非通用系列；系列3为少数特殊、专用系列。

4. 钢管的通常长度为4000~12000mm。

5. 不锈钢焊接钢管单位长度理论质量。

$$m=\pi\rho（D-S）S/1000$$

式中 m——钢管的理论重量，kg/m；

π——3.1416；

S——钢管的公称壁厚，mm；

D——钢管的公称外径，mm；

ρ——钢的密度，kg/dm^3。各牌号不锈钢的密度如表23-4-12所示。

表23-4-12 各牌号不锈钢的密度（GB/T 20878—2007）

统一数字代码	牌号	旧记号	密度/（kg/dm^3）20℃
奥氏体型			
S30408	06Cr19Ni10	0Cr18Ni9	7.93
S30403	022Cr19Ni10	00Cr19Ni10	7.90
S31008	06Cr25Ni20	0Cr25Ni20	7.98
S31608	06Cr17Ni12Mo2	0Cr17Ni12Mo2	8.00
S31603	022Cr17Ni12Mo2	0Cr17Ni14Mo2	8.00
S31708	06Cr19Ni13Mo3	0Cr19Ni13Mo3	8.00
S31703	022Cr19Ni13Mo3	00Cr19Ni13Mo3	7.98
S32168	06Cr18Ni11Ti	0Cr18Ni10Ti	8.03
铁素体型			
S11348	06Cr13AI	0Cr13Al	7.75
马氏体型			
S41008	06Cr13	0Cr13	7.75

23.4.6 国内外标准（部分）钢管外径对照

国内外标准（部分）钢管外径对照见表23-4-13。

表 23-4-13　国内外标准（部分）钢管外径对照

公称直径 DN		中国			美国 ANSI/ ASME	日本	德国 DIN		英国 BS		ISO ISO	
mm	in	SH/T 3405	HG 20553		B36.10M B36.19M	JIS	2448 2458	2440 2441	3600	1387	4200 I	65
			Ia	Ib								
6	1/8	10.3	10.2	10	10.3	10.5	10.2	10.2	10.2	（10.2）	10.2	（10.2）
8	1/4	13.7	13.5	14	13.7	13.8	13.5	13.5	13.5	（13.6）	13.5	（13.6）
10	3/8	17.1	17.2	17	17.1	17.3	17.2	–	17.2	（17.1）	17.2	（17.1）
15	1/2	21.3	21.3	22	21.3	21.7	21.3	21.3	21.3	（21.4）	21.3	（21.4）
20	3/4	26.7	26.9	27	26.7	27.2	26.9	26.9	26.9	（26.9）	26.9	（26.9）
25	1	33.4	33.7	34	33.4	34	33.7	33.7	33.7	（33.8）	33.7	（33.75）
40	1 1/2	48.3	48.3	48	48.3	48.6	48.3	48.3	48.3	（48.4）	48.3	（48.35）
50	2	60.3	60.3	60	60.3	60.5	60.3	60.3	60.3	（60.3）	60.3	（60.25）
80	3	88.9	88.9	89	88.9	88.9	88.9	88.9	88.9	（88.8）	88.9	（88.75）
100	4	114.3	114.3	114	114.3	114.3	114.3	114.3	114.3	（114.1）	114.3	（114.06）

SH/T 3405：石油化工钢管尺寸系列

HG/T 20553：化工配管用无缝及焊接钢管尺寸

ASME B36.10M：焊接和无缝轧制钢管

ASME B36.19M：不锈钢管

DIN 2448：钢管　适合攻螺纹的中等质量管材

DIN 2440：钢管　适合攻螺纹的中等质量管材

DIN 2458：钢管　适合攻螺纹的中等质量管材

DIN 2441：钢管　厚壁可切螺纹管

BS 3600：承压用焊接钢管和无缝钢管的尺寸及单位长度质量规范

BS 1387：钢管和管件标准

23.4.7　ASME 钢管壁厚一览表

ASME 钢管壁厚一览表见表 23-4-14。

表 23-4-14　ASME 钢管壁厚一览表

公称直径		外径 mm	ASME B36.10M，ASME B36.19M																
DN mm	NPS in		Sch																
			5	5s	10s	10	20	30	40s	STD	40	60	80s	XS	80	100	120	140	160	XXS
6	1/8	10.3	–	–	1.24	1.24	–	1.45	1.73	1.73	1.73	–	2.41	2.41	2.41	–	–	–	–	–
8	1/4	13.7	–	–	1.65	1.65	–	1.85	2.24	2.24	2.24	–	3.02	3.02	3.02	–	–	–	–	–
10	3/8	17.1	–	–	1.65	1.65	–	1.85	2.31	2.31	2.31	–	3.20	3.20	3.20	–	–	–	–	–
15	1/2	21.3	1.65	1.65	2.11	2.11	–	2.41	2.77	2.77	2.77	–	3.73	3.73	3.73	–	–	–	4.78	7.47
20	3/4	26.7	1.65	1.65	2.11	2.11	–	2.41	2.87	2.87	2.87	–	3.91	3.91	3.91	–	–	–	5.56	7.82
25	1	33.4	1.65	1.65	2.77	2.77	–	2.90	3.38	3.38	3.38	–	4.55	4.55	4.55	–	–	–	6.35	9.09
40	1$\frac{1}{2}$	48.3	1.65	1.65	2.77	2.77	–	3.18	3.68	3.68	3.68	–	5.08	5.08	5.08	–	–	–	7.14	10.15
50	2	60.3	1.65	1.65	2.77	2.77	–	3.18	3.91	3.91	3.91	–	5.54	5.54	5.54	–	–	–	8.74	11.07
80	3	88.9	2.11	2.11	3.05	3.05	–	4.78	5.48	5.49	5.49	–	7.62	7.62	7.62	–	–	–	11.53	15.24
100	4	114.3	2.11	2.11	3.05	3.05	–	4.78	6.02	6.02	6.02	–	8.56	8.56	8.56	11.13	–	13.49	17.12

23.4.8 JIS 钢管壁厚一览表

JIS 钢管壁厚一览表见表 23-4-15。

表 23-4-15　JIS 钢管壁厚一览表

公称直径		外径	JIS 管壁厚度 /mm													
mm	in	D_o/mm	SGP	5S	10	10S	20	20S	30	40	60	80	100	120	140	160
6	1/8	10.5	2.0	1.0		1.2		1.5		1.7	2.2	2.4				
8	1/4	13.8	2.3	1.2		1.65		2.0		2.2	2.4	3.0				
10	3/8	17.3	2.3	1.2		1.65		2.0		2.3	2.8	3.2				
15	1/2	21.7	2.8	1.65		2.1		2.5		2.8	3.2	3.7				
20	3/4	27.2	2.8	1.65		2.1		2.5		2.9	3.4	3.9				5.5
25	1	34.0	3.2	1.65		2.8		3.0		3.4	3.9	4.5				6.4
40	$1^1/_2$	48.6	3.5	1.65		2.8		3.0		3.7	4.5	5.1				7.1
50	2	60.5	3.8	2.1		2.8	3.2	3.5		3.9	4.9	5.5				8.7
80	3	89.1	4.2	2.1		3.0	4.5	4.0		5.5	6.6	7.3				11.1
100	4	114.3	4.5	2.1		3.0	4.9	4.0		6.0	7.1	8.6	11.1			13.5

23.4.9 铜及铜合金拉制管（GB/T 1527—2017）

管材的尺寸应符合 GB/T 16866—2006 的规定，见表 23-4-16。

表 23-4-16　常用规格管道壁厚、质量一览表

外径 /mm	壁厚 /mm	质量 /（kg/m）		外径 /mm	壁厚 /mm	质量 /（kg/m）	
		纯铜 T2、T3	黄铜 H62			纯铜 T2、T3	黄铜 H62
3	0.5	0.035	0.0334	12	1.0	0.443	0.420
4	0.5	0.049	0.0467		2.0	0.559	0.534
5	1.0	0.112	0.107	16	1.0	0.419	0.400
6	1.0	0.140	0.134		1.5	0.608	0.581
	1.5	0.189	0.1829		2.0	0.782	0.747
8	1.0	0.196	0.187	18	1.5	0.692	0.661
	1.5	0.335	0.320		2.0	0.894	0.854
10	1.0	0.252	0.240	20	1.5	0.775	0.741
	1.5	0.356	0.340		2.0	1.006	0.961
	2.0	0.447	0.427	22	2.0	1.118	1.068

说明：1. 管道供货长度 1000~7000mm。

　　　2. 纯铜（T2、T3）密度约为 8940kg/m³，黄铜 H62 密度约为 8650kg/m³。

23.4.10　非金属管道

a）聚氯乙烯管（硬）（GB/T 4219.1—2008）

管材规格尺寸、壁厚及其偏差见表 23-4-17。

表 23-4-17　管材规格尺寸、壁厚及其偏差　　　　　　　　　　　　　　　mm

公称外径 d_n	壁厚 e 及其偏差												
	管系列 S 和标准尺寸比 SDR												
	S20 SDR41		S16 SDR33		S12.5 SDR26		S10 SDR21		S8 SDR17		S6.3 SDR13.6		S5 SDR11	
	e_{min}	偏差	e_{min}	偏差	e_{min}	偏差	e_{min}	偏差	e_{min}	偏差	e_{min}	偏差	e_{min}	偏差
16	—	—	—	—	—	—	—	—	—	—	—	—	2.0	+0.4
20	—	—	—	—	—	—	—	—	—	—	—	—	2.0	+0.4
25	—	—	—	—	—	—	—	—	—	—	2.0	+0.4	2.3	+0.5
40	—	—	—	—	—	—	2.0	+0.4	2.4	+0.5	3.0	+0.5	3.7	+0.6
50	—	—	—	—	2.0	+0.4	2.4	+0.5	3.0	+0.5	3.7	+0.6	4.6	+0.7
75	—	—	2.3	+0.5	2.9	+0.5	3.6	+0.6	4.5	+0.7	5.6	+0.8	6.8	+0.9
110	—	—	3.4	+0.6	4.2	+0.7	5.3	+0.8	6.6	+0.9	8.1	+1.1	10.0	+1.2

硬聚氯乙烯管材不宜输送的流体见表 23-4-18。

表 23-4-18　硬聚氯乙烯管材不宜输送的流体

化学流体名称	浓度	化学流体名称	浓度	化学流体名称	浓度
乙醛	40%	溴水	100%	二氯乙烷	100%
乙醛	100%	乙酸丁酯	100%	二氯甲烷	100%
乙酸	冰	丁基苯酚	100%	乙醚	100%
乙酸酐	100%	丁酸	98%	乙酸乙酯	100%
丙酮	100%	氟化氢	100%	丙烯酸乙酯	100%
二硫化碳	100%	乳酸	10%~90%	糖醇树脂	100%
四氯化碳	100%	甲基丙烯酸甲酯	100%	氢氟酸	40%
氯气（干）	100%	硝酸	50%~98%	氢氟酸	60%
液氯	20℃的饱和水溶液	发烟硫酸	10%SO₃	盐酸苯肼	97%
氯磺酸	100%	高氯酸	70%	氯化磷（三价）	100%
丙烯醇	96%	汽油（链烃／苯）	80/20	吡啶	100%
氨水	100%	苯酚	90%	二氧化硫	100%
苯胺	100%	苯肼	100%	硫酸	96%
苯胺	20℃的饱和水溶液	甲酚	20℃的饱和水溶液	甲苯	100%
盐酸化苯胺	20℃的饱和水溶液	甲苯基甲酸	20℃的饱和水溶液	二氯乙烯	100%

化学流体名称	浓度	化学流体名称	浓度	化学流体名称	浓度
苯甲醛	0.1%	巴豆醛	100%	乙酸乙烯	100%
苯	100%	环己醇	100%	混合二甲苯	100%
苯甲酸	20℃的饱和水溶液	环己酮	100%		

b）聚氯乙烯管（软）（GB/T 13527.1—92）

软聚氯乙烯管内径与壁厚一览表见表23-4-19。

表23-4-19　软聚氯乙烯管内径与壁厚一览表

公称内径 /mm	3	4	5	6	7	8	9	10	12	14	16	20	25	32	40	50
壁厚 /mm			1.0				1.5				2.0		3.0		3.5	4.0
使用压力 /MPa				0.25								0.2				

说明：1. 软管长度不小于10m。

　　　2. 颜色为本色透明或半透明。

c）压缩空气用橡胶软管（GBT 1186—2016）

管线规格及内径一览表见表23-4-20。

表23-4-20　管线规格及内径一览表

软管规格	最小内径 /mm	最大内径 /mm
4	3.25	4.75
5	4.25	5.75
6.3	5.55	7.05
8	7.25	8.75
10	9.25	10.75
12.5	11.75	13.25
16	15.25	16.75
19	18.25	19.75
20	19.25	20.75

说明：1. 软管型式：1 型，低压——设计最大工作压力为 1.0 MPa；

　　　　　　　　 2 型，中压——设计最大工作压力为 1.6 MPa；

　　　　　　　　 3 型，高压——设计最大工作压力为 2.5 MPa。

　　　2. 耐油性能：A 级，非耐油性能；B 级，正常耐油性能；C 级，良好耐油性能。

　　　3. 工作温度：N–T 类（常温），–25~+70℃；L–T 类（低温），–40~+70℃。

23.5　型钢

23.5.1　槽钢（GB/T 706—2016）

表 23-5-1　槽钢选型

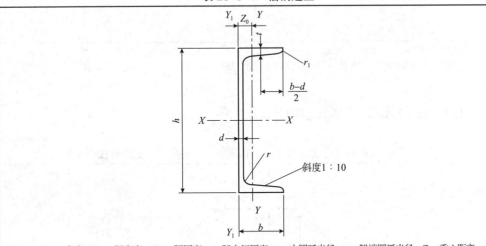

h——高度；b——腿宽度；d——腰厚度；t——腿中间厚度；r——内圆弧半径；r_1——腿端圆弧半径；Z_0——重心距离

型号	截面尺寸 /mm						截面积 /cm²	理论质量 / (kg/m)	重心距离 /cm
	h	b	d	t	r	r_1			
5	50	37	4.5	7.0	7.0	3.5	6.925	5.44	1.35
8	80	43	5.0	8.0	8.0	4.0	10.24	8.04	1.43
10	100	48	5.3	8.5	8.5	4.2	12.74	10.0	1.52
12	120	53	5.5	9.0	9.0	4.5	15.36	12.1	1.62
20a	200	73	7.0	11.0	11.0	5.5	28.83	22.6	2.01
20b		75	9.0				32.83	25.8	1.95

说明：1. 长度：通常长度为 5000~19000mm。

2. 钢的牌号及型钢的力学性能：符合 GB/T 700 或 GB/T 1591 的有关规定。

23.5.2　工字钢（GB/T 706—2016）

表 23-5-2　工字钢选型

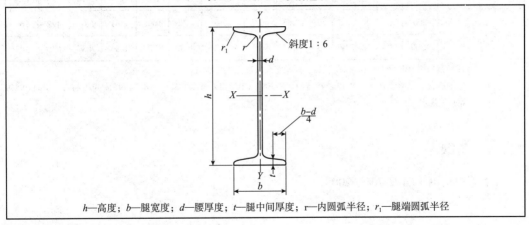

h——高度；b——腿宽度；d——腰厚度；t——腿中间厚度；r——内圆弧半径；r_1——腿端圆弧半径

续表

型号	截面尺寸 /mm						截面积 /cm²	理论重量 /(kg/m)
	h	b	d	t	r	r_1		
10	100	68	4.5	7.6	6.5	3.3	14.33	11.3
16	160	88	6.0	9.9	8.0	4.0	26.11	20.5
20a	200	100	7.0	11.4	9.0	4.5	35.55	27.9
20b		102	9.0				39.55	31.1

说明：1. 长度：通常长度为 5000~19000mm。

2. 钢的牌号及型钢的力学性能：符合 GB/T 700 或 GB/T 1591 的有关规定。

23.5.3 H 型钢（GB/T 11263—2017）

表 23-5-3　H 型钢截面尺寸、截面面积、理论质量及截面特性

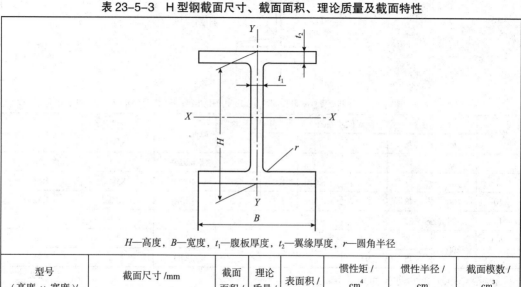

H—高度，B—宽度，t_1—腹板厚度，t_2—翼缘厚度，r—圆角半径

型号 （高度×宽度）/ mm×mm	截面尺寸 /mm					截面面积 /cm²	理论质量 /(kg/m)	表面积 /(m³/m)	惯性矩 /cm⁴		惯性半径 /cm		截面模数 /cm³	
	H	B	t_1	t_2	r				I_x	I_x	I_z	I_s	W_z	W_s
100×100	100	100	6	8	8	21.58	16.9	0.574	378	134	4.18	2.48	75.6	26.7
150×150	150	150	7	10	8	39.64	31.1	0.872	1620	553	6.39	3.76	216	75.1
200×200	200	200	8	12	13	63.53	49.9	1.16	4720	1600	8.61	5.02	472	160
	*200	204	12	12	13	71.53	56.2	1.17	4980	1700	8.34	4.87	498	167

说明：1. H 型钢采用 HW 型（宽翼缘）。长度：通常定尺长度为 12000 mm。

2. 钢的牌号、化学成分及力学性能应符合 GB/T 700、GB/T 712、GB/T 714、GB/T 1591、GB/T 4171、GB/T 19879 等有关规定。

23.5.4 角钢

a）等边角钢（GB/T 706—2008）

表 23-5-4　等边角钢选型

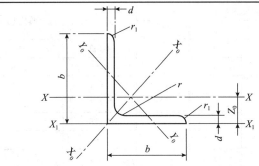

b—边宽度；d—边厚度；r—内圆弧半径；r_1—边端圆弧半径；Z_0—重心距离

型号	截面尺寸 /mm			截面积 /cm²	理论质量 / (kg/m)	外表面积 / (m²/m)
	b	d	r			
2	20	3	3.5	1.132	0.89	0.078
		4		1.459	1.15	0.077
2.5	25	3		1.432	1.12	0.098
		4		1.859	1.46	0.097
3.0	30	3	4.5	1.749	1.37	0.117
		4		2.276	1.79	0.117
5	50	3	5.5	2.971	2.33	0.197
		4		3.897	3.06	0.197
		5		4.803	3.77	0.196
		6		5.688	4.46	0.196
7.5	75	5	9	7.412	5.82	0.295
		6		8.797	6.91	0.294
		7		10.160	7.98	0.294
		8		11.503	9.03	0.294
		9		12.825	10.1	0.294
		10		14.126	11.1	0.293

说明：1. 长度：通常长度为 4000~19000mm。

　　　2. 钢的牌号及型钢的力学性能应符合 GB/T 700 或 GB/T 1591 的有关规定。

b）不等边角钢（GB/T 706—2008）

表 23-5-5　不等边角钢选型

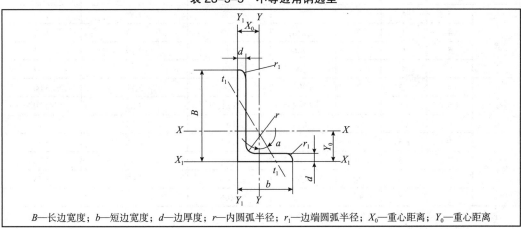

B—长边宽度；b—短边宽度；d—边厚度；r—内圆弧半径；r_1—边端圆弧半径；X_0—重心距离；Y_0—重心距离

型号	截面尺寸 /mm				截面积 /cm²	理论质量 /(kg/m)	外表面积 /(m²/m)
	B	b	d	r			
2.5/1.6	25	16	3	3.5	1.162	0.91	0.080
			4		1.499	1.18	0.079
5/3.2	50	32	3	5.5	2.431	1.91	0.161
			4		3.177	2.49	0.160
7.5/5	75	50	5	8	6.126	4.81	0.245
			6		7.260	5.70	0.245
			8		9.467	7.43	0.244
			10		11.590	9.10	0.244

说明：1. 长度：通常长度为 4000~19000mm。

　　　2. 钢的牌号及型钢的力学性能应符合 GB/T 700 或 GB/T 1591 的有关规定。

c）不锈钢热轧等边角钢（YB/T 5309—2006）

表 23-5-6　不锈钢热轧等边角钢选型

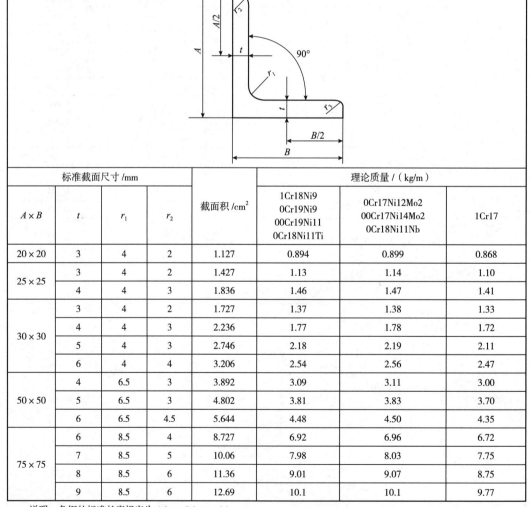

标准截面尺寸 /mm				截面积 /cm²	理论质量 /（kg/m）		
A×B	t	r₁	r₂		1Cr18Ni9 0Cr19Ni9 00Cr19Ni11 0Cr18Ni11Ti	0Cr17Ni12Mo2 00Cr17Ni14Mo2 0Cr18Ni11Nb	1Cr17
20 × 20	3	4	2	1.127	0.894	0.899	0.868
25 × 25	3	4	2	1.427	1.13	1.14	1.10
	4	4	3	1.836	1.46	1.47	1.41
30 × 30	3	4	2	1.727	1.37	1.38	1.33
	4	4	3	2.236	1.77	1.78	1.72
	5	4	3	2.746	2.18	2.19	2.11
	6	4	4	3.206	2.54	2.56	2.47
50 × 50	4	6.5	3	3.892	3.09	3.11	3.00
	5	6.5	3	4.802	3.81	3.83	3.70
	6	6.5	4.5	5.644	4.48	4.50	4.35
75 × 75	6	8.5	4	8.727	6.92	6.96	6.72
	7	8.5	5	10.06	7.98	8.03	7.75
	8	8.5	6	11.36	9.01	9.07	8.75
	9	8.5	6	12.69	10.1	10.1	9.77

说明：角钢的标准长度规定为 4.0m、5.0m*、6.0m。

　　　* 设计时尽可能不用此尺寸。

23.5.5　圆钢（GB/T 702—2017）

表 23-5-7　热轧圆钢选型

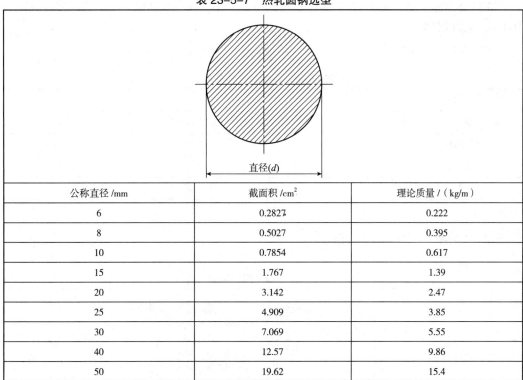

直径(d)

公称直径 /mm	截面积 /cm²	理论质量 /（kg/m）
6	0.2827	0.222
8	0.5027	0.395
10	0.7854	0.617
15	1.767	1.39
20	3.142	2.47
25	4.909	3.85
30	7.069	5.55
40	12.57	9.86
50	19.62	15.4

注：热轧圆钢的通常长度为：

钢类	通常长度		短尺长度 /m 不小于
	截面公称尺寸 /mm	钢棒长度 /m	
普通质量钢	≤ 25	4~12	2.5
	> 25	3~12	
优质及特殊质量钢	全部规格	2~12	1.5
	碳素和合金工具钢 ≤ 75	2~12	1.0
	> 75	1~8	0.5（包括高速工具钢全部规格）
普通质量钢	≤ 25	4~12	2.5
	> 25	3~12	

23.5.6　钢板

碳素结构钢和低合金结构钢热轧钢板和钢带（GB/T 3274—2017）钢的牌号和化学成分应符合 GB/T 700 和 GB/T 1591 的规定。

热轧钢板和钢带的尺寸、外形、重量及允许偏差（GB/T 709—2006）：

①单轧钢板公称厚度：3~400mm。单轧钢板的公称厚度在 3~400mm 范围内，厚度小于

30mm 的钢板按 0.5mm 倍数的任何尺寸；厚度不小于 30mm 的钢板按 1mm 倍数的任何尺寸。

②单轧钢板公称宽度：600~4800mm。单轧钢板的公称宽度在 600~4800mm 范围内，按照 10mm 或 50mm 倍数的任何尺寸。

③钢板公称长度：2000~20000mm。钢板的长度在 2000~20000mm 范围内，按 50mm 或 100mm 倍数的任何尺寸。

④钢板理论质量的计算（钢材密度 ρ=7850kg/m³）见表 23-5-8。

表 23-5-8　钢板理论质量的计算

计算顺序	计算方法	结果的修约
基本质量 /［kg/（mm·m²）］	7.85（厚度 1mm，面积 1m² 的质量）	—
单位质量 /（kg/m²）	基本质量 /［kg/（mm·m²）］× 厚度（mm）	修约到有效数字 4 位
钢板的面积 /m²	宽度（m）× 长度（m）	修约到有效数字 4 位
一张钢板的质量 /kg	单位质量（kg/m²）× 面积（m²）	修约到有效数字 3 位

23.5.7　扁钢（GB/T 702—2017）

表 23-5-9　扁钢选型

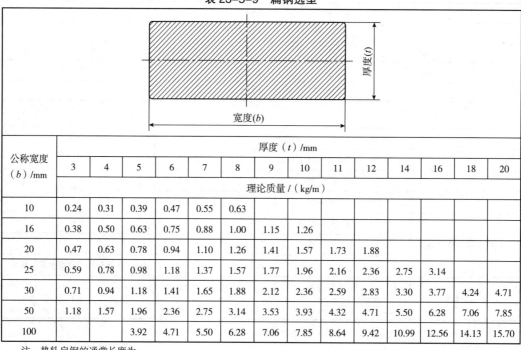

公称宽度（b）/mm	厚度（t）/mm													
	3	4	5	6	7	8	9	10	11	12	14	16	18	20
	理论质量 /（kg/m）													
10	0.24	0.31	0.39	0.47	0.55	0.63								
16	0.38	0.50	0.63	0.75	0.88	1.00	1.15	1.26						
20	0.47	0.63	0.78	0.94	1.10	1.26	1.41	1.57	1.73	1.88				
25	0.59	0.78	0.98	1.18	1.37	1.57	1.77	1.96	2.16	2.36	2.75	3.14		
30	0.71	0.94	1.18	1.41	1.65	1.88	2.12	2.36	2.59	2.83	3.30	3.77	4.24	4.71
50	1.18	1.57	1.96	2.36	2.75	3.14	3.53	3.93	4.32	4.71	5.50	6.28	7.06	7.85
100		3.92	4.71	5.50	6.28	7.06	7.85	8.64	9.42	10.99	12.56	14.13	15.70	

注：热轧扁钢的通常长度为：

钢类		通常长度 /m	长度允许偏差	短尺长度
普通质量钢	1 组（理论质量 ≤ 19kg/m）	3~9	钢棒长度 ≤ 4m，+30mm；4m~6m，+50mm；>6m，+70mm	≥ 1.5m
	2 组（理论质量 >19kg/m）	3~7		
优质及特殊质量钢		2~6		

23.5.8　铜板（GB/T 2040—2017）

表 23-5-10　铜及铜合金板材选型

分类	牌号	代号	状态	规格 / mm			密度 / （kg/m³）
				厚度	宽度	长度	
纯铜	T2 T3	T11050 T11090	热轧	4~80	≤ 3000	≤ 6000	8940
			退火	0.2~12	≤ 3000	≤ 6000	
黄铜	H62	T276000	热轧	4~60	≤ 3000	≤ 6000	8430
			退火	0.2~10	≤ 3000	≤ 6000	
铝青铜	QAl5	T60700	退火	0.4~12	≤ 1000	≤ 2000	8170

23.6　法兰

23.6.1　HG 钢制管法兰标准

HG 钢制管法兰标准是按照欧洲体系（PN 系列）和美洲体系（Class 系列）分别编制的管法兰标准，包括了欧洲体系的英制管和公制管以及美洲体系的英制管的使用。

23.6.1.1　HG/T 20592—2009《钢制管法兰（PN 系列）》

23.6.1.1.1　公称压力

PN 系列中公称压力用 PN 标示，包括 9 个等级：PN2.5，PN6，PN10，PN16，PN25，PN40，PN63，PN100，PN160。

23.6.1.1.2　公称尺寸

公称尺寸用 DN 标示，包括 A、B 两个系列，A 系列为国际通用系列（称英制管），B 系列为国内沿用系列（称公制管）。采用 B 系列钢管的法兰，应在公称尺寸 DN 的书之后标记"B"以示区别。

公称尺寸和钢管外径（mm）见表 23-6-1。

表 23-6-1　公称尺寸和钢管外径　　　　　　　　　　　　　　　　　mm

公称尺寸 DN		10	15	20	25	40	50	80	100	150
钢管外径	A	17.2	21.3	26.9	33.7	48.3	60.3	88.9	114.3	168.3
	B	14	18	25	32	45	57	89	108	159

23.6.1.1.3　法兰类型

法兰类型包括：板式平焊法兰（PL）、带颈平焊法兰（SO）、带颈对焊法兰（WN）、整体法兰（IF）、承插焊法兰（SW）、螺纹法兰（Th）、对焊环松套法兰（PJ/SE）、平焊环松套法兰（PJ/RJ）、法兰盖（BL）和衬里法兰盖（BL（S））。

23.6.1.1.4　法兰密封面

法兰密封面型式包括：突面（RF）、凹面（FM）/ 凸面（M）、榫面（T）/ 槽面（G）、全平面（FF）和环连接面（RJ）。

23.6.1.1.5 尺寸

a）带颈平焊钢制管法兰（SO）

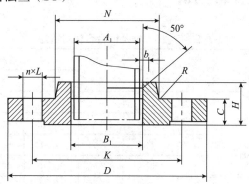

表 23-6-2　PN16 带颈平焊钢制管法兰
mm

公称尺寸 DN	钢管外径 A_1		连接尺寸					法兰厚度 C	法兰内径 B_1		法兰颈			法兰高度 H	坡口宽度 b
			法兰外径 D	螺栓孔中心圆直径 K	螺栓孔直径 L	螺栓孔数量 n/个	螺栓 Th				N		R		
	A	B							A	B	A	B			
10	17.2	14	90	60	14	4	M12	16	18	15	30	30	4	22	4
15	21.3	18	95	65	14	4	M12	16	22.5	19	35	35	4	22	4
20	26.9	25	105	75	14	4	M12	18	27.5	26	45	45	4	26	4
25	33.7	32	115	85	14	4	M12	18	34.5	33	52	52	4	28	5
40	48.3	45	150	110	18	4	M16	18	49.5	46	70	70	6	32	5
50	60.3	57	165	125	18	4	M16	18	61.5	59	84	84	5	28	5
80	88.9	89	200	160	18	8	M16	20	90.5	91	118	118	6	34	6
100	114.3	108	220	180	18	8	M16	20	116	110	140	140	8	40	6
150	168.3	159	285	240	22	8	M20	22	170.5	161	195	195	10	44	6

表 23-6-3　PN25 带颈平焊钢制管法兰
mm

公称尺寸 DN	钢管外径 A_1		连接尺寸					法兰厚度 C	法兰内径 B_1		法兰颈			法兰高度 H	坡口宽度 b
			法兰外径 D	螺栓孔中心圆直径 K	螺栓孔直径 L	螺栓孔数量 n/个	螺栓 Th				N		R		
	A	B							A	B	A	B			
10	17.2	14	90	60	14	4	M12	16	18	15	30	30	4	22	4
15	21.3	18	95	65	14	4	M12	16	22.5	19	35	35	4	22	4
20	26.9	25	105	75	14	4	M12	18	27.5	26	45	45	4	26	4
25	33.7	32	115	85	14	4	M12	18	34.5	33	52	52	4	28	5
40	48.3	45	150	110	18	4	M16	18	49.5	46	70	70	6	32	5
50	60.3	57	165	125	18	4	M16	20	61.5	59	84	84	6	34	5
80	88.9	89	200	160	18	8	M16	24	90.5	91	118	118	8	40	6
100	114.3	108	235	190	22	8	M20	24	116	110	145	145	8	44	6
150	168.3	159	300	250	26	8	M24	28	170.5	161	200	200	10	52	6

表 23-6-4　PN40 带颈平焊钢制管法兰　　　　　　　　　mm

公称尺寸 DN	钢管外径 A_1		连接尺寸					法兰厚度 C	法兰内径 B_1		法兰颈			法兰高度 H	坡口宽度 b
			法兰外径 D	螺栓孔中心圆直径 K	螺栓孔直径 L	螺栓孔数量 n/个	螺栓 Th				N		R		
	A	B							A	B	A	B			
10	17.2	14	90	60	14	4	M12	16	18	15	30	30	4	22	4
15	21.3	18	95	65	14	4	M12	16	22.5	19	35	35	4	22	4
20	26.9	25	105	75	14	4	M12	18	27.5	26	45	45	4	26	4
25	33.7	32	115	85	14	4	M12	18	34.5	33	52	52	4	28	5
40	48.3	45	150	110	18	4	M16	18	49.5	46	70	70	6	32	5
50	60.3	57	165	125	18	4	M16	20	61.5	59	84	84	6	34	5
80	88.9	89	200	160	18	4	M16	24	90.5	91	118	118	8	40	6
100	114.3	108	235	190	22	8	M20	24	116	110	145	145	8	44	6
150	168.3	159	300	250	26	8	M24	28	170.5	161	200	200	10	52	8

b）带颈对焊钢制管法兰（WN）

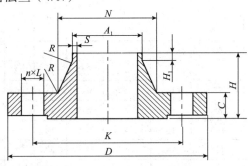

表 23-6-5　PN16 带颈对焊钢制管法兰　　　　　　　　　mm

公称尺寸 DN	钢管外径 法兰焊端外径 A_1		连接尺寸					法兰厚度 C	法兰颈					法兰高度 H
			法兰外径 D	螺栓孔中心圆直径 K	螺栓孔直径 L	螺栓孔数量 n/个	螺栓 Th		N		S ≥	H_1 ≈	R	
	A	B							A	B				
10	17.2	14	90	60	14	4	M12	16	28	28	1.8	6	4	35
15	21.3	18	95	65	14	4	M12	16	32	32	2.0	6	4	38
20	26.9	25	105	75	14	4	M12	18	40	40	2.3	6	4	40
25	33.7	32	115	85	14	4	M12	18	46	46	2.6	6	4	40
40	48.3	45	150	110	18	4	M16	18	64	64	2.6	7	6	45
50	60.3	57	165	125	18	4	M16	18	74	74	2.9	8	5	45
80	88.9	89	200	160	18	8	M16	20	105	105	3.2	10	6	50
100	114.3	108	220	180	18	8	M16	20	131	131	3.6	12	8	52
150	168.3	159	285	240	22	8	M20	22	184	184	4.5	12	10	55

表 23-6-6　PN25 带颈对焊钢制管法兰

mm

公称尺寸 DN	钢管外径 法兰焊端外径 A_1		连接尺寸					法兰厚度 C	法兰颈					法兰高度 H
			法兰外径	螺栓孔中心圆直径	螺栓孔直径	螺栓孔数量	螺栓 Th		N		S ≥	H_1 ≈	R	
	A	B	D	K	L	n/个			A	B				
10	17.2	14	90	60	14	4	M12	16	28	28	1.8	6	4	35
15	21.3	18	95	65	14	4	M12	16	32	32	2.0	6	4	38
20	26.9	25	105	75	14	4	M12	18	40	40	2.3	6	4	40
25	33.7	32	115	85	14	4	M12	18	46	46	2.6	6	4	40
40	48.3	45	150	110	18	4	M16	18	64	64	2.6	7	6	45
50	60.3	57	165	125	18	4	M16	20	75	75	2.9	8	6	48
80	88.9	89	200	160	18	8	M16	24	105	105	3.2	12	8	58
100	114.3	108	235	190	22	8	M20	24	134	134	3.6	12	8	65
150	168.3	159	300	250	26	8	M24	28	192	190	4.5	12	10	75

表 23-6-7　PN40 带颈对焊钢制管法兰

mm

公称尺寸 DN	钢管外径 法兰焊端外径 A_1		连接尺寸					法兰厚度 C	法兰颈					法兰高度 H
			法兰外径	螺栓孔中心圆直径	螺栓孔直径	螺栓孔数量	螺栓 Th		N		S ≥	H_1 ≈	R	
	A	B	D	K	L	n/个			A	B				
10	17.2	14	90	60	14	4	M12	16	28	28	1.8	6	4	35
15	21.3	18	95	65	14	4	M12	16	32	32	2.0	6	4	38
20	26.9	25	105	75	14	4	M12	18	40	40	2.3	6	4	40
25	33.7	32	115	85	14	4	M12	18	46	46	2.6	6	4	40
40	48.3	45	150	110	18	4	M16	18	64	64	2.6	7	6	45
50	60.3	57	165	125	18	4	M16	20	75	75	2.9	8	6	48
80	88.9	89	200	160	18	8	M16	24	105	105	3.2	12	8	58
100	114.3	108	235	190	22	8	M20	24	134	134	3.6	12	8	65
150	168.3	159	300	250	26	8	M24	28	192	192	4.5	12	10	75

表 23-6-8　PN63 带颈对焊钢制管法兰

mm

公称尺寸 DN	钢管外径 法兰焊端外径 A_1		连接尺寸					法兰厚度 C	法兰颈					法兰高度 H
			法兰外径	螺栓孔中心圆直径	螺栓孔直径	螺栓孔数量	螺栓 Th		N		S ≥	H_1 ≈	R	
	A	B	D	K	L	n/个			A	B				
10	17.2	14	100	70	14	4	M12	20	32	32	1.8	6	4	45
15	21.3	18	105	75	14	4	M12	20	34	34	2.0	6	4	45
20	26.9	25	130	90	18	4	M16	22	42	42	2.6	8	4	48
25	33.7	32	140	100	18	4	M16	24	52	52	2.6	8	4	58
40	48.3	45	170	125	22	4	M20	26	70	70	2.9	10	6	62
50	60.3	57	180	135	22	4	M20	26	82	82	2.9	10	6	62
80	88.9	89	215	170	22	8	M20	28	112	112	3.6	12	8	72
100	114.3	108	250	200	26	8	M24	30	138	138	4.0	12	8	78
150	168.3	159	345	280	33	8	M30	36	202	202	5.6	12	10	95

表 23-6-9　PN100 带颈对焊钢制管法兰　　　　mm

公称尺寸 DN	钢管外径法兰焊端外径 A_1		连接尺寸					法兰厚度 C	法兰颈					法兰高度 H
	A	B	法兰外径 D	螺栓孔中心圆直径 K	螺栓孔直径 L	螺栓孔数量 n/个	螺栓 Th		N		S ≥	H_1 ≈	R	H
									A	B				
10	17.2	14	100	70	14	4	M12	20	32	32	1.8	6	4	45
15	21.3	18	105	75	14	4	M12	20	34	34	2.0	6	4	45
20	26.9	25	130	90	18	4	M16	22	42	42	2.6	8	4	48
25	33.7	32	140	100	18	4	M16	24	52	52	2.6	8	4	58
40	48.3	45	170	125	22	4	M20	26	70	70	2.9	10	6	62
50	60.3	57	195	145	26	4	M24	28	90	90	3.2	10	6	68
80	88.9	89	230	180	26	8	M24	32	120	120	4.0	12	8	78
100	114.3	108	265	210	30	8	M27	36	150	150	5.0	12	8	90
150	168.3	159	355	290	33	12	M30	44	210	210	7.1	12	10	115

表 23-6-10　PN160 带颈对焊钢制管法兰　　　　mm

公称尺寸 DN	钢管外径法兰焊端外径 A_1		连接尺寸					法兰厚度 C	法兰颈					法兰高度 H
	A	B	法兰外径 D	螺栓孔中心圆直径 K	螺栓孔直径 L	螺栓孔数量 n/个	螺栓 Th		N		S ≥	H_1 ≈	R	H
									A	B				
10	17.2	14	100	70	14	4	M12	20	32	32	2.0	6	4	45
15	21.3	18	105	75	14	4	M12	20	34	34	2.0	6	4	45
20	26.9	25	130	90	18	4	M16	24	42	42	2.9	6	4	52
25	33.7	32	140	100	18	4	M16	24	52	52	2.9	8	4	58
40	48.3	45	170	125	22	4	M20	28	70	70	3.6	10	6	64
50	60.3	57	195	145	26	4	M24	30	90	90	4	10	6	75
80	88.9	89	230	180	26	8	M24	36	120	120	6.3	12	8	86
100	114.3	108	265	210	30	8	M27	40	150	150	8	12	8	100
150	168.3	159	355	290	33	12	M30	50	210	210	12.5	14	10	128

c）承插焊钢制管法兰（SW）

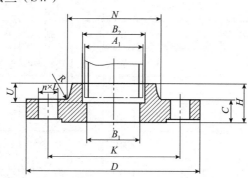

表 23-6-11　PN16 承插焊钢制管法兰　　　　　　　mm

公称尺寸 DN	钢管外径 A_1		连接尺寸					法兰厚度 C	法兰内径 B_1		承插孔 B_2		U	N	R	法兰高度 H
			法兰外径 D	螺栓孔中心圆直径 K	螺栓孔直径 L	螺栓孔数量 n/个	螺栓 Th									
	A	B							A	B	A	B				
10	17.2	14	90	60	14	4	M12	16	11.5	9	18	15	9	30	4	22
15	21.3	18	95	65	14	4	M12	16	15.5	12	22.5	19	10	35	4	22
20	26.9	25	105	75	14	4	M12	18	21	19	27.5	26	11	45	4	26
25	33.7	32	115	85	14	4	M12	18	27	26	34.5	33	13	52	4	28
40	48.3	45	150	110	18	4	M16	18	41	37	49.5	46	16	70	6	32
50	60.3	57	165	125	18	4	M16	18	52	49	61.5	59	17	84	5	28

表 23-6-12　PN25 承插焊钢制管法兰　　　　　　　mm

公称尺寸 DN	钢管外径 A_1		连接尺寸					法兰厚度 C	法兰内径 B_1		承插孔 B_2		U	N	R	法兰高度 H
			法兰外径 D	螺栓孔中心圆直径 K	螺栓孔直径 L	螺栓孔数量 n/个	螺栓 Th									
	A	B							A	B	A	B				
10	17.2	14	90	60	14	4	M12	16	11.5	9	18	15	9	30	4	22
15	21.3	18	95	65	14	4	M12	16	15.5	12	22.5	19	10	35	4	22
20	26.9	25	105	75	14	4	M12	18	21	19	27.5	26	11	45	4	26
25	33.7	32	115	85	14	4	M12	18	27	26	34.5	33	13	52	4	28
40	48.3	45	150	110	18	4	M16	18	41	37	49.5	46	16	70	6	32
50	60.3	57	165	125	18	4	M16	20	52	49	61.5	59	17	84	6	34

表 23-6-13　PN40 承插焊钢制管法兰　　　　　　　mm

公称尺寸 DN	钢管外径 A_1		连接尺寸					法兰厚度 C	法兰内径 B_1		承插孔 B_2		U	N	R	法兰高度 H
			法兰外径 D	螺栓孔中心圆直径 K	螺栓孔直径 L	螺栓孔数量 n/个	螺栓 Th									
	A	B							A	B	A	B				
10	17.2	14	90	60	14	4	M12	16	11.5	9	18	15	9	30	4	22
15	21.3	18	95	65	14	4	M12	16	15.5	12	22.5	19	10	35	4	22
20	26.9	25	105	75	14	4	M12	18	21	19	27.5	26	11	45	4	26
25	33.7	32	115	85	14	4	M12	18	27	26	34.5	33	13	52	4	28
40	48.3	45	150	110	18	4	M16	18	41	37	49.5	46	16	70	6	32
50	60.3	57	165	125	18	4	M16	20	52	49	61.5	59	17	84	6	34

表 23-6-14 PN63 承插焊钢制管法兰
mm

公称尺寸 DN	钢管外径 A_1		连接尺寸					法兰厚度 C	法兰内径 B_1		承插孔				法兰颈		法兰高度 H
			法兰外径 D	螺栓孔中心圆直径 K	螺栓孔直径 L	螺栓孔数量 n/个	螺栓 Th				B_2			U	N	R	
	A	B							A	B	A	B					
10	17.2	14	100	70	14	4	M12	20	11.5	9	18	15	9	40	4	28
15	21.3	18	105	75	14	4	M12	20	15.5	12	22.5	19	10	43	4	28
20	26.9	25	130	90	18	4	M16	22	21	19	27.5	26	11	52	4	30
25	33.7	32	140	100	18	4	M16	24	27	26	34.5	33	13	60	4	32
40	48.3	45	170	125	22	4	M20	26	41	37	49.5	46	16	80	6	34
50	60.3	57	180	135	22	4	M20	26	52	49	61.5	59	17	90	6	36

表 23-6-15 PN100 承插焊钢制管法兰
mm

公称尺寸 DN	钢管外径 A_1		连接尺寸					法兰厚度 C	法兰内径 B_1		承插孔				法兰颈		法兰高度 H
			法兰外径 D	螺栓孔中心圆直径 K	螺栓孔直径 L	螺栓孔数量 n/个	螺栓 Th				B_2			U	N	R	
	A	B							A	B	A	B					
10	17.2	14	100	70	14	4	M12	20	11.5	9	18	15	9	40	4	28
15	21.3	18	105	75	14	4	M12	20	15.5	12	22.5	19	10	43	4	28
20	26.9	25	130	90	18	4	M16	22	21	19	27.5	26	11	52	4	30
25	33.7	32	140	100	18	4	M16	24	27	26	34.5	33	13	60	4	32
40	48.3	45	170	125	22	4	M20	26	41	37	49.5	46	16	80	6	34
50	60.3	57	195	145	26	4	M24	28	52	49	61.5	59	17	95	6	36

d) 螺纹钢制管法兰

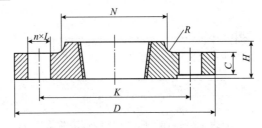

表 23-6-16 PN16 螺纹钢制管法兰
mm

公称尺寸 DN	钢管外径 A	连接尺寸					法兰厚度 C	法兰颈		法兰高度 H	管螺纹规格 Rc、Rp 或 NPT（in）
		法兰外径 D	螺栓孔中心圆直径 K	螺栓孔直径 L	螺栓孔数量 n/个	螺栓 Th		N	R		
10	17.2	90	60	14	4	M12	16	30	4	22	$3/8$
15	21.3	95	65	14	4	M12	16	35	4	22	$1/2$
20	26.9	105	75	14	4	M12	18	45	4	26	$3/4$
25	33.7	115	85	14	4	M12	18	52	4	28	1
40	48.3	150	110	18	4	M16	18	70	6	32	$1\,1/2$
50	60.3	165	125	18	4	M16	18	84	5	28	2

表 23-6-17 PN25 螺纹钢制管法兰

mm

| 公称尺寸 DN | 钢管外径 A | 连接尺寸 | | | | | 法兰厚度 C | 法兰颈 | | 法兰高度 H | 管螺纹规格 Rc、Rp 或 NPT (in) |
		法兰外径 D	螺栓孔中心圆直径 K	螺栓孔直径 L	螺栓孔数量 n/个	螺栓 Th		N	R		
10	17.2	90	60	14	4	M12	16	30	4	22	$^3/_8$
15	21.3	95	65	14	4	M12	16	35	4	22	$^1/_2$
20	26.9	105	75	14	4	M12	18	45	4	26	$^3/_4$
25	33.7	115	85	14	4	M12	18	52	4	28	1
40	48.3	150	110	18	4	M16	18	70	6	32	$1^1/_2$
50	60.3	165	125	18	4	M16	20	84	5	34	2
150	168.3	300	250	26	8	M24	28	200	10	52	6

表 23-6-18 PN40 螺纹钢制管法兰

mm

| 公称尺寸 DN | 钢管外径 A | 连接尺寸 | | | | | 法兰厚度 C | 法兰颈 | | 法兰高度 H | 管螺纹规格 Rc、Rp 或 NPT (in) |
		法兰外径 D	螺栓孔中心圆直径 K	螺栓孔直径 L	螺栓孔数量 n/个	螺栓 Th		N	R		
10	17.2	90	60	14	4	M12	16	30	4	22	$^3/_8$
15	21.3	95	65	14	4	M12	16	35	4	22	$^1/_2$
20	26.9	105	75	14	4	M12	18	45	4	26	$^3/_4$
25	33.7	115	85	14	4	M12	18	52	4	28	1
40	48.3	150	110	18	4	M16	18	70	6	32	$1^1/_2$
50	60.3	165	125	18	4	M16	20	84	5	34	2

e）钢制管法兰盖

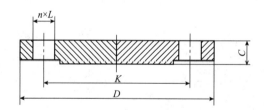

表 23-6-19 PN16 钢制管法兰盖

mm

| 公称尺寸 DN | 连接尺寸 | | | | | 法兰厚度 C |
	法兰外径 D	螺栓孔中心圆直径 K	螺栓孔直径 L	螺栓孔数量 n/个	螺栓 Th	
10	90	60	14	4	M12	16
15	95	65	14	4	M12	16
20	105	75	14	4	M12	18
25	115	85	14	4	M12	18
40	150	110	18	4	M16	18
50	165	125	18	4	M16	18
80	200	160	18	8	M16	20
100	220	180	18	8	M16	20
150	285	240	22	8	M20	22

表 23-6-20 PN25 钢制管法兰盖

mm

公称尺寸 DN	连接尺寸					法兰厚度 C
	法兰外径 D	螺栓孔中心圆直径 K	螺栓孔直径 L	螺栓孔数量 n/个	螺栓 Th	
10	90	60	14	4	M12	16
15	95	65	14	4	M12	16
20	105	75	14	4	M12	18
25	115	85	14	4	M12	18
40	150	110	18	4	M16	18
50	165	125	18	4	M16	20
80	200	160	18	8	M16	24
100	235	190	22	8	M20	24
150	300	250	26	8	M24	28

表 23-6-21 PN40 钢制管法兰盖

mm

公称尺寸 DN	连接尺寸					法兰厚度 C
	法兰外径 D	螺栓孔中心圆直径 K	螺栓孔直径 L	螺栓孔数量 n/个	螺栓 Th	
10	90	60	14	4	M12	16
15	95	65	14	4	M12	16
20	105	75	14	4	M12	18
25	115	85	14	4	M12	18
40	150	110	18	4	M16	18
50	165	125	18	4	M16	20
80	200	160	18	8	M16	24
100	235	190	22	8	M20	24
150	300	250	26	8	M24	28

表 23-6-22 PN63 钢制管法兰盖

mm

公称尺寸 DN	连接尺寸					法兰厚度 C
	法兰外径 D	螺栓孔中心圆直径 K	螺栓孔直径 L	螺栓孔数量 n/个	螺栓 Th	
10	100	70	14	4	M12	20
15	105	75	14	4	M12	20
20	130	90	18	4	M16	22
25	140	100	18	4	M16	24
40	170	125	22	4	M20	26
50	180	135	22	4	M20	26
80	215	170	22	8	M20	28
100	250	200	26	8	M24	30
150	345	280	33	8	M30	36

表 23-6-23　PN100 钢制管法兰盖
mm

公称尺寸 DN	连接尺寸					法兰厚度 C
	法兰外径 D	螺栓孔中心圆直径 K	螺栓孔直径 L	螺栓孔数量 n/个	螺栓 Th	
10	100	70	14	4	M12	20
15	105	75	14	4	M12	20
20	130	90	18	4	M16	22
25	140	100	18	4	M16	24
40	170	125	22	4	M20	26
50	195	145	26	4	M24	28
80	230	180	26	8	M24	32
100	265	210	30	8	M27	36
150	355	290	33	12	M30	44

表 23-6-24　PN160 钢制管法兰盖
mm

公称尺寸 DN	连接尺寸					法兰厚度 C
	法兰外径 D	螺栓孔中心圆直径 K	螺栓孔直径 L	螺栓孔数量 n/个	螺栓 Th	
10	100	70	14	4	M12	24
15	105	75	14	4	M12	26
20	130	90	18	4	M16	30
25	140	100	18	4	M16	32
40	170	125	22	4	M20	36
50	195	145	26	4	M24	38
80	230	180	26	8	M24	46
100	265	210	30	8	M27	52
150	355	290	33	12	M30	62

6) 不锈钢衬里法兰盖

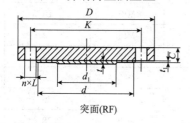

突面(RF)

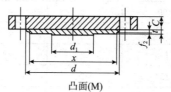

凸面(M)

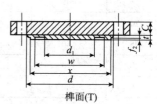

榫面(T)

表 23-6-25　PN16 不锈钢衬里法兰盖　　　　　　　　　mm

公称尺寸 DN	连接尺寸					法兰厚度 C	密封面尺寸		衬里厚度			塞焊孔（突面）		
	法兰外径 D	螺栓孔中心圆直径 K	螺栓孔直径 L	螺栓孔数量 n/个	螺栓 Th		d	d_1	突面	凸面榫面		中心圆直径 P	孔径 φ	数量 n/个
									t	t_1	t			
40	150	110	18	4	M16	18	88	30	3	2	10	—	—	—
50	165	125	18	4	M16	18	102	45	3	2	10	—	—	—
80	200	160	18	8	M16	20	138	75	3	2	10	—	—	—
100	220	180	18	8	M16	20	158	95	3	2	10	—	—	—
150	285	240	22	8	M20	22	212	130	3	2	10	—	15	1

表 23-6-26　PN25 不锈钢衬里法兰盖　　　　　　　　　mm

公称尺寸 DN	连接尺寸					法兰厚度 C	密封面尺寸		衬里厚度			塞焊孔（突面）		
	法兰外径 D	螺栓孔中心圆直径 K	螺栓孔直径 L	螺栓孔数量 n/个	螺栓 Th		d	d_1	突面	凸面榫面		中心圆直径 P	孔径 φ	数量 n/个
									t	t_1	t			
40	150	110	18	4	M16	18	88	30	3	2	10	—	—	—
50	165	125	18	4	M16	20	102	45	3	2	10	—	—	—
80	200	160	18	8	M16	24	138	75	3	2	10	—	—	—
100	235	190	22	8	M20	24	162	95	3	2	10	—	—	—
150	300	250	26	8	M24	28	218	130	3	2	10	—	15	1

表 23-6-27　PN40 不锈钢衬里法兰盖　　　　　　　　　mm

公称尺寸 DN	连接尺寸					法兰厚度 C	密封面尺寸		衬里厚度			塞焊孔（突面）		
	法兰外径 D	螺栓孔中心圆直径 K	螺栓孔直径 L	螺栓孔数量 n/个	螺栓 Th		d	d_1	突面	凸面榫面		中心圆直径 P	孔径 φ	数量 n/个
									t	t_1	t			
40	150	110	18	4	M16	18	88	30	3	2	10	—	—	—
50	165	125	18	4	M16	20	102	45	3	2	10	—	—	—
80	200	160	18	8	M16	24	138	75	3	2	10	—	—	—
100	235	190	22	8	M20	24	162	95	3	2	10	—	—	—
150	300	250	26	8	M24	28	218	130	3	2	10	—	15	1

23.6.1.2　HG/T 20615—2009《钢制管法兰（Class 系列）》（选编）

a）公称压力

Class 系列中公称压力用 Class 标示，包括六个等级：Class150，Class300，Class600，Class900，Class1500，Class2500。

法兰的公称压力等级对照表：

Class	PN	Class	PN
Class150	PN20	Class900	PN150
Class300	PN50	Class1500	PN260
Class600	PN110	Class2500	PN420

b）公称尺寸

公称尺寸用 NPS 标示。公称尺寸和钢管外径（mm）：

公称尺寸	DN	15	20	25	40	50	80	100	150
	NPS	1/2	3/4	1	$1^1/_2$	2	3	4	6
钢管外径		21.3	26.9	33.7	48.3	60.3	88.9	114.3	168.3

c）法兰类型

法兰类型包括：带颈平焊法兰（SO）、带颈对焊法兰（WN）、长高颈法兰（LWN）、整体法兰（IF）、承插焊法兰（SW）、螺纹法兰（Th）、对焊环松套法兰（LF/SE）和法兰盖（BL）。

d）法兰密封面

法兰密封面型式包括：突面（RF）、凹面（FM）/凸面（M）、榫面（T）/槽面（G）、全平面（FF）和环连接面（RJ）。

e）尺寸

1）带颈平焊钢制管法兰

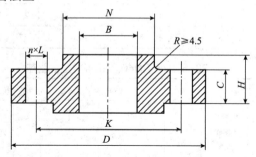

表 23-6-28　Class150（PN20）带颈平焊钢制管法兰　　　　　mm

公称尺寸		钢管外径 A	连接尺寸					法兰厚度 C	法兰内径 B	法兰颈大端 N	法兰高度 H
DN	NPS		法兰外径 D	螺栓孔中心圆直径 K	螺栓孔直径 L	螺栓 Th	螺栓孔数量 n/个				
15	$^1/_2$	21.3	90	60.3	16	M14	4	9.6	22.5	30	14
20	$^3/_4$	26.9	100	69.9	16	M14	4	11.2	27.5	38	14
25	1	33.7	110	79.4	16	M14	4	12.7	34.5	49	16
40	$1^1/_2$	48.3	125	98.4	16	M14	4	15.9	49.5	65	21
50	2	60.3	150	120.7	18	M16	4	17.5	61.5	78	24
80	3	88.9	190	152.4	18	M16	4	22.3	90.5	108	29
100	4	114.3	230	190.5	18	M16	8	22.3	116.0	135	32
150	6	168.3	280	241.3	22	M20	8	23.9	170.5	192	38

表 23-6-29 Class300（PN50）带颈平焊钢制管法兰 　　mm

公称尺寸		钢管外径 A	连接尺寸					法兰厚度 C	法兰内径 B	法兰颈大端 N	法兰高度 H
DN	NPS		法兰外径 D	螺栓孔中心圆直径 K	螺栓孔直径 L	螺栓 Th	螺栓孔数量 n/ 个				
15	1/2	21.3	95	66.7	16	M14	4	12.7	22.5	38	21
20	3/4	26.9	115	82.6	18	M16	4	14.3	27.5	48	24
25	1	33.7	125	88.9	18	M16	4	15.9	34.5	54	25
40	1 1/2	48.3	155	114.3	22	M20	4	19.1	49.5	70	29
50	2	60.3	165	127.0	18	M16	8	20.7	61.5	84	32
80	3	88.9	210	168.3	22	M20	8	27.0	90.5	117	41
100	4	114.3	255	200.0	22	M20	8	30.2	116.0	146	46
150	6	168.3	320	269.9	22	M20	12	35.0	170.5	206	51

表 23-6-30 Class600（PN110）带颈平焊钢制管法兰 　　mm

公称尺寸		钢管外径 A	连接尺寸					法兰厚度 C	法兰内径 B	法兰颈大端 N	法兰高度 H
DN	NPS		法兰外径 D	螺栓孔中心圆直径 K	螺栓孔直径 L	螺栓 Th	螺栓孔数量 n/ 个				
15	1/2	21.3	95	66.7	16	M14	4	14.3	22.5	38	22
20	3/4	26.9	115	82.6	18	M16	4	15.9	27.5	48	25
25	1	33.7	125	88.9	18	M16	4	17.5	34.5	54	27
40	1 1/2	48.3	155	114.3	22	M20	4	22.3	49.5	70	32
50	2	60.3	165	127.0	18	M16	8	25.4	61.5	84	37
80	3	88.9	210	168.3	22	M20	8	31.8	90.5	117	46
100	4	114.3	275	215.9	26	M24	8	38.1	116.0	152	54
150	6	168.3	355	292.1	30	M27	12	47.7	170.5	222	67

表 23-6-31 Class900（PN150）带颈平焊钢制管法兰 　　mm

公称尺寸		钢管外径 A	连接尺寸					法兰厚度 C	法兰内径 B	法兰颈大端 N	法兰高度 H
DN	NPS		法兰外径 D	螺栓孔中心圆直径 K	螺栓孔直径 L	螺栓 Th	螺栓孔数量 n/ 个				
15	1/2	21.3	120	82.6	22	M20	4	22.3	22.5	38	32
20	3/4	26.9	130	88.9	22	M20	4	25.4	27.5	44	35
25	1	33.7	150	101.6	26	M24	4	28.6	34.5	52	41
40	1 1/2	48.3	180	123.8	30	M27	4	31.8	49.5	70	44
50	2	60.3	215	165.1	26	M24	8	38.1	61.5	105	57
80	3	88.9	240	190.5	26	M24	8	38.1	90.5	127	54
100	4	114.3	290	235.0	33	M30	8	44.5	116.0	159	70
150	6	168.3	380	317.5	33	M30	12	55.6	170.5	235	86

表 23-6-32 Class1500（PN260）带颈平焊钢制管法兰

mm

公称尺寸		钢管外径 A	连接尺寸					法兰厚度 C	法兰内径 B	法兰颈大端 N	法兰高度 H
DN	NPS		法兰外径 D	螺栓孔中心圆直径 K	螺栓孔直径 L	螺栓 Th	螺栓孔数量 n/个				
15	$^1/_2$	21.3	120	82.6	22	M20	4	22.3	22.5	38	32
20	$^3/_4$	26.9	130	88.9	22	M20	4	25.4	27.5	44	35
25	1	33.7	150	101.6	26	M24	4	28.6	34.5	52	41
40	$1^1/_2$	48.3	180	123.8	30	M27	4	31.8	49.5	70	44
50	2	60.3	215	165.1	26	M24	8	38.1	61.5	105	57

2）带颈对焊钢制管法兰

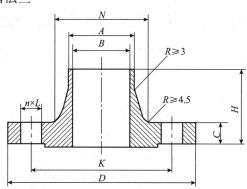

表 23-6-33 Class150（PN20）带颈对焊钢制管法兰

mm

公称尺寸		钢管外径（法兰焊端外径） A	连接尺寸					法兰厚度 C	法兰颈大端 N	法兰内径 B	法兰高度 H
DN	NPS		法兰外径 D	螺栓孔中心圆直径 K	螺栓孔直径 L	螺栓 Th	螺栓孔数量 n/个				
15	$^1/_2$	21.3	90	60.3	16	M14	4	9.6	30	15.5	46
20	$^3/_4$	26.9	100	69.9	16	M14	4	11.2	38	21	51
25	1	33.7	110	79.4	16	M14	4	12.7	49	27	54
40	$1^1/_2$	48.3	125	98.4	16	M14	4	15.9	65	41	60
50	2	60.3	150	120.7	18	M16	4	17.5	78	52	62
80	3	88.9	190	152.4	18	M16	4	22.3	108	77.5	68
100	4	114.3	230	190.5	18	M16	8	22.3	135	101.5	75
150	6	168.3	280	241.3	22	M20	8	23.9	192	154	87

表 23-6-34　Class300（PN50）带颈对焊钢制管法兰　　　　mm

公称尺寸		钢管外径（法兰焊端外径）A	连接尺寸					法兰厚度C	法兰颈大端N	法兰内径B	法兰高度H
DN	NPS		法兰外径D	螺栓孔中心圆直径K	螺栓孔直径L	螺栓Th	螺栓孔数量n/个				
15	$^1/_2$	21.3	95	66.7	16	M14	4	12.7	38	15.5	51
20	$^3/_4$	26.9	115	82.6	18	M16	4	14.3	48	21	56
25	1	33.7	125	88.9	18	M16	4	15.9	54	27	60
40	$1^1/_2$	48.3	155	114.3	22	M20	4	19.1	70	41	67
50	2	60.3	165	127.0	18	M16	8	20.7	84	52	68
80	3	88.9	210	168.3	22	M20	8	27.0	117	77.5	78
100	4	114.3	255	200.0	22	M20	8	30.2	146	101.5	84
150	6	168.3	320	269.9	22	M20	12	35.0	206	154	97

表 23-6-35　Class600（PN110）带颈对焊钢制管法兰　　　　mm

公称尺寸		钢管外径（法兰焊端外径）A	连接尺寸					法兰厚度C	法兰颈大端N	法兰内径B	法兰高度H
DN	NPS		法兰外径D	螺栓孔中心圆直径K	螺栓孔直径L	螺栓Th	螺栓孔数量n/个				
15	$^1/_2$	21.3	95	66.7	16	M14	4	14.3	38	—	52
20	$^3/_4$	26.9	115	82.6	18	M16	4	15.9	48	—	57
25	1	33.7	125	88.9	18	M16	4	17.5	54	—	62
40	$1^1/_2$	48.3	155	114.3	22	M20	4	22.3	70	—	70
50	2	60.3	165	127.0	18	M16	8	25.4	84	—	73
80	3	88.9	210	168.3	22	M20	8	31.8	117	—	83
100	4	114.3	275	215.9	26	M24	8	38.1	152	—	102
150	6	168.3	355	292.1	30	M27	12	47.7	222	—	117
200	8	219.1	420	349.2	33	M30	12	55.6	273	—	133

表 23-6-36　Class900（PN150）带颈对焊钢制管法兰　　　　mm

公称尺寸		钢管外径（法兰焊端外径）A	连接尺寸					法兰厚度C	法兰颈大端N	法兰内径B	法兰高度H
DN	NPS		法兰外径D	螺栓孔中心圆直径K	螺栓孔直径L	螺栓Th	螺栓孔数量n/个				
15	$^1/_2$	21.3	120	82.6	22	M20	4	22.3	38	—	60
20	$^3/_4$	26.9	130	88.9	22	M20	4	25.4	44	—	70
25	1	33.7	150	101.6	26	M24	4	28.6	52	—	73
40	$1^1/_2$	48.3	180	123.8	30	M27	4	31.8	70	—	83
50	2	60.3	215	165.1	26	M24	8	38.1	105	—	102
80	3	88.9	240	190.5	26	M24	8	38.1	127	—	102
100	4	114.3	290	235.0	33	M30	8	44.5	159	—	114
150	6	168.3	380	317.5	33	M30	12	55.6	235	—	140

表 23-6-37　Class1500（PN260）带颈对焊钢制管法兰

mm

公称尺寸		钢管外径（法兰焊端外径）A	连接尺寸					法兰厚度 C	法兰颈大端 N	法兰内径 B	法兰高度 H
DN	NPS		法兰外径 D	螺栓孔中心圆直径 K	螺栓孔直径 L	螺栓 Th	螺栓孔数量 n/个				
15	$^1/_2$	21.3	120	82.6	22	M20	4	22.3	38	—	60
20	$^3/_4$	26.9	130	88.9	22	M20	4	25.4	44	—	70
25	1	33.7	150	101.6	26	M24	4	28.6	52	—	73
40	$1^1/_2$	48.3	180	123.8	30	M27	4	31.8	70	—	83
50	2	60.3	215	165.1	26	M24	8	38.1	105	—	102
80	3	88.9	265	190.5	33	M30	8	47.7	133	—	117
100	4	114.3	310	235.0	36	M33	8	54.0	162	—	124
150	6	168.3	395	317.5	39	M36×3	12	82.6	229	—	171

表 23-6-38　Class2500（PN420）带颈对焊钢制管法兰

mm

公称尺寸		钢管外径（法兰焊端外径）A	连接尺寸					法兰厚度 C	法兰颈大端 N	法兰内径 B	法兰高度 H
DN	NPS		法兰外径 D	螺栓孔中心圆直径 K	螺栓孔直径 L	螺栓 Th	螺栓孔数量 n/个				
15	$^1/_2$	21.3	135	88.9	22	M20	4	30.2	43	—	73
20	$^3/_4$	26.9	140	95.2	22	M20	4	31.8	51	—	79
25	1	33.7	160	108.0	26	M24	4	35.0	57	—	89
40	$1^1/_2$	48.3	205	146.0	33	M30	4	44.5	79	—	111
50	2	60.3	235	171.4	30	M27	8	50.9	95	—	127
80	3	88.9	305	228.6	36	M33	8	66.7	133	—	168
100	4	114.3	355	273.0	42	M39×3	8	76.2	165	—	190
150	6	168.3	485	368.3	55	M52×3	8	108.0	235	—	273

3）承插焊钢制管法兰

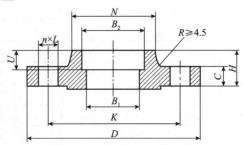

表 23-6-39　Class150（PN20）承插焊钢制管法兰　　　　　　　　　　mm

公称尺寸		钢管外径 A	连接尺寸					法兰厚度 C	法兰内径 B₁	承插孔		法兰颈大端 N	法兰高度 H
DN	NPS		法兰外径 D	螺栓孔中心圆直径 K	螺栓孔直径 L	螺栓 Th	螺栓孔数量 n/个			B₂	U		
15	$\frac{1}{2}$	21.3	90	60.3	16	M14	4	9.6	15.5	22.5	10	30	14
20	$\frac{3}{4}$	26.9	100	69.9	16	M14	4	11.2	21	27.5	11	38	14
25	1	33.7	110	79.4	16	M14	4	12.7	27	34.5	13	49	16
40	$1\frac{1}{2}$	48.3	125	98.4	16	M14	4	15.9	41	49.5	16	65	21
50	2	60.3	150	120.7	18	M16	4	17.5	52	61.5	17	78	24
80	3	88.9	190	152.4	18	M16	4	22.3	77.5	90.5	21	108	29

表 23-6-40　Class300（PN50）承插焊钢制管法兰　　　　　　　　　　mm

公称尺寸		钢管外径 A	连接尺寸					法兰厚度 C	法兰内径 B₁	承插孔		法兰颈大端 N	法兰高度 H
DN	NPS		法兰外径 D	螺栓孔中心圆直径 K	螺栓孔直径 L	螺栓 Th	螺栓孔数量 n/个			B₂	U		
15	$\frac{1}{2}$	21.3	95	66.7	16	M14	4	12.7	15.5	22.5	10	38	21
20	$\frac{3}{4}$	26.9	115	82.6	18	M16	4	14.3	21	27.5	11	48	24
25	1	33.7	125	88.9	18	M16	4	15.9	27	34.5	13	54	25
40	$1\frac{1}{2}$	48.3	155	114.3	22	M20	4	19.1	41	49.5	16	70	29
50	2	60.3	165	127.0	18	M16	8	20.7	52	61.5	17	84	32
80	3	88.9	210	168.3	22	M20	8	27.0	77.5	90.5	21	117	41

表 23-6-41　Class600（PN110）承插焊钢制管法兰　　　　　　　　　　mm

公称尺寸		钢管外径 A	连接尺寸					法兰厚度 C	法兰内径 B₁	承插孔		法兰颈大端 N	法兰高度 H
DN	NPS		法兰外径 D	螺栓孔中心圆直径 K	螺栓孔直径 L	螺栓 Th	螺栓孔数量 n/个			B₂	U		
15	$\frac{1}{2}$	21.3	95	66.7	16	M14	4	14.3	—	22.5	10	38	22
20	$\frac{3}{4}$	26.9	115	82.6	18	M16	4	15.9	—	27.5	11	48	25
25	1	33.7	125	88.9	18	M16	4	17.5	—	34.5	13	54	27
40	$1\frac{1}{2}$	48.3	155	114.3	22	M20	4	22.3	—	49.5	16	70	32
50	2	60.3	165	127.0	18	M16	8	25.4	—	61.5	17	84	37
80	3	88.9	210	168.3	22	M20	8	31.5	—	90.5	21	117	46

表 23-6-42　Class900（PN150）承插焊钢制管法兰　　　mm

公称尺寸		钢管外径 A	连接尺寸					法兰厚度 C	法兰内径 B₁	承插孔		法兰颈大端 N	法兰高度 H
DN	NPS		法兰外径 D	螺栓孔中心圆直径 K	螺栓孔直径 L	螺栓 Th	螺栓孔数量 n/个			B₂	U		
15	1/2	21.3	120	82.6	22	M20	4	22.3	—	22.5	10	38	32
20	3/4	26.9	130	88.9	22	M20	4	25.4	—	27.5	11	44	35
25	1	33.7	150	101.6	26	M24	4	28.6	—	34.5	13	52	41
40	1 1/2	48.3	180	123.8	30	M27	4	31.8	—	49.5	16	70	44
50	2	60.3	215	165.1	26	M24	8	38.1	—	61.5	17	105	57

表 23-6-43　Class1500（PN260）承插焊钢制管法兰　　　mm

公称尺寸		钢管外径 A	连接尺寸					法兰厚度 C	法兰内径 B₁	承插孔		法兰颈大端 N	法兰高度 H
DN	NPS		法兰外径 D	螺栓孔中心圆直径 K	螺栓孔直径 L	螺栓 Th	螺栓孔数量 n/个			B₂	U		
15	1/2	21.3	120	82.6	22	M20	4	22.3	—	22.5	10	38	32
20	3/4	26.9	130	88.9	22	M20	4	25.4	—	27.5	11	44	35
25	1	33.7	150	101.6	26	M24	4	28.6	—	34.5	13	52	41
40	1 1/2	48.3	180	123.8	30	M27	4	31.8	—	49.5	16	70	44
50	2	60.3	215	165.1	26	M24	8	38.1	—	61.5	17	105	57

4）螺纹钢制管法兰

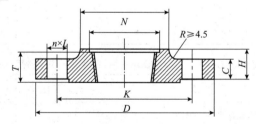

表 23-6-44　Class150（PN20）螺纹钢制管法兰　　　mm

公称尺寸		钢管外径 A	连接尺寸					法兰厚度 C	法兰颈大端 N	法兰高度 H	管螺纹规格 R_C 或 NPT（英寸）
DN	NPS		法兰外径 D	螺栓孔中心圆直径 K	螺栓孔直径 L	螺栓 Th	螺栓孔数量 n/个				
15	1/2	21.3	90	60.3	16	M14	4	9.6	30	14	1/2
20	3/4	26.9	100	69.9	16	M14	4	11.2	38	14	3/4
25	1	33.7	110	79.4	16	M14	4	12.7	49	16	1
40	1 1/2	48.3	125	98.4	16	M14	4	15.9	65	21	1 1/2
50	2	60.3	150	120.7	18	M16	4	17.5	78	24	2

表 23-6-45　Class300（PN50）螺纹钢制管法兰　　　mm

公称尺寸		钢管外径 A	连接尺寸					法兰厚度 C	法兰颈大端 N	法兰高度 H	最小螺纹长度 T	螺纹定位孔直径 V	管螺纹规格 R_c 或 NPT（英寸）
DN	NPS		法兰外径 D	螺栓孔中心圆直径 K	螺栓孔直径 L	螺栓 Th	螺栓孔数量 n/个						
15	$1/2$	21.3	95	66.7	16	M14	4	12.7	38	21	16	23.6	$1/2$
20	$3/4$	26.9	115	82.6	18	M16	4	14.3	48	24	16	29.0	$3/4$
25	1	33.7	125	88.9	18	M16	4	15.9	54	25	18	35.8	1
40	$1^1/2$	48.3	155	114.3	22	M20	4	19.1	70	29	23	50.3	$1^1/2$
50	2	60.3	165	127.0	18	M16	8	20.7	84	32	29	63.5	2

5）钢制管法兰盖

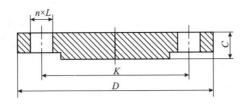

表 23-6-46　Class150（PN20）钢制管法兰盖　　　mm

公称尺寸		连接尺寸					法兰盖厚度 C
DN	NPS	法兰外径 D	螺栓孔中心圆直径 K	螺栓孔直径 L	螺栓 Th	螺栓孔数量 n/个	
15	$1/2$	90	60.3	16	M14	4	9.6
20	$3/4$	100	69.9	16	M14	4	11.2
25	1	110	79.4	16	M14	4	12.7
40	$1^1/2$	125	98.4	16	M14	4	15.9
50	2	150	120.7	18	M16	4	17.5
80	3	190	152.4	18	M16	4	22.3
100	4	230	190.5	18	M16	8	22.3
150	6	280	241.3	22	M20	8	23.9

表 23-6-47　Class300（PN50）钢制管法兰盖　　　mm

公称尺寸		连接尺寸					法兰盖厚度 C
DN	NPS	法兰外径 D	螺栓孔中心圆直径 K	螺栓孔直径 L	螺栓 Th	螺栓孔数量 n/个	
15	$1/2$	95	66.7	16	M14	4	12.7
20	$3/4$	115	82.6	18	M16	4	14.3
25	1	125	88.9	18	M16	4	15.9
40	$1^1/2$	155	114.3	22	M20	4	19.1
50	2	165	127.0	18	M16	8	20.7
80	3	210	168.3	22	M20	8	27.0
100	4	255	200.0	22	M20	8	30.2
150	6	320	269.9	22	M20	12	35.0

表 23-6-48　Class600（PN110）钢制管法兰盖　　mm

公称尺寸		连接尺寸					法兰盖厚度 C
DN	NPS	法兰外径 D	螺栓孔中心圆直径 K	螺栓孔直径 L	螺栓 Th	螺栓孔数量 n/个	
15	$^1/_2$	95	66.7	16	M14	4	14.3
20	$^3/_4$	115	82.6	18	M16	4	15.9
25	1	125	88.9	18	M16	4	17.5
40	$1^1/_2$	155	114.3	22	M20	4	22.3
50	2	165	127.0	18	M16	8	25.4
80	3	210	168.3	22	M20	8	31.8
100	4	275	215.9	26	M24	8	38.1
150	6	355	292.1	30	M27	12	47.7

表 23-6-49　Class900（PN150）钢制管法兰盖　　mm

公称尺寸		连接尺寸					法兰盖厚度 C
DN	NPS	法兰外径 D	螺栓孔中心圆直径 K	螺栓孔直径 L	螺栓 Th	螺栓孔数量 n/个	
15	$^1/_2$	120	82.6	22	M20	4	22.3
20	$^3/_4$	130	88.9	22	M20	4	25.4
25	1	150	101.6	26	M24	4	28.6
40	$1^1/_2$	180	123.8	30	M27	4	31.8
50	2	215	165.1	26	M24	8	38.1
80	3	340	190.5	26	M24	8	38.1
100	4	290	235.0	33	M30	8	44.5
150	6	380	317.5	33	M30	12	55.6

表 23-6-50　Class1500（PN260）钢制管法兰盖　　mm

公称尺寸		连接尺寸					法兰盖厚度 C
DN	NPS	法兰外径 D	螺栓孔中心圆直径 K	螺栓孔直径 L	螺栓 Th	螺栓孔数量 n/个	
15	$^1/_2$	120	82.6	22	M20	4	22.3
20	$^3/_4$	130	88.9	22	M20	4	25.4
25	1	150	101.6	26	M24	4	28.6
40	$1^1/_2$	180	123.8	30	M27	4	31.8
50	2	215	165.1	26	M24	8	38.1
80	3	265	203.2	33	M30	8	47.7
100	4	310	241.3	36	M33	8	54.0
150	6	395	317.5	39	M36×3	12	82.6

表 23-6-51　Class2500（PN420）钢制管法兰盖　　　　　mm

公称尺寸		连接尺寸					法兰盖厚度 C
DN	NPS	法兰外径 D	螺栓孔中心圆直径 K	螺栓孔直径 L	螺栓 Th	螺栓孔数量 n/个	
15	$^1/_2$	135	88.9	22	M20	4	30.2
20	$^3/_4$	140	95.2	22	M20	4	31.8
25	1	160	108.0	26	M24	4	35.0
40	$1^1/_2$	205	146.0	33	M30	4	44.5
50	2	235	171.4	30	M27	8	50.9
80	3	305	228.6	36	M33	8	66.7
100	4	355	273.0	42	M39×3	8	76.2
150	6	485	368.3	55	M52×3	8	108.0

23.6.2　SH/T 3406—2013《石油化工钢制管法兰》（选编）

a）公称压力

公称压力用 PN 表示，分为八个等级：PN11，PN20，PN50，PN68，PN110，PN150、PN260 和 PN420。

公称压力 PN 与 Class 等级对照表：

公称压力 PN	公称压力 Class	公称压力 PN	公称压力 Class
11	75	110	600
20	150	150	900
50	300	260	1500
68	400	420	2500

b）公称直径 DN

公称压力等级对应的公称直径范围：

公称直径 DN	公称压力							
	PN11	PN20	PN50	PN68	PN110	PN150	PN260	PN420
15~300	—	○	○	○	○	○	○	○

注：○表示此公称压力等级对应的公称直径范围

c）法兰类型

法兰类型包括：对焊法兰（WN）、平焊法兰（SO）、承插焊法兰（SW）松套法兰（LJ）、螺纹法兰（PT）和法兰盖（BL）。

d）法兰密封面

法兰密封面类型包括：突面（RF）、全平面（FF）、凹凸面（FM（凹面为 LF，凸面为 LM））、榫槽面（TG（槽面为 GF，榫面为 TF））和环槽面（RJ）。

e）法兰尺寸

公称直径小于或等于 DN600 的结构形式和尺寸。

1）PN20（Class150）法兰结构形式、尺寸

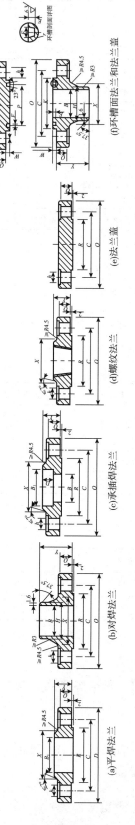

(a)平焊法兰　(b)对焊法兰　(c)承插焊法兰　(d)螺纹法兰　(e)法兰盖　(f)环槽面法兰和法兰盖

公称直径 DN	法兰外径 O/mm	管子插入孔 B1/mm	法兰内径 B[a]/mm	法兰颈部尺寸 X/mm	法兰颈部尺寸 H	密封面外径 R/mm	法兰厚度 Q/mm	法兰高度 Y/mm 对焊型	法兰高度 Y/mm 其余	承插深度 D1/mm	螺栓、螺柱 中心圆直径 C/mm	孔径 h/mm	螺纹	孔数 个	金属环垫号	环槽面尺寸/mm P	E、W	F	r	K	两法兰近似尺寸 S/mm	对焊法兰/kg	平焊法兰/kg	承插焊法兰/kg	法兰盖/kg
15	90	22.2	15.8	30	21.3	34.9	9.6	46	14	10	60.3	16	M14	4	—	—	—	—	—	—	—	0.9	0.4	0.5	0.9
20	100	27.7	20.9	38	26.7	42.9	11.2	51	14	11	69.9	16	M14	4	—	—	—	—	—	—	—	0.9	0.6	0.6	0.9
25	110	34.5	26.5	49	33.4	50.8	12.7	54	16	13	79.4	16	M14	4	E15	47.63	6.35	8.74	0.8	63.5	4.0	1.1	0.9	0.8	0.9
40	125	49.5	40.3	65	48.3	73.0	15.9	60	21	16	98.4	16	M14	4	R19	60.07	6.35	8.74	0.8	82.5	4.0	0.9	1.4	1.4	1.8
50	150	61.9	52.5	78	60.3	92.1	17.5	62	24	17	120.7	18	M16	4	R22	82.55	6.35	8.74	0.8	102.0	4.0	2.8	2.1	2.3	2.3
80	190	90.7	77.9	108	88.9	127.0	22.3	68	29	21	152.4	18	M16	4	R29	114.30	6.35	8.74	0.8	133.0	4.0	5.2	4.0	3.9	4.1
100	230	116.1	102.3	135	114.3	157.2	22.3	75	32	—	190.5	18	M16	8	R36	149.23	6.35	8.74	0.8	171.0	4.0	7.5	5.5	—	7.7
150	280	170.7	154.1	192	168.3	215.9	23.9	87	38	—	241.3	22	M20	8	R43	193.68	6.35	8.74	0.8	219.0	4.0	12.1	7.9	—	12.3

a 法兰内径应根据相连接钢管的壁厚确定，表中所列的法兰内径 B 是根据相连接钢管壁厚为 SCH40 时计算的内径。

2）PN50（Class300）法兰结构形式、尺寸

(a)平焊法兰　(b)对焊法兰　(c)承插焊法兰　(d)螺纹法兰　(e)法兰盖　(f)环槽面法兰和法兰盖

公称直径 DN	法兰外径 O/ mm	管子插入孔 B_1/ mm	法兰内径 B^a/ mm	法兰颈部尺寸/mm		密封面外径 R/ mm	法兰厚度 Q/ mm	法兰高度 Y/mm		承插深度 D/ mm	螺栓、螺柱				金属环垫号	环号及环槽面尺寸/mm					两法兰近似尺寸 S/ mm	法兰近似质量/kg			
				X	H			对焊型	其余		中心圆直径 C/ mm	孔径 h/ mm	螺纹	孔数 个		P	E、W	F	r	K		对焊法兰	平焊法兰	承插焊法兰	法兰盖
15	95	22.2	15.8	38	21.3	34.9	12.7	51	21	10	66.7	16	M14	4	R11	34.14	5.54	7.14	0.8	51.0	3.0	0.9	0.7	1.4	0.9
20	115	27.7	20.9	48	26.7	42.9	14.3	56	24	11	82.6	18	M16	4	R13	42.88	6.35	8.74	0.8	63.5	4.0	1.4	1.1	1.4	1.4
25	125	34.5	26.6	54	33.4	50.8	15.9	60	25	13	88.9	18	M16	4	R16	50.80	6.35	8.74	0.8	70.0	4.0	1.8	1.4	1.4	1.8
40	155	49.5	40.9	70	48.3	73.0	19.1	67	29	16	114.3	22	M20	4	R20	68.27	6.35	8.74	0.8	90.5	4.0	3.2	3.0	2.7	3.2
50	165	61.9	52.5	84	60.3	92.1	20.9	68	32	17	127.0	18	M16	8	R23	82.55	7.92	11.91	0.8	108.0	6.0	3.6	3.18	3.2	3.6
80	210	90.7	77.9	117	88.9	127.0	27.0	78	41	21	168.3	22	M20	8	R31	123.83	7.92	11.91	0.8	146.0	6.0	8.2	5.9	5.9	7.3
100	255	116.1	102.3	146	114.3	157.2	30.2	84	46	—	200.0	22	M20	8	R37	149.23	7.92	11.91	0.8	175.0	6.0	12.1	10.7	—	12.7
150	320	170.7	154.1	206	168.3	215.9	35.0	97	51	—	269.9	22	M20	12	R45	211.12	7.92	11.91	0.8	241.0	6.0	20.8	16.3	—	22.7

a 法兰内径应根据相连接钢管的壁厚确定，表中所列的法兰内径 B 是根据相连接钢管壁厚为 SCH40 时计算的内径。

1411

3）PN68（Class400）法兰结构形式、尺寸

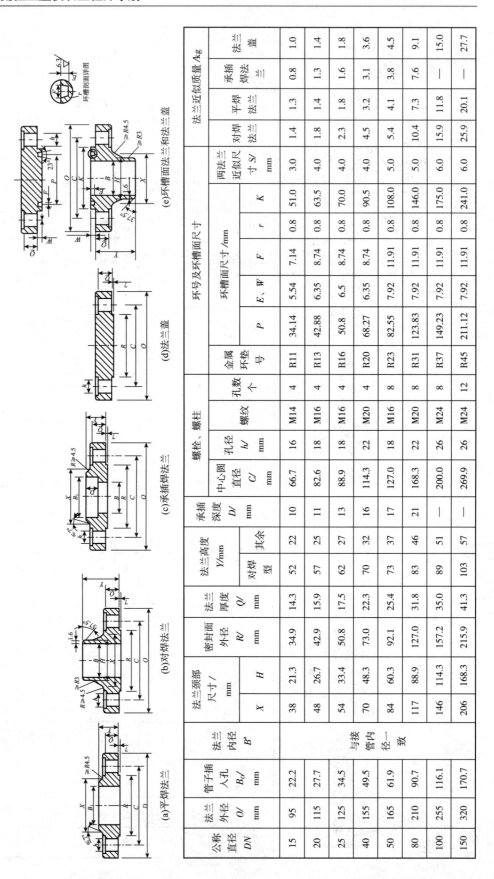

(a)平焊法兰　(b)对焊法兰　(c)承插焊法兰　(d)法兰盖　(e)环槽面法兰和法兰盖

公称直径 DN	法兰外径 O/mm	管子插入孔 B₁/mm	法兰内径 B"	法兰颈部尺寸 /mm X	法兰颈部尺寸 /mm H	密封面外径 R/mm	法兰厚度 Q/mm	法兰高度 Y/mm 对焊型	法兰高度 Y/mm 其余	承插深度 D/mm	螺栓、螺柱 中心圆直径 C/mm	螺栓、螺柱 孔径 h/mm	螺栓、螺柱 螺纹	螺栓、螺柱 孔数 个	金属环垫号	环号及环槽面尺寸/mm P	环槽面尺寸 E、W	环槽面尺寸 F	环槽面尺寸 r	环槽面尺寸 K	两法兰近似尺寸 S/mm	法兰近似质量/kg 对焊法兰	平焊法兰	承插焊法兰	法兰盖
15	95	22.2	与接管内径一致	38	21.3	34.9	14.3	52	22	10	66.7	16	M14	4	R11	34.14	5.54	7.14	0.8	51.0	3.0	1.4	1.3	0.8	1.0
20	115	27.7		48	26.7	42.9	15.9	57	25	11	82.6	18	M16	4	R13	42.88	6.35	8.74	0.8	63.5	4.0	1.8	1.4	1.3	1.4
25	125	34.5		54	33.4	50.8	17.5	62	27	13	88.9	18	M16	4	R16	50.8	6.5	8.74	0.8	70.0	4.0	2.3	1.8	1.6	1.8
40	155	49.5		70	48.3	73.0	22.3	70	32	16	114.3	22	M20	4	R20	68.27	6.35	8.74	0.8	90.5	4.0	4.5	3.2	3.1	3.6
50	165	61.9		84	60.3	92.1	25.4	73	37	17	127.0	18	M16	8	R23	82.55	7.92	11.91	0.8	108.0	5.0	5.4	4.1	3.8	4.5
80	210	90.7		117	88.9	127.0	31.8	83	46	21	168.3	22	M20	8	R31	123.83	7.92	11.91	0.8	146.0	5.0	10.4	7.3	7.6	9.1
100	255	116.1		146	114.3	157.2	35.0	89	51	—	200.0	26	M24	8	R37	149.23	7.92	11.91	0.8	175.0	6.0	15.9	11.8	—	15.0
150	320	170.7		206	168.3	215.9	41.3	103	57	—	269.9	26	M24	12	R45	211.12	7.92	11.91	0.8	241.0	6.0	25.9	20.1	—	27.7

4）PN110（Class600）法兰结构形式、尺寸

(a)平焊法兰　(b)对焊法兰　(c)承插焊法兰　(d)法兰盖　(e)环槽面法兰和法兰盖

环槽剖面详图

公称直径 DN	法兰外径 O/ mm	管子插入孔 Bo/ mm	法兰内径 B	法兰颈部尺寸/mm X	法兰颈部尺寸/mm H	密封面外径 R/ mm	法兰厚度 Q/ mm	法兰高度 Y/mm 对焊型	法兰高度 Y/mm 其余	承插深度 D/ mm	螺栓、螺柱 中心圆直径 C/ mm	螺栓、螺柱 孔径 h/ mm	螺栓、螺柱 螺纹	螺栓、螺柱 孔数 个	金属环垫号	环号及环槽面尺寸/mm P	环号及环槽面尺寸/mm E、W	环号及环槽面尺寸/mm F	环号及环槽面尺寸/mm r	环号及环槽面尺寸/mm K	两法兰近似尺寸 S/ mm	法兰近似质量/kg 对焊法兰	法兰近似质量/kg 平焊法兰	法兰近似质量/kg 承插焊法兰	法兰近似质量/kg 法兰盖
15	95	22.2	与接管内径一致	38	21.3	34.9	14.3	52	22	10	66.7	16	M14	4	R11	34.14	5.54	7.14	0.8	51.0	3.0	1.4	1.3	1.3	1.0
20	115	27.7		48	26.7	42.9	15.9	57	25	11	82.6	18	M16	4	R13	42.88	6.35	8.74	0.8	63.5	4.0	1.8	1.4	1.4	1.4
25	125	34.5		54	33.4	50.8	17.5	62	27	13	88.9	18	M16	4	R16	50.80	6.35	8.74	0.8	70.0	4.0	2.3	1.8	1.8	1.8
40	155	49.5		70	48.3	73.0	22.3	70	32	16	114.3	22	M20	4	R20	68.27	6.35	8.74	0.8	90.5	4.0	4.5	3.2	3.2	3.6
50	165	61.9		84	60.3	92.1	25.4	73	37	17	127.0	18	M16	8	R23	82.55	7.92	11.91	0.8	108.0	4.0	5.4	4.1	4.1	4.5
80	210	90.7		117	88.9	127.0	31.8	83	46	21	168.3	22	M20	8	R31	123.83	7.92	11.91	0.8	146.0	5.0	10.4	7.3	7.3	9.1
100	275	116.1		152	114.3	157.2	38.1	102	54	—	215.9	26	M24	8	R37	149.23	7.92	11.91	0.8	175.0	5.0	19.1	16.8	—	18.6
150	355	170.7		222	168.3	215.9	47.7	117	67	—	292.1	30	M27	12	R45	211.12	7.92	11.91	0.8	241.0	5.0	37.0	36.0	—	39.0

5) PN150（Class900）法兰结构形式、尺寸

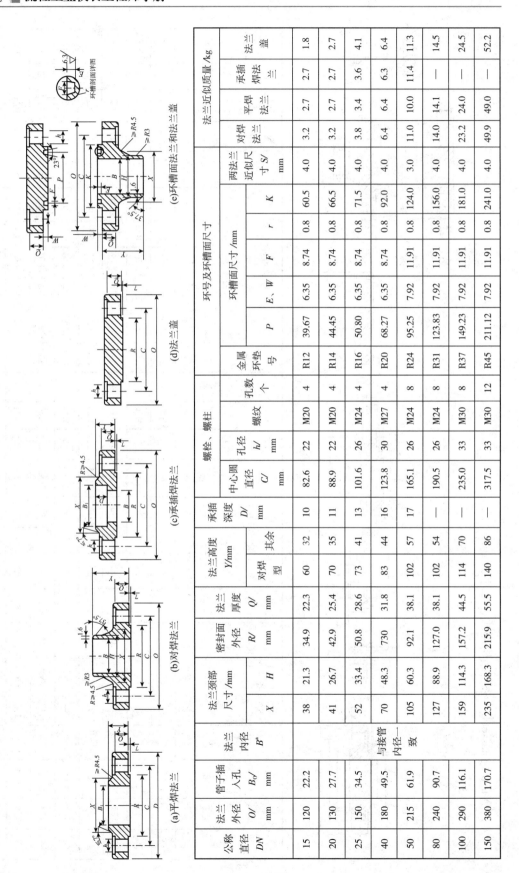

（a）平焊法兰　（b）对焊法兰　（c）承插焊法兰　（d）法兰盖　（e）环槽面法兰和法兰盖

公称直径 DN	法兰外径 O/mm	管子插入孔 Bo/mm	法兰内径 B″	法兰颈部尺寸 X/mm	法兰颈部尺寸 H/mm	密封面外径 R/mm	法兰厚度 Q/mm	法兰高度 Y/mm 对焊型	法兰高度 Y/mm 其余	承插深度 D/mm	中心圆直径 C/mm	孔径 h/mm	螺纹	孔数 个	金属环垫号	P	E、W	F	r	K	两法兰近似尺寸 S/mm	对焊法兰	平焊法兰	承插焊法兰	法兰盖
15	120	22.2	与接管内径一致	38	21.3	34.9	22.3	60	32	10	82.6	22	M20	4	R12	39.67	6.35	8.74	0.8	60.5	4.0	3.2	2.7	2.7	1.8
20	130	27.7		41	26.7	42.9	25.4	70	35	11	88.9	22	M20	4	R14	44.45	6.35	8.74	0.8	66.5	4.0	3.2	2.7	2.7	2.7
25	150	34.5		52	33.4	50.8	28.6	73	41	13	101.6	26	M24	4	R16	50.80	6.35	8.74	0.8	71.5	4.0	3.8	3.4	3.6	4.1
40	180	49.5		70	48.3	730	31.8	83	44	16	123.8	30	M27	4	R20	68.27	6.35	8.74	0.8	92.0	4.0	6.4	6.4	6.3	6.4
50	215	61.9		105	60.3	92.1	38.1	102	57	17	165.1	26	M24	8	R24	95.25	7.92	11.91	0.8	124.0	3.0	11.0	10.0	11.4	11.3
80	240	90.7		127	88.9	127.0	38.1	102	54	—	190.5	26	M24	8	R31	123.83	7.92	11.91	0.8	156.0	4.0	14.0	14.1	—	14.5
100	290	116.1		159	114.3	157.2	44.5	114	70	—	235.0	33	M30	8	R37	149.23	7.92	11.91	0.8	181.0	4.0	23.2	24.0	—	24.5
150	380	170.7		235	168.3	215.9	55.5	140	86	—	317.5	33	M30	12	R45	211.12	7.92	11.91	0.8	241.0	4.0	49.9	49.0	—	52.2

6）PN260（Class1500）法兰结构形式、尺寸

（a）平焊法兰

（b）对焊法兰

（c）承插焊法兰

（d）法兰盖

（e）环槽面法兰和法兰盖

环槽剖面详图

公称直径 DN/mm	法兰外径 O/mm	管子插入孔 B₁/mm	法兰内径 B/mm	法兰颈部尺寸 X/mm	法兰颈部尺寸 H/mm	密封面外径 R/mm	法兰厚度 Q/mm	法兰高度 Y/mm 对焊型	法兰高度 Y/mm 其余	承插深度 D/mm	螺栓、螺柱 中心圆直径 C/mm	孔径 h/mm	螺纹	孔数 个	金属环垫号	P	E、W	F	r	K	两法兰近似尺寸 S/mm	对焊法兰 kg	平焊法兰 kg	承插焊法兰 kg	法兰盖 kg
15	120	22.2	与接管内径一致	38	21.3	34.9	22.3	60	32	10	82.6	22	M20	4	R12	39.67	6.35	8.74	0.8	60.5	4.0	3.1	2.7	2.7	1.8
20	130	27.7		44	26.7	42.9	25.4	70	35	11	88.9	22	M20	4	R14	44.45	6.35	8.74	0.8	66.5	4.0	3.1	2.7	2.7	2.7
25	150	34.5		52	33.4	50.8	28.6	70	41	13	101.6	26	M24	4	R16	50.80	6.35	8.74	0.8	71.5	4.0	3.8	3.4	3.6	4.1
40	180	49.5		70	48.3	73.0	31.8	73	44	16	123.8	30	M27	4	R20	68.27	6.35	8.74	0.8	92.0	4.0	6.4	6.4	6.36	6.3
50	215	61.9		105	60.3	92.1	38.1	83	57	17	165.1	26	M24	8	R24	95.25	7.92	11.91	0.8	124.0	3.0	11.0	10.0	11.4	11.3
80	265	90.7		133	88.9	127.0	47.7	102	—	—	203.2	33	M30	8	R35	136.53	7.92	11.91	0.8	168.0	3.0	21.8	—	—	21.8
100	310	116.1		162	114.3	157.2	54.0	117	—	—	241.3	36	M33	8	R39	161.93	7.92	11.91	0.8	194.0	3.0	31.3	—	—	33.1
150	395	170.7		229	168.3	215.9	82.6	124	—	—	317.5	39	M36	12	R46	211.14	9.53	13.49	1.5	248.0	3.0	74.5	—	—	72.6

环号及环槽面尺寸/mm

7）PN420（Class2500）法兰结构形式、尺寸

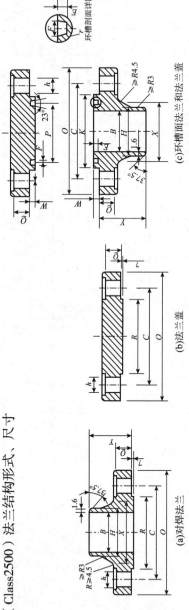

（a）对焊法兰
（b）法兰盖
（c）环槽面法兰和法兰盖
环槽剖面详图

公称直径 DN	法兰外径 O/ mm	管子插入孔径 B₀/ mm	法兰内径 B mm	法兰颈部尺寸 /mm X	H	密封面外径 R/ mm	法兰厚度 Q/ mm	法兰高度 Y/mm 对焊型	其余	承插深度 D/ mm	中心圆直径 C/ mm	孔径 h/ mm	螺纹	孔数 个	金属环垫 环号	P	E、W	F	r	K	两法兰近似尺寸 S/ mm	对焊法兰	平焊法兰	承插焊法兰	法兰盖
15	135	—	与接管内径一致	43	21.3	34.9	30.2	73	—	—	88.9	22	M20	4	R13	42.88	6.35	8.74	0.8	65.0	4.0	3.6	—	—	3.2
20	140	—		51	26.7	42.9	31.8	79	—	—	95.2	22	M20	4	R16	50.80	6.35	8.74	0.8	73.0	4.0	4.1	—	—	4.5
25	160	—		57	33.4	50.8	35.0	89	—	—	108.0	26	M24	4	R18	60.33	6.35	8.74	0.8	82.5	4.0	5.9	—	—	5.4
40	205	—		79	48.3	73.0	44.5	111	—	—	145.0	33	M30	4	R23	82.55	7.92	11.91	0.8	114.0	3.0	12.7	—	—	11.3
50	235	—		95	60.3	92.1	50.9	127	—	—	171.4	30	M27	8	R26	101.60	7.92	11.91	0.8	133.0	3.0	19.1	—	—	17.7
80	306	—		133	88.9	127.0	66.7	168	—	—	228.6	36	M33	8	R32	127.00	9.53	13.49	1.5	168.0	3.0	43.0	—	—	39.0
100	355	—		165	114.3	157.2	76.2	190	—	—	273.0	42	M39	8	R38	157.18	11.13	16.66	1.6	203.0	4.0	66.0	—	—	60.0
125	420	—		203	141.3	185.7	92.1	229	—	—	323.8	48	M45	8	R42	190.50	12.7	19.84	1.5	241.0	4.0	141.0	—	—	101.0
150	485	—		235	168.3	215.9	108.0	273	—	—	368.3	55	M52	8	R47	228.60	12.7	19.84	1.5	279.0	4.0	172.0	—	—	157.0

23.7　法兰材料种类（HG/T 20615—2009）

钢制管法兰用材料的化学成分、力学性能表

类别号	类别	钢板		锻件		铸件	
		材料编号	标准编号	材料编号	标准编号	材料编号	标准编号
1.0	碳素钢	Q235A，Q235B 20 Q245R	GB/T 3274 (GB/T 700) GB/T 711 GB 713	20	JB 4726	WCA	GB/T12229
1.1	碳素钢			A105 16Mn 16MnD	GB/T 12228 JB 4726 JB 4727	WCB	GB/T 12229
1.2	碳素钢	Q345R	GB713	—	—	WCC LC3、LCC	GB 12229 JB/T 7248
1.3	碳素钢	16MnDR	GB3531	08Ni3D 25	JB 4727 GB/T 12228	LCB	JB/T 7248
1.4	碳素钢	09MnNiDR	GB3531	09MnNiD	JB 4726		
1.9	铬钼钢(1.25Cr–0.5Mo)	14Cr1MoR	GB713	14Cr1Mo	JB 4726	WC5	JB/T 5263
1.10	铬钼钢(2.25Cr–1Mo)	12 Cr2Mo1R	GB713	12Cr2Mo1	JB 4726	WC9	JB/T 5263
1.13	铬钼钢(5Cr–0.5Mo)	—	—	1Cr5Mo	JB 4726	ZG16Cr5MoG	GB/T 16253
1.15	铬钼铬钢(9Cr–1Mo–V)	—	—	—	—	C12A	JB/T 5263
1.17	铬钼钢(1Cr–0.5Mo)	15 CrMoR	GB713	15CrMo	JB 4726		
2.1	304	0Cr18Ni9	GB/T4237	0Cr18Ni9	JB 4726	CF3 CF8	GB/T 12230 GB/T 12230
2.2	316	0Cr17Ni12Mo2	GB/T4237	0Cr17Ni12Mo2	JB4726	CF3M CF8M	GB/T 12230 GB/T 12230
2.3	304L 316L	00Cr19Ni10 00Cr17Ni14Mo2	GB/T4237	00Cr19Ni10 00Cr17Ni14Mo2	JB 4726	—	
2.4	321	0Cr18Ni10Ti	GB/T4237	0Cr18Ni10Ti	JB 4726	—	
2.5	347	0Cr18Ni11Nb	GB/T4237	—		—	
2.11	CF8X	—	—			CF8C	GB/T 12230

注：1. 管法兰材料一般应采用锻件成铸件，带颈法兰不得用钢板制造，钢板仅可用于法兰盖。

2. 表列铸件仅适用于整体法兰。

3. 管法兰用对焊环可采用锻件或钢管制造（包括焊接）。

23.8 压力－温度额定值（HG/T 20615—2009）

a）材料组别为 1.0 的钢制管法兰用材料最大允许工作压力（表压）

工作温度（℃）	最大允许工作压力（bar）			工作湿度（℃）	最大允许工作压力（bar）		
	Class150（PN20）	Class300（PN50）	Class500（PN110）		Class150（PN20）	Class300（PN50）	Class500（PN110）
≤ 38	16.0	41.8	83.6	250	12.1	35	69.9
50	15.4	40.1	80.3	300	10.2	33.1	66.2
100	14.8	38.7	77.4	350	8.4	31.2	62.5
150	14.4	37.6	75.3	400	6.5	29.4	58.7
200	13.8	36.4	72.8	450	4.6	21.5	43

b）材料组别为 1.1 的钢制管法兰用材料最大允许工作压力（表压）

工作温度（℃）	最大允许工作压力（bar）					
	Class150（PN20）	Class300（PN50）	Class500（PN110）	Class900（PN150）	Class1500（PN260）	Class2500（PN420）
≤ 38	19.6	51.1	102.1	153.2	255.3	425.5
50	19.2	50.1	100.2	150.4	250.6	417.7
100	17.7	46.6	93.2	139.8	233.0	388.3
150	15.8	45.1	90.2	135.2	225.4	375.6
200	13.8	43.8	87.6	131.4	219.0	365.0
250	12.1	41.9	83.9	125.8	209.7	349.5
300	10.2	39.8	79.6	119.5	199.1	331.8
350	8.4	37.6	75.1	112.7	187.8	313.0
400	6.5	34.7	69.4	100.2	173.6	289.3
450	4.6	23.0	46.0	69.0	115.0	191.7
500	2.8	11.8	23.5	35.3	58.8	97.9

c）材料组别为 1.2 的钢制管法兰用材料最大允许工作压力（表压）

工作温度（℃）	最大允许工作压力（bar）					
	Class150（PN20）	Class300（PN50）	Class500（PN110）	Class900（PN150）	Class1500（PN260）	Class2500（PN420）
≤ 38	19.8	51.7	103.4	155.1	258.6	430.9
50	19.5	51.7	103.4	155.1	258.6	430.9
100	17.7	51.5	103.0	154.6	257.6	429.4
150	15.8	50.2	100.3	150.5	250.8	418.1
200	13.8	48.6	97.2	145.8	243.2	405.4
250	12.1	46.3	92.7	139.0	231.8	386.2

续表

工作温度 （℃）	最大允许工作压力（bar）					
	Class150 （PN20）	Class300 （PN50）	Class500 （PN110）	Class900 （PN150）	Class1500 （PN260）	Class2500 （PN420）
300	10.2	42.9	85.7	128.6	214.4	357.1
350	8.4	40.0	80.0	120.1	200.1	333.5
400	6.5	34.7	69.4	104.2	173.6	289.3
450	4.6	23.0	46.0	69.0	115.0	191.7
500	2.8	11.6	23.2	34.7	57.9	96.5

d）材料组别为 1.3 的钢制管法兰用材料最大允许工作压力（表压）

工作温度 （℃）	最大允许工作压力（bar）					
	Class150 （PN20）	Class300 （PN50）	Class500 （PN110）	Class900 （PN150）	Class1500 （PN260）	Class2500 （PN420）
≤ 38	18.4	48.0	96.0	144.1	240.1	400.1
50	18.2	47.5	94.9	142.4	237.3	395.6
100	17.4	45.3	90.7	135.0	226.7	377.8
150	15.8	43.9	87.9	131.8	219.7	366.1
200	13.8	42.5	85.1	127.6	212.7	354.4
250	12.1	40.8	81.6	122.3	203.9	339.8
300	10.2	38.7	77.4	116.1	193.4	322.4
350	8.4	36.4	72.8	109.2	182.0	303.3
400	6.5	32.6	65.2	97.9	163.1	271.9
450	4.6	21.6	43.2	64.8	107.9	179.9
500	2.8	11.1	72.1	33.2	55.4	92.3

e）材料组别为 1.4 的钢制管法兰用材料最大允许工作压力（表压）

工作温度 （℃）	最大允许工作压力（bar）					
	Class150 （PN20）	Class300 （PN50）	Class500 （PN110）	Class900 （PN150）	Class1500 （PN260）	Class2500 （PN420）
≤ 38	16.3	42.6	85.1	127.7	212.8	354.6
50	16.0	41.8	83.5	125.3	208.9	348.1
100	14.9	38.8	77.7	116.5	194.2	323.6
150	14.4	37.6	75.1	112.7	187.8	313.0
200	13.8	36.4	72.8	109.2	182.1	303.4
250	12.1	34.9	69.8	104.7	174.6	291.0
300	10.2	33.2	66.4	99.5	165.9	276.5
350	8.4	31.2	62.5	93.7	156.2	260.4
400	6.5	29.3	58.7	88.0	146.7	244.5
450	4.6	21.4	42.7	64.1	106.8	178.0
500	2.8	10.3	20.6	30.9	51.5	85.9

f）材料组别为 1.9 的钢制管法兰用材料最大允许工作压力（表压）

工作温度（℃）	最大允许工作压力（bar）					
	Class150（PN20）	Class300（PN50）	Class500（PN110）	Class900（PN150）	Class1500（PN260）	Class2500（PN420）
≤ 38	19.8	51.7	103.4	155.1	258.6	430.9
50	19.5	51.7	103.4	155.1	258.6	430.9
100	17.7	51.5	103.0	154.4	257.4	429.0
150	15.8	49.7	99.5	149.2	248.7	414.5
200	13.8	48.0	95.9	143.9	239.8	399.6
250	12.1	46.3	92.7	139.0	231.8	386.2
300	10.2	42.9	86.7	128.5	214.4	357.1
350	8.4	40.3	80.4	120.7	201.1	335.3
400	6.5	36.5	73.3	109.8	183.1	304.9
450	4.6	33.7	67.7	101.4	169.0	281.8
500	2.8	25.7	51.5	77.2	128.6	214.4

g）材料组别为 1.10 的钢制管法兰用材料最大允许工作压力（表压）

工作温度（℃）	最大允许工作压力（bar）					
	Class150（PN20）	Class300（PN50）	Class500（PN110）	Class900（PN150）	Class1500（PN260）	Class2500（PN420）
≤ 38	19.8	51.7	103.4	155.1	258.6	430.9
50	19.5	51.7	103.4	155.1	258.6	430.9
100	17.7	51.5	103.0	154.6	257.6	429.4
150	15.8	50.3	100.3	150.6	250.8	418.2
200	13.8	48.6	97.2	145.8	243.4	405.4
250	12.1	46.3	92.7	139.0	231.8	386.2
300	10.2	42.9	85.7	128.6	214.4	357.1
350	8.4	40.3	80.4	120.7	201.1	335.3
400	6.5	36.5	73.3	109.8	183.1	304.9
450	4.6	33.7	67.7	101.4	169.0	281.8
500	2.8	28.2	56.5	84.7	140.9	235.0

h）材料组别为 1.13 的钢制管法兰用材料最大允许工作压力（表压）

工作温度（℃）	最大允许工作压力（bar）					
	Class150（PN20）	Class300（PN50）	Class500（PN110）	Class900（PN150）	Class1500（PN260）	Class2500（PN420）
≤ 38	20.0	51.7	103.4	155.1	258.6	430.9
50	19.5	51.7	103.4	155.1	258.6	430.9
100	17.7	51.5	103.0	154.6	257.6	429.4
150	15.8	50.3	100.3	150.6	250.8	418.2
200	13.8	48.6	97.2	145.8	243.4	405.4

工作温度 （℃）	最大允许工作压力（bar）					
	Class150 （PN20）	Class300 （PN50）	Class500 （PN110）	Class900 （PN150）	Class1500 （PN260）	Class2500 （PN420）
250	12.1	46.3	92.7	139.0	231.8	386.2
300	10.2	42.9	85.7	128.6	214.4	357.1
350	8.4	40.3	80.4	120.7	201.1	335.3
400	6.5	36.5	73.3	109.8	183.1	304.9
450	4.6	33.7	67.7	101.4	169.0	281.8
500	2.8	21.4	42.8	64.1	106.9	178.2

i）材料组别为 1.15 的钢制管法兰用材料最大允许工作压力（表压）

工作温度 （℃）	最大允许工作压力（bar）					
	Class150 （PN20）	Class300 （PN50）	Class500 （PN110）	Class900 （PN150）	Class1500 （PN260）	Class2500 （PN420）
≤ 38	20.0	51.7	103.4	155.1	258.6	430.9
50	19.5	51.7	103.4	155.1	258.6	430.9
100	17.7	51.5	103.0	154.6	257.6	429.4
150	15.8	50.3	100.3	150.6	250.8	418.2
200	13.8	48.6	97.2	145.8	243.4	405.4
250	12.1	46.3	92.7	139.0	231.8	386.2
300	10.2	42.9	85.7	128.6	214.4	357.1
350	8.4	40.3	80.4	120.7	201.1	335.3
400	6.5	36.5	73.3	109.8	183.1	304.9
450	4.6	33.7	67.7	101.4	169.0	281.8
500	2.8	28.2	56.5	84.7	140.9	235.0

j）材料组别为 1.17 的钢制管法兰用材料最大允许工作压力（表压）

工作温度 （℃）	最大允许工作压力（bar）					
	Class150 （PN20）	Class300 （PN50）	Class500 （PN110）	Class900 （PN150）	Class1500 （PN260）	Class2500 （PN420）
≤ 38	18.1	47.2	94.4	141.6	236	393.3
50	18.1	47.2	94.4	141.6	236	393.3
100	17.7	47.2	94.4	141.6	236	393.3
150	15.8	47.2	94.4	141.6	236	393.3
200	13.8	46.3	92.5	138.8	231.3	385.6
250	12.1	44.8	89.6	134.5	224.1	373.5
300	10.2	42.9	85.7	128.6	214.4	357.1
350	8.4	40.3	80.4	120.7	201.1	335.3
400	6.5	36.5	73.3	109.8	183.1	304.9
450	4.6	33.7	67.7	101.4	169.0	281.8
500	2.8	21.4	42.8	64.1	106.9	178.2

k）材料组别为 2.1 的钢制管法兰用材料最大允许工作压力（表压）

工作温度（℃）	最大允许工作压力（bar）					
	Class150（PN20）	Class300（PN50）	Class500（PN110）	Class900（PN150）	Class1500（PN260）	Class2500（PN420）
≤ 38	19.0	49.6	99.3	148.9	248.2	413.7
50	18.3	47.8	95.6	143.5	239.1	298.5
100	16.7	40.9	81.7	122.6	204.3	340.4
150	14.2	37.0	74.0	111.0	185.0	308.4
200	13.2	34.5	69.0	103.4	172.4	287.3
250	12.1	32.5	65.0	97.5	162.4	270.7
300	10.2	30.9	61.8	92.7	154.6	257.6
350	8.4	29.6	59.3	88.9	148.1	246.9
400	6.5	28.4	56.9	85.3	142.2	237.0
450	4.6	27.4	54.8	82.2	137.0	228.4
500	2.8	26.5	53.0	79.5	132.4	220.7

l）材料组别为 2.2 的钢制管法兰用材料最大允许工作压力（表压）

工作温度（℃）	最大允许工作压力（bar）					
	Class150（PN20）	Class300（PN50）	Class500（PN110）	Class900（PN150）	Class1500（PN260）	Class2500（PN420）
≤ 38	19.0	49.6	99.3	148.9	248.2	413.7
50	18.4	48.1	96.2	144.3	240.6	400.9
100	16.2	42.2	84.4	126.6	211.0	351.6
150	14.8	38.5	77.0	115.5	192.5	320.8
200	13.7	35.7	71.3	107.0	178.3	297.2
250	12.1	33.4	66.8	100.1	166.9	278.1
300	10.2	31.6	63.2	94.9	158.1	263.5
350	8.4	30.3	60.7	91.0	151.6	252.7
400	6.5	29.4	58.9	88.3	147.2	245.3
450	4.6	28.8	57.7	86.5	144.2	240.4
500	2.8	28.2	56.5	84.7	140.9	235.0

m）材料组别为 2.3 的钢制管法兰用材料最大允许工作压力（表压）

工作温度（℃）	最大允许工作压力（bar）					
	Class150（PN20）	Class300（PN50）	Class500（PN110）	Class900（PN150）	Class1500（PN260）	Class2500（PN420）
≤ 38	15.9	41.4	82.7	124.1	206.8	344.7
50	15.3	40.0	80.0	120.1	200.1	333.5
100	13.3	34.8	69.6	104.4	173.9	289.9
150	12.0	31.4	62.8	94.2	157.0	261.6
200	11.2	29.2	58.3	87.5	145.8	243.0

续表

工作温度 （℃）	最大允许工作压力（bar）					
	Class150 （PN20）	Class300 （PN50）	Class500 （PN110）	Class900 （PN150）	Class1500 （PN260）	Class2500 （PN420）
250	10.5	27.5	54.9	82.4	137.3	228.9
300	10.0	26.1	52.1	78.2	130.3	217.2
350	8.4	25.1	50.1	75.2	125.4	208.9
400	6.5	24.3	48.6	72.9	121.5	202.5
450	4.6	23.4	46.8	70.2	117.1	195.1

n）材料组别为 2.4 的钢制管法兰用材料最大允许工作压力（表压）

工作温度 （℃）	最大允许工作压力（bar）					
	Class150 （PN20）	Class300 （PN50）	Class500 （PN110）	Class900 （PN150）	Class1500 （PN260）	Class2500 （PN420）
≤ 38	19.0	49.6	99.3	148.9	248.2	413.7
50	18.6	48.6	97.1	145.7	242.8	404.6
100	17.0	44.2	88.5	132.7	221.2	368.7
150	15.7	41.0	82.0	122.9	204.9	341.5
200	13.8	38.3	76.6	114.9	191.5	319.1
250	12.1	36.0	72.0	108.1	180.1	300.2
300	10.2	34.1	68.3	102.4	170.7	284.6
350	8.4	32.6	65.2	97.8	163.0	271.7
400	6.5	31.6	63.2	94.8	157.9	263.2
450	4.6	30.8	61.7	92.5	154.2	256.9
500	2.8	28.2	56.5	84.7	140.9	235.0

o）材料组别为 2.5 的钢制管法兰用材料最大允许工作压力（表压）

工作温度 （℃）	最大允许工作压力（bar）					
	Class150 （PN20）	Class300 （PN50）	Class500 （PN110）	Class900 （PN150）	Class1500 （PN260）	Class2500 （PN420）
≤ 38	19.0	49.6	99.3	148.9	248.2	413.7
50	18.7	48.8	97.5	146.3	243.8	406.4
100	17.4	45.3	90.6	135.9	226.5	377.4
150	15.8	42.5	84.9	127.4	212.4	353.9
200	13.8	39.9	79.9	119.8	199.7	332.8
250	12.1	37.8	75.6	113.4	189.1	315.1
300	10.2	36.1	72.2	108.3	180.4	300.7
350	8.4	34.8	69.5	104.3	173.8	289.6
400	6.5	33.9	67.8	101.7	169.5	282.6
450	4.6	33.5	66.9	100.4	167.3	278.8
500	2.8	28.2	56.5	84.7	140.9	235.0

p）材料组别为 2.11 的钢制管法兰用材料最大允许工作压力（表压）

工作温度（℃）	最大允许工作压力（bar）					
	Class150（PN20）	Class300（PN50）	Class500（PN110）	Class900（PN150）	Class1500（PN260）	Class2500（PN420）
≤ 38	19.0	49.6	99.3	148.9	248.2	413.7
50	18.7	48.8	97.5	146.3	243.8	406.4
100	17.4	45.3	90.6	135.9	226.5	377.4
150	15.8	42.5	84.9	127.4	212.4	353.9
200	13.8	39.9	79.9	119.8	199.7	332.8
250	12.1	37.8	75.6	113.4	189.1	315.1
300	10.2	36.1	72.2	108.3	180.4	300.7
350	8.4	34.8	69.5	104.3	173.8	289.6
400	6.5	33.9	67.8	101.7	169.5	282.6
450	4.6	33.5	66.9	100.4	167.3	278.8
500	2.8	28.2	56.5	84.7	140.9	235.0

23.9 垫片

表 23-9-1 HG/T（Class 系列）

标准	名称	型式		材料种类	厚度 /mm
HG/T 20627-2009	钢制管法兰用非金属垫片	FF		天然橡胶、氯丁橡胶、丁苯橡胶、丁腈橡胶、三元乙丙橡胶、氟橡胶；	1.5、3、4、5
		RF、MFM、TG		石棉橡胶板和耐油石棉橡胶板；非石棉纤维橡胶板；聚四氟乙烯板、膨胀聚四氟乙烯板或带、填充改性聚四氟乙烯板；增强柔性石墨板；高湿云母复合板。	
		RF-E			
HG/T 20628-2009	钢制管法兰用聚四氟乙烯包覆垫片	A		A 型 - 剖切型（公称尺寸 ≤ DN 500）	DN ≤ 300：3、DN ≥ 350：4
		B		B 型 - 机加工型（公称尺寸 ≤ DN 500）C 型 - 折包型（公称尺寸 ≤ DN 350）	
		C		包覆层材料：聚四氟乙烯；嵌入层或芯材：石棉橡胶板、非石棉纤维橡胶板	

标准	名称	型式		材料种类	厚度 /mm
HG/T 20630– 2009	钢制管法兰用金属包覆垫片	I		包覆金属材料：纯铝板 L3、纯铜板 T3、镀锌钢板、08F、0Cr13、0Cr18Ni9、0Cr18Ni10Ti、00Cr17Ni14Mo2、00Cr19Ni13Mo3	3
		II		填充材料：柔性石墨板、石棉橡胶板、非石棉纤维橡胶板	
HG/T 20631– 2009	钢制管法兰用缠绕式垫片	A		基本型 A–适用于榫面/槽面；带内环型 B–适用于凹面/凸面；带对中环型–适用于凸面；带内环和对中环型–适用于凸面。	3.2、4.5
		B			
		C		金属带材料：0Cr18Ni9（304）、00Cr19Ni10（304L）、0Cr17Ni12Mo2（316）、00Cr17Ni14Mo2（316L）、0Cr18Ni10Ti（321）、0Cr18Ni11Nb（347）、0Cr25Ni20（310）填充材料：湿石棉带、柔性石墨带、聚四氟乙烯带、非石棉纤维带	
		D			
HG/T 20632– 2009	钢制管法兰用具有覆盖层的齿形组合垫	A		基本型 A–适用于榫面/槽面或凹面/凸面；带整体对中型 B–适用于全平面、凸面；带活动对中型 C–适用于全平面、凸面。	4
		B			
		C		齿形金属环材料：0Cr18Ni9（304）、00Cr19Ni10（304L）、0Cr17Ni12Mo2（316）、00Cr17Ni14Mo2（316L）、0Cr18Ni10Ti（321）、0Cr18Ni11Nb（347）、0Cr25Ni20（310）；覆盖层材料：柔性石墨、聚四氟乙烯	

标准	名称	型式		材料种类	厚度/mm
HG/T 20633-2009	钢制管法兰用金属环形垫	八角型		纯铁、10、1Cr5Mo、0Cr13、0Cr18Ni9、00Cr19Ni10、0Cr17Ni12Mo2、00Cr17Ni14Mo2、0Cr18Ni10Ti、0Cr18Ni11Nb;	
		椭圆型			

表 23-9-2 垫片类型选配表

垫片型式			适用范围					最大（p×T）（MPa×℃）
			公称压力 Class	公称直径 DN	最高使用温度/℃	密封面型式	法兰型式	
非金属 注1	橡胶垫片	天然橡胶	150	15~1500	−50~+80	突面、凹面/凸面、榫面/槽面、全平面	各种型式	60
		氯丁橡胶			−20~+100			60
		丁苯橡胶			−20~+90			60
		丁腈橡胶			−20~+110			60
		三元乙丙橡胶			−30~+140			90
		氟橡胶			−20~+200		各种型式	90
	石棉橡胶板、耐油石棉橡胶板		150		−40~+300		各种型式	650
	非石棉纤维橡胶板	无机纤维	150~300		−40~+290		各种型式	960
		有机纤维			−40~+200			
	聚四氟乙烯板		150		−50~+100		各种型式	—
	膨胀聚四氟乙烯板		150		−200~+200		各种型式	—
	填充改性聚四氟乙烯板		150~300				各种型式	
	增强柔性石墨板		150~600		−240~+650 注2	突面、凹面/凸面、榫面/槽面	各种型式	1200
	高温云母复合板		150~600		−196~+900		各种型式	—
	聚四氟乙烯包覆垫		150、300	15~600	150	突面	各种型式	

续表

垫片型式		适用范围					最大 （$p \times T$） （MPa×℃）
		公称压力 Class	公称直径 DN	最高使用温 度 /℃	密封面型式	法兰型式	
半金属	缠绕垫	150~600	15~1500	注 3	突面、凹面 / 凸面、榫面 / 槽面	带颈平焊法 兰、带颈对 焊法兰、整 体法兰、承 插焊法兰、 法兰盖	
	齿形组合垫	150~2500		注 4			
半金属 /金属	金属包覆垫	300~900	15~600	注 5	突面	带颈对焊法 兰、整体法 兰、法兰盖	—
金属	金属环垫	150~2500	15~900	注 6	环连接面		

说明：1. 非金属垫片的使用不应超过表中规定的最大（$p \times T$）值，且不推荐垫片在最大（$p \times T$）值附近使用；

2. 增强柔性石墨板用于氧化性介质时，最高使用温度为450℃；

3. 缠绕垫根据金属带和填充材料的不同组合，使用温度范围不同；

4. 齿形组合垫根据金属齿形环和覆盖层材料的不同组合，使用温度范围不同；

5. 金属包覆垫根据包覆金属和填充材料的不同组合，使用温度不同；

6. 金属环垫根据金属材料不同，使用温度不同，最高温度为700℃，但温度超过450℃时，应与生产厂协商。

23.10　紧固件（HG/T 20634—2009）

表 23-10-1　紧固件使用压力和温度范围

型式	简图	标准	规格	材料或性能 等级	紧固件强度	公称压力	使用温度 /℃
六角头螺栓		GB/T 5782	M14~ M33	5.6	低	≤ Class150 （PN20）	>-20~+200
				8.8	高		>-20~+300
				A2–50 A4–50	低		–196~+400
				A2–70 A4–70	中		
全螺纹螺柱		HG/T 20634 GB/T 901	M14~ M33 M36X3~ M90X3	35CrMo	高	≤ Class2500 （PN420）	–100~+525
				25Cr2MoV	高		>-20~+575
				42CrMo	高		–100~+525
				0Cr18Ni9	低		–196~+800
				0Cr17Ni12Mo2	低		–196~+800
				A193，B8 Cl.2	中		–196~+525
				A193，B8M Cl.2	中		
				A320，L7	高		–100~+340
				A453，660	中		–29~+525

续表

型式	简图	标准	规格	材料或性能等级	紧固件强度	公称压力	使用温度/℃
六角螺母		GB/T 6170	M14~M33	6	低	≤ Class150 （PN20）	>−20~+300
				8	高		
				A2−50 A4−50	低		−196~+400
				A2−70 A4−70	中		−196~+400
管法兰专用螺母		HG/T 20634	M14~M33 M36X3~M90X3	30CrMo	高	≤ Class2500 （PN420）	−100~+525
				35CrMo	高		−100~+525
				0Cr18Ni9	低		>−20~+800
				0Cr17Ni12Mo2	低		−196~+800
				A194，8、8M	中		−196~+525
				A194，7	中		−100~+575

表 23-10-2 六角头螺栓、螺柱与螺母的配用

六角头螺栓、全螺纹螺柱		螺母	
型式 （标准编号）	性能等级或 材料牌号	型式及产品等级（标准编号）	性能等级或 材料牌号
六角头螺栓 GB/T 5782 A 级和 B 级	5.6	六角螺母 GB/T 6170 A 级和 B 级	6
	8.8		8
	A2−50，A4−50		A2−50，A4−50
	A2−70，A4−70		A2−70，A4−70
全螺纹螺柱 HG/T 20634	35CrMo	管法兰专用螺母 HG/T 20634	35CrMo
	25Cr2MoV		30CrMo
	42CrMo		
	0Cr18Ni9		0Cr18Ni9
	0Cr17Ni12Mo2		0Cr17Ni12Mo2
	A193，B8 Cl.2		A194，8 A194，8M
	A193，B8M Cl.2		
	A453，660		
	A320，L7		A194，7

紧固件的长度计算方法：

对于 Class 150 突面法兰：螺栓 $l=2（C+\Delta C）+m+P+T_1+n+T$

对于对焊环松套法兰：螺栓 $l=2（C+\Delta C）+2S+m+P+T_1+n+T$

对于 ≤ Class 300 突面法兰：螺柱 $l=2（C+\Delta C）+2m+2P+2T_1+n+T$

对于 ≥ Class 600 突面法兰：螺柱 $l=2（C+\Delta C）+2f_2+2m+2P+2T_1+n+T$

对于凹凸面、榫槽面法兰：螺柱 $l=2(C+\Delta C)+2f_2-f_3+2m+2P+2T_1+n+T$

对于对焊环松套法兰：螺柱 $l=2(C+\Delta C)+2S+2m+2P+2T_1+n+T$

对于环连接面法兰：螺柱 $l=2(C+\Delta C+E)+h+2m+2P+2T_1+n+T$

其中　l——紧固件（六角螺栓或全螺纹螺柱）长度，mm；

　　　C——法兰厚度，mm；

　　　ΔC——法兰厚度正公差，mm；

　　　f_2——$\geqslant$ Class 600 突面法兰或凹凸面、榫槽面法兰的凸台高度，mm；

　　　f_3——凹凸面、榫槽面法兰的凹槽深度，mm；

　　　S——对焊环厚度，mm；

　　　E——环连接面法兰凸台高度，mm；

　　　n——六角螺栓或螺柱的负公差，mm；

　　　h——环连接面法兰间近似距离，mm；

　　　m——螺母厚度，mm；

　　　P——紧固件倒角端长度，mm；

　　　T_1——六角螺栓或螺柱安装时的最小伸出长度，mm；

　　　T——垫片厚度，mm。

　　说明：上述计算公式长度未计入垫圈厚度；计算长度为最小长度，选择时应向上圆整至尾数为 5 或 0。

⌀ 23.11　螺纹

23.11.1　普通螺纹（GB/T 193—2003）

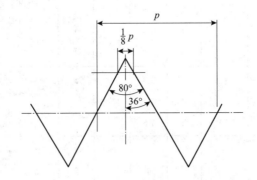

表 23-11-1　直径与螺距标准组合系列

公称直径 D、d			螺距 P										
第1系列	第2系列	第3系列	粗牙	细牙									
				3	2	1.5	1.25	1	0.75	0.5	0.35	0.25	0.2
1			0.25										0.2
1.6			0.35										0.2
	1.8		0.35										0.2
2			0.4									0.25	

续表

| 公称直径 D、d | | | 螺距 P | | | | | | | | | | | |
第1系列	第2系列	第3系列	粗牙	细牙										
				4	3	2	1.5	1.25	1	0.75	0.5	0.35	0.25	0.2
2.5			0.45									0.35		
3			0.5									0.35		
	3.5		0.6									0.35		
4			0.7								0.5			
	4.5		0.75								0.5			
5			0.8								0.5			
		5.5									0.5			
6			1							0.75				
8			1.25						1	0.75				
10			1.5					1.25	1	0.75				
12			1.75					1.25	1	0.75				
	14		2				1.5	1.25	1					
		15					1.5		1					
16			2				1.5		1					
		17					1.5		1					
	18		2.5			2	1.5		1					
20			2.5			2	1.5		1					
	22		2.5			2	1.5		1					
24			3			2	1.5		1					
		25				2	1.5		1					
30			3.5		(3)	2	1.5		1					
		32				2	1.5							
	33		3.5		(3)	2	1.5							
		40			3	2	1.5							
42			4.5	4	3	2	1.5							
	45		4.5	4	3	2	1.5							
48			5	4	3	2	1.5							
		50			3	2	1.5							
	52		5	4	3	2	1.5							

23.11.2 55° 密封管螺纹（GB/T 7306.1—2000）

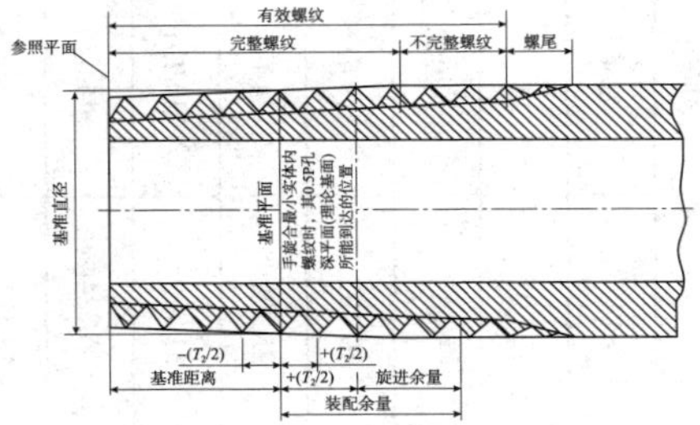

表 23-11-2 螺纹的基本尺寸表

尺寸代号	每 25.4mm 内所包含的牙数 n	螺距 P mm	牙高 h mm	基本平面内的基本直径：大径（基准直径）$d=D$ mm	基本平面内的基本直径：中径 $d_2=D_2$ mm	基本平面内的基本直径：大径 $d_1=D_1$ mm	基准距离：基本 mm	基准距离：极限偏差 ±$T_1/2$ mm	基准距离：极限偏差 ±$T_1/2$ 圈数	基准距离：最大 mm	基准距离：最小 mm	装配余量 mm	装配余量 圈数	外螺纹的有效螺纹不小于（基准距离分别为）：基本 mm	最大 mm	最小 mm	圆柱内螺纹直径的极限偏差 ±：径向 mm	轴向圈数 $T_2/2$
1/16	28	0.907	0.581	7.723	7.142	6.561	4	0.9	1	4.9	3.1	2.5	$2^3/_4$	6.5	7.4	5.6	0.071	$1^1/_4$
1/8	28	0.907	0.581	9.728	9.147	8.566	4	0.9	1	4.9	3.1	2.5	$2^3/_4$	6.5	7.4	5.6	0.71	$1^1/_4$
1.4	19	1.337	0.856	13.157	12.301	11.445	6	1.3	1	7.3	4.7	3.7	$2^3/_4$	9.7	11	8.4	0.104	$1^1/_4$
3/8	19	1.337	0.856	16.662	15.806	14.950	6.4	1.3	1	7.7	5.1	3.7	$2^3/_4$	10.1	11.4	8.8	0.104	$1^1/_4$
1/2	14	1.814	1.162	20.955	19.793	18.631	8.2	1.8	1	10.0	6.4	5.0	$2^3/_4$	13.2	15	11.4	0.142	$1^1/_4$
3/4	14	1.814	1.162	26.441	25.279	24.117	9.5	1.8	1	11.3	7.7	5.0	$2^3/_4$	14.5	16.3	12.7	0.142	$1^1/_4$
1	11	2.309	1.479	33.249	31.770	30.291	10.4	2.3	1	12..7	8.1	6.4	$2^3/_4$	16.8	19.1	14.5	0.180	$1^1/_4$
$1^1/_4$	11	2.309	1.479	41.910	40.431	38.952	12.7	2.3	1	15.0	10.4	6.4	$2^3/_4$	19.1	21.4	16.8	0.180	$1^1/_4$
$1^1/_2$	11	2.309	1.479	47.803	46.324	44.845	12.7	2.3	1	15.0	10.4	6.4	$2^3/_4$	19.1	21.4	16.8	0.180	$1^1/_4$
2	11	2.309	1.479	59.614	58.135	56.656	15.9	2.3	1	18.2	13.6	7.5	$3^1/_4$	23.4	25.7	21.1	0.180	$1^1/_4$
$2^1/_2$	11	2.309	1.479	75.184	73.705	72.226	17.5	3.5	$1^1/_2$	21.0	14.0	9.2	4	26.7	30.2	23.2	0.216	$1^1/_2$
3	11	2.309	1.479	87.884	86.405	84.926	20.6	3.5	$1^1/_2$	24.1	17.1	9.2	4	29.8	33.3	26.3	0.216	$1^1/_2$
4	11	2.309	1.479	113.030	111.072	25.4	25.4	3.5	$1^1/_2$	28.9	21.9	10.4	$4^1/_2$	35.8	39.3	32.3	0.216	$1^1/_2$
5	11	2.309	1.479	138.430	136.95	135.472	28.6	3.5	$1^1/_2$	32.1	25.1	11.5	5	40.1	43.6	36.6	0.216	$1^1/_2$
6	11	2.309	1.479	163.830	162.351	160.872	28.6	3.5	$1^1/_2$	32.1	25.1	11.5	5	40.1	43.6	36.6	0.216	$1^1/_2$

23.11.3　55° 非密封管螺纹（GB/T 7307—2001）

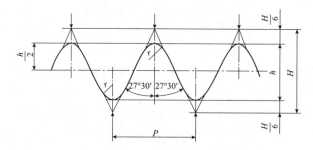

表 23-11-3　螺纹的基本尺寸

尺寸代号	每 25.4mm 内所包含的牙数 n	螺距 P/mm	牙高 h/mm	基本直径		
				大径（$d=D$）/mm	中径（$d_2=D_2$）/mm	大径（$d_1=D_1$）/mm
1/16	28	0.907	0.581	7.723	7.142	6.561
1/8	28	0.907	0.581	9.728	9.147	8.566
1/4	19	1.337	0.856	13.157	12.301	11.445
3/8	19	1.337	0.856	16.662	15.806	14.950
1/2	14	1.814	1.162	20.955	19.793	18.631
3/4	14	1.814	1.162	26.441	25.279	24.117
1	11	2.309	1.479	33.249	31.770	30.291
$1^1/_2$	11	2.309	1.479	47.803	46.324	44.845
2	11	2.309	1.479	59.614	58.135	56.656
3	11	2.309	1.479	87.884	86.405	84.926
4	11	2.309	1.479	113.030	111.551	110.072

23.11.4　60° 密封管螺纹（GB/T 12716—2011 ）

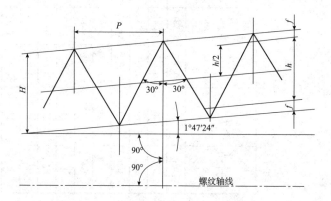

表 23-11-4 圆锥螺纹（NPT）基本尺寸

1	2	3	4	5	6	7	8	9	10	11	12
螺纹尺寸代号	牙数 n	螺距 $P/$ mm	牙型高度 $h/$mm	基准平面内的基本直径 /mm			基准距离 L_1		装配余量 L_2		外螺纹小端面内的基本小径 / mm
				大径 D、d	中径 D_1、d_1	小径 D_1、d_1	mm	圈数	mm	圈数	
1/8	27	0.94	0.753	10.242	9.489	8.736	4.102	4.36	2.822	3	8.481
1/4	18	1.411	1.129	13.616	12.487	11.358	5.786	4.10	4.234	3	10.996
3/8	18	1.411	1.129	17.055	15.926	14.797	6.096	4.32	4.234	3	14.417
1/2	14	1.814	1.451	21.223	19.772	18.321	8.128	4.48	5.443	3	17.813
3/4	14	1.814	1.451	26.568	25.117	23.666	8.611	4.75	5.443	3	23.127
1	11.5	2.209	1.767	33.228	31.461	29.694	10.160	4.60	6.627	3	29.060
2	11.5	2.209	1.767	60.092	58.325	56.558	11.074	5.01	6.627	3	55.867
3	8	3.175	2.540	88.608	86.068	83.528	19.456	6.13	6.350	2	82.311
4	8	3.175	2.540	113.973	111.433	108.893	21.438	6.75	6.350	2	107.554

说明：牙数为每 25.4 mm 内的圆锥螺纹的牙数。

23.12 金属材料性质

表 23-12-1 常用钢材的主要化学成分

统一数字代号	中国钢号（旧）	标准号	化学成分 /%								
			C	Si	Mn	Cr	Mo	Ni	Cu	P	S
碳素钢	U12352	Q235A	GB/T700	0.22			—	—	—	—	0.045	0.05
	U12355	Q235B		0.2	0.35	1.40	—	—	—	—		0.045
	U12358	Q235C		0.17			—	—	—	—	0.04	0.04
		Q245R（20R）	GB 713	0.2	0.35	0.5~1.1	0.3	0.08	0.3	0.3	0.025	0.01
		Q355B（Q345B）	GB/T 1591	0.24			—				0.035	0.035
		Q355C（Q345C）		0.2	0.55	1.6	0.3		0.3	0.4	0.03	0.03
		Q355D（Q345D）		0.2			—				0.025	0.025
		Q345R（16MnR）	GB 713	0.2	0.55	1.2~1.7	0.3	0.08	0.3	0.3	0.025	0.01
	U20102	10	GB/T 699	0.07~0.13	0.17~0.37	0.35~0.65	0.15	—	0.3	0.25	0.035	0.035
	U20202	20		0.17~0.23	0.17~0.37	0.35~0.65	0.25		0.3	0.25	0.035	0.035
	U20352	35		0.32~0.39	0.17~0.37	0.5~0.8	0.25		0.3	0.25	0.035	0.035
		20G	GB/T 5310	0.17~0.23	0.17~0.37	0.35~0.65	—		—		0.025	0.015

续表

	统一数字代号	中国钢号（旧）	标准号	化学成分 /%								
				C	Si	Mn	Cr	Mo	Ni	Cu	P	S
碳素钢		16MnDR	GB 3531–2014	0.2	0.15~0.5	1.2~1.6	—	—	0.4	—	0.02	0.01
		15MnNiDR		0.18	0.15~0.5	1.2~1.6	—	—	0.2~0.6	—	0.02	0.008
		09MnNiDR		0.12	0.15~0.5	1.2~1.6	—	—	0.3~0.8	—	0.02	0.008
		09MnD	GB 150.2	0.12	0.15~0.35	1.15~1.5	—	—	—	—	0.02	0.01
		13MnNiMoR	GB 713–2014	0.15	0.15~0.5	1.2~1.6	0.2~0.4	0.2~0.4	0.6~1	0.2~0.4	0.02	0.01
	A30122	12CrMo	GB/T 3077–2015	0.08~0.15	0.17~0.37	0.4~0.7	0.4~0.7	0.4~0.55	0.3	0.3	0.02	0.02
		12Cr2Mo1	GB 150.2	0.08~0.15	0.5	0.4~0.6	2.0~2.5	0.9~1.0	—	—	0.025	0.015
		14Cr1Mo	NB/T 47008–2017	0.11~0.17	0.5~0.8	0.3~0.8	1.15~1.5	0.45~0.65	0.3	0.2	0.02	0.01
	A30152	15CrMo	GB/T 3077–2015	0.12~0.18	0.17~0.37	0.4~0.7	0.8~1.1	0.4~0.55	0.3	0.3	0.02	0.02
		15CrMoR	GB 713–2014	0.08~0.18	0.15~0.4	0.4~0.7	0.8~1.2	0.45~0.6	0.03	0.03	0.025	0.01
		14Cr1MoR	GB 713–2014	0.17	0.5~0.8	0.4~0.65	1.15~1.5	0.45~0.65	0.3	0.3	0.02	0.01
		12Cr2Mo1R	GB 713–2014	0.08~0.15	0.5	0.3~0.6	2.0~2.5	0.9~1.1	0.3	0.2	0.02	0.01
不锈钢	S41008	06Cr13（0Cr13）	GB/T 20878–2007	0.8	1.0	1.0	11.5~13.0	—	0.6	—	0.04	0.03
	S11348	06Cr13Al（0Cr13Al）		0.8	1.0	1.0	11.5~14.5	—	0.6	—	0.04	0.03
	S30408	06Cr19Ni10（0Cr18Ni9）		0.08	1.0	2.0	18.0~20.0	—	8.0~11.0	—	0.045	0.03
	S30403	022Cr19Ni10（00Cr19Ni10）		0.03	1.0	2.0	18.0~20.0	—	8.0~12.0	—	0.045	0.03
	S31608	06Cr17Ni12Mo2（0Cr17Ni12Mo2）		0.08	1.0	2.0	16.0~18.0	2.0~3.0	10.0~14.0	—	0.045	0.03
	S31603	022Cr17Ni12Mo2（0Cr17Ni14Mo2）		0.03	1.0	2.0	16.0~18.0	2.0~3.0	10.0~14.0	—	0.045	0.03
	S31708	06Cr19Ni13Mo3（0Cr19Ni13Mo3）		0.08	1.0	2.0	18.0~20.0	3.0~4.0	11.0~15.0	—	0.045	0.03
	S31703	022Cr19Ni13Mo3（00Cr19Ni13Mo3）		0.03	1.0	2.0	18.0~20.0	3.0~4.0	11.0~15.0	—	0.045	0.03
	S32168	06Cr18Ni11Ti（0Cr18Ni10Ti）		0.08	1.0	2.0	17.0~19.0	—	9.0~12.0	—	0.045	0.03
	S31008	06Cr25Ni20（0Cr25Ni20）		0.08	1.5	2.0	24.0~26.0	—	19.0~22.0	—	0.045	0.03
	S45110	12Cr5Mo（1Cr5Mo）	GB/T 20878–2007	0.15	0.5	0.6	4~6	0.4~0.6	0.60	—	0.04	0.03
双相钢	S21953	022Cr19Ni5Mo3Si2N（00Cr18Ni5Mo3Si2）		0.03	1.3~2.0	1.0~2.0	18.0~19.5	2.5~3.0	4.5~5.5	—	0.035	0.03
	S22253	022Cr22Ni5Mo3N		0.03	1.0	2.0	21.0~23.0	2.5~3.5	4.5~6.5	—	0.03	0.02
	S22053	022Cr23Ni5Mo3N		0.03	1.0	2.0	22.0~23.0	3.0~3.5	4.5~6.5	—	0.03	0.02
	S25073	022Cr25Ni7Mo4N		0.03	0.8	1.2	24.0~26.0	3.0~5.0	6.0~8.0	0.5	0.035	0.02
	S27603	022Cr25Ni7Mo4WCuN		0.03	1.0	1.0	24.0~26.0	3.0~4.0	6.0~8.0	0.5~1.0	0.03	0.01

23.13　金属材料耐腐蚀一览表

表 23-13-1　金属材料耐腐蚀一览表

腐蚀剂	质量分数/%	温度/℃	碳素钢	铸铁	SUS 304	SUS 316	SUS 440C	SUS 630 (17-4PH)	20C-30N	表铜	镍	锰	哈氏合金B	哈氏合金B	镍铬铁耐热合金	钛	锆
丙酮	100	常温	A	A	A	A	A	A	A	A	A	A	A	A	A	A	A
		100	A	A	A	A	A	A	A	A	A	A	A	A	A	A	A
乙炔	100	常温	A	A	A	A	A	A	A	A	A①	A	A	A	A	A	A
		100	A	A	A	A	A	A	A	—	A	A	A	A	A	—	A
乙醛		常温	A	A	A	A	A	A	A	A	A	A	—	A	—	A	A
苯胺	100	常温	A	A	A	A	A~B	A~B	A	C	A~B	A~B	—	A	A	A	A
亚硫酸气 干		常温	A	A	A	A	A	A	A	—	—	—	—	A	A	A	A
		100	A	A	A	A	A	A	A	—	A	—	A	A	A	A	A
亚硫酸气 湿	5	常温	C	C	A	A	A	—	A	—	C	—	A	A	A	B	—
	全浓度	100	C	C	C	B	—	—	A	B	C	C	A	A	A		
乙醇 乙基	全浓度	常温	A~B	A~B	A	A	A	A	A	A	A	A	A	A	A	A	A
乙醇 甲基	全浓度	常温	A~B	A~B	A	A	A	A	A	A	A	A	A	A	A	A	A
安息香酸	全浓度	常温	C	C	A~B	A~B	A~B	A~B	A~B	A~B	A~B	A~B	A		A~B	A	A
氨	100（无水）	常温	A	A	A	A	A	A	A	A	A~B	A~B	A	A	A	A	A
氨湿蒸汽		常温	A	A	A	A	A	A	A	C	C	C	A	A	A	A	—
		70	B	B	A	A	—	—	A	C	C	C	A~B	A	A	A	A
硫（熔融）	100		A	A	A	A	A	A	A	C	A	A	—	A	A	A	A
乙烷			A	A	A	A	A	A	A	A	A	A	A	A	A	A	A
乙烯			A	A	A	A	A	A	A	A	A	A	A	A	A	A	A
甘醇		30	A	A	A	A	A	A~B	A	A~B	—	—	A	A		A	A
氯化铝	5	常温	C	C	C②	B②	C	C	A	B	A~B	A~B	A~B	A~B	—	A	A
		沸腾	C	C	C②	C②	C	C	A	B	—	A~B	A~B	A~B	—	A	A
氯化铝	5	常温	C	C	A	A	—	A	A	C	B	A~B	A	A	A~B	A	A
	1	常温	C	C	A	A	C	—	A	B	A	A	A	A	A	A	A
氯化铵	10	沸腾	C	C	C	B	C	—	A~B	C	A~B	A~B	A	A~B		A	A
	28	沸腾	C	C	C	B	C	—	A~B	C	A~B	A~B	A	A~B		—	A
	50	沸腾	C	C	C	B	C	—	A~B	C	A~B	A~B	—	A~B		—	A
氯化硫（干）			C	C	C	C	C	—	A~B	A~B	A~B	A~B	A~B	A	A~B	—	

续表

腐蚀剂	腐蚀条件 质量分数/%	温度/℃	碳素钢	铸铁	不锈钢 SUS304	SUS316	SUS440C	SUS630(17-4PH)	20C-30N	表铜	镍	锰	哈氏合金B	哈氏合金B	镍铬铁耐热合金	钛	锆
氯化乙基	5	常温	C	C	A	A	B	—	A	A~B	A	A	A	A	A	A	A
氯化乙烯	100	常温	A②	A~B	A③	A③	A③	A③	A③	A	A	A	A	A	A	A	—
氯化钙	0~60	常温	A~B	A~B	A~B	A~B	A~B	A~B	A~B	A	A	A	A	A	A	A	A
氯化银		常温	C	C	C	C	C	C	B	C	A~B	A~B	C	A~B	—	A	—
氯化第一锡	5	常温	C	C	C	B	C	C	A~B	C	C	C	A~B	A~B	C	—	A
氯化第二铁	5	常温	C	C	C	B	C	C	A~B	C	C	C	A~B	A~B	C	A	C
氯化钠			C	C	B	A~B	B	B	A	A~B	A	A	A	A	A	A	A
盐酸	1~5	<30	C	C	C	B	C	C	B	B	B	B	A	A	B	A~B	A
盐酸	1~5	<50	C	C	C	C	C	C	B	C	B	B	A	B	B	B	A
盐酸	1~5	沸腾	C	C	C	C	C	C	C	C	C	C	A	C	C	C	A
盐酸	5~10	<30	C	C	C	C	C	C	B	B	B	B	A	A	B	B	A
盐酸	5~10	<70	C	C	C	C	C	C	C	C	C	C	A	B	C	C	A
盐酸	5~10	沸腾	C	C	C	C	C	C	C	C	C	C	A	C	C	C	A
盐酸	10~20	<30	C	C	C	C	C	C	C	C	C	B	A	A	B	C	A
盐酸	10~20	<70	C	C	C	C	C	C	C	C	C	C	A	B (<50℃)	C	C	A
盐酸	10~20	沸腾	C	C	C	C	C	C	C	C	C	C	B	C	C	C	B
盐酸	>20	<30	C	C	C	C	C	C	C	C	C	C	A	C	C	C	A
盐酸	>20	<80	C	C	C	C	C	C	C	C	C	C	—	C	C	C	A
盐酸	>20	沸腾	C	C	C	C	C	C	C	C	C	C	A	C	C	C	B
氯 干		<30	A	A	A	A	A	A	A	A	A	A	A	—	A	A	C	A
氯 湿		<30	C	C	C	C	C	C	—	A	—	—	A	—	—	A	—
海水		常温	C	C	A④	A⑤	C⑤	A⑤	A⑤	A⑤	—	A	A	A	—	A	A
过氧化氢	<30	常温	—	—	A	A	A~B	A~B	A	C	A	A	A	A	A	A	A
苛性钠	<10	<30	A	A	A	A	A	A	A	B	A	A	A	A	A	A	A
苛性钠	<10	<90	A~B	A~B	A	A	A	A	A	B	A	A	A	A	A	A	A
苛性钠	<10	沸腾	—	—	A	A	A	A	A	B	A	A	A	A	A	A	A
苛性钠	10~30	<30	A	A	A	A	A	A	A	B	A	A	A	A	A	A	A
苛性钠	10~30	<100	A	A	A	A	A	A	A	C	A	A	A	A	A	A	A
苛性钠	10~30	沸腾	—	—	B	B	—	—	A	C	A	A	A	A	A	A	A
苛性钠	30~50	<30	A	A	A	A	A	A	A	C	A	A	A	A	A	A	A
苛性钠	30~50	<100	B	B	A	A	—	B	A	C	A	A	A	A	A	A	A

续表

腐蚀剂	腐蚀条件 质量分数/%	温度/℃	碳素钢	铸铁	不锈钢 SUS304	SUS316	SUS440C	SUS630(17-4PH)	20C-30N	表铜	镍	锰	哈氏合金B	哈氏合金B	镍铬铁耐热合金	钛	锆
苛性钠	30~50	沸腾	—	—	—	—	—	—	—	C	A	A	A	A	A	—	—
	50~70	<30	C	C	B	B	—	—	B	C	A	A	A	A	A	—	—
	50~70	<80	C	C	—	—	—	—	—	C	A	A	A	A	A	—	—
	50~70	沸腾	C	C	—	—	—	—	—	C	A	A	A	A	A	—	—
	70~100	≤260	B	—	B	B	—	—	B	—	A	B	B	B	B	—	—
	100	≤480	—	—	C	C	—	—	C	A	B	B	B	B	—	—	—
甲酸	<10	常温	C	C	A	A	C	B	A	C	—	A~B	A	A	A~B	—	A
柠檬酸	5	<70	C	C	A~B	A	A	A	A	C	A~B	A~B	A	A	A	A	A
	15	常温	C	C	A~B	A	B	A~B	A	C	A~B	A~B	A	A	A	A	A
	15	沸腾	C	C	A~B	A	B	—	A	C	A~B	A~B	A	A	A~B	A	A~B
	浓	沸腾	C	C	C	B	—	—	A	C	—	A	A	A	—	A	A
杂酚油			A	A	A	A	A	A	A	A	A	A	A	A	A	—	—
铬酸	5	<66	C	C	B	B	C	—	A~B	C	C	C	—	A~B	A~B	A	A
	10	沸腾	C	C	C	C	C	—	—	C	C	C	—	A~B	B	A	A
	浓	沸腾	C	C	C	C	C	—	—	C	C	C	—	—	—	A	A
铬酸钠			—	—	A	A	—	—	A	A	A	A	—	A	A	—	—
醋酸	≤10	≤30	C	C	A	A	A~B	A	A	B~C	A	A	A	A	A	A	A
	≤10	沸腾	C	C	A	A	—	—	A	B~C	A	—	A~B	A	A	A	A
	10~20	<60	C	C	A	A	—	—	A	—	A	—	—	A	A	A	A
	10~20	沸腾	C	C	A	A	—	—	A	—	—	—	—	A	A	A	A
	20~50	<60	C	C	A	A	—	—	A	—	A	A	A	A	A	A	A
	20~50	沸腾	C	C	A	A	—	—	A	—	—	—	—	A	A	A	A
	50~	<60	C	C	A	A	—	—	A	—	—	—	—	A	A	A	A
	99.5	沸腾	C	C	A	A	—	—	A	—	—	—	—	A	A	A	A
	无水	常温	C	C	A~B	A	—	—	—	—	—	—	—	A	A	A	A
醋酸钠			A~B	A~B	A~B	A~B	A~B	A~B	A~B	A~B	A~B	A~B	A~B	A~B	A~B	A	A
次亚氯酸钠	<20	常温	C	C	C	B	C	C	B	C	C	C	—	A	C	A	A
四氧化碳			P	B	A	A	B	A	A	A	A	A	A	A	A	A	A
草酸	5	常温	C	C	A~B	A~B	A~B	A~B	A	—	C	A~B	A	A	A	A~B	A
	10	常温	C	C	A~B	A~B	A~B	A~B	A	—	C	A~B	A	A	A	C	A
	10	沸腾	C	C	C	A~B	C	C	A	—	C	A~B	B	A	A	C	A

续表

| 腐蚀剂 | 腐蚀条件 | | 碳素钢 | 铸铁 | 不锈钢 | | | | | 表铜 | 镍 | 锰 | 哈氏合金B | 哈氏合金B | 镍铬铁耐热合金 | 钛 | 锆 |
	质量分数/%	温度/℃			SUS304	SUS316	SUS440C	SUS630(17-4PH)	20C-30N								
草酸	≤0.5	≤30	C	C	A	A	A	A	A	C	C	C	C	A	A	A	A
		≤60	C	C	A	A	A	A	A	C	C	C	C	A	A	A	A
		沸腾	C	C	A	A	A	A	A	C	C	C	C	A	A	A	A
	0.5~20	≤30	C	C	A	A	A	A	A	C	C	C	C	A	A	A	A
		≤60	C	C	A	A	A	A	A	C	C	C	C	A	—	A	A
		沸腾	C	C	A	A	A	A	A	C	C	C	C	A	A	A	A
	20~40	≤30	C	C	A	A	A	A	A	C	C	C	C	A	A	A	A
		≤60	C	C	A	A	—		A	C	C	C	C	A		A	A
		沸腾	C	C	A	A			A	C	C	C	C		—	C	A
硝酸	40~70	≤30	C	C	A	A	A	A	A	C	C	C	C				
		≤60	C	C	A	A	—	—	A	C	C	C	C				
		沸腾	C	C	B	B	—	—	B	C	C	C	C				
	70~80	≤30	C	C	B	A	A~B	A~B	A	C	C	C	C			A	A
		≤60	C	C	A	A			B	C	C	C	C			A	A
		沸腾	C	C	C	C	—		C	C	C	C	C			C	A
	80~95	≤30	C	C	A	A			A	C	C	C	C			A	A
		≤60	C	C	A	A			B	C	C	C	C			A	A
		沸腾	C	C	C	C			A	—	—	—				A	A
	≥95	≤30	A	—	A	A			A	—	—	—				A	A
硝酸银			C	C	A	A	A~B	A~B	A	C	C	C	A~B	A~B		A	A
氢氧化钾	5	常温	A~B	A~B	A	A	A~B	A	A	B	A	A	A~B	A	A~B	A	A
	27	沸腾	A~B	A~B	A	A	A~B	—	A~B	B	A	A	A~B	A~B	A~B	C	A
	50	沸腾	—	—	B	A	—	—	A~B	—	A	A	A~B	A~B	A~B	C	A
氢氧化镁	浓	常温	A	A	A	A	A	A	A	A	A	A	A	A	A	A	A
氢	100	常温	A	A	A	A	A	A	A	A	A	A	A	A	A	A	A
水银	100	沸腾	A	A	A	A	A	A	A	C	A~B	A~B	A	A	A		
硬酯酸	浓	50	—	C	A	A	A~B	A~B	A	C	A~B	A~B	A	A	A~B	A	—
焦油	浓	常温	A	A	A	A	A	A	A	A	A	A	A	A	A	A	A
碳酸钠	全浓度	常温	A	A	A	A	A	A	A	A	A	A	A	A	A	A	A
硫酸钠	20	常温	C	C	A~B	A~B	—	—	A	—	—	B	A	A	—	—	—

续表

腐蚀剂	腐蚀条件 质量分数/%	腐蚀条件 温度/℃	碳素钢	铸铁	不锈钢 SUS 304	不锈钢 SUS 316	不锈钢 SUS 440C	不锈钢 SUS 630 (17-4PH)	不锈钢 20C-30N	表铜	镍	锰	哈氏合金 B	哈氏合金 B	镍铬铁耐热合金	钛	锆
松节油			B	B	A	A	—	—	A	A	—	B	A	A	A	A	A
三氟乙烯			A~B	A~B	A	A	A	A	A	A	A	A	A	A	A	A	A
二氧化碳	干	常温	A	A	A	A	A	A	A	A	A	A	A	A	A	A	A
二氧化碳	湿	常温	C	C	A	A	A	A	A	B	—	—	—	A	A	A	A
二硫化碳			A	A	A	A	B	—	A	C	—	B	A	A	A	A	A
苦味酸			C	C	A~B	A~B	A~B	A~B	A	C	C	C	C	A	A~B	—	—
氢氟酸	混入蒸气		C	C	C	C	C	C	C	C	C	A~B	A	B	C	C	C
氢氟酸	未混空气		C	C	C	A	C	C	C	C	C	A	A	A~B	C	C	C
氟利昂	干		A~B	A~B	A	A	A	A	A	A	—	A	A	A	A	—	A	A
氟利昂	湿		B	B	B	A	—	—	A	A	—	A	A	A	A	—	A	A
丙烷			A	A	A	A	A	A	A	A	A	A	A	A	A	A	A	A
丁烷			A	A	A	A	A	A	A	A	A	A	A	A	A	A	A	A
汽油			A	A	A	A	A	A	A	A	A	A	A	A	A	A	A	A
硼酸			C	C	A	A	B	A	A	A~B	A~B	A~B	A	A	A~B	A	A
甲醛			B	B	A	A	A	A	A	A	A	A	A	A	A	A	A
乳品			—	—	A	A	—	—	A	—	—	—	A	A	A	A	A
丁酮			A	A	A	A	A	A	A	A	A	A	A	A	A	A	A
硫化氢	湿		B~C	C	A~B	A~B	—	A	B	C	C	—	—	A	B	A	—
硫化氢	≤0.25	≤30	C	C	A	A	C	—	A	A~B	C	A	A	A	A	A	A
硫化氢	≤0.25	≤60	C	C	A	A	C	A~B	A	A~B	C	A	A	A	A	—	A
硫化氢	≤0.25	沸腾	C	C	—	—	C	A~B	A	C	C	A	A	A	—	A
硫化氢	0.5~5	≤30	C	C	B	B	C	—	A	C	C	C	A	A	C	C	A
硫化氢	0.5~5	≤60	C	C	C	B	C	—	A	C	C	C	A	A	C	C	A
硫化氢	0.5~5	沸腾	C	C	C	C	C	—	A	C	C	C	A	A	C	C	A
硫化氢	5~25	≤30	C	C	C	B~C	C	C	A	C	C	C	A	A	C	C	A
硫化氢	5~25	≤50	C	C	C	C	C	C	A	C	C	C	A	A	C	C	A
硫化氢	5~25	沸腾	BC	C	C	C	C	C	B (>80℃)	C	C	C	A	B	C	C	A
硫化氢	25~50	≤30	C	C	C	C	C	C	A	C	C	C	A	A	C	C	A
硫化氢	25~50	≤50	C	C	C	C	C	C	A	C	C	C	A	A	C	C	A
硫化氢	25~50	沸腾	C	C	C	C	C	C	C	C	C	C	B	C	C	C	—

续表

腐蚀剂	质量分数/%	温度/℃	碳素钢	铸铁	SUS 304	SUS 316	SUS 440C	SUS 630 (17-4PH)	20C-30N	表铜	镍	锰	哈氏合金B	哈氏合金C	镍铬铁耐热合金	钛	锆
硫酸	50~60	≤30	C	C	C	C	C	C	A	C	C	C	A	A	C	C	A
		≤60	C	C	C	C	C	C	B	C	C	C	A	B	C	C	A
		沸腾	C	C	C	C	C	C	C	C	C	C	B	C	C	C	A~B
	60~75	≤30	C	C	C	C	C	C	A	C	C	C	A	A	C	C	A~B
		≤60	C	C	C	C	C	C	B	C	C	C	A	B	C	C	A~B
		沸腾	C	C	C	C	C	C	C	C	C	C	B	C	C	C	C
	75~95	≤30	B	C	B	B	C	C	A	C	C	C	A	—	—	C	A
		≤50	C	—	C	B	C	C	B	C	C	C	—	—	—	C	A
		沸腾	C	—	C	C	C	C	C	C	C	C	—	—	—	—	—
	95~100	≤30	A (>98℃)	—	A (>98℃)	A (>98℃)	—	—	A	—	C	C	A	A	—	C	A
		≤50	B (>98℃)	—	B (>98℃)	B (>98℃)	C	C	A~B	—	C	C	A	B~C	—	—	—
		沸腾	—	—	—	—	—	—	C	—	C	C	C	C	C	—	—
	5	常温	—	—	A	A	—	—	A	A	A~B	A~B	A	A	A~B	—	—
硫酸锌	饱和	常温	—	—	A	A	—	—	A	A	—	—	A	A	A~B	—	—
	25	沸腾	—	—	A	A	—	—	A	B	—	—	A	—	—	—	—
硫酸铵	1~5	常温	—	—	A	A	—	—	A	—	A	A	A	A	A	A	A
硫酸铜	<25	<100	—	—	—	—	—	—	A	—	—	—	—	A	—	A	A
磷酸	≤65	≤30	C	C	A (>50%)	A	—	—	A	—	—	—	A	—	A (>50%)	—	A
		≤70	C	C	A⑥	A⑥	—	—	A⑥	—	—	—	A⑥	A	—	A (>50%)	A
		沸腾	C	C	A~B	A	—	—	A	—	—	—	A	A	—	A (>50%)	—
	65~85	≤30	C	C	C	A	—	—	A	—	—	—	B	A	—	—	A
		≤90	C	C	C	A	—	—	A	—	—	—	B	A	—	—	A
		沸腾	C	C	C	C	—	—	A	—	—	—	C	A~B	—	—	—

注：（1）表中 A、B、C 分别表示耐蚀性优异、良好、尚可；"—"表示未进行试验。

（2）选自《化工机械材料便览》。

①铜及铜合金当存在水分时会爆炸。

②有产生凹痕和应力腐蚀龟裂的可能性。

③存在水分则应为"C"。

④钽的质量分数在30%以上时，在沸腾状态下成为"B"或"C"。

⑤有可能发生孔蚀。

⑥蒙乃尔合金时，未混入空气时的数据。

⊘ 23.14　工程塑料

表 23-14-1　常用工程塑料的特点及用途

塑料名称	特点	用途
硬聚氯己烯（PVC）	耐腐蚀性能好，除强氧化性酸（浓硫酸、发烟硫酸）、芳香族及含氟的碳氢化合物和有机溶剂外，对一般的酸、碱介质都是稳定的； 机械强度高，特别是冲击韧性优于酚醛塑料； 电性能好； 软化点低，使用温度为 -10~+50℃	可代替铜、铝、铅、不锈钢等金属材料制作耐腐蚀设备与零件； 可制作灯头、插座、开关等
高密度聚乙烯（HDPE）	耐寒性良好，在 -70℃时仍柔软； 摩擦因数低； 除浓硝酸、汽油、氯化烃及芳香烃外，可耐强酸、强碱及有机溶剂的腐蚀； 吸水性小，有良好的电绝缘性能和耐辐射性能； 注射成型工艺性好，可用火焰、静电喷涂法涂于金属表面，作为耐磨、减摩及防腐涂层； 机械强度不高，热变形温度低，故不能承受较高的载荷，否则会产生蠕变及应力松弛，使用温度可达 80~100℃	制作一般结构零件； 制作减摩自润滑零件，如低速、轻载的衬套等； 制作耐腐蚀的设备与零件； 制造电器绝缘材料，如高频、水底和一般电缆的包皮等
改性有机玻璃（PMMA）	有极好的透光性，可透过 92% 以上的太阳光，紫外线光达 73.5%； 综合性能超过聚苯乙烯等一般塑料，机械强度较高，有一定耐热耐寒性； 耐腐蚀、绝缘性能良好； 尺寸稳定，易于成型； 质较脆，易溶于有机溶剂中，作为透光材料，表面硬度不够，易擦毛	可制作要求有一定强度的透明结构零件
聚丙烯（PP）	是最轻的塑料之一，其屈服、拉伸和压缩强度以及硬度均优于高密度聚乙烯，有很突出的刚性，高温（90℃）抗应力松弛性能良好； 耐热性能较好，可在 100℃以上使用，如无外力，在 150℃也不变形； 除浓硫酸、浓硝酸外，在许多介质中，几乎都很稳定。但低相对分子质量的脂肪烃、芳香烃、氯化烃对它有软化和溶胀作用； 几乎不吸水，高频电性能好，成型容易，但成型收缩率大； 低温呈脆性，耐磨性不高	制造一般结构零件； 制作耐腐蚀化工设备与零件； 制作受热的电气绝缘零件
改性聚苯乙烯（PS）	有较好的韧性和一定的抗冲击性能； 有优良的透明度（与有机玻璃相似）； 化学稳定性及耐水、耐油性能都较好，并易于成型	制作透明结构零件，如汽车用各种灯罩、电气零件等
丙烯腈-丁二烯-苯乙烯共聚物（ABS）	由于 ABS 是由苯乙烯-丁二烯-丙烯腈为基的三元共聚体，故具有良好的综合性能，即高的冲击韧性和良好的机械强度； 优良的耐热、耐油性能和化学稳定性； 尺寸温度，易于成型和机械加工，且表面还可镀金属； 电性能良好	制造一般结构或耐磨受力传动零件，如齿轮、轴承等，也可制作叶轮； 制作耐磨腐蚀设备与零件； 用 ABS 制成的泡沫夹层板可制作小轿车车身

塑料名称		特点	用途
聚酰胺（PA）	尼龙 66（PA-66）	疲劳强度和刚性较好； 耐热性较好，耐磨性好； 吸湿性大； 尺寸稳定性不够，摩擦因数低	适用于在中等载荷、使用温度不高于 120℃、无润滑或少润滑条件下工作的耐磨受力传动零件
	尼龙 6（PA-6）	疲劳强度、刚性、耐热性略低于尼龙 66； 弹性好，有较好的消振、降噪能力。 其余同尼龙 66	适用于在轻负荷、中等温度（最高 100℃）、无润滑或少润滑、要求噪声低的条件下工作的耐磨受力传动零件
聚甲醛（POM）		耐疲劳性和刚性高于尼龙，尤其是弹性模量高、硬度高，这是其他塑料所不能相比的； 自润滑性能好，耐磨性好； 较小的蠕变性和吸湿性，故尺寸稳定性好，但成型收缩率大于尼龙； 长期使用温度为 -40~+100℃； 用聚四氟乙烯填充的聚甲醛，可显著降低摩擦因数，提高耐磨性	制作对强度有一定要求的一般结构零件； 适用于在轻载荷、无润滑或少润滑条件下工作的各种耐磨受力传动零件； 制造减磨自润滑零件
聚碳酸酯（PC）		力学性能优异，尤其是具有优良的冲击韧性； 蠕变性相当小，故尺寸稳定性好； 耐热性高于尼龙、聚甲醛，长期工作温度可达 130℃； 疲劳强度低，易产生应力开裂，长期允许负荷较小，耐磨性欠佳； 透光率达 89%，接近有机玻璃	制造耐磨受力的传动零件； 制造支架、壳体、垫片等一般结构零件； 制作耐热透明结构零件，如防爆灯、防护玻璃等； 制造各种仪器仪表的精密零件
聚四氟乙烯（F-4）（PTFE）		聚四氟乙烯素称"塑料王"，具有高度的化学稳定性，对强酸、强碱、强氧化剂、有机溶剂均耐蚀，只有对熔融状态的碱金属及高温下的氟元素才不耐蚀； 有异常好的润滑性，具有极低的动、静摩擦因数； 可在 260℃长期连续使用，在可在 -250℃的低温下满意地使用； 优异的电绝缘性； 耐大气老化性能好； 突出的表面不黏性，几乎所有的黏性物质都不能附在它的表面上； 缺点是强度低、刚度差，冷流性大，必须用冷压烧结发成型，工艺较复杂	制作耐腐蚀化工设备及其衬里与零件； 制作减摩自润滑零件，如轴承、活塞环、密封圈等； 制作电绝缘材料与零件
聚全氟乙丙烯（F-46）（FEP）		力学、电性能和化学稳定性基本与 F-4 相同，但突出的优点是冲击韧性高，即使带缺口的试样也冲不断； 能在 -85~205℃温度范围内长期使用； 可用注射法成型	同 F-4； 用于制作要求大批量生产或外形复杂的零件，并用注射成型代替 F-4 的冷压烧结成型

塑料名称	特点	用途
酚醛塑料（PF）	具有良好的耐腐蚀性能，能耐大部分酸类、有机溶剂，特别能耐盐酸、氯化氢、硫化氢、二氧化硫、三氧化硫、低及中等浓度硫酸的腐蚀，但不耐强氧化性酸（如硝酸、铬酸等）及碱、碘、溴、苯胺嘧啶等的腐蚀； 　热稳定性好，一般使用温度为 $-30\sim130℃$； 　在一般热塑性塑料相比，它的刚性大，弹性模量均为 $60\sim150MPa$；用布质和玻璃纤维层压塑料，力学性能更高，具有良好耐油性； 　在水润滑条件下，只有很低的摩擦因数，约为 $0.01\sim0.03$，宜制作摩擦磨损零件； 　电绝缘性能良好； 　冲击韧性不高，质脆，故不宜在机械冲击、剧烈振动、温度变化大的情况下使用	制作耐腐蚀化工设备与零件； 　制作耐磨受力传动零件，如齿轮、轴承等； 　制作电器绝缘零件

23.15　涂料（SH/T 3022—2019）

表 23-15-1　常用防腐蚀涂料综合性能

涂料用途		涂料种类与性能 [a]										
		醇酸树脂涂料	环氧磷酸锌涂料	环氧富锌涂料	无机富锌涂料	环氧树脂涂料	环氧烷基胺涂料	环氧酚醛树脂涂料	聚氨酯涂料	聚硅氧烷涂料	有机硅涂料	惰性无机共聚物涂料
一般防腐		√	√	√	△	√	√	√	√	△	△	△
耐化工大气		○	√	√	√	√	√	√	√	√	√	√
耐无机酸	酸性气体	○	√	○	○	○	√	√	√	√	√	√
	酸雾	×	○	○	○	○	○	√	○	√	×	○
耐有机酸酸雾及飞沫		×	○	○	○	○	○	√	○	√	×	○
耐碱性		×	√	√	×	√	√	√	√	√	○	√
耐盐类		○	√	√	√	√	√	√	√	√	○	√
耐油	汽油、煤油等	×	○	√	√	√	√	√	√	√	○	√
	机油	○	√	√	√	√	√	√	√	√	○	√
耐溶剂	烃类溶剂	×	○	○	√	○	√	√	√	○	×	√
	酯、酮类溶剂	×	×	×	√	×	×	○	×	○	×	√
	氯化溶剂	×	×	×	√	×	×	√	√	○	×	×
耐潮湿		○	√	√	√	√	√	√	√	√	○	√
耐水		×	○	○	○	√	√	√	√	○	○	√

续表

涂料用途		涂料种类与性能 [a]										
		醇酸树脂涂料	环氧磷酸锌涂料	环氧富锌涂料	无机富锌涂料	环氧树脂涂料	环氧烷基胺涂料	环氧酚醛树脂涂料	聚氨酯涂料	聚硅氧烷涂料	有机硅涂料	惰性无机共聚物涂料
耐温/℃	常温	√	√	√	√	√	√	√	√	√	△	△
	$60 < T \leqslant 120$	○	√	√	√	√	√	√	√	√	△	△
	$120 < T \leqslant 150$	×	×	○	√	×	√	√	×	×	△	√
	$150 < T \leqslant 230$	×	×	×	√	×	○[b]	√[c]	×	×	√	√
	$230 < T \leqslant 400$	×	×	×	√	×	×	×	×	×	√	√
	$400 < T \leqslant 600$	×	×	×	○[d]	×	×	×	×	×	○[d]	√
	$600 < T \leqslant 650$	×	×	×	×	×	×	×	×	×	○[d]	√
耐候性		×	○	×	√	×	×	×	√	√	√	○
耐热循环性℃	−45~120	×	×	○	×	√	√	√	√	○	○	√
	−45~150	×	×	○	×	×	√	×	×	×	×	√
	−196~230	×	×	×	×	×	○[b]	√[e]	×	×	×	√
	−196~650	×	×	×	×	×	×	×	×	×	×	√
防腐性能		○	√	√	√	√	√	√	√	√	○	√
附着力		○	√	√	○	√	√	√	√	√	○	√

注：a 表中"√"表示性能较好，宜选用："○"表示性能一般，可选用："×"表示性能较差，不宜选用："△"表示由于价格或施工等原因，不宜选用。

b 产品最高使用温度宜小于或等于 205℃，产品经特殊改性后最高使用温度可达到 250℃。

c 面漆采用有机硅铝粉耐热涂料时，无机富锌涂料的最高使用温度可达到 540℃。

d 有机硅铝粉耐热漆最高使用温度宜小于或等 600℃；有机硅耐热漆可耐温至 400℃。

e 环氧酚醛树脂涂料的最高使用温度宜小于或等于 205℃。

第 24 章 名词术语

 24.1 测量术语

1）仪表 instrumentation

对被测变量和被控变量进行测量和控制的装置和系统的总称。

2）测量 measurement

以确定量值为目的的一组操作。

3）变量 variable

其值可变且通常是可测出的量或状态。

4）单位 unit

为定量表示具有相同量纲的量，所约定选取的特定量。

5）单位制 system of units

为给定量制建立的一组单位。例如：国际单位制（SI）；CGS 单位制。

注：单位制包括一组选定的基本单位和由定义方程式、比例因数确定的导出单位。

6）值 value

用一个数和一个适当的测量单位表示的量。例如：5.3m；12kg；−40℃。

7）真值 true value

严密定义变量的假定理论值。

注 1：量的真值是一个理想概念，通常是不可知的。

注 2：实际使用的是所谓的"约定真值"。

8）静态测量 static measurement

对测量期间其值可认为是恒定的量的测量。

注："静态"一词适用于被测量，不适用于测量方法。

9）动态测量 dynamic measurement

对（变）量的瞬时值或随时间的变化值的测量。

注："动态"一词适用于被测量，不适用于测量方法。

10）被测变量 measured variable

被测的量、特性或状态。

注：被测变量通常是温度、压力、流量、速度等。

11）输入变量 input variable

输入到仪表的变量。

12）**输出变量 output variable**

由仪表输出的变量。

13）**被测值 measured value**

根据测量装置在规定条件下的某个指定瞬间获取的信息得出，并以数字和计量单位表示的数量。

14）**影响量 influence quantity**

不属于被测量但却影响被测值或测量仪表表示值的量。例如：环境温度、被测交流电压的频率。

15）**信号 signal**

是一个物理变量，可以表示的一个或多个参数信息的物理变量。

16）**模拟信号 analog signal**

信息参数可表现为给定范围内所有值的信号。

17）**数字信号 digital signal**

信息参数可表现为用数字表示的一组离散值中任一值的信号。

18）**标准信号 standardized signal**

是物理量的形式和数值范围都符合国际标准的信号值

例如：4~20mA DC；20~100kPa。

19）**输入信号 input signal**

送入到装置、元件或系统输入端的信号。

20）**输出信号 output signal**

由装置、元件或系统送出的信号。

21）**量化信号 quantified signal**

具有量化信息参数的信号。

22）**二进制信号 binary signal**

仅有二个值的量化信号。

23）**测量结果 result of a measurement**

由测量所得到的被测量的值。

注1：当使用"测量结果"这个术语时，应明确它是示值、未修正结果还是已修正结果，并是否已对几次观测值进行平均。

注2：测量结果的完整说明应包括：关于测量不确定度的信息和关于相应的影响值的信息。

24）**（测量仪表的）示值 indication（of a measuring instrument）**

测量仪表所提供的被测量的值。

25）**测量精度 accuracy of measurement**

同义词：测量精确度。被测量的测量结果与（约定）真值间的一致程度。

26）**测量重复性 repeatability of measurement**

在相同测量方法、相同观测者、相同测量仪器、相同场所、相同工作条件和短时期内重复的条件下，对同一被测量进行多次连续测量所得结果之间的一致程度。

27）**误差 error**

被测变量的被测值与真值之间的代数差。

注1：被测值大于真值时误差为正。

误差 = 被测值 - 值

注2：在仪表或装置的数据单上列出误差时，必须规定仪表或装置的校准方式。

28）绝对误差 absolute error

测量结果减去被测量的（约定）真值。

29）相对误差 relative error

绝对误差除以被测量的（约定）真值。

30）随机误差 random error

在同一被测量的多次测量过程中，其变化是不可预计的测量误差的一部分。

31）系统误差 systematic error

在相同的条件下对同一个给定量值进行多次测量的过程中，绝对值和符号保持不变或者在条件变化时按固定规律变化的误差。

32）修正值 correction

为了得到修正结果，必须以代数法加到未修正测量结果上的值，这个值是系统误差已知部分的相反值。

33）修正因子 correction factor

为补偿系统误差而对未修正测量结果所乘的数值因子。

34）范围 range

所研究的量的上、下限所限定的数值区间。

注：术语"范围"通常加修饰语。例如，它可应用于被测变量或工作条件。

35）测量范围 measuring range

满足精度要求，仪表所能够测量的最小与最大值的范围被称作该仪表的测量范围。

36）过范围 overrange

输入信号值处于系统或元件的被调整测量范围外的状态。

37）过范围限 overrange limit

可加到装置上而不至造成损坏和性能永久变化的输入。

38）量程 span

给定范围上下限值之间的代数差。例如：范围为 -20~100℃时，量程为 120℃。

39）标度 scale

构成指示装置一部分的一组有序的标记以及所有有关的数字。

40）标度范围 scale range

由标度始点值和终点值所限定的范围。

41）标度标记 scale mark

指示装置上对应于一个或多个确定的被测量值的标度线或其他标记。

注：对于数字示值，数字本身等效于标度标记。

42）零（标度）标记 zero scale mark

同义词：零标度线。标度盘（板）上标有"零"数字的标度标记或标度线。

43）标度分格值 value of scale division

又称格值，标度中对应两相邻标度标记的被测量值之差。

44）线性标度 linear scale

标度中各分格间距与对应的分格值呈常数比例关系的标度。

注：标度分格间距为常数的线性标度称为规则标度。

45）非线性标度 nonlinear scale

标度中各标度分格间距与对应的分格值呈非常数比例关系的标度。

注：某些非线性标度有专门的名称，例如对数标度，平方律标度。

46）测量仪表的零位 zero of a measuring instrument

当测量仪表工作所需要的任何辅助能源都接通和被测量值为零时，仪表的直接示值。

47）仪表常数 instrument constant

为求得测量仪表的示值，必须对直接示值相乘的一个系数。

注：当直接示值等于被测量值时，测量仪表的常数为0。

48）精度等级 accuracy class

仪器仪表按照精度高低分成的等级。

49）误差极限 limits of error

同义词：最大允许误差 maximum permissible error

由标准、技术规范等所规定的仪器仪表误差的极限。

50）一致性 conformity

校准曲线接近规定特性曲线（直线、对数曲线、抛物线等）时的吻合程度。

51）一致性误差 conformity error

校准曲线和规定特性曲线之间最大偏差的绝对值。

52）回差 hysteresis

装置或仪表根据施加输入值的方向顺序给出对应于其输入值的不同输出值的特性。

53）滞环误差 hysteresis error

全范围上行程和下行程移动减去死区值后得到的被测量变量两条校准曲线间的最大偏差。

24.2 可靠性术语

1）平均故障间隔时间 mean time between failures（MTBF）

在功能单元的额定寿命期间，在规定的条件下，相邻故障间隔时间长度的平均值。

2）平均修复时间 mean time to repair（MTTR）

故障修复所需的平均时间。

3）修复率 repair rate

修理时间已达到某个时刻但尚未修复的产品，在该时刻后的单位时间内完成修理的概率。

4）失效 failure

功能单元实现其规定功能的能力的终止。

5）危险失效 dangerous failure

可导致安全仪表系统处于潜在危险或丧失功能的失效。

6）安全失效 safe failure

不可能导致安全仪表系统处于潜在危险状态或丧失功能的失效。

7）本质失效 inherent weakness failure

系统在规定的条件下使用，由于本身固有的弱点而引起的失效。

8）关联失效 relevant failure

在解释实验结果或计算可靠性特征量的数值时必须计入的失效。

9）共因失效 common cause failure

由于同一原因引起的一个以上的相同部件、模件、单元或系统发生的失效。

10）故障 fault

导致功能单元不能实现其规定功能的意外状态。

11）失效率 failure rate

失效率是指工作到某一时刻尚未失效的产品，在该时刻后，单位时间内发生失效的概率。

12）故障裕度 fault tolerance

在出现故障或误差时，功能单元继续执行要求功能的能力。

13）可靠性 reliability

功能设备在规定条件下和规定时间内完成规定功能的能力。

14）系统可靠性 system reliability

包括全部硬件和软件子系统在内的某个系统在规定的环境中、在规定的时间内执行所要求的任务或使命的概率。

15）软件可靠性 software reliability

a）在规定条件下，在规定的时间内软件不引起系统失效的概率。该概率是系统输入和系统使用的函数，也是软件中存在缺陷的函数。系统输入将确定是否会遇到已存在的缺陷（如果有缺陷的话）。

b）在规定的时间周期内和所属条件下执行所要求的功能的程序的能力。

16）可靠性评估 reliability assessment

确定现有系统或系统组成成分可靠性所达到的水平的过程。

17）可靠性增长 reliability growth

从校正硬件、软件或系统的缺陷而得到的响应的可靠性改进。

18）可靠性模型 reliability model

预测、估计或评价可靠性所使用的模型。

19）运行可靠性 operational reliability

在实际使用环境中，系统或软件子系统的可靠性。运行可靠性可能和规定环境或测试环境中的可靠性有很大不同。

20）可靠性方框图 reliability block diagram

能够表示系统各组成部分之间可靠性关系的方框图。

21）可靠性计划 reliability program

系统的研制、生产、使用计划的一个重要组成部分，它包括为使系统达到预定的可靠性指标，在研制、生产、使用各阶段的任务内容、进度要求，保障条件及为实施计划的组织技术措施等。

22）可靠性评定 reliability evaluation

测定一个系统在一系列规定的条件（如时间、工作程序）下，完成一项规定任务的成功概率的过程。

23）可靠性改进 reliability improvement

以改进可靠性性能为目的，消除系统失效原因和（或）降低其他失效概率的过程。

24）可靠性认证 reliability certification

有可靠性要求的系统的质量认证的一个组成部分。

它是由生产方和使用方以外的第三方，通过对生产方的可靠性组织及其管理和产品的技术文件进行审查，对系统进行可靠性试验，以确定系统是否达到所要的可靠性水平。

25）可靠性验证试验 reliability compliance test

为确定系统的可靠性特征量是否达到所要求的水平而进行的试验。

26）可靠性测定试验 reliability determination test

为确定系统的可靠性特征量的数值而进行的试验。

24.3 仪表术语

1）自动化仪表 process measurement and control instrument

又称过程检测控制仪表。对工业过程进行检测、显示、控制、执行等仪表的总称。

2）检测元件 sensor

测量链中的一次元件，它将输入变量转换成宜于测量的信号。

3）传感器 transducer

接受物理或化学变量（输入变量）形成的信息，并按一定的规律将其转换成同种或别种性质的输出变量的装置。

注：根据传感器所依据的物理现象的性质，有多种不同形式和不同名称的测量传感器，例如：温度传感器、压力传感器、流量传感器等。

4）变送器 transmitter

输出为标准化信号的一种测量传感器。例如：温度变送器、压力变送器、流量变送器等。

5）补偿器 compensator

补偿元件 compensation element。

为抵消由于规定工作条件变化所造成的误差源而设计的装置。

6）计（表）meter，gauge

测量和指示被测值的装置。

注：计（表）只能加修饰语使用，如：流量计、压力表。

7）指示仪 indicator

提供被测变量直观示值的装置。

8）记录仪 recorder

记录其输入信号相关值的装置。

9）差动放大器 differential amplifier

具有两个类似的输入线路，相互连接后能响应两个电压或两个电流之差的放大器。

10）运算放大器 operational amplifier

高增益、高输入阻抗、低输出阻抗的差动放大器。

11）隔离放大器 isolated amplifier

输入线路与输出线路之间以及两线路与地之间不存在点连接的放大器。

12）总计仪表 totalizing instrument

通过对被测的量各部分值的求和来确定被测量值的测量仪表。这些部分值可以同时或依次从一个或多个来源中获得。

13）计算装置 computing device

能够完成一个或多个计算和（或）逻辑操作，并输出一个或多个经计算后的信号的装置或功能。

14）反馈控制器 feedback controller

能自动地工作，通过将被控变量值与参比变量值相比较后改变被控变量从而缩小两者之间差异的装置。

15）信号选择器 signal selector/auctioneering device

从两个或多个输入信号中选择预期信号的装置。

16）自动 / 手动操作器 automatic/manual station（A/M station）

能够由过程操作人员在自动和手动控制之间切换以及手动控制一个或多个终端控制元件的装置。

17）手动操作器 manual station，remote manual loader

仅有手动操作输出，用来操纵一个或多个远程仪表的装置。

18）报警单元 alarm unit

具有可听和（或）可视输出，以表明设备或控制系统不正常或超出极限状态的装置。

19）指示灯 pilot light

用于指示系统或装置处于正常工况的灯，与报警灯不同，后者是用于指示工况异常。

20）双金属温度计 bimetallic thermometer

利用双金属元件作为检测元件测量温度的仪表。

21）充灌式感温系统 filled thermal system

由充有感温流体的温包、毛细管和压力敏感元件构成的全金属组件。

注：感温流体通常按下列方式分类：

液体（Ⅰ类）；与其蒸气平衡的液体（Ⅱ类）；气体（Ⅲ类）。

22）热电偶 thermocouple

一端互相连接（测量端或热端），另一端（参比端或冷端）连接到测量电动势的装置，从而形成一个电路，由于塞贝克效应而在电路中产生电动势（e.m.f）的一对不同材料的导电体。

注：所产生的电动势函数关系取决于所用不同材料的物理性质和测量端及参比端的温度。

23）铠装热电偶 sheathed thermocouple

将偶丝和绝缘材料一齐紧压在金属保护管中制成的热电偶。

24）**热电阻 resistance thermometer**

电阻随温度变化的导电元件。

25）**温度计套管 thermometer well**

具有与容器或管道气密连接安放温度检测元件的压力密封套管。

26）**压力表 pressure gauge**

利用弹性元件作为检测元件测量压力的仪表。

27）**弹簧管压力表 bourdon pressure gauge**

利用仅在管内承受被测压力后的弹簧管位移来测量压力的仪表。

28）**膜片压力表 diaphragm pressure gauge**

膜片单面承受被测压力，通过膜片的位移来测量压力的仪表。

29）**压力传感器 pressure transducer**

能感受压力并将其转换成测量信号的装置。

30）**压力变送器 pressure transmitter**

输出为标准信号的压力传感器。

31）**压力开关 pressure switch**

由所施加压力的变化驱动的开关。

32）**压力隔离装置 pressure seal**

将过程流体与变送器本体隔离且不影响压力测量的腔室。

33）**流量计 flowmeter**

同时指示被测流量和（或）选定时间间隔内的总量的流量测量装置。

34）**节流装置、差压装置 throttling device，differential pressure device**

差压流量计的一次装置，包括节流件、取压装置以及前后毗连的配管。当流体流经该装置时，将在节流件的上、下游两侧产生与流量有确定数值关系的压力差。

35）**孔板 orifice plate**

安装在流经封闭管道的流体中具有规定开孔的板产生差压的流量检测元件。

36）**流量喷嘴 flow nozzle**

利用嵌装在流经封闭管道的流体中的渐缩装置产生差压的流量检测元件。此渐缩装置的纵断面呈连续曲线状，可形成一个圆筒形喉部。

37）**文丘里管 Venturi tube**

利用异形管使流经该管流体的速度发生变化从而产生差压的流量检测元件。此管由圆筒形入口部分、渐缩部分、圆筒形喉部和渐扩部分组成。

38）**皮托管 Pitot tube**

顺流体流动方向安装的两根直管产生差压的流速检测元件。两根管子可作为一个整体同轴安装。其中一根管子端部开口，用于测量流体的滞止压力，另一根管子前端封闭但沿管身开孔，用于测量流体的静压。

39）**可变面积式流量计 variable area flowmeter**

安装在封闭管道中，由一根上宽下窄的锥形测量管和浮子组成，流体流动产生的上升力支承浮子的位置就是通过管子的流量指示值。

注：实心体或浮子往往带翼或槽，使其在流体中施转运动以减小摩擦造成的滞留。

40）容积式流量计 positive displacement flowmeter

安装在封闭管道中，由若干个已知容积的测量室和一个机械装置组成，流体流动压力驱动机械装置并借此使测量室反复地充满和排放流体，从而测量出流体体积流量的装置。

41）椭圆齿轮流量计 oval wheel flowmeter

通过计算安装在圆柱形测量室内的一对椭圆齿轮的旋转次数来测量流经测量室的液体或气体的体积流量的装置。

42）腰轮流量计 roots flowmeter

由测量室中一对腰轮的旋转次数来测量流经测量室的气体或液体体积总量的流量计。

43）刮板流量计 licking vane rotary flowmeter

由测量室中带动刮板（滑动叶片）的转子的旋转次数来测量流经圆筒测量室的液体体积总量的流量计。

44）涡轮流量传感器 turbine flow transducer

用旋转速度与流量成正比的多叶片转子测量封闭管道中流体流量的传感器。转子的转速通常由安装在管道外的装置检测。

45）涡街流量传感器 vortex flow transducer

通过检测流体中一个特殊形状的阻流体（亦称非流线型旋涡发生体）释放出旋祸的频率测量管道内流体速度的传感器。

46）电磁流量传感器 electromagnetic flow transducer

在非磁性管道中测量导电流体平均速度的传感器。在垂直于流动轴线和电极的磁场的作用下，导致垂直于流动轴线的两个电极处产生电动势（e.m.f），它与流体的平均速度成正比，因此通过测量电动势就可以确定流体的平均速度。

47）超声流量传感器 ultrasonic flow transducer

通过检测超声声能束与运动流体的相互作用来测量运动流体流速的传感器。

48）热式质量流量计 thermal mass flowmeter

利用流动流体传递热量改变测量管管壁温度分布，是热传导分布效应的热分布式的流量计。

49）质量流量计 mass flowmeter

利用流体质量流量与 Coriolis 力的关系来测量质量流量的流量计。

50）标准体积管、管式校准器 pipe prover

利用机械密封元件（球式或活塞式置换器）沿校准过的管道中的标准容积段两端设置的检测开关之间的移动来测量液体体积的装置。根据液流通过标准容积段所需次数确定流量。

51）玻璃液位计 glass level gauge

利用虹吸原理通过玻璃管或玻璃板内所示液面的位置来观察容器内液面位置的仪表。

52）浮子液位计 float level meter

通过检测浮子位置来测量液位的仪表。

53）超声物位计 ultrasonic level meter

通过测量一束超声声能发射到物料表面或界面并反射回来所需的时间来确定物料（液体或固体）物位的仪表。

54）伽马射线液位计 Gamma-ray level meter

利用物料处在射线源与检测器之间时吸收伽马射线的原理测量物料（液体或固体）物位的仪表。

55）电容物位计 electrical capacitance level meter

通过检测物料（液体或固体）两侧两个电极间的电容来测量物料物位的仪表。

注：其中一个电极可以是容器壁。

56）吹气管 bubble-tube

用于液位或密度测量的辅助装置。空气或气体从吹气管吹入液体，避免检测元件直接接触可能有腐蚀性或黏性的被测液体。吹气管中的压力事实上与液体压头（浸入液体的吹气管长度与液体密度的乘积）相等。

57）负载（称重）传感器 load cell

产生的信号与所施加的力有特定关系的装置。

注：负载传感器有多种型式：利用如液压或气压、压电、弹性、电磁感应等各种物理现象工作。

58）电子皮带秤 electronic conveyer belt scale

为连续自动测量胶带运输机输送散装物料的瞬时重量和累计重量，由称重传感器、速度传感器、称重框架、显示仪表组成的称重装置。

59）转速传感器 revolution speed transducer

能感受旋转速度并将其转换成可测信号输出的传感器。

60）位移传感器 displacement transducer

能感受位移量并将其转换成可测信号输出的传感器。

61）分析仪（分析器）analyzer

分析物质组成、浓度或物化性能的仪器。

62）过程分析仪 process analyzer

对工艺过程中的物料进行采样并自动分析的仪器。

63）分析预处理 analyzer pre-treatment

对分析仪表所采样的工艺过程介质进行前期处理，通常为汽化或加热分离。

64）气相色谱仪 gas chromatograph

试样组分在分析器吸收柱中分离后进行检测的气体分析仪。

65）质谱仪 mass spectrograph

将被分析物质能被电离的离子按质荷比（m/o）进行分离，并列成谱线，与标准谱线图相比而对物质进行定性分析的仪器。

66）色散红外线气体分析器 dispersive infra-red gas analyzer

利用棱镜、光栅或滤光片使红外光源发出的红外线辐射在穿过气体之前色散，然后用宽带检测器检测辐射，以此测量特定波长红外线辐射的吸收的气体分析器。

67）非色散红外线气体分析器 non-dispersive infra-red gas analyzer（NDIR）

通过向气体辐射宽带红外线并用波长选择检测器选择指定频带，以此测量特定波长红外线辐射吸收的气体分析器。

68）热导式气体分析器 thermal conductivity gas analyzer

利用在气体中热丝电阻的变化测量一种或几种组分的浓度的气体分析器。

69）顺磁式氧分析器 paramagnetic oxygen analyzer

利用在气体中热丝电阻的变化测量一种或几种组分的浓度的气体分析器。

注：氧气具有顺磁性，是指它受磁场的吸引。

70）固体电解质氧分析器 solid electrolyte oxygen analyzer

利用高温下的氧化锆等固体的电化学特性测量流体中氧含量的分析器。

71）离子选择电极 ion-selective electrode

产生的电信号是溶液中特定离子活度的函数的一种传感元件。

72）氧化还原复合电极 redox electrode assembly

通常由一个测量电极和一个参比电极组成，产生的电信号是溶液中离子的氧化和还原状态的活度比或浓度比的函数的传感器。

73）pH 复合电极 pH electrode assembly

通常由一个测量电极和一个参比电极组成，产生的电信号是水溶液中 H^+ 活度的函数的传感器。

74）可燃气体检测器 combustible gas detector

用于测量空气或其他气体混合物中可燃气体含量的分析器。

75）有毒气体检测器 toxic gas detector

用于测量空气或其他气体混合物中有毒气体含量的分析器。

76）自动分析器室 analyzer house

自动分析器室是指内含过程分析仪表的专用封闭建筑物，与引入分析流体的设备相连，维护人员可进入。它包括砖砌结构和金属结构。

77）控制阀 control valve

构成工业过程控制系统终端元件的动力操作装置，它由阀内件和阀体组成，阀体组件连接一个或多个执行机构响应控制元件发出的信号。

78）电磁阀 solenoid valve

利用线圈通电激磁产生的电磁力来驱动阀芯开关的阀。

79）自力式调节阀 self regulator

无需外加动力源，只依靠被控流体的能量自行操作并保持被控变量恒定的阀。

80）调节机构 correcting element

由执行机构驱动，直接改变操纵变量的机构。

81）阀 valve

内含控制流体流量用的截流件的压力密封壳体组件。

82）执行机构 actuator

将信号转换成相应运动的机构。

注：为信号和运动的机械力提供能量的物理介质可以是气、电、液压油或三者的任意组合。运动可以由膜片、杠杆、活塞旋转动作或电磁线圈产生。通常，执行机构推动阀件。

83）气动执行机构 pneumatic actuator

利用有压气体作为动力源的执行机构。

84）电动执行机构 electric actuator

利用电作为动力源的执行机构。

85）液动执行机构 hydraulic actuator

利用有压液体作为动力源的执行机构。

86）电液执行机构 electro-hydraulic actuator

接受电信号并利用有压液体作为动力源的执行机构。

87）执行机构动力部件 actuator power unit

执行机构中能将流体、电、热或机械的能量转换成输出杆（轴）的动作并产生输出力或转矩的部件。

88）执行机构输出杆 actuator stem

又称执行机构推杆。执行机构中传递动力部件的直线动作和输出力的零件。

89）执行机构输出轴 actuator shaft

执行机构中传递动力的转角动作和输出转矩的部件。

90）直行程阀 linear motion valve

具有直线移动式节流件的阀。

91）角行程阀 rotary motion valve

具有旋转式节流件的阀。

92）柱塞阀 globe valve

具有球形阀体，其截流件垂直于阀座平面移动的阀。

93）蝶阀 butterfly valve

由圆环形阀体和一以转轴支承旋转动作的圆板形截流件构成的阀。

94）偏心旋转阀 rotary eccentric plug valve；cam-flex valve

凸轮挠曲阀，阀芯绕偏心轴旋转动作的阀。

95）球阀 ball valve

用与转轴同心的、内部有通道的球体或部分球体作为截流件的阀。

96）隔膜阀 diaphragm valve；saunders valve

用使阀内流体与执行机构隔离的挠性成形膜片作为截流件的阀。

97）旋塞阀 plug valve

用旋转动作内部有通道的圆柱体、圆锥体或偏心的部分球体作为截流件的阀。

98）闸阀 gate valve

用直线移动的、穿过阀座面的平板或楔形闸板作为截流件的阀。

99）角形阀 angle valve

进出口接管的轴线互相垂直的阀。

100）分体阀 split-body valve

阀体由两半合成以利衬里和拆装的阀。

101）低噪声阀 low noise valve

对降低流体流动噪声具有特殊效果的阀。

102）防气蚀化阀 anti-cavitation valve

可防止流过的液体产生空气蚀化现象的阀。

103）控制阀附件 control valve accessory

为了使控制阀提高性能、增强功能、扩大应用而与其配合使用的附加装置。例如定位器、手轮机构、增强器等。

104）手轮机构 hand wheel

用来手动操作控制阀的附件，有侧装和顶装之分。

105）定位器 positioner

根据标准化信号确定执行机构输出杆位置的装置。定位器将输入信号与执行机构的机械反馈连杆相比较，然后提供必要的能量推动执行机构输出杆，直至输出杆位置反馈与信号值相当。

106）限位开关 limit switch

当控制元件运动到或超过限位设定时改变接点状态的开关。

注：通常采用具有防尘、耐气候影响或防爆外壳的精密"快动作"（触发〕开关作为限位开关。

107）保位阀 air lock

当气源压力降至低于规定值时，能把气信号闭锁而保持原有阀位的一种控制阀附件。

108）增强器 Booster

信号增益为 1 的功率放大器。

109）继电器 relay

当输入量（激励量）的变化达到规定要求时，在电气输出电路中使被控量发生预定的阶跃变化的一种电器。

110）信号转换器 signal converter

将一种标准传输信号转换成另一种标准传输信号的专用变送器。

例如：P/I, I/P, V/I, I/V, V/P, P/V, I/I；

P 为压力、I 为电流、V 为电压。

注：标准信号有 4~20mA、20~100kPa、0~10V。

111）阀内件 trim

阀内与流体接触并可拆卸的、起改变节流面积和截流件导向等作用的零件总称。例如阀芯、阀座、阀杆、套筒、倒向套等。

112）阀体 valve body

提供流体流路和管道连接端的，阀的主要承压零件。

113）上阀盖 bonnet

含有阀杆密封装置并与阀体构成承压阀腔的零件。

114）散热片型上阀盖 radiation to bonnet

带有翅片以减少阀体与填料函之间热传导的上阀盖。

115）伸长型上阀盖 extension bonnet

为用于高温和低温流体，在与阀体连接的法兰和填料函之间有一伸长部分的上阀盖。

116）波纹管密封型上阀盖 bellows seal bonnet

采用波纹管密封，以防止阀内流体沿阀杆和填料函漏出的上阀盖。

24.4　自动控制术语

1）控制 control

为达到规定的目标，在系统上或系统内的有目的作用。

2）过程控制 process control

为达到规定的目标而影响过程状况的变量的操纵。

3）自动控制 automatic control

无需人直接或间接操纵终端执行元件的控制。

4）手动控制 manual control

由人直接或间接操纵终端执行元件的控制。

注：在工业过程中，手动控制是通过标准信号完成的。

5）监视 monitoring

观察系统或系统部分的工作，以确认正确的运行和检出不正确的运行，它是通过测量系统的一个或多个变量并将被侧值与规定值进行比较来完成。

6）监控 supervision

系统的控制和监视操作，必要时包括保证可靠性和安全保护的操作。

7）回路 loop

两个或多个仪表或控制功能的组合并在其间传递信号，从而进行过程变量的测量和控制。

8）控制层次 control hierarchy

按主控系统的递增复杂程度排列的不同控制（自动化）等级之间关系的图解表示。

9）控制算法 control algorithm

需执行控制作用的数学表示法。

10）性能指标 performance index

在规定条件下表征控制质量的数学表述。

11）控制系统 control system

通过精确指导或操纵一个或几个变量以达到预定状态的系统。

12）自动控制系统 automatic control system

无需人干预其运行的控制系统。它分成主控系统和被控系统。

13）终端执行元件 final controlling element

正向通路中直接改变操纵变量的元件。

14）反馈元件 feedback elements

控制系统反馈通路中的元件。

15）比较元件 comparing element

具有两个输入和一个输出，输出信号为两个输入信号经过逻辑或运算比较后的功能块。

16）实时控制系统 real-time control system

能对输入作出快速响应、快速检测和快速处理，并能及时提供输出操作信号的计算机控制系统。

17）控制回路 control loop

由比较元件、相应的正向通路和相应的反馈通路组成的元件组合。

注：有时控制何路还可以包括其他回路，在这种情况下它称为主回路，所包含的其他回路称为小回路、子回路、副回路、辅助回路或局部回路。

18）反馈通路 feedback path

将被控系统的输出连接到相关比较元件的一个输入上的功能链。

19）相加点 summing point

各信号代数相加的点。

20）开环 open loop

没有反馈的信号通路。

21）主回路 master loop

对主被控变量进行控制的控制回路。其主控制器的输出变量为副控制器的参比变量。

22）副回路 slave loop

由副控制器对副被控变量进行控制的回路。

23）实际值 actual value

在给定瞬间的变量值。

24）预期值 desired value

在规定条件下，给定瞬间所要求的变量值。

25）设定点 set point

代表参比变量的预期值。

26）被控变量 controlled variable

被控系统的输出变量。

27）直接被控变量 directly controlled variable

检测其值以产生反馈信号的被控变量。

28）间接被控变量 indirectly controlled variable

不产生反馈信号但与直接被控变量有关并受其影响的被控变量。

29）操纵（变）量 manipulated variable

主控系统的输出变量，亦是被控系统的输入变量。

30）参比变量 reference variable

供主控系统设定被控变量预期值的输入变量。

注：参比变量可以是手动设定、自动设定或程序设定。参比变量通常用被控变量的相同单位表示。

31）参比信号 reference signal

从参比变量中得出，在比较元件上与反馈信号相比较的信号。

32）反馈信号 feedback signal

取决于直接被控变量并返回到比较元件的信号。

33）偏差信号 error signal

反馈控制系统中比较元件的输出信号。

34）扰动 disturbance

除了参比变量外，输入变量中非期望的通常难以预料的变化。

35）控制范围 control range

在规定的工作条件下，直接被控变量所能达到的两个极限值限定的区间。

36）校正范围 correcting range

操纵变量所能达到的两个极限值所限定的区间。

37）（元件或系统的）作用方式 type of action（of an element or system）

输入变量影响输出变量的方式。

38）正作用 direct action

输出随输入增加而增加的控制作用

39）反作用 reverse action

输出随输入增加而减小的控制作用。

40）控制模式 control mode

控制作用类型：比例、积分或微分。

41）比例作用 proportional action

P–作用 P–action

输出变量的变化与输入变量的变化成比例的控制作用。

42）比例作用系数 proportional action coefficient

比例增益 proportional gain

比例控制作用造成的输出变化和输入变化之比。

43）（控制器的）比例带 proportional band（of a controller）

由于比例控制作用，输出产生全范围变化所需的输入变化。

44）积分作用 integral action

I–作用 I–action

输出变量变化率（时间导数）与相应的输入变量值（在控制系统中为系统偏差）成比例的控制作用。

注：积分作用是无定位作用的特殊形式。

45）积分作用系数 integral action coefficient

纯积分作用元件中，输出变量的变化率与相应输入变量值之比。

46）积分作用时间 integral action time

纯积分作用元件中，输入变量和输出变量的因次相同时，积分作用系数的倒数。

47）再调时间 reset time

在比例积分作用的元件中，当输入变量阶跃变化时，再调时间为输出变量达到阶跃施加以后理解出现的变化值的两倍所需的时间。

48）微分作用 derivative action

D–作用 D –action

输出变量值与输入变量（在控制器中为系统偏差）变化率（一阶时间导数）成比例的控制作用。

49）微分作用系数 derivative action coefficient

纯微分作用元件中，输出变量和输入变量变化率之比。

50）微分作用时间 derivative action time

纯微分作用元件中如果输入变量和输出变量的因次相同，则微分作用时间等于微分作用系数。

51）预调时间 rate time

在输入变量定为斜坡状变化的比例微分作用元件中，预调时间为输出变量变化达到斜坡施加后立即出现的变化值的两倍所需时间。

52）微分作用增益 derivative action gain

比例微分控制作用得到的最大增益与单纯比例控制作用的增益之比。

53）保持作用 holding action

在采样间隔期内输出变量保持恒定（零阶保持）或按照先前输入变量采样的确定规律变化（高阶保持）的采样作用。

54）切换值 switching value

在位式作用元件中，输出变量值发生变化时的任何输入变量值。

55）切换差 differential gap

上切换值与下切换值之差。

56）位式作用 step action

输出变量值只取限定数目叫作"位"的作用。

57）两位作用 two-step action

使输出变量为两位中任何一个位的位式作用方式。

58）极限控制 limiting control

只有当被限定的给定过程变量超越预定极限时才起作用的控制。

59）变化率极限控制 rate of change limiting control

防止被控变量的变化率超过预定上限的控制。

60）连续控制 continuous control

时间上连续地取得参比变量和被控变量，由连续作用产生操纵变量的控制。

61）分时控制 time shared control

由一个控制器利用具有保持作用的元件依次为各控制回路产生操纵变量的多控制回路的采样控制。

62）通断作用 on-off action

其中一个位定为零值的两位作用。

63）多位作用 multi-step action

多于两个位的位式作用。

64）正负三位作用 positive negative three-step action

具有三个位，其中一个位通常为零值，另两个位符号相反的多位作用。

65）中间区 neutral zone

正负三位作用中，两个切换值之间的区域。

66）逻辑控制 logic control

通过逻辑（布尔）运算由二进制输入信号产生二进制输出信号的控制。

67）开环控制 open-loop control

输出变量不持久影响其本身具有的控制作用的控制。

68）闭环控制 closed loop control

反馈控制 feedback control

使控制作用持久地取决于被控变量测量结果的控制。

69）定值控制 control with fixed set-point

使被控变量保持基本恒定的反馈控制。

70）随动控制 follow-up control

使被控变量随参比变量的变化而变化的反馈控制。

71）前馈控制 feedforward control

将被控变量的一个或多个影响条件的信息转换成反馈回路以外的附加作用的控制。这种附加控制作用应使被控变量与预期值的偏差减至最小，此附加控制作用可以施加在开环控制上，也可以施加在闭环控制上。

72）串级控制 cascade control

一个控制器的输出变量是其他控制器的参比变量的控制。

73）分程控制 split-ranging control

信号幅值顺序控制 signal amplitude sequencing control

由一个输入信号按不同的功能产生两个或多个输出信号的作用。

注：所谓的信号幅值顺序是分程的一种特定形式，输出信号重叠或不重叠地连续响应输入信号大小。

74）比值控制 ratio control

实现两个或两个以上参数符合预先设定的比例关系的控制。

75）选择性控制 selective control，override control

将由工艺生产过程中的限制条件所构成的逻辑关系或开停车特需的逻辑关系，叠加到自动控制系统上，当过程趋向限制条件时，一个用于不安全状况的控制方式将取代正常状况下的控制方式，直到生产操作重新回到安全状态并恢复正常状态下的控制方式。选择性控制可分为被控变量的选择性控制和操纵变量的选择性控制。

76）顺序控制 sequential control

执行顺序程序的控制。顺序程序按预定次序规定系统上的作用，有些作用取决于前面一些作用的执行情况或某些条件的实现。

77）步进允许条件 step enabling condition

顺序控制中，通过逻辑（布尔）预算产生的允许切换到下一步的条件。

78）批量控制 batch control

具有反馈控制、顺序控制和逻辑控制综合控制功能的一种控制。

79）（自）适应控制 adaptive control

控制系统能自行调整参数或产生控制作用，使系统按某一性能指标运行在最佳状态的一种控制方法。它能修正自己的特性以适应对象和扰动的动态特性的变化。

80）最优控制 optimal control

在规定的限度下，使被控系统的性能指标达到最佳状态的控制。

81）遥控 remote control

由远方装置进行控制。

82）采样控制 sampling control

时间上不连续地（采样）取得参比变量和被控变量，使用具有保持作用的元件产生操纵变量的控制。

83）先进过程控制 advanced process control（APC）

在动态环境中，基于模型、借助计算机的充分计算能力来实现的控制算法。这种控制策略实施后，装置运行在最佳工况。

注：先进控制策略主要有多变量预测控制、自适应控制、推理控制、专家控制、模糊控制和神经元网络等。

84）系统偏差 system deviation

控制系统中给定瞬间的参比变量与被控变量之差。

85）稳态偏差 steady-state deviation

所有输入变量保持恒定时系统偏差的稳态值。

86）N 阶稳态偏差 steady-state deviation of the n-th order

一个输入变量 N 阶导数保持恒定而其他输入变量为常数时系统变差的稳态值。

87）瞬态偏差 transient deviation

变量的瞬时值与最终稳态值之差。

88）静差系数 offset coefficient

给定点上控制特性曲线的切线斜率的绝对值。

89）闭环增益 closed-loop gain

在规定的频率下，以作为输出的直接被控变量的变化与作为输入的参比变量的变化之比来表示闭环系统的增益。

90）开环传递函数 open-loop transfer function

表明反馈信号与相应偏差信号关系的传递函数。

91）开环增益 open-loop gain

在规定的频率下，反馈信号变化的绝对量与其相应偏差信号的变化之比。

92）开环增益特性 open-loop gain characteristic

作为频率函数的开环增益的特性曲线。

93）开环频率响应 open-loop frequency response

正向通路和反馈通路的频率响应之积。

94）增益裕度 gain margin

在绝对稳定的反馈系统中，相角达到 π 弧度的频率上的开环增益的倒数。

95）相位裕度 phase margin

在绝对稳定的反馈系统中，在开环增益为 1 的频率上 π 弧度与开环相角绝对值之差。

96）猎振 hunting

可觉察大小而非所期望的持续振荡。

24.5 工业仪器的动态特性及相关术语

1）性能特性 performance characteristics

在静态或动态条件下或作为特定试验的结果，确定装置的功能和能力的有关参数及其定量的表述。

2）特性曲线 characteristic curve

表明系统或装置的输出变量稳态值与一个输入量之间函数关系的曲线，此时，其他输入变量均保持在规定的恒定值。

注：将其他输入变量作为参数处理时，可得到一组特性曲线。

3）调整 adjustment

使装置或仪表的输出与期望的规定特性曲线尽可能一致的操作。

4）校准 calibration

在规定的条件下确立被测量与装置相应输出值之间关系的一组操作。

5）校准周期，校验周期 calibration cycle

仪器仪表进行定期校验的时间间隔。

6）校准表格 calibration table

表示校准曲线的数据表格形式。

7）校准曲线 calibration curve

在规定条件下表示被测量值的与装置实际测出的相应值之间关系的曲线。

8）灵敏度 sensitivity

测量仪表响应的变化除以相应的激励变化。

9）线性度 linearity

校准曲线接近规定直线时的吻合程度。

10）线性度误差 linearity error

校准曲线与规定直线之间最大偏差的绝对值。

11）死区 dead band

输入变量的变化不致引起输出变量有任何可觉察变化的有限数值区间。

12）死区误差 dead band error

（整个测量范围中）死区的最大量程值。

13）分辨率 resolution

仪器仪表指示装置可有意义地辨别被指示量两紧邻值的能力。

14）分辨率因数 resolution factor

最大死区对测量量程的百分比。

15）稳定性 stability

在规定的工作条件下，仪表性能特性在规定时间内保持不变的能力。

16）可靠性 reliability

规定的条件下和规定的时间内装置完成规定功能的能力。

17）漂移 drift

在一段时间内，并非由于外界影响作用于装置而引起的装置输入–输出关系发生不希望有的逐渐变化。

18）点漂 point drift

在规定参比工作条件下的规定时间内，对应于一个恒定输入的输出变化。

19）零点漂移 zero drift

简称零漂。范围下限值上的点漂。当下限值不为零值时亦称为始点漂移。

20）重复性 repeatability

在同一工作条件下，仪表对同一输入值按同一方向连续多次测量的输出值间的相互一致程度。

注：重复性应不包括回差、漂移。

21）重复性误差 repeatability error

在相同的工作条件下，从同一个方向做全范围移动时，对同一个输入值在短时间内多次连续测量输出所获得的极限值之间的代数差。

22）再现性误差 reproducibility error

在相同的工作条件下，在一段时间内对同一个输入值从两个方向多次重复测量输出所获得的极限值之间的代数差。

23）环境误差 environmental error

当环境条件的其他参数均保持在参比值时，由于环境条件中一个参数（温度、磁场）变化的影响引起的不精确的最大变化。

24）量程误差 span error

实际量程输出与规定量程输出之差。

注：量程误差通常以规定量程输出的百分数表示。

25）量程迁移（偏移）span shift

因某些影响引起的量程输出的变化。

26）零点误差 zero error

在规定的使用条件下，当输入处于范围下限值时实际输出值与规定输出范围最低值之差。

注：零点误差通常以规定量程输出的百分数表示。

27）零点迁移（偏移）zero shift

当输入处于范围下限值时，因某些影响引起的输出值的变化。

注：零点迁移通常以规定量程输出的百分数表示。

28）示值误差 error of indication

仪表的示值减去被测量的（约定）真值。

29）引用误差 fiducial error

仪表的示值误差除以规定值。

注：这一规定值常称为引用值，例如：它可以是仪表的量程或范围上限值等。

30）时滞 dead time

又称死时。从输入量产生变化的瞬间起到仪表输出量开始变化的瞬间为止的时间。

31）时间常数 time constant

在由阶跃或脉冲输入引起的一阶线性系统中，输出完成总上升或总下降的 63.2% 所需的时间。

32）阻尼 damping

运动过程中系统能量的耗散作用。

33）周期阻尼 periodic damping；under-damping

又称欠阻尼。阶跃响应出现过冲的阻尼。

34）非周期阻尼 aperiodic damping；over-damping

又称过阻尼。阶跃响应不出现过冲的阻尼。

35）阻尼因数 damping factor

在二阶线性系统的自由震荡中，输出在最终稳态值附近的一对（方向相反的）连续摆动的较大幅值与较小幅值之比。

36）噪声 noise

叠加在信号上导致其成分被掩盖的有害扰动。

37）输入阻抗 input impedance

仪表输入端之间的阻抗。

38）输出阻抗 output impedance

仪表输出端之间的阻抗。

39）负载阻抗 load impedance

与仪表输出端连接的所有装置及连接导线的阻抗总和。

24.6　DCS 术语

1）分散控制系统 distributed control system

控制功能分散，操作和管理集中，采用分级网络结构的以计算机和微处理器为核心的控制系统。

2）采样 sampling

以一定时间间隔对被测量进行取值的过程。

3）采样（速）率 sampling rate

对被测量进行采样的频率，即单位时间的采样次数。

4）采样周期 sampling period

周期性采样控制系统中二次实测的间隔时间。

5）扫描 scan

以预定的方式对若干变量依次进行周期地采样。扫描装置的功能通常用来确定变量的状态或数值。

6）扫描速率 scan rate

对一系列模拟输入通道的采样［速］率，以每秒输入通道数表示。

7）模拟输入 analog input

连续变化的物理量输入。

8）数字输入 digital input

离散的、不连续的数字量的输入。

9）实时输出 real time output

在由外界要求所确定的时限内或瞬间中，将数据从某个数据处理系统送出的一种输出方式。

10）模拟输出 analog output

连续变化的物理量的输出。

11）数字输出 digital output

离散的、不连续的数字量的输出。

12）系统结构 system architecture

在分散型控制系统中，为了实现分级控制、分散控制操作和管理功能，由各级硬件、软件及其接口所构成的集合体。

13）过程控制级 process control level

分散型控制系统分级体系结构中最基础的一级。该级由各种形式的过程控制站，诸如数据采集站、直接数字控制站、顺序控制站和批量控制站等组成。各控制站直接与检测仪表和执行器相连，完成工艺过程数据的采集和处理，以及对工艺过程进行控制和监视。

14）监控级 supervision level

分散型控制系统或安全系统 PLC 分级体系结构中过程控制级的上一级。由监控计算机、显示操作装置及有关外围设备组成。该级主要完成监督控制与优化控制以及集中监视操作处理等功能。

15）管理级 management level

分散型控制系统分级体系结构中最上面的一级，由管理计算机等组成。该级以综合信息管理与处理功能为主，包括生产调度、系统协调、质量控制、制作管理报表文件、收集运行数据和进行综合分析、提供决策支持等。

16）直接数字控制站 direct digital control station

分散型控制系统过程控制级中的一种站，用以实现对工业生产过程的直接数字控制。直接数字控制站可以独立工作，也可与数据公路连接组成多级监控系统。

17）数据采集站 data acquisition station

分散型控制系统过程控制级中的一种站，用于大批量的运行参数或实验数据的采集；将其进行适当的转换和处理，还可用作分散型控制系统的过程输入输出接口。

18）操作员站 operator workstation

在分散型控制系统或安全仪表 PLC 系统中监控级提供的、起操作员操纵台作用（系统监视、操作、维护）的智能站。智能站为包括应用单元及能够启动和控制通过数据公路的信息事务处理的一个站。

19）工程师工作站 engineer workstation

在分散型控制系统中供工程师使用的实现系统生成的智能站，一般也具有操作员站的功能。

20）多路转换器 multiplexer

能实时地处理多路输入输出信号的装置。

21）输入输出操作 input/output operation

中央处理机与外围设备之间进行的信息传输操作。

22）工厂验收测试 factory acceptance test（FAT）

定购的控制系统在生产商工厂的最终测试。

23）现场验收测试 site acceptance test（SAT）

控制系统在所使用的工程现场安装完成后的最终测试。

24）过程控制对象链接和嵌入技术为 object linking and embedding for process control（OPC）

OPC 是支持两个独立应用程序之间的双向数据流动的应用软件。这些应用程序可以在同一个或独立的服务器上运行。

25）冗余 redundancy

为了提高可靠性，采用多个部件或系统实现一个功能。

26）画面 panel

在分散控制系统中，为了完成对生产过程的监视和操作，在显示器上预先定义的各种显示图像。

27）同步 synchronization

两个或两个以上随时间变化的量在变化过程中保持一致。

28）组态 configuration

将控制过程有关数据和所需要的控制规律按照控制系统的软件控制模块和数据规则输入到系统中，使控制系统具有完成特定对象的控制任务的功能。

29）过程控制站 process control station

DCS 完成检测、控制、运算和诊断功能的设备。

注：过程控制站主要由控制单元、过程接口单元、供电单元和通信单元四部分组成。

30）控制单元 control unit

也成控制器，是过程控制站的中央处理单元，主要承担过程控制站的数据处理、控制运算等任务。

31）输入 / 输出模件 input/output module

控制系统与外部设备的信号接口模件。

注：输入 / 输出模件属于过程控制站中的过程接口单元，用于将外部设备的标准信号输入到控制系统，或将控制系统的标准信号输出到外部设备。

32）电磁干扰 electromagnetic interference

电磁作用对电子设备工作的非正常影响。

注：电磁干扰包括传导干扰和辐射干扰。

33）传导干扰 conductive interference

电磁干扰以电流或电压的形式通过导电介质传送到电子设备部件或电路上。

34）辐射干扰 radiant interference

电磁干扰以电磁波的形式通过空间传到电子设备部件或电路上。

35）电磁兼容性 electromagnetic compatibility

电子系统在所处的电磁环境中按照设计功能运行，并且对不规定环境中的电子设备产生超过规定指标的电磁干扰能力。

36）抗扰度 immunity

电子设备或系统受到电磁干扰时维持正常工作的能力。

37）操作分区 operation subarea

以生产操作或管理职能划分的一个或多个工艺装置、公用工程单元及储运单元的组合。

24.7　SIS 术语

1）安全仪表系统 safety instrumented system（SIS）

用于实现一个或几个安全仪表功能的仪表系统。

安全仪表系统由传感器、逻辑运算器、最终元件以及相关软件组成。

2）风险 risk

预期可能发生的特定危险事件和后果。

3）过程风险 process risk

因非正常时间引起过程条件改变而产生的风险。

4）安全生命周期 safety life cycle

从工程方案设计开始到所有安全仪表功能停止使用的全部时间。

5）危险 hazard

导致人身伤害或疾病、财产损失、环境破坏等事件的可能性。

6）风险评估 risk assessment

评估风险大小以及确定风险容许程度的全过程。

7）保护层 protection layer

通过控制、预防、减缓等手段降低风险的措施。

8）安全功能 safety function

为了达到或保持过程的安全状态，由安全仪表系统、其他安全相关系统或外部风险降低设施实现的功能。

9）安全仪表功能 safety instrumented function（SIF）

为了防止或减少危险事件发生或保持过程安全状态，用测量仪表、逻辑控制器、最终元件及相关软件等实现的安全保护功能或安全控制功能。

10）安全完整性 safety integrity

在规定的条件和时间内，安全仪表系统完成安全仪表功能的平均概率。

11）安全完整性等级 safety integrity level（SIL）

安全功能的等级。安全完整性等级由低到高为 SIL1~SIL4。

12）逻辑控制器 logic solver

安全仪表系统的组成部分，执行逻辑功能的设备。

13）最终元件 final element

安全仪表系统的组成部分，执行逻辑控制器指令或设定的动作，使过程达到安全状态的设备。

14）故障安全 fail safe

安全仪表系统发生故障时，使被控制过程转入预定安全状态。

15）容错 fault tolerant

在出现故障或错误时，功能单元仍继续执行规定功能的能力。

24.8 PLC 术语

1）可编程序控制器 programmable logic controller（PLC）

一种用于工业环境的数字式操作的电子系统。这种系统用可编程的存储器作为面向用户指令的内部寄存器，完成规定的功能，如逻辑、顺序、定时、计数、运算等，通过数字或模拟的输入/输出，控制各种类型的机械或过程。可编程序控制器及相关外围设备的设计，使它能够非常方便地集成到工业控制系统中，并能很容易地达到所期望的所有功能。

2）功能块图 function block diagram（FBD）

功能块具有独立的输入输出以及中间变量，类似于函数，在编程中可以进行功能块的调用。

3）顺序功能图 sequential function chart（SFC）

类似于解决问题的流程图，适用于顺序控制的编程。

4）结构化文本 structured test

高级文本语言，可以用来描述功能，功能块和程序的行为，还可以在顺序功能图中描述动作和转换的行为。

5）应用程序 application software

用可编程序控制器系统控制机械或者过程，进行预期信号处理所必须的所有编程语言和结构的逻辑集合。

6）可用性 availability

一个装置或系统正确其指定功能的始建与计划执行该项预定功能的总时间之比，用百分数来表示。

7）中央处理器 central process unit

可编程序控制器的中央处理器由控制器、运算器、存储器操作系统和编程器接口组成。

8）编程器 programming device

安装有专用的硬件和软件，支持可编程序控制器系统应用的编程、实验、调试、故障查询、程序记录和储存的外围设备。

9）安全型可编程序控制器 safety programmable logic controller

经过国家或国际权威机构安全认证，符合安全完整性等级，用于安全仪表系统的可编程序控制器。

24.9　IEC 关联用语、缩略语

1）爆炸性环境 explosive atmosphere

含有爆炸性混合物的环境。

2）防爆形式 type of protection of an' instrument for explosive atmosphere

为防止点燃周围爆炸性混合物而对仪表采取各种特定措施的形式。

3）防爆类别 group of an instrument for explosive atmosphere

根据仪表使用的爆炸性环境而划分的类别。该类别可再划分为级别。

4）防爆合格证 certification of conformity of an instrument for explosive atmosphere

由国家或其他相应机构批准的试验站所颁发的用以说明样机或试样及其技术条件符合有关标准中的一种或几种防爆形式要求的证件。

5）最高表面温度 maximum surface temperature

仪表在允许范围内的最不利条件下运行时，暴露于爆炸性混合物的任何表面的任何部分，不可能引起仪表周围爆炸性混合物爆炸的最高温度。

6）温度组别 temperature class

按仪表最高表面温度划分的组别。

7）引燃温度 ignition temperature

按照标准试验方法试验时，引燃爆炸性混合物的最低温度。

8）爆炸性混合物 explosive mixture

在大气条件下，气体、蒸汽、薄雾、粉尘或纤维状的易燃物质与空气混合，点燃后燃烧将在整个范围内传播的混合物。

9）最小点燃电流 minimum igniting current（MIC）

在规定的试验条件下，能点燃最易点燃混合物的最小电流。

10）最大试验安全间隙 maximum experimental safe gap（MESG）

标准试验条件下（0.1MPa，20℃），火焰不能通过的最小狭缝宽度（狭缝长 25mm）。

11）爆炸 explosion

由于氧化反应或其他放热反应而引起压力和温度骤升现象。

12）爆炸危险场所 hazardous area

爆炸性混合物出现的或预期可能出现的数量达到足以要求对仪表的结构、安装和使用采取预防措施的场所。

13）非爆炸危险场所 non-hazardous area

爆炸性混合物预期出现的数量不足以要求对仪表的结构、安装和使用采取预防措施的场所。

14）区 zone

爆炸危险场所的全部或部分。

注：按照爆炸性混合物出现的频率和持续时间可分为不同危险程度的若干区。

15）隔爆型仪表 flame proof instrument

具有隔爆外壳的仪表。

16）隔爆外壳（Exd）flame proof enclosure（Exd）

内置能点燃爆炸性大气的部件的一种防护外壳。隔爆外壳能承受内部爆炸性混合物所产生的压力，防止内部爆炸向外壳周围的爆炸性大气传播。

17）增安型电气设备（Exe）increased safety electrical apparatus（Exe）

专门为用于爆炸性气体而设计，在正常工作条件下不会产生可能导致点燃爆炸性大气的电弧、火花或高温，且在设备的结构上采取措施提高了安全程度，以避免在正常工作状态或认可的过载状态下出现这些现象的电气设备。

18）正压型仪表 pressurized instrument

具有正压外壳的仪表。

19）正压外壳（Exp）purged and pressurized, enclosure（Exp）

保持内部保护气体（也可以是空气）的压力高于周围爆炸性环境的压力，以阻止外部爆炸性大气进入的一种防护外壳。

20）本质安全型仪表 intrinsically safe instrument

全部电路为本质安全电路的仪表。

21）本质安全电路（Exi）intrinsically safe circuit（Exi）

在有关标准规定的试验条件下，正常工作或规定故障状态下产生的电火花和热效应均不能点燃规定爆炸性大气的电路。

22）本质安全栅 intrinsic safety barrier

使爆炸危险区域内的电路成为本质安全电路以限制电能从安全区域流向有爆炸危险区域的装置。

23）绝缘电阻 insulation resistance

施加规定的直流电压在仪表指定的绝缘部分之间所测得的电阻。通常，绝缘电阻应在参比工作条件下测定。

24.10　现场总线技术术语

1）总线 bus

连接若干个节点的通信媒介，通过电子导体或光纤串行或并行传输数据。

2）总线主设备 bus master

在总线结构的计算机中，控制总线上当前数据传送的设备。

3）总线从设备 bus slave

在总线结构的计算机中，向总线主设备发送数据或从总线主设备接收数据的设备。

4）现场总线 field bus

安装在生产过程区域的现场设备 / 仪表与控制室内的自动控制装置 / 系统之间的一种串行、数字式、多点通信的数据总线。

5）监控和数据采集系统 supervisory control and data acquisition system（SCADA system）

一种具有远程监测控制功能，以多工作站的主站形式通过网络实时交换信息，并可应用遥测技术进行远程数据通信的模块化、多功能、分层分布式控制系统。

6）现场总线 fieldbus

安装在生产过程区域的现场设备或仪表与控制室内的自动控制装置或系统之间的一种串行、数字式、多点通信的数据总线。

7）基金会现场总线 foundation fieldbus（FF）

特指由 IEC 61158 标准和现场总线基金会（fieldbus foundation）标准所定义的现场总线，通信速率为 31.25 kbit/s。

8）过程总线 profibus

IEC61784-1 标准中规定的一种现场总线，用于工业现场仪表设备的数字通信。有 profibus DP 和 profibus PA 两种规格。

9）非周期时间 acyclic period

通信循环周期内，除了用于"发布 / 预订数据"的时间外，用于传送其他信息的时间称为非周期时间。在非周期时间内，传送的典型信息包括：报警或事件、维护或诊断信息、程序调用、联锁、显示信息、趋势信息和组态信息等。

10）自检测 auto sense

在无需人工干预的情况下，系统自动检测并识别系统中任何添加或删除的硬件的能力。

11）基本设备 basic device

基本设备是指 H1 现场总线网段上不负责整个网段通信控制权的设备。

12）能力文件 capabilities file

能力文件是描述现场总线设备中的通信对象的电子文件。在现场总线设备不在线的情况下，组态设备（如 DCS、AMS 或手操器等）也能够通过设备描述（DD）文件和能力文件进行现场总线系统的组态工作。

13）通用文件格式文件 common file format file（CFFF）

一种软件文件，主控制系统利用它可以掌握设备的详细 FF 功能，无需连接实际设备。

能力文件和数值文件采用该文件格式。

14）耦合器 coupler

耦合器是一种用于连接主干电缆和分支电缆，或主干电缆和设备的物理接口。

15）数据链路层 data link layer（DLL）

数据链路层（DLL）控制现场总线上报文的传输，并通过链路活动调度器（LAS）管理对现场总线的访问。基金会现场总线采用的 DLL 由 IEC 61158 和 ISA 50 定义。它包括发布方/预订接收方、客户方/服务器方、源方/收存方等通信参与者提供的服务。

16）设备描述 device description（DD）

设备描述（DD）提供虚拟现场设备（VFD）中每个对象的扩展说明，它包括控制系统或主机系统理解 VFD 中的数据含义所需的信息。

17）现场总线访问子层 fieldbus access sublayer（FAS）

现场总线访问子层（FAS）将现场总线报文规范（FMS）映射到数据链路层（DLL）。

18）现场总线报文规范 fieldbus messaging specification（FMS）

现场总线报文规范（FMS）包含基金会现场总线中应用层服务的定义。FMS 规定访问功能块（FB）参数的服务和报文格式，以及虚拟现场设备（VFD）中定义参数的对象字典（OD）描述。

19）现场总线本质安全概念 fieldbus intrinsic safe concept（FISCO）

对于获得认证的 FISCO 设备，本安（IS）网段上允许的电源功率有所增加，因而每个本安网段上能够带载更多的设备。

20）柔性功能块 flexible function block（FFB）

柔性功能块类似于一般的标准功能块，它又比标准功能块有更多的功能。编程工具可以创建一个具有特定功能的柔性功能块，并规定该柔性功能块的具体功能、块参数的次序和定义，以及块执行所需的时间等。柔性功能块（FFB）通常用于离散过程和混合（批量）过程的控制。可编程序逻辑控制器（PLC）可看作是一种柔性功能块设备。

21）现场总线非易燃概念 fieldbus non-incendive concept（FNICO）

现场总线非易燃概念，可以在 Zone 2 区域内现场总线网段上允许增加电源功率，这样网段上能够带载更多的设备。

22）H1 网段 H1 segment

术语 H1 专门用于描述通信速率为 31.25kb/s 的现场总线网段。

23）H1 现场设备 H1 field device

H1 现场设备是指能够直接与 H1 现场总线连接的现场设备。常见的 H1 现场设备有阀门和变送器。

24）主控制系统 host

特指与现场总线 H1 网段相连接的主系统，如：DCS、PLC、工业控制 PC 机等。

25）主控制系统互操作性测试 host interoperability support test（HIST）

主控制系统互操作性测试（HIST）由基金会实施，其目的是测试主控制系统与 FF 技术规范的一致性。

26）互用性 interchangeability

在不丧失功能或集成度的前提下，将现场总线网段上一家生产商的设备用另一家设备替换的功能。

27）interoperability test kit（ITK）

现场总线基金会实施的互操作性测试程序。如果设备经过了 ITK 测试，完全符合基金会现场总线的各项标准，该设备才能标上 FF "认证标志"。这是一种合格 / 不合格测试。

28）链路 link

链路是一种连接 H1 现场总线设备的逻辑介质。它由一个或多个通过总线、中继器或耦合器互联的物理网段组成。链路上有一个链路活动调度器（LAS）来管理调度所有的设备的通信。

29）链路活动调度器 link active schedule（LAS）

链路活动调度器（LAS）是一个确定的、集中式的总线调度程序，它管理着一张传输时刻表，所有设备中的数据缓冲器中的数据需要周期性地传输，这些数据的传输顺序就由这个传输时刻表来规定。一个 H1 现场总线链路上只能有一个链路主设备（link master，简称 LM）来执行 LAS 功能。

30）链路主设备 link master（LM）

链路主设备（LM）可以是任何具备链路活动调度器（LAS）功能的设备，它控制 H11 现场总线链路上的通信。一个 H1 链路上至少要有一个 LM，其中一个 LM 设备用作 LAS。

31）链接对象 link objects

链接对象包含同一设备和多个设备之间功能块（FB）之间输入 / 输出（I/O）参数之间的连接关系。链接对象直接与虚拟通信关系（VCR）连接。

32）设备操作方法 method

设备操作方法是设备描述（DD）中的一种补充选项（但非常有用）。设备操作方法用于规定现场设备可以进行何种操作（例如标定等）。

33）控制模式 mode

控制模式是指功能块的运行状态，比如手动、自动或串级。

34）网段管理 network management（NM）

网段管理（NM）支持基金会现场总线网段管理器（NMgr）实体利用网段管理代理（NMA）执行网段上的管理操作。每个 NMA 负责一个设备的通信。NMgr 和 NMA 利用 FMS 和虚拟通信关系（VCR）进行通信。

35）对象字典 object dictionary（OD）

对象字典（OD）包括设备中所有功能块（FB）、资源块（RB）和转换块（TB）的参数。通过这些参数，现场总线网段可以对功能块进行访问。

36）冗余组态 redundant configuration

一种系统/子系统的构成方式，发生故障时能够实现自动切换，并且系统功能不会丧失。

37）资源块 resource block（RB）

资源块（RB）描述现场设备的特征，如设备名称、生产商和系列号。每台设备中只能存在一个资源块（RB）。

38）调度 schedules

调度定义功能块（FB）何时执行，以及其数据和状态何时在总线上发布。

39）网段 segment

H1 现场总线的一部分，以终端器为终点。网段可以通过中继器进行扩展延长。一个网段最多可包括 16 个 H1 设备。

40）自诊断功能 self-diagnostic

电子设备具有的监视其自身状态并指示设备内部故障的功能。

41）分支 spur

分支是一种与主干相连的 H1 分支，属末级电路。分支的长度从 1m 到 120m。

42）标准功能块 standard function block（SFB）

为实现期望的控制功能，标准功能块内置在现场总线设备中。标准功能块提供的功能包括模拟输入（AI）、模拟输出（AO）和比例/积分/微分（PID）控制。现场总线基金会已经公布了 21 种标准功能块的技术规范。一个设备中可以存在多种类型的标准功能块。标准功能块的执行次序及参数定义是固定的，并由技术规范定义。

43）系统管理 system management（SM）

系统管理（SM）实现现场总线上功能块（FB）执行和功能块（FB）参数通信的同步，向所有设备发布同步日期时间，自动分配设备地址，以及在现场总线上搜索参数名或"控制策略标识"。

44）终端器 terminator

一种安装在传输线末端或接近末端位置的阻抗匹配模块，其特性阻抗与传输线相同。信号失真将引起电流/电压转换时的数据误差，采用终端器可将信号失真的影响降到最低。H1 终端器还具有其他更为重要的功能。它将一个设备发送的电流信号转换成网段上所有设备都可以接收的电压信号。

45）拓扑结构 topology

现场总线网段的形状和方案，可以有各种形式，比如树型、菊花链型、点对点型、总线带分支等形式。

46）转换块 transducer block（TB）

转换块（TB）把从传感器读取的信号转换后输入到功能块（FB）的输入端，或者把功能块（FB）的输出端信号转换成可以直接输出到设备的命令信号。转换块（TB）包含设备的诸如校准日期和传感器类型等信息。每个功能块（FB）的输入或输出端都对应有一个 TB 通道。

47）主干 trunk

主干是 H1 现场总线网段上设备之间的主通信线。主干可以由分支来扩展。

48）用户应用 user application

用户应用基于各种"块"，包括资源块（RB）、功能块（FB）和转换块（TB），分别表示设备的不同类型的应用功能。

49）用户层 user layer

用户层实现功能块（FB）和设备描述（DD）的调度，无需客户编程就可以实现主机系统与现场设备之间的通信。

50）**虚拟通信关系 virtual communication relationship（VCR）**

在基金会现场总线网络中，设备之间传送信息是通过预先组态好的通信通道进行的。这种在现场总线网络各应用之间的通信通道称之为虚拟通信关系（VCR）。为了满足不同的应用需要，基金会现场总线设置了三类虚拟通信关系：发布／预订接收型、客户／服务器型和报告接收型。

51）**虚拟现场设备 virtual field device（VFD）**

虚拟现场设备（VFD）是一个自动化系统的数据和行为的抽象模型，它用于远程查看对象辞典中定义过的就地设备的数据。一个典型的设备至少有两个虚拟现场设备（VFD），一个用于网络和系统管理，一个作为功能块应用。

52）**Profibus DP 主站 Profibus DP master**

在 Profibus DP 中的具有主动控制和管理功能的现场总线设备，分为 1 类主站或 2 类主站。1 类主站是一个控制多个 DP 从站的控制设备，通常是一个可编程控制器或过程控制器。2 类主站是一个管理组态数据和诊断数据的控制设备。

53）**Profibus DP 从站 Profibus DP slave**

指定给某个 1 类 Profibus DP 主站的现场设备，并提供数据交换的设备。

54）**中继器 repeater**

中继器是增加网络设备数量、延长通信距离的一种网络延续设备。

55）**RS 485-IS 隔离中继器 RS 485-IS isolation repeater**

中继器的一种，用于连接本安 DP 网络。

56）**DP/DP 耦合器 DP/DP coupler**

DP/DP 耦合器连接两个 Profibus DP 网段，用于两个 Profibus DP 主站之间的数据交换。

57）**DP/PA 耦合器 DP/PA coupler**

DP/PA 耦合器是 Profibus DP 和 Profibus PA 之间的接口设备，用于 Profibus DP 和 Profibus PA 之间的数据交换。

58）**Y 链接器 Y link**

DP 网络连接 DP 设备的中间设备，用于非冗余的 Profibus DP 设备连接到冗余的 Profibus DP 网络上。

59）**DP/PA 链接器 DP/PA link**

Profibus DP 网络连接 Profibus PA 网络的中间设备，用于 Profibus DP 和 Profibus PA 之间的网络转换及数据交换，由 Profibus DP 接口模块以及 DP/PA 耦合器组合而成。

附　录

参加手册编制厂商名录

重庆川仪自动化股份有限公司
地址：重庆市北部新区黄山大道中段 61 号
邮编：401121
电话：023–67032023
邮箱：siclj@163.com
网址：www.cqcy.com

艾默生过程控制有限公司
地址：上海新金桥路 1277 号
邮编：201206
电话：021–2892 9436; 13331807790
邮箱：ada.qiu@emerson.com
网址：www.emerson.com

浙江中控技术股份有限公司
地址：杭州市滨江区六和路 309 号中控科
　　　技园
邮编：310053
电话：13805796751
邮箱：huijie@supcon.com
网址：www.supcontech.com

上海 ABB 工程有限公司
地址：上海市浦东新区康新公路 4528 号
邮编：201319
电话：010–84566688
邮箱：jason–jun.ren@cn.abb.com
网址：new.abb.com/cn

美卓流体控制（上海）有限公司
地址：上海市外高桥美约路 261 号
邮编：200131
电话：021–38991009
邮箱：leo.li@metso.com
网址：www.metso.com

西门子（中国）有限公司
地址：北京市朝阳区望京中环南路 7 号
邮编：100102
网址：www.simens.com.cn

恩德斯豪斯（中国）自动化有限公司
地址：上海市闵行区江川东路 458 号
邮编：200241
电话：021–24039725
邮箱：houyan.qing@cn.endress.com
网址：www.endress.com.cn

安徽天康（集团）股份有限公司
地址：安徽省天长市仁和南路 20 号
邮编：239300
电话：13956290825
邮箱：tkzby@163.com
网址：www.tiankang.com

科隆测量仪器（上海）有限公司
地址：上海市徐汇区桂林路 396 号（浦原科
　　　技园）1 号楼 9 楼
邮编：200233

电话：021-33397222
邮箱：h.bao@krohne.com
网址：www.krohnechina.com

福建上润精密仪器有限公司
地址：福州市马尾区兴业西路 16 号
邮编：350015
电话：0591-83969975
邮箱：lf2011@wideplus.com
网址：www.wideplus.com

丹东通博电器（集团）有限公司
地址：辽宁省丹东市振兴区黄海大街 10 号
邮编：118008
电话：18641512002
邮箱：lurixiao@ddtop.com
网址：www.ddtop.com

天津中环温度仪表有限公司
地址：天津市南开区鼓楼西街 720 号
邮编：3000101
电话：022-27272727
邮箱：27308888@163.com
网址：www.27272727.com

西安东风机电股份有限公司
地址：陕西省西安市高新区丈八五路 43 号
　　　高科尚都 ONE 尚城 A 座 14 层
邮编：710075
电话：13310989519
邮箱：13310989519@126.com
网址：www.xadfjd.cn

承德菲时博特自动化设备有限公司
地址：北京市海淀区中关村永丰产业基地丰
　　　慧中路 7 号新材料创业大厦 612 室
邮编：100094
电话：010-58711972/ 58711973
邮箱：wangdong8933@126.com
网址：www.fischer-porter.cn

西安定华电子股份有限公司
地址：陕西省西安市西高新光德路二号
　　　F-2B 五楼

邮编：710065
电话：400-665-0788
邮箱：market@dhchina.com
网址：www.dhechina.cn

南京菲尼克斯电气有限公司
地址：南京市江宁开发区菲尼克斯路 36 号
邮编：211106
电话：13814057545
邮箱：zhaojibin@phonixcontact.com.cn
网址：www.Phoenixcontact.com.cn

上海辰竹仪表有限公司
地址：上海市松江区民益路 201 号 6 号楼
　　　7~8 层
邮编：201612
电话：18121270311
邮箱：yuany@chenzhu.inst.com
网址：www.chenzhu-inst.com

浙江三方控制阀股份有限公司
地址：浙江省杭州市富阳区金秋大道 41 号
邮编：311400
电话：0571-63368012
邮箱：398562466@qq.com
网址：www.zjsanfang.com

天津奥美自动化系统有限公司
地址：天津经济技术开发区洞庭三街 5 号
邮编：300457
电话：022-25213666
邮箱：tjaomei@163.com
网址：www.chinaaomei.com

深圳市诺安环境安全股份有限公司
地址：深圳市光明新区光明街道观光路 3009
　　　号招商局光明科技园 A2 栋 12 楼
邮编：518055
电话：13480891122
邮箱：zmx@nuoan.com
网址：www.nuoan.com

北京伟高华业科技发展有限公司

地址：北京市朝阳区建外大街 8 号国际财源中心（IFC）A 座 3503 室

邮编：100022

电话：010-65305378/98

邮箱：saleschina@welingroup.com

网址：www.welkingroup.com

成都安可信电子股份有限公司

地址：四川省成都市西南航空港经济开发区物联网产业园区物联西街 88 号

邮编：610100

电话：028-85874114

邮箱：xuj@action98.com

网址：www.action98.com

兰州实华分析技术有限公司

地址：甘肃省兰州市安宁区九州通西路孵化大厦 B 座 25 楼

邮编：730070

电话：13893108176

邮箱：13893108176@126.com

网址：www.lzshfx.com

江阴市神州测控设备有限公司

地址：江苏省江阴市月城镇月翔路 19 号

邮编：214404

电话：051086986836-8802

邮箱：13961630171@126.com

网址：www.jyshenzhou.cn

上海雄风自控工程有限公司

地址：上海市普陀区真南路 1226 弄 10 号楼 202 室

邮编：201705

电话：18930710932

邮箱：jlb@xiongf.com

网址：www.xiongf.com

英国 Sencient 公司（北京华深仪器仪表有限公司）

地址：北京市朝阳区雅成一里 19 号楼世丰国际大厦 1506 室

邮编：100123

电话：18911969073/13801319307

邮箱：gky@beijinghuashen.com

北京华科仪科技股份有限公司

地址：北京市大兴区西红门镇金业大街 10 号

邮编：100076

电话：010-80705660

邮箱：hky@huakeyi.com

网址：www.huakeyi.com

眉山麦克在线设备有限公司

地址：四川省眉山市东坡区科工园 2 路

邮编：620010

电话：15309038008

邮箱：makesx@163.com

网址：www.makedevice.com

浙江天泰控制设备有限公司

地址：浙江瑞安市华胜街道周田东新工业区人民路

邮编：325604

电话：13735956858

邮箱：sales@hoosler.com

网址：www.tntai.com

上海三零卫士信息安全有限公司

地址：上海市宜山路 810 号贝岭大厦 11 楼

邮编：200233

电话：021-55313030

邮箱：panxl_sh@30wish.net

网址：www.30wish.net

安策阀门（太仓）有限公司

地址：江苏省太仓港经济技术开发区新区郑州路 1 号

邮编：215488

电话：18913767505

邮箱：chen.wu@az-armaturen.cn

网址：www.az-armaturen.cn

纳福希（上海）阀门科技有限公司
地址：上海市青浦区华青路 738 号
邮编：201700
电话：18916260590
邮箱：yuf@navcvalve.com
网址：www.navcvalve.com

浙江力诺流体控制科技股份有限公司
地址：浙江省瑞安市阁巷高新技术园区围
　　　一路
邮编：325200
电话：13967708022
邮箱：zh@linuovalve.com
网址：www.linuovalve.com

江苏迅创科技有限公司
地址：江苏省淮安市金湖县八四大道 13 号
邮编：211600
电话：0517-86810116
邮箱：2980926992@qq.com

北京帝瓦科技有限公司
地址：北京市丰台区巴庄子 139 号 62 栋
　　　A258 室
邮编：100070
电话：13701096264
邮箱：shilei2204@126.com

铁力山（北京）控制技术有限公司
地址：北京市海淀区建材城中路 27 号金隅
　　　智造工场 N6-2 层
邮编：102206
电话：4000-6000-45
邮箱：xusong@mttitlis.com
网址：www.mttitlis.com

山西万立科技有限公司
地址：太原高新区长治西巷 9 号万立科技大
　　　厦 24 层
邮编：030012

电话：1893400207
邮箱：wlkj111@163.com
网址：www.wlkj.com

艾仪迪科技（天津）有限公司
地址：天津市华苑产业园区海泰华科三路 1
　　　号华鼎智地 1 号楼
邮编：300000
电话：18102025718
邮箱：Johnny@ukideal.com
网址：www.ukideal.cn

南京鼎尔特科技有限公司
地址：南京市鼓楼区浦江路 26 号浦江大厦
　　　5 层
邮编：210036
电话：025-82220080
邮箱：tonggd@delto.com
网址：www.delto.cn

南京圣千科技实业有限公司
地址：南京市秦淮区大光路 49 号 2201 室
邮编：210007
电话：13801597187
邮箱：sqk_jsy@163.com

北京雪迪龙科技股份有限公司
地址：北京市昌平区高新三街 3 号
邮编：102206
电话：010-80730696
邮箱：chengbudong@chsdl.com
网址：www.chsdl.com

雅斯科仪器仪表（嘉兴）有限公司
地址：嘉兴市丰华路 1188 号嘉兴先进制造
业产业基地国际创新园（二期）1 号厂房
邮编：314001
电话：0573-83609996
邮箱：sales@ ashcroft.com.cn
网址：www.ashcroft.com.cn

参考文献

［1］中国标准与信息分类编码研究所.中国成年人人体尺寸：GB/T 10000—1988［S］.北京：中国标准出版社，1988.

［2］张万路，王顺安，何相助，等.用能单位能源计量器具配备和管理通则：GB 17167—2006［S］.北京：中国标准出版社，2006.

［3］叶盛，陈元桥，丁松涛，等.人类工效学险情视觉信号　一般要求、设计和检验：GB/T 1251.2—2006［S］.北京：中国标准出版社，2006.

［4］王春喜，梅恪，包伟华，等.过程工业领域安全仪表系统的功能安全 第1部分：框架、定义、系统、硬件和软件要求：GB/T 21109.1—2007［S］.北京：中国标准出版社，2007.

［5］赵曼琳，李运华，蔡茂林，等.流体传动系统及元件图形符号和回路图 第1部分：用于常规用途和数据处理的图形符号：GB/T 786.1—2009［S］.北京：中国标准出版社，2009.

［6］冉令华，张欣，郭小朝，等.控制中心的人类工效学设计.第3部分：控制室的布局：GB/T 22188.3—2010［S］.北京：中国标准出版社，2011.

［7］黄步余，叶向东，范宗海，等.石油化工安全仪表系统设计规范：GB/T 50770—2013［S］.北京：中国计划出版社，2013.

［8］黄和，宋德琦，段继芹，等.天然气计量系统技术要求：GB/T 18603—2014［S］.北京：中国标准出版社，2014.

［9］周雪莲，陈汝，段京奎，等.工业自动化仪表 气源压力范围和质量：GB/T 4830—2015［S］.北京：中国标准出版社，2015.

［10］王炯，李明华，王佳宁，等.工业过程控制阀 第2-1部分：流通能力 安装条件下流体流量的计算公式：GB/T 17213.2—2017［S］.北京：中国标准出版社，2017.

［11］文科武，裴炳安，朱兴华，等.石油化工企业可燃气体和有毒气体检测报警设计规范：GB/T 50493—2019［S］.北京：中国计划出版社，2019.

［12］胡观云，曾庆祥，杨宜，等.管道压力降计算：HG/T 20570.7—95［S］.北京：化学工业部，1996.

［13］王雪梅，张悦崑，安铁夫，等.自动化仪表选型设计规范：HG/T 20507—2014［S］.北京：中国计划出版社，2014.

［14］方留安，赵柱，戴文杰，等.可编程序控制器系统工程设计规范：HG/T 20700—2014［S］.北京：中国计划出版社，2014.

［15］贾艺军，曾裕玲，罗倩.仪表供电设计规范：HG/T 20509—2014［S］.北京：中国计划出版社，2014.

［16］杨刚，冯欣，叶向东.石油化工分散控制系统设计规范：SH/T 3092—2013［S］.北京：中国石化出版社，2013.

［17］杨晨，王同尧，严春明，等.石油化工仪表供气设计规范：SH/T 3020—2013［S］.北京：中国石化出版社，2013.

［18］皋琴，冉令华，张欣，等.工作系统设计的人类工效原则：GB/T 16251—2008［S］.北京：中国标准出版社，2008.

［19］肖慧，罗秋科，陈星荣，等.工作空间人体尺寸：GB/T 13547—1992［S］.北京：中国标准质检出版社，1992.

［20］林融，黄步余，高生军，等.石油化工压缩机控制系统设计规范：SH/T 3199—2018［S］.北京：中国石化出版社，2018.

［21］Q/SY XQ 36—2012，SHAFER 气液联动执行机构操作维护规程［S］.

［22］CDP-S-OGP-IS-054-2013-3，油气管道工程气液联动执行机构技术规格书［S］.

［23］翟齐，张海峰，靳涛，等.化工企业工艺安全管理实施导则：AQ/T 3034—2010［S］.北京：煤炭工业出版社，2010.

［24］王新坤，韩红蕾，付伟.油气储运工程 油气管道工程气液联动执行机构技术规格书：DEC-OTP-S-EL-012-2021-1［S］.北京：国家石油天然气管网集团有限公司，2021.

［25］AG-181，Foundation Fieldbus system engineering guidelines，version 3.2.1

［26］ISA. Application of safety instrumented systems for the process industries：ANSI/ISA-84.01-1996［S］.USA：ANSI,1996.

［27］ISA.Identification and mechanical integrity of safety controls，alarms，and interlocks in the process industry：ANSI/ISA-84.91.01-2012［S］.USA：ANSI,2012.

［28］ISA. Safety Integrity Level（SIL）verification of safety instrumented functions：ISA-TR84.00.02-2015［S］.北京：ISA,2015.

［29］IEC. Functional safety of electrical/electronic/programmable electronic safety related systems：IEC 61508：2010［S］.Geneva：IEC,2010.

［30］IEC.Functional Safety-Safety Instrumented Systems for the Process Industry Sector：IEC 61511—2016 ed2.0［S］.Geneva：IEC，2016.

［31］The American Society of Mechanical Engineers，ASME PTC19.3 TW-2010，Thermowells performance test codes.

［32］ASME Boiler and Pressure Vessel Code，Section Ⅷ，Unfired Pressure Vessels.

［33］兰州化学工业设计院.石油化工技术参考资料——轻碳氢化合物数据手册［M］.1971.

［34］上海化学工业设计院.化工工艺手册［M］.北京：化学工业出版社，1974.

［35］《化学工程手册》编委会.化学工程手册：第一篇 化工基础数据［M］.北京：化学工业出版社，1980.

［36］卢焕章.石油化工基础数据手册［M］.北京：化学工业出版社，1982.

［37］姚允斌.物理化学手册［M］.上海：上海科学技术出版社，1985.

［38］王骥程，祝和云.化工过程控制工程［M］.2 版.北京：化学工业出版社，1991.

［39］周春辉.过程控制工程手册［M］.北京：化学工业出版社，1993.

［40］顾战松，陈铁年.可编程控制器原理与应用［M］.北京：国防工业出版社，1996.

［41］时均.化学工程手册［M］.2 版.北京：化学工业出版社，1996.

［42］汪振安.化工工艺设计手册［M］.3 版.北京：化学工业出版社，2003.

［43］何衍庆，邱宣振，杨洁，等.控制阀工程设计与应用［M］.北京：化学工业出版社，2005.

［44］任元会.工业与民用配电设计手册［M］.北京：中国电力出版社，2005.

［45］李正军.现场总线与工业以太网及其应用系统设计［M］.北京：人民邮电出版社，2006.

［46］鲁明休，罗安.化工过程控制系统［M］.北京：化学工业出版社，2006.

［47］王森，纪纲.仪表常用数据手册［M］.2版.北京：化学工业出版社，2006.

［48］任振辉，马永鹏，刘军.电气控制与PLC原理及应用［M］.北京：中国水利水电出版社，2008.

［49］阳宪惠.现场总线技术及其应用［M］.2版.北京：清华大学出版社，2008.

［50］纪纲.流量测量仪表应用技巧［M］.北京：化学工业出版社，2009.

［51］郑阿奇.PLC（西门子）实用教程［M］.北京：电子工业出版社，2009.

［52］张烨.物流自动化系统［M］.杭州：浙江大学出版社，2009.

［53］中国石化集团上海工程有限公司.化工工艺设计手册［M］.4版.北京：化学工业出版社，2009.

［54］吴义珍.可编程控制及实训教程［M］.兰州：兰州大学出版社，2010.

［55］张建国.安全仪表系统在过程工业中的应用［M］.北京：中国电力出版社，2010.

［56］黄德先，王京春，金以慧.过程控制系统［M］.北京：清华大学出版社，2011.

［57］黄永红.电气控制与PLC应用技术［M］.北京：机械工业出版社，2011.

［58］刘化君.计算机网络与通信［M］.2版.北京：高等教育出版社，2011.

［59］朱中平.中外钢号对照手册.修订版［M］.化学工业出版社，2011.

［60］俞金寿，顾幸生.过程控制工程［M］.4版.北京：高等教育出版社，2012.

［61］张虎，王银锁.过程控制系统［M］.北京：化学工业出版社，2012.

［62］王振力.工业控制网络：Industrial control network［M］.北京：人民邮电出版社，2012.

［63］刘介才.工厂供电［M］.北京：机械工业出版社，2012.

［64］许勇.工业通信网络技术和应用［M］.西安：西安电子科技大学出版社，2013.

［65］陶为明.可编程控制系统的编程与实践［M］.合肥：合肥工业大学出版社，2013.

［66］王永华.现代电气控制及PLC应用技术［M］.北京：北京航空航天大学出版社，2013.

［67］刘美，司徒莹，禹柳飞.化工仪表及自动化［M］.北京：中国石化出版社，2014.

［68］王怀义，张德姜.石油化工管道安装设计便查手册［M］.4版.北京：中国石化出版社，2014.

［69］俞金寿，孙自强.过程控制系统［M］.2版.北京：机械工业出版社，2015.

［70］罗建旭，黎冰，黄海燕，等.过程控制工程［M］.3版.北京：化学工业出版社，2015.

［71］龚飞鹰，刘传君，何衍庆.控制阀使用手册［M］.北京：化学工业出版社，2015.

［72］孙优贤.控制工程手册［M］.北京：化学工业出版社，2016.

［73］李正军.现场总线与工业以太网及其应用技术.北京：机械工业出版社，2018.

［74］Center for Chemical Process Safety.Guidelines for Safe Automation of Chemical Processes［M］.Center for Chemical Process Safety，1993.

［75］杨咸启.现代有限元理论技术与工程应用.北京：北京航空航天大学出版社，2007.

［76］［美］卡尔L.约斯.Matheson气体数据手册［M］.7版.陶鹏万，黄建彬，朱大方，译.北京：化学工业出版社，2003.

［77］［美］詹姆斯G.斯佩特编著.化学工程师实用数据手册［M］.陈晓春，孙巍，译.北京：化学工业出版社，2006.

［78］Béla G. Lipták.Instrument engineers' handbook−Process Measurement and Analysis［M］.Volume 1，CRC，Press，2003.

［79］PERRY RH. Chemical engineers Handbook［M］.5th ed. New York：McGraw Hill,1973.

［80］REID RC，PRAUSNITZ JM and SHERWOOD TK. The properties of gases and liquids ［M］.3rd ed. New York：McGraw Hill,1977.

［81］PERRY RH,GREEN DW. Perry's chemical engineers' handbook［M］.7th ed.New York：McGraw Hill，1997.

［82］化学工学协会编（日）.化学工学便览［M］.4 版.丸善株式会社,1978.

［83］张清泉.优化 UPS 供电系统［J］.邮电设计技术，2003（12）：38-43.

［84］王宇生.电液执行机构在富气压缩机调速系统的应用［J］.石油化工设备技术，2004，25（05）：42-46.

［85］汪瑄.UPS 中"Delta"变换技术的应用［J］.安庆科技，2004（02）：25-28.

［86］白新庄.PLC 的选型探讨［J］.石油化工自动化，2005，41（05）：71.

［87］刘奋强.DCS 与 PLC 的区别和应用［J］.湖北电力，2005，29（增刊 1）：74.

［88］周勇.浅析电液执行机构在催化裂化装置中的应用［J］.内蒙古石油化工，2006（09）：141-142.

［89］王文藻.少齿差行星减速传动概述［J］.研发与制造，2006，12：62-66.

［90］王其英.数字时代的工频机与高频机 UPS［J］.中国金融电脑，2007（03）：82-85.

［91］王志文.石化企业 UPS 的选择及其配电方式探讨［J］.石油化工自动化，2007，43（05）：23-25.

［92］李万明.DCS 控制系统与 PLC 控制区别［J］.黑龙江科技信息，2008（26）：54.

［93］夏晓莉.PLC、DCS 两大控制系统的分析［J］.中国新技术新产品，2009（22）：172.

［94］陈川，尹克江，龚丽，等.忠武管道气液联动阀故障分析及改进措施［J］.油气储运，2009，28（09）：33-36.

［95］黄建伟.隔离变压器在 UPS 中的设置［J］.建筑电气，2010，29（01）：27-29.

［96］谢志强.关于 UPS 电源若干方面的探讨［J］.城市建设理论研究：电子版，2011（19）.

［97］李文.仪表系统供电方案的研究［J］.石油化工自动化，2012，48（04）：18-22.

［98］杨昌群.浅谈国产智能电动执行机构在中石化销售华南分公司的应用［J］.化工自动化及仪表，2012，39（09）：1237-1239.

［99］韩向东，周林泉，邵逸先.智能电动执行器可变电感式扭矩测量系统的设计［J］.轻工机械，2012，24（04）：108-110.

［100］赵勇，张庆军，凌箐，等.Profibus DP 冗余智能电动执行机构及其在电力行业的应用［J］.中国仪器仪表，2012（05）：23-26.

［101］蔡世基.基于现场总线的智能电动执行机构应用实例［J］.广东化工，2012，39（04）：200-201.

［102］李菁.UPS 蓄电池的选择［J］.通信电源技术，2012（06）：38-40.

［103］李书强，常刚，李洪岭，等.DCS 电源系统供电方式分析［J］.氯碱工业，2012，48（07）：4-5.

［104］罗湘梅.浅谈 UPS 运行及进出线接线方式［J］.机电技术，2012（02）：80-83.

［105］张茂利，王涛.智能电动执行机构分体安装的应用［J］.通用机械，2013（10）：60-61.

［106］修志刚，张惠康，李海林等.UPS 电池容量计算方法［J］.现代建筑电气，2013，11（04）：4-7.

［107］张红启.UPS 的概述及配置计算［J］.当代化工，2014，43（08）：1595-1598.

［108］林洪俊.炼油厂仪表供电方案研究［J］.石油化工自动化，2014，50（06）：8-12.

［109］尹丽萍.电液执行机构在自控系统上的应用［J］.管道技术与设备，2014（02）：53-57.

［110］塞依克江，叶海斌，俄德希尔.Shafer 气液联动阀结构、原理、维护及故障分析［J］.中国化工

贸易，2014（33）：254–255.

[111] 张力伟.SHAFER 气液联动远控开关工作原理［J］.广东石油化工学院学报，2014，24（01）：12–15.

[112] 关婷.浅谈大型石化装置中的安全仪表系统设计［J］.中国仪器仪表，2014（增刊 1）：101–104.

[113] 陆庆友.安全仪表系统（SIS）在化工生产中的实际应用［J］.中国化工贸易，2015,（35）：418–418.

[114] 张建敏，汪颖，梁兴炜.石化行业 UPS 及蓄电池设计选配分析［J］.通信电源技术，2015，32（04）：194–195.

[115] 解怀仁.现代大型石化企业安全仪表系统的设计［J］.自动化博览，2016,33（增刊 1）：5.

[116] 卢永慧.基于 SIS 与 DCS 集成的罐区安全控制技术及应用［J］.中国化工贸易，2016,8（12）：76,79.

[117] 顾冬敏，毛康华，严东亮.物联网时代的发展研究［J］.移动信息，2016（02）：15.

[118] 蒙南，方磊坤.4G 通信技术在物联网中的应用展望［J］.中国新通信，2017（13）.

[119] 张靓.安全仪表系统提升油气管道装置安全性探析［J］.中国石油和化工标准与质量，2018，38（23）：26–27.

[120] 朱念顺.物联网时代小区智能化系统设计探析［J］.北方建筑，2018,3（04）：30–33.

[121] 冯欣.石油化工中控室内操作台形式的研究与探讨［J］.石油化工自动化，2020,56（05）：22–28.

[122] Rackett, Harold G . Equation of state for saturated liquids［J］. Journal of Chemical & Engineering Data, 1970, 15（04）: 514–517.

[123] 戴维思.防火隔离阀执行机构防火罩研究［J］.石油化工自动化，2021, 57（05）：66–68.

[124] 颜炳良，冯浩，谌传江.控制阀阀座泄漏率国内国际标准分析及应用［J］.自动化仪表，2021，42（06）：23–26.

[125] 刘汉杰，王发兵，胡同印，等.有限单元法在温度计套管振动核算中的应用.石油化工自动化，2009，45（05）：64–67.

[126] 冯兆宇，张宸.浅谈安全仪表系统设计［C］// 中国仪器仪表学会东北过程自动化设计专业委员会第二十次年会暨 2010 年学术会议论文集.抚松：中国仪器仪表学会，2010：63–65.

[127] プロセス計装制御技術協会，IPC 計装ハンドブック，第 3 版，2001.

[128] Béla G. Lipták, Instrument Engineers' Handbook–Process Control and Optimization, VOLUME II, CRC Press，2006.